中国风景园林学会　编

中国风景园林学会2013年会

U0229200

（上册）

凝聚风景园林　共筑中国美梦

Jointly Achieving Beautiful China's Dream through the Cohesive
Discipline of Landscape Architecture

CHSLA 2013

中国建筑工业出版社

图书在版编目(CIP)数据

中国风景园林学会 2013 年会论文集/中国风景园林
学会编. —北京：中国建筑工业出版社，2013.10
ISBN 978-7-112-15849-2

Ⅰ.①中… Ⅱ.①中… Ⅲ.①园林设计-中国-文集
Ⅳ.①TU986.2-53

中国版本图书馆 CIP 数据核字(2013)第 219475 号

责任编辑：杜洁
责任校对：张颖　陈晶晶

中国风景园林学会 2013 年会论文集

中国风景园林学会　编

*

中国建筑工业出版社出版、发行（北京西郊百万庄）

各地新华书店、建筑书店经销

北京红光制版公司制版

北京中科印刷有限公司印刷

*

开本：880×1230 毫米　1/16　印张：75½　字数：3063 千字
2013 年 10 月第一版　　2013 年 10 月第一次印刷
定价：**198.00** 元（上、下册）
ISBN 978-7-112-15849-2
(24591)

中国风景园林学会 2013 年会
论文集

凝聚风景园林　共筑中国美梦

Jointly Achieving Beautiful China's Dream through the
Cohesive Discipline of Landscape Architecture

CHSLA 2013

主　　编：孟兆祯　陈晓丽
编　　委（按姓氏笔画排序）：
　　　王向荣　王绍增　王　浩　包志毅　刘滨谊
　　　李　雄　杨　锐　金荷仙　高　翅

目　录

（上　册）

风景园林规划与设计

（下　册）

园林植物应用与造景

风景资源与文化遗产

城市型风景名胜区边缘地带的保护与开发

——基于 Google Earth 简析南京钟山风景名胜区

Protection and Development about the Fringe Area of Urban Scenic Spot
——An Analyze of Nan-Jing Zhong-Shan Scenic Area with Google Earth

陈双辰

摘　要：边缘地带是城市型风景名胜区保护与发展的关键区域，其既是城市开发的"热点"又是景区保护的"第一线"。本文基于对基本概念的定义与特征的剖析，运用 Google Earth 软件中"历史图像"的功能，对比了南京钟山风景名胜区边缘地带 2005 年至 2011 年的发展变迁，简析了钟山风景名胜区边缘地带建设发展的特征。基于风景名胜区价值体系的构建，从解析景区边缘地带保护普遍存在的问题与景区发展的可行道路两方面，探求城市型风景名胜区边缘地带保护与开发共荣的策略。

关键词：城市型风景名胜区；边缘地带；保护；开发；价值体系

Abstract：The fringe area- witch is not only the "hot-spot" of the city's exploitation, but also the "first-line" of the scenic spot's protection-is the critical area of Urban Scenic Spot for its protection and development. This paper based on the definition of basic conception and the analysis of feature, and using "Historical Imagery" of Google Earth, comparatively analyses the development and change of the fringe area of Nan-Jing Zhong-Shan scenic area from 2005 to 2011, and then points out the existing problems of the development of Nan-Jing Zhong-Shan scenic area. At last, basing on the construction of the value system, by analyzing both the universal problems of the protection of scenic spot's fringe area and the available methods of the development of scenic spot, this paper seeks the strategy which is a combination of protection and development about the Urban Scenic Spot.

Key words：Urban Scenic Spot；Fringe Area；Protection；Development；Value System

1 作为景区保护与开发之"度"的边缘地带

凡具有丰富的自然风景和历史文物资源，两者不仅数量相当，而且交互参差，交相辉映，共融于一定交通便利，且得到重点开发改造和专门管理的游览区域，它既集中体现了自然美，又经过了艺术加工，我们通常把该地域称为风景名胜区。[1]

《中国大百科全书·建筑·园林·城市规划》中对"城市风景区"的定义是："城市风景区一般是指同城市毗连，或接近市区并和市区有便捷的交通联系，可供游览观赏的地区"。[2]

城市之中的风景名胜区则不仅是自然与人文的保育区，其功能与意义在城市之中则更为广泛与重要，随着城市蔓延发展，诸多毗邻城市的风景名胜区初步被城市咬合，甚至包嵌在城市之中。风景名胜区从与城市的"唇齿相依"逐步演变成城市生长的一棵"心脏"，从市民生活、城市生态、城市形象，乃至城市经济上，源源不断地为城市输送"养分"（图1）。

但此类风景名胜区也正在饱受城市建设发展所带来的前所未有的冲击。在生态价值、文化价值尤其是经济价值的驱动下，诸多城市型风景名胜区正面临着被开发和扩容的行动。诸多城市型风景名胜区正在甚或已经见证了"旅游经济是掠夺经济"的悲剧，尤为严重的则是"掠夺"风景名胜区而转变为私人的天堂，然而这种"掠夺"缘何存在？何以抑制"掠夺"？风景名胜区的边缘地带正是核心议题。

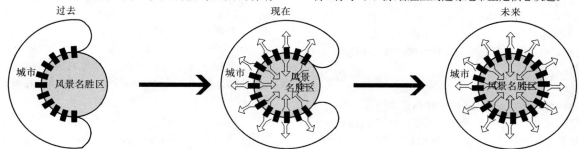

图 1　城市型风景名胜区与城市的生长关系图示
[胡一可，生态文明视野下的城市型风景名胜区规划策略研究 [C]，2009 年全国博士生学术论坛（建筑学）论文集，2009（10）.]

城市型风景名胜区的发展有其特殊性：从保护角度讲，区内中的自然与人文资源是一种公共资源，亟待保护；从发展方面看，对景区的保护又不能像文物的"封冻式"保护，禁止一切建设活动。但保护与发展在市场经济体制的运作中，往往会呈现开发力度有余而保护力度不足，造成景区边缘地带的城市建设化。"开发"与"保护"究竟是风景名胜区内在的一对矛盾，还是共同作用、此消彼长的两个影响方面，景区的开发、发展究竟是有利于景区的"保育"还是有弊于景区的"破坏"，这需要一种"度"来衡量，"度"即核心体现在了风景名胜区边缘地带的管理、规划与建设。

2 "边缘十地带"，概念引入与特征界定

2.1 "边缘地带"的释义

2.1.1 "边缘地带"的汉语基本含义

按现代汉语词典的解释，"边缘"指：（1）"沿边的部分；多指靠近边界的较大部分"，如边缘区、处在破产的边缘等；（2）"靠近界限的；同两方面或多方面有关的"，如边缘学科。"地带"指："具有某种性质或范围的一片地方"，如丘陵地带、草原地带、危险地带。

因此，我们可以将"边缘地带"形象地拆字理解为"边"与"缘"、"地"与"带"的整合，是具有某种性质或某一范围的地带，又是某事物（或几种事物）沿边的区域，具有一定的模糊性。

2.1.2 "边缘地带"与"边界"、"边际"等的辨析

根据现代汉语词典的释义，"边界"是指：地区和地区之间的界线（多指国界，有时也指省界、县界）。"边际"是指：边缘；界限（多指地区或空间）。

凯文·林奇对城市五要素之一的"边界"定义为[3]："可把一区域和其他区域相隔离，也可把沿线两边有关地区连接起来"。胡一可、杨锐论述了"边界"的概念以及与"边缘"概念的辨析[4]："一般意义的边界可以表示事物的差异，也可以表示地区的差异，它既限制了某种属性，也凸显了该属性。"、"边缘为面状区域，可能在边界以内，也可能在边界以外"。

综上分析，"边界"、"边际"的概念显然有别于"边缘"或是"边缘地带"：（1）边界与边际代表一种现状形态的界限，用以区分不同事物；边缘代表一种带状区域，可以是不同事物间的过渡地带。（2）边界或边际可以处于边缘地带，但边缘地带具有范围性、区域性，不能作为边界来限定事物。

2.1.3 建筑学与城市学相关学科中的释义

邢忠、王琦论述了广义城市空间中的边缘概念[5]："空间总是相对于环境而存在，边缘在界定、区分各类空间的同时，担负着不同空间相互联系的媒介作用，在此过程中，边缘地带产生具有融合相邻异质空间特点而又不失其个别特性的特殊空间——边缘空间"、"广义上看从城

镇间的分隔带、建设单元之间的公共交错带，到联结城市中各功能单元的水系、街道、建筑檐廊……在地理区位上都属于边缘空间。贯穿于城市的各层级边缘空间将不同功能区、空间、活动联为一体，形成有序的城市空间体系"。其将边缘空间定义为："城市中异质空间之间（含地貌、生境等自然属性与空间使用性质、权属、功能、活动方式等社会属性的区别），具有一定领域而直接受到边缘效应作用的边缘过度空间"。

滑铁卢大学地理系教授C. B. Bryant从城市形态学中指出了"城市边缘带"的概念[6]：将区域城市从城市中心向外依次分为集中城市或核心建成区、内边缘、外边缘、城市影响区、农村腹地（图2）。城市边缘带即内边缘和外边缘，即是指"从连续的城市建成区到完全未城市化的农村腹地之间的广大地区"。

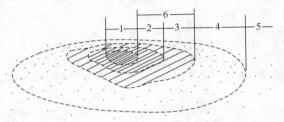

图2 城市区域结构中的边缘区示意
1—核心建成区；2—内边缘；3—外边缘；4—城市影响区；
5—农村腹地；6—城市边缘带
[赵若焱. 城市边缘带村镇规划建设的实践与思考[J]，规划师，2003（4）：78-82.（笔者改绘）]

罗杰·特兰西克在《寻找失落空间——城市设计的理论》一书中指出[7]："我们应仔细研究传统都市，特别是界定和连续开放空间边缘的封闭性原则，找出连接各空间的有效方法"、"空间与反空间的区别在于是否有一定明确的边缘界定，边缘界定是成功的都市空间之基本元素"。

在近代建筑空间理论领域中，黑川纪章提出了"灰空间"的概念，这种"灰空间"的实质即是室内外的"过渡空间"。他建立了所谓"街道化建筑"（Street-Architecture）的空间概念，通过建筑边缘特质将传统街道空间的特性引入建筑内部，造成内部化的街道空间构成，建筑边缘具备了另一种形态的中介空间性质。

2.2 城市型风景名胜区边缘地带的概念、特征

综合相关概念，我们不难得出，城市型风景名胜区的边缘地带，即是指风景名胜区与城市接壤的边缘带。风景名胜区为了便于管理，往往有其边界，但边缘地带代表的是边界两侧一定的区域范围。

对于风景名胜区自身而言，边缘地带是景区被城市包容，受城市各种经济、社会因素影响最大的前沿阵地，也是风景名胜区保护的"第一道防线"。只有控制好边缘地带，才能保护好风景名胜区。对于城市而言，边缘地带是城市所依托的生态腹地的临界面，是城市绿地系统的重要组成部分，亦是城市生态环境保护的屏障。也正是由于良好的景观生态作用，这里往往成为城市开发建设的"热"带，一方面承载着景区周边乃至全体大众日常的休闲游憩，另一方面也极有可能在开发商的操作下，成

为私人的"专属天堂"（图3）。

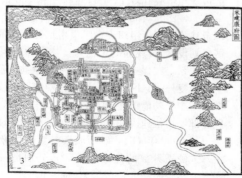

图3 城市型风景名胜区边缘地带的特征示意

3 保护与开发的"边缘"——南京钟山风景名胜区边缘地带的综合分析

3.1 概说南京钟山风景名胜区

钟山风景名胜区位于江苏省南京市，以钟山（又称紫金山）为中心，东临玄武湖，钟山雄峙湖东，古城濒临西南，山城环抱。1982年，南京钟山风景名胜区被国务院批准列入第一批国家级风景名胜区名单。

玄武湖古称桑泊、秣陵湖、后湖、昆明湖等。相传南朝刘宋年间，有黑龙出现，故称玄武湖。北宋时王安石实施新法，废湖为田，从此玄武湖消失。明代朱元璋高筑墙，玄武湖疏浚恢复，成为天然护城河。钟山又名紫金山，古名金陵山、圣游山，三国时东吴曾称它为蒋山。山上三峰相连形如巨龙，山、水、城浑然一体，雄伟壮丽，气势磅礴，古有"钟山龙蟠，石城虎踞"之称。钟山植物品种丰富，林木繁茂，山中亦有众多名胜古迹。在南京历史城市的格局中有着重要的地位（图4）。

湖与山自古即是南京的地理符号与文化符号。玄武湖以其命运多舛的演变，将南京深厚的历史故事一篇篇地载在湖上；钟山古名金陵，而南京亦称金陵。在我国文学史上，钟山以其独特的地位，频频出现于文人墨客的诗文之间，催生了大量的诗词歌赋：南朝孔稚圭《北山移文》："钟山之英，草堂之灵"；唐朝李白《金陵歌别送范宣》："钟山龙盘走势来，秀色横分历阳树"；唐朝李商隐《咏史》："三百年间同晓梦，钟山何处有龙盘？"；宋朝王安石《泊船瓜洲》："京口瓜洲一水间，钟山只隔数重山。春风又绿江南岸，明月何时照我还？"；宋朝陆游《游定林寺即荆公读书处》："钟山已在万山深，更过钟山入定林。穿尽松杉行尽石，一庵犹隔白云岑。"

钟山风景名胜区所蕴含的已经远远不只是一座六朝古都的历史价值，钟山文化作为南京文化的核心和标志，也正是南京的血脉和灵魂，是南京城市性格的体现。

3.2 简析南京钟山风景名胜区边缘地带的发展变迁

随着南京城市建设的发展，钟山风景名胜区演绎了从与城市"唇齿相依"到成为城市"心脏"的全过程（图5）。民国时期，景区附近尚有部分遗留的城墙，景区可谓是南京市区的近郊；1980年代，城市空间向北拓展，逐渐包围玄武湖与紫金山的南部边缘地带，整体钟山景区由郊区转为城市边缘区；1990年代，城市空间进一步向东北拓展，玄武湖已全部被市区"吞噬"，紫金山的北、东、南三面逐渐被开发。而今的钟山景区已发展成为嵌在南京主城区中的"绿心"。

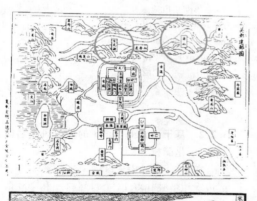

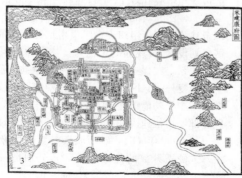
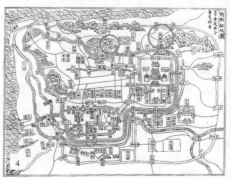

图4 南京之历代古舆图中的玄武湖与钟山
1—东吴建邺图；2—隋蒋州图；3—宋建康府图；4—明朝都城图
（来自互联网："寒水"的百度空间文章《六朝古都——南京之列代古舆图》；网址：http://hi.baidu.com/kuailedeln/blog/item/853d08fa9366918d9e51468e.html）

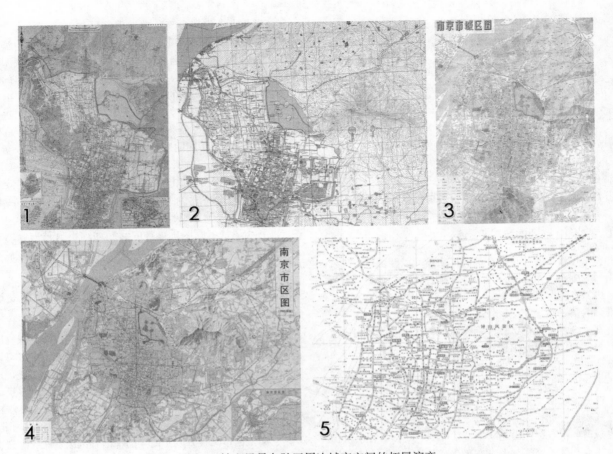

图 5　钟山风景名胜区周边城市空间的拓展演变

1—1932 年新测南京城市详图；2—1945 年美国军方的南京城市详图；3—1988 年南京市城区图；
4—1995 年南京市区图；5—2012 年南京市地图

1. 来自互联网：百度贴吧，古代史吧；网址：http://tieba.baidu.com/p/94265212
2. 来自互联网：新浪爱问共享资料；网址：http://ishare.iask.sina.com.cn/f/35741005.html
3. 来自互联网：百度贴吧，古代史吧；网址：http://tieba.baidu.com/p/94265212
4. 来自互联网：百度贴吧，古代史吧；网址：http://tieba.baidu.com/p/94265212
5. 来自互联网：新浪爱问共享资料；网址：http://ishare.iask.sina.com.cn/f/23571077.html

3.2.1　景区边缘地带的道路格局

除河流、湖泊、山体等自然要素外，道路无疑是分割城市不同片区最有效的方式。城市型风景名胜区多有城市道路围合，城市道路也是限定风景名胜区空间范围的主要方式，不同等级的道路其限定作用有所不同。因此城市道路也就成为影响风景名胜区边缘地带保护与发展的关键因素。

钟山景区的东侧与北侧分别有绕城高速公路与城市快速路通过，该道路与其他城市主干道路相交均是采用完全互通式立交，对于非机动车类型的出行有很强的割裂作用，同时在景区与城区之间也起到一定的阻隔作用。其他城市道路则盘绕于景区周边，为景区的边缘地带创造良好的可达性，同时道路的通达也必将会带来道路两侧用地开发的热潮。地铁沿景区西、南两侧穿过，带来了大量人流活动，提升了地铁线路两侧城市用地的价格，带来了更大的开发优势。

3.2.2　基于 Google Earth 的钟山风景名胜区边缘地带演化简析

在 2004 年钟山景区尚未进行环境综合整治之前，景区边缘地带驻扎着 13 个自然村庄和 100 余家大大小小的单位[8]，2004 年 3 月，南京市政府展开了对景区环境的综合整治工程，组织编撰了《南京钟山风景名胜区外缘景区规划设计》，规划的主题为：整合钟山风景名胜区与城市的关系，在保护核心景区生态和旅游观光功能的基础上，恢复外缘景区的生态植被，塑造一批以当地市民休闲游览为主要功能的主题景区。2004－2005 年间完成了景区北部城市快速内环东线隧道等工程的建设。

至 2009 年 4 月，钟山风景名胜区外缘相继改造建设了八大免费开放的公园（图 7），分别是：中山门入口公园（亦称陵园路入口公园）、邵家山公园、前湖公园、琵琶湖公园、下马坊遗址公园、博爱园、钟山体育运动公园、营盘山公园，实现了钟山风景名胜区的核心景区部分承担外地游客观光，外围景区部分服务城市市民休闲的发展目标。

基于 Google Earth 软件中"视图—历史图片"的功能，我们可以分别浏览到钟山风景名胜区区域在 2005 年 1 月 9 日、2005 年 4 月 27 日、2005 年 12 月 12 日、2006 年 4 月 7 日、2007 年 7 月 27 日、2007 年 8 月 1 日、2007 年 11 月 3 日、2009 年 1 月 12 日、2009 年 4 月 17 日、2009 年 8 月 27 日、2009 年 12 月 25 日、2010 年 8 月 18 日、2010 年 10 月 21 日、2010 年 11 月 22 日、2011 年 3 月 13 日、2011 年 5 月 12 日、2011 年 6 月 8 日、2011 年 9 月 2 日、2011 年 10 月 19 日、2012 年 8 月 18 日的航拍图像。由于景区占地面积较大，部分同一时间的航拍图像并未涵盖全部景区的边缘地带，航拍图像呈现出了明显的拼贴效果。同时受到云层的影响，部分航拍图像有所遮挡或较模糊。较为完整清晰的拍摄到钟山风景名胜区的时间点有：2005 年 1 月 9 日、2005 年 12 月 12 日、2007 年 7 月 27 日、2009 年 1 月 12 日、2009 年 8 月 27 日、2010 年 8 月 18 日、2011 年 3 月 13 日、2011 年 6 月 8 日、

2011 年 9 月 2 日。本文选择 2005 年 1 月 9 日、2007 年 7 月 27 日、2009 年 8 月 27 日、2011 年 6 月 8 日航拍的图像为主要研究资料。从 2005 年至 2011 年，正记录下钟山风景名胜区环境整治变化的全过程，也即是景区边缘地带的空间演化。

该研究依据上文简析的城市型风景名胜区边缘地带的定义与特征，拟对钟山风景名胜区 1 公里宽的边缘带，综合选取其中在 2005－2011 年间变化较大的 5 个片区：（1）营盘山公园片区；（2）前湖公园片区；（3）体育运动公园片区；（4）天泓山庄片区；（5）钟山高尔夫别墅片区。所选片区既包含作为城市公共活动建设的公园等空间，也包含作为私人使用开发的住区、高档消费区等空间。针对 5 个片区分别进行历史航拍图像的对比分析。

通过对比 5 个片区各个时期的航拍图像（图 9），我们可以直观地看到继 2004 年环境综合整治以来，钟山风景名胜区边缘地带空间演变的特征：

图例
━━ 绕城高速公路
━━ 城市快速路
∷∷ 快速路下穿段
━━ 其他城市道路
--- 地铁
◎ 地铁站
━━ 铁路

图 6　钟山风景名胜区与周边道路格局

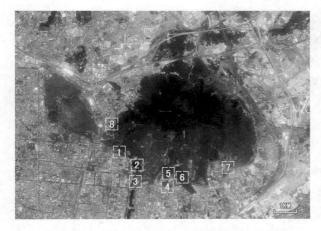

图 7　钟山风景名胜区边缘地带免费开放的公园
1—琵琶湖公园；2—前湖公园；3—中山门入口公园；4—下马坊遗址公园；5—博爱园；6—邵家山公园；7—体育运动公园；8—营盘山公园

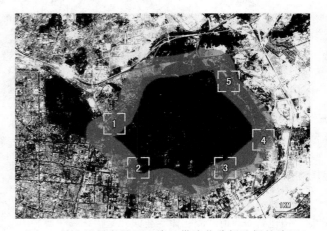

图 8　钟山风景名胜区边缘地带演化分析选择的片区
1—营盘山公园片区；2—前沿公园片区；3—体育运动公园片区；4—天泓山庄片区；5—钟山高尔夫别墅片区

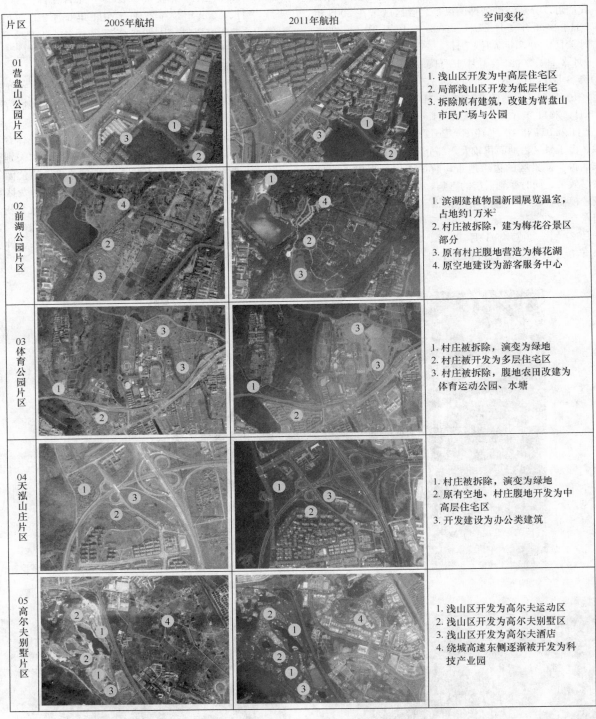

片区	2005年航拍	2011年航拍	空间变化
01 营盘山公园片区			1. 浅山区开发为中高层住宅区 2. 局部浅山区开发为低层住宅 3. 拆除原有建筑，改建为营盘山市民广场与公园
02 前湖公园片区			1. 滨湖建植物园新园展览温室，占地约1万米² 2. 村庄被拆除，建为梅花谷景区部分 3. 原有村庄腹地营造为梅花湖 4. 原空地建设为游客服务中心
03 体育公园片区			1. 村庄被拆除，演变为绿地 2. 村庄被开发为多层住宅区 3. 村庄被拆除，腹地农田改建为体育运动公园、水塘
04 天泓山庄片区			1. 村庄被拆除，演变为绿地 2. 原有空地、村庄腹地开发为中高层住宅区 3. 开发建设为办公类建筑
05 高尔夫别墅片区			1. 浅山区开发为高尔夫运动区 2. 浅山区开发为高尔夫别墅区 3. 浅山区开发为高尔夫酒店 4. 绕城高速东侧逐渐被开发为科技产业园

图9 钟山风景名胜区边缘地带的演化对比分析

（1）边缘地带分布的村庄均被搬迁，其中多是变更为公园绿地或住宅区。例如，前湖公园片区原有村庄搬迁后，整治为绿地及梅花谷景区部分，部分原村庄腹地、田地营造为梅花湖；体育公园片区内，沪宁高速北侧原有村庄拆除，村庄建设用地及其腹地营造为体育公园绿地、湖泊，沪宁高速南侧原有村庄拆除，开发为多层住宅区；天泓山庄片区同样是拆除了沪宁高速北侧的村庄，恢复为绿地，沪宁高速南侧村庄开发为多层、中高层住宅区。

（2）边缘地带的局部潜山区开发为较为高档的住宅区与消费区。例如，营盘山公园片区内，在板仓街的东侧局部开发为中高层与低层住宅区；在绕城高速西侧潜山区部分的高尔夫别墅片区，开发为高尔夫俱乐部、高尔夫别墅以及高尔夫酒店。这些被开发为高档消费与居住的地段位于环绕景区城市道路的内侧，紧邻钟山风景名胜区。

综合分析，从用地功能上讲，钟山风景名胜区边缘地带在2005年以来呈现出了"脱贫致富"的现象，村庄及其农民从事的农业活动均被消亡，取而代之的是免费开放的城市公园或较为高档的消费区、住区。表面上看，村庄建设用地恢复为绿地是实现了"人文"向"自然"的回转，尽管我们拆除了景区边缘地带中"落后"的村庄，消灭了"落后"的第一产业，但景区之中原有的农业生产功能也随即丧失。从空间上讲，景区周围环绕的城市道路对景区边缘地带保护与开发的"度"也起到了较为明显的控制作用，位于环绕景区道路内侧的村庄与腹地多是被公园等人工的覆被或池塘取而代之，局部浅山区开发为高档住区、消费区，总体而言对景区的控制与保护起到了积极的作用；位于环绕景区道路外侧的村庄与腹地则多是被开发为住区，其他城市建设用地相应开发为住区或科技产业园区，且开发密度较高。被开发为公园的区域实现了对更多市民的开放与共享，被开发为高档住区、消费区的区域则是富人的高消费的"天堂"。

如何合理地规划控制城市型风景名胜区边缘地带的功能与空间？我们需要分析保护与开发现象背后的长远效益，分析可创效益的突出价值，分析突出价值的保护与开发。

4 探求保护与开发共荣的发展策略

4.1 保护与开发问题之所在

基于对南京钟山风景名胜区边缘地带空间演变的综合分析我们可以得出，城市型风景名胜区边缘地带的保护与开发主要体现在用地功能与空间两方面的作用。就保护而言，最大限度地恢复景区边缘地带自然与人文环境是对景区最佳的保护方式，同时应严格控制好边缘地带作为城市开发的空间区域；就开发而言，开发均是为了追逐与实现利益，在市场经济的运作模式中，参与城市土地投资建设的主体是多元的，追逐土地利益的角度便有所不同，政府开发行为是实现市民的利益，私人财团的开发行为则是实现自身的利益，双方的博弈也在很大程度上决定着城市型风景名胜区边缘地带的功能与空间。立足于此，从根本上剖析影响保护与开发、功能与空间的原动力主要有：

4.1.1 旅游经济力的拉动

从风景名胜区自身特征讲，旅游是其主体功能之一。随着生活水平的增加，市民及游客对风景名胜区的旅游需求日渐旺盛。由于风景旅游资源是一种舒适性的消费品，其开发利用的收益非常高，现实证明——景区中的商品价格远高于景区外，即可知旅游开发利益远远超过了社会平均利润，为政府带来巨大的收入。同时，旅游产业作为城市第三产业的主力军，在"退二进三"新型城市发展道路上发挥着带头作用，位于城市中的风景名胜区更

是城市新时代发展旅游经济的"永动机"。

4.1.2 城市发展力的推动

从城市发展的经济体制特征讲，在市场经济条件下，有需求就应该会有供给。市场经济体制下的社会运作核心规则之一即是自由竞争，同时伴随着土地有偿使用制度进入市场，土地使用权价格成为土地流转核心，土地的可创效益性是土地开发的决定性因素。风景名胜区附近的消费水平远高于城市中其他一般地段的消费水平，这就决定了风景名胜区边缘地带土地的可创效益是巨大的。投资高回报使各方利益主体对风景名胜区的边缘地带的开发趋之若鹜。若管理部门相对松懈，这就导致了企业财团通过竞争获得经营权，致使推动城市发展的"推土机"推向风景名胜区的边缘地带。

4.2 可行的发展之路

风景名胜区边缘地带作为城市开发"热点"与景区保护"第一线"的矛盾综合体，有着先天的自我矛盾性，"非开发即保护"与"非保护即开发"均是城市型风景名胜区不可取的经营方式，也正如矛盾的本性，必然存在着"有无相生，难易相成，长短相形，高下相倾，音声相和，前后相随"，我们探求不应是一种在开发与保护之间的抉择，而是一种"度"。这种"度"则取决于对风景名胜区边缘地带潜在价值的综合判定。

关于风景名胜区，我们尚未形成标准性的、统一的、用于评定以及保护风景名胜区的价值体系。风景名胜区不同于遗址遗产、文物古迹，不同于自然保护区、生态保护区，更不同于一般的旅游区、度假区。保护与开发这一隐含的先天性矛盾，在城市型风景名胜区中尤为明显。其价值体系的构建亦不能脱离两方面的矛盾关系，保护旨在强调风景名胜区的历史价值、文化价值、生态价值、审美启智价值，开发则旨在利用风景名胜区的经济价值、社会价值。不论何种价值，均旨在有之以为"用"，而绝非仅是有之以为"利"，风景名胜区的价值绝非是经济上的利益，亦不能被利益所驱使，但是可以带来长远的效益。只有管理者与开发者对价值做出合理的判断，才能实现短期效益与长远利益的共赢，避免因对潜在价值的盲动而造成的景区保护与开发的不利。基于价值体系判定的发展，必然将是"开发性保护"或是"保护性开发"的共荣发展策略，使景区与城区得到双赢的发展。

参考文献

[1] 薛惠锋. 风景名胜区建设规模及其边界判定[J]. 地域研究与开发，1991：18-21.

[2] 高畅. 城市型风景名胜区边缘地带积极利用策略研究[D]. 华中科技大学硕士学位论文，2007：27.

[3] 凯文·林奇著，方益萍等译. 城市意象[M]. 华夏出版社，2001：47.

[4] 胡一可，杨锐. 风景名胜区边界认知研究[J]. 中国园林，2011(6)：56-60.

[5] 邢忠，王琦. 论边缘空间[J]. 新建筑，2005(5)：80-82.

[6] 赵若焱. 城市边缘带村镇规划建设的实践与思考[J]. 规划

师，2003(4)：78-82.

[7] 罗杰·特兰西克著，朱子瑜等译. 寻找失落空间——城市设计的理论[M]. 中国建筑工业出版社，2008.

[8] 王毅. 浓墨巨椽绘就钟山新画卷——南京中山陵园风景区全面实施环境综合整治工程[J]. 现代城市研究，2006(10)：87-90.

作者简介

陈双辰，1988年12月生，男，汉族，河北沧州，现为天津大学建筑学院建筑学2011级硕士研究生，文化遗产保护国际研究中心（天津大学）成员，主要研究方向为文化遗产保护、历史文化名城保护与规划、城市规划史，电子邮箱：616166809@qq.com。

从白居易对西湖风景的营建感悟当代风景园林师的社会责任和义务

Apperceive the Morden Landscape Architect's Social Responsibility and Obligation from the Construction of the West Lake Scenery by Baijuyi

陈挺帅

摘 要：社会的进步和变迁以及风景园林的快速发展，都促使旨在创造可持续美好生活的风景园林师们担当起更多的社会责任和义务。本文试着从白居易与西湖风景营建的事迹为出发点，总结古代文人的风景园林师属性，展示其所彰显的社会责任和义务，并在此之上，感悟现代风景园林师所要承担的社会责任和义务。

关键词：白居易；西湖；风景园林师；社会责任和义务

Abstract：The progress of the society and the rapid development of landscape architecture，impels the landscape architect who aims at creating sustainable good life to bear more social responsibility and obligation. This article begins with the some stories of baijuyi's construction on the west lake scenery，and summarizes the ancient literati landscape architect's attributes，displaies the social responsibility and obligation which they have，then apperceives the modern landscape architects' social responsibility and obligation.

Key words：Baijuyi；West Lake；Landscape Architect；Social Responsibility and Obligation

社会的进步与变迁和风景园林的快速发展使得风景园林师们必须担负起更多的社会责任和义务，因为只有如此，才能解决人、自然和社会之间越来越突出的矛盾。然而，越来越多的风景园林师在生存的压力下更多的利益化、商业化，考虑更多的是甲方的需求，而不是解决场地本身的问题，左右他们的更多的是经济上的考虑，可观的设计费成了画图目的，更多做的是为甲方们画出想要的图纸。

如果我们不知道怎么办了，那么我们可以试着向古人借智慧，尤其是深受儒道思想影响的中国古代文人们，他们卓绝的智慧以及对世界万物真善美的认知，都远在我们之上，看他们做了什么，了解他们的思想，也许是我们能够解决现在所遇到的问题的一种思路。虽然中国古代并没有现代意义上的风景园林师，但很多时候我们仍然可以在文人身上看到一些风景园林师的影子。

1 从诗意栖居看风景园林现状

联合国教科文组织的风景园林教育宪章里提出风景园林的目标是改善自然和人工环境的质量，建立和协调风景与建筑、基础设施的关联以及对自然环境和文化传统的尊重等，这些都与公众利益息息相关。① 风景园林师的价值取向是要做一个守卫者，守卫自然和文化，即营建诗意栖居的环境。② 这样的愿景是我们风景园林师最终努力的目标。

诗意栖居同样是中国园林最深的精神内涵[1]，而诗意栖居的达到需要的同样是具有诗意的、感性的，对万物都欣赏和热爱的风景园林师的努力，现在的风景园林师们是否都具有这样的素质和觉悟值得探讨，但以中国传统文化为精神支柱的中国文人们很大程度上是具备的，他们寄情山水，惜爱一花一木，兼具园主、设计师和欣赏者为一身。中国传统文化有很多具体的形式代表，然而中国古代文人们似乎对园林情有独钟，似乎只有在这里，他们的生命才能够真正地怒放，他们内心最深处的愿望才能够实现，因而，很多时候他们直接参与到造园中来，即使没有，他们也会用诗词来品评自己中意的园林，赞美园林，歌颂园林；与此同时，园林似乎也听得懂文人们的声音，反过来又提升了文人的知名度和个人魅力，很多时候，我们甚至直接用文人所在的园林居所来称呼他的名字，似乎园林就是其人，其人便是园林。这样一种用我们当代的话来说就是极其和谐的一种关系，不禁令我们惭愧，古代文人和园林如此的相依相存，如此密不可分，惭愧地同时，想想我们现在人与自然的状态，我们是否有思索过原因呢？人不同了，还是景已经变了？

本文希冀以白居易治理西湖水利，营建西湖风景的事迹为例，总结古代文人身上所具备的风景园林属性，阐述当代风景园林师的社会责任与义务。

---

① 国际风景园林师联合会/联合国教科文组织风景园林教育宪章总则第一条。

② 高翅教授在《守卫自然与文化的风景园林师》一文中认为，风景园林师的价值取向，我们的价值取向应该很容易理解，我这里面有一个词应该是叫守卫者，守卫自然和文化，简单地说，就是营建诗意栖居的环境风景园林师所要创造的是一个诗意的大地。

2 白居易西湖风景营建的事迹

白居易，字乐天，其先盖太原人。……于是，天子荒纵，宰相才下，赏罚失所宜，坐视贼，无能为。居易虽进忠，不见听，乃丐外迁。[2] 上文所说的外迁即是白居易于长庆二年（公元822年）调任杭州刺史，虽然是主动请辞，但白居易并没有完全避世隐居，相反他一到杭州，便立即着手解决当地百姓的疾苦问题，其中最为重要和显著的便是修筑杭州湖堤蓄水灌田。[3]

关于白居易兴修西湖水利一事，《新唐书·白居易传》中这样记载："为杭州刺史，始筑堤捍钱塘湖，锤泄其水，溉田千顷；复浚李泌六井，民赖其汲"。[2]《西湖佳话》一书"白堤政绩"中有这样一段文字：古词有云："景物因人成胜概。"西湖山水之秀美，虽有天生，然补凿之功，却也亏人力。[4] 这也极大地证明了白居易对于西湖风景营建的巨大作用，把白居易治理西湖的过程按照时间顺序大致可以分为以下几个阶段：

2.1 长庆二年（公元822年），治湖疏井

第一个在杭州疏井引水解决居民饮水问题的是官员李泌，南宋《乾道临安志》里记载："为杭州刺史，引湖水入城。为六井以利民，为政有风绩"。[5] 李泌始建的六井，不是从地下水引水，杭州的地下水多为咸水，难以饮用，而是引西湖水通过管道之后所形成的类似蓄水池的水，管低于西湖池底，只要西湖水不干涸，就不会出现饮水断绝的问题。

白居易到达杭州的时候，距离李泌疏六井已经四十年有余，管道内已经堵塞得十分严重，影响城内用水，因此，白居易开始疏理六井，《钱塘湖石记》中写道："其郭中六井，李泌相公典郡日所作，甚利于人，与湖相通，中有阴窦，往往埋塞，宜数察而通理之"。[6]

西湖整治和六井修建，为杭州的经济繁荣奠定了基础，也增加了杭州的人口。《乾道临安志》记载："自陈置钱唐郡，隋废郡为杭州，户一万五千三百八十；唐贞观中，户三万五百七十一，口一十六万三千七百二十九；开元中，户八万六千二百五十八"。[5]

当然，期间也受到一些地方豪绅和官员的反对意见，毕竟违背了他们的相应利益，但是，白居易据理力争，指出居民生存是最重要的考虑因素，由此同时，在科学的依据之上，才进行的各种工程举措，有力地回击了部分人的质疑①。正因为白居易的这些举措，使得杭州当时称为东南第一大都市，船舶流通，货物集散，蔚为壮观。[7]

2.2 长庆四年（公元824年），修建"白堤"

长庆四年春三月，白居易修建的堤（并非现在所说的白堤）落成。在其《钱塘湖石记》中这样记载这件事情："钱塘湖一名上湖，周回三十里。北有石函，南有笕。凡放水溉田，每减一寸，可溉十五余顷，每一复时，可溉五

十余顷。……若堤防如法，蓄泄及时，即濒湖千余顷田无凶年矣"。[6] 这也就间接地说明了筑堤之后，白居易设置了相应的饮水系统，北有饮水涵洞，南有饮水竹管，可以控制湖水的排放，保证农田灌溉。

《钱塘湖石记》里还阐述了白居易关于西湖蓄水排水具体的管理措施：

（1）派遣官员专人管理，定时定量防水

"先须别选公勤军吏二人，……定日时，量尺寸，节限而放之"。[6]

（2）规范用水申请

"若岁旱，百姓请水，须令经州陈状刺史，自便押帖所由，即日与水。若待状入司，符卜县，县帖乡，乡差所由，动经旬日，虽得水，而旱田苗无所及也"。[6]

（3）合理用水，加强监督管理

"又须先量河水浅深，待溉田毕，却还本水尺寸。……其石函南笕并诸小览阔，非浇田时，并须封闭筑塞，数令巡检，小有漏泄，罪责所由，即无盗泄之弊矣"。[6]

（4）汛期的预防与溢洪措施

"又若霖雨三日以上，即往往决。须所由巡守，预为之防。其览之南旧有缺岸，若水暴涨，即于缺岸泄之。又不减，兼于石函南览泄之，防堤溃也"。[6] 科学务实的治水态度是基于其对黎民百姓的爱护，也是对西湖山水的爱慕，很好地体现了白居易在进行整治西湖的时候，对场地、对人的尊重。

2.3 基于水利改造的西湖风景营建

白居易还鼓励犯错的人在西湖边种植树木，开垦藕田，一方面起到惩罚的作用，但更重要的是白居易希望通过美丽的自然环境来引导那些有过错的人，起导他们内心深处的真善美。基于此，杭州城经济迅速发展，人民安居乐业，与此同时，西湖山水风景魅力渐渐凸显，成为举世闻名的风景胜地。晚明文人张岱在其著作《西湖梦寻·玉莲亭记》中这样写道："白乐天守杭州，政平讼简。贫民有犯法者，于西湖种树几株；富民有赎罪者，令于西湖开葑田数亩。历任多年，湖葑尽拓，树木成荫……东去为玉兔园，湖水一角，僻处城阿，舟楫罕到。"[8]

3 从白居易西湖风景营建事迹看古代文人与风景园林师的双重属性

白居易当然更多给我们的印象是一个伟大的文学家，诗人，何况古代并没有风景园林师这一职业身份，说白居易身上的风景园林属性，推而广之，说古代文人的风景园林属性，会不会是一个谬论？

那么我们首先得知道风景园林是什么？国际风景园林师联合会的定义指出风景园林是合理利用自然和社会因素创造优美的人类生活境域，这就要求我们本着保护和管理自然与人文资源的原则，借助科学知识和文化素养，合理地安排自然和人工要素，创造出有一定功用的、

---

① 刘浪在《白居易与西湖水利》一文中提到白居易疏井治水这桩人民受有实惠的德政，有违当地官吏和豪门大族的利益，当时他们对白居易大概也曾群起而攻之，散布流言，百般刁难，设置层层阻力。

令人愉悦的美好环境。从这一定义上，那么白居易之于西湖上所做的这些事情，很显然是符合风景园林本身的定义的，即使白居易本身并没有刻意从风景园林的角度出发，然而不自觉地做了这些，我们现在回想的话，也许他就是个风景园林师，而且应该说是十分伟大的风景园林师。

事实上，白居易并不是一个单纯的文人，只是他文学上的成就太过突出，以至于我们没有在意他在其他领域的成就。白居易是一位具有真才实学的学者，他曾编撰过一部类书，名叫《白氏六帖事类集》，凡三十卷，其中第二卷的内容为：山、水、川、泽、丘、陵、溪、洞、江、河、淮、海、泉、池、宝货、布、帛。[9]由此不仅可见他知识的渊博，而且很多是直接关于自然地理的描述与论断，那么很显然白居易是懂得山水环境营建，了解河川大地的。白居易如此，很多时候，其他的古代文人同样如此，他们同时具有文人和风景园林师双重属性。

《宋史·苏轼传》说道：轼见茅山一河专受江潮，盐桥一河专受湖水，遂浚二河以通漕……堤成，植芙蓉、杨柳其上，望之如画图，杭人名为"苏公堤"。[10]可见和白居易一样，苏轼一方面是中国历史上伟大的文学家，留下了许多脍炙人口的诗篇，另一方面，他在为政期间，经常不经意以风景园林师的角度，有很多利民的事迹。

文人不经意间透露着风景园林师的属性，与此同时，古代的造园家们也有着文人的气息。

我国明代后期杰出的造园家计成，出身于富裕之家，幼年时饱学诗书，博览群书，以善画山水而知名。[11]不佞少以绘名，性好搜奇，最喜关仝、荆浩笔意，每宗之。[12]与此同时还是位文化素养很高、博学多才、见多识广的落魄文人，在造园时不同于一般工匠，善以书画理论付诸造园实践。计成还是一位诗人，当时人们评价他的诗如"秋兰吐芳，意莹调逸"，可惜他的诗早已散佚。[11]计成文学上的造诣我们仅从《园冶》中的用词及语句就可见一斑，用词瑰丽，典故众多，且皆能推陈出新，时而对仗气势磅礴，时而小句清新文雅。由此，我们可知计成其文人性的存在。

因此，本文根据以上总结出古代文人的风景园林师属性：（1）以天人合一，人与自然和谐相处为最终目标；（2）热爱自然，并知晓是真善美最大的载体；（3）尊重生命，以人类生存为最大考虑的对象；（4）拥有丰富的知识和求真务实且科学的态度；（5）敢于和强权、地方势力做斗争；（6）文人深厚的文化属性和文学造诣为美丽的风景留下历史佐证。

4 当代风景园林师的社会责任和义务

我们希望能建设可持续的风景园林，如何才能做到呢？其实简单来说即为守卫自然和文化要做到人与天调，地域特质需要巧于因借，城乡统筹为了诗意栖居，权益平等实现美美与共。[13]风景园林师的社会责任的实现应该要

建立一系列的标准规范和监督机制。① 风景园林师更应该抱着对社会、对公众负责的态度，以低碳的理念去实践，以生态的技术去诠释，以科学的眼光去探索，以社会的视角去研究，创造和保护我们共同的生存环境。[14]

具体来说，我们还要建立完备的风景园林相应法律，宣传风景园林，坚持对自然的尊重和场地禀赋的认同等；作为风景园林人，其实只要是真善美的东西，哪怕再小，你去创造了，或者去守护了，风景园林创造可持续美好生活的愿景总会实现……

5 结语

文人们总是在不自觉地扮演着风景园林师的角色，甚至比我们做得多很多，因为他们只有用心去创造过美丽的景色，才能诉诸诗词笔墨。

而我们，就是风景园林师，是时候该去做些什么了，是时候去改正些什么了，不仅是我们，还有我们的朋友亲戚家人，甚至我们的下一代，都是有着正确的风景园林的价值取向，才能实现可持续的风景园林，风景园林创造可持续美好生活的愿望才能实现，而在这之中，我们，风景园林师们，是最大的主角，是最重要的中坚力量，只有我们做到了，才能让更多的人明白，风景园林存在的意义。

白居易离任杭州刺史的时候说过一句，"未能抛得杭州去，一半勾留在此湖"。西湖的曾经沧海给他留下太深的印象，这里面点点滴滴都有他的汗水和记忆，然而，他是笑着走的，因为他看到了现在的西湖风光是如此动人美丽，我们何尝不是呢？不论现在的风景园林如何，我们终会通过自己的努力，看到未来风景园林美丽的身影。

参考文献

[1] 邬东璠，陈阳．诗意栖居——中国古典园林的精神内涵 [J]．中国园林，2008(04)．

[2] （北宋）欧阳修，宋祁．新唐书．白居易传[M]．中华书局，1975．

[3] 黎沛虹．白居易开发西湖水利[J]．水利天地，1988(04)．

[4] （清）吴墨子．西湖佳话．白堤政迹[M]．亿部文化有限公司出版社，2012．

[5] （南宋）周淙．乾道临安志//杨家骆主编．中国学术名著第六辑．大陆各省文献丛刊第一集．第三册[M]．世界书局出版社，2011．

[6] （唐）白居易．钱塘湖石记//施奠东主编．杭州市园林文物管理局编纂．西湖志．卷十九．法规[M]．上海古籍出版社，1995．

[7] 陈陆．唯留一湖水，与汝救凶年．环球水文化[J]．中国三峡出版社，2010(08)：83-89．

[8] （明）张岱．西湖梦寻．玉莲亭记[M]．浙江古籍出版社，2013.2．

[9] 刘浪．白居易与西湖水利．中国水利[J]．中国水利出版社，1983(01)：41-42．

[10] （元）脱脱，阿鲁图等．宋史．列传第九十七．苏轼传[M]．中华书局，1985．

---

① 张云路、李雄、章俊华在《风景园林师社会责任 LSR 的实现》一文中提出四条以实现风景园林师社会责任的机制要求：（1）社会责任评价标准的制定。（2）政府引导和鼓励机制。（3）社会大众监督机制。（4）风景园林师的基本价值观培养机制。

[11] 孙文飚. 明代造园家计成. 江苏地方志[J]江苏省地方志
编纂委员会办公室. 江苏地方志杂志编辑部，2001(04)：
35-36.

[12] 陈植. 园冶注释[M]. 中国建筑工业出版社，2009.3.

[13] 高翅. 守卫自然与文化的风景园林师[R]. 第三届园冶高
峰论坛，2013.1.

[14] 张云路，李雄，章俊华. 风景园林社会责任 LSR 的实现
[J]中国园林，2012(01).

作者简介

陈挺帅，1989 年 11 月生，男，汉，浙江金华，本科，华中
农业大学风景园林系 2012 级研究生，电子邮箱：921986098
@qq.com。

古徽州地区水口园林以及营造机制探析①

Study on Shuikou Garden of the Huizhou Ancient Village and its Construction Mechanism

方　盈　潘韵雯

摘　要：基于对古徽州地区"水口"营建的基本史实与文献著作的梳理，在吸收相关研究的基础上，本文拟结合具体实例，探讨水口园林的含义、构成要素以及功能意义等内容，进而试图对"水口园林"的营造机制进行解读，发掘"水口园林"在风水、社会、文化、村落宗教等方面之于古代村落环境图景的深刻内涵。

关键词：水口园林；营造机制；风水；村落宗教

Abstract：Based on the Huizhou Ancient Village, this paper combines basic facts and literature of the *Shuikou* garden construction. In related research，based on absorption，this paper with concrete examples explores the meaning of *Shuikou* garden, elements and functional significance of such content. Further attempts try to create a mechanism to interpret and exploring connotative meaning of *Shuikou* garden in *fengshui*, social，cultural，religious and other aspects of the villages in the ancient village picture.

Key words：*Shuikou* Garden；Construction Mechanism；*Fengshui*；Village Religious

> "故家乔木识掞楠，水口浓郁写蔚蓝，更着红亭供眺听，行人错认百花潭。"
>
> ——清·康乾方西畴《新安竹枝词》

1　前言

中国古典园林大体上可以分成两类：一类是以私家园林与皇家园林为代表的园林类型，尽管在规模上相差较远，但其山水多为人工开凿，且具有供少部分人使用封闭不对外开放的特征；另一类是以水口园林为代表的园林类型，其在地形地貌上多为真山真水，少有雕琢，推崇"天成"，讲究人与自然的和谐与统一，且对外开放、空间开敞、可以供人们自由进出。

关于古代徽州地区传统村落中的"水口"以及学人所提出的徽州独有之"水口园林"，已有相当数量文献进行记述和研究。《徽州古村落山水文化解读——以唐模、灵山为中心》、《徽州传统聚落与人居的可持续发展》、《徽州古民居（村落）与可持续发展的人居探索》、《徽州古民居可持续发展的技术与生态观》、《理坑古村落人居环境研究》、《迷宫式古村南屏》、《徽州文化古村——呈坎》以及《中国古村落的景观建构》等文章从山水环境的生态观念的角度阐释了古徽州传统村落中"水口"环境的重要意义；《徽州水口园林的建筑特色——兼与苏州园林比较》、《徽州传统聚落景观基因识别及其分析》、《徽州古村落的景观特征及机理研究》、《徽州古村落水口景观及现状》、《徽州古村

落水口园林树木景观的研究》、《徽州水口林》、《徽州水口园林植物景观的探讨》从景观及建筑构成要素的角度解析了以"水口"为中心建造的园林自身的内容及特色；《徽州村落中的水口园林》、《徽州水口园林意境浅析》、《水口园林设计溯源》和《水口园林的文化内涵与美学价值》等文章探讨了"水口园林"美学和文化方面的价值和内涵；《徽州传统聚落公共空间研究》一文提出"水口园林"在古村落中作为公共空间和公共绿地的实用功用。《水口园林与风水理念》、《我国古代园林的风水情结》、《中国传统园林与风水理论》和《中国古村落景观的空间意象研究》等文章主要解析了"水口园林"在风水理论影响下的空间意象和特征。《徽商和水口园林——徽州古典园林初探》、《解读徽州文化的三种文化空间》和《徽州府的村落宗教：初步的探讨》探讨了地方精英、社会经济文化以及村落宗教与"水口园林"建造的关联；另外，《徽州水口园林唐模檀干园考述——为文化生态保护工程而作》一文结合史料，对当前"水口园林"的典型代表唐模檀干园的历史建造历程进行了一定深度的考证。

有鉴于此，本文拟结合具体实例，对水口园林的构成要素、功能意义及营建机制等内容做进一步的研究和讨论，进而试图对"水口园林"的营造机制进行解读，发掘"水口园林"之于古代村落环境图景的深刻内涵。

① 基金项目：中央高校基本科研业务费资助，HUST：编号 2013QN044。

2 水口园林概述与营建模式探讨

2.1 水口园林概述

"水口"一词来源于古代风水学，其本身的含义是一方众水所总出处。明朝风水师缪希雍做出的这一定义，点明了水口在整个古村落中的位置与意义（图1）。

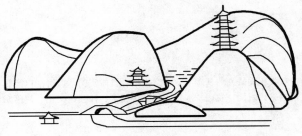

图1 典型水口布局（图片来源：
王其享《风水理论研究》）

在传统思想支配下，人们往往会将水口视为村落的门户与灵魂，往往会将人工营建的环境与良好围合的露天环境融合于其中，创造出以水口地带自然山水为基础，依山就势、就水取形，辅以人工营建与改造的植物、湖泊以及人工建筑（如桥、亭、牌坊、楼阁、塔等）共同构成的水口园林。水口园林由于社会与文化的影响，在功能上即村落的公共园地，可供村民的休憩、聚会。

《仁里明经胡氏支谱》中详细描述了古徽州婺源考川仁里的水口园林："……水口两山对峙，洞水闸村境，……筑堤数十步，栽植卉木，屈曲束水如之字以去。堤起处出入孔道两旁为石板桥度人行，一亭居中翼然，……有阁高倍之，……榜其楣曰：文昌阁"。这一描述充分展示了水口园林的构成要素与营建模式，展现了其园林式的布局特征。

2.2 水口园林的营建要素

由于水口园林的重要性，徽州先人对于一村水口园林的营建，可谓是殚精竭虑。比如对于自然环境中水口两岸的山的考察就会要求其形如禽兽、龟蛇、旗鼓的山形为佳，其中"犬牙交错"的水口为最佳；作为这种心理的延续，人们还往往会以"龟蛇"、"狮象"等成对的动物名来为水口处的山冠名，加强水口的"锁钥"之效。而对于人工环境的营建主要有三种要素，分别为水口水、水口林、水口建筑三大类。

2.2.1 水口——水

在风水理论中，水是财气的象征和灵气的体现，故而水口必须多水，要千方百计把水聚集起来。水口园林中水的营建根据村落所处的水文地理环境影响会有不同的感受与处理方式。处于大河岸边的水口园林的水就显得气势磅礴，如歙县雄村水口，傍着渐江，绵延十里，气势不凡（图2）。这种情况往往会修建堤坝来控制水口的水流。而位于山地中或山脚下的村落中的水口受到地形条件等

的限制其水口往往位于溪水上，故其水口处的水较为小巧精致。在处理方式上，常常会在水口附近人工开凿出人工湖泊或者水系，如唐模的檀干园中的小西湖、宏村的南湖等（图3、图4）。

图2 歙县雄村渐江（图片来源：
http://www.xinhs.cn/article.asp? id＝5185）

图3 唐模水系（图片来源：作者自摄）

图4 宏村南湖（图片来源：作者自摄）

2.2.2 水口——林

风水理论认为："草木郁茂，吉气相随"[①]。水口常常是三面环山、一面出口，为抵挡"煞气"寒流、北风等的侵袭，故在水口处植大片"风水林"，保护村子的命脉。水口林植于村落水口，还可作为屏障，拦截村中旺气不外泄。水口林与水口的自然环境与人工建筑相融合，共同构成了优美的村落景观。如黟县南屏就以巍然耸立的参天古树形成的"万松林"而闻名（图5），万松林中绿荫蔽日，青草铺地，其中还设有石凳石桌，是供人们茶余饭后漫步、小聚的村落公共场所。

图5 南屏水口万松林（图片来源：http://qhgdyjgx.blog.sohu.com/212875847.html）

相对于水口林中"林"的概念，还有一种"水口树"的概念，即于水口处孤植树木，以成为村落中的风水树以及水口中地标。例如宏村水口南湖边的枫杨和唐模水口的古樟槐荫树（图6）。

图6 唐模槐荫树（图片来源：http://www.tangmocun.com.cn/News/Show.asp?id=570)

2.2.3 水口——建筑

有水口必有建筑，水口中的附属建筑是水口古村落风水意匠以及社会背景的集中体现。常见的建筑有桥、亭、牌坊、堤坝、楼阁、宗祠、塔等。并不是每个村落都

---

① 《青乌先生葬经》（题金丞相兀钦仄注）。

涵盖所有这些建筑形式，每个村落都会有不同于其他村落的水口建筑组合模式。同时，每个水口建筑都有其自身的名字反映了不同的社会人文背景。

（1）桥

在徽州古村落，桥是最普遍的水口"关锁"之物。水口桥形式多样，讲究也各不相同。绩溪县的冯村中的水口桥的营建就十分讲究，绩溪《冯氏族谱》中提到"自元代开族以来隅庐豹隐，尚未能大而光也。后世奉堪舆之说，因地制宜，辟其墙围于安仁桥之上，象应天门；筑其台榭于理仁桥之下，象应地户。非徒以便犁园，实为六厅（族分六支，支各有厅）关键之防也。所以天门开，地户闭，上通奸国之德，下是泄漏之机。其物阜而丁繁者，一时称极盛焉"。可见，绩溪村中风水理论对于水口桥的兴建的影响以及水口桥对于村落建设与村落兴衰的影响。

（2）亭

在水口园林中，亭是常见的点景建筑，它是水口园林营建中广泛应用的建筑类型。它的位置灵活，有临溪、跨水者，也有位于湖心、山林间者。水口亭造型多样，变化丰富，各具特色。亭在水口景观中提供了驻足、休息、娱乐的场所，还丰富了水口景观层次，起到画龙点睛的作用，甚至成为一个村落的标志性建筑物。如唐模沙堤亭、棠越水口骢步亭、许村的大官亭、潜口的善化亭等（图7）。

图7 棠越水口骢步亭（图片来源：作者自摄）

（3）牌坊

牌坊，是一种宣明教化，表彰功德的纪念性建筑，是封建的伦理道德观念的产物，在崇尚"程朱礼学"的徽州古村落水口园林的建设中，几乎每个村落都有牌坊建筑。作为表彰和宣扬封建伦理道德观念的功能，它往往具有较高的观赏价值和文化内涵。牌坊在造型、装饰上比较讲究，以使之在整个水口园林乃至村落中发挥重要的作用。水口是村落的主要出入口，牌坊立于水口处，当由牌坊下穿行通过时，便标志着由此已走进或走出某个特定的空间领域。如棠越牌坊群、唐模同胞翰林坊等（图8）。

图 8 棠樾牌坊群（图片来源：作者自摄）

（4）楼阁

受到风水思想的影响，徽州古村落常在水口兴建"文昌阁"、"魁星阁"等楼阁建筑，在水口建造楼阁是一个村落文运兴盛的标志和文化层次的象征。如歙县雄村水口的竹山书院中的文昌阁，宏村南湖的望湖楼、会文阁，西递水口的文昌阁等。

（5）塔

塔也是风水思想催生出的一种重要的水口园林建筑营建模式，是水口园林中规格比较高的一种建筑形式。它在风水理论"培文脉，壮人文，发科甲"思想的影响下，或立于山上或立于河岸，用于"补风水"，以扼住关口，留住财气或兴文运等。如休宁万安福瑚村福瑚塔、潜口翼峰塔等（图9）。

图 9 潜口翼峰塔（图片来源：
http://www.colourhs.com/
html/yingrenfengcai/jingdian/2010.html）

（6）其他建筑

此外，水口处还会设有祠堂、书院、村庙等建筑，成为水口园林的组成部分。由于徽州对科举文教事业的重视以及对传统宗族观念的影响，这类建筑大量存在于徽州的古村落中，而其位置又与水口园林具有开放性特质以及水口在风水理论中的重要性有紧密联系。较有代表性的有龙川水口园林中的胡氏宗祠，它坐北朝南，三进七开间，有"江南第一祠"之称；歙县雄村水口园林中的竹山书院以及呈坎兼具寺院园林特征的水口园林庙宇道观群体；以及岩寺水口园林中的芥庵寺（图10）。

图 10 竹山书院（图片来源：
www.confucianism.com.cn）

3 古徽州地区古村落水口园林的两个案例

3.1 唐模水口园林

唐模"檀干园"是古徽州地区素享盛名的水口园林，以檀干园为中心的唐模水口园林是名副其实的建于"水口"之上的园林。唐模的溪水名檀干，取《诗经》"坎坎伐檀兮，置之河之干兮"之意[①]，临溪而建的园林因水得名，后俗称"小西湖"。据汪大白先生考证，始建于清初的园子并非位于现今所见的村口园子的位置，而应在村落之东、檀溪之南的水口山（当地俗称"荒园山"）之上。直至新中国建国初期，早期的"荒原上"尚存大片成林的数百年橡子古树，还有庙宇寺院掩映其中。[②]《歙县文物志》中记录"园内原有桃花林、白堤、蜈蚣桥、灵官桥、玉带桥、三潭印月、响松亭、环中亭、湖心亭、镜亭等胜景"。园内所存清末翰林许承尧的长联，"喜桃露春浓，荷云夏净，桂风秋馥，梅雪冬妍，地僻历俱忘，四序且凭花事告；看紫霞西耸，飞瀑东横，天马南驰，灵金北倚，山深人不觉，全村同在画中居"。俨然一幅山水田园的美好聚居图景（图11）。

① 秦俭，龚美玲文/摄影. 皖南古韵［M］. 中国旅游出版社，2007：176.
② 汪大白. 徽州水口园林唐模檀干园考述——为文化生态保护工程而作［J］. 黄山学院学报，2011. 13（4）.

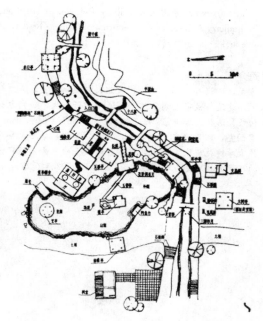

图 11 檀干园水口园林复原图
（图片来源：参考文献 6）

3.2 呈坎水口园林

《徽州文化古村——呈坎》中描述的呈坎的水口园林规模较大，分为村南、村北两个。村南水口园林由上花园、下花园、都天庙、隆兴桥、大坝小坝、乐济桥、上观、下观、昇仙桥组成。其中上花园原名"日涉园"，取陶渊明"园日涉以成趣"之意。园中四角方亭是典型的园林建筑。书中描述在龙山和长春山之间还有村北水口园林，其上兴建龙山庙，古桂花树遍布其中。且"从北面沿桃花坝进村，七至八里外即可看见龙山庙美景"[①]。与前述村南的水口园林相比较，这里的"村北水口园林"当是园林风景式布局的开敞空间，是古徽州地区少见的位于村尾的处于水流来势方位的水口园林实例（图 12）。

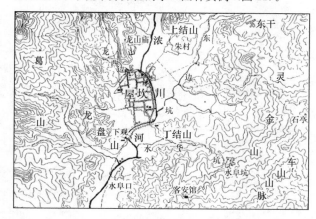

图 12 呈坎古村落风水图复原图
（图片来源：参考文献 7）

4 水口园林营造机制

4.1 宗族、徽商经济文化与风水观念的交织

源自风水观念上的水口园林，其营建过程中风水观念的形成和执行，是融合了当地社会和人文特征的综合结果。乾隆《徽州府志》记载"新安各组，聚族而居，绝无杂姓掺入者，其风最为近古。"由此可知，徽州古村落大凡为一大宗族聚居的血缘型聚落，以血缘关系为纽带，以家族为单位聚居。故而最初其水口的建设与宗族势力密不可分，通常以聚落族长为倡导者，全村共同出资兴建。明清时期，徽州的水口迎来了其鼎盛时期，这与当时徽商的强大是分不开的。徽商其经营所得的大量利润并未用于资本的再次转化，而是荣归故里，将财富转移到营建本乡的住宅、园林、祠堂、书院、牌坊等地方事务上，兴修水利，办学育人。徽州位处深山，地少人多，大规模兴建园林的可能性很小。因而，徽商与村民共同捐资，在村头公用且具有建园条件的水口植树造林、凿池修山、建亭造景、树碑立坊、造园修庙，供人们游览观赏。而顺应风水理论"择吉处而安"的"天人合一"思想贯穿于水口园林的建造始终。

4.2 村落宗教

由于古代徽州地区的宗族势力的发达，村落宗教不曾被提及。但由前述案例可知，寺观庙宇与祠堂、书院相比，在水口园林的建筑类别中所占比例不在少数。由此我们不妨推想一下，表面上比起中国其他地方，徽州的僧尼和道士的确较常处于社会低阶层，但是社会对于他们所操作的仪式的依赖似乎与别处一样普遍。[②] 即使家族祠堂在村落的建筑中占据了主要的地位，村庙依然大量出现在水口园林的营建活动中。在这里，水口的位置由于村庙的存在而显得更加具有标志性和象征意义，水口园林的涵义也变得异常丰富。

5 结语

古徽州地区的水口园林是古村落社会中除了祠堂和徽州民居之外的一枚瑰宝。作为发端于风水理论的重要村落景观要素，水口园林在古徽州当地的经济、人文乃至村落宗教等诸多历史背景中与祠堂和民居一起，勾勒出一幅生动鲜活的古村落人居环境图景。

参考文献

[1] 程极悦. 徽商和水口园林——徽州古典园林初探[J]. 建筑

---

① 罗来平. 徽州文化古村——呈坎［M］.（内部发行）天马出版有限公司，2005：100-101
② John Lagerwey（劳格文）. Village Religion in Huizhou: A Preliminary Assessment［J］. Journal of Chinese Ritual, Theatre and Folklore（台湾），2011，174.

学报，1987(10)：75-79.

[2] 关传友. 中国传统园林与风水理论[J]. 皖西学院学报，2001(1)：69-72.

[3] 孙明. 徽州古村落水口景观构建与解读[D]. 合肥工业大学，2010.

[4] 阚陈劲，吴泽民. 徽州古村落水口景观及现状[J]. 小城镇建设，2009(1)：65-70.

[5] 王磐. 徽州村落中的水口园林[J]. 安徽建筑，2011(3)：55-56.

[6] 汪大白. 徽州水口园林唐模檀干园考述——为文化生态保护工程而作[J]. 黄山学院学报，2011(4)：6-8.

[7] 罗来平. 新安江上一明珠——历史文化名村呈坎[J]. 规划师，1995(1)：35-52.

[8] John Lagerwey（劳格文）. Village Religion in Huizhou：A Preliminary Assessment[J]. Journal of Chinese Ritual, Theatre and Folklore(台湾)，2011，174.

作者简介

[1] 方盈，1984年2月生，女，汉族，安徽，学士，华中科技大学建筑与城市规划学院，在读博士研究生，研究方向为传统聚落与民居研究，电子邮箱：394382771 @qq.com。

[2] 潘韵雯，1988年1月生，女，汉族，浙江，学士，华中科技大学建筑与城市规划学院，在读硕士研究生，研究方向为风景园林历史与理论，电子邮箱：282602514@qq.com。

村镇景观特征及其评价指标体系初探[①]

Research on Characteristics and Evaluation Index System of Rural Landscape

郭彦丹　谢冶凤　张玉钧

摘　要：村镇景观是一种复杂的景观要素综合体，具有与城市景观、自然景观相异的特征。村镇景观评价指标体系是村镇景观评价的标准，也是相关规划研究的基础性工作。本文通过查阅文献资料和专家分析，探讨总结出村镇景观具有乡土性、地域性、生产性、系统性、宜人性和文化性等六大特征，并以此为基础构建村镇景观评价指标体系，为村镇景观评价和村镇景观规划建设等研究工作提供理论基础。

关键词：村镇景观；村镇景观特征；评价指标体系

Abstract：Rural landscape is a complicated system composed of many landscape elements, with characteristics different from the urban landscape and the natural landscape. The valuation index system is criteria for rural landscape assessment and a basic task for the related research on rural landscape. In this paper, by using documentary references and expert analysis, six characteristics of rural landscape were summed up which included native soil, territoriality, productability, systematization, comfort level and culture of rural landscape. Based on it, an evaluation index system of rural landscape was established which would be a theoretical principle for the research work of rural landscape such as rural planning and development.

Key words：Rural Landscape；Characteristics；Evaluation Index System

村镇景观是村镇自然、经济、社会、文化的复合体，拥有许多与城市景观、自然景观不同的特征。但随着我国城镇化和经济社会的快速发展，村镇土地利用结构发生较大变化，导致村落农业用地减少、村镇景观破碎化、村落"场所感"和"归属感"下降、民俗文化逐渐丧失等问题。因此急需建立合理的村镇景观评价指标体系，指导村镇景观规划内容与发展方向。

1　研究背景

目前国内有关"村镇"、"村镇景观"的研究极少，最早可追溯到1992年的《村镇规划》一书，书中贾有源认为[1]，村镇是相对于城市而言的，是以集镇为中心，若干自然村分布于四周的一种时空格局。柳智[2]在其硕士学位论文中提出，传统村镇主要指的是各地区经过长期以来选择、积淀，有一定历史和传统风格的人类聚居环境系统。金兆森[3]等人提出，从村镇规划的角度来看，村镇包括建制镇、集镇和村庄。刘端阳[4]等人在研究村镇景观规划中提出，村镇景观在客观方面包括地理位置、地形、水、土、气候、动植物、人工物等，在主观方面包括经济发展程度、社会文化、生活习俗等。村镇景观就是由村镇的建筑物、构筑物、道路、绿化、开放性空间等物质实体构成的空间整体视觉形象。何雅婷[5]在其硕士学位论文中提出村镇景观是由相互联系的村镇经济景观、文化景观、自然景观等构成的具有社会、经济、生态、美学等多重价值的景观环境综合体。

综合对文献的分析提出：本文所研究的村镇主要指

作为居民点、表现出较为突出的村镇景观特征的村镇，既包括产业结构较为单一、村镇特征明显的部分建制镇，又包括具有乡村风貌的集镇、村庄和乡村社区。而村镇景观指的是在村镇地域范围（村庄与集镇及县城以外的建制镇的地域综合体）内，以大地景观为背景，以村镇聚落景观为核心，为人类聚居活动提供生产和生活服务功能，由经济景观、文化景观和自然景观构成的地表可见景象的综合体。

我国是一个典型的农业大国，以农村居民生活、生产、生态为主要内容的村镇景观资源十分丰富，表现出许多与城市景观、自然景观相异的特征。本文在充分探究村镇景观特征的基础上，建立合理完善的村镇景观评价指标体系，通过村镇景观特征评价，判定村镇景观类型，找出村镇景观发展过程中存在的问题，从而指导村镇景观资源的保护与开发，为村镇景观的规划与建设提供依据。

2　村镇景观特征

景观特征是指在一定场地内使景观与众不同并创造出一种特定场地感受的因素，它是一种特别的、可识别的、景观元素一致的形态，这些形态可以把一处景观和另一处景观区别开来[6]。村镇景观特征即指村镇体系范围内使村镇景观与其他景观区别开来的因素。

Elke[7]在研究人们的乡村景观偏好中提出，乡村景观具有自然性、开放性、多样性、维护性等特征。Yoji[8]研究日本梯田景观时提出自然性、开放性、维护性、宜人性和生物多样性的村镇景观衡量标准。谢花林[9]等认为乡

①　国家科技支撑计划：村镇景观建设关键技术研究（2012BAJ24B05）。

村景观衡量指标应包括自然性、奇特性、有序性、多样性、运动性等多个方面。本文结合相关研究成果，提出村镇景观拥有六大特征：乡土性、地域性、生产性、系统性、宜人性和文化性。

2.1 乡土性

乡土性是村镇景观的根本属性，不仅表现在村镇区域内的自然环境及自然景观资源的原始性，而且表现在村镇独有的、朴素真实的、具有乡土气息的生活场所，如村落环境、日常生活方式、风土人情等。乡土性是由人们长期共同生活在村落环境中，山水相依，阡陌交通，经过自然与人文的融合而形成的一种健康、舒适、朴素、自然而又贴近人性的、村镇景观所普遍拥有的特征。

2.2 地域性

村镇景观除普遍具有乡土性外，还具有明显的地域性特征。从自然景观的角度，村镇景观包括农田景观（旱地景观、水乡景观、梯田景观）、林地景观、瓜田果树景观、养殖景观等，而这些村镇景观的分类和面貌主要是受地形和地理环境的影响，因此不同的地域环境会呈现不同的村镇自然景观[6]。从人文景观角度，中国各地区因其地理环境和乡土文化的差异，村镇呈现出不同的景观特色。如江浙、安徽等地的村落具有园林特色；华北平原的传统聚落多是聚族而居，聚落形态较为紧凑，呈团块状；山西、甘肃等黄土高原地区，因常年干旱少雨，且土质优良，为窑洞村落的形成创造了良好条件。

2.3 生产性

农田景观是村镇景观的重要组成部分，主要承担村镇的生产功能，因此村镇景观具有一定的生产性。农业生产在满足村镇居民的物质需求的同时，为城市提供农产品，给村镇区域内的人们带来收入、创造财富。此外，村镇区域内通常发展有除农业外的第二、三产业，如采矿业、制造业、服务业等，这些产业建筑、设施等景观也体现了村镇景观的生产性。

2.4 系统性

村镇景观的系统性，亦称整体性、有序性，是指村镇景观各要素经有机联系组合形成复杂系统而表现出来的特性。村镇景观由土、水、绿、动物等景观要素复合而成[10]，每一要素在村镇景观系统中都具有特定的结构、功能，由于各要素的有机结合，使得村镇景观系统具有功能、景观上的整体性、连续性和有序性。

2.5 宜人性

村镇景观的宜人性，亦指景观的休闲性、舒适性。相比于城市，村镇生活节奏较为缓慢，环境质量更为优越，显现出优越的自然之美、人文之美，拥有浓厚的乡土气息，当人们处于村镇景观的环境中，会更加放松、休闲、舒适，更加贴近自然、贴近原生态。因此，村镇景观具有很高的宜人性。

2.6 文化性

村镇景观在形成发展的过程当中，必然受到人类活动的影响，具有文化性。村镇文化景观指人们为了满足某种需求，利用自然界提供的材料，在自然景观上叠加人类活动的结果而形成的景观[11]，不仅包括聚落、历史遗迹、服饰、街道、交通工具等有形的物质因素，而且包括生活方式、风俗习惯、宗教信仰、生产关系等非物质因素。

3 村镇景观评价指标体系构建

3.1 村镇景观评价指标体系设计原则

3.1.1 景观生态原则[12]

景观生态是景观综合体的基本生态特征，是保证村镇景观环境高质量存在的基本规律，也是村镇景观评价、规划设计的基本原则。

3.1.2 景观美学原则

村镇景观是自然美景和文化景观的资源库，村镇景观美学功能评价的作用就是识别在获得开发、保护的基础上的景观美学价值。

3.1.3 景观资源化原则

村镇景观是村镇资源体系中的重要组成部分，它不仅提供食物和居住地，而且提供丰富的观光游憩资源和场所。在进行村镇景观评价时，树立景观资源概念有助于景观资源的保护，实现景观资源的可持续利用。

3.1.4 定性与定量相结合原则

对于波动较大和难以实际测量的指标，采用定性指标表明一种状况，对于容易测量和统计的指标采用数量指标。

3.2 村镇景观评价指标体系的构建

本文依据景观生态学理论、乡村景观资源理论、人类聚居环境理论，遵循景观生态、景观美学、景观资源化、定性定量结合等原则，以村镇景观特征为基础构建村镇景观评价指标体系（表1）。

3.3 村镇景观评价体系指标说明

该指标体系的类型分为两类，定量指标和定性指标。定量指标是指各指标的评价基准值，定性指标是指无法直接通过数据计算分析评价内容，需对评价对象进行客观描述和分析来反映评价结果的指标。

3.3.1 乡土性指标

乡土性反映村镇自然环境的原始性和人文环境的朴素自然性，体现出人们偏爱自然和原生态的特征，包括自然景观原始性指标和乡土气息浓厚度指标。自然景观原始性指标包括生物多样性、绿色覆盖率2个定量指标，自

综合指标层	复合指标层	单项指标层	指标类型	指标方向	指标获取
乡土性	自然景观原始性	生物多样性	定量	正向	统计资料
		绿色覆盖率	定量	正向	统计资料＋实地考察
		自然景观美感度	定性	正向	实地考察
		自然资源保护情况	定性	正向	实地考察
	乡土气息浓厚度	传统民居保存程度	定性	正向	实地考察
		生活场景原生态程度	定性	正向	实地考察
地域性	自然景观地域性	地形地貌多样性	定量	正向	文献资料＋实地考察
		景观奇特性	定性	正向	文献资料＋实地考察
		景观类型丰富度	定量	正向	文献资料＋实地考察
	人文景观地域性	民居建筑特色性	定性	正向	文献资料＋实地考察
		民俗文化特色性	定性	正向	文献资料＋实地考察
生产性	农业景观	农田面积比率	定量	正向	统计资料
		自然资源利用状况（经济林、牧场、苗圃等）	定量	正向	统计资料＋实地考察
		农产品商品率	定量	正向	统计资料
	工业景观	工业建筑面积	定量	正向	统计资料
		工业生产总值比例	定量	正向	统计资料
	第三产业景观	村镇旅游业收入比例	定量	正向	统计资料
		商品、服务业收入比例	定量	正向	统计资料
系统性	整体性	村镇景观破碎度	定量	负向	图件资料＋实地考察
		聚落空间整体美感度	定性	正向	实地考察
	有序性	民居分布合理性	定性	正向	实地考察
		民居分布均匀度	定性	正向	实地考察
	协调性	建筑与景观协调度	定性	正向	实地考察
		设施与景观协调度	定性	正向	实地考察
		景观与景观协调度	定性	正向	实地考察
宜人性	舒适度	村镇人口密度	定量	负向	统计资料＋实地考察
		建筑密度	定量	负向	统计资料＋实地考察
		住宅平均空间	定量	正向	统计资料＋实地考察
		环境污染指数	定量	负向	统计资料
		村镇安静度状况	定量	正向	统计资料＋实地考察
		村容整洁度	定性	正向	实地考察
	便捷度	距离中心镇或城市服务区距离	定量	负向	图件资料
		道路状况	定性	正向	实地考察
		公共设施数量	定量	正向	实地考察
		公共设施总体质量	定性	正向	实地考察
文化性	物质因素	名胜古迹丰富度	定量	正向	文献资料＋实地考察
		名胜古迹知名度	定性	正向	实地考察
	非物质因素	民俗年庆年举办次数	定量	正向	实地考察
		文化继承与保留程度	定性	正向	实地考察
		民俗文化多样性	定量	正向	文献资料＋实地考察

然景观美感度、自然资源保护情况 2 个定性指标；乡土气息浓厚度指标包括传统民居保存程度和生活场景原生态程度 2 个定性指标。这 6 个单项指标均与村镇景观乡土性呈正相关，即各项指标得分越高，村镇景观乡土性越明显。

3.3.2 地域性指标

地域性反映不同地区村镇景观拥有不同的特色，具体单项指标有地形地貌多样性、景观类型丰富度 2 个定量指标，以及景观奇特性、民居建筑和民俗文化特色性 3 个定性指标。这些指标均与村镇景观地域性呈正相关，即指标得分越高，村镇景观地域性越强，越具有区别于其他村镇的景观特色。

3.3.3 生产性指标

生产性反映村镇拥有的生产功能，从"三产"角度出发拟定农业景观、工业景观和第三产业景观三项复合指标。具体包括农田面积比率、自然资源利用状况、农产品商品率、工业建筑面积、工业生产总值比例、旅游业收入比例、商品服务业收入比例等 7 个定量单项指标，且均与村镇生产性呈正相关关系，即各指标得分越高，说明村镇产业越发达，生产性越明显。此外，通过评价还可以得出村镇发展主导产业，从而为研究产业对村镇景观的影响提供了理论基础。

3.3.4 系统性指标

系统性反映村镇景观的整体性及布局的有序性、协调性。包括村镇景观破碎度 1 个定量指标，且该指标与村镇景观系统性呈负相关关系，即景观破碎化程度越严重，村镇景观整体性越差，系统性特征越弱；包括聚落空间整体美感度、民居分布合理性、均匀度，建筑、设施与景观的协调度，景观与景观的协调度，共 6 项定性指标，均与村镇景观系统性呈正相关，并需要通过实地考察来获得数据资料。

3.3.5 宜人性指标

宜人性反映村镇景观的舒适、宜居、休闲的特征，包括舒适度指标和便捷度指标。舒适度指标包括村容整洁度 1 个定性指标和村镇人口密度、建筑密度、住宅平均空间、环境污染指数、安静度状况等 5 个定量指标。其中，村镇人口密度、建筑密度、污染指数越高，村镇舒适度越差，而住宅平均空间越大、越安静整洁，村镇舒适度越高。便捷度包括距离、设施数量 2 个定量指标和道路状况、设施质量 2 个定性指标，其中村镇距离中心镇或城市服务区距离越远，村镇的便捷度越差，而道路、设施状况越好，村镇便捷度越好，村镇景观越具有宜人性特征。

3.3.6 文化性指标

文化性体现了村落的历史积淀程度、文化价值、民俗风情的真实性与完整性，包括物质和非物质文化两个层面。具体有名胜古迹知名度、文化继承保留度 2 个定性指标和名胜古迹丰富度、民俗年庆年举办次数、民俗文化多样性 3 个定量指标，且这 5 个单项指标均与村镇景观文化性呈正相关关系，即村落历史越悠久、历史遗迹越丰富、民俗文化及展示越多样，村镇景观表现出的文化性则越强。

4 结语

村镇景观是一种复杂的景观要素综合体，是特定要素在时间和空间上的延续。其自下而上的发展过程决定了村镇景观具有与城市景观、自然景观相异的特征，这些特征将村镇景观与其他景观区别开来，有助于对村镇景观进行后续研究。而村镇景观评价体系是村镇景观相关研究的基础性工作，是村镇景观评价的标准和村镇景观规划建设的理论基础。因此，本文在探究村镇景观特征的基础上，构建村镇景观评价指标体系，为村镇景观的深度研究调查提供了理论依据。但因村镇景观系统的复杂性，其指标体系构建仍存在漏洞，需在理论运用的过程中进一步完善优化研究。

参考文献

[1] 贾有源. 村镇规划. 中国建筑工业出版社，1992：12.

[2] 柳智. 传统村镇景观资源保护与利用研究——以浙江金华地区为例：[学位论文]. 浙江农林大学，2011.

[3] 金兆森，张晖. 村镇规划. 东南大学出版社，2005.

[4] 刘端阳，沈超，李娟. 村镇建设中的景观规划. 民营科技，2008.7：208.

[5] 何雅婷. 基于乡村旅游的山地村镇改造研究——以重庆市近郊为例：[学位论文]. 重庆大学，2009.

[6] 陈倩. 试论英国景观特征评价对中国乡村景观评价的借鉴意义：[学位论文]. 重庆大学，2009.

[7] Elke R, Frank N, Hubert G. Perception of rural landscapes in Flanders: looking beyond aesthetics. Landscapes and Urban Planning, 2007, 82(4): 159-174.

[8] Yoji N, Richard Chenoweth. Difference in rural landscape perceptions and preferences between farmers and naturalists. Journal of Environmental Psychology, 2008, 28 (3): 250-267.

[9] 谢花林，刘黎明，徐为. 乡村景观美感评价研究. 经济地理，2003，23(3)：421-425.

[10] （日）进士五十八，铃木诚，一场博幸. 译者：李树华，杨秀娟，董建军. 乡土景观设计手法——向乡村学习的城市环境营造. 中国林业出版社，2008.

[11] 汤茂林，金其铭. 文化景观研究的历史和发展趋势. 人文地理，1998. 13(2)：41-45.

[12] 王云才. 中国乡村景观旅游规划设计的理论与实践研究. 科学出版社，2004.

[13] 谢花林，刘黎明，李振鹏. 城市边缘区乡村景观评价方法研究. 地理与地理信息科学，2003.19(3)：101-104.

[14] Willemen L, Verburg P H, Hein L, van Mensvoort M E F. Spatial characterization of landscape functions. Landscape and Urban Planning, 2008. 88(1)：34-43.

[15] 刘滨谊，王云才. 论中国乡村景观的理论基础与指标体系. 中国园林，2002(5)：76-79.

[16] 郑文俊. 乡村景观美学质量评价. 福建林业科技，2013. 1(40)：148-153.

[17] 晋国亮，汤晓敏. 基于乡村发展的乡村景观多元价值体系

　　构建研究．上海交通大学学报，2012.29(2)：72-74.

[18] 肖国增，周艳丽，安运华，吴雪莲．乡村景观功能评价综
　　述．南方农业学报，2012.11：1741-1744.

作者简介

[1]　郭彦丹，1990 年生，女，山西晋城，北京林业大学在读硕
　　士研究生，主要研究方向为生态旅游与村镇景观建设，电
　　子邮箱：gydbest@163.com。

[2]　谢冶凤，1991 年生，女，湖南耒阳，北京林业大学在读硕
　　士研究生，主要研究方向为生态旅游与村镇景观建设，电
　　子邮箱：xyf1352@qq.com。

[3]　张玉钧，1965 年生，男，内蒙古，博士，北京林业大学园
　　林学院旅游管理系教授，博士生导师，主要研究方向为生
　　态旅游与村镇景观建设，电子邮箱：yjzhang622 @ fox-
　　mail.com。

世界遗产发展趋势探究

——基于《实施保护世界文化与自然遗产公约操作指南》历年变更解读

The Research on the Development Trends of World Heritage

——Evolution and Interpretation of Operational Guidelines for the Implementation of the World Heritage Convention

韩　锋　张　敏

摘　要：《操作指南》是国际视野下实施《公约》有力的指导工具，本文以遗产发展40余年为背景，梳理归纳其自1977年—2012年共21个版本的变更内容。从自然观、社会性、文化性、延续性四个层面解读《操作指南》在"突出普遍价值内涵、突出普遍价值的十条评估标准、真实性原则、完整性原则及特殊遗产类型"五方面的变更。通过解读，阐述演变的原因，分析预测世界遗产发展趋势并予以建议。

关键词：风景园林；世界遗产；《操作指南》；变更解读；发展趋势

Abstract："Operational Guidelines" is the powerful guiding tool for the implementation of World Heritage Convention. Based on the development of world heritage in the past 40 years, the paper aims at making a comprehensive summary of the evolution of the 21 versions of Operational Guidelines from 1977 to 2012. This paper mainly concentrates on interpreting the evolution of the operational guidelines which include five aspects: the outstanding universal value (OUV), the ten criteria for the assessment of outstanding universal value, authenticity, integrity and specific types of properties on the World Heritage List from the perspectives of natural value, social aspect, cultural aspect and continuity. It expounds the causes, analyzes and forecasts the development trends of the world heritage, gives proposals and advice for future development of World Heritage.

Key words：Landscape Architecture；World Heritage；Development Trends；Operational Guidelines；Evolution and Interpretation

1　背景

《实施保护世界文化与自然遗产公约操作指南》（以下简称《操作指南》）是实施《公约》[①] 有力的指导工具，是世界遗产领域开展相关工作的基本依据。《操作指南》自1977年—2012年的变更[②] 反映了教科文组织倡导的政治、社会、文化策略在四十余年间的发展过程及国际遗产理念与实践不断深化的历程[1]，折射出世界遗产最新动向与趋势。因此梳理、归纳和解读《操作指南》历年版本的变更具有切实意义。

2　《操作指南》变更内容（1977—2012）

《操作指南》自1977年第一版到2012年最新版共有21个不同版本[2]，内容从28条扩展到290条（含11个附件），内容得到不断充实与完善。《操作指南》变更主要划分为四个阶段[3]：构建全球突出普遍价值（1972—1987）；注重人与自然互动（1987—1994）；强调价值交流与交换（1994—2000）；贡献可持续发展整体价值（2000至今）。《操作指南》最大的变更及特征集中体现在五个方面：

2.1　突出普遍价值的内涵

从1977年到2012年共历经3次变更，分别为："……针对从国际视角看最突出价值的项目（1977）"；"……突出的普遍价值是可以由系统的全球比较证明（2000）"，"……特殊以至于超越了民族界限，对全人类的当代和后代都用共同的重要性（2002）"。依次列入"国际层面非常独特"和"全球比较"、"超越民族界限"等关键词。变更反映了遗产由国际最好、最重要向最具代表性倾斜。

2.2　突出普遍价值十条标准

用于评估全球遗产突出普遍价值十条标准发生较大变化。逐步列入十条标准的关键词为：城镇规划（1978）、传统人类居住区（1980）、景观（1980）、建筑群（1983）、景观设计（1995）、土地利用（1995）、技术（1996）、科学技术（1996）、海洋利用（2005）、消失的文明（1980）、一个重要阶段（1980）、现行的（1994）、一个或多个重要阶段（1995）、不可逆转的变化（1980）、原地保护（1994）、直接或者有形的（1980）、现行传统（1995）、艺

① 联合国教科文组织（UNESCO）于1972年11月16日通过《保护世界文化与自然遗产公约》（简称《公约》）。

② 自1972年《公约》实施以来，世界遗产缔约国大会（GA）、世界遗产委员会会议（COM）、局内会议（BUR）、专家会议（EXTCOM）的召开达成各项重要决议，即时的变化在随后一年或几年内收录《操作指南》。

术和文学作品（1995）、文化族群（1995）、价值交换（1995）。此外，十条标准在 2002 年前分为 2 组，前六条用于评估文化遗产，后四条用于评估自然遗产。世界遗产委员会第 6 次特别会议将十条标准合并用以评估所有类型遗产，并于 2005 年列入《操作指南》。从这些关键词折射出自然与人文分离转向人地关系融合、由单体转向整体、由静态转向活态、强调文化价值交流、由有形转向无形。

2.3 真实性原则

1977 年《操作指南》论述为"遗产项目应符合真实性检验，在设计、材料、工艺和环境方面……"。1980 年强调了重建的原则。1994 年，真实性原则拓展对文化景观的评价，具体为"符合真实性检测，在设计，材料，工艺或者环境方面，文化景观独特的特性和组成"。1994 年颁布的《奈良真实性宣言》拓展了真实性内容，加入了"位置和环境；语言和其他形式的非物质遗产；精神和感觉；以及其他内外因素"等非物质要素。同时，真实性原则由评估文化遗产拓展至对所有遗产的评估。真实性变更重点强调遗产的空间与时间、有形与无形价值。

2.4 完整性原则

1980 年《操作指南》中增加了对"濒危物种"和"迁徙物种"的考量。1988 年完整性要求所述的地点应具有足够的长期立法，规章或制度保障。1994 年关注生物多样性背景下完整性的条件"……有足够大的面积……包含生物多样性等重要过程……"；同时，深化维持完整性条件的"管理计划"。2005 年完整性用于评估所有遗产，并提出三大标准。以上变化体现出对遗产整体环境的持续深化。

2.5 特殊遗产类型

1977 年操作指南仅涉及自然遗产和文化遗产，随后陆续列入特殊遗产类型的有历史城镇和城镇中心（1987）、文化景观（1992）、遗产运河（1994）、遗产线路（1994），并于 2005 年一并归入《操作指南》附件 3。此外，"系列遗产、跨国/跨境遗产"预备清单提交格式于 2011 年收录操作指南附件 2B 中。这些变更体现了遗产文化多样性、价值交流与交换以及非物质文化意义。

3 解读《操作指南》变更

3.1 自然观

1992 年前《操作指南》沿袭了《公约》将世界遗产分为文化遗产和自然遗产的两大对立类别。同时，突出普遍价值十条评估标准（1992 年前）割裂自然与人文。文化遗产强调单个或组团的建筑或构筑物，如："重要的建筑类型或建筑方式或者城镇规划的形式……（1978）"；"是一种建筑类型或建筑群的典型范例（1983）"。自然遗产强调自然美学价值或本身的生物价值。如："独特、珍稀或者最高的自然现象、形态或者地貌或者具有特殊自然美的地区（1977）"。1970 年代受新文化地理学和谐人

地关系的影响，自然观转向自然与人文的分离到融合[4]。80 年代出现的乡村景观和代表了"人类与大自然的共同作品"的文化景观（1992）架构起自然和人文的桥梁。继而，突出普遍价值十条标准进行全面修订将人类活动拓展到海洋利用，如"传统人类居住区或者土地利用的杰出范例……（1994）"；"土地利用或海洋利用的杰出范例……（2005）"，拓展了人与自然之间的互动。此外，真实性（1994）加入非物质要素以涵盖人与自然交互作用。评估由文化遗产扩展到所有遗产，标志着对人地和谐整体环境观念转变。

3.2 社会性

从社会性角度看，20 世纪 80 年代新文化地理学"文化转向"强调用具有多种价值属性的各类社会群体的"社会空间"取代"自然空间"[5]。"社会空间"环境的深化研究促成了遗产类型的拓展。主要体现在从对单体建筑、文物到历史城镇与城镇中心、乡村景观、文化景观与城市景观等不同尺度与类别的"社会空间"的关注；突出普遍价值内涵由最好、最重要的向最具代表性转变；以亚洲梯田、地中海的台地以及欧洲的葡萄庄园为代表的文化景观转向大众的、日常的景观。同时，原住民参与遗产地保护与管理是社会性深化的体现。

3.3 文化性

20 世纪 80 年代新文化地理学界开始关注文化内涵的焦点即价值观及非物质文化价值。一方面，文化价值多元化及价值交换促成《操作指南》变更。"城镇建筑群"（1987）纳入到世界遗产体系为文化多样性打开了大门。随后，乡村景观、文化景观（1992）的出现丰富了文化多样性，农业梯田、葡萄园展现了不同地域、文化传统、生产方式多种文化价值。巴洛克线路、奴隶之路、丝绸之路等世界文化发展十年项目（1988－1997）[6]打开国际文化间的交流，直接促生了遗产运河（1994）、遗产线路（1994）、系列遗产、跨国/跨境遗产等遗产类型。另外，十条标准也调整了对文化价值交换的适用性，如"展现人类价值的重要交换……（1995）"等。另一方面，遗产非物质性文化意义促使指南变更。首先，文化景观中以与自然因素、强烈的宗教、艺术或文化相联系的"联想性文化景观"体现景观的非物质文化意义。其次，十条标准强调遗产的无形价值。如"……事件或者现行传统、观念、信仰、艺术或文学作品……（1995）"。再次，真实性（1994）原则由单纯物质性加入"位置和背景环境；语言和其他形式的非物质遗产；精神和感觉以及其他内外因素"等非物质要素，强调遗产整体的无形价值。

3.4 延续性

《操作指南》变更强调活化景观的动态延续，遗产地发展的连续性而非静态性，表现为关注活化景观或濒危遗产。主要表现在以下几个方面：突出普遍价值十条标准"消失的文明（1980）"、"现行的或已经消失的文明（1995）"、"传统文化"、"现行文化"体现时间延续性；历史城镇与城镇中心（1987）强调其时空的动态演进；文

化景观（1992）类别"有机进化的景观"和"可持续景观"如农业景观关注时空的动态延续而非"凝固"的景观；濒危遗产（1983）体现遗产随时间的变化而退化；真实性（1994）中"传统，技术和管理体制、语言和其他形式、精神和感觉"等非物质要素是人类经过长期活动积累形成，因此真实性变更暗含遗产的持续演进。

4 发展趋势

结合全球化、多元化发展背景，《操作指南》共 21 个版本逐渐吸收时代新思潮，更趋向柔性发展。纵观世界遗产发展 40 年，遗产保护理念与实践逐渐深化拓展。联系自然与人文、平衡性与代表性、精英与大众、全球与本土、有形与无形、静态与动态的综合理念共同领引世界遗产的可持续发展。

4.1 自然与人文和谐互动

持续关注和谐人地关系，人与自然互动遗产类型趋向深化。除《欧洲风景公约》所提及的"包括城市、城市周边、乡村和自然地域，以及水域和海洋"景观[7]外，世界遗产将不断拓展到以下类型：海洋遗产及水域遗产、森林遗产、自然遗产缓冲区、木业城市遗产、工业遗产、矿业遗产、军事遗产、土建筑遗产、岩石艺术遗产、人类进化遗产。

4.2 全球战略平衡发展

世界遗产正竭力构建一个具全球代表性、平衡性和可信性的发展框架计划①。首先，具全球代表性的遗产优先发展[8]，如对人类进化发展具代表性的濒危遗产或灾难性遗产。再次，具有全球价值交流意义的遗产项目优先发展。如：丝绸之路项目、非洲钢铁之路项目、中国跨区的大运河等项目已经或正在成为整体申报的对象。再次，凸显平衡性的遗产成为未来优先发展对象，顺序如下[9]：无世界遗产的国家；少于三项世界遗产的国家；自然遗产；混合遗产；跨国项目；非洲、太平洋、加勒比海地区项目；10 年内无遗产列入《名录》国家；10 年内未提出申报国家。

4.3 联系全球与本土文化、有形价值与无形价值

文化多样性贡献世界遗产，遗产类型向多元化发展。全球遗产类型不再限于单体建筑或者单体的文物，逐渐扩展到建筑群、历史城镇与城镇中心、乡村景观、文化景观、城市景观、遗产运河、遗产线路、跨国/跨境遗产、联合遗产。世界遗产也由伟大的、宏伟的景观向日常的、大众的景观流变，如乡村景观、城市文化景观。地方本土价值建设贡献遗产文化多样性。独具特色的乡土建筑及环境、农业遗产等类型有更大的提名和申报的机会。此外，更广泛的公众参与将纳入遗产保护与管理，遗产地能力建设是可持续发展的保证。

非物质性文化价值成为 21 世纪以来遗产关注的热点，强调与文化传统息息相关的感觉、精神、审美、场所精神以及归属感[10]。应充分挖掘本土非物质文化精华，如口头传说和表述；表演艺术；语言社会风俗、礼仪、节庆；有关自然界和宇宙的知识和实践；传统手工艺技能[11]等非物质文化要素。

4.4 结合历史与现代、静态发展与动态演进

体现时间环境的史前遗产、现代遗产、退化遗产、考古遗产等类型值得挖掘。此外，承载重要历史事件的遗产也将是新类型，如具体时间地点的地震遗址、火山喷发遗址、海啸遗址等。此外，自 1992 年文化景观类别出现后，遗产随政治、社会、文化动态演进的研究成为国际持续关注的焦点，体现活态遗产的历史城镇与城镇中心、文化景观、乡村景观以及城市历史景观成为现阶段全球遗产领域研究的新趋势[12]。

参考文献

[1] Duncan J S. The Superorganic in American Cultural Geography[J]. Annals of the Association of American Geographers，1980，70(2)：181-198.

[2] 《实施世界遗产操作指南》历年版本(1977—2012)官方网址：http：//whc.unesco.org/en/guidelines/.

[3] 史晨暄. 世界遗产突出的普遍价值评价标准的演变[D]. 清华大学，2008.

[4] 韩锋. 世界遗产文化景观及其国际新动向[J]. 中国园林，2007. 23(11)：4.

[5] 唐晓峰. 文化转向与地理学[J]. [EB/OL]. [2006-10-09] http：//www.zydg.net/magazine/article/0257-0270/2005/06/162152.html.

[6] UNESCO and Question of Cultural Diversity，1946—2007，Review and strategies. A study based on a selection of official documents. Cultural Diversity Series N3，UNESCO，2007.

[7] European Landscape Convention. Council of Europe，Florence，2000.

[8] Fowler P J. World Heritage Cultural Landscapes 1992—2002 [M]. Paris：UNESCO World Heritage Center，2003.

[9] 童明康.世界遗产发展趋势与挑战应对. 中国名城，2009.10：p. 4-10.

[10] Patricia，M. O'Donnell. Urban Cultural Landscapes & the Spirit of Place，2008.

[11] Convention for the Safeguarding of the Intangible Cultural Heritage. UNESCO，2003.

[12] 莫妮卡·卢思戈撰，韩锋，李辰译. 文化景观之热点议题. 中国园林，2012. 28(5)：10-15.

作者简介

[1] 韩锋，1966 年 12 月生，女，汉，博士，同济大学建筑与城市规划学院景观学系教授、博士生导师/研究方向为文化景观。

[2] 张敏，1983 年 12 月生，女，汉，硕士，同济大学建筑与城市规划学院景观学系在职博士生，东北林业大学园林学院风景园林系助教/研究方向为文化景观。

① 全球战略经历《战略方向》(1992)、全球战略（1994）、《凯恩斯决定》(2002)、《布达佩斯宣言》(即 4C 战略)、5C 战略（2007）、《2012—2022 实施公约战略行动计划》(2012)。

城市型风景名胜区边界规划设计[①]
——以长春市净月潭为例

Planning Design of the Boundary of Urban Chinese National Parks
——Taking Changchun Jingyuetan as an Example

胡一可　杨惠芳

摘　要：在快速城市化背景下，风景名胜区与所属城市联系日渐紧密，其边界的划定及设计的重要性逐渐凸现。本文不仅从风景名胜区的边缘区思考边界问题，同时考察"城"、"景"边界受到的更多影响。在城市方面，本文对城市发展、交通组织、景观及视觉廊道等内容进行了分析；在景区方面，对重要的景区分界线进行了探讨。并以净月潭为例对城市型风景名胜区边界进行分类，分别就自然区域、半自然区域、人工区域提出了相应的设计策略和方法。

关键词：风景园林；城市型风景名胜区；城市影响；边界类型；边界设计

Abstract：Under the background of rapid urbanization, urban Chinese national park has an increasingly closed contact with the city, it becomes more and more important that the boundary should be delimited and designed. The article not only thinks about the problem of boundary from the edge of the urban Chinese national park, but also inspects the influence on the boundary of the city and the landscape. In terms of the city, urban development, traffic organization, landscape and visual corridors are analyzed; to the national park, important dividing lines are discussed in this paper. We try to classify the boundary of urban Chinese national park by natural area, semi-natural area, and artificial area, coming up with some design strategies and methods.

Key words：Landscape Architecture; Urban Chinese National Park; City Influence; Boundary Type; Boundary Design

1　背景

　　城市型风景名胜区的边界问题是景区规划与城市规划工作的重要问题。近年来，笔者持续关注了城市型风景名胜区边界问题，从1960年代开始，快速城市化进程推动了"城"与"景"之间的关系日益密切。研究过程中笔者发现，将研究范围延伸至风景名胜区的边缘区仍会面临诸多难题。其根源在于，"城"与"景"早已成为不可拆分的整体，各自的内部要素也在起作用，因而需要从更大范围进行研究，充分考虑城景关系。

2　关于"城"、"景"边界的新思维

2.1　边界问题的根源未必在边缘区

2.1.1　以城市发展为例

　　净月潭风景名胜区建成时（1936年）地处郊区，受城市环境影响小，边界以自然地貌为主要依据进行划定。在以后的城市建设中，城区面积扩大，城市空间向东南方向蔓延，而净月潭风景区一直作为最主要的自然风景区服务于长春市民与游客。经过多轮城市规划，"城"与"景"的关系处理得当，边界改动不大，主要通过局部处理（缓冲与过渡）化解城市扩张对净月潭风景名胜区的影响。进入21世纪以来，城市对于景区周边的开发强度增大，图1反映了2004—2012年区域发展过程以及城市与景区的关系，可以看出，长春市政府依旧尊重原始自然边界，对新建区进行了有力控制，基本保持景区边界不变，从而最大限度地保留自然景区的原始环境，避免城市扩张对净月潭景区的影响。城市的发展对于景区边界的影响最大。

2.1.2　以交通体系为例

　　长春市轨道交通的发展对净月潭风景名胜区边界的影响同样明显。长春市是国内较早规划轨道交通的城市，城市扩张与轨道交通的发展基本同步。净月潭附近的轻轨线路在1990年代即有详细规划。这条交通线的规划极大影响了净月潭和城市的关系。

　　由图1、图2-1可以看出1990年长春城市向东南方向的扩张明显以轻轨线为轴展开，轻轨沿线有大量新校区建设，近年来，轻轨线附近的商业开发骤然增多，净月潭西北部大量农业用地转变为城市用地。而从图2-3中可以看出长春城市的重心在近十余年有较为明显的向东南（净月潭方向）的偏移趋势。现今净月潭景区已嵌入城市之中，与城市仅以一条轻轨相隔。

　　①　国家自然科学基金（青年）资助项目（51208347/E080202），教育部博士点基金（新教师类）资助项目（20120032120062）。

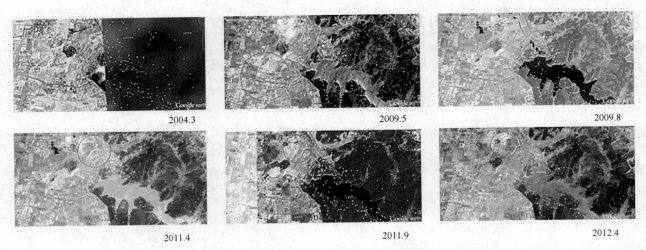

2004.3	
2009.5	
2009.8	
2011.4	
2011.9	
2012.4	

图1　2004—2012年城市与景区关系变迁（来源：底图来自 Google Earth，笔者绘制）

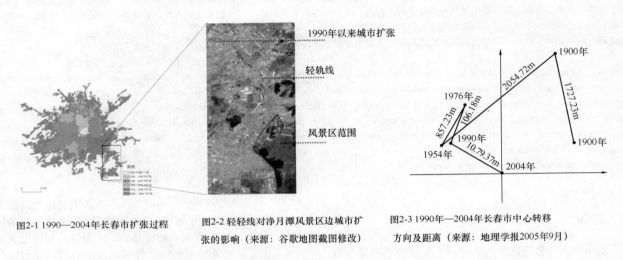

图2-1 1990—2004年长春市扩张过程　　图2-2 轻轨线对净月潭风景区边城市扩张的影响（来源：谷歌地图截图修改）　　图2-3 1990年—2004年长春市中心转移方向及距离（来源：地理学报2005年9月）

图2

图3　长春市的交通系统与净月潭风景名胜区的关系（笔者绘制）

风景资源与文化遗产

　　将轻轨修到景区门口，在提高可达性、大量运送游客的同时也为城市快速扩张提供了通路，导致"城"与"景"隔铁轨相望的局面，同时也因游览配套设施不匹配，影响了旅游体验。

2.1.3　以景观及视觉廊道为例

　　净月潭森林景区与市区仅 12km，如以绿色廊道贯通，将风景名胜区的自然环境作为城市构成要素，将城市与森林逐步连成一体，使市区与林区之间形成一条绿色风景线，将能极大程度地提升城市人居环境质量；同时，除生态廊道外，还可设置视觉景观廊道，使净月潭的核心景观成为城市形象的代表。

2.2 边界问题未必在景区外部

净月潭[①]建于 1935 年，为解决新京（今长春）的城市供水问题，在市郊拦河筑坝，形成面积达 4.3km² 水库，与此同时，在八十多平方公里的汇水区内设置林场。如今，水坝已经形成了清晰的边界，其影响已远远超越一般意义上的分区边界形成了很强的边界效应；与此同时，水坝还具有重要的景观意义，需要柔性的过渡处理手法。如图 4 所示，规划设计将水域大坝边界柔化，将大坝改建成一个北岸为景观草坡、南岸为旅游码头，可供游人坝上骑行玩耍的标志性景点，弱化其阻隔作用。

图 4　水坝处景观处理（图片来源：调研小组摄）

3　城市型风景名胜区边界的类型及设计方法

3.1 "城"（人工环境）与"景"（自然环境）边界（图 5）——人工区域

城市空间　　缓冲带　　自然环境

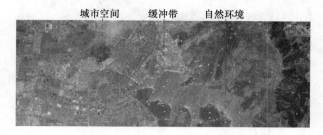

图 5　人工环境与自然环境交接的边界（黄乔绘制）

3.1.1 视觉景观的控制

在净月潭北侧净月公园附近的景区中，已经出现侵入景区内部的城市建筑，随着这一情况不断出现，景区景观的完整性面临威胁。南侧的长影世纪城建筑较为严重地影响了景区的天际线；东南侧还存在零散的村庄，沿山谷的方向延伸进风景区腹地，由于其未顺应景区的景观结构，同时景观风貌较差，应被视为消极的非景观用地对景区的入侵（图 6）。

图 6　景区南面长影世纪城高楼对景区自然景观的破坏（李宇辰拍摄）

控制方法：可设置观景点和景观点，用多处景观点与多处观景点相连，通过 Grasshopper 等软件形成观景面，建筑物或构筑物的高度一般应低于观景面。

3.1.2 轻轨高架桥、道路等线性区域的控制

轻轨高架桥形成一道强有力的隔离带，阻止了城市向净月潭景区扩张。经过多年开发，公路西侧区域虽已被高度开发，但仍保持着风景名胜区原貌。

如图 7 "城"与"景"仅一路之隔，净月潭风景名胜区内多为人工森林和次生森林，景观敏感度高，生态系统比较脆弱，无遮挡地暴露在城市干道和轻轨干线旁边，易受城市污染影响。在紧邻道路的水域里可见人为污染现象，伴随城市的侵蚀和包围，不利影响日益明显。

图 7　净月潭景区与城市边界（来源：Google Earth）

净月潭风景名胜区与周边城市环境以轻轨高架桥为媒介，通过高架桥到水体，山体的阶梯高差变化实现从城

---

①　"亚洲第一大人工林海"净月潭风景区位于长春市东南部，距长春市中心 12km，素有台湾日月潭姊妹潭之称，与长春市关系密切。

图8　景区边界水体污染（李宇辰拍摄）

市环境到自然景区的过渡，在剖面上可以看到"城"与
"景"的联系（图9）。

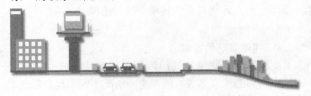

图9　人工区域边界设计示意图（黄乔绘制）

3.1.3　节点设计——边界重要节点入口区域处理

净月潭风景区入口区域为半人工过渡带的前沿，为
边界线上城市向风景区过渡的重要节点。由前门服务区
到主入口到主广场再到塔楼，形成一条由城市向景区流
入的自然轴线，实现由城市边界到半自然景区到自然景
区的过渡。

节点设计的根本原则是通过不同的处理手法在小尺
度上形成明确稳定的风景区边界，同时考虑景观及特色
的营造。

3.2　半自然区域的边界设计——融合边界

净月潭风景区的东南侧为村落，具有原生自然聚落的
部分特色，同时具有人工印记，属于半自然环境（图10）。

村落在与自然环境相互作用的过程中形成，受自然
因素的影响和制约。在边界设计过程中需进行融合处理。
形成自然与半自然过渡的融合边界（图11）。

图12为细节处理剖面示意，净月潭风景区内部山势
起伏，不利于农业耕种，所以主要耕种土地分布在山脚较
为平坦的土地，将风景区南部包围起来，农田将自然与人
工建筑相互分离又相互融合，从而形成景区边界。对东南
部的农民聚居点要严格控制其建筑形态以及其住房、耕
地范围的拓展。

3.3　自然区域的边界设计——原始边界

净月潭风景区南部除部分村落外，主要为山体与大
面积覆盖的森林。景区已形成完整的森林生态系统，具有
大尺度森林景观特征。

在景区边界划定与处理的过程中，结合地貌特征与
植被分布以及外围区域划定边界。局部，在边界区域的

图10　净月潭东南侧村落肌理（来源：Google Earth）

净月潭滑雪场、净月潭森林高尔夫球稍加人工营造
（图13）。

在具体的处理手法上，可以概括为以自然要素界定
边界，通过地形起伏和地表植被变化划定出净月潭风景
区的自然边界。

图14反映了净月潭风景区借助地势起伏，天然形成
的山峰和沟壑，在视觉和空间上形成边界的方式。主要分
布在风景区的西部和北部地区。鲜明的地势特点与植被
变化将风景区和周边自然地貌区别开来，从而形成了风
景区的自然边界。

3.4　小结

净月潭风景名胜区核心景区为大坝以南的大片水域
以及周围的山区范围。需保持自然环境的原始性，不进行
大规模的人工干预，最大限度保留其自然景观价值。在这
片区域之外应预留足够的城市建设协调区，集中布置游

风景资源与文化遗产

图 11　净月潭景区半自然区域边界
（来源：Google Earth）

图 12　半自然区域边界设计示意图（黄乔绘制）

览配套设施，如酒店、餐饮、度假村等。或免费对市民开放的小游园。

对在建的长影世纪城建筑高度与形态进行重新考虑，保证其不对景区内自然景观造成视觉影响。在对景区南面的城市用地进行规划时也要充分考虑景区内的视觉感受。

4　总结

对于城市型风景名胜区而言，"城"、"景"边界的划定是景区与城市规划工作的重要内容，是规划得以顺利开展的基础；"城"、"景"边界的设计将直接影响到景观品质、游客体验、人居环境质量等各方面。笔者将净月潭

图 13　净月潭南部自然区域
（来源：Google Earth）

图 14　自然区域边界设计示意图（黄乔绘制）

风景名胜区边界按自然程度的高低进行分类和分级，相对于景区西面、南面（借助远离开发区的大片农田与景区内部起伏的山势的阻隔，将景区与城市划分开来）及东面（多为山峰沟壑，能明显的从视觉和空间上将景区边界识别出来）与城市边界的处理方式，景区北面净月潭水体与城市接壤，边界问题较为突出，处理手段也较为丰富。轻轨高架桥在对景区造成压迫的同时，也形成了隔离带，阻止城市建设的扩张对景区的影响（图15—图17）。

致谢：感谢邵笛、侯静轩、黄乔、张文博、陈思琦、李宇宸的现场调研和资料整理工作！

图 15　净月潭风景名胜区水坝两侧景观俯视（来源：调研小组拍摄）

图 16 净月潭风景名胜区边界临道路部分（来源：调研小组拍摄）

图 17 净月潭风景名胜区边界与轻轨（来源：调研小组拍摄）

参考文献

[1] 保继刚，徐红罡，Lew AA. 社区旅游与边境旅游[M]. 北京：中国旅游出版社，2006.

[2] 郑昕 . 潭映净月，林迴涛声——长春净月潭门前景区与景点设计[J]. 华中建筑，2000(03)：40—44.

[3] 纪玉和，王立娟，孙长斌 . 净月潭——亚洲最大的城市森林公园[J]. 城市林业，2004(2)：28—31.

[4] 胡一可，杨锐 . 风景名胜区边界认知研究[J]. 中国园林，2011(06). 56-60.

[5] 胡一可，杨锐 . 风景名胜区边界划定方法研究[C]. 中国风景园林学会 2009 年会论文集，2009.9：272-280.

作者简介

[1] 胡一可，1978 年 9 月生，辽宁大连，天津大学建筑学院讲师，清华大学工学博士，中国风景园林学会会员，天津市城市规划学会规划信息管理专业委员会副主任，研究方向：景观规划与设计，电子邮箱：563537280@qq.com。

[2] 杨惠芳，1987 年 5 月生，河北张家口人，天津大学建筑学院硕士研究生，研究方向：建筑设计及其理论。

景中村旅游发展方向探究

——以西湖景中村为例

Explore the Direction of Rural Tourism Development in the Scenic Area
——Take the Rural in Westlake Scenic Area for Example

贾革新

摘　要：随着"西湖·龙井茶园"（以下简称"西湖"）申请世界遗产文化景观成功，西湖旅游便被茶文化旅游打上了深深的烙印。"西湖"是世界遗产地、是风景名胜区，也是文化景观，作为它的重要部分，景中村旅游不同于一般的乡村旅游，有着自身的独特性。因此，有必要对西湖景中村的旅游现状进行剖析，结合国外成功经验，对西湖景中村的旅游发展方向进行合理的预测。

关键词：景中村；旅游发展；西湖

Abstract：With the success of "West Lake. Longjing tea garden" (Referred to " Westlake") application for World Heritage Cultural Landscape in 2011, Tourism in the "Westlake" has been marked a deep imprint by the culture of the tea. "West Lake " is the World Heritage site, is a scenic area, is also a cultural landscape, as an important part of "West Lake", tourism in the rural areas which located in the Westlake has its own features different from the general rural tourism. Therefore, it is necessary to analysis the current situation of the rural tourism in the Westlake, and final give a reasonable forecast to the direction of its tourism development in the future based on the summary of the successful experience of the foreign countries in this area.

Key words：Rural in the Scenic Area；Tourism Development；Westlake

1　引言

2011 年，在第 35 届世界遗产委员会上，西湖·龙井茶园申请世界遗产文化景观成功，这一成果开辟了西湖旅游的新纪元。龙井茶园和西湖捆绑申遗，从这一点上就足以说明龙井茶园在申遗过程中的重要性和不可替代性。西湖·龙井茶园文化景观要想得到延续和发展，除了对其进行有序保护之外，还需要对其价值进行传播和扩散，而旅游将会同时满足这两种需求。西湖·龙井茶园是一个"生命体"，西湖景中村则负责和见证其生命的延续，景中村作为风景名胜区的一部分，它是居民与景区对话的载体、是游客与景区对话的媒介，因此，其旅游发展方向显得尤为重要。

此次研究选择梅家坞、龙井村、茅家埠、满觉陇村和灵隐村五个村落，原因在于这五个村落虽然都是具有位于西湖风景名胜区内的共性，但是它们之间又有着细微的差异，这些差异也是村落的发展中所面临的问题与发展现状有所不同的部分原因，除此之外，彭亮已经对这五个村落的乡村文化景观演变及其解读进行了深刻的研究，因此选择这五个村落有着一定的研究基础和前瞻意义。

2　景中村的起源和概念

"景中村"的称呼最早是在 2005 年，由杭州市政府颁发的《杭州西湖风景名胜区景中村管理办法》中所提出，并称这里的景中村是指由杭州西湖风景名胜区管理委员会（以下简称风景区管委会）托管，与西湖风景名胜区特定景区融为一体的村（社）。

"景中村"的概念在一定程度上类似于"城中村"概念的提出。相关文献对于"城中村"概念的界定多偏重从空间地域特征、社区属性和社会经济结构三方面来对其进行诠释。侯雯娜等正是从"城中村"的概念和内涵出发，将"景中村"定义为已纳入风景名胜区规划和管理范围之内，土地集体所有，行政上设立村民委员会，主要居民为农业户口，保留村落的民俗风貌的社区聚落[1]。从侯雯娜对"景中村"概念内涵的界定，不难看出，其具有的三个基本特征分别对应了"城中村"的空间地域特征、社会经济结构和社区属性三个层面。因此，对"景中村"的理解离不开其依托的背景风景名胜区、其长期发展下来形成的社会经济结构以及社会属性的研究。

3　相关理论综述

由于景中村的旅游首先属于乡村旅游的范畴，而国内对乡村旅游的研究才刚刚起步，因此有必要对国外乡村旅游的研究进行总结，从而为景中村的旅游提供一定的借鉴意义。

3.1　乡村旅游研究综述

国外的乡村旅游起源较早，可以追溯到 19 世纪三、四十年代，关于起源的国家有西班牙说，意大利说，还有法国

景中村旅游发展方向探究——以西湖景中村为例

说。总之，可以这样认为，乡村旅游起源于欧洲国家[2]。

王素洁、刘海英指出国外研究的成果主要集中在乡村旅游供给、乡村旅游需求、乡村旅游影响等方面。并提出今后国外乡村旅游研究的重点将可能为：对乡村旅游跨学科、多角度进行的实证和理论研究，乡村旅游有关术语、作用和基础理论的国际共识研究，国际合作跨地区、跨文化的乡村旅游共时比较研究及对乡村旅游发展演进不同阶段的历时归纳研究等方面[3]。

在乡村旅游游客特征方面，Yagüe Perales R M 对埃尔阿托帕兰西亚（最著名的乡村度假之一）进行了实证研究，以区分传统游客和现代游客的特征[4]。

在乡村旅游产品开发方面，SIMION S A 指出乡村旅游在时间上和空间上分布不均的特性，并倡导用不同的策略和多种途径来推动旅游产品和服务，从而来削弱这种不均匀性[5]。

在乡村旅游的影响方面，Iorio M，Corsale A 提出了乡村旅游是乡村地区进行家族事业和发展的必要工具[6]。Tao T C H，Wall G 用研究证明了乡村旅游业可以增加居住在罗马尼亚的农村地区的家庭收入，并可以加强家庭产业链的形成[7]。

国内乡村旅游开发较晚，萌芽于 20 世纪 50 年代，然而，贺小荣认为我国乡村旅游的诞生时间更早，可以追溯到春秋战国时期，比如《管子·小问》记载："桓公放春三月观于野。"记录了齐桓公到郊野农村娱乐身心、享受明媚春光的情况。因此，"乡村旅游"这个名词只不过是对"郊游"的一种替代，一种新的诠释①。相对于乡村旅游的实践开展的频繁，国内对于乡村旅游的理论研究较少，目前的研究方向主要集中在乡村旅游起源概念、乡村旅游类型与发展模式、乡村旅游社区参与、乡村旅游与社区发展（含新农村建设）、民族地区乡村旅游五个方面[8]。

3.2 西湖景中村旅游研究综述

3.2.1 西湖景中村研究综述

经过文献搜索，国内对景中村的研究多集中在新农村建设、村落景观特色整合与保护更新、景中村的发展规划策略、景中村管理对策分析、景中村居民点规划与综合评价、景中村景观整治以及景观适宜性评价、景中村村庄整治改造设计与可持续发展、景中村发展策略等研究方面。这些研究都对景中村的发展以及景中村旅游的研究奠定了基础。

3.2.2 西湖景中村旅游研究综述

在景中村的旅游方面，已经有了一些实际研究，如对西湖景中村例如龙井村、梅家坞以及茅家埠等村落的个例研究却已经有了一些文献基础。

在西湖景中村的管理方面，侯雯娜从西湖景中村的现状出发，提出了有效增进景中村管理和发展的对策[1]；袁雅芳等通过介绍景中村发展的普遍现状和特征引出存在问题，并在管理体制、管理力量、管理手段以及后备支持方面提出了相应的建议[9]。

在景中村文化旅游开发方面，周小宝系统地对杭州龙井村和梅家坞文化旅游开发进行了研究[10]；黄黎明等对梅家坞茶文化休闲旅游深层次开发的对策进行了探析[11]。

在可持续旅游方面，沈惠惠等以杭州梅家坞为例，对农家乐的可持续发展提出了一些建议[12]；崔会平等通过梅家坞茶文化村旅游解说系统的实证研究，以期为主题类农家乐旅游地的可持续发展提供有益的参考[13]。

在景观营造方面，单银丽等对梅家坞村尝试提出了景观优化的对策和建议[14]；徐斌等以杭州梅家坞村为例，详细阐述了梅家坞村乡土元素的应用情况及存在的问题，并对农家乐的发展提出建议[15]；吴彩芸等提出了景区植物多样性保护与景观改造建议[16]；李琦等以杭州茅家埠为例，初步证明营造景观效果与保护生物多样性不存在矛盾，可以达到双赢的效果[17]。

综上，对西湖景中村的研究多集中在文化旅游开发、可持续旅游、景观营造等方面。而对西湖景中村旅游的整体研究较少，也缺乏对其独特性的研究，大多集中在共性研究，基本停留在乡村旅游的层面研究。

4 西湖景中村旅游发展现状

4.1 西湖景中村旅游发展现状

通过对西湖景中村的五个村落进行资料查询归纳并相互比较，将其现有资源以及优势劣势进行列表总结，见表1。

西湖景中村旅游发展现状分析　　表 1

景中村	特有资源	整治时间	优势	劣势
龙井村	龙井茶	2005 年	茶园面积最大	在周边村落发展起来之后，没有绝对的竞争资源和优势
梅家坞	龙井茶	2003 年	①杭州茶文化金字招牌 ②十里梅坞 ③茶文化的表达途径健全	①商业开发和乡村生活本源的矛盾冲突 ②距离西湖较远
茅家埠	龙井茶	2004 年	后开发的乡村茶文化体验地	后开发的乡村茶文化体验基地
满觉陇村	龙井茶桂花（西湖桂花节）	2009 年	茶文化和桂花文化的交融	没有利用好自己的优势来发挥自身的绝对竞争力
灵隐村	最早的龙井茶发源地	2006 年	①茶园历史最悠久，是龙井茶最早形成的茶区 ②位于宗教场所附近的村落 ③商业经营类型较为多样	①茶园面积最小 ②村内的外来租赁所占比例过高，削弱了当地民风民俗

① 贺小荣. 我国乡村旅游的起源、现状及其发展趋势探讨 [J]. 北京第二外国语学院学报，2001（1）：90-94.

从表中不难看出，五个村落的旅游发展都无一例外的和茶文化有着密切的关系，然而在对茶文化的挖掘和利用还停留在表面。

4.2　西湖景中村的旅游发展所带来的价值和意义

西湖景中村的旅游发展对西湖旅游活动的优化功能表现在以下两个方面：对西湖整体景观的保护和美化。景中村其完整的产业链结构，即以购物、娱乐、参观、休闲等模式吸引游客从景区核心区走向周边的过渡区，从一定程度上实现了部分客流的扩散；景中村的房舍、道路以及公共区域的设计与整个西湖景区的大环境相适应，将会作为西湖景区文化的升华和延伸，吸引游客去体验；景中村作为西湖景区内的一个原生社区，是全方位展现当地风情的最佳舞台。游客在村内的逗留期间能通过对原住民生活方式的观察、直接互动的交流解说，使整个游憩过程更加完整和富有参与性，可获得更为丰富的民风体验[9]。

西湖景中村的旅游发展对景中村本身所带来的价值：西湖景区街道总面积为 47.5km²，景中村全部坐落于 59.04km² 的西湖风景区内，下辖 9 个行政村，6 个社区，39 个农居点。辖区内现有梅家坞村、龙井村、茅家埠村、双峰农居点等 4 个重点农家休闲区域，有农家茶楼近 300 家。茶叶经济收益显然已经成为西湖茶乡农民的重要经济来源[1]。

西湖景中村的旅游发展所带来的巨大的效益，首先与当地的独有的茶文化密不可分，其次与当地在乡村旅游发展的开展方面有着丰富的经验也是息息相关的。因此，对西湖景中村的旅游现状进行研究，总结其成功经验和教训，对于西湖景中村旅游长期持续发展具有重大意义。

4.3　西湖景中村旅游发展过程中出现的问题

在旅游资源方面，西湖景中村的旅游在挖掘旅游资源的时间和空间上以及资源本身都相继出现了雷同，因此导致每一个景中村个体在参与旅游市场竞争时，缺乏特质，缺乏独到，缺乏竞争力，无法持久的立于不败之地。

在经营销售方面，西湖龙井茶农户生产、加工、销售等经营方式上存在问题，如在生产方面，缺乏联合经营；在加工方面，由于缺少采摘工，所以任务量较为繁重。

在旅游市场方面，村与村之间的旅游产品市场存在雷同，相关市场机制缺失，导致龙井品质下降，营销管理对策也不尽完善。

5　西湖景中村旅游未来发展方向

西湖景中村应吸取过去的成功经验和总结过去的不足之处，借鉴国外先进景中村的旅游发展模式，结合中国国情，对西湖景中村旅游未来发展方向提出以下建议：

（1）正确处理西湖景中村旅游发展和保护之间的关系。西湖景中村旅游发展新趋势要将"文化的延续"作为过程和目标。

（2）注重"村与村"，"村与景区"以及"村与城市"之间的协同带动作用。2001 年，将龙井茶原产地域的保护范围划分为三个区，即西湖产区、钱塘产区和越州产区。因此，西湖景中村的旅游除了在村与村之间的相互协同和竞争之外，以三个产区的空间连线也可以为游客体验"廊道"，加强"景中村"这一"斑块"和其他斑块之间的联系和沟通，从而更加稳固"基质"的扩散效应。

（3）加强社区参与的积极性。要积极带动社区居民的参与性，稳步促成家庭产业链的形成，并使得这样的态势长久地发展下去，在社区居民和企业之间找出一个共赢的平衡点。

（4）应该朝着创造以多元化的休闲旅游空间为理念的旅游模式方向发展。

（5）加强科研的投入。西湖景中村的旅游是风景名胜区旅游，是遗产地旅游，也是文化景观旅游，因此，其旅游发展方向应加强这一方面的科研投入，借鉴国外的先进理念和模型进行实验研究。

参考文献

[1]　侯雯娜，胡巍，尤劲，等. 景中村的管理对策分析——以西湖风景区为例 [J]. 安徽农业科学，2007. 35（5）：1348-1350.

[2]　潘盛俊. 国际乡村旅游的起源及发展阶段论[J]. 中国商贸，2012(15)：171-172.

[3]　王素洁，刘海英. 国外乡村旅游研究综述[J]. 旅游科学，2007(2)：61-68.

[4]　Yagüe Perales R M. Rural tourism in Spain[J]. Annals of Tourism Research，2002. 29(4)：1101-1110.

[5]　SIMION S A. Promotion Techniques for Rural Tourism for the "Iza Valley" Microregion[J]. Romanian Review of Regional Studies.

[6]　Iorio M，Corsale A. Rural tourism and livelihood strategies in Romania[J]. Journal of Rural Studies，2010. 26（2）：152-162.

[7]　Tao T C H，Wall G. Tourism as a sustainable livelihood strategy[J]. Tourism Management，2009. 30(1)：90-98.

[8]　高婕. 乡村旅游与社区发展研究综述[J]. 民族论坛，2012(18)：32-38.

[9]　袁雅芳，胡巍. 风景名胜区景中村发展现状分析及管理对策[J]. 安徽农业科学，2005. 33(11)：2107-2108.

[10]　周小宝. 基于因子分析的文化旅游开发研究——以杭州龙井村和梅家坞为例[J]. 出国与就业，2011(10)：141-143.

[11]　黄黎明，王艳丽. 梅家坞茶文化休闲旅游深层次开发的对策探析[J]. 特区经济，2005(12)：145-146.

[12]　沈惠惠，陈瑛. "农家乐"旅游的现状与发展分析——以杭州梅家坞农家乐为例[J]. 江西农业学报，2010. 22(3)：177-178，183.

[13]　崔会平，陈娟，张建国，等. 杭州梅家坞茶文化村旅游解说系统调查与评价：第六届观光农业与休闲产业发展学术研讨会，台湾台南，2008[C].

[14]　单银丽，沈玉英. 梅家坞村庄绿化现状评价及景观优化研究[J]. 北方园艺，2011(21)：88-91.

[15]　徐斌，邵伟丽. 乡土元素在杭州梅家坞农家乐景观中的应用[J]. 福建林业科技，2010. 37(1)：163-166.

[16]　吴彩芸，夏宜平，张宏伟，等. 杭州西湖茅家埠景区植物物

种多样性及其保护[J]. 黑龙江农业科学，2009(1)：96-98.

[17] 李琦，夏宜平，吴彩芸等. 水湿生植物物种多样性与景观
效果关系研究——以杭州茅家埠景区为例[J]. 陕西林业科
技，2008(2)：1-6，14.

作者简介

贾革新，1986 年 3 月生，女，汉，河南三门峡，同济大学建
筑与城市规划学院景观规划设计 2011 级硕士在读研究生，研究
方向为文化景观，电子邮箱：jgxemily@163.com。

广州公园绿地系统发展历程及影响机制①

The Development History and Influence Mechanism of Guangzhou Public Parks System

江海燕　朱再龙

摘　要：广州公园绿地系统在近百年的发展历程中，经历了萌芽、快速成长、毁坏减少、恢复增长、停滞、不稳定增长和持续稳定增长的过程，公园类型不断丰富完善，逐步形成城郊公园—市级公园—区级（村镇级）公园—社区公园（街头绿地）四级体系。这些演变与城市发展背景密不可分，新中国成立前以政治因素占主导，新中国成立后五十年是基本公共服务制度和经济投入共同作用，近十几年以来则是城市竞争和社会市场的共同推动。

关键词：公园绿地；发展历程；形成机制；广州

Abstract：Guangzhou Public Parks System has gone through the germination, rapid increase, destroyed and decrease, regaining increase, stagnation, unstable increase and continual increase during its nearly one hundred history. The types have developed four grades including suburb parks-city parks-district parks(village and small towns)-community parks. The evolution is inseparable to the background of the city development. The influence mechanism includes mainly political factors before liberation, the combined action of basic public services' politics and economic investment during the 50 years after liberation, the combined action of city competition and social market since 21 century.

Key words：Public Parks；Development History；Influence Mechanism；Guangzhou

公园绿地系统是一个在时间上表现出阶段性特点的概念，随着政治、经济和社会背景的转变及公园本身的发展，其名称和统计内容经历了诸多改变。广州公园绿地的发展与国际、国内大环境及广州城市自身政治、经济、社会的发展、城市空间扩张及区划调整等背景均有着密切的关系。具体而言，本文研究对象经历了1906—1918年的公园、1918—1949年的公园系统、1949—2002年的公共绿地系统、2002年以来的公园绿地系统的变化过程。尽管各时期的名称不一样，但研究对象的本质并没有改变。本文通过广州公园绿地系统自公园产生以来的发展过程、形成背景的研究，探求各阶段的特征及形成的主要动力机制。本文数据主要来自于《广州统计年鉴（1998—2012）》[1]、广州市林业和园林局公园统计数据以及广州土地利用GIS数据（2009年）。

1　广州公园绿地发展阶段划分

根据广州历年建成公园绿地面积计算年平均增长率，再结合年平均增长率变化趋势以及社会发展背景，得到各阶段公园绿地面积平均增长率变化（图1）。自1918年以来广州城市公园发展共经历了七个发展阶段，分别为：①1918年以前的晚清萌芽期；②1918—1935年的民国快速成长期；③1936—1949年的战乱毁坏减少期；④1950—1959年的新中国成立初恢复增长期；⑤1960—1978年的自然灾害和"文革"停滞期；⑥1979—1999年的改革开放二十年不稳定增长期；⑦21世纪以来持续增长期。

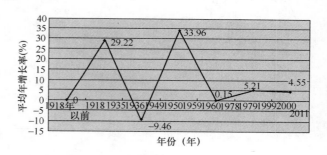

图1　广州1918年以来各阶段公园面积年均增长率一览表

2　各阶段公园绿地发展特征

2.1　晚清萌芽期（1918年以前）

广州园林建设的历史最早可追溯至2100多年前的南越王宫苑，但真正具有现代公共园林意义的公园历史则不过一百年左右。学界对广州首个公园主要有两种说法：①始建于晚清光绪年间（1906年），在广州黄埔长洲岛建成黄埔公园，现仅存遗迹[2]。②始建于民国7年（1918年），由孙中山倡议于1921年建成，当时称广州第一公园，后更名为中央公园，现改名为人民公园[3]。不过，公园一词作为西方"舶来品"，在广州第一个建立的具有向"公众开放的花园"含义的应该是半殖民地时期沙面租界内的沙面公园。广州半殖民地时期的沙面租界，当时属于西方文明介入广州的一块飞地，集中了西方各国建筑文

①　基金资助：教育部人文社会科学青年基金项目（10YJC840036）和广东省自然科学基金（S2012010010549）。

化与技术，包括领事馆、银行、洋行、教堂、学校等各类建筑、主次分明的道路系统及宽阔的绿化带，并形成街心花园、临河林荫道和临江公园[4-5]。沙面公园原址历史上曾是法租界"前堤花园"和英租界的"皇后花园"，始建于1865年，经过历年多次改造，现在面积为 1.3 hm²。当时建成的沙面公园内设草地、水池、铺地，配有亭廊座椅等设施，便于眺望珠江景色[6]。该时期出现的沙面公园仅向特殊人群（租界西方人）开放，实际是租界公园。

2.2 民国快速成长期(1918—1935年)

2.2.1 出现向公众开放的、真正意义的公园，其个数和规模迅速增加，同期居全国之首

自中央公园建成免费向公众开放起，其后建成的一系列公园都具备向所有平民公众开放的性质，因此属于真正意义的公园；且数量居全国之首，共有 13 个公园，总面积 131.1hm²（表1）[7]。

1918—1935 年广州城市公园一览表　　表 1

名称	面积(hm²)	建设年代
中央公园（今人民公园）	7.76	1918
观音山公园（今越秀公园）	12.65	1924
东山公园	0.23	1923
河南公园（今海幢公园）	1.66	1933
海珠公园（今不存在）	0.096	—
十九路军陵园	5	1933
中山纪念堂	6.36	1931
永汉公园（今儿童公园）	2.82	1930 年代
净慧公园（今光孝寺）	2.33	1930 年代
中山公园（今天河公园）	57.39	1930 年代
白云公园	16.89	1930 年代
东征烈士墓园（黄埔）	5.00	1930
黄花岗七十二烈士墓园 （今黄花岗公园）	12.91	1921

资料来源：广州年鉴，1935 年

2.2.2 公园已成为城市规划的一部分，不再是个别行为

1918年，广州市政公所建立，当时主持市政公所事务的留学生在制定城市规划时，就考虑了公园的建设。1921年，孙科任广州市第一任市长，市工务局工程建筑课下设园林股，着手筹筑公园三处，其名称即为第一、二、三公园，并建成第一公园即中央公园。在中央公园的成功影响下，广州市政厅又先后建设了几个市内公园。1933年11月28日，市政府设立园林委员会，制定公园分配计划，包括开辟郊外公园十二处的计划，这一时期的绿地规划思想已将城内延续至城郊。

2.2.3 公园建设大多依托现有条件，筹资方式、公园类型及功能多样化

政府为了增加公园建设的效率、减少成本，大多数公园依托现有条件进行改造和建设。这个时期的公园建设根据依托的条件分为三类：①直接借助自然风景、山势以及历史遗迹建设公园，如越秀山（观音山）公园、白云山公园；②依托署衙故址、寺院、公所、旧有的外国领署或旧有建筑改辟的公园，如在清代抚署故址基础上修建的中

央公园以及光孝寺、海幢寺、旧英领署（净慧公园）、旧法领署（永汉公园）都先后改建为公园。③依托战争遗址修建纪念性公园，如黄花岗七十二烈士陵园、十九路军陵园等。建设公园的筹资方式主要有两种：①政府投资，如中央公园；②民间筹款：如1923年东山区居民自行筹款建设东山公园；1924年向广州中上层市民筹款开辟观音山公园等[8]。公园功能也表现出多样化的特点，主要有①改善环境：1918年，广州市政公所宣传建立第一公园（今人民公园）时，即以"西人称公园为都市之肺腑"为由，强调公园对改善环境的作用[8]。②放松自我，益于身心健康：1919年的《建设》第一卷发表了20世纪20年代中后期一位颇有建树的市长林云陔一篇文章，其中就提到公园在休养和娱乐方面，能够解除疲劳、锻炼身体、增长人民安乐与社交。③培养近代中国市民的文明习惯和公共道德心：由于近代国民尚不具备公共场所行为文明习惯和公共道德规范，正如梁启超所言"国民益不复知公德为何物"，希望通过公园行为规范培养市民公德心。④教育功能：包括在中央公园开展书画展览、生理、卫生、动植物标本展，在中央公园和海珠公园设立公共阅览书报棚，在净慧公园设立省立民众教育馆等。⑤社会和政治活动：公园作为群众集会活动的场所，如中央公园的募捐会、广州市政府组织市民举办各种具有历史意义的政治活动，如1924年3月8日的"三八"纪念活动，1924年9月24日北伐胜利的祝捷大会，1934年五四运动纪念大会等都在公园举行。这一阶段，公园在一定程度上促进了近代中国城市市民意识的发展，在某种程度上使市民享受到城市财富带来的平等。

2.3 战乱毁坏减少期(1936—1949年)

由于抗日战争和解放战争的影响，不但1933年制定的广州公园建设计划未能实施，建好的公园也遭到战争不同程度的毁坏。到1949年新中国成立时，广州只有观音山（越秀）公园、永汉（儿童）公园、中央公园、黄花岗公园、东山公园和净慧公园等几个城市公园，总面积约32.6hm²，人均公共绿地面积约 0.3m²[9]。

2.4 新中国成立初恢复增长期(1950—1959年)

2.4.1 公园数量和面积迅速增加，居全国第二位

该阶段新建的公园规模较大，普遍在几十公顷至几百公顷的规模，公园总规模达到 606.9hm²。公园个数和种类也迅速增加，新建了以人工湖景观为主的综合休闲文化公园、动物园、植物园及纪念性公园等（表2）。

1950—1959 年间广州市公园一览表　　表 2

名称	面积(hm²)	建设年代
文化公园	8.70	1952
广州起义烈士陵园	18.00	1957
植物标本园（今兰圃）	3.96	1957
流花湖公园	54.43	1958
荔湾湖公园	27.29	1958
东山湖公园	31.71	1959
广州动物园	42	1958

名称	面积(hm²)	建设年代
东郊公园(今天河公园)	78.79	1959
华南植物园	300	1959
海员公园(今黄埔东苑)	3.8	1958
芳村公园(今醉观公园)	3.6	1958
蟹山公园	2.02	1958

资料来源：广州市园林局 2007 年统计数据。

2.4.2 出现大规模的城市公园、类型多，科教、纪念、综合功能突出

与近代 20 世纪二三十年代相比，这一时期的公园建设在单个公园规模上大大增加，如 1958－1959 年期间为改善低洼地区蚊蝇滋生、污水漫地的城市环境，新建的著名的三个人工湖公园(流花湖、荔湾湖、东山湖)、动物园和植物园，规模都在几十公顷以上，而近代公园面积大多在几公顷的规模。另外，这一时期的公园在功能上更加突出科教(动植物园、兰圃)、纪念(烈士陵园)、综合功能(三大人工湖公园)。

2.5 自然灾害和"文革"停滞期(1960－1978 年)

受国家经济困难及"文化大革命"影响，公园建设不仅停滞，园林绿地还被破坏，被征占 1110.7hm² 用作生产地。该时期仅新建一个公园——晓港公园，面积为 16.66hm²，建于 1975 年。

2.6 改革开放 20 年不稳定增长期(1979－1999 年)

2.6.1 公园数量和面积迅速增加，但年增长率波动显著

公园面积迅速由 1979 年末的 625 hm² 增加到 1999 年末的 1824 hm²，改革开放 20 年公园净增加面积是前 60 年的近 2 倍。公园个数由 1979 年末的 18 个增加到 1999 年末的 68 个，净增加公园个数是前六十年的 2.8 倍。但园林绿地的增长并不稳定，其面积年均增长率波动显著，波峰主要出现在 1983 年、1989 年和 1997 年，1979－1982 年、1984－1989 年、1991－1994 年期间还出现停滞和负增长的情况(图 2)。

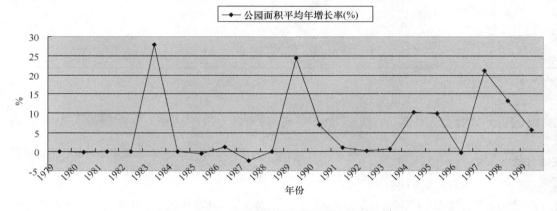

图 2　1979－1998 年间公园面积年增长率(％)

2.6.2 公园新类型的出现进一步拓展了公园的功能

这一时期出现城郊型郊野公园、村镇公园以及主题游乐园等新的公园类型，从公园的服务范围和服务人群两方面进一步拓展了公园的功能，并首次将公园功能延伸至生态环境保护领域，将游憩功能与生态保护功能相结合。

2.6.3 初步形成城郊公园—市级公园—区级公园(村镇级)三级体系的城市公园系统

城郊公园包括 1997 年建成的天鹿湖郊野公园、丹水坑公园，这些公园普遍位于城市建成区的边缘地带，面向全市居民服务，具有规模大、以自然风景林为主、充满野趣等特点。市级公园主要是各区面向全市居民服务的大型综合性公园，具有服务范围广、设施齐全和规模较大等特点，普遍位于城市建成区的中心区。市级公园大多建设于 20 世纪 60 年代之前，如越秀公园、三大湖公园(东山湖、荔湾湖、流花湖)、天河公园等。区级(村镇级)公园是面向各区(或村镇)内部服务的公园，规模相对小、活动和设施类型相对简单。

2.7 21 世纪以来快速持续增长期(2000 年以来)

2.7.1 公园数量和面积快速、稳定、持续增长

2000－2011 年间，公园面积由 1824hm² 增加到 4820hm²，净增加约 1.6 倍；公园个数由 68 个增加到 236 个(不含社区公园和街头绿地)，净增加 2.5 倍。公园面积年均增长率为 4.55％。与 20 世纪八九十年代不同的是，该阶段公园数量和面积逐年呈稳定、持续增长的态势，没有下滑和停滞期。

2.7.2 公园绿地体系进一步发展，出现社区公园等新类型，形成城郊公园—市级公园—区级(村镇级)公园—社区公园(街头绿地)四级体系

公园绿地经历改革开放二十年的发展基础上，由于住房制度改革、商品房的兴起、城市竞争等背景，使得改善居住环境的居住区或小区级中心花园、改善城市面貌的街头绿地和滨水、道路等带状公园迅速发展，使公园绿地形成四级体系。

广州公园绿地系统发展历程及影响机制

2.7.3　门禁社区的中心花园成为社区级公园的重要形式

广州是中国住房私有化市场最发达的地区之一。随着1998年全面推行货币化住房政策开始，广州商品住宅竣工面积迅速增加，并出现门禁社区内部的居住区公园、中心花园、小区游园等社区公园新形式。由于大多数商品住宅小区花园面积并未纳入公园绿地的统计范围，但这些花园发挥着重要的日常休闲作用。根据《城市绿地分类标准》(CJJ/T 85—2002)，这类居住区公园和小区游园均属于社区公园。因此，这类绿地应作为社区公园统计。另外，《城市居住区规划设计规范》(GB 50180—95)中所规定的居住区绿地建设标准，即：居住区绿地率应大于30%，其中10%为公共绿地。根据(商品住宅竣工面积/平均容积率)×10%(平均容积率取3)，得到2000—2011年间新增社区公园面积。由表3可知，自2000年以来，广州每年新增门禁社区公园面积都在20hm²以上，相当于每年多新建20多个社区公园(居住区级公园面积不小于1hm²)。

2000年以来广州商品住宅公共绿地面积一览表　　　　　　　　　　　表3

年份(年)	公园面积 (hm²)	公园新增面积 (hm²)	商品住宅竣工面积 (万 m²)	商品住宅公共绿地 新增面积(hm²)	社区公园新增面积占公园 新增面积比(%)
2000	1882.9	58.9	698.3	23.3	39.56
2001	2797.3	914.4	671.24	22.2	2.44
2002	2883.3	86	871.24	29.1	33.84
2003	2980.0	96.65	902.97	30.1	31.14
2004	3033.3	53.36	795.25	26.5	49.66
2005	3230	196.69	801.17	26.7	13.57
2006	3953	723	770.36	25.7	3.55
2007	4257	304	674.85	22.5	7.40
2008	4307	50	673.92	22.4	45.00
2009	4472	175	715.68	23.9	13.66
2010	4562	90	774.69	25.8	28.67
2011	4820	258	831.68	27.7	10.74

数据来源：《广州统计年鉴》(1998—2012年)。

3　各阶段公园绿地形成机制

3.1　发展背景

从社会政治背景、经济投入、制度政策、城市规划、城市发展等方面总结各阶段公园绿地发展的社会背景(表4)。

3.2　形成机制

3.2.1　1949年以前：政治因素占主导(图3)

3.2.2　1949—1999年：基本公共服务的制度保证和经济投入的共同作用(图4)

3.2.3　21世纪以来：城市竞争和社会市场的共同推动(图5)

图3　1949年以前公园形成的主要影响因素及形成过程

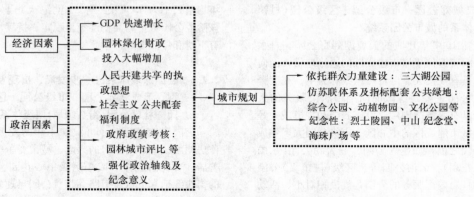

图4　1949—1999年公园形成的主要影响因素及形成过程

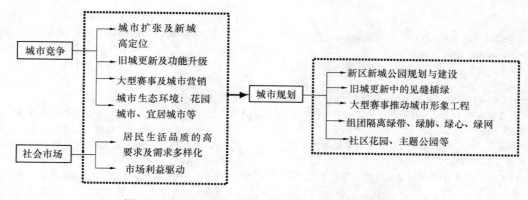

图 5 21 世纪以来公园形成的主要影响因素及形成过程

4 结语

广州公园绿地系统在近百年的发展历程中，经历了快速成长、毁坏减少、恢复增长、停滞、不稳定增长和持续稳定增长的过程，公园类型不断丰富完善，由单个公园逐步演化为城郊公园—市级公园—区级（村镇级）公园—社区公园（街头绿地）四级体系；功能从早期单纯的环境、政治、纪念、科教意义上升至与居民日常休闲、城市形象、城市生态密不可分，具有更丰富的经济、社会和生态价值；服务对象也出现了分化，既有免费为大众服务的公园，也有收费不菲的各种主题游乐公园，还有只为少部分人服务的门禁社区花园；供给方式从早期的市政府筹资发展为更多元化，包括市、区、村镇、街道等多级政府，以及更多市场投资的份额。这些演变与城市发展背景密不可分，新中国成立前以政治因素占主导，新中国成立后 50 年是基本公共服务的制度和经济投入共同作用，近十几年以来则是城市竞争和社会市场的共同推动。

广州公园绿地系统发展背景   表 4

发展阶段	社会政治背景	经济投入	制度政策	城市规划	城市发展
①晚清萌芽期	半封建、半殖民地社会	除私家和租界园林，清政府对公众园林无投入	出现学习外国经验的启蒙思想	西方殖民者受本国城市规划思想影响	大商业都市区
②民国快速成长期	民国政府推行西方民主制度，改变民众消极生活方式，显示民权政治	民国政府投入与民间筹资相结合	借公园培养市民意识、移风易俗、保护遗迹、纪念革命烈士、教化民众、依托住宅建设	有留学背景的市政官员受西方城市规划思想影响	城市快速拓展，人口迅速增加、汽车的出现
③战乱毁坏减少期	抗日战争和解放战争	无	—	—	衰退期
④新中国成立初恢复增长期	集中统一的政治、经济策略，充分发挥社会力量	相对较少	政府设立专门的管理机构：绿化工作委员会和园林管理处；1957年，颁布《广州市保护绿化暂行办法》	制订市区园林绿化布局规划	恢复经济
⑤自然灾害和"文革"停滞期	"文化大革命"批判"小桥流水封资修"，抑制公园休闲性和生活性	经济建设困难期城市建设普遍受到抑制	园林结合生产，以园养园，倡导生产性，使公园遭到破坏	不再新建、扩建大公园，限制动物园发展	优先发展工业
⑥改革开放二十年不稳定增长期	国民经济调整、改革，全国普遍重视公园建设，并进行"全国绿化先进城市"评比活动	园林绿化投资额大幅增加	公园实行统一领导、分级管理，颁布《广州市城市绿化管理规定》、《广州市公园管理规定》	1987年和1990年分别提出《八年绿化广州市的标准和措施》和《整顿城市十大进出口绿化建设方案》，1993年编制《广州市城市绿地系统规划（1993—2010）》	"把广州建设成为具有岭南特色的园林城市"
⑦21世纪以来快速持续增长期	为适应国际国内城市竞争环境，通过争创"国际人居环境城市"、"国际花园城市"、"联合国改善人居环境范例奖"、"国家环保城市"、"国家园林城市"等提升城市品质和竞争力	投资进一步增加	住房政策刺激社区公园发展，建设策略从见缝插楼到见缝插绿、规划建绿，"一年一小变、三年一中变、十年一大变"城市形象综合治理工程（1999—2008），青山绿地工程（2003—2010）、绿道网工程	2001年完成《广州市城市绿地系统规划（2001—2020）》，2009年完成修编	城市定位为"宜居城市"和"首善之区"、城市"撤市设区"、产业调整"退二进三"、大型赛事如2010年亚运会等推动

参考文献

[1] 广州统计年鉴（1998-2012）. http：//data. gzstats. gov. cn/gzStat1/chaxun/njsj. jsp.

[2] 汪叔子，汪喜. 川龙口上繁华梦——关于广州公园之缘起及其他. 文博古，2006：57-59.

[3] 李敏，广州公园建设. 中国建筑工业出版社，2001.

[4] 孟丹. 岭南园林与岭南文化. 硕士学位论文. 华南理工大学建筑学院，1997：30-31.

[5] 张文英，邵园园. 从广州市公园的建设历程看植物配置的演变. 广东园林，2006，28(5)：5-11，23.

[6] 杨宏烈，潘广庆. 广州园林发展史略. 规划师，2002，18(5)：25-28.

[7] 陈泽鸿. 岭南建筑志. 广州：广东人民出版社，1999.484-485.

[8] 陈晶晶. 近代广州城市活动的公共场所——公园. 中山大学学报论丛(社会科学版)，2000.23(3)：116-126.

[9] 李敏. 广州城市绿地系统的构建与发展. 广东园林，2007年广州市创建国家园林城市增刊：12-19.

作者简介

[1] 江海燕，1973 年 3 月生，女，汉，湖北京山，博士，广东工业大学建筑与城市规划学院风景园林系，系主任、副教授，城乡规划、景观规划设计，电子邮箱：jianghy2002@163.com。

[2] 朱再龙，1974 年 10 月生，男，湖北鄂州，硕士，讲师，广州美术学院建筑与环境艺术设计系，景观规划设计，电子邮箱：41274753@qq.com。

村镇景观乡土性特征探究[①]

Exploration on Properties of Localities of Rural Landscape

李　露　谢冶凤　张玉钧

摘　要：农村建设和城镇化进程的加速使传统村镇景观受到巨大冲击，村镇原有的乡土气息消失殆尽，农业文明正在流失。什么是乡土景观、如何营造乡土景观逐渐成为学者讨论的热点问题。本文研究的内容是国家"十二五"科技支撑"村镇景观建设关键技术研究"课题部分成果，通过对村镇的范畴、村镇景观的定义、要素的讨论，从整体风格、社会层面、精神层面、景观层面、生态五个层面分别阐述村镇景观乡土性特征，并指出建设富有乡土气息的景观对促进城乡协调发展起到重要的作用。

关键词：村镇；村镇景观；乡土性特征

Abstract：The acceleration of urbanization has become a shock to traditional rural landscape. Traditional local properties and agricultural civilization have been vanishing in the tides. "What is local landscape" and "How to make it" is now a heat point among scholars. As a part of achievements of the "Twelfth Five-Year Plan ", this article makes some discussion on the category of villages and towns. It also focuses on the concept，elements and properties of locality of rural landscape. On this basis, the author comes to a conclusion that establishing rural landscape in villages and towns is of great importance to promote harmony among city and countryside.

Key words：Villages and Towns；Rural Landscape；Properties of Locality

　　村镇乡土风貌的保护、恢复和营造是我国生态环境建设的重要内容，是保证国土生态安全的需要，同时也有助于改善广大农村地区的人居环境、传承民族民间文化。因此，了解村镇景观乡土性特征并创建符合地域特点、富有乡土气息的景观是全面提升村镇景观建设水平，促进城乡协调发展的重要推手。

1　村镇的范畴

　　目前国内有关"村镇"的研究较少，研究对象通常以"乡村"、"城镇"、"城市"居多。1992 年的《村镇规划》一书率先提到了"村镇"的概念，在书中，作者贾有源认为，村镇是相对于城市而言的，是以集镇为中心，若干自然村分布于四周的一种时空格局。它随着时间和空间的变化而不断演替。在我国的行政级别中的大城市—地级市（区）—县城—乡、镇中心（集镇）—村庄等居民点系列中，从乡、镇中心（集镇）到村庄属于村镇范畴，其现代化程度、受外界干扰程度相对于城市而言均较低[1]。柳智在其硕士学位论文中提出，传统村镇主要指各地区经过长期以来选择、积淀，有一定历史和传统风格的人类聚居环境系统[2]。金兆森等人则认为，从村镇规划的角度来看，村镇包括建制镇、集镇和村庄。建制镇是指按国家行政设立的镇。集镇是指由集市发展而成的作为农村一定区域经济、文化和生活服务中心的非建制镇。村庄是指农村村民居住和从事生产的聚居点[3]。高文杰等进一步指出，村镇体系是相对于城镇体系而言的，若按城乡的概念划分，城镇体系属于城市范畴，村镇体系属于乡村范畴[4]。

　　综合对文献的分析，并基于国内行政区划的客观现状，提出以下观点：

　　本课题所研究的"村镇"主要指的是作为居民点、表现出较为突出的乡村景观特征的村镇及村镇体系，既包括产业结构较为单一、乡村特征明显的部分建制镇，又包括具有乡村风貌的集镇和村庄。

2　村镇景观的含义和要素

2.1　村镇景观的含义

　　国内有关"乡村景观"的研究比"村镇景观"要多，其中成熟的研究成果对进一步研究"村镇景观"起到了重要的指导作用。因而在此将"乡村景观"的相关文献也纳入研究范围内。

　　乡村景观是相对于城市景观而言的，从城市设计的角度看，村镇景观是四维地研究和解决建筑形式、色彩、质地等美学问题[5]。作为具有特定指向的景观类型，乡村景观具有区别于城市景观的特定景观性质、形态与内涵[6]。范建红等将不同学者从不同学术角度对乡村景观概念的界定进行了整理，如表 1 所示。同时，古新仁等指出，乡村景观是具有特定的景观行为、形态和内涵的景观类型，聚落形态由分散的农舍到能够提供生产和生活服务功能的集镇[7]。关于村镇景观的概念，何雅婷认为，广义的村镇景观是由相互联系的村镇经济景观、文化景观、自然景观等构成的具有社会、经济、生态、美学等多重价

　　① 国家科技支撑计划：村镇景观建设关键技术研究（2012BAJ24B05）。

值的景观环境综合体；具体来说涉及乡村社区及单体建筑的特征，聚落及单体建筑与外部景观环境之间的联系，聚落及单体建筑外部空间环境与大地景观环境的联系等多个方面，并受到产业结构、民俗文化、生活方式等因素的影响[8]。刘端阳等人提出，村镇景观在客观方面包括地理位置、地形、水、土、气候、动植物、人工物等，在主观方面包括经济发展程度、社会文化、生活习俗等[9]。

乡村景观概念辨析   表1

作者	乡村景观概念	学科范畴	主要内容及特征
贝尔格等	占有一定地区的一组相互联系的环境形成的自然综合体	地理学	地方气候、地形土壤、植物和动物等
韩丽等	从人类审美意识系统出发，乡村景观是作为审美信息源而存在。自然田园风光是乡村景观中最主要的构成部分，是乡村旅游景区建设的基础	风景美学	以山水、田园、村落、建筑、乡土文化为主体的景观美学评价、开发和利用研究
金其铭等	在乡村地区具有一致的自然地理基础、利用程度和发展过程相似、形态结构及功能相似或共轭、各组成要素相互联系、协调统一的复合体	地理学	客观方面包括地理位置、地形、水土、气候、动植物、人工物等，主观层面包括经济发展程度、社会文化、生活习俗
王云才	城市景观以外的空间，是聚落形态由分散的农舍到能够提供生产和生活服务功能的集镇所代表的地区，是以农业为主的生产景观和粗放的土地利用景观	地理学及规划学	包括乡村聚落景观、经济景观、文化景观和自然景观；是人文景观与自然景观的复合体，以自然环境为主；特征是土地利用粗放，人口密度较小，具有明显田园特色的地区
刘滨谊	可开发利用的综合资源，是具有效用、功能、美学、娱乐和生态五大价值属性的景观综合体，是在乡村地域范围内与人类聚居活动有关的景观空间，包含乡村的生活、生产和生态3个层面	景观建筑学	包括乡村聚落景观、生产性景观和自然生态景观，特征：与乡村的社会、经济、文化、习俗、精神、审美等密不可分
谢花林等	乡村地域范围内不同土地单元镶嵌而成的复合镶嵌体，既受自然环境条件的制约，又受人类经营活动和经营策略的影响，镶嵌体的大小、形状和配置上具有较大的变质性；兼具经济价值、社会价值、生态价值和美学价值	景观生态学	乡村景观生态系统是由村落、林草、农田、水体、畜牧等组成的自然—经济—社会复合生态系统

据范建红等，2009.

综合以上文献研究，提出以下村镇景观的含义。

本课题所研究的村镇景观指的是在村镇地域范围（村庄与集镇及县城以外的建制镇的地域综合体）内，以大地景观为背景，以村镇聚落景观为核心，为人类聚居活动提供生产和生活服务功能，由经济景观、文化景观和自然景观构成的地表可见景象的综合体。

2.2 村镇景观的要素

根据何雅婷在其硕士论文中的观点，乡村景观是由多种景观要素所构成的、能够成为人们审美对象的信息总和，包括各种景观要素的功能特征、结构特征、文化特征以及带来的视觉感受等。乡村景观以乡村聚落、道路、农田、林地、山脉、湖泊、溪流等物质要素为载体，形成了自然景观和人文景观两大要素[8]。潘安平指出，村镇景观就是由村镇的建筑物、构筑物、道路、绿化、开放性空间、建筑小品、地形地貌等物质实体构成的空间整体视觉形象[10]。此外，在《乡土景观设计手法——向乡村学习的城市环境营造》一书中，进士五十八将乡土景观设计素材分为土、水、绿、动物四大类[11]，并分别给出各类素材在设计中的作用以及应用该素材时应当注意的事项。

根据文献研究结果及村镇景观的概念界定，将本课题所研究的村镇景观的要素确定为：地、水、树、动物、筑、路、田和人，共八类，具体内容如表2所示。

村镇景观要素及具体内容   表2

景观要素	具体内容
地	地形、土壤
水	水文
树	乡间植物、行道树
动物	乡间动物
筑	聚落形态、历史遗迹、乡土民居、基础设施、工业建筑、宗教建筑、养殖场、特色住宿、构筑物
路	道路、桥、公共空间
田	农田、经济林、苗圃、牧场、渔场
人	节日庆典、宗教文化、特色手工艺、特色饮食、生产农具

3 村镇景观的乡土性特征

当下，对于"乡土"的讨论已经从一个比较时髦的话题逐步转化为普遍研究的课题。在众多学者对"民间特色"、"地域特征"的强烈关注之中，"乡土景观"、"景观的乡土性"也不断被提出。村镇景观和城市景观不同，乡土性往往是其形成和更新的主导因素。因此，发掘并保护村镇景观的乡土性特征是确保村镇聚落活力、避免村镇传统内涵消逝的重要手段。

"乡土"一词在汉语词典里的释义有两层：一，家乡、故土；二，地方、区域[12]。这两层意思也正是对村镇景观乡土性特征的提炼。"家乡和故土"表示乡土景观带给人们的宁静感、亲和感，建立在熟知基础上的安逸感，以及美感；"地方和区域"表示场地文脉，指的是地域特有的一种氛围。以下从整体风格、社会层面、精神层面、景观层面、生态层面分别阐述村镇景观乡土性特征。

3.1 土——整体风格

这里所说的"土"是与"洋"相对的，表达的是具有乡土性的村镇景观（以下简称乡土景观）所特有的一种风格。有别于高楼林立、钢筋水泥的城市景观，在聚落动态、建筑样式、材料选用、历史传承等方面，乡土景观始终保持着"土气"。

正如前文所提到的，引起村镇聚落形态和景观发生变化的驱动因素大多时候是"自下而上"作用的乡土性，是自发的、非政治性的。由此产生的聚落动态和村镇景观几乎没有由行政力量组织空间的迹象，并非由政府机构建立、行政机构管理，并且"寄希望于永久而有计划的演进"[13]；而是有着对环境的适应性、风俗上的地方性以及不可预期的机动性等特征。

在村镇景观要素中占有重要地位的"筑"，最主要的组成部分是民居，民居建筑样式、材质沿袭当地的传统建筑风格和特征就做到了"土"。具体来讲，所谓"土"的建筑设计就是在建设的过程中大量使用石材、砖材、木材、竹材等当地材料，而不是混凝土、瓷砖、金属等城市建筑常用的材料，建成的不是欧式别墅、火柴盒，而是四合院、窑洞、碉房、吊脚楼、一颗印。

另外，如果村镇能够始终保持传统的生活习俗，包括饮食习惯、居住方式、节日庆典等，就是"土"。即使WIFI覆盖、电子产品普及，仍然睡火炕、吃青稞、饮油茶、打陀螺、跳锅庄。这些当年曾经是人们为了生活而对自然、土地、空间所采取的适应方式，现在变成了一种"土"的生活。

3.2 文——社会层面

文，指的是地方文化，是某个族群或某个村庄长期以来由于物质生活、社会风气、地理环境等因素综合演变的产物。地方文化是构成村镇地域性的基础，不同地域所处的地理位置不同，人们通过长期居住形成特定的生产、生活方式便造就了该地域不同于其他地域的文化景观。

文化景观包含三方面内容：主体（人类自身）、客体（人类生活中利用或改造的自然遗迹创造出的物质性事物）、主客体相互作用过程[13]。主体表现的日常性、客体表现的灵活性以及过程表现的机动性规定了村镇景观乡土性特征的根本属性。

因此，村镇在建设的过程中应当尊重和珍惜当地的历史传统、地域风貌和民族特色，吸收地方文化，加强地域性保护。通过借鉴、保留、共融、发展与创新等形式，创造出具有浓郁地方文化特色的乡土景观。

3.3 安——精神层面

安，指的是乡土景观会给人带来安逸、安定的感觉。这种感觉来源于两个方面。一般说来，熟悉的环境和容易辨识的地理位置会使人们的头脑中出现"认知地图"[11]，

会对自己所处的场所产生安心感，并将其作为精神寄托场所，从而产生地方认同感和归属感。这与在城市中的某些区域所产生的迷茫、孤立、无助等感觉是恰恰相反的。另外，如果一个人自己所处的位置很隐蔽，却能清楚地看到对方的位置，内心就会感到安宁和坦然。而乡土景观通常可以同时满足这两个条件，背后是绵延的高山和茂密的树林，面前是开阔的农田，"隐身"和"观望"功能兼具，因此当人们处在乡土景观的环境之中时，会从精神上感到"安"。

3.4 美——景观层面

具有乡土性的村镇景观，会用柔和的手法将土地、水体、绿色植物等主体元素组合在一起，形成自然的、养眼的、美好的设计。这种美的独特性体现在广阔性、深远性和柔性上：无际的农田，放眼望去没有任何的遮挡物，天地融为一体，而且田埂的存在很好地对土地进行了划分，不会导致荒漠中的茫然感，故而使人心旷神怡；同时，与视线方向平行的田埂线由于透视的原理将空间进一步向远方延伸，与远处的山体、河流交合，形成格外深远的景观；另外，乡土景观中处处存在着自然柔美的曲线，加之斑斓的色彩和生命的力量，共同营造出饱含柔情的景观，给人以美的享受。

3.5 生——生态层面

村镇景观的乡土性特征还体现在，村镇生态系统是自我完善、自然循环、生物相丰富的生态系统。在这个生态系统中，山、水、树、动物是环绕基质，田是重要斑块，路是连接廊道，人是活动于各个成分中的活化因子。乡土景观的可贵之处就在于，它不仅仅是单纯的"自然"，因为村镇中的许多林地、河川都是人工栽植和开凿的，村镇生态系统其实是在人类改造自然环境基础上产生的"二次自然"。但是，由于如耕地、林地、鱼塘、水田等不同的环境单元呈编织状分布，凹凸起伏的地形引起水分条件和日照条件发生变化，以及多缝隙多孔质的环境等因素的存在，多种生物的共同生存成为可能。也就是说，在人为管理下，乡土景观的各要素在功能上和生态过程中有机联系在一起，物质和能量循环渠道得到有效疏通，整个村镇体系形成一种综合的、层次结构丰富的栖息环境和可持续发展的景观格局，是人与自然和谐共处的生动体现。

综上，在以上五个特征中，"美"和"生"属于实特征，是物质载体；"文"和"安"属于虚特征，是精神内核。它们通过"土"这个风格贯穿起来，并从传统建筑、地方动植物、民间风俗、故土记忆等侧面体现村镇景观的"土气"，从而共同构成村镇景观的乡土性特征，也是村镇景观最核心的特征（图1）。

4 结语

新农村建设和城镇化进程提高了人们的生活质量和生活水平，村镇的经济、设施等方面的发展逐步向城市的发展模式靠近。但与此同时，村镇景观乡土性特征开始褪

村镇景观乡土性特征探究

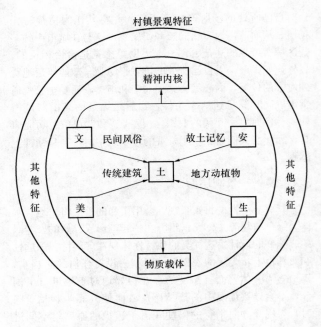

图 1　村镇景观乡土性特征示意图

色，"村村镇镇一个样、东西南北无差别"，这种盲目跟风、机械模仿的标准化建设使得村镇原有的乡土气息消失殆尽，出现严重的景观污染和千村一面的现象。这不仅会限制村镇功能的发挥，还会对村镇景观的生态系统保护以及传统文化景观的保护产生消极的影响。

在中国这样一个具有几千年农耕文明的国度里，村镇景观所附着的风土色彩和蕴含的文化氛围，是任何城市环境都无法代替的[14]。作为风景园林设计师，我们有义务从建设每一个景观元素做起，按照乡土性特征去建设村镇景观，同时吸收诸如旅游业等其他产业对乡土文化传承的积极作用，从景观建设方面增强当地人的文化自豪感和身份认同感，在城镇化的浪潮中系牢乡土文化的精神脐带，不让"乡土"沦落为城市文化的陪衬，使村镇景观始终作为地域特色和传统文化的载体而存在。

参考文献

[1] 贾有源. 村镇规划[M]. 北京. 中国建筑工业出版社，1992：12.
[2] 柳智. 传统村镇景观资源保护与利用研究——以浙江金华地区为例[D]. 浙江农林大学，2011.
[3] 金兆森，张晖. 村镇规划[M]. 东南大学出版社，2005.
[4] 高文杰，连志巧. 村镇体系规划[J]. 小城镇规划，2000.24（2）：30
[5] 孙汝仁. 对村镇景观建设的一点看法[N]. 吉林农村报，2007-12-28.
[6] 范建红，魏成，李松志. 乡村景观的概念内涵与发展研究[J]. 热带地理，2009.29（3）：285-289.
[7] 古新仁等. 新农村建设中园林景观规划与营造研究[J]. 江西农业大学学报（社会科学版），2008.7（2）：30-32
[8] 何雅婷. 基于乡村旅游的山地村镇改造研究——以重庆市近郊为例[D]. 重庆大学，2009.
[9] 刘端阳，沈超，李娟. 村镇建设中的景观规划[J]. 民营科技，2008.7：208.
[10] 潘安平. 浅谈温州地区村镇景观的建设与管理[J]. 山西建筑，2005.31（4）：17-18.
[11] （日）进士五十八，铃木诚，一场博幸著. 李树华，杨秀娟，董建军译. 乡土景观设计手法——向乡村学习的城市环境营造[M]. 中国林业出版社，2008.
[12] 罗竹风. 汉语大词典[M]. 汉语大词典出版社，2004.
[13] 黄昕珮. 论乡土景观——《Discovering Vernacular Landscape》与乡土景观概念[J]. 中国园林，2008.24（7）：87-91.
[14] 张玉钧. 重新审视乡土自然的价值[N]. 人民日报（海外版），2003-02-10.

作者简介

[1] 李露，1983年生，女，山东青岛，北京林业大学在读博士研究生，主要研究方向为风景园林规划设计与乡村景观建设，电子邮箱：32227952@qq.com.
[2] 谢冶凤，1991年生，女，湖南耒阳，北京林业大学在读硕士研究生，主要研究方向为生态旅游与乡村景观建设。
[3] 张玉钧，1965年生，男，内蒙古，博士，北京林业大学园林学院旅游管理系教授，博士生导师，主要研究方向为生态旅游与乡村景观建设。

杭州市高校行道树景观调查与分析

Investigation and Analysis of the Street Tree Landscape in Universities of Hangzhou

李寿仁　王琳锋　高国良　褚海芬　黄尚浦　吴光洪

摘　要：高校行道树景观是高校校园景观必不可少的一部分，也是展现校园文化的重要窗口。文章对浙江大学、浙江工商大学、杭州师范大学、中国计量学院、浙江理工大学、浙江财经学院、浙江农林大学等7所高校主要道路行道树的应用情况做了调查，对行道树景观进行了评价分析，同时总结了在营造行道树景观过程中存在的问题以及对高校行道树绿化建设提出了建议。

关键词：行道树；高校；行道树景观

Abstract：The street tree landscape is not only the essential part of the campus landscape in colleges and universities, but also is an important window of showing campus culture. The application of street trees was surveyed in seven universities, concluded Zhejiang University, Zhejiang Gongshang University, Hangzhou Normal University, China Jiliang University, Zhejiang Sci－Tech University, Zhejiang University of Finance & Economics and Zhejiang A&F University. In this paper, the current situation and the problems of the street tree landscape was analyzed, and some measures on constructing the street tree landscape were put forward.

Key words：Street Tree；Universities；Street Tree Landscape

1　前言

高校行道树景观是高校校园景观必不可少的一部分，也是展现校园文化的重要窗口，如何为广大师生营造出生态、优美的行道树景观是现阶段的重要课题之一。

目前国内对行道树的调查主要侧重于城市行道树的调查分析、规划设计以及养护管理等方面，对于高校行道树的研究仍比较少[1-8]。高校行道树与城市行道树在服务对象、配植方式和生长环境等方面均有较大的差异，同时，高校之间存在着不同的学科特色、地理环境、人文历史等，如何根据其不同特点进行相应的行道树景观营造，对于高校发展具有重要意义。

2　调查对象与方法

杭州地处亚热带季风区域，气候温和湿润，四季分明，夏季光照强烈，天气炎热，市区年平均气温15～17℃。在杭州市地域范围内高校众多，根据高校所处的地理位置以及学科特色，选取了浙江工商大学、杭州师范大学、中国计量学院、浙江财经学院、浙江理工大学、浙江大学、浙江农林大学这7所高校作为研究对象，前5所位于杭州下沙高教园区，浙江大学位于杭州市区，浙江农林大学位于杭州临安市；调查中，分别对各校园内主要道路所应用的行道树种类、长势、景观效果及配植形式等进行调查分析。考虑到同一道路可能出现不同的树种，为更好地表现出树种在所调查的道路中的应用频率，采用树种出现的次数比总树种出现的总次数，从而得出该树种在调查中的总树种中的应用频率[9]。

历史沿袭的行道树的概念是狭义的，专指种在道路两旁，给车辆和行人遮荫并构成街景的树种。而在现代道路绿化中，人们不仅要考虑树木在炎热夏季的遮荫作用，还要考虑怎样美化道路，因此，在实际应用中，在乔木的底层往往会配植大量观赏价值较高的花灌木。所以，从广义上讲，栽植在道路两侧的花灌木也属于行道树的范畴。因此对于行道树周边的花灌木，作为调查对象之一，可定期观察其整体生长状况，需尤其注意其与周围高大的乔木行道树之间的关系[10]。

3　校园行道树的应用现状

3.1　行道树树种及生长状况

在所调查的7所高校的主要道路中，行道树有23种，隶属17科。分别为香樟（*Cinnamomum camphora*）、杜英（*Elaeocarpus sylvestris*）、银杏（*Ginkgo biloba*）、黄山栾树（*Koelreuteria integrifoliola*）、无患子（*Sapindus mulorossi*）、鹅掌楸（*Liriodendron chinense*）、乐昌含笑（*Michelia chapensis*）、意杨（*Populus euramevicana*）、枫香（*Liquidambar formosana*）、广玉兰（*Magnolia grandiflora*）、桂花（*Osmanthus fragrans*）、桧柏（*Sabina chinensis*）、珊瑚朴（*Celtis julianae*）、水杉（*Metasequoia glyptostroboides*）、香橼（*Citrus medica*）、悬铃木（*Platanus acerifolia*）、白玉兰（*Magnolia denudata*）、冬青（*Llex pubescens*）、柳杉（*Cryptomeria fortunei*）、梧桐（*Firmiana simplex*）、喜树（*Camptotheca acuminata*）、银海枣（*Phoenix sylvestris*）、棕榈（*Trachycarpus fortunei*）。其中具有两个种以上的科有木兰科、杉科、无患子

科、棕榈科，属于这4科的树种有10种，占调查总树种的43.48%。树种出现3次以上的有香樟、杜英、银杏、黄山栾树、无患子、鹅掌楸、乐昌含笑、意杨，这八种行道树的应用频率总和占总频率的59.65%（表1），包括银杏、黄山栾树、无患子等在内的12种落叶树种的应用频率总和占总频率的70.18%，除香樟外的其他10种常绿树种应用频率仅为17.54%。在所调查的7所高校中，浙江农林大学所采用的行道树树种最多，约占总树种的74%。位于下沙的五所高校行道树树种大量采用了香樟与杜英，杜英生长状况普遍较差，多数因生长环境不适应导致杜英发生日灼病，加上后期的养护管理不到位，出现植株枝少叶小、整体生长不健壮等现象，严重影响了绿地景观效果。总体上，除杜英外，其他行道树生长状况均较为良好。

高校部分行道树种的应用频率　　　表1

序号	种名	学名	科名	频度	备注
1	香樟	*Cinnamomum camphora*	樟科	12.28%	常绿
2	杜英	*Elaeocarpus sylvestris*	杜英科	8.77%	常绿
3	银杏	*Ginkgo biloba*	银杏科	8.77%	落叶
4	黄山栾树	*Koelreuteria integrifoliola*	无患子科	7.02%	落叶
5	无患子	*Sapindus mulorossi*	无患子科	7.02%	落叶
6	鹅掌楸	*Liriodendron chinense*	木兰科	5.26%	落叶
7	乐昌含笑	*Michelia chapensis*	木兰科	5.26%	常绿
8	意杨	*Populus euramevicana*	杨柳科	5.26%	落叶

据近期一些学者对于杭州市行道树的调查，杭州市各城区（不包括余杭区、萧山区）共种植行道树25科25属27个树种54169株，树种主要为悬铃木、香樟、银杏、枫杨、无患子、杜英等[11]。可以发现，高校行道树与杭州市城市行道树的建设有着一定的联系。随着经济建设和社会发展速度加快，人民生活环境要求的提高，行道树树种逐渐多样化、彩色化，珊瑚朴、银杏、无患子、杜英、黄山栾树等树种得到了一定的发展，作为杭州市市树的香樟也得到了大量应用。

3.2　行道树的配植方式

3.2.1　道路绿带的横断面布置形式

高校的道路类型与城市的道路类型有着较大的差别，因此在道路绿化或行道树配植上，两者也存在着显著的差异。目前杭州市高校主要道路的横断面形式常见的有一板二带式与随场地、环境变化的其他形式，二板三带式的布置形式很少出现，少有分车绿化带。其中一板二带式是道路绿带中常用的一种形式，即一条车行道，两条绿带。如浙江农林大学的银杏大道（图1），在双向车行道两侧人行道分隔线上以及人行道旁的绿地中种植成排的

银杏，显得整齐大方。二板三带式通常应用于高校的主入口和面积较大高校的主要道路，其人行道的一侧通常有一定面积的绿地，而且有部分道路的行道树绿带设计极为简洁，绿带往往被树池取代。

图1　浙江农林大学·银杏大道

3.2.2　行道树的布置形式

通常行道树布置形式可分为自然式与规则式。在高校校园的主道路上往往采用规则式，以形成一种整齐统一的景观效果；次道路或支路上则多为自然式，在不影响行车的状况下，可营造出植物景观生动丰富的效果，行人能多角度地欣赏沿途优美的风景，但在部分以自然式布置的道路上，由于不合理选用行道树，会让人产生杂乱无章的感觉。

3.3　校园行道树景观评价分析

3.3.1　以行道树特色体现校园文化

校园文化是学校所具有特定的精神环境和文化气氛，它包括校园建筑设计、校园景观、绿化美化这种物化形态的内容。校园行道树景观作为校园景观极其重要的一部分，是高校校园文化的反映。浙江农林大学主干道以银杏为行道树，既体现了地方性（学校所在地与天目山相邻，那里有数千年树龄的古银杏）和兴旺发达（银杏的生命力特别旺盛）的寓意[12]。银杏的最大价值在于它的生态价值，它不仅可以提供大量的优质木材、叶子和种子，同时可以绿化环境、净化空气、保持水土、防治虫害、调节气温、调节心理等。

3.3.2　以混合树种替代单一树种相间种植

高校校园道路的两侧大都以整齐的行列式进行种植，树种也较为单一，这会使整个校园道路景观单调贫乏。以混合树种替代单一树种相间种植，一方面使行道树景观具有高低层次和韵律变化；另一方面还可以因树种不同，产生色彩、形态、季相等景观变化。如浙江大学华家池校区图书馆北侧道路，无患子和水杉交替栽植（图2），水杉树干通直挺拔，高大秀颀，叶色翠绿，无患子树干通直，枝叶广展，绿荫稠密，二者相间种植既起到了良好的遮荫效果，又具有较好的景观效果，特别是入秋以后，树叶形成多重黄色，景色特别优美。

图2 浙大华家池校区·无患子和水杉交替种植

3.3.3 以行道树名称体现道路特色

高校校园里的道路有具体名称的不多,而采用行道树名称替代道路名称就少之更少。用不同的行道树形成独特的道路景观,形成道路的个性。其中浙江农林大学校园道路名称就以行道树取名,取得了较好的效果,富于诗意的同时又注重生态。如玉兰路以白玉兰、广玉兰等做行道树,银杏大道上栽植了四排银杏树。

3.3.4 特殊路段突出特殊行道树景观

高校校园道路的某些特殊路段可以突出某种特殊的行道树景观。行道树旁的地被植物的应用不容忽视,需根据现场环境,种植耐阴或喜光的观花、观叶的多年生宿根、球根草本或藤本植物,应用得当,既可起到组织植物景观,又能使环境保持清洁卫生。如浙江农林大学玉兰路,在未设置人行道的一侧行道树旁种植矢车菊、美丽月见草、美女樱等一二年生花卉,形成自然式花境(图3),营造出"虽由人作,宛自天开"的植物景观。

3.4 校园行道树功能评价分析

道路绿化不仅能美化校园,而且还有净化空气、降低噪声、改善小气候、维护交通、防风固沙等功能[13-14],同时也会带来一些经济效益。

3.4.1 对校园环境的改善和防护功能

在改善空气质量方面,行道树可以通过光合作用吸收二氧化碳放出氧气;一些树种例如柏木、雪松、广玉兰、悬铃木、紫薇、栾树等通过分泌杀菌素,杀灭细菌、真菌和原生动物;像桂花一类树木的一些芳香性挥发物质可使人们有精神愉快的效果;银杏、悬铃木、榉树、梧桐、泡桐等均有较好的吸收有毒气体能力;树木的树叶还可以阻滞空气中的尘埃,相当于一个滤尘器,可以使空气较清洁,滞尘能力较强的有榆树、朴树、木槿、广玉兰等[15]。

3.4.2 景观功能

植物是创造校园优美空间的要素之一,利用植物所特有的线条、形态、色彩和季相变化等多重美学因素,以多样化的树种选择、配置方式,配合路灯、电话亭、景观

图3 浙江农林大学·自然式花境

小品等小品设施,可以创造出丰富多彩的道路景观。具有较好景观的行道树,生机昌茂、绿意盎然,其壮丽景色透过视觉感官,能引起愉悦的情绪,树叶的颜色与形状加上鸟语花香等大自然的一切,都令人心旷神怡,对人类知性与感性生活均极有益。

3.4.3 安全功能

行道树在组织交通、分隔空间、集中视线等方面均能起到较好效果。在车行道之间、人行道与车行道之间、各类广场及停车场等处种植绿化,可以起到引导、控制人流和车流。组织交通并提高行车安全等作用[6]。道路绿化能够增强道路的连续性和方向性,并在纵向分隔空间,使行进者产生距离感。同时,高大的树木对空间具有分隔作用,通过绿化可以使视线集中。

3.4.4 生产功能

行道树首先应具备其在绿地中所应有的主要任务和作用,其次才能考虑行道树的生产功能。行道树与其他园林树木的生产功能相比,具有局限性,能结合生产工作的行道树较少,但还是可以利用某些植物材料制作一些有纪念性的手工艺品,如可以利用银杏树叶制作成书签。

3.4.5 文化功能

中国具有悠久的文化,在欣赏、讴歌大自然中的植物时,常将许多植物的形象美概念化或人格化,赋予丰富的

感情。经数十年漫长岁月培育才能成型的林荫大道，是历史的见证人，承载着展现校园精神文化风貌的作用，其拥有的文化价值远远超过景观价值。

4 目前校园行道树应用存在的问题

4.1 树种选择过于局限和单一

香樟作为杭州市的市树，因其枝叶茂密、冠大荫浓、树姿雄伟，能吸烟滞尘、涵养水源、固土防沙和美化环境，在校园道路绿化中得到了大量的应用。特别是在下沙高教园区中，选择香樟作为主要道路行道树的学校较为多数。如浙江理工大学除小部分道路采用银杏、桧柏等树种作为行道树外，所有道路行道树均为香樟（图4）。银杏、杜英、无患子也是选用频率较高的树种，显然这几个树种还是显得过于局限和单一。

图4　浙江理工大学·香樟

4.2 冬季景观不够丰富，季相变化不明显

据统计，香樟和杜英的应用频率占21.15%，除二者以外的其他常绿树应用频率总和为26.31%。高校校园行道树中常绿树除了香樟、乐昌含笑、杜英及广玉兰外，其他常绿树种之甚少。显然，常绿树数量相对偏低。冬季走在高校校园路上，看到的也只能是香樟与杜英，导致冬季景观单一乏味。

4.3 行道树的种植和养护水平有待提高

校园行道树所处的环境与城市行道树所处环境有着较大差别，往往校园空气清新，自然条件优越，在校园里行道树受到人为破坏较少，多数树木的长势良好。但有些树种种植零乱，没有充分利用现有空间；同一树的株距相差较大，有的甚至达到了几米，结果造成了明显的疏密差别，从而导致了显著的生长差异，观赏效果较差。有些路段林相不齐，年修剪不到位，难以形成整齐优美的景观（图5）。

图5　浙江理工大学·杜英

5 建议与对策

5.1 根据适地适树原则，选择适合当地立地条件的树种

根据杭州市气候、栽植地的小气候和地下条件进行树种的选择，以利于树木的正常生长发育，抵御自然灾害，保持较稳定的绿化成果。在校园行道树种选择时应选择能适应道路环境条件、生长稳定、观赏价值高和环境效益好的植物种类，为此，在进行行道树的规划与选择时，必须掌握各树种的生物学特性及其与环境因子（气候、土壤、地形及生物等）的相互关系，尽量选用各地区的乡土树种作为适生树种，这样才能取得事半功倍的景观效果。

5.2 提高行道树的种植和养护管理水平

常说种树"三分种，七分养"，想要形成良好的行道树景观就必须高度重视现有行道树的养护管理。行道树的常年管理主要是注意树形完美，有利于发挥美化街景和遮荫功能及保持树木的正常生长。每年需及时修除干基萌蘖，修剪树冠中的病枯枝、杂乱枝，台风前后进行所必需的保护措施，在冬季及时对常绿树行除雪工作。种植时要充分地换入适宜的客土，并对行道树进行科学管理，如浇水、施肥、修剪，一定要根据不同的树种，不同的树势因地制宜，特别是要加强病虫害防治工作，以提高养护管理水平，增强树势，提高观赏价值，延长树木寿命，保持校园道路绿化景观的长期稳定。

5.3 创建丰富多彩的道路景观，适当增加行道树的景观层次

随着师生们对校园绿化景观的要求提高，人们不仅要考虑它的遮荫，而且更多要考虑其景观价值及生态效益的发挥。树木的色彩与季相变化也越来越引起重视。因此我们必须选择那些适应性强又有较高景观价值的树木，争取春夏观花、秋天观果、冬天观叶。因此高校应根据自己的地域、气候特征多种植一些色叶与季相变化比较明显的树木，形成特色景观，营造绚丽多彩的校园风貌。

5.4 校园文化与行道树特色相结合

我国高校按学科范围分类可分为综合类、理工类、师范类、农林类、政法类、医药类、财经类等，不同的学科特色，一定程度上影响了各高校校园文化的建设。行道树在校园中对于展现校园文化风貌起到了重要作用。高校可根据学科特色，结合校园文化，合理规划行道树景观。如农林院校可将一些同属或同科，适合作为行道树的树种配植在一条道路上，道路可根据科名或某种特定植物命名，同时，农林院校可尝试选择种类更为丰富的树种作为行道树，配植方式也可更为自然。

参考文献

[1] 李敏. 南昌市道路绿化刍议. 江西园艺，2004(5)：29-31.
[2] 黄婷，和太平，黄寿先. 广州柳州市的行道树调查与分析. 广西科学院学报，2009. 25(1)：42-45.
[3] 吴刘萍，李敏，孔令培等. 湛江市城市行道树调查与分析. 风景园林，2006. 20(2)：87-90.
[4] 肖祖飞，尹凯，钱萍等. 南昌市区行道树调查与分析. 江西农业学报，2010. 22(6)：82-83.
[5] 彭卫强. 徐州市新城区行道树种选择的探讨. 现代农业科技，2009(4)：62-65.
[6] 邵青. 北京城区行道树现况调查分析和建议. 北京园林，2008(2)：26-33.
[7] 徐文辉，范义荣，朱坚平等. 杭州市城市道路绿化现状分析及对策. 浙江林学院学报，2003(3)：54-57.
[8] 林鸿辉，代色平，刘湘源 等. 广州城市道路绿化存在问题和改进建议. 广东园林，2006. 28(3)：36-39.
[9] 陈秀娜. 广州市高校行道树景观调查与分析. 广东园林，2010(3)：54-57.
[10] 刘建斌，陈晓，等. 校园行道树生长调查及配置分析. 北京农学院学报，2002(3)：13-18.
[11] 郭春梅. 杭州市行道树应用现状分析. 科技信息，2010(35)：54-57.
[12] 鲍滨福，马军山. 两"园"合一学用并举——浙江林学院植物园规划设计探索. 中国园林，2006（5)：25-29.
[13] Price, C. Putting a Value on Trees：an economist's perspective. Arboricultural Journal, 2007. 30(1)：7-20.
[14] Ian D. Rotherham. Thoughts on the Politics and Economics of Urban Street Trees. Arboricultural Journal, 2010(33)：69-75.
[15] 陈有民主编. 园林树木学. 中国林业出版社，1990.
[16] 徐文辉主编. 城市园林绿地系统规划. 华中科技大学出版社，2007.

作者简介

[1] 李寿仁，1963年8月生，男，汉族，浙江丽水，本科，杭州市园林绿化股份有限公司副总裁，工程师，从事风景园林工程管理工作，电子邮箱：1685126924@qq.com。
[2] 王琳锋，1988年4月生，男，汉族，浙江新昌，本科，杭州市园林绿化股份有限公司项目副经理，从事风景园林工程管理工作，电子邮箱：1685126924@qq.com。
[3] 高国良，1963年3月生，男，汉族，浙江萧山，本科，杭州市园林绿化股份有限公司工程总监，工程师，从事风景园林工程管理工作，电子邮箱：1685126924@qq.com。
[4] 褚海芬，1980年12月生，女，汉族，浙江余杭，大专，杭州市园林绿化股份有限公司内勤主管，工程师，从事风景园林工程管理工作，电子邮箱：1685126924@qq.com。
[5] 黄尚浦，1962年3月生，男，汉族，浙江浦江，大专，杭州市园林绿化股份有限公司项目经理，工程师，从事风景园林工程管理工作，电子邮箱：1685126924@qq.com。
[6] 吴光洪，1967年5月生，男，汉族，浙江临安，本科，杭州市园林绿化股份有限公司董事长，高级工程师，从事风景园林工程管理工作，电子邮箱：1685126924@qq.com。

景观与精神世界：文化景观遗产及其整合的无形价值

Landscape and Spirituals：Cultural Landscape Heritage Integrated with Intangible Values

李晓黎

摘　要：基于世界遗产文化景观概念的缘起——对人与自然相互作用的关注，以及文化景观作为世界遗产重要类别的意义，从文化景观所蕴含和阐释的无形价值——人类通过与自然的相互作用所赋予有形世界的意义作为切入点，阐述了文化景观三大类别所表征的与人类精神世界及内心活动密切相关的无形价值，揭示了文化景观作为沟通人与自然的桥梁，整合了有形的物质载体与无形的景观价值。

关键词：文化景观；无形价值；精神世界

Abstract：Based on primary concept of landscape which inherently highlighted human-environments interactions and the rising up of cultural landscape that adopted as crucial heritage type effectively approaching world heritage preservation and managements，this paper mainly focused on intangible values-coherently connected with potential human spirituals，religions，beliefs，and social customs，while embodied on ordinary life，producing activities and rituals，significantly revealed important and profound nonphysical values conveyed by these material evidences，conspicuously indicated the crucial role of cultural landscape heritage on bridging nature and culture，integrating material with spiritual pursuits.

Key words：Cultural Landscape；Intangible Values；Spiritual Relation

1　引言

从景观概念的缘起到文化景观的出现，其内涵与关注重点都包含了对处理人类及其赖以生存环境之间关系的思考，以及这种观念对景观实践——人类有目的有意识地改造生存环境的影响；同时，这种人与环境的关系不仅包含了物质的有形物证，也包含了与人类精神世界、信仰体系、感情世界密切相关的非物质要义。

景观从其根源上就表征了一种与人类文化过程及其价值相互关联并且相互作用而创造的环境。同时，景观更应该被认为是一种"看的方式，不仅仅是看的结果"——一种人类社会与文化价值、习俗和土地利用相关联的实践模式和有机互动的产物。这一视角强烈彰显了景观概念整合文化与自然，有形与无形价值的重要意义。因此，人类社会不仅感知到景观环境，并且强烈地改变和塑造了景观，把它当作是人类所共通的价值体系、信仰体系和意识形态的产物（Ken. Taylor，2008）。

2　文化景观：自然与文化、有形与无形价值的有机整合

2.1　景观及其文化意义

景观的文化建构，是每一个社会个体的内心世界与精神心灵的表达，而非真实存在的能为人类实际所感知的世界；这一层面的景观文化意义反映了人类的信仰和精神情感。同时，景观也被视为无形价值与人文精神的集合，而

正是这种人文关怀和无形价值，深深滋养了人类的生存和发展。景观不仅指所认知和感触到的有形物质环境，更注重对感知方式——人类看待景观方式的考察。由此，景观概念的提升整合了人类在建构与自然环境过程中诸多要素的考察——对人与自然相互作用方式的解读。无论是具有突出审美价值的景观环境，或是和人类日常生活的密切联系，都体现了人类与自然环境的有机整合。

2.2　文化景观——世界遗产全新视角与重要类别

1992 年，世界遗产组织修改了操作指南，将文化景观作为世界遗产的一个类别纳入世界遗产实践体系，文化景观以其表征人与自然相互作用的杰出普遍价值，体现人类社会及其赖以生存的自然环境在长期历史进程中的有机作用，被广泛接受与认同。这也代表着为西方社会所主导的自然与文化对立，截然分离的自然与文化遗产保护方法及理论体系的终结。同时，人类社会所依存的自然生态环境也被整合到了具体的有形的景观建构之中（Ken. Taylor，2008）。因此，考察景观及其与人类精神世界的重要关联性，与物质的自然界相融合的无形价值，并且在特定的文化背景下阐释这种关联性的文化与社会意义是学界关注的重点。

3　文化景观遗产及其整合的无形价值

3.1　物质性景观与无形价值关联的多样性

人类社会的有机进程展示了人类与外界环境的特殊联系，无论是物质的有形的，还是联想性的，都物化在了具体的文化、语言、生产生活模式、强烈的地域场所感之中，

而这些都和物质的自然环境密不可分。同时，这种关联性以及自然环境的影响和相互作用都深刻揭示了文化的多样性。在不同地域范围内都有独特的象征性与物质性的人地关系思索，这种关系是和宗教、信仰、宇宙观分不开的。

中国传统自然观中关于人与自然，自然与人类内心世界的思考为理解这种与物质世界联系的非物质的价值提供了独特而丰厚的视野，特别是在对这种联系的文化及社会意义的考查上具有强烈建树。在中国传统社会中，一个特殊的独特的阶层——士阶层，深刻地浸润了中国传统主流汉文化，其间对人与自然的思索，人与环境的审美建构及精神关联，潜移默化地影响了中国传统园林的营造。由此，每一个具体的事物，山水绘画作品，植物的运用，甚至在瓷器上的飞禽走兽都赋予了强烈的与精神世界相关联的思考和价值。

3.2 文化景观三大类别及其整合的无形价值

根据世界遗产操作指南，将文化景观分为三大主要类别，此分类的依据即人与自然长期历史过程中相互作用的方式及作用的结果。三大重要类型：人类有意设计的景观、有机演进文化景观、联想性关联性景观都整合了与人类社会精神追求及无形价值信仰体系等相融合的价值，并且这些价值都物化到了具体的日常生活和生产系统中。

3.2.1 人类有意设计的景观及其相联系的无形价值

人类有意设计的园林具有可触及的物质形态，具有征服众人的美感和杰出的完美品质，在此过程中，审美因素，或是与宗教相关联的精神层面的追求，都成为人类在建构、欣赏此类园林作品中的重要思考。例如：在中国的风景名胜区中，存在大量的名山大川，它们都因特殊的宗教关联性思考，审美价值，或人类对自然的崇拜而声名远扬。文化圣山或文化名山，其间大量的庙宇，精美的古典建筑群，历经较长历史时期的雕塑、壁画和岩画、象征人类杰出建造技艺的桥梁等，甚至一滩简洁的自然水体，都通过持续作用的有机进化的人类活动，赋予了杰出的文化意义和精神关联性价值。在此过程中，人类对于真、善、美的追求和对神灵的虔诚，甚至敬畏，强烈的期待征服世界，征服自然的宏大意愿都活灵活现地渗透到人类日常的活动和生活方式中。

3.2.2 有机演进活化景观与关联的无形价值

有机演进文化景观指那些存在于正在活化演化、进化和已经消失成为历史遗存的景观。活化文化景观指生活方式的具体样式，或这种传统样式历经现代化过程中的具体的演化过程，它们是动态的，这种与景观相关的生活方式或景观呈现样式的变化过程是关注的重点。该类型包含了两大类别——遗址景观和活化演进景观。

遗址景观常是具有非凡的价值，或是过去工业景观、矿业景观的历史印迹。这一类型的景观，强调对社会经济、管理以及宗教需求的考查，这种人类需求潜移默化地作用在景观的创设过程中，包括形式、材质的选择，总体格局的营造和象征性价值的赋予手段等。因此，这一类别的景观深刻地寓意了人类社会的有机演进模式——社会的产生、发展和繁荣，直到逐渐衰亡。在此过程中，人类的精神追

求，人类社会的无形的价值思考，也通过和具体的物质形态的景观事物相互作用而深刻联系。

因此，社会文化动力深刻浸润了人类有机演进的过程，体现在了具体的生产方式及日常行为模式中。人类的精神追求，宗教的偏爱，对自然世界的崇敬与敬畏，渗透到了日常生活的方方面面，这种持续的过程直至今日仍然影响着人类的生存，在非物质的追求层面上留下了深刻印记。直至今日，这些重要的精神财富和宗教信仰体系的关联性仍然维持着人类的日常生活。关联性物化在了日常的生活模式及行为之中，如：宗教仪式——祈祷丰收、祈祷太平、期盼气候温和等，节日的庆典——丰收节庆、与日历或时间等联系的祭祀庆祝活动，民间习俗、歌谣、方言、经济生活模式、生产方式和人类社会的组织模式等。

特别是遗产线路中所包含的丰富的关于社区、不同文化背景人群之间的互动、历史途径的集合以及和平文化等因素都是文化景观整合无形价值的典型。如：与宗教事件相联系的进香朝拜路线，与商业贸易活动相关的丝绸之路、盐业、香料贸易路线，文化线路联系的丝绸之路、中国的鉴真东渡路线、京杭运河、郑和下西洋等。这一类别的景观通过物质载体，将非物质的无形的价值深刻蕴含在了日常的景观模式中。如：聚集地、休息馆驿、水源、城堡、桥梁、要塞、山路等有形要素，体现了遗产路线的无形价值：文化交流及人与自然环境之间的相互交融，通过文化交流联系起了不同伦理系统及文化族群，和精神交流相关的宗教的哲学层面的事实等。

3.2.3 联想性关联性景观

联想性关联性景观展示了重要的文化价值体系（象征的、宗教的、艺术的以及审美的）或是重要成就的载体或有形物证。这一类别的文化景观赋予了解读者更大的自由，也为全球不同文化背景下通过不同的文化意识形态，如口头传承的文化、传说艺术、舞蹈音乐以及思想者、口述者、作家和诗人进行景观解读提供了广阔的空间。联想性关联性景观类别是文化景观遗产中对无形价值最为关注的一个类别，特别是强调与象征性价值、宗教文化、艺术文化与审美联系的价值；由此，这些与上述无形价值有机整合的景观形态都应纳入联想性关联性景观的考查视野之中。

这一类别的景观在整合无形价值过程中最为强调个体在景观价值的解读和鉴别，景观审美和建构过程中的自由性，特别是关注那些和外在的景观事物具有内在关联性的过程。这种无形价值可以通过人类的思考和主观精神活动，及其积极主动的对非物质形态景观样式的关注：如口头表达的传统习俗、民俗、舞蹈和音乐、与之相关的思想者、口头表达者、作家和诗人的互动，来揭示在有形的物质景观形态中所表征的无形价值思考。

（1）与文学作品或书画作品相联系的景观

在中国传统山水诗文及绘画作品中，有极大部分应当做联想性景观。在这些作品中，传统文人在山水审美价值、艺术审美情趣、处世为人的哲学影响下描绘了他们心目中对外界事物的追求。因此，诸多具有普世价值的宗教、哲学教义都物化到了具体的山水形态或外界景观事物的建构之中。如：古代山水书画所创设表达的那种疏密有致、高

低远近错落不同的山水风格都是传统文人心目中对理想境界的表达和追求。文人所游历的名山大川往往都触发了他们对自然的描绘和追求。这些内容都通过他们娴熟的技艺具体融化到了景观审美作品之中。这些作品有很多是作者身处逆境中，寻求解脱，祈求净化灵魂和精神升华而作，强烈表达了其深刻的社会追求和对人生浮沉的思考，因此，这一类别的景观整合了巨大的无形价值。

（2）与意识形态、理想境界等相联系的景观

与人类的某种意识形态联系的景观，这种意识突破了宗教的范围，包含了哲学、审美等追求，如原始图腾崇拜、祖先崇拜和人类的进化等等。因此，它们都和无形价值及个体的精神世界密切相关。此外，和社会要素联系的意识，如人类社会的情感、对真爱的追求、正义的向往和美的追求、对神灵的敬畏、对正直的渴求、怜悯众生的慈悲、对自然界巨大潜力的崇拜等，都通过赋予有形的物质的景观形态事物或与人类社会日常生产生活相关的活动、程式化的仪式、习俗等整合在一起。

和人类精神信仰价值体系相关联的朝圣活动路线，特别是在宗教圣山或精神信仰体系支撑的文化名山中形成了大规模的进香朝拜活动，这种朝拜活动与日常的文化习俗和仪式相联系，共同作用支撑了整座山的精神信仰体系和宗教价值。如在武当山风景名胜区，从遗留的痕迹中仍可见当年朝圣路线的繁盛状况以及这种活动在人类心中特殊的精神价值和地位。人类对神灵的敬仰和虔诚都具体化到了每一步朝圣活动的脚印中。

4 结语

强调自然与文化相互作用，整合无形与有形价值的文化景观遗产为在世界范围内传播和解读不同价值创造了更为宽广的平台。将无形与有形价值整合到具体的特定的景观之中，促进了文化景观遗产概念的理解和认同，以及对人类社会有机演进的社会历史的理解。特别是在亚洲，一些强烈的和人类精神世界相关联的强调非物质价值的文化景观类别将对世界遗产体系做出巨大贡献。

因此，这种联系需要一种更为先进的视角——整合有形与无形价值，协调文化与自然的工具来解读景观所处的文化背景和所依存的整体环境，同时，在一种更宽泛的视野之下来鉴别、解读和剖析文化景观整合有形与无形价值，联系过去与未来，从而考查整个人类社会的有机演化进程。

参考文献

[1] Taylor, Ken. Landscape and Memory: cultural landscapes, intangible values and some thoughts on Asia[C]. In: 16th ICOMOS General Assembly and International Symposium: 'Finding the spirit of place-between the tangible and the intangible', 29 sept - 4 oct 2008, Quebec, Canada.

[2] Cosgrove, D. Social Formation and Symbolic Landscape[M]. (London: Croom Helm. 1984); p. 1.

[3] Jacques, D. The rise of cultural landscapes[J]. International Journal of Heritage Studies, (1995)1-2, pp. 91-101.

[4] Jackson, J B. Discovering the Vernacular Landscape[M]. Yale University Press, New Haven and London, 1984.

[5] Wylie, J. Landscape [M]. Abingdon: Routledge, 2007. p. 21.

[6] Livingstone, D. The Geographical Tradition[M]. (Oxford: Blackwell, 1992), p. 264.

[7] Lewis, P. F. Axioms for reading the landscape[A], in: D. W. Meinig (Ed.) The Interpretation of Ordinary Landscapes [M]. (New York: Oxford University Press. 1979), pp. 11-32.

[8] Hoskins, W. G. The Making of the English Landscape[M] (London: Hodder & Stoughton, 1955), p. 14.

[9] Sauer, C. The morphology of landscape[A], p. 25 in: C. Sauer (Ed.) University of California Publications in Geography (1919-1928), 2(2) (1929), pp. 19-53.

[10] P. J. Fowler, World Heritage Cultural Landscapes 1992-2002 [R]. Paris: UNESCO World Heritage Centre, 2003

[11] Recommendation on the agro-pastoral cultural landscapes in the Mediterranean s from the thematic meeting of experts, in The thematic meeting of experts on the Mediterranean agro-pastoral cultural landscapes, 2007.

[12] Feng HAN. Cross-cultural misconceptions: application of World Heritage concepts in scenic and historic interest areas in China[C]. Conference Presentation paper to 7th US/ICOMOS International Symposium, 25-27 March, New Orleans, LA, 2004.

[13] Antrop, M. Assessing multi-scale values and multifunctionality in landscapes[J]. In: Brandt, J., Vejre, H. (Eds.), Multifunctional Landscapes. 2004: vol. I: Theory, Values and History. WIT Press, Southampton, pp. 165-180.

[14] Taylor, K., Cultural Landscapes and Asia: Reconciling International and Southeast Asian Regional Values[J]. Landscape Research, 2009: Vol. 34 (Cultural landscape, authenticity, integrity, process): p. 7-31.

[15] Antrop, M., Sustainable landscapes: contradiction, fiction or utopia? [J]. Landscape and Urban Planning, 2006. 75: p. 10.

[16] Feng Han (2006) The Chinese view of nature: tourism in China's scenic and historic interest areas, PhD submitted in part-fulfilment of the requirements for the Degree of Doctor of Philosophy, School of Design, Queensland University of Technology, Brisbane.

[17] （澳大利亚）肯·泰勒撰文．韩锋，田丰编译．文化景观与亚洲价值——寻求从国际经验到亚洲框架的转变[J]．中国园林，2007(11)：04—09。

作者简介

李晓黎，1982年12月生，男，云南，同济大学建筑与城市规划学院博士研究生，主要研究方向：遗产景观、文化景观，电子邮箱：0720010267lxl@tongji.edu.cn。

城市历史景观（HUL）保护的西湖经验

The Experience of West Lake in Historical Urban Landscape Conservation

林可可

摘　要：城市历史景观（HUL）成为近年来热门词汇，为那些非历史城市中的自然与文化、物质与非物质价值保护提供了依据，同时为现阶段遗产保护所遇到的瓶颈提供了新的方法。西湖文化景观历经千年的演变，仍然保留着自己独特的文化性格和勃勃的生机，对城市的社会经济正向发展，城市性格、社会归属感形成都有一定贡献。本文试图从西湖的发展现状和演进过程中总结西湖文化景观的保护发展经验，对城市历史景观保护提供可借鉴意义。

关键词：城市历史景观；遗产保护与发展；西湖文化景观；遗产地精神

Abstract：Recently, historical urban landscape has become popular, it provides a basis for protection of nature and culture, material and non-material value in common city, it also provides a new method of protection for the current embarrassing situation of heritage. The west lake cultural landscape retains its own unique cultural character and the great vitality during the history, promoting the social and economical development of the city, and the character and sense of belonging have also been contributed. This paper attempts to summarize the experience of protection and development from the current situation and history, to provide the reference to the protection of historical urban landscape

Key words：Historical Urban Landscape；Protection and Development of Heritage；West Lake Cultural Landscape；Spirit of Heritage

1 城市历史景观的概念及国内现状

1.1 城市历史景观的概念

2011 年 11 月 10 日第 36 届联合国教科文组织（UNESCO）大会通过采纳了一项新的国际文件——"城市历史景观（Historical Urban Landscape，HUL）"，该文件试图突破原有"建筑群"、"历史中心区"的范畴，包含更为广阔的聚居地背景和建成环境。传统对待建筑组群、历史集群或旧城的方法，把它们从整体中分离出来，是不足以保护城市特征和质量的，也不足以抵御城市碎片化和城市衰落，最终将失去城市特质[1]。城市历史景观方法并非单纯的保护策略，而是为了整合历史保护和社会、经济等因素，是一种具有整体观念的保护，与其说是保护更是一种发展，强调城市历史景观区域在应对变化时有机成长。

1.2 国内城市历史景观保护现状及存在问题

20 世纪 80 年代开始改革开放贯彻落实，城市规模扩大、经济建设发展，一味追求经济利益和一些错误的崇洋心理，遗产保护在城市规划和建设过程中不受重视，致使城市历史景观遭到了不同程度的破坏；迅猛且快速推进的城市化，以"旧貌变新颜"换来"千城一面"的无个性的都市空间[2]。而一些先发展起来城市的历史经验教训并未给其他城镇带来借鉴，中国大多数城镇历史景观保护仍然在错误的道路上前赴后继。

近年来，城市历史景观得到了更多的重视，城市历史景观保护下来了，但现阶段的保护模式又带来了新的问题，城市保留了历史景观，在城市文化上似乎显得更加有底气有深度了，但是"千城一面"的危机并没有消除，城市历史景观保护区域像是一座孤岛，早已经失去了焕发千百年的活力。我们更多看到的是静态消极、片面单一的保护，保留了有形的物质遗存，却没有对无形要素的保护。最典型的莫过于保留了文物建筑却忽视了对历史环境的保护，这种割裂性保护带来的是当地的文脉永久性地丧失。而对场所精神错误的把握，又是另外一种更加严重的"破坏性建设"。一面是热衷于"大屋顶"、"仿古一条街"、"假古董"，对古旧建筑等盲目整修一新；一面却又对有特色的民居全部推到拆除，毫不留情、绝不手软。

2 西湖文化景观及保护现状

西湖文化景观在 2011 年 6 月 24 日成功登陆世界遗产名录，在世界遗产委员会对西湖文化景观的评语中写道：西湖景区对中国其他地区乃至日本和韩国的园林设计都产生了不可限量的影响；在景观营造的文化传统中，西湖是对"天人合一"这一理想境界的最佳阐释[3]。

时至今日，仍能非常欣喜地看到西湖历经千年的发展演变，仍然保留着自己独特的文化性格和勃勃的生机。虽然西湖文化景观在政策控制上存在规范边界，但在杭州市民眼中这种边界范围并不清晰，城市与西湖中间并没有一条死气沉沉刻意强调的边界线，从市中心到湖区过渡自然，人们在不知不觉中穿梭在城市的人工环境和自然环境中。与纽约中央公园这种城市中心的绿地不同的是，西湖文化景观并非被高楼林立的建筑物包围，在保护区外围的过渡地带，城市建设自觉考虑自然诉求，完成了自然到人工的缓慢和谐过渡。西湖像一个巨大绿肺延伸开去深入城市建设腹地，与城市唇齿相依形成一个不可分割的整体。

3 西湖发展模式演变研究

3.1 演变过程

3.1.1 新中国建国（1949 年）之前

新中国建国之前西湖共经历过 23 次较大规模的疏浚工程，其中有 4 次较为重要，形成了西湖今天的形态和格局，不仅极大地缓解了湖床淤塞的情况，同时更塑造了西湖迷人的景致，形成了今天西湖的整体山水轮廓。

公元 822 年白居易任杭州刺史之时，疏浚西湖，修堤储水，引水灌溉农田。由于西湖湖面的缩小湖堤湮没，后人为了纪念他，将通往孤山的白沙堤改名为白堤。

公元 1089 年苏轼主持进行工程浩大的疏浚，在湖的西侧用挖掘出的淤泥修筑苏堤，沟通南北两岸交通，从此将西湖水分成了东西两部分。堤上设有六桥，以通舟楫，长堤两侧遍植垂柳，形成了西湖十景之一"苏堤春晓"。还在西湖中心设三座石塔，禁止在这一范围内种植菱角，以防止湖底淤浅，形成了"三潭印月"美景。

元朝西湖疏于治理，公园 1508 年，明代杭州知府杨孟瑛疏浚西湖恢复了南宋时期整体的山水格局。同时加宽苏堤，修筑杨公堤。大约在同一时期，湖中的另一岛屿湖心亭也基本成形。

公元 1800 年，浙江巡抚阮元再次疏浚西湖，疏浚挖出的淤泥在湖中筑起一座小岛，即今天的阮公墩。至此，现代西湖的轮廓已经基本形成。

3.1.2 1949—1999 年

新中国建国初期主要的精力侧重于景区的基础建设如：西湖的疏浚工程、绿化荒山工程、驳坎工程上，使整个西湖风景区在最短的时间内，恢复了三面青山，中涵碧水的山水景观格局，并逐步恢复西湖十景。20 世纪 60-70 年代由于政治社会动荡，风景区遭到了严重的破坏，包括工厂、机关疗养院进驻景区，古迹被毁坏，砍伐树木，水质恶化等问题。80 年代开始，再次疏浚西湖、净化水质，陆续清理历史遗留下来的沿湖建筑，形成开放空间。公园沿湖点状布置，形成西湖新十景，这一时期主要公园有太子湾公园、曲院风荷。同时清理山林被坟地侵占的情况，完善游步道基础设施。

3.1.3 1999—2012 年

1999 年恢复了雷峰塔，"雷峰夕照"美景得以再现，"西湖十景"终得以圆满，一湖映双塔的美景又重归人间。2002 年，为了改变西湖一贯以来的"南冷北热"现象，西湖进行南线整治，免费向公众开放，以线串点，以线带面，重点突出滨湖景区的亲水特性，形成流畅的步行线路。

2003 年，西湖主体水面将向西扩展，基本恢复 300 年前的水体格局。西进之后，新增的湖面将形成西湖的湖光与山色之间的一个景观过渡带，和东侧湖滨地带城市和风景区相交融的特色形成强烈的对比和互补。2004 年又对北

山历史文化区进行了全面的整修开放，贯通西湖大环线。

3.2 演变研究

从历史的发展来看，西湖在它整个形成发展的过程中，经历了不断的疏浚和建设，西湖美景并非一朝一夕形成，是一个有机进化的过程，而这种演变仍然在继续。而在演变过程中，无论西湖的外部呈现是如何变化演替，其中的性格内涵是延续传承的，这就是西湖的遗产地精神。在 2008 年于加拿大魁北克市召开的 ICOMOS 大会及国际科学委员会议达成共识，遗产地精神是对遗产保护的最高层次要求。西湖遗产地精神是一种在西湖以往和现在的建设和管理中，人们能够高度自觉地遵守的准则，使得西湖的景观总是能够继往开来，既千变万化又能统一成整体，丰满着西湖的个性。它是社会、文化在历史演进中塑造的，保护和延续遗产地精神，是在西湖遗产保护过程中的首要任务[4]。

4 西湖经验：遗产地精神的延续传承

精神，亦即创造者的创造力，构筑了遗产地的内涵；与此同时，遗产地也在丰富着它的创造者及其所创造的精神，不仅涵盖遗产地的创造者也包括遗产地实际的使用者。遗产地既包括有形的（如遗址、建筑和其他物质构成），也包括无形的（如口头传统、信仰、仪式和节日）。不仅仅是人类的创造力构建了遗产地和实现了社会活动的物化，物质世界也同样作用于人的头脑。思想与物质文化的关系的确是双向的、多重的和不断变化的[5]。

4.1 西湖遗产地精神的内涵

西湖遗产地精神的形成是从唐朝在疏浚治理西湖的过程中添加了文化因素开始，它既是饮用和灌溉水源，又是重要城市公共园林。西湖美景不断激励着以白居易和苏轼为代表的文人骚客，为西湖留下传说佳话、诗篇颂赞，这些诗篇又使西湖景致得到进一步升华，寓情于景，情景交融。

西湖遗产地精神的有形要素包括三面云山一面城的城湖格局，两堤三岛的湖体结构，西湖景区中点缀着的庙宇、宝塔、殿堂、园林，西湖整体山水胜景的环境。而其无形要素包括杰出的中国山水美学审美特征和精神栖居的维系人与自然在审美层面的互动与联想，以及传衍至今的"点景题名"文化传统，最终形成了西湖特有的景观性格，浪漫、优雅、精致及闲适[6]。

西湖遗产地精神还具有共享精神，这也是延续了历史上作为公共园林的传统，虽由文人士大夫创作，却与僧人、百姓共享。南宋时期，西湖是重要的朝拜圣地，而僧人又对西湖胜景进行了宗教哲学上的升华，西湖可以看作是"禅""画境自然"等宗教理想的投射。

4.2 西湖遗产地精神保护经验

4.2.1 西湖遗产地精神的社会认同

在 2004 年芝加哥大学主持的对中国 6 大城市幸福指数

测试中，在人均收入居中的杭州，幸福指数却最高，这种幸福感和归属感一定程度上与西湖的存在有关。白居易有诗云"未能抛得杭州去，一半勾留是此湖"道出了很多人对西湖的情愫，杭州人谈起西湖总是充满了自豪感，外地游客对于西湖也总是充满了人间天堂的憧憬。这种对西湖的珍视是西湖得以保护，遗产地精神得以传承的首要因素。

虽然说每个人都有自己对于西湖的理解，而西湖的遗产地精神也在历史的进程中发生着缓慢的演变，但大体都是强调其精致优雅、浪漫闲适，同时不同的理解又丰满着西湖个性。无论是西湖的建设者、管理者还是使用者，都对西湖遗产地精神有着深刻的共识，反映在建设、管理和游赏中，人们都能尽可能地自觉遵守维护同一西湖共同的梦想。同时西湖的社会认同感，还来自于西湖建设的共同参与。不仅是集思广益完善西湖景观的过程，也是"还湖于民"更深层次的体现，民众自我实现、增强认同感和自豪感的过程。

4.2.2　融合西湖文化景观保护和社会、经济因素的整体观

西湖文化景观的保护也是一种发展，绝妙在于运用融合了社会经济因素的整体观念，社会与经济的不可持续，也是景观的一种不可持续的体现。西湖遗产地从最初作为杭城水源，到宋代以来形成城市开放空间作为人类社会精神食粮，再到改革开放发展旅游业带动全市经济发展，一直与城市共同演进成长。

至今，西湖风景区免费开放的公园景点共62处，占总数的75%。没有围墙、不收门票的完整西湖将自己的每一处绿地和景观展现给了市民和游客，但由此带来的压力也是显而易见的：每年直接减少门票收入达2530万元；3/4景区实现全天候开放和养护面积的扩大，每年增加直接支出3000万元左右。如果不解决好资金问题，不仅会影响景区的正常运行，也会给政府背上沉重的财政负担。

但西湖文化景观保护的高瞻远瞩之处在于整合发展，以旅游业带动全市产业发展。2010年杭州旅游接待国内游客6304.89万人次，比2002年增长137.7%；实现国内旅游收入910.85亿元，比2002年增长257.48%；旅游总收入1025.7亿元，比2002年增长248.4%，同时拉动第三产业的发展，增加就业岗位，在很大程度上促进了城市的整体社会经济发展。

4.2.3　应对变化，有机发展

传播是保护的根本条件，继承意味着生命的不断延续；如果遗产地的精神不能得到传播，其最终结果通常是被遗弃和消亡[5]。而传播的过程中，必定或多或少地存在一定演变。西湖文化景观在应对社会经济发展变化时，并不局限于对遗产地单纯的恢复或保护，在避免西湖遗产地本来的社会关系结构受到毁灭性威胁的同时，包容了一些西湖遗产地精神承上启下的正方向演变，使西湖在遗产地精神的延续传承下，更为厚重有内涵又不失时代的活力。

4.3　西湖遗产地精神的威胁

4.3.1　旅游开发的威胁

"上有天堂，下有苏杭"。西湖自古以来就是全国著名

的风景名胜区，经由历代建设者不懈努力西湖汇集了大量优美景观，而免费开放还湖于民的政策，又使西湖更具有吸引力，每年来西湖的居民、游客络绎不绝，在周末等节假日，甚至到了人满为患的境地，以至于当地居民表示周末从来不去西湖。西湖像一个巨大的集市，很难在其中感受到西湖本该有的浪漫、优雅与闲适。

为缓解西湖旅游承载力不足的压力，西湖风景区不断增设新景点，新西湖十景、西湖新十景相继建设开放。但事与愿违的是，由于距离过远，宣传不足，基础设施不够，景致不够精美等原因，新造景点少有人去。这种人流严重分布不均的情况甚至形成了恶性循环，一些新建景点因为游客很少而年久失修，基础设施已经损坏。这也从侧面反映了西湖新建景点施工建设粗糙，或者是在设计中没有把握到真正的西湖遗产地精神，即使精美的铺装立体的雕塑也难以掩盖文脉流失的单薄感。

4.3.2　商业化的威胁

在经济利益为重要诉求的社会，西湖也或多或少承受到商业的压力，虽然政府已尽极大努力清理出了西湖的北线和南线开放为公共空间，由于历史遗留问题，西湖西侧赵公堤、金沙港等地区仍留有大量疗养院、私人会所。而更有甚者在重点文保单位郭庄、胡雪岩故居等白天作为游览地，晚上却成为私人会所，大有"歌舞升平几时休"的南宋遗风，严重违背了遗产地精神。

4.3.3　僵化理解遗产地精神的威胁

在西湖南线景观的整治中，设计者试图传达遗产地精神，游赏者试图寻找这种精神。环湖南线绝大多数景点是根据历史典故重新建造的。这些历史上的景点如今多数都已经淹没了，遗迹难寻，有的就连准确的位置都已经无从考证。这些被认为是提升南线人文历史内涵的景点，却由于缺少相应的历史环境的烘托渲染，过于浓重的人工痕迹，显得单薄而虚假。曾经有位教授对南线提出批评，认为环湖南线"仅仅体现了晚清精雕细刻的风格而缺少南宋醇厚的风格。"然而这种恢复过去某一片段的保护论断已经带给我们许多教训，真正的保护不在于重拾过去的风貌，而是要保留现存的事物并指出未来可能的改变方向[2]。景点在历史演进中消失了，虽然遗憾但也是历史前进的必然。刻意的仿古并不是可取的方法，在今后的建设中，应避免这种对遗产地精神的僵化理解。

5　结论：西湖经验的启示

对比众多城市历史景观商业气息浓厚、静止片面化保护的现状，西湖历经千载依然充满生气的案例无疑是成功的。西湖经验对于城市历史景观保护的启示在于：

第一，对城市历史景观的保护不能仅仅停留在其外在物质形态层面，应更注重于无形要素的传承，保护具有历史价值的主体，更要注意保护它的自然、社会背景，维持原有的社会关系不使其发生突变，不使保护区域成为孤岛，割裂与城市的纽带联系。

第二，无论是城市历史景观的建设者，管理者还是使

用者，都需要对场地核心价值有着更为全面精准的把握和深刻的认同。特别是管理者和使用者，他们是城市历史景观的直接接触者。而现实却是，管理者、使用者对历史景观的理解严重脱节，并不能精准把握城市历史景观的核心价值，在管理和使用中像无头苍蝇盲目保护，甚至进行破坏性建设损害了城市历史景观的价值。如果遗产价值缺乏社会认同，遗产的知识和技能不能为社会、民众、遗产地社区及管理者所掌握，我们的遗产保护事业岌岌可危。

第三，对城市历史景观保护要遵循合理的保护方法，要求具有与社会、经济因素相交融的整体观，在应对社会经济发展变化时既尊重历史文脉价值，又不拒绝合理的演变，时刻处于动态的有机发展之中，以保证城市历史景观区域充满活力地演进发展。

参考文献

[1] （荷）罗·范·奥尔斯，韩锋，王溪. 城市历史景观的概念及其与文化景观的联系. 中国园林，2012.28(5)：16-18.

[2] 张松. 历史城市保护学导论(第二版). 同济大学出版社，2007.

[3] 陈同滨，傅晶，刘剑. 世界遗产杭州西湖文化景观突出普遍价值研究. 风景园林，2012.2：68-71.

[4] HAN Feng. The West Lake of Hangzhou: A National Cultural Icon of China and the Spirit of Place. Quebec: Spirit of Place: TURGEON, Laurier (Ed.), Between Tangible and Intangible Heritage, (2009): 165-173. (conference report).

[5] TURGEON, Laurier, Spirit of Place: Between Tangible and Intangible Heritage (2009): Les Presses de I'Universite Laval, Quebec, Canada.

[6] 韩锋. 探索前行中的文化景观. 中国园林，2012.28(5)：5-9.

作者简介

林可可，1990年2月生，女，汉族，浙江温州，同济大学在读硕士研究生，电子邮箱：katz@live.cn。

中国传统园林的创新设计手法

The Pioneering Approach of Chinese Traditional Garden's Inheritance

刘沁炜

摘　要：随着境内外的事务所马不停蹄地烹制出一出又一出欧风美雨的景观大餐，甲方和使用方也逐渐开始审美疲劳，并希望有更多具有中国古典气质的作品来丰富千篇一律的设计风格。如何从传统园林中汲取技法和思路的闪光点来提升设计品质，成为一线从业的设计师们一直探寻的问题。通过案例分析，探讨传统园林艺术在实际项目中应用于发展的多种途径。

关键词：风景园林；中国传统园林；设计方法；案例分析

Abstract：Clients and users has been bored with sameness design made by/copy from European or American studio, and were expected designers to work on their projects in a more creative way which connected to Chinese traditional garden art. Here's the the question，how to distill traditional Chinese garden art and put it into use？Designers with real project has been worked on it for a long time. This paper discussed several possible ways that applying traditional garden art of finished project by case study.

Key words：Landscape Architecture；Chinese Traditional Garden；Design Method；Case Study

遍查典籍，似乎难以对中国传统园林这一概念进行准确的定义，私家宅园、皇家苑囿、寺观园林、文人胜地，唐宋的简练大气、明清的精工细作，华北、江南、岭南甚至广袤西部的人文景观，哪个才是传统的代表？着实难以评述。但有一点很为明确，无论"传统"的界定如何繁复与模糊，它的历史都已止于清末，在工业化和现代化到来之前就不再发生变化。在境外事务所的项目遍地开花，许多商业街和居住区设计争相冠以"北欧小镇""西班牙风情"的今天，如何利用这些先人留下的财富，许多业内人士都在进行着自己的探索实践。

图1　北京园博园北京园主山

1　复刻与改建

经过岁月冲蚀的传统园林是立体的教科书，完整而真实地展示着我们需要去"继承"的传统。因此，我倾向于用"复刻"这个概念来比喻传统园林的再现：即那些致力于呈现与历史上的园林格局、手法、材质和风格几乎一致的设计实践。

1.1　复刻：2013北京园博会——北京园、忆江南园

第九届园博会的北京园和忆江南园区是几大热门地方园之一，北京园占地面积12500平方米，主要体现皇家园林的艺术风格。明黄的与碧色的琉璃瓦装点出皇家的气派，沿路的假山仿佛是从乾隆花园抬出，松石入画之景也颇有承德避暑山庄的意蕴（图1）。不需要入口的牌匾和导览图的提示，人们就能清晰地感受到京城园林的气质。

江苏园又称忆江南园，沿路游赏，每一幅映入眼帘的景致似乎都能在苏州古典园林中找到其原型，通用的曲桥花窗月洞门，一比一的留园西爽楼（图2）和还我读书处，拙政园的香洲和曲廊，最绝的要数在不经意的回首间，还有和拙政园借北寺塔之景同样精彩的远景：永定塔（图3）。

图2　北京园博园江苏园中的西爽楼

以往，地方展园想要体现地域文化特色，多采用复制或浓缩当地著名景点的方式才唤起人们对该地的记忆，然而随着各种展会遍地开花，人们足可以享受第一手景致带来的震撼时，就不会仅仅满足于"赝品"的罗列，于是有更多的展园开始探索其别致的"标志性"展示手法。

1.2　改建：无锡锡惠公园滨湖山馆

传统园林的精华是和园林建筑艺术分不开的，保留并

图 3　遥望永定塔

修复历史建筑、园林是一种方式，而对其加以改建，以适应新时期公共园林景观的需要，也不失为传承传统园林并展现其魅力的一种途径。

"滨湖山馆原是胡苑（胡氏宗祠）东侧配房[1]"，修建锡惠公园时欲将此改为一座茶社，东面为结合山势与周围景致，"故因势布置了两组黄石台阶和大小三级平台与环湖路相通"，西侧"台两侧特增建两座券门，夹抱池景"。将破败的古建加以修葺和改建，使其摇身一变成为了现代公园的服务性建筑，又不失古韵（图4-图6）。

图 4　滨湖山馆主入口（引自《造园意匠》）

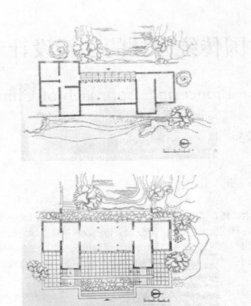

图 5　改建前后平面图（引自《造园意匠》）

图 6　西侧加建的券门

2　符号、结构的局部创新

展园和旧址改建相对于整个市场庞大的项目数量来说，确实是少之又少，那么一些新建的项目又是如何把传统园林的精华融入设计中的呢？

2.1　同材异功

这里的材，其实是广义的材料，可以做纹样、符号、材料甚至典故等等衍生出的理解，而功则代表功能，同材异功是指通过对传统材料、素材的创新运用。

如果说皇家园林的代表是汉白玉栏杆、红墙以及金黄碧绿的琉璃瓦，那么私家园林的表征就是青砖黛瓦、疏影横斜。本届园博园中的明园以金黄色琉璃屋脊搭配枣红色彩叶草形成花坛，模拟成层层宫墙的影像，麻灰花岗石界定出道路边界，以白色砾石填充（图7），恰好对应游人关

于皇家庭院里白色栏杆和灰色石板的联想。青砖、灰瓦包裹了江南烟雨的低调和沉郁，类似质感的材料则能触发人们关于历史和岁月的想象，同是园博园中的印象四合院就采用了这一意象，将灰瓦这一材料以屋顶的形式铺在护坡上（图8），令人们漫步在园中步行桥上时会有一种飞檐走壁的错觉。

传统纹样作为一种装饰要素，被广泛应用于家居、平面设计以及室内装潢等领域，是最直接也是最便捷的手法之一，冰裂的拼花、繁复的云纹、金属的草书，如意不再是把玩的对象而好似一座拱桥（图9），门洞和牌匾改作水口之功（图10），书法也超越了原本观赏临摹的功能成为分割空间、障景应景的景墙（图11）。古代非园林所用的某些元素被设计师们应用于小品、墙面、铺装之中，人们从这些视觉要素中体味到浓浓的中国风。

古典园林中假山、置石与千变万化的门洞花窗，都是匠

图7　北京园博园之明园

图8　北京园博园之印象四合院

图9　西安法门寺景区小品

图10　上海世博会亩中山水园

图11　北京万科如园景墙（http：//107737229.
qzone. qq. com）

图12　苏州博物馆庭院

图13　北京金融街四合院（http：//blog.
sina. com. cn/wubiao137）

人与文人骚客们建造的传统园林典范中不可或缺的点睛之笔，在杰出的中国设计师手中，片石组成的假山为我们描绘了一幅画境（图12），仿佛枯山水造型的置石安定了一颗禅心（图13），极具构成感的双重门洞结合垂直绿化带来了光影的盛宴（图14），是谓同材异功，亦是同材异工。

图14　昆明和韵休闲中心（http://blog.sina.
com.cn/cooper198707）

2.2　同功异材

除了将传统园林的素材进行加工、抽象，还有不少方案是运用现代技术和材料来展现古典园林的空间魅力，同功异材指的是运用非传统的材料或手法来替代传统构件的功能。在上海东方庭院的设计中，随处可见这种别出心裁的细节，比如用不锈钢包边的透景窗设计采用的就是月洞门的意象（图15），同样，北京如园小区入口处朴素的叠砖形式配合御道式的地面铺装（图16），看似无意实则颇费心思，以此来烘托大门的宏伟。而在王澍设计的昆明和韵休闲中心中，人们可以获得与古典园林相似的空间体验，建筑间的连廊和室外走廊起伏有致（图17），让人联想起在南京总统府桐音馆的曲廊（图18），而在那座跨越水面的石桥之上（图19），仿佛又能看见小飞虹的影子（图20）。

图15　上海东方庭院透景窗（blog.sina.
com.cn/u/2035954421）

图16　北京万科如园入口大门（http://user.
qzone.qq.com/391855404/blog/1359533038）

图17　和韵休闲中心走廊（http://blog.
sina.com.cn/cooper 198707）

图18　南京总统府桐音馆（http://www.yoyv.
com/blog/tulist/fzzye_3124/）

风景资源与文化遗产

图 19　和韵休闲中心风雨桥（http：//blog. sina. com. cn/cooper 198707）

图 20　苏州拙政园小飞虹

3　理法与意韵新解

　　除了局部采用传统园林的材料或结构要素，也有的设计试图从更为宏观一些的层面来体现传统园林的特色，比如整体游览的空间开合体验、视线控制与布局结构，亦或是以小见大、意在言外的意韵格调来尝试延伸中国传统园林可能的实体形式。

　　上海松江方塔园就是这样的一个案例，从冯纪忠先生的访谈中，我们也能感受到这一点："方塔园在总体设计上，希望以'宋'的风格为主。这里讲的'风格'不是形式上的'风格'，而是'韵味'。我的设计思想就是让方塔园也具有这种韵味。我不希望只要一做园林总是欧洲的园林、英国的花园，再者就是放大了的苏州园林（苏州园林不是宋的味道，规模也不相符合）[1]。"园中有若干古迹，也有冯纪忠先生"以古为新"自己设计的何陋轩，而整体布局结构与传统园林几进几院的开合关系颇为相似，水头水尾处理的理念也是藏而不露。此外，尽管采用的材质和建造技术均为现代工艺，但人们在园路中游览体验以及主景建筑物的视线关系却延续了古代园林的感觉（图 21～图 23）。

　　山西晋祠宾馆是晋祠博物馆的外围建筑，整体宾馆区域的外环境为传统园林的风格，而在 9 号楼由建筑所包裹的内庭院中有一处现代中式风格的花园，虽然材质、做法，包括形式采用的都不是传统园林中的手法（图 24），但是并未削

弱该庭院古典的意韵，没有精雕细琢的表面，未整形的条石成为装点庭院的"单元"：时而是漫入水中的汀步，增强了观赏建筑的层次（图 25），时而是跌水瀑布的基底，打破了驳岸的线条，与进退合宜的结构线和形态自然的植被共同完成了这一妙趣横生的空间。从面朝庭院的窗花看下去，层层月季种植台就好像堆叠的盆景（图 26、图 27）。

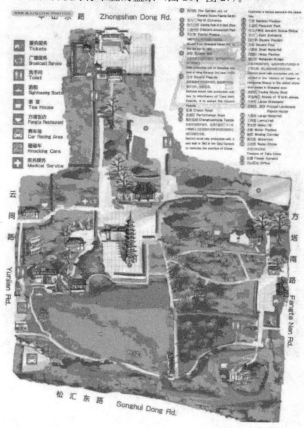

图 21　上海松江方塔园导览园（http：//www. mjjq. com/travel/mt _ trip _ 1403. html）

图 22　对塔体的视线控制（http：//forestlife. info/Onair/142/20. htm）

　　①　冯纪忠先生谈方塔园. 城市环境设计，2004（1）.

中国传统园林的创新设计手法

图 23　错落曲折的游园路（http：//laidunxiaocheng.
soufun. com/bbs/1210101780～
－1～3580/80735207 _ 81101224. htm）

图 24　指向主体建筑虚实相生的轴线（http：//
blog. sina. com. cn/s/blog _
67d36e950100vc8r. html

图 25　置石与植被的搭配（http：//blog. sina.
com. cn/s/blog _ 67d36e950100vc8r. html

不同于前文提及的"复刻"类型的展园，2011 年西安世园会中有一个名为"四盒园"的展园，无论从平面图（图28）、模型（图29）、材料还是构筑物的结构上（图30），都难以发现与传统园林的相似之处，然而当人置身其间，却又有种似曾相识的感觉，这便是造园理法的一种新解，即用完全不同的物质要素来实现起承转合、步移景异的设计效果，借鉴了传统园林的空间逻辑，却又有别于其设计的思维顺序。

图 26　从房间俯瞰庭院（http：//blog. sina. com.
cn/s/blog _ 67d36e950100vc8r. html

图 27　水系的处理（http：//blog. sina.
com. cn/s/blog _ 67d36e950100vc8r. html）

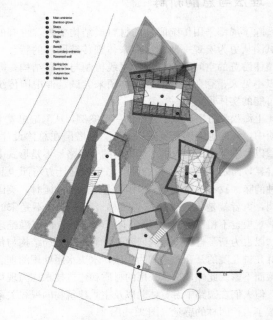

图 28　四盒园平面图（http：//www.
dylandscape. com/）

4　结语

中国的传统园林艺术既是园林设计无尽的数据库，也是地方特色和乡土化设计灵感的重要源泉，设计者通过从中不断汲取精华和养分，并发展出自己的手法，助力其在"无差别"的现代化设计中保有一席之地。无论是原汁原味的运用传统园林叠山理水的手法，还是在传统的元素和结构上"借陈出新"，或者仅仅借鉴传统园林造园的逻辑和视觉习惯来指导创作，都是继承并发展传统园林艺术的一种途径。同时，在不断开拓的实践项目中，也日益涌现出更多予人以启发，并且具有"生产性"特质的创新理念。本文从几个不完整的视角来探讨传统园林继承与发展的既有模式，希望能为日后的"新中式"园林创作提供些许信息以作参考。

图30　四盒园中夏无的园路（http：//gbcpzy2006.blog.163.com/blog）

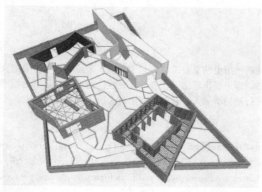

图29　四盒园模型鸟瞰（http：//www.dylandscape.com/）

参考文献

[1]　李正，造园意匠[M].北京：中国建筑工业出版社，2010.
[2]　城市环境设计编辑部，冯纪忠先生谈方塔园[J].城市环境设计，2004(1)：98-101.

作者简介

刘沁炜，1990年1月生，女；汉族，湖南，北京林业大学园林学院风景园林学硕士在读，研究方向为风景园林规划与设计，电子邮箱：41794099@qq.com.

中国传统园林的创新设计手法

067

在理性讨论的基础上探寻出路
——浅谈对圆明园保护的看法

Find a Way out through Rational Discussion
——Views on Protection of Yuan Ming Yuan Ruins Park

卢荣华

摘 要：圆明园是中国古典园林的高峰，也是清代皇家园林的杰作，还是中国近代历史的重要见证。对于中国人来说，它有多重意义。本文讨论圆明园的特殊属性、遗产价值、现状问题，并且结合遗产保护的相关知识理论提出看法。作者呼吁在理性讨论的背景下为圆明园的遗产保护探寻出路，使其从聚光灯照射下不得自在的"明星"变成一个能正常行动的普通人，有效地解决身上的问题，健康成长。

关键词：圆明园；遗产保护；理性讨论

Abstract：Yuan Ming Yuan Ruins Park is the summit of Chinese classical gardens, the masterpiece of the Qing Dynasty royal gardens, and the important testimony of modern Chinese history. For the Chinese, it has multiple significance. This paper discusses the special properties, heritage value and status issues of Yuan Ming Yuan. It combines the knowledge of heritage conservation and puts forward views on protection of Yuan Ming Yuan Ruins Park. The author calls for a rational discussion to find a way out.

Key words：Yuan Ming Yuan Ruins Park；Heritage Conservation；Rational Discussion

对于中国人来说，圆明园有着多重意义。历史教科书、影视作品以及"北京一日游"广告上醒目的西洋楼遗址残垣照片，都将圆明园深刻地烙印在中国人的心底，世代相承。

对于圆明园本身来说，它是清代皇家园林造园技艺的巅峰，是中国近代史备受屈辱的见证，也是闻名中外的重要遗址，成为中国的名片。它承载了太多因素：历史文化、技术艺术、民族情感、标志性、事件性等。

对于园林遗产的研究者来说，圆明园有着特殊属性。这特殊属性即来自于上述的诸多承载因素，使得它比一般园林遗产的内涵更丰富，处理起来也更为复杂。

纵观圆明园近年来的经历：从"清理整治还是保持废墟"到"湖底防渗措施是生态灾难还是必须手段"，再到"异地重建还是反对复建"[1]，争议不断，风波四起，每一个动作和每一次讨论都极易在舆论界和学术界引起轩然大波。在实质性保护措施和结论上，经常不了了之；但在其他方面却不乏浑水摸鱼者牟利胡来，比如某些异地重建工程的丑闻。

圆明园容易处在风口浪尖上，是因为它的特殊属性。它牵动着国民的情感，普通老百姓的情绪极易被煽动是可以理解的；但某些媒体、开发商以及所谓"专家"等牟利者，受利益驱动而进行的炒作是不能接受的。

理性的讨论有益于智慧的交流和集中，能寻求综合解决问题的办法；但哗众取宠的舆论炒作却只能让圆明园的未来陷入僵局。

对于圆明园遗址公园的保护发展，笔者有以下的看法。

1 圆明园遗址公园的遗产价值

1.1 世界遗产的评定标准

《保护世界文化和自然遗产公约》规定，文物、建筑群、遗址这三类可列为文化遗产。对"遗址"这一类型的具体规定为：从历史、美学、人种学或人类学角度看，具有突出、普遍价值的人造工程或人与自然的共同杰作以及考古遗址地带。

"提名列入《世界遗产名录》的文化遗产项目，必须符合下列6项中的1项或几项标准：

（1）代表一种独特的艺术成就，一种创造性的天才杰作；

（2）能在一定时期内或世界某一文化区域内，对建筑艺术、纪念物艺术、城镇规划或景观设计方面的发展产生极大影响；

（3）能为一种已消逝的文明或文化传统提供一种独特的至少是特殊的见证；

（4）可作为一种建筑或建筑群或景观的杰出范例，展示出人类历史上一个或几个重要阶段；

（5）可作为传统的人类居住地或使用地的杰出范例，代表一种（或几种）文化，尤其在不可逆转之变化的影响下变得易于损坏；

（6）与具特殊普遍意义的事件或现行传统或思想或信仰或文学艺术作品有直接或实质的联系。只有在某些特殊情况下或该项标准与其他标准一起作用时，此款才能成为

1.2　圆明园遗址公园的对应特征

与文化遗产评定中的 6 项标准相对应，圆明园有如下价值：

（1）圆明园是中国古典园林艺术设计与工程建造的杰作，它曾被冠以"万园之园"、"东方凡尔赛宫"等诸多美誉，具有独特的艺术成就。圆明园规模宏大、内容丰富，是中国皇家园林大园含小园、园中又有园的"集锦式"设计的杰作[2]，其规划方式是世界园林史上创造性的一笔。圆明园传承了中国古典园林的优秀造园传统，既有北方皇家建筑的雍容气派，又有模仿江南园林的委婉细腻，同时又加入了西洋巴洛克风格的景观建筑，是中西方不同园林体系结合的创造性尝试。综上所述，它精湛的工程技术、深厚的美学艺术、创造性的规划方式等，都是人类智慧和创造力的体现。

（2）作为清代皇家园林的巅峰作品，圆明园是中国封建社会皇家园林的最后代表之一，也是 18 世纪集中外造园文化之大成的园林杰作。在 18 世纪的世界范围内，它无疑对景观设计的发展产生了极大影响。资料记载："服务于中国清廷的法国传教士王致诚在致达索之信中，将圆明园称之为：'盖言万园之园，无上之园也'，当此信于 1749 在法国公开发表后，立即在整个欧洲特别是在英国产生巨大影响。"[3]而更为人熟知的是，法国作家雨果在信中称圆明园为"人类的一大奇迹""一件前所未知的惊人杰作，宛如亚洲文明的轮廓崛起在欧洲文明的地平线上一样"[4]，这些都证明了其在当时的影响力。

（3）无论作为已经不复存在的封建时期文明（比如建筑形式、等级制度、特殊文化、礼制等诸多方面）的记忆，还是作为某些几近消逝的中国古典园林中的文化传统的承载体，圆明园都是一个特殊的见证。

（4）毫无疑问，圆明园可以作为园林设计的杰出范例，展示出中国园林史上的一个重要阶段：清中叶、清末的园林成熟后期，尤其是皇家园林的高峰阶段。在另一方面，它也不幸地展示了人类侵略史上的重要阶段。

（5）圆明园代表着中国传统文化，在经历不可逆转的灾难后，变得易于损坏，文物流失、建筑构件被拆卸搬离，残垣断壁也受到环境和人力的某些侵害。

（6）圆明园的不幸就在于其特殊性意义，因为它经历了特殊事件。"1860 年 10 月，圆明园惨被英法联军入侵官兵的劫焚，其行径之野蛮，震撼朝野，惊骇世界，成为世界近代资本主义列强发展至帝国主义列强后所犯毁灭世界人类文明罪行的证据之一。"[1]这是民族的屈辱、历史的悲怆和中国人民心中永远的痛。

综上所述，圆明园符合世界文化遗产的标准，期待它早日成为世界遗产，得到该有的尊重和更好的保护。

2　结合遗产保护相关理论谈圆明园遗址保护的现状问题

2.1　园内遭受多重破坏，文物流散难回归

在历史上，圆明园先后遭受了"1860 年英法联军火烧圆明园的火劫；1900 年外敌内匪联手砍伐奇珍异木的木劫；北洋军阀时期的石劫；1917 年到 2000 年，农民备战备荒的土劫"[1]。这些过程，都导致了圆明园遗址文物构件的流失，除了被大众熟知的流落海外的珍贵文物外，还有不少被搬离原址，迁移到其他单位、私家宅院的文物构件。可以说，圆明园的文物不仅流失到了海外，也散落在了北京的胡同里。

文物的回归问题多次引起喧哗，又常常虎头蛇尾、不了了之，令人遗憾。究其原因，流失海外文物的回归问题承载着外交、经济、道德、利益等综合因素，牵涉太多方面的沟通协商，不是能一蹴而就的。而国内散落的文物往往落入公家单位和私人手中，各方都不愿牺牲自己的利益，又没有明确的法律法规来解决它，只能随时间的流逝成为历史遗留问题。同时，文物本身的统计寻找工作也很难做到全面。

园内幸存的文物构件，也受到了一些破坏。一方面是自然环境（风霜雨雪、空气水分等）对建筑构件的侵害，另一方面是游客素质低下（比如对文物的刻画、攀爬、污损等行为）对其造成的破坏。随着建筑基址和遗存构件受到破坏，很多处景点已完全看不出原有遗迹。

2.2　园内土地遭侵占，园外丧失缓冲保护范围

"绮春园西区为主要被侵占区域，主要有北京 101 中学及零星的民居。其中，中学占用的景点有雨山房、知乐轩、延寿寺、清夏堂、含晖楼、流杯亭等处，民居主要分布在澄心堂景点。中学占用区域的山形水系已基本失存。宫门区的东北部是 20 世纪 90 年代初建的万春园别墅，占据了颐寿轩、敷春堂东部区域及东面水系的位置，现为中保人寿保险单位所在地。这些侵占都严重破坏了圆明园的山形水系。"[5]

"圆明园遗址公园外四周已被园东的中关村北大街、园南的清华园西路、园西的圆明园西路、园北的北五环路所圈定，使圆明园遗址的缓冲保护区地带过狭。周边环境的原有风貌，有的已经无法恢复。周边社区存在违章建筑与脏乱差环境，以及与圆明园仅隔数米距离内建起的楼房，破坏了圆明园的景观视野。"[6]

2.3　"三山五园"整体环境不复存在

清代北京西北郊的皇家园林规划建设不是孤立的，而是一个庞大的园林集群，即"三山五园"大环境。"三山五园"环境不复存在，我们已经无法看到当时的几园相望、

在理性讨论的基础上探寻出路——浅谈对圆明园保护的看法

对景关系、景观层次等精妙的景象了。（"三山五园"是北京西郊沿西山到万泉河一带皇家园林的总称，主要包括香山静宜园、玉泉山静明园、万寿山颐和园、畅春园和圆明园。[1]）

2.4 争议不断、保护行动被搁浅

圆明园几经争议，每一个动作都极易被渲染讨论，结局可能是争议无法调和导致保护发展计划不了了之地被搁浅。

3 结合相关理论谈保护利用的建议

3.1 保存圆明园遗址的完整性、真实性要从"三山五园"大环境考虑

《佛罗伦萨宪章》中说："在对历史园林或其中任何一部分进行的维护、保护、修复和重建工作中必须同时处理其所有的构成特征，把各种处理孤立开来将会损坏其整体性。"

《奈良文件》中说："在不同文化，甚至在同一文化中，对文化遗产的价值特性及其相关信息源的可信性的判断标准可能会不一致。因而，将文化遗产的价值和原真性置于固定的评价标准之中来评判是不可能的；相反，对所有文化的尊重，要求充分考虑文化遗产的文脉关系。"[7]保护遗产不仅仅是孤立的园子，而是遗产所在地区的环境整体保护。

"三山五园"范围内散落着100多处文物古迹，历史文化价值弥足珍贵。但其周边环绕的40个"城中村"，却和这里的环境风貌形成了强烈反差。

如果能从"三山五园"大环境考虑园林遗产的保护发展，加快"三山五园"历史文化景区建设，将圆明园周边的村庄进行搬迁整治，恢复历史风貌，将是对清代皇家园林遗产保护工作的巨大贡献，也是对圆明园遗址保护真实性的实践。

3.2 意境氛围和精神传达是园林遗产保护的高境界

中国古典园林具有本与自然高于自然；建筑美与自然美的融糅；诗画的情趣；意境的含蕴等特点[2]，这既是中国园林的鲜明个性，也是中国艺术的极高境界。这些特点是中国园林的精神所在。保护园林遗产，当然要传承和表达其特点、精神，这也是《奈良文件》中关于遗产保护真实性的要求。

在圆明园的修复整治、活动策划、小品配置、导览系统等方面，都应以此为指导，考虑新加成分与环境的融合、体现诗画情趣等。例如园方举办的"荷花摄影展"就是一个佳例，重现传统的赏荷活动，增添了文学、美学趣味。笔者在今年春季游览圆明园时，发现了新的景点标识小品，其材质、字体、花纹都很好地体现了传统文化的韵味，与圆明园和谐地融为一体，对于景观的重现有积极作用（图1）。

图1 圆明园新标识小品与景观的结合
（笔者摄于2013年4月中旬）

3.3 对是否重建、复建的看法

圆明园是否重建、复建是争议很久的问题，我的观点是暂时反对重建、复建。

首先，现在的圆明园是"物美价廉"的休闲公园，各年龄段市民的使用率都较高，它给区域内居民提供了良好的绿地环境。如果复建，会不会使它成为一个噱头，沦为又一个门票昂贵、人烟稀少、利用率低下的公园，会不会重蹈之前异地重建的丑闻，令人担忧。

第二，重建、复建涉及很多具体严谨的问题：比如恢复哪个时期的景观？资金、技术、管理等方面是否已经达到能复建、重建的水平？

所以，笔者认为在当下浮躁的风气下，不适合进行圆明园的复建、重建工作，圆明园遗产保护应以生态涵养、历史风貌恢复和塑造休闲绿地环境为主要任务。

4 结语

圆明园是世界宝贵的文化遗产，保护它是中华儿女的责任。笔者呼吁学术界人士能够坐在理性讨论的圆桌上百家争鸣，集思广益，来探寻圆明园遗产保护更好的途径和前景；也希望各方力量能够用正确平和的态度来对待圆明园，使其从聚光灯照射下不得自在的"明星"变成一个能正常行动的普通人，有效地解决身上的问题，健康成长。

同时，政府、媒体、民间组织、专业人士等都应认真遵循遗产保护的相关理论和规定，明确保护的目标和任务，进行理性高效的行动，完善管理、监管机制，引导游客的

文明行为，使圆明园更好地发展。

参考文献

[1] 阙维民. 圆明园遗址的遗产价值与申遗构想[J]. 北京大学学报，2011(9)：121-127.

[2] 周维权. 中国古典园林史[M]. 清华大学出版社，1990.

[3] 王致诚著，唐在复译. 乾隆西洋画师王致诚述圆明园状况[J]. 中国营造学社汇刊，1931(1).

[4] 伯纳. 布立赛著. 高发明等译. 1860：圆明园大劫难[M]. 浙江古籍出版社，2005.

[5] 曹新，张凡，韩梅等. 圆明园遗址公园保护利用现状调查与研究[J]. 中国园林，2008(11)：40-41.

[6] 刘庆柱等. 世界遗产视野中的圆明园遗址——纪念圆明园罹劫152周年学术研讨会综述[J]. 世界遗产，2012. 4.

[7] 曹丽娟. 关于保护历史园林遗产的真实性[J]. 中国园林，2004(9)：26-28.

作者简介

卢荣华，1989年8月生，女，汉，山西，本科，北京林业大学硕士在读，研究方向：风景园林设计，电子邮箱：luronghua2008@163. com。

国内外历史文化名城绿地系统研究进展及分析①

The Research Progress and Analysis of Historical and Cultural City Green Space Master Planning

骆 佳 戴 菲 陆文婷

摘 要：城镇化率突破 50％的关键节点时，"美丽中国"的国策促使我们对待历史遗产与自然遗产再思考。本文选择历史文化名城为研究对象，总结了国内外学者对历史文虎名城绿地系统的研究成果。归纳出国内学者的研究成果主要集中在个案式探讨和城市地方特色塑造的角度，存在主要问题表现在严重滞后于社会关注度、研究理论深度不够、系统性不强、缺乏共通性的规律探索，提出在当今国际大背景下亟待开拓城市规划与风景园林学科共融的新维度，完善绿地系统规划历史遗产保护方面研究的新生领域。最后从 5 个方面提出了历史文化名城绿地系统的研究展望。

关键词：风景园林；绿地系统规划；历史文化名城；研究进展

Abstract：Breaking the key node of urbanization rate exceeded 50％, the "beautiful China" policy prompted the rethinking of our historical heritage and natural heritage. This research selects historic and cultural city as a study area, summarizes the research results of historic and cultural city green space master planning at home and abroad. Summed up the research results of domestic scholars focused on the case study and shaping urban local characteristics. There is a major problem manifested in serious lag in social awareness, research theories deep enough, not strong systemic and lack of commonality rule exploration, raised in the current international context; it is urgent need to develop new dimension of communion between urban planning and landscape architecture, complete nascent field of green space master planning study on the protection of historical heritage. Finally concludes with a historical and cultural city green space system research prospects from five aspects.

Key words：Landscape；Green Space Master Planning；Historic and Cultural City；Research Progress

1 研究背景

中国是一个历史悠久的文明古国，许多城市是我国古代政治、经济、文化的中心，或者是近代革命运动和发生重大历史事件的重要城市。这些历史文化名城有着优美的自然环境和特色鲜明的乡土建筑、名胜古迹，是中华民族灿烂文化的见证，理应得到良好的保护与传承。

冷战结束后，和平和发展成为世界的主题，经济活动的日益"全球化"带来的文化的"全球化"对丰富多彩的地域文化形成冲击。当前，中国正处在城镇化率突破 50％的关键节点，千百年来积淀的传统城市与历史遗产在不知不觉中变成了稀有资源。大量的历史街区被拆除，所谓的欧陆风格、国际风格的现代建筑取而代之，使得城市面貌呈现出"千城一面"的状态，三十年恍然如梦，蓦然回首却发现伴随儿时温馨记忆的街巷空间、庭园院落需得远赴千里迢迢在丽江、平遥、周庄等地去追寻，"美丽中国"的国策也促使我们对待历史遗产与自然遗产再思考。

在漫长的历史长河中，祖先曾以擅长"天人合一"营造城镇布局、以擅长风花雪月成就园林景观而饮誉世界。正是借鉴古人的营造思想，钱学森提出我国建设山水园林城市的观点。历史文化名城的传统风貌景观，外部层次

体现在对周边山水格局的利用，内部层次表现在城市空间肌理的图底关系。在传统风貌的塑造中，保护、整治历史建筑耗费财力较大，周期长且敏感度高。相比之下，保护、整治绿地景观具有代价较小、成效较快、灵活度较大的诸多优势。另外，新一轮出台的《城市建设用地分类标准》（2012 年）将广场用地纳入城市绿地，更加符合城市绿地与开敞空间结合的趋势。历史文化名城中街道巷弄、滨水岸线、寺庙广场等众多类型的传统空间都属于开敞空间，且具有现代城市空间中较为少见的宜人尺度与特色风貌。绿地系统规划作为一个专项规划，负责直接制定提升城市环境品质与景观魅力的长期战略，正是整合这多层次多类型传统空间，进而形成有机整体以塑造风貌特色的有效手段。

2 国外研究现状及发展动态分析

国际上对历史遗产的保护在一百多年的发展变迁中，经历了一个由文物建筑保护到历史地段保护，再进一步扩展到整个城镇历史环境保护的过程。20 世纪 30 年代，为了使保护与规划相结合，保护已经成为城市规划考虑的内容之一，开始重视周边"环境"，保护范围扩大到建筑群、风景区以及传统街区。1930 年，法国通过《景观保护法》，指出景观既包括自然物，如瀑布、泉水、岩石、

① 课题来源于中国博士后科学基金第六批特别资助——"基于历史遗产保护的绿地系统规划研究（编号 2013T60719）"。

风景资源与文化遗产

树林等，也包括人们创造的田园景观以及城市中的特色景观，如巴黎城区内埃菲尔铁塔所在的战神广场即被列为重要的景观而被加以保护。1943 年，法国通过《历史建筑周边环境法》，建立了一个以历史建筑为中心的 500m 为半径历史建筑周边环境的概念和范围。目前国际上普遍采用的历史保护范围（历史缓冲地带）也是由此而来。

1960 年前后，欧洲建筑与遗产保护的对象由原来的建筑单体和著名的纪念物向住宅建筑、乡土建筑、工业建筑、城镇肌理和人居环境（如城镇街区、村镇）转移[1]。1964 年《国际古迹保护与修复宪章》（简称《威尼斯宪章》），提出了"历史地段"的概念。《威尼斯宪章》尽管重点仍放在纪念物的保护方面，但此时"历史纪念物"的概念不仅包括单体建筑物，而且包括能从中找出一种独特的文明，一种有意义的发展或一个历史事件见证的城市或乡村环境。1976 年，《内罗毕建议》正式提出保护城市历史地区问题，强调"历史地区及其环境应被视为不可替代的世界遗产的组成部分。"1987 年，《华盛顿宪章》进一步扩大了历史古迹保护的概念和内容，即提出了现在学术界常使用的历史地段和历史城区的概念。2005 年 10 月国际古迹遗址理事会在西安通过了《西安宣言》，将环境对于遗产和古迹的重要性提升到一个新的高度[2]。

近年来各国日益重视历史景观保护与公共空间品质提升，通过绿地空间整合城镇的历史遗产与环境风貌。1983 年法国建立"建筑、城市和景观遗产保护区"制度（ZPPAUP: Zone de Protection du Patrimonies Architectural, Urbain et Pay sager）。1993 年，法国又颁布《景观保护和价值体现法》，在原来的 ZPPAU 的概念基础上增加了"景观"的指向，并将公众认为美好的景观都纳入保护范畴，包括城市、乡村中的自然和人工景观。保护制度与立法的建立推动了地方城镇特色的保护、公共空间品质的提升、历史遗产价值的发挥[3]。从 1995 年开始，美国就已经对一些拥有历史遗产的具有文化价值的绿道进行规划和设计。无论是在宏观还是在微观尺度上，绿道都是城镇风貌的强大塑造者[4]。1989 年，澳大利亚有学者提出要改变传统的遗产观念，应该把历史景观和其他历史建、构筑物放在相同的等级得到保护和认可[5]。日本从 20 世纪 90 年代初期开始就在绿地系统规划的编制要求中明确提出历史遗产保护的功能（绿的基本计画，1992）。巴黎的绿地系统规划强调延续历史文脉、融合文化特征，以创造人性化的绿色空间，尤以绿道著称。从塞纳河西佛公园起，沿杜勒里公园至卢浮宫、香榭丽舍大街、凯旋门、戴高乐大街、德方斯中心公园广场，与布洛涅森林公园衔接，巴黎建立了贯穿历史遗迹的绿道和"历史轴线"。这条绿道将自然的绿色空间与人文城市棕色空间相结合，体现了巴黎的城市文化精神，成为国际上历史建筑与绿化环境相结合的"绿道"典范。

3 国内研究现状及发展动态分析

历史遗产的保护近年来一直是建筑学、城乡规划、风景园林等学科领域里的热点研究方向。城市规划学科长期发展而来针对历史文化城镇的保护规划，通过专项规划形成系统性的编制内容与方法。建筑学科从古建测绘到传统聚落的研究，形成了从构成单元向群体空间、公共空间的逐步拓展。而风景园林学科对历史遗产的保护与研究，主要集于私家庭园，很少涉及传统城镇公共空间的园林绿化。

实际上，城镇维度历史风貌的维护，魅力景观的塑造，环境品质的提升都离不开风景园林的支撑，而绿地系统规划正是风景园林学科整合上述领域的长期发展战略规划，从城镇整体历史环境的营造，到重要文物古迹点的外部环境设计，到有着系统性的指导意义。作为城市规划与风景园林学科的交叉研究领域，近年来绿地系统规划是两个学科的持续研究热点。

笔者采用关键词统计法，对"中国知识资源总库：中国（CNKI）学术文献总库测试平台"精确检索统计，确定与城市绿地系统密切相关的关键词，用它们检索相关研究论文和成果，找到这些论文和成果后再研究它们的关键词和精华所在，在此基础上进行分析统计，得出相应结果。其中学位论文来自中国博硕士论文数据库，论文出版时间区段为 2003—2012 年年底。以"绿地系统"检索中国知网，从 2003—2012 年的 10 年间，共有研究论文 935 篇。分析数据可见，研究成果呈现持续上升的趋势。尤其是在 2009—2010 年大幅度增加，并且在 2011 年左右达到最高峰，考虑到 2012 年的部分数据还未收录知网，研究论文的数量还有可能进一步地攀升（图 1）。

图 1　关键词在不同年份的分布情况（作者自绘）

针对上述 935 篇研究绿地系统的论文的关键词进行统计，整理中国学者在绿地系统方面所关心的研究方向。由于有的杂志对关键词不作要求且存在一稿多投的现象，实际统计到关键词的文献有 754 篇。对所有关键词进行统计，按照关键词出现的次数由高到低排列（表 1）。

论文中主要涉及的关键词　　　　　　　表 1

关键词	出现次数
规划	87
风景园林	59
可持续发展	59
城市绿地系统	47
城市	42
园林城市	40

关键词	出现次数
景观格局	38
生态城市	38
生态	37
景观	36
绿地生态系统	24
城市特色	22
规划布局	22
城乡一体化	16
绿化	16
布局结构	15
总体规划	15
GIS	14
对策	14
建设	13
防灾公园	11
绿道	11
市域	8
生态网络	8
植物	8
分类	7
评价	6
指标	6
绿色基础设施	5
花园城市	5
城市绿地系统规划	5
功能	4
山水	3
避灾	3
进化论	3
规划方法	3
文化	2
可操作性	2

表格来源：作者自绘

由研究结果可以看出，近十年来中国学者针对城市绿地系统的研究方向主要有：景观、生态、特色、布局、城乡一体化、结构、对策、防灾、绿道、分类、评价、指标等。与 6 年前刘滨谊老师的研究结果相比较，有一些新的关键词加入，如防灾避险、生态网络、城市特色、绿色基础设施、城乡一体化、可操作性等。研究热点的转移原因：一是《城乡规划法》以及《城市用地分类与规划建设用地标准》（2011 版）的颁布和实施，出现了很多对绿地系统分类、绿地系统体系等的探讨；二是 2008 年汶川地震，引起了园林工作者对城市绿地在避灾方面的规划建设方面的关注；三是国外绿道和绿色基础设施等理论的引入，使国内绿地系统研究更注重规划的特色和可操作性。

通过对 754 篇绿地系统论文的内容分析，可以将近10 年我国的绿地系统研究主要集中在四类：绿地系统理论研究，城市绿地系统功能效益研究，绿地系统规划技术方法研究和绿地系统编制方法研究。其中，绿地系统的功能效益研究主要集中在游憩娱乐、生态环境、防灾避险、历史文化等方面。研究生态环境、防灾避险的成果较多，而在历史文化方向研究成果较少。

2003－2012 年中国知网资源总库
"绿地系统"功能效益研究内容数据统计　表 2

研究内容	期刊（篇）	博士论文（篇）	硕士论文（篇）
游憩娱乐	9	0	9
生态环境	35	1	8
防灾避险	81	3	49
历史文化	12	0	1

表格来源：作者自绘

在历史文化方向研究中，多以个案式探讨为主。江保山（2004）分析了邯郸市城市绿地系统规划特色，充分利用城市自然条件和赵文化资源，构筑了城市生态体系，将古赵文化融合于绿地系统规划之中[6]；王浩等（2005）以江苏省宿迁市城市绿地系统规划为例，探讨如何体现各类绿地中的特色和营建富有地方特色的绿地系统的方法[7]；左鹏等（2006）以西安市绿地系统规划为例探讨了历史文化名城绿地系统规划理念；孟浩亮等（2006）分析了雅安绿地布局以及景观规划，并对如何将人文历史融入于不同层面的圈层绿地系统作了进一步探讨；其他探讨绿地系统规划项目实践成果的还有，程容（2004）、吉琳（2005）、卢艳（2007）、张小娟（2008）等，分别对宜宾市、扬州市、保定市和兰州市的绿地系统进行了实践研究，并指出要将历史人文景观与自然景观相融合、传统文化与现代文化相结合，将城市的特色文化资源融入绿地系统规划中，在地域景观中表达特色文化，创造独具特色的城市绿地系统。

此外，从塑造城市特色的角度探讨绿地系统规划中利用历史文化资源也是一大方向。王浩等（2007）从城市特色及其构成要素的把握与辨识出发，分析了城市特色危机的原因、城市绿地系统规划缺乏特色的内在因素和城市绿地系统规划塑造城市特色的意义，阐述了绿地系统规划塑造城市特色的实践策略；王亚南等（2010）探讨了在绿地系统中引入遗产廊道[8]。刘璐（2010）基于地域性主体意识淡化、城市形态趋同、地域风貌特色缺失等现象,在"景观意象学"理论及"场所精神"理论支撑下,探讨如何利用园林绿地系统规划塑造城市地域性特色[9]。

4 历史文化名城绿地系统规划研究的不足

纵观国内外历史文化名城绿地系统规划的相关研究,可以看出历史遗产保护经历了从单体建筑到历史地段再到历史环境的百年发展历程。西方较早运用绿地空间整合城镇的历史遗产与环境风貌,并且相关的研究工作较为深入,不少前沿的理念与创新实践都有着较好的启发性。从早期提出的"公园体系"、"田园城市"理论、开敞空间规划再到近期的绿道理论,规划理论一直走在世界前沿,层次丰富、角度多样化,公园系统规划、环城绿带规划、开敞空间规划和绿道规划等专题规划为绿地系统规划在思维方法、功能、空间形态的改善和强化做了强有力的补充。此外,国外城市绿地系统规划在漫长的城市建设中总结归纳经验,制定了一系列的法律法规作为绿地系统规划管理和实施的支撑,比如英国的《绿带法案》、美国的《公园法》、日本的《都市计画法》等都从不同的层次和不同的角度完成了对城市绿地系统规划实施的保障。

而目前国内相关研究主要集中在介绍和借鉴国际上先进的历史文化遗产保护理论、保护制度和建立我国历史文化名城保护规划体系的层面上,对文物古迹和历史街区的研究比较深入,而对历史文化名城中景观层面的研究相对较少,而关于历史文化名城中的绿地研究相关的就更少,多是对国外历史文化名城环境的保护和塑造的策略的探讨和研究,对先进的环境保护理论与策略的介绍和借鉴偏少,缺乏定性定量研究和归纳总结,研究深度尚浅。另一方面,我国的城市绿地系统规划工作从规划内容、规划范围及规划对象上都有了不同程度的扩展,且已走向系统化。中国目前在绿地系统的功能效益研究方面,生态环境、防灾避险等研究成果持续上升,而在历史文化方面则严重滞后于社会关注度,成果较少。现有研究多局限于城市特色的探讨,缺乏多维度深入思考:不仅需要探讨中国传统城镇园林绿化方法的历史传承,而且需要探讨对国际前沿理论与创新实践的追踪借鉴。并且,由于历史文化名城的形成过程、社会、经济、物质空间的特征不同于我国其他类型的城市,而现有研究成果以个案式研究为主,主要是针对单个城镇提出的绿地系统规划方法具有特殊性,缺乏共通性的规律探索,尚不足支撑普遍适用。

5 中国历史文化名城绿地系统研究展望

综上所述,历史遗产保护作为绿地系统的重要功能,尚无学者对城市绿地系统在历史遗产保护方面的作用及其相应规划策略进行研究,因此历史文化名城绿地系统规划相应的规划设计导则的深入研究和探讨显得尤为迫切和重要。展望未来,中国的历史文化名城绿地系统研究可以考虑从以下几个方面着手发展:

(1)从中国已登录的国家级或省级历史文化名城中选取覆盖不同地域、不同类型的研究对象,进行实地测绘调查,采用空间序列分析法分析传统城镇绿地空间的肌理与特征。通过解析绿地环境在传统开敞空间中各种类型的构成特征,有针对性地提出在绿地系统规划中相应采取的规划设计方法。

(2)针对当地居民与外来游客两类使用差异较大的群体,研究各类型传统空间中绿地环境在现代生活中的使用方式和使用需求,探索结合现代生活的使用方式与空间分布,进而在绿地系统规划中提出相应的规划设计要求。

(3)研究中国历史上不同时期,特别是繁盛期的传统城镇园林绿化特征。运用内容分析法对传统绘画与文献典籍进行研究,弥补现存历史文化名城物质遗存在数量规模、年代久远度、空间形态丰富性等方面的不足。依据空间序列解析山水格局、街道巷弄、院落庭园等不同层次各类型空间的传统园林绿化手法,探索在现今历史文化名城中塑造绿地空间传统风貌的传承基因。

(4)研究国际上绿地系统规划在历史遗产保护方面的前沿理论与创新实践,为中国传统城镇绿地空间的规划设计寻求创新方法。可以重点研究较早将绿地系统规划与历史遗产保护相结合的欧洲,以及与我国传统城镇空间形态、绿化方式等相似的东亚国家日本和韩国。

(5)构建适于中国历史文化名城的绿地系统规划理论与方法,并形成基于历史遗产保护的绿地系统规划导则,在保护历史遗产、赋予绿地空间传统特征与景观魅力的同时,适应于现代生活方式。

参考文献

[1] 张松. 历史城市保护学导论[M]. 上海科学技术出版社,2001:128-138.

[2] 单霁翔. 20世纪遗产保护的实践与探索[J]. 城市规划,2008.06:11-32+43.

[3] 邵甬,阿兰·马利诺斯. 法国"建筑、城市和景观遗产保护区"的特征与保护方法——兼论对中国历史文化名镇名村保护的借鉴[J]. 国际城市规划,2011.05:78-84.

[4] Anthony Walmsley. Greenways and the making of urban form [J]. Landscape and Urban Planning, 1995. 33(1-3):81-127.

[5] Jim A. Russell. The genesis of historic landscape conservation in Australia[J]. Landscape and Urban Planning, 1989. 17(4):305-312.

[6] 江保山,段晓惠,王红霞. 构建生态绿网,塑造古赵文化——邯郸市城市绿地系统规划特色分析[J]. 中国园林,2004(7).

[7] 王浩,谷康,苟皓. 两河西楚韵 湖畔园林城——宿迁市绿地系统规划[J]. 中国园林,2005(6).

[8] 王亚南,张晓佳,卢青青. 基于遗产廊道构建的城市绿地系统规划探索[J]. 中国园林,2010(12).

[9] 刘璐. 园林绿地系统规划塑造城市地域性特色初探[D]. 西南大学,2010.

作者简介

[1] 骆佳,1989年7月生,女,汉族,湖北武汉,硕士,武汉

市园林建筑规划设计研究院，电子邮箱：810257133@qq. com。

[2] 戴菲，1974 年 3 月生，女，汉族，湖北武汉，华中科技大学建筑与城市规划学院，副教授。2007 年获日本国立千叶大学风景园林博士学位。主要研究方向为城市规划设计调查研究方法，城市总体规划，城市绿地系统规划，电子邮箱：elise_dai@hotmail. com。

[3] 陆文婷，女，1986 年 5 月生，汉族，湖北黄石，硕士，湖北省城市规划设计研究院三所，电子邮箱：404005466@qq. com。

基于明代文人游记的武当山神道路径分析[①]

The Analysis of Wudang Mountain Pilgrimage Roads Based on the Travel Literature of Ming Dynasty

吕 笑 杜 雁

摘 要：武当山在道教发展史中占据着重要地位，明代武当山地位甚至在五岳之上，朝山进香活动也达到全盛期，文人墨客在游览中留下数量可观的游记。通过对明代武当山游记研读，总结文人在武当山的游览路径，分析他们在游览过程中的审美体验和审美评价，以期补充、完善武当山风景名胜区风景资源的基础研究，为更好地保护和利用武当山自然和文化遗产提供借鉴。

关键词：武当山；明代；游记；朝山古道

Abstract：Wudang Mountain is the National Scenic Area of China and the famous Chinese cultural land of Taoism. The position of Wudang Mountain is above those of Five Sacred Mountains in the Ming Dynasty. Followed the Pilgrim activity reached its heyday and literatis had left a considerable amount of travel notes. We can make a systematically summarizes for the Wudang Mountain pilgrimage roads through researching the Ming Dynasty Travel Notes. Thus promoting continuation of the veins the planning of mountain scenic spot.

Key words：Wudang Mountain；Ming Dynasty；Travel Notes；Pilgrimage Roads

武当山又名太和山、仙室山、谢罗山、嵾上山等，是我国著名的道教名山，明永乐十年到永乐二十二年（1412-1424年）成祖朱棣因政治原因大兴土木，在武当山建成宫、观、岩、庙、庵、祠等三十三处建筑群，永乐十五年（1417年），朱棣特敕武当山名为"大岳太和山"，嘉靖三十一年（1552年）又敕建"治世玄岳"牌坊，使武当山名号全面高出五岳。1982年，武当山成为首批国家级重点风景名胜区，景区312km²，1994年武当山古建筑群列入世界文化遗产名录。

朝香神道是为建筑宫、观、庵、庙和便于各地香客朝拜而修筑的、对于全局具有线性引导的道路，在道教名山中往往象征着通往天庭仙境的历程。作为名山风景主要的游览路线和宗教建筑群空间完整性的不可或缺的组成部分，它具有重要的文化价值、审美价值和研究价值。明代武当山已具有四通八达的朝香古道。明方升《大岳志略》记载："山当均房之交，周回八百里。由蜀而来者自房入；由汴而来者自邓入；由陕而来者自郧入；由江南诸郡而来者自襄入"。游记中对神道规模与形制也有详细记载："均州城南门外'甬道周行，悉砥以石，平坦亘延，直接太和'"目前武当山神道除2006年斥资1000万修复乌鸦岭至金顶段外，大多数的古神道由于年久失修，埋没于荒草荆棘之间。例如当年徐霞客走过的北天门到竹笆桥段已完全毁损，笔者几次从乌鸦岭到五龙宫来回这段都必须请向导走当地的放牛道，偶尔可遇见一两处坍塌

的石阶和破损严重的古桥；更远的清微宫、隐仙岩、凝虚岩、金沙坪凌虚观等地的古神道已无痕迹；在游客云集的太子坡、天津桥、紫霄宫、南岩宫、八仙观等地，则由于修建车道开发旅游而将古神道破坏殆尽，古神道的保护和利用现状堪忧。

明永乐后随着地位提升，武当山成为文人士大夫竞相游览的名山，徐霞客曾"余髫年蓄五岳志，而玄岳出五岳上，慕尤切"[②]。不同于香客带有宗教色彩的朝拜目的，文人多以游览自然与人文风景为主，武当山游记也随之进入了创作的繁荣期。其记载的主要内容包括其游览经历与体验、神道情况、道教建筑以及朝山香客情态。对于武当山朝山路径研究在梅莉所著《明清时期武当山朝山进香研究》中已有详细分析，但对于文人游览活动和游览路线的分析目前还鲜见研究，然明代文人在武当山的游览路径以及相应的审美体验和评价对于武当山文化遗产的保护和当代风景名胜区的建设尤为重要。本文通过阅读分析明代武当山诸篇游记，选取了其中游览路径记载最为全面的七篇作为研究对象[③]，其作者如顾璘、王世贞、袁中道、徐宏祖等，在明代文人士大夫群体中同时具有典型代表性。通过对这七篇游记进行统计、归类和分析得出文人士大夫主要游览路径，并对其审美体验做出总结与分析，以补充、完善武当山风景名胜区风景资源的基础研究，为更好地继承、保护和利用武当山自然和文化遗产提供借鉴。

① 中央高校基本科研业务费专项资金资助（项目名称"武当山宫观园林艺术研究"，编号2010JC010）。

② 徐霞客游记·游嵩山日记。

③ 这个时期的主要作品有陆铨《武当游记》、顾璘《游太和山记》、徐学谟《游太岳记》、陈文烛《游太和山记》、汪道昆《太和山记》和《太和山后记》、王世贞《游太和山记》、王在晋《游太和山记》、袁中道《游太和记》、雷思霈《太和山记》、谭元春《游玄岳记》、徐宏祖《游太和山日记》、杨鹤《嵾话》、尹伸《嵾游记》等。

1 武当山山内神道修建历史

朝山古道包括山内神道与山外神道,本文选取山内神道为主要研究对象。山内神道在元代至元年间(1264-1294年)进行大规模修整,初步建成东西神道。至明永乐年间(1403-1424年)由于皇室家庙地位提升,在大修武当宫观时,武当山道路与桥梁也进行大规模修整,之后历代帝王官吏也进行了修缮和增修,以嘉靖三十一年(1552年)规模最大。清代武当山地位下降,仅修建从朝天宫之右至金顶一条较为平坦易行的神道,以维护为主,基本沿用明代神道。

2 游记中的游览路径

作者通过对各篇游记描述的游览路径和重要节点进行归纳统计,得到明代文人士大夫游览武当山的东、西两条路径的具体路径和游览停留点:

东路:静乐宫①→迎恩宫→修真观→治世玄岳牌坊→遇真宫→元和观→玉虚宫→回龙观→太子坡(复真观)→紫霄宫→南岩宫→榔梅祠→朝天宫→一天门→二天门→三天门→朝圣门→太和宫→金顶

西路:静乐宫→迎恩宫→修真观→治世玄岳牌坊→遇真宫→元和观→玉虚宫→仁威观→五龙宫→仙龟岩→仙侣岩→一滴水岩→北天门→南岩→榔梅祠→朝天宫→一天门→二天门→三天门→朝圣门→太和宫→金顶

其中乌鸦岭为东西路径的交会点,过乌鸦岭后,榔梅祠→朝天宫→一天门→二天门→三天门→朝圣门→太和宫为共同路线(图1、表1)。

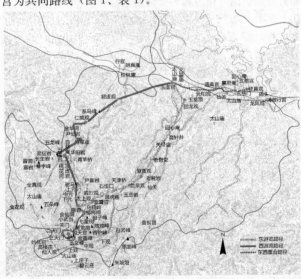

图1 武当山游览路径示意图(底图来源:
利用DEM提取20m等高线后根据
《武当山志》景点分布图绘制)

对比发现两条游览路线均以静乐宫为游览起点,以金顶为终点。游览节点与武当山天地人的总体空间布局吻合(图2)。说明文人的游览活动虽不以朝山进香为主要目的,但游览过程中仍遵循武当山宗教建筑群整体空间秩序的引导。根据表1分析其重点节点出现频率(表2)。

表2中,以静乐宫、遇真宫、玉虚宫、紫霄宫、南岩宫、一天门、二天门、三天门、金殿在游记中被提及频率最高。但如朝天宫、榔梅祠等景点及部分未列出景点亦为游览过程必经之地。上述景点出现频率最高原因一为文人等主要的住宿、停留点;二则是其在天路历程中占有重要地位。在明代失去中心地位的五龙宫虽道险,大多文人仍会选取其为游览目的地。王在晋"余之有慨乎此山,而竟不暇为五龙游也"可看出其所存遗憾。琼台景区不乏文人选取其为游览路径,从而更深发掘武当山之胜景。

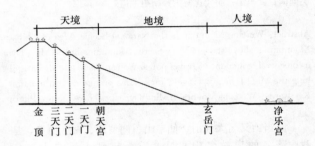

图2 武当山总体规划示意图(底图来源:
周维权《名山风景区,它的历史、
文化内涵与寺观建筑》)

游记中的游山路径统计　　　　表1

序号	作者	时间	篇名	路线
1	顾璘	1538	游太和山记	上山路线:襄阳—谷城—遇真宫—玉虚宫—紫霄宫—南岩宫—金殿 下山路线:金殿—南岩宫—五龙宫—玉虚宫—均州—静乐宫
2	王世贞	1574—1576	游太和山记	上山路线:均州—静乐宫—治世玄岳—修真观—元和观—遇真宫—玉虚宫—龙泉观—紫霄宫—南岩宫—榔梅祠—一天门—二天门—三天门—太和宫—金殿 下山路线:金殿—太和宫—三天门—二天门(摘星桥,文昌祠)—一天门—南岩宫—北天门—滴水岩—五龙宫—仁威观—玉虚宫—迎恩宫

---

① 静乐宫在明清不同武当山志和游记里有"静乐"和"净乐"两种写法,本文依据编纂时间离朱棣敕建武当山宫观时间最近的任自垣本《敕建大岳太和山志》,写作静乐宫。

序号	作者	时间	篇名	路线
3	徐霞客	1623	游太和山日记	上山路线：均州—静乐宫—迎恩宫—草店—遇真宫—回龙观—太子坡—紫霄宫—殿右太子洞、七星岩（不暇问）—南岩—南天门—乌鸦岭—榔梅祠—虎头岩—朝天宫——一天门——二天门——三天门—太和宫—金殿 下山路线：金殿—三天门—上琼台观—中琼台—返回至朝天宫（原文记载如此，但有文献分析应为紫霄宫，待考）—南岩—北天门—滴水岩—仙侣岩—竹笆桥—白云、仙龟岩—青羊桥—五龙宫—草店
4	袁中道	1613	游太和记	上山路线：草市—谢家桥—草店—冲虚庵—仙关—遇真宫—治世玄岳—元和观—玉虚宫—回龙观—老君庙—关公庙—太子坡—龙泉观—九渡涧—玉虚岩—中琼台—上琼台—外朝峰—天柱峰后门—金殿 下山路线：金殿—三天门—二天门——一天门—南岩—舍身崖—雷公洞—太子岩—紫霄宫—九渡涧—元和观
5	王在晋	1606	游太和山记	上山路线：均州—静乐宫—迎恩宫—草店—治世玄岳—会仙桥—遇真宫—太子坡—紫霄宫—南岩宫—榔梅祠—一天门—二天门—三天门—欢喜坡—太和宫—金殿 下山路线：金殿—朝圣门—三天门—二天门——一天门—朝天门—榔梅祠—乌鸦庙—雷神洞—南岩宫—紫霄宫—回龙观—玉虚宫—遇真宫
6	徐学谟	1569	游太岳记	上山路线：汉江—谷城—界山—治世玄岳—会仙桥—遇真宫—仙关—元和观—玉虚宫—华阳桥—仁威观—普福桥—隐仙桥—老姥祠—磨针涧—五龙宫—凌虚岩—自然庵—青羊桥—仙龟岩—仙侣岩—百花泉—滴水岩—天一桥—北天门—飞升台—南岩—榔梅祠—朝天宫——一天门—二天门—三天门—朝圣门—太和宫—金殿 下山路线：金殿—太和宫—三天门—二天门——一天门—南岩—太子岩—紫霄宫—威烈观—天津桥—九渡涧—太子坡—复真桥—回龙观—玉虚宫—均州
7	杨鹤	1623	嵾话	路线：襄阳—柴店—界山—遇真宫—回龙观—紫霄宫—南岩—五龙宫—南岩—榔梅祠——一天门—二天门—三天门—金殿—琼台—玉虚宫

游记描写的主要景点频率 表 2

景点	静乐宫	迎恩宫	元和观	遇真宫	玉虚宫	回龙观	紫霄宫
频率	3	2	2	7	7	4	7
景点	南岩宫	金殿	榔梅祠	一天门	二天门	三天门	朝天宫
频率	7	7	4	7	7	7	3
景点	太子坡	龙泉观	仁威观	滴水岩	仙侣岩	五龙宫	玄岳门
频率	4	2	3	3	2	6	4[①]

注：建于嘉靖三十一年（1552年）

3 游览审美体验

游记对各主要建筑群均有描述。以静乐宫为起点，"宫制闳丽轩敞，朱甍碧榱，凌霄映日，俨然祈年望仙不啻也"；过玄岳门时，"山口垂闉，棹楔跨之，榜曰：'治世玄岳'"；抵玉虚，"玉虚者，谓真武为玉虚师相也，大可包净乐之二，壮丽靡之"[①]；紫霄宫徐霞客描写到"紫霄前临禹迹，背倚展旗峰，层台杰殿，高敞特异"，南岩宫"岩石若驳云，外覆为修廊，以达宫门，殿宇壮丽甚"[②]；对天门的记载则尽显其艰险，"至三天门，过朝天宫，皆石级曲折上跻，两旁以铁柱悬索。由三天门而二天

① 顾璘. 游太和山记.
② 袁中道. 游太和记.

门、一天门，率取径峰坳间，悬级而上"①；金殿"殿以铜为之，而涂以黄金"，将真武神之形象烘托，而审美情绪在此时得到物我合一的共鸣感。

游记中另一重要审美体验在于文人从入山到登顶对古神道景色的动态审美体验。初入山至玄岳门"过此则烟云金碧，辉映万状矣"②，到达遇真宫"悠悠然度灌木、溪桥之间，恍陟仙界"，抵回龙观后"满山乔木夹道，密布上下，如行绿幕中"③，人们对于即将进入的风景区产生审美期待；往紫霄途中"循洞道往寻玉虚岩。凡三里始至，径险仄，益奇，灵草异木青葱，不类人境，平时人所不至也"①，"度桥，径已绝，前旌类破壁而出。自是皆行巉岩间……山之胜亦若驰而舍我，独峰顶苍，白云冒之，倏忽数千百变，乔木得雨"②，由紫霄登太和时"蛇行争鸟道，凡数千级，而跻太和之西岭。又折而下，泥滑益甚"④，旅途愈发艰难，游览者心理也随之发生变化，对审美客体的期待值与之增长。当人们历经艰险，饱览峭峰危岩、瀑布山洞抵达天柱峰时，"比于大顶，则狂呼大叫，悲秋啸啼，以验白至心"③。整个游览过程的心理变化与武当山"起—承—转—合"④之空间序列相统一。

纵观文人游览路径可以发现，游览路径与宗教体验的结合对于完整的审美体验至关重要。从静乐宫入游览区，过玄岳门正式入山，游览者产生审美期待，而从进入朝圣门开始，由一天门、二天门、三天门到达金顶的过程，山势跌宕起伏与宗教体验相结合，审美主体对于客体的期待也被引向高潮。至金顶"正位东向高出，七十二峰如群弟子侍先师，莫不齐立。近则金童、玉女二峰，当膝承之；左三公、右九卿、带七星、携五老、仙人、隐士、顺风而翔"⑤，为自然臣服的同时，内心因宗教体验而产生的联想也使审美达到高潮。

另一方面在游览过程中，随着游览路径的转变，游览者与武当山的视角、距离发生变化，其心理感受也随之拓展、深化与流转。王在晋在迎恩宫所观"大岳天柱诸峰挺然森秀，岈崟回丛，紫云万片"，而谭元春在老姥祠后山观天柱峰则云："上望天柱、南岩诸峰，岚光照人，其浪自接者，为一重；而其下松柏翼岭，青枝衬目，稍近而低者，为一重"，当其到达南岩时，"天柱峰耸然在五步内，不望亦见"。通过动态的游览方式，丰富审美体验。

"予旧闻之中郎云：'太和琼台一道，叠雪轰雷。'游人乃云：'此山诎水殊可笑。'予拉游侣，请先观水，为山灵解嘲，乃行洞中"。为一览武当山之水景，改观世人之

"水短山长"之印象，袁中道选取在龙泉观前桥（即天津桥）"入溪即走九渡涧中，至玉虚岩、琼台观道是也"的路线，经琼台到达天柱峰之后门上金顶。选取琼台一线以观水景的还有晚明时期谭元春，"从琼台往，非避其险，避其杂也"，对于文人审美体验的深化和升华也起到了极大的促进作用。

4　结语

了解历史，尊重历史是文化得以传承创新的关键所在。研读游记文学，一方面可为恢复古神道提供参考资料，另一方面透过文字找寻数百年前的记忆，对于今日山岳风景区游览体验感的延续有着指导意义。武当山带给人的感动不只因为它的风景，更多因为有了时光的雕琢而愈发厚重。作为风景园林人，为他人创造美好生活，亦须引导人们了解历史，传承历史，发现美之所在。

参考文献

[1]　程明安，饶春球，罗耀松主编．武当山游记校译．中国文联出版社，2002.
[2]　梅莉主编，明清时期武当山朝山进香研究．华中师范大学出版社，2007.
[3]　武当山志编纂委员会主编．武当山志．新华出版社，1994.
[4]　杨立志．武当山古建筑审美三题．理论月刊．1998：45-47.
[5]　杜雁，高翅．明代武当山古建筑群的意境追求．中国风景园林学会"和谐共荣——传统的继承与可持续发展"，2010-5-28.
[6]　梅莉，秦随光．武当山历史地位的变迁．湖北大学学报，2004，31(6)：665-670.
[7]　王苏君．宗教体验与审美体验．武汉大学学报，2001.54(5)：539-545.
[8]　周维权．名山风景区，它的历史、文化内涵与寺观建筑．见：贾珺主编．建筑史．第22辑．清华大学出版社，2006.105-122.

作者简介

[1]　吕笑，1990年8月生，女，汉族，山西长治，华中农业大学风景园林在读硕士，电子邮箱：icesmile0802@126.com.
[2]　杜雁，1972年12月生，女，土家族，湖北长阳，华中农业大学风景园林系讲师，北京林业大学园林学院博士研究生在读，电子邮箱：yuanscape@163.net.

---

①　徐霞客．游太和山日记.
②　王世贞．游太和山记.
③　徐学谟．游太岳记.
④　起：静乐宫—仙关；承：仙关—南岩；转：南岩—朝天宫；合：朝天宫—金殿.
⑤　汪道昆．太和山记.

转型视域下资源枯竭型城市绿地景观结构发展模式研究

Research on Development Model of Green Landscape Structure in the Resource-exhausted Cities：A Transformation Oriented Perspective

偶 春 姚侠妹 张 瑞 刘 乐 程 建

摘 要：在经济转型成为资源枯竭型城市可持续发展的必由之路的背景下，绿地景观结构建设已经成为影响资源枯竭型城市经济转型发展的关键因素，如何构建有利于城市转型的绿地景观结构是一个急需解决的重要课题。本文在论述绿地景观结构建设对资源枯竭型城市转型意义的基础上，分析了我国资源枯竭型城市绿地景观建设现状及绿地景观结构建设面临的主要问题，提出了在经济转型时期绿地景观结构发展的五大对策：结合城市空间结构特征及绿地景观结构演变特点；改善前期资源开采区内部生态环境；引进适应性强的树种，构建稳定的植物群落结构；借鉴转型经验，打造具有城市特色的绿地景观结构；重构绿地建设与管理模式，提高城市绿地景观建设意识。

关键词：资源枯竭型城市；城市转型；绿地景观；绿地结构

Abstract：In the context of the economic transformation of the resource-exhausted cities become the only way of sustainable development，the green landscape structure have mainly affected the economic transformation development in the resource-exhausted cities，How to construct green landscape structure conducive to the transformation of the cities have become an urgent and major issue which need to be resolved. On the basis of the significance of the exposition green landscape construction for the transformation of resource-exhausted cities，this article analyzes the green landscape current situation of China's resource-exhausted cities and the main problem faced by the construction of green landscape structures，and proposes five strategies in the period of economic transformation. They are the combination of urban spatial structure characteristics and the green landscape structure evolution features，improving ecological environment of the previous resources within the mining area，introducing adaptable species and constructing the stable plant community structure，learning from experience of transition and creating green landscape structure of the city's features，reconstructing the construction and management modes of green space and increasing the awareness of urban green landscape construction.

Key words：Resource-exhausted Cities；City Transformation；Green Landscape；Green Structure

资源枯竭型城市的转型不仅是中国面临的问题，也是一个国际性的课题。如何才能及时准确把握转型方向和策略，实现资源枯竭型城市的成功转型，是每一个资源枯竭型城市都必须面临的问题。当前，对于资源枯竭型城市如何进行科学合理的转型，国内外学者已在城市的经济产业结构、环境生态、城市规划等方面做了大量的相关研究与探讨[1-4]。这些研究表明，大多数资源枯竭型城市在城市空间结构规划与生态环境方面都面临着非常严峻的挑战，在当今我国建设资源节约型、环境友好型社会及全球都极度关注环境保护的背景下，这些城市的空间规划与生态环境问题已不是单纯的城市建设与污染问题，而成为一个关乎资源枯竭型城市能否生存和发展的重要问题，时刻影响着资源枯竭型城市经济健康稳定的转型，实现可持续发展[5]。而城市绿地景观正是城市空间结构体系和生态环境建设的有机组成部分，如何将城市空间结构中的绿地景观结构与经济转型相结合，寻找适合转型期间资源枯竭型城市绿地景观结构发展模式，是改善城市生态环境，加速资源枯竭型城市经济产业结构合理转型亟待解决的问题之一。目前，为了更好地配合资源枯竭型城市的转型，城市新的城市空间结构规划建设正在进行，城市绿地景观结构体系也应根据当地城市总体空间规划的具体情况作出适宜的规划建设。本文即通过对转型期资源枯竭型城市绿地景观结构建设相关因素的分

析，找出转型期间绿地景观结构发展状况存在的问题，并寻找资源枯竭型城市转型期绿地建设的优化策略，以促进资源枯竭型城市转型期间各方面的协调发展。

1 城市绿地景观结构建设对资源枯竭型城市转型的意义

1.1 城市绿地景观结构是资源枯竭型城市转型的有机组成部分

经济发展、产业布局与调整始终是资源枯竭型城市转型当前首先要解决的问题，但要加快经济产业的合理转型，避免走入另一个"资源枯竭"的误区，资源枯竭型城市应加强城市发展过程中各种影响经济产业转型因素的配套建设与发展，即需要城市加强在城市转型与可持续发展、资源利用和环境保护、城市建设与规划设计、城市管理与公共政策、发展历史与城市文化等多个领域的研究与建设，而其中城市绿地景观结构方面的规划与建设便是包含在其中重要因素之一[6]。资源枯竭型城市转型过程中，在城市的生态规划建设、环境资源保护、塌陷区生态恢复等方面，很大程度上都需要考虑到对城市绿地景观结构的规划与建设，以促进城市大环境的有机和谐发展。

1.2 绿地景观结构建设是实现资源枯竭型城市低碳转型的有效途径

资源枯竭型城市低碳转型是实现城市可持续发展的有效方式，是转型经济发展模式和生态化发展理念在城市发展中的具体表现。资源枯竭型城市低碳转型就是要通过零碳和低碳技术研发及其在城市转型中的推广应用，节约和集约利用能源，有效减少碳排放，即是指城市在经济发展的前提下，保持能源消耗和二氧化碳排放处于较低水平。城市绿地景观结构系统具有固碳释氧、降低城市热岛效应、引导新型能源利用和绿色交通等作用，大气中的二氧化碳主要通过绿地中的植被、湿地和微生物来吸收和固定，作为城市中最主要的碳汇，必然成为低碳转型的重要组成部分，因此增加城市绿地即是可以增加碳汇，只有减排和增汇并举，才可能实现低碳转型，甚至是可以达到碳中立城市[7]。同时，将前期由于资源开采形成的荒废区纳入到城市后期发展建设体系中，通过科学的城市绿地系统规划，构建合理的城市绿地系统结构，形成生态园林绿化环境，最终通过以最低的能源消耗和二氧化碳排放将破坏严重的资源枯竭型城市塌陷荒废区，转化成利于经济转型的城市生态可建区。

1.3 构建科学的城市绿地景观结构是加速城市转型发展的推动器

资源枯竭型城市绿地环境的改善与治理是改善城市人居环境、重塑城市形象、提升城市竞争力的必要途径，

加快资源枯竭型城市经济产业转型必须处理好前期对资源开采区造成城市生态环境破坏的诸多遗留问题，而通过城市绿地景观结构的科学合理构建是改善城市资源开采区生态环境的最有效的方式，推动资源枯竭型城市从多方面进行有机合理转型。因此，应加强对资源枯竭型城市生态绿地环境的治理与保护、景观营建、绿地空间发展调控与引导等方面的建设与研究，尽快形成利于城市转型的城市绿地景观结构发展模式。

2 我国资源枯竭型城市绿地建设现状及绿地景观结构建设存在的问题

2.1 资源枯竭城市绿地建设现状

2.1.1 资源枯竭型城市自然地理分布概况

城市绿化景观建设的主体是植物，而城市内的地质、气候、水文等生态环境条件是影响各区域植物种类的数量、分布及生长等方面的重要因素。我国幅员辽阔，分布在不同区域的资源枯竭型城市地质地貌和气候条件相差很大，城市绿地景观建设与结构发展模式应各有不同特点，因此，要构建合理的城市绿地景观结构发展模式，应宏观把握好资源枯竭型城市在上述方面的区域分布特征。目前，国务院已确定44座资源枯竭型城市，这44座城市具体的自然地理分布特征见表1。

资源枯竭型城市自然地理状况（单位：个）　　　　　　表1

区域	城市名称	主要气候特点	主要植被类型	主要地形	城市个数
东北	阜新、伊春、辽源、白山、盘锦、七台河、抚顺、北票、舒兰、敦化、九台、五大连池、葫芦岛市杨家杖子开发区、南票区、弓长岭区	以大陆性季风型气候为主：冬季长达半年以上，雨量集中于夏季	寒温带针叶林区域、温带针阔混交林区域	丘陵、山地	15
华北	大兴安岭、枣庄、铜川、孝义、阿尔山、承德市鹰手营子矿区、张家口市下花园区	暖温带半湿润大陆性气候：四季分明，光照充足；冬季寒冷干燥且较长，夏季高温多雨，春秋季较短	暖温带落叶阔叶林区域、温带草原区域	丘陵、平原、山地	7
西北	白银、玉门、石嘴山	温带季风气候、温带大陆性气候：气候干燥，气温日较差大，光照充足，太阳辐射强	温带荒漠区域、温带草原区域	高原、盆地	3
西南	万盛区、个旧、昆明市东川区、合山、华蓥、铜仁地区万山特区	亚热带季风气候：东部春夏高温、多雨，而冬季降温显著，但稍干燥，西部冬春干暖，旱季比东部更显著	亚热带常绿阔叶林区域	丘陵、山地	6
华东	淮北、铜陵、萍乡、景德镇	亚热带湿润性季风气候	暖温带落叶阔叶林区域	丘陵、平原	4
华中	黄石、潜江、钟祥、大冶、灵宝、焦作、耒阳、冷水江、资兴	亚热带季风气候：春夏高温、多雨，而冬季降温显著，稍干燥	亚热带常绿阔叶林区域	低山、丘陵	9

风景资源与文化遗产

2.1.2 资源枯竭型城市资源类型的归类分析

资源枯竭型城市按照资源类型可以分为：煤炭、有色、冶金、石油、黄金、化工、非金属、森林资源、综合型等城市[8]。资源开发过程中对生态环境及绿地景观造成的破坏具有共性，但又有一定的特殊性，通过对资源类型进行归类分析，结合资源本身的特点，概括出资源枯竭型城市在前期资源开采过程中对城市绿地景观的破坏因素，具体统计见表2。

资源枯竭型城市资源类型统计表（单位：个）　表2

主要资源类型	城市名称	主要绿地景观破坏	个数
煤矿	淮北、承德、张家口、焦作、七台河、耒阳、资兴、辽源、舒兰、萍乡、阜新、枣庄	三废排放、破坏土地资源、植被资源	12
有色	铜陵（铜矿）、白银（铜矿）、辽阳（铁）、个旧（锡）、昆明市东川区（铜）、大冶（铁、钨）、葫芦岛市杨家杖子区（钼矿）	产生大量废气、废水和废渣及有毒物质、造成重金属污染	7
石油	玉门、盘锦	植被破坏严重、土方塌陷	2
化工	钟祥（磷）	废水、废渣、废气污染环境	1
非金属	万盛、景德镇（高岭土）	植被复垦、复土还田和废石堆处理问题	2
森林资源	大兴安岭、五大连池、伊春、白山、敦化、阿尔山	森林资源大幅度减少、破坏原有生态环境	6
综合型城市	合山（煤、钒）、灵宝（黄金、硫铁）、潜江（岩盐、石油）、冷水江（锑、煤）、九台（煤、非金属矿）、北票（煤矿、铁矿、金、沸石、古生物化石）、抚顺（煤矿、油页岩、铁矿）、石嘴山（煤矿、非金属矿产）、孝义（煤、铝）、铜川（煤、油页岩、黏土矿）、华蓥（煤、石灰石）、铜仁万山（汞、磷）	—	12（煤9）

注：综合型城市即是以多种资源开采为主导产业的城市，由于资源类型多样，其开采过程对绿地景观的破坏也是多方面的。

2.1.3 资源枯竭城市绿地建设概况

衡量城市绿地景观建设指标是多方面的，如我国在评定国家园林城市和生态城市建设的标准中，将城市建成区的绿地率、绿化覆盖率、人均公园绿地面积、公园绿地面积等数量指标作为城市绿地评价考核的指标，但是这些指标突出体现的是绿地数量指标上，且针对的是城市建成区而言，忽视了城市内部不同结构类型的绿地之间、城市内外绿地之间以及城市绿地与其他生态环境要素之间的评定指标，在目前城市绿化建设用地极为有限、城市人口迅速增加、园林绿化设计和建设滞后的情况下，前期衡量绿地建设的评价指标缺乏一定的科学性[9]。因此，虽然通过相关资料显示（表3），按照前期评定城市绿地建设的标准，目前44座资源枯竭型城市中，国家园林城市有9个，占总数的20%，生态城市8个，占总数的18%，只能说明44座资源枯竭型城市当中有一部分的城市建成区的绿地建设相对较好，并不能说明这些城市建成区内部原有塌陷区绿地建设与其他类型绿地之间、建设区内部绿地与城市外围相邻的资源开采塌陷区绿地景观（多数没有归纳到城市建成区内）在绿地景观结构构建科学合理，符合城市生态园林绿地建设的要求；除此之外，其他多数城市由于多年受资源开采所带来的对环境的污染较为严重，且城市周围原有的生态环境和自然条件较差，造成了不仅在城市建成区内绿地景观结构缺乏连通性，而且在绿地景观数量指标和局部绿地景观质量上整体都不高，有待进一步根据城市自身特点，进行合理的绿地布局和建设。

资源枯竭型城市园林建设级别
统计表（单位：个）　表3

建设级别	城市名称	个数
国家园林城市	敦化、伊春、铜陵、黄石、焦作、景德镇、淮北、承德、萍乡	9
生态城市	伊春、铜陵、黄石、焦作、景德镇、淮北、承德、萍乡	8

2.2 资源枯竭型城市绿地景观结构建设存在的问题

2.2.1 绿地景观结构松散，资源开采区与城区之间的绿地景观结构联系不紧密

资源枯竭型城市一般都是在资源较富有的地带建立起来的，过去的资源枯竭型城市的规划往往是服从资源产业区的布局，其分布形态就会受到资源分布的制约和影响，导致城市布局分散，建设的随机性很大，这种城市建设模式使得城市的各个区域相互混杂，原有资源开采区与城市建成区之间缺乏整体性的合理规划，尤其是在城市绿地系统结构规划方面，导致无法通过城市绿地景观结构的科学构建，来形成有机的城市绿地生态系统，达到改善由于前期资源过度开采而被严重破坏的塌陷区域的生态环境[10]。根据"国家生态园林城市标准"和2010年颁布的《城市园林绿化评价标准》（GB/T 50563—2010），44座资源枯竭型城市绿地景观结构规划与建设不合理的方面，主要突出表现在资源开采塌陷（荒废）区的

绿地景观建设与整个城市建成区绿地之间的矛盾问题。其一，已纳入到城市建成区范围的塌陷（荒废）区，多数是以城市绿化为主体来达到改善城市内部环境的目的，但该区域绿地景观建设质量不高，常常采用的是粗放式的园林绿化建设与管理，发挥不出绿地生态景观的效果，在城市内部不能形成稳定的绿地景观生态结构体系；其二，未纳入到城市建成区范围内的原资源开采塌陷区则处于完全荒废状态，而往往这些区域紧邻建成区或与城市内部有着紧密的交通联系，如果通过合理的绿地结构规划建设，能够形成良好的外围生态屏障，为城市内外进行物质流、能流的传递发挥重要作用。但是这些区域由于资源已被开采殆尽，短期投资效益较低，绝大部分土地不能作为居住、商业及其他新型产业用地，一些政府管理部门忽视该区域的生态环境恢复与改善，绿地景观建设没有得到足够的重视，更没有从城市整体绿地景观结构的角度去进行规划和建设，导致整个城市绿地景观结构体系松散，难以发挥其固有的生态环境效益。

2.2.2 资源开采破坏原有植物群落结构，稳定的绿地景观结构体系难以快速形成

植物造景是绿地景观的主要元素，是形成城市植物群落结构的主要方式之一，建立适应区域环境条件的稳定的植物群落结构是形成城市绿地景观结构体系的基础。然而，资源枯竭型城市前期对资源的盲目开采造成的土地资源的破坏、大气污染、有害物质的排放及地下水位下降等危害使原本就不利于植物生长的环境条件变得更加恶劣，甚至有些植物在矿区的小气候下不能生长，植物种类减少，原有植物群落结构遭到严重破坏，致使原有资源开采区内难以很快形成新的稳定的植物群落结构。同时，尽管城市中不属于资源开采区域内绿地景观的植物群落结构经过了多年的建设，已经形成稳定的绿地景观生态群落，但是城市绿地景观包含了城市内部和周边所有的绿地建设区域，它们之间要通过合理的规划构建，形成一个相互联系有机的稳定结构体系，因此，位于城市内部和周边临近的资源开采区的绿地建设区域（往往占有相当大的范围），由于受前期资源开采的破坏，如果没有结合城市其他绿地建设区域进行合理的生态规划与建设，难以在短时间内形成符合城市生态转型的城市绿地景观结构体系。

2.2.3 严重破坏的生态环境，加大了构建稳定的城市绿地景观生态结构的难度

由于我国是资源大国，加之大多是矿产资源，采矿期间就会引起比较复杂的环境问题，开采产生的三废、塌陷、水土流失等现象已经直接或间接地严重破坏了资源枯竭型城市原本适合城市绿地建设的区域生态环境，使之难以与城市绿地结构形成有机整体[11]。具体表现在：

首先，"三废"污染问题是最直接和最主要的污染源。固体废弃物、废液及有害气体直接污染矿区的生产生活环境，污染地下水源，损害植物生长，严重危害矿区居民的身体健康。例如，原煤洗选就会排放大量的煤泥水，污染土壤及河流水系，以及煤炭开采形成的矿井瓦斯及地

面矸石山自燃释放的废气都会危害大气环境。

其次，过度开采改变并破坏原有地形地貌。资源开采过程中会造成地形的破坏，常常会引起地层变形、裂缝和坍塌，加之固体废弃物的堆弃，就会直接危及原有地面建筑物的安全使之变形甚至破坏。当塌陷区的深度超过地下水位时会被地下水浸满而使之变成沼泽或湖泊，这不仅破坏原有生态环境，还会对周围小气候产生一定的变化[12]。

最后，森林资源锐减。资源开发对原有的森林及草地资源也会造成破坏，造成水土流失，造成资源枯竭型城市原有可以利用的生态"绿肺"消失殆尽，恢复这些珍贵的森林资源还需很长时间的努力，合理的绿地生态结构难以短时间内形成。据统计，全国因资源开发而破坏的森林面积已经达到 106 万 hm^2，资源开发引起的林地破坏问题不容忽视。以煤炭城市萍乡为例，由于煤炭开采要消耗大量木材，如果按每一万吨煤炭产量需要消耗坑木 150m^3 来计算，萍乡市全市仅煤炭开采一年就要消耗木材约 10 万 m^3，而全市的正常采伐量每年约 2 万 m^3，只占煤炭开采需要量的 20%，木材缺口如此之大的情况下就迫使从其他渠道收购木材，这样就从客观上助长了乱砍滥伐气焰，破坏育伐比例。

2.2.4 前期高度依赖资源开采，忽视绿地景观建设

由表 1 可知资源枯竭型城市中大多处于低山丘陵地带，植物种类较多，绿地资源丰富，适合建立良好的城市生态绿地景观结构体系，但由于前期资源枯竭型城市过度依赖资源开采，忽视绿地景观建设，城市绿地资源保护和利用率较低，导致大多数城市目前还不属于国家级园林城市。目前，资源枯竭型城市中国家园林城市铜陵、景德镇、淮北、黄石等城市处于华东、华中经济比较发达的地区，东北地区森林资源丰富，但只有敦化市、伊春市是国家园林城市。而西部地区和华北的资源枯竭型城市中几乎没有国家级园林城市。城市绿地景观建设不仅直接跟地域、经济发展情况有关，也与对城市绿地景观建设的重视程度有关。由于资源枯竭型城市前期对资源的依赖性强，造成对城市的绿地景观建设意识薄弱，加上转型期间可能只重视产业结构的调整和经济的转型而忽视绿地建设，造成生态环境已经受损的地区弃之不理的现象，不仅促使生态环境的继续恶化，更是造成大量自然资源的浪费，从而不利于在资源枯竭型城市经济结构转型过程中城市大环境的和谐构建。

3 转型视阈下资源枯竭型城市绿地景观结构发展模式的战略思考

3.1 结合资源枯竭型城市绿地结构演变特点，构建符合自身城市空间特征的绿地景观结构

资源型城市的城市空间结构发展模式包括一城多镇、多镇组合和相对集中三种资源型空间发展模式，而资源枯竭型城市的空间发展结构大体上也基本归于以上三类，

但从各城市空间总体布局来看，资源枯竭型城市表现出原有矿区与建成区较为分散的布局形态[13]。伴随着城市化进程的加速，以及资源的逐渐枯竭后经济产业的转型，促使城市用地建设规模迅速增加，先前荒废的矿区已作为城市新的开发区加以利用。为了科学合理地利用矿区荒废的土地资源，不仅要加强矿区与建成区之间的城市空间规划建设，更应该根据城市绿地结构演变特点，规划并改造好矿区污染较为严重的绿地环境，使之成为城市绿地景观结构的有机组成部分，以利于城市土地的大规模的集约使用、城市基础设施建设以及环境的治理。

结合目前资源枯竭型城市绿地景观结构建设存在的问题及城市空间发展的特点，从城市绿地生态系统规划建设的角度分析，具体可从以下几个方面着手：首先，将资源已被开采殆尽，短期投资效益较低，不能作为居住、商业及其他新型产业用地的矿区荒废土地，通过适当的土壤及环境改良，将其规划纳入到绿地斑块中去，并着力改善城市内部已被规划的各类型斑块绿地质量，尤其是受污染严重的矿区城镇和被纳入到城市建成区内部的起重要作用的绿地斑块，如：公园绿地斑块、防护绿地斑块

等，使其充分发挥城市绿地景观的应有的绿地生态净化效果；其次，科学合理地加强城市周边的矿区城镇与城镇、城市建成区与矿区城镇、城市内部与城市外围之间绿地生态连接，在各区域之间建立足够宽度的生态绿地缓冲带，形成自然系统和生物空间系统相结合的城市绿色生态网络，同时构建外围生态绿地缓冲带还可以阻滞城市内部未污染区与污染区之间的不利的环境影响；最后，通过构建多层次的城市生态绿道[14]，如：联系城市内外的道路绿道、城市外围防护绿道、贯穿城市内部的水系绿道等，以加强城市建成区与矿区城镇、城市外围与城市内部绿地斑块之间的有机连接，同时加强矿区城镇内部荒废区绿地斑块与建成区、城市外围良好的绿地斑块之间的绿道建设，建立各分散生态绿地斑块之间的绿道联系，用连续的绿道将良好的生态环境引入矿区城镇内部，达到快速改善矿区内部城市生态环境，真正形成一个可持续发展的资源枯竭型城市绿地生态网络体系，使其更好地为构建和谐的资源枯竭型城市转型经济体系创造良好的城市绿地生态环境，为下一步的城市建设打下坚实的环境基础（图1）。

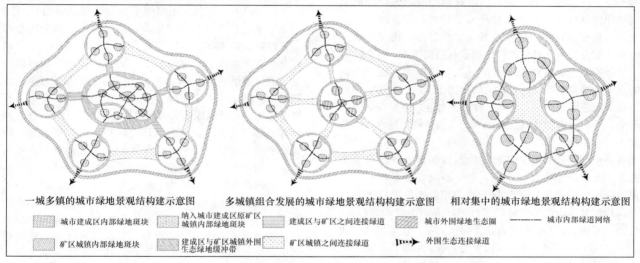

一城多镇的城市绿地景观结构构建示意图　　多城镇组合发展的城市绿地景观结构构建示意图　　相对集中的城市绿地景观结构构建示意图

城市建成区内部绿地斑块	纳入城市建成区原矿区城镇内部绿地斑块	建成区与矿区之间连接绿道	城市外围绿地生态圈	------- 城市内部绿道网络
矿区城镇内部绿地斑块	建成区与矿区城镇外围生态绿地缓冲带	矿区城镇之间连接绿道	外围生态连接绿道	

图1　不同城市空间结构的资源枯竭型城市绿地景观结构构建示意图

3.2　竭力改善前期资源开采区内部生态环境，建立复合功能的绿地生态结构体系

资源枯竭型城市最突出的特点就是资源开发造成的生态环境破坏的问题，需要改善其状况建立一个适合绿地建设的生态环境，为绿地建设做好基础性准备。

3.2.1　合理治理"三废"

"三废"污染是最直接和最主要的污染源。根据我国矿山"三废"特点，对煤矿、铁矿等矸石、尾矿的治理工作已经过多年实践，已可以逐步实行尾矿、矸石、矿坑排水及排气资源化。因此，国家应加大相关的法规政策，推广一套行之有效的综合治理方法，强化"三废"的治理工作，增强人们对"三废"的灾害认识，加强"三废"的综合利用，变害为利、变废为宝、循环利用。此外，针对资源枯竭型城市环境的特殊性，可以充分考虑绿化树种的

选择来达到生态治理"三废"，例如资源开发常常会造成粉尘及有害气体的排放，绿化树种选择时就要有意识地选择在当地长势较好的抗烟尘和抗（吸收）有害气体的树种，如广玉兰、香樟、女贞、珊瑚树、银杏、悬铃木、榉、臭椿等抗尘能力较强。因此，在进行绿地景观结构规划时，要充分考虑当地资源及资源开采造成的危害，构建的绿地景观结构体系既要满足绿地景观建设的要求又能对生态环境改善起到针对性的作用。

3.2.2　塌陷区的生态治理

资源开采常常会造成地形破坏，形成多个生态敏感塌陷区，这些区域的生态治理对于城市绿地景观结构的构建往往是至关重要的，因此如何对塌陷区重新开发与利用是资源枯竭型城市转型的重要内容。塌陷区不可能完全恢复到采矿干扰前原有的地貌和状况，所以可根据当前自身情况通过城市规划、生物与环境工程等多种措

施和途径来改善生态状况，充分发挥自身组织作用和调节能力，最大限度地配合城市转型，实现人与经济、环境的协调发展，防止只顾短期经济发展而忽略甚至牺牲生态环境[15]。

3.2.3 恢复森林植被，构建城市外围绿色生态圈

针对资源开采造成的森林及草地资源的破坏，而这些区域往往都分布在紧邻城市的外围，因此，在转型期间要采取必要的措施，恢复前期资源开采荒废区周围的森林资源的植被，形成资源枯竭型城市外围绿色生态结构体系。例如，实施封山育林，加强保护力度，用植草、人工造林和疏林地补植等方法，提高地表涵养水源、保持水土的能力。

3.3 借鉴转型经验，打造具有资源枯竭型城市特色绿地景观结构

资源枯竭型城市转型是国际性的热点话题，国内外转型成功的案例很多，为后期其他资源枯竭型城市的转型提供了许多宝贵的经验，国内资源枯竭型城市绿地景观结构建设可以充分结合自身城市特色，借鉴国内外同类城市在转型过程中的绿地景观建设思路，构建有利于自身转型发展的独具特色的绿地景观结构体系。首先，对于转型期间资源枯竭型城市矿区工业遗产的开发利用具有很大的想象空间，通过矿区的合理改造后，在适宜的地方注入商业、旅游业、艺术、休闲服务业、会展业等突出时尚、怀旧元素的新概念，融入城市整体规划建设，使其成为迎合现代人品味的休憩商业空间。就萍乡来说，转型期间充分利用现有有利资源，挖掘以煤炭工业遗迹为依托的工业遗产绿地建设潜力，对一些纪念意义比较大的煤炭遗迹可以开发建设为煤炭博物馆，不仅可以通过注重趣味性和知识性的设计以多种形式展示出煤矿的形成、分布、利用、开采、技术改良等科技知识，还可以通过建设"煤炭生活馆"和"煤炭历史馆"等，展现当年煤矿工人的生活情景和工人运动相关事迹，了解煤炭业的发展历程，作为矿区绿地建设的特色景观[16]。所以，由于资源枯竭型城市的绿地景观建设具有一定的特殊性，为打造独具特色的绿地景观，应保留一系列的资源开采遗留的特色"景观要素"，在城市空间塑造中保留一些非常有代表性的资源开发遗址，作为城市基本要素的一部分，为今后城市居民和外地游客参观，或者是观赏和回忆过去的历史和环境，使之成为资源枯竭型城市绿地景观街头的重要组成部分。这样的地方特色与地域特征会给城市绿地景观带来很强的地方文化特征，从而使城市具有应有的可识别性[17]。其次，针对资源枯竭型城市矿区绿地建设常常会面临由于资源开发而引起的地层变形、裂缝和坍塌，甚至有些塌陷区会形成沼泽和湖泊，在绿地规划建设时，可以将这些由于资源开发而形成的特色区域在空间上的改变运用到绿地景观建造中，这样灵活的就地进行绿地景观的规划，既可以减少景观改造时的土方工程量，又可以增加空间层次感，实现土地资源的充分合理利用。

3.4 针对资源类型引进适应性强的树种，构建稳定的植物群落结构

为了改善由于资源过度开采而被严重破坏的开采区范围内的植物群落结构，尽快使该区域的绿地景观融入城市内部其他绿地景观结构当中，形成稳定的绿地景观结构网络体系，除了采用必要的技术措施外，还可根据不同资源开采所造成的土壤板结、地下水或大气的污染特点，可以通过增加植物种类，引进适合当地生长且适应性强的树种，促进与区域内已有的植物群落形成新的稳定的植物群落结构，这样不仅弥补植物造景中植物种类减少的不利局面，给当地绿化景观带来新鲜的气息，而且优化了土壤状况、净化城市水源和空气，阻滞了前期开采造成的污染对城市建成区长时间的环境污染，并最终加快了资源开采污染区与城市建成区的绿地景观结构体系形成的步伐。

3.5 重构城市绿地建设与管理模式，提高资源枯竭型城市绿地景观建设意识

长期以来，资源枯竭型城市由于高度依赖资源开采形成了单一经济产业结构体系，最终衍生了两个履行城市管理职能的主体，即以行政为主体的城市政治圈和以矿务企业为主体的城市经济圈[18]，导致城市管理模式严重畸形，城市规划建设与管理分工不明确，形成矿务企业和城市政府在城市宏观管理方面界限模糊，这在很大程度上影响着城市绿地景观结构规划与建设。因此，在当前资源枯竭型城市向新的经济产业结构转型发展之际，需要改变前期的城市规划建设管理模式混乱的现象，重构适合转型发展的新的城市绿地建设与管理模式，提高城市政府的经营和管理能力，充分发挥政府在城市绿色转型中的主导力量，明确城市政府是城市转型的谋划者与制定者。与此同时，城市政府管理部门也要认清绿地景观建设在城市转型中的重要作用，提高城市绿地景观建设意识，努力解决好转型中城市规划建设所遇到的各个方面的问题，从根本上做到人与自然、人与经济社会的协调发展，从宏观上为构建出适合转型发展的绿地景观结构体系而努力。

4 结语

综上所述，构建具有资源枯竭型城市特色的绿地景观结构体系，不仅可以改善资源枯竭型城市的生态环境，更能促进转型期内城市产业结构的科学转变和经济快速发展。根据资源枯竭型城市绿地景观结构的特殊性，结合转型期产业结构的转型特征，以及城市所处地域、气候、植被类型及资源开采造成的生态环境严重破坏的具体情况，努力寻找改善现有绿地景观结构的建设路径，以提高生态环境质量，更要挖掘其发展潜力，同时还应充分利用其优越的自然条件及资源开采造成的地形地貌的改变，增加景观独特性，变废为宝、循环利用，打造具有特色的城市绿地景观结构，以适应城市职能的转换和经济发展方式的转变，实现资源枯竭型城市的可持续发展。

参考文献

[1] 童锁成，李泽红，李斌等．中国资源型城市经济转型问题与战略探索．中国人口·资源与环境，2007．17(5)：12-17.

[2] 李鹏飞，代合治，谈建生．资源枯竭型城市产业转型实证研究—以枣庄为例．地域研究与开发，2012．31(2)：67-72.

[3] 张石磊，冯章献，王士君．传统资源型城市转型的城市规划响应研究—以白山市为例．经济地理，2011．31(11)：1834-1839.

[4] 陶晓燕．我国典型资源枯竭型城市生态系统健康综合评价．地域研究与开发，2010．29(1)：119-122.

[5] 张飞飞．资源型城市转型模式的战略选择[学位论文]．合肥：中国科学技术大学硕士学位论文，2008.10.

[6] 柳泽，周文生，姚涵．国外资源型城市发展与转型研究综述．中国人口·资源与环境，2011．21(11)：161-168.

[7] 李信仕，王诗哲，石铁矛，等．基于低碳城市理念下的绿地系统规划研究策略——以沈阳市为例．城市发展研究，2012．19(3)：10-12，16.

[8] 高天明．我国资源型城市界定及发展特征研究[学位论文]．北京：中国地质大学硕士学位论文，2010.

[9] 张利华，邹波，黄宝．城市绿地生态功能综合评价体系研究的新视角．中国人口·资源与环境，2012．22(4)：67-71.

[10] 赵宝华．以科学发展观统领资源型城市发展道路[学位论文]．长春：长春理工大学硕士学位论文，2009.

[11] 周长进，董锁成，金贤峰，等．铜陵市矿业型工业城市发展中的环境问题及对策．资源调查与环境，2009．30(4)：279-284.

[12] 黄少鹏．淮北市的可持续发展能力建设与资源枯竭型城市转型．中国煤炭，2009．35(12)：32-36.

[13] 周敏，陈浩．资源型城市的空间模式、问题与规划对策探讨．现代城市研究，2011(07)：55-58，92.

[14] 金云峰，周聪惠．绿道规划理论实践及其在我国城市规划整合中的对策研究．现代城市研究，2012(3)：4-12.

[15] 颜京松．塌陷湖生态修复和开拓利用生态工程．现代城市研究，2009(07)：23-27.

[16] 黄光文，胡曦．萍乡历史文化旅游资源开发探析．区域经济，2009(11)：54-56.

[17] 冷艳菊．资源枯竭型城市转型的文化思考．城市发展研究，2011．18(5)：108-111.

[18] 刘晓园．资源枯竭型城市转型发展分析．管理研究，2010(6)：8-10.

作者简介

[1] 偶春，1983年生，男，安徽合肥市，阜阳师范学院生命科学学院讲师，研究方向为景观规划与城市生态，电子邮箱：ouchun_2007@163.com。

[2] 姚侠妹，1981年生，女，汉族，安徽蚌埠，阜阳师范学院生命科学学院讲师，硕士，研究方向为园林植物应用。

[3] 张瑞，1988年生，女，汉族，安徽界首，南京林业大学在读硕士研究生，研究方向为城市规划设计。

[4] 刘乐，1983年生，男，汉族，湖北钟祥，阜阳师范学院信息工程学院讲师，硕士，研究方向为环境艺术设计。

[5] 程建，1970年生，男，汉族，安徽阜阳，阜阳师范学院外国语学院副书记，高级农艺师，研究方向园林景观文化。

政治与文化背景下的武汉公园刍议[①]

Study on Modern Parks in Wuhan on Perspective of Political and Cultural

庞克龙　陈　茹

摘　要：武汉作为辛亥首义的发源地，最早开埠的几个城市之一，在中国近代史中占有重要地位，武汉的公园发展经历了晚清—民国—新中国的全部历程，同时具有各个时代的典型公园，本文拟通过分析政治与文化对武汉公园建设的影响找到一个新的切入点对中国近现代园林进行解读，以期对类似地区的园林研究有所启发并扩大至整个中国范围。

关键词：公园建设；政治文化；武汉公园；纪念性；辛亥革命

Abstract：Wuhan as the birthplace of 1911 Revolution, one of the earliest open port cities, occupies an important position in modern Chinese history. There are three phases during the development of parks in Wuhan, which are The late Qing Dynasty, Republic of China and People's Republic of China. Typical parks of various periods also can be seen in Wuhan. This study analyzed the influence of political and culture on the construction on parks in Wuhan to find a new breakthrough point to interpret modern Chinese garden. There maybe some inspired by this study to the similar areas and then expand to the whole China.

Key words：Construction of the Park；Political and Culture；Parks in Wuhan；Memorial；1911 Revolution

西方殖民文化催生了公园的发展，它的类型、造园风格以及开园目的的变迁与社会政治和文化有着紧密的联系。百年前武昌首义推翻了 2000 多年的封建统治，使民主共和的观念进入大众视野。宣扬民主和科学的国民政府，对象征先进制度和文化的公园尤其重视，1924 年为纪念武昌首义，缅怀首义英烈，国民政府在武昌修建了武汉第一个国人自建的公园——首义公园，之后又陆续兴建了中山公园、府前公园等。新中国成立后，为彰显国家政治、改善日益恶化的城市环境，公园建设成为国家建设的重点。解放公园、紫阳湖公园、硚口公园等多个公园在武汉相继建成。纵观武汉公园的发展历程，它与政治环境及武汉的本土意识息息相关，并成为武汉公园的独特景观，体现在公园的营造之中。

对于武汉的公园，已有部分文献研究。《武汉市综合公园发展历程研究》、《从传统私家园林到近代城市公园——汉口中山公园（1928-1938 年）》、《纪念语境、共和话语与公共记忆——武昌首义公园刍议》、《从园林到景观——武昌首义公园纪念性之表象研究》和《武昌首义公园历史变迁研究》等文章主要从武汉公园的历史角度出发探讨了武汉公园的纪念性。本文拟从政治与文化的角度出发，对武汉公园的变迁进行分析和研究，发掘政治和文化对公园发展的影响。

1　公园的兴起

1.1　中国公园：政治与文化激荡的产物

中国传统园林包括皇家园林、私家园林和寺观园林

三类，长期为封建统治阶级个体独占，导致民众日常娱乐活动场地严重缺失。近代西方殖民势力进驻中国，租界区的出现带来了大量外国侨民的迁入，与此同时也将"公园"引入了中国。殖民区公园的兴建除了为其间居住的侨民提供休闲娱乐的场所，丰富其社会生活，更重要的是对殖民主义的宣扬，强调精神与空间的殖民，《申报》曾经刊出照片标题为"不准华人入内之上海公园。"[1]以上海法租界的顾家宅公园为例，该公园于 1906 年 6 月落成，"当时该公园章程，第一条第一项明文规定，不准中国人入内，但是照顾外国小孩的阿妈，加口罩为条件。"[2]

这种空间的掠夺入侵行为很大程度上触发了国民的抵抗心理，封建统治者的专治政治与殖民势力的侵略政治之间产生了激烈的碰撞，两者虽都是以奴役人民精神和肉体为名但利益的出发点不同，因此也就产生了两个势力的博弈。封建统治者为安抚民众，加强其对民众的控制也开始出资建设公园，中国公园的雏形开始显现。

公园产生于西方，这一西方的文化背景是密不可分的，西方的哲学思想的核心是人，人性的自由与解放一直是他们所探讨与追求的东西，这也是其出现公共性景观园林的根本——强调民主与公平。在中国传统的文化中，君王之道根深蒂固，同时传统文化对含蓄美的追求也注定了园林的私有化形式。随着殖民势力的进入，中西文化之间的矛盾也显得越来越尖锐，先进分子在学习西方文化后对于民主、自由、公平的追求越来越热衷，同时对殖民文化的入侵越来越抵触，在捍卫本土文化与追求平等的呐喊声中有志之士开始在华界兴建公园。

①　基金项目：中央高校基本科研业务费资助，HUST；编号 2013QN044。

1.2 辛亥首义：纪念性园林兴起

辛亥革命的爆发可以说是中国历史的重要转折点，国民追求民权的意识被唤醒，在这样一个政治背景下中国的公园建设又有了新的变化。如果说之前的公园建设是作为两种政治与文化冲突的产物的话那么辛亥以后的公园则是政府纪念革命、教育大众、锻炼国民的场所。

每个时期的园林兴建与这个时间的政治环境息息相关，夏道南先生（1883—1930）在提议进行与"首义"相关的建设时说："辛亥之役，武昌首义，……专制倾覆，民国奠基。……是此丰功伟绩，迄十年来政府尚无若何纪念之表现。道南及诸首义同人恐其日久湮没，系于十年（1921年）十月，呈请督省两署备案，组立'武昌首义纪念事业筹备处'于都司巷。"[3] "武昌首义纪念事业筹备处"成立后的第一件事就是创办首义公园。辛亥革命取得胜利，中华民国成立的背景下新的公园建设主要以纪念中山弘扬首义精神为主，这也是那个时代的主题。

2 民国之魂：纪念与教育的结合

2.1 社会：民国时期公园建设

辛亥革命胜利后，民国时期开始，中国进入相对民主安定的时期，这一时期的政治和文化有着很大的转变，政府大力宣扬三民主义纪念孙中山，大量留洋学生归国带来新的文化思潮。这一时期典型的表现就是全国各地兴建中山公园来表达对孙中山先生的纪念，这一现象的出现与当时的政治环境有着密不可分的联系。

与封建时期的公园不同，中山公园是特定时期思想意识的产物。中山先生逝世刚三天，就有部分个人及团体建议兴建中山公园，其中陈滨伯的建议书中表明中山公园的修建既是为纪念孙中山，更重要的是"外人园游睹迹，亦知萎靡之中国，尚有独立之精神在也"，中山公园的修建更要"建诸华界，即吾人所谓国土……费用不稍借重外资，庶符先生生前独立不依之精神，而扫近代假借外力之恶习"。[4]中山公园作为国民党进行中山崇拜的图腾，孙中山先生思想传播的载体，其纪念意义占主导地位，公园的修建又带有很强的中西合璧的味道，北洋画报中提到中山公园中的纪念碑时写道"碑者悲也，古者……用木，书其生前功德，后易以石……是以古代，碑为葬时用具之一，无离墓而独立者。且圆者为碣，方者为碑，若尖顶之立柱，则纯乎其欧化者焉。"[5]这表明了当时的中山公园的设立很大程度上吸收了西方公园的造园模式，这也是当时大量留洋学生归国中西方思潮变化碰撞的结果。"五四运动"和"新文化运动"对中国传统文化进行了批判与改进，促进了新的中国文化的诞生，同时也是当时公园大量吸取西方元素，表达对民众的教育意义的产生原因。

2.2 地方：武汉公园建设

武汉作为辛亥革命的核心地，公园建设很大程度上反映了这一时代主旋律。其中首义公园兴建最早，其整体的发展状况与当时的政策方针关系紧密，首义公园兴建之初目的在于安抚首义伤军，纪念首义之功，"让民众游览，使他们有所观感而增其功德之心、爱国之心。旌死即以励生，报功即以报国……"[6]。但由于其政府设定的公园管理者为首义伤军这也就注定了首义公园后来的管理不当。

"查武汉地居重要，人口盛多，急不可缓，其效用固不仅供群众之娱乐，作憩息之场所；并欲借此以增进其体质，陶冶其性情，关系之大，尽人皆知，唯目前财力有限，设施为难，自应就原有建筑，略加整理"[7]整体来讲，民国时期的武汉政府对公园的建设还是十分重视的，但由于受到经费的限制，大规模的园林绿化活动还是很难以展开，但改建扩建活动频繁。1928年湖北省建设厅厅长石瑛在中央政治会议武汉分会上报请省政府的批案中提到整饬首义公园，将首义公园与黄鹤楼公园、抱冰堂、蛇山林场整合为一体，方便管理同时扩大公园规模。

武汉政府在对公园的建设中也十分注重对于公园的教育意义，通过公园来提高群众的身体素质。1930年在对中山公园的修建过程中"除道路花草山林湖泽之布置，力求天然美化外，又加设各项运动场所，以资锻炼体育"[8]。园内扩大了游泳池等体育设施，顺应了当时教化民众提高国民身体素质的政策方针。

民国时期政府也注重于对于城市面貌的整治。之前的城市风貌很差，陈植在《赵声公园设计书》中提到"我国对于卫生，素不注意，尤以都市之卫生为然；……外国人谓我国都市，为虎疫之产生地，余为国人耻之。"[9]武汉政府对于市政道路、公园的建设有所重视。"查本市旧市区道路系统计划，业经市政会议第十二次例会通过公布在案。所有其他全市区街路系统及公园分布等项亦应早为规定，以便市民之建筑房屋者，有所遵循。"[10]在当时，政府已经具有规划意识，同时也下达文件对市区内的道路、公园进行规划建设。通过图1可以看出，汉口计划达到的公园绿地面积比世界几个大城市较多，由此可见政府对于公园绿地及道路的建设是十分重视的。

2.3 战乱：公园的衰败

随着战争的爆发，武汉的公园遭到了很大的破坏，在战争背景下，政治动荡不安，随着日本帝国主义的入侵武汉公园遭到了不同程度的破坏，日本人在蛇山大量砍伐树木，对首义公园环境破坏严重，同时日军侵占武昌后将首义公园更名为蛇山公园。值得一提的是，由于公园所具有的公共性，以及之前兴建的纪念性公园空间，公园成了宣传抗日的场所，公园被赋予了独特的时代性。

世界各大都市与汉口市人口面积道路公园统计比较表

市　名	人　口	全市面积（平方公里）	每人所占面积（平方公尺）	面　积 全市道路面积（平方公里）	道路面积与全市面积百分比%	道　路 全市公园面积（平方公里）	公园面积与全市面积百分比%	每人所占公园面积（平方公尺）	备
纽　约	5.620.000	775	137.9	271.3	35.0	31.20	4.0	5.60	
伦　敦	4.540.000	302	66.6			27.00	8.9	5.95	
巴　黎	2.888.000	78	27.0	19.5	25.0	20.20	25.9	7.00	
芝加哥	2.702.000	505	186.9			17.70	3.5	6.55	
东　京	2.323.000	78	33.6	13.7	17.5	2.50	3.2	1.07	
伯　林	1.902.000	64	33.6	16.6	26.0	4.2	6.6	2.20	
大　阪	1.633.000	56	34.3	2.9	5.2	0.19	0.34	0.11	道路内全市私路未列入
汉　堡	1.006.000	124	123.3			3.30	2.66	3.30	
利物浦	805.000	86	106.8			5.20	6.05	6.50	
波士顿	748.000	124	165.8	32.2	26	14.30	11.50	19.10	人口系民国19年调查再17.18.19三署人口约30000人未列入
神　户	609.000	62	101.8	4.0	6.5	0.18	0.29	0.30	
京　都	591.000	61	103.2	4.3	7.0	0.18	0.30	0.30	预定39年后汉口人口可增至2.310.000人道路公园面积皆为预定数
华盛顿	438.000	158	36.1	67.8	43.0	22.60	14.4	51.50	
汉口市已发达区域	700.000	108	15.4	1.30	12.0	0.123	1.14	0.18	
汉口市预定行政区域	2.310.000	119	518	41.7	35.0	22.0	18.5	9.5	

图1　世界各大都市与汉口市人口面积道路公园统计比较表（图片来源：世界各大都市
与汉口市人口面积道路公园统计比较表．新汉口，1931（12））

3　兴衰沉浮：新中国成立后政治与文化背景下的公园建设

3.1　新中国成立之初：百废待兴中的公园建设

新中国成立后，中国结束了漫长的动荡时期，到达了一个政治和文化的稳定时期，各行业百废待兴，在满足人民温饱的前提下，政府开始着手进行园林建设，一系列的方针政策的推出旨在为群众提供一个舒适优美的生活环境。在当时的政治背景下学习苏联风气盛行，全国各地很多园林建设模仿苏联形式。

"1952年，顺应当时的政策方针，中南军改委员会同意将原西商跑马场基地拨给武汉市建设局辟建苗圃。同年10月，建设局正式下文指示，于11月动工，并命名为'武汉市建设局第一苗圃'。"[11]第一苗圃的建立顺应了当时全国各地兴建苗圃的政治方针，同时也为武汉市的园林建设提供了材料。"武汉市建设局第一苗圃"是武汉解放公园的前身，武汉解放公园于1955年竣工，同中山公园一样，解放公园是新时期的政治产物，全国各地兴建或改建的公园多以"解放"冠名。与中山公园相似的是，解放公园的建立也是有其自身的纪念性的。单从其命名上看是以纪念全国解放为名。武汉解放公园中包含苏军烈士墓，用以纪念为抗战献身的苏军烈士。由此可见，新政治的诞生衍生出了新的公园形式。

当时的政治方针是所有的一切让位于工业建设，在这样的一个大背景下，园林建设也不例外的为其让路。1955年兴建长江大桥，半个蛇山被劈划去，乃园几乎被夷为平地，原来首义公园中的孙中山纪念碑也被移走。同样由于主要经费用于工业生产与建设，园林建设往往因为经费不足而滞后。

3.2　十年"文革"：动荡中的公园

"文革"期间，中国社会各方面的发展出现停滞和倒退的现象，在当时打倒"封、资、修"的大环境下，全国各地的公园遭到不同程度的破坏，尤其是以纪念孙中山先生及中山精神为主要目的建立的中山公园。

武汉地区的园林也毫不例外地遭到了破坏，由于资产阶级受到批判，资产阶级性质的辛亥革命也同样受到无知的否定，为其修建纪念景点也就无从谈起。首义公园也受到了不同程度的破坏。

3.3　改革开放：新时期的文化交融

改革开放后，中国打开国门，人民生活水平有很大提高，同时西方很多先进文化也传入中国，在经济飞速发展的时代，人民生活环境质量的提高又被重新提上议程。在一系列的政策方针下，园林建设又如火如荼地展开了。

在拨乱反正后，辛亥革命受到重视，以纪念辛亥革命为中心的建设活动又重新被提及。在这样一个背景下，武汉市政府分别于辛亥革命70、80周年的时候重新修建首义公园，增添首义纪念碑，首义纪念浮雕等纪念设施。同时在辛亥90周年和辛亥百年的时候修建新的首义纪念景观来纪念首义。

1998年武汉市开展创建国家园林城市工作，全市加大绿化投入，与此同时武汉市着手改造解放公园，与此同时建立江滩公园等，武汉公园绿化建设达到了一个新的高度。

4 结语

公园的概念起源于西方，是西方文化发展过程中自然演变的产物。对于中国而言，中国古典园林是审美情趣的物质化演变，但是公园在中国则是政治和文化发展的衍生物。公园的变化过程伴随着政治的发展，同样政治和文化的改变也是公园形式变化的主要推动要素。

武汉这个城市有着复杂的文化背景和政治经历，回顾整个武汉公园建设的发展历程不难看出，武汉的园林建设基本上是政治与文化的演变产物，本文梳理在此过程中表现的造园特点，以期深化对武汉公园形态变迁及其内在动力机制的理解。

参考文献

[1] 不准华人入内之上海公园[N]. 申报，1909-01-27 (4).
[2] 德麟. 顾家宅公园[J]. 上海生活，1940(4).
[3] 武昌辛亥首义铁血伤军清册. 武汉市档案馆，1953，18 (10)-458.
[4] 王冬青. 中国中山公园特色研究[M]. 北京林业大学，2009.
[5] 王小隐，中山公园之悲，北洋画报，1928. 5 卷. 240 期.
[6] 严昌洪. 新发现的民国初年"首义文化区"设想武汉. 文史资料，2003(10).
[7] 石瑛. 提政务会议请扩充抱冰堂及蛇山林场为公园由. 湖北建设月刊，1928(1).
[8] 新汉口编著. 关于工程事项. 新汉口，1930(6).
[9] 陈植. 赵声公园设计书. 农学杂志，1928(2).
[10] 新汉口杂志社. 计划全市道路公园系统. 新汉口，1931 (10).
[11] 武汉市园林局. 长江日报报业集团. 品读解放公园. 武汉出版社，2008.

作者简介

[1] 庞克龙，1988年11月生，男，汉族，山东，华中科技大学建筑与城市规划学院在读硕士研究生，研究方向为风景园林历史与理论，电子邮箱：981323053@qq.com。
[2] 陈茹，1985年11月生，女，汉族，湖北，华中科技大学建筑与城市规划学院在读博士研究生，研究方向为建筑历史及其理论，电子邮箱：193742915@qq.com。

圆明园中的田园景观识别及其类型研究[①]

A Study on Identification and Types of Idyllic Landscape in Yuanmingyuan

彭　琳　顾朝林

摘　要：源远流长的农耕文化对中国古代园林的营造产生了极为深刻的影响。古代皇家园林尤其注重农耕文化的园林内涵植入。本文以清朝皇家园林中田园景观中最为典型的圆明园为研究对象，以解析圆明园四十景图、四十景御题词、四十景御制诗、建筑物匾额、建筑物对联以及其他与圆明园四十景相关的御制诗等历史图文资料为主要研究方法，基于田园景观构成要素框架体系，对圆明园四十景中的田园景观进行识别。研究识别出四十景中10处有田园景观特征要素，7处为田园景观。并依据主要造景手法和思想的差异，将7处田园景观分为体现帝王治世成功的生活实景、供以游观的田园风光、体现文人隐逸思想的田园意境三大类，从分类切入理解圆明园田园景观建造的涵义。

关键词：圆明园；田园景观；识别；类型

Abstract：Long history of farming culture had a very profound impact on ancient Chinese garden. In particular, the ancient imperial garden paid much attention to implant farming culture in the connotation. This paper takes Yuanmingyuan as the research object, which has the most typical idyllic landscape in the imperial garden of Qing Dynasty. Through analyzing Yuanmingyuan forty scenes paintings, forty Emperor's inscription, forty Emperor's poem, buildings plaques, buildings couplets and other imperial poems related to forty scenes, this paper identifies 10 scenes containing characteristic elements of rural landscape and 7 scenes of the ten as rural landscape. Based on differences of gardening ideas and methods, this study further classifies the 7 scenes into 3 types: Rural lifescape to show the success Emperor's governing, rural scenery for appreciating, and idyllic imagery to reflect the thinking of seclusion, in order to more accurately understand the meaning of the idyllic landscape in Yuanmingyuan.

Key words：Yuanmingyuan；Idyllic Landscape；Identification；Type

1　研究背景

中国古典园林艺术和园林文化堪称"整个中国传统文化及其发展过程形象的、艺术的缩影"（王毅，1990），在以农业为立国之本的古代中国，源远流长的农耕文化对中国古代园林的营造产生了极为深刻的影响。唐代诗人白居易《池上篇》中的"（园）虽有台，无粟不能守"，就体现了中国古代园林设计具有基本的原理和规律。北宋书学理论家朱长文的《乐圃余稿》描述的"大丈夫……不用于世，则或渔、或筑、或农、或圃，劳乃形，逸乃心"，展现了中国园林建造的动力源泉和精神。可以说，工业革命前，世界上没有一个国家的农业发展达到中国的精制水准，也没有一个民族像中华民族如此重视民本农业，因此，作为反映中国传统文化的古典园林艺术，"精耕细作所表现的'田园风光'广泛渗透于园林景观的创造中，甚至衍生为造园风格中的主要意象和审美情趣"（周维权，2004），就一点也不为奇了，相关的研究已经陆续取得成果（乔匀，1992；贾珺，2009；张静，2006；檀馨，2011）。作为清朝皇家园林的巅峰之作，圆明园亦不例外，引入了农耕社会帝王重农治世的思想，其规模远远超过文人园林，功能更为复杂，田园景观更为多样。本文通过解析圆明园四十景图、四十景御题词、四十景御制诗、建筑物匾额、建筑物对联以及其他与圆明园四十处景区相关的御制诗等历史图像和文字记载，进行圆明园田园景观系统识别和分类研究。在此基础上，将7处田园景观分为体现帝王治世成功的生活实景、供以游观的田园风光、体现文人隐逸思想的田园意境三大类，试图从分类切入理解圆明园田园景观建造的涵义。

2　圆明园田园景观识别

2.1　识别系统构建

圆明园中的田园景观是指圆明园四十景中具有明显自然田园风光特征的景区，尽管相关的研究还无定论（表1），但不妨碍本文的研究。本文借鉴刘黎明（2003）关于乡村景观分类研究，并考虑古典园林注重风景欣赏和意境营造的特点，与实景并列增加虚景，实景中又增加园林建筑景观类别，形成田园景观构成要素体系（图1），据此构建圆明园田园景观识别系统，包括生产性景观、乡村聚落景观、自然生态景观、园林建筑景观和古人典故、诗或画中描述的田园景观五类，其中生产性景观、乡村聚落景观和古人典故、诗或画中描述的田园景观及其对应子项为田园景观特征性指标（表3）。在进行田园景观识别时，采用某一景区须至少有一项田园景观特征性指标，才

① 国家自然科学基金资助（51008180）；北京哲学社会科学重点基金项目（11CSA003）。

风景资源与文化遗产

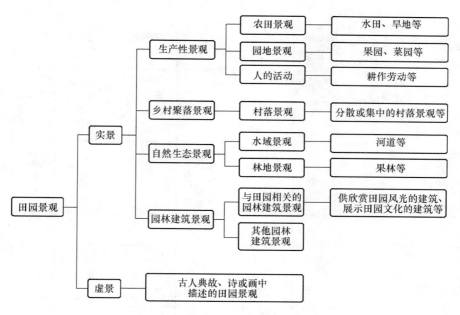

图1　圆明园田园景观构成要素

能被识别为具有田园景观特征。田园景观特征要素的完备程度高，该景区就可被识别为田园景观。

已有研究关于圆明园田园景观的争论　表1

学者	时间	田 园 景 观
乔匀	1992	映水兰香、北远山村、多稼如云、杏花春馆、武陵春色、濂溪乐处
张静	2006	映水兰香、北远山村、多稼如云、淡泊宁静
贾珺	2009	北远山村、多稼如云、杏花春馆、淡泊宁静、武陵春色
檀馨	2011	映水兰香、北远山村、多稼如云、杏花春馆、淡泊宁静、水木明瑟、文渊阁、若帆之阁

2.2　识别资料选择

乾隆早期，圆明园四十景逐渐形成，并于乾隆九年（1744年）由乾隆主持，沈源等执笔逐一描绘制成《圆明园四十景图咏》（杨乃济，1986）。绘画风格为近景写实，远景写意，并且每一幅画右侧均配有御制题词和御制诗，为本文主要的研究资料。另外，辅以查阅建筑名称匾额（张仲葛，1983；何重义，曾昭奋，1981）、建筑对联，以及其他御制诗中关于圆明园的记载（朱家潘，李艳琴，1983）历史资料，统计其中关于田园景观的记载（表2）。

圆明园四十景之杏花春馆历史图文资料　表2

编号	资料名称	说　　明
A	四十景图	—
B	御题词	由山亭逶迤而入，矮屋疏篱，东西参错。环植文杏，春深花发，烂然如霞。前辟小圃，杂莳蔬蔌，识野田村落景象。

续表

编号	资料名称	说　　明
C	御制诗	霏香红雪韵空庭，肯让寒梅占胆瓶。最爱花光传艺苑，每乘月令验农经。为梁谩说仙人馆，载酒偏宜小隐亭。夜半一犁春雨足，朝来吟屧树边停。
D	建筑名称匾额	杏花春馆、砌瑢余清、春雨轩、赏趣、镜水斋、翠薇堂、柳斋、吟籁亭、屏岩、杏花村。
E	建筑对联	生机对物观其妙；义府因心获所宁。
F	其他御制诗中关于圆明园的记载	凿地新开圃，因川曲引泉。碧畦一雨过，青壤百蔬妍。洁爱沾晨露，鲜宜润晚烟。倚亭闲伫览，生意用忻然。（《雍邸集·圆景十二咏·菜圃》） 一行白鹭引舟行，十亩红渠解笑迎。叠涧湍流清俗念，平湖烟景动闲情。竹藏茅舍疏篱绕，蝶聚瓜畦晚照明。最是小园饶野致，菜花香裹辘护声。（《四宜堂集·沿湖游览至菜圃作》）

2.3　识别过程与结果

基于田园景观构成要素对6类资料进行分析（表3），识别出圆明园四十景中多稼如云、北远山村、鱼跃鸢飞、淡泊宁静、映水兰香、杏花春馆、濂溪乐处、武陵春色、水木明瑟、曲院风荷10处景区具有田园景观特征。根据各景中田园景观特征要素完备程度不同，多稼如云、北远山村、映水兰香、杏花春馆、水木明瑟、淡泊宁静、鱼跃鸢飞7处以展现田园景观为核心主题，即被识别为田园景观，濂溪乐处、武陵春色、曲院风荷3处田园景观特征要素较少，田园景观被视作为造景的局部要素被剔除。

表3

圆明园田园景观要素识别

名称	实景														虚景
	生产性景观						乡村聚落景观			自然生态景观			园林建筑景观		
	农田景观				园地景观	人的活动	村落景观			水域	林地	山体	田园相关	其他	
	水田	旱地	水塘	果园	菜园	人的活动	集中的村舍	村落的村舍	零散的村舍	河道					
多稼如云	A、C：鳞塍、稻	C：黍	B：沼有莲	B：坡有桃	—	B：穮蓑笠	A	—	—	A	—	A	D：芟香、多稼如云	D：澄绿堂	B：汉代天子籍田
北远山村	A、B：平畴、F：绿塍	F：麦穟铺	—	—	F：跟地艺青圃、匏瓜、蔬葱	B：牧笛渔秋、C：水牛、村妇、牧童、箬笠农人、F：钩筐妇女采桑	B：村落鳞次、竹舍、C：渔篱、疏茅舍、渔家、F：农家、山村水郭	—	—	A、F：水弯环	—	A	D：稻凉楼、水村图、兰若、课农轩	D：皆春书屋、澄虚榭、涉趣楼、绘雨精舍	D、F：耕云、物理、诘蜩川
鱼跃鸢飞	A	—	—	—	—	B：晨烟暮霭	B：村舍鳞次	—	—	B：曲水	B：蓊郁坪林	A	—	D：鱼跃鸢飞、铺翠环流飞楼	D：万物物理
澹泊宁静	A、F：鳞塍俯水田	F：麦穟饱垂	—	—	—	E：验农时耕、F：不施户牖、观稼于此	—	—	—	A	B：槐阴花蔓	○	D：贵织山堂、观稼轩、"田"字院	D：水精域、曙光楼等	—
映水兰香	B：水田数棱、稻香、F：牖临水田趣	—	B：菡萏	—	—	C：农功	—	—	—	A、F：绿水	B：松竹	A	D：知耕织、多稼轩、濯鳞沼、耦香亭、贵织山房	—	—
水木明瑟	A、F：原隰、昀昀、禾田畛	—	—	—	A	—	—	—	—	A	A、F：桑麻	A	—	D：风扇室、搅翠亭等	—
杏花春馆	—	—	—	—	B：小圃蔬畦、F：时开睡、碧畦、百菜花	C：月令验、农经、F：开学圃画	B：矮屋疏篱、识野村落象、F：茅舍	—	—	A、F：红渠、叠洞湍流	B：文杏、C：柳树、F：竹	A	D：杏花村、春雨轩	D：杏花微馆、翠微堂、柳斋等	杏花村
濂溪乐处	—	—	B：菡萏	—	—	—	—	—	—	A	A、F：	A	D：荷香亭等	D：云香清胜、香雪廊、水云居等	—
武陵春色	—	—	—	—	—	—	—	—	—	B：溪流	C：山桃万株	A	D：桃花坞、桃源深处、桃源洞	D：全璧堂、佩春堂、戏台等	F：桃源
曲院风荷	—	—	—	—	—	—	—	—	—	—	—	A	D：渔家乐等	D：饮练长虹、洛迦胜景等	西湖曲院风荷

注：四十景图判读（A）、御题词（B）、御制诗（C）、建筑名称匾额（D）、建筑对联（E），以及其他御制诗中关于圆明园的记载（F）、无（—）。

3 圆明园田园景观类型

3.1 物质空间类型

总体而言，圆明园中的多稼如云、北远山村、映水兰香、杏花春馆、武陵春色、淡泊宁静、鱼跃鸢飞7处田园景观主要体现的是由稻田、水塘、村落等构成的田园景色。依据构成要素的不同，可进一步将7处田园景观分为三类。

第一类农耕文化实景。主要有多稼如云、北远山村、鱼跃鸢飞三景，着重表现农耕劳作或耕织的一片祥和忙碌的乡村生活实景，直接反映农耕文化。如多稼如云御题词中的"鳞塍参差，野风习习，襁襁蓑笠往来"，北远山村御制诗中的"牧童牛背村笛，馌妇钗梁野花"，鱼跃鸢飞御题词中的"晨烟暮霭"。在空间上表现为有集中分布的鳞次栉比的村舍及其周围的农田。

第二类田园风光观赏。主要有澹泊宁静、映水兰香、水木明瑟三景，着重表现的是供人游观的田园风光，如映水兰香御题词中的"适凉风乍来，稻香徐引，八百鼻功德兹为第一"和御制诗中的"心田喜色良胜玉，鼻观真香不数兰"，水木明瑟中的"轩亭开面面，原隰对畇畇。禾稼迎窗绿，桑麻卒地新。"（《雍邸集·圆景十二咏·耕织轩》）。在空间上表现为以亭台楼榭等园林建筑为主，农田作为单独的游观要素而存在于园林建筑的一侧或四周。

第三类田园雅趣意境。为杏花春馆一处，其体现文人意象中闲散、怡然自得、劳以逸兴的田园景致，注重意境的营造，在空间上呈现园林建筑和村舍随意地散落分布，相互交错，建筑围合的中心植一片绿蔬（图2、图3）。

1.多稼如云；2.北远山村；
3.鱼跃鸢飞；4.澹泊宁静；
5.映水兰香；6.水木明瑟；
7.杏花春馆

图2 《圆明园四十景图咏》中的7处田园景观 ［来源：（清）唐岱，（清）沈源，2008］

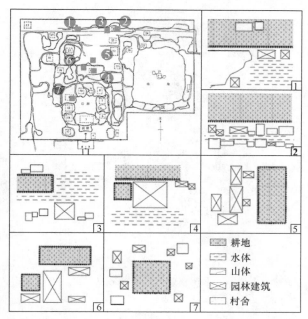

1.多稼如云；2.北远山村；3.鱼跃鸢飞；4.淡泊宁静；5.映水兰香；
6.水木明瑟；7.杏花春馆

耕地　水体　山体　园林建筑　村舍

图3 圆明园7处田园景观空间布局分析

3.2 精神空间类型

从物质空间可以进一步上升到精神空间类型的分析，亦可分为三种类型。第一类体现"以农为本"的空间。多稼如云、北远山村、鱼跃鸢飞三景，皇帝偶尔在此亲自耕作，既得以欣赏耕织图景，亦体现出天子重农关切农民生活的思想，如多稼如云御题词中所云"稼穑艰难尚克知，黍高稻下入畴谘"。更重要的是这种其乐融融的生活场景是帝王治世成功的一种表现和希冀，好似鱼跃鸢飞中万物各得其所。第二类体现"农田园艺"的空间。淡泊宁静、映水兰香、水木明瑟三景主要体现田园风光作为园林创作元素的作用，园主在园中眼观禾稼、鼻闻稻香。第三类体现"农耕意境"的空间。杏花春馆借用典故，体现的是文人隐逸思想的田园意境。

诚然，这三类各有侧重，但并不是互相排斥。比如说，供以游观的映水兰香、水木明瑟和淡泊宁静亦体现出天子重农的思想，映水兰香御制诗中有云"园居岂为事游观，早晚农功倚槛看"，水木明瑟御制诗中亦云"辛苦农蚕事"（《雍邸集·圆景十二咏·耕织轩》），淡泊宁静中的"田"字房更是用于举行每年的犁田仪式。

4 结论

圆明园是我国古典皇家园林的经典代表之作，她孕育于发达的中国农耕文明，也必然体现了统治集团对农业文化的理解，打上了田园景观特征的烙印。本文通过构建田园景观构成要素系统，利用圆明园四十景的相关图文资料，初步识别出圆明园四十景中具有田园景观特征要素的10处景区，并确定其中7处为田园景观主题景区，将景区分为农耕文化实景、田园风光观赏、田园雅趣意境三类物质空间，从体现"以农为本"、"农田园艺"、"农耕意境"三方面挖掘造园的精神空间。

参考文献

[1] 王毅. 园林与中国文化. 上海：上海人民出版社，1990.

[2] 周维权. 中国古典园林发展的人文背景. 中国园林（9），2004：59—62.

[3] 乔匀. 众流竞下汇圆明——圆明园四十景意境初探. 见：中国圆明园学会主编. 圆明园·第5集. 北京：中国建筑工业出版社，1992：111-130.

[4] 张静. 浅析圆明园景观与中国传统文化[D]. 山西：西北农林科技大学园林植物与观赏园艺. 西北农林科技大学，2006.

[5] 檀馨. 圆明园中的田园风光及耕织文化. 中国园林（11），2011：68-71.

[6] 贾珺. 圆明园中的田园和市井[DB/OL]. http://www.ymysc. org/typenews. asp? id=2141#，2009-07-15/2012-01-10.

[7] 刘黎明. 乡村景观规划[M/OL]. 北京：中国农业大学出版社，2003：56-57.

[8] 何重义，曾昭奋.《圆明、长春、绮春三园总平面图》附记（附圆明、长春、绮春三园园林建筑景物名录）. 见：中国圆明园学会主编. 圆明园·第1集. 北京：中国建筑工业出版社，1981：80-92.

[9] 张仲葛. 圆明园匾额. 见：中国圆明园学会主编. 圆明园·第2集. 北京：中国建筑工业出版社，1983：47-53.

[10] 朱家溍，李艳琴辑. 清·五朝《御制集》中的圆明园诗. 见：中国圆明园学会主编. 圆明园·第2集，1983：55-72.

[11] 朱家溍，李艳琴辑. 清·五朝《御制集》中的圆明园诗［续一］. 见：中国圆明园学会主编. 圆明园·第3集，1983：43-90.

[12] 朱家溍，李艳琴辑. 清·五朝《御制集》中的圆明园诗［续二］. 见：中国圆明园学会主编. 圆明园·第4集，1986：62-100.

[13] 杨乃济. 圆明园大事记. 见：中国圆明园学会主编. 圆明园·第4集，1986：29-38.

[14] 张恩萌. 清五帝御制诗文中的圆明园史料. 见：中国圆明园学会主编. 圆明园·第5集. 北京：中国建筑工业出版社，1992：151-184.

[15] 中国圆明园学会编.《圆明园四十景图咏》. 北京：中国建筑工业出版社，1985.

[16] （清）唐岱，（清）沈源.《圆明园四十景图咏》. 北京：中国建筑工业出版社，2008.

作者简介

[1] 彭琳，1987年生，女，重庆，清华大学建筑学院景观学系在读博士研究生，主要研究方向为风景遗产保护，电子邮箱：penny861127@163. com.

[2] 顾朝林，1958年生，男，江苏靖江，清华大学建筑学院城市规划系教授、博士生导师，主要研究方向为城市与区域规划研究，电子邮箱：gucl@tsinghua. edu. cn.

风景名胜区详细规划编制

——控制方法及要素研究

A Study about the Controlling Method and Key Elements in National Park Detailed Planning

沙　洲　金云峰　罗贤吉

摘　要：风景名胜是一种资源，是一种特殊的不可替代、不可再生的自然和文化遗产，只有保护好它才能实现风景名胜区的可持续发展。本文着重探讨适合我国风景名胜区特点的详细规划控制方法，并尝试建立相应的详细规划控制要素体系，对控制的深度和成果文件提出了建议。风景名胜区详细规划中的控制要求和内容是风景名胜区近期建设及长期管理的依据，能确保总体规划的设想和意图在实际建设中得以忠实的贯彻执行，从而为解决风景名胜区资源保护与游赏开发的矛盾，消除规划与实施相脱节的现象提供了一条新思路。

关键词：风景名胜区；规划编制；详细规划；控制；要素

Abstract：Scenery is a special resource，which is a kind of un-regeneration natural and cultural heritage. Only if the resource is correctly reserved，can the National Parks develop sustainably. this study emphasizes on discussing a set of operational controlling measure system，which is especially fit to the National Parks in China. Firstly, the study tries to build a framework of controlling indexes. Secondly, it gives some advice about the deepth of the controlling planning in National Parks and the finnal files' form. The controlling planning method is the gist of the near construction and long-term's management in senic areas，and it also can insure the purpose or intention in master planning to be executed in parctical construction. So the controlling planning method may provides a new way in the planning system to solve the contradiction between the "protection" and "utilization" of scenic resources，to eliminate the phenomena of the implement divorced from planning in National Parks.

Key words：National Park；Detailed Planning；Planning Method；Controlling；Key Element

1 引言

自1982年国务院公布首批国家级风景名胜区（以下简称风景区）以来，尽管我国风景区的规划实践已开展多年，并有相应的行业规范标准，但《风景名胜区规划规范》（GB 50298—1999）受限于当年状况，总体规划层面的内容规定较为全面，反映了风景区规划涉及领域复杂多样的自身特点，但对于详细规划的规定则语焉不详，尤其在详细规划中缺乏对控制内容的具体要求，直接导致了风景区总体规划在指导实际建设活动时缺少操作性和实践性，总体规划的宗旨和内容很难在详细规划层面得到精准的贯彻落实。

2 风景区详细规划控制方法的意义

2.1 承上启下的作用

风景区总体规划是一定时期内风景区发展的整体战略框架，由于其面向未来，跨越时空，面临的不可预测因素较多，因此，必须具有很大程度的原则性和灵活性。它是一种粗线条框架规划，在指导风景区的日常管理中可控性较差，管理也缺乏可操作的依据，因此需要进一步细化控制内容，把总体规划的理念和宗旨贯彻下去。而在现

阶段风景区详细规划中，由于缺乏具体的规范标准，无法对用地性质和开发强度等进行控制，对开发模式和景观设计进行引导。作为详细规划的一部分，风景区的控制要求能够起到深化前者、控制后者的作用，从而确保总体规划的设想和意图能在实际建设和管理中得以精准的贯彻实施。

2.2 依据、引导和确保公正的作用

风景区详细规划中的控制内容，一方面能健全管理法制化制度，提高风景区管理人员的专业素质和职业道德；另一方面能提供事先确定的、公开的、恰当的风景区控制指标作为管理的依据和建设的指导。赋予控制内容以法律效力及其本身的依据更能保证规划的公平和长期执行，使风景区内不同的机构、组织和个人能够获得协调的整体框架，有利于风景区的持续发展。

2.3 政策载体的作用

控制方法的具体内容包含有诸如游赏地用地结构布局、游人空间分布、风景区环境保护等各个方面以及广泛的实施政策。作为风景区政策的载体，控制要求和内容能够传达风景区发展政策的信息，进而引导风景区内部社会、经济、环境的相互协调发展。

3 风景区详细规划控制方法的发展现状、要求及要素体系构成

3.1 风景区详细规划控制方法的发展现状

当前，国家规范对风景区控制方法发及要素编制尚无明确的规定，许多地区由于开发建设的需要，直接套用城市控制性详细规划来确定风景区的控制要求及内容，由于缺少深入的理论与实践研究，在指导风景区建设中存在大量的问题如下：

（1）直接套用城市控制性详细规划的方法和指标体系，而城市控制性详细规划编制的方法与程序主要是针对城市开发建设而制定的，难以体现风景区"严格保护""保护为先"的特征，对于"景观控制"也缺乏行之有效的办法。

（2）没有反映风景区规划的特点，规划内容体系没有扩展。对于游赏规划、资源保护、容量控制、植物生态等控制内容没有展开研究。

（3）对于风景区资源的唯一性、脆弱性、多样性等特点没有给出相应的解决措施，致使实施的可行性、前瞻性不高，有可能引出建设性破坏问题。

（4）缺少对联系景区游人、生物的重要廊道、景观视线等方面的控制规定。

3.2 风景区详细规划控制方法的要求

风景区详细规划控制方法本质上就是通过"控制建设、游览容量、突出保护"来协调"保护与开发利用的矛盾"这一风景区研究的核心问题。笔者认为应当从以下三个方面来考虑风景区详细规划的控制要求及内容。

3.2.1 风景资源保护的需求

我国的风景区是风景资源集中的法定地域，风景区事业建立的目的主要是为国家保留（保护）一批珍贵的风景名胜资源，这是由于风景名胜区的各种自然资源和人文资源组成的各具特色的景观，是风景名胜区的本底，同时也是风景名胜事业存在及发展的基石。风景名胜资源的稀缺性、脆弱性、不可再生性等特征决定了要把风景资源的保护工作放在高于一切的首要地位，所以我国风景名胜工作基本方针的第一条就是"严格保护"，这是风景区各项工作的核心，也是当前风景区工作的重中之重。

3.2.2 风景资源开发的需求

我国风景区在以保护生态、生物多样性与环境为基本前提下，还兼备游憩审美、科教启智、国土形象展示及带动地区发展等功能作用，风景区事业既是国家的社会公益事业又带有一定的经济特征。因而必须充分发挥风景名胜事业相关工作单位的综合管理职能，在保护风景资源的同时，还应科学地建设，合理地开发，以达到永续利用的目的。

3.2.3 以空间管制为核心的指标落实

风景区地块目前主要以保护分区等方式进行划分，这种划分方式在实际操作中缺乏明晰的边界，且无法将控制指标精准地落实到分区内。以土地利用、空间管制为核心的规划方法不仅能实现控制内容的全覆盖，更能将控制地块细化，同时还能更好地同城市规划体系衔接，方便操作。

3.3 风景区详细规划控制方法的要素体系构建

风景区详细规划的控制要素是具体的控制着力点，所有的控制要素组成了详细规划的控制内容。笔者认为风景区详细规划的控制要素，应当从三方面考虑，即风景开发控制要素、风景保护控制要素、风景游赏控制要素。

（1）风景开发控制要素主要参考城市规划中控制性详细规划的控制要素，主要以控制风景区内部建造强度、使用强度等内容，包含①土地使用、②建筑建造、③配套设施、④环境容量四个方面的要素指标，但因风景区的特殊性进行了部分改动，具体见表1。

风景开发控制要素改进内容　　　　表1

城市控规中已有控制内容	具体改动	说　明
环境容量	去除"居住人口密度"	风景区内居住性质的活动较小，主要以游览性质的活动为主
	增加"生态容量、设施容量"	风景区资源的特殊性
	增加"游人容量"	游人容量的确定应以生态容量和设施容量两者的最小值为基准
配套设施	由"公共设施"和"市政设施"两类改为"交通设施"、"游览设施"和"基础设施"三类	体现风景区内以游览活动为主的特征

（2）风景保护控制要素主要包括环境保护控制、资源保护控制、风貌保护控制、生物保护控制。其中资源保护控制、风貌保护控制、生物保护控制是风景区特有的控制要素，环境保护控制是依据城市控制性详细规划中对于环境保护的规定，具体见表2、表3：

风景保护控制要素改进内容　　　　表2

城市控规中已有的控制内容	具体改动	说　明
环境保护控制	增加"光控制"	风景资源中夜景（天景）的游赏需求

风景保护控制要素新增内容　　　　表3

新增控制内容	具体内容	说　明
风貌保护控制	①生态廊道控制线②视线通廊控制线③水体保护控制线④文物保护控制线	从游赏形象、风貌保护角度对风景游赏资源保护范围进行划定

新增控制内容	具体内容	说　明
景源地 保护控制	①自然景源地保护范围、等级及措施 ②人文景源地保护范围、等级及措施	对风景区内的自然和人文景源地进行范围划定，并确定保护等级及措施

（3）风景游赏控制要素主要指游赏活动控制要素，为风景区所特有，具体见表4。

风景游赏控制要素改进内容　　表4

新增控制内容	具体改动	说　明
游赏活动控制	①游赏项目 ②观赏欣赏方式 ③欣赏点选择	将总规中游赏方面的要求细化，并落实到具体的地块中

经过以上分析我们可总结出风景区详细规划的控制要素，具体见表5。

风景区详细规划控制要素体系　　表5

控制大类	控制中类	控制要素
风景游赏控制		观赏欣赏方式
		游赏项目
		欣赏点选择
风景环境保护	环境保护控制	噪声允许标准值
		水污染允许排放量
		废气污染物允许排放量
		固体废弃物控制
		光控制
	生物保护控制	植被覆盖率
		林木郁闭度
		群落结构
		林缘线
	风貌保护控制	生态廊道控制线
		视线廊道控制线
		水体保护控制线
		文物保护控制线
	景源地保护控制	自然景源保护范围、等级及措施
		人文景源保护范围、等级及措施
环境容量控制		容积率
		建筑密度
		生态容量
		设施容量
		游人容量
		绿地率
土地使用控制		用地性质
		用地面积
		用地边界
		土地使用相容性
建筑建造控制		建筑高度
		建筑后退红线
		建筑间距
		相邻地段建筑要求
设施配套控制	交通设施	出入口方位、数量
		道路的红线位置
		控制点坐标和标高
		停车泊位

控制大类	控制中类	控制要素
设施配套控制	游览设施	旅行设施的布局、选址、规模
		游览设施的布局、选址、规模
		饮食设施的布局、选址、规模
		住宿设施的布局、选址、规模
		购物设施的布局、选址、规模
		娱乐设施的布局、选址、规模
		保健设施的布局、选址、规模
		其他设施
	基础设施	邮电通信网点的选址和规模、地面控制要求
		给水排水网点的选址和规模、地面控制要求
		供电能源网点的选址和规模、地面控制要求
		防灾要求
		环卫环保点的选址和规模、地面控制要求

4　结语

本文探讨了适合我国风景区发展特点的风景区详细规划控制方法，并尝试建立了风景区控制要素体系，对控制的深度和成果文件提出了建议。风景区的控制要求和内容是风景区近期建设及长期管理的依据，能确保总体规划的设想和意图在实际建设中得到忠实的贯彻执行，从而为消除规划与实施相脱节的现象提供了一条新思路。

参考文献

[1] 中国风景名胜区发展公报．北京：住房和城乡建设部，2012．

[2] 陈勇．风景名胜区保护的规划手段——控制性详细规划研究：[硕士学位论文]．上海：同济大学，2004．

[3] GB 50298—1999 风景名胜区规划规范．北京：中国建筑工业出版社，1999．

[4] 唐军，基于游憩行为与空间管制的风景名胜区控制性详细规划探索——以天台山国家级风景名胜区佛陇景区为例．中国园林(211)，2012.9：20-210．

[5] 罗贤吉，风景名胜区规划中控制性方法的研究：[硕士学位论文]．上海：同济大学，2006．

作者简介

[1] 沙洲，男，同济大学建筑与城市规划学院景观学系在读硕士研究生。

[2] 金云峰，男，同济大学建筑与城市规划学院，教授，博导，上海同济城市规划设计研究院，同济大学都市建筑设计研究分院。研究方向为：风景园林规划设计方法与技术，中外园林与现代景观。

[3] 罗贤吉，男，同济大学建筑与城市规划学院景观学系硕士研究生。

欧美研究园林史方法论探讨①

The Discussion on European Research Methodology of Garden History

陶　楠　金云峰

摘　要：通过大量的文献梳理与归纳，对欧美国家园林史研究进行综述性概括，归纳总结出几类研究方法论，并对各类研究方法论②进行探讨和阐释，分析各类研究方法论的研究视角、内容与其研究方法，探讨其优势、局限性及研究意义。并通过对研究方法论的探讨，得出国内园林史研究可借鉴的经验结论。

关键词：风景园林；园林史；研究方法论

Abstract：Base on the summaries of massive literatures，this article classified perspectives of garden history research，analyzed the research methods and foci of each perspective. At the same time，The concept，methodology，advantages and Limitations were discussed.

Key words：Landscape；Garden History；Research Methodologyy

在目前中国纷繁匆忙的风景园林实践快速步伐中，由于园林历史与理论研究的非实用性，使得园林史研究有被学术界边缘化的倾向。随着风景园林成为独立的一级学科，园林历史理论也成为其下的二级学科之一，对园林历史理论的研究是完善学科建设的基础，也是实践借鉴的史料参考和理论方法。

此外，在当今全球化背景下，中西园林交流频繁。近年来欧美国家的园林史研究发展迅速，涌现出大量的研究成果。所以，只有"知己知彼，善用他山之石"，"继承发展，兼收并蓄"才能使得中国园林屹立于世界文化的舞台上。基于该研究目的，笔者对欧美国家的园林史研究进行了大量的文献搜集与梳理，归纳总结出欧美园林史研究的几类研究方法论。在此基础上，本文重点对各类研究方法论进行探讨和阐释。分析各类研究方法论的研究视角、内容与其研究方法，探讨其优势和局限性及研究意义。

1　园林史的概念

园林史是由"园林"与"历史"两个概念构成。莱普顿（Repton）对园林的定义是"用围篱将畜生阻挡在外，用于耕种和培植或是供人类使用和获得愉悦的。"③ 所以，园林是一种特殊形式的室外围合空间。而"历史（History）"这一词来源于古希腊，意"探索"，也就是理解人类过去所发生的或想象中发生的事情的因果关系。所以，历史是对发展规律的智性探索。

概括来说，狭义上，园林史是指对具体的园林艺术作品所作的学术研究。广义上，园林史是以园林艺术为出发点而研究人类历史的学科，即是人类社会之总体历史中的一种文化形态的历史。

对"园林"和"历史"两个概念的涵义及其关系不同的认识，造成了园林史的多样的研究类型。概括而言，这些研究有的向着"园林"倾斜，有的向历史靠拢，有的则融两者为一体。

2　概述

2.1　园林史研究的分类

2.1.1　"外向研究"与"内向研究"

根据研究的侧重点与倾向，把园林史研究分为两类："外向研究"和"内向研究"。所谓"外向研究"是指在社会、历史文化和思想观念上探索的园林历史，即把园林史放到一个情境（Situation/Context）中来探讨；而"内向研究"是指主要针对园林史自身的各方面的研究。可以简单地理解，"内向研究"研究重点偏向于园林本身，而外向研究则是探讨园林史与社会文化、思想观念等相结合的一系列问题。实际上，这种"外向研究"和"内向研究"的区分是十分机械的，这样的分类只是为了突出某种研究方法的侧重面，这种分类借鉴了艺术史学的研究。

通过大量资料的梳理与归纳，笔者概括总结出，园林史的内向研究主要有编年体通史研究、"形式分析"、"百

① 基金项目：上海市教委重点课程建设项目（项目编号：沪教委高［2009］42 号）资助。
　　同济大学 2009—2012 教改项目（项目编号：0100104146 ）资助。
② "方法论"（Methodology）经常与"理论"连用。"理论"指构想研究问题的思想过程，而"方法论"则是试图回答问题的程序。前者帮助构想和研究题目，后者是依据学科特色而施行的一系列工作程序。
③ 引文及后面的词源学注释，基于 Van Erp-Houtepen，《园林的词源学起源》（The Etymological Origin of the Garden）一文（Journal of Garden History，Vol. 6，No. 3，pp227-31）

风景资源与文化遗产

科全书式"研究及"园林诗学"研究四种研究方法论。编年体通史即把人类的造园活动按照时间顺序来进行排列，以广泛的归纳和长时间、广地域的讨论为基础，体现全面却有选择的园林史。"百科全书式"园林史研究是指像百科全书一样，通过典型或者每个地域有特征的历史园林案例搜集，来展示园林历史。采用这类研究方法论的园林史著作，最早见于旅游介绍，受到物馆学发展的影响，后来发展为翔实的历史园林档案资料。"诗学"的观念，是将园林设计比喻为语言类艺术中的组织结构，总体来说，园林诗学仅仅是一种特殊的研究方法论，对整个园林史的研究影响不大。园林史研究的"形式分析"类似于其他的设计史学研究一样，关注于时间维度下的设计语言演绎和历史发展背景上的空间场所变迁。

而外向研究即"情境分析"（Situation/Context Analysis），就是将园林放到与之相关的大背景中加以考察。它是受到历史学研究大背景及新艺术史学发展的与景观史（Landscape History）的影响而产生的研究方法论。尤其在当代历史学的多学科交叉研究发展趋势的影响下，园林史的研究范围有所扩大，趋向于综合史学的研究方法，研究视角也多样化。

2.1.2 传统园林史研究与当今主流园林史研究

编年体通史研究与百科全书式园林史研究是传统的园林史研究。传统的园林史研究由于过于追求广泛和全面的概括，而容易失去历史意识，偏向于采用资料的搜集与描述的方法，缺乏历史理论支撑。而当今兴起的"形式分析"与"情境分析"，主要围绕某条主线来阐释问题。这二者是现今主流的研究方法论，也是本文探讨的重点，后文将详细阐释。

2.1.3 "考古性研究"与"创造性研究"

按照园林史研究的目的又可以把园林史研究分为两类："考古性研究"和"创造性研究"，前者着重于园林的历史风貌探究；后者专注于历史园林对现代园林创作的影响。

总之，对于园林史的研究，由于不同的研究者对该科目的性质、价值和方法认识的不同，促进了其研究方法论百花齐放，从而推动了园林史研究的多元化进程。

2.2 形式分析

从历史中总结出可以运用于当下的风景园林设计实践的理论经验，是我们研究园林史最重大的意义之一，也正是近年来学科发展的需求。而园林史内向研究中的"形式分析"研究方法论，正是通过"形式分析"这个媒介把历史和设计实践联系起来。换句话说，在"形式分析"中，园林不再被看作文化的附属品，而被当作一个主体研究对象。形式分析从造园要素与风格样式、设计和基地、空间和尺度，景观建筑和地形学，构造和氛围，肌理和构图等多方面来重新审视风景园林设计，从而再发现每个历史园林背后的景观基础①、景观语言和景观表现方式。

所以，园林史研究中的形式分析占有毋庸置疑的地位。

按照研究方法及其所受影响的不同，形式分析研究方法论有两种研究方法：一类是受到艺术史学影响，以通史的叙述方法为基础而发展的"时间形态论"，又可以称为风格史，通行于许多学校风景园林学科的园林史教学，是形式分析的主要研究方法。另一类是受到建筑学现代主义研究方法影响，以分析性绘图为基础，对园林设计从基本的形态、几何与空间方面进行抽象化分析，高度形式化研究的"图解研究"。近年来这种研究方法虽然采用不多，但正在渐渐兴起。

2.2.1 时间形态论

时间形态论即：每经过一段时间，反映在园林作品上的风格就会为之一变，呈现出某种独立的新形态，根据这个完整的形态来确定年限，完整地描绘和揭示形态的总体特征的研究，也成为风格史。例如，可以命名为中世纪基督教艺术、巴洛克风格、古典主义风格、浪漫主义风格或后现代艺术。这些园林艺术风格的形成，遵循的并不是完全是编年的原理，即不是每经过一定的相等的时间，就会形成一种新的园林艺术风格，而是根据一个完整的形态来确定年限，并完整地描绘和解释该形态的总体特征。时间形态论主要是通过探讨造园要素和园林布局来进行风格样式的分析。

时间形态论的特点与优势是：高度的概括性与适应了对历史断代分期的需要。它对园林史的知识框架的建立是必要的，是其具有基础和普及的作用。另外，此类研究方法，进一步深化了园林史的专题研究，打破了编年体园林史的局限性。具体体现在对于园林本身形式的细致分析和建立主动的赏析体系上，它对于园林视觉特征及风格样式类型进行细致的归纳、比较并建立起具有预设性的概念范畴及假说模式。

但是，时间形态论也有其自身的局限性。首先，由于时间形态论研究是根据本专业领域自己的"时间表"来进行划分的，与其他社会科学领域（如政治史、社会史）的发展时间表其实是不一致的。如园林艺术上的一个新风格，并不等于同时也会出现一个相应的经济上的"新形态"。仅仅用形态来划分历史的做法是否过于简单机械，是否是依据学科在时间节点上发展的一个重要标志而划分的，能否反映事物发展的内在的而非表面的复杂联系，这些都是值得质疑的。其次，"风格样式"的含混性。由于它是运用的造园要素和布局方式的分析，仅仅只反映"风格"的一个侧面，在尺度上和抽象程度上的差异却容易被忽视，所以这种分析的形式化程度不高。再者，"风格分析"常常不够重视对于园林使用和实际空间体验方面的探讨。

2.2.2 图解研究

而图解研究正好克服了时间形态论的含混性的问题。图解研究（Diagram）受到建筑学现代主义研究方法

---

① 这里的景观建造基础指人为风景园林设计前的天然景观，作为园林建造的基础。

的影响，以分析性绘图为基础，对设计从基本的形态、几何与空间方面进行抽象化分析。具体方法包括形态简化、类型简化、几何系统、机能、动线与视线、作用力线、分解与分层等。图解的优势在于高度形式化和实证性（图1）。

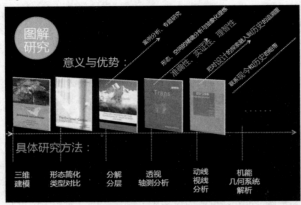

图 1　图解研究

园林史研究领域有形式分析传统。运用图解的方式对园林史进行的专题研究集中在法国园林，一度有大量文献集中于勒诺特园林的几何结构、透视计算与笛卡儿思想之间的联系，园林图解研究与数学之间如此紧密的关系似乎成了勒诺特独享的"光环"，以至于形成了"笛卡儿园林"（Tom Turner，2005）一词。尽管笛卡儿并没有写过美术或者园林方面的著作，但是"笛卡儿园林"（Cartesian Garden）这个术语却在园林中经常被使用。

采用图解研究的方法来研究园林历史，虽然能够帮助研究者从主观臆断和孤证考据中解脱出来，使得所研究的史料更具有准确性、实证性和专业性，但是仍然存在不少局限性。首先，图解研究看似客观，因为它擅长于对形态、空间的精确分析与抽象化提炼，但是如果是单纯的图解研究，仅通过分析图和模型，往往只能说明历史现象——园林的构造本身，却不能说明本质——园林的精神和折射出的深层意义。而对实际案例的图解不得不考虑主观（人的感知）和历史（社会、文化）将感知的（而非理智的）形式显现出来，接近现象学的方法。现象研究的问题是与宏观的历史、社会、文化领域知识的脱节。现象研究不能超出生活世界和当下直观的感知，因此无法代替情境分析研究的工作，像它一样去借助历史学和社会学等学科的研究成果。其次，图解研究的对象即对历史中哪个园林进行图解研究，选什么、弃什么，常常与历史学家的个人志趣、观点、立场有关，因而得出什么结论也会因人而异。

但是，不可否认的是图解研究中所得出的理智性的形式和类型是园林史研究中重要的组成部分和其他研究方法无法取代的。

2.3　情境分析

另外一种当下的主流研究是情境分析，即将园林史融入更具一般性的历史环境之中，与各类"情境"（文化、社会、观念等）相结合起来研究。它始于 20 世纪七八十年代。

区别于传统的园林通史和风格史，"情境分析"的研究方法有几大特点：首先，在情境分析中，园林史的研究始于问题而非风格，对问题的探讨是园林史研究方法论的转变根本。其次，"情境分析"不再以国家和时期来划分园林研究领域，出发点已经变为了结合社会、政治、文化、思想、观念等的一系列问题，并且与社会科学新成果紧密相连的研究。

在园林史研究的"情境分析"中，可以概括出两种倾向：（1）社会情境分析，即将情境看作包含社会文化、政治经济诸因素的物质文化研究。（2）观念情境分析，即将思想、宗教、哲学贯穿到园林史的理解中。

社会情境分析，也可称为物质文化研究。相对于文本性的文化史研究，社会情境分析将园林视为物质性的文化存在，放入社会、政治和经济等更广阔的视野中，反对仅仅从美学和风格角度研究园林。社会情境分析旨在探索园林与社会的相互作用形式。梳理园林史中的社会情境分析研究，可以细分为以下几类研究视角：社会文化视角、社会人类学视角、文化遗产视角、政治视角、运用新马克思主义批判的视角、地理历史学和社会地理学视角、文化意象的视角（图 2）。

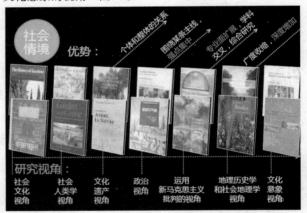

图 2　社会情境分析

观念情境分析，力图把思想、宗教、哲学和观念等带进园林史理解之中。这里的"思想、宗教、哲学、观念等等"广义上指意识形态，狭义上则为理论哲学。这类研究方法论主要有以下几类视角：自然观、审美观、价值观、思想史、现象学对园林史的影响、后结构主义的影响。前四者都属于探讨园林与其同时代的哲学和宗教的神学视角类的园林史研究，主要探讨的是园林如何与其同时代的意识形态（理想和信仰）清晰地联系起来。后二者归属于当代哲学对园林史及园林理论产生的深远影响（图3）。

跨学科研究是"情境分析"的一个基本方法。可以这样说，"情境分析"开启了园林史研究方法论的变革。它从多学科的视角来探讨园林史，继承了多学科的研究方法。涉及社会学、人类学、地理学、政治学、经济学及哲学等方面的知识。通过跨科学、跨地域、跨文化的问题探讨式的研究方法，非局限于线性的、单向度的和封闭的史学观念与叙事方式，把园林史整合在社会政治、经济和文化中持续不断的对话，重新构建对园林史认知。

图 3 观念情境分析

总之，"情境分析"将园林史融入更具一般性的历史环境之中，将研究的注意力从园林作品内部转向作品以外，使得在后现代语境下，园林史的研究走向更为多元的、开放的、多向度的舞台。

3 结论

通过以上对欧美园林史研究方法论的探讨，可以得出四条我们在研究园林史时可借鉴的结论与经验：首先，园林史研究在阐释形式变化与风格演进的同时，也应该关注空间的深层解析与历史语言的阐释。其次，近年来的园林史研究正从全面而笼统的描述史学转向深度上有所强化的解释史学演化。此外，园林史研究中，综合分析取代单纯的史料注释，专业面越来越广，研究思路和主线也在不断变化。再者，研究园林史不仅是单纯理论研究和历史风貌保护，更为了设计实践创新打基础（图4）。

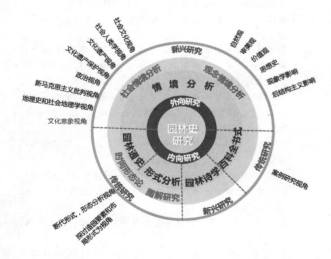

图 4 欧美研究园林史方法论总结示意图

参考文献

[1] Gothein，Marie Luise. A history of garden art [M]. Hacker Art Books reprint，1966.

[2] Elizabeth Barlow Rogers. Landscape Design：A Cultural and Architectural History . Harry N. Abrams. 2001（伊丽莎白·巴洛·罗杰斯. 世界景观设计：文化与建筑的历史[M]. 韩炳越，译. 北京：中国林业出版社，2005）.

[3] Newton. Design on the Land, the development of landscape architecture . Cambridge, Mass., Belknap Press of Harvard University Press，1971.

[4] Geoffrey and Susan Jellicow. The landscape of man：shaping the environment from prehistory to the present day [M]. The Vikeng Press New York，1979.

[5] Roy Strong. Discovering Period Gardens. Yale University Press，2000.

[6] Berrall，Julia S. The garden：an illustrated history from ancient Egypt to the present day . Thames and Hudson，1996.

[7] Clifford，Derek. A history of garden design . Faber，1966.

[8] Gabrielle van Zuylen. The Garden：Visions of Paradise . Thames & Hudson，1995.

[9] Patrick Goode. Michael Lancaster. The Oxford Companion to Gardens . OUP，2001.

[10] Michael Symes. A Glossary of Garden History . Shire，2000.

[11] Spon Press. The Gardens of Europe . Random House，1990.

[12] Monique Mosser，Georges Teyssot. The Architecture of Western Gardens：A Design History from the Renaissance to the Present Day. MIT Press，1991.

[13] Filippo Pizzoni. The garden：a history in landscape and art. NY：Rizzoli International Publications，1999.

[14] Rolf Toman. European Garden Design, From Classical Antiguity to the present Day. Konemann，2000.

[15] Sieveking，Albert Forbes. The praise of gardens：an epitome of the literature of the garden—art [M]. Dent，2010.

[16] Babelon，Jean-Pierre. Classic Gardens：The French Style，2000.

[17] Bisgrove，Richard. The English Garden. Viking，1999.

[18] Hussey，Christopher. English gardens and landscapes，1700—1750 . Country Life，1967.

[19] Harvey，John. Medieval gardens . Batsford，1981.

[20] Watkin，David. The English vision：the picturesque in architecture，landscape and garden design ［M］. Murray，1982.

[21] Mark Laird. The Flowering of the Landscape：English Pleasure Grounds 1720—1800[M]. University of Pennsylvania Press，1999.

[22] Clemens steenbergen. Italian villas and Garden [M]. 1992.

[23] Franklin Hamilton . Gardens of illusion：The genius of Andre Le Notre [M]. Vanderbilt University Press，1980.

[24] Michael Brix. The Baroque landscape, Andre Le Notre & Vaux Le Vicomte[M]. Random House Inc，2004.

[25] Michel Baridon. A history of the gardens of Versailles[M]. Philadelphia：University of Pennsylvania Press，2008.

[26] Jean Chaufourier，Jacques Rigaud. The Gardens of Le Notre at Versailles ［M］. Paris ；Alain de Gourcuff，2000.

[27] Clemens Steenbergen，Wouter Reh：Architecture and Landscape-The Design Experiment of the Great European Gardens and Landscapes [M]. Basel：Birkhäuser-Publishers for Architecture，2003.

[28] Clemens steenbergen. Composing Landscape, Analysis, Ty-

pologyard Experiments of Design [M], 2008.

[29] Rob Aben, Saskia de Wit. The Enclosed Garden——History and Development of the Hortus Conclusus and its Reintroduction into the Present-day Urban Landscape[M]. 010, 1999.

[30] J·C·Shepherd. Italian Gardens of the Renaissance [M]. Princeton, 1993.

[31] Chip Sullivan, Elizabeth Boults. Illustrated History of Landscape Design [M]. Hoboken: J. Wiley, 2010.

[32] Thacker, Christopher. History of Gardens [M]. Croom Helm, 1979.

[33] Pregill, P., Volkman, N. The Landscapes in History, Design and Planning in the Eastern and Western Traditions [M]. John Wiley & Sons, 1992.

[34] Claudia Lazzaro. The Italian Renaissance Garden: From the Conventions of Planting, Design, and Ornament to the Grand Gardens of Sixteenth—Century Central Italy [M]. New Haven and London, 1990.

[35] David Coffin. The Villa in the Life of Renaissance[C].

[36] Hunt, John Dixon. Garden History: Issues, Approaches, Methods. Genealogical Publishing Company[M], 1992.

[37] Mirka Benes, Dianne Harris. Villas and Gardens in Early Morden Italy and France (Cambridge Studies in New Art History and Criticism) [M]. Cambridge University Press.

[38] Hunt, J. D. Gardens and the Picturesque: Studies in the History of Landscape Architecture [M]. MIT Press Cambridge MA, 1992.

[39] Jane Brown. The Pursuit of Paradise: A Social History of Gardens and Gardening. HarperCollins[M], 2003.

[40] Mirka Benes. The Villa Pamphilj: Family, Gardens, and Land in Papal Rome[M].

[41] Michel Baridon. A history of the gardens of Versailles [M]. Philadelphia: University of Pennsylvania Press, 2008.

[42] John Dixon Hunt, Michel Conan, Claire Goldstein. Tradition and innovation in French garden art: chapters of a new history[M]. University of Pennsylvania Press, 2002.

[43] Robert W Berger; Thomas F Hedin. Diplomatic tours in the gardens of Versailles under Louis XIV [M]. Philadelphia: University of Pennsylvania Press, 2008.

[44] Harvey, John. Medieval gardens [M]. Batsford, 1981.

[45] Mariage, Thierry. The World of Andre Le Notre [M]. 2010.

[46] Hunt, John Dixon. Garden and grove: the Italian Renaissance garden in the Englishimagination, 1600-1750 [M]. Dent, 1987.

[47] 奇普·沙利文. 庭园与气候[M]. 沈浮, 王志姗, 译. 北京: 中国建筑工业出版社, 2005.

[48] D. Cosgrove. Social Formation and Symbolic Landscape [M]. London, 1984, 12.

[49] Tradition and Innovation in French Garden Art——Chapters of a New History [C]. University of Pennsylvania Press, 2002.

[50] Maureen Carroll. Earthly Paradises: Ancient Gardens in History and Archaeology [M]. British Museum Press, 2003.

[51] Michel Conan. Perspectives on Garden Histories: History of Landscape Architecture Colloquium [C], Dumbarton Oaks Research Library and Collection, 1999

[52] Michel Conan. Bourgeois and Aristocratic Cultural Encounters in Garden Art, 1550—1850 Dumbarton Oaks Colloquium on the History of Landscape Architecture, 2002

[53] Ian Thompson. The Sun King's Garden: Louis XI V Andre Le Nôtre and the creation of the Gardens of Versailles[M]. Bloomsbury, 2006.

[54] Mirka Benes, Dianne Harris. Villas and Gardens in Eariy Modern Italy and France[C]. New York: Cambridge University Press, 2001.

[55] [英]怀特, 王思思译. 16世纪以来的景观与历史[M]. 北京: 中国建工出版社, 2011, 14-15.

[56] D. Cosgrove, S. Daniels, ed. The Iconography of Landscape. Cambridge, 1988, 277-312.

[57] Hunt, John Dixon and Willis, Peter. The genius of the place: the English landscape garden, 1620-1820[M]. MIT, 1989.

[58] Tom Turner. Garden History: Philosophy and Design 2000BC-2000 AD[M]. Spon Press, 2005 (Tom Tuner. 世界园林史[M]. 林箐, 南楠, 齐黛蔚 等, 译. 北京: 中国林业出版社, 2011.)

[59] Tom Turner. European Gardens: History, Philosophy and Design[M].

[60] Ann Bermingham. Landscape and Ideology: The English Rustic Tradition, 1740-1860[M].

[61] Allen S·Weiss. Unnatural Horizons: Paradox and Contradiction in Landscape Architecture [M]. New York: Princeton Architecture Press, 1998.

[62] L. Marin, Le potrait du roi, Paris, 1981; English trans., Portrait of the King, trans. M. Houle, Theory and History of Literature 57, Minneapolis, 1988.

[63] Jane Amidon, Aaron Betsky. Moving horizons: the landscape architecture of Kathryn Gustafson and Partners[M]. Birkhäuser-Publishers for Architecture, 2005.

[64] D. R. Coffin. The Villa d'Este at Tivoliand [M]. Princeton, 1960.

[65] Belli Barsali, Ville di Roma: LazioI, Milan, 1970.

[66] 曹意强. 欧美艺术史学史与方法论[J]. 新美术, 2001.01: 27-37.

[67] 曹意强. 欧美艺术史学史与方法论(讲稿) 第三讲 阿尔贝蒂的《绘画论》与吉贝尔蒂的《回忆录》[J]. 新美术, 2001.03: 28-36.

[68] 曹意强. 欧美艺术史学史与方法论(讲稿) 第四讲 艺术史与"文艺复兴"的观念: 从瓦萨里到科隆夫[J]. 新美术, 2001.04: 53-66.

[69] 曹意强. 图像与语言的转向——后形式主义、图像学与符号学[J]. 新美术, 2005.03: 4-15.

[70] 虞刚. 图解的力量——阅读格雷格·林恩的《形式表达——建筑设计中图解的原-功能潜力》[J]. 建筑师, 2004.04: 62-65.

[71] 曹意强. 新视野中的欧美艺术史学(导论)[J]. 新美术, 2005.01: 13-21.

[72] 李光前. 图解, 图解建筑和图解建筑师[D]. 同济大学, 2008.

[73] 黄鈜. 景观设计的语言学分析方法[J]. 中国园林, 2008.08: 74-78.

[74] 顾凯. 范式的变革 读《多视角下的园林史学》[J]. 风景园林, 2008.04: 117-118.

作者简介

[1] 陶楠，1988 年生，女，汉，云南昆明，硕士，上海市城市规划设计研究院，研究方向为风景园林设计与园林历史理论，电子邮箱：624962104@qq.com。

[2] 金云峰，1961 年生，男，上海，同济大学建筑与城市规划学院景观学系教授，博士生导师，上海同济城市规划设计研究院，同济大学都市建筑设计分院，研究方向为风景园林规划方法与技术，中外园林与现代景观等。

自然风景区旅游规划中的"文化唤醒"初探

——基于东莞同沙福园概念性规划方案设计

The "Culture-Awakening" Exploration of Tourism Planning in Natural Scenic Spot

——Based on the Conceptual Planning of Tongsha Fuyuan

万家栋 高 阳

摘 要：对于新开发的旅游景区来说，地域性文化的植入无疑可以给游客提供增值体验，让人们在游览时，身体得到放松之余，也能够感受到景区的深层次文化内涵，笔者将其称为"文化唤醒"（Culture-Awakening）功能。通过这种地域性文化的介入，一定程度上也能避免当下部分旅游景区规划设计中"抄袭模仿照着做"的乱象，创造出有地方特色的风景文化综合旅游景区。立足于满足游客多层面需求，这样的景区才能够吸引更多的游客，创造更多的旅游收入，进而带动当地经济的发展，最终达成经济发展与文明发展和谐共存的"类生态"平衡。这对于改善我国当下社会文化缺失现象以及宏观方面的建设"美丽中国"都具有积极的现实意义。

关键词：自然风景；文化遗产；同沙生态公园；资福寺；地域性

Abstract：For the newly developed natural scenic spot, the implantation of regional culture can undoubtedly provide value-added experiences to the tourists, which makes them appreciate the profounder level of cultural connotation of the scenic spot while relaxing their bodies. We name it as "Culture-Awakening". Through the involvement of regional culture, which, in certain degree, can help avoid the chaotic phenomenon in the planning of scenic spots, we could create a comprehensive tourism scenic resort with local characteristics. Based on meeting the tourists' multidimensional needs, the spot can be much more attractive and create more tourism revenue, thereby stimulate the local economic development. Ultimately it could achieve the like-ecological balance between the developments of economy and civilization. Thus, it is of significant practical meaning in improving the missing of culture in the current society and in constructing "Beautiful China".

Key words：Natural Scenery；Cultural Heritage；Tongsha Ecological Park；Zifu Temple；Regional

1 引言

近些年来，随着我国社会经济的飞速发展以及人民生活水平的不断提高，在基本的物质生活需求得到满足之后，人们开始逐渐地寻求精神层面的"营养补给"。这种由物质到精神层面的需求转变也一定程度上印证了"马斯洛需求层次理论"（Maslow's Hierarchy of Needs）[①]将人类的需求由低到高的层次划分。

"仓廪实而知礼节，衣食足而知荣辱"，古人的微言大义之语依然能在千年之后提醒着我们：人类文明的发展离不开坚实的经济基础，而文明的进步也能够反哺经济的发展，二者乃相生相随的共生关系。

我国已全面进入建设小康社会的发展阶段，总体上来说，人们已经基本脱离了生理需求和安全需求的初级层次，进入到了情感和归属需求以及尊重需求的层次。然而，后两种需求和前两种一样，同样是"缺乏型需求"，这意味着处于这个层次的人们，仍然需要在人与人、人与自然的不断交流中获得情感归属以及尊重需求。当下迅猛发展的主题风景区旅游热现象，正是人们寻求"精神补给"的一个表象。也正是因此，人们对风景旅游区的期望已经不再是简单的观光式游览，更有内涵的深度旅游才能满足游客的情感和归属需求。而文化的植入刚好能够填补这种单一的走马观花游览模式的缺口，提供一种增值的消费体验，让游客能够获得更多精神层面的旅游满足感。

唤醒，即叫醒，有使之觉醒之意。"文化唤醒"是指通过环境和氛围的营造和引导，唤起人们对内心中种种记忆的回想。通过这样一个个点式的文化刺激，形成线式乃至面式的文化记忆网络，从而普遍提升人们的文化意识。各类文化设施不仅展示了表面的、有形的物质实体，更反映了其内在固定的文化特征。例如：以宗教文化为主导的空间结构，往往以寺庙为中心，青烟袅袅，钟声绕梁都能唤起人们内心对于神秘、庄严的宗教文化的各种意象。这种意识在游览过程中，被不断强化，最终在游客心中形成了特定的、富有地域文化特色的整体印象，整个旅

---

① 该理论由美国犹太裔人本主义心理学家亚伯拉罕·马斯洛（Abraham Maslow）于1943年《人类激励理论》论文中提出，是研究组织激励时应用最广泛的理论。马斯洛需求层次理论（Maslow's Hierarchy of Needs）将人的需求按阶梯式由下而上分为五个阶段，分别是生理需求、安全需求、情感和归属需求、尊重需求和自我实现需求。

游景区的文化特色也由此得以呈现进而被标识。

水绕山环，层峦叠嶂的同沙生态公园，作为调整东莞市区小气候的"都市绿肺"，拥有着极其重要的地理区位以及景观资源优势。以重建的千年古刹资福寺为文化核心打造的同沙福园项目，就坐落在同沙生态公园一隅，给整个生态园区植入了深厚的文化内涵。本文借由对东莞同沙福园概念性规划这一项目的解析，探讨了在自然风景旅游区中，文化遗产等因素的植入方式以及由此带来的"以人为本"的深度旅游体验特征。

2 项目背景

同沙生态公园位于东莞东城区南部 107 国道旁，其北侧为主城区，西北为新城市中心区，东北为寮步镇，南侧为大岭山镇和松山湖科技产业园区。根据东莞新的城市规划，莞城将实现城市新区、同沙生态公园"绿肺"和松山湖"三位一体"的城市布局，东莞中央休闲区将要打造的"一心—三廊—五片"格局中的"一心"指的即是"黄旗—同沙—水濂"这一生态休闲区（图 1）。

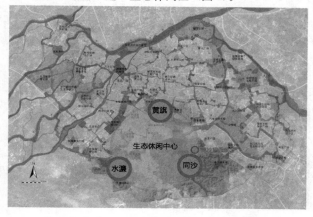

图 1 东莞市中央生态休闲区中的"黄旗—
同沙—水濂"生态休闲区

东莞同沙福园位于层峦叠嶂的山水生态大环境之中，并且位于上述生态休闲中心的核心区域，北靠东莞市制高点黄公山，东临同沙水库，享有得天独厚的自然地理优势（图 2）。作为同沙生态公园系统中的一个节点性空间，规划中的同沙福园景区在立足于自身的地域性文化景观特征的同时，也力求在更宏观的层面与整个同沙生态公园相呼应，力求打造出具有东莞城市文化特色的休闲旅游风景区。

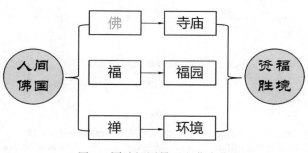

图 2 同沙福园景区文化定位

3 项目构成要素分析

3.1 文化特色

同沙福园景区以佛教的"禅"文化体验为先导，以民间的"福"文化生活体验为基础，以同沙生态公园优势资源为依托，力求打造独具魅力的"自然文化生态福地"（图 3）。

园区内文化主体建筑为即将重建的资福寺以及东坡阁。

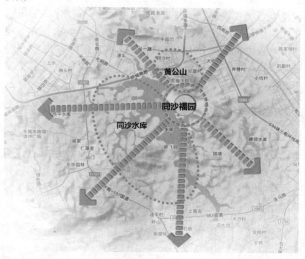

图 3 同沙福园景区景观区位图

3.1.1 资福寺的前世今生

历经千年的原有资福寺，寺僧信徒众多，烟火鼎盛，曾是东莞最具规模和影响力的佛寺，期间多次因破旧或为风灾、火灾和兵患损毁，后均为当时东莞名人重修，今日去却已无法一睹其面容。资福寺是一座禅宗寺庙，禅宗和天台宗、华严宗是我国独立发展起来的佛教宗派。而其中最具性格的就是禅宗。禅宗始于菩提达摩而盛于六祖慧能。惠能主张教外别传、不立文字，提倡心性本净、佛性本有、直指人心、见性成佛，这是世界佛教史尤其是中国佛教史上的一次重大改革。禅宗重在自然、自性中的体悟，不重闭关的严苛修持，在生活上自然表现出平常心，不起分外妄念，衣食住行里皆有禅意。"禅"告诉我们要回归生活，去感悟生活的美好，这对当今社会"美丽中国"的建设具有重大的示范意义。

3.1.2 东坡阁

关于寺内东坡阁，据崇祯《东莞县志》记载："宋绍圣元年（1094 年），苏轼贬惠州，道经邑，憩资福寺，与方丈祖堂交好。居惠间，尝扁舟往来……"。除了《罗汉阁记》外，苏东坡还写下了《宿资福禅院》、《舍利塔铭》、《再生柏赞》、《祖堂长老赞》等数篇诗文，华彩横溢，字字珠玑，都是极为难得的文学瑰宝。资福寺此后便名声大噪，地位尤其显赫，位列广东名刹之一，一时誉满南粤。后人为纪念这段历史，于清光绪二十二年（1896 年）于资福寺内修建东坡阁。

如今资福寺以及东坡阁均已不见当日之容貌，甚至连原址也被占用。但这一文化遗产在东莞人，尤其是东莞现今的佛教徒心中却依然有着不可磨灭的印记。是于2007年，东莞市佛教协会申请易址重建资福寺，2009年经东莞市民族宗教事务局、市人民政府同意，并报请广东省民族宗教事务委员会批准，2010年，东莞资福寺重建奠基庆典在东城同沙生态公园举行。

即将于同沙生态公园新址重建的资福寺，将会以其自身深厚的文化内涵以及厚重的历史味道，为同沙福园景区乃至整个同沙生态公园烙上深深的文化印记，让游客在大自然中畅快呼吸的同时，也唤醒他们对景区历史文化的记忆和认知，并吸引更多的人来体验，这样在实现经济增长的同时，也使得游客自身的文化修养得到一种提升。这即是"文化唤醒"在风景旅游区中的深层意义所在。

3.2 空间环境

同沙福园北靠黄公山，南临同沙水库，隐于山峦之中，现于静水之畔，是同沙生态公园的核心旅游景点（图4）。其基地位于两处山峰之间，形成天然的围合场地，并且在场地的近南向，面向着库区水景，这无疑给福园景区奠定了极其优质的景观基因（图5）。

图4　同沙福园景区靠山面水的地势

图5　同沙福园景区三大功能分区

功能分区上，围绕宗教文化的特征和景区需求分为三个区域：分别是禅意求福体悟小镇、禅境祈福寺庙区域和禅韵得福养生基地（图6）。

图6　同沙福园景区"一花五叶"的总体布局

总体布局上，根据旅游业态与功能分区形成一花（即一寺），五叶①（即一塔、一阁、一坛、一镇、一像）的整体空间形态（图7）。

图7　同沙福园景区佛文化主轴线

以资福寺寺庙建筑群为主体的佛文化主轴线（集福塔—塔林—寺庙区—听经广场群—三身佛雕塑）为景区的文化核心轴，统领着整个景区的文化脉络，"文化唤醒"的功能也正是借此而得以实现（图8）。

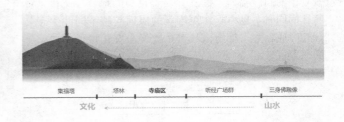

图8　同沙福园景区景观主轴线

---

①　禅宗的"一花五叶"出自于禅宗始祖达摩大师的一首偈语："吾本来兹土传法救迷情。一花开五叶，结果自然成。"它的一种普遍被接受的解释是："一花开五叶"喻义禅宗在中国扎根以后，至六祖慧能及其门下，形成了南禅五大宗派，即沩仰宗、临济宗、云门宗、曹洞宗和法眼宗。五大宗派各具特点，自此以后的禅学发展基本不出其外。

3.3 "禅"文化体验之旅

以资福寺寺庙区佛文化轴线为核心的福园景区从里到外都在向游客展示着蕴含于景区中无所不在的"禅味"：当游客从喧闹的市区乘车到达景区时，首先闯入其视线的是以菩提树和仙鹤腾云为构思源泉的景区大门，其上耸立着"资福胜境"几个镏金大字，第一次直观的景区的佛教文化特征。穿过三洞式的景区大门，前行大概200m，就到达了景区入口广场，此广场是以"福"字为主题，运用大理石阴刻亦或阳刻交错排列的福字石汀步，浮于一片静水之上，人们走上这个广场，便是正式踏上了进入福园景区的求福得福之旅。挨着入口广场右侧是"礼佛广场"，之所以称之为礼佛广场，是因其场地内排布了大大小小的佛文化雕塑小品，向游人展示着禅宗佛教在莞城的始末，是给游客们在进入寺庙区佛文化轴线之前的预热。在福字主题广场一番求福之后，沿着广场前一条引导性的水景道路向前走，穿过现代感十足的钢结构屋顶门楼，一直往前走约500m，游客若是静下来仔细驻足聆听，淙淙的泉声会在某个角落传来，即到了"听泉广场"，听着泉声，望着寺庙，此乃第二次"禅"的洗礼。走过听泉广场，沿着水景道路继续往前走，映入眼帘的是右手边的"五福汇集"禅意小镇，这座以抽象福字为设计灵感的建筑群，截取了当地传统建筑的色调与材质，以现代感十足的建筑形象述说禅宗那种没有神学气息，回归生活的状态，直指人心，见性成佛，即是进入园区后的第三次"禅"文化体验。在世俗的小镇与神圣的寺庙之间，有一处灰色空间，名曰"佛俗虚境"，跨过这里，就等于是走出了世俗的凡世，即将踏上空灵的佛土。穿过佛俗虚境，面前的广场即为"听经广场"，站在听经广场，能够身临其境地感受到寺庙区佛文化主轴线的恢宏与大气。假想自己站在黄公山顶的集福塔上，放眼望去，依次显现的是塔林、寺庙建筑群、听经广场、六祖经坛，以及深入同沙水库一个小岛上的三身佛雕塑（图9）。走一遍这个佛文化主轴线，就等于是接受了一次佛事洗礼，福园景区的"禅"文化印象也会由此而加深。

图 9 同沙福园景区整体鸟瞰图

以禅宗佛教文化为核心的主轴线是整个园区的灵魂，将吸引无数的佛教徒和游客前来朝觐。也正是这样的佛教文化体验，才能使人更深刻地参与到景区中来，得到物质精神层面的多重满足感，游客的这种满足感则正是得益于这种地域性文化景观的挖掘以及充分利用。

4 规划反思

旅游风景区的规划设计一定要立足于自身的客观条件，充分挖掘当地的文化资源，本着"以人为本"的出发点，周密考虑游客的多层面需求。笔者在参与本案的规划设计过程中，也逐渐对旅游风景区的规划有更多的了解与认知，并针对风景旅游区的规划设计提出以下几点思考：

4.1 挖掘文化特色，重视遗产文化

一个地方的文化底蕴是在其长期的发展中，融入了当地民俗传统和生活习惯的产物，具有强烈的地域性特征。模式可以借鉴，底蕴难以复制，各地的类似项目应充分挖掘自身的文化传统，确立其与众不同的个性，对遗留的建筑文化遗产进行解构和重组，让历史与现代在多维空间和谐共存，使历史文脉得以延续。

4.2 找准自身定位，设置特色项目

每个地方均有其独一无二的文化环境特征，要找准自身的价值定位，才能实现健康可持续的发展模式。无形的文化需要有形的行为活动来承载和体现，变化的时代条件也要求景区进行相应的功能调整。现今的游客已经脱离原始的观光式游览模式而转向"体验式旅游"。因此，景区需要依托自身独特的文化性格，设置有地域特色的休闲游览项目，才能吸引更多的人群，创造更多的社会经济价值。

4.3 优化空间环境，营造体验氛围

空间环境的营造是文化挖掘和经济发展要求的需求体现。空间格局的合理规划可以营造舒适的休闲氛围，应注重对景观环境的细节打造，做到"以人为本"，即以游客的需求为本。建筑风貌设计则应该从结构、体量、尺度、色彩等方面细心打造，力求创造出更高可参与性的体验式空间环境氛围，满足游客的物质精神层面等多重需求，使游客在游览过程中有愉悦舒适的体验。

5 结语

近些年来，我国部分旅游景区的规划设计充斥着抄袭模仿的乱象，导致当地自然资源的不当利用，出现了一些急功近利粗制滥造的失败案例。要创造出有地方特色的风景文化综合旅游景区，就要充分发掘本地的历史文化资源，以文化牵头，其他优势资源相辅的形式进行景区建设，基于自身优势资源被充分挖掘的前提下，合理设置旅游项目及其产品，创造更多的体验式氛围，才能更多地吸引旅游人群，健康地发展旅游经济，并借此带动当地的经济发展，最终形成经济发展与文明发展和谐共存的类生态平衡。通过这样的"文化唤醒"，能够在一定程度上局部缓解当下的文化危机，也有助于更好地建设"美丽中国"。

参考文献

[1] 段云虹 . 旅游风景区宗教文化的传承与保护[J]. 民族文化 2011(06): 113-117.

[2] 流方 . 旅游与宗教[M]. 北京: 旅游教育出版社, 1993.

[3] 王凌飞 . 地域文化背景下的旅游风景区景观设计——随州炎帝神农景区设计实践[D]. 武汉: 华中科技大学, 2007.

[4] 廖嵘 . 非物质文化景观旅游规划设计[D]. 上海: 同济大学, 2006.

[5] 俞孔坚 . 景观: 文化、生态与感知[M]. 北京: 科学出版社, 1998.

[6] 孙力扬, 周静敏 . 景观与建筑——融于风景和水景中的建筑[M]. 北京: 中国建筑工业出版社, 2008.

作者简介

[1] 万家栋, 1984 年生, 男, 汉族, 河北廊坊, 现为北京建筑大学(原北京建筑工程学院)在读研究生, 研究方向为地域建筑研究(建筑历史及其理论专业)。本科就读于重庆大学建筑学专业(2003.9-2008.6), 毕业后任职于中联程泰宁建筑设计研究院有限公司上海分公司(现已更名为中联筑境建筑设计有限公司), 电子邮箱: wanjdboy@126.com。

[2] 高阳, 1989 年生, 女, 汉族, 湖北十堰。现为北京建筑大学(原北京建筑工程学院)在读研究生, 研究方向为公共建筑设计(建筑设计及其理论专业)。本科就读于武汉理工大学建筑学专业, 电子邮箱: conan8111188@163.com。

新型城镇化背景下江汉平原乡村景观发展研究

Research on Jianghan Plain Rural Landscape Development in the Context of New Urbanization

汪　民　张俊磊

摘　要：江汉平原乡村景观是我国中部独具特色的乡村景观类型之一。分析研究新型城镇化建设对江汉平原乡村景观产生的作用和影响，并提出相应的解决策略，对其可持续发展具有一定的积极意义。

关键词：新型城镇化；江汉平原；乡村景观

Abstract：Jianghan Plain rural landscape is one of the unique rural landscape types in central China. It is of positive significance to promote the sustainable development of Jianghan Plain by analyzing the effect and influence that the New Urbanization has on the Jianghan Plain rural landscape and proposing strategies.

Key words：New Urbanization；Jianghan Plain；Rural Landscape

在党的十八大提出走中国特色新型城镇化道路之后，加速推进了我国城镇化发展。湖北作为中部农业大省，拥有约 37000km² 的江汉平原，其城镇化发展必将对中部地区以及整个国家的经济社会发展产生重大影响。城镇的集聚及辐射效应带动了周边农村的快速发展，而农村盲目过快的发展在一定程度上威胁到了几千年来农耕社会积累所形成的原有乡村景观肌理和空间格局。剖析新型城镇化建设对江汉平原发展产生的影响，提出相应的解决策略，是当前江汉平原乡村景观可持续发展的重要内容之一。

1　江汉平原乡村景观特色

江汉平原位于湖北省中南部，西起宜昌枝江，东迄武汉，北至荆门钟祥，南与洞庭湖平原相接，是长江中游平原的主体部分，由长江、汉水共同冲积、洪积、淤积而形成。江汉平原作为南方四大富饶平原之一，其独特的水田交融景观是我国乡村农田景观的重要类型之一；其人与自然共融共存的关系和方式也成为我国农耕文化典型的代表形式。当珠三角、长三角地区快速城镇化导致其原有大面积农田景观正处于锐减之时，江汉平原对我国乡村景观类别构建具有重要意义和价值。

1.1　自然资源景观特色

江汉平原地势平坦，大体由西北向东南微倾，海拔均低于 40m，气候良好，景观资源丰富。平原内湖泊星罗棋布，数量超过 1000 个，河渠交织，堤道纵横，形成江汉平原独特的水系肌理；江汉平原农业景观类型主要为水田景观、水域景观、少量旱田、林地景观，其整体形态由高亢平原和低洼湿地呈带状由北向南间隔排列而成。水田主要是面积较大的平坂水稻田和地势低洼的低湖田，集中分布于地势平坦平原和河涧凹地；水域景观主要是河渠、湖泊、水库、水塘以及滩地，分布较广；旱地景观主要是油菜、棉花种植地，主要集中在堤内地势高亢河流冲积平原；林地景观则是以农田防护林为主的林带、林网相结合的人工林体系，其分布主要受湖泊、洲滩等湿地自然特征的影响而不同。

1.2　人文资源景观特色

江汉平原是楚文化的发源地，是三国文化重要的中心，蕴含着灿烂辉煌的文明成果。在劳动人民与江汉平原上千年的文明交织中，在从事农业生产活动中发展了独具特色的农耕文化景观，如地方戏曲文化，早在明末清初，沔阳一带凡办会事、酬神就有唱皮影的习俗，江汉平原皮影戏包含的独特雕镂艺术和具有古朴的楚风、楚韵的唱腔艺术，具有不可低估的学术价值和实用价值；花鼓戏也是江汉平原独具特色的地方艺术瑰宝，潜江花鼓戏，被公认为湖北花鼓戏的精髓；民间艺术文化如编制刺绣、手工布艺、剪纸等；在农忙农闲之时进行的民俗活动，如采莲、赛龙舟等；饮食文化最鲜明地体现了鱼米之乡的特色，即稻为主食，嗜好鱼肉，蔬食多样，汤品繁多，好酒多茶等。

1.3　乡村聚落空间特色

传统江汉平原的乡村聚落方式主要选择地势稍高的自然墩台、长冈或建造人工墩台，以躲避洪水的侵袭，很多台墩依堤而建或与堤相连，但台墩之间并不相连，农户住宅零星分布，尽可能靠近其赖以生存的农田、湖泊、林地等，聚落没有明显的聚集中心从而形成以散居为主导的乡村聚落形态。[1]随着人口增长、经济发展，江汉平原出现了规模性的集聚村、镇，但其内部实则是由来源不同、分散居住的散村组合，呈散漫型的空间布局。村落布局方式也由原来的沿低丘分散布置逐步演变成沿湖、沿江布置；当前更是沿渠、沿道路呈线性分布，形式较规整。

1.4　乡村经济景观特色

江汉平原开发历史既是人类利用自然、改造自然的历史，也是农业经济发展历史。在长期的生产实践中，广大劳动人民开沟挖渠、筑堤兴田，因地制宜地选用水稻作为主要农作物，创造了独特的"垸田"耕作方式，从而形成不规则、有机的农田景观肌理。从传统产业经济结构方面来看：种植业发达，是湖北省和全国粮、棉、油主要的生产基地；畜牧业也极其兴旺，是我国猪禽集中产区之一；淡水资源丰富，是全国最主要的淡水养殖基地和商品生产基地。"湖广熟，天下足"正是江汉平原乡村经济景观的集中写照。

2　新型城镇化建设对江汉平原乡村景观造成的影响

2.1　改变原有自然资源景观

历史上经过三次大规模的江汉平原围湖造田高潮，给江汉平原的生态环境带来了灾难性的破坏，使之成为长江流域生态环境最脆弱的地区。传统的城镇化是在工业经济时代背景下牺牲长江流域的资源和环境以换取经济的快速增长，树木的过度砍伐和水土流失加剧了江汉平原的洪涝灾害和泥沙淤淤化；水利工程兴修改善了江汉平原的生活环境但在一定程度上造成了许多负面效果，如荆江悬河的形成；工业和生活废弃物的增加扩大了江汉平原农业生产污染。而随着新型城镇化宏观政策的提出，土地的节约集约化利用，耕地效益增加，将会促进节余土地进行生态补偿，进行生态湿地、林地等建设和生态修复，提高江汉平原生态结构的稳定性，从而丰富自然景观；指导水利工程进行生态评估建设，尽可能减少对自然景观的干扰和破坏；引导传统工业经济发展进行绿色生产，减少"三废"排放。但是，新型城镇化有可能诱使政府和开发商盲目进行城镇用地建设，进而导致对江汉平原自然资源的加剧破坏。

2.2　促进传统乡村经济景观变迁

乡村经济景观是将乡村作为地域生产综合体，包括农业、工业和第三产业等经济行为，以及这些行为在物质、精神等方面的表现。[2]江汉平原过去一直在以粮为纲、围湖垦殖的方针下进行农业生产，注重粮、棉、油生产，形成单一的种植产业结构，缺乏多种经营方式和农产品加工；农业耕作生产和经营方式的落后造成土地及水网资源利用、生产效率和效益的低下。

在新型城镇化建设的宏观政策指引下，引进现代先进农业产业布局、技术以及管理制度等，优化原有传统产业经济结构，丰富农产品产出，引导农民进行多种经营，从而达到专业化、规模化和特色化生产；扩大土地经营规模和促进土地经营管理制度变革，实现集约化经营；这将

成为江汉平原经济景观变迁的外在推动力和内在驱动力。最直接的影响是由原来零散细碎的农田景观转向有秩序、规则的农田新貌。新型城镇化促进了乡村休闲旅游产业的发展，农业观光园、农家乐旅游等已开始萌芽并迅速扩大发展，这对其农业经济的创新发展具有一定的推动作用。

2.3　改变传统文化景观

传统文化景观是历史文化的表现，揭示了特定历史时期人类对自然环境的认识与人地作用关系的理解，具有浓郁的地域特征和历史特征。[3]快速城镇化的经济发展需求打破了江汉平原原有的人与自然之间的平衡，凸显了人与自然关系的对立。未充分考虑江汉平原地域特点进行的城镇建设，缺乏可辨识性；居民的生活方式也从传统的早出晚归的农耕生活转为外迁就业、产业经营等多样生活方式；乡村文化核心价值被商业气息侵入；居民的生活观念也随着城乡文化交流而忽视了本土文化建设，造成乡村文化景观异质性缩小。新型城镇化背景下的农村建设重新提出了生态建设，纠正和缓解人与自然紧张对立的趋势，重拾几千年来江汉平原一直遵循的和谐理念；更加规范地进行统一筹划建设，在提高居民生活环境的基础上，着重关注地域特点，在江汉平原传统建筑风格的基础上进行改进和延续，营造自身特色而非一味模仿抄袭；在居民生活价值观念的引导上，保护传承传统文化、注重文明建设等都对文化体系构建具有重要意义。

2.4　改变传统聚落空间格局

江汉平原传统聚落空间是以农田水网为基础的散点分布，有学者考证得出其布局并不会随着人口增加或经济发展而使得大量散居的乡村形成聚集村落，这一布局方式也许会得以延续，这是自然与人类之间由于地理环境、生存方式等相互作用而形成的一种微妙的平衡。

以往城镇化进程中，以发展为名义目前进行的大面积的拦河筑坝、河道渠化、村镇开发等，使农村建设陷入了急于求成、追求简单的状态，这种仅以满足现代生活需求而牺牲原有自然关系的布局方式，形成一种自发的、无序的、均质的空间格局。新型城镇化背景下所形成的小城镇是乡村聚落发展和进化的高级形态，是非农人口和非农活动组成的人口较为密集的聚落。它有可能使人与农田的关系布局发生改变，逐步拉远人与农田的距离，但其聚集程度和规模应与发展相适应，是一种规范的、有序的、集中的空间发展格局，同时在倡导生态环境建设的背景下，也会出现新型优质的可持续空间聚落。

3　促进江汉平原乡村景观可持续发展的策略

3.1　保护原有自然景观，增加资源优势

由传统城镇化建设导致的江汉平原生态污染、环境破坏以及自然灾害等，政府和当地民众应采取措施加大

植被恢复力度，增强生态环境系统稳定性；综合评估环境承载力，合理开发湖泊水域工作，不可盲目建造水利工程，加强保护农田的基本建设，并且做好防灾救灾工作；保护原有江汉平原多样化耕作景观，适当整合破碎肌理，使之具有连续性和完整性；在水资源优势的基础上适当退田还湖，增加水源涵养地，增设生态湿地、林地和农业小梯田景观等，增加景观多样性和生物多样性，充分发挥其原有水生蔬菜、水稻、油菜等优质农作物优势，减少非资源优势而增加资源优势创新品种的种植，并有步骤地发展高效农业。

3.2　调整农村经营模式，促进农业可持续发展

应积极推动江汉平原农村土地产权制度与土地经营管理制度创新，以及对于农村税收、财政、农业保险、粮食流通、信贷等制度的完善、改革，切切实实为人民服务，解放农村生产力，引进科技创新产业，吸引外迁务工人员，缓解目前由于城镇化建设造成农村劳动力转移而形成的"空心村"现象；促进实现江汉平原农业可持续发展。合理规划农业区域结构，突出特色农业经济，如在典型水旱两间区建立沿江种植、畜牧业生态经济区，在土壤有机条件好，海拔较高的地方建立粮、畜、林生态经济区，在水域面积较大，海拔较低的地方建立滨湖水产养殖生态经济区，在江河冲积形成的潜力较大的平地区可形成开发型利用的生态经济区，以及在道路、基础设施、资金等条件优越的边区，可形成具有游览、旅游观赏等价值的观赏农业生态经济区，秉持生态建设农业经济的目标，从而达到江汉平原农业的可持续发展。

3.3　发扬本土传统文化，构建多样文化景观

人类活动是决定文化传承之根本，在新型城镇化和多元化文化交融的背景下，应使广大人民群众充分了解我国新型城镇化之实质，不要一味追求物质利益，而是多方参与保护和发扬濒临失传的本土风俗、皮影戏、戏曲文化等，对本土乡村文化实行动态保护，增加人们日益减弱的"土地情感"；协调传统文化与新型信息之间的辩证关系，培育和丰富现有文化景观、塑造新型符合本土特色文化景观；注重进行规划设计，形成江汉平原特色建筑景观；发掘独特的人文和自然农耕景观，形成乡村文化旅游特色。

3.4　优化聚落空间格局，创造宜人景观效果

目前江汉平原乡村硬质景观布局混乱，过度硬化导致景观效果较差和乡土风貌的退化，其直接影响乡村景观格局安全，聚落空间规划理应向几千年来劳动人民智慧学习，顺应自然选择，合理改造自然。避免盲目投资开发、"遍地开花"、"千村一面"的现象，保障村民利益的同时，优化与协调聚落空间与环境之间的关系和布局，力求提高空间环境质量和传承本土特色。通过规划对乡村土地利用进行严格控制，节约集约利用土地，明确空间功能分区，整合区域景观资源，创造宜人的乡村景观。

结语

我国的城镇化建设已经走过了几十年的时间，其中积累了很多的经验同时也付出了惨痛的代价，新型城镇化背景下的江汉平原的发展务必坚持科学发展观，统筹兼顾，避免盲目追求城镇发展速度而牺牲独具特色的田园乡村景观，更应理智而又规范地进行新旧共存、和谐统一的建设发展。

参考文献

[1] 黄王景，雷海章，黄智敏．江汉平原湿地农业的可持续发展[J]．生态经济，2001(6)：44-46．

[2] 彭一刚著．传统村镇聚落景观分析[M]．中国建筑工业出版社，1992.12．

[3] 单霁翔．文化遗产保护与城市文化建设[M]．北京：中国建筑工业出版，2009．

[4] 周建明、张高攀著．旅游小城镇旅游资源开发与保护[M]．北京：中国建筑工业出版社，2009：3．

[5] 蒋玲、陈玉成．新农村旅游业发展对生态环境的影响及对策[J]．农业环境与发展，2008(6)：46-48．

作者简介

[1] 汪民，1973 年生，男，湖北武汉，华中科技大学城市规划与设计在职博士研究生，华中农业大学风景园林系讲师，研究方向为风景园林规划设计，电子邮箱：wangmin009@mail.hzau.edu.cn．

[2] 张俊磊，1989 年生，女，湖北襄阳，华中农业大学在读研究生/研究方向为风景园林规划设计，电子邮箱：471844842@qq.com．

风景名胜区总体规划编制

——土地利用协调规划研究

Master Planning Formulation of Scenic Area

——Research on Land Use Coordinating Planning

汪翼飞　金云峰

摘　要：土地利用协调规划作为风景名胜区总体规划的一个专项，其实际作用一直以来却远被低估。本文从土地利用协调专项规划对于风景资源保护、风景名胜区分区规划（包括功能分区、景区及保护区划分）以及风景名胜区规划实施等三方面的作用，论述其对于风景名胜区规划及其操作实施有效性的地位和意义。

关键词：风景名胜区；规划编制；土地利用

Abstract：As a specialized planning of national parks, the actual effect of the land use coordinating planning has always been far underestimated. Based on the effect of land use planning on the three aspects of scenic resources protection, other zoning plan of national parks and the implementation of national parks' planning, the article discusses its important meaning for national parks' planning and the effectiveness of its operational implementation.

Key words：Scenic Area Planning; Planning Formulation; Land Use

1　引言

风景名胜区指"风景资源集中、环境优美、具有一定规模和游览条件，可以供人们游览欣赏、休憩娱乐或是进行科学文化活动的地域"[1]，对于风景名胜区（以下简称风景区），其土地主要承载着风景资源，包括自然景源和人文景源。土地利用协调规划是风景区总体规划（以下简称总规）的一个专项，其主要内容是土地利用分区，即用地区划，它是基于土地功能性质的分区管控方式。《风景名胜区规划规范》（以下简称《规范》）中规定的风景区用地类型为 10 大类 50 中类①。

《规范》于 1999 年 11 月正式发布，土地利用协调规划作为风景区总规的一个专项，其实际作用和地位一直以来并未得到足够的重视。当前一些风景区规划仅就保护论保护，忽略了或者避而不谈风景区实际的开发建设需要，或是将资源保护与土地分离，又或是依旧从景区、功能区划分出发探讨风景区结构与布局，缺乏可控的分区边界，使得实施与管理的可操作性降低。本文将从土地利用协调规划对于风景资源保护、风景区分区规划（包括功能分区、景区及保护区划分）以及风景区规划实施等三方面的意义，论述土地利用协调专项对于风景区规划的地位和意义，并提出基于现有《规范》的执行操作途径。

2　土地利用协调规划对于风景资源保护的意义

2.1　风景资源与土地资源

风景资源包括自然景源和人文景源，是风景区产生环境效益、社会效益、经济效益的物质基础，因此，"资源保护是风景名胜区事业发展的核心内涵"[2]。

我国土地资源总量丰富，但是人均土地资源稀少，同样，风景资源作为一种特殊的土地资源，人多地少也就成为中国风景区的基本情况。因此风景资源和土地紧密联系，风景资源体现了土地的功能性质和覆盖特征，土地承载了风景资源的内在属性。

2.2　用地区划是风景资源保护的重要手段与工具

用地区划是处理好风景资源保护与开发关系的有效工具。首先，"绝对保护"已不能适应实际的风景区发展。风景区与自然保护区有很大的不同，风景资源在生态、社会、经济等方面的多重价值决定了它很大程度上的公共性，其保护的最终目的是实现资源的永续利用。其次，一味地就保护论保护也不再适应风景区建设实际，可以通过控制开发建设来实现风景区保护与开发建设的平衡。

风景资源与文化遗产

---

① 详见《风景名胜区规划规范》中土地利用协调规划章节。

用地区划，作为资源配置的有效手段和工具，通过用地结构布局的统筹安排，引导和控制建设活动在一定的管理目标下适度进行，使得对建设活动的"堵"与"疏"结合起来，统筹了保护与开发的平衡关系。

用地区划是将风景资源保护宏观诉求引向实施的重要纽带，合理的土地利用方式是风景资源保护的有效途径。一方面，在风景区中，甲类风景游赏用地是风景资源用地的主要表现形式，是风景资源保护的主要对象，对风景游赏用地的控制与保护实现了风景资源的落地保护。基于不同评定等级的风景资源，对风景游赏用地划分相应级别的保护分区，并对与其相应用地类型采取相对应的措施控制建设和游赏活动，从而达到资源保护的目的。另一方面，应从控制开发建设用地及生产生活用地实现资源保护，主要措施包括将乙类游览设施用地中居民点建设用地以及管理机构用地的外迁，至少要从核心景区迁出，如井冈山、九华山、庐山等风景区均在风景区外围规划建设居民点，拟将核心景区内的居民和管理机构逐步外迁出来，这同时也能够将一部分经营服务业带出风景区。另外，癸类中滞留企事业单位用地、工厂仓储及交通工程用地都应当迁出，并实施人工造林等措施。这些原本是开发建设用地和生产生活用地通过规划的实施，从风景区的迁出或改造，可减小对风景区资源的负面影响和干扰。

3 土地利用协调规划对风景区功能分区、景区及保护区划分的意义

用地区划是基于土地功能性质的用地分区规划，与风景区其他分区规划有着众多联系，同时也对这些分区规划具有重要意义，但它们在实际规划和操作中却显得缺乏衔接，实际上，不同分区都可以按用地性质来组织。

分区规划是风景区规划的一项主要任务，也是风景区规划实施与管理的重要依据。风景区根据不同需要划分不同的规划分区，当调节功能特征时，进行功能分区；当组织景观和游赏特征时，进行景区划分；当确定保护特征时，进行保护区划分，在这些规划分区当中，以前两者为主。此外，对于风景区中的建设行为控制分区也以用地区划为基础，如乙类游览设施用地为可建，甲1风景点用地为限建，甲2—甲5为禁建等等。

3.1 用地区划对功能分区的意义

风景区功能分区是根据土地适宜性，基于不同的风景资源保护要求及提供风景游赏的能力，对土地分区管控的方法。土地利用分区与功能分区相似，是依据土地功能性质进行分区管控的方式。功能区划分有大小、粗细之分，相较于功能分区，土地利用分区更细，分区规模更小，各分区特点更简洁。风景区功能分区的目标在于将有潜在使用矛盾的土地分隔，实现土地分区管控，而用地区划将在更深入和精细的层面更加有效地表达这一目标，为用地范围界线、使用性质、保护等级等方面更加翔实，更易于落实和操作实施提供可控的依据。

《规范》中并没有对功能分区做统一的规定。谢凝高认为风景区应分为生态保育区、特殊景观区、史迹保存区、服务区、一般控制区五大功能区[3]。庄优波，杨锐认为风景区分为资源核心保护区、资源低强度利用区、资源高强度利用区、社区协调区四大功能区[4]。由于没有统一的功能分区类型，依据风景区主体功能可将各种分区观点简化为三区，即：风景资源保护区，主要包括甲类风景游赏用地；资源开发利用区，主要包括乙类游览设施用地和丁类交通与工程用地；以及虽非主体功能却是风景区实际存在的生产生活发展区，主要包括丙类居民社会用地、戊类林地、己类园地、庚类耕地、辛类草地及壬类水域用地。功能区描述的也并非单一功能，而是由一种或多种用地类型以一定的规模、配比组合而成，表现出其主导功能，同时一种或多种用地的边界组合便成为功能区边界。

3.2 用地区划对景区划分的意义

景区是由景物、景点、景群等风景游览对象所组成的一种风景结构单元。景区划分是基于风景资源类型、特征及风景游览需求的一种管理分区。虽然最终都将体现在空间上的划分，但是不同于功能分区，相同景区内可以存在不同的用地功能分区。景区划分往往不具备实际的控制性空间范围，以之作为分区管控的依据，缺乏可执行性。

景区的主体功能是风景游赏，其对应的主要用地类型为甲1类风景点建设用地，在实际操作中，可以将甲1类风景点建设用地作为景区范围，或是将风景点建设用地划分成多个景区。

如此，像功能区划分一样，我们将景区的范围和边界与用地对应起来。在风景区用地协调规划的基础上，以一个或多个用地类型组合出不同的功能分区和景区，划出分区边界，使得功能区和景区边界不再只是示意性的几条线，而具有了实际意义，分区也成为明确的管控分区。

3.3 用地区划对保护分区的意义

保护分区是根据资源保护的不同要求，控制建设和游览活动，对资源保护进行分区管理，以确保风景资源的永续利用。以分类保护划分保护区，如同功能分区，实质上也是依据土地使用功能类型进行分区的一种方式，只是在保护分区当中对各分区规定了具体的保护措施，这其中也包括核心景区的划分："在保护培育规划中，要将分类和分级保护规划中确定的重点保护地区（如重要的自然景观保护区、生态保护区、史迹保护区），划为核心景区，确定其范围界线，并对其保护措施和管理要求做出强制性的规定"[5]。分类保护分为六大区，分别为生态保护区，主要包括甲2类用地；史迹保护区，主要包括甲1类用地（部分）；自然景观保护区，主要包括甲1类用地（部分）；风景恢复区，以甲3类用地为主；风景游览区，以甲1类用地（部分）为主以及发展控制区，主要包括风景区内的全部乙类用地、丙类用地、丁类用地、己类用地、庚类用地、壬类用地。

分级保护区与功能分区不同，相同功能分区内可能保护的程度要求不同。可以简单地这样理解：保护分区依据一定的保护要求，将50中类的用地或是根据需要只是

对其中一部分做出具体的保护级别规定和保护措施描述，如某一类用地描述为一级保护，那么这类用地同时被赋予了一级保护属性的规定与描述：可以配置什么，禁止什么，不得怎样以及严禁什么等等。以甲类风景游赏用地为例，甲1—甲5主要为一级保护，特级保护可以为部分甲2。如此，在风景区总体规划编制与执行中，保护分区就与用地区划对应起来，同时，与上述功能分区与景区划分相同，保护分区也以用地区划为依据划出管控边界。

4 土地利用协调规划对于风景区规划的法定地位及实施的意义

风景区规划从编制到最后的审批通过，其目的只有一个，那就是实施，其法定地位的保证也是为了有效实施，以实现规划意图。因此，不论是如前述的资源保护，分区规划还是工程、设施规划，最终都要确保能够有效操作实施。

4.1 土地利用规划是风景区法定地位的依据

风景区规划是一项法定规划，其规划一旦通过相应级别的审批，便具有法律效力，应严格执行。但作为法定依据的风景区总体规划，其法定地位屡屡受到挑战，违反总规错位开发，违规操作的行为层出不穷。这一方面固然由于执法和监督不力导致的"有法不依"等恶性违法行为，另一方面"无法可依"也是目前风景区规划管理工作中十分不足的一个现实。从法规制定和规划程序的严谨性上看，总规作为执法的主要依据各项规定不够充分，偏向引导性，使得其与建设行为脱节，无法得到严格执行。

从城乡规划的经验来看，控制性详细规划（以下简称控规）是建设行为控制的主要方法，当前对于符合风景区"保护为先"实际的控制性详细规划编制技术与方法的探索工作也在广泛进行，其法定约束力体现在其作为规划和建设许可的主要依据，而控规的主要工作就是土地利用规划。对于风景区控规编制，可在风景区用地适宜性分析的基础上，划分用地空间管制区，参考城乡用地分类，将风景区土地分为建设用地和非建设用地，一方面在建设用地内，以城市建设用地分类对接风景区用地分类，满足建设用地批租与出让需要；另一方面对于非建设用地的保护，为了防止被建设用地蚕食，需明确其与建设用地的边界，它应"具有唯一性，便于分类，分片管理和规划的分期实施，增强规划的可操作性"[6]，土地利用规划将土地细分，可明确各分区边界。因此从总规层面就确定土地利用规划的地位，有利于下一层面详细规划的制定和执行，以突出风景区规划的法定地位。

4.2 土地利用规划利于提高风景区规划实施的可操作性

风景区规划与管理工作的关键在于能否有效执行总规意图，而总规意图还需通过详细规划最终落实到土地上，才能得以实施和实现。风景区"一些重点建设地段，也可以增编控制性详细规划或修建性详细规划"[1]，其"对开发建设的控制必须具体化，应采用定位、定性、定量、定形、定质和定时的综合控制手段，规定开发建设的

合理位置、允许建设的用地性质、建筑容量、风格形态、标准质量和实施建设的时期。"[7]因此，这些需要通过详细规划进行强制规定的内容，则必须通过土地利用规划来体现和表达。

4.3 土地利用规划作为实施监测的依据

土地利用协调规划图纸是风景区规划实施执法的依据，同时也是风景区规划实施监测的重要依据，《风景名胜区条例》第三十一条规定："国家建立风景名胜区管理信息系统，对风景名胜区规划实施和资源保护情况进行动态监测。"随着信息系统的建立，以及GIS，GS等技术的应用，土地实际用途与规划用途是否一致成为规划实施动态监测的一项主要任务。一旦开发建设活动与规划用地性质不符，就能够及时发现和得到反馈，采取措施停止土地侵害等行为。

5 结语

对于风景区土地利用协调规划，风景资源保护是其目标，与分区规划的协调关系是工作重点和过程，实施是归宿，它首先是一种土地协调控制手段，同时也是一种土地协调发展的目标体系。基于以上论述我们认为：土地利用协调规划作为法定的依据，其可控性和可操作性，将风景区资源保护以及各项结构布局规划从宏观战略层面拉回到操作层面，更好地体现了他们的规划意图，实现资源的落地保护和建设活动的落地控制，同时也便于后期的实施与管理执法。因此，可能需要我们重新审视当下风景区发展的实际情况，着重突出土地利用协调规划在风景区规划体系中的地位和作用，同时将其作为风景区规划最重要的图纸之一，而不仅仅是一个专项。

参考文献

[1] 《风景名胜区规划规范》(GB 50298—1999)．北京：中国建筑工业出版社，1999．

[2] 中国风景名胜区事业发展公报(1982-2012)．住房和城乡建设部，2012．

[3] 谢凝高．国家风景名胜区功能的发展及其保护利用．中国园林，2005．7：1-8．

[4] 庄优波，杨锐．黄山风景名胜区分区规划研究．中国园林，2006．22(12)：32-36．

[5] 国家重点风景名胜区总体规划编制报批管理规定．建设部，2003．

[6] 张国强，贾建中主编．风景规划——风景名胜区规划规范实施手册．北京：中国建筑工业出版社，2003．

[7] 蔡立力．我国风景名胜区规划和管理的问题与对策．城市规划，2004．10：74-80．

作者简介

[1] 汪翼飞，男，同济大学建筑与城市规划学院景观学系硕士研究生。

[2] 金云峰，男，同济大学建筑与城市规划学院，教授，博导，上海同济城市规划设计研究院，同济大学都市建筑设计研究分院，研究方向为：风景园林规划设计方法与技术，中外园林与现代景观。

风景资源与文化遗产

明清以前北京的公共园林发展研究

Study of Beijing Public Gardens' Development and Opening Up Process before Ming and Qing Dynasties

王丹丹

摘　要：公共园林是中国古典园林的类型之一。关于北京园林的研究，尤以曾经作为主流的皇家园林、私家园林、寺观园林的讨论最多，但目前还没有针对北京公共园林的专项研究。本文将对明清以前北京的公共园林发展状况及相关活动进行梳理，以此作为研究北京公共园林的基础。

关键词：风景园林；公共园林；北京；明清以前

Abstract：Public garden was one of the types of Chinese classical garden. Study of Beijing gardens, there had been numerous research about Beijing gardens, especially in imperial garden, private gardens, temples gardens, those once to be the mainstream, but there is no special study for public garden in Beijing. This paper will be to sort out and select from public garden development status and related activities of Beijing before Ming and Qing Dynasties which will become the base research of Beijing public gardens.

Key words：Landscape Architecture；Public Gardens；Beijing；before Ming and Qing Dynasties

公共园林是中国古典园林的类型之一，在中国古代，公共园林，多见于一些经济发达、文化昌盛地区的城镇、村落，为居民提供公共交往、游憩的场所，有的还与商业活动相结合。它们多半是利用河、湖、水系稍加园林化的处理，或者城市街道的绿化，或者因就于名胜、古迹而稍加整治、改造。[1] 相对于皇家园林、私家园林等其他类型的古典园林，传统的城市公共园林具有空间布局开放、景观特征显著、城市功能突出的特征。[2]

北京作为历代古都，曾是辽、金、元、明、清的都城，有着 3000 多年建城史和 800 多年建都史。历史上，在北京城内、城外均出现过具备公共游览功能的园林，供百姓游览。《韩非子·有度》篇载："燕襄王以河为境，以蓟为国"，即以蓟城为燕国都，蓟城先后作为周代封国蓟与燕的都城延续了 800 余年。因此，蓟城自古即有燕都之称。自秦汉以来也一直是中国北方的军事和商业重镇，经历代城址的变迁（图1），其名称也不断变化。另据文字

记载，自魏晋以来，无论是漕运之需还是园苑建设之需，北京城址的变迁和城市的发展均与水系有着紧密的关系，这也深刻影响着历代北京园林的开发与建设，而关于北京园林的研究专著，尤以曾经作为主流的皇家园林、私家园林、寺观园林的讨论最多，但有关北京公共园林的专项研究方面却并未形成较为系统翔实的理论专著。下文将对明清以前北京的公共园林及相关活动进行梳理，以此作为研究北京公共园林的基础。

1 魏晋时期

早在三国时期，蓟城西郊的"太湖"，亦称西湖（今莲花池公园），就是蓟城百姓郊游的具有公共性质的园林。根据《水经注》所记，可知"蓟城"与"西湖"的位置关系（图2）。曹植诗《艳歌》中就描绘了蓟城郊外的园林景色："出自蓟北门，遥望湖池桑，枝枝自相植，叶叶自

图1 辽、金、元、明清北京城址变迁示意图（图片来源：《北京私家园林志》）

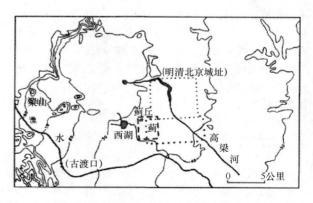

图2 "蓟城"与"西湖"位置示意图（图片来源：《北京城的生命印记》）

117

相当"。由此，蓟城一带的天然风景便是公共园林产生的基础。

2　隋唐时期

隋唐结束了三国两晋南北朝长达两百七十余年的分裂割据局面。隋唐盛世推动了公共园林的发展。隋朝建立后，幽州的地位和作用不断提高，尤其重视城市绿化的建设。《隋书·开河记》中记载："栽柳一株赏缣一匹，百姓竞植之。"说明当时运用奖赏制度促进城市园林的建设。唐幽州城内外建有许多园林，唐时为幽州城东北郊（今积水潭），有王镕的海子园。《光绪顺天府志》载："海子之名，见于唐季，王镕为镇师，赏馆李匡威于此。北人凡水之积者，辄目为海，积水潭汪洋如海得名"。《咏归录》载："都人呼飞放泊为南海子，积水潭为西海子，按海子之名见于唐季，王镕为镇师，有海子园，赏馆李匡于此。"《北梦琐言》载："李匡威（亦为幽州镇师）少年好勇，不拘小节，以饮博为事，一日与诸游侠辈钓于桑干河上赤栏桥之侧。"说明幽州城南有一处市民可以随意游览的地段。有着红色栏杆的桥，也就是碣石宫、临朔宫、清泉河一带。[3]另外，唐朝继隋朝之后佛教兴盛发展，从唐初开始，燕地普遍建造寺庙。盘山之寺庙如林，寺庙园林在唐代最为盛行。此时，佛教的发展带动了寺庙园林的建设，趋于兴盛。寺庙及寺庙园林的兴盛也为下一阶段的寺庙公共园林的发展奠定了基础。

3　辽金时期

辽会同元年（938年），契丹族建立了政权后，升幽州为辽的陪都南京，此时北京地位更加重要。金中都园林的开发，是北京古代园林史上的开拓期。奠定了后来北京园林的布局基础。除城内宫廷园林，在郊外的风景优美处，往往进行绿化和一定程度的园林化建设而开发成为供士民游览的公共园林。此外，承接上一代寺庙兴盛和寺庙园林的发展，辽代佛教盛行，寺庙园林逐渐增多，寺庙的兴盛促进了公共园林的发展。另据史书记载，辽南京（燕京）有柳园、凤凰园、内果园。《辽史·圣宗纪》载：太平五年（1052年）"十一月庚子，幸内果园宴，京民聚观，求进士得七十二人，命赋诗，第其三拙，以张昱等一十四人为太子校书郎，韩亦士等五十八人为崇文馆校书郎。燕民以车驾临幸，争以土物来献，上赐酺饮。至夕，六街灯火如昼，士庶嬉游，上亦微服观之。"据此记载内果园是燕京城内一处御苑，由"京民聚观""士庶嬉游"可知当时是允许京民观赏游览，王宫显贵、文人骚士和平民百姓均可游览之地。[4]

4　元大都时期

元大都是自唐长安以后，平原上新建的最大的都城。大都时期的园林特点主要是士大夫园林或小园林的蔚然兴起，元代对园林的建树虽不及唐、宋、金，但却有着特殊的贡献。此时，在大都城的东郊、南城和西北郊均分布

着具有公众游览功能的公共园林，并且都是老百姓可以游览的地段，大都的统一为公共园林的发展提供了有利的社会环境。随着游览之风的盛行，大都城东郊齐化门外有一座东岳行宫，内有石坛，周围种植杏花，"上东门外杏花开，千树红云绕石台"，每当春来杏花怒放时节，游人络绎不绝。另外，由于南城特有的风景名胜，如著名的悯忠寺、昊天寺、长春宫等，在节日里依然有众多居民前往烧香游览。"岁时游观，尤以故城为盛"，特别是三月，"北城官员、士庶妇人、女子多游南城，爱其风日清美而往之，名曰：踏青斗草"[5]，游南城成了当时大都居民的一种风俗习惯。元大都时期的大都百姓把游览南城遗迹作为社会的风尚，这些由历史遗迹、遗址发展起来的公共园林构筑了大都人民良好的生活方式。元大都西北郊（图3），风景优美、泉水充沛，尤以玉泉山、寿安山和香山最为有名。"佛宫、真馆、胜概盘郁其间"，也是大都居民"游观"之所，玉渊潭便是其中之一。当时不少私家园林也是文人学士四时游览的名胜之地。如位于大都上东门外，元代董宇定的私园，据《天府广记》载："元人董宇定杏花园在上东门外，植杏千余株。"[6]每逢春夏之交，杏花盛开，"京师一时盛传"。此时，老百姓可以游览的地段有：海子（玄武池）游览区及望湖亭和火神庙后亭；海子至西湖（今昆明湖）航道游览区；玉泉山及西湖护圣寺游览区；香山游览区；寿安山、五华山、大昭寺游览区；此外，还有蟠桃宫、二闸、满井、金鱼池、泡子河、陶然亭、什刹海以及西山地区的杏花、梨花、柿林、玫瑰等植物景观和自然景区。

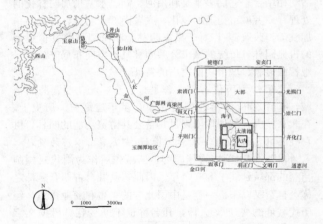

图3　元大都及其西北郊平面图（图片来源：《北京私家园林志》）

5　明清时期

到了明清时期，北京公共游豫园林分布地段更为广阔。明代北京西郊星罗棋布的寺庙园林，佛教自东汉末年传入中国，融入了儒家和道家的思想，道教讲求的是养生之道，羽化登仙的学说。随着附属于寺观的园林定期开放，游园活动也盛极一时，这些寺观园林便具备了公共园林的性质。北京的风景名胜古迹，历来是京城平民百姓踏青游览、开展民俗活动的重要场所。佛教禅宗兴盛，寺庙园林造园活动更加突出，特别是北京西郊所建寺庙，数量

之多，分布之广，是以前几个朝代远远无法比拟的。西山八大处是京郊最负盛名的寺庙园林风景区。寺观园林由世俗化更进一步公开开放，任人游览，使寺观园林更多地发挥其城市公共园林的职能，成为庶民百姓进香游览之地。明代北京平民游览风景游赏地的特点主要体现在多选择在近郊的名山秀水，平民外出游览的季节特征十分明显，突出群众性游览的特点，几乎是逢节必游，游客规模非常大，同时伴有丰富的娱乐活动。[7]清代皇家园林和府宅园林均不向群众开放，所以一般人士游观赏景，近则滨水野景，远则山区名胜。其近之地有什刹海、东便门之蟠桃宫、二闸地段，西便门外莲花池等，这些地区，虽然局部也有皇家园林别墅，但大部分地段允许老百姓游览，又如内城太平湖、泡子河，外城金鱼池、南下洼、陶然亭，以及西直门外高梁桥、长河沿岸等（图4）。在西山一带层峦叠嶂，风光旖旎，名胜遍布。"佛寺皇苑共西山，京华士庶往来春"，[8]北京的西北郊在明代时，已有"西山三百寺，十日遍经行"的说法。

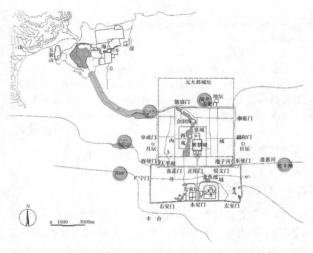

图4　清代北京近郊一带公共园林分布图
（图片来源《北京私家园林志》）

6 结语

　　北京公共园林的发展与各时期北京的城市发展紧密结合，上述关于明清以前北京的公共园林及公共游览活动，在发展过程中受到各历史时期的政治变革、城址变迁、水系治理、漕运发展、思想文化等诸多因素的深刻影响。从北京古代公共园林在形成过程中的特点来看，往往是与古代的公共游赏和宗教活动相关。此外，中国古典园林深受山水诗画艺术的影响，呈现出山水园林的艺术外貌。园林中的河湖水系在古典园林中占有重要的地位，在北京园林的历史发展中，伴随着对河湖水系的治理而逐渐发展起来的公共园林，不仅影响着古代的城市发展，而且对于今天城市公共空间的建设更具启发意义。这些融合了优美的自然风光和深厚人文内涵的公共园林为社会各阶层的交流提供了平台，承载了北京城市发展过程中重要的历史遗产以及文化景观，构筑了北京公共园林的空间特色。

　　上述对明清以前北京公共园林的梳理，希望以史为鉴，不断提高人们对中国古典园林中有关公共园林的认识，并为今后北京园林历史的研究作出积极的贡献，同时为当代北京园林的建设提供参考。

参考文献

[1] 周维权著．中国古典园林史[M]．北京：清华大学出版社，2008：11.
[2] 徐碧颖著．传统公共园林文化传承的规划设计方法研究——以大明湖为例[D]．清华大学硕士论文，2008：2.
[3] 赵兴华著．北京园林史话[M]．中国林业出版社，1999：20-27.
[4] （清）于敏中等编纂日下旧闻考卷一百四十七《风俗》，引《析津志》.
[5] （元）熊梦祥著．析津志辑佚[M]．北京古籍出版社，1983.
[6] （清）孙承泽．天府广记[M]．北京：北京古籍出版社，1984：563.
[7] 吴承忠，韩光辉．明代北京风景游赏地的分布特征[J]．清华大学学报（哲学社会科学版），2007(05)：58-66.
[8] 王铎著．中国古代苑园与文化[M]．武汉：湖北教育出版社，2002：284.
[9] 贾珺著．北京私家园林志[M]．北京：清华大学出版社，2009.

作者简介

　　王丹丹，1980年9月生，女，汉，黑龙江，博士，北京林业大学园林学院讲师，研究方向为风景园林规划设计与理论，电子邮箱：wangdandanbjfu@126.com。

明清以前北京的公共园林发展研究

基于旅游规划视角下的香山买卖街商业业态提升建议

Recommendations for Improvements of the Maimai Street Fragrant Hills' Commercial Forms Based on the Tourism Planning

王 斐 潘运伟 杨 明

摘 要：国际上逐渐兴起以"振兴"为导向的历史文化街区遗产保护思潮。本文通过研究香山买卖街三个历史阶段的发展机制、功能需求演变，对商业业态类型进行交叉分析，阐述现状发展的态势，提出问题所在。探讨通过商业业态重构实现历史文化街区积极振兴和可持续发展的可能。力求从街区的历史文化本质出发，结合现代旅游功能需求，建立一种可操作的商业业态引导模型。进而着力通过主导业态、关联业态、更新业态、配套业态和社区业态五种类型提出规划建议。

关键词：历史文化街区；积极振兴；业态重构

Abstract："Revitalization" oriented heritage protection of the historical and cultural blocks is gaining popularity throughout the world recently. In this study, we focused on the case of Maimai Street of the Fragrant Hills, investigated the street's three historical stages for its developing mechanism and functional evolutions, cross-analyzed its commercial forms, demonstrated the current status of the street's development and pointed out potential issues. Furthermore, we evaluated the commercial forms rebuilding as a possible method to achieve active revitalization and sustainable development for the historical and cultural blocks. We sought to build a feasible planning model of commercial forms rebuilding based on the historical and cultural properties of the streets and the functional requirements of model tourism. In details, we emphasize the importance of five types of commercial forms: leading forms, correlated forms, updated forms, supporting forms and community forms, and gave our planning recommendations on these forms.

Key words：Historical and Cultural Blocks；Active Revitalization；Forms Rebuilding

1 引言

随着国际上以"振兴"为导向的第三次遗产保护思潮的兴起，历史文化街区不仅仅作为遗产进行保护，越来越多的注重提高规划和管理水平，参与城市功能更新，融入文化和旅游要素。历史文化街区包含的历史价值、审美值、经济价值、社会价值中，体现街区最核心价值的是经济价值[1]。而实现经济价值的直接可控的引导途径，便是商业业态。

香山买卖街位于香山脚下，初建于乾隆十五年，历史上从属于清西郊皇家园林"静宜园"。历史上几经存废，遗迹遗存几乎消失殆尽，历史风貌难寻，且位于北京市中心城的西北边缘，城市化较晚，土地权属混乱，街区风貌不统一，街区存续略显颓势。如何通过商业业态引导重塑历史风貌，阐述场所精神，建立文化认同？如何实现遗产保护、居民需求和经济价值的平衡？

2 香山买卖街业态演变

伴随历史沉浮社会兴替，香山买卖街业态大致可分为三大阶段：行宫成营时期、社区便民时期、现代旅游时期，反映了不同社会背景下街区的发展机制、功能需求和业态类型。

2.1 行宫成营时期

买卖街是清代北京西北郊的皇家园林中的常见之景，圆明园、畅春园、静宜园、清漪园（颐和园）中皆有设置[2]。静宜园（香山）买卖街文字影像记述寥寥。《日下旧闻考》唯有一句："静宜园守备署在香山买卖街。"《畿辅通志》卷十三记载："静宜园……前为城关二，由城关入，东西各建坊楔，中架石桥……清乾隆时期沈焕所绘《静宜园全图》和晚清补测地盘图《清中期静宜园地盘图》也稍有些展现，其历史轮廓，大致可见。

图1　清乾隆时期香山买卖街（摘选自《香山寺全貌图》，清乾隆时期沈焕等绘制）

2.1.1 发展机制与功能需求

作为从属皇家园林的买卖街，有很大的布景表演性质。

风景资源与文化遗产

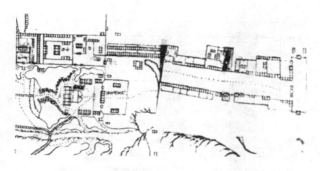

图2　清光绪时期香山买卖街（摘选自《清中期
静宜园地盘图》，清光绪年间绘制）

与皇家园林中表现农家景象的农田菜圃往往兼有真正的生产功能不同，表现市井风貌的买卖街则从根本上说并无真正的商业价值，多是满足皇室暂时忽略身份、参与市井娱乐的欲望，其热闹景象都是刻意营造的结果。这种暂时的热闹，和节庆时期的烟火盒子、灯戏一样，节日过后，一切又将回复为纯粹的摆设——这是买卖街的本质所在[2]。

此外，香山买卖街结合守备署设置，很可能有部分清帝外巡时随行营搭置的临时街市的影子，为了方便随驾官兵及时购买食物、补充粮草。

2.1.2　业态分析

因香山买卖街店铺详情查无记录。依乾隆、光绪年间图像档案判断，买卖街店铺大小不尽一致，乾隆年间应与北京常见街市店铺无异，约30座有余；清中后期不断改造，光绪年间多是小开间店铺，90余间。

据记载，香山买卖街上有餐饮类业态，如夹杂说书的酒馆、唱曲的茶园；娱乐类业态，如供人品茶对弈的春秋棋社。以现存乾隆间《圆明园内拟定铺面房装修拍子以及招牌幌子则例》中列举店铺类推，类型大约还可能有如下：当铺、首饰楼、银号、香蜡铺、纸马铺、油盐铺、菜床子、粮食铺、颜料铺、南酒铺、干果铺、古玩店、饭庄、估衣铺、瓷器店、漆器店、丝绸店、布店、书店、文具店、木器家具店、鸟雀店等，有些店铺还出售一些来自日本、欧洲的进口商品。香山买卖街很可能另有兵器铺、鞍鞯铺等。总体推断，以购物类和娱乐类业态为多。

2.2　社区便民时期

20世纪二三十年代，由文章和日记书信中可发现，许多名士文人都到过北京香山，或在此养病、或来游玩、或来学习，其中包括熊希龄、鲁迅、周作人、老舍、冰心、朱自清、丁玲、胡也频、沈从文、邓颖超等[3]。多处名胜景区被达官贵人、军阀巨商建私人别墅，成为度假休闲之地，文人政客成为这一时期的游客客源。1912年，爱国教育家、慈善家英敛之先生在静宜园内兴办起了"静宜女子学校"。从1919年到1948年，整座皇家园林静宜园，全归"香山慈幼院"独家使用。

2.2.1　发展机制与功能需求

此时的香山买卖街，居民主要以游客和学校为对象做一些小买卖为生，逐步形成了一条约100多米长的商业小街。由于社区和学校的服务需求，香山买卖街有了稳定

持续的商业生命力，直至20世纪50年代，这条街依然红火，60年代初，随着社会主义改造和公私合营运动，买卖街的商铺相继关张，之后再没有一家门店。

2.2.2　业态分析

因特殊的历史背景，买卖街在旧时北京社会地位的衰落和经济地位的先天不足，这一时期的买卖街鲜有文献记载，仅以可翻查的回忆记述文字为依据。此时的业态主要为餐饮类和日常生活类，分别包括有周记果局子、屈记小铺、赵记肉铺、油盐店、包子铺、赵记茶馆和王记理发铺、鞋铺、郑记煤铺等。

2.3　现代旅游时期

20世纪50年代开始，昔日的皇家园林静宜园作为香山公园对公众开放，吸引了北京市内及各地游客观光游览。随着人们物质生活水平的提高，大量的旅游需求释放，旅游活动渐渐兴起。

2.3.1　发展机制与功能需求

从1997年到2004年，香山公园的游客基本上逐年增长，年均游客数为248万人次[4]，游客市场基数庞大。买卖街是抵达香山公园的必经之路，大量人流必然催生商业发展，当地居民追求房屋价值最大化，一般将沿街店面出租作为商业店铺。利益博弈中处于弱势的社区服务需求不断被挤压，到访香山的游客成为其商业经营的目标人群。

根据相关研究，香山公园以国内游客为主体，国外游客仅占小部分，国内游客中又以北京本地游客为多数，占国内游客总数的69%[4]。游客到香山公园多与朋友同事结伴出行，为锻炼身体及欣赏风景而来，以中青年学生和企事业职员居多，以乘坐公共汽车出行，旅游花费不高。排除了交通费用，54%的游客花费小于50元，旅游消费普遍偏低[5]。这也是现状香山买卖街常年出售红叶明信片等低端旅游纪念品和贩卖煎饼干果等简便快餐，无法催生健康旅游经济、形成繁荣商业业态的主要根源。

2.3.2　业态分析

根据笔者的实地调研，以2007年、2009年、2013年的业态资料为基础，分析其演变特征，窥探现代旅游背景下的业态发展趋势。

香山买卖街2007、2009、2013年
商业业态类型构成　　　　　　　表1

业态	小类	2007		2009		2013	
		数量	百分比	数量	百分比	数量	百分比
餐饮类	小吃特产	36	57.3%	17	49.5%	16	44.4%
	餐厅	12		14		12	
	中高档餐厅	2		2		3	
	咖啡茶座酒吧	5	55	3	48	3	40
	冷饮	—		1		2	
	干果炒货	—		11		4	

业态	小类	2007 数量	2007 百分比	2009 数量	2009 百分比	2013 数量	2013 百分比
购物类	工艺礼品	18		24		21	
	武术器械	—		3		2	
	佛教礼品	—	23	1	39	2	42
			24.0%		40.2%		46.7%
	登山用品	5		5		6	
	超市商店			6		11	
娱乐类	艺术工作室	—		—		3	
	养生保健	13	13 13.5%	8	8 8.2%	2	6 6.7%
	创意体验	—				1	
其他		5	5.2%	2	2.1%	2	2.2%
合计		96	100.0%	97	100.0%	90	100.0%

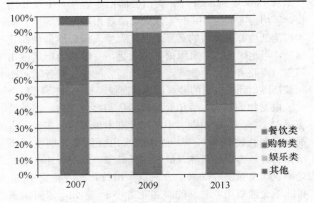

图 3 香山买卖街商业业态类型构成

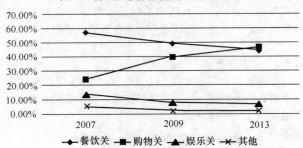

图 4 香山买卖街商业业态类型演变趋势

香山买卖街 2007、2009、2013 年商业业态消费层次构成 表 2

业态	2007 数量	2007 百分比	2009 数量	2009 百分比	2013 数量	2013 百分比
中高端	7	7.3%	5	5.2%	9	10.0%
低端	89	92.7%	92	94.8%	81	90.0%
合计	96	100.0%	97	100.0%	90	100.0%

香山买卖街的餐饮业态一直占有较大比例,构成买

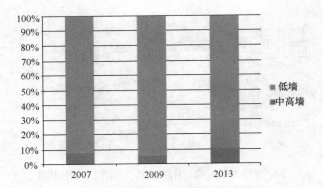

图 5 香山买卖街商业业态消费层次构成

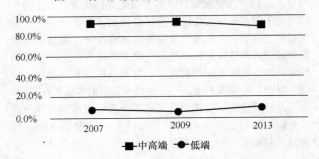

图 6 香山买卖街商业业态消费层次演变趋势

卖街的主要商业风貌,但整体上呈缓慢递减趋势。究其原因,大量经营煎饼、烤串的小吃特产及干果炒货业态逐渐难以经营,或变更为售卖矿泉水为主的超市商店购物业态;或转移至煤厂街,位置优势让渡给中高档餐厅或咖啡厅。中高端餐饮所占比例很低,但"那家小馆官府菜"、"听蝉轩"等一直经营良好;又新增加"小吊梨汤"创意餐厅,顾客人数在就餐时段达到峰值,等位现象常有发生;"雕刻时光"咖啡馆移至路北并增加规模。

购物业态增长趋势迅猛,由 2007 年的 24% 增长至 2013 年的 46.7%,几乎增长一倍。以售卖红叶明信片为主的工艺礼品店和售卖矿泉水为主的微型超市商店增加,反映出香山公园游客市场的消费层次整体偏低。

娱乐业态虽然所占比例较小,但衰减趋势显著。主要为服务于社区的养生馆、按摩院等服务于社区的低端养生保健业态骤减。大量置换成以书法绘画、摄影为主题的会所、俱乐部,有向中高端业态发展的趋势。

从整体特征来看,餐饮和购物是香山买卖街的主要业态类型,构成街区的整体业态风貌,反映出快餐和饮用水消费的大量需求,未来可朝着更规范的形式引导提升。面向越来越多的专门到访买卖街寻找美食的专项客源,创意餐饮业态要加量释放;购物业态的品质要并购提升;鼓励与街区气质相符的娱乐业态发展。

低端业态基数仍然很大,一方面顺应市场消费需求,另一方面严重影响文化街区历史商业氛围。商家攫取第一桶金后,有了资本积累便离开,业态更换,招牌不符,导致街区风貌的杂乱无章,需要加强公共管理,利用市场手段精明引导。中高端业态有增加趋势,从供需关系来看,长期的不景气是卖方供应压抑买方需求,可以适当加量留住消费,吸引香山地区高端地产业主客源;新增一批历史上出现过的业态,结合现代消费习惯进行市场培育。

3 立足于积极振兴理念的香山买卖街业态重构

街区积极的经济振兴必须从历史文化本质出发，依据香山买卖街历史业态梳理及现代功能需求进行交叉分析并重新解构，以旅游规划的视角建立一种可操作的引导模型。本文着力通过主导业态、关联业态、更新业态、配套业态和社区业态五种类型提出建议。

主导业态反映特定社会发展阶段的历史功能和文化脉络，承载"场所精神"和街区"灵魂"；主导业态遗存有限时，关联业态成为其必要补充或替代其发挥主要功能；更新业态是街区在发展过程中顺应时代需求新增加或调整的业态，是传统、历史业态的创新发展和有机延续；配套业态是为保持经济活力，包容多元商业业态，塑造休闲氛围；为保持街区历史的真实性和延续性，应有意识的保留社区业态，当地居民服务。

3.1 主导业态和关联业态

对于有一定历史文化沉淀，保留一定历史商业惯性的历史街区，主导业态应是历史上的传统业态、老字号和历史遗迹（历史遗迹可视为文化展示业态），关联业态则是与街区历史文化相关的业态形式，这样才能保持街区历史文脉的延续，保留街区的城市记忆。

香山买卖街的业态演变经历了三个不同阶段，主导和关联业态应体现三代并立的特色，从而真实地再现不同历史时期的城市记忆，反映历史的传承、演化、对比与碰撞。由此应增加符合行宫营建、社区便民时期历史气质的业态，可还原文化展示类景点或店铺，作为公益投资产生历史价值、审美价值、社会价值，不产生直接经济价值和消费回报；恢复历史上的餐饮、娱乐类传统店铺。

3.1.1 文化展示

再现静宜园门区皇家序列，恢复老牌坊和城关，营造静宜园门前的皇家文化历史景点；

利用一些无人承租、长期空置的沿街门面，修建微型博物馆，恢复兵器铺、鞍鞯铺，穿插于商业店铺，不经意间使游客获得历史信息和科普知识；

街角转角或小型场地布置一些情景雕塑，展示旧时买卖街的皇室参与市井娱乐、民国文人寻游往来的情景；

3.1.2 传统店铺

依托现廖有的书法斋，恢复有记载的线装旧书店、唱曲的赵记茶馆、专门供人品茶对弈的春秋棋社等，适当增加休闲娱乐比重，形成一定历史文化氛围；

恢复一些本街区历史上的老字号餐饮类店铺，如夹杂说书的酒馆、周记果局子、赵记肉铺、包子铺等。

3.2 更新业态

在传承城市记忆、保护历史文化和提升环境质量的前提下，更新业态应反映出时代需求和特色，接纳多元文化，遵循其自发振兴的市场规律，由市场选择的最有经济活力的业态。

香山买卖街部分满足现代需求的业态已经有了自发的文化赋加，比较融洽的调和了历史文化街区的景观气质，发展成为中高端业态。这种"文化赋加"的方式作为历史与现代的调和剂，有很好的推广价值。

3.2.1 文化餐饮

"那家小馆"、"小吊梨汤"等一批官府菜、创意菜的进驻，是市场发展趋势的反映，可以继续吸引与本区文化内涵相符合的有品位、有品质的餐饮店，拉动中高端消费需求。

3.2.2 文化酒店

现状街区内部的有大量住宿出租院落，临近周边亦有商务住宿设施，可借鉴诸如安缦法云、德懋堂等"文化精品酒店"的发展模式，建设"香山合院"，吸纳商务会议和短期住宿客源，景观上以门脸的形式呈现于街区沿街立面，强调文化休闲氛围。

3.2.3 创意店铺

支持文化创意相关业态的进驻，生活及创意工作室可涉及艺术品、设计、陶瓷、摄影、画廊、绘画工作室等多个领域。现有的画廊、摄影工作室可按照新中式或极简风格进行景观改造设计。

3.3 配套业态

为促进历史文化街区在现代城市中保持经济活力，在拥有上述三种业态的同时，应保持一定数量的其他多元商业业态。配套业态往往与街区的传统历史文化关联较弱，但却会为到访街区的市民和游客提供活动便利，乃至营造一种现代的惬意的休闲氛围。

香山买卖街的配套业态基数最大、品质不高，以旅游服务为核心价值自发发展和更替，是街区最具经济活力的业态。主要有咖啡店、干果铺和饮用水商店。咖啡店或多或少增加了街区活力，原则上不予增加不予干预；干果铺和饮用水商店景观形象杂乱，可考虑整合提升，街景立面可传统可现代极简。

3.4 社区业态

为保护原有独特而具有活力的邻里关系，应有一定规模保留社区业态。既不破坏原住民生活，又保证经济活跃，同时还丰富游客体验。

香山买卖街的社区业态受服务于游客的配套业态挤压，居民生活配套需求严重受损。对于能够吸纳社区就业的现有按摩店给予政策支持；社区便民时期出现的油盐店、鞋铺、王记理发铺可酌情恢复；现代生活需要的邮政、电信等，可融合休闲文化元素，以创意性小店面形式少量增加，如香山特色明信片售卖店、提供 WIFI 交友空间的手机体验店等。

4 结语

通过对商业业态规划引导，以期实现香山买卖街的重生，再现其历史文化街区风采，未来纳入海淀西北部高端旅游区的总体发展框架，成为北京西山的精品项目。

历史文化街区的商业业态规划不仅涉及历史文化保护与旅游发展，还与管理学、社会学、经济学、景观设计学等都有着密切的关系，多学科的合作与探讨是必要的。期望本文对商业业态提升引导方法的探讨能够给予历史文化街区积极振兴提供借鉴与帮助，也为历史文化街区提供一种业态创新的范式。

参考文献

［1］ 史蒂文·蒂耶斯德尔，蒂姆·希思，塔内尔·厄奇（著）；张玫英，董卫（译）．城市历史文化街区的复兴．中国建筑工业出版社，2006.

［2］ 贾珺．圆明园买卖街钩沉．故宫博物院院刊，2004.06（116）：120-134.

［3］ 舒乙．香山前区．北京观察(12)，2008：61-63.

［4］ 金丽鹏．香山公园森林游憩资源价值评估与管理对策研究：［学位论文］．北京林业大学，2005.

［5］ 黄凯，马亮，王红利，舒朝普．北京香山公园旅游客源市场浅析．社会科学家(10)，2005：197-201.

作者简介

［1］ 王斐，1985年9月生，女，汉，山东聊城，本科，北京清华同衡规划设计研究院，主创规划师，景观设计、风景区规划，电子邮箱：wangfei8675@163.com。

［2］ 潘运伟，1983年3月生，男，汉，江苏连云港，硕士，北京清华同衡规划设计研究院，主创规划师，旅游/风景区规划，电子邮箱：panyunwei@sohu.com。

［3］ 杨明，1979年1月生，男，汉，山东青岛，硕士，北京清华同衡规划设计研究院，副所长，旅游区、景区规划与策划。

浅析清真寺文物建筑价值及其保护

——以扬州仙鹤寺为例

Analysis of Historic Building Value and Protection of Mosque

——With Yangzhou Crane Mosque as an Example

王惠琼　秦仁强

摘　要：通过对扬州仙鹤寺实地调研和测量，绘制出寺内主体建筑和院落空间的平面图，并分析其文物价值分析。通过调研称述扬州仙鹤寺的保护现状，提出了对历史文物建筑保护的几点思考，强调历史文物建筑的保护与修复中的原真性原则和整体性原则。

关键词：扬州仙鹤寺；文物建筑价值；文物建筑保护

Abstract：Based on the field survey and measurement of Yangzhou crane mosque，drew a plan of the main building and the courtyard space in this article，and analysed the value of cultural relics. According to the present situation of the protection and research statement Yangzhou crane mosque，puts forward some thoughts on the protection of historical heritage building，and emphasizes the authenticity principle and the integrity principle of historic buildings.

Key words：Yangzhou Crane Mosque；Historic Building Value；Historic Building Protection

扬州地处江淮中心，是京杭运河与长江的交汇点，也是陆上丝绸之路与海上丝绸之路的连接点。特殊的地理位置使得扬州在唐中叶以后，成为国内南北水运交通的枢纽和国际交往的重要港口，交通上形成了前所未有的繁荣局面。

唐代，特别是唐中叶后，随着全国经济发展重心的东移、南移，随着江淮财富成为唐朝后期经济命脉之所系。扬州在经济上形成了空前的繁荣局面。

《资治通鉴》卷二五九唐昭宗景福元年："扬州富庶甲天下，时人称扬一益二。"

《旧唐书》卷一八二："江淮之间，广陵大镇。富甲天下。"

《嘉庆扬州府志》卷六十三："故有唐藩镇之盛，惟扬益二州，号天下繁侈。"

繁华的扬州城吸引了大批大食、波斯商人通过香料之路即海上丝绸之路来扬州进行贸易活动。由于唐朝政府的开明政策，大食、波斯商人在扬州的贸易活动不断扩大，并与当地人民相互了解、相互信任，建立起融洽的关系，为伊斯兰教的传入奠定了基础。明代何乔远著《闽书·卷七·方域志》记载："（穆罕默德）有门徒大贤四人，唐武德（618—626 年）中来朝，遂传教中国。一贤传教于广州，二贤传教于扬州，三贤、四贤传教于泉州。"二贤传教扬州的历史遗迹今已不存，由西域普哈丁创建的仙鹤寺和后人为他建造的普哈丁墓园，则是扬州伊斯兰文化现存最早同时也较完整的遗存。普哈丁于宋咸淳间（1265—1274 年）来到扬州传教。在扬州期间，普哈丁乐善好施，扶弱济贫，受到扬州人民的拥戴和宋王朝的礼遇。明代盛仪编著的《嘉靖维扬志》记载："礼拜寺（即仙鹤寺）在府东太平桥北，宋德祐元年西域补好丁（即普哈丁）游至此创建。"《江都县志》（1996）卷十二记述："清真寺在南门大街，宋西域普哈丁建。"明洪武二十三年（1390 年）哈三重建。嘉靖二年（1523 年）商人马宗道与寺住持哈铭重修。另从寺内现存的文物看，此寺在清乾隆五十六年（1791 年），还经过一次大修[1]。

1　扬州仙鹤寺建筑风貌

据寺内人士介绍，仙鹤寺建筑都是按仙鹤的形体布局。寺门前面的照壁为鹤嘴，而寺门为鹤头，南、北庭院内的两口古井为仙鹤的双眼，进寺门北转通向礼拜殿庭院的狭长甬道为鹤颈，礼拜殿为仙鹤的身体，南厅和北厅为仙鹤的翅膀，后院的两棵柏树为仙鹤的双腿，礼拜殿后方临河的竹林为鹤尾。然而在 20 世纪四五十年代，大门前的照壁被拆除，北厅及其庭院被占改建，庭院内的古井也被填平，汶河被填修建成路，于是仙鹤便少了一嘴一眼一翅一尾。笔者调研时发现，为了保持仙鹤的形状，仙鹤寺大门外的照壁、北边的井和厅堂已得以重建复原，寺之南墙外也特意植了一些笔竹，仙鹤的形体得以完整。

1.1　建筑及平面布局

按照伊斯兰建筑的功能需求，仙鹤寺坐西向东，大门外有青砖照壁向寺门展开，照壁上金粉雕刻有阿拉伯语的清真言。大门内为一进院落，约 50m²，大门前方横列着一面玉带墙，墙上开有月洞门；倚墙有一株古银杏，树上的铭牌显示这株银杏树龄有 700 年，属于古树名木，古银杏使得该院落空间更加的围合。东南角是门卫室。向西进入月洞门，又一进院落，院西为敬经堂，用作寺内办公室；敬经堂面阔三间，进深一间，坐西朝东，堂前院落内植有桂花三株。院南为坐北朝南的诚信堂，用作贵宾接待室；堂前亦有一座院落，院内植有枇杷一株，正对诚信堂有湖石堆砌的花坛，植有蜡梅，花坛旁边是一口古井（图1）。

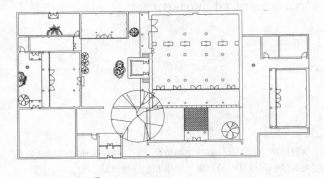

图1　仙鹤寺平面图（图片来源：作者自绘）

自大门北转，经过甬道，向西经垂花门达礼拜殿。礼拜殿前为一大院落，约120m²。礼拜殿面阔五间，进深三间，带卷棚前廊（图2）。礼拜殿后部为后窑殿，亦面阔五间，进深一间。在明间复增二金柱（图3）。从礼拜殿外观来看，其前部分为单檐硬山顶而后部的后窑殿则为重檐歇山顶，两种不同的屋顶形式形成勾连搭，因此侧立面形式美观，变化丰富，具有浓郁的江南格调。大殿左山墙上建有望月亭及走廊，亭前即敬经堂院落，院内置花坛，植有牡丹芍药，使此院颇富于园林风趣[2]。

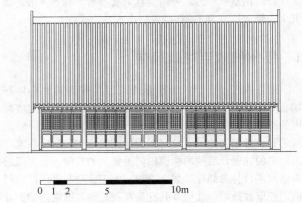

图2　礼拜殿立面图（图片来源：作者自绘）

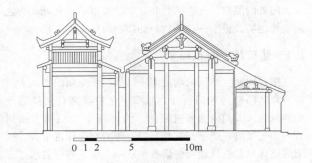

图3　礼拜殿剖面图（图片来源：作者自绘）

甬道尽头又有一院落，院内为重建的北厅即穆民讲堂，与南面院落的南厅诚信堂相呼应，院内的复原的古井亦与南院古井相呼应。院西为浴室。

仙鹤寺占地面积仅2.3亩，建筑物布置采用非对称的院落式[3]，并且区划分明：将礼拜殿单独布置在一个院落形成静区，将教学及生活性建筑布置在另一个院落作为动区，这样动静结合，各不相扰而又联系，灵活紧密又节省占地面积，是该寺的精妙之所在。

1.2　装饰与装修

扬州仙鹤寺的建筑外部装饰与内部装修结合了中国与阿拉伯的建筑文化，形成了中国特有的中式伊斯兰建筑装饰风格。

礼拜殿是仙鹤寺最核心的建筑，从结构上来看，采用了大木结构且露明造，与当地其他寺院的结构没有区别，而礼拜殿内部则是典型的伊斯兰装饰风格。木地板上铺有绿色的拜毡，给人以庄严肃穆之感（图4）。由于伊斯兰认主独一，崇拜真主，故殿内无任何人物、动物画像。后窑殿西面墙壁上设有壁龛，壁龛上有《古兰经》经文的木板浮雕作，木板饰以红漆，阿拉伯文为涂金（图5）。后窑殿略北位置设有楠木制的宣谕台，为阿訇讲经之用，宣谕台上面置一座八角亭，用来存放《古兰经》，制作非常精美[4]。此外，大门、过道及寺内各衔接的道口大都是拱券门，在建筑细节又体现出阿拉伯式的建筑风格。

图4　礼拜殿内景（图片来源：作者拍摄）

图5　壁龛（图片来源：作者拍摄）

风景资源与文化遗产

2 仙鹤寺文物价值

清真寺对于穆斯林民众来说是一种非常重要的建筑场所，它不仅是举行宗教活动的场所，而且承载和展现着当地穆斯林的发展兴衰。因此，穆斯林总是在其经济能力范围之内，积极地建造、修缮清真寺，并且非常注重建筑的造型、风格，且在装饰上精雕细琢。因此清真寺是中国伊斯兰建筑的代表，而古代清真寺是中国伊斯兰文物建筑的重要代表，包含着重要的历史信息和文物价值。

2.1 历史价值

扬州仙鹤寺是中国现存较早的清真寺之一，属于江苏省文物保护单位；它同广州怀圣寺、泉州圣友寺、杭州凤凰寺并称为中国沿海四大清真古寺。作为中阿文化交流典型代表的仙鹤寺和古运河两岸众多的名胜古迹一道见证了扬州城的发展和变迁，成为中外友好史上珍贵的历史遗迹，为研究扬州城这一时期的历史、政治、经济、文化提供了重要的实物证据。

2.2 文化艺术价值

从建筑布局来看，仙鹤寺采用了中国传统的院落式布局，讲究空间的主次对比；在建筑结构上，也采用了传统的大木框架结构；而在建筑内的细部处理上，却采用阿拉伯的装饰手法，在功能上也完全遵从伊斯兰的使用方式。因此，仙鹤寺结合了中国和阿拉伯的建筑艺术、融合了扬州和伊斯兰的文化内涵。这体现出当时工匠们高超的建筑技艺和文化素养，也反映出各民族友好和谐的社会容貌。

2.3 科学价值

扬州仙鹤寺作为文物建筑是人类物质文明的集中体现，它反映了修建时代建筑科学诸多方面的信息，如空间布局、建筑形式及结构、内外装修技术等，对研究历史时代的建筑科学技术、材料、艺术等方面具有重要的价值[4]。

2.4 情感价值

人是有感情的动物，它能够通过对过去历史延续、宗教信仰、共同的认同作用等寻找自身落点的依凭，并通过这种文化落点和文化归属的认同，强调本体的价值，在多元文化并存的社会文化场势中可产生一种凝聚作用，而扬州仙鹤寺作为扬州特有的宗教建筑和文物建筑来说正具备了这样的特征。除了西北少数省市外，中国很多城市的回族都是散居在各地的，扬州也不例外。仙鹤寺不仅承载着扬州散居回族穆斯林的宗教情感，也是来扬州谋生的外地穆斯林聚集的核心，它给穆斯林一种强烈的归属感，同时，仙鹤寺是宗教建筑史乃至中国建筑史上的瑰宝，因此它又赋予穆斯林民众一种民族自豪感。

3 仙鹤寺文物建筑的保护及其问题

3.1 仙鹤寺的保护现状

仙鹤寺于1982年被江苏省文物行政部门列为江苏省文物保护单位，得到了相对较好的保护[7]。首先，仙鹤寺的整体布局保存较完整，大部分建筑得以保留，尤其是其主体建筑保存较好；其次，寺内的保存了较多的古董和文物，对于仙鹤寺的文物价值评估提供了一定的依据。但是，在时代发展变迁的过程中，仙鹤寺也不可避免地受到破坏。首先，从仙鹤寺平面来看，作为"鹤嘴"的照壁、一"鹤眼"的古井、一"鹤翅"的北厅及"鹤尾"竹林已遭到严重破坏而不复存在，现存的均为近年代复原新建。

3.2 仙鹤寺的保护所存在的问题

虽然扬州仙鹤寺已被列为文物保护单位，但是在其保护中仍然存着一些问题与不足。首先，仙鹤寺原先的净水房现已改造成仙鹤清真餐厅，与南厅的庭院相连，这种改变其功能的利用方式显然不符合清真寺的保护利用，餐厅的喧闹破坏了清真寺的清静，也违背了文物建筑保护中的整体性原则；其次，仙鹤寺北厅的修葺采用了仿照原来的制式复原。而修葺工作必须保持文物建筑的历史纯洁性，不可失真，为修缮和加固所加上去的东西都要能识别得出来，不可乱真[8]。文物建筑的历史必须是清晰可读的。《威尼斯宪章》也规定，当文物建筑因特殊需要有所增补时，新建的部分必须采用当代的风格。由此可见扬州仙鹤寺的保护违背了原真性原则[9-10]。

结语

作为中国沿海四大清真古寺之一的扬州仙鹤寺同其他三大古寺相比面积规模较小，但从其概貌及文物价值的分析可知，扬州仙鹤寺同样蕴含了丰富的历史信息，具有重要的文物价值，对于研究扬州历史文化和中外友好史提供了重要的实物依据，对于保护民族文化多元化具有重要的意义。从扬州仙鹤寺保护中所存在的问题可以看出文物建筑的保护方式和方法还不够科学，对文物建筑的保护反而造成了破坏。

参考文献

[1] 李兴华. 扬州伊斯兰教研究[J]. 回族研究, 2005.01: 73-86.

[2] 刘致平. 中国伊斯兰教建筑[M]. 乌鲁木齐：新疆人民出版社, 1985：36-37.

[3] 王伯扬, 马彦. 中国古建之美——伊斯兰教建筑[M]. 中国建筑工业出版社, 2003：115-116.

[4] 陈从周. 扬州伊斯兰教建筑[J]. 文物, 1973.07：69-72.

[5] 马琪, 李坚. 宋家山清真寺概貌及文物价值分析[J]. 华中建筑, 2009.12：184-188.

[6] 陈志华. 文物建筑保护中的价值观问题[J]. 世界建筑, 2003.07：80-81.

[7] 张福明. 论扬州历史文化遗产的保护[D]. 苏州大学,

2007：25-26.

[8] 陈志华. 谈文物建筑的保护[J]. 世界建筑，1987.03：15-18.

[9] 陈志华. 文物建筑保护的方法论原则[J]. 中华遗产，2005.03：12-14.

[10] 陈志华. 关于文物建筑保护的两份国际文献[J]. 世界建筑，1996.02：54-57.

作者简介

[1] 王惠琼，1989年11月生，女，回族，甘肃，华中农业大学园艺林学学院风景园林系硕士在读，研究方向为风景园林学，电子邮箱：labiye@163.com。

[2] 秦仁强，1971年6月生，男，汉族，河南，硕士学历，华中农业大学园艺林学学院副教授，研究方向为风景园林历史与理论，电子邮箱：chinrq@mail.hzau.edu.cn。

北京长河线性文化游憩空间构建初探①

Study on Construction of Changhe Linear Cultural Recreation Space in Beijing

王 玏 魏 雷

摘　要：本文以长河为研究对象，通过对长河历史演变过程的研究，归纳出在各历史时期长河的自然风貌和文化特征，并总结出长河沿岸的历史遗存。在对长河的历史遗存进行现状分析、分布特征和价值评价的基础上，提出以线性文化游憩空间构建的方式保护河道遗产，传承历史文脉，希望对城市历史河道及其文化遗产的保护与发展提供参考。

关键词：文化遗产；长河；廊道；游憩空间

Abstract：This paper takes Changhe in Beijing as research object. Through the research on historical evolution of Changhe，the river's natural landscape and cultural identity in various historical periods were summarized，and historical relics along the river were summed up. Based the situation，distribution analysis and value assessment of historical relics，to construct a cultural recreation space in a linear way was proposed to protect river heritages，and inherit the river context，The purpose of the research is to provide reference for protection and development of historic river and its cultural heritages.

Key words：Culture Heritage；Changhe；Corridor；Recreation Space

长河是元大都时期郭守敬修建以漕运为主要功能的城市河道。作为北京主要的历史河道之一，它见证了北京城市的发展，也见证了北京皇家园林的形成与变迁。然而面对当今的城市建设，长河的自然风貌和文化遗存不断遭到破坏，连续的遗产廊道逐渐变得支离破碎。如何恢复长河往日的风貌，传承北京的文脉，促进河道及其文化遗产的可持续发展成为亟待解决的问题。

1　地理位置

长河的地理位置在《旧都文物略》名迹略上篇中有详细记载："由高粱桥起直入昆明湖。河水清涟，两岸密植杨柳，夏日浓荫如盖，炎歊净洗。游人一舸徜徉，或溪头缓步，于此中得少佳趣。"[1]由此可知，长河北起现在的昆明湖，南入什刹海，是北京两大重要湖泊的联系（图1）。

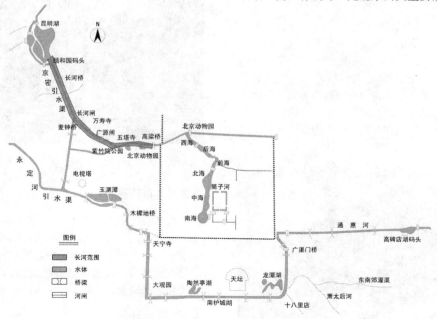

图1　长河位置及周边水系（作者自绘）

①　华中农业大学自主科技创新基金项目（编号2013QC38）资助。

2 历史变迁

北京的长河在金代以前就存在，是一条自然河道，当时称为高粱河。到了元代，郭守敬进行元大都新址建设的时候，将这条河道进行改造，增加了积水潭以东这一段，使长河之水经过皇城后向东南流，打通了从通州到北京的漕运航线，以保证从通州运来的粮食通过水运到达皇城。到了明清两代，长河逐渐变为皇室御用河道，并随着清代西郊皇家园林建设活动的兴起，长河演变成为从皇城到西郊皇家御苑的皇家巡幸线路（图2），自然风光更加秀美，人文活动也逐渐丰富[5]。

倚虹堂（高粱桥旁）→（船坞上船）白石桥 →（路经）万寿寺 →（路经）麦钟桥 →（路经）长春桥 →（抵达）颐和园（皇家御苑）

图2 清代长河皇家巡幸线路（作者自绘）

长河历史变迁表　　　　　　　　　　　　　　表1

时期	名称	主要功能	自然风光	游憩活动	沿岸历史建筑
元	高粱河	漕运服务	"天上名山护北邦，《水经》曾见注高粱。一舸清浅出昌邑，几折萦回朝帝乡。和义门边通辇路，广寒宫外接天潢。小舟最爱南薰里，杨柳芙蕖纳晚凉。"[2]	漕运为主，人文活动较少	广源闸、极乐寺、高粱桥
明	玉河	通往西郊的御用河道	"夹岸高柳，丝丝以水，绿树绀宇，究其亭台，广亩小池，阴爽交匜"[3]	重午士女熙游、清明士女踏青、四月八日庙会等节庆活动	广源闸、乐善园、极乐寺、五塔寺、白石庄、长春桥、高粱桥
清	长河	御用游憩空间	"沿堤垂柳复高榆，浓绿阴中牵缆纤。才过绣漪桥侧畔，波光迎面顿清殊。"[4]	万寿日、浴佛日、清明节等盛大节庆活动	倚虹堂、广源闸、万寿寺、五塔寺、乐善园、畅观楼、豳风楼、鬯春堂、高粱桥、长春桥
至今	长河	公共游憩空间	建设活动过多，河道滨水绿地缺少联系	缺少人文特色，滨水活动主要是游赏和健身	广源闸、万寿寺、五塔寺、畅观楼、豳风楼、高粱桥

注：作者自绘

3 长河文化遗产现状

3.1 文化遗产的内容

目前长河沿岸已公布的文物保护单位共8处，自西向东分布分别为蓝靛厂清真寺、立马关帝庙、广仁宫（西顶）、万寿寺、广源闸、法华寺、清农事试验场旧址和五塔寺[6]；未被列入文物保护单位的历史遗存多处，如豳风堂、畅观楼等（图3、图4）。其中以寺庙类文物保护单位居多，这与乾隆时期将长河作为寿典巡幸游线，长河沿线佛教景点作为祝寿场所密切相关。

图3 长河沿岸历史建筑——豳风堂（作者拍摄）

图4 长河沿岸历史建筑——畅观楼（作者拍摄）

3.2 分布特征

长河沿岸的文化遗产主要位于高粱桥一代，北京动物园和紫竹院公园这两大曾经的皇家园林周边文化遗产最多，且类型丰富，其中历史名园、寺庙、桥闸等文化遗存都有所涉及。长河从紫竹院以西到昆明湖这一段范围内文化遗产较少，主要为寺庙及桥闸等运河水利设施。

3.3 价值评价

3.3.1 历史价值

长河在近代以前就是北京重要的自然河道之一。自元代作为漕运功能而改建成为人工河道之后，经历了从漕运功能转为御用河道直至完全成为开放的游憩带的历史变迁。它记录了北京城运河的历史，也记载了乾隆时期自皇城至西郊风景区的皇家游览路线，更承载了长期以来北京城的民俗民风，是研究北京历史发展与变迁的重要依托。

3.3.2 文化价值

长河在其历史演变过程中，衍生出了具有代表性的文化特征，如运河文化、皇家园林文化和民族文化等。

（1）运河文化

作为京杭大运河北京段的一部分，长河拥有许多河闸、桥梁等水利设施遗存，代表了古代运河文化，是人类优秀水利工程的杰出代表作品。

（2）皇家园林文化

乐善园（现在的北京动物园）和万寿寺行宫等是清代皇家园林的代表，当时是作为在长河登船和游览长河的重要中转站，其园林形式和内容都是按当时的皇家园林的特征而规划设计，是研究北京清代皇家园林特征和文化的重要依据。

（3）传统民族文化

元、明、清三个时期，长河周边都有节庆活动，例如清明节等传统节日，长河沿岸都有拜祭活动，而万寿日、浴佛日则是为慈禧贺寿以及慈禧敬佛活动时在长河举办大型活动的节日，还有传统的庙会举办之时，长河沿岸的市民活动尤为丰富。这些非物质文化遗产都为长河增加了独特的文化内涵。

3.3.3 艺术价值

长河周边的文物古迹都代表了不同历史背景下的艺术特征。各个历史园林代表了皇家园林的艺术形式，各种建筑单体及组群的形式、色彩、细部都反映了我国古代建筑的营建手法和艺术特征，而桥梁、河闸等水利设施也反映了历史时期水利工程建设时各种构筑物的艺术特征，这些遗存都是研究不同历史时期园林与建筑艺术特征的重要依据。

3.3.4 社会价值

长河文化遗产的社会价值的体现主要还是其历史价值的现代意义。首先，文化遗产可以促进人们对历史的了解，从而增强民族认同感和自豪感。其次，文化遗产是曾经优秀作品的代表，为当今人居环境的建设提供了良好的参考和借鉴。最后也是最重要的一点，文化遗产作为城市历史文化的载体，是延续城市文脉促进城市可持续发展的重要保证。

4 长河线性文化游憩空间的构建思路

4.1 步骤一：重要文化遗产的恢复

清代的长河沿岸风景秀丽，各式建筑布局有致，是百姓踏青、帝王游幸的主要场所。直至1900年，八国联军侵占北京，长河沿岸的景点也未曾幸免。1908年慈禧死后，隆裕皇太后更是宣称永不幸游颐和园，长河御道及其周边古迹也逐渐衰败。新中国建立后，大量城市建设活动也导致长河古迹不断消失。要保证长河遗产廊道的连续性，首先应恢复或原址展示部分重要的、具有代表性的古迹，例如极乐寺（明）、白石庄（明）、倚虹堂（清）等，从而完善长河沿岸的景致，使长河不但自然风光迤逦，更具备完整、丰富的人文信息。

4.2 步骤二：文化遗产结合绿地的保护

北京仍有众多文物古迹存在被占用，缺少环境而孤立存在，极易受到破坏等问题。同时，城市中用地不足导致园林绿地建设受到严重影响，给城市绿量的提升造成困难。面对文物和绿地各自的困境，最好的解决方式是将两者结合起来，在文物古迹周边开辟绿地环境以保护文物，同时以文物赋予绿地文化精神。目前长河沿岸的文物古迹主要有四种类型：历史园林、寺庙、故居及旧址和桥闸等水利遗存。在进行长河沿岸文物周边环境的绿地建设时，应结合文物自身特征，塑造符合文物的环境，从而促进文物和环境的共同发展。例如，万寿寺等寺庙文化遗产，要求周边环境庄重、严肃，因此其绿地环境的布局、空间和植物等设计应体现庄严的氛围。

4.3 步骤三：滨水绿色廊道的构建

在绿地结合文物建设的基础上，长河沿岸的绿色线性空间的形成就具备了基本条件。长河滨水绿地的建设要求将各个独立的文物古迹连接起来，这里的连接要素可以是河流、林荫道、桥梁、户外公共空间等。由此点、线结合形成的绿色廊道可作为北京重要的绿色基础设施，在为居民提供日常生活所需的绿色亲水空间的同时，更展示正一座历史文化名城的文脉。

4.4 步骤四：结合文化特质的线性游憩空间营造

长河沿岸的滨水绿地应具备遗产保护和游憩的双重功能，因此它应该是以线性空间将城市的历史、文化等物质要素和非物质文化遗产串联起来，形成特殊的游赏线路，是不同于其他游憩空间的特殊游憩带（图5）。这就要求挖掘城市的非物质文化遗产内容，将其结合滨水文

图5　长河线性文化游憩空间构建示意（作者自绘）

物古迹的特征赋予到周边的绿地空间内，引导游人的活动内容，加深对城市文化的认识，丰富游憩场所中的非物质文化内容。

5　小结

长河作为北京历史的见证，其文化遗产的保护和滨水游憩空间的营造关乎北京历史文脉的传承。线性文化游憩空间的建设对于长河的发展具有重要意义，它不但有利于遗产自身的可持续发展，更能依托城市河道和滨水绿地构建文化遗产保护体系，能够在系统、完整的保护文化遗产的同时，彰显城市的历史文化特征，增加居民的参与性。

参考文献

[1]　汤用彬等.《旧都文物略》(M).北京：北京古籍出版社.p172.

[2]　(元)熊梦祥撰.析津志辑佚[M].北京：北京古籍出版社，2000.

[3]　(明)刘侗，于奕正.帝京景物略.北京：北京古籍出版社，1983.

[4]　(清)乾隆.御制诗集[M].《文渊阁四库全书》本.

[5]　王功，魏雷，赵鸣*.北京河道景观历史演变研究[J].中国园林，2012(10)：57-60.

[6]　王功.北京河道遗产廊道构建研究[D].北京林业大学，2012：136.

作者简介

[1]　王功，1984年9月生，女，汉族，湖南常德，博士，华中农业大学园艺林学学院，讲师，从事风景资源与遗产保护研究，电子邮箱：wangle@mail.hzau.edu.cn。

[2]　魏雷，1980年11月生，男，汉族，湖北随州，硕士，湖北经济学院艺术学院，讲师，从事风景园林规划与设计研究，电子邮箱：weilei@hbue.edu.cn。

关于"假古董"建造的积极审视

The Positive Aspect on the Construction of the Pseudo-antique

王旭东　杨秋生

摘　要：随着城市建设的推进，"假古董"的建造也以各种各样的形式出现在城市空间中。虽然许多学者对"假古董"的建造活动给予过批评，但通过研究发现"假古董"的出现也有其发展的积极方面，本文通过将"假古董"进行分类，分析其建造背后的积极因素，总结了"假古董"建造的"三个必须"，希望对未来城市建设中"假古董"的科学复建提供一些积极建议。

关键词："假古董"；建造；积极审视

Abstract：With the development of the city construction, the pseudo-antique emerged in the urban space in different forms. Many scholars criticised the construction of the pseudo-antique, but when looking back on its appearance, the paper analyze and discover that the emergence of the pseudo-antique has its own positive factors. After classifying the pseudo-antique and analyzing its own positive factors, it summarizes "three must" for the essence of the pseudo-antique for the purpose of providing some positive suggestions upon the scientific reconstruction of the pseudo-antique in the coming of the city construction.

Key words：Pseudo-antique；Construction；Essence

近日有报道称十大名楼准备打包申遗，被质疑多为"假古董"，这其中有名声远扬的黄鹤楼，也有 2001 年复建完成的阅江楼。这些报道再一次将"假古董"推向了风口浪尖。近年来，随着大量仿造和重建的古建筑或园林的大量涌现，"假古董"一词常常被作为反面例子被多次批斗，为何还有那么多所谓的"假古董"层出不穷呢？"假古董"的存在是否具有合理性呢？这需要我们重新地去审视他。并不是所有的"假古董"全都是不可取的，诸如历史上一些具有重大意义的构筑物由于各种原因已被毁，但它们对于城市的特质与风貌或地域特征却是至关重要的，起着象征性的作用。因此在条件允许的情况下是有必要重建的。近来各地都陆续修复了不少城市历史古迹，这对发掘当地的文化渊源、研究古建筑的时代特征和地方特色、发展旅游事业都无疑是极为积极而有意义的。

1 "假古董"的涵义及分类

1.1 "假古董"的涵义

古董是先人留给我们的文化遗产、珍奇物品。在这上面沉积着无数的历史、文化、社会信息，而这些信息是任何一件其他的器物所无法取代的。而文中所指的"古董"主要是指历史建筑和园林等城市历史遗存。这些都是一座城市发展最好的见证，也是城市特色的具体体现，从中可以折射出城市演变过程中的兴衰更替。文中所谈到的"假古董"一般是指根据当地的史实记载，从而复建的一些在城市建设中具有影响力的构筑物或历史园林等。

1.2 "假古董"的分类

笔者通过研究现将"假古董"归纳为三类：第一类主要是指一些历史上具有重大影响力的场所和构筑物，主要体现在古代著名建筑和园林上。由于种种原因被毁掉，或经过多次重建，至今已无任何踪迹可寻。但由于其在历史上占有重要地位，因此，这类"假古董"的复建在某种意义上说是可以接受的。如武昌的黄鹤楼，实九毁九，我们今天能看到宋画黄鹤楼和太平天国被毁的黄鹤楼图样，那都是十足的"假古董"。此类的重点在于是否尊重历史。因此本文主要是针对这一类"假古董"的建造进行分析和探讨。第二类主要是指在历史残迹上进行修复和局部进行复建。不少地区的历史遗存由于年代久远，结构上的老化已难以支撑现有的形态，因此需要对其进行科学合理的修复。此类大多数是在历史遗存上动土，原则上是不到非动不可的情况是不允许的，但如果必须进行修复，应对其进行深入的调研，在尊重文物原状的前提下以及对遗迹最低程度破坏的基础上进行。如近年来开封城墙的修复与个别城楼的复原。在经过大量勘察后，在城墙现有遗存的基础上进行加固，风格上保持高度统一，此外在重要的节点处（城门）进行复建，完善了开封古城城墙的整体风貌。第三类指的是毫无根据的复建、一味地跟风仿古。不惜投巨资，大兴建造仿古建筑、炮制"假古董"。这是最为不可取的一种手段，应该坚决予以摒弃。国家文物局局长单霁翔曾对诸如"仿古一条街"等此类"假古董"进行严厉的批评。

2 "假古董"现象出现的背后

2.1 专家论证"假古董"

长期以来，对于具有重要文化遗产价值毁于现代的历史建筑是否应当重建，是一个学术上极为敏感的问题，也是一个国际遗产保护和建筑界热议的话题，这一话题复杂而又矛盾，只有对拟重建对象的性质、背景以及必要性和可能性等前提进行具体分析，才会使讨论本身具有实际意义[1]。关于"假古董"相关的论述，在早期梁思成先生就在《中国建筑史》中提出了关于中国传统建筑之"不求原物长存之观念"，文中提到"修葺原物之风，远不及重建之盛；历代增修拆建，素不重原物之保存，唯珍其旧址及其创建年代而已。"吴良镛院士曾指出："我一般不赞成建假古董，反对一切毫不根据地胡乱建设，所谓的明清一条街等等。但如果在特定的情况下，对史实进行了认真的研究、精心规划设计，未始不能增添城市的风采。那种不顾所在条件、机械地搬用习惯做法，排斥一切复建，也是不能自圆其说的。"关肇邺先生在清华大学博士生专业课《建筑与国家尊严》课堂上也提到，可以接受适度的"假古董"[1]。作家刘心武先生在《我眼中的建筑与环境》中也提到了"古建筑作为文物弥足珍贵，尽量地加以保存，必要时投资修复，这已成为大多数人的共识。"罗哲文曾在《文物建筑的科学复原重修不能以"假古董"视之——兼谈中国文物建筑保护维修的中国特色》中指出"这些有科学依据，经过认真评审和依法批准复原重修的重要古建筑，不仅再现了昔日的辉煌，而更重要的是使这些历史上的建筑结构能够长留人间，以它完整的形象展现其历史的风采。因此，像这些有科学依据复原重修的古建筑，绝不应以假古董视之、斥之[2]。"杨鸿勋先生认为文物复制品具有一定的科学价值和艺术价值，他提出"模型保护"的理念："对于已遭毁坏而有保存价值、又有复原依据的历史建筑予以重建，作为文物复制品的科学模型再现于世，是具有体现历史风貌作用的。"这种科学复原被视为一种保护方法，称作"模型保护"，他认为"模型保护"能够体现历史风貌，在科学复原考证基础上重建的历史建筑[3]。东南大学朱光亚教授认为复原虽然失去反映历史建筑在过去的年代里积累的历史价值，但基于社会强烈需要的复原可以满足社会成员的情感和精神需求，具有极大的社会价值[4]。甚践认为有计划、有重点地修复、重建一些古代名建（构）筑还是可以讨论的题材。一些地方已经建成的项目影响好的有：南昌滕王阁，武昌黄鹤楼，宜昌镇江阁等等。值得一提的是宜昌"镇江阁"将原建筑原位保存，新建的"镇江阁"则傍其旁侧，新旧并存。是不是可以考虑今后对各地因历经兴废而希望重建的项目从立项、设计到建造应当有更严格的审批程序，做到宁缺毋滥、宁慢勿急？用纳税人的钱或者说消费者的钱都做到物有所值。加强政府主管部门以及有关学会及专家的监督与指导，从而使建设项目真正能成为历史文化的物质载体，为两个文明的健康发展起到正面作用[5]。王文元曾在文中提到同是古董，建筑物与器件有不同的个性。前者只要做到尺寸，形制，外貌相同即可，后者则必须是原物。之所以有人动辄把任何复建建筑物讥讽为制造"假古董"，就是因为他们忽视了建筑古董的个性，把建筑物等同于一般器物[6]。

2.2 "假古董"出现的真实缘由

万物都有从生到死的生命周期，历史建筑也不一样，人是需要文化记忆的动物，所有的历史建筑遗迹及其环境，其实都是文化记忆最重要的空间载体和心理坐标。一个事物出现的背后总有其内在的诱因，主要包括文化资源视角的、历史价值观的、怀旧情绪的、审美取向的、经济动因的乃至政治力量的等等复杂因素。但大多数"假古董"都被指是受到利益的强大驱使，何不从另一方面来审视一下呢？例如文中概括的第一类"假古董"的建造，也许他的初衷是好的，并非是依靠他带来多少既得利益，更多是看重他的文化属性，因为他是文化使者的化身，是建在深厚的历史文化底蕴的土壤之上。然而"假古董"的落成难免会引发一些社会、经济效应，这也是预料之中，也是在所难免的，因此我们应辩证的思考此类问题，不能对待此问题太过于偏激。具体分析他出现的背后到底带来了什么？具体从下面两方面来考虑：

2.2.1 有助于当地历史文化的表达与城市形象的提升

一座历史城市的身份和本色，在很大程度上是靠历史建筑及其环境所负载的文化记忆来证明，虽然以往许多历史建筑早已失去她往日的风采，甚至说已经不复存在，但他们依然是历史文化记忆和现实生活形态的空间承载者，因此延续他们的生命是十分有必要的。对历史上曾出现过的事物通过现代的手法去尽可能地再造和模拟，这本身其实就是对历史文化的一种延续。在人们每个人的脑海中都存在着对历史上所存在的事物的一种印象，而被复建的这些"假古董"恰恰是将存在人们意识中的事物形象更加具体化了，使得人们能够亲身地感受到曾经的历史环境布局及形态。同时，这也大大增强了城市的可读性和可识别性，有助于当地历史文化的发掘与表达。现代城市建设中，国际化趋势带来了城市形象的普遍趋同，也将形成城市地域文脉的同化。因而"假古董"的营建，在树立城市个性化形象方面，为建立城市特有的空间环境和视觉特征起到积极的推动作用。此外，给予环境和历史的影响，也为城市建立了某种特定的形象体系，使其丧失的城市特色及文脉得到回复和延续。

2.2.2 有助于推动当地旅游事业的发展

"假古董"大多数都处在具有深厚历史文化底蕴的城市，以历史文化名城居多。历史名城不仅是一座古城，而且是一处极佳的旅游胜地，丰厚的历史文化资源是名城的宝贵财富，如何很好地利用和保护这些资源，对当地旅游业的发展极其重要。对曾经存在过的且对城市发展具有重大意义的历史建筑和历史园林等著名场所进行复建，这有助于彰显城市的魅力、提升城市的知名度，同时也极大地推进了当地旅游业的发展，从而激发和拉动消费的需求。

3 成功实例分析

3.1 黄鹤楼

黄鹤楼"天下江山第一楼"之美誉，在湖北武昌长江南岸，相传也始建于三国，黄鹤楼曾屡毁屡建，唐永泰元年黄鹤楼已具规模，然而兵火频繁，黄鹤楼屡建屡废，仅在明清两代，就被毁 7 次，重建和维修了 10 次。1957 年建武汉长江大桥武昌引桥时，占用了黄鹤楼旧址，如今重建的黄鹤楼在距旧址约 1 千米左右的蛇山峰岭上。1981 年 10 月，黄鹤楼重修工程破土开工，1985 年 6 月落成，主楼以清同治楼为蓝本，但更高大雄伟。运用现代建筑技术施工，钢筋混凝土框架仿木结构。飞檐 5 层，攒尖楼顶，金色琉璃瓦屋面，通高 51.4m，底层边宽 30m，顶层边宽 18m，全楼各层布置有大型壁画、楹联、文物等。楼外铸铜黄鹤造型、至像宝塔、牌坊、轩廊、亭阁等一批辅助建筑，将主楼烘托得更加壮丽。通过这一次又一次的复建足以看出它在这座城市中所发挥的作用，他可以被称为 "假古董"，但他的积极效益远大于其负面影响，同时他从侧面也反映了他的复建是符合大众有关审美和文化上的需求的，人们迫切需求黄鹤楼的文化得以保护和延续下去。

3.2 永定门

永定门建于明嘉靖十二年，1957 年，新中国政权以 "表现落后反动曲封建帝王思想—妨碍交通—占据建设用地" 等为由，将其拆除。2003 年，对永定门进行重建。1999 年，于北京市政协九届二次会议上，北京市政协常务委员王灿炽等七位政协委员向会议提交了一份名为《建议重建永定门，完善北京城中轴线文物建筑》的提案。提案一经提出迅速引起广泛争议。支持重建永定门的代表人物是建筑专家罗哲文，他呼吁："从永定门昔日的拆除到今天的重建、复原，时间和历虫留给了我们一个大大的问号，我们的城市由起点又回到原点。"2005 年 10 月复建工程竣工，他的复建还原了埋藏在北京人们脑海中那份对逝去事物的憧憬，他在一定程度上象征着北京城墙，从而也使得北京城的中轴线更趋于完整。这是一场复原占建筑的胜胜利，他给国人强大的自信：一切已被拆除的有价值的古建筑物都有复原的可能。

3.3 金明池

金明池为北宋著名别苑，又名西池、教池，位于宋代东京顺天门外，遗址在今开封市城西的南郑门口村西北、土城村西南和吕庄以东和西蔡屯东南一带。金明池始建于五代后周显德四年（957 年），原供演习水军之用。宋太平兴国七年（982 年），宋太宗幸其池，阅习水战。政和年间，宋徽宗于池内建殿宇，为皇帝春游和观看水戏的地方。金明池遗址公园是由杭州蓝天园林设计院进行规划设计。此遗址公园依据北宋张择端的《金明池夺标图》进行再现性恢复建设。遗址公园主要建筑有三殿（宴殿、临水殿、水心殿）、一楼（宝津楼）、一桥（仙桥）。古都开封从 2000 年开始筹划在现在金明广场旁重建金明池，耗资约 16 亿将其复原。从这个事件来进行分析，金明池的复建对于一个开封来讲，可以说积极的因素占较大一方面。由于它在开封的城市建设史上具有相当的地位，因此，它的复建对彰显和延续古城的历史文化具有重要推动作用，有助于城市整体风貌的表达和保护。通过对城市居民调查研究显示，大多数人们对有历史根据和记载的

"假古董" 的建造持赞同观点。

图 1　历史绘画中的金明池

图 2　复建后的金明池实景

4　关于 "假古董" 建造的积极审视—"三个必须"

在特定情况下，如果需要对某一特定有历史根据的场所进行的复建，需要做到以下几点必须，从而保障自身建设的科学性。

4.1　必须保证所携带历史信息的真实性

1964 年《威尼斯宪章》中提到 "修复是一件高度专门化的技术，它的目的是完全保护和再现文物建筑的审美和历史价值，它必须尊重原始资料和确凿的文献，不能有丝毫臆测。任何一点不可避免的增添部分都必须跟原来的建筑外观明显区别开来，并且要看得出是当代的东西。" 在对所要建造场地进行规划和建设之前，必须经过通过对其进行充分的考证，保证历史的真实性，能够准确地表达自身的文化内涵。从文物建筑保护来说，不管工程大小都要按照文物保护法的规定和文物建筑维修的原则来办。它不是仿古设计更不是创作设计。特别是复原重修，必须要有科学的依据和其他必要的条件，如经费、技术力量等等[7]。同时，还应与文物部门等进行紧密的协商，并得到了城市建设或相关部门的批准，组织专业人员对其选址进行勘察测绘，从大量的历史文献中获取建设所需要的必要的信息。在这里，设计师们应尽可能杜绝在

设计上的创意，尽可能地保持和再现历史建筑及其环境的布局和外部形态，在这里可以采用现代化的施工技术等处理方式，在保证其真实的条件下，满足现代的使用和规范要求。

4.2 必须作出特殊的标志和说明

曹雪芹曾说过"假作真时真亦假"。这句话在文中主要反映在"假古董"建造之后，在合适的地点应作出特殊标识进行说明，因为重建或改造的事物容易造成人们意识上的错觉和混乱，从而造成"以假乱真"的混乱局面。假的东西就是假的，决不能以假乱真。因此，这个特殊的标识和说明应向人们这个场地身份作全面的介绍，如当年的历史状况，创建年代，以及它的变迁情况，使得人们能够对这些事物有一个正确的认识。这一点在古时候就有所体现，如著名的卢沟桥，它始建于公元1189年，由于清康熙年间永定河洪水，桥受损严重，不能再用，大量古迹在洪水中销声匿迹。1698年重修，康熙命在桥西头立碑，记述重修卢沟桥事。桥东头则立有乾隆题写的"卢沟晓月"碑。因此，这一点的具体实施可通过景观标示或小品来传达所携带的信息。

4.3 必须进行档案资料的收集和完善

在这些"假古董"建设完成后，相关部门应给这些崭新的"历史面孔"建立完整系统的档案资料，并将其进行分门别类。具体的内容诸如记录复建的全过程，包括复建时所采取的施工方式和材料，为后人的研究提供有价值的参考。或者可以运用高科技的手段，将其做成虚拟影像在复建的场所内给予展示，让人对这背后的历史和故事有个更清晰和全面的认识，这无形中也传承和发扬了自身的文化。

5 结论与思考

任何事物都是两面性的，既然存在，也就有其合理之处。在对待这个问题方面，应有区别的对待，不能全盘批判和否定它。我们应对其建设的适宜性进行认真的推敲和分析，发现"假古董"出现背后的一些积极合理的因素，对它的营建提供建议，最终目的是为了保证城市建设和谐健康地发展。

参考文献

[1] 常青. 历史环境的再生之道[M]. 中国建筑工业出版社，2009(6).

[2] 罗哲文. 文物建筑的科学复原重修不能以"假古董"视之——兼谈中国文物建筑保护维修的中国特色[J]. 古建园林技术，1999(6).

[3] 李红艳. 中国城市遗产保护的原真性理论及实践应用探索[D]. 上海. 同济大学博士学位论文，2009.

[4] 李建新，朱光亚. 中国建筑遗产保护对策. 新建筑，2003(4)：39-40.

[5] 甚践. 关于如何对待"真假古董"的联想[J]. 规划师，2003(4)：92-93.

[6] 王文元. 新建的永定门是真古董，还是假古董？——围绕永定门复原工程的是是非非[J]. 北京纪实，2008(4)：31-34.

[7] 苏实. "不求原物长存"——从圆明园重建之争小议"假古董"建筑[J]. 建筑学报，2008(8)：92-94.

作者简介

王旭东，1986年生，男，河南开封，博士研究生在读，研究方向为风景园林规划设计，电子邮箱：wang007xu007@163.com。

中国近代动物园历史发展进程研究[①]

A Study on the Historical Development of the Chinese Modern Zoological Gardens

王　妍　赵纪军

摘　要：结合中西方古代动物园发展更迭的背景，通过了解近代西方动物园的发展脉络，梳理总结了中国近代动物园的萌芽、兴起和转型的发展和演进过程。营造方式上从依附于租借公园和私家园林的动物角转变为独立、有公园规划的动物园；管理方式经历了从划地围栏的圈养笼养式到注重动物福利的散养式的变革；建设的目的经历了从仅仅为满足帝王贵族虚荣私欲和侵略者的动物殖民的片面角度扩大到具有民族、民主、自由、科学多层次的内涵和意蕴。近代动物园的发展对中国近代园林的发展具有重要意义。
关键词：风景园林；近代园林；动物园；兴起转型

Abstract：With the combination of Chinese and western ancient zoo development and change background, by understanding the development of modern western zoo, to summarize the sprout, development and evolution of the transition process of Chinese modern zoo. The way to create from the attached to the rental parks and private gardens to independent; management experienced from the captivity captive type is the fence to focus on animal welfare backyard-style change; the purpose of the construction experience from just to meet the one-sided point of imperial noble vanity lusts and invaders the animal colony expanded to have content and meaning of national, democratic, free, scientific level. The development of the modern zoo has important significance to the development of Chinese modern landscape architecture.
Key words：Landscape Architecture; Modern History of Landscape Architecture; Zoo; Sprout and Development

1　中国近代动物园溯源

有牲畜放养的笼栏园地在中国古代早已有之，是早期先民狩猎生存活动的产物，姑且称之为牲园。而真正意义上具有开放性质的动物园的出现却是近代时期的事情。鸦片战争爆发后，租界公园如雨后春笋在我国开埠城市萌生开来。动物园地，作为早期公园的内容之一，伴随近代公园的发展，经历了从租界公园到开放私园，最后到独立动物园的发展历程。因此，中国近代动物园的兴起，既是中国古代苑囿豢养珍稀动物传统的延续，也是西方近代动物园的在中国的本土化。

1.1　皇家苑囿中的牲园营造

早在公元前1000多年，周文王已在距离镐京不远的鄷京修建灵囿。《诗经·大雅·灵台》有云："王在灵囿，麀鹿攸伏。麀鹿濯濯，白鸟翯翯。王在灵沼，於牣鱼跃。[1]"这是有关中国牲园最早的文字记载。《诗经》又云："囿，所以域养禽兽也，天子百里，诸侯四十里。灵囿，言灵道行于囿也。"建元三年，汉武帝刘彻修上林苑，"苑中养百兽，天子春秋射猎苑中，取兽无数。其中离宫七十所，容千骑万乘。[2]"另有《东都赋》记载："外则因原野以作苑，顺流泉而为沼，发苹藻以潜鱼，丰圃草以毓兽，制同乎梁驺，义合乎灵囿。[3]"三国吴国韦昭也在其

诗中有云："凤凰栖灵囿，神龟游沼池。[4]"因此，汉典中对"囿"的一个重要解释便是饲养动物的园子，而在苑囿里建设的牲园，其功能也经历了从狩猎到后期观赏的演变。

公元前1500多年的古代埃及，也早有类似于牲园的古代动物园出现。埃及法老图特摩斯三世曾在尼罗河畔修建了一处小型动物园，并派一支远征队到处收集珍禽异兽。古希腊和罗马的斗兽场附属的动物圈养园地，也是古代动物园的早期雏形。此后几个世纪的欧洲，王公贵族也纷纷在皇宫花园里分隔场地饲养珍稀动物，路易十四甚至还在凡尔赛宫里面修建饲养动物的园地，收集珍奇异兽（图1）。

图1　路易十四时期凡尔赛宫后院的动物饲养场地
［D'Aveline French artist（late 17th and early 18th century）. Backyard of the royal menagerie of Versailles during the reign of Louis XIV, 1643-1715. Coloured copperplate print］

①　国家自然科学基金（编号51008137）资助。

不管是古代的中国还是西方，作为古代动物园雏形的牲园和动物饲养园地都仅仅是服务于帝王和贵族阶级，不论是供其狩猎亦角斗还是观赏收集，其根本价值是古代上层统治阶级为了满足其私人好奇欲和虚荣欲的一种存在和手段，并不具有真正意义上近代动物园的大众开放性质。

1.2 西方近代动物园

1752 年，奥地利维也纳舍恩布鲁恩动物园（Tiergarten Schonbrunn）正式为市民开放，这是世界上第一个真正意义上的动物园，同时也标志着动物园的发展进入新时代。舍恩布鲁恩动物园原是贵族的私人动物园，呈圆形，园子的主体建筑是一个西式圆亭，动物饲养场被 13 堵高墙围合，由铁质栏杆围成参观场地以保护参观者安全，这时的动物园被称为"Menageries"，即关在笼子里的动物展览（图 2）。虽然此时的动物园已从贵族宫廷化逐渐大众化、社会化，但其建设宗旨以单纯的观赏和娱乐性为主。

图 2　2002 年奥地利纪念舍恩布鲁恩
动物园 250 周年的五欧纪念币
（Euro gold and silver commemorative coins）

早期动物园饲养的动物以家禽类为主，并未有太多珍奇异兽。随着后期捕猎队的勘察出猎，斑马、河马、长颈鹿、大象等众多前所未闻的动物出现于人们的视野。伴随动物数量的增多，人们对动物的饲养和哺育繁殖技术不断进步，动物园所具备的科研价值得到了巨大地开发。19 世纪初，人类历史上第一家现代动物园——伦敦摄政公园（Regent's Park Zoo）的成立，标志着动物园的职能不再仅仅是观赏和娱乐，而正式具备了启蒙和科研的作用，其科学研究价值得到了充分体现。而此时的动物园规划也已开始从笼养式渐渐开始转变为具有科学和合理规划的散养式，动物的豢育不再仅仅是以栏杆、坑、壕限定的不自由空间，而开始扩大动物的活动区域，在园区内部建立基础建筑形成独立的动物园。

在舍恩布鲁恩动物园之后，动物园在欧罗巴大陆相继建设开来，例如西班牙的马德里动物园、英国的伦敦动

物园等。至 19 世纪末，动物园在全球范围内得以普遍建设（表1）。

19 世纪末近代动物园汇总　表 1

分布地区	国家	名　称	建造/开放时间
亚洲	印度	蒂鲁凡那塔普姆动物园（Thiruvananthapuram Zoo）	1857
	日本	东京上野公园（Veno Zoo）	1882
	越南	西贡动物园（Saigon Zoo and Botanical Gardens）	1864
	中国	香港动植物公园（Hong Kong Zoological and Botanical Gardens）	1864
	巴基斯坦	拉舍尔动物园（Lahore Zoo）	1872
非洲	南非	比勒陀利亚动物园（Pretoria Zoo）	1899
大洋洲	澳大利亚	墨尔本动物园（Melbourne Zoo）	1862
		阿德莱德动物园（Adelaide Zoo）	1883
		泰郎加动物园（Taronga Zoo）	1884
		珀斯动物园（Perth Zoo）	1896
欧洲	奥地利	维也纳舍恩布鲁恩动物园（Tiergarten Schonbrunn）	1752
	俄国	卡赞动物园（Kazan Zoo）	1806
	英国	伦敦动物园（London Zoo）	1828
	德国	柏林动物园（Berlin Zoological Garden）	1844
	匈牙利	布达佩斯动物园（Budapest Zoo and Botanical Gardens）	1866
	丹麦	哥本哈根动物园（Copenhagen Zoo）	1859
美洲	美国	中央公园动物园（Central Park Zoo）	1859
		林肯动物园（Lincoln Park Zoo）	1868
		辛辛那提动物园（Cincinnati Zoo）	1875
		布法罗动物园（Buffalo Zoo）	1875
		美国国家动物园（National Zoological Park）	1889

表格来源：作者自绘

除了科学和技术的提高，伴随近代动物园一起发展的，还有其背后所代表的自由和民主精神的提升。古代动物园的服务对象以王公贵族为主。18 时期中后期，欧洲人民开始了夺权运动，动物园的观赏也是他们争取的权

利之一。所以近代动物园的建设和开放是民主力量驱动和影响的精神文明建设的重要内容，而这种公众开放性意味着近代动物园正式具备了近代公园所代表的民主意蕴。

2 中国近代动物园的萌芽

中国近代动物园原本也是设立在公园里的活动区域，是近代城市公园的附属产物。因此，近代动物园的产生、发展和转型脉络跟近代公园的发展趋势基本一致，即都经历了租界公园、私家园林到独立的城市公园的演变过程。需要说明的是，在租界公园和私家园林时期的"动物园"还只是近代动物园发展的萌芽阶段，这一时期的"动物园"仍旧依附于公园存在，所以还并不能称之为"动物园"，仅仅是公园里供游人观赏的"动物角"。

2.1 租界公园的动物角

19世纪中后期，资本主义列强不仅开始在世界范围内开拓自己的殖民统治，对殖民地所属范围内的野生动物也开始了大规模的"侵略"和"殖民"，肆意建造动物园。这样，近代动物园也随列强的殖民脚步开始在世界范围内广泛建立。例如拥有130多年的澳大利亚最古老动物园之一的阿德莱德动物园（Adelaide Zoo）就是1883年由英皇乔治五世（King George VI）令南澳动物协会建立并开放的。此外，越南的西贡动物园（Saigon Zoo and Botanical Gardens）也是法属越南军队指挥官保罗·皮埃尔（Pierre-Paul de La Grandiere）在越殖民期间签署建立的。

在华殖民者在中国东南沿海例如天津、广州、上海、青岛和内陆部分地区例如重庆、武汉、长沙灯都划分了租界区，在租界区内建立公园，例如英国在上海建立的华人公园、英法在广州建立的沙面公园、日本在青岛建立的旭公园、日本在武汉建立的日本公园等等，租界公园拉开了中国近代公园建设的序幕，同样在中国近代公园里的"动物角"便是中国近代动物园的萌芽和开端，例如上海外滩公园早在1868年便"兼畜动物"[5]，青岛会前公园于1915年建立笼舍饲养动物[6]（表2）。

近代租界公园"动物角"汇总　　表2

类型	地点	公园介绍
租界公园"动物角"	青岛	［日］旭公园(1914)；［日］若鹤公园(1914)
	上海	［英］外滩公园(1868)；［英］兆丰公园(1914)；［英］法国公园(1908)
	天津	［英］维多利亚公园(1887)；［日］太和公园(1906)；［德］德国花园
	武汉	［日］日本公园
	大连	［日］旅顺动物园(1929)

表格来源：作者自绘

2.2 近代私园的动物角

近代私家园林的动物角也是中国近代动物园早期的萌芽和开端之一。熊月之先生分析近代私园开放的重要动机之一便是为反抗殖民主义的政治抵抗，即民族主义精神[7]。此外，营利性也是近代私园开放的重要目的之一。19世纪末20世纪初受西人游赏休闲方式影响的私家花园，从布局风格到造园要素都有了中西杂糅的意蕴[8]。动物园即是这种中西杂糅的极好体现之一。不管是传统中式风格的愚园，"假山上有花神阁，春秋假日，游展甚众……园中具亭台竹木之胜，和张园一味空旷大相径庭，且蓄着猩猩、孔雀、吐缓鸡……①"亦或是中西杂糅，时尚摩登的张园"园内还有动物园，其中有海内外珍奇动物、猛禽猛兽，令人争相拍照，留个美丽的倩影。[9]"均在园子里争相建立"动物角"，以满足游人的猎奇心，丰富园林的游憩生活。

3 中国近代动物园的兴起

作为中国近代动物园的早期萌芽，不论是租界公园的"动物角"还是私家园林的动物饲养园地，均不具备近代公园的"开放性"职能，因此不能称之为"动物园"。真正意义上的中国近代动物园的兴起是在20世纪初，由清朝廷建立的北京万牲园。

20世纪初，受到康有为、梁启超的戊戌变法影响的光绪帝，对西方近代资本主义领导的民主宪政充满了向往，并派官员去资本各国参观，此后官员上奏"各国导民善法，拟请次第举办，曰图书馆，曰博物馆，曰万牲园，曰公园"，请求建立"万牲园"。此时，清统治者为了表明其推行宪政的决心，采纳了筹建"万牲园"的建议。于是1904年筹建农事试验场。（图3）"场内附设博览园，并于博览园内设动物园、博物馆，借以开通知识及供学历理之参考。"由此可知，中国近代第一座动物园——万牲园的建造目的，除了为满足皇室贵族自身虚荣和娱乐的需求

图3　清农事试验场（后即万牲园）正门
（图片来源：《农事试验场全景》
清宣统元年出版）

①　钱化佛·三十年来之上海［M］.

之外，动物园所代表的思想民主和理学先进的启蒙和开化作用也逐渐受到权利阶级的重视。动物园作为民主和开化的先锋终于挣脱了束缚，正式登上了历史的舞台。自此之后，国内各地纷纷掀起了自建动物园的高潮。截止到20世纪初期，中国东南沿海到内陆各地均有动物园建立，如表3所示。

20世纪初中国动物园一览　　　表3

类型	地点	公园介绍
近代动物园	重庆	西山公园、中央公园、江北公园、北碚平民公园[10]
	北京	北京动物园（万牲园）
	青岛	青岛中山公园的南部设有动物园，1915年始建动物笼舍
	汕头	1934年，汕头中山公园开设动物园[11]
	厦门	中山公园附设动物园[12]
	广州	永汉公园

表格来源：作者自绘

4　中国近代动物园的转型

中国近代第一座动物园——万牲园的建立，促进了中国近代动物园的发展和转型，对中国园林的发展具有重要意义。

首先，在园林类型方面，近代动物园的建立给传统园林类型增添了新的力量。千百年来，古人在营建牲园时大都使其依附于大型皇家或私家园林存在，从周文王的"囿台"，汉武帝的上林苑，至古代饲养动物最多、最奢靡的艮岳，动物园始终未能摆脱宫苑而独立存在。近代动物园的兴起打破了传统牲园依附于公园或私园"动物角"、"动物栏"的附属地位，正式以其独立开放的公园类型示人。单就动物园来讲，近代动物园的兴起是动物园历史上质和量的突破。随着动物园的独立，饲养动物的数量和品种有了巨大的变化。例如北京万牲园建造初期从德国引进了包括印度象、美洲鹿、野猿、猴、鸵鸟、黑天鹅等大量珍稀动物，并召集各地官员广搜地方动物，集合成国内最大的动物种群库，并聘德国人看守饲养[13]。

其次，在动物的规划和营造方式上，近代动物园有了全新的变革，规划布局有了合更多科学合理的考虑，营造方式也受到了近代公园营造的中西合璧风格的影响，例如园内的或中或西或杂糅的"十三桥"[14]。在园林体验和观赏游览方式上也加入了近代西化的管理和休闲体验"园内修有肩舆、推车出赁，游客代步，随时按段买票，赁价公道；因园内桥梁甚多，车不能行，必须座轿，方能逛完全景耳……"。此外，在合理布局的同时开始注重动物的福利。自19世纪初期西方近代动物园规划已经基本完成了从笼养式到散养式的过渡，在租界和私家园林"动物角"的感染和西方先进思想的影响下，中国近代饲养和管理动物的园林形态也经历了巨大的变革。从古代最早建立的蓄育饲养牲畜的牲园，到统治者为狩猎赏乐而建立"囿"，均在牲园周边置以壕堑、樊篱、林丛、网罟等障碍以划地为笼，圈地作为均为笼养式（Menageries）的园地形态，忽略了动物角度出发的生存环境的考虑。自北京万牲园开始，动物不再是生活在由栏杆、坑、壕等限定的不自由空间里，有了更为广阔的活动空间，更加注重动物的福利，例如在筹建广州永汉公园时，便以更符合动物生长环境的场地为主，彼时的法租界领署园"古木参天，绿荫覆地，陈列动物最适宜场所也"[15]（图4—图7）。

图4　20世纪30年代永汉公园大门（广州日报［N］.2007年12月2日，B2版）

图5　20世纪初永汉公园动物饲养棚（广州日报［N］.2007年12月2日，B2版）

图6　万牲园的斑马饲养园地（北京日报［N］.2012年12月25日）

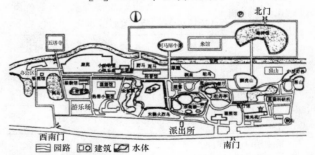

图7　万牲园旧址规划的北京动物园（康兴良.动物园规划设计［D］.北京林业大学，2005）

风景资源与文化遗产

再次，在建造的选址和位置方面，近代动物园的选址伴随民主和科学的深入，从早期萌芽阶段的租界和东南沿海地区扩大到广大的国土范围内，在长沙、重庆等内陆地区也广泛建立动物园，以满足人们的观赏需求，带动地区思想的启蒙和开化。

最后，从"动物角"到动物园，园地的建造目的有了更深层次的内涵，即动物园所具备的民主科学含蕴。1907年7月19日，慈禧太后将万牲园对公众开放，近代第一座动物园也成为中国近代史上第一家向公众售票的公园[16]。其开放性和民主性从万牲园开放的开园纲成即可见一二："本场为开通风气，改良农事起见，特于场内附设博览园，以便公众游览，得考察试验之成绩，发起农事之观念，并于博览园附设动物园、博物馆。[17]"所以，清朝兴建动物园的一个重要目的是通过该园起到科学启蒙和思想开化的作用。除此之外，便是动物园所代表的民主意蕴。京师万牲园可凭票入内，且儿童、仆役减半，学生在老师带领下入园可以享受免票待遇。清政府意欲通过该动物园表现其民主开放的决心可见一斑。

5 结语

20世纪初中国近代动物园的建立，在动物园的园区营造、动物管理到动物园背后所代表的深层的民族、民主和科学含蕴，都具有重要意义。

中国近代动物园从萌芽时期租界公园和私家园林笼栏圈养的动物角，到20世纪初建立的第一座独立、有公园规划的"场景式"动物园，其营造方式经历了从依附公园的"动物角"到独立动物园的演进；其管理方式经历了从划地围栏的圈养笼养式到注重动物福利的散养式的变革；其建设的目的经历了从仅仅为满足帝王贵族虚荣私欲和侵略者的动物殖民的片面角度扩大到具有民族、民主、自由、科学多层次的内涵和意蕴。

参考文献

[1] 诗经·大雅·灵台[M]. 译为"君王在那大园林，母鹿懒懒伏树荫。母鹿肥壮毛皮好，白鸟羽翼真洁净。君王在那大池沼，啊呀满池鱼窜蹦。"

[2] 汉书·旧仪[M].

[3] 东都赋[M].[东汉]班固.

[4] 从历数[M].[三国·吴]韦昭.

[5] 商务印书馆编译所. 上海指南[M]. 卷5. 食宿游览第18页.

[6] 青岛指南·游览纪要[M]. 第2页，青岛平原书店1933年版，该区域至30年代形成公园中的小型动物园.

[7] 熊月之. 张园：晚晴上海一个公共空间研究. 档案与史学[J]. 1996(6)：31-32.

[8] 赵纪军，王妍. 中国近代公园营造中的中西文化交流[J]. 新建筑，2012(5)：50-54.

[9] 钱化佛. 三十年来之上海[M].

[10] 沈福煦. 上海园林钩沉（五）[J]. 园林. 2002(11)，10-11.

[11] 陆思红. 新重庆[M]. 中华书局，1939.100.

[12] 陈海忠. 游乐与党化 1921-1936 的汕头中山公园[D]. 汕头大学硕士论文.

[13] 吴雅纯. 厦门大观[M]，新绿书店，1947.186.

[14] 徐启宪. 北京万牲园的首批动物[J]. 紫禁城.1993（05）.46.

[15] 动物园的十三桥风采：动物园北门劈柴桥、农林房劈柴桥、东北宫门木桥、东北宫门断桥、荟芳轩东青石桥、瀑布西三叠游廊桥、中式花园东洋亭前木桥、东洋房前高木桥、万字楼南大石桥、畅观楼前白石桥、鬯春堂东洋式桥、鬯春堂南高石桥、五谷地里高木桥.

[16] 永汉公园增加陈列各种动物. 市政公报[N]，1934.10. 第480期.

[17] 赖睿. 北京动物园走过百年. 人民日报海外版[N]，2006-5-25. 第004版.

[18] 农事试验场章程. 第一章总纲.

作者简介

[1] 王妍，1988年6月生，女，汉族，山东，华中科技大学建筑与城市规划学院在读研究生，研究方向为近现代园林历史与理论，电子邮箱：196388013@qq.com。

[2] 赵纪军，1976年6月，男，汉族，河北，博士，华中科技大学建筑与城市规划学院副教授，研究方向为近现代园林历史与理论，电子邮箱：land76@126.com。

中国近代动物园历史发展进程研究

以环境伦理及荒野哲学观点探讨如何创造城市湿地保育与周围街廓土地开发的互利共生

Creating a Symbiosis Situation of Urban Wetland Conservation and the Land Development of Surrounding Blocks from the Viewpoint of Environmental Ethics and Wilderness Philosophy

吴纲立　郭幸萍　卢新潮　张德宇

摘　要：本研究以环境伦理及荒野哲学的观点切入，以哈尔滨市群力国家城市湿地公园为例，探讨如何加强城市湿地保育与周围街廓土地开发的相互配合，以创造两者间的互利共生。经由文献分析、田野调查及深度访谈，本文发现目前群力湿地公园规划与周围土地开发间出现缺乏配合的问题。经由规划专业者的模糊语意问卷调查与访谈，本研究确认出都市湿地的多元价值，最后依据实证分析结果，提出规划策略与方案的建议，以期能创造都市自然湿地保育与周围街廓土地开发间的双赢。

关键词：都市湿地；土地开发；环境伦理；荒野；哈尔滨

Abstract：This study explores how to create a symbiosis of urban wetland conservation and land development of surrounding blocks by employing the viewpoints of environmental ethics and wilderness philosophy. The Harbin Qunli National Urban Wetland Park was selected as the empirical case. Using research methods involving literature review, field survey, and in-depth interviews, this study identifies some mismatch problems between the Qunli wetland park planning and land development in the surrounding blocks. This is followed by a fuzzy questionnaire survey and interviews of planning professionals in order to explore the perceived values of urban wetland. Finally, this study provides suggestions on how to strengthen the mutually beneficial symbiosis between urban wetland conservation and the surrounding land development in order to create a win-win situation of conservation and development.

Key words：Urban Wetland；Land Development；Environmental Ethics；Wilderness；Harbin

1　前言

湿地是城市中重要的生态资源，随着生态城市理念的推广，人们已渐渐开始思索在都市化发展过程中，湿地的重要性及其对建构城市生态系统的角色与功能。从环境伦理与荒野哲学的角度来看，城市湿地不仅具有提升环境适意性及满足休闲游憩需要等工具性价值，其也是促进城市生态循环及维护生物多样性的重要地景元素[1]，所以如何加强湿地保育规划与周围土地开发间的相互配合，以发挥互利共生及促进城市生态化发展的功能，已成为中国快速城市化发展趋势下，一个亟待探讨的研究问题。有鉴于此，本研究以环境伦理及荒野哲学的观点切入，并以哈尔滨市国家级的群力城市湿地公园为例，来探讨下列问题：（1）如何借由环境伦理及荒野哲学理念的探讨，建立城市湿地规划的价值观基础？（2）如何透过系统性的分析，找出城市湿地保育与周边土地开发在配套考量上的问题？（3）如何研拟适当的规划策略与土地开发方案，以强化城市湿地在促进城市生态化发展过程中的角色与功能？

2　理论与文献回顾

2.1　荒野概念在规划上的意涵

随着城市环境的日趋人工化与设备化，维持城市中具自然演替功能的荒野景观（例如：自然湿地）之重要性，已渐渐受到一些重视。但是，在城市湿地保育规划的过程中，对于湿地的价值要如何界定与评估，却仍有不少的争议[2]。对于如何创造自然湿地与城市的互利共生，荒野哲学及环境伦理概念的导入，提供了一个新的思考方向。荒野概念对城乡规划上的意涵并不是要在城市中创造一个杂草丛生的荒芜之地，而是要营造一种尊重自然循环、让自然主导发展以及尊重土地伦理的价值观与信念。换言之，是要借由荒野哲学的推广，调整传统规划的思考模式，以便能纳入尊重自然万物之既有价值及荒野美学的观点。

荒野（Wilderness）是什么？依据美国荒野法案，"荒野"意指那些能维持着未受人类干扰之具有自然演替功能的区域，它的土地及生物群落没有受到人类强加干预的影响，在那里人类只是过客而不是主宰者（1964年美国《荒野法案》）。此概念与利奥波德（A. Leopold）所提出的"土地伦理"（Land Ethics）[3]概念相似，两者皆揭

风景资源与文化遗产

示出，吾人应尊重地球社群（Earth Community）中自然万物的存在权力，要把美好的环境留给后代子孙。随着这些环境保育思潮的发展，荒野的概念逐渐成为欧美自然保育运动的重要支撑[4]，此理念也引发一些对规划之价值观与操作模式的省思，例如：人类其实是自然的一部分，应改变取用资源的方式与态度[5]，以及进行城乡规划时应尊重自然生态规则的主导作用，避免进行不必要的人为干预。

2.2 环境伦理：从人类中心论到自然中心论

荒野概念的部分理念精神与环境伦理相近。环境伦理是人类处理其自身及自然环境关系的价值观基础，也影响人类对自然资源的使用态度[6]。随着环境伦理理念的推广，部分规划专业者与民众已开始思考城乡规划操作中是否应以满足对人类的需求为唯一的考量。而环境伦理概念的导入也引发对人类中心论与自然中心论的论辩（表1）。

环境伦理基本理论汇整分析表　　表1

	人类中心论	自然中心论
整体观点	所有的价值评断都应以"对人的意义"来作为判断主轴的依据	强调人类应扩大伦理的范围，认知到自然万物的天赋地位与价值，并以伦理规范来调节人与自然的关系及对自然的态度
主要流派及观点	强人类中心论：人是最高等的生物，可以为了满足其自身的需求而侵害到其他自然万物，只要不损害其他人类的利益即可（此做法导致将自然界看作是一个供人任意取用的资源库）	土地伦理：美国生态哲学家奥尔多·利奥波德（Leopold）提出，认为应扩土地伦理（Land ethics）[3]的概念，将土壤、水域、植物和动物等看作是一个地球社群，在此地球社群中，人类只是过客，应尊重其他自然万物的存在权力，并且要把美好的环境传给后代子孙
	弱人类中心论：认为只有被人的理性思考所肯定的偏好（或需求）才是应给予满足的，此观点加入了道德理性判断的门槛，但仍然是以人类自身的偏好（需求）为决策的依据	盖亚假说：由英国大气学家拉夫洛克（Lovelock）[7]所提出，认为地球是一个具有生命的有机体，具有自我调节的能力，能透过反回馈机制，消除一些对其有害的因素（换言之，地球是活的，应维持其自净及自我循环的能力）
		深层生态学：挪威哲学家阿恩·奈斯（Naess）[8]所提出，以"生物圈平等主义"揭示出人类与大自然是无法分离的，强调应从人类中心论的思考模式，转换到以生物多样性为价值判断的基础

对于人类中心论与自然中心论的论辩，影响到对可持续城市发展及生态城市规划的定位与操作方式[9]，其提醒吾人去省思一些基本问题，例如：自然在规划中所扮演的角色；生态复育是为了什么？为何规划要维护生物多样性？以及自然地景除了对于人类的工具性价值之外，是否还存在其他多元的价值（包括天赋的价值及维持自然运作的价值等）？

2.3 荒野及环境伦理概念对城乡规划的启示

荒野及环境伦理的概念在西方已被应用在自然资源管理、自然地景维护及土地资源管理等领域，借以检讨人为干预的适当性及人工设施与自然环境的关系。这些概念并对强调保育导向之西方国家公园规划运动的发展及自然乡土景观设计风格产生了重要的推升力量[10]。然而，尽管此议题的重要性日增，目前国内探讨荒野及环境伦理概念在城乡规划应用的文献仍相对很少，相关文献多侧重于案例分析或空间设计手法的探讨，例如：李雱和侯禾笛（2011）[11]以苏黎世大学耶荷公园规划设计为例，探讨如何透过城市空间与自然荒野的互动来减少人为的干预，并让自然本身接管部分的设计任务，以营造出能与自然相融合的公园景观系统。

综合以上可发现，荒野哲学及环境伦理理念对城乡规划的启示，应是借由理念的倡导与公开讨论，导引出一种规划思考模式的调整，从以人类中心论导向的思考模式，逐渐调整为纳入生物多样性（或自然中心论）考虑的思考模式，并师法"自然主导运作"的原则。例如：借由维持都市中的自然演替来减少景观的维护成本[12]；以对自然生态系统之价值（而非仅是对人类的价值）来重新检讨自然万物的存在权力；重新找回人们对接近自然的渴望以及人与土地之间的感情（土地是我们的母亲）等。这些理念在目前过度人工化、设备化的城市化发展趋势下，应可提供吾人深刻的省思。

3 群力城市湿地公园案例探讨

3.1 湿地公园开发背景及规划设计理念

3.1.1 开发背景

群力城市湿地公园位于哈尔滨市外围的群力新区，湿地面积约有 34.2hm² 。此地区原来是一片天然湿地，长着大片芦苇，面积曾达一百多公顷。此处原来水量充沛，有多条沟渠通达，且是多种野生鸟类的栖息地，但由于受到城市扩张的影响，湿地的天然水路被切断了，湿地面积遂逐渐缩减。

湿地公园所在的群力新区于 2006 年开始快速发展，多处新兴的小区陆续建设完成。2008 年，群力新区开发建设管理办公室决定对这片被当地居民称为"黑鱼泡"的天然湿地进行保育规划，并委托景观公司进行群力湿地公园的规划设计。2009 年 12 月住房和城乡建设部发布《第六批国家城市湿地公园入选通知》核准群力城市湿地公园为国家级城市湿地公园。湿地公园于 2010 年 11 月对

143

公众开放，成为哈尔滨市知名景点之一。

3.1.2 规划设计理念

群力湿地公园的规划设计面临如何兼顾自然保育与游憩发展的两难。主管单位对湿地公园规划的构想是既要保留天然湿地，又要为市民打造一处兼具赏景、游憩、科普教育、科学研究等多重功能的公园。规划单位提出"生命的细胞"的规划设计概念（图1）[13]，以类比的手法来处理湿地与周遭环境界面的问题，并尝试利用地形高差及架高的木栈道，来舒缓人为活动对湿地生态系统的扰动（图2）。

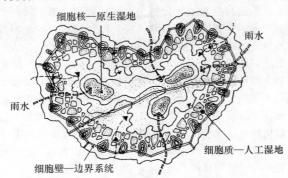

图1 群力湿地公园规划设计概念—生命的细胞

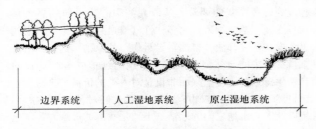

图2 群力湿地公园剖面图

湿地公园尽量将游憩设施［如架高的栈道（图3）、步道、观景塔（图4）］放在公园外侧，以减少对湿地自然生态的冲击；然而公园四周新建建筑林立，将湿地围在其中，形成一个水泥丛林中的城市湿地公园。湿地公园内有人工湿地和原生湿地，人工湿地位于外围休憩设施和原生湿地之间（图4），为几何洼地，种植了一些水生植物，可过滤收集的城市雨水。原生湿地则保留部分原有水

图3 群力湿地公园架高的栈道

域，补种湿地植物，作为生态核心及动物栖息地。此外，由于此处地势低洼，湿地公园发挥了一些都市滞洪功能。

图4 公园内的人工湿地与观景塔

3.1.3 生态环境现况

群力湿地公园的生态系统已慢慢建立，但目前湿地公园的水循环系统仍无法维持自持式的自然运作，夏季时需要通过人工注水来维持水源的补给。此外，由于原来的生态环境已受到扰动，目前湿地公园内生物物种结构较为简单，主要动物物种为鸟类及人工放养的水禽，而植物群落结构的丰富性也不高，以芦苇及周边的白桦林为主。

3.2 土地利用状况

群力湿地公园位于哈尔滨外环的群力新区东区的核心，群力新区的用地规模有27.33km²，计划引入人口32万，预定建设成一处集居住、商贸、游憩于一体的现代化新城。群力国家城市湿地公园四周的街廓以住宅与商业使用为主（图5），整体开发强度颇大，造成地区基础设施及生态系统负荷增加。此区计划绿地面积占总建设用

图5 群力城市湿地公园与周围土地开发
（红线内为公园范围，影像数据源为2011年Google卫星影像，当时公园西侧街廓尚未开发，目前已陆续开发）

地面积的 16.4%，绿地面积数量还算足够，但尚未完全开发；此外，湿地公园与其他计划绿地之间也尚未串连成较完整的生态绿网系统。湿地公园的东、西及南侧皆紧邻主要干道（皆在 40m 以上），阻隔了湿地公园与周围绿地系统的联系。此外，开发单位有考虑在湿地公园内部建设人工化的游乐设施，此举将可能破坏此难得保存之城市湿地的自然运作，也会冲击到湿地公园所展现之荒野感景观。

4 自然湿地与周围土地开发关系及湿地价值的认知分析

4.1 湿地公园与周围土地开发间的问题

经田野调查及土地开发业者与规划专业者的访谈，本研究发现，目前群力湿地公园的规划方案与建设成果，已产生以下的效益：

（1）提升房地产的价值："邻近自然湿地"已成为房地产营销的重要卖点，被市场化的湿地生态形象明显地提升了周围房产的价格。

（2）提供都市滞洪空间：湿地低洼的地势及蓄水功能，舒缓了部分的城市滞洪问题。

（3）净化空气：湿地的植生绿化，发挥了净化空气及固碳的都市绿核功能。

（4）提供休闲及体验自然的场所：湿地公园为游客及周边住户提供了一个可亲近自然、体验寒地季节性环境变化的都市活动场所。

（5）营造出具荒野美学效果的空间感：目前的湿地景观营造出一种具荒野美学效果的空间氛围，为游客及城市居民在繁闹的都市中创造出一种不一样的体验。

然而，由于湿地公园规划与周围土地开发间缺乏整体的配套考量，目前该地区也出现了下列问题：

（1）计划的生态廊道被切割：湿地公园四周人工化的道路隔断了湿地与周边城市绿地系统间的联系，阻碍了都市自然湿地向外拓展，串联周边生态元素的机会（图6）。

图 6　人工化的干道形成人为阻碍

（2）四周建筑形成人为的屏障及生态杀手：湿地公园

四周密集的建筑量体形成了人为屏障，阻挡了湿地的通风廊道，也影响生物的活动，而建筑窗户反光玻璃所造成的眩光，对生物活动也产生不良的影响（图7）。

图 7　建筑及反光玻璃影响生物活动

（3）形成都市街廓中封闭的生态系统：湿地公园虽采用亲自然设计手法，但由于周边被道路及水泥建筑所围住，形成一个封闭的生态系统，影响生物多样性及生态效益的外溢（图8）。

图 8　新建建筑量体将湿地包围

（4）缺乏相互配合的都市生态缝合：人工栈道、步道及观景设施紧靠着湿地公园边界（图9），使湿地公园边缘地带成为人们活动的场所，但没有预留出一定比例的土地作为与周围开发基地进行都市缝合的生态绿地，而

图 9　公园及周遭街廓缺乏退缩绿地

以环境伦理及荒野哲学观点探讨如何创造城市湿地保育与周围街廓土地开发的互利共生

周边街廓的土地开发也未留设出足够的缓冲绿带及街角生态绿地,以便与湿地公园形成串联的生态廊道系统,将湿地的生态效益渗透到周边社区内。

4.2 自然湿地价值认知调查分析

文献及访谈分析结果显示,对湿地价值的认知,会影响到湿地保育规划与周遭土地开发的做法,基于此,本研究透过深度访谈及模糊语意问卷来探讨规划专业者对湿地价值的认知。调查对象为从事规划工作已有5年以上经验的专业者。调查抽样采用立意抽样,先取得调查样本的名单,咨询其参与意愿后,选取55个样本进行问卷调查。问卷设计时,先依据文献分析及访谈的结果,整理出可能代表湿地价值的项目,接着以可持续城市发展的3E架构(环境、经济、社会),将调查问项予以分类,再透过模糊语意问卷进行调查,部分问卷调查是配合访谈进行,以了解受访者的其他相关感受。经二个半月的问卷发放与访谈调查,共回收有效问卷45份,回收问卷以重心法解模糊化,部分结果如表2所示。

城市湿地的价值分析表　　表2

	城市湿地的价值 (Values of Urban Wetland)	解模糊数 (n=45)
环境价值	1. 湿地可提供野生动物栖息地	0.843
	2. 湿地可作为生物遗传基因库	0.738
	3. 湿地可减缓城市热岛效应	0.838
	4. 湿地可以隔离噪声污染	0.746
	5. 湿地可调节地区微气候	0.849
	6. 湿地可涵养水分、补充地下水	0.834
	7. 湿地可发挥防灾蓄洪的功能	0.795
经济价值	1. 湿地可繁衍鱼类等水生物	0.745
	2. 湿地可进行水生植物培植	0.716
	3. 湿地可增加周围房地产的景观效益	0.678
	4. 湿地可提升周围房地产的价值	0.708
	5. 湿地可提升都市意象	0.810
社会价值	1. 湿地可作为生态教育的基地	0.812
	2. 湿地可作为周围民众日常休憩场所	0.715
	3. 湿地具有荒野美学的景观价值	0.768
	4. 湿地具有文化地景的价值	0.721
	5. 湿地具有共同记忆的价值	0.713
	6. 湿地可作为城市旅游景点	0.648

注:数值为模糊化后之非模糊值,介于0—1之间,愈接近1者代表受访者认为该项愈能代表城市湿地的价值。

调查结果显示,受访规划专业者认为城市湿地最主要的价值包括:提供野生动物栖息地、减缓城市热岛效应、调节地区微气候、涵养水分、提升都市意象、提供生态教育基地等。上述结果显示出,城市湿地具有多元的价值,除了景观效益及提升周边房地产价值等工具性价值之外,更重要的是其在维护生物多样性、提升环境品质以及都市意象营造上的价值,此结果也对本研究的论点提供了有利的支撑,值得规划专业者与土地开发业者共同来省思。

5　结论与建议

本研究结果发现,对环境伦理及城市湿地价值的认

知,会影响到湿地保育规划与周边地区房地产开发的相互关系。群力湿地公园建设与周边土地开发的经验显示出,目前土地开发时对城市湿地价值与功能的认知仍偏向于以"人类中心论"的观点切入,缺乏以环境伦理的角度来思考城市湿地的多元价值及相关的环境生态问题。对此,本研究建议:湿地规划单位及周边土地开发单位应共同努力,为整体地区生态环境的营造,提供一些机会,并透过价值观的调整,将人类中心论导向的规划操作模式(图10),逐渐调整为考虑生物多样性及湿地资源之多元价值的替选方案(图11-图13),以创造城市湿地保育

图10　方案一(湿地公园及周边街廊开发现状,人类中心论观点):为争取面向湿地景观,湿地公园周围街廊的第一排建筑围塑成墙,形成封闭界面,阻碍了生物活动也影响湿地生态效益的外溢

图11　方案二(现况微调方案):在不降低土地开发强度与建筑面积的情况下,在湿地公园周边街廊留设10m生态绿带及生态网络节点,进行湿地公园与周遭街廊的生态缝合,同时串连水与绿廊道

风景资源与文化遗产

与周围街廊土地开发的互利共生（群力湿地公园周边地区大多已开发完成，但其他地方还有机会）。而政府主管单位也应善用胡萝卜与棒子，进行成长管控与生态廊道建设。以下从湿地规划、土地开发及城市成长管理等三方面提出建议：

图12　方案三（降低开发密度方案）：在公园周边街廊留设25米生态绿带及生态网络节点；加强水与绿网络串连；调整建筑形式、降低开发密度；增加建筑簇群包被感、增加多元绿化与导风效果

图13　方案四（自然中心论观点导入方案）在公园周边街廊留设25米生态绿带及生态网络节点，让水与绿网络渗入社区内部；降低开发强度、密度与楼高；增加多元绿化与导风效果，营造出生活在自然中的感觉

5.1　自然湿地规划应提供的机会

（1）落实荒野哲学及环境伦理中强调尊重生物多样性的观念，将生态复育及自然作为设计的主体，尽量减少人造设施及人为活动对湿地生态的扰动。

（2）导入荒野美学的概念，以维持自然感及自然演替作为设计的价值观基础。

（3）于湿地公园基地外侧提供一些机会，例如：留设生态踏脚石及有复层式植栽的生态缓冲带，以便与周围街廊开发基地的绿地系统衔接，串连成具生态功能的生态绿网。

5.2　土地开发及建筑计划应提供的机会

（1）土地开发应倡导自然湿地在促进城市生态系统复育及亲自然环境营造上的价值，而非只是视觉景观上的工具性价值，并将湿地的生态价值转化为社会大众可接受的市场价值，创造保育与开发的双赢。

（2）调整建筑配置及建材使用，避免对以自然湿地为生态绿核的生态绿网建构形成人为的阻碍。临湿地公园侧应主动进行建筑退缩，留出部分土地来进行生态缝合。建筑量体及建材使用应避免成为生物活动的屏障或杀手（如帷幕墙）。

（3）街廊建筑规划应在街角留设出具保水及生物栖息功能的生态洼地，建筑量体应避免过长而形成对生物活动的阻隔效果，应在适当处断开。

（4）建筑量体配置与组合应考虑地区风环境及日照的特性，透过利用风廊效果及遮阳设施，创造舒适的外部空间。

5.3　城市成长管理管控

（1）以环境承载量管控都市外围地区的开发强度及开发总量，避免在自然湿地周边地区进行大量体、高强度的土地开发。

（2）考虑城市湿地在建构地区生态网络方面的角色与功能，选择适当的生态复育策略点，透过奖励措施（胡萝卜），鼓励生态保育及复层式绿化，同时也应划设出都市扩展区的生态基准线（棒子），以限制漫无管控的蛙跃式土地开发。

本研究尝试从环境伦理观的层面切入，探讨如何建构都市湿地与周边土地开发的长期互利共生关系。在一个快速都市化且高度强调经济利益的都市环境中，要在土地开发的操作中，导入环境伦理及荒野哲学的观念，还有漫长的路要走，但只要开始就有希望，留给子孙一个健康的生态环境，就是最好的回馈。

参考文献

[1]　吴纲立 卢新潮，从环境伦理及荒野哲学角度看都市湿地规划与周围，世界华人不动产学会2013年会暨新型城镇化与房地产业可持续发展国际研讨会论文集，2013.

[2]　Turner R K，Van Den Bergh J C J M，Söderqvist T，et al. Ecological-economic analysis of wetlands：scientific integration for management and policy [J]. *Ecological Economics*，2000，35(1)：7-23.

[3]　Leopold，A.，*The Land Ethics：in A Sand County Almance.* New York：Ballabtine Books，1949.

[4]　Lupp Gerd，Franz Höchtl，et al. "Wilderness" - A designation for Central European landscapes？[J]. *Land Use Policy*，2011，28(3)：594-603.

[5] 叶平. 生态哲学视野下的荒野 [J]. 生态哲学, 2004(10): 64-69.

[6] Bourdeau P. The man-nature relationship and environmental ethics [J]. *Journal of environmental radioactivity*, 2004. 72(1): 9-15.

[7] Lovelock, J. E., *GAIA-A New Look at Life on Earth*. London: Oxford University Press, 1979.

[8] Naess, A., Ecology, Community and Lifestyle, London: Cambridge University Press, 1989.

[9] 吴纲立. 永续生态社区规划设计的理论与实践 [M]. 台北: 詹氏书局, 2009.

[10] 钟国庆. 美国国家公园的乡土景观设计历史评述[J]. 风景园林, 2007(3): 64-67.

[11] 李雳, 侯禾笛. 城市空间与自然荒野的互动—苏黎世大学耶荷公园景观设计[J]. 中国园林, 2011(9): 10-14.

[12] Hough, M. (1995), *City Form and Natural Process*. London: Routeledge.

[13] 俞孔坚. 城市绿色海绵—哈尔滨群力国家城市湿地[J]. 景观设计学, 2011(6): 88-95.

作者简介

[1] 吴纲立, 哈尔滨工业大学, 城市规划系教授、博导; 哈工大-加州大学柏克利分校联合可持续城市发展研究中心执行主任, 电子邮箱: wgl@hit.edu.cn。

[2] 郭幸萍, 副教授, 硕导, 台湾南台科技大学企管系副教授。

[3] 卢新潮, 哈尔滨工业大学建筑学院, 景观系学生。

[4] 张德宇, 哈尔滨工业大学建筑学院, 城市规划系学生。

风景资源与文化遗产

广东增城绿道乡土景观资源空间布局现状与整合利用策略研究[①]

Research on Vernacular Landscape Resources Current Spatial Distribution in Guangdong Zengcheng Greenway and the Integrated Utilization Strategy

吴隽宇　　徐建欣

摘　要：广东增城绿道是典型的乡土景观型绿道。沿着增城绿道行进，增城的乡土风貌尽收眼底。利用绿道整合构建乡土景观资源是解决当前城乡景观破碎化、孤岛化问题的重要方法。本文以广东省增城市绿道为例，分析增城绿道沿线乡土景观资源的空间布局现状，根据现存问题提出绿道沿线乡土景观资源整合利用策略，以期对同类型绿道建设提供借鉴。

关键词：增城绿道；乡土景观资源；空间布局现状；整合利用策略

Abstract：Guangdong Zengcheng greenway is a typical vernacular landscapes green way. Along the Zengcheng greenway, local features panoramic view show in sight. Using the greenway to integrate the vernacular landscape resources is an important method to solve the current urban and rural landscape fragmentation. In this paper, based on the analysis of vernacular landscape resources along Zengcheng greenway and its current spatial distribution, the paper puts forward vernacular landscape resources integrated utilization strategy according the existing problems, in order to provide reference for same type greenway construction.

Key words：Zengcheng Greenway；Vernacular Landscape Resources；Current Spatial Distribution；Intergrated Utilization Strategy

1 研究综述

1.1 研究背景

绿道是城乡一体化绿地系统的一种重要类型。它打破城乡界限，将各类绿地连成一体，形成"城市融入乡村，乡村渗透城市"的生态网络型线性绿色开放空间。2010 年广东省出台的《珠江三角洲绿道网总体规划纲要》，提出在珠三角率先构建融合保护生态、改善民生和发展经济等多种功能的绿道网络体系。绿道网络体系建设成为了珠三角城乡一体化建设和以景观生态引导统筹发展的一种全新尝试[②]。作为绿道建设的先行者，广州市增城绿道建设的成功探索为珠三角区域绿道网建设提供了丰富的经验。它是广东省首条绿道，全长 100km，连通增城南中北三大经济圈，将沿线的风景名胜区、森林公园、温泉、古村落以及增江沿岸的田园风光、山林风光和农家风光等分散的乡土资源连为一体，构成网络。增城绿道的建设充分体现其丰富的乡土景观资源特质，在结合良好的城乡自然环境基础上展现乡土绿道地域特色，使得城乡景观浑然一体、和谐交织，在一定程度上解决了城镇化过程中所带来的乡土景观破碎化、孤岛化等问题，使绿道沿线的乡土景观资源获得重视与保护，并促进乡村旅游的发展。

随着绿色通道日益成为一种潮流和运动，乡土景观资源整合利用的相关研究也在不断开展。基于绿道的乡土景观资源保护与利用研究是其中一个重要的研究内容。对于乡土景观廊道的建立，最有效的措施是将其与绿道相结合，借鉴遗产廊道理念，整合乡土文化景观资源，建立集生态和文化保护、休闲游憩、审美启智、教育等多方面功能于一体的区域与城市开放空间系统，这不但是在快速城市化背景下建设高效和前瞻性的生态基础设施的需要，也是带动城乡文化旅游业的繁荣和经济发展的需求，具有不可估量的理论和现实意义。本文以广东省增城市绿道为例，分析增城绿道沿线乡土景观资源的空间布局现状，根据现存问题提出绿道沿线乡土景观资源整合利用策略，以期对同类型绿道建设提供借鉴。

1.2 广州增城绿道的总体规划特色

增城绿道建设源于增城市总体战略规划与城乡绿地一体化的规划目标，用公园化的理念统筹城乡规划建设，由"在城镇里面建公园"逐渐转变为"在公园里面建城乡"，增城绿道就是在此背景下产生。基于生态化、本土化、多样化和人性化的原则，增城绿道通过"以藤结瓜"的方式，结合乡土资源的开发、三旧改造和村庄整治，将绿道沿线的传统村落、农田果园、城市绿地、公园等串联并整合起来，形成生态旅游、宜居城乡的绿道网络系统。

① 国家自然科学基金（编号：51208204）；2012 年亚热带建筑科学国家重点实验室开放性课题（编号：2012KB27）；2012 年华南理工大学中央高校科研经费项目（编号：x2jzD2118480）。

② 徐文雄，黎碧茵，绿道建设对于珠三角城乡统筹发展的作用，热带地理 [J]，vol. 30，No. 5，2010 年 9 月，p. 515-520。

2008 年至 2010 年，增城市共投入 15041 万元，建成 207.08km 的绿道。规划设计上为了整合利用和保护乡土景观资源，绿道因地制宜地利用村道、堤围和果园，沿着山边、路边、水边穿行，绕过树、村庄行进。此外，绿道建设不进行大拆大建，不占用农田，不破坏地质地貌，减少硬体化建筑，保护水源和民居，充分利用沿线的荒坡地和旧厂房民居。使用的材料上，使用了乡土树种、竹木材料，尽量减少使用名贵树种和钢筋混凝土，保持地区的乡土与自然特色。

1.3 乡土景观资源整合利用研究与实践

乡土景观是指存在于特定的地域范围内的文化景观类型，它在特定的地域文化背景下形成并留存至今，成为纪录乡村地域人类活动历史和传承乡村传统地域文化的载体，具有重要的历史、文化价值。其显著的特点是保存了大量的物质形态历史景观和非物质形态传统习俗，与其所依存的景观环境以及人们综合感知而形成的景观意向，共同形成较为完整的传统文化景观体系。然而，随着中国城市化的进程，大部分乡土景观都呈现出"孤岛化"、"破碎化"现象，乡土景观资源整合利用的概念随之产生。如何把散落分布的乡土景观资源进行整合保护，形成乡土景观廊道，成了我国当前需要迫切需要解决的研究课题。通过建立乡土景观文化廊道来保护文化遗产，完善和建设一条绿道上的丰富的线性乡土文化景观遗产，使乡土文化景观表现出更大的多样性和典型性。也使得原有的乡土文化遗产对地方文明的点状的展示，变为以绿道休闲活动为脉络的线性的和区域性的展示。与"乡土景观廊道"相似的概念有"文化遗产廊道"、"文化线路"等。两者的内涵既有重合又有所区别：首先，两者都呈现为线性的空间分布关系，而"乡土景观廊道"更着重体现地域乡土性特点，即包含了自然和人文的景观资源，"文化遗产廊道"更强调于遗产区域的历史文化内涵。国内学者俞孔坚等（2004）首次以大运河的整体保护为例，提出要把绿道的建设和遗产廊道研究结合起来，并通过 GIS 技术尝试探索遗产廊道适宜性分析与保护层次与策略（俞孔坚等，2005 和 2007）。刘海龙等（2008）在文化遗产景观日益破碎化、孤岛化的状况下，提出了构建中国自然文化遗产廊道整合保护网络的想法。王云才等（2006）则对景观破碎化的传统地域文化景观保护模式进行研究，探讨地域文化景观的网络构建与空间整合模式。

在国外，基于绿道的乡土景观利用和保护的研究已形成一定的基础。早在 20 世纪 60 年代，Philip Lewis 便提出了连接区域文化和自然景观资源的环境廊道（Environment Corridor）。20 世纪 80 年代后，西方景观规划更加强调社会和文化问题。景观规划思想的转变直接影响和反映了当今绿道规划的重点与趋势，文化价值逐渐成为绿道研究中的重要内容。Fábos（1991）指出最有意义的游憩资源、历史文化资源和生态资源通常共同分布在

河流或海岸地带，这些地方作为人类的交通线路已有数千年历史。Dawson（1995）同样也发现，美国佐治亚州最有价值的景观资源多沿河流、山脊、陡坡和海岸带呈廊道状分布。此外，Thomas G. Yahner 等（1995）以阿巴拉契山的绿道为例，提出绿道的规划设计不但对增加生物多样性、减少栖息地破碎化程度有重要影响，而且是对人文景观的保护和诠释。以上学者的研究说明了自然、历史文化和游憩资源大部分都是相互联系的，而且这种联系是可以通过绿道来进行连接。

2 增城的乡土景观资源概况

增城市位于珠江三角洲东北部，是岭南地区著名的荔枝之乡、鱼米之乡。增城历史悠久，自然条件优越，自新石器时代开始就有人类耕作定居。经过几次中原居民的迁入、和本土的民俗文化交融，形成了广府文化和客家文化交融的人文特色。增城山清水秀，人杰地灵，自古以来是广州东部的门户与天然屏障，又因其本身是由农业城市脱胎而成，乡土景观资源丰富，乡土气息浓厚。增城市乡土景观资源可以分为自然景观资源和人文景观资源。自然景观资源方面，增城地势北高南低，森林覆盖率达到48%，是广东省东部的"绿肺"。增城北部是南岭山系九连山——南昆山脉的延长，上有增城最高峰牛牯嶂，山间有多处瀑布、奇石，风景甚佳。此外还有华峰山、南香山等。增城中部是丘陵河谷平原，南部是珠江三角洲平原，分布着广阔肥沃的农田，平原上有东江、增江、西福河等河流，河道纵横，密如蛛网。增江属于东江水系，纵贯东北，水面宽阔，水流量大，是增城的主要河流。增城的乡土人文景观多沿河分布。人文景观资源方面，增城有星罗棋布的岭南传统村落——正果镇的畲族村落、坑贝古村落、派潭古村落、小楼古村落、坑贝古村落、莲塘村落……村落中保留了许多名胜古迹与地方传统建筑，例如何仙姑家庙、报德祠建筑群、正果佛爷庙等。古朴的村庄与周边广阔的农田形成了环境优美的岭南田园风光。增城作为农业城市，农产品优良，荔枝、丝苗米、迟菜心是著名的乡土特产。除此以外，增城市的非物质文化遗产也成了增城乡土文化景观资源的重要组成部分[①]。

增城之所以保留了浓厚的乡土风貌，和增城过去的发展政策有很大的关系。改革开放之后，珠三角地区迎来了几次经济发展高潮。增城市由于所处的经济区位与发展定位的失误，导致发展滞后、城市开发不善等问题。然而幸运的是，增城市大部分地区的传统聚落、建筑、森林等地域资源没有被快速的城市化侵蚀，得以保留了下来。这些保留下来的乡土景观资源促成了增城重要的第三大产业——旅游业的发展。如今，增城市政府利用增城丰富多样的乡土景观资源发展起来的人文与自然景点，如增城白水寨风景名胜区、小楼人家风景区、畲族民族风情游览区以及众多的森林公园、自然保护区等成为增城市发

---

① 增城非物质文化遗产包括生活方式、风俗习惯、宗教信仰、历史人物典故等。例如"一仙一龙，一佛一凤，一将一相，一巫一术"，分别是指何仙姑、宋代进士李肖龙、正果牛仔宾公佛、宋代进士廖金凤、南宋振国大将军石文光、宋右丞相崔与之、南宋道士杨柳青、南宋术士钟法进。有关他们的传说故事以及相关的祠庙古迹，组成了增城乡土文化景观价值的一部分。

展休闲、健康、幸福城市目标的生态本底。

3 增城绿道沿线乡土景观资源的空间布局

增城的游憩资源、历史文化资源和生态资源呈点状散布，在地理空间上呈现一定的分布规律：增江是增城的母亲河，大部分乡土景观资源都是沿着增江流域两岸分布，其中以人文资源为主，如聚落、城镇、宗祠、农田等。增城北部派潭镇地区由于山脉纵多，地形地貌多样，是增城自然资源分布较为集中的地区，这里有著名的白水寨风景名胜区、牛牯嶂景区、高滩温泉、森林公园和水库等山脉丘陵景观，体现增城的生态山水特色。增城中部地区低丘台地广布，则以广府和客家聚落分布为主，人文乡土气息浓厚，体现增城岭南乡村民俗风情文化。南部地区为开阔的东江三角洲平原，其中荔城、新塘、石滩三镇分布大量的历史文化遗存与名胜古迹，如万寿寺大殿、雁塔、百花林宋代摩崖石刻等。

增城绿道是增城统筹城乡发展的主要规划手段之一，它依托于母亲河增江串联增城的历史文化及生态游憩资源，从而形成一条具有岭南特色的地方乡土景观文化廊道。其规划结构为"一轴、两道、四线、多节点"：增江河为主轴，以增派公路和增正公路为主轴，延长结合广汕、荔新等公路沿线为主干道，形成增城自然文化景观内容丰富的自驾车游路线，四线则分别为增江东岸、西岸自行车休闲健身道；朱村生态农业基地自行车道及荔湖自行车道，结合沿线的游客中心、驿站、公园及特色景区等多节点构成增城绿道网络系统。绿道规划将增城最有乡土特色的景点都纳入绿道系统中，初步形成集生态和历史文化保护、休闲游憩、审美启智等多方面功能于一体的点、线、面相结合的城乡绿色开放空间。

增城绿道沿线的景区布局可以分为三大类型——山水名胜类、乡村民俗类和城镇文化类。体现增城山水名胜类的景区有白水寨风景名胜区、鹤之洲景区、白湖水乡景区、湖心岛景区等。其中，白水寨风景名胜区位于增城绿道最北端派潭镇，北接从化绿道，属于郊野型生态旅游景区。景区内有中国大陆落差最大、增城三奇之一的白水仙瀑，还有奇峰怪石、温泉湖泊。鹤之洲景区、白湖水乡景区、湖心岛景区则沿着增江分布在增江东岸，充分展现增江滨水景色。

体现乡村民俗类的景区有小楼人家景区、何仙姑景区和莲塘春色景区。其中著名的何仙姑景区，以传说八仙之一的何仙姑为主题。神仙文化是增城的一大乡土特色。何仙姑景区包含了何仙姑家庙、千年仙藤、庙顶仙桃、何仙姑宝塔、何仙姑钟楼等景点，是岭南道教的圣地之一。此外，小楼人家、莲塘春色两大景区的构成中，以传统聚落、农田、宗祠等岭南乡土元素较为有特色。它们和何仙姑景区连成一片，让游客充分感受增城的广府文化和客家文化的互融以及岭南乡土风情、风俗。

体现城镇文化类的景区有增城公园、国际旅游度假城、百花山庄度假村、雁塔公园等景区，主要依托城镇建成区半自然、半人工的开敞绿地空间、休闲广场和公园等而建成，体现增城的城市景观和历史人文特色。

4 绿道建设对乡土景观资源的整合利用策略研究

4.1 存在的问题

目前增城绿道建设已初具规模。从宏观上看，增城绿道按照所处的区位和目标功能的不同，可以分为生态型、郊野型和都市型三种绿道类型。不同类型的绿道连接起各个生态、人文景观资源斑块。然而，一项对增城绿道游憩资源调研分析报告中显示，尽管目前增城绿道建设取得了初步的成效，但绿道统筹规划与乡土景观资源的合理利用与保护方面上尚未完全发展到位，具体存在的问题如下：

（1）增城市拥有得天独厚的自然景观和历史人文资源，如自然景观有中国大陆落差最大（428.5m）的高山瀑布，历史资源有万寿寺大殿、何仙姑家庙、报德祠建筑群、坑贝古村落等著名景点。但现有增城绿道却未能很好地将这些景点加以串联，大部分景点交通可达性较差，个别景区甚至还没考虑公交接驳和换乘系统。

（2）增城绿道建设尊重原来的风貌，但是在资源整合的层面上缺乏对游客游憩需求的研究，资源经营管理上并未形成一个良性的系统。此外，增城的旅游业起步晚，旅游资源开发水平不高，服务设施与基础设施还没适应旅游业的发展要求，需要提出更多的策略和先进经验。

（3）绿道对乡土景观资源的整合规划还是处于初步建立阶段，绿道的开发对沿线的乡土景观资源发展相对不足，乡土景观资源的利用和保护只是停留在不大拆大建的阶段。许多有价值的乡土景观资源，即使存在也是点状的、孤立的散布在区域内，还未纳入保护与利用的范围。

（4）绿道的连接目前只停留在绿廊连接的阶段，未能真正形成景观文化廊道。绿道游憩主题性不强，沿线景点连接度不高，个别路段沿途景观过于单调。此外，乡村文化和社区建设未能同步发展，许多绿道经过的乡村，旅游服务设施不足。

4.2 绿道与周边综合资源整合利用的发展策略

结合增城绿道沿线各段的地形地貌、自然资源、人文资源等条件和现存的问题，我们将绿道整合利用策略分为两大主次层级关系。第一层级为绿道与周边综合资源整合利用的发展策略；第二层级为绿道与乡土景观资源整合利用的发展策略。同时，在增城绿道的资源整合利用发展策略中，应强调各段的自身资源特色，使各乡镇间的差异协调发展。具体策略如下：

4.2.1 绿道与乡土景观资源开发的整合利用

通过绿道，实现乡土景观资源开发的对外有机拓展，策划多样化的绿道主题游径，加强不同特色景区之间的旅游产品互补丰富，为游客提供更多的游憩体验，提高增城绿道乡土景观资源整体品牌效益。对乡土景观的利用和保护策略应多样化，适当融入博物馆模式、创意产业模式以及主题文化活动等。

4.2.2 绿道与村镇社区建设的整合利用

通过绿道建设延伸，以休闲旅游带动乡村产业发展，通过绿道沿线产业发展盘活乡村土地，同时借助绿道服务设施配套加强乡村社区的公共服务设施、道路交通、市政工程等基础设施的建设，以及村容村貌、人居环境的改善提升。

4.2.3 绿道与服务设施的整合利用

加强绿道与相关旅游配套服务设施互动，鼓励村民自建农家乐、农家客栈等相应旅游配套服务设施。不但为游客提供更舒适、优质的服务，同时让绿道的游客放慢脚步，给沿线的餐饮、住宿带来无限商机。

4.2.4 绿道与农田开发的整合利用

绿道的延伸，休闲旅游功能的拓展，对农田开发提出了新的要求：加入景观美化、游客参与体验等功能。这要求在农田经营中考虑配套自行车停靠、农作物现场购买点、大地景观设计、农田机耕路步行功能提升、农田科普知识展示等相关内容。

4.3 绿道与乡土景观资源整合利用的发展策略

（1）区分绿道的层次，丰富绿道沿途的景观。绿道的建设应利用历史遗留的古道、村路、堤围等，铺装材料尽量延续乡土的铺装，并进行适当的景观整治和塑造措施。例如，乡土材料经过艺术化处理，可营造多样的绿道沿线景观小品，不但点缀场地，还能展示当地的文化景观符号，形成区域性的景观纽带。加强景点、村落与绿道的连接度，对线路两侧可视范围进行景观风貌的修复，实现良好的景观引导和过渡功能。

（2）对绿道沿线乡土景观资源进行评估与分级整理，体现乡土景观资源整合的多样性、整体性和联动性。各整合组团发展应各有侧重点，依据各自特色发展。例如，对传统性较低的区域和现代化景观区域中能够体现地域特色和传统文化的景观元素应加强绿道的建设互动，通过对景观传统性较低的零星斑块和要素空间的绿道连接，建立起完整、连续的乡土文化景观廊道。

（3）依据绿道沿线乡土景观资源评价基础上，对传统农业地区、增江水系网络、历史文化古迹和传统建筑与村镇分布集中的区域作为区域景观网络的关键点和网络节点，划定一定范围的乡土景观保护区，保护和活化传统文化景观斑块的整体格局。

（4）对增城绿道的乡土景观资源进行有效的宣传与教育。从场地环境、历史文化、民族风情、传统习俗、宗教思想等方面入手，提炼相关信息，形成增城绿道乡土游憩的活动手册，不但调动公众参与整合的积极性，还加深游客对乡土文化的理解与认知。

5 结论

绿道沿线乡土景观资源整合利用途径是从绿道系统的串联与动态发展思想入手，通过区域发展战略和整合规划，实现地区乡土文化资源的优化配置及利用，建立绿道景观文化廊道的整体协调的综合过程。增城绿道作为珠三角地区绿道规划与建设的典范，对绿道的发展模式做出探索和尝试，并取得了初步的成效。增城绿道建设的下一步目标将在建立廊道连接和系统初步完善阶段的基础上，进入实现完整的生态、游憩、文化遗产等功能的区域绿道网络系统深化与提升阶段。因此，通过资源整合的手段，优化增城绿道沿线乡土景观资源配置将有利于绿道综合利益的最大化。

本文根据增城绿道乡土景观资源空间布局现状，对其整合利用策略进行初步探讨。整合绿道沿线的乡土景观文化资源，可使游客更加全面地了解当地的历史文化与生态自然景观特色，并有助于延长游客在绿道的逗留时间，提高重游率和扩大绿道的知名度和整体吸引力。

参考文献

[1] Naveh Z. Interaction of landscapes and cultures. Landscape and Urban Planning，Vol. 32，1995：43-54.

[2] Miller W. Collins M. G. Steiner F. R. An approach for greenway suitability analysis[J]，Landscape and Urban Planning，1998：42：91-105.

[3] 王云才，陈田，郭焕成. 江南水乡区域景观体系特征与整体保护机制[J]. 长江流域资源与环境，2006(06).

[4] 俞孔坚，李伟，李迪华等. 快速城市化地区遗产廊道适宜性分析方法探讨——以台州市为例[J]. 地理研究，2005(01)：69-76.

[5] 刘海龙，杨锐. 对构建中国自然文化遗产地整合保护空间网络的思考. 第十届中国科协年会第14分会场——风景园林与城市生态学术讨论会论文集，2008.

作者简介

[1] 吴隽宇，1975年10月生，女，汉族，广东梅州，博士，华南理工大学建筑学院、亚热带建筑科学国家重点实验室，副教授，研究方向为绿道规划设计与游客体验研究，电子邮箱：wujuanyu@scut. edu. cn。

[2] 徐建欣，1987年8月生，女，汉族，广东，本科，华南理工大学建筑学院，硕士研究生，电子邮箱：569347929@qq. com。

三维激光扫描技术在浙南廊桥测绘中的应用

Application of 3D Laser Scanning Technology in Surveying and Mapping of Bridges South of Zhejiang

吴卓珈　徐哲民　施彦帅　章永峰　金国煜　米延华

摘　要：本文尝试用三维激光扫描技术在浙南廊桥中进行了测绘应用，并与传统的全站仪测绘等技术做了对比研究。

关键词：三维激光扫描技术；廊桥测绘；应用

Abstract：This paper attempts to survey were applied in bridges south of Zhejiang with 3D laser scanning technology, and compared with traditional theodolite surveying and mapping technology.

Key words：3D Laser Scanning Technology；Bridge of Surveying and Mapping；Apply

1　背景与意义

三维激光扫描技术又称"实景复制技术"，它可以深入到任何复杂的现场环境及空间中进行扫描操作，并直接将各种大型的、复杂的、不规则、标准或非标准等实体或实景的三维数据完整的采集到电脑中，进而快速重构出目标的三维模型及线、面、体、空间等各种制图数据，同时，它所采集的三维激光点云数据还可进行各种后处理工作（如：测绘、计量、分析、仿真、模拟、展示、监测、虚拟现实…）。三维激光扫描技术的应用面非常宽广，它是逆向建模技术。

在信息高度发达的现代社会中，三维激光扫描技术产生，可以说是继GPS空间定位系统之后又一项测绘技术的新突破。而我们在几年的对浙南廊桥的研究中所碰到的最大困难就是廊桥的测绘工作复杂，测量数据不准确。为了解决这个难题，我们决定进一步研究三维激光扫描技术在浙西南廊桥保护修复中进行测绘的应用。

针对古建筑的测量，国内外也曾开展了一些技术方法的研究工作，如数字摄影测量、数码相片解译等工作，由于这些方法存在大量技术上难以克服的问题，生产实践中难以推广应用。三维激光扫描技术的产生，为上述问题的解决提供了最为有效、实用和先进的技术手段。

例如故宫是中国现存最大、最完整的宫殿建筑群。如果所有建筑的测量数据不是建立在同一个坐标系统之下，那么各单体间的相对位置关系就是不正确的，而且也不利于信息的综合管理。想实现对故宫古建筑群现状资料的完整留存，就要在布设总体控制网的基础上应用三维激光扫描技术。

诸如这方面的应用，还有1999年，来自斯坦福和华盛顿大学的30人小组利用三维激光扫描系统完成著名的米开朗琪罗的大卫雕像三维模型；2001年3月，清华大学和徕卡技术人员，利用Cyra三维激光测量系统完成清华大学二校门三维可视模型的建立；在文物保护方面，2005年年底，徕卡技术人员与西安四维航测遥感中心的技术人员，完成兵马俑二号坑的扫描工作。2008年初敦煌研究院利用三维激光扫描技术对敦煌256、257号洞窟进行数字化测绘。另外，在迎接北京2008年奥运会，数字北京建立，以及三维万里长城立体图像的建立的项目中，三维激光扫描技术也发挥重要的作用。

传统的测绘工作，其工具多使用容易变形的皮尺、绳尺，判读记录全靠肉眼测量方法多为"以点概面"，即选取少量构件进行测绘而据以推演。这样的测绘结果在相当程度上依赖于测绘人的个人经验和临场判断，且无法准确描绘异形构件的空间特征，在全面性、准确性两方面均不能令人满意。

作为前沿科技，三维激光扫描技术的应用在全世界范围内仍处于探索阶段，本项目通过对浙西南古廊桥的测绘和三维模型的重建，关注古廊桥的保护和开发，不仅能更好地保护、继承和利用好古廊桥资源，还能对廊桥保护规划提供依据，为中国古建保护工作提供了参考作用。此外，要最大限度地发挥该技术在中国古建筑中的认知和分析功能，并制定出合理的工作模式也是我们追求的目标和开展这个项目的意义所在。

2　测绘实践

以浙西南廊桥为研究的对象，运用三维激光扫描技术测绘浙江庆元的廊桥2-3座，利用三维激光扫描技术来探讨古廊桥的测绘和几何重建的过程。包括野外数据采集即三维空间数据获取和内业数据处理即构建立体模型和空间数据的组织。

2.1 使用各种技术对廊桥进行测绘实践

2.1.1 传统的测量技术和方法——以白云桥的测量为例

传统的测绘工作，其工具多使用容易变形的皮尺、绳尺，判读记录全靠肉眼测量方法多为"以点概面"，即选取少量构件进行测绘而据以推演。这样的测绘结果在相当程度上依赖于测绘人的个人经验和临场判断，且无法准确描绘异形构件的空间特征，在全面性、准确性两方面均不能令人满意。因此我们选用了白云桥为传统测量得对象，因为白云桥桥长短，一共只有三跨，测量得工作两相对较小。

2.1.2 全站仪测量技术和方法——以步蟾桥的测量为例

测量采用假定坐标系，使用仪器为拓普康 GPT-3102N 型仪器。在需要观测的立面前选择一个能尽量看到立面全景的位置，并在地面作一标记作为测站点，草图勾绘时要求详细记录，并拍照。在测量立面时，对象为立面上的各细部点，包括柱、檐、翘等细部特征点。各立面均独立存贮一文件，每个立面若有不通视的碎部点，通过支站的方法解决。

（1）立面数据处理与成图

立面数据文件须经过处理后，再按比例展点结合草图和照片连点即可。数据处理步骤主要有两个，现结合步蟾桥东立面，将立面图实现步骤表现如下。

① 斜立面改正成正立面

首先将立面坐标数据文件一从全站仪导出后，此时为测量坐标 xyH，按所需绘制的比例利用 CASS 软件展出各点点号（图1），选择实际测量时的两个平高点作为立面图的轴线 y′ 方向，选择平高点时尽量选择两点间距离最大的点，以其中一平高点作为旋转点使用正交功能，对所有点进行测站改正，使所有数据改正到立面轴线 y′ 方向，改正后 y′ 平行与坐标轴 y 轴（图2），并另存改正后各点的坐标数据文件二，此时坐标为 x′y′H。

② 数据互换

在写字板中打开坐标数据文件二（x′y′H），并将坐标数据复制到 WORD 中，在 WORD 中使用表格栏中的转换功能，将逗号隔开的数据转换为表格，再将表格中的坐标数据全选复制粘贴到 EXCEL 中，在 EXCEL 中将纵坐标 x′ 与高程 H 互换，将其另存为坐标数据文件三（Hy′x′），另存时一定要注意选择保存类型为 CVS（逗号分隔），保存结束后，再将文件类型直接修改成 DAT 格式。

③ 展点成图

将数据文件三按比例在 CASS 中展出各点点号（图3），在图3中依据草图点的编号和照片一一对应点号绘图（图4）。绘制成图的时候，要注意图上量距其实是根据 y′ 和 H 方向的坐标增量计算的距离，而不是实际意义上的水平距离，同时避免不了由于各种原因引起，与其他图上数据不一致，此时可结合古建筑模数，仔细判别来成图。

（2）立面测量精度分析

采用以上方法，各个面在测量时均独立测量，其测量

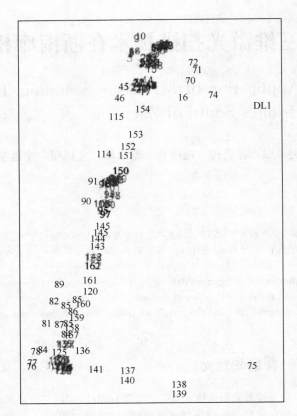

图1 原测量坐标数据点号分布图

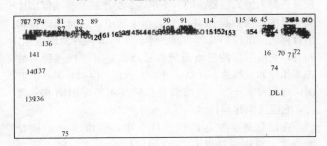

图2 测站改正后点号分布图

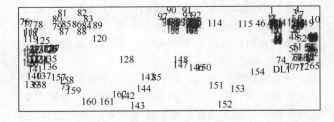

图3 坐标数据互换后点位号分布图

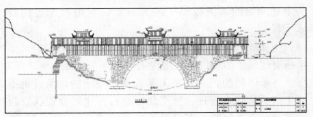

图4 廊桥立面图

主要是通过使用全站仪的数据采集功能完成的。所以测量误差应主要体现测量人员瞄准与仪器误差，根据全站仪数

据采集原理，进行误差分析。最后点位坐标计算公式如下：

$$yp' = y0' + s \times \cos\alpha \times \sin A \quad (1)$$
$$Hp' = H0' + s \times \sin\alpha + i \quad (2)$$

式中：下标为 0 的是已知点坐标，P 为细部点坐标；

S——全站仪单次测量斜距；

α——半测回垂直角；

A——半测回方位角；

i——测站仪高；

将上述公式线性化，使用协方差传播定律，假设测站点无误差，考虑全站仪水平与垂直角半测回角度测量中误差相同，设为 $m\alpha$。根据仪器标称精度当采用免棱镜测距超长测量模式时，固定误差比例误差均为 10mm，以最长距离为 150m 计算，测距误差约 10.1mm；仪器一测回方向观测值中误差为 2 秒，则半测回方向观测值中误差为 $m\alpha = 2.8$ 秒。则目标点位中误差计算公式如下：

$$m_P^2 = m_{H_P}^2 + m_y^2 = (\sin^2\alpha + \cos^2\alpha g \sin^2 A) g n_s^2 +$$
$$(\cos^2\alpha + \sin^2 A \cdot \sin^2\alpha + \cos^2\alpha g \cos^2 A) \frac{s^2}{\rho^2} g n_a^2 + m_i^2 \quad (3)$$

式中 ns——测距中误差

mi——量仪高误差，一般不超过 2mm

从式（3）中可看出，影响测量精度的主要体现为垂直角与方向观测值的大小，以斜距测量 150m，垂直角仰

俯角不超过 45 度计算，利用 EXCEL 表计算不同情形下点位中误差，式（3）在电子表格中的计算公式编写如下：

$$M_P = \text{SQRT}((((\text{SIN}(B3 \times \text{PI}()/180))^2$$
$$+ (\text{COS}(B3 \times \text{PI}()/180))^2 \times (\text{SIN}(C3$$
$$\times \text{PI}()/180))^2) \times 10.1^2 + ((\text{COS}(B3$$
$$\times \text{PI}()/180))^2 + (\text{SIN}(C3 \times \text{PI}()/180))^2$$
$$\times (\text{SIN}(B3 \times \text{PI}()/180))^2 + (\text{COS}(B3$$
$$\times \text{PI}()/180))^2 \times (\text{COS}(C3 \times \text{PI}()/180))^2$$
$$\times (D3/206.625)^2 \times 2.8^2 + 2^2)$$

其中 A3 列为半测回垂直角 α，B3 为半测回方位角 A。为了减少仪器指标差对高差测量精度的影响，仪器出测前，进行竖直指标校正，要求校正后角指标差小于 7 秒，以减少垂直角测量的误差。分析时，方位角从 0° 到 90° 变化，距离采用 150m 固定值计算（此时为距离测量最不利的状态，如果在此情况下计算点位误差满足要求，则在别的状态下测量均能满足精度要求），统计当垂直角分别为 0、5、10、15、20、25、30、35、40、45 度时点位误差在各区间出现的概率。利用 EXCEL 解算，分析仪器测量精度如下表一，不同方位不同垂直角点位中误差出现的概率图（图5）：

不同方位不同垂直角点位中误差绝对值平均值表 表 1

垂直角变化值	0 度	5 度	10 度	15 度	20 度	25 度	30 度	35 度	40 度	45 度
绝对值中误差平均值（mm）	7.44	7.47	7.57	7.72	7.29	8.14	8.39	8.64	8.9	9.15

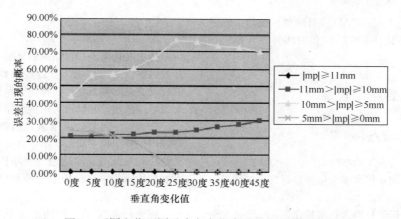

图 5 不同方位不同垂直角点位中误差出现的概率图

从式（3）可以看出，垂直角一定时，各细部点最后的误差主要是由测距引起的，故随着方位角越接近于 90 度，误差越大。从表（1）和图（5）可以看出，垂直角越大，点位误差越大，但由于仪器本身原因引起的测量误差一般不超过 11mm。分析之前，假设测站点无误差，若需支站才能完成整个立面的测量，支站误差即会积累，故在必须设立支站测量时，一般每个立面不能连续支站，且支站时尽量选取方位角与垂直角都接近于 0 的方位。

2.1.3 三维激光扫描测量技术和方法——以咏归桥的测量为例

利用三维激光扫描技术测绘永归桥的工作分内业和

外业，其中内业的工作包括了：扫描方案制定→布置标靶→分站扫描→数据备份，外业的工作包括了：原始数据处理与格式转换→多站拼接、世界坐标系建立→按精度需求生成相应文件→数据应用。具体操作如下：

（1）扫描方案制定：根据扫描需求进行场地分析，确定扫描总站数、各站扫描仪安放位置、标靶位置等；通过试扫描检验方案，调整扫描仪参数。在这个过程中视点的选择：由于咏归桥的周围会有一些树木和其他建筑的遮挡，因此在扫描方案制定过程中视点的选择很重要，要尽量选择遮挡物少的视角。通过试扫描检测扫描方案的课操作性，尽量减少扫描总站数。最后我们确定了 7 个站点。

（2）布置标靶：我们采用的是多站点的拼接法。廊桥不同于其他古建筑，根据不同的地理环境，廊桥的长度有长有短，当超过 30m 时，需对廊桥进行分块扫描，我们利用全站仪等其他测绘工具建立全局控制点，建立世界坐标系，并将其他站点扫描得到的数据进行坐标系的转换与拼接，确定出个站点数据的相互关系，最后成图。依据扫描方案，我们在 7 个站点上布置标靶，但是由于我们进行测量的人数不多，不能同时竖立多个标靶，因此我们先用红色油漆在地面上做一个细十字标记，这样，我们可以进行第三步逐站扫描。

（3）分站扫描：依据扫描方案，利用依次完成各站扫描。在这个过程中，我们要确保有一个良好的测绘环境，由于三维激光扫描仪的工作原理是激光的反射，它受到光线、风力、地面震动等因素的影响，而廊桥测量尤其是较长的廊桥，在测绘中只能选择河岸为站点设置处，往往会受到风力，来往的车流的影响，降低测绘的准确性，因此，在这个分站扫描的过程中，要考虑环境因素，尽量降低环境因素的影响。

（4）数据备份：试处理，检验原始数据并备份。

（5）原始数据处理与格式转换：将扫描仪获得的原始数据进行处理，不需拼接的数据可直接输出 dxf 文件。

（6）多站拼接、世界坐标系建立：在各站需拼接的数据文件中定位标靶，并依据各站之间共用的标靶进行拼接。

（7）按精度需求生成相应文件：向拼接好的各站数据中导入世界坐标系，依据测量所需细节输出供 CAD 使用的文件。

（8）数据应用：通过 AutoCAD 进行测量、统计、绘图等工作。这个步骤需要对廊桥结构和细部名称有相应的认知能力。

3 各种测绘技术要点比较

3.1 传统的测绘技术要点

（1）对工件需要进行人工的准确及时的调整。

（2）需要多种专用测量仪和多工位测量行难适应测量任务的改变。

（3）与实体标准或运动标准进行测量比较。

（4）尺寸，形状和位置测量需要在不同的仪器上面进行测量。

（5）产生大量不相干的测量数据。

（6）需要手工记录测量数据。

3.2 全站仪测量技术要点

（1）打破传统古建筑测量时，立面测量时仅限于测量各部件的尺寸。使用全站仪测量的方法，可直接通过免棱镜测距技术测量各部件的特征点，使外业只需在草图上标点号，内业成图变得简单易行，直接用线按点号连接各点即可。

（2）外立面无须搭脚架和攀爬，减少测量工作的危险性和对古建的破坏性，特别适应用于廊桥的立面测量。

（3）外业人员少。只需两人即可展开工作，一人画草图标点符号，一人瞄准测量。

（4）精度可靠。据详细点位误差分析，使用拓普康GPT-3102N 型全站进行立面测量，仪器误差不超过11mm，完全满足廊桥测量立面细部点的精度要求（古建筑立面测量时以厘米为单位，距离测量读数时精确到小数点后一位）。

3.3 三维激光扫描测量技术要点

三维激光扫描测量技术优点主要体现在以下方面：（1）扫描速度快，外业时间短；（2）操作方便，节省人力；（3）所得数据全面而无遗漏；（4）适于测绘不规则物体、曲面造型如石窟、雕塑等；（5）数据准确，精度可调，人为误差影响小；（6）非实体接触，便于对不可达、不宜触对象的测绘；（7）每站耗时固定，便于估算以制订工作计划。

它的不足之处：（1）初始投入成本较高，设备娇贵易损；（2）存储文件量较大；（3）依赖电力；（4）激光测距受视线遮挡限制，不具有穿透性；（5）由于设备尺寸以及镜头旋转要求，无法在狭小空间内工作；（6）工作环境要求高，数据精度受地面震动和风力影响；（7）受到工作距离的限制；如本文介绍的扫描仪，对于 1m 以下，30m 以上距离的扫描对象无能为力；（8）在铅垂判定、建立世界坐标系方面需要其他测绘手段配合；（9）受制于设备数量，即使是大量对象也只能依次扫描，而不能并行以发挥人海优势。

4 结论

历史文化遗迹和自然风貌是不可再生的、脆弱的，在新农村建设的大环境下，古建筑和自然风貌不应该成为农村发展的绊脚石，如何将他们保护、继承和利用好，将对当地经济建设起到极大的推动作用。

作为前沿科技，三维激光扫描技术的应用在全世界范围内仍处于探索阶段，本项目通过传统测绘法、全站仪测绘法和三维激光测绘法三种不同的方法对浙西南三座古廊桥的测绘，并分析了三种测绘方法和三种方法技术要点之间的不同。

在分析比较了三种测绘方法的优缺点以后，我们才能更有效地测绘出更多需要保护的廊桥，并对他们进行分析和修复，不仅能更好地保护、继承和利用好古廊桥资源，还能对廊桥保护规划提供依据，为中国古建保护工作提供了参考作用。此外，我们也制定出了合理的工作模式和工作流程，为进一步地廊桥测绘及保护提供依据。

廊桥作为浙西南的宝贵的物质文化遗产，有很高的保护价值。对这样的遗产进行测绘研究，应当在勘查中采用一切可能的手段提高测绘的全面性与准确性，以期无损地展示浙西南木廊桥所具有的宝贵价值。

目前廊桥有三百多座，真正测绘制图的还屈指可数，应用三维激光扫描技术的实践应用，可以进行更多的廊桥的测绘。

参考文献

[1] 刘江涛．三维激光扫描技术在考古勘探中的应用[D]．首都师范大学，2007.

[2] 董秀军．三维激光扫描技术及其工程应用研究[D]．成都理工大学，2007.

[3] 金雯．基于三维扫描技术的交通事故现场快速处理[D]．同济大学，2007.

[4] 温银放．数据点云预处理及特征角点检测算法研究[D]．哈尔滨工程大学，2007.

[5] 潘建刚．基于激光扫描数据的三维重建关键技术研究[D]．首都师范大学，2005.

[6] 马立广．地面三维激光扫描测量技术研究[D]．武汉大学，2005.

[7] 尹丹．古建筑三维重建中的深度图像配准技术研究与应用[D]．西北大学，2008.

[8] 程清海．简论影响民居建筑的因素[J]．科技信息，2011（29）.

[9] 赵槐松．谈传统木雕艺术在现代室内设计中的应用[J]．科技信息，2011（28）.

作者简介

[1] 吴卓珈，1971 年生，汉，浙江庆元，本科，现任浙江建设职业技术学院教授，教授级高级工程师，从事园林建筑设计与保护，园林工程施工等理论与实践的研究，电子邮箱：100593613@qq.com。

[2] 徐哲民，1969 年 1 月生，汉，浙江萧山，本科，现任浙江建设职业技术学院建筑系主任，从事建筑设计研究。

[3] 施彦帅，1984.11，浙江永康，本科，从事建筑设计研究。

[4] 章永峰，1983.05，浙江萧山，硕士，从事建筑装饰研究。

[5] 金国煜，1983.10，浙江上虞，硕士，从事计算机动画设计研究。

[6] 米延华，1968.08，浙江杭州，本科，从事测量研究。

三维激光扫描技术在浙南廊桥测绘中的应用

杭州西湖与扬州瘦西湖传统 "桃柳" 组合意象比较研究

A Comparative Study of Traditional Peach-Willow Image between Hangzhou West Lake and Yangzhou Slender West

奚赋彬

摘 要: "一株杨柳一株桃",是中国传统园林中最为常见的滨水种植模式之一,"桃柳"组合也是历代文人反复吟咏的文化意象,通过对意象性格的剖析,可以透视意象生成的社会背景。本文选取杭州西湖与扬州瘦西湖传统种植中共有的"桃柳"间植模式作为研究对象,通过古今文献的阅读,归纳传统维度下"桃柳"意象文化性格并比较其异同之处,并分析造成异同的历史文化原因,以期深化读者对植物景观意象生成发展背后的社会历史原因的认识,强调植物意象生成发展与城市历史文脉的强烈关联性,为今后的植物历史文化研究提供参考借鉴。

关键词: 桃树;柳树;意象;杭州西湖;扬州瘦西湖

Abstract: Peach-willow interplant is one of the most widespread patterns in waterfront planting. It is also a common image intoned by scholars for centuries. Through in-depth study of the image character, the gap between image and its social context can be bridged. This paper takes case study on traditional peach-willow pattern in Hangzhou West Lake and Yangzhou Slender West Lake. After reviewing ancient and modern literature, peach-willow image character between the two places has been defined with listed similarity and difference. The historic and cultural reasons have also been uncovered by then. This paper aims to raise the readers' awareness of social and cultural context of the plant image, and emphasize the bond between plant image and urban context, meanwhile as a reference for further historic and cultural research on plants.

Key words: Peach; Willow; Image; Hangzhou West Lake; Yangzhou Slender West Lake

1 意象之概念

意象是通过外界景物的形象与主体的情感相互交融,所形成的充满主体情感的形象。是审美观照中,通过外界的景物触发而引起人的情感意念与景物融合的一种精神状态[①]。意象理论滥觞于先秦时期,《庄子》有言"得意而妄言",魏晋时期王弼以此为基,出"得意忘象"之说,云:"象生于意,故可寻象以观意。意以象尽……象者所以存意,得意而忘象"[②],即"意"要通过"象"来显现,尽"意"须"忘象"。笔者认为"象"与"意"可以理解为外在物质形象与它的象征意义。同时,意象也是中国古典园林审美最高阶段——意境形成的基本条件,即中国古典园林正是由通过各要素意象的融合,营造出一种令人心驰神往的意境。

2 "桃柳"意象之传统内涵概述

桃树与柳树是中国著名的传统文化意象。二者文化内涵丰富,民间自古有"桃木制鬼"之说,古时春节人们用桃木做桃符以辟邪。桃花的灼灼芬华亦成为古往今来文人骚客反复吟咏的对象。柳在传统文化中也是一个多义的意象,如"留",有惜别之义:折柳送别、折柳寄远,自古流传;民间亦有节日插柳、戴柳之习俗;代指美人、风月女子,是中国阴柔美的审美文化心理的表现。文化视野中"桃柳"不可分,在诗句中"桃"、"柳"常对仗出现,如"柳叶乱飘千尺雨,桃花斜带一溪烟"。

3 杭州西湖与扬州瘦西湖传统 "桃柳" 组合意象内涵

"一株杨柳一株桃"是中国传统滨水植物配置模式。《园冶》有云:"风生寒峭,溪湾柳间栽桃"[③]。北至颐和园的皇家园林,南至杭州西湖、扬州瘦西湖之类的公共园林,都可以寻觅到"桃柳"间植的痕迹。《西湖志》卷四载"滨湖垂柳万株,间以桃杏梅李"[④],《扬州览胜录》载"沿堤遍种杨柳,间以桃花"[⑤]。在林林总总的描述下,两地的"桃柳"组合物象层面极其相似,然而在文化视野下,"桃柳"组合意象内涵是否亦为相似有待考证。

---

① 张家骥著. 中国造园论. 山西人民出版社. 163.
② (三国)王弼著. 周易略例·明象.
③ (明)计成著. 园冶.(卷一)《相地·郊野地》,载陈植;《园冶注释》. 中国建筑工业出版社. 64.
④ (清)傅王露撰. 西湖志(卷四·堤塘).
⑤ (民国)王振世著. 扬州览胜录 [卷一·北郊录(上)]. 48.

3.1 杭州西湖"桃柳"组合意象性格

人与自然的合作，成就了西湖"桃柳"组合意象的景观性格。据文献记载，历史上的桃柳间植主要分布在白堤、苏堤上（图1）。

图1 杭州西湖"苏堤春晓"之"桃柳"（清）王原祁《西湖全景图》（局部）

北宋苏轼在《杭州乞度牒开西湖状》中提到，"杭州之有西湖，如人之有眉目，盖不可废也。"西湖的拟人化，在苏轼笔下发轫。"欲把西湖比西子，淡妆浓抹总相宜"，苏轼将西湖与美人西施作比，不仅因为两者名字相似，同属于吴越文化，而更为表明两者皆具有风姿绰约的天然气质。

明田汝成在《西湖游览志馀》中道："三月，苏、白两堤，桃柳荫浓，红翠间错，脂蓄粉凝。春时，晨光初启，晓雾未散，杂花生树，飞英蘸波，纷披掩映。若美人浴后，暖艳融酥。"[①]

明钱塘高濂在《四时幽赏录》中认为观桃花有六趣："其一在晓烟初破，霞彩映红，微露轻匀，风姿潇洒；若美人初起，娇怯新妆。其二明月浮花，影笼香雾，色态嫣然，夜容芳润；若美人步月，丰至幽闲。其三夕阳在山，红影花艳，酣春力倦，妖媚不胜；若美人微醉，风度羞涩。其四细雨湿花，粉溶红腻，鲜洁华滋，色更烟润；若美人浴罢，暖艳融酥。其五高烧庭燎，把酒看花，瓣影红绡，争妍弄色；若美人晚妆，容冶波俏。其六花事将阑，残红零落，辞条未脱，半落半留；若美人病怯，铅华消减。六者惟真赏者得之。"[②] 将以美人面庞作比的桃花描绘得惟妙惟肖。"三月中旬，堤上桃柳新叶，黯黯成荫。浅翠娇青，笼烟惹湿，一望上下，碧云蔽空。寂寂撩人，绿侵衣袂"[③] 亦将柳条撩人衣袂的情景形象地表现出来。

由此可见，在传统西湖文化视野中，"桃柳"组合意象是西湖美人身体一部分，柳是美人的纤纤细腰，桃是美人的粉嫩面庞。"桃柳"组合意象在寓居杭州的文人士大夫心中占有同样重要的地位，从宋至明，西湖虽屡有兴废，但"桃柳"组合意象的西子美人般精致纤巧、端庄秀丽的性格保持了相当的稳定性。

3.2 扬州瘦西湖"桃柳"组合意象性格

"桃柳"组合在扬州特别是瘦西湖一带配置的记载甚多，（图2）《扬州画舫录》载："扬州宜杨，在堤上者更大，冬月插之，至春即活"[④]，"桃花坞在长堤上，堤上多桃树"[⑤]，"追雍正壬子浚市河，翰林倡众捐金，益浚保障湖以为市河之蓄泄，又种桃插柳于两堤之上，会构是园，更增藕塘莲界，于是昔之大小画舫至法海寺而止者，则今可以抵是园而止矣。"[⑥]

图2 扬州瘦西湖"长堤春柳"之"桃柳"（清）《二十四胜景图》

计成明郑元勋在《影园自记》中称园"夹岸桃柳，延袤映带"。《高翔山水册》中亦提到"一蒿春涨绿，夹岸小桃红。鸥鸟随流水，扁舟任钓翁"的诗句。王士祯的"绿杨城郭是扬州"[⑦] 将杨柳作为扬州的代表形象。唐杜牧《扬州三首》中"街垂千步柳，霞映两重城"形象地写出了扬州城内广植杨柳的盛况。透过字里行间，发现古代扬州对"柳"的描绘远多于"桃"，可见扬州人对杨柳似乎更有偏爱。

扬州的"柳"带有一丝淡淡的悲音，文徵明云："莺啼三月过维扬，来上平山郭外堂。江左繁华隋柳尽，淮南形胜蜀冈长。百年往事悲陈迹，千里归人喜近乡。满地落花春翠醒，晚风吹雨过雷塘"[⑧]。明末陈子龙亦云"隋苑楼台迷晓雾，吴宫花月送春潮。汴河尽是新栽柳，依旧东风恨未消。"文学作品反映出扬州人对杨柳情有独钟的审美习惯，也反映了"桃柳"组合意象在扬州文人笔下的伤怀性格。

3.3 "桃柳"意象性格比较

杭州西湖、扬州瘦西湖在传统滨水种植实践上，几乎都肯定了"一株杨柳一株桃"的栽植模式，并且该模式在

---

① （明）田汝成著：《西湖游览志馀》
② （明）高濂著：《四时幽赏录》，上海古籍出版社，第65页
③ （明）高濂著：《四时幽赏录》，上海古籍出版社，第66页
④ （清）李斗著，《扬州画舫录》卷十三 桥西录，广陵书社，第156页
⑤ （清）李斗著，《扬州画舫录》卷十三 桥西录，广陵书社，第158页
⑥ （清）李斗著，《扬州画舫录》卷十五 冈西录，广陵书社，第183页
⑦ （清）王士祯：《浣溪沙·虹桥怀古》
⑧ （明）文徵明：《莆田集》卷十二

文学作品中广为吟诵。然而，在文化意象表征上，两地的"桃柳"的意象性格则不尽相同。"桃柳"组合意象在描绘杭州西湖的文学作品中，往往是成双出现的，常以美人作类比的方式，且自宋代以来具有一定的稳定性。"桃柳"与美人的异质同构释放一种积极的心理讯号，体现了杭州在帝王文化和江南文化熏陶下的自信。

"桃柳"组合意象在描绘扬州瘦西湖的文学作品中有较明显的不平衡性，咏"柳"浓墨重彩，而"桃"则寥寥几笔，没有西湖"绿烟红雨"的意境。同时常伴随"迷"、"恨"、"悲"等较消极情感色彩的讯号。自然条件类似，且同处于江南文化圈的杭州和扬州，为何在意象层面有如此差别，这其中的原因需要放到城市历史文化的大背景下去解读。

4 "桃柳"组合意象相异的文化原因

4.1 城市安全与文脉延续性

杭州属于越文化的北端，枕山襟江，地理上偏安一隅。南宋定都杭州，正是考虑到杭州有其他江南城市未有的地理优势："镇江止捍得一处，若金自通州渡江，先据姑苏，将若之何？不如钱塘有重江之阻"①；水网密布，会阻挡北方骑兵的脚步，"朕以为金人之所恃者骑众耳。浙西水乡，骑虽众不能骋也"②，故杭州城在地理区位上具有一定的安全性。

自五代至北宋百余年的稳定环境为杭州打下坚实的经济基础，宋室南渡前，杭州已是"邑屋华丽，盖十万余家，环以湖山，左右映带"③的极盛局面，宋室的南渡，又为杭州带来了众多的中原文人、物质财富和繁荣的北宋文化，客观上为杭州文化的兴盛提供了必要条件，确立了杭州在南宋江南文化圈中的领衔地位。

西湖最大的问题即面临沼泽化，历代的疏浚，花费高昂，西湖正是在杭州充足的物质供给中得以幸存，西湖文脉也在西湖的持续存在与发展中得以延续，"桃柳"组合意象亦在寓居杭州的士大夫们不断提高的审美中更臻丰富。

扬州地处江淮平原，无险可守，南依长江，大运河穿城而过，战略地位险要，故扬州自古以来屡遭战火。《广陵事略》云："维扬为南北要津，迄于戎马之冲，其郡县之废兴，疆域之分并，视他郡特多。"隋王朝对扬州的垂慕，炀帝客死扬州，历年的战乱，特殊的历史背景影响了扬州的文化心理，决定了扬州人对"桃柳"的关照方式，扬州城市安全的不稳定性触发了"桃柳"意象中的伤感基因，使得文人眼中的"桃柳"是一个春华秋衰、风中飘荡的不稳定意象，这是扬州传统上"桃柳"意象悲情的历史根源。

4.2 城与湖的关系

两地"桃柳"传统文化意象的相异，亦是城与湖关系不同的结果。西湖在南宋前是杭州城的最大淡水来源。隋代钱塘州治迁至在凤凰山脚下的平原后，由于地下水盐分重，不能直接饮用，故有唐李泌"凿六井"以通西湖与杭州城，文献有云"钱塘濒海，市民苦江水卤恶，难以安土，始凿六井、开阴窦、引湖水以资民汲"④。对西湖实用价值的使用过程中催生了对西湖怜爱的情感体认，自白居易对西湖改造起，西湖由一个自然湖泊逐渐向风景湖泊转变，士大夫们在对西湖的改造实践中不忘抒发对西湖的喜爱，"桃柳"美人等积极意象在西湖文化中得以延续。

瘦西湖的原名保障河似乎更能说明其对于扬州城的作用。与西湖相同，自唐至清，瘦西湖位于城外，是向城内物资运送、饮水补给的重要河道。然而在淡水河网密布的扬州，瘦西湖的地位并不是不可替代的，因此瘦西湖之于扬州的战略重要性低于西湖之于杭州。故瘦西湖除了在康乾南巡时，盐商为了迎合帝王，在湖畔广植花木，构建庭园，以博龙颜一悦之外，基本是一片充满野趣的荒芜景象。城与湖的关系，直接影响城对湖的定义，并进而影响人对湖的定义，并反映在"桃柳"要素的物象表征上。文人通过视觉感知映射到脑海中，结合当地的历史文脉基底，从而构筑出两地不同的"桃柳"组合意象性格。

4.3 城市集体记忆

集体记忆是城市文化特质的载体，是城市发展过程中长期沉淀的结果，具有一定的社会性和稳定性。景观要素的意象内涵需要依托城市集体记忆建构承载，地域文脉特色的不同，其本质是集体记忆的不同，这是"桃柳"在意象上不同的根本原因。

南宋在中国文化史上有着举足轻重的地位。陈寅恪说过："中华民族之文化，历数千载之演进，造极于赵宋之世"⑤。宋室偏安之时，随着商业的发展、经济的繁荣，加上杭州拥有西湖胜景的天然条件，杭州区域形成了文恬武嬉、歌舞升平的享乐风尚，以及崇尚晓风弄月的做派，文化性格中也多了浮靡、婉约、唯美的审美特征⑥，再加上与江南地区种植水稻、养蚕缫丝的讲求精细的农耕文化特质相叠合，使得杭州形成了缜密细腻、秀美婉约的阴柔美特质，从而孕育了"桃柳"如西子美人的文化意象。

鲍照的《芜城赋》中，有歌吹沸天的广陵盛世，亦有繁华散尽的荒草离离；隋炀帝的江都城盛极一时，然隋代的灭亡，江都城亦随之灰飞烟灭；唐末战乱，"扬一益二"的扬州城再度衰败。扬州的屡遭兵燹，将"芜城"的形象深深地根植到城市的集体记忆之中，历史的沧桑与磨炼

① （宋）徐梦莘撰：《三朝北盟会编》卷一二五
② （宋）李心传撰：《建炎以来系年要录》卷二十七"建炎三年闰八月丁亥条"
③ （宋）欧阳修撰：《欧阳文忠公文集居士集》卷四十
④ （清）傅王露撰：《西湖志》卷一·水利
⑤ 陈寅恪：《陈寅恪先生文集》
⑥ 竺建新：《论南宋文化对南宋文学的影响》，杭州师范大学学报（社会科学版）

将扬州的怀古伤今定格为一种审美惯性，故扬州的"桃柳"意象内涵中保持了淡淡的衰落之感。

5 结语

审美不局限在可视的植物物象表面，而结合地域文脉和自己的心境，将物象转换为心中意象，并用合适的方式表达出来，是促成中国传统植物文化如此繁盛的原因。文化不但在物象层面塑造着自然，也在意象层面定义自然。意象的确立，也促成了"空间的意象"——意境的形成，从而将园林带入艺术化境。"桃柳"组合只是中国传统植物配置模式的一种，希望此举抛砖引玉，可以激发更多人对传统地域植物文化的关注，并成为日后植物研究不可或缺的一部分。

参考文献

[1] 张家骥. 中国造园论. 太原：山西人民出版社，1991.
[2] 陈植. 园冶注释. 北京：中国建筑工业出版社，1988.
[3] 杭州市文物管理局. 西湖志. 上海：上海古籍出版社，1995.
[4] (民国)王振世. 扬州览胜录. 南京：江苏凤凰出版社，2002.
[5] (明)田汝成. 西湖游览志馀. 上海：上海古籍出版社，1998.
[6] (明)高濂. 四时幽赏录(外十种). 上海：上海古籍出版社，1999.
[7] (清)李斗著、陈文和点校. 扬州画舫录. 扬州：广陵书社，2010.
[8] (清)姚文田. 广陵事略. 扬州：广陵书社，2003.
[9] 陈寅恪. 陈寅恪先生文集. 上海古籍出版社，1980.
[10] 竺建新. 论南宋文化对南宋文学的影响. 杭州师范大学学报(社会科学版)，2008(04)：102-105.
[11] 林正秋. 南宋定都临安原因初探. 杭州师范学院学报(社会科学版)，1982(01)：29-34.
[12] 陈相强. 西湖花卉. 杭州：杭州出版社，2007.
[13] 陈文锦. 发现西湖：论西湖的世界遗产价值. 杭州：浙江古籍出版社，2007.
[14] 金学智. 中国园林美学. 北京：中国建筑工业出版社，2000.

作者简介

奚赋彬，1988年3月生，汉族，安徽芜湖人，同济大学建筑与城市规划学院景观系在读研究生，研究方向为文化景观与遗产保护，电子邮箱：xifubin2013@126.com。

《水利风景区评价标准》（SL 300—2004）实施后评价

The Current State Research of Evaluation Standard for Water Park Planning

谢祥财　魏翔燕　詹卫华

摘　要：对六大类型水利风景区分别列举六个实践案例，对现行实施的《水利风景区评价标准》进行深入的剖析。提出随着水利风景区的发展，该标准存在着一定的不适用性；指出根据不同类型水利风景区的风景资源特色，调整、补充和修正原《标准》的评价内容和评价指标，使得具有相近资源价值的不同类型水利风景区取得均衡的评价分值，是标准修订的核心内容。

关键词：水利风景区评价标准；实施现状；资源价值；分析

Abstract：The research analyses the current evaluation standard for water park planning, respectively enumerating six practical cases for six types of water parks. And propound that the standard exists due inapplicability with the development of the water park. The research also points out the core content of revised the standard is to achieve a balanced standard point value for having close valuation of different types of water park's resources. By adjusting, supplementary and revised the evaluation content and evaluation indicator of original standard based on different types of water parks' resources.

Key words：Evaluation Standard for Water Park Planning；Current State；Valuation of Resources；Analysis

1　研究背景

水利部于 2004 年颁布实施了《水利风景区评价标准》（以下简称《标准》），该标准是以水利风景区评审委员会内部评价标准为基础，经多轮修改讨论后作为行业标准颁布实施。截至 2012 年年底，全国已建成 518 个国家级水利风景区，千余家省级水利风景区，景区类型涉及水库型、湿地型、自然河湖型、城市河湖型、灌区型和水土保持型六大类型，初步形成了类型齐全、分布合理的水利风景区网络。《标准》为科学评价水利风景区质量提供了必要的依据，为近年来水利风景区建设与管理工作的推动起到了重要作用。

但是随着水利风景区建设的不断实践，不同类型水利风景区在不同地域，不同社会经济条件下所表现出来的复杂性差异开始显现，在一些水利风景区的评价过程中，已经出现了《标准》在一些具体指标上的不适用性，这对水利风景区评价所参照标准的科学性提出了急迫和更高的要求。另外从水利风景区建设的进程来看，《标准》出台时处水利风景区从无到有，以评审促建设的发展阶段，而当前水利风景区工作正处在一个已经取得若干宝贵建设经验，开始从抓数量转变到抓质量的关键时期，因此必须通过对《标准》的科学修订来促进这一转变。《水利风景区评价标准》（SL 300—2004）实施现状研究是对《标准》科学修订的基础和前提工作。

2　《水利风景区评价标准》（SL 300—2004）实施现状分析

2.1　水库型水利风景区实施现状分析

水库型水利风景区相对于其他类型的水利风景区，因其在水文景观、工程景观、生物景观、地文景观上存在天然的优势，根据原《标准》对此类型水利风景区进行评价，其分值相对较高。已评定国家级水利风景区中，水库型水利风景区所占比例为 67%，这一数值从侧面可以反映这一问题。

以湖北荆州浣水水利风景区为例，根据其风景资源特色，按《标准》对风景资源评价项进行最低值评分，赋分值达 67 分，约占景观资源评价（满分 80 分）的 85%，详见表 1。

湖北荆州浣水水利风景区资源评价一览表　　　　　　　　表 1

评价项目		分值	评价内容	评价	评价指标及分值	评分
风景资源评价（80分）	水文景观	20	种类	浣水水库规模较大，景观秀美，观赏性较强，港汊交错，水道纵横，有"水上迷宫"之称，具有较强的观赏性	2 种（含）以上 5 分，1 种 3 分	5 分
			规模		规模大 5 分—4 分，中等 3 分，规模小 2 分—1 分	5 分
			观赏性		强 10 分—9 分，较强 8 分—6 分，一般 5 分—1 分	8 分

风景资源与文化遗产

评价项目		分值	评价内容	评价	评价指标及分值	评分
风景资源评价（80分）	地文景观	10	地质构造典型度	库中岛屿数百处；北侧的寒武地层中，分布大量岩溶洞穴	高5分，较高4分—3分，一般2分—1分	4分
			地形、地貌观赏性		强5分，较强4分—3分，一般2分—1分	4分
	天象景观	10	种类	风景区内天象景观种类较多如小雨雾天犹如仙境般感受，在阳光明媚时碧绿山体更有几分秀美；整个风景区适游期较长，可达280天	3种及3种以上6分，2种4分，1种2分	6分
			适游期		高4分，较高3分—2分，一般1分	3分
	生物景观	10	自然生态	木本植物约1000余种野生兽类20余种飞禽、爬行类、两栖类60种	体量大3分，较大2分，一般1分	3分
			生物多样性		动植物种类多3分，较多2分，一般1分	3分
			珍稀度		国家级及国家级以上保护物种4分，一般3分—1分	4分
	工程景观	15	主体工程规模	浪水水库规模属于大Ⅱ型工程，大坝建筑艺术效果观赏性较强	大型4分—3分，中型2分，小型1分	4分
			建筑艺术效果		观赏性强8分—7分，较强6分—4分，一般3分—1分	7分
			工程代表性		世界性3分，全国性2分，省级1分	2分
	文化景观	10	历史遗迹、纪念物	原始社会遗址、东周楚墓群、西汉遗址、汉代明代墓群、古烽火台遗址、吴三桂屯兵遗址、自生碑、革命纪念碑等，汉族、回族、土家族等11个民族，拥有灵鹫寺、华元寺、龙佛寺、灵隐寺、云台观、佑圣观、浇油观、西斋清真寺等	价值高4分，较高3分，一般2分—1分	3分
			民俗风情、建筑风格		特色鲜明2分，一般1分	2分
			科学、文化教育馆（园）		文化品位、科学价值高4分，较高3分，一般2分—1分	3分
	风景资源组合	5	景观资源组合度		烘托和谐5分—4分，一般3分—1分	4分
	合计					67分

2.2　城市河湖型水利风景区实施现状分析

城市河湖型水利风景区往往在水文景观、地文景观、工程景观、水环境质量上存在先天的不足，按《标准》进行评分，客观上难于取得理想分值。

以聊城徒骇河水利风景区为例，徒骇河是为贯穿聊城的一条母亲河，具有深厚的历史文化底蕴，是构成聊城城市公共开放空间的重要部分，是城市居民休闲、观光、游憩的重要场所，与东昌湖一起共同构建了美丽的"江北水城"，按性质分属于城市和湖型水利风景区。而套用原《标准》中对其风景资源进行评价，其水文景观单薄，仅为城中的一条景观河道；地文景观单一，除了河道外，两侧皆为城市建设用地；没有特殊观赏价值的天象景观；由于为人工建设河道，其生物景观也不理想；工程水利为主的河道工程景观一般；文化景观上除了有山陕会馆外，还沉淀了不少传说故事，算有一定的文化景观资源；由于上述条件，其风景资源组合度显然不能算是理想。按原《标准》风景资源评价内容对其进行评价，按对应项最高分取分，其风景资源评价分为39分（满分80分），详见表2，环境质量评价分为30分（满分40分），详见表3；开发利用条件38分（满分40分）；管理评价38分（满分40分）。因此，按原《标准》对聊城徒骇河水利风景区进行评价，其得分最高为145分，只能评为省级水利风景区。而事实上，徒骇河水利风景区建成后不管在城市生态、城市景观、城市休闲游憩等各方面都具有不可替代的作用，有充分的条件评为国家级水利风景区。这反映了原《标准》对于城市和湖型水利风景区，特别是风景资源评价内容上应该进一步修正和调整。

评价项目		分值	评价内容	评价	评价指标及分值	评分
风景资源评价（80 分）	水文景观	20	种类	仅有河道景观，种类少，规模小，观赏性一般	2 种（含）以上 5 分，1 种 3 分	3 分
			规模		规模大 5 分—4 分，中等 3 分，规模小 2 分—1 分	3 分
			观赏性		强 10 分—9 分，较强 8 分—6 分，一般 5 分—1 分	5 分
	地文景观	10	地质构造典型度	两岸为城市用地，没有典型地质构造，地形地貌一般	高 5 分，较高 4 分—3 分，一般 2 分—1 分	2 分
			地形、地貌观赏性		强 5 分，较强 4 分—3 分，一般 2 分—1 分	2 分
	天象景观	10	种类	天象景观一般，适游期较长，可达 280 天以上	3 种及 3 种以上 6 分，2 种 4 分，1 种 2 分	4 分
			适游期		高 4 分，较高 3 分—2 分，一般 1 分	4 分
	生物景观	10	自然生态	自然生态体量小，动植物种类少，基本没有珍稀动植物	体量大 3 分，较大 2 分，一般 1 分	1 分
			生物多样性		动植物种类多 3 分，较多 2 分，一般 1 分	1 分
			珍稀度		国家级及国家级以上保护物种 4 分，一般 3 分—1 分	1 分
	工程景观	15	主体工程规模	主体工程为城市驳岸，工程代表性省级	大型 4 分—3 分，中型 2 分，小型 1 分	1 分
			建筑艺术效果		观赏性强 8 分—7 分，较强 6 分—4 分，一般 3 分—1 分	3 分
			工程代表性		世界性 3 分，全国性 2 分，省级 1 分	1 分
	文化景观	10	历史遗迹、纪念物	没有特色民俗风情，沿岸有三陕会馆一处	价值高 4 分，较高 3 分，一般 2 分—1 分	2 分
			民俗风情、建筑风格		特色鲜明 2 分，一般 1 分	1 分
			科学、文化教育馆（园）		文化品位、科学价值高 4 分，较高 3 分，一般 2 分—1 分	2 分
	风景资源组合	5	景观资源组合度		烘托和谐 5 分—4 分，一般 3 分—1 分	3 分
合计						39 分

风景资源与文化遗产

评价项目		分值	评价内容	评价指标及分值	评分
环境保护质量评价（40分）	水环境质量	15	水体	清澈、无杂物5分—4分，轻度混浊3分—1分	3分
			水质	优于Ⅲ类5分，Ⅲ类4分，Ⅳ类3分，Ⅴ类1分	4分
			污水处理	零排放5分，达标排放4分	4分
	水土保持质量	15	水土流失综合治理率	95%以上7分，95%—90%6分，90%—80%5分，80%—70%4分	7分
			林草覆盖率	林草面积占宜林宜草面积95%以上8分，95%—90%7分，90%—85%6分，85%—80%5分，80%—75%4分，75%—70%2分	8分
	生态环境质量	10	自然生态完整性	好5分，较好4分—3分，一般2分—1分	2分
			生态环境保护度	高5分，较高4分—3分，一般2分—1分	2分
	合计				30分

2.3 湿地型水利风景区实施现状分析

湿地型水利风景区则是在文化景观和工程景观上存在先天的不足。另外，由于湿地型水利风景区保护远胜于开发，因此，很多湿地型水利风景区在开发利用条件中，区位条件、交通条件、基础设施、游乐设施、环境容量客观上也难以取得较好的评价分值。

以黑龙江哈尔滨白鱼泡湿地公园为例，该风景区位于哈尔滨市道外区，总面积284万m²，其中原始湿地160hm²，占总面积的60%，其余为沼泽和鱼池，是具有较好资源优势特色的湿地型水利风景区。评价以高分原则对风景资源评价项进行取分，所得分值仅为50分（详见表4），占风景资源80分中的62%，所能取得分值非常不理想。显示了原《标准》对湿地型水利风景区在风景资源评价上的局限性。

评价项目		分值	评价内容	评价	评价指标及分值	评分
风景资源评价（80分）	水文景观	20	种类	80%以上为芦苇湿地还有3-4处冷泉	2种（含）以上5分，1种3分	5分
			规模		规模大5分—4分，中等3分，规模小2分—1分	3分
			观赏性		强10分—9分，较强8分—6分，一般5分—1分	8分
	地文景观	10	地质构造典型度	没有典型地质构造和地形地貌	高5分，较高4分—3分，一般2分—1分	2分
			地形、地貌观赏性		强5分，较强4分—3分，一般2分—1分	2分
	天象景观	10	种类	天象景观一般，适游期较长，可达280天以上。	3种及3种以上6分，2种4分，1种2分	4分
			适游期		高4分，较高3分—2分，一般1分	4分
	生物景观	10	自然生态	有丰富的湿地动植物种类	体量大3分，较大2分，一般1分	3分
			生物多样性		动植物种类多3分，较多2分，一般1分	3分
			珍稀度		国家级及国家级以上保护物种4分，一般3分—1分	2分
	工程景观	15	主体工程规模	只有少量接待性建筑，基本没有其他工程景观	大型4分—3分，中型2分，小型1分	1分
			建筑艺术效果		观赏性强8分—7分，较强6分—4分，一般3分—1分	3分
			工程代表性		世界性3分，全国性2分，省级1分	1分

评价项目	分值	评价内容	评价	评价指标及分值	评分
风景资源评价（80分） 文化景观	10	历史遗迹、纪念物	没有特色民俗风情	价值高4分，较高3分，一般2分—1分	2分
		民俗风情、建筑风格		特色鲜明2分，一般1分	1分
		科学、文化教育馆（园）		文化品位、科学价值高4分，较高3分，一般2分—1分	2分
风景资源组合	5	景观资源组合度		烘托和谐5分—4分，一般3分—1分	4分
合计					50分

2.4 水土保持型水利风景区实施现状分析

水土保持型水利风景区在风景资源评价中水文景观和工程景观方面往往存在先天的不足。以赤峰市南山水土保持示范园水利风景区为例，风景资源评价分按高分原则对其进行评价，最高可得57分，详见表5。该风景区在地文景、天象景观、文化景观上在同类型水利风景区中都具有较为优势条件，而其所取得的评价分相对于水库型水利风景存在明显的不平衡性。

赤峰市南山水土保持示范园水利风景区风景资源评价 　　表5

评价项目	分值	评价内容	评价指标及分值	评分
风景资源评价（80分） 水文景观	20	种类	2种（含）以上5分，1种3分	5分
		规模	规模大5分—4分，中等3分，规模小2分—1分	2分
		观赏性	强10分—9分，较强8分—6分，一般5分—1分	5分
地文景观	10	地质构造典型度	高5分，较高4分—3分，一般2分—1分	4分
		地形、地貌观赏性	强5分，较强4分—3分，一般2分—1分	4分
天象景观	10	种类	3种及3种以上6分，2种4分，1种2分	6分
		适游期	高4分，较高3分—2分，一般1分	3分
生物景观	10	自然生态	体量大3分，较大2分，一般1分	3分
		生物多样性	动植物种类多3分，较多2分，一般1分	3分
		珍稀度	国家级及国家级以上保护物种4分，一般3分—1分	4分
工程景观	15	主体工程规模	大型4分—3分，中型2分，小型1分	1分
		建筑艺术效果	观赏性强8分—7分，较强6分—4分，一般3分—1分	3分
		工程代表性	世界性3分，全国性2分，省级1分	1分
文化景观	10	历史遗迹、纪念物	价值高4分，较高3分，一般2分—1分	3分
		民俗风情、建筑风格	特色鲜明2分，一般1分	2分
		科学、文化教育馆（园）	文化品位、科学价值高4分，较高3分，一般2分—1分	3分
风景资源组合	5	景观资源组合度	烘托和谐5分—4分，一般3分—1分	5分
合计				57分

2.5 灌区型水利风景区实施现状分析

中大型灌区往往包含有水库、渠道、湿地等，其风景资源往往会优越于其他类型水利风景区；同时一般灌区交通、区位等开发利用条件也较好，因此按原《标准》进行评价，相对会取得比较理想的分值。

2.6 自然河湖型水利风景区实施现状分析

相对于其他类型的水利风景区，自然河湖型水利风景区在水文景观、生物景观、地文景观上存在天然的优势，根据原《标准》对此类型水利风景区进行评价，往往也能取得较理想的分值。

3 结论

（1）由于六大类型水利风景区风景资源特色各异，原《标准》在风景资源评价内容和分值上基本以水库型水利风景区为模板制定，存在评价内容和赋分的不均衡性。其中，水库性水利风景区、灌渠性水利风景区、自然河湖型水利风景区一般能取得较好的评价分值，而城市河湖型、

风景资源与文化遗产

湿地型以及水土保持型水利风景区则难以取得理想的分值。

（2）在环境保护质量评价以及开发利用条件评价内容中，不同类型水利风景区同样存在一定的不均衡性。其中，城市河湖型水利风景区在环境保护质量评价中存在先天的不足；湿地型水利风景区往往在开发利用条件评价中存在先天的不足。

（3）原《标准》风景资源评价项中评价内容基本为对景区观赏价值的评价，缺少对风景资源社会价值、游览价值等的综合评价内容。

（4）如何根据不同类型水利风景区的风景资源特色，调整、补充和修正原《标准》的评价内容和评价指标，使得具有相近资源价值的不同类型水利风景区取得均衡的评价分值，是标准修订的核心内容。

参考文献

[1] 宋凤等. 风景资源评价初探[J]. 山东林业科技，2009（2）：141-143.

作者简介

[1] 谢祥财，男，1974年生，汉族，福建武平，福建农林大学园林学院副教授，风景园林系主任，清华大学博士后，北京林业大学风景园林规划设计博士，主要从事水环境与景观规划设计实践与研究工作，电子邮箱：fjlxyxxc@126.com。

[2] 魏翔燕，女，1992年生，汉族，福建福州，北京林业大学风景园林专业10级在读本科生。

[3] 詹卫华，男，1974年生，汉族，安徽安庆，水利部综合事业局景区办主任，北京农业大学博士。

文化遗产阐释与利用模式探讨

The Research on the Mode of Interpretation and Utilization for the Culture Heritage

徐点点

摘 要：本文探讨了文化遗产阐释与利用的三种模式，并通过案例比较了这三种模式所适用的文化遗产类型及应用难点，最后得出遗产保护、阐释与利用模式应根据遗产保护状况、社会经济环境变化而适时调整的结论。

关键词：文化遗产；阐释；利用；模式

Abstract：The article focuses on the three modes of interpretation and utilization for the culture heritage，and discusses the types of cultural heritage，applications of these three modes and possible problems through case comparison. Finally it comes to the conclusion that the protection，interpretation and utilization patterns of the culture heritage should be adjusted basing both on the heritage protection status and socio—economic environmental changes.

Key words：Culture Heritage；Interpretation；Utilization；Mode

文化遗产[①]具有审美、文化、科研以及经济价值，这些价值如果在获得妥善保护的前提下不能被有效地阐释与利用，就不能充分发挥综合社会效应，进而形成可持续的发展态势。但是，我国目前大部分的文化遗产阐释方式仍然缺乏娱乐性、参与性与趣味性，主要还是以低效益的观光游览为遗产感知的主要模式。单调的介绍形式及乏味的游览模式使得文化遗产的价值未能充分体现[②]。如果按照文化遗产不同的保护程度和遗产原真性呈现出的等级差别而采取不同的保护和利用模式[③]，能够更有利于遗产在获得可持续性发展的同时发挥综合社会效应。

遗产的阐释和利用是将历史与现代建立起有效联系的重要方式[④]，按照文化遗产物质载体利用方式与表达的重点不同大体可以将文化遗产阐释与利用方式分为以下三种：

（1）功能延续：遗产价值载体仍继续承担原有功能；

（2）功能重构：利用原有遗产物质空间，在阐释遗产自身价值的前提下兼顾承担新的社会功能；

（3）功能外溢：利用遗产物质载体空间处理模式或技术手段将遗产部分阐释与利用功能转嫁。

以下就简单探讨一下文化遗产保护与利用的这三种模式。

1 文化遗产物质载体原有功能延续

社会功能及社会环境的时代延续性是该种遗产类型能够选择原址重现模式来进行阐释的前提条件。遗产原真性是衡量遗产表现形式与文化内涵是否统一的重要标准[⑤]，能否正确理解遗产价值也取决于遗产相关信息来源是否真实有效[⑥]，而该种模式也是遗产原真性能够完整呈现的最佳模式。

1.1 文化遗产物质空间使用主体延续

当文化遗产所承载的历史功能与当代所需社会功能取得部分一致时，遗产价值物质载体保存相对较完整的情况下即会采取这一模式，其中较为典型的案例即是阿斯潘多斯剧场（Aspendos Theater）与埃玛努埃尔二世拱廊（Galleria Vittorio Emanuele Ⅱ）。位于土耳其潘菲利亚的阿斯潘多斯剧场以其完美的声学效果[⑦]至今仍然保持着旺盛的生命力，现今仍然是土耳其重要的文化展演空间，并定期举办国际音乐节等文化活动，如图1所示。同样，意大利米兰大教堂附近的埃玛努埃尔二世拱廊亦是从1877年建成至今仍然保持着旺盛生命力。拱廊内高级时

① 定义来源于 Cultural Heritage. http：//portal. unesco. org/culture/en/ev. php—URL_ID＝2185&URL_DO＝DO_TOPIC&URL_SECTION＝201. html

② 陈耀华，赵星烁. 中国世界遗产保护与利用研究. 北京大学学报（自然科学版），2003，39（4）：572-578.

③ 张成渝. 国内外世界遗产原真性与完整性研究综述. 东南文化，2010. 4（216）：30-37.

④ Freeman Tilden. Interpreting Our Heritage. Chapel Hill，The University Of North Carolina Press，1977：38.

⑤ 阮仪三，林林. 文化遗产保护的原真性原则. 同济大学学报（社会科学版），2003. 14（2）：1-5

⑥ The Nara Document On Authenticity. 日本奈良：奈良原真性会议，1994.

⑦ Anders Chr. Gade，Martin Lisa，Claus Lynge，etc. Roman Theatre Acoustics：Comparison of acoustic measurement and simulation results from the Aspendos Theatre，Turkey. ICA2004，2004：http：//www. icacommission. org/Proceedings/ICA2004Kyoto/pdf/Th5. B2. 4. pdf

装店铺林立，时尚氛围浓厚，被誉为"米兰的客厅"[1]，作为米兰的时尚地标，这里一直以来都是当地人聚会的首选地，如图2所示。遗产的价值也随着时代发展持续的浸润着人们的生活。

图1　阿斯潘多斯剧场正在筹备文化活动

图2　埃玛努埃尔二世拱廊 1880 年与 2007 年实景照片对比图（图片来源于 http：//www. dailysoft. com/berlinwall/maps/berlinwallmap _ 01. htm）

1.2　文化遗产物质空间使用主体扩展

遗产的核心价值载体在保护与利用上相对较为谨慎，但是其独特的文化氛围与其气质相吻合的文化活动结合后能够更好地诠释与表达遗产地独特的文化意境。遗产物质空间使用主体也随着遗产地公共化而扩展。土耳其棉花堡（Pamukkale）浴场内的哈德良浴场虽然已是断壁残垣，但如今这片废墟被重新开发利用，历史上独为皇帝一人享用的禁地现在也已变为公共浴场，遗产的使用主体也扩展为大众游客。同样，20世纪被列入世界文化遗产的苏州园林以其独特的气质吸引着中外游客，园林中定期举办的文化活动更是为遗产价值阐释添色不少。其中留园的评弹与网师园的昆曲都已经成为苏州园林的又一文化符号，而作为遗产价值阐释的物质载体，非物质文化活动地融入在某种程度上讲正是历史场景的再现，原有的文人士大夫的私人活动被现代人重新演绎，切身体验更能使游客对遗产的核心价值产生更为深刻的理解[2]。

2　文化遗产物质载体功能重构

当文化遗产在历史时期所承担的社会功能已经与当代相脱离时，它所产生的综合社会效益反而会呈现更为多样的态势。

2.1　融入并塑造遗产周边环境性格

将遗产物质空间遗迹作为传播手段，所述信息与遗迹历史相关并作为城市景观呈现的方式对于遗产物质载体不利集中展示的遗产类型较为适用。始建于 1961 年的德国柏林墙在 1989 年戏剧性地[3]倒下，余下的残墙也成为冷战时期历史的鉴证。城市中沿着原有柏林墙所在位置（图3）的遗迹以不同方式阐释并演绎着历史与城市生活。有的残墙仅剩墙基部分便作为地面的印记存在，有的则开辟为室外展廊传递历史，有的更成为城市公共艺术的载体，如图4所示。位于土耳其伊斯坦布尔的乌赞克梅

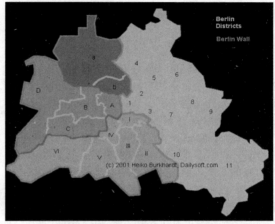

图3　柏林墙位置图（图片由李博緦拍摄）

图4　柏林墙展示及利用方式现状

---

①　Wikipedia. Galleria Vittorio Emanuele II. http：//en. wikipedia. org/wiki/Galleria _ Vittorio _ Emanuele♯Shops. 2C _ restaurants _ and _ hotels

②　Freeman Tilden. Interpreting Our Heritage. Chapel Hill，The University Of North Carolina Press，1977：103

③　信息来源于 http：//www. berlin-life. com/berlin/wall

输水道穿越繁华的旧城区，与现代生活有机地融合在一起，如图5所示，城市景观也因遗迹而具有强烈的地域色彩。类似历史遗迹已经融入城市生活并作为城市性格符号存在的案例不在少数，我国较为著名的如河南郑州的商城遗址也属于此种类型。

图5　伊斯坦布尔市区乌赞克梅输水道穿越闹市区

2.2　作为社会环境公共生活载体

根据时代需要对遗产地进行阶段性利用是当前的一个趋势，其中利用北京故宫博物院作为文化活动的展示的是其中较为成功的案例。1998年《图兰朵》在故宫演出成功后，台湾南音音乐团体"汉唐乐府"也相继在2007年、2008年在北京故宫演出《韩熙载夜宴图》和《洛神赋》剧目。不同时期不同类型的文化活动在具强烈文化符号的遗产价值物质载体所在地举行更能够擦出火花并幻化时代生机。作为时尚之都的法国对于文化遗产的利用则更为大胆并富于时尚气息。1979年被列入《世界文化遗产名录》的凡尔赛宫成为2012年度迪奥（Dior）秋季新装宣传片《秘密花园——法国凡尔赛宫》的拍摄地，同年9月中国钢琴家郎朗在凡尔赛宫的演出更是一场古典与现代视觉艺术的完美演绎。这些活动不仅使文化遗产在新时代焕发时尚光辉，同样凡尔赛宫的梦幻景致也通过世界主流时尚媒体远播海外。

随着时代发展，新的社会生活逐渐融入遗产地并使其承担一定的社会功能时，遗产地的使用主体就不可避免的产生持续性转变，其中较为典型的案例即是北京天坛。天坛在经历了漫长的时代变迁后，现在已成为北京旧城区重要的市民活动场地。这种使用功能及使用主体的转变在历史上也不乏先例，天坛神乐观[①]也曾经一度作为酒肆药铺使用。同样，颐和园也在现代生活中承担城市公共活动空间的重要责任。由于遗产核心物质载体的不可复制性，这些利用相对较为谨慎，并未对遗产核心物质载体进行改造，而仅仅是对遗产现有开放空间的利用，但对作为文化遗产中一种较新类型的工业遗产的持续性利用则更为大胆。德国鲁尔工业园区的保护性开发是这种利用模式的先行者。园区利用旧厂房开展创意设计、休闲娱

乐与体验式旅游活动不仅为工业遗产改造开启了良性利用的先河，更使城市转型降低了改造建设成本。中国上海"1933老场坊"也借鉴了其中一些经验，创意产业和时尚消费协同发展，现在的老场坊也已成为上海的时尚新地标[②]，如图6所示。

图6　"1933老场坊"内景照片

随着时代的演进，历史遗迹也开始承担多样的社会功能。对于遗产地的当代化应用有其时代必然性，但由此带来的原有遗产地所呈现的历史场景模糊也是不容回避的问题。在现代功能利用与传统历史氛围展示方面的平衡是该种利用方式所要解决的关键问题。而这一问题的解决仍需根据遗产的多样性而区别对待，并提出针对性的解决方法。

3　文化遗产物质载体功能外溢

遗产的脆弱性及其客观保护需求要求在遗产展示与适度利用过程中加以控制，对游客规模也有严格的限制要求。但是对于游客来讲，不能全方位感知遗产不能不说是一个较大的损失。例如日本京都的桂离宫由于宫苑面积有限，严格控制每天外籍游客入园参观的数量，许多在修缮期间的文化遗产也往往不对外开放，但这对于远道而来的游客来说将是不小的遗憾。

既满足遗产修复与保护要求，又能让参观者更好的感知文化遗产，将文化遗产价值载体外化并延展是相对折中的方法。其中利用文化遗产所在地域条件及制作技法仿造遗产物质空间并让游客置身体验是效果较为理想的方式。为了保护土耳其卡帕多奇亚的地下城（Derinkuyu & Kaymakli），核心遗产地内并没有过多的设施让游客体验。但在遗产周围利用特殊地貌条件建设的洞穴酒店和洞穴餐厅却也能让游客对当年生活在地下城中躲避教派迫害的基督徒的感受略知一二。土耳其棉花堡（Pamukkale）也曾经历过保护不利遗产遭到破坏的情况。为了保护遗产核心价值物质载体，管理者开始思索合理疏导游客的方式。现在棉花堡主要供大众体验游览的钙

①　现称神乐署。
②　郑彩娟．旅游资源视角下的上海时尚消费类创意产业园开发初探．上海：华东理工大学旅游管理，2012：38.

华池的部分泉台即为后期人工修筑后钙化形成的。另外，遗产物质载体的装饰与制作工艺也是游客感兴趣的部分，例如以弗所内精美的马赛克地面虽只能远观不可触碰，但遗址外售卖的马赛克拼图纪念品也能让游客在学习制作过程中感受遗址内精美马赛克饰面制作工艺的繁复。

产价值物质载体的保护状态及当前所处社会经济环境密切相关。而其中遗产自身的类型以及保护过程中所需解决的问题直接关乎遗产的阐释和利用方式。下表即对上述遗产保护、阐释与利用的三种方式进行对比。

4 结语

文化遗产所采用的保护及利用模式与遗产类型、遗

遗产阐释与利用模式对比   表1

遗产阐释与利用模式		适用遗产类型	优势	难点与重点问题
文化遗产物质载体原有功能延续	使用主体延续	遗产所承载的历史社会功能与当前社会所需社会功能取得部分一致	较完整展示遗产原有文化意境	应根据遗产保护与使用情况调整遗产维护频率
	使用主体扩展		能够部分感知遗产原有文化意境	游客量直接影响游客感知体验
文化遗产物质载体功能重构	融入并塑造遗产周边环境性格	遗迹分布范围较广不利于集中展示的文化遗产	遗产所承载的历史信息能够更广泛的传播	较难建立起对遗产的整体感知
	社会环境公共生活重要载体	遗产物质空间较容易为社会生活提供场所环境	遗产所产生的社会效益更为综合化	遗产核心价值展示氛围可能会受到影响
文化遗产物质载体功能外溢		遗产物质空间游客量限制或遗产价值载体易受破坏的	弥补遗产物质载体不能给客带来的体验	所展示内容应与遗产核心价值结合紧密

上表所列的阐释及利用方式在文化遗产保护与利用过程中亦可同时存在，并应根据文化遗产资源的多样性及所在国情况合理利用[①]。同时，随着遗产保护状况的不同及社会情况的变化，文化遗产所承担的社会功能并非一成不变亦会产生相应的调整。随着时代变化而适当调整的保护、阐释及利用模式才能够在保证文化遗产核心价值物质载体不受损害的情况下采取最有利的方式使文化遗产的社会综合效应达到最大化。

参考文献

[1] Cultural Heritage. http://portal.unesco.org/culture/en/ev.php—URL_ID=2185&URL_DO=DO_TOPIC&URL_SECTION=201.html.

[2] 陈耀华，赵星烁.中国世界遗产保护与利用研究.北京大学学报(自然科学版)，2003.39(4)：572-578.

[3] 张成渝.国内外世界遗产原真性与完整性研究综述.东南文化，2010.4(216)：30-37.

[4] Freeman Tilden. Interpreting Our Heritage[M]. Chapel Hill, The University Of North Carolina Press，1977：38.

[5] 阮仪三，林林.文化遗产保护的原真性原则.同济大学学报(社会科学版)，2003.14(2)：1-5.

[6] The Nara Document On Authenticity. 日本奈良：奈良原真性会议，1994.

[7] Anders Chr. Gade，Martin Lisa，Claus Lynge，etc. Roman Theatre Acoustics；Comparison of acoustic measurement and simulation results from the Aspendos Theatre, Turkey. ICA2004，2004；http://www.icacommission.org/Proceedings/ICA2004Kyoto/pdf/Th5.B2.4.pdf.

[8] Wikipedia. Galleria Vittorio Emanuele II[J/OL]http://en.wikipedia.org/wiki/Galleria_Vittorio_Emanuele#Shops.2C_restaurants_and_hotels.

[9] 江向东.互联网环境下的信息处理与图书管理系统解决方案.情报学报，1999.18(2)：4[2000-01-18].http://www.chinainfo.gov.cn/periodical/qbxb/qbxb99/qbxb990203.html.

[10] 郑彩娟.旅游资源视角下的上海时尚消费类创意产业园开发初探.上海：华东理工大学旅游管理，2012：38.

[11] UNESCO. Convention Concerning the Protection of the World Cultural and Natural Heritage. http://whc.unesco.org/en/conventiontext.

作者简介

徐点点，1986年4月，女，汉族，河南，硕士，北京清华同衡规划设计研究院有限公司，规划师，风景园林规划，电子邮箱：xudiandian_xdd@126.com。

---

① UNESCO. Convention Concerning the Protection of the World Cultural and Natural Heritage. http://whc.unesco.org/en/conventiontext

文化遗产阐释与利用模式探讨

浅谈风景旅游在"4.20芦山地震"灾后重建规划中的角色和工作

——以雅安市天全县灾后重建规划为例

The Role of Tourism in Rebuilding Process after "4.20 Lushan Earthquake"

——Case Study of Tianquan City，Ya'an，Sichuan Province

杨 明 袁 牧

摘 要：帮助灾区人民恢复正常的生产、生活，并实现长远的可持续发展是灾后重建的核心目的。而旅游业恰恰是实现这一目的的重要产业，尤其是对于雅安天全县这个具有丰富旅游资源和广阔旅游发展前景的地区。文章分析了"4.20芦山地震"后，天全县旅游业的灾损情况；对天全县旅游产业发展前景进行了预判，进而提出了在资源保护基础上的旅游发展目标、产品体系、发展模式和对318国道沿线的旅游引导，以期为天全人民，尤其是因基础设施建设薄弱和贫穷导致自救能力弱的广大乡村地区的农民，提供地区发展和旅游致富的一些建议。

关键词：旅游；芦山地震；灾后重建

Abstract：To help the people in the earthquake area back to normal living，and achieve sustainable development are the main purpose of reconstruction. And the tourism is an important industry to realize this purpose，especially for TianQuan，where has rich tourism resources and broad prospects for tourism development. This paper analyzes damage situation of tourism in Tianquan，gives a forecast of tourism prospects. While it is put forward to tourism development goals，the product system，development mode and guide of the 318 national highway.

Key words：Tourism；Lushan Earthquake；Rebuilding after Earthquake

2013年4月28日，四川省省委常委（扩大）会议决定"4·20"芦山强烈地震抗震救灾工作由抢险救援阶段转入过渡安置阶段，同时着手启动灾后恢复重建规划工作。受住房与城乡建设部和四川省住建厅请求，清华同衡规划院于28日进驻四川，展开对地震重灾区雅安市天全县的灾后城乡重建规划工作（中国城市规划院、同济规划院和四川省规划院分别负责芦山县、宝兴县和雅安雨城区的灾后重建规划）。在继参加过汶川和玉树灾后重建之后，笔者有幸再次成为清华同衡援建工作组成员，参与天全县灾后重建规划。

1 旅游发展对灾后重建的意义

灾后城乡重建规划的主要目的有二：第一，帮助灾区人民尽快恢复正常的生产和生活；第二，实现灾区长远的经济和社会发展。基于这个基本出发点，灾后城乡重建规划应包含城镇体系总体规划、城区和重要乡镇的示范性总体规划和详细规划，一些必要的专项规划（如旅游规划、公共安全规划等），以及其他（如示范性建筑设计、"农房减灾及灾后加固技术指南"科教宣传片）等。发展旅游业对于有旅游资源的受灾地区无疑是帮助灾民恢复正常生产，通过旅游致富，实现当地经济长远发展的重要举措。同时，由于旅游业在雅安市天全县的重要地位，使得灾后旅游发展建设对于天全县有着极其重要的意义。

雅安市天全县地处四川盆地西部边缘，318省道穿境而过，连接东部的雅安和西部的泸定县；规划中的雅康高速和川藏铁路也横跨天全东西。此次地震，天全县15个乡镇均有不同程度的受灾，东北部的11个乡镇属于8度区，中部和东南部3个乡镇属于7度区，西南部1个乡镇和二郎山属于6度区。首先，天全县风景资源丰富，面积广阔。天全县辖区面积2492km²，主要乡镇分布在东部，西部主要是大熊猫世界遗产地、二郎山省级风景名胜区等。这些遗产地、风景名胜区等总面积为1600km²，约占县域2/3的面积。其次，目前旅游业已经是天全县的支柱产业。2012年旅游业占天全县GDP比重的16.9%。在雅安市新一轮的功能区调整中，将天全、芦山和宝兴作为生态休闲旅游区，这三县的工业向雅安市名山区转移。再次，旅游业是解决三农问题，促进当地农民致富的重要渠道。农村基础设施投入不足和多年来的严重欠账制约灾后重建与发展。贫困，使得农村地区灾后自救能力弱。而结合当地资源，大力发展旅游业，无疑是促进基础设施建设，促进农民致富的重要手段。在天全灾区现场考察中笔者了解到，目前318国道沿线的很多村民自发在家里建设农家乐住宿，每年七八月份，都会有来自成都的老年人来天全农家乐避暑。以紫石乡一户农家乐为例，该农户在家中设立了21张床位，去年七八月份从成渝来的避暑老年游客将其全部包下，每张床位为其带来每月1500元的收入。且今年的床位早已被预订满，该农户打算进一步增加床位数，自发发展农家乐。

2 旅游发展现状和灾损评估

天全县内的旅游资源主要由大熊猫世界遗产地、二郎山省级风景名胜区等构成的自然资源，以及以茶马古道文化、土司文化和红色文化为主的历史文化组成。二郎山风景名胜区又细分为二郎山、喇叭沟、白沙河、红灵山4个景区。其中喇叭沟景区于1963年批准成立为省级自然保护区，二郎山景区批准成立国家级森林公园。天全县的旅游景区目前只有喇叭沟景区得到了初步的开发，年游客量为20万，其他景区发展力度不大，游客量较小。

天全县旅游业受灾情况可分为旅游资源、服务设施和地震对市场的影响3个方面。第一，旅游资源的受灾情况。天全县多数旅游景区的山体均有滑坡，北部的喇叭沟和白沙河受影响较大，红灵山和二郎山受影响相对较轻。喇叭沟景区进沟的唯一道路被山体滑坡掩埋，导致景区关闭。白沙河有多处山体滑坡，但由于景区开发力度和游客量均很小，故影响不大。二郎山有多处山体滑坡和滚石，但对旅游服务设施影响并不大。红灵山受到地震影响甚微。部分历史文化资源也受到地震的较大影响，主要体现具有浓郁地方特色的老民居的损毁。第二，宾馆、商店和农家乐等旅游接待设施受地震影响较大，出现房屋倒塌、墙体倾斜、出现裂缝等现象。从灾情影响的空间分布情况来看，东部比西部严重，北部比南部严重。主要因为农家乐的服务设施就是在农民家中，因此天全旅游服务设施的受损情况与全县整体受灾分布情况相一致。第三，地震对天全县旅游市场影响巨大。天全县唯一得到初步开发的喇叭沟景区因地震关闭。地震对到访天全县和雅安市的游客的心理影响和实际到访量都有着巨大的影响。2012年五一小长假首日，雅安市雨城区上里古镇接待游客1万多人次；而2013年五一当天，仅迎来十余名游客。

3 旅游产业发展预判

旅游业是天全实现快速发展的动力产业。主要体现在：

3.1 天全山地居多，可开发传统产业的用地有限

天全县域面积为2492km²，其中山地面积占99%（高山面积占20%，中山面积70%、低山丘陵占9%），平坝占1%。农耕地235 730亩（157km²），占总面积的6.5%。由于山地居多，天全可开发传统一产和二产的用地较为有限。

3.2 生态和环境保护要求高，对工业发展限制较多

天全县境内有三分之二的面积为二郎山省级风景名胜区，其中大熊猫世界遗产保护区、风景名胜区、自然保护区都是生态和环境保护要求很高的区域，不仅在这些区域中严禁进行工业发展，而且由于风向、河流等因素，在景区外围建设工业也会受到一定的限制。

3.3 旅游发展潜力巨大，空间广阔

3.3.1 高知名度和高品位的资源，广阔的地域空间是基础

二郎山是天全知名度高，品位高且具有垄断性的旅游资源；茶马古道也是天全县具有高知名度的资源。同时，天全县旅游景区空间广阔，这些都是天全旅游发展的先天优良的基础。

3.3.2 强劲、巨大的市场需求是动力

天全临近成渝市场，旅游市场需求强劲，潜力巨大。从雅安市雨城区的上里古镇的游客量来看，尽管成都周边有众多的古镇旅游，上里古镇并不占优势，但其2010年游客量仍达到了81.6万。随着天全县二郎山垄断性旅游品牌的打造，仅景区旅游的游客的增长量便可达到百万数量级。天全县有着巨大的旅游发展潜力。

3.3.3 本地强烈的旅游发展意愿是根本

本地政府和当地的老百姓具有强烈的旅游发展意愿。无论是县级政府，还是乡镇基层政府具有强烈的开发景区和乡村旅游的意愿。当地的老百姓已经自发的发展了一些农家乐，并从中受益。目前有的村民针对成渝老年人在夏季来雅安避暑常住的市场，已经自发的在家中设置床位。当年的农家乐床位往往在去年就会被很早预订，农户们有很强烈地发展农家乐的意愿。

3.3.4 政策扶持和引导是保证

雅安市已在功能区划上将天全定位为旅游休闲度假区，接下来需要落实具体的相关政策来引导工业的逐步迁出，以及对旅游业的扶植和引导。同时，天全县旅游核心吸引力的打造、乡村度假的建设，以及农家乐的发展都需要县一级政府来进行引导和扶持。

3.3.5 灾后重建是契机

受地震和灾后援建的影响，雅安、天全的社会关注度大大提高。这对于天全的旅游来说，无疑是提升了知名度。如果天全能够在这样一个机遇面前，能够注重旅游核心吸引力的打造，注重当地旅游接待服务水平的提升，则可以借此机遇，将天全打造成为川西以二郎山为核心的旅游目的地和川藏线上的重要旅游节点。

4 旅游发展引导

4.1 核心资源保护

资源与环境保护是旅游产业发展的先决条件。在天全县境内的大熊猫世界遗产地、喇叭河省级自然保护区、二郎山省级风景名胜区、二郎山国家森林公园和天全河珍惜鱼类省级自然保护区都应严格遵守世界遗产地、自然保护区、风景名胜区及森林公园的相关管理条例和总体规划的保护要求。

4.2 发展目标

以"二郎山"和"茶马古道"品牌的打造为龙头，塑造天全县旅游核心吸引力，将天全打造为旅游目的地和318国道上的"茶马古道"重要节点，变"被动市场"为"主动市场"。

4.3 产品体系与空间布局

天全县旅游产品体系分为核心产品和辅助产品两大类。其中核心产品主要包括二郎山经典游、茶马古道文化游和自驾乡村度假游；辅助产品包括红军红色文化游、农家乐以及生态徒步/骑行游。

产品体系	产品类型	具 体 产 品
核心产品	二郎山经典游	二郎山盘山路——二郎山隧道经典游线、喇叭沟生态游、白沙河生态观光、特种养殖和沟口度假游、红灵寺宗教游
	茶马古道文化游	古道驿站游、紫关石原驿站、安乐宫、甘溪坡、水獭坪等、土司文化游、破磷村石头寨、大坪乡女儿城等
	自驾乡村度假游	思经乡、老场乡、兴业乡、鱼泉乡、仁义乡
辅助产品	红军红色文化游	红军总部、总政治部，红军大学，红军总医院等遗址游
	农家乐	农家避暑住宿、农家特色餐饮
	生态徒步/骑行游	二郎山升级风景名胜区生态徒步、318川藏线骑行

天全旅游发展的空间布局为一带四区。一带：茶马古道文化旅游带。四区：禁建区、景区发展区、沟谷度假区、农家乐区。

4.4 三种发展模式

根据天全的实际情况，天全的旅游发展可分为景区模式、沟谷度假模式和农家乐模式三种类型。其中，景区模式是核心，是构筑天全县旅游核心吸引力和旅游目的地的关键；沟谷度假模式次之，是构成天全旅游第二层级的吸引力，是整合优质乡村旅游资源，开展乡村避暑、度假的主要组成部分；农家乐模式则是在前两者的旅游带动下，由政府引导，农户自发发展建设。

4.4.1 景区模式

景区模式的开发主体以政府建立管委会，授权企业进行特许经营为主。政府投资基础设施建设，可通过成立国有公司的形式，实现企业化运营。吸引企业投资并优先进行核心品牌景区的建设。

除禁建区外，天全的小河乡、紫石乡，以及两路乡的白沙沟是重点以景区模式发展的区域。以二郎山和茶马古道沿线景点旅游建设为核心，是塑造天全旅游核心吸引力和旅游品牌的关键，是建设天全旅游目的地的关键；并带动包括喇叭河、红灵山、白沙河等景区的发展。

4.4.2 沟谷度假模式

该模式由政府引导，社会投资或村民集资为主。集中在思经乡、老场乡、仁义乡、鱼泉乡、兴业乡等区域。以综合打造一条或多条山谷的旅游休闲度假区为主，包含山岳、峡谷、河溪、乡村、历史遗迹等综合旅游活动。这是除二郎山等旅游核心吸引力之外，又一重要的旅游吸引力。

4.4.3 农家乐模式

农家乐模式以由政策引导，农户自发建设为主。以城厢镇、始阳镇、新华乡、大坪乡、多功乡、新场乡、乐英乡等区域为主。以农户自发开展的农家服务和接待为主，在景区和沟谷度假的带动下，由市场需求产生。

4.5 318国道沿线的旅游引导

318国道是横穿天全县的主要道路，有"中国的景观大道"的美誉，雅安是川藏茶马古道的起点，自雅安起318国道就是在原来茶马古道的基础上修建而成。目前每天都有大量沿川藏线骑自行车去西藏的骑行者。由此318国道既是一条生态景观大道，又是一条人文大道。作为生态大道，应对灾后国道两侧的受损山体进行生态修复，遵循"适地适树"原则进行林相改造；拆除沿路损毁建筑，达到"亮山亮水"的效果；选择视觉效果良好地点设置观景点、观景平台；串联沿线景点，适当建设徒步线路等。作为人文大道，恢复沿线景观效果较好的建筑，突出川西民居景观风貌；适当展现茶马古道文化、背夫文化、二郎山精神等文化内涵，尽量保持原汁原味的地域风格和文化符号；人文景观的建设不是沿途散芝麻，而是要有重点和亮点。其中二郎山和县城（城厢镇）则是其中的建设核心。

同时，对国道沿线有条件的村落进行旅游发展的引导，分为服务型、景区型和综合型三个类型。水獭坪、安乐宫和多功村是服务型旅游村落，前两者因其靠近西部景区，宜建成为景区提供服务的村落；后者位于天全东大门，以旅游购物街区建设为主。大坪村依托女儿城遗址建设成为景区型村落。紫石村、干溪坡、老城厢、破磷村则因其位于东部，远离西部景区，宜结合自身资源，建设兼顾"景点"和"服务"的综合型旅游村落。

5 小结

帮助灾区人民恢复正常的生产、生活，并实现长远的可持续发展是灾后重建的核心目的。而旅游业恰恰是实现这一目的的重要产业，尤其是对于雅安天全县这个具有丰富旅游资源和广阔旅游发展前景的地区。文章分析了"4.20芦山地震"后，天全县旅游业的灾损情况；对天全县旅游产业发展前景进行了预判，进而提出了在资源保护基础上的旅游发展目标、产品体系、发展模式和对318国道沿线的旅游引导，以期为天全人民，尤其是因基础设施建设薄弱和贫穷导致自救能力弱的广大乡村地区的农民，提供地区发展和旅游致富的一些建议。

参考文献

[1] 天全县灾后恢复重建城乡规划，北京清华同衡规划设计研究院，2013.

[2] 天全县城市总体规划(2013－2030 在编)，四川省城乡规划设计研究院，2013.

作者简介

[1] 杨明，1979 年 1 月生，男，汉，山东青岛，硕士，北京清华同衡规划设计研究院，副所长，旅游区、景区规划与策划，电子邮箱：441699565@qq.com。

[2] 袁牧，1968 年 3 月生，男，汉，新疆乌鲁木齐，硕士，清华大学建筑学院副教授，北京清华同衡规划设计研究院，副院长、总规划师。

浅谈风景旅游在「4.20 芦山地震」灾后重建规划中的角色和工作——以雅安市天全县灾后重建规划为例

风景园林规划师在"4.20芦山地震"灾后重建规划中的角色和工作

——以雅安市天全县灾后重建规划为例

The Role and Work of Landscape Planners in "4.20 Lushan Earthquake" Reconstruction Planning

——Case Study of Tianquan City，Ya'an，Sichuan Province

杨 明

摘 要：笔者总结以往参加汶川灾后重建经验，并以随清华同衡援建工作组赴雅安天全县参与"4.20芦山地震"灾后重建规划为例，提出风景园林规划师参与灾后重建规划的必要性，并阐述了风景园林规划师在重建规划中所承担的灾损评估、专项规划、城市生态、乡村建设、区域产业和建设项目等六个方面的工作。

关键词：风景园林；芦山地震；灾后重建

Abstract：In summary of experience of reconstruction planning in the earthquake of Wenchuan，taking "4.20 Lusha earthquake" reconstruction planning as a case，the author is put forward the necessity for landscape planners to participate in the reconstruction planning. Meanwhile，it illustrate six important work for landscape planners in the planning，includes damage evaluation，protection and tourism planning，urban ecological system rebuild，rural development，industry upgrade，and recent projects.

Key words：Landscape Plan；Lushan Earthquake；Reconstruction Plan

2013年4月28日，四川省省委常委（扩大）会议决定"4.20"芦山强烈地震抗震救灾工作由抢险救援阶段转入过渡安置阶段，同时着手启动灾后恢复重建规划工作。受住房与城乡建设部和四川省住建厅请求，清华同衡规划院于28日进驻四川，展开对地震重灾区雅安市天全县的灾后城乡重建规划工作（中国城市规划院、同济规划院和四川省规划院分别负责芦山县、宝兴县和雅安雨城区的灾后重建规划）。在继参加过汶川灾后重建之后，笔者有幸再次成为清华同衡援建工作组成员，参与天全县灾后重建规划。

地震灾后援建规划工作可分为灾后安置规划和灾后城乡重建规划两个主要阶段。汶川和芦山地震都发生在龙门山脉高山峡谷地带，两山夹一沟的地形地貌使得城乡建设用地原本便较为有限。很多灾区震后重建面临的首要问题就是在地质灾害评估的基础上，安全的灾民安置点的选取，以及临时板房的过渡安置。其后是灾后城乡重建规划。该规划既是对原有城乡总体规划的灾后调整，又是灾后近期三五年的具体建设行动计划。灾后城乡重建规划的主要目的有二：第一，帮助灾区人民尽快恢复正常的生活和生产；第二，实现灾区的长远发展和生产自救。具体内容可根据灾区的实际情况，包含城镇体系总体规划、城区和重要乡镇的示范性总体规划和详细规划，有必要的还可以进行示范性建筑设计等。风景园林规划师的灾后援建工作主要集中在灾后城乡重建规划阶段。

1 风景园林规划师参与灾后援建的必要性

1.1 风景资源的灾损情况和现状变化需要专业的评估

地震灾害除造成人员伤亡、民房和公建的损毁外，山体滑坡、堰塞湖等次生地质灾害也会对自然生态环境、风景资源、基础设施、接待设施乃至旅游市场心理产生相当的影响，使现状产生较大的变化。地震过后，有的风景资源会遭到严重的损毁，相当长的时间都难以恢复，如汶川地震造成彭州银厂沟景区至今尚未恢复。同时，地震也会形成一些新的风景资源，如九寨沟就是地震后留下的大大小小的堰塞湖。地震会造成风景区道路等基础设施及宾馆等接待服务设施的损毁，但同时一些地震受损的建筑也会成为地震遗址，供人缅怀，如汉旺的钟塔遗址、映秀中学遗址等。这些地震导致的风景资源的变化，服务接待设施的损毁等都需要风景园林规划师进行专业的评估，并结合灾后生产自救给出恢复重建的重点和时序。

1.2 灾后重建规划的部分内容需要风景园林专业的参与合作

灾后城乡重建规划是涉及多专业、多学科的综合规划，又具有灾后建设时间紧迫的特点。灾后重建规划的综合性使其包含风景资源的保护、修复和利用；结合城市绿地系统、广场建设等而建立安全避难场所系统；利用乡村风景资源，开展农家乐和乡村旅游，促进灾后农民就业，生产自救，新农村建设；以及长远的与风景旅游相关的城乡区域产业调整等。这些都是风景园林涉及的专业领域。加之灾后重建规划时间紧迫的特殊要求，就更需要专业的风景园林师参与其中，在有限的时间内给予专业的规划。

雅安市天全县地处四川盆地西部边缘，318省道穿境而过，连接东部的雅安和西部的泸定县。天全县辖区面积2492km²，主要乡镇分布在东部，西部主要是大熊猫世界遗产地、二郎山省级风景名胜区等。此次地震，天全县15个乡镇均有不同程度的受灾，东北部的11个乡镇属于8度区，中部和东南部3个乡镇属于7度区，西南部1个

乡镇和二郎山属于6度区。天全县风景资源丰富，面积广阔，大熊猫世界遗产地、二郎山风景名胜区、喇叭河自然保护区等总面积为1600km²，约占县域2/3的面积。目前，旅游业占天全县GDP比重的16.9%，已经是支柱产业。在雅安市新一轮的功能区调整中，将天全、芦山和宝兴作为生态休闲旅游区，工业向雅安市名山区转移。由此可见，天全县丰富的风景资源、广阔的风景空间以及以风景旅游为核心的产业调整均使得风景园林专项工作在灾后重建规划中尤为重要。加之风景园林结合城市安全避难场所、新农村建设等内容，使得风景园林工作成为天全县灾后重建规划中不可或缺的组成部分。

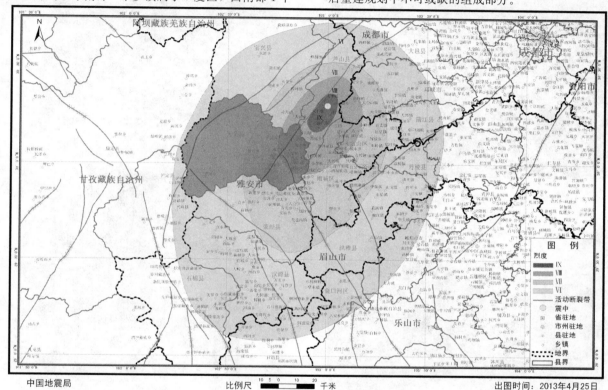

图1　"4.20芦山地震"烈度图

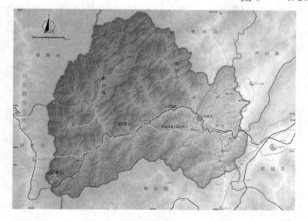

图2　雅安市天全县地图

2　重建工作的主要内容

风景园林专业参与灾后城乡重建规划的主要工作分

为：灾损评估、专项规划、城市建设、乡村发展、区域产业、重点项目六大内容。

2.1　灾损评估——风景资源的灾损情况评估

风景资源的灾损评估可分为3个方面。第一是资源自身的灾损评估，第二是设施的灾损评估；第三是灾情对市场的影响。

天全县内的风景资源主要由大熊猫世界遗产地、二郎山省级风景名胜区等构成的自然资源，以及茶马古道文化、土司文化和红色文化等历史文化。二郎山风景名胜区又细分为二郎山、喇叭沟、白沙河、红灵山4个子景区。其中喇叭沟为省级自然保护区，二郎山子景区又是国家级森林公园。震前，天全县风景资源的利用力度不大，仅有喇叭沟景区得到了初步的开发，年游客量约为20万人次。

震后，在资源方面，喇叭沟、白沙沟和二郎山山体有多处滑坡和滚石，受地震影响较大；红灵山受到地震影响甚微。部分历史文化资源也受到地震的较大影响，主要体现具有浓郁地方特色的老民居有损毁。在设施方面，喇嘛

沟进沟的道路被山体滑坡掩埋，导致景区关闭。宾馆、商店和农家乐等接待设施受地震影响较大，出现房屋倒塌、墙体倾斜、裂缝等现象。农家乐的服务设施与天全县整体受灾分布情况一致，县域内东部比西部严重，北部比南部严重。在市场方面，地震对到访到访天全和雅安的游客心理影响和实际到访量都产生巨大的影响。以雅安市雨城区上里古镇为例，2013年五一当天，仅迎来十余名游客；而2012年五一小长假首日，古镇接待游客1万多人次。天全喇叭沟景区受地震影响关闭，更无游客量可谈。

图3 地震灾损图1

图4 地震灾损图2

2.2 专项规划——文物和风景资源的保护以及旅游专项规划

专项规划主要包括两个方面的内容，第一是文物和风景资源的保护、修复和培育，第二是着眼于灾区的生产自救，进行风景资源的旅游专项规划。

严格遵守文物保护、世界遗产地、自然保护区、风景名胜区及森林公园的相关管理条例和总体规划的保护要求。明确天全县大熊猫世界遗产地的核心区、喇叭河自然保护区的核心区和缓冲区、二郎山风景名胜区的特级保护区等范围内，游客不得进入，也不得进行道路的修筑。

在风景资源保护和培育的基础上，着眼于灾区生产自救，进行旅游专项发展规划。规划明确以"二郎山"和"茶马古道"品牌为龙头，塑造天全县旅游核心吸引力，将天全打造为旅游目的地和318国道上的"茶马古道"重要节点的目标。进行了六大产品体系规划——二郎山经典

游、茶马古道文化游、自驾乡村度假游、红军红色文化游、农家乡村、生态徒步/骑行游。并根据不同的开发主体，确定了三种旅游发展模式——景区型、沟谷度假型、农家乐型，形成"一带（茶马古道文化旅游带）四区（禁建区、景区发展区、沟谷度假区、农家乐区）"的空间布局。

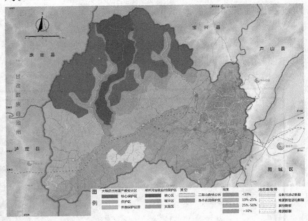

图5 资源保护规划图

图6 风景旅游规划图

2.3 城市建设——建立城市景观生态网络，并结合城市绿地系统和广场等建设，构筑安全避难场所体系，以及典型节点的景观设计

在城市建设方面，风景园林专业的工作也包括三个主要内容：

第一，结合城区灾后重建，加强山水自然景观与城市相互渗透和结合。天全县城所在的城厢镇恰是处于两山夹一沟的优美自然环境中。在灾后城区的重建中，通过控制山下建设边界、保护山体生态环境、利用部分景观视线好的山体建设公园、考虑观景点视线廊道等多种手段，加强山体景观与城市的渗透。同时，强化水系核心生态空间，建设天全水城。以天全河—始阳河为纵向生态主干，保护各级水系的连续性和完整性；设置水系两侧的生态缓冲空间，形成"生态缓冲＋公共游憩休闲＋城市防灾避灾"的多重功效；增加水系生态空间上的节点（河滩湿地、保留景观农田、城市公园、湖体、林地、草地等），形成串珠状结构。

第二，结合城市绿地系统和广场等建设，构筑安全避

风景资源与文化遗产

难场所体系。在城市建设区外围，保护具有横向联系作用的生态空间，如农田、林地、中小型湖泊、带状延伸的湿地等。在城市建设区，建设水系之间的城市生态通道，形成"道路＋绿地＋景观水系"的综合绿地系统；天全纵向生态水系之间发展大型城市公园、生态廊道、横纵生态空间围绕街区或社区，形成生态组团。同时，充分利用这些生态廊道，以及不同级别的城市绿地公园，使其分别满足长期、应急避难场所的规划要求，形成完备的应急避难场所体系。

第三，在城市重要景观节点，进行示范性景观设计。比如在汶川地震后，利用倒塌的映秀中学教学楼进行了地震遗址纪念场所景观设计，使之成了 2009 年汶川地震一周年公祭的场所，胡锦涛等众多国家领导人前往悼念遇难同胞。

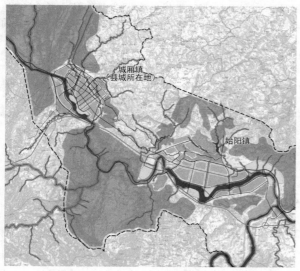

图 7　城市绿地系统规划图

2.4　乡村发展——结合乡村风景资源，开展乡村旅游，促进农民就业、农村产业调整和新农村建设

通过乡村旅游的开展，农民可直接或间接参与到"吃、住、行、游、购、娱"旅游六要素产业中。亦或通过股份集资、"公司＋农户"、个体经营等多种方式形成不同类型的农民参与旅游的就业机制。

灾后农村居民安置和建设可与新农村建设和旅游发展进行有机结合，两者也会产生相互的影响。旅游对新农村建设的影响体现在：在原有新农村建设和产业的基础上增加旅游时，旅游赋予农村新的产业功能和就业方式；为促进旅游发展，一些传统民居的风貌可得以保留，民居内部可进行适应现在旅游的改造。新农村以旅游为主导产业的建设则体现在：旅游对旅游村落空间聚落形态和建筑风貌产生更为深刻的影响；山区的乡村宜分散，便于开展以农户为主的农家乐；山下则以聚居的形态，进行旅游服务基地或城镇的建设；一些新农村的建设可结合茶马古道历史遗迹的恢复或景区外围旅游度假村的建设，形成各自的空间特色。

2.5　区域产业——以风景资源为基础，发展旅游产业，促进区域产业调整和转型

在灾后重建过程中，以风景资源为基础的旅游产业是否能够大力发展，从而促进区域产业调整和转型，需要对区域旅游产业进行发展的预判。以天全灾后重建规划中对旅游产业的发展预判为例：

第一，宏观政策层面。在雅安市新一轮的功能区调整中，将天全、芦山和宝兴作为生态休闲旅游区，其工业向雅安市名山区转移。天全具有大力发展风景旅游的政策基础。

第二，旅游业已经是天全的重要支柱产业。2012 年，天全的旅游人次数为 111.5 万人次，旅游总收入为 6.4 亿，占天全 GDP 的 16.9％。旅游业已经成为天全县重要的支柱产业。而目前天全县旅游开发还较为初级，今后随着旅游核心吸引力的打造和旅游品牌以及旅游目的地的创建，天全县旅游可望实现爆发性的增长，旅游产业所占 GDP 比重还有极大的上升空间。

第三，旅游业是天全实现快速发展的动力产业。首先，天全县山地居多，可开发传统产业的用地有限；其次，县域生态和环境保护要求高，对工业发展限制较多；第三，天全旅游发展潜力巨大，空间广阔——高知名度和高品位的资源，广阔的地域空间是基础；强劲、巨大的市场需求是动力；本地强烈的旅游发展意愿是根本；政策扶持和引导是保证；灾后重建是契机。

2.6　重点项目——灾后重建重点项目，是对系统重建规划的具体落实

在以上灾损评估、专项规划、城市生态、乡村建设等系统规划的基础上，最终将各种规划要素落实成近几年的具体项目，从而使得灾后建设有的放矢，也成为当地政府申请各种灾后资金及其后续使用的依据。

在天全县灾后重建规划中，重点项目包括了结合县城老城区受损房屋的重建，恢复历史上"碉门互市"的文化商业街区，从而塑造县城的旅游核心吸引力。以及结合318 省道战略通道整治的"亮山亮水"工程等。

3　小结

笔者总结以往参加汶川和玉树灾后重建经验，并以随清华同衡援建工作组赴雅安天全县参与"4.20 芦山地震"灾后重建规划为例，提出风景园林规划师参与灾后重建规划的必要性，并阐述了风景园林规划师在重建规划中所承担的灾损评估、专项规划、城市生态、乡村建设、区域产业和建设项目等六个方面的系统工作，以期为今后的类似工作提供一定的借鉴。

参考文献

[1] 天全县灾后恢复重建城乡规划，北京清华同衡规划设计研究院，2013.
[2] 天全县城市总体规划（2013－2030 在编），四川省城乡规划设计研究院，2013.

作者简介

杨明，1979 年 1 月，男，汉，山东青岛，硕士，北京清华同衡规划设计研究院，副所长，旅游区、景区规划与策划，电子邮箱：441699565@qq.com.

基于地域文脉的新疆伊斯兰景观营造研究

Study of Creating Islamic Landscape in Xinjiang Based on the Regional Cultural Tradition

冶建明　裴鸿菲

.

摘　要：新疆由于具有独特的自然地理和文化，形成了以伊斯兰文化为主的景观。本文通过对新疆伊斯兰景观的发掘和提炼，探索新疆地域自然特征与人文特征对伊斯兰景观的影响，从植物、建筑、园林小品、铺装、水体等景观载体阐述，归纳总结出直接表达、隐喻、抽象、象征等伊斯兰景观的营造手法。

关键词：伊斯兰；景观；营造；新疆

Abstract：Thanks to its special physical geography and culture，Xinjiang has developed a kind of landscape which based on the Islamic culture. Based on the analysis of the Islamic landscape in XinJiang，this paper explored what influence the geographical features and cultural features have on the Islamic landscape. Elaborated from the plant，architector landscape pieces，pavement，water and other carriers of landscape，this paper summarised direct expressions，metaphor，abstraction，symbol and other means in creating Islamic landscape in XinJiang.

Key words：Islam；Landscape；Creation；Xinjiang

新疆位于亚欧大陆的中部，地处中国西北边陲，占中国陆地总面积的六分之一，是中国陆地面积最大的省级行政区。在新疆人口统计中，少数民族人口约占59.9%。新疆的少数民族有维吾尔族、哈萨克族、回族、锡伯族等。在不同的文化碰撞中，新疆境内伊斯兰教取代其他宗教，占据占主导地位。这一过程也影响着新疆人民对于文化、生态以及景观的特殊理解与表现方法。

近年来，城市景观建设在新疆越来越受到重视。新疆伊斯兰景观主要体现在以清真寺为主的建筑上，且年代久远。由于，清真寺更多是为了满足伊斯兰民众对于宗教信仰或者其他精神类型方面的需求，造成开放度不够，难以达到为大众服务的效果。同时，满足人们休闲、娱乐、游憩的景观方面却少之又少，只有在一些条件允许的私家庭院中，能够体现一部分伊斯兰文化。所以，研究新疆伊斯兰景观营造对于传承地域文脉、挖掘地域景观特色具有重要的意义。

1　地域文脉

地域是有内聚力的地区，根据一定标准，地域本身具有同质性，并以同样标准与相邻诸地区或区域相区别。总的来说，一个地域是指一个有具体位置的地区。文脉原意指文学中的"上下文"。在风景园林学中，它包含了对历史、文化等背景的阐释或再现。地域文脉可分为：

自然环境要素包括地理、气候、生物及自然资源等。各种环境特征会映射到城市、和景观之上，对城市风貌特色的形成起关键的作用。

地域文化是文化在空间地域中以特定人群为载体的凝聚，包含文学艺术、传统习俗、宗教信仰、制度礼仪等形式。是人们世代耕耘经营、创造、演变的结果，是以某种社会类型内部为主体的行为制度与观念意识的聚合。

2　自然环境对新疆伊斯兰景观的影响

2.1　地形地貌因子

新疆地形特点是山脉与盆地相间排列，盆地被高山环抱，俗喻"三山夹两盆"。北为阿尔泰山，南为昆仑山，天山横亘中部，把新疆分为南北两半，南部是塔里木盆地，北部是准噶尔盆地，具有典型的绿洲生态特点。广阔而独特的地形地貌为新疆提供了变化丰富以荒漠为主的自然景观。

2.2　气候因子

新疆身居内陆，四面远离海洋，属于典型的大陆干燥性气候。降水稀少；常年日照充足，各地区气候不均，温差较大。气候因素决定了很多城市就像一座拥有中庭的大建筑，中庭式的民居像细胞一样摆列着，内部设计的伊斯兰中庭里设有水、喷泉、树木、花坛等，用人工来建造一个舒适的环境。

2.3　水文资源因子

新疆水资源严重短缺，造成部分地区土地沙化，土壤盐碱化，自然植被衰竭，地下水开采过量等一系列生态环境问题。以吐鲁番为例，由于水资源匮乏，利用地下暗渠，有效避免了因气候干旱而引起的大量蒸发，充分而有效地利用了有限的水资源，结合葡萄等植物的栽植，形成了著名的坎儿井景观。同时，因为宗教原因，在传统的伊斯兰庭院中，往往会给使用者设置的净身所的"圣泉"。

3　人文因素与新疆伊斯兰景观营造

3.1　历史背景因子

新疆位居亚欧大陆中部，民族特色鲜明，民族文化丰富多彩。由于习惯席地而坐，新疆伊斯兰景观的观赏以坐观式为主，追求地毯式的景观效果。在较封闭的小庭园里，景物多以低平为主。所以，伊斯兰景观的典型景观就是：水渠两侧夹着小径，四块花圃低于水渠和小径，花梢跟它们大致齐平，看上去像一块色彩绚丽的地毯。人们闲暇的时候，坐在庭园四周的柱廊里吃喝聊天。这时候，花池里灌木梢头的鲜花正好开在他们眼前，跟垫在身下的色彩艳丽的地毯连成一片，真不知是身处室内还是室外。

3.2 文化符号因子

人类文化，是以符号的形式来传递的。符号是一项十分有代表性的地域特征形式，从古至今，人类为了表达自身的存在和思想，自觉或不自觉的创造了大量人文符号。一个好的符号会充分表达地域的人文思想，在人们心里产生巨大的共鸣。

3.3 民俗风情因子

穆斯林在生活中的另一大特点就是热情好客，常常会聚在一起载歌载舞。从伊斯兰的民俗文化中，我们可以看出伊斯兰教是一个非常讲究细节的教派，这些延伸到园林景观中所意味着的是一切景观都不可以违背真主在教规上的规定，景观中的细节也必然做到精美细致。

4 新疆伊斯兰景观表达的载体

4.1 地形

景观设计应该在充分尊重场地的原生形态基础上，对自然地域进行管理。所以，新疆伊斯兰景观布局多结合地形，重视因地制宜和实用性。以喀什地区为例，其主要传统聚居街区为两河环绕。部分民居依势临水而建，布局紧凑，各个街区之间联系紧密。

4.2 植物

4.2.1 植物选择

新疆植物大多耐旱、耐高温、耐盐碱、根系深。在选择上，伊斯兰人特别钟情于冠大阴浓且可食用或者药用的树木，比如：沙枣、山楂、无花果等，庭院中惯用的植物种类多是常绿且容易塑型的植物，例如：新疆伊斯兰典型的葡萄架景观（图1），就是既能作为作物来种植，又

图1 新疆葡萄架景观

能满足人们夏日的乘凉，作为景观观赏的特性。

4.2.2 植物造景方式

伊斯兰园林中植物造景的方式多采用规整式行列布局，高大乔木搭配低矮灌木，植物配置多样统一，十分讲究对称均衡和节奏韵律。在伊斯兰庭院中较多运用的造景方式是通过若干次十字形划分把场地分为若干个规则的矩形地块（小花坛）的方式，然后以固定的株行距在其中栽植植物，或是运用小型盆栽，这样不仅方便耕作，浇灌和养护，而且给人以整齐、统一的视觉感受，达到了作为景观的目的。

4.3 建筑及园林小品

4.3.1 建筑

（1）建筑造型

伊斯兰建筑主要以清真寺为主，以圆顶建筑为主，每个寺院中心都有斋戒淋浴的池子，祈祷用的拱廊和礼拜墙，再加上米合拉甫（礼拜墙中间凹进去的壁盒），构成了清真寺的基本面貌。这种建筑的古朴和单纯的外观又大大加强了信教群众与清真寺的亲和力。

艾提尕尔清真寺坐西朝东，这是因为要面向伊斯兰教的圣地—麦加。其大门是个高12米的矩形门楼（图2），仿照阿拉伯式样、龛式造型，体现出其宗教观念。用黄砖砌成，其四周刷着淡白的石灰，造型庄严而极有震慑力。

图2 艾提尕尔清真寺

（2）建筑装饰

新疆的伊斯兰建筑多使用砖石材料构建，看上去表面上是粗糙和随意的，却是和周围的环境异常谐和，看上去充满韵味（图3）。色彩上通常使用整体趋于偏冷的"五色"，依稀能够透露出宗教的神秘气息，引导人们精神上的情绪和现实的思想情境。由于伊斯兰教的戒规，反对偶像崇拜，不能表现人或动物的形象。正是在这种情况之下，几何纹样（图4）得到了极大发展，如礼拜寺的门面、墙面，多采用素色的贴面砖拼出复杂的几何图案纹样，增加了礼拜寺的秀致和雅气。而类型各异的优美字体，也形成了一种伊斯兰建筑中常见的文字装饰。

4.3.2 园林小品

（1）装饰性小品

图 3　吐鲁番苏公塔

图 4　寺顶素色几何图样

图 5　星月广场的铜壶

（3）展示性小品

伊斯兰园林中的各种布告板、导游图板、指路标牌大多是以其功能为主要方面来设计的，其上多有植物花纹作为装饰。文物古建筑的说明牌则是用大理石或者砖做成的浮雕，这样使其更有厚重严肃的感觉，阅报栏和展板等会相对颜色亮丽，吸引人们的实现，同时产生有宣传、教育的作用。

4.4　地面铺装

新疆伊斯兰景观中铺装是又一大亮点，虽然只是给人简洁、整齐的感觉，但是精美的做工，却让它与建筑和周围的景观十分协调，给人一种天作之合的感觉。在图案构成上，它们以简单的十字形拼合和构成伊斯兰纹样的几何图案为主，例如艾提尕尔清真寺前的广场上的铺装是以青灰色和土红色的瓷砖按不规则比例组合，而清真寺内部就有以简单水泥砖铺成的园路。

4.5　喷泉和水池

新疆伊斯兰景观多用狭窄的明渠连接形成水池，可以弥补花园本身的简单。有的庭园甚至把水引入面向庭院的敞廊或厅堂，在敞廊或厅堂中央也造个喷泉，这不但使厅堂凉爽，也可造成室内外空间的穿插渗透。使室内外空间连成一片。能够更好地显示其静谧、亲切的氛围。

但是随着经济的发展，伊斯兰景观中越来越多地采用了喷泉，更具有观赏性，虽然少了原本静谧的感觉，但对于喜爱热闹、擅长歌舞的维吾尔等民族却是别一番韵味。

5　基于新疆地域文脉的伊斯兰景观表达手法

5.1　直接表达

直接表达的手法常用于历史典故、风俗习惯等，通过保留原有的景观形态、人文符号等的加深人们对伊斯兰宗教的认知。以喀什香妃墓为例，借由香妃的历史典故，配以穹隆形的圆顶、蓝色琉璃砖贴面、各色图案和花纹等形成了典型的伊斯兰景观（图6）。

新疆的伊斯兰景观风格较为严肃正式，但是也不乏许多外形精美的装饰小品。要十分注意到清真寺中切忌不可运用人物雕塑，只有在城市休闲娱乐静的景观小品中可用于风景和对历史人物的纪念，以星月广场为例就采用伊斯兰民族常用的铜壶造型雕塑（图5）。

（2）服务及休息性小品

伊斯兰园林中的服务性小品与中国传统园林形式相似，但是在细节上又有很多不同。由于伊斯兰国家相对缺水的现象，故小品中供人们洗手和饮用的水多数用外形精致的壶和大口径的盆组合，类似这种小品在现在的很多穆斯林饭店业能看见。用于休息的园凳则更多是在花架下或临植物用砖砌出的平台。

图 6　喀什香妃墓

图 8　中国回族博物馆门前

5.2　隐喻

隐喻的表达手法在当今景观设计中日趋普遍，它用暗示、回忆、联想等手法．使游客领会事物中看不见得东西。伊斯兰景观设计中"八"之符号常见于铺地、平面布局、建筑装饰图案等。伊斯兰教认为地狱有七层，所以，以数字"八"隐喻——"天园"。在伊斯兰庭园里，方角圆边式水池，其最有特征的因素，它大体有八个角（图7）。

图 7　中国回族博物馆中的八角形水池

5.3　抽象

抽象凝练的手法是指对事物特征中最精华的部分进行艺术加工、提炼和抽象简化，形成各种各样的"符号"或"片断"，以此来表达主题意境的艺术形式。伊斯兰教中对水都爱惜、敬仰，甚至神化。所以在伊斯兰景观中，水常常位于景观中央或者其他重要位置，以规整方式布置（图8），以示人们的重视。有时会用交叉水渠代表天堂中水、酒、乳、蜜四条河流。

5.4　象征

象征指借助于某一具体事物的外在特征，寄寓艺术家某种深邃的思想，或表达某种富有特殊意义的事理的艺术手法。比如香妃墓顶的星月标志（图9），在新疆，一看到星月标志就会想到伊斯兰教，在伊斯兰的建筑顶上几乎都能看见它的身影。星月标志中五角星起源于金星，金星

图 9　星月标志

一个非常明亮的行星，它在天空中的运行轨迹恰好画出一个正五角形。古人对此非常敬畏，所以金星和五角星成了至善至美的象征。而新月的含义是：伊斯兰景观多处沙漠热带地方，炎热干旱，游牧民族的活动多在晚间进行，所以对明亮的月亮非常熟悉，自然也崇拜。穆圣认为新月代表着新生力量，可以摧枯拉朽、战胜黑暗、圆满功行、光明世界。

6　结语

新疆伊斯兰景观结合少数民族的风俗形成了自己独特

的构建理念，这种观点渗透在新疆社会生活的各个方面，并在伊斯兰景观的特点和风貌中得到体现。本文通过筛选新疆地域文脉的特点，研究新疆伊斯兰景观中地形、建筑及园林小品、植物、水体等要素的营造形式，阐明了结合地域性的伊斯兰景观表达方法，以期为设计独具特色的新疆伊斯兰景观提供参考。

参考文献

[1] 常青著. 西域文明与华夏建筑的变迁[M]. 湖南教育出版社，1992.
[2] 姚佩佩. 新疆伊斯兰城市空间景观研究[D]. 河北农业大学，2012.
[3] 世界建筑杂志社. 世界建筑[J]. 北京：世界建筑杂志出版社，2005.
[4] 杨怀中. 余振贵主编. 伊斯兰与中国文化[M]. 银川：宁夏人民出版社，1995.
[5] 金宜久主编. 伊斯兰教[M]. 宗教文化出版社，1997.
[6] 严大椿主编. 新疆民居[M]. 北京：中国建筑工业出版社，1985.
[7] 社科院世界宗教研究所伊斯兰教研究室. 伊斯兰教文化面面观[M]. 济南：齐鲁书社，1991.
[8] 王颖. 地域文化特色的城市街道景观设计研究[D]. 西安：西安建筑科技大学，2004.
[9] 邱玉兰编著. 中国伊斯兰教建筑[M]. 北京：中国建筑工业出版社，1992.

作者简介·

[1] 冶建明，1981年11月生，新疆乌鲁木齐，男，回族，讲师，就职于石河子大学园林教研室，华中农业大学园林植物与观赏园艺专业风景园林规划与设计方向在读硕士，从事风景园林规划设计的研究，电子邮箱：26043741@qq.com。
[2] 裘鸿菲，女，华中农业大学风景园林系教授，从事风景园林规划设计与人居环境方面的研究。

浅析巴渝寺庙园林环境的特色

Analysis of the Environmental Characteristics of the Bayu Temple Gardens

袁玲丽　邹伟民

摘　要：巴渝寺庙园林有着浓郁的地域性特征。根据巴渝地区现存的寺庙园林，通过收集现存寺庙的资料，从选址、建筑和造景处理手法方面入手，提出其"因形就势"的寺庙园林选址、"自然为法"的空间布局、质朴简洁的园林建筑形态、疏朗自然的园林造景特色。总结了"巧于因借，古拙清旷"的造园风格，为完善中国古典园林风格体系，发掘地域性园林的造园内涵和对建设当代巴渝地区园林景观，都有着重大的意义。

关键词：寺庙园林；造景特色；研究；选址布局；建筑形态

Abstract：Bayu Temple Gardens has a rich regional characteristics. In accordance with the Bayu existing temple gardens, through the collection of existing temple, siting, construction and landscaping handling from the start, the site of its "potential" because of the shape of the temple gardens, "natural" space layout, the rustic simplicity of the landscape architectural form, Lichtung natural garden landscaping features. Summed up by "clever, antique Qing Kuang" gardening style, perfect classical Chinese garden style system, to explore the regional landscape gardening connotation and construction Bayu landscape, are of great significance.

Key words：Temple Gardens；Site Layout；Research；Building Form；Landscaping Techniques

　　"世间好语书说尽，天下名山僧占多"，我国寺庙园林所处之地多数都是风景优美山川，寺庙园林是我国三大园林体系中数量最多、分布最广的园林类型，而正因为它的分布之广、地区的自然环境和人文环境的差异，在经过漫长的发展之后形成了独特的地域性特色寺庙园林，发掘它地域性特征，对于完善整个园林体系和建设现代地域性园林景观都有着重大的意义。而巴渝寺庙园林因其悠久的发展历史和独特的选址，灵活的布局，园林建筑的灵动质朴和造景的疏朗自然而别具一格。

1　历史文化背景

　　巴渝地区指的是以重庆为中心、大巴山以南、巫山以西、嘉陵江和峡江流域范围内地域。境内山峦起伏，丘陵地貌，极少平底。冬暖春旱，夏热秋雨，秋冬多雾。乾隆时期的川东道仁和沈青土《渝州觉林寺碑记》中记载："重庆于古为渝州，汉唐以来蜀东重镇也。距涪、忠、夔、巫之上游，面涂山，跨字水，佛图扼其西，朝天嘴镇其东，鳞比万灶，翘集千帆。环以三江，襟带泸叙，水陆要冲，胜甲他郡。"显示出重庆在清朝时的险要的地理位置和繁荣发展。《华阳国志·巴志》记载：巴渝地区"郡与楚接，人多劲勇，少文学，有将帅才"。"故日：'巴有将，蜀有相'也"。艰苦的自然环境造就巴渝人民坚韧淳朴的品格，形成雄浑粗犷，质朴率真的巴渝文化。巴渝文化作为一种绵延三千余年的地域文化，其深厚的积淀深深的浸入了寺庙园林中，使之形成独特的地域性景观。

2　寺庙园林发展

　　佛教于东汉晚期传入巴渝地区，历史悠久，文化底蕴丰厚，从两晋时代起，佛教就在重庆不断地发生影响[1]；《水经注·江水》："《华阳记》曰：巴子虽都江州，又治平都，即此处也；有平都县，为巴郡之隶邑矣；县有天师治、兼建佛寺，甚清灵[2]。"说明巴渝地区寺庙园林在东晋时已经出现，且"甚清灵"；晚明清初的破山海明禅师在巴渝广传禅宗，建双桂堂，为西南禅宗的祖庭；抗战时期，太虚大师在北培缙云山汉藏教理院宣传佛教的思想[3]；华岩寺作为川东第一灵境在巴渝园林的发展中也起着积极的作用，巴渝寺庙园林在历史发展的过程中都扮演着重要角色。巴渝寺庙园林有着长远的历史，在承袭着宗教文化的同时，在巴山渝水之地进行寺庙园林的营造，出现具有巴渝特色的寺庙园林，独具巴渝特色建筑语言，凝聚巴渝人民的智慧艰辛，它的规划、选址、设计、造型呈现的是对严酷自然环境的对应策略，它诠释的是融外在造型与内在文化含义于一身巴渝寺庙园林的精神。

3　造景特色分析

3.1　园林选址——因形就势 形神合一

　　巴渝寺庙园林的选址，除了受到传统堪舆思想中的风水学影响外，对环境的日照、水源、交通等实际情况也有所考虑，同时受到原始山岳崇拜的思想影响。巴渝地区复杂多变的山水地形，使得寺庙的选址受到诸多限制，在选址的时候形成更加巧妙的构景。例如重庆慈云寺选址于重庆市南岸区玄坛庙狮子山麓，濒临长江，寺门左侧卧一石刻青狮，与长江对岸的白象街遥遥相望，在堪舆布局上素有"青狮白象锁大江"之说，是为风水宝地。寺庙背靠狮子山有山林供采用，环境清幽、水运便利，香客往来方便。寺庙对岸有朝天门繁华之处，一江隔断十里红尘，此

185

岸若为滚滚红尘，彼岸即是缥缈梵境。它充分利用背山面水的地形，借景对岸朝天门，从风水和意境几个角度去营建慈云寺的禅境，地形环境结合思想，形成"因形就势"、"形神合一"的选址特色。

巴渝人民对的山岳的敬畏也影响着寺庙园林的选址，例如重庆地区沿江一带，分布着为数较多的结合山崖凿制而成的摩崖大佛，体量甚巨，皆面江而坐（卧），有的还凭佛建寺，其位置均经过精心选择，原因之一就是作为行船定位的标志，同时也希望借助佛法无边，祈求护佑庇护，比较典型的如石宝寨的选址[4]。

3.2 空间布局——自然为法 竖向轴线

由于巴渝山地地形所限，巴渝寺庙园林并未既定沿袭南宋佛教禅宗确立的"伽蓝七堂"的建筑布局制度规定，沿中轴线对称，而是随山就势，充分体现"法无定法，自然非法为法"的原则。巴渝地区寺庙更多的是自由精神对儒家伦理秩序的补充和突破，如罗汉寺、宝轮寺、缙云寺、慈云寺等等。例如华岩寺，一进山门，迎面是金佛，其后是藏经阁，藏经阁旁是接引殿院落，接引殿旁则是大雄宝殿建筑群。大雄宝殿建筑群分为前、中、后三殿堂，即大雄宝殿、药师殿、罗汉堂、观音殿和祖堂等。其轴线所沿地形而转折，不仅在平面上蜿蜒展开，而且在山地的竖向空间上拓升，形成独特的竖向空间轴线。

图 2　华严洞（作者自摄）

图 3　大足圣寿寺（引自互联网）

《园冶》说："因"者，随基势高下，体形之端正，碍木剧娅，泉流石注，互相借资；宜亭斯亭，宜榭斯榭，不妨偏径，顿置婉转，斯谓"精而合宜"者也[5]。在巴渝地区寺庙园林中有很明显的体现。建筑通常立于陡峭的山岩之上，依山而造，建筑单体质朴简约，群体组合变化多端。通常采取穿斗式木结构，结合地形混合搭建。灵活的穿斗式更加适宜于重庆地形从而发展出挑、抬、错、跨等多种建构样式，形成深出檐、多层挑、山面加眉檐等建筑构造手法，使园林建筑展现出丰富的空间关系。

在建筑造型上巴渝寺庙园林建筑灵活多变，比如华岩寺中华严洞上殿为二重檐歇山式顶抬梁穿混合结构，为琉璃屋顶面，以梁为界，一半在洞内，一半在洞外，有房五间，造型别致，令人称奇。这表明了巴渝地区寺庙园林结合地形所表现出在的建筑造型上丰富的想象力。风景建筑附壁而设，如石宝寨寨楼的结构。在大足圣寿寺中的建筑屋顶处理也别具特色，将主体建筑的屋顶重檐及中间部分升起，将升起部分前突形成牌楼式组合屋顶，牌楼与歇山顶重构、悬山式屋顶相结合，从而使屋面形式丰富多彩，活泼生动。巴渝园林建筑充分借鉴山地民居的建造方式，结合自身特点巧用地形、争取空间，形成了灵活的建造方式。

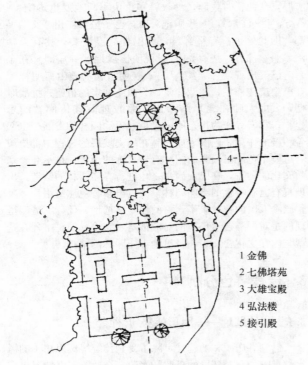

图 1　重庆华严寺平面图（自绘）

1 金佛
2 七佛塔苑
3 大雄宝殿
4 弘法楼
5 接引殿

3.3 建筑形态——质朴灵动 自成体系

巴渝地区的寺庙园林建筑受山地地形限制，豪放的巴渝文化的影响，不拘一格，简练质朴，吸收了巴渝民居的特点，如吊脚楼的形式，建筑立面的造型和构图别具特色，总体空间布局层层分错，俯仰皆是图画。错层相移，叠叠而上，形成一种动态的美感。

巴渝寺庙园林建筑装饰质朴清雅，在形式上以雕刻、彩塑、灰塑为多。雕刻分为石雕和木雕，重庆慈云寺里面的两尊宋时的狮子，线条形态圆润。寺庙里面的木雕数量不多，形态简洁，这也是巴渝民居影响寺庙园林的表现。巴渝寺庙园林的屋顶的屋脊常用的处理手法多是灰塑，灵活自然。同时一种"瓷片贴"的装饰手法，在慈云寺、华

图 4 石宝寨寨楼（引自互联网）

图 5 慈云寺、华岩寺瓷片贴（自摄）

图 6 宝轮寺大殿（引自互联网）

岩寺的屋脊有采用这种瓷片镶嵌装饰形式，中间脊饰为塔形，鸱吻为灰塑，装饰独特，且具有生活情趣。

寺庙园林整体色彩多采用素色，建筑门窗漆为红棕色，石雕为灰色，屋顶面有土红色琉璃瓦和青瓦，少量大

图 7 天台山国清寺（引自互联网）

殿殿身采用黄色漆，整体颜色素雅；比之天台山国清寺、普陀山普照寺等，都是以整体为黄色、黑灰屋顶、寺庙殿内金碧辉煌，从中可以看出巴渝寺庙园林在装饰色彩上受传统寺庙影响较少，更多的受当地民居的影响，具有浓郁的地域特征，质朴古雅。

图 8 云阳张飞庙（引自互联网）

图 9 合川二佛寺（引自互联网）

3.4 造景手法——疏朗自然，真山真水

3.4.1 理水——清旷开阔

巴渝水系是以江河溪流为主，有长江、嘉陵江、乌江及其支流，寺庙园林多位于滨江沿河的风光佳处面江背山而建，江河之水景。例如重庆南岸慈云寺，背狮子山面长江，借大江之景，大江东去，气象万千，取自自然的真山真水，别于江南园林挖池筑山，所谓"自成天然之趣，不烦人事之工[6]"便是如此，巴渝之地的山水大多皆自然意趣，少有堆砌繁复。

巴渝地区寺庙园林之内的水体分为静态水和动态水景。在平坝之地，溪流等形成塘、滩、潭、池等"静水"面，比如说慈云寺的大雄宝殿下楼梯拐角之处，巧妙的置一弯小池，池中置石块，仿高耸的山势，山上还筑有建筑，似海上仙山，仙境一般。在山势地形高差较大之地，使水体随山地地形跌落而具流动性。例如云阳张飞庙一侧的白玉潭则为结合汇水冲沟形成的层层叠落的瀑布流泉的积水池，成为一道动态的景观。巴渝地区的地势复杂，巴渝人民把劣势转化为优势，运用各种险要地势、弯折转交来构成各种各种独特的曼妙水景，融合寺庙园林所处的真

浅析巴渝寺庙园林环境的特色

山真水，形成寺庙内部清旷景妙，寺庙之外气象开阔。

3.4.2 山石叠筑——天然意趣

由于自然地势的特殊性，巴渝寺庙园林在造园的时候充分结合自然地形组织水体和山体。巴渝地区山体形式多样，有山丘、堡、峰、岩、谷、壁、崖、洞等形式，结合其他构景元素，形成独特的山地园林营造特色。如张飞庙、合川二佛寺、大足宝顶、潼南大佛寺等，本身就作为山体的一个组成部分，山地形态有机结合、和谐共生。

巴渝寺庙园林内部环境中掇山叠石的量和规模都很小，一般直接运用山势足矣，故巴渝寺庙园林的山石天然意趣为特点，高低错落、形式自由、依花倚树。山石在堆砌形态上，以巴渝大山大水为素材，颇得天然山水之意趣，大气灵秀之气韵。

3.4.3 植物应用——宗教性和地域性

最早由文字记载的是北碚区塔坪寺，1838年道光十七年篆刻《重建塔坪寺序》中记有，"……山之近高处茂林修竹……时乎春也，碧桃霞烂漫若赤城……。"可以想象，当时茂林修竹，碧桃霞漫，香火旺盛，禅意缥缈。从中可以了解到巴渝寺庙园林植物造景的地域自然性，它是结合了周围的地理环境，使得意境盎然而生。

常言道："寺因木而古，木因寺而神"，寺庙园林的植物普遍具有宗教性，在巴渝地区的寺庙园林中，植物除体现佛家悟道意义之外还有着明显的地域性，普遍分布的还有重庆的代表市树黄葛树、银杏、荷花、松柏、梅花、玉兰、山茶等。据统计，在重庆黄葛树约占树龄100年以上古树总量的85％左右，其中300年以上的仅有70株，主要分布在寺庙、祠堂、书院、名胜古迹、宅院、古道旁和溪河岸边，形成了巴渝园林独特的植物景观[7]，表明巴渝地区的寺庙园林植物运用的乡土地域性。

4 小结

季羡林先生说："园林艺术是物质文化与精神文化的双重体现。它的物质形态中包含着一定的文化精神与审美意识的信息——这是创造考及其所处时代留下的文化——心理的凝聚体，因面．园林往往能以它鲜明生动的物质形态具体、形象地传达出一个民族的精神气质或一个时代的文化心理特征"。园林艺术是物质文化和精神文化的双重体现，巴渝寺庙园林中蕴含了巴渝人民独特的造园理念和审美品格。

巴渝园林它驭载着几千年的物质与精神的文化积淀，充分体现了巴渝人民的文化精神与审美意识，传达着巴渝人民的审美心理特征。笔者通过文献收集、考察采访进而分析，从它的历史选址、空间布局、建筑形态装饰以及园林叠石理水等方面去探索巴渝地区寺庙园林建筑环境特点，总结了巴渝园林因形就势的寺庙园林选址、自然为法的空间布局、灵动质朴的园林建筑形态、疏朗自然，真山真水的造园特色。不仅从风水的角度去营造，同时也结合了当地的地形地貌、地域文化，使得天、地、人、环境对应和统一，无形中达到"天人合一"的境界，形成"巧于因借，古拙清旷"的巴渝寺庙园林造园特色，对于完善我国古典园林体系和对现在山地城市的园林建设无疑有着巨大的借鉴意义，使"传统"的"民族文化心理结构"在新的园林景观建设中得以实现。

参考文献

[1] 黄夏年．重庆佛教教育简史[J]．中国佛学，2006.24.
[2] 郦道元．水经注·江水·卷三十三 [M]．巴蜀书社，1985.9.
[3] 黄夏年．重庆佛教教育简史[J]．中国佛学，2006.24.
[4] 况平．重庆园林特色探讨[J]．园林科技，2008.04.
[5] 计成著．胡天寿译注．园冶 [M]．重庆出版社，2009.
[6] 廖怡如．重庆园林造园植物特色探讨[J]．重庆建筑，2003.05.
[7] 季羡林．禅与园林艺术 [M]．中国言实出版社，2006.12.

作者简介

[1] 袁玲丽，女，汉族，湖北潜江，硕士在读，攻读方向为巴渝建筑形态及其装饰性研究，就读于重庆师范大学。
[2] 邹伟民，男，汉族，副教授，硕士生导师，专于园林景观理论研究及设计，建筑设计。

少数民族历史村落文化景观的保护与开发

——以吐峪沟麻扎村为例

Protection and Development of Minority Village Cultural Landscape
——Mazha Village as an Example

岳　阳

摘　要：在城市化进程中，民族村落文化景观遗产正面临着前所未有的挑战和冲击。正确理解和保护民族村落文化景观遗产刻不容缓，探寻科学的保护理论与方法迫在眉睫。新疆吐鲁番吐峪沟麻扎村作为新疆维族传统聚落的代表之一，是中国历史文化名村，保留有传统的宗教习俗以及黄土建筑。文章以新疆吐鲁番吐峪沟麻扎村为例，分析麻扎村的村落文化景观特点，总结麻扎村现有的的文化景观遗产，研究现保护政策，总结了在现有的保护和开发中所遇到的问题，最后提出保护发展的策略。

关键词：少数民族历史村落；文化景观；麻扎村；保护开发

Abstract：In the process of urbanization，minority village cultural landscape heritage is facing unprecedented challenges and shocks. Correct understanding and protection of the national cultural landscape heritage village are urgencies. Explore scientific theories and methods of protection is imminent. Mazha village is a traditional settlement as one of the representatives. It is China's historical and cultural village，and retains the traditional religious practices and loess building. Article take Mazha village as an example，analyze its village cultural landscape features，summarizes the protection policy of Mazha village existing cultural landscape heritage，studies existing problems in the protection and development，and finally proposes protection and development strategy.

Key words：Minority Village ; Cultural Landscape; Mazha Village; Protection and Development

1　民族村落文化景观

在人类学的视野中，村落景观就是村落文化的空间表现形式，也是乡村传统文化的载体．其所承载的是传统生存样态的文化，所呈现的是传统村落的社会结构。村落文化景观通常反映出在特定的自然环境制约条件下的可持续土地利用的先进理念和具体技术，同时也折射出建立这些文化景观的自然环境的特点和限制。村落文化景观是农业与文明结和的见证，受自然因素和民族习惯的影响和制约较大，因而常常表现出极大的区域性和民族性差异丘。

民族村落文化景观是将民族价值观糅合在文化景观之中，从而塑造出文化景观类型，其包含民族建筑、民族聚落、民族服饰、土地利用方式、民族宗教信仰、民族岁时文化、民族风俗习惯等。民族村落文化景观是一定自然生态环境下，我国少数民族在土地持续使用基础上，以村落为中心建立的具有明显民族特色的一种遗产类型。

2　麻扎村村落文化景观

2.1　物质文化景观

2.1.1　千佛洞

吐峪沟千佛洞位于大峡谷中段，开凿于两晋十六国时代，是新疆著名的三大佛教石窟之一，比敦煌石窟开凿还

早近百年。1957 年，吐峪沟千佛洞被自治区命名为区级文物保护单位，2005 年被命名为国家级文物保护单位。吐峪沟千佛洞开凿以来的 1700 多年中，先后历经了人为破坏和自然塌损两阶段。现有洞窟 94 个，有编号 46 窟，仅有 8 窟残存壁画。那些幸存下来的石窟壁画，是研究我国佛教文史、佛教美术史、古建筑史的历史依据和实物资料，具有无可估量的历史价值和艺术价值。

2.1.2　吐峪沟霍加木麻扎

伊斯兰教圣地——吐峪沟霍加木麻扎吐峪沟霍加木麻扎，俗称"圣人墓"，相传已有 1300 多年历史，麻扎村也因此得名。传说公元七世纪初，穆罕默德创立了伊斯兰教后，其弟子、古也门国传教士叶木乃哈带 5 名弟子最早来中国传教，历尽艰辛，终于东行来到吐峪沟。在携犬的当地牧羊人的帮助下，叶木乃哈等 6 人便长住此地继续传教，伊斯兰教在吐峪沟开始盛行。后来，叶木乃哈等 6 人和第一个信仰伊斯兰教的中国人（牧羊人）去世后，当地人把他们埋在山洞里，即成为现在的吐峪沟麻扎。

2.1.3　黄土建筑

在麻扎村内保存有大量维吾尔民族的传统民居，全是黄黏土生土建筑，均是土木结构，有的是窑洞，有的是二层楼房结构，底层为窑洞，上层为平房，屋顶留方形天窗；有的窑洞是依山依坡掏挖而成，有的窑洞是用黄黏土土块建成。其特点是经济实惠、冬暖夏凉、造型美观。家家户户由弯曲和深浅不一的小巷相连，即使从屋顶走也可

达到串门的目的。古老民居的门窗都很古朴，但又蕴藏了深厚的文化。麻扎村的先民根据当地的自然环境和生存需要，就地取材，因地制宜，巧妙地利用黄黏土造房，并采用了砌、垒、挖、掏、拱、糊、搭（棚）等多种形式，集生土建筑之大成，是至今国内保存完好的一座生土建筑群，堪称"中国第一土庄"。

2.2 非物质文化景观

2.2.1 民俗民风

维语"吐峪沟"意为"封闭、走不通的山谷"。已被命名为"中国历史文化名村"，是新疆现存最古老的维吾尔族村落，已逾1700多年历史，至今还保存着维吾尔族最古老的民俗风情，有"民俗活化石"之称。

（1）传统遗风色彩浓厚的婚俗

麻扎村年轻人的婚事一般仍由男女双方的父母包办，结婚通常要经过订婚、迎亲和婚礼三个阶段。女方在进门前，要坐在一张红色的地毯上，由人抬起从一堆篝火上经过。这一种仪式在新疆其他地方的维吾尔族婚礼中十分少见，似乎是麻扎村的维吾尔族独有的，但是在内地汉族农村的婚礼中却常见这种类似"踩火盆"仪式。麻扎村的这种婚俗应当具有比较悠久的历史传统，在某种意义上也可视为中原文化与西域民族文化的结合体。

（2）服饰与饮食

麻扎村是一个以维吾尔族为主的村落。这里民族成分单一，人们的服饰和饮食习俗基本一致。近年来，随着麻扎村对外交往的不断加强，当地年轻女子尤其是少女的服装也发生了一些变化，村里时常可以见到一些身穿 T 恤衫、牛仔裤的姑娘。麻扎村的服饰文化上呈现出传统与现代的多样性特点。

在饮食习俗上，尽管这里只种植葡萄等果品作物，但是麻扎村的饮食习惯与其他地方的维吾尔族并无二致，大米、面粉和羊肉构成当地主要的食物结构，只不过这些粮食基本上是从外面运进来的。馕、花式糕点和葡萄干等，在邻近晋唐时期的古墓群中有发现，这显示出当地饮食文化悠久的历史传统。

2.2.2 宗教信仰

（1）真神崇拜

伊斯兰教信仰指教徒对安拉及其《古兰经》的基本信条的承认和确信。维吾尔人在谈到信仰时常说的一个词是iman，即信仰之义，这个信仰是专指伊斯兰教信仰，iman在维吾尔人的宗教生活中具有重要的意义。麻扎村的村民都信奉伊斯兰教，男子每天必5次到清真寺做礼拜，女子也会在家做5次礼拜。伊斯兰教的传统信仰在这里得到了最完善的体现。

（2）萨满教习俗

维吾尔先民历史上曾信仰过萨满教。麻扎村萨满教于20世纪50年代消失，但萨满教的因子依然残存于村民的信仰中，并依附于伊斯兰教的信仰制度而生存。村民讲以前人们生病时，请皮尔洪（萨满）疗疾，现在村民们患病时，村里依然有用一种萨满教因子与伊斯兰教相结合为病人驱魔赶鬼的民间医疗形式为病患治疗。萨满教的另一遗存被公认为是维吾尔族婚礼上的跳火盆仪式，在今天的麻扎村，跳火盆仪式也在逐渐式微，主要是伊斯兰教安拉至上的信仰对其的冲击。

（3）自然崇拜

突厥人早期崇拜的事物很多，阳为甚。据《周书·突厥传》记载，如崇拜太阳、雷电、山洞等，每年五月中旬要"拜祭天神"。突厥人对雷鸣等自然现象也敬畏。在麻扎村民的宗教生活中依然可见崇拜太阳的遗存。麻扎村的加玛艾特每天晨礼结束后走出清真寺排成一长排集体面向东方捧手祈祷。

3 麻扎村文化景观遗产保护与开发现状及问题

3.1 保护与开发现状

3.1.1 "双村"保护模式及措施

麻扎村作为国家历史文化名村，借鉴平遥古城的成功经验，保护老村，开辟新村，以"双村模式"进行旅游保护。对麻扎村老村实行划区保护，由专家根据麻扎村实际划定历史文化保护区、缓冲区和旅游活动区。对麻扎村所在的文化保护区实行原封不动的保护，但不绝对排斥对个别景点的合理修补。此外，在旅游活动区及其外围选址，建设一个麻扎村新村，使老村和新村实现历史文化保护区和旅游项目开展区的不同职能分工与空间布局。

3.1.2 麻扎村旅游开发现状

2004 年，麻扎村人接触了"旅游开发"，当地村干部说，一开始麻扎村老少们都不知道旅游开发是怎么回事。因此，旅游业的出现，不仅打破了麻扎村传统的生活模式，而且对当地民族传统文化带来了一定的冲击和影响，甚至引起了一些变化。

旅游投资开发商为西域旅游股份有限公司吐峪沟分公司。按照有关协议，门票收入的 65% 属于西域旅游公司，15% 属于吐鲁番文管局，20% 属于鄯善县政府。随着旅游开发，麻扎村由一个受传统宗教强烈影响的古朴村落，变为一个正在发展中的旅游景区。不可否认，旅游业的引入给麻扎村提供了良好的发展机遇。然而，同时也给当地社会带来了不同层面的变化与问题。麻扎村正处于从乡土社会进入现代社会的转变过程中，旅游开发的到来加速了转变进程。

3.2 面临问题

3.2.1 旅游开发对传统文化的冲击

麻扎村自从开始旅游开发以来，大批游客进入，导致了外来文化对于本土文化的冲击，并且造成了一系列冲突与争执。随着新村的建设和发展，对于老村的人口吸引力增加，造成了新村人口增长老村人口减少的局面。由此带来的结果是，老村作为非物质文化载体的人的减少，非物质文化遗产的活力降低。

除此之外，旅游开发带来了外部的干扰，随着村民的市场经济认识发展，经济意识增强，越来越多的年轻人渴望现代化的生活，对于传统文化渐渐淡忘，这样的局面发展下去将会造成非物质文化遗产无法传承。已经出现了部分村民为了旅游开发的需要不坚持每天礼拜的情况，大量年轻人开始学习汉语，传统习俗中越来越多的现代化元素融入。传统文化被现代文化吞噬，最终麻扎村的传统文化将会伴随着旅游的开发而逐渐消失，这是我们最不愿意也是最担心看到的局面。

3.2.2 保护政策不完善

目前在麻扎村文化景观的保护中，由于保护制度不全，致使保护力不从心。

首先，从国家层面看来，对于历史村落的文化景观保护立法不完善，因此造成了麻扎村在进行开发的时候，开发行为没有受到法律的制约，导致一些失当的开发行为没有被及时制止而造成了对当地文化景观的破坏。

其次是保护开发资金的欠缺，民族村落文化景观文化遗产的抢救、挖掘、保护和传承，需要基本的资金投入。由于麻扎村所处的区位条件和经济实力的限制，保护资金和技术力量的匮乏是所有民族村落保护所面临的普遍问题，也是民族村落文化景观遗产保护工作难以有效开展的制约因素。

第三是缺乏有效的管理，作为一种社会活动，民族村落文化景观的保护必须在专业保护机构的统筹下才能有序的机型，然而当前民族村落文化景观保护的管理低效是一个突出问题，成为制约民族村落文化景观保护事业顺利推进的一个重要因素。麻扎村的旅游开发由一家旅游开发公司负责，管理混乱，当地政府也没有相关的部门专人进行沟通协调，单凭一家公司与部分居民的沟通就制定出的开发项目很难有任何保护效益。

4 民族村落文化景观保护开发策略

4.1 确立保护性发展观念

既要保护，又要发展，是村落文化景观实施可持续保护的关键，也是两者实现相辅相成、相互促进，相得益彰的前提。保护好村落文化景观，其最终目的就是要发展村落文化景观，充分发掘出村落文化景观的遗产价值，为当地社区的社会经济、文化、教育等事业发展服务。保护为发展提供依据和多种路径，是渐进的发展，这样村落文化景观才能有和谐、持续进行的可能。所以，说到底，我们所面临的问题不是在两者之间做取舍，而是如何确定村落文化景观保护和发展的平衡点。化解保护与发展的矛盾的解决方案就是保护性发展。

4.2 发展多元主体保护模式

民族村落文化景观的保护牵涉广泛，因此需要社会广泛参与。我们在民族文化景观遗产保护的实践中，应该探索包括政府、专家学者、宗族、村民及其他相关的社会力量积极参与的多元主体的保护与多种层次的保护。

在民族村落文化景观保护实践中，如果少了执行主体——村民的参与，政府的决策可能出现因追求政绩、急功近利而做出片面的决定；少了专家，村民的意见又会缺乏理性，或难以梳理；如果仅有专家，对民众状况和需求的

了解往往不够全面，过多地侧重理论意义的探讨，就会缺乏现实意义。因此，应该建立一个由政府、专家学者、宗族组织、村民和其他社会力量组成的开发保护团体，通过多元合作保护模式，使少数民族村落文化景观得到保护和继承。

4.3 建立健全的保护机制

在国内外的文化景观保护实践中，不管有多超前的保护理念，还是多先进的技术手段，只有在完善合理的制度环境下运行才可能完成保护目标。

首先，从国家的层面，应根据不同民族、不同文化背景所创造村落文化景观进行具体分析，制定有针对性的专项保护法规。制定符合实情的《村落文化景观保护法》、《民族村落文化景观遗产保护条例》，作为对文物保护法和环境保护法规及风景名胜区保护和管理条例、历史文化名城保护法规等的补充。

其次，必须在民族村落文化景观普查的基础上，由政府、各专业的专家学者及村落居民共同论证和规范文化景观遗产的保护规划，制定详细的保护方案。在规划中，必须遵循整体保护原则，坚持有机更新，保持民族村落文化景观的可持续发展。

最后，村落文化景观保护的主体是人，提高广大村民的参与意识，增强村民保护民族传统文化的自觉性，是持久做好保护工作的根本。代代相传、世代传承是非物质文化遗产的本质属性，保护非物质文化遗产关键在于"活态传承"。对于传承人或团体应用表彰奖励、资助扶持等多种方式，鼓励他们进行传承活动。通过家庭教育、社会教育、学校教育等传承方式使非物质文化遗产的传承后继有人。

参考文献

[1] 岳邦瑞．绿洲建筑论．上海：同济大学出版社，2011.

[2] 王欣，范婧婧．鄯善吐峪沟麻扎村的民俗文化．西域地理研究，2005.3：112—130.

[3] 热依拉·达吾提．麻扎村：火焰山下的文化交汇．森林与人类，2009.4：64—67.

[4] 李欣华，杨兆萍，刘旭玲．历史文化名村的旅游保护与开发模式研究．干旱区地理，2006.4：301—306.

[5] 夏侯德，历史文化名村——吐峪沟麻扎村．青海日报，2008.2.22.

[6] 李娜．乡土与市井之间——旅游开发中的一个维吾尔族乡村社会．新疆大学学报，2008.9：77—81.

[7] 向峰．最古老的维吾尔族村落——吐峪沟麻扎村．小城镇建设：62—63.

[8] 刘艺兰．少数民族村落文化景观遗产保护研究：[学位论文]．北京：中央民族大学，2011.

[9] 聂存虎．古村落保护的策略与行动研究：[学位论文]．北京：中央民族大学，2011.

[10] 毛慧卿．古村落保护开发利益协调机制研究：[学位论文]．上海：华东理工大学，2011.

作者简介

岳阳，1989年生，女，汉，同济大学在读硕士研究生，从事历史园林、景观规划设计方向研究，电子邮箱：1286841037@qq.com。

上海原租界公园变迁（1845—1943年）

Transformation of Shanghai Settlement Parks from 1845 to 1943

张 安

摘 要：本文以探明上海原租界公园的总体变迁特征为目的，同时致力于保护与管理近现代历史公园所必不可少的资料收集整理。从公园规划立地、分布趋势、规模、类型及设施发展过程等方面对于公共租界及法租界公园的变迁特征予以了综合考察。总体上，租界公园在规划立地上，呈行政商业区域至商住、居住工业区域的布局特征；在分布上，呈点状分布至线形、分散性面状的趋势；在规模上，呈小型至大型、中小型公园的特征；在类型上，呈一般公园至综合公园、儿童公园的特征；在公园的设施建设上，经历了由初始的基础设施转变为通过规划分区的设施配置以及伴随着改扩建的设施增设，最后至儿童游戏设施的变迁过程。

关键词：风景园林；租界公园；变迁；上海

Abstract：This paper reports the changes of the International Settlement and French Concession Park from the park planning site, distribution trends, proportions, types, facilities development process, etc. to reveal the characteristics of the general transformation of Shanghai Settlement Park. At the same time it takes up with collect essential information about the protection and management of modern history park.

Key words：Landscape Architecture；Settlement Park；Transformation；Shanghai

中国的近代史一般定义为1840年鸦片战争至1949年中华人民共和国成立。其中包含清朝末期及"中华民国"时期、与上海租界时代（1845—1943年）亦恰好重合。上海租界在近代中国所有租界中成立时期最早、存在时间最长、面积最大、管理机构发展最充分，具有典型性。上海租界当局所建造的公园，对于当时的中国来说是一种前所未有的园林空间，其经历了清代、中华民国时代、中华人民共和国时代的改革开放至今，可以说是淋漓尽致得体现了园林的近代化过程。此外，现存的原租界公园无论在文化背景、规划布局、设计样式上均一定程度地影响着上海近现代城市公园的体系形成。虽然它们亦是中国半殖民时代的产物，但是从东西方园林文化交流的角度来看具有重要历史意义。

上海租界公园全体变迁的既往研究主要是20世纪80年代对于上海租界园林的调研[1]。该论文对于租界公园的发展进行了分期，详尽地论述了公园的管理和科学技术工作、内容与功能、艺术风格与手法等，客观评价了租界公园的历史文化价值。本文在以上既往研究的基础上，主要参考了其后出版的《上海租界志》[2]与《上海园林志》[3]、对于作为一手资料的《上海公共租界工部局年报》[4]以及《上海法租界公董局年报》[5]中的相关内容再次进行了梳理，以探明上海原租界公园的总体变迁特征为目的，同时致力于保护与管理近现代历史公园所必不可少的资料收集整理。

1 上海租界概况

1845年英商在上海设立了中国的第一块租界地，由此拉开了百年上海租界时代的序幕。此后，美国与法国分别设立了本国租界，1863年英美租界合并为公共租界，而法租界则于1869年独立。两租界通过区域扩张（图1）[6]及越界筑路（图2）[7]，控制了除上海老城以外的大

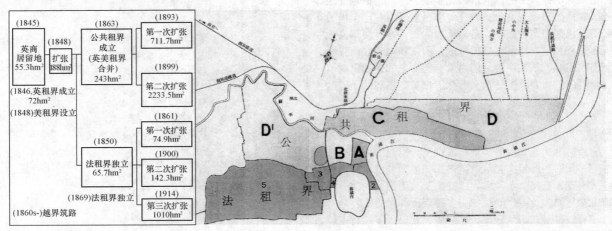

图1 上海租界扩张示意图
（根据参考文献［2］，［6］笔者改绘）

风景资源与文化遗产

半市区。1943 年英美等国相继放弃了在华的治外法权，租界时代就此结束。如果将租界扩张图（图 1）与 1930 年代的土地利用图（图 3）[8] 对照比较，可以发现当时的土地利用与发展具有以下特征，也就是从外滩的港口设施及公共行政用地逐渐沿黄浦江西岸依次发展形成了商住、

图 2　上海租界越界筑路示意图
（根据参考文献［7］笔者改绘）

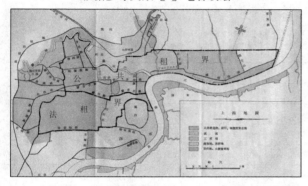

图 3　1930 年代上海租界土地利用图
（根据参考文献［8］笔者改绘）

工业用地，具有规划性。

2　原租界公园概况

租界当局于 1868 年开设了上海第一座城市公园－公共花园（Public Garden、现黄浦公园广场）。20 世纪初，租界当局又在租界境外相继建成虹口娱乐场（Hongkew Recreation Ground、现鲁迅公园）、顾家宅公园（Koukaza Park、现复兴公园）、极司非而公园（Jessfield Park、现中山公园）等大型公园，它们与租界内的公园都由租界当局所管理，统称为租界公园。此外，公共租界及法租界分别于 1899 年与 1910 年设立专职，树立了公园管理行政。从表 1 可以看出，公共租界公园共计 17 个（其中乔敦公园未建成），法租界公园共计 6 个。就现状而言，近四成的公园得以保存、仍在服务于市民（图 4），在数量上占上海现存近代公园的 7 成以上（图 5，租界公园不包括 1952 年建成的波阳公园，其他为：龙华烈士陵园、闸北与吴淞公园），可以说租界公园在上海近代公园发展史中具有一定的代表性。

3　上海原租界公园变迁

上海租界公园按其发展状况，可以分为开创期（1845－1868 年，1 期），酝酿发展期（1869－1900 年，2 期），发展

上海原租界公园概况一览表-1　　　表 1

| | | 公园名称 | |
编号	存在时期	中文	外文
①	1868—	公共花园	Public Garden
②	1872—1964	预备花园	Reserve Garden
③	1890—1963	新国际花园	New Public Garden
④	1898—	虹口公园	Hongkew Park
⑤	1906—	虹口娱乐场	Hongkew Recreation Ground
⑥	1911—1950	汇山公园	Wayside Park
⑦	1914—	极司非而公园	Jessheld Park
⑧	1916—1927	周家嘴公园	Point Garden
⑨	1917—	斯塔德利公园	Studley Park
⑩	1917—1933	地丰路儿童游戏场	Tifeng Road Children's Playground
⑪	1922—1985	南阳路儿童游戏场	Nanyang Road Children's Playground
⑫	（拟建）	乔敦公园	
⑬	1931—1934	新加坡公园	Singapore Park
⑭	1934—1937	广信路游戏中心	Kwanghsin Road Playing Centre
⑮	1934—1938	大华路游戏中心	Majestic Road Playing-Centre
⑯	1934—1960	胶州公园	Kiaochow Park
⑰	1936—1939	静安寺路儿童游戏场	Bubbling Well Road Children's Playground
Ⓐ	1909—	顾家宅公园	Koukaza Park
Ⓑ	1917—1924	凡尔登公共花园	Joffre Road Public Garden
Ⓒ	1924—1975	宝昌公园	Paul Brunat Park
Ⓓ	1926—	贝当公园	Petain Park
Ⓔ	1939—1942	凡尔登广场	Verdun Square
Ⓕ	1942—	兰维纳公园	Yves Ravinel Square

（左侧纵向表头：①～⑰为「公共租界」，Ⓐ～Ⓕ为「法租界」）

上海原租界公园变迁（1845－1943 年）

期（1901—1927，3期）和滞缓期（1928—1942年，4期）四个时期[1]。通过汇总建园、闭园数量（图6），绘制租界扩张与公园分布图（图7），可以看出租界公园的发展源于租界的产生、扩张与停滞，印证了以上的分期趋势。

本章将从公园规划立地、分布趋势、规模、类型（表2）及设施发展过程（表3）等方面对于公共租界及法租界公园的变迁特征予以综合考察。

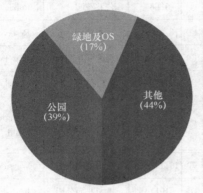

图4　上海原租界公园现状分析图
（根据参考文献［3］笔者自绘）

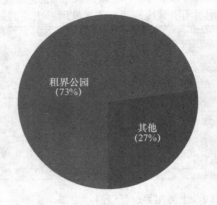

图5　上海现存近代公园构成分析图
（根据参考文献［3］笔者自绘）

上海原租界公园概况一览表-2　　　　　　　　　　表2

（根据参考文献［3］—［5］笔者自绘）

	编号	公园名称	面积（年）单位：公顷	类型（备注）	规划立地				建园投资
					位置（租界）	用地性质	土地所有权	周边环境（1930年代）	
公共租界	①	公共花园	1.87（1922）	一般	苏州河口（英）	滩地	清政府	港口设施&公共建筑银行与事务所	TRF&SMC
	②	储备花园	0.28	苗圃→儿童（1931年）	苏州河南岸（英）	滩地	清政府		TRF&SMC
	③	新国际花园	0.38（1941）	一般（对中国人开放）	苏州河南岸（英）	滩地	SMC&清政府		SMC
	④	虹口公园	0.63（1935）	一般→儿童（1909年）	昆山路（美）	空地	SMC	商业&居住	SMC
	⑤	虹口娱乐场	19.95（1922）	运动兼风景式	虹口（境外）	射击场	SMC	居住&零售商业	TRF&SMC
	⑥	汇山公园	2.44	运动	汇山路（美）	空地	SMC	工业	SMC
	⑦	极司非而公园	19.24（1925）	综合（风景植物园）	极司非而路（境外）	兆丰花园别墅	SMC	居住&零售商业	TRF&SMC
	⑧	周家嘴公园	0.26	一般（企业建议）	周家嘴（美）	空地	民间企业	工业	SMC
	⑨	斯塔德利公园	0.37	儿童（侨民建议）	汇山路（美）	民间儿童游戏场	SMC	工业	SMC
	⑩	地丰路儿童游戏场	0.33（1930）	儿童	地丰路（境界）	学校建筑用地	SMC	居住&零售商业	SMC
	⑪	南阳路儿童游戏场	0.37	儿童	南阳路（英）	空地	SMC	居住&零售商业	SMC
	⑫	乔敦公园	1.31	（拟建）	波阳路（美）	空地	SMC	工业	SMC
	⑬	新加坡公园	0.17	儿童	新加坡路（英）	学校建筑用地	SMC	居住&零售商业	SMC
	⑭	广信路游戏中心	—	儿童（妇女团体建议）	广信路（美）	空地	民间企业	工业	SMC
	⑮	大华路游戏中心	—	儿童（妇女团体建议）	大华路（英）	空地	民间企业	居住&零售商业	SMC
	⑯	胶州公园	3.07	运动	胶州路（英）	空地	SMC	居住&零售商业	SMC
	⑰	静安寺路儿童游戏场	—	儿童	静安寺路（英）	空地	SMC	居住&零售商业	SMC
法租界	Ⓐ	顾家宅公园	10（1924）	综合	顾家宅（境外）	兵营	MF	商业&居住	MF
	Ⓑ	凡尔登公共花园	3.53（1923）	一般（纪念兼运动）	霞飞路（法）	德国俱乐部	MF	商业&居住	MF
	Ⓒ	宝昌公园	0.25	儿童	霞飞路（法）	空地	MF	商业&居住	MF
	Ⓓ	贝当公园	1.73	一般（纪念）	贝当路、霞飞路（法）	空地	MF	商业&居住	MF
	Ⓔ	凡尔登广场	0.8	一般（纪念）	霞飞路（法）	花园	MF	商业&居住	MF
	Ⓕ	兰维纳公园	2.35	一般（纪念）	霞飞路（法）	行政建筑用地	MF	商业&居住	MF

注：不详　SMC：上海公共租界工部局　MF：上海法租界公董局　TRF：上海公共娱乐场基金会

（根据参考文献［3］－［5］笔者自绘）

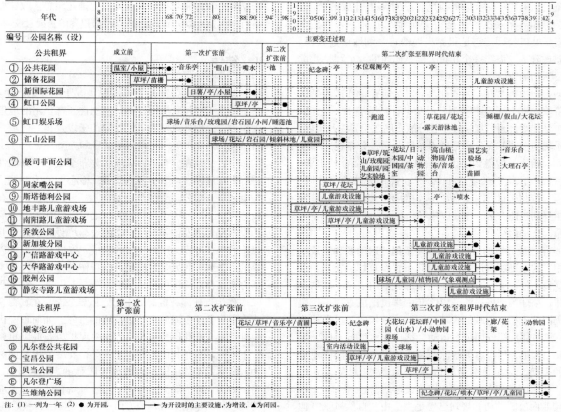

编号	公园名称（设）	主要变迁过程			
	公共租界	成立前	第一次扩张前	第二次扩张前	第二次扩张至租界时代结束
①	公共花园	温室/小屋　●音乐亭　假山　嘴水　池			纪念碑　亭　水位观测亭　亭
②	储备花园	草坪/苗棚			儿童游戏设施
③	新国际花园		日菁/亭/小屋		
④	虹口公园		草坪/亭		
⑤	虹口娱乐场		球场/音乐台/玫瑰园/岩石园/小河/睡莲池		跑道　草花园/花坛　睡棚/假山/大花坛　露天游泳池
⑥	汇山公园		球场/花坛/岩石园/倾斜林地/儿童园		
⑦	极司非而公园			●草坪/筑山/玫瑰园/儿童园/园艺实验场　花坛/日本园/中国园/茶室　高山植物园/瀑布/音乐台　动物园　园艺实验场　苗圃　音乐台　大理石亭	
⑧	周家嘴公园		草坪/花坛		▲
⑨	斯塔德利公园		儿童游戏设施　亭　喷水		
⑩	地丰路儿童游戏场		草坪/亭/儿童游戏设施		
⑪	南阳路儿童游戏场		草坪/亭/儿童游戏设施		
⑫	乔敦公园				▲
⑬	新加坡分园			儿童游戏设施	
⑭	广信路游戏中心			儿童游戏设施	
⑮	大华路游戏中心			儿童游戏设施　　　▲	
⑯	胶州公园			球场/儿童园/植物园/气象观测点	
⑰	静安寺路儿童游戏场			儿童游戏设施	
	法租界	－ 第一次扩张前	第二次扩张前	第三次扩张前	第三次扩张至租界时代结束
Ⓐ	顾家宅公园		花坛/草坪/音乐亭/苗圃　纪念碑		大花坛/花坛群/中国园(山水)/小动物饲养场　廊/花架　动物园
Ⓑ	凡尔登公共花园			室内活动设施　球场	
Ⓒ	宝昌公园			草坪/亭/儿童游戏设施	
Ⓓ	贝当公园			草坪/亭	
Ⓔ	凡尔登广场				●▲
Ⓕ	兰维纳公园			纪念碑/花坛/喷水/草坪/亭/儿童园	

注:（1）一列为一年　（2）● 为开园，▭➝ 为开设时的主要设施，· 为增设，▲ 为闭园。

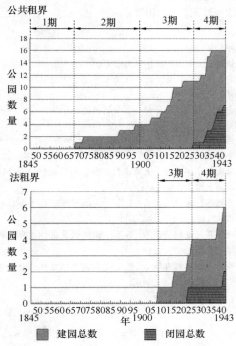

图6　上海原租界公园发展分期图
（根据参考文献［1］，［3］笔者自绘）

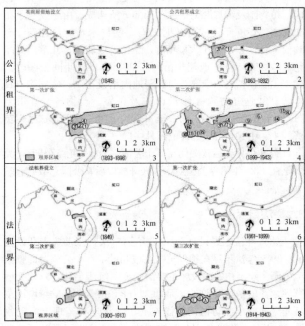

图7　上海租界扩张与公园分布示意图
（根据参考文献［1］－［3］笔者自绘，图中编号参照表1）

3.1　公共租界

　　1845年租界设立至1862年公共租界成立为止，租界内未开设公园。1863年公共租界成立至1893年第一次扩张前，共计开设了3个公园、规模较小。均位于英租界内的苏州河南岸的河口附近，周边主要是港口设施，19世纪初逐渐发展成为远东首屈一指的公共建筑以及各国银行与事务所的聚集地。建园用地皆为中国官地，填滩营建而成，建园投资来自于工部局以及上海公共娱乐场基金会。公园设施较为简单，没有明显的规划分区。1868 年 8 月 8 日建成开放的公共花园是上海最早的城市公园，储备花园为展示性苗圃（1931 年改建为儿童公园），新国际花园则是首个对华人开放的公园。1893 年公共租界第一次扩张至 1899 年第二扩张前，只在美租界设立了虹口公园。它是租界当局的首个购地所建公园，1909 年被改建为上海第一个儿童公园，园内的大草坪是儿童们的主要活动场所。

1899 年公共租界第二次扩张后，其公园建设亦进入了迅速发展阶段，至 1943 年租界时代结束共计开设了 12 个公园。其中 8 个是儿童公园，规模较小、分散布局在租界内及境外。虹口娱乐场与极司非而公园是越界筑路公园、分布在北部及西部近郊，始建时均得到了上海公共娱乐场基金会的出资。1920 年代间面积均扩大至 20hm²，是租界最大的两个公园。汇山公园与胶州公园属于运动公园，面积在 3hm² 前后，分别位于租界的东西 2 区。主要以球场与花坛、植物造景为主、并设儿童园，动静结合。

1909 年建成开放的虹口娱乐场是依据"运动场和风景式公园兼用"的原则所设计的，园内除布置有草坪、花坛、水池等景观设施外，还设有网球、曲棍球、草地滚球、高尔夫球、足球、垒球等球场设施。1912 年中华民国成立以后，租界公园仍旧处于租界行政的管理之下。1915 年建造了运动跑道以后，第 2 届和第 5 届远东运动会都在此地举行。1922 年扩建西北角园地、增设露天游泳池，开创了中国公园内建造游泳池的先例。同年更名为虹口公园。1928 年对华人开放后，1933 年再度扩建东北角园地以增设运动场地。

极司非而公园的初始规划思想是主要由"自然风景野趣园、植物园及观赏游览景区"三部分所构成。由于改建于兆丰花园，1914 年正式开放时只有一些树木与简易建筑。至 1917 年间主要增设了大型草坪、土山、玫瑰园、儿童园与园艺试验场（1930 年改建为苗圃）。1915—1925 年间公园改扩建，主要在扩展的南部、西部园地内增设了湖、中国园、日本园、山地植物园等修景设施及茶室、动物园、音乐台（1935 年拆除建大理石亭）。至 1920 年代末，逐步形成了以英式为主、中式与日式并存的园林格局。

公共租界先后曾关闭了 6 个公园（5 个是儿童公园），大多是在 1928 年租界公园对中国人开放以后，公园总数此后基本持平。

3.2 法租界

1849 年法租界设立至 1900 年第二次扩张前，未开设公园。1909 年法租界在越界筑路区域开设了首个公园，即顾家宅公园。建园初始的设施主要由长方形沉床毛毡花坛、大型草坪、音乐亭与温室苗圃所构成。自 1912 年起，陆续增设了环龙纪念碑及小动物饲养设施（1945 年迁移至现上海动物园）。1918—1926 年间公园改扩建，主要增设了椭圆形玫瑰花坛、方形草坪及中国园，逐渐形成了以法式为主、英式与中式并存的园林格局。

1914 年法租界实施了第三次扩张，此后至租界时代结束

共计开设了 5 个公园，大部分是规模较小的纪念性公园、分布在商住区域的繁华市街霞飞路（今淮海中路）地段。其中 1917 年开设的凡尔登公共花园由德国花园总会改建而成，配备有室内运动娱乐设施，是当时法租界的重要社交场所。

4 结语

租界时代的公园设置可以说是源于租界的产生与扩张，其主体是租界行政机构、具有规划性。在公园的地理位置上由租界发源地外滩发展至租界的扩张以及越界区域。总体来看，在规划立地上，呈行政商业区域至商住、居住工业区域的布局特征；在分布上，呈点状分布至线形、分散性面状的趋势；在规模上，呈小型至大型、中小型公园的特征；在类型上，呈一般公园至综合公园、儿童公园的特征；在公园的设施建设上，经历了由初始的基础设施转变为通过规划分区的设施配置以及伴随着改扩建的设施增设，最后至儿童游戏设施的变迁过程。租界公园的形成、发展与衰退可以说是租界的一个缩影，另一方面也可以看作是外国侨民将本国的生活方式移植在异国他乡、其后逐渐本土化的一个过程。

作为近代园林资源的上海原租界公园，在其百余年的历史之中肩负了上海城市基础设施的重任。如何正确识别其历史性及复合文化性价值，又如何去保护以及使其更好地服务于下一代，这是我们的课题。此外，在解读近代园林的过程中，深感对于传统园林以及现代园林的理解是必不可少的。另一方面，作为海派园林的上海园林特色的延续也应该是在传统园林的基础上融合地方历史风格（豫园、秋霞圃等）、适当的点缀海外元素（原租界公园等）。

参考文献

[1] 王绍增. 上海租界园林. 北京林学院，1982：79.

[2] 上海租界志编纂委员会. 上海租界志. 上海社会科学出版社，2001：758.

[3] 上海园林志编纂委员会. 上海园林志. 上海社会科学出版社，2000：732.

[4] 上海公共租界工部局. 上海公共租界工部局年报（1867—1943）. 上海市档案馆藏.

[5] 上海法租界公董局. 上海法租界公董局年报（1908—1942）. 上海市档案馆藏.

[6] 上海租界行政调查报告（上篇）. 南满州铁道株式会社调查科，1932：附图.

[7] 上海租界行政调查报告（下篇）. 南满州铁道株式会社调查科，1932：附图.

[8] 上海租界行政调查报告（中篇）. 南满州铁道株式会社调查科，1932：附图.

作者简介

张安，男，日本千叶大学博士，清华大学建筑学院景观学系在站博士后。

传统文化景观空间的协调度评价及保护开发研究

——以江苏无锡鹅湖镇为例

Coordination Evaluation of Traditional Cultural Landscape Space and Research on Protection and Development

——Take Ehu Town for Example

张醇琦

摘　要：传统文化景观积淀了中国几千年的文化，江南地区因其独特的地理条件优势，对历史文化保存尤为突出。在高速的城市化、工业化、商业化和现代化发展背景下，传统文化景观正面临急剧的破坏和消亡的威胁。本文通过对传统文化景观空间的分类，建立生产、生活、生境为主体的三大空间评价体系，对各类景观空间进行协调度的分析评价，以江苏无锡鹅湖镇片区为典型，选取建筑，水系，农业景观三个核心因素进行协调度评价。在定性分析的基础上用公式化的定量评判，为空间质量的评价提出思路，以传统文化景观网络为核心，研究传统文化在现代开发中的协调发展和保护模式。

关键词：传统文化景观空间；评价体系；协调度；鹅湖镇

Abstract：Traditional cultural landscape contains thousands of years of Chinese culture. Jiangnan region is particularly prominent because of its unique geographical advantages and preservation of historical culture. Nowadays，in the background of urbanization，industrialization，commercialization and modernization，traditional cultural landscape is facing rapid destruction and death threats. In this paper，through the classification of traditional cultural landscape space，the evaluation system will be established of production，life，habitat as the main body. Analysis and evaluation of the coordination degree of landscape space，with Jiangsu Wuxi Lake Town area for the typical，we will take architecture system，water system，as well as agricultural landscape for example. On the basis of the qualitative analysis with the quantitative evaluation，we will proposed approach to evaluating quality of spaces，take the traditional cultural landscape network as the core，study of traditional culture in the modern development of the coordinated development and protection mode.

Key words：Traditional Cultural Landscape Space；Evaluation System；Ccoordination Degree；E Hu Town

引言

　　传统景观文化是一个多学科共同研究的话题，然而在研究中仍然存在着诸多误区抑或盲区，其中过于偏重个体和孤立对象而忽视整体格局的现象尤为严重，导致诸多传统文化保护区产生孤岛化和边缘化现象，也使整个地区呈现出文化景观破碎化。在这种背景下，构建一个整体而系统的评价和保护体系十分重要。

　　本文将通过传统文化景观空间的分类理清研究要素的层次关系，将空间抽象化，便于进行下一步的评价和分析，到评价层面一般为规划设计前的评价，用来指导环境保护与建设，也有少数在使用后再进行评价研究，注重从人与环境的角度来发现问题，为以后同类的案例提供参考和借鉴意义，选择出适宜推广应用与发展的形式，从空间元素中提取出一个广泛适用的普遍规律，并使其具有可操作性，以应用于景观的规划与设计中。

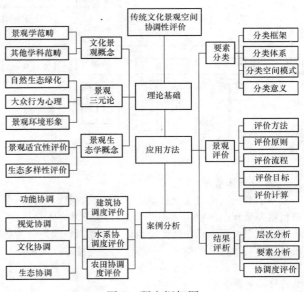

图1　研究框架图

1 协调性评价理论基础

1.1 文化景观概念

传统文化景观的界定较为复杂，不同的学科对其有不同的解释。从景观生态学的角度，则强调其受自然环境和人类活动的影响，是具有经济、社会、生态、美学价值的复合镶嵌体。[1]

1.2 相关理论

根据景观三元论[2]，在分类系统的构建时，将物质层面按三元论分为生产、生活、生境三个大类。

景观适宜性评价用于平衡经济发展与生态保护之间的关系，旨在最大程度上减少城市开发对自然生态的影响，是协调度评价的组成部分。

传统文化景观多样性是指不同类型的景观在空间结构、功能机制和时间动态方面的多样化和变异性。[3]反映景观类型的多少和所占比例的变化，揭示景观的复杂程度。

2 协调性评价方法

2.1 要素分类

2.1.1 分类框架

传统文化景观从不同角度各有不同的分类方式，这里我们从空间角度出发，寻求传统文化景观的共性特征，按照土地利用类型来进行分类。

此分类框架关注中观层面，以江南地区作为研究参考对象。

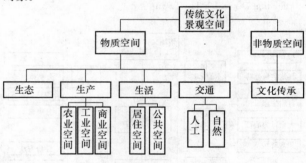

图2 分类框架示意图

2.2.2 分类体系

基于对传统地域文化景观的解读模式，其分类依据土地利用类型和土地利用形态两个方面进行评价体系构建。从土地利用类型来看，将传统地域文化景观空间划分为居住与生活空间、生产空间、生态空间和连接空间四种景观空间类型。并进一步划分至子类，构建出一个土地利用类型的分类体系。

2.2 景观评价

2.2.1 评价方法与原则

传统文化景观空间的评价研究主要包括评价方法和评价指标体系的研究。

评价的方法中，层次分析法在确定权重构建评价模型中得到了广泛的运用。所不同的是，从不同的角度出发，指标体系的构成会有所侧重。

评价原则主要有科学性、层次性、针对性和可操作性四点。

2.2.2 评价流程

传统文化景观空间评价涉及的因素众多，在分类体系中，依据系统性、可行性和客观性原则。在众多反映对应评价点的因素中，选取若干有代表性的特征进行评价，通过分类系统，选择直接反映生产空间、生活空间以及生态空间的综合特征评价指标。

在各个空间类别中，

（1）生活空间主要体现在建筑空间、庭院空间、村镇公共空间以及由这些所组成的聚落整体特征；

（2）生产空间主要由农业用地、工业用地、商业用地、旅游用地及主要动力交通方式组成；

（3）生态空间主要表现在林地、水系、草地、湿地构成的自然生态空间、人工生态空间和人与自然环境的关系等几个方面。

将其具体落实到按土地利用类型划分地的分类空间中，形成如下表所示的层次分析法结构模型：

目标层	基准层		指标层
对应评价目标	生活空间	建筑空间	传统建筑空间
			现代建筑空间
		院落空间	庭院空间
			住宅间距空间
		村镇公共空间	传统村镇公共空间
			现代村镇公共空间
	生产空间	农业用地	传统农业用地
			现代农业用地
		工业用地	传统工业用地
			现代工业用地
		商业和地	传统商业用地
			现代商业用地
		旅游用地	
	生态空间	传统生态空间	林地
			水系
			草地
			湿地
		连接空间	人工
			自然

2.2.3 评价目标

评价目标	评价内容	直接指标	间接指标
协调性评价	传统文化景观协调性用以评价景观协调的程度，由功能协调、文化协调和视觉协调组成	景观视觉协调度	景观环境视觉质量
			适宜性指数
			多样性指数
		功能协调度	
		文化协调度	

2.2.4 评价指标

在传统文化景观空间评价中，我们需要应用的指标主要集中于邻近度、多样性、聚散性三个方面的指标，这些指标对应不同的指数，指数的计算则是进行进一步评价选取的基础。下表列出相关指标的含义。

景观视觉协调度 VC_i 的概念：依据景观视觉协调性理论，经过科学的分析、计算拟合的景观视觉协调度的计算模型。

$VC_i = aI_i + bU_i + cD_i$（$VC_i$ 为景观视觉协调度，I_i 为景观环境视觉质量，U_i 为景观适宜性，D_i 为景观多样性，a、b、c 为权重系数）

2.3 结果评析

2.3.1 层次分析

目标层传统文化景观空间协调度，如下表所示由 3 个一级指标组成，并可继续分解为可体现目标层的二级评价因子层及各评价因子的计算方法，形成由总目标、主要评价要素、评价因子和计算标准等组成的多层次评价系统。

目标层	要素层	评价因子层
传统文化景观空间协调性	功能协调	完整性
		可使用性
		可改造性
	视觉协调	美景度
		视觉污染程度
		景观视觉环境
	文化协调	文化连贯性
		文化相容性
		文化包容性

2.3.2 要素分析

（1）功能协调度

用来衡量景观功能与社会功能的衔接情况。任何物质文化景观都有其自身的功能，包含功能完整、可使用性和可改造性 3 个具体评价指标；功能完整表明景观功能的完整程度；可使用性反映了景观的使用价值；可改造性则反映了景观功能调整的可行性。

（2）视觉协调度

个人主观上对景观的外观评价情况，包含美景度、视觉污染和景观环境 3 个具体评价指标：美景度反映的是景观被认知的程度，人的不同审美会带来对美景度的不同评价；视觉污染可定义为因非基本景观元素在各方面的不合理设置；景观环境则体现了文化景观与周边环境的统一协调程度。

（3）文化协调度

包含文化连贯性、文化相容性和文化包容性 3 个具体的评价指标：文化连贯性指景观自身的文化史层是否连贯；文化相容性是指景观体现出的文化与周边景观所代表的文化的协调状况；文化包容性则表达了传统文化与现代文化之间能否相互包容的关键问题。

2.3.3 范围选取

$VC_i = aI_i + bU_i + cD_i$（$VC_i$ 为景观视觉协调度，I_i 为景观环境视觉质量，U_i 为景观适宜性，D_i 为景观多样性，a、b、c 为权重系数。）

项目	协调度高	协调度较高	协调度一般	协调度差
协调度取值范围	[80, 100]	[60, 80)	[40, 60)	[0, 40)
功能协调	功能保留完整；可继续使用，并能进行相关改造	主要功能保留；可继续使用但不能进行相关改造	部分功能保留；可继续使用，并不能进行相关改造	功能缺失严重；不可继续使用，并不能进行相关改造
视觉协调	景观搭配合理，视觉上和谐，给予人美的享受，周边环境氛围良好	景观搭配较合理；视觉上和谐，周边环境氛围良好	景观搭配较合理；视觉上不和谐，周边环境氛围一般	景观搭配不合理；产生严重的视觉污染，环境氛围差
文化协调	有较好的文化连贯性，文化史层保存完整；传统文化与现代文化融合性好，有较好的包容性	有较好的文化连贯性，文化史层偶有断层；传统文化与现代文化融合性较好，同时有较好的包容性	文化史层断层明显；传统文化与现代文化融合性一般，包容性差	存在巨大的文化史层断层；传统文化与现代文化融合性差，包容性差

3 江苏无锡鹅湖镇案例分析

3.1 研究背景

3.1.1 区位概况

镇鹅湖镇位于无锡市东南，东与苏州市相城区接壤，北与常熟市交界，是典型的江南水乡城镇。鹅湖镇由甘露、荡口两片区组成，全镇总面积 54.7km²（城镇组团规划面积为 19.2km²），其中耕地面积 17km²，总人口 6.6

万人，其中外来人口 1.9 万人。[4]

历史古镇是珍贵的不可再生的景观资源，在新农村开发背景下，鹅湖镇中心地带初步建起现代化建筑和设施，传统文化景观受到威胁，及时通过协调性评价平衡发展与保护的关系十分关键。

3.1.2 交通条件

鹅湖镇位于长江三角洲腹地，水、陆、空交通十分便捷，是辐射长三角的交通枢纽，毗邻京沪、新长、京沪高速三条铁路，内有沪宁、锡澄、沿江、锡宜、宁杭等高速公路、高等级的锡甘公路，另有丰富的水路运输线。

图3 鹅湖镇交通路网提取图

3.2 协调性评价

协调性评价从功能协调、生态协调、视觉协调、文化协调这几个方面展开，立足于按土地利用类型的物质类中三大分类，全覆盖地评价目标区域的协调性。

3.2.1 建筑协调度评价

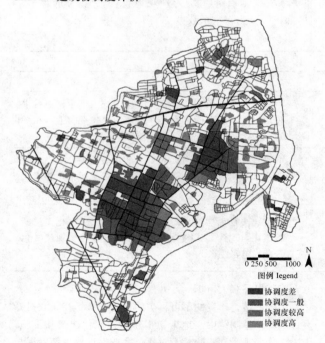

图4 鹅湖镇建筑协调性评价图

评价区域	协调度计算 $VC_i = aI_i + bU_i + cD_i$	简述评估	评价结果
镇中心区域	21.53	协调度较差，城镇化程度高，传统文化景观呈现破碎化现象	协调度差

续表

评价区域	协调度计算 $VC_i = aI_i + bU_i + cD_i$	简述评估	评价结果
滨湖区域	52.35	协调度尚可，水系在一定程度上保持了原生风貌，但有所改造	协调度一般
行政边缘区域	65.25	协调度较高，农田景观较能呈现自然化，人造斑块接近自然分布，且发展程度有所限制	协调度较高
沿河自然驳岸区域	82.61	建筑形式与环境相适应，密度适中，分布呈自然发展形态，功能视觉等多方面协调感好	协调度高

鹅湖镇的建筑部分仍保留着青砖黛瓦的古典江南风貌，但在镇中心已出现钢筋水泥的新建筑，在很大程度上破坏了文化氛围和传统文化景观的协调性。局部的建筑密集化的扩张应当加以遏制，应当使传统文化景观与现代景观一样，也呈现出一个连贯完整的体系，而非成为现代景观的点缀。

3.2.2 水系协调度评价

图5 鹅湖镇水系协调性评价图

作为典型的江南村镇，鹅湖镇内水系连贯而完整，也成为该镇独有的地理优势，然而城镇化发展中不可避免的水污染现象在滨湖区域尤为严重。这是在水系协调中出现的最大问题。

然而水文化是江南文化的灵魂，保护水资源和水系景观的原生性也是留存传统文化的重要途径。在协调发展要求下，水系的处理应尽量原生化，在景观上避免过多硬质驳岸的出现，既保存生态环境，又保留历史风貌，在经济开发中同样不可忽视。

3.2.3 农田协调度评价

图6　鹅湖镇农田协调性评价图

农田景观在江南这一带呈现出局部规整化、总体有序化的现象。大量的围湖造田破坏了农田景观的自然性，可以说是没有做好经济发展和自然生态可持续的平衡，农田面积过大，缺少自然林地是该地区显著的问题，也是江南经济发达地区的通病。

在历史悠久的文化名镇，农田中隐藏着许多还未发掘的文化遗存，因此对农田景观的适当保护和开发对地区整体文化内涵的挖掘和保护也有着重要的意义。

4　总结

传统地域文化景观是中国几千年文化的精华，在快速城市化背景下，文化景观发生了深刻变化，传统地域文化景观正逐步因现代化而走向消失并呈现出边缘化、破碎化和孤岛化特征。

现今的研究多局限于微观孤立的传统景观单体，而缺乏整体的认识和分析，立足于风景园林专业，要解决传统地域文化的本质性问题，应关注传统文化景观空间的整体性和有机性保护、继承和发展。

协调性是传统文化景观空间继续发展的重要评价标准，其着重历史文化保存、景观生态维护，同时也兼顾经济和社会发展。因其强大的综合性，故而研究难度较大，本文做一个尝试和探索，从定性到定量地评估一个地区的传统文化景观协调性，以作为景观规划的参考。

参考文献

[1] 刘滨谊，王云才. 论中国乡村景观评价的理论基础与指标体系[J]. 中国园林，2002.18(5)：76—79.
[2] 刘滨谊. 景观规划设计三元论——寻求中国景观规划设计发展创新的基点[J]. 新建筑，2001 (5).
[3] 王云才，薛东前. 景观规划设计的生态性评价[J]. 陕西师范大学学报(自然科学版)，2006.
[4] 周国明. 静卧鹅湖的千年古镇荡口[J]. 华人时刊，2012 (6)：36—37.
[5] 王云才，Patrick MILLER，Brian KATEN 等. 文化景观空间传统性评价及其整体保护格局——以江苏昆山千灯一张浦片区为例[J]. 地理学报，2011.66(4)：525—534.

作者简介

张醇琦，2012 年于同济大学建筑与城市规划学院景观学专业本科毕业，目前攻读本专业硕士研究生学位，研究方向为景观生态规划与景观图式语言。

传统文化景观空间的协调度评价及保护开发研究——以江苏无锡鹅湖镇为例

山水自然地貌对传统城市街道格局影响的形态学实证分析[①]
——以广州北京路中山路起义路高第街围合的历史片区为例

Morphological Plan Analysis of Traditional Street System Formed under the Influence of Natural Topography of Landscape
——For Example of an Guangzhou Historical Area Enclosed by Peking St，Zhongshan St，Qiyi St and Gaodi St

张 健

摘 要：本文借鉴欧洲地理学城市形态研究（Urban Morphology）的基本理论方法，对广州一片 38hm² 的历史文化区域进行尝试性分析。尽管历史地图以及文字记录资料没有西方完备，但通过对前工业时期街道系统形成过程的细致分析，阐明了湖，江，沟壑，台地等自然地貌因素，礼制风水等意识形态，以及社会生产力发展水平等经济因素，对街道宽度，街道走向，街块大小，街网密度的影响。研究揭示出自然条件对街道形态形成的深层制约，并以此为基础，将街道归纳为轴线大街，丁字小街，墙街，沿江商业街圩四种形式。另外，通过发现"固结线（Fixation Line）"[1]等基本形态学概念在广州不同的表现形式，印证了欧洲地理学城市形态理论方法在不同于西方的东方文化区的广泛适用性，同时展现了形态学在中国的广阔研究前景，增强了未来发展适用于中国实际的城市形态分析理论的信心。

关键词：康泽恩；城市形态学；民国以前；街道系统

Abstract：This paper explores the application of Geographical Urban Morphology in a historic urban area of 38 hectares in Guangzhou. Based on the detailed analysis of the formative process of the pre-industrial street system, the effects exerted by natural elements of lake, river, ravine and terrace, ideological elements of Lizhi and Fengshui and economic elements of social productivity on street width, street patterns, size of street blocks and density of street networks are exposed; and relationship between plan character of street and natural environment is revealed. Consequently, four types of streets which are axial wide streets, T shape narrow streets, wall streets and commercial streets along the river are distinguished. Furthermore, as other manifestations of Conzen's concepts such as fixation line are found in Guangzhou, its application in China, the Eastern cultural area so different from Western, largely Euro-American environment is justified.

Key words：Conzen；Urban Morphology；Pre-1911；Plan Analysis of Street System

1978 年改革开放以来，尽管中国的城市建设取得了巨大成就，但也同时经历着传统特征丧失之痛。城市的历史保护存在的问题已引起社会各方面的广泛关注。

合理的城市保护离不开科学理论的指导，城市形态学（Urban Morphology）关注城市的结构组织逻辑和发展变化过程。综合系统的城市形态分析方法，不仅可以为认知城市的物质形式及其人文内涵提供有效的理论工具，而且可以为深化城市规划和加强城市历史保护工作提供科学的方法论支持。

尽管城市形态学，也称康泽恩（M. R. G. Conzen）理论，现已成为国内学界学习和讨论的热点[2-6]。但就目前而言，虽在学习上取得了很好的成就，然实证分析方面的成果却还不多见,研究基本处于沉寂状态。这种令人遗憾局面的形成不是偶然的,正如国内城市形态学者梁江,孙晖所言,与微观形态研究地图,规划图等基础资料缺乏,"不定因素较多","分析难度较大",研究的"深入性,科学性要求较高"有关[7]。

为发展适合中国实际的城市形态分析理论,近年来,华南理工大学在国际城市形态研究论坛（ISUF）的帮助下，成立了自己的城市形态研究小组。根据该小组的整体计划安排，笔者在中国南方传统城市广州选取一片历史商业中心区进行尝试性研究，借以检验康泽恩理论在中国的适用性。本文作为第一阶段研究的部分成果，重在考察街道系统（包括街和街块）在民国以前的生成规律，通过深入分析其形态特征，揭示其内在影响因素和动力机制。

1 民国以前广州发展

由于地处三江交汇的河网中心，交通便利，广州很早以来就成为岭南地区，特别是珠三角地区的经济、政治、文化中心。

北倚越秀山，南临珠江，东接绵延的台地丘陵，西连三江河网交错的冲积平原，这种独特的地理环境，影响、制约着广州数千年来的发展。

从史籍文字推测，早在建城之前就已有地方聚落存在[8]，这个早期聚落很可能位于当时东部台地与西部冲积平原交界处，即海珠路唐代蕃坊区一带。三江泛滥留下的肥泥，以及河

① 华中农业大学 2013 年度自主科技创新基金（项目编号：2013QC039）资助。

风景资源与文化遗产

汉纵横的航道，有利于原始的农业及水路商业发展。

公元前214年，秦将任嚣，在东部台地筑墙围城。作为中央君主的地方代表居所，城址特意地与地方聚落保持距离，宫前直街北京路与聚落所在的海珠路东西相距达1.2km，其间当时乃湖区荒地，'东官－西商'的双中心格局就此形成。

至唐，随着东西方海上贸易繁荣，昔日的商业聚落，已沿蕃舶停泊的码头，发展成一片能居住12万人的"蕃坊"区[9]。

入宋，蕃坊码头逐渐淤没，商业中心区随商业航道一起向南转移到濠畔街，同时诸如高第街的一些沿江商业街圩在城南发展起来[10]。

明代经济繁盛，用地需求增加，大规模填埋濠池隙地。城西南濠畔街一带的商业水道逐渐淤没，商业码头向河涌交错的西关平原转移，新的沿河商业街圩开始兴起[12]。

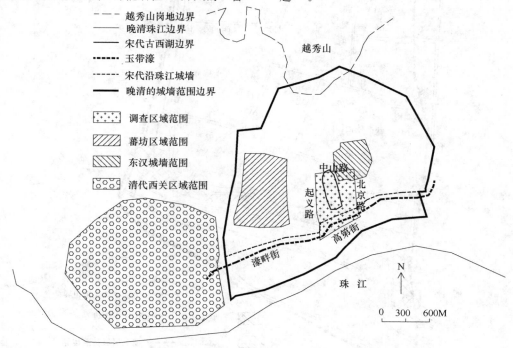

图1 研究区域位置

明末清初，广州逐渐融入世界经济体系，乾隆时期"一口通商"政策给予广州对外贸易以垄断地位。西关平原低地农村人口多，劳力充足，来料加工的纺织业迅猛发展，许多农地建机房开街，同时商业手工业繁荣造就的一批新富阶层，也相率在机房区以西购地建屋，农村围地日益变成市区[13]。

2 研究区域范围

如图1所示，调查区域北起中山路，南至高第街，东起北京路，西至起义路，面积约为38hm²。宋城墙，即现在的大南路以北，是秦以来逐渐形成的官衙核心区，以南是唐宋以来随珠江北岸的淤涨而形成的城南沿江商业区。

3 街

街按其宽度大小可分为大街和小街。

3.1 轴线大街

开辟直街，改造自然地形，需耗费官府大量的人力物力，封建时期较低的生产力水平决定了大规模的建设是不现实的，轴线大街仅限于通往城门的大道。由于工程浩大，选择合适的城址，成为降低耗费的关键，华南地区山

重水复，平坦开阔的台地当然是不可多得的选择。

如图2所示，调查区内的大街共两条，即中山路横街和北京路直街，它们都形成于秦汉时期，前者是广州老城唯一联系东、西两城门的干道，后者北起历朝地方最高行政长官所在的府衙，南达珠江，从秦以来的两千多年，北京路一直是城区的中轴线，直到民国时期才被新辟的起义路轴线所取代。

两条轴街垂直交于宫城前，共同组成广州城最早的轴线丁字大街。宫城是地方城市的官衙，天子代表的居所，是整个城市的政治中心，这种以宫城为中心布置街道的设计理念最早可追溯到战国时期的《考工记》，反映出皇权至上的封建礼制要求。

笔直宽阔的形态特征所蕴含的象征意义超过其实际的功能意义，为显示官府威仪，街道设计的相当宽，现在仍能满足机动车通行，比照当时的社会经济水平，显然超过了交通基本要求。

细察地图可知，出大南门后，北京路微微向东偏折，与自然蜿蜒的沿江商街发生微妙的垂直的对位。该走向变化反映了社会自身发展，自然环境变化以及社会与自然的协调过程。

宋以前，民间商业集中在靠近西部平原农业区的蕃坊码头区，研究区域所在的东部台地当时还只是城西南郊一片风景优美的开阔地，人口密度不大。由于这时沿江新淤滩地空旷无人，将北京路往正南延伸至江边，并不困难。

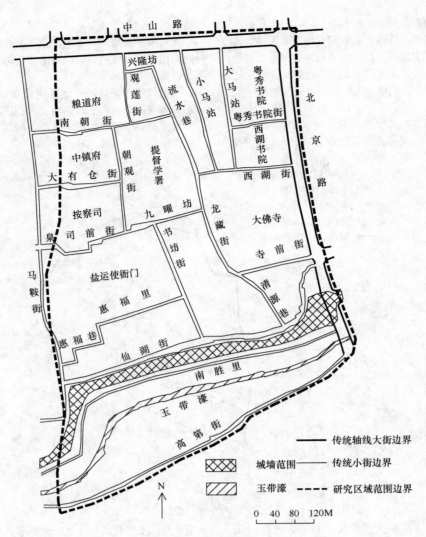

图2 民国以前街道系统

入宋后，西部蕃坊周边的商业水道也逐渐淤浅，部分商业码头转移到研究区域所在的沿江滩地，沿着这些新淤出的滩地，民间沿着江岸自发形成了东西贯通的商业长街高第街以及出城门垂直于江岸的水巷。起初官府对这种民间的商业发展听之任之，并筑墙将城内疏阔的衙署区与城外喧闹的沿江商业街圩隔开，以保衙门的肃静。

随着商业发展，人口增加，高第街沿线用地悉被商民分割。在城外这种商业高密度用地格局形成后，北京路轴线大街如再往城外延伸，想保持城北原来严格的南北走向已不现实，利用出南城垂直于江岸的水巷进行扩街，无疑是较现实的选择。

可以看出，北京路出城后向东微偏，是礼制理想与商业现实相互妥协形成，宋以后，在城墙外新淤的沿江地上延伸轴线大街，其走向受到民间商业力量的强力制约。

3.2 小街

和两条宽阔的直街不同，小街窄狭普遍1—2.5m，数量众多，形态复杂，富于变化。

随江滩淤涨形成的南部商业街巷，在形态特征上与北部官衙区的街巷有明显差别。两者的地理界线是由1071年沿玉带濠北岸而建的宋代城墙划定的，城墙以北是由丁字小街主导的道路系统，以南则是由沿江长街主导的道路

系统。两种系统的形态差异不仅是官府用地模式与民间商业用地模式差异的反映，更是微观地理环境差异的深层反映。

城北形成较早，受台地沟壑的原始地貌影响，为丁字街道系统，秦汉时是城区的西南的一片郊外憩地，晚唐以后逐渐发展成官衙区。城南形成于宋以后，由珠江在台地以南淤积而成，街道受珠江岸线影响，形成东西贯通的沿江商业长街。

南，北街道系统都非刻意经营。道路走向没有固定逻辑可循，随意蜿蜒，任意曲折，造成边界参差不齐，街块大小不一。它们的形成经历了一个漫长的过程，涉及社会自身的发展、自然环境的变化以及两者间的相互协调。

3.2.1 湖 台地 丁字小街

北部丁字道路系统反映了，宋以前古西湖地区特殊的台地沟壑自然地貌。

严格说来，最初的古西湖不是湖，而是台地上的一条宽阔的沟壑。由北而南将白云山的涧水引入珠江。海进陆退时期，与珠江连为一片，将农业平原接壤的西部台地与后来官府所在的东部台地分为两个半岛[14]。后来海退陆进，周边台地露出水面，才形成一片南北狭长的湖泊，曰西湖。

朝（潮）观，南朝（潮），流水，仙湖，清源，观莲，九曜坊，这些街名与水与湖甚至湖中石有关。尽管街道确切生成年代已不可考，可它们围合的不规则南北走向的狭长区域，一定程度上反映了过去的湖区范围。

东西走向的小街，与古老的湖岸线及冲沟线存在着明显的垂直对位关系，但它们具体的形成原因却不尽相同。

南朝街的朝观街东段，以及九曜坊，形成年代较为久远，可能在晚唐至宋初。这两条小街，正好将湖区分为三段，其中数中段最大，湖区形状方整，湖面敞阔。两条小街所在位置，南北两面朝湖风景好，很早就填湖修路建屋。南汉时，就在九曜坊附近建离宫馆舍。南朝街的朝观街西段，以及九曜坊西段的臬司前，分别是上述两条街道向西的延伸。

西湖路原名西瓮路，不仅与湖，与城门也有关系，是东汉城西门通往西湖的一条道路。

大有仓街，粤秀书院街，似乎与大地块再分有关。从风水考虑，东西向开街可为再分地块提供南向入口。当然，交通考虑也不能忽略，毕竟街块过大，不利交通。

另一条东西向道路，即惠福东路，形成过程较为特殊，民国以前，并非东西贯通，而是在书坊街与清源巷之间断开。从其东西蜿蜒的不规则形态特征可推断这是条沿江发育的街巷，只不过在东、西两段形成时，中段还是西湖南段的一片湖面，当这片水面淤积成陆时，四周用地早有所属，对街道东西贯通的形成产权阻碍罢了。可以看出，台地沟壑与沿江滩地对惠福东路丁字街道的形成都起了重要作用。

南北走向的小街受到天然河道的制约，或沿湖岸，或顺冲沟。

西湖东，西两岸的小街，尽管同是受宽阔湖区的阻隔而沿湖形成的一圈小街，但形态特征略有差别。

东岸的流水巷、龙藏街、清源巷一线，蜿蜒曲折，连接平顺自然。由于地处东汉城近郊，街道形成的年代可能也较西岸早，经历较长时期形成的沿街地块大都沿岸布列，使街道保留了过去湖岸的有机不规则特征。

西岸的观莲街、朝观街、书坊街、尽管也是南北向，但并不成一线，中段的朝观街向西偏出20多米，这或与古西湖中间大，两头小的原始形态有关。与东岸蜿蜒不规则的形态特征不同，这些街道呈现的都是直线形式，有人工痕迹，很可能是官府衙门在湖西圈地产生的，由于位置较东岸偏远，圈地时受到民居制约可能不多。人为划定的官府大地块的几何边界决定了道路的走向。那些过去的沿湖小径在被大地块圈围后，或转为内部风景路，或就此湮灭消失。这些小街虽已去弯取直，但仍大致反映出湖西岸的边界范围。

与上述受湖岸制约的小街不同，小马站、大马站的形成与西湖东侧两条小冲沟有关。起初，乡间小径循着冲沟，后来，两旁野地逐渐被民宅圈占，等到冲沟干涸，小径自然也就转化为城市街道。

3.2.2　濠　城墙　墙街

玉带濠是一条沿江天然水道，在其南面的沙洲形成以前，当与古西湖、珠江连成一片汪洋。其南沿珠江淤积的沙洲连片成陆，当是在唐以后，这时濠沿珠江东西延伸，通过各条由北而南的冲沟，将台地水汇集导入珠江。

城墙和沿江商业街坊的形成都与玉带濠有密切联系。濠北官府将其用作城外防御用的濠池，贴其北岸建城墙；濠南民间商户将其作为商船避风运货的航道，沿濠发展商业。

城墙的修筑在地理空间上，对应政治，商业的功能不同，明确界定出两片形态结构特征相异的区域。

城墙的修筑原于官僚区的扩展。唐宋以来对外贸易繁荣，城市财力增强，为官僚机构的膨胀打下了物质基础。玉带濠以北，秦汉城西西南的郊地，陆续添置一些官衙大院及官僚大宅。环境宜人的西湖成为士大夫的消闲避暑之地，建有许多亭台池馆。新建城墙主要目的在于保护这些扩大的政治区域。

城墙南北各有一条墙街贴临，东西蜿蜒。墙北墙街，位于城内，称仙湖街，形成于宋，当与城墙一同修建，走向受城墙制约。最初可能是为筑城留出的操作场地以及运送筑城材料。如从军事考虑，紧急时，有利城门间军队调度。

墙南墙街，位于城外，称南胜里，与仙湖街相似，街道走向也受城墙制约。其形成年代更晚，约在明清，街也更窄。据现场调查，南胜里街面比其北大南路城墙位置的街面低将近1m，比濠南许些街面低将近半米，可以推断，由城墙脚大濠填埋的一片淤地。由于地势较低，这一带常受水淹，不宜人居。居于此地乃城市人口激增，地少人多条件下的无奈选择。

城墙和两条墙街受天然濠道影响，相互大致平行，形态蜿蜒曲折。濠的不规则边界在康泽恩的形态学术语里，被称为固结线（Fixation Line），往往与西方古镇城墙的防御性有关。与康泽恩在西方的发现相似，这条边界内外的人工地貌与城内中心区之间表现出一定特征差异，但并非西方古镇疏阔的城市边缘带（Fringe Belt）特征，这一点，还有待日后跨文化比较研究中作更加深入的探讨。

3.2.3　沿江商业街坊

高第街北邻玉带濠，蜿蜒曲折，是一段典型的沿江商业街坊，东与仰忠街，西与濠畔街，相互贯通，共同组成广州城最长的一条沿江商业街，全程接近2.3km。

宋至明初，街道南面临江，有宽阔码头可起卸大宗货物，北面临玉带濠，可作船舶的避风内港，独特的商业交通优势吸引众多商户争相沿江布列。

由于城墙的交通阻隔，沿江街坊与城内的交通联系，只能由出城门的水巷直街承担，按礼制政治模式设计的城内大街网，从城内制约着城外商街的交通。高地街两旁城门间距达800m，出口间距过长带来的交通瓶颈，意味着沿街地块不可能得到充分的商业开发，而低效的商业用地开发模式反映了前工业时期商业以及家庭手工业发展水平的低下。

高地街直到宋末明初才日渐繁荣。宋初，城市的商贸发展的重心还在西部蕃坊，玉带濠东段的人口还不多，随着西澳码头区逐渐淤浅，商业码头区开始向玉带濠南岸的沿江地转移。

入明，玉带濠逐渐淤没，沿江滩地的不断淤涨，商街以南开始出现新的沿江商业码头区，但那种东西绵延2.3km长街再也没有出现，没有玉带濠作为避风内港，这些新的码头区逐渐失去了商业水路上的优势，于是，沿江

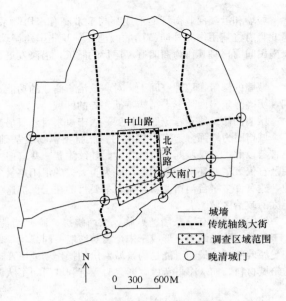

中山路

北京路

天南门

城墙
传统轴线大街
调查区域范围
晚清城门

N

0   300   600M

图 3　轴线大街与城门关系

商业停止了宋以来的向东，向南的发展势头，回头向西关发展，这里河涌密布，乃船只天然避风港。

4　街块

与街的级别相对应，街块也由两级构成，分别为轴线大街街块和小街街块。

按《考工记》街道布置原则布置的轴线大街与各城门相通，如图3所示，由于城门间距惊人，所以轴街围合的街块具有超人尺度。研究区域所在街块，东由北京路，西由解放路，北由中山路，南由城墙围合而成，覆盖区域达到惊人的52hm²。

根据礼仪原则划分的轴街街块也有军事管制意图。发生战事或遇城内骚乱时，联系各城门的交通干道，极有利军队调动。严格来说，轴街围合的区域只是政府划定的大管制单元，对人们的日常生活的干预极有限。

人们的生活工作大多在小街街块内进行，但政府并没有深入到轴街街块内部的小街划分，由于缺乏强有力的公共引导，小街块划分更像按照一种没有规则的规则运行，形态有机，大小各异，处处流露出自然特征。

直到民国初，小街自然道路系统，都没有发生太大变化。1907年清末地图显示，调查区域内共有小街街块14个，具体如下：（1）粤秀书院，3.2hm²；（2）小马站—大马站，1.4hm²；（3）流水巷—小马站，1.6hm²；（4）观莲街—兴隆坊，0.8hm²；（5）粮道府，3.2hm²；（6）中镇府，2.2hm²；（7）按察司，1.9hm²；（8）学署，3.2hm²；（9）大佛寺，3.8hm²；（10）盐运使衙门，4.9hm²；（11）惠福里—仙湖街，2.2hm²；（12）九曜坊—仙湖街，3.1hm²；（13）寺前街—仙湖街，1.1hm²；（14）南胜里—高第街，8.7hm²。可以看出，这些街块面积相差很大，最小0.8hm²，最大8.7hm²，相差近10倍。即使按现在标准衡量，规模也很大，平均值达到3.0hm²。这些街块的边界蜿蜒不规则，面积不一，大致反映出前工业时期的高地，沟壑，湖泊，江岸组成的山水自然地貌特征。

5　结语

总体来看，民国以前街道的形态特征，主要表现为对江，濠，沟壑，台地等自然条件的顺应，但只是对自然的一种被动适应。从礼制和军事考虑布置的轴街，脱离了日常生活，街网尺度大得惊人，而经历漫长年代形成的传统小街，虽源于生活，但却局限于个体需要，无意识，无规划，一味听任自然的摆布，基于沟壑台地等自然地貌形成的小街密度虽大于轴线大街，但远不能适应未来的发展要求，工业时代来临，城市人口激增时，不可避免地成为制约城市发展的瓶颈。

通过以上分析，可以看出，尽管广州历史城市中心区，与西方城市具有完全不同的文化和历史，但康泽恩城市形态学的理论方法和概念，显示出很强的适用性。通过历史地图分析和详细的现场调查，能够发掘出丰富而细致的城市历史信息，这对传统城市研究的考据方法是一个很好的补充，相信城市形态研究未来在中国的其他地区及城市具有广阔的研究和运用前景。

（以上图例均是在1879年《广州府志》舆图，1907年《广东省城内外全图》以及1926年民国经界图以及现场调研成果的基础上整理绘制）

参考文献

[1]　M. R. G. Conzen. Alnwick, Northumberland：a study in town-plan analysis. London：Institute of British Geographers 1 Kensington Gore S. W. 7, 1969. 125.
[2]　谷凯. 城市形态的理论与方法. 城市规划（12），2001. 37.
[3]　梁江，孙晖. 模式与动因. 北京：中国建筑工业出版社，2007.
[4]　陈飞. 西方建筑类型学和城市形态学：整合与应用. 建筑师（2），2009.
[5]　陈飞. 一个新的研究框架：城市形态类型学在中国的应用，建筑学报（4），2010.
[6]　田银生，谷凯，陶伟. 城市形态研究与城市保护规划. 城市规划（4），2010.
[7]　梁江，孙晖. 模式与动因. 北京：中国建筑工业出版社，2007. 14.
[8]　曾昭璇. 广州历史地理. 广州：广东人民出版社，1991：203.
[9]　曾昭璇. 广州历史地理. 广州：广东人民出版社，1991：232，234.
[10]　曾昭璇. 广州历史地理. 广州：广东人民出版社，1991：182—187.
[11]　曾昭璇. 广州历史地理. 广州：广东人民出版社，1991：381.
[12]　曾昭璇. 广州历史地理. 广州：广东人民出版社，1991：181.
[13]　广州经济年鉴编纂委员会. 广州经济年鉴. 广州：广州年鉴社，1983. 23.
[14]　曾昭璇. 广州历史地理. 广州：广东人民出版社，1991：191.

作者简介

张健，1974年9月，男，汉，湖北省云梦县人，博士，华中农业大学风景园林系，副教授，华南理工大学与英国伯明翰大学联合培养城市规划博士，英国伯明翰大学城市形态研究中心研究员（The Urban Morphology Research Group），研究方向为城市形态学，电子邮箱：263610383@qq. com。

文化遗产景观保护传承的探索性实践

——以杭州六和塔景区保护性提升整治为例

Cultural Heritage Landscape Protection Exploring Practice

——Liuhe Pagoda in Hangzhou Area to Enhance Remediation Protective Case

张　珏　张慧琴

摘　要：杭州六和塔景区保护性提升整治采取保护和渐进式改造相结合的方式，以景区文化遗产保护传承为原则，探索保持文化遗产真实性、完整性与可持续性的同时延续其品质的途径，满足时代发展要求。

关键词：六和塔；文化遗产景观；保护；传承

Abstract：Hangzhou Liuhe Pagoda Scenic protective remediation taken to protect and enhance the gradual transformation of a combination, in order to protect the scenic cultural heritage to the principle of maintaining cultural heritage to explore the authenticity, integrity and sustainability at the same time continue its quality ways to meet the development requirements of the times.

Key words：Six Harmonies Pagoda；Cultural Landscape；Protection；Heritage

六和塔景区位于西湖西南钱塘江北岸月轮山上，是世界文化遗产地杭州西湖最具代表性的文化史迹之一。

六和塔建成之初，杭州仍属吴越国。据南宋吴自牧《梦粱录》记载当时的杭州古塔就有38座之多。然而历史沧桑，绝大多数古塔早已淹没在滚滚红尘中，虽或重建，却已不再是旧模样，六和塔是其中少数历经风雨摧残、兵火劫难，却仍巍然屹立的古塔之一。

1961年，国务院将六和塔列为第一批全国重点文物保护单位。六和古塔也因此得以严格保护。2002年，杭州开始实施西湖综合保护工程，推动西湖申遗，六和塔景区文化遗产景观保护传承成为其中重要组成部分。

根据史料，对六和塔保护现状进行研究和梳理，主要存在以下问题。

一是历史建筑格局不清晰。公元10世纪，杭州被誉为"东南佛国"，佛教文化成为西湖文化景观的重要内容，六和塔是"东南佛国"的标志性建筑之一。初建之时，在塔侧建有塔院，即开化寺，是典型的左塔右院式格局。后开化寺几经毁建，于民国后期彻底败落。六和塔佛教符号逐渐弱化，建筑历史格局不再明显。

二是历史环境氛围需恢复。六和塔都给人以伟岸、雄健的视觉感受，景观价值十分突出。但作为景观所在地的六和塔周边景观略显杂乱，赋有传统特色的植被不突出，需疏理历史上的特色植物以展现传统文化精髓。

三是文化遗产共享不够。六和塔是中国楼阁式塔的杰出代表，其八边形双筒体塔身原状，揭示了中国佛塔的平面形式在东南沿海一带发生了由四边形到八边形，由单筒体到双筒体结构的重大嬗变，在中国佛塔的演变发展史上具有划时代的意义。同时，六和塔内保存着完整的宋代砖雕，为《营造法式》提供了直接、珍贵的物证。景区缺少丰富的文化展陈，难以开展公众遗产文化教育和科学技术借鉴。

针对上述问题，六和塔景区保护提升整治工程以保护为首要原则，以传承历史，彰显文化为主旨，在保存六和塔原有历史文化遗存的基础上发展创新，合理深度利用六和塔的文化遗存资源，并坚持科学管理以实现古塔的延年益寿，与世人共享六和辉煌。

1　修旧如旧　新貌展现旧时景

重温古迹的深厚底蕴是从追寻历史踪迹，恢复历史真实面貌中实现的。六和塔从北宋开宝三年（970）初建，至清光绪廿六年（1900）重修，期间几经毁败和重修，历经风雨飘摇，同时也凝聚着历代人的关注和守护。捡拾历史碎片，重塑文明未来，坚持修旧如旧的原则，对六和塔实施保护提升。

六和塔是吴越国王钱弘俶于北宋年间为镇江潮而筑，宣和三年，塔毁于方腊兵火。南宋绍兴二十二年（1152）重修，于隆兴元年（1163）重建成八面七级楼阁式砖塔，同时塔旁建有开化寺，自此六和塔"一塔一院"的格局基本开始确立。根据我国一塔一院的古塔基本建制，六和塔开化寺格局应有围墙隔开。为有根据地还原恢复，对六和塔文化古迹进行了调查，发掘。2009年属南宋时期的开化寺遗址被发掘，验证了六和塔一塔一院的历史格局。据此，在2010年依据遗址位置修筑了遗址的保护厅，并同时参照清乾隆年间《南巡盛典》中的六和塔图（图1），在六和塔的东西两侧重修了长约50m、高约2m的红色围墙，从而恢复了乾隆年间六和塔左塔右院的原貌，恢复了原有的院落格局。六和塔是西湖申遗的重要部分，这个恢复正是申遗工作的有机组成部分。此外还对南宋智昙复塔之时初建的秀江亭进行修缮，使游客可以在此览尽钱塘江之旖旎风光，追忆前代文人墨客之感怀。

图 1 《南巡盛典》六和塔图

"沿桥待金鲫，竟日独迟留"，这是宋初著名诗人苏舜钦（字子美）在开化寺的泉池中看到金鲫的文字记载。中国是金鱼的原产地，杭州是中国金鱼的故乡。月轮山腰的水池则是杭州金鱼的发源地。为进一步再现昔日风貌，在疏浚、恢复六和泉池的基础上修建了金鱼苑，让人联想起苏轼"门前江水去掀天，寺后清池碧玉环"诗句中的优美意境。

此外，六和塔其所在地最初原为五代吴越国王的南果园，吴越国王钱弘俶在此地造六和塔时曾在周围遍种各类花草，其中牡丹园是当时西湖四大名园之一。六和塔景区在调整绿化时还充实了以牡丹为主体的植物景观，不仅体现了六和塔自建塔以来将植物与塔相结合的文化蕴涵，也使六和塔更富有装饰效果，为古老的文化遗产景观增添了新意。

追忆历史，修旧如旧，新貌旧景，似曾相识。正是这样有依据地还原景观，才使六和景区文化遗产以最真实的历史风貌展现在人们眼前。

2 传承历史 古韵今风相辉映

跨越千年，六和塔采吴越文化、南宋文化之精华，集佛教文化、建筑文化、名人文化之广博，蕴含了丰富的历史文化和中华古典建筑艺术、科技内涵。千年的古塔建筑需要守护，积淀的千年文化更需要传承。而传承文化，不是简单地恢复历史建筑、历史景点就能实现的，还需要适当地合理地增加历史文化景观来承担起传承文脉的功能。

2010 年，六和塔文化陈设项目顺利完工，六和塔展厅以六和塔历史悠久和建筑形制的两大核心文化、艺术特点，在塔西侧的开化寺二进院落中布置了以"千年传承"和"塔之瑰宝"为主题的前后两个展厅（图 2）。其中第一展厅的环壁自左至右以"吴越初建——南宋重建——历朝修茸——古塔重光"的历史传承，展现了六和塔的建造史。其内还展出了大量的古籍、老照片、钱币等藏品。从国家第一历史档案馆征集到的清雍正、乾隆、光绪朝朱批奏折更是弥足珍贵的资料。第二个展厅则是围绕"塔之瑰宝"，浓缩六和塔内部雕纹绘画的精华，展出了丰富的砖雕、壁画、拓片等内容，让游客可以在此大饱眼福。六和塔展厅集知识性和可视性于一体，一方面深入挖掘六和塔的历史文化，另一方面注重利用六和塔本体的建筑元素，使展陈效果充满艺术氛围，给人以美的享受，更将六和塔的建筑科技、历史文化和宗教文化内涵呈现得淋漓尽致。

图 2 "塔之瑰宝"展厅

六和塔深厚的历史内涵还在于它一直是钱塘江两岸的标志性导航节点，是杭州不可缺少的文化、地理标志建筑。实施六和塔亮灯工程，是继西湖亮灯、运河亮灯之后完善整个杭州城市夜景布局的重中之重。景区按照西湖申遗的要求，以保护第一，安全第一为原则，坚持最少介入。2011 年六和塔首次试亮灯，此次亮灯工程充分考虑六和塔文物安全保护，以审慎、保守态度行事，重在传达意境与文化内涵，以最少的光表现六和塔夜景静谧氛围，最大程度减少因历史局限性对自然与文物造成伤害。放弃了在塔体顶部、屋面、墙体上设置照明灯具的传统做法，而改为在核心区域外设置地下机坑、液压平台。夜晚，升降平台上的灯具遥控升起点亮，自下而上外投展现六和塔，并详细划分亮度和限时亮灯时段，确保满足文保与申遗的苛刻要求（图 3）。这在同类项目中，尤其是古建筑照明类，这是首次应用。六和文化陈设、六和塔亮灯正是以其古韵今风，将六和景区文化遗产得到渐进式提升和彰显。

图 3 六和塔景区节假日限时亮灯

3 继往开来 弘扬六和文化

历史文脉是需要发掘和追寻的遗存。仅仅满足于风景的再现，忽视历史文化内涵的拓展开发，是一种缺陷。弥

风景资源与文化遗产

补这种缺陷就需要用发展的眼光，以开放的姿态，对六和塔的历史文化遗产内涵进行深度利用和创新。

六和塔以六和为名，"和"是六和塔的灵魂，寄托着人们对六和塔消灾、祈福功能的冀望。而在每个国人心里，"和"是幸福美满的基础，更是一切追求的最高境界。2010年3月底至5月初，六和塔景区以"景、情、境"为主题举办了六和牡丹花展，展现"六和"这一古老又崭新的主题。花展的灵感来源于六和塔内须弥座上精美的牡丹、石榴、荷花、玉兰等砖雕遗存，取如意、喜庆、致和等美好寓意的牡丹为载体，既符合现代大众的审美意趣，也开拓了六和塔的文化内涵。自此，六和塔景区每年都举办不同主题的牡丹花展，来自全国各地及国外的许多传统名贵品种和栽培变种，吸引了大批游客的观赏。六和塔景区也成为西湖牡丹的一个主要栽培展示点。

自2009年除夕起，六和塔景区每年还举行"钟响六和、福满人间"的"六和祈福步步高"系列新春活动（图4）。如铜钟铭文所刻的内容一样，六和钟声象征着民族团结、国富民强、开拓进取的精神，代表着幸福和美好的祝愿。"北有灵隐烧头香，南有六和敲头钟"。六和敲钟已经成为杭州市民除夕之夜的一大重头戏。六和敲钟正是将中国古塔的造型艺术和宏远深沉的鸣钟寄情传统习俗相结合，利用六和塔以及塔周围登高望远、江天浩瀚的特殊环境条件，既为游人提供了可以兴致勃勃地直接参与敲钟的机会，又营造出有形有声、声情并茂、寄情于声的意境和氛围。

图4 除夕"钟响六和、福满人间"慈善募捐

开展景区特色活动已经成为六和塔景区继往开来弘扬文化的重要载体。除了特定的时节、特定的节日，六和乐坊时常上演着一场场以筝、箫等古乐为载体的演出，融入六和塔历史文化精髓，体现六和文化内涵的文艺表演，使游人在享受到听觉盛宴的同时，还体验到六和塔内涵的古典与历史的深厚。

在为众多中外游人展现绚丽多姿、丰富多彩的六和文化的同时，景区还极力打造传统文化教育基地。六和塔是杭州市青少年学生第二课堂活动的重要基地之一，是中小学生学习和了解中国建筑文化和西湖文化等知识的优良场所。这对于继承中华传统文化，共建和谐社会具有积极意义。

情景交融、动静结合都是一种美的极致，不管是六和花展、六和祈福还是六和乐坊，都表达了人类丰富的情感，从而使六和景区的千年文化遗产胜景能够以一种亲和、动态形式进入人们的心田。打造文化教育基地活动更是以开放兼容的态势积极与现代潮流互动，以动态的形象融入人们的生活，在实现景观效应的同时还发挥了文化效应和社会效应。

4 科学管理 共享六和古迹

随着保护性提升整治项目渐进地一期期推出，六和塔逐渐恢复了其清晰的眉目、伟岸的丰姿。随着西湖申遗的成功，一个科学的全方位的六和景区遗产监测、保护和管理系统也逐渐形成。

近年来，六和塔文保所每年都拨专款对六和塔进行保养性维护，针对自然和人为两方面因素可能导致的安全隐患问题采取了专门的保护和防范措施：在避免人为因素破坏上，对登塔客流量进行控制，具体规定固定时间段不超过200人/次，日登塔控制在2000人次内，以减轻古塔负荷，并设置电子监控、X光安检等安防设备；在针对自然破坏的防范设施上，六和塔已配备避雷针、避雷网的防雷系统和消防设施等。同时，为提高保护力度，完善保护网络，六和塔景区还实施人防和技防两重科学管理制度：通过实行24小时监控管理来加强六和塔文物保护的安全检查、监控力量，确保各项安全管理制度的有效落实；另一方面通过建立六和塔历史遗产监测体系，对六和塔本体进行定期检测，并采用美国ANSYS公司开发研制的有限元分析软件模拟分析塔体核心筒内在结构，以掌握文物建筑的残损程度、结构安全等多方面的情况，为文物保护、修缮工作提供科学依据和基础数据。

5 结语

六和塔景区是极易由于人类不当活动而损毁的西湖文化遗产脆弱区域，每一个保护性提升整治项目都是一次历史的追寻和文脉的传承，使之与社会发展实际进程相吻合。"西湖申遗"成功极大地提升六和塔所在景区的知名度，今天的六和塔已经不是纯粹意义上的一座塔，它所具有的独特魅力和精神文化在不断地延续发展，并在传统和现代的互动中呈现出新的生命力。在保护六和景区文化遗产景观的真实性、完整性基础上的同时延续其品质，满足时代发展的需求，是一个全新而又持久的课题，有待社会各界共同探讨和研究。

参考文献

[1] 施奠东. 西湖风景园林（1949—1989）[M]. 上海：上海科学技术出版社，1990.
[2] 阮仪三. 历史环境保护理论与实践[M]. 上海：同济大学出版社，1999.
[3] 施奠东. 西湖志[M]. 上海：上海古籍出版社，1995.
[4] 洪尚之. 西湖胜迹[M]. 浙江摄影出版社，1997.

作者简介

[1] 张珏，1962年生，男，浙江杭州，高级工程师，杭州市园林文物局钱江管理处，研究方向为园林景观，. 电子邮箱：wangfeixue01@126.com。
[2] 张慧琴，1968年生，女，浙江杭州，研究员，杭州市园林文物局钱江管理处，研究方向为园林历史，电子邮箱：wangfeixue01@126.com。

20 世纪前期中国中小学学校园发展述略

An Review on the Development of School Garden in the Early Twentieth Century China

张　蕾　徐苏斌

摘　要：学校园是近代中国从 20 世纪初开始在中小学中推广设立的以自然科学教育和农业教育为主要目的的小型种植园、植物园或综合性园林。本文概述 20 世纪前期中国学校园的发展概况，及其兴起产生的国际背景与国内社会文化背景。

关键词：风景园林；学校园；风景园林史；20 世纪初

Abstract：School Garden, the outdoor classroom for nature study and agriculture courses, has developed in the Chinese primary and middle schools from the beginning of the 20th century. This paper gives a review on the history of the school garden movement in early 20th century China, and its social background and international context.

Key words：Landscape Architecture；School Garden；Landscape History；Early 20th Century

学校园（School Garden）是从 19 世纪下半期开始在中小学校中普遍设立的、以自然科学教育和农业教育为主要目的的小型种植园、植物园或综合性园林，不同于一般意义的用于游憩或美化的校园绿地和校园环境。中国从 20 世纪初开始在中小学校中推广设立，又称学园、校园、学级园等。从 1960 年代至今，学校园以其在儿童身心健康和环境教育等方面的重要意义，在欧美国家再次引起广泛的关注和复兴式发展[1]。本文主要回顾 20 世纪前期中国中小学学校园的发展状况，概述相关的国内外历史和社会文化背景。

1　19 世纪下半期至 20 世纪初欧美国家学校园的兴起和发展

学校园在欧洲的早期发展可以追溯至 16 世纪，当时兴起的附设于高等学校的植物园，是学校园的广义范畴，而有关基础教育阶段的学校园只有零星的思想，如 17 世纪的捷克教育家、教育学的奠基人 Amos Comenius（1592－1671）提出"每个学校都应有一个花园，孩子们可以在观察树木、花草中得到休憩，并学会享受自然"，18 世纪的法国启蒙思想家和教育家卢梭（J. J. Rosseau，1712－1778）也在其名著《爱弥儿》中发展了学校园的思想，指出花园作为一个教学要素的重要性。

学校园在中小学校中的普及式发展是在 19 世纪后半期，与早期的学校园主要关注儿童福利不同，这一时期的学校园与当时在基础教育阶段兴起的自然科学教育、实业教育和劳动教育等密切相关，是作为自然学习的户外教室和实践园地，服务于当时在中小学阶段广泛设置的农学、博物学课程，以培养儿童对于农业和劳动，以及自然科学知识的兴趣。1869 年奥地利颁布的"帝国学校法"（Austrian Imperial School Law）规定全国所有乡村小学在可能的情况下，都应设立学校园作为农业实验之用，这是学校

园由政府法令强制要求设置的最早发端；其后在 1870 年的"学校法补充规定"中，又进一步要求在学校园中亦应开展博物学教学。1873 年，在维也纳世博会上特辟场地修建了一所附设有学校园的小学，作为理想学校的范型，极大地推动了学校园概念在欧洲各国的发展。此后，法国、比利时、瑞典、挪威、瑞士等国家也纷纷颁布了有关学校园的法令或政策，在中小学校中强制要求或鼓励推广学校园的设置。在英国和德国，对于学校园的设立虽然没有被纳入法规，但也一直受到教育界的重视和提倡。[2]

学校园的概念在 19 世纪末传入美国，1890 年美国麻省园艺协会委派 H. L. Clapp 赴欧洲考察学校园，其随后的报告极大地促进了美国学校园的发展，他在报告中指出，"目前欧洲有 81000 个学校园，从瑞典到瑞士，如此绵延四分之一个世纪广泛开展的运动，令人惊讶的是竟然没有引起美国教育界的关注"。1891 年他在波士顿的 George Putnam School 建立了一个野花花园，是美国最早的学校园之一。花园收集了约 150 种乡土野花，尽可能模拟其野外生长环境而种植，同时为增加花园美感亦种植了耐性观赏花卉。花园的目的是帮助学生了解普通野花的生命史，为教室中的植物学习提供材料，直到 1900 年前后，园中才增设了用于园艺的蔬菜园。以这一花园为范例，学校园在 20 世纪初期的美国得到了较快发展，推动力量来自各类民间和官方的协会、组织、机构，如最早的麻省园艺协会，以及美国公园和户外艺术协会、国家教育协会、美国园艺协会，以及美国农业部和美国国会等。到 1906 年，美国农业部估计全国已有约 75000 个学校园。[3]

2　20 世纪前期中国中小学学校园的设立与发展概况

近代中国从 20 世纪初的清末新政时期开始建立现代

中小学基础教育制度，于 1902 年、1904 年颁布了第一部中小学学制（壬寅癸卯学制）。当时主要参照的是日本的模式，而日本大约在 19 世纪末已将设置学校园的相关规定纳入法令[①]。尽管新政时期有关学校园的设置还未被写入新学制，但这一时期已经开始翻译和引介有关学校园的日文文献和专著，如 1903 年《教育世界》杂志发表的译自日文文献的《述学园》，详细介绍了学校园在欧洲各国的发展，并指出设置学校园对于儿童的知育、德育、体育以及农业教育方面的重要意义[4]。同时这一时期也出现了学校园的早期实践，如在袁世凯推行新政的直隶，新创办的保定模范小学堂就附设了植物园，其目的是服务于自然科学等课程的实物教学，"按小学教科理科[②]地理图画数门，皆重直观教授，教授无直观而第恃口讲指画，儿童性增想象"，"转复茫然"，"故外国小学多附小植物园一区，以供指点，能剖写生之用"[5]。

1911 年中华民国建立，于 1912 年颁布了新学制（壬子癸丑学制），其中仿效日本的制度，第一次明确提出了在中小学校中应设置学校园，如《小学校令》中规定"小学校应设备校地、校舍、校具及体操场、学校园。高等小学加课农业者，应设农业实习场"，《中学校令施行规则》中规定"中学校应设学校园，但视地方情形得暂缺之"[③]。此后在政府颁布的一系列有关中小学的法令中，如 1915 年北洋政府颁布的《国民学校令》、《高等小学校令》、《预备学校令》，以及 1933 年国民政府颁布的《小学规程》、《中学规程》等中，对设置学校园的要求一直延续，将其作为中小学校应设置的一项重要设施。另外从 1922 年起至 1948 年，国民政府颁布了一系列中小学"课程标准"（即相当于教学大纲），对中小学课程设置、目标、内容和教学要求进行统一规定，在相关科目如小学阶段的自然、常识、劳作、园艺，以及中学阶段的自然、动植物学、农业、劳作等的课程标准中，基本一直可见到需利用学校园进行相关教学的要求，如 1922 年颁布的《小学自然（包括自然园艺）课程纲要》中就对学校园的设计和布置、不同年级自然园艺教学内容的逐级进阶进行了详细规定[6]。

从 1912 年设置学校园的规定被纳入新学制以后，学校园开始了普及式发展。总体而言，由于学校园是民国政府各项中小学校令、规程、课程标准中明确要求或建议学校配备的设施，因此其设置较为普遍，尤其是一些优秀的模范中小学，其学校园往往设置相当完备并具有一定特色。如 1919 年教育部刊行的《优良小学事汇（第一辑）》汇集了直隶、江苏、浙江三省十一所优秀小学事例，除一所无明确记录外，都设有学校园，有的设有规模不小的农事和园艺试验场，有的则相当有特色，如创建于 1911 年的上海万竹小学（今上海实验小学）学校园[7]。而近代著名教育家朱剑凡 1905 年创建的长沙周南女子中学，其学校园被誉为这一时期的典范，该园分为学级园、公共学园和美育园三部分，其中学级园按各年级分区分别种植，"初高小所培莳者"，"皆日用之植物，高小则尤与理科联络焉"；公共学级园为各年级"共同耕治之，既已养成勤劳习惯，又得共同作业之益"；"美育园则纯属观赏植物，以养学生之美感"[8-9]。对于一般的中小学，以及用地较为紧张的都市中小学，往往由于财政、用地限制而对设置学校园有种种困难，因此因陋就简或采取各种变通办法的也不少，最简单的方式即利用校园边角地，或仅采用盆栽方式充当学校

园，如 1917 年《绍兴教育杂志》报道该县学校园筹设情况时就言及由于地少人稠，各县立学校仅能"就校中隙地，略辟小园，种植几种花草，以备研究理科之用"[10]，其他变通方式还包括与地方农林试验场合办，或由教育部门或多所学校共同设立公共学校园，后者往往对外开放、可兼作公园之用，如 1922 年由上海沪南各学校合办的公共学校园，于 1928 年收归市管改为上海市立第一公共学校园，1930 年又于闸北创立上海市立第二公共学校园，两园均对市民开放可供游览[11]（图 1）。

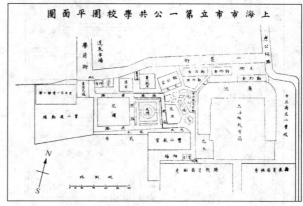

图 1　上海市立第一公共学校园平面图[11]

这一时期，学校园受到了各级政府、教育界及社会各界的重视和提倡。如 1915 年农商部、教育部就联合发布文件倡设学校园，"旧有小学校令，暨新定国民学校令，均载有应设备学校园之规定，各地方小学多已照章设立，唯因地方情形，不便设立学校园，暂从阙如者颇属不少"，因此要求各地中小学"就校址附近酌量承领官荒山地，设备学校园，育苗种树"，其收入可供学校支配[12]；1937 年当时的新生活运动促进会为推行劳动服务教育，亦在各地发起了建造学校路和学校园的运动[13]。这一时期探讨学校园的相关文章和专著也大量增加，尤其是各教育类、科普类杂志如《教育杂志》、《中华教育界》、《自然界》等中有不少讨论学校园的文章，内容较全面的如 1916 年吴家煦在《中华教育界》发表的《学校园之设施及其利用法》，以及 1928 年孙伯才在《教育杂志》发表的《学校园之设计与其批评》。1916 年第一部有关学校园的专著《学校园》由商务印书馆出版，根据内容看应编译自日文专著，较全面的述及了学校园的沿革、设立意义、设计以及管理经营；其他一些中小学的教学辅助书籍、科普书籍中也常有学校园相关的内容，如 1925 年中华书局出版的教辅书籍《美妙的小公园》和 1934 年黎明书局出版的《自然研究教学法》（图 2）；此外，一些早期的园林设计专著如 1930 年商务印书馆出版的范肖岩的《造园法》，也对学校园进行了专门论述。以上都促进了民国时期中小学学校园的建设和发展。

①　如日本于 1890 年颁布的《小学校令》就规定了"设有农科之小学校，当备农业练习场"。
②　理科即晚清至民国时期中小学设置的自然科学类课程，曾先后有格致、理科、博物、自然、常识等多种名称，内容也有变动，总体以动植物学、矿物和自然现象为主，亦含有物理、化学、地理等内容。
③　该规定与《教育世界》杂志同时期编译的日本中小学校令中的相关条款表述基本一致，可见是仿效了日本的制度。

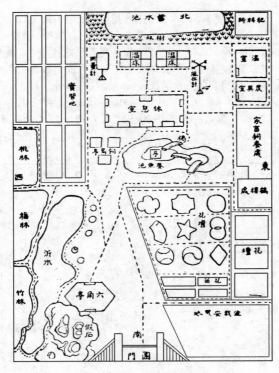

图2　学校园典型平面[14]

3　学校园与20世纪前期中国的儿童教育

民国时期是中国现代基础教育制度初创之时,各种教育思潮纷涌激荡,其基本目的是探索如何在儿童教育阶段培养和塑造现代公民。这些儿童教育思想最直接的体现和实现途径即中小学校中设置的相关课程,如这一时期开始设置的自然科,内容包括动植物学、矿物和自然现象(即地学知识),就是从晚清至民国以来西学教育、科学教育、自然研究教育法等教育思想的产物;而这一时期中小学中重视设置的劳作科、农业科、园艺科,则是实利教育、职业教育、劳动教育、社会教育、生活教育等一系列教育思想的体现。此外,其他一些更广泛意义的素质教育如公民教育、军国民教育、美感教育、自治教育等新教育思想,则贯穿在各科和学校总体的教育精神中。[15]

学校园正是体现上述各种教育思想的"教育之试验场"。如1911年《教育杂志》中《学校园》一文所阐述的设置学校园的意义,包括服务于理科等科目的"供应实物材料、取便实物观察",服务于"理科、农业科之实验",同时"可借以养成其振兴实业之意趣及审美之感情","学校园中所作之事,可以陶冶学生之意志","养成其独立自为之精神","养成勤勉整齐切实之良习惯","增进儿童健康"。可见,学校园是具有智育、德育、美育、体育等多重功能的综合性教育场所,但其中以智育为核心,即学校园是直接服务于自然科学科、农业劳作科的户外教室和实验场所(图3)。有关民国时期这两科的教育宗旨,根据这一时期颁布的一系列自然、劳作科"课程标准",可总结为以下几方面:(1)传播自然科学和农学园艺的基本知识技能;(2)培养科学精神和对科学研究的兴趣;(3)培养劳动精神和实践、改良、创造的精神;(4)培育利用自然、改造自然、发展经济、强国富民的自然观;(5)培

养对于自然的兴趣与爱好[6]。以上思想渗透在学校园中的教育实践中,决定了其所致力于表达的基本涵义,它不仅传播知识与技能,更是作为一个训育的工具,参与塑造了20世纪中国人对于自然世界的观念与态度。

图3　江苏省立第一师范学校附属
小学校师生在校园共同作业图[16]

参考文献

[1] Williams D, Brown J. Learning Gardens and Sustainability Education-Bringing life to schools and Schools to life. Routledge, 2011.
[2] 学校园. 教育杂志, 1911. 第3年第4期: 17-26.
[3] Bachert R E. History and analysis of the school garden movement in America, 1890-1910 [Doctoral Thesis]. Ann Arbor, Michigan: UMI, 1977.
[4] 述学园. 教育世界, 1903, 第62号(癸卯20期): 4-8.
[5] 保定府查学吴鼎昌条陈保定模范小学堂及他小学堂改良事宜禀, 北洋公牍类纂, 卷十一学务二, 1907.
[6] 吴履平主编. 20世纪中国中小学课程标准·教学大纲汇编. 北京: 人民教育出版社, 2001.
[7] 优良小学事汇第一辑. 教育部普通司, 1919.
[8] 蒋维乔. 长沙周南女子师范学校之学级园. 教育杂志, 1915. 7(8): 51-52.
[9] 朱钧珍主编. 中国近代园林史(上篇). 北京: 中国建筑工业出版社, 2012: 160-164.
[10] 关于义务教育各事项之调查录: 设立学校园或学林等之情况. 绍兴教育杂志, 1917(18): 31.
[11] 上海教育局. 公共学校园. 上海市教育局出版, 1931.
[12] 教育部行政纪要乙编. 教育公报, 1915. 第3年第8期: 23-41.
[13] 发动建造学校路及学校园运动办法. 湖南省政府公报, 1937(667): 5-6.
[14] 张九如, 周蓍青合编. 儿童课余服务丛书·美妙的小公园. 上海: 中华书局, 1925.
[15] 舒新城. 近代中国教育思想史. 上海: 中华书局, 1929.
[16] 江苏省立第一师范学校附属小学校师生在校园共同作业图. 教育研究, 1914(17).

作者简介

[1] 张蕾, 1977年10月生, 女, 苗族, 湖南永顺, 博士, 天津大学建筑学院中国文化遗产保护国际研究中心, 博士后, 研究方向为近现代风景园林史、文化景观与文化遗产保护, 电子邮箱: zhanglei_gsla@126.com.
[2] 徐苏斌, 1962年6月生, 女, 汉族, 博士, 天津大学建筑学院中国文化遗产保护国际研究中心, 教授、博士生导师, 研究方向为中国近代建筑史、文化遗产保护。

从凤凰事件解析我国风景资源法治问题

Interpretation of Common Legal Problems on Scenic Resources in China through the Fenghuang Fee Event

张振威 杨 锐

摘 要：通过凤凰事件解读我国风景资源法治现状中的普遍问题。指出存在门票调整违反法定程序，门票取费制度的政策矛盾，门票价格构成不合法，将景区整体作为特许经营内容从而将管理权与经营权混淆，风景被地方政府"先占"并视为"土地财政"等诸多表象问题，其深层原因为国家对风景资源社会属性和使用特征认知不足、风景资源国家所有权制度缺失、基于自由行政裁量的地方政府资源管理水平低下。应通过法律明确风景资源国家所有权及产权制度，同时确立公民享有优美风景为一种法定权利，方可保障风景的公益利益。

关键词：凤凰事件；风景资源；特许经营；国家所有权；公民风景权

Abstract：Interpretation of common legal problems on scenic resources in China through the Fenghuang fee event. This paper points out there are problems such as, the adjustment of entrance fee violates the legal procedures, policy conflicts on entrance fee system, the illegal ticket price composition, the wrong concession content makes the management power substantial replaced and functioned by concession rights, scenic resource is "pre-empt" by local government and taken as "land finance". This paper analyses the underlying reasons as the misunderstanding of social character and use feature of scenic resources, lack of state ownership on scenic resources, and the low level of local government resource management based on administrative discretion. The paper suggests that state ownership on scenic resources and a legal right of citizens freely enjoying scenic resources should come into rules of law, therefore to protect public interests of scenic.

Key words：Fenghuang Fee Event；Scenic Resource；Concession；State Ownership；Scenic Rights

2013 年 4 月，凤凰古城宣布将原本免费的古城与古城内的 8 个收费景点合并收取统一门票。此次事件表现出的"圈城"与"变相涨价"行为引发全社会持续而广泛的讨论。近些年，景区涨价已经成为社会经济生活中一个值得关注的问题，而凤凰事件的社会关注热度更可视为民众对风景公共权益的认知愈发觉醒。因此，景区涨价现象与背后的深层原因，应该引起理论界的足够重视。

虽然凤凰古城的资源类型以文化与历史文物资源为主，与以自然要素为主的风景资源有一定差异，但在我国现有法律制度框架下，除了风景资源较少涉及历史文保建筑的个人所有权与国家征收、征用事项外，绝大多数法治问题是相通的，甚至是同一的。所以，本文试图透过具有"典型"意义的凤凰事件来剖析我国风景资源法治现状，力图从表象和深层原因来厘清问题之现象，并进而探究诸多侵害风景公共利益现象之根源，为风景资源管理领域的法治变革提供基础理论分析。

1 问题之表面现象

1.1 景点、景区门票价格管理之乱象

凤凰古城风景名胜区在价格调整之前，"游客进入古城景区并不需要购票，游览古城内的沈从文故居、杨家祠堂等九大景点需购买 148 元的套票，游览南华山神凤景区需购买 108 元的门票。"[1] 调整之后，将上述 2 种票种合并，只收取 148 元通票，但古城部分由景点验票改为景区验票。

首先，凤凰门票价格调整违反法定程序。凤凰县政府并未进行价格听证，是其违法的最直接表现。《价格法》第二十三条规定，"制定关系群众切身利益的公用事业价格、公益性服务价格、自然垄断经营的商品价格等政府指导价、政府定价，应当建立听证会制度，由政府价格主管部门主持，征求消费者、经营者和有关方面的意见，论证其必要性、可行性"。另外，2004 年《湖南省价格听证目录》明确将"国家级风景名胜区重要游览参观点门票价格"列为 12 项内容之一。凤凰门票对应的物质空间范围发生了变化，相当于行政事业收费的内容和对象都发生了变动，并非凤凰官员所说的价格未变。很明显，风景名胜区门票符合上述法规的条件，湖南省物价部门和凤凰政府违反了《价格法》的法定程序，则应按第四十五条追究法律责任。但非常可惜，至今没有看到对于责任人的追究。"违法必究"在限制政府公权力时往往成为一种理想和口号，致使很多法条变成一纸空文，这是我国法治现状的普遍现象。

其次，门票取费制度的政策矛盾。凤凰古城事件另一问题是景点门票与景区门票关系问题，凤凰在调整后实行一票制，无景点门票。它是在自由市场经济时代以景点为产品的商业开发模式远远走在政府"一票制"取费管制之前所形成的历史遗留问题。景点商业开发的后果是，由于每一处景点资源都因唯一性而具有天然垄断性，从而表现出高价格，风景区作为风景资源集束会形成无数个高取费的景点，那么，游赏整个风景区的经济支出将明显

不合理。正是为了控制这一不合理行为，中央政府多部门下达《关于整顿和规范游览参观点门票价格的通知》（发改价格〔2008〕905号），采取通过"一票制"来控制、监督总价之政策。但是，"一票制"更多的是为了方便中央的监管，它同时侵害了一部分民众的利益，如果游客只想去个别景点，一票制则属于强制销售行为。特别是对于城市型、文化型的风景区，一票制的必然结果就是地方政府"圈城"收费，不仅损害游客利益，还损害了城市居民的各种利益。

再次，门票价格构成的法治真空。国内景区门票价格的确定方式及其合理性，因政府信息公开的落后而迷雾重重。在《湖南省物价局关于规范凤凰古城门票价格的批复》（湘价函〔2012〕32号）中，省物价局确认凤凰门票为每人次148元，其中资源有偿使用费15元、旅游宣传促销费7元和价格调节基金11元。第一，剩下的115元从何处来，是否合理？省物价部门只审核门票中政府收取的税费，可谓荒谬。第二，即便设立了物价审批制度，但尚不能解决物价中不合理、甚至不合法成分：凤凰政府从旅游经济中受益，又设立"旅游宣传促销费"行政收费项目，涉及重复取费；价格调节基金是由于全国各地对《价格法》的误读而产生的行政收费行为，由于相关立法滞后而违反"税收法定"的根本原则，其合法性一直广受质疑。[2]此外，凤凰县政府公布的门票成本中，"经物价部门核算，景区门票成本为131.27元，其中运营成本73.64元，特许经营权摊销单位成本12.76元，建设维护成本21.76元，发展成本23.11元"。[3] "特许经营费"是政府向特许经营人收取的费用，如何能摊到消费者头上，"发展成本"为何物，"其他成本"的由来，这一笔笔糊涂账背后的合法依据尚不明确。地方政府各种无法律依据的行政收费已经严重侵害了公共利益。[4] 门票价格构成不明确是我国旅游景区普遍存在的问题。

1.2 管理权与特许经营之混淆

特许经营包括商业特许经营（Franchise）和政府特许经营（Concession），本文指后者。自然文化遗产领域的特许经营"指政府按照有关法律、法规，通过市场竞争机制选择某项公共产品或服务的投资者或者经营者，明确其在一定期限和范围内经营某项公共产品或者提供某项服务的制度"。[5]在本质上，特许经营属于一种行政合同。目前，我国仍未建立明确而完善的特许经营权制度。

20世纪末，在我国法律尚无明文规定条件下，地方政府已经引入了国外环境资源特许经营管理模式，创设了各类名目的特许经营权。例如，凤凰古城于2001年将8大景点转让，而且表面上看双方的权责明确，"凤凰县人民政府享有上述景区景点的所有权与管理权，黄龙洞公司享有上述景区景点的经营权与收益权"。[6]但是，与国外将特许经营限定在住宿、娱乐等具体配套的商业服务领域不同，我国地方政府"创新"性的发明了景区整体经营权转让的模式，将特许经营对象从具体商业服务项目扩大到风景资源本体。不仅特许内容范围发生错位，而且动辄50年的经营期，已经失去市场竞争的意义，更多意在满足被特许经营人有追求利益的空间，形成新的垄断。

在50年的合同期内，通过占有权、使用权、收益权、抵押权的重新配置，地方政府将国有资产托管者的角色转移给特许经营人，"管理机构和被特许经营企业发生了严重的'角色'错位，以经营取代管理已经成为我国风景名胜区和自然保护区政府特许经营的一大特色"。[5]

形成这一局面的政策因素是政府内部利益多元化导致政策的多变：2001年3月，建设部在《关于四川省风景名胜区出让、转让经营权问题的复函》中指出，任何地区、部门都没有"将风景名胜区的经营权向社会公开整体或部分出让、转让给企业经营管理"的权力，但凤凰古城于2001年被批准作为试点将8个景区的经营权转让；国务院〔2002〕13号文件《国务院关于加强城乡规划监督管理的通知》中指出"风景名胜资源是不可再生的国家资源，严禁以任何名义和方式出让或变相出让风景名胜区资源及土地，也不得在风景名胜区内设立各类开发区、度假区等"，然而，2003年9月国务院即批准贵州省设立风景名胜区特许经营的试点单位。至2004年，有数以百计的景区完成了出让："自1997年湖南省转让张家界黄龙洞和宝峰湖景区的经营权以来，截止到2004年底，全国已经出让或鼓励出让景区经营权的省、直辖市、自治区有20个以上，已有超过300多个景区（点）转让了经营权。"[7]至今，国家仍未有对于经营权的统一政策。在凤凰事件中，地方官员称政府独资公司占49%的股份，这更能说明经营权之乱象。目前，仅有2006年的行政法规《风景名胜区条例》对经营"项目"的规定，但现实中更多是景区整体出让，实为经营"管理权"与"所有权"的出让。所以，相关政策的缺失就要求对社会性普遍利益分配建立基本的法律底线。

此局面的形成，还与诸多经济与管理领域学者在风景资源领域主张"管理权与经营权分离"有关，很明显，这里"经营权"指整体经营。但是，这些学者并未注意到风景与传统公共产品之根本差异。在铁路、公路、通信、能源等以生产性经营行为为主的领域，经营行为是如何进行核心资源的开发、生产与分配，而风景资源是以保护、保存为主的保护性经营行为，经营行为是针对如何保护核心资源而开展的配套运营服务。两者的经营内容具有实质性的差别。所以，风景区特许经营范围只能限定在交通、住宿、餐饮、娱乐等配套服务，而不能涉及景点、景区等核心资源。一旦突破此底线，在目前地方政府集管理、监管、定价、收益于一身的机制下，风景资源必将远离公共产品和公共利益。

1.3 风景资源成为"绿色土地财政"的法治困境

在我国的实践中，风景资源不仅成为整体出让者谋利的工具，而且成为地方政府的另外一种"土地财政"。目前，地方政府按《宪法》对传统土地、森林等资源的规定，来"代理"风景资源，形成了以县域为单位的属地管理模式，风景区的收益大部分按非税收入纳入市、县财政。2000年，中央将一些重点景区定价权下放至地方物价管理部门，实际上是将价格监管权赋予了被监管人，使地方政府获得了价格自主权。在缺乏公开、公正、科学的资源核算与价值评估条件下，身兼运动员与裁判员的地方政府之职能发生错位，（或者地方政府与作为价格监管的省政府间达成一致利益），使风景资源呈现出垄断性商品价格，严重背离其公益性本质。近几年来，一轮又一轮的景区涨价风波即可佐证地方政府的动力机制。将风景区作为经济来源，这才是目前风景区发展的主要动力。换言之，地方对于景区的经济诉求是推动景区发展的真正原因，而不是以资源保护和全体国民公平、自由的享受风景为根本动因。

2　深层原因解析

2.1　忽视风景资源特征

忽视风景资源特征表现在资源社会属性和使用特征两方面。

第一，风景资源的社会属性，或者说由资源价值决定的资源的社会性质。风景是人类生活中所必需的生活要素，是个体人实现自由、解放、发展的物质基础，享受美好的自然环境应该是每个公民所具有的天然权利（Natural Right）。从资源价值角度讲，风景的审美、生态、环境等本体价值决定了它是一种社会公益性资源，绝非一种以经济价值为导向、表现出垄断特征的商品。而我国的问题恰恰在于法律并未保证风景的公益属性，在政府的利益博弈与制度设计中，风景沦为垄断商品。

第二，风景资源的使用特征。不同于土地以占有、建设、居住、生产等为主的使用方式，风景的使用以观赏、漫游为主，合理的风景使用并不对物质资源构成占有、消耗或减损。所以，使用方式的根本差异，决定了有必要区分与两者相关的法定权利的内容与对象。目前我国法律制度对土地资源的分配，以及所确立的与土地相关的权利义务，都是围绕传统的使用方式而展开，如所有权、使用权、地上权、承包经营权等，而对于观赏、漫游这类独特的使用行为，并无规定。所以，风景资源并不能按传统土地资源进行分配、管理，国家应将风景资源确立为与矿藏、水流相等同的一类独立资源，并在其上设立公众使用的社会权。此社会权可以对抗政府因托管不善对公共利益造成的损害。

2.2　国家所有权制度不明

如上所述，风景资源应该归谁所有，由谁来管辖，缺少法律依据，造成了产权内容、产权关系不明。我国自然资源管理制度中尚未认识到风景资源作为一种潜在新型资源的独特性与独立性，导致法律中并没有确立风景资源的各项基本制度。政府将风景资源按《宪法》对传统土地、森林等资源的规定确定了风景资源的国家所有权和地方管理权，本身就是对《宪法》不合理的扩大解释。但实际上，风景资源已经被地方政府以土地资源代理人的角色实行"先占"，甚至采取所有权绝对而创造出"圈地权"、"圈城权"等所有权形式。可见，正是地方政府在权责制度模糊下的"代理"行为，造成了与外地游客、当地居民、旅游者的利益冲突。另外，如果目前"圈城"的法权基础是国家所有权，基于公平原则，在我国二元土地所有制下，集体组织是否有"圈乡"、"圈镇"、"圈村"、"圈林"收观光费之权？这些内容都需要风景资源所有权制度进一步明确。

可以说，"凤凰事件"正是地方各经济体以经济价值为诉求的景区圈围与公共利益冲突达到一定程度的标志，也是对风景资源公益性及利益格局分配的制度安排进行全面审视与反省的良机。"乌镇和周庄作为旅游资源可以收费，那么凤凰为什么不可以？"[8]这无疑是经营者对国家风景资源产权制度最典型的诘问。

2.3　风景资源管理意识与水平落后

在属地管理的制度设计下，另一个现实的问题是政府资源管理水平与能力。尤其在经济落后地区，管理能力不足使地方政府更倾向于寻求市场的力量，既可以实现第三方托管，又可以搞活地方经济。本文认为，资源管理的关键点并不在于"公办"还是"私办"，或者管理权与经营权分离的运营制度选择问题，而在于政府树立正确的资源价值观并加强自身公权力行使的能力建设上。不能因政府自身对国有资产托管能力不足，又怠于能力建设，就仅仅基于行政效率和经济效益原则，选取政府最简便操作的模式，从托管人转变成监管人，将公共资产市场化，一方面放任公共产品的商品化、人工化、妖魔化改造，最终破坏资源的自然状态和完整性，另一方面大大增加全社会民众的使用成本。管理意识与水平落后，是我国风景资源属地化管理的一大瓶颈。

3　结论与讨论

以上现象表明，风景资源利用中存在"有法不依"现象，但更多的问题在于"无法可依"。一方面，与法治尚未完善、法制尚未健全的大环境相关；另一方面，源于扭曲的发展观、资源价值观。风景资源所有权及产权制度是形成多数问题的根源，是最关键的抓手；同时，应清楚地认识到风景资源的特征，确立公民享有优美风景为一种法定权利。综上所述，通过立法定纷止争是必然的保障形式，立法明确风景资源所有权以及公民风景权是保证风景资源的公益性和公共性是当务之急。

参考文献

[1]　颜珂. 148 元"门槛"定得合理吗[N]人民日报，2013. 03. 21.

[2]　叶姗. 征收价格调节基金的合法性质证[J]. 法学论坛，2013. 28(2)：122-131.

[3]　湖南凤凰县委书记称门票收入政府无利益分成[N/OL]. 新华网，（2013-04-24）[2013-05-20]. http：//news. xinhuanet. com/politics/2013-04/24/c_124622913. htm.

[4]　江利红. 论行政收费权与公民财产权之界限——行政收费范围研究[C]. 中国法学会行政法学研究会. 财产权与行政法保护——中国法学会行政法学研究会 2007 年年会论文集. 武汉：武汉大学出版社，2008：659-667.

[5]　张晓. 我国环境保护中政府特许经营的公平性讨论——以自然文化遗产资源为例[J]. 经济社会体制比较，2007. (3)：133-137.

[6] 王凯，谭华云. 景区经营权转让对边远旅游地影响的实证研究——湖南凤凰八大景区（点）的案例分析[J]旅游科学，2005. 19（04）：38-43.

[7] 谭华云. 凤凰城景区经营权转让中地方政府行为的实证研究[D]. 长沙：中南大学，2006.

[8] 孙银丰. 专家：凤凰圈城收费是典型的占山为王[N/OL]. 中国青年网，2013-04-25.［2013-05-21］. http：//news. youth. cn/wztt/201304/t20130425_3147002_2. htm.

作者简介

[1] 张振威，1981年6月生，男，汉族，黑龙江齐齐哈尔，博士在读，清华大学建筑学院景观学系，风景园林立法，电子邮箱：Tommy2014@126. com。

[2] 杨锐，1965年10月生，男，汉族，陕西西安，教授，博导，清华大学建筑学院景观学系主任。

《诗经》植物解读一种

——《诗经》中常见植物意象对中国园林植物配置的影响

A Kind of Interpretation of the Book of Sings

——The Images of Plants in Book of Songs and Their Influences on the Structures of Plants in Chinese Gardens

章 杰

摘 要：通过对《诗经》中常见植物意象的分析，揭示中国园林在植物配置上所受到的文化影响。为以后在园林植物配置方面奠定一定的基础文化知识。

关键词：诗经；植物配置；植物意象

Abstract：The paper analyzes normal plants in the *Book of Songs*，and reveals the cultural influences they made on the structures of planting in Chinese gardens. This paper provides a sort of fundamental cultural knowledge for the future landscape garden's planting.

Key words：Book of Songs；Structure of Plants；Iimages of Plants

园林是反映社会意识形态的空间艺术[1]，植物作为构成整个园林四大要素中举足轻重的一员，自然也是社会意识形态的一种体现。中国无比厚重的传统文化，经过上千年的积淀，使得植物——作为一种如同文字一般，承载着文化底蕴的元素，在园林中起着特殊的文化传承作用。

在中国传统文化中，始终都是注重事物的意义与内涵的，而不是仅仅在意于事物单纯的外在表现形式。这种观念反映在我国园林植物的配置上就是注重植物的意境和象征意义，而不仅仅是欣赏植物的形状、颜色或是气味等[2]。

因此，从古代文学、哲学亦或是民俗特征这些层面上来研究植物的文化内涵以及其配置特色是很有必要的。

1 绪论

《诗经》作为我国最早的诗歌总集，其中各列国的诗人们或者说百姓们，也是最早从自然界中撷取花草树木用以入诗的。先秦时代的植物种类繁多、丰富多彩，呈现在《诗经》中的植物亦是异彩纷呈，性情流溢[3]。植物除了为人类生存和生活服务之外，古人因其特有的未开化的崇拜特征，还赋予了它许多来自人类自身思维活动的文化内涵，从而使植物成为文化的载体。

穿越逝水流年，这些植物依然保存着古朴与鲜润。《诗经》中的植物深深影响了后代文化。有关《诗经》意象的探析，一直是《诗经》研究领域不曾间断的课题。本文建立在前人对《诗经》中植物文化内涵、精神解读、文化传承等研究的基础上，试从园林植物配置的角度来对《诗经》中常见的植物做一分析。

2 《诗经》中常见植物分类记述

前人已对《诗经》做了诸多方面的研究，且《诗经》各种注释的善本也层出不穷，这为本选题的研究提供了良好的研究基础。下面就从《诗经》中几种常见的植物来一一做一分析。

2.1 桃树（*Prunus persica*）

桃树作为我国最为古老的树种之一，不乏各类文学作品对其进行描述。追其源头，早在《诗经》中便已出现多次对桃花（图1）的描绘。

图1 桃花

《诗经》中的名篇——《周南·桃夭》："桃之夭夭，灼灼其华。之子于归，宜其室家。"这里以桃起兴，生动地渲染出桃花盛开的春天，如花女子出嫁时的喜庆气氛。

在那个时代，桃花绽放的春天被古人视作青年男女谈情说爱、谈婚论嫁的良辰吉时。桃花被看成是婚姻爱情的时令之花，还蕴含着另一层美好的象征意义，即以桃花来形容美丽的女子。这与其本身色彩的艳丽迷人有着直接关系[4]。

而后世的诗篇亦是将这种精神的寄托传承了下来，桃花的盛开多与女子的美丽相呼应，桃花的败落多与家族的没落、女子容颜消逝相衬托。

如今，桃花依旧是春天的主题，依旧是代表美丽与爱意的象征。我们多用桃花来做春天的景色，常见的有在春季吸引游人的桃花专类园。同时，桃树也经常和柳相搭配，植于水岸边，形成岸边桃柳红绿相称的惹眼景色。

2.2 荷花（*Nelumbo nucifera*）

荷花在中国的文学艺术史上的重要性不亚于其在植物学上的特殊性。单是看看荷花有多少种别称便可略知一二：莲、芙蕖、泽芝、水华、菡萏，这些都是古代文人对于他们所钟爱的荷花而给出的名称，而且显然不是全部，这里仅仅列举了几种常见的名称。

荷花在《诗经》中也属常见，但其文化象征意义却与我们通常第一理解的那种"出淤泥而不染"的高洁情节相去甚远。

荷花在《诗经》中首先是以比喻美女的绝世容颜和身姿而出现的。在《陈风·泽陂》中有这样的描述："彼泽之陂，有蒲与荷。有美一人，伤如之何。寤寐无为，涕泗滂沱。"这里诗人很明白地是以荷花比喻美女。

究其缘由，除了荷花本身的色彩、姿态具有很高的审美价值以外（图2），其清新的香气也是这一意象不可或缺的审美元素。荷花或淡雅或艳丽的色彩配以亭亭玉立的姿容，给人带来的是悦目的视觉享受，再加上阵阵怡人的清香，让嗅觉感官参与进来，嗅觉、视觉多方位、多角度的调动，就使得荷花的审美内涵更加丰富立体[5]。其后很长一段时间里，莲都是以比拟女性质美而出现的，像曹植《洛神赋》中的"灼若芙蕖出绿波"、李白《古风》中的"美人出南国，灼灼芙蓉姿"等[6]。

图2 荷花

而莲作为出淤泥而不染的圣洁形象，最早是在《诗经》之后的《楚辞》中出现的。"集芙蓉以为裳"这句里

就已经将荷花作为高洁的代表来体现诗人的情志了。后来由于佛教把莲花作为圣物，更加增添了其高贵圣洁的品德特征。其后，经过古代文人一届一届的宣传与添加，荷花这个原本在《诗经》中单纯代表女人风姿或是表达古人对生殖崇拜的理想的植物，终于有了这样高洁的品质。

在园林植物配置方面，荷花因其之后的高洁特质，多被文人墨客所引入至自家庭院。像拙政园中的远香堂（图3）、留听阁、荷风四面亭，或是怡园的藕香榭，这些园子里的景点就是以荷花为原型进行命名的。这些优美的名称背后，都蕴含着古代文人的寄托与向往，而非单单的是植物本身了。这里荷花的配置问题，由于其特殊的生长习性，使得其配置上略显单一，基本是一方水池，池内栽植。当然，通常不会满池栽种，会留出一片水域作为透气之用，亦可养些鱼虾供主人玩赏。

图3 拙政园远香堂前的荷花池

2.3 梧桐（*Firmiana simplex*）

梧桐（图4）在南方的园林中实在是常见，后世关于梧桐的理解多处于一种孤芳自赏的文人特有的情怀之中。

图4 梧桐

然而，在《诗经》中，梧桐最开始的意象并非如此。《大雅·卷阿》这样引用梧桐这一物象："凤凰鸣矣，于彼高冈。梧桐生矣，于彼朝阳。萋萋萋萋，雝雝喈喈。"这里是在说，凤凰在梧桐树上站立鸣声。这是古代文学中常见的典故，象征着明君任用贤臣。引申表达出政治清明，天下太平的意思，是一种祥瑞树种。因此自古梧桐有一种昭示着贤臣择明君，天下祥和太平的象征意义。

在《鄘风·定之方中》中梧桐被这样描述："定之方

中，作于楚宫。揆之以日，作于楚室。数之榛栗，椅桐梓漆，爰伐琴瑟。"从这首诗中可以看出，在古代，梧桐作为木材，可以用来做琴瑟。古代的琴瑟是一个人高贵身份的象征。所以，梧桐兼而有了这种高贵的意义。

同时，在《小雅·湛露》中这样写过梧桐："其桐其椅，其实离离。岂弟君子，莫不令仪。"这里前两句兴中兼比，用梧桐的枝繁叶茂、果实离离形容君子之风。梧桐与人格象征关系体现在《诗经》的《大雅·卷阿》和《小雅·湛露》中，在士大夫为主体的雅文学中，这是应给绵延不绝的传统[7]。

其后，当人们的生产力水平达到一定的高度，不再仅仅局限于对梧桐这种植物的生产角度的研究之后，通过观察该树种的物候变化，发现梧桐在秋天是最早落叶的阔叶树种之一。

《诗经》后不久出现的《九辩》有"白露既下白草兮，奄离披此梧木揪"之句。对于心情悲苦的人来说，肃杀的秋天，梧桐叶落，触目成愁。于是，梧桐又与秋、愁有了不解之缘[8]。后世之于梧桐之感多有愁殇之喟叹，少了几分起初的高贵的豁达之感。

梧桐在园林中配置的典型要数苏州的怡园"碧梧栖凤"这个景点了。这里很意外地使用了第一种意象特征，表现主人对天下祥和的心愿。

2.4 梅（*Prunus mume*）

梅花一直以来都是文人骚客颂咏的对象之一，其独傲霜雪的高洁也一直以来被人们引用拟设。然而梅在《诗经》中最开始的象征意义却并非如此。

诗经中的《秦风·终南》、《陈风·墓门》、《曹风·鳲鸠》、《小雅·四月》、《召南·摽有梅》都提到过梅这一意象。其中最有名的是《召南·摽有梅》："摽有梅，其实七兮。求我庶士，迨其吉兮！摽有梅，其实三兮。求我庶士，迨其今兮！摽有梅，顷筐塈之。求我庶士，迨其谓之！"此诗以梅起兴，描绘了抛梅传达爱情的故事。纵观整部诗经，梅最为主要的是被古人们关注到其果实而非其独立严寒的生态习性。

这个问题很好理解，当时的社会文明发展不够充分，人们对事物的认知停留在果腹充饥的阶段，容易注意那些让人们产生食欲的事物也是正常的。所以，这一时期梅的审美价值尚未被认识到，文化意蕴尚未形成。单从文学作品中来说，直到中唐，梅的中国性质的文化品质才真正被人们所接受。宋代所提出的"岁寒三友"进一步将梅的品德提高到了与以来已久的"松竹"一个层次[9]。

在园林植物配置方面，由于后世逐渐对梅花的生长习性、清淡的香气有所了解，才形成了赞赏梅花凌寒独自开的品质与赞扬夹雪幽香的特质。配置方面也必然会由此引申，以杭州灵峰山下的灵峰探梅景点（图5）为例来说，灵峰探梅位于西湖的西面，林木掩映，环境清幽。几大景区之内，有孤植梅以赏姿，多群植梅以赏气象。

在园林中，也常用梅来作为春景的点题之笔，如拙政园的雪香云蔚亭便是一例。这里的雪香即是梅香，梅既象征着春季的将至又隐含着冬季的元素。

图5　杭州灵峰山下灵峰探梅的梅花

2.5 杨柳（杨柳科 Salicaceae）

杨和柳的意象在古代常常放在一起作为一个组合来讨论，比如我们熟知的"昔我往矣，杨柳依依"。杨和柳放在一起"打包"形成组团意象以来已久，所以，当我们念惯了杨柳，也就不怪那么多人都以为真有这种叫做"杨柳"的植物存在了。

垂柳外观枝条柔婉曼曼，在《诗经》中更是被写出了多情的感觉。《小雅·采薇》："昔我往矣，杨柳依依。今我来思，雨雪霏霏。"诗中描写"去"和"回"这两个不同的时段，带着不同的心情，也就用了不同的意象。前者，去，用杨和柳的姿态来形容离别之景；后者，回，用雨和雪的天气来形容归家之路。沧海桑田，时光荏苒，自然地使前面杨柳的意象带上了不舍惜别和远离家乡前途未卜的凄苦之情[10]。

杨柳的搭配在园林中的应用很常见，尤其是在岸边，所谓岸边垂柳之类。岸边的栽植主要以列植为主，形成一定的景观视线，强调岸边悠然的感觉。在这其中最为著名的例子便是西湖的柳浪闻莺（图6）了。成列而植的垂柳轻抚水面，在现代的社会中似乎少了几分古时的萧瑟之感，多了几分温婉的柔和与宁静。

图6　杭州西湖柳浪闻莺处的垂柳

2.6 竹（竹亚科 *Bambusoideae*）

竹在传统文化中一直以儒雅、君子的代表而存在。其实，这种文化内涵在《诗经》中便已有体现。

《小雅·斯干》中这样描述竹："秩秩斯干，幽幽南山。如竹苞矣，如松茂矣。兄及弟矣，式相好矣，无相犹矣。"竹子丛生，盘根错节，郁郁葱葱的意象含有家族兴旺发达、兄弟相亲相爱的美好愿景。

《卫风·淇奥》中以绿竹起兴："瞻彼淇奥，绿竹猗猗，有匪君子，如切如磋，如琢如磨，瑟兮僩兮，赫兮咺兮，有匪君子，终不可谖兮。瞻彼淇奥，绿竹青青，有匪君子，充耳琇莹，会弁如星，瑟兮僩兮，赫兮咺兮，有匪君子，终不可谖兮。瞻彼淇奥，绿竹如箦，有匪君子，如金如锡，如圭如璧，宽兮绰兮，倚重较兮，善戏谑兮，不为虐兮。"此诗暗示和象征道德中由"如切如磋，如琢如磨"到"如金如锡，如圭如璧"的质美德盛的境界。其中充分体现了竹子温润清雅、日益精湛的君子之风[11]。

竹在后代的传承上，依旧保持着其雅静高贵的品质。无论是竹的中空、竹的挺拔、竹的抽节生长还是竹的繁衍，都被赋予了各种与品德相关的美好赞誉。竹、松、梅经常作为"岁寒三友"出现在园林、绘画作品当中；竹与兰经常作为"竹兰"这一特定的象征高洁品质的组合一起出现。

在园林配置上，由于竹的生长习性，多丛植。丛植而生，有大片的竹林配置，亦有几株修竹加以点题点缀之用法。其中的范例不胜枚举，例如苏州沧浪亭的翠玲珑（图7），那里一座极幽静的庭院。仅以单一修竹群植成林，表现出一种难名的幽静。

图7　苏州沧浪亭内翠玲珑周边竹景

另外一种片植的手法在北京的紫竹院公园里的应用很明显。虽然紫竹院公园是以珍稀竹保护为一定功能而进行建造的，但是在满足竹的生长习性的前提下，该公园还是有的放矢地进行了种植规划。有成片成片的竹丛，亦有几株的竹丛，更加显得疏密有致。

2.7　松（松亚科 Pinoideae）

松一直以来因其四季常青，寿命又常，多被当做长寿尊敬的象征；同时，又因为其遒劲的身姿，被赋予刚毅阳光的形象特征。松的这些文化内涵，在《诗经》中便有体现。

《小雅·斯干》中写道："秩秩斯干，幽幽南山。如竹苞矣，如松茂矣。兄及弟矣，式相好矣，无相犹矣。"这里用青松起兴，写到兄弟相亲相爱，家族和睦昌盛。这里的松是昌盛的象征。

《小雅·天保》中写到："神之吊矣，诒尔多福。民之

质矣，日用饮食。群黎百姓，遍为尔德。如月之恒，如日之升。如南山之寿，不骞不崩。如松柏之茂，无不尔或承。"这首祝福君主的诗，咏叹天降百福，人民安居乐业。后来演变为常用于祝寿的吉祥语"寿比南山不老松"，为青松确立了一个恒久的长寿形象。

《诗经》赋予松这一意象的特征，经过几千年的传承，甚至没有太大的改变。一些我们现在熟知的俗语，如"寿比南山不老松"、"松菊延年"、"松柏同春"、"松鹤延年"等，都体现了这个问题。因此，中国园林中多种植松柏来体现高洁的品质。如苏州网师园的"看松读画轩"、拙政园的"听松风处"、承德避暑山庄的"万壑松风"等。

在园林的配置上，松因其体型的高大挺拔，经常作为背景来使用。如前面提到的灵峰探梅景区，在品梅苑入口处就以黑松作为背景来衬托前面绚烂的梅花（图8）。

图8　灵峰探梅品梅苑入口处的黑松衬景

另外的配置方式中，也有孤植松以强调悠扬肃穆的气氛的范例，如网师园中部主景区的看松读画轩（图9）。若是倚窗南望，湖石树坛内白皮松、罗汉松、黑松和其他植物错落有致，秀美可餐。这里的"松"以白皮松为主景，辅以其他类型的松类植物，亦有圆柏相称，都是常青树种。松既体现了主人高洁坚韧的品德信仰，也能在寂寥的冬日增添青葱之感。在轩内读到的，确实是一幅极具神韵的画面。

图9　网师园看松读画轩旁边的松树

此外，还有片植松来创造幽深的意境的做法。如拙政园中部的松风水阁（图10），该建筑临水而建。水阁东

部有黑松数株，若有风拂过，松枝摇曳，松涛悦耳，实为一处赏景妙处。

图10 拙政园松风水阁周边黑松

此处用黑松来点题，因为黑松枝干横展，树冠如盖，针叶浓绿，在有限的空间里能更好地营造出幽静的氛围。同时，松，作为文化载体，象征着高洁的人格，也体现出园子主人的思想形态。

纪念性园林绿地，还常用松来表现庄严肃穆的气氛，同时可以象征被纪念人或历史事件所代表的如同古时传承下来的高风亮节的情操。

综上所述，松类植物，可孤植可丛植，可作为景区的中心景观树也可背景进行点缀。而其代表的文化内涵，所承载着的刚毅高洁的品质也能体现出来。

3 结语

在上古先民的思想观念中，自然界的飞禽走兽、花草树木，它们的生命和人类相贯通，它们和人共同连接成一条生生不息的生命链条。在《诗经》绚丽多彩而又浑朴原始的自然风物的描写中，处处蕴涵着大自然热烈而和谐地生命跃动。在《诗经》所描绘的自然生物中，形态各异的植物生命是其着意表现的对象。通过诗人的歌咏而进入诗篇的植物承载着先民的希望，代代相传，定格为集体精神的契约。这些契约并未能够触摸得到的实物，但却真真切切存在于我们的日常生活中，是不容忽视的。

在中国园林艺术中，特别是中国古典园林艺术中，园林植物成为表达造园者思想和意志的重要载体，反映着人们的精神生活，从未极大地丰富了园林的抒情意味，也深化了园林的意境，升华了园林艺术的感染力[12]。我们在现代做园林设计植物种植规划的过程中，也不能无视亦或是不了解这些植物所代表的文化内涵，而应该深入地研究它，让它为我们的设计与规划更好地服务。

参考文献

[1] 陈琦. 植物的文化内涵及其在园林中的应用[C]. 浙江农林大学硕士论文，2010.

[2] 赵滢. 中国传统云林植物的人文思想[J]. 杨凌职业技术学院学报，2007，6(1)：26-28.

[3] 黄丹丹. 《诗经》中的植物及其文化解读[C]. 西北师范大学硕士论文，2010.

[4] 孙莹. 《诗经》植物意象探微——物我互通 生命一体的信仰及其艺术表现[C]. 东北师范大学硕士论文，2002.

[5] 邱美. 《诗经》中的植物意象及其影响[C]. 苏州大学硕士论文，2008.

[6] 孟修祥. 论中国文学中得莲荷意象[J]. 荆州师专学报，1997：39.

[7] 俞香顺. 中国文学中的梧桐意象[J]. 南京师范大学文学院学报，2005：91.

[8] 高卫红. 论古典诗词中的"梧桐"意象[J]. 河南社会科学，2005：111.

[9] 王晓燕. 中国古典诗歌中梅花意象的变迁及其审美价值[J]. 职大学报，2010：010.

[10] 张媛媛. 园林植物配置中文化性的体现[J]. 生态建设，2004：65.

[11] 董晓璞. 中国古典园林的文化内涵与意境营造[C]. 西北农林科技大学硕士论文，2007.

[12] 陈巍. 中国古典园林文化内涵的美学研究[J]. 北京建筑工程学院学报，2001，17(1)：65.

作者简介

章杰，1989年3月生，女，汉族，江苏，北京林业大学城市规划与设计专业硕士在读。电子邮箱：zhaozhaosophia@gmail.com

《诗经》植物解读一种——《诗经》中常见植物意象对中国园林植物配置的影响

城以水兴·城水一体[①]
——扬州城遗址保护思路研究

City Flourished by Water，Fusion with Water
——Study on the Conservation of Yangzhou City Site

赵　烨　王　玏

摘　要：扬州城国家考古遗址公园是国家唯一全城遗址公园，扬州城因水而兴，其城市发展与水系的历史变迁密切相关。研究扬州城因长江南移使城市的格局发生变化以及城市的功能由政治、军事向经济、文化的转变，水系的位置和功能随之改变；扬州城滨水历史风貌主要表现为不同历史时期盛景各异、河运海运繁忙、湖上园林兴盛等特征。笔者认为扬州城遗址应探索城水一体的保护思路，即以历史水系为基础，以扬州城历史文化的保护、展示与合理利用为核心理念，梳理城水关系、加强现状水系的沟通联系进行整体保护。

关键词：扬州城遗址；城市；水系变革；历史风貌；保护

Abstract：Yangzhou City National Archaeological Site Park is the only national park site in China Yangzhou is flourished by water，its urban development and historical changes of water are closely related. This paper studied on the perspective of the evolution of water system and historic scenes，explored the conservation thought of Yangzhou City Site. That is basic on the historical water system，considers the protection，display and rational utilization of Yangzhou's history and culture as the core concept，combines the city with water and strengthens the association of contact water.

Key words：Yangzhou City Site；City ；Evolution of Water System；Historic Scenes；Conservation

扬州城遗址（隋至宋）作为全国重点文物保护单位之一，其范围包括隋江都宫城及东城，唐扬州城的子城和罗城，宋扬州城的宝祐城、大城和夹城（图 1）。本文着力从大遗址保护的角度出发，以扬州城发展与水系变革的关系为基础，研究水系演变的原因和滨水历史风貌特征，进而阐述水系在扬州城遗址保护中的核心价值，探索城水一体的扬州城遗址保护思路。

1　城以水兴的扬州城市发展概述

扬州古代城池多次兴废变迁，由于长江岸线南移和运河水道变化，城池大致经历了一个由北向南、从冈阜到平原的历史变迁过程。依次为：春秋吴国邗城—楚广陵城—秦广陵县—西汉吴国、江都国、广陵国都城—东汉广陵郡—三国吴广陵城—东晋广陵城—隋江都郡—唐扬州子城、罗城—宋三城的格局变化。扬州城的兴衰与水系的兴衰有密切联系，大运河的荣辱史更是扬州城一本发展史的概述。春秋时期，吴王夫差开凿邗沟，沟通江淮，促进扬州农业与航运的发展；西汉刘濞开盐河，百姓"煮海为盐"，扬州经济达到第一个高峰；唐代扬州江海交汇、城以水兴，不仅大运河河运繁忙，但见"连舻百里、帆樯蔽日"，海上丝绸之路港口繁忙，经济达到第二次高峰，"富庶甲天下，时 人称扬一益二"。[1]直至清中期，扬州再次成为盐业和漕运的枢纽，其经济出现了第三次高峰。

2　扬州城遗址历史水系变迁

2.1　扬州城历史水系的演变

"西周时期，今扬州西北郊一带始建干国（后称邗）。公元前 486 年，吴王夫差在此筑邗城。"[2]又"东周，周敬王三十四年吴王夫差开凿邗沟，沟通江淮。"[2]这是扬州有史料记载的最早的河道，是京杭大运河的开凿之始。西汉吴王刘濞在广陵兴修水利，开运盐河西自扬州湾头，东至南通、盐城各盐场。百姓煮海为盐，国度富饶，"江淮以南无冻饿在一人，亦无千金之家"。[2]东汉张纲在东陵开张纲沟，引湖水灌田。陈登于白马湖开凿水道，缩短了邗沟的长度，改善了由长江入淮的航行条件，史称邗沟西道；陈登还开凿扬州五塘，有利于农业排灌。

隋文帝欲南下灭陈，"于扬州开山阳渎，以通漕运。"[3]后开邗沟东道，扩大了运河的范围。现存射阳湖段河道和老三阳河南段一部分。射阳湖段河道从春秋时期到明代初年都是邗沟的主线河道，至今尚存 20km。隋炀帝"发河南、淮北诸郡民，前后百余万，开通济渠。"[4]同年，又"发淮南十余万开邗沟，自山阳至扬子江。"[4]，沟通了淮河、黄河、长江，此为大运河的开端。

唐代扬州的城市格局为唐子城、罗城，唐代子城是前城的延续，罗城则因运河的贯通而生长。其水系主要是官

①　基金项目：华中农业大学自主科技创新基金项目（编号 2013QC38）资助。

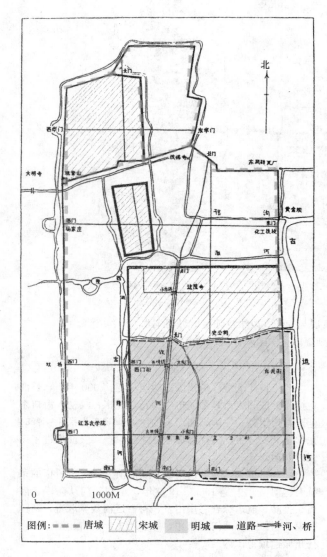

图1 历代扬州城的范围（改绘自蒋忠义，王勤金，李久海，俞永炳．近年扬州城址的考古收获与研究［J］．东南文化，1992．）

河保障河、玉带河、市河、古运河以及城濠（图2）。扬州作为长江入海的门户位置，其运河和海运均为其经济出现第二个发展高峰奠定了基础，是谓"江淮之间，广陵大镇，富甲天下。"

宋三城的城市格局决定了水系的增加，蜀冈北面的宝祐城、蜀冈南面的宋夹城和周小城均有护城河，宋代的扬州城街道繁多，市井分散，因而水系的分布也较为密集，城市内水运发达（图3）。北宋的范仲淹筑范公堤，南宋黄万顷筑南北塘，均为促进农业的发展做出突出贡献。

明清时期的城市格局在宋大城的基础上由小秦淮河分为明旧城和明新城。水系有城址周边的城濠（图4），市内街道繁华，水路通达。"自南水关抵北水关市河，江岸直街为南门、盐院、北门三大街；西岸直街为南、中、北三小街"。[5]

2.2 历史水系变迁原因

因长江南移使城市的格局变化，其城市功能由政治、

军事向经济、文化转变，城市水系功能由护城河的军事防御功能向漕运、农业灌溉、园林风景转变。

2.3 扬州城城水关系变迁

2.3.1 城市空间格局历史变化

长江旧临蜀冈南缘，在蜀冈之北建城，后长江水道不断南移，蜀冈之下渐次着陆，城市格局从西北冈阜向南部平原拓展，城市面积不断扩大，布局趋近合理。吴王夫差在蜀冈筑城开邗沟，是扬州筑城之始。史料记载，从前486年至明嘉靖年间，扬州总共修筑城池18次。由原来的宫城和防御城池一体变为西北防御、东南宫城的格局。从南宋宋大城起至今，扬州城池已完全离开蜀冈，一直在平原建设城市。明代形成新旧两城，在东南平原上相连，南临古运河，北临北城河（潮河），西临保障河，呈方形城厢。明清以来，扬州城一直以此为城市建设基础。

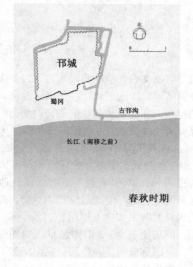

图2 春秋时期城池及水系（改绘自陈薇．城河湖水一带绿杨城郭一体——扬州瘦西湖研究二则．［J］中国园林，2009.10.）

图3 隋代城池及水系（改绘自隋江都城平面复原图，顾风，2000）

2.3.2 主要水系的功能演变过程

（1）古运河功能演变：古运河始凿于邗沟，春秋吴王夫差筑邗城开邗沟，用于军事防御和运输粮草。东汉陈登

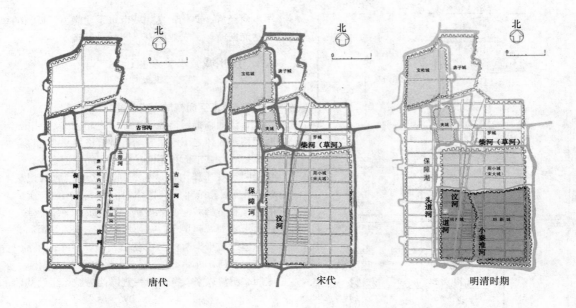

图 4　扬州城遗址内唐—宋—明清时期水系的发展与变迁（改绘自陈薇．城河湖水一带绿
杨城郭一体——扬州瘦西湖研究二则．[J] 中国园林，2009.10.）

开凿邗沟西道，隋文帝开凿的邗沟东道，以及隋炀帝复开邗沟，并开通济渠，沟通了长江、黄河、淮河，成为当时南北交通的枢纽。邗沟的功能从防御转向交通枢纽。

（2）保障河功能演变：古代保障河是指沿宋大城西城墙的护城河，直到元末保障河西北颓圮，嘉靖十八年（1539 年）疏浚，变成水面略宽的保障湖。原宋大城西壕南段成为头道河和二道河两重护城河。[6]清代改保障湖为瘦西湖。保障河是官河，交通运输作用重要，因其沟通长江和运河，也具有防汛和守卫作用。

（3）潮河的功能演变："旧为运草入城的便道，故又谓之草河。"[5]，旧称柴河、高桥河、高潮河等。沿宋大城北城墙流经，功能从运输转向防御。

（4）小秦淮河功能演变：俗名内城河，旧称新城市河。明嘉靖年间为分隔明新城、旧城的城濠。其具有运输、排水作用。

（5）长江下游（扬州段）功能演变：7000 年前，长江在扬州镇江间入海，蜀冈边缘即长江北岸；汉初入海口东延至泰州附近；三国，蜀冈下的沙滩地演变为平原；晋时东移至海安以下，清代形成今日之江岸[2]。长江促进了扬州的航运。

（6）京杭大运河（扬州段）功能演变：时下所指的京杭大运河实际上是 1958—1960 年，水利部门从防洪、灌溉、排涝、航运综合利用出发，将古运河裁弯取直，新辟直道。它位于古运河的东边，并非历史上的古运河，不在扬州城遗址范围内。

2.3.3　各历史时期滨水历史风貌特征

扬州城遗址各历史时期滨水历史风貌特征（自绘）　　表 1

历史时期	扬州城水系位置及范围	水系功能	滨水历史风貌特征	水系与扬州城遗址的关系
春秋吴国	邗沟位于邗城的东侧，向北连接淮河，向南沟通长江	交通运输、军事防御	吴王夫差开凿邗沟，沟通江淮，为争霸中原，解决军粮和辎重的运输。但河线迁曲、湖面辽阔、风紧浪高、航行困难	广陵城，城池位于蜀岗上，城池面积较小，邗沟绕其东部流经，沟通江淮
西汉吴国	自茱萸湾通海陵、如皋、蟠溪。此吴王濞所开之河。今运盐道也[5]	运输、盐业	吴王刘濞开凿盐河，百姓"煮海为盐"，生活富裕。水上呈现一片富饶繁忙之景。	沿用邗城格局，水系位于城池边缘
东汉	陈登于白马湖凿水道（邗沟西道）缩短邗沟长度改善运输条件	运输、农田排灌	运输条件改善，水中帆船运输忙碌	沿用邗城格局，水系位于城池边缘
隋	隋文帝开山阳渎，史称邗沟东道；隋炀帝开通济渠，复开邗沟，自扬州直接向北不向东绕道，大运河开端	御河、漕运	隋炀帝乘龙舟三次巡幸江都，南下船队"舳舻相接二百余里"，时称"流动宫殿"。大运河的开通，使得水上"晨昏潜运，沿溯不停"	隋江都作为陪都政治地位特殊，水系开凿使城市呈现面江、背淮、临海、跨河的盛景

历史时期	扬州城水系位置及范围	水系功能	滨水历史风貌特征	水系与扬州城遗址的关系
唐	唐扬州城址包括子城、罗城，水系有瓜洲运河、古城濠。其经济出现历史的第二次高峰，滨水风光带开始出现标志着园林的兴起	河运、海运、游憩	"江海交汇，城以水兴。"大运河是南北运输的大动脉。扬州还是海上丝绸之路的东方四大商港之一，海运发达，向京往波斯、大食、东非等运输货物。"二十四桥明月夜"的诗句体现了园林的兴盛	唐代蜀冈与长江间的河滩地渐成重要的江南物资转运集散港埠，蜀冈下河道两侧慢慢形成市街和码头
宋	宋三城格局，街道繁多，水系多沿城墙边界分布	防御、运输	宋元时期市河附近经济繁荣，商市的分布突破了集中市肆的方式，而是沿一些街道分布，形成繁华的商业街	宋三城格局决定了水系连接密切，其防御功能因水系而更加完备
明清	基本延续宋的城市格局，小秦淮河将南部城池分为明旧城和明新城。水系有保障河、古运河、小秦淮河、邗沟、潮河	漕运、御道、游憩	明代《嘉靖惟扬志》记载"城外四园皆通舟"[7]，明代城内河运发达。清代扬州是南北漕运和盐运的咽喉，经济文化高度繁荣。皇帝南巡，多次开御道驻留扬州，由北门经瘦西湖到蜀岗沿岸有二十四景，此时滨水风貌兴盛。《扬州画舫录》记载"明园驻辇度行徐"、"十里扬州画不如"[5]，湖上园林进入鼎盛期	明清城址比宋代缩小，集中在原城址的东南边，此时城内街道较多，水网遍布，水陆运输发达，滨江带景色秀丽。瘦西湖上更是画舫箫鼓，富丽奢华，风景隽秀

2.4 扬州城水系现状与保护价值

扬州城遗址内的水系现今基本保留了古邗沟、古运河、保障河（包括瘦西湖）、漕河（古柴河、草河、潮河）、小秦淮河、头道沟、二道沟（部分被填埋），汶河已完全被填埋为汶河路（图5）。其原有的运输防御功能虽已不复存在，但是湖上园林的景致依然是扬州城旅游、历史、文化的特色。对于追溯历史、学习古人园林设计之精髓亦有重要意义。大遗址保护的价值重在精神层面，是加强文化建设的需求，扬州城水系的保护价值体现在促进经济的可持续增长、文化的繁荣昌盛和社会的发展进步。其科学、艺术和文化价值对扬州的文化建设具有重要的作用。

3 整合城水关系的扬州城遗址保护思路

扬州水系的变迁史体现了扬州的城市发展过程，因而历史水系的保护与利用规划在扬州城遗址公园的规划中具有重要意义。国家考古遗址公园的理念核心是在保护的前提下展示利用，将具有展示价值的遗址本体及其周边历史环境及人文环境向游客展示，让游客体验感悟历史，增强民族凝聚力和自豪感，增强对大遗址的保护意识，实现遗址保护与文化、经济产业的可持续发展。[8]从国家考古遗址公园建设的角度出发，扬州城遗址保护的核心应将其本体及历史环境一同展示，历史水系是扬州城遗址保护的核心所在。

扬州城遗址的保护应该基于历史水系的变革，以瘦西湖和大运河的保护为重点，以扬州城历史文化的保护、展示与合理利用为核心理念，加强现状水系间的沟通联系，增强城水关系间联系的整体保护。

3.1 城水一体的整体保护

扬州城市的兴衰与水系的兴衰联系密切，通过对水系的整体保护，加强唐子城、宋夹城和宋大城三座城池的联系。不孤立的对城市现有格局进行保护，而是有效的通过水系间的联通加强历史文化保护。唐城遗址公园（图6）已经修建，宋夹城遗址公园（图7）正在修缮过程中，

图5 扬州城遗址内水系现状图（作者自绘）

瘦西湖（图8）风景名胜规划（1982—2000）也已在逐步实施。扬州城遗址的美丽历史风貌正在风景园林引领美丽中国的脚步下逐步进行科学的规划和展示。

图6 唐城遗址公园现状（作者自摄）

图7 正在修缮的宋夹城遗址公园（作者自摄）

图8 瘦西湖风景名胜区现状（作者自摄）

3.2 因水而活的动态保护

扬州的城市发展体现了城以水兴的特点，扬州城遗址的保护要在尊重原有水系历史的基础上进行动态的保护，因水而活。基于大遗址保护的动态规划理论，其保护应该是分阶段的，其保护思路不应囿于对水体的本体保护，而是应该结合水系历史的展示、增强公众参与性的积极的动态保护方法。规划设计滨水风光带、修建遗址博物馆、增加滨水活动、甚至开通水路交通的方式都可以再现扬州城昔日的繁华。

3.3 从线到面的全面保护

水系的本体是线状的，但是贯通的交织的网状的水系却能覆盖一个较大的范围。基于古邗沟、古运河、保障河（包括瘦西湖）、潮河、小秦淮河的水系连通，带动整个城市的全面协调可持续发展，扬州城遗址的保护就应该做到在保护线状水体的基础上以线带面的全面保护，扬州城遗址的保护是推动扬州城市发展的核心所在。

小结

晚唐"扬一益二"的极盛和明清"扬州估客豪"的繁荣，使得扬州积淀了深厚的历史文化底蕴，历史的风貌历历在目，现代人在此的游赏活动可感知历史、尊重历史，充分感受古代扬州城的兴盛。城以水兴，城水一体的扬州城遗址保护思路研究旨在为唯一的全城遗址公园提供可行的保护思路，基于历史水系的文化建设基础，在风景园林引领美丽中国的视野下，为扬州的城市发展注入新的活力。

参考文献

[1] 资治通鉴. 唐昭宗景福元年(829年)条.
[2] 扬州市志[M]. 江苏省扬州市地方志编纂委员会. 1997：3，975，989.
[3] 隋书·卷1·高祖上.
[4] 资治通鉴·卷180·隋记4.
[5] （清）李斗. 扬州画舫录[M]. 北京：中华书局，1960：188，18，15，14.
[6] 陈薇. 城河湖水一带绿杨城郭一体——扬州瘦西湖研究二则.[J]中国园林，2009(10).
[7] （明）盛仪. 嘉靖惟扬志.
[8] 赵文斌. 国家考古遗址公园规划设计模式研究[D]. 北京：北京林业大学博士毕业论文，2012.

作者简介

[1] 赵烨，1989年生，女，华中农业大学风景园林学在读硕士研究生，研究方向为可持续风景园林规划设计与理论。
[2] 王功，1984年生，女，博士，华中农业大学风景园林系讲师，研究方向为风景园林规划与设计。

美国国家公园系统文化景观清查项目评述①

Review on Cultural Landscape Inventory of National Park System in America

赵智聪

摘　要：20 世纪 90 年代美国国家公园管理局开始了国家公园系统的文化景观保护和研究。其一系列举措中，文化景观清查项目得到了较为充分的发展，形成了一套完整的清查体系。该项目具有明显的层次性、明确的优先性推荐方法等特征，形成了以景观要素为基本单元的清查途径，同时与其他管理体系并存。文章分析了上述特征的利弊。

关键词：文化景观；清查；美国国家公园系统；评述

Abstract：In 1990s, the U. S. National Park Service（NPS）began to work on cultural landscapes protection and research in National Park System. Among series of policies and programs of NPS, the project of Cultural Landscape Inventory (CLI) was developed as a complete system. The main characteristics of the CLI are in three aspects. The CLI has a obvious hierarchy structure, and a specific priority selection method. The inventory is based on the landscape elements. Other management systems of historical and cultural resources are the complementary of CLI. The paper analyzes the pros and cons of the above characteristics.

Key words：Cultural landscape；Inventory；NPS；Review

1　概述

20 世纪 90 年代，美国国家公园管理局（National Park Service，NPS）开展了国家公园中文化景观的研究、保护与管理工作。1990 年，国家公园管理局办公室确立了文化景观项目的地位。其中，文化景观清查项目（Cultural Landscape Inventory，以下简称 CLI）是 1992－1994 年国家公园系统所提出的 5 项措施之一，该措施得到了财政支持而得以实施，在美国文化景观研究与保护管理中具有重要意义。[1]

CLI 被设计为一种相对完整的清查项目，用以帮助土地管理者"规划、按程序实施、记录措施和进行管理决策"[2]。CLI 的 3 个主要功能是：（1）定义和定位文化景观；（2）搜集文化景观信息；（3）进行文化景观整治、提供管理决策。[3]

2　文化景观清查项目介绍

2.1　实施主体

CLI 的实施主体涉及了美国国家公园系统管理结构中的三个层次：国家中心（National Center），区域/组团②和公园。CLI 的清查方法和内容由位于华盛顿的国家中心和区域/组团层次的工作人员共同制订。

国家中心主要负责提供培训和技术支持，并确保关于 CLI 的导则符合其他相关法律的要求。CLI 项目最初发布于 1996 年，最大的一次修改发生在 2000 年[1]。这次修改之后，CLI 的主要职责由原来的国家中心转向了区域/组团层次。

区域/组团层次的工作人员来完成更多的更为直接的工作。他们负责搜集国家公园中关于文化景观的信息，对国家公园中的工作人员提供培训和技术支持。每一个区域都必须每五年制定一次规划，用以确定进行本区域文化景观清查的战略和优先度（Priority），并在每一财政年进行更新。在每一财政年结束时（9 月 30 日），区域办公室须向国家中心提交一份最新的关于文化景观清查的报告，进而更新国家数据库。上述工作由每个区域办公室的一名专职负责 CLI 的工作人员管理。

尽管每一国家公园中的工作人员在最初并没有被赋予责任，但是他们协助了区域办公室的工作人员完成文化景观的清查工作。他们建立优先策略以获取财政支持和工作人员的配置，维持计划的实施等。他们还负责开展文化景观解说教育方面的项目。如果有哪些公园外的土地与公园内的文化景观发生了联系，那么他们负责与临近的社区开展合作和共同管理。

2.2　CLI 的层次和内容

CLI 被设计为一套具有递进关系的清查程序，共分为从 0 至 3 的四个层次，每个层次都比前一层次的清查更为全面、具体和深入，并且要做出是否进入下一层次清查的结论。

层次 0：公园观察调查（Park Reconnaissance Survey）。该层次的主要内容包括 3 个方面，一是进行文化景

---

①　国家自然科学基金资助（51008180）。

②　美国国家公园系统中划分了 7 个区域，其中有些区域又划分为两到三个组团。

观基本信息的清查，包括景观的组成部分的现状数据、存在的威胁因素等；二是基于基本信息的清查，判断缺失信息的类型，决策进一步搜集信息的类型，或判断公园是否需要新的规划或其他建设项目；三是使用一个评分系统来确定进一步进行文化景观清查的优先度，获得最高分的文化景观具有进一步进行文化景观清查的优先权也就是识别出优先进入下一层次清查的文化景观。层次 0 的结果包括一份重要景观的"陈述清单"，进入层次 1 和层次 2 的战略或研究需求。

层次 1：景观观察调查（Landscape Reconnaissance Survey）。该层次的主要内容包括 3 个方面，一是进行现场调研，整理与文化景观相关的全部资料，并进行历史研究；二是评价景观和景观组成部分的完整性和重要性；三是根据威胁程度来确定进入层次 2 的优先度，威胁因素包括可能与国家登录（National Register）要求的资源状况相悖的建设工程的存在。层次 1 的结果应包括"潜在重要景观陈述清单"，资源管理规划（Resource Management Plan，以下简称 RMP），进入层次 2 的战略或研究需求。

层次 2：景观分析与评价（Landscape Analysis and Evaluation）。这是一个更为详细的调查，用来确定景观的特征和面貌。对于具有国家登录地位的景观或景观组成部分，CLI 过程具有优先性，第二层次的完成需要州历史保护办公室（State Historic Preservation Office，SHPO）决定它是否具有进行国家登录的价值。该层次的主要内容包括 3 个方面：一是现状评估，如果已经进行过现状评估，需要提供相关措施的实施记录；二是确定物质景观的面貌或特征是否对资源的重要性有所贡献；三是基于是否需要更详细的调查和研究，或资源管理的需要，来确定进入层次 3 的优先度。层次 2 的结果应包括以下内容：修

订的场地地图；层次 2 表格，即协调审查报告（Coordinator Review Report）；国家登录申请，进入层次 3 的战略、技术协调报告，以及相关的公园信息。另外，如果已经进行过国家登录或文化景观报告（Cultural Landscape Report，CLR）的编制，层次 2 可以省略这两项成果。

层次 3：特点清查与评估（Feature Inventory and Assessment）。这个层次被视为一项独立的工作，来更为细致的鉴别所选出的景观的特征。它关注那些被层次 2 认定的重要景观或景观要素的物质面貌。包括现状评价，措施所需的花费等具体内容。在该层次中，景观的历史和特点应该予以记录，还需要有较为详尽的图纸。因为这个层次只涉及单个的文化景观，因此不对层次 2 的信息进行修改。

2.3 确定优先性

在 CLI 每一层次的清查中，都要对所清查的文化景观是否能够进入下一层次的清查进行优先性的评定，获得优先性的文化景观进入下一层次的清查，并制定相应的保护和管理策略。

优先性的确定基于两天基本原则，一是重要性，二是完整性。

CLI 设置了《优先性计分表》用以计算每处文化景观的优先性得分，根据得分高低判定是否进入下一层次的清查。该表的内容分为 2 部分，第一部分为文化景观的基本信息，如名称，景观单元的名称，上一尺度的景观（景观母体），及下一尺度的景观（景观要素）的名称，分类，CLI 完成情况，描述，威胁等。第二部分为标准与分数，共有 4 条标准，如下表所示。

《优先性计分表》标准与分数部分　　　　　　　　　　　表 1

1. 很少或没有关于具体景观或景观要素的信息，缺少数据和文件，对资源保护和管理带来负面影响：	
• 没有完成层次 2 的清查（只完成了层次 0 或层次 1）	5
• 部分完成了层次 2 的清查（分析部分没有完成）	3
• 完成了层次 2 的清查（CLAIMS 可能没有完成）	1
得分：	
2. 需要进行层次 2 的清查，以为公园规划、设计、建设或资源管理项目提供基本信息	
• 项目计划开始于 1—3 年内	5
• 项目计划开始于 4—5 年内	3
• 项目计划开始于 5—10 年内	1
得分：	
已有文件：	
项目：	
3. 需要进行层次 2 的清查，以为公园文化和/或自然资源研究项目提供基本的文化景观信息	
• 项目计划开始于 1—3 年内	5
• 项目计划开始于 4—5 年内	3
• 项目计划开始于 5—10 年内	1
得分：	
已有文件：	
项目：	
4. 是否继续进入层次 2	
• Yes 是	5
• No 否	1
得分：	

需要指出的是，虽然 CLI 导则中提出优先性的确定应以重要性和完整性为依据，同时，受到威胁的景观也应获得优先性，但是上述计分表却不能明显反映文化景观的重要性和完整性，以及受威胁程度。而是那些缺乏信息、而公园又急于开展保护管理或建设项目时，该地段的文化景观最容易获得优先权。

2.4 CLI 的数据库

为使 CLI 的过程能够便于利益相关者之间的交流和共享，CLI 使用一套定制设计软件系统（Custom-designed Software System）来进行标准化的数据管理。这一系统被称作文化景观自动清查管理系统（Cultural Landscapes Automated Inventory Management System，CLAIMS），但这一名称后来被废止。这一自动化系统使得数据录入和编辑都满足联邦导则的要求，也用来与国家公园系统中的其他管理系统进行交互使用①。

CLI 数据库软件基于 Microsoft Access。数据库包括了每处景观的 100 余个选项。选项的形式有数据、文字、地图、图片或选择选项等形式，其中许多选项用于记录管理情况。一些重要的选项有：CLI 等级结构描述；描述和地理信息；区域背景；重要性级别；重要性标准；文化景观类别与利用；年代和历史；总体管理信息；现状评价与影响评估；持续的措施；整治措施；景观特征等。

3 CLI 特征及其利弊分析

3.1 形成了相对完整的清查体系

3.1.1 层次性

首先，这一清查系统具有层次分明、层层递进的特征。从层次 0 到层次 3 的清查，清查的目的与要求的内容不同，层次越高，清查越细致和深入。相应的，每个层次的清查对应不同的文本和报告要求。这样的层次性特征的优势十分明显，其一，可以保证相对较为广泛的普查。由于层次 0 要求的内容并不多，实施起来则相对容易，因此可以在全美国家公园内广泛开展；其二，可以对重要的文化景观进行有针对性或逐步细致深入的调查。在进入层次 1 后，清查所的内容要求逐步提高。

然而，这一层次性也存在一定的弊端，最明显的表现就是，在递进的清查体系中，层次 0 显得尤为重要，一处重要的或独特的文化景观如果在层次 0 阶段被忽略，其价值得不到肯定，就很有可能被遗弃或逐渐丧失其特征。如 Rocky Mountain 国家公园中的土著居民相关的文化景观没能列入层次 0 的清查，有许多学者已经提出了疑问[4]

3.1.2 优先性

CLI 形成了确定逐层次评定优先性的系统。每一层次的清查须确定有哪些文化景观可以进入下一层次的更为

细致的清查。优先性的确定基于对文化景观重要性的评价，同时，CLI 专业程序导则（Professional Procedural Guide，PPG）指出[2]，在层次 0 的清查中，获得进入层次 1 的优先权的原因是"缺少信息，缺少的信息对保护和管理资源不利"；在层次 1 的评述中，"进入层次 2 的文化景观应为受到即将来到的威胁……，已经列入国家登录系统中，或缺少信息"。

这一优先性原则的确定，可以保证在同一标准下进行文化景观的评估，从而有针对性地对重要的文化景观进行进一步的考察。然而，实际操作中情况也并不都如此。从 Rocky Moutain 国家公园文化景观清查的案例中，可以看出，由国家公园系统建立的景观往往容易获得优先权，这些景观都在持续的使用中，而且多数用于游憩，一方面，使用中的景观所面临的威胁往往小于被弃用的景观，另一方面，这些正在使用中的景观其本身的功能（如放牧、农业生产等）却长期被忽略，从而面临更大的威胁。这种情况在其他的国家公园中也存在[4]。

3.1.3 组织结构

CLI 的整个过程涉及了国家公园系统的多个层次。从国家中心，到区域办公室，到单个的国家公园，都参与到 CLI 之中，有其较为明确的分工和合作关系。值得一提的是，在 CLI 的整个过程中，区域办公室承担了大量工作，而其作用，除了进行本区域的文化景观清查工作外，实际上已经具有了比较研究的内容。因为在一个区域办公室管辖的国家公园中，其资源在宏观尺度上具有一定的相似性，因此，这种在同一区域中进行文化景观比较的研究十分必要。CLI 中区域办公室的介入，带来了较为宏观的视角，避免了单个国家公园进行文化景观清查容易出现的只专注于本公园资源的弊端。

然而，在实施中，仍然存在显而易见的问题。目前，每一区域办公室中有一名工作人员负责该区域的文化景观，对这名管理人员来说，处理分布在辖区内的不同类型的、数量众多的文化景观，任务是比较艰巨的。尤其在层次 0 阶段，表现就更为明显。CLI 的大部分内容，需要单独的国家公园提供合作，提供国家公园内文化景观的翔实信息。区域办公室的工作人员并没有机会到每一处文化景观进行实地调研，因此，他们的判断也常常延误对历史重要性和完整性的判读。因此，在国家公园系统出现了这样的悖论，熟悉当地文化景观的专家，并不熟悉公园系统层面 CLI 的目标和方法，而熟悉 CLI 目标和方法的专家却缺少对具体文化景观的认识[5]。

3.2 清查以景观要素为基本单元

CLI 的整个过程倾向于将文化景观分解为若干部分，或称为若干要素来进行系统的清查，这些景观要素被视为景观中最小的清查单元。这样的分解使得清查更为容易实施，在申报的整个过程中也更为容易，同时，形成这种分解方式的主要原因之一，也是这样的分解更符合美

---

① 如 Classified structures，（LCS），National Register Information System（NRIS），Cultural Resources Management Bibliography（CRBIB），Facilities Management Software System（FMSS）。

国国家遗产登录制度的要求。目前国家遗产登录制度中，还没有针对文化景观的单独类别。然而，一处复杂的文化景观中，其要素往往能够涉及国家遗产登录制度所规定的所有类型，而其他类型的遗产则没有呈现出这样的特征，这一点也足以说明，文化景观具有很明显的特殊性。

这种分解的优势在于，对文化景观的清查可以十分细致，并且让实际操作人员有章可循，往往能够全面的，没有遗漏的清查出文化景观的各种要素。然而，这种分解方式却容易忽略要素与要素之间的联系，尤其是非物质的联系。因为国家遗产登录制度早于文化景观相关的各项项目，而建筑的历史保护问题也早于人们对文化景观保护的认识，因此，CLI 的各种方法和策略有很多依然基于历史建筑保护而进行。将文化景观分解为各个要素的基本思想也来源于此。

最为明显的例证是，在 CLI 中，建筑作为文化景观的主体被很好地体现，但是缺失了建筑的场地往往被忽略，如开放空间、重要视线所在空间等。这是因为，在国家遗产登录系统中，完整性的讨论多是基于建筑现状的，人们已经习惯以建筑为中心去考察景观的保护。那些具有明显建筑的场地，在清查中获得了更高的优先权，并得到了相应的保护。这样的例子不仅在 Rocky Mountain 国家公园中有所体现，在峡谷地国家公园（Canyonlands National Park）的 Grays Pasture（Island in the Sky）和拱门国家公园（Arches National Park）中的 Abbey Trailer 中也可以看出，两者都列入了层次 0，而因为其没有明显的建筑，而至今都没有制定相关的保护措施。

3.3 与其他管理体系并存

考察美国国家公园体系中的文化景观保护与管理，可能涉及的相关保护体系有很多种，相关的法案、导则、其他机构和组织开展的工作等，都或多或少的与文化景观的保护和管理相关。法案、制度，以及相关的组织开展的工作互为补充，形成了美国国家公园系统内对文化资源包括文化景观在内的保护体系。

总的来说，历史保护的兴起（可以认为正式开始于1966 年）早于人们对文化景观的关注（可以认为在美国开始于 20 世纪中期），并且形成了相对完善的识别、评价和保护体系。历史保护的关注点在于建筑环境中的历史信息的保存和保护，而文化景观的研究提供了在景观环境中保护历史的可能性[6]。

从 CLI 的角度去考察，其他的相关制度与组织开展的工作对 CLI 来说是一个有力的补充，但同时，也因为其上位法案或制度的存在，而对 CLI 的发展或文化景观的保护与管理设置了一定的限制条件。例如，因为国家登录制度要求了提名的国家遗产至少具有 50 年以上的时间，CLI 也因为这一基本条件的存在，而更多的关注历史景观。虽然 50 年的时间限制并不久远，但因为这一"历史

保护"的意识的限制，文化景观的清查和保护管理常常忽略那些现在仍在发生演变的、使用中的文化景观。同时，也因为"历史保护"思想的渊源久远且影响至深，在 CLI 的实际操作和之后的保护中，管理者都倾向于保存、保护和展示一处景观的所有历史信息。

然而，总体来说，文化景观与一些"活的"东西有关，如植物、动物和人类，他们相互作用，关系十分复杂。而在这些活的要素中，试图让每个个体都能持续的保存历史信息是不现实的。有学者提出，文化景观的保护应该"较少的关注如何恢复其历史组成部分的完整性，而是维护自身的地点和时间感"[7]。

4 小结

在过去的几十年中，美国国家公园系统发展、测试、修改了一系列关于文化景观清查的方法，以使其文化景观保护形成一个更为系统、全面和有效的体系。CLI 是一个在相对较短的时间内发展起来的方法，尽管 CLI 项目中还存在种种弊端，CLI 登录和确定优先性的方法还是忽略了一些文化景观，其清查的结果也得到许多学者的批判。但是，它使得一直被忽略的文化景观在国家公园系统中受到了重视，随之而来的是对文化景观保护与整治的重视。

参考文献

[1] NPS. The NPS historic landscape initiative: Developing National Standards for the treatment of historic landscapes. CRM Bulletin13. No. 2. 1990：12-13.

[2] Robert R Page. Cultural landscapes inventory professional procedures guide[M]. Washington, D.C.：U.S. Department of the Interior. 2001.

[3] Patricia L. Parker, F. King. Thomas. Guidelines for evaluating and documenting traditional cultural properties (National Register Bulletin. No. 38)[R]. Washington, D.C：National Register of Historic Places, 1998.

[4] Brian Braa. Re-evaluation of Rocky Mountain National Park cultural Landscape[R]. Memorandum to Jill Cowley. Rocky Mountain National Park Library, Estes Park, Colo., 2002. 11：156-178.

[5] Manish Chalana. With heritage so wild：Cultural landscape management in the United States National Parks[D]. University of Colorado at Denver. 1993：263.

[6] Cari Goetcheus. Cultural landscapes and the National Register[R]. CRM Bulletin 25. No. 1. 2002：24-25.

[7] Robert Cook. Is landscape preservation an oxymoron? [J]. George wright forum 13, no. 1. 1996：42-53.

作者简介

赵智聪，清华大学环境学院在站博士后。

论社会结构与丹巴嘉绒藏寨的聚落形态

Discussion about Social Structure and Settlement Pattern of Danba Jiarong Tibet Village

周　详

摘　要：本文在提取社会结构与聚落形态相同点的基础上，尝试将抽象复杂的社会结构与难以言说的聚落空间进行联系，认为聚落形态是人的社会结构的物化表现。进而从"社会—空间"角度认识丹巴嘉绒藏寨的传统聚落形态，并从当地藏民的生产方式、社会组织、人生礼仪、继承传统、婚姻习俗、意识形态等方面进行举例说明。

关键词：社会结构；聚落形态；嘉绒藏族；社会组织；传统习俗；意识形态

Abstract：The present paper tries to associate abstract and complex social structure with indescribable settlement space based on extraction of common points of both elements, considers that settlement pattern is the material form of social structure, recognizes the traditional settlement pattern of Danba Jiarong Tibet village, from a "society-space" perspective and describe the same with examples of production mode, social organization, life rituals, inheriting tradition, marriage custom and ideology of local Zang people.

Key words：Social Structure；Settlement Pattern；Jiarong Zang Nationality；Social Organization；Tradition and Custom；Ideology

1　基本概念

"社会结构"曾是社会学理论和分析的一个核心概念，最早使用是在 20 世纪初汉语社会科学的形成时期，狭义的社会结构指由社会分化产生的各主要社会阶层之间相互联系的基本状态，这类阶层主要有：阶级、阶层、种族、职业群体、宗教团体等。按照较权威的牛津社会学简明词典上的定义，社会结构是指社会系统或者社会的不同元素之间的组织有序的相互关联[1]。本文便以社会关系和社会网络为出发点来把握社会结构范畴内个人和组织之间的互动关系对聚落形态的广泛影响，从社会结构空间化的角度把握聚落形态。

在本文中，"聚落形态"主要指聚落内部物质形态，即聚落内部各组成要素，不仅包括实体的建筑等物质存在，也包括不同类型人群活动的空间。聚落形态表面上看起来在于其内部物质形态及其相互关系，实际上在于不同类型人活动的空间。

嘉绒藏族历史悠久，主要分布于中国西部康巴地区的大渡河和大小金川流域。这一地区是中国西部藏、汉、羌、蒙、回等民族长期迁徙，互相冲撞又互相整合的民族大走廊。本文便以丹巴县域为界，主要研究聚集于丹巴县境内的嘉绒藏寨的社会结构与聚落形态。

2　生产方式与聚落选址

生产方式是影响嘉绒藏寨选址的重要元素之一。丹巴嘉绒藏族主要生活方式为山下种植，山上放牧的"半农半牧"式生活，并以种粮为主要农业生产方式。所以丹巴藏民在确定村寨规模的时候，通常以耕地的多少以及牧

场面积来确定村寨的大小，而且寨与寨之间也需留出富裕的空间以便让两寨都拥有足够的生长空间，故寨子的大小可以从几户到上百户不等。嘉绒藏族聚落选址呈现垂直分异特征（图 1），如丹巴县城章谷镇（图 2），位于大金川河畔，寨子背依基山山麓而建，农田较多、用水方便、土地肥沃、气候条件较好，因而住户较多，形成山麓河岸型选址类型；沿山而上，到了山腰缓坡地带，由于地质水文条件不如山麓处，寨子处于坡地，为了保证各户耕地面积和农牧的需求，寨子大多较为松散状，户与户之间为果树和农田，寨子的用水一般靠山顶的积雪融水，如东谷乡井备村的寨子（图 2），形成山腰缓坡型选址类型；当到达一定海拔处，某些山体位置等高线放缓，形成较大的平地，因而出现一些布局较为紧凑的寨子，如巴底乡琼山村（图 2），形成山间台地型选址类型；而再往上到了山脊，由于地形条件限制，住户往往就更少了。由此可见，丹巴藏寨依山势等高线和地形条件形成一定的分布规律：聚落作为生活空间，紧邻周围的农田，同时尽量少占良田，村落内部街道、民居群体、公共空间布局也十分紧凑实用。低海拔交通方便的河谷和缓坡等地带，以及山间和山腰处的台地，因为有足够的耕地面积和良好的取水条件，往往都是住户较多的地方，寨子也多呈紧密状分布；而高海拔以及等高线较陡的坡地，因为没有足够的耕地面积，农户较少且寨子多层松散状分布。

丹巴嘉绒藏寨的村落人口、空间规模、农田面积、产量和耕作半径受周围生态环境的制约。按照当地的传统，谁家要是生了超出家里耕地容量的男丁，要么远走外乡，外出打工，谋求生路，要么自己去开垦新的寨子，以谋求新的土地生存空间。这种做法使寨子从始至终保持原有聚落适度的人口规模、紧凑高效的空间形态和资源利用率，同时使聚落产生分裂，派生出新的支系，为村寨的扩

大和新聚落的出现做出贡献。这些做法都是为了保证人的活动不超过环境负荷的容量，以当地农业生产方式为

背景而出现的。

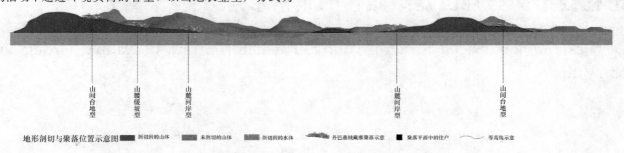

图1　嘉绒藏族聚落选址垂直分异图（作者自绘）

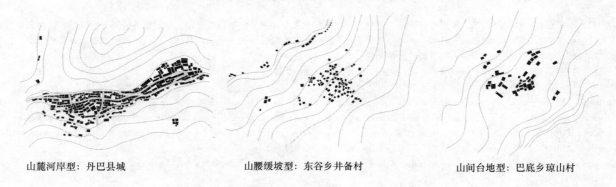

山麓河岸型：丹巴县城　　　　　　山腰缓坡型：东谷乡井备村　　　　　　山间台地型：巴底乡琼山村

图2　嘉绒藏族三种聚落选址类型图（作者自绘）

3　社会组织与聚落结构

农耕社会，剩余产品不丰，生产力发展水平较低，个体或单个家庭抵御自然灾害和应对无常变化的能力有限，人们往往需要结成互助性的小团体来维持自给自足的生活。"劳力合作圈"便是这样一种互助性质的社会组织。

在丹巴地区，这样的劳力合作组织具体形式有两种：（1）斯基巴，以父系血亲关系构成的家族[2]，成员的多少和社会经济地位决定着该斯基巴的社会地位。斯基巴前往往冠有具体的姓氏，即某某斯基巴。而姓氏所指的正是这个家族最原始的"母体家庭"，我们能就此粗略地理出各斯基巴由哪一个自然村逐步延伸到邻村，乃至远村的演变过程，即每一斯基巴的起源及其历史发展过程。斯基巴内部一般禁止结婚（尤其是血亲三代以内），这点我们可以从斯基巴成员跨村分布这一现象得到佐证。（2）日瓦，以地缘关系为基础的协助性的集团组织[2]，日瓦的称谓，大多源于该日瓦世居之地名，如卡木学、脱乌其玛，充分说明日瓦是以地缘关系结成的组织这一本质特征；个别日瓦的称谓则沿用了日瓦成员中势力较大的家庭的姓氏，如阿底。

斯基巴往往与日瓦共同发挥互助合作的作用，如前文书，当聚落发展到一定的规模时，便会分裂产生支系，新的支系往往需要在远离原系斯基巴和日瓦的地方修建房屋，那么这个子家庭在承担原系斯基巴和日瓦的责任和义务的同时，也可以加入毗邻的日瓦组织，以弥补"远亲"所不及的事物。需要说明的是，它对原系日瓦的责任和义务本来可以由大家庭来承担，但由于这些子家庭在走向独立居住、生产和消费的过程中，原系日瓦尽了责任

和义务，于是子家庭一般不会就此脱离原系日瓦，仍承担偿还义务。但在非义务性活动中，他们可以参加新的地缘关系上结成的日瓦，如佳节聚会和公共事业建设。从处于游离状态的子家庭中，我们更能充分认识到日瓦的地缘性特征和社会功能。这些游离的分支是随宗族发展而在族内产生的不同支派。这样，聚落中散布的自然组团就是不同家族分支的聚居地，每个分支分别占据着一块或数块组团。从宗族分支分布与建筑组团布局的比较中可以发现，建筑组团的分布受村内社会结构的影响。这种状况只有当宗族分支发展到一定规模，没有足够的生产用地，必须向外扩展时才会出现。这也是造成村落形态看似松散，没有关联和没有设计格局的原因。

聚落结构是由场所与建筑构成，在传统的分析中，常把街道作为分析聚落结构的主体。对于丹巴嘉绒藏寨，聚落的布局往往是松散的，很多村寨甚至没有固定的街巷，只有在某些地质、水文条件较好的缓坡、台地地带才能形成明显的街巷。因而对于丹巴嘉绒藏寨聚落结构的研究，我们应从其本质入手。聚落结构实质上是聚落要素（如寨子的边界、领域、中心和结点等方面）与聚落中人类活动空间之间的组合与互动关系，它反映着聚落中人类活动的特征。聚落实际上是社会结构得以延续的物质手段，反映了抽象事物（如聚落的社会组织）支配真实世界的形式。对于社会组织与聚落结构的深层次联系，我们还需进一步调查做出结论。

4　人生礼仪与碉楼

人生礼仪属于民俗学范畴的社会民俗事象，指"在人的一生中，在不同的生活和年龄阶段所举行的不同的仪

式和礼节"[3]。丹巴嘉绒藏族的人生礼仪，因受远古文化的影响和邻近其他民族的民俗文化的渗入，而表现出自身强烈的地域特色，并与碉楼产生一定的联系。碉楼，丹巴地区较为独特的建筑之一。按照杨嘉铭先生对于碉楼的研究及分类方法[4]，依据其功能可将碉楼分为两大类：一为家碉，二为寨碉。家碉，简之即倾全家之力建于宅旁的高碉。寨碉为村寨所共有，由村里派人守卫。而有的碉则功能较为单一，如风水碉，一个村寨内只建一座。又如官寨碉是土司的官寨衙署内修筑的碉楼，其主要作用是遇警时可作为军事防御堡垒，平时则作为土司权力地位的象征。

丹巴嘉绒藏族的男性诞生礼是和当地的古碉与人们的尚武精神联系在一起的。据调查，丹巴嘉绒藏族在清乾隆以前，凡家中添丁进口，即便开始挖基动土、备石、备泥、伐木，准备修建碉楼。如此规模的礼仪和工程，单凭一家之力是难以应对的，这时斯基巴和日瓦成员便会来到主人家，一是帮忙开挖碉楼基础，备石运泥；二是庆贺主人家喜得贵子。这就是当地帮工的规矩，待日后别家举行男丁诞生礼仪或修房造屋时，主人家再以相同方式进行帮工。丹巴嘉绒藏族的女性出生时一般不举行诞生礼，但成年礼却十分隆重，并且一直延续到现在。究其形成原因，是因为丹巴在历史上对女性并不歧视，女性成年当家，招婿上门是常有的事，并且形成当地婚姻形态的重要组成部分，这便是丹巴成年女子成年礼形成的社会基础。女子的成年礼一般以自然村寨为单位，参加成年礼的成年女性不等，可集体也可单独举行，其原则是女子必须足17岁，礼仪也是在碉楼下举行的。

由人生礼仪而建立起的家碉与寨碉在聚落形态上起着控制全局的作用，是整个村寨形态的控制点，界定了村寨的空间范围。各碉之间呈散点式分布，这种在空间上看似离散的点，却使每个作为防御点的碉楼都有自己明确的攻击范围，从而实现了防御中的火力交叉和无缝连接。同时，这样的离散又可在敌人进入聚落内部时形成一个有效而又严密的监视网络。这样，家碉和寨碉共同组成一个完美的空间立体防御体系。这种物理防御体系的组织直接左右着碉楼和住屋的布局，对寨子的外部空间形态产生直接的影响。

5 继承传统、婚姻习俗与聚落规模

丹巴嘉绒藏族的家庭继承关系主要表现为：家庭无论子女数量多寡，一般只留长子或长女在家继承原有的祖业——土地和房子。有的家庭则是由父母在兄弟姐妹中选定一个能干、勤快、听话和孝敬的孩子留家养老，继承家业。

丹巴嘉绒藏族传统的婚姻习俗首先表现在择偶时特别强调对方的家世，要求对方的家庭要清白，家族中（包括家族历史上）无人有劣迹，对方家庭和成员能受到别人的尊敬等。其婚姻半径一般都不大，大部分婚姻中夫妻双方均未超过本乡范围，有相当部分甚至还未超过同村范围。即使有少数出嫁（或上门）到外乡的，也是到邻乡，过去同属同一土司管辖下的土千户领地范围。婚姻半径

狭小的原因与其所处地理位置、传统习俗及生存环境有关。丹巴县因境内的大渡河、大小金川等河流分割而形成一个个较为封闭的小区域，生活在这些区域内的藏族过去又归属不同的土司统治。因历史的原因，丹巴藏族的语言既复杂又不统一，即使在同一方言区内也还存在小区域的语言差异，因此有"一条沟一口话"之说，缔结婚姻的范围就受到了很大的限制。

费孝通说过"乡土社会的生活是富于地方性的。地方性是指他们活动范围有地域上的限制。在区域间接触少，生活隔离，各自保持着孤立的社会圈子[5]。"但这样的孤立是相对的，区域间接触少并不意味着没有接触，婚姻、兵乱、迁徙等都使聚落内部与外部社会保持着联系。对于丹巴嘉绒藏族来说，乡土聚落的基本单位是村寨，从三五家一小寨，到几百户一大寨，这些不同规模的寨子在形态上往往是孤立的，但随着继承习俗与婚姻习俗的影响，村寨规模处在一个动态变化之中。

6 意识形态与聚落形态

意识形态是指一种观念的集合，可以被理解为一种具有理解性的想象，或一种观看事物的方法，如世界观和宗教信仰等。Georg Simmel开创了对城市居民社会心理特征研究的先河，他认为空间正是在社会交往过程中被赋予了意义，从空洞的变成有意义的。他指出，"空间从根本上讲只不过是心灵的一种活动，只不过是人类把本身不结合在一起的各种感官意向结合为一些同一的观点的方式[6]。"聚落的空间形态是自然环境和人文环境共同作用的结果。相对而言，在聚落形成早期，其形态主要受自然环境的影响，随着聚落的逐步发展，人文环境的影响会变得越来越显著。研究丹巴嘉绒藏族的意识形态，从空间秩序上反映文化维度，有助于理解藏寨的聚落形态。

6.1 中心认知模式

因为有了中心，秩序便有了产生的参照。于是参照中心，按照秩序，聚落开始生成。丹巴嘉绒藏族的中心意识是在宗教的强调和高原特有的自然环境影响下形成的，从丹巴民居中的中心立柱到村寨中占主导地位的神山或寺院，包括转经、转山、转湖等宗教行为的路径也都是围绕着某个中心进行。学者黄凌江等人认为这种认知模式在村寨的最终形态上表现方式有三种[7]：一种是标志物在聚落的几何中心；一种是标志物构成统领视线的焦点，其他建筑不得超越这个焦点；另外一种是通过放射状或环状的道路来组织聚落秩序、人流的聚集和人心的归向。对于聚落而言，分求心型聚落和无心型聚落两种。有中心的聚落，中心一般是环境中较突出的或与周围明显不同的实体或空间，中心的存在强化了聚落或群体空间的场所性，明确了属性和统帅作用。然而根据现场调研，丹巴嘉绒藏族聚落的核心建筑一般布置在寨子边缘，因为当地的中心认知模式认为聚落边缘较几何中心更少收到干扰，更为纯净，因而聚落边缘在丹巴的中心认知模式中获得了非几何学意义的核心含义。

6.2 自然崇拜模式

丹巴嘉绒藏族"自然崇拜"产生和他们生存的严酷环境有密切的联系。丹巴嘉绒藏族佛、苯融合的思想基础是"万物皆有灵性"的观点，它们相互渗透构成了藏传佛教人与环境共生共存的系统思想。宗教生活与世俗生活相伴，独特的信仰祭祀仪式，独特的人文心态与自然生态的交织，无不影响着传统聚落的自然风貌与结构形态。

在丹巴，一座山、一片湖，都可能会成为一种特别的景观而赋予某种神圣或者特别的含义，甚至成为藏族原始宗教中的自然神。地方神文化对嘉绒藏寨空间形态的影响分两个方面[8]：（1）显性作用：每个村寨都供奉着带有强烈地域特点的乡土神灵，即自己独立的村神或地方神。这是每个村特有的、游离于正统藏传佛教边缘的特殊神祇，也是每个自然村的象征和村落认同的隐喻和标志。村寨的民居在选址时，除了考虑地形地质、日照水文、劳作距离等因素，为了朝拜祈祷的方便，还普遍存在着向这个宗教中心趋近的倾向。（2）隐性作用：由于对同一地方神的信奉构成了村寨无形的边界，划定了一定范围的地域社会，因而地方神文化在凝聚群体、心理慰藉和构建身份方便对嘉绒藏寨产生着隐性作用。对于丹巴藏民，无形的边界来自内心深处的感觉和认知，即意识形态。其次从社会、人文属性来看，最大的边界来自于不同的宗教信仰和地方神的认知。另外由于不同的方言，也会产生这种情况。例如在甲居村聂呷乡山脊的两边，由于居住着不同方言体系的嘉绒藏族，你也会感觉到他们之间的距离。

7 总结

本文主要对两方面进行关注：一是社会结构如何实现空间化和地域化的表达；二是聚落形态如何体现社会结构的物化表达。当我们将社会结构经过抽象，得到相似的基本结构以后，会发现其实讨论聚落形态对于社会结构的具象表达其实就是要在将二者均视为某种结构体系的情况下，讨论他们的相互关系。本文认为，对于聚落形态的研究离不开对于空间本质的认识。对于空间与实体关系的认识是分析聚落形态的出发点和立足点。通过研究不同类型人活动的空间及其社会关系，从社会结构空间化的范畴来把握聚落形态。正如科斯托夫所言："我们只有对各种文化，以及对世界各地区在不同历史时期中的社会结构了解得更多，才能对相应的建筑环境理解得更好[9]。"

参考文献

[1] 牛津社会学简明词典，1994：517.
[2] 多尔吉. 丹巴地区村落中"斯基巴"和"日瓦"社会功能的调查. 北京：中国藏学，1995.4.
[3] 陶立. 民俗学概论. 北京：中央民族学院出版社，1987：200.
[4] 杨嘉铭. 丹巴古碉建筑文化综览. 北京：中国藏学，2004.2（总第66期）.
[5] 费孝通. 乡土中国. 北京：北京出版社，2005：5.
[6] 高峰. 空间的社会意义：一种社会学的理论探索. 南京：江海学刊，2007.2.
[7] 黄凌江，刘超群. 西藏传统建筑空间与宗教文化的意象关系. 武汉：华中建筑，2010.05.
[8] 何泉. 吕小辉. 索朗白姆. "地方神"文化影响下的藏族聚落. 成都：四川建筑科学研究，2011.03.
[9] 斯皮罗·科斯托夫. 城市的形成——历史进程中的城市模式和城市意义. 北京：中国建筑工业出版社，2005：344.

作者简介

周详，1987年4月生，男，汉族，山东聊城，同济大学建筑与城市规划学院景观学系硕士研究生在读，研究方向为遗产资源保护与发展规划研究，电子邮箱：plg1123@yahoo.com.

风景名胜区总体规划实施评价初探

Preliminary Research on Evaluation of National Park Master Plan Implementation

庄优波

摘　要：风景名胜区总体规划实施评价从实证角度出发，在提高总体规划科学性方面将发挥很大的作用。但是目前该领域的理论方法研究严重滞后于实践需求。国外保护地领域的管理有效性评估，以及国内城市规划和土地利用规划的实施评价，可以提供相关借鉴。通过分析风景名胜区总体规划实施四个方面的特征，包括规划措施执行、规划实施保障措施、规划目标实现程度、规划实施外部条件等，尝试构建风景区总体规划实施评价"4层次-5阶段"框架。

关键词：风景园林；风景名胜区；规划实施评价；适应性管理

Abstract：Evaluation of National Park Master Plan Implementation can play a significant role in improving the scientific nature of National Park Master Plan. However, the theoretical research currently is far behind the demand in practical field. The management effectiveness evaluation in protected areas, as well as the evaluation of city plan and land use plan implementation, can provide relevant reference. Four features of the implementation of national park master plan are analyzed, including implementation of planning measures, implementation of safeguard measures, planning objectives achievements, and external conditions for planning implementation. A "4 levels and 5 phases" framework for Evaluation of National Park Master Plan Implementation is established at the end.

Key words：Landscape Architecture；National Park；Evaluation of Master Plan Implementation；Adaptive Management

1　研究意义

作为风景名胜区保护管理的依据，风景名胜区对总体规划的科学性有很高的要求。2006年《风景名胜区条例》规定："国家对风景名胜区实行科学规划、统一管理、严格保护、永续利用的原则"，将科学规划放在第一位，充分体现了规划科学性的重要程度。但是，从20世纪80年代至今30年，我国风景区总体规划理论研究和实践的时间较短，在规划实施中尚存在很多问题，规划对保护管理的指导作用受到限制。例如，一些风景名胜区规划基于20年发展的游客规模预测，在实施中5-10年已经达到相关规模，原来配备的相关设施和管理措施不能满足旅游发展的需求；而一些资源保护性措施和社区居民点分类调控措施，由于缺乏资金和政策支撑，迟迟得不到实施。这些问题的存在，一方面由于规划实施不到位，另一方面，规划编制本身的科学性也需要进行检讨。

从现代规划运作体系看，规划实施评价是规划过程中一个重要、不可或缺的组成部分。"通过实施评价可以全面地考量规划实施的结果和过程，有效地检测、监督既定规划的实施过程和实施效果，并在此基础上形成相关信息的反馈，从而为规划的内容和政策设计以及规划运作制度的构架提出修正、调整的建议，使规划的运作过程进入良性循环"[1]。区别于从理论假设和专业经验角度出发或是从规划环评预测角度出发对规划编制的科学性提出改进建议，风景名胜区总体规划实施评价从实证的角度出发，从实践中总结经验教训，在提高总体规划科学性、前瞻性和可操作性方面可以发挥很大的作用。

2　风景名胜区总体规划实施评价现状

2003年《国家重点风景名胜区总体规划编制报批管理规定》规定，编制的规划属于新一轮修编的，应当在说明书前言或后记中说明对上一轮规划实施情况的评述，对存在的问题进行分析和阐述，对修编规划背景、重大调整内容等做出说明。2006年《风景名胜区条例》规定，风景名胜区总体规划的规划期届满前2年，规划的组织编制机关应当组织专家对规划进行评估，做出是否重新编制规划的决定。2012年住建部《中国风景名胜区事业发展公报》对未来的展望中提出，"维护风景名胜区规划的权威性、规范性和科学性，建立规划实施定期评估制度，完善风景名胜区规划实施和资源保护状况年度报告制度；加强对规划实施的遥感动态监测，加大对违规建设行为的查处力度。"

目前，风景名胜区总体规划说明书一般会安排规划修编必要性研究章节。通过对近20处风景名胜区总体规划成果分析可知，目前该部分内容在技术方法上存在以下三方面的问题。一是评价目的侧重论证修编的必要性，缺乏对具体规划内容和技术方法实际效果的反馈，难以指导规划编制经验的总结；二是评价内容不全面，目前的实施评价侧重点往往在于执行了哪些规划内容，取得了哪些工作成果，背景条件发生了何种变化，而对于未执行的内容或错误执行的内容，产生的负面影响等，则往往一笔带过；三是评价过程缺乏科学分析，规划实施评价结论

235

的得出，需要建立在翔实的数据分析基础上，需要涉及多学科参与和利益相关者参与，但是目前大部分风景名胜区监测数据存在不全面不连续的现象，而实施评价由于投入时间精力有限，分析往往以规划师或专家的经验和定性为主，结论相对笼统，不具针对性。

从工作侧重点来看，管理部门目前主要是从监督检查的角度出发，重点关注违规建设，对规划内容和方法的反馈则需要规划编制工作者从专业角度出发进行反思。例如，在评价周期上，规划实施评价如果与总体规划一致也是 20 年，在经验教训的及时总结方面是否存在问题？年度报告的工作如何反馈回规划编制工作者？尽管实践已经开始，但是由于对实施评价反馈的重视程度不足，尚未有风景名胜区总体规划实施评价的理论和方法研究（通过对中国学术期刊数据库 CNKI 的论文检索，无一篇文章讨论风景名胜区规划的实施评价）。理论严重滞后于实践需求，工作亟待开展。

3 实施评价相关领域借鉴

3.1 国外保护地领域

在国外保护地领域，规划实施评价属于管理有效性评估的概念范畴。在适应性管理理念框架下，管理有效性评价的理论和方法于 20 世纪 90 年代中后期被提出，是指评估通过管理在多大程度上实现了保护价值和预期的保护目标[2]，根据 IUCN WCPA 的定义，这里的管理过程包括 6 个阶段或要素：背景；规划；投入；过程；管理结果即规划执行情况；管理效果[3]。

最近 10 年，管理有效性评估在全球范围保护地领域得到了极大关注。2003 年第五届世界公园大会在研讨会专题中专门设置"管理有效性评价研讨会"，并在大会成果建议中，呼吁各成员国和保护区管理者实施管理有效性评估[4]。2004 年生物多样性保护公约成员国大会在保护区工作计划中，建议各成员国在 2010 年之前至少完成本国 30% 保护区的管理有效性评估框架。随后各成员国纷纷响应这一政策建议，2005-2007 年保护区管理有效性评估全球范围的专题研究，共收集到 100 多个国家 6300 多份不同空间尺度的保护地管理有效性评估报告[5]。另外，世界遗产领域实行每 6 年一次的定期报告制度，在全球范围促进遗产地管理有效性评估的实施，2012 年已经在亚太区完成第 2 轮[6]，并于 2004 年和 2008 年相继出版监测和管理有效性评估的专题研究报告[7-8]。世界自然保护联盟倡导规划-实施-监测-评价-反馈的规划程序[9]，一些国家已经开始实践，例如，英国国家公园要求每五年评估和更新一次规划，在规划编制过程中，将监测指标分为公园状态和措施执行状况，与规划目标和措施建立起紧密联系[10]；加拿大国家公园也有类似规定[11-12]。

在评价方法方面，有研究总结了全球 40 多种评价方法，并对各种方法及其指标的特征、优缺点等进行了分析和比较[13]。有学者提出对评价过程进行多方案设计，以应对不同问题[14]。美国大自然保护协会（TNC）在评价体系框架建立方面比较突出，其保护行动计划框架得到

广泛应用[15]；提出建立两种指标体系：规划目标的实现程度，采用 LAC 方法监测评价规划的影响[16]。澳大利亚大堡礁世界遗产地探索在价值、保护管理和监测之间建立矩阵关系[8]。

3.2 国内城市规划和土地利用规划领域

城市规划领域已经做了很多实施评价基础理论探索工作[1][17-19]，并在很多城市进行了实证研究[20-22]。2008年《中华人民共和国城乡规划法》对城市规划实施评价作出明确规定，迈出法定化的第一步；2009 年国家印发《城市总体规划实施评估办法（试行）》，规定了评价内容和评价工作组织程序，为实施评价提供了政策支持。评价内容体系和方法日趋丰富，如在评价内容体系框架方面，提出围绕规划目标实施、空间发展与落实、公众参与及影响、措施落实保障四个领域构建[23]；在技术方法方面：包括以建设结果和规划一致性为评价标准的理想蓝图评价法，以总体规划目标达成程度为评价标准的指标综合评价法，和以居民对城市生活主观感受为标准的民意调查评价法[24]。

土地利用规划实施领域从 2000 年开始实施评价逐渐成为研究重点。"土地利用总体规划实施评价研究主要可归纳为土地利用规划实施评价指标体系研究、实施评价指标权重研究、实施评价方法研究和实施评价实证研究等"[25]。这些领域的研究均可以提供很好的借鉴。

4 风景名胜区总体规划实施特征分析

通过对近 20 处有代表性的风景名胜区总体规划实施情况进行调查总结，从四个方面对其特征进行分析：规划措施执行、规划目标实现（以上两方面反映规划内容）、规划保障措施，以及规划实施的外部条件（以上两方面反映规划实施的动态性和不确定因素）。具体特征分析如下。

4.1 规划措施执行特征

规划措施执行方面，除了基本按照规划实施外，不符合部分大致可分为三种类型：违反规划（规划无现状有）、没有执行规划（规划有现状无）、没有完全符合规划（规划有现状也有，但符合程度不同）（具体见表1）。

规划措施执行分析			表 1
执行规划情况/ 规划措施内容	违反规划	没有执行规划	没有完全符合规划
1 用地布局			
2 环境容量			＋
3 资源保护		＋	
4 风景游赏	＋		＋
5 社区管理		＋	＋
6 道路交通	＋		＋
7 服务设施	＋＋		＋
8 基础设施	＋＋	＋	

注：＋代表有这类现象存在，＋数量越多表示这种现象越普遍。

（1）布局结构方面，基本得到执行，形成保护区、景区、景区中不同保护级别的景点等格局，景点、服务设施

点、社区之间的相互关系基本确立。

（2）环境容量年总量基本控制在范围内。日容量在部分时间会超出范围，例如黄金周期间。在具体执行中，原来的规划基本没有提供管理保障措施，需要管理者在实际操作中制定相应的管理保障措施，但是往往局限于对游客进入风景名胜区后的输导，硬性的控制游客不超过日容量的较少。

（3）资源保护措施方面，分区保护一般通过管理条例的形式得到保障。专项保护规划，一般配备有专门的管理人员和管理资金。但是并不是所有的资源都得到同样的对待，一般来说，视觉景观类型的资源，如古树名木、摩崖石刻等较易得到优先保护，而生物多样性、珍稀濒危动植物则保护措施不明确，以不干扰也不知情为最主要特征。

（4）游客风景游赏方面，游览内容、路线、停留时间往往与规划有一定的差距。例如，停留时间比原规划的要短。又例如，路线组合超出原规划的设想，导致游客分布与原规划不同，交通设施、服务设施等在规模安排方面也相应出现差距。

（5）社区管理方面，对于具体内容一般能较好地执行。但是对于原则性规定内容，如社区受益，则往往实现程度不高，因此也出现了较多的社区相关问题。

（6）服务、交通、基础设施方面，出现的情况往往为设施过量建设，设施规模偏大，选址不当，以及建筑品质较低等。在具体执行方面，有些非服务设施也参与服务设施的功能，违反规划。

4.2 规划保障措施特征

规划保障措施主要体现在实施资金和实施技术两个方面。规划实施资金保障方面，由于我国风景名胜区经济体制基本属于自负盈亏型，规划实施的资金基本来自风景名胜区自身的经营。在具体实施中，容易出现赢利性项目优先得到资金支持和实施的情况。因此，需要制定相关政策，凸显风景名胜区作为公共资源保护和管理的事业机构属性，保证非营利性项目同样得到实施。这就要求风景名胜区管理机构明确规划实施中的资金分配比例，尤其是资源保护和社区协调方面规划实施资金的分配比例。

规划实施技术保障方面，管理人员的能力是规划实施技术的重要因素。例如，对于风景名胜区视觉景观控制，总体规划很难具体说明每一处空间的视觉景观应该如何安排，一般仅提供一些原则，如建筑高度、材质，以及总体风格的协调性等。如果管理人员不能理解风格的协调性，那么在具体的项目建设时就很难注意到这一点。而好的管理人员，能够在充分理解规划内容的基础上，进行自觉的判断和决策，更好地实现规划目标。

4.3 规划目标实现特征分析

风景名胜区规划的规划目标往往表述不是很明确、缺乏定量规定，给规划实施的分析造成一定的困难。而且存在监测数据上的缺失问题。但还是可以得到一些基本结论。总体来看，经过20多年的规划执行，风景名胜区的资源保护状况得到改善，植被覆盖率得到提高，动物及

其栖息环境状况得到保持和改善；但是在部分区域，如游客分布较集中、建设活动较密集的区域，资源保护状况受到较严重威胁，有些甚至已经遭到破坏。基础环境质量基本相似，总体质量提高，但是局部区域存在衰退趋势。游客方面，接待的游客数量逐年上升，游览环境得到改善，服务设施和服务水平逐步得到完善，但是在特定时间特定地点也存在一些问题，如游客拥堵、解说服务水平低等。社区方面，存在社区受益不均衡的现象，部分社区能够从风景名胜区事业中受益，通过开发旅游服务活动，社区经济得到较大发展，而部分社区则仍旧贫穷，且由于在生产方式上受到风景名胜区的限制，经济发展希望渺茫，因此也出现了一些社区问题。管理方面，管理机构建设逐步完善，人员构成水平提高，管理技术和手段得到改善，同时也有很多问题，如管理体制和经济体制方面仍存在缺陷，人员专业技能有待进一步提高等。

4.4 规划实施外部条件分析

风景名胜区存在于一定的社会环境中，与风景名胜区外的环境进行各种交流，受到外界的各种影响和作用。

（1）资源与环境意识的变化。随着资源相关科学研究的深入，资源与环境的某些意识可能会发生改变。某些资源利用行为过去认为是可接受的，现在被认为不可接受。例如过去认为引进一些观赏性强的外来物种是可行的，现在则需要谨慎对待；过去认为需要防火，严禁火灾发生，现在认为局部火灾也许对生态系统更加有利等。

（2）旅游市场的变化。风景名胜区面临的最活跃的变化环境就是旅游市场，而且它受到很多因素的影响，具有很高的不可预测性，也许一次很好的旅游宣传可以带来巨大的旅游市场效益，也有可能一次重大事件导致旅游市场的极大损失，例如SARS。规划根据预测的旅游市场类型和规模来设置相应的路线、服务设施、管理条件的规模等级，如果旅游市场发展不一致，将导致规划内容的不适用。

（3）区域环境的变化。风景名胜区周边区域往往属于城乡建设区域，其发展变化较风景名胜区具有更强的不可预测性，区域环境变化导致规划实施条件发生变化。整体发展政策的变化，例如受到国家大型建设项目影响，"南水北调"、"西气东输"等即为此列。道路交通条件的变化，例如高速公路的新建、机场的建设等。自然环境的变化，如气候变暖、酸雨、空气污染、病虫害扩散等。社会经济环境的变化，如周边社区社会经济发展对风景名胜区社会环境的改善等。

5 风景名胜区总体规划实施评价框架初步构建

根据风景名胜区及其总体规划实施特征，借鉴实施评价相关领域的经验，笔者尝试构建风景名胜区总体规划实施评价"4层次-5阶段"框架（图1），用于指导单个风景名胜区总体规划的实施评价。4层次分别为：规划措施、保障措施、规划目标、外部条件；每一层次都分为5阶段：规划内容分解和背景回顾、执行情况和状态调查、

分层评价、综合评价、反馈建议。

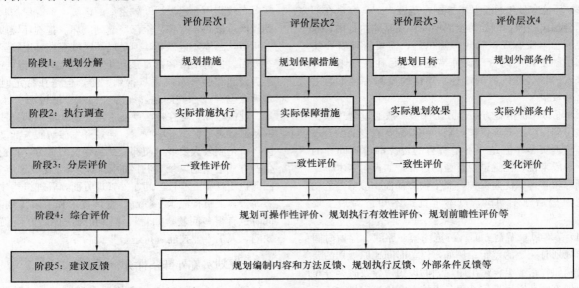

图1 风景名胜区总体规划实施评价"4层次-5阶段"框架

其中，第一阶段分析规划编制成果的内容构成特征，区分规划目标、规划措施、保障措施；同时掌握规划编制阶段的外部条件。第二阶段从多途径出发，掌握规划措施、保障措施、规划实际效果、外部条件的现状；基于规划内容和现状特征，构建评价指标体系。第三阶段分别进行规划措施与实际执行一致性评价，保障措施实现程度评价，规划目标与实际效果一致性评价，外部条件变化评价。第四阶段：将4层次进行组合评价，例如：将规划措施和保障措施、外部条件组合，评价不确定性因素对规划实施的影响；将规划措施与规划目标组合，评价规划措施对实现规划目标的有效性；将规划目标与外部条件组合，评价规划目标设置的前瞻性等。第五阶段对规划目标和措施的编制、保障措施的获得、外部条件的改善等提出反馈建议。

本框架将规划措施和规划目标先分别评价，再综合联系，有利于识别规划措施对实现规划目标的有效程度；将保障措施和外部条件独立评价，体现对规划实施中的动态性和不确定因素的关注；4个层次根据评价目的、周期长短，可只评价前1个层次、前2个层次或全部评价等，具有灵活性。

本文初步构建了风景名胜区总体规划实施评价的方法框架。除了方法技术层面需要今后进一步探讨外，对实施评价的组织和相应管理制度也有待进一步研究。

参考文献

[1] 孙施文，周宇. 城市规划实施评价的理论与方法[J]. 城市规划汇刊，2003. (02)：15-20.

[2] Caroline Stem, Richard Margoluis, Nick Salafsky, and Marcia Brown. Monitoring and Evaluation in Conservation：a Review of Trends and Approaches. Conservation Biology, Volume 19, No. 2, April，2005. 02(19)：295 - 309.

[3] Hockings, M., Stolton, S., Leverington, F., Dudley, N. and Courrau, J. Evaluating Effectiveness：A framework for assessing management effectiveness of protected areas. 2ndedition. IUCN, Gland, Switzerland and Cambridge, UK，2006.

[4] IUCN. Benefits beyond Boundaries. Proceedings of the 5th World Parks Congress. Durban, South Africa，2005.

[5] Fiona Leverington, Katia Lemos Costa, Jose Courrau, et al. Management effectiveness evaluation in protected areas - a global study. The University of Queensland Brisbane AUSTRALIA，2008.

[6] 庄优波. 世界遗产第二轮定期报告评述[J]. 中国园林，2012. (07)：97-100.

[7] UNESCO World Heritage Centre, ICCROM. World Heritage paper 10：Monitoring World Heritage. 2004. [online]http：//whc. unesco. org/venice2002.

[8] UNESCO World Heritage Centre. World Heritage paper 23：Enhancing our Heritage Toolkit：Assessing management effectiveness of natural World Heritage sites，2008. [online]http：//whc. unesco. org.

[9] Thomas, Lee and Middleton, Julie. Guidelines for Management Planning of Protected Areas. IUCN Gland, Switzerland and Cambridge, UK. ix + 79pp，2003.

[10] The Countryside Council for Wales (CCW). National Park Management Plans - Guidance. 2007. [online] http：//www. ccgc. gov. uk.

[11] Ontario Ministry of Natural Resources (OMNR). Ontario Protected Areas Planning Manual. Peterborough Queen's Printer for Ontario，2009.

[12] Pacific Rim National Park Reserve of Canada (PRNPR). Pacific Rim National Park Reserve of Canada Annual Management Plan Implementation Report June 2010 to June 2011. 2011

[13] Fiona Leverington, Marc Hockings, Helena Pavese, et al. Management effectiveness evaluation in protected areas - a global study. Supplementary report No. 1：overview of approaches and methodologies. The University of Queensland, Gatton, TNC, WWF, IUCN-WCPA, AUSTRALIA. 2008b

[14] Margoluis, R., Stem, C., Salafsky, N., & Brown, M.

Design alternatives for evaluating the impact of conservation projects. In M. Birnbaum & P. Mickwitz (Eds.), Environmental program and policy evaluation：Addressing methodological challenges. New Directions for Evaluation，2006. 122：85 - 96.

[15]　TNC. Conservation Action Planning Handbook：Developing Strategies，Taking Action and Measuring Success at Any Scale. The Nature Conservancy，Arlington，VA，2007.

[16]　Andy Drumm and Alan Moore. Ecotourism Development：A Manual for Conservation Planners and Managers. The Nature Conserve，2002.

[17]　张兵. 城市规划实效论：城市规划实践的分析理论. 北京：中国人民大学出版社，1998

[18]　孙施文，王富海. 城市公共政策与城市规划政策概论——城市总体规划实施政策研究. 城市规划汇刊，2000（11）：1-6.

[19]　孙施文. 有关城市规划实施的基础研究[J]. 城市规划，2000（07）：12-16.

[20]　邹兵. 探索城市总体规划的实施机制：深圳市城市总体规划实施检讨和对策. 城市规划汇刊，2003（02）：21-27.

[21]　田莉，吕传廷，沈体雁. 城市总体规划实施评价的理论与实证研究——以广州市总体规划（2001-2010 年）为例[J]. 城市规划学刊，2008（05）：90-96.

[22]　吕萌丽，吴志勇. 城市总体规划实施年度评价探析——以广州市为例[J]. 规划师，2010（11）：61-65.

[23]　沈颖溢. 杭州市城市总体规划实施评价研究[D]. 浙江大学硕士论文，2010.

[24]　朱祁连. 公共政策视角下城市总体规划实施评价方法研究[D]. 中国人民大学硕士论文，2010.

[25]　王婉晶，揣小伟等. 中国土地利用规划实施评价研究进展与展望[J]. 中国土地科学，2012(11)：91-96.

作者简介

　　庄优波，1976 年 9 月生，女，汉族，浙江，博士，清华大学建筑学院景观学系讲师，研究方向为风景名胜区规划与自然遗产保护，电子邮箱：Zhuangyoubo@tsinghua.edu.cn。

风景园林规划与设计

风景园林文化自觉之文化正位

The Cultural Normotopia of Cultural Consciousness on Landscape Architecture

昂济飞

摘　要：本文阐述了文化自觉的概念，并对风景园林文化正位进行了定义和解释。通过对风景园林规划设计中文化失位现象的研究，提出了风景园林文化正位的实现方法。

关键词：风景园林；文化自觉；文化正位

Abstract：This paper describes the concept of cultural consciousness，then defines and explains the cultural normotopia on Landscape Architecture. Put forwarding the methods of cultural normotopia by studying on the cultural malposition of Landscape Architecture.

Key words：Landscape Architecture；Cultural Consciousness；Cultural Normotopia

1　前言

文化自觉这个概念，在社会学中已非常普遍，它由中国著名社会学家费孝通先生所提出，指生活在一定文化历史圈子的人对其文化有自知之明，并对其发展历程和未来有充分的认识。换句话说，就是文化的自我觉醒，自我反省，自我创建。

风景园林文化是什么？文化这个相当抽象且内容丰富的概念，被限定于风景园林时，它所包含的内容又有哪些呢？笔者认为，风景园林文化，在物质层面上包括人类利用土地和建设生活境域过程中形成的物质成果；在精神层面上，不仅包括与传统园林有密切关系的文学、美术和建筑、植物等知识体系，还包括人类朴素的自然观、宇宙观。

2　风景园林文化正位的概念及内涵

在弄清楚以上两个概念之后我们就会有疑问，文化正位是什么，风景园林文化正位又是什么？我认为，风景园林文化正位就是指风景园林对场地有充分理解，并做出友好的回应，展现出地域特质并与人的情感达成共鸣。如何去理解呢，（1）风景园林对场地有充分的理解，是指风景园林作品要体现出场地特有的气质，也就是场地精神，并且这种精神在风景园林作品中要有所体现和延续。这种场地精神来源于哪？来自对该地区历史的挖掘、来自于史书典故、来自于演绎复制？都不准确。场地的精神既有过去性也有现在性，历史作为过去的一种存在体现，并不是一种现实存在，在感受历史的时候，需要的是一种演绎推理，这就决定了历史作为场地文化的时候，需要有启示性的现实存在去唤起我们对历史的认知。现在的普遍做法有建筑、雕塑等，这确实可以达到效果，但有没有更好的方法呢，这是一个问题。再说场地精神的现在性，场地作

为现实存在，有它与众不同的地方，地理决定论启示我们场地所处的地理状况可以构成及形成其特殊的特征，这有着必然性。但是这种特征貌似不是很好把握，要不然就不会出现那么多千篇一律的风景园林作品了，如何去把握场地的现实存在特征，这又是一个问题。（2）为什么要做出友好的回应。场地无论是在过去性或现在性上，都具有了它本身的体系，可以保持自身的特点继续发展下去，风景园林所需要做的，就是在延续场地自身发展并保持它体系完整的基础上，实现其与人类的互利共生。因此我们所给予场地的就不能是强加于场地之上的人类主观意识，而是顺应场地的适当互惠改造。（3）为何要体现地域特质。地域特质其实反应的是多样性，风景园林的多样性这个问题我把它归因于文化的多样性。我们世界未来的文化究竟是天下大同的一元文化还是百花齐放的多元文化？这在文化界也没有达成共识。我认为这始终是一个尺度的问题，多元化还是一元化取决于我们衡量的尺度不同。尺度又分为时间尺度和空间尺度，举现实意义较大的空间尺度来说，中国文化和湖北文化就是不同的尺度，就像湖北文化和武汉文化一样，我们可以说武昌和汉口文化不同，但是在上一个尺度限定下，它们同属于武汉文化。随着时间的推移和交流的频繁，文化趋同的现象不可否认，就如武昌文化和汉口文化越来越相似，但是我认为当扩张的力量达到饱和，就不会再扩大，而是进行整合与重组，形成新的文化。在这样的大背景下，我们的风景园林也要同样的保持多元性，就是所谓的地域性。如果将来发展的结果是多元性，那我们现在就是保护了这种多元性；如果将来发展的结果是一元性，我们也会因曾经做过这样的努力而不后悔，并促进了新文化的诞生。（4）最后说说为什么要与人的情感达成共鸣。要弄清楚这个问题，首先要明确一点：风景园林是为谁服务的。我们风景园林不是做纯生态，如果是纯生态我们就什么都不需要做什么都不需要管。但是风景园林最终是为人类服

务的，不能为了生态而去生态。既然目的是人，那我们就需要考虑人的感受，既然是解决社会问题的艺术，就需要兼顾到人的行为心理。好的风景园林作品，应当是对生于斯长于斯的人的一种友好的回应，并且不仅是对当地人，也要能唤起外来人的情感共鸣，这样才真正实现了人与天调。

3　风景园林的文化失位现象

为什么国内风景园林行业亟须做到文化正位呢。这是由国内的风景园林现状所造成的，追根溯源是由文化现状所造成的。中国的文化在引领世界数千载之后突然崩塌，让我们的文化自信瞬间丧失。文化交流的不平等伴随着经济交流的不平等而来。正是由于经济上的落后，而导致我们认为自身文化同样处于落后地位。我们会一味地学习所谓先进的西方文化而抛弃自身所具有的传承了数千年的文化，这样就出现了文化断层，并伴随着对自身传统的否认。但是我们传统文化的根基不可能被轻易地抹去，这就导致了两方的极端，即传统的不传统，西化的也不纯粹。在传统文化与外来文化的融合之际，会出现对于传统的精髓没能吃透吸收，又无法真正的消化外来营养的现象，这样既违背了传统的精神，又不能反映外来成果，因此不能体现出当代的生活和文化状态[1]。这就是风景园林文化自觉中的失位现象，找不到自己的位置就必然会迷失和彷徨。

4　风景园林文化正位的实现方法

既然认识到了文化失位现象，我们就需要为其正位。在风景园林规划设计中，应该如何实现文化正位呢。我觉得有以下几点可做依据。

4.1　认识传统文化精髓：实用理性，天人合一

要想实现文化正位进而文化自觉，首先要做到文化自知和文化自省。中华民族延续数千年的文脉从未断裂过，除了外部因素外，是有着其深厚内部原因的。李泽厚在归纳中华文化的精髓时，其中一条用了一个词语——实用理性，我觉得是有道理的。什么是实用理性，就是一切以理性的考虑作为标准和依据，即不管传统的、外来的，都要由人们的理智来裁定、判决、选择使用。这是一种理智的态度和求实的精神，一切思想都会被当前的所需所同化，进而变成自己的一个部分。无论是异族统治还是宗教传播，都没能打断中国思想的延续性，都被中国所吸收同化，发挥着自己的功用，这就是实用理性的结果。除此之外，另外一个文化精髓，就是天人合一，这一点很多人都论述过，在此不做详释。

4.2　发扬文化精髓，向自然学习

我的观点是：无论是东方人还是西方人，在营建传统园林时，都是本着向自然学习的态度。那为什么出现的园林结构和形式有着如此巨大的差别呢，原因

是摹写的对象不同。中国园林摹写的是未经过人类改造的第一自然，而西方摹写的是经过农业改造后的第二自然。所以中国园林呈现出的是自然山水的形态，而西方园林与农田、林场、牧场、鱼塘有着几分相似。既然找到了东西方园林的初衷，那问题就简单了，我们当代的风景园林也应当做到向自然学习。那究竟要向哪个自然学习呢？因地制宜。由风景园林作品所处的位置和周边的环境所决定的。只要我们本着向自然学习的虔诚态度，所做出的风景园林作品就不会有太大的偏差，就会像是当地生长出来的一样。

4.3　创造符合当代文化和当代生活及功用的风景园林

风景园林不是艺术品，它的存在不仅仅是为了欣赏的价值，还要有实际的功用。说起中国园林，我们都会以古典园林为自豪。的确，历史上中国园林创造了一种独特的建造形态，这种形态给人的印象如此深刻，以至成为一种文化符号[2]。但是，古典园林所创造的出的形态是适合当时的生活状态，而不是今天的生活所需，所以那样的一种符号在当下已经没有了现实意义。我们需要学习的不是古典园林的范式，而是其中的精神理念和手法。反观西方园林，同样如此，我们很少会看到西方在现代园林中还会出现古典园林的形制。风景园林是要解决社会问题的，其必然要解决当代问题，创造符合当代生活及功用的场所，如若不能，其必然会被社会所淘汰。

4.4　实现"传统——现代，西方——中国"创造性的转化

不囿于传统，不盲从西方，这是我们所需要的基本态度。如何去实现由传统向现代，由西方向中国的转化，是亟须解决的问题。这里就要发扬我们的实用理性精神，不管是传统的现代的西方的外来的，只要是能解决实际问题并符合文化正位需求的，我们都可以采纳。不管是什么形式，只要是对场地有充分理解，并做出友好的回应，展现出地域特质并与人的情感达成共鸣的，就是适合的。这种将四方融合而生成新的风景园林文化的努力，非一时之功，也非一人之力，需要几代的风景园林人共同为之奋斗。

5　结语

风景园林文化正位是风景园林文化自觉的重要组成部分。本文力争解释文化正位的内涵，也试图探寻实现文化正位的方法途径。在生态文明和新型城镇化的语境下，生态、高效的研究固然重要，但如何创造出当代的风景园林文化也是值得研究的问题。风景园林业界需要可操作性的实践性理论，来引导风景园林从业者去创造持续美好的生活。

参考文献

[1]　沈洁. 风景园林价值观之思辨：[学位论文]. 北京：北京林业大学，2012.

［2］ 林箐，王向荣．风景园林与文化．中国园林，2009，09：19-23.

作者简介

昂济飞，1991年1月生，男，汉族，安徽肥东，华中农业大学风景园林专业硕士，可持续风景园林规划设计研究方向，电子邮箱：ajfajf1991@126.com。

风景园林文化自觉之文化正位

过境公路转变为城市景观道路的改造设计研究

——以香河五一路道路综合改造项目为例

Research on Transformation Design for City Landscape Road Transit Road Transformation

——Comprehensive Transformation Project in Xianghe Five One Road as an Example

蔡 静

摘 要：随着城市的发展进程，城区范围不断扩大，以往的过境公路逐步成为城市内部道路。它不再仅仅疏导过境交通，而需要逐渐承载起更多的城市功能。除了道路本身要满足城市内部的交通外，还需要考虑道路的整体形象改造，实现灰色基础设施到绿色基础设施的转变，为城市打造更有生态效益、文化特色的景观大道。本文以香河五一迎宾大道为例，探讨过境公路转变为城市道路的景观改造中的设计要点，并介绍笔者在项目中遇到的实际问题，在项目中，总结出过境公路转变为城市道路的功能转变策略，同事整体提升城市线性的景观界面，形成统一有序并带有本土内涵的景观序列。

关键词：城市道路；景观改造；迎宾；文化特色

Abstract：With the development of city, urban areas expanded, before crossing the road gradually become the city roads. It is no longer simply transit traffic, and the need to gradually carry more city functions. In addition to the road itself to meet the city internal traffic, the overall image reconstruction also need to consider the road, realize the gray infrastructure change to green infrastructure, for the city to create a more ecological, cultural landscape avenue. This paper takes Xianghe five one Yingbin Avenue as an example, design of landscape transformation of crossing the road into the city road in, and introduces the practical problems the author met in the project, in project, summarizes the transit road transformation function for the city road transformation strategy, city linear landscape interface the ascension of the whole staff, form a unified and orderly and with the local connotation of landscape sequence.

Key words：City Road；Landscape Transformation Yingbin；Cultural Characteristics

对于中国许多城镇来说，随着城市的发展进程，城区范围不断扩大，以往的过境公路逐步成为城市内部道路，城镇不断扩张的过程就是公路不断改线的过程，城镇的许多街道就是公路不断改造原有旧路所形成的。城市道路的作用除了疏导过境交通意外，道路景观反映一个城市的容貌特征的直观体现，作为城市设计中的重要的一环，通过绿化和造景增加了艺术感染力，丰富道路的园林景观，融合入城市文化、艺术特征，能够使进入到这一线性空间的人们直观地感受到城市的特色与魅力。作为曾经联系区域短途交通的过境公路，随着城市的发展，成了城市核心区的主要入口道路，更加成为城市的"门户景观"，将其打造成为城市景观道，一方面适应了城市扩张和现代汽车交通的需要，另一方面大大改善城市基础设施和提升城市景观形象。文本通过实际项目——香河五一路综合道路改造项目为例，总结和积累过境公路转变为城市景观道的设计经验。

1 相关概念

公路是指连接城市之间、城乡之间、乡村与乡村之间、和工矿基地之间按照国家技术标准修建的，由公路主管部门验收认可的道路。过境公路主要为区域长距离交流服务，因为驾驶时间长，所以更强调行驶安全。

城市道路是指城市规划区内的公共道路，一般划设人行道、车行道和交通隔离设施等。城市道路承载的是城市交通功能，主要为城市内部较短距离交通流服务，强调通畅、可达性。与公路不同，基本不会出现重载交通。道路设计比较重视与周围建筑、构筑物的衔接，在细部设计上更加体现人文关怀。

城市景观道路在一般城市道路的基础上，还承担着展现城市整体风貌、提升城市景观形象的作用，同时具有促进道路沿线土地和地产升值，拉动经济增长的衍生价值。城市景观道路一般要求具备一定宽度的道路绿化带，能够进行绿化景观营建。

2 现状问题——以香河五一路为例

经过现场调研，香河五一路城区段的现状情况分析总结出以下四部分主要问题：

2.1 道路性质问题

城市的发展引起的道路性质的转变是五一路急需改造的最主要原因，城市道路的交通构成更加复杂，原本过境公路的性质已远远不能满足城市干道交通功能（图1）。

2.2 道路功能问题

作为原本路板单一的过境公路，安全性和通畅性不足。缺乏护栏、分隔带，机非混行，行人随意横穿马路，夜晚眩光较强，路幅及绿化分隔带均已不能满足使用要求，并且存在着很大的安全隐患（图2）。

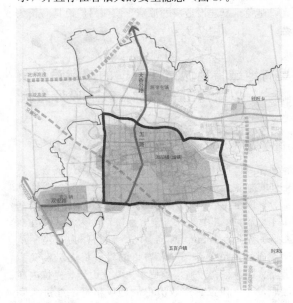

图1 香河五一路道路性质的转变

图2 道路的安全隐患

2.3 交通规划问题

道路标志标线及渠化设计不能满足合理的交通组织；一些道路转弯半径不够，造成道路交通混乱等情况。随着北京城市区的外溢，香河的道路交通流量必然会逐年增加，现在的道路设计不能满足远期道路交通流量的增加。

2.4 城市界面混乱

城市段两侧建筑风格多样，色彩杂乱，各种线网、电线杆、废弃地较多，广告牌、公交车站、指示牌风格都不统一，沿街景观界面混乱，且环境卫生情况较差，很大程度上影响了香河城市的整体形象。沿线绿化较为简单，缺少景观层次，整体缺乏展示城市形象的统一风貌。

3 过境公路转变为城市景观道路的改造原则

3.1 尊重现状的原则

不同于新建道路的景观营建，道路改造项目已经具备一定的现状基础，在改造设计中，应尊重自然环境条件，结合项目现状，因地制宜，以原有地形地貌、林木植被为基础，最大限度地保护和利用现有资源。

3.2 以人为本的原则

城市道路不同于过境公路的主要一点就是城市道路应该更多地考虑人使用道路的感受，考虑市民和沿路居民对自然、健康、城市交通的需求，创造多样化休闲方式的景观空间。

3.3 统筹结合的原则

基于道路周边现状和城市文化特色，在改造中统筹现状资源和沿线用地性质的差异化特征，打造富有变化和城市特色的道路景观。

3.4 生态优先的原则

在充分利用现有绿化的基础上，新增树种也应以乡土树种为主，注重色相搭配，形成丰富而稳定的植物群落的同时打造特色植物景观；充分利用林下公共空间，营造舒适、贴近自然的活动空间。

3.5 可持续发展的原则

从实际出发提出切实可行的设计方案，同时兼顾长远眼光，避免重复建设造成的浪费，使项目建设具有长久可用性。

4 具有地域特色城市景观道的改造设计策略——以香河五一路综合改造设计为例

4.1 景观总体布置

香河家具产业历史悠久，素有"家具之乡"美誉。香河五一迎宾景观大道北连大厂，原为省道271穿过香河县城的部分，南至103国道，全长24km。道路红线宽度基本以124m为主，其中新开街至秀水街路段为70m，安泰路至G103路段为100m。香河县五一路，作为曾经的承载短途交通的过境公路，随着城市的发展将逐步转变为城市道路。通过综合改造，挖掘本土文化内涵、提炼内在精神品质，将近代家具产业历程的创业精神浓缩进入到道路沿线景观营造中，打造成为"香河第一景观大道"。规划设计结合城市总体规划及周边用地性质，主要针对现状问题提出解决策略，设计形成"三带五区多节点"的迎宾大道景观空间布局（图3）。

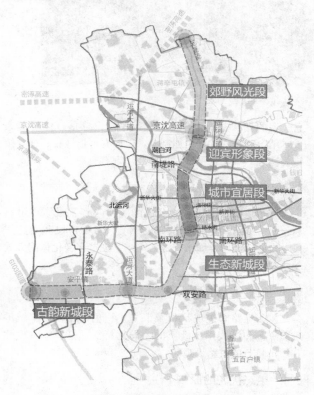

图3 总体景观布局图

三带：统一设计道路沿线城市景观和系列的城市家具、节点游园，营造城市形象的统一感，打造整体的景观带、文化带、活力带。

五区：根据道路沿线用地性质不同，打造五个特色道路绿化景观区段，分别是：郊野风光区段、迎宾形象区段、城市宜居区段、生态新城区段、古韵新城区段。增加道路沿线的植物层次，打造四季景观。在保留城市现有的植物基础上，增加地被和灌木层次，局部增加色叶植物和四季常绿植物，丰富植物的色相变化，精心设计道路沿线的景观带（图4）。

图4 郊野风光段效果图

多节点：从北往南依次打造三个重要节点，六个次要节点，两个滨水节点，成为展示城市形象的展示窗口，同时为市民提供多处休闲活动的好去处，打造道路沿线的活力空间（图5）。

图5 秀水街节点效果图

4.2 环境卫生策略

对影响市容的广告牌进行拆除，以景观节点和统一化的城市家具宣传城市形象和品牌特色；其次，对影响景观的杂乱电线线网进行入地改造；再次，进行整体的市政管网规划，重点解决城市污水排放问题。

4.3 交通提升策略

道路性质由过境交通改为城市干道，首先需要对其过境交通功能进行外部疏导。五一路作为省道271的一部分，原来主要承担区域短途过境交通，车辆出行多为三河至香河、大厂至香河、大厂至廊坊、廊坊至香河；其中大厂至廊坊的过境交通将逐步被密涿高速进一步削弱。城区范围内也将规划外部环道，把大型货车疏导至城市外围环道，减少对城区内部的交通干扰。

完善城市道路功能，包括安全性、通畅性以及增加道路两侧的城市休闲功能。具体包括对全线道路进行拓宽和分流；对重要交叉口进行渠化；考虑全线公交车站和城区段停车位的布置。

4.3.1 道路改造

着重完善五一路城市道路功能，远期规划全段以双向六车道为主，保留京沈高速以北县域连接线的双向四车道。城区段自北环路至绣水街为缓解城市交通压力，设计双向八车道，南部双安路远期规划双向八车道，以缓解229省道向103国道的通行压力。在此基础上增加自行车及人行道，进行机非分流，人车分流，增加护栏和隔离栏，保证道路车辆行驶的安全和通畅，以及非机动车辆和行人的安全（图6）。

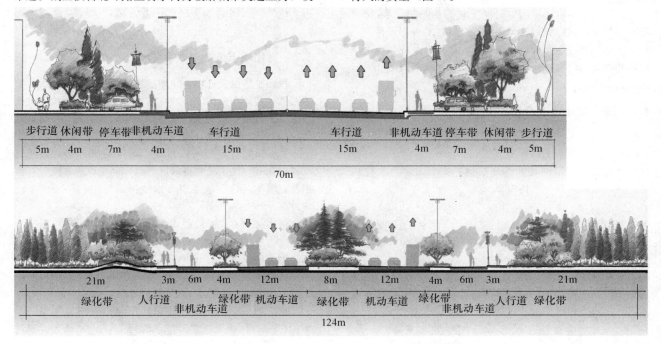

| 步行道 | 休闲带 | 停车带 | 非机动车道 | 车行道 | 车行道 | 非机动车道 | 停车带 | 休闲带 | 步行道 |
| 5m | 4m | 7m | 4m | 15m | 15m | 4m | 7m | 4m | 5m |

70m

| 绿化带 | 人行道 | 非机动车道 | 绿化带 | 机动车道 | 绿化带 | 机动车道 | 绿化带 | 非机动车道 | 人行道 | 绿化带 |
| 21m | 3m | 6m | 4m | 12m | 8m | 12m | 4m | 6m | 3m | 21m |

124m

图6 城市宜居段和生态新城段道路路板改造后断面

4.3.2 道路重要交叉口渠化

对香河五一路沿线重要道路交叉口进行渠化改造，有效缓解交叉口的拥挤状况，同时保证交叉口车辆的安全及有效通行。道路交叉口渠化应该结合路口节点公园绿地和步行空间整体考虑。根据现有道路的实际条件进行相应的渠化方式：增大道路交叉口转角，车道拓宽增加车道数，设置人行过道、增加道路中央护栏等。

新华大街路口、淑阳大街路口、新开大街路口、绣水街路口均位于城区段，其改造方案大致相同，都需要增大道路交叉口转角，拓宽车道增加车道数，设置人行过道以及增加道路中央护栏，并同时结合路口公园节点考虑。

与国道103的道路交叉口针对现状情况增大道路交叉口转角，拓展路口增加车道数，增设重要分隔板，设计提升路口景观，作为进入香河城区的一处重要标志性道路景观节点。

4.3.3 公交车站规划与市区段停车场

对现状公交车站进行梳理，合并个别相隔较近的车站，并根据现状村庄居民的需求，增加系列公交站点，公交站采用港湾式停车，结合步行空间和带状公园整体考虑。香河五一路经过整体公交车站规划，最终形成全线24km双向共40个公交站点。针对城区现状的停车需求，主要针对商业用地、文化娱乐用地，结合步行空间一起考虑设置道路两侧停车场。

4.4 建筑立面改造策略

建筑立面改造主要对现状建筑进行沿街立面的色彩改造，统一沿街商铺的广告牌。改造重点放在公共建筑部分，而居住建筑部分以调整空调机位、统一阳台防护和清洗建筑外立面为主体。建筑色彩改造主要以暖黄色为主，适当以土黄、灰色、橙色为点缀色；拆除杂乱的广告，以统一规划的广告宣传方式取代；统一沿街底商的规格和色彩（图7）。

图7 沿街建筑立面改造

4.5 道路照明设计指导

将灯光资源进行规划整理，确定统一的光色和照明方式。

（1）全面提高道路的照明水平，道路照明作为城市夜景照明的重要组成部分，能勾画出城市夜间道路网络和城市的轮廓；

（2）建筑的夜景照明主要针对沿街大型公共建筑，包括轮廓灯和重点项目的装饰灯光以及户外广告的照明设计；

（3）公园节点的照明主要包括重点区域的照明和绿化照明。景观灯柱以景观性为主，强调灯柱的外形设计。

照明灯具分为路灯、景观灯、轮廓灯、草坪灯、重点照明和激光射灯等，光源采用金卤灯、LED灯、节能灯、太阳能灯为主。

4.6　统一设计城市家具、小品和雕塑

4.6.1　设计城市LOGO

结合香河城市精神，充分挖掘"家具之都"文化内涵，设计城市名片，宣传城市文化。

4.6.2　设计主题雕塑

在高速迎宾广场设计雕塑景墙与城市LOGO造型相呼应，景墙内容展示家具创业历程。

在国道103交叉口设计"祥和门"雕塑（图8），与周边第一城风格统一，体现香河古韵新城风格，利用古典元素，形成香河城市的入口景观，大气，风格统一。

图8　国道103交叉口的"祥和门"雕塑

由系列木工家具创意而成的雕塑小品，既展示了香河家具特色，同时也体现了家具创业的精神品质，同时

寓意香河幸福和谐的美好愿景。

4.6.3　结合城市LOGO设计系列城市家具

对城市公交站牌、路灯、垃圾桶、指示牌、休憩设施等进行整体性设计，运用家具原色和城市LOGO体现城市文化特色，同时结合城市产业宣传广告统一规划（图9）。

4.7　美化城市绿化景观

按照整体的设计构思，增加道路沿线的植物层次，打造四季景观。在保留城市现有植物的基础上，增加地被和灌木层次，局部增加色叶植物和四季常绿植物，丰富植物的色相变化，精心设计道路沿线的景观带（图10）。

遵循生态优先原则，林下空间多运用自播繁衍花卉及宿根花卉，注重植物群落的营造和避免裸露黄土。在乔木及花灌木的选择上主要考虑适应道路生长环境的乡土树种。

苗木选择的主要品种如此下：

骨干乔木：白皮松、油松、圆柏、银杏、白蜡、国槐、馒头柳、合欢、五角枫、西府海棠、紫叶李；

花灌木：紫丁香、木槿、连翘、紫珠、紫微、连翘、红瑞木、锦带、蔷薇等；

观赏地被：铺地柏、紫花醉鱼草、紫花鼠尾草、马蔺、鸢尾、千屈菜、福禄考、荷兰菊、八宝景天、狼尾草、蒲苇、野花组合等。

本文从道路景观整体改造的角度探讨了过境公路转变为城市道路的改造设计的策略措施，论述了改造过程中的一些实际问题，对此类道路改造的设计实践提供了有益的经验和探索。

另外，随着国家经济的发展，交通量的不断增加，国、省道公路以及部分城市道路改建工程都在大幅增加。在探讨过境公路改线改造的同时，如何通过更好的规划和设计来保证过境公路的通行能力和城市道路的功能承担，至少在相对长的时间内满足其功能，避免一轮轮的公路改线和城市道路改造，也是规划设计的从业人员应该去思考的一个问题。

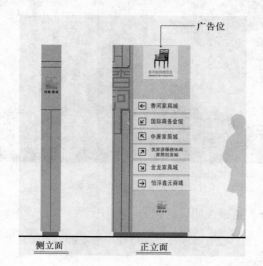
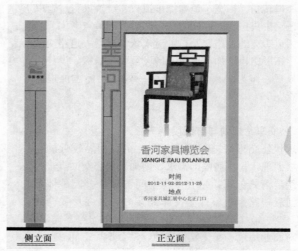

图9　结合城市LOGO的城市家具

图 10　植物种植意向图

参考文献

[1]　姚栋，徐永战．王双全. 过境公路对小城镇的影响及其对
　　　策．河南科技，2007（13）.

[2]　城市道路绿化规划与设计规范 CJJ 75—9.

作者简介

　　蔡静，1987 年 2 月，女，汉，山东济宁，硕士，北京正和恒
基城市规划设计研究院，园林设计师，电子邮箱：727910336
@qq.com。

设计结合灾害
——应对自然灾害的风景园林途径

Design with Disaster
——The Way of Landscape Architecture Response to Natural Disaster

陈崇贤

摘 要：环境与气候变化加剧，自然灾害频发严重威胁人类的生存和发展。以改善人类生存环境为目标的风景园林师应当积极应对自然灾害的挑战。首先阐述了主要威胁的自然灾害种类及其影响因素和危害，其次分析了风景园林对于减缓自然灾害的意义和认识，最后基于灾害发生的时序分别从灾前适应性策略和灾后恢复性策略两个阶段的规划设计重点详细研究了风景园林对于减缓和恢复自然灾害破坏的实际意义。

关键词：自然灾害；风景园林设计；设计策略

Abstract：Increasing environment and climate deterioration induces frequent natural disaster which seriously threatening human beings survival and development. Landscape architects who aim to improve living environment need to respond natural disaster actively. Begins with a brief analysis of the major threaten disasters and it's influenced factors and impacts. Then, discuss the meaning and realize about landscape architecture for disaster reduction. Finally, according to sequential logic of natural disaster occur, further study from the point of adaptative and recovery strategy for pre-disaster and post-disaster respectively was conducted on the practical significance of landscape design for mitigation and restoration on devastation by natural disaster.

Key words：Natural Disaster；Landscape Design；Design Strategy

1 引言

近些年来全球气候变化加剧促使暴雨、洪水、风暴等自然灾害频发对人类的生命和财产造成了巨大的伤害。在联合国 2013 年发布的全球灾害数据报告中显示在过去 12（2000—2012 年）年中因自然灾害造成了 1.7 万亿美元的损失，受灾人群达 29 亿，120 万人因灾害死亡，根据统计中国也是世界发生灾害最多的国家。有效的防御和避免灾害带来严重的破坏后果是一个需要各种部门、组织和相关人员共同协作和努力的任务。很显然，作为协调人地关系矛盾的风景园林师在应对自然灾害面前将扮演着重要角色，设计师可以通过一系列风景园林设计策略减缓和恢复自然灾害给我们生存环境造成灾难性的后果。

2 自然灾害及其影响

目前一种对自然灾害普遍认可的定义是："那些由人类以外的力量并对其造成危害的自然环境元素"。更加具体来说它是相对人而言的，自然界事件如火山爆发，但并没有对人类造成危害的我们只能称之为自然现象而不是自然灾害，而发生在人口聚居地并造成伤亡或者巨大财产破坏的自然危害事件我们称之为自然灾害。这些经常对人类构成重大威胁的自然现象以其在自然界各圈层中的位置可以分为三大类：即气象类、地质类和水文类，这些自然现象潜藏着不同种类自然灾害的可能。影响这些灾害的因素一方面是自然自身的演变过程，另一方面主要是人类活动造成的影响，例如不合理地土地开发、过度利用自然资源致使生态环境恶化增加了产生灾害的概率，或者是社会及基础设施系统结构不完善，居住地又处于自然灾害易发区当灾害来临时缺乏足够的准备和应对能力等等（表 1）。由于自然灾害具有广泛性和不确定性的特点，因而一旦发生灾害，其带来的危害和破坏往往是灾难性的，这些破坏不仅可能严重毁坏我们生活的环境带来巨大经济损失和人员伤亡，同时也会对受灾群体和社会造成严重的心理创伤。

自然灾害类型及其影响因素　　　　表 1

自然现象类型	潜在主要威胁的自然灾害	影响灾害可能的人为因素
气象类	暴雨、龙卷风、热带风暴、暴风雪、沙尘暴	植被破坏、基础工程建设不合理、城市规划不合理、建筑抗震强度不足、过度采挖、围湖造田、河道淤积、城市排水系统不符合标准、防灾意识薄弱、灾害管理体系不完善
地质类	地震、滑坡、泥石流、沙漠化、火山爆发	
水文类	洪水、涝渍、海岸侵蚀、海啸	

（作者整理自绘）

3 风景园林设计与自然灾害

3.1 风景园林设计与减缓自然灾害

随着自然灾害频繁发生，对于如何减缓和避免自然灾害带来严重后果的研究也不断增多，而风景园林设计作为一门处理人与环境之间复杂关系的学科也越来越受到重视。事实上，风景园林设计对于间接和直接减缓自然灾害的影响和破坏都起到积极的作用。自然灾害的产生一方面是自然界生态系统自身演变的结果，另一方面是人为不合理的干扰。然而，通过科学、合理的用地规划以及绿地系统的保护和建设能够有效增强人类居住环境生态系统的稳定性从而间接提高其对自然灾害的抵御能力。2012 年的《世界风险报告》指出在东南亚一些滨海地区由于红树林生态系统的破坏使得其面临洪水和风暴潮的风险加大，但在一些加勒比海地国家通过恢复海岸珊瑚礁生态系统却降低了受到暴风雨灾害的风险。另外，城市公园、开放空间也有直接减缓自然灾害的作用，例如提供避灾、救灾的场所以及阻止其他次生灾害的产生。在日本、美国等发达国家十分重视防灾绿地的建设，这些公园绿地不但是平时休闲和娱乐的场所，而且在灾害发生时还能作为避难以及开展灾后救援恢复或者防灾教育的场所，从而直接防止或者减轻灾害的发生和蔓延。因此，在自然灾害不断加剧的今天，绿地系统的建设除了要满足城市休闲、游憩和生态的功能，还应该加强其减缓自然灾害破坏的作用。

3.2 自然灾害威胁下的风景园林设计

自然灾害不断加剧已经成为全球普遍关心的问题。作为"土地设计师"要想改变这种不断恶化的趋势，首先要做的是建立一种正确的设计价值认知方式，即生态美学。对于生态美的认识，构建生态美的设计价值观，除了要摒弃对于"图案美"的迷恋，还要倡导节约、高效的资源利用方式，例如建设绿色基础设施、加强水资源管理等一系列可持续的风景园林策略，以减小社会发展对自然的索取造成不利的环境影响和破坏，从而降低自然灾害产生和威胁的可能性。其次，在风景园林实践领域要加强对自然规律的认识和理解，探寻一种遵循自然规律的设计新途径。2012 年飓风 Sandy 过后许多设计师认识到通过结合人工设施和自然系统加强现有城市基础设施抵御未来自然灾害威胁的优势，而不是像过去那样依靠单一以防御为目标的工程手段来解决问题。采取与自然友好的以"自然力应对自然力"的设计方式已经不仅仅是为了应对即将发生或者将来可能发生的自然灾害事件，它也是一种人类社会与自然世界在地球上和谐共存的长久策略。此外，虽然自然灾害的挑战愈来愈严峻，但这种挑战风景园林师也应该将其视为把我们环境设计成更加安全和健康的机会，风景园林师必须重新定位自身的使命和职责，在环境危机和自然灾害过程中应当承担重要角色，通过一系列明智的设计策略和措施来避免自然灾害的侵扰。

4 应对自然灾害的风景园林途径

4.1 灾前适应性设计策略

由于自然灾害的产生和发展具有区域性、不定性和周期性的特点，因此如何适应未来自然灾害风险减少其破坏成为风景园林设计一部分具有实际意义的内容。适应自然灾害主要是指在一定的环境条件下，人类面临自然灾害风险所做出的一种行为决策，是人类所采取的长期的应灾策略（如忍受损失、减轻风险、风险转移等）以及相应的行为响应方式，包括减灾的技术、政策等方面。但自然灾害是一个极其复杂的问题，并且景观是一个多样而不断变化的系统，这使得适应性风景园林设计策略可以从不同层面和多种途径展开。

4.1.1 景观空间规划

适应自然灾害的过程首先应该被看成是一个空间上的策略，景观规划可以通过改变整体景观空间格局来提高抵抗风险的能力。景观空间格局是景观元素在空间上的分布和配置规律，不合理的空间格局会导致生态系统功能减弱从而降低了抵御灾害的能力。自然灾害是一个变化的、与多方面相关的问题，因而这种空间结构必须将生态系统作为经营发展的基础，才能够实时弹性处理极端事件产生的过多负荷。另外由于受到气候变化影响，一些灾害的产生是一个渐进的过程（如海平面上升），时间也成为一个重要的考虑因素。将适应自然灾害过程融入景观空间规划过程，在长期的计划中采取不同的策略有利于提高适应灾害水平，降低不可预见的风险。例如在英国朴次茅斯波特西岛区域（Portsmouth Portsea Island），为了实现安全稳定的发展 Egret West 工作室针对未来海平面上升及洪水威胁可能的阶段性变化做了三种不同的发展预设，将地方的经济生产模式融入随自然变化而变化的景观空间策略，为城市发展提供了多种选择使之尽可能降低未来不必要的损失和破坏（图1、图2）。

4.1.2 基于自然灾害空间分布的景观规划

以自然灾害空间分布特征为依据的景观规划策略是减小自然灾害带来损失的有效途径。自然灾害的产生和形成与地理空间环境相关，在分布上呈现出区域化特点，针对不同的自然灾害易发区应采取相应的景观规划方式，制定不同的景观发展目标和准则能够增强人居环境对于特定自然灾害的适应力。我国是一个自然灾害发生较多的国家，主要城市灾害包括水灾、地震、滑坡泥石流、台风和沙尘暴等几类，由于地理环境的差异自然灾害在空间分布上也呈现出以地区为典型的特征，例如：受洪水灾害威胁较为严重的主要分布在我国中东部高度城市化地区，台风主要分布在东南沿海一带的城市化区域，地震多发区主要集中在西北部区域。适应性景观规划可以通过有针对性的景观策略预先构建防洪、防风以及避灾等绿地空间来适应自然灾害的形成和发展。

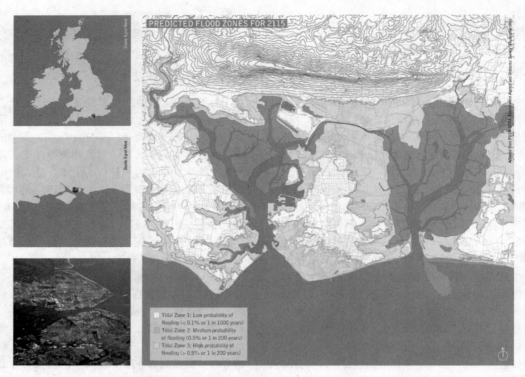

图 1　2115 年前的洪泛区预测图（引自 http：//www. buildingfutures. org. uk/）

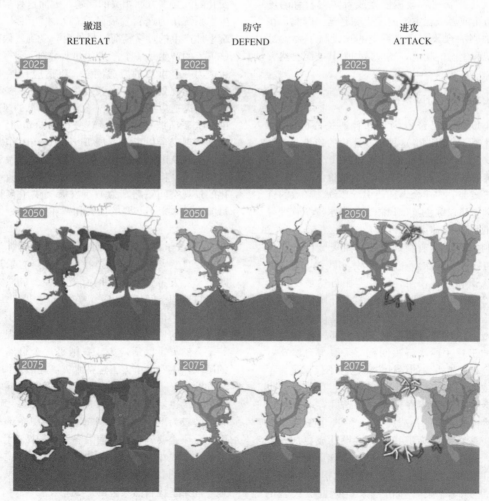

图 2　不同的空间规划应对不同阶段的自然威胁（引自 http：//www. buildingfutures. org. uk/）

4.1.3 构建生态基础设施防灾网络

生态基础设施建设在现代都市健康、安全发展的过程中将扮演越来越重要的角色。这些城市中的绿地和水网不但具有生产和修复功能，包括提供新鲜空气、食物、动物栖息地以及净化污染水体、改善城市气候环境，也是增强城市对自然灾害抵御和免疫能力的自然基础。城市林地、农田、公园、湿地、河道等不同功能绿地在自然灾害发生时可以及时疏导和吸收灾害产生的破坏力，进而有效降低和减少地震、洪水、风暴等灾害的不利影响。然而，在以往快速的城市化发展过程中，许多城市大量建设人工的工程基础设施破坏了城市的自然系统和生态过程，造成水网系统和湿地系统以及绿地系统的破坏，降低了城市适应风险和灾害的能力，使其暴露在自然灾害的威胁中。2012 年北京的"7.21 暴雨"便是一次惨痛的教训，暴露了城市生态基础设施建设的不足。因此，在城市建设过程中通过合理地组织、规划城市不同功能的绿地，建立完善的生态基础设施防灾网络是适应未来自然灾害变化的基本保障。

4.2 灾后恢复性设计策略

由于自然灾害破坏的广泛性和复杂性，这就需要多种部门和专业人员的援助对灾后场地进行阶段性有计划的重建，包括短期和长期的恢复策略和实施方案。遗憾的是过去景观设计师在灾后恢复中并没有受到重视，自然灾害过后相关的恢复更多强调的是基础设施工程和食物的供应，而设计师考虑的问题很少被顾及。事实上景观设计师可以承担重要的角色，与建筑师、工程师，以及当地灾民一起协作进行恢复设计，如临时避难场所的选址设计、应急公共设施规划、社区重建和生态改善等。目前，对于灾后恢复过程阶段有许多不同的看法，本文参照了美国建筑师协会 2007 年在其灾后援助计划手册中（AIA Handbook for Disaster Assistance Programs，2007）

对恢复工作过程的划分：即应急阶段、缓解阶段和恢复阶段，根据受灾情况和重建过程的要求每个阶段的工作内容和重点有所不同（图3）。

图 3 美国建筑师协会灾后应对系统图
（引自 http：//www. aia. org/）

4.2.1 应急阶段—灾后场地快速规划分析

应急阶段要求反应迅速，工作时间周期短。当自然灾害发生后往往造成大批建筑物的损毁，导致大量人员无家可归，再加上又有发生次生灾害的可能，因此如何能够在短时间内快速分析判断，为灾民提供临时住所以及灾后应急活动的场地便成为短期内需要解决的关键问题。在 2011 年日本东海岸海啸过后，美国麻省理工学院（MIT）教授 James L Wescoat JR 和 Shun Kanda 等人开展了"灾后景观规划的场地快速视觉分析方法"的研究，它能够在几个小时之内而不用花上几周或者几个月为灾后提供应急避难场地规划。这种方法以实地调研为主包括基础资料收集、现场设计、实地成果分析三个过程。这种通过视觉分析的快速规划方式克服了像地震、海啸这样的灾后应急场地规划分析的时间限制，为灾区及时提供临时避难的场地选址（图4、图5）。

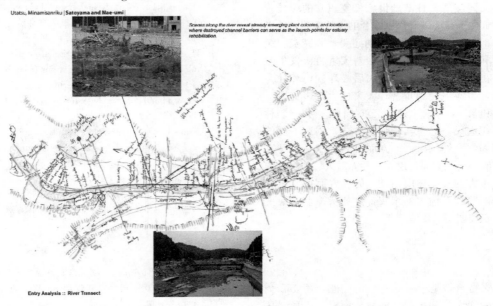

图 4 河道横断面分析（引自 http：//journals. lincoln. ac. nz/）

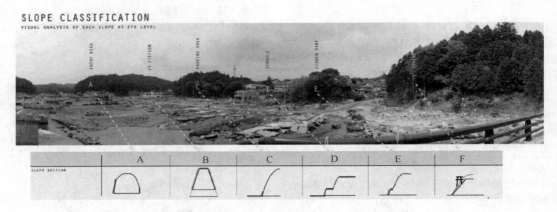

图5 坡度分类 (引自 http://journals. lincoln. ac. nz/)

4.2.2 缓解阶段—灾后景观评估

缓解阶段主要解决短期内灾区急迫的需求以及评估灾情并制定相应的重建计划。受灾评估是灾后恢复过程中的重要工作,风景园林师除了与建筑师、规划师、工程师一起协作解决短期住房、道路交通,保证灾区生活的关键性基础设施外,还应了解受灾范围、类型和程度等灾情,这对对短期内恢复和长期重建的计划和技术策略都起到重要引导作用。2008年汶川地震后,风景园林师贾建中等人对受灾的风景名胜区做了详细分析,其主要内容包括自然环境、风景名胜资源、服务设施、交通设施及居民区在内的不同受灾类型的受灾程度、特点、损失和原因,从而制定了灾后重建计划的工作重点和时序,并采取有针对性、不同方式的灾后景观恢复技术手段,确保长期的重建任务有效推进。

4.2.3 恢复阶段—灾后景观重建

灾后景观重建是一个长期的过程,涉及综合性的重建规划以及整体的环境结构改善,它是灾区人在对未来憧憬的目标下共同实现各种基础设施恢复正常的缓慢阶段。风景园林师在重建中需要提供综合的设计策略,除了恢复灾区正常的社会经济和文化活动还要加强减灾、缓灾和避灾场所和空间的建设提高灾区对灾害再次发生时的适应能力。在环境重建过程中对灾后心理创伤和社会文化活动的恢复也应该受到重视。大灾过后许多灾民失去自己的家园和亲人,精神上遭受沉重的打击。风景园林师可以通过组织灾民一起参与的设计方式,创造不同的公共活动空间和纪念性场所,一方面可以提供一个具有文化认同感的沟通交流空间,建立一种人与人、与自然的良好关系恢复正常的文化休闲活动,另一方面可以纪念因灾害而消失的家园和逝去的亲友,弥补精神上的缺失促进灾后社会心理创伤的复原。

5 结语

应对自然灾害事件是个极其复杂的问题,需要多个学科及不同的专业人员和部门共同协作面对。风景园林

设计虽不能完全避免自然灾害的产生,但可以通过综合的设计策略减缓自然灾害带来的灾难性后果。设计可以有预见性地在灾害到来之前,通过适应性景观策略提高居住环境对灾害风险的适应能力。设计也可以在灾害过后,按阶段实施恢复性景观策略让受灾地逐步恢复正常生活并增强其面对再次灾害时的抵御能力。以改善人类居住环境为目标的风景园林师要重新理解和认识自然的含义和设计的价值,更应该积极探索应对的设计策略和措施,接受未来自然灾害的挑战。

参考文献

[1] http://www. preventionweb. net/english/professional/statistics/.

[2] http://www. oas. org/usde/publications/Unit/oea66e/ch01. htm (2 of 36).

[3] 尹衍雨,王静爱,雷永登. 适应自然灾害的研究方法进展. 地理科学进展,2012,31(7):953-962.

[4] 李玮玮. 从景观规划设计的角度论城市防灾的策略:[学位论文]. 上海:同济大学,2006:29.

[5] http://www. buildingfutures. org. uk/assets/downloads/Facing _ Up _ To _ Rising _ Sea _ Levels. pdf.

[6] 王静爱,史培军,王瑛. 中国城市自然灾害区划编制. 自然灾害学报,2005,14(6):42-46.

[7] Hye-jung Chang. Reconstruction after the 2004 tsunami: ecological and cultural considerations from case studies. Landscape and Ecological Engineering,2006(1):41-51.

[8] AIA Handbook for Disaster Assistance Programs,2007:7-9.

[9] James L Wescoat Jr,Shun Kanda. Rapid Visual Site Analysis for Post-disaster Landscape Planning:Expanding the Range of Choice in a Tsunami-affected Town in Japan. Landscape Review,2012(2):5-22.

[10] 贾建中,束晨阳等. 汶川地震灾区风景名胜区灾后恢复重建研究(一)——灾损类型、灾损评估与原因分析. 中国园林,2008(09):5-10.

作者简介

陈崇贤,1984年3月,男,汉族,福建,北京林业大学,在读博士研究生,风景园林规划设计与理论,电子邮箱:ccxshen@163. com。

风景园林规划与设计

广州构建山水城市的探索与实践

The Exploration and Practice of Constructing Landscape City in Guangzhou

陈杰莹

摘　要：20 世纪 90 年代初我国杰出科学家钱学森提出了山水城市概念，引发了国内外学界长久的思考和讨论，并逐渐转变成为一种切实可行的城市规划建设的理论模式和指导原则。近十几年来，我国许多城市结合自身山水资源，对建设山水城市付诸努力并取得了阶段性成果。本文在对山水城市的起源及其核心精神进行思考和总结的基础上，以杭州和武汉为例介绍国内城市对山水城市的实践，其后重点探讨了广州在构建山水城市过程中遇到的问题、宏观战略思考和行动计划，以及所取得的建设成效，最后提出了未来山水城市的建设重点。

关键词：山水城市；城市建设；战略规划；行动计划

Abstract：At the beginning of the 90′s xuesen Tian, one of outstanding scientists in China, proposed the concept of landscape city, which caused a long time research in the academic circles at home and abroad, and gradually become a viable theoretical model and guiding principles of city planning and construction. In recent years, many cities in China are making efforts to build landscape cities and have achieved initial results. This paper reviews in origin and the core spirit of landscape City, introduces the practice of Hangzhou and Wuhan, then focuses on the problems and effects in Guangzhou during the construction of landscape city, and finally point out the key links of future landscape city developing.

Key words：Landscape City；City Construction；Strategic Planning；Action Plan

1　关于山水城市的思考

1.1　山水城市概念的提出

　　山水城市的概念是杰出科学家钱学森于 1990 年 7 月 31 日提出的，他当时在给吴良镛教授的信中提到"我近年来一直在想一个问题：能不能把中国的山水诗词、中国古典园林建筑和中国的山水画融合在一起，创造'山水城市'的概念？人离开自然又要返回自然"。这一崭新的概念迅速引起了国内城市规划、建筑学、园林学等各领域专家学者的重视和讨论。1993 年 2 月，在钱学森的倡议下，"山水城市座谈会"在北京召开，到会的包括城市科学、城市规划、建筑、园林、地理、旅游、美术、雕塑等多学科的专家和学者，钱学森本人也对这次会议寄予了很大的期望，还专门为大会寄来了书面发言《社会主义中国应该建山水城市》。钱先生在发言中提到："这是把古代帝王所享受的建筑、园林，让现代中国的居民也享受到。这也是苏扬一家一户园林构筑的扩大，是皇家园林的提高。"以及"山水城市的设想是中外文化的有机结合，是城市园林与城市森林的结合。山水城市不该是 21 世纪的社会主义中国城市构筑的模型吗？"这次"山水城市座谈会"和钱学森的书面发言为山水城市概念的形成奠定了牢固的基础，大大推动了山水城市理论体系的研究和实践活动的开展。

1.2　山水城市的核心精神

　　"山水城市"自提出至今已历经二十余年，它由最初的科学构想逐渐转变为一种切实可行的城市规划建设的理论模式和指导原则。尽管各方专家学者从不同角度、不同层次对山水城市进行了研讨，有人简单地将其理解为园林城市或是生态城市，也有人认为它是以人的健康生活为出发点，注重自然环境保护和城市特色营造的可持续发展的城市等等。事实上，不同尺度、不同发展阶段的城市，其构建山水城市的具体内涵和要求也会有所不同，但其本质精神应是一致的，即通过现代科学技术，让城市居民能够享受到"回归自然"、"天人合一"的美好境界。关于山水城市的核心精神，鲍世行先生曾经有过精辟的概括："尊重自然生态，尊重历史文化；重现现代科技，重视环境艺术；为了人民大众，面向未来发展"。山水城市具有深刻的人民性的概念，它反映了人们对城市环境的一种理解和对理想城市环境的追求。

1.3　国内城市对山水城市的实践

1.3.1　杭州

　　杭州以秀丽的山水著称，"上有天堂，下有苏杭"表达了古来今往的人们对这座美丽城市的由衷赞美。但是，近三十年来，伴随着城市的逐渐扩展和人口的不断集聚，杭州的自然生态和城市环境也在逐步恶化。为此，杭州市政府实施了多项举措进行大规模整治，从治气、治水、治噪、治固废入手、分步骤实施创建烟控区、建设西湖引水工程、开展运河截污、治理中河、东河等城市河道等多项举措，使城市面貌焕然一新，城市环境得到了较大的提升。

　　杭州依水发展，治理水环境是其构建山水城市的首要任务。杭州市政府根据城市水系特征，提出了"五水共导"的发展战略，并在其指引下深入实施了西湖、西溪湿地、运河、市区河道等水体综合保护与整治开发工程，使城市水环境得到极大的改善。以西湖综合保护工程为例，杭州市政府自 2002 年开始实施西湖综合保护工程，以"保护第一、生态优先；传承历史、突出文化；以民为本、为民谋利；整体规划、分步实施"为原则，通过一系列综合保护措施，全线贯通了环西湖沿线，保护修缮、恢复重建了 180 多处自然和人文景观，使"一湖两塔三岛三堤"的西湖全景重返人间，"东热南旺西幽北雅中靓"的西湖新格局全面形成。此外，西湖水质也得到了较大改善，自然生态得以修复，城市历史文脉得以延续，为杭州构建山水城市打下了坚定的基石。

1.3.2 武汉

武汉市是一座滨江滨湖城市，山水资源十分丰富。主城区内山体达 58 座，大小湖泊 147 个，水域面积占市域面积的四分之一。具有"两江交汇、三镇鼎立、河湖密布、山水相映"的空间形态和城市特色。但在近数十年的城市化进程中，与国内许多大城市一样，武汉的自然山水也受到了不同程度的破坏和侵蚀，为此武汉市政府近年来大力推行城市环境建设和污染整治工作，一步步地重塑城市山水景观。

2006 年，武汉启动了"一湖一景"项目，40 个"城中湖"分别被建成城市公园、风景区和生态保护区，形成各具特色的湖泊公园。这些湖泊公园除可亲水外，还有园林绿化、休闲步道、健身器材等，供游人休闲、娱乐和健身。40 个湖泊周边绿化用地达 10646hm²，连同水面，给武汉带来了近 3 万 hm² 的生态休闲空间。2010 年，武汉市政府出台了《武汉市湖泊整治管理办法》，其中根据每个湖泊的不同特点，遵循有利于湖泊自然修复、有利于良性生态系统的原则，采取"一湖一策、一湖一景"的方法，整治全市大小湖泊。同时管理办法中为武汉 166 个湖泊指定了"湖长"，建立起湖泊日常维护管理的长效机制。另外，自 2006 年起，武汉开展了"清水入湖"污水收集系统工程，对全市湖泊先后进行了清淤和周边环境综合整治，使湖泊的生态环境明显改观。

2 广州建设山水城市的探索与实践

2.1 广州市建设山水城市的现状与问题剖析

广州自古以来一直有"负山带海"之称，清代的屈大均曾用"五林北来峰在地，九州南尽水浮天"的诗句赞美广州气势恢宏的地理环境。"云山珠水"为广州 2000 多年的发展提供了长盛不衰的地理基底，创造了富有岭南特色的舒适的城市生活环境。可以说，建设山水城市，广州有着许多城市不可比拟的自然底蕴。

首先，在近几年城市开发建设的热潮当中，广州市域良好的生态本底条件面临着保护刚性不足和利用效率不高的问题。尽管 2000 年来的"云山珠水"格局仍然存在，但由于在规划实施操作中缺乏对于基本生态要素的规划控制保护，"云山"已经受到周边高强度建设的侵蚀，"珠水"受到了严重污染（图 1），自然资源和规划隔离绿带也受到了一定程度的破坏，给总体生态环境造成较大的压力。

图 1 "珠水"受到严重污染

其次，近年来广州城市建设过快导致城市传统风貌丧失、景观资源浪费。像北京路商业街、沙面租界建筑群等反映广州历史风貌的特色地段，天河体育中心、琶洲国际会展中心、大学城等多处现代城市景观突出的地段以及白云山、帽峰山、珠江、流溪河等优美丰富的自然景观资源等，这些都是广州独一无二的城市财富，但在城市的开发建设中利用效率并不高，而对比其他国际城市如巴黎、伦敦等，它们往往充分利用城市景观资源，展示城市特色，巴黎的塞纳河、伦敦的泰晤士河等均充分利用滨河景观资源打造为城市名片。

第三，广州的城市舒适性下降，宜居性有待提高。城市的宜居性体现在居住、环境、交通和社会服务四方面。在居住方面，目前，广州的人均住房面积不断提高，居民的住房条件得到改善，广州市住房保障范围也由最低收入住房困难家庭逐步扩大到低收入住房困难家庭。但另一方面，城中村等居住形态长期未得到改善，城中村问题已成为城市的顽疾。环境方面，城市绿地总量净增加，但占城市建设用地比例净减少，人均绿地面积小幅减少，城市环境质量相对下降。交通方面，市区道路流量持续增长，车速均呈下降趋势，交通系统运作水平逐渐退步，主城区内多处地方出现经常性交通拥挤现象；常规公共交通行驶条件恶化，客运量徘徊不前，轨道交通票价偏高，轨道交通与常规公交没有良好衔接；慢行交通没有受到足够重视，出行环境恶化；以及停车设施供应总量不足，交通事故率偏高，交通带来空气污染、噪声污染等一系列问题。社会服务方面，在广州经济指标节节攀升的同时，主要的社会服务指标不断下降，其后果是城市的舒适度大幅下降（图 2、图 3）。

图 2　城中村问题是城市建设的顽疾

图 3　主城区内交通拥堵现象严重

2.2　科学规划引领山水城市建设

2.2.1　构建山水城市的宏观战略思考

　　早在 2000 年，广州便开国内大城市之先河，开展了战略规划的编制工作，并最终完成了《广州城市建设总体战略概念规划纲要》，其中提出了将广州建设成为适宜创业发展又适宜生活居住的国际性区域中心城市和山水型生态城市的目标，以及"南拓、北优、东进、西联"的空间发展战略（图 4）。为构建山水型生态城市，规划提出广州城市建设的自然格局从传统的"云山珠水"格局跃升为具有"山、城、田、海"特色的大山大水格局。2003 年广州城市总体发展战略规划实施总结研讨会进一步提出了"山、水、城、田、海"的山水型生态城市的基本构架，以山、水、城、田、海的自然特征为基础，构筑"区域生态环廊"、建立"三纵四横"的"生态廊道"，建构多

图 4　十字方针空间发展战略图

层次、多功能、立体化、网络式的生态结构体系，从而形成"山、水、城、田、海"的生态城市格局。

　　自 2007 年开始，广州面临着国际国内环境变化，社会经济发展模式转变及空间发展战略转型等一系列新课题，同时城市高速发展带来的生态环境、交通、居住等问题日益尖锐。在此背景下，2007－2009 年，在借鉴、总结和继承 2000 年战略规划的基础上，广州开展了新一轮《广州城市总体发展战略规划》的编制工作，为新形势下规划建设山水城市提供有效的规划引领。

　　根据新一轮的战略规划，广州将在"南拓、北优、东进、西联、中调"十字方针的指导下，空间发展战略从外延拓展走向优化与提升。优化战略是优化城市空间布局、优化城市产业和生活空间布局、基础设施配置和生态环境；提升战略是提升城市空间的品质和使用效率，从而带

広州构建山水城市的探索与实践

动城市地位、影响力、文化软实力和综合竞争力的提升，由此确立了未来山水城市总体发展将是从粗放化逐步走向精细化的过程。同时规划结合广州城市发展的特点，提出构建"舒展、紧凑、多中心、网络型"的城市空间结构以及促进区域、产业、文化、宜居、城乡"五个转型"。

在生态环境方面，依据"生态优先、组团发展、适度规模、集约发展、城乡一体"的原则，通过分析城市生态安全格局、重大交通基础设施、产业发展和宜居城乡等影响城市总体空间结构的关键要素，规划以生态组团为基底，生态廊道相隔离；交通与土地利用相协调；以城市建设组团为单元，形成舒展的紧凑型多中心空间体系。

规划在"山、水、城、田、海"自然生态框架的基础上，构建以郊野公园为核心、公园为节点、绿廊为纽带的多层次、开放型城乡一体的生态网络体系，形成"三纵、五横、多公园"的绿地生态格局，强化自然山水休闲功能。"三纵五横"也在全市域层面上明确了区域性的生态廊道，其与组团生态廊道和社区休闲绿道一起构成了"区域——组团——社区"三级生态廊道体系，从而将市域内的区域绿地连成一体，相互贯通；同时有效地划分了城市组团，引导城市合理增长。规划还提出构建"郊野公园——城市公园——社区公园"三级公园服务层级和网络体系，为构建山水城市打造良好的自然生态基底（图5、图6）。

图 6　市域绿地系统规划图

关系。同时强调历史城区、历史街区、历史村镇与自然山水的依托关系，从更广阔和更宏观的层面上保护自然要素和人文要素相互交融的城市特色。

2.2.2　构建山水城市的行动计划

在战略规划的指引下，广州为构建山水城市规划实践了一系列强而有力的行动计划，大刀阔斧地推进城市空间布局优化和城市总体环境的提升。

2004年，广州取得了第16届亚运会的举办权。以亚运会为契机，广州按照"迎亚运、促大变"的思路，以战略规划为指导，在城市长远发展的目标下对城市近、中期规划发展策略进行了系统策划，制定了阶段性目标并付诸实施，有力地促进了长远战略规划目标的实现。广州先后组织编制了《"亚运城市"广州——面向2010年亚运会的城市规划建设纲要》、《广州2010亚运城市行动计划》、《2010年广州亚运会场馆规划建设布局》、《广州市亚运场馆建设道路交通建设规划》、《广州市近期建设规划（2006—2010）》等面向亚运的行动规划，整合城市发展战略部署与"亚运会"的要求，不局限于承办好亚运本身，而是更多地立足于亚运会对城市长远、持续、良性发展的带动，以面向亚运的规划建设行动加快城市战略部署的实施，并为未来的发展奠定良好的基础。

承办亚运会为加快广州城市空间拓展地区的建设发展、进一步引导城市空间结构调整优化创造了机遇。广州围绕亚运进行的场馆、基础设施、公共服务设施等建设，与城市空间拓展和布局优化调整紧密结合。根据城市总体发展战略规划和城市总体规划的部署，布局形成了"两心一走廊"的亚运会重点发展地区空间格局，进一步强化和带动城市重点地区的建设发展（图7）。

图 5　市域生态空间结构图

此外，规划提出重点打造"云山、珠水、名城"的风貌特色，最大限度地降低开发与资源保护的冲突，减低对自然生态体系的冲击，在城市建设中注重城市和山、水的关系，既继承中国传统园林的山水格局，又兼顾城市未来发展的空间结构，营造城市和山、水、田、海的有机结构

图7　亚运村鸟瞰图

2.3　山水城市建设成效

广州坚持以战略规划引领城市发展，经过十年的不懈努力，广州的城市建设成效显著，经济、社会和城市环境等各方面都实现了跨越式的发展，"南拓、北优、东进、西联、中调"五大战略的实施稳步前进，取得了阶段性的成果。广州城市面貌也焕然一新，一个"天更蓝、水更清、路更畅、房更靓、城更美"的新广州展现在世人面前。

亚运会是新世纪广州城市发展的重要契机，一系列城市建设和整治行动在政府正确领导和全市人民积极参与和配合下取得了巨大成功。在筹办亚运会的过程中，广州提出了"四个环境"的综合整治，包括水环境、空气环境、人居环境及交通环境，为构建山水城市打下了良好的自然环境基础。首先是大力开展空气污染综合整治行动，使大气质量逐年好转。广州的空气质量连续5年优于国家二级标准，并脱掉了戴了10年的重酸雨区帽子。二是大规模开展河涌综合整治和污水处理减排工程，令城市水环境质量大大提高。东濠涌、荔枝湾涌、新河浦涌（图8）等一些昔日的臭水沟通过治理变成了水清、岸绿的生态休闲长廊和旅游景点。三是积极推进城市美化绿化，通过"青山绿地工程"、"花园城市行动"、"拆建复绿"、"拆危建绿"等行动，使城市绿地规模显著增加，城市绿化景观和生态环境得到进一步的美化和改善，城市居民能够"推窗见绿、出门见景、四季见花"，营造融于自然的山水城市人居环境。

另外，为进一步促进城市生态空间发展、打造宜居城乡，广州自2009年开始积极开展了绿道网的规划编制和建设工作（图9）。绿道网规划以战略规划和城市总体规划所确定的基本生态控制线及生态结构为基础，结合亚运景观整治工程规划、广州市河涌水系整治工程规划等规划成果，以及"山、水、城、田、海"的自然格局和各区（县级市）生态环境和人文资源等实际情况，充分利用森林、田园、水体等原有生态资源，强化生态性，突出广州本土特色，提出了6条总长526km的区域绿道以及20条总长395km的城市绿道。截至2012年底，广州市已完成绿道建设2174km，覆盖了全市十区两县级市，串联起320个主要景点，151个驿站和服务点，覆盖面积3600km²，服务人口超过800万（图10、图11）。

图8　新河浦涌

图9　绿道系统规划图

261

图10　黄埔乌涌绿道

图11　南沙蕉门河绿道

3　未来山水城市建设重点

3.1　确立整体性的思维

山水城市的建设并不单指城市生态或绿化环境的改善和建设，它还包含城市营造的各个方面，如城市总体空间布局、基础设施建设、历史风貌和文化特色等是一个开放而又复杂的系统。因此在规划建设过程中，要把握好其整体性、复杂性、系统性、动态性和多样性的特征，从大局出发研究规划模式和具体策略，使研究、保护、规划、开发一体化。

3.2　树立区域化的观念

广州作为广东省省会城市和珠三角的重要城市，其构建山水城市不应局限于城市本身，而应将其置放在大区域的版图之上，从珠三角的整个区域社会经济发展战略角度出发，研究广州的城市发展定位与作用。

3.3　关注城市内在品质的改善

顾孟潮先生曾指出："山水城市建设不仅指塑造城市形象的问题。更重要的在于山水城市突出地提出提高城市环境质量、生态质量、城市效率和效益的问题。所以，不仅要作显性的标志性工程，更要做隐性的可持续发展的基础工程。如城市建设系统化、网络化、数字化的问题。"正如本文上面提到的，山水城市的本质精神是通过现代科学技术，让城市居民能够享受到"回归自然"、"天人合一"的美好境界。因此，塑造山水城市应在总体城市空间布局的指引下，关注城市基础工程的建设和细节质量的提升，营造宜人的人居环境。

3.4　突出岭南文化特征

广州有其特有的自然、气候和地理条件，以及积淀了两千多年的岭南人文、社会和历史财富，这些都应充分融合在山水城市的建设过程当中，体现城市独有的风貌特色，同时提升城市历史和文化底蕴，塑造具有岭南文化特色的山水城市。

参考文献

[1] 广州市城市总体发展战略规划.
[2] 吴良镛.关于山水城市.城市发展研究，2001(2).
[3] 顾孟潮.山水城市——知识经济时代(高科技时代)的城市建设模式，基Оptimize优化，2001.2.
[4] 鲍世行.山水城市——21世纪中国的人居环境.华中建筑，2002.4.
[5] 中国杰出科学家钱学森院士对建设"山水城市"论述(摘录).广东园林，2001.4.
[6] 傅礼铭.钱学森山水城市思想及其研究.西安交通大学学报，2005.9.
[7] 魏清泉，王冠贤.广州市构建山水城市的思考.生态经济，2002(12).
[8] 张建庭.建设山水城市是新世纪城市可持续发展的必由之路——对杭州城市建设与发展的几点思考.中共浙江省委党校学报，2001(1).

作者简介

陈杰莹，女，1982年10月生，汉族，广东东莞，硕士研究生，广州市城市规划编制研究中心，工程师，电子邮箱：jessie8018@qq.com.

国际与本土艺术融合的地域性景观范例

——罗伯特·布雷·马克斯景观中的地域特性再认识

Example of the Regional Landscape with the Integration of the International and Local Art

——New Understanding of Roberto Burle Marx Landscape Regional Characteristics

陈如一　张晋石　余刘姗

摘　要：当今风景园林设计领域中，影响设计师的国际先进艺术与本土传统艺术同时共存、彼此冲突并相互融合着。既不在国际化浪潮中迷失自我风格，又不在本土文化中故步自封是设计师面临的共同问题。国际级设计大师罗伯特·布雷·马克斯，积极投身于当时国际先进艺术和本土文化艺术研究中，培养出自身优秀的艺术修养，提炼出适合巴西本土的设计语言，创造出了具有鲜明地域特征和生命力的景观作品，为我们提供了再研究、再学习的范例。

关键词：罗伯特·布雷·马克斯；地域性景观

Abstract：Today, designers are affected both by international advanced arts and local traditional arts. We should be neither lost in the tide of international style, nor rest on its laurels of local culture. World-class designer Roberto Burle Marx actively studied the international advanced art and native culture and arts, cultivated his own artistic accomplishments, extracted from Brazilian native design language, and created a distinctive regional characteristics and vitality landscape works. It is an excellent example of learning.

Key words：Roberto Burle Marx；Regional Landscape

　　1909 年 8 月布雷·马克思出生于巴西圣保罗市，18 岁时因眼疾前往德国柏林治疗。当时德国处于一战后良好的国际环境之中，现代主义运动异常活跃，各种艺术形式都在进行大胆地尝试，在那里他初次接触了欧洲现代艺术。布雷·马克斯的景观作品大多集中在巴西国内里约热内卢、圣保罗、巴西利亚、累西腓等城市，他的作品体现着巴西的文化传统，具有强烈地地域性特征，却同时积极响应当时国际流行艺术的发展变革。他的艺术实践直接受惠于现代艺术各种运动和流派的探索和成就，他站在了前人的肩膀之上并培养出自己良好的艺术修养。

1　布雷·马克斯所处时代的国际艺术发展背景

　　19 世纪 60 年代，印象派和后印象派用鲜艳和强烈的色彩去记录自然，发起反写实和趋抽象的宣言。20 世纪初，

图 1　米罗的绘画

野兽派用令人惊愕的颜色、扭曲的形态明显地表达与自然界不同的形状，艺术家们开始追求更加主观和强烈的艺术表现形式。20世纪初，立体派不从一个视点看事物，把从不同的视点所观察和理解的形态诸于画面，注重表现时间的持续性，注重块面的堆积与交错所产生的趣味。20世纪10年代抽象艺术，使用抽象的形体和色彩来激发观者的反应，从自由想象的抽象转向关注几何的抽象。20世纪10年代后期，荷兰风格派利用色彩和几何形组织构图与空间。基于几何形体的组合和构图建立理性、秩序和逻辑关系。

20世纪30年代，超现实主义呈现人的深层心理中的形象世界，尝试将现实观念与本能、潜意识与梦的经验相融合，把毫不相干的事物全部组合在一起，使画面中充满戏剧效果，带给人视觉与新心灵的震撼。米罗作为有机超现实主义的代表，采用象征的符号和简化的形象，使作品带有一种自由的抽象感和儿童般的天真气息，对布雷·马克斯产生了很大的影响，米罗绘画中的形式语言在布雷·马克斯的景观作品中也有所借鉴。

2 布雷·马克斯艺术创作中国际和本土艺术文化影响分析

现代园林的产生很大程度上源自于现代艺术的冲击，这正说明了现代景观与现代艺术紧密的联系。身为景观设计师的布雷·马克斯同时也是位优秀的画家，他认为艺术是相通的，景观设计与绘画从某种角度来说只是工具的不同。绘画伴随他的一生。下面这组图片从左至右分别是他青年、中年、老年时期，可以说绘画是布雷·马克斯职业生涯中重要的一部分，也可以说他的绘画与景观设计相辅相成。

图2　布雷·马克斯青年、中年、老年时期

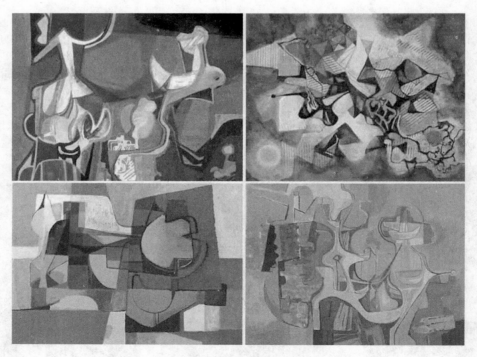

图3　布雷·马克斯的绘画作品

2.1　超现实主义影响

布雷·马克斯作为景观设计师同时又是艺术家的优势在于，艺术家往往能够自发地想自己的内心发掘，在创作中展现出某种人类的集体无意识的东西，这就是超现实主义所要追求的东西。当艺术家同时又是景观设计师时，他的景观作品当中更容易具备某种艺术性的特质。从下面四个案例我们可以看出，布雷·马克斯绘画也具备米罗超现实主义画作的特征：（1）创作表现方式在于有意地打乱知觉的正常秩序；（2）在直觉式的引导下，用一种近似于抽象的语言来表现心灵的即兴感应；（3）作品中会有象征的符号和简化的形象，作品带有自由的抽象感，同时也具备儿童般的天真气息。

2.2 巴西本土印第安美术和本土热带植物影响

印第安人的服饰艺术主要来源于自然。服饰的花纹表现部族的崇尚和标识，极为美观。印第安部族的服饰图案有形态逼真的鱼类、走兽和飞鸟等，特别是表现蓝鲸的生动形态。最引人注目的是印第安人的披肩和披毯，虽然手工显得粗糙，但其图案别具匠心，不仅色彩搭配奇特，图案也表现了浓厚的生活气息，如羚羊、梅花鹿形象，呼之欲出。

如下图 *a*、*c*、*d*、*e* 为陈列于墨西哥国家人类学博物馆（National Museum of Anthropology 拉美最大的展示收集印第安文化遗存的博物馆）中的反映印第安文化的雕塑展品；下图 *b* 为玛雅文明库库尔坎金字塔遗迹中的雕刻艺术。它们共同反映了，平行曲线和平行直线在印第安美术中是重要的美学形式元素。图 *f* 展示了印第安陶瓷纹样中的平行或相交的线形装饰。

图 4　印第安文化展品

通过对比我们可以发现布雷·马克斯绘画作品中，也惯于使用平行曲线和平行直线来组织构图，或作为形式符号出现在画面中。与红、黑主色一起营造一种印第安文化气息浓郁的艺术观感。实际上在布雷·马克斯的景观设计作品中也惯于适用这种方法来体现巴西的本土文化特色。如图 5 所示，1970 年布雷·马克斯在里约热内卢科帕卡巴纳海滩设计中的手稿及实景照片。从中可以清楚地分辨出平行曲线和平行直线的形式要素。

图 5　布雷·马克斯的绘画与景观作品

如图 6 所示，布雷·马克斯绘画的形式语言的另一重要来源巴西本地自然中丰富多彩的植物景观和山水地貌。布雷·马克斯常以热带植物为绘画的对象，热带植物叶片上丰富的图案效果，以及不同植物叶片的不同形态成为画家抽象的本体。因此在许多他的绘画作品中，我们可以看到植物的质感。而右下角的作品反映的似乎正是巴西的山水地貌。

3　布雷·马克斯景观作品中的地域性特征分析

布雷·马克斯从自己国家的文化和他所处的时代的国际艺术背景中，为自己的景观设计提取了恰当的形式元素。他成功运用了阿米巴曲线、波纹曲线图案和印第安传统图腾符号，形成独树一帜的布雷·马克斯景观特征，同时也奠定了其景观设计作品地域性特征的基础。

3.1 阿米巴曲线与"自然流动感"

阿米巴曲线被广泛运用于超现实主义画作中，布

265

图6　布雷·马克斯以巴西本土热带植物为创作对象

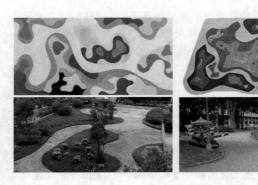

图7　国家教育卫生部大楼屋顶花园（左）
和小萨尔加多广场（右）（1938）

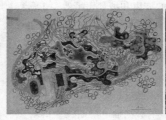

图8　奥德特·芒太罗花园（1948）

雷·马克斯将运用到景观设计平面构图中，并结合运用巴西本土丰富的热带植物植材所包含的色彩、质感和形态，创造出极具自然流动感的地域特色景观。

早在1938年，布雷·马克斯就完成了他的两个重要作品：国家教育卫生部大楼庭院及屋顶花园和小萨尔加多广场设计。在这两个设计中初步展现了他运用阿米巴曲线，创造流动的整块色彩造型的绘画式平面设计风格。不同质感、不同色彩、不同形态，不同面积大小的铺装和热带植物整块地填充了平面图中的不同色块。道路、硬质铺装区、植物种植区和水面等景观元素，被布置得既富于变化又统一于整体的韵律平衡和形式美感之下。在室内空间的景观设计中，布雷·马克斯依使用阿米巴曲线作为地毯的样式，以打破狭长的长方形室内空间的轴向规定感，使人的视线游离于美丽地毯不同材质质感和色块之间。与室外空间唯一不同的是，室内的地毯由不同颜色的皮毛来填充阿米巴曲线。

1948年，布雷·马克斯完成了他住宅庭院设计的重要作品：奥德特·芒太罗花园。在更大的山谷环境中使用阿米巴曲线沿等高线布置，平面中不同颜色的区域被水面或成片的巴西本土热带植物材料填充，在山谷微地形

的作用之下，塑造出流动感极强的植物种植区。同时，整个花园的植物种植区在"流动"中又具有种类、色彩和质感对比，活力十足。

1955年，完成南美医院（达拉格）环境设计。在这个设计中布雷·马克斯将阿米巴曲线式种植区作"底"，短直线加圆弧的线形（如下图黄色线）作为道路系统的"图"，两种线形分别自成一体，又相互作用加强了景观的流动感，同时增加了游览的趣味性。道路穿插于阿米巴曲线式种植区，使游览者能从各种角度，各种光影关系条件下，去感知场地中巴西特有常绿色叶植物的形态、色彩、质感。

3.2　波纹曲线图案的"匀质性"和"律动性"

1954年，完成他另一项著名设计现代艺术博物馆环境设计，出现了著名的波纹图案。从下面分析图可以看出，无论是从平面图、近景图、鸟瞰图、构成分析图来看，波纹图案都动感十足，给整个环境注入一种跃动的力量。同时波纹图案将人的视线自然地引向海面，巧妙借景。

时隔16年，波纹曲线图案的再次登场，造就了经典的里约热内卢科帕卡巴纳海滩。在长达4km的滨海大道上，作为沙滩与道路的中间地带，布雷·马克斯再一次设计了波纹曲线图案。我们会发现每一位到访者都可以用自己的相机，自己的视角，拍摄了自己眼中的美好的图片。统一的白灰相间的波纹曲线铺装平面，通过透视和树影的加工，变化出多样曼妙的曲线。这正是设计的奥妙所在。因为图案的匀质性，使观者可以在任何角度以任何背景来欣赏这一景观：可以以海面、树木、沙滩、沿街建筑甚至是山体为背景，因为它融于整个环境之中。与此同时，每个人又会被波纹曲线的律动性触动，正是这种律动，引领着人的视线向海滩的四面八方看去，因为设计师知道海滩和大海本身就是最美的。

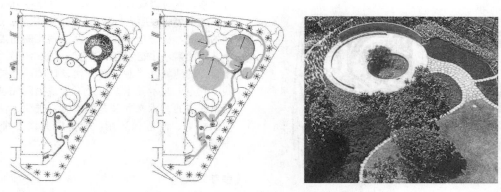

图 9　南美医院（达拉格）环境设计（1955）

图 10　现代艺术博物馆环境设计（1954）

图 11　科帕卡巴纳海滩铺装（1970）

3.3　印第安传统图腾符号的"神秘感"

印第安艺术本身有着很强的可识别性和神秘感，这就使得当代人更加有条件继承先辈们艺术，通过本土元素的运用产生强烈的地域认同和归属感。而布雷·马克斯正是发现了这一点并且合理运用于自己的景观设计之中：这体现他在合理的抽象传统印第安图腾中的椭圆和"U"形构图单元，结合现代艺术语素而发展出的属于他自己的设计语汇。

布雷·马克斯的设计语汇不能简单地看作是艺术家偶然臆断般的想象创造，而是扎根于设计师本人成长教育背景，国家文化背景，现代艺术发展大背景之下的，经设计师本人不断探索，试验而得到的成熟的设计语汇。他并从葡萄牙殖民遗留、巴西本土多民族融合的文化艺术以及巴西绚丽多彩的自然中寻找园林设计的灵感，将浪漫欧洲风格的模仿转向对本土人文的表现，同时注重形式、材料和乡土植物的应用。他的景观艺术实践同时体现了巴西国内本土艺术和国际文化艺术对景观的影响。

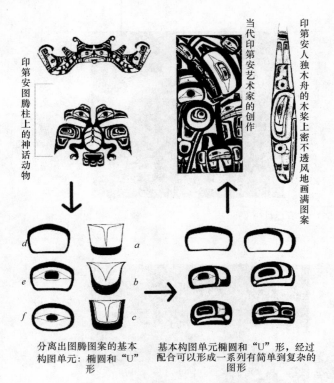

等元素，同时需要设计师主动投身于国际先进艺术的研究中进行熏陶，形成自身良好的艺术修养。这样才能从创新的角度，从符合国际先进设计潮流的角度运用这些本土艺术元素，才能创造出符合当代社会审美水平的、具有生命力的地域性景观。而当代设计师缺乏的恰恰不是寻找不到本土艺术元素，而是不具备国际先进艺术研究中所培养出的艺术修养和艺术眼光，进而无法完成本土艺术的提炼、改造和运用，希望广大设计师共同向前辈学习。

参考文献

[1] 王向荣，张晋石．布雷·马克斯专辑[M]．南京：东南大学出版社，2004.

[2] 王向荣，林菁．西方现代景观设计的理论与实践[M]．北京：中国建筑工业出版社，2001.

[3] 马克·特雷布编．丁力扬译．现代景观一次批判性的回顾[M]．北京：中国建筑工业出版社，2008.

[4] 高小刚．图腾柱下：北美印第安文化漫记[M]．三联书店，1997.

[5] 夏丽仙．拉丁美洲的印第安民族[M]．北京：中国社会科学出版社，1997.

作者简介

[1] 陈如一，1988年5月生，女，汉族，河南许昌，北京林业大学城市规划与设计在读硕士研究生，研究方向为风景园林规划与设计，电子邮箱：894823589@qq.com。

[2] 张晋石，1979年生，男，汉族，山东淄博，副教授，北京林业大学园林学院。

[3] 余刘姗，1988年9月生，女，汉族，河南安阳，安阳市护林防火指挥部办公室。

竖排图注（从右至左）：
印第安人独木舟的木桨上密不透风地画满图案
当代印第安艺术家的创作
印第安图腾柱上的神话动物

分离出图腾图案的基本构图单元：椭圆和"U"形

基本构图单元椭圆和"U"形，经过配合可以形成一系列有简单到复杂的图形

图12　传统印第安图腾中的椭圆和"U"形构图单元的抽象过程

4　结语

地域性景观需要从本土艺术中汲取图形、色彩、符号

附录：布雷·马克斯一生主要的297个设计案例名录统计，以供参考。

编号	时间	地点	方案	面积	类型
1	1932	里约热内卢	施瓦茨住宅庭院设计		住宅庭院
2	1934—1937	累西腓	担任园林部门指导，负责改造几个公园和建造巴西第一个生态园		公园
3		里约热内卢	教育与卫生部大楼的屋顶花园和庭院设计		屋顶、办公庭院
4	1938	里约热内卢	小萨尔加多广场	1.35hm²	广场
5		里约热内卢	Roberto Marinho 住宅庭院设计		住宅庭院
6	1939	里约热内卢	巴西利亚保险协会大楼庭院设计		办公庭院
7	1940	若昂佩索阿	Solon de Lucena 公园		公园
8	1942	贝洛奥里藏特（米纳斯吉拉斯州）	庞普拉综合体的公园		公园
9		里约热内卢	João Cavalcanti 住宅庭院设计		住宅庭院
10	1943	阿拉沙	阿拉沙热带公园		公园
11	1946	里约热内卢	里约热内卢动物园的植物设计（与植物学家 Mello Barreto 合作）		公园

编号	时间	地　点	方　案	面积	类型
12	1947	里约热内卢	Guinle 公园中的三座高层建筑的庭院设计		住宅庭院
13		里约热内卢	Jean Marie Diestl 住宅庭院设计		住宅庭院
14	1948	彼得罗波利斯	Samambaia Fazenda 住宅庭院设计		住宅庭院
15		里约热内卢	Arnaldo Aizim 住宅庭院设计		住宅庭院
16		加拉卡斯（委内瑞拉）	Diego Cisneros 住宅庭院设计		住宅庭院
17		特雷索波利斯	Ernesto Waller 住宅庭院设计		住宅庭院
18		里约热内卢	奥德特·芒太罗花园	5hm²	住宅庭院
19		圣芭芭拉（加利福尼亚）	Burton Tremaine 住宅庭院设计		住宅庭院
20	1949	里约热内卢（瓜拉提芭）	希提欧	36.5hm²	住宅庭院
21		里约热内卢	Mario Martins 住宅庭院设计		住宅庭院
22	1950	里约热内卢	Vasco de Gama 游艇俱乐部环境设计		建筑环境
23		马瑙斯	亚马逊酒店环境设计		建筑环境
24		萨尔瓦多	巴伊亚酒店环境设计		建筑环境
25		圣若泽杜斯坎普斯	奥利沃·戈麦斯住宅庭院设计		住宅庭院
26		彼得罗波利斯	若泽·卡瓦洛住宅庭院设计		住宅庭院
27		里约热内卢	José Piquet Carneiro 住宅庭院设计		住宅庭院
28		利奥波尔迪纳	Ormeo Junqueira Botelho 住宅庭院设计		住宅庭院
29		圣保罗	Orozimbo Roxo Loureiro 住宅庭院设计		住宅庭院
30	1951	里约热内卢	Pedregulho 住宅综合体环境设计		建筑环境
31		里约热内卢	Marechal Hermes 人民剧院		建筑环境
32		里约热内卢	加勒昂机场空军部环境设计		建筑环境
33		里约热内卢	Benjamin David Sion 住宅庭院设计		住宅庭院
34		若昂佩索阿	Cassiano Ribeiro Coutinho 住宅庭院设计		住宅庭院
35		里约热内卢	Walter Morelra Salles 住宅庭院设计		住宅庭院
36	1952	萨尔瓦多	巴伊亚大学校长住宅庭院设计		住宅庭院
37		若昂佩索阿	独立广场		广场
38		萨尔瓦多	Terreiro de Jesús 广场		广场
39		特雷索波利斯	Carlos Somlo 住宅庭院设计		住宅庭院
40		圣保罗	Icaro de Castro Mello 住宅庭院设计		住宅庭院
41		里约热内卢	Olavo Foutoura 住宅庭院设计		住宅庭院

编号	时间	地 点	方 案	面积	类型
42		贝洛奥里藏特 （米纳斯吉拉斯州）	庞普拉机场环境设计		建筑环境
43		里约热内卢	巴西大学的大学城		校园
44		里约热内卢	Ceppas 大楼环境设计		建筑环境
45	1953	里约热内卢	儿童护理协会环境设计		建筑环境
46		里约热内卢	加勒昂机场环境设计		建筑环境
47		里约热内卢	美国大使馆环境设计		建筑环境
48		圣保罗	Ibirapuera 公园		公园
49		特雷索波利斯	Alfredo Baumann 住宅庭院设计		住宅庭院
50		里约热内卢	奥斯卡·尼迈耶住宅庭院设计		住宅庭院
51		里约热内卢	现代艺术博物馆环境设计	6hm²	建筑环境
52		里约热内卢	Largo do Machado		建筑环境
53	1954	萨尔瓦多	Três de maio 公园重建		公园
54		里约热内卢	Edmundo Cavanellas 住宅庭院设计		住宅庭院
55		里约热内卢	Ernesto Waller 住宅庭院设计		住宅庭院
56		里约热内卢	南美医院（达拉格）环境设计	1.35hm²	建筑环境
57	1955	洛杉矶（加利福尼亚）	Labor 教堂环境设计		建筑环境
58		特雷索波利斯	阿尔贝托·克朗福斯住宅庭院设计 （Ralph Camargo 住宅）	13.5hm²	住宅庭院
59	1956—1964	加拉卡斯（委内瑞拉）	Caracas office of burle marx cía ltda 事务所，东园、西园		公园
60		累西腓	瓜拉拉皮斯机场		建筑环境
61	1957	里约热内卢	二战烈士纪念碑环境设计		建筑环境
62		哈瓦那	Schulthess 住宅庭院设计		住宅庭院
63	1958	布鲁塞尔	布鲁塞尔国际展览会上的巴西馆环境设计		建筑环境
64	1959	洛杉矶（加利福尼亚）	理查德·纽特拉住宅		住宅庭院
65	1960	里约热内卢	Jorgo Machado Moreira 住宅		住宅庭院
66	1961	巴西利亚	纪念轴		公园
67		里约热内卢	弗拉门哥公园	120hm²	公园
68	1962	圣地亚哥	拉美广场		广场
69		圣保罗	巴西南美银行		建筑环境
70	1963	巴黎	联合国教科文组织总部屋顶花园		屋顶
71		维也纳	民族园		公园
72		巴西利亚	外交部大楼环境设计	1.6 hm²	建筑环境
73		里约热内卢	Almeida Braga 住宅庭院设计		住宅庭院
74	1965	乌巴图巴	戈麦斯兄弟住宅庭院设计		住宅庭院
75		里约热内卢	Otto Dunhoffer 住宅庭院设计		住宅庭院
76		里约热内卢	Regina Feigl 住宅庭院设计		住宅庭院
77		伊塔年加	Celso Colombo 住宅庭院设计		住宅庭院

编号	时间	地 点	方 案	面积	类型
78		里约热内卢	索萨·阿尔吉尔医院环境设计（壁画3.5m×16.5m）		建筑环境
79		里约热内卢	曼彻特大楼环境设计		建筑环境
80	1966	库里蒂巴	市民中心		公园
81		里约热内卢	Lygia Andrade 住宅庭院设计		住宅庭院
82		里约热内卢	Nathan Breitman 住宅庭院设计		住宅庭院
83		里约热内卢	Odette Padilha Gonçalves 住宅庭院设计		住宅庭院
84		里约热内卢	Sayohnara 大楼环境设计		建筑环境
85		巴西利亚	联邦法庭大楼		建筑环境
86	1967	巴西利亚	美国大使馆环境设计		建筑环境
87		圣安德鲁	圣安德鲁市民中心		公园
88		里约热内卢	巴西赛马骑师俱乐部		建筑环境
89		圣保罗	阿年比公园		公园
90		巴西利亚	前联邦德国大使馆		建筑环境
91	1968	华盛顿（美国）	巴西大使馆环境设计		建筑环境
92		圣保罗	Clemente Gomes 住宅庭院设计		住宅庭院
93		里约热内卢	Terezinha Ferrari 住宅庭院设计		住宅庭院
94		里约热内卢	都主教大教堂环境设计		建筑环境
95		累西腓	伯尔南布科发展银行总部		建筑环境
96		里约热内卢	布洛克大楼环境设计		建筑环境
97	1969	里约热内卢	巴西石油总部大楼（庭院地面面积0.63hm² 平台面积每个 0.1hm²）		建筑环境
98		圣保罗	工业联盟大楼环境设计		建筑环境
99		里约热内卢	科帕卡巴纳海滨设计	4km	海滨、街道
100		里约热内卢	Morada do sol 住宅综合环境设计		住宅庭院
101		里约热内卢	Morwan 大楼环境设计		建筑环境
102	1970	圣保罗	叙利亚体育俱乐部		建筑环境
103		圣保罗	希尔顿酒店环境设计		建筑环境
104		巴西利亚	军事部大楼环境设计"三角园"	10hm²	建筑环境
105		加拉卡斯（委内瑞拉）	中央公园		公园
106		里约热内卢	Sheraton 酒店环境设计		建筑环境
107	1971	阿雷格里港	托雷斯公园		公园
108		巴西利亚	比利时大使馆		建筑环境
109		巴西利亚	伊朗大使馆		建筑环境

国际与本土艺术融合的地域性景观范例——罗伯特·布雷·马克斯景观中的地域特性再认识

编号	时间	地 点	方 案	面积	类型
110		累西腓	东北管理和发展部		建筑环境
111		贝洛奥里藏特（米纳斯吉拉斯州）	Usiminas 总部环境设计		建筑环境
112		里约热内卢	社会和商业服务大楼环境设计		建筑环境
113		里约热内卢	洲际酒店环境		建筑环境
114	1972	特雷西纳	Karnack 州政府办公楼环境设计		建筑环境
115		布宜诺斯艾利斯（阿根廷）	秘鲁共和广场（壁画 75m×13m）	0.7hm²	广场
116		基多（厄瓜多尔）	巴西利亚广场		广场
117		里约热内卢	圣特雷萨有轨电车终点站环境设计	2.17hm²	建筑环境
118		巴西利亚	国家财政法院	6.2hm²	建筑环境
119		里约热内卢	Carl Fischer 住宅庭院设计		住宅庭院
120		里约热内卢	Wenceslau Verde Martinez 住宅庭院设计		住宅庭院
121		福塔莱萨	福塔莱萨市政厅大楼环境设计		建筑环境
122		圣保罗	联合国大街综合体环境设计		建筑环境
123		库里蒂巴	库里蒂巴汽车站环境设计		建筑环境
124		里约热内卢	巴西报刊大楼		建筑环境
125		贝洛奥里藏特（米纳斯吉拉斯州）	Dalva Simão 公园		公园
126	1973	贝洛奥里藏特（米纳斯吉拉斯州）	Milton Campos 公园		公园
127		福塔莱萨	Jose de Alencar 剧院环境设计		建筑环境
128		累西腓	Emir Glasner de Barros 住宅庭院设计		住宅庭院
129		里约热内卢	João Mauricio Nabuco 住宅庭院设计		住宅庭院
130		克里西乌马	Realdo Santos Guglielmi 住宅庭院设计		住宅庭院
131		累西腓	伯尔南布科电力公司环境设计		建筑环境
132		里约热内卢	国家经济和社会发展银行大楼（BNDES）	0.73hm²	建筑环境
133	1974	马塞约	州政府办公楼		建筑环境
134		里约热内卢	María do Carmo Nabuco 住宅庭院设计		住宅庭院
135		里约热内卢	曼格卢·法森达住宅		住宅庭院
136		圣保罗	圣玛丽亚大修道院环境设计		建筑环境
137		圣保罗	曼彻斯特大楼环境设计		建筑环境
138		里约热内卢	南大西洋大楼环境设计		建筑环境
139		安格拉-杜斯雷斯	阿尔贝托·克朗福斯住宅庭院设计		住宅庭院
140	1975	圣保罗	Elie Douer 住宅庭院设计		住宅庭院
141		圣保罗	Hans Broos 住宅庭院设计		住宅庭院
142		里约热内卢	João Mauricio Araujo Pinho 住宅庭院设计		住宅庭院
143		巴西利亚	巴西副总统官邸环境设计		建筑环境
144		里约热内卢	Coronel Agostinho 散步场地		公园
145	1976	瑞士	世界知识产权组织大楼环境设计		建筑环境
146		巴西利亚	国家大剧院环境设计		建筑环境
147		圣保罗	Salvador J. Sequerra 住宅庭院设计		住宅庭院

编号	时间	地 点	方 案	面积	类型
148	1977	弗洛里亚诺波利斯	南海湾散步场地设计		海滨、公园
149		里约热内卢	Celso de Rocha Miranda 住宅庭院设计		住宅庭院
150		里约热内卢	Edgard Hargreaves 住宅庭院设计		住宅庭院
151		里约热内卢	Linneo de Paula Machado 住宅庭院设计		住宅庭院
152	1978	里约热内卢	加勒昂机场环境设计		建筑环境
153		累西腓	Glaucio Carneiro Le ão Residence 住宅庭院设计		住宅庭院
154		里约热内卢	Walter Clark 住宅庭院设计		住宅庭院
155	1979	里约热内卢	Avenida Vieira Souto 大楼环境设计		建筑环境
156		圣保罗	Macunaima 大楼环境设计		建筑环境
157		马塞约	内政部大楼环境设计		建筑环境
158		里约热内卢	巴西 IBM 公司环境设计		建筑环境
159		巴黎（法国）	巴黎国际花卉展巴西馆的环境设计		建筑环境
160		里约热内卢	Aldo Misan 住宅庭院设计		住宅庭院
161		里约热内卢	Aloysio Regis Bittencourt 住宅庭院设计		住宅庭院
162		阿雷亚斯	大瓦格姆住宅庭院设计	0.9hm²	住宅庭院
163	1980	巴巴多斯	中央银行大楼环境设计		建筑环境
164		贝洛奥里藏特（米纳斯吉拉斯州）	Manga beiras 广场		广场
165		里约热内卢	南里约中心环境设计		建筑环境
166		里约热内卢	Barra da Tijuca 购物中心环境设计		建筑环境
167		里约热内卢	施乐巴西大楼环境设计		建筑环境
168		乌贝拉巴	Antonio Mendonça da Silva 住宅庭院设计		住宅庭院
169		里约热内卢	Artur Falk 住宅庭院设计		住宅庭院
170		福塔莱萨	Denise Pontes 住宅庭院设计		住宅庭院
171		里约热内卢	Eduardo Pires Ferreira 住宅庭院设计		住宅庭院
172		里约热内卢	Luiz Carlos Taques de Mesquita 住宅庭院设计		住宅庭院
173		里约热内卢	Murilo Boabaid 住宅庭院设计		住宅庭院
174	1981	里约热内卢	Boavista 银行植物园		植物园
175		里约热内卢	里约热内卢商务中心：阿根廷大楼及9层的汽车停车场		停车场
176		里约热内卢	圣弗朗西斯科大道停车场		停车场
177		里约热内卢	里约热内卢大广场	2hm²	广场
178		里约热内卢	Antonio do Amaral 住宅庭院设计		住宅庭院
179		加拉卡斯（委内瑞拉）	Bernardez 住宅庭院设计		住宅庭院
180		里约热内卢	Eugênio Nioac Salles 住宅庭院设计		住宅庭院
181		里约热内卢	Fernando Mendes 住宅庭院设计		住宅庭院
182		圣保罗	Pedro Finotti 住宅庭院设计		住宅庭院

编号	时间	地　点	方　案	面积	类型
183	1982	里约热内卢	市银行总部环境设计		建筑环境
184		圣保罗	塞夫拉银行服务大楼环境设计		建筑环境
185		里约热内卢	Barra 码头俱乐部		建筑环境
186		里约热内卢	教育文化部大楼环境设计		建筑环境
187		里约热内卢	Colombo 住宅庭院设计		住宅庭院
188		里约热内卢	Jorge Duvernoy 住宅庭院设计		住宅庭院
189		瓜鲁雅	Peter Sch efer 住宅庭院设计		住宅庭院
190		里约热内卢	Raul de Sá Barbosa 住宅庭院设计		住宅庭院
191	1983	库里蒂巴	塞夫拉银行环境设计		建筑环境
192		累西腓	塞夫拉银行环境设计		建筑环境
193		圣保罗	塞夫拉银行总部环境设计（屋顶平台 0.12hm^2 接待厅 0.17hm^2 壁画 7m×18m）		建筑环境
194		累西腓	Mar 酒店环境设计		建筑环境
195		里约热内卢	蔡默·维斯曼公园		公园
196		里约热内卢	Villa-Lobos 大楼环境设计		建筑环境
197		里约热内卢	Elza Bebianno 住宅庭院设计		住宅庭院
198		里约热内卢	Gilson Araújo 住宅庭院设计		住宅庭院
199		瓜鲁雅	Joseph Safra 住宅庭院设计		住宅庭院
200		彼得罗波利斯	劳尔·德·索萨·马尔丁斯住宅庭院设计	0.7hm^2	住宅庭院
201	1984	福塔莱萨	巴西东北银行大楼环境设计		建筑环境
202		里约热内卢	塞夫拉银行总部环境设计		建筑环境
203		贝洛奥里藏特（米纳斯吉拉斯州）	塞夫拉银行大楼环境设计		建筑环境
204		里约热内卢	CAEMI 基金会大楼环境设计	0.15hm^2	建筑环境
205		伊泰佩瓦	Marina Stehlin 住宅庭院设计		住宅庭院
206		克里西乌马	Santos Guglielmi 住宅庭院设计		住宅庭院
207		加拉卡斯（委内瑞拉）	H. L. Boulton 住宅庭院设计		住宅庭院
208		累西腓	José Goiana Leal 住宅庭院设计		住宅庭院
209	1985	瓜伊拉	Laguna Maracá 广场		广场
210		圣保罗	塞夫拉银行 Trianon 支行环境设计		建筑环境
211		里约热内卢	泛美窗帘工厂环境设计		建筑环境
212		里约热内卢	圣安东尼奥和圣弗朗西斯科修道院环境设计		建筑环境
213		福塔莱萨	Portal da Enseada 大楼		建筑环境
214		里约热内卢	Joseph Safra 住宅庭院设计		住宅庭院
215		里约热内卢	Moacyr Bastos 住宅庭院设计		住宅庭院

编号	时间	地 点	方 案	面积	类型
216	1986	巴西利亚	外交部扩建部分环境设计		建筑环境
217		圣保罗	Jardim de Giverny 大厦环境设计		建筑环境
218		里约热内卢	Villa-Lobos 博物馆环境设计		建筑环境
219		特雷西纳	Rio Poty 酒店环境设计		建筑环境
220		里约热内卢	帝国大厦环境设计		建筑环境
221		里约热内卢	Amadeus 大厦环境设计		建筑环境
222		伊塔布纳	H. Jorge de Almeida Chaves 住宅庭院设计		住宅庭院
223		阿雷格里港	Evandro Ferraz Mendes 住宅庭院设计		住宅庭院
224		萨尔瓦多	Pinto 大楼环境设计		建筑环境
225		里约热内卢	Dicéa Ferraz 住宅庭院设计		住宅庭院
226		里约热内卢	Eurico Villela 住宅庭院设计		住宅庭院
227		阿蒂巴亚	João José Campanillo Ferraz 住宅庭院设计		住宅庭院
228	1987	坎比纳斯	Monsenhor Emilio Jose Salim 生态公园		生态公园
229	1988	彼得罗波利斯	Cesar de Carvalho 住宅庭院设计		住宅庭院
230		福塔莱萨	Pio Rodrigues Neto 住宅庭院设计		住宅庭院
231		布济乌斯	Antonio Velasquez 住宅庭院设计		住宅庭院
232		加拉卡斯（委内瑞拉）	Henry Lord Boulton 住宅庭院设计		住宅庭院
233	1989	贝伦	Green Villa 住宅庭院设计		住宅庭院
234		圣保罗	购物中心西广场		广场
235		里约热内卢	Norberto Geyerhahn 住宅庭院设计		住宅庭院
236		圣保罗	Vera Duvernoy 住宅庭院设计		住宅庭院
237		瓜鲁雅	Marlo de Castro 住宅庭院设计		住宅庭院
238	1990	圣保罗	联合国商务中心		建筑环境
239		圣保罗	Aço 商务中心		建筑环境
240		圣保罗	Estação Paraiso 地铁站		建筑环境
241		里约热内卢	Mills Equipmentos 有限公司		建筑环境
242		圣保罗	Torre 圣保罗大楼环境设计		建筑环境
243		圣保罗	Torre Jardim 大楼环境设计		建筑环境
244		雅博阿唐	Arrecifes 酒店环境设计		建筑环境
245		沃尔塔雷东达	14 大道		街道
246		累西腓	弗朗西斯科 Brennand 陶瓷工厂环境设计		建筑环境
247		里约热内卢	Heinz Vollenweider 住宅庭院设计		住宅庭院
248		大阪（日本）	1990 年世界园艺博览会		园艺博览会
249	1991	沃尔塔雷东达	2 大道中心保留地		建筑环境
250		里约热内卢	Violeta Arraes Gervaiseau 住宅庭院设计		住宅庭院
251		里约热内卢	Saens Peña 公园		公园
252		圣保罗	Martão Sa 购物中心环境设计		建筑环境
253		彼得罗波利斯	Itaipava 公园		公园
254		里约热内卢	Julio de Noronha 公园		公园
255		里约热内卢	Luiz Eduardo Ematne 住宅庭院设计		住宅庭院
256		里约热内卢	ABC XTAL 微电子总部环境设计		建筑环境
257		里约热内卢	Avenida Sernambetiba 酒店环境设计		建筑环境

国际与本土艺术融合的地域性景观范例——罗伯特·布雷·马克斯景观中的地域特性再认识

编号	时间	地 点	方 案	面积	类型
258		巴拉蒂茹卡	Gleba D 销售部环境设计		建筑环境
259		里约热内卢	Château Roland Garros 大楼环境设计		建筑环境
260		里约热内卢	Maré 广场		广场
261		圣保罗	Morumbi 办公楼环境设计		建筑环境
262		库里蒂巴	Posto Verde		
263		拉兰热拉斯	David Ben Gurion 公园		公园
264		圣保罗	Prince of Salzburg 大楼环境设计		建筑环境
265		圣保罗	Saint Honoré 大楼环境设计		建筑环境
266		加拉卡斯（委内瑞拉）	Erasmo and Irene de Falco 住宅庭院设计		住宅庭院
267		圣保罗	Paulista 大楼环境设计		建筑环境
268	1992	里约热内卢	Barra 购物中心环境设计		建筑环境
269		里约热内卢	Eugenio and María Luiza Mendonza 住宅庭院设计		住宅庭院
270		福塔莱萨	Beira Mar 酒店环境设计		建筑环境
271		圣保罗	佛罗里达大道办公楼		建筑环境
272		圣保罗	佛罗里达大道壁画		建筑环境
273		贝洛奥里藏特（米纳斯吉拉斯州）	Carlos Chagas 公园		公园
274		里约热内卢	Antonio Quine 住宅庭院设计		住宅庭院
275		里约热内卢	科帕卡巴纳堡环境设计		建筑环境
276		迈阿密（美国）	Biscayne 林荫大道环境设计		街道
277		大坎普	Jorge Zahran 住宅庭院设计		住宅庭院
278		柏林（德国）	Rosa Luxembourg 广场		广场
279		里约热内卢	Pactua 银行环境设计		建筑环境
280		瓜鲁雅	Kupfer 住宅庭院设计		住宅庭院
281		阿雷格里港	Le Premier 住宅楼环境		住宅庭院
282		圣保罗	Jardim das Perdizes 住宅楼环境		住宅庭院
283		圣保罗	Ibirapuera 雕塑公园		公园
284	1993	吉隆坡（马来西亚）	吉隆坡市中央公园		公园
285		拉兰热拉斯	Machado 住宅庭院设计		住宅庭院
286		米纳斯吉拉斯	Mussi Toledo 博物馆环境设计		建筑环境
287		伊利亚格兰德	Andreas Klein 住宅庭院设计		住宅庭院
288		里约热内卢	里约热内卢最高法院环境设计		建筑环境
289		圣保罗	瓜鲁柳斯国际机场 VIP 休闲室		建筑环境
290		里约热内卢	现代的艺术博物馆		建筑环境
291		圣保罗	Marco M. M. Resende 住宅庭院设计		住宅庭院
292		圣孔杜拉	音乐中心		建筑环境
293		圣保罗	Castaldi 住宅庭院设计		住宅庭院
294		法兰克福（德国）	Roberto Burle Marx 棕榈园展览		花园
295	1994	以色列	Sulamita Mareines 住宅庭院设计，"生命之树"园		花园
296		圣保罗	Rio Ciaro 购物中心		建筑环境
297		福塔莱萨	福塔莱萨植物园		植物园

风景园林规划与设计

基于设计层面的绿道研究

Study on the Greenway in View of Design

陈 思

摘 要：本文结合绿道特征，从设计角度出发，对绿道的设计方法进行了探究，以期为当前绿道建设提供有益参考。
关键词：绿道；绿道特征；绿道设计

Abstract：The article analyses the features of greenway and then explores the methods of greenway design，looking forward to be as the reference to the construction of greenway nowadays.
Key words：Greenway；Features of Greenway；Greenway Design

1 概述

绿道（Greenway）一词在 1987 年首次被美国户外游憩总统委员会（President's Commission on Americans Outdoor）官方认可，将其定义为提供人们接近居住地的开放空间，连接乡村和城市空间并将其串联成一个巨大的循环系统。[1]从狭义上来看，可以概括为以下几方面：（1）一种线性开放空间；（2）用于行人或自行车通行的景观路线；（3）开放空间的连接线；（4）某些带状或线性公园。[2]

绿道建设目前在我国如火如荼地展开，绿道系统规划日益得到关注和重视。在绿道系统规划的框架下对绿道进行深化，探索绿道设计方法，对创造有特色的绿道，发挥绿道的功能具有重要意义。

本文关于对绿道设计的方法论是在景观设计基本理论方法的基础上结合绿道自身特征作进一步深化、系统的探讨。

2 "联"与"通"的设计

2.1 绿道的连接性

绿道的连接性从整体上看，如果将分布于区域中的各类公园绿地、广场、郊野公园或风景名胜区等场地比喻成一颗颗珍珠，那么绿道就是一条将这些散落的珍珠串起来的线，使资源得到充分的利用。当前城市的扩张打破了原有完整的自然生态格局，产生了负面影响，而绿道在连接破碎的自然空间、重组自然生态系统上具有重要意义。从内部使用状况看，这种连接性保证了交通（主要是步行和非机动车行）的可达性。

2.2 "联"的设计

"联"即联系、串联。绿道将分散的各类型的场地串联起来，是场地之间相互联系的纽带。首先，绿道与场地之间需要衔接，两者的连接处是"面"和"线"之间的过渡区，在设计上应创造一种特殊的空间。当人在绿道与其他场地之间来回穿梭时，过渡区空间性的创造的关键在于对视景的恰当处理，"视景是从一个给定的观察点所能见到的景致。"[3]视景可以发挥框景作用，为我们呈现变化多端的景画，可以表现一定的主题，同时它诱导使用者的情绪不断发生变化。当使用者站在某一视点向其他场地看去时，其景致可以简洁质朴，让人平稳舒缓地步入下一场地，可以动感瞩目，使人怀揣惊喜"闯入"新的"天地"。通过视景让使用者产生情绪的触动进而让绿道与其他场地发生联系。其次，对于绿道本身来说，场地的活力与个性需要从其组成要素中获得，要素与要素之间不仅要很好地相联系，绿道场地同时应与周围环境建立起联系，这样与绿道的空间设计预期的本质特征相呼应。

2.3 "通"的设计

"通"即贯通、畅通。绿道为人类拥有更高质量和更广范围的休闲生活与游憩活动提供了平台，为动植物繁衍生息提供了便利性，因此，可以说绿道提供了一种"机会"：一个让人们可以自由自在从一个场地穿向另一个场地，体味沿途的一路上多样的景观的机会；一个延续生命，促进生态的车轮源源不断前进的机会。为此，绿道的选线需要遵从合理布局，与地形相适应，尽量沿着等高线运动，或沿着排水道在自然径流线一侧之上修建；其次在自然条件良好的地域中，绿道的布局要尽可能不干扰原有的地貌状态，避免造成分割场地的情况，努力保持最佳的景观特色。绿道的通达性还需得益于完整准确的信息系统的建立，方向标或指示牌在恰当的地点以一种配合绿道与周边环境特色的情况出现，从而清晰传达出信息，为使用者提供一定的参考，另外还需考虑进入绿道场地空间的途径方式，绿道应该提供人们或生物进出这一领域的出入口，长长的边界则暗示着绿道需要多个进出的"门"，这也是整合与联系周边环境的重要手段。

绿道的"联"与"通"不仅仅只是被动地联通其他场地与场地之间的联系，其自身也应是主动创造出优美的环境与良好的游憩条件，实现与城市或自然的联系，使自身融入其中。位于美国休斯敦市的法布罗河口（Buffalo Bayou Promenade）处于高架桥的包围中，原本这里是一个垃圾遍布，河水恶臭的地方，被大众所遗忘。后来由SWA集团接手负责规划设计，通过一系列的设计手段与措施，比如设置一座跨河桥梁，方便河对岸的交流与联系（图1）；建立专门的自行车道，使之成为城市自行车道路系统的一部分（图2）；利用河道开展游船等活动，实现"绿道"与"蓝道"的相结合；通过改造坡道、架设台阶，实现与周边商务区和居住区的整合，吸引更多的人进入；对植被与驳岸进行了重新种植与设计，更强调一种生态性。如今这里成为一处颇具人气的开放空间，融入城市空间中。

图1　设置桥梁，加强与河对岸的联系（图片来源：http：//www. swagroup. com/project/buffalo-bayou-promenade. html）

图2　设置自行车道，与城市交通相衔接（图片来源：http：//www. swagroup. com/project/buffalo-bayou-promenade. html）

3　"流动"体验性的设计

3.1　绿道的空间特性

绿道具有线性的空间结构，这表现为空间的连续性、贯通性、方向性、延续性和延伸感。线性空间，从微观层面来说是指长条形的、带状的空间形态。从宏观上来说是由一系列次空间单元构成的空间，形态呈现带状或面状的长线形，由此可以组成为不同类型但整体协调统一的一系列次空间形成富有变化的空间序列。线性的方向性与延伸感使得线性的空间给人以动态之感，绿道的空间体验也是一种动态的体验。

3.2　感知与体验

绿道的价值只有通过人们去体验方能体现出来，体验也是一种感知的过程，正如洛赫在《景观设计理论与技法》一书中提到，人在户外空间中的行为是不断寻找目标的过程，人们潜意识里总是倾向于以环境特征明确的感官路标作为前进目标，并在记忆中存留下这些目标的空间特征[4]。冯纪忠教授曾经提到，空间感受主要产生于一个个印象集合而成的空间视觉界面，就一条游览线而言，其空间感受产生于相互联系的空间集合的总感受，却不是简单的各个空间感受的总和，而是较总和加深、扩大、提高或者是削弱了[5]。

绿道的空间形态是一种典型的线性空间，线的动感与绵延感使得人们对绿道的体验是一种动态的过程，即在不停地行进中感知环境，从而产生了一个个印象集合而成的空间"视觉界面"，这种"视觉界面"经过大脑的信息化处理，激发了情感与心理效应，进而由物境转为情境，进而上升到意境，这是一个物质实体层面与精神感受层面相互交融多层次的动态感知体验过程。在绿道设计出突出自身的线性空间结构则更能够加深使用者对绿道及其周边环境的感知。

3.3　线性空间结构的突出

3.3.1　保持绿道线性空间的连续性

线性空间中的各种序列关系具有承前启后的衔接性，"消除了断裂形成运动中的秩序，从而保证了其整体性格是连续的，形成了线性空间的连续性。"[5]绿道是一个整体的线性空间，这种整体性可以看作是由若干次级空间按照一定顺序组合而成，而这些若干次级空间提供了连续的、以平视透视效果为主的、高潮迭起而富有变化的视景，从而形成了绿道的空间叙事性。借用文字、电影、艺术中处理手法，以绿道场地的主题为基准，设计出一部具有"开端——高潮——结尾"的故事情境，人行走其中，故事娓娓道来。加强线性空间的连续性的节奏感，关键在于把握和利用绿道的环境，分清主景与次景，使之抑扬顿挫，回味无穷。要营造"山重水复疑无路，柳暗花明又一村"动态画面感，运用空间对比的方法则是制造戏剧性、冲突性的有效方法，或先抑后扬，或先扬后抑，从而引人入胜。

3.3.2　创造序列性

序列是一系列连续的感知，空间序列是指"在模式、尺度、性格方面达到功能和意义相统一的多种次空间的有机组合"[3]。绿道上的活动相比机动车而言是一种"慢运动"，这种"慢运动"让人们在行进中喜欢左顾右盼，轻松散漫，在这样的情形下，沿途空间序列和视觉景观才可慢慢被体味出趣味性。序列的形成一方面在于借景,当绿道进入风景优美处之时,绿道本身的设计无须增加更多内容,主要功课在于人随着脚步的移动,而造成的视点的变化,进而使优美景色也在不断地幻化中,组成了游动的画卷,这是一种随意的空间序列。当然,序列也可以是通过精心组织的,尤其是当绿道所经过的基地原本就是存在诸多问题的场地,如工业废弃地,则需要对场地进行整合,适当增减或保留。

以埃姆舍景观公园带(The Emscher Landscape Park)为例,这里原本遗留着大量的工业厂房与工业废弃地及废弃的铁路线等,环境也遭到了严重的污染,后来通过对基地进行生态修复,对工厂建筑等构筑物进行功能置换,这些工业遗迹现已被赋予了新的面貌与使命,通过绿道的线性穿插连接,从而构成了连续的,充满变化与节奏感的空间序列。从公园的信息中心出发,沿着绿道向西行进,映入眼帘的是大面积的农田,顿时有种回归田园的宁静质朴感;继续西进,则视野渐渐狭窄,不知不觉就步入了私密、郁闭的树木园,之后,地势逐渐增高,直至到达山顶,豁然开朗,一览无余,身心得到极大放松,然后开始顺势走下坡,再一次进入到被乔木围合的空间,就这样一路上,开闭相见,大小尺度对比,山地景观、湖泊景观、农业景观、后工业景观交替出现,着实是一场流动的盛宴,时而放松,时而紧张,时而开怀,时而惊喜,绿道串联起了周边的公共绿地空间与自然保护区,构成了一系列线性的空间序列(图3—图5)。

图3 绿道经过密林区,形成一种密闭的空间氛围

图4 绿道经过视野开阔地带

图5 绿道经过工业区,形成另一种空间感

4 "共存"的复合性设计

4.1 绿道的多功能复合

这是指绿道能够在有限的空间场地中包含多种功能。它既是提供人类游憩活动的场地,也是动物的行进途径;既是公共开放空间的重要组成,也是生态环境保护的有力举措;它既是将公园、自然保护区、文化资源、历史场所及其他居住区域的连接的连接体,其本身也可作为带状公园或绿道;既可作为展示城市形象与建设水平的窗口,也是集科普教育、玩赏游憩、情感交流于一体的场所。

4.2 对场地的思考

当开始着手于对某一绿道进行设计时,我们脑海中应浮现这样一个问号:这是一段怎样的绿道场地?这就需要我们用感性与理性的思维去进行抽茧剥丝,探索更多的惊喜与发现。首先,需要从项目概要和基础资料中得到有价值的原始材料,这一原始材料包括绿道场地所在区域的社会经济、历史文化、发展目标、测量图纸等资料数据,对这些材料进行认真研读与解析,获得对场地的"初印象",而后通过多次反复的现场调查来获得对场地"深印象",尽管绿道集多种功能于一体,但每条绿道却应该根据所处的基地条件及地域环境来明确自身主要的功能,即赋予绿道某一"主题",这就好比让绿道场地拥有了灵魂——能够体现自身特质与内涵。主题的构思是基于对绿道所处场地环境的考量,一方面体现出设计者对场地的尊重,另一方面希望对"场地究竟能成为什么"的思考而获得灵感,让场地充满感性的元素,这需要设计师投入情感去解读场地,去了解场地所处的背景环境,熟悉其文脉,这样的绿道主题是立足于现实的,有内容的,而非浮夸空洞的口号。

4.3 共存的设计

从绿道类型与使用者需求出发,合理布局绿道的功能,有时候,多种功能的共存会出现相冲突的情况,最典型的就是绿道中人类游憩活动和动物栖息地的冲突,如果对动物的生态习性研究不够深入,则难以充分发挥绿道的价值;还有就是人和自行车混行的冲突,其解决办法是在规划设计时步行道与自行车道分别单独开辟，如果使用同一条道路，则通过绿化隔离或铺装材质的变化来暗示其不同的功能。

拥有特色主题和合理功能的绿道是吸引人群，提高场地活力的关键，绿道的功能不仅仅局限于场地的本身，而是将其扩展延伸至社会经济、文化的角度。这就要求在对绿道进行规划设计时充分考虑到那些"无形的功能"，比如旅游效应、城市形象宣传等。埃姆舍景观公园带（The Emscher Landscape Park）使鲁尔区获得了一个内部重建的机会，把矿区改造和城市建设融为一体，产生了令人耳目一新的面貌。绿道将由旧工厂、棕地改造成的公共绿地或文化产业区联系起来，形成了著名的"工业遗产之旅"，绿道连接了大约 24 个公园与自然保护区，成功打造了"鲁尔都市区的中央公园"（The Central Park of Ruhr Metropolis）（图6～图8），极大地改变了鲁尔区原本在人们心中脏乱差的形象，促进了地区的振兴与发展。

图 8　与艺术相结合的绿道

5　小结

绿道集环保、运动、休闲、旅游等功能于一体，是一种能将生态环保、改善民生与发展经济完美结合的有效载体。同样，绿道是社区、城市、区域景观的重要构成，是城市开放空间的一种类型，需要精心的规划与设计，一方面是创造有特色，多样化的绿道景观；另一方面使绿道的功能得到真正的充分发挥，对改善居民生活品质，创造美好环境，提高城市或地区形象具有深远的意义。

参考文献

[1] 金云峰，周煦. 城市层面绿道系统规划模式探讨[J]. 现代城市研究，2011.03：33-37.
[2] 查尔斯·E·利特尔. 美国绿道[M]. 中国建筑工业出版社，2013.
[3] 约翰·O·西蒙兹. 景观设计学（场地规划与设计手册）[M]. 中国建筑工业出版社，2000：113-114.
[4] （美）约翰.L.洛赫（John. L. Motloch）. 景观设计理论与技法[M]. 李静宇译. 大连理工大学出版社，2007.
[5] 冯纪忠. 组景刍议[J]. 中国园林，2010.11：20-24.

作者简介

陈思，1986 年 12 月，女，安徽巢湖，同济大学建筑与城市规划学院景观学系在读硕士研究生。

图 6　以远足为主的绿道

图 7　与地势相结合的绿道

从景观设计角度思考儿童户外活动空间营造

From the Landscape Design Angle Pondered that the Children's Outdoor Activity Space Builds

陈　嵩　刘志成

摘　要：游戏活动在儿童的成长过程中有着十分重要的地位，健康快乐地游戏离不开理想的户外游戏空间。本文从儿童游戏活动的特点入手，分析了不同类型的游戏活动场所发挥的作用，结合游戏形式阐述了游戏中趣味因素的来源。同时进一步从景观设计的角度出发，提出摆脱传统老套的设计模式，利用地形、植物、铺装、景观小品等设计手法的综合运用和创新将各种游戏趣味因素融入到场地中，从而营造出充满趣味、内容丰富、形式新颖、具有吸引力的儿童游戏活动空间。

关键词：儿童游戏空间；趣味因素；景观设计

Abstract：Game has the extremely important status in child's growth process, the health plays joyfully cannot leave the ideal outdoor games space. This article starts from children game characteristics, analysis of the different types of games venues role, combined form of the game fun factor explains the source of the game. While further from the perspective of landscape design, made from the traditional old-fashioned design patterns, use the terrain, vegetation, paving, landscaping and other combination of design and innovation in the fun factor of the game into the sites, thereby creating a fun-filled, informative, innovative, attractive recreational areas for children.

Key words：Children's Play Space; Fun Factor; Landscape Design

引言

游戏是儿童最主要的活动方式。教育界认为游戏能锻炼儿童的体能、肢体平衡感、团队协作、运动技巧等方面的能力，还能让孩子们在玩闹中懂得如何彼此交往，融入群体。现实生活中，许多孩子因为娱乐场地条件的不足只能进行简单、重复、老套的游戏，使得他们从中能得到的乐趣大打折扣，游戏所能起到的正面意义也受到影响。在此情况下，改善儿童游戏活动空间的趣味性和增加其丰富性，在场地设计中摆脱传统老套，有所创新就显得尤为重要。

1　儿童游戏活动特点分析

1.1　儿童活动场所

孩子们都喜欢在什么样的场所玩耍呢？当我们回忆自己儿时的记忆就会发现，自己家的园子前、楼外的街道上、小区中的建筑空地等等，都是孩子们经常出没的地方。随着时代的发展，许多公共场所比如居住区、动物园、植物园等开辟了专为儿童服务的活动区域，像儿童乐园这样的场所则完全就是为儿童娱乐而建设。不同的场所有着各自的特点，自己家院子门口或者楼房下面的空地是孩子们使用率最高的地方，尽管这里往往只有空旷的平地，可是由于离家近方便到达，因此经常能看到三五成群的孩子在此嬉戏打闹；居住区中如果有专门为儿童设计的活动空间，往往以游戏设备为主，也能得到儿童们的喜爱；动物园或者植物园一般在距离城市比较远的地

方，那里玩乐的空间大，能让孩子们接触大自然，更好的增长他们的见识；儿童游乐园是专门为儿童设计的综合性游乐场，满足了各个年龄层次的儿童需求，各种各样的大型机械游戏深受儿童喜爱，可以说是儿童的游戏天堂。

尽管游戏场所种类多样，但是由于居住环境和年龄限制，并不是所有的孩子都能够使用到不同种类的场所。精心设计的场所少之又少，平凡简单的场所随处可见。如何让那些简单平凡的儿童活动场所变得有趣，让使用它们的孩子能够得到更好的游戏体验？关键就在于如何在场地中引入儿童游戏的趣味因素。

1.2　儿童游戏中趣味因素分析

要提升场地的趣味性首先要知道趣味性从何而来。儿童之所以喜欢游戏活动，是因为乐趣是游戏的本质，一个成功的游戏环境，必然要能够使得游戏者产生浓厚兴趣。游戏活动的类型千变万化，但是其中共同所拥有的趣味因素却是可以追寻的。

1.2.1　自然的力量

乌申斯基说过这样一句话："大自然是教育的最强有力的手段之一，不采取这种手段，就算是最细心的教育，也是枯燥无味的、片面而不能引人入胜的[1]。"走出教室、走出屋子，投入大自然的怀抱，体会大自然的无限乐趣、无穷知识以及大自然的千变万化，这是无数孩子所向往的，也正是自然的力量所使然。无论是观察地上蠕动的小虫，还是爬上高高的大树，亦或是在山坡上跑上跑下，甚至是采集不同形状的树叶，这些看起来简单到极致的活动也能吸引孩子们付出大量的时间（图1），从而在与大自然的

图1 孩子在大自然中玩耍

亲密接触中培养对事物研究的兴趣与激情，在自然中培养爱心与耐心，自觉地亲近保护自然，形成最初的责任感。

1.2.2 沟通和交往

与朋友一起玩耍是一件快乐的事，没有哪一个孩子愿意自己在一旁不被理睬。融入一个群体的感觉会让他们觉得自身得到同伴的肯定，从而感到自信和自豪。在这个群体中，小朋友们担当着自己独有的角色，他们一起藏猫猫、跳皮筋、过家家等等。通过这些集体游戏使他们产生思想中最初的合作意识和团队精神，锻炼与人接触的交流手段，同时也能够消除成长过程中的孤独感，使得孩子们的身心都能够健康成长。

1.2.3 探索和好奇心

对于儿童而言，许多事物都是新奇的，遇到不知道的东西，不明白的事，求根问底是很多孩子本能的需求。将好奇心运用到儿童活动中，在游戏过程中设置一定困难，孩子们在玩耍的过程中遇到需要解决的问题时，好奇心会驱使他们在经过思索以及实践后，找到解决困难的办法。这样儿童在不知不觉中就被游戏深深地吸引，对他们而言这样的过程充满了乐趣，而经过思考解决了困难后的成就感更能让他们陶醉其中（图2）。

图2 复杂而具有挑战的游戏设施

1.2.4 变化的环境

国外有教育界的人做过调查，发现幼儿园里操场上的"洞穴"设施、绿地上的土坡、台地边的挡土墙都是儿童喜欢玩耍的地方。事实上许多儿童都偏爱小空间，一方面这些小空间让孩子们觉得有安全感，有一种可控性（图3），另一方面这种独特的环境也正好迎合了孩子们不断成长的好奇心和活跃的思维方式，因此他们在这些地方的游戏可持续数天或数星期之久[2]。与地形环境相结合的话可以设置更多的儿童游戏方式，如滑梯、沙土坑、矮墙、草坡、攀爬墙等（图4）。在这些地方运用的材料和装饰也能起到提升趣味的作用，明亮鲜艳、变化丰富的颜色和软硬结合、有好看拼花图案的铺装往往都能吸引孩子们关注的目光。

图3 洞穴的乐趣

图4 攀爬设施

1.2.5 感官世界的神奇

大多数人在儿童时期认知外部事物不能通过抽象的描述、分析，而是通过最直接的感触来体验。夏天知了的叫声，风吹过草地的沙沙声，野花散发的芳香对于孩子们来说都充满了魅力。通过感官所接收的信息对儿童由具象思维转换到抽象思维具有巨大帮助，器官之间的良好配合能够增强感知的内容。人的感觉器官包括眼睛、耳朵、鼻子、舌头、身体等，通过融入眼睛的视觉、鼻子的嗅觉、耳朵的听觉、皮肤的肤觉、嘴巴的味觉这些途径，可以大大提高游戏趣味性。

2 儿童活动空间的营造

在儿童活动空间的设计当中，通过景观设计的细心雕琢可以将游戏的趣味因素融入场地中，从而提升场地的使用价值和吸引力。不同类型的游戏形式可以具备不同的趣味性，通过合适的途径将他们融合起来才能让孩子们乐在其中，使得游戏场所充满生机。

2.1 体能游戏的需要

儿童之间最为普遍的，也是最主要的游戏方式就是体能游戏，我们最常看到的是儿童在场地上追逐打闹、攀上爬下。只要有一片足够大的开阔场地，孩子们就可以进行跑步、跳越、追逐、骑自行车等较为剧烈的游戏。

自然环境能够唤起人们对于运动的渴望，通过人工模拟的手法可以将自然趣味因素引入进来，最直接的办法就是地形的改造，地形作为园林设计四要素之一，是塑造空间的重要手段。比如可以在平整的场地上堆砌一些起伏的斜坡，在其中增加一些断层来增加场地的趣味性，吸引孩子们的好奇心。孩子们喜欢在有高低错落的地方玩捉迷藏、滑滑坡这类游戏。所以，我们在设计时也可以加入隆起的土丘、下陷的沟渠等这些地貌元素，使得地形丰富起来，孩子们在玩乐的过程中体验到探索地形的乐趣，也有助于提高儿童对空间的认知能力（图5、图6）。

图6 下陷的地形和坡道

2.2 创造思维的释放

创造的过程总是伴随着探索和好奇。给儿童提供水、沙、泥土等可以多次重复使用和塑形的材料，他们就能自己动手发挥无穷的想象力，将自己的想象、好奇付诸实践，创造各种新花样，开动他们活跃的思维，自己乐在其中。人们司空见惯的是以沙坑、泥坑、水池等方式来解决这一类型游戏活动所需要的环境，但是这样的形式未免过于单调，若能采用景观装饰中常用的铺装互嵌的方式在设计中糅合几种游戏材质，形成一个综合的活动区域，比如将沙坑和水池结合（图7），获者将沙坑与营造的地形、游戏设施相结合，那么其丰富程度和吸引力会大大提高（图8）。因为多种材料的组合，能产生更多的游戏方式，提供更多的可塑性，使用不同材质的孩子们聚在一起玩能从别人玩耍的过程中受到新的启发，从而产生更多的新点子。

图5 隆起的土堆

图7 形态丰富的水池

2.3 感官体验游戏

儿童的感觉是很敏感的，通过感觉来了解外界是儿童比较喜欢的方式，因此孩子们总是喜欢触摸、观察，体验各种新鲜的事物。利用这一特点，设计儿童活动场地时可以考虑设置一些感官游戏设施，比如设置一些可以发声的景观小品，让儿童能够通过敲击而发出不同的声响，

图 8　沙坑与设施结合

亦或是放置一些经过安全处理的废旧汽车、工业零件甚至是小船等孩子们平时不能真正接触到的东西，让他们能去近距离的观察、探索（图 9）；更可以发挥植物的作用，将景观中常用的树篱、花架、画廊、花镜等种植一些有香味，颜色鲜艳明亮的花卉植物，吸引孩子们去闻（图 10），去触摸。通过这样的方式，充分调动孩子们的感知能力，让他们在游戏中不断产生和发现新的体验。

图 9　木船模型

图 10　接触植物

2.4　安静地玩耍

　　并不是所有的孩子都爱跑爱跳，喜欢安静的孩子们

和那些玩累了想要休息的孩子们需要一处较为安静的空间供他们静静的玩耍、思考和休息。通常情况下人们都觉得活蹦乱跳的小孩，嘈杂的声音才是儿童活动区的标志，但是我们必须重视孩子们也有安静的需要。这就要求设计师在进行儿童游戏空间设计的时候设置一个相对私密的空间，可以通过硬隔离或软隔离的手段，使用植物、矮墙、地形等做空间的分割，设置舒适的停留设施形成一个不受外界过多干扰，一个可以使孩子舒适、安静地玩耍和思考的空间（图 11）。

图 11　私密的环境

3　结语

　　随着物质文化生活水平提升，人们已经意识到游戏在儿童成长发育过程中的重大意义。因此儿童的游戏场所理应跟上时代的步伐，摆脱传统的、格式化的单一形式的游戏空间。为儿童创造出优秀的活动场所意义重大，需要我们景观设计师运用专业知识去开拓、探索营造这一属于孩子们的公共空间的设计建造方式，本着为孩子们快乐生活和健康成长的目的，去创造能让他们尽情释放活力的游戏空间。

参考文献
[1] 于桂芬，邹志荣. 居住区景观与儿童游戏场地设计现状与反思. 西北林学院学报，2009（9）：205-208.
[2] 林玉莲. 幼儿园——儿童的乐园. 华中建筑，2000（6）：53-56.
[3] 杨·盖尔. 交往与空间. 北京：中国建筑工业出版社，1992.
[4] 诺曼·K·布恩. 风景园林设计要素. 北京：中国林业出版社，1989.

作者简介
[1] 陈嵩，1987 年生，汉族，贵州，北京林业大学园林学院研究生，风景园林规划设计方向，电子邮箱：594207844@qq.com。
[2] 刘志成，1964 年生，男，汉族，江苏，副教授，研究生导师，从事风景园林规划与设计的研究与教学工作。

风景园林规划与设计

从中国展园看中国传统园林的继承与发展

From the Exhibition Park Look at Traditional Chinese Landscape in the Inheritance and Development

陈 嵩 刘志成 白 雪

摘 要：中国传统园林是我国的文化艺术瑰宝，但随着社会的进步和环境的变化，传统园林的继承发展面临着挑战。本文介绍了中国传统园林的当代形势，以兰苏园和四盒园为案例，通过对它们的分析比较展示了现代中国园林设计中传统设计思想的体现，同时从中整理出一些对中国传统园林继承和发展的思考。

关键词：展园；中国园；传统园林；继承发展

Abstract：Traditional Chinese gardens is the country's cultural and artistic treasures，but with the development of society and the environment，traditional garden succeeded to carry forward the challenges faced．This article describes the traditional Chinese garden of the contemporary situation，using lan cuy chinese graden and four boxes garden as a case，through analysis and comparison of them shows the modern design of the traditional Chinese garden design ideas embodied，meanwhile from sorting out some of the inheritance and development of traditional Chinese garden Thoughts．

Key words：Exhibition Park；Chinese Garden；Traditional Garden；Inheritance and Development

1 中国传统园林的当代形势

中国的传统园林拥有 3000 多年的历史沉淀，是中国文化不可或缺的重要组成部分。她记录着中国不同时代的人文历史，承载着古代造园家们对景观诗意的描绘和理解，见证着中国造园技艺的精湛和不朽。她不仅成就了我国园林在世界中独树一帜的风格意境，也影响了很多国家地区的造园风格，可谓是中华民族的艺术瑰宝。

而随着社会的发展，国人有更多的机会接触到西方国家的园林景观，不少人认为近代西方的设计风格似乎更适合当前社会的生活节奏和需要，这就使得我国传统园林面临一种危机，如果只是将其当作古董去崇拜欣赏，未免埋没了中国园林深厚的文化底蕴和造园技艺，但若是照搬传统园林的建造形式和手法来应对今天的景观需求，又显得有些不相适宜。因此在这样一种局面之中，应该如何在保护继承传统园林的基础上把握古典园林的精髓，在现有的新的历史条件下，结合新的材料和技术，再造中国园林现代的辉煌，而不是让这一伟大的艺术瑰宝走向衰落，是当代园林设计师们急需探索的问题。

2 中国展园的探索实践

对于如何继承和发展中国传统园林，宏观层面，可以是一种精神意境；中观层面，可以是一种造园要素的组织形式；微观层面，也可以是哪怕一个部件、一块石头的做法。这样论述涉及很大的体系，难免使得文章空泛漫谈，本文将注意力集中到近十几年来日渐盛行的各类展园、"中国园"设计上，虽然这些园子面积不大，有些甚至是临时性的，但都能反映国内园林设计水平，我们也能看到当代中国设计师们在寻求中国现代园林设计风格所作出的各种创新和尝试，这些"中国风"展园成为设计探索路上的先头兵，我们不妨在它们之中整理出一些对中国传统园林继承和发展的思路。

3 案例分析

本文着重以美国波特兰市的兰苏园和西安世园会大师园中的四盒园为案例，它们一个是以古典园林设计手法在当代建成的花园，一个是以现代园林设计风格结合中国传统园林思想设计的展园，希望通过对它们的分析和对比可以为传统园林的继承与发展这一核心主题提供一些思考。

3.1 兰苏园

兰苏园建于美国波特兰市，象征着波特兰市和苏州市这一对姐妹城市之间的友谊。该园于 1995 年规划设计，2000 年落成开放，面积 3700m² （63.9m×57.8m）。它是典型的苏州园林风格，设计周全，施工精细（图 1、图 2），既满足游览、观赏的基本要求，还具备聚会、书画展览、琴棋活动、会议办公、餐饮卖品等多种功能[1]。

3.1.1 规划设计

苏州的古典园林以丰富的空间组合见长，兰苏园设计上继承了这一特点。园内分为五个主要景观空间，分别是"入口区、轩屋水院、沁香仙馆、中心湖区和山林区"，这五个区域，空间形态有疏有密，相互联系，形成了以中心湖区为核心的向心式空间布局（图 3、图 4）

图 1 兰苏园核心区实景图

图 2 兰苏园鸟瞰图

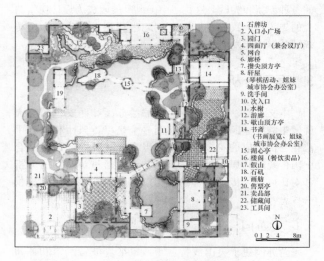

1. 石牌坊
2. 入口小广场
3. 园门
4. 四面厅（兼会议厅）
5. 网台
6. 廊桥
7. 攒尖顶方亭
8. 轩屋
   （琴棋活动、姐妹城市协会办公室）
9. 洗手间
10. 次入口
11. 水榭
12. 游廊
13. 歇山顶方亭
14. 书斋
    （书画展览、姐妹城市协会办公室）
15. 湖心亭
16. 楼阁（餐饮卖品）
17. 假山
18. 石矶
19. 画舫
20. 售票亭
21. 卖品部
22. 储藏间
23. 工具间

0 1 2 4 8m

图 3 兰苏园平面图

图 4 兰苏园区域分布图

图 5 入口景观

（1）入口区

入口区位于园子的西南隅，设有小广场方便人流集散，由牌坊引入，并在牌坊对面的方向以粉墙为背景，展示由太湖石和松竹梅组成的岁寒三友图，形成入口标志，充满诗情画意（图5）。由东侧石库门进入，是一封闭的小院，作为园内空间的序曲，收敛了人们的视觉和尺度感，体现了中国传统园林常用的"欲扬先抑"、"小中见大"的手法，就像苏州留园的入口处，先让游人经过一段狭长曲折的通道，在到达绿荫轩后视线顿时打开，给人豁然开朗的感受，体现了大小空间之间的对比。院内的院墙

还开了景窗和海棠形洞门，将后面水院的景色隐约展现出来，具有引人入胜的效果，也是中国传统园林的常用手法。

（2）水院区

入口内庭之东，亭廊轩屋环水而筑，组合成一组以水为中心的庭院。仅看平面形式就很容易让人联想到拙政园最长视线南端的小沧浪水院，尤其是水面上架起的"小飞虹"（图6），使得空间层叠而深远，与中心湖区景色既分隔又相互贯通渗透，更印证了这里对拙政园这一经典手法的应用。水院空间虽小，却有水乡弥漫之意。"绿竹夹清水，游鱼动圆波"，"华雨来时有鱼乐，柳荫深处鸣禽多"，"层轩皆画水，芳树曲印春"，这些诗句表达了水院景观的主题意境。

（3）沁香仙馆区

紧邻水院北部有一组小庭院，北部是一书斋，其他三面以展现梅为主，配植松、竹、茶花、芭蕉这些在中国园

图6 "小飞虹"

图8 画舫

林中经常使用的植物，一如网师园殿春簃庭院中的简单朴实，力求展现梅花"万花敢向雪中发，一树独先天下春"的圣洁品格和庭院的高雅意境。

（4）中心湖区

中心湖区为整个园子的主要部分，水面形状类似网师园水面的处理，对水头水尾进行了遮挡，有水流不尽之意。水体的平面形状跟很多传统园林一样，呈"L"型将主体建筑锦云堂围抱，并有观景平台承接；根据"山明水秀，湖中风月最宜人"含意，于湖心建亭，东西配以曲桥，对整形的水面进行划分，增加空间景观层次（图7）；池东建有浣花春雨榭，周边种植牡丹、杜鹃，点缀山石小品；池西设一画舫，给人以荡漾于碧波之间的浮想联翩，题名画舫烟雨（图8），这一系列的景观铺陈使得这个湖区景观内容丰富并充满情境。

图9 山林区假山

图7 中心水面景观层次

（5）山林区

山林区位于园子北部，左山右峰布局。假山的布局依旧体现了中国传统园林中"山脉"的特点（图9），临池点石峰来表现这一概念，峰石之后建一楼阁，衬托出石峰的轮廓和秀姿（图10）。以松为山林区的主要树种，正是对应"万壑松风"的意境，形成"风回松壑涛声绿"的景观气氛。假山前的湖面周边设计了山涧溪流多种水体，形成了完整的水景序列，形成了整个园子的山水骨架。

图10 楼阁正门

3.1.2 对兰苏园的分析思考

纵观整个兰苏园，它采用了与中国古典园林一样的整体风格，虽然是20世纪建造的园林，但其传统韵味与建造技艺均堪称优秀。它有着自由灵活而组合有序的空间布局，为了打破园地过于方整的平面形态，设计者还在地块的四隅分别规划了面积大小不等的园外绿地，种植花木，点缀山石，配以粉墙花窗，将园景引申到园外，足见其良苦用心；园林内部曲折蜿蜒的游廊联系了各个庭院空间和景点，将园林分隔成大小不同的空间，使方正的园子变得灵活，没有呆板或紊乱之感，这也是古典园林中惯用的方式。它继承了中国传统园林中分隔渗透、对比衬托、隐显结合、虚实相间等设计手法，游线蜿蜒曲折、视线的藏露掩映，空间排布上欲扬先抑、小中见大的序列组合，使得园内空间大小、疏密、明暗极富变化，园中有园，景外有景。同时，在精心组织这些景点时，兰苏园的设计特别强调文化内涵的赋予和情景交融艺术氛围的营造，表现在匾额、对联、景点立意之上，感染力强。

兰苏园对传统园林以继承为主，但也有所发展。美国的建筑设计规范对残疾人通行的要求严格，这对于一座东方古典艺术性很强的园林来说有很大难度，但最终都处理的不着痕迹，十分自然[2]。园内的建筑，也为了抗震需要而改为刚性结构体系，油漆、涂料、水池防水采用的都是最新的现代材料和技术。在建筑的功能上，也都分别承担了办公室、会议室、餐饮部、厕所、仓储间等功能，较之传统的园林有了更加实用的功能性。

3.2 四盒园

这里想说的第二个案例，是王向荣先生在 2011 年西安世园会 9 个大师园中的一个作品，同样是体现"中国园"的概念，相较于兰苏园，这个园子的设计语言更为现代化，但它依旧体现出了中国园林的韵味。

3.2.1 主要特征

在四盒园的设计中，设计师试图在狭小的地块上，用一些乡土的材料，用简单的设计语言，创建一个空间变化莫测的花园[3]。这个园林具有四季的轮回，它吸引人去体验和感知，无论人们在其中漫步还是静思，都能感受到花园浓浓的诗意和中国园林的空间情趣。

在中国传统的造园观念中花园应该有一个边界，并被围合起来。花园被 1.6m 高的夯土墙围起来，利用石、木、砖等材料建造了四个盒子，它们分别具有春、夏、秋、冬四季不同的气氛，形成四季的轮回，这种象征正是受到苏州个园的启示。四个盒子和围墙一起，把花园分隔成一个主庭院，以及位于盒子后面和旁边约 10 个小庭院，在空间布局上吸取了苏州网师园的精华，体现出了空间的不定性、相互渗透和流动性（图 11、图 12）。

3.2.2 规划设计

花园被命名为四盒园，是来自四合院的谐音。南部是两个出入口，木制的门可以开启和关闭，虽然形式不同，但却与传统园林中的漏窗有异曲同工之妙，而且还融入了与人互动的方式。进入主要入口就是由白粉墙和石材建造的"春盒"，跨过一座小桥，来到"春盒"的中央。坐在长椅上，透过墙上的门窗，可以看到主庭院的景色，以及四周春意盎然的竹丛（图 13、图 14）[3]。"夏盒"是用木头做的一个花架屋，上面爬满葡萄，如同一个西北的农家院，由于木头的搭接方式不同，花架具有强烈的光影效果和戏剧性的视线通透体验（图 15、图 16）。"秋盒"

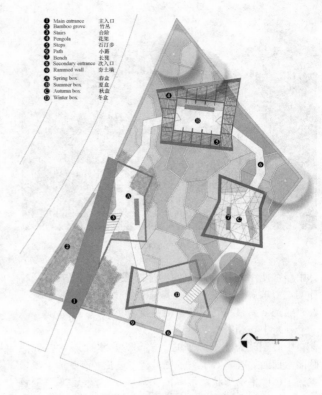

① Main entrance 主入口
② Bamboo grove 竹丛
③ Stairs 台阶
④ Pergola 花架
⑤ Steps 石汀步
⑥ Path 小路
⑦ Bench 长凳
⑧ Secondary entrance 次入口
⑨ Rammed wall 夯土墙
Ⓐ Spring box 春盒
Ⓑ Summer box 夏盒
Ⓒ Autumn box 秋盒
Ⓓ Winter box 冬盒

图 11　四盒园平面图

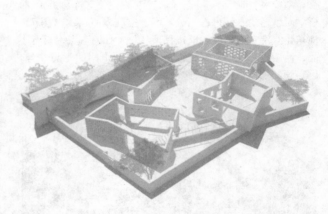

图 12　四盒园鸟瞰图

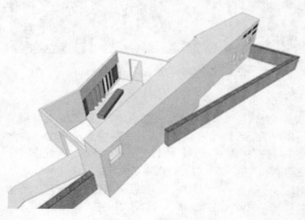

图 13　春盒结构图

由石头砌筑，其地面比中心庭院高1m，墙上有许多正方形的窗洞，形成一个个画框。通过这些画框，人们可以看到花园内外不同方向的景色，是传统园林中常用的"框景"手法（图17、图18）[3]。秋盒的顶面是金属网，上面爬满爬山虎。最后的盒子是由青砖砌筑的"冬盒"，由于砖砌筑的方式不同，盒子的四个面的通透程度也不同。"冬盒"的里外是白色沙石地面，如同冬雪（图19、图20）。在冬盒中，人们坐在长椅上，可以看到中心庭院的景色，透过砖墙上的空洞，也可以看到"春盒"外的竹丛，寓意着冬天来了，春天还会远吗？从"冬盒"人们可以走出花园，也可以重新进入春盒，开始另一个四季的循环[3]。

图14 春盒长椅（引自《风景园林》2011年第3期）

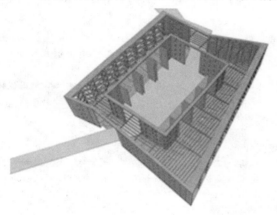

图15 夏盒结构图

图16 夏盒光影效果（引自《风景园林》2011年第3期）

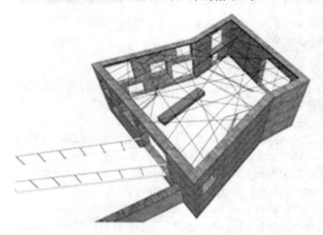

图17 秋盒结构图

图18 秋盒外景（引自《风景园林》2011年第3期）

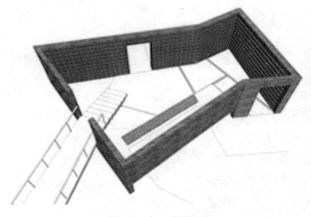

图19 冬盒结构图

图 20　冬盒内部（引自《风景园林》2011 年第 3 期）

3.2.3　评价分析

　　四盒园设计是一次成功的探索，设计师主要在继承发展传统园林空间结构的划分上下足了功夫，从这一角度去充分挖掘传统园林的精髓，再结合一些传统园林中常用的造景手法，使得整个园子的意境凸显出来。虽然园内的建造材料和景观造型都极具现代感，在设计形式上也与中国历史园林完全不同，但置身其中还是能清楚地感受到浓郁的中国特色。因此四盒园的设计思路和方法十分值得我们学习，一方面在对传统园林的继承发展上没有停留在表面形态的塑造，而是抓住传统的精髓，用现代的语言加以诠释；另一方面设计师在空间设计上下足了功夫，继承了传统园林的空间意境，使得人们置身四盒园中能感受浓浓的诗意和中国园林的空间情趣。

　　与四盒园相比，另一个大师园——山水·中国地图园则完全从形式的塑造入手，这个由外国的设计师设计建造的园子旨在用不同高度的材料创造一幅立体的中国地图。园子想要体现中国元素，却只是从外表层面入手，内部没有参与性，没有空间，而且以人的视角无法看到中国地图的形状，因此收到的效果有限，可见徒有其表的形式并不能诠释中国园林的内涵。

4　启示与思考

　　通过对兰苏园和四盒园的分析我们可以看到，中国的当代设计师是有能力创造出具有中国韵味的优秀园林的。无论是像兰苏园那样，从园林形式、景观意境、建筑形态等方面都忠实反映了中国传统园林魅力的"形神兼备"的园林佳作，还是像四盒园这样的以现代设计风格，没有"曲水流觞"，也没有"亭台楼阁"，却也能将中国园林风韵很好表现的大师之笔，无疑都为当今的中国园林设计师们在继承和发扬中国传统园林的道路上给出了很好的启示。

　　兰苏园和四盒园之所以得到广泛的认可，不在于它们的形态多么特别，建造技艺多么娴熟，而是在于它们都能具有中国园林的精神。每一个历史园林都有其象征意义，饱含着造园者的情怀，抒发着优美的诗意，因此中国园林的精髓在于它是有意境、有思想、有空间的园林，而这种精髓绝不仅仅是靠简单的形式模仿就能体现的。这也告诉我们，要想继承和发扬好中国的传统园林，在今后的设计中做出真正具有中国特色的园林作品，就要摒弃华而不实的唯形式论主义，用心去体味传统园林的文化意义，灵活运用传统园林的设计手法，结合时代特征，这样才能让我国传统园林发展下去，再续辉煌。

参考文献

[1]　朱观海. 中国优秀园林设计集. 中国建筑工业出版社，2003.

[2]　朱建宁，杨云峰. 中国古典园林的现代意义. 中国园林，2005(11).

[3]　王向荣. 四盒园. 中国园林，2011.

作者简介

[1]　陈嵩，1987 年生，汉族，贵州，北京林业大学园林学院研究生，风景园林规划设计方向，电子邮箱 594207844@qq.com。

[2]　刘志成，男，1964 年生，汉族，江苏，副教授，研究生导师，从事风景园林规划与设计的研究与教学工作。

[3]　白雪，1988 年生，汉族，甘肃，北京林业大学园林学院研究生，风景园林规划设计方向。

城市生活街区边缘空间与行为关系的研究[①]

Study on the Relationship between Behavior and Edge of the Space in Living Block

陈文嘉　　朱春阳

摘　要：本文以"空间环境与人的行为"之间的相关性为线索，着眼于城市生活街区中与人群活动在结构和内容上关系密切的边缘领域。通过对大量发生在边缘空间的行为实例的观察与记录，详细分析了边缘空间所具有的各类行为支持因素和相关行为内容。通过研究，也获得一些针对城市生活街区边缘设计的实际性原则，指导设计以人为重，为其多样的室外活动提供良好的空间及场所。
关键词：风景园林；边缘空间；生活街区；活动类型

Abstract：This thesis probes into the relationships between environment and behaviour，with Particular emphasis upon the edge of the space，which are closely linked to the people's outdoor activities. Through the observation and record of the activities occurring alone the alone zone，ewe expound the interaction between them：how people use the edge? How the edges support the activities? Our study will obtain some practical guidelines on the space design at the edge，designing for the people，and giving their activities good support.
Key words：Landscape Architecture；Edge Space；Living Block；Activity Type

1　引言

边缘空间独特的空间特点及其存在形态，为人们体验空间提供了最好的机会。本研究根据观察与具体的行为分析，验证城市生活街区边缘空间与使用人群行为相互间的契合关系，

边缘不仅是物质空间环境重要的构成因子，其空间构成及物质内容也多方面为人的各类行为的发生创造良好的场所条件。

2　"边缘"概念的解释

论文中将边缘空间定义为：论文中将边缘空间定义为：由两个或两个以上的空间或实体在连接时所产生的，由于两者的性质、形态、结构等方面存在着差异，使得他们相互作用的部分形成具有一定包容性和异质性的空间，这个特定空间就是边缘空间。边缘空间为交往空间中最重要的，最易发生交流、融合的空间类型[1]，属于需求的最高层次[2]。边缘空间具有异质性、中介性、从属性、过渡性[3]。在城市化快速发展的阶段，边缘空间是城市空间扩展影响最显著的空间类型。

3　研究区域与方法

3.1　研究区域

3.1.1　概况

昙华林生活街区位于湖北省武汉市武昌区（114°18′东，30°33′北），街区空间形态丰富、自身受深厚的历史文化积淀与复杂的演变历史影响，形成更为丰富的街巷肌理和空间形态。街区中形成了不同层次的居住空间供社会各个阶层共同居住，其中包括城市居民绝大多数的日常行为：个体的行为和群集的行为、必需的行为和偶然的行为。人的行为方式对其的影响也使之形成了更加宜人和满足需求的尺度，能够提供满足人们日常生活需要的室外活动场所。自辛亥革命开始，军阀混战对其产生了深刻的影响。由战争而来的西方文化在此地慢慢渗透，英国、美国、意大利、瑞士等国相继在此兴办教会、学校、医院等，形成了当时有名的"文化租界"[4]。经过若干个历史时期的发展与积淀，逐步形成了独有特色的空间结构、生活结构以及稳定的社会结构。

街区空间类型具有以下特点：

（1）长久以来形成的混合居住的社区，穿插分布了一定量的中小型商业和工业用地，并且包含了很多传统工商业。这些工商业不仅为当地居民提供了多内容、多形式、多层次的服务，而且营造了更为亲切而又丰富的生活氛围。

（2）新旧建筑群体的交融，在历史悠久又现代化的大城市中，这种交融就显得尤为突出。

（3）混合居住的社区。自身深厚的历史积淀。形成了不同标准不同尺度的居住空间供社会各阶层居住。多内容、多形式、多层次的活动都可以在邻里间进行。

————————
①　基金项目：中央高校基本科研业务费专项资金（52902-0900201336）资助。

（4）有定量的历史文物遗存。

（5）长时间的空间演变使得昙华林街区边缘空间呈现出一种不同于现代街区可以被设计的尺度与形态，而是具有历史演变过程和深层次的历史影响的。

（6）自建行为对有限空间进行了满足自身合理需求的改造。由于当地居民需求与现实条件的矛盾，当地居民综合考虑了宏观政策、自身经济基础、基地平面形态以及公共服务设施等因素，是人们理性思考进而付诸实践的结果而非乱搭乱建。

（7）多样化的自然植被与生态环境[5]。

3.1.2 范围

调研范围东起中山路，西至得胜桥，主要包括的街巷有戈甲营、太平试馆、马道门、三义村、江家巷、崇福山巷、高家巷、郎家巷，黄家巷、宜孝巷、马家巷、鼓架坡、云架桥。其中戈甲营、太平试馆、崇福山巷是调研重点。

对昙华林街区空间进行广泛调研，划定出三片区域，其中一片区域处于山地上，受地形影响较大，空间使用率较低。一片为商业区，空间的使用状况受商业因素影响较大。第三片区域地势平坦，且居民的活动类型丰富多样，因此将该区域选为调研的对象（图1）。

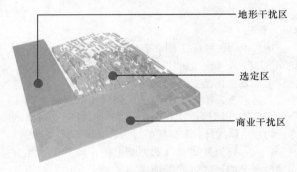

图 1　调研选区图

3.2　研究方法

本研究采用边缘空间景观单元的方法进行研究。

3.2.1　划分边缘空间景观单元

一级分区：根据空间环境要素划分一级分区，分别用片区1、片区2、片区3表示（图2）。

图 2　调研片区划分图

二级分区：对每个一级分区进行次一级的亚分区，根据边缘空间的分布以及边缘空间特质划分为若干不同单元，即为所确定的边缘空间景观单元（图3、图4）。

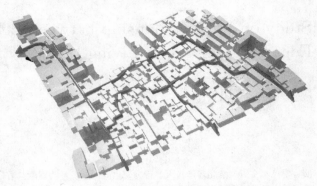

图 3　调研路径示意图

图 4　边缘空间景观单元示意图

3.2.2　划分边缘空间景观单元类型

根据边缘空间形态研究，结合调研边缘空间景观单元的形态构成以及人们的活动类型，对边缘空间景观单元类型进行划分。

3.2.3　边缘空间景观单元统计分析

对研究对象中的边缘空间景观单元及其所属功能类型进行统计分析，分析边缘空间使用状况。

3.3　调研时间

选择晴好无风天气，排除节假日游人的影响，8：00—18：00整点观察，每1h观察一次。对边缘空间景观单元进行观察记录。在表格中记录每个观察点游憩人群属性、数量及活动类型；在平面图中记录相应游憩人群的位置及编号（图5）。进一步绘制出每个景观单元的平面、立面、剖面图并标注尺寸。

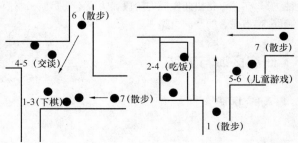

图 5　调查过程中平面图标注示意图

4 结果与分析

4.1 边缘空间景观单元划分

本文根据空间环境要素划分 3 个一级分区，然后对每个一级分区进行次一级的亚分区，提取 93 个边缘空间景观单元作为具有代表性的研究对象，对其空间的形态构成进行分析，将其划分为底界面、侧界面及顶界面[6]。

4.1.1 底界面

街区的底界面指的是街区路面及其附属的一些外界环境因子，是承载人们户外活动的物质要素。底界面是街区空间中人们联系最密切的一种界面。有划分街区空间领域、组织居民的活动以及强化景观视觉效果等作用。根据人的视觉规律，人眼的水平视野比垂直视野大得多，向下的视野比向上的要大，人们总是习惯于注视着眼前的地面，所以底界面能给人以最直接的视觉感受，为人们提供大量的空间信息。这也是底界面是与人联系最密切的重要原因之一。不同的底界面处理可以用来界限空间、划分空间领域、增强识别感、甚至改变尺度感。

（1）底界面限定要素

• 台阶

研究中将建筑物入口处的台阶纳入底层界面的范畴，台阶这一元素与街区中的建筑物的尺度相比较并不是很大，却直接且紧密的联系着人们的行为活动。台阶是处理地面高低变化的方式之一，同时台阶和主界面要素及道路相配合，能创造出动人的线造型，并产生巨大的艺术魅力。台阶界定了空间的作用并丰富了空间的层次，形成了街区与建筑之间的过渡空间［（图 6 (a-c，f-g)］；台阶增加了竖向层次，形成了室内外空间的过渡［（图 6 (d)］；台阶提供了行人步行停留的场所［（图 6 (e)］。

• 铺地

铺地是城市空间设计的重要元素之一，它除了硬化地面外，在营造空间上具有极为重要的影响。铺地能够划分空间范围，明确空间功能。如限定空间的停留场所，观赏路线等。另外铺地还可营造空间氛围，不同的材质、颜色、形态都有助于营造相应的空间氛围。因此底界面铺地形式的区别形成了具有差异性、领域感的场所。在生活街区不同类型的边缘空间中，铺地划分了公有空间与私有空间［（图 6 (a-c，e-f)］。

• 植物

植物具有围和空间的作用，植物实质的视觉屏阻效果虽然有限，但能暗示空间范围的差异，如能创造公共性空间，私密性空间等空间序列［（图 6 (d-g)］。

（2）底界面标高的变化与空间的过渡

局部底面的抬高与下沉，通过上升或下沉的垂直界面来界定和创造空间，同时这种变化形式也满足了某些功能的需求，丰富了景观层次。若能结合原有地形的起伏，因地制宜，则能营造出更为实用的空间形态。低处平面使人产生亲近、低下、围合、封闭等感觉，底面的下沉可以明确一个空间范围，这个范围的界限可以通过下沉的垂直界面来限定(表 1)。

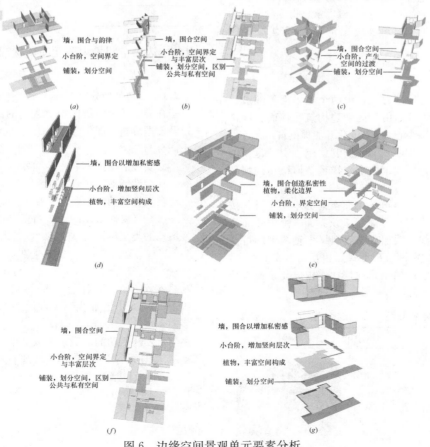

图 6　边缘空间景观单元要素分析

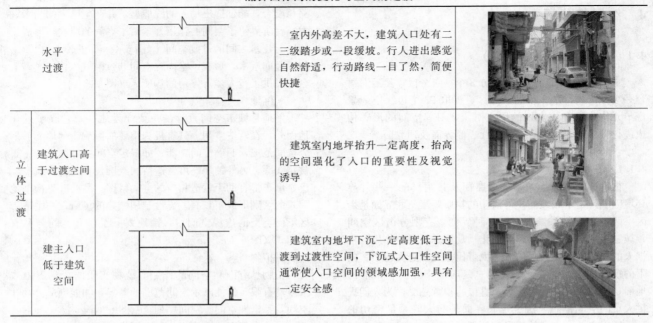

	示意图	特　性	实例
水平过渡		室内外高差不大，建筑入口处有二三级踏步或一段缓坡。行人进出感觉自然舒适，行动路线一目了然，简便快捷	
立体过渡 建筑入口高于过渡空间		建筑室内地坪抬升一定高度，抬高的空间强化了入口的重要性及视觉诱导	
建主入口低于建筑空间		建筑室内地坪下沉一定高度低于过渡到过渡性空间，下沉式入口性空间通常使入口空间的领域感加强，具有一定安全感	

续表

示意图	特　性	实例
	内部空间向外扩展；建筑与街巷的中介空间	

4.1.2 侧界面

建筑是街区空间的重要构成要素，沿街建筑外立面的风格决定了整个侧界面的风格模式，也奠定了整个街区空间的基本空间模式。对于街区空间而言，建筑物是以面的形式来表现的，界定街区空间的众多建筑面的线形展开，就构成了街巷的立界面。它是街区形象的最直接的反映，也是决定街区空间性质的关键因素。街区侧界面的控制对整体空间的营造和场所感的形成具有重要的意义[7]。

4.1.3 顶界面

顶界面是街区的顶部界面，由两个侧界面顶部边线所限定的天际范围。也指由街区和建构筑物顶面共同构成的肌理。它是最自然化、最富变化并能提供自然条件的界面[8]。顶部界面构图中，因素的相似与差异建立起来的整体感与可识别性，形成了丰富多样且整体统一的顶部界面。

顶界面的有无直接影响过渡性空间的本质属性，按虚实情况可以划分为实顶界面和虚顶界面。由顶界面覆盖而产生的边缘空间，增加了空间演绎多种灰度的可能性。同时，顶界面的不同表现形式及相互间多变的组合，大大丰富了过渡性空间的垂直向层次，构成复杂而有趣的建筑边缘空间[9]（表2）。

顶界面类型与空间的渗透　　表2

示意图	特　性	实例
	外部空间向内渗透；牵引人流向建筑内部流动的趋势	

4.2 边缘空间景观单元使用状况分析

4.2.1 活动类型分析

在昙华林生活街区中对人们的活动类型进行了观察以及数据分析（图7）。将街区步行使用者的行为按性质不同分为三类：

必要性活动：买菜洗菜、吃饭、洗衣服等。

社会性活动：交谈、打牌、下棋、儿童游戏等。

自发性活动：晒太阳、乘凉、读书看报等。

参与必要性活动的人数占活动总人数的20%，必要性活动的类型包括买菜洗菜、吃饭以及洗衣服。各自比例为52%、35%、13%。多发生在8：00－9：00、11：00－16：00、12：00－18：00。参与社会性活动的人数占活动总人数的40%，社会性活动的类型包括相互交谈、打牌下棋以及儿童游戏。各自比例为50%、40%、10%。多发生在9：00－10：00和14：00－16：00两个时间段。参与自发性活动的人数占总人数的40%，自发性活动包括晒太阳乘凉、读书看报。各自比例为55%、30%、15%。自发性活动多发生在9：00－11：00和15：00－18：00两个时间段[10]。

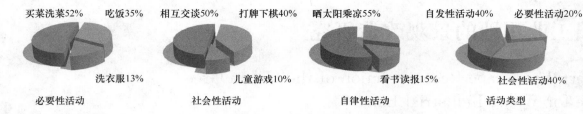

买菜洗菜52% 吃饭35% 相互交谈50% 打牌下棋40% 晒太阳乘凉55% 自发性活动40% 必要性活动20%

洗衣服13% 儿童游戏10% 看书读报15% 社会性活动40%

必要性活动　　　　　社会性活动　　　　　自律性活动　　　　　活动类型

图7　活动类型分析图

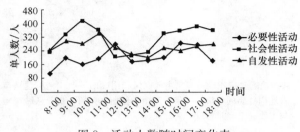

图8　活动人数随时间变化表

5　讨论

　　简·雅各布曾针对大城市中心的衰败问题，提出拯救现代城市的首要措施是必须认识到城市的多样性与传统空间的混合利用之间的相互支持[11]。因此本文在对城市生活街区进行研究的过程中，积极寻求边缘空间带来的具有积极性与可交往性的空间环境的营造方式。边缘空间为城市空间提供良好的接续场所，整合重塑了城市里失落的空间，实现了室内外空间和使用者的心理需求之间的对话[12]。更要综合考虑到人的心理和使用需求以及人的行为活动的倾向与特点，从而提供适宜尺度，要素丰富，功能复合的空间来满足行为的需求。

参考文献

[1]　周琏．浅析历史街区街道活力空间．山西建筑，2008.34（7）：48-49.
[2]　马斯洛．许金声译．动机与人格．北京：华夏出版社，1987.
[3]　邢忠，王琦．论边缘空间．新建筑，2005（5）：82-84.
[4]　葛亮，丁援．武汉昙华林历史文化街区——国家历史文化名城研究中心历史街区调研．城市规划，2011（10）：102-103.
[5]　鲁政，周瑄．论城市历史街区的多样性．规划师，2004.20（3）：83-84.
[6]　芦原义信．街道的美学．北京：中国建筑工业出版社，1999.
[7]　周可斌，矫鸿博．城市街道侧界面连续性的控制研究．河北工程大学学报，2009（3）：51-55.
[8]　向岚麟，朱克勤．外部空间中边缘空间的形态构成．四川建筑科学研究，2009（6）：254-259.
[9]　岳欢，赵爽．传统历史街区边缘空间设计初探．山西建筑，2008（19）：33-34.
[10]　扬·盖尔．何人可译．交往与空间．北京：中国建筑工业出版社，2002.
[11]　简·雅各布．金衡山译．美国大城市的死与生．南京：译林出版社．
[12]　特兰西克．谢庆达译．找寻失落的空间．高雄：创兴出版社，1990.

作者简介

[1]　陈文嘉，1990年1月生，女，汉族，湖南，在读硕士研究生，风景园林规划与设计，电子邮箱：654014624@qq.com.
[2]　朱春阳，1983年10月生，男，汉族，河北，博士，华中农业大学风景园林系，讲师，城市绿地规划，电子邮箱：zhuchunyang@mail.hzau.edu.cn.

城市生活街区边缘空间与行为关系的研究

废旧工业用地的景观改造研究

Modern Landscape Reconstruction of the Urban Green Space for Waste Industrial Land

陈　炫　王　瑞　林　姗　李房英

摘　要：随着城市工厂的外迁，许多城市都面临着在废旧工业用地上进行公共绿地的改造建设。本文主要探讨利用废旧工业用地构建城市公共绿地景观。通过对城市中用于绿地改造的废旧工业用地的历史背景、原有地构性质的分析，并借鉴国内外经典案例的分析，从城市景观构成的角度入手，探讨了废旧工业用地的现代绿地景观改造的原则、理论与方法。

关键词：废旧工业用地；历史背景；用地性质；景观改造

Abstract：With the city's relocation of factories，many cities are facing the transformation of public green building on the waste of industrial land．This paper discusses the use of waste industrial land to build urban public green landscape．Through the historical background of industrial land which used to be the transformation of urban green space，the analysis of the original construction，and learn from the analysis of classic cases all over the world．From the sight of urban landscape consisting，discusses the principles of transformation from waste industrial land to modern green landscape，as well as theories and methods．

Key words：Waste Industrial Land；Historical Background；Land Properties；Landscape Transformation

废旧工业用地指曾与工业相关的，后来废置不用的场地，如废弃的矿山、采石场、工厂、铁路站场、码头、工业废料倾倒场等[1]。从广义上说，在城市发展过程中，逐渐失去其使用价值，暂时被废弃不用或没有地尽其用的土地，都可以算作其中[2]。针对废旧工业用地所处区域，可将废旧工业用地划分为城郊废旧工业与城市废旧工业用地。城郊的废旧工业用地，可以改造做其他建设用地，或以恢复自然生态环境为目标的绿化。

在城市的发展的历史过程中，土地曾经承担着重要的作用，它是历史留下的符号，是城市兴衰的证明。近几年，城区内的废旧工业用地在改用于办公、居住、商场等建设之外，常用作城市公共绿地。对废旧工业用地进行绿地景观改造，具有社会价值、生态价值、经济价值和美学价值，尤其是将废旧工业用地改造成为城市公共绿地景观，对于城市的发展有着重要的意义。成功的废旧工业用地景观改造，不仅仅可以保留特殊时代的痕迹，为城市居民提供良好的休闲场所，更有利于改善废弃地长期存在的生态环境问题，节约了对土地改造所需要的成本。同时，对废旧工业用地的景观改造，还能为城市增添一抹新的色彩。本文试图对利用废旧工业区建设城市公共绿地景观的若干问题进行研究，探索废旧工业用地的现代绿地景观改造的原则、理论与方法。

1　废旧工业用地的现状与特点

1.1　我国废旧工业用地的现状

自改革开放，我国的产业结构发生了快速的变化，尤其是第三产业发展迅猛。产业结构的改变导致了城市的快速发展和不断扩张，许多原处于城市郊区的工矿企业，渐渐成为城市的中心区域。同时，城区内的工厂拆迁后的部分工业用地将进行城市绿地建设。因此，对废旧工业用地的改造、利用，及景观建设便成了现代城市绿地景观规划设计的一个重要的问题[3]。

1.2　废旧工业用地的场地特点

废旧工业用地的地面物构成与其他城市绿地景观改造用地之间存在许多不同之处。首先，废旧工业用地的土地基质和土壤与一般场地不同。由于长期的工业生产，其地表往往较为硬质化、土地的渗透性和含水量较差。其次，在长年的生产过程中，工业用地的土壤往往受到一定程度的污染，其土地的理化性质都发生了较大的改变，有些不利于植物的生长。最后，在废旧工业用地中，留有一些线条简洁，外观朴素的工业建筑[4]，并且许多工业设施不便于拆除，导致了场地中留有明显的工业遗迹。

1.3　废旧工业用地的历史与文化内涵

一座城市工业的发展，往往代表着城市的某一历史时期。20世纪70年代，西方的一些政府机构就认定一些工业产业地段为历史地段，一些城市将部分20世纪初的工业区认定为历史遗迹[5]，如美国的西雅图煤气厂公园等。当前我国大多数城市中仍保留有一批历史较为悠久的老工厂。目前，城中的工矿企业多数已搬迁或正在进行外迁，这些工厂作为我国新中国成立后工业发展的象征，甚至是一些新兴城市发展的缩影，有些已成为城市发展的历史文化记忆。

2 废旧工业用地的景观改造原则

2.1 尊重现状原则

对废旧工业用地的改造，构建存留记忆的景观，首先要尽可能利用现状存在物进行构建绿地景观。利用现状不仅仅指空间布局、植被、水体等要素，还包括保留和利用现存的硬质环境、建筑和遗留的工业设备。这些存留物改造后的绿地景观中，具有时代烙印的历史文化艺术气息，可展示城市发展历史中工业辉煌的记忆。

2.2 功能性原则

废旧工业用地已经失去其原有功能，其景观改造目的是赋予其新的景观功能。在改造废旧工业用地时，首先应考虑城市绿地的休闲、生态等功能需求。原有工业的存留记忆只是绿地的附属内容；如果过多考虑原有工业硬质景观的利用，忽略了绿地的基本功能，就无法体现城市绿地休闲观景健康的作用，仍不能解决"废旧"的问题。只有绿地的使用功能满足时，存留记忆的景观才真正有意义。

2.3 美观性原则

对废旧工业用地的景物利用，必须考虑人们的审美需求，在保留其独特风格和满足绿地功能的前提下进行改造。随着生活水平的提高，人们的审美也提出了更高的要求。不同的色彩搭配、材质纹理组合，以及周边的背景环境，都能对废旧工业景物利用的景观效果产生差异。在对废旧工业用地改造的时候，要抓住工业遗留景物原有的美（质）感，充分发挥想象力，合理配置、美化改造，赋予其新的景象与生命力，充分表达出都市休闲景观美的追求。

2.4 生态化原则

通常废旧工业用地的生态环境，存在着或多或少的问题。首先，因长期工业用途，土壤等自然环境受到一定的破坏，个别区域自然植物已无法正常生长。其次，有些场地因长时间闲置，场地内已经有少量自然植被开始恢复，然而这些植被多为杂乱无章的野草，缺乏美感。如何恢复废旧工业用地的绿化环境，增加植物景观和提高绿量将对园区的生态恢复起着积极的作用。同时，由于废旧工业用地的绿化改造，生态环境的恢复，对于改善我国趋于恶化的城市环境有着重大的意义。

2.5 统一规划原则

对废旧工业用地的绿地景观改造，应与周边用地进行统一的规划设计，在保持特定风格和满足功能需求的同时，与周边环境协调、融合、相互辉映。通常不对废旧工业用地中面积过小的局部进行小地块的单一改造，以免破坏绿地的整体景观效果。

3 废旧工业用地景观改造手法

3.1 在原有用地的基础上，赋予新的主题思想

对废旧工业用地的改造，首先要赋予其符合时代特征的立意。明确的主题思想，是设计改造过程中清晰思路的保证。同时，改造应与原有用地的特征和遗留物紧密的结合，以保证绿地景观的历史与文化内涵的传承。

例如，地处上海宝山区的后工业生态景观公园，将后工业景观与生态景观作为园区的主题思想，在对原工业场所进行景观改造，着力于恢复园区整体的生态环境，力求打造一个集观光休闲于一体、主题鲜明的生态景观公园。

3.2 营造全新的文化内涵与氛围

随着时代的发展和审美的提升，构建含有与原工业用地历史的全新文化氛围与内涵，对城中绿地景观建设有着重要的意义。以北京"798"艺术区为例。园区并没有过多的限制和要求，在整体规划的前提下，通过不同的艺术家分段设计，将各具特色的个人风格和艺术理念尽情展示，形成了风格多样的含艺术性园区。"798"的最大特点，不仅是对工业建筑的改造，也不完全是对园区生态的恢复，而是注入"艺术"内涵的全新绿地景观。风格多样的艺术小品与园区内的工业建筑和绿地，发出强烈的冲击力，刺激着人们的神经。

3.3 根据场地特色与历史文化，对标志性物件的改造

标志性物件（建筑、设备、硬件设施等）往往是最具有历史韵味，它象征着场地的历史，是人们对故土和历史的精神寄托。然而，工业建筑特殊的美并不能为所有人接受。于是，对工业建筑进行适当改造，以便人们接受与喜爱，是对废旧工业用地改造的一项重点任务。同时，围绕标志性建筑去营造景观，对保留场地原有历史特点，供后来者追忆往昔，品味历史有着重要的意义。

上海1933老场坊，原为上海工部局宰牲场，其主题建筑为混凝土结构。在2007年对其改造的过程中，设计师在最大程度的保留建筑原始风貌的同时，通过漏窗等景观元素以及玻璃等建筑材质对其细节进行修饰，使其焕发了新的光彩。

徐家汇公园由大中华橡胶厂改造而来，是上海市中心的一处城市公园。本公园的入口，便是极具代表性的烟囱，体现着历史与现代的融合。园区内没有大体量的工业建筑存留，而是通过残垣、断壁等小品，在安逸的公园内，隐隐约约地提醒着人们这块地的过往。作为城市中心公园，徐家汇公园在设计上更多是满足了市民对休闲的需求，而没有过分的使用极具冲击力的视觉景观，达到了功能与景观、历史与生活的融合。

废旧工业用地内大量留有原生产设备和硬件设施等，这些物件在多数情况下由于过于老旧等原因，通常不被重视和利用，往往被销毁或送往他处。然而，在原工业场

废旧工业用地的景观改造研究

图 1　格窗与传统建筑的融合

图 2　徐家汇公园标志性烟囱

所进行景观改造的过程中，凭借一些创意构思，将这些设备和硬件设施等巧妙的打造为景观小品或附属功能设施，可达到意想不到的效果。

福州金域榕郡原为福泰钢铁厂，如今，作为福州的一处著名楼盘为人所熟知。在楼盘的开发中，并没有简单地强调商业性，而是保留了原用地的历史内涵，营造成为具有独特工业风格的居住区。通过工业设备与零件创造性的改造，工业历史的印记在金域榕郡居住小区景观的细节处体现得淋漓尽致。

3.4　进行土壤改良

原工业用地的土壤，存在剖面结构多样、pH 值偏高、土壤硬化结构差、常伴随着重金属及有毒物质污染等特点[6]，若不加以改造将直接影响植物生长和绿地景观形成。因此，对园地土壤改良，便成为恢复场地土壤生态环境和构建良好绿地景观的首先任务。

3.4.1　土壤的杂物清理

在土壤改良之前，应对原工业用地的土壤中的不利杂物进行全面清理，如金属、塑料制品、化工原料、不可利用的建筑垃圾，重点清除各类重金属、塑料和化工污染物，以减少进一步污染。

3.4.2　客土法改良土壤

在完成清理过程后，在面对受污染较轻的区域，通常可以采用有机质和微生物的手段，对受污染土层进行改良，以满足植被生长所需要的土壤环境，直接进行植物种植。这样，不仅可以节约土壤改良成本，减少对原有场地的破坏，还有利于后期植被的恢复与生长。

在面对中度污染的土壤时，最直接有效的方法便是进行土壤的客土改造。在改良土壤和用地基质的过程中，选择加入适量的沙石等透水性好的材料，使细微的污染物通过雨水的自然过滤，达到净化土壤的作用；也可利用周边山地原生土壤客土改良，降低污染程度。美国设计师理查德哈克，在 20 世纪对西雅图煤气厂进行景观改造的过程中，除了对表层土壤进行替换以外，还在土壤中加入了下水道淤泥、草坪修建后留下的草末等有机物，运用最生态的方法，对土壤进行改良[7]。

3.4.3　隔离法重造土壤

面对土壤深度污染的区域，采取全土更换，往往成本较大，且无法达到理想效果。欧美国家在长期的实践中，总结出隔离法对深度污染的土壤进行改造。以德国杜伊斯堡公园为例，由于常年受到多环芳烃的污染，深层土壤的理化性质已经受到极大的破坏，绿地景观改造设计师对其土壤进行处理时，直接在污染土上覆盖上沥青，以隔绝污染物上浮，同时在沥青层上铺设排水系统，防止雨水渗漏，再覆盖上适宜植物生长的土壤，以构建适宜植物生长的环境[8]。

4　废旧工业用地的种植设计

根据废旧工业用地的土壤特点，如何进行针对性种植设计，兼顾场地生态系统恢复与绿化景观建设，是废旧工业用地景观改造过程中的核心问题与难点。

4.1　保留原生态的古木大树

在对废旧工业用地进行绿化改造的时候，应保留具有历史印记的原生态的古木大树，以这些大树为中心构建相应的绿地景观。保留原生态的古木大树及周边部分区域原工业物件，可较完整地展示和传承某段历史与文化。

4.2　绿化改造分批进行

废旧工业用地的土壤破坏，往往是一个长期积累的结果，于是，对其进行绿化改造，恢复生态系统也必将是一个悠久漫长的过程。由于废旧工业用地的原有土壤状况，即使进行改造后，也无法在短时间内达到较为景观植物种植的要求。通过调查园区的土壤和植被状况，确定适宜该地生长和有利于改善土壤生境的先锋植物种类，在对植物进行改造的初期，与土壤改良相结合，在保留已恢复的植物的同时，栽植有利于土壤理化性质改良的当地乡土树种，将植被恢复与土壤改良相结合，对生态环境进行恢复。对于今后的绿化景观植物种植，有着重要意义。如，在绿化改造的过程中，选择一些抗旱、抗盐碱性强、又具一定绿化效果的植物进行先期栽植，以期在较短的时间内，最大限度的恢复园区生态环境。当土壤性状得到改善之后，土壤性状稳定并适宜大多数植物生长时，可根

风景园林规划与设计

据需要，栽植景观效应与经济效应较好的植物，以丰富园区整体景观效果。

4.3 种植设计特点

4.3.1 原工业用地的基地景观与周边景观协调与融合

废旧工业用地内以及周边环境中，往往已有少量的自然植被生长出来。在我们对废旧工业用地进行绿化改造的时候，考虑保留园区内的植物，并选取与之相适应的植物进行搭配。一方面，可以通过调查园区内的植被，了解适宜该地生长的植物科属与植物生理习性，对于后期的绿化植物选择，有着指导性意义。另一方面，也可根据园区及周边环境的自然属性，打造出与周边景观相协调的植物景观。

中山岐江公园在植被的恢复以及与周边景观相协调的种植设计上，为我们提供了一个良好的范例。由俞孔坚领导的设计团队，提出了野草之美。他通过调查研究，使用了大量的乡土野草，还原了自然滨水景观，重新突出草长莺飞的生态景观观效果，并与周边的生态景观相协调，使老船厂再次焕发出自然之美与工业之美。

4.3.2 对存留利用的原工业物件的绿化景观处理的理论与技术

废旧工业用地中存留的工业物件，在具有工业景观之美的同时，往往也存在缺乏自然的生机与灵动。在对废旧工业用地进行绿化改造时，如何将工业景观之美与自然之美相结合，是保证废旧工业景观焕发新的生命力所要重点考虑的问题。

（1）对存留利用的原工业物件的垂直绿化

由于工业建筑外立面线条较为生硬，且色彩暗沉。针对保留的工业物件（建筑、设备等）特点，通过加大垂直绿化的力度，改善原有物件的景观效果，赋予其新的生命。苏黎世MFP公园，运用大量的攀缘植物，攀爬在原有的建筑立面上，使生硬的建筑焕发了新的活力。

图3　MFP公园垂直绿化

（2）对废旧工业用地的植被进行增彩处理

废旧工业用地的场地基质多为人工遗留下来的硬质地面，留存的少量植被也多是色彩较为单一的野草。为了改善场地基质的绿化效果，增加场地的植被色彩，在对废旧工业用地进行绿化改造时，应根据场地的土地特性、周边建筑的形态特征，选择合适的彩叶植物进行组合搭配，以增加场地的整体活力。同时，在进行彩叶植物搭配的同时，应注意色彩的选择应与周边的环境相协调，避免色彩的混杂造成视觉上的不适感。

（3）通过合理的种植设计，丰富园区的空间组合

废旧工业用地的原有空间，通常由不同的工业建筑组合搭配而成。由于建筑体量与外形通常缺乏变化，立面与色彩较为单一，故废旧工业用地原有空间变化不够丰富。在对废旧工业用地进行绿化改造时，可通过植物搭配的高低、远近、疏密等配置方式，对原场地内的构筑物进行遮蔽、柔化，并通过植物自身形成的景观空间，以丰富园区的空间组合。

5　讨论

近一段时间以来，我国多地均出现PM2.5超标的状况，城市环境污染与空气质量恶劣的问题，又一次摆在了大家的面前。除了传统意义上的大气污染物对我国城市环境造成的破坏以外，城市绿地面积严重不足，导致了城市的自然生态系统无法负担净化城市环境的任务，也是我国城市环境日趋恶化的重要原因。各种节能减排政策的提出，对于缓解城市环境压力只能起到一时的效果。提高城市绿地面积，从根本改善城市现有生态环境，才能从根本上改善我国城市的环境质量。由于用地紧张，我国多数城市的人均绿地面积均处于较低水平，加上一些城市的绿地系统规划并不完善，使得多数地区无法为新的城市绿地建设提供场地。而废旧工业用地的出现，正好为发展城市绿地提供了契机。随着经济的快速发展与产业结构的变化，不仅是传统工业城市，我国各地均出现了大量的废旧工业用地。合理地将废旧工业用地加以改造，能极大的缓解城市生态系统的压力。

在对废旧工业用地改造的过程中，我们应根据废旧工业用地原有的景观特性，结合所要改造的目标进行改造，在改造时，应对场地中一些具有特殊景观效果的工业建筑、物件进行保留与改造，使其既保留工业遗迹的特点，又能具有新的景观效果。其中，特别要注重的是场地土壤改造的方法。在对土壤改造的过程中，要根据受污染程度，以及主要污染源的构成，采用适当的手法对其进行改造，同时避免受污染的土壤在清理过程中，对周边环境形成的二次污染。此外，种植设计，在恢复废旧工业用地的生态景观环境的过程中，也起到了重要的作用。在对废旧工业用地进行种植设计时，应主要选用适应性好、抗性强的乡土植物，对场地的生态环境进行恢复。待生态环境恢复到符合大多数植物生长要求时，可以根据所需景观效果，进行二次种植设计。在对废旧工业用地进行改造时，我们应整体把握场地内景观元素间的相互关系，从空间、尺度、色彩和纹理质感等角度进行统一设计，力求呈现出具有工业特色的新型景观空间。

参考文献

[1]　王向荣，任京燕．从工业废弃地到绿色公园——工业废弃

地的景观设计改造[J]．中国园林，2003.03：11-18.

[2] 潘霞洁，刘滨谊．城市绿化中的城市废弃地利用[J]．中国园林，2011.07：57-62.

[3] 邸锐，黄华明．废旧工业建筑景观改造设计初探[J]．天津建筑科技，2010.11(74)：33-35.

[4] 孟小聪，等．初探哈尔滨旧工业景观更新改造设计手法[C]．城市发展研究——2009城市发展与规划国际论坛论文集，2009：425-430.

[5] 张善峰，张俊玲．城市的记忆——工业废弃地更新、改造浅析[J]．环境科学与管理，2005.30(04)：56-59.

[6] 李乃丹等．城市废弃工业区低干扰绿地植物群落的土壤特性[J]．东北林业大学学报，2008.36(12)：13-16.

[7] 王向荣，林箐．西方现代景观的理论与实践[M]北京：中国建筑工业出版社，2002：211.

[8] 黄滢，王洁宁．城市工业废弃地更新中自然景观的改造与再生[J]．山西建筑，2008.34(36)：48-49.

作者简介

[1] 陈炫，1988年生，男，硕士研究生，从事园林规划设计研究，电子邮箱：164318389@qq.com。

[2] 王瑞，1987年生，女，硕士研究生，从事园林植物栽培理论与技术方向的研究，电子邮箱：244936461@qq.com。

[3] 林姗，1989年生，女，硕士研究生，从事风景园林规划设计研究，电子邮箱：442872302@qq.com。

[4] 李房英，1971年生，女，硕士，副教授，硕士生导师，从事园林规划设计研究，电子邮箱：fangying_li@yahoo.com.cn。

都市农场的可行性分析及设计手法初探

A Preliminary Study on the Feasibility Analysis and Design of the Urban Farm

陈雅珊　魏亮亮

摘　要：近年来，都市农场这个概念逐渐出现在人们的视野中，但对其定义、分类并没有准确的界定，本文将都市农场按功能特征分为生产性和景观性两种，并对两种类型分别进行了可行性探讨。笔者认为，在目前我国的社会经济现状下，营建景观性都市农场较有可行性，并具有一定的景观价值与教育意义。此外，文章还选取了"拉斐特绿色花园"作为实例，分析了景观性都市农场的设计手法，验证了此类都市农场的实际价值。

关键词：都市农场；可行性；"拉斐特绿色花园"

Abstract：In recent years，the concept of Urban Farm comes into people's perspective，but it does not have a clear explanation for its definition and categories. This paper will divide it into two types on its functional characteristics：productibility and sightseeing；and discuss these feasibility. The author believed that，under the economic situation of our country，build sightseeing urban farm is more feasible，it also has certain landscape value and pedagogical meaning. Moreover，this paper take "Lafayette Greens" as an example，analyze the design method of urban farm and verify the actual value of such urban farms.

Key words：Urban Farm；Feasibility；"Lafayette Greens"

我国目前正处于城市化快速发展阶段，城市范围向四周无序扩张，占用大量的乡村、农田作为城市建设用地，根据《全国土地利用总体规划提要》，2000年到2030年间，我国占用的耕地面积将超过5450万亩，非农建设基本以每年200－300万亩的速度侵占着农业耕地[1]。与此同时，不断增加的城市人口与食物需求，与日益减少的耕地和农村人口形成矛盾。将农业引入城市，使得粮食生产不再完全依赖于农村，合理充分地利用城市中的闲置及废弃地进行集约型、高科技的生产活动，能够有效地缓解人地矛盾、减少"碳足迹"。

都市农场就是将农作物种植与城市绿地、闲置地相结合，通过景观处理手法的介入，使其成为既具生产效益，又有景观价值的生产性景观。它可以有效缓解热岛效应与下垫面硬化、暴雨水排放等城市环境方面的问题。此外，都市农场的推广还能向从小生活在都市中的一代传播农耕文化、给老有余力的老年人们提供一处休闲活动的场所。在国内，都市农场、食物都市主义等理念的更新开始受到关注并得到推广，但由于理论研究还未完全成熟，实践仍面临一定的困难与挑战。

1　都市农场的两种类型

生产性都市农场是以生产粮食作物为主要目的，旨在通过农场的产出解决城市中一定数量人口的食品需求（图1）。产量是决定生产性都市农场成功与否的关键因素。在高密度的城市之中，大规模地生产粮食不可能像传统农业那样占用大片价格高昂的土地，因此这种农场的形式必然要遵循"集约、高效、高产"的原则，迪克森·德斯帕米尔（Dickson Despommier）教授提出的垂直农场

概念最能满足生产性都市农场的形式要求。类似于高楼的发展模式，农用地也从田地向多层甚至高层建筑式的楼层化农场发展，垂直农场就是在城市的高层建筑充分利用可循环的能源和温室技术，进行高效的农业生产[2]。

图1　生产性都市农场（图片来源：
http：//www.gdbgh.com/html/dv_453170399.aspx）

景观性都市农场不以生产为主要目的，而是希望通过农场的营建将生产性景观引入城市，为城市居民提供体验农事的场地，传播新兴农业技术和农耕文化，给城市带来返璞归真的乡村自然景观。同时农场的作物产出也

能为小部分人提供日常食物需求，但产量远远无法与传统农业相比拟。景观性都市农场没有了产量的限制，所以对于它的选址、建筑形态、种植模式等也便具有了很大的随机性。路旁菜地、展示性公园、城市烂尾楼、废弃地、屋顶、阳台甚至建筑表皮都可以营建景观性都市农场。

2 生产性都市农场与景观性都市农场的可行性分析

2.1 生产性都市农场的可行性分析

2.1.1 优势

德斯帕米尔提出垂直农场的概念时认为一栋占地为纽约一个街区大小，30层高的"农场"产量可以解决大约5万人一年的食物需求，只要150座垂直农场就能供应整个纽约一年所需的蔬菜粮食。垂直农场所具有的优势有：

首先，节省耕地面积，充分利用空间进行集约的物质生产，能在一定程度上缓解人地矛盾；其次，高科技的生产模式改变了传统农业依赖于气候的特点，可以根据农作物特征一年四季生产作物而不受自然条件影响，减少了气候的不可预见性对农作物的损害和威胁；再次，垂直农场由于不使用农业机械、缩短了产品运输距离且可以循环利用城市废水、沼气等，减少了能源的使用和浪费，充分对废物进行资源化利用，显示出低碳环保的特点；第四，垂直农场里的作物全都是水培，无污染、无化学农药和肥料的使用，对环境和人体健康都有安全保障。

2.1.2 劣势

诚然，生产性都市农场（垂直农场）具有诸多优点，能够解决目前城市发展所带来的一些问题。但是，目前它还仅仅是一个构想，是未来城市农业发展的理想模式，这个构想仍然存在一些不确定的因素与弊端，使得垂直农场的可行性遭到质疑，所以，到目前为止还没有人将其付诸实践，其原因归结为以下三点：

第一，造价、运营成本高昂，盈利可行性尚未确定。一座 $60hm^2$ 的垂直农场最初建设成本大约需要2亿美元，而垂直农场如果是建造在大城市的中心地带，费用必定更加高昂。而且，运营垂直农场的费用也是极其巨大的，全自动化机械生产和大量的人工照明所需要的能源供给，尖端技术设备的维护费用等都大大增加了农场的成本。高昂的成本支出使得盈利可行性被提到更加重要的位置。Gordon Graff 测算了一栋10层的垂直农场的年回报率大约在8%，如果把应用新科技的风险考虑在内的话，垂直农场的回报率只有达到15%，在目前的市场上才可能受到投资青睐[3]。但大多的测算都只是停留在理想化状态下，具体详细的成本效益分析尚未做出，以证明垂直农场的优越性比传统农场究竟大多少；第二，垂直农场营建技术高端综合，系统性强，需要一个集多种高科技的复合系统，农场内部温度、湿度和光照、污水回收净化、培养与养殖技术、自动收获系统、生态建筑设计与营建等问题，

不是一个学科领域所能解答的，而需要工程师、建筑师、室内农学家以及经济学家共同完成[1]。如何保证各能源循环系统正常、安全地运转以及协调好农业生产和采收过程都将是摆在技术人员面前的难题。第三，能源消耗量大。虽然垂直农场可以通过资源化处理有机废水废物获取甲烷，作为垂直农场运行的能源，但是仅此并不能满足其对能源的巨大需求[4]。光照是植物生长的最基本需求，垂直农场以高层建筑为主，基本上无法进行屋顶采光，楼层内只有部分位置可以接受自然光照，因此大楼内需要大量的人工光源来满足植物需求。温控、湿控、自动化设施等等一系列设备的使用都需要大量的能源消耗。垂直农场的优点之一是其对废物的资源化利用以及缩短"食物里程"、减少碳足迹，但是由此引发的效益难以弥补农场对于能源的巨大需求。

综合以上的优缺点来看，生产性都市农场（垂直农场）仍然处于模型构想阶段，许多方面都还未精确量化，缺少可以支撑实践的理论依据，而且在我国当前的经济技术水平条件下，生产性都市农场只是一个美好的设想，是实用的乌托邦。垂直农场的概念代表了农业改革的新方向，为未来都市的绿色畅想开拓了新的思维模式。如果说生产性农场是一个远期的目标，那么则可以将景观性都市农场看作是传统农业模式向新型农业模式转换的一个过渡形态，是实现目标过程中迈出的第一步。

2.2 景观性都市农场的可行性分析

景观性都市农场不以生产为主要功能，所以其面积可大可小，形式的灵活性较强。利用城市中高密度的建筑表皮进行作物种植的屋顶农场和阳台农场可以最大程度与城市居民的生活相联系；将小型"垂直农场"与社区养老所相结合形成的都市托老所既能为老年人提供新颖、健康的活动场所，又能提供安全、新鲜的食品[5]；农业生产引入城市工业废弃地、闲置地，构建特色景观街区，提升地区活力；利用社区园圃、街头绿地或城市公园的部分区域营建生产展示性景观；甚至在用地受到限制的地方，也能通过容器种植的形式进行景观性农场的营建⋯⋯

景观性农场的形式灵活多变，与不同的载体结合就具备不同的功能作用，总结其优势主要有以下四点：一是使得生产性景观不再局限于乡村，将农业搬进建筑、景观结合生产、乡村融入城市，让城市居民也能够感受农耕文化、参与到生产活动中去；二是充分利用城市中的未被利用的土地进行农业生产，形成面积小、数量多、分布广的点状农场绿地，解决部分城市居民的食用需求；三是对城市生态环境的积极作用。裸露在建筑表面或土地上的耕地能够起到减少硬质覆盖、滞留雨水等作用；四是景观性都市农场可以向人们展示新型农业栽培技术、作物新品种或是景观营建新形式等等，成为一种生态科普教育场所。景观性都市农场以其选址容易、取材方便、可操作性强等特点使得在城市中的推广价值高，完全具备可行性。城市空间中其实一直都存在小型的都市农场，一般是城市居民自发地利用空余地或自家屋顶、阳台等进行蔬菜、水果的种植，但是相比于景观性都市农场，缺少系统性的规划布局、景观性不足，但是稍加改造和引导，景观性都

市农场完全有实践的可能性，而且将会成为城市景观的新形式。

3 景观性都市农场实例分析

由肯尼思·威卡拉景观设计事务所（Kenneth Weikal Landscape Architecture）设计的"拉斐特绿色花园——城市农业、植物和可持续发展"（Lafayette Greens：Urban Agriculture, Urban Fabric, Urban Sustainability）获得了2012年度ALSA专业组通用设计荣誉奖。设计在城市中心区的公共绿地上，替传统农业换上现代形式的外衣，配合简洁、趣味的设计语言及景观元素，使得都市农业以景观的方式融入城市空间，成为城市魅力有趣的生活方式。ALSA的专业奖评审委员会这样评价该项目："用现代的语言打破传统的束缚，用伟大的设计平衡规模与经济，在城市中提供新鲜的农产品。太棒了，对城市腹地极其有价值。"

该项目位于美国底特律市中心的一块广场绿地，占地面积约为1700m²，周边濒临金融区。设计的委托方康普科纬迅公司希望这个花园包含木床、树皮路、儿童的游乐空间，使得设计最终演变成为一个使用可持续性材料，具有儿童教育意义的都市农业园（图2）。设计以一条主要道路将场地分为东西两块，中央道路上有一处种植猕猴桃的攀缘钢架，钢架结合顶端的彩色帆布形成中轴上的主要立面景观；道路东西两侧分别布置有许多高出地面的植物种植槽，人们可以在其中穿越，感受不同植物的质感、气味、色彩，而靠近道路的两排种植槽内都种植了芳香、宁神静气的薰衣草，其余种植槽大多种植生产性作物（图3）；种植槽与各条道路之间的划分都遵循几何划分形式，从四周的高楼上看，平面构图统一有序，线性感强烈（图4）；场地东侧规划有一块圆形的儿童活动场地，环形的黑莓种植带是这个小区域的边界，其中放置有不同高度、五颜六色的迷宫小花盆，儿童可以轻易接触到花盆中的植物，而这些植物的色彩、气味、形式和质感，都在花盆边缘做了标注，寓教于乐（图5）。场地的东南侧边界还设计有三个景观构筑物作为花棚（图6），而在北侧边界则种植当地的乡土果树品种和草本植物。

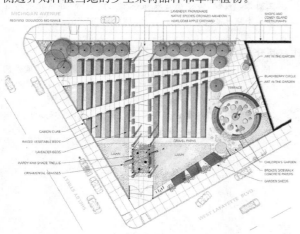

图2 "拉斐特绿色花园"总平面图（图片来源：http：//www.gooood.hk/Lafayette-Greens.htm）

图3 道路两侧整齐排列的种植槽（图片来源：http：//www.gooood.hk/Lafayette-Greens.htm）

图4 高空俯瞰的"拉斐特绿色花园"（图片来源：http：//www.gooood.hk/Lafayette-Greens.htm）

这里布置有超过200种蔬菜水果和草药、鲜花品种，提供了休息座椅，将园内的各种展现在人们面前的元素都进行景观化处理，鼓励公众参与、使用这片空间。花园中的构图形式感强烈，契合周边总体氛围，几何却有机、现代却自然，充满生命活力，为钢筋混凝土形成的城市背景增添一抹朴素与自然的清净之美。

这个可持续的绿色花园，有70%的地面采用可渗水的砾石地面和草坪（图5），有些路面对废弃的人行道破碎后形成的碎石进行再利用，低碳环保理念贯穿全园；场地内配置了高效率的灌溉系统，而且植物种植的密度大，使得花园的生产力大幅提高。而这个花园最大的意义在于它是一个教育圣地，将人们吸引到这个公共空间中来，

303

图 5　儿童活动场地中颜色鲜艳的花池（图片来源：
http：//www.gooood.hk/Lafayette-Greens.htm）

图 6　场地一侧的景观构筑物（图片来源：
http：//www.gooood.hk/Lafayette-Greens.htm）

在无限的趣味中参与种植、栽培、采摘等农业生产过程，了解作物品种、体验四季的变迁，从而对自然产生更敏锐的洞察。这个景观性的都市农场花园增强了城市体验，成为连接都市居民与农业之间的纽带，建立了景观、食品、环境这三者之间的相互联系。它使我们相信，都市农场的存在具有可行性，而景观性都市农场能够高效、美丽、可持续地融入城市之中。

4　结语

都市农场作为一种创新型的农业生产方式，有保护资源、增加产量、低碳环保等众多优点，将都市农场具体到中国城市的发展既有推力也有阻力。

通过以上对两种类型都市农场可行性的分析以及案例的解析，结合目前中国的发展状况来说，生产性都市农场在短期内可行性不高，即使实验成功也只能作为传统农业的补充而并非完全取代。但是，景观性都市农场以其布局形式灵活、具有科教价值、改善城市环境、强调参与互动等特点，在国内各城市都有较大的可行性和必要性，而且当前的经济技术条件可以解决景观性都市农场营建过程中的相关科学技术问题，同时在设计手法上也将不断推陈出新。由此看来，都市农场的概念代表了新式农场改革的前进方向，为我们未来农场的发展开拓出新思维的模式，我们必须抓住机遇，力求生态和经济全面发展，在迎接挑战中得以发展。

参考文献

[1] 杨锐，王丽蓉.垂直的农场——未来都市农业景观初探.江苏：中国风景园林学会 2011 年会，2011-10-28.

[2] 陈旭铭.广州发展建设城市垂直农场的前景探讨.广东农业科学，2012（17）：229-232.

[3] Timothy Heath，Yan zhu，Yiming shao. Vertical Farm：A High—Rise Solution to Feeding the City. 上海：崛起中的亚洲：可持续性摩天大楼城市的时代：多学科背景下高层建筑与可持续城市发展最新成果汇总——世界高层都市建筑学会第九届全球会议，2012-09-19.

[4] 刘烨.垂直农业初探[学位论文].天津大学，2010.

[5] 王丽蓉，杨锐.以"垂直农场"景观为依托的都市托老所营建.南京林业大学学报，2012.12(2)：61-65.

作者简介

[1] 陈雅珊，1990 年生，女，福建莆田，南京林业大学风景园林学硕士研究生，研究方向为风景园林规划与设计，电子邮箱：495154993@qq.com。

[2] 魏亮亮，1990 年生，男，江苏南通，南京林业大学风景园林硕士，研究方向为风景园林规划与设计。

工业废弃地到公共空间
——废弃地景观的重塑

Industrial Wasteland to Public Space
——The Landscape Reshaping of the Wasteland

陈　云

摘　要：本文以研究工业废弃地的更新重塑方式为出发点，重点探讨工业废弃地如何通过景观的方式，将场地的未来发展与过去的残存历史同时展现出来。从而能使人们在感受积极、开放的未来、现代氛围的同时，能体会到场地原有的强烈的历史气息、文化遗韵。通过景观的途径实现工业废弃地的景观再生，通过设计师精心的巧妙布局与策略，将一片废墟变成了人们期盼已久的现代化公共绿色空间。这也是景观设计师需要思考和面对的重要命题。在社会发展过程中，这也是工业废弃地改造过程中逐渐形成的注重环境保护、实现景观的再次整合、塑造公共空间的新态度。

关键词：工业废弃地；景观塑造；改造方式；公共空间

Abstract：Based on the research of the way of reshaping industrial wasteland as a starting point，this paper discusses how to show the field's future development and survival of history at the same time through the landscape way. This can make people feeling the positive and open space in the future，modern atmosphere at the same time，and we can feel the original history，culture and life. Through the way of landscape，the regeneration of industrial wasteland and through elaborate arrangement and strategies by the landscape architect，to achieve the change of rubble into a long-awaited modern public green space. This is an important proposition which landscape designer need to think about and face. In the process of social development，the transformation in the process of industrial wasteland and pay attention to environmental protection，realizing the landscape integration，and shaping the public space is the new attitude.

Key words：Industrial Wasteland；Landscape Shape；Modified Form；Public Space

1　工业废弃地和公共空间

工业废弃地，指曾为工业生产用地和与工业生产相关的交通、运输、仓储用地，后来废置不用的地段，如废弃的矿山、采石场、工厂、铁路站场、码头、工业废料倾倒场等。

工业废弃地面临的矛盾和问题主要有：久置不用、犯罪率较高、环境恶劣、一片混乱、场地内部肌理相对完整、废弃的器械和设备占的相对空间较大、公众强烈不满、市民的关注度比较低、与周围环境相对独立和隔离。工业场地在提供建筑、生活材料的同时也破坏了自身环境、周围的自然景观，严重的滥采、乱挖甚至使得场地成为无法复原的遗址。

公共空间是指城市或城市群中，在建筑实体之间存在着的开放空间体，是城市居民进行公共交往，举行各种活动的开放性场所，其目的是为广大公众服务。

近些年，随着城市的不断扩张和发展，城市更新和可持续发展理念的影响和渗入，有很多的工业遗址、旧工厂、废弃场地逐渐被纳入城市规划和改造的范围，从而能激活当地的场所和带动周围环境的发展。

政府和市民以及设计师对此种类型空间的关注度也逐渐提高。景观设计师通过在规划和设计中融入对环境、社会和经济可持续发展等相关因素的考量，实现此类型空间发展的可持续性。某种程度上此类空间改造将成为城市复兴和更新的主力军。是在现代化都市建设和改造过程中十分重要的方面。

图1　Schiffbau 旧造船厂

由于常常难以对工业废弃地进行整体开发建设而多被改造成为公共休憩空间。因而如何通过风景园林途径实现工业废弃地的景观再生与重塑，如何延续历史的记忆、文化的韵味、机械的轰鸣声、体现工业制造的过程等等，成为景观设计师需要思考和面对的重要命题。同时是只关注废弃地未来的发展，还是使未来与过去共存的态度也不断地被我们探讨和研究。

景观设计师在不断探索和创新的过程中，国内外产生了很多化腐朽为神奇、变废为宝、受到公众强烈喜爱的公共空间和绿色场所的相关案例。

2 工业废弃地到公共空间的常见方式

2.1 基底的处理

废弃地中常会遗留着工业生产的基础设施、构筑物、废气的荒废破败地表基质、场内遗弃的植被等，景观处理其景观首先要考虑如何处理这些基底。常见的方式有基础设施和构筑物保留、地表重新规划和利用、植被更新和保护。

基础设施和构筑物保留，留下废弃工业的生产过程

和片段。这些往往具有较高的历史和文化价值，代表着其当年所承担的基本职责和工业特征。继承旧场地的道路体系和功能布局结构，体验之前工业生产的流程和操作过程。同时也构成整个景观的基本构架和公共空间的基本限定。对质量较好和比较完整的构筑物进行基本的维护和重新装饰，使其具有现代化的色彩。感受这些机械的厚重感和历史感。

场地中的重点建筑和残垣断壁进行加工和重新定位，结合场地特征就行重新塑造。如旧建筑规划成为展览、文化娱乐、管理等空间。残垣断壁设计为景墙、条石、结合植被空间设计成为种植台地和座椅、标志牌等等。场地中地表和道路、广场等材质多利用和结合工厂的产品等进行设计。如采石场利用石子等自身具备和很好寻找的素材进行铺设。延续场地的机理。行走其间可以探寻前工业景观的痕迹和欣赏其作品。

图 2 杜伊斯堡北部风景区

图 3 机械的厚重感和历史感

图 4　场地材质的运用

2.2　边界的打破

　　废弃地改造过程中不再是单独考虑其自身更多的是放到整体的大环境之中进行思考。因此开放的、公共的空间融入周围的环境中的，打破工业场地的边界限制，体现现代都市主义的内涵和强调公共空间与环境的融合。跨越边界，连续周围的景观特质和文化特色，结合自身的建设特质，使二者相互渗透和交流，化有形于无形之中。

　　岐江公园是在广东中山市粤中造船厂旧址上改建而成的主题公园，引入了一些西方环境主义、生态恢复及城市更新的设计理念，是工业旧址保护和再利用的一个成功典范。岐江公园还较好地处理了内湖与外河的关系，将岐江景色引入公园。难能可贵的是，公园不设围墙，没有边界的阻碍，并很巧妙地运用溪流来界定公园，使公园与四周融洽和谐地连在一起。

2.3　绿色生态的引入

　　绿色生态学思想的引入使景观设计的思想和方法发生了重大转变。对场地生态发展过程的尊重、对物质能源的循环利用、对场地自我维持和可持续处理技术的倡导，体现了浓厚的生态理念。对废弃地中的废气、废水、污染物不再是简单的清理和排斥，而是采用生态学原理和全新

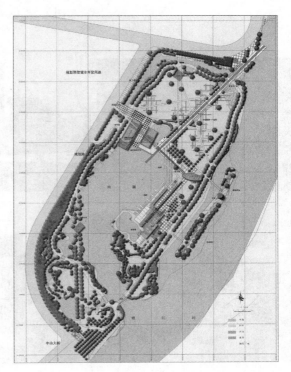

图 5　中山岐江公园平面图

的技术和材料进行疏解、减缓、可循环和污染物逐渐消除的措施，从而达到从无人地带成就新的景观，从一片荒野到"都市森林、城中绿地"的无法预料的效果。

这些软处理的技术往往更加实用和体现设计师的创造力。设计师拉茨在杜伊斯堡北风景公园中尝试利用工业废渣和污染的土壤培植一个小型生态系统，即演示花园并专门挑选了那些能适应这种特殊生长环境的植物材料，从而达到减缓这些污染物质逐渐净化污染的土壤的功效。

图 6　中山岐江公园效果图

图 7　杜伊斯堡北风景公园小花园

图 8　798 工厂

2.4 文化的渗透

文化往往是不可缺失的精神内涵和理念的来源。没有精神的场所往往是漫无目的的。每一个旧工厂都具有自身独特的区位特色、建造历史、发展变迁史和使用及被废弃的历史过程。因此设计之时应该抓住这些特点，进行深入研究挖掘设计，在设计中体现历史与现代的结合才是更好的方式。同样的文化和同样的处理手段是不可取和毫无特色的。

如798工厂中带有浓郁革命气氛的口号"毛主席万万岁"被保留下来，成为那个年代的见证。在历史文脉与发展进程之间、实用与审美之间都与厂区的旧有建筑展保持了完美的对话。如今"798艺术区"已经形成了具有国际化色彩的"Soho式艺术区"和"Loft生活方式"。在这里，当代艺术、建筑空间、文化产业与历史文脉及城市生活环境的有机结合使"798"演化为一个极具活力的中国当代文化与生活的崭新模式。

从而使人们清楚地看到老建筑、旧工厂、废弃地所蕴含的无法更换的文化特质，在当今经济社会中所蕴含的巨大生命力。

2.5 公共空间场所的塑造

为满足市民游憩、休闲的活动需求，塑造多层次的公共空间在废弃地的改造利用中要充分考虑。创造以人为主体的、提高人们生活质量、促进社会生活和经济发展的活动场所。这样的类型设计往往结合旧工厂建筑、产业的基础设施以及空旷废弃地等体现现代人的体验空间。如设置大型的博物馆、主题馆、大型的公共休憩空间等。大范围的公共绿地往往能给整个空间带来生机和活力，使整体环境有所提升。

挖掘场地的使用价值和发现其可塑性，结合现代化的设计手段处理场地空间。随着市民生活的多样性发展，公共空间的类型也不断地丰富和活跃。单纯的散步休闲也许不能使市民满意，还需更加富有创新意义的空间不断出现。如朱育帆老师设计的矿坑花园。其矿坑原址属百年人工采矿遗迹，设计师根据矿坑围护避险、生态修复要求，结合中国古代"桃花源"隐逸思想，利用现有的山水条件，设计瀑布、天堑、栈道、水帘洞等与自然地形密切结合的内容，深化人对自然的体悟。利用现状山体的皴纹，深度刻化，使其具有中国山水画的形态和意境。

图 8-9 矿坑花园

3 废弃地到公共空间之路的未来发展

3.1 公众参与性

在设计中考虑使用者的体验，将废弃地变成可利用之地，自然不能缺少公众的参与。突出景观的实用性，满足人群对景观空间的参与需求，调动人们在废弃地中的体验方式，提升废弃地的景观环境的娱乐、欣赏附加值，充分实现景观带给人们的实用价值。同时公众能够参与到景观的改造设计中也是未来发展的一个方向。

3.2 开放性和多样性

公共空间强调的是开放性，是市民社会生活的场所，是城市实质环境的精华、多元文化的载体和独特魅力的源泉。废弃地的设计要给市民带来新的空间体验和生活方式。同时焕然一新的废弃地不仅在环境上改造和社会功能上做出了卓越贡献，还推动了新的商业类型的产生、周围环境的响应。从而开启了整个区域的欣欣向荣的新局面。

3.3 历史性

废弃地的改造过程中实现的了景观的再次整合，达到了现在人的适用性，但是历史的痕迹是无法抹灭也不该抹灭的。因此在设计中需要强调废弃地的历史作用和发展史。如废物和泥土做成的高墙不仅可以作为新的公共空间的设计元素，更重要的是时刻提醒着人们不要忘记场地的本来面貌和几十年来担当的角色，以及重获新生后所具备的服务大众的新价值。打造一个新景观，实现一度萧条的废弃地发展，加入时间和空间的思量，成功将历史的保护与当前的开发巧妙地结合在一起。

3.4 可持续发展

引进可持续发展的理念、应用多种可持续性系统，运用新的能源节约技术进行改造设计。面对复杂的技术问题、环境、生态问题，能够以长远的思考方向进行设计，创建一处不断更新和自身恢复的场地。自身和整体环境形成一个生态体系，在城市发展的浪潮中能够立足和生长。

4 结语

景观设计师的巧妙布局与修饰，修复严重退化的生态环境、挖掘工业遗址的场地潜在的景观价值以及寻找与场地特征相契合的文化表达方式，实现了对空间的再利用。在设计师的精心打造下，从一片废墟变成了人们引以为荣的公共空间。废弃地具有自身的历史与周围特殊的景观环境。重建后的废弃地或将成为了"都市森林、城中绿地"或将成为了别具一格的充满活力的展示中心、文化艺术中心、商业和娱乐活动场所等等。这自然会形成一种全新的生活方式：人们体验着新的公共空间，享受着新型的娱乐和环境设施。废弃地的改造掀起了新一轮的城市美化项目建设的新高潮。成为展示城市历史文化与城市生活的舞台。

参考文献

[1] 王向荣，林菁. 西方现代景观设计的理论与实践[M]. 北京：中国建筑工业出版社，2002.

[2] (英)罗伯特·霍尔登著. 蔡松坚译. 环境空间—国际景观建筑[M]. 合肥：安徽科学技术出版社，1999.

[3] 关鸣，吴春蕾. 城市景观设计[M]. 南昌：江西科学技术出版社，2002.

[4] 吴予敏，陶一桃. 德国工业旅游与工业遗产保护[M]. 北京：商务印书馆，2007.

[5] 俞孔坚，庞伟. 足下的文化与野草之美—产业用地再生设计探索，岐江公园案例[M]. 北京：中国建筑工业出版社，2003.

[6] 丁一臣，罗华. 后工业景观代表作—德国北杜伊斯堡景观公园解析[J]. 园林，2003(7)：42.

[7] 王向荣. 生态与艺术的结合—德国景观设计师彼得·拉茨的景观设计理论与实践[J]. 中国园林，2001(2)：51.

[8] 王向荣，任京燕. 从工业废弃地到绿色公园—景观设计与工业废弃地的更新[J]. 中国园林，2003(3).

[9] [德国]彼得·拉茨[J]. 孙晓春译. 废弃场地的质变. 风景园林，2005(3)：29-36.

[10] 俞孔坚，庞伟. 理解设计：中山岐江公园工业旧址再利用[J]. 建筑学报，2002(8)：47253.

作者简介

陈云，1987年9月生，女，汉族，河北省石家庄市，北京林业大学园林学院城市规划与设计风景园林方向研究生，电子邮箱：374876333@qq.com。

步行尺度在城市街道中的重要性分析及规划建议

The Analysis of the Importance and Planning Proposals of the Walking Scale in Urban Streets

程 璐 李 易

摘 要：随着汽车时代的到来，步行空间在现代化的城市中减少。但是步行尺度的街道却在城市中起到了很重要的作用。通过对人们的生活与街道尺度的关系分析，得出步行尺度下的道路可以被人们很好的利用。这种尺度的道路是最舒适的可以创造良好的社会氛围，从而打造出一个富有活动力的人性化城市，凸显出步行尺度在城市道路中的重要性。城市建设里通过一系列的措施，可以规划设计出步行尺度的道路，适于人们的使用。

关键词：步行尺度；城市街道；社会活动；人性化城市

Abstract：The walking spaces are diminished in the modern cities, with the innovation and development of automobiles. However the walking scale plays an essential role in the city streets. With method of analyzing of the connection between people's life and street scale, the conclusion was drawn that the street with walking scale could be better used. This street scale, which could create a good social environment, will build an active human city. And it will highlight the importance of walking scale in city streets. Through a series of ways, the streets with walking scale will be planed and designed. And it will be comfortable for people to use.

Key words：Walking Scale；City Street；Social Activity；Humanized City

1 引言——汽车时代的到来使步行空间减少

从 1766 年英国发明家瓦特改进了蒸汽机，到 1913 年亨利·福将各地发展的技术在海兰帕克工厂结合到了一起，形成大规模的生产技术之后的时间中，汽车产业大幅发展（图1）。以美国为例，1927 年美国制造的汽车已经是世界汽车产量的 85%，几乎是每 5 个美国人就拥有一辆汽车。[1]

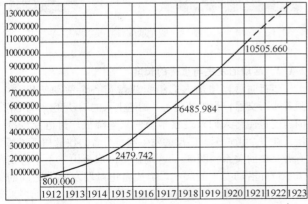

图 1 历年来汽车产量增长情况，1922 年 2 月出版的统计数字，1923 年数据为预测值。图表显示了美国自 1912－1921 年间的汽车登记数目（引自《明日之城市》）

汽车的不断增长导致大多数的交通都要承载于普通的城市道路上。但在 1920 年末解决车辆对交通的压力的方式仅仅是加宽原有的道路，升级城市道路，将更多的绿地改成柏油马路。道路的尺度被一再地放大，道路的设计也只单方面的考虑车辆的尺度。[2] 步行空间被快速道路所取代，步行尺度在城市中迅速减少。城市中的道路被无限的拓宽，道路周围的建筑物和标识的尺度都无限的放大，而这种尺度与人的尺度是不相符的，即超尺度，超尺度的空间给人们在心理上造成了一种冷漠感，导致人们在街道上的活动减少，人与人变得陌生，这间接地导致了在某些地方城市街道变成了犯罪发生的场所，从而降低了人们在街道上活动的可能性，于是便形成了一种恶性循环，有的街道最后无人问津，街道的活力不复存在。

2 人们的生活与街道尺度的关系分析

2.1 活动的发生与街道尺度的关系分析

通过人类对不同距离的事物的感知程度，来分析不同的街道尺度对人们的空间体验感受的影响，从而得出适宜于人类感受与体验的最佳街道尺度。

2.1.1 人们交往空间的距离与街道的宽度

人类学家爱德华·T·霍尔在《隐匿的尺度》中分析了人类交往的不同距离。他通过采访以及观察的方式对我们人类生活中的距离进行研究，最后通过这些观察和采访，将我们生活中交往的距离分为了 4 个距离尺度，这四个距离分别是亲密距离、个人距离、社会距离和公共距离。[3] 其中，社会距离是人们活动交谈等最为舒适的尺寸，是在 1.3－3.75m 之间，这是熟悉的人们相互交谈的距离，这种距离一般是由咖啡桌或是由一个办公桌构成的。在尺度适中的城市和建筑群中，窄窄的街道、小巧的空间、建筑的细部给人们创造出的便是社会距离的尺度，在这种空间中活动的人群都可以很容易地被周围的人们所感受到，给人们一种温馨的感觉，增加了交流的时间和次数。相反，过于大的尺度空间，例如宽广的街道，会给人们带来一种压迫和冷漠感，会降低人们交流的机会，疏散人群，造成一种陌生感。

由此可以看出，只有当街道中细部的尺度控制在"社会距离"的范围左右，人们才能感到舒适，并且有益于社会交往活动的发生，例如建筑的屋檐，道路边增加的小型花池等都可以将街道细部的尺度控制在这个范围内。

在生活中我们也发现，具有人气的市场，摊位之间道路的距离都不会超过 3m。例如新加坡的街头市场，摊位之间的距离大约在 2－3m 左右，这个距离可以保证步行交通和两侧的生意，并能看清两侧的商品（图 2）。在丹麦诺勒松比的街道改建成步行街时，为了减少 10m 宽的街道的尺度，就在沿街搭起了一系列不高的棚架，降低尺度，已达到亲切的感觉（图 3）。在威尼斯，街道平均宽度是 3m（图 4），处于小空间中，人们既可以看到细节，

也可以看到整体，从而可以最佳地体验到周围的世界，这种尺度的空间可以人们感到舒适。反之，宽大的道路就远远超出了人们的社会距离，在这种街道空间中，不仅两侧的人会相聚过远，经过的人也通常不会参与到其中的活动中来，这使的交往活动的减少，街道变得冷淡。[4]

图 3　丹麦诺勒松比的街道改建成步行街，为了减少 10m 宽街道的尺度和两侧建筑物的高度，沿街建起了一系列不高的棚架
（引自《交往与空间》P96）

图 4　威尼斯街道

2.1.2　活动的发生与步行的长度

步行时可以增加人们组织或参与各个活动的机会，随着步行交通转为机动交通，街道上人的活动变少，汽车的速度也使得人们对观察事物的兴趣降低，街道变得冷漠。在一个街道上，活动的发生与步行者的数量和距离都有着直接的关系（图 5）。这是在美国旧金山三条平行街道上户外活动发生的频率，黑线是记录朋友熟人之间的交往。由图可看出，在机动车流量少的街道中，人们多采用步行，步行长度增加，户外的活动就会增多，而机动车流量大的街道，户外活动几乎消失。说明，机动车流量与步行的长度呈反比，而步行长度与户外活动成正比。所以如果希望街道上的活动增加，改善社会环境，我们就需要增加在一定范围内降低机动车流量，增加步行的长度。于是一些住宅区会将停车场安排在距住宅 100－200m 处，从而改善公共交通和公共社会环境（图 6）。

图 2　新加坡的街头市场，世界各地市场摊位之间的距离都是 2－3m
（引自《交往与空间》P95）

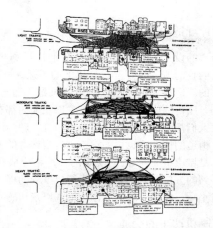

图5 美国旧金山市三条平行街道上户
外活动发生的频率。上图：较少交通的
街道；中图：中量交通的道路；下图：
大量交通的街道（引自《交往与空间》P39）

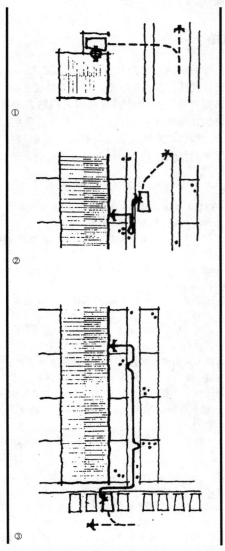

图6 停车和活动模式，图中黑
点代表正在发生的活动
（引自《交往与空间》P130）

2.2 街道空间的安全性与街道尺度的关系分析

城市的街道不仅仅只有承载交通的用途，还起到了维护城市安全的间接作用。简·雅克布认为"街道及其人行道，是城市中的主要公共区域，是一个城市的最重要的器官"。[5]她认为一个城市的安全感来自于人行道，如果人们感到不安全，那一定是人行道不安全。人行道和周围的地方以及使用他们的人群都应该是维护城市安全的参与者，这也是人行道在城市中的一个根本任务。城市公共区域的安宁，不仅仅来自于警察的监管，更多的时候是由一个非正式的网络来维持，这个网络就由居民自己组成。他们在街道上行走、活动，有意无意地就成了城市安全的监管者。

那么一个城市的街道给人安全感，维护社会的治安，这就需要街道具备三个条件：首先在公共空间与私人空间之间的界限要明确；第二，要有一些眼睛时时关注着街道，即人们对街道的关注。第三，人行道上必须时刻有人，这同时也可以增加关注街道的眼睛。[5]而保证后两点的前提是要保证街道给人提供一个舒适的尺度。之前提到，舒适的尺度和一定的步行长度与步行者的数量和街道中活动的发生成正比。由此可以得出街道的安全性与街道尺度的关系。当街道的尺度在人们的步行尺度之内，街道上的活动就会增加，吸引更多的人来关注，街道的安全性就会上升，相反，当街道的尺度超出了人们步行的尺度，街道上的行人和活动就会减少，较少的活动就会吸引较少的人来关注街道，街道的安全性就降低。

3 创造步行尺度的街道的几个方面

3.1 设置可达性高的公共服务设施

创造理想的步行空间，要保证各个公共服务设施的可达性（图7）。例如英国政府规定公共服务设施布置应

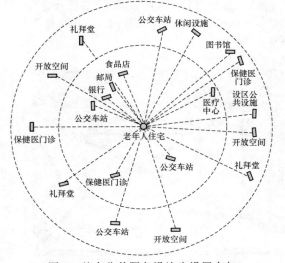

图7 基本公共服务设施应设置在与
老年人住宅的500m之内，次级服务
设施应设置于800m之内（Daniel Kazak 绘制）
（引自《包容性城市设计——生活街道》P99）

313

不大于 800m。住宅区内应在每隔 250m 内设置邮箱、电话亭。在每隔 800m 的步行距离内应布置一些街区商店。公共座椅每隔 100—125m 设置一处。[6]

3.2 设计小巧舒适的街道空间尺度

街道是由建筑围合而成的，街道的宽度应该与建筑形成一定比例人们才能待得舒适。一般情况下，设街道的宽度为 D，该处建筑的高度为 H，当 $D/H>1$ 时，随着比值的增大会逐渐产生远离感；当 $D/H<1$ 是，随着比值的减小会产生接近感；当 $D/H=1$ 时，高度和宽度之间存在着一种匀称感。不同时期的城市其街道的 D/H 值不同，但达·芬奇认为这个值约等于 1 的时候是较为理想的。[7]

可是我们今天的建筑高度至少都在 3m 以上，高层建筑高达几十米，如果照这个比值，街道的宽度就将达到几十米宽，但这是不可能的。所以可以根据这个理论合理的在道路两旁设置一些购置物，例如棚架、植物、格栅等（图 3），降低两边与人直接接触的立面的高度，从而达到营造舒适的步行尺度空间。

3.3 规划合理的步行线路

勒·柯布西耶在他的《明日之城市》中论述到，道路分为"驴行之道"和"人行之道"。他认为"曲线道路是驴行之道。直线道路是人行之道。"而卡米洛·西特（Camillo Sitte）认为"直线道路是乏味的，曲线道路是完美的"。我们的街道中总有一部分是直线道路，还有一部分是曲线道路，对与柯布西耶来说"直线道路是工作的道路，曲线道路是休憩的道路"。[8] 的确直线道路具有较强的指引是快速通过路；曲线容易迷失方向是休闲道路。在规划步行道路时，虽然步行道路多数是休闲的，但是也不能滥用曲线道路。因为长时间的步行也会给人以疲惫感。[4] 对哥本哈根的一处广场的调查就显示，人们总是选择以对角线穿过广场，穿过中心的下沉区域，只有老人、推婴儿车的妇女选择绕行（图 8）。所以在设计合适的步行线路时要仔细的推敲使用者的目的、时间及身体状况等因素。

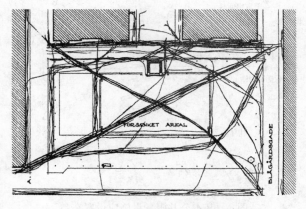

图 8 哥本哈根一处广场的步行线路记录
（引自《交往与空间》P142）

3.4 设计舒适的街道设施

在街道的设计上，舒适性是指人们通过街道能顺利到达自己的目的地，而且没有身体上的不适。[6] 这里包括路边座椅的舒适程度，休息区周边的风景美丽与否 。以座椅为例，座椅的位置的选择、布置以及朝向都有为的重要。一般人们都会选择那种靠近空间边缘、朝向活动场所的座位。街道的标志物也很关键，它是观察者的外部观察参考点，是城市中的向导。[9] 明确的标志物应放在许多地方都能看到的方位，识别力强。步行尺度中的标志物可以做得相对小巧、精致、细节到位，给人以亲切感。

3.5 控制机动车的交通

控制机动车的数量，甚至尽职机动车穿过，可以保证步行空间的安全性，同时增加户外活动的数量，增添城市的活力。现在很多城市的步行街就采用完全禁止车辆穿过，而对于一些有少量机动车穿过的道路，可以设置一些路障，或将道路弯曲，降低车速。

4 总结

在汽车的时代，步行尺度的街道应在城市中占有一定的比例，尤其是在居住区中，这一点是现在我们在规划城市道路交通系统时所必需考虑到的问题。步行尺度的街道的增加在城市中可以增加社会活动的发生，增添城市的活力，增加街道的舒适度，有益于人们的身心健康，减少犯罪率的发生，有助于打造以人为本的和谐社会。

参考文献

[1] Peter Hall . 明日之城：一部关于 20 世纪城市规划与设计的思想史 . 上海：同济大学出版社，2009.
[2] Lewis Mumford . 城市发展史 . 北京：中国建筑工业出版社，2005.
[3] Edward T. Hall . The Hidden Dimension. America：Anchor Books，1990.
[4] 扬·盖尔 . 交往与空间 . 北京：中国建筑工业出版社，2002.
[5] 简·雅克布斯 . 美国大城市的死于生 . 南京：译林出版社，2005：29—57.
[6] 伊丽莎白·伯顿，琳内·米切尔 . 包容性城市设计——生活街道 . 北京：中国建筑工业出版社，2009.
[7] 芦原义信 . 街道的美学 . 天津：百花文艺出版社，2007.
[8] 勒·柯布西耶 . 明日之城市 . 北京：中国建筑工业出版社，2009.
[9] 凯文·林奇 . 城市意象 . 北京：华夏出版社，2001.

作者简介

[1] 程璐，1989 年 5 月生，女，汉，山东，北京林业大学园林学院在读硕士，城市规划与设计，电子邮箱：576092776@qq.com。
[2] 李易，1979 年 7 月生，男，汉，辽宁，硕士，万达商业规划研究院有限公司，主任工程师，景观设计，电子邮箱：51976523@qq.com。

风景园林规划与设计

颐和园苏州街与江南古镇的对比研究

Study on Contrast between Suzhou Street and South of Yangtze Delta

程 千　王佩佩　刘倩如　何 成

摘　要：本文将从苏州街与江南古镇的总体布局、造景与视线、建筑设计及造桥四个方面进行对比研究，来探讨苏州街对江南古镇的传承与创新。

关键词：苏州街；江南古镇；园林建筑；山水

Abstract：Through the comprehensive investigations on the four aspects of plant landscaping contrast，the overall layout，aquascape and the line of sight，design of building，design of bridge，between Suzhou Street and south of Yangtze Delta，it was showed by the author that Suzhou Street has a great inheritance and innovation from south of Yangtze Delta.

Key words：Suzhou Street；Yangtze River Delta；Garden Building；Landscape

引言

苏州街又称买卖街，始建于乾隆年间，是一个仿江南古镇而建的宫市，也是我国古代"宫市"的唯一孤本。苏州街在咸丰十年（1860年）被英法联烧毁，今苏州街复原是1986年以实物为依据，真实再现了从历史上后湖空间中丢失了一个多世纪的园林景观。街中酒馆、茶楼、当铺、钱庄、药店、染房、戏园等一应俱全。据记载当时建造苏州街的目的是供帝后享受水镇民间的交易之趣，或陶醉于模拟市井的独特风情。[1]至今尚未发现历朝清帝有御制诗咏及这些铺面房。这也许从侧面反应，这些买卖街虽然车水马龙，但毕竟是粉饰太平的作用，为不登大雅之堂的点缀之物。在那时来说并不被看作是重要的园林景观，因此也不宜作过多宣扬。但是现在看来，其百年韵味依旧流存，不可否认其存在的历史研究价值。

对于江南古镇，古有"流水周于舍下"，"车从门前入，船从后院出"的场景描述。河岸、水景、建筑构成江南古镇风景的主体脉络。江南古镇依水而建，纵横交错的河道是江南古镇的血脉。"无桥不显水"，桥是江南古镇独具魅力的形态要素。民居建筑以其特有的水环境为依托，受封建思想，风水伦理等的影响形成了高低错落、秩序井然的建筑群体风貌[2]。

下面将从苏州街的总体布局、造景与视线、建筑设计及造桥四个方面谈谈其对江南水乡的传承与创新。

1　总体布局

苏州街地处我国至今保存最完整的大型皇家园林——颐和园的万寿山后山山脚且在中轴线三孔桥东、西的后溪河两岸。西起通云城关，经三孔桥下，到东段的寅

辉城关300m，占后溪河全长的四分之一（图1）。

图1　苏州街地理位置示意图

苏州街整体响应后山后湖"隐"的造景手法，建于山脚的郁闭环境中做成山环水抱的形式，空间内聚。[3]其中心是一座三孔石桥，跨越在后溪河的南北两岸，模仿江南"一河两街"的格局，铺面鳞次栉比，以河当街，以岸做市，非常有趣。苏州街点缀在后山后湖的建筑轴线上，更加衬托了后湖的典雅。

从总体的平面布局来看，苏州街的建筑群采取内外相结合的布局形式，广为借景。其内草木甚少，巧借万寿山上郁郁葱葱的树木，作为其绿色背景（图2），与外界环境很好地融合在一起，再者苏州街建筑群的设计及其与水的退让与围和关系都有很巧妙地处理，因而其本身也别有一番欣赏趣味，这种软景与建筑的完美融合使景观更生动活泼。[4]

而江南古镇的布局特点：（1）由单条河道形成的带状古镇，如江西婺源李坑。（2）由十字形河道形成交叉式星形城镇，具有纵横交错的水运交通条件，如南浔。（3）由网状河道形成的团形城镇，其规模较大，建筑布局也较为丰满完整，多为商业繁荣、经济发达、人流集中的中心聚集区，如江苏周庄、同里，浙江乌镇。[2]通常江南古镇的

园林布局多采取内向的形式。因为私家古镇或园林大都在市井内建园,周围均为他人住宅,一般不易获得开阔的视野和良好的借景条件,这点与北方园林不同。

2 造景与视线

苏州街依后山山脚而建,地势较低,其欣赏点可分为从高处俯视或沿街(或划船)平视(图2—图4)。它的功能定位是给帝后提供一个享受市井之乐的地方。而皇帝太后出行喜欢乘船出游,就当时的设计意图来看,苏州街的绝佳欣赏点应是从船上观赏。而调研后发现,从地理位置较高的桥上来俯瞰苏州街的全貌时,发现别有一番韵味,整个街道和水系尽收眼底,既有江南园林温婉亲水的感觉,也有皇家园林大气的感觉。

图2 俯视角度的苏州街一隅

图3 平视角度苏州街一隅

一般江南古镇的欣赏点是沿街(或乘船)平视,人们漫

图4 站在桥上俯瞰苏州街

步于其中时,有一种与建筑,水融为一体的亲近质朴感觉。而苏州街的因其建筑形式采用了部分皇家园林的设计手法,因而乘船游玩或是沿街漫步时就没有了惬意轻松之感。

3 建筑设计

3.1 建筑色彩

常见的江南古镇园林色彩处理比较朴素,淡雅。基本的色调不外有三种:(1)以深灰色的小青瓦作为屋顶。(2)全部木作,一律呈栗皮色或者深棕色,个别建筑的部分构件施墨绿或黑色。(3)所有的墙垣均为白粉墙。这样的色调与北方皇家苑囿的金碧辉煌形成鲜明对比。江南建筑所用的色调基本属于冷色调,极易与自然界中的山水树木相调和,从而给人以优雅宁静的感觉。[4]

苏州街虽是极力模仿着江南古镇的园林建筑,但在色彩上较为绚丽,应用了大量的红色和黄色,尽显皇权的尊贵神圣不可侵犯。其墙面基本都为深青灰色,门窗栏杆的渲染大部分为红色,少数的牌坊上端会出现蓝色。这种鲜亮的颜色在江南建筑里几乎是没有的。绚丽的牌坊和楼牌建筑,给人一种富丽华贵的感觉,这恰好也符合当时统治者的心理需求。

3.2 建筑空间和立面处理

苏州街建筑群的布置疏密有致,一方面,立面上的疏可以使整个空间放慢节奏,给人以轻松感;另一方面,立面上的密则增添了空间的紧张感,整个空间张弛有度(图5)。

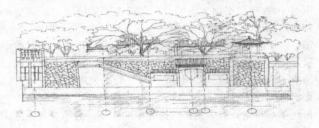

图5 苏州街建筑的疏密有致
(轴线由每组建筑中心中轴引出)

《园冶》中说"园地为山林最胜",园子依靠地形来设计起伏与高低错落感依次来增添自然情趣,苏州街由于是模仿江南水乡的形式而建,其并没有盘山而建或是增加爬山廊这类的,它通过建筑自身层数以及建筑与山体的高低关系来构筑起伏层次,体现这种极富参差错落变化之美的宫市(图6)!

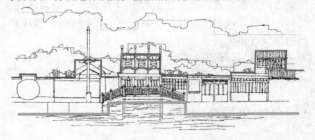

—— 第一层 水层轮廓线 　　—— 第三层 林缘线
—— 第二层 建筑轮廓线 　　—— 第四层 被遮挡的远景

图6 竖向的层次

古典园林造园讲究步移景异，画面得有张有弛，横向层次上的苏州街沿后溪河不规则布置，不断变换形状，岸线离建筑时而近，时而远，形成一定的韵律感。苏州街的三孔桥将后溪河分为东西两端，将细长的水面进行分隔，同时也自成景观。

图7所示为苏州街三孔桥东横向层次上的变化（以岸线的收退来划分）。

第一个层次　　　　　第三个层次

第二个层次

图7　苏州街三孔桥东横向上层次

从建筑的立面造型来看，江南古镇比苏州街更为轻巧，纤细，玲珑剔透。例如翼脚的翘起（它对于建筑的形象特别是轮廓线的影响较大），经典的江南古镇建筑常翼脚翘曲，使整个建筑群的立面显得生动活泼，曲线柔美轻盈。[3]苏州街的建筑群则采用了北方园林建筑的特色，基本是没有翼脚的，因而显得深沉而厚重。而牌坊的应用让整个苏州街看起来有了皇家园林的气魄，这在江南古镇中是没有的（图8）。

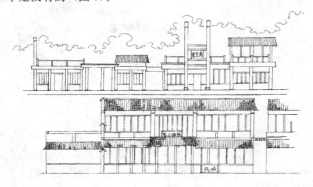

图8　苏州街局部立面（上）乌镇局部立面（下）

立面的细部处理与江南水乡也有所变化。如隔扇，挂落，栏杆等各种木构件。江南古镇不仅力求纤细，而且在图案的编织上也尽显灵巧。而苏州街在图案的处理上则略显粗糙让人找不到细节，不过总体上来说，它的整体立面效果除颜色上给人绚丽缤纷的感觉外，整个造型则显得严谨，粗壮，朴拙。[4]

江南古镇建筑无论从外在的表层形态，还是蕴涵于建筑内部的深层文化都蕴含着浓郁的乡土气息和历史文化韵味。

3.3　建筑与水

苏州街的美妙还通过建筑群与后溪河河水的退让及其与万寿山山体的周围和关系来表现。

后溪河是一条带状水体，带状水面的连续性易形成引人入胜的感觉，再加上其本身幽深曲折，又具宽窄不一的变化，从而造成的忽开忽合整个水面时收时放有节奏的变化着。整条河沿着万寿山山脚流动，给苏州街仿江南古镇的建造提供有利条件。"水令人远"，"山得水而活，水得山而媚"，因此在山水呼应，虚实相辅相成下建筑群与水的退让怎么完美结合，与山体怎么巧妙的联系就是造园者独具匠心的体现了。

临水建筑为取得与水面的调和，建筑造型多平缓开朗，配以白墙、漏窗及大树一、二株，使池中产生生动的倒影。然而这些建筑并非死板的临水而建，整个建筑岸线设计是成直角正交的形式，时而窄时而宽，窄处行走会给人以紧张感。这恰与现代建筑中推崇的顺畅的流线相反，传承了古典园林中崇尚的"坚决抵制平直，追求曲折"的理念。步道宽处水面也较宽即水的"放"，而步道窄时往往也是比较水面较窄的地方即水的"收"，所以建筑是随着水体的收放而收放，有的放的很远，而有的却收的很近，因此又会给人空间上的深邃之感。这样水与建筑蜿蜒曲折的围和，创造了几个不同的空间，给人一步一景的玩味不尽的妙趣，层出不穷的新鲜感（图9－图11）！

图9　开放的空间

图10　过渡空间

另外建筑依山而建，苏州街不用像江南古镇那般刻意塑造白墙当背景层次，而是巧妙地把山体作为背景来烘托整个建筑群体。山体的体量与空间相称，水体在山的对比下显得更加的柔细，营造了一种山林野趣，细水长流之感。在三孔桥上观看整个苏州街会看到建筑与山体倒映在后溪河中，再融合湛蓝的天空，好一副交相辉映的景

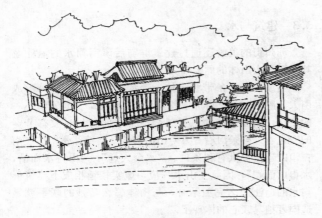

图 11 收关之笔

象！而身处苏州街内则又给人以山复水回、柳暗花明之趣，恰与昆明湖这开阔的水景形成鲜明的对比，成为园内一处幽静的水景街景！

3.4 建筑尺度

买卖街模仿江南一河两街的格局，而沿街的铺面房则小于一般的建筑，每间建筑仅有一般建筑的四分之一。街道铺面有八十几座之多，单体建筑的开间一般在 1.62－2.60 m 之间（平均 2.30 m，合清代营造尺 7 尺），进深仅为 1.90－2.90m（平均 2.30－2.60 m，合 7－8 尺）而已，尺度很小。相比而言，同类园林圆明园中两处买卖街店铺的单体规模则要大得多：勘查含经堂旧图及相关遗址，其店面开间大致多在 3.20 m 左右（合 1 丈），进深达 4.80 m 左右（合 1 丈 5 尺）。以样式雷图推测，圆明园买卖街的铺面房开间也多为 3.20 m，进深 4.80 m 或略大。[5] 因此圆明园买卖街的店铺至少具有普通建筑的真实尺度，不像清漪园买卖街基本属于缩微的布景性质。一般的江南古镇建筑尺度也很小巧，以至于都是到无法复减的程度。然而皇家建筑通常为了体现皇家的气派和权威喜欢将建筑尺度放大，而苏州街地处在皇家园林颐和园内，其铺面房屋尺度为了迎合江南古镇精致的特点，尺度已做到很小（图 12）这点与 江南古镇很是相似。但又不能完全模仿江南古镇小巧的外形和尺度，所以苏州街的建筑高度相较于江南古镇来说高一点，让人漫步于其中时缺失了那种在江南水乡古镇中漫步的惬意感觉。

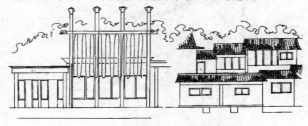

图 12 苏州街水乡乌镇立面尺寸对比

苏州街的步道非常窄，而且沿水岸部分没有任何的防护措施，而一般的江南古镇要么直接临水而建在水上进行买卖活动要么就会有较大的尺度留给游人来行走，在岸上进行相应的买卖活动。此处苏州街将步道设置的如此窄，原因可能是为了制造当时买卖街热闹的场景。

4 桥

桥在苏州街也有着充分的应用，整个苏州街有江南常见的小拱桥，平桥，也也有比较高大的石桥。在水流窄的地方置以南方常见的拱桥（图 13）给人一种小桥流水的感觉，仿佛真的来到了梦想中的江南，并在拱桥旁植以垂柳，更增添江南水乡古镇的感觉；而尺寸较大的石拱桥（图 14）依地势而建，有皇家园园林的特色。这种似与不似时刻展现在苏州街与江南水乡间，让人一会感觉在江南，一会又感觉在北方，有种时空穿越的错觉！

图 13 江南水乡小石桥

图 14 苏州街石拱桥

除了形式与江南古镇有所差异外，其在功能定位上也有差别。当年的后溪河也承担着一部分的漕运功能（图 15）帝后出游乘船而行，而皇家的船远非江南水乡那种小巧的乌篷船一样，体积相对比较庞大，那么相应的苏州街内的桥洞就应相应有所增大（图 16）以便于船只顺利通过。而且苏州街内是修建了码头的，这说明，当时后溪河上来往船只较多，场景应是相当热闹的，这也正是皇帝想要看到的景象。就实地考察苏州街的三孔桥来看，两边的桥洞较中间小，可允许一艘船只行走，中间的桥洞可并走两艘船，可见尺寸还是相当大的。这种为了迎合皇家船只行走而修建的桥自然与江南水乡那种仅供小巧玲珑的乌篷船行走的桥是不一样的。

图 15　苏州街的游船码头

图 16　苏州街中桥洞

结语

后溪余韵苏州街！地处后溪河边，万寿山脚下，模仿着江南古镇，却又不失北方特色的苏州街，它留给我们的是无尽的韵味。

苏州街的造园艺术处理手法对江南古镇进行了学习，保留了江南古镇园林温婉，柔和与山水亲近的特征，但是在建筑设计，空间处理等多方面又大胆的进行了创新，可以说苏州街是糅合了南北两方的造园风格，创造出的新的人文景观，具有深厚的中国文化内涵，是中国文化历史积淀而造就的艺术珍品。

参考文献

[1] 文库大全 http://www.wenkudaquan.com/txt—wk77cd3502eff9aef8941e06fb01-61-136.html
[2] 张红松．江南古镇水岸建筑景观探究．艺术教育，2011（7）：26-27.
[3] 魏民．风景园林专业综合实习指导书．北京：中国建筑工业出版社，2007：26-28，31-40，45-52.
[4] 彭一刚．中国古典园林分析．北京：中国建筑工业出版社，1986：33-36.
[5] 贾珺．圆明园买卖街钩沉．故宫博物院院刊，2004（6）：120-134.

作者简介

[1] 程千，1989年7月生，女，汉，湖北天门，华中农业大学园艺林学学院风景园林系研究生，电子邮箱：chengqian622@163.com。
[2] 王佩佩，1988年12月，汉，湖南株洲，本科学历，岭南园林股份有限公司设计师助理，电子邮箱：1640813859@qq.com。
[3] 刘倩如，女，讲师 研究方向为园林建筑设计。
[4] 何成，男，讲师 研究方向为园林建筑设计。

由 "7.21" 北京暴雨事件引发的思考

Thinking by the "7.21" Storm Event in Beijing

邓慧娴

摘 要：2012 年 7 月 21 日，一场 1951 年以来最大的暴雨漫灌北京城，这场平均日降水量达 190.3mm 的暴雨导致数十人死亡并造成巨大经济损失。暴雨过后，城市雨水排放问题成为公众普遍关注的热点。论文通过深入分析产生城市内涝的根本原因，阐述了以"排"为主的传统雨水管理思想的弊端；并提出可持续雨水管理思想的可行性和优势。论文结合国内外案例详细介绍了可持续雨水管理措施，包括绿地渗透、透水铺装、屋顶绿化、雨水花园、生态河道和雨水管理政策等。

关键词：暴雨；内涝；雨水管理；可持续

Abstract：July 21, 2012, the largest storm flooding Beijing since 1951, this average rainfall of 190.3mm of rain caused dozens of deaths and huge economic losses. After the storm, urban stormwater drainage issue has coursed widespread public attention. This paper analysis the essential causes of urban waterlogging, elaborated the drawbacks of traditional stormwater management thought; and propose the feasibility and advantages sustainable stormwater management. Papers detailing the domestic cases and abroad for sustainable stormwater management measures, including infiltration, permeable pavement, green roofs, rain gardens, ecological river and stormwater management policies.

Key words：Storm；Waterlogging；Stormwater Management；Sustainable

1 事件回顾

2012 年 7 月 21 日，北京发生大暴雨天气，全市平均降雨达 190.3mm，为自 1951 年以来有完整气象记录最大降水量。其中，最大降雨点房山区河北镇达到 460mm，一天内的降雨量超过年平均降雨总量的 70%。暴雨由于雨量大，雨势强，北京出现严重城市内涝，全市道路、桥梁、水利工程多处受损，民房多处倒塌，几百辆汽车损失严重。从二环到五环，多座下凹式立交桥区出现积水，交通被迫中断，部分路段还出现河水倒灌淹没路面的情况。较早之前的统计显示，全市因灾造成经济损失 116.4 亿元，受灾人口达 190 万人，其中 78 人不幸遇难。

暴雨过后，关于城市排水系统的话题被媒体和公众热议。包括新华网、中国日报在内的多家媒体将产生城市内涝的原因归咎于"城市排水设计标准偏低、排水系统建设落后"，并盘点国外大都市排水系统，表示"像北京这样的大城市，而且是国际化的大都市，防洪规划设计必须按照国际城市的通行标准，也就是要有国际水准，要能够向东京、巴黎这样的城市看齐"；指出"当务之急是明确责任，整合力量，改建排水管网"。公众在媒体的导向下也纷纷痛斥管理者"只注重地上建设，不顾地下排水系统建设"，许多人甚至借此希望，我们的排水系统能如有些城市一样宽广到可以行船。

城市内涝的根本原因是排水系统的不足吗？一味地追求更完善的排水系统就能从根本上解决城市内涝问题吗？在灾害面前，我们仍然需要冷静下来，进行理性的思考。

2 城市内涝产生的根本原因

城市内涝是指由于强降水或连续性降水超过城市排水能力致使城市内产生积水灾害的现象。城市排水系统滞后是导致城市内涝的表面原因，而根本原因则是快速城市化带来的"城市病"。

2.1 城市不透水表面的增加

在自然生态系统中，降雨经过植物截留、土壤渗透、洼地蓄水、自然蒸发之后，剩余的部分形成地表径流，流到河湖海洋中，进行再一次循环（图 1）。然而随着城市化进程的不断加快，自然绿地逐渐被建筑物、道路、广场等不透水表面替代，降雨无法渗透和存储，径流量大大增加。植被覆盖率良好的森林的径流系数是 0.1－0.2，而城市的径流系数是 0.7－0.9，这意味着当降雨发生时森林里只有 10% 的雨水形成径流，而城市里 70%－90% 的雨水都需要

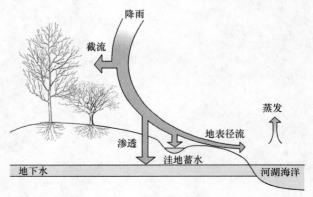

图 1　自然界水循环

风景园林规划与设计

依靠排水管道来排放。根据《北京城市总体规划（2004—2020年）》，到2020年全市建设用地将达到1650 km²，其中中心城城镇建设用地规模将达到778 km²。每增加1km²的不透水表面，一次降水量为50mm的大雨，将增加降雨径流近5万 m³，这大大增加了城市排水系统的压力。清华大学水利系曾经对不透水面积比例对雨水径流量的影响进行研究，在50年一遇的暴雨模拟下，不透水面积比例为30%、50%、70%和90%的城镇建成区产生的暴雨径流分别为：957100m³、1246400m³、1544400m³和1836700m³。由此可见，由于城市化造成的不透水表面严重改变了生态水循环过程，使得径流量大大增加，给市政排水带来极大压力。[1—2]不仅如此，排水系统使得汇流时间大大缩短，河流的洪峰提前到来。在这次"7·21"暴雨过程中，凉水河、通惠河洪峰流量与水位都是有记录以来最大的，而且洪峰来得特别急，河道在短时间内无法容纳这么多的水，所以好几个地方出现洪水漫溢。广渠门积水深达4m，也是因为南护城河水位过高，产生了倒灌现象。

2.2　城市水体的减少

城市的河流、湖泊等水体是调蓄雨洪的重要设施，当发生强降雨时，河湖水面可以将雨水暂时存储，缓解城市排水系统的压力。城市的水系好比城市的血脉，应该时时加以疏通，然而随着城市的快速扩张，"与湖（河）争地"的现象越来越普遍，城市的河湖水面面积锐减。北京在历史上也是一个河湖环绕的地方，建国初期，北京约有上百万亩的水道、湖泊200多个，河湖资源相当丰富。然而20世纪80年代以来，北京四环以内的河湖面积缩小了15%，现存的湖泊仅有50余个。不仅仅是北京，其他城市的河流、湖泊也在城市化的过程中慢慢消失。上海南汇区在7年内填埋河道321条，全长约168km，解放初杨浦区有大小河流130多条，至今仅存26条。"百湖之城"——武汉在建国初期有大大小小的湖泊127个，由于"填湖造地"等各种人为原因的破坏，目前仅存38个。城市水体的减少直接导致城市的雨洪调蓄能力降低，当降水量超过排水系统的排泄能力，雨水暂时排不出去，又没地方存储，于是漫上街头，发生内涝。

2.3　河道硬化，排水能力下降

在城市建设中，常常为了管理的方便，将城市的河床、堤岸固化，原有的天然河道也往往被裁弯取直，也是城市内涝加剧的一个重要原因。首先，被固化的河床阻断了河水与地下水的联通，大大降低了水文交换能力，破坏了自然的水循环；其次，被固化的河床粗糙度减小，从而使河槽流速增大，有时会达3～5倍，导致径流量和洪峰流量加大，峰现时间提前。例如，北京1959年8月6日和1983年8月4日发生的两场降雨的雨量相似，总雨量分别为103.3mm和97.0mm，最大1h雨量为39.4mm和38.4mm，但二者的洪峰流量分别为202m³/s和398m³/s，后者较前者增大了近1倍。[3]

2.4　城市雨岛效应

由于城市气温高，热气上升，周围空气向城市补充，形成了以城市为中心的大气环流，加之城区空气中粉尘含量大，热湿气流上升遇到高层冷空气易于形成雨滴落下，使城市更容易成为区域的暴雨中心，高强度暴雨可能发生得更为频繁。这种现象就是由于"热岛效应"引发的城市降水增多的"雨岛效应"。北京以往的暴雨中心分布在西北部山区，而现在更多地降在城区。峰高量大的暴雨加剧了城市的防洪排涝压力。

3　传统雨水排放系统

3.1　改建排水管网的可行性分析

针对暴雨产生的城市内涝问题，传统的治理模式首先从城市排水系统着手，不断加粗排水管网的直径。然而，改建排水管网远远没有想象的那么容易，随着城市快速发展，地下空间不断被占据，除了排水管道，还有供水、通讯、电力、光纤等其他很多管线，想升级排水系统恐怕地下的空间不足。如果把路面挖开，把所有管线停掉，重新分配地下空间，整个城市都有可能瘫痪。改建排水管网不仅工程浩大难以实施，并且需要投入巨额的资金。北京大部分的排水标准是一年一遇，如果通过大幅提高管网标准用来排泄极端天气的暴雨，并且维持设施常年处于良好状态，其经济代价是巨大的。

3.2　传统雨水排放系统的弊端

3.2.1　打破正常水循环，破坏生态系统、水生境

传统的雨水排放系统将雨水径流快速地集中排放而忽视了雨水渗透、蒸发的作用，破坏了自然界正常的水循环，导致汇流时间大大缩短，河流的洪峰流量及其频率显著增加（图2）。传统雨水排放系统的广泛使用，还会造成地表水体消失，水生生境消失，动植物的多样性减少，生态系统遭到严重破坏。

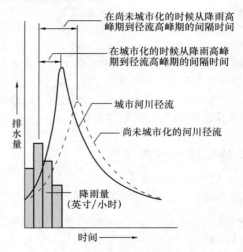

图2　城市化前后径流量对比

3.2.2　浪费水资源，地下水得不到补充，地下水位下降

北京是一个严重缺水的城市，北京市人均水资源量不足300 m³，为全国人均的1/8，世界人均的1/30，远远

低于国际人均 1000 m³ 的缺水下限。将雨水直接排掉不仅是个极大的浪费，而且还会导致地下水位不断下降，引发地面沉降等问题。例如德克萨斯州的休斯敦市，随着地下水位的下降，地面下沉了 1m 多。除此之外，沿海地区地下水位的下降还会导致海水入侵，一旦地下水被盐水污染，依赖开采地下水作为水源的城市就只能被迫远距离引水、跨流域调水。

3.2.3 污染水资源

随着城市的不断扩张，不透水表面越来越多。雨水冲刷不透水表面产生的径流携带了大量污染物——石油、农药、重金属、有机化合物和其他残留物等。现在每年从街道、高速路、停车场和工业区冲洗下来的石油残渣的数量，已经远远超过来自全世界范围内油轮和驳船的总泄漏量。[4]这些没被污染的雨水在没有经过任何处理的情况下，被直接排放到河流和其他水体中，对水体造成了严重的污染，甚至危及野生动植物和人类的安全。

3.2.4 下游洪涝灾害转移

大量暴雨水短时间集中排放入河道，河水的流速和流量猛增，增加了河流下游洪涝灾害的危险。例如 1998 年，由于不列颠哥伦比亚省萨里市的河流上游地段土地开发，一次暴雨使得下游洪水泛滥，淹没了下游的农田。

4 可持续雨水管理及优势

雨水作为一种宝贵的资源，在城市水循环系统和流域水环境系统中起着十分重要的作用。与以"排"为主的传统思想相反，可持续的雨水管理将雨水看作一种可利用的资源，模仿自然水循环，利用绿地、渗透铺装、屋顶绿化和滞留池等措施将雨水渗透、滞留、过滤、存储。实现雨水的生态、景观和美学价值。

可持续雨水管理不仅可以有效减少雨水径流，避免城市内涝，从而减少城市排水工程的投资及运行费用，与此同时，还有以下优点：（1）通过雨水径流的过滤，减小水质污染。（2）通过雨水的渗透回灌地下水。（3）雨水资源的回收利用可以大大缓解城市供水压力，解决水资源短缺问题。（4）修复自然水循环过程，构建人与自然和谐的生态系统。（5）景观化的雨水管理设施还可以给社区提供休闲娱乐场所并减轻城市的热岛效应。

5 可持续雨水管理措施

5.1 透水铺装

透水铺装是由一系列与外部空气相连通的多孔结构形成骨架，同时又能满足路用及铺地强度和耐久性要求的地面铺装形式。20 世纪 80 年代以来，国际上就开始流行透水性路面的建设。透水铺装具有较大的孔隙通透性，使得雨水能够及时渗入地下，补充地下水并明显的减少地表径流。渡边惠弘（Watanabe S.）于 1982 年在日本横滨市一区域布设了透水性铺装，并进行径流控制研究，结果

表明该设施削减了 15%－20% 的径流洪峰。1996 年初，仅东京就铺设透水性铺装 495000m²。据统计，透水性铺装使东京市区雨水流出率由 51.8% 降低到 5.4%。并且透水性铺装平均可减少 60%－80% 的污染物。[5]

现在国内外常用的人工透水地面主要有透水面砖、透水沥青、透水混凝土、嵌草网格等。国外资料介绍：渗透地面成本比传统不透水地面高出 10% 左右，但综合考虑因径流量减少、地面集流时间延长而导致雨水管道长度缩短及管径减小，雨水系统的总投资可减少 12%－38%。

5.2 雨水花园

绿地是天然的渗透表面，雨水花园就是将雨水汇聚入自然或人工挖掘的浅凹绿地，使其慢慢渗入地下，并利用植被和土壤的吸附和过滤能力使雨水得到净化。雨水花园不仅减低了暴雨地表径流的洪峰，还补充了地下水，并减少雨水对地下水的污染。

雨水花园最早起源于 20 世纪 90 年代的美国，第一个雨水花园建成后的结果显示雨水花园平均减少了 75%－80% 的地面雨水径流量。此后，世界各地开始广泛地建造各种形式的雨水花园。其中最为常见的形式是绿色街道、居住区雨水花园等。

在德国的里姆新城，家家户户门前都有雨水花园。屋顶的雨水首先通过雨漏管进入雨水花园，经过土壤渗入地下，若雨水大于土壤的入渗能力，则进入小区生态洼沟；道路及停车场的雨水径流直接进入小区的生态洼沟。洼沟根据绿地的耐淹水平设计，标准内降水径流可全部入渗，遇超标准降水，则通过溢流系统排入市政污水管道。

5.3 屋顶绿化

屋顶作为不透水表面在城市总面积中占有很大比重，1998 年北京市城区建筑屋面年平均径流量约 1.3×10^8 m³，占城区汇水年均径流量的 64% 左右。[7]如果在城市中能有效利用屋顶绿化的蓄水作用，将会产生非常显著的效果。绿化屋顶能够在一定程度上降低降雨产生的径流峰值，减少总的径流量，延缓产流时间，在较长的时间段内通过蒸散发等方式慢慢释放绿化屋顶土壤层所蓄滞的水分，使城市水文循环过程趋于自然化，以减少城市径流产生的风险。绿化屋顶对降雨径流的改变主要是通过种植植被层对雨水的截留和利用、土壤层的入渗蓄滞等作用实现。比利时的鲁汶大学（Leuven）曾经对屋顶花园对雨水径流的控制做过实验，在一年一遇的降雨量条件下，密集型绿色屋顶（土层厚度 210mm）、拓展型绿色屋顶（土层厚度 100mm）和普通屋顶的雨水径流率分别是 25%、50% 和 81%。[8]实验结果表明，绿色屋顶能够有效的控制雨水径流。瑞典马尔默的奥古斯滕（Augustenborg）自 1998 年改造后增加了 10000m² 的屋顶绿化，这些绿色屋顶使得这个地区的雨水径流减少了近 20%。从前饱受内涝的贫民窟现在成了马尔默最流行的居住地之一。生物学家们还估计，这大面积的屋顶绿化给当地增加了 50% 的生物多样性。

5.4 滞留池

绿地和透水铺装、屋顶绿化的渗透能力毕竟有限，当降雨量超过绿地和人工渗透表面的承载范围时，雨水径流还是会产生，这时，模仿自然系统中具有调蓄雨水功能的湿地和湖泊的滞留池就显得有必要了。滞留池就是在暴雨时暂时将多余的雨水存储起来，等暴雨过后，再将滞留池里的水在一定的时间内（48小时或者更短）以一定的流量排向市政管道。这种滞留池在多数时间处于无水状态，因此可以作为广场、运动场等多功能场所。例如日本千叶县的长津川调蓄池，由人工湿地、跑步道、草坪广场和游戏广场等组成。草坪广场和游戏广场就属于滞留池，而人工湿地属于储水池。在非雨季时，湿地中的水位于常水位，人们可以到这里来散步、娱乐和休闲。在雨季，当暴雨来临时，警报提醒游人疏散，此时的游戏广场、草坪广场和湿地都作为雨水调蓄渗透塘进行蓄水，暴雨过后储蓄的雨水下渗和缓慢排放。在削减洪峰流量的同时补充地下水源。丹麦罗斯基勒（Roskilde）同样在最近新建了一个40000m² 户外滑板公园，这个公园巧妙地将雨水收集功能和户外运动巧妙地结合在一起。一条长440m的滑板道作为雨水沟将雨水依次引入三个集水盆地。第三个集水盆地可以轻松应对10年一遇的暴雨（图3、图4）。

图3 罗斯基勒滑板公园平面图

图4 罗斯基勒滑板公园中的滑板道路

5.5 政策法规

城市雨水管理不仅需要工程技术的支持，也需法律、行政、经济等配套措施来保障雨水标准和技术的施行。现在，越来越多的国家和地区通过立法或行政手段鼓励雨水可持续管理，其中德国是典型代表。

德国的整个雨水管理的体系，以法律法规为基础保障，以经济手段为激励机制，以多样化的技术为支撑体系，取得较好的经济效益、生态环境效益和社会效益。德国以联邦水法、建设法规和地区法规等多种法律条文形式，对雨水径流管理作了明确的规定。1996年，提出了"水资源的可持续利用"的新理念，强调了"排水量零增长"的概念，要求新建或者改建开发区，无论其用途是工业用地、商业用地还是居民小区，开发后的径流排放量不得高于开发前的径流排放量，迫使开发商必须采用雨水利用的技术措施，从而减轻雨水径流排放对污水处理厂的压力，节省污水处理厂建设运营费用，改善自然的生态环境。各种相关法律法规的制定及实施，为联邦德国雨水径流管理提供了有力的保障，是德国雨水径流管理的重要基础。德国还通过各种市场管理手段和市场行为鼓励用户推广采用雨水利用技术。各城市依据生态法、水法、地方行政费用管理条例等相关规定，制定了各自的雨水费用征收标准，并结合当地降水状况、业主所拥有的不透水地面面积，计算出应缴纳的雨水费。若用户实施了雨水利用技术，国家将不再对用户征收雨水排放费。德国多年平均降水量达800mm，雨量充沛，由于雨水排放费与污水排放费用一样高，通常为自来水的1.5倍左右，为节省这一笔费用，更多的用户选择实施雨水利用措施。雨水费用的征收有力地促进了雨水处置和利用方式的根本转变，对雨水利用理念的贯彻有重要意义，也是德国雨水径流管理成功的关键因素。

6 结语

人类虽然无力避免极端暴雨天气事件的发生，也不能单纯依靠工程手段来消除暴雨水。雨水是一种珍贵的资源，我们应该从传统的雨水排放向雨水可持续管理转变，让雨水参与自然循环，发挥雨水的生态功能并且减小城市灾害。

参考文献

[1] 唐莉华，张思聪，吕贤弼，惠士博. 城市化对小流域降雨_径流关系的影响_分布式水文模型WHDM及其应用. 2004北京城市水利建设与发展国际学术研讨会论文集，2004.

[2] 程晓陶. 城市水利与城市发展. 城乡饮用水水源安全问题与发展汇总，2009.

[3] 周玉文，赵洪宾. 排水管网理论与计算. 北京：中国建筑工业出版社，2000：118-119.

[4] 威廉·M·马什. 景观规划的环境学途径. 第4版. 北京：中国建筑工业出版社，2006.

[5] Ed Fioronii, Permeable Interlocking Concrete Pavement：A sustainable approach to stormwater management [J/OL]. http：//LandscapeOnline.com.

[6] 朱红霞. 城市绿地雨水渗透利用_一_雨水通过人造透水地面渗透. 园林，2011（12）.

[7] 武车，汪慧珍，任超，刘红，孟光辉. 北京城区屋面雨水污染及利用研究. 中国给水排水，2001（6）.

由【7·21】北京暴雨事件引发的思考

[8] Jeroen Mentens, Dirk Raes, Martin Hermy. Green roofs as a tool for solving the rainwater runoff problem in the urbanized 21st century. Landscape and Urban Planning, 2006. (77): 217 - 226.

作者简介

邓慧娴，1988 年 11 月生，女，汉族，福建漳平，北京林业大学硕士在读，城市规划与设专业风景园林方向，电子邮箱：denghuixian1988@126.com。

浅谈墙壁绿化类别技术与发展前景

A Review of Modern Green Walls Design and Technologies

董顺芳

摘　要：随着各种新科技新技术的发展，越来越多不同形式的绿色屋顶和绿墙如雨后春笋般出现了，绿墙最为一个全新的概念带来了更多的优势与发展前景。当今所注重的不仅仅是建筑表皮绿化带来的美观，更多的是其与环境的相和谐以及带来的各方面生态上的优势．绿墙发展形成了各种不同的结构体系，其中由法国设计师 Patrick Blanc 发明的 Mur Vegetal 结构则给绿色墙壁的发展带来了革命性的突破．在这篇文章中，首先向大家介绍绿墙的定义，分类，发展历史，众多优点。随后结合表格和图片介绍各种不同结构的绿墙体系．之后选择了经典案例进行了介绍．最后，我会分析总结这些经典案例，尤其对不同结构的浇灌系统进行总结．并对绿墙在我国发展前景进行了总结并提出建议。

关键词：绿墙；生态；灌溉系统

Abstract：Since sustainable development and green building became a popular conception, building green walls is one trend in design, and has become famous all over the world. More and more new forms of green walls are appearing with new technical developments. The Mur Vegetal system which invented by Patrick Blanc brings a revelation in living wall design. In this paper, first of all, I will introduce green walls in terms of their definition, typology, history, benefits. After that, principles for different construction systems will be shown. Then I will review and evaluate a selection of precedent projects. The precedent studies covered both exterior and interior projects, and in different building types. And finally, I will analyze and conclude the precedent studies. And some conclusion about irrigation and drainage systems will be given.

Key words：Green Wall; Biology; Irrigation System

1　背景简介

当"生态"逐渐成为景观设计和建筑设计中一个重要理念，号召人们与自然保持和谐共处，创建生态城市。建筑表皮的绿化——建设绿色屋顶和绿墙开始迅猛发展。

绿色屋顶和绿墙即在平面和竖向不同的方向上对建筑表面进行绿化。他们在历史的发展之中彼此联系，不可分割，更在技术，植物配植，结构工程上有很多联系。所以尽管他们可以在建筑上被单独建造，应作为一个整体而研究。近些年来建筑竖向绿化，即绿墙迅速发展并为越来越多的人所接受。绿墙结构中灌溉与排水系统是最重要部分，这也影响到绿色屋顶的存储净化水的功能。随着技术的进步绿墙得到了多元化发展，但仍需更多的研究与技术支持。

本文章介绍分析一些基于不同结构体系的绿墙，特别是法国设计师 Patrick Blanc 的一些项目。最后对不同结构的浇灌系统进行总结．并对绿墙在我国发展前景进行了总结并提出建议。

2　相关领域知识常识

在研究绿墙同时，了解一些重要的科学概念是非常重要的。如毛细现象，虹吸现象，气候知识等。气候在绿墙的植物种植上起着非常重要的作用。在绿色屋顶与绿墙发展最为迅速的欧洲地区，湿润温和的气候使得植物有更大的选择性，并且基本不需要养护或所需养护非常低。而在我国尤其是北方，四季分明，仅夏季多降水的气候给建筑绿化的发展带来了很大的困难。绿墙的发展更是位于传统攀缘植物的初级阶段。

3　绿墙基础研究

3.1　简介

绿墙是一种利用攀缘植物可以自我更新的表皮系统，可被用于可持续发展。随着绿墙被越来越多的人所熟悉，他们的设计也由最初的自由生长植物变得越来越有审美设计感。瑞士和德国是现代绿墙建设的先锋一同时德国也是现代绿色屋顶的先锋者。他们从非常全面的方面考虑设计理念。尽管相关的技术得到了非常快的发展，但大尺度的建设绿墙依然是个非常新的课题。

绿色屋顶可以恢复的绿色面积即被建筑占据的土地面积，而绿墙可增加的绿色面积可以包括建筑物的各个立面，还有大量的室内空间可以开发。人们把自然变成一个人造"活机器"（Todd and Todd，1993）似的城市，越来越多光秃秃的墙出现了。假想如果把这些墙都覆盖满植物，这样会创造一个竖向的绿色空间，将平面的城市绿色空间丰富为一个 3D 的立体花园，"活机器"也会变成"充满生机的花园"。

伦敦的 Norman Foster 设计的黄瓜塔正在尝试使用一种 Core Hydraulic Integrated Arboury panel 进行改造。这

可以带来节约能源，减少水流失，减少热损耗等益处。

图 1　伦敦的 Gherkin Tower

图 2　规划绿化后的 Gherkin Tower

3.2　绿墙类别

在本文中提到的植栽墙，生态墙，绿色雕塑，垂直花园等都属于绿墙的范畴。参照通常绿色屋顶分为三种：粗放型，密集型，半粗放型；在这里我把绿墙分为如下三大类。其中竖向绿墙即传统的攀缘植物类，和新发展的立体种植槽类。生态墙是在建筑表皮附加了一层结构，可分为有土和无土栽培。

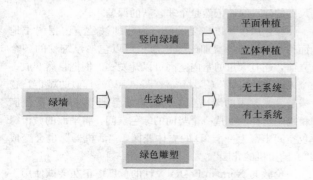

图 3　竖向绿墙——带支撑的竖向绿色
攀缘植物，德国 Adlershof，洪堡大学物理

图 4　绿色雕塑——Jeff Koon 设计的古
根海姆博物馆前的 floral scuplture Puppy

3.3　绿墙带来的益处

绿墙带来的众多益处与绿色屋顶类似，甚至更多与绿色屋顶。它具有以下优点：
- 审美优势：可视性审美，提高环境质量
- 环境与可持续发展优点，增加生态多样性，
- 降低城市热岛效应
- 提高空气质量
- 保护建筑
- 降低噪声污染
- 经济优势，使建筑减少能量损耗

图 5　色彩丰富的攀缘植物

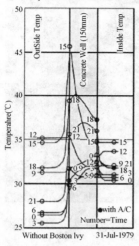
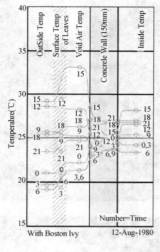

● Temperature Distribution of West Wall with and without Boston Ivy

图 6　绿墙节能研究（图片显示对有攀缘植物覆盖的和没有植物的建筑外墙进行了温度对比的研究成果）
Akira Hoyano（Professor，Tokyo Institute of Technology）

3.4　总结

绿色墙壁有着上千年的历史，直到近几十年才得到长足发展，现代科技和新理念的出现更给他们的发展带来了契机。绿墙的优点众多，有更多的审美感和可视性。尽管绿色竖向空间不能像屋顶一样作为一个可活动的空间，绿墙仍有很大的可开发潜力。

4　绿墙结构

4.1　不同结构体系简介

4.1.1　攀缘绿墙

这种绿墙有着最古老的历史，攀缘类植物沿建筑自然生长及称为攀缘绿墙。这种传统的形式近来也被用于现代化的设计中，用网格结构来控制植物的生长来营造需要的效果。除了设计上的特殊支持需要，通常没有太多的结构设施。

类别	竖向绿墙（平面种植）
植物	攀缘植物，灌木，木本植物（墙树）
结构	支撑结构（钢丝，网格）
灌溉系统	不需要
优点	简单，造价低廉 易于管理，低维护 风格自然
缺点	植物种类选择有限 吸引力较低 高度有限（＜30m） 对建筑表皮有腐蚀 对建筑外表面的施工维修造成困难 成熟时间长

图 7　德国住宅上的绿墙与绿色屋顶

图 8　MFO 公园，Zurich 瑞士

图 9　Flower Tower 阳台上的竹字，法国，巴黎

图 10 上海世博会的墙壁装饰

4.1.2 立体盆栽植物

这是竖向绿墙的一种发展形势，即把盆栽的植物置于不同的高度，可以不断发展，没有设计的高度限制。灌溉系统并不是必须设计，但盆栽植物确需人工灌溉养护。

类别	竖向绿墙（立体种植）
植物	造型美观的植物
结构	种植容器，支撑结构
灌溉系统	不需要
优点	审美独特 可选择植物种类多 对建筑表面无伤害，易于维修
缺点	养护需求高，工程复杂
系统	G-sky 盆栽绿墙

图 11 绿色挡土墙

4.1.3 绿色挡土墙

这种特殊的墙，多用于护坡，堤坝，而不是建筑上。

类别	生态墙（有土栽培）
植物	灌木，地被，草类等
结构	在挡土墙砌块间留出植物生长空间
灌溉系统	不需要
优点	低维护 维修简单 可选择植物种类多 给结构工程良好的审美
缺点	仅适用于挡土墙等结构之中

4.1.4 方格板式绿墙

格板的材料有多种选择，目前多用可再生塑料。这种系统可以根据植物的种类选择有土或无土栽培。无土栽培可用其他材料，如醛酚树脂泡沫（GrüneWand®系统）作为生长基质。灌溉系统通常为滴灌型。

它不仅用于建筑表皮的绿化，也可以用于各种独立墙，绿色雕塑，和其他艺术性的设施。它可以提供全年的美好色彩和吸引力，使最为广泛使用的绿墙体系之一，全世界很多家公司都供应。

类别	生态墙（有土栽培）
植物	生命力强，耐干旱的小型植物 灌木，野生花卉，草类等
结构	将植物种植在一块块预制好的格板上
灌溉系统	滴灌系统或管道灌溉
优点	有更多可选择的植物，良好的视觉审美效果 多功能的使用范畴：绿色雕塑，艺术工作 无高度尺度限制 单元格式设计，便于维修管理 对建筑表皮无损伤 模板式单元构架，便于批量化生产
缺点	结构偏厚重，造价较高 需要灌溉系统，大量的灌溉用水 需要一些养护工作
系统	G-sky 绿墙系统， ELT 生态墙系统 Core Hydraulic Integrated Arboury panel GrüneWand®系统

图 12　室外的隔板绿墙

图 13　室内格板绿墙

4.1.5　水养墙系统

这是一种重量轻，很薄的无土系统。所有的植物被垂直种在连接防水层上的生长基质上，这些结构又连接在安装在墙上的金属构架上。灌溉系统通常用滴灌，灌溉这里非常的重要，因为所有的植物都是生活在少土壤环境中的喜湿植物。

类别	生态墙（无土栽培）
植物	水生，悬崖边，及热带雨林植物 生活在少土壤环境，有强壮发达根系的植物
结构	金属构架，防水层，生长基质 具体建造时可能根据具体情况需要其他构筑
灌溉系统	自动滴灌系统
优点	质量轻，无体积与高度的限制 独特的自然审美，非常吸引人 低养护 给雨水收集管理带来潜力
缺点	需要维持水养 复杂的种植设计
系统	植栽墙系统（Mur Vegetal System） 生态墙（Eco wall），GrüneWand® system

该主题概念下最早也最为成功的是由法国景观先锋设计师 Patrick Blanc 发明的植栽墙系统。

植栽墙系统主要由 3 部分构成，所有的材料都是轻质低密度的。

金属构架：可独自支撑或安装在墙上，其中的空气层起到了隔热隔声的作用。

1cm.-厚 PVC 板：铆接在金属构架上，提供整个结构的强度并有防水作用。

毛毡层：聚醯胺制成，订在 PVC 板上，这一层的虹吸作用使水分均匀的运送。

浇灌系统：极为简单并且低密度。每 1—5 分中就可以让位于建筑顶部的水循环一遍。

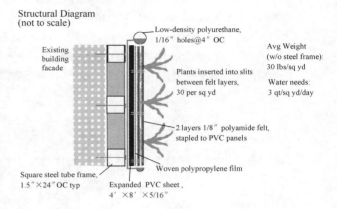

图 14　Mur Vegetal 结构模型

GrüneWand® 体系既为方格网绿墙也可归为水养墙。它适合较薄的小叶的植物。用于室内有美化环境调节气温的作用。相比较 Mur Vegetal 和 Eco Wall 所创造的垂直花园，称之绿墙更合适。

他的结构尤其灌溉系统几乎和植栽墙系统一样。不同之处是使用模板化种植设计，而不是整体修建的。它的种植也非常的简单。在安装之前，通常植物需要 14—18 周的提前预养。格板易于拆卸，但植物种植后却不能替换。

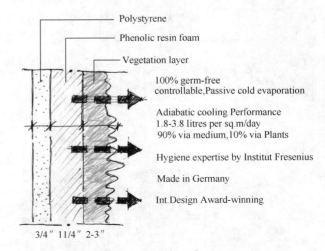

图 15　GrüneWand® system
（http：//www. indoorlandscaping. com/_pdf/ind）

图16 GrüneWand®体系绿墙

4.2 灌溉系统

灌溉与排水系统是绿墙结构最为关键的部分。与绿色屋顶相比，最大的问题是要考虑重力因素。事实上，所有绿墙的灌溉排水结构很相似，即模仿自然界的瀑布而设计的滴灌系统。灌溉所需水可为收集净化的雨水，储藏在地下的水池中供循环使用，以做到节能，环保，可持续发展。水由控制系统抽到网格状的管道中，横向管道上为滴灌系统。一般的滴灌系统需要根据季节的不同来调节供水量和供水时间。水由于毛吸现象和虹吸原理，在生长基质中慢慢渗透。有一点需要注意的是：如果使用离心式水泵来把循环使用的水打到顶部时，由于大气压的作用，最大高度约为10.3m。

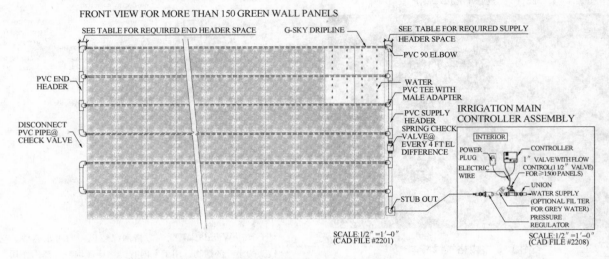

图17 G-Sky方格板绿墙中的灌溉系统

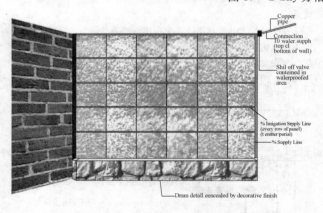

图18 ELT Easy Green™生态墙中的灌溉系统

5 案例分析

绿墙在欧洲有很多案例，设计师也在探索各种形式的可能性，这其中有成功的案例也有不成功的。

5.1 方格板式绿墙——天堂公园儿童中心，伦敦

天堂公园位于伦敦的东北部。新建的儿童中心是英国第一个大面积使用绿墙的建筑，建筑它结合了绿色屋

图19 Mur Vegetal系统灌溉水管细节

图20 儿童中心的垂直花园

顶与绿色墙壁的设计。整个建筑如一面绿色旗帜位于公园入口。

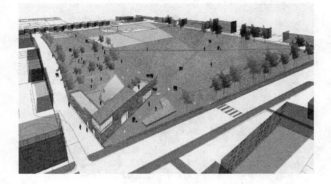

图21 天堂公园鸟瞰图

结构：金属网格板装置，16inch×16inch的金属网格板固定在放水的混凝土砌块上。

基质：（Rockwool Slabs）密封于金属盒中的矿毛绝缘纤维平板。

灌溉：收集雨水至位于绿色屋顶的水箱中，同时地下也有巨大水箱，以供水可循环使用，利用网状滴灌系统浇灌。

种植：大约30种，超过7000株不同的植物被装置于墙上，包括攀缘植物，灌木和覆地类植物。他们大部分是英国本土的品种，需要较少的修剪养护和替换。

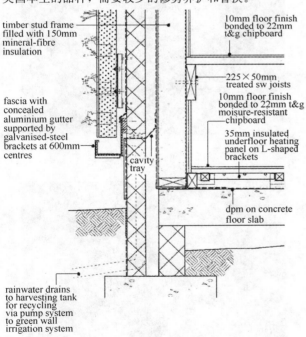

图22 儿童中心绿墙剖面

这个建筑很有创意，综合了前沿设计思想，如雨水管理，自然审美等，遗憾的是，并不是如期待的那样成功。问题总结如下：

● 雨水灌溉循环系统并没有实现运转，这或许是因为建筑师，园艺师，结构工程师组成的复杂团队没有做到及时相互沟通，导致建筑很多概念叠加在一起没有很好的结合。

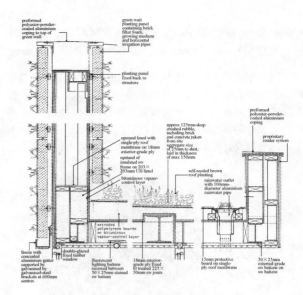

图23 垂直花园与绿色屋顶剖面

● 植物选择不合适。园艺设计者似乎想把一个传统的英式花园直接搬到墙上。

● 这个结构太过厚重了，使得造价很高．

● 水由于受重力而向下渗透导致每个板块中水分含量不均，但植物配置上没有考虑这个问题。

图24 墙面的植物生长不好

图25 种植单元格细节

5.2 水生养护墙体系（HYDROPNOC WALL SYSTEM）——Musée du Quai Branly, Paris, France

这个绿墙位于法国巴黎 Musée du Quai Branly 博物馆外。它是如此一个伟大神奇的设计，有强烈的图画感，给人以强大的震撼力。雨水的收集，可再生材料的应用，等可持续设计的理念都在这里得到了应用。强大的团队合作，优秀的设计使整座博物馆都是如此吸引人。

图 28　种植细节

垂直花园设计的重要实践。这个工程并不完美。一些施工上的问题造成了植物的缺失和灌溉系统暴露。为了节省造价，收水装置过于简单，很多灌溉用水蔓延到街道上，造成了水资源的浪费。尽管如此，瑕不掩瑜，这依旧是一个非常伟大的项目。

图 26　墙面立面丰富的植物

图 29　墙角的收水装置

图 27　绿墙边缘可见的结构

结构：Mur Vegetal 体系。

种植设计：这是一个室外工程需要考虑气候等自然条件。Blanc 并没有使用太多的热带植物，而是选用了超过150 种来自中国，日本，美国的植物；还有欧洲中部，最终超过 15000 种植物被种在了墙上．

这是 Patrick Blanc 职业生涯中的一个著名作品。是他

图 30　蔓延到街道的水（2007 年 6 月摄于巴黎）

6　Patrick Blanc 的成就

提到水养墙的设计，必须提到 Patrick Blanc 这位杰出的设计师．他发明了植栽墙系统（Mur Vegetal System）并成功建成了很多项目后，成为法国最活跃的艺术家之

风景园林规划与设计

一。第一个植栽墙系统问世（1988 年）不过短短几十年的时间就取得了以下巨大的成就。

审美：或许称 Patrick Blanc 为艺术家比植物学家或园艺师更合适。他将墙壁绿化提高到了一个全新的艺术高度。他的绿墙最为独特的地方是那充满生命力与激情的独特美感。他将自然，美学和科技知识结合在了一起。质感，色彩，疏密，形式，和感知力相结合，每一个垂直花园都像是幅 3D 的立体画。他的设计如同马蒂斯的舞蹈，和其他艺术家的作品一样，能够品味到对生活的热爱和激情。

生态：他架起了生态和科技的桥梁。他的设计和生态紧密结合，好比灌溉系统的灵感来自于瀑布，种植设计模仿自然界植物的自然生长。他的设计充满灵动，就像是来自于大自然的一片绿。丰富的植物创造了多样化的生态环境，吸引鸟，昆虫，和其他小动物。雨水的循环利用灌溉节约了用水，同时水在循环过程中也得到了净化，开发了绿墙净化水的潜在功能。

图 32　舞蹈——Hehri Matisse

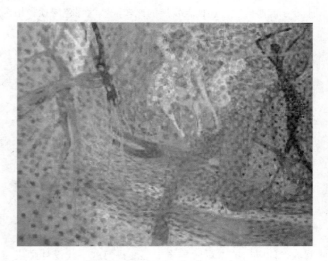

图 33　Movement in Dance in,
Toby Rosenberg Gallery

图 31　Patrick Blanc 种植设计草图

种植设计：他成功的一个重要原因就是植物的正确选择与配植。作为一个研究植物近 30 年的学者，他的知识非常渊博。采用新技术的同时，保持植物丰富多样，色彩丰富，充满活力。通常植物分为 3 个区：喜阳喜风的大型半附生植物位于上部；喜欢多石基质的中型半附生植物位于中部；有强大温度湿度适应性的小型岩栖植物位于下部。这重现了自然森林中植物的自然生长。所有选择的植物种类均来自悬崖，瀑布，热带雨林，和其他少土壤的生长环境。

经济价值：由于缺乏相关的资料宣传，人们认为垂直花园的造价高而且需要大量养护。事实告诉我们这个系统比我们想象的要便宜很多，先进的技术和配植减少了养护量。植栽墙系统给绿墙带来了全新的理念，很多相似的系统如 ELT 生态墙，Gruenewand（r）系统相继出现，创造了大量的经济价值。

图 34　垂直花园——Patrick Blanc

7　总结

7.1　雨水管理

绿墙与绿色屋顶是一个整体的系统，尤其在雨水的收集与利用方面，应该整体考虑。经过一系列实际项目中的分析总结，理想的雨水收集模型应如下设置：

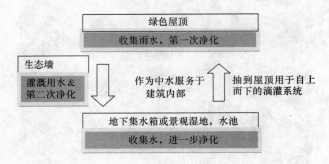

7.2 绿墙发展前景

  尽管绿墙有很多成功的项目，但现代绿墙设计整体上处于起步阶段。相比较发展的比较成熟的绿色屋顶。相关著作和文献资料非常有限。有关植物选择，材料开发，和灌溉系统的研究也非常有限。我认为绿墙仍需在以下方面多做研究：

  （1）开发新型材料和生长基质。

  （2）合理的控制灌溉水量，这方面有待更多的研究。

  （3）根据研究数据，灌溉管道的尺寸和管道网格的密度怎样因植物的物种和各地气候的不同而调节。

  （4）大量的植物品种有待开发。尤其适合我国北方气候生长的植物，可考虑引进非洲耐寒耐贫瘠的植物。

  在我国绿墙尚处于起步阶段，正如我们之前提到，在中国北方像北京这样的气候下发展绿墙还缺少实践。随着时间的推移，绿墙系统会得到更长足的发展，随着技术和相关研究的完善，它有着更为广阔丰富的前景！怎样将绿墙设计应用的景观园林之中，是我们这一代设计师应不断实践探索的方向。

参考文献

［1］ Osmundson，T.，1999. *Roof gardens：history，design，and construction*. New York；London：W. W. Norton.

［2］ Dunnett，N. & Kingsbury，N.，2008. *Planting green roofs and living walls*. 2nd ed. Portland，London：Timber Press.

［3］ Blanc，P.，2007. *The Vertical Garden：In Nature and the City*. Paris：W. W. Norton & Co

［4］ Lambertini，A. & Ciampi，M.，2007. *Vertical Gardens：Bringing the City to Life*. London：Thames & Hudson Ltd UK.

［5］ Manfred Köhler. 2008. *Green facades－a view back and some visions*. Urban Ecosyst 11：423-436

［6］ http：//www. indoorlandscaping. de/ _ pdf/indoor. GreenWall _ EN. pdf

［7］ http：//www. indoorlandscaping. com/ _ pdf/indoor. press. release. AIT. 04. 2007. pdf

［8］ http：//www. verticalgardenpatrickblanc. com/presse/Dwell-11-2006. pdf

［9］ http：//www. green－siue. com/images/Retzlaff _ et _ al _ wall _ poster. pdf

相关网站：

［1］ http：//www. g－sky. com/

［2］ http：//www. verticalgardenpatrickblanc. com/

［3］ http：//www. indoorlandscaping. de/

［4］ http：//www. architectsjournal. co. uk/

［5］ http：//www. greenroofs. org/

［6］ http：//www. greenfixuk. com/

作者简介

  董顺芳，1982 年 12 月生，女，汉族，河北唐山，学历硕士，毕业于 sheffielduniversity. 北京清华同衡规划设计研究院有限公司任景观设计师，从事景观建筑学设计与研究工作，电子邮箱：94218823@qq. com。

俄罗斯大型纪念性城市广场及其景观特色研究

The Research on Russian Large Memorial Urban Square and its Landscape Features

杜　安　赵　迪

摘　要：大型纪念性城市广场是前苏联及俄罗斯现代园林景观实践领域的重要内容，其代表作品包括圣彼得堡的胜利广场、莫斯科广场、战神广场、列宁广场，以及莫斯科和图拉市的胜利广场等。尺度巨大、主题鲜明、视觉冲击力强、公众参与度高以及建筑、雕塑、水景、绿化等多种艺术元素相结合是其主要的景观特色。

关键词：俄罗斯；纪念性；城市广场；景观特色

Abstract：Large memorial urban squares are important practice areas of Modern Landscape Architecture in Soviet Union and Russia. As a result，some very influential works of memorial landscape art came into being，of which some were named after victory square，Moscow square，Mars square，Lenin square in St. Petersburg and victory squares in Tula and Moscow and viewed as classics. It is these squares that characterizes the russian large memorial urban square：huge scale；clear theme；strong visual impact；high public participation；Architecture，sculpture，water features，landscaping and other artistic elements combine.

Key words：Russia；Memorial；Uurban Square；Landscape Features

1　相关背景

纪念性城市公共艺术，是前苏联及俄罗斯现代园林景观实践领域的重要内容之一，其景观形式主要表现为纪念碑综合体，城市广场，纪念公园，纪念性陵园、名人墓园和故居等。其中，尤以遍及俄罗斯各大城市中心区的纪念性广场以其巨大的尺度，鲜明的主题和卓尔不群的艺术表现力而独具特色。

俄罗斯纪念性城市广场空间的兴盛源起于1918年革命初期，列宁签署"纪念碑宣传计划"的文件，下令拆除沙皇时期的雕塑，在城市街道和广场上安放历史卓越人物以及为自由而战的英雄们的雕像，并以此来象征革命精神、鼓舞民众士气，掀起社会主义建设热潮。二战结束后，建设者的社会责任感进一步增强，大批建筑师、雕塑家和园林绿化工作者投入到城市公共艺术创作中去，以战争胜利和爱国主义为题材的纪念性城市广场大量涌现，代表作品包括圣彼得堡（当时称"彼得格勒"）的胜利广场、莫斯科广场、战神广场、列宁广场，以及莫斯科和图拉市的胜利广场等。苏联解体后，这些带有时代烙印的艺术作品留存至今，深刻影响着当今俄罗斯的城市景观风貌。

2　具体实例

2.1　圣彼得堡胜利广场（Площадь победы）

圣彼得堡胜利广场是城市的南大门，位于圣彼得堡国际机场到市区的主干道——莫斯科大街（московский

проспект）上，是城市轴线延伸的重要节点，广场的两侧是普尔科夫饭店和电子标准研究所两座对称的高楼，同时还有一些高层住宅。广场始建于1975年，1978年建成开放。主要设计人员包括建筑师斯 С・Б・佩兰斯基（С. Б. Сперанский），В・А・卡缅斯（В. А. Каменский）以及雕塑师 М・К・阿尼库辛（М. К. Аникушин）。胜利广场平面为椭圆形对称式构图，周边的城市道路呈发射状布局，形成以广场为视觉焦点的空间结构。广场主体部分是纪念彼得格勒战役英雄的雕像和纪念碑，上下两层的立体交叉路很好地解决了交通拥堵问题。底层从被围困的圣彼得堡城内方向进入，内部是一座露天圆形大厅，中间是《封锁》群雕像（图1），周围是14盏燃烧的长明灯。纪念厅的墙上是两幅巨大的镶嵌画，同时还展示了苏军战士遗留的纪念物。走出纪念厅，沿台阶而上就是花岗

图1　圣彼得堡胜利广场底层圆形大厅
中央的青铜群雕《封锁》

岩方尖碑，高48m。方尖碑的前面矗立着两位城市保卫雕像，分别是军人和平民形象，象征军民并肩作战。雕像的前方，对置有巨大的群雕，以《狙击手》和《防御》为主题。纪念碑、雕塑群以及它们与周围风景之间的联系成为一个统一的整体。整个广场设计细致协调、庄重深刻，极好的表现了战争带给人类的苦难，表达了对苏军战士的崇尚之情（图2）。

图2　圣彼得堡胜利广场鸟瞰

2.2　圣彼得堡莫斯科广场（Московская площадь）

圣彼得堡的莫斯科广场同样位于莫斯科大街上，地理位置靠近胜利广场，总占地面积 13 hm²。广场边上还有个地铁站，也以莫斯科（московская）命名。这个广场与其身后的苏维埃宫（Дом Советов.）作为一个整体，最初建成于 1941 年，此后该地区又经过多次整改，逐渐形成了一组风格比较统一的纪念性广场建筑群，成为市中心从历史核心转向新区的试验站。1970 年在广场中央安置了列宁像〔建筑师 В·А·卡缅斯（В. А. Каменский），雕塑师 М·К·阿尼库辛（М. К. Аникушин）〕。2006 年圣彼得堡市政府对莫斯科广场又进行了改造，使其成为一个巨型组合式喷泉广场，喷泉组合采用下沉式设置，空间感较为丰富。花岗石贴面的泉池以三角形切割作为构图的母元素，具有较强的视觉冲击力（图3—图5）。这是作为 2006 年 5 月 26 日——圣彼得堡建城 303 周年的献礼工程。苏联时期的莫斯科广场规模宏大，很有气势，重在突出其纪念性，而现在它主要是一个市民休闲娱乐的好去处，这种功能性的转变和苏俄社会意识形态的变化有所联系。

图3　改造后的圣彼得堡莫斯科广场以大型喷泉为主题

图4　莫斯科广场大型喷泉跌水

图5　莫斯科广场喷泉以三角形切割作为构图母元素

2.3　圣彼得堡战神广场（Марсово поле）

战神广场的前身是著名的马尔索沃教场，1923 年，它从一个巨大的尘封已久的阅兵场改造为一个设施完善的广场，设计人员包括建筑师 И·А·弗明（И. А. Фомин）和园艺师 П·Ф·卡特切日（П. Ф. Катцер）。广场的建成具有强烈的历史以及城市建设意义，当时根据它的布局结构以及地理位置，被设计成一个很大的用于隆重场合的广场，其南面和东面被米哈伊洛夫宫廷花园（Сад Михайловского дворца）和夏花园（Летний сад）的高大绿化林带所围绕，西面是管理局大楼（以前是巴甫洛夫团兵营），北面是西北工学院（здания СевероЗападного политехнического института）和克鲁布斯克文化院大楼（Институт культуры им. Н. К. Крупской），这两座大楼围合形成了基洛夫大桥（Кировский мост）入口旁的楼前广场，基洛夫大桥中心伫立着苏沃洛夫（А. В. Суворов）纪念像。整个广场的主干道路呈十字交叉型，方形地块被分为四部分，每块绿地又被设计成中心放射状道路，是一个规则式，单核式的纪念广场。广场绿化以开阔的规则式草坪和花坛为主，它们起到了整个布局规划的背景作用。小叶椴树环绕着广场四周，绿地的中心区域栽植了橡树和白柳来凸显主体构筑物。芍药属的多年生花卉以及郁金香、秋海棠被用来点缀春、夏、秋景，而在一些道路交叉口的绿化景观则由丁香、绣球、小檗等灌木群组成。广场中心是大理石革命烈士纪念碑、长明火和阵亡将士公墓，这里埋葬了 1917 年二月革命中牺牲的战士、工人、水兵，以及之后的十月革命和和卫国战争牺牲的英雄（图6）。纪念碑于1919年10月7日开放。战神广场是圣彼得堡历史中心区园林系统的重要组成部分，现有面积约14hm²，其中绿化面积达10.9hm²，是该市绿化最好的广场之一，也是苏联建国初期最好的城市公共纪念空间（图7）。

图6　圣彼得堡战神广场中央的纪念性景观

图7　战神广场以大型草坪为布局背景

2.4　圣彼得堡芬兰火车站前列宁广场（Площадь Ленина у Финлядского вокзала）

列宁广场位于圣彼得堡的芬兰火车站前，广场始建于1926年，面积约6.6 hm²，先于芬兰火车站而建造（1960年），早期设计人员包括雕塑师С·А·叶夫谢耶夫（С. А. Евсеев）以及建筑师В·А·舒格（В. А. Щуко）和В·Г·格里夫列赫（В. Г. Гельфрейх）。建成初期绿化覆盖率一度高达70%，其主体是一个352m×190m的街心花园，它包括了位于南北轴线的宽50m的绿化带以及东西两侧平行的林荫道。后考虑到火车站周边人流疏散等功能性要求，经过不断改造，扩大了硬质铺装场地，绿化有所减弱，演变为一个美丽的花岗石喷泉广场。广场中轴线是芬兰火车站中轴线的延续，在结构上由两部分组成：南部以巨大的列宁纪念雕像为核心，雕像以规则式花坛围合，景观氛围庄严肃穆（图8）；北部以黑色大理石喷泉组合作为景观主体，其中，列宁雕像的正北面是一个呈矩形的大型主题喷泉，配以水阶梯式瀑布，其两侧各有一排正方形阵列式喷泉，再外围则是两排椴树林荫路。广场的东北和西北角各有一块面积不大的方形绿地，带有花钵和绿篱，周边安放了休憩座椅。广场附近建有专门的

地铁站，是通向火车站的重要补充通道，南面朝向宽阔的涅瓦河，该广场除了鲜明的纪念性外还具有开阔的景观视线和巨大的城市交通意义（图9）。

图8　芬兰火车站前列宁广场南部中央的大型主题雕像

图9　列宁广场北部及芬兰火车站正立面景观

2.5　图拉胜利广场（Площадь победы Тулы）

图拉市胜利广场位于城市中心区，是为纪念在卫国战争中英勇保卫图拉牺牲者而建的一处公共开放空间，始建于1968年，主要设计人员包括雕塑师Б·И·久热夫（Б. И. Дюжев），建筑师Н·Н·米洛维多夫（Н. Н. Миловидов）和Г·Е·伊萨耶维奇（Г. Е. Исаевич）。广场呈矩形，外围是宽阔的绿化种植带，正面和侧面入口均有台阶通达，正入口台阶两侧放置了火炮模型，广场中央的花岗石基座上，安放着手拿冲锋枪的苏联战士和义勇军军人雕像，象征着图拉的保卫者兄弟般团结一致，全民奋起抗争（图10）。雕像旁边一组由三个菱形刺刀型方尖

图10　图拉胜利广场中央的苏联军人雕像

碑组成的纪念碑高耸入云（图11）。该广场空间层次较为活泼，各种景观元素的融合形成了较浓厚的整体艺术氛围。图拉自古以来就以武器锻造工厂著称，因此广场的设计加入了军工元素以更好地体现地方特色。

图11 图拉胜利广场中央高耸的菱形刺刀状方尖碑

2.6 莫斯科胜利公园及广场（Парк победы и площадь победы Москвы）

莫斯科胜利公园位于该市的一处著名高地俯首山，它建成于1995年5月，总占地面积135hm²，用以纪念反法西斯战争胜利50周年，是俄罗斯人民对艰苦战争的悼念，寄托着他们对和平的祈祷。1942年，建筑师切尔尼科夫（Я. Чернихов）最早提出了建立国家纪念碑的构想，但是由于正值战时，这一计划并未实施。1958年在园内设立花岗岩纪念牌，并在周围种植树木，奠定了公园的基础。1970—1980年建造完成纪念碑，1984年修建卫国战争纪念馆。整个公园于1995年5月9日正式建成，主设计师是З·К·采列捷利（З. К. Церетеёли）。这是一处纪念碑综合体，其主体是卫国战争纪念馆及胜利广场。

胜利公园为规则式园林布局，东侧的景观大道从城市主干道通向中心广场，突出展示胜利女神纪念碑，碑身呈三棱形，高达141.8m，象征着人们在卫国战争中经历的1418个不眠日夜（图12）。纪念碑上雕刻着各种人物浮雕，再现战争中让人缅怀的英雄人物与难忘的战役。纪念碑建在5层台阶之上，象征着5年艰苦战争。纪念碑两侧的草坪上，用不同的植物拼出了《1941—1945》两组数字，展示战争持续时间与和平来之不易的主题。景观轴线

图12 莫斯科胜利公园广场及远处的胜利女神纪念碑

北侧是一组大型喷泉，南侧的草坪中设有纪念柱，外围道路种植密林，围合成相对安静的休闲空间。胜利女神纪念碑的背面是扇形环抱的卫国战争博物馆，博物馆后设有休闲花园和露天展览空间，花园内的纪念雕塑群"万人坑"：极具震撼力；展览区布置有火炮、坦克、飞机和舰艇等战争实物。胜利公园综合了雕塑、建筑、广场、水景、绿化等展示形式，为俄罗斯现代纪念型园林的代表作之一（图13）。

图13 莫斯科胜利公园广场以几何状的绿色草坡为构成要素

3 景观特点

俄罗斯的城市纪念广场通常是由建筑师、雕塑家和画家共同合作完成，呈现出建筑空间的序列与艺术气息。园林充分考虑环境和地域文脉，注重空间的塑造，中心点常设计有超大尺度的雕塑，并配套有纪念馆或纪念展示空间。纪念广场在俄罗斯乃至许多社会主义国家中，得到广泛实践与应用，形成了独具特色和意义的城市景观，是最具有民族特色的造园类型之一。

3.1 多采用规则式园林布局，空间尺度巨大

俄罗斯地域内多为平原和丘陵，平坦的地貌使得园林景观呈现整齐、开阔的特征。因此，城市纪念广场多为尺度巨大、高差变化小的规则式园林布局，表现出人为控制下的几何图案美。纪念广场的空间都呈现出强烈的秩序感和连续的结构体系，有建筑布局的特征，中轴线明显、尺度大且地形平坦、视线开阔、局部有微小的高差变化；纪念碑和雕塑常为构图中心，每个纪念碑都有特定的主题，让瞻仰的人们回顾历史和怀念领袖；雕塑、园路、水池、花坛、植物依据轴线对称展开，突出庄严的气氛。

纪念广场的空间尺度之大远远超出了人们的视觉经验，给人一种不可超越的感受，这种尺度十分契合大型公共艺术本身具有的纪念性主题，让观者产生一种敬畏和仰望的情绪，形成强烈的冲击，并产生超越普通感官经验的崇高感，从而震撼观者。例如，莫斯科胜利公园及广场建造在一个平坦、开阔的地块上，广场尺度巨大，没有明显的高差变化，中心处的纪念碑坐落在十几米高的台阶上，但是同整个广场尺度和高141.8m的纪念碑相比，这样的高度并不突出。

3.2 政治色彩浓厚，主题鲜明

前苏联经历过两次世界大战的洗礼，残酷的战争带给人们极度的痛苦，前苏联政府最重要的一项园林政策就是组织和建造大量悼念苦战和解放的纪念景观。因此，大型城市纪念广场表达了强烈的政治色彩，多设置象征英雄、领袖、伟人，以及战役胜利的雕塑、纪念碑和建筑。如在莫斯科、圣彼得堡等许多城市的广场与公园中都设有列宁同志的雕像。另外，"祖国母亲"题材的雕塑应用广泛，几乎在大部分的纪念园林中都有出现。

俄罗斯纪念广场通过独特的艺术构想表现出鲜明的主题。例如，卫国战争是俄罗斯国家艺术中最宏大、最突出的主题，许多广场强烈地体现出与卫国战争相关的军事文化特征。它们充分展现出俄罗斯抗击德国法西斯的英勇、对战争的纪念以及对和平的祈祷。而这些主题都是通过独特的艺术形式和构思展现出来的，从整体的规划到细节的设计都紧扣主题，并体现出各自鲜明的艺术特色。

3.3 兼有多重功能，公众参与度高

城市纪念广场的规划除了鲜明的政治意图和纪念意义外，注重展现出空间的开放性，以满足市民多种功能需求。部分大型广场会提供大量纪念展示空间和活动设施，让参观者能参与其中，融入整个纪念广场的氛围中，为市民提供休闲、游憩的场所。例如，以莫斯科胜利广场为例，这里经常是莫斯科许多集会、游行的起点。而且，胜利广场周围设置着一些军事装备和设施，陈列有军舰、坦克等武器装备，在一片小树林中还模仿战场，设置了战壕、障碍等各种军事设施，参观者可以置身其中亲身体验。

3.4 注重多类特色景观元素的结合

俄罗斯大型纪念广场中会设置大量的雕塑，主体雕塑通常分为两类：一类是以人物和局部肢体为主，采用写实的手法、刻画生动；一类是以战争的工具（刺刀、武器等）和纪念方尖碑，如胜利广场的纪念碑。次要的雕塑类型更加丰富，有群雕、浮雕、壁刻画等艺术形式。广场中

还会设置长明火雕塑——"永不熄灭的火焰"，设置在空间的轴线上，与主雕塑或墓碑相呼应。

水景在纪念广场中被广泛运用，主要是规则式水池与喷泉，形成或动或静的氛围。静态水景多是方形或圆形的水池，如镜面般的水面，倒映出周围的雕塑。动态喷泉种类繁多、造型各异，起到烘托主体雕塑和渲染气氛的作用。随着时代的发展，近年来，将传统的单一型纪念广场改造为喷泉主题休闲广场的案例在俄罗斯的大城市时有出现。

由于有些战争死亡人数很多，甚至有几十万人，所以会有大量的烈士无法确认身份，某些纪念广场为了纪念他们还专门设有无名烈士墓，造型多为简洁的方碑，大理石或花岗岩材质，它们被安放在园林的轴线或空间的中心，表达了深深的哀悼之情，成为人们瞻仰和怀念烈士们的载体。

参考文献

[1] Горохов В.А., Лунц А.Б. Парк мира. М.: Стройиздат, 1985.

[2] Гостев В.Ф., Юскевич Н.Н. Проектирование садов и парков. М.: ЛАНЬ, 2012.

[3] Боговая И.О., Теодоронский В.С. Озеленениенаселенных мест. М.: ЛАНЬ, 2012.

[4] 杜安著. 北方的荣耀—俄罗斯传统园林艺术. 北京: 中国建筑工业出版社, 2013.

[5] 杜安, 岳强. 叶卡捷琳娜二世时期的俄罗斯传统园林艺术. 中国园林, 2013(1): 115-120.

[6] 赵迪. 俄罗斯园林概述. 中国园林, 2007(3): 79-84.

[7] 赵迪. 俄罗斯园林的历史演变、造园手法及其影响. 北京: 北京林业大学. 2010.

作者简介

[1] 杜安, 1982年11月生, 男, 汉族, 江苏无锡人, 硕士, 上海市园林设计院有限公司, 主创设计师, 研究方向为前苏联及俄罗斯风景园林, 电子邮箱: duanforever@sina.com.

[2] 赵迪, 1981年生, 女, 博士, 天津大学建筑学院讲师, 研究方向为风景园林规划、设计与理论, 电子邮箱: tdzhaodi@163.com.

高尔夫球场景观特征与设计方法

The Method of Landscape Design and the Characteristic of Golf Course

冯娴慧

摘 要：本文阐述了高尔夫球场景观设计的发展历程与当代高尔夫球场景观设计的原则与方法。高尔夫球场景观从最初的林克斯（Links-land）已经发展成为当代风景多变、风格各异，没有两个相同球场的千变万化球场景观风格。当代高尔夫球场景观设计必须要尊重自然，充分利用并提升原场地特性进行设计，同时要满足运动需求，营造多样化的球场风格与意境。

关键词：高尔夫；景观设计；设计方法

Abstract：The paper shows that development of golf Course landscape design，and the principles and methodsof contemporary golf Course landscape design. The golf Course landscape has been changed from Links-land to different styles；there are no two of the same golf course landscape. The principles and methods of contemporary golf Course landscape design should be embodied that respect nature，make full use of and improve the original features of the site，to meet the demand of sports at the same time，create a diverse style and artistic conception.

Key words：Golf；Landscape Design；Methods of Design

引言

高尔夫运动是指用各型球杆，由发球台发球开始，经过一系列球道，连续击球直到将球击入每一球道果岭上的球洞内的一项集休闲、审美、娱乐、锻炼身心于一体的运动。在世界上种类繁多的体育运动中，高尔夫运动是一项历史悠久，较为古老的运动。一般公认高尔夫运动的发源地是苏格兰，因为最初的高尔夫球场就诞生于苏格兰海滨特殊的地理环境之中，随后，高尔夫球场遍布全世界，从苏格兰海滨走向城市、城郊、田野、平原、海岸和高山。早期高尔夫球场兴起的时候，并没有专业的设计师。当时苏格兰的球场大多天然形成，早期的设计者主张"发现存在于大自然中的球洞"。从 20 世纪开始，针对球场的土壤管理、种植管理，以及人工方法改良的知识逐渐发展起来，景观设计师（Landscape Architecture Designer）也越来越多加入高尔夫球场设计团队，使得高尔夫球场的设计与建造艺术发生了很大的飞跃。景观设计师及相关人员，在高尔夫球场的建设中，做了大量的研究和工程实践。随着越来越多的人走进高尔夫球场，人们对球场的景观、生态等环境要求也越来越高。景观设计师在球场设计中的作用也越来越重要。高尔夫球场景观也从最初的"林克斯"发展成为包罗万象的丰富形式。

1 高尔夫球场自然景观特征与设计发展历程

大自然是第一位也是无可代替的高尔夫球场设计师。林克斯（Links-land）地理环境是高尔夫球场诞生的摇篮。

Links 是指海边生草的沙地，Land 指陆地、原野、草原，links-and 即海边沙地上的草原。现在的英语词汇中 links 仍然代表高尔夫球场。苏格兰的风和气候条件，对于最早的高尔夫球场形成是非常关键的。早期的高尔夫球场位于苏格兰滨海地带，这些地方由于常年受飓风影响，没有树木生长，土壤沙性，偏碱，有很好的透水性能。气候湿润、多雾，极适合牧草生长，有连绵不断的牧场。球场的特征表现为金雀花，石楠花以及大片的牧草组成的植被。在这样的地方，没有树木，也没有活水的池塘，大片的牧草其中，常有各种类型的沙坑。如图 1 所示苏格兰高地景观。

图 1 苏格兰高地景观（成瑶摄于苏格兰）

15 世纪苏格兰高尔夫球场的建设，并没有著名设计师的参与。直到 19 世纪，高尔夫球场在越来越多类型的场地上发展起来，遇到了传统球场中没有的新问题，例如硬质土壤等，如何对高尔夫球场土壤管理、种植管理以及如何用人工方法加以改良的知识逐步发展起来。与此同时，专业的高尔夫球场设计师出现了。早期的英格兰设计师认为球场仍然只因当在海滩的林克斯建造，后来在伦敦郊区的欧石楠荒野发现了沙性土壤，使得欧石楠荒野又逐渐成为理想的高尔夫球场所在地。20世纪中期，设计师逐渐发展出成系统的方法来整治场地以达到打球的满意程度，球场选址的地理环境限制在慢慢消失。同时，高尔夫球场在美洲大陆蓬勃发展起来，这一时期美国的高尔夫球场在数量上已经超过了英国。早期的北美高尔夫球场设计师是由苏格兰著名设计师和园林设计师（Garden Designer）组成。但在球场设计的趣味性和运动的休闲性方面，局限于传统的方法，仍然追求重复和再现传统的林克斯球场风光，即无树球场。

这显然不符合时代发展的要求，新时代的美国设计师得以迅速地发展起来，并形成两个主要的流派，一个主要的流派认为球场景观设计时首先应考虑对球场原自然景观的利用，与所在地域的地形地貌协调一致，尽量利用周围既有风景，使其相互协调并形成和谐统一的整体。这在高尔夫球场选址时就要充分考虑在巧妙利用自然景观的基础上要进行人工高尔夫球道区的规划和设计，尽可能减少或消除高尔夫球场建设对自然景观的不利影响，使球场的人工设计与自然要素相协调。设计师们为此应当深入考察场地，在大自然中寻求发球台和果岭的位置，让球道浑然天成。认为"球场应该风景如画，所有人造景观看起来都像天然的，不熟悉的人不能把这些人造景观从自然环境中区分出来"；"球场上一切醒目的矫揉造作之物都会减少运动的魅力"；"是上帝创造了高尔夫球洞，设计师的任务只是发现他们"。反对将球场地形进行大量的土石方工程改造，提出主张因地制宜建设球洞，其代表人物有唐纳德·罗斯，美国20世纪最负盛名的球场设计师之一。另外一个流派的设计师主张创造独特的视觉景观而不必太多考虑球场原有场地的自然状况。俄勒冈州大学景观设计师肯尼斯·L·赫尔芬德[①]就提出："高尔夫球场设计是一种与地形进行对抗的艺术。"这些设计师主张采用了大量的土石方工程，精心雕琢美丽的景色，以求达到球场的理想视觉效果，这些设计思想丰富了球场的设计类型，被称为"雕塑式球场设计风格"，这种风格给人形成强烈的视觉冲击力，吸引了来球场的人。其代表人物有保罗·皮特和爱丽丝·戴伊等。

20世纪90年代，球场设计中景观效果的改善与改良方面进步显著，与此同时，对环境的关注度也在提高。因为涉及湿地保护的问题，湿地被禁止建设为球场。同时，尊重自然的设计风格为人们所提倡，并成为当代的一个重要设计规则。美国PGA（Professional Golfer Association）职业高尔夫球协会提出球场设计和建造的首要原则是要尊重原始地貌、对原始地貌破坏最小原则和充分利用原始地貌条件，这是现今高尔夫球场设计建造的指导

思想和行动指南。自然的、充分利用地形而尽量减少土石方工程的球场设计受到推崇。罗伯特·穆尔·格雷夫斯[②]认为高尔夫球场对于环境的影响是正面的，美国高尔夫球场这些休闲的开放空间的意义远大于对高速公路的建设。

早期的景观设计师在球场的设计中的工作重点是分析球场区的自然景观风貌和击球安全的设计关系、环境保护及景观美学，景观设计师常把自然风光资源作为一种景观保留下来，保证球场的生态平衡和击球人的愉悦。20世纪90年代后，景观设计师直接参与高尔夫球场的选址、设计、建造全过程，在高尔夫球场设计中的作用已经得到广泛认同，他们在这一领域的工作范畴与目标也更加明确，工作成绩斐然。1991年，一项针对美国全国的高尔夫球场设计师的学位情况调查显示[③]，风景园林学（即景观设计学，Landscape Architecture）专业背景的高尔夫球场设计师占53%，土木工程和草坪种植大约各占7.6%，建筑学（Architecture）大约占3.4%，艺术（Art）大约占1.7%，而不明确专业背景大约占23.5%。

杰出的景观设计师能够在平庸的场地环境之中创造出精湛的高尔夫球场，而失败的球场景观设计可能使得美妙的场地环境反而成为庸俗的球场之作。

2 高尔夫球场景观设计原则与营造方法

高尔夫运动的独特魅力所在正是其所在场地的自然风景多变、风格各异。因为自然环境的差异，世界上没有完全相同的高尔夫球场，每一个高尔夫球场都是唯一的。球场可以位于任何类型的地区，从优雅、平坦的海滨到峻峭、起伏的山地。球场的自然景观非常多样化，有曲折的海岸线、逶迤的山脉、广袤的平原、起伏的丘陵、荒凉的沙漠、平坦的高地、低洼的沼泽、湖地等。如图2—图4所示。甚至近年来美国以及欧洲国家逐渐兴起利用高尔夫球场的建设来恢复垃圾填埋场、采矿废弃地等场地。

2.1 利用场地自然特性设计球道

利用场地自然体特性设计球道，尊重与提升原场地的特性。对于球洞空间塑造，必须以场地原有的环境条件修整等高线自然形成高尔夫球道，如图5所示，肇庆高尔夫球场利用场地原有的桉树林布局球洞，球洞蜿蜒分布于桉树林中，树林是球场美丽的风景，也是球洞的分隔与屏障。

山地球场的景观设计必须要显示出山势和山地风景线，具阳刚之美，利用山岳地形分布的球道，根据原地形的特点来设计球道的高低起伏，宽窄、曲折以及落球点。所以山景球场必须巧妙利用自然的山形地势来布局球道，塑造山景球场景观，如图6所示。滨海区域的自然场地类型非常多样，风格多变化，有的地势平坦，视线开阔；有

① 肯尼斯·L·赫尔芬德. "向海边学习"，Landscape Architecture，1995年春季刊. P74-85.
② 罗伯特·穆尔·格雷夫斯，美国著名高尔夫球场设计师，曾在密歇根州立大学和伯克利大学学习景观学（Landscape Architecture），1974年出任美国高尔夫球场设计师协会主席，在哈佛大学等高校机构讲授高尔夫球场设计讲座.
③ 罗伯特·穆尔·格雷夫斯等著. 高尔夫球场设计. 中国建筑工业出版社，2006：366.

图 2　山地高尔夫球场景观
（笔者摄于东莞银利高尔夫球场）

图 3　滨海高尔夫球场景观
（笔者摄于香港清水湾高尔夫球场）

图 4　平地高尔夫球场景观
（笔者摄于珠海国际高尔夫球场）

的山势险峻，同时拥有海景和山景特色；有的临海，可观海景；有的多湖泊、河流，拥有优良的水景；有的区域拥有优良的沙子资源，易于营造大面积的沙坑；有的地区生长滨海特色植物，具有独特风情。其景观表现，没有一定之规。同时，滨海球场受海风影响大，更讲求击球技巧。

图 5　桉树林里设计的球场
（笔者摄于肇庆高尔夫球场）

平原球场地势平坦，地形变化不大，从运动乐趣而言，平地球场的击球挑战性与乐趣都较低降低，因此平原球场非常注重植物与湖泊造景，尤其是树林，利用树林丰富平地空间的单调，分隔球道。树林生长茂盛可使平原球场成为特色树林球场，风景宜人。同时，大树的蓬勃生长，还代表了球场有一定的历史。如珠海国际高尔夫球场和香港高尔夫球场等均以大树球场著名，如图7-8所示。日本有名的球场多数为平原树林球场，球道全被树林包围，虽然地形较少变化，但是春秋季节树林景色颇为迷人。有的平原球场面积广阔，所由于种种条件限制不能够种植大树，但是也可以营造宽阔的球道和大面积的湖泊、沙池。例如深圳航港高尔夫球场，航港是典型的平原球场，由于临近宝安国际机场，受机场净空限制，不适宜种植高大乔木，该球场的景观平坦开阔，击球的人没有视线阻碍，通过设计广阔的球道和大面积的水景营造景观，如图9所示。丘陵球场大多数依山傍水，地形起伏自然多变，既可表现球场平坦轻松的风格，又能尽情描绘山间的起伏跌宕，但是不如山地球场那样地形险峻变化，所以丘陵地形中建设的球场可利用的造景方法较多，景观空间的营造最为多样和丰富多彩，易于塑造既有挑战性又有乐趣的球场景观，世界各地也多选此种地形建造理想球场。查尔斯·布莱尔·麦克唐纳（美国高尔夫球场设计师）曾提出："高尔夫球场建造最好的基础就是一块缓缓的丘陵起伏、山峦之间的沙地，如果有这样的场地，那剩下的工作就是经验、种植方法和计算的组合了"。

图 6　利用山势设计的球道
（笔者摄于深圳世纪海景高尔夫球场）

2.2　满足运动功能的球道景观设计

高尔夫运动是一种考验智慧与力量的运动，是需要分析环境、耐心细致、讲求技巧，并且对场地要有微妙感

风景园林规划与设计

图 7　球场造景树（笔者摄于珠海国际高尔夫球场）

图 8　白千层树木球场（笔者摄于香港高尔夫球场）

图 9　平原球场的大沙池设计（笔者摄于深圳
航港高尔夫球场）

种击球线路：一是理想的线路，从球道的某个特定点或某个特定的角度到达果岭某个特定点上最有利于进洞，设计师可能在球道上的理想击球落点区域加入一些挑战因素，如安置某种形式的障碍物（水池或沙池等）或种上几棵树，这样就要求准确地击球。对于不接受这种挑战的球手，有另一条安全的线路，球道从发球台到目标点之间设计一个相对来说没有什么麻烦的击球区，但是这一条安全路线通常较长，不容易打出优秀的成绩，如图 10 所示，一条为安全击球路线，若要选择越过湖面的另一条击球路线，可打出少 1 杆优秀成绩。有的设计师采用一些特殊的景观营造方法，如大面积，很难逾越的水面、数量多而密的沙坑或者悬崖深谷等，来增添击球运动的刺激性和挑战意味，如图 11 所示。

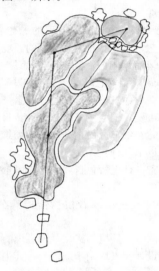

图 10　利用景观元素设计多种击球路线
（笔者自绘示意图）

图 11　大面积的深沙坑与水面设计（笔者摄于深圳
观澜龙岛高尔夫球场）

觉得一种击球运动。因此，高尔夫球场景观设计应体现一种运动的艺术。在每一球道都利用水面、沙池、树木、地被以及地形等元素精心设计多种击球路线，既营造丰富多彩的球道风景，又满足击球运动的考验，打球的人必须对每一击球都要适当做出安排。球道设计一般至少有两

2.3　营造球场的风格与意境

球场景观设计中，常采用一些设计元素，使球场形成一定的风格与气氛，或者通过一些景观元素，在球场中代表某些风格与象征性的意义，体现出球场的风格。球场表

现风格特色的影响因素很多，有的根据原有基地环境条件，表现山水交融的情境；有的表现出精致的花园特色；有的球场体现田园野趣的风格；有的球场通过植物配置等各种元素，使得球场景观能体现当地的自然风光、社会和民俗文化，反映当地的乡土特色景观，例如华南地区高尔夫球场景观多表现出热带、水乡湿地风格（图12）。地处"葵乡"广东江门的江门五邑高尔夫球场以蒲葵作为其景观植物，体现其侨乡特色，如图13所示。珠海国际高尔夫球场通过景观形式体现其日式风格。香港特区中西合璧的文化特色也反映在高尔夫球场景观设计中。美国新泽西州的 Stone Harbor 球场的景观设计就基于一个经典神话。苏格兰圣安德鲁斯球场中有许多象征性符号的景观，与当地宗教有关，如地狱之堡、狮口、罪恶谷，以及邮票形的发球台等。

意境是指所设计的图景和表现的思想感情融合一致而形成的一种艺术境界。高尔夫球场的意境营造，使得球场不仅仅只是运动休闲的活动空间，而表现出深远微妙、耐人品味的情调氛围，意境的营造使得球场景观充满了灵动的生气。在总体意境的营造上，高尔夫球场景观设计首先需要确定主题，围绕主题展开设计，每一球场都有自己独特的风格。在细节方面，高尔夫球场景观设计的意境营造方法常有以下几种：

（1）借助于设计把特色自然或人文风景以某种符号形式模拟于球场中；

（2）运用建筑小品或者植物恰如其分的营造球场氛围；

（3）对周围自然环境和文化氛围意识的尊重，并从本土景观中汲取设计元素应用于球场的设计中。

图12　岭南水乡高尔夫球场（笔者摄于广东
清远狮子湖高尔夫球场）

3　结语

高尔夫球场同时兼具运动功能和艺术美价值双重属性。任何一个好的高尔夫球场都是球场的运动功能和球场

图13　蒲葵体现侨乡特色（笔者摄于广东
江门高尔夫球场）

的景观环境相互作用、相互融合的结果。罗伯特认为"球场本身就是最漂亮的景观设计作品[①]"，而高尔夫是在这作品上进行的一种运动。缺少美感的球场只会使球手感到索然无味，使高尔夫运动变成一个乏味的体力运动。通过景观设计，一方面体现场地原有的自然特色美，将其保留或巧妙利用。优秀的设计师会充分利用场地自然美的特征创建球场，使它生态、自然、优美，玩起来愉快，而不是矫揉造作的环境，另一方面营造球场中起伏流畅的地形、不同质地与色泽的草坪、形态各异的树木、色彩和线条丰富的沙坑和水面等，为人们带来无尽的美感享受和视觉愉悦。

参考文献

[1] 冯娴慧等. 高尔夫球场景观设计. 北京：中国林业出版社，2013.

[2] 罗伯特·穆尔·格雷夫斯，杰弗里·S.科尼什著. 杜鹏飞，李蕊芳译. 高尔夫球场设计. 北京：建筑工业出版社，2006.

[3] （美）加里·麦科德. 张萍，王钰译. 杨青译审. 高尔夫（第二版）. 北京：机械工业出版社，2005.

[4] 马宗仁，黄艺欣. 高尔夫园林功能及园景布局的探讨. 草业科学，1999(16)：6；60-63.

作者简介

冯娴慧，女，1977年生，广东广州，祖籍辽宁沈阳，园林硕士，人文地理博士。华南理工大学副教授。广东省房地产行业协会"绿色住区"评审组成员。中国风景园林学会、中国地理学会会员。主要研究领域为城市绿地与城乡可持续发展；风景园林规划与设计理论；度假区与旅游规划。已完成工作业绩包括主持国家自然科学基金研究1项，省级科研课题4项，主持与参与30余项风景园林、旅游规划、城市规划项目，出版著作1部，发表论文20余篇，电子邮箱：xhfeng@scut.edu.cn。

---

① 罗伯特·穆尔·格雷夫斯等著. 高尔夫球场设计. 中国建筑工业出版社，2006；33.

论富有传统特色的现代园林的营造

Discuss the Construction of Modern Landscape with Traditional Features

冯艺佳

摘 要：中国的传统园林是世界园林界的一颗明珠，现代园林如何能够继承并发展它是当今中国园林界面对的课题。中国现代园林形式已发生了较大变化，但变化并不意味着与传统的割裂。只有与之结合并在此基础上创新才能获得更好的发展。通过对一些较为成功案例的举例和分析，探讨营造富有传统特色的现代园林在材质、色彩、形式、空间、细节以及植物等六个方面应注意的问题。

关键词：传统；现代；园林；特色；继承；发展

Abstract：China's traditional garden is the jewel of the world garden community, and how to inherit and develop it is the subject in the face of today's Chinese modern landscape. The form of modern landscape has greatly changed, but it does not mean break up with tradition. Only learn from it and create on basis can modern landscape get better development. Through illustration and analysis on some successful cases, this issue tries to explore how to create modern landscape with traditional features by paying attention to the problems in the six aspects of material, color, form, space, detail, and plant.

Key words：Tradition；Modern；Landscape；Feature；Inherit；Develop

引言

中国自古便被称为世界园林之母，一方面是因为其浩如烟海的植物种类，另一方面则是归功于中国的传统园林，无论以何种评判标准来看，中国传统园林都可以当之无愧的称为"完美"。但如今，有着如此傲人传统的中国园林界却陷入了巨大的迷茫。在从传统向现代转换时，由于长时间拘泥于过去，对现代的发展模式多借鉴西方，造成了生搬硬套、不中不洋的"怪现状"，而中国的地域特色却在这次过渡的革命中渐行渐远。如何继承中国优秀的造园传统，是我们在过渡时期所需要思考的一个关键问题[1]。

目前，我们面临的主要问题是古典园林与现代园林在功能、用材和形式等方面的矛盾。童寯先生指出："中国园林并非大众游乐场所……中国园林的长廊、狭门和曲径并非是从大众出发，台阶、小桥和假山亦并非为逗引儿童而设。这里不是消遣场所，而是退隐静思之地。"而现代的景观由于人民是国家的主人，所以它恰恰是为了服务大众而存在的，旨在吸引游人，和游人产生互动[2]；鉴于营造时期的特点，古典园林用材考究，做工精雕细刻，园林建筑和小品等均以木结构为主，砖石为辅；而现代园林则讲求施工效率和建造成本，用材以钢筋混凝土为主，这些都导致古典园林与现代园林脱节；此外，古典园林往往曲径通幽，讲究空间的层层递进，而现代景观则注重服务较多的人群，空间设计大多比较直白。

很多人认为仿古园林是一个解决方法，试图完全模仿、复制和再现传统园林。这种做法从小的空间范围内看，的确能够使人身临其境，唤起人们对传统园林的印象，然而从长远来看，却并非上策。首先，仿古园林建造的成本较高、工期较长。尤其是仿古园林建筑，每平方米达 1500－2000 多元，而且技术复杂、工期长，对材料要求高，维修管理困难[3]。此外，在已建成的仿古园林中，有相当一部分只重建筑本身，而忽略了与其他园林要素的协调和统一，仿古建筑成群，体量偏大，抢占了有限的园林空间，装饰色彩又偏重，因而失去了中国古典园林的特色。

除了以上弊端，仿古园林最不可取之处在于，它仅仅是对传统园林形式上的简单模仿，在我国现代园林亟待发展的形势下，是一种消极逃避的做法。继承传统园林不应只是简单的重复和再现，更多的是要挖掘其内在的审美情趣；不应拘泥于传统的造园模式，而应从整体风格、设计细节以及设计理念中用现代造园手法和材料表现中国文化的特质[4]。中国的现代园林亟须找到一种表达方法，既能用现代园林的设计方式和理念来适应现代的生活方式，又能用传统园林的特质和文化来保持独特性。这才是对传统园林真正的继承和发展。

近年来，国内也不乏在这方面的有益探索，例如苏州博物馆新馆、奥林匹克公园、苏州园林博物馆新馆、成都万科西岭社区、北京万科紫苑、济南园博园厦门园以及我在旅行中偶然发现的江西省九江市园林管理局庭院。总结起来，主要有以下几个方面：

1 材质

材质上的创新分为三类，一类是效果贴近的新材料；另一类是直接使用现代材质；还有一类是传统材质与现代材质相组合。

1.1 效果贴合的材质

这个方面的典型代表为贝聿铭先生设计的苏州博物馆新馆。新馆使用了大量的花岗岩，其中主要的用途就是铺在房顶。花岗岩是全新的材质，但最终的效果却使人感到非常熟悉，因为它在外观上与传统的瓦片非常神似，无论从色调还是特质上，这种中国黑的花岗岩也同样日晒而灰，水洗而黑[2]（图1、图2）。

图1 苏州博物馆新馆房顶上的中国黑花岗岩

图2 苏州博物馆新馆的花岗岩房顶与
传统建筑的灰瓦房顶外观对比

1.2 直接使用现代材质

说起现代材质，典型代表就是钢、玻璃以及混凝土。三者的组合既能建造出现代感十足的构筑物，也能在传统园林中焕发异彩。

在九江市园林管理局庭院中，廊架和凉亭均大胆使用了钢＋玻璃的组合。廊架使用工字钢作为骨架，上覆的玻璃清晰的透出四面景色，人在其中，似围非围，树影婆娑，暗香涌动，很有气氛。这种廊架简洁有力，既能满足为人们遮风挡雨的功能要求，又由于其材质透明的特性，对整体景观效果不但影响不大，反倒塑造了空间中流动的光影[5]，丰富了景观层次，可谓一举几得（图3）。

图3 九江市园林管理局庭院中廊架

1.3 传统材质与现代材质的组合

继续以九江市园林管理局庭院为例。景墙作为一个分割空间的重要因素，采用新材料工字钢作为骨架，填充物则为传统建筑中随处可见的灰瓦，传统和现代的材质放在一起发生直接的对话和碰撞。设计者并不将现代材质通过改造和伪装来与传统材料贴合，也不需要任何过渡，仿佛在提醒人们，这就是一个传统和现代的结合（图4）。

图4 九江市园林管理局庭院中景墙

在苏州园林博物馆中，也随处可见传统和现代材质的组合。园林博物馆利用拙政园的住宅部分改建，新馆在此基础上进行扩建[6]。如何在保护传统建筑的基础上进行一定的创新是设计者面临的课题。经过反复推敲，设计师采用玻璃幕墙和白砖墙作为展览载体的主要材质。玻璃作为主要外部围护材料使得展示对象获得了大量的自然光，同时玻璃也使新建建筑对老建筑造成的影响降到

风景园林规划与设计

最低；而白墙作为新老建筑共有的元素成为二者联系的纽带，同时也作为展品的支架和景观的背景[6]（图5）。

图5 苏州园林博物馆新馆中的玻璃幕墙和白砖墙

2 色彩

无论是传统还是现代景观，色彩都是非常重要的一个要素。对传统园林中具有代表性的色彩进行提炼，如木质的浅棕色、青瓦的灰色、白墙的白色、皇家园林中的金色、红色等，通过它们在现代园林中的运用，如作为分隔空间、引导空间的要素等，既满足了现代的功能，又表现了传统的意境[7]。

万科紫苑内园林就是色彩运用的一个优秀案例。它地处北京，在园林设计上着意采用了皇家园林中的部分色彩，这在小区园林中是很少见的。譬如跌水红墙这个景观元素，自汉高祖以来，红墙就象征至高无上权贵地位的人文符号，并一直沿袭至今，成为皇城景观的鲜明标志。紫苑中的红墙，在传承皇脉文化的同时，也造就了一道亮丽的风景线。此外，紫苑中还有一些灰色的景墙作为园林小品。与南方的青瓦颜色不同，它的色彩取自老北京四合院门前的照壁，也就是青砖的颜色。这种青砖也被用来修造万里长城。这两种颜色被设计师提炼出来，造就了具有北京特色的园林景观（图6）。

图6 北京万科紫苑小区中提炼的红色和灰色

3 形式

3.1 对形式的模仿

对形式的模仿是指尽可能地与传统园林保持一致。这种情况多见于园林建筑。建筑的模式和体制都比较严格，即使数值不同也要保证模数相同，否则会感到比较走样。

以苏州博物馆新馆为例。新馆紧邻拙政园，在建筑的形制上更需要与之保持一致，新馆建筑群的现代几何形坡顶是从错落有致的江南传统屋顶中抽象而来的[8]，虽然省略了屋顶的屋脊、檐角等要素，但高宽比等模数还是与之保持一致。鸟瞰苏州博物馆新馆和拙政园，两者非常和谐统一（图7）。

再如济南园博园厦门园入口，尽管它全部使用工字钢建造，但一眼看去仍让人有强烈的传统感，究其原因，就是它的建筑形式完全模仿了传统建筑，各个部分的模数都符合传统建筑的要求，因此形不似而神似（图8）。

图7 苏州博物馆新馆的屋顶形式
与周边的古建筑非常一致

3.2 对形式的适当改变

这种情况多见于园林小品。它形制比较自由，只要在变形的同时保留基本元素，就依然能够传神地表现出传统园林的意境。

以成都西岭社区为例。在做景墙时，将传统建筑中的窗格元素提炼出来进行放大，使得景墙形式新颖又不乏

图 8　济南园博园厦门园入口

传统特色（图 9）；在做两栋楼之间的内部庭院时，将传统园林中常见的月洞门元素提炼出来，使用黑色花岗岩和白色石膏等材质悬于墙上，成为墙体装饰，也成为整个空间的大背景，传达出了浓郁的传统意味（图 10）。

图 9　成都万科西岭社区内景墙

　　奥林匹克公园中那面著名的"鼓墙"也是一个精彩的变形。巨大的钢架被刷成了中国红色，中间穿插了大小不等的鼓面，不由让人联想到京韵大鼓。可以说，鼓墙尽管是一个全新的小品形式，但是其所使用的元素均让人们

图 10　成都万科西岭社区内庭院

产生了与中国传统特色有关的联想，从而达到了传统和现代相结合的目的（图 11）。

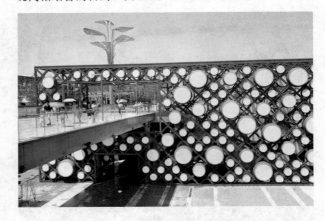

图 11　奥林匹克公园中"鼓墙"

3.3　对形式的适当省略

　　中国传统园林的许多元素都比较繁杂，如今由于材料、工期、技术种种原因，不能也没有必要做到那种程度。因此，在做有传统特色的现代园林时可以进行适当的省略。

　　在苏州博物馆新馆的主体建筑中，顶部呈几何形叠加变化的天窗给人一种似曾相识之感，因为它与我国传统建筑中的藻井非常相似。在新馆这样的氛围里，完全仿制一个藻井显然是不相宜的，但设计师抓住了藻井的主要特点，尽管将周围的彩绘雕刻等进行了省略，也能够让人们联想到藻井这一传统元素（图 12、图 13）。

图 12　苏州博物馆新馆主体建筑中顶部天窗

图 13　传统建筑中藻井

风景园林规划与设计

4 空间关系的保留

空间关系是园林作品的灵魂，也直接影响着使用者的感受。我国传统园林的空间关系堪称经典，是富有传统特色的现代园林中必不可少的造园要素。

苏州博物馆新馆的总体布局呈现出了坐北朝南、封闭内向、以山水庭院为核心的形式；在空间营造上采用了中国古典园林通过空间开合、大小、繁简的对比来营造空间的手法。主庭院东、南、西三面由新馆建筑相围，北面与拙政园相邻，大约占新馆面积的五分之一空间[2]。庭院隔北墙直接衔接拙政园之补园，水景始于北墙西北角，仿佛由拙政园西引水而出。庭院的中心是一个大的水面，有桥一座横卧于水面之上，将水面分成大小两个部分，建筑物和点景之物皆沿着水池四周布置（图14）。

九江市园林管理局庭院也因地制宜的营造园林空间。整个场地被办公楼分成两部分，楼前为一个较为完整的空间，水面、景墙、曲桥、廊架等景观元素对其进行分隔，使空间有实有虚，收放自如；到了楼侧面，空间渐渐变得狭窄，水流也由大水面变为池塘。池塘边慢慢出现了堆积的卵石，一条蜿蜒的小径引导人们继续向前；待转到楼背后，空间变得更加狭窄且长，水由池塘变为小溪，小溪一侧邻办公楼，另一侧则堆起了一人多高的山石，走在其中，犹如在山谷中徐行。继续向前，地势逐渐高起，拾

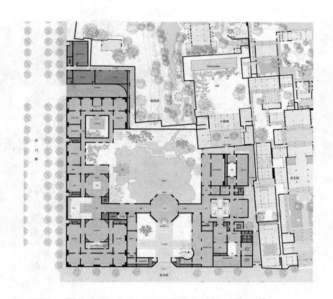

图 14　苏州博物馆新馆平面图

级而上，就到了一个凉亭中。凉亭在此形成制高点，可以俯瞰全园，尤其是可将楼前的水面尽收眼底，可谓是豁然开朗。纵观整个庭院，空间张弛有度，地势也有相应变化。不大的面积内，设计者充分利用场地的特点，营造了水边、山谷和山顶三种完全不同的空间类型，给使用者以丰富的空间体验（图15）。

图 15　九江市园林管理局庭院
楼前、楼侧、楼后的不同空间

5 一些细节的处理

在现代园林中摆放一些原汁原味的传统装饰能够使整体氛围富有古典的禅意，也能使空间显得精致。

如九江市园林管理局庭院的树池边摆放一个小的石质瑞兽；在景墙框定的入口处，摆放有两个石盆，里面种有莲花；在成都西岭社区中，玻璃和钢质地的棚架下放有一块假山置石，台阶下放有两头石狮；在红砖质地的景墙前，放有一列形似拱桥栏杆的构筑物，上面的小石狮憨态可掬；在铸铁的格子景墙上，悬挂有造型古朴的盆花。这些都使得园林富有传统特色（图16）。

6 植物的选择

植物的选择在很大程度上决定了整个园林的意境和氛围。选择传统园林中常用的或原产中国的植物种类可以使园林富有中国特色，如梅、兰、竹、菊、牡丹、玉兰、海棠、黄杨、槐树、丁香、槭树等。

在九江市园林管理局庭院和成都西岭社区中，均大量运用了竹子。竹丛掩映，竹影婆娑，整个空间摇曳生姿，充满了历史感；在万科紫苑中，大量槐树、海棠、玉兰等中国传统古树，蕴含着"文昌拜槐"、"玉棠解语"等典故；苏州博物馆新馆中那棵430岁高龄的紫藤，因为其与大才子文徵明千丝万缕的联系而让那里有了浓厚的人文气息（图17）。

图16　九江市园林管理局庭院与成都万科西岭社
区中一些具有传统特色的细节处理

图17　九江市园林管理局庭院、成都万科西岭社
区与苏州博物馆新馆中的植物配植

结语

在以上案例中，设计师面对与我国古代完全不同的设计对象和设计环境，仍通过多方面的精心考虑，完成了对传统园林特色的提炼和意境的营造，让使用者身处其中，体会到了传统和现代的和谐交融。

对于传统园林来说，材质、色彩、形式、空间、细节、植物均是设计者进行细心考虑和精心设计的方面，也是传统园林的精华所在。当代的中国园林设计师们，面对新的设计需求和设计要素，应在这些方面多加重视，继续探索和发展富有传统特色的现代园林设计手段。

参考文献

［1］中国风景园林学会．传承·交融：陈植造园思想国际研讨会暨园林规划设计理论与实践博士生论坛论文集［C］．北京：［张青萍］，2009．

［2］彭洁．古典园林在当代景观中的再生——苏州博物馆新馆［J］．农业科技与信息（现代园林），2009．01：41-43．

［3］冯德潜，吕文明．仿古园林建设问题探讨［J］．中国园林，1986．02：35-37．

［4］中国民族建筑研究会．2007中国民族和地域特色建筑及规划成果博览会、2007民族和地域建筑文化可持续发展论坛论文集［C］．北京：［陈蓓］，2007．

［5］朱琦．禅·玻璃与建筑环境——如何用玻璃材料表现建筑环境艺术中的禅境［J］．科技创新导报，2011．22：35-37．

［6］丁沃沃．探索形式的消隐——苏州园林博物馆新馆［J］．建筑学报，2008．10：72-76．

［7］张云路，李雄，章俊华．日本传统园林中的意境表达在日本现代园林中的运用［J］．中国园林，2011．05：50-54．

［8］杨乔娴．传统建筑的现代表达——品评贝聿铭的苏州博物馆新馆［J］．建筑，2007．11：76-77．

作者简介

冯艺佳，1989年12月26日生，女，汉族，河南，北京林业大学园林学院硕士，城市规划与设计（风景园林方向），电子邮箱：fyj12262007@aliyun.com．

风景园林研究与设计教育关系初探

Research on Relationship between Landscape Architecture Research and Design Education

付喜娥

摘　要：分析了传统风景园林教育与现行风景园林教育的变化，指出现有风景园林研究与设计关系错位等现象，在分析风景园林职业范例、教育价值、研究概念与类型、设计等基础上，指出设计本身并非研究，思考风景园林研究与设计教育关系。最后，讨论了作为风景园林教育者如何在教育中实践研究与设计关系。

关键词：风景园林；研究；设计；教育；关系

Abstract：The change from the traditional landscape architecture education to the current landscape architecture education is introduced and the phenomenon of dislocation of landscape research and design is clarified. Based on analysis of category of landscape occupation, education value, research concept and type, design concept, that the design itself is not study is pointed out, the relationship between study and design education is identified. Finally, how to deal with the relationship between research and design is suggested.

Key words：Landscape Architecture; Study; Design; Education; Relationship

传统风景园林教育为学生职业准备，为社会输出优秀专业人才，实现环境和社会责任。然而，近年高校管理者对教师参与研究和学术活动的要求逐年增加。因此，教师的角色从一个专业教育人士转变为一个集教学、学术研究和学科建设为一体的多重角色。但是，由于风景园林专业偏设计实践应用，并不符合学术研究的传统模式，且在设计职业中缺乏学术研究，出现设计与研究关系错位等现象。

1 风景园林职业范例

风景园林职业由一战后两个范畴确定：保护/规划和美学理论（McHarg，1997），长期以来这个划分增强了研究和设计之间即严格的学术追求和实际职业技能（设计）之间的区别，形成风景园林两个职业范畴：学术追求和实际职业技能，学术研究方向和设计方向的职业划分。

2 风景园林教育价值

高校三大职能是教学、科研和社会服务。风景园林教师通过研究、教学、服务推动了大学的作用，并通过培养有创新能力实践者的职业目标为社会提供服务。科学研究把教学和社会服务联结起来，成为理论与实践的中介。社会从学术知识积累中受益。

3 研究的定义与类型

3.1 研究定义

研究是科学系统收集数据，分析，建立理论，测试理论，而实验室科学的研究是假设的提出、自我验证、结论总结、修正假设等。本文研究包含非实验数据和数据分析形式，以及跨学科的综合方法。

3.2 研究类型

联合国教科文组织将科学研究和实验发展联系在一起（Scientific Research and Experimental Development，R&D），并按传统习惯分为三类：基础研究（Fundamental Research）、应用研究（Applied Research），实验发展（Experimental Development）。

从1980年代起，我国统一采用联合国教科文组织的分类方案，把科学研究划分为三类：基础研究（又称理论研究）、应用研究和发展研究（部分称战略研究）。

基础理论研究是探索自然现象本质、揭示物质运动规律的创造性活动，在现象和所观察到事实基础之上从事获得新知识的实验性和理论性工作。基础理论研究在于发现新的自然现象和规律，建立新的科学假说与理论，开拓新研究方向和研究领域，研究成果对广泛科学领域产生影响。

应用研究是为特定实用目的，运用基础理论研究成果探索科学原理应用的知识和途径的创造性活动。应用研究在于获得技术发明和方法创新，应用研究目的性明确，研究成果对有限科学技术领域产生影响。

发展研究是主题范围内的应用性研究，运用基础理论研究和应用研究成果探寻具有针对性和实用目的的技术开发或技术改进方案的创造性活动，对研究成果做进一步的推广应用以扩大其影响价值的研究。发展研究的目的性更明确，研究周期短，研究成果一般只对特定有限技术生产领域产生影响。

一般认为，高质量的基础理论研究更有价值。基础研究是应用研究和发展研究的理论基础，它通过认识自然规律、发展新的科学理论开拓新的研究领域与方向，推进新的应用研究和发展研究。

4 风景园林设计教育与研究的关系浅议

4.1 设计是研究吗

设计是风景园林的核心。设计是构想和规划的过程，创造并安排各种风景园林元素。设计是预想和实现的对话，个人的想象力和对场地的把握是设计的灵感，在表象中寻找模式，新设计概念的形成首先是旧想法在新问题上的投影，然后又根据场景的不同而加以评估和修改，设计构想与观测到的现状以辩证的方式结合在一起的过程。

有些设计作品在某种程度上是理性而且系统的，规划设计过程遵循自然科学的发展方式：搜集、整理资料，了解基地系统结构，了解系统机能，建立理论，设计——预言预测，也是"未来选择的社会判断"。部分设计作品可能是随性而成，或者完全没有理性。设计是主观构想，是自我认知范围内的充分理由形成的视觉语言，且难有验证与评判统一标准。因此，设计不是研究。

4.2 设计教育与研究的关系

4.2.1 基础理论研究指导设计

基础理论研究是应用研究与实践的基点。基础理论研究指导实践与设计。

4.2.2 研究贯穿设计教育全过程

研究贯穿设计过程，指导设计，形成动态关系。

风景园林是建立在寻求解决土地利用和管理问题的基础上，一开始就基于科学分析，自然科学提供了解环境的基本来源。美国学者李安妮．米布娜和罗伯特·布朗（Lee-Anne S. Milburna，Robert D. Brownb，2003），研究如何将科学研究融入风景园林设计的过程。首先提出了五种不同的研究与设计结合模式：概念——测试模式；分析——整合模式；经验主义模式；复杂思考模式；以及联想主义模式。然而通过对八位风景园林教育者的深入采访及对所有北美风景园林教育者的邮件调查却没有证实上述五种模式。相反地，一种新的模式从调查中显现出来。在这一模式中，研究融入到了设计过程的三个阶段：设计前，设计中，设计后。在设计前，大致有两种研究：间接研究（包括本体研究①，资料研究以及范例回顾和案例研究）及直接研究（包括基地调查与分析）。在设计中，论述了五种设计方式如何应用研究：艺术式，直觉式，运用式，分析式以及综合式。在设计之后，研究又有两种作用：设计的评估及检验。教育者所提供的这种分类深度透视了景观设计的过程及其交流与教学，证明研究是设计和建设的内核。

整个互动过程的三个阶段中，研究在第一和最后一个阶段都扮演重要角色，而设计中更多靠艺术直觉。研究对概念的形成，和概念在场地上的实施都起到中心作用。

如果某个设计作品在完成后被一致被认为具有重要影响，或对社会是一个意义重大的贡献，或者获得专业职业奖项，或使用多年并获得统一认可的建成工程，且发表在已被认可的学报或杂志上，这个作品都可以成为学术研究对象，并认为对学术研究有贡献。研究对设计的成功性、合理性起着测试作用，评论优秀且具有学术贡献的建成设计项目研究，通过比较、评价、总结研究这些具体的设计和建设项目，形成此类项目建设指导框架可以指导这类场所设计，例如，对多个优秀主题公园的使用与观察，总结此类主题公园的设计标准与框架，甚至部分研究项目探究可以形成设计理论指导设计。

4.2.3 设计教学中的问题作为研究的主题

实践设计和社会服务，可以作为研究的主题或者研究的动机，启动一个研究过程的开始，催生新的研究课题。因此，可以有设计中的研究，研究作为对设计的回应，或者研究促成了设计。

以城市商业公共空间的开发为例，在商业区开发中，由于开发主体对商业公共空间价值认识不足，认为商业公共空间的开发远不及开发商业建筑带来的利益与价值高，在开发中规划设计者难以说服开发主体在地价极高的商业区开发商业公共空间。因此，对城市商业公共空间价值，尤其经济价值定位与评估成为急需解决的问题，因此，形成商业广场的价值评估（尤其是经济价值评估）体系、开发需求估算模型等课题。研究成果指导公共空间的开发与设计。

5 讨论

高校教师通过从事科学研究，了解专业领域前沿知识，不但可以提升自我知识水平和视野，向学生传授最新最前沿的知识，同时，科研促进教师形成科学严谨的治学态度，革新设计教学内容，提高授课质量，培养具有创新意识的社会服务专业人才。

教育者模糊教育、服务和研究的界限，将三者融会贯通，形成相互促进的统一整体，科学研究带动设计教学不断更新与进步，设计教学完成科研的推广与传承。通过研究解决实际社会需求与设计障碍。引导学生掌握将研究融入设计的能力与方法，而且使学生在设计的图面、文本和口头表述上表现出研究成果，将研究成果、语意化的数据转化为视觉信息。让学生了解典范设计，让学生去认识分析"好的设计"，作为自己创作设计的引子。

研究是设计师拥有思想的工具和方法，研究在设计中的应用应该向更理性、更有目标的方向发展，又不使设计师的创造力受到影响，不阻碍设计的创意性和整体性的方向发展。培养有思想、善于思考的设计师，使得他们有能力思索当今社会和道德问题，回应日新月异的世界需求。

---

① 本体研究，也被称为个人经验或经验更新，是以设计角度对"人类价值，即精神上，物质上，心理上，社会上的深刻认识"。

参考文献

[1] Ivan Marusic. Some Observations Regarding the Education of Landscape Architects for the 21st Century. Landscape and Urban Planning, 2002(60): 41-48.

[2] Lee-Anne S. Milburn, Robert D. Brown. The relationship between research and design in landscape architecture. Landscape and Urban Planning, 2003 (64): 47-66.

[3] Jon E. Rodiek. Landscape planning: its contributions to the evolution of the profession of landscape architecture. Landscape and Urban Planning, 2006(76): 291-297.

[4] Lee-Anne S. Milburn, Robert D. Brown, Susan J. Mulley, Stewart G. Hilts. Assessing academic contributions in landscape architecture. Landscape and Urban Planning, 2003 (64): 119-129.

[5] 陈益升. 科学研究的类型. 科学技术与辩证法, 1990.02: 34-35.

作者简介

付喜娥，1978 年 3 月生，女，汉族，内蒙古巴盟，博士，苏州科技学院建筑与城市规划学院。

基于感官体验的儿童康复花园设计

Children Healing Garden Design Based on Sensory Experiences

付艳茹　裘鸿菲

摘　要：现代医疗技术的快速发展为儿童生理健康的恢复创造了条件，然而，对儿童心理健康状况考虑不足，儿童康复花园就是一类对儿童生心理恢复具有康复作用的花园环境。本文从患病儿童的心理特点出发，分析了感官体验和康复花园对患儿的重要性，结合多个国外儿童康复花园应用实例，探讨了儿童康复花园中视觉、听觉、嗅觉、味觉和触觉五种感官环境设计的方法，以期创造一个更加适合患病儿童感官特点和心理需求的康复环境。

关键词：儿童；康复花园；感官体验；设计

Abstract：The rapid development of modern medical technology create conditions for the recovery of children's physiological health, however, it's not enough to consider children's mental health. Children healing garden has psychological and physiological restoration effects. From the sick children's psychological characteristics, this paper analyses the importance of sensory experience and healing garden for children. And the paper discusses design methods of children's healing garden in the five sensory environment of vision, hearing, smell, taste and touch, combining multiple foreign application examples in order to create a better recovery environment for sick children sensory characteristics and psychological demand .

Key words：Children；Healing Gardens；Sensory Experiences；Design

随着科技的进步，我国医疗技术水平得到了迅速发展，然而，我国儿童医疗资源仍然存在长期短缺的现象，各地普遍呈现看病难，空间拥挤等问题。与此同时，儿童户外活动空间环境也未得到充分的重视。相关研究表明，户外空间环境对儿童的健康恢复起着不可替代的作用，而现有医疗机构外部空间环境的设计常以大众的视角出发，对儿童这类特殊群体感官和心理的需求考虑不足。因此，研究针对儿童心理与感官体验的康复花园设计显得尤为重要。

1　康复花园概述

1.1　康复花园

康复花园（Healing Garden）就是在医疗服务场所、康复训练机构环境中导入景观与自然元素，让这些空间与环境软化，促使每位空间的使用者都能从所导入的自然与景观元素中获益，进而改善或提升其健康状态[1]。著名的环境心理学家 Kaplan 认为现代都市生活的高压容易使我们的注意力疲乏，而处在自然环境中的人类可以较不费力气地收集环境中的信息，使我们已经疲乏的注意力得到缓解，改善我们的心情和感知功能[2]。因此，自然具有康复性，而康复花园就是对人的生心理具有康复作用的一类花园环境。

1.2　感官体验

感官体验主要指个体的感觉器官受到外界刺激后产生的反射行为和情感体验。这里提到的感官是指用于感受外部事物刺激的器官，主要是指人体的"五感"，即视觉、听觉、嗅觉、味觉、触觉。人在环境中的感受往往是这五种感觉综合作用的结果。

1.3　联系

人们从康复花园中获得的自然体验是通过人体感官系统对外界环境的综合感知实现的，人们在康复花园中感受阳光、色彩、材质、芳香和声音，从中获得身心的放松。因此，可以说，康复花园中的自然体验是人体感官系统的养分，而感官体验就是我们感受和理解自然世界的机制。

2　儿童的心理特点

2.1　一般儿童的心理特点

儿童由于处在成长发育阶段，常常会出现依恋性、应激－适应性和游戏性的心理特点。依恋性是指儿童在长期的被看护过程中，产生对看护者的情感归属和依恋，大部分儿童呈现出对母亲强烈的依恋感。应激－适应性是指儿童受到各种刺激之后产生的即刻反应以及为适应外界环境所产生的一种自我保护行为。如儿童处于不良环境中的远离、哭闹等行为就是应激－适应性的一种表现。游戏是儿童的天性，儿童通过游戏的过程主动参与环境，从中获得快感和对环境的认知[3]。

2.2　患病儿童的心理特点

2.2.1　焦虑和恐惧感

面对未知陌生的事物，人们常常会产生一种警惕和不安感，而由于儿童对事物的认知能力有限，这种不安则往往会加剧。儿童从熟悉的家庭环境和学校环境来到陌生的医院，面对拿着医疗器具的医护人员和周围同龄儿童的哭闹声，这些陌生环境所带来的不确定性常常会让儿童感到焦虑和恐惧，反之，这些负面情绪的产生又会加重患儿的病情[4]。

2.2.2 抵触情绪

患儿由于面对陌生环境而产生的焦虑和恐惧感会导致一种对环境的抵触情绪，抵触情绪是患儿的一种自我保护行为，也是对环境的正常应激反应。儿童哭闹、拒绝接受治疗的行为就是儿童对环境抵触情绪最直接的表现。

3 感官体验对患病儿童的重要性

3.1 吸引注意力

儿童由于年龄小，对疾病与医院的认识能力有限，对周围环境的感受常常是直观和形象的感知与记忆。在康复花园中，儿童容易被花园中各种自然元素所带来的感官体验所吸引，在自然环境中游戏与探索，新奇和趣味的康复花园环境吸引了他们的注意力，忘却了对医院的恐惧。

3.2 有助于压力的释放

儿童通过感官体验建立和自然环境的联系，以往对自然环境的经历使康复花园成为儿童较为熟悉的区域，有利于儿童建立对外界的掌控感，在这里，他们可以远离医院的嘈杂环境，大声玩乐、喧闹、奔跑、发泄，体验更多的自由，有助于儿童压力的缓解。

3.3 有助于患儿的感知觉发展

康复花园之所以对患病儿童重要，就在于儿童是透过感官体验生活，学习和理解外面的世界，感官和环境的相互作用，促进了外界信息的有效传递。多样化的自然环境可以带来多种感官的刺激，促进儿童认知能力的发展。即使是感官功能障碍的儿童，人体为了弥补某种感觉器官刺激的不足，会有意识地加强其他感受器官接受刺激的能力，这种现象叫相互补偿，例如视觉功能障碍的盲人，对周围环境的声音、物体散发的气味、脚底道路的材质等听觉、触觉、嗅觉的刺激异常敏感。

4 儿童康复花园感官环境设计

4.1 视觉环境设计

通过视觉，人可以感知外界物体的大小、明暗、颜色、动静，获得对机体生存具有重要意义的各种信息。研究表明人类至少有80％以上的外界信息经视觉获得，视觉是人类获取外界信息最重要的感觉之一。对视觉环境的设计将主要从色彩、形状、尺度这三方面进行探讨。

4.1.1 色彩

色彩是视觉刺激中最直观的感受，康复花园中色彩的使用应根据儿童对色彩的喜好、感知程度以及色彩对儿童心理的调节需求来选择。不同的色彩可以让人产生不同的心理感受，如兴奋、紧张、安静、悲伤等。使用合适的色彩可以消除儿童就医的恐惧，安抚儿童的心灵，激发身体的活力。研究显示，观看绿色植物可以减轻人的感官压力，缓解心理疲劳。另一方面，鲜艳明快、对比强烈的色彩常常受到儿童的偏爱，康复花园中常常使用在需要形成视觉焦点、鼓励儿童运动和交流等趣味性以及空间识别性较强的区域，如指示牌、雕塑、广场铺装、游戏设施、台阶等。

位于美国旧金山儿童医院内的莱西塔克家庭康复花园在视觉环境设计上使用了较多色彩丰富、富有趣味性的动物造型设施和地面装饰材料，与医院建筑内白色的墙面和压抑的空气氛围形成鲜明对比，曲线型的景墙镶嵌着不同的玻璃图案，阳光的照射形成不同的光影效果，极大地激发了儿童的活力（图1）。

图1 色彩丰富、富有趣味性的动物造型设施
（引自：新建筑，2006.2：52.）

4.1.2 造型

点、线、面、体是景观环境中物体最基本的构成要素。"点和体"容易形成空间视线的焦点，在康复花园中表现为零星点缀的花卉、雕塑和园灯等各类小品设施，通过独特的造型设计吸引儿童的视线。"线"是点的运动轨迹，道路、林冠线、带状绿地、岸线、景墙等都可视为线性元素的表现，花园中自然曲折、富于变化的线性空间常常受到儿童的欢迎，但要避免过于复杂的设计，容易使儿童失去方向感和控制感。康复花园中"面"的表现形式主要分为功能性的面和观赏性的面，观赏性的面主要有植物色块、水面等，而功能性的面有宽阔的草坪、平坦的路面和广场等（图2）。

在美国德州戴尔儿童医疗中心庭院的设计中采用了较多曲线形的空间设计，如铺装设计上采用不同颜色的

图2 宽阔的草坪（作者自摄）

条形色彩，曲折变化的水道和道路设计（图3—图5）。

图3 戴尔儿童医疗中心花园内铺装上的条形色带
（http：//www. dellchildrens. net/index. asp）

图4 戴尔儿童医疗中心花园内曲线形水道
（http：//www. dellchildrens. net/index. asp）

图5 戴尔儿童医疗中心花园内曲线形园路
（http：//www. dellchildrens. net/index. asp）

4.1.3 尺度

儿童通过感观体验与环境进行交互，不同的尺度设计将带来不同的空间感受，如宽阔的草坪给人以自由感，高大的林荫树给人以庇护、包容感，符合儿童尺度的桌椅给人以亲切、舒适感等。康复花园的尺度设计应考虑一般儿童和残障儿童的使用需求，设计符合儿童身体尺度的景观。

莱西塔克家庭康复花园在入口处设置了一个名叫"山姆"的高大恐龙框架造型，取自一个名叫山姆的小男孩与病魔顽强搏斗的故事。花园在尺度设计上采用夸张的形式，既使入口突出醒目又引发了儿童对主题故事的崇敬之感（图6）。

图6 莱西塔克家庭康复花园入口恐龙框架造型
［引自：新建筑，2006（02）：52.］

4.2 听觉环境设计

听觉是仅次于视觉感知外界环境的感觉器官，对于儿童而言，悦耳的声音可以引起心理情绪的变化，缓解心理紧张产生快乐的情绪，从而在一定程度上有助于病情的康复。康复花园中听觉环境设计一般采用负设计、正设计和零设计这三种方法进行[5]。

4.2.1 正设计和零设计

声环境中的正设计是在原有的声音景观中添加新的声要素，而零设计则是对听觉景观按原状保护和保存。例如位于美国芝加哥的儿童纪念医学中心花园内设置有布袋风标和风鸣管钟，这些听觉性景观的设计运用了零设计的方法，利用简单的装置实现对自然界声音的收集。花园内还会定期举办音乐艺术演出，为花园增添悦耳的音律[1]。

风景园林规划与设计

4.2.2 负设计

负设计，即去除听觉景观中与环境不协调的、不必要的声要素。如位于美国加州的贝肖尔儿童护理中心儿童游戏场的设计使用木质夹板围合空间，隔离了外部环境，同时保障了儿童的安全（图7）。

图7 贝肖尔儿童护理中心儿童游戏场
（http://photo.zhulong.com）

4.3 触觉环境设计

自然景物可以通过人的触觉传递至心理引起共鸣，某种意义上实现人类与生物同质性上的心理认同[6]。通过触觉体验，儿童可以感受物体的质感、肌理、温度、凹凸感、硬度等，形成对事物本质的基本认识，思考自然世界的奥秘，激发儿童对未知世界的探索。

康复花园触觉环境的设计应尽可能使用多样的自然材料，如水体、路面材料、沙地、石材、植物材料等，丰富儿童的触觉感官体验。如通过使用园艺疗法增强儿童的动手能力，在亲自体验中感受生活的意义。同时，花园要考虑安全性的要求，道路避免使用光滑的材料，在儿童容易发生碰撞的区域，尽可能使用柔软或流线型的材料设计。对于视觉障碍的儿童，由于视觉感知受到限制，触觉成为他们认知世界的重要方式，可以通过添加盲道、盲文指示牌以及多样化的空间材质设计增加空间的可识别性（图8）。

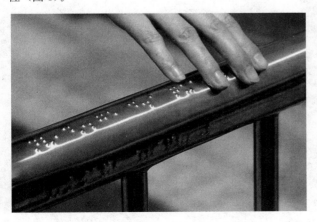

图8 标有盲文的扶手
（http://photo.zhulong.com）

贝肖尔儿童护理中心在游戏场的设计中使用了木桩、

石材等自然材料错落地布置在沙池旁，形成自然的趣味性（图9）。戴尔儿童医疗中心的水景观设计考虑儿童的尺度感，设计成水道的形式，鼓励儿童触摸水体（图10）。与游戏活动场相结合的园艺花器为儿童进行园艺活动提供了可能（图11）。

图9 贝肖尔儿童护理中心游戏场内的沙池
（http://photo.zhulong.com）

图10 戴尔儿童医疗中心花园内戏水的儿童
（http://www.flickr.com）

图11 戴尔儿童医疗中心花园内供园艺操作的花器
（http://www.flickr.com）

4.4 嗅觉和味觉环境设计

气味是构成空间环境的重要组成之一，它承担着传递空间信息的重要功能，气味通过我们的嗅觉作用于人体，加之个体对气味的喜好，使我们形成对环境氛围的不同情感认知，如愉悦、悲伤、沉寂感等。在自然界中，植物是传递空间气味的重要来源，植物景观不仅能给我们带来多样化的视觉和触觉感官体验，同时植物的花和叶还能分泌具有香气的挥发性物质，有研究表明大部分芳香植物对人体的恢复具有积极的作用，如使用芳香植物可以缓解病人的焦虑，达到安神、镇静的作用。因此，康复花园内应选用不同的季节性芳香植物，避免易引起过敏反应植物的使用，促进患病儿童情绪的恢复。另一方面，对于身体残障儿童和感觉器官受损（如听觉、视觉）的儿童而言，可以使用不同高度的植物，方便儿童的嗅觉体验，同时，在不同的空间营造多样化的嗅觉感受，以加深对空间的记忆。

味觉环境设计常常与饮食体验活动相关，儿童康复花园的味觉感知设计可以与园艺疗法相结合，组织患儿亲自参与园艺活动，从播种、发芽、采摘、收获、最后到品尝的喜悦。

5 结语

儿童通过感官体验形成对外界环境的认知，积极和有效的感官刺激是儿童认知和发展的基础。著名的儿童教育专家蒙特梭利认为，儿童心理的压抑会影响新陈代谢，降低儿童的活力，而富于刺激的一种心理体验能够增加新陈代谢的速度，从而促进一个人的身体健康，感官花园设计的特殊意义就在于它可以作为整合儿童内在生活和外在世界，同时获取刺激与慰藉的场所。

儿童康复花园中的感官环境设计应考虑多种设计要素的不同感官特性对不同患儿的生心理影响。无论何种感官环境的设计，都应以唤醒感官，消除患儿不安心理与急躁情绪为目的。以不同的感官体验设计，营造多样化的感官体验空间，以期为儿童身心健康的恢复提供助益。

参考文献

[1] 克莱尔·库珀·马科斯，巴恩斯，江姿仪，吴珠枝，林凤莲译. 益康花园：理论与务实. 中国台湾五南出版社，2007.
[2] （美）帕特里克·弗朗西斯·穆尼，陈进勇译康复景观的世界发展[J]. 中国园林，2009(6)：24-27.
[3] 崔迪. 儿童医院外部活动空间设计研究[D]. 西北农林科技大学硕士学位论文，2013.
[4] 乔研. 住院患儿的心理问题和心理护理. [J]中国民族民间医药，2010(23)：81-83.
[5] 翁梅. 听觉景观设计[J]. 中国园林，2007(6)：46-51.
[6] 张文英，巫盈盈，肖大威. 设计结合医疗—医疗花园与康复景观[J]. 中国园林，2009(6)：7-11.

作者简介

[1] 付艳茹，1989年生，女，江西南昌，华中农业大学园林植物与观赏园艺专业在读研究生，研究方向为风景园林规划与设计，电子邮箱：799934668@qq.com。
[2] 裴鸿菲，1963年生，女，湖北武汉，北京林业大学城市与规划设计博士，华中农业大学园艺林学学院教授，研究方向为风景园林规划与设计，电子邮箱：602208920@qq.com。

以水保护为核心的绿色基础设施系统构建研究

——烟台市福山区南部地区绿色基础设施体系规划案例探析

Study on the Construction of the Green Infrastructure System TakingWater Protection as the Core

——Case Study of the Green Infrastructure System of Fushan Southern Area in Yantai

傅　文　王云才

摘　要：在规划设计中，构建绿色基础设施体系可以为城市的可持续发展和生态环境保护提供一系列的生态服务。通过生态化的方式解决城市污染、水土流失、雨洪管理等问题，具有更持久的生命力。以绿色基础设施代替灰色基础设施从整体生态安全格局来讲具有重要的意义。同时，构建绿色技术设施体系需要因地适宜，结合周边环境。本文以烟台市福山区南部地区为例，具体研究以水保护为核心的绿色基础设施体系的构建，围绕着"水环境"这一主题，逐步解决其他生态环境问题。

关键词：绿色基础设施；水环境；雨洪调蓄；污染处理；水土保持

Abstract：Building green infrastructure system provides a set of services for sustainable development and environmental protection during the urban design. Solving urban pollution，soil erosion，stormwater management and other issues by ecological way have a more enduring vitality. Green infrastructure instead of gray infrastructure has important significance in terms of the overall ecological security pattern. At the same time，the construction of green technology infrastructure system should root in local conditions，and combine with the surroundings. Taking Fushan southern area in Yantai as an example，studying on the construction of the green infrastructure system that takewater protection as the core ，this casefocus on water conservation and solve other environmental problems gradually.

Key words：GreenInfrastructure；Water Environment；Stormwater Regulation；Pollution Treatment；Soil and Water Conservation

1　概念的提出与发展

绿色基础设施（Green Infrastructure；以下简称 GI）定义的首次提出是在 1999 年 8 月，美国保护基金会（Conservation Fund）和农业部森林管理局（USDA Forest Service）共同组织了"GI 工作组"。该工作组将 GI 定义为：GI 是我们国家的自然生命保障系统（Nation's Natural Life Support System）——一个由水道、湿地、森林、野生动物栖息地和其他自然区域，绿道、公园和其他保护区域，农场、牧场和森林，荒野其他维持原生物种，自然生态过程和保护空气和水资源以及提高美国社区和人民生活质量和开敞空间所组成的相互连接的网络[1]。

2001 年 5 月，Sebastian Moffatt 编写了《加拿大城市绿色基础设施导则》（A Guide to Green Infrastructure for Canadian Municipalities）。加拿大对于绿色基础设施的理解不同于美国的概念，在加拿大，绿色基础设施是指基础设施工程的生态化。主要是以生态化手段来改造或代替道路工程、排水、能源、洪涝灾害治理以及废物处理系统等问题[2]。绿色基础设施的实践包括暴雨排水系统；水污染；饮用水系统；能源系统；固体废弃物系统；运输与通信系统[3]。

本文从加拿大绿色基础设施的概念出发，结合实际案例探讨如何因地制宜的构建绿色基础设施系统。以山东省烟台市福山新区南部地区绿色基础设施体系规划为例，重点从水污染治理、雨洪调蓄规划、水土流失治理、饮用水保护以及废弃物处理几个层面展开规划。

2　城市环境概况

2.1　整体生态环境概况

福山区南部地区的环境污染情况有明显的城乡差异，城镇设施化程度较高，乡村地区设施化程度低，成为区域性污染的重要来源；区域内水资源的水质下降且水量不足；在实际调研以及遥感影像采集过程中发现，基地现有大量的形状大小不一的坑塘，分别散布在水系支流的尽端、农田内部以及农村居民点周边，大多坑塘现状水量丰盈（图 1）；由于本区域农业种植及果木种植力度较大，且部分分布于坡度相对大的区域，导致水土流失相对严重。

2.2　水环境特殊性

2.2.1　水源整地保护的特殊需求

双龙潭水库是烟台市的饮用水水源地，对于水源地

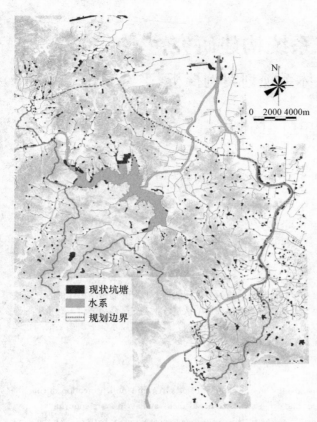

图 1 坑塘现状分布图

水质的保护应该更加严格化。不仅要保证水库本身的水质，还应该控制取水点周边水质，并且沿相关水系设置绿色缓冲廊道，从而从源头控制饮用水质量。因此，对于双龙潭水库及周边环境的控制是整个绿色基础设施体系的重要组成部分。

2.2.2 遍布全区的坑塘及水系构成绿色基础设施体系的骨架

本区域环境具有特殊性，不仅水系构成了整个生态系统的基本骨架之一，遍布全区的坑塘作为重要的连接缓冲要素也发挥着重要的生态作用。水网构成了绿色基础设施体系的骨架，污染处理、雨洪调蓄等生态控制过程都需依托这一基础框架进行。

2.2.3 污染治理需依托坑塘的缓冲及过滤作用

区内主要水系周边农村居民点密布，农业生产方式相对滞后，大面积的农业污染使得该区域水系承受巨大的压力。面对巨大的农业生产生活污染，坑塘就变成了力量巨大的缓冲过滤池，利用生态湿地、生态驳岸等技术对各种类型的污染物加以处理，使其在进入水系之前得到很好的净化和过滤，从而保证水系的水质。

2.2.4 生态化的雨洪调蓄需要依托于现状水系、坑塘以及周边林带

生态雨洪调蓄系统，就是把雨水直接外排的传统排水模式向就地滞洪蓄水转变，利用挖掘自然环境中的重要生态要素，重建接近自然的水循环过程，将雨水分散蓄

留、逐步净化和缓慢吸收[4]。水系是最主要的雨洪调蓄中心，同时，坑塘和周边涵养林带也起着重要的蓄水、储水、转化的作用。因此，要构建生态化的雨洪调蓄系统，必须以水保护和规划为核心。

由于区域内水环境具有一定的特殊性，因此在绿色基础设施体系构建过程中，就必须以水保护和利用为核心，逐步完善整个体系。

3 以水保护为核心的绿色基础设施体系规划

3.1 绿色基础设施构建目标

绿色基础设施构建目标为：饮用水水源地保护；生态化的雨洪调蓄；水污染防治；水土流失治理。

3.2 水源地保护系统规划

3.2.1 水库驳岸生态化处理

现状水库驳岸包括人工型和自然型两种，我们将自然型驳岸改造为生态驳岸。从滨水植物配置、驳岸断面结构以及缓冲带设置的层面加以改造，并且按一定的间隔安放生态浮床、浮岛，在保证驳岸生态化的同时也对污染加以控制（图2）。

图 2 双龙潭水库驳岸类型规划图

3.2.2 水口湿地系统

水库的一大特点是进出水口非常多，这就加大了来水以及去水净化的难度，因此在每一个水口结合现状情况布设水口湿地，以控制水源质量。在河口宽度大于100m的

进水口布设一级河口湿地，在河口宽度小于100m的进、出水口布设二级河口湿地。同时在水源地上游流域沿线，选取流域宽度大于50m的水系，在沿线布设小流域治理湿地，从而在源头上保证水质。湿地系统主要采用表面流人工湿地、潜流人工湿地、生态浮床、生态浮岛等技术。

3.2.3 缓冲区划定

库区和库周200m范围内设定一级缓冲区，在这一区域内，设置河口湿地系统，同时减少不必要的畜牧业养殖点，同时利用现有农田、果林以及次生林交替种植，形成良好的小环境。库区和库周200—1000m为二级缓冲区，这一缓冲区同样充分利用现有作物和林地交叉种植，同时对于坡度大于25度的山体采取退更换林的策略，从而降低库区周边水土流失，还原其生态效能（图3）。

图3 双龙潭水库缓冲区及水口湿地规划图

3.3 生态雨洪调蓄及污染处理系统规划

利用坑塘、绿地及水系滞留和净化雨水，回补地下水。使雨水能够最大限度地保留在这片土地中，并得到净化。利用现状的分散于整个区域的百余个坑塘，作为雨水收集坑，保证强降水时吸收和滞留来自整个区域的径流；在坑塘周边设置绿色涵养缓冲林，可以降低强降雨时过强的径流，为雨水收集坑起到一个缓冲和滞留的作用[5]（图4）。

设置不同级别的雨水收集廊道，一级廊道宽100—150m，为主要的河流水系，以吸收滞留强降水时的径流。二级廊道宽60—100m，为沿道路及河流的绿色缓冲带以及支流水系，在中等强度降水时滞留径流并且对一级河流廊道起到缓冲的作用。三级廊道宽，吸收低强度降水时的径流。

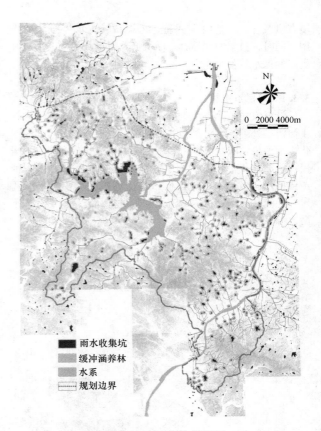

图4 坑塘涵养林规划图

同时利用坑塘，结合自然和人工湿地以及其他生态化的处理手段，创造缓冲、滞纳污染物及污水的处理空间。

根据坑塘的位置及周边环境性质将坑塘分为居民点坑塘，农田坑塘，支流坑塘三大类（图5）。将坑塘与环

图5 坑塘类型规划图

境有机融合，起到雨洪调蓄、污染截留、水体净化的作用。同时种植缓冲涵养林，使坑塘具有更长的生命力以及更强的保水、蓄水能力。

3.3.1 居民点坑塘

针对农村生活点源污染，利用居民点坑塘，作为农村生活污染处理的二级过程。结合湿地处理技术，过滤、净化生活污染，减少农村生活中无序的废水排放。使农村居民点排放的生活污水、雨水径流经过处理后就近排入河道或回用同时，农村地区雨水径流通过坑塘收集进行蓄水，在流域干旱期可以对流域水量进行补充，从而补充下游水源保护地水量（图6）。

图 6　居民点坑塘示意图

3.3.2 农田坑塘

针对农田面源污染、农业生产废水，畜牧业养殖废水，利用坑塘建立净化、处理系统。通过自然式湿地、生态护坡、生态护岸、生态浮床及浮岛等组合生态技术对农田坑塘设立缓冲区，对农业生产面源污染加强处理。同时，农田雨水径流通过坑塘收集进行蓄水，在流域干旱期可以对流域水量进行补充，进而补充下游水源保护地的水量（图7）。

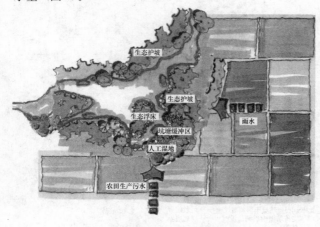

图 7　农田坑塘示意图

3.3.3 支流坑塘

支流坑塘主要作用是补给小支流水量，缓冲滞纳汛期洪水。沿支流坑塘建立水泵等基础设施，平时储存处理后的雨水，旱季对支流进行调蓄补水，涝季储存过多的上游来水，增强水土保持作用（图8）。

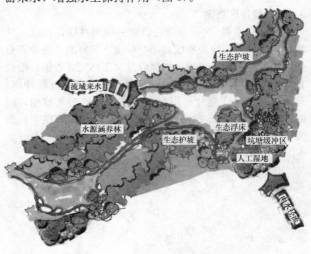

图 8　支流坑塘示意图

3.4　湿地系统规划

在重要水系节点、具备湿地生境构建潜力的水域及重要水系两侧布置了不同类型和层级的湿地，通过针对性的湿地技术应用，使这些自然和半自然的湿地生境既能充分发挥生态机能，也可以作为整体生态安全格局构成的一部分融入整个区域的生态体系中（图9）。

图 9　湿地系统规划图

湿地对于城市生态效能的调节具有重要的作用,湿地可以净化水质,尤其对水中氮、磷的去除效果明显[6];还可以蓄滞洪水,有助于城市雨洪调蓄并且补给地下水;同时,湿地对于污染物直排入河流水系还可以起到缓冲和减弱的作用,因此湿地体系的构建对于整个城市具有重要的生态作用。

基地现状有一定量的天然湿地,规划中辅以人工湿地的配置,形成一个人工湿地、半人工湿地与自然湿地并存的复合型湿地系统。

湿地系统包括双龙潭水库周边的水口湿地、沿支流流域的小流域治理湿地以及坑塘湿地。除了在双龙潭水库的水口位置布设水口湿地之外,为了保护支流水系的水质,在流域宽度大于50m的流域沿线布设小流域治理湿地。

选取面积大于1hm²的坑塘有机布设坑塘湿地。坑塘湿地不仅可以起到净化水质的作用,更重要的是与坑塘组成有机整体,从而起到重要的雨洪调蓄的作用。

3.5 水土保持系统规划

陡坡开垦、植被覆盖度、土地利用方式以及降水强度等是造成南部地区水土流失的主要影响因素。按照土地坡度、现状种植类型、土地使用形态类型将区域划分为五大水土保持片区(图10)。

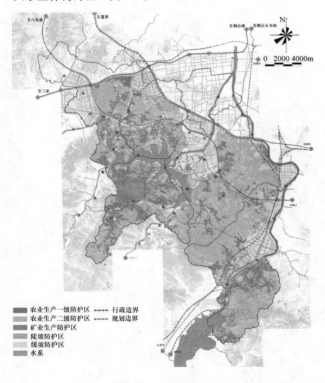

图10 水土保持规划图

农业生产一级防护区:本区域现状是以农田种植为主的农业生产集中区域,主要水土保持控制对策包括采取节水灌溉技术,推广保护性耕作措施,增加农田防护林以及加强对坡式梯田的改造。

农业生产二级防护区:该区域现状为大面积的经济林种植区,植物种类单一,生物多样性相对薄弱,主要控

制对策包括推广节水灌溉措施、减少经果采摘对地被的破坏、在单一林相中有机建立多树种复层林相。

矿业生产防护区:该区域现状土地利用以矿业开采为主,这对山体的破坏相当严重,主要控制对策包括采取科学的采矿方式、推广尾矿生态环境治理措施以及取缔非法开采点等。

缓坡防护区:主要为坡度小于25度的山体区域,该区域风化和雨水冲刷侵蚀严重,要建立多树种复杂林相,引进经济林示范种植。

陡坡防护区:主要包括山体坡度大于25度的山体区域,对这一区域,首先要全面退更还林,还要取消坡式梯田,减少经果林、推广水保林、补填稀疏林并且留苗养树。

3.6 系统构建

绿色基础设施体系主要包括湿地系统规划、水土保持规划以及生态雨洪调蓄系统规划三大方面,集中解决水源地保护、水污染治理、水土流失治理、雨洪调蓄、农村生产生活污染治理等方面的问题(图11)。

图11 绿色基础设施系统规划图

4 结语

城市生态环境问题,特别是以水为核心的生态环境问题已成为中国城市生态安全的头号问题[7]。片面的就水问题来谈水问题无法从根本上解决城市问题,只有将水环境置于城市绿色基础设施体系构建的层面上才能避免单一化的处理环境问题。应该将水保护作为城市绿色基础设施体系的重要部分,将雨洪调蓄、水污染治理与整个城市的生态过程结合起来。

同时,绿色基础设施的构建摆脱了单一的工程化的

视角，从生态安全格局的角度出发，以生态化的措施手段进行景观规划设计，符合生态环保的设计趋势。

参考文献

[1] 裴丹．绿色基础设施构建方法研究述评．城市规划，2012.36(5)：84-90.

[2] 吴伟，付喜娥．绿色基础设施概念及其研究进展综述．国际城市规划，2009.24(5)：67-71.

[3] 沈清基.《加拿大城市绿色基础设施导则》评价及讨论．城市规划学刊，2005.5：98-103.

[4] 莫琳，俞孔坚．构建城市绿色海绵——生态雨洪调蓄系统规划研究．城市发展研究，2012.19(5)：04-08.

[5] 俞孔坚，张媛，刘云千．生态基础设施先行：武汉五里界生态城设计案例探析．规划师，2012.10(28)：26-29.

[6] 韦明杰，马洪涛，杨东方．北京中心城区湿地系统规划．建设科技，2009.3：60-61.

[7] 俞孔坚，韩西丽，朱强．解决城市生态环境问题的生态基础设施途径．自然资源学报，2007.22(5)：808-816.

作者简介

[1] 傅文，1987年生，女，满族，河北承德，同济大学建筑与城市规划学院景观学系硕士研究生，主要研究方向为景观规划设计、景观生态规划设计，电子邮箱：fuwen_jiumei @163.com.

[2] 王云才，1967年生，男，汉族，陕西勉县，同济大学建筑与城市规划学院景观学系教授，博士生导师，主要研究方向为景观生态规划设计、景观旅游规划设计。

我国城市开发与湿地生境保护缓冲空间规划研究初探

Preliminary Study on a Buffer Space Planning between Urban Development and Wetland Habitat Protection

高江菡　周　曦

摘　要：城市环境下的湿地资源保护是进行生态文明建设的一个极为重要的方面，但目前显然处于发展瓶颈当中。基于"美丽中国"愿景，本文初步提出平衡城市开发与湿地生境保护的缓冲空间规划，并指出其应用的必要性与可行性，希望借此能对城市内湿地生境保护，尤其是城市湿地公园规划建设提供建议以引导正确合理的规划方向。

关键词：缓冲空间；湿地保护；城市开发；湿地公园

Abstract：Wetland habitat protection in urban context is an important aspect nowadays for ecological civilization construction. And now, its development is still in a dilemma which is difficult to handle. Buffer Space Planning means a lot for both urban development and wetland protection, and it is essential for us to balance and control the two spaces. It would lead a reasonable planning direction and form a healthy developing space.

Key words：Buffer Space；Wetland Protection；Urban Development；wetland

1　引言

在生态环境日趋恶化的今天，我们面临着越来越多且棘手的环境问题。例如去年北京的 7.21 特大暴雨以及目前的雾霾天气，对人们的生活造成了严重的影响。在面对快速发展的经济及城市建设的同时，我们需要面对的是不断消失的城市生态资源。其中，湿地资源尤为突出，其中城市环境下的湿地资源更是集中体现了保护与开发这样一对矛盾。

早在 20 世纪 80 年代有研究者提出以缓冲区（Buffer Zone）的模式来降低人类活动对自然保护区的影响[1]，这在自然湿地资源保护中极有意义，已经成为自然保护区设计中三区功能划分（核心区、缓冲区、实验区）不可缺少的一部分。但不同于自然保护区的是，城市环境下的湿地资源并没有建立保护区的条件，且城市环境人工化强、规划内容多样、规划管控复杂，并非一片简单的区域，平衡城市开发与湿地资源保护二重空间关系需要更全面与整体，因此缓冲区的概念在城市中以缓冲空间（Buffer Space）来进行引导与控制显得更为合理。

目前对城市环境下的湿地资源抢救性保护有多种方式，但最主要且受欢迎的是湿地公园。但目前建设成果良莠不齐，很多湿地公园规划中无法很好的把握城市需要与湿地生态保护恢复的需要之间的矛盾，两部湿地公园规划导则中也没有明确缓冲过渡关系的存在，这样就很难有效地为湿地公园建设中关于处理开发与保护的矛盾做出相关的引导。基于以上原因，本文将对缓冲空间介入的必要性和可能性进行相关的探析，以避免城市扩张过程中对周边有限的自然资源造成干扰，同时也避免一些湿地保护与恢复过程中所带来的"建设性破坏"[1]，为将来寻求一种健康的发展模式。

2　风景园林视角下的困境与矛盾

2.1　保护与开发的现状问题

处于城市环境中的湿地资源由于有着与人居环境共生的特性及不可替代的复合功能，同时又是最容易受到城镇化进程破坏，所以保护此类湿地尤为紧迫[2]。国务院于 2004 年提出以包括湿地公园在内的多种方式进行抢救性保护来扩大湿地面积[3]，除了一些保护利用手段颇具成效，现在的规划基本处于一种瓶颈状态，尤其是城市湿地公园。

对于城市环境下的湿地生境保护与开发，似乎多数人只知其好，而忽略了它所带来的一些负面问题。

首先是湿地的定义研究及使用问题，由于关于具有独特自然地理特征的湿地相关边界标准的理论研究尚未完善，针对湿地的科学定义本身尚未明确[4]且无法有效统一，在风景园林领域的研究与实践存在一定的混乱。湿地的本质是具有"水陆过渡性"，而目前基于保护管理的需要，以保护湿地水禽生境为目的扩大湿地范围，但如果认为与湿地邻近的陆地和水体也是湿地，显然不合逻辑[4]。

其次是"湿地公园"与"城市湿地公园"① 问题，"公园"的介入很容易让人产生理解上的误区，认为可以是一个公园（Park），而忽略了这是作为保护湿地资源的

---

① 湿地公园有两套申报系统，林业总局下的为"湿地公园"、"国家湿地公园"；住建部下的为"城市湿地公园"、"国家城市湿地公园"。

方式之一[5]，如果以大量或全覆盖式的具有公园性质及特征的功能或元素来展现湿地显然跟湿地抢救性保护的初衷背道而驰。另有一类极端是"保护区化"，对人的使用缺乏考虑，缺少人性的关怀，而忽略了城市这个大环境下对于公共空间的需求。湿地与公园之间究竟如何保护恢复、如何开发利用的平衡控制问题也是导致现今湿地公园建设中瓶颈之所在，甚至在有些城市中不乏急功近利搞湿地公园建设，有水就开发为城市湿地公园的现象。

另外，华北地区，除了地下水位低，地下水大面积污染等水量水质问题，还存在大面积蒸发、渗漏，在如此的环境下如何保护好湿地似乎更是重点。而南方地区的湿地环境蚊蝇滋扰，如此"生态"的区域考虑人的活动也似乎更是难题。更有一些河道生态岸线仍然被砌底和硬质驳岸替代，其生态服务功能日益下降等现实问题[2,5]，让人不得不警惕快速发展中隐忧也时见端倪。因此，似乎在取得成效的同时，我们应该思考更多的是存在的发展困境及瓶颈，及时调整并寻求合理的解决方法。

2.2 保护与利用面临的矛盾

城市中的人居环境复杂，湿地生境保护面临着城市扩张过程中空间的吞噬、人群的需求、生态环境上的影响等问题。目前矛盾最为尖锐的在于城市湿地公园这样的保护与利用湿地方式，由于有部分湿地资源不具备条件建立自然保护区，且在城市环境中可利用其开展科学普及活动，自然而然大多数这类湿地就以城市湿地公园的方式来进行保护恢复与开发利用，但实践证明建设的同时矛盾也在产生，主要体现在：

（1）城市空间扩张与自然生境空间维持（图1、图2）。在缺乏严格管控的情况下，城市空间扩张是十分容易占据自然生境的空间的，真实的自然中是不会存在城市元素的，而现阶段湿地生境周边往往容易为一时经济利益而高密度开发，湿地公园常常成为周边用地开发的一个很好的借口，而结果往往是自然湿地生境范围越来越小。

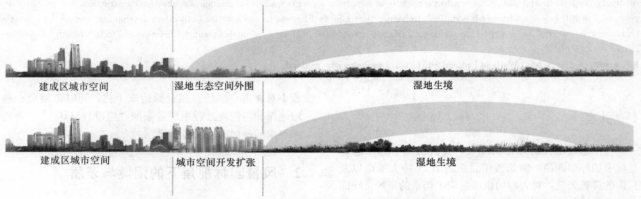

图1　城市空间扩张与湿地生境空间变化关系图（作者绘）

图2　银川宝湖国家城市湿地公园（来源：Google Earth）

（2）基础设施的介入与避免干扰的生态需求。除了城市建设中的灰色基础设施影响湿地生境，例如改变了地表径流进入湿地的状态，同时也指绿色基础设施的介入（图3、图4）。这种情况下更容易让人忽略其带来的矛盾，例如公园游人游线的安排、场地的设置、湿地净化恢复的设备，公园水电设备等，这些与湿地严格避免受干扰的需要是相悖的。保护湿地即保护湿地生境，包括湿地植被、动物、微生物等，一些敏感的动植物是需要在严格自然生态的环境下生存的，因此基础设施的介入很难不造成一定的影响。同时湿地作为防洪排涝的重要区域，介入的基础设施是否安全也是存在问题的。

图3　唐山南湖国家城市湿地公园
（来源：参考文献［2］）

（3）开放游览与限制保护。若是开发利用城市环境中的湿地资源，意味着需要容纳游人的活动，这明显与湿地脆弱的限制干扰的生态环境不符，因此考虑多少游人容量才是合适的？是作为城市中的用地为城市人口服务进行开放，是应该像湿地自然保护区一样限制每日进园人

图4 常熟尚湖城市湿地公园（来源：http：//www.
oldkids.cn/group/post_detail.php?did=925153）

数，还是有别的解决矛盾的方法至今仍无结果。

（4）城市美学需求与朴素的真实生态环境特征（图5、图6）。理想美学与现实美学之间本身有着区别，是需要人工地去营造完美的人工湿地环境，展示种类繁多的湿地植物，还是要保持原有的风貌，恢复其原有的现实状态，这也是在城市环境下进行湿地保护与利用所要面对的问题。在实践中常见在河湖生态岸线上种植丰富的水生植物则美其名曰湿地公园，而作为一个真实的湿地环境是一个自然朴素的演替过程，是褪去浮华后的真实。二者该如何权衡也是一个矛盾所在。

图5 常熟尚湖城市湿地公园（来源：参考文献［2］）

图6 翠湖国家城市湿地公园
（来源：http：//chsd.bjhd.gov.cn/）

3 缓冲空间关系存在的必要性与可行性

3.1 缓冲空间关系存在的必要性

从前文的困境与矛盾显而易见，缓冲空间关系的存在有助于城市环境下湿地资源恢复保护与开发关系的融合，对于城市环境与湿地生境这一对矛盾尖锐、互不融合的空间关系而言不是拒绝与选择其一，而是控制与平衡，有机地将二者在空间范畴统一化，避免本来脆弱的湿地生境受到不可逆的干扰。缓冲空间不仅对处理保护与开发的矛盾有所作用，对于规划层面的管控也将是一个风景园林视角上的参考，甚至到湿地生境保护、湿地生态功能利用等方面都是一个解决问题的关键点。

3.2 缓冲空间的控制内容

缓冲空间旨在缓解城市对湿地生境造成的压力，既要有利于湿地生境的保护，又要保证周边城市人群的需要。其空间位置可以是湿地生境外围与城市接壤的区域，也可以是湿地生境外围的生态防护林带，也可以将周边规划城市用地囊括在内。它的平衡与控制核心在于减少对湿地生境的干扰，主要表现在两方面：

（1）对周边用地规划管控的空间引导。对保护恢复与开发利用这对不容易调和的矛盾而言，利用缓冲空间给予风景园林学科角度的适当控制及引导，有利于规划层面的管控操作。现阶段将需要保护的湿地生境划入绿线范围赋予法定保护的意义，但周边用地若无严格的空间管控也谈不上是对湿地生境的整体性有效保护。

在空间引导上可以将湿地生境的周边用地有效联系与结合。例如，非城市建设用地常见的有人工湿地部分、不完整的防护林带、保护村落等，这些都可以作为构成缓冲空间的一部分；城市建设用地如各类规划用地类型如居住用地、工业用地、公共设施用地、绿地、市政公用设施用地以及交通，可以利用缓冲空间将这些用地在空间上进行统一（图7），一方面可以为将来湿地生境范围的扩大提供可能，另一方面也可较为有效地阻止城市无限制扩张对湿地生态空间的吞噬。

（2）物质要素对空间引导的控制性配合。在空间上采用缓冲空间进行平衡与控制，在物质要素层面需要与之进行配合。物质要素的主要分为静态与动态，其中静态主要是与湿地科普展示相关的建筑、公园基础设施、公园活动空间的布置、观赏路线的安排、植被的规划、净水系统规划等，动态主要是游览观赏方式的安排、周边及游人噪声滋扰等。这些相关的内容均必须配合缓冲空间关系进行有利于湿地生境保护的规划设计。

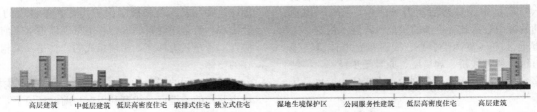

高层建筑　中低层建筑　低层高密度住宅　联排式住宅　独立式住宅　湿地生境保护区　公园服务性建筑　低层高密度住宅　高层建筑

图7 城市发展空间示意图（林旻绘）

以香港湿地公园为例，首先其优良的地理区位就决定了其缓冲地带规划较为成功。香港湿地公园作为生态缓解区，一方面补偿了天水围新市镇开发所失去的湿地，一方面作为新市镇开发与米埔湿地自然保护区之间的缓冲地带[6]，即由香港湿地公园开始，经过游客中心、人工淡水沼泽、鱼塘、天然红树林湿地区域、过渡至米埔Ramsar公约湿地（图8）。

单从香港湿地公园角度来看，公园内部也具有缓冲空间的规划考虑，从天水围市镇区到后海湾红树林湿地有着这样的过渡关系：高密集人群使用的游客中心（一区）——人工淡水沼泽恢复开发游览区域（二区）——天然湿地游览区域（三区）（图9）。

图8 香港湿地公园与米埔自然保护区区位及
环境关系图（作者绘）

图9 香港湿地公园缓冲空间过渡关系图（作者绘）

公园基础设施布置从一区到三区呼应着其上位过渡关系：主入口满足市民日常活动需求的主广场——占地10000m²的游客中心承载着全部的湿地科普展示内容——四区人工湿地区的小型科普中心、栈道布置以体验湿地演替——五区红树林栈桥、观鸟屋、原野漫步径等，接纳的游客从多到少，硬质元素从多到少，人工化程度也是从多到少。

公园开放与限制关系：主入口全开放满足游客需求

——四区属于人工补偿型湿地作为二区内主要开放观赏区——五区内可供游览的区域更为隐蔽。该过渡关系可见二区与三区都非全开放，可游览区域并非遍布全园，而是一部分开放，一部分限制游客进入进行一定程度的保护保育，但可供游客观赏。在游赏过程中能明显察觉从一个人工湿地区域进入一个全自然的湿地区域。其中游客主要控制在主游览区域，即一区、四区与五区，越往红树林湿地区及潮间带越受限制，靠近自然湿地区域只有以观鸟屋的方式进行无干扰式游览。

公园种植规划的过渡也体现其上位规划的缓冲过渡：主入口区域观赏性强、配植程度高、明显的公园化种植特征；二区开放区域以湿地植物多样性为主要种植目标，目的以满足游客多样性的观赏为主，植被配植程度中等，非开放区以保育为目的，以恢复天然湿地植被类型为主；三区多数为原先状态下的湿地植被，由于有近海湾水质特征，满足红树林生长条件，开放区域以近海湿地原生植被为主，几乎无配植，而是保持恢复原态。总之，公园的种植呈现着公园——人工湿地观赏——原生湿地景观的植被变化过渡关系。

4 结语与讨论

鉴于湿地对城市气候以及城市环境改善的必不可少的生态作用，例如雨洪调蓄、涵养水源、净化水质等，城市环境中的湿地的保护显得尤为重要，保护了湿地犹如维护了城市生态安全[2]，这即是风景园林学科建设"美丽中国"的一个重要方面。综上对缓冲空间规划的初步探索可见缓冲空间规划在缓解湿地保护与城市开发具有不可替代的优势：

（1）承载方式的多样性。空间过渡的承载方式不仅可以是公园，也可以是湿地保护小区的缓冲过渡区，湿地展示体验区或者是生态防护林带等。缓冲空间可以是一般性综合公园，也可以是湿地公园本身，可以是位于湿地公园内部，也可以是湿地资源外部，即城市用地规划上对湿地资源保护的过渡。可以是空间上的缓冲，也可以是物质实体上的缓冲，甚至是对流经湿地的水质进行净化的过程等。

（2）空间扩展的有序性。对城市与湿地生境二元空间的缓冲与统一，有利于整合显著存在的空间二重性，使之二者有过渡、有约束、有序地进行平衡、控制与引导，最后呈现健康合理的城市与生态空间开发利用过程。对生态保护的同时对上位城市规划也存在一定的指导意义，避免高密度的开发。

（3）互为补充、相辅相成。城市离不开生态空间，生态空间更需要呵护与利用，二者是相互依赖，相互依存的。过度开发或者和极端保护均是在不健康的发展下才会出现，若有序健康的进行，不单纯以追求眼前利益为中心，二者是互为补充，相辅相成的，将是一个相互支持存在的整体。

缓冲空间的提出旨在作为一个融合湿地生境保护与城市开发的关键点，能有利于在当前的环境下，寻求一种健康的空间发展模式，并引领我们实现健康合理的生活方式，真正在实际意义上实现"美丽中国"的愿望。

参考文献

[1] 于广志，蒋志刚. 自然保护区的缓冲区：模式、功能及规划原则[J]. 生物多样性，2003(3)：81-86.

[2] 仇保兴. 科学谋划 开拓创新 全面加强城市湿地资源保护[J]. 中国园林，2012(12)：11-19.

[3] 佚名. 国务院办公厅关于加强湿地保护管理的通知[J]. 中华人民共和国国务院公报，2004(22)：13-15.

[4] 殷书柏，吕宪国，武海涛. 湿地定义研究中的若干理论问题[J]. 湿地科学，2010(2)：182-188.

[5] 张凯莉，周曦，高江菡. 湿地、国家湿地公园和城市湿地公园所引起的思考[J]. 风景园林，2012(6)：108-110.

[6] A. H. LEWIS，王思思. 香港湿地公园——一个在可持续性方面的多学科合作项目[J]. 城市环境设计，2007(1)：38-43.

作者简介

[1] 高江菡，1985年生，女，福建龙海，北京林业大学园林学院2011级博士研究生，电子邮箱：gaojianghan @ 126. com。

[2] 周曦，1963年生，男，江苏南京，博士，北京林业大学园林学院教授、博士生导师，北京北林地景园林规划设计院总工，研究方向为风景园林规划与设计。

我国城市开发与湿地生境保护缓冲空间规划研究初探

当代城市屋顶花园建设模式研究

Research on the Mode of Construction of Contemporary City Roof Garden

戈晓宇　李　雄

摘　要：当代的城市屋顶花园建设不再局限于对屋顶环境的塑造，而是要更多的面对功能融合、节约空间、节省建设资金等因素。通过对美国若干屋顶花园案例的实地考察，提出了城市屋顶花园建设的不同模式，并列举各种建设模式所带来优势，为更多城市项目建设中的屋顶花园式处理方法提供可以参考的建设模式。

关键词：风景园林；屋顶花园；绿色基础设施

Abstract：The construction of contemporary city roof garden is no longer confined to the sculpture of the roof, but more in front of functional integration, saving space, saving construction funds and other factors. Through the investigation of several roof garden cases in the United States of America, different mode of the construction of city roof garden is put forward, and the advantages brought by various construction mode is taken out, providing the references for the construction mode, which is about roof garden type in more city construction projects.

Key words：Landscape Architecture；Roof Garden；Green Infrastructure

1　前言

屋顶花园的建设最早可以追溯到公元前6世纪的新巴比伦"空中花园"，那时对于屋顶花园的需要是由于人们对于美好景象的幻想与留恋。在城市化程度越来越高的今天，屋顶花园技术逐渐成熟，绿色开放空间向上寻求发展的趋势越来越明显，绿色空间与基础设施融合的趋势越来越明显。本文中的屋顶花园仅限于公共绿化项目，私家屋顶花园不在研究范围内。我们将屋顶花园分成库顶花园、封闭式屋顶花园、开放式屋顶花园和大型综合屋顶花园项目四种建设模式，针对这四种建设模式提出城市对于屋顶花园的需求和屋顶花园建设模式为城市带来的各种便利条件分别进行论述。

2　库顶花园——以波士顿 The Norman B. LeventhalPark，Eastport Park，费城 Comcast Center 为例

库顶花园是一种节省城市空间的常用办法，与其说是花园"向上"发展，不如说是停车场的主动让位。地下空间可以开发成多层停车场，停车容量远远大于地面停车。地下停车场的结构通常比较稳定，能够允许较多的覆土和荷载。这种城市基础设施和绿色空间的融合，可以更加节约城市建设用地。美国有很多城市公共绿地是建设在公共地下停车场之上的，这样既节省了城市用地，又使得城市绿地的面积大大增加。这种库顶花园通常具有比较好的荷载条件，也具有与市政设施（雨水系统，给水系统）相连的条件。库顶花园内的基础设施也比较完备，有紧急报警设施、饮水设施、吸烟处等。此类库顶花园的覆土深度大约是1m，局部需要种植大规格苗木需要通过设

置台阶、矮墙等方式增大覆土深度。地下车库入口与市政道路相连，一方面可以隐藏在绿色种植之中，另一方面需要参考市政道路规范对入库道路坡度及入口位置进行具体设计，这一部分的设计工作需要有市政道路设计经验的工作人员配合完成。

2.1　波士顿 The Norman B. Leventhal Park 库顶公园

该公园位于波士顿中心区域，绿地资源十分有限，为了增加绿地面积，建设方在公共地下停车场上方营造库顶花园，在十分拥挤的城市核心区中留下了宝贵的绿地空间。地下停车场的出入口在公园的东西两侧，同时公园还在东南角设置了通往地铁站的入口。该库顶花园的中心是一片开敞的草坪，草坪北侧有一处水景，由于荷载、覆土条件等限制，设计方没有采用静态水池，而是选择了旱喷形式。

图1　波士顿 The Norman B. Leventhal Park 库顶公园照片

2.2　波士顿 Eastport Park

Eastport Park 位于波士顿海边，距离海滩的直线距

离不超过1km，很多来海滩游玩的市民会把车停在这个公园下面的停车场中。地下停车场的出入口都掩映在绿地之中，公园通过台阶、条石等设计语言抬升了地形，增加了覆土厚度，使得绿地中可以种植更大规格的树种，也为绿地旁边写字楼中的工作人员提供了宝贵的休息空间。

图2　波士顿 Eastport Park 照片

2.3　费城 Comcast Center 库顶花园

　　Comcast Center 位于费城市中心，建设方选择在建筑的地下停车场上方营造了一处库顶花园。在地下车库通道侧面通过设置植物攀爬架，对地下车库入口进行了很好的装饰效果。库顶花园中也设置了一组涌泉，涌泉利用建筑中水在建筑前方形成了倒影池。水景旁有一处和管理用房相结合的户外休闲区。为增加覆土种植树木，库顶花园上方通过设置与座椅相结合的矮墙。

图3　费城 Comcast Center 库顶花园涌泉

3　封闭式屋顶花园—以美国国家雕塑馆中庭为例

　　美国国家雕塑馆中庭是一处屋顶花园，位于国家雕

图4　费城 Comcast Center 库顶花园与座椅结合的种植池

塑馆地下一层上方，该花园由凯瑟琳·古斯塔夫森主持设计，获得了2010年 Asla 设计奖。在建筑设计中，中庭上方是露天的，后来在进行中庭设计时设计师在中庭上方增加了顶棚，顶棚的支柱与建筑的承重结构相吻合，这样满足了顶棚的承重要求。所有种植乔木的区域都需要设置种植池，增加覆土厚度，设计中种植池的宽度被加大，使得种植池成为很舒服的休息设施。

　　在花园上方加设了顶棚后，避免了室外各种因素的影响，在这种条件下，设计师在花园地面上设计了一处薄水面。水面表面与地面平齐，水底比铺装地面低约5－8mm。水面由南至北有一个1.5％－2％的坡度，使得很小的水面也能保证连续流动。水景的出水口仅为一个1cm左右的不锈钢槽，与地面无缝连接。薄水面对顶棚形成了很好的反射，增加了景观的丰富程度，与雕塑馆中的雕塑一样为雕塑馆增加了趣味性。

图5　美国国家雕塑馆中庭照片

4　开放式屋顶花园

　　开放式屋顶花园是最常见的屋顶花园类型，可以成

为建筑丛林中的世外桃园。此外它还可以作为开放空间的一部分，也可以成为立体交通的重要节点。

4.1 纽约林肯中心餐厅屋顶花园

林肯中心是洛克菲勒家族资助修建的全世界最大的演艺中心。在林肯中心的北部是一家餐厅，餐厅屋顶呈斜面面向整个林肯中心，成为整个林肯中心视野最好的地方。该屋顶花园处理非常简单，覆土后种植草坪，并在与地面衔接处营造一处条石看台，成为整个林肯中心户外空间的观景点，能够俯瞰镜面水池、中心雕塑。这种开放空间中将功能性建筑与屋顶花园建设相结合的方式，既保证了林肯中心整体空间的完整性，又通过屋顶花园增加了开放空间的趣味性。

图 6　林肯中心餐厅屋顶花园照片

4.2 波士顿 MIT Cambridge Center

麻省理工学院是美国一所著名的综合性私立大学，Cambridge Center 是校园中的一所综合楼，酒店的 6 层与屋顶花园相连，从一层停车场可以乘坐电梯也可直达屋顶花园，Cambridge Center 屋顶花园常年开放，且配备专门的养护人员。Cambridge Center 屋顶花园采用了非常标准的花园式处理方式，整个花园 70% 由草坪、花卉和灌木覆盖，局部种植大规格乔木，并在乔木下设置休闲座椅。全园以交通性园路为主，停留场地为辅，园路自然流畅，与小场地相契合。沿路设置花镜。屋顶花园的边界由种植围合，建筑女儿墙形成的种植池种植绿篱，墙的内侧设置有植物攀爬架，这样保证了屋顶花园的安全性。在大规格乔木的种植点，为了增加覆土厚度，将乔木下方的种植土塑造成一个土包，这样可以满足乔木的覆土要求。Cambridge Center 屋顶花园成为校园中一处相对独立的休息空间，以花镜、草坪和局部的乔木种植塑造了一片自然舒适的屋顶环境。

4.3 阿瑟-罗斯台地园

阿瑟-罗斯台地园是美国自然历史博物馆的屋顶花园，位于建筑地下一层之上，由凯瑟琳-古斯塔夫森主持设计，设计灵感来自于天文学中的月食投影。屋顶花园主要由中心广场和草坪组成，广场核心部分设置旱喷泉，喷泉喷出的水向建筑流淌形成一层很薄的水面，水面形成了镜面的效果将建筑阿瑟罗斯中心反射进来，形成了具有趣

图 7　波士顿 MIT Cambridge Center 屋顶花园照片

味的景观效果。为了使喷泉的水能够很好的汇集起来循环利用，广场上设计了 8% 左右的坡度用于汇水。这个坡度的出现使得整个庭院西侧被抬升起来。庭院西侧是一片林荫休息区，抬升起来的高度用于覆土，满足了大乔木的覆土要求。核心部分的广场呈楔形，从林荫休息区的角度看过去，形成了宽广的视角，楔形的广场削弱了这个角度的透视效果。庭院与外部公园相接的部分通过种植绿篱、设置栏杆很好地保证了游人的安全性，同时局部设置观景台，供游人眺望公园景色。

图 8　阿瑟-罗斯台地园照片

4.4 辛辛那提大学 Rhodes Hall 屋顶花园

辛辛那提大学 Rhodes Hall 屋顶花园位于辛辛那提大学的建筑群之间，承载着图书馆、Rhodes Hall 和中心广

场之间的交通问题，人流量非常大。Rhodes Hall 屋顶花园的平面非常简单，围绕花园三面人行步道，中间大草坪由三条斜线道路进行简单分割，平面形式很像建筑旁边的小绿地。由于是交通功能为主的屋顶花园，很少种植大乔木营造林下休息空间，只在临近 Rhodes Hall 的地方用土堆来满足种植乔木的覆土要求。在绿地的边角地带种植了很多观赏草、宿根花卉和常绿针叶植物，既防止边角处绿地被游人踩踏，又可以节约养护成本。

图 9　辛辛那提大学 Rhodes Hall 屋顶花园照片

4.5　纽约大都会博物馆屋顶花园

纽约大都会博物馆位于纽约中央公园中部，屋顶花园位于大都会博物馆的西北角，能够直视整个中央公园，有很好的观赏视角。廊架角落设置种植钵为种植紫藤提供覆土条件。在与中央公园相邻的区域，有种植池、绿篱和栏杆保证游人安全，绿篱的修剪高度比较低，方便人们观赏中央公园景色。在屋顶花园的核心部分布置了一个体量巨大的艺术品，该艺术品 38 岁阿根廷艺术家托马斯·萨拉切诺雕塑"云之城"，长 16m，高 8m，像一个变了形的足球，五边形和六边形组成，16 个面安装了不朽钢板，允许游客进入内部钢架中局部安装了反观镜，可以将周围的景色反射进来，各种不同角度的景色共同组成了色彩斑斓的万花筒。穿行在"云之城"中，人影重叠、景色变换，将整个曼哈顿城微缩到了"云之城"中。大都会博物馆室内不允许售卖餐饮，所以将这一功能放置在屋顶，对建筑内部的功能形成了很好的补充，花园中放置的艺术品又与其博物馆的主题相契合，这种屋顶花园与建筑相辅相成的设计理念使大都会博物馆的屋顶花园成为屋顶花园建设的经典案例。

图 10　纽约大都会博物馆屋顶花园照片

5　大型综合屋顶花园项目建设模式——以纽约高线公园为例

纽约的高架铁路在城市工业迅速发展时期为城市运输业做出了巨大贡献，随着城市发展工业的衰落，高架铁路逐渐废弃。起初政府企图将这座废旧的高架铁路拆除，但遭到了民间自发组织"高线之友"（Friends of the High Line）的强烈反对，最终决定在高架铁路的基础上营造公园走廊。高线公园由 James Corner Field Operation 领衔设计，建成后受到广泛好评，获奖无数。高线公园具有一些与生俱来的独特优势，与城市形成了非常紧密的关联、成了城市中极其稀缺的线性绿色空间，这些特点都成为项目成功的巨大助推力。同时高架铁路的改造也必然要采用与屋顶花园类似的设计方法，并为城市基础设施改造提供了新的途径。

图 11　纽约高线公园照片

6　结论

当代屋顶花园的建设模式，已经不仅仅限于营造一片轻松舒适的屋顶花园，而是要在有限的用地面积和工程造价等条件下，合理利用设计手法和工程技术，建设具有多重功能和属性的屋顶花园。在城市建设中，库顶花园的建设模式将城市基础设施和绿色空间融为一体，形成了具有绿色基础设施属性的绿色空间。封闭式的处理使得屋顶花园可以变成半室外的空间，既能满足植物的采光需求，又能使得人们在相对稳定的室外环境中进行休闲活动。在开放屋顶花园的建设中，屋顶花园往往成为建筑之间立体交通的载体，同时通过错层、放坡等处理手法能够克服屋顶覆土不足的困难，又能使得整个空间变得更加丰富。薄水面的设计方式使得屋顶花园中出现水景成为可能，很容易满足屋顶花园对于荷载的限制条件，动静结合的水景设计更能为屋顶花园提供活跃的景观元素。随着城市基础设施的更新，大型综合屋顶花园项目开始逐步实现，码头、高架铁路等基础设施会随着城市产业调整变为改造对象，保留原有基础设施的主体结构，采用屋顶花园的建设方式对基础设施进行改造，实现基础设施绿色化，极大地减少了资金投入，成为城市更新中的新的手法。

现代化的城市建设为当代城市屋顶花园的建设提供了各种可能性，人们对于城市中绿色空间的需求也为设计师和建设者提供了很多契机，对于屋顶花园建设模式的深入研究，能够有助于我们在进行城市建设中综合的考虑建设方法，为城市节省空间，为建设节约资金，为市民提供更多服务功能，让城市的天际线增添许多绿色。

参考文献

[1] 日本都市绿化研究机构特殊绿化共同研究会. 特殊空间绿化技术指南. 中国建筑工业出版社.

作者简介

[1] 戈晓宇，1986年6月生，男，汉族，内蒙古赤峰市，硕士学历，现就读于北京林业大学园林学院，攻读城市规划与设计专业(风景园林方向)博士学位，电子邮箱：datou86604@163.com。

[2] 李雄，1964年5月生，山西太原，男，汉族，博士学历，现任北京林业大学园林学院院长、教授、博士生导师，电子邮箱：bearlixiong@sina.com。

风景园林规划与设计

坡地公园设计中对自然景观元素的尊重与运用

——以乌鲁木齐经济技术开发区（头屯河区）白鸟湖新区坡地公园景观设计为例

The Respection and Application of the Natural Landscape Elements in The Hillside Park Design

——Take Urumqi Economic Technological and Development Zone（Toutun River District）White Lake Area of Hillside Park Landscape Design for Example

郭 琼 王 策

摘 要：以乌鲁木齐经济技术开发区（头屯河区）白鸟湖新区坡地公园为例，探讨在坡地公园设计中，如何在现状的基础上，对坡地公园中的地形特点、水文条件、土壤环境以及空间特色进行合理的利用，真正做到尊重自然、利用自然。在节能环保节约造价的同时，打造良好的景观效果。

关键词：坡地公园；地形特点；水文条件；土壤环境；空间特色

Abstract：In Urumqi economic and Technological Development Zone（Toutun River District）White Lake area of hillside Park as an example, to explore how in the slope park design, on the basis of mutual respect, to a reasonable use of hillside Park in the terrain features, hydrologic condition, soil environment and space characteristics, the real respect for nature, the use of natural. In energy saving and environmental protection cost savings at the same time, to create a good landscape effect.

Key words：Hillside Park；Topographic Features；Hydrological Conditions；Soil Environment；Spatial Characteristics

坡地环境具有其特殊性和复杂性，坡地景观的建设较之平原地区也面临更多、更复杂的问题和矛盾。此次规划设计范围内的坡地公园所处的坡地环境带有鲜明的环境景观特征，多变的地形空间，丰富的自然景观，为坡地公园的景观规划提供了大量的素材。在实际建设过程中，坡地又常常对公园建筑布局、道路的形态、景观塑造等方面起到制约的作用。因此对于坡地公园中自然景观元素的尊重和利用显得尤为重要。

1 场地内自然景观元素的特点

1.1 地形特点

坡地地形是影响坡地环境最重要的自然要素，考虑到它对坡地环境景观综合特征形成的决定性作用，并可以区别于其他要素独立存在（图1）。

图1 坡地地形分析图

白鸟湖新区坡地公园属于是单坡地形，总体呈现南高北低，西高东低的地势。制高点出现在南段界线处，高程为889.5。最低点位于场地东北角与城市道路相接位置，高程为859.0。场地西段地势相对平坦，坡度基本小于20%，东段地势起伏较大，最大坡度达80%。

1.2 水文特点

白鸟湖新区坡地公园所在的区域，总体地形南高北低，区域的排水系统已有了整体的设计。设计中，公园南侧地势较高区域的雨水，已经通过箱涵横穿道路的方式，排入坡地公园内，加上坡地公园场地自身承载的积雪融水和雨水的排放需求，使得公园内部被冲刷出若干条自然冲沟。

坡地公园北侧，高程较低的区域，地下一米左右可见地下水，部分位置已形成若干浅滩。如何消化和利用场地内的季节性排水，打造好的水景景观，成为坡地公园内一大重要难题。

1.3 土壤特点

受到坡地公园的地形以及水文特点的影响，坡地公园内，土壤高处瘠薄、盐碱度低，低处肥厚、盐碱度高。场地环境类型为 Ⅲ 类，土层中（SO_4^{2-}）含量为 407-14084mg/kg，（CL^-）含量为 315-1517mg/kg。

场地土的易溶盐总量最大值为 2.2%，平均值为 1.36%，大于 0.3%，属于盐渍土。按照盐化学成分判定，属硫酸盐渍土。按含盐量判定，属中盐渍土。土层薄，土壤肥力差。场地内，植被稀少，仅有一些旱生和超旱生的荒漠植被生存。

1.4 坡地公园的空间形态特征

坡面的曲率直接影响坡地的控件属性、交通以及环境保护及景观等多方面因素。根据坡面曲率分析，可得出结论，场地主要由上部凸形坡、直行坡以及底部凹形坡组成（图2）。

图2 坡地公园坡度分析图

（1）上部凸形坡具有三个方面的开敞视野，呈现一定的坡势走向，具有开放的形态。

（2）直行坡视野三方狭窄，一方开敞，具有较强的视觉封闭性，方向单一。

（3）底部凹形坡具有内向性和私密性，视觉聚焦、方向单一。

2 对自然景观元素的尊重和利用

2.1 坡地公园设计中对地形以及土壤特点的尊重和运用

设计时我们对场地地形进行梳理，将场地划分为三各区域，高度敏感区域、中度敏感区域、低度敏感区。与此同时结合场地土壤条件，根据种植区域的地形坡度、所处位置合理的选择不同抗性的植物种类，进行乔、灌木、地被植物、速生树种和慢生树种的搭配，达到固土护坡、普遍绿化、管理粗放、绿化见效快的目的（图3）。

图3 坡地属性及形态分析图

2.1.1 高度敏感区域：坡度在25°以上的区域位置

坡地公园内坡度在25°以上的区域位置，大多位于场地中部。该区域地形改造较少，地形坡度较大，土层较薄，换土困难，因此设计时在场地内种植绿地抗寒耐寒，有一定固坡作用的适生地被植物，如披碱草、老芒麦、无芒雀麦、红豆草、柠条、百脉根、沙打旺（直立黄芪）、黄花矶松、厚叶岩白菜（常绿宿根地被）、狗牙草、小冠

花（半灌木）、二色胡枝子、沙生冰草、二月兰（耐阴）（自播自繁）、甘野菊（耐阴）（自播自繁）、苦豆子、马蔺（耐盐碱）、野生草（用于护坡）、莴菜。

2.1.2 中度敏感区域：坡度在18°-25°范围内的区域位置

坡地公园园区内坡度在18°-25°范围内的区域，大多位于场地西侧及东北侧地段。由于上述区域大部分位于上坡面，土壤瘠薄，植物设计时主要选用寿命长，耐瘠薄的乡土树种进行绿化形成片林、密林、疏林景观，形成绿色背景。局部地形改造的区域，具备换填种植土条件，可以适当应用抗逆性强、管理粗放的乡土树种。由于场地内含易溶盐平均值为1.36%，因此，基调树种选用在易溶盐平均值为1.4%场地内成活率可达72%以上的白榆、长枝榆、大叶榆、白蜡等，在满足场地条件的前提下，节点处可点缀抗逆性强、管理粗放的沙枣、火炬等。

2.1.3 低度敏感区域：坡度在18°以下的区域位置

坡地公园内坡度在18°以下区域位置大部分分布在南侧高地以及北侧的生态浅滩区域。

针对南侧高地区域。在绿化设计时，着重结合场地形态，打造丰富的植物群落。由于土壤瘠薄，种植时通过换土，种植冠大荫弄得庭院乔木，搭配花期季相，打造多层次多色彩的景观植物空间。

针对滨水区域，种植区域主要位于水系两侧5—10m的范围内，形成花灌木、湿生植物、水生植物的滨水复层绿化景观。由于北侧盐碱情况严重，因此主要选用耐盐碱性强的马蔺、千屈菜、芦苇、黄菖蒲、鸢尾等，同时在水岸边增加喜湿且耐盐碱的乔木、灌木和地被，如紫穗槐、红柳、红瑞木、蔷薇、萱草等。

2.2 坡地公园设计中对于水文条件的尊重和利用

坡地公园场地内，北侧如遇春季或者雨量较大时，只能任其排放。没有雨水收集系统使得水资源被白白地浪费；另一方面又大量排放雨水带来城市水涝。地下水位逐年下降，城市水体污染和生态环境恶化。

设计将景观水系起始点布置在位于公园南侧原地形雨水冲沟端头位置（与箱涵衔接）。经过多个冲沟的汇流，最终形成五处生态浅滩，已达到雨水收集的目的。冲沟通过整理，形成宽度为1—2m的溪流，下部铺设200g/0.5mm/200g复合土工膜，膜上设置30cm保护砂砾石，上部布设不具有防渗功能的景观驳岸，设置50cm保护砂砾石或黏土。

溪流在北侧宽度放大，可以通过对上游冲沟底部采用防渗措施（片石铺底等生态措施），使得积雪融水和雨水顺冲沟北下，在北侧得到汇流。现阶段可以在北侧开挖一些存储汇流的池塘，有水时节会形成浅滩，待无水期，浅滩也会被植物覆盖，不影响景观的打造。浅滩位置底部素土夯实，铺设200g/0.5mm/200g复合土工膜，膜上放置10cm厚环保格栅，格栅中放置5—20cm厚的种植土，在格中种植湿生、水生植物。假若水量较大的时候，考虑将水抽出用于灌溉。

水系设计后水面面积8969m²，水面落差约24.5m，自然纵坡控制在溪流的宽度控制在 1.5—6m，整个水系平面形成开合变化、曲折有致、水绿交融的水景空间。

2.3 坡地公园设计中对于空间形态特征的尊重和利用

对于空间形态特征的尊重和利用，有利于在设计时中合理的选择封闭区域和开敞空间。设计时，对于分析得出的三种坡型加以利用，选择鸟瞰角度，打通视线通廊，组织设计景观空间。

（1）上部凸形坡大多位于场地南侧，地势较高的区域，具有强烈的中心性和标志性，具有动态感和进行感，可以提供观察周围环境的最佳视野，同时坡顶的轮廓线设计也相当重要，是打造标志性景观的首选区域。该区域作为开敞空间可以提供良好的视觉空间，与凹形坡遥遥相望，打通视线通廊的同时，引导道路设计。

（2）直行坡大多位于场地中部，具有良好的视线和方向性，排水良好又不受奇风袭击，是植被生长茂盛的地方。该区域作为上部凸形坡和底部凹形坡的过渡区域，通过林带得以过度，中间穿梭的园路又将坡顶和坡地紧密地联系起来。在空间条件优越的位置，设置悬挑平台，在提供给游人以休憩眺望空间的同时，尊重坡型特征，保证原场地的地形地貌。

（3）底部凹形坡大多位于场地北侧，地势较低的区域，是景观中的基础空间和活动空间。该坡型若区域内有大量的平坦空间，底部凹形坡会担当特定区域内活动中心和构图重心的任务。该坡型与场地北部通过咬合得到沟通和融合，平坦的地形可以结合北侧的水系打造多处开敞空间，融入文化特色，打造具有文化内涵的景观空间（图4）。

3 结语

作为景观设计师，在遇到坡地这类情况较为复杂的场地，我们不应当大做土方的文章，破坏原市场地自然形态，应该更好的尊重场地自然景观元素，并且合理地加以利用运用，才能将设计做到更加合理、更易实施、效果更好。

该项目正在建设，并且已经初见成效。借由此项目，对研究针对坡地公园景观，提出一些看法与建议，以期各位同行的指正和帮助，为打造坡地类型的城市综合公园提供更多的指导性意见。

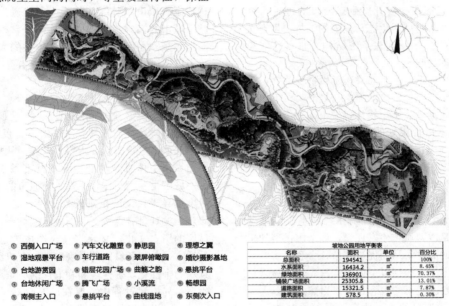

① 西侧入口广场　⑥ 汽车文化雕塑　⑪ 静思园　⑯ 理想之翼
② 湿地观景平台　⑦ 车行道路　⑫ 翠屏俯瞰园　⑰ 婚纱摄影基地
③ 台地游赏园　　⑧ 错层花园广场　⑬ 曲觞之韵　⑱ 悬挑平台
④ 台地休闲广场　⑨ 腾飞广场　　⑭ 小溪流　　⑲ 畅想园
⑤ 南侧主入口　　⑩ 悬挑平台　　⑮ 曲线湿地　⑳ 东侧次入口

坡地公园用地平衡表			
名称	面积	单位	百分比
总面积	194541	m²	100%
水系面积	16434.2	m²	8.45%
绿地面积	136901	m²	70.37%
铺装广场面积	25305.8	m²	13.01%
道路面积	15321.5	m²	7.87%
建筑面积	578.5	m²	0.30%

图 4　坡地公园总平面图

参考文献

[1]　余鹏. 重庆大学山地城市公园绿地坡地景观设计研究——以重庆为例［硕士学位论文］. 重庆大学，2005. http：//www.doc88.com/p-719991179339.html.

作者简介

[1]　郭琼，1985年生，女，山东，2008年毕业于北京林业大学园林专业，现于新疆城乡规划设计研究院有限公司工作，任第五分院副院长一职，从事景观设计以及园林规划等工作，电子邮箱：46075467@qq.com。

[2]　王策，1957年生，女，江苏，1982年毕业于北京林业大学园林专业，教授级高级工程师、国家注册规划师、国家二级注册建筑师，现于新疆城乡规划设计研究院有限公司工作，任总风景园林师，从事旅游区规划、景观设计及园林规划等工作，电子邮箱：xjjg@sohu.com。

生态城市的景观规划研究综述

Research on Landscape Planning and Ecological City

郭　星

摘　要：随着人们生活品质的不断提高，人类对于保护生态环境的关注日盛一日，从而引发了建设生态城市的热潮，无论在东方还是西方，发展中国家还是发达国家，许多城市都在积极探索保护自然生态环境，实现可持续发展的有效途径。本文通过对构建生态城市的内容和发展进程进行分析，比较了国内外生态城市建设的发展现状，对国内生态城市建设存在的问题进行总结，提出了生态城市发展前景。

关键词：景观规划；发展进程；生态城市；建设保护

Abstract：With the improvement of people's life，protecting the ecological environment become more important，the construction of Ecological City comes to be famous. whether in the east or the west，developing or developed countries，many city are actively exploring the effective way to achieve sustainable development. This paper analyzes the content and development process of building ecological city，include current situation of the development and summarize the existing problems，put forward long-term prospects of ecological city development.

Key words：Landscape Planning；Development Process；Ecological City；Construction and Protection

目前，世界各国都在积极开展生态城市的理论研究和建设实践，生态城市是城市生态化发展的结果，生态城市的社会，经济，自然复合生态系统结构合理，功能稳定，达到了动态平衡的状态。

王如松（1990）提出，生态，隶属于生物学范畴；而城市规划源于建筑学；依据定义或是学科划分，两者之间似乎并无联系；但人类隶属于生物体，城市则是人类的生存空间，人类对城市进行规划的实质是人类试图对其生态空间进行合理的利用，显然这也是一种生态关系[1]。

1　构建生态城市的内容

从狭义的景观设计来说，进行园林规划不仅仅是绿化城市，更重要的是改善城市生态环境，创造出优美的生活环境，提升城市的品位，从而促进城市社会和经济的可持续发展。规划内容主要包括以下内容：首先，要显露自然，尊重生物多样性。生态的观念是尊重自然，而以人为本则要求征服大自然让自然为人服务，要解决其中的矛盾，就要在规划设计中找到两者的平衡点，既要合乎自然生态的规律，显露自然，尊重生物多样性，又要充分利用自然尽可能为人类服务且实行可持续发展。第二，保护生物多样性，要利用城市特有的自然生态，环境资源，将保持和完善生物多样性与生态城市的规划有机结合。每一个地方都有自己的特色植物和特有动物，这些要素结合起来构成一个地区特有的自然生态和环境资源。在建设生态城市和生态园林时应该首要并且充分挖掘这种特有的自然生态和环境资源，生态城市的建设不是一个标准，每个地方的情况都有不同，不是为了建造生态园林而不顾城市立地环境，大量引进外来植物，造成植物生长不良和生态入侵的现象。第三，完善城市园林绿地系统规划，充分保护和利用城市自然风貌，保护好城市水体和山体，

构建生态城市园林绿地体系[2]。建造生态园林时也要将整个城市的园林作为一个整体来看，构建出城市的生态园林体系，在保护好城市山水体系的大框架基础上构建生态城市园林绿地体系。第四，要有完整的考核指标体系为生态园林建设提供目标和方向[1]。

从广义的城市大地景观规划来说，构建合理的生态城市景观生态系统空间结构，保持景观要素在结构和功能上的多样性，构筑具有浓郁地方特色的生态城市景观，是生态城市建设的重要内容。首先，从规划理念来说，要突出城市整体景观功能，尊重城市景观的独特性，多样性。城市是一个整体，在做生态城市的大景观规划时，其尺度远异于狭义的景观规划设计，必须突出城市的整体景观，尤其是有老城区和新城区的城市，如果既要保留老城区的历史文化，又要将其改造成为可适应现代人生活的地方，并与新城区的景观和功能有机结合，就遵循城市景观的个性化，多样性和谐性的原则。第二，在景观的生态格局构建过程中，要在已有自然景观和人文景观的基础上，以生态景观建设和保护为重心，研究建立具有地方特色的，与产业，人居，交通，水域等功能相融合的城市景观构架。自然景观，人文景观共同构成的实际是社会，经济，自然相互协调的复合生态系统，缺少任何一个子系统都会影响到整体。因此，这个复合生态系统的构建必须以生态景观的建设和保护为中心，以自然景观为基础形成地方特色，通过设计后尽可能通过自身来调节。第三，构建景观生态支持网络。维持景观生态平衡和环境良性循环的景观生态支撑网络，尤其是城市组团绿化隔离带建设规划[2-3]。城市的生态系统相对比较脆弱，因此，必须构建起城市的景观生态支持网络，以周边小城镇的生态支持中心城市的生态，同时，中心城市本身也必须经过严密的设计尽可能实现自身的调节。第四，与生态园林建设一样，大景观的建设更要具有完整的考核指标体系。

关键看城市的生态景观有没有在整个复合生态系统中发挥到最大效应，并与其他系统相适应一起发挥作用[4]。

2 生态城市的发展进程

生态城市尽管是 20 世纪 80 年代以来发展起来的，但其理念渊源却很长。无论是中国古代的人居环境，还是古代欧洲城市和美国西南部印第安人的村庄，都可以看出生态城市的雏形[5]。

现代生态城市思想直接起源于 Edward Howard 的田园城市。田园城市理论为我们展示了城市与自然平衡的生态魅力。英格兰的 Letch Worth 是由 Howard 设计并于 1903 年建成的田园城市。历经几乎一个世纪后，该镇仍然是最宜人的人居环境之一。21 世纪以来出现的城市生态学两次高潮极大地推动了人们环境意识的提高和城市生态研究的发展。人与自然的关系问题在现代社会背景下得到重新认识和反思[5]。

1972 年 6 月 5 日至 16 日在斯德哥尔摩召开了联合国人类环境会议。会议发表了人类环境宣言，宣言明确提出"人类的定居和城市化工作必须加以规划，以避免对环境的不良影响，并为大家取得社会、经济和环境三方面的最大利益[6]"。

1984 年，Richard Register 提出了初步的生态城市原则。1987 年，前苏联城市生态学家亚尼科斯基阐述了生态城市的概念。到了 1990 年，城市生态组织中的许多人都认为是大力推进生态城市的时候了，为了联合各方面的生态城市理论研究和实践者，城市生态组织于 1990 年在伯克利组织了第一届生态城市国际会议。这次会议有来自世界各地的 700 多名与会者讨论了城市问题，提出了基于生态原则重构城市的目标。之后又召开了第二届生态城市国际会议，第三届生态城市国际会议，第四届生态城市国际会议。2002 年 8 月在我国深圳召开了第五届生态城市国际会议[5-6]。

目前，全球有许多城市正在按生态城市目标进行规划与建设，如印度的班加罗尔、巴西的库里蒂巴和桑托斯市、澳大利亚的怀阿拉市、新西兰的怀塔克尔市、丹麦的哥本哈根、美国的克利夫兰和波特兰都市区等。我国江西省宜春市从 1986—1991 年也开展了生态城市的试点建设，并取得了良好效益[6]。

3 国外生态城市的发展

目前不少国外城市通过不断的实践和发展，在建设生态城市上取得了不同程度的成功。

美国克里夫兰在 20 世纪 80 年代提出了城市内部改造与区域整合相结合的生态城市议程，包括对空气质量、气候改良、能源、绿色建筑、绿色空间、基础设施、公共卫生、滨水区建设等多个层面的建设。具体举措有关注耗能的降低和废弃物的减少，对拥有更健康室内环境的绿色住宅的推广，重视生产生活节能和太阳能燃料电池的可再生能源的广泛利用等，同时与临郡，所在州都有相关规划相协调，使其成为美国最宜居城市之一[6]。

日本千叶市也是自上而下规划的新城，以建立生态型城市为追求，以尊重自然地貌为前提，对河流，山地森林等加以规划，在市区范围内形成分布均匀，人与自然交融的开放式公园。在产业发展中突出对循环经济的重视和投入，加大对废弃物转换为可再生资源的企业扶持力度，使得千叶市成为商务活动，居住休闲，教育科研以及生态保护多种功能相互调和的生态城市[7]。

芬兰的 Vures 市是两市交界处的一片新城市地区，是一个处于森林中的绿色地区，优美的自然环境和丰富多样的生态结构是这个区域最典型的特征。因此建设生态城市的目标就是紧密结合自然，实现城市结构，功能与环境的和谐共生。考虑到其丰富的地形地貌以维护区域有价值的自然特征，保持生态多样性，改善地区微气候和显存水系统等[7]。

对比国外生态城市的建设，它们最为强调的就是城市的规划，从一开始就利用尽善尽美的城市规划作为城市的建设定好了基调，给后序建设提供了很好的模板[6]。其次是对城市循环经济的重视，通过各种资源的循环，高效利用，来达到收益最大化，最后将环境的作用者也是受用者——广大群众充分地纳入生态城市建设主力军中来，一则强化了公众的生态意识，二则为城市的生态建设增添了力量。同时，以政府为主导的生态城市建设，通过建立各种法律法规贴息，为生态城市的规划执行提供了保障[7]。

4 我国生态城市建设出现的问题

当前，我国有一百多个城市提出建设生态城市，但在实践中都面临了许多问题。

首先，生态城市建设的自己缺乏，目前建设生态城市主要是政府主导，企业，机构与个人参与较少，相应的建设集资仅出自于政府之手，面对我国这样的人口大国，城市又处于快速扩张的阶段，难免出现资金匮乏，资金链缺失的情况[8]。

第二，生态建设与经济发展相矛盾。我国是发展中国家，经济建设始终处在社会发展的第一位，因此当在建设生态城市的过程中生态环境的破坏和经济的发展呈现出不可调和的矛盾时，政府往往选择经济发展，而忽视了生态环境的建设和保护[9-10]。

第三，缺乏完善的生态城市建设技术体系。首先，国内的城市规划落后于国外先进国的规划理念和技术支撑；其次，没有建立从上至下的完整的生态城市建设体系，在生态城市建设的推进过程中，缺乏科学，高效的指导[9]。

第四，相应的政策，法规体系尚不健全，当前，国内尚未出台生态城市建设的法律法规，监管和保护机制严重缺失，这导致在建设过程中出现了"无章可循，无法可依"的状况[10]。

第五，公众参与力度薄弱，我国在建设生态城市的过程中，对于公共参与这一重要环节做的工作还有所欠缺，广大民众对于生态城市建设的意识还比较淡漠，还尚未发挥公众对于生态城市建设所能产生的巨大功效[9-10]。

对比国外生态城市建设对我国的启示，我们可以借鉴规划先行的策略。生态城市建设之初，将城市规划作为基本前提来对待，从整个区域来分析城市的生态发展模式，选取因地制宜的符合成是特色的规划模式，以此作为城市生态建设遵循的根本。另外建立健全生态城市建设体系对应的法律法规，同时需要有相应的技术体系和保障体系，从而为生态城市的建设提供完善的法律和技术保障。再者，要建立广泛的公众参与机制，生态城市的建立最终受益者是公众，最大的执行者也是公众，因此，公众的参与是生态城市建设必不可少的一个环节[9-11]。

5 生态城市的发展展望

随着社会经济的发展和人口的迅速增长，世界城市化的进程，特别是发展中国家的城市化进程不断加快，全世界目前已有一半人口生活在城市中，预计 2025 年将会有 2/3 人口居住在城市，因此城市生态环境将成为人类生态环境的重要组成部分[10]。

城市是社会生产力和商品经济发展的产物。在城市中集中了大量社会物质财富、人类智慧和古今文明；同时也集中了当代人类的各种矛盾，产生了所谓的城市病：诸如城市的大气污染、水污染、垃圾污染、地面沉降、噪声污染；城市的基础设施落后、水资源短缺、能源紧张；城市的人口膨胀、交通拥挤、住宅短缺、土地紧张，以及城市的风景旅游资源被污染、名城特色被破坏等[10]。这些都严重阻碍了城市所具有的社会、经济和环境功能的正常发挥，甚至给人们的身心健康带来很大的危害。

今后 20 年是我国城市化高速发展的阶段，中国作为世界上人口最多的国家，环境问题是否处理得好是涉及全球环境问题改善的重要方面。因此，如何实现城市经济社会发展与生态环境建设的协调统一，就成为国内外城市建设共同面临的一个重大理论和实际问题。

国外几乎所有生态城市都特别关注能源利用，国内也把能源利用率作为生态城市的一项重要指标。太阳能是较为普遍的新能源，在生态建筑中应用较广，我国一些农村、近郊地区的住宅也往往在屋顶上设置太阳能热水器。多种新能源综合利用将是未来城市发展的重点。提高能源利用率也十分重要，需要与建筑更新、住房建设等相结合[10-11]。

6 结语

建筑生态城市这一基本思想，为城市发展提出了明确的远景目标，它是寻求城市持续发展的有效途径。代表国际城市的发展方向。生态城市并不是一个不可实现、尽善尽美的乌托邦，但也不是可以一蹴而就的，而是一种循序新进的持续发展过程，未来城市是今天建设的，明天的生态城市是在今天城市基础上发展而来的，城市的未来取决于我们现在的认识和行动。

建设生态城市是一项跨世纪的系统工程，相信通过全球、全人类共同的不懈努力，它将不再是一种趋向，而将是确确实实到来的人类理想住区。

参考文献

[1] 王如松. 城市生态学. 科学出版社，1990.
[2] 贾丽奇. 生态城市发展的景观生态途径探讨：[学位论文]. 上海：同济大学，2007.
[3] 吴斐琼. 实现生态城市的规划途径：[学位论文]. 上海：同济大学，2007.
[4] 沈清基. 城市生态与城市环境. 同济大学出版社，1998(10).
[5] Rsgister R. Eco-city Berkeley：Building Cities for A Healthier Future. CA：North Atlantic Books，1987：13-43.
[6] 黄肇义，杨东援. 国内外生态城市理论研究综述. 城市规划，2001 (01).
[7] 蔺晓彬，万旭梅. 从国外生态城市看国内生态城市建设. 现代商业，2010 (07).
[8] 宋永昌. 建设生态城市迈向 21 世纪. 上海建设科技，1994(03).
[9] 沈清基. 论城市规划的生态学化——兼论城市规划与城市生态规划的关系. 规划师，2000 (03).
[10] 黄光宇，陈勇. 生态城市概念及其规划设计方法研究. 城市规划，1997(06).
[11] 王如松. 高效和谐——城市生态调控原则与方法. 湖南教育出版社，1988(08).

作者简介

郭星，1989 年 1 月生，女，汉族，中共党员。本科就读北京林业大学园林学院园林专业(2007 级)，研究生就读北京林业大学园林学院城市规划与设计专业(2011 级)。

高压走廊下绿带景观规划

Landscape Design for High Voltage Corridor Greenbelt

韩　旭

摘　要：高压走廊下绿地的规划区别于普通场地的设计，是不适宜利用之地，但需要遵循"同时共生更好存在"的原则。首先了解高压输电线和高压铁塔，其次时刻以高压铁塔为核心分析场地现状和场地原有功能，保留有价值的原功能，并优化赋予新的功能，以铁塔为核心理解场地的空间感，根据空间要求和当地气候、土壤等确定植物配置。

关键词：高压铁塔；同时共生；更好存在

Abstract：The green corridor is different from the normal site. It is not suitable for people to enjoy，but we need to follow the principle ，"we should hold the balance because we are coexistent."First of all，Know the enemy，know yourself，and in every battle you will be victorious. Make the knowledge about the transmission lines clearer and easier to understand. Based on space requirements and the local climate and soil to determine the plant configuration.

Key words：Transmission Tower；Coexistent；Symbiotic

1　绪论

1.1　研究课题背景及目的

由于高压走廊对建筑植物等因素的限制，使之成为土地利用的一个盲区。但近年来，随着土地资源的紧张，和城市的延伸需求，高压走廊逐渐从单纯的防护绿地转变为防护和游赏功能兼顾的公园绿地。目前，此方面的研究较少，处于探索研究阶段，既是景观园林人面临的挑战也是机遇。

1.2　研究方法

为了更好地理解高压走廊给人的空间感，我采用了对比分析的方法，从身边的高压走廊调查开始。下面以五道口附近的高压走廊为例说明。此条高压输电线是110kV高压输电线，高压走廊穿过居民居和商业区，高压走廊距离正在建设中的居民楼不到30m的距离，与人行道之间仅有不到2m的绿化带相隔，两个铁塔之间跨越商业区的人行道，也就是说商业区上空有输电线通过，但就是这样描述起来听起来极其恶劣的环境，很少有人意识到这里存在一条架空高压输电走廊。换言之，高压走廊可以融入我们的生活，我们可以和它和谐相处。在绿化带上选择花期长，花色艳丽的藤本月季装饰，这样在一定程度上转移了人们的视觉焦点，此外在其穿过的一块街角绿化地块中绿化密度明显增大，并且人可进入，由于近处高大树木的遮挡，远处的高压电塔几乎不在视野范围，更不会注意到上空30m处的高压输电线，也就是说遮挡可以弱化铁塔，而输电线的存在感几乎不存在，在一定程度上，高压线下的景观设计和普通环境的园林没有差异，只要时刻以高压铁塔的显或者隐为核心塑造预想的空间。另外，高压铁塔不应该一直被弱化，我们不能忽略它的存在，所以要兼顾高压铁塔的显和隐。

2　总体规划设计及构思

因为场地有高压铁塔的存在，视线分析更显得尤为重要，空间塑造时刻围绕高压铁塔，考虑铁塔与环境关系，给人的感受空间感性分析，同时进行理性分析，引入一些数据计算，然后转化成为感性的感受。由分析确定适宜利用的范围，根据范围方向设置水系，根据水系方向和可利用范围确定开场空间，根据开敞空间间隔设置封闭空间，和半开放空间，形成空间的韵律和节奏感，处于开放空间的铁塔通过植物的配置、小品的摆设，道路的安排进一步凸显，通过文字等形式让人们了解高压输电，接受高压输电，普及相关知识，处于半开放空间和封闭空间中的铁塔通过丰富多彩的植物配置，引人驻足的小品等转移人们的视线，进一步弱化铁塔的存在感。

3　电力相关知识

因为所设计地块在高压走廊之下，所以要完成设计很大一部分要涉及电力相关知识，了解这个外部条件导致的限制，确定范围之后才是自由发挥的部分，可见园林行业的综合性。首要任务是确保安全性，对于高压铁塔和架空高压输电线的技术性问题要给予第一位的考虑，安全距离必须保证的前提下，在安排园路时要充分考虑高压铁塔的维修问题，留出维修场地和道路，必要时也要保证维修车辆的进入。

3.1 高压杆塔分类

杆塔按采用的不同材料一般可分为钢筋混凝土电杆和铁塔两种,按照受力不同可分为直线型杆塔(又称中间杆塔)和耐张型杆塔。在正常运行情况下,仅承受导线、地线、绝缘子和金具等垂直荷载以及横向水平风荷载,而不承受顺线路方向张力的杆塔成为直接型杆塔。直线型杆塔用于线路的一个耐张段中间,在架空线路中用的数量最多,占杆塔总数的80%左右。直线型杆塔采用悬垂绝缘子串,直线型杆塔在因某种原因发生断线时,纵向产生不平衡拉力,绝缘子串偏斜,直线型杆塔承受不平衡张力,由于直线型杆塔承受顺线路方向不平衡张力强度较差,因此,在发生事故断线时直线型杆塔坑能被逐个拉倒。耐张型杆塔(又称承力杆塔)耐张型杆塔除具有与直线型杆塔同样荷载的承载能力外,还能承受更大的顺线路方向的拉力,以支持事故断线时产生纵向不平衡张力,或者承受因施工、检修时锚固导线和地线引起的顺线路方向荷载的杆塔。耐张型杆塔采用耐张绝缘子串,在发生事故断线时,导线悬挂点不产生位移,以限制事故断线影响范围[1]。

3.2 高压铁塔介绍

铁塔是用金属材料扎成的型钢板作基本构件,采用焊接或螺栓连接等方法,按照一定结构组成规则连接起来的钢结构件。它具有强度高、制造方便等优点。输电线路铁塔按期在线路中所起的做一个不同可分为直线型铁塔、耐张型铁塔、转角型铁塔和终端铁塔。铁塔的根开与高度之比,铁塔可分为款及铁塔和窄基铁塔两种,宽基铁塔的根开与塔高币值约为1/4-1/5(耐张型)和直线型1/6-1/8,窄基铁塔约为1/12-1/14。铁塔按塔头形式不同可分为上字形铁塔、鸟骨型铁塔、酒杯型铁塔、猫头型铁塔、门型铁塔、干字形铁塔等。各有各的优缺点,在进行杆塔设计时要因地制宜,具体问题具体分析后再对杆塔进行选择,杆塔的设计也同样需要区别对待,而不是所有的220kv高压输电线都是一个规格,并且杆塔的形式和功能是统一的,其形式也被逐渐改进以具备更多更强的功能[1](图1)。

3.3 相关安全条例及数据

《电力设施保护条例及实施细则》第十条导线边线向外侧水平延伸并垂直于地面所形成的两个平行面内的区域,在一般地区各级电压导线的边线延伸距离如下:154-330kV 15m。在厂矿、城镇、集镇、村庄等人口密集地区,架空电力线路保护区为导线边线在最大计算风偏后的水平距离和风偏后后距建筑物的水平安全距离之和所形成的两平行线内的区域,各级电压导线边线在计算导线最大风偏情况下,距建筑物的水平安全距离如下:154-220kV 5m。

第十三条 在架空电力线路保护区内,任何单位或个人不得种植可能危及电力设施和供电安全的树木、竹子等高杆植物。

第十四条 任何单位或个人,不得从事下列危害电

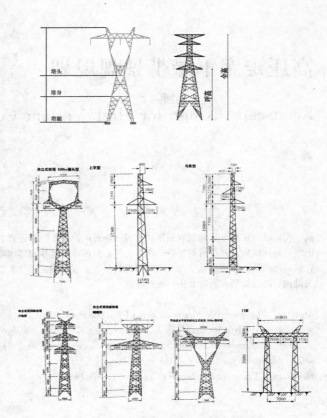

图1 高压铁塔类型

力线路设施的行为。(三)在架空电力线路导线两侧各300m的区域内放风筝。(九)在杆塔内(不含杆塔与杆塔之间)或杆塔与拉线之间修筑道路。

第十五条 任何单位或个人在架空电力线路保护区内,必须遵守下列规定:

一、不得堆放谷物、草料、垃圾、矿渣、易燃易爆物及其他影响安全供电的物品;

二、不得烧窑、烧荒;

三、不得兴建建筑物;

四、不得种植竹子;

五、经当地电力主管部门同意,可以保留或种植自然生长最终高度与导线之间符合安全距离的树木。

第十六条 架空电力线路建设项目和公用工程、城市绿化及其他工程之间发生妨碍时,按下述原则处理:新建架空电力线路建设工程、项目需穿过林区时,应当按国家有关电力设计的规程砍伐出通道,通道内不得再种植树木架空电力线路建设项目、计划已经当地城市建设规划主管部门批准的,园林部门对影响架空电力线路安全运行的树木,应当负责修剪,并保持今后树木自然生长最终高度和架空电力线路导线之间的距离符合安全距离的要求。

(三)根据城市绿化规划的要求,必须在已建架空电力线路保护区内种植树木时,园林部门需与电力管理部门协商,征得同意后,可种植低矮树种,并由园林部门负责修剪以保持树木自然生长最终高度和架空电力线路导线之间的距离符合安全距离的要求。

(四)架空电力线路导线在最大弧垂或最大风偏后与树木之间的安全距离为:

35-110kV	3.5m	4.0m
154-22- kV	4.0m	4.5m
330 kV	5.0m	5.5m
500 kV	7.0m	7.0m

对不符合上述要求的树木应当依法进行修剪或砍伐，所需费用由树木所有者负担[2]。

《110kV-500kV架空送电线路设计技术规程及条文说明》16.0.7送电线路通过林区，应砍伐出通道，通道净宽度不应小于加林区主要树种高度的两倍，通道附近超过主要树种高度的个别树木应砍伐。在下列情况下，如不妨碍架空线施工和运行检修，可不砍伐出通道。（1）树木自然生长过高度不超过2m。（2）导线与树木（考虑自然生长高度）之间的垂直距离，不小于下表所列数值：

导线与树木之间的垂直距离

标称电压（kV）	110	220	330	500
垂直距离（m）	4.0	4.5	5.5	7.0

送电线路通过公园、绿化区或防护林带，导线与树木之间的净空距离，在最大计算风偏情况下，不小于下表所列数值：

导线与树木之间的净空距离

标称电压（kV）	110	220	330	500
距离（m）	3.5	4.0	5.0	7.0

送电线路通过果树、经济作物林或城市灌木林不应砍伐出通道，导线与果树、经济作物、城市绿化灌木以及街道行道树之间的垂直距离，不应小于下表所列数值：

导线与果树、经济作物、城市绿化灌木及街道树之间的最小垂直距离

标称电压（kV）	110	220	330	500
垂直距离（m）	3.0	3.5	4.5	7.0

原规程第98条修改条文。根据全国大部分线路目前的设计数值及地面场强不宜过高的考虑，对跨越房屋的最小垂直距离取为9m；对房屋的风偏净空距离取为8.5m，同时对住人房屋要求导线风偏至该点的地面未畸变场强不得大于4kV/cm[3]。

4 空间分析

4.1 空间理性分析

D/H＝1，45°可以整体地看到建筑物，是观察建筑物整体的最佳视角

D/H＝2，27°观看建筑物细部，不利于观看建筑物的整体

D/H＝3，18°可以观赏建筑群体，对建筑物所处环境研究非常理想的

而研究景物时，由于树木、雕塑、小品等体量上远远小于建筑物，故研究景物的最佳垂直视角为26°－30°，即

人眼黄斑附近形成的30°视锥。所以在景观设计中，为了获得较清晰的景物形象和相对完整的静态构图，应尽量使视角与视距处于最佳位置。通常垂直视角为26°－30°是观景最佳，被认为是最佳的观景视角，维持这种视角的视距称为最佳视距。根据这个科学依据确定四个范围空间，在图中相互叠加，得到最好利用地段、次好利用地段、不利于利用地段和不宜利用地段的分区图，再结合实际情况，进一步规划，在这些限定下划分出的范围便可以自由发挥设计园林了。

4.2 弱化铁塔的方法

4.2.1 弱化原理

应用的原理是对比法，例如如果在空旷的场地赫然竖着一条高压走廊，或者在高压走廊下种植规则的树群，则高压铁塔的存在感被强调，横向线条和竖向线条形成强烈的对比，两者互相强调；但如果高压铁塔一侧种植配置丰富，色彩丰富的树群，一侧种植品种配置单一的树群，人们的视线一定被变化多的一侧吸引，同时高压铁塔和另一侧被忽视，这样就达到了弱化高压铁塔存在感的作用。只要外部环境稍复杂，铁塔就开始被弱化。

4.2.2 遮挡法

遮挡方法就是利用树木、构筑物、地形等在近处遮挡住视线，使视线在近处即被阻碍，无法透过遮挡物看到高高的铁塔，例如五道口高压走廊带绿化岛上就是密植高大乔木并以常绿透光性弱的无林下空间的常绿树为背景营造出喧闹中的一块安静之地。

4.2.3 强调法

强调的方法即使人转移视觉焦点，由于大部分人对铁塔的畏惧心理，人们一定会特意去看铁塔，始终让它成为不愿看到的厌烦的视觉焦点，如果设置更加引人入胜的视觉焦点，加之远近树木的遮挡，人们就会暂时忘记铁塔。

4.2.4 地下场地

设置地下活动场地，这样视线就完全逃离了高压铁塔的干扰，但成本会提高，并且公园内不宜做大量地下部分，可以局部小尺度应用。

4.2.5 远离法

远离法即是利用距离产生安全感的原理，在一定程度上远距离给人以"置身事外"之感，这个道理最简单，就是在远离高压铁塔的地方设置场地或是安排道路。

4.2.6 对高压铁塔的再认识

人们在心理仍然惧怕高压铁塔，一方面因为其体形庞大，另一方面其上架设着足以致命的高压。但是高压电塔的存在是必然的也是必要的，我们每天都不能离开的电就靠高压电塔传送，它间接服务于我们，可以说是我们生活中不可缺少的一部分，在我们生活中扮演着极其重

要的角色。通过以上对高压铁塔的认知可以看出高压铁塔是经过非常严谨、客观、科学的计算，根据相关规范和模数设计出来的，它也是一种设计，只是功能作用大于观赏作用，通过对一些关于高压铁塔的摄影作品惊奇地发现高压铁塔不再是可怕的"铁怪兽"，它充满了理性的几何美，规则美。高压输电线带来的电磁辐射已被证明对人类健康影响极其小，我仍然赞同不在铁塔附近建居民楼，因为目前没有直接证据证明，并且日积月累的小危害终会影响人的健康[4]，但是在高压走廊下做景观却合情合理，树木和土壤会吸收一部分辐射，降低辐射危害，人们不会长久处于高压输电线带来的辐射之下。随着对高压铁塔的慢慢深入了解，发现实际上高压铁塔集实用性、科学性、美观于一身。也因此"隐藏"铁塔的同时也可以适当"凸显"铁塔，"隐藏"铁塔则是营造普通公园的普通感，给予人放松和舒适安全的感觉。"凸显"铁塔有意普及高压铁塔相关知识，了解高压铁塔，更安全的使用高压铁塔，让人们发现它的美（图 2）。

图 2　高压铁塔的美

参考文献

[1] 陈祥和，刘在国，肖琦. 输电杆塔及基础设计. 北京：中国电力出版社，2008.
[2] 电力设施保护条例及实施细则. 北京：中国电力出版社，2006.
[3] 叶鸿声，龚大卫，魏顺炎等人. 110kV－500kV 架空送电线路设计技术规程及条文说明. 国家电力公司华东电力设计院，1999.
[4] 张文亮，何万龄，崔鼎新，吕英. 华人居电力电磁环境. 北京：中国电力出版社，2009.

作者简介

韩旭，1987 年 11 月生，女，蒙古族，辽宁省北票市，硕士研究生在读，从事风景园林规划研究，电子邮箱：hanhanxu1122@gmail.com。

堤外空间的园林规划设计思考

The Research on Landscape Design Methods of Dike-side Space Design

韩　毅　梅　娟　马　珂

摘　要：我国城市人口密度大，建设用地紧张。为缓解公园绿地不足的情况，城市河道及两侧防护绿地经常被开辟为市民休闲绿地。国内已经出台了城市河道水系规划的相关规范和规划导则，但是对河道及两侧绿地详细的园林设计的理论研究却很少，尤其对高堤防的堤外空间利用的详细设计研究几近空白，因此本文以河道临近普通居住区的类型为研究对象，根据河道与建筑的位置关系、堤外绿地的宽度及是否有机动车道通过三种情况，构成九种可能的组合类型，结合人的户外活动的行为需求和环境需求，总结出一套场地设计的前期分析方法，并提出对不利场地条件的改进措施。

关键词：堤外；空间；园林；设计

Abstract：Due to their high density in land use and population，many cities in china have designed and built the nearby space of their river course and dike side buffer as an open space for the public. although several related regulations and guide manuals have been enacted in both nationally and locally，there is still lack of research on the dike side space's landscape design details and its effects to the resident and community，especially the type of space along the high height dike. This paper examines nine different types of dike side space in different residential area in the northern cities of china，and its space relationship between the dike，surrounding buildings and roads. in addition，this paper explores how different dike side space impact residents in surrounding communities in their usage of outdoor activities，their emotions and their behaviors. furthermore，this paper also provide rational landscape design methods included the site analysis and measures for improving the passive condition.

Key words：Dike-side；Space；Landscape；Design

前言

建设部在 2009 年出台的《城市水系规划规范》中提出了"灰线"这一定义，强调了滨水街区与河道关系的整体性，将河岸线划分为生产性、生活性和生态性三种形式。本文就生活性岸线从堤顶到邻近建筑之间绿地的园林设计方法和理论进行探讨，将这一空间称为"堤外空间"。像芦原义信在《街道的美学》中提到的城市街道空间设计一样，堤外空间的设计同样复杂，由于受篇幅和字数限制，本文仅选定一种特定类型进行详细园林设计的相关研究。本文选用的堤外空间类型是北方建设在河边的居住区，临近堤防高度为 6m。

1　人的行为理论与堤外空间功能

本文研究的主题是人在室外的活动，活动的场所是滨河大堤和居住建筑之间。作为常识，人的活动总是受"动机"[1]驱使，在本研究的对象中，河道的自然之美，就是人们生活中不可缺少的"吸引物"，中国古人在《诗经》中，就将美好的爱情和优美的河道景观联系在一起，形成"关关雎鸠，在河之洲，窈窕淑女，君子好逑"这样的经典诗句。在心理学中，这种对身心健康和美好事物的追求被称为"基本驱动"，这种驱动是不可抗拒的，如果人离开美好的自然时间过长，就会出现像西蒙兹在其书中描述的相同的情形，"一只狐狸或兔子被诱入陷阱，养在笼

中，动物清澈的眼睛很快会变浑浊"[2]。

扬·盖尔将人类这种基于"基本驱动"而产生的行为定义为"自发性活动"。这一类型活动包括了"散步、呼吸新鲜空气、驻足观望有趣的事情以及坐下来晒太阳等"。在一些"基本驱动力"的作用下，哪怕仅是为了买面包，人们都会走出房间，这样在室外公共空间将发生"社交活动"，可能这种社交活动仅仅是"被动式接触"——即作为旁观者领略素不相识的芸芸众生[3]，也可能是简·雅各布斯总结的"街道眼"般的社区安全防护，"街边的楼房具有应付陌生人、确保居民以及陌生人安全的任务"[4]。

综上所述，位于居住区外的堤外空间包括两方面功能，一方面是人们亲近自然河道的一个过渡空间，另外一方面也是日常生活中户外社交活动的发生场所，是社区文化建设可借用的外部场所（图 1）。吴良镛在其《人居环境学》导论中，提出"宜人环境的创造，包括美的追

图 1　堤顶上下棋的当地居民

求，要以不同的方式在不同地点不同需要中做到满足不同的要求"[5]。因此，我们应该精心设计和建设堤外空间，使它成为社区健康的一个积极促进因素。

2 堤外空间类型分析

堤外空间的构成形式会受很多因素的影响，本文仅就河道的走向、建筑与河道的距离、有城市道路穿过三种情况加以讨论。

2.1 河道的走向与建筑布局

城市河道多经过裁弯取直，因此建筑与河道的位置关系可以概化为三种情况，即垂直、平行和交叉（图2、图3）。河道的走向分为东西向、南北向和斜向，河道的朝向及与建筑的位置关系，会对堤外绿地的光照、通风、温度等生境因子产生影响，从而影响人们出外活动的意愿（表1）。

图2 与堤防垂直的布局

图3 与堤防平行的布局

河道走向、与建筑位置关系及生境特征表　表1

编号	河道方向	建筑与河道关系	生境特点		
F1	东西	平行	光照不足	冬冷夏凉	风影响小
F2	南北	垂直	光照充足	冬暖夏热	风影响大
F3	斜向	交叉	与前述两种类型比居中		

注：关于风影响：0-2级的风最适合室外活动，因此风大对人户外活动而言是消极因素。而北方一般风向为西北东南方向，因此斜向和南北朝向的河流形成通风廊道，较易形成大风。

2.2 建筑与堤防的距离

为了保护大堤，一般河道边都会有10—30m的绿化带，参见图4，但是个别情况下也有直接建设在堤防边上的居住建筑。由于在大堤顶上和绿化带中会有人活动，因此对临近大堤的住户会产生私密性方面的影响。另外一种情形就是堤外先有一个机动车道，然后是居住区，在安全性和噪声方面会对居民户外活动产生不利影响。

建筑与堤防间距分类表　表2

编号	建筑与堤脚间距	有无车行道	对住户的影响		
D1	10m	无	私密性差	拥有感强	安全性差
D2	20m	有	私密性差	无拥有感	安全性差
D3	40m（含绿化带30m）	无	私密性强	拥有感弱	安全性差

注：1. 拥有感：在10m左右的距离内的一草一木几乎每天都会接触，对于长期在小区内生活的人来说会产生拥有感。
2. 安全感：一般而言堤脚线外30m为防护林带，由于视线受阻，人会产生不安全感；有机动车通过时也缺乏安全感。

图4 堤防与居住区间有绿化隔离带

2.3 九种空间组合类型

实际生活中，上文的三种类型会两两形成组合，形成多种不同的堤外空间。不同的空间在生境和居民的感受方面会形成一定的优势和劣势，需要在堤外空间的场地设计中予以利用和回避（表3），九种空间的示意图参见图5。

表3

	光照	冬季阴冷	夏季凉爽	风影响	私密性	拥有感	安全性	噪声
F1D1	不利	不利	有利	有利	不利	有利	有利	有利
F1D2	不利	不利	有利	有利	不利	有利	不利	不利
F1D3	有利	有利	有利	不利	有利	不利	不利	有利
F2D1	有利	有利	不利	不利	不利	有利	有利	有利
F2D2	有利	有利	不利	不利	不利	不利	不利	不利

风景园林规划与设计

	光照	冬季阴冷	夏季凉爽	风影响	私密性	拥有感	安全性	噪声
F2D3	有利	有利	有利	不利	有利	不利	不利	有利
F3D1	不利	不利	有利	不利	不利	不利	有利	有利
F3D2	有利	有利	不利	不利	不利	不利	有利	不利
F3D3	有利	有利	有利	不利	有利	不利	不利	有利

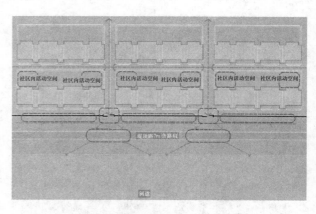

图 6　F1D1 人流及场地利用分析

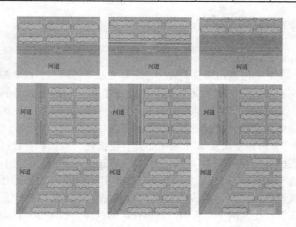

图 5　九种空间组合类型平面示意图

3　堤外空间园林设计分析方法及措施

3.1　F1 类型的场地组合

从堤外空间对整个社区的公共性来说，F1 类型较差，在相同长度的堤防外，F1 类型仅有两个连接社区的公共通道。受益于堤防外绿地的主要是靠近堤防这一排住户，对堤外空间的使用率较高，具有较强的拥有感。

3.1.1　F1 和 D1 组合类型（简称 F1D1，下文同）

根据表 3 的分析，该种类型主要不利情况是冬季光照不足导致阴冷，缺乏私密性。

对板楼住户来说，冬季在阴面的户外活动缺乏"自发性"，为了给"必要性活动"提供一些感官上的"暖意"，北方人经常在冬季挂大红灯笼以"取暖"。在冬季，两楼相交的位置光照较多，可提供驻足休息场地，同时作为小区到大堤的出入口。由于人流较大，光照较好，靠近堤防的第二排居住区前的南北通道的两侧，也会成为较适合冬天活动居民聚集点。在小区护栏外的堤坡下幅设步行小径，提供临时休息空间，可增加邻里交往的机会，满足邻里社交的"温暖感"（图 6）。

住在一层和二层的住户一般会用窗帘来保证室内的私密性，但是仍然有不遮挡的时候。因此，通过在小区金属围栏上种爬藤植物、在堤顶路外侧种植遮挡视线的灌木等方法，可满足私密性的需求（图 7）。

3.1.2　F1D2 组合类型

由于车行道的通过使居住环境质量下降。夏季车行

图 7　F1D1 空间类型剖面图

道白天吸收热量后晚上会放热，小车的排放和噪声会产生不利影响，由于来往车辆及社区以外往来的人多，室外空间缺乏安全性，堤外空间缺乏"自发性"户外活动吸引力。为减少对机动车的影响，一般小区仅设一个面向机动车道的出口。通过交通管制措施是行之有效的提高行人安全性的方法，比如禁止货车，通行限时，禁止鸣笛，设减速带等；另外，居住区外还须设隔音护栏（可结合垂直绿化），以减少噪声（图 8）。

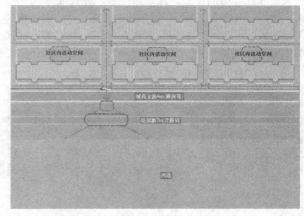

图 8　F1D2 人流及场地利用分析

改进建议：因为有外部交通的引入，有些开放小区会设有底层商业，居住区的一层和二层可改为商业门面，这样有可能采用将堤顶路加宽并架空，与建筑二层室外地坪相连，下层走机动车，将使堤外空间的活动面积增加，社区居民更易抵达水边（图 9、图 10）。

3.1.3　F1D3 组合类型

在冬天，由于绿化带加宽，使堤外空间增加了获得光

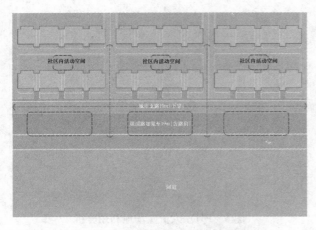

图 9　F1D2 改后人流及场地利用分析

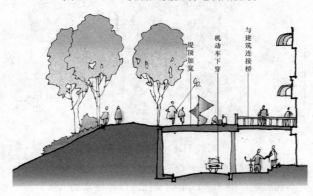

图 10　F1D2 改后剖面

照的场地，同时空间开阔，通风条件得到该善。但是开放的绿地空间会吸引更多来自社区外的人进入，使拥有感降低，同时安全性也降低。

在堤外绿地内的步行交通组织上，要注意将过往交通设在靠近堤脚的位置，远离居住区，并设灌木绿化隔离。这样，会形成面向居住区敞开的林下活动空间，较少受陌生人的干扰，提高场地拥有感（图 11）；在邻近社区的 10m 范围内，可进一步用地形和种植来形成遮挡，提高邻近住户的安全感（图 12）。

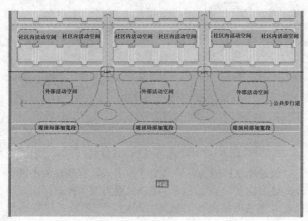

图 11　F1D3 人流及场地利用分析

3.2　F2 类型的场地组合

对整个社区来说，F2 类型的堤外空间公共性较强，

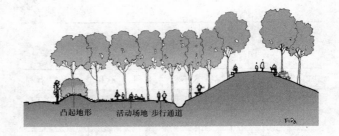

图 12　F1D3 剖面

在相同长度的堤防内，有更多通向堤外空间的公共通道。

3.2.1　F2D1 类型

北方东西山墙开窗较少，不存在私密性问题。需要解决的矛盾是夏晒和防风的问题，种植高大的阔叶树是解决大风和防晒问题的最好方法，而且冬季大树落叶后，阳光仍然会照射在地面上，提高林下温度。

"内外空间互动"：由于非常方便抵达大堤顶部，社区居民可利用堤顶加宽和堤外边坡修建的小的休息空间，进行休息和社交活动，同时在居住用地内靠近堤防的位置设休闲广场，形成内外空间的联系，将堤防绿地"借入"居住区内，尽管中间有居住区的栏杆，但这并不影响视线和声音的传递，仍然会形成良好的生活氛围。正如《园冶·园说》所说"景到随机"[6]。天时地利，人性所好都可作为借景的依据（图 13、图 14）。

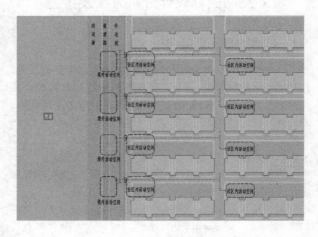

图 13　F2D1 人流及场地利用分析

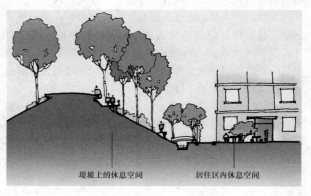

图 14　F2D1 剖面

3.2.2 F2D2 类型

当居住区临近机动车道时，非常不利于堤外空间的利用，这在前文中已经论述过，小区的聚会空间将趋向于向居住区内的道路两侧发展（图15）。此外，由于建筑和道路是垂直关系，并不适合进行商业改造。

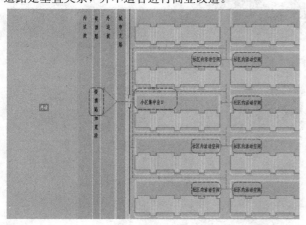

图 15　F2D2 人流及场地利用分析

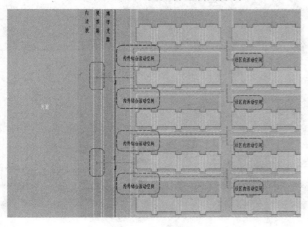

图 16　F2D2 改后人流及场地利用分析

但是，如果能采取堤防绿地与道路用地置换的方法，会在居住区东侧增加绿地，提高居住区的价值，通过地形和上跨步行桥的设计，使居民上大堤不受机动车影响（图16、图17）。

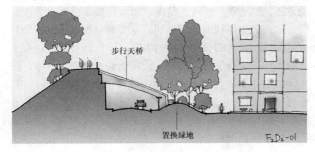

图 17　F2D2 改后剖面

3.2.3 F2D3 类型

通过高大的乔木栽植可以减弱大风的影响；将纵向社会过路步行道靠近堤防建设，并用凸起的地形将其隔

离开，这样与社区内结合在一起的活动空间就拥有了很强的社区"拥有感"，在街坊邻居的"街道眼"的看护下，陌生人的进入会立刻进入整个小区的人工"监视系统"，陌生人带来的安全隐患将得到消除。堤顶路应适当加宽，因在这里具有很好的亲水环境，可以社区内居民在社区外重要的集会场所（图18、图19）。

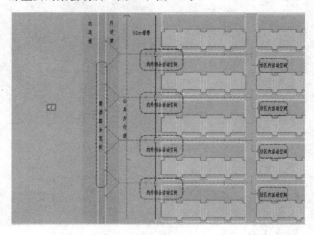

图 18　F2D3 人流及场地利用分析

图 19　F2D3 剖面

3.3　F3 类型的场地组合

F3 类型的空间具有 F1 和 F2 相近的环境特点，空间属性更接近 F2，住户对堤外空间没有拥有感，但是东山墙一侧多了一个三角形空间，这里阳光充足，尺度亲切，可能会成为单元内的小的聚会点。

3.3.1 F3D1 类型

该类型来自气候的不利因素较多，冬季过了中午之后，整个单元之间的绿地都处在阴影笼罩之下，不过相比 F1D1 而言，情况要好得多。同样，小品设施的色彩采用暖色调可提高这里的"温暖感"。对于东山墙外的小空间设计，在小区步行道设计时可适当加大这一空间，还应提供必要的休息和点景设施（图20、图21）。堤顶空间可以成为社区外的聚集点，堤顶可适当加宽。社区内围绕内部"T"字形道路可形成主要的聚会空间，但是在冬天这里的光照条件不如堤外空间好。

3.3.2 F3D2 类型

该类型对环境的不良影响主要来自机动车，设计时应注意社区主要出入口处交通视线的通畅。居民将倾向在社区内部的聚会场地活动（图22、图23）。条件允许的

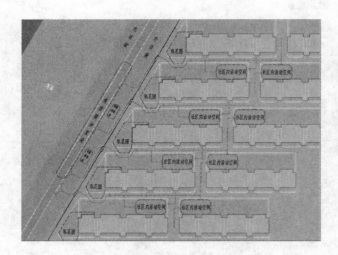

图 20　F3D1 人流及场地利用分析

图 21　F3D1 剖面

话最好考虑堤路绿地置换的设计方式，那么，小区靠近堤防一侧可形成连续的公园绿地，堤顶上也可以作为辅助的休息空间。

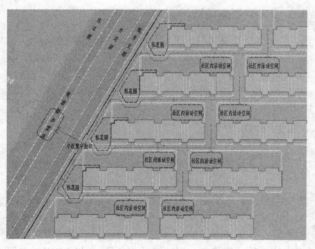

图 22　F3D2 人流及场地利用分析

3.3.3　F3D3 类型

该类型环境条件比较优越，为解决冬季天寒冷的问题，可在堤外空间设计林中运动场，适合老年和少年进行体育活动。关于安全性和拥有感在前面已经交代，这里不再重复（图 24、图 25）。

图 23　F3D2 剖面

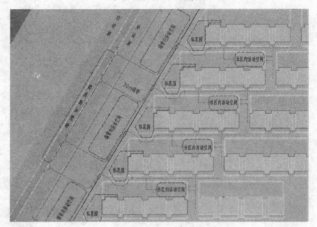

图 24　F3D3 人流及场地利用分析

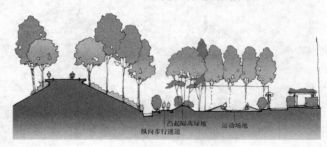

图 25　F3D3 剖面

4　小结

堤外空间的利用会由于临近用地性质、建筑类型、交通方式、经济条件、社会情况、水文地质条件等多方面的因素，而产生不同的利用形式，本文的分析方法也仅是对该类型绿地设计的一种可能的方式，仅供同行参考。在实际的工作中，为了得到具有最大价值的土地利用效率，设计师的工作非常重要，同时更为重要的是需要房地产商、水利主管部门、交通部门、市政部门、业主委员会、物业管理、园林局等部门通力协作，才有可能实现整体效果比较优良的园林设计作品。

参考文献

[1] （美）Richard J. Gerrig，Philip G. Zimbardo. 心理学与生活. 第 17 版. 北京：北京大学出版社，2005.

[2] 约翰·O·西蒙兹著. 俞孔坚等译. 景观设计学—场地规划与设计手册. 北京：中国建筑工业出版社，2000.

[3] (丹麦)扬·盖尔著. 何人可译. 交往与空间. 第四版. 北京：中国建筑工业出版社，2002.

[4] (加)雅各布斯(Jacobs. J.)著. 金衡山译. 美国大城市的死与生：纪念版. 第2版. 南京：译林出版社，2006.

[5] 吴良镛编著. 人居环境科学导论. 北京：中国建筑工业出版社，2001.

[6] 孟兆祯. 借景浅论. 中国园林，2012. 204(28)：12.

作者简介

[1] 韩毅，1971年2月生，男，汉族，河北省秦皇岛，硕士，现工作于北京清华同衡规划设计院有限公司，高级工程师，从事城市河道水系景观规划设计方面研究，电子邮箱：1049895255@qq.com。

[2] 梅娟，1984年1月生，女，汉族，江苏东台，本科，现工作于北京清华同衡规划设计院有限公司，初级工程师，从事园林景观设计工作，电子邮箱：Mmjj1111@126.com。

[3] 马珂，1984年1月生，女，回族，南京，本科现工作于北京清华同衡规划设计院有限公司，初级工程师，从事园林景观设计工作，电子邮箱：425352840@qq.com。

居住区景观设计中种植设计的方法研究

——以澜菲溪岸景观设计为例

Research Methods of Planting Design in Landscape Design of Residential District

——Lan Fei River Bank Landscape Design as an Example

郝会君

摘　要：当今社会，人们对生活质量的要求飞速提高，对生活环境的认知有了越来越深刻的理解和追求，与此同时，园林景观迅速的与我们的日常生活发生着密切的关联。在此社会背景下，近些年房地产市场蓬勃发展，给景观设计的发展带来广泛机遇的同时，也带来了不少的挑战。

一个居住区的景观文化及景观格调，已经成为人们选择生活居所不可或缺的条件之一。人们对居住空间的要求从以前的最基本的户型是否合理，逐渐提升到对建筑风格的选择，而如今则越来越关注室外环境的品质和情调。在此基础上，园林植物造景逐渐被人们关注，甚至成为一些地产开发机构主打的品牌。

在园林景观设计中，植物是一种有生命的景观材料，它们会伴随着时间的推移和季节的更替同时发生着变化，是园林构成的四大要素之一，是园林景观区别于其他景观的关键之一。植物不仅可以形成高低错落的层次，丰富景观环境的质感和机理，还可以用来营造生机灵动的空间，引导使用者的视觉感受及情绪变化。

本文以澜菲溪岸景观设计项目为例，浅述了本人在实际工作过程中，对种植设计的理解及设计过程中采用的主要设计手法。

关键词：居住区；景观设计；种植设计方法；澜菲溪岸

Abstract：In today's society, people's quality of life requirements has increased rapidly, the living environment cognition have more profound understanding and pursuit, at the same time, landscape quickly with our daily life closely related. Under this social background, in recent years, the booming real estate market, to the development of landscape design bring a wide range of opportunities at the same time, it also brings a lot of challenges.

The residential landscape culture and landscape style, has become one of the indispensable conditions for people to choose life home. People's demand for living space from the previous basic apartment layout is reasonable, and gradually increased to the architectural style of choice, but now more and more attention to the outdoor environment quality and flavor. On this basis, plant landscape is concerned gradually, even as some real estate development institutions flagship brand.

In landscape design, the plant is a living landscape materials, they will be accompanied by the passage of time and the seasons and changing, is one of the four major elements of landscape structure, landscape is one of the key difference from other landscape. Plants can not only or a combination of the level, rich texture and mechanism of landscape environment, can also be used to create the vitality of the smart space, visual and emotional changes in the user guide.

This paper takes the Fei River bank landscape design project as an example, introduces himself in the actual work process, the main design methods used to understand and design process of planting design.

Key words：Residential District ; Landscape Design; Planting Design Method; Lan Fei River Bank

在居住区景观设计项目的发展道路上，我们经常会听到这样的论调：一个项目的落成，一个空间的打造，"成也植物，败也植物"。为何会出现这样的说法呢？我认为，因为大部分使用者并不是专业人士，他们基本很少会从一个大的空间构架去感受他所生活的环境，更很少懂得硬质景观中丰富的线脚与建筑风格的关系，而更多的是当使用者走进一个场地空间时，这个场景给他的情境感受，而这个时候，硬质景观结合不同机理效果的植物品种营造出的有生机的植物造景，就很容易与之形成一种微妙的互动关系了。

种植设计最终的目标是创造感官（视觉、触觉、嗅觉、听觉等）愉悦和功能适宜的植物景观。植物是构成景观建筑学基础的一种设计元素，是空间的弹性部分，是极富变化的动景，为居住区景观增添了生机和趣味，丰富了景色的空间层次，那些有生命力的乔木、灌木、草本植物和花卉总是能让我们感到身心愉悦。纵观全年，植物仿佛是一位变身大师，它们在不同的生长发展阶段都能形成新的空间形态。

种植设计并不是只要能用植物简单组合堆叠在一起就大功告成了，更不是简单的点植树圈，而是需要我们在熟悉并掌握了景观设计相关内容的前提下，了解并精通与植物相关的各方面的知识，在此基础上，根据现有的景观设计前提，进行时间、空间、人视效果等多维度的分析，使植物在软化建筑的坚硬质感、营造空间、渲染气氛、打造景观、丰富情境效果等方面得到最大限度的发挥，并且能让人们在日常行为过程中认识到植物是"园林艺术"的一个重要组成部分。

本文主要是本人在实际工作过程中对种植设计的一些理解，简述了如何将学习到的种植设计理论应用到实际的设计工作当中。

1 种植设计遵循的基本原则

1.1 遵循艺术构图的基本原则

1.1.1 对比与和谐原则
植物种植设计时，为了取得较好的种植设计效果，植物的形态、色彩、线条、质地、比例等都必须统一起来形成一种内在的稳定关系即为和谐。对比手法是最为重要的植物设计原则之一，利用植物的特性制造矛盾冲突和吸引力来突出主题。

1.1.2 均衡与稳重原则
均衡与稳定是设计所追求的共同目标，需要设计师将不同设计元素合理安排利用达到的一种协调平衡的状态。在平面上表示轻重关系适当的就是均衡，在立面上表示轻重关系适宜的则为稳定。

1.1.3 韵律和节奏原则
从植物材料方面：植物配置的单体有规律的重复，有间隙地变化，在序列重复中产生节奏，在节奏变化中产生韵律。从植物空间角度：不同植物打造出的空间开合关系在景观规划的框架下按照某种规律不断地有节奏的变化。

1.1.4 比例与尺度原则
比例是指园林中景物在体型上具有适当的关系，其中既有景物本身各部分之间长、宽、高的比例关系，又有景物之间、个体与整体之间的比例关系。比例与尺度的变化会影响空间的形态，通过比例的变化可以让空间变浅或是加深。借助特殊比例和尺度的植物材料相组合，也能够对整个空间的比例施加影响。

1.2 符合园林绿化的性质和功能要求
植物对生长环境的要求决定了目标场地所适用的植物种类。园林植物种植设计首先要从园林绿地的性质和主要功能出发，选择植物种类以及合适的种植形式。

1.3 符合园林总体规划形式
园林的植物景观必须符合园林的总体规划，体现园林绿地的植物景观体系，处理好植物同山、水、建筑、道路，地形等园林要素之间的关系，使之成为一个有机整体。

1.4 四季景色的变化
园林植物的季相变化能给使用者以明显的气候变化感受，体现园林的时令变化，表现出园林植物特有的艺术效果。如常用的"三季有花，四季常青"的种植设计要求。

1.5 充分发挥园林植物的观赏特性
在植物设计时，应根据植物本身具有的特点，全面考虑各种观赏效果，合理配置。其次，了解植物在不同观赏距离下的视觉效果也是非常重要的。

1.6 满足园林植物的生态要求
种植设计并不是只要能用植物组合出色彩绚丽的效果就大功告成了，而是需要我们精通各地土壤情况、气候特点以及植物的类别和品种等方面的知识，因地制宜，适地适树，使植物本身的生态习性与栽植地的生态条件统一。

1.7 合理种植密度和搭配
在进行植物搭配时，植物之间的间距以及植物的形态必须给予精心的甄选，种植的点位要兼顾速生树与慢生树、常绿树与落叶树、乔木与灌木、观叶植物与观花植物、草坪与地被等植物的搭配，营造稳定的植物群落。

1.8 经济原则
经济情况是项目实施的基本保障，在进行景观设计之前，需要根据项目投资情况进行景观构成中各部分的成本估算，了解整个项目资金中种植部分所占比例，在此基础上进行植物品种和密度等方面的考虑。除种植成本以外，还要考虑栽植以后的养护费用。

2 澜菲溪岸景观设计概况

2.1 项目概况
本项目位于武汉市汉阳区江城大道与三环线交汇处，属于武汉新区"三大特色功能组团"之一的四新组团。项目用地由J5、J6、J7、J8四个地块组成，城市规划道路穿插其间，东临70m宽的江城大道，南面靠近三环线和芳草南四街，西临总刚排水走廊和四新中路，北临35m宽的四新南路和芳草南三街。该项目规模较大，地块形状规整，是城市干道沿线不可多得的优良地块。项目净用地面积306556m²，规划用地性质为居住用地，平均容积率1.9，总建筑面积581780.6m²。

本案名为"澜菲溪岸"，景观定位为意大利风情小镇风格，本次设计用地为看房通道、滨水区、J7商业会所区、J6住宅区四个地块。

2.2 种植分区及各区种植理念
对于澜菲溪岸这个项目，种植风格根据用地性质也分为四个部分：看房通道、滨水区、J7商业会所区、J6

图1 项目概况图

住宅区。

看房通道为一条车行道路，根据现场车行体验，设计过程中种植手法强调大尺度的景观视线，利用形态较好的大乔木作为景观视线焦点的处理手法，结合地形利用小乔木起到隔离外界遮挡视线的作用，同时运用色彩绚丽的花卉渲染气氛，打造一条"飘带般绿意盎然的漫漫回家路"。

滨水区是"澜菲溪岸"业主的后花园，是闲暇之余跨河而行的一条休闲步道，利用率稍逊于居住区内的景观绿地，种植设计手法与看房通道异曲同工，不同之处在于景观视线的尺度转变，根据人们的行为习惯，滨水区内蜿蜒曲直的休闲步道能够较好的营造"步移景异"的景观效果，景观视线焦点主要采用效果佳的小乔木起到点景作用，道路两侧运用质地细腻的小叶植物，营造一种精致感，给业主们奉上"都市中一条曲径通幽的纯净之路"。

J7为商业会所区，种植区域较小，根据用地性质采用简洁明快的种植手法，利用形态统一的大乔木形成树阵，与建筑立面交相呼应，应季花卉营造出商业会所区特有的热烈气氛。

J6居住区是几个部分中种植任务最为重要的，因为居住区是人们日常生活中接触使用最多的部分，种植设计的主要目的是如何将植物更加完美的与当地生态文化、建筑、道路体统、景观场地系统、使用者的行为习惯相结合，通过收放有致的植物空间处理打造一个有内涵有情境的宜居环境，使之完美地体现出景观立意中"意大利风情小镇"这一主题，演绎一个"植物景观亲切生动的理想风情镇"。

3 种植设计专题部分

此部分主要介绍J6住宅区部分的种植设计方法。

澜菲溪岸景观设计项目种植设计方面在设计过程的概念及方案阶段初步提出了种植设计的原则和理念，在建筑条件的基础上，根据方案阶段的道路和场地布局进行了植物季相分析、功能分析、景观视线分析、重要节点分析、节点植物立面分析等，从而确定各个区域不同植物材料的不同搭配方式。

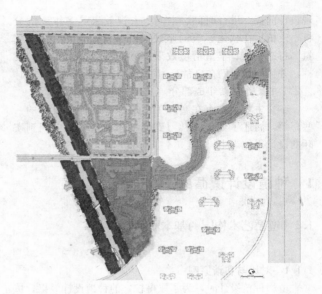

图2 种植分区图

3.1 景观种植设计分析步骤及内容

3.1.1 景观种植季相分析

以植物为素材的种植设计超越了二维和三维空间并将四维的空间和时间也囊括其中。植物与混凝土和石材的不同之处在于它们是一种有生命的材料，伴随着植物的生长，他们的形态也会不断地发生着变化。甚至每天都能看到变化在发生，特别是在长叶、开花和结果的时期。生长在人类生活的维度范围内的植物会随着季节的更替常年发生着周而复始的变化，不同植物的生态习性可以突出展现出季节的变化。所以在种植设计过程中本人对居住区范围的种植设计首先做了植物季相分析，对不同区域进行季节特征的定位，以便通过植物更好地体现出景观设计对功能性的完美实现。

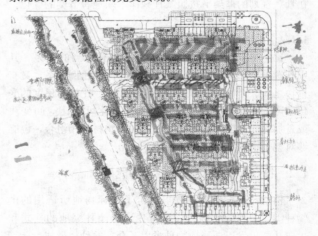

图3 种植季相分析图

3.1.2 景观种植功能及品种分析

种植设计是园林景观设计中重要的辅助设计，是景观构成中最柔软灵活的部分，可以在硬质景观的基础上更好地打造软性空间，增强景观的亲和性和柔和感。在做种植设计时，首先需要熟悉并掌握每一类植物自身所具有的特性，并且根据景观系统中不同的功能需求合理并有创新的组合搭配。例如自然生长的大乔木会让环境显得自然，修剪整齐的绿篱则给人一种规整庄重的印象，而多变的颜色、质地和形态则可以创造出丰富的整体形象和多种不同的氛围。想要找到每一种植物材料的使用理由首先要考虑不同区域的不同功能性质，结合人们的行为习惯，考虑此功能区域内需要给使用者营造何种情境感受，然后进行品种的确定。

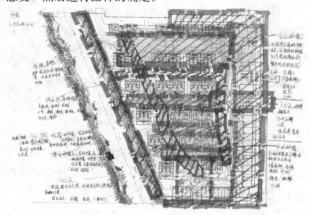

图 4　种植功能及品种分析图

3.1.3　景观种植节点分析

在种植设计过程中我们有一系列的基本原则，对于地产类项目来说，其中经济原则是最重要的原则之一。所以在设计过程时，抓住重点是至关重要的，从景观效果方面考虑，如果处处皆重点，处处皆精致，那么则无重点可言，无精致可言，且会给人们视觉感观上的烦腻感；从经济方面考虑，造价也将无法控制。如果重点部分突出做细做足，效果有品质有格调，非重点区域满足基本的种植功能即可，这样做到植物的疏密有致、张弛有度，从景观效果方面考虑，轻重缓急交替转变，给人们带来各个感官的丰富体验；从经济方面考虑，做到"花钱花在刀刃上"。

种植节点的确定首先需要从场地功能出发，根据人们的行为习惯、视线关系等，来推敲种植节点的位置。

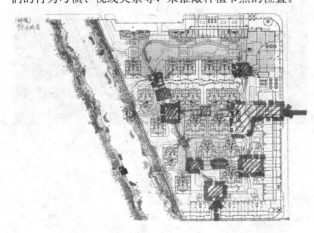

图 5　种植节点分析图

3.1.4　景观种植节点的具体推敲及确定

种植设计就是植物的组织，只有当空间和平面的结构形态都非常清晰的时候，室外空间的功能才能较好的体现出来，所以，竖向空间的组织是种植设计中极其重要的一项内容。

在以上种植分析过程的基础上，针对节点的植物的平面布置和立面形态进行推敲，从而确定节点的植物品种、规格，以及不同的层次搭配方式。各种植物材料的布置和选择，都要从平面和立面两方面进行考虑的。

以两个种植节点为例：

种植节点一，位于居住区环路与水系相交处。

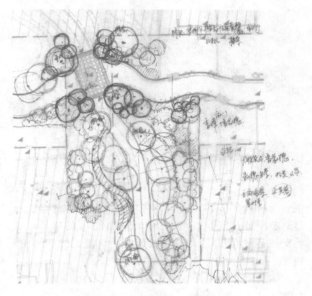

图 6　种植节点—平面分析图

图 7　种植节点—立面分析图

种植节点二，为居住区内环路与宅间相交处的圆形环岛，具有代表性。

3.2　种植图纸的全面完成

通过以上一系列的分析过程，结合总体景观方案布局，利用植物搭建的丰富的层次并在平面和立面上

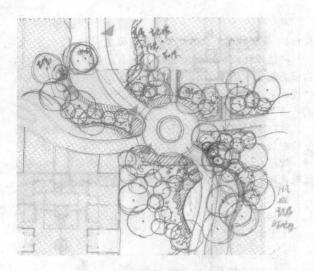

图 8　种植节点二平面分析图

图 9　种植节点二立面分析图

形成多种的变化；从而将不同的功能空间联系起来。最终完成此居住区的手绘种植平面图。在此基础上，将此图通过 CAD 绘图软件绘制成为规范的施工图进行施工。

如图 10 所示，手绘种植总平面。

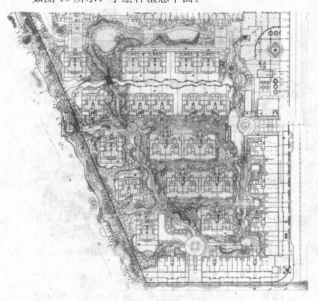

图 10　手绘种植总平面

4　种植施工阶段的相关内容

施工图的完成只是完成设计工作的一部分，由于目

前很多苗木没有达到标准化生产，植物的生长情况在各个地区各种条件下有所不同，为了达到设计效果，设计师最好能够参与选苗过程，并进行现场配合，根据现场的情况在不影响设计效果的前提下进行设计图纸的调整。

种植设计作为园林景观设计过程中的重要组成部分，因不同项目的基地条件不同，种植设计进入的阶段也会不同，从而构思的过程也不同，方法则不同。此文是通过澜菲溪岸项目，将一些种植设计的理论与实际设计工作相结合，从方法和步骤的角度对种植设计进行简单研究，总结出种植设计的一般设计程序。本次对设计过程的总结，是本人从事景观设计工作后一个阶段的经验总结，本人会在以后的设计工作中继续坚持将理论与实际相结合，并在此基础上争取有所突破，将种植设计真正地融入人们的日常生活中，设计出"人人共识，处处共享"的舒适宜人的植物空间。

5　种植施工完成实景照片展示

5.1　看房通道实景照片展示

如图 11 所示，看房通道施工完成照片。

图 11　看房通道施工完成照片

5.2　滨水区实景照片展示

如图 12 所示，滨水区施工完成照片。

图 13　J7 商业会所区实景照片

图 12　滨水区施工完成照片

5.3　J7 商业会所区实景照片展示

如图 13 所示，J7 商业会所区实景照片展示。

5.4　J6 住宅区实景照片展示

如图 14 所示，J6 住宅区实景照片展示。

图 14　J6 住宅区实景照片

结论

种植设计的魅力就在于生命与静止之间的矛盾共生以及植物与空间之间的动态统一。任何有生命的东西都会受到时间和空间的影响。与其他所有艺术表现形式相比，植物景观设计很有可能是最有赖于对时间和空间进行深入研究观察的艺术形式了。对于一个居住环境而言，植物种植只是一个持续发展过程的起始，种植设计的延续性将是持久的。居住区作为我们生活、休闲、娱乐等的主要场所，其中种植设计部分能够给人们营造出一个与我们日益机械化和依赖性的社会形成鲜明反差的世界。作为一名专业的园林设计师，用心关注植物，而不是漫不经心地去对待它们，这一点尤其重要。

在我们当今的时代，种植设计是一件非常奢侈而附有浪漫情怀的工作，因为它所需要的是我们这个社会最稀有也是最宝贵的东西：时间、精力和空间。对植物的利用反映了我们对自然地感知。当我们将才智、知识、和技能重新结合起来的时候，我们也就找到了一个可靠的工作方法来研究我们的生存环境和它的缩影——居住区。

参考文献

[1] [德]雷吉娜·埃伦·韦尔勒，汉斯·约尔格·韦尔勒. 种植设计，2012.01.
[2] 李树华主编. 园林植物设计学(理论篇)，2010.4.
[3] 中国园林. 北京：中国科技核心期刊，2010(4).
[4] 卢圣，侯芳梅. 植物造景. 气象出版社，2004.
[5] 王俊梅，张文英. 园林种植设计方法研究. 广东科技，2009.7.

作者简介

郝会君，女，ECOLAND 设计师，中级工程师，北京农学院风景园林学士。

浅析雨水利用的景观营造手法

Analyses the Landscape Design Methods of Rainwater Utilization

何　丹　王沛永

摘　要：近年来，在雨水利用过程中，人们更多关注的是技术层面的问题，对于雨水的景观营造缺乏探讨。本文基于雨水利用的功能性，浅析如何将雨水利用与景观营造手法相结合，通过景观要素、基础设施、雨景意境等方面打造雨水景观，探求现代雨水利用融合美学与场所精神的方法。

关键词：浅析；雨水利用；景观；手法

Abstract：In recent years, in the process of rainwater utilization, people pay more attention to the technical problems, lack of the landscape design for the rainwater utilization. Based on rainwater utilization functionality, this paper analyses how to combining rainwater utilization and landscape design methods, through the landscape elements, infrastructure and the raincape designing to make artistic rain water landscape, explore the methods of modern rainwater utilization corresponding with aesthetics and place spirit.

Key words：Analyses; Rain Water Utilization; Landscape; Design Methods

前言

　　雨水作为资源，是大自然水循环的重要部分，起着调节、补充水资源和补给地下水资源的作用。近年来，雨水收集与利用在国外城市对雨洪管理的过程中得以推广，取得良好的经济效益，城市环境也得到优化。

　　在对雨水的收集、存蓄及利用的过程中，人们更多关注技术层面，而对如雨水的景观处理手法以及雨水设施的景观化设计等雨水景观性的表达略显不足。许多雨水设施如生物滞留区域、景观雨水调蓄池、植被浅沟，大多较质朴、原始、模式化，许多项目在雨水利用方式雷同，缺乏与项目相契合的理念以及景观化加工，即雨水利用融合美学与场所精神。如何在满足雨水收集、存蓄和利用的基础上，将雨水处理与景观手法相结合，寓工程于景观之中，让人们关注雨水，和雨水产生互动，创造与项目契合且具有归属感的雨水景观是值得探讨和创新的课题。

1　雨水利用与景观要素

　　融合场所精神与美学的雨水利用，需要运用水、地形、材料、植物等景观要素来打造雨水景观。

1.1　水要素

　　水是自然景观的重要构成，既有静态美，又具动态美，是一个活跃的景观因素，雨水为我们提供了宝贵的水景资源，我们应充分了解水，根据环境、审美要求采用动静结合的手法，展现水的艺术，创造富有特色雨水景观。

1.1.1　雨水收集展现水的动态美

　　雨水收集过程可展现水的流动性，形成滴、落、瀑、流等形态，营造雨水景观。

　　中国古典营造，利用雨水成景。如寄啸山庄以假山形式承接屋檐之水，分层洒下形成瀑布，效果甚佳。环秀山庄也是利用屋檐雨水引至假山山顶，再呈瀑布状泄流而下，形成"飞雪"的景点。因观景亭直逼崖下，假山高出亭子的屋檐，使人仰视不得水口位置，而如山中瀑布飞泻而下，作假成真，将雨水的动态美与造景有机结合在了一起。

　　美国奥斯汀约翰逊总统夫人野生花卉中心在设计初期就把雨水收集融入到了整个项目的设计中，达到了景观与工程的完美结合，是艺术化的工程设施。设计者利用从入口大门墙顶到地面的高差变化，组织了跌水、溪流等不同的水景效果，展现水的动态美。中部水花园的水景是模拟德克萨斯州丘陵地区的溪流景观，大型的水泵可以将收集的雨水引到花园中来，利用曝氧的方式进行循环与净化，同时用来造景。树荫、阳光、水的流速和高差的不同，为植物和野生动物的生长提供了多样的生态位。

1.1.2　雨水储存展现水的静态美

　　雨水储存可以利用溪流、河道、湖体等水景，蓄存雨水径流。水体与植物、山石、栈道、平台、汀步等相结合，使水显得灵动，增加空间的层次感和丰富感，展现水的静态美。

　　万寿山与昆明湖之间的葫芦河是古人工程与造景相结合的典型实例。从工程上说，葫芦河汇集了从万寿山上留下来的带有大量泥沙雨水，便于沉淀泥沙和清淤工作的进行；经过初步沉淀了的雨水再由葫芦河流进昆明湖，大大减少了昆明湖出水口阻塞的危险，也减少了昆明湖中的泥沙淤积量。在保证功能性的同时，这条位于山前的配上造型俊朗的拱桥的河流也自然而然地形成了一条"水廊"，与其南侧长廊交相辉映，相得益彰。

1.1.3 水质保持与净化展现水的生态美

通过沉淀、过滤、曝氧等生态处理技术，保持和净化水质。并结合技术措施和景观营造手法，寓工程于景观之中，展现水的生态美。

动态水景如涌泉、跌水可以给水体曝氧；静水则可以为水体自我净化提供场地；水生植物可以处理水体污染物的同时又可以通过植物搭配，满足生态和美学的要求。

如波茨坦广场收集到的雨水在流入 Landwehr 运河之前，通过蓄水池，缓冲雨水的同时，也起到了沉淀固体杂质的作用，并利用土壤和水生植物对雨水进行循环净化，展现生态美。

1.2 地形要素

地形作为场地的骨架，表现的是精简概括的自然、典型化的自然。与雨水利用相结合的地形设计，需要通过调整竖向以及使用技术措施来减低雨水径流的流速、流量，延长滞留时间，增加雨水的入渗量。雨水利用的同时结合地形，丰富空间。

坡度作为影响地表径流的重要因子，坡度越大，汇流速度越大，径流量越大。那么在进行绿地设计时，坡度越小，雨水的汇流速度越慢，雨水渗透时间就增加，渗透量就越大。同一坡度延续过长也会使径流速度加快。陡缓结合的坡度可以延长雨水汇流时间，增加雨水下渗量。陡缓结合的坡，不仅地形变化丰富，具有一定的写意性和表现力，且有利于雨水的收集。

中国古典营造中，地形的变化丰富，塑造的空间变化多样。如颐和园后山，设计收放自如，其中位于桃花沟的喇叭口的设置，除了在视觉和空间上的收放考虑，更重要的是用于缓冲从山上汇聚下来的大量的雨水冲击，消能并减缓水的流速。两侧起伏的地形配以景观植物与条石，都是为减缓水流冲击而设，减缓径流速度并让雨水下渗，同时场地所营造出来的内向聚拢的空间，让人尽享山间野趣。

现代的雨水利用的处理手法，有陡坎的形式加强雨水渗透利用，有降低地面高程，形成下凹绿地，雨水径流被蓄渗在绿地中，蓄渗效果明显。然而在注重功能的同时，应结合艺术与场所精神，有效利用雨水。

1.3 材料要素

场地内道路、广场、停车场的铺装材料，可采用多孔沥青和透水混凝土、陶瓷砖、草坪砖等透水铺装材料，减少雨水径流量，使雨水进入路面结构和地下土壤，或者利用管道收集雨水，就近导入园林内部水体或蓄水池进行利用。如团城的地面干铺倒梯形青砖和深埋渗排涵洞的做法就独具匠心。团城的地面均有青砖铺筑而成。青砖铺筑的地面分为 2 种，小部分为雨道，由方砖和小条砖铺成，不渗水专供人行走；其余的是干铺的倒梯形青砖地面，用于入渗雨水。青砖本身吸水性较强外，主要通过砖与砖之间形成的三角形缝隙，将雨水引入地下涵洞，收集雨水径流的同时，为古树营造适宜的环境。

木屑、砂石等材料覆盖地面，能缓冲雨水对地表的冲击力，使得表土保持良好的结构，增加雨水入渗。而纹理较为粗糙的材质，如瓦片、片石、青石板，在雨景意境中，展现独特的肌理美。材料的不同应用要与场地氛围一致。在收集、入渗雨水的同时，打造品质景观。

场地的置石，对于雨水的阻拦、引导、收集以及景观打造，都至关重要。古典园林中，在转向和高差变化时，使用了挡水石，在消能雨水以外还能控制雨水的流向，还同中国传统园林中假山石的镶隅、抱角等巧妙结合。在坡度变化较大处，水的流速大，在台阶两侧或陡坡处置石挡水，可减少冲刷防止毁坏路基。而挡水石本身的形态美或与植物配合形成很好的点景。在雨水排入水体时，为了保护岸坡结合造景，出水口的处理，用山石布置成峡谷，溪涧，落差大的地段还可以处理成跌水或小瀑布，丰富了园林地貌景观。

1.4 植物要素

植物是重要的景观元素，它能够使场地充满生机和美感。设计师可以充分利用植物本身的形态、线条、色彩、质地、尺度等特征，对不同植物进行艺术性地搭配，创造出别具一格的植物景观效果，带给人们不同的视觉享受。

雨水利用，应注重考虑植物的功能与运用。植物材料种类繁多，造型丰富，季相变化不同。雨水利用所选用的植物材料，在考虑造型，搭配以及季相变化的同时，要考虑植物在净水固沙等方面的作用。

植被覆盖对径流量影响极为显著，而草本植物具有控制土壤侵蚀的能力，一些植物具有净化雨水中的污染物的能力。在植物配置时，应考虑植物的生长环境，处理雨水效果以及景观效果，既能形成稳定的群落结构，又具有景观特性。

植物的选择，应优先选择乡土树种，确保群落的稳定；选择根系发达，净化能力强，耐污染的植物；受雨水浸泡，选择既耐短期水淹又有一定耐旱能力的植物；多层次的植物搭配，蓄涵雨水的同时，提高景观性；尽量选择多年生植物及常绿植物，以减少养护成本。让人们充分领略到植物之美，大自然的丰富多彩，消除对雨水工程措施的刻板印象。

2 雨水基础设施与景观营造

在雨水存蓄和利用方面，雨水管、排水沟、雨水口等雨水基础设施作为网络框架，让雨水发挥生态效益。那么如何将雨水基础设施景观化，与场所在设计细节、品质、理念上相一致，是需要认真探讨的问题。

在中国传统营造中，雨水基础设施的功能、形式与文化相得益彰，是传统文化价值取向的表现。由地面石鼓雨水口的与水为财的设计、故宫太和殿基座上的螭首排水口功能与造景相结合等均可见雨水基础设施的功能性与艺术性相统一。螭首，传说中的龙生九子之一，能容纳很多水，在建筑中多用于排水口的装饰，称为螭首散水。故宫太和殿基座上的螭首排水口，景观上烘托皇家宫殿的雄伟气氛，在雨天，排放雨水的同时，三层台基上层层跌落的雨水，形成壮观的群龙喷水的景观。

日本许多地方有地藏菩萨的石像，是日本文化中重要的部分。菩萨石像作为可以让人们回忆起城市的往事的事物，成为推动雨水利用工作的标志。利用水的浮力原理修建一座能够沉浮的雨水菩萨石像，作为蓄水池与测量雨水储存槽水位高低的标尺。当水槽的雨水装满时，石像就会浮出地面，当水槽的水被抽空或渗入地下后，石像就沉下去，石像的帽子就会变成井盖。在石像旁立有雨水利用的口号"雨水给我们带来恩惠"。在收集与存蓄雨水的同时，起到教育意义。

现如今，随着人们对雨水利用的深入，雨水基础设施的美观也得到了重视。许多现代设计师对雨水管、雨水口、排水沟的造型加以修饰和细节上的处理，集功能与艺术为一体。如用艺术方式修饰雨水口，代替千篇一律的模式化的雨水篦子，展示文化信息；原本暴露在建筑外立面的雨水管，色彩和造型得到丰富；排水明沟经过草皮或透水材料的覆盖，既考虑了传输雨水的功能，又增加了雨水的渗透，明沟的形式变化多样，既可模拟天然水流的蜿蜒曲折，也可以是构筑特定的造型，与场地相融合。现代艺术丰富了雨水基础设施，使得它们不再是冰冷，生硬的存在。

3 雨水利用与雨景意境营造

一切艺术作品，也包括园林艺术在内，都应当以有无意境或意境的深邃程度而确定其格调的高低。通过对客观事物的写照，表达设计师的主观情思，借助对客观事物的抽象而富于理念的联想。意境的有无，高下是一个作品的创作和品评的重要标准。如何将雨水利用、雨景营造与场所精神相契合，让景观作品呈现完整的统一体，是目前基于雨水利用的雨水景观营造手法的重要课题之一。

对意境的追求，是中国古典园林的传统。雨景意境作为一种独特的园林艺术，贯穿其发展始终。雨景景观独特的营造方式和手法，是中国古典园林艺术辉煌成就的一部分。通过综合运用各种元素赋予物质空间以诗情画意，将物质空间升华为触动情感的意境空间，是我国传统的造园实践方式。中国古典园林综合造园手法，运用掇山、叠水、亭台楼阁、植物等要素，结合雨声、雨意，营造雨景意境。例如拙政园的"听雨轩"，庭院内设有池塘一处，池中植有荷叶少许，池边植以芭蕉和翠竹，并置石，在造景的同时，以雨打芭蕉、蕉窗听雨来营造雨景意境。庭院内以水池作为低点，铺装导水汇集于水池中，起到雨水收集和储存的作用。屋檐紧邻水池，雨季由坡屋面汇集的雨水汇入池塘，收集雨水的同时，也形成雨帘，与池前景致相呼应，创造独特的雨景意境。寺庙的屋檐下放有原石，时间久远后由于雨水的敲打出现"滴水穿石"之观，也是寺庙禅意独特的雨景意境的表达。

园林之意境不独中国为然，其他园林体系也有不同程度的意境含蕴。然而文化的不同，对于意境的认知与刻画不同。东方景观作用于心悟，西方景观作用于视觉。国外的一些融合雨水的项目，更多的是在雨水利用与场地内涵上做文章。如美国景观设计师斯蒂夫·科赫为波特

兰的一座公寓设计的庭院景观，借鉴了印度传统的建筑图腾，将其文化运用到设计中，收集屋顶的雨水，让雨水在高低错落的水道中流动，最后注入岩石围筑的水池。水池下是一个用于收集雨水的落水池。

4 现代雨水利用的案例分析

从郁郁葱葱的雨水花园到雨水利用的广场、校园以及居住区等，无一不巧妙地让雨水流经并浸润土地。雨水利用的方法不尽相同，景观营造手法多种多样。那么创新的融合于场地特质的雨水利用设计，可以创造美丽、有价值且具有教育意义的场所。一些具有创造性的景观设计师意图于挖掘场地潜能，创造更好的雨水管理系统。

亚利桑那州大学理工学院地处索诺兰沙漠地区，新校区的设计与现有校园融于一体，打破前空军基地的压抑氛围，景观设计如沙漠般自由奔放。作为高敏性环境，校园利用建筑、蓄水池、河岸原生植物打造亚利桑那州峡谷般的干旱沙漠景观同时，可持续地高性能地利用雨水。

材料使用部分，场地一部分使用混凝土以满足车行和应急交通的要求。花岗岩道路结合遮阴树木，减少热岛效应和眩光，营造舒适的环境。军事基地原有的沥青路面，混凝土道牙以及河石被保留并重新利用，沥青路面被用作停车场，金属网石笼作为挡土墙使用，混凝土道牙改造成了座椅等。

植物配置部分，大规模的种植为地处沙漠地区的校园提供舒适凉爽的室外环境。小径划分出来的沙漠花园，种植有沙漠乔木、灌木以及仙人掌等，耐旱的本土植物，丰富植物景观且贴合场地景观要求。

渗水路面以及沿路的沙漠景观绿地，使得雨水可以充分入渗，渗水路面收集雨水用作中水，绿地减缓雨水径流的冲刷。利用雨水滞留池和地形收集雨水满足灌溉要求。桥作为雨水滞留池的边界，连接新旧小区的同时，使得雨水利用与景观相结合。在如此缺水之地，极致的利用雨水，创造出怡人的沙漠绿洲校园。

整个校园在景观打造和雨水利用相互融合，以景观的营造手法利用雨水，而不是相互剥离。

结语

雨水利用的景观营造手法可以在以下方面做文章：

从古典园林中对雨水意境塑造的提炼，在设计中注重对意境的创造。雨景意境的营造能够充分表达雨景景观，表达的方式多种多样，创造以心灵体验、意会和感悟的景观意境。

满足雨水利用的同时，景观塑造从多层次多角度利用雨水。优秀的设计是将雨水利用和运用雨水的场所打造联系在一起，利用雨水的同时，挖掘雨水所蕴含的艺术特质，表达出雨水在整个设计中的独特的美。

在利用雨水打造景观时，应充分学习当地传统文化，挖掘文化特质，将其有效地运用到设计中。一些创新的设计值得借鉴。中国历史悠久，且拥有诸多对于雨水利用和雨水景观打造的宝贵经验，中国设计师应当追溯历史，运

用传统的方法，并作创新，打造雨水景观。

事实上，每一位景观工作着都应该致力于将雨水利用应用于每个项目中，因为如此，设计师就能基于场地探究许多在雨水利用的数量和质量上有用的策略。

参考文献

[1] 王沛永，张媛. 城市绿地中雨水资源利用的途径与方法. 中国园林，2005(03).

[2] 孟兆祯，梁伊任. 园林工程. 北京：中国林业出版社，1995.

[3] 蒙小英，张红卫，孟瑶磊. 雨水基础设施的景观化与造景系统. 中国园林，2009(11)：33.

[4] （日）雨水工作组. 把雨水带回家：雨水收集利用技术和实例. 北京：同心出版社，2005.

[5] 周维权. 中国古典园林史. 第2版. 北京：清华大学出版社，2008：998.

作者简介

[1] 何丹，1988年9月生，女，汉族，福建福清，北京林业大学园林学院，城市规划与设计硕士在读，研究方向为城市规划与设计，电子邮箱：hgtc@163.com。

[2] 王沛永，1972年3月生，男，汉族，河北定州，博士，北京林业大学园林学院副教授，主要研究方向为风景园林设计与工程，电子邮箱：bfupywang@126.com。

遗址公园景观设计之地域文化表达
——以邯郸市赵苑公园景观设计为例

A Discussion of the Expression of Regional Culture in the Landscape Design of Ruins Park
——The Case Study of the Landscape Design of Zhao Yuan Park in Handan

呼万峰

摘 要：本文以邯郸市赵苑公园景观设计为研究对象，结合遗址公园的自身特性和特点，分析了遗址公园地域文化的表达原则，探讨了提炼和表达城市遗址公园地域文化内涵，传承历史文脉的地域文化表达方法。遗址公园景观设计应当突出地域特色，增强遗址公园景观文化认同感和归属感，形成城市独有的生态文化景观。

关键词：风景园林；遗址公园；地域文化；表达

Abstract：With the landscape design of Zhao Yuan Park as the research subject and combined with the traits and characteristics of ruins parks, this paper analyzes the principles of expression of regional culture, investigate the regional culture expression methods of refining and expressing the connotation of regional culture and succeeding the historical context. The landscape design of ruins parks should highlight geographical features, strengthen the senses of cultural identity and belonging of the landscapes of ruins parks, and form the city's unique ecological and cultural landscapes.

Key words：Landscape Architecture；Ruins Park；Regional Culture；Expression

引言

遗址公园中的遗址虽已不再具有实际使用价值，且多是残垣断壁，但它们曾经辉煌一时，具有重要历史研究价值。遗址作为特殊的历史文化遗产，承载了人类社会更新发展的信息，见证了城市的变迁。但由于城市快速扩张和经济高速发展，以及西方文化的入侵，遗址所蕴含的地域文化和传统价值观逐渐没落，甚至被遗忘，越来越多的遗址公园景观设计盲目抄袭西方设计风格，缺少对地域文化和场所精神的尊重和认同，逐渐失去了城市的特色与个性，丢失了城市的灵魂和根基。

1 遗址公园与地域文化

1.1 遗址公园概念

针对遗址公园的概念目前尚无统一确切的表述，一般认为，遗址公园是以保护和展示遗址、原始历史文化信息及其周边的自然、人文环境，利用遗址本体及其潜在文化内涵而建造的具有特定文化意境体验的城市公共开放空间，具有教育、科研、休憩等功能。

1.2 遗址公园特性

1.2.1 地域性

每个地方的地域文化在形成、更新和发展过程中会受到自然、地理、民风民俗、历史和环境的影响，逐渐形成自己的个性和特色，因此，不同地方的遗址公园蕴含的地域文化异质性明显，地域性突出。

1.2.2 历史性

"罗马非一日建成"，同样，经历了人类历史不同阶段的遗址更是饱含时间带来的沧桑感，其间沉淀下来的历史文化，深深镌刻在城市发展史这部长卷中，形成了不同的场所精神。地域文化和城市环境在遗址公园交融在一起营造独具特色的人文气息。

1.2.3 主题性

主题是遗址公园的精髓，游人通过主题获取遗址公园的初步信息。结合地域文化，每个遗址公园努力打造鲜明城市特色和个性特征，将创造主题文化作为遗址公园发展的立足点，成功的遗址公园都少不了有号召力的主题。

1.2.4 教育性

宣传教育功能是遗址公园与其他城市公园的区别之一。通过某一文化主题，结合各种景观营造形式，地域文化和人类文明在不经意间传递给游人，寓教于乐，在轻松愉快的氛围中理解城市文化内涵。

1.3 地域文化概念

地域文化是指在一定的地域环境中，在自然地理因素和人文精神的综合作用下，产生的对于文化独特的、不可变更的影响，使得文化呈现出特定的形态，且明显带有地域性色彩。地域文化不是传统意义上文化的概念，而是受到地域环境的限制，并通过多种形式表现出来的文化状况[1]。

2 遗址公园地域文化表达原则

2.1 地域性原则

不同城市由于在自然地理要素构成上存在差异性，地形地貌、土壤、植物等物质材料都具有地域性特征。一般而言，宜选用有代表性的乡土材料，与遗址公园的地域性特征相呼应，景观与自然和谐共生。人类适应环境的过程中积淀了文化，城市独特的环境特征、各民族不同发展历程造就了不同的地域文化，而每个城市的历史也具有唯一性和不可复制性，鲜明的城市特征和历史文化构建独一无二的城市意象。

2.2 时代性原则

园林是高层次物质文化生活消费品，是社会、经济、文化发展到一定阶段的产物，具有鲜明的时代特征。在传统社会，园林主要服务于贵族阶级和文人雅士，主题多与他们的审美情趣、行为心理和日常生活有关。而在现代社会，园林更加普及，是为大多数人服务的。与传统园林相比，现代园林不仅体现了物质生活水平和精神文化内涵，而且反映了人们对于多元文化、审美体验、价值观念的更高需求；此外，现代园林在需求主体、使用功能、环境特征等方面发生了较大变化，地域文化的表达如果不能满足当代人的需求，必将遭到淘汰。

城市经济飞速发展，新技术不断涌现，地方特色景观也必然会伴随着技术的更新而不断发展演变。景观设计师不仅要重视地域文化和民族传统文化，也要借鉴外来先进文化，去粗取精，力图实现地域性与时代感的共存，传统与现代的交融。

2.3 创新性原则

一个好的文化主题对于一个成功的遗址公园来说是远远不够的，围绕主题进行创新，不断针对主题深化创意，将文化、游乐内容、主题有机结合，满足游人多元化需求[2]。随着科学领域一项项最新前沿科技的突破，在地域文化表达方面，科技扮演着越来越重要的角色。新材料、新技术、新科技是现代景观设计的大趋势，设计师不能仅停留在对新材料的简化粗放式地应用，要结合地域环境和文化语言符号，充分展示新技术、新科技蕴含的文化精神内涵和带来的无限可能，使游人获得良好休憩体验的同时，收获科学知识，这样的遗址公园才会被大众接受。

2.4 人性化原则

城市公园具有公共属性，其功能特点就是服务大众，满足人的生活需求，提供舒适的休憩空间。遗址公园不仅仅保护和展示遗址，其人性化设计反映在景观设计的创作理念上，在技术与艺术完美结合的前提下，关注使用者的情感、心理和生理需求，使环境充满人情味和生机活力[2]。遗址公园景观设计在表达地域文化的同时，要注重文化的可识别性，将景观元素与人有机地结合，使遗址公园成为真正的物质与文化、科学与艺术共融的典范。

3 案例研究——以古城邯郸赵苑公园景观设计为例

3.1 古城邯郸概况

古城邯郸历史悠久，有超过 3000 年的建城史。战国时期曾作为赵国的国都，长达 158 年之久，在悠久的历史长河中，邯郸不仅拥有保存完整的历史文物古迹和革命根据地旧址，形成了以"赵王城"和"邺城遗址"为代表的建筑风貌和城市格局，还孕育了"磁山文化"、"赵文化"和"北齐文化"等多元文化，流传着众多脍炙人口的成语故事，被誉为"中国成语典故之乡"，是首批国家级历史文化名城之一[3]。

3.2 赵苑公园概况

赵苑公园（图 1）占地 77.3hm²，位于邯郸市西北部，毗邻京广铁路，历史上曾是赵国军事演练、工业冶炼的主要基地和皇家苑囿区，是赵邯郸故城大北城遗址的重要组成部分，苑内有照眉池、插箭岭、皇姑庵、汉墓、铸箭炉、梳妆楼等多处文物遗址。赵苑公园于 2002 年进行改造，新建成语典故苑、诗词廊等文化景观，是一处以文物遗址为依托，以赵文化和邯郸成语典故文化为核心，融人文、历史和生态环境于一体的遗址公园。

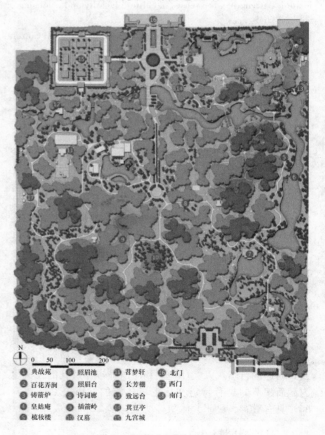

图 1　赵苑公园总平面图

3.3 遗址公园景观设计中地域文化的表达

基于基址特点、遗址分布状况和地域文化要素类型，

风景园林规划与设计

赵苑公园景观设计的地域文化表达从整体景观格局、景观组团和景观要素3个层面进行分析。

3.3.1 整体景观格局层面地域文化的表达

历史文化遗迹错落分布于公园内，基于场地特殊的文化特质，赵苑公园改造时设计师根据历史遗迹的类型和分布状况，纵向构建了三条主景观轴线；即生态景观轴、人文景观轴和遗址景观轴（图2），形成观赏节奏感强、主题内容丰富的空间序列；同时，考虑人的行为心理，为了给游人更好的游览体验，横向水平形成三条次景观轴，每条轴线由不同类型的景观构成，这样"三主三次"轴线和谐交错形成"田"字形空间格局，既产生了空间层次变化，虚实结合，尺度宜人，又正好与古城邯郸的城市肌理相吻合。

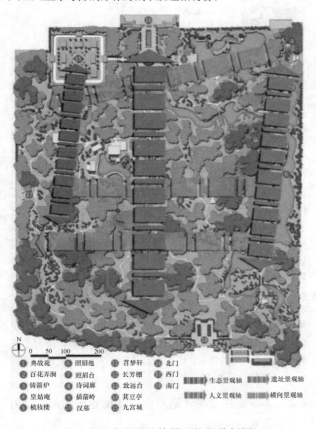

图2　赵苑公园整体景观格局分析图

3.3.2 景观组团层面地域文化的表达

根据赵苑公园景观现状分布情况分析，结合景观可达性、差异性和主题性，将公园景观分成以下3个景观组团（图3）：（1）生态、遗址空间组团。该组团包含九宫城遗址，其完整保留了古赵国时期的建筑风貌和城市格局，文化原真性强；外围景观以生态性为主，百花弄涧景区曲水流觞，精美与旷达同在。（2）环湖空间组团。结合场地中已有的人工湖进行布局，"成语典故苑"、"其豆亭"形成的人文空间与"铸箭炉"、"皇姑庵"形成的遗址空间隔湖相望，历史人文气息浓厚。（3）人文、遗址空间组团。该组团以遗址空间为主，聚集了"梳妆楼"、"照眉池"、"插箭岭"和"汉墓"四大遗址，"诗词廊"穿插其中，空间交错相融，游览趣味性强，游人既能感受到曾作为赵国都

城的古城邯郸悠久的历史，又能品读"古赵文化"的内涵和韵味。

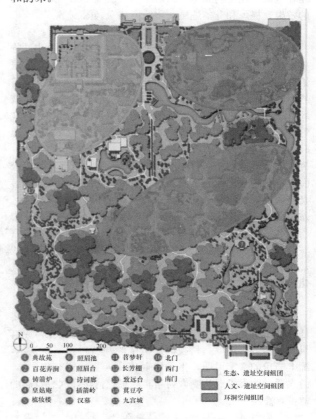

图3　赵苑公园景观组团分析图

图4　景观要素层面地域文化的表达（图4-2：http：//www. ccnpic. com/magnify. php? userid＝019＆img_id＝019-7157＆id＝1134＆sort＝19＆chn＝1＆orb＝1♯1；图4-7：http：//blog. 163. com/bz915@126/blog/static/1162946512010416343347282/)

3.3.3 景观要素层面地域文化的表达

原始保留法、直接引用法、模拟重现法、抽象概括法

是景观设计中常用的文化主题表现手法，它们可以很好地诠释地域文化的内涵，达到以"小"景观，见"大"主题的效果，提炼和升华地域文化的内涵[4]（图4）。

（1）原始保留法

地域文化是一种文化和历史脉络的积淀，城市中的物质文化要素如街道、古树、牌坊，以及精神文化要素如成语典故、民俗活动等等，都代表着特定历史时期的文化符号。在遗址公园景观设计中，一些珍贵历史遗迹不仅承载着历史文化信息，保留了场地记忆，而且增加了场地人文气息，是游人追忆某段历史的重要线索。由于个别遗址比较脆弱，一旦消失，将不可再生，因此建议保留原貌。

插箭岭（图4-1）位于邯郸古城西城墙附近，赵苑公园中部，现存地面夯土台长约百余米，高约3—8m。相传是赵武灵王"胡服骑射"训练奇兵的场所，故名插箭岭。站在遗址旁，松柏的苍翠和黄土的凝重磅礴让人不禁联想当初赵武灵王的飒爽英姿和战争的惨烈场面。巍峨的九宫城（图4-2）位于赵苑公园西北角，内部九座宫殿是汉代建筑风格，皓壁飞檐，古朴典雅，古风古韵，与周围现代建筑形成对比，恰似古代与现代的隔空对话。

（2）直接引用法

地域文化中有一些文化要素具有直观的形象，不需要任何加工，便可以直接应用到景观设计中。通过保留原有景观形态，再辅以高科技的展示手段和新材料、新技术，配上简单的文字说明，生动展现历史人物的仪态和形体。游人通过此类景观感受人物当时的思想情绪，联想背后的故事，意境深远。

照眉池（图4-3）位于插箭岭东侧。设计师运用雕刻形式在人工湖中央塑造了三位楚楚动人的赵国宫女，她们仪态万千，面容姣好，再现当时照眉梳妆，等待进宫的场景。旁边布置一块石刻（图4-4），刻有"照眉池"三个字，增强了园林空间的可识别性。古城邯郸历史悠久，文化积淀十分深厚，被誉为"中国成语典故之乡"。赵苑公园运用碑刻、雕塑等表现形式，展示的成语包括锲而不舍（图4-5）、一枕黄粱、毛遂自荐、围魏救赵等，园林空间的文化性、艺术性和观赏性达到完美结合，游人很容易感受到博大精深的"古赵文化"之厚重。

（3）模拟重现法

对于人物传奇、民俗活动、历史场景等地域文化要素，设计师可采用"象形"的手法将其物化，通过情景雕塑、景墙等载体，模拟重现当地的文化特色，使游人从视觉上直接感受到与场地相关的历史和文化信息。此类景观给场地增添了历史文化魅力，引发观者想象和联想，对场所精神产生认知和感悟，并与其展开对话，最终达到情感上的共鸣。

赵苑公园北门入口处的成语典故苑（图4-6）于2002年改造时新建，正对其入口有一块"胡服骑射"照壁（图4-7），描述的是赵武灵王出征前点将的场景，场面宏大，人物形象多样，生动刻画了赵王倾其一生推行军事改革的治国理念。

（4）抽象概括法

抽象表现手法常用于绘画中，即将复杂事物中最凝练精华的部分进行提炼概括，形成相应的符号或景观形式。经过此手法处理，复杂的人物形象、事物、文化元素变得易于理解、接受，烘托了文化主题意境。

赵苑公园内的指示牌（图4-8）和景观灯（图4-9）并没

用采用西方的景观设计形式，而是将"古赵文化"的标志——编钟、"玄鸟"图腾和钱币经过解析和重构，提炼成符号语言（图5），创造了精美绝伦的景观小品，外观简洁流畅，古朴典雅但不乏时代感，与周围景观环境完美融合。

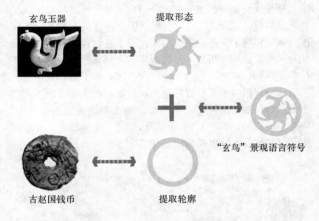

图5 景观灯Logo设计

4 地域文化表达合理性的讨论及建议

4.1 挖掘植物地域文化特质，提升植物景观品质

赵苑公园部分植物景观不丰富，植物配置简单粗放，树种搭配不合理，色彩单调，缺乏季相变化，主题性、艺术性与人文性欠缺，与遗址公园的整体环境气氛不协调。历史遗迹文化韵味浓厚，为迎合古朴凝重的气氛，应在尊重场地地形地貌、气候、土壤等自然条件基础上，运用延续性和真实性的艺术表现手法，种植具有特殊文化含义的乡土树种，结合遗址公园的文化主题，营造观赏主题鲜明、文化承载力强、具有代表性的植物文化景观，例如杭州西湖以茶禅文化为主题的"龙井茶园"植物景观。此外，遗址公园是城市绿地系统的重要组成部分，应充分发挥遗址公园"绿肺"的作用，推进城市生态文明建设，强化地域文化生态特色。

4.2 丰富文化景观营造形式，强化地域文化感染力

赵苑公园现有景观主要以静态展示为主，形式呆板，内容简化，游客只能观赏，难以驻足停留，更不能参与和互动，导致游客的参与性不足，因而缺乏人与地域文化之间的情感交流，难以给外来游客留下深刻的印象。游人是遗址公园的直接使用者，地域文化的感知和接受程度如何可以从游人处得到最直接的答案。通过实地调查和访问，对于地域文化表现形式，游人的建议集中于遗址公园要适度增加动态景观展示形式，定期举办与主题文化相关的活动，比如传统民间艺术表演、民风民俗展示、祭祀礼拜等等，使游人在轻松愉快的气氛中感知、了解并接受地域文化，从艺术和审美的角度展示城市个性与特点。

4.3 加强景观的保护与管理，维护地域文化载体形象

遗址公园内的遗址历史悠久，饱经风霜且年久失修，景观本体已十分脆弱。由于景观建设和施工技术不够精湛，日常管理与维护工作不到位，加之游客的文物保护意

识薄弱，人为破坏遗址现象时有发生，造成公园内历史遗迹陈旧破败，形象不佳，无形之中增添了新的"古迹"，历史文脉断裂，给地域文化的传播造成阻碍。此外，公园内商业旅游开发过度，出现大量与主题无关的娱乐设施（图6），破坏了遗址公园文化主题的协调性和完整性，给城市形象宣传、地域文化的继承与延续造成负面影响。

图6　公园东侧的攀岩等娱乐设施

结语

地域文化在遗址公园景观设计中的表达，应立足于地域传统，顺应时代需求，深入挖掘历史文化内涵，构建特色文化景观。运用多种文化表现手法以不同的方式展现地域文化，引发联想和想象，增强游人的文化认同感和归属感，提升城市文化形象，这样才能使以璀璨绚烂的"古赵文化"为代表的地域文化发扬光大，造福后人。

参考文献

[1] 季蕾. 植根于地域文化的景观设计：［学位论文］. 南京：东南大学，2004.
[2] 吕勤智，冯阿巧，刘美星. 主题公园景观设计中的文化表达研究. 哈尔滨工业大学学报（社会科学版），2009（6）：39-43.
[3] 江保山，段晓惠，王红霞. 构建生态绿网，塑造古赵文化——邯郸市城市绿地系统规划特色分析. 中国园林，2004（7）：72-75.
[4] 王浩，马蕊. 主题与表达. 中国园林，2008（4）：35-38.

作者简介

呼万峰，1988年4月生，男，汉族，河北邯郸，华中农业大学风景园林在读硕士研究生，研究方向为风景园林规划与设计，电子邮箱：hwfarco@163.com。

城市公园防灾功能空间设计研究

Study of Disaster Prevention Functional Space on Urban Park

胡雪媛　裘鸿菲

摘　要：如何应对大型突发事件的安全管理及防灾避险，成为大多数现代化大都市都面临的重要课题，城市公园作为防灾减灾系统的重要组成部分，很大程度上制约着整个城市的防灾避险能力。本文从防灾公园的定义及分类入手，对城市公园的防灾功能空间规划设计进行分析讨论，将其分为4个部分，即出入口空间、避难生活空间、救灾活动空间及绿化隔离空间，将各个功能空间联系起来，实现其互补，使之更有效地利用城市公园的资源，确保避难者的安全。

关键词：防灾公园；功能空间；防灾避险

Abstract：It is an important issue in most of the modern metropolis that how to deal with safety management and disaster prevention of large-scale emergencies. As an important part of disaster prevention and mitigation system, urban parks largely restrict the entire city disaster prevention capabilities. We study this research from the definition and classification of the Disaster Prevention Park, analysis and discuss the disaster prevention functional space planning and design of urban parks. It concludes four parts, namely the entrance space, shelter living space, disaster relief activities, and green isolation space. The various functional spaces are linked to achieve its complementary, make more effective use of urban park resources to ensure the safety of asylum seekers.

Key words：Disaster Prevention Park ; Functional Space; Prevention and Refuge

我国地处环太平洋地震带和地中海——喜马拉雅地震带交汇处，40%以上地区属于7度地震烈度区，且70%的百万以上人口大城市处于地震区。与日本及中国台湾地区的防灾公园相比，大陆地区的建设起步相对较晚，大多数研究还停留在理论及法规层面。但是在城市化大背景下，城市防灾型绿地的建设已经迫在眉睫。2003年，国内第一个防灾公园——元大都城垣遗址公园在北京建成。截止到2011年，北京已经建成9个避难场所，总面积达501.94万 m²（图1）。随后在国内其他城市如深圳、重庆等都相继建立了防灾公园体系，为我国应急避难空间的建设作出巨大的贡献。

图1 北京中心城区应急避难场所
分布图（http://www.qianlong.com/）

1 基本概念及分类

1.1 "防灾公园"概念

"防灾公园"一词源于日本，日本是较早重视应急避难场所研究和设计的国家，它将防灾公园看作为一个体系，《防灾公园规划、设计指南》及《防灾公园技术遍览》中将"防灾公园"定义为："在由地震引起的、发生街道火灾等二次灾害时，为了保护国民的生命财产安全、强化城市防灾构造而建设的，具有作为广域防灾据点、避难场所、避难通道等的城市公园和缓冲绿地"。在我国，《城市抗震防灾规划标准》（GB 50413—2007）中将"防灾公园"定义为：城市中满足避震疏散要求的！可有效保证疏散人员安全的公园。除了满足平时休闲娱乐游憩等方面的需求外，防灾公园在灾害发生时还具有防灾减灾的多种功能。

1.2 城市防灾型公园绿地的等级分类

关于防灾公园类型、规划体系方面研究，不同的分类标准，有不同的结果。

第一，日本防灾公园体系依据其规模和机能可以划分为6种类型，分别是：（1）面积50hm²以上，具有广域防灾据点机能的城市公园，发生了大地震和次生火灾后，主要用作广域的恢复、重建活动据点的城市公园；（2）面积10hm²以上，具有广域避难场地机能的城市公园，发生了大地震和次生火灾后，用作广域避难场地的城市公园，而且依据震害的状况、防灾设施的配置，有时也起广域防灾据点的作用；（3）面积1hm²以上，具有紧急避难场地机能的城市公园，大地震和火灾等灾害发生时，供作临时避难的城市公园；（4）宽 10m 以上，具有避难道路机能的城市公园，用作去广域避难场地或其他安全场所避难的绿道；隔离石油联合企业等与其邻近一般市区的缓冲绿地；（5）面积 500m² 以上，邻近的有防灾活动据点机能的城市公园。

第二，在台湾地区，防灾空间系统将城市避难场所划分为紧急避难场所、临时避难场所、临时收容场所和中长期收容场所四种类型。

第三，在城市灾害发生后，遇灾人员的活动可以概括为灾害当时、混乱期、避难行动期、避难生活期和残留重建期五个阶段。根据灾后遇灾人员的活动时效性进行划分，城市避难场所可划分为：紧急避难场所、临时避难场所、固定避难场所和广域防灾据点四种类型。分类标准如下：

城市防灾型公园绿地的等级分类　　　　表 1

活动时效性	灾难当时/灾害混乱期	避难行动期	避难生活期	残留重建期
避难场所等级	紧急避难场所	临时避难场所	固定避难场所	广域防灾据点
公园绿地类型	街旁绿地/部分带状公园	社区公园/部分专类公园/部分带状公园	综合公园/部分专类公园	全市性综合公园/部分专类公园
服务半径（m）	250	500	2000—3000	2000—3000
到达时间	5min	10min	1h	
人均避难面积（m²）	1—2	2—4	4—10	10—12

其中，服务半径根据避难人群步行速度 3km/h 计算

2　城市公园的防灾功能

防灾型公园的建设既能通过空间的设计达到视觉审美的要求，也能满足场地内应急避难设施的设施要求；既能满足游憩观赏的需求，又能通过空间和景观的划分是公园达到防灾减灾的要求。

2.1　防灾减灾功能

防止和减轻地震及其二次灾害的危害程度，延缓火灾蔓延，防止瘟疫入侵；净化空气，保持水土等。

2.2　提供避险疏散及生活空间

提供避难场所，为避难者提供基本生活条件和安全保障，提高避难的安全性。

2.3　救灾工作的支撑功能

防止或减轻火灾的发生与蔓延，防止或减轻易燃易爆物品发生，及防止或减轻山崩等引发的灾害；实施消防、救援、医疗与救护活动，进行灾时防疫工作；提供救灾物资储运、运输条件。

2.4　灾后重建的据点

在绿地系统上建设重要基础设施以及开展建设工作，对城市的重建和复兴有重要作用。

3　城市公园防灾功能空间设计

3.1　功能的平灾转换

平灾转换就是指通过改造现有的城市空间使其具备防灾减灾功能，或是指防灾空间在平时具有休闲娱乐游憩功能，使平时和避难时放在空间发挥不同的作用。城市公园的防灾空间功能区主要包括出入口空间、避难生活空间、救灾活动空间及绿化隔离空间。这些功能区都可以利用一般城市公园的各个功能分区进行转换。

北京曙光防灾公园以防灾减灾教育为主题，灾时发挥防灾避险作用的区域综合性公园。

图 2 为曙光防灾公园平时功能分区和灾时功能分区图。

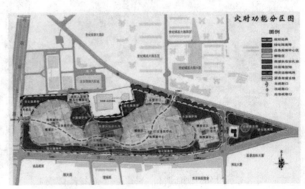

图 2　北京曙光防灾公园平时功能分区和灾时功能分区（http://www.chla.com.cn）

3.2　功能空间分区

根据上述公园的防灾功能对其进行灾时的功能空间分区，主要分为出入口空间、避难生活空间、救灾活动空间及绿化隔离空间，利用公园的场地条件分别设施不同的防灾救灾场所，做到统筹兼顾。

3.2.1　出入口空间

公园作为灾时居民的避难场所，发生灾害时，会有大

量人群通过入口空间进入公园，而且作为广域防灾据点的公园还会有车辆如救护车、消防车的进入，因此需保持防灾公园出入口空间的畅通性。

出入口的位置应根据避难人口的数量、公园周边现状等因素决定，同时应考虑到人群停留的时间及进出车辆的类型，一般来讲出入口数量至少2个以上，其位置应吉尔和周边避难道路规划，还应考虑设置多个弹性入口，以保证人员尽快疏散转移，如消防入口、服务性入口及紧急避难出入口等。

出入口形式最宜采用内凹型，这样可以有一定的缓冲空间。为了方便人员进入，应设置无妨碍通道，若场地允许，车行入口与人行入口应分开设置，以保证避难的人员的快速通过。

防灾公园出入口空间指标				表2
避难场所等级	紧急避难场所	临时避难场所	固定避难场所	广域防灾据点
	应能保证6人并行通过，道路最窄处宽度＞5m	道路宽度＞6m	道路宽度＞15m	入口道路宽度应为双向四车道，道路宽度＞20m

北京元大都城垣遗址公园是最长的城市带状公园，全长4.8km，被6条道路分成7段，最大限度地与周边居住区接合，沿途设置有30个出入口，具有很高的通达性（图3）。

图3　元大都城垣遗址公园入口（作者自摄）

北京曙光防灾公园（图4）一共设置有4个主入口，分别位于公园的南侧、北侧和西侧，两个次入口位于紫竹院路，还有一个管理服务入口，位于公园的北侧。

3.2.2　避难生活空间

避难生活空间是防灾型城市公园的核心功能空间，必须以场地的安全性为规划依据。避难面积和安全后退距离是为避难者提供避难安全所的保障。安全后退距离应该根据当地常年的风向和风速及其他弹性因素综合考虑规划。避难生活区的有效面积除了要考虑公园规模外，还应考虑避难对象的人均避难面积。紧急防灾公园规模相对较小，

图4　曙光防灾公园入口（作者自摄）

主要是人群集散的空间，灾后人群都会转移到规模较大的防灾公园中去，所以避难生活空间的规划标准相对其他类型的防灾公园来说较为宽松。在其他三类防灾公园中，避难生活空间应选择地势较高、通风良好、场地开阔的地方，如小型广场、草坪、停车场等空间。

棚宿区即避难者的生活区，居住方式主要包含两种——板房和帐篷（图5），主要以后者为主要形式，棚宿区周边应配备各种应急设施如应急厕所、水源、电源等。棚宿区的规模应该由公园可容纳的避难者人数和帐篷及板房的规格决定。

图5　避难生活空间居住方式——板房和帐篷
（http：//www.smx.gov.cn 和 http：//www.haizhu.gov.cn）

万寿公园是北京第一座以老年活动为主题的公园，也

是应急避难设施最为完善的公园之一。万寿公园的有效避难面积为8591m²，共有2处应急棚宿区（图6），这两处区域位于西南侧茶室前广场和后山舞场，利于人群疏导，安全性较高。

图6　万寿公园避难生活空间（作者自摄）

元大都遗城垣遗址公园的有效避难面积为38hm²，可容纳避难者25.3万人。公园的北侧地势平坦，是周边居民灾时的避难生活区，其中包括大面积的棚宿区；公园南部是文物保护区，灾时部分可作为棚宿区。

3.2.3　救灾活动空间

公园的救灾活动空间是灾时救援人员救援的核心主体空间，具有指挥调度、应急通信、应急医疗等功能，各个系统相互配合，全面调动指挥，使救援工作高速有效进行。进行空间布置时应考虑到各个避难生活空间，这样可以提高场地的利用效率。救灾活动空间主要包括应急指挥中心、医疗救护据点以及救灾物资集散点。应急指挥中心一般与公园管理处相结合，同时还应和物资储备区结合一同设置。广域防灾场所的应急指挥中心面积应为3000m²左右。而对于固定避难场所的应急指挥中心面积应为600m²左右。医疗救护据点可与应急指挥中心结合设置，除建设固定据点外，还应在棚宿区设置小型的医疗和卫生防疫点。救灾物资集散点一般与指挥中心及出入口结合布置，便于救灾物资车辆的运输和停靠。

元大都城垣遗址公园7号地的公园管理处在灾时为应急指挥中心。公园共分为7段，每段都有一处相应的配套设施，灾时都可作为救灾物资的储备地，贯穿整个公园的小月河沿线设有多个码头，可作为水上交通线运送救灾物资。公园内还有3处卫生防疫处，可作为临时救护处理用房。

万寿公园的应急指挥中心位于公园的南侧，面积160m²，由6个职能厅室组成，是北京应急避难场所中第一个独立应急避难指挥中心（图7）。

3.2.4　绿化隔离空间

绿化隔离空间一般布置在场地周边，起防护隔离作用。公园的边界应该形成阻断火势或病虫继续蔓延的安全避难区域（图8）。绿化隔离的宽度和高度直接影响到放在隔离的效果。首先，隔离带的高度不能阻碍视线；其次，隔离带的设置不能引起交通堵塞；最后，一般来讲，

图7　万寿公园应急指挥中心（http://www.chla.com.cn/）

要想起到隔离效果，防灾隔离带的宽度应＞10m，同时还应考虑平时人们的娱乐休闲需求，设置座椅等设施。除了用绿化进行隔离外，还可以用水系进行阻隔，不仅能阻止火势蔓延，还能提供应急水源。

图8　元大都遗址公园"蓝-绿"隔离带
（http://tupian.baike.com/）

总的来说，从防灾减灾的角度出发，防灾公园的功能空间布局应该充分合理的利用公园的土地，配置合理的应急避难疏散区及避难道路等，使各个空间的防灾减灾功能互补，有效利用各种资源。

4　结语

汶川地震已然过去，但造成的巨大生命财产的损失却让人难以忘怀，恰恰反映了我国城市灾害防御能力的地下。城市绿地系统尤其是城市公园作为城市综合防灾体系的一个重要组成部分，很大程度上制约着整个城市的防灾避险能力。本文通过对不同类型的防灾型城市公园的空间功能分区进行研究，对不同功能分区进行规划设计时应当注意的问题及规划设计方法进行简单的归纳总结，希望对防灾公园理论的研究尽自己的一点绵薄之力。但是光是研究规划还不够，还应综合考虑防灾避险设施的建设以及与整个城市防灾系统的协调，同时还应健全城市防灾公园的相关法律法规，重视防灾，全民参与，加强宣传。

参考文献

[1]　王薇. 城市防灾空间规划研究及实践[D]. 中南大学博士学

位论文，2007.

[2] 章美玲. 城市绿地防灾减灾功能探讨[D]. 中南林学院硕士学位论文，2005.

[3] 刘海燕. 基于城市综合防灾的城市形态优化研究[D]. 西安建筑科技大学硕士学位论文，2005.

[4] 王秋英. 城市公园防灾机能的研究[D]. 河北理工大学硕士学位论文，2005.

[5] 付建国等. 北京城市防灾公园建设研究[J]. 中国园林，2009(8)：79-85.

[6] 白伟岚，韩笑，朱爱珍. 落实城市公园在城市防灾体系中的作用——以北京曙光防灾公园设计案例为例[J]. 中国园林，2006(9)：14-21.

[7] 李景奇，夏季. 城市防灾公园规划研究[J]. 中国园林，2007(7)：16-22.

[8] 雷芸. 阪神·淡路大地震后日本城市防灾公园的规划与建设[J]. 中国园林，2007(7)：13-15.

作者简介

[1] 胡雪媛，1990年生，女，汉族，河南渑池，华中农业大学在读硕士研究生，风景园林规划设计，电子邮箱：362420110@qq.com。

[2] 裘鸿菲，1962年生，女，汉族，博士，华中农业大学，教授，风景园林规划设计，电子邮箱：qiuhongfei @ mail. hzau. edu. cn。

新城社区公共绿地的社会服务功能研究
——以上海安亭新镇为例

The Study of the Social Function of Community Public Green Space in New Town
——Take Shanghai Anting New Town as an Example

黄斌全　林乐乐

摘　要：新城在建设前后，社会结构不断变化，因而社区公共绿地的社会功能往往也发生改变，甚至与规划时的初衷发生背离。通过对于文献的阅读梳理，结合安亭新镇实际案例的走访和调研，对其社区公共绿地的理想社会功能和实际社会功能加以阐述与对比，最终归纳得出：安亭新镇在社区归属感营造和居民邻里关系促进方面较好实现了其预设的社会功能目标，但在自然野趣的生活氛围塑造上没能实现预设目标。

关键词：新城；安亭新镇；社区公共绿地；社会功能；差异

Abstract：After the construction of new town, its social structure would change from time to time, as the result, the social function of community public green space usually change as well, even sometimes it will be totally against with the assumed social function. By studying and summarizing the literature, combined with the site investigation of Anting new town, this article compares the community public green spaces' real and assumed social function to reach the final conclusion: in the part of improving residents' sense of community belonging, Anting new town has perfectly reached its assumed social function goal. However, it fails to form an atmosphere of nature and wildness which was its assumed social function before.

Key words：New Town；Anting New Town；Community Public Green Space；Social Function；Compare

1　研究背景

为了缓解大城市人口拥堵、环境恶化等问题，我国于20世纪90年代开始于大城市周边建设新城。诸如上海分别于2001年和2006年提出了"一城九镇"计划和"1966"的城镇体系发展规划，都是为了加快推进新城建设发展。同时，新城因其独特的地理区位条件和特定的居民社会人群，其基础设施的社会服务功能与市区差异明显，而与居民生活休闲密切相关的社区公共绿地更是如此。

1.1　新城社区中的公共绿地

对于新城的概念，可以概括为：位于大城市郊区，有永久性绿地与大城市相隔离，交通便利、设施齐全、环境优美，能分担大城市中心城区的居住功能和产业功能，是具有相对独立性的城市社区。[1]其具有的主要特征包括：（1）综合规划和设计是新城建设与发展的首要特征；（2）具有自我完备性，包括完善的产业基础和足够的住房条件；（3）满足一定的建设规模和人口规模；（4）和母城紧密联系，协调发展。[2]

从《城市绿地分类标准》（CJJ/T 85—2002）来讲，社区中的绿地可大致分为两类，一类是社区公园，另一类

是居住绿地。社区公园为G12中类，属于G1公园绿地大类之下，指为一定居住用地范围内的居民服务，具有一定活动内容和设施的集中绿地，其下包括G121居住区公园和G122小区游园。而居住绿地则为G41，属于G4附属绿地之下，它是指城市居住用地内社区公园以外的绿地，包括组团绿地、宅旁绿地、配套公建绿地、小区道路绿地等。因为本文更强调社区这一空间范围内的绿地，并非执着于绿地系统的分类，所以把两类绿地综合进行调查和研究。

对于新城社区中的公共绿地，比较一般市区中社区绿地而言，其区别往往不在于设计理念与手法，更多的是在于特殊的社会背景影响下，居民与景观的互动机制的差别。在市区的社区中，由于人多地少，其公园绿地中常常是人满为患，而且很多使用者并非周边住户，可能来自较远的其他社区。而新城的社区，其绿地率一般高于市区的同类社区，且居住人群社会结构不完整，其绿地使用具有明显差异性，使用强度一般不高，但是却能获得良好的景观体验。

1.2　景观的社会服务功能

国内学者对于景观的社会功能研究主要集中在城市绿地系统结构与功能、城市绿量、评价指标体系、价值评估等方面。一般认为其社会功能主要包括：美化城市，活跃居民生活，有效疏导交通，提供居民、游客休息、锻炼、交谈、娱乐交流的场所，可以展示文化修养、风俗习惯、增进友谊、

加强认同感等。[3] 而对于其社会服务功能的评价和估算则一般采取定性结合定量的方法，评价包括人均公共绿地面积、城市绿化覆盖率、城市绿地率、绿量在内的绿地指标，以及气温、湿度、噪声、房价、氧气产生量等周边指标。

2 研究目的与方法

本研究的核心问题在于，在新城这一特殊背景下，社区中公共绿地的理想社会服务功能有哪些，以及其实际社会功能如何。为了研究其理想社会服务功能，主要采取的研究方法包括：文献研究法、实地观察法等，通过定性结合定量的方式对其新城社会景观的物理空间进行评价，并根据其社会结构背景而展开分析。为了研究其实际社会功能，则主要采取实地观察法、问卷调研法和深度访谈法，根据居民对于社区景观的实际评价，结合现场对于居民活动时间、类型、情况的记录，最终统计分析得出结论。

3 案例调研

安亭新镇位于上海市嘉定区，是上海市试点城镇建设"一城九镇"计划中率先启动的第一镇，从建设之初至今已有 10 年的历史，选取其进行案例研究具有一定的典型性。选取 2013 年 3 月 12 日和 2013 年 6 月 20 日两次时间对安亭新镇进行实地调研与访谈。

3.1 安亭新镇简介

安亭新镇由负责上海国际汽车城总体规划的德国规划师阿尔伯特·施贝尔（AS&P 公司）统一设计，率先启动的西区由 AS&P、ABB、BSP、AWA、GMP 五家设计公司完成建筑设计，PGW 完成景观设计。风格上其被定调为：以德国古典城镇为蓝本，体现"原汁原味"的德国风格。安亭新镇规划用地 4.9km²，规划居住人口 5—8 万人。

图 1　安亭新镇遥感影像图（来自网络）

就景观而言，地块东、西、北部分别有大块的结构绿地，加之拥有北部天然河道——吴淞江，使得地块周边具有良好的景观大环境。由住宅建筑围合的独立的绿化空间为每个住户营造出良好的绿化微观小环境。此外，规划设计中充分考虑安亭新镇整体视线走廊，在带状的住宅用地中预留若干条景观视线，体现了新镇设计中均好性理念。

3.2 安亭新镇社区景观空间评价

安亭新镇已建成的西区，周围被自然背景所包围，中部有一南北向宽约 120m 的绿带穿过，构成其主要的景观格局。除去上述的集中绿地，由于新镇中的住宅多数采用围合的街坊式布局，宅间均有较大量的绿化内院。外围的社区公园风格以郊野公园为主，提供宽广的视野和广阔的草坪；而内部的组团绿地则强调精致细腻的生活体验，一部分组团模仿经典的欧式景观风格，另一些则采用其现代简约的设计风格。

对于两种形式的绿地景观各选择一处作为具体研究对象，如上图 3 所示。外围社区公园选择新镇入口安礼路旁的公园，内部组团绿地选择雅苑组团内的景观。

图 2　安亭新镇总平面图

3.2.1 安礼路社区公园

该公园东部为一大块水面，西部则为大面积的草坪区域，并设有木质儿童游乐设施，整体结构较为疏朗明晰，

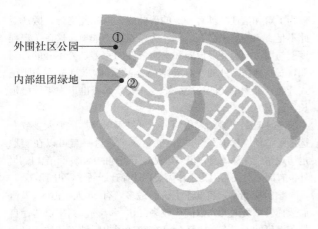

图 3 安亭新镇景观格局图

外围社区公园 ——① ①
内部组团绿地 ——② ②

视线开阔，自然粗犷。另外，该公园具有良好的区位条件，位于新镇入口，且距离城市主次干道较近。由此可以看出，这一公园既有绿带的功能，包围整个新镇，提供自然清新的背景，同时又可作为日常及周末郊野游憩的对象。

但是在实际调研过程中，发现该公园中活动的人却寥寥无几，路过的行人也不会进入公园，其儿童游乐设施基本属于闲置状态，但同时其基础设施，包括坐凳、园路等都明显老化破损，两者形成了鲜明的对比。居民社会结构不完整，新镇人口不多，是社区公园无人问津的社会客观原因；而基础设施破损，后期管理不到位则是管理方的主观原因。

图 4 安礼路社区公园平面图

3.2.2 雅苑组团绿地

该绿地位于新镇中雅苑组团中，包括几块由建筑围合的小绿地，以及组团中央的喷泉广场和绿荫大道。安亭新镇中的所以社区绿地有一个共同的特点就是具备良好的开放性，所有的社区都是开放式的，每一块组团绿地都具有良好的可达性和识别性。根据规划设计意图，规划师希望通过社区景观营造轻松的社区环境，通过高宽比适宜的林荫大道激发生活场景，同时汇聚内向的中心广场成为拉拢邻里关系的公共空间。

根据实地走访观察的情况来说，社区绿地中活动的人

图 5 安礼路社区公园实景照片

数较多，具有较强的人气，且商业设施，诸如酒吧、商店门口更容易形成公共交流的空间。在社区绿地公共空间中居民的交往较多，甚至还有人帮邻居看护父母外出的小孩，这是市区一般较难见到的景象，整体气氛其乐融融，社区的集体感和归属感强烈。但是，市区中比较流行的锻炼健身的场所以及花境草丛，却没有那么多的居民来使用。

图 6 雅苑组团平面图

图 7 雅苑组团景观实景照片

3.3 居民对于社区公园的评价

通过两次问卷调研与访谈，共计发出问卷 60 份，收

回有效问卷 57 份。问卷内容根据 3 个方面设置，分别为：迁居新镇的理由与日常生活、社区绿地使用的频率及满意度和个人基本信息。尽管受访者个人基本信息与其迁居新镇的生活这两块，与社区绿地的社会功能无直接关系，但可以作为理解和解释其社会功能的基础。以下将就此三方面调研结果分别进行分析。

3.3.1 受访者基本信息

在当地居民受访者之中，女士的比例占到 54.4%，略高于男士比例。但由于问卷访谈是在社区公共绿地中开展的，因而社会构成比例将可能受到不同性别对于户外活动偏好的影响。

年龄构成来说，大多以中青年为主，年龄在 20－40 岁之间的人群占 66.7%，小于 20 岁青少年的比例为 19.3%，大于 60 岁退休老人的比例为 8.7%，而 40－60 岁的中年人比例最少，仅为 5.3%。这一研究结果与其他学者关于南京新城的社会人群研究结果相近，其得出的结论为：与主城对比，新城所在区居民青少年和年轻人比例较高，老年人比例较低。[4]

工资收入而言，选择月收入过万的人数占总体的 56.1%，剩下的人中又有过半是青少年和老年人等无收入或低收入群体。总体来看家庭收入情况较好，很多是得意于嘉定当地企业提供的丰厚工资，而这也是搬迁至新城居住的重要原因。

图 8　新镇调研性别比例图

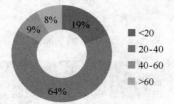

图 9　新镇调研年龄比例图

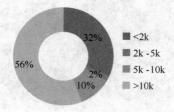

图 10　新镇调研收入比例图

3.3.2 迁居新镇的理由与日常生活

受访者中搬迁至嘉定新城时间超过 5 年的有 37 人，占 56.1%。且这类人群在社区绿地中通常一起活动，相互之间

较为了解和信任，具有一定的群体意识。除此之外，搬迁至此不足 1 年的居民占 22.8%，为第二多的选项。这在一定程度上与周边配套商业设施和交通条件的完善是分不开的，例如，安亭地铁站处的"嘉定荟"商业综合体 2011 年左右刚正式开业，最为重要的公交线路——安亭 6 线也于去年开始延长了运营时间。

关于迁居安亭的理由而言，可供多项选择，绝大多数人选择了"环境优美"，占总体的 78.9%，这一点可以在实地走访观察中深深体会，很多居民对于当地的环境赞不绝口。另外也有部分居民是因为工作需要，选择迁居新镇，占 17.5%。

出行交通上，自驾车上班的最多，有 25 人，占 43.9%，而选择公共交通的人数同样较多，达 38.6%。其中，选择自驾车上班的人群有一大部分是在安亭周边区域工作的，出行时间一般小于 0.5 个小时；而选择公共交通的居民则有大量是市区工作的，单程交通时间在 1.5 小时以上。

图 11　新镇调研入住时间比例图

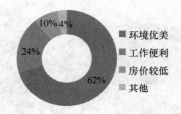

图 12　新镇调研迁居理由比例图

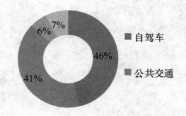

图 13　新镇调研交通方式比例图

3.3.3 社区绿地使用的频率及满意度

关于社区绿地使用频率，受访者大多数表示"几乎每天都去"或是"隔三岔五就去"，足以体现其社区公共绿地活动强度较大。但同时，对于其活动类型的访谈中同时发现，其活动类型较为单一，散步和带小孩为最主要的活动，而以往在市区中较流行的遛狗、看报、健身等活动却在安亭新镇受到冷落。

另外，当谈及对于社区绿地的总体评价和看法时，绝大多数人认为其环境较好。但同时有居民反映近些年的环境质量有所下降，原因是物业管理不到位。新城社区入住率低，特别是晚上的时候较为冷清，但出乎意料的是，

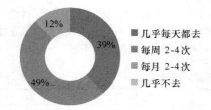

图14 新镇社区绿地使用频率比例图

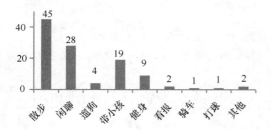

图15 新镇社区绿地活动类型图（多选）

大多数居民对于这个现象表示高兴。他们认为正是因为社区中人较少，马路上汽车也不多，所以环境更为安静惬意，生活品质较高。他们认为和他们生活质量密切相关的在于交通条件和商业设施，与其他住户无太大关系。

与此同时，当问及和邻里的关系与熟悉程度时，多数人表示较为熟知，尽管可能未必叫得出名字，但是见面一般都会打招呼。而在市区住区中，居民邻里关系相对淡漠，安亭新镇居民则显得更为和睦团结。一方面由于新镇中住宅建筑一般为4-7层，住户较少，邻里间一般都相互认识，关系显得非常融洽，同时适宜散步和汇聚的组团公共空间也为居民提供了更好的交流认识的机会，促成了较强的社区认同感。

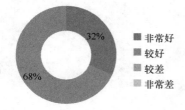

图16 新镇社区绿地总体评价比例图

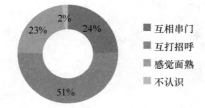

图17 新镇居民邻里关系比例图

4 理想社会功能与实际社会功能对比

4.1 安亭新镇社区公共绿地理想社会功能

根据以上现场观察结果，结合文献资料，可以归纳得出安亭新镇社区公共绿地的理想社会功能可以归纳为以下几点：

（1）创造自然生态的生活氛围。安亭新镇在规划之初就确定好其景观特色与定位，希望在外围营造天然野趣的郊野公园氛围，使整个新镇包围在自然的怀抱之中。同时，在各个社区之内开凿纵横交错水道，并与外界水网相连，将自然之景引入新镇，引入社区。由此可见其对于自然景观，尤其是水体景观的执着和追求。

（2）创造居民交流的公共聚集空间。安亭新镇的社区规划采取围合式布置，留出向心的公共空间提供公共空间。同时中心的喷泉广场以及周边的商业设置，有意模仿欧洲传统城市的城市中心广场，提供可供交流、休闲、散步的民主空间。

（3）提供日常运动休闲游憩的机会。安亭新镇中心的商业综合体、西侧的体育场、东侧的郊野公园，一系列的设施设置希望完善安亭新镇的居民日常休闲游憩生活，而使得其不仅是一个提供住宿的大型住区，更是一个满足其他生活需求的独立小镇。

（4）营造多元化和识别性强的空间，增强区域认同感。安亭新镇的总体规划之后，各个组团社区邀请不同的境外设计单位进行分别设计，最终产生了风格各有特色的建筑和景观作品。其中不乏许多设计精品。希望通过异质化的景观设计，和一致化的景观格局网络，加强整体景观的统一化，又兼顾其多样性，从而避免社区千篇一律的场景，增强居民对于自己社区的归属感和认同感。

4.2 安亭新镇社区公共绿地实际社会功能

根据居民问卷调研的反馈和实际观察结果，可以归纳得出安亭新镇社区公共绿地的实际社会功能，和其假想的理想社会功能有一定区别，包括：

（1）自然生态、野趣天然的环境基础作为居民的心理基础，一方面作为经济筹码吸引居民和商业，另一方面作为居民的积极心理暗示，加强生活质量。实际使用中，居民确实能感受到自然景观的优美，但是却和规划之初的意图大相径庭，人们很难体会其野趣天然的一面，而对人工造景、欧式景观更有兴趣。而所谓的自然背景的环境，却仅停留在房地产宣传阶段和人们美好的遐想之中。

（2）安亭新镇日常休闲生活不完善，无法满足多样的游憩体验和娱乐需求。由于新镇中商业综合体、图书馆等诸多基础设施没有及时完善，而郊野公园等配套景观又缺少维护和管理，使得安亭新镇的日常休闲生活并未如预想那样美好，最终沦为和其他新镇一样的命运——"卧城"。

（3）有效的邻里交往空间，创造更多交流认识的机会，增进友谊。相比于郊野公园的不成功，其组团内的邻里空间营造是比较成功的。通过小型商业的植入，在社区中形成了一定规模可供交往的公共绿地空间。在这些空间中社区居民们互相熟悉和了解，并不断加深感情，同时也排解了身处郊区的孤独苦闷情绪。

（4）差异化的景观设计和清晰的景观格局一定程度上助于区域识别性的提升，增强了社区的归属感。多数居民对于安亭新镇社区绿地景观印象良好，其中不少人认为找到了家的感觉，表示可能再也不会离开这里。抛开基础设施和交通因素的影响，差异化和多元化设计的景观格局，是安亭新镇最为成功的方面之一。

（5）开放式的景观格局和管理模式加强了社区间的联

系，为原本居民较少的社区提供了更多与外界交流的机会。良好的景观可达性是市区难以比拟的，市区的新建住区门口森严的戒备，带电的围墙，使人产生格格不入和不受欢迎的感受。而安亭新镇宽松的管理和连通度极高的景观格局，让人加深了对整个地区的认识，也产生了亲近之感。

综合而言，可以简要汇总如下表1所示。

安亭新镇社区绿地理想与实际社会功能对比图　　表1

序号	景观手段	理想的社会功能	实际的社会功能
1	一体化的景观格局	加强整体新镇感受，营造统一的德式风格	基本完成预想社会功能，尤其是整体规划的水系景观营造了良好的自然氛围
2	差异化的组团绿地设计	有助于提升社区识别度与认同感	较好实现了预想社会功能，居民邻里关系良好，社区记忆与认同感强烈
3	郊野公园的设计	有助于排遣周末闲暇时光，作为新镇生活的自然大背景	难以感受其自然野趣，社会使用功能不明显，仅发挥其经济价值，完成招商引资，吸引住民的功能
4	组团公共绿地的设计	提供良好的内向性交流空间，增加邻里友谊，促进生活情调	较好地实现了预想功能，有效地促进了居民之间相互接触和了解
5	日常休闲游憩设施	提供完善的生活配套服务，使其不仅满足居住这一基本功能	基本没有实现这一目标，新镇内的生活服务设施无人问津，管理和维护缺失，安亭新镇的社会功能始终以居住为主

5　结语

新城景观建设与城市景观建设的巨大差异，其根源在于不同的社会状况与人口结构。新城的人口年龄层次、受教育程度、工作性质、家庭收入等方面，均明显区别于老城，对其景观社会功能的设定和规划设计的手法均产生一定影响。只有充分考虑了新城独特的社会条件，并结合实际的规划设计方法与后期管理维护，才能充分发挥新城社区景观应有的社会功能。

参考文献

[1] 张捷．当前我国新城规划建设的若干讨论——形势分析和概念新解[J]．城市规划，2003(5)：71-75.

[2] 林洪波．中国大城市新城建设研究[D]．首都经济贸易大学，2006.

[3] 张宝仁，赵殿恒．论城市林业的效益及其发展方向[J]．吉林林业科技，2000(3)：49-51.

[4] 杨卡．我国大都市郊区新城社会空间研究——以南京市为例[D]．南京师范大学，2008.

作者简介

[1] 黄斌全，男，1990年5月生，同济大学建筑与城市规划学院风景园林硕士，景观规划设计方向。

[2] 林乐乐，女，1989年8月生，同济大学建筑与城市规划学院风景园林硕士，景观规划设计方向。

李渔的"居室"思想初探

——读《闲情偶寄》居室部有感

The Preliminary Study of Liyu's Thought of "Bedroom"

——to the Chapter of "Bedroom" in Xianqingouji

黄　利

摘　要：精读《闲情偶寄》的居室部，可以归纳总结出李渔的"居室"即营建园林居所的思想与方法，以便研究李渔所处的时代的"居室"审美情趣及价值观。文中介绍了李渔所处的时代背景以及其生平，并通过简要的分析他所建造的园林，结合居室部探索与总结出李渔"居室"思想中的"居室"目的、"居室"手法以及"居室"理念。

关键词：李渔；《闲情偶寄》；"居室"思想

Abstract：Intensively reading of Xianqingouji the chapter of bedroom, we can sum up the Li yu "bedroom", namely the construction of garden residence ideas and methods, in order to study Li yu's age of "bedroom" aesthetic temperament and interest and values. This paper introduces the background of li yu's age and his life, and through the brief analysis of the garden in which he has built, combining with the exploration and summed up the bedroom of Li yu purpose of "bedroom", methods of "bedroom", and concept of "bedroom". Finally, combined with modern ideas to see Li yu "bedroom" ideas and significance in practical application.

Key words：Liyu；Xianqingouji；Thought of "Bedroom"

1　李渔所处的时代背景与生平

1.1　李渔所处的时代背景

李渔的思想品格、个性特征、文学成就、情感取向、生活方式和生活追求都是他所生活的那个时代的产物。

末世的政治、经济与社会表现在：皇权更迭、政局混乱；经济发展、贫富分化；市民崛起、品味物质化。在1620—1627年间死了三位皇帝，值得一提的是英年早逝的明熹宗朱由校灵手巧有木匠之才，影响了举国上下对艺术的追求与热爱。明神宗朱翊钧长期罢朝的这一时期内出现了资本主义生产关系的萌芽，从事农业的人数越来越少，商人和权贵的财富越来越多，这也是为什么后来李渔的迫于生计而做出的很多选择。正因为此，讲究吃喝、追求衣饰的式样翻新、品评古董字画、旅游、建造园林成为晚明时期的时尚，在这样的时代背景下，李渔成为时尚的忠实追随者，迎合士绅的品位获得有钱有权者的赏识，靠有钱有权者的资助来继续自己对时尚的追求和消费，过着这样的一种生活也不难理解了[1]。

1.2　李渔生平

李渔（1611—1680 年）在改朝换代之际已经是一位34 岁的成年人，价值观已形成。其坎坷人生分为两个部分：

1.2.1　前期的卖文乞食

生于殷实的经商之家（药材），大家族对官耀门楣的期盼，决心自小立志科举，20 岁父亲去世，分家之后与母亲一起离开出生于与成长地如皋后回到原籍浙江兰溪继续科考，然而政局的混乱、战争的迫害不得不梦断仕途，决定放弃科考去隐居（伊园），由于天性乐于享受却又不善理财且财力不足还喜好名利，同时认识到自己力量的渺小，面对生活得困境，开始放弃自己读书人的清高和自负，摒弃超迈的隐逸、闲居等尘外之思，决定到红尘中走一走，世俗地生活一回。

1.2.2　后期的抽丰乞食

告别隐居之后，迁居杭州，靠卖小说与戏曲文学养家糊口，由于至交好友被朝廷的迫害的恐惧举家迁往金陵（芥子园），后书铺经营不善负债累累，后来李渔四处"游走"靠拜会达官贵人、富商巨贾的"打抽丰"手段养家（比如早期的帮人润饰文稿、编辑文集，后期的修造园林、设计家具、提供娱乐等等。）戏曲演出家班的巡回演出为利于带来了金钱和名誉，但是不久以后主演兼爱人的乔、王二姬与助他成就名利的好友的逝世对李渔感情以及物质生活的打击极大，紧接着又受朝野的诬陷不得不再次逃离到他乡，最终在杭州（层园）度过余生[1]。

2　李渔建造过的园林居所

李渔曾经自谓："予尝谓人曰，生平有两绝技，自不能用，而人亦不能用之，殊可惜也。人问绝技维何？予曰，一则辨审音乐，一则置造园亭。"

有文字可考的主要有以下几座：浙江兰溪的"伊园"

1645 年后（明刚灭亡），浙江兰溪李村外小山上，利于在这里度过了一段隐居悠闲的时光。

1662 年，在金陵（南京）建"芥子园"，李渔最辉煌的一段岁月，其造园思想趋于成熟。是一座由山石、房舍、花草树木组成的一座小巧玲珑、几句诗情画意的有趣小园，近占地不足 0.3hm²。园中充分运用了"壶中天地、巧于因借"的传统造园手法，尽可能多的借山水之妙与环境融于一体。[2]

1676 年（康熙十五年）杭州建"层园"以度过他的晚年，财力物力都不是特别富足，关于层园的考证比较有限，只能猜测这时候的造园更加借助周边环境的景色，造园思想达到高峰。

李渔在给友人参与建造的园林有 1673 年（康熙十二年）在北京贾汉复的"半亩园"，此园在设计师予选址方面都有些争议，大部分学着认为在北京内城弓弦胡同（今黄米胡同）内。半亩园是李渔的力作，《闲情偶寄》中的造园意匠均可在此园中验证。半亩园以用石为妙而闻名，除此以外还有富丽堂皇的厅堂廊轩，山林野趣的溪流石矶、幽深别致的古建小亭以及奥如旷如的假山水沼、平台曲室。园不足一亩，游者只需数步可经之境，能以间、隔、透、借而成种种景色，虽在京师尘嚣中，却得咫尺山林之景[3]。

另一个是在清初郑亲王府的"惠园"，如今在北京宣武门内西单牌楼郑亲王府，关于此园留下的资料也比较比较少。

3 李渔的"居室"思想

3.1 "居室"目的——休闲享乐

李渔追求娱乐与怡然自得，甚至达到狂热的程度。房舍之小序有云："性嗜花竹，而购之无资，则必令孥忍饥数日，或耐寒一冬，省口体之奉，以娱耳目。人则笑之，而我怡然自得也。"可以看出李渔对于花竹之爱、园林的享受超出常人，宁可以牺牲家人的温饱也要满足这方面的追求。

在"居室"方面休闲享乐的表现在房屋的布局、窗栏的制作、墙壁的装饰、联匾的制作、山石的堆叠五大方面。例如：宁可忍饥挨冻，也要购买花竹回来欣赏——追求之境；在书房巧妙设计方便之处——生活之便；"坐而观之，则窗非窗也，画也；山非屋后之山，即画上之山也。"——诗情画意；厅壁作画，自由养鸟——自然之趣；在蕉叶、竹子、秋叶等上面题联——风雅之乐；拿大小不同的石头做家具——生活享乐……

3.2 "居室"手法

3.2.1 师法自然，宛如天工

李渔追求的是崇尚自然的审美观，自然简约之美，建造园林居所应不烦人事之功。对于窗栏的处理就有讲道："宜简不宜繁，宜自然不宜雕斫。凡事物之理，简斯可继，繁则难久，顺其性者坚，戕其体者易坏。"应追求窗栏的简约自然之美，认为事物应顺着它的属性，这样才能很好地利用它而不容易损坏。再如界墙的处理："莫妙于乱石

垒成，不限大小方圆之定格，垒之者人工，而石则造物生成之本质。"要尊重石性，垒石的妙处在于它的乱，即自然性。李渔对厅壁的处理让客人称道为"巧夺天工"："谛观熟视，方知个里情形，有不抵掌叫绝，而称巧夺天工者呼？"说明李渔师法自然的高超技艺宛如天工。此外，李渔对于假山的堆叠也有自己的见解："用以土代石法，既减人工，又省物力，且有天然委曲之妙。混假山于真山之中，使人不能辩着其法莫妙于此。"用土代石的方法去堆叠假山更有自然婉转迂回的精妙之处，使人分不出真山假山，这便是师法自然之法，宛如天工之目的的典型案例。

3.2.2 因地制宜，而无定法

房舍之小序讲到李渔自己置造园亭是他的两大绝技之一。"尝谓人曰：生平有两绝技，自能不用，而人亦不能用，殊可惜也。人问：绝技维何？予曰：一则辨审音乐，一则置造园亭。"对于置造园亭，李渔有自己独到的见解："一则创造园亭，因地制宜，不拘成见，一榱一桷，必令出自己裁，使经其地、人其室者，如读湖上笠翁之书，虽乏高才，颇饶别致，岂非圣明之世，文物之邦，一点缀太平之其哉？"概括起来就是因地制宜，而无定法。

营造房屋因地势变化而变化。房舍之高下就描述得很明白："房舍忌似平原，须有高下之势。"房屋应该有高低错落之感。又有云："总有因地制宜之法：高者造屋，卑者建楼，一法也；卑处叠石为山，高处浚水为池，二法也。又有因其高而愈高之，竖阁磊峰于峻坡之上；因其卑而愈卑之，穿塘凿井并于下湿之区。总无一定之法，神而明之，在乎其人，此非可以遥授方略者矣。"分别论述地势高与地势低时房屋予池沼该怎样进行处理。

开窗与活檐分别随方位与天气变化而灵活变化。房舍之向背就将房屋朝向讲得很清楚："屋以面南为正向。然不可必得，则面北者宜虚其后，以受南熏。面东者虚右，面需者虚左，亦尤是也。如东、西、北皆无余地，则开窗借天以补之。"考虑到了在中不同朝向时该怎样对房屋的庭院进行调整以保证房屋的正常通风以及受光。对于房屋的出檐李渔也做了细致的考虑，针对晴雨天设计出活檐的开窗，而这种理念正是他灵活应对，因地制宜的表现。房舍之出檐深浅有云："何为活檐？……是我能用天，而天不能窘我矣。"

3.2.3 巧于因借，随机应变

窗栏之取景在借有云："开窗莫妙于借景。"指出开窗借景的精妙之处。"坐于其中，……作我天然图画。且又时时变幻，不为一定之形。"论述了借景的随机性。"何也？以内视外，固是一幅便面山水；而以外视内，亦是一幅扇头人物。予又尝作观山虚牖，名'尺幅窗'，又名'无心画'，姑妄言之。"道出借景需随机应变，不拘一格，这才能有无心胜有心的惊喜画面。

3.3 "居室"理念

3.3.1 贵在创新

举了写文章和穿衣裳两个例子说明创新的重要性——可以出奇制胜。首先房舍之小序里讲道："性又不喜雷同，好为矫异，常谓人之其居治宅，与读书作文同一致也。譬

如治举业者，高则自出手眼，创为新异之篇；其极卑者，亦将读熟之文移头换尾，损益字句而后出之，从未有抄写全篇，而自鸣善用者也。"形象的讲明善于创新与不善于创新的作者写出来的文章的差别之处。有举了穿衣裳的例子："锦绣绮罗，说不知贵，亦谁不见之？缟衣素裳，其制略新，则为众目所射，以其未尝睹也。"李渔认为穿衣服吸引众人的目光不贵在华丽而在于新颖脱俗，别出心裁。

李渔创新的用意，即一是抛砖引玉，并非引来模仿；二是不是为了创新而创新，是有实际用意与含义的。联匾之小序九江的很清楚："非欲举世则而效之，但望同调者各出新裁，其聪明什佰于我。投砖引玉，正不知导出几许神奇耳。""凡予所为者，不徒取异标新，要皆有所取义。"

李渔自己创新之处——顶格、窗格三样式、梅窗、鸟笼新颖、女儿墙镂空、厅内养鸟、书房壁装饰、联匾的设计、山石之用等。房舍之置顶格："予为新制，以顶格为斗笠之形，可方可圆，四面皆下，而独高其中。"李渔设计的顶格形式有别于以往的空间的浪费或者丑陋的形式，兼具了美观与实用的考虑。窗栏之取景在借："予又尝取枯木数茎，置作天然之牖，名曰'梅窗'。生平制作之佳，当为第一。"梅窗的发明是李渔在此领域非常自豪的一件事，他认为梅窗恰到好处的借天然的质朴的素材，却能创造出特殊的景致。此外，墙壁之厅壁举了墙上作画，借用枯枝，自由养鸟的创举的例子。"因予性嗜禽鸟，而有最恶樊笼，二事难全，终年搜索枯肠，一悟遂成良法。乃于厅旁四壁，倩四名手，尽写着色花树，而绕以云烟，即以所爱禽鸟，蓄于虬枝老干之上。"这种新颖的养鸟方式还真是前无古人。另外，李渔在墙壁之书房壁里细致的谈到了书房壁的设计理念与制作的创新之处："书房之壁，最宜潇洒。欲其潇洒，切忌油漆。""石灰垩壁，磨使极光，上着也；其次则用纸糊。"——书房壁装修不能用油漆，最好先用石灰磨光再用纸糊。接着论证用纸糊的好处与创意之处："糊壁用纸，到处皆然，不过满房一色，自而已矣。予怪其物而不化，窃欲新之。新之不已，又以薄蹄变为陶冶，幽斋化为窑器。虽房室内，如在壶中，又一新人观听之事也。"有创新性的指出纸糊所用的载体应该是纵横的木条而不能是木板："糊纸之壁，切忌用板。板干则裂，板裂而纸碎矣。用木条纵横作槅，如围屏之骨子然。前人制无备用，皆经屡试而后得之。屏不用板而用木槅，即是故也。"最后还创意提出了橱柜的安置："壁间留隙地，可以代橱。"

3.3.2 实用为先

居宅应经济适用，与主人财力匹配。房舍之小序："吾愿显者之居，勿太高广。夫房舍予人，欲其相称。"

实用与雅致兼具。房舍之途径："径莫便于捷，而又莫妙于迂。凡有故作迂途，以取别致者，必另开耳门一扇，以便家人奔走，急则开之，缓则闭之，斯雅俗俱利，而理致兼收矣。"

房屋的能遮风挡雨与坚固才是根本。李渔是个审美的狂热追求者，但是他认为房屋的实用与安全放应是前提条件。房舍之檐深浅就明确提出李渔的这一观点："居宅无论精粗，总以能避风雨为贵。……故柱不宜长，长为招雨之媒；窗不宜多，多为匿风之数。"窗栏之制体宜坚也

再次强调窗栏应以坚固为第一位："窗棂以明透为先，栏杆以玲珑为主，然此皆属第二义；其首重者，止在一字之'坚'，坚而后论工拙。"

3.3.3 高雅至上

居室贵精致高雅与新奇。房舍之小序有明确的阐明："盖居室之制，贵精不贵丽，贵新奇大雅，不贵纤巧烂漫。"

居室的洁净是雅致的基础。房舍之小序："净者，卑者高而隘者广矣。"房舍之洒扫："精美之房，宜勤扫洒。"房舍之藏污纳垢："欲营精洁之房，先设藏垢纳污之地。"这些都指出房屋的洁净是至关重要的，李渔本人也非常重视这一点。

营造者与"居室"主人的高雅趣味决定着"居室"本身的高雅性。山石之小序里就讲得很明白："然造物鬼神之技，亦有工拙雅俗之分。以主人之去取为去取，主人雅而喜工，则工且雅者至矣；主人俗而客拙，则拙而俗而俗者来矣。"山石之零星小石里再次强调人应追求高雅脱俗："王子猷劝人种竹。予复劝人立石，有此君不可无此丈。同一不急之务，而好为是谆谆者，以人之一生，他病可有俗不可有，得此二物，便可当医，与施药饵济人，同一婆心之自发也。"表明主人的高雅趣味是与园林居所的高雅性息息相关的。

李渔在设计方面的风雅之举，尤其在联匾方面。联匾之蕉叶联云："蕉叶题诗，韵事也；状蕉叶为联，其事更韵。"联匾之此君联云："以云乎雅，则未有雅于此者。"联匾之秋叶联云："御沟题红，千古佳事，取以制匾，亦觉有情。"这三句里面分别以"韵""雅""情"来评价对联，足以说明李渔对于风韵雅致的艺术境界的追求。

3.3.4 推崇节俭

房舍之小序提到："土木之事，最忌奢靡。"浪费是李渔最极力反对的，对于省钱又能达到其实用功能是他积极提倡的。窗栏之制体宜坚（屈曲体）就讲道："此格最坚，而又省费，名'桃花浪'、又名'浪里梅'。"墙壁之女墙也强调了这样的观点："……仍照常实砌，则为费不多，而又永无误触致崩之患。"

3.3.5 随物之性

顺应与利用事物本来的属性，少雕琢，忌讳舍本逐末。窗栏之制体宜坚里面将这个观点讲得很明确："总其大纲则有二语：宜简不宜繁，宜自然不宜雕斫。""凡事物之理，简斯可继，繁则难久；顺其性着必坚，戕其体者易坏。"此外，纵横格里也有反映："但取其简者、坚者、自然者变之，事事以雕镂为戒，则人工渐去，而天天巧自呈矣。"窗栏之取景在借讲到梅窗的制作是也之处应顺应事物的本性："遂语工师，取老干之近直者，顺其本来，不加斧凿，为窗之上下两旁，是窗之外廓具矣。"

尽显事物的自然与自由之感，少些人工局促与拘谨的痕迹。窗栏之取景在借有云："予性最癖，不喜盆内之花，笼中之鸟，缸内之鱼，及案上有座之石，以其局促不舒，令人作囚鸾絷凤之想。……鸟中之画眉，性酷嗜之，然必另出己意而为笼，不同旧制，务使不见拘之迹而后已。自设使而以后，则生平所弃之物，尽在所取。"李渔强烈的

表达自己对于收束缚的花、鸟、鱼、石的不赞成，他喜爱鸟，在不影响赏玩的同时又要给鸟儿最大限度的自由，于是特地为鸟设计出创意鸟笼。墙壁之界墙云："界墙者，人我公私之畛城，家之外廓是也。莫妙于乱石垒成，不限大小方圆之定格。"表达是堆砌妙于乱，尊重其自然性。对于石性的维持，应该是顺应自然的肌理。山石之小山就有阐述："至于石性，则不可不依，拂其性而用之，非止不耐观，且难持久。石性维何？斜正纵横之理路是也。"

4 小结

李渔的《闲情偶寄》问世于清初，比明代发行的《园冶》晚近40年，《闲情偶寄》的居室部里讲到的"居室"思想很多可以从《园冶》里找到契合点，不能排除李渔的许多园林居所的审美观予价值观有受到计成的影响，师法自然、因地制宜以及巧于因借等是《园冶》里面最为核心的造园思想与设计手法。但是《闲情偶寄》不同于《园冶》的理论性与意向性，更注重从实例中阐释与论证。

居室部里表露出的"居室"理念很多深受中国传统文化思想的影响，也有李渔经过实践后得出的独到的经验，鼓励创新，把实用与节俭放在很重要的位置，追求艺术的高雅，同时顺应事物的本性、尊重自然，这些理念在当今社会也依然十分受用。针对当今社会的问题，我们倡导的资源节约、环境保护；以人为本、尊重自然；高雅艺术走进大众生活等，与三百多年前的李渔的所倡导的理念惊人的相似。因此，研究李渔的审美价值观还是很有必要的，至少可以指引着我们应该可以有怎样的态度将艺术融入生活，将生活艺术化。

参考文献
[1] 刘红娟. 李渔生活美趣研究：[学位论文]. 北京：首都师范大学，2012：19-20/34-50.
[2] 邵雨萍. 芥子园造园探析. 北京农业，2012(03)：41-42.
[3] 陈尔鹤，赵景逵. 北京"半亩园"考. 中国园林，1991(04)：7-12.
[4] 李渔. 闲情偶寄. 北京：万卷出版公司，2008.

作者简介

黄利，1990年2月生，女，汉，湖北汉川，华中农业大学在读硕士研究生，电子邮箱：1025725256@qq.com.

综合性公园使用状况评价研究
——以海淀公园为例

Study on the Post Occupancy Evaluation in Comprehensive Park
——A Case of Hai Dian Park

姜莎莎　李　雄

摘　要：本文运用使用状况评价为研究方法，从使用者的角度出发，以海淀公园为调查对象，对海淀公园各构成要素的使用与存在问题，各分区的使用状况，公园的使用人群、活动时空分布、活动类型、主观意向进行了全面的调查与分析，为公园的评价与改造提供客观依据。并在此基础上分析总结了海淀公园的成功与不足之处，提出了相应的改造提升策略。

关键词：海淀公园；使用状况评价；使用者；改造提升

Abstract：Based on the Post Occupancy Evaluation as research method，from the perspective of the users，the study evaluated the HaiDian Park by through three aspects：the using of the elements of the park and the problems；usage of each partition；the users in the park，the distribution of activity space，the kinds and time of activities，the minds of acts，which could provide objective basis for the park evaluation and retrofit. Based on the results of above investigations，the study analyzed the Haidian park 's successes and shortcomings and gave measures and advice to improve and creat a new mordern park.

Key words：Haidian Park；Post Occupancy Evaluation；The Uses；Transform and Upgrade

公园是城市人群接近自然的主要场所，什么的样公园才能称得上是一个好公园呢？本文从使用者的角度出发，收集使用者对海淀公园使用评价数据信息，经过科学的分析了解他们对海淀公园的评判，为公园改造和以后同类项目建设提供科学的参考，以便最大限度地提高设计的综合效益与质量，为使用者提供一个可观、可赏、可玩的人性化的环境，满足使用者的需求与喜好。

1　海淀公园概况

海淀公园位于北京市海淀区西北四环路万泉河桥西北角，面积约 40hm²。历史上是"三山五园"之一的畅春园所在地，海淀公园在风格上也秉承了畅春园的自然淡雅，在设计上以景观绿化为主，没有太多的亭台楼阁、景观小品，体现了现代人追求的公园平淡质朴、生态自然的审美观念。公园场地前身为万泉庄与柳浪庄，景观特点可归纳为泉、柳、御稻。海淀公园西北方向为皇家园林的精髓颐和园所在地，在园内可观赏到佛香阁、玉泉山等美景，东南部是中关村，可以说是历史与现代的交汇之处。设计者从场地的整体历史文脉出发，并参照《西山名胜全图》中其所处位置进行全局构思，使海淀公园成为整个西山景区的一个景观的延续[1]。同时海淀公园在功能上也满足了城市居民休闲、娱乐、集会、健身的需求，即延续了历史的文脉风貌又具有时代精神（图1）。

图 1　海淀公园平面图

2 调查内容

公园评价的对象主要是人与环境之间的互动，主体与客体之间的相互作用，因此本文对公园的评价主要是从使用者的角度出发。

（1）对海淀公园的各个构成要素：水体、植物、道路、设施进行调查与分析。

（2）对海淀公园各活动空间进行调查对比与分析。

（3）结合游客使用状况进行主观评价，对游客满意度、审美等进行分析。

3 调查与分析

3.1 海淀公园构成要素使用状况调研与分析

3.1.1 植被

海淀公园植物经多年生长，已树木成荫。据调查，园内选种了雪松、油松、千头椿、合欢、银杏、碧桃等75种苗木，共60余万株构成植物景观。

各区域及活动空间植物配置主题突出，如海淀园花谷，繁花似锦。稻田景区种植少量老槐树，乡村田园之美油然而生；植物景观的空间感强，疏密有致，3万 m^2 的中央开敞式草坪，是京城第一块最大的开放式草坪区，周边林草相间，并结合园路、地形设计，视线开阔但又不会一览无余；运用丰富的设计手法对原有大树保留；各级道路的植物配置各具特色。一级园路选择柳树、杨树、银杏等大乔木作为遮阴树种，引导游人视线，观景处适当开敞，道路转角处增加开花植物。二级园路相对较窄，注重植物的观赏特性，多选用观赏效果好的亚乔、灌木种植，并与道路有一定距离，减少空间的压抑感。

据调查，大部分游客对海淀公园内的植物比较满意，但也有游客反映植物搭配组合不够优美，艺术性不强，很多区域较为粗放，不够优美，也缺乏一定的特色与吸引力。

3.1.2 水体

湖面位于西北部，约 2.8 hm^2，占公园总面积的8.2%，与南部山林区构成了主要的山水格局。视线开阔，空间层次变幻丰富，在观景最佳处均设置了观景平台。围绕湖区散布着浮萍剧场、丹棱晴波（叠水）、双桥诗韵等景点。木栈道、汀步、桥的设置，使游客与水面形成了良好互动，亲水性好，能激发游客的自主性活动，如钓鱼、留影等。驳岸形式多样、生态。

但湖区步行系统连贯性不强，游览路线也以小路为主，缺乏主路。大湖西北部没有设置游览路线。另外此水面不能让游客划船多少让人感到遗憾。

3.1.3 园路

海淀公园的道路经多次改造，现维护非常好。铺装形式多样，品质较好，风格质朴，具有一定的生态性，不同

场地铺装各有特色。主要运用的材料有：混凝土和沥青、条石、卵石、片石、木材等，丰富了游园体验。山顶的观景平台用自然石材进行铺砌，临水的观景平台往往采用木材进行铺地。游览路线穿越不同景点。不足之处便是主路缺乏回环性。

3.1.4 设施

园内座椅较多，但游客集中处数量不足，如大草坪周边、入口处。布置方式较为单调。垃圾桶在工作日能满足游客需求，但在节假日游客增多时，垃圾桶数量明显不够，此时，需对垃圾进行及时清理，保证公园内的环境卫生质量。标识牌较多，但过于简单，只能指明大致方向，没有配合平面图告诉游人所在的确切位置，与距离自己想要去的景点的距离。海淀公园内方便游客使用的卫生间仅有两处，位于园区的东西两侧，数量少，距离远，不容易找到，给游客带来不便。景观照明设施比较完善，灯光柔和。小品有碾子、水牛与牧童、水车、水井等，简洁但不失生动，体现了浓浓的地域景观特色，使稻田景区的景观更有乡土气息，也吸引了很多小朋友使用玩耍，形成了良好的互动，也有一定的科普教育意义，做到了少而精。院内缺乏避雨设施与活动设施。

3.2 海淀公园典型性空间使用状况调研与分析

通过多次的调查和研究，结合公园功能分区，选取了5个主要区域来研究，并对多次统计数据进行汇总。主要运用参与观察法、问卷调查法、活动标注法、"语义差别"量表（简称SD法）。辨别哪些空间是受人们欢迎的，哪些空间是不受人们欢迎的，并对其原因与问题进行分析。

从图中（图2—图4）可以看出大草坪区、湖区是游客使用率最高的区域，受到不同年龄段的人群的喜爱，在这些区域的调查评价中可达性、可识性较高，说明游客偏爱容易到达的景点停留活动；开敞性较好，由于城市中的人们长期生活在拥挤阻塞的环境中，对开敞性的景观有着向往；湖区与草坪区面积较大、自然环境好，能够满足游客向往自然环境的需求，可以享受在自然环境中进行各类活动这一过程。稻田景区距离主入口较远，是一个有特色的景点，但除春秋季节游客可参与到水稻的播种与收割外，其他时间此场地以观赏为主，即便人数较少，但多数游客还是对此场地的独特性表示出喜爱。

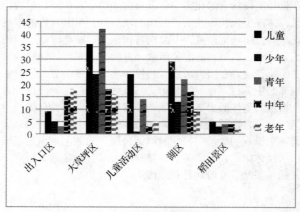

图2 活动人群分布图

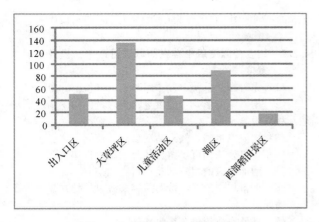

图3　各区域活动人数分布图

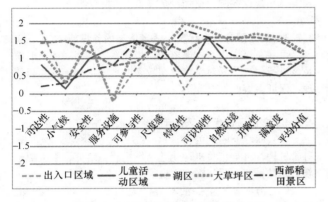

图4　各区域评价因子分布曲线

3.3　海淀公园综合性使用状况评价

通过对海淀公园的多次调查和访问，采用行为观察法与问卷调查法，发放问卷150份，对海淀公园的游客构成及行为特征、主观评价进行研究，为了保证调查的客观性与准确性尽量选择不同季节、涵盖节假日与非节假日、工作日与非工作日、不同天气、一天中的不同时段来进行调查统计，最终通过统计结果进行分析游客行为与物质环境的关系。

3.3.1　使用者性别结构和年龄结构活动时间

调查结果显示，海淀公园的男性游客略多于女性游客，男性占52%，女性占48%，活动区域、活动方式有所不同，女性主要是选择围绕园路进行散步，带小孩游玩。男性游客明显活动类型较多，如放风筝、甩鞭、玩空竹等，男性多是成组活动。他们主要选择的活动场所是草坪、入口广场、入口林下广场。

调查结果表明，50岁以上的老年游客最多占38%，1—12岁的少儿游客占18%，13—20岁的青少年占8%，21—30岁的青年占14%，31—50岁的中年人占22%。

3.3.2　活动类型

海淀公园开敞的草坪区，吸引很多游客来此放风筝，还有游客在这里露营、扔飞盘、家庭聚会、野餐、打排球等。还有一部分来公园是放松锻炼，以散步为主，一些老年人喜欢在公园内耍空竹、甩鞭。湖区周边的活动有观景、抓鱼、休息等。夜晚海淀公园入口广场有跳舞的群众。

3.3.3　活动时间

海淀公园游人活动时间有如下特点：（1）工作日与周末游人在数量上悬殊较大，周末公园内会增加大量以家庭为单位的游人和成群的年轻人。（2）平日的游憩时间有这样的特点，8：00以前（6：00—8：00）为晨练段，大部分为中老年；9：00Am—6：00Pm为正常游憩时间，12：00—2：00Pm，17：00至18：00为交替期，游人出园率较高；18：30以后至21：0 0为晚饭后锻炼时间，19：30人数最多，21：00以后游客陆续减少。不同季节会随着日照时间的变化而变化。

3.3.4　审美评价

大部分游客觉得海淀公园是美的占45%，22%游客认为公园是很美的，33%的游客觉得公园看起来一般，也有9%的游客觉得海淀公园与其他公园比起来不算美。在对美的理解方面，不同层次不同年龄不同职业的人差别很大。游客心中比较美的景点有湖区、草坪区、海淀花谷，被游客提到最多的就是湖区。可以发现多数游客认为开敞性的自然景观、有特色有历史感的景色是美的（图5）。

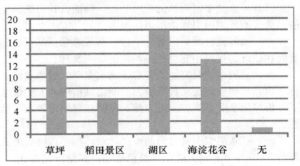

图5　最美景区评价

3.3.5　满意度评价

在满意度方面，很满意的游客占45%，所占人数比例最多，较满意的游客占33%，对公园的满意度一般的游客占22%。主要让游客满意的方面有开阔、安静、安全、交通便利，游客对公园内安静的氛围与便利的交通满意度最高（图6）。不满意方面有：（1）停车场收费。（2）活动设施少。（3）多次施工改造，给来园活动的游客带来了不便。（4）厕所少，不容易找到。（5）草坪维护时期没有地方放风筝（图7）。

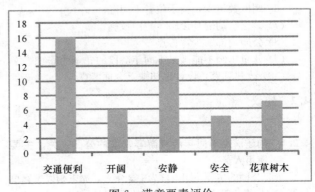

图6　满意要素评价

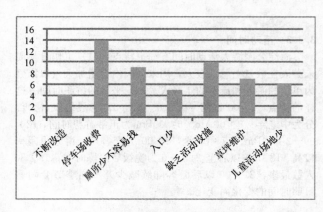

图 7　不满意要素评价

4　结论与建议

4.1　成功与不足

4.1.1　成功之处
（1）虽地处皇家园林的旅游胜地，确能以其自然、安静、优美的环境吸引周边的市民游客。

（2）从海淀公园稻田景区、丹棱晴波等景点都可以感受到在设计的过程中充分挖掘场地的历史文脉。

（3）公园中的保安能给游客带来安全感，卫生整洁。

（4）草坪空间是极具吸引力，能给城市中的人们带来了一份尽情享受自然、亲近自然、尽情在自然中奔跑的快感。

（5）经常组织丰富多彩的市民活动，如"百姓周末大舞台"、音乐节、到天收割等特色活动，深受市民喜欢。

（6）施工材料自然、生态、质朴，与公园整体协调。

（7）交通便利，可达性好。

（8）小品与环境主题、生活联系密切，趣味性十足，与游客产生互动。

4.1.2　不足之处
（1）吸引力不够，缺乏特色。

（2）主路不具回环性。

（3）座椅形式单一，缺乏进行棋牌活动的座椅。

（4）春季草坪返青，也是放风筝的旺季，公园对草坪进行维护，来园放风筝的游客无其他场地可去。

（5）停车场收费。

（6）厕所数量少，指示位置不明确。

（7）缺乏活动健身设施、避雨设施。

（8）公园内部缺少零售点。

（9）儿童乐园不能满足不同年龄段的儿童的需求。

（10）改建频繁，设计之初缺乏全面考虑。

4.2　建议

4.2.1　构建满足不同年龄段游客需求的公园，关注主要使用人群
海淀公园的主要使用人群为中老年人，周末则以家庭单位群体（中青年带小孩）为主。在公园设计过程中，可结合公园的不同使用人群的行为心理特征与需求进行设计。

4.2.2　结合公园使用中存在问题进行改建，提升公园满意度
（1）完善园路系统，使主路具有回环性。

（2）丰富座椅形式，提供老年人可进行棋牌活动的场地及相应设施。

（3）增设卫生间，健身活动设施及避雨设施。

（4）入口处增加可供游客休息的辅助性座椅。

（5）增加湖区的娱乐活动项目。

（6）准备相应工具，帮助游客解决风筝挂在树上取不下来的问题。

（7）降低或取消停车场收费问题。

（8）建议在园内增加少量卖点。

4.2.3　根据游客分布状况，适当增加服务设施
可在草坪周边增加座椅和垃圾筒，游客多时应及时对垃圾进行清理，并对游客分布较多的地方增加保安监督管理，保证游客的安全。

4.2.4　突出区位优势，运用高新技术与先进理念造园
（1）海淀公园地处海淀区，邻近北京各大高等学府、科研机构，可与相关机构建立合作机制，培育、引进的最新植物品种第一时间在园内展示。

（2）海淀公园主要活动群体为老年人，可围绕"健康"主题展开设计，建设保健型园林，在公园内种植保健型植物、药用植物，并进行科普宣传。

参考文献
[1]　江录颖．北京海淀公园景点设计浅析——以其中的五个景点为例[J]．农业科技与信息(现代园林)，2009(6)：34-35.

[2]　王智，陈自新．历史与现代之间——海淀公园设计[J]奥运环境建设城市绿化行动对策论文集：2004：115-121.

[3]　朱小雷．建成环境主观评价方法研究[M]．南京：东南大学出版社．2005(5)：21-22.

[4]　(美)克莱尔·库柏·马库斯，卡罗琳·弗朗西斯编著．俞孔坚，孙鹏，王志芳等译．人性场所——城市开放空间设计导则(第二版)[M]．北京：中国建筑工业出版社，2001.

[5]　(丹麦)扬盖尔著，何人可译．交往与空间(第四版)[M]．北京：中国建筑工业出版社，2002.

[6]　邓小慧，鲍戈平．广州人民公园使用状况评价报告[J]中国园林，2006(4)：77-80.

[7]　石金莲，王兵，李俊清．城市公园使用状况评价(POE)应用案例研究——以北京玉渊潭公园为例[J]．旅游学刊，2006(2)：45-47.

作者简介
[1]　姜莎莎，1986．年生，女，汉，山东日照，北京林业大学园林学院城市规划与设计(风景园林方向)研究生，电子邮箱：shasha. myway@163. com.

[2]　李雄，1964年生，男，汉，山西太原，博士，北京林业大学园林学院院长，教授，博士生导师，电子邮箱：bearlixiong@sina. com.

大连市南山路园林景观改造的思考

Thinking about Landscape Reform of Dalian Nanshan Road

焦国树

摘　要：随着城市的发展，作为迎宾线路的大连市中山区南山路面临全新的升级改造，南山路是大连市南山风情街及大连市巴洛克城市肌理形态的组成部分，两侧沿路布置 20 个世纪日式及简欧风格建筑，是人们最为留恋，能够唤起城市历史记忆的老路之一，具有城市文脉继承发展和城市交通的双重功能，此次改造定位于在现代生活方式的承载下进行历史的延续，城市文脉的续演以及功能的完善。

关键词：城市文脉；继承；发展；融合

Abstract：As city develops，Nanshan Road，located in Zhongshan District of Dalian，which plays an important role in city's travelling industry，will be updated. Nanshan road is part of Dalian Nanshan Street in Tourism Style as well as component of Dalian Baroque City Texture. Last century's Japanese style architectures and simplified European style architectures are located along the road. It is one of the most charming roads in this city which could remind people of the old days. Nanshan Road not only is part of city's transportation nets，but also inherits the city's culture and urban context. The updating will focus on inheriting as well as protecting the history of the city in modern society while integrating the function of the road.

Key words：Urban Context；Inherit；Development；Integration

城市中的历史街区是城市发展过程某一时期的历史产物，或保留着最初的风格散发着传统的魅力，或伴随城市发展赋予其新的功能，在这个过程中或生长、或残败，无论怎样，她们都承载着历史的记忆和功能以不同的方式展现在当代的生活氛围内。

南山路亦如此，由于城市的不断发展，城市结构、社会背景、生活方式发生了改变，历史的街路面临着铺装老化、功能不强、基础设施陈旧等问题，已经不能满足现在的城市生活，因此，为了将城市的历史文脉延续，弥补城市功能，更新和改造是南山路重换生机的必然。

1　南山路区位

南山路位于大连市中山区，全长 1.8km，南邻南山风情街区，北接儿童公园，西至劳动公园，东抵海军广场，与青泥洼商圈紧邻（图1）。

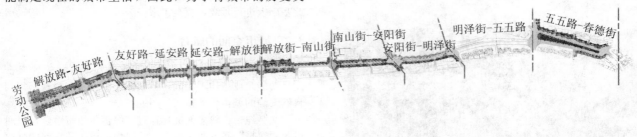

图1　总平面图

2　南山路所处城市空间特征

2.1　规划及建筑要素

本案处于以中山广场为交通核心的巴洛克城市规划兼并功能主义的放射网格状范围内，在这种特有的路网结构及城市肌理中，其交通功能性和城市文化承载性不言而喻（图2—图4）。

两侧日式建筑和简欧式建筑为整个街区增加历史的厚重气息，儿童公园是几代人儿时嬉戏玩耍重要区域。

2.2　人文要素

日式的老建筑赋予了场地历史气息，住宅内苍老的刺槐似乎还在诉说着街区内的古往今来，老砖、老瓦、电线、标语、都蕴含着尘封已久的故事，夜晚来临时，街区趋于宁静，老街的故事在夜以继日的演变中凝入历史长河，特有的历史经过时间的沉淀，凝固成现如今的风貌，所以南山路景观改造设计要保留这些残存的记忆，让城市的发展线索、城市人文延续。

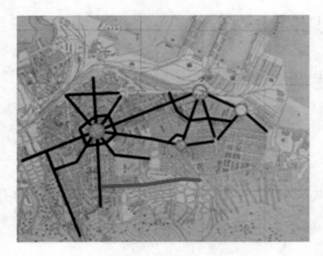

图 2　项目区位图

图 3　现状街区及两侧老建筑

图 4　现状水杉林

3　设计思考

　　时至今日，南山路已经成为大连市重要迎宾线路之一，也是南山风情街旅游区的组成部分，这里有现

代的生活，传统的建筑，沉寂与繁华在全天不同的时段轮番上演。南山路属于大连中山区一条比较重要的"老"路，说它"老"，原因不仅仅是因为这条道路修建的比较早，更重要的是这条路已经与其周边的古老建筑一起成为大连老街景的一部分，承载了许多老大连人的记忆与情感。

　　毕竟是"老"路，所以随着岁月的流逝，人们生活的日益变化，对于倡导现代生活方式为根本的人们，南山路在功能上和美观上就不免出现欠缺与不如意的地方，鉴于生活对景观诉求的日益突出，本案设计就要以未来的生活模式为导向，在历史与未来之间寻找到平衡点，使南山路重新焕发魅力与风采。

3.1　城市文脉的续演

　　场地精神——从历史本源来看，南山街区的老建筑是日式住宅，是当时日本人学习西方建筑的综合产物，所形成的建筑既有欧式的精髓，也有日式的风韵，那么我们需要站在历史的当年去设计景观，这也就要求我们借鉴历史相近的年代特征，并将现有元素整理，如满载幸福回忆的儿童公园、郁郁葱葱的水杉林下的漫步……寄托人们对以往的回忆，将人们的情感留住，不能太新也不能太旧，既不是以现在的景观设计理念去推倒重建，也不是对历史的复辟，有旧的、有新的，有些回忆历久弥新，有些回忆已然消逝，因此，本次景观设计从"回忆过去"的角度切入，"翻新如旧"，重在意境。

　　场地物质——南山路随着时代的进步和生活方式的变化，道路街景也在不停地变化，古朴的日式房屋、挺拔高耸的现代大楼、修缮后优美的儿童公园……这里的氛围既慵懒平静，又时尚繁华，这就是南山路的生活，可以说，在这条路上浓缩了不同时代、不同人群、不同方式的生活，曾经的日式生活、欧式生活以及正在进行的中式生活，如此的氛围内，景观需要把这种生活进行沉淀，并在此基础上进行延续，直至未来……。

3.2　城市空间的融合

　　肌理融合：沿街不同用地性质上建筑风格、建筑密度、功能及业态均不相同，但整体上由西到东呈现繁华到自然安静的城市生活模式（图5）。

　　文脉纽带：将多元文化通过"绿色"纽带融合，也通过此"纽带"联系两大城市公共绿地，形成迎宾路的门户文化景观带（图6）。

　　节奏韵律：将"绿带"用节奏和韵律控制，在色系选择及对应位置上进行布置，形成南山路景观色彩及韵律的变化（图7）。

　　色系控制：由自然再到自然，由单色、复色再到单色，植物色彩设计与城市空间和城市生活联系（图8）。

3.2.1　植物与空间，银杏为寂静老路添加色彩

　　原有行道树为垂柳，基本到了老年期，且病虫害严重，垂枝形的形态与周边的建筑、道路指示系统干扰严重，给人以衰败感觉。银杏在形态上能够规避上述问题，且秋季黄色的叶片又能为道路增加亮色（图9、图10）。

图 5　道路与城市空间

图 6　城市生活对道路空间的渗透

图 7　道路的色系与节奏

图 8　道路主要景观控制点

图 9　改造意向

3.2.2　道路铺装色彩及质感突出空间和历史气息氛围

　　南山路沿着城市发展足迹而变化着她的表情，每次的

表情变化都留下了耐人寻味的印记，借此，以"印记"为铺装设计的灵感，将南山路的表情印记在"南山风情画卷"之中（图11）。

图 10　街区效果

图 11　铺装设计构思

按照道路东西和南北两侧城市用地性质、城市生活方式及历史发展的演变，将道路铺装分为三段进行契合，在同一色系下进行渐变，既体现南山路历史的厚重，又能够融入现代的城市空间中（图12）。

铺装设色：

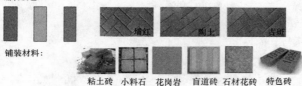

图 12　铺装设色及材料组织

全路段内道路铺装尺寸以 3－4m、7－8m 及 10m 以上为主要宽度形式，其中"岁月印记"（春德街－解放街）段基本以 3－4m 为主，"成长印记"（解放街－友好街）段以 7m 为主，"发展印记"（友好街－解放路）段以 2m和 8m 为主。

设计过程中，铺装主材使用褐色黏土砖，色系进行微调，接近青泥洼商圈区域，人流量大，城市繁华，加大"墙红色"铺装比例，在"岁月印记"即儿童公园附近，老建筑较多，城市生活趋于安静，在铺筑上增大"古斑色"使用，突出静谧、舒缓的氛围，中间则以"陶土色"为主进行过渡，同时全区以灰色花岗岩贯穿保证道路的统一性（图13、图14）。

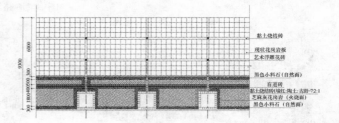

图 13　铺装样式

3.2.3　道路空间与城市空间的互动融合

儿童公园是大连市早期公共绿地之一，目前也是大连市内使用率较高的公共绿地之一，之前，儿童公园的点状空间和南山路带状空间相对独立，二者仅是通过入口形成交通和交流关系，空间交流性较差，因此在设计过程中增加观景平台，将城市资源整合，使儿童公园景观渗透到南山路中，形成空间的互动，更大增加南山路的景观价值（图15－图17）。

3.2.4　路灯渲染氛围

原有路灯仅为满足市政照明功能，形态简单，照度较高，在本次改造升级中更换所有路灯，取而代之的设计为简欧式造型路灯，在建筑和铺地之间形成景观视线的承接，使整个街区在立体空间景观要素保持统一。

3.2.5　水杉林保留

现状水杉林是南山路原有景观特色，曾经是很多人儿时嬉戏的场所，更是历史的见证和延续，设计过程中予以保留（图17、图18）。

图 14　改造意向

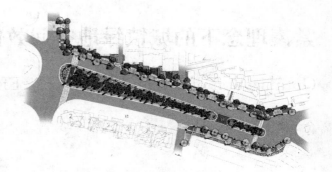

图 17　水杉林区位示意

图 15　改造意向

图 18　街区效果

4　总结

南山路，在 1.8km 的狭长空间联系宁静与繁华之间、历史与现代，虽然面积不是很大，却折射出了城市文脉、城市发展、城市价值取向等诸多问题，对设计者是一次综合的考验。

此次的园林景观改造升级中充分尊重了历史，修复了功能，让人们在现实中不失望，在记忆中有归属，道路景观恰当地融入到了城市的空间肌理及城市文脉中。通过此次改造更加清晰地看到了目前城市老街区的存在现状，也明白了在老街区的改造过程中需要考虑的诸多问题，今后的保护及更新工作任重道远。

参考文献

[1]　翟斌庆，伍美琴．城市更新理念与中国城市现实 [J]．城市规划学刊，2009(2)：75-82．

[2]　崔唯．城市环境色彩规划与设计．中国建筑工业出版社，2006.11．

作者简介

焦国树，1977 年生，男，汉，内蒙古赤峰，本科，大连六环景观建筑设计院，研究方向为园林景观设计，电子邮箱：shumu888@163.com．

图 16　街区效果

大连市南山路园林景观改造的思考

431

紧凑理念下的城镇绿地空间效能优化研究

Optimization of Urban Green Space Efficiency under the Concept of Compact

金云峰　张悦文

摘　要：探讨紧凑理念下绿地空间发展，分析其面临的挑战与机遇，从布局结构与功能出发，提出效能优化的实现途径。点状绿地实现城市多样性，线状绿地提高可达性与利用率，带状绿地控制城市发展并补给城市的绿地效能，同时，打破绿地的功能单一和绿地的"平面"概念，实现功能复合。优化绿地空间效能，对我国新型城镇化发展从量变到质变，提高景观环境质量和居民生活品质有重要意义。

关键词：紧凑；绿地；绿地空间；效能；功能复合

Abstract：The study analyzed the challenges and opportunities of green space under the concept of compact, and provided the way for efficiency optimization in structure and function. Small green space creates diversity; linear green space improves accessibility; green belt controls the city development and supplies green efficiency. Meanwhile, green space includes more functions and creates 3-dimension spaces. The optimization of green space efficiency will promote the new urbanization in China from quantitative change to qualitative change, improving the quality of landscape and environment and also the quality of life.

Key words：Compact；Green Land；Green Space；Efficiency；Mixed Function

1　引言

中国是一个人口大国，耕地与适宜建设的土地却相当有限，城镇发展不断向外蔓延，若不合理控制必然持续占据有限的土地。城市发展不是以盲目扩张用地的方式，市场的需求和膨胀的欲望，正使得对优良环境和高品质生活的美好向往变味。

1973 年，丹茨格（Dantzig）与萨提（Satty）出版专著《紧凑城市——适于居住的城市环境计划》（*Compact City：A Plan for a Livable Urban Environment*），提出"紧凑城市"理念。1990 年，欧共体委员会（CEC）在《城市环境绿皮书》（*Green Paper on the Urban Environment*）中正式将"紧凑城市"作为"一种解决居住和环境问题的途径"。布雷赫尼（Breheny）对"紧凑城市"进行了较为全面的概括，主要内容包括保护农田，限制农村大量开发，城市较高密度，用地功能混合，优先发展公共交通并在节点处集中开发等。紧凑是资源节约型、环境友好型城市最主要的条件，国际组织也把"紧凑"作为健康城市化的主要表征优先向发展中国家推荐。紧凑理念对缓解我国快速城镇化发展中产生的问题是有益的。

2　紧凑理念下的绿地空间

2.1　绿地空间的挑战和机遇

提高城镇化质量的一大要点是全面提升城镇生活品质，尤其注重城市公共空间环境建设。绿地空间作为城市公共空间的重要构成，在紧凑理念下面临着挑战也迎来了机遇（图1）。

一种观点认为城市紧凑意味着绿地空间的紧凑与减

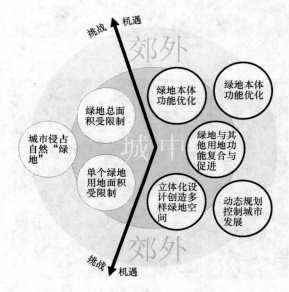

图 1　绿地空间挑战与机遇分析图

少，而另一种观点则认为城市紧凑是增加绿地空间，还原自然环境。狭义"绿地"根据《城市用地分类与规划建设用地标准（GB 50137—2011）》为 G 类城市建设用地。而《城市绿地分类标准（CJJ/T 85—2002）》中，"城市绿地"既是城市建设用地范围内用于绿化的土地，又是城市建设用地外对城市生态、景观和居民休闲生活具有积极作用、绿化环境较好的区域。城市适度紧凑，城市中心区单块的狭义"绿地"或将减小规模，这也是紧凑理念面临的最大质疑之一。然而，城市中心区大型绿地的不足将通过提升绿地质量和增加广义"绿地空间"得到补足。

"绿地空间"不局限于"绿地"的平面概念，还强调空间的三维属性，不局限于"绿地"的用地属性，也包括其他用地上形成绿地空间。由发展"地"到发展"空间"，由规划"绿地"到规划"绿色空间"，紧凑理念提供了绿地空间效能优化的契机。

2.2 绿地空间的效能优化概念

绿地在城市中发挥着重要的作用，包括生态保育，休闲游憩，视觉景观，防灾防护等，在紧凑理念下，必须更强调功能的高效发挥。

对绿地空间效能研究目前主要对应生态保育功能，而休闲游憩、视觉景观、防灾防护等虽很难有精准的测算方法与定量标准，但在整体判读上已累积了一定经验，包括与游憩性相关的可达性研究、游客容量研究，与景观性相关的视觉研究、美学研究，与防灾性相关的防灾公园设置研究等。同时，总结出影响绿地效能的主要因素，如绿地面积、数量、形态、功能、植被、设施，甚至开放时间、维护成本、管理模式等，通过改变影响绿地效能的各项因素，可以针对性优化绿地主导功能对应的绿地空间效能。在此基础上，下文从布局结构调整与功能复合出发，总结两大类效能优化实现模式。

3 基于效能优化的绿地空间布局结构调整

3.1 点状绿地实现城市多样性发展

城市中心区拥有单块大面积绿地易造成路网结构松散、地块面积过大、城市空间失去尺度感，并导致土地及其他资源浪费与过度消耗。《城市绿地分类标准（CJJ/T 85—2002）》中并没有对各类公园在城市中的位置和配比给出具体建议，在规划上有一定弹性，依靠面积扩大来提升绿地效能不是上策，应当挖掘绿地空间本身的更大潜力。

简·雅各布斯（Jane Jacobs）认为，地区及其内部区域的主要功能必须多于一个，最好多于两个，且大多数街道必须要短。未来绝大多数的城市绿地空间不会是功能单一的大型空间，而是单块规模较小，甚至镶嵌在各类用地中，实现功能与形式的混合多样。社区级公园，甚至口袋广场，将担负起服务周边居民以满足其日常活动需求的主要职责。

实现点状绿地布局，要改变新城建设中土地铺张浪费的现象，而重点和难点更在于老城区，改造街角绿地，创建步行街区，改造利用废弃地，结合公用基础设施，运用立体化设计手段等，充分挖掘小型公共空间潜力。

3.2 线形绿道提高公园可达性和土地利用率

如果把绿道划分为"区域—城市—场所（社区）"三个层面，城市层面的绿道对于城市绿地空间布局无疑贡献最大。连接分散的公园绿地，使游憩与交通功能复合，并承担一定的生态功能。得益于重要的联系性功能，易于规划的形态，以及较高的土地利用效益，绿道将为绿地空间效能优化作出重要贡献。然而，现阶段城市层面的绿道规划实践主要面临四大问题，规划地位问题、城市差异问题、用地问题，以及平衡发展问题（金云峰，周聪惠，2012），绿道要在城市层面更好地落实，还需进一步探索。

绿道不等同于带状绿地，不局限于以绿地为载体。笔者提出几点设想：（1）城市在总体规划阶段，规划线性绿地作为绿道用地，构成具有一定宽度的绿道主体骨架。（2）对规划构建绿道网的地段进行建筑退界等控制性规定，通过附属绿地等形式组成绿道网络。（3）以道路断面设计创造绿道空间，结合慢行系统规划，实现绿道的整体贯通。

3.3 环城绿带创建郊外绿地空间

环城绿带是指在一定城市或城市密集区外围，建设较多的绿地或绿化比例较高的相关用地，形成城市建成区的永久性开放空间（张怀振，姜卫兵，2005），对大城市而言平均宽度一般在500m以上。大面积块状绿地因具有规模效应以及包括假日休闲、节事活动等特殊使用需求，对城市而言不可或缺。在紧凑理念下，城市中心区绿地或将呈现点线结合的发展模式，而大型绿地转移到城市边缘，形成环城绿带的格局。

早年环城绿带提出的首要目的是控制城市蔓延，但事实证明，面对城市发展的刚性需求，绿带本身很难实现这一设想。若绿带能同时实现绿地效能补给和空间管制，或许有更好的发展前景。2007年初北京启动"郊野公园环"规划，除绿地保护和空间管制，更强化游憩功能。环绕城市设置郊野公园，优化建设质量，增加基础设施，加强服务管理，赋予绿带新的功能定位。近年，上海市也将把郊野公园纳入城市绿地系统规划，预计首先将建设近郊郊野公园，其次形成外环郊野公园环，最后打造远郊公园（周向频，2011）。

4 基于效能优化的绿地空间功能复合

4.1 绿地功能复合

4.1.1 绿地与防灾避险

城市灾害，如火灾、地震、传染病、恐怖袭击等，是紧凑型城市的一大隐患。我国城市应急体系的建设起步较晚，2008年9月住房和城乡建设部发布《关于加强城市绿地系统建设提高城市防灾避险能力的意见》，明确了城市绿地系统防灾避险功能的重要性，对城市绿地系统防灾避险规划的编制和实施提出了指导性要求。

"点线带"的基本结构在防灾避险的要求下构成绿地防灾避险结构，即点状绿地基础防灾，线状绿地隔离疏散，带状绿地集中避险。分布最广的点状绿地增加基础防灾避险设施，确保市民在灾害发生时就近取得帮助；有一定宽度的线状绿地成为避险与疏散通道；面积较大的带状绿地因空间开阔而能容纳大量人群，结合周边建立较完备的防灾设施，成为重要的集中避险目的地。

4.1.2 附属绿地效能提升

城市中的附属绿地总量相当可观，对于环境优化起着重要作用。然而，附属绿地几乎仅是实现量化控制，在规划图纸中无法标明附属绿地用地界线，在设计图面则依靠用地责任单位自觉完善，很难最大程度发挥作用。

为提升附属绿地效能有以下三点设想：（1）根据《城市绿地分类标准（CJJ/T 85—2002）》对附属绿地八个分类分别建立标准，如居住用地适当提升绿量指标和游憩、景观功能，物流仓储用地限定较低的绿量指标并提升生态、防护功能等。（2）面向公众开放部附属绿地使用权限，在控制线详细规划层面划定这部分附属绿地控制线。（3）提高面向公众开放的附属绿地活动场地比重，增加活动设施，提升游憩服务水平。

4.2 立体化空间利用

4.2.1 屋顶绿化与垂直绿化

屋顶绿化与垂直绿化不直接占地，是提升城市绿量，创造多样性景观的特殊手段，对单体建筑而言，它还因节能效益而备受推崇。

在德国，政府要求新建筑建造前必须新建与屋顶面积相等的绿地或者进行屋顶绿化（后者将给予一定补贴）；哥本哈根政府则作为一种强制性措施在区域范围推广，联合科研院校、私人企业、政府部门，三者的通力合作加快了项目推进，并取得最佳的成效。

然而，屋顶绿化与垂直绿化的发展在我国长时间止步不前。它对提升绿地三大指标几乎没有贡献，相较同规模的绿地建设而成本较高，甚至要求更好地维护管理，所以管理部门与开发建设者兴趣不高。要使得这项理念推广成熟，解决了工程技术问题，重点还在于政策上给予充分鼓励与扶持，例如把屋顶绿化面积折算附属绿地等。

4.2.2 绿地地下空间利用

绿地地下空间利用与屋顶绿化相似，都是绿地功能在上，其他功能在下，但前者受建筑屋面大小与荷载的局限，后者虽也有荷载要求，相对有更大弹性和自由度，且与外部空间联系性更好。通过对竖向空间层次划分，可以确立不同深度地下空间的不同开发策略。

我国目前的绿地地下空间较多是与停车场、轨道交通站点、地下商业街等功能复合开发。以上海为例，新天地太平桥公园下建立停车场，解决周边高密度商业商务活动的停车问题。人民广场地下利用原有防空洞，结合轨道交通站点建设，逐步完成商业、交通相结合的综合型地下空间利用，成为市内重要的交通换乘枢纽和最有人气的地下商业空间之一。而随着地下空间开发模式的成熟，并全面解决通风、采光等技术问题，居住、办公等功能同样有希望进驻地下。

4.2.3 绿色综合体

多功能、高效率的综合体，是紧凑型城市的重要组织形式之一。类比城市综合体概念，有不以建筑而以景观为主导要素的绿色综合体，利用开放空间连接商业、交通、文化娱乐等功能（高山，2011）。典型的如美国西雅图奥林匹克公园，折线型绿坡构成立体步行交通空间，跨越高速公路与铁路，联通城市与滨水地带；日本大阪难波公园，模拟森林与峡谷，绿化遍布退台式屋顶，并结合城际列车、地铁等交通功能与商业、办公、居住功能等。

绿色综合体包容更多城市功能和城市空间，功能更齐全，空间形式更多样，它充分发挥绿地功能优势，提升土地附加值，是解决城市中心区大型交通枢纽、商业、办公、居住等功能有机融合的重要手段。

4.3 分时利用与公众参与

纽约2030规划（PlaNYC 2030）中有关开放空间规划的核心内容即发掘用地的多种用途，尽可能利用现有土地和设施创造高质量开放空间。规划提出要使现有场地利用最大化，如在非教学时间开放学校操场作为公共活动场地，安装照明设施增加场地可利用时间等。分时利用策略实现了绿地与非绿地，专属性空间与公共开放空间的时段性转化，打开了绿地空间效能优化的新思路。

另外，社区居民参与绿地空间设计方案评选，将有效提高社区绿地空间的使用效率。公众参与是规划民主的重要体现，但因过程持续时间较长而无法迎合快速发展的需要，推广不易，但可以在部分地区进行试点，借助社区组织，对设计、建造与管理全过程进行监管与统筹协调。

5 结论

"绿地空间"不只建立在狭义"绿地"上，其影响范围从城中到郊外，从城市建设用地到非城市建设用地，从"绿地"到"非绿地"。绿地空间的效能优化，第一层次是为紧凑型城市发展的大势所趋，第二层次是解决紧凑型城市潜在的环境问题，第三层次提升城市景观环境质量，推进城市紧凑、宜居、可持续发展。

绿地空间效能优化实现途径的应用范畴与主要作用一览表　　　表1

优化理念		应用范畴			主要作用
		城市区位	城市建设用地	绿地①	
布局结构调整	点状绿地均布	城中	是	是	提升城市空间丰富度；提高绿地利用率；提升城市活力
	线状绿地构成绿道与绿网	城中与郊外	是	是	提高点状、带状绿地可达性；提高绿地利用率
	带状绿地环绕和隔离	郊外	是或否	是或否	绿地补给；创造郊野游憩空间；控制城市建设用地无限扩张
用地功能复合	绿地功能复合	城中与郊外	是	是	提高土地利用率；创造土地附加值
	立体化空间利用	城中	是	是或否	创造多样化绿地空间；丰富城市景观形象
	分时利用与公众参与	城中	是	是或否	以管理手段协助，体现公众利益，提升绿地空间利用率

① 中华人民共和国住房和城乡建设部. GB 50137—2011 城市用地分类与规划建设用地标准［S］. 北京：中国建筑工业出版社，2011.

紧凑理念为我国新型城镇化发展指引了重要方向。"用地"紧凑，"空间"却能扩展，单一"绿地"紧凑，复合"绿地空间"却能扩展。通过对城中绿地的规模控制以及功能复合与立体化空间的创造，通过对郊外绿地的保全和服务水平提升，结合点、线、带的布局结构，景观环境质量和居民生活品质将得到有效提升，新时期的城镇化建设将拥有更优的绿地空间。

参考文献

[1] 韩笋生，秦波．借鉴"紧凑城市"理念，实现我国城市的可持续发展．国外城市规划，2004.19(6)：23-27.

[2] 仇保兴．紧凑度与多样性——中国城市可持续发展的两大核心要素．城市规划，2012(10)：11-18.

[3] 王静文．紧凑城市绿地规划模式探讨．华中建筑，2011(12)：131-133.

[4] 徐新，范明林编著．紧凑城市——宜居、多样和可持续的城市发展．上海：格致出版社，2010.

[5] （日本）海道清信．苏利英译．紧凑型城市的规划与设计——欧盟·美国·日本的最新动向与事例．北京：中国建筑工业出版社，2011.

[6] 罗巧灵，于洋，张明等．宜居城市公共空间规划建设新思路．规划师，2012(6)：28-32.

[7] 金云峰，周聪惠．绿道规划与管理——绿道规划理论实践及其在我国城市规划整合中的对策研究．现代城市研究，2012.27(3)：4-12.

[8] 金云峰，周煦．城市层面绿道系统规划模式探讨．现代城市研究，2011(3)：33-37.

[9] 谢欣梅．北京、伦敦、首尔绿带政策及城市化背景对比．北京规划建设，2009(6)：68-70.

[10] 周向频，周爱菊．上海城市郊野公园的发展与规划对策．上海城市规划，2011.05：52-59.

[11] （丹麦）Dorthe ROMO．蒋巧璐，邓巧译．哥本哈根屋顶绿化政策将推动城市向绿色城市转变．风景园林，2012.1.

[12] 刘志强，洪亘伟．城市绿地与地下空间复合开发的整合规划设计策略．规划师，2012.28(7)：72-76.

[13] 高山．城市综合体概念辨析．南京：转型与重构——2011中国城市规划年会，2011-9.

[14] City of New York. PlaNYC 2030：A Greener, Greater New York. New York, April 2007[2010-7-27]. http://www.nyc.gov/html/planyc2030/html/home/home.shtml.

作者简介

[1] 金云峰，1961年7月年，男，汉族，江苏苏州。同济大学建筑与城市规划学院教授，博导，上海同济城市规划设计研究院，同济大学都市建筑设计研究分院，从事学科研究方向为风景园林规划设计方法与技术，中外园林与现代景观，电子邮箱 jinyf79@163.com。

[2] 张悦文，1989年3月生，女，汉族，浙江慈溪，同济大学建筑与城市规划学院硕士研究生，从事学科研究方向为景观规划设计，电子邮箱 shirry333@sina.com。

都市舞台·金梦海湾

——秦皇岛西浴场景观规划设计

Urban Stage，Dream Beach

——Landscape Planning and Design of West Beach in Qinhuangdao

黎琼茹

摘　要：滨海景观作为特殊的风景园林项目，需要考虑滨海区土壤盐碱、潮汐、海风等因素对园林景观的影响。本文以秦皇岛海港区西浴场规划设计为例，通过对秦皇岛海岸线现有的开发利用状况进行调查分析，结合城市空间结构以及场地周边的用地性质，初步寻求场地的差异化定位。为进一步完善场地功能，我们还针对使用人群进行了调查问卷。作为全国著名的旅游度假胜地，西浴场必须还要考虑旅游旺季游客的需求，因此项目必须结合城市公交和城市绿道系统考虑。项目还通过采用排盐碱技术处理土壤保证植物成活，慎重选择抗海风、抗盐碱的植物种类等技术手段，使海港区西浴场成为秦皇岛市民展示城市形象的舞台，打造成为国内一流、国际知名的海滨都市。

关键词：滨海景观；多层步道；抗盐碱

Abstract：As a special landscape project，the impact on the landscape of soil salinity，tides and winds to should be considered in Coastal Landscape. Taking West Beach in Harbor District of Qinhuangdao for example，with the investigation and analysis of the shoreline development situation，the urban spatial structure and the land nature around the site，we initially seek the differential positioning of the project. In order to further improve the function of the site，we make surveys of the potential groups. As a famous tourist resort，West Beach needs to consider the needs of the tourist season. Therefore the project must be combined with city buses and urban greenways system to consider. Though the Row saline technique and the choice of anti-breeze and saline-alkali plants，we hope West Beach can become a public stage for the people and Qinhuangdao can create a domestic first-class，international famous seaside city.

Key words：Coastal Landscape；Multilayer Trails；Saline-alkali

秦皇岛这座知名的旅游度假型海滨城市，其滨海资源无疑是最大的优势资源。海港区作为秦皇岛的主城区，向东发展受海港码头的制约，市民亲水空间同样也受海港码头阻隔，只有在西部城市副中心可以向南与大海连通，这就是西浴场所在的区域。西浴场是一处对市民开放的生态滨海浴场，承担着市民休闲游憩和环境科普教育的任务，但目前浴场的软件设施和管理工作存在较多问题，场地环境也亟须改善。

1　项目概况

海港区西浴场位于海港区西侧海滩，东起游艇俱乐部大坝，西至山东堡立交桥，河滨路以南。海岸线全长3.6km，用地面积62hm²。其中一期改造范围为新澳海底世界以东沿海岸线1.1km部分，总面积为9.2 hm²（不包含沙滩）。沙滩可平均向海外扩50m。

现状问题：对项目现场进行考察，发现场地在交通、植被方面继续改善，场地现存的构筑物需要处理；作为滨海浴场，场地服务设施也显然不足。

1.1　交通

东西向的铁路割裂了西浴场项目场地和城市的纵向联系；西南侧的森林公园步行栈道和场地缺乏连接，栈道和城市道路缺乏纵向联系。场地北侧的河滨路作为场地边界，宽度为9m，能基本满足交通需求，但在旅游旺季时交通拥堵，不能满足游客观赏需求。

1.2　植被

现状场地植被条件较差、植物较少，局部有少量芦苇和刺槐；景观不够连续，未形成植物背景层，且植被从西往东逐渐减少，土壤沙化较严重。

1.3　现状构筑物

现状留存有6个碉堡，作为场地的文化遗存，考虑在设计中予以保留利用；现状还有多处排水管，对景观有所影响。

2　项目相关分析

为了对项目有更为宏观的认识，我们需要从城市尺度考虑其区位关系；作为滨海浴场项目，需要对其他滨海开发项目进行考察分析，寻求本项目的特色定位；通过对将来的使用人群进行调查问卷，进一步明确场地的设计方向和功能。

2.1 海岸线分析

考虑到西浴场作为秦皇岛的滨海项目，需要对秦皇岛海岸线及其他浴场的现状开发情况进行调查，寻求区别于其他滨海浴场的独特定位（图1）。调查分析结果如下：

山海关区：浴场大部分都是依附于旅游景区存在，配套服务设施较好，是秦皇岛旅游的景点路线之一，游客的目的地主要是各个景点。

海港区：现状开发不大，海岸线以港口码头为主，旅游人群主要集中在求仙入海处与东浴场；西浴场主要是服务于周边城市居民，但周边配套服务欠佳，缺乏海滨特色。

北戴河区：游客的主要旅游目的地都集中在北戴河区，周边配套服务比较完善，商业、酒店成规模；部分浴场未开发，但由于周边疗养院和酒店为主体，人流量相对集中。淡旺季人流量差异悬殊。

南戴河：景点点状分布，都是大型综合性浴场，各公园都有其突出的主题，例如沙雕大世界、翡翠岛等。南戴河依据其良好的沙质水质，打造大型滑沙、滑草场等吸引游客。

经调查分析，西浴场主要针对市区居民服务，旅游旺季可兼顾外地游客。需要完善场地配套服务设施，同时打造场地特色。

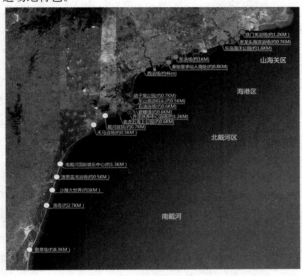

图1　海岸线开发现状

2.2 问卷调查

考虑到将来项目的使用人群主要是海港区市民（旅游高峰期会有外地游客使用），因此设计前期针对市民平日的出行习惯以及对场地的期望进行了一项调查。调查结果显示，本地居民生活节奏较慢；市民生活滨海而不亲海；海边缺乏有品质的滨水空间和商业配套，秋冬季不爱去海边。

针对调查问卷反映的情况，西浴场需要考虑结合城市结构和交通系统，把人流引导至场地中，打开海港区通向大海的门户；在场地中引进部分商业设施和冬季活动场地如滑冰场、特色酒吧和高档餐厅等；完善西浴场的配套服务设施。

2.3 上位分析

根据秦皇岛上位规划，西浴场是秦皇岛城市滨海发展

带上重要的一环，紧邻城市西部副中心；而且由于海港区大部分海岸线被港口占据，西浴场区域是唯一连通城市和大海的门户（图2）。滨海发展带上有多处著名旅游景点，如鸟类保护区、鸽子窝、老虎石、国家森林公园等，西浴场的景观改造将有利于滨海发展带的优势提升，也有利于滨海旅游区域的环境提升。西浴场的景观改造将带动场地周边商业和酒店的价值提升，继而带动城市西部副中心的发展。

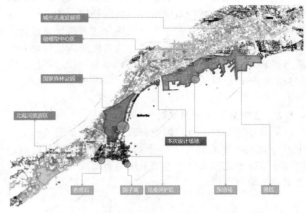

图2　上位规划分析

3　国内外滨海景观设计借鉴

3.1　巴西科巴卡巴纳海滩

科巴卡巴纳海滩位于巴西里约热内卢市的黄金地段，被称为世界上最有名的海滩，海岸沿线长达4.5km。此案例可以借鉴的地方有：（1）步行道的设计开放宽敞，采用特色的艺术铺装，与海滩直接相连，视线开阔；（2）分车带设计主要采用流动的抽象图案，自然流畅并且没有重复，还可作为停车场使用，兼顾景观性与功能性。

3.2　西班牙贝尼多姆海滩

由巴塞罗那OAB建筑事务所设计，提出了海滨长廊设计的开创性概念——1.5km长不仅是保护带，还是连接城镇与滨海地区的枢纽，它还将成为人们进行各种活动的公共场所。此案例值得借鉴之处有：（1）高差处理极具特色，流畅的曲线行驶将不同层面和平台连接成一个整体；（2）运用有机线条，勾起人们对自然波浪的记忆，并采用蜂窝结构表面有效利用光影；（3）个性化的场地让人印象深刻。

3.3　青岛浮山湾

青岛奥帆中心位于青岛市浮山湾畔，与青岛市标志性景点——五四广场近海相望，总占地面积约45hm²。奥帆赛后，整个奥帆中心将建设成为全国一流、世界知名的海上旅游度假休闲区，成为面向公众开放的集餐饮、休闲、健身、娱乐、购物于一体的国家级休闲旅游胜地。此案例值得借鉴之处有：（1）强有力的景观中轴线，加强城市与大海的联系性；（2）轴线两侧丰富的业态，吸引人气满足市民需求；（3）开放的空间，给市民活动提供良好的舞台。

4 规划构思

4.1 设计原则

4.1.1 坚持以人为本的原则

主要在场地的可达性和服务设施方面体现以人为本。交通衔接上考虑景区与城市服务设施的衔接，为了行人在景区内的安全舒适，采用人车分流的交通系统，共设计五处人行出入口和九处车行出入口；为方便游人更好地开展滨海活动，一定范围内设置小型售卖亭和直饮水系统、大型公共服务设施建筑。

4.1.2 坚持生态优先的原则

结合场地滨海特点，因地制宜，植物选择耐盐碱的乡土树种为主，并采取客土等排盐碱措施，保证植物的成活。尽量减小建筑规模，道路采用生态材质，构建生态特色的滨海景观廊道。

4.1.3 坚持节约的原则

尊重场地基址现状和客观条件，适应和满足市民及游客对自然、健康、多样化的休闲方式的需求。保留场地现

状的碉堡，作为场地文化遗存，将其进行提升改造成为场地小品。按照建设资源节约型、环境友好型社会和发展循环经济的要求，设计中采用中水灌溉、太阳能灯、透水砖等节水、节能的新技术和新材料，构建节能型、环保型、循环型滨海景观。

4.1.4 安全原则

为保证景区内构筑物的安全，结合50年一遇潮水位线，构筑物底层标高均为3.0m，高出历史最高潮高0.4m。此外，考虑到景区内游人活动涉及海边游泳，为保证场地活动的安全，景区设置了安全塔。

4.2 设计定位

都市舞台·金梦海湾——共享同一片蓝天，打造国内一流、国际知名的都市海滨。将海港区与滨海区域打造成为一个强大的城市综合体；把城市引向大海，将大海引入城市，使海港区从滨海城市转变为亲海城市，打造成为一个为市民提供开发、生态、现代的滨海浴场。

5 规划设计内容

西浴场在功能布局上分为三大区块，分别是中部的中央核心区、东段的海洋公园区和西段的自然休闲区（图3）。

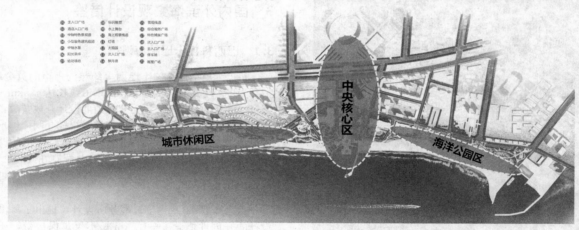

图3 功能分区图

5.1 中央核心区——市民客厅

中央核心区作为城市轴线的延伸，周边紧邻城市大型商业和公共建筑，功能上定位为市民广场和圆梦舞台，也是城市窗口和城市地标构筑物所在区域（图4、图5）。

中央核心区在景观结构上作为城市轴线的延伸，缝合城市结构关系，整合奥体中心、综合楼、香格里拉、第一关、大海等资源，形成纵向开敞、现代、简约市民城市广场。广场入口利用水景与大海遥相呼应，连续竖向轴线景观起伏突出"共享一片蓝天"的设计主题，并在轴线终点处设置主题雕塑与海上舞台形成视觉焦点。广场两侧以阵列形式布置系列商业售卖等服务设施，并考虑周边建筑预留出通道。

5.2 东段——海洋公园区

改造内容包括将现状场地进行合理优化整合，并结合

搏击园、海底世界、海豚表演馆周边改造；同时进行人车分流，满足停车需求，设置多层休闲步道，包括景观绿带、停车场、自行车道、人行道及木平台；设置管理房与公共服务设施；增加绿化带及直饮水系统与指示系统等浴场服务设施，形成带状绿地公园，同时综合打造具有时代特征的海滨浴场及滨海公园（图6、图7）。

海洋公园区景观设计以"人文海洋"为总体设计定位，分别设置"海景""海韵"和"海情"三大主题广场，从三个不同方面表现海洋与沙滩与人与环境的关系。海景广场区以开敞草坪为主，营造特色艺术地形，点缀反映海洋生物主题的雕塑，与周边新澳海底世界与海豚馆相呼应营造活泼热烈的氛围；海韵广场在设计中保留现状灯柱及张拉膜，以中轴对称的形式展开景观设计，入口处设计弧形花坛，内置秦皇岛本地的碣石，广场外围以廊架和树阵进行围合，广场延伸至沙滩处设计观景平台及休闲茶座，

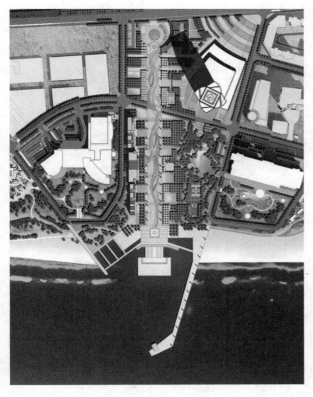

图 4　中央核心区平面

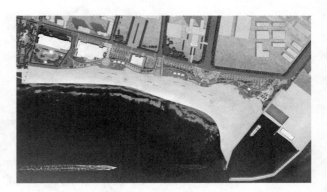

图 6　海洋公园区平面

图 5　中央核心区鸟瞰图

图 7　海洋公园区鸟瞰图

中轴处设计一组特色地面雕刻，表现关于秦皇岛海洋的神话传说，烘托气氛突出大海的神韵；海情广场结合现状搏击园进行改造设计，保留现状大树及雕塑，结合现状雕塑新增加多组情景雕塑形成雕塑园，以表现海边活动及生活为主题。整体风格浪漫大气，开阔的大草坪、林荫活动广场、结合小型售卖和浴场服务建筑，充分满足市民及游客的不同需求。

5.3　西段——自然休闲区

西段景观延续东区的设计风格，形成多层步道系统（木栈道、人行道、电瓶车自行车道、停车场、绿化隔离带），设计风格以自然生态为主，在现有植物的基础上营造林海景观，除主要入口广场与两处服务场地外，其余场地设计为林下空间，为市民提供一处自然生态的滨海休闲带（图8、图9）。

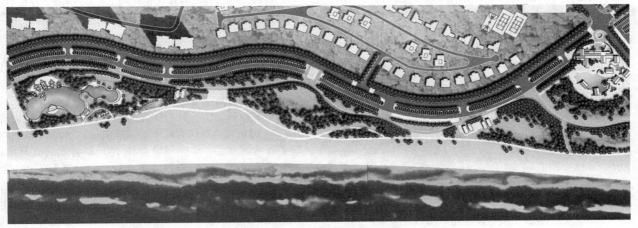

图 8　自然休闲区平面

图9　自然休闲区鸟瞰图

5.4　设计策略——满足定位功能的同时还解决场地存在的问题

5.4.1　方案特点1——完善的慢行系统网络

西浴场改造通过结合城市交通系统，打开数条由城市通往海滩的廊道，把城市引向大海，也将滨海绿廊向城市内部渗透。场地内部建立一条东西贯通的滨水景观大道（3.7km），并适时融入秦皇岛绿道，形成通往海滨的安全绿道和快捷道路系统，让公众更快、更好地到达滨水区域。同时项目结合已有的公交站点和规划停车场位置，设置自行车、电瓶车的换乘站点，站点服务半径基本满足规划地块的步行网络需求（图10）。

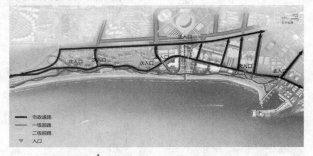

图10　交通分析图

5.4.2　方案特点2——多层步道系统

西浴场的交通体系不仅在规划层面与城市交通完美结合，场地内部也设置了独立的车行入口和人行入口，实现人车分流，有利于人群疏导；场地设置了多层步道：滨海大道、电瓶车及自行车道和步行木栈道。场地区域的慢行步道随着城市的发展，将来融入城市绿道系统中（图11）。

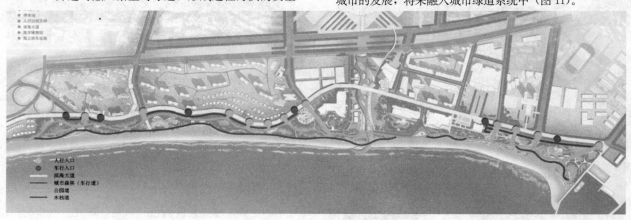

图11　多层步道分析图

5.4.3　方案特点3——公共服务设施丰富完善

场地内的公共服务设施以散点方式布置，主要包括浴场服务设施以及休闲服务设施。浴场服务设施主要有问讯处、淋浴、公厕、更衣室、瞭望塔、救护站等；浴场配套服务设施点按照300m舒适步行半径设置。休闲服务设施主要有餐饮、售卖、酒吧茶室，按照分区原则设置（图12）。

图12　服务设施布局图

6　植物景观规划

植物景观的营造首先要对种植土进行排盐碱处理，其次在植物品种的选择上也至关重要，结合设计意图对植物种植方式进行控制。

6.1　土壤排盐碱处理

由于场地紧邻海边，土壤盐碱化程度严重，因此场地的植物景观规划首先需要解决场地的土壤问题。为保证植物的良好生长，防盐碱措施尤为重要。排盐碱系统采用300mm厚粗粒碎石作为地下盐碱隔离层，200mm厚细粒碎石作为淋水层，中间铺设直径100mm排水盲管导水，整体铺设RCP-6830D30厚渗排水板材和一层土工布，上层回填种植土，种植土厚度在保证盲管排水坡度后大约1.5—0.5m。沙滩种植采用树盆是种植措施，采用HDPE隔离膜并通过400mm碎石层和导水管导水满足植物的成活（图13）。

土工布 φ2000
填方孔隙度为45%
山石
边坡填土孔隙度为45%—80%
种植土
4φ100软式透水管
侧壁支护措施

1500
3000

φ100排水花管

土工布
200厚细碎石
300厚粗碎石

图 13　排盐碱结构图

6.2　植物种类

具体的植物品种选择参考秦皇岛当地乡土植物为主，结合景观的需要选择其他一些耐盐碱植物，具体植物见下表：

	西浴场植物表	表 1
乔木	针叶树	黑松、白皮松为主
	阔叶树	蒙古栎、白蜡、国槐、丝棉木、馒头柳、八棱海棠、西府海棠、臭椿、楸树、金叶榆
灌木		紫叶碧桃、金银木、柽柳、胶东卫矛、金叶水蜡、黄金槐、木槿、三角梅、女贞、紫叶小檗
地被		玉簪、大花萱草、小菊、金娃娃萱草、马蔺、沙地柏、狼尾草、宿根鼠尾草、蛇鞭菊、黑心菊、孔雀草、矮牵牛、金叶薯、细叶芒、八宝景天、三七景天、荷兰菊、福禄考、丹麦草、玉带草、蛇莓

7　结论

滨海空间作为城市重要的景观界面，往往需要考虑承载部分城市功能，因此城市滨海景观的设计需要考虑城市

结构和交通的衔接，以及城市窗口的展示功能，还要有供市民活动的广场，以及商业服务功能的延伸；当然，场地本身的配套服务设施必须设计完善，营造场地舒适宜人的空间，植物景观也是必不可少的。

本项目通过与城市交通的衔接、内部交通梳理和多层步道的设置，滨海植物景观的营造以及完善场地内部的功能建筑和服务设施，解决了场地现状存在的管理不善和环境质量差等问题，将西浴场打造成为秦皇岛的城市后花园，满足市民来海边的休闲娱乐活动需求；也结合夏季旅游高峰提供部分停车和餐饮游乐、休闲度假等功能。西浴场建成后将成为秦皇岛海港区最大的开放性市民公园，提供四季休闲、交流演艺等功能。西浴场项目还建立了一个开放、现代的滨水浴场，完善海港区沿海绿道，使之与周边的国家森林公园、沿海鸟类保护湿地以及鸽子窝、老虎石等临近风景区形成生态板块上的互补，及旅游休闲方面的差异化竞争，完善了秦皇岛滨海旅游景点的空间结构，也丰富了滨海休闲度假的类型和服务，加快了秦皇岛建设宜居城市的进程。

参考文献

[1] 周晓娟，彭锋.论城市滨水区景观的塑造——兼对上海外滩景观设计的分析[J].规划师，2002(03).

[2] 雷万雄，陈志城，方蓉.滨水环境特色的营造——余姚市姚北工业新区中心河景观规划[J].规划师，2005(03).

[3] 杨锐.城市滨水区规划设计及开发探析——以加拿大多伦多城市滨水区为例[D].南京林业大学，2004.

[4] 吴俊勤，何梅.城市滨水空间规划模式探析[J].城市规划，1998(02).

[5] 贺旺，章俊华."人.船.海"特色滨海景观的创造——威海市金线顶公园规划设计构思[J].中国园林，2002(01).

[6] 徐苏宁，于英.滨海景观的组织与塑造——以烟台滨海区景观为例[A]；城市规划面对面——2005城市规划年会论文集(下)[C]，2005.

[7] 吴登树.浅谈城市防洪与生态景观的结合[A].首届长三角科技论坛——水利生态修复理论与实践论文集[C]，2004.

[8] 刘程程.烟台特色滨海景观设计研究[D].山东轻工业学院，2011.

[9] 高鹏.城市公共空间人工水景的亲水性设计研究[D].东北林业大学，2009.

作者简介

黎琼茹，1985年6月生，女，汉族，广东省茂名市，北京林业大学硕士，北京正和恒基城市规划设计研究院有限公司，设计师，风景园林，电子邮箱：70519608@qq.com.

都市舞台·金梦海湾——秦皇岛西浴场景观规划设计

城市绿地系统规划编制①

——防护子系统规划研究

Urban Green Space System Planning

——Protection Subsystem Planning

李　晨　金云峰

摘　要：城市绿地系统作为城市的重要组成部分，应该在应对日益频发的城市公害及突发灾害方面发挥积极的作用。但绿地系统规划中对于绿地防护功能缺乏较为完善合理的分类及规划，使得绿地系统的防护功能得不到有效发挥。对城市绿地系统防护功能进行讨论，构建完整的绿地系统防护功能体系，并就日常防护和灾时防护两个主要方面内容展开论述，力图从新的角度解读绿地系统的防护功能体系，以获得一种较为全面针对防护功能子系统规划的绿地系统编制方法，用于指导建设，真正发挥城市绿地系统的各种功能。

关键词：绿地系统；规划编制；城市绿地；防护；防灾

Abstract：Urban green space system as an important part of the city should play an active role in response to sudden disasters and pollution. But the green space protection of the green space system planning lack of more comprehensive and rational classification and planning, many problems make the lack of green space system protection function effectively. Clear the protection function of green space system, build a complete protection subsystem, and discuss urban green space system from the two aspects of protection and disaster, trying a new angle (aging time) interpretation of the protection subsystem of green space system, and obtain a more comprehensive and feasible method to prepared by the protection subsystem planning, to guide the planning and construction, realplay completely the protection of urban green space system.

Key words：Green Space System；Planning；Urban Green Space；Protection；Disaster Prevention

城市绿地系统发挥着四个主要功能：游憩、防护、保育、景观，平时易被人们忽视的防护功能也是其中不可或缺的一环。所谓"防患于未然"的忧患意识，随着近年城市各种人为污染及自然灾害的频繁发生，城市绿地的防护功能也日益受到大众的强烈呼唤。面临环境防治和灾害防护这个全球性课题，在我国的城市绿地系统规划中，还缺乏较为完善的一套体制将绿地的防护功能全面落实。

现行城市总体规划以城市用地分类与规划建设用地标准为用地分类规划准则，而城市绿地分类标准中的绿地分类与其衔接不完全，如何做好二者的衔接是落实绿地系统规划的重要保证，本文以城市用地分类标准为基础进行绿地研究，同时衔接城市绿地分类标准。

1　绿地系统防护功能问题

在现行的城市绿地系统规划中，对防护绿地、防护功能的规划和研究尚存在以下几方面问题：

1.1　绿地系统的防护功能内涵不明确

防灾功能是近年热门的话题，如何将其纳入城市绿地系统规划中，防灾与防护的关系是什么，如何明确绿地系统的防护功能内涵。

1.2　防护绿地缺乏明确的规划分类及对应的规划内容

现行规范《城市用地分类与规划建设用地标准（GB 50137—2011）》和《城市绿地分类标准（CJJ/T 85—2002）》对防护绿地没有明确的分类分级，导致防护绿地的内容不全面。

1.3　绿地系统中的防护功能与防护绿地关系不明确

现有绿地系统的防护功能独特性完整性不明确。防护绿地和其他类型的绿地都起到了防护作用，它们之间及其在绿地系统内的关系不明确，功能交叉难定性，以致对防护绿地的侵占或被改为游憩的绿地。

以问题为导向，本文尝试建立一个较为完善的绿地系统防护子系统，明确子系统在城市绿地系统中的作用和地位，明确各类防护功能绿地在子系统中所起的作用和定位，明确防灾功能绿地与防护子系统的关系。防护子系统是城市绿地系统四个子系统之一（游憩、防护、保育、景观），子系统是以绿地系统中的所有类型绿地作为研究对象，确定每块绿地（包括复合功能的绿地）的主导功能，形成完整的绿地系统功能子系统，而各类绿地由于其主导功能的不同而在各个子系统中所处的地位和发挥的作用不同。子系统的确立便于绿地系统各功能的合理

①　基金项目：住房和城乡建设部项目资助；项目编号：［国标］2009-1-79。

风景园林规划与设计

配备，形成系统的规划操作方法，在实践中编制实施，真正发挥绿地系统对城市的功能和作用。

2 绿地系统防护子系统构建

2.1 防护子系统研究范围

"狭义防护绿地"是指改善城市自然条件和卫生条件而设的防护林，属于城市总体规划中土地平衡用地范围之内。"广义防护绿地"指为保护一切公益项目而营造的防护林带。

本文所讨论的绿地系统防护子系统，是指包括防护绿地在内的城市绿地系统中的所有绿地发挥的防护功能构成的子系统。

2.2 绿地系统防护功能的内涵

"防护"包括"防"和"护"两类功能，"防"是指防止城市或者环境受到破坏和不利影响，如对道路、铁路、高压走廊等的防护。"护"则是保护现有的良好环境与人们的安全，如水源地等的防护。

绿地系统的防护功能，应该包括应对人为灾害和自然灾害两方面的防护功能，起到改善城市自然条件和卫生环境的作用，并能在一定程度上减小自然灾害对人们生命财产的侵害。

综合学者研究，绿地的日常防护功能大致得到明确：
（1）调节气流（2）净化空气、改善环境（3）降低噪声公害（4）保持水土，涵养、净化水体和土壤等等。

近年来绿地的防灾职能也日益彰显：
（1）防震、防火、防洪、防风固沙、防地质灾害的灾害阻断带（2）应急避难疏散场所（3）救援活动场所（4）恢复重建据点（5）其他功能，如作为废墟和生活垃圾的临时堆场、集会场所以及遇难者尸体的临时掩埋地等。

2.3 绿地系统防护子系统的组成

基于绿地的防护功能，我们将绿地系统中所有绿地进行功能评估，提炼其中的防护功能，组成防护子系统。

（1）按绿地位置划分，防护子系统包括市域范围防护型绿地的防护功能和城区范围绿地的防护功能。

（2）按绿地类型划分，防护子系统包括防护型绿地（防护绿地）的防护功能和其他类型绿地的防护功能。

（3）按防护时间划分，防护子系统分为日常防护功能和灾时防护功能两大部分。日常防护功能主要由防护绿地承担，兼有其他类型绿地的防护功能。灾时防护功能，由绿地系统具防灾避难功能的绿地共同承担。

2.4 防护功能子系统规划体系构建

城市绿地系统防护子系统的规划体系构建，结合三类组成划分方式进行，将城市绿地系统所有发挥防护功能的绿地，按绿地位置分为两大板块，依据防护时间的不同对城区防护功能绿地又进行了细分，并将不同类型的绿地在不同防护时间的防护功能划归其中。

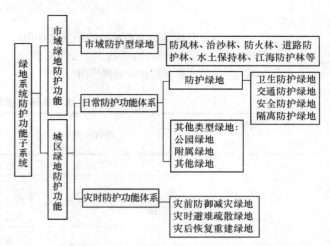

图1 绿地系统防护功能子系统框架图（来源：自绘）

3 日常防护功能体系

3.1 防护绿地分类规划

防护绿地是城市中具有卫生、隔离和安全防护功能的绿地。指为改善城市的自然条件和卫生条件在城市中所设的绿地，其主要特征是对自然灾害或城市公害具有一定的防护功能，不宜兼作公园使用。（摘自《城市绿地分类标准》）

现有的防护绿地，没有明确分类，但包括卫生隔离带、道路防护绿地、城市高压走廊绿带、防风林等类型（摘自《城市绿地分类标准》）。

3.1.1 分类原则

合理的防护绿地分类，基本要求是能客观地反映城市防护绿地的防护对象和防护功能、投资与管理方式的实际发展，理想的要求是能对城市绿地系统中防护绿地的发展和实施，起到推动和引导作用。具体的分类原则有：（1）绿地须以其主要功能（防护对象）为分类依据（2）分类要与有关土地利用规划的国家标准（《城市用地分类与规划建设用地标准》）紧密衔接（3）包括城市范围内所有应该主导防护功能的绿地（4）区分城区防护绿地和市域防护绿地的关系。

3.1.2 防护绿地分类规划及标准体系构建

根据防护对象和防护功能的不同，本文将防护绿地主要分为以下几大类：

（1）卫生防护绿地

卫生防护绿地是为消除和减弱有城市有害物质的危害而设的，利用植物的过滤和吸附作用，减少污染，净化环境。防护对象主要是污染源头。防护作用体现在应对城市公害，改善城市环境卫生和城市景观建设等作用。

（2）交通防护绿地

对于产生大量交通噪声的铁路、道路，以及轨道交通线等交通设施进行防护，主要是为了降低噪声污染，减少交通对周边用地的干扰。

（3）安全防护绿地

包括了对城市内有危险的公共设施的防护隔离作用；对城市水源地、有防洪要求的河道等的卫生安全防护作用；以及对城市易发灾害地区的防灾隔离作用。

（4）隔离防护绿地

为了维护良好的城乡生态环境，防止城市各组团用地无序蔓延，控制城市的无序发展，根据城市建设发展的特征，而在组团间设立的隔离用地。

城市绿地系统防护绿地分类表　　　　　　　　　　　　　表1

类别代号			类别名称	范　围
中类	小类	小小类		
			防护绿地	
			卫生防护绿地	在城市与卫生相关的公共设施用地周边设置有针对性的特殊卫生防护绿地，以起到卫生隔离、卫生净化的作用，保护隔离区内部及外部的卫生安全
		G211	工业区防护绿地	在工业区与居住区、商业区等的交接处，设置隔离绿地，以降低工业污染的外排，以其对周边环境的影响
	G21	G212	医疗卫生防护绿地	医院环境需设置隔离防护绿地，以降低其与外界环境的相互干扰和交叉传染危害
		G213	公用设施防护绿地	包括供应、环境、安全等设施用地。供应设施：自来水厂等供水用地，变电站所、高压塔基等供电用地，供燃气用地以及供热用地等。环境设施：包括垃圾场、粪便处理厂、污水处理厂等
		G214	其他卫生防护绿地	包括墓地、火葬场、殡仪馆、骨灰存放处等殡葬设施防护绿地
G2			交通防护绿地	在城市交通线路两侧设置，有利于排除交通线路对城市造成的噪声、粉尘污染，以保证城市活动与交通活动的独立性和安全性
	G22	G221	轨道防护绿地	城区内的铁路轨道两侧设置
		G222	道路防护绿地	包括高速公路、城市快速路、城市主干道——按道路类型不同分级设置防护绿地
			安全防护绿地	与城市安全相关的安全隐患地区、设施周边设置，保护城市免受安全灾害
		G231	高压走廊防护绿地	沿城市高压走廊设置的防护绿地，具体的规定根据高压级别分别设置
	G23	G232	水患防护绿地	有防洪要求流经城区的河道两岸，包括了为城市河道驳岸、防洪堤坝、排洪沟渠等水利安全设施提供的护岸、护堤、护渠林
		G233	防火绿地	在易发火灾的工业区周边以及城市居住组团之间设置防火隔离绿地。对于城市内部用来形成延烧遮断带，阻断或减小城市火灾的防火林带，在设置中则应结合河流、道路、湖泊等组成封闭系统
		G234	固坡固沙绿地	山地城市于山体周边设置
	G24		隔离防护绿地	城市内部各功能组团之间设置一定宽度的绿地，主要起到隔离组团的作用，防止各组团的无序蔓延及相互间的干扰

防护绿地的分类规划，是落实到具体的绿地用地上的，明确的小类划分，与城市用地分类体系相一致，有利于防护绿地在总体规划层面的规划实施以及与城市绿地系统专项规划的衔接。小小类的划分更有利于在城市绿地系统专项规划中制定具有针对性的防护绿地规划设计方法，利用不同的规划宽度和设计布局方式、不同植物的特性和搭配等，来完善地实现防护绿地的规划、建设和管理。

3.2 日常防护功能绿地分级体系

在防护子系统中，通过定级的方式，将所有具有防护功能的绿地纳入防护子系统日常防护体系中来。一级防护功能绿地主要是防护绿地，二级防护功能绿地主要是附属绿地和其他绿地，三级防护功能绿地主要是公园绿地。

对防护功能绿地的分级体系，便于对防护功能主导绿地的判断，以及对具防护功能的绿地的在子系统中的定位判断。对防护功能的分级便于实现防护功能子系统的完整性以及相关绿地防护功能的参考规划建设，但并不作为成果要求。在此，分级不包括城市绿地分类中的生产绿地[①]。

4 灾时防护功能体系

1 灾时防护绿地的分类[②]

灾时防护绿地指城市遇到人为灾害和自然灾害时，在城市绿地系统中起到防护作用的绿地。绿地系统中几乎所有绿地类型都具备灾时防护功能，根据对灾害所起的防护作用、防护时间不同进行分类，不同类型的绿地具备一种或多种防灾职能。

（1）灾前防御减灾绿地

是在灾害发生之前，通过科学的规划和建设来阻止或减少灾害可能对人们带来的生命财产安全危害而设的绿地。

包括安全防护绿地以及其他具有防灾减灾功能的绿地：如道路附属绿地、工业附属绿地建设中，注重对绿地防火功能等的建设。

（2）灾时避难疏散绿地

是直接应对城市灾害发生时的应急避难疏散绿地，提供避难通道、避难场所及对避难者进行紧急救援、灾民临时生活场所的绿地。

包括具有综合防灾功能或提供避难疏散场所的公园绿地、广场等。

根据功能的区别，灾时避难疏散绿地又可分为应急疏散绿地和避难生活绿地两类。

（3）灾后恢复重建绿地

是指在大型城市灾害结束之后，能给市民提供重建家园活动所需物质空间的城市防灾绿地。包括城市大型公园绿地（规模大于 $45hm^2$）等。

5 绿地系统防护功能规划编制

5.1 城市绿地系统防护子系统规划编制方法概述[③]

在建立完成的防护子系统概念框架指导下，分体系、分类别在绿地系统规划中进行具体的规划编制。

日常防护功能体系以防护绿地分类规划为主体，制定不同的设置要点、规划宽度、植物配置等规划建设要求。

灾时防护功能体系进行灾时防护绿地分类规划，遵照"平灾结合"原则建设，日常作为正常行使其主要功能的绿地；灾时转化为灾害防护绿地。其中灾前防护绿地注意绿地专项防灾减灾功能的运用；灾时防护绿地注意疏散通道的连通性、安全性，避难场所设施齐备等。

5.2 规划指标

在城市绿地系统防护子系统规划完成之后，应对其在城市绿地系统及防护绿地在城市的总体规划中所起的作用和所占的分量给予评估，才能更好地保证防护绿地、防护子系统的实施。

防护子系统的指标可分为防护绿地指标和防护功能指标两种。防护绿地指标可以通过数值衡量防护绿地的数量，包括防护绿地的面积总量、比例等定量指标。防护功能指标包括了对日常防护功能和灾时防护功能类型完成度的定性评价。只有定量和定性两类指标相结合，才能合理的评价城市绿地系统防护子系统功能的完善性。[④]

5.3 规划实施保证

为保证防护子系统的实施，本文建议：

（1）将城市绿地系统防护子系统规划与城市综合防灾规划衔接。

（2）与控制规划相结合，保证实施的力度。

（3）加强绿地系统规划与其他相关专业规划的沟通。

（4）将防护绿地指标要求纳入生态园林城市评价标准。

6 结语

相信防护子系统的建立，能实现城市总体规划的防护绿地规划和城市绿地系统规划二者的衔接，有效进行绿地系统防护功能规划，改变以往绿地系统规划中对于防护绿地的笼统规划，以及补充所缺失的灾时防护规划。防护子系统是更好地发挥绿地系统的防护功能，更好地保障城市居民的生命与财产安全的有力手段。对于子系统的实践检验和规划评价指标的确立，还需在日后进一步研究论证。

结合我国的特点，对具有复合功能的绿地进行针对性的合理的子系统分解规划，将更有效地实现绿地系统作为城市保护伞之一的多重功能。

参考文献

[1] 住房和城乡建设部. GB 50137—2011. 城市用地分类与规划建设用地标准. 北京：中国建筑工业出版社, 2011.
[2] 建设部. GBJ137—90. 城市用地分类与规划建设用地标准. 北京：中国建筑工业出版社, 1990.
[3] 建设部. CJJ/T85—2002. 城市绿地分类标准. 北京：中国建筑工业出版社, 2002.
[4] 李铮生. 城市园林绿地规划与设计(第二版). 北京：中国建筑工业出版社, 2006.
[5] 同济大学，重庆建筑工程学院，武汉城建学院. 城市园林绿地规划. 北京：中国建筑工业出版社, 1982.

---

① 生产绿地在原城市用地分类标准中与防护绿地合为一个中类，而 2011 年新版标准中去掉了生产绿地。市域范围内的生产绿地当可归为林地，而城区范围内的绿地要求其具有一定的主导功能，而其中已不包括生产绿地功能，所以在城市用地分类标准中已没有生产绿地。
② 详细的灾时防护绿地分类的内容，可参见硕士论文《城市绿地系统防护子系统规划研究》。
③ 详细的防护子系统规划方法研究，可参见硕士论文《城市绿地系统防护子系统规划研究》。
④ 详细的防护绿地和防护功能指标研究，可参见硕士论文《城市绿地系统防护子系统规划研究》。

［6］　王霆．城市绿地应急避难功能规划研究：［学位论文］．上海：同济大学，2007．

［7］　许浩．国外城市绿地系统规划．北京：中国建筑工业出版社，2003．

［8］　戴菲，艾玉红．日本城市绿地系统规划特点与案例解析．中国园林，2010(8)(9)．

［9］　张海金．防灾绿地的功能建立及规划研究：［学位论文］．上海：同济大学，2008．

［10］　姜来成．论防护绿地的规划建设．防护林科技，2002，(1)：33-34．

［11］　孙化蓉．城市防护绿地的布局与结构：［学位论文］．江苏：南京林业大学，2006．

［12］　李敏．现代城市绿地系统规划．北京：中国建筑工业出版社，2005．

［13］　李树华．防灾避险型城市绿地规划设计．北京：中国建筑工业出版社，2010．

［14］　（日）齐藤庸平，沈悦．日本都市绿地防灾系统规划的思路．中国园林，2007(7)：1-5．

［15］　沈悦，（日）齐藤庸平．日本公共绿地防灾的启示．中国园林，2007(7)：6-12．

［16］　徐波，郭竹梅．城市绿地的避灾功能及其规划设计研究．中国园林，2008(12)：56-59．

［17］　吴人韦．城市绿地的分类．中国园林，1999(6)：59-62．

作者简介

［1］　李晨，1986年7月生，女，同济大学建筑与城市规划学院景观学系硕士，上海同济城市规划设计研究院景观规划师，电子邮箱：25732746@qq.com。

［2］　金云峰，1961年7月生，男，同济大学建筑与城市规划学院景观学系教授，博士生导师，上海同济城市规划设计研究院，同济大学都市建筑设计研究分院，研究方向为风景园林规划设计方法与技术、中外园林与现代景观，电子邮箱：jinyf79@163.com。

城市雨水管理景观基础设施生态景观整合策略

——海淀区西洼雨水公园设计

Ecological Landscape Integration Strategy of City Rainwater Management Landscape Infrastructure

——Design of Xi-wa Water Park in Haidian District

李凤仪　李　雄

摘　要：中国大部分地区降水集中夏季，雨季的城市内涝问题彰显了大多数城市雨水管理的局限性和弊端。城市雨水管理景观基础设施理论的提出为雨水管理和疏导提出了生态可行的对策。本文将以海淀区西洼雨水公园设计为例来探讨城市雨水管理景观基础设施的生态景观整合策略。

关键词：城市雨水管理景观基础设施；雨水收集净化景观系统；植物净化雨水

Abstract：Most of China precipitation concentrated in the summer，the problem of city waterlog during the rainy season highlight the limitations and drawbacks of city rainwater management. The theory of city rainwater management landscape infrastructure proposes ecological and feasible countermeasures to rainwater management. This paper will take the Haidian District Xi-wa water garden as an example to talk about ecological integration strategy of city rainwater management landscape infrastructure.

Key words：City Rainwater Management Landscape Infrastructure；Rainwater Collection and Purification System；Plants Purifying Rainwater

中国大部分地区冬季干旱降水较少，夏季湿润降水较多，年降水量和径流量在时间上化分剧烈，分布不均，汛期降水量占全年的60%—80%。给水资源开发利用带来极大困难，造成枯水期无水可用，丰水期有水难用。北京气候属于暖温带半湿润大陆性季风气候，季风性特征明显，全年60%的降水集中在夏季的7、8月份，而其他季节空气较为干燥。

伴随着城市化脚步的加快，使得大量硬质化的城市下垫面代替了原先可渗透性的自然下垫面。以北京为例，北京超过80%的路面被混凝土、沥青等不透水材料覆盖，雨水无法渗透，因而不得不进入城市的排水管网被排走，大量硬质建成区改变了自然的水循环过程。绿地空间成为城市中仅存的可进行雨水自然渗透的区域，大部分雨水直接排入城市雨水排水管网。

这种雨水管理过程在汛期集中式高密度降水时会造成严重的城市内涝、地下水位的下降的问题，打乱了市民正常生活，影响着市民的出行与安全，也带来了雨水资源的浪费和城市水环境污染。

1　当前城市绿地景观建设过程中雨水管理问题探讨

当前中国城镇化发展背景下建设的绿地既是市民休闲娱乐的场所也承担着城市景观构建和生态保护、修复的功能，传统思维下的生态功能往往是针对植物群体对城市环境的积极影响，而忽略整块绿地作为一个非硬质

城市空间的独特的界面具有的其他特质，如地形、自然土壤等。绿地在欧美发达国家，已经成为组织雨水管理的重要手段，雨洪利用技术已经进入标准化、产业化阶段。

在我国，雨洪问题逐渐受到重视，但往往是绿地中作点状或块状展示。将整块绿地设计为分流城市暴雨径流、减少雨水直接排放到下水管道、增加绿地涵水量的城市雨水管理景观基础设施，使之的最大化发挥绿地的景观效益、生态效益，将成为中国新型生态绿地建设的目标之一，利用生态整合模式促进城市绿地发展转型。

2　研究综述

2.1　水敏感城市设计（Water Sensitive Urban Design）

中国的城市发展模式干预了自然水循环的生态过程，在城市更新和建设时，对城市水系统环境价值以及水资源的循环利用更加关注。如何通过城市规划和设计的整体分析方法来减少对自然水循环的负面影响和保护水生态系统的健康，20世纪80年代，水敏感城市设计（Water Sensitive Urban Design）被提出。

2.2　城市雨水管理景观基础设施与地表自然排水系统

城市雨水管理景观基础设施是水敏感城市的重要组成部分。传统雨水管理策略的弊端让不少专家学者注意

到城市中绿地分散和滞留雨水的潜力，用城市自然排水循环系统代替传统地下管道排水，依托现代城市空间构建功能分散、生态高效的雨水管理景观基础设施系统。它的设计范围从宏观城市水循环圈到微观的公共开放空间都有涉及，从多重角度进行考虑、规划。

地表自然排水系统作为雨水管理景观基础设施的重要组成部分，具有更大的弹性，符合雨水自然循环规律，在雨水输送过程中可利用植物等进行净化，并伴随蒸发、土壤过滤以及自然下渗等自然过程。同时地表自然排水系统的理念可结合城市公共绿地进行景观塑造和梳理，来形成综合多功能的城市绿色公共空间。

3 案例解析

3.1 场地现状及分析

场地所在区域位于北京市海淀区，南邻清河、五环，北邻上地高新技术产业区，承担着衔接历史景观区与现代产业区的重要责任，同时也是清河串联起的包括颐和园（图1中1）、圆明园（图1中2）、八家郊野公园（图1中3）、奥林匹克森林公园（图1中4）等城市公园带的一点。设计地块面积约为4.2ha，场地被南北走向信息路分隔为东西两块，仅通过绿地北面的人行横道连接，缺少联系，同时也会对公园的景观和人群的使用产生较大影响。

图1 场地区位

图2 场地周边用地性质

就场地本身而言，穿越两块地块的信息路南高北低，自南向北有约2.3m的高差，基底排水方向明确；场地内

部较平缓，现存大量可观树木资源。

3.2 生态策略下的理念

根据场地的现状条件分析，笔者得出了针对场地的设计策略，即利用现状南高北低天然之势将场地设计成具有雨水管理生态功能同时满足游客使用需求的绿地，通过它的推广示范性设计重建城市的雨水生态管理过程。设计理念包括：

（1）生态文明体验：利用南高北低之势塑造雨水收集净化系统，打造城市生态主题雨水公园，强化其教育科普功能。

（2）城市视觉界面：打造面向五环路、信息路大尺度景观界面，营造在快速干道上可感的大尺度视觉景观。

（3）绿地活性边界：利用公园与城市关系密切的边缘空间，通过景观设计手法活跃边界，形成外向易于到达的融合城市与绿地的边界带状空间。

（4）绿色活动空间：公园内部通过塑造地形结合植物景观的设计，形成多样体验的内向绿色活动空间。

图3 设计总平面图

3.3 雨水收集净化景观系统的建立

雨水收集净化景观系统的关键在于引入雨水滞留措施，同时对雨水进行净化，改善雨水水质使其成为可利用的城市水资源。基于以上目标，将雨水收集利用的问题划分为四个不同的层次。第一是雨水到了地面以后如何对雨水进行存储；第二是对雨水如何进行清洁；第三是净化的雨水如何加以储藏利用；第四是如何通过公园结构，把植物形成的景观与雨水管理的景观加以糅合。

3.3.1 雨水收集净化系统

绿地的整体地形被塑造为边缘高，内部低，同时南高北低。这样的地形保证绿地内雨水都可以在红线范围内被消化而不外排，城市道路中过剩的雨水也能排到绿地并具有明确的雨水汇集的方向。构建雨水净化系统的主体——Z字形折线式净化渠，在满足绿地面积和塑造舒适绿地内部空间的基础上尽量拉长了净化路线，提高净化效率，内部铺设卵石、砾石。线路开端放大分别为雨水初级沉淀氧化池，线路结束结合面向城市横向展开的广场条带放大分别为雨水贮藏池。雨水径流在绿地中按照微地形处理后的一系列的缓坡沟渠流动过滤雨水。

图 4　雨水收集净化渠净化路线

图 5　雨水收集净化渠储水节点

在这个过程中可对绿地进行微地形调整使绿地的雨水通过汇水坡到达收集净化线路中而不外流，通过拉长雨水径流路线净化路线来增加径流流经绿地的时间，减缓其流速。水生耐水湿植物的种植是雨水收集净化系统的重要生物净化手段，可针对性的对雨水中污染物进行吸附净化，提升水质的同时提高雨水径流净化下渗的效率。当雨水通过一定阶段的净化，未及时下渗的雨水贮藏在地上或地下雨水收集池内做景观用水及绿地灌溉清洁用水等。

3.3.2　景观雨水利用措施

雨水收集净化景观系统是具有生态功能的景观设施，它由很多景观元素构成。植物景观是依托雨水收集净化景观系统对系统结构的呼应，在这个原则下要对植物进行选择，一般优先选择根系发达、茎叶繁茂、净化能力强的，具有耐涝和一定程度的抗旱能力。在植物配植时要根据植物特性合理搭配提高去污性和观赏性。

图 6　雨水收集净化渠效果图

图 7　雨水收集净化系统示意图

其次，还有依托微地形建立的叠水系统，增加了雨水含氧量减少厌氧菌微生物的滋生，同时增加景观丰富性。在雨水收集净化系统的末端可结合雨水贮藏池设景观水池，营造水生植物群落景观。

3.4　植物景观分析

植物景观是公园营造空间的重要手段，同时也是雨水收集净化措施的重要组成部分。从宏观来看绿地的植物景观结构由城市界面到内共分为四个部分，包括：雨水收集净化渠内及其周边的水生耐水湿植物种植区、与场地节点咬合的草坪和疏林区、位于绿地边缘隔离城市环境的密林隔离区、面向市政路展开的城市道路大尺度植物景观带。从外向内的种植密度由密到疏，植物配置由简单到精致。

3.5　方案设计

3.5.1　主入口广场设计

主入口位于公园北侧，与城市生活联系紧密，因此将其沿东西向带状展开，其南侧为依托雨水收集净化系统的景观储水池形成的水生植物群落，利用储存的雨水形成涌泉景观，广场上设树池坐凳，以形成绿地与城市的活性边界。

图 11　西园南入口标识

3.5.3　线性广场空间设计

为增加游人有关雨水管理的景观体验，东西两园分布设置沿雨水收集净化渠分布的线性广场空间，渠与绿地之间通过硬质铺装加以分割联系，同时台阶形成了停坐、观赏、休息的空间。

图 8　主入口效果图

3.5.2　次入口广场设计

次入口共三个，点状分布与公园南侧与东侧，面积约为 100－200 ㎡。为统一公园主次入口，广场均采用相同颜色、材质的黑白灰铺装条带；为了区分三个入口空间，又分别赋予它们不同的个性。

图 12　西园带状广场

图 9　东园南入口植物在铺装条上的延伸

图 13　东园带状广场围合的草坪空间

3.5.4　开敞广场设计

园中两个较大的广场空间为主要健身广场，分别位于东园北侧与西园南侧，以分流使用人群。东园广场兼顾雨水收集的作用，广场中设娱乐性下沉雨水收集池，以缩小同心圆和台阶上的雨量刻度的形式来体现降水面大小和雨量的变化，池底设阀门开关，将阀门打开时可将雨水就近排到净化渠中。西园广场中设儿童游戏区，凹凸变化的塑胶场地形成了沙坑和攀爬的场所，或在雨后形成孩子们可以玩纸船微型水池，别有意趣。

图 10　东园东入口种植池使入口转变成内向型空间

风景园林规划与设计

图 14　东园健身广场

图 15　西园健身广场

图 16　西园健身广场儿童游戏区

3.5.5　小型场地设计

小型场地距离雨水收集净化系统较远，由地形和植物围合的较为私密的空间。

图 17　西园小广场

图 18　东园木质广场（边缘不连
续抬高形成停坐空间和边界）

3.6　专项设计

3.6.1　铺装材质选择

为了贯彻公园整体下垫面的生态透水性原则，公园内场地铺装尽量全部采用透水砖，一级园路采用透水沥青或透水水泥混凝土，二级园路采用木质铺装。在地基的黏土中添加炉渣，并在地基上铺筑约厚 10cm 的天然沙砾层。这样可以改善基层的透水和含水性能，有利于雨水的下渗和净化，也可以延长透水地表的使用。

3.6.2　水流落差的处理

进入雨水收集净化渠的雨水会形成较快流速。快速的雨水流速一方面会缩短雨水停留的时间，使得雨水截留、净化、下渗作用减弱；另一方面也会对雨水收集净化渠及其中铺设的卵石造成较大侵蚀与冲刷。为了解决这个问题，利用高约 40cm "景观水坝"解决雨水径流落差，即通过在雨水收集净化系统路线上的纵向坡度方向序列地设置与等高线咬合的水坝来减缓雨水径流速度，同时也可以形成叠水景观。水坝采用砾石堆砌与金属板相结合来提高其抗水冲性与稳定性。

3.6.3　雨水溢流的处理

雨水管理景观设施都有设计最大雨水管理能力，公园在雨量较大时肯定无法完全承载，因此在设计时必须考虑雨水溢流的问题，主要采用以下两种方式进行解决：一种是雨水直接溢流回到城市道路，即过量雨水注入街道上原有雨水管网的雨水入口；另一种是通过在公园内设置过量雨水导出装置，将过量雨水直接注入清河。

4　结语

城市雨水管理景观基础设施是城市涵养水源、提高地下水位、防止城市内涝、促进雨水资源回收再利用的重要手段，通过设计，力求创建一个可短期抵制城市内涝的可持续的雨水储存清洁系统。在夏季雨水丰沛的时候，这将成与社会紧密联系的湿地景观公园与生态教育室外课堂，让绿地与邻近街区的结合更为紧密；在旱季，场地本身也能为周围居民提供一个很好的休闲娱乐场所，同时这对来访者起到了关于雨水管理景观基础设施方面的科普教育作用。

　　雨水公园作为城市景观基础设施，使市民感受到场地的使用功能和生态功能，有助于市民深刻了解灰色基础设施改造利用的意义和作用，从另一方面来说，如果市民能够逐步接触和参与设计过程或景观基础设施的建造过程的话，这也会变得更加有趣，毕竟景观基础设施受用者是群众，解决的也是群众日常生活中遇到的问题，如果可以通过一个项目来提升市民的参与意识，对于今后景观基础设施或生态基础设施在城市中的建设与维护，将是一件非常有意义的事情。

参考文献

[1] 杨锐，王丽蓉．雨水花园：雨水利用的景观策略．城市问题，2011（12）：51-55.
[2] 王思思，张丹明．澳大利亚水敏感城市设计及启示．中国给水排水，2010．26(20)：64-66.
[3] 刘颂，章亭亭．西方国家可持续雨水系统设计的技术进展及启示．中国园林，2010．(08)：44-48.
[4] 张善峰，王剑云．绿色街道——道路雨水管理的景观学方法．中国风景园林学会2011年会优秀论文选登，2011.10：25-30.
[5] 夏远芬，万玉秋．南京市地面停车场透水铺装使用分析．中国环境科学学会2006年学术年会优秀论文集(上卷).
[6] 李倞．现代城市景观基础设施的设计思想和实践研究：[学位论文].北京：北京林业大学，2011.

作者简介

[1] 李凤仪，1989年11月生，女，汉族，山东省，北京林业大学园林学院风景园林学硕士在读，研究方向为风景园林规划与设计，电子邮箱：330405871@qq.com。
[2] 李雄，北京林业大院园林学院院长，教授。

基于场地特征的风景园林设计

——以国家开发银行景观方案设计为例

Landscape Design in Context

——Takes China Development Bank for Example

李　然

摘　要：基于场地特征的设计是令地块富有独特性与场所感的有效途径。本文首先对场地特征进行定义，并指出场地特征对风景园林设计的意义及原则。其次，从地块所处区域、地块周边环境及地块本身三个层面论述了提取场地特征的一般方式，并结合案例探讨了再现场地特征的自然及艺术途径。最后，通过实践项目，即位于北京西长安街南侧的中国国家开发银行景观方案设计为例，分别从地块所处区域、地块周边环境及块本身三个层面阐述设计中对场地特征挖掘和再现的探索过程：第一，通过对长安街沿线建筑前绿地的调研分析，结合长安街整体风貌的现代要求，得出整体风格的定位导则；第二，对北京传统四合院空间布局特征进行研究，确定绿地及庭院的设计形式；第三，进行配合建筑设计的尺度等细节推敲，以满足建筑的功能和景观需求，同时调和包括原有场地道路变迁、建筑附属构筑物等在内的细节问题，完善方案设计。文章将理论思考与实践相结合，旨在体现延续场地文脉的设计理念。

关键词：风景园林；场地特征；长安街；四合院；国家开发银行

Abstract：Landscape design should follow the context，which can be seen as the available place-making approach to make the site special．First and foremost，the author defines the meaning，sense as well as the principles of genius loci．Furthermore，with case study，the paper points out the natural and artificial approaches of extraction and reproduction of the genius loci in three levels：area，local and the site．Last but not least，the concept plan of the landscape design of China Development Bank，which is on the south side of the Chang'an Avenue，was taken for example，discussing the context characteristics of the site in 3 scales，including the zoning，the surroundings and the architecture．Firstly，basing on the analysis of the green spaces along the west-east axis（Chang'an Avenue）of Beijing，summarizes the guideline of design principles for the site to form a proper layout due to the style of Chang'an Avenue．Secondly，in order to consider the historical aspect of the site，the space characteristics research of the courtyard in Beijing is taken into account to create a special place．Thirdly，studies of the views and experiences coordinating with the architecture are carried out to make sense to the function as well as aesthetics．Besides，other historical details problems are transformed to complete the landscape design．The paper combines the theory together with the practice，aiming to push the idea of landscape design in context through the design process．

Key words：Landscape Architecture；Context；Chang'an Avenue；Courtyard；China Development Bank

在城市建设迅速发展的时代背景下，越来越多的设计项目为实现经济效益，设计周期十分紧张，从而导致了盲目设计，形式语言匮乏，抄袭照搬现象愈发严重，最终使得现代风景园林设计"千园一面"，毫无个性，缺乏生气。然而每个场地都有其自身的特性，并因其所处区域、周边环境及其本身三个空间层面体现出迥异的场地特征。因此，如何从上述空间维度提取设计地块的场地特征，并有效对其进行再现、提升，是令地块富有独特性与场所感的有效途径。而这种基于场地特征的设计形式，比起那些矫揉造作的景观语汇，具有更强的生命感和更持久生命力。

1　场地特征的定义及对风景园林设计的意义

本文中的场地特征的概念源于诺伯舒兹对场所的定义：是指场地所具有的特殊认同性的"环境特性或氛围"，而场地特征是通过一些具有本质、形态、质感、色彩的具体事物构成的整体体现出来的。[1]

场地特征是区别各个地块的本质特征，因此为风景园林设计提供了十分重要的基础，为风景园林创作提供丰富的语汇。

2　基于场地特征的风景园林设计原则

出于对场地的尊重，如何处理好场地与其所处区域或环境的关系，以及如何能够突出场地本身的特点成为主要的研究方向。因此为加强这种空间上的联系，成为实现场地特征的风景园林设计的基本原则。

而这种空间上的联系可以广义地理解为地域性设计，以体现所处区域的整体特征。狭义的则指地块周边或更小范围内功能或风格上的联系，以保证在空间上与周围的环境相呼应。而地块本身的场地特征则往往由现状情况或历史痕迹体现出来，并通过对特征的保留和刻画进行提现。

一般而言，这种空间上的联系采用相互融合的方式，服从或顺应环境空间的特质是相对稳妥的选择。然而，还可以在融合的同时，通过对比反差的手法对一些细节层面进行艺术化地突出处理，甚至可以为场地树立新的可识别性，令场地萌发新的活力。如贝尼多姆市海滨长廊，在滨海模拟海浪的场地特征，通过色彩的强烈冲击力，塑造了具有生命力的场所（图1）。

图1 贝尼多姆市海滨长廊（http：//www. archdaily. com/61529/benidorm-seafront-oab/18 _ mg _ 5784 _ gal700px/）

3 基于场地特征的风景园林设计途径

3.1 场地特征的提取

场地特征可以从地块所处区域、地块周边环境及地块本身等三个层面进行提取，这些素材为激发特有的景观形式提供了丰富的源泉。场地特征随着提取层面的细化而显得更为明显。

地块所处区域特征的提取范围大可到市域边界（特别项目甚至可达国土边界），小则可达组团规模。而该特征应作为实现区域整体氛围及风貌统一的元素，如自然地理及气候特征（地形地貌、气候特点、自然石材、植被等）、区域建筑群体或景观空间属性（风格、色彩、肌理、秩序等），城市或区域的历史积淀（人文特点、生活方式等）。

地块周边环境特征的提取范围往往指与地块毗邻的空间，如水体、山体或林地以及道路、建设用地等等。通过提取该部分空间内的特征，是缝合地块与周边环境的最佳方式，也是刻画该地块独特性的重要灵感来源，除了上一层面涉及的抽象内容外，还可以包括一些具体的形式，如优美的风景、特有的构筑物、具有特色的建筑单体等本身及其体现的特点。

地块本身特征的提取范围相对清晰，而对地块具有统领性的自然本底（如山体、水体或林地等）以及对地块具有控制力的建筑或构筑物等均应在该层面予以统一考虑。这种对地块本身特征的认知及保护态度最大限度地体现了对场地的尊重。

3.2 场地特征的再现

场地特征的升华与再现，主要可以将其分为自然属性和人文属性两种类型分别予以讨论，而再现的手法则包括自然途径和艺术途径两种思路。

对于自然属性的特征，如本土的地形地貌特征、植被群落类型等，主要可以通过自然和艺术两种途径予以体现。第一，自然途径主要是指采用自然的材料营造自然场景，包括呼应场地地形特征的竖向设计，依据场地的自然植被群落特征进行配置以及对生物生境的模拟等。如路易斯安那州杰弗逊国家西拓公园在设计中，考虑到鸟类的迁徙，并通过收集利用雨水为其创造有生态效益的湿地和野生栖息地环境（图2）[2]。第二，艺术途径则指利用人工手段对构筑物等进行处理，并巧妙揭示场地自然特征的方法，包括对构筑物、铺装的肌理、色彩、形状、图案等进行特别设计等。如德国驻华沙大使馆的景墙设计中，墙体表面采用了与当地的攀缘植物叶形象呼应的肌理处理（图3），细节性地再现了场地特征，提升了场地品质。

图2 杰弗逊国家西拓公园局部平面（Framing A Modern Masterpiece，The United States National Park Service，The City of St. Louis，12 August 2010，MVVA TEAM）

图3　德国驻华沙大使馆的景墙设计（http：//www.topotek1.de/＃/de/projects/chronological/40）

对于人文属性的特征，如建筑群体或单体、景观、构筑物、历史、当地生活方式等，往往更容易通过艺术途径予以体现。如波士顿的北端公园中设计了一条铜质栏杆，记录穿行于此的移民者足迹，同时利用红色地砖配合地灯等设计了弧形的"回家之路"，从而强调场地所蕴含的移民文化（图4）[3]。

图4　北端公园"回家之路"的细节设计（http：//www.cssboston.com/portfolio/nep.html）

笔者认为，对自然材料的艺术雕琢往往是塑造场所特质的有效渠道。如纽约泪珠公园中的冰水景墙，象征着纽约附近的凯兹基尔山脉，通过对当地蓝石的艺术化堆叠，创造出非凡的景观效果（图5）[4]。

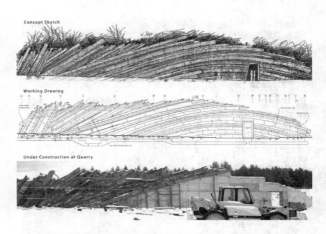

图5　泪珠公园的冰水景墙（http：//www.asla.org/2009awards/001.html）

4　基于场地特征的风景园林设计探索

基于以上关于场地特征的探讨，本文以位于北京西长安街南侧的中国国家开发银行景观方案设计为例，分别从地块所处区域、地块周边环境及地块本身三个层面阐述设计中对场地特征再现方式进行探索。

国家开发银行建筑高大宏伟，位于北京西长安街南侧，东临现状四合院，西接凯晨广场，隔长安街与民族饭店相对（图6）。

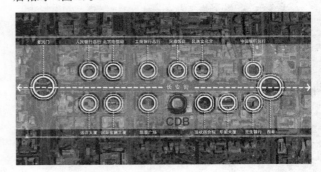

图6　国家开发银行区位图（作者自绘）

建筑前代征绿地沿长安街方向长180m左右，宽接近27m，面积逾5000m²；建筑红线内以地下车库入口及采光井等建筑配套设施为主，剩余面积约1000 m²。此外，建筑东南角规划一小院，面积达1000 m²，以供内部人员使用（图7）。

4.1　基于长安街整体风貌的景观设计

该地块位于北京东西轴线长安街路南，因此长安街绿地的整体风貌特征成为最为设计主要的原则：简洁大气。除此之外，长安街在建国60年拓宽后，增设了一些硬性规定：其南侧需种植"国槐—银杏"双排行道树，以及努力打造"增绿添彩"的绿地景观等。为此，笔者调研了二环内西长安街的部分绿地，提取区域场地特征，以确定本案设计的基本设计风格及语汇。图8中以建筑单体为单位，总结了各建筑前绿地的布局形式、交通状况及设计要素等内容，得出以下结论：（1）西长安街南侧由于绿地

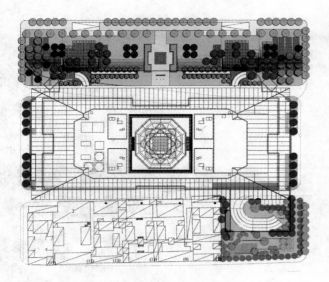

图7 国家开发银行景观设计平面图（作者自绘）

宽度条件，体现了一定程度的开放性；（2）绿地主体多以乔木结合整形或自由绿篱的形式构成；（3）树种以雪松、银杏、小叶黄杨等乡土树种居多，同时保留多处现状树。此外，不可忽视的是，建筑对绿地的布局形式起决定性作用。

为此，笔者将本方案的设计定位为纯粹简约的风格，

	整体布局	交通情况	植物素材	地形设计 水景 铺装
中央广播电视大学	建筑中轴为整形绿篱组合，两侧为自然式中线，结合曲线划分景观。	人车通过高差隔离，具有停车空间。	小叶黄杨 紫叶小檗 雪松 银杏 沙地柏 海棠 华山松 碧桃 凤尾兰	无水景 无起伏地形变化石材铺装。
远洋大厦	建筑中轴为开放广场，两侧以整形绿篱结合列植乔木，结合，非主式。	人车分流，具有停车空间。	小叶黄杨 紫叶小檗 油松 华山松 月季 榆树 泉椿 国槐 银杏	旱喷水景 无起伏地形变化石材铺装。
招商银行	建筑中轴为开场地的开放广场，外部型为地绿篱结合列植乔木。	人车分流，具有停车空间。	小叶黄杨 紫叶小檗 雪松 松柏 月季 银杏	旱喷水景 无起伏地形变化石材铺装。
凯晨大厦	建筑中轴为开放广场，两侧为与建筑相对应的绿篱结合列植乔木。	人车分流，具有停车空间。	小叶黄杨 紫叶小檗 雪松 月季 国槐 银杏 海棠	旱喷、水景隔离无起伏地形变化石材铺装。
本案				
四合院		自然式种植。	桧柏 大叶黄杨 银杏 海棠 油松	
华能大厦	建筑中轴为开放广场，两侧以横向条状绿篱结合列植乔木。	人车分流，具有停车空间。	海棠 银杏 小叶黄杨 国槐	无水景，东侧起伏地形石材铺装。
民生银行	建筑中轴为开放广场，两侧为整形绿篱结合列植乔木。	人车通过高差隔离，具有停车空间。	月季 小叶黄杨 国槐 雪松 华山松 紫叶小檗	旱喷水景 无起伏地形变化石材铺装。
中国银行	以规则试布局为主，整形绿篱型空间。	无行车，具有停车空间。	小叶黄杨 雪松 银杏 桑树 国槐	无水景 无起伏地形变化石材铺装。
国家粮食局	围栏隔离建筑红线内外空间，外部设有较内外进行遮阴布置结合，绿篱绿地。	无行车、停车空间。	小叶黄杨 国槐 毛白杨	无水景 无起伏地形变化石材铺装。
民族文化宫	围栏隔离建筑红线内外空间，外部开放广场，两侧与与相对框架合，为地绿篱结合市行道保留封闭式空间。	无行车、停车空间。	小叶黄杨 国槐 毛白杨	无水景 无起伏地形变化石材铺装。
民族饭店	以乔木列植为主，配合连续绿篱塑造入口轴线绿化空间。	人车混行，具有停车空间。	大叶黄杨 小叶黄杨 国槐 毛白杨	无水景 无起伏地形变化石材铺装。
中国工商银行	街角处为以提升景观的视觉氛围，建筑沿街型整形地绿篱及球形绿地组合。	无行车、停车空间。	大叶黄杨 小叶黄杨 国槐 毛白杨 月季 紫薇 桧柏 银杏	喷泉水景 无起伏地形变化石材铺装。
中国联通	围栏隔离建筑红线内外空间，外部与过渡混改，两侧为地线绿篱结合改变型的行道绿地。	无行车、停车空间。	小叶黄杨 雪松 月季 海棠 白皮松 油松	无水景 无起伏地形变化柏油铺装。
中国人民银行	围栏隔离建筑红线内外空间，内部以绿篱结合改变型的列植绿化乔木为主的空间。	无行车，具有停车空间。	小叶黄杨 雪松 月季 国槐 桧柏 银杏	无水景 无起伏地形变化石材铺装。
百盛购物中心	围栏隔离建筑红线内外空间，内部以改变型的列植绿化外部开放式广场，构建。	人车混行，具有停车空间。	雪松 白皮松 银杏	无水景 无起伏地形变化石材铺装。

图8 西长安街沿线绿地调研分析（作者自绘）

保留现状植物，并以银杏、小叶黄杨作为骨干树种，搭配丰花月季以丰富植物色彩，同时探求与建筑相关联的设计思路。

4.2 基于四合院历史文脉的景观设计

该地块东侧紧邻现状保留的四合院，作为长安街上十分珍贵的历史遗产，四合院为本地块设计提供了厚重的文化背景，而国家开发银行建筑设计恰恰也是围绕四合院的理念生成的，这种传统的建筑形式本身作为场地特征，为景观设计提供了方向。为了在方案设计中融入传统建筑的元素，同时又不违背简洁大气的整体风格，笔者提出"城＋院"的思路，并将设计任务中的开放绿地和庭院绿地分开考虑：在临街的开放绿地的设计中从宏观出发延续老城俯瞰的屋顶肌理；而在内部的庭院绿地中从细节出发思考传统建筑院落的空间演化。

在开放绿地的具体设计中，甲方要求避免使用水景，因此主要通过地形和植物两种自然元素的运用体现设计理念。首先，通过几何式地形将该绿地划分为面向长安街的展示空间及与建筑过渡区域的开放空间，并将几何式地形分为两组，设置于建筑轴线两侧（图9）；其次，利用规则式绿篱进一步刻画传统城市肌理，该阶段中考虑了两种单体形式：方形及纵向矩形（图10A，图10B）；再次，通过阵列乔木分别予以强化（图11）。

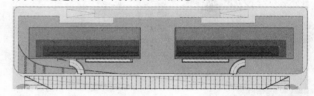

图9 两组几何式地形示意（作者自绘）

图10 左A方形单体布局示意；右B纵向矩形单体布局示意（作者自绘）

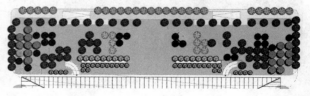

图11 阵列乔木示意（作者自绘）

在庭院绿地（图7）的具体设计中，主要采用艺术手法体现传统建筑空间特征。通过对传统北京四合院的分析与研究，可以得出"内聚空间的属性"及"生活院落的氛围"两个特点。因此，设计中通过墙体、植物及顶棚三种要素围合内聚空间，同时为来访者提供三种进入院落

风景园林规划与设计

的不同路径（图12），并通过"浅水池＋金鱼浮雕池壁＋海棠"、"天棚＋鸟笼＋葡萄"以及"水井＋水纹状瓦铺地＋柿树"三个空间组合进行氛围营造（图13）。为呼应传统民居中"宅门＋影壁"及"垂花门"的"两门"对空间的定义，设计中采用坡道及台阶的高差变化结合景墙的手法，刻画迈入四合院的体验过程（图14），同时丰富了院落空间层次（图15）。为了体现影壁对人进入过程中的视觉吸引力，设计中将景墙与攀缘植物相结合，并注重了夜景效果，提供具有生命力的对景景观（图16）。

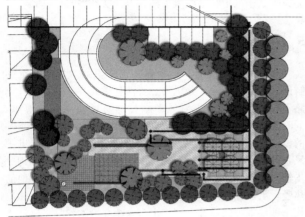

图12 三种进入庭院的路径（作者自绘）

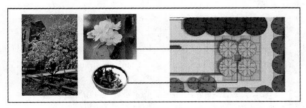

"浅水池"＋"池壁金鱼浮雕"＋"海棠"——利用四合院传统符号进行氛围营造

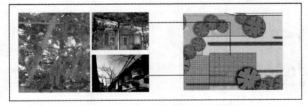

"天棚"＋"鸟笼"＋"葡萄"——利用四合院传统符号进行氛围营造

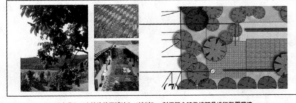

"水井"＋"水渡坎状瓦铺地"＋"柿树"——利用四合院传统符号进行氛围营造

图13 营造空间氛围的手法（作者自绘）

4.3 基于国开行建筑设计的景观设计

国家开发银行建筑宏伟，取意"空中四合院"，面阔七间，高达60m。为使建筑北侧开放绿地与之发生更为紧密的联系，将原构想中的两组几何式地形改为六组，以对应主入口两侧的六个开间（图17），并确定规则式绿篱为

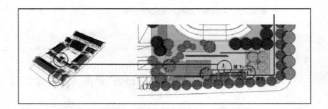

图14 迈入四合院的景观转化（作者自绘）

图15 "浅水池＋金鱼浮雕池壁＋海棠"
南北剖面（上）；"天棚＋鸟笼＋葡萄"
南北剖面（下）（作者自绘）

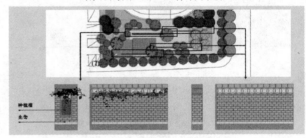

图16 景墙设计（作者自绘）

纵向矩形，从而延续建筑立面线条。而建筑正门开间则对应方形的绿篱围合空间，与空中四合院遥相呼应（图8）。

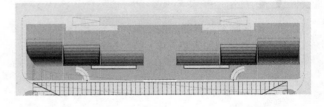

图17 六组几何式地形示意（作者自绘）

为了摆脱一般意义上的绿篱形式，突出该绿地的艺术性，笔者开始了基于建筑视觉品质的模型推敲，其目的是为了烘托建筑，使其显得更加雄伟。因此，对几何式地形高度及变化差异以及规则式绿篱的高度及宽度进行了相关思考，通过图中比对可以看出，高度渐变的地形及高度和宽度渐变的绿篱均会令人产生透视错觉，从而使其显得更加宽广，同时更好地烘托建筑基座（图18）。

最后，对于本身被建筑设施占据的那部分与建筑过渡区域的开放空间，除甲方要求预留的贵宾停车位外，几乎没有景观发展的空间。然而，由于该建筑所占部分场地曾是佟麟阁路的旧址，为景观设计提供了很好的依据。原佟麟阁路从建筑消防通道延伸直至绿地之中，设计对原路旧址路牙进行了一系列特殊的标记，如对于消防通道

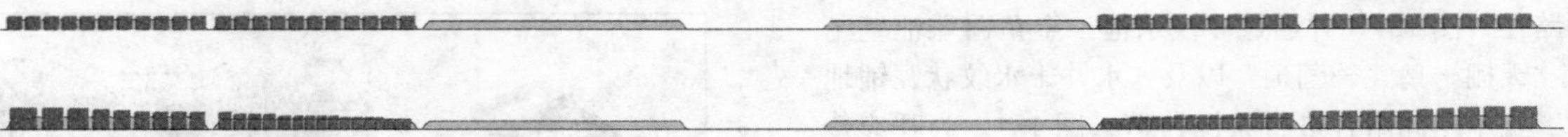

图 18 几何式地形高度及绿篱宽度高度变化前后对比示意（作者自绘）

部分，利用原有老砖沿原路牙痕迹进行镶边铺砌，并在绿地中设置沿原路牙轨迹高度变化的景墙，再现了场地历史特征，在突出场所记忆的同时，为建筑提供了可以停留休息的开放场所（图 19）。

图 19 沿佟麟阁路景墙透视效果（上）；沿佟麟阁路景墙剖面效果（中）；沿佟麟阁路景墙立面效果（下）（作者自绘）

通过以上三个层面对国家开发银行的景观设计进行梳理，使得该地块不仅融于长安街整体氛围，同时体现出区别于长安街沿线其他地块的一些鲜明个性。探索性地完成了基于场地特征的风景园林设计实践。

5 小结

在实践的过程中，笔者清晰地认识到对场地特征的解读、挖掘及再现、升华的必要性和重要性，这种设计思路不仅仅可以体现出对风景园林师对场地本身的尊重，同时表达了对土地的负责的态度。此外，这种从场地出发的设计理念有效地避免了雷同设计，从而进一步推进了风景园林行业的发展。为此，作为风景园林师，应该进一步学习和探索富含场地特征的设计方法，本着对土地的热爱，更加细腻地体验场地为我们带来的创作源泉，做出属于地块本身的设计，创作出富含生命力的作品。

参考文献

[1] Christian Norberg-Schulz, Genius Loci：towards a Phenomenology of Architecture.
[2] Framing A Modern Masterpiece，The United States National Park Service，The City of St. Louis，12 August 2010，MVVA TEAM
[3] http：//www. ggnltd. com/projects _ detail. php? id＝27
[4] Ethan Kent. Teardrop park，http：//www. pps. org/great _ public _ spaces/one？ public _ place _ id＝869

作者简介

李然，1985 年生，天津，工程师，2010 年毕业于北京林业大学，现工作于北京市园林古建设计研究院有限公司，电子邮箱：tjliran@hotmail. com。

生态园林城市绿地系统构建的途径与策略
——以济南市为例

Ecological Garden Construction of Urban Green System the Way and the Strategy
——To Jinan as an Example

李文文

摘　要：城市绿地系统是城市环境系统不可分割的组成部分，对改善环境和增强城市特色风貌具有重要意义。在生态园林城市建设中生态绿地系统理论及实践的探索已经成为相关领域研究的热点和前沿。文章探讨了生态园林城市绿地系统的科学内涵；分析了绿地系统在生态园林城市建设中的作用和意义，阐述了生态园林城市绿地系统规划设计的应用原则；分析了济南市生态园林城市绿地体统在规划建设中存在的问题，提出了济南市生态园林城市绿地系统建构的途径与对策。

关键词：生态园林；绿地系统构建；途径；对策

Abstract：Urban green space system is the urban environment system the integral part，to improve the environment and strengthen urban character to have the important meaning. In the construction of ecological garden city ecological green space system theory and practice exploration has become related field research hot spot and the frontier. The article discusses the ecological garden city green land system of scientific connotation；Analyzes the green space system in ecological garden city construction of the function and the significance，this paper expounds the ecological garden urban green space system planning design of the application principle；The paper analyses jean urban green space system of ecological garden in planning the problems existing in the construction，and puts forward the jinn urban green space system construction of ecological garden the way and the countermeasures.

Key words：Ecological Garden；Green Space System Construction；Way；Countermeasures

　　工业化和现代化建设使城市环境严重恶化，人类的发展史也是自然资源和生态环境的破坏史。城市作为一个复杂的综合体是生态和环境问题的难点所在。恶劣的环境和资源的匮乏唤醒人们对生态环境的认识。从"公园运动"、"田园城市"到"生态城市"、"园林城市"人们对环境品质的重视与日俱增。作为城市纳污吐新机制的城市园林绿地系统因其自我调节和自净能力极强在改善城市生态环境质量方面起着不可替代的作用。以城市生态为核心提高城市园林绿地系统的生态功能建立完善的城市生态园林绿地系统体系，是现代化城市发展的战略方向也是城市发展达到良性循环的必然趋势[1]。城市绿地系统作为生态系统良性循环的调节器和改善环境的关键环节已成为风景园林学、生态学以及生物多样性保护等研究的热点和前沿。

1　生态园林城市及生态园林城市绿地系统的科学内涵

　　生态园林城市与生态城市和园林城市联系密切而又存在差别。生态城市是在"人与生物圈"计划研究过程中产生，强调人与自然、地球文明与人类文明以及经济社会发展与环境的和谐，追求清洁、舒适、优美、无废无污的生态环境，遵循缪尔达尔的循环累积原理。建设部《园林城市评选标准》中规定，园林城市要依托城市原有的山川地貌完善绿化建设形成独有风貌特色。[2]生态园林城市是理性生态城市和感性园林城市的有机结合，融合了前者的科学因素和后者的美学因素，使健康的生活环境和审美意境达到完美的统一。

　　生态园林化是指将生态效益摆在举足轻重的地位，以绿地的生态效益为出发点，在合理布置人工植物群落的基础上尽可能提高绿地率和绿视率；可持续发展化是指资源利用、空间环境、经济技术以及管理体制都可持续；地方特色化强调利用本地自然山川地貌和风土人情。[3]

2　构建济南生态园林城市绿地系统的必要性

　　建设具有泉城特色的园林城市是济南市在近几年进行城市建设的立足点。在以园林绿化建设为重点的城市基础设施中各项绿化指标都得到了改善和提高。这得益于"一环三代九楔"的城市绿地系统规划结构布局。[4]济南空间环境有限使得构建城市绿地系统的难度加大，因此，如何在有限空间环境中使生态、社会、经济协调发展和有机结合以及实现济南环境品质的提高成为近期亟待解决的难题和任务。

2.1 构建生态园林城市绿地系统是改善济南城市环境质量的基础

生态绿地系统包容了城市的各自然要素可以促进系统良性循环，同时对水土保持、气候调节有重要作用。生态绿地系统是否健全决定了城市环境的改善状况生态园林绿地系统虽然摆脱不了高度的人工化，但其本质是改善城市生态、提高环境质量。城市生态破坏、环境恶化只靠个别地段的绿化修复已经很难恢复生态环境的完整性，只有通过廊道、绿地系统的网络规划、构建生态绿地系统才能使城市环境质量得到整体的提高。[5]

2.2 构建生态园林城市绿地系统是建设济南生态园林的前提和保障

多元化、网络化、合理化、生态化的园林绿地系统才是整个生态环境系统建设的关键环节。生态园林绿地城市系统是绿化在整体范围内的延伸和扩展形成的空间，是城市建设中的重要基础设施。[6]在众多基础设施中它是唯一具有生命性的，它以积极主动的态势改善环境，协调人与自然的关系；绿地系统不以物质经济为目标具有公益性，公共群体可以享有其成果。

2.3 构建生态园林城市绿地系统是衡量济南生态园林与否的重要指标

如何处理人与自然关系、如何协调与平衡环境系统中各要素关系以及人与自然环境的关系成为今后生态园林城市建设和发展的目标。生态园林绿地城市系统是科学的生态城市与美学的园林城市的完美结合，其系统构建必然遵循生态科学原理。[7]注重生态效益的生态园林必然要强调生态绿地系统的建设，并把其当作衡量和评价生态园林城市建设与否的重要指标。

2.4 构建生态园林城市绿地系统是可持续发展的必然要求

寻求经济发展与环境保护的和谐、人与自然的和谐必然要从可持续发展的角度来审视城市各方面的建设，使各系统达到有机融合。城市绿地系统的良好建设是可持续发展的重要基础。在可持续发展的指导下构建既能满足人们休息、娱乐、健身、交往的要求又能达到改善环境质量的指标要求的绿地系统。

3 济南生态园林城市构建绿地系统过程中的存在的问题

3.1 济南市绿地系统面积大小和整体布局不合理

济南市绿化在人均公共绿地面积、人均园林绿地面积、绿化覆盖率上基本达到国家量化指标，但绿地分布不均匀，南部山区各量化指标较高，市郊和建成区集中了较多的绿地，中心城区绿地面积极少，人均公共绿地面积低于全市该指标，因此该绿地系统既不能满足人们休闲、娱乐、健身的要求，也不能起到净化环境、改善生态的园林

城市要求。

3.2 济南绿地系统复合化、立体化程度低

济南市目前的绿地系统在立体空间和层次结构上趋于简单化。道路绿化乔、灌、藤本植物搭配不合理，对藤本、草本植物的规划不足。[8]地被植物单一且绿化效果交差，无法发挥其生态效益。绿化方式过于单一并过多地运用了平面绿化，垂直、立体绿化考虑较少没有形成复合高效的生态绿化结构。济南地处北方，冬季寒冷，因此在树种选择上更要考虑其季相的动态变化，注重植物多样性，灵活运用常绿树种，合理搭配其色彩，但济南城市冬季景观色彩单一，与园林城市的目标有所差距。

3.3 济南绿地系统平面布局不合理，防护隔离带建设不足

济南市目前的绿地以公园、街头游园等公共绿地为主，对渗透性强的景观廊道建设不足质量也参差不齐。沿河、铁路的防护隔离绿化带未引起有关部门足够的重视，不能形成具有生态复合功能的隔离系统。市区与郊区、各居住小区、各公共绿地、各功能分区之间缺乏景观连接度，廊道建设不合理、质量不高。[9]

3.4 济南绿地系统性不强缺乏城市整体生态环境系统的支持

济南市建成区面积较大，城郊绿化和环城绿化对城市整体环境质量的提高意义重大。南部山区在绿化建设上达到一定规模但在后续建设和管理上存在一定问题。缺乏连续宽度适宜的环城林带，城郊绿地往市区的绿化渗透不足。根据济南自然社会条件建设绿色开敞空间和生态绿地，利用济南乡土材料，使舒适空间的营造与景观风貌的塑造有机结合。与城在林中、林在城中的园林城市格局相差甚远。"环状加楔形"的框架也尚未形成。

4 济南生态园林城市绿地系统构建的途径与措施

济南市生态园林绿地系统要保证合理的绿地结构布局。合理的绿地布局可以更好地发挥绿地系统纳污吐新的功能和在城市中的生态地位，并在控制城市生态网络同时实现绿色渗透。生态园林绿地系统还要保证城市绿量充足，根据济南具体情况合理制定指标并努力实现指标。合理选择和配置园林植物，保证植物多样性稳定植物群落。[10]

4.1 济南生态园林城市绿地系统应研究生态机理注重布局建构

济南市传统的绿地系统规划无法起到在城市中的生态定位作用，究其原因是绿地系统的布局总是滞后于城市总体规划或仅仅是其的简单补充，这无异于对城市生态机理的研究。因此要把城市绿地系统规划纳入或参与到城市总体规划中以便对城市整个绿色网络的研究和控制从而顺应城市机理、优化系统布局，改善城市环境质量。

4.2 济南生态园林城市绿地系统应研究生态机理注重指标建构

济南市传统的绿地系统规划只有保证充足的绿量才能真正改善城市环境，所以，指标建构是城市绿地系统生态建设中必不可少的组成部分。作为绿化水平的标志，绿地指标反映一个城市的环境质量和生活品质。[11]绿化指标构建要符合济南城市实际既不盲目跟风又要满足实际需求，这依赖合理的指标的制定。如根据城市耗氧量求的所需森林面积和人均绿地面积等。

4.3 济南生态园林城市绿地系统应注重苗木保障体系建构

济南市传统的绿地系统规划要建立苗木保障体系的建构。这包括树种的规划和生产性绿地的规划。树种规划可以满足园林树种所需同时更新树种规划。对城市树种的全面系统安排可以更好地适应城市生态环境更好地发挥绿化功能，同时体现本土人文风情[12]。苗木保障体系建构要遵循因地制宜、季相变化、快慢生与常绿阔叶结合原则，观赏价值、生态价值、经济价值协调进行。生产性绿地对城市绿化成效也有显著影响。

4.4 济南生态园林城市绿地系统应注重生物多样性保护体系建构

城市是一个复杂的生态系统，只有保证遗传、物种、生态的多样性才能保证系统的稳定性。城市生物多样性的丧失必然导致栖息地丧失、景观破坏、气候变化。因此要利用好城市的生物资源，使城市成为生物多样性保护的中心。既提供观赏价值又保证群落稳定。郊区有着比城市更大的区域有条件建立生物多样性的保护区，以保护植物群落多样性。郊区的绿化和环城绿带、森林公园等对保护生物多样性的作用也应引起足够的重视。

4.5 济南生态园林城市绿地系统应注重经济技术及政策保障体系建构

生态园林城市绿地系统没有最后的完美蓝图也不是一次性见效的投资，它是不断和累积的长期建设事业。为保证生态园林城市的品质，一定的技术投资和政策法规支持是必不可少的。在技术管理上要引入先进的科学技术如3S技术等使绿地系统建设更加科学合理，通过深入调查分析加强绿线控制，在健全园林科研机构的同时加强专业队伍的科学素质建设；在行政措施上：完善健全管理结构使其有针对性地制定相关政策方针指导绿化健康发展；在经济措施上，保证绿化项目专项款、多方筹资维护管理；在法规性措施上坚决贯彻执行国家相关法规条例使生态园林城市绿化工作有法可依。

5 济南生态园林城市绿地系统构建的展望

生态园林城市绿地系统的良性建设发展依赖于合理的城市总体规划。城市绿地系统是城市景观的积极和有效的塑造者，因此绿地系统的良性构建是改善城市环境质量的有效途径。改变城市绿地系统规划滞后于城市总体规划的局面势在必行。济南市生态园林绿地系统在布局模式上要科学合理，使城市绿化空间充足，并不断完善防护隔离绿色空间；根据实际需求制定绿化指标使城市绿化面积、绿地率等指标在整个城市空间以及各功能分区达到和谐；技术、政策、法规对绿地系统的大力支持。近几年城市绿地系统构建日益引起人们的重视，从事园林工作的人员也日趋增多但从业人员素质参差不齐，提高从业人员科学文化和技术素质也迫在眉睫。

参考文献

[1] 鲁敏，刘佳，李亚男．济南生态园林绿地系统构建的途径与策略．山东建筑大学学报，2008.23(5)：377-380.
[2] 俞庆生，冯淑勤．生态城市绿地系统规划．科技咨询导报，2006(9)：126.
[3] 李昌浩，朱晓东，潘涛等．面向生态城市的绿地系统规划研究．城市与生态，2007.14(2)：39-43.
[4] 周杰，朱德明，袁克昌．生态城市研究．污染防治技术，2003.16(1)：1-6.
[5] 刘岩．城市规划与城市可持续发展．城市环境与城市生态，2000.13(6)：12-14.
[6] 陆明，郭嵘，齐刚．生态城市与城市生态规划初探．哈尔滨工业大学学报，2003.25(4)：476-478.
[7] 鲁敏，李英杰，李萍．城市生态学研究进展．山东建筑工程学院学报，2002.17(4)：42-48.
[8] 刘滨谊，张国忠．中国城市绿地系统研究进展、理论基础及实践的探索．华中建筑，2005(3)：88-90.
[9] 陈永生．快速城市化下城市生态绿地系统构建技术．合肥工业大学学报，2007.3(3)：308-311.
[10] 胡继光，刘志强，王华．城市绿地系统与建设生态城市．河南科技，2007(1)：30-31.
[11] 汪永华．基于生态恢复的城市绿地系统规划理念探讨．风景园林，2005(3)：81-84.
[12] Edward A C. Landscape structure indices for assessing urban eco-logical network. Urban Plan, 2002.58：269-280.
[13] 李强，刘宏立，郑坚．浅析城市园林绿地的生态环境效应．四川环境，2007.26(2)：23-25.

作者简介

李文文，1986年生，女，汉族，山东德州，硕士，山东建筑大学建筑城规学院风景园林硕士在读，电子邮箱：723948446@qq.com.

基于低冲击开发（LID）技术的城市雨水利用研究

Based on the Low Impact Development（LID）Technique of City Rainwater Utilization Research

李文文　张吉祥

摘　要：近年来洪涝灾害日益频繁，城市雨水的收集和利用已经成为解决城市雨水洪涝灾害的关键。低冲击开发技术（LID）在美国等国家的研究与发展已取得很大进展，并在实践中得到验证，国内在该领域的研究还处在起步阶段。文章从生态设计角度出发，明确了低冲击开发技术的概念及原理，立足于美欧等国家的设计实践，从自然排水系统、雨水花园、绿色街道和生态屋顶四个方面阐述了低冲击开发技术在城市雨水问题方面解决的景观学途径。

关键词：低冲击开发技术；景观；自然排水系统；绿色街道；雨水花园；生态屋顶

Abstract：In recent years，frequent floods，urban rainwater collection and utilization have become the key to solving urban storm flood. Low impact development（LID）in the United States and other countries has made great progress in the research and development，and have been verified in practice. The domestic research in this field is still in its infancy. Article from the perspective of ecological design，has been clear about the concept and principle of the low impact development technology，based in the us and Europe and other countries of the design practice，from the natural drainage system，rain water garden，green streets and ecological roof four aspects elaborated the low impact development technology in the urban rainwater landscape science issues solved.

Key words：Low Impact Development Technology；Landscape；Natural Drainage System；Green Street；Rain Gardens；Ecological Roof

近年来，城市洪涝灾害日益频繁：2007年泉城济南的特大暴雨使多名人员伤亡；2010年，我国南方多省市地区遭受暴雨袭击；2012年北京等地洪涝灾害频发以及2013年内蒙发生40年罕见暴雨灾害……全球气候变化、城市化的飞速发展以及规划设计存在的不足都是城市洪涝灾害日益加剧的重要原因。

雨水的收集与利用作为解决城市雨洪灾害的重要途径日益引起专家学者的关注。欧美、日本、新加坡等国家在城市雨水收集利用的研究和实践方面均取得突破性进展。我国在城市雨水的集蓄利用方面的研究尚处于起步阶段，实践较少，雨洪利用率偏低，方法单一。城市雨水集蓄主要依靠湿地，雨水利用没有实现资源利用最优化。因此，城市雨洪利用还具有很大潜力，发展前景广阔。低冲击开发（LID）就是一套有效的集排、滞、蓄相结合的雨水利用技术措施。

1　基于雨水收集利用理念的低冲击开发技术

1.1　雨水收集利用

建筑屋顶、路面硬化等导致区域内径流量短时间内急剧增加从而给城市带来雨洪灾害。因此，雨水收集利用就是通过对雨水就地收集、入渗、储存等技术措施使地下水得到补充，削减城市洪峰流量，从而减少城市洪水灾害，缓解日益严峻的水资源紧张局势，对于改善城市生态环境具有重要作用。

1.2　低冲击开发技术

低冲击开发（Low-Impact Development，简称LID），是美国在20世纪90年代推出的雨水收集利用的管理技术，它以生态的雨洪集蓄控制设施为基础，从源头控制雨水，通过入渗、过滤、储存等方式延长雨水的急剧增加，减少雨水的流速和排水量。

1.3　低冲击开发技术原理

相对于常用的雨洪管理模式，使雨水聚集的时间尽量延长、流速尽量减缓是低冲击开发模式最主要的目的。该技术措施通过较小尺度的控制设施，首先从源头控制雨水走向，进而有效控制雨洪产生的径流，从而减少人类开发建设对自然环境的影响，使已开发区域的水文循环尽量接近开发前状态。在城市环境中，雨水被迫在很短的时间内以很快的速度流入就近的河流，从而造成雨洪灾害。然而在低冲击开发技术设计的场地，通过植物缓冲、地面下渗、小尺度设施蓄水等措施大大削减雨水径流洪峰流量，雨水流入河流的时间得到延长，也有效减少灾害的发生。

2　低冲击开发技术主要景观途径

景观设计的内容，根据规模的不同，分为不同的类型：在宏观方面，低冲击开发模式依托于景区规划、大型的公园、公共性质的绿地及一些较大规模的开放空间，从而起到管理雨水、涵养地下水源的重要作用；在微观方面，低冲击开发模式依托面积较小的城市广场、居住小区层级绿地、街道、住宅庭院等，从而起到补充地下水、景观绿化浇灌等。目前，欧美等国家的低冲击开发技术的景观途径主要集中在四个方面。

2.1 自然排水系统

自然排水系统是在模仿自然环境中的排水系统基础上，注重场地雨水天然渗透、确保部分雨水自然渗透和流出，既要保证留存的雨水补充地下水源，又要维持区域环境的生态平衡。与让雨水流入快速流入街道河流的一般排水系统相比自然系统的生态效益更为显著。植物材料、透水铺装、渗水区域等是自然排水系统的主要构成要素。在雨水自然渗透、削减地表径流、涵养地下水等方面效果显著。

美国西雅图雨季较长被称为"雨城"，西雅图城市开发后地面多为不透水铺装。因此，每年的雨洪灾害成为西雅图的主要的城市问题。为解决这一问题，西雅图相关部门实践了基于 LID 技术的自然排水系统以解决城市径流给城市带来的灾害。西雅图城市河流遗产计划（Urban Creeks Legacy Program）项目主要围绕保护水资源、林业资源等展开。该项目缩短了街道不透水铺装的宽度，设置供雨水滞留的空间带，生存能力强的本土植物、土壤洼地等尽量恢复河流水系水文循环，从而达到吸收雨水、降低径流量、改善河流的水质等环境效益。该技术措施主要包括增大树池、碎石土壤滞留空间、设置生物滞留池、带等。第 110 街道项目（图 1）是一个坡地街道完全采用自然式排水方法的实践。该项目受地形因素影响，其设计措施以坡地的生物滞留带为主。这些项目不仅有效缓解了西雅图的雨洪灾害而且改善了西雅图的城市面貌和生态环境。

2.2 雨水花园

雨水花园，近年来被欧美等国家广泛用于雨洪与径流的控制系统中。"雨水花园"主要利用土壤以及湿生植物的过滤作用，净化雨水、削减径流洪峰、缓解水体污染。雨水花园以控制径流量和控制径流的污染为主要目的。屋顶雨水、庭院雨水等水质较好的小径流雨洪以控制径流量为主，需要的技术措施相对简单；广场、街道、停车场等径流污染相对较为严重的区域以控制径流污染为主，该类型花园对土壤质量要求较高，结构较为复杂，通常由植物、蓄水区、地下排水管道等构成。有的雨水花园会设置贮水池以贮存雨水用于喷洒道路、浇灌绿地，从而实现雨水的资源最优化利用。

美国波特兰市塔博尔山中学雨水花园（Mount Tabor Middle School Rain Garden, Portland, Oregon）（图 2）是波特兰市雨洪利用的成功案例。并获得美国景观设计师协会综合设计荣誉奖。塔博尔山中学花园，由一个停车天井改造而成，可以处理屋顶以及停车场的雨水。该项目改建之前，靠近教师窗户位置环境恶劣，改建后变为令人舒适的绿色空间。不仅使邻近的教室温度降低而且处理雨洪能力增强，降低雨洪灾害。该项目还成为社区环境教育基地。

图 1　第 110 街道两侧的自然排水系统[8]

2.3 绿色街道

绿色街道是从生态角度出发，根据自然界水文循环过程，利用多种渗流途径，既注重街道雨水管理又不忽视景观环境的街道形式，通常与绿色社区相结合一起建设。绿色街道是将主要工程技术措施与街道两侧的植物、土壤、洼地、砂石等元素结合，使其具备"减缓流速、过滤杂质、净化水质、补给地下水"作用的接近大自然水文循环的系统。绿色街道既控制了沿途雨水的水量和水质又美化的街道景观，从而实现街道雨水资源的可持续利用。绿色街道雨水管理技术措施，根据不同的设计形式分为雨水种植沟、雨水种植池、路牙石扩展池和雨水渗透园四种类型（图 3）。

绿色街道在美国得以实践并推广。马里兰州乔治王子县（Prince George's County, Maryland）萨默赛特（Somerset）居住区绿色街道项目，明尼苏达州伯恩斯维尔市（Bournsville, Minnesota）的社区绿色街道项目，俄勒冈州波特兰市（Portland, Oregon）西南 12 号大街（SW 12th Avenue）和东北锡斯基尤街（NE Siskiyou）绿色街道项目等都是美国街道雨洪利用的成功案例。波特兰市的东北锡斯基尤街绿色街道项目中收集流失雨水的

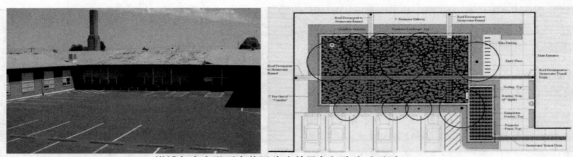

塔博尔山中学雨水花园改建前景象与改建后平面

塔博尔山中学雨水花园实景

图2　塔博尔山中学雨水花园

东北锡斯基尤街绿色街道平面示意图　　东北锡斯基尤街绿色街道雨水渗透园水循环示意图

东北锡斯基尤街绿色街道实景

图3　东北锡斯基尤街绿色街道

做法得到了专家学者的广泛认可，该项目既节约了成本又在雨洪利用方面取得了创新。

2.4　生态屋顶

生态屋顶包括屋顶绿化、建筑环境气候和谐配置、太阳能利用等的总称。生态屋顶不仅美化环境还可以降低小空间温度、减少二氧化碳、减少雨水径流等。生态屋顶在城市的景观生态网络中被称为生物踏石。

景观生态学认为，斑块、廊道和基质是景观构成的三大要素。这三大要素相互作用从而构成比较完整和健全的景观生态网络。城市环境的基质主要是指各种人为的建筑物，规模不同的公园绿地则是景观中斑块，绿道以及河流是城市的生态廊道。这三大要素对于城市生态环境网络的构建起着重要作用。然而城市化的加速推进使城市生态环境日益破碎化，这不仅影响生物的栖息环境而且阻断了生物迁移的通道。城市中自然区域经常被占用和过度开发，即使是各种公园、湿地，在规划设计时也缺乏对生物多样性、生物栖息地等生态环境构成要素的考虑，从而影响生物多样性、物种迁移、生态平衡，影响景观生态网络的构建。生态屋顶可以为物种迁移提供踏板，弥补城市生态环境的不足。

生态屋顶的首次提出是在4000多年以前的古巴比伦，

住在底格里斯河畔的古人便兴建了生态屋顶。随着城市生态环境日益恶化和灾害频发，生态屋顶又得到重视，成为相关领域研究的热点。多年来以生态屋顶为主题的项目多次获奖：2007年获得专业奖项中的设计荣誉奖的美国华盛顿州西雅图市华盛顿互惠银行（Mutual Bank）屋顶花园；2009年斩获年度综合设计类荣誉奖被誉为"都市农业避风港"的芝加哥市加里·科默青年中心屋顶花园；2012年芝加哥绿色建设计划中建设绿色屋顶项目荣获专业奖项中的分析与规划奖。国内，上海等地在生态屋顶建设方面取得阶段性进展。

3 结语

目前，欧美等国家的主要城市已经开始利用低冲击开发技术制定各种发展规划。中国住建部2010年也确定北京、深圳、宁波三个城市为建设低冲击开发的示范区。基于低冲击开发（LID）技术的城市雨水利用的研究和实践在我国虽然处于起步阶段但发展前景广阔。将低冲击开发技术与景观建设相结合是建设生态城市的有效途径，值得相关领域进一步的研究和推广。

参考文献

［1］ Villarreal EL, Semadeni Davies, A Bengtsson L. Inner city storm-water control using a combination of best management practices. Ecological Engineering，2004（22）：279-298.

［2］ IPCC. Climate Change 2007：The physical Science Basis, Summary for Policymakers. Cambridge：Cambridge University Press，2007.

［3］ 辛格(V. P. Singh). 赵卫民等译. 水文系统流域模拟. 郑州：黄河水利出版社，2000.

［4］ 李蝶娟，刘俊. 城市化对雨洪情势变化影响的初步分析. 全国水文计算进展和展望学术讨论会论文选集. 南京：河海大学出版社，1998：392-398.

［5］ 杨士弘. 城市生态环境学. 北京：北京科学出版社，2005：106.

［6］ 张靖. 基于气候变化的雨水花园规划研究：［学位论文］. 哈尔滨工业大学，2011.

［7］ 景观中国. 城市雨水收集与利用［DB/OL］. http://www. landscape. cn/Special/rainwater/Index. html，2009.11.

［8］ 刘根华. 浅谈我国城市雨水利用的现状与对策. 科技创新导报，2010(13)：148.

［9］ 鹿新高，庞清江等. 城市雨水资源化潜力及效益分析与利用模式探讨. 利经济，2010（1）：1-4.

［10］ Low-impact Development Center. Low Impact Development (LID) A Literature Review. Washington：United States Environmental Protection Agency，2000.

［11］ 威廉·M·马什著. 俞孔坚等译. 景观规划的环境学途径. 北京：中国建筑工业出版社，2006.

［12］ 欧特克. 欧特克解决方案助力西雅图市城市排水系统［DB/OL］. http://articles. e-works. net. cn/535/Article71268. htm，2009-9-12.

［13］ 万乔西. 雨水花园设计研究初探：［学位论文］. 北京林业大学，2010.

［14］ 罗红梅，车伍，李俊奇等. 雨水花园在雨洪控制与利用中的应用. 中国给水排水，2008(06)：48-52.

［15］ Iowa State University. Iowa Storm-water Management Manual. Iowa State University of Science and Technology，2007.

［16］ 张善峰，王剑云. 让自然做功——融合雨水管理的绿色街道景观设计. 生态经济，2011（11）：181-189.

作者简介

［1］ 李文文，1986年生，女，汉族，山东德州，山东建筑大学建筑城规学院风景园林硕士在读，电子邮箱：723948446@qq. com。

［2］ 张吉祥，1962年生，男，汉族，山东济南，本科学历，山东建筑大学副教授，园林植物应用与规划设计，电子邮箱：13964062123@126. com。

多样性风景园林评论的语境营造

Creating a Diversity Context for Landscape Architecture Criticism

李永胜

摘　要：风景园林艺术与文化属于上层建筑与意识形态的一种表现形式，也受到整个文学与艺术批评的影响相对于文学批评艺术批评甚至建筑批评，风景园林批评由于其综合性复杂性以及实践性与时代性的影响，还处于起步摸索与萌芽阶段。多样性的风景园林评论是其必然的发展方向，因此我们要未雨绸缪，为多样性的风景园林评论的发展奠定良好的学术氛围和社会环境。

关键词：风景园林评论；多样性；语境营造

Abstract：Landscape art and culture belong to the superstructure and are the expression form of ideology，and they are also affected by the whole literature and architecture criticism. Compared to literary criticism，art criticism and even architecture criticism，landscape architecture criticism is still in its groping and embryonic stage because of its comprehensive and complex nature and the impact of practice and time[1]. The diversity of landscape architecture criticism is the inevitable development direction，so we should create free academic atmosphere and social environment to prepare in advance.

Key words：Landscape Architecture Criticism；Diversity；Set up a Context

每一部风景园林作品都应该是设计师、政府、人民群众三者之间博弈的结果，而现实中更多的情况却是政府独大，设计师成了替罪羊，而人民群众基本无权干预。处在社会转型时期，繁忙的设计任务，繁重的建设任务，来不及精细管理的现实状况，奔小康的物质现代化压力，很多行业，很多人迷失了方向，迷失了自我，这就使得批评与自我批评变成了很奢侈的东西结果是：表面和和气气，背地里怨声载道 学科发展缓慢，不找原因，或者主观上放任出现这种现象的原因是缺乏批评的良好环境[1]。然而在信息时代高速发展的冲击下，大量的媒体的介入，包括网络媒体等新媒体的出现，都在改变风景园林界各种利益集团的力量构成、力量配比，在这种情况下，如何营造一个自由的评论环境，让更多的人参与进来并发出声音就显得十分重要。

1　自由评论的语境建设

1.1　自由评论的内环境

要获得发表独立见解的自由，首先需要造成浓厚的学术争鸣，没有争鸣的空气，没有争鸣的气度，就没有争鸣的自由，这是自由评论语境的内环境，也是最根本和最基础的因素。

改革开放以后，我国的风景园林得到了飞速的发展，各种设计师和设计作品犹如雨后春笋般在九州大地上绽放，似乎急于弥补从清末到"文革"结束这段真空期。这其中既有优秀的风景园林作品，亦掺杂着许多品质低劣的作品；既有留样接受过西方设计思想的海归设计师，亦有本土成长拥有优秀文化传统的本土设计师；既有对风景园林学发展起积极作用的学术理论，亦有毫无根据、空

穴来风的奇谈怪论。然而无论是设计师、实践作品还是学术理论的好坏，所有的这些都体现了这个时期，我国风景园林积极发展的一面。

"评论"一词的英文是"Criticism"，源于希腊语"Krinern"，是分离、筛选、区别、鉴定的意思，可以是正面的也可是反面[2]。因此，评论无分对错，只是学术争鸣而非政治斗争，是区别明辨而非最终审判。所以我们应该允许和鼓励自由讨论，并且最重要的是要切实保护处于少数地位的评论者，且不说真理往往掌握在少数人的手里，在争鸣种保护了少数，实际上就鼓舞了大多数人进一步解放思想，敢于发表独立的见解，有利于评论的活跃和创作的发展[3]。

当前，风景园林评论的表象主要有以下几点：

（1）不想评论：各人自扫门前雪，休管他人瓦上霜。你好，我好，大家好，你不批评我，我也不会去批评你，大家其乐融融；或者干脆只是一味地褒奖，说白了就是拍马屁，当然，中国人都喜欢被拍。

（2）不敢评论：倚老卖老，学术权威。学术界学霸的存在总是让你欲言又止，比如仗着自己的学术地位或者留洋的经历，居高临下，欺行霸市，显得很没有涵养与风度，逐渐形成学阀、学霸；又或者对晚辈产生心理上的威慑，使得他们不断地去怀疑自己的观点。之前，俞孔坚教授做客华中科技大学，讲座期间，引发了许多学生对其学术观点的质疑，现场提问不断，这是一种非常积极的现象，也让大家看到了我们这帮晚辈们"初生牛犊不怕虎"的冲劲，看到了风景园林的未来。

所谓问道有先后，术业有专攻，不同学派和流派的产生、不同知识层面和背景的学者的产生是学术理论百家争鸣、艺术风格百花齐放自然形成的结果，是一门学科、一门艺术发展和进去的标志，同时也会促进学术组织和

设计市场的日益完善和成熟[3]。

1.2 自由评论的外环境

评论自由，不是不要党的领导，不要马列主义的指导，相反，恰是加强与改善党的领导、马列主义指导的具体体现[4]。完全自由的评论是不存在的，也是不应该出现的，政府的作用只能是稍加干预，提供必要的条件，创设必要的环境和气氛，让自由评论形成一个体系，一个系统，使其能够良性的运转。在国外，尤其是民主意识非常发达的美国，弹劾总统都是十分正常的事情，是每个公民享有并有法律保护的权利，每个公民都有权利对任何事物发表自己的评论。当然这样的环境在我国现行的体质下还很难实现，但是随着我国民主化进程的发展，相信在不远的未来这样的自由评论的环境终将到来。

南方周末此前刊登了一篇名为"央视《第十放映室》停播，网友叹息谁来吐槽烂片?"的报道。《第10放映室》是中央电视台科教频道（CCTV10）于2003年推出的，介绍电影文化的特色电视栏目。节目主要介绍国内外著名的电影大师、电影史上有代表性的影片，对电影的主要画面大量展示，同时结合国内权威的电影研究专家的讲解和评说，提出最新颖的学术观点，带领观众以专业的视角解读电影和评价导演。这档节目在群众中非常受欢迎，而他的停播也让大家扼腕不已，然而停播的真实原因到底是什么，我们也无从考究，但是，这档节目的存在，确实能引发受众者对电影、对导演、对艺术的更深层次的思考。风景园林不也是这样么，假如官方媒体能提供一个类似的平台，将国内外著名的风景园林师、风景园林史上的代表性作品，对风景园林做大量展示，结合国内外权威的风景园林专家的讲解和评说，带领观众更深层次的认识风景园林，是否也能从根本上唤起人们对风景园林创造持续美好生活的渴望？这是需要官方机构和风景园林界共同努力的才能达成的目标。

官方媒体也并不缺乏对风景园林作品的介绍，如《圆明园》、《苏州园林》等专题纪录片，无可否认这些纪录片都向观众展示了中国古典园林的灿烂文化，但是中国人依然是主打歌功颂德的旋律，并没有对实质性的问题进行揭示，就好比《新闻联播》，有网友直呼："多希望自己能像新闻联播里那样过上幸福的生活"。不可否认，官方媒体传播正能量是正确的，也是构建和谐社会的重要力量。但是这也从一个侧面反映了官方媒体对舆论的强有力控制，所谓"防民之口甚于防川"，自由评论是社会发展的必然趋势，挡是挡不住的。既然如此，何不坦然面对，放开一定的话语权，让自由评论飞一会。

2 多种评论主体的介入

语境的客观现状迫使风景园林评论家要拓宽自己的知识领域和经验领域，扩展自己的思想资源，同时也需要其他领域的人进入到这里面来[5]。

2.1 风景园林师主导

鉴于上文提到的自由评论的语境现状，作为评论的主体和中坚力量，风景园林设计室要适应当期的客观形势。同时要反对两种倾向：一是轻视理论的倾向，拘泥于对风景园林作品的具体分析，难以提高理论水平；二是用理论原则去"框"作品，把理论当作将死的教条，不善于从新鲜的创作时间中吸收养料，发展理论[4]。作为风景园林师，更多的是应该能发出科学的、严肃的、涉及价值观层面，探讨批评对象的社会性与哲学性思考。同时，风景园林师要有更多创新性的思维，一方面需要继承，同时也需要创新。"中庸之道"下园林设计师们更强调的是如何继承传统，很少会对前者进行否定或自身标新立异，但反叛的精神才能出现跳跃式的发展[6]。风景园林师应该起带头作用，发出最有力的声音，并尽可能地避免个人喜好，将最科学的、最真实的风景园林传播给公众。

2.2 媒体专栏评论家

这里的媒体专栏评论家，特指有或者无风景园林专业知识背景的专家或者媒体评论者，专职于专栏写作。因其可能并不是风景园林出身，但此类人群都具有较广阔的知识面和知识积累、较广阔的视野和大局意识、较深刻的透析事例的分析能力和逻辑能力、一定的权威性和公信力，是能够最大范围影响公众的评论主体[7]。

在我国，媒体专栏评论家对风景园林设计师或者作品的评论基本没有，因此开展多样性的风景园林论实乃当务之急。被称作中国最有影响力的媒体之一的南方周末，有针对性地对风景园林作品发表评论的，只有2012年10月9日的一篇名为《未来城市—让"高架公园"连接历史和市民》和2012年8月19日的一篇《被"偷"走的黄浦江回来了》，其作者分别为南方周末特约撰稿人周琼媛和南方周末记者舒眉。这两篇文章作者分别对纽约高线公园在中国的可行性及对上海黄浦江边的改造和发展进行了报道、采访和评论。相比我国的风景园林评论现状，美国在这方面做得要比我们领先很多。除了刊登在专业杂志（如 The Architect's Newspaper）以外，有发表在 The New York Times 的《Getting Lessons on Water by Designing a Playground》、《Emerging Voices：dlandstudio》，发表在 Metropolis Magazine 的《Building Resilience》、Christian Science Monitor 的《Designing for Disaster》、Fast Company 的《Two Stunning Examples of Waterfront Renewal》等，涉及内容有风景园林的重要性、对设计要兼顾防御功能和艺术性的探讨、对案例的分析与宣传。总之，在风景园林评论更为成熟的美国，风景园林已经引起媒体专栏作家的重视，这也是其社会责任感的具体体现。

2.3 行政官员

行政官员往往扮演的是决策者的角色。当然政府需要对各个方面进行权衡，经济、文化、政治、环境都是其需要考虑的因素，这就要求行政者能够在宏观上把控。政府能够对自由评论有一定的分辨能力，倡导理性评论。因此，政府在这里的要扮演的角色就是管理和调节，使得自由评论的环境的能够和谐发展。

2.4 广大人民群众

随着信息时代的发展，"网络"作为国人发表政治言论的重要"公共空间"受到了社会各界的瞩目，并在某种程度上推动了公共事件的发展及政府决策随着社会民主化进程加快。媒体竞争加剧，对评论的需求越来越多越高，身份门槛越来越低，普通公民作者也会越来越多。1995年北京电报局宣布向社会公众开放互联网，这标志着中国就此进入互联网时代。根据最新数据统计，我国网民总数达到4.04亿，互联网普及率达到30.2%，超过世界平均水。这也为公众参与风景园林评论提供了契机。对此，胡泳指出，互联网的匿名特征可为公众提供一个免于限制的公共空间。因此，"网络"迅速成为公众发表言论的最重要载体。那些热度较高的网络舆论通常得到政府部门的快速响应，不仅在一定程度影响决策的形成，更成为党和政府治国理政的重要新平台之一[8]。但限于其知识结构的欠缺，看待事物往往较为片面，从自身个体的利益出发，然而从另一方面也体现了广大人民群众对风景园林最现实、最基本的需求。

3 避免自由评论的负面效应

卢梭认为公众舆论独立运作，不受社会和经济地位的影响，因此具有平等特征，公众通过持续地参与公众问题，公共意志可得到彰显，最终实现统治政府决策的终极目标。但公众舆论的统治作用在现代信息社会的复杂背景下难以实现，因为"舆论"是在公众参与外部世界的互动中产生的，收到主客观因素的影响，公众对外部世界的认识建立在别人的报道和自己的想象中，加上大众传媒对"事件"的报道进行了不同程度的加工，为公众提供了认识客观世界的"拟态环境"，"舆论"知识公众对"拟态环境"的反应，不仅很难形成理性的声音，而且还容易被利益集团操控[8]。因此，如何应对自由评论的负面效应？卢梭和李普曼同时对负面效应表现出了悲观的态度。李普曼对一般公民进行自我管理能力的怀疑，他试图在根本上推翻传统的参与式民主理论，建立精英主义政治。这种争辩体现了理想与现实间不可彻底调和的矛盾，也就李普曼一直强调的"开放的巨型社会中永远无法构成真正意义上的全国性的巨型民主共同体"。杜威并不反对李普曼对现代公众舆论的过程描述，但他并不主张建立专家级的情报系统，而是强掉"通过大众媒体把对现实的解释巧妙地传达给公（Vincent price，2009：24）"。可见，在杜威眼中公众并非无能力参与政治，他们所需的是获取信息的资源，而大众传媒恰恰可达到上述目标。这又回

到了风景园林师、媒体专栏评论家、行政官员如何为公众科学、准确的传达风景园林，这四者应该形成一个系统，相互牵制、相互促进。由政府进行控制、限定一个较为自由的评论空间，由设计师、媒体专栏评论家为公众和政府提供科学准确的拟态环境，最后由四者在这个开放的空间里进行评论互动，形成公众意志，最终由政府制定正确决策（图1）。

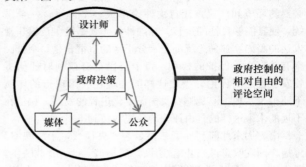

图1 设计师、政府、媒体、公众四者的关系

4 结语

多样性风景园林评论的语境营造是每个风景园林设计师、媒体专栏评论家、政府官员和公众都应该肩负的责任，需要由设计师主导、评论家传播、政府控制、公众参与共同营造一个真正自由的风景园林评论空间.

参考文献

[1] 李景奇. 建立当代风景园林批评学. 中国园林，2008(10)：1-7.
[2] 罗小未，张晨. 建筑评论. 建筑学报，1989(8)：41-47.
[3] 金柏苓. 学则有派. 中国园林，2005(3)：28-29.
[4] 景清. 漫谈评论自由. 社会科学，1985：69-73.
[5] 刘彤彤，周榕，李晓峰，吴家骅，赵辰，王路. 当代建筑评论与批评论坛. 城市环境设计，2012(2)：179-185.
[6] 方尉元，邹维娜. 厦门"设计师花园"带来的思考. 中国园林，2008(10)：19-24.
[7] 周娜娟. 当代报刊专栏评论者研究. 中国传媒大学，2009(9).
[8] 冯希莹. 公众舆论：理性与非理性的集合—解读卢梭与李普曼的公众舆论思想. 中国社会学会2010年年会——"社会稳定与社会管理机制研究"论坛论文集，2010(7).

作者简介

李永胜，1990年9月生，男，汉族，浙江，硕士，华中农业大学，学生，可持续风景园林规划设计，电子邮箱：Lys470079913@126.com.

中日防灾避难绿地系统对比研究

The Comparison Study of Disaster-prevention and Avoidance Green Space System between China and Japan

李玉琴

摘　要：通过比较中日避难绿地系统建设现状，反思国内在地震灾前预防和灾后修复方面的问题。以防灾绿地系统的建设为主要探讨对象，从构成防灾避难系统的点、线、面要素和各级防灾避难圈来比较中日之间的差异，从日本成熟完备的系统中学习并借鉴。

关键词：防灾；避难；绿地系统

Abstract：With the comparison between Chinese and Japanese construction of disaster-prevention and avoidance green space system, this thesis concluded some problems about precautions before an earthquake and the restoration after the destruction. We will mainly discuss the construction of disaster-prevention and avoidance green space system and compare the differences between Chinese and Japanese system from varies level of refuge circles, so as to learn from Japan, who has comprehensive disaster-prevention and avoidance green space system.

Key words：Disaster-prevention；Avoidance；Green Space System

1　中日建设现状比较

1.1　中国防灾避难绿地建设现状

近 10 年，随着我国经济的高速发展，特别是受 2008 年"5·12"汶川地震的影响，国家政府开始重视城市防灾避难绿地规划，我国现阶段防灾绿地的规划主要在中等以上城市实施，且几乎没有成体系的规划。

目前我国的防灾避难绿地系统的发展程度相对较高的有台湾，北京，上海等。台湾地处环太平洋地震带，因地震多发而经验丰富，具有相对内陆更成熟的防灾避难机制。其防灾避难绿地系统是以近邻公园、广场等点状的户外场所，河川以及河畔公园、公园道路等线状的户外场所，综合公园、运动公园等面状户外场所构成。北京在保持《北京市区绿地系统规划》（2002）的基本结构基础上，结合城市公园绿地的人口服务辐射能力分析以及现已建成的应急避难场所，形成"绿环、多中心点、多通道"的公园绿地网络系统。上海的中心城区公园防灾避险体系以层级公园为主，一级公园如：共青森林公园、大宁灵石公园、上海植物园；二级公园如：鲁迅公园、和平公园、黄兴公园、闸北公园、中山公园等。

然而总结我国目前防灾避难绿地系统现状发现，各个城市模式下的防灾避难绿地系统都存在一定问题。台湾模式的问题是，"点"状元素较多，而缺乏足够的"线"、"面"元素支撑，即公园绿地个体化。北京模式的问题是，仅仅在原先城市绿地系统下改善部分公园的功能，并没有防灾避难公园自身的系统。上海模式的问题是，作为"点"的绿地数量和种类上都显得十分单薄，无法承担起多种类、多层次的防灾功能。

1.2　日本防灾避难现状

日本是地震灾害多发国，有丰富的灾后避难疏散经验，其防灾避难绿地已经形成完善的系统。由于日本将防灾列为城市公园的首要功能，推进了日本防灾公园体系的形成与日趋成熟。日本公园分城市公园、自然公园以及其他公园三类。东京共有 6500 余处城市公园、3500 多处其他公园，规定 1 公顷以上的城市公园均要求具备防灾和避难能力，其他公园也有一定的防灾能力，这些防灾公园附近都设有详细的指路牌，画出附近的避难通道，并且标出避难场所的级别。1995 年阪神大地震在神户引发了 176 起火灾，蔓延面积达 65.85hm²，烧毁房屋 7377 间，市内 1250 处大大小小公园绿地在救灾中起到巨大的作用。

以东京和神户的防灾避难绿地系统为例。东京地区防灾规划所指定的 172 处避难场所中的 44 处为都立公园，形成了防灾网络绿地系统，而且还建成了日本第一个成为国营防灾公园的东京临海广域防灾公园。神户（兵库县）以多中心、网络化城市圈的形成目标，把推进广域防灾据点建设、广域防灾带建设、地区防灾据点建设、防灾绿化等作为规划的主要内容。

日本的防灾避难绿地系统具有以下特点：第一，系统层级明确，从社区级到地区级到广域级（省级）；第二，注重系统中的元素建设，如点状元素"公园"，其防灾功能列为首要功能；第三，细节设计详细，便于使用，如防灾公园、街道上都有详细的指路牌，灾害发生时可有序指挥；第四，详尽明确的法律规范支撑，使防灾避难绿地系统有条不紊的实施。

与日本相比，我国的防灾绿地规划未形成层级合理的防灾公园体系。存在的主要原因是：第一，防灾公园建设个体化且布局不平衡；第二，城市防灾避难场所与城市绿地系统规划未能有效结合进行统一规划布局；第三，系统的"层级性"仅仅体现在防灾公园绿地的等级划分上，而没有详细规划的不同等级防灾避难绿地，如街道级、社区级、区域级等；第四，相关政策法规不够健全。

2 中日各级防灾避难绿地系统比较

2.1 防灾避难绿地系统的基本构成要素——点、线、面

防灾避难绿地体系，主要由点、线、面的体系要素组成。其中，"点"是由公园绿地和居住区附属绿地组成的防灾避难场所。中日对避难场所的分级是相似的（表1、表2），日本分为第一级：临时集合场所，第二级：广域避难场所，第三级：避难所。中国也分为三个等级，中心避难场所、固定避难场所和临时避难场所。"线"是指避难通道和救灾通道，主要由防护绿地和道路附属绿地组成。"面"则是由城市外围的山体、自然林带等非城市建设绿地组成。

日本防灾绿地分级一览表（2007） 表 1

种类	公园类型	规模（hm²）	布局原则	功 能
广域防灾据点	广域公园、城市基干公园	≥50	50-150万/人	主要用于地震和火灾后的广域恢复、重建
广域避难所	城市基干公园	≥10	服务半径2km	用于广域避难，有时起到防灾据点作用
紧急避难场所	地区公园、近邻公园	≥1	服务半径0.5km	大地震和火灾发生时，暂时作为紧急避难场所
邻近避难点	街区公园	≥0.05		作为居民附近的防灾活动主要地点
避难通道	绿道			用作去广域避难场地或其他安全场所避难通道
缓冲通道				阻隔石油联合企业所在地带等与一般城区缓冲绿地

资料来源：《阪神·淡路大地震后日本城市防灾公园的规划与建设》

中国防灾绿地分级一览表 表 2

种类	绿地类型
中心避灾据点	综合公园、社区公园
固定避灾据点	社区公园、居住绿地

续表

种 类	绿地类型
临时避难据点	居住绿地、街旁绿地
避难通道	道路绿地、对外交通绿地
救灾通道	道路绿地、对外交通绿地
灾害防御圈	防护绿地、其他绿地

资料来源：吴继荣 城市防灾避险绿地系统规划研究

2.2 街区级防灾避难系统——防灾生活圈

点、线、面组成的最小防灾避难单元为防灾生活圈，也就是街区级别的防灾避难系统。

日本的防灾生活圈（图1）是通过对灾害经验的研究而逐渐制定规划范围与标准。例如，在诸多对于日本灾害的记录与研究中都指出，除公园以外，停车场、学校都收容过大量的避难民众，即使在自宅损坏不甚严重的情况下，由于维生系统的损毁（指水、电、瓦斯等生活管线中断），也会迫使居民向避难场所转移。将由具有防止火灾延烧功能的避难通路所围成的街廓划定为防灾生活圈，再将防灾生活圈内有可能作为避难场所的地点，进行等级划分与改造，以提供周边及避难生活圈内人员在不同时段的各种避难需求。同时，还要求避难场所具有足够的维生系统能力，并在防灾计划的安全等级中，将避难场所与避难通路列为同一级别。

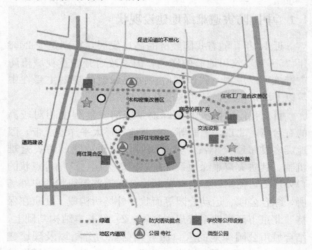

图1 日本防灾生活概念图（资料来源：根据《日本都市绿地防灾系统规划的思路》自绘）

中国的防灾避难圈（图2），由于缺乏经验指导，仅仅是按照数字指标规定确定各级避难点，并将避难点与各级城市道路相连。其中固定和中心避灾据点是灾害发生时居民紧急避难的场所是按照城区的人口密度和避难场所的合理服务范围，均匀地分布于市区内，常由散点式小型绿地和小区的公共设施组成，临时避难点往往是灾后相当时期内避难居民的生活场所可利用规模较大的城市公园、体育场馆和文化教育设施组成。而避难通道是城市次干道及支路。这些不同于日本的经验防灾避难圈，在遇到实际情况时，理论往往经受不住实践的考验。

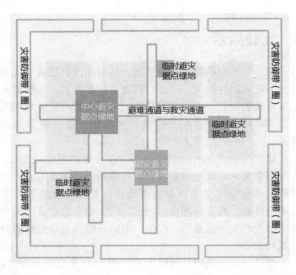

图 2　中国防灾生活概念图
（资料来源：作者自绘）

2.3　区域级防灾避难绿地系统——区域防灾避难圈

　　街区级别的防灾避难圈形成以后，各社区避难系统之间相互连通，可行成区域级防灾避难圈。目前我国覆盖面最广的防灾避难系统只能达到市域级水平。如台湾台北市配合防灾生活圈建立救援动线及空间体系：将都市中的避难救援以点、线、面的方式结合。建立地区海、陆、空防救灾据点：在救援体系的建立中，除陆路外宜加入海、空救援据点及路线，以提高救援的有效性。发展较为成熟的防灾避难系统只能达到区域级，如台北员林镇避难绿地系统。有较为完善的避难道路，各级避难点。员林镇的邻里避难圈设置范围主要以人口密度 5000 人/km² 的集聚地区为主，共设置了 9 个邻里单元。每个邻里避难圈皆配置有邻里避难中心，灾害时可以使用避难设施系统与灾害防救反应设施，减轻灾害的破坏性，保全人民的生命财产安全。

　　日本目前较为成熟的避难绿地系统已经达到了省级，即广域避难系统，如日本的"阪神·淡路"大震灾中受害严重的兵库县（县相当于中国的省）在震灾复兴规划中制定的兵库县广域防灾规划。在这个规划中，除了无人居住的山区，其他区域均纳入不同地区的防灾圈内，避难地分为 3 个等级，全县对应的防灾避难基地是中心部的"三木防灾公园"。这里平时是集运动、娱乐、消防训练、各种防灾研究试验于一体的综合公园，非常时期就变成了全县的中心避难基地。系统中还规划明确的广域防灾圈界限，在每一个防灾圈内，设置了避难点之间相互救援的通道，增加点与点之间的连通性。在防灾圈外，同样设置圈与圈之间的救援避难通道，由此形成层级明确、网络覆盖的广域防灾避难绿地系统（图 3、图 4）。

　　比较中日防灾避难圈发现，首先，日本的防灾避难圈覆盖面广，已经形成完善的省级系统，而中国则停留在城镇级；其次，日本的避难圈内外相互连通，注重点与点、圈与圈之间的救援支持，中国因为没有明确的防灾圈边界，只有点与点之间的联络。

图 3　台湾台北市员林镇防灾避难绿地系统
（资料来源：吴一洲．都市防灾系统空间
规划初探——台湾地区经验的借鉴）

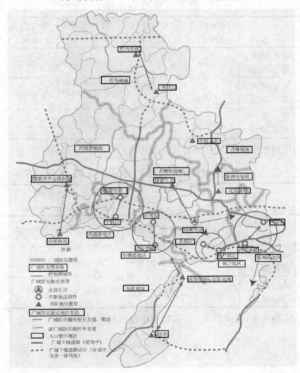

图 4　日本兵库县防灾避难绿地系统
（资料来源：齐藤庸平 日本都市
绿地防灾系统规划的思路）

3　中日防灾避难法律体系比较

　　日本与中国的避难绿地系统相比更加成熟、完善。这不仅取决于日本丰富的经验，也因为完善的法律体系。而中国虽然各城市已经按住房和城乡建设部的要求编制了城市绿地系统防灾避险规划，但基本上属于按照日本防灾公园规划的模式的移植。不符合中国的实际情况，且许多规范之间相互矛盾。

日本的法律体系其涵盖领域及其广泛，从灾害预防法到灾害应急对策，甚至包括灾害修复与复兴的财政金融政策。该法律体系考虑到灾难发生的源头，以及灾后产生的一系列问题，完备的法律体系使得防灾避难体系的建立得到推动。

相比之下，中国防灾害类的法律规范覆盖面窄，没有统一标准，甚至出现数据相去甚远的情况。如图，以避难绿地分级指标为例（表3-表5）。

避灾绿地规划指标一览表 表3

	用地规模 （hm²）	人均指标 （m²/人）	服务半径 （m）	到达时间 （min）
中心防灾 避难绿地	≥50	≥2	2000-3000	30-60
固定防灾 避难绿地	≥10	≥2	>500	5-10
紧急防灾 避难绿地	≥1	≥1	300-500	3

资料来源：《城市绿地防灾避难功能评价指标体系研究》

避难场所规划指标 表4

	用地规模 （hm²）	人均指标 （m²/人）	服务半径 （m）	到达时间 （min）
中心防灾 避难绿地	≥50	≥2	2000-3000	<60
固定防灾 避难绿地	≥1	≥2	2000-3000	<60
紧急防灾 避难绿地	≥0.1	≥1	500	<10

资料来源：《城市抗震避灾规划标准》（GB 504—2007）

避灾绿地分级规划指标一览表 表5

	用地规模 （hm²）	使用时间	服务半径 （m）	到达时间 （min）
后期避灾 安置绿地	10-12	灾害恢复时	1000-2000	15-30
临时避灾 安置绿地	4-5	灾害初发时	300-500	1
紧急疏散 避险绿地	1-2	灾害突发时	500	10

资料来源：《城市安全与我国城市绿地规划建设》

4 比较启示

第一，未雨绸缪，系统规划。目前国内只把避难规划作为一项临时性的应急措施，没有有忧患意识，未能形成长效系统的规划，应当学习日本，及时总结大灾大难的经验教训，结合开放空间、公共设施规划，建立避难场所体系。

第二，重点突出，形成体系。在分级的避难设施中，要突出重点，即确定固定长效的避难场所，如日本的中小学校就是避难体系中核心的避难所，并通过规划形成避难场所体系。而在中国汝川地区，广大中小学校竟然成为受灾最为严重的灾难所。广场、道路只能作为应急性的避难场所。

第三，完善法律，保障实施。没有完善的法律制度，就无法形成统一有序的避难绿地系统，即便有避难规划和场所体系，还需考虑如何保障实施。例如，要将避难训练作为中小学必要的防灾课程，将避难规划公示，让民众有充分的避难意识和逃生常识，建立从政府到社区，从组织到个人的防灾避难紧急预案。

参考文献

［1］ 彭锐．日本避难场所规划及其启示．新建筑，2009.
［2］ 齐藤庸平，沈悦．日本都市绿地防灾系统规划的思路．中国园林，2007.
［3］ 吴一洲．都市防灾系统空间规划初探——台湾地区经验的借鉴．国际城市规划，2009.
［4］ 李刚，马东辉苏经宇等．城市地震应急避难场所规划方法研究．北京工业大学学报，2006（10）.
［5］ 员林镇公所．员林镇地震灾害防灾系统空间规划：台南，2006.

作者简介

李玉琴，1989年12月生，女，汉族，江苏南京，同济大学风景园林学在读硕士，研究方向为风景园林史，电子邮箱：wbhaqq@163.com。

开往春天的地铁
——武汉地铁车站空间概念设计

Spring Metro
——Study on Metro Station Space Conceptual Design

刘保艳　高　翅　汪　民

摘　要：地铁车站作为人们生活中日益重要的一部分，其内部生态环境及审美价值越来越多地受到人们的关注。该设计从"开往春天的地铁"概念出发，提出创造空气清新、绿色生机、阳光充足、温湿度适宜、四季如春的车站内部环境，通过改善通风、补充植物、引入阳光、调节温湿度、营造氛围等措施实现。此外，还创造性地提出了理想采光及通风模型。

关键词：地铁车站；阳光；植物；通风；氛围

Abstract：As an important part of people's daily life, the Ecological environment and Aesthetic value of metro stations are attaching more and more people's attention. We developed the concept of "Spring Metro", proposed to create fresh air, green life, plenty of sunshine, temperature and humidity suitable for year-round spring inside the station environment. Improved ventilation, adding plants, introducing sunlight, temperature and humidity regulation, creating atmosphere and other measures have been taken to achieve the purpose. We also recommended the ideal lighting and ventilation model to consummate the future development of metro station.

Key words：Metro Station；Sunlight；Plants；Ventilation；Atmosphere

　　地铁作为缓解城市地面交通负荷的重要交通系统，采用在地下挖掘隧道，运用有轨电力机车牵引，除为方便乘客，在地面每隔一段距离建一个进出站口外，一般不占用城市宝贵土地和空间。如今，地铁交通正以其迅速、便捷等特点日益受到越来越多市民及政府的青睐，而人与地铁的交接点——地铁站点，成为人们生活的重要组成部分。然而由于地铁长期的发展形成了固定的建筑模式和布局，使得其设计越来越程式化。在满足使用功能之余对地下空间的生态环境、审美价值等方面考虑不足，地铁站点的未来发展方向成为人们关注的话题。

1　研究样点选择分析

　　地铁转乘换站点对比普通的地铁车站在用地平面布局上有很多优势，同时兼具普通站点的功能及布局特点，因此选择以转乘换点为中心外围辐射的普通车站为推广性设计基本单元。

　　本次选取样点为处于十字路口的站点。车站位于机动车道的下面，通过地面的四个通道进入内部空间，建筑结构顶到上部地面机动车道的结构层一般为三米左右，从上到下依次为地面层、站厅层、站台层（图1），全部依靠人工采光和通风，能量消耗大，夜晚站点为封闭状态。

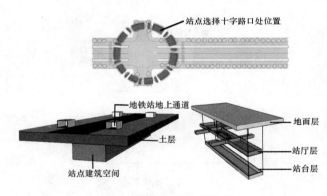

图1　研究样点选择分析

2　地铁车站现状分析

2.1　光照

　　地铁车站位于地下，无直射太阳光进入，采取人工采光，是阳光直射的死角区域，自然光线条件差，而适当的阳光是一个健康空间所必须包含的基本元素。

2.2　植物

　　外部空间充满生机与活力，绿色植物起了非常重要的作用，而地铁车站因为光线不足，内部建筑模式简洁，不能大面积和长期的种植绿色植物，从而阻断了绿色植物向地下延伸。

2.3 空气质量

车站内部相对封闭，通风条件差，有毒有害气体较多，使得空气大部分为内部循环而缺少与外部新鲜空气交换，空气质量差。

2.4 温湿度

地铁车站内部温度比地上温度更为舒适，但七月平均温度超过三十度，一月平均温度不足十度，均超过了人体最适温度；此外，车站内部湿度过大，需适当防潮（图2）。

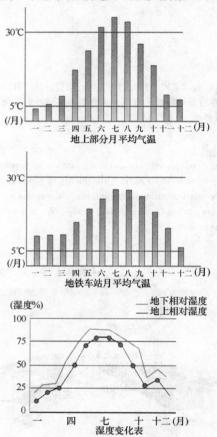

图2 武汉温湿度分析

2.5 氛围

由于光线的缺失，人们在车站内部无法通过太阳来辨别方向和时间；绿色植物无法延伸至车站内部，缺少生命力与活力，内部气氛沉闷枯燥，使其几乎成了沉闷和枯燥的代名词。

综上，车站内人群拥堵，空气质量极差，缺乏生机活力，人们行色匆匆，站内气氛沉闷，形成了一个"幽闭沉闷的空间"，使人们无法感受到如外部空间一样充满生机活力的气氛。

3 设计概念——开往春天的地铁

诗人雪莱曾说"冬天已经过去，春天还会远吗？"这脍炙人口的美丽诗句表达了人们对春天的无限向往和热

烈期待。设计旨在用地铁事业的高速发展及地铁交通望尘追迹的速度为象征意义，将人们带往一个有新鲜的空气，充满生机活力，阳光充足和温湿度条件适宜的，犹如春天般宜人的小气候环境，提出开往春天的地铁的设计概念，改变车站内部沉闷的气氛，创造宜人的栖居环境，在美丽中国的背景下具有重要意义。

4 工作流程

由现状分析得到，达到空气清新、绿色生机、阳光充足、温湿度适宜、四季如春等是创造春天般环境的必要条件同时也是工作目的，通过改善通风、补充植物、引入阳光、调节温湿度、营造氛围等措施实现（图3）。其中植物系统和阳光系统及通风系统提供了人类所必需的适宜的小气候条件，同时保证了车站内设备的正常运转及植物的健康成长，因此为工作重点。而温湿度系统和氛围设计系统为诗意栖居创造条件，同样必不可少。

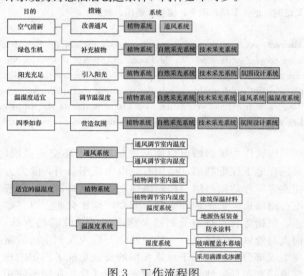

图3 工作流程图

5 总体设计

5.1 空气清新

为达到空气清新的目的通过两个系统来实现：通风系统和植物系统（图4）。

图4 空气清新系统工作流程图

5.1.1 现有通风条件分析

空气进入站内在站厅层循环，再经由楼梯进入站台层并形成循环，最后由轨顶抽风口抽走热气。二层轨顶及轨底抽风口是风流动的动力源，抽风口不断地抽走由于列车开动产生的热量，使地面上的新鲜空气由于压力差

风景园林规划与设计

474

补给到地下，从而在内部形成空气循环。车站两个入口及楼梯处是改善空气质量的关键点（图5）。

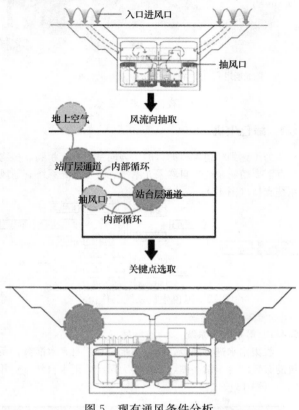

图5 现有通风条件分析

5.1.2 改进措施

夜间车站完全处于封闭状态，不利于植物的呼吸作用，夜间通风模式增加站厅层的空气补给和站台层抽风口的抽风，补给植物夜间呼吸，同时上抽下送改善空气质量（图6）。

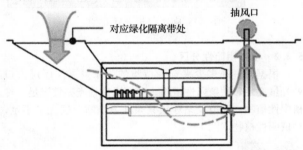

图6 夜间通风模式示例

站厅层中部气体交换较慢，空气质量差，设置水幕墙有利于改善现有空气质量，减少空气中的有害气体。

绿色植物可吸收有害气体，净化空气。地面空气进入站厅层的通道、楼梯、站台层中部是种植植物的重点，站厅层中心由于空气交换缓慢也是绿化的重点。

5.2 适宜的温湿度

5.2.1 通风可调节室内温湿度

通风加快室内外的气体交换，加速空气流动，从而调节空气温度。同理可改善空气湿度，当室内外温（湿）度大于室内（湿）度时，通风升温（增湿），反之亦然。

5.2.2 植物调节室内温湿度

植物具有调节室内温湿度的作用。站厅层植物应种植在空气进入站内的通道上，中部空气交换较缓慢，应多种植物以调节温湿度。站台层离地面较远，种植植物可以帮助调节温湿度。

5.2.3 温湿度系统

利用地源热泵装置和建筑保温材料、防水涂料，玻璃覆盖水幕墙和采用滴灌或渗灌来保证其所需温湿度条件。

5.3 阳光充足

5.3.1 采光系统定位分析

地铁车站内部现状为人工采光，能量消耗多且不利于植物生存，引入自然光可实现绿色植物向地下延伸的理念。通过技术采光和自然通道引光实现（图7）。

图7 阳光充足系统工作流程图

5.3.2 技术采光系统分析

集光系统导光管照明系统由人工光源或定日镜（日光采集器）和导光管构成，导光管可将来自于光源或定日镜的光通量传播至照明场所。由于入口和出口端距洞外最近，因此，他们是集光的最佳场所，采用极轴式定日镜自动跟踪直射日光，将定日镜反射后的日光经光学系统汇聚后，再由有缝导光管传往隧道内的照明空间（图8）。设计时在站点外露地面的部分进行设计。

图8 技术采光系统分析图

5.3.3 自然采光系统分析

太阳光线的时刻变化使得道路的朝向对自然通道采光有很大的影响。已建成地铁大部分站点大致为南北向，因此选择南北向的站点进行推广性设计。

道路剖面基本有三种剖面形式。第一种剖面形式占有比例少，进行自然采光形式，第二种、第三种为设计的重点（图9）。在既不大面积动用地面空间，又不影响车站内部人流快速通过的同时使阳光进入车站是设计的重难点。

在车站内部获取自然光线采取"阳光通道"的方式，其位于马路隔离带上，需要地铁车站南边建筑边界与绿化隔离带的位置相一致。选取道路南边进行自然采光设计，结合立夏和冬至的太阳高度角获取阳光通道的界限，再选取冬夏两季光线的重合部分，为获得更多的漫反射

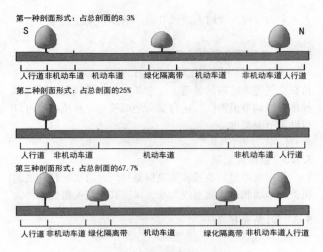

第一种剖面形式：占总剖面的8.3%

人行道 非机动车道 机动车道 绿化隔离带 机动车道 非机动车道 人行道

第二种剖面形式：占总剖面的25%

人行道 非机动车道 机动车道 非机动车道 人行道

第三种剖面形式：占总剖面的67.7%

人行道 非机动车道 绿化隔离带 机动车道 绿化隔离带 非机动车道 人行道

图 9 武汉道路剖面分析

适当拓宽左边边界，最终形成阳光通道的边界。其在非机动车道上分段出现，开口处使用钢化玻璃覆盖，满足相应的承重和通行需求。第一种道路剖面形式绿化隔离带位于机动车道之间，限制因素较多，采取隔离带局部下沉采光的方式（图10）。在晚上，阳光通道上下开口处可打开送风，另一侧

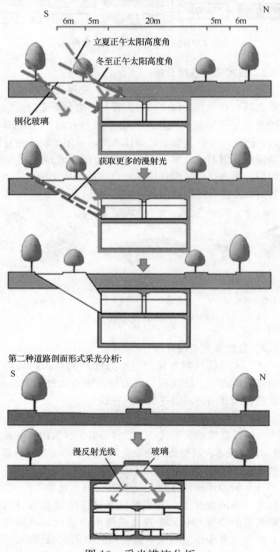

立夏正午太阳高度角
冬至正午太阳高度角

钢化玻璃

获取更多的漫射光

第二种道路剖面形式采光分析：

S N

漫反射光线 玻璃

图 10 采光措施分析

的隔离带形成抽风口，完成夜间的通风模式（图11）。

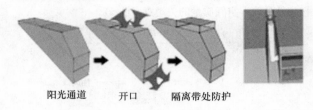

阳光通道 开口 隔离带处防护

图 11 夜间通风模式示意

5.4 绿色生机

为了达到绿色生机的目的，需向室内补充植物。植物生存需要植物系统、自然采光系统、技术采光系统和通风系统支持（图12）。

图 12 绿色生机系统工作流程图

5.4.1 雨水收集系统

收集雨水进行灌溉，雨量不足时利用自来水灌溉。系统的布置结合车站高差，不需动力系统，雨水自然流动并收集（图13）。

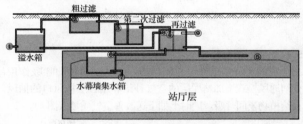

粗过滤 第二次过滤 再过滤

溢水箱

水幕墙集水箱 站厅层

图 13 雨水收集系统示意

5.4.2 植物阴阳性分区

根据光量的多少来选择植物的阴阳性。站厅层入口处光量充足，种植阳性植物。中部通道处光亮较充足，种植中性植物；通道及站厅层其余地方、站台层光量不足，种植阴性植物（图14）。

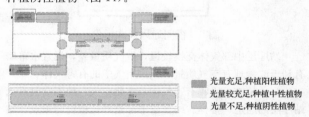

光量充足，种植阳性植物
光量较充足，种植中性植物
光量不足，种植阴性植物

图 14 植物阴阳性分区示意图

5.4.3 导向系统分析

进站出站人流流向的分析得出导向系统和植物种植可以相结合的关键区域。导向系统的几个关键处结合植物进行设计，让人更加快速的通过的同时，通过的特色配置让人感受到春天般得地铁车站的理念（图15）。

风景园林规划与设计

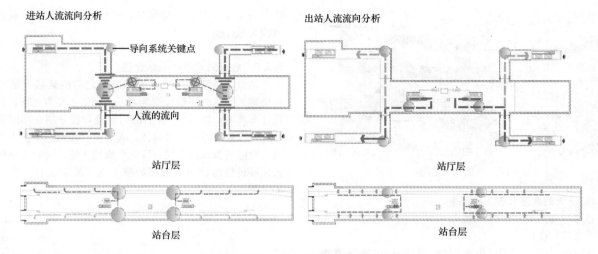

图 15　导向系统分析图

5.4.4　行为场所分析

　　站厅层为场所乘客买票、取钱等功能性行为提供场所，人相对在站厅层停留时间较长，其空间形态对车站的整体氛围影响较大。四个通道也是消防出口，是人群紧急疏散的重要导向系统，结合集光系统在此照明，以防意外事故时人工照明出现状况（图 16）。

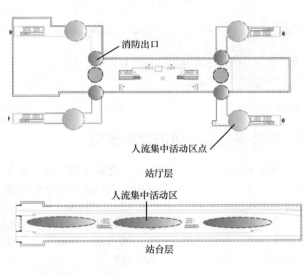

图 16　行为场所分析图

5.4.5　植物平面种植地点总结

　　通风系统、行为场所、人流进出站四个影响植物种植地点的因素叠加在一起形成了植物在车站内部种植的关键点，特别是因素重叠在一起的几个点，其植物种植形式和种类，是该重点处理的区域（图 17）。

5.4.6　植物种植空间分析

　　车站内部平面空间功能性较强，不宜种植植物，怎样在植物种植关键点有限又局促的空间里面处理好植物和人流的关系是设计的重点。结合车站内部的平面和空间的剖面分析得出，顶界面和壁界面两个空间不占用交通

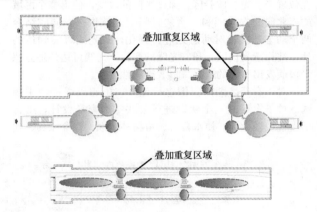

图 17　植物种植地点示意

空间，可以较好处理人流流向与整个空气质量改善系统的关系（图 18）。

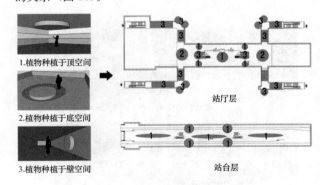

图 18　植物种植空间分析

5.5　四季如春

　　通过春天的窗口、通道、高潮、延续来分别对应地面入口、入口通道、站厅层及站台层的氛围设计，形成春天四部曲，形成整体如春的整体氛围。

5.5.1　春天的窗口

　　入口以框景的形式打破道路垂直眼线框架，强调窗口的概念。外部结合阳光通道、采光同及集光器形成春天的风景（图 19）。

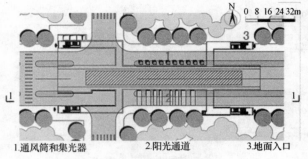

1.通风筒和集光器　　　2.阳光通道　　　3.地面入口

图19　地面层平面图

5.5.2　春天的通道和春天的高潮

通道和高潮是两个序列性很强的空间,通过欲扬先抑的手法进行设计。

从楼梯到达站厅层,进入付费区后到达阳光通道所在位置——光线体验区。通过光向的改变,使得整个区域的南北向的方向感和一天的时间变化感很强,同时结合两个动态光模式对动态光进行强化,在光线可能到达的地方铺设感光玻璃,随着光线的变化,光线可达的地方感光玻璃发出特意的效果来形成趣味性设计。

对于春天高潮以氛围进行设计,中心以绿芽为主题选取种子发芽的三个状态进行公共空间家具设计,结合中心视线轴设计,使水幕帘、植物种植框、绿芽家具、残疾人通道及对面的绿芽家具、种植框和水幕帘形成透视轴线关系.

5.5.3　春天的延续——站台层

站台层是站厅层的春天的高潮之后的延续,是乘客乘坐地铁停留时间最长的地方,以触手生春为主题,具体设计形式为,以宽1m左右的三层叠合板分别在不同高度置灯,以迎合不同年龄群体,人只要一碰到三块板中的一块,对应的板就会发亮,以此形成趣味性,同时每块板及板顶部种植植物对站台层的整个空气质量进行改善(图20-图22)。

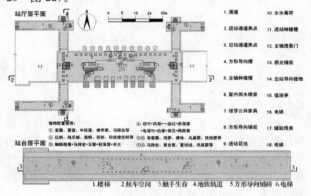

图20　站台层及站厅层平面图

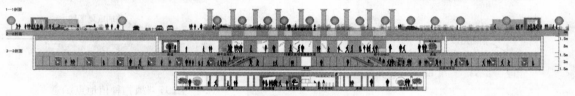

图21　地铁车站概念设计剖面图

图22　地铁车站概念设计效果图

6　自然采光和通风的理想模型

现状地铁车站不能实现自然采光和通风,这是整个车站空气质量及环境差的最主要原因,在不考虑实际情况下提出地铁站点自然采光和通风的理想模型。

选取第三种道路剖面形式为设计基质。其基本形式为:人行道—非机动车道—绿化隔离带—机动车道—绿化隔离带—非机动车道—人行道(图23)。

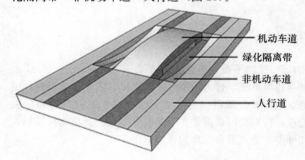

图23　理想模型道路剖面示意图

6.1　采光措施

道路平面无法改变的前提下,通过改变道路剖面形式来结合自然采光和通风。把机动车道在车站位置的剖

风景园林规划与设计

面向上拱形成弧线，总体在这站的正上方上升 3m，同时地铁轨道也平行机动的弧形往上提，地铁轨道的最大上凸剖度为 0.5％，只要 600 左右的距离就能实现整个车站处的轨道上升 3m，而两个地铁之间的距离一般有 1.5-2km，完全可以实现。机动车道旁边的绿化隔离带下凹至地铁站的站厅层的楼板往上 500mm 的位置，总共 8m 左右的深度，非机动车道往下形成一个弧度，总共形成

1.5-3m 的深度，这样使得绿化隔离带相对只下凹了 5m 左右的距离，使得高差不至于过大（图 24、图 25）。

道路剖面这样变化之后，站厅层基本可以实现自然采光和通风，而站台层结合绿化隔离带下凹部分用采光柱直达站台层的最下面，光通过玻璃采光柱进入到站台层内部实现自然采光，同时每层的玻璃可以局部打开精心通风。

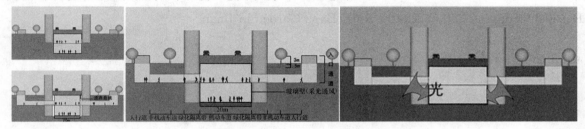

图 24　理想模型道路断面形式及工作原理

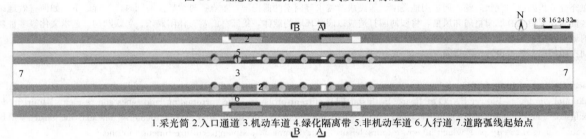

1.采光筒 2.入口通道 3.机动车道 4.绿化隔离带 5.非机动车道 6.人行道 7.道路弧线起始点

图 25　理想模型平面图

6.2　外部形式设计

采光筒呼应机动车道道路弧线成一个弧线进行设计，同时结合夜间照明采光对地面和地下空间进行联通。道路剖面上凸和下凹形成的陡坎进行垂直绿化，来改善局部的环境（图 26）。

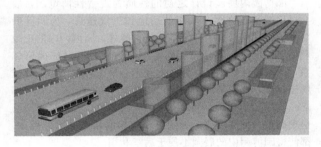

图 26　理想模型整体鸟瞰图

参考文献
[1] 朱红霞，王铖. 垂直绿化——拓宽城市绿化空间的有效途径. 中国园林，2004. 3：28—31.
[2] 杨丹. 北京月坛公园综合改造雨水收集工程设计与实施. 2008 北京奥运园林绿化的理论与实践，2009.
[3] 张青文，陈仲林，余洪等. 导光管照明技术在隧道照明中的应用前景. 灯与照明，2008. 32(3)：15.
[4] 胡汉华，吴超，李茂楠. 地下工程通风与空调. 中南大学出版社，2005.
[5] 王衍金，罗清海，王娟等. 地下空间空气环境影响因素分析. 环境卫生工程，2010. 1：007.
[6] 沈天行，李伟. 一种无缝棱镜导光管及其光线传输原理和应用研究. 照明工程学报，2005. 2：7—10.
[7] Perini K, Ottelé M, Fraaij A L A, et al. Vertical greening systems and the effect on air flow and temperature on the building envelope. Building and Environment，2011. 46(11)：2287—2294.

作者简介
[1] 刘保艳，1988 年 11 月生，女，汉族，河南安阳，硕士在读，华中农业大学，研究方向为可持续风景园林规划设计，电子邮箱：396854091@qq. com。
[2] 高翅，男，汉，华中农业大学教授、博士生导师，研究方向为可持续风景园林规划设计。
[3] 汪民，男，汉，华中农业大学讲师，研究方向为风景园林规划设计。

后园博园时代

——济南园博园改造规划设计

After EXPO Garden Era

——Reconstruction Design of International Expo Garden in Jinan

刘　飞　王志楠　刁文妍　陈朝霞

摘　要：随着济南园博会的结束，园博园因配套设施不完善，展园实用性差，缺少参与性、经营性项目等原因，导致公园运营出现问题。本文在充分分析园博园现状问题、周边用地类型、居民旅游需求等因素的前提下，重点探讨"后园博园时代"背景下，如何有效地改造利用园区资源，保留现有展园格局和风格，将园博园打造成以园林环境为载体，集园林游赏、休闲娱乐、餐饮购物、艺术文化等多种功能于一体的城市开放公园。

关键词：园博园；改造设计；苏杭园

Abstract：Because of Imperfect Facilities，low practicability and no participation project，lots operating problems appeared. after the 7th China International Garden & Flower EXPO of Jinan. In this article, current problems, the surrounding land types and residents' tourism demand are analgsed. The key point of the article is how to use the existing resources effectively after expo garden era. The existing garden will be persisted, and changed to city park which integrate tours，leisure，entertainment，shopping，culture function in one.

Key words：Expo Garden；Reconstruction Design；Suzhou & Hangzhou Garden

中国国际园林花卉博览会是目前国内园林花卉行业层次最高、规模最大的盛会，每两年举办一次，至今已成功举办八届。作为园博会的会址，各届园博园几乎都会呈现"会时火爆，会后冷清"的问题，一直以来，园博园的后续利用问题都是业界热切关注的焦点。

1　园林展

近年来，诸如园博会这样的园林展在我国逐渐盛行，各大城市争相举办。作为大型节事活动，园林展不仅能够促进园林花卉行业的发展，还能够带动举办城市和地区的发展。自第五届园博会开始，每届园博会都会在举办城市新建园博园，并于会后保留展园。出于带动城市落后地区发展的考虑，近几届园博会都选址于城市外围欠发达地区。第七届中国国际园林花卉博览会于 2009 年在济南举行，其会址位于济南市长清区大学科技园内，距济南市区约 25km，曾一度发展缓慢，在此建设园博园，同样有带动西部片区整体发展的美好寄望。

纵观各届园博会不难发现，园博会因其展览性活动的性质，所留下的园博园并不适合后续经营使用。展园格局分散、建筑体量小、配套设施不完善等因素，都给园博园的后续经营利用带来一定的困难。随着园博会的日益发展，展览性园林的后续利用问题也已成为建设行业的热点问题。

2　济南园博园面临的问题

时至今日，济南园博会圆满落幕已有 4 年的时间，在此期间，济南园博园的经营可谓日益惨淡，稀少的游人、空荡的园区、破落的展园，这些似乎都无法让人相信当年这里曾经盛况空前。深入分析，笔者发现导致园博园惨淡现状的主要有以下三大问题。

2.1　展园实用性差

园博园内展园设计之初的性质为观赏性博览园，展会过后遗留下许多不实用的场地和景观建筑，为园区后期维护、利用带来了一定的困难。此外，园博园内的土地利用率较低，展园分布相对零散、独立，且自成风格体系，不利于后续的整体性开发利用。由于各省市分别承担展园建设，造成了展园建设水平参差不齐的情况，其中不乏一些精品工程，但经过 4 年的风吹日晒，大部分展园已呈现破败、损坏之势，无法再现当年的精彩。以上种种，都使得园博园内的展园不便于后续利用。

2.2　配套设施不完善

基础的配套服务设施，完善的功能配置是公园景区留住游人的必要条件。由于博览性园林的性质，设计之初并未深入考虑配套服务的问题，使得济南园博园缺乏这样的必备条件。园内配套服务建筑相对较少，游人入园后，基本的购物、餐饮等需求无法得到满足，从而导致游人流失或入园时间短等问题，从根本上导致游人稀少的现状。

2.3　缺少经营项目

园博会期间，园博园的主要功能是国内外园林花卉展示，以观赏功能为主，未考虑游人可参与的游览项目。院内现状仅有一处沙滩能够吸引游客参与活动，其他部分都只能满足游赏参观的功能。园博园所在的长清大学城与济南市区有一定的距离，如果仅靠特色迥异的园林景观，是无法吸引大量游人前往的，只有增加参与性强、引人入胜的游览项目，才能吸引更多游客。

2.4 门票限制

济南国际园博园的门票价格为每人 60 元，封闭性的公园、相对较高的门票价格都将游人"拒之门外"，还时常发生游人破坏围栏，强行入园的现象。近几年，公园绿地免费开放已成为一种趋势，国内大中城市纷纷响应。而园博园设计之初，对后续利用的考虑也将园区定位于开放性城市公园，门票已成为阻隔公园与游人的一道鸿沟。

3 总体改造规划

3.1 改造意义

济南园博园在规划之初，就对后续利用有所考虑，希望会后这里能成为一处城市公园，2013 年济南市决定园博园今后将免费开放，现状展园无法满足游客吃、住、购等多方位的旅游需求。

近年来，济南市民对近郊旅游的需求不断提高。园博园景观优美、交通便捷，坐拥大学城消费群体，如将由观赏为主的展园改造为市民喜爱的城市开放性公园，为周边居民提供游、住、吃、购等于一体的全方位配套服务，将会成为济南近郊旅游的又一目的地，有效地分流现有集中于东南部的旅游客流，提高西部新城的人气，进而拉动提升灵岩寺、五峰山等西部景点，最终带动济南西部的旅游发展。

3.2 改造原则

3.2.1 以景为本向以人为本转换

改造将坚持以人为本的原则，着力完善服务设施，使原有以园林景观为主的展园能够面向更广阔的周边消费人群，满足游客的游赏需求。

3.2.2 以观为主向以用为主转换

丰富经营内容，增强场地的实用性，为游人提供游、吃、购、住等多功能于一体的城市开放空间，坚持以用为主的原则。

3.3 改造定位

改造后的园博园将成为以自然景观、人文特色为依托，集主题游乐、户外活动、餐饮住宿、创意购物、俱乐部会所等多种功能于一体的城市综合休闲园区。

3.4 改造手法

3.4.1 保留园区景观格局

济南园博园是园博会的精华所在，经过四年的积累，园内山水相依、自然植被茂密、景色优美，展园特色各异，融汇各地风土人情。对于园博园的后续利用，不建议拆除重建，那样耗资巨大，浪费了先前的巨大投资，而且往届并无拆除园博园的先例，容易引发社会各界的反对意见。笔者认为改造提升是园博园后续利用的合理方式，保留园区良好的景观构架，整合利用现有各类资源，投资将远小于重建。对园区景观格局的保留，也是留存园博园场地记忆的好办法，有利于改造后园区特色的塑造。

3.4.2 增加服务功能

免费开放后，将会有更多游客涌入园博园，如何解决大量游人的餐饮、购物、住宿等一系列配套服务问题，是园博园改造的重要任务。改造规划充分分析各展园现状特征，串联风格相近的展园，增加配套服务建筑，形成若干组团，结合展园风格，引入餐饮、购物、文化、住宿等休闲功能，使游客在园内可满足吃、住、游等全方位的需求，形成 1—2 日游的游览规模，留住游客，延长旅游产业链。

3.4.3 梳理植物配置

园博园开放已有 4 年时间，园内植物长势茂盛，郁闭度较高，且已形成了稳定的植物群落。由于各地展园大多选用了当地特色树种，造成了园内植物品种繁多、造景手法多样的特点，不利于园区整体植物风格的统一。改造规划将在现状基础上，对植物进行梳理，在适当的位置降低植物密度，形成透景效果，加强园区在景观上与湖面和园外的沟通联系。在植物品种上，用本地常用树种替换长势不好的外地树种，增加槐树、杨树、柳树、法桐等济南地区常用树种，形成园内的骨干树种，并在园内主环路两侧栽植槐树或法桐，形成行道树景观，形成整体统一的植物风貌。

3.4.4 优化交通游线

现有园区已形成完善的交通布局结构，但由于园区一直是凭票游览，筑有围墙，需对交通游线进行一定的优化，才能满足改造后开放性城市公园的需要。保留现有的 6m 宽的主园路，结合展园组团改造，删减、合并现有的游步道。在出入口方面，保留现有的出入口，作为主要出入口，同时面向园区以外的城市道路增加次要出入口，方便更多游人从各个方向进入园区。

4 江南特色组团改造设计

本文以苏州园、杭州园组成的江南特色组团改造为例，详细探讨展园组团化改造的方法。苏州园和杭州园位于传统园林展区南部，总面积约 4613m²，南北相邻，紧邻园区主干道，距离公园南入口仅 200 多米，交通便利（图 1、图 2）。两园同属江南风格（图 3、图 4），改造将其打杂为江南特色组团，保留现有景观格局，串联展园，增加江南风格配套建筑，形成一处江南水街空间（图 5），主要经营茶饮简餐业态，同时融入昆曲、评弹等曲艺文化，营造"小桥流水人家"的醉人意境（图6）。

图1　苏杭园现状平面图

图2　苏杭园现状鸟瞰图

图3　苏州园现状

图4　杭州园现状

图5　江南组图改造平面图

图6　江南组团鸟瞰图

4.1　串联展园

两处展园虽没有明确的界限，但在景观上相对独立，有茂密的植物分隔，无道路连通。改造设计首先通过铺装的连接，沟通两园，串联形成整体空间（图7）。由于同属江南风格，水景则是两园必不可少的造园要素，两园改造前各有一处小水系。蜿蜒的流水是江南园林的特色之一，改造设计将现有的两处水系放大、连通，成为江南组团的主景，所有景观、建筑等均围绕水体展开。

图7　串联展园

4.2　梳理植物

现状植物长势比较茂密，两园向西靠近长清湖沙滩，为方便借景长清湖，园内西部植物不宜过密，改造对低矮灌木进行删减，局部形成透景的效果。铺装场地扩大后，一些位于铺装场地上的现状乔木，则采用树池的形式进行保护，形成舒适的林下空间。

4.3　保留场地记忆

苏州园的民居宅门、水榭曲廊和杭州园的"杭州城标"景墙等园林景观（图8），带有浓郁的江南地域特色，改造设计予以完全保留，旨在突出苏杭地域特色。如苏州园的现状古建榭，因改造后水系扩大成为水榭，与其东侧新增的服务建筑形成对景关系。水榭内可进行昆曲、评弹等江南特色文艺表演，供东面建筑内的客人欣赏，将地域文化融入餐饮功能，为游人营造在醉人景色中品茗赏曲的美好意境（图9）。

图 8　杭州城标景墙

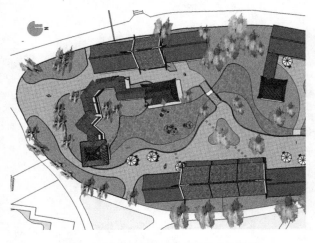

图 9　新增建筑与原有水榭的对景关系

4.4　增加配套建筑

苏州园、杭州园现状建筑均为亭、榭等景观建筑，不适于经营使用，无法满足游人购物、餐饮等功能需要。经过实地勘察，改造设计在两园东部，增加江南风格的配套古建，一层为主局部二层，其中西部新增建筑全部为一层，减少向西借景长清湖的视线阻挡（图10）。

图 10　对景关系效果

4.5　出入口布局

除了现状西侧的两处出入口外，改造设计还在两园的东、南、北部增加了四处不同规模的出入口。其中，杭州园向北结合原有路口与南京园南部形成一处小型集散广场，为今后与南京园的连接留有发展空间。苏州园南部开放形成一处较大的出入口，方便向南与广州园的联系，同时，两园西侧的沙滩区域是园内人气最高的活动区域之一，这一出入口也方便从沙滩方向前来的游客到达。两园东部设计两处较小的工作人员进货通道。

4.6　业态布置

苏杭两园西侧沙滩区域能吸引一定的游客量，但其周围现状没有餐饮、购物等经营空间。考虑到游客的需求，改造后的苏杭两园，在业态上以茶饮、简餐、零售业态为主（图11），整体风格定位于江南特色，可经营苏杭小吃、茶楼、特色手工艺品等内容。

图 11　增加配套建筑

图 12　改造效果图

5　结语

济南园博园的改造期待以最少的投资，盘活整个园区，充分挖掘园区的各种资源，实现各项效益的最大化，使"后园博园时代"的园博园能够重现昔日的盛况，成为济南近郊旅游的又一目的地，最终带动西部新城旅游发展。

本文探索的改造手法，也对今后园博园的规划设计提出思考，展园组团化布局、考虑经营性空间、为后续利用预留发展空间应是园博园规划建设的发展方向。2013年的北京园博会在这方面就有所突破，展园组团化、系列化，建筑布局和设计实用化，在保证展览效果的基础上，为后续经营利用预留更大的空间。

随着社会的进步和行业的发展，以园博园为代表的城市园林将从单一观赏功能向游赏、娱乐、餐饮、购物等多种功能扩展，实现以园养园，形成现代城市的绿色综合体，将各种实用功能融入鸟语花香的绿地中，更好地为百姓服务，圆满园林人心中那绿色的"中国梦"。

作者简介

[1] 刘飞，1975年生，山东济南，园林设计专业，高级工程师，北京林业大学园林专业学士，山东大学建筑专业硕士，济南市园林规划设计研究院副院长、济南园林集团景观设计（研究院）有限公司院长。电子邮箱：design82059311@163.com。

[2] 王志楠，1984年生，山东济南，园林设计专业/助理工程师，山东农业大学园林专业学士，南京林业大学城市规划与设计（含风景园林规划与设计）专业硕士、济南园林集团景观设计（研究院）有限公司，电子邮箱：wangzhinan0692@163.com。

[3] 刁文妍，1984年生，山东济南，园林设计专业工程师，中南林业科技大学园林专业学士，济南园林集团景观设计（研究院）有限公司，电子邮箱：diaowenyan@163.com。

[4] 陈朝霞，1975年生，山东济南，园林设计专业，高级工程师，山东大学建筑专业硕士研究生，济南园林集团景观设计（研究院）有限公司副院长，电子邮箱：Greenscc@126.com。

矿山修复区的旅游规划探讨

——以北京房山区白草畔地区为例

Discussion on Tourism Planning of Mining Rehabilitated Areas

——Overall Planning for Baicaopan Tourism Area，Beijing

刘　岠　江权

摘　要：以北京房山区白草畔地区为例，阐明了该区域从矿山修复区向生态旅游转型的必要性。在系统评价了区域资源特色的基础上，围绕转型方向，对白草畔地区的旅游产品设计、生态保护与开发利用的平衡、旅游空间特色营造以及游览线路组织，系统探讨了矿山生态修复地区的多元化旅游发展途径。

关键词：矿山修复区；旅游区；产业转型；特色营造；房山区

Abstract：Taking Baicaopan mine area in Fangshan district as an example, we expound the necessity of industrial transformation from mining rehabilitated areas to ecotourism areas. Base on the systematic evaluation of regional resource characteristics, this paper carries on an exploration about the diversified developments of mining rehabilitated areas, in terms of tourism product system, balance of ecological protection and recreation development, tourism space characteristic building, etc. encircle the direction of industry transition.

Key words：Mining Rehabilitated Areas；Tourism Area；Industrial Transformation；Characteristics Building；Fangshan District

矿山开发地区的转型一直是学术界关注的问题，中国许多矿业城市多采取整饬、关停等措施促进转型，其中，充分发掘关停矿山的旅游资源是促进矿区及矿业城市发展和延续其社会服务能力的一种有效途径。[1] 目前，我国对矿山生态旅游资源开发的工作刚刚起步[2]，开发类型以矿山公园的形式为主，主要开展遗址观光、科普教育以及主题娱乐等旅游活动。

房山区是北京市重要的远郊游憩地带、生态保护屏障和水源地，目前已经成为北京市重要的生态产业经济空间。然而，房山区也是北京典型的资源型产业发展地区，长期的矿山开采导致房山山区生态环境遭到严重的破坏，自然灾害较频繁。故此，2005 年以来，在北京建设宜居城市目标的指导下，房山区全面启动了矿山生态修复工程，退出传统资源型产业。

然而，随着矿山的关停，房山区的发展也面临着以下矛盾问题：形成新型主导产业尚需一定时日，但关停矿山释放出的大量劳动力亟待解决就业安置；替代产业需要发展用地，但受环境承载力及地形、地质因素制约，矿山的可建设用地又较为紧张。同时，矿山关停带来了交通条件的改善，大大压缩了与北京城区之间的时间距离，房山区内的旅游资源逐渐受到北京游客的关注。在上述背景下，如何抓住机遇，平稳快速地走出转型困境并保障当地村民的利益，成为迫切的问题。

在众多的矿山修复地区中，房山区政府选择了白草畔等地作为试点。矿山关停之前，以煤矿、石板矿为主的采矿业一直是这里的支柱产业，但与其他矿区濯濯童山的状况不同的是，这里自 1993 年起就本着"以黑养绿、以绿兴旅"的思路，严格限定矿区面积，减少开山挖山，

同时利用矿产收益绿化造林，使这里成为房山区生态环境最好的"绿色矿区"，从而具备了较其他矿区更快实现产业转型的可能性。

1　白草畔地区旅游开发的资源-市场分析

白草畔地区幅员 50km²，地属北京房山世界地质公园八大园区之一的"百花山—白草畔生态旅游区"范围内。其中的白草畔景点为百花山主峰，是京西南第一高峰，也是北京地区唯一可乘车直达山顶的旅游景点。这里生态环境优美，国药资源丰富，还拥有独具地方特色的红色文化资源，是北京市政府批准为爱国主义教育基地。

从大的发展环境来看，北京作为首都，聚集着大量的国家级和省部级机构、企业、办事处等。随着国际影响力的提升，世界级的大型机构、企业也将不断入驻，并吸引大量的高端人才，从而带动对郊野游憩和休闲度假的旺盛需求。近年北京郊区县纷纷抢位休闲职能，但低端重复较多，缺乏高品质的休闲度假平台[3]，虽然休闲度假型景区景点较为丰富，但相对于市场需求仍显总量不足。并且，北京周边的生物景观类资源景区以观赏型为主，以丰富的中草药资源为依托的养生度假尚为空白点。

可以说，白草畔地区是目前房山山区旅游资源最好的区域之一。生态奇美、国药资源丰富，这在北京范围内属于垄断资源。此外，红色景点、矿山遗迹、乡土特产以及乡村民俗则体现了白草畔旅游资源的丰富性，使规划区具备多种旅游开发的可能性，有助于打造多种特色旅游产品，形成丰富的产品体系，满足不同细分市场的需

要。根据白草畔的资源情况，在进行"资源—市场"的匹配性分析后认为，生态旅游与养生度假市场是与资源最为匹配的重点产品，其资源的开发应强调深度开发，特别是与时尚、健康、生态相结合，突出体验性。

资源—市场分析矩阵　　　　　　　　　　　　　　　　　　　表1

核心资源 细分产品	森林生态	山地	天象气候	动植物	中草药	红色文化	矿山遗址	民俗风情
大众观光	··	··	···	···	··	···	···	···
生态旅游	···	···	···	···	···	·	·	··
养生度假	···	··	··	··	···	·	·	··
乡村旅游	··	·	·	··	··	·	·	···
商务会议	··	·	·	·	·			··
科普/教育/探险	··	··	·	···	···	·	···	··
文化旅游	·	·		·	··	···	··	···
主题游憩/娱乐体验	·	···		·	·	·	··	··

注：·弱　··中　···强；灰色网格为资源的核心开发方向。

2　白草畔地区旅游规划方案

2.1　开发方向

目前，我国对矿区旅游资源的开发力度不断加强，但是开发类型比较单一，开发模式也以矿山公园为主[2]，主要开展观光旅游。而白草畔旅游开发所依托的四马台煤矿本身只是一个小型的、偏居一隅的乡村煤矿，如果单纯地发展观光、休闲旅游，则很难拥有竞争优势；且其自身优良的生态环境、丰富的人文资源以及大量的国药资源又是周边矿区很难具备的，应以更为多元的形式予以充分利用。

故此，白草畔地区的旅游发展应突出自身资源优势和特色，探索多元化的旅游开发方向。除了依托矿山遗迹展示地方工业文化、开展休闲娱乐活动之外，还可将工业旅游与红色旅游、乡村旅游相融会，将矿山遗迹与国药资源、中华养生文化相结合，将工业遗迹的利用途径更多地导向度假形态，将观光旅游向生态旅游、养生度假和高端旅游进行转变，与周边地区形成差异化的发展。

图1　旅游产品体系结构示意

2.2　旅游产品策划

根据上述分析，规划紧密结合绿色、红色等旅游资源，提出"四色"核心旅游产品，即绿野仙踪、红歌唱响、白草三养、金色乡舍四大类。"绿野仙踪"指的是利用白草畔良好的生态环境，开发的生态观光和山地运动产品；"红歌唱响"是结合《没有共产党就没有新中国》纪念馆、曹火星故居等开展的红色旅游产品；"白草三养"指的是养颜、养身、养心为特色的生态养生旅游产品，并利用煤矿关闭后的矿山遗址，发展以煤矿探秘、矿工体验、中草药养生度假等为主的旅游产品；"金色乡舍"则是乡村旅游产品，包括"最美乡村"、"百草田园"两大部分。

2.3　空间体系规划

白草畔旅游区是在修复矿山的基础上进行建设，对生态的保护与开发建设的合理布局与规模，是设计成败的关键环节。

此外，鉴于房山区矿山生态修复与利用工程涉及全区大大小小几百个矿区矿点，因此其空间规划除全面统筹景区划分并科学地进行游赏组织、注重对废弃矿山遗迹的科学利用之外，因此，需要特别注意与其他同质资源

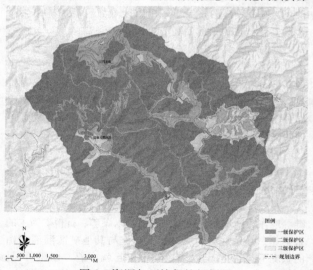

图2　资源与环境保护规划图

的差异化建设以及区域旅游交通系统的构建，使白草畔旅游区既能融入区域游览体系，又能够独树一帜，体现自身特色。

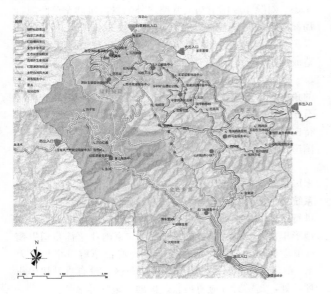

图3　风景游赏规划图

2.3.1　保护体系规划

白草畔区域的生态敏感度高，稳定性差，生态环境较为脆弱。需要在全面保护白草畔生态旅游区资源及整体环境的前提下，进行保护性的开发利用。规划本着"保护为主，控制规模"的发展思路，科学分析确定游客规模和建设规模，确定了年游客量30万人次的旅游规模，以"圈层嵌套、点状发展"的资源保护结构进行保护强度与利用强度的区分，杜绝盲目建设，以期实现生态效益、环境效益、经济效益与社会效益的统一。

2.3.2　旅游空间结构

规划在旅游空间上，呈现"一环连四心，步道通南北，景区分四色"的结构。以"一环"的主要车行游览线来联系旅游区内各景区，在各出入口分置四个旅游服务中心；串接现状山脊上的零散游步道，重点打造一条贯穿旅游区南北的京南花草徒步道，衔接旅游区南入口与五指峰，遥指百花山，打造北京第一条以山地森林生态为特色的高端徒步线路，形成面向青年时尚、康体健身市场的山地运动型产品，力求与"京西古道"齐名。在此骨架上，构建与产品体系相对应的四大特色景区。

2.4　景区特色建设

规划以4大景区、近40个景点形成"突出健康理念、示范生态服务、引领时尚特色、催化多元产业"的发展格局。以矿山遗址的生态重生，展示景区的前世今生，突出"遗址"特色的同时，强调"健康"、"时尚"与"生态"，表明旅游区的生态立场与服务定位。另外，以"多元产业"的产业链延伸为目标，为当地村民的转产转业提供切实可行的丰富渠道，实现"旅游富民"。

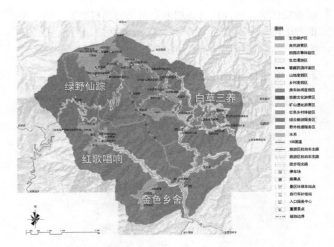

图4　旅游区总体规划图

2.4.1　绿野仙踪景区

绿野仙踪景区以白草畔亚高山草甸、五指峰为空间核心，面积约600.82hm²。依托白草畔松林云海、草甸清泉、珍稀百草等奇绝的生态景观资源，开展生态观光、登高游赏、林海寻踪、山地运动、地质科普等旅游项目。景区采用环线道路封闭、观光车游览的方式，实现秩序游览、游客可控。在地理制高点的"京都屋脊"修建悬空观景平台，完善安全护栏、望远镜等观景系统，满足观四季天象、望云海松涛、眺京城全景的游赏功能。

2.4.2　白草三养景区

白草三养景区位于原四马台煤矿和鲲鹏峡及其周边山体区域，以及原石板矿和金草梁及其周边山体区域，面积约1456.61hm²。该景区主要利用产业转型契机，加强生态环境修复，建设乡村矿山遗址主题公园。并与景区东侧的北直河古银矿联合打造矿山遗址体验精品游。为使景区实现与房山其他矿山遗址景区的差异发展与特色营销，规划依托白草畔丰富的中草药资源，融入中医药文化内涵，开展中医药养生、国学静修、健身徒步等旅游项目。以城市新贵阶层、中产家庭游客为重点，缔造京郊山地度假生活新体验。产品组合注重静态参观、亲身参与和深度体验相结合。

2.4.3　红歌唱响景区

依托曹火星故居等红色资源和堂上村悠久的革命历史，建设党政培训中心、青少年素质托管中心、军训基地、野战游戏营地、自驾车帐篷营地、青少年旅馆、红色景林等，开展红色旅游。摒弃单纯的展示，强调参与性强的旅游项目如扛红旗、吃红粮、红歌大赛、红色观影、军事演练等体验型产品的开发。

2.4.4　金色乡舍景区

金色乡舍景区面积约1842.60hm²。利用大地港村向国道两侧迁出的机遇，依托现有的村民石板住宅、充裕的用地条件、丰富的水源和宜人的小区域气候，开展野趣度假、湿地游赏、田耕体验等旅游项目。利用四马台居民搬迁遗留民房，形成针对高端老年市场的山村颐养小镇，提供养生度假及健康疗养服务。以低密度的以自助式公寓为主、结合老年活动特点引进先进的分时度假系统。

2.5 旅游区道路交通规划

规划主要利用规划区西南侧的108国道沟通周边景区，向南连接霞云岭乡和北京市区，向西连接河北，分别可达十渡景区和野三坡景区，并设计了多条区域游赏线路，以期整体性地融入区域旅游系统。

图5 区域旅游区交通示意图

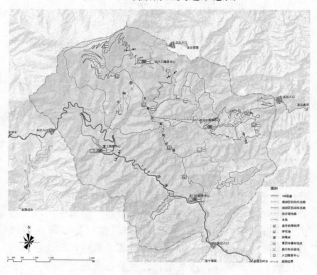

图6 旅游区道路交通图

规划区内部的机动车主干道呈环状分布，串联起各个景区及服务中心，每个景区内部又有次干路衔接，构成

旅游区机动车观光系统。并在四个旅游服务中心各设置换乘点，红歌源换乘点设集中的社会停车场与景区专用停车场，其他换乘点适各设小型停车场和景区专用车停车场。对除108国道与大堂路之外的景区机动车道路施行局部路段的封闭控制，到访游客需换乘旅游区内部的环保车辆进行游览，尽量避免外部车辆对旅游区生态环境造成负担。

此外，规划从霞云岭乡及霞云岭国家森林公园整体的角度考虑，建议将换乘中心拓展至108国道沿线，在下石堡、上石堡、石板台、庄户台等处，设立换乘点，既支持白草畔乃至霞云岭森林公园的交通换乘，又服务于108国道。

生态徒步漫游系统沿山间、草甸、林畔设置，穿越众多风景绝美的地点，通过丰富的路线设计和完善的服务系统，形成开放的公共游览体系。而作为旅游区重点项目进行打造的"京南花草徒步道"，贯穿旅游区南北，经途地形丰富，亦惊亦险，亦舒亦密。"京南花草徒步道"南接旅游区南入口，北至京西南最高峰白草畔，全长1万m。沿途配套高标准的野外救援服务区，设有直升机停机坪5处，提供野外应急搜救、援助、医疗等服务。

3 结语

本文以北京市房山区白草畔旅游区为案例，在把握地域文化与资源特色的基础上，以生态保护为前提，探讨矿山生态修复地区的多元化旅游发展模式，希望为矿山修复地区提供一条产业转型的有效路径。

参考文献

[1] 杨主泉. 矿业遗迹景观资源的开发与保护. 煤炭经济研究，2008.28(9): 14-15, 35.
[2] 李晶，付艳华. 浅议我国煤矿区生态旅游资源. 煤炭经济研究，2012.32(6): 31-32.

作者简介

[1] 刘峘，1980年生，女，北京，硕士，北京清华同衡规划设计研究院有限公司，旅游与风景区规划所，项目经理，研究方向为风景区及旅游区规划，电子邮箱：liuhuanTH@126.com。
[2] 江权，1979年生，男，安徽安庆，硕士，北京清华同衡规划设计研究院有限公司，旅游与风景区规划所，副所长，研究方向为风景区及旅游区规划，电子邮箱：jiangquan96@gmail.com。

城市河道景观修复设计探讨

——以安徽省马鞍山市襄城河河滨公园规划为例

Restoration of Urban River Landscape Design

——A Case Study of Xiangcheng River Park Planning and Design

刘如意　王淑芬　李肖琼

摘　要：当下城市河道在防洪安全、市民游憩、生态稳定等方面都存在诸多问题，亟须对城市河道进行重塑和修复。以马鞍山襄城河河滨公园规划为例，通过案例研究，从景观结构、人文、生态等方面入手，探析城市河道景观修复设计的问题，研究其修复设计的原则和综合策略。

关键词：景观设计；城市河道；襄城河；修复设计

Abstract：Nowadays many problems exist in urban river, such as flood protection, recreational function, ecological stability and so on. It's badly needed to restore urban river. This article discusses the restoration of urban river landscape design, principles and multi-strategies based on the case study of Xiangcheng River Park from aspects: landscape structure, culture, ecological security.

Key words：Landscape；Urban River；Xiangcheng River；Restoration

1　引言

城市河道是一个城市在社会生活、经济发展中重要的元素，是整个城市水体系的母体。同时，它在城市防洪安全、自然生态稳定、文脉传承和市民生活游憩等方面都起着至关重要的作用。但长期以来，由于城市生态基础设施的建设远落后城市经济的发展，城市河道出现了各种问题，比如城市各类污水通过雨水径流或直接排入河流，造成河道严重污染；城市道路建设不顾河道生态安全问题，将生态廊道切断，影响城市活力；为满足防洪要求，盲目将河道直线切割，造成生态系统进一步恶化等[1]。

当下的城市河道已经不能满足市民亲近自然和城市发展的要求，因此，对河道景观的修复设计显得尤为重要和急迫。本文以马鞍山市襄城河为例，通过实践案例研究，探析城市河道景观修复设计的问题。

2　基本概况

2.1　基地现状

基地位于安徽省马鞍山市，介于南京与芜湖之间，地处长江三角城市群顶端，与江苏江宁、高淳、溧水 3 县区接壤。马鞍山襄城河河滨公园在当涂县襄城河绿地景观规划中处于都市人文区段，湖西路南北贯穿基地，把基地分为东西两大块：西侧地块位于县政府北面，以环抱之势围绕县政府，东侧地块与县城商业区毗邻。

现状景观条件恶劣，植被荒化、野草丛生、生活垃圾倾倒及堆积情况严重，部分水体污染，部分变色变臭。范围内建筑基本全部拆离，建筑垃圾堆放，场地破坏严重（图 1）。

水体破碎　空间呆板　环境污染　建筑凌乱　堤坝受损

图 1　基地现状存在的问题

2.2　优势与机遇

在当涂县新城发展前景下，襄城河功能将随城市进一步的发展而发展，承载着人文历史与现代发展的双重使命，承载着当涂上千年的文化积淀。襄城河位于新城区中心地带，区位条件优越，是城市重要的水域环境。当涂县对襄城河发展的高度重视，各部门群策群力，共同打造襄城河生态走廊。

2.3　劣势与挑战

襄城河生态环境敏感度高，整体被主要的交通干道割裂，生态环境容易遭到破坏。现有堤坝防洪能力无法满足城市发展的需求，更多的人民受到洪水的威胁。战略重点北移，北部新城成为新的行政文化中心，襄城河的重要战略地位得到重视。

3　总体规划

3.1　规划目标

综合分析用地现状和城市周边环境，将襄城河河道区域打造成以良好的生态环境为基础，集游憩休闲、文化教育、防洪蕴水等功能为一体的开放型全市性综合公园。通过规划和建设将公园建设自然生态和人文景观完美结合的游憩环境，人们乐于向往的城市开放性绿地，更好地发挥公园对新城区的生态环境、城市景观等方面的重要作用。它应该承担着提升马鞍山副城区形象、加强马鞍山与当涂县空间联系的重任。

3.2 规划原则

3.2.1 解决城市防洪安全问题

现状地势平坦，城市海拔低。现有防洪堤坝为20年一遇的要求，在城市发展的需求和城市安全的角度上讲，需要防洪要求更高的50年一遇的堤坝。传统的角度是将现有堤坝直接硬化提高到50年一遇的标准，这样的处理方式对生态环境和景观都是极大的破坏。因此，从新的角度，提出在20年一遇的堤坝后面堆叠一条50年一遇的堤坝，解决城市安全问题，并提高了河流讯洪时期的排洪能力，增加了城市滨河景观的景观多样性能力。

3.2.2 对现有水塘的利用

基地范围内现有大大小小的水塘链接成带，并且水塘的范围刚好位于20年堤坝和50年堤坝之间。为了充分利用现有资源条件，将现有水塘链接修改为景观湿地。湿地上游开设闸口，链接襄城河。在襄城河讯洪期，打开闸口，增加河流的讯洪能力。在非讯洪期间，将部分城市中水流通到湿地中，对城市中水净化处理。

3.2.3 打造城市标志性景观

整个公园为线性特征，缺乏景观控制中心和场地领域感，因此在公园中设计一个至高性景观建筑，成为新城片区标志性景观。

3.2.4 满足市民的游憩需求

强调城市与绿地的关系的同时，考虑市民的日常休闲需求，修建不同大小的景观节点和广场，为附近的市民服务。通过广场和步行街的设置，增加城市经济发展。

3.2.5 文化的传承发展

马鞍山市具有诗歌文化和钢铁文化，因此在景观创造的同时注重诗意的空间意境的创造和钢铁文化的传播。

3.3 总体布局

综合考虑用地现状、用地性质和城市景观需求，内部用地环境特征，结合景观构思创意，规划形成"一塔聚气，双坝索洪，两带蕴水，边环通城"的景观格局（图2）。

3.3.1 一塔聚气

结合整个公园的线性特征，在用地东部孤岛上设置一座高66米的景观塔——霜月塔。作为整个廊道的景观控制中心，增强整个地块的领域感。

整座塔是一个绝佳的观景点，站在踏塔上俯瞰整个景观廊道，有种统领全局之感。霜月塔作为一座地标性建筑，整体塔身用钢构包裹，寓意马鞍山市这个钢铁之城的发展壮大。使用者不管是从城市的快速路驶来还是从廊道的各个方位遥望霜月塔，都能体会到这座城市与钢铁的不解之缘。在塔脚的周边靠近城市商业区一侧，设置了主要的大型集散广场，并设置大型文化展览馆与霜月塔形成隔河相望之势。

3.3.2 双坝索洪

设计采用双层坝理念，规划根据20年、50年的洪水淹没线，设计两层不同标高的滨河缓冲带，低级岸线在枯水期让人们更加亲水，丰水期蓄水仍具有观赏景观的功能，不仅减少洪峰压力，而且调节环境气候，为动植物提供良好的栖息地。

双坝通过绿化与交通实现过渡与融合，保证最大化的绿量，形成开朗、通透的景观空间。内部以襄城河为轴线，重要景点沿河而设，强化河两岸的整体性，营造开阔、丰富的景观视线。注重河岸景点布置，组织良好对望关系。注重双坝内部的岸线的丰富，处理方式，增强生态性。

3.3.3 两带蕴水

两带是指湖西路公路桥西侧的两条湿地涵水带。双层坝之间的涵水湿地功能分为两个时期，即河流汛期与常水期。当襄城河常水期时，水量较小，关闭与襄城河之间的闸口，将城市中水流入湿地，通过植物的净化功能，进一步对水质进行提升，使其排入河流时，达到排放标

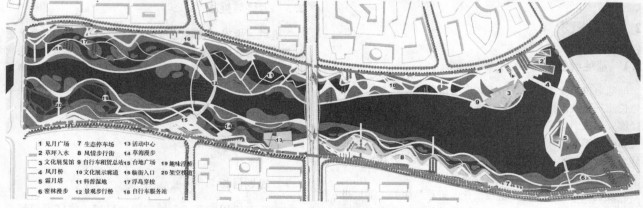

1 见月广场　　　7 生态停车场　　13 活动中心
2 草坪入水　　　8 风情步行街　　14 草海漫步
3 文化展览馆　　9 自行车租赁站　15 台地广场　　19 趣味浮桥
4 风月桥　　　　10 文化展示廊道　16 临街入口　　20 架空栈道
5 霜月塔　　　　11 科普湿地　　　17 浮岛穿梭
6 密林漫步　　　12 景观步行桥　　18 自行车服务站

图2　规划总平面

准。当襄城河达到汛期时，开放上游闸口，将襄城河水流导入湿地，作为缓解襄城河洪水压力的有效缓冲带。

3.3.4 边环通城

加强与周边环境的交融性，充分考虑公园景观与城市街道的相互渗透，建筑群与绿化交互分布，组织疏密有致的空间，保持公园与周边的通透性和连续性。增加湿地靠近城市的休憩小广场，增加休息设施，提供环境舒适、尺度宜人的休闲场所。充分利用坝的外部边缘地带，增强边缘的实用性，在外侧设置休闲服务功能的建筑场所，融合入城市，提升开放性，为可持续发展提供条件。

4 景观规划

4.1 景观层次

滨河公园在景观规划上注重多层次构建，以形成丰富的文化内涵，给游人以多层次的视角享受。主要从以下几个方面来考虑：

水系：主要体现在湿地景观带，构成景观水网，增强其开阔的视域；同时提高景观度和亲水性。

绿带：以襄城河为轴，双坝之间形成中间低两边高的格局。为提高内部与外界的景观共享，结合地形营造台地下层绿化，空间组合以乔木层＋湿地植物层的形式为主，保证绿化覆盖率、植物景观质量的基础上，尽量空出绿化中间层，增强视线通透性。

路网：以双层堤坝上的一级游线为主，结合湿地中穿插的二三级游步道，形成竖向上的错落交通体系。

实空间：建筑、景观构架、小品是突显公园休闲性、文化性和商业性的重要实体空间。景观构架和小品重点融入钢铁文化和诗歌文化要素，增强公园文化内涵和游人参与性。

4.2 分区规划

滨河公园分为入口广场区、密林观景区、文化展示区、湿地展示区、休闲活动区和商业娱乐区六大景区。

4.2.1 入口广场区

位于公园东北角，为公园主入口的重要景区，由主入口广场、环月抱塔、怒江沉碧等景点构成。为满足交通和人流功能集散开辟大型入口广场，通过环月抱塔雕塑形成公园入口的标志性景观（图3）。雕塑采用钢架结构，体现钢铁之意，形态为一轮弯月，表达对诗仙李白的缅怀同时为遥望霜月塔提供了绝佳的观赏视窗。大面积几何形态草坡结合地形高差，逐渐向湖面下沉入水，形成良好的景观效果。

4.2.2 密林观景区

位于公园东部的孤岛和东南角的密林。主要通过乔灌草结合模式打造密林景观，为居民休闲提供私密空间，在密林中立起一座地标景观塔——霜月塔，统领全局。林中穿插着蜿蜒曲折的步行通道，打造安静怡人的景观

图3 环月抱塑景观

氛围。

4.2.3 文化娱乐区

位于公园北面，包括文化展览馆、文化展示廊道等景点（图4），满足人们的文化娱乐和休闲活动。文化展览馆，集中展示马鞍山市的文化和历史。文化展示廊道位于展览馆西面，通过设置景观小品向人们展示当地的文化。同时加强了公园内外景观的交融，在线性上与大桥西面的湿地展示区相呼应。

图4 文化展示廊道

4.2.4 湿地展示区

位于大桥的西面，设计湿地道路纵横交错，将湿地划分出无数小型地块，在地块内种植各种湿地植物用于进行景观展示和植物净化的科普教育（图5）。

图5 湿地植物科普展示

4.2.5 休闲活动区

位于湿地的头部，区内有一个活动中心，活动中心外

城市河道景观修复设计探讨——以安徽省马鞍山市襄城河河滨公园规划为例

侧连接湿地栈道，向内连接城市道路，旁边设有停车位，满足部分停车需求。靠近城市一侧有小型集会场地，满足活动需求空间。

4.2.6 商业娱乐区

区内设置休闲会所、咖啡厅、特色书屋、水吧、茶室等休闲服务性项目。形成风情步行街，满足南侧居住区市民的商业需求，丰富城市夜间生活。

5 专项规划

5.1 竖向规划

规划建筑和休憩、观景设施的布置，根据景观控制要求，通过对地形的塑造形成高差，错台、跌落布置（图6）。

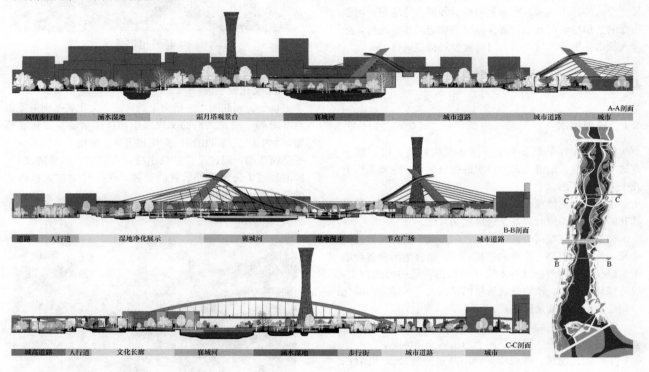

图6 河道剖面示意

道路系统标高的构设根据道路走向，结合地貌形态，顺势而为，做到既满足景观要求，又基本满足道路技术参数要求。游览道结合堤坝建设需求而形成的地形控制，确保平路段纵坡控制应小于3%，设不同步段长的踏步解块，以满足游憩的舒适感。

为满足堤坝防洪的要求和游人亲水的需求，对50年一遇的堤坝严格控制地形高度，升高湿地内水的标高并降低湿地的道路的标高满足其亲水性。在20年一遇的堤坝，确保堤坝的顶面高度的防洪要求，局部有下层的亲水平台，方便游人的观景和亲水需求。

5.2 植物规划

对基地范围内的植物配置主要按不同功能需求营造不同景观氛围：水生植物配置、陆上植物配置和道路广场植物配置。

注重植物景观的立面色彩和季相性动态景观的变化。选择树型美观，色叶富有变化的植物，强调基调树种的作用。在绿化布局上，以边界带状背景林与成片的植被景观为基础，以小片的种植为点缀，在成片的植被种植时，进行色叶木的协调与对比，以形成优美的景观林[2]。湿地内的景观塑造不但要有植物对污水的吸附要求并考虑各个不同的季节变化。

6 结语

在当前普遍重视城市生态、整治河流水体、建设滨河地区的背景下，通过对实例调研分析，我们发现部分城市跨河形态存在着城河关系脱节、两岸缺乏关联、河流特色减弱、生态建设薄弱等诸多问题。在马鞍山市襄城河河滨公园的规划设计中，我们通过对城市河道区域的景观重塑，将城市以河取向、两岸联合设计、提升河道特色、要素综合组织、建立生态与行为复合中心等思路融入整个城市景观修复设计的综合策略，重塑一条自然生态、城市活力和人文景观完美结合的城市河道。

参考文献

[1] 项延足. 温州城市内河生态景观修复技术与应用：[学位论文]. 南京农业大学，2010：7-12.

[2] 陈娟. 景观的地域性特色研究：[学位论文]. 中南林业科技大学，2006：69-72.

作者简介

[1] 刘如意，1987年生，男，河北沧州，北京工业大学建筑与

城市规划学院在读研究生，研究方向为城市生态设计、城市景观规划，电子信箱：ruyi8671@126.com。

[2] 王淑芬，1965年生，女，河北鹿泉，博士，北京工业大学建筑与城市规划学院风景园林学科带头人，副教授，加拿大英属哥伦比亚大学访问学者，研究方向为园林景观规划设计。

[3] 李肖琼，1990年生，女，河北保定，英国谢菲尔德大学在读研究生。

试探雨水景观化再利用的设计流程及水平衡计算

Stormwater Reuse Design Process and Water Balance Calculation

刘雅兰

摘　要：雨水景观化再利用在国内逐渐受到重视，因其涉及水平衡计算和工程性措施，文章试通过对其设计流程、影响因子和水平衡计算的探索，为景观设计人员提供一个较为整体的思路。

雨水再利用包括四个基本要素：收集、处理、储存和分配利用，这四要素也是本文研究雨水景观化再利用设计流程的基础。因为雨水再利用涉及水平衡的计算，因此对于流人的雨水径流和流出的雨水需求计算及相关因素将会以径流系数和径流总量、蒸散量和灌溉需水量的形式加以讨论。

关键词：雨水再利用要素；设计流程；水平衡影响因子

Abstract：Stormwater reuse is becoming increasingly important in China. It involves water balance calculation and structure practices which are kind of the disadvantage of landscape designers. In order to get designers know much more clearer about it，the design process、factors and calculation method are discussed.

Stormwater reuse involves four fundamental elements：collection，treatment，storage and distribution. In this paper，they function as the basis for stormwater design process. Because stormwater reuse is related to water balance，calculations and factors of the main input stormwater runoff and main output water demand will be discussed as runoff coefficient and runoff volume、Evapotranspiration and irrigation demand.

Key words：Stormwater Reuse Elements；Design Process；Water Balance；Factors

引言

城市的发展使大量土地被建筑、道路等不透水介质所覆盖，导致雨水不能有效渗透并被大量排入雨水管道。随着人们对雨水资源的不断认识，逐渐意识到将雨水作为资源而非无用有害之物合理利用的重要性。这一认识的进步同时也促成了雨水景观化再利用及相关措施的发展。

雨水景观化再利用（以下简称雨水再利用）是将雨水可持续利用与景观造景手法相结合，利用自然或人工的景观收集、处理和储存雨水并用于绿化灌溉、景观水体补充等。雨水再利用（Stormwater Reuse）与雨水收集（Rainwater Harvesting）虽然概念相似，但雨水收集主要是指将屋顶雨水等污染程度较小的雨水通过雨水桶、水箱等储存设施加以回收利用，如冲厕、洗车等；雨水再利用系统一般则具有相对大的尺寸，除了收集屋顶雨水还包括其他覆盖面产生的雨水径流，因此，大部分情况需要进行水质处理，并利用滞留池或其他水储存方式对雨水进行收集、储存和循环再利用[1]。雨水再利用的基本原理非常简单：收集雨水径流并储存在再利用池塘（Reuse Pond）或滞留池内，然后抽回再利用。因此，收集、处理、储存和分配再利用作为四个基本要素，也是本文研究雨水再利用设计流程的基础。

本文的研究目的是通过文献综述和结合场地的分析和运用，理解并探索雨水再利用的设计流程和流程中涉及的相关因子；雨水的收集和再利用涉及水平衡计算和

水处理等工程性措施，对景观设计人员而言是相对较薄弱的环节，希望通过了解最基本的计算，能在雨水再利用设计中做到有的放矢，实现雨水景观化再利用的科学性和艺术性。文中的案例是为了能让读者更好的理解计算方法和设计流程，因此对场地的最终设计也只是概念设计而非精确到具体尺寸、具体工程措施的设计。

文章主要包括三部分，第一部分是在雨水景观化再利用四要素的基础上，总结出设计流程图表；第二部分是介绍水平衡涉及因子以及如何计算水平衡；第三部分是选取场地对前两部分内容进行实例运用。

1　雨水再利用设计流程

影响雨水再利用的要素可以分为四类：收集、处理、储存和分配再利用。这四类要素并没有固定的顺序，储存设施可以设置在处理设施之前、之后或者之间。本文研究的设计流程就是基于这四类要素，而且由于末端需求实质上决定了雨水的收集、储存和处理，因此再利用设计的流程是按照水流的相反方向进行的，主要包括：

（1）根据雨水再利用的用途，如不进人绿地浇灌、运动场草皮浇灌等，确定末端用水在水质和水量上的要求，包括水量平衡模拟和雨水处理措施。

（2）针对以浇灌为目的的再利用项目，需初步设计浇灌系统的模式，如滴灌、喷灌等，从而确定灌溉用水量和最大水量。

（3）评估水平衡以保证储存设施的大小能满足末端用水需求。

（4）在上一步基础上，如储存设施在雨水排放系统以外（Off-line），则需要设计收集系统以保证能收集足够的雨水满足储存容量需求。

（5）如果雨水处理设置在储存设施之前，需要根据引水流量（Diversion Flow Rate）设计处理系统；如果设置在储存设施之后，则需要根据分配水流量（Distribution Flow Rate）设计雨水处理设施。

具体流程见图1，从图表中还可以清楚的了解在设计雨水的收集回用系统时应分析和设计的因子——末端需求、水质要求、需水量、储存容量、雨水径流量、污染物类型、储存类型、收集系统和处理系统。而这所有的因子实质都是由场地环境所影响，包括气候、用地类型、下垫面类型和地形。

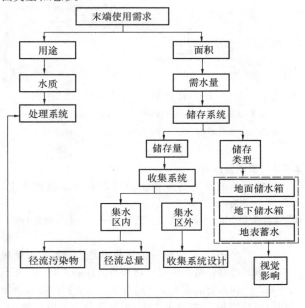

图1　雨水再利用设计流程表

1.1　收集

收集系统收集来自城市河流、雨水管或是地表径流中的雨水，最常见的雨水收集系统为雨水排放系统（Stormwater Drainage System），包括天沟（Gutters）、屋顶雨水连接管（Roof-water Connections）、入水口、地下雨水管道和地表水流路径。收集系统在整个雨水再利用过程中所处的位置主要决定于该储存设施是建设在雨水排放系统之内（On-line）还是远离排放系统（Off-line），如果在排放系统之内，因为雨水直接流入储存设施，所以不需要设计收集系统，雨水可以通过排水管或是植被草沟导入储存设施。在新城发展中，雨水可以通过水敏感设计元素如植被草沟和生物滞留池进行雨水的收集，同时，这些设计元素还可以对雨水进行一定程度的水质处理[3]。

1.2　储存

储存设施的主要功能是平衡流入量和需求量，以实现水供应的可靠性。储存设施可以是专为雨水再利用而新建的，也可以利用现有的，如城市湖泊等；可以是地表蓄水，也可以是地下密封水箱、地上水箱或是地下蓄水

层。地表蓄水设施包括水池、湿地或者传统的位于水道上的堤坝；地下水箱可用于没有足够空间设置地面蓄水设施的小规模项目，如混凝土或塑料的水箱、组件、在小规模的开发项目中可以安置在道路、停车场的地下[2]。

储存设施的设计要素包括：功能、位置、容量、储存类型、溢水道、水质以及针对地面储存设施需要关注的视觉影响。图2所示既是地表储存设施的多功能性，也是其结构组成。

图2　多功能地表储存设施
（资料来源：Department of Environment and Conservation NSW "Managing Urban Stormwater: harvesting and reuse"）

从图中可以看到，该设施功能包括对长期恒定水量的储存（永久储存池）、雨水沉淀、洪水滞留以及对再利用水的暂时储存（再利用水量）。永久储存池如果与地下水相通，则其容量大小受于地下水位影响，特别是在地下水位高的地区尤其需要注意；如果水池周围为不透水界面则可人为规定在某一深度。如果要考虑水池的视觉效果，雨水沉淀功能需要设置在雨水处理系统内。

1.3　处理

收集的雨水通过一定的处理措施达到适合再利用的标准。雨水处理系统设计需要考虑水质要求和水处理技术，《建筑与小区雨水利用工程技术规范（GB 50400—2006）》中规定了雨水收集利用为不同用途的水质指标要求。

在城区进行雨水再利用，项目所在环境决定了雨水径流的质量。城区的雨水径流可能被多种污染物所污染，主要包括泥沙等沉淀物、营养元素、垃圾、重金属、有毒有机物、致病微生物和碳氢化合物。在雨水流入储存设施或是下游处理设施之前，需要通过预处理来移除较大的污染物，如垃圾、有机物和粗沙等。大量悬浮固体、沙子和粗砂石会导致泵和控制设备的过度磨损和堵塞，还可能堵塞灌溉用喷头。因此，灌溉系统的类型也会有助于决定再利用雨水需要处理的程度。同时，为了减少健康风险，灌溉过程中是否需要控制或者限制公众的进入也与水质要求相关。

2　水平衡

水平衡是指雨水径流量（输入）和水需求量（输出）的差值。因为文章主要讨论雨水再利用为绿地灌溉，因此此处的水需求量主要由蒸散量（蒸腾和蒸发）和灌溉需水量决定；雨水径流量则主要由雨水径流系数、平均降雨量决定。若雨水输入量大于输出量，可考虑将多余的雨水作为景观水体补充；若输入小于输出，差值部分则需要采取

其他手段代替，如传统的饮用水补充。

2.1 径流系数和径流总量

径流系数（或雨量径流系数）是指设定时间内降雨产生的径流总量与总雨量之比。雨水—径流过程受场地因素影响，包括：土壤类型、下垫面类型、坡度和汇水面积；其中土壤类型决定土壤渗透系数，不同下垫面（如屋顶、沥青铺装、绿地等）的径流系数不同，坡度影响径流速度，雨水再利用设计需要了解在一定汇水面积内产生的径流总量。对于城区径流总量的计算，可参照《建筑与小区雨水利用工程技术规范（GB 50400—2006）》中不同下垫面的径流系数取值，按照下列公式计算：

雨水径流总量（m³）＝10×径流系数 ×降雨量（mm）
　　　　　　　　　　　×汇水面积（hm²）　　　　（1）

如果集水区位于农村等只有少量不透水下垫面的区域，径流系数则不是一个恒定的值，其取值决定于前述的场地因子——土壤类型、覆盖物类型、坡度和汇水面积，以及暴雨特征。

2.2 蒸散量和灌溉需水量

蒸散（Evapotranspiration，ET）是指植物的蒸腾和土壤的蒸发两个过程共同作用导致的水的散失。环境和生物因素都会影响蒸散作用，主要的环境因子包括太阳辐射、温度、空气干燥度、风和土壤湿度；生物因子包括植被类型、叶子的几何结构和叶子的密度。

对蒸散量的计算大部分方法是运用气象资料估算参照蒸散（ET0），再运用作物系数 Kc 将其转为实际蒸散（ET），其计算公式为：

$$ET = Kc \times ET0 \text{ [5]}$$ （2）

2.2.1 作物系数

在美国，各州的作物系数不同，加州大学经过研究发现：冷季型草能在许多棕地区域存活，如果对其进行60％ET0的浇灌量，则会覆盖该区域；对暖季型草进行40％ET0的浇灌也会有相同的效果。可见，当某地区草坪用草作物系数 Kc 未知的情况下，该研究结果可用于粗略计算草皮的灌溉需水量[8]。

2.2.2 参照蒸散

参照蒸散（ET0）是对灌溉良好的、完全覆盖的、8—15cm 高的草皮的用水量估计。选择合适的计算 ET0 的方法，需要考虑要求的时间步长（Time Step）、场地干燥度、设备成本、操作和维护要求、需要的气候资料的精确度，以及计算结果的精确度。

（1985）Hargreaves 法对 ET0 的计算较简单，只需要温度资料；而且如果温度资料是在干旱或半干旱、没有浇灌的场地测量得到的，该方法计算得出的数据受到的数据影响也较小[4]。（1985）Hargreaves 法主要用于浇灌规划和设计，建议时间步长为 5 天或更长。文章对灌溉需求的计算只要求简单的计算，同时，为了与月平均降雨量以及由此得出的月平均降雨总量保持一致，时间步长设定为一个月。因此，文章选择（1985）Hargreaves 法作为灌

溉需水量的计算。菲尔德大学设计的 DAILYET 计算软件（图3），通过利用传统气象站收集到的温度数据计算某一特定场地每天和每月的参照蒸散量 ET0（mm）[7]。

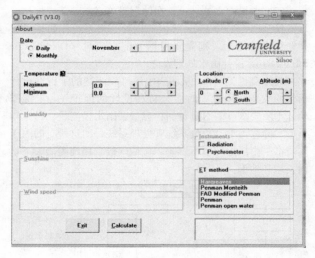

图 3　ET0 计算器——"DAILYET"
（资料来源：http：//www.cranfield.ac.uk/sas/naturalresources/research/projects/dailyet.html）

2.2.3 灌溉需水量

草坪用草的灌溉需水量由蒸散量和灌溉面积决定，其计算公式为：

灌溉需水量（m³）＝0.001×蒸散量（mm）×灌溉面积（m²）
　　　　　　　　　　　　　　　　　　　　　　　（3）

公式（2）中对蒸散量的计算并不太适用于某一景观用水需求的计算，精确景观植物种类的作物系数 Kc 也不大可能，景观植物的需水量更适合于表示为：保持植物外观和预期功能所需要的水占 ET0 的百分比。研究发现，当灌溉用水为 20％ET0—80％ET0 时，许多广泛使用的乔木、灌木和地被植物都能保持其在造景中的审美和功能价值，而且大部分测定的植物需水量在 20％ET0—50％ET0 之间；对于需水量未知的非草皮景观植物类型，则建议将其初始灌溉需求设定为 50％ET0；上述百分比计算法近适用于已经生长良好的植物，并不适应于新栽的植物[9]。

3　场地雨水景观化再利用的设计

3.1　场地选址

文章选择青岛作为研究对象：青岛年均降雨量为687.2mm，春、夏、秋、冬四季的降雨量分别占总降雨量的14％、58％、23％和5％。可以看出青岛符合《建筑与小区雨水利用工程技术规范（GB 50400—2006）》中运用收集回用系统的条件：宜用于年均降雨量大于 400mm 的地区；降雨量随季节分布均匀或用水量与降雨量季节变化较吻合。

因为做该研究时，作者仍在弗吉尼亚理工大学进行交换学习，因此不方便在青岛找到实际场地进行研究，便选择了

风景园林规划与设计

美国佛罗里达州奥兰多的 Winter Park 作为研究场地。除了利用 Winter Park 在汇水面、下垫面类型和用地类型方面的信息，降雨量、温度等气候数据仍使用青岛的资料。

3.2 场地分析和设计

场地集水区面积为 5236.46m²，其中不透水覆盖面为 4600.23m²；下垫面类型包括屋面、停车场、道路、绿地和水面；从汇水面收集的雨水被用于场地附近的草坪灌溉，其面积为 428.42m²；雨水通过地面水流和地下雨水管道进行收集（图 4）。

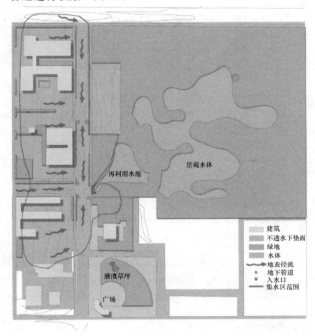

图 4 场地集水区分析

根据设计流程的四大要素，将场地分析分为两部分：四大要素的顺序排列和功能分析、水平衡计算。

3.2.1 四大要素及其功能分析

（1）末端水质需求：该场地的雨水通过喷灌系统回用于草地灌溉，需要对雨水进行泥沙和有害物质的处理。

（2）集水区水质现状：场地汇水面大部分被不透水下垫面所覆盖，包括停车场、屋顶和道路，因此，雨水中的重金属和碳氢化合物（燃料和石油等）含量较高。

（3）储存类型：地表蓄水，需要考虑视觉效果，因此沉淀池不能设置在蓄水池中，而应作为处理系统的一部分，在储水前便得到沉淀。

因此，四大要素的顺序为：收集、处理（泥沙、重金属和碳氢化合物）、储存和回用，其中蓄水池的功能包括：永久性水池的景观功能、回用水的储存和暴雨滞留功能。

3.2.2 水平衡

（1）径流系数和径流总量

场地下垫面类型包括：屋面、混凝土和沥青停车场、混凝土和沥青道路、绿地和水面。参照《建筑与小区雨水利用工程技术规范（GB 50400—2006）》，前三类不透水下垫面的径流系数均为 0.8—0.9，因此，下垫面类型被分为三类：不透水区域、绿地和水面，其各自的径流系数如表 1 所示；结合月平均降雨量并按照公式（1）可得月径流总量，如表 2 所示。

（2）蒸散量和灌溉需水量

运用"DAILYET"计算器和青岛的温度数据，得到每月蒸散量 ET；结合灌溉面积再根据公式（2）可得到灌溉需水量，如表 3 所示：

表 4 数据为径流总量、灌溉需水量和水平衡。因为植物的生长季节为 3 月到 9 月，因此灌溉需求集中在这一阶段。从表中可以看到 7 月到 9 月的径流总量能满足这期间的灌溉需求，而 3 月到 6 月则需要通过其他方式加以补充代替。

下垫面面积及径流系数　表 1

下垫面类型	面积（m²）	径流系数 Ψ_c
不透水区域	4717.23	0.8—0.9
绿地	496.62	0.25
水面	22.61（忽略）	1

青岛月平均降雨量和径流总量　表 2

月	1	2	3	4	5	6	7	8	9	10	11	12
月均降雨量（mm）	10.5	10.7	19.9	35.7	43.7	82.2	160.5	153.4	90.6	40.3	25.3	14.4
径流总量（m³）	41.0	41.7	77.6	139.2	170.3	320.4	625.6	597.9	353.2	157.1	98.6	56.1

青岛月平均最高、最低温度，蒸散量和灌溉需水量　表 3

月	1	2	3	4	5	6	7	8	9	10	11	12
最高温度（摄氏度）	2.8	4.6	9	16	20.3	23.7	27.1	28.4	26.3	19.8	12.3	6.7
最低温度（摄氏度）	−3.3	−1.9	2.3	7.9	13.2	17.8	22.2	23	18.9	13.1	5.9	−0.5
蒸散量（mm）	21.5	28.4	50.4	77.5	106.6	109.9	112	110.2	89.2	62.9	36.2	23.2
灌溉需水量（m³）	71.8	94.8	168.2	258.6	356.7	366.8	373.8	367.8	297.7	209.9	117.5	77.4

月	1	2	3	4	5	6	7	8	9	10	11	12
径流总量 m³	41.0	41.7	77.6	139.2	170.3	320.4	625.6	597.9	353.2	157.1	98.6	56.1
灌溉需水量 m³	71.8	94.8	168.2	258.6	355.7	366.8	373.8	367.8	297.7	209.9	117.5	77.4
水平衡 m³	−30.8	−53.1	−90.6	−119.4	−185.4	−46.4	251.8	230.1	55.5	−52.8	−18.9	−21.3

3.2.3　讨论和概念设计

径流总量变化和灌溉需求变化引起蓄水池水位的浮动。水位的浮动可能会阻碍植物的生长，而这些植物是控制水质的有效措施，同是也对视觉产生影响。为了解决这一问题，一种办法是降低浮动的程度，另一种办法是适应这种浮动。本案中，降雨有明显的季节性，因此应选择适当的措施以适应水位的浮动。

第一种方案是运用漂浮植物床（Floating Vegetated Mats）。漂浮植物床浮在水池或是湖泊等水面上能随着水位的浮动而上升或是下降，在进行水处理的同时解决视觉问题[10]；

第二种方案是利用水生植物和两栖植物的特性，并根据常水位和再利用最高水位进行蓄水池植物设计以适应水位变化，即通过确定蓄水池的常水位和最高回用水位，在常水位栽植水生植物，在最高回用水位和常水位之间栽植两栖植物，如图5所示。

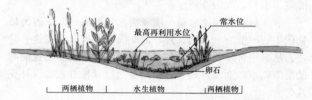

图5　蓄水池植物设计剖面（未按比例）
（资料来源：作者自绘）

结语

雨水的景观化再利用是对城市雨水进行可持续管理的措施之一，运用景观手段收集回用雨水可以充分利用雨水资源，减少对可饮用水的使用；减少排入市政管道的雨水量，避免管道溢流；还能降低雨水径流中的污染物含量。

景观设计人员在水平衡计算和工程性措施方面知识的不够全面，使得对雨水再利用的设计往往缺乏科学性；同时雨水再利用具有多学科性，本文的最终目的是希望景观设计人员在了解了基本流程、影响因子和基本计算的基础上，能与工程师等更好的合作，推动雨水再利用以及城市雨水管理的发展。

参考文献

[1] Florida Field Guide to Low Impact Development. Stormwater reuse.

[2] SEQ Regional Water Supply Strategy. Review of Use of Stormwater and Recycled Water as Alternative Water Resources.

[3] Department of Environment and Conservation NSW. 'Managing Urban Stormwater: harvesting and reuse'. Belinda Hatt, Ana Deletic, Tim Fletcher. Integrated Stormwater Treatment and Reuse Systems-Inventory of Australian Practice.

[4] George H. Hargreaves, F. ASCE1, and Richard G. Allen2. History and Evaluation of Hargreaves Evapotranspiration Equation.

[5] Paul W. Brown. AZMET Evapotranspiration Estimates: A tool for improving water management of turfgrass.

[6] Southwest Florida Water Management District. Stormwater Ponds. A citizen's guide to their purpose and management.

[7] DAILYET- Evapotranspiration calculator, http://www. cranfield. ac. uk/sas/naturalresources/research/projects/dailyet. html (16 Nov. 2012)

[8] Estimating Turfgrass Water Needs. <http://ucanr. edu/sites/UrbanHort/Water _ Use _ of _ Turfgrass _ and _ Landscape _ Plant _ Materials/Estimating _ Turfgrass _ Water _ Needs/> (16 Nov. 2012)

[9] Estimating Water Needs of Landscape Plants and Entire Landscapes. http://ucanr. edu/sites/UrbanHort/Water _ Use _ of _ Turfgrass _ and _ Landscape _ Plant _ Materials/Estimating _ Water _ Needs _ of _ Landscape _ Plants _ and _ Entire _ Landscapes/ (16 Nov. 2012)

[10] Martin County Community Redevelopment Agency. Stormwater Design Toolkit: Sustainable Stormwater Update to the Community Redevelopment Area.

作者简介

刘雅兰，同济大学建筑与城市规划学院景观规划设计专业，在读硕士研究生。

河谷阶地陡坎的景观规划方法探索

——以山西临汾涝洰河项目为例

Exploration of Landscape Planning Method of River Valley Terrace Scarp

——Taking Shanxi Linfen Lao Ju River Project as an Example

刘志芬

摘　要：临汾涝洰河项目是继汾河治理之后对近 20 公里长的河流及其两岸进行景观规划。项目承载了一个良好契机——河流冲蚀和地质变化的长期作用形成了河谷阶地陡坎特征，记录下河流在场地上的印记。如何处理阶地的陡坎界面将成为项目的核心难点。结合"生态治理"和"特色营造"的规划目标，本文重在阐述如何利用陡坎界面，寻找防护与景观的最佳结合点。本文将以景观的保留、保育、利用、改造、提升为原则，探索大尺度下陡坎的规划方法，希望对下一步设计和类似项目提供指导。

关键词：涝洰河；河谷；陡坎；景观

Abstract：Lao Ju River master plan is another project of a river which is nearly 20 kilometers long and the landscape alongside since Fen River ecological management in Linfen. The project takes a good chance：Long-term effects of river erosion and geological changes form the valley terrace scarp features，which reflect the history of the site. How to deal with the scarps interface will become the core difficulty of the project. For the aims of ecological management and feature sculpture，the paper will focus on how to use the interface of scarps and find a best way to combine the protection and the landscape. The paper aims to find methods of the scarps of the large scale and provide the guidance for the next design or the similar cases in the principles of protection，preserve，usage，transformation and improvement.

Key words：Lao Ju River；Valley；Scarp；Landscape

1　项目背景

继临汾市汾河治理及两岸绿化工程初见成效之后，城北涝、洰河的生态治理及其两岸的景观规划承载了一个良好契机。

基地位于临汾市尧都区城北偏东位置，东至 108 国道，西至汾河，由涝河、洰河交汇成涝洰河向西并入汾河，河道总长度近 20km。不同于平原城市的河道环境，河流冲蚀和地质的长期作用形成了项目特有的河谷阶地地貌，规划河流则位于与市政标高具有不等落差的阶地陡坎中。项目景观规划总面积约 756hm²，包含阶地陡坎、河流河漫滩区域以及部分陡坎以上的区域。

涝洰河近邻汾河景观带，并且将作为临汾市北部新区未来发展赖以依托的环境基底，"还蓝铺绿"是项目的基本目标。在河流及其两岸景观风貌的定位上，委托方希望该项目区别于汾河大气的"城市客厅"形象，而更应体现生态、更具地域特点及反映河流本身特色。

通过对基地的判读，笔者认为项目河谷阶地的特点承载了一个重要契机：陡坎的地貌特征使项目拥有从城市界面向下鸟瞰河谷的特别视角。如果能充分利用陡坎的视点优势，处理好陡坎的景观界面，此地将非常有潜力被塑造成一个嵌入在临汾土地上的、拥有立体景观的河谷公园。同时，在对河流进行生态整治、还河流以健康面貌的主题中，基地陡坎以其鲜明的存在方式间接阐述了河流流经该地的故事，是具有场地记忆、可以见证河流演变历史的最好证据。

因此，根据委托方的需求、定位与愿景，结合基地独特的环境条件，如何利用并发挥陡坎的景观特色，通过分析其成因、地质影响，寻找功能防护与景观营造的结合点，如何在巨大规划尺度下和庞大基础数据库中探索陡坎的处理方式，将成为该项目中平行于河流治理的一个重要研究部分。笔者将结合在该项目中所做的相关研究工作，探索此类项目陡坎的景观规划方法。

2　陡坎研究

该项目是景观规划层面，巨大的基地尺度和绵延数十公里不规则分布的陡坎对制定一对一的解决方案形成阻碍。为了探索更科学、更具有指导意义的陡坎景观规划方法，制定了研究框架（图1）。

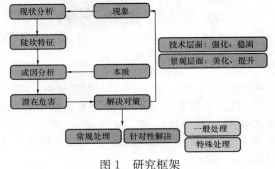

图 1　研究框架

2.1 陡坎特征与分析

现状陡坎主要分布在涝河段及沣河段。其中涝河段较为连贯顺畅，沣河段因局部地区的开发呈片段化分布。陡坎特征可概括为：分布广、高差大、变化多、坡度陡、绿化少，局部地区的陡坎由于地表径流侵蚀，出现"沟壑状"纹理，形成土地松动的倾向，存在地质上的安全隐患。当然，陡坎也有可利用的优势点，比如：视线好、观景佳、变化丰富、立体感强，具有"黄土高原般"的辽阔风貌，局部地区的陡坎呈现多层台地的地貌痕迹以及在陡坎坎壁筑巢的沙燕窝景观。在沣河上游的一处陡坎坎面上，还因早先的砖窑形成了一个巨大的地坑。这些都是被赋予在阶地陡坎上的特征，并与未来的景观规划节点形成关联。

项目试图从测绘图庞大的数据库中提炼出陡坎的指标特征。具体方法是：对基地内的陡坎进行 250—300m 间距的取样研究，共形成 100 个反映陡坎参数（高度及坡度）的数据模型集合，该模型可以体现陡坎的剖面形态特征及分布规律（图2、图3）。

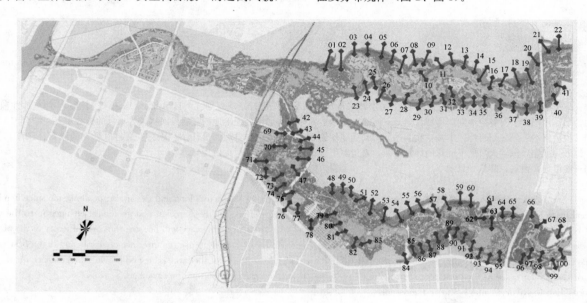

图2　陡坎取样

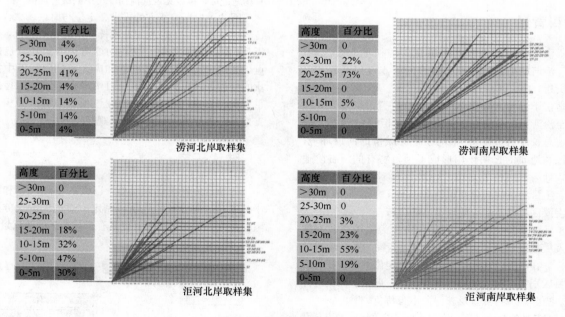

图3　陡坎数据模型集合

将四组模型叠加，可以分析得出如下结论：高度上，涝河两岸陡坎多为 20—30m 区间内，沣河两岸多为 5—20m 区间内；坡度参数上，陡坎坡度在 2/3 到 22/5 之间，其中 95% 的坡度在 5/9 到 2/1 之间。将陡坎按照参数进行归类划分（图4）。

2.2 陡坎成因及危害

河谷是河流流经线状延伸的凹地，由河水侵蚀冲刷而成，主要包括谷坡和谷底两部分[1]。阶地是由于剥蚀、堆积和地壳抬升运动而形成的阶梯状地貌[2]。河流演变

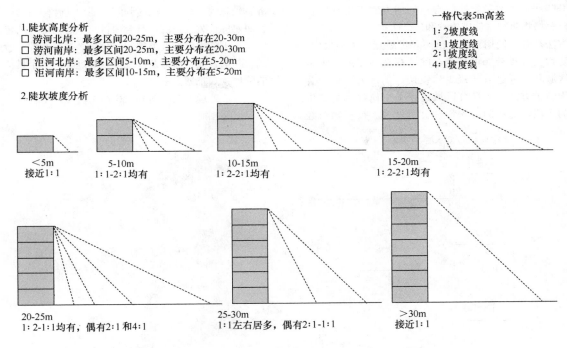

1.陡坎高度分析
☐ 涝河北岸：最多区间20-25m，主要分布在20-30m
☐ 涝河南岸：最多区间20-25m，主要分布在20-30m
☐ 汜河北岸：最多区间5-10m，主要分布在5-20m
☐ 汜河南岸：最多区间10-15m，主要分布在5-20m

2.陡坎坡度分析

一格代表5m高差
------ 1：2坡度线
------ 1：1坡度线
------ 2：1坡度线
------ 4：1坡度线

<5m
接近1：1

5-10m
1：1-2：1均有

10-15m
1：2-2：1均有

15-20m
1：2-2：1均有

20-25m
1：2-1：1均有，偶有2：1和4：1

25-30m
1：1左右居多，偶有2：1-1：1

>30m
接近1：1

图4　陡坎区间分类

过程中，河谷两侧的谷坡常因地壳的上下运动伴有河流阶地的发育形成，阶地斜坡即为我们看到的陡坎。

临汾市普遍分布褐土，具有湿陷性特征。由于临汾雨季集中，林地覆盖率低，因此水土流失现象严重。引发陡坎地质灾害主要有几个方面原因：主要外营力是瞬时暴雨及强降雨的侵蚀，高渗流构成的地表径流冲蚀，切割陡坎湿陷性土体；主要内力是新构造运动，如地震、地壳抬升带来的陡坎崩裂、塌陷、倾翻；主要内因是由于土壤结构疏松、垂直节理发育，陡壁裂隙以及遇水的湿陷下沉特征，陡坎高落差与大坡度也是土体结构不稳定的诱因；主要外因表现为人类的建设干扰，如：毁林开荒、陡坡耕种导致的植被覆盖率下降，不合理开发、施工、堆放等；还有其他方面的影响，如缺乏植被的生态修复，植被结构不合理导致的强径流。以上这些因素中，只有内力因素是不可抗拒的，其他因素都是可以通过相应的方法降低水土流失率，稳定土体甚至提升其结构稳定性的。

3　陡坎处理模式探索

针对成因分析，陡坎处理的基本原则是："自身处理"和"外部结合"同步进行（图5）。"自身处理"指保留美化、结合利用、修复提升，即对陡坎景观适地适度地进行保留，并予以景观氛围的塑造和美化；利用陡坎高差形成绿色退台景观界面或依托坎面创造人文景观（如项目中结合节点设计陡坎攀岩体验、陡坎巨幕演绎等）；针对陡坎的高度、坡度、所处位置和周边环境予以不同方式的治理修复，提高其安全稳定性。"外部配合"指截流排水、圈地保育、控制行为，即突破陡坎界面，做好坎上坎下的防护工作。坎上做好截流排水，减少对陡坎边缘和坎面的径流侵蚀；存在严重安全隐患的陡坎周边应圈地防护，并种植保育林带固土护坡；严格控制陡坎附近的建设行为，预留足够的安全缓冲区。

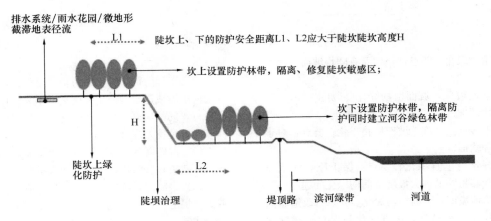

排水系统/雨水花园/微地形
截滞地表径流

L1

陡坎上、下的防护安全距离L1、L2应大于陡坎陡坎高度H

坎上设置防护林带，隔离、修复陡坎敏感区；

坎下设置防护林带，隔离防护同时建立河谷绿色林带

H

陡坎上绿化防护

陡坝治理

L2

堤顶路

滨河绿带

河道

图5　陡坎的自身处理和外部保育

提升陡坎及陡坡稳定性的常规处理方式有工程防护（硬措施）、植物防护（软措施）和生态防护（结合措施）。这三类方法都有其使用对象、范围、优缺点。本项目中，考虑到陡坎大规模分布的特点，除了存在高度地质灾害隐患的区域和靠近已有或规划建设用地的区域需要结合采用工程防护方法，大部分区域建议采用植物修复和生态防护的手段，这样的陡坎治理针对性强、投资相对经济、景观效果也好，同时其防护能力是伴随植物的保育生长而发挥长久效益的，符合项目"生态治理"的定位。

基于陡坎数据模型的归类分析，提出6种一般处理模式，并结合项目河道及景观规划节点提出7个具体情境下的陡坎景观规划方案。

一般处理模式（图6、图7）：

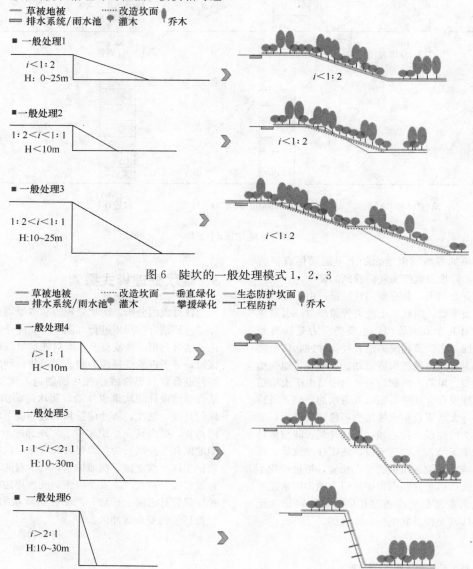

图6　陡坎的一般处理模式1，2，3

图7　陡坎的一般处理模式4，5，6

（1）保育植物绿化。要点：保留原有陡坎坡面，建立复层结构的植物护坡。

（2）平缓坎面坡度，坡面植物绿化。要点：适当处理土方以缓和坎面坡度。

（3）分级平缓坎面坡度，坡面植物绿化。要点：对于高陡坎分级处理坎面。

（4）攀缘绿化与垂直绿化。要点：保留原有陡坎坡面，直接运用爬藤植物处理大坡度坎面的绿化问题。

（5）平缓坎面坡度，坡面植物绿化。要点：改造坎面地形，构建复层水平种植带，垂直绿化与保育植物绿化结合。

（6）工程防护结合生态防护。要点：陡坎高度高、坡度大使削坡或退台做法工程巨大，不易操作；生态防护便捷可行，局部加以工程防护强化陡坎稳定性。

特殊情境处理（图8）：

（1）湿地高台节点。要点：保留陡坎坎壁特色，锚固土体，栽植垂直绿化，形成天然观景台。

（2）水岛"天坑"和退台酒吧街节点。要点：依托坎壁做分层退台建设用地，利用坎面砖窑地坑做成"天坑"景观建筑。

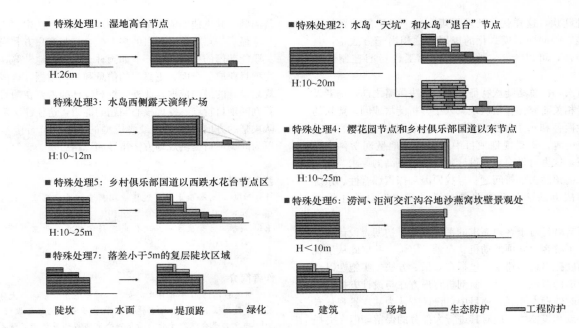

特殊处理1：湿地高台节点
H:26m

特殊处理2：水岛"天坑"和水岛"退台"节点
H:10~20m

特殊处理3：水岛西侧露天演绎广场
H:10~12m

特殊处理4：樱花园节点和乡村俱乐部国道以东节点
H:10~25m

特殊处理5：乡村俱乐部国道以西跌水花台节点区
H:10~25m

特殊处理6：涝河、汜河交汇沟谷地沙燕窝坎壁景观处
H<10m

特殊处理7：落差小于5m的复层陡坎区域

█ 陡坎　█ 水面　█ 堤顶路　█ 绿化　█ 建筑　█ 场地　█ 生态防护　█ 工程防护

图 8　陡坎的特殊处理

（3）露天演绎广场节点。要点：工程锚固结合生态防护，利用坎壁界面形成露天演绎和激光秀的天然背景。

（4）樱花园节点和乡村俱乐部节点。要点：利用陡坎做成入口广场，通过工程锚固结合生态防护形成建设用地安全稳定、景观优美的绿色背景。

（5）跌水花台节点。要点：将凹凸坎面改造成退台式种植带，配合垂直绿化全面造景。

（6）沙燕窝节点。保留坎壁上的沙燕窝景观，坎上绿化美化，坎下绿化防护，结合观看场地设计。

（7）落差小于5m的复层陡坎区域。要点：人可达区域，利用陡坎间带状平台添加简单场地；人难于到达的区域，按照"退台式种植＋垂直绿化"进行景观美化和植物修复。

4　陡坎的绿化修复与保育

陡坎绿化修复的目的在于固土护坎、美化坎面。坎面的处理方式以垂直绿化式和分层退台式为主。垂直绿化式是藤本、灌木为主的绿化方式，依据垂直绿化的植物类型可细分为攀缘性、下垂性、悬崖、附着。分层退台式需改造陡坎，形成可以滞留雨水的水平种植带，各层台面种植形式灵活，以草本、藤本、灌木、小乔木为主的绿化方式（图9）。陡坎前缘以草本、藤本、灌木为宜。

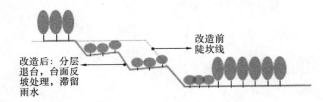

图 9　陡坎的分层退台改造

常见垂直绿化推荐树种有：攀缘型的常春藤、爬山虎、蔓生凌霄；下垂型的石竹类、常春藤类、匍匐福禄

考；悬崖型的胡枝子类、连翘、迎春；附着型的景天类、虎耳草、四季秋海棠等。

陡坎的外部保育主要通过在陡坎坎面以上和陡坎坎脚处设置隔离保育林带。保育林的树种选择以适宜褐土的地域植被和具有较强根系固土的植被，以保证林带健康长久地生长和提高陡坎土壤结构的稳定性。适宜褐土的自然植被，如以洋槐、柏树等为代表的干旱明亮的林木以及酸枣、荆条、茅草为代表的灌木。基地内现有长势良好的杨树、旱柳、臭椿等也是很好的选择。

此外，植物绿化结构也是决定陡坎稳定性、减缓水土流失的主要层面。单有地被草本不利于陡坎的长久稳定，但只有上层乔木林没有地被草本的覆盖也无法削弱径流的侵蚀影响。因此，其生态修复与稳固的最优组合是"地被草本＋灌木＋乔木林"的复层绿化结构。

5　总结

涝汜河项目为笔者提供了一次河谷连同河流进行整体景观规划的机会，而涝汜河在河流发育过程中又形成了基地特有的阶地陡坎特征。从景观规划的角度，从尺度规模角度，从"生态整治"、"特色营造"的角度，笔者有以下几点认识和感悟。

首先，对于大尺度、无规律的现状陡坎，怎样提炼出具有针对性的处理措施。项目组最终讨论出一个思路——根据基础数据的等概率抽样得出现状陡坎的特征群，并对其进行归类分析。让数据说话可以将分析对象具体化，从而提出具有针对性的措施和建议。由于知识结构和技术水平有限，项目中的数据仅通过人为方式进行整理，如果可以借助软件分析技术，想必将得出更全面精准的数据模型集合。

在获得了现状特性并进行分类之后，就可以针对不同的类群给出相应的解决方案了。相当于对每一个特征区间的陡坎提出处理模式，这种模式适用于该区间内的每一处陡坎，这样就把处理无规则的"点"的问题转变为"线"的问题。模式化的规划方法相当于方法论，具有指导性，可以为下一阶段的设计工作指明控制性的方向。

其次，在总结陡坎特征、探索解决策略之前，笔者做了大量相关研究：包括从现象入手分析陡坎成因，陡坎的地域性侵害和水土流失问题的影响及成因，陡坎的常见防护措施等。景观规划项目中越来越多地呈现学科交融的特征，这也对景观规划设计师提出了更高的要求，应从更多元的角度去剖析问题、寻找原因和探索综合性、系统性的解决办法，而不单就景观说景观或者只关注景观形式。

再有就是对于客户需求的考虑。项目初期，设计师需要充分了解客户立项的动机、愿景、定位，并据此从景观专业角度提出合理建议，包括在效果、方法、实施性以及造价方面的考虑。而且，应剖析客户方在与设计方持有不同观点时的根本原因。项目中，设计方认为陡坎景观具有地域特点和震撼性，应对其进行大部分的保留，但在委托方和当地人眼中陡坎只是裸露的、生态脆弱的是荒辽地。因此，设计师需要站在当地人面对日常生活的角度来看待问题，并把他们的愿景整合到规划设计想法中。

最后一点，就是项目的多方配合。与客户方和当地相关职能部门的积极沟通——如园林、水利、地勘等，都能为项目获取更全面、更真实的信息和基础数据，这些都是规划设计的最强依据。此外，景观设计师需要在项目中培养判断项目特点、提炼核心问题的能力，这往往决定着团队攻坚的方向以及项目最终成型的独特性。希望本文可以为同类项目提供规划方法指导和思路启发。

参考文献

[1] 刘敏，方如康主编. 现代地理科学词典. 北京：科学出版社，2009：71.
[2] 刘敏，方如康主编. 现代地理科学词典. 北京：科学出版社，2009：72.

作者简介

刘志芬，1985年8月生，女，本科就读于北京林业大学学习园林专业，硕士就读于北京林业大学学习城市规划与设计专业，2011年7月至今就职于北京清华同衡城市规划设计研究院有限公司，现任风景园林一所设计师，从事景观规划与设计工作。

风景园林规划与设计

大城市边缘区景观空间特征研究的理论框架初探

A Preliminary Study on the Theoretical Framework about the Landscape Space Characteristics in Urban Fringe Areas

龙　燕　王燕妮

摘　要：本文围绕大城市边缘区的景观空间特征进行研究，梳理了大城市边缘区和风景园林学视角下景观空间的核心概念及二者的内在联系，作为认知大城市边缘区景观空间特征的基础，以协调人与自然的关系为目标导向，从释义、确定视角和解读三个方面探讨大城市边缘区景观空间特征研究的理论框架。探寻不同历史时期大城市边缘区景观空间各自然物质要素的构成形态特征，为有效保护和恢复人类生存所需的户外自然境域和如何规划设计人类生活所需的户外人工境域提供一个新的认知途径。

关键词：大城市边缘区；景观空间；特征；理论框架

Abstract：This paper focuses on the issues of landscape space characteristics in urban fringe areas, presenting the core concept of landscape space characteristics from the perspectives of urban fringe areas and landscape architecture, and the internal relations between them. As the foundation of the cognition about landscape space characteristics in urban fringe areas, it discusses the theoretical framework about the landscape space characteristics in urban fringe areas from the perspectives of definition, view and interpretation, with the goal orientation of coordination between human and nature. It also explores the morphological features of natural substances from landscape space characteristics of urban fringe areas in different historical times, thus offering a new approach to effectively protect and recover the outdoor natural environment which is a critical need for human survival, and to design the outdoor artificial circumstance which is needed for human life.

Key words：Urban Fringe Areas；Landscape Space；Characteristics；Theoretical Famework

1　缘起

刘易斯·芒福德在《城市发展史》中谈道：空中俯瞰大的城市，原先的老城已经完全看不见了，原来城市与乡村之间鲜明的区别已不复存在了。对于大城市的边缘地带，除了自然界组成的地貌之外，其余的都是茫茫一片，认不清它究竟是什么形状。城市边界地带对于城市而言，是"最大的活的器官"，如同城市的皮肤一般。如果说城市的边缘区是城市的"外部皮肤"，那么边缘区景观空间中的各种不同景观要素便是附着在城市皮肤真皮上的"表皮细胞"。每座城市都有属于自己的"城市皮肤"，城市皮肤上表皮细胞组织的分布排列也各不相同，这些表皮细胞组织在城市边缘地带因这个城市生长而生长，随时间变化而不断发生动态的改变，呈现出不同的形态特征。

大城市边缘区是城市文明扩张的承载地，也是城市与外部区域物质与能量的集散地，大量城市元素的侵入，使得这一区域内人与自然的关系遭到严重破坏。本文将城市边缘区视为城市"外部的皮肤"，边缘区景观空间中的景观要素视为"表皮细胞"，以协调人与自然的关系为目标，基于风景园林学科的视角，以《论证报告》为依据，从梳理城市边缘区和景观空间的核心概念着手，探讨如何解析大城市边缘区景观空间"表皮细胞组织"构成形态特征，为有效保护和恢复人类生存所需的户外自然境域和如何规划设计人类生活所需的户外人工境域提供一个新的认知途径。

2　相关核心概念的界定

2.1　大城市边缘区

无论是发达国家还是发展中国家，在城市化进程中，城市边缘区都是变化最显著的地区，并且这一地区随着时空关系的演变，逐渐"固化"为城市建成区中每一个城市的"特殊的边界空间"，表达着这个城市不同时期的空间形态和结构特征。本文中"大城市边缘区"概念界定来源于国家自然科学基金项目《时序空间信息支持的大城市边缘区用地结构演变及趋势研究》（编号40171032）中的核心概念解析：城市边缘区是城市建成区与周边广大农业用地融合渐变的地域。它在空间上的连续性，土地特征向量的渐变性，以及社会、经济、人口、环境等方面的复杂性，使之成为介于城市与乡村之间独立的地域空间单元。

2.2　景观空间

本文中"景观空间"中"景观"一词取自于我国学术界中"景观设计"或"景观规划设计"中主体研究对象的习惯性用语。"景观设计"或"景观规划设计"的英译文是Landscape Architecture，也称"风景园林"。2011年3月，国务院学位委员会发布的《增设风景园林学为一级学科论证报告》（以下简称《论证报告》）中，正式将

"Landscape Architecture"统一为"风景园林",对"风景园林"的含义进行了深刻的诠释,同时也对风景园林学科的学科内涵和外延给予深化和拓展。《论证报告》中指出,"风景园林"包含人类生存所需的户外人工和自然两大境域,我国的风景园林学科的核心内容是营造宜人的、高品质的户外空间,其根使命是协调人与自然之间的关系。因此,本文中"景观空间"概念是以我国风景园林学学科内涵为理论基础进行界定,景观空间是指所有能释放出自然生态效应的物质要素在地表水平方向上的空间集合。

2.3 大城市边缘区景观空间的特征

大城市边缘区景观空间是指城市与乡村之间独立的地域空间单元中,所有能释放出自然生态效应的物质要素在地表水平方向上的空间集合。任一客体都具有众多特性,人们根据一群客体所共有的特性形成某一概念。这些共同特性在心理上的反映,称为该概念的特征①。

因此,以协调人与自然的关系为目标,通过收集、提取和分析城市边缘区景观空间不同尺度等级下,能释放出自然生态效应的物质要素变化的时空数据。描述城市与乡村之间独立的地域单元内,地表水平方向上不同历史时期环形"碎化"地带内景观斑块分布和排列的变化,从这些复杂和抽象的变化过程中,找出共有的特性,使之形成某一概念,这些共同特性在心理上的反映,就是大城市边缘区景观空间的特征。

3 大城市边缘区景观空间特征研究的理论框架

以协调城市无序扩张过程中城市边缘区中的人与自然的关系为目标,全面、深入的对大城市边缘区及景观空间等核心关键词进行释义及界定,探讨二者之间的内在联系,奠定理论框架的研究基础;确立风景园林学为研究视角,对大城市边缘区景观空间"表皮细胞组织"构成形态特征展开深入和广泛的研究;借鉴景观生态理论的方法论工具解读不同历史时期城市边缘类似"城市表皮细胞"的不同类别景观斑块的构成形态特征,探索当代人居环境科学的新方向。构建大城市边缘区景观空间特征研究理论框架包括三个方面:

3.1 释义

大城市边缘区及景观空间等核心关键词释义对本文研究极其关键。目前学术界有多种关于城市边缘区及景观空间的学术定义,都反映了某个特定的诠释角度,不能一概而论。风景园林学科体系内的景观空间涵盖了丰富的要素及类别,其概念的内涵应结合大城市边缘区的特殊性给予详尽的解析与界定,根据城市边缘区的具体情况研究而定。

城市边缘区与景观空间的互动关系是理论框架的基础。城市边缘区形成过程中出现的各种"城市问题",造成边缘景观空间格局"破碎"和景观异质。城镇化进程中

城市边缘区的发展决定了边缘区中能释放出自然生态效应的物质要素的构成和空间分布,研究城市边缘区景观空间的特征就必须要研究城市边缘区与景观的互动规律,但"城市边缘区"和"景观空间"二个核心词汇均有多个相关学科的不同学术界定。因此,通过解析关键词的定义和界定研究范围,充分探讨二者的互动关系,奠定城市边缘区景观空间研究理论框架的基础。

3.2 确定视角

城镇化进程中,由于边缘区人口构成复杂、经济结构不稳定和管理体制混乱而导致一系列土地利用问题和社会问题,使得边缘区景观空间中人与自然的关系失衡。如何有效保护和恢复人类生存所需的户外自然境域和如何规划设计人类生活所需的户外人工境域是风景园林学的核心内容。因此,本文以协调人与自然的关系为目标导向,确立风景园林学为本文的研究视角,对大城市边缘区景观空间特征展开深入和广泛的研究,尝试用新的途径解决城市边缘区发展中经济社会发展和生态环境保护之间的矛盾问题,用不同的视角认知不同历史时期城市边缘的环形"碎化"地带内,不同尺度等级下类似"皮肤细胞组织"的不同类别景观斑块分布排列构成,从看似无序的景观斑块镶嵌中寻找潜在的有意义的规律,重新审视自然、梳理出新的自然观,用新的自然观来解读城市边缘区景观空间的发展传承关系,探索当代人居环境科学的新方向。

3.3 解读"城市皮肤"

《论证报告》指出,景观生态理论是风景园林学解决人与自然问题时的关键工具。在风景园林学的视角下,借鉴景观生态理论对城市边缘区景观空间的空间等级进行划分及景观要素进行分类;在3S的技术支持下,采用GeoCA模型尝试从不同途径解读不同尺度等级下,城市边缘景观空间中不同景观要素所代表的"皮肤细胞组织"在时间维度变化下分布排列的"医学影像"。在城市边缘区特有的社会人为因素作用下,从空间演变模式、空间的形成过程、影响空间变化的内外力因素、形成机制等几个方面探寻和解读大城市边缘区景观空间特征之所在。

从城市边缘区景观空间历史演变进程的研究入手,利用RS遥感影像分析的方法提取空间数据源、GIS空间数据分析的方法对其进行定性定量的分析,提取在不同时空尺度等级下,能释放出自然效应的多变量物质要素的空间图像,总结不同历史时期城市边缘区景观空间格局中景观组分的空间分布和组合特征,采用GeoCA模型在宏观和中观尺度来模拟人为因素造成景观空间格局变化情况,进行比对和分析其空间演变模式。

在不同历史时期城市边缘区环形"碎化"地带内景观斑块在空间中分布和排列演变模式的基础上,通过综合分析的方法,从这些复杂和抽象的变化过程中,找出共有的特性,寻找其规律,总结空间的形成过程。

---

① 来自《不列颠简明百科全书》。

从大城市边缘区发展的普遍过程、基本理论及主要机制入手，着重探讨影响城市边缘区景观空间变化的社会人为干扰的内外力因素。

从风景园林学的角度出发，收集、提取和分析城市边缘区景观空间演变的模式，从看似无序的景观斑块镶嵌中寻找潜在的有意义的规律，总结空间的形成过程，通过分析城市边缘区景观变化的社会人为干扰的内外力因素，从理论和实践两个角度探寻产生和控制空间变化的因子和形成机制。

4 结语

城市边缘区是土地资源利用潜力最大和城市开发建设的重点区域，同时也是生态脆弱敏感带，城市的扩张是惊人的速度蚕食着自然资源，特别是城市边缘区的景观空间，严重制约了城市生态环境和人居环境的质量。本文对大城市边缘区景观空间特征研究的理论框架的探讨包括三个部分：以"缘起"阐明为何要对其进行研究；以"概念的界定"论述研究内容是什么；以建构"理论框架"阐述怎么做。在探索特征研究的方向和内容的同时，也强调在人居环境建设的实践过程中为如何保护和修复生态环境提供了一个全新的认知途径。

参考文献

[1] 周婕. 大城市边缘区理论及对策研究——武汉市实证分析：[学位论文]. 上海：同济大学博士论文, 2007.
[2] 刘易斯·芒福德著. 城市发展史. 北京：中国建筑工业出版社, 2005.
[3] 国务院学位委员会. 增设风景园林学一级学科论证报告. 风景园林, 2011(05).
[4] Daiyuan Pan, Gerald Domon, Sylvie de Blois, etal. Temporal(1958-1993) and spatial Patterns of land use changes in Haut-SaintLau-rent and their relation to landscape physical at-tributes [J]. Landscape Ecology，1999. 14：35-52.
[5] Michael F. Thomas. Landscape sensitivity in time and space an intro-duction. Catena, 2001. 42：83-98.
[6] KRISTENSEN L S, THENAIL C, KRISTENSEN S P. Landscape changes in agrarian landscapes in the 1990s：the interaction between farmers and the farmed landscape. A case study from Jutland, Den-mark. Journal of Environ-mental Management，2004. 71(3)：231-244.
[7] FUJIHARA M, KIKUCHI T. Changes in the landscape structure of the Nagara River Basin, central Japan. Land-scape and Urban Planning，2005. 70：271-281.
[8] 傅伯杰, 陈利项, 马克明, 等. 景观生态学原理及应用. 北京：高等教育出版社, 2001.
[9] 李才伟. 元胞自动机及复杂系统的时空演化模拟. 武汉：武汉理工大学, 1997.
[10] 肖笃宁. 景观生态学理论、方法及应用. 北京：中国林业出版社, 1991.
[11] 邬建国. 景观生态学——格局、过程、尺度与等级. 北京：高等教育出版社, 2000.
[12] 徐愫. 人类行为与社会环境. 北京：社会科学文献出版社, 2003.
[13] 郭仁忠. 空间分析. 武汉：武汉测绘科技大学出版社, 1997.
[14] 孙亚杰, 王清旭, 陆兆华. 城市化对北京市景观格局的影响. 生态学杂志, 2005. 16(7).
[15] 韩锋, 徐青. 风景名胜区文化景观价值研究的理论框架初探. 中国风景园林学会2012年会论文集, 2012.

作者简介

[1] 龙燕, 1979年9月生, 女, 汉族, 湖北武汉, 硕士, 武汉大学城市设计学院风景园林学专业在读博士生, 华中师范大学武汉传媒学院, 讲师, 研究方向为人居环境。
[2] 王燕妮, 1979年7月生, 女, 汉族, 湖北钟祥, 武汉科技大学城市建设学院在职研究生, 华中师范大学武汉传媒学院, 讲师, 从事风景园林规划与设计研究。

大城市边缘区景观空间特征研究的理论框架初探

国家考古遗址公园规划设计初探[①]
——以两城镇考古遗址公园为例

Exploration on National Archaeological Site Parks
——A Case Study of Liang Cheng Zhen Archaeological Site Park

骆　畅　曹　珊　李蕊芳

摘　要： 国家考古遗址公园是近两年来新兴的一种规划类型，它是指以重要考古遗址及其背景环境为主体，具有科研、教育、游憩等功能，在考古遗址保护和展示方面具有全国性示范意义的特定公共空间。本文对于考古遗址公园概念进行解读，同时分析和研究国内外考古遗址公园的实际案例，在风景园林专业背景下对于考古遗址公园的规划设计模式进行了初步的探讨，以两城镇考古遗址公园为例，归纳和总结出对于考古遗址公园这一新兴类型案例的规划与设计方法。

关键词： 考古遗址公园；两城镇遗址；规划设计；保护

Abstract： Considering the protection and display of archaeological sites, the State Administration of Cultural Heritage issued the relevant policies and documents during recent years. They explained the concept of the National Archaeological Site Park. As a newly emerging concept, National Archaeological Site Park was regarded as one of the effective ways of protecting archaeological sites. Corresponding studies about National Archaeological Site Park began to rise in the past two years in China. National Archaeological Site Park is a special type of public space that has demonstrative value in the conservation and display of the archaeological sites in China. Moreover it is open space that can provide visiting and recreation for the tourists and local residents. This paper explains the meaning of archaeological site park based on case studies of domestic and foreign archaeological parks. And this paper studies the planning and design model of archaeological site park from the perspectives of landscape architecture and planning.

Key words： Archaeological Site Park；Liang Cheng Zhen Site；Planning；Protection

1. 解读考古遗址公园

1.1　基本概念

考古公园在我国已有多年的发展历程。随着更多的考古遗址保护和展示工作不断出现，国家文物局发布了相关的政策和文件，明确了国家考古遗址公园的概念。为促进考古遗址保护、展示与利用，规范考古遗址公园的管理，有效发挥其在经济社会发展中的作用，国家文物局根据《中华人民共和国文物保护法》，2009 年制定了《国家考古遗址公园管理办法（试行）》，正式提出了国家考古遗址公园这一概念，国家考古遗址公园是指"以重要考古遗址及其背景环境为主体，具有科研、教育、游憩等功能，在考古遗址保护和展示方面具有全国性示范意义的特定公共间。"[②] 考古遗址公园具有其特殊性，考古遗址公园应该具有对于考古遗址的保护与展示功能，同时具有作为面向大众开放的公共空间提供游览、休憩等功能的综合场所。

1.2　发展历程

1983 年，圆明园被确立为遗址公园，成为我国最早设立的遗址公园。为了改善圆明园遗址的保护状况，有关单位先后组织编制了圆明园遗址公园的总体规划《圆明园遗址公园规划》[③]。1987 年，秦始皇陵被列入世界文化遗产名录。2002 年，开展《秦始皇陵保护规划》，调整秦陵保护范围和建设控制地带，从而有效地保护秦始皇陵及其环境风貌，减缓自然因素造成的损伤，制止人为破坏，保持遗址的真实性和完整性。如今，秦始皇陵考古遗址公园已经成为全国大遗址保护的典型范例。

首批 12 家国家考古遗址公园总体规划编制情况　表 1

省份	名称	规划编制单位	编制完成时间
北京	周口店国家考古遗址公园	北京市建筑设计研究院	2006 年
	圆明园国家考古遗址公园	北京市城市规划设计研究院	2000 年 03 月

---

① 该文受北京林业大学新进教师科研启动资金项目"组团形态与住宅热散失相关性研究"项目资金支持。
② 《圆明园遗址公园规划》及 3 个专项规划分别由北京市城市规划设计研究院、北京市文物研究所、北京市园林古建设计研究院和清华大学建筑学院编制。
③ 根据国家文物局 2009 年制定的《国家考古遗址公园管理办法（试行）》中对"国家考古遗址公园"的定义。

省份	名称	规划编制单位	编制完成时间
吉林	高句丽国家考古遗址公园	吉林省文物考古研究所	2003 年
陕西	秦始皇陵国家考古遗址公园	秦始皇帝陵博物院	2003 年
	汉阳陵国家考古遗址公园	陕西省古迹遗址保护工程技术研究中心	在编
	大明宫国家考古遗址公园	西安建筑科技大学、陕西省古迹遗址保护工程技术研究中心	2008 年 05 月
河南	殷墟国家考古遗址公园	西北大学	2003 年 06 月
	隋唐洛阳城国家考古遗址公园	中国文化遗产研究院	2010 年 10 月
江苏	无锡鸿山国家考古遗址公园	中国建筑设计研究院	2010 年 05 月
浙江	良渚国家考古遗址公园	德国 SOL 联合事务所、杭州市城市规划设计研究院	2009 年 12 月
四川	三星堆国家考古遗址公园	清华大学文化遗产保护研究所	在编
	金沙国家考古遗址公园（金沙遗址博物馆）	清华大学文化遗产保护研究所清华大学建筑设计研究院	2005 年 03 月

首批 12 家国家考古遗址公园的保护和展示办法，对于考古遗址公园的建设起到了良好的参考和表率作用。

2 国外考古遗址公园的保护与展示

考古遗址公园在国外早有先例。日本对于此类考古遗址的保护与展示方针还是以"保存现状"为主，并在此基础上合理开发与利用。在遗址的保护和展示上做到充分与周边环境结合的整体保护，同时，遗址公园经过对历史资料的详细研究，进行科学的复原工作。在这种综合保护与展示的模式下，目前日本已建成一大批各具特色的遗址公园案例，例如，吉野里遗址公园、飞鸟公园、大室公园、三内丸山聚落遗址等。

欧洲对遗址的保护利用从 19 世纪就开始从单纯的文物保护向结合城市环境的保护利用工作迈进。意大利拥有罗马、佛罗伦萨、那不勒斯、锡耶纳、维罗纳等世界闻名的历史文化名城，并且拥有庞贝古城、哈德良庄园、古罗马广场遗址等遗址保护和展示典范案例。1964 年的《威尼斯宪章》中设立"历史中心区"，进一步形成了考古遗址与周边环境整体保护的理念。

3 两城镇考古遗址公园概述

3.1 区位及现状

两城镇位于三市青岛、潍坊、日照交汇地带，东距黄海 6km。两城镇遗址位置坐落在胶日公路以西，内有两城河（潮河）从遗址东北角注入黄海。遗址有约二分之一的范围与两城镇驻地相重叠。

目前，遗址公园范围内除了村庄以外有大片的农田和树林。但村庄部分由于基础设施落后，居民生产生活污水和垃圾未经处理直接倒入村后地头水塘之中，造成遗址内村庄环境现状较差。公园范围内约四分之一为村庄用地，包括村民住宅、工厂企业、村委会、学校等，其中村民住宅面积比例较高，占总建筑面积 90% 以上。

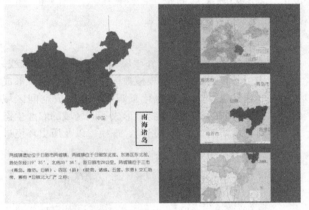

图 1 区位图

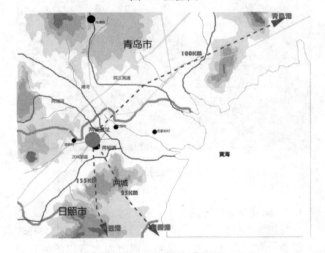

图 2 区位条件分析图

3.2 文物资源

两城镇遗址是我国较早发现和发掘的龙山文化遗址，在龙山文化研究和文明起源研究上具有重要意义。钻探发掘资料证明，在遗址内有三周壕沟，是当时的主要水利设施，更具有防御功能。同时发现面积达上百平方米的房址，出现随葬品规格较高的贵族墓葬，且有祭祀点火痕迹和祭祀用的陶器。龙山时代，以两城镇遗址为中心所形成的高度核心化，两城中心无论是政治上还是经济上，都对这一相对广大的地区发挥着一定程度的支配和影响作用。

两城镇遗址发掘的遗迹主要有：围壕、房址、灰坑与墓葬。发掘结果显示，三个环壕均为龙山文化时期使用。遗址内共发现40余座龙山文化的房址及柱洞。房屋均为地面式建筑。遗址中共发现近500个灰坑，可分为垃圾坑、窖穴和祭坑等。两城镇遗址发掘的墓葬，是日照地区龙山文化遗址中最多的一个。遗址中发现龙山文化墓葬共70余座，散布在居住区内，没有发现专用墓地，均为长方形土坑竖穴墓，随葬品以陶器为主。

4 两城镇国家考古遗址公园规划设计

4.1 遗址的阐述与展示

4.1.1 阐述与展示结构

以城壕展示为骨架，沿外城壕设置电瓶车展示流线。以内、中、外三圈城壕的地表植被标识展示为骨架，形成支撑整个遗址公园的延续绿化景观带，并形成空间区域划分，结合不同的景观农作物，形成不同区域的农业生态景观，对两城镇遗址的整体格局、规模，以及历史环境进行展示。

图3 公园总平面图

4.1.2 阐述与展示方法

发掘地点以标识的方式展示当时的发掘地点，并辅助以图示的方式展示考古成果，同时以大事记的方式展现两城镇遗址的调查、勘探、发掘历程。

对两城镇遗址发现的城壕、房址、墓葬、灰坑等，按遗迹现象的观赏性、保护的可行性等条件考虑，采取覆罩揭露展示与地表标识展示的方式，全面加以呈现。主要设在重要断面、城壕、房址发掘处。墓葬、灰坑不宜保护，且遗迹现象不直观，可采取标识位置、形状的标识方式，辅助以标识牌说明。对于体现两城镇遗址格局与特点的内、中、外三圈城壕，采取地表植被标识展示的方式。

遗址展示方式表 　　　　表2

分类	面积/长度	展示方式
汉代墓葬2座	27000m²	原貌展示、本体加固
天后宫、20世纪保留建筑	3983 m²	整体风貌保护、单体整治修缮
断崖遗址	147m	覆罩揭露展示
03♯1936年考古发掘遗址	726 m²	标识展示
04♯中心区考古发掘遗址	387 m²	覆罩揭露展示
05♯灰坑	135 m²	标识展示
06♯房址	302 m²	覆罩揭露展示
07♯内城壕西北角发掘遗址	2220 m²	覆罩揭露展示
08♯地层剖面	387 m²	标识展示
09♯墓葬遗址	360 m²	标识展示
10♯墓葬遗址	371 m²	标识展示
11♯北壁剖面	736 m²	标识展示
12♯墓葬遗址	555 m²	标识展示

现有遗址主要包括：03♯1936年考古发掘遗址、04♯中心区考古发掘遗址、06♯房址、07♯内城壕西北角发掘遗址、09♯墓葬遗址、10♯墓葬遗址、11♯墓葬遗址、12♯墓葬遗址、汉代墓葬2座、断崖遗址、天后宫、20世纪保留建筑等。通过多种方式展示现有遗址。

遗址博物馆及入口区：遗址博物馆位于遗址公园的主入口外，独立设置，面积约4000 m²，檐口高度12 m，主要设计元素与展示大棚（考古工作站）相呼应，采用黑色陶板外饰面。形象简洁含蓄，但具标志性，以彰显两城镇遗址的文化内涵（另见博物馆单体建筑设计方案）。

入口区设置公园大门、票务、公园主标识碑、休息区等，以形成两城镇遗址公园重要的入口空间。

核心区考古发掘遗址采用遗迹覆罩揭露展示方式。玻璃覆罩位于考古范围外扩半米，设计高度为0.6 m（地面找平后相对高度）。保护罩子采用防滑上人中空透明Low-e夹胶防爆玻璃，玻璃内侧贴透明隔热膜，减少热辐射对遗址的光污染。玻璃罩的支撑结构采用钢索结构，尽量减少遮挡，最大限度地展现遗址原貌。保护罩采用顶部可开启方式，供遗址日常维护使用；罩子四周留有格栅，在保持覆罩内自然通风干燥的同时兼顾防雨保温的作用。玻璃罩应具有良好的防滑、耐磨性。维护更换周期为两年。

4.2 植物种植规划

考虑到遗址的原有植物保护，因此在绿化设计上着重使用遗存植物，主要有小麦、芸薹属植物、茄科、野葡萄等，以达到最佳的规划设计效果。

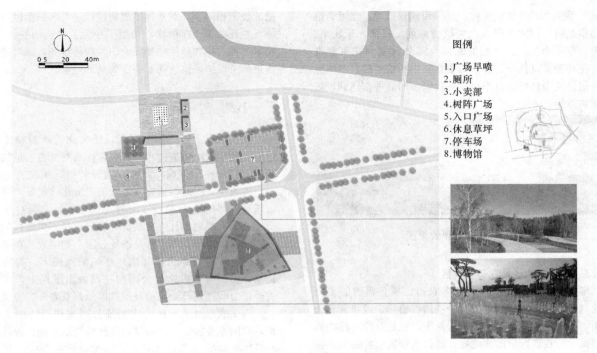

图 4　主入口平面图

国家考古遗址公园规划设计初探——以两城镇考古遗址公园为例

图例
1.广场旱喷
2.厕所
3.小卖部
4.树阵广场
5.入口广场
6.休息草坪
7.停车场
8.博物馆

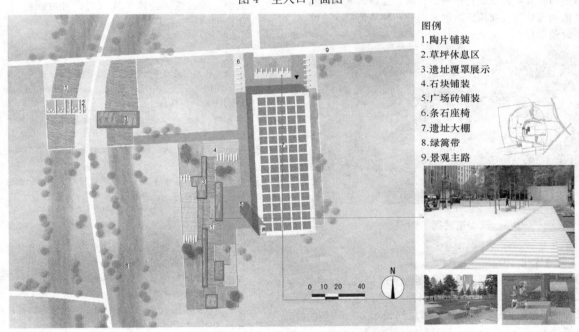

图例
1.陶片铺装
2.草坪休息区
3.遗址覆罩展示
4.石块铺装
5.广场砖铺装
6.条石座椅
7.遗址大棚
8.绿篱带
9.景观主路

图 5　遗址大棚区平面图

4.2.1　入口景观区

考虑到该遗址公园的特殊观赏性，在主入口及次入口列植银杏，其树形挺拔，枝叶茂密，秋色叶更有极高的观赏价值。既可以缓和该遗址公园的严肃性，同时又给游人一种很强烈的引入感，为游人创造一种良好的引导空间。

4.2.2　农耕文明展示体验区

此区域主要为游客参与型活动区，因此就必须同时具备观赏性与活动性两个特点。为此，在河的西岸成片的

图 6　公园主入口鸟瞰图

种植了垂柳，间隔种植桃树，既作为观赏景观，也可为游人提供遮荫。河的东岸以水生植物睡莲、菖蒲、千屈菜、水葱、芦苇为主。该区域的北面大部分区域为花卉观赏园，花卉种类以牡丹、月季为主，其中间植垂柳、国槐等以庇荫。其中牡丹、月季以其各自繁多的品种来达到较好的观赏效果。

图7　滨水景观效果图

4.2.3　核心展示区及农田景观区

考虑到园区内现状存在很多农田，具有典型的平原农业景观特点，并且该地区有一些遗存植物，可将其充分利用，既可达到贴近自然的轻松氛围，也是对原有植物的合理保护。在该区域的西北处，种植芸薹属植物油菜；在该区域的西南处，种植茄科植物圣女果；在该区域的东北处，种植羽衣甘蓝。在该区域的东南处，种植葡萄（遗址中存在野葡萄）。

图8　核心遗址区鸟瞰图

4.2.4　城壕绿化

城壕用灌木标识。灌木选择原则为当地植被、耐旱、易生长，灌木宜选择小叶黄杨。灌木种植为方式阵列式栽植，长宽为6m×10m，方阵与方阵之间设置0.9m缓冲带，上铺透水地砖，供管理人员及游客少量通行。

4.2.5　外围绿化

外围区域大多为农田，考虑到对遗址的保护以及与遗址公园相区别，对外围的规划设计，大多采用经济农作物，并且参考遗存植物，选用了小麦、黍、稻谷、豌豆、花生五种农作物种植在外围农田，种植整齐，既对遗存植物进行了保护，也达到了一定的景观效果。

5　小结

国家考古遗址公园的兴起，让文化遗产对城市文化建设起到积极的促进作用。同时，作为对考古遗址的保护与展示的一种新方式，对考古遗址的可持续发展也起到了积极效应。因此，从考古遗址的实际建设出发，寻找考古遗址公园的正确发展方向与建设模式，以及对于考古遗址公园的规划设计方法的研究和探讨是不可或缺的。

两城镇遗址利用"考古遗址公园"的模式，在结合两城镇遗址本身特点情况和当地环境的前提下，为协调文化遗产保护与考古遗址公园的建设做出了探索，对于考古遗址公园规划设计及遗址保护展示都有着一定意义。

本文通过对两城镇考古遗址公园规划设计的实例分析，对国家考古遗址公园规划设计的规划原则、设计要素和具体布局提出了初步看法，同时希望在今后的研究学习中能够对考古遗址公园的规划与设计方面能进行更加深入和详细的研究探析。

参考文献

[1]　国家文物局. 国家考古遗址公园管理办法（试行）.（2010-1-6）[2010-2-5]. http://www. sach. gov. cn/tabid/311/InfoID/22762/Default. aspx

[2]　单霁翔. 大型考古遗址公园的探索与实践. 中国文物科学研究（001），2010：2-12.

[3]　贺艳. 一种新兴的规划类型：国家考古遗址公园规划. 规划创新，2010.

[4]　赵文斌. 国家考古遗址公园规划设计模式研究. 北京：北京林业大学园林学院，2012.

作者简介

[1]　骆畅，女，1989年11月生，北京林业大学园林学院风景园林硕士，电子邮箱：llc555118@163. com。

[2]　曹珊，女，1979年3月生，博士，北京林业大学，园林学院副教授，电子邮箱：caoshan@bjfu. mail. edu。

[3]　李蕊芳，女，1980年5月生，硕士，北京建筑设计研究院有限公司，城乡规划所主任工，电子邮箱：erlan98@126. com。

拳石怡情　寸木含春
——记清末武汉寸园

Well Placed Rocks Invites Romantic Affections and Concise Plants Host a Miniature Spring
——A Study of Cunyuan in Wuhan during Late Qing Dynasty

吕思佳　张　群　裘鸿菲

摘　要：寸园是清末武昌一座私家宅园。全园布局灵活，风格质朴，简约淡雅；建筑高低起伏，疏朗有致；植物空间多样，极富意趣。整体环境空间尺度宜人，主题明确又富于变化，具有一定的代表性。通过相关文献资料考证、现场调研及复原分析，对其历史沿革、基本布局及造园特色进行了探讨。

关键词：风景园林；武汉；寸园；沿革；布局

Abstract：The garden of Cunyuan was a small private residence in Wuhan during the late Qing Dynasty. Its free layout was simple and elegant. With rich forms, the buildings in the garden combined rhythmically for the up-and-down way, the space constituted by plants was interest and charm. The whole scale of the environment was delightful. Besides, the theme was definite and varied, which is fascinating and enough to represent the typical characteristics of the gardens that time in Wuhan. Based on the materials and restore survey, the article tries to analyze its history, layout and the characters of its design.

Key words：Landscape Architecture；Wuhan；Cunyuan Garden；History；Layout

1　历史沿革

寸园位于晚清武昌城内，是一座小型的私家宅园。园址在武昌城东，今胭脂路 72 号院内。清代王葆心所作《续汉口丛谈》中记载了寸园的主人及建园始末：

江夏张月卿尚书凯嵩以进士起家，粤西县令，循迹卓著，赭寇初兴，有为独秀峰题壁诗者，于当时督师及粤中官吏多此讽刺，独于尚书亟称美之……中兴后，尚书解组归鄂垣，营寸园于城东，寻诗课子，收召后进，吾里周伯晋编修，时为诸生，最为所赏……尚书自为之记曰：余以同治戊辰舆疾旋里，故庐经乱，焦土仅存，乃购城东姚氏宅居之，宅南偶有隙地，纵横各数丈，凸出近市，行人往来如织，寐庐弗便，庖湢弗宜。余以弃之可惜也，始为治园计。[1]

园主为张凯嵩，字月卿、云卿，湖北江夏县人，道光二十五年（1853 年）进士。早年任粤西县令，后因镇压太平军起义有功，官至广西巡抚。同治六年（1867 年）迁云贵总督，因惧怕西南地区的混乱局势，在上任途中称病请辞，被朝廷革职。同治七年（1868 年）返归故里。因其家园荒芜，仅存焦土，遂购得武昌城东姚氏宅居住，在园内作诗、教子，赋闲度日。宅园位于候补街北面的孝子巷，旧正觉寺附近。住宅紧邻街巷，行人来往喧闹，影响休息。恰宅西南一角有一小块空地，张凯嵩则利用这块隙地筑墙造园，以安度晚年。同时，"引用剑南诗意'园

虽小，但得寸则寸，而不欲得寸进尺'，因此，以'寸'名园，定名为'寸园'。[1]"

《清史稿》列传二百十一[2] 记载，光绪六年（1880年），张凯嵩应召复出，先后担任通政司参议、内阁侍读学士、顺天府尹、四川按察使、贵州巡抚。光绪十年（1884 年），调至云南担任巡抚，在任期间设立开矿五局，以兴矿业。光绪十二年（1886 年），卒于官。至此，寸园的辉煌时期结束，而关于寸园的后续发展也无相关文献可考证。

此后，因原有道路街巷的重新规划建设及命名，寸园的园址所在街巷名称也随之发生了变化。据《武昌区志》[3] 记载，1936 年，湖北省建设厅为打通南北交通，修建了一条南北横劈胭脂山的通道，并将此道取名胭脂路。从清光绪九年（1883 年）湖北省城内外街道总图与 1936 年武昌城区街道图的对比来看，胭脂路南起抚院街，即现在的民主路，北至粮道街，北端原与孝子巷（当时又名宜孝巷）相接。1978 年到 1986 年期间，市政建设部门进行老巷道改建，区政府随后进行地名整顿，将宜孝巷正式作为胭脂路的沿线，并入胭脂路。而寸园所在的地址随之变更为现在的胭脂路 72 号。

20 世纪 80 年代初，武汉市园林局曾调查寸园故址。在与黄凤梧老人谈武昌 3 的记录中，老人回忆道："寸园大约光绪十几年建成，后来又圈地…张家后人在民国初年把园子典当给人……[4]"

现场的调研记录中记载："院内住五户居民，尚存有

原住房痕迹。有一圆洞门，框上雕有花饰，系为原来的花厅，住房外面还有三棵梧桐树。1981年，院内盖了新楼，原有建筑都已拆除，三株梧桐全被砍掉。[4]"

从1868年（同治七年）建园至此，经历了一百一十三年风霜的寸园遗迹全被湮没。如今，胭脂路72号院内又已重新盖起了四层高楼，临街店面充满市井喧闹，往日静谧的宅园风貌已经难以复原。

2 园居生活

从同治七年（1868年）返回故里并主持修建寸园，到光绪六年（1880年）应召复出，园主张凯嵩退居寸园生活了十二年。在此期间，园主人在宅园内自遣自娱，寻诗课子。

在查阅研读文献过程中，笔者发现《续汉口丛谈》卷四中收录了一篇张之洞所写的序文——《鄂渚同声集正编》序。序文中有关于园主张凯嵩的一段记载：

同会者，江夏彭君渔帆、平湖张君鹿仙、闽县陈君心泉、六合唐君薇阶四前辈；海宁何君白英、永康胡君月樵两观察，间时与会；不能必赴者，日照丁心斋观察、江夏张月卿尚书、黄冈刘千臣军门、泾县朱荻舫大令、钱塘诸迟鞠孝廉、江都车竹君广文、汉阳僧莲衣。[1]

根据序文中的记载：同治六年（1867年），总督李瀚章在武昌候补街正觉寺设立了湖北官书局（亦称崇文书局），专门组织刻书。主持书局事务的胡凤丹、张凯嵩、副提督刘维桢等组织诗会，常常唱和诗作，畅谈古今。书局设立后，将诗选编成集，即《鄂渚同声集正编》，并由张之洞作序，即《鄂渚同声集正编》序。

黄凤梧老人①也曾回忆道："张月卿在当云贵总督时，张之洞常来拜访他……"

由此可知，张凯嵩在其退居寸园期间，曾参与主持崇文书局事务，与当时担任湖北提学使的张之洞相交，并组织诗会活动，编书成集。

胡凤丹作为当时崇文书局的主管，与园主张凯嵩交情匪浅。胡凤丹为浙江永康人，据《永康县志》载，胡凤丹于光绪元年（1875）来湖北任督粮道，居武昌城东的紫藤仙馆②。《武汉市志·人物志》中记载了胡凤丹、张凯嵩等人编写《鄂渚同声集正编》的经过：

胡喜吟咏，业余与何白英、陈心泉、彭渔帆、张鹿仙、唐薇阶、丁心斋、张月卿、刘千臣、朱荻舫、褚迟鞠、车竹君、僧莲衣等人结为诗课。先后编成《鄂渚同声集初编》、《鄂渚同声集正编》各1卷。初编收录4年间胡凤丹及邻居（居鄂、旅鄂外籍作者）相互酬唱诗词129首，胡撰《例言》曰："是编以编年为先后，不序官阶、不依年齿，有因诗而存其人者，亦有因人而存其诗者，工拙固不暇计，从实也。"正编收录鄂同人酬唱诗歌500首，卷首有张之洞《序》文。"[5]

寸园所在的位置恰在正觉寺附近，与胡凤丹的居所紫藤仙馆也相隔颇近。故张凯嵩得与胡凤丹共结诗社，并

组织每月开两次诗会，由诗社成员轮流做东，文酒酬唱，吟咏作赋。《续汉口丛谈》中也曾记载："尚书解组归鄂垣，营寸园于城东，寻诗课子，收召后进，吾里周伯晋编修，时为诸生，最为此党……迤西有拳石，曰苍玉堆，皆自为诗题咏，同声社人皆有合作……"[1]可知寸园作为张凯嵩的居所，必然是其诗会成员活动的主要场所之一。"寻诗"成绩斐然，而"课子"也是颇有成就："光绪初，尚书喆嗣次珊，字京卿，昆季同科登进士榜，嘉话腾一时。"[1]

3 园林平面布局

寸园的旧貌在《续汉口丛谈》中有较为详细的记载：

寸园前楹有事无事斋，斋西曰晚香亭，中楹曰亚字轩，轩西有步栏，迤西有拳石，曰苍玉堆，皆自为诗题咏，同声社人皆有合作……越岁病间，乃命人剪除荆棘，缘以短垣，垒石于中为假山，平地嵯峨，如堆苍玉，环植杂树十余株，四时之花悉具焉。入门迤北，构屋数椽，地敞而高，晨起辄坐其间，督家童浇花灌竹，是为有事无事斋，其西侧则晚香亭，夕阳既坠，明月飞来，花影缤纷，在人襟袖。稍折而南，面山开轩，室中影如亚字，为朋辈谈讌之处。左出壁门，柳风桐露，参差交互竹篱间，循廊缓步，拾级凭栏，则东邻紫荆一树，落花殆满檐际矣！[1]

武汉园林局1987年出版的《武汉园林1840—1985》中，也有关于寸园历史及园内景致的记述；与黄凤梧老人谈武昌中有关于园中假山的记载；武汉市园林局20世纪80年代初编写的武汉园林志初稿中，曾宪钧先生曾绘制一幅寸园平面草图。在以上图文资料的基础上，可以对这座清末武汉私家宅园的全园布局进行进一步复原探究（图1）。

1.入口 2.有事无事夜斋 3.晚香亭
4.亚字轩 5.步栏 6.长廊 7.苍玉堆
8.堂房 9.堂房 10.厢房 11.厨房
12.天井 13.门楼及仓库

图1 寸园平面图（作者自绘）

---

① 黄凤梧老人时年80岁，住武昌粮道街杨纸马巷2号，位于寸园以南，仅相隔一个街区。
② 《续汉口丛谈》载：紫藤仙馆位于武昌黄家巷，旧正觉寺西侧，与寸园相去甚近。

寸园面积较小，约 960m² （合 1.44 亩）。园子整体布局淡雅朴素，周围以矮墙环绕。园子的入口位于东北角。进园门迎面是一座名为"苍玉堆"的假山，石料洁白如玉，形似一堆苍玉，因此得名。假山位于全园中心，体量不大。周围植杂树十余株，顺应其花期，四季蔚花。

转向北面是三间房屋，坐北朝南，有前楹，为起居堂，名为"有事无事斋"。斋东侧开门，可由斋内直接进入到主人宅院，南侧则正对"苍玉堆"。此处地势较高，空间宽敞，视线开阔，坐在斋中可以观赏全园之景。由此也可推测"苍玉堆"体量较小，高度也与园子整体尺度相适宜。于斋中观园内景色，假山不会遮挡视线。

斋西面有一四角攒尖小方亭，名为"晚香亭"。由亭向南折转，面对假山有中楹名"亚字轩"，因室内形为"亚"字而得名，是园主招待亲朋好友的客厅。轩西有步栏，与长廊相连，长廊沿园南侧围墙向东，再沿东侧围墙向北延伸。沿廊拾级而上，出廊向东可进到"有事无事斋"，向北穿过堂房可进宅院。

值得注意的是，全园只有一座体量不大的假山，并没有人工的理水之作。对此，《续汉口丛谈》中记载：

尚书自为之记……匠人请命曰："是下无泉源，上无坡院，又修广不及武，奈何？"余曰："平泉十里，花木蕃也；归仁一坊，宾客盛也。余将踵韦公之罢归，仿迂叟之独乐，狭焉庸何伤？"[1]

可见寸园的基址并无明显的建园优势，而园主张凯嵩持着"罢归"、"独乐"的思想来建园，旨在营造一处清静闲适、安度晚年的居所，故在建园时主张简约，基本上没有大兴土木、挖土填方的大动作。

4 意匠分析

园主张凯嵩曾在园记中自述：

余以先人余荫，被三朝厚恩，致身通显，顾实无寸长也。曩者操寸柄，握寸印，遭时多事，三寸之舌敝，数寸之管秃，日劳于方寸中，以至于病。夫云出肤寸而泽及四方，珠生径寸而光照后乘，以予寸心自问，殆无能为役矣。今退老是园，寸木拳石，可以怡情也；寸晷分阴，可以习静也；余不欲诎寸而进尺，累寸而成丈也，夫亦得寸则寸而已。其用剑南诗意，而以寸名吾园。[1]

自述中句句有"寸"，将其建园的缘由、思想及情感寄托清晰阐明。

全园的中心景点为"苍玉堆"假山，其形色似一堆洁白的苍玉，极具观赏价值。假山的体量与整体空间尺度相适应，位置上处于全园的中心，其他各个景点皆绕山而布置。

园中建筑不多，但形式丰富，高低错落，疏落有致；且建筑与环境的结合恰到好处。假山北面的"有事无事斋"面南而筑，是全园体量最大的建筑，为园主静修、读书的起居室。斋位于园内地势较高处，视线开敞，是园内赏景的最佳之处。晨光熹微，朝霞初升，园主人则坐于其间，诵读诗书，督促家童浇花灌竹，好不闲适自得。斋西侧的晚香亭，体态玲珑小巧，与较大体量的书斋相互映衬，高低参差，各自特色分明。向南折转，面山而开的

"亚字轩"，是供园主招待其诗社朋辈吟诗作赋、畅谈古今的客厅。轩四周的空间较为开敞，且室内外空间融为一体，宾客在轩内居坐宴息，环顾四面景物，虽在室内却犹如置身在园景之中。轩西的步栏与长廊相连，可凭栏远眺，亦可出轩沿廊环观全园景致。随廊拾级而上，虽没有曲折回转，但也是步移景异，美不胜收。

全园的建筑布局精到，斋、亭、轩、廊多种建筑形式和体量上均有明显差异，在平面及竖向上均错落有致，层次分明。建筑交融在整个园林环境中，结合成和谐的艺术整体。

此外，园面积虽小，但植物种植十分丰富：环绕假山，按花期植杂树十余株，可谓"四时之花悉俱焉"[1]。西侧的晚香亭，有"夕阳既坠，明月飞来，花影缤纷，在人襟袖"[1]的记载。可以推测出，傍晚入夜时分是此处最佳的赏景时间，亭周遍植花木，花香郁郁，"晚香"二字即由此而来。左出亚字轩壁门，凭栏可见柳枝摇曳，另有梧桐数株，树荫浓郁，亭亭为盈。清风徐来，柳枝桐影与竹篱参差相映。沿廊漫步，拾级而上，园东南角有紫荆一树，植于廊角。春来时分花开满檐，形色相韵，自成一景，为小园增添了春意。

寸园的园景立意、园林布局及细部处理中都有着深厚的文化韵味，蕴含着园主的思想感情。拳石秀丽，足以怡情；寸木含韵，堪为藏春。纵观全园，布局大方但不呆板，风格朴素但不简陋。在方寸之间，巧妙的安排建筑、假山、植物等要素，令整个环境空间尺度宜人，主题明确又富于变化。

5 结语

由于种种原因，武汉市至今没有一座完整保留下来的古典园林，除少数遗迹可供辨认外，只能从史料及老者的回忆中才能看到其曾经的规模和面貌。晚清年间的寸园是特色十分鲜明的一座武汉宅园，其园林风格及造园手法具有一定的代表性，加之独特的建园立意，均赋予其颇高的历史价值和艺术价值。

致谢：在本文的相关文献搜集与考证过程中，中工武大设计研究有限公司总工程师曾宪均先生曾提供了十分宝贵的资料，特此致谢。

参考文献

[1] （清）王葆心. 续汉口丛谈. 武汉：湖北教育出版社，2002：27-32.

[2] 赵尔巽等. 清史稿：列传二百一十. 上海：上海古籍出版社，1986.

[3] 武汉市武昌区地方志编纂委员会编. 武昌区志：城市建设篇. 武汉：武汉出版社，2008.

[4] 武汉园林分志编纂委员会编印. 武汉园林资料汇编. 武汉：武汉园林分志编纂委员会，1984.

[5] 武汉市地方志编纂委员会. 武汉市志：人物志. 武汉：武汉大学出版社，1996.

[6] 武汉市园林局. 武汉园林 1840-1985. 武汉：武汉市园林局，1987.

[7] 武汉市地方志编纂委员会. 武汉市志：城市建设志（上、

下）. 武汉：武汉大学出版社，1996.

[8] （清)王庭祯，彭裕毓. 同治江夏县志. 南京：江苏古籍出版社，2001.

[9] 永康县志编纂委员会. 永康县志. 杭州：浙江人民出版社，1991：399-400.

[10] 武汉历史地图集编纂委员会编辑：武汉历史地图集. 北京：中国地图出版社，1998.

[11] 皮明庥，邹进文. 武汉通史：晚清卷下. 武汉：武汉出版社，2006.

[12] 杨朝伟. 历史文化街区昙华林. 武汉：武汉出版社，2006.

作者简介

[1] 吕思佳，1988 年生，女，汉族，河北保定，华中农业大学风景园林专业在读硕士研究生，研究方向为风景园林历史与理论、风景园林规划设计，电子邮箱：Lvsijia@yeah. net。

[2] 张群，1978 年生，男，浙江衢州，华中农业大学风景园林系讲师。

[3] 裴鸿菲，1963 年生，女，上海，华中农业大学风景园林系教授。

基于生态空间格局的天津市城乡绿地结构研究

Based on Ecology Space Pattern Tianjin City and Countryside Green Space Structure Research

马春华　张　良　刘成哲　刘　欣

摘　要：为了加快实施滨海新区开发开放的国家战略，深化和完善《天津市城市总体规划（2005—2020 年）》，落实天津城市定位，2008 年天津市组织编制了《天津市空间发展战略规划》。规划着眼天津未来长远发展，构建了"南北生态"的市域空间格局。本文作者在总结分析历版绿地系统规划编制中存在问题的基础上，提出了基于生态空间格局的天津市城乡绿地结构建立的方法、策略以及实施途径，为新一轮天津市绿地系统规划修编提供参考。

关键词：绿地系统；建立；策略；途径

Abstract：In order to speed up the implementation of the national strategy development and opening of Binhai New Area, to deepen and perfect the "Tianjin city master plan（2005-2020）", the implementation of Tianjin city positioning, Tianjin city in 2008 organized the preparation of the "strategic plan for the development of Tianjin city space". Planning focus Tianjin future long-term development, construction of the "urban spatial pattern and ecological". In this paper, on the basis of summarizing the analysis of existing Calendar version of green space system planning problem in the foundation, proposed method, establishment of Tianjin urban green space structure of ecological space pattern based on the strategies and approaches, to provide reference for a new round of Tianjin city green space system planning.

Key words：Green Space System；Establish；Strategy；Way

1　天津市绿地系统规划编制概况与存在问题

1.1　天津市绿地系统规划编制概况

天津市自 1986 年以来，共编制过三版城市总体规划。对应于总体规划的实施，先后编制过三版天津市绿地系统专项规划。其中：1986 版城市总体规划提出"一条扁担挑两头"的发展格局，绿地系统专项规划构建了以外环线绿化带为纽带，对内连接城市公园，对外连接城郊开敞空间的绿地空间格局；1996 版城市总体规划进一步强化了"一条扁担挑两头"的空间结构，提出了"主副双中心"的发展格局，绿地系统专项规划以保护主副中心间的区域开敞绿地为重点，形成双环＋廊道的绿地空间格局；2006 版城市总体规划按照"北方经济中心、国际港口城市和生态城市"的定位要求，进一步强化了主副中心结构，绿地系统专项规划提出了主城区及环城四区绿地空间格局为"绿轴＋绿环＋绿楔＋廊道的模式"，形成以外围农田为基质，河流水系为网络，城市公园为节点的网络型绿地空间格局。

纵观以上三版绿地系统专项规划，均立足于城市定位和空间结构对中心城区和主城区生态格局提出了发展构想，为市域绿地系统总体格局的构建奠定了基础。

1.2　存在的问题

首先，规划结构缺乏与区域生态背景的对接。具体表现为：过分关注主城区和环城四区，对市域范围城乡绿地系统的整体研究深度不够；"环、廊、楔、园"的发展模式强调布局均衡，缺乏与生态系统关系的论证；结构体系强调层级划分而忽视功能的梳理；规划方法强调目标与数量，而缺乏对绿地景观结构、景观动态变化、景观连接度、景观多样性等形态和网络化程度等方面的探讨。其次，绿化控制要素标准的制定缺乏深入的分析。由于缺乏对各类绿化控制要素生态功能的深入分析，导致"环、廊、楔、园"等的规划控制标准缺乏足够的依据和技术支撑，给规划实施带来一定的问题。

2　基于生态空间格局的天津市城乡绿地结构的建立

2.1　天津市"南北生态"生态空间格局的提出

为深入贯彻落实科学发展观，加快实施滨海新区开发开放的国家战略以及胡锦涛总书记对天津"一个排头兵、两个走在全国前列"和"真正把天津建成独具特色的国际性、现代化宜居城市"重要指示，深化和完善《天津市城市总体规划（2005—2020 年）》，落实天津城市定位，天津市组织编制了《天津市空间发展战略规划》。规划着眼天津未来长远发展，着力优化空间布局、提升城市功能，提出了"南北生态"的市域生态格局。其中：南生态是以"团泊洼水库—北大港水库"湿地生态环境建设和保护区为核心，构建南部生态体系。北生态以京滨综合发展轴以北的蓟县山地生态环境建设和保护区、"七里海—大黄堡注"湿地生态环境建设和保护区为核心，构建北部生态体系，促

基于生态空间格局的天津市城乡绿地结构研究

进湿地和北部山地的生态恢复。通过对"南北生态"保护区的生态建设，构建天津城市生态屏障，融入京津冀地区整体生态格局，完善城市大生态体系（图1）。

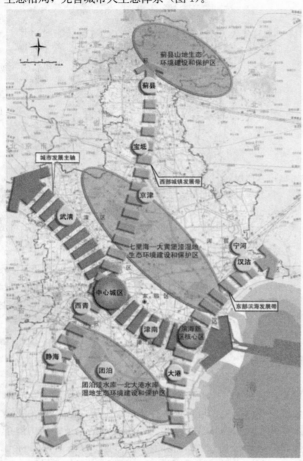

图1 天津市域空间结构图

2.2 多要素分析生态资源禀赋特征分析

2.2.1 研究城乡绿地结构建立的区域生态影响要素

湿地：天津地处渤海之滨、九河下梢，坑塘星罗，洼淀棋布，河流纵横，库泊遍及。每年在天津停歇过境的候鸟属于国家重点保护的候鸟21种，占国家游涉禽保护种类的58.33%；属于《濒危野生动植物种国际贸易公约》规定的保护鸟类有东方白鹳、黑鹳、白琵鹭、大鸨等8种；在天津地区可见到丹顶鹤、白鹤、白头鹤、白枕鹤、灰鹤及蓑羽鹤等6种鹤类，占世界15种鹤类的40%，在世界湿地生态等级上占有非常重要的地位。

海河流域河道：海河流域是中华文明的发祥地之一，拥有海河水系、滦河水系及徒骇马颊河水系三大水系。其中，海河水系是海河流域最重要的水系，通过众多的河道与北京、河北省共同形成京津冀水生态系统（图2）。

两大重要防护林带：根据"三北"防护林和京津风沙源治理工程的研究表明，天津市西北方向来自内蒙古、河北以及本地的地表风蚀起尘，是天津市PM10的主要来源，因此，西北部防风阻沙林是控制空气颗粒物污染超标的有效途径之一。另外，为了降低沿海风暴潮的危险，沿海防

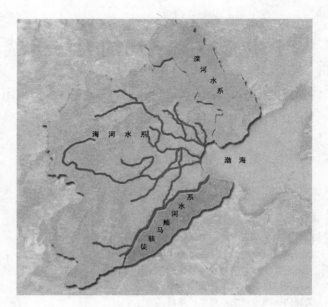

图2 海河流域三大水系分布图

护林建设，是维护环渤海地区的生态安全的因素之一。

2.2.2 研究城乡绿地结构建立的区域生态影响要素

北部山区：燕山山脉和太行山脉是京津冀地区重要生态屏障。蓟县山区位于燕山山脉的南麓，是该生态屏障的重要组成部分。天津山区森林面积主要分布于蓟县北部，具有重要的生态服务功能，对于涵养水源和保护生物多样性意义重大。

外环线绿化带：为了控制中心城区的蔓延式发展，在历版规划中，外环线绿化带均得到了延续，其重要作用不言而喻。随着《外环线绿化带及周边公园规划》编制工作的开展，在生态防护与休闲游憩功能将进一步得到发挥，成为环内地区与环外地区联系的重要纽带。

2.3 生态服务功能重要性评价分析

生态服务功能指生态系统及其生态过程所形成的有利于人类生存与发展的生态环境条件与效用，如水源涵养、生物多样性保护、气候调节、环境净化等功能。生态服务功能重要性评价是指通过分析不同生态系统生态服务功能的区域分异规律，明确各种生态服务功能的重要区域，为科学划定城乡绿地空间格局提供依据（图3）。

2.4 基于生态空间格局的天津市城乡绿地结构建立的主要策略

2.4.1 构建"碧野环绕、绿廊相间、绿斑镶嵌、生态连片"的城乡绿地空间格局

结合天津市自然基础，以重要生态功能区为支撑，以人文遗迹、历史古迹与村落、城市绿色空间、大型居住区、重要城镇空间、交通枢纽为衔接点，构建中心城市范围内的绿道网络系统；以郊野公园、森林公园、自然保护区等为生态节点，以东、西两条生态带建设和一级河道治理工程为契机，增加生态连通度，构建市域生态廊道，最终形成由"碧野环绕、绿廊相间、绿斑镶嵌、生态连片"

风景园林规划与设计

图3　天津市生态服务价值评估图

生态服务价值高

生态服务价值低

非生态用地

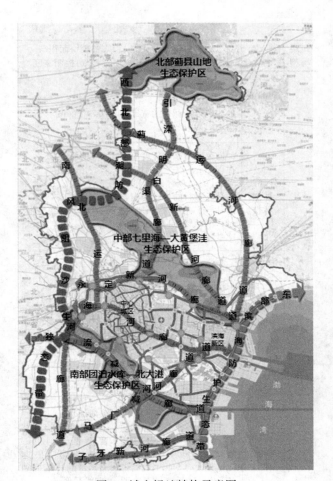

图4　城乡绿地结构示意图

的发展愿景。构建"一网"、"两带"、"多廊"、"三区"的市域城乡绿地结构。其中："一网"——是以外环线绿化带为纽带，体现环内、环外的各自特色，共同构建中心城市绿网。"两带"——是指西北部防风阻沙生态带和东部滨海防护生态带。"多廊"——是以一级河道为主串联多处生态空间的多条生态廊道。"三区"——是指北部蓟县山地生态保护区、中部七里海—大黄堡洼生态保护区、南部团泊水库—北大港生态保护区（图4）。

2.4.2　从景观生态学角度，提出各类城乡绿地系统构成要素控制标准

从满足城市安全、森林自我更新与维持、保护水质并维持其生态系统健康、保护动植物栖息地生境、降尘减噪、创造宜人休闲尺度等方面出发，提出各类生态要素的控制标准。

天津市生态系统重要服务功能与城乡
绿地系统空间策略对应关系表　表1

重要服务功能	空间策略
防止城市无序蔓延，引导城市有序发展	建设中心城市绿网
承担区域防治风沙灾害的功能	建设西北部防风阻沙生态带
持续维持沿海防风暴潮等减灾功能	建设东部滨海防护生态带
保证生物多样性和动植物栖息地生境的延续	控制市域主要一级河道两侧的生态廊道
涵养水源、保护生物多样性和森林资源	划定一区，即蓟县山地生态保护区
作为东亚—澳大利亚候鸟迁徙线路上的"中途站"，保证候鸟迁徙路径和栖息地的存在	划定两区，即七里海—大黄堡洼生态保护区和团泊水库—北大港生态保护区

天津市城乡绿地系统构成要素控制标准一览表　表2

斑块类型	要素名称	案例与研究成果借鉴	斑块面积与廊道控制宽度
斑块型	郊野公园	北京郊野公园面积10.6—787hm²，总面积78km²；上海郊野公园面积200—700hm²，总面积34km²	面积大于10km²
	成片林地	高纬度地带的森林面积趋小，3km²以上即可自我维持；随着纬度减低，落叶阔叶林为5km²左右、常绿阔叶林为6—7km²、季雨林最小面积为9km²以上	中心城区及环城四区以3km²以下的成片林地为主；远郊及滨海新区以3—5km²的成片林地为主
	湿地公园（斑块）	东方白鹳、丹顶鹤、大鸨等天津市最主要的栖息候鸟为指示性物种，结合其生境习性和生境特点，确定维持基本种群生存所需的面积	对2.5—6km²的湿地公园和斑块严格控制

续表

斑块类型	要素名称	案例与研究成果借鉴	斑块面积与廊道控制宽度
廊道型	西北部防风阻沙林	前沿地区林带宽度200—1000m以上；风蚀地防风阻沙林带的宽度可为30—40m	建设区控制宽度200—500m
	外环线外侧林带	通风廊道基本宽度应该在120m以上；300—500m的时候，绝大部分的游人进行的是较为完整的休闲；在1000m以上时，游人有回归自然的感觉	控制宽度500m以上
	水系林网	60m宽的绿化带可以阻止70%的地面面源污染，外加120m绿化带基本可阻止90%的地面面源污染	独流减河、永定新河、蓟运河、潮白新河等一级河道，堤外每侧林带控制宽度不低于100m；二级河道堤外每侧林带控制宽度不低于20m
	道路林网	在车流量不大、静风频率比较高的情况下，两侧隔离带各60—100m；车流量较大时，两侧隔离带各200—500m，才具有明显降尘、减噪的效果	连接中心城区与滨海新区的主要通道每侧林带控制宽度不低于100m；高速公路（快速路）每侧林带控制宽度不低于50m；一级公路和二级公路每侧林带控制宽度不低于30m

3 基于生态空间格局的天津市城乡绿地结构的实施途径

3.1 构建面向全市的三类公园体系，改善人居环境，提升生活品质

建立面向全市的，以中心城区—环外四区和滨海新区—外围区县为空间范畴，包括城市公园、郊野公园、森林公园和成片林地在内的三类公园体系。其中：

城市公园：以中心城区和滨海新区为代表的街头公园—社区公园—城市公园体系不断完善。结合外环线绿化带的建设，在中心城区边缘，围绕主要入市道路，通过外环线串联，形成外环线沿途"一带十园"空间布局，完善中心城区的绿地系统，"一带十园"规划总面积约19km²。

郊野公园（含湿地公园）：在中心城市范围内建设15处郊野公园，形成环抱津城、生态多样、森林密布郊野公园总体格局，总面积约810km²；同时，在武清、宝坻、宁河、静海四区县分别选址建设1处郊野公园（含湿地公园），促进区县生态城区建设。

森林公园与成片林地：以市域范围森林公园、自然保护区（含风景名胜区）、水源保护地等以及《2011—2015年天津市造林绿化规划》中提出的成片林地为主，重点开展区县生态建设，共改造14处森林公园，总面积约118.6km²；新建142处成片林地，总面积约333.4 km²。

3.2 构建市域廊道、绿道系统，增加生态空间的连通性，提高生态系统的网络化程度

3.2.1 建立中心城市绿道网体系

以外环线绿化带为纽带，构建环内、环外绿道体系。其中：

环内绿道：在中心城区范围内，建立依托人文景区、公园、广场等，穿城河道以及主要道路两侧较宽绿地而建立，为人们慢跑、散布提供场所的绿道系统。

外环线绿化带生态廊道：其中，利用外环辅道，以自行车和步行为主，提供环保绿色交通，形成外环线内侧绿道。依托绿色景观，以生态漫步道形式贯穿林带，突出游线自然、野趣，建设外环线外侧绿道。

环外绿道：环外绿道共分为四种类型，即都市文化型绿道、郊野休闲型绿道、滨海型绿道、区域连通型绿道。其中：都市文化型绿道主要指建成区内，依托河道以及道路两侧的绿地构建的供市民休闲漫步、文化活动的通道；郊野休闲型绿道主要是依托城市建成区周边的大块绿地、水体、连接道路和田野乡村所构建的绿色走廊；滨海型绿道主要是指在海陆交汇处，依托沿海绿带构建形成的观海通道；区域连通型绿道主要是依托城市建成区道路两侧绿地，连接上述三种绿道构建的绿色走廊及各绿色节点的绿色走廊（图5）。

图5 中心城市绿道网规划示意图

3.2.2 建立"两带"、"多廊"的廊道型生态空间

包括西北部防风阻沙生态带主要承担减少沙尘和改善土地沙化的功能；东部滨海防护生态带主要承担保障

520

风景园林规划与设计

沿海生态安全的功能；11 条生态廊道是以连接海河水系和渤海的一级河道、水源河道为基础，主要承担水源调度、促进空气流通、物种保护等功能。

3.3 划定市域重要生态功能区，保护动植物栖息地，维护生物多样性

将全市域划分为三大重要生态功能区。其边界的确定尽可能与山脉、河流等自然特征和行政边界进行衔接，并保证边界生态系统类型的完整性和生态服务功能类型的一致性。

北部蓟县山地生态保护区：该区涉及自然生态系统类、野生生物类和自然遗迹类 3 个类型的自然保护区，总用地面积 802km²。该区林木绿化率居全市最高，是兽类等野生动物的主要栖息地。功能定位为天津市重要的生物多样性、水土保持和水源涵养保护区；天津市重要的森林景观和地质遗迹保护区以及氧源基地。

中部七里海—大黄堡洼生态保护区：该区涉及自然生态系统类和自然遗迹类 2 个类型的自然保护区，湖泊、水库，河流生态廊道，以及森林公园、郊野公园等重要生态斑块，总用地面积 1174km²。功能定位为天津市重要的天然湿地和古海岸遗迹保护；东亚—澳大利亚候鸟迁徙的路线上华北地区的重要驿站；市域中部大型生态休闲游憩连绵带。

南部团泊水库—北大港生态保护区：该区涉及 2 个自然生态系统类自然保护区、水库等重要生态斑块以及河流生态廊道等。总用地面积 1773km²。功能定位为天津市重要的人工和湖泊湿地保护区；东亚—澳大利亚候鸟迁徙的路线上东方白鹳为主的珍稀水禽栖息地；市域南部

大型生态休闲游憩连绵带。

结语：自 2008 年《城乡规划法》颁布实施后，传统的城市绿地系统规划的编制方法、体系、内容以及实施环境发生了很大的改变。本文结合《天津市空间发展战略》（2008—2020 年）提出的"南北生态"的市域空间格局，运用景观生态学的基本原理，提出了基于生态空间格局的天津市城乡绿地结构建立的方法、策略以及实施途径，为新一轮天津市绿地系统规划修编提供参考。

参考文献

[1] 2011—2015 年天津市造林绿化规划.
[2] 天津市城市总体规划(1985 版、1996 版、2005 版).
[3] 天津市空间发展战略规划(2008—2020 年).
[4] 天津市外环线绿化带及周边公园规划.
[5] 天津市生态保护规划.
[6] 高芙蓉. 城市非建设用地规划的景观生态学方法初探—以成都市城市非建设用地为例：[学位论文]. 重庆大学.

作者简介

[1] 马春华，1970 年 7 月生，女，本科，天津城市规划设计研究院所总规划师，研究方向城乡规划，电子邮箱：87652090@qq.com。
[2] 张良，1981 年 12 月生，女，硕士研究生，天津城市规划设计研究院，研究方向环境影响评价。
[3] 刘成哲，1980 年 5 月生，男，硕士研究生，天津市规划局副处长，研究方向城乡规划。
[4] 刘欣，1987 年 1 月生，男，本科，天津城市规划设计研究院。

基于地域特色打造的园林绿地改造

——以新疆石河子核心军垦广场为例

Based on Geographical Features to Create Green Space Transformation

——Taking the Core Army-reclamation Square in Shihezi Cityas an Example

马　珂

摘　要：随着城市化的快速发展，文化与财富发展的不均衡导致城市风貌被破坏，基础设施建设缺乏。本文即聚焦于石河子地区城市发展的文化环境特征，尝试以景观规划作为城市空间整体调控的指导，结合多重学科，以可持续发展的策略治理城市边缘化、保持城市安全。石河子市是新疆生产建设兵团直辖的县级行政单位，位于新疆北部，项目位于石河子市中部，包括现状石河子市中心城区和北泉镇的部分地区等。通过调整用地布局，完善公共服务设施体系，加强城市交通和基础设施建设，提升居住区配套服务设施服务水平，把规划区建设成为石河子市最具军垦特色的、绿化景观优越的，设施完善居住舒适的，生态良性发展的生态城市示范区。规划设计通过优化用地布局；保障公共设施；完善道路系统；美化城市环境；提升居住品质；控制建筑规模；市政工程规划全方位改善居住环境，突出"城在绿中、人在景中"的城市特色。重要节点设计深入研究场地特点，结合场地环境进行改造，打造城市特色，突出和强化核心节点的纪念空间；依托军垦文化，通过抽象设计，提升景观设施的文化品位，在满足市民休憩活动需求的同时，提升城市广场的活力。

关键词：石河子；勒诺特；地域特色

Abstract：With the rapid development of urbanization, the development of culture and wealth caused by unbalanced urban landscape is destroyed, the lack of infrastructure. This paper focuses on the culture of urban development in Shihezi environmental characteristics, try to landscape planning urban space as a whole regulatory guidance, combined with multi-disciplinary, sustainable development strategy marginalized urban governance, to keep the city safe. Shihezi City, Xinjiang Production and Construction Corps directly under the county-level administrative units, located in northern Xinjiang Shihezi City project is located in the middle of the city center including the status of Shihezi city and other parts of North Springs. By adjusting the land layout, improve public service facilities system, strengthen urban transport and infrastructure construction, improve residential service facilities service levels, the planning area into Shihezi City's most distinctive Merino, green landscape superior, comfortable living facilities , ecologically sound development of the eco-city demonstration area. By optimizing land use planning and design layout; protection of public facilities; improve the road system; beautify the urban environment; improve the quality of living; control building size; municipal engineering planning round improvement of the living environment, highlighting the "city in the green, in King," the city Features. Depth study of an important node in the design space features, combined with site environmental transformation, creating urban characteristics, highlight and strengthen the core node memorial space; relying Merino culture, through abstract design, landscape facilities to enhance the cultural tastes, leisure activities to meet the needs of both the public enhance the vitality of the city square.

Key words：Shihezi; Lenotre; Geographical Features

　　在中国早期城镇规划中，从城镇布局到园林设计都深受苏维埃的影响，长方体系的街区模式，对称于中轴线的布局，对当时城市发展产生了较大影响。新疆石河子是新疆生产建设兵团农八师师部所在地，是新疆生产建设兵团直辖的县级市，该城市在初期规划时深受当时规划布局的影响，从城市布局到园林景观都呈现特色鲜明的轴线式布局。笔者于2011年9月介入该项目，如何深入挖掘场地精神，如何体现地域文化特色，成为当时的一大设计挑战。

1　研究区概况

1.1　区域概况

　　石河子市位于新疆北部，天山北麓中段，准噶尔盆地南缘，南临天山山脉，北接古尔班通古特沙漠。该市东距自治区首府乌鲁木齐150km，西距霍尔果斯口岸500km。建成区人均公共绿地8.6m²，它由军人选址、军人设计、军人建造，她创造了"人进沙退"的世界奇迹，是中国"屯垦戍边"的成功典范，并以优美的环境、独特的文化、璀璨的文明被世人誉为"戈壁明珠"。经过多年园林建设，已形成以多行宽阔的街道树为骨架，以环城防护林为屏障，以公园、广场等为片区，以单位庭院绿化为点，道路绿化为线，防护林为环的点、线、片、环相结合的绿色生态城市框架，以草皮、草花、灌木、松柏、白蜡、杨树相结合的多层次绿化结构。近几年绿化覆盖率及人均公共绿地面积逐年提高。

1.2　现状条件

　　场地基址处于城市子午路中轴线的核心位置，优势方面，外部交通条件较好，可达性强。现状植被基础良好，环境宜人，是市民休闲活动的主要公共空间。但是，植被树种相对单一，一定程度上缺乏群落层次感。树龄结构相当，植物生长空间有限；广场内游步道路、景观小品、设施使用率极高，但略显陈旧；现状广场内部交通较为混乱，没有很好的实现人车分流，存在一定的安全隐患。面对此种状况，如何通过设计，突出城市军垦文化，突出其核心地位，使广场成为统领中轴线的新的城市客厅；如何依托军垦文化，通过抽象设计，提升景观设施的文化品位，在满足市民休憩活动需求的同时，提升城市广场的活力；如何完善植栽群落体系，丰富广场植物景观特色，都成为挑战。

2 空间格局

石河子城市建设始于 1950 年，是农八师实行师市合一管理体制的新兴城市，是以农场为依托、以工业为主导、工农结合、城乡结合、农工商一体化的军垦新城。1951 年第一版城市规划的基本格局呈现出强烈的苏维埃风格，政府建筑群居中而立，为典型的苏式建筑，两侧综合服务建筑群分列两旁，布局基本对称，主中轴明显，自文化宫至军垦博物馆向北延展，在园林环境的烘托下形成壮观的轴向空间。

本次对中心区景观环境的改造归根结底是对原生轴向空间进行的一次再设计，因此改造行为应该是基于轴线空间本质的认识（图 1）。规划设计通过规整、严谨的

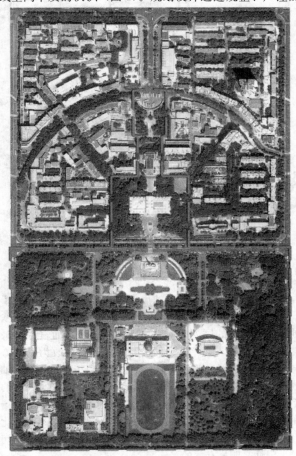

图 1 石河子城市中心广场现状图

线形布局方式，突出和强化广场的纪念空间，进而延伸子午路的轴线感。同时，通过抽象军垦文化的相关内容及元素作为设计基底，以景观水系的方式串联一系列的纪念建筑及雕塑，以形成一条军垦记忆的长河（图 2）。一般而言，轴线空间有六大构成特征，即纵轴、端点、界面、横轴、节点和结构。纵轴指主向轴；端点指主向轴的两端；界面指界定轴向空间的竖向界面；横轴指复合轴向空间中用于强化结构的垂直于主轴方向的次轴线；节点指纵轴上重点空间；轴向空间结构是基于以上五大要素的综合抽象出的结构特征。对应于规划空间而言：

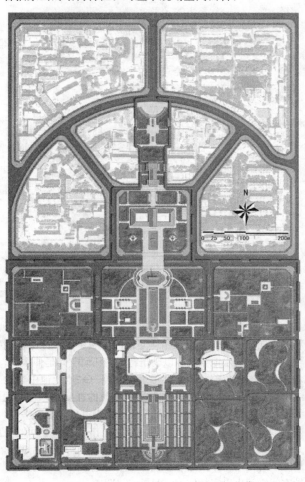

图 2 石河子城市中心广场方案图

纵轴：即主中轴线，长达 1000m。

端点：北端点是军垦博物馆，另一端点是文化宫，但由于轴线的南北向延伸，空间意义上另一端实为无穷远的天际线灭点（图 3）。

界面：这里的中轴界面并不是建筑的边界，而是军垦时代留下的密植树林。

横轴：有三种可能：北三路、北二路及市府路，但均不清晰，综合而言北三路的位置与比例，是最佳的横轴选择，也是空间总体格局的支点。

节点：横纵轴的交点可以作为节点，而此处文化宫前广场水池的区域，则是最为重要的景观节点。

结构：由此可以抽象出场地轴向空间的基本结构。

轴向空间中的主体建筑通常位于高处，当人们面向建

基于地域特色打造的园林绿地改造——以新疆石河子核心军垦广场为例

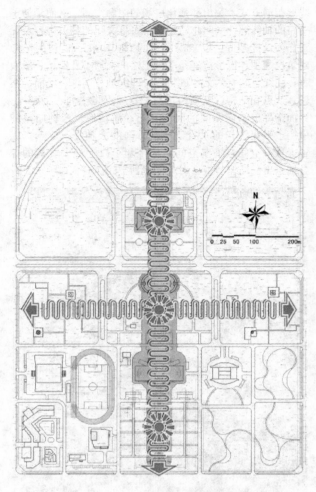

图 3　石河子城市中心轴线分析图

筑的方向行进时就会感到主体建筑的强烈牵引。拆除横向轴线不连续的水池景观，以勒诺特式的长向空间延伸主轴，水天一色的景象映入眼帘，像远方延伸。水池及池中的纪念碑及王震将军像在空间节奏上所扮演的重要角色也显现无遗，成为轴线无限延伸的转换点。高潮过后，走下平台，则有暇细品余韵———中轴两侧空间：作为中轴空间的补充，两翼空间也至关重要，对比之下，它们与中轴空间又形成了对比，一方面这些空间由现状密林围合，与水池中轴空间之间也以密林作为空间界定（图4）。

3　景观设计手段

3.1　勒诺特式轴线

　　石河子第一版城市规划设计由同济规划院执行，从规划模式到主体建筑风格都具有强烈的苏维埃式色彩，尽管这种文化与我们祖先的文脉无关，但都已客观地成为历史的一部分，而这类富有纪念性的西方设计模式的根源无一例外地将追溯到勒·诺特尔这位空前绝后的法兰西风景园林师。而在面对中心广场中轴线两侧密林所组成的对称的林冠线，有节奏、有层次地径直延向远方，可以深刻地感觉察觉到场地结构中与宏大的法国巴洛克园林之间本源的相似性（图5）。

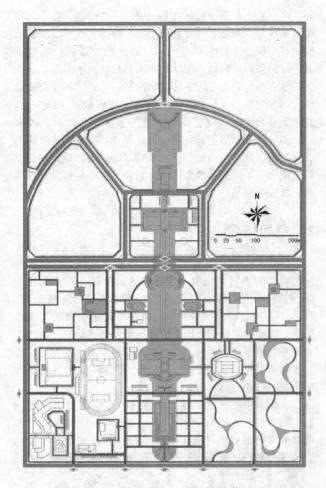

图 4　石河子城市中心空间结构分析图

图 5　石河子城市中心广场鸟瞰图

3.2　重组水池景观

　　在勒诺特尔轴线空间的启发下，笔者对现状进行了深入的挖掘，对原水池改造细节的把握上，原有的横向水池割断了轴线的序列感，就大空间格局意义而言并非最佳的处理手法。设计将北部主要景观水池更改为南北方向，并将纪念碑、王震将军像均置于水景中，强化场地轴线布局。同时，水池内所呈现出的纪念碑、雕塑、树阵的倒影，又进一步增强纪念意义；南部则通过改造原运动场用地，延续水轴景观，形成一处下沉休憩空间 。就文化宫前中轴空间而言，水池长度在轴线方向的延展对空间的无限性是明显有益的。

3.3 激活两侧活动空间

中轴空间两侧丰富的林园空间也是这种空间的一个重要特征，基于现状林地小径的设置明确了空间秩序，也激活了林园空间的使用。现状极具观赏性的油松和花灌木、地被等与密林共同构成朴素的内向景境，透过林墙下部纵向的树干，与横向中轴水池空间形成奇妙的对比和共生关系。

3.4 现状植被改造

在新疆地区，这种大规模成熟的树林非常罕见，可以说这种存在本身就难能可贵，它是一段应该被尊重的历史记忆，也应完全视为一种资源而加以利用。在设计中轴空间"有度开敞"的理念，用以解决轴线开放的必然趋势与乔木保护之间的矛盾。首先，总体上最大限度地保留现状密林，在景观节点处增植花灌木及耐阴地被，以完善植物群落层次，丰富植物季相，提高观赏性；在文化宫南北两侧分别列植常绿树和秋色叶树树阵，以烘托场地氛围，同时增添秋冬植物季相；在纪念碑两侧区域，增植花灌木，增添春季色彩。

3.5 交通体系梳理

基于对军垦文化遗存的保护，梳理现状路网时仅以一定程度的改造疏通，完善道路系统，增强其可达性；通过设置临时交通管制设施，实现场地内的人车分流，保障正常状态下核心区域的安全性以及紧急状态下的可达性；梳理已有建筑周边场地及一些林下空间，设置停车场地，满足停车需求。

4 文化特色打造

老一辈的"军垦第一犁"吹响了绿洲建设的进军号角，面对戈壁、沙漠、荒原、碱滩，战风沙，斗野兽，铸剑为犁，用双手开辟出了一座举世瞩目的军垦新城、一片适宜人居的塞外绿洲，成为共和国永不换防的哨兵。进入新的历史时期，从自然环境现实、人类居住条件需求、经济社会发展要求等综合要素出发，对石河子城市生态环境作了客观的、实事求是的、科学的分析研究，将植树造林、改善生态环境作为城市基础设施建设的重要环节来抓，建成了举世闻名的"戈壁明珠"。

在中心广场的设计上突显军垦文化中心特征，传承军垦特色，广场运用规则对称式设计手法，规整的水池、整齐的油松树阵、简洁现代的景观灯柱和坐凳分布在广场两侧，增强场所仪式感、方向感和进深感，突出"军垦文化"。铺装采用深灰、浅灰相间的大条石材，错缝线性铺设，以衬托城市的庄重感。通过挖掘军垦文化，设计灯柱、坐凳等城市家具，小品保留"剑"雕塑与王震将军雕塑。增设树阵下坐凳。镜面水池呈现雕塑与树阵倒影。

5 结论

石河子中心广场改造基于场地中潜在的法国古典主义园林意味，同时又以现代的、地方的、简约的和整体的方式重新诠释表现出来，成为体现地方精神在现代设计中延续的一种范式。追述其源头，这就是中国传统造园根本理法。"景以境出，情由境发"中对所谓"境"的探寻，对于设计而言，这种方法代表的是一种对场地精神的尊重，对设计本源的追逐。

参考文献

[1] Rogers, lizabeth Barlow. Landscape Design: A Cultural and Architectural History. NewYork: Harry Abrams, 2001: 118-124.

[2] Lakeman, Sandra Davis. Natural Light and the Italian Piazza. Washington: University of Washington Press, 1995.

[3] Mumford, Lewis. The City in History. New Nork: Harcourt, Brace&World, 1961: 299-305.

[4] 针之谷钟吉. 西方造园变迁史. 北京: 中国建筑工业出版社, 2010: 44-62.

作者简介

马珂，1984年1月生，女，南京，学士，2007年毕业于中央美术学院环境艺术设计专业，北京清华同衡规划设计研究院风景园林规划设计研究中心。

融合与转换

——对城市规划专业风景园林规划设计课程教学的思考

Integration and Transformation of Landscape Architecture Planning in City Planning Major

马雪梅　马　青　赵　巍

摘　要：在我国经济持续高速成长和城市化进程快速推进的今天，城市、人口与生态环境的矛盾日益突出，城乡居民对高品质户外空间的需求日趋强烈，对城市规划专业提出了更加艰巨的任务和更高的要求。风景园林规划设计是城市规划专业的核心课程之一，其内容不断扩展、知识难度相应加大，加强当前城市规划专业课程体系中风景园林规划设计课程的建设与教学研究具有重要意义。本文首先阐述了城市规划专业风景园林规划设计课程的教学目标和内容，从知识体系的融合与拓展入手，探讨教学内容及目标的调整，并提出立足于设计思维的转换，深化课程教学改革等措施。

关键词：风景园林规划设计；城市规划专业；课程教学；融合与转换

Abstract：The progress of China's economic development is rapid and the urbanization process is moving forward quickly. There is increasingly prominent contradiction between city, people and eco-environment. The need for high quality outdoor environment is growing strongly. The task on city planning major is more severe. Landscape architecture planning is one of the key courses in city planning major. The content of it is expanding. The course is becoming more and more difficult. It is highly important to do more research on the teaching of landscape architecture planning in city planning major. This paper first introduces the target and content of this course. It also analyzes the mixing and expanding of different knowledge systems, the adjustment of teaching content and target. The paper offers some revolutionary ideas about the course reforming and the switch of design thinking.

Key words：Landscape Architecture Planning；City Planning Major；Course and Teaching；Integration and Transformation

21世纪，可持续发展已经成为全人类的共识，气候变暖、能源紧缺、环境危机是人类面对的共同挑战。在当今社会人居环境快速城市化，城市环境快速去自然化的背景下，科学发展、生态文明、和谐社会已经成为中国可持续发展的基本策略。协调人与自然关系，恢复、重构人们理想的生存环境，是人居环境科学三大支柱学科共同的目标与任务。城乡规划学已突破了原有城市规划与设计专业的研究领域，不再局限于城市空间布局设计，拓展到了人居环境、城乡统筹发展政策、城乡规划管理等社会领域。风景园林规划已经成为城市规划建设研究和管理的一个重要的内容和领域，也是城市规划专业本科生专业学习的重要内容和需要具备的专业技能之一。因此，加强城市规划专业课程体系中风景园林规划与设计课程建设具有重要意义。

1　课程教学目标与内容

风景园林规划设计课程作为城市规划专业的核心专业课程之一，在我国学科发展和城乡建设的转型背景下，其课程教学也出现了相应变化的趋势。

1.1　课程教学目标

风景园林规划设计是我校城市规划学专业面向三年级学生开设的一门专业必修课，共64课时。该课程的教学目标在于通过本课程的学习，使学生掌握风景园林规划与设计的基本内容与方法，学会正确地分析和处理人与自然系统及景观环境的关系，具备在城市规划中应用风景园林规划设计原理的基本能力，提高保护和营造高品质的空间景观环境的规划设计水平。

1.2　课程教学内容

为实现课程教学目标，首先必须正确定位城市规划专业风景园林规划设计课程的教学内容。经过多年的教学实践摸索，基本确定了我校风景园林规划设计课程教学的主要内容包括设计开题、前期调研和方案设计三部分。设计开题主要是利用4-6学时进行相关理论知识讲授和设计题目介绍。由于我校城市规划专业的课程体系构建统筹考虑了理论课与设计课的衔接，在本门设计课的前一学期先行开设风景园林规划设计原理课程，使学生提前对风景园林设计理论有了一定的掌握与认识；同时合理安排课程时序，使理论性课程在讲授完之后，能够短时间内在规划设计课中运用。因此，设计开题时的理论知识讲授的重点在于与设计题目相关部分知识点的复习与深化，而设计选题主要从城市综合性公园、居住区绿地、郊野公园和风景区等方面选取题目，力求符合城市规划专业对于风景园林规划设计能力的培养要求。

前期调研安排在设计课开题之后，时间为一周，由案例研究和场地分析组成。案例研究是指学生通过网络收集和实地参观调研的手段，选取与设计题目相同或相似类型的景观项目进行案例研究。场地分析是指在对设计项目进行现场调研的基础上进行全方位分析。方案设计时间为七周，结合设计辅导，让学生独立完成设计题目的规划设计，由概念设计、一草、二草、三草、成果图制作五个阶段构成。

2 知识体系的融合与拓展是城市规划专业风景园林规划设计课程教学改革的基础

城乡规划学、风景园林学和建筑学目前已形成了三位一体、三足鼎立的格局，三个学科都具有很强的多学科交叉性。城市规划专业学生要从建筑学、风景园林学、城乡规划学这三个学科的交叉中受益，并在课程学习中求得深入全面发展，风景园林规划设计课程的教学应注重对学生的引导和帮助，这也是本门课程目前教学改革的重点。

2.1 以点融合，建立正确的设计观

风景园林空间以多尺度以及多样化功能满足人类的需要，研究的尺度涵盖了大地景观—国家公园—城乡绿地—城市公园—附属绿地—庭院等广泛尺度，这些不同层次的空间规划设计所要求的知识是不一样的。如吴良镛先生所言，庭园设计、公共绿地设计所依靠的知识和专业技巧基本是共通的，所不同的是风景园林设计更多地使用植物材料和地貌等自然物来组织大小不同的空间结构，以追求自然景观为主；另一方面，从咫尺园林到大地景观，规划着眼点、规划内容、规划方法都引起了重大的变化，其中自然、人文等地理因素相当关键。

风景园林设计涵盖的内容广泛，有些知识点与城乡规划学理论相重叠，如场地设计知识、外部空间设计理论、城市生态环境保护规划、历史地段风貌保护、风景名胜区规划、城市绿地系统规划理论等，但两者研究的角度和侧重的程度有所不同。例如，在城市外部空间规划中，城市规划更多运用人工要素来解决问题，而风景园林规划则是大量运用自然要素解决问题；城市规划更多地注重空间形态规划，而风景园林规划则注重人文与自然要素的融合。

多年的教学实践证明，在城市规划专业的风景园林规划设计课程中，以创建社会公平与价值多元的人居环境为设计教育的目标，有意识地在开题、课上讨论和设计指导等环节中，把相关知识点准确介入风景设计教学当中，强调在规划设计中进行综合运用与融合十分必要。

2.2 以面拓展，加强风景园林规划设计课程与其他相关课程的配合与衔接

现代风景园林设计的实践领域的广阔性要求整体、综合、全面的知识背景，涉及建筑、城乡规划、旅游、社会、经济、环境、心理、历史、艺术、林学、生态、观赏园艺等多个学科，有些内容是城市规划专业学生未曾接触到的，如园林工程、植物造景、园林生境营造与保护等，仅靠一门风景园林设计理论课程难以囊括。风景园林规划设计以空间为载体，以实践为导向，不但能够把相关专业课程知识的综合运用起来，亦可以通过一系列的三维—二维—三维的空间转化完成从认知到创作的过程。由于我校建筑与规划学院同时拥有建筑学、城乡规划学、风景园林学三个一级学科，学科平台宽阔，因此在城市规划专业的课程体系建构上具有一定的优势。一方面课程的设置不仅满足城市规划专业培养目标中要求的"了解绿化及植物配置的基本知识"，还充分考虑拓宽学生的知识面，安排园林工程、园林植物与造景、中外园林与景观发展史、中国古典园林、城市环境与生态学、景观生态学、地质学基础、中国民居、风景区规划、社会心理学等选修课，从而促进专业视野的开拓；另一方面在教学内容、形式和组织上加强各课程与风景园林规划设计的关系，有效控制课程间的衔接与阶段过渡，达到以设计课为核心，培养学生综合考虑问题的思维方式并提高学生专业水平的目的。

3 立足于设计思维的转换，深化课程教学改革

3.1 设计思维的转换贯穿整个课程教学过程

风景园林学与城乡规划学联系紧密，同为人居环境科学学科群中平行设置的支柱性学科，但二者的研究和实践对象明显不同。现代城乡规划学科是以城乡建成环境为研究对象，以城乡土地利用和城市物质空间规划为学科的核心，成果是各级规划编制。风景园林学研究和实践对象是户外自然或人工境域，综合考虑气候、地形、水系、植物、场地容积、视景、交通、构筑物和居所等因素在内的景观区域的规划、设计、建设、保护和管理，成果是附加环境美学或传统美学价值的户外境域。在多年教学实践中我们发现，工科教育的专业背景和培养目标，使得城市规划专业本科学生的设计思维侧重于城市功能和空间布局形态设计层面，重视宏观问题的总体分析、数据的量化分析，理性逻辑成分较强，对大尺度设计对象的把握具有一定基础，具备较强的发现、分析问题的能力，这些优点有利于风景园林规划设计课程的学习。而与之相对应的是同时存在对场地自然和人文要素的认识与分析不足、对各种尺度的城市景观设计的概念构思和设计手法了解不足、对户外空间环境的人性化和审美价值不够重视等弱点；另外学生在惯性思维的作用下容易把建筑空间设计或城市与区域规划的设计思维和方法简单移植到本门课程的学习中来。因此，必须把设计思维的转换贯穿于整个课程教学过程，在前期调研、概念设计、草图设计等各个阶段分别加以引导。

3.2 重视场地分析，强化实践教学环节

前期调研是风景园林规划设计课程的重要内容，实地调研包括案例调研和设计项目场地调研与分析。案例研究作为设计课教育的常见手段早已广泛采用，在本课

程中，尤为重视研究户外空间的尺度、材质和人的活动，并总结之间的关联性及设计规律。设计项目场地调研与分析则是学生实地感知场地环境，分组完成调研报告并进行公开讲评讨论。在这一过程中，学生作为观察者和设计者，运用所学的专业知识，以相对客观化、专业化的知识系统和专业技能对场地加以分析与认识，并与自身的主观感受相结合，建立对场地的感知，进而为下一步的设计阶段创造性地重新塑造场地打下基础。

以城市综合性公园设计题目为例，组织学生分组调研自然要素、文化要素和人群使用。一方面可以感知地形、人群、植物、建筑小品、水体等可见对象和声、光、风晴雨雪等不可见自然空间要素，让学生全方位认识现场；另一方面通过访谈使用者和问卷调查，让学生理解场地设计与人群活动的关系，发现场地设计的价值。各组学生将现场考察结果形成调研报告和PPT汇报文件，在公开讲评时汇报对各自调研对象的认识与分析，在讨论中实现了调研成果的交流与共享。教师在这一过程中的引导和组织十分重要，需要努力为学生提供多样化的思考视角与分析手段，将场地的空间信息化为可测量、可分析、可描述、可操作的对象，培养基于理性与感性的综合专业能力。

3.3 注重设计概念和设计构思，培养创造性思维

创造性思维能力是设计创造力的核心，设计水平的提高必须从创造性思维培养入手，从而培养学生的创新意识和创造能力。而在中国功利性设计这个大环境下，快节奏以及快餐文化的影响使很多设计师更乐于拷贝已有的样式，而不愿意花费时间和精力去进行创造性的设计，设计院校中的学生也受到一定影响。因此，创造性思维的培养是设计教育教学改革的重点方向。

我校在风景园林规划设计课程的教学中，注重强调让学生在设计中体现个性，激发创造力，避免单纯以训练学生职业技能为主要目的。通常在草图设计之前设置概念设计环节，要求学生在一周时间之内，基于主观感受对设计题目进行主题创意与构思。同时为了避免构思与场地实际空间环境脱节，要求概念设计必须建立在场地分析基础之上，结合总图空间布局与功能分区，防止在下一步的草图设计阶段主题淡化消失、流于形式。另外，创造性思维的培养不仅仅依靠概念设计环节的楔入，还体现在草图阶段的设计指导过程中，教师主要把握住大方向，而设计细节以及最后的成果表达均给学生保留一定的自由度，让学生逐渐学会"权衡、推敲和决策"，提高自主思考能力。

3.4 在风景园林规划设计教学中引入生态理念

以往工科院校城市规划专业和建筑学专业的景观设计教育往往较多强调视觉形式美感，偏重于功能布局和空间形态设计技巧的训练，忽略了生态设计意识的树立。后工业社会面临的复杂城市问题促使各种新的城市规划理论和方法产生，从以往注重物质空间规划转而注重处理人与环境之间的关系，以及注重生态观念和价值多元化。现代风景园林规划设计无论是内涵还是外延均有了长足的发展，更加注重环境的景观功能和生态功能的设计。

现在大多数院校在课程体系中均设置了生态学相关的理论课程，但仅仅进行理论教学是不够的，必须将生态设计思想渗透到设计课程教学过程中。与之相应，在城市规划专业的风景园林规划设计课程教学中既要注重培养学生设计创造能力，又要注重培养学生的生态设计意识，使之认识到生态应和功能、美学并重作为风景园林规划设计的设计依据和评价标准。

4 结语

城市规划需要围绕效率、宜居和可持续而展开，并处理好社会、经济、环境之间的平衡关系，这就要求城市规划者必须具备处理自然环境与城市协调发展的能力，而以人居环境为核心的风景园林规划设计正是联系二者的纽带，因此城市规划专业课程体系中风景园林规划设计课程的教学改革具有长期研究的意义。本文的思考仅在于提供一个讨论和参考的框架，很多内容依然需要在实践中继续总结和充实。

参考文献

[1] 王浩，苏同向，赵兵等. 聚点成面、以面拓展、强化核心——南京林业大学园林规划设计教学体系的创新建设. 中国园林，2009(06)：16-19.

[2] 李翅. 风景园林类高校城市规划专业教育的特色研究——以北京林业大学为例. 中国林业教育，2009(03)：16-19.

[3] 张文英. 风景园林规划设计课程中创造性思维的培养. 中国园林，2009(06)：1-5.

[4] 李雄奇. 走向包容的风景园林——风景园林学科发展应与时俱进. 中国园林，2007(08)：85-89.

[5] 林广思. 关于规划设计主导的风景园林教学评述. 中国园林，2009(11)：59-62.

[6] 董楠楠，归云斐. 基于现场的风景园林设计入门教学——以同济大学本科设计课程为例. 景观设计，2013(02)：47-51.

作者简介

[1] 马雪梅，1972年4月生，女，汉族，硕士，沈阳建筑大学建筑与规划学院，副教授，风景园林学科。

[2] 马青，1966年12月生，女，回族，硕士，沈阳建筑大学建筑与规划学院，教授，城乡规划学科。

[3] 赵巍，1968年12月生，女，汉族，学士，沈阳建筑大学村镇规划研究院，讲师，城乡规划学科。

历史名人纪念地景观设计初探

——以尤溪朱子纪念公园为例

Research on Landscape Design of Historical Celebrities' Memorial Sites
——Taking the Memorial Park of Zhuxi in Youxi as an Example

蒙宇婧

摘　要：本文通过对尤溪朱子纪念公园景观设计的介绍，重点从空间结构、文化表达方面对这一项目进行剖析，由此对这类中轴序列和自由叙事两种纪念园设计模式相互融合的景观设计手法进行了初步探讨。通过对两种空间模式的分别营造、对这两种模式的文化主题的不同表达以及对它们的交汇点的兼顾性设计，为未来这一类型的历史名人纪念地景观设计提供了一个值得讨论的案例，也为纪念地的设计手法提供了新的思路。

关键词：历史名人纪念地；景观设计；空间结构；文化表达

Abstract：This paper described the plan of the Memorial Park of Zhuxi in Youxi, focusing on the structure of its space and the culture expression of the project, in order to discuss the design method of integrating the two moods of Axial-Sequence and Free-Narration into one design of memorial sites. By building these two kinds of space separately, expressing the cultural themes of the two moods differently and designing the crossover point of them with the consideration of both sides, the project became an example worth of discussing for this type of historical celebrities' memorial sites, and also provided some new thoughts of design methods for the memorial sites.

Key words：Historical Celebrities' Memorial Sites；Landscape Design；Structure of the Space；Culture Expression

1　项目背景

福建省三明市尤溪县位于福建省中部山区，素有"闽中明珠"之称（图1），以朱熹诞生地闻名于世。据史料记载，1130年10月18日（农历九月十五），朱熹诞生于今尤溪县城城关镇南的郑义斋馆舍，南靠公山，北临青印溪；

1137年，朱熹8岁，因父朱松入都，与母亲离开尤溪；朱熹一生中最初的8年是在尤溪度过的。这位深刻影响了中国人的思想家、教育家在尤溪开蒙、受教，在尤溪的山水之间留下了"朱子问天"、"二度桃花"、"沙洲画卦"等典故。而成年后的朱熹也曾九归尤溪故里，拜祭亲属、讲学题字，还在此留下了"半亩方塘一鉴开，天光云影共徘徊。问渠那得清如许，为有源头活水来"的著名诗句。

图1　秀丽的福建山水小城——尤溪

今日的城关镇依然留存着两棵古老的樟树（图2），相传是朱熹亲手栽下，距今已有八百多年的历史，当地人根据朱熹的小名"沈郎"，将它们亲切地称为"沈郎樟"。尤溪博物馆里则珍藏有相传朱熹亲手所书的两组板联，分别是"四个之本"——读书起家之本，循理保家之本，和顺齐家之本，勤俭治家之本，以及"读圣贤书，行仁义事；立修齐志，存忠孝心"。而后人为了纪念朱熹，在朱熹诞生地的原址附近树立了朱熹铜像（图3），并修建了用于祭拜朱熹的文公祠，同时恢复了与朱熹在尤溪的经历有关的半亩方塘、开山书院等景点。每年的"朱子文化节"吸引了来自国内乃至世界各地的众多朱氏后裔来此朝拜，也聚集了来自全国的近百位朱子理学研究者在此

图2　沈郎古樟

图 3　尤溪朱熹雕像

交流各自的研究成果。

2　项目概况

为了迎接朱熹诞辰 880 周年，尤溪县政府决定将朱熹诞生地原址周边地块进行整合，建设成为尤溪朱子纪念公园。具体建设内容有：围绕原有的朱熹雕像兴建朱子广场，并将其作为入口向南部公山延伸，兴建朱熹祖庙以供朱氏后裔进行祭拜；朱子广场东侧新建尤溪博物馆及文化城等文化建筑，为公园提供展陈、游客服务接待等功能；朱子广场西侧现状的沈郎樟公园、南溪书院（包括文公祠、半亩方塘）、开山书院等历史院落将进行整体提升，修缮建筑、改造景观，尽力恢复其真实的历史格局；朱子

广场北侧的现状滨水空间则需进行改造，体现朱子纪念公园的文化主题。其中朱熹祖庙为项目二期工程，未包含在本次设计中（图 4）。

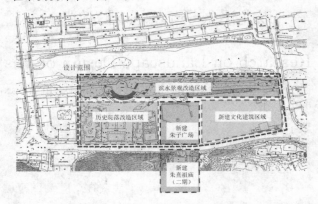

图 4　尤溪朱子纪念公园总体格局

设计要求在对历史格局的充分理解基础上，结合现状和未来发展需要，打造青印溪畔的理想景观格局；在景点设计中以"情景交融、鼓励参与"的方式展示朱子少年及成年时期在尤溪发生的故事，适当兼顾展示朱子生平设计需体现尤溪乃至闽中地区的传统景观特色，使之成为受到游客欢迎的旅游目的地，同时成为当地人民喜闻乐见的日常休闲目的地。

3　场地现状与设计对策

设计场地占地 6.2hm²，东西两侧分别由文公桥、玉带桥两座横跨青印溪的桥梁与城关镇主城区相连，场地北侧与青印溪河道之间是混凝土砌筑的硬质防洪堤，场地南侧与公山之间则为城市主干道环城路（图 5）。场地现状存在如下几个问题：

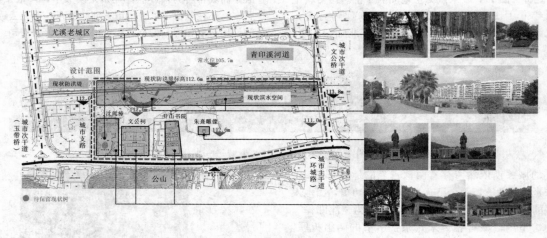

图 5　场地现状示意图

3.1　朱子广场与环城路间的矛盾

朱子广场上朱熹像周边现有标高为 112.6m，环城路路面现状标高为 117.0m，两者之间是一个高差将近 4.4m 的陡坎，它和环城路上来来往往的车流将极大地影响朱子广场上朱熹雕像背后景观效果。同时未来需要对朱子

广场与公山上的朱熹祖庙进行交通联系，但现有高差过大，如果要将朱子广场上山的人流与环城路的车流完全分开，两者之间难以用台阶解决现状高差，实现人车分流。

设计中采取降低朱子广场和朱熹祖庙高差的策略，采用半抬半挖的形式，将环城路在朱熹雕像背后做局部下穿，上筑朝圣台阶以连通朱子广场与朱熹祖庙；同时这个台阶还能屏蔽下穿环城路车流对朱熹雕像的景观影响，并增加广场的气势。

3.2 现状滨水景观

现有防洪堤标高为112.6m，与常水位（105.7m）之间高差较大，现状滨水景观带中亲水空间较少。现有滨水景观文化内涵不足，与未来新建文化建筑及书院前景观的气质不太协调，局部弧形的设计语言也与整个景区的格局存在冲突。而经过长期使用，这里的许多景观设施、铺装都有所损坏，不良的景观效果将使未来整个公园的景观品质受损。

面对存在的问题，设计中将以多个台层逐渐消化现有防洪堤与常水位之间的高差，创造丰富的滨水空间，并给人一定的亲水可能，但考虑到青印溪为闽江支流，设计中在最低的亲水台层以栏杆保障人们的滨水活动安全。设计中将从空间和主题两个方面着手，对滨水景观进行改造，根据整个公园的设计理念对其进行整体考虑，使之融入未来公园的格局之中。设计中还将吸收福建地区公共滨水空间的特点，使之具有一定的地域特色。

3.3 现状院落景观

南溪书院作为以建筑为主体的院落，现有格局与历史格局不符，需要对建筑格局进行调整；半亩方塘景观质量不高，方塘上也并无历史上曾存在的活水亭。沈郎樟公园作为以两棵樟树为主体的院落，在历史上是依附于南溪书院的宅园，其现有风貌缺乏闽中地区园林特点，设施和铺装也较为陈旧，对于"沈郎古樟"这一景区重要景点的展示十分不足，景致乏善可陈。开山书院为省级文物保护单位，将由古建修缮单位对其进行设计，因此虽然是本次项目的一部分，但未包括在此次设计的内容中。

南溪书院未来将根据历史格局进行大幅度调整，恢复文公祠前的尊道堂、朱熹胎衣埋藏处——毓秀亭。由此将半亩方塘位置北移，于新的方塘上建筑活水亭。毓秀亭前则将设置空场，供朱氏后裔进行祭拜。对于沈郎樟院落则将结合当地园林特点重新进行设计，用更加精致的院落景观烘托空间中心主景的樟树，对"沈郎古樟"的重要性进行说明和展示。由于沈郎樟为朱熹在尤溪留下的最重要的物质遗存，它们也常常受到朱氏后裔的祭拜，在未来的设计中也需要为这一需求提供一定空间。

4 设计理景（图6）

图6 尤溪朱子纪念公园总鸟瞰

4.1 总体结构与分区

尤溪朱子纪念公园在结构上呈现"一轴一线"的格局（图7）。依据前述设计要求，朱子广场和朱熹祖庙形成一组中轴式的纪念空间，由滨水区域延伸至公山，形成一条"中华理学朝圣轴线"。除了中心的这条南北向纪念式中轴外，公园沿着防洪堤坝也通过四个牌坊形成一条横贯东西的街道。这一街道两侧结合建筑院落及滨水空间布局

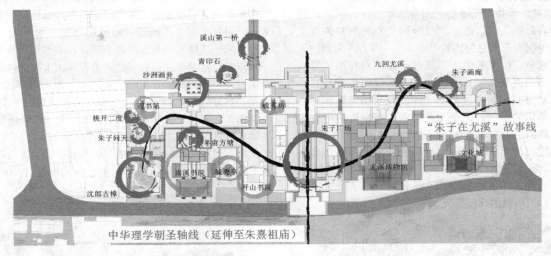

图7 尤溪朱子纪念公园布局结构

了众多景点，展示朱熹在尤溪的传说轶事及朱子生平，构成"朱子在尤溪"的景观叙事性故事线。这一轴一线相交于朱子广场，确立了其在公园整体结构中的核心地位。尤溪朱子纪念公园的结构，就是这样一种中轴式纪念性空间和自由式叙事性空间交汇于一个中心的格局。

根据总体结构、建筑布局和景观营造的需要，公园分为三个分区（图8），分别是主广场区、文化街区、书院景区。滨水空间分布到三个不同的分区中，与其北部的广场或建筑群体形成一个整体，有利于建筑和景观的融合。

主广场区由滨水平台开始层层递进，至公山朝圣台

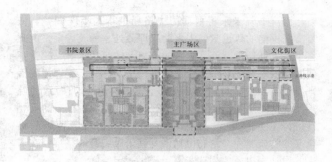

图8　尤溪朱子纪念公园设计分区

阶形成公园的中轴景观。文化街区以建筑为主体，在滨水区域结合码头和朱子返乡的故事进行景点塑造。书院景区则较为园林化，主题景点和院落、滨水区域结合设置，空间叙事性丰富。公园的主入口位于地块东部，主要的游客流线由此进入景区，经过文化街区的滨水空间、主广场区滨水平台进入书院景区，以串联方式对各个院落进行游览后进入朱子广场对朱熹进行朝拜（二期建成后可由此登山进入朱熹祖庙），然后返回文化街区、离开景区。而公园西部的次入口外来游客相对较少，将会是尤溪当地居民进入公园的主要方向（图9）。

1　入口广场
2　朱子画廊
3　九返尤溪（滨水码头）
4　博物馆前广场
5　滨水休息区
6　滨水平台
7　朱子广场入口平台
8　朱子广场
9　朝圣台阶
10　皖秀亭院落广场
11　半亩方塘
12　沈郎古樟
13　朱子问天
14　桃开二度
15　书院前广场
16　沙洲画卦
17　玉溪青印
18　虹桥晓月（廊桥）

图9　尤溪朱子纪念公园总平面图

4.2　文化街区

文化街区位于设计地块东部。景区主入口设置牌坊、保留现状榕树，体现闽中地区传统街道景观特色。由主入口附近台阶进入滨水区域，首先经过一个临水的"朱子画廊"，可观可游，并以浮雕形式展现朱子生平。朱子画廊向西设置有码头，以群雕形式结合码头空间展现朱熹九回尤溪、受到群众欢迎的场景（图10）。码头再向西进入博物馆前区域，这里的滨水休息区台阶的对称形式延续了上层空间的博物馆轴线。博物馆前则以同样布局在轴线上的照壁与滨水休息区分隔，开放硬质场地为旅游活动提供大型集散空间。整个文化街区在堤岸以上的街道区域以硬质铺装为主，延续了闽中地区的街巷绿化格局，将大树布置在街道入口，较大面积的绿地则主要布局在滨水空间，既承袭了传统，又丰富了景观层次。滨水区域的绿茵也使得这一区域的局部小气候更加宜人，未来将成为市民喜闻乐见的休闲区域。

4.3　主广场区

主广场区空间营造的主要任务，是控制住由滨水平台至朝圣台阶整个景观序列的节奏。作为整个中华理学文化轴的前导空间，主广场区不仅需要具有自身完整的中轴序列，更要在进入朱熹祖庙前做好引导和铺垫。

设计中将主广场区中轴空间分为滨水平台、入口平台、朱子广场和朝圣台阶四个部分。滨水平台是中轴的最低点，也是整个序列的开始，由青印溪水面经过若干层次的台阶，将标高抬升至防洪堤之上（图11）。随之而来的是豁然开朗的入口平台，在东西两侧通过两个牌坊与文化街区、书院景区形成视廊，并且在朱子广场前留出足够的疏散区域（图12）。由入口广场向上三级台阶进入朱子广场，迎面而来的是高大威严的朱熹雕像，周围以雕像为中心留出宽阔的广场活动区域。两侧则进一步抬升三级

图10　"九返尤溪"滨水码头效果图

图11　由广场对岸望向广场中轴

图 12　由滨水平台望向广场

台阶形成与中轴平行的侧向休闲空间，并各自栽种四棵樟树、布置两道长向的可亲水水景，形成广场两侧的柔性屏障，不但衬托出了中心宽阔的广场，同时还对周边的建筑形成了通透的隔离，促进了广场与周边要素的相互渗透（图13）。最后由朱熹像背后进入广场和祖庙的交通联系节点——朝圣台阶，分27级、17级、9级三个迂回的层次到达最上层的平台。人们上到平台望见眼前的公山，行走序列的心理在此达到一个小高潮；而未来项目二期建成后将以山门作为公山入口，人们到达朝圣台阶平台，通过山门框景望见循山势逐级抬升的殿堂，在此也能形成一个心理的停顿和转换，同时空间也能顺利过渡到轴线的祖庙部分（图14）。

图 13　朱子广场入口效果图

图 14　由朝圣台阶回望广场

这四个部分在平面和空间上都具有竖向、尺度和材质、造景要素的变化，形成具有完整的"起—承—转—合"节奏的中轴空间序列（图15-16）。

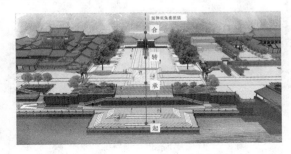

图 15　朱子广场中轴序列分析图一

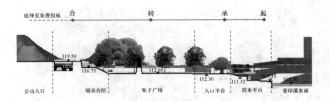

图 16　朱子广场中轴序列分析图二

文化主题的表达是主广场区设计的另一个主要议题。作为中华理学朝圣轴线与"朱子在尤溪"故事线的交点，广场体现了朱熹思想在尤溪和中华两个层面对人们的教化作用，达到同时兼顾"一轴一线"的目的。

设计以朱熹对尤溪的六大影响——重农务本、兴文重教、清廉造福、循理守礼、忠孝爱亲、格物致知——为主题，采用雕塑结合灯具的形式为广场注入朱子文化内涵。同时在两侧的长向水景观众布置有喷水的龙形雕塑，以龙泉水景隐喻公山上的源头活水对这一方土地的泽润（图17）。

图 17　广场文化内涵表达：定制灯具及龙形雕塑

4.4　书院景区

书院景区分院落内外两个部分，各自分布有若干与"朱子在尤溪"主题相关景点。院落内部景点以对历史格局的重塑为主，院落外则结合滨水与街道空间布置了多个叙事性、参与性景点。

沈郎樟院落将"沈郎樟"作为整个院落景观的视觉核心，周围环以茶室、长廊、亭榭、假山，通过借景、障景、框景等传统园林设计手法，结合闽中地区植物景观，营造了一个步移景异、浓淡相宜的精品式、地方化园林（图18）。主入口以假山石为障景，其上题"沈郎樟"之名，充分展现这一景点作为朱熹遗迹的重要性（图19）。穿过月洞门进入茶室前院，厅堂面对具有闽中地区传统园林特色的盆景台，白墙面镌刻有"朱子家训"为茶室对景。由长廊望沈郎樟，樟树前硬质空间可供人祭拜，纯粹的绿色前景与背景的假山、白墙、半亭各有奇趣（图20）。白墙、假山与半亭搭配种植的场景，具有闽中地区宅园的特点，

图 18　"沈郎古樟"院落鸟瞰图

图19 "沈郎樟"入口景石

图20 以古樟树为背景的院落景观

水景引源头活水而来，为院子带来灵动气息。樟树下被改造成为种植草坡，营造出素雅、静谧的整体院落氛围。

南溪书院在重建建筑格局的同时，也参照史料对半亩方塘进行了重建，并在其上置石桥、活水亭（图21），引源头活水由方塘一侧注入池中，恢复了这里完整的历史格局。方塘中种植莲花配合池水，烘托书院典雅氛围。毓秀亭前的空场设计为小型祭拜空间，两侧列植玉兰以营造轴线感，对面置一假山石以提供毓秀亭对景（图22）。

图21 半亩方塘与活水亭

图22 毓秀亭前鸟瞰

院落之外的景点营造则力图接近人的尺度。滨水区域的"沙洲画卦"景点将后天八卦图形式的儿童游乐设施置于场地，强调景观的参与感，同时重现幼年朱熹在青印溪畔独自画八卦的情景（图23）。"朱子问天"、"二度桃花"两个典故则被融合到一个景点里，以幼年朱熹写

图23 "沙洲画卦"场景鸟瞰

"桃"字的场景雕塑搭配周围桃花体现"二度桃"的典故，砚台式雕塑上置一池清水以映天，取"问天"之意（图

图24 "朱子问天"与"二度桃花"

24）。除此之外，设计置"青印石"于南溪书院前东北面溪水中，重现"玉溪青印"场景；同时在青印溪上重修"溪山第一桥"以恢复古时"虹桥晓月"之景。这两个景致也是对青印溪传统格局的恢复。

书院围墙之外非景点区域则重点营造南溪书院与开山书院的入口空间，中部设置开放场地供人们进行休闲户外活动（图25）。南溪书院前置影壁，其上镌刻以今日的《重修南溪书院志》（图26）。南溪书院和开山书院入口均以植物配合书院前广场特型灯具，为场地建立起与朱子文化之间的关系，特型灯具的主题为朱熹板联之一的"读圣贤书，行仁义事；立修齐志，存忠孝心"（图27）。

图25 书院前开放空间鸟瞰

图26 南溪书院前影壁与绿树相辉映

图 27　书院特型灯体现文化氛围

5　结语

我国具有营造历史名人纪念地的传统，北京、四川、杭州等地均分布着多座历史名人纪念园。随着各地旅游开发热潮的兴起，对于历史名人旅游资源的利用也促进了今天我国历史名人纪念地的营建。在这种形势下，历史名人纪念地的设计手法成为风景园林学科内的一个经久不衰的话题。借鉴国内外纪念园的设计手法，中轴序列式和自由叙事式形成此类项目主要的两种设计手法。

然而在实践中，设计要求的变化对设计手法的提升提出了新的要求。尤溪朱子纪念公园就是一个由项目要求催生出设计手法探索的一个典型案例。在这个项目中，设计尝试了将经典的中轴序列营造和自由叙事表达并置、融合的处理方法，并且对轴线和故事线的交汇点实行了"强调轴线空间，融合叙事主题"的设计手法，对这一实际项目中遇到的新的历史名人纪念地设计类型进行了初步探讨。希望本文能给未来的此类项目提供些许思路和灵感，促进更多更好的历史名人纪念地的产生。

参考文献
[1]　高巍，朱文一. 纪念馆园在北京. 北京规划建设，2008（01）.
[2]　谢娟. 西蜀名人纪念园林及其纪念性研究：[学位论文]. 四川农业大学，2008.

作者简介
　　蒙宇婧，1984 年生，女，汉族，海南海口，清华大学建筑学院景观学系硕士，北京清华同衡城市规划设计研究院风景园林中心二所项目经理，研究方向为风景园林规划与设计，电子邮箱：21044707@qq.com。

热带雨林温泉度假景观优化探析

——以海南尖峰岭山道湖温泉景观设计为例

Tropical Rainforest Spa Resort Landscape Optimization Analysis
——To Hainan Jianfengling Shandao Lake Hot Spring Landscape Design As an Example

孟　健　魏天刚

摘　要：温泉度假产业是当今休闲旅游度假行业中不可忽视的一股发展力量，也是具有独特优势的一种度假类型，海南省尖峰岭山道湖温泉度假去区利用以尖峰岭国家森林公园为雨林背景的优势，以中国居住文化理念为基础溶入东南亚各国风情特色，本文对项目的规划设计、设计优化等各个环节进行探讨研究，通过创新的主题和景观细节，地域特色、人文关怀等内容展现新东南亚洲的生命力。

关键词：温泉度假；山道湖；热带雨林；生态设计；新亚洲风格

Abstract：SPA Holiday industry is today leisure tourism holiday industry in the not ignored of a unit development power, is has with unique advantage of a holiday type, in Hainan Province tip peak Ridge Hill Road Lake Spa holiday to district using to tip peak Ridge National Forest Park for Rainforest background of advantage, to China live culture concept for based dissolved into Southeast Asia States style features, this on project of planning design, and design optimization, all links for discussion research, through innovation of theme and landscape details, geographical features, and Humanistic contents show new vitality of South-East Asia.

Key words：Hot Spring Resort；Shandao Lake；The Rain Forest；Design Optimization；New Asian Style

自改革开放以后，我国温泉度假旅游发展迅速，已从游泳＋澡堂的模式发展成为一个集旅游观光、温泉沐浴、桑拿、按摩、SPA、民俗文化等于一体的多元休闲产业，如今城市生活节奏越来越快，空气污染严重，人们身心疲惫，大多数人都希望有一处山水景观，环境清新，既能满足个人兴趣又能享受独特景致的地方作为休闲旅游度假的最佳场所，因此结合度假、娱乐、休闲区作为一种独特的创新度假形式脱颖而出，项目从规划设计的优化到产品优化都具有核心竞争力，该度假区景观优化设计体现高档热带休闲的景观。ECOLAND易兰景观设计团队精心设计，分析、探讨既保证本土风格的不消失又对新亚洲风格的进行了诠释，让人体验热带雨林过程中得到休闲放松。最终实现生态性区域优化、提升游客满意度的综合效益。

1　项目背景

海南岛作为我国仅次于台湾岛的第二大岛，海南岛与美国夏威夷处在相近纬度，在长达 1528km 的海岸上遍布可以开发建设成为世界一流旅游胜地的旅游资源[1]，终年气候宜人、四季鸟语花香，动植物资源丰富，自然生态环境优美，当今旅游者喜爱的阳光、海水、沙滩、绿色、空气五要素，旅游者喜爱的阳光、海水、沙滩、绿色、空气这 5 个要素，海南环岛沿岸均兼而有之。尖峰岭是我国现存面积最大保护最完整的热带原始雨林，融大海、大山、大森林、高山湖、滨海平原等多种自然景观为一体，形成完整的生态环境。尖峰岭山道湖温泉度假区在

满足度假村建筑、景观、基础设施系统科学化设计的基础上，配备丰富多样的娱乐设施及各种服务配套设施[2]，希望利用当前的国家政策、发展机遇和海南岛特殊的资源优势打造一个国内高水准的新亚洲风格热带雨林温泉SPA旅游度假区。

2　项目概况

山道湖温泉度假区现有环境植被良好，水资源丰富，地处海南乐东县黎族自治区，依托尖峰岭森林公园作为雨林背景，距离三亚 90km。项目所在位置背山面海，是尖峰岭国家森林公园的西大门，为尖峰岭第一印象．南邻岭头港 16km 黄金海岸，紧临海南环线高速。未来开通的西线高铁停靠站距离山道湖温泉度假区距离不远（图 1）。地理位置优越交通十分便利。

现场地平整舒缓，草坡入水，约六米的高差，适合面向湖面跌级景观的打造。现有水渠，水自山上来，清澈活水，可以作为景观的有利元素。围绕山道湖的整体规划主要分为两个区域，西南部分为动态区域，是主要的商业活动区，有大型商业广场，多采用硬质的铺装，完善的现代化的商业设施打造活跃前卫的商业氛围，东北区域为静态区域，就是本项目的温泉 SPA 度假区，采用植物软景配置、精美的细部设计，烘托雨林的静谧和独特新亚洲风格的品位。一静一闹在规划设计中形成对比，达成"大景观"的整体规划理念（图 2、图 3）。设计贯穿"大景观"的设计理念，"强调设计的整体性，主张用生态景观原则来指导城市的发展布局，其规划设计领域中特别强调了

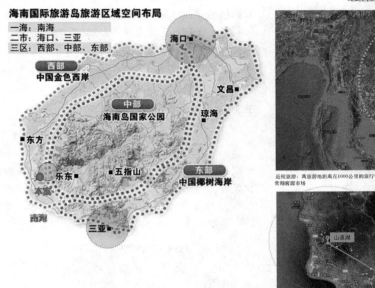

近程旅游：离旅游地距离在1000公里的旅行　　远程旅游：离旅游地距离在2400公里的旅行
常期客源市场　　　　　　　　　　　　　　　重要客源市场

图1　地理位置和区位

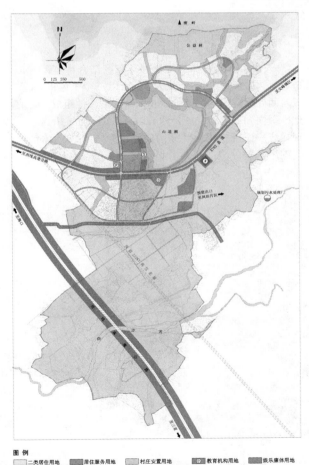

图例
□ 二类居住用地　■ 居住服务用地　■ 村庄安置用地　⑤ 教育机构用地　■ 娱乐康体用地
■ 商业金融用地　■ 酒店用地　　　■ 农业服务设施用地　■ 广场用地　　　❂ 公用工程用地

图2　山道湖项目土地利用规划图

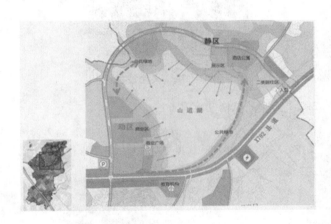

图3　区域功能规划图

景观规划设计师在不同层次工作领域的整体连贯性；依据自身的专业特性，在这些不同尺度的规划中扮演着举足轻重的角色。其中一个重要的角色就是"区域规划—景观生态规划的制定者"[3]。

3　前期探索与构思

3.1　当地人文资源探究

3.1.1　独特的居住形式——船形屋

黎族人民传统居住的房屋是以茅草为盖，以竹木为架的简易茅草屋。本土化的特色建筑可引入到景观中，形成特色构筑物。

3.1.2 文化生活——能歌善舞

黎族是能歌善舞的民族，他们的音乐和舞蹈都具有鲜明的民族风格。基于保亭黎族舞蹈简约自然、明了晓畅，柔婉刚健优美的艺术风格。提供开敞空间，引入本土文化生活的展示，形成该区域的特色。

3.1.3 宗教信仰——蛙图腾崇拜

在黎族女性的文身图案中，出现得最多的一种仿生形象就是蛙纹。景观细节上，利用此类纹样，形成富有细节的装饰（图4）。

图4 黎族文化特色

3.2 新亚洲风格的定义

以具有浓厚地域特色的传统文化为根基，融入西方文化，将传统意境和现代风格对称运用，用现代设计来隐喻东方的传统，在关注现代生活舒适性的同时，让亚洲传统文化得以传承和发扬。新亚洲风格代表一种混搭风格，以浓郁的亚洲区域文化为支撑，拥有风情万种的强烈色彩氛围，在材料色泽上保持自然材质的原色调，最好采用当地本土材料，在视觉上给人以质朴的气息。古典与时尚兼容、艺术与高尚完美纳入，充分挖掘人类对最佳生活环境的身心需求。

3.3 设计构想

设计方案依据尖峰岭热带雨林，现状良好的原生态环境，黎族特色文化，休闲养生四个方面的分析提出"山语湖间、雨林养生"的主题，项目做了两大区域的景观优化设计，其中入口区域占 13000m²，展示区占 46000m²（图5），空间结构采用山水格局的造景手法，通过地形设计，植物与水环境的搭配，酿造山水美景。

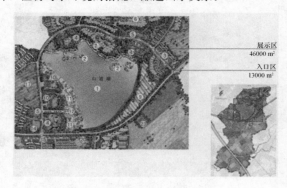

图5 项目景观设计范围

入口区通过选择热带树种及疏密结合种植形式，营造尊贵热带风情入口形象。展示区以三个不同的 SPA 区域、两处管理房和接待处以及两个大型泳池组成，现有场地平缓向湖面倾斜，高差约 6m，SPA 区通过抬高地形实现视线一面可视湖面，提供良好视野（图6）。泳池区沿着湖岸布置。

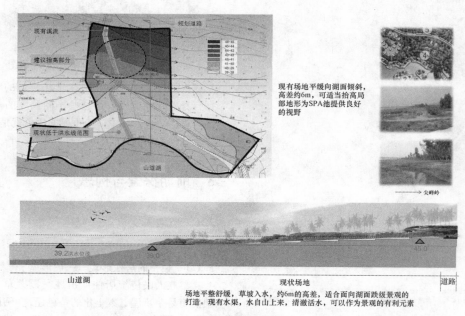

图6 设计区域竖向分析图

泳池较对称式布置，采取集中管理的方式。充分利用现有水系资源与设施完好结合。构筑物掩映于雨林之中，若隐若现，让人体验热带雨林过程中得到休闲放松。例如清迈四季稻田度假村，俯瞰其中是被一片郁郁葱葱的绿色所覆盖的自然生态美景，建筑物偶有突显的雨林感觉。人造物多展现为融合于自然的状态，多体现为大量的植物掩映着点缀的建筑（图7），构筑物所选材质朴、粗犷、本色，贴近自然，例如当地盛产的木材、火山岩材料以及植物叶茎等，形成自然原生态的效果（图8）。每一处的设计取材粗犷但不失精致典雅，小品雕塑，雕刻装饰等元素的引入，结合近处植物的精心打理，形成了新亚洲风格粗中有细的特点。以中国居住文化理念为基础融入东南亚各国风情特色（泰国、新加坡、印尼等）展现新东南亚洲的生命力。

图 7　掩映在雨林中的建筑

图 8　粗犷的材质，精致的细节

4　尖峰岭山道湖温泉度假区整体空间布局

4.1　入口区域景观的空间布局

入口设计体现标志性、功能性、趣味性的特点，采用均衡对称式的布置，入口桥、LOGO墙、塔对称林立。进来见水背靠山，符合风水格局。入口环岛对视线进行遮挡，新亚洲风格的双塔起到标志性作用，给人一种强烈的入口提示。入口溪流两侧种植注重于驳岸的结合，以色彩鲜艳的地被为观赏主体，营造热闹的入口氛围。溪流驳岸边结合置石配植姿态优美，质感色彩丰富的地被，其间点植球状灌木，利用现有水资源打造自然地驳岸效果。视点步随景移。782县道上可看到标志性的塔。中间环岛有一定的视线遮挡。打开县道上的行道树，醒目的看到入口区。对称均衡的手法营造的入口形象，醒目而有特点。加

强入口的纵深感和仪式感（图9）。

标注：
A.入口广场
B.入口景观桥
C.特色双塔
D.景观水池
E.木平台
F.景观文化灯
G.草坡
H.椰树大道
I.滨林草坡
J.自然景观水体
K.LOGO景墙
L.观景平台
M.临时停车场地
N.水闸

图 9　入口平面图

4.2　展示区域的空间布局

展示区利用自山间而下的一条溪流贯穿于场地为自然景观展开造景，以周边生态密林包围作为雨林背景，几种不同形式的SPA区，依据地形高差和每个SPA的不同功能进行布局，通过团队深度挖掘度假地区具有影响力的地域特征，围绕地域人文特色，历史风俗，自然资源特色，营销战略等展开规划设计，从规划设计的主题立意上，从娱乐区的内容安排上，从建筑风格，景观细部设计上体现场地的文化特质。[4]

展示区种植与景观空间结合，分区明确，各具特色，总体力求营造热带雨林度假氛围。景观区域由南向北大致氛围五个区（图10）：

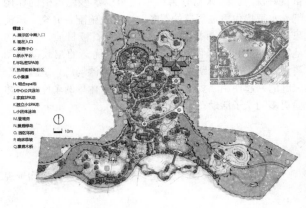

标注：A.展示区（中期入口）
B.现在入口
C.销售中心
D.亲水平台
E.半私密SPA地
F.热带雨林休闲区
G.小餐厅
H.组合spa泡泡
I.中心公共泡泡
J.家庭SPA地
K.独立小SPA地
L.小团体泳池
M.管理房
N.景观廊亭
O.园区环岛
P.稀林草坡
Q.景观木桥

图 10　展示区平面图

4.2.1　自然雅趣、雨林风情的雨林体验区

该区域植物繁茂密植，与当地生态景观连成一线，作为良好的雨林背景，穿过雨林有古朴自然地小径，为游客提供闲暇散步，游玩，活动场地，体验热带雨林风情。

4.2.2　鲜花繁茂、景致宜人的管理接待区

作为入口区的门户，其承担客户接待，销售洽商和产品展示等功能。取材现代质朴，典型的新亚洲风格，在建筑内向外望去，视线豁然开朗。管理房是通过各个区域景点的必经之地，能够有效地分散人流，便于管理。为满足多元化的功能性，此处连接了中心广场与婚礼广场两处

活动场地，可举行室外婚礼、民俗表演、烟花展示等活动、多样化的功能、完善的配套服务设施、优美的景观、特色文化的温泉度假村主题，是实现度假村市场的知名度高、旅游收入高、客源不断的关键。

4.2.3 丛生植物、安静宜人的SPA区

结合当地的文化特色，民俗风情，做特色景观细节处理，与自然完好融合又体现其使用私密性的高档休闲区，使人在美景中能得到娱乐放松。根据地形高差，抬高公共Spa池，三面植物围合一面向湖面打开。放远视野，落差形成叠瀑自然的水溪蜿蜒其中，构筑物临水设置与水溪结合，体现亲水的良好感受。独立Spa背面密植，面向湖面视线局部打开。植物遮挡相互干扰的视线，一面的视线指向湖面，局部低灌木的种植保证可视湖面。家庭Spa池，为客人提供一个高档私密的场所，尽情地放松身心。丛生型竹高大挺拔，密植于Spa池周围，满足私密性要求的同时，分隔空间，给组合Spa区营造出悠闲静谧的氛围。

4.2.4 青草椰林、疏林大气的疏林草地区

区域配置一些高秆植物，例如椰树，棕榈，避免遮挡视线，形成整体空间的疏密对比，打开视野，为游客提供良好的观湖、观景空间。

4.2.5 椰风海韵、热带风情的泳池区

公共的游泳场所，掩映在热带植物中，完善的配套设施，让人尽情地度假休闲。泳池面朝湖面并无边界处理提供良好视野。游泳池分为深水区和浅水区。水中的休闲吧、水吧提供更加舒适的服务。功能设施配备齐全。泳池采用更接近热带雨林的景观特色的青石板材质，运用当地特有的文化符号做池底拼花，形态优美的黎族动物图腾做吐水小品，活跃氛围。而综合的游泳场所，适合整个家庭的一起使用，提供儿童游玩设施，休息的伞座等，体验更多的亲子活动。

5 植物的营造氛围的方式

植物空间营造、聚散疏密，利用错落有致的植物景观营造不同尺度的空间，遵循美学原理，植物疏密变化有序，利用场地高差，适当抬高局部地形为Spa池提供良好视野，利用植物的孤植、列植、片植、群植、混植相结合（植物主要选用当地现有植物），围合出Spa的私密空间，面向山道湖的区域采用稀疏的种植打开游客的观湖视野，整个空间的营造多用植物勾勒不同空间层次的景观元素，构成宜人的雨林景观空间。最终达到建筑物掩映在植物中若隐若现的养生的热带雨林的生态景观效果。

结语

热带雨林尖峰岭山道湖温泉度假区从开发理念、总体规划到设计主题、设计内容及生态设计方面一直在寻求创新与思路，在如今众多的温泉度假项目中脱颖而出，以大大提升设计的品质和产品的影响力。以生态的设计理念为核心，创造景观的同时又回到了生态的大景观当中，如海德格尔追求的"存在物本身的呈现"[5]。这也是在我国面临严重环境问题的当下，设计师应具备的设计理念，保护生态雨林环境、结合景观语言符号延续传少数民族文化特色景观。让人们体验独特的景观环境。

参考文献

[1] 海南简介. 中国日报[N].
[2] Zins A H. Leisure traveler choice models of theme hotels using psychographics [J]. Journal of Travel Research, 1998. 36；3-15.
[3] 陈跃中. 大景观：一种整体性的景观规划设计方法研究 [J]. 中国园林，2004(11)：11-15.
[4] 李菲，郭永久. 温泉度假村规划设计的优化探析[J]. 中国园林，2012. Vol. 28. 204. 12.
[5] （德）海德格尔. 人，诗意地安居：海德格尔语要.
注：本项目图纸出自ECOLAND易兰景观设计院5所。

作者简介

[1] 孟健，女，山西，陕西科技大学艺术设计硕士，研究方向为景观设计，ECOLAND易兰建筑规划设计有限公司。
[2] 魏天刚，男，陕西科技大学景观设计院，教授，电子邮箱：529166390@qq.com。

一场于自然中的修行
——法国风景园林师米歇尔·高哈汝之自然观设计理念探析

A Travel in the Nature
——The Study of French Landscape Architect Michel Corajoud's View of Nature

彭　瑾

摘　要：作为法国当代风景园林的开创者之一，米歇尔·高哈汝及其设计理念对法国现代风景园林的发展具有积极而深远的影响。特别是他对于自然的理解和领悟，既受传统园林自然观的影响，更有一番他于实践中得出的深刻感悟。从最初单纯地热爱自然，在设计中再现乡村景观到逐步理解自然、领悟自然、顺应自然，最后回归自然，真正达到无为而无不为的境界。米歇尔·高哈汝自然观设计理念的形成像是一场在大自然中的旅行，更是一场修行。

关键词：米歇尔·高哈汝；自然观；设计理念

Abstract：As one of the pioneer of contemporary landscape architecture, Michel Corajoud and its design concept have a positive and far-reaching influence on French development of modern land-scape architecture. His understanding of the nature, not only because of the influence of traditional garden view of nature, a more profound comprehension he has in practice. From the initial simply loved nature, represent the rural landscape in the design to gradually understand nature and knowing nature, comply with the nature, finally return to nature, truly achieve nothing and for territory. Michel Corajoud, his view of nature design concept formation like a travel in nature, but also a practice.

Key words：Michel Corajoud；The View of Nature；Design Concept

1　引言

"作为风景园林师，应当具有一种面对大自然的第七感觉，并且掌握全面的生态学知识，他必须寻求与大自然的浑然一体。拒绝装饰、注重简朴和经济性原则应成为风景园林设计的指导思想。"[1] 风景园林师对待自然的态度，对自然的认知程度，以致所形成的自然观设计理念会深刻影响风景园林规划设计。中西方古典园林风格之所以如此迥异，根本原因在中西方人对自然全然不同的认知。中国在传统儒家思想的影响下，主张"天人合一"，对自然秉持一种欣赏、尊重和顺应的态度，中国古典园林基本是自然山水园。而以法国古典园林、意大利台地园为代表的西方传统园林主要是规则式园林，这是西方人本主义思潮下主张战胜自然、利用自然的结果。

作为法国当代风景园林创始人之一，米歇尔·高哈汝在深刻理解法国传统园林艺术的基础上，结合自身对自然的感悟，提出了符合法国当代发展需要的风景园林设计理念。事实证明，米歇尔·高哈汝的设计理念对法国具有广泛而深刻的影响，可以说其设计理念中的自然观对法国当代风景园林发展方向具有引导作用。

2　米歇尔·高哈汝之自然观设计理念

米歇尔·高哈汝并没有受过园林方面的专业教育，主要是通过实践和教学，积极思考、总结、探索风景园林

艺术的真谛。其对自然的认知，也经历了一场由浅及深的修行，从最初单纯地热爱自然，在设计中再现乡村景观到逐步理解自然、领悟自然、顺应自然，最后回归自然，真正达到无为而无不为的境界，在此基础上形成比较成熟的自然观设计理念。

2.1　热爱自然，向往田园

米歇尔·高哈汝非常热爱和向往自然，同时他也喜欢城市，在设计中他一直探索着城市和自然的关系，以期达到城市景观和自然景观相互协调、和谐共存的境界。在米歇尔·高哈汝的教学和设计实践中，经常会去到西班牙或意大利的乡村旅行、考察，并拍摄大量照片。这些经历可以让他经常亲近自然，看到乡村自然的美景，同时也为他的设计提供思路。

在 20 世纪 60—70 年代这一阶段，米歇尔·高哈汝对自然的认知还只停留在喜爱、欣赏的程度，在他的设计中，解决城市和自然关系的方法也仅仅是把法国乡村自然景观复制到城市公园中。如在早期作品格勒诺布尔新城公园（De Grenoble Le Parc de la Villeneuve）中，他将西班牙乡村中一些种植着油橄榄的山丘景观借鉴到城市公园中来（图 1）。在这样的自然观影响下，这一时期米歇尔·高哈汝的设计注重自我喜爱的表达和形式符号。

2.2　理解自然，重视场地自然环境

随着设计实践的增加，米歇尔·高哈汝对自然的认知更深一步，开始去理解自然，重视场地以及周边的自

图1 山丘景观

然环境。开始认真观察场地，对场地保持敏锐的感知，特别是保留场地原有的整体风貌，合理保留和利用场地自然景观元素。场地内如河流、道路、构筑物等元素都开始纳入设计的范围。尊重场地地形地貌，以期展现其本身的特征。重视场地植被景观，充分发扬植被景观地域特色。

这种对自然的认知，在20世纪80年代米歇尔·高哈汝夫妇规划设计的苏塞公园（Le Parc du Sausset）中具有很好地体现。如通过对苏塞公园周边环境的整体把握，明确提出保留场地以田野为主的乡村风貌特征。苏塞公园设计中保留了大部分原有场地的道路、土埂、田间小径等元素（图2）。在地形处理上，基本保持场地的平整性，不再像以前一样主观地堆地形，而是在发现原有场地具有倾斜度但又不明显的情况下，增加一个水平土丘与原有地形进行对比来凸显场地倾斜度（图3）。植被设计上也是充分保留原有法国法乡村乡土树种、群落和景观特征。保留场地内的苏塞河，利用它的天然风貌，开辟了一片景区，让周围的居民可以在这里散步、野营、亲近自然（图4）。

图3 苏塞公园倾斜地形

图4 苏塞河

理解自然，关注场地自然环境和元素的自然观让米歇尔·高哈汝的设计理念发生了很大的变化，他认识到风景园林设计不是由设计师自我决定的，而是由场地本身的自然元素和特征来形成景观的。

2.3 领悟自然，遵循事物变化规律

在重视场地自然环境基础上，米歇尔·高哈汝又进一步领悟了自然变化发展的规律，同时把握这种规律，在设计中遵循这些规律。在设计中遵循植物生长规律、气候变化规律和场地演变规律。遵循植物生长规律一方面是明白植物是需要时间生长的，要有等待的耐性，学会欣赏植被自然生长过程中形成的景观面貌。在苏塞公园建设过程中，米歇尔·高哈汝夫妇就在公园中种植30万株树，

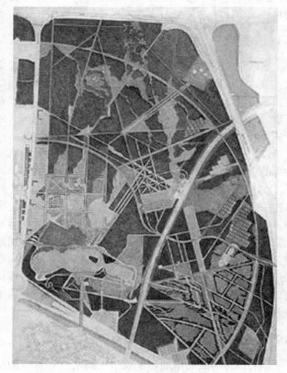

图2 苏塞公园平面图

花 20 年的时间等待，任由其生长，公园的景观面貌也由不断生长变化的植被景观形成。（图 5）另一方面是遵循植物的生态习性，如合理地选择伴生树种和搭配植物群落。也开始注意土壤、气候、光照等自然因素对风景园林设计的影响。

图 5　（1）15 年前

图 5　（2）15 年后

风景园林规划设计的场地也具有其自身演变的轨道。米歇尔·高哈汝非常强调对场地演变规律的探寻，他认为风景园林师应该具备遇见场地变化的能力，也觉得风景园林师具备拥有这种能力的有利条件。通过对场地进行敏锐的感知，不断观察和挖掘场地自然、文化元素，把握场地变化发展的规律、趋势，然后以合理的方式介入场地的演变过程。这种合理的方式是指要么改变场地原有的发展趋向，要么遵循其发展轨道，只是通过设计手段，加快其发展演变。如米歇尔·高哈汝应邀设计里昂市的一个工人花园时，通过场地调研，他发现场地原有固土方式，水果、蔬菜和一些作物的种植，还有这里人们的生活方式形成一道独特的景观，自有其平衡发展的动力。因此，米歇尔·高哈汝所进行的设计仅仅就是拆除一段护墙，再建一段城墙。仅此一举，他既改变了场地原有问题，显露了碉堡，建立了秩序，并强调了城市，同时又保留了工人花园得以维系的活力。

将设计意图和场地现状结合起来，保留自然现存的价值是米歇尔·高哈汝在领悟自然，遵循自然变化规律这一自然观下的设计理念。

2.4　顺应自然，设计融入自然元素

顺应自然，设计师应融入自然元素中进行设计。米歇尔·高哈汝认为做园林设计要考虑场地现有的资源优势和条件，要考虑怎样利用这些现有的资源来营造景观，而不要轻易进行改造。在 20 世纪 90 年代，他在里昂市做的大型城市设计项目里昂国际城（La Cité Internationale De Lyon），通过对场地深入的挖掘，找出了埋葬在地底近两个世纪的一段古石墙，现在已成为河滨景观重要的一部分（图 6）。

图 6　古石墙

顺应自然，真正做到主观能动性的发挥与自然和谐统一，在米歇尔·高哈汝后期的许多作品中都有体现这一设计理念。同样是在里昂国际城项目中，米歇尔·高哈汝抓住了场地内罗纳河和索姆河河床自然面貌的多样性，如水体、河岸、沙砾、河滩地等自然特征，在人工的河床上设计出与自然的河床相似的景观结构，形成河流、堤岸、植被、树木、建筑有机结合的结构。同时顺着河流的方向，划分出一系列平行于河流的带状区域（图 7—图 9）。这种设计顺应自然元素特征，将人为设计与自然融合，这种融合不再是单纯地在形式上对自然的模仿，而是领悟自然力量，理解自然生命特征，而使设计与之和谐的设计理念。

在对自然认知不断深化的过程中，米歇尔·高哈汝已经学会了设计怎样与原有的自然环境融合，不着人工痕迹。

图 7　里昂国际城平面图

河床　低矮的灌丛　　人工堤坝　　种植草坪和树林

图 8　河流延伸面剖面示意图

图 9　鸟瞰图

2.5　回归自然，有所为而有所不为

回归自然，在理解自然规律、顺应自然基础上，真正做到有所为而有所不为。米歇尔·高哈汝认为要先考虑好场地上曾经有过什么，或者现在还有没有可供挖掘的资源、景观。要避免在引入一些新元素的同时掩盖一些原有的好的景观元素。如在日尔兰公园（Le Parc de Gerland）中，米歇尔·高哈汝决定保留一条旧街道，因为在这条散步道上能够看到夕阳落山的景象，以及罗纳河对岸的山丘。同时使得田野花园的边界从低处移到了高处，使远处的山丘成为公园最后的边界。在风景园林设计中回归自然，不是无所作为，完完全全保持场地要素和原有的自然环境，而应该探寻不为的意义和为之的意义，从而知晓有所为而有所不为。

回归自然，对米歇尔·高哈汝而言是一条探寻到的回归初心的路。万事万物终究要回归本源，人穷其一生也是在寻找归途，走向心灵的归处。对自然的认知、探索也是一种对生命的自我认知。园林所达的最高之境便是"天人合一"，让设计回归自然。

米歇尔·高哈汝对自然的认知最终回到了回归自然，回归他对法国乡村田园景观无比热爱的那份赤子之心。

在日尔兰公园（Le Parc de Gerland）的规划设计中，米歇尔·高哈汝在公园中栽植一排一排的白菜，种植了很多乡野花卉和农作物（图10、图11），甚至将松土、施肥、除草、灌溉这些典型农村劳作的面貌都完整地在公园中展示。他希望通过这些能够让人们看到植物生长的生命力，希望唤起公众对田野，对祖先曾经耕作过土地的回忆，唤醒城市中的人对人类原始的记忆。此时，米歇尔·高哈汝在自然中的修行已有深刻的体悟，回归自然，回归生命本体，回归人类之源。

图 10　花卉图

图 11　农作物

3　小结

"我是我眺望到的一切的君王，我对它具有的权利无可争辩。"这是一种心灵的自由和精神的富有，对于自然，一切的人都具有欣赏、感悟、拥有这份美好的权利。风景园林师不仅具有去眺望的权利，更有去干预、变更、改变的能力和权利。然而，当下有多少人秉着无知无畏的精神

风景园林规划与设计

在风景园林建设中"大施拳脚",对自然滥用权利,将自然改造的面目全非。探究法国当代风景园林师米歇尔·高哈汝设计理念中的自然观,跟随他在大自然中的修行历程,感悟他在风景园林设计中再现自然、理解自然、领悟自然、顺应自然,最终回归的设计理念,于我们大有裨益。

参考文献

[1] 朱建宁. 米歇尔·高哈汝及其苏塞公园. 中国园林,2000 (6):58-61.

[2] 朱建宁. 丁珂. 法国现代园林景观设计理念及其启示. 中国园林,2004(3):13-19.

[3] 米歇尔·高哈汝. 从表现自我到认识自然的设计理念. 风景园林,2005(3):16-24.

[4] 朱建宁. 丁珂. 译. 法国建筑师菲利普·马岱克与法国风景园林大师米歇尔·高哈汝访谈. 中国园林,2004(5):1-6.

[5] 米歇尔·高哈汝(法文). 朱建宁. 李国钦. 译. 针对园林学院学生谈谈景观设计的九个必要步骤. 中国园林,2004(4):76-80.

[6] 朱建宁. 米歇尔·高哈汝在中法园林文化论坛上的报告. 北京:风景园林论坛,2005.

[7] 朱建宁. 法国现代风景园林设计先驱雅克·西蒙. 中国园林,2002(2).

注:部分图片来自 http://fr.wikipedia.org/wiki/Michel_Corajoud.

作者简介

彭瑾,1990年2月生,女,汉族,湖南邵阳,华中农业大学风景园林规划设计专业在读研究生,主要研究方向为可持续风景园林规划设计,电子邮箱:1169344481@qq.com。

历史名城保护与更新中的公共空间景观设计

——浙江临海巾山西北角公园景观规划设计

Public Space Design of Protection and Renewal of the Historic City
——The Landscape Design of the Jin Mountain Northwest Corner Park

齐　羚　蒙宇婧　董顺芳

摘　要：本文试通过对浙江临海巾山西北角公园景观规划设计项目的分析，初步探讨和分析历史名城保护与更新中的公共空间设计传统与现代的结合手法。用"广场空间＋园中园＋院落空间"的复合空间形式，提供多样化的景观空间体验，满足不同功能空间的造景需求和不同人群活动类型的要求。将传统山水画意境、传统园林设计手法和现代人的生活方式、现代园林设计方法相融合，打造古城自然山水式公共开放空间。

关键词：历史名城保护与更新；公共空间设计；"广场空间＋园中园＋院落空间"的复合空间形式；传统与现代结合；自然山水式

Abstract：Based on the analysis of the landscape design of the Jin Mountain northwest corner park, this paper preliminary discussed and analyzed the methods of the integration of tradition and modernity in public space design of protection and renewal of the historic city. With complex space form of "Square Space＋Garden within Garden＋Courtyard Space", to provide a variety of landscape spatial experience and meet the needs of different functional space activities among different types of landscaping needs and requirements. Try to integrate artistic conception of traditional landscape painting、traditional and modern garden design methods and modern way of life, then to create Mountain-and-Waterpublic open space of historic city.

Key words：Protection and Renewal of the Historic City；Public Space Design；Complex Space Form of "Square Space＋Garden within Garden＋Courtyard Space"；Integration of Tradition and Modernity；Mountain-and-water

历史文化名城由于传统居住生活模式产生的城市肌理和布局，公共空间较少，其形态一般为风景区、古典式山水园林和历史文化街区，满足的是中小尺度空间和较少人群活动的需求。伴随着古城的保护与更新，景观设计同样面临着契机和挑战，如果利用更新的机会，为现代人创造新的活动空间，同时又和古城保护相融合，传承传统文化精神？临海古城巾山西北角公园项目就是古城保护规划中的更新地块，属于传统风貌协调区，规划在于古城风貌协调的基础上主要解决古城文化、旅游、商业建筑综合区布置和大型停车场安置的功能问题，而其中的景观规划设计，就为古城带来了新的公共空间。本文即结合此项目初步探讨和分析历史名城保护与更新中的公共空间设计传统与现代的结合手法。

1　项目概况

1.1　临海古城

临海是台州的千年府治所在地，临海城前绕浙江第三大河灵江，后跨北固山，巾山耸秀于城内，东湖镶嵌于郭东，江南三台起伏，城北白云绵延，西控括苍，北接天台，南邻雁荡，东连沧溟，选址优越，环境秀美，形成"两山入城，一山双峰，左湖右江，江湖环城，城围街区，山水相融"的优美地理环境和雄伟秀丽的自然风光，并构

成"晋代古城、东湖园林、巾山文脉、神龙古刹、明清古街、北固胜景"六个景区。台州府城即临海城，是一座具有2000多年历史的古城。作为第三批国家历史文化名城之一，具有突出的历史文化特色和价值。"千年府城、明清老街、唐代古刹、唐宋古塔、紫阳故里"是临海历史文化名城的特色品牌，蕴藏着深厚的文化内涵。

概括地说临海是由名城（千年府话名城）、名人（苍山灵水育名人）、名胜（自然人文绣名胜）、名特（鱼米之乡出名特）形成的"四名"文化的国家历史文化名城。同时括苍山还是中国大陆第一缕阳光首照地（图1、图2）。

1.2　场地概况

场地位于巾山公园西北侧，西临赤城路，北接天宁路，东面与南面紧邻巾山。占地面积约40.5亩（2.7hm²），景观设计范围面积约37.5亩（2.5hm²）。场地北侧为三井巷历史文化街区，西侧为紫阳街，西南角为龙兴寺和千佛塔。

结合山体、建筑、地下车库顶板形成台地空间、平坦空间和院落空间。巾山东西两侧各有一个人防洞口（图3—图5）。

巾山，又称巾子山，双峰于唐代始建双塔，"两峰两塔"、"群寺抱山"的整体景观格局可谓古代建筑天人合一思想的典范之作，双塔为巾山的最高点，也是中国历史文化名城临海的标志。

图 1　区位置

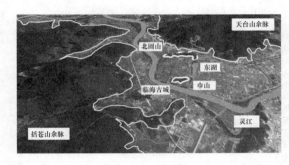

图 2　山水关系图

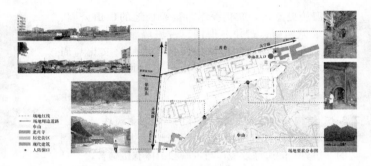

图 3　场地分析图

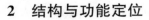

图 4　建筑功能分析图

图 5　建筑交通分析图

龙兴寺是 1999 年竣工的复原唐代建筑，不仅丰富了临海历史文化名城的内涵，而且使古城的形制更加完整，更重要的是使千佛塔这一省级重点文保单位得到了有效的保护。千佛塔是临海现存最高大的古塔，也是台州地区现存唯一的元塔，为省级文保单位。

2　结构与功能定位

设计之初，场地的结构、功能与形象是我们思考的三个重要命题，也是决定生成什么样的设计方案的核心

因素。

2.1　结构的有机发散性

由于是在历史古城街区肌理上的有机更新，且场地是位于巾山北坡和周边街区之间的"山城交汇"过渡性空间，场地没有明显的轴线关系，场地内建筑规划的"半山街院"的"三组团，三轴线，三·三串联"的布局形式，是对传统街区、街道和景点视廊的有机延伸，故作为建筑基质的景观结构呈有机发散性，场地逻辑结构需要设计梳理。

2.2 功能定位的多元性

作为临海历史文化名城的保护性改造工程，场地既是临海古城南端综合服务中心，是外来游客来临海旅游的"第一印象点"和城市门户景观，又是历史文化名山巾山景区的北侧入口区，是联系巾山公园、龙兴寺、紫阳街、三井巷街区的"枢纽"，同时场地又承担了古城内为数不多的公共开放空间的功能，满足古城原生态居民提供市民现代生活所需要的大型活动空间的要求。

2.3 形象定位的争议性

临海历史悠久，文化深厚，紧邻场地的巾山公园、龙兴寺、紫阳街、三井巷街区、古城墙都有丰富的文化积淀。那么，场地的形象如何在体现临海文化与周边多元文化，体现古老地域文化与突出时代感之间取得平衡呢？

2.3.1 结构——融入古城和山体的有机辐射斑块

在建筑布局有机延伸的轴线基础上，加强场地与周边的"边界"的边缘效应，与古城和山体有机融合，通过景观空间格局和景点视线廊道设计，形成多辐射的结构形式。

2.3.2 功能——古城文化展示舞台＋游客集散枢纽＋市民活动中心

打造临海古城内集游客服务、休闲旅游、集会、文化观演、休闲游憩等多项功能于一体的综合性开放空间。是古城文化展示的舞台，也是新的市民活动中心。

3 场地分析与策略

3.1 定位分析

3.1.1 旅游规划

为临海古城南端游憩接待枢纽，以疏导游客，增强古城各个景点的联系度，布置大型地下停车场、游客信息咨询中心、餐饮、购物、文化休闲等功能。

景观策略：以展现临海古城文化为主，打造古城文化展示的花园式博物馆。

3.1.2 开放空间

古城内适应现代人生活游憩方式的开放空间较少，现状有北固山公园、巾山公园、东湖公园、江滨公园、崇和门广场、历史街区节点空间，其中北固山公园、巾山公园为风景区式绿地，东湖公园为江南古典园林、江滨公园为滨河绿地，都是以绿化为主，结合小型节点空间的开放空间模式，包括历史街区的节点空间，都不能满足大型人流集散和游憩功能，崇和门广场虽然能满足大型市民集散活动要求，也是目前市民晨练，消夏的人气最旺的场所，但相对来说景观效果单一，硬质和绿化结合不够，文

化内涵表现力不足（图6）。

图6　现状开放空间分析图

景观策略：打造古城自然山水式公共开放空间，将山、水、绿、建筑和铺装进行相融式设计，提供多样化的景观空间体验，满足不同人群活动类型的要求。

3.1.3 历史营城及景点对位关系

临海营城体现出中国古代天人合一的思想，与临海地区山水形胜的自然格局相融合。

作为与城市营建相关的山体，巾山与古城内多条街巷存在十分独特的对位关系，体现了我国古代匠人在营城方面的独具匠心，是临海传统人居的重要组成部分，例如三井巷历史文化街区继光街南望巾山的视线通廊、赤城路、天宁路与巾山的视线关系，巾山与北固山之间的视线关系等。除了山水形胜的阴阳关系，古城内还有多处景点之间的阴阳对应关系，如千佛塔与千佛井。

景观策略：延续天人合一思想，通过景观设计再现临海山水形胜，并通过水面设计增加空间层次和深度，将周边历史文化景点与现代设计的景观倒影融合在一起，融汇古今，产生历史与现代的对话。

3.2 分区分析

场地竖向上形成了台地空间、平坦空间和院落空间三种空间，场地定位需要满足的不同功能需求。

景观策略：通过分区设计，形成动静相宜，内外兼修的多元空间。可以分为面向道路的集散广场区、建筑院落区、台地花园（园中园）区。

3.3 交通流线分析

场地交通流线包括人行流线和车行流线。其中人行流线包括游客上下客及广场集散游线、半山院落建筑休闲观光游线，巾山上山方向游览游线、龙兴寺方向游览游线和市民在广场和花园内游憩游线。车行流线为进出地

下车库流线。由于场地竖向变化和建筑内部空间变化，分为平面交通和垂直交通两种。

景观策略：将功能分区和流线组织结合，通过景观设计引导组织人流方向和活动空间。

3.4 土建工程结构分析

土建设计形成台地区大面积不同高差的地下车库顶板，台阶甬道两侧的高墙，建筑院落屋顶花园和下沉庭院等结构（图7）。

图7 地下车库顶板结构

景观策略：利用土建结构，创造丰富的景观空间，以水景、叠台、铺装结合地被、灌木和景天科、禾本科植物的应用，解决屋顶花园荷载等结构限制因素。

4 设计构思与设计解析

4.1 设计思想：天人合一，道法自然

延续营城天人合一思想，道法临海自然山水形制，体现千年府城文化。

4.2 设计主题：海山仙城·四名文化＋六个文化景观片区

4.2.1 缘起

（1）临海山水形胜＋千年府城文化

临海，临近东海，是东海之滨的一颗璀璨明珠，宋代文天祥称其为"海山仙子国"，作诗"海山仙子国，邂逅寄孤篷，万象图画里，千岩玉界中。"

（2）以"一池三山"为代表的中国园林师法自然的思想

道家的自然观影响到中国古典园林的创作上，便是崇尚自然，师法自然，追求自然仙境。"一池三山"是中国一种园林模式，源于中国的道家思想，并于以后各朝的皇家园林以及一些私家园林中得以继承和发展。三山指神话中东海仙境里的蓬莱、方丈、瀛洲三座仙山，并有仙人居之，仙人有长生不老之药，食之可长生不老，与自然共生。

4.2.2 主题概念

（1）海山仙城（海山仙境＋千年府城）

提取"海山仙城"这个表现城市自然环境，历史文化的"城市名片"的基调上，设计以东方神韵的山水画意境为创作灵感，打造立体化的山水画卷，游人游园犹如展卷读画。台地花园区展现"海山仙境"，广场和建筑院落区

展现"千年府城"（图8）。

图8 "海山仙境"概念表达图

（2）展现四名文化：

通过博物馆室内展示和室外景观载体表达结合的手法，展现"四名"文化。

（3）打造融古汇今的现代山水园林综合片区

以山水为要素，提供广场、花园、院落等多样化的人性化空间。将传统山水画意境、传统园林设计手法和现代人的生活方式、现代园林设计方法相融合，创造出一种尊重历史与地区文脉，令人耳目一新的现代山水园林综合片区。

4.2.3 六个文化景观片区

分为海山仙境、千年府城、禅园、史园、艺园、道园六个文化景观区。

4.3 设计对策

4.3.1 增加景深，收纳嘉景——优化场地，内化空间

通过水面设计、竖向设计，空间设计，增加景观层次和深度。其中水面设计还将山体、塔、亭倒影其中，增加景深。竖向设计和空间设计使空间有开合。

4.3.2 情景交融，物我合一——寻找非物质文化的载体

丰富的四名文化需要有代表性能激发人们共鸣的物质载体来展现，达到以形写意的境界。

4.3.3 山海营城，场所之魂——自然文化与人文文化的交融

山海与古城融合，自然文化与人文文化交融，加强广场空间文化气场。

4.3.4 隐喻明示，内外结合——丰富多彩的文化如何有机展示？

对于丰富多彩的文化，通过多种设计方法展示，既有隐喻的山海，也有明示的雕塑，既有室外的景观和公共艺术设计方法展示，也有建筑内部的展陈。

4.3.5 建筑院落，综合效益——建筑与景观互相融合，相得益彰

通过开放式庭院、围合式内庭院、下沉式庭院、屋顶花园将建筑与景观相互融合渗透。

4.3.6 硬软结合，多元功效——场地与绿化结合设计，景观功能多元化

由于巾山与广场之间的过渡区域为地下车库顶板结

构的台层区域，覆土深度不能满足大面积公园自然绿化的要求和效果，并考虑到古城内现代公共活动空间的匮乏，以及场地要满足外来游客和本地居民的双重需求，设计采取硬质活动场地和绿化结合设计的方法，形成多元化的景观功能空间，台层花园区以自然山水为核心，结合小空间设计，满足老人、儿童、市民、游客的不同活动需求。

4.4 设计手法

传统和现代结合，在对场地各要素进行分析的基础上，将公园的功能进行分解，同时，通过传统景观要素的分离与转化，由具有鲜明地域特征的空间原型演化出全新的景观空间结构。

4.4.1 借景

借海山仙国之景：以东海仙境为蓝本，抽象表达海山仙境，包括以东海岸线作为水面的驳岸线，以卵石浅滩、置石、雾喷营造"一池三山"的东海仙境。以叠水假山延续周边山脉。

借苍山灵水、千年府城之景：将府城区位地貌以景观元素抽象表达在广场中，让游客能感受和定位古城区位和景点。

借周边景点之景：将巾山、龙兴寺、千佛塔通过视廊和倒影延伸借到场地中。

借历史文化之景：将府城历史和四名文化通过载体表达。

4.4.2 入境

以入境式（体验式）设计手法，以视觉、听觉（水景）、触觉（材质）、嗅觉让游人在五维空间内产生对于景观意境的感受，并产生物我交融的触动。

4.4.3 隐喻

通过将要素分解转换，用现代语汇对传统元素进行隐喻。利用叠石水面、车库顶板的叠台瀑布隐喻临海山水意境；滨水岸线浅滩隐喻东海；广场铺装小品布局隐喻古城区位地貌；木格栅隐喻传统民居的木门扇等。

5 布局与理景

5.1 功能分区

分为海山仙境（台地花园区）、千年府城（集散广场区）、禅园（古刹庭院区）、史园（博物馆及游客服务中心区）、艺园（购物餐饮文化休闲区）、道园（养生文化游憩区）六个文化景观区（图9-图12）。

图9　功能分区图

千年府城（集散广场区）
1　溢水叠台观演区
2　集散广场区
3　标志地景雕塑区
4　博物馆入口区
5　林荫休憩区
海山仙境（台地花园区）
6　入口名人园区
7　海山仙境区
8　儿童游戏区
9　别有洞天区
禅园（古刹庭院区）
10　莲花园
11　莲花园
史园（博物馆及游客服务中心区）
12　博物馆及游客服务中心区
艺园（购物餐饮文化休闲区）
13-1　购物餐饮文化休闲区（年画与织带主题）
13-2　购物餐饮文化休闲区（剪纸主题）
道园（养生文化游憩区）
14-1　东北入口区
14-2　高台院落区

图10　总平面图

图 11 　鸟瞰图

图 12 　海山仙境-台地花园区效果图

5.2 　理景（图13、图14）

图 13 　广场与园中园效果图

图 14 　院落效果图

5.2.1 　千年府城（集散广场区）

以府城地理地貌、区位和地图作为设计灵感布局广场景观内容，使游人到达第一印象点对千年府城有形象认识，还能成为导游介绍临海的立体地图，主要分为溢水叠台观演区、集散广场区，标志地景雕塑区、博物馆入口区和林荫休憩区。

（1）溢水叠台观演区

利用地下车库顶板的跌落结构，设计成叠水、种植池、水景、台阶、坡道结合的观演看台空间，两侧为人流进入上层花园空间的通道，中部溢水叠台以自然面花岗岩砌筑，形成游人可进入体验参与的亲水空间，同时也可坐憩，作为观看下部广场舞台表演的看台空间。层层叠台也是临海桃渚遗址公园的珊瑚岩奇观的现代抽象表达。

（2）集散广场区

延续叠台肌理，逐渐渐变散开融入广场，以马赛克铺装设计为主的开敞空间，是大型集会、表演的舞台空间。马赛克铺装刻有临海市域村镇名称和人口、面积数据，可结合照明设计。

（3）标志地景雕塑区

以抽象括苍山的地面叠石和绿地，代表灵江的微起伏的铺装、甬道轴线延伸核心店的临海城地图雕塑，体现以府城地理地貌和区位特征。其中括苍山地面叠石上设置金色圆盘，反射太阳光线，表达它是"中国大陆第一缕曙光首照地"。

（4）博物馆入口区

广场南侧进入博物馆和游客服务中心建筑院落的大台阶周边区域主要为广场周边的林下休憩和交通穿行空间，静水池与溢水叠台区呼应，三个不同时期临海府城古地图结合铺装设计布置在入口大台阶两侧，也是进入博物馆参观临海历史的提示。

（5）林荫休憩区

广场东北角林荫绿地区是天台山的抽象表达，同时也是攀登甬道的入口节点，以树池座椅结合种植池绿地，提供广场休憩空间。

5.2.2 　海山仙境（台地花园区）

以"海山仙境"为主题，营造园中园的台地山水花园区，主要分为入口名人园区、海山仙境区、儿童游戏区、别有洞天区。

（1）入口名人园区

从溢水叠台进入台地花园的入口节点，通过故事雕刻景墙、雕塑和台阶、座椅设计，形成园中园空间，表达名人的主题。

（2）海山仙境区

以东海仙境为蓝本，抽象表达海山仙境，包括以东海岸线作为水面的驳岸线，主水面以卵石浅滩、置石、雾喷营造"一池三山"的东海仙境。以叠水假山延续周边山脉，叠水假山有游人可进入和登高观景的复合功能，同时联系并隐藏西侧人防洞口。两侧顺应车库顶板高差变化，通过跌落的溪流沿山麓营造自然山泉景致，加强巾山山麓沿线的进深感，并引导游人进入其他景区。

（3）儿童游戏区

在东侧溪流和名人园之间安排儿童游戏空间。

（4）别有洞天区

在东侧人防洞口区域，地势较低，且存在甬道高墙，设计考虑将来对东西两个人防洞口及防空洞的综合利用，设计别有洞天的峡谷景观，溪流跌落此处汇集成一处小湖面，野花草地上架设木栈道和台阶进入洞口。同时从上层平台下到峡谷的节点设计观景木平台，可让游人在此处往西远眺千佛塔在海山仙境的倒影，往东俯瞰峡谷景观。

5.2.3 禅园（古刹庭院区）

公园西侧入口毗邻龙兴寺，此处为公园西入口上到花园平台的过渡空间及寺院东门出口附近庭院，设计以"禅"为主题，既是公园的西园，又是龙兴寺的后花园，主要分为莲花园和禅心园。

（1）莲花园

莲花园是台地花园西端的下沉庭院，莲花溢水池与上层溪流通过溢流槽联系，园中散铺白色砾石，结合自然置石，营造禅意空间。

（2）禅心园

宁静的心，质朴无瑕，回归本真。禅心园通过微妙的下沉庭院和空间设计，结合茶艺台、水钵、景墙，营造禅意空间。

5.2.4 史园（博物馆及游客服务中心区）

本组院落的主题是"史"，表达临海悠久的历史文化。用景观砖墙和竹子营造出幽静的意境。场地之中摆放的各种石质陶罐，是复制临海出土的历代文物，既是雕塑，也可以当坐凳。中间部分，通过抽象的传统纹样铺装增强场地感。地面上线性的雕刻，记录了临海的发展历史。三个结合木凳的透明采光井形成了场地的轴线，与龙兴寺中的塔对景相映。夜晚降临，通过照明设计，琥珀色的采光井上映出历史典故故事。

5.2.5 艺园（购物餐饮文化休闲区）

本区有两组院落。院落的主题是"艺"，表达临海的传统文化和手工艺。在临海众多的文化遗产之中，选择了具有代表性的杜桥木版年画，黄沙织带，临海剪纸作为设计主题。

院落一由一个地面庭院和一个下沉庭院组成。地面庭院的主题是历史悠久的临海年画，主要通过铺装和水景来表达。下沉庭院用墙壁绿化上植物的配植来表现黄沙织带的意向。

院落二中，建筑错落有致，由连廊相连接，空间组合活泼丰富。主广场的海岸线也延伸至此，投影在下沉庭院与屋顶花园上。地面庭院的主题是"剪纸"。入口的"木门扇"造型装置，仿佛院落的"大门"。在主坐凳的靠背上，设计了各个主体的钢板雕塑，用景观的手法再现了剪纸的魅力。

由楼梯进入下沉庭院，利用"海岸线"的曲线，对庭院进行了绿化。结合日本枯山水，通过植物，置石，对小尺度的庭院营造出宜人的意境。墙面上的景窗，用钢板代

替了传统砖雕，呼应了剪纸的主题。

5.2.6 道园（养生文化游憩区）

包括东北入口区和高台院落区。

（1）东北入口区

公园东北角入口区，也是现状已有的上巾山的主要爬山道入口，在建筑对应轴线上设计入口牌坊，题字"道法自然"，形成小型入口广场的标志景观，东侧设计一处自行车停车场。

（2）高台院落区

本组院落是半山院落东部甬道通往的最高处院落，以养生茶馆为主要功能，庭院中间设计一案山种植池，以松柏等植物结合掇山，假山上镌刻紫阳真人的"悟真"二字，表达"人法地，地法天，天法道，道法自然"的道家哲学思想。

6 结语

本项目力图打造古城自然山水式公共开放空间，通过寻找地域文化精神和要素，结合现代功能要求，将历史名城保护与更新中的公共空间设计成"广场空间＋园中园＋院落空间"，山水延续结合文化传承，硬质结合绿地的复合式空间，运用传统与现代语汇结合的方法，提供多样化的景观空间体验，满足不同功能空间的造景需求和不同人群活动类型的要求。将传统山水画意境、传统园林设计手法和现代人的生活方式、现代园林设计方法相融合，创造出一种尊重历史与地区文脉，令人耳目一新的现代山水园林综合片区。

参考文献

[1] 孟兆祯．山水城市知行合一浅论．中国园林，2012(1)：44-48.
[2] （明）计成．园冶注释．陈植注释．杨超伯校订．陈从周校阅．北京：中国建筑工业出版社，1981.

作者简介

[1] 齐羚，1979年生，女，安徽池州，北京林业大学园林学院在读博士研究生，工程师，北京清华同衡城市规划设计研究院风景园林中心副总工、二所总工，研究方向为风景园林规划与设计。
[2] 蒙宇婧，1984年生，女，海南海口，北京清华同衡城市规划设计研究院风景园林中心二所项目经理，研究方向为风景园林规划与设计。
[3] 董顺芳，1982年生，女，河北唐山，北京清华同衡城市规划设计研究院风景园林中心二所主设计师，研究方向为风景园林规划与设计。

突出特色，促进融合

——风景园林专业城市景观规划设计课教学探讨

The Promotion of Characteristics and Disciplinary Integration

——Teaching Practice of Urban Landscape Planning for Students Majoring in Landscape Architecture

钱　云　张雪葳

摘　要：北京林业大学园林学院自 2010 年开设"城市景观规划设计"课程，该课程作为城乡规划和风景园林专业教学融合最重要的探索性课程，对风景园林学生能力的全方位培养有着重要意义。然而，由于课时有限、师生专业差异等原因，本课程教学面临一定困境。本文立足教学实践，列举教学心得，以初步培养城市设计整体意识，尽量掌握小区域的城市设计基本方法为教学目标；以案例、调研等更加直观的教学方式来加深学习印象；以混合评图促进不同背景学生的知识融合。结合学生反馈，希望能够为进一步完善风景园林本科教学体系提供有益借鉴。

关键词：城市景观规划设计；风景园林专业；教学探讨；学生反馈

Abstract：The course of Urban landscape planning is firstly set up in Beijing Forestry University since 2010, as the most important course for students majoring in landscape architecture to get their curriculum integration with urban planning. Although this course is of great significance for students' active participation, the teaching process has to face a series of difficulties due to the profession differences of teachers and students and the limitation of time. This paper illustrates the beneficial experiences as setting the characteristic teaching goal, taking the visual menthes and giving the mixed discussion. Combined with students' feedback, the summary of the achievements could provide valuable findings to further teaching reforms.

Key words：Urban Landscape Planning; Landscape Architecture; Teaching Practice; Students' Feedback

1　城市景观规划设计课程概况

伴随快速的城镇化进程，我国城市人居环境的相关问题愈加突出并日益复杂。以多学科的视野来分析、综合性的策略来应对，已成为解决诸多现实问题的主流思路。2011 年，风景园林学和城乡规划学成为与建筑学并列的一级学科，标志着我国人居环境学科组群建设的完善。十八大以来，建设"美丽中国"的观念已深入人心。风景园林师参与城市总体规划，使城市绿地系统规划和其他项目规划同步进行，是未来"园林城市"建设的发展方向[1]。无论是从学科发展的角度，还是社会实践的需求出发，均要求风景园林从业者突破以植物景观为主的知识结构体系，比以往更深入地了解城市规划的基本思路与方法。而对于风景园林教育而言，在专业方面的拓展已成为新时期最为紧迫的任务之一。

北京林业大学园林学院作为我国风景园林专业拔尖人才最重要的培养基地，在本科教学中已将培养复合创新型人才提到了重要的高度。在现阶段风景园林专业本科教学中，共开设了 4 门由城市规划系教师讲授、与城市规划领域形成交叉的专业课，分别为：第 4 学期城市规划原理（必修课），第 5 学期城市绿地系统规划 A（必修课），第 6 学期城市景观规划设计（选修课）与中外城市建设史 B（选修课）。其中，城市景观规划设计是唯一以规划设计实践为核心的课程，也是唯一独立于城市规划学科体系外的课程，必须建立独立的教学体系。本文依托本课程的教学实践，力图从学科发展、学生需求和教学实验反馈等方面，总结教学经验和心得，提出该课程教学内容和方法的优化提升建议。

北京林业大学园林学院"城市景观规划设计"课程自 2010 年起开设，为风景园林专业本科三年级学生的专业选修课，由城市规划系教师担任授课教师，共 56 学时，3.5 学分。《教学大纲》中对本课程的目标要求为："在风景园林专业领域不断扩展的背景下，更多的使风景园林专业学生理解和融入城市发展，尽量多地领会城市景观规划设计基本思路与掌握城市景观规划设计基本方法。"由于课程开设时间较短，又是在农林类院校率先开设的课程，几无国内外院校类似课程教学经验可参考，因此在教学实践中，往往难以对教学目标给予具体的解读。同时由于开课历史较短、课时有限且大三学生课业负担较重，在教学内容方面缺乏深入思考，教学体系尚未实现充分的系统化。而作为城乡规划和风景园林专业教学融合最重要的探索性课程，如何在有限的课时内，既适合风景园林专业学生需求和特长、又能体现城市规划设计核心技能训练的教学方法与教学内容，就显得极为重要。

2 风景园林学科发展与城市景观规划设计教学

2.1 全面理解风景园林专业的需要

风景园林学是人居环境科学的三大支柱之一，担负着促进人类与自然的和谐发展、保护和建设生态环境、维护和改善人类生活质量的重任[2]。现代风景园林学涉及国土安全、自然环境保护、人居环境建设等领域，日益成为与城市居民生活紧密联系的学科，综合性也日益加强[3]。

中国风景园林高等教育源于农业大学的园艺专业和工科大学的营建专业，但长期以来依托农林院校进行培养。农林院校的培养模式非常重视学生对于植物学知识的完整学习与灵活运用。但随着实践加深，人居环境的改善与提升不仅需要城乡规划学、建筑学、风景园林学这三个学科在观念、理念、技术、方法上的互相了解、配合，还需要与社会的可持续发展相融合，风景园林学生过分依赖绿地生态效益的思维模式以及以软性景观塑造为主的工作方法已然不够全面。

城市景观规划设计课程囊括了建筑设计、道路交通设计、公共空间设计、绿地设计等诸多方面，能够很好地指导风景园林学生从城市设计的高度对城市整体构架进行思考，从而理清城市规划、建筑学及风景园林专业在城市构建中各自的作用与地位，从更高的视野重新定位了风景园林行业的内涵与外延。

2.2 分析和设计思维的拓宽

风景园林设计与城市设计的过程都十分强调对周边环境的特征分析及与周边环境的空间协调。所不同的是，风景园林设计中，地段分析主要侧重于自然环境形态方面，即体块、尺度、实现、景观视野、土壤植被等，在此基础上展开设计。而城市环境的分析则往往由一系列递进的逻辑分析过程构成的，一般是具有公共职能的复杂城市地段的综合判定、系统分析、空间布局和环境设计研究。具体而言，城市景观规划设计课要求学生深入地理解设计地块的上位规划，细致地体会建筑环境和社会经济各方面的综合现状，从而发现现有症结，以明确的空间结构序列回应城市现状。这既要求学生对场地现状进行分析、归纳、总结，又要求其在发散性的设计意向中，甄别出尽量贴合场地特征的有效的设计思路，对散乱的城市空间进行整合、重塑，从而达到解决城市问题，创造舒适城市空间的效果，对学生的逻辑性思维有着良好的锻炼与提升效果。

2.3 空间构建技能的完善

从设计创造过程来看，在风景园林设计以开放绿地空间营造为主要内容，主要强调软质景观组合搭配形成的空间效果，学生往往习惯性依赖于平面构成的视觉定性空间，对于各要素的三维感受能力较差。而城市景观设计则容纳的内容更多，注重建筑、环境等各种要素在软、硬空间营造中的综合使用，需要对空间尺度的转换考虑较为充分，有利于帮助学生理解在更复杂环境中空间的认知和构建方法，进一步丰富学生的空间创造能力。

3 教学实践中的困境

从北京林业大学已历三届的教学实践中，由于课程本身体现了显著的特殊性和重要性，选课学生普遍热情高涨，积极与教师互动，力图获取尽可能多的知识与技能。然而由于教师和学生的专业差异等原因，在实际教学中也面临着显而易见的困境，主要包括如下方面：

3.1 城市规划基础知识和能力稍弱

风景园林专业本科教育中，尽管所修课程已经对城市规划设计的各方面基础知识进行了详尽的解释，但学生学习时往往以应试为目的，易采用死记硬背的学习方法，对大量基本概念、规范在实际中的应用体现出了极大的障碍。比如在用地分析中，将《城市用地分类与规划建设用地标准》的中类与大类混合使用；开展实地调研时，分析内容较为笼统感性，比如在分析街道的空间感受时，多用"我觉得……我认为……"这样直观感受，不懂得查阅、引用前人关于 D/H 的研究结论；部分学生能够对城市社会经济方面的发展趋势有所关注，但无法将其和空间发展联系起来，对方案构思的帮助仍十分有限。

因此，本课程从头至尾都需要对涉及的城市规划各种常识性问题进行不间断的补充教学。比如在道路设计时，学生们不了解城市道路中车行道、人行道的连接与划分原理，直到画 CAD 设计图时才暴露问题：比如车行道直角连接，人行道不连续等等，几乎全班都经历了类似的反复工作。

从学生反馈来看，相当的同学都表示："不知道如何看待城市"，"所有的基础知识都要现学。""老师觉得我们知道的，我们并不知道"。这对师生交流造成了较大的困难，在课程的初始阶段最为显著。

3.2 缺乏整体控制，设计易陷入局部

与城市规划专业学生相比，风景园林专业学生思维活跃，生态学、植物学与美学知识体系较为完善，在理解城市环境时，对景点、文化遗迹等局部要素敏感度较高，但对较大尺度的城市空间结构逻辑则不够重视，特别是对体系性内容的总结感到难以把握。对于众多城市设计优秀案例的学习，往往止步于浏览的深度，只重视对个别空间形式的模仿而没有进行深层次的挖掘和分析，设计成果难以获得有信服力的理性支撑。

因此，在面对面积较大、环境复杂程度较高的设计课题时，学生们普遍表现出总体设计思路的混乱，难以抓住核心问题，找不准突破口，极易从一开始就陷入局部问题的探讨；在设计深度上往往考虑有偏差，把握不住真正的重点，比如仅仅从视觉效果出发，在重要机动交通节点叠加复杂的景观设计、不注重将景观核心与重要公共空间相结合等，都是极为常见的问题。

在学生作业中，有的小组已经将道路设计、建筑设计

风景园林规划与设计

和景观设计都做得十分深入、细致，却因缺乏整体控制，形成明显的"三段式"设计，显得美中不足。

3.3 缺少重点，设计表达不完善

在成果表达阶段，风景园林大三学生对设计总体结构把握的不足就表现得更为突出。多数情况下，设计图的排版采用了"码图"的方式，偏重于"效果展示"，而相对忽视设计构思、空间结构的清晰解释。另外较多学生图面表达效果过于平均，对"局部"和"整体"的表达没有区别，难以快速体现整体思路和形象。

4 针对困境的教学新尝试

2013年度本课程选课总人数为27人，以分组形式进行，共10组，每组成员基本控制在2—4人之间。针对上述问题，从风景园林学生的知识结构与培养方式出发，本次课程安排采取了以下尝试：

4.1 选取有特色的题目

本次课程选取北京西北郊香山脚下的买卖街和煤厂街沿街历史地段进行改造设计。买卖街作为游览香山的必经之路，有着280年的商业街历史，现承担着服务周边居民的日常生活及香山游览门户的双重功能；煤厂街从香山脚下直指碧云寺，沿街分布有熊希龄纪念园、纪念馆等富有文化历史与游憩价值的景观点，但整体组织较弱，与周边区域缺乏联系。本次课程允许学生选取感兴趣的街道及其周边空间进行改造，建议面积选取在 25hm² 左右。

该题目设置主要从以下几方面进行考虑：(1) 风景学生对于北京西郊"三山五园"大环境较为熟悉，容易对地段产生兴趣；(2) 地段人文历史及自然环境特点突出，便于学生把握进行构思；(3) 建筑单体设计任务相对简单，绿地设计任务较充实，同时兼顾了城市设计中交通体系梳理、用地分区整合、遗产保护等重要内容，训练较为全面 (图1)。

图1 学生着眼于大的地段环境分析，
有利于对环境特征的整体把握

方案构思过程中已经可以看出，在文脉分析、交通分析、建筑质量分析等常规分析的基础上，学生们各有侧重，组员之间的讨论十分活跃。从终期成果上，有明确改造意图的作业更加脉络清晰、主次分明，比如，以加强佛教文化氛围出发的《禅意香山》，以延续历史文化出发的《云里香街》，以穿插的空间整改模式出发的《跳动的彩

带》。从学生们的反馈中，也证实了此选题的合理性："大小刚好，太大了就更想不明白了。""很丰富，设计的出发点很广，可以选自己感兴趣的东西来做。"

4.2 有针对性地进行案例讲授

在最初的1、2节课，由教师对课程设置目的、课程设计题目进行充分的讲解，展示一些相关性较大的实际项目，给学生指引正确的学习方向。随着课程深入，有针对性地整理出一系列关于视廊分析、地形分析、城市空间形态分析、建筑分级分析等常见分析内容与分析方法的资料，从科学性、准确性、专业性上予以规范，并鼓励学生们在以数据、图表说明问题的基本原则上，根据实地调研的需求进行内容与方法的创新。在评图过程中，发现学生知识体系的薄弱点，即给予全班性的补充，以期达到，及时暴露问题，及时解决问题，时刻提升专业水平的教学效果。

在第3周的调研汇报上，大多数学生都只从文字上对"三山五园"做基本介绍，仅有一组学生以 GOOGLE 截图做了周边区域的风向与朝向的分析。授课教师及时结合案例，讲解了从高点看山、低点看山、通道看山三种观察方式说明同一景观不同视点如何进行分析，并展示同一视廊上的景观布置关系，为学生拓展思路并指出从视点出发定高度控制线以规范建筑高度，确定具有标识性的视线通廊等基本方式。一组学生依据此方法，进行了香山香炉峰的视线控制分析，为设计中部分建筑的拆除和调整提供了有力的依据 (图2、图3)。

4.3 中期实地参观

在开课的第9周，授课教师带领学生参观清华大学校园，重点讲述了历史环境下建筑设计中外立面的整理方法，并以清华西路周边绿地为例，引导学生们建立基本的空间尺度感；以音乐厅选址阐述了经济学、社会学在城市规划中的重要影响；以清华大礼堂周边建筑、清华大学图书馆为例，重点说明了不同时期的建筑如何通过精确的细节描述，达到设计语言统一、风格延续的效果；以清华大学理科馆与数学科学系大楼的设计，形象展示了框景、对景等重要园林设计手法在建筑设计中的使用，并在总结朝向不佳的建筑立面应该如何处理的基础上，引导学生进行进一步的思考。在调研过程中，风景园林专业学生还自发地对沿途植物配置进行分析。调研教学气氛轻松愉快，学生们表示"喜欢多出去走走，然后自己回来深入。""看书和看现场的感觉是不一样的。"

4.4 多专业跨年级混合评图

在方案构思基本敲定阶段，授课教师组织了不同专业、不同年级的学生参与的混合评图课，包括城市规划09、10、11级学生，风景园林09、10级学生，城市规划、风景园林专业硕士生。各专业学生有与本专业相承的工作思路、学习方法、审美趣味。不同专业学生融合参与实践，从各自专业的角度进行混合评图，能够加深不同专业的学生之间的了解，让各自明确自身的优势与缺点，更加切实地认识自己，了解自己在未来工作中的主要承担

高点看山，目的是认知山体全貌，视域覆盖从山顶到山脚的范围，控制方法：1）定山顶高点的海拔高程；2）定山脚低点，坡地与平地交接处的海拔高程；3）定视域范围连线，上线看到山顶高点，下线看到山脚底点；4）定高度控制标准，以下线为覆盖区域的建设高度控制线

低点看山，目的是认知山体轮廓，视域覆盖山体的上2/3部分（保证能够基本认知山体概貌），控制方法：1）定山峰高点的海拔高程；2）定山脚低点，坡地与平地交接处的海拔高程；3）定视域范围连线，上线看到山顶，下线看到距山顶2/3H处；4）定高度控制标准，以下线为覆盖区域的建设高度控制线

山脚看山，目的是认知山体面貌、细部景观，视域覆盖的范围内应不建设，保护风景和生态

通道看山，目的是在城区的街道对景中认知山体，它的控制主要涉及平面控制而非高度控制，因此通道看山的控制主要在绿地系统的控制中体现

山脚认知，山脚周边控制，是山体景观价值需求的控制，目的是使山体周边的建筑高度不压挡山体景观，控制方法：1）定控制平面范围。除看山方向的其他方位的一定距离范围内（300m、600m、1200m、3600m），具体距离以具体地段的要求来定。2）定视点与山顶的视角连线，视点与山顶连线与地面垂直线的夹角a。3）定视点在其他方向控制线的视角，其他方向控制线与地面垂直线的夹角b。4）定视角b的大小，为突出山体，b角的数值应大于a角，且最小值不应小于60度。5）定高度控制标准，以b角的视线为高度控制线，控制区域内的建设高度不高出此线

山上认知，山上高点向四周眺望，在视线注意力集中的范围内不应出现高层建筑，控制方法：1）定视点周边的一段水平距离范围（600m、1200m、3600m），具体距离以具体地段的要求来定。2）在此控制区域内，不应有高层建筑建设，也不宜有体量较大的建筑

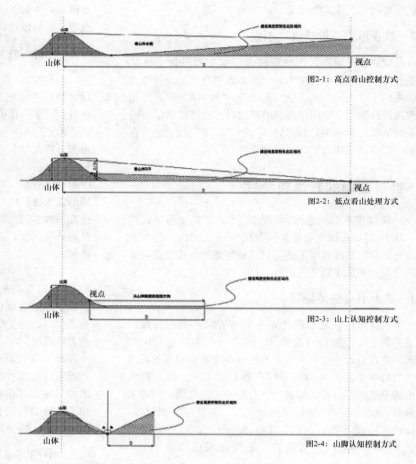

图2-1：高点看山控制方式

图2-2：低点看山处理方式

图2-3：山上认知控制方式

图2-4：山脚认知控制方式

图2　教师展示的实现分析案例

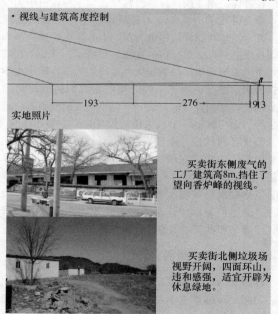

图3　学生作业中视线分析方法的运用

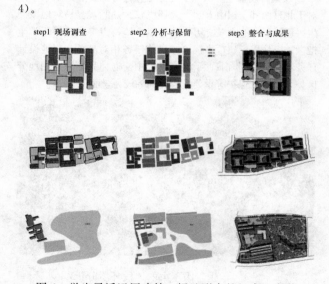

step1 现场调查　　　step2 分析与保留　　　step3 整合与成果

图4　学生灵活运用建筑、绿地形态的组合，完善整体空间格局

4）。

的责任、扬长避短、互相借鉴、共同进步。随着城市规划专业与风景园林专业的互相渗透，在本科学习阶段，能够适当为学生提供多种学科共同参与的学习机会，对于学生能力的全面发展、学习态度的端正均有重要意义（图

5　结语

在课程尾声，学生们普遍认为，选修城市景观规划设计课程，从完善规划设计价值观、加强尺度转换把握两个

方面给了他们极大的帮助："通过城市设计课的学习，能更好地理解风景园林在人居环境中的地位，更能知道我们应该干嘛。设计逻辑性更强，对实际性的要求更高。""城市设计课对于风景园林专业是一个重要的补充。上课以后，更关注周边环境。做得更接地气。"对于实地调研、交叉评图等与实践紧密结合的内容，学生们也表示了极大认同，同时表示，希望这几项能够穿插着进行："以前什么都没有接触过，不自己把跟头摔个遍，也很难光凭看和听来理解。"

综上所述，在风景园林专业开设城市设计类课程，不论是从市场需求还是从学生的个人发展来看，都有其必要性与重要性。但针对风景园林专业本科生，城市规划类基础知识薄弱，在教学过程中，必须以案例、调研等更加直观的教学方式来加深学习印象，巩固学习成果。以初步培养城市设计整体意识，尽量掌握小区域的城市设计基本方法为教学目标，针对各班级总体情况，因材施教，适时提升。本次教学过程中的基本尝试都取得了比较好的效果，应在未来的教学实践中多予以发扬，探索出具有"北林特色"的风景园林专业学生的城市景观规划设计课程教学内容和方法体系。

参考文献

[1] 孙筱祥. 风景园林（LANDSCAPE ARCHITECTURE）从造园术、造园艺术、风景造园——到风景园林、地球表层规划. 中国园林，2002.18(4)：7-12.
[2] 李雄. 时代的呼唤、历史的责任——风景园林一级学科诞生的意义. 风景园林，2011(2)：28-29.
[3] 张启翔. 关于风景园林一级学科建设的思考. 中国园林，2011(5)：16-17.

作者简介

[1] 钱云，1979 年生，男，汉族，江苏太仓，博士，北京林业大学园林学院副教授，中国风景园林学会会员。
[2] 张雪葳，1991 年生，女，福建福州，北京林业大学园林学院风景园林学硕士研究生，电子邮箱：qybjfu@126.com。

突出特色，促进融合——风景园林专业城市景观规划设计课教学探讨

在"自然"中收获的教育①

——浅谈居住区自然式户外游戏场地对学龄前儿童的意义

Education Obtained in Nature

——The Significance of Natural-style Outdoor Playground for Preschool Children

秦 帆 郑 曦

摘 要：学龄前儿童是智力、体力发展的好时期，所以户外游戏尤其重要，居住区自然式户外游戏场地可以锻炼学龄前儿童自主学习、探索以及交往能力，更可以培养感性的认识，对美的意识等诸多无形方面。设计时可以利用植物、动物、水体、沙石、山体等自然元素的结合，促进儿童去认识、体验自然的乐趣，并创造属于自己的游戏。

关键词：学龄前儿童；居住区；自然式户外游戏场地；特征；景观设计

Abstract：Preschool children are in an appropriate time of enhancing mental and physical level，so games in the outdoor are especially important. Natural-style outdoor playgrounds in residential areas can help preschool children to study spontaneously，explore new ideas and learn how to communicate with others. In addition，they can teach preschool children to observation the beauty of nature. We can take advantage of plants，animals，water，sand，mountains and other natural elements in our design，which can help preschool children to get to know nature and enjoy the interesting in nature. Finally，they can create their own games.

Key words：Preschool Children；Residential Area；Natural-style Outdoor Playground；Feature；Landscape Architecture

泥土中的乐趣，小河边的嬉戏，树丛间的虫鸣……这些都是大自然给予我们宝贵的童年记忆，但是现在的儿童特别是城市中的儿童对泥土的记忆已经越来越淡薄了。在当今中国，随着城市的发展，本应在户外游玩的时间被各种网络游戏，智能手机所占据，让孩子很少感受自然的乐趣，而且很多城市没有从儿童角度或者专门为儿童服务的心理来考虑户外游戏场地的建设，居住区户外游戏场地大多是"功能分区＋游戏设施"的形式，孩子只能玩简单的、甚至是不符合年龄的器械组合，缺少自然的参与，缺少自己"独立"的空间，得到的锻炼自然很少。

1 在自然中收获的教育——自然式户外游戏场地的意义

1.1 自然式户外游戏场地的定义与发展

自然式户外游戏场地是指以木材、枯树、沙子、石头和植物等作为场地设计和设施营造的材料设计的场地，具有浓郁的乡土气息和古朴风格，以满足人们与自然接触的渴望。[1]

1840年福禄贝尔将自己开办的学前教育机构命名为"儿童的花园"（Kindergarten），被称为世界上第一所幼儿园，但他并没有让孩子们脱离大自然的接触。孩子们可以在花园里种植花草、观察昆虫和小鸟，还可以在户外尽情

地奔跑和玩耍。[2]但是20世纪70年到至80年代初，许多设计师过多信任游戏器械的作用，让人们忽视了场地的实际意义。20世纪末风靡全球的"麦当劳模式"就是最突出的例子，这种"让大人放心"又便于复制的模式，儿童几乎都不能接触自然，也不利于儿童的发展和游戏的开展。

1.2 自然式户外游戏对学龄前儿童的价值

科技发展，智能手机及各种新奇玩具的出现，让孩子更喜欢待在室内，导致肥胖、近视等问题出现，医学专家认为健康成长的最少户外活动时间为每天60分钟，自然式户外游戏场地为孩子带来的益处是室内游戏场地所没有的。实践证明，儿童与游戏不能分割，儿童与自然也不能分割，人类游戏自古以来都是在自然中展开的，所以自然式户外游戏场地对儿童的身心健康成长具有不可替代的意义。

对于儿童来说，户外活动场所是影响其智能、体能及精神、思维方面发展的重要部分。因为学龄前儿童初始期的思考和内心世界的感知都与外部的影响保持着紧密的联系。对儿童来说，户外游戏场地不仅是游戏娱乐和发展身心的地方，也是学习交流、接近自然和培养能力的第二课堂。在自然中游玩，收获的不仅是乐趣，还有课堂上学不到的知识与能力。

① 基金项目：中央高校基本科研业务费专项资金资助（项目编号 TD2011-35）。

风景园林规划与设计

1.2.1　在自然的氛围中激发自主学习的能力

在游戏中学习不是像一些游戏设施那样把学习的知识放在板子上，而是儿童自己在开发游戏的过程中得到锻炼，有的设施上面加了可以移动的字母或者拼写的单词，这些教育性的附加物，不等同于孩子通过自己开发探索得来的知识。

自然式的游戏场地没有固定的模式，需要孩子自己去思考"玩什么"以及"如何玩"，在玩的过程中遇到的问题，也需要自己开动脑筋来解决。所以，在居住区户外游戏场地中多设计一些可以不断提高学龄前儿童的自主学习能力的设施，这样更有利于他们身心的健康成长和良好的性格的养成，对于儿童能力的培养和自信心的提高也具有非常大的作用。

1.2.2　制定自己的游戏规则，探索其中的乐趣

早期麦当劳式的游戏设施，使得孩子在玩耍的时候形成了一种"等待、上去、传过去、下去、再重新来一遍"的固定模式。[3] 没有过多的思考，大多是在自己排队中度过，同伴之间的交流是有限的，几乎很少互动的机会。而自然式户外游戏场地没有固定模式，孩子可以自己开发游戏，探索不同的玩法，同样的场地，1000 个孩子就有 1000 种不同的游戏。

图 1　儿童排队上滑梯（图片来源：百度图片）

1.2.3　在游戏中自然地交流，无形中培养交往能力

3—6 岁的学龄前儿童，开始有了较强的自主和交往的愿望，喜欢成群结伴玩耍。具备了一定的语言能力、思维能力和行为能力，喜欢和熟悉的同龄人一起玩耍，渴望与人交流沟通，很容易和年龄相仿的小朋友打成一片。和朋友一起，既培养了儿童良好的性格，也帮助他们克服很多毛病，在相处时学着改变自己，也学会如何融入群体，怎样互助合作，这些相比于知识的获取甚至更为重要。自然式户外游戏场地可以让儿童从以自我为中心的单人游戏向集体游戏转变，在这过程中相互交往，无形中培养了良好的社会习惯和态度。

1.2.4　在自然中得到最直观的感受，触发感性的认知

儿童的成长也是感受生命的过程，在自然中玩耍，感

图 2　Valby 儿童游戏场地内一景
（图片来源：杨斌章·快乐的
天地 成长的乐园）

受植物开花，落叶，结果，感受生命的成长与意义，可以学会关心别人，关爱生命。儿童通过接触自然，在游戏中促进感觉、知觉、注意、记忆、想象的发展，形成他们客观看待事物的思维方法。户外游戏场地可以让儿童在各种活动中体验各种感情，正确的培养对事物的爱好和兴趣。儿童在自然式户外游戏场地中，不断得到体验和满足，不断丰富着自己的感情，这对于形成良好的个性是极其重要的，并为他们将来成为一个完美合格的人奠定了基础。

2　学龄前儿童——居住区游戏场地的主要使用者

2.1　居住区的户外游戏场地与学龄前儿童的成长关系

在我国，儿童游戏场所的形式主要有三种：一是大型公园游戏场，二是幼儿园、学校的游戏场所，三是设置在街区或居住区公共空间的一些游戏小场地。相比于大型游乐场、公园或城郊风景区，居住区更方便到达，儿童没有成人这么多的消费能力与行动能力，因此学龄前儿童大部分时间都是在家里和居住区内度过的。因此，在居住区户外环境设计中要考虑儿童的成长。

孩子的成长过程中的玩伴往往是一生的朋友或者珍贵的回忆，在居住区中设立户外游戏场地，代替学前班让学龄前儿童，与邻里玩伴一起在自然中学习、成长，相信会让他们受益一生的。

2.2　学龄前儿童成长过程中的户外锻炼需求

在儿童游戏场地设计上，西方通常将儿童划分为 4 个年龄组来区别对待，即学步儿童（1—3 岁）、学龄前儿童（3—6 岁）、学龄儿童（6—12 岁）和青少年（12—18 岁）。[4] 学龄前儿童已经可以单独行动，具备了较强的交流能力和游戏能力，是智力、体力得到提高和发展的好时期。对事物开始独立思考，对美的认识和感悟就是在这个时期形成的。攀爬、跳跃、跑步或平衡等户外运动对儿童运动神经和智力的发展有很重要作用。

学龄前儿童行为特点与设计要求　　表1	
行为特点与锻炼需求	设计要求
喜欢攀爬、跳跃等户外活动	满足奔跑和跳跃活动的空间与地形
开始独立思考	创造可以思考的游戏，满足智力发展
渴望与别人交流，并具备了交流能力	团体游戏
对美的认识和感悟形成期	在自然中感受美好的事物

3 自然要素在居住区户外游戏场地设计中的特征分析

我国幼教理论家陈鹤琴先生（1892—1982）曾说过，知识的宝库在哪里？在大自然和大社会。"应该让儿童充分与自然环境和社会接触，接触得越多，接触机会越多，获得的知识经验越丰富，能力就愈加得到锻炼"。

植物、动物、水体、沙石、山体等自然元素充满想象与塑造的可能，促进儿童去认识、去体会、去创造。孩子在开发的过程，无数新鲜的想法迸发而出，与场地中自然元素进行精神上的交流，将成为他们童年记忆的烙印。

3.1 多样地貌塑造的户外游戏场满足儿童对攀爬的渴望

儿童在游戏过程中也需要躲避的空间，大人不能一直照看，多样的地貌，比如坑、灌木丛和人造的景观设施能够满足这样的要求，丰富的地形，变化的高差可以满足孩子对攀爬的渴望。此外，不同的材质、色彩、形状的铺装可以带来不同的感受，尤其学龄前儿童处于对色彩敏感的时期，在铺地设计中，有意识地利用鲜艳变化的色彩，搭配有机形、曲线形等形式变化，可以丰富空间，吸引儿童。纽约州街道设计竞赛中获奖作品是一个以"提升街区活力"为主题的设计，就是用照明和丰富的地面材质，创造一个崭新的社区，儿童带动父母参与其中，让整体社区活跃起来。

图3　纽约州街区设计（图片来源：Topos 杂志 2013 年 4 月）

3.2 水与沙石构成的户外游戏场可以让想象力得到延伸

"水＋沙石"绝对是一个可以让小孩子玩一天的游戏，沙子特性柔软，可以随意造型，而且安全，只要旁边放上水，小孩子就可以凭借他们的想象力开发出各种新奇的游戏，并在游戏中得到心灵上的满足。在沙地周围可以设置水池或水源来配合玩沙游戏，以便更好地对沙子塑形。库特丹博物馆公园的下沉集水盆地空间深受当地儿童欢迎，被用作城市开放空间，暴雨过后雨水汇成小溪，儿童可以在其间戏水游乐。

图4　荷兰库特丹博物馆公园儿童戏水空间（图片来源：风景园林新青年网站）

3.3 植物和小动物的户外游戏场充满自然的情趣

儿童对植物和小动物等自然元素有一种天生的亲近感，研究者们发现成人在回忆儿时最喜爱的环境时总是突出强调一些自然元素，如一颗茂密浓荫的大树，池塘里一群可爱的小鸭子，很多孩子感到在充满自然情趣的环境中，与其他孩子交流更加的轻松自在。

小动物是儿童最好的伙伴，它们将一些自然常识潜移默化地渗透给孩子们，让他们在玩耍的过程感受生命是如何诞生、成长、繁衍等。让小朋友亲身在植物中穿梭，触摸树叶，观察昆虫，这样直观的感受要比书本上无色无味的文字来的亲切，无形中拉近了儿童与自然之间的距离，使儿童有机会亲身感受生命的奥秘。

3.4 户外游戏场与游戏设施的结合创造多变的游戏环境

游戏设施与游戏场结合可以创造多变的游戏环境，例如游戏设施与地形相结合，将器械组合在地形之中。JMD 建筑事务所在悉尼的 Blaxland 河畔公园设计的儿童

风景园林规划与设计

游乐场，将地形与设施完美结合，创造了一个可以让儿童自由奔跑的户外空间，同时满足多种活动需求。国内北京海淀区长春健身园内的儿童游戏场地，在现有的土坡上搭建滑梯，孩子们可以从台阶或者坡道上去，到达滑梯的顶端，选择不同的滑梯下来，孩子在玩的过程中经过思考，选择适合自己的玩法。不再单纯的订购游戏设施，而将设施与设计结合起来，让孩子自主开发游戏，相信可以为他们带来更多的乐趣。

图5　悉尼 Blaxland Riverside Park
儿童乐园（图片来源：百度图片图）

图6　北京海淀区长春健身园结合地形设计儿童
游戏场地（作者拍摄）

4　结语：居住区环境营造要关注学龄前儿童在自然式游戏场中的快乐成长过程

童年时代的时光是很多人一生中最特别、最美好的回忆，如同鲁迅先生描述小时候的百草园。后来有机会去参观，在我们看来就是一片不大的田地，并没有之前想象中的鸟语花香，但是依旧为鲁迅留下珍贵的记忆。因此，居住区中的儿童活动场地绝不只是放置游戏器械的地方，它更应是一个自然的、健康的、充满情趣与想象的活动空间。

很多父母喜欢居住在国外，因为环境舒适，父母的关注点主要是孩子，如果一个城市能吸引住孩子，那么自然能留住父母，吸引人才。因此，在居住区户外游戏场地设计中设计师应利用自然元素之间的结合，尽我们所能为学龄前儿童创造一个自然、亲切、和谐的高质量的户外活动空间，让他们在自然中完成学前教育，希望在不久的将来，每个居住区中能都有一个自然式的空间，在那里，孩子们可以和泥土为伴，可以和虫鱼对话，在花丛间穿梭，在自然中尽情挥洒！

参考文献

[1]　杨斌章. 执着的探索，丰硕的成果——丹麦儿童游戏场地发展的历程与启示规划设计与理论[J]. 中国园林，2010（10）：45-49
[2]　于桂芬. 居住区环境景观设计中的儿童场地开发. 西北农林科技大学硕士论文，2009.5.
[3]　苏珊.G. 所罗门. 1966—2006年美国儿童游戏场的变化. 中国园林，2007(09)：15-18.
[4]　Marta Rojals del Alano. Design for Fun：Playground [M].

作者简介

[1]　秦帆，1988年生，女，汉，山东，北京林业大学研究生，主要研究方向为风景园林规划设计与理论，电子邮箱：qin-fan.1988@163.com。
[2]　郑曦，1978年生，男，汉，北京，北京林业大学园林学院副教授，主要研究方向为风景园林规划设计与理论。

竖向世界中的美丽中国
——以武汉垂直花园建设为例

Beautiful China in Vertical Space
——Take the Construction of Wall Garden in Wuhan as a Case

秦珊珊

摘　要：近年来，随着城市建设的飞速发展，城市用地矛盾日益突出，人们越来越重视城市生态环境的建设，可持续发展成为人们关注的重要话题。十八大提出"美丽中国"，正印证了城市生态建设的重要地位，而垂直花园作为增加城市绿量的重要方式，在此时拥有了更深层次的意义和地位。本文浅议垂直花园的建设以及发展，以武汉为例，展现垂直花园在城市中的建设，及其将引领城市绿化的进程。

关键词：垂直花园；美丽中国；武汉

Abstract：With the rapid development of urban construction and the increasingly prominent contradictions in urban land use, people pay more and more attention to the construction of urban ecological environment. And sustainable development has become the important topic. "Beautiful China" is put forward in the report at 18th Party Congress, which confirming the important status of urban ecological construction. While the wall garden as an important way of increasing urban green quantity and have a deeper meaning and status at this time. In this paper, it will show the construction and development of wall garden, and taking Wuhan as an example, shows the vertical garden construction in the city, and leads the process of urban greening.

Key words：Wall Garden；Beautiful China；Wuhan

1 引言

随着全球经济的快速增长，城市化进程的脚步日益加快，人口的急剧膨胀给城市带来的压力与日俱增。城市的建筑密度越来越高，绿地规模越来越小，建筑能耗和环境污染日益严重，生态系统被不断破坏。同时，基于城市越来越拥挤的现状，建筑由横向发展转为纵向发展，高层建筑、超高层建筑不断涌现，其竖向大面积的外表面，在现在土地紧张，绿地稀缺情况下，为城市绿化提供了巨大的发展空间与机遇。在此情况下，继地面花园和屋顶花园，垂直花园的建设成为增加城市绿量的重要方式。

2 研究背景

2012 年 11 月 8 日，中国共产党第十八次全国代表大会在北京召开。胡锦涛在十八大报告中明确指出："建设生态文明，是关系人民福祉、关乎民族未来的长远大计。面对资源约束趋紧、环境污染严重、生态系统退化的严峻形势，必须树立尊重自然、顺应自然、保护自然的生态文明理念，把生态文明建设放在突出地位，融入经济建设、政治建设、文化建设、社会建设各方面和全过程，努力建设美丽中国，实现中华民族永续发展。"11 月 15 日，新当选的中国共产党总书记习近平在常委见面会上的讲话

中提到："我们的人民热爱生活，期盼有更好的教育、更稳定的工作、更满意的收入、更可靠的社会保障、更高水平的医疗卫生服务、更舒适的居住条件、更优美的环境，期盼着孩子们能成长得更好、工作得更好、生活得更好。人民对美好生活的向往，就是我们的奋斗目标。"[1]

"美丽中国"概念的首次提出，将生态文明建设放在了突出地位，建设一个"更优美的环境"的美丽中国，离不开绿化。而就现在的中国，高速的城市发展，如火如荼的城市建设，占用了大量的土地，使得绿地建设、生态建设受到了很大的阻碍。在这个时候，将"绿色"竖向延伸，建设垂直花园，为"美丽中国"的建设提供了新的发展空间。

3 垂直花园简介

3.1 垂直花园的产生与发展

垂直花园的历史源远流长，人类对垂直花园的发展主要是源于植物的栽培利用，因此早期的垂直花园与攀缘植物密切相关。垂直花园最早以棚架的形式为主，主要是一些私家园林中建的凉亭、花架等，之后人们得用藤本植物与假山、枯树、墙垣等相互融合（图 1），17 世纪俄国将攀缘植物用于亭、廊花园，后将攀缘植物引向建筑墙面，欧洲各国也广泛应用，刚开始只是一些野生的藤本植

① 人民日报全文刊发胡锦涛十八大报告 . 中华网新闻 . http：//news. china. com/18da/news/11127551/20121118/17535254. html

图 1　扬州何园

物，随着高楼大厦越来越多，人们开始思考建筑外墙进行花园，于是发现了常春藤、爬山虎这类植物（图2）。20世纪末出现了一种新型的墙表植被，1988年，帕德屈克·布朗克在巴黎拉维莱特公园的科学工业城实现了他的第一面植物墙，很多先前只能生长在低矮树篱的植物现在能在高楼的墙面上繁衍。垂直花园从此得到了新的关注和快速发展。

图 2　南京大学北大楼

3.2　垂直花园的概念

垂直花园或者又称为垂直绿化，其与屋顶绿化、立体绿化等多个概念之间界线模糊，并没有明确的定义，有的认为其等同于立体绿化，有的则认为其与阳台、屋顶绿化并列，从属于立体绿化。垂直公园概念一直处于发展之中，但其基本上都以攀缘植物为中心进行定义。总结现有的理论概念，笔者认为垂直花园是利用植物材料沿建筑物立面或其他构筑物表面攀扶、固定、贴植、垂吊形成的绿化，范围包括山体、护坡、花架、花格、栅栏、挡土墙、围墙、立柱及各类建筑设施的绿化，是充分发挥空间优势，利用植物进行花园、美化环境的一种方式。

3.3　垂直花园的特点

专家研究表明，垂直花园在调节城市湿温度、制造氧气、吸收危害性物质、降低灰尘与烟雾浓度、降低噪声污染等方面具有重要作用。以同等面积的乔木与草坪的生态值相比，吸收二氧化碳量、释放氧气量、蒸腾水汽量、蒸腾吸热量等，分别是草坪的20到30多倍。同时，垂直花园还可通过绿色外衣的保护作用延长建筑物的使用寿命，墙体的花园和屋顶的花园还能产生"隔热层"的效果。

利用墙体进行花园布置使千篇一律的灰色墙面充满绿色的生机，提升城市花园的艺术水平；淡化建筑立面的生硬感，使建筑与环境更加和谐融洽，并随着季相的变化，使建筑在不同时节和不同气候条件下具变化之美。同时，对于新建筑则可作为设计元素在建筑设计中得到运用和表现，形成别具特色的建筑风格。其次垂直花园成为一种新型的室内装饰材料，将大自然带入室内空间，让室内充满野趣与生机。

此外，垂直花园为城市营造提供了更加美好的环境，不仅有利于城市居民的身心健康，提高工作效率，对于缓解汽车司机的视觉疲劳，保障城市交通安全也将起到有效的作用。

4　垂直花园在建设美丽中国视野下的构建

4.1　垂直花园在国内的发展概况

我国的园林绿化开始与20世纪80年代，其后快速发展。但是由于城市建设需要，大量绿地被占用，可用绿地空间越来越少，人们开始将目光转移到建筑物上，开始在建筑屋顶和四周墙面进行花园。北京、上海、深圳、重庆等地垂直花园发展较快。

2010年的上海世博会以"城市，让生活更美好"为主题，世博园中各国家分别采用不同的墙面花园形式来展示世博的主题。上海世博会集中世界各国的智慧，研究未来城市和谐发展、生态、节能、宜居的大课题，在200多个场馆中85％都进行了建筑空间花园，垂直花园更是夺人眼球。使更多的国人认识了垂直花园并使得垂直花园的概念得到了普及，相信对我国垂直花园的发展必将起到积极的引领作用。

总体来言，虽然近年来我国在垂直花园方面取得了一定的成绩，但是其设计手法、施工技术和植物种类的选择都相对单一，规模也较小，工艺技术与国外先进水平相比还存在着较大的差距。所以，对垂直花园的研究特别是设计方法上的研究还有待进一步的深入。

4.2　垂直花园在建设美丽中国视野下的构建

十八大报告专门提出了"美丽中国"的建设，论述了"大力推进生态文明建设"的议题。经过多年的经济增长，我国人民的物质生活越来越丰富，快速的城市化让我们离自然越来越远。垂直花园以一面面形态各异的绿色墙体，各种植物以自然的美态为我们呈现出一个个美丽的空中花园，它像一道道幻影，时而出现在城市中水泥钢筋的街道和广场，时而出现在星级酒店豪华而冰冷的大理石墙面，而当我们结束了现代社会中充满激情和疲惫一天后，在温暖的家中，我们看到是一幅久违了的自然之画，呼吸的是自然母亲一直在赋予我们却一直被我们拒绝接受的氧氛，或许在未来我们将看到的是一个个美丽的家庭，一座座美丽城市，一个美丽中国的画卷。

5 武汉的垂直花园

5.1 武汉市垂直花园发展现状

垂直花园由于没有土地成本，因此成为城市中心区最廉价的花园方式。在自然条件方面，武汉的气候、温度、湿度、日照等都特别适合植物的生长，公园里那郁郁葱葱的植物便是证明，再加上武汉气候温润，特别适合藤蔓类植物的生长，这为立体花园工程的实施打下了坚实的基础。

武汉垂直花园的实验建设已经持续近 10 年了，已经在室内外墙面、高架桥、立交桥等地方营造垂直花园，不同的植物种类有不同的枝叶花果和姿色，例如一丛丛鲜红的桃花，一簇簇硕果累累的花朵，给室内带来喜气洋洋，增添欢乐的节日气氛。人们从中可以得到万般启迪，使人更加热爱生命，热爱自然，陶冶情操，净化心灵，和自然共呼吸。绿色植物，不论其形、色、质、味，或其枝干、花叶、果实，所显示出蓬勃向上、充满生机的力量，引人奋发向上，热爱自然，热爱生活。在形式上是一幅抽象的天然图画，在内容上是一首生命赞美之歌。它的美是一种自然美，洁净、纯正、朴实无华。

5.2 案例介绍

5.2.1 武汉市七一中学墙面绿化工程（图3）

2008 年 8 月 18 日，我国首例室外墙面垂直绿化工程顺利完成。工程包含两个垂直教学楼墙面和一个垂直弧面墙，面积 400 多平方米。弧面墙应用了"牵引式垂直绿化技术"，两座垂直墙面则应用了"分段式墙面垂直绿化"技术。

工程效果立竿见影，且经受住了武汉酷暑高温（最高墙面温度 51℃）以及冬季低温的考验。如今，墙面植物长势茂盛，已经完全体现出了自身的生长习性和周期。

5.2.2 武汉市江岸区立交桥绿化

工程应用了"蓄水自循环系统"以及"AC-2 蓄水种植容器"。该系统不需要单独的电源和水源，可充分利用雨水、中水等水资源，雨水利用率可达到 90%。

自动灌溉连接装置对立交桥进行立体绿化，既解决了桥体的美观问题，又有其实用性。如：能吸收部分汽车尾气和空气中的废气，能滞尘降噪，还能保持空气湿度。

5.2.3 武汉市首个室内生态墙（图4）

武汉市首个室内生态墙位于武汉市高尔夫球会。其采用最先进的墙面花园技术，栽种了 20 多种植物，使其形成一道独特的亮点。

图 4　武汉高尔夫球会绿墙

该墙面采用全自动灌溉系统，同时具有施肥与施药的功能，使后期的维护更加科学、严谨，节省了人工。不仅有景观效果，最重要的是其生态效应明显。

5.3 典型案例分析——群光广场室内绿墙

在武汉群光广场六楼中厅，有一高巨大的"植物墙"（图5），从六楼中厅延伸到顶。该绿墙是目前华中最大的室内垂直绿墙，造价 500 万元，通过 750 块模块（图6）挂上墙体组成。种植了吊竹梅、虎皮兰、波士顿肾蕨、金

图 3　武汉市七一中学墙面绿化工程

图 5　绿墙全景　　图 6　种植槽

边吊兰等十余种植物于墙体的双面（图7）。采用"模块技术"，运用微电脑控制自动滴灌系统，钢架龙骨结构，在模块中生长的植物，还需要专人培育。

图7　背面植物墙照明

经过3年的生长，如今绿墙更加郁郁葱葱，各类植物交错搭配，模拟的河流穿插其间仍错落有致。

5.4　常用植物种类选择

可用于垂直绿化的植物种类最常见的是藤本植物，同时地被植物、小型柔垂植物的草花可可用与边坡、阳台、高架桥等处，还有一些耐修剪的植物种类可通过高篱的形式而达到垂直绿化的目的（表1）。

<table>
<tr><td colspan="2" align="center">常用植物种类选择</td><td align="right">表1</td></tr>
<tr><td colspan="2">类型</td><td>常用植物</td><td>备注</td></tr>
<tr><td rowspan="4">木质藤本</td><td>缠绕类</td><td>紫藤、猕猴桃、五味子、金银花、常绿油麻藤等</td><td></td></tr>
<tr><td>吸附类</td><td>爬山虎、五叶地锦、常春藤、凌霄、扶芳藤等</td><td></td></tr>
<tr><td>卷须类</td><td>葡萄、炮仗花、龙须藤、珊瑚藤、鹰爪等</td><td></td></tr>
<tr><td>曼生类</td><td>木香、野蔷薇、叶子花、云实、金樱子等</td><td></td></tr>
<tr><td colspan="2">草质藤本</td><td>茑萝、牵牛花、何首乌、葛藤、田旋花、香豌豆、观赏南瓜等</td><td></td></tr>
<tr><td colspan="2">其他</td><td>铺地柏、八角金盘、桃叶珊瑚、金丝桃、枸杞、杜鹃、菲白竹、蔓长春、络石、吊兰、天竺葵、天门冬、冬青等</td><td></td></tr>
</table>

6　结语

武汉只是我国垂直公园建设的一个缩影。随着技术的不断发展，垂直花园技术难关一个一个被突破，其被运用在建筑物墙面（室内、室外）、屋顶绿、立交桥、高架桥、人行过街天桥等各式各样的构筑物上，为城市增添新绿。

在国外建筑绿化日趋成熟，国内建筑绿化前景广阔的背景下，"美丽中国"的提出，为垂直花园进一步发展提供了强大的动力。让更多的垂直花园装点我们的城市、我们的祖国，为人民提供"更舒适的居住条件、更优美的环境，期盼着孩子们能成长得更好、工作得更好、生活得更好。"

参考文献

[1]　人民日报全文刊发胡锦涛十八大报告. 中华网新闻. http：//news. china. com/18da/news/11127551/20121118/17535254. html
[2]　吴玉琼. 垂直绿化新技术在建筑中的应用[D]. 华南理工大学硕士论文，2012(6).
[3]　沙小虎. 与自然共融，与绿色共存[D]. 天津大学硕士论文，2007(6).
[4]　马涛. 建筑环境立体绿化研究[D]. 浙江农林大学硕士论文，2011(6).
[5]　符秀玉. 室内植物幕墙设计与植物材料选择[D]. 浙江农林大学硕士论文，2010(6).
[6]　黄君，陆敏琦. 生态绿墙的选材与营建[J]. 园林，2010.06：52-55.
[7]　戴耕，绿色律动——建筑垂直绿化在上海世博会场馆设计中的运用[J]. 安徽建筑，2011(2)：41-44.
[8]　王欣歆. 从自然走向城市 派屈克·布朗克的垂直花园之路[J]. 风景园林，2011.05：122-127.
[9]　安友科技 http：//www. anyou9. cn/
[10]　武汉室内首个生态墙 http：//www. a-green. cn/document/201005/article3192. htm

作者介绍

秦珊珊，1990年3月生，女，汉族，江苏徐州，华中科技大学建规学院硕士研究生，从事学科或研究方向为风景园林，电子邮箱：747973619@qq. com.

基于环境廊道的快速城市化地区生态网络格局规划

——以烟台福山南部地区为例

Ecological Network Planning in Rapidly Urbanizing Region Based on the Environmental Corridor

——A Case Study of the Southern Region of Yantai Fushan District

瞿　奇　王云才

摘　要：当前中国正处于前所未有的城市化进程之中，人类聚居环境面临严峻挑战。如何合理地协调生态环境保护与城市建设发展是规划者们长期研究的一个课题。本研究从传统"环境廊道"视角出发，依据其基本原理，尝试通过 GIS 分析技术识别当前城市化背景下人类聚居活动的"环境廊道"。并在综合分析其内部生态体系与外部环境特征的基础上构建多尺度的生态网络格局，以期为区域发展提供安全稳定的生态保障和科学适宜的聚居廊道。

关键词：环境廊道；生态网络规划；城市化；可持续发展

Abstract：Currently, China is in an unprecedented urbanization process, its human settlements environment is facing serious challenges. It is a long-term issue for planners to properly coordinate the construction of ecological environment protection and urban development. From the traditional "environmental corridor" perspective, and based on its basic principles, this study tries to identify the human settlements activities "environmental corridor" in the current context of urbanization with GIS analysis techniques. Based on a comprehensive analysis of its internal ecosystem and external environment characteristics, this study also attempts to construct a multi-scale ecological network pattern on the basis of this corridor, in order to provide a security and stability ecological background and a scientific suitable settlements corridor for the regional development.

Key words：Environmental Corridor；Ecological Network Planning；Urbanization；Sustainable Development

1　绪论

改革开放以来中国经历了人类历史上速度最快、规模最大的城市化进程。如何实现科学、安全的可持续城市发展，是当今中国面临的重要问题[1]。识别人类聚居适宜区域，科学引导城市空间布局，协调关键地区的人地关系，是实现快速城市化地区可持续发展的关键。"环境廊道"法是生态环境规划中识别优质资源集中区域的一种有效手段，对城市规划中识别人居环境关键区域有着极大的借鉴意义。借鉴过程中研究对象由区域环境资源变更为快速城市化地区，规划内容则由资源保护与维护变更为基于生态保护的区域城市发展。前者着重自然和人文资源的保护，后者着重基于环境保护的城市发展。鉴于此，本文所研究和应用的"环境廊道"理念是对传统"环境廊道"含义的借鉴和重新演绎，以期将"环境廊道"法的成熟理论和规划理念运用到城市发展规划上，结合生态网络格局规划，为快速城市化地区的可持续发展提供一个安全的生态环境保障。

2　环境廊道与生态网络规划

2.1　环境廊道的含义

作为一种生态环境空间概念和生态环境规划途径，

环境廊道（Environmental Corridor）最早由美国威斯康星－麦迪逊大学的 Philip Lewis 教授等人在"威斯康星州游憩规划"（State of Wisconsin Recreation Plan，1962）等区域可持续规划中提出和初步应用[2]。基于此，SEWRPC（The Southeastern Wisconsin Regional Planning Commission）在"威斯康星东南部区域公园与开放空间规划"中将环境廊道明确定义为"景观环境中集中包含了自然、风景、游憩和历史等资源的线状区域"，并制定了严格的技术规范和指标体系[3]。空间层面，环境廊道的识别有助于明确规划区域内的自然景观和文化遗产集中地带[4]；规划层面，环境廊道是生态规划过程的中间环节和过渡介质。

在城市化背景下，本研究中的"环境廊道"是指自然与人类活动和谐共生的"人居环境廊道"，是快速城市化地区为促进人类生存发展并保证和谐人地关系而确立的带状区域，是一条整合了区域内大部分自然和人文资源的多样性聚居廊道，其范围主要依据人类聚居活动同周边环境的相互关系来确定。

2.2　生态网络规划

生态网络规划（Ecological Network Planning）通过将区域内有生态意义的斑块、廊道、缓冲区、核心区等要素从结构体系的内在联系和组织肌理的外表形态两方面进行合理的空间和时间规划，将破碎的生态环境恢复为一个连续的整体，实现保护生态环境的自然属性和物质能量循环、稳定区域生态系统、维持生物多样性的目标[5]，进一步提升风景园林景观品质、满足大众户外保健、游憩娱乐等需求，是一种保护、维护和恢复生态环境的重要途径[6]。在国土规划、区域环境保护、景观生态规划以及城乡可持续发展规划等方面日益发挥着重要价值。

2.3 基于环境廊道的生态网络规划的应用价值

确定环境廊道有助于规划人员有效地识别城乡发展关键区域，继而利用现状生态要素，构建多尺度多层级多目标的生态网络系统，加强环境廊道的内部协调和外部连接，在促进城乡经济、社会、文化各方面持续发展的同时，有效保障生态安全以及资源和环境的可持续利用，是一种极具研究价值和应用前景的区域生态规划途径。

3 基于环境廊道的生态网络格局规划方法框架

根据环境廊道法中多资源要素叠层分析的基本原理和GIS技术，以及传统的多尺度生态网络规划途径，构建出基于环境廊道法的生态网络规划方法框架（图1）。主要步骤包括：（1）环境廊道的确定；（2）多尺度生态网络的构建；（3）环境廊道的内部协调与外部关联。

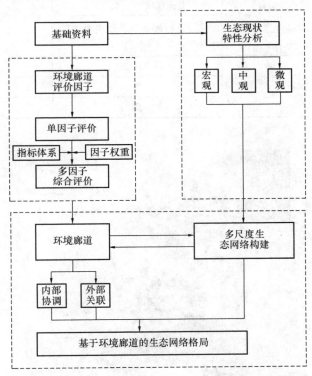

图 1　基于环境廊道的生态网络格局规划方法框架

3.1 环境廊道的确定

环境廊道主要通过GIS叠层分析技术来确定，这一过程需基于一个多因子综合的分析评价体系来实现。根据环境廊道的概念和规划目标，对环境廊道识别因子的

选取重点考虑两方面：（1）人类聚居活动对生态环境的影响因素，如农业活动对水资源的影响、城市建设对自然植被的影响；（2）自然要素对人类活动的影响，如土壤肥力对农业生产的影响和风环境对城市微气候的影响等。基于此，选取的主要评价因子包括地形地貌（高程、坡度、坡向等）、生态环境（水系、植被、湿地、野生动物栖息地等）、生产生活三类要素（水资源、土壤、日照、风环境、地质灾害等）。利用GIS对以上因子进行单因子评价，将各因子分为三级。然后通过专家打分法对各级指标进行赋值，利用层次分析法（Analytic Hierarchy Process，AHP）计算各因子权重，最终利用GIS叠层计算技术进行多因子综合评价，生成区域的环境廊道。根据研究区的具体情况，可适度调整评价因子的组成及各因子所占权重和各指标赋值大小。

3.2 多尺度生态网络格局的构建

多尺度生态网络的构建须基于对规划区域的多尺度生态现状分析[7]。在对现有的生态系统结构和肌理有清晰认识的基础上，提取核心的生态组成特征，提出相应的生态规划理念，再逐次落实在各层面（表1）。

多尺度条件下的生态网络构建　　表 1

规划尺度	构建目标	研究重点	主要内容
宏观	完成区域生态的战略定位	区域生态问题 地理单元特征	解读上层规划生态定位 确立研究区规划重点
中观	构建系统的生态安全格局	生态要素识别 生态系统特征 生态干扰分析	生态功能区划 生态空间结构 多层级廊道网络构建
微观	提供有效的生态技术策略	落实上层规划具体技术支撑	廊道断面组成 河流生态恢复 湿地恢复建设 生态桥布点与形式

3.3 环境廊道的内部协调与外部关联

环境廊道自身作为城镇发展建设和生态保护的共生空间，需要通过生态体系的构建进行重点协调，依靠其基本生态廊道网络，充分纳入河流、道路、公园、绿地、滨水绿带、自然保护地、和山地等生态要素，构成一个有一定自我维持能力的动态绿色景观结构体系，促进环境廊道的内部协调[8]。环境廊道周边区域作为区域生态体系的支撑需要突出其生态机能，控制开发建设活动的开展，实现以生态网络为核心构成的环境廊道与外围生态功能空间的有效融合是保证区域生态安全的有效方法。环境廊道的外部连接主要依托生态缓冲空间及低等级廊道与外部生态环境进行联系。

4 应用案例：烟台市福山南部地区

4.1 项目概况

福山南部地区位于烟台市主城区的西南，围绕烟台市重要的水源地双龙潭，总用地面积约 382km²。近年来，烟台市面临城市建设与发展用地短缺的困境，用地储备、自然条件及区位等相对优越的福山区成为未来城市建设的重点区域（图2）。

图2 福山南部地区区位分析图

福山南部地区具有战略性的生态区位条件。位于烟台市城市与乡村地区的过渡地带，是烟台市"山—城—海"地域特色格局的衔接地区，在区域生态传递过程和流域生态环境保持方面都具备重要的生态影响。而区内的双龙潭面临着水源地保护与发展建设之间的强烈矛盾。同时该地区还经受以下几个问题的考验：（1）工矿业的无序发展及传统农牧业给生态环境带来的负担；（2）水资源水质下降且水量不足；（3）生境类型单一和生境内部构成的缺失；（4）重要基础设施对生态格局及生态过程的负面影响。

4.2 基于环境廊道的福山南部地区生态网络格局规划

4.2.1 环境廊道的确定

参考低山丘陵区人居环境相关研究，经过实地踏勘调查和专家小组讨论，首先确定高程、坡度、坡向、水资源、林地5个基本环境廊道评价因子以及相应指标。此外，考虑到微气候影响和城市通风，将相对高程50m以下范围的廊道风环境纳入评价体系，结合农业生产，将土壤肥力因子亦纳入评价体系。然后通过专家打分法对各级指标进行赋值，利用层次分析法（AHP）计算各因子权重（表2）。最终通过GIS叠层计算技术进行多因子综合评价，确定人居环境廊道（图3—图10）。

序号	因子	权重	指标	赋值
			人居环境廊道评价体系	表2
1	高程	0.152	>150m	1
			50m—150m	2
			<50m	5
2	坡度	0.226	>25	1
			15—25	2
			<15	5
3	坡向	0.079	北/东北	1
			东/西/西北	2
			南/西南/东南	5
4	水资源	0.249	低（其他区域）	1
			中（距干流/湖泊2—4km；2级支流1—2km；3级支流/坑塘500m）	2
			高（距干流/湖泊2km；2级支流1km；3级支流/坑塘300m）	5
5	林地	0.097	次生林	1
			农林	2
			非林地	5
6	风环境	0.084	差（背风区、西北—东南向河谷）	1
			中（其他区域）	2
			优（宽阔河谷与开敞水面地区、河谷弯道滩涂区）	5
7	土壤肥力	0.113	低	1
			中	2
			高	5

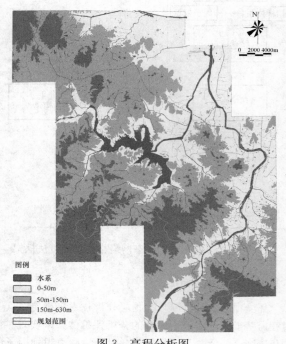

图例
水系
0-50m
50m-150m
150m-630m
规划范围

图3 高程分析图

风景园林规划与设计

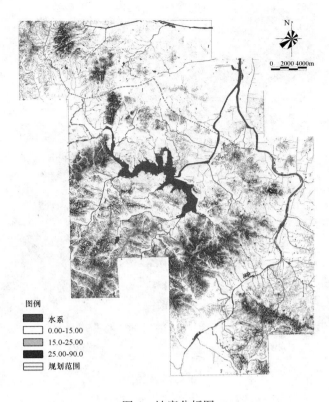

图例
■ 水系
□ 0.00-15.00
▨ 15.0-25.00
■ 25.00-90.0
▤ 规划范围

图 4　坡度分析图

图例
■ 水系
▨ 高水资源区域
▨ 中水资源区域
□ 低水资源区域
▤ 规划范围

图 6　水资源分析图

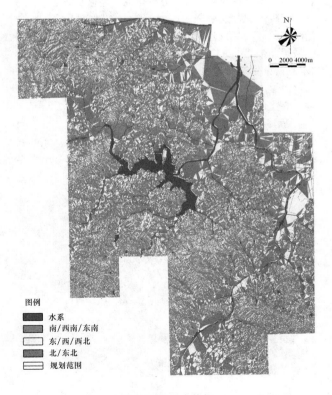

图例
■ 水系
▨ 南/西南/东南
□ 东/西/西北
▨ 北/东北
▤ 规划范围

图 5　坡向分析图

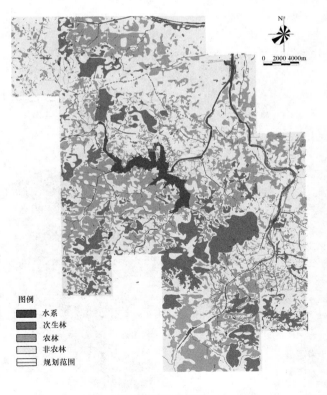

图例
■ 水系
▨ 次生林
▨ 农林
□ 非农林
▤ 规划范围

图 7　林地分析图

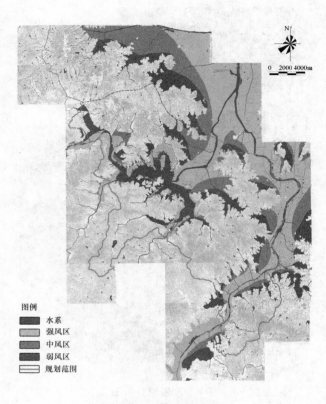

图例

■ 水系
□ 强风区
□ 中风区
□ 弱风区
▭ 规划范围

图 8   风环境分析图

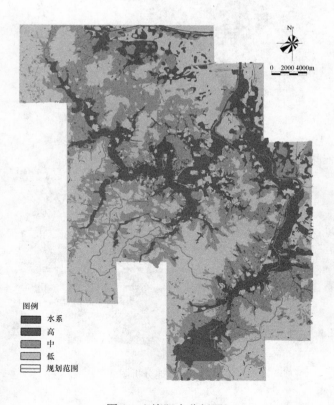

图例

■ 水系
■ 高
□ 中
□ 低
▭ 规划范围

图 9   土壤肥力分析图

图例

■ 水系
□ 一级环境廊道
□ 二级环境廊道
□ 环境本底
▭ 规划范围

图 10   环境廊道图

4.2.2   多尺度生态网络的构建

（1）生态系统现状特征分析与规划理念的提出

宏观地理背景呈现为山地丘陵—谷地及山前平原—沿海平原三大板块连续过渡的特征，规划区域正位于山—城缓冲带之上（图 11）。中观上呈现以河流水系为主的"水景树"生态骨架特征，自西南向东北方向舒展延伸。微观上形成以半自然生态核心与多样化生态组成并存的多中心化格局。

综上，提出多尺度的生态规划理念：①构建区域性水景树廊道网络，恢复区域生态框架；②联动生态体系的源与汇，强化生态过程的一体化；③以生态网络单元为突破，突出生态战略性空间的作用（图 12）。

图例

□ 过渡带
▭ 规划范围

图 11   福山南部地区宏观生态特征分析图

（2）生态廊道网络构建

生态廊道网络是环境廊道内部生态协调的重要骨架，主要依托环境廊道内部的水系和道路进行构建，结合网

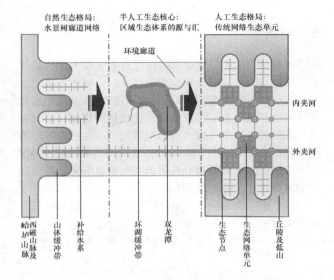

自然生态格局：　　半人工生态核心：　　人工生态格局：
水景树廊道网络　　区域生态体系的源与汇　　传统网络生态单元

环境廊道

内夹河

外夹河

岭西磊山脉及　山体缓冲带　补给水系　环湖缓冲带　双龙潭　生态节点　生态网络单元　丘陵及低山

图 12　基于环境廊道的生态网络格局规划理念图

络节点、生态斑块和战略空间的设置，形成一个相对独立的网络系统。

规划生态廊道包括三个层级，并结合上位规划和相关研究制定了相应宽度[9]。依托区内主干河流、主要高速道路和铁路，规划 6 条一级河流生态廊道（单侧宽度 150—200m）和 6 条一级道路生态廊道（单侧宽度为 50—100m）。依托主干河流的主要补给支流以及省道、中心城镇区内的主干路、县道及乡镇间道路等，构建 33 条二级河流生态廊道（单侧宽度 50—100 m）和若干二级道路生态廊道（单侧宽度为 20—50m）。三级生态廊道以河流生态廊道为主，主要依托河床宽度小于 20m 的支流、人工开凿的灌溉水渠及周期性干涸的山间溪流等，单侧宽度规划为 20—50m。

4.2.3　环境廊道与外部环境的衔接

环境廊道周边以山体及丘陵为主，是整个区域生态体系构建的支撑，环境廊道与其结合的主要方式为山体

缓冲带的设置及廊道与山体的连接。规划划定坡度在 25 度以下的 15—30m 宽度范围为山体缓冲带。山体缓冲带一方面起到联系环境廊道与周边生态要素的作用，另一方面可减缓高坡度地区地表径流的流速，保持高坡度地区的水土，此外也有利于生物多样性的保护。大量的三级河流生态廊道是环境廊道对外衔接的另一重要途径，规划对其进行宽度要求和断面设计，是保证环境廊道能量循环和生态过程与外界有效沟通的根本。

通过以上规划途径，最终构建出完善系统的基于环境廊道的生态网络格局（图 13），并对各项生态要素指标进行了全面统计（表 3）。

一级生态廊道　　生态桥
二级生态廊道　　核心山体、丘陵保护区
三级生态廊道　　一级河流
环境廊道　　　　二级河流
生态斑块　　　　三级河流
一级缓冲带　　　主要水库
二级缓冲带　　　坑塘及小水库
三级缓冲带　　　城乡建设用地
山体缓冲带　　　规划区边界

图 13　生态网络格局规划总平面图

生态网络格局要素统计表　　　　　　　　　　　　　　表 3

类型	面积（km²）	占规划区百分比	占环境廊道百分比	廊道平均宽度（m）	廊道长度（km）
湿地	6.19	1.62%	3.90%	略	略
缓冲带 1	15.70	4.11%	9.87%	略	略
缓冲带 2	12.95	3.39%	8.14%	略	略
缓冲带小计	28.65	7.50%	18.02%	略	略
核心山体	66.29	17.36%	略（环境廊道外）	略	略
山体缓冲带	30.90	8.09%	略（环境廊道外）	略	略
环境廊道	159.01	41.65%	略	略	略
斑块	12.35	3.23%	7.77%	略	略
一级河流廊道	31.54	8.26%	19.84%	400	78.86
二级河流廊道	12.48	3.27%	7.85%	120	104.00
三级河流廊道	7.39	1.94%	4.65%	40	184.76
河流廊道小计	51.41	13.47%	32.33%	略	367.62
一级道路廊道	17.79	4.66%	11.19%	150	118.62
二级道路廊道	8.83	2.31%	5.55%	50	176.65
道路廊道小计	26.63	6.97%	16.74%	略	295.27
廊道合计	78.04	20.44%	49.08%	略	662.89
所有要素合计	222.42	58.26%	78.76%	略	略
规划区	381.77	100.00%	略	略	略

4.3 生态网络格局规划的落实

为充分发挥生态网络的价值，强化和具象生态网络的功能，规划主要从两方面来促进其落到实处。一方面，通过生态结构要素的详细设计和具体技术来巩固生态网络。本规划对各级生态廊道、山体缓冲带的宽度和内部构成进行了断面设计，对战略生态空间、生态斑块的组成成分和植物构成做出了明确要求，生态桥也落实到具体位置并提供了多种建设形式。另一方面，生态规划目前作为非法定规划，须与城市规划紧密结合来发挥其效能，本规划就是与福山南部地区城乡发展规划相辅相成而进行的，重点体现在最终的用地空间管制上（图14），尤其对作为水源地的双龙潭区域进行了更进一步的环湖缓冲带规划（图15）。

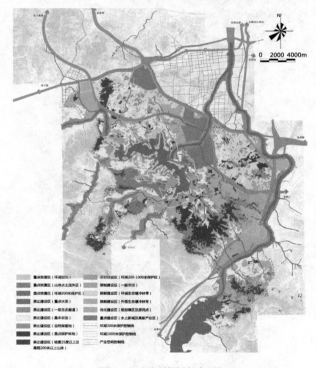

图14 空间管制规划图

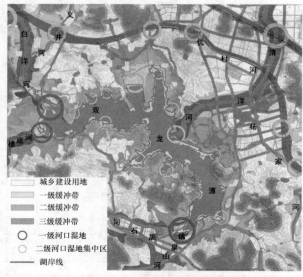

图15 环湖缓冲带规划图

5 结语

本研究尝试从环境廊道的新视角来解读人类聚居环境，通过 GIS 技术识别环境廊道，并在此基础上构建多尺度多层级的生态网络格局，重点研究"环境廊道"途径的区域生态规划方法在快速城市化地区的应用。同时在实际案例的应用中与城乡规划相辅相成，也是人居环境学科内部合作的一种探索。因此，新视角、多尺度、讲求实际应用是本研究的核心价值所在。希望本文能为生态规划的研究与应用提供一种新思路。

参考文献

[1] 仇保兴. 实现我国有序城镇化的难点与对策选择. 城市规划学刊，2007(05)：1-15.
[2] Philip. H. Lewis, JR. Tomorrow By Design——A regional Design Process for Sustainability. New York：John Wiley & Sons，1996：50-69.
[3] Gary Korb. Environmental Corridors：Lifelines of the Natural Resource Base [EB/OL]. Regional Planning Fact Sheet Series. University of Wisconsin—Extension and SEWRPC.
[4] 俞孔坚等. 快速城市化地区遗产廊道适宜性分析方法探讨——以台州市为例. 地理研究，2005(01)：69-76.
[5] 郭纪光. 生态网络规划方法及实证研究：[学位论文]. 华东师范大学，2009.
[6] 刘滨谊，王鹏. 绿地生态网络规划的发展历程与中国研究前沿. 中国园林，2010(03)：1-5.
[7] 王云才，刘悦来. 城市景观生态网络规划的空间模式应用探讨. 长江流域资源与环境，2009(09)：819-824.
[8] 朱强，俞孔坚，李迪华. 景观规划中的生态廊道宽度. 生态学报，2005(09)：2406-2412.
[9] 张庆费. 城市绿色网络及其构建框架. 城市规划汇刊，2002(01)：75-78.

作者简介

[1] 瞿奇，1987 年生，男，汉族，四川江油，硕士研究生，同济大学建筑与城市规划学院，研究方向为景观生态规划设计，电子邮箱：coolkey77@gmail.com.
[2] 王云才，1967 年生，男，汉族，陕西勉县，博士，同济大学建筑与城市规划学院，景观学系副主任、同济大学高密度人居环境与节能教育部重点实验室教授，博士生导师，研究方向为景观生态规划设计，电子邮箱：wyc1967@tongji.edu.cn.

潍坊市滨海经济开发区盐碱地生态景观营造的研究

Study on Ecological Landscape Design in Coastal Saline Land of Weifang Coastal Economic Development Zone

任　维

摘　要：滨海盐碱地是自然因素与人为因素共同作用下的产物，是一类重要的国土资源。随着沿海城市的不断发展及其相应滨海新区的规划设计与建设实施，如何科学有效地开展滨海地区盐碱地生态景观的营造这一问题亟待解决。通过对盐碱地相关概况展开阐述，在充分分析与梳理潍坊市滨海经济开发区盐碱地的自然条件、经济社会条件等基础上，运用相关生态学原理及设计原则，根据场地不同的盐碱梯度，因地制宜地提出了不同的生态景观营造策略。不仅对潍坊市滨海经济开发区的生态景观营造起到了一定的指导作用，也为华北地区的盐碱地生态建设工作提供了借鉴。

关键词：风景园林；盐碱地；生态景观；营造策略

Abstract：Coastal saline land is a kind of important land resource. How to solve the issue that making the design of ecological landscape on coastal saline land scientifically and effectively, as the coastal city constantly developing and the design and construction of coastal economic development zones attached to them, is a major problem to concern. On the basis of elaborating some related information of saline land and analyzing the natural, economical and social conditions of Weifang Coastal Economic Development Zone, using some ecological theories and design principles to give flexible ecological landscape design strategy according to the different salinity level. It not only gives directive function to the ecological landscape design of Weifang Coastal Economic Development Zone, but also provides a reference to ecological construction of saline land in the China's northern coastal areas.

Key words：Landscape Architecture；Saline Land；Ecological Landscape；Design Strategy

1　前言

盐碱地是一类重要的国土资源，既有极具特色的地域景观及耐盐碱乡土植物群落资源，但又是生态环境较为恶劣、动植物生态系统相对薄弱的区域。如今，滨海城市逐步向海洋进一步拓展，相应滨海新区的规划设计与建设实施不断增多，如何科学合理地开发滨海盐碱地，充分利用现有的耐盐碱乡土植物资源及盐碱地地域景观资源，运用相关生态学原理及设计原则以开展生态景观的营造成为一个越来越重要的问题。盐碱地生态景观的营造关乎整个滨海新区的开发与建设大局，是实现可持续发展，促进人与自然和谐相处，协调经济、社会、生态同步良好发展的必由之路。

2　盐碱地概述

2.1　盐碱地的概念

盐碱地是指土壤盐碱化的一类土地，盐碱化是土壤由于盐分积聚而缓慢恶化的过程。盐碱地的土壤中含有钾、钠、钙、镁的氯化物、硫酸盐、重碳酸盐等，只有土壤含盐量、碱化度达到一定量时，才称之为盐土和碱土[1]。盐土是指含有大量可溶性盐类而使大多数植物不能生长的土壤，其盐含量一般达0.6%—1.0%或更高；碱土是指代换性钠离子占阳离子代换量的百分率（ESP）超过20%、pH值在9以上的土壤；实际上盐土与碱土常混合存在，故习惯上称之为盐碱土[2]。

2.2　盐碱地的成因

盐碱土壤的形成，其实质原因主要是各种易溶性盐类在地面作水平方向与垂直方向的重新分配，从而使盐分在集盐地区的土壤表层逐渐积聚起来。直接表现为盐碱土水、盐的运动关系。影响盐碱土形成的主要因素有：地貌、水文地质、气候、生物和人类活动等因素的影响，而次生盐碱化更主要是受人为因素的影响[2-3]：

自然因素：生物、气候、地形、地貌、水文地质、土壤水文地质等。

人为因素：人为地貌、水利工程与农田灌溉等。

简单地说，土壤盐碱化过程，就是在自然或人为条件作用下，土壤盐分重新再分配的过程。依据土壤盐碱化过程的特点，可分为现代积盐过程，残余积盐过程和现代碱化过程，残余碱化过程。现代积盐过程有几种情况：海水浸渍影响的积盐过程；地下水、地面水或地下水、地面水双重影响的积盐过程；土壤次生盐碱化过程，由于人为活动不当，主要是采取的水利工程技术措施不当，导致地下水位升高，盐分表聚加强，使原来非盐碱土演变成盐碱土或使原土壤盐碱化加重[3]。

3　潍坊滨海经济开发区概况

3.1　自然条件

地理位置，潍坊滨海经济开发区位于山东半岛中部，潍坊市北部，渤海南岸。地理坐标约为北纬 37°0′—37°20′，东经 118°5′—119°15′之间，东西长 29km，南北宽 33km。东临昌邑市，西接寿光市，南与寒亭区相接，北面为渤海。土地总面积 616km²，占潍坊市总面积的 4.6%。

地貌类型，为泥质海岸，地势低平，整个地势南高北低，全部为平原，坡降比 1/10000—1/5000。

土壤种类及分布状况，滨海开发区的土壤因成土母质或成土母岩不同以及受地形和人为活动的影响，主要是盐化潮土，近海为湿潮土，仅适宜抗盐碱的植物生长。

气候条件，年均气温 13℃；年积温 4199.8℃，有效积温（≥10℃）3827.6℃；无霜期 190 天。

降水情况，年均降水量 600mm；年蒸发量 2200mm。海潮、旱、涝、盐碱、冰雹等自然灾害严重，生态环境十分脆弱。

林业植物资源，滨海开发区林业植物资源经调查有 13 科 39 属 135 种，主要有白蜡、刺槐类、柳、杨、枣、葡萄、梨等。主要绿化树种（或品种）有：法桐、绒毛白蜡、刺槐、白榆、臭椿、毛白杨、金丝小枣、冬枣、桑树、柽柳、紫穗槐、紫叶李、沙枣、国槐、枸杞等[4]。

3.2 经济社会条件

潍坊滨海经济开发区成立于 2005 年，是著名的世界风筝都——山东省潍坊市的多个开发区之一，是全国最大的现代化生态海洋化工生产和出口基地，位于潍坊市北部渤海莱州湾南畔，地处潍坊市沿海产业发展带和城市发展轴的交汇点，是整个潍坊沿海发展的核心地带，为连接山东半岛与京津和长三角地区的重要节点。

现辖大家洼、央子两个街道，51 个行政村。全区总人口为 8.12 万人，其中农业人口 4.36 万人，占总人口的 54%；农村总劳力 2 万个，占农业人口数的 46%。耕地面积 3822hm²，平均每个劳动力负担耕地 0.19hm² 耕地。

滨海经济开发区内地下卤水资源丰富，富含钾、钠、钙、镁、碘等多种经济价值较高的元素，净储量 60 亿 m³，埋藏浅、易开发。区域内基础化工原料丰富，区内年产纯碱 300 万 t，原盐 900 万 t，溴素 6 万 t，分别占全国的 1/6、1/5 和 2/3 以上[4]。

4 滨海盐碱地生态景观的营造

现有的盐碱地改良途径及绿化方式已经取得了一定的成果，部分经验及思路值得借鉴。目前，盐碱地改良途径主要有以下几个方面：

物理方式，主要为水利工程改良措施。包括灌水稀盐、淋洗洗盐、蓄淡压盐、暗沟排盐、渗管排盐、抬田挖沟、设置隔离层等方式，充分运用"水——盐运动"原理，清洗及稀释现存土壤当中的盐分，降低含盐碱地下水位的相对高度，抑制土壤的毛细返盐作用，从而达到长期降低土壤盐碱度的作用。

化学方式，主要为增施有机肥和使用土壤改良剂。增施有机肥（马粪、腐叶土、木屑等），一方面可以降低土壤的 pH 值和含盐量，为植物的生长创造适宜的盐碱度；

另一方面可以增加土壤中的 N、P、K、Fe 等元素的含量，为植物的健康生长提供充足的养料。土壤改良剂（康地宝、盐碱丰等）的适量使用，也能使土壤脱盐，在一定程度上降低盐碱度。

生物方式，主要为种植绿肥、增加绿量及使用耐盐碱先锋植物。种植绿肥，在非种植季大量种植诸如田菁等绿肥植物，培育土壤，改善土壤的盐碱度与 pH 值。增加绿量，尽可能地增加植被的覆盖率，大幅减少表层土壤的蒸发量，防止毛细返盐作用。使用耐盐碱先锋植物，运用乡土耐盐碱植物进行人工干预，加速盐碱地的植物群落演替进程，早日丰富与完善其动植物生态系统。

为了更好地构建与营造潍坊滨海经济开发区的盐碱地生态景观，应吸收部分盐碱地改良与绿化的经验与思路，主要以生物方式为主，辅助以部分物理方式。着重依托滨海区最为丰富的盐碱地与滩涂生境，充分利用河流淡水资源用以洗盐与稀盐，大幅度增加生态绿化景观的覆盖面积，着力引导形成具有潍坊盐碱地特色的生态绿化景观，使其发挥重要的滨海防护功能以及其他诸如盐碱地改良、水质净化、动植物栖息地营造、乡土盐碱地植物景观展示等附属功能。

4.1 盐碱地现状特征

荣乌高速以北均为盐碱地，盐碱度由高速向滨海（由南向北）逐渐增高，可根据土壤的盐碱度将其分为 3 类不同的区域：轻度盐碱区（0.2%≤土壤盐碱度<0.4%），中度盐碱区（0.4%≤土壤盐碱度<0.8%），重度盐碱区（土壤盐碱度>0.8%）。土壤为滨海盐土和滨海滩地盐土，地下水矿化度较高，适生植被较少，植被分布较为零散，主分布于耕地、盐荒地上与河道周边，优势植物种是抗盐碱能力强的灌木和草本植物，如柽柳、碱蓬、罗布麻、禾草类及菊科的一些植物。当地居民运用抬田结合洗盐的水网方式改造当地的盐碱地，用于种植部分耐盐碱农作物（棉花、玉米等）。由于滨海经济开发区存在大量的工业制盐产业，其无序发展及其排放的废水、废渣与废气已经严重破坏了滨海地区的生态环境，导致现状的生态环境进一步恶化。

4.2 盐碱地分区及生态景观营造策略

为了进一步细化滨海区盐碱地生态景观的营造工作，使生态景观更具科学性、可操作性与可持续性，现依据场地具体的土壤盐碱度及经济社会发展状况，将潍坊滨海经济开发区分为南部灌区（轻度盐碱区）、中部干旱区（中度盐碱区）、城区及轻工业区（中度盐碱区）、北部滨海地区（重度盐碱区）。在运用相关生态学原理及设计原则的基础上，分别给予不同的生态景观营造策略。

4.2.1 南部灌区

南部灌区为新沙路（365 省道）以南到的寒亭行政区划范围，土壤为盐化潮土，含盐量达 0.2%—0.37%，属于轻度盐碱区（0.2%≤土壤盐碱度<0.4%）。该区域为峡山水库灌区，每年春、秋、冬季都通过灌渠从峡山水库引水进行灌溉，因此该处常年保持地下水位较高，地下水

风景园林规划与设计

埋深 0.5—1.5m，地下水含盐量 5.4% 左右。

根据相关的生态学原理及设计原则，现为南部灌区设立了生态景观营造的实施原则、实施模式及相应的植物种类规划。

实施原则：（1）严格禁止砍伐现有树木，严格禁止破坏乡土耐盐碱植被群落，努力提升其生态效益与观赏价值。（2）区域内主要为农田，盐碱程度较轻，建议通过挖沟抬田等一些改造地形的方式改良盐碱土，引入乡土耐盐碱植被群落，增加绿量与植被覆盖率。（3）着重处理盐碱地紧邻河道水网的过渡带，结合盐碱地生态物理改良措施，引入乡土耐盐碱陆生乔灌草植物、湿生植物与水生植物营造乡土耐盐碱植物群落，增加生态多样性。

实施模式：（1）先运用挖沟抬田等一些改造地形的方式改良盐碱土，再引入白蜡、刺槐等乡土乔木及柽柳、沙棘等乡土乔灌木构建耐盐碱植物群落（图 1），增加绿量，提高植被覆盖率。（2）恢复盐碱地与河道间的过渡带，引入白蜡、刺槐、旱柳等乔木，柽柳、白刺花、枸杞等灌木，二色补血草、碱地肤等草本地被及香蒲、芦苇等水生湿生植物，营造滨河漫滩乡土盐碱地植物群落。

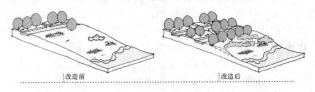

图 1　挖沟抬田，构建耐盐碱植物群落

植物种类规划：

乔木：白蜡、刺槐、臭椿、旱柳、毛白杨、枣树、桑树、榆树、毛泡桐、杜梨。

灌木：柽柳、白刺花、枸杞、紫穗槐、沙棘、沙枣、金银木、单叶蔓荆、木槿。

草本：二色补血草、碱地肤、草地风毛菊、马蔺、苦麻菜。

水生：香蒲、菖蒲、芦苇、大米草。

4.2.2　中部干旱区

中部干旱区为南部灌区以北，滨海经济开发新区城区以南的范围，土壤为盐化潮土，含盐量达 0.37%—0.50%，属于中度盐碱区（0.4%≤土壤盐碱度<0.8%）。该区域沿崔家河、利民河、白浪河、圩河两侧主要为农田，由于地下卤水资源较为丰富，多年来盐卤工业的无序过度开采导致地下水位迅速降低，平均地下水埋深 6m，地下水含盐量 6% 左右，比较干旱。

根据相关的生态学原理及设计原则，现为中部干旱区设立了生态景观营造的实施原则、实施模式及相应的植物种类规划。

实施原则：区域内主要为农田，应着重处理盐碱地紧邻河道水网的过渡带，引入边缘性乡土耐盐碱陆生植物、湿生植物与水生植物营造乡土耐盐碱植物群落，增加生态多样性。

实施模式：恢复盐碱地与河道间的过渡带，引入刺槐、旱柳等乔木，枸杞、紫穗槐、白刺等灌木，马蔺、苦

麻菜、碱地肤、草地风毛菊等草本地被及芦苇、紫萍、满江红等水生湿生植物，营造滨河漫滩乡土盐碱植物群落（图 2）。

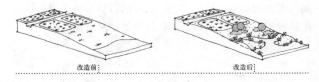

图 2　恢复盐碱地与河道间的过渡带

植物种类规划：

乔木：白蜡、刺槐、旱柳、毛泡桐。

灌木：柽柳、白刺花、枸杞、紫穗槐、沙棘、白刺、单叶蔓荆。

草本：马蔺、苦麻菜、苣荬菜、千日红、小冠花、碱蓬、二色补血草、碱地肤、草地风毛菊。

水生：香蒲、芦苇、大米草、紫萍、满江红、凤眼莲。

4.2.3　城区及轻工业区

城区及轻工业区为中部干旱区以北的滨海经济开发新区城区以及工业区的范围，土壤为湿潮土，含盐量达 0.42%—0.65%，属于中度盐碱区（0.4%≤土壤盐碱度<0.8%）。该区域包括东城区、西城区、科教园区、工业园区、物流园区等，平均地下水埋深 2m，地下水含盐量 6% 左右。

根据相关的生态学原理及设计原则，现为中部干旱区设立了生态景观营造的实施原则及相应的植物种类规划。

实施原则：（1）沿道路开展乔灌草或乔草模式的生态绿化，树种选择以抗性强、耐盐碱、低养护乡土树种为主；（2）在重点区域适当运用工程技术手段开展乔灌草结合、具备良好乡土景观效果的绿化建设。

植物种类规划：

乔木：白蜡、刺槐、臭椿、香椿、国槐、馒头柳、旱柳、毛泡桐。

4.2.4　北部滨海地区

北部滨海地区为城区及轻工业区以北直至莱州湾的范围，土壤为湿潮土，含盐量达 0.78%—1.10%，地下水含盐量 8% 以上，属于重度盐碱区（土壤盐碱度>0.8%）。该常年受海风、海潮影响，环境较为恶劣，区域内的植被状况及生态环境状况不理想。

根据相关的生态学原理及设计原则，现为中部干旱区设立了生态景观营造的实施原则、实施模式及相应的植物种类规划。

实施原则：（1）不鼓励运用各类工程技术手段在此种植乔木。（2）生态绿化工作以围绕河道水网两侧营造低成本、低维护、高生态价值的乡土耐盐碱灌草植物群落为核心，重点关注河口湿地区域，体现该地区特有的乡土盐碱地灌草群落景观。

实施模式：（1）围绕河道水网两侧，运用柽柳、枸杞、沙棘等灌木，碱蓬、苦麻菜、苣荬菜等草本地被，大

米草、菖蒲、满江红等水生植物营造低成本、低维护、高生态价值的乡土耐盐碱灌草植物群落（图3），体现该地区特有的乡土盐碱地灌草群落景观。(2) 根据河口湿地区到海距离的远近，结合潮上带现有的自然湿地类型，根据耐盐程度按一定梯度进行植物群落的恢复（图4）。

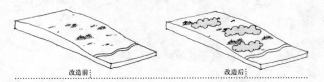

图3 构建河道两侧耐盐碱乡土植物群落

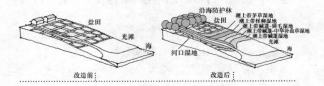

图4 河口湿地区及潮上带的植被恢复

植物种类规划：

灌木：沙枣、柽柳、白刺花、枸杞、紫穗槐、沙棘。

草本：碱蓬、罗布麻、二色补血草、中华补血草、碱地肤、草地风毛菊、马蔺、苦麻菜、苣荬菜、茅草、獐毛。

水生：香蒲、芦苇、大米草、菖蒲、紫萍、满江红、凤眼莲。

5 结语

在相关生态学原理及设计原则的指导下，按照潍坊滨海经济开发区盐碱地的盐碱梯度及发展状况的差异，合理利用各类乡土植物资源，分别运用不同的盐碱地改良方法及生态景观构建策略加以处理，因地制宜、科学有效，是实现绿色、健康、可持续的滨海生态景观格局的重要保障。只有将滨海生态景观这一重要的生态绿色网络顺利搭建起来，才能使之成为保护潍坊滨海经济开发区的重要生态屏障，实现人与自然的和谐共存及经济社会的可持续发展。

参考文献

[1] 王遵亲. 中国盐渍土. 北京：科学出版社，1993.

[2] 路浩. 王海泽. 盐碱土治理利用研究进展. 现代化农业，2004. 8：10-12.

[3] 温静. 天津滨海新区盐碱地景观生态化设计研究：[学位论文]. 河北：河北农业大学，2008.

[4] 孙金江. 潍坊滨海地区盐碱地改良与绿化分析：[学位论文]. 北京：中国农业科学院，2009.

作者简介

任维，1988年5月生，男，汉族，浙江丽水人，北京林业大学园林学院城市规划与设计（含风景园林方向）硕士生在读，电子邮箱：122182606@qq.com.

慢城土地利用与美丽中国建设[①]

Land Use of Slow City and Building Beautiful China

邵 隽

摘 要：慢城建设土地利用模式创新对建设美丽中国及城乡可持续发展具有重要借鉴意义。慢城运动倡导"慢"城市发展哲学，旨在快速城市化和全球化浪潮中能够保持传统和本地化、多元化、实现可持续发展、倡导鼓励新的土地利用模式。本文首先介绍慢城及其建设土地利用方面的标准，然后选取国内外慢城德国赫斯布鲁克和江苏高淳桠溪为案例，对其建设土地利用模式进行了对比分析。

关键词：慢城；土地利用；可持续发展

Abstract：The land use innovation of slow city has important significance on building Beautiful Chinaand the sustainable development of urban and rural areas. The Slow City movement advocates a slowness philosophy of urban development, aiming at maintaining the tradition, localization and diversification in the tide of rapid city and globalization, so as to realize the sustainable development by advocating and encouraging new pattern of land use. This paper introduces the slow city movement and its land use standards, and then selects cittaslow Hersbruck in Germany and Gaochunin China as cases to analysis their land use pattern.

Key words：Slow City；Land Use；Sustainable Development

1 引言

全球化给城市发展提供了很多便利，但却在不知不觉中抹杀了每个城市的特点。中国正处于快速城市化时期，各地往往以工业化为主要发展模式，纷纷出现建设用地指标告急，耕地面积严重下降等情况。城市快速增长带来千城一面、环境污染、社会不公、生活节奏过快、生活质量降低等一系列负面问题。意识到城市化和全球化过"快"带来的问题，20世纪90年代末，新的城市发展哲学——"慢"文化开始涌现，"慢城"（Slow City，也称Cittaslow）运动继"慢食"（Slow Food）主义之后逐渐兴起。慢城运动倡导一种以"慢"为主旨的在快速城市化和全球化浪潮中能够保持传统和本地化、多元化、可持续发展的城市发展哲学。"慢城试图通过减缓整个城市的节奏来提升城市生活质量，特别是减缓城市空间的利用以及降低城市空间内的生活和交通流的速度"（Parkins & Craig，2006：p79）[1]。为体现这一理念，慢城运动倡导新的土地利用模式，本文将对其进行简单分析。

2 慢城运动

慢城运动是慢食主义的发扬光大，两者都起源于意大利。慢食运动强调地域理念，而慢城运动更明确地强调地方特色和城市开发。1999年10月，意大利三座小城的市长联合发起慢城运动。成为慢城的话，城市的居民规模不能超过5万人，还要符合环境、城市设计、支持本地产品以及接待设施等方面的一系列标准。每座慢城都需要保持当地特色，在追求各种不同的发展目标的同时，要保护当地社区与众不同之处（Beatley，2004；Mayer & Knox，2006）[2,3]。目前全球已有147个慢城通过慢城国际联盟（http：//www.cittaslow.org）认证，分布于24个国家，欧洲的慢城多半是中古世纪的小城，人口只有几万人。日本及韩国也有慢城，中国有一个慢城江苏省高淳县桠溪刚刚加入。

慢城国际联盟为慢城制定了50多条目标和准则。这些准则旨在这个变化的、价值观不确定的世界，在当地社区的需求和愿望往往被忽视的情形中，寻找一个能够让当地人更好地工作生活且让外来者满意的地方。慢城国际联盟鼓励慢城商业开发用地、农业用地、游憩用地、生态复原区等不同土地利用模式之间相融合。与慢城土地利用相关的标准体现在保证城市质量的基础设施和技术方面，具体如下：制定规划，鼓励替代性交通方式，不鼓励私人汽车交通，整合公共交通方式和步行区，比如与公共交通相连接的城市外停车场、自动扶梯、自动人行道、轨道交通、自行车道、前往学校、工作区域的步行道等等；基础设施方面：整合市民信息中心，提供慢城资讯窗口；推广生态建筑，培训相关人员；开展各种促进家庭生活和当地活动的项目，如开展旨在加强学校与家庭之间联系的游憩、运动及各种活动，对老年人和久病不愈者提供家庭服务、社区中心服务等等；提供环保的城市污水生态处理系统；增加绿色空间和步行区等等；鼓励销售本土化和具有地区象征性的产品。

目前讨论城市扩张带来的土地利用模式变化的文献

① 本研究基金资助：中央高校基本科研业务费专项资金（TD2011-33）；国家科技支撑计划课题（2012BAJ24B05）；北京林业大学青年科技启动基金（BLX2011015）。

较多，例如利用 GIS 数据和修正航拍图片等数据对城市边缘区进行研究，探讨城市扩张与土地利用变化之间的关系（Lópeza, Boccoa, Mendozaa, & Duhaub, 2001)[4]，但专门研究慢城土地利用模式的文献很少，且多采用案例分析方法，几乎没有定量分析。

3 国内外慢城案例分析

本文选取国内外慢城案例比较其土地利用模式，其中国外案例选取了德国第一个慢城赫斯布鲁克（Hersbruck)，国内案例则选取目前我国唯一的慢城桠溪。

3.1 民间组织主导从环保和经济发展角度重新利用土地：赫斯布鲁克

赫斯布鲁克是由民间组织主导、从环保和经济发展角度重新利用土地的典型案例。赫斯布鲁克于 2001 年 5 月得到国际慢城联盟认证。该小城位于纽伦堡（Nuremberg）以东约 30km，拥有居民 12521 人，始建于公元 9 世纪至 10 世纪，位于布拉格和纽伦堡之间的交通要道上，是这条欧洲重要贸易线路上的重要城市。赫斯布鲁克其邻近的大城市纽伦堡的农业与游憩腹地之一，与纽伦堡市中心在交通和贸易方面联系密切。现在，这座小城的经济日渐多元化，出现了服务业和制造业。但农业在当地经济发展中仍然占很重要的地位，也是当地文化景观的重要特征（Mayer & Knox, 2006)[3]。以下简单分析赫斯布鲁克慢城建设过程中的土地利用模式。

赫斯布鲁克的慢城建设从环境、经济和社会平等的综合角度对农业用地进行保护。赫斯布鲁克境内慢城联盟的土地主要用作牧场和果园，当地环保组织与农民、市政府和小企业建立了稳固的联盟，保护传统牧场和果园，并采取措施发展区域和社区经济，为当地居民创造盈利机会。牧场归市政府所有，过去一直都是由市政府出钱雇佣牧民，对当地居民的牲畜进行放牧（Deutsches Hirtenmuseum Hersbruck, 2005)[5]。这些牧场位于城市边缘与农业用地之间，为毗邻的城市地区提供了开放空间。牧场成为当地社区的标志性景观，并具有多种用途：高大的橡树和各种果树（苹果、樱桃等）不仅为牛羊牲畜和野生动物遮蔽风雨，在收获季节，果实出售后还可以贴补当地人的收入。树木丛为鸟类、昆虫及其他野生动物提供了栖息场所。

直至 20 世纪 60 年代初至 70 年代初，赫斯布鲁克的牧场一直都有人放牧。然而，随着食品工业化生产时代的到来，家畜实施高效率圈养，在牧场放牧的传统不再继续，牧场因而被闲置废弃。有些牧场甚至变成了垃圾场，或者成为住宅用地和工业用地。因此，不仅城市居民丧失了开放空间，当地传统的土地利用方式、独一无二的果树遗产也消失了，更为严峻的是，当地居民通过利用土地来放牧和栽种果树并从中获取经济收益的机会也丧失了（Mayer & Knox, 2006)[3]。

20 世纪 90 年代初，当地环保组织开始注意到这些废弃的牧场。环保组织对牧场采取了复兴和保护策略，这些策略与振兴增强当地经济发展密切相关。例如，该组织创

建了一个当地农民网络，这些农民直接售卖农场生产的各种产品。该组织于 1998 年开始举办首届当地农牧产品展销会（Naturschutzzentrum Wengleinpark, 2000)[6]，之后每年换一个村子举办。此外，赫斯普鲁克还对当地遗产老苹果树进行保护，目标是用当地果园和牧场生长的苹果树来生产销售有机苹果汁，苹果汁的生产和销售都在当地进行。第三，还发动了一项旨在促进文化景观与当地经济发展紧密相连的活动，鼓励当地餐馆使用本地食材、提供传统地方菜式。有 29 家农场与 17 个餐馆结成了美食供销联盟。当地农民向餐馆提供当季食材，餐馆则提供特色菜式，在菜单上则向消费者注明提供食材的农民的名字和住址。为实现土地复兴和环境保护，当地政府还采取其他措施，例如对孩子们进行教育。孩子们可参加当地烹调学校举办的为期 2 年的烹调课，学习如何用本地食材做饭。通过这一措施，赫斯普鲁克可确保下一代通过当地食物充分了解当地传统及地方特色。此外，关于如何更好地利用当地出产的木材，当地也有专门的组织进行讨论并实践。这一组织倡导使用当地木材来作为替代性能源、建造房屋并制作家具（Mayer & Knox, 2006)[3]。

总之，赫斯普鲁克在建设慢城的过程中由各民间组织联合各利益主体，采取多种创新措施注重保护当地历史文化、环境，促进当地经济发展。这些措施颇见成效，牧场和果园等农业用地得到了复兴和利用，并以可持续的方式得以发展。

3.2 政府主导制定相关政策保护耕地：高淳桠溪

我国的慢城建设以地方政府为主导，由政府制定相关政策保护耕地。江苏高淳县桠溪于 2011 年 11 月被正式授予"国际慢城"称号，成为我国第一个国际慢城。桠溪"生态之旅"位于高淳县桠溪镇西北部，面积约 49km²，人口约 2 万，纵贯桠溪西北部丘陵地区，沿途有茶叶、竹果、药材等绿色食品生态基地。同时，民俗文化资源也十分丰富。在被授予"国际慢城"称号之前，这里被人们称为"长江之滨最美丽乡村"，人们把来这里旅游称为"生态之旅"。以下简单分析桠溪慢城建设过程中的土地利用模式。

桠溪地处苏皖两省及溧阳市、高淳县、溧水县、郎溪县四县市交界处，属于长三角经济区和江苏沿江开发区域，一条 48km 长的景观路串联起顾陇、瑶宕、穆家庄、蓝溪、桥李、荆山等 6 个行政村。高淳县城被固城湖、石臼湖和水阳江环抱。在古时候，高淳曾经是重要的通商口岸，安徽来的商人们聚集在高淳做生意。但之后随着陆路交通越来越发达，高淳在商贸上的重要性大不如前。然而，由于当地经济发展较慢，生态受到的破坏相对长三角其他发达地区仍较小。

20 世纪 80 年代，与其他地区急于发展经济一样，高淳也不注重耕地保护，曾发展小化工产业，创办采砂采石场，造成过污染。2005 年起，高淳确定了"生态立县"的发展方向，县政府投资 1500 万元将桠溪打造成"生态之旅"区域。为了开展慢城建设，桠溪境内的塑料厂和采砂采石场被搬迁到县里的工业开发区。由于慢城不需要搞工业、不搞经济开发区，因而不需要用地指标，不需要

风景园林规划与设计

占用耕地，因而高淳县已连续 4 年没向桠溪镇分配任何建设用地指标。

从整个县域级别看，高淳县政府严格控制全县的土地利用，坚守耕地保护"红线"，确保绝大部分乡村生态风貌不被破坏。除了高淳经济技术开发区外，高淳的丘陵地带和包括固城湖、石臼湖在内的圩区都被划入工业不开发区，面积占到整个高淳的 70%。县政府与乡政府、乡政府与村委会，以及县乡国土资源管理部门之间，层层签订耕地保护责任书，形成了一级抓一级、层层抓落实的耕地保护责任体系。同时，建立耕地质量动态监测体系，对耕地质量状况进行动态监测。为调动基层耕地和基本农田保护的积极性，县国土资源局对全县 200 多名基本农田保护管护员给予资金补助。2008 年至 2010 年，高淳县共完成"占补平衡"项目 49 个，新增耕地 5595 亩；完成市级土地整理项目 15 个，总面积 47400 亩，实施省以上土地整理项目 2 个，总面积 28257 亩。这期间，高淳县的耕地不仅没有减少，每年还有所增加。

总之，高淳桠溪的慢城建设以高淳县政府为主导，自上而下各级政府管理部门逐层落实，严格控制用地指标，保护耕地甚至返还耕地，符合慢城倡导的可持续发展理念。

4 总结

慢城运动所倡导的土地利用模式创新不仅体现在对土地的多用途及环境友好的要求上，还体现在对传统非城市用地（尤其是农业用地、畜牧用地）的重新利用和规划上。国外慢城在制定土地利用策略和重新利用废弃土地方面的特色为自下而上，即由民间组织发起，采取创新措施对土地进行可持续利用；国内慢城建设则自上而下，以地方政府为主导，严格控制用地指标，对耕地进行保护和返还。

研究如何科学规划有中国特色的慢城，对以可持续的方式建设美丽中国具有十分重要的意义。在中国广大乡村地区倡导符合生态文明的"慢生活"方式，采用合理的土地利用模式，协调各利益主体利益，打造慢生活体验，保护当地历史文化景观与生态环境，促进当地经济发展，有助于促进中国美丽乡村和新型城镇化的和谐健康发展。

参考文献

[1] Parkins, W. and G. Craig. *Slow Living*. UK：Berg, 2006.

[2] Beatley, T. *Native to nowhere：Sustaining home and community in a global age*. Washington, DC：Island Press, 2004.

[3] Mayer, H. and P. L. Knox. Slow cities：sustainable places in a fast world. *Journal of Urban Affairs*, 28（4）：321-334, 2006.

[4] Lópeza, E., Boccoa, G., Mendozaa, M. & E. Duhaub. Predicting land-cover and land-use change in the urban fringe：A case in Morelia city, Mexico. Landscape and Urban Planning. 55（4），271-285，2001.

[5] Deutsches Hirtenmuseum Hersbruck. *Obstanger in der HersbruckerAlb：Idylle von Menschenhand*. Hersbruck：Deutsches Hirtenmuseum, 2005.

[6] Naturschutzzentrum Wengleinpark. *Regional geniessen in der Hersbrucker Alb*. Hersbruck, 2000.

作者简介

邵隽，1974 年 4 月生，女，汉族，山东青岛人。现任北京林业大学园林学院博士后，讲师，博士，研究方向为风景园林规划、游憩与旅游规划、目的地营销，电子邮箱：ninashaojun@gmail.com。

慢城土地利用与美丽中国建设

城市化背景下城市景观公共空间的公众参与问题

The Problem of Public Participation in the Public Space of Urban Landscape Under the Background of Urbanization

申 洁 淳 涛

摘 要：本文从城市化背景下城市景观公共空间出现的问题导入，通过了解国内外公众参与的发展现状，分析我国城市景观公共空间公众参与的问题，提出通过改善公众参与的合理途径，促进我国景观设计行业的健康发展。

关键词：城市；景观；公共空间；公众参与

Abstract：Under the background of urbanization this paper find the problem of city landscape of public space, though the development of understanding domestic and foreign public participation, analysis of China's city public space landscape of public participation in the problem and through the reasonable ways to improve the public participation, promote the healthy development of China's landscape design industry.

Key words：City; Landscape; Public Space; Public Participation

随着中国改革开放和中国经济政策的崛起，城市景观公共空间获得了很大的发展，项目多投资大。甲方主要来自政府，以公益为目的，提升城市形象，为城市公众服务。但目前的发展来看，比较多的集中在外在的形象，反映出政府权力的集中，公众参与的成分较少。造成的结果是城市景观公共空间体现当地人群具体需求特点不明显，即便是不同城市之间的景观同质化现象较为严重，毫无特色。

1 城市化背景下景观问题的解读

在城市快速发展的背景下中国城市景观公共空间几乎都是在短时间内"制造"而成，不是通过时间的积累和调整"生长"。形式上带有明显的人为痕迹。与此同时，在快速城市化的建设过程中，有些城市会出现十几个甚至几十个广场和公园，这些城市景观公共空间，数量之多，体量之大。连同拓宽的城市道路，改变了传统城市的肌理。重庆江北嘴和武汉的南岸嘴千百年的肌理被整体清除，换上了大尺度的所谓标志性建筑。这样的夸张的尺度和空旷的大空间，不仅造成了巨大的浪费，更甚者百年城市所形成的空间肌理也不复存在，空间肌理不但是一种空间构成方式，也蕴含着一种生活方式，是公众对自己生活环境的一种认同和感知，同时也是一个城市成长的足迹，是历史的积淀。

伴随着中国城市财富的巨大膨胀，城市也极度快速的扩张，城市景观公共空间变成一个带有很强城市化妆意识，这种意识体现为集权意识，长官意识。许多城市景观公共空间没有创造和关怀意识，仅仅是从物质到物质，从想象到设计充溢着粗糙和乏味，而这些真正意义上的改变取决于让公众参与渗透到各个环节。大量城市公共景观空间塑造着新的城市认同，这种认同充满了对"现代化"和"全球化"的想象。形成的这样的景观公共空间并没有体现公众意愿的场所，参与感相当少。公众参与虽然已经开始起步，但是大大滞后于城市建设的速度。而这些状况是我们所处加速城市化的阶段所决定的。

2 城市景观公共空间

公共空间指的是不具备个人的、商业的或者个人商业的目标，可以表达民主精神空间。国外当资本主义发展到极致时，这样的空间具有民主诉求的社会讨论产物。城市化快速发展的背景下景观公共空间实际是一种爆炸性的快速发展，从城市发展的角度来看，这些空间虽然规划出来，但没有进行精细设计。需要景观设计师去弥合，用更多的活动编织这些片段，让这些空间更丰富。

城市景观的本质目标上是使得城市让人可游可居，把单纯的美化追求视觉效果，更多地放在满足公众参与的空间这一目标上来。设计出的城市景观公共空间不是一个平面、静止的图案空间，需要把这个画布上公众的活动变成主角。例如，北京环城路周围有大量的绿地，但基本是空置的和周围的人群不产生任何联系，这样的空间在国内比比皆是，不妨结合停车场设计改造为城市景观公共空间，这样的公共绿地才是一个可达、可用、可赏的绿地。这样类似的城市公共空间大多是自上而下，主要是由政府决策和商业运作产生，市民只能被动地接受。公众的认同感不能主动体现出来，产生了很多浪费投资和不受欢迎的城市消极空间，假如要避免这样的现状继续持续下去，必须加大公共参与的成分，从公众参与从过程和法制入手，才能真正地使得城市景观公共空间具有人性化。

国际景观设计师联盟（IFLA）前任主席 Martha Cecilia Fajado（法加多）女士曾经说过："现代是景观设计

的伟大时代，地方精神充满活力，并扎根于人们的心中，景观设计师是属于未来的职业，然而，只有当我们将自己置于接受全球化观点的巨大转变带来的机会的有利位置时，未来才是属于我们的，但是这就要求我们的服务对象更好地了解我们的工作，对于人类精神的重要价值。"法加多女士这里所说的"服务对象更好地了解我们的工作"，旨在提醒公众参与的重要性，只有公众参与的设计才是能体现及重要的价值。

在我国的国家政策层面，党的十八大报告明确提出："凡是涉及群众切身利益的决策都要充分听取群众意见，凡是损害群众利益的做法都要坚决防止和纠正。"新"两个凡是"从尊重人民当家做主的基本权利和维护人民的根本利益出发，为人民服务的根本宗旨和以人为本的科学发展观。贯彻落实这一课题很重要的一个方面就是要加大公众参与力度，充分发挥群众参与社会管理的基础作用。而我国公众参与在城市景观公共空间设计和管理上却投入得太少。

3 城市景观空间中的公众参与

"公众参与"（Public Participation）从社会学角度讲，是指社会群众、社会组织、单位或个人作为主体，在其权利、义务范围内有目的的社会行动。其目的使项目能够被公众充分认同，并在项目实施过程中不对公众利益构成危害或威胁，以取得经济效益、社会效益、环境效益的协调统一。公众参与往往能够使景观项目更具有合理性，实用性和可操作性。同时公众参与过程也体现了政府部门对公众利益和权力的尊重，有利于提高公众意识。

3.1 国内城市景观公共空间参与

在过去我国很长一段时间，景观规划作为城市建设的软指标，虽然景观设计师在实践作品上做了大量的努力和尝试，但对于公众参与的重要性，一则是没有引起大家的关注，二则所做的公众参与往往只停留在图纸，模式展示，问卷调查等初级阶段上，这样的公众参与仅仅是被动的通知和接受，没有真正地给予公众发言权，属于低层次上的参与形式。

例如：在珠江三角洲某中心镇入口景区滨江公园，原是各类公司的所在地，因此留下了保留较为完善的历史性建筑，这些建筑折射出珠江地区百年来的水运历史和文化内涵。每每停留于此，都会有一种历史的沧桑感和自豪感交织在一起，让人抚今追昔。但由于公众参与不到位，没能广泛听取公众的需求与愿望，加上设计者对该地区的历史文化分析认识深度上的欠缺，造成了大面积历史建筑实行了连片拆除，而依附于建筑物的码头和驳岸景观也失去了原本存在的历史背景，使得丰富的江岸历史文化风貌失去了少有的神韵。在我国现阶段的景观规划中屡屡出现这样的事件，不能不让人扼腕叹息，令人心痛。探究其原因在于缺乏公众参与造成了设计最后的定位往往是根据业主和官员的指示来定夺，忽视景观设计本身是为满足公众生活的需要，这样的设计必然无法经得起考验和可持续发展。

又如大庆市黎明湖公园建设，由于长时间在长官意识的习惯性思维下，该地区的黎明湖滨水景观采取了自上而下的设计方式，忽视了公众的意见。黎明湖建成后虽从某种程度上改善了周边的自然环境，但并未迎合使用者需求而导致的人气不高，难以实现公园给人们提供多种可能性活动场所的基本要求。同时，滨水区由于缺乏公众参与、监督、出现了滨水区沿岸土地被占用的现象，导致了滨水区成为部分人群独享水景的场所，以至于城市的景观空间显得过于平淡和模式化。公园的建设没有听取公众的诉求，没有对场地调研和走访必然导致城市景观空间的相似性，终究形成千层一面的城市景观风貌。

3.2 国外城市景观公共空间公众参与

美国深受自由主义和地方自治传统渲染的社会主张个体利益诉求，并崇尚公民对公共事业的参与。从"伟大社会"（Great Society）建设和"向平困开战"（War of Poverty）等政治社会运动中，美国在公民参与地方公共政策和项目的制定、执行等方面达成共识，形成自下而上的政策意识以抵制自上而下的联邦控制。从公众参与的角度来看，公众在开放政策设计中实践了实质性的参与和整合。

3.2.1 美国明尼阿波利斯城市公园景观项目

此项目在设计方案的行动策略中注重公民的全方位参与。首先，由公民以及利益相关者在社区层面上自由自主地进行利益主张，展开充分的开放式讨论，在此基础上达成谅解和共识。在方案完成后由社区执行机构召开大会，公众在会上发表自己的看法和修改意见，在充分讨论和协商的基础上才能表决通过。同时，公众所扮演的角色并不仅限定于计划中，在执行中也扮演着举足轻重的作用，从目标的设定，项目行动计划制定和选择、政策执行的全过程均处于第一位，并由公众掌握最后的决定权。这样的公众参与在公园的建设中具有两大方面的作用。首先，在景观规划设计方面满足地域文化的人性的要求，提升了公园的品质和保证了公园的质量。其次，在公园的管理方面有助于发挥公众的主动性，提高管理效率和有效性，有利于公园的可持续发展。

3.2.2 波特兰市先锋广场景观项目

波特兰市位于美国西北部的俄勒冈州，有着150万居民，在该市市民参与规划过程以及踊跃的群众运动在这个悠久的城市由来已久。波特兰市先锋广场是一个源于民众活动的重大城市改建项目，影响这一空间的一处高层停车库必须被拆除掉，需要募集私人基金来支持这一改造工程，活跃的群众组织和私人赞助者那里募集了1.5亿美元，用以广场的地面铺砌和装修，人们需要购买刻有他们名字的地面砖。广场中央是市民集会和活动的主要区域，四周布置有不同形式的休息座椅供人们聊天，西南侧留有咖啡区，精心设计的台阶和坡道成为最受使用者欢迎的半公共空间。先锋广场无疑是美国最实用的公共空间之一。詹尼·隆哥在《成功的美国公共空间指南》一书中，简明的总结了它取得成功的部分原因："广场如此成功，是因为波特兰居民为广场而斗争，为广场奉贤，最终拥有了它"。在当地居民中可明显地感受到他们对城市自豪感，一位当地居民曾说波特兰是美国少有的越来越好的城市。从公众的需求、文化、社会和自然的因素考虑城市景观公共空间的设计，重视具体的有特色的场所的营造，可以使生活在其中的人找回丧失的归属感和认同感，能为人们带来愉悦、舒适、富于意义的公共空间。

4 公众参与的合理途径

4.1 引导前期公众的设计参与

城市景观公共空间设置成功的情况下，首先应考虑人的行为问题，不是设计者的个人成果展示或者创造。在设计初期纳入公众参与和设计师一起探索如何满足行为需要。美国城市设计师罗纳德·托乌斯说过，城市设计的最高目标是为人们提供适宜的生活环境。城市和景观设计同样并非从图板开始，而是研究人类需求开始的。在一般情况下，这个需求往往依赖设计师的工作经验，但由于地域环境文化理解的不同，即便是颇有建树的设计专家也不能囊括当地人们长久以来形成的生活习惯和审美标准。所以在这个阶段需要提高公众参与度，作为设计师要做到尽可能满足更多的活动可能性景观公共空间，并使更多可进行景观公共空间被使用者利用。在公众参与的同时，加强设计师和使用者之间的互动，这样的关系互动关系确立后，将形成一种共识，公众也有了强烈主人公的意识，而不再是政府的市政工程。如美国西雅图滨水地区景观设计中是一个大规模公众参与的景观规划开发项目，除去专业设计人员还有西雅图政府官员，市中心的居民，社区活跃分子、环保人士和生意人共同参与。最终形成了七项设计意图，这七项意图是综合专家和各种团队设计理念谱写完成。并最终由城市规划师综合公众意见并与其共同制定此项目规划政策的前提。这是一个大规模公众参与的成功的开发项目，通过这样的途径，带来了西雅图市民无比的自豪感与责任感。真正意义上的规划不是规划师取得规划结论后再来征求市民的走过场式的公众参与，而是在规划设计阶段之前就有市民的参与和监督，不仅可以提高规划过程中的科学性，政府的有限权力也能和有效的公众责任结合。

4.2 监督后期实施和项目管理

由于在设计之初引入了公众意见，也更加符合公众利益，使得公众对景观设计有了深刻的认识，这样使公众自觉遵守景观方案设计后所指制定的各种规范，减少景观设计的阻力。赢得公众的支持。调动积极性使他们参与到景观建设和管理中来，从"被动地接受"转变为积极的"自愿行动者"。若在管理中发现违规现象，就可以向有关部门反映，及早对此种行为加以制止，同时对有关部门的规划管理起到有效的监督作用。如美国 Union Point 公园位于美国奥克兰市的弗鲁维尔区，是由一个非裔美国人，西班牙和亚洲移民组成的社区，它和众多少数族裔社区一样曾被贫困、种族仇视、毒品等社会问题所困扰。1995

年，宾夕法尼亚大学风景园林系的师生与社区共同成立一个合作公约－FROSI（弗鲁特维尔开放空间计划）施工期间，社区居民和学生都加入到建造队伍中来，FROSI一方面对这些志愿者进行了合理的组织和分工，另一方面采用当地常见的、廉价的建筑材料和乡土的、简便的施工工艺，并且做了很多简易却一目了然的局部模型以代替施工图。虽然在实施过程中，部分的构筑物细部不够精致，施工耗时也很长，但当地的居民真正享受到了参与建造的过程，在工地上也认识了不同街区的朋友。2005 年公园最终施工完成，成为奥克兰滨水空间的重要组成部分，当地的公共开放空间增加了一倍。同时，FROSI 并没有解散，定期进行公园使用情况和居民满意度的调查，组织社区居民进行公园的管理和维护。因为居民参与了整个公园的策划、设计和建造过程，所以十分关注这个公园健康、有效的为社区和城市服务。避免公园成为城市藏污纳垢的场所。

4.3 "公众参与"缺乏政策支持与法规统一参照

真正有成效的公众参与不是个人层次上的参与，而是有组织的非营利机构，企业和社区居民代表参加，个人的参与方式缺乏广泛的代表性，同时其意见也是难以得到全面的重视，因此，公众参与中合理的组织机构十分重要。建立一个独立于行政组织之外且拥有一定的决策和管理权限，由关心城市景观公共空间发展的、有相当的景观规划设计知识装备的公众组成的团体是必要的。即便如此，近年来我国的风景园林规划师在实践中做了大量的尝试和努力，但公众参与尚停留在一些被动、较低层次的参与上，这主要由于我国风景园林规划设计的公众参与缺乏法律上的支持和制度上的保证。相关的政策与法规是公共空间景观的开发设计之前的重要参照，也是能保证公共参与的重要基础，才能保证城市拥有优美、实用的城市景观公共空间。国务院 1985 年发布的《风景名胜区管理暂行条例》和建设部 1993 年颁布的《风景名胜区管理暂行条例实施办法》虽规定应征求有关部门、专家和人民群众的意见，但没有对征求意见的程序做出规定；国务院 1992 年发布的《城市绿化条例》对城市绿地系统规划的编制和审批中亦没有就征求意见问题做出规定。我国的城市法规和景观建设都还在成长期，认识到不足才能在后续中增长经验。城市景观公共空间给城市生活带来的良性的影响越来越受到重视，景观设计师有职责为相关法规和规划的完善提供专业服务，这也是对我们当今设计师的重任。

5 结语

英国伦敦大学巴特列特建筑与规划学院教授、英国社会研究所所长彼得·霍尔（Peter Hall）认为好的设计需要"倾听民众，深入无组织的人群之中，教育市民如何参与提供信息和使人们知晓如何获取信息，强调参与的需求"。我国的景观规划设计的公共参与迫在眉睫，城市景观公共空间的设计本身就是为了公众服务，没有了公众的声音，又如何规划设计出在充满活力的城市空间。在规划设计中只有综合平衡了多种使用者需求的公众参与设计，才能克服片面性，创造出公正、公平的景观，为景观规划设计实践提供了获得长期成功的社会基础，发挥现代景观规划的设计的社会作用。

参考文献

[1] 沈实现. 风景园林设计的社会学的属性——兼论 Union Point 公园的设计[J]. 中国园林，2008. 03.

[2] 章俊华. 环境设计的趋势——"公众参与"[J]. 中国园林，2000. 02.

[3] 陈锦富，论公众参与的城市规划制度[J]. 城市规划，2000. 07.

[4] 梁鹤年. 公众(市民)参与：北美的经验与教训[J]. 城市规划，1999.

[5] 张庭伟. 社会资本. 社区规划及公众参与[J]. 城市规划，1999. 10.

[6] 蔡定剑. 公众参与，一种新式民主的理论与实践[Z]. "宪政的中国趋势"大型系列高级讲坛(第五期)，2009.

[7] 郭美锋. 一种有效推动我国风景园林设计的方法——公众参与[J]. 中国园林，2004. 01.

[8] 米伟. 田大方. 大庆市滨水景观建设中公众参与研究[J]. 建筑管理现代化，2006. 04.

作者简介

[1] 申洁，女，讲师，博士研究生，研究方向为城市规划理论与设计，武汉科技大学城市建设学院，电子邮箱：sabrina302@163.com。

[2] 淳涛，男，高级规划师，研究方向为城乡规划理论与设计，湖北省城市规划设计研究院。

城市化背景下城市景观公共空间的公众参与问题

城市尺度下以生态和文化为先导的风景园林规划设计

Landscape Design Guided by Ecology and Culture on Urban Scale

沈 丹

摘 要：针对城市特色丧失、"千城一面"等现象，文章在总结古今中外优秀经验的基础上，提出通过城市尺度下的风景园林规划设计影响或完善城市空间格局从而塑造城市特色的思路。通过实践经验总结，试图建立起城市尺度下以生态和文化为先导的风景园林规划设计方法体系，即通过全方位、多角度的前期分析，形成更高层面的规划平台，然后提出有针对性的、以景观为视点的规划策略，并以贯穿始终的生态策略作为支撑。

关键词：风景园林；城市尺度；生态；文化

Abstract：Owing to such phenomena of loss of urban characteristics, the paper sums up the excellent experience at home and abroad and proposes the idea that landscape on urban scale can influence or improve urban spatial pattern so as to shape the city's characteristics. The paper wants to establish a methodology of landscape design guided by ecology and culture on urban scale through practice. We should form a high-level planning platform through pre-analysis, and then make specific landscape strategy, and have an ecosystem throughout as support.

Key words：Landscape；Urban Scale；Ecology；Culture

1 引言

在经济全球化的背景下，中国已进入城市化的快速发展期。一方面，新城、新区的规划建设进入一个高峰期，城市尺度下的风景园林规划设计项目在全国各地不断涌现；另一方面，城市物质环境的失衡、城市精神环境的失调、城市文化环境的缺省导致城市特色风貌消失、城市文脉割裂、城市拼凑明显，"千城一面"的问题突出。两院院士吴良镛教授在《北京宪章》中描绘道：我们的时代是个"大发展"和"大破坏"的时代。我们不但抛弃了祖先们用生命换来的、彰显和谐人地关系的遗产——即大地上那充满诗意的文化景观，也没有吸取西方国家城市发展的教训，用科学的理论和方法来梳理人与土地的关系。大地的自然系统，这个有生命的"女神"在城市化过程中遭到彻底或不彻底的摧残。

诚然，这种现象的出现是多因素综合作用的结果。但是，城市尺度下的风景园林规划设计实践在一定程度上能够有效地塑造城市特色、营造舒适的人居环境，其前提条件是建立一套以生态和文化为先导的规划设计方法体系。这种体系是古今中外优秀经验基础上的继承和发扬。

2 优秀经验的归纳和总结

通过对不同时期不同地域的城市加以分析，我们不难发现：城市，虽然越来越趋向于以人工化的手段改造自然，人文，社会，政治，军事，经济因素也越来越在城市形态上起到决定性的作用，但自然环境始终在其发展中占有重要地位，自然因素始终对城市发展起着影响作用。

2.1 中国的实践经验

在中国，大尺度的风景园林影响或决定城市空间格局的突出案例一个是杭州西湖，另一个是北京西苑三海。早在 1000 多年前，西湖——最初出于防御、供水和农业的目的，最终成为一个美丽而且充满了诗意的景观。西湖的例子证明在工业革命以前大尺度的风景园林规划就是可行的，一个经过规划的景观可以影响城市的格局演变。经过历代的积累和演变，西湖这一人工湖泊和城市、和自然山林之间的关系逐渐清晰，形成了从自然山林过渡到西湖，再过渡到城市渐次的衔接和变奏的城市空间格局，这成为杭州城市总体布局上最富戏剧色彩的华章，形成了名副其实的"不出城廓获山水之趣，身居闹市有林泉之致"的山水生态城市。

另一个典型的例子就是位于紫禁城西侧的西苑三海。西苑园林的营建在中国传统自然观的影响下，以强调自然生态环境为主。西苑的存在与整个北京城的格局息息相关。元大都的规划设计以太液池为中心，形成了三宫鼎立的格局。明代北京城在元大都基础上建造，明皇城的位置选择仍然参考西苑来进行。清代完全沿用了明北京的城市格局，西苑三海仍然是城市中心最大的皇家园林，它与东侧的紫禁城皇宫和景山有机结合在一起，形成了世界上最美的城市中心。从空间上意义上讲，西苑三海的存在，奠定了北京城市的基本格局，对北京城的兴建和发展起着极为关键的作用。

2.2 国外的实践经验

工业革命后，西方城市发展所带来的诸多问题迫使人们对于城市的问题重新加以考虑，美国现代景观学之父奥姆斯特德为了解决当时美国工业化城市空间结构不合理、环境恶化等问题，在波士顿进行了公园系统的规划设计，即著名的波士顿绿宝石项链。

1883年，景观设计师克里弗兰提出一个重要的思想。克里弗兰当时是明尼苏达州横跨密西西比河的明尼阿波利斯（Minneapolis）和圣保罗（St. Paul）两个城市的景观设计师。当时这两个城市还非常小，克里弗兰要求政府在居民前来定居前就购买土地兴建一个区域公园系统。由于他们提前几十年作了规划，因此政府能以非常低廉的价格购买土地，如今的孪生城明尼阿波利斯和圣保罗已经成了大城市，地价高昂，但是他们已经拥有一个非常出色的公园系统，凸显了滨水城市的特点。

20世纪70年代，麦克哈格提出了运用生态学原理研究大自然特征，并将之应用于更合理的创造人类生存环境的理论，并出版了《设计结合自然》一书。该理论成为70年代以来西方推崇的指导规划设计的生态学方法。其采纳生态学观点所带来的全新视角，并奠定了自然因素作为要素条件在规划设计中的重要位置。

对古今中外城市建设发展的回顾，我们不难发现，风景园林规划设计的实践在城市建设中起到了越来越重要的作用。吴良镛先生在谈及新时代城市发展时，就曾发表文章，呼吁人居环境的艺术创造首先要与生态环境的改善、"绿色建筑"、"绿色城市"的创造结合起来，应当将科学与艺术相结合，塑造"宜人环境"。我们应该吸收我们祖先城市建设中思想与智慧的结晶，运用科学的理论和方法，作为我们实践的基础。

3 以生态和文化为先导的风景园林规划设计思路

从农耕文明的顺应自然，工业文明的改造自然，再到生态文明的融合自然，是一个理性回归的过程，城市尺度下的风景园林规划设计就是协调城市与自然的关系。融合自然不是对改造自然的矫枉过正，而是强调人与自然的协调发展，是自然主义和人本主义的结合。

城市尺度下的风景园林规划设计不仅要满足人与自然的需要，还要适应城市社会文化氛围，能够挖掘、创造、维护和保育城市特色，塑造鲜明的城市个性，从而提升城市形象和城市竞争力。城市尺度下的风景园林规划设计应尊重自然肌理、传承城市文脉，以优厚的自然条件为依托，以历史文化遗产为背景，疏通城市绿脉、文脉，以有力的支持城市生态与文化建设。

因此，我们试图建立城市尺度下的以生态和文化为先导的风景园林规划设计方法。这套方法能够解决当前时代背景下的城市尺度的风景园林规划设计所要解决的问题：即通过改善人居环境的大系统，改变城市千城一面的形象，体现城市品格和城市特色，突出城市自然和文化的特色。

4 以生态和文化为主导的风景园林规划设计方法体系的建立

4.1 全方位、多角度的前期分析，形成更高层面的规划平台

4.1.1 自然资源汇总与分析

自然与城市相依共生，城市自然环境的组织与保护是塑造、保护城市特色的重要措施。只有发挥城市的自然地理优势，保护、利用城市的自然资源，让整个城市沉浸于大自然之中，才能使城市成为生态环境良好的人类聚居地。

自然资源的汇总与分析主要包括非生物类的自然环境基础信息和生物类的自然环境信息两大类。前者主要包括地质原始信息、土壤原始信息、水文原始信息、气候原始信息等；后者主要包括植物原始信息、动物原始信息、微生物原始信息。通过对现状自然资源的汇总分析后得出自然资源的综合评价。

4.1.2 土地适宜性分析与评价

土地的合理化利用是风景园林规划工作的重要环节。土地适宜性是指由土地的水文、地理、地形、地质、生物、人文等特征所决定的土地对特定、持续的用途的固有适宜性程度。土地适宜性分析引导人们按照土地的内在适宜方向进行开发，对保证恰当利用土地、提高土地的社会价值具有重要的意义。

土地适宜性分析与评价可运用GIS地理信息技术进行多生态因子的空间分析，如坡度、地基承载力、土壤生产性、植被多样性、土壤渗透性、地表水、用地程度等，并运用层次分析法（简称AHP）得出各生态因子的权重，并根据适宜度分级标准得出最终的评价结果作为规划设计的依据。

在唐山南湖生态城的概念性总体规划中，我们选择了对规划区域开发建设影响最大的若干要素作为调研对象，通过对现状的土壤渗透性、土壤生产力、植被多样性、地表水、用地程度、景观价值的综合分析，得出规划区域内的土地建设适宜性评价（图1），并按照颁布的《城市规划编制办法实施细则》规定，将之分成三类用地以指导下一步的设计。

4.1.3 城市文脉梳理与整合

随着城市建设的高速发展，我们的城市出现了日新月异的变化，但与此同时我们也失去了许多永远无法复得的东西——历史文脉。一些有意义的传统生活场景被破坏，城市也因此失去了自己的特色，历史形成的街道、胡同、牌坊、宗教圣地等城市形态作为完整表达建筑和城市意象的文脉，被成片、成街、成坊地拆除，威胁到城市形态的相容性和延续性。

城市文脉是个动态的过程，它不仅仅是指作为"物"的实体，还包括城市市民的民俗风尚、生活方式、价值取

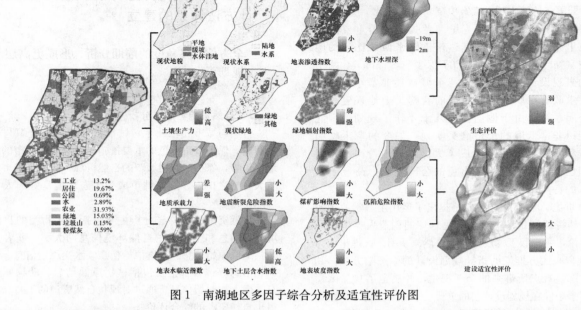

图1　南湖地区多因子综合分析及适宜性评价图

向、道德立场、思维习惯以及政治社会认知模式。这些属于意识形态的文化传承，与作为硬件的城市物质形态如交通、社区、建筑、广场、山体水系、景观、体量、色彩、空间距离等融为一个完整的整体。

4.1.4　潜在资源挖掘与因借

一个区域或城市蕴藏的资源，有的是显性的，如城市自然状况、地形、地貌、气候等，有的是隐性的，如城市的历史、传统、习俗等。显性资源结构清晰易于提炼，隐性资源缺乏秩序，形态混乱，需重新组织和调理。城市建设和改造的任务之一就是不断地使城市的隐性资源转化为显性资源，如果这一转化的过程不被重视，就有可能出现相反的过程，即建设的结果由显性部分转化为隐性，这一过程的结果就是城市特色的丢失过程。

4.2　提出有针对性的、以景观为视点的规划策略

4.2.1　梳理景观格局

吴良镛曾经说过："中国城市把山水作为城市构图要素，山、水与城市浑然一体，蔚为特色，形成这些特点的背景是中国传统的'天人合一'的哲学观，并与重视山水构图和城市选址布局的'风水学说'等理论有关"。中国的城市山水格局从表面上看是因为城市景观的需要而做的一种外观形象的建设。但在哲学的深层含义上，反映了城市与环境的关系，是人与自然的相互关系，反映了城市生活可持续发展的特征。

4.2.2　改善与修复城市生态环境

城市生态系统是以城市为中心，自然生态系统为基础，人的需要为目标的自然再生产和经济再生产相交织的经济生态系统；同时又是以人为主体的生命子系统、社会子系统和环境子系统共同构成的有机生态系统。"城市

——城市生态"是今后城市的发展方向，城市生态的建立就必须要建立城市规划科学生态系统平衡的有机结合。

城市尺度下的风景园林规划设计以生态为先导就是要运用生态学的理论，运用现代科学技术，把净化大气、保护水源、缓解城市热岛效应，维持碳氧平衡、防风防灾、调节城市小气候环境等生态功能放在首位，根据城市生态环境类型主导功能目标进行结构、模式配置的设计，最大限度的改善和修复城市生态系统。

唐山南湖生态城所在区域是唐山最为严重的采煤沉降区之一。市区排放的雨水、污水、垃圾以及电厂的粉煤灰等都汇聚于此，严重破坏了唐山市的生态环境和城市容貌，成为唐山城市"棕地"的典型代表。规划设计利用已形成的水面和场地上原有的大量植物，将该区域建设成为城市的生态公园。考虑到位于采煤塌陷区，今后有可能发生地形变化，园林景观以植物造景为主，避免大的硬质景观建设。

4.2.3　打造城市自然与文化魅力

自然是文化生成的土壤，特定的生态环境同时也是地域文化生存与发展的必要条件和合理氛围。高度文明的城市生活应该是人工环境与自然的完美结合。

文化是城市的根和魂，是城市竞争力的重要组成部分，在经济快速发展的同时，更应突出文化的软实力，坚持以核心价值引领文化发展方向，打造城市文化魅力，壮大城市文化实力，增强城市文化活力。

4.2.4　完善公共开放空间体系

城市空间以其布局结构、街道、广场、建筑、标志、绿化等实体和空间为信息的载体，城市空间特色正是通过它们表现出来的一种符号信息[5]，尤其是城市公共开放空间。如明尼阿波利斯市出色的公园系统和步行系统成为该市的一大特色。和谐社会的营造离不开丰富的公

共活动，而公共空间是公共活动的主要载体。公共空间体现了城市的宽容性，是营造和谐城市、注入城市活力的实体之一。城市公共开放空间强调系统性、多样性和可达性，强调空间尺度对人的心理感受。应通过定性和定量相结合的方法，来加强城市空间尺度控制的实施。

4.3　制定符合中国国情的因地制宜的生态策略

中国是世界上生态、环境恶化最严重的国家之一。无论是水土流失、植被毁坏、土地沙化、荒漠化，还是环境污染，其面积之大、程度之深、危害之重、趋势之烈，都是令人惊讶、发人深省、不可等闲视之的。"冰冻三尺，非一日之寒"。中国的生态、环境恶化到目前的状况，有诸多复杂的因素。既有当代现实的人为损毁，又有久远的历史传承；既有大自然沧桑变幻引发的生态逆向演替，更有人们违反自然生态规律而造成的严重后果。提出具有针对性的生态策略就显得尤为重要。

5　对当代风景园林设计行业的意义

"理想的人居环境是人与自然的和谐统一"。对理想城市模式、美好城市格局的研究，一直是人类寻求自身与自然和谐共处的途径。钱学森先生在 20 世纪 90 年代提出对我国特色建设山水城市的设想。他呼吁把中国古代园林建筑的手法借鉴过来，用园林的手法营造城市。孙筱祥先生呼吁风景园林行业的从业者，应该以更为积极的态度参与到城市建设中去，参与并指导的以奥林匹克森林公园为北侧端点的北京市中轴线的建设规划。同西苑三海一样，这条轴线的建设不仅重新梳理了北京城的城市机理，更进一步奠定了新时代北京城的城市格局。

充分考虑生态和文化的因素，以风景园林的规划设计思想结合当代的城市建设，不仅仅是学术思想的发展方向以及行业发展的必然趋势，也同样是我国当前构建社会主义和谐社会的工作内容之一。我们必须要认识到：人类共同追求的应是自然－经济－社会复合系统的全面协调可持续的科学发展。我们以生态和文化为先导的风景园林规划设计方法体系，是被实践所证实的，具有科学性和先进性的设计方法。我们必将顺应时代发展的需求，以更为积极的态度参与到和谐社会的建设中去，承担起新时期历史交与我们的任务和使命。

参考文献

[1] 徐明前. 城市的文脉——上海中心城旧住区发展方式新论. 上海：学林出版社，2004.
[2] 王浩，王亚军. 城市绿地系统规划塑造城市特色. 中国园林，2007. 23(9)：90-94.
[3] 饶戎，粟德祥，董翔. 中关村科技园区生态规划研究与编制. 北京：中国商业出版社，2003.
[4] 韦小军. 论山水形态中人居环境建设的哲学内涵. 规划师，2003. 19(6)：63-65.
[5] 段进. 城市空间特色的符号构成与认知——以南京市市民调查为实证. 规划师，2002. 18(1)：73-75.
[6] 吴良镛. 人居环境科学导论. 北京：中国建筑工业出版社，2001.

作者简介

沈丹，1982 年 9 月生，男，汉族，江苏无锡，硕士研究生，北京清华同衡规划设计研究院有限公司风景园林一所，常务副所长，工程师，研究方向为风景园林规划，电子邮箱：updan@163.com。

城市尺度下以生态和文化为先导的风景园林规划设计

中国古典园林养生初探①

Preliminary Study on Chinese Classical Garden Keeping in Good Health

宋晓静　潘佳宁　张俊玲

摘　要：中国传统养生是古代先民长期在生产生活过程中，通过长期地人与自然关系的观察，总结出的健康宝典。而园林以其本于自然、高于自然的艺术特质，无论从其山水花木的物质构建，还是诗情画意的艺术精神，正为传统养生提供了颐养天年的绝佳场所。二者都是在"天人合一"中国传统哲学影响下，体现的对人的尊重和关怀。

关键词：养生；中国古典园林；自然；哲学；中医

Abstract：Chinese traditional health preservation is an ancient ancestors in the process of production and living for a long time, the relation between man and nature through long-term observation, sums up the health of the bible. And garden with its artistic qualities of nature, natural, no matter from the landscape plants, building material, or the art of poetic spirit, is for the traditional keeping in good health is an excellent place provides the remaining years. Both are under the influence of Chinese traditional philosophy of "harmony between man and nature", embodies the respect and care for people.

Key words：Keep in Good Health；Chinese Classical Garden；Nature；Philosophy；Traditional Chinese Medical Science

天人合一是中国传统哲学的基石，"人"是中国传统哲学的主题，对人生价值意义的追问是传统哲学探讨的主要内容[1]。中国传统养生正是对人的生命尊重的体现，园林为人提供了颐养天年的最佳场所。中国人积极地通过内在心性的修养，通过明心见性的直觉与体悟，在"天人合一"的审美境界中完成对自我生命的终极关怀。这使得中国传统园林艺术与传统养生必然有着许多或多或少，或深或浅的共通之处。

养生，是古代先人在生产与生活的实践中，在逐渐认识自然和生命活动的某些规律的基础上，总结的一些维持生存、保养身体、延长寿命的经验与方法，是中国古人，对生命的尊重、珍惜、爱护的具体体现。"养生"一词最早见于《庄子》内篇，所谓"养"，即"保养、调养、培养、补养、护养"之意；所谓"生"，就是"生命、生存、生长"之意。《素问·上古天真论》更有对于养生精辟的总结："上古之人，其知道者，法于阴阳，和于术数，食饮有节，起居有常，不妄作劳，故能形与神俱，而尽终其天年，度百岁乃去"。道出了传统养生之道。

本于自然、高于自然的中国传统园林境域成为人们修身养性、体悟天道的绝佳场所。中国园林艺术是最为淋漓尽致地表达传统中国人对天地自然情感的艺术之一，它依附于自然、体合于自然，它那"虽由人作，宛自天开"的景境，柳暗花明、小桥流水的清新自然的气韵，为人的身心提供了的居游场所，体验着超越自我的无比快乐[2]。

1　传统养生的基本观点

传统养生是几千年来中华民族在与疾病作斗争的实践中认识和发展起来的传统文化和实践方法，注重实践经验与理论并重的结合。养生主要通过对自然的认知，调节身体、心理两方面的行为，使它们符合人体自身以及自然界的运行规律，从而达到人与自然和谐的状态，促进身体健康，阴阳平衡，充满生命力，达到延年益寿的生命追求。

1.1　以德正心

中国传统养生很重视修养身心和道德，以获得良好的精神状态。《吕氏春秋·情欲》中说："古人得道者，生以寿长。"孔子说："仁者不忧"、"大德必得其寿"、"仁者寿"等品德修养与人的健康、寿命密切相关。

传统养生理念强调"养生贵在养心"，《素问·上古天真论》说："恬淡虚无，真气从之，精神内守，病安从来"，提倡恬淡虚无，道法清静，精神内持。"正心""修身"能树立良好的道德修养，有利于身心的健康发展，健康舒畅的身心有助于带动全身各个脏腑器官的正常运转，自然会有利于人的身体健康。

中医学认为心主神明、主血脉。把精神意识思维活动归于心，其本质是说明德是养生的根本基础，因其与生命的动力"心脏"密切相关[3]。"心者，……精神之所舍也《灵枢·邪客篇》"古人把心看作为五脏六腑之大主。如果经常心生邪念，终日自悔精神紧张，惶惶不可终日，便会影响心神的安宁而精神恍惚。因此，心神是生命存亡之本，心神致虚守静，意志平和，心旷神怡，则精气内敛充盈，形体日益强壮。

1.2　修身养性

人有了良好的品德是养生的前提，那么还要真正地

①　东北林业大学大学生创新创业训练计划项目 91 201310225105。

风景园林规划与设计

和自然融为一体，这就是道家的养生之道。老子主张"万物并作，吾以观复。夫物芸芸，各复归其根"，而庄子主张"安排而去化，乃入寥天一"。安于天地安排，放任其自然，任随天地自然的变化，就可达到天地与我合一，万物和我一体的境界。庄子对事物的变化采取旁观的态度，主张与大自然融为一体，追求与天道相合的"天乐"，达到与天地精神往来的境界。人类与大自然的亲近与高度融合，便可享受精神上的自由与幸福，达到庄子所说的"物化"、"齐物"境界。例如"庄生梦蝶"的典故，物化后的"庄生梦蝶"指庄生化蝶，蝶化庄生，庄生与蝶呈现出浑然一体的状态[4]。人类顺应自然，消融于自然，便可"乘天地之正，而御六气之辨，以游于无穷"，从而进入人的生死并没有明确的界限，人的生命和自然真正地融为了一体，从而达到了"永生"，此乃养生的最高境界。

1.3 中医养生

中医是"在世界上，它是在现代西方医学之后的第二大医疗体系"[5]。在中国传统哲学影响下的养生，中华医学将中国的传统哲学思想和文化，通过对人的身体和心理的探究，以及人体的机能与自然界的四时节律、植物等关系的观察和总结，通过望、闻、问、切，达到治病救人的目的。

1.3.1 不治已病治未病

《黄帝内经·素问·四气调神大论》中指出："……是故圣人不治已病治未病，不治已乱治未乱，此之谓也。夫病已成而后药之，乱已成而后治之，譬犹渴而穿井，斗而铸锥，不亦晚乎"。中医的宗旨是防病于未然，中和传统的养生之道恰合。治病较之防病乃为下策，而且好多病等到非到医治的地步为时已晚，要深谙养生之道，才能"治未病"。

1.3.2 宇宙观

中医学把宇宙看作是个大天地，人体看作是个小天地，这个小天地以五脏为中心，通过气血经脉相互联系和沟通，将人的脏腑、骨骼、筋肉、皮肤连接为一个整体[6]。

人在宇宙这个大天地中，与自然界也是相和谐的，要顺应四时的自然规律，安排生产生活，日常饮食起居。《素问·四气调神大论》认为"夫四时阴阳者，万物之根本也。"人体经历四季的寒暑周替得以"春生、夏长、秋收、冬藏"。因为"人以天地之气生，察四时之法成"。《素问·四气调神大论》中医养生认为"春三月天地俱生万物以荣，应夜卧早起，广步于庭……此为春气之应养生之道，逆则伤肝"；"夏三月，天地气交，万物华实，夜卧早起，无厌于日……此夏气之应，养长之道，逆则伤心"；"秋三月，天气以急，地气以明，早卧早起，与鸡俱兴……此秋气之应，养收之道，逆则伤肺"；"冬三月，……水冰地诉，早卧晚起，必待日光，……此冬气之应，养藏之道也，逆之则伤肾。"一年四季，自然界的阴晴冷暖，与人的起居息息相关，人要顺应自然界的规律养护五脏的养从而达到养生的目的。

1.3.3 阴阳平衡

《黄帝内经·素问吐古天真论》中指出"上古之人，其知道者，法于阴阳，和于术数，食饮有节，起居有常，不妄劳作，故能形与神俱，而尽终其天年，度百岁乃去。"这里所说的"道"是指阴阳，人体阴阳平衡才能无病，阴阳失衡为有病。其中的养生法则"法于阴阳，和于术数，食饮有节，起居有常，不妄劳作。""法于阴阳"是调节人体阴阳的准则。人体阴阳的调节，一方面是人体自身的调节，通过人的饮食起居、修身养性、哲学智慧以及中医的具体方法可以达到人体的阴阳平衡；另一方面是环境养生对人体阴阳的影响。环境养生是对于人体的身心、情志、阴阳等起着非常重要的作用，中国古典园林包括了山水、建筑、植物等多种自然要素为养生提供了物质基础；同时，它集美术、文学、绘画、书法、戏曲等多种艺术为一体，陶冶人的性情，提升人的文化品位，丰富了养生的精神内涵。

2 中国古典园林的养生

园林具有自然居住和精神居住双重意义，既是身体安顿之处，又是让心灵有所寄托、精神有所归宿的地方，并且其的本质又在于精神居住。园林这种本质，使其具有超凡的社会实用功能，即在人际社会遭遇挫折和不幸之际，就会转而沉醉于园林之中，在园林获得生命的寄托；而当人生得意之时，人的美好心境投射到优美的园林景色，更能够在园林中体验生命的愉悦和超越。园林相当于一个缩微的宇宙，把人的世界和自然天地世界紧密相连，人通过园林的小宇宙去洞视天地万物的大千世界，从中获得无与伦比的愉快感受，从而达到延年益寿，并实现生命的超越与追求。

2.1 自然养生

孙思邈在《千金翼方》中提到："山林深远，固是佳境，……背山临水，气候高爽，土地良沃，泉水清美，……地势好，亦居者安"。清代养生家曹庭栋的"辟园村于城中，池馆相望，有白皮古松数十株，风涛倾耳，如置身岩壑……至九十余岁乃终"[7]。

这就使古代造园，就是要创造一个"可望、可行、可游、可居"的生机盎然的生活环境。为了达到可望，就必须建台、构筑山体、放置亭阁以观景；可行，就要铺设园林道路，遇水架桥，并为改善游园的舒适度，廊这种构筑物应运而生，遍布于园中的各种廊：爬山廊、水廊、廊桥等，不仅遮阳避雨，而且可以分隔空间，成为园中景观的主要构成要素，在园中的小空间中，以走游、登山、涉水，一品大自然山水之妙趣；皇家园林"前宫后苑"，私家园林"宅院一体"，为园林提供了可居的环境。

生活在"可居可游"的园林中，是颐性养寿的最佳所在。中国古典园林，无论是皇家园林还是私家园林，园中水木明瑟，浓翠凝碧。四季有不谢之花，四时有不同之景。都是自然的艺术升华，是人化了的自然，都是休闲养生的绝佳场所。

2.2 精神养生

园林无论规模大小，耗资多寡，如果在这种悠闲舒缓、情趣盎然的美感空间中，再将诸如书画、古玩、香茗、声伎等各种无关生产的"长物"纳入其间，同时在主观情感上沉湎其中，对之爱恋成癖，士人即得以自乐逍遥，终享天年。借这些无关基本生活之需的"长物"，建起他们全部的精神生活，用独特的感官营造一个有别于世俗世界的精微典雅的美感世界。

庄子的至乐无乐、忘适之适的思想，是人在纯粹体验中所发现的悠游境界——人无喜乐，以世界之乐为乐。人观鱼而知鱼之快乐，万物无情，而人有情，人观万物，故万物皆染上人的情感色彩。庄子游鱼之乐，并非"移情于物"，而是"忘情融物"。临流观鱼，知鱼之乐，也就是士大夫所竞相标榜的了。园林中不乏"鱼乐园"、"濠上观""知鱼槛""知鱼濠"等景点，都再现了庄惠濠梁观鱼的意境。如留园的"濠濮亭"，"知鱼桥"，桥下绿水盈盈，鱼戏莲叶，当月到风来之时，浪拍石岸，呈现出"月波激滟金为色，风濑琤琮石有声"的清幽意境。园林中的一草一木时时刻刻都在变，人融于世界之中，可以时刻感受到新变，时刻有"适我"——适我愉悦、安稳我性灵的体验。园林是生活在"可居可游"的怡性养寿的最佳所在。

2.3 艺术养生

宗白华先生认为"中国哲学是就'生命本身'体悟'道'的节奏。'道'具象于生活，礼乐制度。'道'犹表象于'艺'。灿烂的'艺，赋予、道'以形象和生命，'道'给予'艺'以深度和灵魂"[8]。

传统的各艺术门类的学习是净化心灵的过程，士人们借助自己较高的文化艺术修养，将文学艺术、绘画艺术、书法艺术等纳入到园林中，并将其与日常的学习、生活、会友等空间紧密结合，修习之可使人赏心悦目，能提升内在修为，既能获得感官愉悦，又能得到心理的升华，"赏心悦目"修养内涵，便是达到了中医养生的"养内者，以恬脏腑，调顺血脉，使一身之流行冲和，百病不作"[9]。

3 结语

中国古典园林和中国传统养生都是中华民族智慧的结晶，是中国传统哲学和文化宝贵的财富。中国古典园林通过其山、水、植物、建筑、装饰等物质构建提供了绝佳的颐养天年的人间仙境，其集诗、书、画、昆曲等艺术于一体充满诗情画意的艺术精神的构建，满足了自秦汉时期的君主对于长生不老的生命祈求，以及文人士大夫仕途失意时，对于身心劳顿的生命的寄寓的需求及精神愉悦的自由精神的追求。古典园林中包含的养生智慧，为现代园林更大地发挥改善人居环境、实现健康长寿的主导作用，提供了更多的思考和借鉴。

参考文献

[1] 张世英. 天人之际——中西哲学的困惑与选择[M]. 北京：人民出版社，2006.

[2] 金学智. 中国园林美学[M]. 北京：中国建筑工业出版社，2005.

[3] 王农银. 中医基础理论[M]. 北京：中国中医药出版社，2006.

[4] 梅晓云. 道德经：论精神养生[J]. 甘肃中医，2001. 14（6）.

[5] Vickers E, Dharmananda S. Traditional Chinese Medicine and MukiPle Sclerosis A Patient Guide [EB/OLD]. [1996] http：//www. itmomline. org/arts/ms ＆ cm. htm

[6] 聂佳佳. 中医养生的历史渊源[J]. 健康大视野：医药卫生，2003(3).

[7] 周际明. 养生学新编[M]. 上海：东华大学出版社，2006.

[8] 宗白华. 美学散步[M]. 上海：上海人民出版社，2005.

[9] 明·龚廷贤. 寿世保元.

作者简介

[1] 宋晓静，1991 年 7 月生，汉族，山东威海，东北林业大学园林学院风景园林 2010 级本科生，电子邮箱：243734119@qq.com 。

[2] 潘佳宁，1993 年 6 月生，汉族，哈尔滨，东北林业大学园林学院环境艺术 2011 级本科生，电子邮箱：1449535910@qq.com 。

[3] 张俊玲，1968 年 2 月生，汉族，哈尔滨，博士，东北林业大学园林学院副教授，电子邮箱：zhajl@163.com。

基于恢复生态学的郊野后工业公园保护与再利用的景观规划设计探究

——以上海市宝山区钢雕公园为例

Research on Renovation and Design of the Post-industrial Country Park Based on the Restoration Ecology with the Example of Baoshan Steel Sculpture Park in Shanghai

宋　昕

摘　要：郊野后工业公园是位于城市边缘或近郊区大面积的在工业遗址上建设的自然景观区域，它以其独有的工业景观冲击力和工业遗产资源优势满足城市居民回归自然、认识自然和放松身心、缓解压力的愿望。本文以"恢复生态学"为切入点，对后工业郊野公园的工业遗产再利用方式及恢复生态学特征进行了研究和总结，并就如何营造符合生态需求的郊野后工业公园展开讨论，最后落脚于上海宝山区钢雕公园，结合实例分析郊野后工业公园的生态恢复和工业遗产再利用的设计思想。

关键词：后工业；郊野公园；恢复生态学；景观

Abstract：The post-industrial country park is the natural landscape area located in the city suburbs and constructed on the ruins of the industry, which fulfill citizens' wishes of returning to nature and relaxing themselves with its particular industrial landscape. This paper takes the restoration ecology as its hitting-point to analyze and discuss the renovation ways of the post-industrial country park. Finally the paper introduces the design ideas of the restoration ecology in post-industrial country park with the example of Baoshan steel sculpture park in Shanghai.

Key words：Post-industry；Country Park；Restoration Ecology；Landscape

1　导言

20 世纪 80 年代以来，世界各国尤其是西方发达国家正在进行着产业经济格局的巨大转变，传统制造业、重工业等第一产业逐渐衰弱，进入所谓的"后工业"发展时代，造成大量工业废弃地、工业厂房、建筑的闲置。西方传统工业国家较先意识到了这些工业遗产的价值，进行了一系列后工业景观规划设计的工程实践。郊野后工业公园对于继承原有工业"场地精神"，对工业废弃地进行生态恢复与生态更新方面起着越来越重要的作用。

2　对后工业景观的认识

2.1　工业废弃地

工业废弃地是指以前进行过工业生产活动，或为工业生产活动提供仓储、交通、运输等的场地，在工业生产活动停止以后废弃的场地。常见的工业废弃地有采矿场、采石场、钢铁厂、煤气厂、汽车厂、造船厂以及工业码头、铁路（包括火车站）、垃圾填埋场地等。

2.2　郊野公园与后工业

郊野公园多位于城市郊区，面积较一般市中心公园大，注重营造生态化的景观环境。而工业用地因为需要占

用较大场地建设工厂、车间，同时工业生产过程中又会产生废物和噪声，因此往往设置在城市郊区甚至传统城镇。郊野公园的地理位置与生态特征恰好与工业废弃地的景观更新、生态恢复、游憩营造需求紧密契合，因而诞生了郊野后工业公园这一类型。

2.3　恢复生态学的设计思想

恢复生态学是 20 世纪 80 年代以来迅速发展的应用生态学的一个分支，主要致力于在自然或人为影响下受损的生态系统的恢复与重建。恢复生态学是研究生态系统退化的原因，退化生态系统恢复与重建的技术和方法及其生态学过程和机理的学科，它基于生态系统的演替理论，使退化的生态系统得以重新利用，并恢复其生物学潜力，在当代发挥着越来越重要的作用。工业废弃地由于之前进行过工业生产活动，普遍存在着各种工业污染物，限制着这些废弃地的再开发和利用，因此恢复生态成为后工业改造的首要任务。与纯粹的恢复生态学或者环境工程不同，在景观师的视角下，工业废弃场地污染物的处理将更多呈现出一种艺术和美学内涵。

3　郊野后工业公园的设计手法

3.1　废弃工业厂房建筑、构筑物和工业设施的再设计

工业遗产是工业废弃地独具特色的景观和艺术承载

物，废弃工业厂房建筑、构筑物（如烟囱）和工业设施带有高度识别性的物质形态和形式结构是郊野工业废弃地再设计时最值得保留的人工设施。如何赋予其新的历史意义和审美内涵，成为郊野后工业公园设计中独具特色的部分。

3.1.1 保留原厂房建筑等并赋予其以新的使用功能

工业建筑的结构强度高，空间尺度大，易于改造成为其他功能，达到可持续利用的目的。在彼得·拉兹设计的德国鲁尔北杜伊斯堡景观公园中，原有的钢铁厂的中心动力站被改建为多功能大厅，用于举办国际性的展览、会议等大型公共活动。原有的鼓风机房被完整保留并改造成鲁尔区的剧场，结合周围其他工业厂房成为露天影剧院、会议、演出等活动场地（图1、图2）。

图1　北杜伊斯堡公园中保留的煤气储罐

图2　北杜伊斯堡公园保留的钢铁厂

3.1.2 保留地标意义的工业构筑物

保留具有地标意义的工业构筑物如水塔、烟囱、煤气堡等作为标志物、景观小品、景观雕塑等，并使之成为具有象征意义的纪念物，作为对土地记忆的延续。西雅图煤气厂公园是在西雅图煤气厂旧址上新建的公园，设计师有选择的保留了原有的工业设施，将精炼炉作为工业时代的纪念物和巨大的工业雕塑，不仅留下了场地的记忆，同时成为公园的标志，巨大的尺度和锈蚀的高

炉具有极强的震撼力。再如广东中山的岐江公园，保留了原粤中造船厂的船坞的同时也保留了20世纪70、80年代的记忆，旧船坞被插入一个当代的膜结构设施，同时还新建了美术馆，也算赋予了旧的废弃车间以新的时代意义。

3.2　工业废弃场地的废料利用与生态恢复

除了对大体量的废弃厂房、建筑、构筑物与工业设施的保留外，对原有工业材料的废物利用及对受污染后的场地的生态恢复和重建才是郊野工业公园更具人文意义和可持续意义的部分。

3.2.1 废料的可持续利用——工业材料

从生态意义上来说，工业废料也是一种资源，是可以经过再生重新利用的材料。工业废弃场地上的废料更多是指工业活动留下的残砖砾瓦或工业废渣等。在恢复生态学中，生产造成的废渣往往对场地造成了影响，因而对废渣再利用的前提便是对其进行污染治理或者掩埋，以便再次利用。

在北杜伊斯堡景观工业中，设计师拉兹利用原钢铁厂遗留下来的47块锈蚀钢板再生成了一个金属广场，锈蚀钢板铺装其中，营造了浓重的后工业氛围。针对有些抗污染能力较强的植物，厂址原有的工业废料成为它们生长的基床，植物对土壤成分进行着生态恢复与净化，尽管历时较长，但减少了移植土壤的花费，同时充分体现了郊野景观的生态特征与后工业景观注重生态恢复的特点。

3.2.2 工业废弃场地的生态恢复

这是郊野后工业景观营造时需解决的关键技术问题，也是恢复生态学在郊野后工业公园规划设计中核心价值的体现。在整个景观规划设计过程中最需要生态技术支撑的方面归纳起来主要有三个方面，即场地恢复、水体净化与植被再生。

（1）场地恢复

恢复生态学主张用生态系统修复的方法逐渐消化分解有害物质而对于污染严重的有毒物质则采用深埋的方式，防止对表层植被产生不良影响。在北杜伊斯堡景观公园的料仓花园中，由于钢铁生产造成的多环芳烃污染影响到基地的进一步开发，设计师便将这些黑色污染物装入封闭袋中，深埋地下，覆盖土壤，种植花园，以满足游人活动的要求。设计师还考虑到雨水会使这些黑色污染物扩散，因而在污染土壤上面覆盖沥青密闭层，并通过一套新的排水设施收集排放地表径流，避免雨水的渗透导致深层土壤的扩散污染，可谓用心良苦。

（2）水体净化

工业生产活动因为其生产特性及生产过程中取水与排污的需要，工业区往往与水相邻，造成水体的严重污染。近年来湿地景观的风靡便是水体净化的一个主要的景观表现手段。在杜伊斯堡景观公园中，设计师拉兹对场地原有的排水渠进行生态恢复治理，使水渠一带摇身一变为水景公园，恢复了该地区的生态活力。并且利用原有的冷却水池，回收天然降水，通过地表径流或排水管流入原水渠，形成雨水回收系统和一个小型的湿地生态系统，使原有的水渠焕发青春，向人们展示新景观生态恢复的魅力。

（3）植被再生

在郊野后工业景观设计中，非常注重用植物修复的手段修复场地肌肤，关注植物生长过程中对环境的净化效益，认识到植物群落生态系统服务功能，促进场地各个系统的良性发展。现在的生态学业在致力于研究能够降解污染物的工业植被。例如纽约弗莱士河公园的实践中，由于其建于纽约市郊的弗莱士河边垃圾填埋场，生活和工业填埋物使得土壤质量变差，再生能力受挫。由 Field Operation 领导的设计团队没有使用表层土替换的方法，而是采用了现场带状耕作的方法来改善现有土壤。这种方法借鉴于常规的农业方法，每年播种时农作物碎料作为肥料混入土壤中，而植物按照地形等高线交错种植，整个区域分组更新土壤，每组需要 4 年来完成。虽然这是一个漫长的过程，但是比起引进新土壤，这种方法更加治本，改造效果甚佳。

4 上海宝山区钢雕公园实例研究

4.1 钢雕公园简介

钢雕公园位于上海市宝山区长江西路 101 号上海国际节能环保园内，总面积 53000 ㎡，原来是上海铁合金厂，是我国冶金行业的 8 家重点铁合金生产企业之一，但由于能源消耗和污染排放巨大，在 2006 年停产，成为上海市产业结构调整战略中的一次历史性事件。上海铁合金厂所在的宝山吴淞工业区曾经也是高能耗、高污染企业集中地，在产业结构转型后，宝山区政府决定在原地块上建设钢雕公园，作为后工业景观的示范。宝山区位于上海北部，南与杨浦、虹口、闸北、普陀 4 大中心城区毗连，属于上海郊区之一。宝山区全区交通便利，因而建于市区近郊的钢雕公园也成为市区居民休闲游憩，打造上海郊区环城绿带的郊野公园之一。钢雕公园核心区景观设计由德国瓦伦丁城市规划与景观设计事务所和上海市园林设计院有限公司共同完。设计基于对工业遗产的综合价值分析和生态恢复的设计理念，是郊野后工业公园景观规划设计的一次成功探索。

4.2 钢雕公园工业建筑设施

除尘塔原来是上海铁合金厂生产过程中储存粉尘的巨大容器，有 10 层至高，现在作为"钢雕一号"成为钢雕公园的镇园之宝，视觉的标志物。未来里会设立咖啡厅、灯光秀，最妙的是里面还有残留的上百吨粉尘，可以制作纪念品。钢雕公园内的其他构筑物也是在原有的废弃厂房、仓库、堆场等基础上修建而成，整个钢雕公园工业感十足，颇具震撼力（图3—图6）。

图 3 钢雕作品一

图 4 钢雕作品二

图 5 钢雕作品三

图6 工业废料营造的下沉式空间

4.3 钢雕公园生态修复设计

钢雕公园原址为上海铁合金厂，从事钢铁行业多年，厂区原有14座铁合金生产电炉，在为我国钢铁工业做出重大贡献的同时也排出了高达3000吨的粉尘，占全市的七分之一，是污染大户。生产多年对场地土壤、水体造成了严重污染，因而生态恢复设计是钢雕公园规划设计的一个重要方面。

4.3.1 工业建筑废料的处理

钢雕公园在建设过程中，注重了原有建筑废料的有效利用，并且还艺术的利用这些废料。这些废料的一个主要利用方式便是运用于景墙和铺地中，这主要体现在核心景观区的西部，即疏林草坪区域。此区域的软硬之铺装均采用基地内报废的石料，通过分类筛选，用报废的钢材、混凝土预制板、砖石和矿石等，创造出类似中国山石盆景的园林小品，放在软质铺装的倒状斑块，可谓化腐朽为神奇。北侧利用工业废料、废弃石块、混凝土等扎成钢筋石笼墙作为景墙，围合成两个不同私密性的小空间，配以工业感强烈的座椅给人提供休憩空间（图7）。

图7 钢雕一号

对于除尘塔也做了特别设计，保留了除尘塔东侧原有仓库的墙体框架，改造成1.8m高的景墙，四面墙体自

然围台空间。边缘的硬质铺地均采用原有厂区废弃的红砖、青砖及块石。

最值得一提的是，钢雕公园西部的永久钢雕展示区，其中展示着五十多件利用废旧钢材制作的艺术雕塑作品，定期更换，这些作品有的具体，有的抽象，在疏林草地的背景映衬下显得十分有趣，成为废旧工业与艺术流派的完美结合，形成独具魅力的特色景观，使人们感受到工业文脉的延续，领悟废弃与重生的循环哲理（图8-图11）。

图8 工业废料铺装

图9 工业废料铺装

图10 生态恢复植被

图 11 生态净水

图 13 工业废料营造的休憩空间

图 14 生态恢复性景观

4.3.2 水体修复净化

钢雕公园中央有水景区，充分收集利用天然降水，采用渗水铺装做法让自然雨水成为地下水，形成良好的自然水循环系统。中央水景区的水池东侧有若干小型花园，利用水生植物净化水质，为主水池提供用水。同时，水生植物如芦苇、菖蒲、美人蕉、荇菜等都为钢雕公园营造了郊外的野趣，颇有郊野公园的韵味。而巨大的工业除尘塔倒映在中央水池中，秋风徐徐，芦苇摇摆，颇添几分诗意。

在钢雕公园园区的东北角还特别设有水体净化区，在原有工业行车架范围内设置了三个芦苇净化池、两个睡莲观赏池、中心水渠及一块乔木种植区，主要展示水生植物净化功能，将净化处理后的水体分别引入睡莲观赏池、中心水区及中心水池，形成水系循环（图12—图15）。

图 12 生态净水与景观空间结合

图 15 新生的钢雕一号

4.3.3 植被修复

在钢雕公园西侧有一块受严重污染仍然生长良好的植被，设计时对其充分保护利用，尊重自然恢复的力量，保留特有的工业植被资源。由于此处污染严重因而限制游人自由进入而是在林中架设步道，让人近距离感受工业自然的魅力。

5 结语

郊野后工业公园近年来在国内外工程领域有诸多实践项目，后工业景观设计浪潮方兴未艾，并且还注入了恢复生态学这一学科支持。景观规划设计发展越来越体现出学科交叉化和综合化的趋势，工业时代笨重的钢铁建筑、大体量的钢筋混凝土厂房不再是破败和污染的象征，而是后工业时代的美学价值的体现，也是对现状原有场地肌理、精神、记忆的充分尊重，后工业景观前景可观，拭目以待。

参考文献

[1] 丁一巨，罗华. 上海国际节能环保园景观设计. 园林，2009(03)：40-43.

[2] 王向荣，林菁. 西方景观设计的理论与实践. 北京：中国建筑工业出版社，2002.

[3] 王向荣，任京燕. 从工业废弃地到绿色公园：景观设计与工业废弃地的更新. 中国园林，2003(03)：11-18.

[4] 俞孔坚. 从世界园林专业发展的三个阶段看中国园林专业所面临的挑战和机遇. 中国园林，1998(01)：17-21.

[5] 刘抚美，邹涛，栗德祥. 后工业景观公园的典范：德国鲁尔区北杜伊斯堡景观公园考察研究. 华中建筑，2007(11)：77-86.

[6] 王祥荣. 生态与环境. 南京：东南大学出版社，2000.

[7] 刘海陵. 郊野公园的基础性研究：[学位论文]. 上海：同济大学，2005.

[8] 周向频，周爱菊. 上海城市郊野公园的发展与规划对策. 上海城市规划，2011(5)：52-59.

作者简介

宋昕，1989 年 11 月生，女，汉，同济大学建筑与城市规划学院景观学专业研究生在读，主要研究方向为景观与园林设计及历史理论与遗产保护，电子邮箱：song8737@126.com。

地域文化影响下的景观营造

——以辽阳市河东新城轴线景观设计为例

Landscape Construction under the Influence of the Regional Culture
——Taking the Hedong New Town Axis Landscape Design of Liaoyang City as an Example

孙百宁　潘芙蓉

摘　要：本文对地域文化影响下的景观轴线进行分析，并以辽阳市河东新城行政礼仪轴线景观设计为例，试图探讨景观轴线在景观营造中所起的作用。设计项目以历史文化元素——"宝相花"图案、历史典故为基础，通过不同的景观空间，营造出具有地域特征的景观轴线。同时行政礼仪轴线给人们一种视觉引导，增强了人们在空间中的体验感，将不同地块串联起来，多角度的展示辽阳城市文化，创造出一种既尊重历史，又尊重地域文化的景观表达方式，达到一种不同空间秩序。

关键词：景观营造；景观轴线；行政礼仪轴线

Abstract：In this paper，landscape axis under the influence of regional culture is analyzed，taking the landscape design of the ceremonial axis of Hedong new town in Liaoyang City as an example，trying to explore the role of the landscape axis in the landscape construction. The design project is based on historical and cultural elements，"designs of composite flowers" pattern and historical allusions，creating a regional landscape axis through different landscape spaces. At the same time，the ceremonial axis provides people with a visual guide，enhances people's experience in space，integrates different plots in series，displays Liaoyang City culture from multiple perspectives，and creates a way of landscape expression that respects history as well as local culture，achieving a different spatial order.

Key words：Landscape Construction；Landscape Axis；The Ceremonial Axis

在人类城市发展过程中，城市景观轴线不仅是城市规模的代表、权力和仪式的象征，更是地域文化内涵的集中体现。东西和南北的轴线最初是应用在建筑上，而后扩大到更大范围的城市区域、在布局上建筑按照轴线串联起来，形成整体秩序布局和群体轴线[1]。中轴线手法是地域文化在空间架构上的一种体现方法，是对空间赋予特殊意义的一种经典设计手段。它本身所传达的秩序、对称、均衡、序列都表现出传统的审美原则，对当今城市发展起到至关重要的作用。城市景观轴线必须以地域文化为依托，才能凸显其城市地方特色。优秀的城市景观轴线应该突出城市的地方特色和个性，突出其历史文化价值和艺术价值。如何利用中轴线来体现地域文化，挖掘中轴线在现代城市规划中的应用潜力，是本文研究的重点。

1　城市景观轴线的源起

城市景观轴线是指在城市中起总体结构性的空间驾驭作用的线形空间要素[2]，在城市中起组织和控制城市空间的作用，是城市空间的结构骨架，通过中轴线可以串联起城市交通、景观、用地功能等系统。城市景观轴线在空间布局和设施建设上带有明显的地域文化色彩。

在人类社会早期，由于社会生产力极端低下，人们在自然的认识非常有限，人们把能带来光明的太阳作为崇拜的对象，早期城市的中轴线与太阳崇拜有关，而且有一种说法是，最早的轴线是东西轴线，后来，随着统治阶级

权力的膨胀逐渐出现了南北轴线、东西和南北十字交叉轴线以及多轴线的城市景观轴线布局形式。

在我国，城市最初的形成存在中心观念，我国原始聚邑已经有"择中"的观念了，"古之王者，择天下之中而立国，择国之中而立宫，择宫之中而立庙"[3]。在"择中"的同时，还有很强的方位感。"为政以德，譬如北辰居其所而众星共之"[4]，把"居北"和"面南"作为对一国之君的起码要求。先秦时期的都城，或整体、或局部、或单体建筑已不同程度地形成了中轴线布局。由此形成了中国大量的城市南北中轴线的出现，其中最为著名的是具有壮美秩序的北京中轴线。

从城市景观轴线自身角度来看，城市景观轴线的出现一方面是统治阶级意志的体现，另一方面是城市特定的地域文化在城市形态上的体现（图1）。

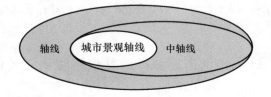

图1　城市景观轴线及轴线中轴线关系图

2　城市景观轴线的类别

由于不同地域，不同国家，不同城市，在城市发展中

所形成的中轴线也不尽相同。

从存在形式上可以分为实体中轴线和空间中轴线，不管是实体中轴线还是空间中轴线都与城市扩张有密切的关系，中国传统城市一般多采用实体中轴线而非西方的空间中轴线；从等级上可以分为整体中轴线和局部中轴线，整体中轴线一般贯穿整个城市的大部分区域，而局部中轴线一般存在于城市局部地段，对局部地区也起到控制建筑及景观布局的功能；按形成时间可分为设计中轴线和自我完善中轴线，设计中轴线是在短时间内通过设计者设计而成的，自我完善中轴线是在城市形成过程总逐渐形成的；按具体形态可以分为直线型、转折型、曲线型中轴线；按功能可以分为发展中轴线、功能中轴线和景观中轴线；按性质可以分为政治中轴线、经济中轴线、交通中轴线和绿化中轴线；还可以分为单一中轴线、十字中轴线和多中轴线等。

不管什么类型的城市景观轴线，在城市发展过程中都起着至关重要的控制和延展作用，同时漫长的城市发展过程也为中轴线打上了深深的地域文化烙印，一个城市的中轴线就是一个城市当地文化传统发展的历史。

3 地域文化与城市景观轴线景观

所谓地域文化是一个地区在经历了特殊的历史时期，同时受地理、气候条件的影响，经过长年累月的发展而逐步形成的具有地区特色的社会生活。城市景观轴线的形成与发展和人们文化生活方式的发展、城市地域文化有着密切的联系。不同的城市由于所处的地域不同，从而产生不同的地域文化，不同的地域文化业产生不同的城市文化，也就产生了不同的城市景观轴线的空间架构。因此城市景观轴线是一个城市文化的集中体现，它所展现出来的也应是一种地域文化现象，是本土政治、经济、宗教、民俗、历史等诸多因素的结晶。

作为特定的空间艺术形式，城市景观轴线利用空间序列以及建筑造型、植物造景等要素来渗透文化元素。城市景观轴线设计要充分挖掘蕴含当地历史文化的题材，立意于本地的地域文化特征以及自然环境基础之上，使城市景观轴线具有地域文化特征，又赋予时代特征。

辽阳市河东新城襄平广场行政轴线位于辽阳市河东新城起步区的核心位置，是体现辽阳市城市发展的历史文化缩影。在襄平广场行政轴线设计过程中，充分挖掘本土文化内涵，通过运用各种技术手段，从规划设计到材料选用再到施工建设，来体现辽阳地域文化对行政轴线的影响。

4 辽阳市河东新城行政礼仪轴线景观设计

4.1 项目概况

河东新城行政礼仪轴线位于辽阳市河东新城起步区中轴地处太子河东岸，河东新城一期起步区的中心地段，新运大道与襄平大道之间。周边有高档酒店及高档社区，城市公共建筑附辽阳市河东新城起步区中轴线是

河东新城的核心所在，更代表着整个辽阳市的新的城市形象（图2）。

以"传承与创新"为目标，精心提炼属于场地本身空间与时间范畴内的特有的文化，并将其升华为适于当下人理解的文化，同时采用青铜景观柱、景观浮雕墙等元素作为体现历史文化的载体：象征吉祥、美满、富贵平安的宝相花图案，经过进一步的艺术加工，运用在广场的公共设施及铺装上；而沿绿地边缘设置的场景式人物雕塑，则着重体现民族文化的交融。

图2　辽阳行政轴线　　图3　辽阳行政
　　规划区位图　　　　　轴线规划方案图

4.2 规划设计

起步区中轴线是河东新城的核心所在，更代表着整个辽阳市的新的城市形象。而襄平广场作为中轴线的重要组成部分，则必然承担起集中展示辽阳城市历史、文化、发展、未来等一系列人文特色景观的重任。

由北向南依据功能定位，分别设计为：人民公园、政务中心、市民广场、襄平广场、衍水清音广场、中南广场、太子河风光带。河东新城行政礼仪轴线是承担起集中展示辽阳城市历史、文化、发展、未来等一系列人文特色景观的重任（图3）。

4.2.1 设计过程中思考

如何处理广场与新城的关系，使之成为完善新城功能、重塑城市空间的契机？如何从单纯的环境改造提升到可持续发展的高度，营造适宜人居的生活环境，打造精品型的城市会客厅？

4.2.2 历史文化提炼

寻找、打造历史的承载体——景观柱、景墙。

体现各时期的民族文化特点——景观柱、景墙。

意寓：吉祥、美满、清廉 ——设施、铺装。

完善公共服务设施和城市功能——景观柱、景墙、铺装、设施等。

4.2.3 设计目标

突显历史底蕴：中轴景观提升充分展示辽阳悠久的历史文化，浓厚的古都底蕴。通过造景的不同方式，多角度展示出辽阳的城市文化，让更多的人民走近辽阳，了解辽阳的历史。

彰显新城风采：在新区的景观提升上，不仅展示了悠久的历史文化，同时通过新颖的设计手法和设计理念体现了新城风貌。

新区礼仪中轴：中轴景观是整个河东新城起步区的核心，集政务、商业、休闲、娱乐多功能于一体。因此，在景观提升上着重表现中轴的礼仪性。

构建和谐之城：新城新气象，在全面构建和谐社会的背景下，河东新城合理的规划、管理方式，以及以人为本的建设原则，必将把河东新城打造成为东北地区璀璨的和谐之城。

4.2.4 规划设计

将中轴看作整体进行考虑，设计中有意突出中轴，既弱化了道路对于地块的割裂，又强化了地块之间的联系和统一。使得每个地块都独具特色，又密切相互联系，形成有机统一整体（图4）。

辽阳河东新城起步区中轴把自然从山体中引入城市，在城市中穿行，延伸至太子河，最终回归到自然里去（图5）。

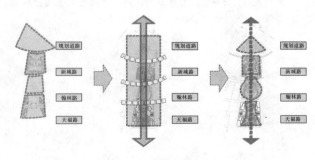

图4 辽阳行政轴线规划结构图

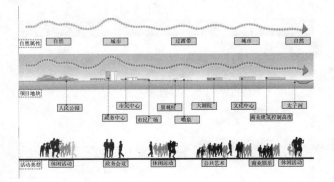

图5 辽阳行政轴线空间分析图

以"传承与创新"为目标，精心提炼属于场地本身空间与时间范畴内的特有的文化，并将其升华为适于当下人理解的文化，同时采用青铜景观柱、景观浮雕墙等元素作为体现历史文化的载体：象征吉祥、美满、富贵平安的宝相花图案，经过进一步的艺术加工，运用在广场的公共设施及铺装上；而沿绿地边缘设置的场景式人物雕塑，则着重体现民族文化的交融。

4.2.5 详细设计

雕塑小品：通过将供远观的大型标志型雕塑以及供近玩的人性尺度的组合型小品的结合，凸显地域文化特色。

照明设计：结合雕塑、喷泉等景观元素的效果需求，选择适宜的灯具类型，有效控制光源色彩、照度的同时，营造特色的夜景照明。

水体设计：水池深度将原来800mm调到200—300mm增加主入口两侧喷泉组合，及雾森效果，营造宜人的亲水空间和独具生命力的水景环境。

绿化设计：将原有的绿篱去除，并完善原有的植物配置，增强花池内的植被层次感，并根据景观营造需求适当增加点景植物群落，依托植物元素自身的特性，营建良好的公共开放空间。

铺装设计：宝相花石砖的设计，在延续中轴线完整性的同时，保障了场地空间强有力的文化特色。

交通系统：广场出入口分别与城市主干道相通，保证了交通的顺畅。场地内原有停车场全部取消后，改成道路两侧临时停车场位，设置为短时间的停留。场地内圆形下沉广场两侧增加了平台，以保证交通的可达性。

服务设施：根据功能需求，合理布置公厕、小卖及管理用房，以确保广场的正常使用及维护。

4.3 照明设计

在襄平广场的照明设计中，尝试利用灯光效果对城市广场加以美化，运用光线照射的强弱变换、色彩搭配来淋漓尽致的表现广场的特有风格，强化场地空间的视觉冲击力，并通过不同的光影变幻来丰富广场的夜景效果，以及将各个空间的照明技术与艺术有机融合的城市综合体（图6）。

具体设计如下：

广场：采用防眩光地埋灯与景观灯柱相结合的方式，强化广场的轴线感。

设施小品：利用灯光效果，渲染8根景观柱的伟岸，体现时间与文化的交融。

水系：以点状LED灯勾勒水岸线，营造水体夜景的同时为市民提供安全的照明引导。

休憩区：广场内设置的座椅、花坛、台阶，采用间接的扩散光营造温馨的氛围。

景墙：利用光影投射，赋予平白的墙面朦胧的效果和勃勃的生机，为静止的空间增添无穷的动感。

园路：选用嵌入式埋地灯等简洁型、具有几何线条的灯具，配以高显色性的暖色光源，为游人提供照明。

图6 辽阳河东新城行政轴线夜景图

4.4 愿景

我们相信：建成后的新城轴线广场，必将以其华丽如白塔宝相花般的魅影，以其凝聚着2300年灿烂地域文化的身姿，成为辽阳市推进城市化进程、实现城乡一体化发展的一座划时代的丰碑（图7）！

图7 辽阳河东新城行政轴线建成相片

5 结论

在我国城市化发展过程中，城市中轴线已经成为城市展示其文化内涵的一个显著标识。辽阳河东新城轴线景观设计从地域文化入手，秉承因地制宜的原则，对场地空间进行深入研究，在集聚高端商务、办公等服务职能、创造绿色开放空间、弘扬地域风格等方面进行阐述与展示，形成具有地域文化特色的行政中心。景观设计围绕该定位，对公共开放空间的不同划分，外围植物空间的围合，大小不一的城市公共绿地，内部不同尺度开放空间的分析，构建具有辽阳特色的城市综合开放中轴。为辽阳城市发展带来了新的契机。期望辽阳河东新城轴线景观设计案例能为今后城市景观建设提供一定的帮助和借鉴。

参考文献

[1] 迷楼. 中轴线，一个城市的来龙去脉. 西部广播电视，2008. 09.

[2] 陈蔚珊. 论广州城市中轴线的形成与规划. 城市观察，2011. 05.

[3] 吕不韦. 吕氏春秋. 公元前239年左右完成.

[4] 孔子弟子及其再传弟子. 论语. 公元前540-400.

作者简介

[1] 孙百宁，1982年9月生，男，蒙古族，黑龙江牡丹江，硕士，工程师，风景园林设计师，北京清华同衡规划设计研究院有限公司，研究方向为风景园林规划与设计，电子邮箱：99123641@qq.com.

[2] 潘芙蓉，1983年生，女，湖南，本科，2006年毕业于北京林业大学环境艺术设计专业，工程师，现工作于北京清华同衡规划设计研究院有限公司，研究方向为风景园林规划与设计，电子邮箱：forannda@126.com.

风景园林规划与设计

在 LAF 的"景观绩效系列（LPS）"计划指导下进行建成项目景观绩效的量化

——以北京奥林匹克森林公园和唐山南湖生态城中央公园为例

Quantification of Landscape Performance for Built Projects through LAF's Landscape Performance Series

——Case Studies of Beijing Olympic Forest Park and Tangshan Nanhu Eco-city Central Park

孙 楠 罗 毅 李明翰

摘 要："景观绩效系列"（Landscape Performance Series，简称 LPS）系美国风景园林基金会（Landscape Architecture Foundation，简称 LAF）于 2011 年启动的一个全新的研究计划，旨在针对可持续性设计方面杰出的建成项目进行景观绩效的量化，并加以归纳、总结和整理存档。本文首次将这一具有开创性意义的计划对国内进行引介，以北京奥林匹克森林公园和唐山南湖生态城中央公园两个项目的量化分析为例，通过具体实践来介绍 LPS 计划的目标、目的、方法、价值以及对于国内景观项目绩效评估的意义。

关键词：景观绩效系列；LPS；LAF；评估；可持续性

Abstract：Landscape Performance Series (LPS) is a research program founded by Landscape Architecture Foundation (LAF) in 2011. It is a set of resources to show value and provide tools to evaluate performance and make the case for sustainable landscape solutions. The article is the first introduction of this innovative research program in China. It takes Beijing Olympic Forest Park and Tangshan Nanhu Eco-city Central Park as case studies to show the process of landscape performance quantification, while presenting the targets, objectives, methods, values and significance of LPS program for landscape performance evaluation in China.

Key words：Landscape Performance Series；LPS；LAF；Evaluation；Sustainability

1 "景观绩效系列（LPS）"计划的背景

随着生态环境与城市建设之间的矛盾日益加剧，以可持续性理念，优化人居环境为指导，改善城市环境，低碳、低影响、低排放的设计开始受到重视。这些理念的具体内涵通常包括材料再利用、能源和资源节约以及生态环境营造等。此外，一个优秀的风景园林项目所带来的效益远不止于环境价值上的，同时涉及经济价值层面和社会价值层面的，如土地升值所产生的经济效益，以及如居民生活水平提高所产生的社会效益等。然而此类概念通常较为抽象，难以估量，在表达项目成效时难以形成深刻、具体和可靠的印象。如果能将其以较为具体的、量化的信息来表达，客观呈现出项目在生态、经济和社会效益方面的绩效，无疑可以使这一较抽象的概念更为直观和具有说服力。这样的信息既可以帮助决策者进行政策决定、投资评估、社会宣传等，并能提升风景园林在相关领域如建筑学、土木工程之间的地位，同时，也可以为设计师积累相关类型项目的经验。

为此，美国风景园林基金会（Landscape Architecture Foundation，简称 LAF）于 2011 年启动了一个全新的研究计划——"景观绩效系列"（Landscape Performance Series，简称 LPS），旨在针对可持续性设计方面杰出的建成

项目进行景观绩效的量化，并加以归纳、总结和整理存档。LPS 是一个基于网络的互动式资料库，选择性收集优秀的建成项目，并整理归纳其体现可持续价值的景观绩效信息，同时，为设计师、设计机构和对项目感兴趣的群体提供量化景观绩效的测量工具、方法和步骤。值得一提的是，LPS 并不是一个标准的评估工具，而是一个综合了与项目相关的研究、设计实践以及学术论文等信息的集合体，包括案例简述（Case Study Briefs）、效益量化工具箱（Benefits Toolkit）、快捷数据库（Fast Fact Library）和学术成果（Scholarly Works）四个部分。

景观绩效被 LAF 定义为"对建成项目运行状态的评估量测，从而确定被使用的景观设计方法和策略是否满足当初的设计意图，并且是否为项目的可持续发展做出贡献"，这一概念近年来逐渐成为研究焦点。它的理论构架建立在可持续发展的三要素上：环境，经济和社会。通过量化建成景观项目在环境，经济和社会三方面创造的效益来明确该项目的景观绩效（图1）。

迄今，在 LAF 数据库中，LPS 已经组织整理发布了 70 个研究案例，涉及全球范围内多种尺度及多种类型的景观项目，其中一半的项目是由 LAF 于 2011 年夏季开始施行的试点性项目"案例研究调查（Case Study Investigation，简称 CSI）"组织整理的。CSI 的研究团队由 LAF 挑选的大学教授，研究助理（从研究生中选拔）以及参与

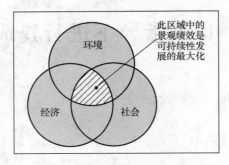

图1　景观绩效系列理论构架——LPS从环境、
经济和社会三方面对景观绩效进行量测

项目的设计公司组成，试图在业界与学术界之间形成一个合作研究机制，挑选已建成的，在可持续性设计方面杰出的景观项目，试图通过各种较为便捷的方法对其景观绩效进行量化、归纳和总结。

本文作者参与了2012年LAF的CSI研究，在短短三个月规定期间研究了北京奥林匹克森林公园和唐山南湖生态城中央公园两个案例，因此本文的意义和目的在于介绍景观绩效的基本理论和提供案例分析的经验。

图2　景观绩效系列（LPS）官方网站页面

2　"景观绩效系列（LPS）"计划的实施流程

2.1　案例的选择

由于LPS计划关注的是景观绩效，因此被挑选的案例均应为建成项目，并且不论在设计上还是效益上都应该具有示范性。项目应优先选择被广泛认可，或已获奖的项目。这些项目应该具有较突出的景观绩效，涵盖环境、社会和经济效益三个方面，如果仅具有较单一、狭隘的景观绩效则不适用于LPS计划。

2.2　景观绩效的量化步骤

首先要选择可以量化的环境、经济和社会三方面效益，然后进行数据收集。这一步的目的在于确定项目的设计意图和景观绩效目标，需要研究人员与项目相关人员

（设计公司人员、其他参与的公司、组织或建议者）共同完成，主要研究该项目特征最鲜明的方面，尤其是那些影响了场地周围的环境、经济和社会情况的因素。

下一步就要找到量化分析环境、经济和社会三方面效益的方法，尽量选择那些有说服力的指标，即那些更为实用和有效的指标。这时可以使用LPS计划资源的网络搜索系统，尤其是效益工具箱（Benefits Toolkits）和案例概述（Case Study Briefs）等，以及方法性文件（Methods Documents for Ideas）。LPS计划一共为入选案例提供了38种量化工具和方法，这些工具和方法已经经过了实践中的有效性和适用性评估，具有相当的说服力。支撑量化分析的信息可以来自设计参数（包括模型、区域计算、评估系统的提交数据等）、公共信息、项目利益相关者和经验法则的评估、网上计算工具、监控/测量/调查数据或者是多种方法的结合使用。为了方便查找，在LAF的网页上将景观绩效类型分为如下七类：

（1）土地：交通，土地节约利用，土地修复；

（2）水：雨洪管理，涵养水源，水质控制和防洪；

（3）生境：生境保护，生境的形成和修复；

（4）碳、能源和空气质量：能源使用及排放，空气质量，气温及城市热岛效应，碳储量和固碳量；

（5）材料及垃圾：回收/再利用的材料，本土材料的使用和降低垃圾产量；

（6）经济：土地价值，节约养护管理费用，经济开发和提供工作机会；

（7）社会：休闲及社会价值，公共健康与安全，教育价值，减轻噪声，食物生产和景观质量。

需要说明的是，效益工具箱内提供的并非都是测量工具，也有介绍测量方法的指导信息，以及各种参考性报告。此外，由于每个项目都是独立的，变量较多，网站上提供的测量工具都应视为参考，使用时需结合项目的实际情况而定。

2.3　成果的表达

为方便浏览与存档，所有分析结果都要根据LPS计划的要求进行规范化统一整理。需要提交的内容有：项目概述（Overview）、可持续性特征的总结（Sustainable Features）、景观绩效的各种效益（Landscape Performance Benefits）、项目遇到的挑战及解决办法（Challenge and Solution）、成本比较（Cost Comparison）、经验教训（Lessons Learned）、项目建成前后的对比图片（Before & After Images）及平面图（Site Plan）、项目基本信息（General Project Information）及设计团队（Project Team）等。景观绩效表现一栏的信息必须为已经量化后的结果，这是整个案例的精华，必须提供方法性文件（Methods Document）详细说明每一项效益的计算方法和数据来源，以证明数据的可靠性。

通过分类整合，可以将不同的，用以表达项目可持续性的列项整合到一起，避免重复信息。例如，一个项目的精华或最重要部分通常是在项目综述（Overview）体现出来的，同时与各种效益相关的数据是在景观绩效（Landscape Performance Benefits）中体现出来的，而项目的细

节又包含在可持续性的特征中。但每一项的内容不应重复，每一部分之间应该为相互补充、支持和构建的关系。

照片是组织 LPS 计划内案例材料的重要一环，一张清楚公正的照片能够更真实地呈现案例特征，起到一目了然的效果。通常，将场地建设前与竣工后的照片进行对比，或将采用可持续方法与采用传统方法的项目进行照片比对，来体现项目的成果（Before & After Images）。为充分体现对比效果，选用的照片应具有相同尺度和视角。

LPS 计划其中的一个主要研究目的就是搜集那些可以体现整个项目景观绩效的信息，从而挖掘、提炼和确认项目的可持续性特征。如有哪些部分设计的不够成功，或有哪些地方在竣工、使用后发生了变化，这些为 LPS 的使用者提供了具有价值的信息和深入了解某一项目的机会。因此 LPS 计划鼓励多涵盖项目信息，即使是次要的信息也可以放在"经验教训（Lessons Learned）"一栏，或者"方法文档（Methods Document）"一栏中。与项目相关的优秀的研究性论文，则可以提交到 LPS 计划的学术成果（Scholarly Works）一栏，这些均会链接到项目案例中，方便查阅。

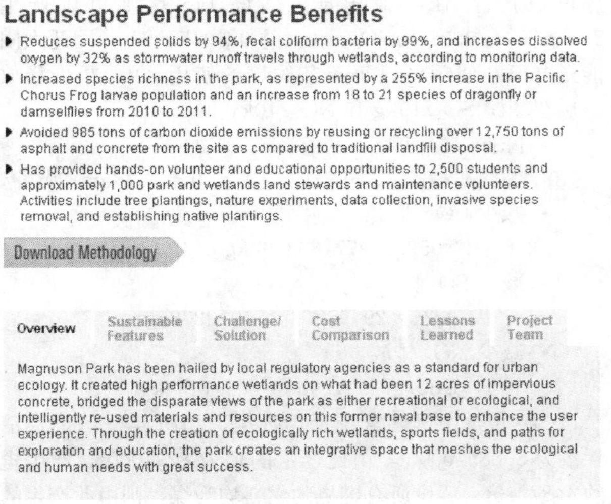

Landscape Performance Benefits

▶ Reduces suspended solids by 94%, fecal coliform bacteria by 99%, and increases dissolved oxygen by 32% as stormwater runoff travels through wetlands, according to monitoring data.

▶ Increased species richness in the park, as represented by a 255% increase in the Pacific Chorus Frog larvae population and an increase from 18 to 21 species of dragonfly or damselflies from 2010 to 2011.

▶ Avoided 985 tons of carbon dioxide emissions by reusing or recycling over 12,750 tons of asphalt and concrete from the site as compared to traditional landfill disposal.

▶ Has provided hands-on volunteer and educational opportunities to 2,500 students and approximately 1,000 park and wetlands land stewards and maintenance volunteers. Activities include tree plantings, nature experiments, data collection, invasive species removal, and establishing native plantings.

Download Methodology

Overview	Sustainable Features	Challenge/ Solution	Cost Comparison	Lessons Learned	Project Team

Magnuson Park has been hailed by local regulatory agencies as a standard for urban ecology. It created high performance wetlands on what had been 12 acres of impervious concrete, bridged the disparate views of the park as either recreational or ecological, and intelligently re-used materials and resources on this former naval base to enhance the user experience. Through the creation of ecologically rich wetlands, sports fields, and paths for exploration and education, the park creates an integrative space that meshes the ecological and human needs with great success.

图 3　官方网站上 LPS 计划的成果节选

3　在 LPS 计划指导下进行北京奥林匹克森林公园的景观绩效量化

3.1　项目概况

奥林匹克森林公园位于奥林匹克公园的北部，北京古老中轴线的北端，是奥林匹克中心区的重要景观，北京市最大的公共公园。该公园以"通往自然的轴线"为规划设计理念，以丰富的生态系统和自然景观作为城市轴线的端点。

公园的功能定位为"城市的绿肺和生态屏障、奥运的中国山水休闲后花园、市民的健康森林和休憩自然"，北五环路将公园划分为南园、北园两个部分。北园占地300hm²，是以生态保护与生态恢复功能为主的自然野趣密林，尽量保留原有自然地貌、植被，减少人工设施，限制游人数量，为动植物的生长、繁育创造良好环境。南园

占地380hm²，是以休闲娱乐功能为主的生态森林公园，以大型自然山水景观的构建为主，山环水抱，创造出自然、诗意、大气的空间意境，兼顾群众休闲娱乐功能，设置各种服务设施和景观景点，为百姓市民提供良好的生态休闲环境。

公园全面应用当下先进的园林建造技术和生态环境科技，制定出一系列重要的生态战略，因地制宜，重视自然生态的作用，同时采用了清洁能源、建筑节能、中水处理、绿色垃圾处理利用等多方面的新技术，用科技打造和谐自然的生态公园，力求达到中国传统园林意境、现代园林建造技术与环境生态科学技术的完美结合。

图 4　京奥林匹克森林公园

3.2　景观绩效的表达和数据来源

	景观绩效	数据来源
环境效益（隐含经济效益）	公园内树木每年减少 CO_2 约 3962t，相当于每年减少道路上的客车 777 辆	设计单位提供公园植物种植种类和数量
	公园每天约处理从清河污水厂排出的废水 2600m³，并将这些水用于园内植物的灌溉。这一处理方式每年可减少饮用水用量 950000m³，相当于 380 个奥林匹克标准游泳池的用水量	设计单位提供公园每日最大污水处理量
	通过在园内棚架结构上安装使用太阳能光电板可每年产生 83220kW 力，这些电足以供 227 个北京市民一年的需电量。同时这一设施也每年降低了 30t 的煤炭使用，降低 CO_2 77.9t，SO_2 719kg，NO_x 210kg，烟尘 80.9kg，以及灰尘 44.9kg	设计单位提供已安装的太阳能光电板的数量
社会效益	为公园周围 2km 内小学的 2000 多名学生提供室外教室（2011 年数据）	公园周边调研数据
	对园内 373 名游客的调查显示公园大幅提升了他们的生活质量，大部分游客都表示该公园为他们休闲放松提供了更好的选择	园内调查问卷结果
	公园提供了 1563 份工作机会，包括园艺，安保，清洁工作等	公园管理委员会提供数据

3.3 计算方法

3.3.1 公园内植被每年约可减少 CO_2 约 3962t，相当于每年减少道路上的客车 777 辆

（1）根据设计方提供的公园种植列表，公园内共种植大于 200 万棵植物，其中包含 100 种乔木和 80 种灌木。此处植物固碳量由美国树木效益网络计算器 National Tree Benefit Calculator 完成，通过输入树木种类、胸径、用地类型和地理位置信息，该网络计算器会自动得出植物的固碳量。该计算器产生的结果包括：单株树木固碳量、雨水吸收量、地产价值增加量、能源节约量、空气质量改善程度以及对场地综合价值的提升量。需要注意的是，由于该计算器是基于美国的基础数据建立而成，在计算过程中会遇到种种限制，比如地理位置的决定，只能选择与北京相似纬度和气候环境的地区；在树种的选择上，如果没有同样的，则会选择相似树种的平均值；如果相似树种也没有，则可用其他大小相似的针叶、阔叶或落叶树来替代。尽管这样做得出的结论会存在一定误差，但是作为基本参考依然是可行的。（资料信息来源：National Tree Benefit Calculator http：//www.treebenefits.com/calculator/）

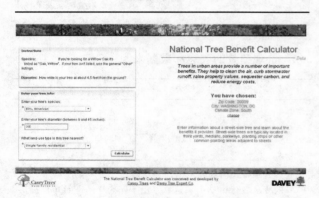

图 5 国树木效益网络计算器（National Tree Benefit Calculator）官方网站页面

（2）根据美国环境保护局（Environmental Protection Agency）提供的数据，一辆客车每年大约排放 5.1t CO_2。$3962 \div 5.1 = 777$ 辆（美国环境保护局网站：http：//www.epa.gov/cleanenergy/energy-resources/refs.html）

3.3.2 公园每天约处理从清河污水厂排出的废水 2600m³，并将这些水用于园内植物的灌溉。这一处理方式每年可减少饮用水用量 950000m³，相当于 380 个奥林匹克标准游泳池的用水量

（1）根据设计方提供的资料，公园每天最大污水处理量为 2600m³，因此每日最多从附近的清河污水处理厂引入污水 2600m³，流经人造湿地净化后，引入公园主体水系，同时也可以作为公园灌溉用水。$2600 \times 365 = 949000m^3$。

（2）一个标准奥林匹克游泳池的尺寸为：50m 长，25m 宽，2m 深。$50 \times 25 \times 2 = 2500m^3$，$949000 \div 2500 \approx$ 380 个。

3.3.3 通过在园内棚架结构上安装使用太阳能光电板可每年产生 8 万 3220 千瓦时的电，这些电足以供 227 个北京市民一年的需电量。同时这一设施也每年降低了 30t 的煤炭使用，降低 CO_2 77.9t，SO_2 719kg，NO_x 210kg，烟尘 80.9kg，以及灰尘 44.9kg

（1）设计方提供公园内总共安装太阳能光电板 950m²。该太阳能光电板的最大功率为每平方米 100W。太阳光照的平均时长约为 4 小时，一般电能转化率为 60%，因此每平方米太阳能光电板每日可发电量为：$100W \times 60\% \times 4h = 240W \cdot h/m^2$。

（2）该系统每年可产生电能为：$240W \cdot h/m^2 \times 950m^2 \times 365 = 83220000W \cdot h = 83220 kW \cdot h$。

（3）根据 2009 年中国国家统计局数据，中国人均耗电量 365.9kW·h。$83220 kW \cdot h \div 365.9kW \cdot h/人 = 227$ 人。

（4）根据中国国家发展与改革委员会数据，每 0.36kg 煤可以产生 1kW 时电能。燃烧 1kg 煤则可以产生 2.6kg CO_2，0.024kg SO_2，和大约 0.007kg NO_x。因此太阳能光电板的使用可以每年节约煤的使用 30t，减少释放 CO_2 77.9t，SO_2 719kg 和 NO_x 210kg。

- 降低煤的使用：
  $83,220kW \cdot h \times 0.36kg/kW \cdot h = 29,959.2kg \approx 30t$
- 减少 CO_2 排放：
  $2.6 \times 29,959.2 = 77,893.92kg$ of $CO_2 \approx 77.9t$
- 减少 SO_2 排放：
  $0.24 \times 29,959.2 = 719.0208kg$
- 减少 NO_x 排放：
  $0.007 \times 299,59.2 = 209.7144kg$

（5）根据中国国家统计局数据，2010 年全国燃油消耗量为 3038970000t，由此产生的烟为 8291000t，产生尘约 4487000t。假设所有燃烧的燃料均为煤，则由此产生的烟和尘为每吨煤：

- 每吨煤燃烧释放的烟：
  $8,291,000 \div 3,038,970,000 = 0.0027t = 2.7kg$
- 每吨煤燃烧释放的尘：
  $4,487,000 \div 3,038,970,000 = 0.0015t = 1.5kg$
- 减少烟排放
  $29.95792 \times 2.7 = 80.9kg$
- 减少尘排放
  $9.9592 \times 1.5 = 44.9kg$

3.3.4 经验教训

项目绩效方面：除以上数据外，在对北京奥林匹克森林公园进行的调查问卷活动中，许多市民表示希望公园能够在散步道周围提供更多树荫，及增加小广场供短暂停留休息使用。

研究小组在对该公园的调研过程中发现，一些公园的最初设计意图并未在最终的运营过程中完全实现，比如收集生态厕所内排泄物和公园内枯死枝叶生产原生态

肥料的再利用系统，由于相关管理工作未成体系而没有最终实施。

LPS 量化方面：很多潜在绩效未被完全发掘，原因主要由于前期数据收集不够或长期监测不到位，如针对生态廊道小型动物穿行的观测未及时进行（至少须有一年的观测周期），水处理系统的前后对比数据不齐全，以及项目建设以前场地周边地块的房地产价格未进行收集，以至于无法进行地价上涨的数据对比。

4 在 LPS 计划指导下进行唐山南湖生态城中央公园的景观绩效量化

4.1 项目概况

唐山南湖生态城中央公园距唐山市中心以南约 1km，是一项采煤地的再开发工程，将之前由于煤炭开采而形成的 630hm² 废弃地成功转换成了今天的城市休闲公共空间，地层持续沉降和环境污染问题是该场地解决的主要问题。

1976 年，唐山发生震惊中外的里氏 7.8 级大地震，地下采空区大量塌陷，并导致地表多处沉降。截止到 2006 年，南湖因煤炭开采所导致的地表下沉已多达 28km²。出于安全考虑，南湖在震后仅用于填埋城市垃圾和废墟。2008 年，根据中国地震局、煤炭科学研究总院等权威机构出具的评估报告，南湖的大部分区域正处于地表下沉稳定期，坚实而牢固，已经具备了成熟的开发建设条件。

该公园的设计将人与自然紧密结合，因地制宜，最大限度地运用场地内可回收或二次利用的材料，注重雨洪管理，进行土壤侵蚀控制，同时关注野生动物栖息地的营造与修复。利用已形成的水面和场地上原有的大量植物，打造成为市民休闲娱乐的公共绿色空间；对昔日场地内垃圾山进行封闭改造，建成台地式绿色山体，成为核心区的标志性景观和远眺点；建设人工水处理湿地系统，对污染的青龙河水进行净化，作为公园湖区的补水水源；利用生态城内的干枯废弃的树枝、树权和树干打造生态护岸，就地取材，变废为宝。仅仅 3 年内，这一曾经的废弃地已被转换成中国东北地区最大的城市中心公园，大幅度改善了唐山市的环境质量，为居民提供了重要公共空间。

图 6　唐山南湖生态城中央公园

4.2 景观绩效的表达和数据来源

	景观绩效	数据来源
生态效益（含潜在经济效益）	公园内树木每年减少 CO_2 约 2828t，相当于每年减少道路上的客车 555 辆	设计单位提供公园植物种植种类和数量
	为 7 种国家 2 级保护动物提供生境，改善了两栖类动物，爬行类动物，哺乳类及鸟类的城市生物多样性	成克武等，《唐山南湖湿地公园生物多样性及生态规划》，2010 年，中国林业出版社出版
	通过处理从附近的污水厂排出的废水，每年可节约饮用水用量 2920 万 m³，相当于 11680 个奥林匹克运动会标准游泳池的用水量。通过建设湿地处理中水，将这些净化过的水用于水源补给同时作为灌溉用水，节约 9607 万元	设计单位提供污水处理厂每日最大污水排放量（公园污水处理量大于此排放量）
	唐山市的极端最低气温升高 3—4 摄氏度，极端最高温度降低 3—4 摄氏度	唐山气象管理局提供数据
经济和社会效益	通过回收利用 600 万 m³ 的粉煤灰，在项目建设材料上节约 2 亿 9420 万元	设计单位提供公园回收利用的粉煤灰量
	通过回收利用 133820 棵死去树木的树干，建造防止水土流失的短木桩驳岸，节约 230 万元施工费用	设计单位提供公园回收利用的枯树干量
	通过出租娱乐及园内设施每年创收纳税收入 98 万元	公园管理委员会提供数据
	至少给公园附近的 1 万名居民提供 15 分钟步行可达的公园设施	公园管理委员会提供数据
	南湖片区土地增值至少 1000 多亿元；到 2015 年，南湖区域将吸纳 40 万居民，产生住房需求约 480 亿元，新增消费品零售总额约 80 亿元	公园管理委员会提供数据

4.3 计算方法（与森林公园相似的计算方法不重复介绍）

4.3.1 通过回收利用 600 万 m³ 的粉煤灰，在项目建设材料上节约 2 亿 9420 万元。

设计方提供公园建设过程中共再利用场地内现存粉煤灰 6000000m³，用作生产粉煤灰砖和填埋路基等。如果没有再利用粉煤灰，则需要 6000000m³ 土方来烧砖和处理沉降问题。在唐山地区普通土方价格约为每立方米 7.86 美元，因此节约土方费用 47160000 美元。7.86×6000000＝47160000 美元。

4.3.2 通过回收利用 133820 棵死去树木的树干，建造防止水土流失的短木桩驳岸，节约 230 万元施工费用。

（1）再利用的树干平均直径为 0.135m，平均长度为 1.75m，共用树干 133820 棵。因此总共再利用的植物材料为 3352m³。[（0.135/2）² × 3.14 × 1.75 × 133820 = 3352m³]

（2）唐山地区木桩的单价约为每立方米 110 美元，因此总共节约 369089 美元。110×3352＝369089 美元（数据来源：中国木业信息网 www.wood168.com）

4.4 经验教训

项目绩效方面：公园建成以后发现，树干的回收利用不仅起到了固定软弱地基的作用，其中的大部分还发芽生根，长成岸边的绿植，一举两得。

LPS 量化方面：在该项目的调研中有部分数据来自己出版的相关研究文献，因此平时关注与项目相关的其他研究成果或公开信息同样有助于景观绩效数据的积累。

5 结论

在美国风景园林基金会（LAF）的景观绩效系列（LPS）计划指导下，本文探索了北京奥林匹克森林公园和唐山南湖生态城中央公园这两个项目建成后的景观绩效量化：

（1）具体地将抽象的可持续性景观绩效整理成量化的数据，并且将其等量转化为日常生活信息（如：公园内树木每年减少 CO_2 约 3962t，相当于每年减少道路上的客车 777 辆），让结论更加直观、易懂，并具有普及性。

（2）量化的过程中用到一些简便的计算工具及环境基础数据均来自美国官方，基于美国本土生态环境，因具体项目所在地的差异，其环境数据存在一定区别，会导致结果在某种程度上的误差。这一问题的解决有赖于国内景观本土化数据库的建设。

（3）数据的收集必须是长期的努力，贯穿项目建设前和建设后的完整过程，从而得到建设前后相互对比的有效数据。由于多方面原因，许多数据在过了一定阶段后就再也无法得到，因此在设计开始之前的场地勘测，以及包括场地周边情况在内的信息收集就显得尤为重要。由于整理 LPS 材料的时间有限，大量需要长期形成的数据不可能在短期内生成，因此在项目建成后应该有计划地进行观测与数据收集，涉及生态环境方面的数据收集通常至少要持续一年以上，才能生成有价值的信息。同时，LPS 也随时欢迎进行数据更新，致力于成为项目的长期绩效表现平台。

在 LPS 计划以前，风景园林行业从未有过针对建成后项目的景观绩效量化系统，尽管它还不能被称之为一个标准化的评估系统，有些方法尚处于探索阶段，但是这一刚起步的系统的确在推动行业和学科进步的道路上迈出了关键的一步，这不仅是由于其让抽象概念通过较科学且便捷的方法得以量化，同时也因为该计划有系统地将一系列专业化的信息转化为大众化的通俗语言，使得景观项目的实际价值可以直观地呈现给不同背景的群体。在网上发布的优秀景观项目信息不仅可以为业内人士提供学习、研究资料，同时也为政策决定者、土地开发投资者、环境保护组织等相关利益方提供有价值的参考信息。

因此，LPS 计划在国际范围内的行业交流、专业学科提升建设中的价值正愈加明显，而它在国内行业发展及学科提升中的重要价值也将通过不断实践中的本土化进一步展现出来。

6 致谢

感谢美国风景园林基金会（LAF）给予本文作者参与案例研究调查（CSI）的机会，以及在研究和资金方面提供的支持。

参考文献

[1] 北京奥林匹克森林公园项目在美国风景园林基金（LAF）官网的信息：http：//www. lafoundation. org/research/ landscape-performance-series/case-studies/case-study/493/.

[2] 唐山南湖生态城中央公园项目在美国风景园林基金（LAF）官网的信息：http：//www. lafoundation. org/research/ landscape-performance-series/case-studies/case-study/494/

[3] Yang, B., Zhang, Y., Blackmore, P. Landscape Architecture Foundation Case Study Investigation and the Case of Streetscape. Council of Educators in Landscape Architecture (CELA) Conference 2013 Proceedings：489-497. https：// www. thecela. org/pdfs/CELA _ 2013 _ Proceedings. pdf.

[4] Canfield, J., Yang, B. Making a Case：Strategies for Developing Landscape Architecture Foundation Landscape Performance Case Studies. Council of Educators in Landscape Architecture (CELA) Conference 2013 Proceedings：498-504.
https：//www. thecela. org/pdfs/CELA _ 2013 _ Proceedings. pdf.

[5] 风景园林（增刊），2010. 6.

作者简介

[1] 孙楠，1983 年 9 月生，女，汉族，北京，曼彻斯特大学城市规划系硕士，北京清华同衡规划设计研究院有限公司风景园林研究中心，风景园林师，主要从事风景园林规划设计，电子邮箱：susiesun930@hotmail. com。

[2] 罗毅，1979 年 2 月生，女，汉族，湖北武汉，景观建筑学硕士，美国德州农工大学建筑学院风景园林与城市规划系在读博士生，美国注册景观建筑师，研究方向包括景观绩效评估和可持续发展项目评估，电子邮箱：yi. luo @ tamu. edu。

[3] 李明翰，1968 年 8 月生，男，汉族，台湾高雄，博士、副教授、博士生导师，美国德州农工大学建筑学院风景园林与城市规划系副主任，美国风景园林教育委员会科研副主席、常务委员，美国风景园林基金会委员，美国注册景观建筑师、注册工程师，研究方向包括雨洪管理和低影响开发，电子邮箱：minghan@tamu. edu。

中国风景园林学会　编

中国风景园林学会2013年会

论文集

（下册）

凝聚风景园林　共筑中国美梦

Jointly Achieving Beautiful China's Dream through the Cohesive
Discipline of Landscape Architecture

CHSLA 2013

中国建筑工业出版社

目　录

（上　册）

风景资源与文化遗产

2

5

西蜀园林景观视觉分析

——以新都桂湖公园为例

Visual Analysis of West Sichuan Garden
——Taking Guihu Park in Xindu as an Example

唐俊峰　鲁　琳

摘　要：有别于大气恢宏的北方园林、精致小巧的江南园林和庭院式的岭南园林，与中国古典园林一脉相承的西蜀园林，彰显出西南地区特有的景观风貌和别具一格的人文情怀，近年来越来越受到园林人的青睐。本文甄选西蜀园林典范桂湖公园为对象，对其视觉构思、设计和应用进行了相应调查和研究，通过平面和立面、动态和静态的不同角度分析，最终总结其视觉和空间的特点。

关键词：西蜀园林；桂湖公园；视觉分析；D/H 比

Abstract：There is aunique typeof garden with both strong local humanistic culture and beautiful nature scenes but different from spectacular imperial gardens in northern China or the cute ones in south of Yangtze River or even the Lingnan Gardens which is called West Sichuan Garden. In this paper I chose a typical West Sichuan Garden called Guihu Park as the object. With researching and discussing it in visual conception，visual design and visual application I finally concluded the visual characteristics of the garden in both dynamic and static. Also I discussed the characteristics of West Sichuan Garden in space planning and landscape building.

Key words：West Sichuan Garden；Guihu Park；Visual Analysis；D/H Analysis

现阶段对中国古典园林特别是西蜀园林的研究探讨多以追根溯源，寻求其发展的历史脉络始终或者是发掘其植根的土壤背景为主，至多用华丽的辞藻对园林大致的景观风貌进行夸赞，依旧鲜有真正细致科学对西蜀园林视觉的研读[1-4]。

1　公园概况

本文甄选了新都西南方的，具有典型的西蜀园林风貌的"川西第一湖"升庵桂湖公园为研究对象进行调研评析。

图 1　桂湖公园部分景观图

桂湖公园面积 4.66 万 m²，水面 1.6 万 m²，以环湖遍植桂树而得名。园区整体呈曲尺形状，西、南两面有城墙包围，园林依托水体景观顺势而就，整体显得大气而自然，为全国八大荷花观赏地、全国五大桂花观赏地。

公园内建筑精致、植被丰盛，形成了很多巧妙精致的景观节点，其中有连理古藤、交加伊人、杨柳楼台、天然

图画、荷塘月色、翠屏亭亭、古城问津、丛桂留人最为出彩，被合称为"桂湖八景"[5-6]。

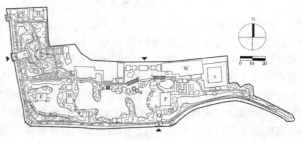

图 2　桂湖公园总平面图

2　桂湖公园视觉分析

2.1　视线分析

对桂湖公园景观水平层面的视觉线性分析，包括建筑、节点处的视线和这些景点之间的视线联系以及所形成夹角对视觉控制的分析等。而如陈从周先生在《说园》中提到的，"园有静观、动观之分，这一点我们在造园之先，首要考虑"[7]，视线分析中也常分静态视线和动态视线两个方面进行。

2.1.1　静态视线分析

人们喜欢舒适而平稳地观赏，因而静态视线是最主要的视觉方式。研究中主要针对园林整体视觉形象影响最大的建筑楼阁展开，包括沿湖主景区的 9 座建筑物。

（1）西一块湖区

湖心楼（F）、城墙上转角处的观稼台（G）以及岛上的沉霞榭（H）构成了一个钝角三角形，三处建筑中央是一片湖水区。视觉行为集中在湖心楼与沉霞榭的对望、湖心楼与观稼台的对望，于湖心楼内观景可以得到广阔的视野范围，美中不足的是视觉刺激点过于分散。

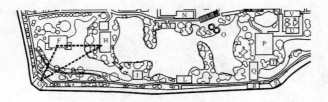

图 3　西一块湖区视线分析图

（2）西二块湖区

沉霞榭（H）、饮翠桥（a）、枕碧亭（I）、一条以 b 为顶点的孤堤围合成了一块面积不大的水域，植被以灌木和小乔木为主，湖中遍植荷花，视野较为开阔。这片区域视线开敞度适宜，景观层次丰富。

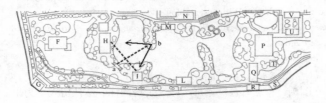

图 4　西二块湖区视线分析图

（3）西三块湖区

西侧第三块水域有南侧的枕碧亭（I）、香世界（L）和北侧的小锦江（M），孤堤的尽头分别为西侧 b 和东侧 c 两个节点，遥相呼应。香世界与小锦江均为临湖而建，南北相望，特别在夏日荷花盛开的时节，配合以冷暖色调的搭配、硬朗的建筑线条和荷叶莲花柔软外形的对比加上适宜距离远近搭配的混杂，这样的对景显得分外出彩。总的来说，因为这个区域形态比较规整，建筑体量相差不大，所以整体表现为视线比较分散。

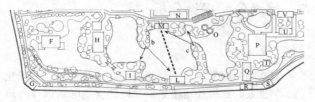

图 5　西三块湖区视线分析图

（4）西四块湖区

分布有北侧的交加亭（O）、东侧的升庵祠（P）和杭秋（Q）三座主体建筑、以 c 为顶点的孤堤和朱自清游览桂湖时题字"荷塘月色"的景点 d。交加亭被誉为桂湖公园最著名的建筑物自有它独到之处，形式上采用了省柱法，两座亭共用两根柱，一亭在岸上另一亭在水中，因此视野广阔异常。

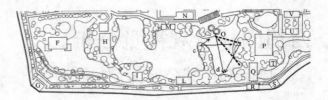

图 6　西四块湖区视线分析图

（5）一池三山区域

桂湖主体为"一池"而三座大岛屿为"三山"，其中分别修筑了湖心楼（F）、沉霞榭（H）和升庵祠（P）三座形式不同的建筑。这三座建筑体量较大，游人吸纳量大，位置贴近东西向中轴线，视野开阔，容易形成良好的观赏区域。

湖心楼（F）坐落在三个岛中最小的一个岛上，近观荷塘景色，远处是郁郁葱葱的植被和南段的城墙，以观自然景色为主，层次较丰富。

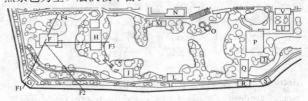

图 7　湖心楼的视线分析

中岛沉霞榭（H）几乎四面环水，∠H1HH3＝60度，∠H4HH6＝60度，视野非常开阔。西侧与湖心楼形成对景，东侧视觉景观更为丰富、开阔、层次感强。

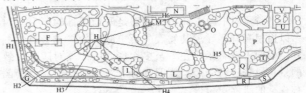

图 8　沉霞榭的视线分析

最大的一座岛上坐落的是升庵祠，即毋庸置疑的桂湖最重要的一座建筑，观景视线多方位、高质量，可观交加亭等建筑、湖面景观、假山植被等。

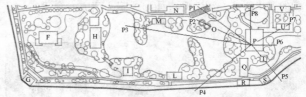

图 9　升庵祠的视线分析

综上所述，静态视线表现出分布区域多、发散角度多且广的特点。

2.1.2　动态视线分析

动态的视觉体验相比静态视线更具随意性和多样性。

选取春、夏、秋的三天（均为节假日和周末），对桂湖主景区各条步道进行了人流量的分析处理，通过平均叠加得到游人普遍游览习惯的路线图。然后根据实际情况，对主景区七个主要节点进行人群的统计。为了便于统一量化，以半个小时为刻度，20 以下、20—50 人、50 人以上三个档次来权衡人流量的水平，结果如下图：

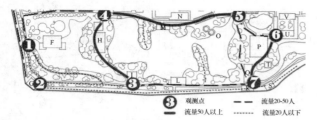

图 10 桂湖公园主景区人流分析图

人们常常对视觉体验更佳的景观空间更加偏好或增加其回游率，因而视觉观赏性的高低和人流密度的大小往往是密切联系的，再根据分析最终确定三块最佳动态视线区。

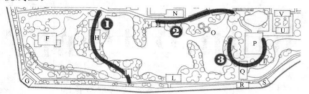

图 11 最佳动态视线区

（1）区域 1

第一块最佳动态视线区为沉霞榭-饮翠桥-枕碧亭沿线。这块区域位于桂湖三座入湖的堤坝中唯一连通将湖水隔断的一座上，东西临水，由一条次级园路贯穿始终，视野总体较为开阔。

· 开敞度分析：自北向南，游憩依次经过通透度一般的竹林、东西开敞的沉霞榭、四面开阔的饮翠桥，到达北面视线开敞的枕碧亭。

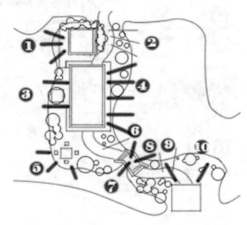

图 12 第一区动态视线开敞度分析图（细线表示较为开敞，粗线表示非常开敞）

· 丰富度和吸引力分析：从北侧竹林处单一视线到沉霞榭东西两侧的较为丰富视线，沿线均以东北为视线吸引方向。

· 路径的影响：南北两段蜿蜒的园路引导视线一波三折，通过路径转折和植物配置产生了引人入胜、欲遮还差的效果。

综合考虑这三方面的分析结果，通过区段长度和所包含要素丰富将目标分为 4 段主要的区域如图：

再通过拓扑的叠加，得到这一区动态视线变化节奏图。可以看出，区段 1 中基本为渐入佳境的节奏；区段 2

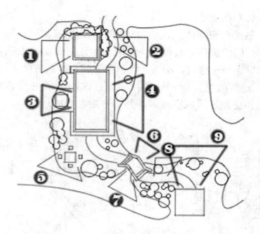

图 13 第一区动态视线丰富度和吸引力分析（细线为较单调区，粗线为较有趣区域）

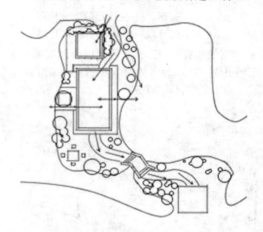

图 14 第一区动态视线受路径影响图

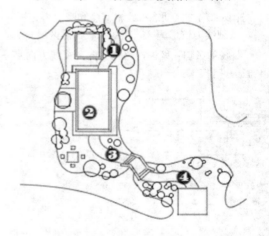

图 15 第一区动态视线分段控制图

以沉霞榭中部为高潮，两侧较平缓；区段 3 在到达饮翠桥前没有特别的变化；区段 4 中的动态视线表现得更多一波三折。

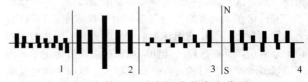

图 16 第一区动态视线节奏变化图

（2）区域 2

最佳动态视线区域的第二块为从西边孤堤到桂湖主入口即北门的狭长区域。这块区域基本依附北侧沿湖的主园路，贯穿三座建筑，动态视线集中于朝南朝东方向为主。

• 开敞度分析：沿堤和小锦江区段视线开敞，东侧廊架和交加亭区域视线兼具外向开敞和内向郁闭。

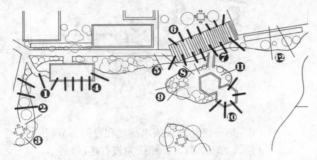

图 17　第二区动态视线开敞度分析图
（细线表示较开敞，粗线表示非常开敞）

• 丰富度和吸引力分析：西侧以内向观湖水景观为主，东侧更为丰富，通过构筑物和植物形成"对景"和"框景"，充实了游憩动态视线。

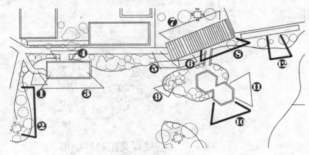

图 18　第二区动态视线丰富度和吸引力分析
（细线为较单调区，粗线为较优质区域）

• 路径的影响：区段内路径方向和视线方向多一致，显得通透、直接。

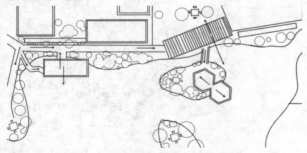

图 19　第二区动态视线受路径影响图

同样将这块区域分为 4 个区段，其中区段 1 为孤堤一段，区段 2 为沿湖狭长的宽阔园路，区段 3 为古紫藤廊架内部空间，区段 4 是从小桥到交加亭南端部分。

其中区段 1 列植柳树的孤堤，动态视线稳定且开阔；而区段 2 视线局限在南面，后半段因为大面积的植被遮挡而效果有所降低；区段 3 是同样地以朝南视野为主导，前半段较郁闭而后半段较好，兴奋点较多；区段 4 同样是朝南得到比较优质的视线。

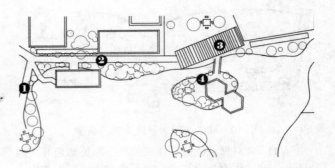

图 20　第二区动态视线分段控制图

图 21　第二区动态视线节奏变化图

（3）区域 3

第三块最佳动态视线区域为围绕升庵祠的一片区域，起于桂湖公园主入口东侧，止于南侧杭秋附近。

• 开敞度分析：这块区域中景观要素丰富，形成多块中心，视线以西侧开敞，东侧私密为特点。

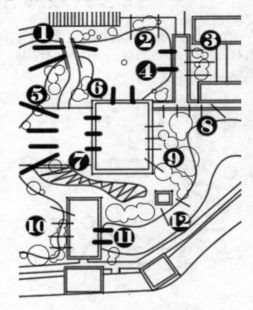

图 22　第三区动态视线开敞度分析图
（细线表示较开敞，粗线表示非常开敞）

• 丰富度和吸引力分析：北侧景观包含有锦鲤池、廊道和小桥等要素，非常丰富；而南侧以假山和大量植物为主，较为丰富。

• 路径的影响：这块区域的园路构造比较复杂，由多条主园路、支路、小路、灰空间道路和广场构成，形成游憩以近观为主，幽静、贴近自然、随性。

区段 1 即北侧小桥到升庵祠广场的路径范围，区段 2 为主园路到环形廊道空间，也是"天然图画"的一部分，区段 3 为升庵祠广场部分，区段 4 为围绕翠屏山的园路。

区段 1 中朝东的视线相比朝西更丰富；区段 2 则表现

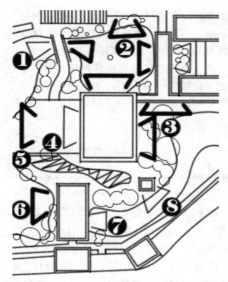

图 23　第三区动态视线丰富度和吸引力分析
（细线为较单调区，粗线为较优质区域）

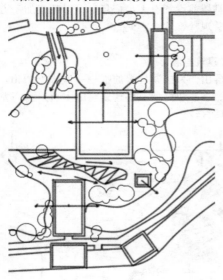

图 24　第三区动态视线受路径影响图

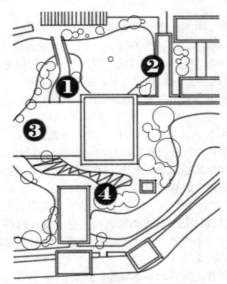

图 25　第三区动态视线分段控制图

为前半段因为植物遮挡视线受到控制，后半段得到大幅改善；区段 3 整体视线变化不大，而远眺湖水景色的视线比单纯近观建筑更加；区段 4 中视线变化频率更快但变动幅度不大。

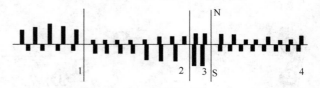

图 26　第三区动态视线节奏变化图

2.2　D/H 分析

在充分考虑桂湖园林空间水平层面的视觉关系后，还需要用 D/H 的方法对建筑和山石等的高差进行垂直层面的分析，增强视觉分析中的空间完整性。

2.2.1　建筑单体

甄选主湖区附近的建筑为研究对象，绘制 1 倍建筑高度的平面范围图，图中虚线距离主体建筑的距离 D 正好与建筑高度 H 相等，即垂直视角为 45 度时候的情况，也是通过研究得出的近观建筑和远望之间的转折点，能够勉强观看建筑整体。

图 27　1 倍建筑高度范围图

再考虑 D/H＝2 的区域，这个比值情况下的视线观赏建筑物是人眼最自然平视范围内的视线角度，这个状态时的垂直视角 27 度也是公认的最佳视线角度。在平面图上得出这个范围。

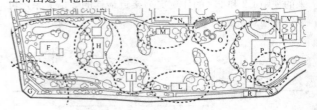

图 28　2 倍建筑高度范围图

因为 D/H 在数值 1 和 2 之间时游人从勉强完整看到整体建筑到最佳自然观赏状态，虽然视觉感受略有不同，但总体来说都是处于比较适宜的范围。

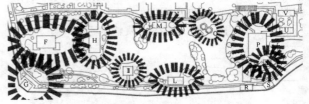

图 29　理论适宜观赏建筑范围图

通过对平面图叠加和理论测算的结果，以及与实际情况相结合分析，笔者在此得出下图所示的六处最佳建筑观赏区域，分别是湖心楼西侧的路口交叉点 1 和 2、枕碧亭南侧节点 3、交加亭附近廊架处 4 和升庵祠附近的节点 5 和 6。

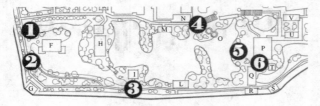

图 30　实际最佳建筑观赏区域图

2.2.2　建筑物之间

彭一刚先生在《中国古典园林分析》中强调"看与被看"，建筑物在园林空间中不仅作为制高点的存在，多数情况还是平面上人群聚集的点，区域内的人群除了近观这座建筑还会"这山望着那山高"，产生远眺附近其他建筑的视觉行为[8]。其原理依然是通过建筑之间的水平距离 D 和目标建筑物相对于视点的相对高度 H 两项指标的比例关系，对人眼视线角度与最适角度的关系进行评判和分析。

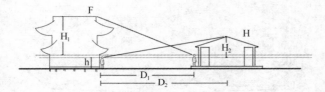

图 31　湖心楼与沉霞榭之间视线分析

通过对湖心楼（F）和沉霞榭（H）之间的视线 D/H 分析可以看出，从沉霞榭向湖心楼望的 D1 距离很短，约是湖心楼相对高度 H1 的 1.5 至 2 倍距离，观赏性较好但略显近迫。相比之下，沉霞榭的高度较低，从湖心楼看过来的视距 D2 和 H2 的比例更为接近最佳的 2 倍关系，可以舒适地观赏。

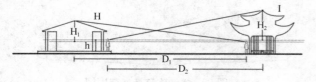

图 32　沉霞榭与枕碧亭之间视线分析

通过沉霞榭（H）朝东南方看可以观赏枕碧亭（L），这段观赏距离 D2 大约是枕碧亭相对高度 H2 的 3 倍，能较为舒适观赏枕碧亭和周围环境的关系。而从枕碧亭回望沉霞榭的距离 D1 和沉霞榭的相对高度 H1 的比值更大，不能感受空间围合感，更多是观赏整体环境。

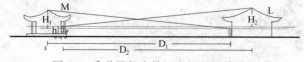

图 33　香世界与小锦江之间的视线分析

桂湖中间段有香世界（L）和小锦江（M）南北方向的遥相远望，不论是从香世界北望的距离 D1 或是小锦江南观的距离 D2 都是对方建筑相对高度 H1 和 H2 的 4 倍以上，虽然这两座建筑色彩还算鲜艳醒目，但这个 D/H 比值决定了建筑空间围合感已经非常薄弱，人们观赏时更多以整体环境的观赏为主，很难有细致对建筑物主体的观赏。

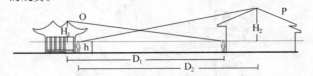

图 34　交加亭与升庵祠之间的视线分析

最后为交加亭（O）和升庵祠（P）形成的对景。从交加亭近端的亭子处朝升庵祠望，视距 D2 约为升庵祠相对高度 H2 的 3 倍，有一定空间围合感，可以感受整体的气势。而由升庵祠向交加亭看的距离 D1 为 H1 的 4 倍以上，多感受环境的整体风貌，对建筑细部观赏较少，但同时升庵祠楼前设置有大型广场，可以朝交加亭方向移动视点改善观赏效果。

2.2.3　建筑与假山

翠屏山作为桂湖公园的唯一一座大型假山，连接了升庵祠、亭亭和杭秋三座建筑，山中道路和高差变化多样，千回百转。

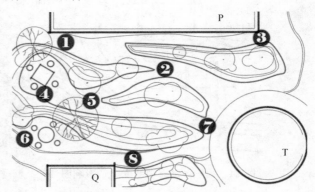

图 35　翠屏山视线遮蔽分析选点图

如图所示，北侧为升庵祠（P），南侧为杭秋（Q），东南为亭亭（T），中间区域为翠屏山，分析中笔者结合实际观测情况，选取其中八个点进行测算分析。

分析方法采用遮蔽关系控制法，其基础为公式

$$X = (H1 \times D2)/(H2 \times D1)$$

其中 X 为遮蔽系数，H1 为建筑物高度，H2 为遮蔽物，即翠屏山的假山石及部分较为密集的植物体，D1 为观测点与建筑物的水平距离，D2 为观测点与遮挡物的距离。为了便于测算和统计，笔者分析中将 X 值的结果纳入 X=1、X=2 和 X>3 三种，而这三种情况正好代表了观赏中建筑物完全被遮挡物遮挡、建筑物被遮挡一半和建筑物基本不被遮挡三种典型的状态，同时也对应了不同的三种视觉感受。

通过各观测点的测量观察，统计三座主体建筑遮蔽系数如表 1 所示：

翠屏山各观测点遮蔽系数表			表1
	升庵祠（P）	杭秋（Q）	亭亭（T）
观测点1	>3	1	1
观测点2	2	1	2
观测点3	>3	1	2
观测点4	2	1	1
观测点5	1	1	2
观测点6	1	>3	1
观测点7	1	2	>3
观测点8	1	>3	2

由表中数据可看出，区域内视线遮挡情况多样且变化频率较高，产生移步异景的精妙视觉体验，区域形成一处动可观、静可憩的公共与私密相结合的小空间，妙趣横生。

3 视觉下的西蜀园林空间特征

通过对桂湖公园水平面和立面、动态和静态各方面探究和分析，大可归纳出园林空间视觉的一些特征：

3.1 立意自然，旷达大气

桂湖公园的人造园林皆依附自然地貌而建，全区内植被丰富，搭配随性而应景，如孤植的桃树、密植的桂花树、列植的柳树，无不随势顺景布置，浑然天成。三座小岛形成虚拟的轴线分割、引导了视线，整体空间感深远而大气。

3.2 动静结合，韵律舒畅

公园中建筑物、构筑物、广场等景点空间开阔而深邃，非常适宜静观，其中又以沉霞榭、交加亭、两座孤堤

和升庵祠附近区域为最佳；而动态观赏时则随景变幻，移步异景，"起、结、开、合"合理展开。

3.3 疏朗雅致，清新简约

公园中主体建筑分布稀疏，视觉观赏上多以 D/H>2 的远观为主，建筑的围合感较弱，而环境层次感强烈。而远观满湖荷花莲叶或者漫坡灿烂的金桂映衬下的亭台楼阁，又让人由衷感受到园林中如同质朴热情的西蜀人民性格性情一样的古雅和风韵。

参考文献

[1] 廖嵘. 西蜀古典名园——成都望江楼[J]. 四川建筑，2005. 25(05)：4-7.

[2] 王绍增. 西蜀名园——新繁东湖[J]. 中国园林杂志，1985(03)：43-44.

[3] 刘和椿. 淡妆浓抹总相宜——西蜀园林艺术与风格[J]. 成都教育学院学报，2000，14(8)：18-19.

[4] 戴秋思，刘春茂. 竹文化浸润下的西蜀园林[J]. 四川建筑，31(05)：4-5.

[5] 张渝新. 新都桂湖的起源、沿革及园林特征[J]. 四川文物，1999(5)：58-61.

[6] 刘庭风，张晶莉. 巴蜀园林欣赏(四)桂湖[J]. 园林，2008(4)：30-33.

[7] 陈从周. 说园[M]. 北京：书目文献出版社，1984：1-15.

[8] 彭一刚. 中国古典园林分析[M]. 北京：中国建筑工业出版社，2010(2)：17-18.

作者简介

[1] 唐俊峰，1989年生，男，四川成都，四川农业大学风景园林学院在读硕士研究生，研究方向为风景园林规划设计，电子邮箱：Brucetjf@gmail. com。

[2] 鲁琳，1965年生，女，河南正阳，硕士，四川农业大学风景园林学院副教授、硕士生导师，研究方向为城市园林规划与设计。

城市设计的生态与文化资源关注

——北京盈科"1949 世外桃源"设计探讨

The Ecological and Cultural Attention in Urban Design
——The Design Exploration of Beijing "1949 the Hidden City"

唐艳红

摘　要：城市设计的理想是创造良好的生活工作空间环境，将生态资源、文化观念和艺术结合到规划与设计之中，但现实建设并不总是遵循"最佳设计原则"，1949 世外桃源项目在北京三环城市中心腹地设计建设了一个宜人的休闲娱乐商业院落，设计力求保留原场地的植物、建筑料、再生资源、1949 年建国初期的一段老北京历史文化痕迹，通过设计为周边商业办公区提供了一个宜人去处，引导周边社区的良性循环，通过合理规划设计的建设项目带动周边良性发展并取得良好综合效益。

关键词：城市设计；生态理念；文化资源；厂区改建；园林设计

Abstract：The goal of urban design is place making of a pleasant working and living environment. An industrial site in eastern Beijing has been successfully transformed from a barren factory district into '1949—the Hidden City.' The desire to modernize with the concern for cultural preservation shaped the design for '1949-The Hidden City.' The result is a thriving contemporary metropolitan complex that is sustainable and mindful of Beijing's rich history. The significance of this site is manifested through the design team's innovative and ecologically conscious planning and implementation strategies. This site preserves the memory of old Beijing and creates a charming place that the community is proud of and patrons rave about. Through creative planning and design to make a pleasant place that promote the sustainable development in the area.

Key words：Urban Design；Ecological Principal；Culture Resource；Factory Building Renovation；Landscape Design

　　城市设计的理想是创造良好的生活工作空间环境，将生态资源、文化观念和艺术结合到规划与设计之中，有助于美好景观塑造，这与城市规划中对环境美的塑造原则是相同的，正如 2005 年在我国建设部颁布实施的《城市规划编制办法》[1]中所指出的："坚持五个统筹，坚持中国特色的城镇化道路，坚持节约和集约利用资源，保护生态环境，保护人文资源，尊重历史文化，坚持因地制宜确定城市发展目标与战略，促进城市全面协调可持续发展。"但是在快速城市化的进程中，建设并不总是遵循"最佳设计原则"，现代的城市化将目光更多的投向城市经济与功能的作用。遍及整个北京城，伴随着一座座摩天大楼从拆迁老城的灰尘中迅速升起，许多的生态资源和文化遗产在悄然的消失。

　　文化资源是那些能够用以促进城市发展的可共享的物质和非物质资源，包括文化创意，公共空间，开放绿地[2]。建于北京盈科中心南部的'1949 - The Hidden City'—1949 世外桃源项目的设计力求在现代都市化的同时关注一段城市历史与文化的保留，在高楼林立间创造了一个院落式的城市空间、并赋予其文化与生态气息，成功将 1949 年的一个三里屯工业区改建成为北京三里屯地区最具特色的集餐厅、休闲、酒吧、庭院、活动场地、画廊以及高级私人会所为一体的世外桃源，废弃厂房摇身变为院落景观的商业休闲小社区，实践可持续发展的城市空间设计、铭记老北京的一段丰富历史（图 1）。

图 1　建成后的"1949 世外桃源"镶嵌于北京
东三环高级写字楼宇间

1　概述

　　北京盈科 1949 世外桃源位于北京的东三环内侧，毗邻三里屯。（图 2）时光倒退至 1949 年，北京工业学校在市区东部的三里屯工业区成立了一家以研究机械设备为主的工厂，建为典型的 20 世纪 50 年代的砖木结构工业厂房，这便是本项目的所在地（项目也因此得名）。

　　将近六十年后，周边整个区域已经发展成为集繁荣

风景园林规划与设计

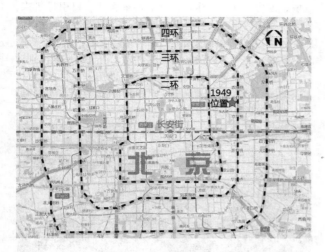

图2 区域位置图

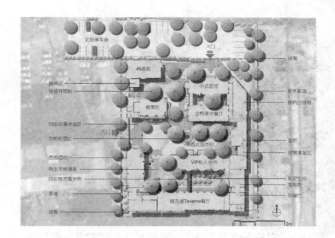

图4 总平面图

的商业消费区、现代高层办公区与便利的交通位置于一体的CBD区域，而项目原用老厂区已废弃多年（图3），总占地面积约6000平方米。ECOLAND易兰规划设计院担纲了本项目的总体规划、建筑及景观设计工作。

图3 设计团队收集挖掘项目场地的潜力：大树、废弃厂房、历史、文化等

2 整体规划

设计团队根据项目现状、地处城市中心高消费商务区和前卫文化聚集地的区位特点，以及将厂房功能转换为时尚商务会所的要求，提出了"生态与重生"的设计改造主题，希望通过城市设计创作良好的空间环境，将艺术和文化观念结合到规划与设计之中，塑造美好的景观，焕发老厂房最大的潜力。在确立以"生态与重生"的设计理念后，设计师对旧厂房内现状进行了细致分析，并且将可利用的资源悉数梳理出来。设计团队决定在保护现有大树和厂房历史文化痕迹的基础上，保留原有10栋厂房位置基本不变的格局，通过建筑体量和交通路径的重新组织，创造出主次分明的总体关系，转折递进的空间序列，以及内外流通的互动空间。主要功能空间为六间餐厅、画廊、酒吧以及一个高级私人会所及画廊（图4）。

3 功能分区

根据功能要求，本项目需要将原本单一功能的厂房重新设计成为多功能的现代会所，集合了艺术画廊、阳光室、中餐厅、西餐厅、贵宾室、面吧、酒吧、屋顶集会露台以及由原冷却水井改造的井吧等功能区，以满足多样化的需求。

各功能区有相对独立的界定，同时以窗户、绿植缝隙、景墙等元素带来一定的渗透性，保持了整体空间的流畅感，廊道则将各个区域串联成一个整体；框景、落地玻璃等方式使内外空间彼此对话；庭院餐饮、交通景桥、屋顶平台等在不同标高上的设计丰富了竖向的空间层次，创造了多种空间活动模式，并增加了可使用面积。这些设计手法使1949会所在有限的区域内得以灵活地适的应各种使用功能和空间的需求，显现出丰富的空间效应。

4 生态理念

现场最主要的生态资源是具有60年树龄的十几棵榆树（Ulmus pumila）、毛泡桐（Paulownia tomentosa）和臭椿（Ailanthus altissima），按常规本算不上珍贵树种或古树名木，是可以在重新规划平面布局时不予保护的，但设计团队从生态的角度出发，巧妙的规划平面布局，将所有大树保留并且在施工期加以保护，使其融入新设计环境。这些树木在项目建成初期就为游人提供浓密夏季遮阴，原有多棵的高大树木不仅加强空间之间的亲密感觉，也成为更大区域的城市绿肺，过滤城市每天面临的空气污染。大树的完整保留利用使得户外院落成颇具人气的露天餐饮区，通过雕塑和景观小品的补充，整体环境充满幽雅的艺术氛围。整个1949园区被掩映在郁郁葱葱的绿色中，成为一个隐于闹市的世外桃源（图5）。

由于现有旧建筑已不符合现代建筑标准和新的功能需求，项目要进行加建或材料转变，但尺度和形态仍和原建筑风格统一。设计团队根据原工厂建筑平面分析，最大限度地让新建设减少对旧场地干扰。如内院的咖啡吧采用了双层Low-E玻璃幕墙与深灰色钢结构框架相结合的方式与原有砖房对接，将原有大树保留，通过玻璃盒顶的

图5 完整保留利用原有大树使户外院落拥有浓密树荫

开口让其继续生长；在旧建筑屋顶设置的采光天窗和简约的木质窗框百页，将场地现状的浓密绿荫有机地融合来，与质朴的红色砖墙及灰色瓦顶共同形成了一个内外一体，生态重生的场所。

5 文化资源关注

1949年是建国之年，伴随着那个时代的建设，这个废弃的厂房保留了建国初期的一段历史与文化，院落虽然今已荒芜，设计团队在设计中尽可能保留利用了一些地基和墙体材料，并将拆除的砖瓦、梁木、钢板加以利用，院落是布局和材料都体现了设计师为保留可以追寻的历史文化痕迹的良苦用心，建筑主体的改造强调"整新如旧"。在基本保留原有布局的大型上规划，将一些原有建筑进行加固和再利用，原建筑多为砖木结构，由砖墙承重；改造后的保留建筑基本为混凝土框架结构，砖墙主要起维护的作用，而且原被拆除的老砖也重新被利用来砌筑墙体或作为铺地材料。又如现场有一口废弃的工业用井，设计团队将其地下部分改造成酒窖，地上部分设计成露天吧台，既保留了当年历史痕迹，又适应了现代和酒吧街社区文化的功能要求（图6）。

图6 由工业用井改造成的酒窖和露天吧台

6 建筑、园林设计特色

整个项目的游客线路是由设计引导的流线，停车后通过墙、植物、灯光、标识、雕塑将来客从入口引导进来；首先画廊作为序曲、咖啡吧为前奏；中西、特色餐厅以及商务会所为主要的室内商业空间；户外酒吧、屋顶集会空间为高潮，加上的树荫和完美的灯光，使建筑呈现出别致而浪漫的氛围。建筑材料上尽可能的使用了原址的建材，加以玻璃，钢材，配上廊道、雕塑和植物，即保留一些城市历史的痕迹，同时展现一个当代风格的建筑。

图7 变化了标高的钢走廊使得整个庭院层次分明

6.1 49画廊

在1949世外桃源项目中，"49画廊"占据了最重要的入口地段，是每位顾客的必经之地。画廊沿用了部分玻璃幕墙的设计方式，屋顶亦采用玻璃材质，形成良好的自然光效果，以便使画廊内的作品展现其最自然的一面。这个空间内主要以展示中国当代艺术为主，反映中国艺术从过去的20年至今脱胎换骨的变化，来客进来后，在等朋友或等待服务生引导到所预定的场所的同时，可以一边欣赏当代中国风格的艺术作品。

6.2 咖啡吧/糖吧

咖啡/糖吧的整个空间都是利用原有厂房的钢架结构搭建而成，采用了双层Low-E玻璃幕墙。这样的设计方式让玻璃屋子具备了空间实体的形态，良好的通透性又扩大了玻璃房子的内部空间，并把内外空间通过"张望"的方式相联系，给使用者一种"空间变大"的错觉。春夏季节可以将落地窗开启，使室内与庭院融合在一起，再结合郁郁葱葱的植被和艺术气息浓烈的雕塑作品，为来客带来一种休闲的新体验。而在秋冬季节可以将落地窗，客人在温暖的室内空间中可以享受咖啡所带来的浓郁芳香，更可以观赏庭院内的别致雪景。

6.3 餐厅

"塔瓦娜Taverna"餐厅是院落内的特色西餐厅，采用了地中海的乡村风格，空间的开放性设计也是这种风格的显著特色之一。这里有深色的橡木地板、木质的餐桌和宽大的皮质沙发，更有超高天花板营造的广阔效果。这种开放性效果塑造出空间的延伸和拓展，再加上吧台、开放式厨房的高低层次，空间结构富有生机和活力，进而延伸出宽阔的视角。

中式餐厅de Chine的烤鸭店是北京最时尚，最具创新性的烤鸭店之一，入口的雕塑装饰暗示着菜谱上著名的木烤炉烤出的北京鸭菜。室内灯光色彩和室外的景色构成和谐的呼应。

6.4 空间转换

对于会所内不同功能空间的转换设计师也做了创新的尝试，由于庭院内的空间受到原有建筑格局的影响，空间层次不够丰富，设计师利用原有厂房的砖体和木板进行了地面的重新铺装，木板的视觉延伸效果给整个空间增添了纵深感，砖体的规律铺装使得整个庭院层次分明（图7）。在来客进入会所内部的走廊处，设有推拉铁门，增加私密感，变化了标高的走廊两侧增设了中国特色的雕塑作品，这些艺术作品被有规律地排列于廊道两侧，让客人在行走过程中享受一种艺术与韵律的美感（图8、图9）。

图 8 利用绿色植物形成私密空间

图 9 两侧设有中国特色的雕塑作品的再生
材料制作的走廊颇具美感

6.5 院落形态

1949世外桃源人员密集、使用频繁，借助院内交通路线与室外楼梯的布局，形成了动静相宜的空间布局。静态上有玻璃屋子（图10），动态上则通过视点的移动与蔓延所形成的空间效果，从每个角度观看都具有不同的风景，强化了古典园林步移景异的感受，休闲与放松的基本诉求得到满足，提升了现有环境品质。推拉式窗棂，连接了流动的空间，享受着功能的连续性与丰富性，仿佛回到

现代主义建筑大师密斯·凡·德·罗的建筑空间之中，古典韵味十足。

图 10 透明材料的使用创造了一种外部空间和
内部空间的交互关系

7 综合效益

在城市化建设进程中，采用景观生态学的理念和方法，鼓励和发扬地方特征、文化历史固然重要，这样能够更接近可持续发展的目的。而更重要的是要通过一种全面、合理的设计方式解决每个项目特有的矛盾。ECOLAND易兰的主创团队在此项目中规划、建筑、景观专业紧密配合，对于场地的分析也不局限于单一的景观环境中，同时注重附近区域的具体发展状况。

生态效益：城市设计需要慎重处理人与环境的关系，例如旧厂房建筑砖墙的再利用，在建设过程中对场地的原有的植被进行细致的调查、严格的保护大树，合理的雨水收集排放，将工业废弃水井改造为露天吧台和储酒地窖等，在最少破坏原址生态环境的基础上因地制宜地进行建设。

社会效益：本项目建成后，每日临近午时起直至深夜开放以其特有的节奏为来客提供午晚餐等非凡享受，食客如潮，迅速成为社区的自豪和市中心区的一个旅游地点，成为全市范围内闹中取静和夜生活的主要吸引场所，带来不少积极的新闻起到正面推动作用，促使周边地区伴随着旅游建设，改善基础设施。

经济效益：有文化创意的建筑特色、和空间特征都可以在经营意义上反映出来，配以其现代化的设施，成效是显而易见的，这个新的城市综合体已收到建设投资的良好回报效益，并且日前在北京金宝街的 1949 再一次复制成功。

北京盈科 1949 世外桃源隐藏于闹市中（图11），整体建筑和园林融汇了现代设计理念与东方意境之精髓，保留了老北京的记忆，在已处处洋溢着古老的魅力，同时是通过设计团队在规划、建筑设计、园林设计中的创新和文化、生态意识的规划和实施文化、生态意识的规划设计战略的体现，各式自然元素的运用赋予建筑灵动的韵律，创建了古老文化和青春活力和谐混搭的一个迷人地方。设计不仅是环境的改造和优化，更要通过设计引导周边

图 11　隐藏于闹市中的北京盈科 1949 世外桃源

社区的良性循环，合理规划建设的项目将带动周边良性发展并取得良好综合效益。

参考文献

[1]　中华人民共和国住房和城乡建设部．城市规划编制办法（第四次修订版），2005.

[2]　黄鹤．文化规划——基于文化资源的城市整体发展策略．中国建筑工业出版社，2010.

作者简介

　　唐艳红，女，ECOLAND ECOLAND 易兰国际副总裁，美国景观设计师协会会员，美国城市土地研究院会员，清华大学房地产 EMBA 客座教授，美国麻省大学景观建筑硕士，北京园林学会常务理事，电子邮箱：jtang@vip.sina.com。

公园绿地设计中的地域特色、城市文化、场所精神

Regional Feature，Urban Culture and Spirit of the Site in Park and Green Space Design

汪　妍　金云峰

摘　要：在学科背景下论述地域特色、城市文化、场所精神三者的含义和关系；探讨三者在综合性公园建设中的体现和构成，并结合案例分析；提出有关这三者作为公园绿地建设重要议题的见解。

关键词：公园绿地；地域特色；城市文化；场所精神

Abstract：This essay first discusses the connotations and relations of regional feature，urban culture and spirit of the site under the disciplinary background．Then it discusses the expression and composition of those elements in urban comprehensive parks by analyzing actual cases．The article express its views of the 3 topics in design of parks and green space．

Key words：Urban Comprehensive Park；Regional Feature；Urban Culture；Spirit of the Site

在当前城市建设中，设计师和使用者开始发现，公园绿地设计的雷同单调，这引发了有关公园绿地地域特色的思索和讨论。在这场讨论中，"地域特色"、"城市文化"、"场所精神"这些字眼被频繁的提及。

1　概念界定

1.1　地域特色

有关特色，吴良镛先生曾经说过："特色是生活的反映，特有地域的分界，特色是历史的构成，特色是文化的积淀，特色是民族的凝特色是一定时间地点条件下典型事的最集中最典型的表现，因此它能起人们不同的感受，心灵上的共鸣，情上的陶醉。"[1]

地域即一定的空间范围。在风景园林学背景下，本文所讨论的地域特色包括两个方面：地域自然特色、地域文化特色。前者关注原始自然；后者则关注人类作为塑造主体，在自然的基础上，所产生的一切物质和非物质财富。

地域自然特色包括地域中构成自然环境的各种要素及地理方位，包括气候、地形地貌、动植物、水体等。

地域文化产生依赖于地域自然环境，指的是地域环境所呈现的文化形态，可分为实体和非实体两个层面。实体层面包含建筑、服饰、美食等要素；非实体层面包含如社会制度、风俗习惯、历史传说等要素。

1.2　城市文化

城市文化是地域特色的真子集，是地域文化特色在城市这个空间范围内的集中体现，即城市范围内的文化形态。

1.3　场所精神

场所精神源于罗马时期拉丁文"Genius Loci"，意思是任何独立的本体，包括人和场地，在都有自己的守护神。每个场所有其独特的气质，形成了人们的认同感和归属感，"场所"在某种意义上，是一个人记忆的一种物体化和空间化。1979年诺伯舒兹在其《场所精神——迈向建筑现象学》一书中将其拓展成为一个建筑概念。在建筑学中，场所是有自然环境结合的有意义的整体。这个整体反映了一定地段中人们的生活方式和其自身的环境特征。

风景园林学对此的研究，在宏观方面体现为文化景观，在微观层面看可以理解为一定面积的场地空间中人们独特的感受，如公园入口处老人的扭秧歌的热闹、园内一株槐树开花时散发香味带来的愉悦感。而本文对此概念的讨论是在城市背景下，基于微观层面的讨论。

1.4　三者关系

三者在很多层面上有共同点：首先是空间性，三者都有特定空间范围；二是空间内具有实体自然要素，如土地、河流、阳光等，其形成依赖这些实体要素；三是人文性，其塑造主体是人，人类的活动形成了新的实体要素和非实体要素，实体要素如建筑物、人类聚集活动等，非实体要素包括如风俗习惯，神话传说等；最后是生长性，在自然人文要素的相互影响和塑造下，三者随时间变化而变化，而在一定时间段内其较特征稳定。

三者也有很多差异：空间上，从本文讨论的角度来看，城市文化是地域特色中地域特色在城市空间范围内的集中体现，场所精神可以是地域文化或城市特色在特定空间的表现。性质上，地域文化和城市特色是一种普遍性和共性，"场所精神"则是个性。

2 公园绿地设计中对三者的表达层面

2.1 公园绿地设计中地域特色的表达

2.1.1 地域自然特色

自然状况可以分为两种，即原始自然和人工自然（即经过人类改造的自然，例如农业景观、园林景观等）；后者由于受到人类活动的影响，也具有人文性。中国园林源于对前者的模仿；而西方园林源于对后者，例如英国风景园对农业景观的模仿。现代设计师同样会向自然寻找设计语言，例如巴塞罗那新植物园层层的三角形台地，其形式来源于地区传统台地景观；West8 设计事务所作品中，线型水渠、道路的大量出现，则反映了荷兰国土上围海造田修筑的线型水渠而形成的、结构分明的现状构筑景观。

在公园绿地的设计中，此手法同样被运用以表达城市地域特色。例如上海杨浦公园，杨浦公园布局模拟西湖景观。

值得一提的是，无论是过去还是现在，这种模仿并不是单纯的重现，而是有所变异的。客观原因是公园有其场地条件限制，其空间大小、气候、地形、水体、动植物有其独特性；主观因素在于公园的主要功能是提供游憩活动场所、人们并不是要在这里体验原始自然或进行农业生产等。

2.1.2 地域文化特色

地域文化是多样复杂的，很难对其进行准确清晰的分类。卡希尔《人论》一书认为"人是符号动物"，"文化"通常隐含人类生存不同地域的特征。而"符号"则反映出人类文化的不同类型[3]。而符号则有六类：神话、宗教、科学、历史、语言、艺术。

这六种符号虽然范畴有所交叉，但涵盖了几乎文化的所有方面。本文的讨论在结合符号学的基础上，从实体层面和非实体层面进行讨论。实体层面包含建筑、服饰、美食等；非实体层面如风俗、宗教、民歌、历史人物、方言等。

上海徐家汇公园整体布局呈上海版图状，公园湖设计成黄浦江形状，湖面上假设了徐浦、卢浦、南浦、杨浦大桥的四座小桥。

设计师们在徐家汇公园中抽象化设计了具有象征意义的老城厢。设计中设置了四根象征城墙的立柱并以上海老城厢为设计蓝图，经过简化和微缩，以模纹花坛的形式构建了体现老上海城乡特色的下层式景区。[4]

2.2 公园绿地设计中城市文化的表达

城市文脉侧重于在城市范围内的，地域性更强。我们同样可以用卡希尔的符号理论、从实体和非实体层面进行论述。实体层面包含了城市街道肌理、服饰、名人故居、历史构筑物等；非实体层面有诸如城市的语言、传说、戏剧、风俗等。

上海鲁迅公园经过一百多年的历史积累，拥有丰富

的人文景观。公园保留了 1933 年英国人建造的一些建筑：南大门粗重的水泥门柱、铸铁大门、坡顶建筑等。1956 年迁建鲁迅墓，设纪念馆[5]。这些实体的构筑物，以及实体所承载的非实体的历史故事，都给公园带来了厚重的文化之感。

上海复兴公园抗战前名为法国公园，是租界内的法国人设计建造的，其风格和许多局部都有欧洲风味。现代对复兴公园的修建、保持了法国古典园林风格。园内的月季花坛、椭圆形草坪和道路、东边的大草坪、南边的喷水池和花坛等形态实体，是一种"文物"，是对上海作为租界近现代历史的现实反映。

2.3 公园绿地设计中场所精神的表达

公园绿地作为一个空间场所并不是孤立存在的。我们在设计时既需要考虑场地本体空间的特点，也要将其放在周围背景中将其看作客体进行考虑。

2.3.1 场地本体精神

场地具有其独特的自然性和历史性，设计一方面要考虑场地内天然存在的地形、植物、水体，另一方面还要考虑场地留下的人工痕迹。建立在进行场地状况基础上的设计，才是生长在土地上的设计。

亚历山大教皇认为，场地精神是花园和景观设计中所遵循的重要原则。他在其一首诗中这样写道"……建造、种植，无论你想做什么，立起圆柱或拱券，塑造台地，或下沉的洞穴；总而言之，永远不要忘记自然……"[6]。充分利用场地自然条件，不仅是对自然的尊重，还能够减少工程量。

公园绿地建造场地内的人工痕迹，例如人工种植痕迹、构筑物等，可以通过设计延续其生命那些具有特殊意义的物体，可以保留其呈现的原始状态；那些曾经存在但是已经被摧毁的，甚至可以按照历史原样重现；但在现代设计中，我们更多的是通过变异、改造，即利用场地某些元素赋予其是全新的用途。

例如上海徐家汇公园，保留大量场地元素、例如建筑、雕塑、天桥等，重新修缮大工业时代留下的烟囱和早期"百代公司"录音室的"小红楼"等景观。这些元素不仅展现了场地历史特征，也成为公园的亮点。

2.3.2 场地客体精神

场地还要与周边发生联系。公园绿地通常功能综合，因此更需要考虑其周边环境特征。

从形态上来说，公园绿地通常位于城区，周围分布较多的建筑。通过对周围建筑形态、色彩、性质等特点的研究。这些可以对公园的设计提供借鉴。从而某种程度从形态上与周围建筑发生关系。

从功能上。除了满足公园休憩、美化等基本作用外，处于特定环境中的公园绿地还需要结合情况进行调整。如交通、如毗邻商业区的公园在其临近商业街道边界可以提供一定的活动空间；周围居民较多的情况下，可以设置更多的晨练场所；位于交通枢纽附近的，设置更多的绿化隔离场所等。

上海徐家汇公园处于中心商业区的生态开放空间，紧邻徐家汇商业圈，又是城市重要的交通枢纽，提供了多样化的活动空间和多种体验和选择性。

2.3.3 场地精神的生长

艺术家罗伯特·史密斯认为，纽约中央公园不在被人认为是"独立的东西"（A Thing-in-itself），而是在与周围环境的不断互动中，成为"为我们的东西"（"A Thing for Us"）。[7]

无论对于场地主体还是客体精神的考虑，都是停留在设计层面。在使用的过程中，场地精神会不断地生长，那些发生于场地之中的活动、存在于场地中的物体，都是对场地精神的全新诠释。例如同济大学的樱花大道，花开时节，赏花拍照的人群络绎不绝，众多校友返回母校；在这里，樱花则是场地精神形成的显性因子。场地和发生于上的活动，二者缺一不可、相互影响。

对于公园绿地也一样。例如广东佛山中山公园的龙舟活动，其作为综合公园提供了一个活动的场地就吸引了大批人群，这个活动也成为公园乃至佛山市的标志活动。徐家汇公园的亲子剧社、戏曲活动、篮球比赛等，为公园带来了浓浓的文化气息。由于其功能的综合性，提供的活动场地很多元，人们进行的活动也很多元，场地精神也因此生长。

3 公园绿地设计中对三者的表达维度

当前，对公园绿地建设的批判，很多集中在对历史丧失方面，对"继承传统"的有关讨论。一方面，在某些公园的设计中不考虑地域特色，盲目照搬西方造园手法；另一方面，在对我国传统文化的继承中，设计停留在元素表面，导致"马头墙"、"某某阁"、"历史浮雕"等元素的泛滥。

历史是发展的，单纯的"继承"历史，并不能重现当时的文化体系，而只是徒有其表。社会在变化，文化在演进，人们"一个人不能两次踏入同一条河流"。而在现实中的继承，很多是变异错位的认同。是借助历史元素装载新的功能。

所以从时间的维度来看，在公园绿地的设计中，除了考虑对历史的继承，还可以表现城市发展现状、表达对未来的期许，或者是三者的集合。例如上海古城公园用由新开河伸向豫园的视觉景观通道，形成上海过去和未来的对话，下沉广场到丹凤台的弧形坡道逐步上升，隐喻探索历史的轨迹。

4 公园绿地设计中对三者的表达载体元素

关于公园绿地设计中对三者的表达载体，业界已经有了一定的讨论。

徐欢、朴永吉在《城市综合性公园地域特色构成要素研究》一文中，按照城市综合性公园的特点，并考虑指标的可操作性，将城市综合性公园地域特色的构成要素分解为地形、水体、植物、园林建筑、小品设施、假山置石、雕塑、道路广场铺装、历史传说、风俗习惯、名人佚事、地方材料、公园色彩、灯光与音乐。文章接着在综合了专业人士和游客意见基础上选出了七个构成要素进行了权重分析。即选取出植物、道路广场铺装、园林建筑、历史传说、雕塑、水体、地方材料7个构成要素进行权重分析。

李丙发在《城市公园中地域文化的表达》一文中，将载体定位：地形、植物、环境小品、铺装建筑、水体。表达途径分为：历史文化、民俗活动、花木精神、乡土材料。

从有关论述可以看出，这些元素大致可以分为实体元素和非实体元素，同时非实体元素也依赖于实体元素进行表达，但是这种表达并不只停留在视觉层面上。如民俗活动展开需要一定的活动场地，历史文化描述需要如浮雕等一定的物质载体，花木精神则离不开植物材料等。

5 结论

5.1 地域文化与历史学习

在设计中对历史的"继承"是一种设计方法手段，但非唯一。历史的"继承"不能重现文化体系。设计中不反对向历史学习，甚至重现历史遗迹等，反对的是盲目的，毫无意义的，甚至过多牺牲使用功能的重现。

但是无论如何建设场地，所使用的技术肯定是在前人基础上的。所用的材料、种植的植物、不可能完全脱离场地状况文化影响公园绿地设计、人们的使用也塑造了文化，他们是相互影响的。

从一个丰富的多元的角度来看，历史只是一个方面，不是唯一，不是最重要的一个，但从这里我们可以远离花哨的缺乏远见的方案而走进集市，如果不是永恒，也能够几代相传的传世作品，创造出能够让将来的实际是和历史学家想要保护的作品。[8]

5.2 地域文化与创新

设计根植于历史却是面向未来。在学习历史的同时，还需要创新，创造新的设计元素，引入新的公园使用功能，创造新的体验。有使用价值的创新，就是适应了人们的需要，也就是符合地域特色的。

5.3 场地精神的重新生成

特色本来并不需要设计师创造，设计师的并不只是单纯的创造一个作品，而是参与到一个场地生长过程中，并引导其生长（生长的结果可能和设计师的设想不同）。设计师只是播下了种子，使用者则提供了阳光和养分，在使用中场地精神重新生长。

5.4 公园绿地一定代表城市文化吗？

公园绿地的确重要，但是将其作为城市的名片，担负起城市代言人的重任，实际是对其功能的夸大。

一方面，公园绿地就起本质来说，是为不同人群提供多种活动场所；另一方面城市的特色不一定需要综合公园来当代言人。如提到上海、北京、厦门，人们首先想到的可能是东方明珠、天安门、鼓浪屿、也可能是高楼、烤鸭、大海。城市的文化有很多载体，所以不一定需要公园绿地来担任这些角色。

所以，公园绿地的设计不一定要背上作为城市名片的重任，而应该充分考虑使用需求，以人为本进行设计。公园绿地满足了其功能需求，就一定具有场地精神，因为扎根于场地的设计，地域特色和场地精神成为其与生俱来的属性。

参考文献

［1］ 何小城，阮雷虹．试论地域文化与城市特色的创造．中外建筑，2004（02）：52-54.

［2］ 王向荣，林箐．地域特征与景观形式．中国园林，2005（06）：16-24.

［3］ 朱文一．空间·符号·城市：一种城市设计理论．北京：中国建筑工业出版社，2010.

［4］ 邱彬．徐家汇公园的文化内涵建设探索：［学位论文］．上海交通大学，2010.

［5］ 张士心．鲁迅公园的景观特征．中国园林，1996（04）：27-29.

［6］ http：//blog. icomos-uk. org/in-focus/finding-the-spirit-of-place/To build，to plant，whatever you intend To rear the column，or the arch to bend To swell the terrace，or to sink the grot；In all，let Nature never be forgot［（Epistle IV. From a poem by Alexander Pope (1688-1744)］.

［7］ 陈英瑾．人与自然的共存-纽约中央公园设计的第二自然主题．世界建筑，2003(04)：86-89.

［8］ 理想空间——无覆盖空间之城市公园设计．

作者简介

［1］ 汪妍，女，汉族，同济大学建筑与城市规划学院景观学系硕士，电子邮箱：944706555@qq. com。

［2］ 金云峰，男，汉族，同济大学建筑与城市规划学院景观学系，教授，博士生导师，上海同济城市规划设计研究院，同济大学都市建筑设计研究分院，研究方向为风景园林规划设计方法与技术，中外园林与现代景观。

试论农禅思想对观光农业园区规划的启示作用

Agricultural Zen Thought to Tourist Agriculture Garden Planning Inspiration

王　彻　王　崑　朱春福

摘　要：观光农业园区是农业与旅游业结合的新型农业发展模式，本文从文化角度探讨观光农业园区建设，从农禅思想的解读出发，提出了研究农禅思想对观光农业园区规划启示作用的现实意义，并通过园区选址条件、基本功能分区、景观营造特点三方面阐述了农禅思想对观光农业园区的启示作用，为观光农业园区规划提供了新思路。

关键词：农禅思想；观光农业园区；启示作用

Abstract：Tourist Agriculture Garden is a new combination of agricultural and tourism development model of agriculture. This paper discusses the tourist agriculture garden construction from the perspective of culture，starting from the interpretation of farming Zen thought，presents a practical significance of studying farming Zen thoughts of tourist agriculture to garden planning. Meanwhile the park location conditions，the basic function of partition and the landscape characteristics also taken into consideration to expound the agricultural Zen Thought to tourist agriculture garden planning's inspiration，providing a new way for the tourist agriculture garden planning.

Key words：Farming Zen Thoughts；Tourist Agriculture Garden；Inspiration

近年来，我国各地涌现了大量的观光农业园区，不仅为城市居民提供了观光旅游的新途径，也为农村建设、农民生活带来了新契机。目前，我国观光农业不断向着产品科技化，园区建设生态化、人文化发展，使观光农业如何结合文化旅游，打造特色品牌形象成为观光农业发展的重要命题[1]。本文从农禅思想，这一中国特色的文化角度探讨其对观光农业园区规划的启示作用，即是通过交叉学科的互动优势，借鉴农禅思想所弘扬的哲学观念与农耕结合，开展"农、禅、游"的特色观光农业文化旅游，为我国观光农业发展中文化内涵缺失，规划设计理念创新等开辟新思路，更能弘扬传统文化，促进农村经济文化建设，提高我国农民的文化素养，助力解决"三农"问题。

1　农禅思想的概念解读

农禅思想是我国禅宗思想与传统农耕文化结合的具有中国特色的文化产物，是建立在我国封建社会自然经济的农业基础上，为解决农民问题而形成的禅宗思想体系之一[2]。对于农禅思想的解读，可以从"农"，"禅"两方面进行诠释。

"农"，在古代社会，主要指我国封建社会自给自足经济的核心——农业，农禅思想提出将禅修与农耕结合，有效解决了我国封建社会形成的流民问题，稳定了社会局面[3]。其强调劳动入禅的修禅方式，即在农耕中思考顿悟，体悟"见性成佛"的心论性等禅宗哲学观点，在思想层面稳定农民情绪，使农民能够在平静的田园生活中安居乐业。在当今社会，对于"农"的定义更加广泛，笔者认为，今天的农禅思想中的"农"，应涵盖农业、农村、农民，是从农业的健康绿色发展、农村的基础设施建设风格、农民的文化素养熏陶等多角度探讨农禅思想的当代意义。

"禅"，是"禅那"的略语，自中国唐代以来，"禅"汉译意思有"静虑"、"思维修"、"弃恶"、"功德丛林"等[4]。在我国学者刘长久所著的《中国禅宗》一书中指出"禅，即指修习者的精神集中于一种特定的观察对象，以佛教义理的正确思维，尽力排除外界各种欲望对内心的诱惑和干扰，以便达到弃恶从善，使本体心性获得绝对自由的目的"[4]。农禅思想中的禅同样是延伸禅宗思想中"禅"的内涵，只是强调了劳动入禅的必要性，实现了僧侣寺庙的经济独立，带动了农业的发展。

2　研究农禅思想对观光农业园区规划启示作用的现实意义

研究农禅思想对观光农业园区规划的启示作用，就是运用农禅思想的哲学观念指导观光农业园区规划，使园区建设者、经营者、劳动者、使用者等一切进入园区的利益相关主体，通过特定的景观项目、生产科技示范项目、农业观光项目、娱乐生活体验项目等观察体验客体，通过主体与客体的互动，使主体，即观光农业园区里的一切人，能够真正地回归自然，放松身心，体悟人生的本质和生活的意义。其现实意义在继承传统观光农业园的功能作用基础上，体现在以下几个方面。

2.1　农禅思想融入园区规划——文化元素的融入

我国学者季羡林先生主编的中国禅学丛书《禅与中国艺术精神》、《禅与园林艺术》中，分析了禅宗思想对中国的诗画艺术、石窟艺术、古典园林、寺庙园林以及对士大夫心理的影响，表明了禅宗思想在我国艺术文化上的影响范围之广和重要地位[5-6]。

农禅思想隶属于禅宗，是在坚持禅宗基本哲学思想前提下，强调农耕的必要性，能够从文化、哲学、艺术角度探讨对观光农业园区规划的创新途径和启示作用，丰富观光农业园区规划的艺术文化内涵。

2.2 农禅思想与"三农"问题——实际问题的指导意义

我国三农问题主要是解决农业问题、农村问题和农民问题。

农业问题：农禅思想对农业的影响，形成了独特的禅宗农业，其开荒垦田的行为和规模化的劳动生产促进了农业的发展[7]。目前，我国农业不断向商业化、产业化转型，从"农禅"文化着手，即在农产品的种植、采摘、加工、宣传、销售等过程中贯穿农禅思想的思维模式，打造文化品牌产业链，倡导发展有机绿色农业、循环农业，使农产品更加安全可靠，并从宗教心理角度，使消费者对农产品更加信赖。

农村问题：农禅思想对农村的影响，体现在对农村建设和景观风格的影响，即以自然的肌理打造乡土的田园风光，避免农村的现代化、工业化倾向。

农民问题：继承传统观光农业园区解决农村剩余劳动力的功能作用，强调"农禅并重"的当代意义，使农民学农、学禅，从科学种植方法到思维能力的提高，增加农民的文化素养。

2.3 农禅主题的观光农业园——主题类型的创新

观光农业是农业与旅游业结合的新型交叉产业，具有生产性、观赏性、娱乐性、参与性、文化性、市场性特征，对农业发展、生态环境、人们的旅游需求有着巨大的应用价值[8]。研究农禅思想对观光农业园区规划的启示作用，本质上是对一种文化观光农业园主题类型的创新性探索，是在继承传统观光农业开发模式和基本功能上，创新性的提出从"禅居"度假的旅游开发模式、修禅养性的生活思维方式、静谧而富有精神内涵的景观营造等角度探讨观光农业园区规划的新思路。

2.4 农禅思想与游客市场需求——满足市场需求

随着社会的不断发展，工业文明带来的环境问题，城市生活带来的人际关系紧张、生存压力巨大等社会问题日益突出。农禅思想所倡导的"心如木石"的观念[3]，强调的是不被世俗所染的平静。因此，借用禅宗思想指导观光农业园区的建设就是要身处其中的游客能通过体验、了解农禅思想所带来的景观意境和精神意蕴，通过体验农耕劳动和观察富有精神内涵的田园景观，感悟禅的精神内涵，进而缓解生活中的压力。

2.5 立足农禅思想的宗教背景——开发新客源市场

佛教是我国的宗教大教，佛教旅游占据着较大的旅游市场，但我国目前就农业与佛教结合的旅游开发还相对较少，甚至存在空白。农禅思想来源于佛教，是中国佛教与传统文化、社会形态结合的产物，可以从人的宗教心理角度开发观光农业的客源市场，但并非局限于佛教信徒，其提倡的认识世界、认识人生的思维模式具有普世的吸引力。

3 农禅思想对观光农业园区规划的启示

3.1 园区选址条件

本文结合黑龙江地区的旅游资源现状，可以选择以下地点进行园区规划：

3.1.1 依托旅游度假景区建设

通过利用旅游度假景区成熟的客源市场和旅游路线发展观光农业园区的旅游[9]。

黑龙江地区五大连池景区、镜泊湖景区、伊春的汤旺河石林等，其景区周围具有大片的山水农田，具有优美的景色环境，建设观光农业园区，不仅可以丰富当地的旅游种类，更可以互惠共生。

3.1.2 依托城市客源市场建设

依托中大型城市的郊区，具有便利的交通条件和区位环境，方便城市游客进行短期的休闲度假[9]。

黑龙江省的主要城市，哈尔滨、齐齐哈尔、牡丹江、佳木斯、大庆，城市周围具有良好的湿地环境和河流景观，依托城市城郊游憩带的范围内，开展观光农业园区，具有较好的开发前景。

3.1.3 依托特色农业基地建设

依托特色农业基地建设，指的是农业生产已相对成熟，具备一定的科研示范作用和观光旅游功能，但主题特色不够鲜明，市场竞争力不够突出的观光农业园区[9]。

黑龙江是农业大省，全省遍布许多大大小小的农业园区，如建三江农场、北大荒生态园等，但往往缺乏一定的文化内涵和规划主题，更不具备度假功能，具有较大的开发旅游度假前景。

3.1.4 依托名刹古寺建设

"自古名山僧占多"，依托名刹古寺建设观光农业园区，是从名刹古寺优美的自然环境条件出发，借助宗教文化背景，结合佛教文化旅游，开发"农、禅、游"文化的度假观光形式。

黑龙江具有哈尔滨极乐寺、伊春天龙禅寺、兰西县楞严禅寺、五大连池市药泉山钟灵寺等，虽名寺难寻，但也在当地具有一定的影响力，依托寺庙的影响力，在合适的范围内修建观光农业园区有一定的助力。

3.2 基本功能分区

农禅思想对观光农业园区基本功能分区的影响，借鉴传统观光农业园的基本分区，可以从生产加工区、科技示范区、管理服务区、防护区、观光采摘区、文化体验区，六个基本功能分区进行探讨[10]。

3.2.1 生产加工区

生产加工区是园区主要的农业生产基地，占园区总面积比重较大，位置离园区核心景区较远或者包围核心景区，主要产品为农禅特点的田园风光、绿色有机农产品等。

农禅思想对生产加工区的影响体现在原始禅僧开荒垦地的拓荒精神，表现在对农业耕作土地的合理利用和科学耕种；从种福田，居福地的角度，有助于提高农民耕种的热情和文化素养；农禅的前提是土地属于农民，因此，在生产加工区的土地所属权上应鼓励园区建设者与农民合作，而非管控农民，收购土地，使农民具有更多的自主权和责任感。

3.2.2 科技示范区

科技示范区是园区开展农业科学研究，研发新品种、新技术的示范基地，面积相对较小，但具备完善的基础及科研条件，包括日光温室、大棚、科研楼等，位置结合管理服务区，方便管理，主要产品为科学的示范技术培训及展示、优质的栽培品种介绍和宣传等。

农禅思想在科技示范区的影响体现在古代禅僧对农民耕种的指导作用，因此，科技示范区的科研者的工作应包括园区科技产品的开发和指导当地农民用科学的耕种方法进行农耕活动，体现禅宗佛教中慈悲的、济世的、利众的人文思想[11]，通过园区工作者与农民的接触交流，利于园区在农村的环境中长久生存，促进农民利用土地的效率和成本，减少资源浪费。

3.2.3 管理服务区

管理服务区是开展园区日常管理工作的重要区域，一般位置设在园区入口处，面积相对较小，是园区其他功能分区的辅助分区，具有召开会议及饮食、住宿等多种功能，主要负责园区的日常管理和接待工作。

农禅思想对管理服务区的影响主要是对经营者的影响，鼓励园区经营者与农合作，宣传农禅的文化内涵，树立园区的农禅文化品牌形象，有助于"农、禅、游"等多种功能的实现。

3.2.4 防护区

防护区具有保护园区农田及自然环境的作用，一般不对游人开放，处在园区的边界位置，具有划分园区地界范围的作用。此外，防护区为营造农禅思想中静谧安静的禅修环境起到了分割空间的作用。

3.2.5 观光采摘区

继承传统观光农业园区的观光采摘功能，观光采摘区开展即采即食的鲜果品牌活动，并以"农"为主题特色，结合农禅思想中"青青翠竹皆是法身，郁郁黄花无非般若"的哲学思想，在采摘观光和农作体验的项目中，体会农禅思想中对心性思维的体悟。

3.2.6 文化体验区

文化体验区是农禅思想指导下的观光农业园区的重要区域，是以"禅居"为主题，营造禅境的度假景观居住环境。在饮食上，针对城市生活的饮食结构特点，开发素食、斋饭、茶等饮食文化，并通过景石、文字等宣传农禅思想的精神境界。

3.3 景观营造特点

我国学者王金涛在《禅境景观》一书中指出："禅境景观是中国传统园林、佛教景园及现代城市景园三者的结合，是物质化了的精神空间，植根于东方传统园林体系"[12]。笔者认为，禅境景观是受禅宗思想影响的一种具有精神内涵的充满意境，引人深思的园林景观，包括日本的枯山水庭院、西方极简主义园林都是当今社会公认的受到禅宗思想影响下的园林景观。农禅思想对观光农业园区景观营造的特点，可以从自然元素的提取、景观材料的选择、景观营造的手法、意境营造的手法四方面进行论述。

3.3.1 自然元素的提取

农禅思想影响下的观光农业园区中禅境景观的营造主要从自然元素中提取创作原料，从自然的植物、石头、水系、风与光影等手段进行造景，借鉴受禅宗思想影响的日本枯山水庭院和西方极简主义大师彼得沃克的相关作品，强调营造的是具有乡土气息、自然田园风光的景观环境。

3.3.2 景观材料的选择

结合禅境景观静谧幽远的景观特点和农业园区质朴自然的景观环境，在景观材料的选择上选择传统的青石、青砖、原木、白灰墙面、清水混凝土、砖雕、石雕等[12]。通过原始的材料纹理和天然的形态塑造园区天然的景观效果。

3.3.3 景观营造的手法

农禅思想指导下的观光农业园区的景观营造，参考古典园林中障景、框景、夹景、对景等传统的造园手法，结合我国的诗画艺术和文字艺术，利用农禅思想中的公案营造相应景观场景，通过景墙和文化石塑造园区的整体形象，如景墙上书写富有哲理的禅句和故事，景石上雕刻"空""禅""静""情"等具有农禅特色的文字。

3.3.4 意境营造的手法

农禅思想指导下的观光农业园区的意境营造，追求的是一种"淡然、悠远、静谧"的景观环境，因此，在空间的处理上，以虚胜实，以暗胜明，小中见大为原则，色彩多选取纯度较高的、中国古典园林和寺庙园林经常出现的红色、黄色、白色、黑色。空间处理简中有繁，即总体布局上简单明快，细节的小品和局部表达上精益求精。

4 结语

本文研究农禅思想对观光农业园区规划的启示作用，从理论层面提出了观光农业园区规划的创新性思路，指出了研究农禅思想对观光农业园区规划的现实意义和在区位选址、基本功能分区、景观营造特点的启示作用。基于农禅思想的博大精深和相关案例的缺乏，本文研究内容还缺乏一定的实践性，仅对我国观光农业园区的规划发展提供一个可供借鉴的新思路。

参考文献

[1] 王婉飞，王敏娟，周丹 . 中国观光农业发展态势 . 经济地理，2006.26(5)：854-856.

[2] 张浩 . 中国佛教农禅思想与实践研究：[学位论文]. 安徽大学，2011.

[3] 杜继文，魏道儒 . 中国禅宗通史 . 南京：江苏人民出版社，2007.

[4] 刘长久 . 中国禅宗 . 桂林：广西师范大学出版社，2006.

[5] 季羡林主编 . 黄河涛著 . 禅与中国艺术精神 . 北京：中国言实出版社，2006.

[6] 季羡林主编 . 任晓红，喻天舒著 . 禅与园林艺术 . 北京：中国言实出版社，2006.

[7] 王建光 . 禅宗农业的形成与发展 . 中国农史，2005.4：51-57.

[8] 郭焕成，刘军萍，王云才 . 观光农业发展研究 . 经济地理，2000.20(2)：119-124.

[9] 宋金平，盖文兴 . 我国观光农业发展存在的问题与对策 . 中国软科学，2003(2)：31-34.

[10] 高源，李斌欣 . 观光农业园区分区规划探讨 . 园林工程：29-31.

[11] 姜程曦，董召荣，汤盛杰 . "农禅并重"传统下佛教农业发展途径探讨 . 安徽农业科学，2008，36（29）：12972-12973，12993.

[12] 王金涛 . 禅境景观 . 南京：江苏人民出版社，2011.

作者简介

[1] 王彻，1988 年生，男，汉族，黑龙江哈尔滨，硕士在读，研究方向为风景园林规划设计，电子邮箱 304146330@qq.com。

[2] 王崑，女 1969 年生，山东黄县，副教授，硕士生导师，博士后。研究方向为旅游规划、风景园林规划设计。

[3] 朱春福，1978 年生，男，黑龙江绥化，讲师，硕士，研究方向为园林建筑设计。

基于 GIS 的武汉市绿地服务水平分析

Research on the Service Level of Green Spaces Based on GIS of Wuhan

王江萍　肖映辉　王　姝

摘　要：为了更准确地掌握武汉市主城区城市绿地的建设状况，促进武汉市绿地建设的和理性和公平性，本研究基于 GIS 分析平台对武汉市城市绿地的服务水平进行分析评价。结果表明：城市绿地建设情况总体良好，城市绿地空间分布结构明确；但是全市性和区域性公园绿地分布过于集中，主城区绿地与城郊绿地缺乏有机联系；并且城市绿地相关规划在建设中没能得到全面的落实。

关键词：城市绿地；武汉市；GIS；绿地服务水平

Abstract：To grasp Wuhan green spaces service situation more accurately, bringing a great rationalization and equity to distribution, the research evaluated Wuhan green spaces service situation based on GIS. The results showed that：the construction of green space is generally good, distribution of urban green space is identified；the city and regional green parks distribution to concentrated；the lack of organic links the main urban green space and peri-urban green space；planning about urban green space in the building did not get the full implementation.

Key words：Urban Green Space；Wuhan；GIS；Service Level of Green Spaces

引言

城市绿地作为城市中唯一接近于自然的生态系统区域，它对改善城市生态环境，满足居民游憩、身心健康等具有不可替代的功能。但是目前我国的城市绿地系统的评价指标体系却很不完善，内容有很大局限性，只考虑了城市绿地的数量特征，而忽略了城市绿地空间分布的合理性和公平性。

城市绿地服务水平是指城市绿地服务能力在空间上的反应，不仅考虑了城市绿地的覆盖范围，还考虑了城市绿地的覆盖效率，体现了绿地使用的公平性和空间分布的合理性，是对目前城市绿地评价指标的补充。

国内外关于城市绿地服务水平的研究大多是从城市绿地可达性、服务效率、服务公平性和服务半径几个方面进行，其中从城市绿地可达性和服务效率角度的研究最多。通过可达性得到的绿地使用质量指标虽然尽可能的模拟实际情况，考虑了实际交通路线或者成本，但是却没有考虑不同城市绿地在服务半径和服务能力上的差异。本研究在分析过程中，差异化处理每一等级城市绿地服务半径，结合城市人口分布情况分析城市绿地服务水平在空间上的分布特征。以武汉市主城区三环线内城市绿地作为研究对象，借助 RS 和 GIS 分析平台，从可达性和服务效率两个指标对城市绿地的空间布局进行研究，对城市绿地服务水平进行分析，从而客观了解武汉市城市现在绿地分布和建设情况。

1 研究区域

武汉市俗称"江城"，由长江和汉江分割成武昌、汉口、汉阳三镇，统称武汉三镇。本研究范围主要武汉市三环线内 510.3km² 的城市空间。其中水域面积 121.0km²，行政上包括武昌区、江汉区、硚口区等 11 个行政区。根据武汉市 2012 年统计年鉴，武汉市 2011 年 5 月第六次人口普查统计得出户籍人口 8272385 人，常住人口 1002 万人，平均人口密度 1180 人 / km²。

2 研究方法与评价过程

2.1 可达性

Hansen[1]第一个提出了"可达性"概念，将其定义为交通网络中各节点之间相互作用的机会的大小。有的学者认为，可达性是克服空间阻隔的难易程度，某一地点可达性的优劣和到其的空间阻隔大小呈现反比例关系[2-4]。也有学者认为，可达性是在单位时间或一定范围内所能接近的机会数量，可达性的优劣则和接近机会呈现正比例关系[5-6]。还有学者认为，可达性是相互作用的潜力。可达性的优劣与某一点所受到的相互作用力呈正比关系[7-8]。在城市绿地可达性评价的实际操作中，最常用的方法有缓冲区法，最小邻近举例法、引力势能模型法、费用距离加权法、网络分析法等。缓冲区分析法虽然没有考虑源地与目的地之间的各种障碍银子，是一种理想的模式，但是该方法计算简单，易于在规划中操作，且最容易理解，本研究根据在分析过程中采用缓冲区分析法。

2.2 服务效率

服务效率（Service Efficiency）用于衡量有限的资源基于人口的分配程度，体现人均水平上城市公共服务资源的服务能力[9]。城市绿地服务效率主要是指在城市绿地服务范围基础上，与城市用地数据和人口数据进行叠加，获得城市绿地服务人口和服务面积数据，计算服务人口比和服务面积比来衡量城市绿地的服务效率[10]。具体计算方法如下：

$$服务面积比 = \frac{城市绿地有效服务面积}{居住用地面积} \times 100\%$$

公式（1）

其中城市绿地有效服务面积是指被城市绿地服务区所覆盖的居住用地面积。

$$服务人口比 = \frac{城市绿地有效服务人口}{居住区总人口} \times 100\%$$

公式（2）

其中成为绿地有效服务人口为城市绿地有效服务区内所覆盖的人口数。

2.3 数据及处理

基于 ERDAS Imagine9.2 和 ENVI4.8 软件平台，对武汉市主城区 2011 年 LANDSAT 卫星影像进行几何验证、最大似然法监督分类，得到研究区域水系和绿地的分类提取图（图1）。结合 Arcgis10.0 将分类提取图转换为矢量图，结合野外实地踏勘对数据进一步校正和补充，选择面积大于 1000m² 的城市绿地斑块作为研究对象，建立城市绿地矢量数据库（图2）。

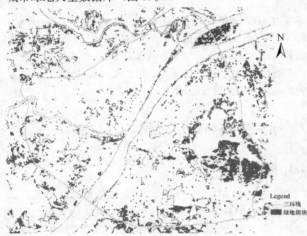

图1　现状绿地斑块矢量图

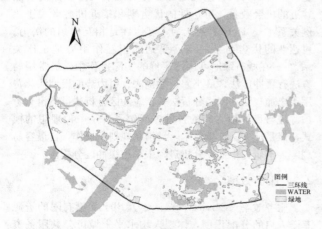

图2　现状绿地矢量图

城市绿地的服务能力主要与城市绿地的性质、功能和面积几个指标相关，因此绿地分类在《武汉市城市绿地

系统规划》基础上参考以上指标，从绿地的服务能力和吸引力角度将城市绿地分为 6 个等级（图3）：

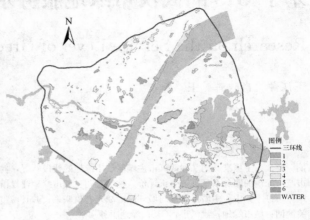

图3　现状绿地分级图

（1）级城市绿地：全市性综合公园和城市主要广场绿地。服务半径 2000m，服务时间步行 30 分钟；相对服务能力值为 4。

（2）级城市绿地：区域性综合公园和区域性主要广场绿地。服务半径 1000m，服务时间步行 20 分钟；相对服务能力值 3。

（3）级城市绿地：社区公园绿地，面积在 2—5hm²。服务半径 800m，服务时间为步行 10 分钟；相对服务能力值 2。

（4）级城市绿地主要为街旁绿地、沿街分布的小型带状公园绿地、防护绿地和其他绿地。服务半径 500m，服务时间为步行 5 分钟；相对服务能力值 1。

（5）级城市绿地为专类公园和滨水带状公园绿地。服务半径 5000m，服务时间为步行 60 分钟；相对服务能力值为 5。

（6）级城市绿地为具有极少社会功能的生产绿地、附属绿地和特殊绿地。这些绿地不是以社会服务功能为其主要功能，在本研究分析中不予考虑。

3　结果与分析

3.1　研究区城市绿地分布概况

研究区域内有城市绿地斑块 249 个，总面积 5118.79hm²，绿地率 10.03%。其中，洪山区的绿地斑块数量最多，总共有 90 个；其次是武昌区 39 个；汉阳区和江岸区 36 个；绿地斑块数量最少的是青山区，在研究区内仅有 11 个绿地斑块。绿地斑块总面积最大的洪山区，其次是武昌区，面积最少的是硚口区。绿地率最高的区域是洪山区，其次是青山区，江汉区，绿地率最小的区域是硚口区，仅有 1.52%。

现状绿地分布情况　　表1

行政区	绿地斑块个数（个）	绿地斑块面积（hm²）	占绿地总面积比例（%）	绿地率（%）
汉阳区	36	679.24	13.27	8.63

行政区	绿地斑块个数（个）	绿地斑块面积（hm²）	占绿地总面积比例（%）	绿地率（%）
江岸区	36	708.06	13.83	9.71
江汉区	22	317.93	6.21	11.27
硚口区	15	59.48	1.16	1.52
武昌区	39	874.41	17.08	10.12
洪山区	90	2290.75	44.75	12.92
青山区	11	178.93	3.50	11.85
汇总	249	5118.79	100	10.03

3.2 研究区城市绿地服务水平分析

3.2.1 可达性分析

将城市绿地（Polygon）作为源；根据绿地分级1级绿地2000m，2级绿地1000m，3级绿地800m，4级绿地500m和5级绿地5000m的服务半径，生成不同等级城市绿地的服务范围。使用GIS空间分析功能中的UNION功能，将生成的不同等级城市绿地的服务区进行叠加分析。并计算每一块用地的相对服务能力值，将叠加结果分为3分类，相对服务能力值为1-4的地区服务水平差，相对服务能力值5-11的地区服务水平一般，相对服务能力值为12-15的地区服务水平好。并将得到的数据进行统计分析（图4—图9）。

城市绿地服务范围统计数据			表2
服务区类型	服务水平好	服务水平一般	服务水平差	汇总
服务面积（km²）	55.26	270.73	131.87	457.86
服务面积比（%）	10.83	53.05	25.84	89.72

图5 二级绿地服务范围

图6 三级绿地服务范围

图7 四级绿地服务范围

图4 一级绿地服务范围

图8 五级绿地服务范围

图9　城市绿地服务范围叠加图

从以上图、表可以看出，就城市绿地服务区所覆盖的研究区范围而言，武汉市城市绿地整体服务水平比较理想，89.72％的地区至少被一个等级的城市绿地所覆盖。但是，城市绿地服务水平好的区域仅仅只占研究区总面积的10.83％，仅十分之一左右。一半以上地区的城市绿地服务水平一般。

3.2.2　服务效率分析

使用ArcGIS中的分析工具/叠加分析模块中的相交（Intersect）功能，将上一步骤所得结果与居住用地进行叠加，得到不同服务水平城市绿地服务区内居住用地分布情况。城市居住用地中，总居住人口1711445人，总居住区面积127.93km²。根据居住区中的人口密度属性以及居住区面积属性，统计计算绿地服务区的服务效率：不同服务水平服务区的有效服务面积、有效服务面积比、有效服务人口总数、有效服务人口比（图10）。

城市绿地服务效率统计数据　　　　表3

服务区类型	服务水平好	服务水平一般	服务水平差	汇总
有效服务区面积（km²）	19.29	62.94	32.61	114.84
有效服务面积比（％）	15.08	49.20	34.67	89.77
有效服务区人口（人）	566432	940675	162893	1670000
有效服务人口比（％）	33.10	54.96	36.48	97.58

图10　城市绿地服务区内居住用地分布图

根据上述表格中可以看出，城市绿地服务区几乎占据了整个居住区范围，面积接近90％，人口更是高达97.58％。因此根据缓冲区分析方法得到的武汉市大部分都在城市绿地的服务面积内。

4　结论与讨论

由图3-7和表3-3可知，研究区域内，114.84km²的居住区面积都被城市绿地服务范围所覆盖，占整个居住区面积的89.77％。服务水平好和服务水平一般的有效服务面积为19.29km²和62.96km²，有效服务面积比分布为15.08％，49.20％。服务水平好的区域以片状形态分布，主要集中在汉口老城区、长江与汉江交汇处周边的汉阳区、武昌老城区和青山区。这些区域都是武汉城市建设总体情况比较好的区域，分布着较多的全市性综合公园和区域性综合公园；并且大多都紧邻长江或者汉水，有较为优越的滨水空间。服务水平一般的区域主要围绕服务水平好的区位呈现向外扩散的分布规律，该服务水平程度覆盖了城市一半以上的居住面积和人口。

服务水平差的面积有32.61km²，有效服务面积比为34.57％，有效服务人口16万人次，占居住区人口的三分之一。该服务水平区域主要分布在三环线与二环线之间，以及南湖片区，呈现零散的块状分布。

除以上三种情况之外，还有10％左右的居住面积和2％的人口没有被城市绿地服务范围所覆盖，这部分区域主要分布在城市南部、东湖北部和南湖东部区域（图11）。

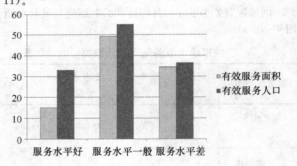

图11　服务效率分析图

通过综合比较、分析城市绿地服务水平分析结果、武汉市现状绿地分布情况以及武汉市绿地系统相关规划可以对武汉市城市绿地现状建设情况提出以下六点结论：

4.1　城市绿地建设情况总体良好

通过服务分水平分析的结果可知，有效服务面积比和有效服务人口比分布为90％和97.6％，大部分居住人口和居住面积都在城市绿地的服务范围内，因此，基于服务水平的武汉市绿地规划建设情况总体良好。

4.2　城市绿地空间分布结构比较明确

服务水平好的区域主要分布在主城区一环线附近，如汉口老城区、武昌老城区、长江与汉水交汇处周边区域和青山区。在一环内呈现出了武汉市"十字"型的山水景

风景园林规划与设计

观轴：南北向的长江天然水轴和东西向的以"龟蛇锁大江"为中心连绵山系组成的天然山轴。服务水平一般的区域主要分布在二环线和一环线之间，呈现围绕可达性较好区域向外扩散的分布形态。服务水平差或者服务盲区主要分布在二环线和三环线之间。总体呈现"十"字加圈层的空间布局结构（图12）。

图12　城市绿地分布结构示意图

4.3　全市性和区域性公园绿地分布过于集中

从武汉市城市绿地的分布结构可以看出武汉市城市绿地的空间分布很不均衡。其中最显著的特点就是全市性和区域性的综合绿地分布过于集中。全市性和区域性公园主要集中在汉口区、武昌老城区、汉阳区沿江区域。服务能力强的城市绿地分布过于集中。

4.4　主城区绿地与城郊绿地缺乏有机联系

从服务水平分析结果可以明显发现二环线与三环线之间的城市绿地服务水平很差，有些居住区甚至处于服务盲区内。《武汉市城市总体规划（2010—2020年）》在三环线以外的区域中规划了6处郊野公园、4处风景区、2个森林公园、1个科教植物园以及1个生态农业园，形成了围绕主城区的山水绿化环。从分析结果和现状、规划的冲突可以看出，主城区内缺少联系三环线外山水绿化环的生态廊道。

4.5　相关规划在建设中没能得到全面落实

根据服务水平分析结果，南湖片区的城市绿地服务水平比较低，而在相关的规划中，南湖风景区作为武昌南部的生态绿心，在城市绿地系统中有很重要的意义。通过分析现状可以发现，分析结果和规划的矛盾在于规划没有实际建设中没有得到落实。《武汉市城市绿地系统规划》在该片区规划了1处风景区和4处公园，但是在实际的建设情况中，大都没有达到规划的目标，城市用地大部分被居住用地给吞噬。

参考文献

[1] Hansen W G, How accessibility shapes land-use. Journal of the American Institute of Planners, 1959. 25：73-76.

[2] Allen W B, Liu D and Singer S . Accessibility Measures of U. S. Metropolitan Areas. Transportation Research B, 1993. 27(6)：439-449.

[3] IngramD. R. The Concept of Accessibility：A Search for An Operational Form. Regional Studies, 1971. 5（2）：101-107.

[4] Mackiewicz A, Ratajczak W. Towards a New Definition of Topological Accessibility. Transportation Research B, 1996. 30(l)：47-79.

[5] Wachs M and Kumagai T G. Physical Accessibility as a social Indicator. Socio-Economic Planning Sciences，1973. 7（5）：437-456.

[6] Black J, Conroy M. Accessibility Measures and The Social Evaluation of Urban Structure . Environment and planning A, 1977. 9(9)：1013-1031.

[7] Morris J M. Dumble P L. and Wigan M R. Accessibility Indicators for Transport Planning. Transportation Research part A, 1979. 13(2)：91-109.

[8] 李平华, 陆玉麒. 可达性研究的回顾与展望. 地理学科进展, 2005. 24(3)：69-78.

[9] 李莹, 李文, 张林. 哈尔滨城市公园可达性和服务效率分析. 中国园林, 2010(8)：59-62.

[10] 江海燕, 周春山, 肖荣波. 广州公园绿地的空间差异及社会公平研究. 城市绿地规划, 2010. 34(4)：43-48.

作者简介

[1] 王江萍, 1963年6月生, 女, 汉族, 湖北武汉, 博士, 武汉大学城市设计学院, 风景园林系主任, 教授, 博士生导师, 景观规划与设计, 电子邮箱：whwjp@vip. sina. com。

[2] 肖映辉, 1963年8月生, 女, 汉族, 湖南, 硕士, 武汉大学城市设计学院, 副教授。

[3] 王姝, 女, 武汉大学城市设计学院硕士研究生, 电子邮箱：wang2007shu2007@126. com。

城市公共空间的通用设计方法探究

——以日本临空公园和感官花园为例

Inquiry Approach of Universal Design Method in Urban Public Space
——Take Japanese Rinku Park and Sensory Garden for Example

王菁菁

摘 要：文章通过分析日本及世界其他国家有代表性的城市公共空间通用设计案例，尤其是日本临空公园的设计方法及对通用设计原则的应用，对城市公共空间中通用设计方法进行了提炼整理，并对我国城市公共空间通用设计发展提出了建议。
关键词：通用设计；城市公共空间；日本临空公园；感官花园

Abstract：Some approach of universal design are given in this paper by analyzing excellent cases with the method of universal design in the urban public space in Japan, especially the approach and principles of Rinku park. Finally the paper gives some advises of how to use universal design in Chinese urban public spaces.
Key words：Universal Design; Urban Public Space; Rinku Park in Japan; Sensory Garden.

1 引言

1.1 通用设计及相关概念

残疾人士和社会弱势群体的特殊需求很早就受到了产品、景观等各类设计师的关注，从最早的帮助设计，到适应性设计、跨代设计、易接近设计，到之前备受瞩目的无障碍设计，这些设计理念的提出无疑具有进步意义，但直到20世纪80年代通用设计的提出，设计才真正关注到了这些弱势群体的心理需求及方方面面。

无障碍设计是为了让残疾人不受歧视。通用设计，恰恰相反，是通过设计让环境和产品能在最大可能范围内被所有人使用，而不用专门考虑特殊人群（Mace，1985；Mullick & Steinfeld，1997；Ostroff，2001）。这个定义的优势在于范围的更加广泛性，不单单只关注残障人士，包含了无障碍设计的范畴。同样，跨代设计和终身设计也仅仅是从年龄层出发，也包含在了通用设计的范畴之内。

1.2 通用设计的重要性

我国已经逐渐步入老龄化社会，对于老年人的关爱的增加是全社会呼之欲出的。在发达国家，对人们生活水平的衡量、幸福感的衡量，很大程度上取决于人权的重视度和社会基础设施建设好坏，而通用设计正是一个充满爱的范畴广的有极大包容性的设计理念。因此，在风景园林设计中，通用设计运用的多少在某种层面上也反映了一个国家是否是福利社会，是否是一个先进的文明国家。

城市的发展速度已经远超出我们的预期，为了更快速的到达目的地，各种交通工具的使用已经完全融入了我们的生活。然而，这样的结果，导致了城市变成了车的尺度的城市而不是适宜人活动的地方。作为基本权利，每个市民都值得享用安全、可达性强并给人带来快乐的城市空间。虽然一些国家，比如美国、英国、日本等已经立法来保障残疾人的权利，但消除的生活中的障碍基本是在建筑中，而不是街区，不是城市公共空间。因此，为了更好地美化我们的城市、改善人们的生活，我们需要把通用设计理论运用到风景园林设计当中，使街区、公园、花园、广场等城市公共空间真正地成为所有人快乐生活的场所。

2 通用设计原则及在城市公共空间设计中的应用

2.1 通用设计七原则

通用设计概念被提出时并没有一个实践方法依据，为了使理论具备更高的实用性，美国北卡罗来纳州的罗利通用设计中心组成了一个专家小组，共同总结出了七项通用设计基本原则。

原则一：使用的公平性——对不同能力的人，产品的设计应该是可以让所有人都公平实用的。

原则二：使用的灵活性——可以灵活的使用，设计要迎合广泛的各人喜好和能力。

原则三：简单而直观——设计出来的使用方法是容易理解的，而且不会受使用者的经验、知识、语言能力及当前的注意程度所影响。

原则四：能感觉到的信息——无论周围的情况或使用者是否有感官上的缺陷，都应该把必要的信息传递给使用者。

原则五：容错能力——设计应该可以让误操作或意外动作所造成的反面结果或危险的影响减到最小。

原则六：尽可能地减少体力上的付出——设计应该尽可能地让使用者有效的和舒适的使用，而丝毫不费他们的气力。

原则七：提供足够的空间和尺寸，使使用者能够接近使用——提供适当的大小和空间，让使用者接近、接触、操作，并且不被其身型、姿势或行动障碍所影响[1]。

2.2 日本城市公共空间通用设计应用分析

通用设计在世界风景园林设计中的实践也有一定数量，但在一个项目中对七原则全部予以考虑并实施建成的案例为数不多，而三宅祥介设计的日本大阪临空公园就是其中之一，感官花园也是很好的通用设计应用作品。

2.2.1 临空公园

临空公园作为日本西南部新城镇的代表景观，在自然中是对美的很好的诠释、展现。作为绿色公园的代表，临空公园占地21英亩，是临近日本关西国际机场的混合功能的公园。公园设计者旨在创造一个能够展现新日本文化，临海，并且适用于不同年龄、不同能力、不同文化的人群使用。

原则一：（1）公园只设置一个入口，所有参观者进入公园的体验是相同的。（2）入口处的"拱桥"会造成使用机动设备的游览者的不便，因此设置了电梯，同样可以通向观景平台（图1、图2）。电梯比坡道更省时，这弥补了

图1　日本临空公园入口拱桥上俯瞰

图2　日本临空公园入口拱桥

对不同人群区别对待的悲凉感。（3）以多样的方式提供信息，使得参观者能够自主获取公园的大部分功能信息。（4）寻路系统以视觉、触觉、听觉的多种方式提供给参观者（图3）。（5）"推荐路线"的设置非常人性化，展示了公园的重点景观的同时，大大帮助了视觉障碍者、体力不支的参观者、行动不便者，为人们节省了体验公园的时间。（6）临海的四季泉是临空公园的中心景观，设计师设计得非常直接的亲水方式，适用于所有参观者（图4）。

图3　日本临空公园入口标识牌

图4　日本临空公园"四季的泉"

原则二：（1）游赏道路多样，参观者可以根据自己的喜好和能力随意选择喜欢的探索路径。（2）提供足够的坐息地点，让使用者可以想游逛多久就游逛多久。

原则三：（1）公园就是被展示被使用的，主要景观和服务设施在入口"拱桥"处都能看得见。如何到达公园的各个功能区，清楚的标记在了入口处的信息面板上。（2）道路系统简单、直接、便捷。（3）路径中嵌入金属导轨为近视、远视和视觉障碍者标记了游览路线（图5）。（4）通过不同的表面材料、内置音箱的方向板、便携式音频之旅耳机，游客可以清楚地知道自己在公园中的位置。

原则四：（1）公园中以多样的方式来提供信息，以适应所有的使用者。例如：在入口的触觉地图，文本信息面板和扶手上的盲文，便携式录音带系统。提供的语言包括英语和日语，游览者可以选择自己想要的方式来接受信息。有多种模式可选来帮助外国人、盲人、视力低下者、小孩和不同风格的人获得更好的体验。（2）寻路的线索是丰富的并且显而易见的，比如在单一材料组成的较大纹理的地面上嵌入金属导轨，标明位置让观者听到或

图5　日本临空公园地面金属导轨

独到额外的信息。

原则五：（1）设计时要把安全考虑进去，如海滩边缘的浅水区要延伸出相当大的距离，海边散步道的扶手要设置两种高度的（图6）。（2）为了满足不同能力和兴趣的观者的需求，到达同一目的地要有多种路径。（3）"拱桥"上的水位观测平台应全部配有护栏。

原则六：（1）主景区的入口道路的简短的。（2）"推

图6　日本感官花园双层扶栏

（http：//www. ncsu. edu/ncsu/design/cud/
projserv＿ps/projects/psexemplars. htm）

荐路线"让观者节省体力的同时也能游览到园中的主要景点。（3）游览路线以平坦为主，比起"拱桥"只需要很少的努力就可以穿越过去。

原则七：园中的长椅、人行道、信息和方向板、植物种植床、亲水路径、"四季泉"等的尺度和位置的确定都是可以同时满足不同使用者的需求的。参观者，不论站着的还是坐着的，身材高大或矮小，都可以很舒适的使用园中的各种设施。

2.2.2　感官花园

感官花园同样位于日本大阪，人们可以通过视觉、声音、嗅觉和触觉去感受花园。花园添加了新的哲学思想——通用的功能，名称由从前的"盲人的花园"改变成可以为多样性的游客提供休闲机会和感官体验的花园。花园中通用功能的体现在于，集成的寻路系统，增高的植物种植床，带游客到被水包围的座椅区的路。花园提供各种各样的触觉显示板和音频信息，游客有机会触摸鲜花并享受花香，丰富每个人在花园中的体验。

原则一：（1）所有游客使用相同等级的入口和游览路线以得到感官体验。（2）水元素，水生生物，触觉元素和雕塑都给视觉障碍者提供了丰富的体验的可能，也提高了其他游览者的感官体验。（3）升高的种植床和水池可以使站着的或坐着的游客都有相同的体验，无须前倾身体或弯曲躯干就能接触到构筑物（图7）。

图7　日本感官花园升高的水池

（http：//www. ncsu. edu/ncsu/design/cud/
projserv＿ps/projects/psexemplars. htm）

原则二：提供足够的座椅和凉亭。

原则三：（1）花园很小，只有一个宽的路径，路径用柱子标识引导，并且有一个很强烈的入口，便于参观者熟悉整个花园。（2）嵌入地面的金属同样适用于弱视和视觉障碍人士。（3）花园内的不同表面质感的铺装也提供给了游览者不同的信息。

原则四：（1）在入口处和每个景观展示区的浮雕铺装和盲文，用英语和日语录制的音频系统和两种语言的文字，给参观者提供了多样的接收信息的方式（图8）。（2）游览路线丰富而显而易见，柱子纹理变化多样，颜色和路面颜色产生对比，和嵌入地面的金属导轨产生对比，并且和胜过的花床边缘差异巨大。

原则六：（1）花园内园路精短、平缓，只需很少体力就可以完成游览。（2）升高的花池和水池易于接近，使

风景园林规划与设计

图 8　日本感官花园入口信息板

（http：//www. ncsu. edu/ncsu/design/cud/

projserv＿ps/projects/psexemplars. htm）

游客能够保持一个舒适的直立的姿势游览而无须弯腰、躬身。

3　城市公共空间中通用设计方法探究

3.1　结合相关理论探究设计方法

相关学科理论的研究有助于提供可参考的设计数据，如环境心理学，环境行为学，人机工程学等。

3.2　各设计要素的通用设计方法

3.2.1　地形

平缓多变的地形布置最好，有台阶的地方一定要设置坡道或电梯直达到景点处，要充分考虑参观者的心理（图9）。

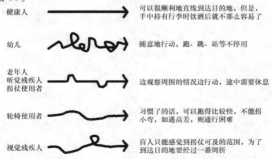

图 9　行动特性分类（刘连新，蒋宁山主编.
无障碍设计概论. 北京：中国建筑工业出版社，2004.）

3.2.2　植物

植物的选择尽量多样，注重人的感受，尽量做到给感官多种体验。植物的修建要即时，避免有毒植物的使用，以免对游客形成安全威胁。植物的颜色选择可以结合铺装、构筑物的颜色，提高对比度做出强烈区分以帮助视觉障碍者[2]。

3.2.3　建筑物

建筑物入口要明显，可达性强。入口台阶、坡道的设置要合理考虑公平和安全原则。公厕中应增设异性陪护区，方便真正行动不便需要帮助的老年人及严重肢体残疾人的使用。建筑物内的门不应过于厚重。

3.2.4　铺装

铺装按照区域的不同采用不同的表面质感、纹理、颜色、大小。地面材料选择多样化，水泥、沙石、针叶等，体验不同触感。如：沃尔纳特克里克露天公园内，道路坑坑注注，让轮椅使用者在安全无忧的前提下体验到驾驶的快感；沙石地特别松软，小孩要用很大劲才能通过，游戏的同时也锻炼了肌肉。

3.2.5　园林构筑物

园中座椅、种植池、水池等构筑物最好有高低的区分，方便不同使用者。如果座椅后是植物，布置最好的嵌入式的（图10）。座椅要在不同的地点有足够的数量，尺寸舒适。台阶、坡道等做适当防滑处理，尽量坡道代替台阶。

图 10　日本感官花园嵌入花丛的座椅

（http：//www. ncsu. edu/ncsu/design/cud/

projserv＿ps/projects/psexemplars. htm）

3.2.6　园路

设计便捷的园路串联主要景区，平坦为主，省时省力。主景区入口道路简短。多样的游览道路可以使不同的使用者依据喜好自由选择路线。

3.2.7　水体

落水有危险的水域要设置不遮挡视线不影响观景的护栏，护栏设置高低两层，道路和水域之间可以有段浅水的过度。

3.2.8 标识系统

标志系统首先要有统一的风格，位置明显、易达。字体大小适中，文字语言多样。信息展示方式多样，如语音、盲文、图画。信息版高度要适中，容易看到。重要路口全部设置标识牌。

4 结语

我国的城市开放空间设计中基本处于无障碍设计，几乎没有通用设计的案例，大部分的空间依然存在很多问题，可达性不强，入口位置不够明显或尺度过小形成障碍，空间尺度不适产生拥挤感，台阶和楼梯尺度不适或未经过防滑处理，地面高差过大，室外公厕等服务设施不易到达，标识设计缺乏统一不易识别等，有太多的问题需要解决。

我国的无障碍设计规范形成时间也并不长，通用设计这个"新生"概念依然需要慢慢被接受，规范的制定可能为时尚早，但设计师可以牢记通用设计原则和通用设计宗旨，在设计时把针对的人群扩大为所有人，更多地考虑人们的心理和生理感受，这样逐渐让通用设计改善人们的生活。

参考文献

[1] Wolfgang F. E. Preiser. Korydon H. Smith. Universal Design Handbook, Second Edition, America：THE MCGRAW-HILL COMPONIES, 2011.

[2] 景峰. 从无障碍设计到通用设计——城市开放空间通用设计研究[D]. 北京：中央美术学院建筑学院，2007：18-27.

[3] (美)克莱尔·库泊·马库斯，卡罗琳·弗朗西斯. 人性场所——城市开放空间设计导则. 北京，中国建筑工业出版社，2001.

作者简介

王菁菁，1988年3月生，女，汉，吉林蛟河，北京林业大学城市规划与设计硕士研究生在读，研究方向为风景园林规划与设计，电子邮箱：wjjginny@126.com。

基于老龄化社会的园林设计对策研究

A Study of Integrated Countermeasures of Landscape Design Based on the Aging Society

王立科　唐晶晶

摘　要：当前我国已步入老龄化社会，而许多园林设计中缺乏对老年人这一弱势群体的特殊考虑，致使老年人活动不便甚至存在安全隐患。本文从老年人实际需求出发，概括其特殊的生理、心理和社会特征，总结出老年人对园林设计的特殊需求，阐述了适合老龄化社会的园林设计的主要原则，对如何创建适合老年人活动的园林空间进行了探讨。

关键词：园林设计；人性化设计；老年人；无障碍设计

Abstract：Nowadays，China has entered into the aging society. In many landscape designs，lacking of humanity and special consideration of the elder，who is a vulnerable group，leads to the elder's inconvenient activities and safety problems. The text places oneself in old people's position to summarize its special physiological，psychological，social characteristics，the elder's special needs，and to elaborate the main principles of landscape design that suiting for the aging society and to discuss how to create suitable garden space for the aged.

Key words：Landscape Design；Humanized Design；The Aged；Barrier-Free Design

1　绪论

老龄化社会是指老年人口相对增多，在总人口中所占比例不断上升，社会人口结构呈现老年状态。国际上通常看法是，当一个国家或地区 60 岁以上老年人口占人口总数的 10%，或 65 岁以上老年人口占人口总数的 7%，即意味着这个国家或地区处于老龄化社会。我国于 1999 年进入老龄化社会。截止到 2006 年年底，我国 60 岁以上的老人总数 1.49 亿，且老年人口以年均约 3% 的速度迅速增长。若以 60 岁为老龄标准，2014 年将达 2.03 亿，人口老龄化将伴随我国度过 21 世纪。与其他国家相比，中国的人口老龄化还具有规模大、发展迅速、地区发展不平衡、高龄化严重等特征。

在我国，老年人空闲时间相对较多，他们已成为城市园林的最主要使用人群。而老年人相对来说又是弱势群体，他们在生理、心理、社会特征等方面有许多自身特点，因此老年人在对城市园林的需求上有许多特殊的要求。进入老龄化社会后，真正适合老年人使用的园林空间的建设却没有得到足够重视，许多城市热衷于建设能提高城市形象的中心广场，而老年人使用频率较高的居住区游园、街旁绿地等户外活动空间却不受重视，许多新建的公园、居住区游园等园林环境中没有充分地考虑老年人这一特殊群体的需求，没有方便老年人活动的无障碍设施。可见，在我国进入老龄化社会后，如何创建适合老年人活动的城市开放空间，如何根据老年人自身的特点，来创造不仅能满足老年人生理健康需求，而且能提高其生活质量的园林空间显得尤为重要。

2　国内老龄化社会中园林设计存在的问题

2.1　场地拥挤

在公园、街旁绿地、居住区游园等老年人使用频繁的园林空间中，适合老年人活动的场地面积较小、分布较集中，加之老年人使用率较高、使用时间比较集中，造成活动场地拥挤。

2.2　互相干扰

由于活动场地面积有限，而老年人的活动形式较为丰富多样，导致公共绿地内，唱歌跳舞等热闹活动与看书、练气功等相对安静的活动互相干扰。

2.3　各种设施缺乏

许多公共绿地内健身器材、休息设施、卫生间等缺乏，给老年人带来很多不便。

2.4　停车场缺乏

有些公园距离居民区较远，老年人常骑三轮车前往，但是公园门口停车场缺乏或设置不合理，给老年人带来诸多不便。

3　老年人的特征及其对园林设计的特殊需求

3.1　老年人的特征

老年人的体质衰退、视力下降、反应缓慢；心理较为敏感，看重人情世故，希望被人尊重，能独立自主地与人交往；由整天忙于工作变为可以自由支配的休息时间大幅增多。这些变化易使他们心理上产生落差，容易出现孤独、抑郁感。因此，他们迫切希望到户外空间参加各种活动，与人交流、锻炼身体。

3.2 老年人对园林设计的特殊需求

3.2.1 安全感

在城市开放空间中活动，老年人最基本的需求就是有安全感，只有安全有了保证，才能有兴致进行各种活动。

3.2.2 丰富的活动空间

锻炼区、交流区、活动区等老年人需求的各种不同类别的活动空间的设置。

3.2.3 易识别性

老年人记忆力下降，园林空间中应有易识别的构筑物、标识牌等，便于老年人熟悉、辨认场地。

3.2.4 必要的且合理的服务设施

卫生间、坐凳、无障碍通道、避雨设施、照明设施等的合理布置。

3.2.5 保健性

通过合理的景观布局、植物配置等营造出能使老年人陶冶情操、愉悦身心的活动空间。

4 适宜老年人的园林设计原则

4.1 安全性原则

安全是老年人进行各种户外活动的前提，安全性包括交通安全、材料安全和设施安全[8]。交通安全是指园林空间选址尽量避开城市交通干道，园内交通进行人车分流；材料安全是指选择防滑、不易脱落的铺装材料，无毒、无臭、无飞毛的植物等；设施安全是指体育设施、休息设施等应是便于使用、尺度合理。

4.2 易达性原则

在进行城市公共绿地规划时，应充分考虑居住区与公园的合理布局，服务半径应该合理安排；考虑老年人体质下降、行走不便，老人活动区应靠近公园门口设置，以方便老人到达。同时，在公园等城市公共绿地附近应有公交站点，便于老年人坐车到达。

4.3 功能多样化原则

老年人爱好不同，常常需要不同的活动空间。一是集体活动空间：供老年人集体跳舞、唱歌、举办活动等的场地；二是小群体空间：供三五人活动的小群体空间尺度不宜过大，且具有相对独立性；三是私密空间：有些老年人

喜欢独处，应设置一些相对安静、独立、私密的空间。

4.4 无障碍设计原则

老年人体质下降、感官衰退，感知危险能力下降，因此在铺装、出入口、休息设施、服务设施等所有与老年人户外活动相关的细节设计上都应注意考虑无障碍设计。

5 适宜老年人的园林细部设计

5.1 出入口

在许多城市开放空间，如公园等的出入口处，为了防止各种车辆进入而设置了仅容人进入的栏杆，虽然挡住了车辆但也使轮椅不能通过。

城市公共活动空间的入口宽度不应小于120cm，且出入口处要张贴轮椅使用者的通行标志，标志牌的高度要考虑轮椅使用者的视高、并且要易于观察到，出入口周围要有较为合适的水平空间以方便轮椅的停放。

5.2 坡道与台阶

台阶不方便轮椅使用者的通行，需要用坡道来解决高差问题。如果坡道与地面的高差在15cm以上或坡道长度在2m以上时，坡道两边往往需要安装保护设施——扶手[9]。

5.3 地面铺装

铺装应尽量选择有弹性、防滑、不易脱落损坏且便于清扫的材料。像砖块、卵石等材质应尽量在小范围内使用，防止绊倒、滑倒老人。地面铺装应具有一定的粗糙度，保证老人的行走安全。

5.4 休息空间

老年人大多喜欢聚集在一起聊天、谈心，所以在设计休息空间时应尽量符合老人的这一特点，设计成弧形、凹型等形式的座位空间，既方便老人的交流，又具有一定的私密性。

在设计座椅时，应尽量选择有靠背的，最好还应带有扶手，这样可以便于老年人就座或起身；靠背应选择稍微硬一些的材质，这样可以给后背以支撑；座位则应选用木材、树脂等较软的材料，避免花岗岩等石材座位冬冷夏烫的缺点；座椅最好面向东南方向布置，方便老人们冬季晒太阳；座椅的安置位置最好选在行道树下，不仅方便老人游园累时就座，而且夏天利于遮阴。

5.5 水体空间

在设计水体时，岸边铺装应注意防滑，有足够大的休息空间，并安装护栏；垂钓区近岸处水体应较浅，周围用植物围合成安静的小空间；驳岸可采用自然式驳岸，用植物进行护坡，使老年人既能亲近水体又保证他们的安全。

5.6 植物配置

在选择植物时，应考虑老年人独特的心理特点，他们

虽已步入老年，可是会经常回忆自己年轻时的情景，对青春充满了向往。因此，公园内树种尽量选择春华秋实、老茎生花、四季常绿植物以及色叶植物、芳香植物等，这些植物都不仅可以吸引老年人观赏，而且可以唤起老人们的激情，使他们永葆活力。此外，应考虑到轮椅使用者的视点较低，植物造景时应注意不要让过多的灌木遮挡他们的视线。

5.7 服务性设施

5.7.1 厕所

据调查，大多数老年人在户外空间活动时间较长，加上他们腿脚不便、生理特殊，公厕是必备的，且要求布局合理。厕所出入口应设置轮椅可以自由通行的无障碍通道，且宽度应不小于90cm；厕所内的地面铺装要注意防滑；厕所门口场地一般不能小于130cm×130cm，以方便轮椅调头；要有供老年人专用的坐便器。

5.7.2 照明

许多老人喜欢晚饭后散步，因此路灯是公园中必不可少的设施。老年人一般视力不好，园内的路灯必须有一定的亮度；路灯应有高有低，防止强光使人产生晃眼现象；路灯的位置应根据老人活动需求来设，一般沿着园路进行设置，方便老人进行各种夜间活动。

5.7.3 健身器材

为满足老年人锻炼的需求，公园中的健身器材是必备的。应根据老年人活动特点，设置锻炼身体不同部位的器材，如：单杠、压腿杠、扭腰机、乒乓球台等设施，且根据公园人流量来确定所需要的各种健身器材的数量。

5.7.4 标志牌设计

老年人由于视力下降、记忆力衰退，容易迷失方向，为帮助老年人记忆环境，可以设置比较醒目的标志牌，方便老年人找回原路。在具体景点、岔道口、出入口等位置设置比较独特且能引人注目的标志物，如造型别致的标志牌、园林小品、高大乔木、开花灌木等来加强老年人对环境的记忆，防止老人迷路。

结语

人口老龄化已成为一个严肃的社会问题，需要得到全社会的关注与支持。在园林设计中时刻考虑、关注老龄化问题这一现状，不仅体现了全社会对老年人的关爱，体现了社会的发展、进步，也在一定程度上反映了一个国家的文明程度、综合实力。现如今，我国适合老年人活动的城市园林建设才刚刚起步，还有很多园林设计有待完善。因此，借鉴国外老龄化社会中园林设计成功的经验，并结合我国实际情况，来创建真正适合老年人使用的城市园林，是任重而道远的。

参考文献

[1] 邓蕾．老年人居住建筑室外环境探讨[D]．北京：北京林业大学，2009.
[2] 尹亚昆．适宜老年人的公园绿地规划设计研究——以石家庄公园绿地为例[D]．保定：河北农业大学，2008.
[3] 胡仁禄．美国老年社区规划及启示[J]．城市规划，1995(3)：58-60.
[4] Rutledge．Albert J. A Visual． Approach to Park Design[M]．New York：Garland STPM Press，1981.
[5] 克莱尔·库柏·马库斯．俞孔坚等译．人性场所——城市开放空间设计导则[M]．北京：中国建筑工业出版社，2001.
[6] 江春晓．园林景观中的无障碍设计[D]．南京：南京林业大学，2010.
[7] 刘志强，洪亘伟．关爱弱势人群共享城市园林[J]．福建建设科技，2008(4)：31-32.
[8] 孙福君，闫永庆．基于老年关怀的园林人性化设计[J]．东北农业大学学报，2008.6(5)：94-96.
[9] 陈挺．园林中的无障碍设计探讨[J]．中国园林，2003(3)：57-58.

作者简介

[1] 王立科，1978年12月生，男，汉族，河北衡水，北京林业大学城市规划与设计（风景园林规划与设计方向）硕士，现供职于衡水学院，讲师，研究方向为风景园林规划与设计，电子邮箱：wlkjob@126.com。
[2] 唐晶晶，1987年9月生，女，汉族，河北邯郸，毕业于衡水学院生命科学系园林专业，学士，现供职于邯郸建筑设计有限责任公司城乡规划设计分公司，景观设计师，研究方向为风景园林规划与设计。

基于老龄化社会的园林设计对策研究

城市绿地系统规划编制[①]

——游憩子系统规划研究

Urban Green Space System Planning

——Research on Recreation Subsystem Planning of Urban Green Space

王　连　金云峰

摘　要：城市绿地系统在城市中具有休闲游憩、视觉景观、生态保育、防灾防护等功能，城市绿地系统规划在我国有着多年的实践和探索，但就编制工作中如何解决绿地功能分解到用地还有待探讨。划出明确的游憩型绿地，与划出的景观型、保育型、防护型绿地参与用地平衡共同组成完整的绿地系统，本文提出构建城市绿地系统中的游憩型绿地子系统概念构架，及编制的目标、基本原则和规划的层面以及与每个层面对应的规划要点等，对其规划编制内容和方法的深入研究，很有现实意义。

关键词：风景园林；绿地系统；规划编制；休闲游憩；子系统

Abstract：The system of urban green area has diverse functions in city such as recreation, landscape, conservation and protection. This thesis firstly studies on factors in urban green space system involved in the urban recreation on theoretical level, then analyzes the practical problems emerged when the urban green space system exert influence on urban recreation in China. On the basis of the former research, as well as the reference to relative experience in western countries, it tries to construct the theoretical framework and practical planning methods of the recreation subsystem in the system of urban green space.

Key words：Landscape Architecture；The System of Green Space；Recreation；Subsystem；Planning Formation

1　引言

城市绿地，作为城市中开放空间最主要的组成部分，是重要的城市游憩资源。综合来讲，城市绿地系统的主要功能是休闲游憩、视觉景观、生态保育、防灾防护等。城市绿地系统发挥游憩功能可以体现在两个方面：一是具象的作用。作为游憩活动的物质承担者，不同类型的绿地对应居民不同的游憩行为。概括来说，社区、城区以及郊区的不同性质的绿地可以满足居民不同时间和不同深度的游憩需求。二是抽象的作用。通过创造宜人的环境，从而满足人们寄情山水放松身心的心理需求，引导更加积极健康的生活方式。此外，绿地还凝结着现实、历史的各种自然科学和精神文化在其中，具有重要的文化传承价值，促进人、自然、传统的融合发展。

2　城市绿地系统发挥游憩功能时所面临的现实问题

尽管我国人民的游憩意识和游憩条件都得到了很大改善，但不容忽视的是仍有很多问题摆在我们面前。城市绿地系统在发挥游憩功能方面，其规划应主要解决两方面的问题：一是数量问题，即是否具有足够的绿地空间来满足居民的游憩需求；二是布局模式的问题，即在数量一

定的情况下，如何通过合理布局使得居民能够便捷、均等的享受游憩资源。就这两方面而言，现状绿地在发挥游憩功能时仍有许多不足之处。

2.1　发挥游憩功能的绿地数量不足

随着城市规模的逐渐扩大，城市人口的不断增加，城市游憩绿地并没有相应的成倍增长，尤其是一些具有特色的游憩活动场所容量远不能满足居民需求，成为游憩绿地面临的最为突出的问题之一。

2.2　现有公园绿地布局不均，部分利用不便

现行的城市绿地规划编制中对公园绿地的布局主要依靠一些指标控制（表1），在我国各类标准规范中，对公园绿地数量的指标控制比较完善，涉及布局的控制指标仅在社区层面有所体现，缺乏分级分类的控制指标。

国家相关标准中有关绿地布局的指标规定　表1

标准名称	指标值
《国家园林城市标准》（2010）	服务半径达到 500m（1000m² 以上公共绿地）
《城市绿地分类标准》	居住区公园服务半径 0.5—1.0km，小区游园 0.3—0.5km

① 基本金项：住房和城乡建设部项目资助；项目编号［国标］2009-1-79。

风景园林规划与设计

3 游憩子系统的构建

通过对日本城市绿地系统规划的研究和经验借鉴，笔者尝试在现行的城市绿地规划中加入以功能为导向的子系统规划部分，进一步完善现行规划程序，构建完整的城市绿地系统规划方法体系，推动城市绿地系统的规划与建设，并以之检验城市绿地系统规划完成后是否可以最大限度的发挥各项功能。"游憩子系统"就是其中重要的一部分。

3.1 游憩型绿地的定义

游憩子系统规划中的主要对象是游憩型绿地，因此，在提出游憩子系统的规划方法之前，有必要对游憩型绿地及游憩绿地子系统的概念进行定义。笔者认为，位于城市范围内的开放公共空间，其自身或经过人工建设开发后，具有一定的游憩设施，能够承担一定范围内居民的游憩活动的绿地即游憩型绿地。

城市绿地系统中的游憩型绿地涵盖了大部分的公园绿地，是指以提供游憩活动为主要目的的公园绿地，不包括历史名园（G134）；风景名胜公园（G135）；其他专类公园（G137）中的雕塑园、盆景园、纪念性公园等主要发挥景观或其他功能的公园绿地。

类似于这样在城市绿地分类表中不属于 G1 公园绿地，同样具有游憩功能的绿地，贴近市民生活，在城市内部土地紧张公园建设步伐较慢的情况下，可以发挥其补充作用。在游憩子系统规划中，这部分绿地与大部分的公园绿地一起，作为重新整合规划的对象。

3.2 基于供需关系的游憩子系统分级与分类

游憩型绿地是在《城市绿地分类标准》对城市公园绿地分类基础上进行的扩展与外延，在城市建设用地范围内纳入部分可以发挥游憩功能的附属绿地，在城市建设用地范围以外的市域范围内纳入可以发挥游憩功能的部分生产绿地、其他绿地。由于城市建设用地范围之外的绿地不计入指标统计，故在游憩子系统规划编制时将市域游憩绿地子系统和市区游憩绿地子系统分别考虑。

就市区游憩绿地子系统而言，居民的游憩需求在时间上分为日常和假日需求，这两种需求对城市绿地的区位、环境、设施等有着不同的要求和条件。另外一些主题性的特殊需求不受时间限制，但是对城市绿地类型的要求相对较高。这些不同类型的游憩型绿地呈点状或块状分布在城市各个空间内，要构成游憩子系统，还需要依靠线性的具有游憩功能的绿色廊道来连接。因此本文中将城市绿地系统的游憩子系统分为两个层级：游憩廊道和游憩点，游憩点包含三种类型：日常游憩绿地、假日游憩绿地和主题游憩绿地。具体关系如下表所示：

游憩型绿地子系统分类表 表2

规划层面	绿地形式	绿地类别	绿地类型	在《城市绿地分类标准》中的属性	备注
市域层面	大型市域游憩绿地		风景名胜区	G5	不计入城市用地平衡指标
			旅游度假区	G5	不计入城市用地平衡指标
			森林公园	G5	不计入城市用地平衡指标
			郊野公园	G5	不计入城市用地平衡指标
			湿地公园	G5	不计入城市用地平衡指标
			观光农业园		不计入城市用地平衡指标
			地质地貌景区		不计入城市用地平衡指标
	游憩廊道		区域廊道		
市区层面	游憩点	日常游憩绿地	居住区公园	G121	服务于一个居住区的居民，具有一定活动内容和设施，为居住区配套建设的集中绿地
			小区游园	G122	为一个居住小区的居民服务、配套建设的集中绿地
		假日游憩绿地	全市性公园	G111	为全体市民服务，活动内容丰富、设施完善的绿地
			区域性公园	G112	为市区内一定区域的居民服务，具有较丰富的活动内容和设施完善的绿地
		主题游憩绿地	街旁绿地	G15	位于城市道路用地之外、相对独立成片的绿地，包括街道广场绿地、小型沿街绿化用地等
			带状公园	G14	沿城市道路、城墙、水滨等，有一定游憩设施的狭长形绿地
			儿童公园	G131	单独设置，为少年儿童提供游戏及开展科普、文体活动，有安全、完善设施的绿地

规划层面	绿地形式	绿地类别	绿地类型	在《城市绿地分类标准》中的属性	备 注
市区层面	游憩点	主题游憩绿地	动物园	G132	在人工饲养条件下，移地保护野生动物，供观赏、普及科学知识，进行科学研究和动物繁育，并具有良好设施的绿地
			植物园	G133	进行植物科学研究和引种驯化，并供观赏、游憩及开展科普活动的绿地
			游乐公园	G136	具有大型游乐设施，单独设置，生态环境较好的绿地
			体育公园	G137	以运动为主题，具备较为完善的体育运动场地和设施、自然环境良好的绿地
			花卉园	G2	既可用于花卉生产，也可在成熟期用于观赏、体验、购买的苗圃等生产用地
	游憩廊道		滨水游憩廊道		结合城市水系、具有一定宽度和绿化条件的防护绿地或带状公园
			道路游憩廊道	G46	具有一定宽度和绿化条件的道路附属绿地
			特色游憩廊道		结合城市其他特色线性空间形成的具有一定宽度和绿化条件的附属绿地或带状公园

来源：作者自绘

需要说明的是：

（1）市区的游憩型绿地分为日常游憩绿地、假日游憩绿地和主题游憩绿地，是以绿地大部分时间主要发挥的游憩功能，和绿地内部游憩场地和游憩设施为依据划分，但是三种类型之间没有绝对的分界线，免收门票的假日游憩绿地或主题游憩型绿地平日也可作为周边小区居民的日常游憩绿地。

（2）对于街旁绿地的范畴有所扩展，挖掘了一些临街的、开放性的、具有游憩功能的附属绿地，但在实际操作中，一是要注意现状资料的收集整理，二是要注意按需与相关单位进行协商，制定适宜的利用模式。

（3）表2中灰色部分，即游憩型绿地与公园绿地相比较后的外延部分。表中仅摘录了比较常见和典型的绿地类型，在实际操作中可能会遇到其他的绿地类型。

4 城市绿地系统的游憩子系统规划编制

依供需关系形成的城市游憩型绿地的分类，游憩绿地子系统在市域游憩绿地、市区游憩绿地两个层面上对应以功能为导向的日常、假日和主题游憩这三个层级。在城市游憩绿地子系统规划中，应从"以人为本"的原则出发，将游憩行为的供需关系与游憩型绿地的空间配置相结合，针对游憩内容及可达性需求不同的市民相应建立不同区位、不同目的、不同级别的游憩型绿地，构建具有层次结构的游憩空间体系。城市绿地游憩子系统规划要符合社会、经济的发展要求，体现城市风貌特色，与城市的发展、人的发展相适宜，均匀分布，满足居民在城市中的游憩需求。

在规划重点上，市域和市区两个层面上的游憩绿地子系统略有不同，市域游憩子系统是宏观层面，规划重点是对整体结构和形态的把握，通过大型市域游憩绿地与区域廊道的串联，构建整体城市游憩子系统的结构和骨架；另外，由于市域绿地不属于城市建设用地范围，因此对市域层面上的游憩绿地以管制为主，规划通过严格的分级管控体系，达到杜绝城市建设侵占游憩型绿地、城市无序扩张以及保障游憩绿地的环境和游憩质量等目的。而市区游憩子系统是中观层面，是具体的用地规划，游憩型绿地能够与城市用地分类标准中的绿地类别对应起来。因此规划重点是不同层级游憩绿地的区位、服务范围、服务半径等，以此来判断是否合理的发挥了城市绿地的游憩功能，满足居民的游憩需求。至于微观层面上的控制与设计，将在下一层面上的控制性详细规划中进行，不属于城市绿地系统规划的范畴。

4.1 市域与市区游憩绿地的规划要点

市域游憩系统的规划建设强调与自然环境相融合，依托地形、地貌、山水格局、林地等自然资源，采取保护与开发并进的方式，丰富游憩绿地多样性的同时维护自然地的生态功能，形成城市外围的环城游憩带。在规划建设中应根据各游憩绿地的区位特点和资源特点，确定具有特色的游憩绿地发展方向。例如在平原乡村景观地区充分利用微地形和田园景观环境，建设郊野公园；在风景名胜区利用当地传统文化开发特色游憩项目；利用河流等线性元素建立游憩廊道等。

市区层面上的游憩子系统对于城市居民游憩活动具有重要的影响。日常游憩——假日游憩——主题游憩三层游憩绿地布局模式可以满足城市居民不同的游憩需求。该模式强调城市中各种规模、各种类型的游憩型绿地同

风景园林规划与设计

步建设，同时可根据需要纳入除公园绿地外同样具有游憩功能的绿地，弹性空间较大。

市区层面中的游憩型绿地主要满足市民日常及周末的游憩活动，因此使用频率较高，服务对象较为广泛。规划应考虑不同类型人群的游憩需求，充分结合与游憩相关的城市要素如居住用地、商业用地分布、道路交通、河流水系等，整合城市游憩绿地资源，对游憩点进行合理规划布局并建立联系各游憩点的游憩廊道以形成绿色网络。市区层面的游憩型绿地主要载体为不同层级的城市公园、城市广场、部分可利用的生产绿地、附属绿地等。根据上文中的结论，这些绿地按使用时间、频率和条件分为：假日游憩绿地、日常游憩绿地和主题游憩绿地，与之相应的，规划也分别在这三个层面进行。

4.2 游憩廊道规划

在城市绿地系统的游憩子系统中，还有一个类别需要特别注意，即游憩廊道。上文所述的分类中，游憩廊道被作为市区游憩子系统中独立的一个层面，在规划建设的实践中主要依托城市绿道来实现，特别是具有游憩功能的绿道，另外还纳入了部分具有游憩功能和一定宽度的道路附属绿地。

游憩廊道不同于带状公园，虽然从形态上看都是线性的，但游憩廊道与带状公园的最重要区别是在游憩子系统中承担的功能不同。根据上文的论述，带状公园作为主题游憩绿地中的一个类型，具备较为丰富的游憩设施，可以给游憩者创造某种类型的游憩体验，每一个带状公园都是一个独立的游憩点，分布在整个游憩子系统中。而游憩廊道在系统中所承担的最主要任务是连接系统中独立的点——即游憩绿地，其本身承担的游憩功能较弱。通过游憩廊道的连接，才能使整个系统更具有完整性。

5 结语

本文在参考前人研究成果的基础上，回顾了我国现行的城市绿地系统规划编制体系，梳理总结了了国内外的相关经验，明确了研究中涉及的相关概念，对城市绿地的各方面属性以及游憩的含义进行了创新性认识，阐明了城市绿地系统是如何发挥游憩功能的。并以此为基础构建城市绿地系统的游憩子系统概念体系以及规划编制技术手段的要点，希望能够探索出适合我国国情、适应城市绿地建设实践的理论与技术体系，为我国现行城市绿地系统规划编制、促进城市绿地系统更好的发挥游憩功能提出建议。

参考文献

[1] 李德华主编. 城市规划原理. 第三版. 北京：中国建筑工业出版社，2001.

[2] 许浩. 国外城市绿地系统规划. 北京：中国建筑工业出版社，2003.

[3] 王珏. 人居环境视野中的游憩理论与发展战略研究. 北京：中国建筑工业出版社，2010.

[4] 周菁，李迪华，张蕾. 菏泽市游憩网络的构建——探索整合各类游憩资源的城市绿地系统规划途径. 中国园林，2006(08)：51-55.

[5] 雷芸. 持续发展城市绿地系统规划理法研究：[学位论文]. 北京：北京林业大学，2009.

作者简介

[1] 王连，女，同济大学建筑与城市规划学院景观学系，硕士，现就职于上海市园林设计院有限公司，景观规划师，电子邮箱 396887195@qq.com。

[2] 金云峰，男，同济大学建筑与城市规划学院景观学系，教授，博士生导师，上海同济城市规划设计研究院，同济大学都市建筑设计研究分院。研究方向为风景园林规划设计方法与技术，中外园林与现代景观。

地域特色与生态型空间景观的融合创新

——以新疆国际会展中心"大疆颂"广场设计为例

Geographical Features and the Integration of Eco-innovation Space Landscape
——Xinjiang International Exhibition Center "Large Territory Song" Square Design Case

王　璐

摘　要：城市广场是展示城市主题形象和特色文化的主要城市功能区域。随着新疆国际会展中心的落成，为满足城市功能需求，如何建设与新疆国际会展中心从功能服务到空间布局都能够合理衔接、互助互补的城市公共生态广场。本文通过对国际会展中心"大疆颂"广场设计的全新构思突破和创新尝试的分析和设计思路的构成原有，针对城市广场在设计创新和空间构成方面的各种问题的解决，提出了合理创新的思路和想法，从而更好地诠释会展中心对于新疆经济建设发展的重要地位和核心作用。

关键词：国际会展中心；空间结构立体化；地域特色创新；综合功能性。

Abstract：City Square is to demonstrate the characteristics and culture of urban theme image and functional areas of major cities. With the completion of the Xinjiang International Exhibition Center, in order to meet the needs of urban functions, how to build and Xinjiang International Exhibition Center from functional services to the spatial layout can reasonable convergence, mutual complementary urban public ecological Square. Based on the International Exhibition Center "Large territory song" square design of the new breakthroughs and innovative ideas and try to analyze the composition of the original design ideas for city square in design innovation and spatial composition of the solution of various problems, put forward reasonable innovative ideas and thoughts, so as to better interpret Convention Center for Xinjiang's economic construction and development of the important position and the central role.

Key words：International Convention and Exhibition Centre; Spatial Structure of Three-dimensional; Geographical Features Innovative; Comprehensive Functionality

1　背景研究与存在问题

随着 2010 年中央新疆工作座谈会的召开，新疆的发展建设进入了全新的跨越式发展战略局面。2011 年新疆国际亚欧博览会的召开将成为打开新疆经济建设，引领新疆迈入全新发展模式的关键性步伐。因此，国际会展中心及周边城市规划发展布局也成为 2011 年打造新疆品牌特色的重点任务。国际会展中心是大体量的综合性建筑，对于周边环境的服务功能要求及亚欧博览会的服务功能和人流集散的缓解成为周边环境建设的重点解决问题。同时，作为国际会展中心片区唯一的城市公共绿地，会展广场不管是从定位，主题特色的突出，景观及视觉效果的冲击等方面都有着举足轻重的作用。如何与国际会展中心这样庞大尺度的建筑相呼应，如何在建筑及景观空间环境中平衡建筑与景观环境的尺度和场所感，如何与周围的环境相适应都成为本次设计所必须解决的主要问题。为此，国际会展中心南侧的广场肩负着不同层次不同功能的重担。国际会展中心南侧广场的建设也将是会展中心的延续、辅助和突破性诠释。

2　设计策略

2.1　设计主题定位

主题——"大疆颂"
送真情温暖无限 颂大爱情深无疆。

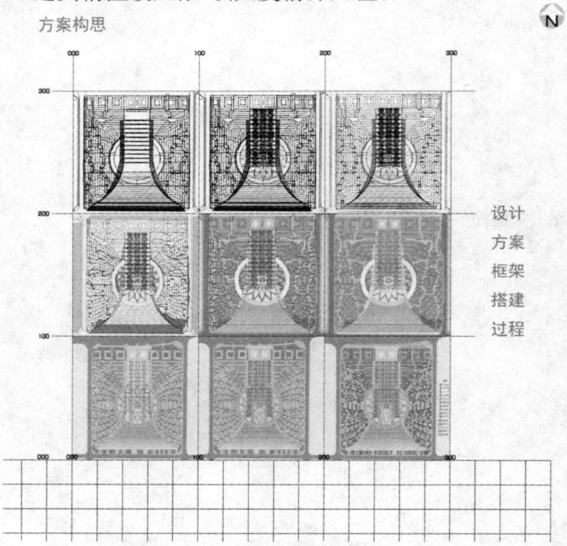

方案构思

图 1　方案构建过程图

大疆：人为大，疆为大，大爱无疆，大疆无涯、无域。寓意，人类文明之疆土广阔无际。

颂：颂博大之胸襟，颂劳动人民之辛劳，颂国强民富之盛世景象。

定位——以绿色生态为基础，娱乐、休闲的公共交流空间，是展示地域民族文化的综合性绿化生态广场。

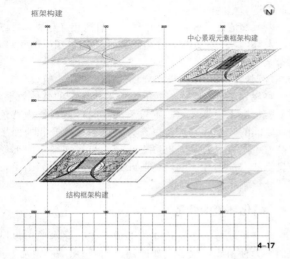

图2　景观结构与中心元素框架构建图

2.2　设计元素引入

广场设计融入友好、和平、民族特色及地域特色的诸多元素，使绿化更赋予空间变化的动态和活力。设计对现状浅丘、高坡，进行地形改造，顺势扬起绿色飘板，以飘板为主要景观视线，引导和组织周边序列景观，与会展中心形成完整和谐的整体形态，成为新时期连接亚欧板块，展现"新丝绸之路"的实体纽带。

2.2.1　元素一：天圆地方

自古有天圆地方之说。"圆"，指天，给人以远大胸怀的天父印象；"方"，指地，给人以孕育万物的地母姿态；设计的飘板引入古埃及金字塔退层和哥特式建筑穹顶的设计理念，由会展中心正对的广场入口起始，通过台阶的逐渐抬升在解决高差问题的同时，逐渐形成飘板向上升腾的趋势，飘板的尽头指向天际，场地的绿化景观犹如大地之母孕育而生，飘板宛如由大地的怀抱飞向天空的白鸽，给人间带来和平和生机。

2.2.2　元素二：凤凰涅槃

凤凰是上古神话中的百鸟之王，和龙一样是中华民族的标志元素。相传凤凰死后，周身燃起烈火，后于烈火中获得较之以前更强大的生命力，即"凤凰涅槃"。

飘板两侧的绿化场地以不同高差的绿化空间营造五色凤羽的景观效果，以场地形成不同的错台，使两侧场地与飘板形成由统一至错落的即和谐又冲突的空间效果；同时，绿化景观与场地高程变化形成反差，乔木种植以凤尾曲线为种植线，在场地南北两侧形成密林区，让人有充足的私密空间。

凤尾曲线源自凤凰涅槃的上古神话的理念引入，寓意，中华民族的崛起强盛。

2.2.3　元素三：回字纹理

设计以地母姿态的方形回字纹理为绿化空间交错的纹路，"回"字形的种植形式体现内聚、向心、归一的态势；寓意：中华民族的统一，华夏振兴的信念。

2.2.4　元素四：双鱼跃龙门

双为吉祥之数，俗说鱼跃龙门，过而为龙，唯鲤或然。设计中以中心区水景喻双鱼，以绿色飘板喻龙门，寓意：中国、新疆逆流前进奋发向上的坚定信心。

2.2.5　元素五：双喜图

飘板上地被植物以草坪、花卉间或布置，且以喜字元素符号作为飘板的组合纹理，寓意：亚欧博览会的召开将带来与会双方合作共赢的目标。

2.2.6　元素六：铜币

主要指方孔铜币。设计以56个着民族服饰的歌舞人像为围合，寓意：56个民族大团结；利用地纹和中心大型和田玉石印章的景观，整体构图仿佛中国的古铜币，寓意中华民族自古以来与友邦的商业文化交流活动传承至今。

2.2.7　元素七：雪莲花

雪莲花又称"雪荷花"。雪莲生于雪山之巅，美丽而带着高入云端的神秘，传达圣洁的美好意愿。场地中心3m×3m×7m高的大型仿和田玉石印章，地纹铺装及两侧水池中的花纹逐渐映射莲花造型。寓意：以雪莲花瓣包裹和田玉石印章作为礼物献给前来拜访的宾朋，呈现高贵圣洁之意的同时，也传达了以中国文化内涵包裹的新疆无价之玉为礼献与各国宾朋的深厚情谊。

2.2.8　元素八：蝴蝶效应

蝴蝶效应，本意指：一个好的微小机制，只要正确指引，将会产生轰动效应。设计中，人行步道隐约勾勒出蝴蝶的图案，映衬在绿地方形构图的基调上，退晕层次犹如蝴蝶效应中的洛伦兹曲线一般逐渐扩散开来，寓意蝴蝶的每一次振翅都将为远方的宾客亲朋送去问候与祈福。

3　案例设计

3.1　景观视线的构筑

广场以中心印章为焦点，以飘板为主要景观轴线引导和组织周边的场地景观。各个节点以植物或含植物元素的景观雕塑和小品为中心，形成区域性的场地和高程控制。整个场地由东西两侧至中心飘板，飘板由南至北，各个节点都形成网状构成，丰富每个角度的空间层次变化的视觉景观效果。突破广场设计平面化布局，使广场由北向南形成逐渐抬升的空间立体变化，形成广场入口处的仰望效果、中部俯瞰全景的鸟瞰效果以及南侧飘板21m

顶高的强烈视觉尺度纵向对比。周边场地中隐蔽在高大乔木中狭长幽静的园路与逐渐开阔的广场视线的沟通，中部广场由北向南视觉逐渐开阔，直至南侧飘板升起展开面达到180m的夸张尺度，形成了由中部向两侧逐渐开朗的横向对比。最后由南侧广场区域进入规划展馆内部展区的地下空间，与广场开敞的大尺度从空间结构层次上也形成强烈的立体效果的对比。由此，使整个广场内部游览形成了丰富变化的起伏和立体化层次效果，为广场的整体化游览开拓了大胆的创新尝试。

图3　黄昏鸟瞰效果图

3.2　竖向空间的梳理

飘板以每10m的大台阶逐渐台升，两侧与周边绿地以景观花台式台阶衔接。周边绿地以凤凰图案形成四个不同高程的结构立体化绿化空间，地面的高低错落和植物的高低错落形成综合的整体效应，原本呆板的平面绿化在空间上有了更丰富的层次变化，为广场的视觉起伏打造了良好的基础。

3.3　功能分区的划分

广场的综合性功能复杂叠加主要分为：入口主题展示区、城市道路过渡区、生态踏步引导区、广场集散活动区、景墙观赏留影区、特色水景游憩区、文化展示休息区、友好交流娱乐区、规划展馆预留区。

入口主题展示区：是由城市道路进入广场的主要区域，同时也是周边庆典活动与城市道路衔接的重要节点。该区主要以硬质场地为主，场地铺装花岗岩，花岗岩石板穿孔，下以彩色灯带装饰。

城市道路过渡区：主要以回字形乔木树阵与周边城市道路绿化过渡衔接，回字中种植较高的乔木，外围种植较低乔木，中间以灌木围合并补充下层空间，使周围的道路绿化合理自然与广场过渡衔接融洽互补。

生态踏步引导区：即飘板逐渐抬升的区域，由整形绿篱逐渐引导渐进飘板上层空间。

广场集散活动区：飘板上人流活动的集中区域，可举办大型室外演艺活动及宣传活动的舞台搭建，飘板可作为活动布景的一个主要景观。

景墙观赏留影区：飘板抬升至21m高度，立面雕刻诗词《沁园春·雪》，两侧以各国文字的问候祝福语为元素形成立面透雕，是观赏留影的最佳区域。同时21m高的墙体与人类的渺小的强烈对比，也传达了自然之力的宏大强势。

特色水景游憩区：该区主要以喷泉水池为主要景观，水池由高向低形成雪莲花瓣的层层跌水，逐渐向心凝聚，和水池周边56个民族舞者形成相心凝聚的趋势，再次呼应歌颂地母的本真主题。

文化展示休息区：该区主要以新疆特色文化、民族民俗文化的内容展示为特色，在周边绿色台地立面及局部道路空间交错穿插处形成传统故事的情节场景，为四方来客讲述新疆的昨天今日。

友好交流娱乐区：与文化展示休息区相互穿插，重点展示友邦国家文化元素，让各国宾朋更感受到祖国气息，营造亲切感。

规划展馆预留区：预留规划展馆区域，建筑设计时，建议将规划展馆的屋顶与飘板连接形成统一的整体效果，可从飘板进入规划展馆。飘板下的空间可适当作为特色商业空间的开发和利用，以充分利用飘板抬升和地面场平高差，同时室内空间也可更充分的与规划展馆内部形成良好的内部循环空间。商业元素的引入更加突出了打造"新丝绸之路"的理念。

3.4　绿化环境的营造

环境景观与场地高程变化形成反差，乔木种植以凤凰曲线为种植线，飘板上地面铺装与草坪、花卉间或布置，让人感受到犹如走在草原上，踏着花海过的大自然气息。给人留下真正回归自然的深刻体验。不断起伏变化的绿化景观是对广场中部逐渐抬升的飘板的辅助和映衬。

图4　绿色台地人视角效果图

图5　小环境人视角效果图

3.5　夜景特色的勾勒

夜景灯光设计重点突出飘板的线条勾勒以及各景观

风景园林规划与设计

节点的夜景亮化，以和飘板及中心玉石印章相互呼应，形成完整的夜景景观整体效果。亮化中采用不同高度的灯柱与飘板的组合，形成由高耸灯柱到栏杆式灯柱到平面地灯再到深度内嵌式地灯的过度变化，强调飘板的空间立体化效果，同时夜景在飘板顶部布置星星点点的线性景灯与繁星夜空宛若一体，再次呼应飘板连接天地的主题元素。

图 6 夜景效果图

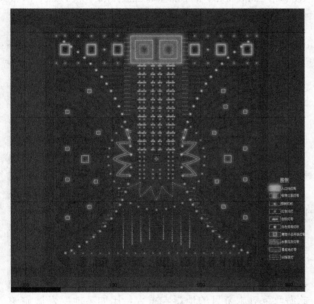

图 7 夜景亮化设计平面布置图

4 结语

新疆国际会展中心南侧"大疆颂"广场规划设计的空间层次变化不同于以往的广场设计，使广场设计空间立体化，为城市广场设计及环境景观规划更新探索迈出了创新尝试的思路。在规划设计过程中，充分考虑城市特色特点、环境需求和适应能力，充分挖掘城市内涵和设计思路的源头性初衷，提出独特的创新意识，为国际会展中心及广场设计的建设提供充分的支持依据，同时也在设计思路创新的路上迈出了不同的步伐，也是对新疆跨越式发展战略实现方法的新尝试。

参考文献

[1] 郑正. 寻找适合中国的城市设计[M]. 上海：同济大学出版社，2007.
[2] 罗兰·特兰西克. 寻找失落空间——城市设计的理论. 国外城市规划与设计理论译丛[M]. 中国建筑工业出版社，2008（4）.
[3] 莫霞. 空间的张力——记西班牙萨拉戈萨皮拉尔广场[M]. 理想空间——城市广场规划设计与实践，2009（10）.
[4] 杨扬. 设计的生成——柏林巴黎广场的"批判性重建"[M]. 理想空间——城市广场规划设计与实践，2009（10）.
[5] 夏理信. 阿特金斯在英国的公共空间设计——街道、场域和广场[M]. 理想空间——阿特金斯城市设计十年中国路，2009（12）.
[6] 胡安·布斯盖兹，多元路线化都市[M]. 华中科技大学出版社，2011（4）.

作者简介

王璐，1980年12月生，女，汉，甘肃武威，大学本科，工程师，现任新疆城乡规划设计研究院有限公司第五设计院总工程师，主要从事风景园林景观规划设计工作。

华特·迪士尼世界度假区土地发展的特色需求

The Special Demand for Walt Disney World Resort Land Development

王　萌

摘　要：一般城市用地的土地需求受社会、经济和政策三方面的因素影响，作为旅游目的地的华特·迪士尼世界度假区，其土地的发展具有独特性。文章先阐述旅游目的地的土地需求影响因素以及土地利用特征，之后在分析华特·迪士尼世界度假区土地的适宜性的基础上，从四个方面阐述土地的特色需求：（1）旅游人口增加需限制居住性用地；（2）主题公园更新引起土地利用密度的增加；（3）游客需求增加将进行更多的设施建设；（4）旅游活动丰富性促进土地利用混合发展。

关键词：土地需求；度假区；主题公园

Abstract：Generally, the demand for the urban land is affected by society, economy and policy. The land development of Walt Disney World Resort, as a tourist destination, is unique. This Paper begins with an introduction to the factors affecting the demand for land and the characteristics of land using. Then on the basis of the analysis of Walt Disney World Resort land suitability, the Paper continues to state the special demand from four aspects, (1) The residential land should be limited due to the tourist population growth. (2) Theme park update causes the increase of the land using density. (3) Tourists will be more demand for facilities construction. (4) The richness of tourism activities promotes the mixed development of land using.

Key words：Land Demand；Resort；Theme Park

1　旅游目的地土地需求影响因素以及土地利用特征

　　土地需求是人类为了生存和发展利用土地进行各种生产和消费活动的需求。城市土地需求包括工业、仓储、市政公用设施、道路广场、住宅、绿化等各项建设用地的需求，即具体表现为各种土地用途的需求。城市土地需求包括两个方面，一是经济增长和人口的积聚引起土地需求总量的扩大；二是经济、社会发展以及产业结构变化导致土地需求结构的变化。城市用地需求将随着城市化水平的提高而增加，也会随着社会、经济发展发生需求结构的变化。一般说来影响土地需求的因素可以概括为社会、经济和政策三个方面：（1）社会因素的影响因子包括人口增长和社会演化趋势，人口的增长对住宅的需求，我国的城市规划中土地需求总量是在对人口规模进行预测的基础上进行的，同时人口老龄化、家庭核心化和生活闲暇化的社会演化趋势会带来土地结构的需求变化；（2）经济发展包括经济规模的扩大和产业结构的变化，前者将引起土地需求总量的增加，例如工业、商业、零售业、办公等用地的增加，后者则将导致土地需求结构的变化。随着城市的继续发展，人口增长变缓，但收入水平的提高和闲暇时间的增多使城市居民对居住和商业、文化、娱乐设施有更高的要求，支持于这些功能的用地比例将增大；（3）国家制定的政策对于土地需求影响更为直接。例如我国的住宅政策把房地产业作为拉动城市经济增长的措施，实施鼓励居民住房消费的政策，就会造成住宅用地需求总量增加。

　　具体到旅游目的地，社会、经济和政策三方面的影响因素具有如下特点：（1）人口增长的重点从永久性居民转为旅游人口，旅游人口的增加对未来土地增量更具影响性，游客的增加带来各类娱乐、服务设施用地增加，特别是旅游过夜人口增加带来宾馆用地的增加；（2）随着经济的发展旅游需求更趋于多样化，旅游需求类型大体可分为娱乐活动导向型、资源导向型、中间型。旅游活动类型不同，所要求的旅游设施的性质和功能也就不同。娱乐活动导向型更偏重于设施的建设，对于娱乐设施用地需求较高，资源导向型更偏重于保护用地的增加；（3）政府的旅游政策对旅游目的地影响重大，比如某地要发展旅游业，促进旅游资源的超常开发，政府部门可以在土地利用方面制定特殊的宽松政策，以较低的价格甚至免费向开发商提供土地，用于饭店，度假区或其他旅游设施建设。为了保护旅游地，规范旅游的开发，政府也可以要求开发商承担部分因开发造成的社会和环境成本，如土地收购以及移民拆迁费用等。

　　旅游目的地的发展是以旅游作为驱动力，其土地利用与一般城市相比具有如下的特征：（1）土地利用的混合性。旅游目的地在开发主体资源的同时，还必须开发多种增加人们乐趣的资源和设施，多重立体利用土地的价值。（2）土地利用的多效益性。旅游资源的开发利用可以同时获得多种效益——经济效益、社会效益和生态效益。（3）土地利用的变动性。旅游业的发展是与社会经济的发展密切相关的，不同的社会经济发展水平，要求有不同特色的旅游业及旅游设施。（4）土地利用空间的有限性。旅游目的地环境容量非常有限，超过了一定的环境容量，就会给旅游目的地造成破坏。因此，旅游目的地土地利用规划一定要在合理的环境容量和承载力之内。

2 华特·迪士尼世界度假区概况

华特·迪士尼世界度假区（The Walt Disney World Resort）位于美国佛罗里达州奥兰多市附近的博伟湖。迪士尼公司与佛罗里达州政府进行多年的协商，终于在1967年佛罗里达立法机关设立 The Reedy Creek 发展区，面积约110km²（27400英亩），主要作为华特·迪士尼世界度假区之用，并且此区具有独立的司法管辖权。

目前华特·迪士尼世界度假区包含4个主题公园：神奇王国（1971年开幕）、艾波卡特（1982年开幕）、迪士尼—米高梅影城（1989年开幕）和迪士尼动物王国（1998年开幕）；32个度假酒店，六个高尔夫球场提供99个球洞。

发展区划分为7个区域：神奇王国度假区（Magic Kingdom Resort Area）、荒野堡度假区（Fort Wilderness Resort Area）、艾波卡特度假区（Epcot Resort Area）、迪士尼商业度假区（Downtown Disney Resort Area）、动物王国度假区（Animal Kingdom Resort Area）、ESPN 体育世界度假区（ESPN Wide World of Sports Resort Area）、火烈鸟度假区（Flamingo Crossings / SR 429 Resort Area）（图1）。

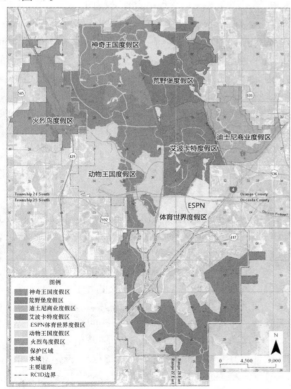

图1 区域划分图

现状的土地类型包括农业用地、商业用地、保护用地、娱乐用地、酒店/度假用地、公共设施用地、居住用地、资源管理/休养用地（不适合建设，应保留开放的空间，动物栖息地，雨水管理系统）、支持设施用地、为建设用地和水域。如图2所示，通过表1可以看得出主要的

用地是保护、资源管理/休养、酒店/度假、公共设施/道路用地，规划范围内还有大面积的农业用地和未利用地。

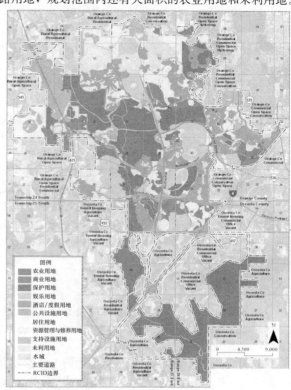

图2 现状土地利用图

现状土地利用表 表1

土地类型	面积（hm²）	百分比（%）
居住	5.7	0.1
商业	97.6	1.0
酒店/度假	1269.5	12.7
娱乐	932.8	9.3
支持设施	250.1	2.5
公共设施/道路	1246.4	12.4
农业	527.7	5.3
未建设用地	534.6	5.3
资源管理/休养	1380.0	13.8
保护	3212.8	32.1
水域	555.6	5.5
合计	10012.8	100

3 华特·迪士尼世界度假区土地适宜性分析

3.1 自然资源的支持性与承载力因素

作为旅游目的地，土地利用的空间有限性必须重视，尤其在美国这样的国家，任何建设都要首先考虑环境以及自然资源的支持性和承载力。

华特·迪士尼世界度假区需要分析的自然资源支持
性和承载力因素：（1）土壤，土壤的湿润和腐蚀性将影响
建筑材料的技术造价等，在腐蚀性过高的区域不适宜进
行建设用的使用；（2）矿物资源，一般在有矿物资源的区
域建设将受到限制，不过度假区内的主要矿物资源是沙
子，对未来的发展没有影响；（3）地形，地形过于陡峭的
地区不适宜建设用地的使用，本度假区内地势总体平坦，
对建设没有过多限制；（4）水文资源，河流、湖泊等水文
资源应予以保护，建设用地应进行避让；（5）地下水资
源，在具有地下水资源的区域，建设应进行影响评价，并
且建设要有一定的限制；（6）洪水区域，在度假区内有大
面积的泄洪区，这些区域不应进行永久性建设；（7）生物
系统，主要强调森林系统和湿地系统保护，建设不能影响
到两个系统内动植物的繁衍生息；另外一般情况下还需
要考虑（8）历史价值或考古价值的资源（9）危险状态的
区域这两个因素，不过华特·迪士尼世界度假区内不含
有这两个因素，可以不予考虑。

3.2 公共服务设施因素

自然资源的支持性和承载力表示的是支持土地开发
的能力，而公共服务设施是影响土地开发的可行性。因此
也要考虑公共服务设施的配套能力。

首先是交通设施建设，一般临近交通的区域适宜进
行土地开发；其次是能源供应的设施例如饮用水设施、地
下水储备、电力和燃气设施等，这些设施的提供量决定着
土地的开发量；最后是处理设施例如污水处理、固体废物
处理、暴雨管理设施等，这些设施校核土地的开发量。

3.3 发展的适宜性

在对自然资源的支持性和承载力以及公共服务设施
配套能力的分析的基础上，可将华特·迪士尼世界度假
区进行用地适宜性划分。分为适宜性建设用地、较适宜性
建设和不适宜建设三类。

目前华特·迪士尼世界度假区37.2%的土地是已经
开发的，5.5%的土地是水域，57.3%的土地是未开发的，
这些为开发的土地包括现有的度假区内较为偏僻而且尚
未通公路的区域。

通过图3，可以看出在未开发土地中，适宜性建设用
地占19.9%，较适宜性建设用地占15.9%，不适宜建设
用地占64.2%。

4 华特·迪士尼世界度假区土地使用特色需求

在用地适宜性分析的基础上，再讨论土地需求的
问题。

如文章第一部分所述一般的城市，土地的需求主要
考虑人口和经济的增长；居住用地的需求主要是考虑预
估新建建筑的密度、家庭单元的大小、未来居住人口；非
居住用地的需求主要是考虑区域经济预测和增长；商业
用地的需求也要考虑人口增长因素，特别是零售和服务
性用途。

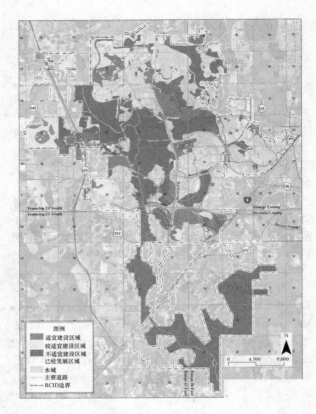

图3 用地适宜性分析图

华特·迪士尼世界度假区作为旅游目的地，这些传
统需要考虑的因素是缺失的。同时此区又具有独特性，即
土地属于一个产权所有者（迪士尼公司）以及它的附属单
位。因此，很难基于过去的趋势来预测未来土地使用的需
求。土地的开发量不由本地的人口和区域经济条件来决
定，而是由土地所有者所能感知的全球旅游以及娱乐实
施的需求决定的。

度假区的特色需求可以从以下几个方面进行分析。

4.1 未来人口增长主要是旅游人口，不再发展居住性社区

华特·迪士尼世界度假区旅游需求主要是娱乐活动
导向型，因此人口增长的因素要考虑四类人：永久居民、
过夜游客、主题公园游客和雇用人员。

永久居民目前43个，根据发展区的政策未来限制永
久居民的发展，因此这个数值将不会再增长。

度假区的人口统计主要统计功能人口，即永久居民、
度假游客、主题公园游客和雇用人员的总和。这个数据
2009年的低峰值为178690人/天，高峰值为264021人/
天。预计2015年的低峰值为194987人/天，高峰值为
309041人/天。2020年的低峰值为214868人/天，高峰值
为357488人/天。

过夜游客2009年的数据是8500人/天，根据市场趋
势得预测到2015年为114000人/天，2020年为143000/
天人。

不同的人口对应不同的用地需求；永久居民将对应
居住用地，但度假区内不会再有需要新的居住性社区，在
度假区的边缘附近将会有一个为就业人群提供居住的社

区，现有居民的用地将划入到混合用地（后文详述）；主题公园游客涉及商业、娱乐；雇用人员涉及管理用地和支持设施用地的规模；而公共设施用地与各类人口都有关系；过夜游客涉及酒店/度假用地。

在度假区边界内过夜游客的百分比一直稳步增加，并且预计将进一步增长。酒店的需求将保持强势增长以适应游客的需求，度假区的度假单元（数据包括酒店客房、宿营地、分时度假）到 2020 年将超过 20200 个。如果每公顷有 5.6 个度假单元，即有 588hm² 的土地用于度假。

4.2 主题公园的更新将引起土地利用密度的增加

20 世纪 70 至 90 年代，加盟的主题公园迅猛增长，但进入 21 世纪后随着世界事件以及经济因素的影响，加盟的大型主题公园逐渐减少。目前没有新的酒店或者度假区在申报或者建设中。在已有的公园里增加新特色，例如游乐设施、表演和展示馆等体验性参与性更强的设施，可以吸引更多的游客。这也是旅游目的地土地利用变动性的一个表现。由于空置土地的供应减少，新的发展预计会集中在密度较高范围较小的区域。

4.3 随着游客需求的增加，将有更多的用地进行设施建设

华特·迪士尼世界度假区比传统的主题公园或度假区为游客提供更为广泛的地服务，参观者可以在各种品牌店购物、在 24 幕电影院看电影、给汽车加油、接受医疗护理、办理银行业务、参加健康俱乐部、在度假区吃各种各样的美食，新的商业发展机会将会出现。

目前有 97.6hm² 的商业用地服务于度假区游客，到 2020 年，主题公园以及度假区的游客数量较大需要额外的商业用地，根据增长趋势预估，将需要额外的 63.9hm² 发展零售业、餐饮以及办公。

4.4 旅游活动的丰富性促进土地利用混合发展

华特·迪士尼世界度假区作为旅游目的地，其土地利用的混合性是最为主要的特点。目前度假区的发展成功地整合了多种用地功能，例如娱乐、酒店、零售、办公并且为单一的建筑和场所提供支持服务。这种做法是具有创造性和活力的，是符合以人为本的原则的。随着旅游活动的进一步丰富，这种混合性将进一步加强，在度假区未来发展用地中，混合用地是最主要的类别。

混合用地主要用途包括度假住宿、主题公园或其他的娱乐设施、宿营地和消遣设施。允许的其他用途包括零售商店、商业服务、办公、教育或科研、配套设施、住房、学校和开放的空间。这些功能要彼此协调。混合用地目的是创造生动、充满刺激的不用依赖汽车的环境。这种灵活性比狭隘的规定土地性质、制定单纯的允许和禁止的措施更具现实性。

基于上述四点的需求考虑，潜在 1087.8hm² 的土地将用于度假区的发展规划（图 4）。表 2 是规划土地利用表，原来的居住用地、农业用地和未利用地划入到混合用

地中。土地的需求将会根据土地所有者的目标和市场条件变化而变化，这 1087.8hm² 的土地只是 2020 年道路和公用设施规划的一个基础。未来十年的开发的土地数量难以预测，同时也难以预测这些用地的混合用途。随着新的发展思路和市场趋势的变化，这个数字还会变化。由于混合用途的不确定性，混合用途的用地应使用最为空置的区域。

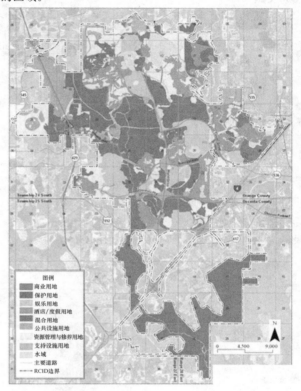

图 4　规划土地利用图

规划土地利用表　　　　　表 2

土地类型	面积（hm²）	百分比（%）
商业	95.5	1.0
酒店/度假	1263.8	12.6
娱乐	932.8	9.3
支持设施	221.8	2.2
公共设施/道路	1246.4	12.4
混合	1104.1	11.0
资源管理/休养	1380.0	13.8
保护	3212.8	32.1
水域	555.6	5.5
合计	10012.8	100

5　结语

华特·迪士尼世界度假区未来土地发展的特色需求要使该区具有与世界其他旅游目的地或度假地竞争的能力，当然也包括在佛罗里达州中部具有竞争力。未来土地

的发展要具有灵活性，以适应不断变化的旅游趋势和消费者喜好。该区主要的土地所有者（华特·迪士尼世界公司）通过过去四十年建设使该区成为主题公园和度假产业的佼佼者，未来将在更先进的度假理念的需求下进一步拓展多元化的设施。

参考文献

[1] 张凤和. 城市土地需求的四大决定因素[J]. 中国房地产，2003.04.

[2] 胡蓉. 旅游资源开发对土地利用的影响研究——以湖南省衡阳市南岳区为例[J]. 湖南师范大学硕士学位论文，2007.04：7-14.

[3] The RCID Planning and Engineering Department. Reedy Creek Improvement District Comprehensive Plan 2020：FUTURELAND USE ELEMENT. 2009. http：//www. rcid. org/Portals/0/Documents/Comprehensive _ Plan/Future _ Land _ Use _ Element _ Policies—Data—Analysis. pdf

作者简介

王萌，1980 年 4 月生，女，汉族，北京，硕士，北京清华同衡规划设计研究院有限公司旅游与风景区规划研究所项目经理，主要从事风景区旅游规划理论与实践的研究工作，电子邮箱：13311392336@163.com。

风景园林规划与设计

苗文化在城市绿地系统中的传承与再现[①]
——以贵州松桃苗族自治县为例

Inheritance and Representation of Miao Culture in Urban Green Space System
——Case Study on Songtao Miao Autonomous County, Guizhuo Province

王　敏　石乔莎

摘　要：城市绿地是凸显城市风貌特色和历史文化的重要载体。以贵州松桃苗族自治县为例，探讨城市绿地系统中营建苗文化景观的重要性，从山水格局、广场布局、文化树种三个方面对苗文化景观要素进行提炼和规划传承，并探讨"五水汇金龙，七星耀松桃"的苗文化景观意象塑造与再现途径，旨在规划具有地域特色的城市绿地系统，应对城市"特色危机"。

关键词：苗文化；城市绿地系统；文化景观；松桃

Abstract：Urban green space is an important carrier of urban landscape features and cultural connotations. With a case study of Songtao Miao Autonomous County in Guizhou province, aiming to plan the urban green space system with local features to deal with the Identity Crisis of cities, the paper discusses the importance of landscape construction with the Miao culture in urban green space system, and analyzes the Miao cultural landscape elements and the cultural inheritance in the planning in terms of landscape pattern, square layout and main tree species, and then explores a feasible way of representation of the Miao cultural landscape images.

Key words：Miao Culture；Urban Green Space System；Cultural Landscape；Songtao

1　引言

在我国快速现代化和城市化进程中，城市正在失去原有的风貌特色，面临着一场"特色危机"[1]。通用的建筑材料，类似的城市布局，单一的绿化配植和似曾相识的景观小品……"千城一面"的城市风貌，使人们遗忘了城市的个性，叹息着地域文化的逝去。"无论怎样，文化战略已经成为城市存活的关键"[2]。绿地作为城市景观的重要组成部分，是城市文化重要的表征载体与传播途径，在彰显城市个性、传承和再现地域文化中起到非常重要的作用。因此，在城市绿地系统中如何以"文化延伸"应对城市的"特色危机"，将地域特色、城市文化与现代功能相融合，继而提升城市景观形象和文化内涵，成为国内外学者研究和探讨的重要课题。本文以贵州松桃苗族自治县为例，从景观要素提炼和景观意象塑造两方面探讨城市绿地系统规划中传承与再现松桃苗文化的一些尝试。

2　松桃县城营建苗文化景观的重要性

松桃苗族自治县位于湘、黔、渝两省一市交界处，地处武陵山脉主峰梵净山东北麓，是以苗汉为主体的多民族杂居县，其中苗族人口占全县人口 38%。作为 1956 年全国最早成立的五个苗族自治县之一，松桃是黔东北苗族的主要聚居地，县域范围内至今完好保留了苗族原生

态的民居文化、历史文化、宗教信仰、民风民俗和生活习惯等[3]。县城位于蓼皋镇内，拥有良好的自然山水禀赋，松江河穿城而过，南门河萦绕老城，云落屯盘踞西南，文笔峰高耸城北，丹霞山绵延城东，山水生态资源极佳。当前松桃县城正在进入跨越式的快速发展阶段，如何在城市化的冲击下保存和进一步凸显松桃县城"山水苗乡"的景观特色，是松桃县绿地系统规划的一个重要挑战，也为打造松桃独具特色的城市形象名片提供了难得的机会。实践表明，在松桃县城绿地系统规划中强调苗文化的传承与再现，不仅能够发挥城市绿地改善生态环境、美化景观形象、提供游憩机会等功能，还赋予绿地生态空间以人文灵魂，增强松桃地域文化的认同感与场所的归属感，为城市带来巨大的经济效益，提升松桃综合竞争力。

3　松桃苗文化景观要素提炼与传承

3.1　山水格局

受楚文化区山岳文化影响，苗民通常选择半山腰的位置建寨，与河流则保持一定距离，或是为地形所限，或是出于防止水患，或是出于防卫，或是出于不占珍贵的耕地。一般苗寨前为山麓坝子，后与林木葱郁山坡相连，不仅利于取薪用材、防止滑坡和水土流失，还便于上山打猎、逃离隐藏和寻求庇护与安全感。"依山而筑，逐水而居"的理念，体现了苗族顺应自然、天人合一的思想；而

①　基金项目：该项目获国家自然科学基金资助，项目批准号：51008215。

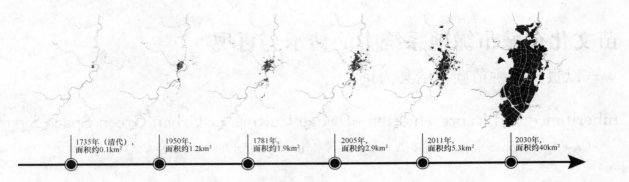

1735年（清代），面积约0.1km²	1950年，面积约1.2km²	1781年，面积约1.9km²	2005年，面积约2.9km²	2011年，面积约5.3km²	2030年，面积约40km²

图 1　松桃县城发展"逐水而居"变迁图

"靠山不居山，近河不靠岸"的聚居选址，又反映出苗民对大自然既敬畏又依赖的矛盾之情。

规划延承并强调以松江河为串联城区核心开放空间的山水人文景观生态轴（图1），内引平头司河、枇杷河、南门河、道水河、镇江河五条松江支流，利用县城丰富的山地景观，形成"城山相偎，绿水嵌城"的布局，使居民能够"出门见山，望水而居"，体验苗族先民与山水之间的庇护与依赖关系，在寻求安全感的同时，增强居民游憩的便捷性（图2）。

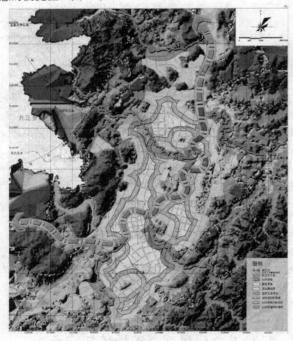

图 2　松桃县城绿地系统规划山水格局图

3.2　广场布局

在苗寨聚落中，坪（又名芦笙场或鼓场）作为核心开放空间，是苗民进行集会、祭祀、歌舞等活动的最重要的场所，在精神上更象征了苗寨聚落的向心力。苗民通过在坪上聚集，联络八方情感，增进族际团结和友谊，从而达到增强民族自豪感、自信心和凝聚力的目的。

规划模拟苗寨聚落中坪的分布，在县城范围内合理布局七星广场、世昌广场、西朵广场、云罗广场、花鼓广场等城市广场，再现"坪"这一重要的苗文化景观载体，在为居民提供休闲游憩、集会节庆场所的同时，促进居民

的情感交流，增强民族凝聚力。

3.3　文化树种

苗民认为万物有灵，崇拜自然，以枫树图腾为最。苗族古歌中"枫木生人"的传说一直为苗民所信仰，为了祈求枫树神的护佑，搬迁新居的苗族都要到"水口"处种植枫树，作为全寨的风水树或护寨树[4]。

规划以枫树为代表性文化树种和县树候选，主要栽植于城市公园、广场等核心绿地空间。重点结合滴水岩植物园建设，配植不同特色植物组团，打造不同主题分区，演绎"枫木生人"的传说，使居民与游客在游憩过程中感受枫树的德泽，体验苗民对于枫树的深刻情感，以及其崇拜自然、敬畏自然、善待自然和师承自然。

4　松桃苗文化景观意象塑造与再现

在物质性的典型苗文化景观要素提炼和规划传承的基础上，松桃县城绿地系统规划以山水为凭，在总体绿地网络格局（图3）中突出"五水七星"物化和再现松桃苗族非物质文化的核心作用，结合苗族对于自然、图腾的崇

图 3　松桃县城绿地系统规划结构图

拜以及五行、天象的理解,将苗族文化与聚居传统融入城市山水空间的整体设计,塑造"五水汇金龙,七星耀松桃"的松桃苗文化景观意象(图4)。

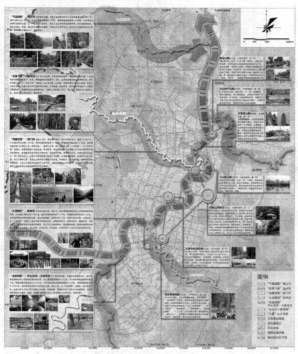

图4　松桃县城绿地系统"五水七星"概念规划图

4.1 以歌为引,打造苗族滨水文化空间

规划以苗歌中的古歌曲调、酒歌曲调、飞歌曲调、情歌曲调、祭祀曲调为松江河五条支流的文化基调,结合苗族先民关于"光、石、气、土、水"的五行认知,打造"水韵情歌"平头司河,"土律祭祀"枇杷河,"光耀古歌"南门河,"石育飞歌"道水河以及"气蕴酒歌"镇江河,营建自然、人文、生态的松桃县城滨水文化景观空间。

平头司河位于城区西南角,主要流经新城居住区,中心城区河段长度2.67km,平均宽度30—50m,滨河绿地规划平头司河滨河公园、滚龙广场。以"水韵情歌"为理念,融入市井文化,从不同侧面解读地方戏剧、剪纸、书画等传统特色文化,体现情歌曲调之世俗生活、和谐浪漫。结合红岩山公园共同打造集生态修复、休闲游憩、景观美化于一体的滨水景观空间。

枇杷河流经县城居住区、商业区,中心城区河段长度3.89km,平均宽度12—25m,滨河绿地规划枇杷河体育公园、滴水岩植物园、枇杷河滨水公园、枇杷河湿地公园、灯坡公园。以"土律祭祀"为理念,融合苗族传统的傩文化、自然崇拜文化(如枫木崇拜、蝴蝶崇拜、鸟树崇拜),体现祭祀曲调之韵律独特、自然神秘。结合滴水岩植物园建设,致力于本土植物保护,丰富植物品种,提高生物多样性指数,打造集滨水游憩、文化体验、时尚休闲、生态涵养、科学研究为一体的生活滨水开放空间。

南门河流经工业区、穿越松桃职中、流入老城护城河,最后汇入松江河,中心城区河段长度6.45km,老城区段平均宽度12—22m,工业区段平均宽度30—150m,

滨河绿地规划南门河滨河公园、猫岩山公园。以"光耀古歌"为理念,老城片区呈现深厚的传统文化情感,工业片区展现浓郁的时代文化气息,以水串联古与今,体现古歌的源远流长、宽广而容纳百川。老城片区以尊重场所精神、保育城市文化为主题,结合文笔塔公园、观音山公园共同打造集文化弘扬、休闲娱乐、景观美化于一体的休闲滨水景观空间;工业片区主要结合猫岩山公园设建设,创造以企业文化形象展示、生态修复为主要功能的现代工业景观。

道水河位于城区东北角,主要流经居住新区,中心城区河段长度4.61km,平均宽度10—20m,滨河绿地规划道水河滨河公园、道水河郊野公园。以"石育飞歌"为理念,营造独特的山林野趣气息,飞歌在山间传唱,吸引、满足居民渴望回归大自然的心态,体现飞歌之简洁质朴、明快高亢。多以石造景,以香樟、丝栗栲等乡土树种为基调,结合西朵公园共同打造集游览休闲、生态修复、科普教育、科学研究等功能为一体的滨水景观空间。

镇江河位于城区北部,主要流经工业区,中心城区河段长度3.27km,平均宽度10—20m,滨河绿地规划镇江河湿地公园。以"气蕴酒歌"为理念,体现酒歌之粗放大气、悠扬开朗。结合工业区内的生态绿地、风景林地,成片种植马尾松、南方红豆杉、香樟、青冈栎等主要乡土树种,打造以生态涵养为主、结合防护功能的自然滨水空间。

4.2 以星为证,打造苗族山居文化空间

规划保护并合理利用城区内山体林地,发挥山体林地在城市中改善生态和游憩功能的作用,将其建设成为山体公园化绿地。结合北斗七星阵"枢为天、璇为地、玑为人、权为时、衡为音、开阳为律、摇光为星"的天象认知,以云落屯风景区域为天枢、滴水岩植物园为天璇、观音山公园为天玑、飞山董公园为天权、文笔塔公园为玉衡、西朵公园为开阳、文山亲子公园为摇光,打造松桃县城"古北斗七星阵阵",营建松桃特色山居文化景观空间。

云落屯风景区域位于云落屯,松江河畔,包括云落屯公园和云落屯自然保护区,面积89.00hm²,最高海拔463.0m。规划以"天"为寓,为司命星君,结合城市旅游观光、休闲游憩、科普教育、防洪防汛等功能,建设依山傍水独具特色的全县性综合公园;并结合丹霞地貌、古悬棺、古战场遗址等,共同打造体现苗族传统自然山水观的旅游景区。

滴水岩植物园位于滴水岩,枇杷河畔,与松江河隔路相望,面积39.62hm²,最高海拔455.3m。规划以"地"为寓,为司禄星君,结合枇杷河"土律祭祀"的理念,因地制宜建设专类植物园,维护当地植物多样性。以枫香为核心树种,打造"枫香树种"、"犁东耙西"、"栽枫香树"、"砍枫香树"、"妹榜妹留"、"十二个蛋"六个主题分区,体现苗族"枫木生人"。

丹霞山风景区位于观音山,包括观音山公园和丹霞地质公园,面积82.25hm²,最高海拔456.0m,是城东生态游憩圈层的重要组成。规划以"人"为寓,为禄存星君,观音山公园以保护历史遗存为宗旨,建设以风景游

览、文化体验、休闲娱乐、生态保护和恢复为主题的风景名胜公园；丹霞地质公园以突出场地特质为主，充分考虑自然丘陵地形的景观形态，增加紫弹朴、绣线菊类、柳杉、刺槐等丹霞地貌树种的栽植，建设具有景观特质的生态林带，并适当添加娱乐游憩设施，展现苗族传统山居建筑之美，体现人与自然相和谐的思想。

飞山童公园位于飞山童，与老城区隔河相望，面积5.05hm²，最高海拔398.0m。规划以"时"为寓，为延寿星君，建设具有历史感的社区公园。融合古城风貌、古典建筑对地方意向进行适当还原，通过多种艺术形式以景观为载体表达历史典故、人物传说等，体现城市文脉之延续，物质环境之更新。

文笔塔公园位于塔上峰，老城区内，面积2.84hm²，最高海拔390.0m。规划以"音"为寓，为益算星君，以历史遗存文笔塔为核心，建设以历史保护、文化体验、风景游赏、生态保护为主题的风景名胜公园。规划主要突出苗族传统音乐、服饰、建筑等艺术在功能主题、建筑小品等公园景观中的融入，增强苗族传统文化体验。

西朵公园位于西朵峰，邻近道水河，面积10.30hm²，最高海拔432.5m。规划以"律"为寓，为度厄星君，结合"石育飞歌"的理念，建设以休闲游憩、生态修复为主要功能的区域性综合公园。公园多以石造景，采用乡土树种、材料进行植物配置与景观小品建设，创造简洁、质朴的景观空间。融入苗歌之音律，根据不同的情感与节奏，通过变化乔、灌、草、藤的种类与造型之组合，形成不同的韵律（高亢、平和等），营造富有情感特征的创意空间。

文山亲子公园位于文山，城区东北角，道水河畔，面积12.73hm²，最高海拔442.0m。规划以"星"为寓，为慈母星君，建设儿童公园，融入当地童话寓言、民间故事及神话传说等，打造简洁、灵动的景观空间。公园设置不同功能分区以满足各年龄段儿童的游乐需求，为居民提供亲子游乐、休闲放松的户外活动空间。

5 结语

"景观重塑世界不仅是因为它实体和经验上的特性，更因为它异常清晰的主题，以及它包容、表达意念和影响思想的能力"[5]。立足于苗文化的传承与再现，深入挖掘和保护松桃原生态的民居文化、历史文化、宗教信仰、民风民俗和聚居传统，松桃县城绿地系统规划不仅满足宜居需求，更是应对城市"特色危机"的重要契机，由此城景融合进一步驱动城市发展，必将为松桃未来带来不可替代的竞争优势和发展机遇。

参考文献

[1] 吴良镛. 吴良镛学术文化随笔. 北京：中国青年出版社，2002.

[2] Sharon Zukin. The Cultures of Cities. Cambridge，MA：Blackwell，1995.

[3] 杨东升. 论黔东南苗族古村落结构特征及其形成的文化地理背景. 西南民族大学学报(人文社会科学版)，2011(4)：30—34.

[4] (清)徐宏主修，(清)萧官纂修，龙云清校注. 松桃厅志校注版. 贵阳：贵州民族出版社，2007.

[5] (美)詹姆士·科纳. 绪论 复兴景观是一场重要的文化运动. 见：(美)詹姆士·科纳主编. 论当代景观建筑学的复兴. 吴琨，韩晓晔译. 北京：中国建筑工业出版社，2008.1-28.

作者简介

[1] 王敏，1975年生，女，汉族，福建福州，博士，同济大学建筑与城市规划学院景观学系，高密度人居环境生态与节能教育部重点实验室，副教授，主要从事现代景观规划设计教学、实践与研究，电子邮箱：wmin@tongji.edu.cn。

[2] 石乔莎，1990年生，女，汉族，浙江东阳，同济大学建筑与城市规划学院景观学系，风景园林专业硕士研究生，电子邮箱：sqstone_90@hotmail.com。

传统造园艺术的传承和应用
——以欧阳修纪念园规划设计为例

Inheritance and Application of Traditional Gardening Art
——Take Ouyangxiu Garden as an Example

王 鹏

摘 要：文人园林在中国古典园林中独树一帜，宋代是中国古典文化高度发达、文人园林艺术水平登峰造极的年代。本文结合宋代文人欧阳修纪念园的规划设计，探讨在城市化背景下传承中国传统造园艺术的风景园林规划设计。

关键词：文人园林；欧阳修；规划设计

Abstract：Among Classical Chinese gardens，"the scholar's garden" is of high achievement；In Chinese history，song is a dynasty of high culture level，"the scholar's garden" is also of high level in this times；In this thesis，the writer take Ouyangxiu garden as an example to explore Landscape architecture planning and design inheriting the Chinese traditional gardening art Under the background of urbanization．

Key words：Scholar's Garden；Ouyangxiu；Planning and Design

当今中国正处于城市化的快速发展阶段，城市开发的巨大利益驱使风景园林行业"欧风美雨"愈演愈烈，本土文化正越来越强烈的受到外来文化的冲击，如何能继承并发扬中国传统园林的造园艺术并且推陈出新、与时俱进，还需要当代中国风景园林工作者不懈的努力和探索。

本文以宜昌河心岛中至喜园的规划设计为例，探讨具有中国古代文人园林意境并能满足当代公园功能需求的风景园林设计。

1 场地解读

1.1 区位分析

项目场地位于湖北宜昌夷陵地区，夷陵区是重庆和武汉之间重要的区域性中心，有"三峡门户"之称，是南北经济文化交往、东西资源要素的交汇处和过渡带，旅游资源丰富，"两坝一峡"风景独秀。

河心岛公园位于夷陵城区中心地段的黄柏河水域中央，位于长江入口处，西接宜昌市区，北部为规划建设的新城区，南部是原有的老城区，是宜昌市、夷陵区发展城市旅游的重要景观资源（图1、图2）。

1.2 竖向分析

河心岛公园现状红线范围内地势较平坦，高程变化范围在60.1－71.3m之间。地形在西北和东北有突起，中部有一个高程较低的水池，是原来三峡集锦园的旧址，至喜园就位于河心岛中央（图3）。

1.2.1 交通分析

公园西部的集锦路穿过岛屿将新城区和老城区连接

图1 河心岛公园用地红线范围图

图2 河心岛公园现状照片

起来，并且在新城区和城市主干道松湖路相交，在老城区和城市主干道夷兴大道相交；公园东部有穿过黄柏河的黄柏河桥将新旧两个城区连接起来。这一路一桥成为河心岛公园对外联系的交通纽带（图4）。

1.2.2 水系分析

黄柏河水系环岛而过，常水位63.5m，最高水位65.5m，最低水位线62.0m；河心岛内部水系为原来"三峡集锦园"时期留下的，水系形态以湖面和溪流为多、形态丰富（图5、图6）。

传统造园艺术的传承和应用——以欧阳修纪念园规划设计为例

图 3　现状高程分析图

图 4　现状交通分析图

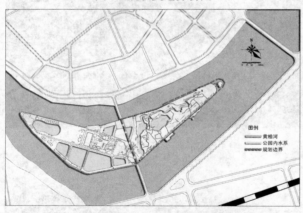

图 5　现状水系分析图

图 6　河心岛公园现状中央水池

2　至喜园规划设计

2.1　艺术构思

宋景佑三年(1036),欧阳修被贬谪到任夷陵县令,曾游当地至喜亭,并写有《夷陵县至喜堂记》。为了纪念欧公与夷陵当地的这段渊源,将欧阳修纪念园命名为"至喜园"。

欧阳修一生坎坷,幼年丧父,家境贫穷,走上仕途后又经历官职遭贬、人格受辱等多次的精神打击,但尽管这样,他却没有一味地"戚戚怨嗟",而是保持着乐观、豁达的心态。他脍炙人口的名篇《醉翁亭记》充分表现了他寄情山水、歌颂自然,将人生的不如意排解于山水、读书、琴棋之中的情怀;它的姊妹篇《丰乐亭记》全文围绕一个"乐"字展开,抒发了欧公与民同乐的心情。

园林总是反映园林主人的趣味和园居方式,作为欧阳修纪念园的至喜园在规划设计时一方面突出了欧阳修作为文坛巨匠的意境,另一方面又重点渲染了欧阳修的个性特征,他热爱山水、性格乐观豁达、与民同乐,这正是至喜园的人文精神之所在,也是整个园林的精髓和点睛之笔,力求做到园如其人(图7)。

图 7　至喜园总平面图

2.2　山水布局

山水是园林的骨架,至喜园以自然山水作为园林的主导,先进行自然景观的规划经营,然后根据环境的性格特征适当点缀建筑;与传统园林建筑采用坐北朝南的主导位置不同,至喜园将自然山水提升到主要位置,全园利用原地形中的现状中央水池进行扩展为一个大面积的池沼作为整个园林的中心,池北岸安排全园的高潮主景山,采取坐北朝南的主导朝向,在池沼和主山周围点缀风景建筑。

至喜园内的山有大有小,为了突出自然简朴的风格,园内的山基本都是用土堆成,仅仅在北部主景点的大土山上用几块景石作为点景、在园林南部主入口东部设置了一个小的碑刻石山,山上修建一小亭名曰"云起",人行至此处不禁浮想联翩,"行到水穷处,坐看云起时"心无长物、超然物外的禅宗境界油然而生，与山亭相对的河岸边设置了一个邻水榭，这组高山亭、临水榭的左右设置形成一个夹景框，将人的视线引向远处的主景"林泉高致"（图8）。

图8　云起、抱云透视效果图

至喜园内广阔的水面曲折多景，园内引的是黄柏河的活水，河水从北部溪流引入园内，流经全园，对园内各处用水进行供应，并且利用流水所经，结合地形，形成多种多样的景致：北部全园高潮区林泉高致的水是"一带清流，从花木深处泄于石隙之下"；南部的水则是"溪流曲折、落花浮水"有桃源仙境之妙。园林内的各种池沼有的开阔、有的窄小，但都是互相连通、并不孤立的。

2.3　建筑布局

中国古代文人比起追求物质生活的奢侈来更醉心于精神的悠游，在他们看来可以居住的简陋、破旧，如"茅屋"、"草庐"、"陋室"等对建筑的描述经常出现在他们的文字中，但绝不允许精神贫瘠，所以，至喜园建筑设计以非礼制建筑形式为主间或穿插礼制建筑的形式。

非礼制建筑主要是指草葺屋顶的建筑，这类建筑较具园林趣味，可供游人休息赏玩，这类建筑运用草葺或树皮覆盖屋顶，屋檐无起翘，装修不用油漆，素木蛮石，突出朴素天然的风格。礼制建筑一般用于供陈列、接待等较正式的建筑，他们是遵照宋代建筑法式制度修建的，但是也力图朴素、大方，不设置飞檐翘角，不做华丽的装潢，是富有江南园林建筑风格的"清凉瓦舍"，"粉墙环护，绿柳周垂"，给游人诗情画意之感。

建筑布局采用散点式，除一些单体建筑采用平面对称的做法外，不采用成组对称的建筑布局形式。建筑设计力求使室内空间和室外景物最大的交流，使室内、室外融为一体。

整个纪念园建筑类型有亭、堂、馆、榭、轩等，并且在地形或需要登高观景的地方设置"台"。"其台四望，尽百里余"，由于台本身有高耸的特点，所以可以登高望远、临景俯瞰，而且可以作为对景。园中共设置了两座台，他们分别是作为入口对景并且可以俯瞰整个至喜园的"见山台"和可以俯瞰整个北部观赏娱乐自然风景区的"听琴台"，台的高度控制在2-2.5m，并且"构屋其上"作为休息及远眺之所。

至喜园以山水为主景，建筑只是自然山水的点缀，所以，园林中的建筑朝向并不是全部采用坐北朝南的朝向，仅仅一组用于接待、陈列的建筑采用坐北朝南的朝向，其他的主要厅堂建筑如"六一堂"、"清芬精舍"采用的是坐南朝北的朝向，而作为主体的观赏娱乐自然风景区如"林泉高致"采用的是坐北朝南的主导朝向，使得自然山水南向与建筑有机结合。另外，至喜园中的建筑是为赏景而设，不无景虚设，因此，园中每座建筑都是三面或者四面有景可以观赏，或者面对山水主景，或者面对庭院小景、一丛修篁、几块奇石，总之，处处有景、处处生情（图9）。

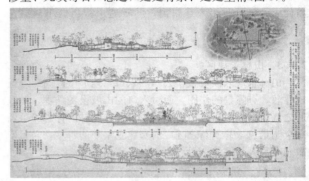

图9　至喜园建筑整体立面图

2.4　艺术分区

至喜园共分成七个景区，分别是"入口景观区"、"观赏娱乐景观区"、"休息观景区"、"山林景观区"、"池沼景观区"、"溪流景观区"、"展览接待区"，下面将对每一组景区做分别介绍。

2.4.1　入口景观区

这一景区是以展示欧阳修生平和成就的小庭院，这个一带粉墙、几丛修篁、些许奇石掩映的小庭院名为"石林小院"，这个庭院的主体建筑是"六一堂"，这一厅堂的得名来自于欧阳修的号"六一居士"，厅堂前面有现状欧公的石刻雕像作为整个园林入口庭院的点题标志物。小庭院的绿地中设置青石文化墙，用以展示欧阳修的书法和诗词作品（图10）。

图10　青石文化墙透视效果图

2.4.2　休息观景区

此景区的主角是一组建在临池俯水台上的建筑，台挑架在水面之上，用木排列成柱网桩基，台上施以栏杆，成为观景的最佳场所。这虽然是一组建筑组合，但结合架在水上的台的建设充分展现了建筑的亲水感，表现了人与自然的和谐。

这一景区的建筑有"许闲"、"归耕"、"远尘"和连接各建筑的"游廊"。这组建筑的布局取自于宋代绘画"四景山水图"。建筑群的主体厅堂是"归耕"，三开间，在主体建筑群所在的大台前面连接一个探入水中的小台，上面建有四面通透的"水月榭"，"水月榭"的位置决定了它即可以将四周的美景收摄入建筑内，同时这个精巧的小建筑又是重要的风景点缀。

2.4.3　山林景观区

山林景观区面对整个公园的入口，地形微微高起，遍植乔灌，有障景的作用，面对入口的山坡设置跌水，做欢迎之势；山顶上有见山台，既是游人进园林的标志又可俯瞰全园景色，北面与之呼应的有比它略小的听琴台，可俯瞰北部高潮景区的全景。

2.4.4　观赏娱乐景观区

景区以"洞幽奇石，山高岩危"的自然之美取胜，主要有开阔的"林泉高致景区"和幽深的"探幽区"，是整个至喜园的精华和高潮。这一区的景色营造以欧公在宜昌任职时期的奇闻轶事为背景，集中渲染了欧公"醉"、"乐"的潇洒形象，这一区有"酿泉"、"丰乐亭"等醉翁四景。"林泉高致景区"为欧园的高潮，景色开朗，取意于欧阳修脍炙人口的散文《丰乐亭记》，设置了丰乐亭、酿泉等景物，游人置身这一景区中，但见清溪泄玉，石蹬穿云，忽闻水声潺潺，使人如闻天籁琴声（图11）。

图11　丰乐亭和酿泉透视效果图

转过山前景色开朗的"林泉高致"景区，转而曲径通幽、一派深谷藏幽的景色，给游人以完全不同于前山开阔之感的幽邃之情，游人寻小径游去可进入一个水洞"清音洞"，洞门上盖石块，石块上佳木葱茏、石隙上点缀青绿，石洞内流水潺潺，如琴声绕耳。"清音洞"的水"潺潺出于石洞"，似水源深奥，别有幽壑（图12）。

2.4.5　池沼景观区

这一景区以中央开阔的大池沼"涤砚池"为中心，周围环绕着不同特色的小水景区。

图12　清音洞透视效果图

（1）北部蓑笠垂钓的石矶：这一小景区以林泉高致前面的一块大石矶作为主导，取"以磐石为钓矶"之意，并且，有汀步从石矶分别向东西伸向岸边，这块石矶与周围岸边的几块奇石形成呼应之势。

（2）西部藏舟的船坞：这是一块内凹的水湾，临近游客接待区和园林的主入口，便以停泊小舟。

（3）中部的醒酒池：池中放养金鱼，供游人观赏娱乐，池中特置一奇石"介如峰"作为孤赏之景，寓意文人"以石为友，以石明志"的嗜好，同时也满足游客"坐石品茗，倚石留影"的需要。

（4）东部芦雪池：池沼中遍植芦苇，芦花盛开时如一片白雪皑皑，突出一派自然野趣。

（5）南部的桃源溪径：这是南部一条曲折蜿蜒的小溪流，溪流两岸遍植桃花，环境幽静，是文人武陵桃源仙境的再现（图13）。

图13　桃源溪径透视效果图

（6）东北部赏月水湾：这是山上敞亭和水畔馆中间的一湾清水，山上小亭四面开敞，可以满足游人登高望月的需求，山下水畔馆与山上的小亭上下呼应，这一高一下、一敞一闭、中的水湾为人们提供了赏月的绝好佳境，人们既可"登高望月"又可欣赏"碧波皓月"（图14）。

2.4.6　溪流景观区

"流水落花，绿柳清池"，这组景区主要是以自然小地形、池沼、溪流并点缀小建筑为主，这组景区以"绿野"小牌坊作为景区的入口，转过"一带翠嶂"的小山，眼前豁

图 14 赏月水湾透视效果图

图 16 庭院花台透视

然开朗，就到了临水的"弄水阁"，这是一个四面开敞的敞厅，采用草葺的屋顶，水阁南边隐藏在两座小山中有一个小的池沼名为"醒酒池"，池中养鱼，为游人提供"观鱼"和"钓鱼"之乐(图15)。

图 15 弄水阁、临水画舫斋透视效果图

这组景区东面是一个名为"芦雪池"的景点，小水湾中植满芦苇，芦花开放时如白雪，芦雪池后面点缀一组折廊，折廊后面是一小石板桥，这一桥一廊将水面划分成一大一小的水面，增加了景色层次。

景区南部是一曲折的溪流，小溪边遍植桃花，风吹桃花飘落在水面，形成流水落花的世外桃源境界。

2.4.7 展览接待区

这一组小庭院用以古玩书画展示和游客接待。这一区的主要建筑有"临水画舫"、"游廊"、北部的"秋爽书斋"、"得性斋"，用于翰墨丹青、唱酬联句的诗画展览，南部是用于游客接待的"清芬精舍"和"茶寮"，庭院中粉墙环护，粉墙前有一组精致的花台，藤萝引蔓，异草飘香(图16、图17)。

"临水画舫斋"的意境取自欧公的《画舫斋记》，作者用"画舫斋"来命名自己的休憩之所，以表明他遁世脱俗，反抗精神压迫的愿望。"临水画舫斋"周边的环境是池沼景区和自然景区，充满自然野趣，充分体现了欧阳修所描写的"画舫"周边的环境意境"山石崔率"，佳花美木之植列于两檐之外，又似泛乎中流，而左山右林之相映。

图 17 小庭院入口透视效果图

结论

本文在对宋代文人精神意识、园居生活、园林景题、造园要素研究的基础上，结合北宋文人欧阳修纪念园的规划设计，探讨城市化背景下传承中国传统造园艺术的风景园林规划设计。但所谓"形而上者谓之道，形而下者谓之器"，传统的东西有精华也有糟粕，现代园林设计中对古典园林的继承绝不是对它形式的生搬硬套，而是要认真分析传统的造园手法和园林艺术，只有这样传统园林才能在现代景观设计中开花、结果，为建设由中国特色的美丽中国贡献力量。

参考文献

[1] 陈植. 中国历代造园文选[M]. 合肥：黄山书社，1992.

[2] 陈植. 园冶注释[M]. 中国建筑工业出版社，2005.

[3] 陈从周. 中国历代名园记选注[M]. 合肥：安徽科技出版社，1983.

[4] 周维权. 中国古典园林[M]. 北京：清华大学出版社，1999.

[5] 刘敦桢. 苏州古典园林[M]. 北京：中国建筑工业出版社，2005.

[6] 王毅. 中国园林文化史[M]. 上海：上海人民出版社，2004.

[7] 张家骥. 中国造园史[M]. 哈尔滨：黑龙江人民出版社，1986.

传统造园艺术的传承和应用——以欧阳修纪念园规划设计为例

[8] 赵雪倩. 中国历代园林图文精选[M]. 上海：同济大学出版社，2005.

[9] 沈子丞. 历代论画名著汇编[M]. 北京：文物出版社，1982.

[10] 蔡斌芳. 欧阳修诗词文选[M]. 中州古籍出版社，1987.

[11] 刘建平. 中国美术全集[M]. 天津：天津人民出版社，1997.

[12] 刘扬忠. 欧阳修集[M]. 凤凰出版社，2006.

[13] 周维权. 中国古典园林发展的人文背景[J]. 中国园林，2004(09).

[14] 孙筱祥. 江苏文人写意山水派园林[J]. 广东园林，1983(01).

[15] 刘托. 两宋私家园林的景物特征[J]. 建筑史论文集第十辑. 北京：清华大学出版社.

[16] 刘托. 中国古代园林风格的暗转与流变[J]. 美术研究，1988(02).

作者简介

王鹏，1981 年生，女，工程师，北京清华同衡设计研究院股份有限公司。

基于绿色基础设施理论的低碳城市构建策略研究

Research on Strategies of Low-carbon City Construction based on the Green Infrastructure Theory

王　睿　王明月

摘　要：伴随着全球经济飞速增长和工业文明突飞猛进，城市污染日益严重，自然资源大量消耗，建设低碳城市十分必要。而低碳城市的建设离不开多种策略的支持，"绿色基础设施"是近些年来西方发达国家中提出的关于生态保护和城市及社区建设方面的一个新概念，也是建设低碳城市的一项重要技术策略。本文通过阐述分析"绿色基础设施"理论，并总结了这一理论下低碳城市的构建策略，对实现低碳城市目标具有一定指导意义。

关键词：绿色基础设施；低碳城市；策略

Abstract：Along with the global economic growth and the industrial civilization development，city pollution is increasingly serious and too much natural resources have been consumed. Therefore，it is very necessary to construct low-carbon city. Low carbon city construction cannot leave the support of multiple strategies，such as "Green Infrastructure" traised from Western developed countries，which is a new concept on ecological protection and construction of urban and community，also an important strategy of Low-carbon city construction. This article elaborates the theory of "Green Infrastructure"，then summarizes several strategies of Low-carbon city construction based on it，which has a certain guiding significance to realize the goal of low carbon cities.

Key words：Green Infrastructure；Low-carbon City；Strategies

在我国将生态文明建设放在突出位置的背景下，城市气候变暖、大气雾霾、城市"灰水"、废弃地污染、旱涝灾害等一系列社会问题逐渐威胁着人类健康居住和社会可持续发展，原有的基础设施无法满足建设现代城市的根本要求。据相关研究，城市作为人类的重要居住地，消耗了80％的能源和资源，二氧化碳排放量的增加和国家资源的不合理消耗是导致气候变暖等诸多环境问题的主要原因。

1　低碳城市的解读

城市是人类生产和生活中心，也是能源的主要消耗者和温室气体的主要排放点。随着城市化进程的加速，传统工业文明城市（特别是处于发展过程中的生产型城市）的发展模式和发展轨迹成为全球低碳发展的关注焦点。所谓"低碳城市"，就是在当今的经济高速发展的情况之下，同样可以让城市中的能源消化维持在一个较低的水平，同时对于温室效应影响严重的二氧化碳的排放量问题上，也可以控制在一个较低的程度，这样的城市就是低碳城市[1]。

2　绿色基础设施的概念及内涵

2.1　概念

"绿色基础设施"（Green Infrastructure，GI）是近些年来西方国家新出现的关于开放空间规划和土地保护方面的策略，与生态基础设施相比，更加突出连续的绿地空间网络及其植被的价值。它是建立在生态理论的基础上，针对"灰色基础设施"（如公路、市政下水管网等市政支持系统）和社会基础设施（如医院、学校等）等"建筑设施"概念而提出的，它将城市开敞空间、森林、野生动植物、公园和其他自然地域形成的绿色网络，看作支持城市和社区发展的另一种必要的基础设施[2]。

2.2　内涵

绿色基础设施体系由网络中心、连接廊道、小型场地组成，包括各种开敞空间和自然区域，如生态保护区、湿地、森林、绿道、雨水花园等，这些要素组成一个相互连接、有机统一的网络系统，系统可为野生动物迁徙和生态过程的起点和终点的同时，自身可以自然地进行雨水调控，避免洪水灾害，改善空气和水的质量，有效调控城市气候，同时减少灰色基础设施的投入，节约城市管理的成本和资源。

（1）网络中心　网络中心即绿色基础设施的固着点，是一些核心区域的汇总，如大型的生态保护区域、森林、农地、公园绿地等。

（2）连接廊道　连接廊道是指线性的生态廊道，它将网络中心和周边小型场地连接起来形成完整的系统，对促进生态过程的流动，如绿道、河岸缓冲区等。

（3）小型场地　小型场地指尺度小于网络中心休闲场地，是对网络中心和连接廊道的补充，独立于大型自然区域的小生境和游憩场所。

绿色基础设施的规划设计以上述元素为基础展开，

不仅可以高水平展示景观，而且为居民和游人提供良好的休闲场所和绿色环境，这种生态环保、节能减排的思想不断促进大众去选择低碳生活，这对绿色环境保护和低碳城市的建设具有积极意义。

3 绿色基础设施构建策略

绿色基础设施是有关土地保护及土地发展讨论中的名词，在不同的应用环境下代表不同的含义：（1）有些表示城市地区可提供生态效益的树木。（2）有些表示环境友好型的工程结构，如暴雨管理或水处理设备，它更加强调了开放空间和绿色空间在保护和管制生态系统方面的重要作用[3]。绿色基础设施通过合理的规划可以自动管理环境，是为自然生态系统的网络提供"生命支持"的必要"基础设施"。它可以有效降低城市"灰色基础设施"成本，节省国家公共资源的投入，发展低碳经济，同时这种生态网络体系可以从源头、中间、末端三个阶段减少城市二氧化碳排放。

3.1 改善城市绿地系统规划

绿色基础设施作为城乡一体化土地利用保护的概念提出，同样可以指导城市绿地系统规划。运用绿色基础设施理论将城市破碎化的土地经过合理连贯起来，平衡好住房用地和自然保护区等"网络中心"，在规划中以"网络中心"为核，通过生态廊道将"网络中心"和小型场地有机结合，使绿地形成完整的、可持续发展的"绿色网络"为动植物的保护和人类的游憩提供开放空间。

同时，绿道也是绿地系统规划中很重要的一项内容。绿道可以维护自然界的生态过程，具有防洪固土、清洁水源、净化空气等作用，将绿道融入城市环境的开放空间规划中，可以支撑和维护城市绿地网络结构覆盖、连接性和可持续性，形成规划建设用地层级的绿色基础设施体系。基于现有的线性要素（城市河流、文化路线、道路系统），规划滨水绿带、道路绿带、水源涵养林等，连接单个公园的建设形成纵横有序的绿道网络空间，为城市居民提供户外游憩空间，改善城市居民对郊野的步行可达性和游憩使用性，为居民低碳出行提供场地，从源头减少机动车尾气排放。英国莱驰沃斯市的市内环形绿道已经有100多年的历史，绿道串联了多个公园、林地、池塘等，可供游憩使用，如莱德维尔草地公园（Radwell Meadows Country Park）、斯坦德伦农场（Standalone Farm）、卫芒德里森林（Wymondley Wood）等，绿道大约长21.8km，主要用于步行，局部有骑马道、自行车道，甚至有轮椅专用道，兼具生态、景观、游憩功能，绿道的建设使得城市具有良好的绿地系统布局，城市碳排放量较低。

绿色基础设施体系的建设以改善绿地系统规划为途径，在城乡范围内建设绿地，通过网络中心与连接廊道的有机结合，使不同性质、不同形状、不同规模的绿地构成一个有机结合的、能保持自然过程整体性和连续性的动态绿色网络。城市郊区产生的新鲜空气通过绿道网络快速传送到城市中心，保持城市碳氧平衡、改善小气候环境，调节空气的温度和湿度，改善城市空气质量。城市中产生的污染空气也加快流向郊区进行净化，通过"一进一出"从源头上最大程度减少二氧化碳排放。

3.2 选择生态效益树种，优化植物群落

在城市区域，树木就是城市的"肺"，能够从源头上和中间降低空气中二氧化碳含量，调节城市区域气候。植物本身可吸收空气中的二氧化碳，除去二氧化氮、二氧化硫、一氧化碳和臭氧，起到净化空气和固碳的作用；科学的植物配置不但营造优美的城市景观，而且通过高大遮阴乔木形成的绿色空间可为机动车辆提供阴凉。据相关研究，树木的阴影区可以降低地表温度9—13℃，减少机动车散热排放尾气，实现资源节约。而且植物与硬质铺装温差产生的垂直气流促进空气的流动，还可通过网络向外部运送污染气体。因此绿色基础设施建设中要选择生态效益的树木，尤其是乡土树种，不但会形成区域景观特征，而且节约绿化成本，促进城市低碳经济的循环发展。

3.3 完善暴雨管理系统，调节雨水径流

绿色基础设施体系中的环境友好型的工程化结构，如城市湿地、雨水花园、绿色屋顶、透水铺装和其他具有排水功能的景观最主要的作用即是完善暴雨管理系统，调节城市的雨水径流，营造自然的水文生态环境，从末端间接地减少空气中的二氧化碳含量。

今天，城市越来越多的土地被公路、停车场、建筑物等不能渗水的表层覆盖，非渗透性铺装面积的迅速增大，以及林地的消失，削弱了绿色基础设施在控制洪水、承载沉积物、过滤毒素的自然功能，雨洪管理不完善的雾霾城市降雨后，会造成洪涝灾害和"灰水"污染；同时，湿地的消失和其他生态系统的开发，已造成二氧化碳的大量增加，这些气体在全球变暖过程中占据了60%以上的"功效"。因此，我们要根据城市的地域条件：（1）注重湿地生态修复，涵养水源；（2）运用雨水花园的植物工程修复，循环利用雨水；（3）运用绿色屋顶进行立体绿化，这种节水和节地的方法，同时是建设低碳城市的重要内容。目前，西雅图绿色基础设施研究及规划采用西雅图模式，吸纳了城市暴雨水处理、绿色街道、绿植屋面等新概念和实践，同时考虑城市现有机构和可持续的城市生活模式——通过人工、半自然和自然的方式尽可能模拟自然水文系统对城市排水系统进行管理，减少城市水体污染和雨水管理成本，为我们理解和建设这样一种自然的水文环境提供了理论基础和实践借鉴[4]。

3.4 完善低碳空间结构，选择环保材料

完善城市低碳空间结构和低碳材料的选择从整体到局部完善了绿色基础设施体系，其中包括城市低碳交通规划，建筑立体绿化、景观材料低碳化等。

3.4.1 城市低碳交通规划

由于公共交通系统常常难以到达分布在高速路和公路沿线的社区，加剧了人们对机动车的依赖程度。当人们

的住宅越来越远离办公地点时，私有小汽车便制造了更多的二氧化碳和有毒气体，导致许多负面影响。因此，城市交通规划应选择低碳交通体系，以碳排放较低的轨道交通、快速公交等大运量交通设施为主导，以步行和自行车交通为辅助，引导城市用地的有序拓展和更新，减少无序蔓延，促进城市绿色空间布局不断优化，减少城市交通的二氧化碳排放。

3.4.2 建立立体绿化

建筑的立体绿化，同时推广公共建筑绿色改造，避免大量的更新重建，如应用先进的技术构建屋顶花园、墙面绿化、坡面绿化等，甚至可利用"都市农场"进行城市的农业种植和食物生产，从根本解决土地节约和环境污染问题，多方面完善绿色基础设施体系。

3.4.3 景观材料低碳化

景观材料低碳化，即材料的生产环节、建造方法都是低碳过程。尽可能保持基地原先的自然生态过程，减少人为的改变自然系统的不良后果，如尽可能减少硬质铺装，采用透水透气的铺装材料、节能灯，太阳能发电，利用可再生能源等，从城市空间结构的每一处减少碳排放量。绿色基础设施的低碳化体系的形成直接影响城市原有物质空间和社会空间结构，推动传统城市空间结构向低碳城市空间结构转变。

4 总结

实践表明，绿色基础设施作为一种新时代发展而来的新概念、新理论、新策略，在"低碳城市"建设和发展中发挥着重要作用。通过改善绿地系统规划、选择生态效益的树木、完善暴雨管理系统等途径能够促进城市节能减排和自然资源的合理利用。随着科学的进步和人们需求的提高，"低碳城市"的标准和实施也在不断发展，如何更好地理解和运用绿色基础设施策略建设低碳城市仍要不断进行探索和研究，使环境和经济并行，土地和生态共生，工业文明和生态文明和谐发展，最终实现美丽中国的梦想。

参考文献

[1] 成国兴，杨倩，张宜权. 浅谈城市的绿色基础设施建设与生态环境保护[J]. 长春理工大学学报，2013. 8（1）：66-67.
[2] 张红卫，夏海山，魏民. 运用绿色基础设施理论指导"绿色"城市建设[J]. 中国园林，2009. 25（9）：28-30.
[3] 马克·A·贝内迪克特等. 绿色基础设施——连接景观与社区[M]. 北京：中国建筑工业出版社，2010：1.
[4] （英）艾伦·巴伯. 绿色基础设施在气候变化中的作用[J]. 中国园林，2009（02）：9-14.

作者简介

[1] 王睿，南京林业大学风景园林学院，电子邮箱：775224938@qq.com。
[2] 王明月，南京林业大学艺术学院，电子邮箱：343917305@qq.com。

浅谈火车站站前广场景观设计

——以西宁火车站为例

Analyse the Train Station Square Landscape Design

——Taking the Xining Railway Station as an Example

王 霜

摘 要：火车站站前广场是旅客进入城市参与活动的第一个城市客厅性质的公共空间，它对于城市形象的塑造起着非常重要的作用。随着城市化进程的加快，火车站及站前广场经历了从无到有，从单功能向多功能转变的过程。这促使我们火车站及站前广场的设计向现代化、多功能的交通枢纽和象征城市形象的公共空间发展。西宁火车站及其站前广场作为西宁乃至青海省的重要门户空间，在城市更新、发展中起到了重要的推助作用。本文通过对西宁火车站及站前广场在城市中的形象地位与功能需求的分析，总结提出了西宁火车站及站前广场的理念构思、发展定位及具体的景观设计手法。其目的是通过对站前广场景观空间的营造，展现"大美青海、夏都西宁"的城市门户形象，让旅客在"第一时间、第一地点"更直观地了解青海、认识西宁。

关键词：站前广场；功能需求；景观设计

Abstract：Railway Station Square is the city participate in the activities of travelers entering the first city living nature of public space. It is the image of the city plays a very important role in shaping. With the acceleration of urbanization, Station Square experienced from single to multi-functional transformation process. This led to the design of modern, multi-functional, symbolic image of the city's public space development.

In urban renewal and development, Station Square as Xining even Qinghai important gateway to space plays an important role to help push. Through the Xining Railway Station and Station Square in the city's image status and functional requirements analysis, results conceived ideas, develop positioning and landscape design practices. Through the Station Square landscape space to create the "beautiful Qinghai, Xining summer capital" city portal image. So that passengers in the "first time, the first place" know Qinghai, Xining.

Key words：Station Square；Functional Requirement；Landscape Design

西宁火车站始建于 1959 年，位于青海省西宁市城东区建国路，是青藏铁路上的重要枢纽。随着经济社会的快速发展，人流、物流规模的不断扩大，火车站对运输能力提出更高的要求，现有规模已不能满足客运发展的需要，为改善西宁市的门户形象，加快推进创建现代化区域中心城市进程，西宁市政府于 2008 年对火车站主体工程进行扩建改造，为完善火车站及周边的配套服务实施，营造良好的火车站站前景观，火车站站前广场及湟水河南岸景观需要进行全面的规划提升。

1 项目概况

西宁市是青海省的省会，是青藏高原对外联系的门户。西宁地处青藏高原河湟谷地南北两山对峙之间，黄河支流湟水河自西向东贯穿市区。市区海拔 2261m，年平均降水量 380mm，蒸发量 1363.6mm，年平均日照为1939.7 小时，年平均气温 7.6℃，最高气温 34.6℃，最低气温零下 18.9℃，属高原高山寒温性气候。夏季平均气温 17—19℃，气候宜人，是消夏避暑胜地，有"中国夏都"之称。

西宁火车站站前广场项目位于西宁市城东区，湟水河中游北岸。规划用地面积约 28hm²，用地范围：北至火车站，南至为民巷—勤奋巷，东至站东巷，西至站西巷。

2 现状问题

随着城市化进程的加快，西宁火车站的固有发展模式，已无法满足客运发展的需求，火车站站前广场的现有面貌影响了西宁市的整体形象，制约着城市经济的发展。因此我们将从系统性、功能性角度进行比较、分析，筛选出西宁火车站站前广场所面临的主要问题。

2.1 场地规模较小、服务功能单一

西宁火车站现状站前广场面积约 2.3hm²，东西向250m，南北向 90m。近年来，随着西部大开发和现代交通建设步伐的加快，西宁成为青藏高原铁路中心的重要枢纽。火车站接待旅客量、货运总量的数目逐年增加，现有火车站及站前广场的承载力以无法满足客运、货运的需求。同时，现有火车站站前广场设施缺乏、功能单一，无法为旅客提供充足的候车及庇护空间，导致广场内部垃圾乱弃，环境极差。

2.2 地域特色缺失，景观效果不佳

火车站站前广场是铁路旅客出入城市的必经之路，也是城市文化、历史面貌的载体，是一个城市宣传的重要窗口。现状火车站站前广场景观元素单一，装饰、美化陈旧，

地域文化的传承、表达相对缺失，无法展现西宁，乃至青海当地特有的历史文化氛围。同时，广场内外绿化空间不足，加之西宁当地风沙较多，致使广场周边小气候环境极差，为旅客出行带来极大不便，并严重影响城市形象。

2.3　内外交通混乱，导视系统欠缺

近年来，随着旅客量的增加，站内人流缺乏合理的组织、疏导，站前广场内外换乘交通的压力逐渐加大。同时，由于车位不足，车辆乱放等问题，严重阻碍了旅客的疏散、通行，导致周边道路拥堵现象严重。加之广场内外缺乏明确的导视系统，游客换乘方向不明，加重了人流疏导的难度。

3　理念构思

针对此次站前广场扩建改造的复杂问题，我们在保障功能需求的基础上，提出打造开放门户空间的设计理念，以反映"大美青海、夏都西宁"的形象为主旨，力图将其打造成现代化形象展示的城市门户、山水文脉延续的空间节点、功能混合的都市活力中心、西部交通整合的空间枢纽（图1）。

图1　总平面图

青海省为我国青藏高原上的重要省份之一，境内有全国最大的内陆咸水湖——青海湖。青海省简称青，是长江、黄河、澜沧江的发源地，被誉为"江河源头"、"中华水塔"。规划通过对青海省地域文化的挖掘，将"昆仑山"与"三江源"抽象成为站前广场的核心景观，成为青海对外窗口的象征（图2）。

图2　日景鸟瞰图

3.1　现代化形象展示的城市门户

每个城市在发展过程中都形成了其独特的人文景观和自然景观。火车站站前广场已经成为一个城市的文化符号和城市名片。作为展示城市形象的重要门户，这扇"门"为旅客提供了大量的视觉、触觉等信息，让旅客在一定程度上对城市有初步的体验和印象。

雄踞"世界屋脊"的青海，神秘而诱人。人们常常以"大美"来形容这里。"大美青海"从某种意义上讲，它代表了中华民族的起源，无论是从资源还是文化层面上看，都有着不可替代的地位，它既是中华民族的象征，也是青海的象征。火车站站前广场作为青海的门户，它的"大美"主要体现在它的大背景、大环境、大主题上（图3）。

图3　夜景鸟瞰图

"大背景"——站前广场景观设计以西宁火车站建筑及身后的青山为大背景，大气的建筑犹如雄鹰展翅一般在雪山之巅翱翔，充分彰显了青海地区壮丽雄阔的地方特色。

"大环境"——西宁，又称夏都，冬无严寒，夏无酷暑，是休闲避暑的绝佳地区。站前广场的设计注重绿色空间的营造，力求为旅客创造舒适宜人的停留场所。湟水河流经火车站站前广场，设计充分利用滨水风光，创造休闲、体验、现代繁华的都市滨水空间。

"大主题"——西宁火车站站前广场的打造，以反映"大美青海、夏都西宁"的壮丽形象为主题。设计通过雕塑、小品、铺装、景墙、植物景观的营造体现当地的景观特色。

3.2　山水文脉延续的空间节点

青海，地处青藏高原东北部，大部分地区海拔在3000—5000m之间，"远看是高山，近看似平川"，山水资源丰富。西宁火车站坐落于青山脚下，湟水河从站前广场穿流而过，形成了依山傍水的空间格局。为延续山水文脉，展现西宁地域文化特色，设计将"昆仑山"抽象为主景雕塑，使之成为整个站前广场的点睛之笔，孕育着西宁乃至西部地区源远流长的历史文化。同时，又将"三江源"抽象为广场铺装与廊架，与当地特色紧密结合，既体现西宁豪放、大气的景观品质，又不失于细节符号的传达。整体景观将成为游客进入青海、进入西宁的第一道风景窗（图4）。

"昆仑山"主景雕塑位于城市轴线和火车站轴线的交点，山形雕塑体现了西部的豪迈气魄，简洁大气的形式则

图4 "昆仑山"与"三江源"

展现了新鲜活力。总高度近25m，三组折线型钢板结合广场上的LED光带、旱喷等动态景观，寓意着三江源的主题。人们从广场的各个角度，都能有不同的视觉感受。雕塑犹如从大地中生长出来，遥望远山，屹立于湟水河畔，与现代化的火车站交相辉映，成为整个火车站地区的标志。

"三江源"铺装带的设计，以"昆仑山"主景雕塑为源头，三条铺装带以蓝、黄、绿三种颜色的露骨料铺设而成，分别代表了长江、黄河、澜沧江，铺装带边缘设计LED光带，保证夜晚照明效果。铺装末端，进入绿地部分，采用廊架的方式，时起时落，丰富竖向空间，增强景观效果。

3.3 功能混合的都市活力中心

随着城市的快速发展，火车站站前广场已成为功能复杂的城市空间节点。为满足上下车旅客吃、住、用等多种需求，站前广场及附近地段须提供餐饮、住宿、商场等商业设施。为满足不同使用者的功能需求，规划将场地划分为站前广场区、北岸滨水休闲区、南岸商业娱乐区三个区块（图5）。

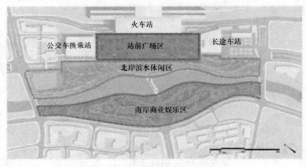

图5 功能分区图

站前广场区，规划面积约5.4hm²（图6）。设计充分考虑交通功能需求，广场中部为主要疏散空间，以开敞的铺装为主，左右设置阵列灯柱，以体现站前广场的大气、庄重的仪式感。广场两侧则以树阵形式排布，在不影响主要交通流线的前提下，为旅客提供可以休憩的林荫空间。在种植设计上，以乔木＋灌木矩阵式的规则方式形成开敞区域。植物选择主要以抗性强、浅根系的乡土树种为主。广场、植物和设施有机结合，形成自然景观和人文景观相融合的公共活动中心，营造为游客停留、休息、交流的空间。

图6 站前广场区

北岸滨水休闲区，规划面积约7.7hm²，（图7）。主要以滨水游赏为主，通过曲折的小路，滨水木栈道，起伏的廊架，丰富的植物造景打造比邻湟水河景观湖的宜人绿带。绿地中设置多种活动空间及服务设施，为旅客提供停留、驻足观赏的场所。沿道路布置文化景墙，丰富竖向空间，反应地方特色。滨水步道两侧的观花乔木和整形绿篱采用带状的种植形式，沿水边局部种植水生植物，建筑周边及远离滨水区采用以大树群植、丛生花灌木密植的方式形成密林，利用自然和规整相结合的手法营造健康优美的休闲环境，使游人可以休息、漫步和观赏城市景观。

图7 北岸滨水休闲区

南岸商业娱乐区，规划面积约8.6hm²，（图8）。该区域是一个以商业娱乐和休闲活动于一体的综合片区，力图打造成为火车站周边的商业活力中心。商业建筑以组团的形式构成，形成尺度宜人的围合空间，为游人提供喝茶、聊天的场所。中心广场通过建国桥与站前广场相连，滨水区域以亲水平台、戏水池等休闲空间为主，拉近游人与水体的互动性。滨水绿地以乔木结合灌木的复层混交群落方式为主，选择遮阴性好、姿态美的高大乔木，配以

图8 南岸上夜娱乐区

花灌木和水生植物，为旅客提供游憩休闲的场所，同时烘托繁华的商业气氛。在商业建筑周边或建筑中庭采用大树点植或整形绿篱的方式形成开敞空间，便于人流通行，同时增加绿荫，美化建筑周边环境。

3.4 西部交通整合的空间枢纽

青藏铁路建成通车之后，西宁便成为西部地区重要的交通枢纽中心。站前广场的设计作为集结和疏散旅客的重要空间，在场地空间的划分、人流交通的组织上尤为重要。

站前广场中轴线，为主要集散空间，解决交通集散的问题，以硬质铺装为主；东西两侧的长途汽车站及公交车站为人流主要流动方向。湟水河南岸中心广场，为次要集散空间，以引导人流通往滨水景观和商业休闲区域（图9）。

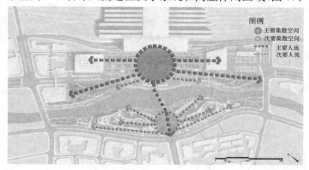

图9 人流集散分析图

由于火车站与公交汽车总站及长途汽车站的换乘人流主要在地下一层、地上二层落客平台解决，地面主要满足换乘旅客的停留、等候及从交通枢纽进入城市的步行通道功能。主要交通流线分别是由一条纵向的中轴步行流线和三条横向的广场集散步行流线、滨水步行流线、商业步行流线组成（图10）。

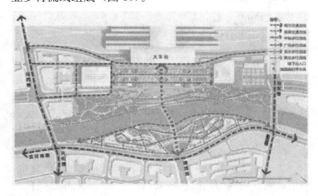

图10 交通分析图

在北侧站前广场、建国桥、南侧商业空间均设计了符合消防安全需要的消防通道，保障消防车的安全通行（图11）。

同时，为保证旅客快速便捷地进行换乘、休憩、餐饮或购物，规划在北岸站前广场的地下通道、地铁、车站出入口附近布置市内交通指示牌；在南岸商业区内平均布置餐饮店面位置指示牌；绿地入口处及休闲广场，布置风景标识牌等导视系统（图12、图13）。

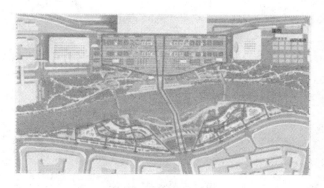

图11 消防通道分析图

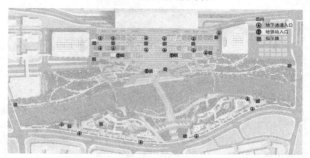

图12 导视系统分析图

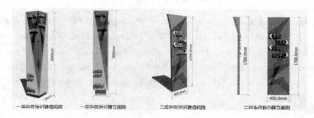

图13 火车站广场导视牌

4 结论

火车站站前广场作为城市的门户名片，它的功能将越来越趋于多元化，本文通过其本身的标志性和可识别性，以及对地方性、历史、文化特性的诠释，将这座城市的形象简单、直接、生动、全面地展现在外来游客和乘客的面前，形成具有典型地域特色的站前火车站广场景观。近年来我国迎来了一个高速铁路迅猛发展的时代，站前广场的设计也将得到不断发展，值得我们继续研究和探讨。

参考文献

[1] 刘智. 地域特色的火车站[J]. 山西建筑，2002.
[2] 蔡逸峰. 铁路旅客站的选址与客流集散方式研究[J]. 城市规划，2001.
[3] 刘劲. 城市铁路旅客站前广场空间环境复合性研究[D]. 湖南大学硕士学位论文，2004.
[4] 同济大学城市规划教研室. 铁路旅客站广场规划设计[M]. 北京：中国建筑工业出版社，1981.

作者简介

王霜，1984年1月生，女，山东潍坊，硕士，北京清华同衡规划设计研究院风景园林规划设计研究中心。

美国城市边缘区绿色空间保护对策研究[①]
——以波特兰为例

Research on Protection Countermeasure of the American Urban Fringe Green Space
——A Case Study of Portland

王思元　荣文卓

摘　要：位于城乡交界处的城市边缘区绿色空间能够起到控制城市蔓延、调节生态效应等作用。对城市边缘区绿色空间的保护，在城市化进程中有着至关重要的意义。本文回顾了美国的城市化进程，以波特兰为例分别从法律法规的建立、区域及城市规划的实施、政府的调控以及公众参与三个方面进行研究。并以此为基础，探索我国城市边缘区绿色空间的保护内容，为我国在快速城市化进程中合理保护城市边缘区绿色空间起到一定的启示作用。

关键词：城市化；城市边缘区绿色空间；波特兰

Abstract：Urban fringe green space which located between urban and rural areas plays important roles in controlling urban sprawl, adjusting the ecological effects and so on. The protection of it has a crucial importance in the process of urbanization. This paper reviewed the American urbanization and took Portland as an example. It studied from three aspects, which were the construction of laws and regulations, regional and city planning, government regulation and public participation. The paper also explored the protection countermeasures of urban fringe green space of China, which may took certain enlightenment effect for our country in protecting urban fringe green space during the process of rapid urbanization.

Key words：Urbanization；Urban Fringe Green Space；Portland

城市化是现代社会发展的必然阶段。伴随着城市化，位于城乡交界的城市边缘区成为城市空间扩展和蔓延的主要区域。由于利益的驱使，这些区域常常被盲目开发，不仅容易造成诸如耕地丧失、河流污染、山体破坏、生态环境恶化等问题，也会给城市边缘区带来了布局失衡、功能失调等社会问题。

城市边缘区绿色空间是位于城市边缘区内，具有较高的生态、社会、经济、美学价值的自然与非自然空间。在它的地域范围内是由不同土地单元镶嵌而成的土地嵌合体，包括园林绿地、城市山林、滨水绿地、都市农业、湿地、道路绿地等，具有生态保护、景观美学、休闲游憩、防震减灾、历史文化保护等功能[1]。它既受自然环境条件的制约，又受人类经营活动和经营策略的影响，承担着城市边缘区形态建构、社会空间融合、城市可持续发展维护等重要功能。因此，对城市边缘区绿色空间的保护，在城市化进程中有着至关重要的意义。

美国是高度城市化国家，其城市边缘区绿色空间经历了从破坏到保护的过程，这为我国城市边缘区绿色空间的保护提供一定的参考和借鉴。

1　美国城市化沿革

1.1　美国城市化的发展

在经历了工业革命以后，美国城市化水平呈S形曲线上升，从1840年开始超过10%，到1960年达到70%，2000年达到80%左右，之后保持稳定[2]。美国的快速城市化发展，使多数城市周边原有的自然区域变成了城市郊区，出现了城市边缘区的郊区化发展。20世纪初，这一现象逐步呈现出快速发展的趋势，特别是到80年代最为明显，伴随着城市人口逐渐由中心—城区向郊区分散，城市边缘区空间的功能也随之改变。自2000年后，两次经济衰退对美国城市发展造成了重创，政府出于节约基础设施开支的考虑，提出城市发展转向城市中心区的再城市化，将传统的中心城及城市郊区共同构成大都市圈，进行区域协调发展。

1.2　美国边缘区绿色空间与城市化的关系

美国在城市化进程中，丰富的土地资源为城市化发

① 中央高校基本科研业务费专项资金资助 NO. BLX2012052. 2012 - supported by the Fundamental Research Funds for the Central Universities (NO. BLX2012052)。

展提供了充足的建设条件。据调查，美国大部分的城市化发展所利用的土地主要为城市边缘区的农田和未开垦地[3]，这些土地除了被用于商业和居住外，其余部分则被开发成为牧场、森林、公园和不同类别的生活娱乐用地，散布于城市边缘区内，形成新的边缘社区。

随着美国城市化进程中的城市地域扩张和人口增加，一些城市边缘区的农田和荒地等土地被肆意侵占，规划师们也在通过缩小边缘区内绿地面积的手段，来实现住宅的均匀分块布置，这使得美国许多城市被郊区住宅社区带包围，城市边缘区原有绿色空间大量减少。20世纪后半期，美国大多数的城市边缘区被低层住宅社区覆盖，形成了"一个没有固定位置的小块土地的集合体[4]"。

20世纪50、60年代以后，人们对环境保护的意识不断增强，一些环保组织多次进行相关的法律诉讼。美国政府开始注重城市边缘区绿色空间的保护，出台了一系列针对耕地和旷野保护的法律法规。此外，美国土地学会等相关规划协会也在全美各大城市规划中提出相应的规划政策，呼吁重点保护城市边缘区绿色空间及生态环境，如规划区域公园体系与公园道路系统；在开发居住区时，提高居住密度，提倡多种住宅类型的混合开发，建设经济、有效的可持续性绿色社区；增进土地和基础设施的使用效率；创建不同的交通模式；保护农田，释放更多的开放空间等[5]。这些政策在波特兰、纽约、亚特兰大、马里兰、明尼阿波利斯及圣保罗等美国区域规划中都有所体现，它们在避免盲目开发城市边缘区方面发挥了积极的作用，保证了城市边缘区绿色空间所占的合理比例。

2 波特兰大都市区的城市边缘区绿色空间保护

波特兰以"杰出规划之都"[6]而闻名，其区域规划、管理以及规划政策具有良好的典范作用。它位于美国西海岸北部，俄勒冈州，包括中心县莫尔特诺玛（Multnomah County）、哥伦比亚（Columbia County）、克拉克默斯（Clackamas County）等6个县，人口约210万（2010年统计数据）[7]。波特兰市中心区建筑密集，以多层住宅居多，街道尺度宜于步行，有利于产生更多的商业界面和活力。在这样良好的尺度下，加之便利的公共运输系统以及多样化的功能，使波特兰市中心区成为区域内最具活力和吸引力的一个中心。紧凑的城市结构降低了波特兰中心城的横向发展，减少了城市对城市边缘地区的侵蚀，城市边缘区绿色空间也保护良好。2005年，波特兰被评为全美十大宜居城市之一；2007年，波特兰的环境保护意识、公园和公共空间、步行友好性以及公共交通的便利性等方面，在《旅游与休闲》（Travel and Leisure）排名中位居首位[7]。这样的结果与波特兰长久以来的区域与城市规划是分不开的。

2.1 早期相关法律及政策的制定

20世纪初，波特兰经历了一个快速发展的过程，城市人口快速增加，城区边界不断扩大。政府意识到无限制的发展会对周边自然环境和农田产生侵蚀性破坏，在

1973年，俄勒冈州通过了包括《波特兰市城市扩展边界》（Urban Growth Boundary，简称UGB）在内的一系列土地利用规划法，其制定是以保护边缘区的农田为目标确定了城市扩展边界。UGB于1979年正式实施，并严格执行，使得波特兰的城市土地面积在20年内仅仅扩大了9300hm^2[8]，城市人口增加了4.54万人，涨幅为30%，有效控制了波特兰的城市扩张。

2.2 区域及城市规划

除了早期的法律及政策的约束，波特兰大都市区也进行了一系列的区域及城市规划，用来调控和促进城市的良性发展，进而保护城市边缘区绿色空间。其涵盖范围广泛，从整体的区域范围到具体的单项规划都有所涉猎，并且相互关联与补充。

这包含了在1992年，波特兰区域政府（Metro）采纳的《都市区绿色空间总体规划》（Metropolitan Greenspaces Master Plan）。它勾勒出一个区域公园和绿色空间相互交融的系统，满足人们居住和休闲的需要。规划识别出重要的场所和区域步行系统中的关键区段，对具有区域重要意义的自然资源进行清查和分类，采用征购必要开放空间的方法来守护绿色边界。此外，规划明确了公众、地方政府、非营利组织和商业利益团体在规划实施中的角色。通过公债筹集，Metro征收了13560万美元的资金，用来购买规划中的关键地产。到2001年，Metro成功获得了7915英亩的地产，这些场地和廊道被永久性的保护起来，成为区域绿色空间系统的重要组成部分。2006年，第二轮的公债举措通过，Metro征收了22700万美元用于绿色空间的继续优化[9]。

在1995年，Metro又制定了《2040年区域发展纲要计划书》，对波特兰区域进行控制性规划，目的是在整个区域内形成一个协调一致的发展模式。其主要内容有：为减少城市因大面积建设而对土地资源的侵占，鼓励在交通运输线附近进行集中式开发；确认在城市边界以外的乡村保护区范围；划定城市发展边界内的永久开放空间的目标、范围与内容；维护现存的社区；明确与城市周边的其他城市进行合作，处理好共同问题；综合考虑土地使用、交通、绿地以及其他的对大都市区具有重大意义的问题[10]。

此外，还包括《区域及结构规划》、《区域土地新戏系统》、《波特兰城市规划》以及《中心城规划》、《绿道规划》、《生态走廊规划》、《文娱走廊规划》、《水域规划》等专项规划，它们将波特兰城市边缘的栖息地进行连接，同时延伸至城市内部，与城市绿地系统相连；规划和设计邻里绿道，为居民创造良好的出行环境，并鼓励市民步行和自行车出行；合理开发边缘区的旅游资源，规划了文娱走廊延伸至城市边缘区内部，并使用环保节能型的公共交通工具减少私家车量对道路的使用以及尾气排放；进行垃圾分类回收与处理等。这些规划的制定集中在1991—1997年间，并在实施过程中不断修订和完善。它们对波特兰区域和城市结构以及绿色空间的塑造，起到了良好的促进作用，形成了城市与自然健康连接的绿色空间网络。

2000 年后，Metro 的主要职责转变为负责波特兰大都市区的区域土地利用、成长管理和交通规划，此外，还负责区域固体废弃物处理系统及区域会议和演出场所的管理、区域绿色空间系统的管理和进一步开发以及区域土地信息系统（Regional Land Information System，RLIS）的实时维护。

2.3　政府的严格执行与公众参与

波特兰区域政府（Metro）是在波特兰大都市区成立的美国唯一的掌管土地利用和交通规划的职能部门，也是美国历史上第一个直接选举产生并有自治章程的区域性政府，其主要职责是对区域土地使用规划、自然资源规划、交通规划、公园、道路、绿色地带养护、废物回收利用等项目进行监督和执行。Metro 于 1979 年 1 月 1 日正式运行，其在区域性问题的协调和合作等方面都起到了重要的作用。Metro 也具有一定的前瞻性和预测性，其预计到政策会影响到住房市场，于是在制定政策的同时，兼顾经济适用房问题，通过制订专门的大都市区住房条例来规定新建住房项目中的住宅比例[11]。通过 Metro 严格执行 UBG，使得俄勒冈州的土地使用规划成为现实，有效地遏制了波特兰大都市人口的低密度蔓延。

在政策执行的同时，波特兰政府也积极地鼓励公共参与，公众参与也使得 Metro 的《2040 年区域发展纲要计划书》等规划的制定和实施成为可能。政府官员、环保主义者、住房建筑商、商业利益团体和与社区居民组成的委员会，被任命来参与和指导波特兰城市相关的计划制定过程。政府广泛听取各方意见，协同各方共同起草关于城市及区域空间的开发方案，形成了一种全民参与城市及边缘区可持续发展的合力。这些都为全美城市边缘区绿色空间保护树立了典范。

3　对我国城市边缘区绿色空间保护的启示

美国的城市化进程早于我国，其对城市边缘区绿色空间的保护也优先于我国，因此在城市边缘区绿色空间保护方面总结了不少经验。目前我国正处在城市化快速发展阶段，在城市边缘区开发利用方面，需要合理利用土地资源，统筹兼顾生态环境和城市发展之间的关系。通过借鉴美国波特兰等城市对城市边缘区绿色空间成功保护的做法，为我国在城市化进程中有效保护边缘区绿色空间提供参考和启示。

3.1　健全法律法规和标准，完善监督体系

立法是城市边缘区绿色空间保护的前提和根本保障，加强立法工作，把城市边缘区景观的可持续发展纳入法制化轨道。我国迄今为止已颁布了《中华人民共和国城乡规划法》、《中华人民共和国土地管理法》、《中华人民共和国环境保护法》、《中华人民共和国自然保护区条例》、《风景名胜区条例》、《中华人民共和国水土保持法》、《中华人民共和国森林法》等法律法规，以及地方政府颁布的地方性法规和规章。其中部分内容会涉及城市边缘区绿色空间，但因着眼点不同，缺乏对城市边缘区绿色空间保护的具体内容和可操作性的规章制度。应尽快制定绿色空间景观建设、环境保护等的相关法律、法规和规范标准，做到在建设和评价过程中有法可依，有据可查。

在此基础上，加大执法力度，严格执行并加强景观资源开发的规划和管理、运行环境保护与生态恢复治理机制，共同推进城市边缘区绿色空间的保护和建设工作。同时地方各级政府要结合城市边缘区综合情况，确定重点保护与监管区域，形成上下配套的环境景观监管体系，从被动变为主动，保障建设项目的顺利进行。

3.2　合理规划边缘区绿色空间，形成区域复合生态网络

在城市边缘区构建绿色空间网络，可以通过对现有边缘区内的连续自然空间进行绝对的保护、依托水系和道路系统构建连接城市与自然的生态廊道、整合内部分散的绿地、保育和复育被破坏的绿色空间、提高绿色空间边界的有效长度，形成一个细致纹理的多样化地区。同时，将城市边缘区绿色空间延伸至城市内部，与城市开放空间相连接，共同构成整个区域的复合生态网络。

3.3　加强政府层面的决策机制与政策引导，鼓励公共参与

城市边缘区绿色空间的保护，离不开政府的大力支持与资助。对于政府官员自身来说，要有可持续发展意识，在政策方面加以引导，如通过优惠性的政策以及奖惩的方式，鼓励人们进行绿色空间进行保护，也可以考虑吸取国外的一些先进经验，如发展权限移转（Transferable Development Rights，简称 TDR）[12]、社区支持农业（Community Supported Agriculture，简称 CSA）[13]、结合大型城市事件推动城市边缘地区发展等方式。此外，对待不同的城市边缘区，结合自身特点，使用不同的策略，开发具有特色的管理模式。

城市边缘区绿色空间是服务于市民大众的，与每一位市民都息息相关，需要对社会公众进行考虑，在对其进行建设和保护时，也要充分调动市民在意识和行为上的积极性，得到社会上的认同，这样才能够保证工作的顺利进行。

4　小结

城市边缘区绿色空间作为城市边缘内巨大的生态功能体，能够柔性地缓解城市发展所带来的一系列生态问题，促进城市环境与自然环境之间和谐相处，其景观属性和特殊地理区位能够为人们提供独特的休闲与游憩场所。对城市边缘区绿色空间的保护，在城市化进程中有着至关重要的意义。

波特兰城市边缘区绿色空间的保护内容和实施过程为我国城市化发展提供了宝贵的经验。在进行我国城市边缘区绿色空间保护与建设时，我们应制定专门的法律法规进行约束，加强政府的执政能力，合理规划其结构与内容，并带动整个社会增强对边缘区绿色空间的保护意识。

参考文献

[1] 王思元. 城市边缘区绿色空间格局研究及规划策略探索[J]. 中国园林，2012(6)：118-121.

[2] 邢建军. 美国城市化发展探析[D]. 吉林大学，2011.

[3] 罗思东. 美国郊区的蔓延：对交通拥堵与土地资源流失的分析[J]. 城市规划学刊，2005(3)：43—46.

[4] Andres Duany，Elizabeth Plater-Zyberk，Jeff Speck. Suburban nation：The rise of sprawl and the decline of the American dream[M]. New York：North Point，2001.

[5] 吉勒姆. 无边的城市——论战城市蔓延[M]. 叶齐茂，倪晓晖，译. 北京：中国建筑工业出版社，2007.

[6] Robert Fishman. The American Planning Tradition：Culture and Policy[M]. Woodrow Wilson Center Press，2000.

[7] Connie P. Ozawa. 寇永霞，朱力译. 生态城市前沿：美国波特兰成长的挑战和经验. 南京：东南大学出版社，2010.

[8] 张润朋. 波特兰城市总体规划实施评估及其借鉴[C]//规划创新：2010中国城市规划年会论文集. 北京：中国城市规划学会，2011：1—8.

[9] Connie P. Ozawa，The Portland edge：Challenges and successes in growing communities[M]. Island Press，2004.

[10] 王旭. 美国城市发展模式：从城市化到大都市区化[M]. 北京：清华大学出版社，2006.

[11] Peter Calthorpe，William Fulton. The regional city：Planning for the end of sprawl[M]. Washington，DC：Island Press，2001.

[12] Jennifer Frankel. Past，Present，and Future Constitutional Challenges to Transferable Development Rights[J]. Washington Law Review Association，1999(74)：825.

[13] 肖芬蓉. 生态文明背景下的社区支持农业(CSA)探析[J]. 绿色科技，2011(9)：7—13.

作者简介

[1] 王思元，1986生人，女，博士，北京林业大学园林学院，讲师，主要研究方向为风景园林规划设计与理论，电子邮箱：bjfu_wangsy@163.com。

[2] 荣文卓，1985生人，男，硕士，中国电力工程顾问集团华北电力设计院工程有限公司，工程师。

美国城市边缘区绿色空间保护对策研究——以波特兰为例

碑刻文化与园林景观的融合
——以齐鲁碑刻文化苑景观规划设计为例

The Integration of Inscriptions Culture and Landscape
——Taking the Plan of Qilu Inscriptions Culture Garden as an Example

王文雯　王春晖

摘　要：历史上的视觉艺术品，例如书法、绘画、雕塑等，有很大一部分是以石刻的形式保留下来的。山东书法刻石具有时代早、内容多、个性突出等特点。文章以齐鲁碑刻文化苑的规划设计为例，探索如何结合场地现状及当地文化特色，运用中国造园艺术手法，通过山石艺术、绘画艺术、雕刻艺术相互融合，突出地方园林特色，建造成为济南市汇集山东省内碑刻精华的首家碑刻文化主题公园。
关键词：齐鲁碑刻；地方园林；文化主题公园

Abstract：The Visual arts in the history are mostly retained by the form of stone inscription，for example，calligraphy，drawing and sculpture. The Calligraphy Steles in Shandong Province have the feature of long history，more content and prominent personality. This article is about the planning and design of Qilu Inscriptions Culture Garden. The design Binds site and the local cultural characteristics situation，uses the Chinese garden art practices. This garden becomes the first inscriptions cultural theme park in Jinan，by merging the art of stone，drawing and sculpture.
Key words：Qilu Inscriptions；Local Landscape；Cultural Theme Park

1　齐鲁碑刻的历史演变及文化价值

中国历史上的书法刻石，以陕西、河南、山东三省最为集中丰富。山东地区的则以秦汉碑刻、云峰刻石、北朝摩崖刻经最著名，曲阜、济宁、泰安、莱州、邹县是集中地。

山东的书法刻石特点，一是时代早，内容多；二是保存完好，相对集中；三是个性突出，气魄宏大。因而自宋代以来，就特别受金石学家、书法家的推崇。秦汉碑刻是山东省书法刻石资料之一大宗。其数量约占全国总数的60％左右，尤其是秦和西汉的作品，更占有绝对优势。秦汉时期的山东是全国重要经济发展区，又是传统文化发达的地方，因而有条件镌刻如此众多的碑刻。目前保存下来的有 86 种，其中早年出土的 39 种，新近出土的 47 种，曾见于著录原石已佚的 65 种。

2　齐鲁碑刻文化苑的现状及存在问题研究

场地位于济南市千佛山南门西侧，场地面积约 57500m²，北到围墙，南到旅游路，东到千佛山南门，西到教育电视台。

2.1　优势分析

（1）现状场地绿化基础较好，背靠苍翠的千佛山，南邻济南市景观道路旅游路，隔路与佛慧山相望，整体位于千佛上风景名胜区中千佛山景区与佛慧山景区之间，绿山环抱，借景及造景的基础较好。

（2）千佛山作为济南市三大名胜之一，文化底蕴深厚，集舜文化、佛教文化、道教文化于一体，以舜文化、佛教文化为文化主线，道教文化为辅。周朝以前千佛山称历山，相传虞舜曾于山下开荒种田，故又称舜山；隋朝开皇年间，依山势镌佛像多尊，并建千佛寺，始称千佛山。

齐鲁碑刻文化苑作为济南市汇集山东省内碑刻精华的首家碑刻文化主题公园，为千佛山风景名胜区增加了一条碑刻文化的文化主线，丰富了景区资源。

2.2　劣势分析

（1）现场有一条高压线通过，给景观组织及营造增加了困难。

（2）场地内有两个人防防空洞，如将其用作洞内展示碑刻的方式，也不失为一种化劣势为优势的方法，计划将其作为二期碑刻展示内容。

（3）现状地势较为复杂，原有的路网和绿化被要求予以最大限度地保留，给后期设计提出了较高要求。

3　碑刻资源情况

现共有山东省自秦代至明清碑刻 152 块。其中汉曹魏晋 35 块，南北朝 30 块，隋唐 15 块，五代十国 1 块，宋元金 18 块，明 18 块，清 35 块。其中有年代最早的秦刻石、体量最大的《宣和碑》、造型最别致的《双束碑》，还有号称"汉碑之祖"的《鹿孝禹碑》、号称"魏碑第一"《张猛龙碑》和书法名碑《张迁碑》《史晨碑》《礼器碑》

《文殊般若碑》等，展示出山东传统碑刻文化的独特魅力。

碑刻分类			表1
根据尺寸大小将所有碑刻分类			
分类	尺寸	数量	陈列形式
小型	高100cm以下	41	摩崖碑刻、碑廊、自然式碑墙
中型	高100-200cm	52	碑廊、碑墙、碑亭、室内陈列
大型	高200-300cm	35	露天阵列、碑亭、室内陈列
超大型	高300cm以上	19	露天碑台
未知		5	
已知尺寸总计		152	

碑刻分级		表2
根据书法、历史、文化研究方面价值，将较重要的碑刻分类（一级—三级依次递减）		
一级	二级	三级
数量 7	20	6
名称 鱼山襄盗刻石（小） 礼器碑（中） 衡方碑（大） 文殊般若碑（中） 双束碑（大） 宣和碑（超大） 康熙御制孟庙碑（超大）	郑固碑（中） 史晨碑（大） 孙仲隐碑（小） 王舍人碑（中） 马鸣寺根法师碑（中） 孔褒碑（大） 故行事渡君之碑（大） 张猛龙碑（大） 孔宙碑（超大） 大乘寺铸钟铭碑（大） 加封孟子为邹国亚圣公圣旨碑（大） 大唐憎太师鲁圣孔宣尼碑（超大） 鲁孔夫子庙碑（超大） 屏盗碑（超大） 大金重修东岳庙之碑（超大） 明成祖御制孔子庙碑（超大） 明太祖诏旨碑（超大） 乾隆汉柏图赞碑（中） 乾隆御碑西（大） 乾隆御碑东（大）	乙瑛碑（中） 四神刻石（小） 陈叔毅修孔庙碑（大） 党怀英"杏坛"碑（大） 董其昌孟庙古桧记（小） 泰山赞碑（大）

4 齐鲁碑刻文化苑规划设计思路

4.1 设计思路

运用中国造园艺术手法，把碑林和千佛山有机结合在一起，结合现有的地形地貌特征，通过山石艺术、绘画艺术、雕刻艺术相互融合，突出地方园林特色，使得碑林成为具有丰富的历史文化内涵、旅游情趣高雅的文化园林（图1）。

图1 鸟瞰图

4.2 设计策略

（1）节约型建设：充分利用现状地形地貌，尽量保留原有路网和植被，节约建设成本。

（2）石碑陈列形式：以露天陈列为主，结合碑墙、碑亭、碑廊及室内展示。注重结合竖向设计，利用高差及场地展示碑刻。

（3）交通组织：合理布置游线，接待服务建筑前原有停车场保留停车功能兼做疏散广场。

（4）绿化设计：提高重要景点处的植物配置品质，局部选用大乔木和常绿松柏科植物，增加场地氛围的年代感。

4.3 设计分区

根据场地性质及碑刻年代，共分三个大分区。分别是入口接待区、露天展示区、自然石刻区。

4.3.1 入口接待区

服务建筑借鉴中国明清式建筑风格，与现代园林巧妙融为一体（图2），展示区域为室内文化展区和室外碑

图2 入口建筑

刻展区。室内展区为一组中国传统建筑风格的四合院（图3），主要展示具有较高历史和书法价值的碑刻拓片，也将作为开展书法、碑刻文化交流的场所。庭院内绿化层次丰富、景观雅致（图4）。

图3　入口建筑鸟瞰图

图4　入口建筑正厅

4.3.2　露天展示区

露天展示区以露天陈列（图5）、半壁廊展示、碑墙陈列（图6）等多种形式展示多朝代中大型石碑。移植大树，将石碑掩映在林荫中，形成古朴、自然的园林环境（图7）。

图5　露天碑刻

4.3.3　自然石刻区

借助山势，利用断面做自然山石挡墙，将碑刻嵌入挡墙面，与半廊结合形成休息观赏空间。借助现有场地，营

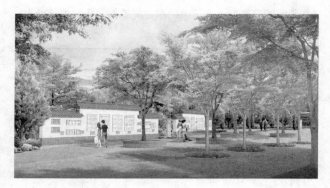

图6　碑墙

图7　掩映在大树下的石碑

造环境静谧，视野开阔的观景台。在山顶最高处，利用现有场地，设计自然面铺地，设置座椅，形成环境优美的休息场地（图8）。

图8　半壁廊

5　结语

中国园林艺术深深扎根于民俗文化的沃土，具有浓郁的民族风格和色彩。中国古典园林中，大量采用楹联、匾额、碑刻、书画题记等，将自然风景美、建筑艺术美和历史文化三者融为一体。山东省是碑刻最为丰富的省份，齐鲁碑刻文化苑将山东省的精华碑刻与园林景观融合，对于强化现代园林的地域风格，传承当地的文脉，丰富千佛山风景名胜区的景观资源结构具有重要的现实意义。

参考文献

[1] 赖非. 齐鲁碑刻墓志研究[M]. 济南：齐鲁书社，2004.

[2] 蔡蕾. 西安碑林文化遗产价值及其保护初探[D]. 西安：西安建筑科技大学，2004.

[3] 董璁，王向荣. 山东临沂王羲之故居(暨王羲之纪念公园)设计[J]. 中国园林，2003(06).

[4] 路远. 碑林史话[M]. 西安：西安出版社，2007.

作者简介

[1] 王文雯，女，1977 年生，济南市园林规划设计研究院副总工。

[2] 王春晖，女，1983 年生，济南市园林规划设计研究院建筑设计师，长期从事园林景观建筑设计。

浅议垂直花园在美丽中国视野下的构建
——以重庆市为例

A Study on the Vertical Garden under the Perspective of Wild China
—— Illustrated by the Case of Chongqing

王心怡

摘　要：随着社会经济的发展，人们在生活水平提高的同时对环境问题也越来越重视。党的十八大报告提出"大力推进生态文明建设，努力建设美丽中国"。在城市用地紧张的情况下，如何增加"绿量"日益受到关注。垂直花园在此方面占有巨大的优势。它颠覆了传统绿化只能在平面上种植的思想，又不完全等同于垂直绿化、立体绿化等方式。本文以重庆市为例，对城市中垂直花园的构建谈点浅见。

关键词：垂直花园；城市景观；美丽中国

Abstract：With the development of economy and improvement of society, people's living conditions have improved, they also pay more attention to environmental issues. The Eighteenth National Congress of the Communist Party of China said "We must give high priority to making ecological progress, and work hard to build a beautiful country." In the case of city land shortage, vertical garden has an enormous advantage on increasing the green rate. It is different from the traditional planting which plant trees only on the horizontal plane, and it is also not exactly the same as vertical greening or three-dimensional greening. In this paper, the author will use the case of Chongqing to give some opinion on the construction of vertical garden in the urban.

Key words：Vertical Garden; Urban Landscape; Wild China

引　言

　　我国的人居环境绿化有着深厚而悠久的历史，从古典园林中利用植物营造意境到现代公园中利用植物围合空间，人们对于植物的喜爱显而易见。但是随着人口的增长，城市中建筑越来越多，绿地的面积越来越少，整日面对冰冷的钢筋混凝土，人们的身心健康均受到了威胁。于是在立体空间上的绿化应运而生，比如垂直绿化、立体绿化、垂直花园等。

　　其实早在公元前6世纪，就有垂直花园的雏形。古美索不达米亚的金字形神塔外围，就有螺旋形的上升阶梯，阶梯上就栽植过树木和灌草。另外世界七大奇迹之一的古巴比伦空中花园，在一级级向上的宫殿中也曾栽植有花草。现代垂直花园的发明者是法国植物学家 Patrick. Blanc，他在西班牙马德里文化中心和葡萄牙雅典娜酒店所建造的垂直花园无不令人欣喜（图1、图2）。

　　垂直面上的绿化比起传统的平面绿化有着更大的优势，它占地面积小，绿化能力强。不仅可以节约用地，增大绿化面积，形成小的生态单元，而且可以提高绿化的视觉效果，使其能够与环境更协调统一，也能够增加绿化的层次感。

　　重庆作为我国典型的山地城市，有着特殊的地形优势和劣势。立面层次丰富但堡坎陡坡多，绿化难度大。如何利用好优势以及把劣势转化为优势以缓解狭小空间结构与日益增加的绿化需求之间的矛盾，是我们应该关注的问题。

图1　西班牙第一座垂直花园

图2　雅典娜酒店建筑外立面

1 垂直花园与垂直绿化、立体绿化的概念辨析

垂直花园、垂直绿化、立体绿化三个概念较为相近，都是在立体空间中的绿化，它们突破了传统绿化中对于水平面的限制，追求绿化的层次感，拓展了城市绿化空间，提高了城市绿化覆盖率。部分学者认为垂直绿化与立体绿化等同，只是叫法不一，另外一部分学者则认为立体绿化的范围比单纯的垂直绿化广，比如立体绿化就包括垂直绿化所不具有的坡面绿化、空中种植等一些绿化类型。

对于垂直绿化，笔者摘抄几个概念如下："垂直绿化是充分利用空间部位，采用攀缘植物进行环境绿化"、"垂直绿化是利用攀缘植物在墙面、阳台、花棚架、庭廊、石坡、岩壁等处进行的绿化"、"垂直绿化是对建筑物、构筑物、自然体制垂直面加以绿化"。由此可见，垂直绿化是"利用攀缘植物沿建筑立面或其他构筑物表面攀扶、固定、贴植、垂吊形成的绿化，范围包括山体、护坡、花架、挡土墙、围墙立柱及各类建筑设施的绿化"（上海市垂直绿化技术规程，1998）。

逐步兴起的垂直花园，笔者认为它不等同于垂直绿化和立体绿化。虽然垂直花园也是在垂直的立面上借助一定的附加设置物建造"植物墙"，可归附于垂直绿化的范畴，但是垂直绿化毕竟只是一种绿化手段，有攀缘植物依附于墙体，并不讲究美感和植物配置，而垂直花园是用绿色植物栽植形成"会呼吸的墙"，可以构成一个半自给自足的小型生态环境。将只能种植于平地的植物通过一定的技术手段使其垂直化，并且讲求植物的色彩和季相的搭配，形成既富有美感，又有良好生态效果的景观。

2 重庆的空间特征及绿化现状

重庆的地势特征有着典型丘陵地带的地理特点，整个城市非常有层次感。城市交通、建筑融合于山体之中，因势而建，错落有致。由于地势的不平坦使得建筑密度特别大，而且街道也十分狭窄，所以重庆的地面绿地率十分有限。尤其是在市中心或商圈等地带，广场上只有孤零零地几棵行道树，让人倍感炎热。重庆多陡坡、堡坎，而且高差较大（图3）。凸出的堡坎、高切坡，裸露的山体等生硬的边界是城市的一道道"伤疤"。交错的立交桥、轻轨下坚固的水泥墩子无疑也成了城市居民压抑的重要因素（图4）。

图3　重庆堡坎陡坡众多

图4　毫无绿色的立交桥

山地城市的空间特征决定了特殊的城市绿化格局。在建设"五个重庆"的强力助推下，广大市民积极参与，重庆市的绿量大幅增加，基本形成了"一城绿色四季花，道路绿化连成网"的景观效果。但其绿化也存在许多问题。比如只重视道路和公园的绿化，忽视了立面绿化等。还有些管理者以为绿化就是多栽树，缺乏植物层次的搭配。而且随着交通的发展，立交桥及轻轨会越来越多，其沿线的边缘空间就成了绿化死角。另外，建筑越建越高，其内外部的空间均可用于绿化。

3 探讨适于重庆的垂直花园模式

3.1 堡坎、斜坡、山体

重庆主城区的各类堡坎、斜坡绿化大多采取表面覆土，种植草皮地被或者小型植物的形式，有些是在施工的初期，在护坡和斜坡上用混凝土制成一个个正方形或斜方格网，作为植栽的种植槽，回填土后进行植物的种植（图5）。但是经笔者的调研发现，这种形式栽种的植株长势都不太好，可能是由于水土流失造成的，而且养护管理也不太方便，植物种类单一，毫无美感。

图5　方格型种植槽

针对重庆特殊的地形地貌和气候特征，堡坎、斜坡、山体绿化可尽量采取"乔木＋灌木＋藤蔓类植物"的组合模式，在这种情况下，笔者认为可以采用以下几种方法：

对于土壤较深、能够做种植槽的地方，尽量先种植常绿乔木遮挡部分堡坎，后栽种攀缘植物或者安装植物模块的方式（图6、图7）。这样可以提高植物的群落层次，营造出的垂直花园既有良好的景观效果，也形成了一个小型

的生态系统。乔木可选择黄葛树、九重葛、五色梅、紫藤等乡土树种。

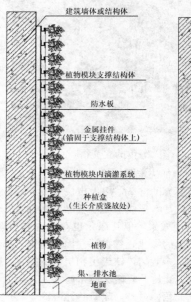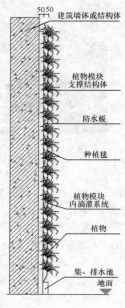

图 6　盒式模块安装　　　图 7　板式模块安装
　　　剖面示意图　　　　　　　剖面示意图

半自然状态的山体可采用耐干旱瘠薄能力极强的桑科、豆科和蔷薇科植物，如构树、桑树、槐树、蔷薇、刺梨等，山体周边则配以九重葛等观赏价值高的植物予以点缀。石壁等则选用爬山虎、常春藤、九重葛等根系发达、蔓条细长、生长迅速的藤蔓类植物相覆盖，更显生机，既能较好地保持水土、防风固沙，又与千篇一律的草坪、地被景观相区别，另有一番风味。这样所营造出的垂直花园不仅在层次上有所变化，也可做到四季有景。

另外，经笔者的调研发现重庆还有一种独特的垂直绿化做法——石缝式绿化，这与重庆湿气较重，雨量充沛有关。这种做法主要是利用挡土墙的石缝栽种黄葛树等，黄葛树的幼根可以迅速生长及紧紧附着于石壁上或向石缝中穿插，也能够充分节水节地。实践证明，这种方式特别适合重庆，是其一大特色。而且在用地有限的街道中可以起到行道树的作用，遮阴效果非常好，深受市民的欢迎。这种做法需要注意的是挡土墙中栽植的植物需要截去顶芽，使其发成丛生状，避免树干破坏挡土墙。可以改进的地方就是除了被根系包裹的挡土墙外，其他裸露的水泥部分完全可以建造垂直花园。在垂直的墙面上附上支架及种植槽等，可种植一叶兰，中华常春藤，绿萝等耐阴花卉，铁线蕨、鹿角蕨、波士顿蕨等耐阴蕨类，形成丰富的景观。

3.2　立交桥、拱桥、天桥

随着"畅通重庆"建设的大力推进，轻轨、高铁、高速公路所形成的立交桥日渐增多。立交桥占地面大，垂直面宽，受光面也大，在立交桥上进行垂直花园的建造可以很大程度上弥补城市绿量，而且视觉效果也较好。重庆正在逐步进行这方面的尝试，渝中区嘉宾段的轻轨柱绿化是以常春藤等攀缘植物为主，地面上种植有八角金盘、剑麻等耐阴植物，其实可以增加些许花卉的点缀，景观效果会

更好。关于立交桥的绿化，可以在垂直柱上用铁丝围绕柱体表面制成格网，让植物顺着柱体格网往上攀缘，以达到快速美观的效果。

桥柱及桥体侧面绿化宜使用爬山虎、常春藤等抗污染能力强的攀缘类植物，也可在保证安全的情况下悬挂观赏价值较高的中小型盆栽，并加强栽培养护管理，确保绿化效果。桥体正下方受汽车尾气、粉尘等危害且阳光雨露较为缺乏，宜选择抗逆性强，尤其是耐阴性强的植物，诸如麦冬、八角金盘、龟背竹、玉簪等，外缘则可适当选配种植观赏价值较高的花灌木、彩叶类植物等，以丰富绿化层次，提升生态稳定性。

3.3　建筑立面

与立交桥体相同，建筑物也是由钢筋混凝土构成的硬质景观，总是给人冰冷、生硬的感觉。为缓解视觉上的冲击，可以利用垂直花园软化建筑的外立面。建筑外立面做成垂直花园，不仅可以形成良好的景观，而且有一定的生态效应。建筑的外立面材质大多比热容较小，白天经太阳照射后升温快，到夜间气温下降时又会释放大量热量，造成周围环境温度升高。若建垂直花园，则植物不仅可以反射和遮挡太阳光，而且还能够利用光合作用吸收太阳能。

建筑外墙作为垂直花园的承载者，相比堡坎、立交桥等有着更大的优势。它体量较大，板块较为完整，因而营造手法相对来说就会更加丰富。设计师可根据不同的环境采用不同的植物种植技术，从而营造丰富多彩的垂直景观。比如建筑外立面的某部分，想利用植物形成文字或者符号时，可先做一些支架，然后利用花丛或者灌木丛等作为点缀，非常容易吸引人的视觉（图 8）。若希望垂直花园具有导向作用，则可利用植物不同的形态及色相，通过一定的表现方式，将人引入某一地方，也增强了建筑立面的动态感（图 9）。另外在有些整体的墙面，以植物作为基本元素，设计师可以更加随心地创造画面，相比涂鸦墙或者瓷砖拼贴，更具有艺术感（图 10）。

图 8　某建筑外立面绿化

3.4　室内植物墙

随着人们生活水平的不断提高，室内绿化日益受到重视。目前，重庆的室内绿化基本选用常见的盆栽观花观叶植物或者小型盆栽藤蔓类植物，如常春藤、吊兰、茑萝等（图 11），室内垂直花园作为一种新兴的室内绿化方式越来越多地受到时尚人士追捧。它不仅可以为园艺爱好者提供

图 9　凯布朗利博物馆

图 10　上海陆家嘴金融中心浦江双辉写字楼

打造自己独特绿色乐园的可能性，而且建于室内的垂直花园即使到了冬天仍然可以保持绿色，带给人清新的感觉。

图 11　盆栽观花观叶植物

当然，在室内建造垂直花园有一定的难度。垂直种植改变了植物的自然生长规律，需要特殊的土壤和浇灌技术，打理养护成本和难度都很高。室内植物墙有一个较好的案例是在巴萨罗纳的某个服饰店（图 12），悬瀑、雕塑等混合在两层楼高的植物中，十分有趣。设计师在墙体表面铺设了一层铝制框架起固定作用，然后在铝层上又加上了一层塑料，最后在塑料表面铺上合成纤维毛毯以便植物能够扎根，同时，嵌于墙体表面的灌溉系统也能够为植物提供溶液肥料及水分以供其生长。

图 12　服饰店中的垂直花园

这给了我们一个很好的参考案例，但是对于不同的装修风格，不同的房间朝向，室内植物墙也需要因地制宜。上述案例中，由于墙面宽阔而且很高，所以植物种类繁多，大量的秋海棠属植物、各种蕨类、天南星科的海芋等搭配在一起景观效果较好。笔者调查研究认为，植物墙上所种植的植物也需要根据阳光照射程度的不同应该加以区分。在墙面的上半部分，可以种植美人蕉、半枝莲、蒲公英、香石竹、芍药等喜光植物，下半部分则可种植吊兰、蕨类、八角金盘等耐阴植物。另外，植物浇灌也需要注意时间和水量，适当的时候还需要加入一些肥料，以确保植物获得充足的养分。而且垂直花园墙的分量很重，不是所有的墙壁都能够挂这么多的重物，所以在打造垂直花园前，最好先联系物业或者请专业人士看看墙壁是否能够承受如此重的垂直花园。

4　结语

重庆具有典型的山地城市的空间特征，与其说是一种局限，不如认为这是一种特色。其绿化方式本来就不该以寻常状态存在，而是该突破二维平面的限制，转向三维立体发展。本文首先通过对垂直花园、垂直绿化、立体绿化进行比较，得出垂直花园的特点，然后针对重庆市地形地貌的特点，从堡坎、山体、斜坡；立交桥；建筑；室内四个方面，就如何打造垂直花园给出了自己的意见和建议，希望对重庆市的"美丽中国"建设具有一定参考意义。

参考文献

[1] 董延龙. 攀缘植物在垂直绿化中的应用 [J]. 黑龙江农业科学，2007（2）：63-64.

[2] 翁磊. 藤本植物在城市垂直绿化中的应用分析 [J]. 上海农业学报，2007.23（2）：123-125.

作者简介

王心怡，女，汉族，华中科技大学建筑与城市规划学院风景园林系硕士研究生，电子邮箱：wangxinyi1990@foxmail. com.

浅议垂直花园在美丽中国视野下的构建——以重庆市为例

线性铺装元素在景观步行道中的应用

The Application of Linear Elementsin the Landscape Promenades

王业棽　杨　鑫

摘　要：随着社会的发展和城市环境的不断提升，景观步行道在城市中的数量不断增加，质量也在逐渐地提高。地面铺装是景观步行道的重要组成部分。本文主要结合案例对景观步行道中线性铺装元素所产生的艺术效果、空间感受进行了深入剖析，由此对线性铺装元素在景观步行道的设计方法进行探索。

关键词：景观步行道；铺装；线性元素

Abstract：With the development of the society and urban environment，the quantity of the scenery promenade is keeping increasing，and the quality is improved gradually as well. Pavement plays an important role in the scenery promenade. This essay aims at analyzing thelinear elements and its artistic effects in promenade pavement with several cases，and exploring the ways of designing.

Key words：Scenery Promenade；Pavement；Linear Elements

1　线性铺装元素的界定

景观空间存在的线有显性和隐性两种。显性的线是实际存在的、人们通过眼睛可以直接观察到的线，如路径、河岸等；隐性的线通常是由景观要素塑造出来的、人们置身其中可以感受得到但却看不到的虚的线，如景观轴线、天际线等。本文中的线性铺装元素是指在道路铺装中，由于铺装材料或铺装方式的变化而产生的、有一定宽度的线性延展的部分，它属于景观空间中显性的线。

2　线性铺装元素的类型

根据线性铺装元素的线型，可分为直线型元素、曲线型元素和折线型元素。线性铺装元素具有一定的方向性，即其线性延展的方向。在景观步行道铺装的设计中，线性铺装元素的方向与前进方向（即道路轴线方向）的关系要比其本身更有意义。

线性铺装元素并不是几何意义上的一条线，而是有一定宽度的，这个宽度就是铺装材料的宽度。这个宽度可以是"一条线"的宽度，即一列铺装材料的宽度；也可以是"多条并列的线"的宽度，即几条并列的、相互平行的铺装材料的宽度之和。一般情况下，用于线性铺装元素中的材料往往要比周围大面积的铺装材料高级一些。

2.1　直线型元素

直线型元素由于其线型的单一性，因而对铺装材料的尺度并没有太多限制。按其与道路轴线方向的关系，直线型元素可分为平行于道路轴线的直线型元素和垂直于道路轴线的直线型元素两种。平行于道路轴线的直线型元素具有强烈的方向指示作用，垂直于道路轴线等间隔设置在道路上的直线能刻画出一种节奏感，相互垂直的直线型元素则会刻画出一种规则的空间秩序和庄严的空间氛围。

2.2　曲线型元素

由于曲线弧度的限制，构成曲线型元素的铺装材料尺度不宜过大，否则材料接缝处会很难处理。在景观步行道的铺装设计中，自由曲线的使用相对较多。由自由的曲线组织起来的平面铺装构图会营造出一种轻松、活泼的氛围，而沿前进方向反复使用同一波形的曲线具有强烈的节奏感和指向作用。

2.3　折线型元素

折线会给人带来很强的运动感，因此折线型元素的宽度不宜过大，以免破坏其轻盈的动感。

3　线性铺装元素在景观步行道中的应用

不同类型的线性铺装元素在景观步行道的应用中存在着许多相似之处，但在不同的步行空间中又各有优势。

3.1　直线型铺装元素的应用

由直线型铺装元素组织的步行道空间效果与其方向有很大关系。北京中关村广场步行街（图1）的直线型铺装就充分地展现了直线型元素在景观步行道中的作用。步行街铺装以青灰色为主色，中部暖色的直线型元素，色彩的反差使其从整片铺装中突出出来。步行街中间的两条平行于道路轴线的直线型暖色铺装具有强烈的方向指示作用，行人可以很明确的判断步行街的方向，并可预知视线范围之外的道路终点位置，由此来决定是否选择这条道路。如果没有这两条直线型铺装，步行街的方向性就会大大减弱，行人就会对它的路径及可达性等产生怀疑，因而对行人选择路径造成障碍。

除了这两条平行于轴线方向的直线铺装外，步行道上还等间隔排列着若干条垂直于道路轴线的直线型铺装。这

风景园林规划与设计

图 1　北京中关村广场步行街

种按一定间隔设置的垂直于前进方向的直线型元素不仅增强了步行街的节奏感和序列感，使行人穿行其中不会觉得漫长而枯燥，更重要的是，视线中的横向线条使步行街的纵深感减弱，由此降低了行人对选择该路径的心理恐惧感。如果只有中间的两条平行于前进方向的直线边界，整条步行街会显得单调、乏味，同时街道的视觉距离被拉长了，行人会在潜意识中对这条路径产生一定的排斥。

另外，直线型铺装元素还有界定道路空间的作用。例如北京蓝色港湾北区美食步行街的地面铺装（图 2），其铺砌方式与中关村广场步行街相似，都是以平行于道路轴线的直线型铺装指示步行街的方向，并通过垂直于道路轴线的直线型铺装增加道路铺装的节奏感和趣味性。与中关村广场步行街不同的是，这里的两条平行于道路轴线的直线型铺装元素还起着限定道路边界的作用。深红色的直线铺装将步行道路与店铺门前的入口空间分隔开，使入口空间的缓冲作用更加明显。

图 2　北京蓝色港湾北区美食步行街

3.2　曲线型铺装元素的应用

曲线型铺装元素同样具有一定的方向指示作用，与直线型元素通过其自身方向的单一性来表达有所不同，曲线型元素的方向指示作用是通过它与步行道边界的平行关系表达出来的。如北京北二环城市公园（图 3），由于该公园为一东西向带状公园，因此公园内线性铺装元素的指向性作用格外突出。公园内的主要景观步行道时直时曲，中部是以深色卵石、砖等材料组成的直线型或曲线型铺装，其线型与道路轴线线型一致，因而具有很强的引导人流和指引道路方向的作用。步行道在两侧植物的掩映下，给人一种曲径通幽、引人入胜的感觉。

图 3　北京北二环城市公园曲线型铺装

此外，曲线型铺装元素的使用有利于增加步行道的空间活力。如北京市蓝色港湾步行商业街入口广场（图 4），以雕塑喷泉为中心在地面铺装上设计了多个同心圆，利用这种规则式曲线将略显平淡、空旷的广场空间变得生动起来，同时又不失庄重。而在南区的水岸休闲步行道铺装（图 5），则采用了流畅的自由曲线。曲线两侧分别为白色砾石和黄色碎拼石材，均为天然异形材料，曲线部分则为深色规格材料，由此从材料的颜色和规格两方面使其突出出来。灵动的自由曲线犹如碧波荡漾一般，一方面契合了曲线型的水岸环境，为游人营造出了一种轻松、惬意的购物、休闲环境，同时与"蓝色港湾"的主题相呼应。

图 4　北京蓝色港湾入口广场

线性铺装元素在景观步行道中的应用

图 5　北京蓝色港湾南区水岸步行道

3.3　折线型铺装元素的应用

　　折线型铺装元素的指示作用一般是通过同一形式的折线铺装元素沿道路轴线方向不断重复来实现的。如北京杨梅竹斜街地面铺装中的"人"字铺法（图6）。"人"字铺法是指相邻两块同一规格的砖在一端成九十度角而形成的"人"字形铺装形式。这种连续的"人"字形在平面上呈现出一种折线的动势，一层层折线的叠加使得这种运动感得到加强，从而达到如同箭头一般的指示方向和引导人流的作用。

图 6　北京杨梅竹斜街"人"字铺法

　　此外，折线也是提高步行空间活力的重要元素。如杨梅竹斜街的"四丁四顺"铺砌方式（图7）。"四丁四顺"是以四块砖立铺组成的正方形为单位，相邻两个正方形相互垂直铺砌而成。在杨梅竹斜街中，正方形单位的相

邻两边以窄条花岗岩勾勒出来，利用丰镇黑这种花岗岩材料潮湿时成灰白色的色彩变化，形成连续的折线，从而使这段街面充满活力并富于节奏感。

图 7　北京杨梅竹斜街"四丁四顺"铺法

4　线性铺装元素在景观步行道设计中的作用及设计方法

　　从上述应用实例中，可以总结出线性铺装元素在景观步行道设计中的作用主要有指示性与节奏感、空间界定与提示，此外还有一些必不可少的技术功能。

4.1　指示性与节奏感

　　线性铺装元素的指示性与节奏感一般是在沿道路轴线方向上体现出来的，根据线型的不同可以由一条或多条线性铺装元素共同组织起来。大多数情况下，在一条景观步行道中会同时出现表达指示性和节奏感的线性铺装元素，以使步行空间更加方向明确、层次丰富。

4.2　空间界定与提示

　　一般情况下，仅通过铺装来进行界定的空间在功能上的差异并不十分明显，因此，线性铺装元素在空间界定中更多的是作为空间转换的提示而存在的。

4.2.1　道路空间的限定

　　景观步行道的两侧一般不会是功能差异过大的其他空间，尤其是经过设计的景观步行道，在道路边界与其他功能空间之间，应该有一定距离的缓冲空间，线性铺装元素在限定道路空间中，更主要的其实是提示这种缓冲空间的存在。

4.2.2　空间转换的提示

　　在一些如高差、水面等有一定危险性的空间转换之前，应该尽可能的通过多种手段进行提示，道路铺装的变化就是一种很有效的方式。

　　例如在北二环城市公园中，在有高差变化的地方在上下台阶附近均以醒目的白色卵石铺砌的直线铺装作为提示（图8）。类似的还有杨梅竹斜街的一处变电箱下，

采用了青花瓷片铺砌而成的轮廓线作为提示（图9）。

图 8　北京北二环城市公园高差提示

图 9　北京杨梅竹斜街变电箱提示

4.3　技术功能

景观步行道上还有一些不得不解决的实际问题，如排水、无障碍设施等。好的景观步行道铺装设计会将这些技术功能与平面构图综合考虑，并将其融入平面构图当中，在解决实际功能问题的同时创造出好的视觉效果和空间感受。线性铺装元素就是其中的一种手段。

在蓝色港湾步行商业街中，很巧妙地处理了步行道的排水问题。在从北区通往南区的步行道上，将黑色排水砖铺砌在道路边缘，在解决了排水问题的同时勾勒出步行道的边界，并对其另一侧将出现的高差进行了提示（图10）。而在北区美食街的铺装中，排水砖则被低调的处理成灰色，以减小其对步行道的平面构图造成干扰。

任何一种线性铺装元素都是通过材料的变化来体现的，材料的颜色、质感、规格大小乃至铺砌方式的变化都是线性铺装元素的表达方式。在设计过程中，灵活恰当的

图 10　北京蓝色港湾排水处理

通过这些变化将线性铺装元素突出出来，使其充分发挥作用是景观步行道设计成功与否的关键所在。

5　结语

诸多实例表明，以某一种线性铺装元素为母题的景观步行道有助于增加景观空间的识别性并给人留下深刻的印象。线性铺元素作为景观铺地中最常用、常见的设计手法应用很广。

在今后景观步行道的设计过程中，除了单纯的美观和技术要求外，如何通过线性铺装材料的大小、色彩、方向以及铺装方式等的变化塑造出不同的空间感受，并基于整个景观空间视觉、触觉、心理等诸多方面的人性化考虑，进行线性铺装元素的深度设计是未来景观步行道设计的重要组成内容。

参考文献

[1]　陈丙秋, 张肖宁. 铺装景观设计方法及应用. 中国建筑工业出版社, 2006.

[2]　李瑞君, 梁瑛. 景观铺装设计. 华中科技大学出版社, 2011.

[3]　(日)芦原义信著. 尹培桐译. 外部空间设计. 中国建筑工业出版社, 1985.

[4]　慕飞鸿. 北京高校建筑砖石艺术形式研究. 北方工业大学, 2013.

[5]　张凯, 王军, 张磊. 校园景观中的线性元素分析. 四川建筑, 2007.

作者信息

[1]　王业蓉, 女, 1987 年生, 天津, 北方工业大学建筑工程学院, 风景园林专业硕士研究生。

[2]　杨鑫, 女, 1983 年生, 黑龙江, 北方工业大学建筑工程学院, 副教授。

乡村传统文化景观遗产网络格局构建与保护研究[①]

——以江苏昆山市千灯镇为例

The Study on Conservation Network of Rural Traditional Cultural Landscape and Heritage

——A case study of Qiandeng in Jiangsu Province

王云才　郭　娜

摘　要：江苏昆山地区是江南传统文化的发源地之一，又是现代化进程快速发展的地区，传统与现代激励碰撞成为该地区景观快速变迁的重要原因。本文以快速城镇化的千灯镇为例，分析了千灯镇传统乡村文化景观现存的古镇的原真性降低；传统乡村景观的完整性和整体性下降；传统文化景观空间破碎化增加等一系列问题，在认知地方景观环境特点的基础上，提出了以"大地叶片：细胞机镶嵌体"的概念模式、"水系紫脉"的传统文化遗产廊道和"生长的细胞体"乡村传统文化景观遗产保护基地共同有机构成的乡村传统文化景观遗产的网络格局保护与规划体系。在此基础上，以千灯镇陶桥村为例，进一步探讨了作为"细胞单元"模式的景观规划途径。

关键词：乡村景观；文化景观；景观遗产；网络化保护；千灯镇

Abstract：The region of Kunshan, Jiangsu province, is one of the sources of traditional culture in the South China and the rapid development of modernization. The collision between traditional and modern is the mainly and important reason of landscape changing quickly in this region. This paper takes the Qiandengzhen in the study area as the typical case and analysis the problems appearing in the process, such as the commercialization and modernization reducing the authenticity of the Ancient Town；the division of the roads reducing the integrity of the rural cultural landscape；the new land use types increasing the landscape fragmentation. Based on this, The integrated conservation network of the traditional rural cultural landscape which consists of concept pattern, heritage corridor and culture conservation basement was presented, first establish the conservation cell models , then connectthe conservation cells make up the networks by the Heritage corridor and at last the cell model conceptual planning was made take the Taoqiaovillage as an example.

Key words：Rural Landscape；Cultural Landscape；Landscape Heritage；Conservation Network；Qiandengzhen

1　问题的提出与背景

　　乡村是人类为适应最基本的生存条件，进行各种生产、生活活动而形成的人类聚居地的一种最基本的形态。世界范围内广阔的乡村空间孕育了丰富的文化景观类型，是历代劳动人民智慧的结晶。乡村文化景观是乡村土地表面文化现象综合体，不仅反映一个地区的人文地理特征，也记录了乡村人类活动的历史，表达特定乡村地域的独特精神[1]。然而，近一个世纪以来工业化、城市化、现代化的迅速发展，不仅使城市地区传统文化景观遭到破坏，同时对乡村地域文化景观形成巨大的冲击，现代文明的普及导致乡村景观趋同，传统文化特色消退，传统乡村文化景观的"破碎化"和"孤岛化"现象明显，乡村地域文化的传承和景观的保护面临巨大挑战。

　　近年来学者对传统乡村文化景观保护的研究很多，但存在一些局限性[2-5]：（1）偏重于单体、小场地和建筑空间的保护，以建筑单体、遗址的保护取代对传统乡村文化景观的整体性保护。（2）偏重于孤立保护忽视空间网络

保护，以单个村落的保护取代对整个文化区域和地域文化景观网络的保护。孤立和局部的保护没有解决传统乡村文化景观的"破碎化"和"孤岛化"本质问题，反而强化了"破碎化"和"孤岛化"的空间特征。因此本文以千灯镇为例探讨传统乡村文化景观整体保护与规划的方法，以期为乡村文化景观的整体性保护提供新的视角。

2　研究区域概况与社会调查

　　千灯镇位于江苏省昆山市南部，土地面积42.58km²土地面积，其中水体面积约占土地总面积的11.63%（图1）。2011年，全镇完成工业总产值358亿元，农民集中居住和城镇化率均达80%以上，农民人均纯收入达到21249元，连续8年实现两位数以上增长，城乡收入比缩小为1.66：1[6]。

　　千灯镇是江苏省具有2500年历史的文化名镇，古镇文化底蕴深厚，是昆曲的故乡、江南丝竹发源地，有华东地区保存最完整的石板街、始建于南北朝时期的秦峰塔，是明末清初思想家顾炎武的诞生地，千灯镇居民住宅模

①　基金项目：国家自然科学基金资助（编号51278346）。

图1 千灯镇传统文化景观空间用地现状图

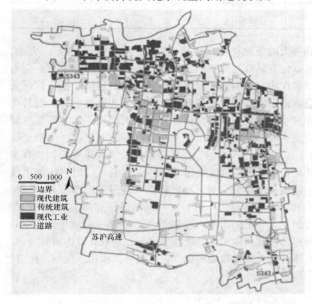

图2 千灯镇现代工业和现代建筑用地对传统建筑的冲击

出了浓郁江南水乡的古朴风貌。传统乡村文化景观是区域景观的重要特征，但是区域经济的快速发展，正快速改变着原本自然、古朴的乡村文化景观，呈现出快速破碎化的特征，影响着当地景观的整体性。在此过程中，镇域居民态度成为传统乡村文化景观保护的重要影响因素。从镇域居民态度调查结果来看：（1）传统乡村景观保护层面：约2/3的人对传统民俗的丢失表示了担忧；1/3的居民向往现代化生活，认为保护直接影响到乡镇现代化进程和生活质量提高；（2）在工业发展与环境影响方面，多数人认为工业的发展已对环境造成了破坏，1/3的居民偏重发展经济而忽视环境保护；（3）在商业发展方面，旅游业是商业发展的重要因素，旅游业开发对当地的影响，约一半居民态度较矛盾，旅游业开发一方面认为带来经济利益，一方面影响当地居民的日常生活，约1/3的居民认为旅游业的发展严重影响了自己的日常生活。

3 千灯镇乡村传统文化景观空间特征及现存主要问题

3.1 现代景观冲击传统景观使破碎度加深

新的工业园区、住宅小区是千灯镇新增的主要用地类型，以这两种为主的现代用地分布零散，渗透性强，对传统景观的冲击较大，是传统地域文化景观破碎化的主要因素。现代工业用地分布相对分散（图2），在空间上主要沿着S343由北向南逐渐渗透，区位上与昆山市离得越近，工业化的作用力就越强，传统文化景观的破碎化现象就越明显。千灯古镇的东面和南面为集中的现代建筑用地，规模大、风格多为现代化高层建筑，作为古镇的背景，严重降低传统景观的整体性。

土地类型的替换，使农业用地减少，造成整体景观格局的改变—传统聚落的小规模与现代工业用地的大规模、传统聚落的自然生长肌理与现代工业的几何化空间形态、传统聚落的大统一小变化与现代工业用地的千篇一律，形成强烈的空间特征反差，新变化的景观要素与景观基质形成复杂的镶嵌结构，强化了区域整体的破碎化特征（表1）。

式仍旧依循古时的缘河而筑、临水而居、驳岸列排、河埠成市的自然肌理，水陆并行、河街相邻的棋盘式格局体现

千灯镇和陶桥村乡村景观的空间格局特征 　　　　　表1

景观类型		各类景观面积（hm²）		所占比例（%）		斑块个数（个）		所占比例（%）		破碎化指数
		千灯镇	陶桥村	千灯镇	陶桥村	千灯镇	陶桥村	千灯镇	陶桥村	千灯镇
斑块	传统建筑空间	241.3	19.493	5.87	4.72	461	181	28.14	55.18	0.087882
	传统村镇公共空间	7.1	0.304	0.17	0.07	4	3	0.24	0.91	0.000169
	现代建筑空间	104.8		2.55		45		2.75		0.001889
	现代村镇公共空间	20		0.49		9		0.55		0.00036
	现代商业用地	1.8		0.04		5		0.31		0.001111
	现代工业用地	489.5	16.272	11.91	3.93	435	18	26.56	5.49	0.038568
	现代农业用地	148	13.502	3.60	3.26	141	25	8.61	7.62	0.013338
	林地	73.6	5.148	1.79	1.24	132	18	8.06	5.49	0.023495

| 景观类型 | | 各类景观面积（hm²） | | 所占比例（%） | | 斑块个数（个） | | 所占比例（%） | | 破碎化指数 |
		千灯镇	陶桥村	千灯镇	陶桥村	千灯镇	陶桥村	千灯镇	陶桥村	千灯镇
斑块	草地	2.7		0.07		4		0.24		0.000444
	旱地	420.3	128.143	10.23	30.98	279	71	17.03	21.64	0.018454
	旅游用地	28.7		0.70		11		0.67		0.000383
	码头	22.3	0.654	0.54	0.16	17	1	1.04	0.3	0.00122
	鱼塘	464.8	12.03	11.31	2.9	95	11	5.80	3.35	0.001921
廊道	人工连接空间 高速	15.1		0.37						
	人工连接空间 省道	21.4	13.95	0.52	3.37					
	人工连接空间 村镇道路	189.5		4.61						
	连接空间（自然）	147.6	23.21	3.59	5.61					
	水系	300	39.83	7.31	9.63					
基质	传统农业用地	1409.7	141.13	34.31	34.12					

3.2 现代化、商业化使古镇的原真性降低

生活的现代化与时尚化改变了原有的民俗民风，古镇的原真性降低。衣着服饰、生活方式等向城市人靠拢，改变了整个传统乡村地域文化景观的感知意象。生活方式的变化带来休闲服务业的发展，网吧、游戏厅、歌舞娱乐场、影像制品店等文化经营场所的出现，加大了对供水、供电、银行、通讯、邮电等公共服务的需求，导致公共服务设施与景观的变化；传统婚嫁、祭祀、歌舞等民俗活动逐渐演变为单纯为招徕、娱乐游客的商业行为，不再是古村落居民传统活动的有机组成部分。

旅游业发展迅速，大量游客到来使古镇变得喧闹，过度商业化使古镇真实性下降。2011年千灯接待游客百万人次，2012年国庆中秋双节期间游客突破10万人[6]。熙熙攘攘的游客使古镇变得喧闹不适宜居住，使水乡不再静谧可亲。从古镇对193份有效样本的调查来看，在"您认为现在的旅游业开发影响到您的生活了吗？"的内容中，认为"基本没有影响，旅游业开发会带来一定收益"的占到25.4%，认为"有一些影响，偶尔会觉得游客太多太吵闹，同时旅游业开发会带来一定收益"的占45.1%，认为"有很大影响，游客太多太吵闹影响正常休息，宁可舍弃旅游业开发会带来的收益"占29.5%。调查显示有一半以上居民认为旅游业开发已经影响到了他们的日常生活。古镇商业化大多采用了商业街模式，将保护与开发高度集中在一条街上并形成了商铺林立的格局。[7-8]商业成为居民参与旅游的重要方式，实地调研发现，数十栋民居破墙开店，店铺泛滥破坏古镇风貌，同时商业经营活动对传统文化进行时尚化、现代化和艺术化的包装，将古镇传统文化展示完全转变为一种商业行为，使传统文化的真实性严重下降。

3.3 道路的分割使传统乡村景观的完整性和整体性下降

近几十年高速公路建设飞速发展对中国经济的繁荣起到很大的促进作用，高速公路作为廊道的一种，一方面，可以促进景观间的物质能量交换，使系统更为开放，起着通道作用，最明显的表现是高速公路的运输功能，高速公路运输可以跨越一个或几个生态系统或自然地带，而且可在数小时或数天内完成，这样就大大增加了生态系统之间物质和能量交换的范围和频率；另一方面，也产生负面影响：(1)四通八达的公路网将均质的景观单元分割成众多的斑块，在一定程度上影响景观的连通性，阻碍生态系统间物质和能量的交换，导致物质和能量的时空分异，增加景观异质性（图3）。(2)对农民的耕作和沟、渠、路的布设产生了一定的影响，使得景观的连通性有所下降。(3)高速公路建设取土导致坑塘水面面积增加，以陶桥村为例，高速公路去路导致面积（包括水塘、水田、鱼塘、河道

图3 千灯镇道路与传统建筑分布耦合关系

风景园林规划与设计

大幅增加，占到总用地的 43%，成为陶桥村依托传统村落形成的一个新特点。

4 乡村传统文化景观遗产网络格局保护与规划

4.1 大地叶片：细胞机镶嵌体的空间图式

江南水乡由大大小小的村落组成，每一块具有地域特色的村镇所展示的自然肌理是水乡大地景观的基本细胞。每个村落由传统建筑、农田、水系、道路等构成，每一个都是相对有机、独立的个体。通过建立细胞单元保护模式（图 4），强化古村落原真性，延续古村落农业社会聚落的质朴性特征。（1）识别传统乡村文化景观有保护价值的传统村落，把每个村落视为细胞单元（传统文化景观基地），进行整体的规划保护，取代对建筑单体的保护。通过林地、水田等自然空间和半自然空间把重点村落围合为整体，林地、水田起到缓冲带的作用，把村落与现代空间隔离开。千灯镇的细胞单元（传统文化景观基地）分为一级细胞单元、二级细胞单元，共同构成传统文化景观网络的战略点空间[9]，其中一级细胞单元 3 个，二级细胞单元 22 个。（2）保护质朴性的景观特征，利用当地建筑艺术特点、村落空间完整性和水乡文化的丰富性特点，深层挖掘其蕴含的历史和文化内涵，将历史背景与村落发展紧密连接起来，还原传统生活场景，使之成为鲜活的历史博物馆，延续古村落农业社会聚落的质朴性；（3）强化村落原真性，江南水乡古村落是以桥文化、船文化以及恬淡质朴的田园生活氛围为特征，如今到处充斥着现代化、城市化和时尚化的现代因子，与原有的村落特征相背离，因此应该梳理整治与原真性相背离的因素，强化古村落的价值核心。

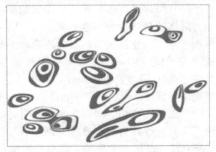

图 4 千灯镇大地景观肌理与细胞机单元模式概念图

4.2 水网紫脉：传统文化景观遗产廊道网络

生态空间网络、传统文化景观网络、现代文化景观网络和缓冲空间网络是区域景观中广泛存在的 4 种网络空间，

这些网络既相互交织又相对独立，成为区域景观整体性保护的重要平台[10]。千灯镇现有的水系网络既是融合水绿一体的自然和半自然的生态网络，同时又是地方性历史文化发展形成的传统文化网络空间，加之交通道路功能的叠加，形成了自然——人文——交通三网一体的"水网紫脉"的传统文化景观遗产网络体系。在千灯镇的景观格局中，人工廊道累计占地 2.26km²，占土地总面积的 5.35%；自然廊道 1.476km²，占土地总面积的 3.59%；水系廊道 3km²，占土地总面积的 7.31%。传统景观占地 2.484km²，占土地总面积的 6.04%，现代景观占地 7.641km²，占土地总面积的 18.59%；传统农业和鱼塘用地 18.745km²，占45.62%；大型公共基础设施用地 0.51km²，占 1.24%；其他生态用地 4.966km²，占 12.09%。在"水网紫脉"的体系构建中，充分依托现有的水系，选择形态完整、自然生态条件好、文化资源丰富、廊道共生程度较高的河流廊道为乡村传统文化景观遗产廊道，通过传统文化景观廊道将传统文化景观保护的有机细胞单元进行连接，以分散、孤立的自然生态空间（池塘、湖泊、湿地、林地）、传统文化景观空间（村落、遗迹、遗址）为踏脚石连接体系，共同构成了传统文化景观遗产廊道体系（图 5）。乡村传统文化景观遗产廊道体系主要包括三个重点构成：（1）以不同规模和等级传统村落构成的乡村传统文化景观基地。在研究区域内共规划陶桥村等三个一级文化景观基地作为传统文化景观生长的战略点和 20 个二级文化景观基地作为传统文化景观生长的生长点。（2）以水系、乡村道路为主体的传统文化景观遗产廊道体系。一级廊道以历史性的线状景观为基础，这种以古道、河流等线状廊道为典型，把传统文化景观细胞单元联系成整体，通过适当的景观梳理和整治形成联系传统文化景观关键点，并具有一定景观效果和生态意义的景观通道。在千灯镇通过一级廊道在镇域内形成环状的一级遗产廊道，宽度为 500－2500m，总长度 33.2km。二级廊道以乡村道路为基础，宽 30－100m 不等，总长度 145.3km，是连接一级廊道和孤立分散的景观之间

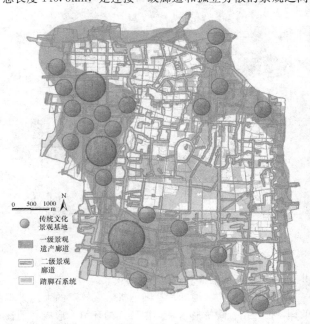

图 5 千灯镇传统文化景观空间整合图

的廊道体系，覆盖全部乡村传统文化景观空间。通过适当的景观整治与塑造措施，展示传统的文化景观符号，形成区域性纽带。重点在于对线路本身的景观改造和对线路两侧可视范围内村落、建筑物进行景观风貌控制和景观生态恢复，以实现现代交通廊道在区域景观结构中具有积极意义的景观引导和景观过渡功能，实现传统文化景观斑块连通及其保护[11-12]。（3）踏脚石系统。在千灯镇范围内踏脚石系统主要分布在两种空间内，一种是传统文化景观集中的片区和遗产廊道内，主要是由规模较小和分散的村落组成。另一种主要集中在千灯镇的中心区域，这里主要是工业和现代村镇的集中地，景观的现代化程度较高，但在现代景观内部零星分布传统居民点、建筑、遗址遗迹，结合农田、林地、河流水系等自然和半自然空间构建连接中心（现代景观区域）——外围（传统景观区域）的踏脚石系统，共同构成千灯镇乡村传统文化景观遗产的廊道体系格局。

4.3 生长的细胞体：乡村传统文化景观遗产保护基地

　　陶桥村是千灯镇乡村传统文化景观遗产网络中三个重点基地之一。陶桥村位于千灯镇的正南部（图6、图7），下辖15个村民小组，共529户2140人，由一个个相对分散的自然村落组成，这些村落又是由一定数量的院落组成，院落以河流为骨架聚集，形态类似于一棵大树上大大小小的果实（图8）。传统聚落形态主要由河流的形态来决定，建筑位于河流的两侧沿河流向上下游扩展，在两条河相交或是丁字形河流交汇处，则集中在交点处形成一字形、丁字形、"L"形等形态的聚落图式（图9）。

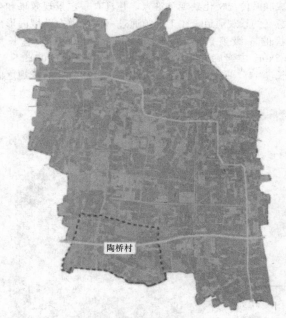

图6　陶桥村位置图

4.3.1 "生长的细胞"的基地规划模式

　　依据千灯镇"大地叶片：细胞机镶嵌体"的大地景观肌理特征，结合陶桥村水系湖塘环绕的环境，形成"生长的细胞"的基地规划模式：（1）从村域范围考虑，将整个

图7　陶桥村土地利用现状图

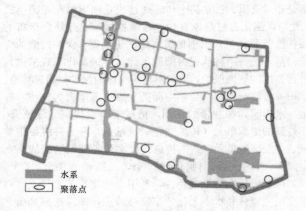

水系
聚落点

图8　陶桥村聚落与水系关系图

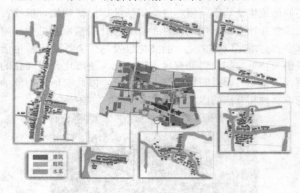

建筑
庭院
水系

图9　陶桥村各组团格局

陶桥村视为一个完整的基本单元细胞，将水田和池塘沟通形成村庄外围环状缓冲环，作为传统村庄的细胞壁膜；以内部三个相对分散的自然村为细胞多核结构，以传统农业景观为细胞质，现代农业景观为细胞的液泡，小范围的工业景观构成细胞的线粒体，分散的林地是细胞的叶绿体，分散的传统农家是细胞的游离核糖体，有机耦合在一体，形成相对独立的传统村落景观的"细胞体"，成为整个传统文化景观系统的重要支点和空间基本单元，同时通过廊道与其他传统文化景观连接为一个整体（图10）；（2）强化原有土地机理，整合现代农业用地，将分散凌乱的小规模现代工业用地替换为林地，现代农业用地集中布置，全部限定在村级公路和高速公路之间的区域；（3）梳理道路系统，形成三个等级交通包括：高速公路、连接各聚落的二级道路以及各个聚落直接联系的非机动车交通。加强道路本身及道路两边景观设计，将道路对传统文化景观的分割作用转化为联系作用（图10、图11）。

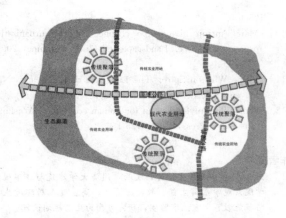

图 10　陶桥村文化景观空间概念图

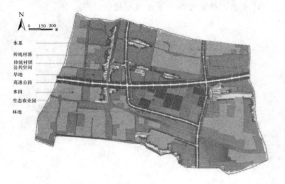

图 11　陶桥村传统文化景观空间整合规划图

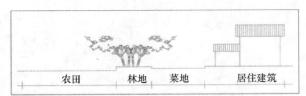

聚落+菜地+林地+农田

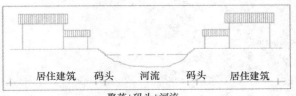

聚落+码头+河流

田间道+农田道路+行道树+农田

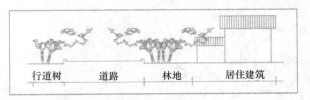

入村道路+林地+聚落

图 12　景观界面组合关系图

4.3.2　传统文化景观遗产基地风貌控制

传统文化景观遗产保护基地的风貌控制主要从村落建筑、公共空间和景观界面为切入点：（1）单体建筑，主要方针是引导建设，使建筑形体、风格样式、材料等与周围环境协调，改进或改善传统居住建筑的功能与空间利用，以适应现代社会发展的需要，同时延续和发展建筑形式所反映的地域文化及文脉。（2）公共空间，在聚落入口处利用传统景观元素形成自然半自然的小型开敞空间，起到强化整体景观形象和交通中转的作用；在聚落内部相对比较开敞的地方，通过拆并无保护价值的附属用房扩展空间，与周边自然景观相结合形成居民点内部的小广场，为当地居民进行公共活动提供场所。（3）强调景观界面组合多元化（图 12），保留原有的聚落与农田的界面组合（聚落+菜地+林地+农田）、聚落与河流的界面组合（聚落+码头+河流）、道路与农田的界面组合（田间道+农田道路+行道树+农田）、道路与聚落的界面组合（入村道路+林地+聚落）。

5　结论与讨论

乡村传统文化景观是承载中国几千年文化传承与多样化发展的重要空间，江南水乡更是其中的典型代表，这些不同的地域形成的各具特色的文化类型，展现着整体人文生态系统中文化景观的精华。乡传统村文化景观的传承与多样性保护是区域可持续发展与风景园林建设美丽中国战略的重要内容。（1）破碎化、孤岛化是当前乡村文化景观面临的主要问题，只有基于整体保护的视角，从区域保护的层面上，构建传统乡村文化景观保护的网络系统才能保证文化景观的可持续发展。（2）一个个传统村落像散落在大地上的细胞单元，识别具有保护价值的传统村落，将每一个村落视为一个相对独立的细胞单元，进行完整的保护。（3）通过建立多级遗产景观廊道把各个细胞单元串联起来形成一个完整的文化景观网络；同时传统文化景观网络与现代景观网络、自然生态网络形成综合交融的格局，而且传统文化景观网络要建立与其他网络耦合和有效联系的模式，这是未来传统乡村文化景观保护研究的重要方向。

参考文献

[1]　王云才. 传统地域文化景观的图式语言及其传承. 中国园林，2009(10)：73-76.

[2] 王建军，吴志强. 城镇化发展阶段划分. 地理学报，2009. 64(2)：178-188.

[3] 俞孔坚. 还土地和景观以完整的意义. 中国园林，2004 (7)：37-41

[4] 王云才. 破碎化与孤岛化——传统地域文化景观的空间迷局. 北京：中国建筑工业出版社，2013：24-60.

[5] 申秀英，刘沛林，邓运员等. 中国南方传统聚落景观区划及利用价值. 地理研究，2006. 25(3)：486-494.

[6] 新华网江苏频道 http：//www. js. xinhuanet. com/2012-10/24/c_113474868. htm.

[7] 邬东璠. 论文化景观遗产及其景观文化的保护. 中国园林，2011(4)：1-3.

[8] 汪黎明. 我国古村镇旅游业可持续发展探析[J]. 国土论坛，2004（11）：30-33.

[9] Edward A Cook，Hubert N. Van Lier. Landscape Planning and Ecological Networks. Amsterdam：Elservier，1994：125-153.

[10] Marc Antrop. Landscape change and the urbanization process in Europe. Landscape and Urban Planning，2004. 67：9-26.

[11] Anne Whiston Spirn. The Language of Landscape. New Haven：Yale University Press，1998：121-132.

[12] Jhon tillma nlyle. Design for human ecosystem，Washington：Island Press，1999：125-160

作者简介

[1] 王云才，1967年生，男，陕西，同济大学建筑与城市规划学院景观学系副主任、教授、博导，高密度人居环境生态与节能教育部重点实验室，研究方向为生态规划设计。

[2] 郭娜，1984年生，女，山东，同济大学建筑与城市规划学院博士生，研究方向为景观规划设计。

泉生济南
——济南明府城泉池保护修复设计探索

Spings Gestate Jinan
——The Exploring of Repairing Design of Springs in Jinan Ancient Districts

王志楠　刁文妍　刘　飞

摘　要：泉水是济南的灵魂，随着城市化的发展，散落于市井的泉池遭到了不同程度的破坏，失去了当年的风采。本文以明府城泉池保护修复项目为着手点，深入了解老城居民的实际需要，从景观功能、使用功能等方面，探讨老城区泉池保护修复的方法与模式，从实际项目中总结收效较好的设计手法和若干易于推广的修复模式，为济南老城区众多泉池的修复探索一条便捷有效的道路，在保证居民生活便利的前提下，恢复老济南"家家泉水"的温润古韵。

关键词：泉池；保护修复；景观设计

Abstract：Springs are the soul of Jinan city. As the city developing，the springs in Jinan ancient districts were destroyed and lost their elegant appearances. This article takes Jinan spring protecting and repairing project as example，and explores an effective way to repair ancient springs. Basing on residents' actual demand，the article summarizes design techniques and methods of ancient springs protecting. Finally，the repairing design of ancient springs will recover the gentle lingering charm of ancient Jinan city.

Key words：Springs；Protect and Repair；Landscape Design

世界上有泉水的城市并不多，而泉群之密集、水质之优、历史文化之厚且为一城百姓共同拥有，惟有济南。然而，时代在变迁，济南这座古城正在经历翻天覆地的变化，留住泉脉，创造特色鲜明的泉城形象，是几代济南人无法割舍的"泉水梦"。如何在城市化快速发展的背景下，保护这独一无二的泉水资源，弘扬泉水文化，是当今济南城市建设面临的新挑战。

1　泉水与济南

1.1　自然之水

济南的泉水来源于南部的自然环境，现代地质工作者调查研究认为，济南泉水来源于市区南部山区，大气降水渗透地下，顺岩层倾斜方向北流，至城区遇到侵入岩体阻挡，承压水出露地表，形成泉水[1]。

受年降水量和地下水开采等因素的影响，自20世纪80年代以来，济南泉水停停喷喷，最长的一次停喷达926天。两方面主要原因导致了泉水断流，一是上游南部山区泉水补给区水土流失严重，二是下游城域内泉水资源过度开采。近年来，济南市制定了"增雨、置采、补源、控流、节水"的保泉方针，采取减采地下水、加大放水补源、适时人工增雨、泉水"先观后用"等多种科学保泉措施，收效较好。

1.2　城市之魂

济南素有"泉城"的美誉，"历下之泉甲海内，著名

者七十二泉，名而不著者五十九，其他无名者奚啻百数"，足见济南泉水众多。在2011年济南市进行的泉水普查中，共发现800余处泉水，其中新发现204处，仅曲水亭街所处的古城区2.6km²的范围内，就有100多处[2]。

济南老城，即明府城，距今已有600余年历史，是济南"泉城特色标志区"的核心区域。在这里，有窄窄的胡同、细碎的小街，更有大大小小散落在居民家里的泉池，构成了"家家泉水，户户垂杨"的水墨画卷。近年来，济南市大力打造泉水特色旅游，制定了《济南市明府城——百花洲片区详细规划》，提出合理利用历史遗存，完善提升泉池水系，延续具有泉城传统特色的街区风貌，重塑"泉水串流街巷民居"老济南韵味的规划愿景。

1.3　文化之源

纵观历史，景色优美的地方总能吸引文人名士云集，济南也是如此。众多的泉水承载着济南深厚的文化底蕴，从"云雾润蒸华不注，波涛声震大明湖"到"三尽不消平地雪，四时长吼半空雷"，名士与清泉共风流，给济南的泉水留下了大量的诗文、题刻、绘画作品。古迹或许已无从找寻，但是名士留给泉水的文化，却在时间的长河里与泉水共流淌，映照着这座古城悠久的文化之源。

积淀千年的泉水文化，不仅存留在文人墨客的吟咏中，还烙印在老百姓的生活中。穿行在济南的老城之中，每一砖每一瓦每一个小院似乎都在讲述这一个与泉水有关的故事。人傍泉居，泉因人清，赏泉、爱泉、护泉似乎早已成为济南人生活的一部分，泉边洗衣做饭，浸凉西瓜，煮水泡茶，游泳戏水，这样的场景，每天都发生在泉池边。

2 明珠遗落

泉水，是济南永恒的主题，如果没有了这一池池清泉，泉城的灵性和韵味也就荡然无存。随着老城区的开发建设，填埋泉池、破坏泉脉、污染泉水的情况时有发生，对泉水景观造成了严重的破坏。散落在市井街巷中的泉眼孕育了老济南"泉水人家"的风韵，但却像"遗落的明珠"，淹没在现代化建设的洪流之中，其受到的重视和保护远不及72名泉。

近几年，济南市越来越重视发展泉水旅游，先后实施了明府城——百花洲片区整治、泉水申遗、举办泉水节等措施。发展泉水旅游，保护修复这些散落于市井之中的泉池显得十分必要，不仅是对历史遗存的保护，也是对明府城泉水特色标志区规划定位的积极响应。

3 还民明珠——明府城泉池保护修复设计

3.1 项目概况

自2012年起，济南市启动了31处泉池的修复保护工作，笔者有幸参与其中，承担设计工作。这些泉池主要分布于明府城片区及其周边的曲水亭街、西更道街、芙蓉街、王府池子街、启明街等街巷，属珍珠泉群（图1）。

图1 明府城泉池修复分布图

3.2 设计原则

3.2.1 以人为本

此次修复的大部分泉池分布在百姓家中，与居民的沟通交流十分重要，以人为本。大部分居民希望通过泉池修复而提升院落环境，完善基础设施，修复设计应在保证泉池景观效果的基础上，兼顾院落环境整修和基础设施的整治，打造美观实用的泉池景观。

3.2.2 修旧如旧

老济南街巷内的泉池，古朴雅致，泉池修复设计应坚持"修旧如旧"的原则，采用传统布局和古朴材料，最大限度地恢复泉池原有风貌。如在县东泉的修复中，设计方案利用了现状踏勘发现的雕刻有竹子、动物图案的石材

物件（图2），增加了泉景的历史气息。

图2 县东泉石刻物件

3.2.3 凸显文化

泉水文化博大精深，经历千百年的沉淀不断丰富积累。在泉池修复设计中，笔者大量查阅泉池的历史资料和相关典故，通过对联、彩绘、砖雕等方式，营造泉池景观的文化氛围。如状元泉所在院落曾是状元府，设计方案深入挖掘历史典故，增加了麒麟主题砖雕和"状元及第"主题壁画（图3），提醒人们那段历史的记忆和荣耀。

图3 状元泉砖雕图案

3.2.4 分类修复

结合实地踏勘情况，笔者将泉池按照所在位置分为院外泉、院内泉两类，针对每一类总结其相似的格局和特征，并探索相应的修复模式，便于大批泉池修复工作的开展，也为今后的修复工作提供合理的修复模式。

泉池分类一览表　　　　　　　　　表1

区位类别	具体泉池	现状特征	修复方向
院外泉 （共8处）	王庙泉、岱宗泉、小王府池子、刘氏泉、广福泉、华家井、王府池子、珍池	泉池位于街巷边或公共场所内，其周围住户居民不多，以行人、游人为主	修复主要集中于泉池周围，以观赏功能为主，可形成区域性景点

区位类别	具体泉池	现状特征	修复方向
院内泉 （共23处）	兴隆泉、曲水亭街31号无名泉、启寿泉、玉枕泉、神庭泉、小兴隆街22号无名泉、清泉、县东泉、启喜泉、启明街101号无名泉、源泉、水芝泉、金菊巷11号无名泉、碧玉泉、启禄泉、不匮泉、状元泉、云楼泉	泉池位于普通民居院落内，靠近民居建筑，院内居民使用	修复以泉池整修为主、兼顾院落修缮，以使用功能为主，与院落空间相融合
	南芙蓉泉、水华泉、水芸泉	开放式民居，院落已经用与经营，大多为饭店	注意泉池的保护，避免污染，注重安全性，兼顾院落美化
	佐泉、佑泉	泉池因建筑加盖位于建筑室内	室内泉眼增加泉口、井盖；室外院落修缮

3.3 修复设计手法

3.3.1 大门

多数泉池所在院落的大门年久失修，破败不堪，修复设计首先对每户大门进行翻新修整，恢复青砖门柱、灰瓦顶、黑色木门的传统形式（图4）。在两侧门柱上增加木质楹联板，精选与楹联内容并邀请书法名家撰写，统一雕刻板式，有力地诠释了济南的泉水文化。

图4 大门修复效果

3.3.2 影壁

影壁是济南传统四合院的重要组成部分，在泉池修复过程中也扮演重要的角色。有些泉池所在的四合院中现有精美的影壁，如状元泉、县东泉等，修复设计对其进行翻新整修，增加砖雕或彩绘图案。而对于现状没有影壁，具备条件的院落，则结合入口墙面增加简单的砖雕或彩绘影壁，恢复院落的古朴韵味（图5）。

图5 砖雕影壁

3.3.3 彩绘/砖雕图案

在众多泉池修复设计要素中，彩绘、砖雕无疑是泉水文化的最佳载体，对泉池景观的塑造起着画龙点睛的作用。此次修复设计方案中采用的彩绘、砖雕的内容大致分为两类（图6）。第一类为吉祥寓意的内容，如吉祥如意、福禄寿喜等，还有济南地区常用的莲花、藕等吉祥图案，容易被普通住户接受，突出老济南地域特色。第二类为雅致的文化内容，如小兴隆街22号、状元泉等院内的住户，有一定的文化欣赏水平，设计便采用梅兰竹菊、书香门第等雅致的内容，匹配院落的书香气息。

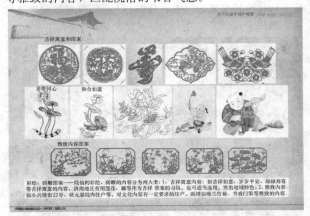

图6 彩绘砖雕图案

3.3.4 墙面

泉池周围的墙面材质参差不齐，有青砖、红砖、水泥等材质，局部墙面有破损，严重影响泉池及院落景观。修复方案对院内房屋恢复青砖立面形式，局部恢复灰瓦顶。

对于搭建的房屋则采用白墙与青砖墙裙结合的形式（图7）。对于一些院落内狭窄过道空间，则采用刷浅灰色漆的方式，增大院落空间感。

图 7　房屋立面美化

3.3.5　地面

大部分院落内的地面高低不平，存在下雨积水等问题，且铺装材质混杂，有石板、水泥、红砖等材质。设计方案坚持修旧如旧的手法，采用青石板、青砖等适用于古建庭院的材质，恢复院落古朴自然的质感。并通过铺装的变化，导引泉池方位，区分游赏与生活空间。另外，还整修院内地下排水设施，使雨水向院外城市管道排水，解决院内雨天积水的问题。

3.3.6　泉口

现有泉池的泉口大多与地面平齐，容易受到污染，通过先期试点的 4 处泉池修复经验，笔者发现增加泉口、泉盖是有效的保护手法，且居民大多青睐于圆鼓形和六边形泉口（图 8）。在第二批泉池修复设计中，对泉口形式进行了推广，且以老泉口为主，形式以圆鼓形、六边形、八边形为主，局部空间狭小的采用方形泉口。同时，泉口统一增加木质泉盖，对于一些中、大型院外泉池增加防护网，确保泉池的安全性。

图 8　六边形泉口

3.3.7　标识牌

修复方案为每处泉池设计了统一的泉名标识牌，题写泉名、泉池简介、来历、传说等内容，镶嵌在泉口周围的墙面上（图 9）。

图 9　标识牌

4　修复成果

目前，此次明府城 31 处泉池的修复工作已接近尾声，从已经修复完成的泉池看，基本达到了设计预期，住户居民满意度较高，成效显著，选取以下 4 处泉池作为修复成果的代表。

4.1　华家井

位于启明街 49 号东侧路北的华家井，有着上百年的历史，当年水质清澈，水量充裕，是附近居民的主要饮用水源，所在街巷被称为"水胡同"。

华家井曾一度被填埋，改造前为方形泉池，泉口覆盖简单的铁丝网，四周建有护栏，景观性较差。华家井见证了启明街百年的变迁，作为一处位于公共空间的院外泉，修复设计力图将其延展为一处休闲空间，成为区域性景观亮点。改造后的华家井，去除了原有栏杆，变身为圆形石材泉口，泉口之下 1 米处加装钢丝网，保证安全并留出口便于居民取水。泉口上还加装了木质泉盖，中间合页连接，不取水时将井口封盖，保证泉水不受污染（图10）。泉口北侧的影壁墙上，"华家井"三个金色的大字闪耀夺目，其下方的"水胡同"壁画，再现了当年的繁忙景象（图 11），文化韵味十足。泉口周围种植淡竹等植物，并摆放石坐凳，成为一处可供居民赏泉、取水、交流的休闲景点（图 12）。

图 10　华家井泉口

4.2　碧玉泉

碧玉泉位于西更道街 2 号，原有泉池呈井形，井壁石

图 11 华家井效果图

图 13 碧玉泉设计效果图

图 12 居民在华家井取水

图 14 碧玉泉实景

砌，泉池常年有水，水质清澈见底，曾是居民主要生活用水来源。位于两栋建筑之间的碧玉泉，改造前泉口周围堆放了很多杂物。修复设计从泉池景观和居民使用两方面考虑，将泉口改造为八边形，塑造传统韵味的泉池景观；为方便居民使用，泉口西侧增加了木质储物柜，将原有生活杂物集中放置。泉池周围采用青石地面，与院内的青砖地面相区别，界定了泉台空间。改造后的碧玉泉，其南侧墙壁上，增加了泉畔挑水的主题壁画，题写"泉水碧绿清如玉"的诗句，呼应泉名，凸显人文气息。碧玉泉修复设计，充分发掘泉水文化特色，兼顾了景观和使用的双重功能（图13、图14）。

4.3 南芙蓉泉

南芙蓉泉位于芙蓉街132号，泉池呈方井形，池壁砖砌，原有砖刻泉名。相传南芙蓉泉已有百年历史，泉水常年不涸，水位不受季节影响，被称为"神泉"。南芙蓉泉所在院落现状经营一家面馆和一家钟表店，泉水受到不明原因的污染，无法再供居民取水使用。

鉴于南芙蓉泉的特殊位置，修复设计充分考虑了泉池与商铺的关系，有效保护泉池，将其打造为院内主景。修复后的南芙蓉泉，恢复方形泉口，加装木质泉盖，保证泉水的不受污染。对院内墙体恢复青砖立面，统一更换木质仿古门窗，营造古香古色的景观氛围（图15）。也许是泉池修复使小院增添了一份宁静，南芙蓉泉修复完成后，院内的面馆随即改为了书屋，为小院更添一份书香气。泉池修复保护的意义或许不仅仅是营造优美的景观环境，更能在一定程度上促进周边旅游业态的整合与更新。

图15　南芙蓉泉设计效果图

5　结语

再没有一座城市，能像济南这样，泉水与城市结合得

如此紧密，相濡以沫。泉水，是老城的根、新城的魂，无论社会如何发展，都不应成为城市发展的代价。济南应该利用好泉水这一得天独厚的资源，使泉水保护与城市建设和谐共生，打造"泉水特色标志区"，发展泉水旅游，凸显济南"泉城"特色，打造独一无二的城市品牌。

希望能有更多人加入到济南泉水保护的队伍中，保护泉脉，传承文化，将泉水文章做大做强，共圆泉水这一济南人的"中国梦"。

参考文献

［1］　李建江. 济南泉水保护研究［J］. 水土保持研究，2003. 9.

［2］　钱荣，王志. "泉城"济南："家家泉水"胜景有望重现［EB/OL］. http：//news. xinhuanet. com/local/2012－12/17/c_114056362. htm，2012.12.17.

作者简介

［1］　王志楠，1984年生，山东济南，园林设计专业，助理工程师，山东农业大学园林专业学士，南京林业大学城市规划与设计(含风景园林规划与设计)专业硕士，济南园林集团景观设计(研究院)有限公司，电子邮箱：wangzhinan0692@163. com。

［2］　刁文妍，1984年生，山东济南，园林设计专业/工程师/中南林业科技大学园林专业学士，济南园林集团景观设计(研究院)有限公司，电子邮箱：diaowenyan@163. com。

［3］　刘飞，1975年生，山东济南，园林设计专业，高级工程师/北京林业大学园林专业学士，山东大学建筑专业硕士/济南市园林规划设计研究院副院长、济南园林集团景观设计(研究院)有限公司院长，电子邮箱：design82059311@163. com。

闽中传统园林设计初探

——以福建尤溪朱子广场沈郎樟庭园为例

Traditional Garden Design of Fujian

——Taking the Zhu Xi Square Shen Lang Zhang Garden of Fujian Youxi as an Example

王昭希

摘　要：闽中地处福建中部地区，历史上外来移民造就了闽中具有本土区域特点的园林文化。如何体现与恢复具有重要意义。本文试结合设计实例阐述闽中地区传统园林造景手法，对具有历史背景的福建尤溪朱子广场沈郎樟庭园中传统园林的类型进行了初步探讨。

关键词：闽中地区；传统园林；空间布局；朱熹；沈郎古樟

Abstract：Central Fujian is located in the central region of Fujian, the history of immigration has created a central Fujian local regional features garden culture. How to reflect and recover important. This paper describes design examples combine traditional garden landscaping techniques central Fujian region of Youxi County, Fujian has a historical background Shen Lang Zhang Zhu Square Garden in traditional garden types discussed.

Key words：The Central Region of Fujian；Traditional Garden；Spatial Layout；Zhu Xi；Shen Lang Ancient Camphor

1　历史渊源

　　闽中地处福建腹地，南面为闽南地区，东面为闽东地区，背面为闽北地区，西面为客赣混杂地区，东西南北各种文化混杂交融，外来移民众多，带来了各地原住处的建筑文化及园林文化，尤其受闽东影响较深，故闽中园林的造园风格与闽东传统园林有很多相似之处。整体风格来说，园林建筑比较简洁，多采用和传统闽东民居风格相统一的布局形式，装饰色彩上淡雅、素净、单纯、质朴。庭园以亭、榭、水池、叠石、花木等组合而成，植物品种繁多，长势繁茂，园内一年四季绿树葱郁。闽中地处亚热带地区，有良好的自然环境和地理条件，这里山清水秀、绿树成荫、花繁叶茂。人力之工与自然天成有时难以截然分开。

　　福建地区重商贸而轻文化，代表其文化成就的传统园林多数没有得到很好的保护，不少受到损毁，闽中地区遗存下来的传统园林更是数量稀少，可参考研究实例亦很少，不免惋惜。

2　项目背景

　　项目位于闽中三明市尤溪县南溪书院一侧。尤溪唐开元年间开始置县，为南宋著名理学家、教育家朱熹诞生地。南溪书院整体景观格局由古至今改变不大。书院前以毓秀坊、观书第形成里坊；书院外主要景观要素有画卦洲、青印石及玉溪桥、沈郎古樟等景点。"沈郎樟"与书院直接连通，即南溪书院的花园又为理学朝圣的终点，是重要的空间节点。

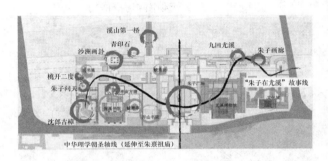

图1　尤溪朱子广场结构图

　　"沈郎樟"至今有800余年历史，虽历经沧桑但仍枝繁叶茂、苍劲挺拔、绿叶葱茏。传说为朱熹幼时，父亲在南溪书院旁边的空地上种植了三株樟树，成活了两株，因朱熹幼时乳名"沈郎"，故后人称此樟为"沈郎樟"。"沈郎樟"树高27m以上，胸径达3.08m，冠幅达29m，成为福建第一批树王。清代有诗礼赞沈郎樟："毓秀钟灵紫气来，香樟儒圣亲手栽。身价能留千古树，底须可做栋梁材。"

　　然而现状院落景观存在许多问题。首先，整体设计没有体现闽中地区园林特点，设施和铺装也较为陈旧，对于"沈郎樟"这一景区重要景点的展示亦不足，更未考虑到沈郎樟对于朱子文化及其后人的重要历史意义；现代风格的宣传栏破坏了古朴素雅的氛围。对策：结合闽中地区传统园林特点对院落进行重新整体设计，借鉴闽中地区传统园林造景手法进行设计，以沈郎古樟为中心，周围环以茶室、长廊、亭榭、假山，空间丰富多样。重点对"沈郎樟"进行展示，提供一定祭拜空间，以供游人及朱子后人祭拜瞻仰。

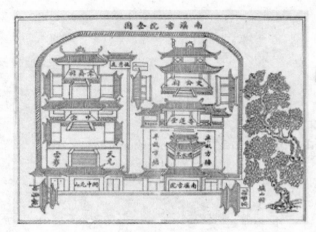

图 2　民国南溪书院布局图

图 3　恢复南溪书院历史格局

图 4　沈郎樟现状

图 5　院内宣传栏

3　园林布局

3.1　总体布局

围墙内面积约为 1500m²，南北长 50m，东西 33m，

设茶室一座、亭三座。园林布局以"沈郎樟"为中心，以石质花台环绕樟树，东南西三面游廊贯穿，北面背景为公山，将山势引入园中。

图 6　沈郎樟庭院鸟瞰图

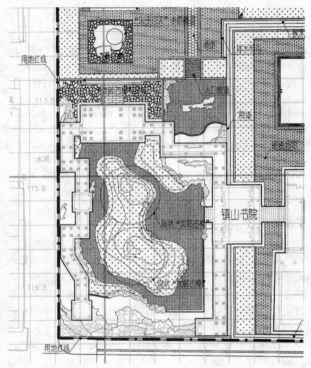

图 7　沈郎樟庭院总平面图（严志国绘）

3.2　入口

入口采用欲扬先抑的手法，经游廊茶室转折及过渡后见主景。园门入口置山石一组，为障景，其上题"沈郎樟"之名，充分展示这一景点作为朱熹遗迹的重要性。向右穿过月洞门进入茶室前院，茶室名曰"浩然归"，取自朱熹《鹧鸪天》："脱却儒冠著羽衣，青山绿水浩然归。看成鼎内真龙虎，管甚人间闲是非。"茶室厅堂面对，设置具有闽中地区传统园林特色的盆景台，背景白墙镌刻有"朱子家训"。呼应自清代起福州地区盛行刻书风气。

3.3　庭院中心

由长廊望向"沈郎樟"，樟树下原有的圆形花池，被改造成为种植草坡并以石质花台围合，花台高低错落，疏密有致。多选用当地本土植物，如炮仗花、夜香、鹰爪、麒麟尾等，强调地方特色。种植手法大体同传统江南园林相似。种植与石质花台结合紧密，相互陪衬相得益彰。樟树前硬质空间对应南溪书院方向的入口，一为疏散场地

图 8　入口透视

图 9　茶室前透视

二为游人祭拜空间。绿色草坡与彩色花卉前景与远处背景的假山、白墙、半亭相互映衬、各有奇趣，营造出素雅、静谧的整体院落氛围。"沈郎樟"大面积覆盖遮蔽的阴凉效果尤为宜人。

图 10　由西廊望向沈郎樟，假山、白墙、
半亭在后映衬

3.4　假山及游廊

假山及山顶六角亭是园中最高处也是园中观赏"沈郎樟"最胜处。北面构假山一座，与背景公山连为一体，山体用灰塑而成。显示出闽地叠山特色，此外，假山如公山遗脉向西向南发散。向西由几组峰石连绵相接组成，造

图 11　从北侧半亭望向沈郎樟

型险峻而富于动势。向南与游廊结合延伸至整个场地，游廊由山顶最高处，逐渐降低，连接茶室，好似由山中而来。假山最高处上设六角亭。游廊配以半亭和方亭，亭的平面形式多种多样。

图 12　白墙、假山与半亭，背景为公山

3.5　水池

庭园之水引自山中泉水，为院子带来灵动气息。结合假山顺势向北流淌，结合游廊，造方形水池环绕庭园，成"云影池"一景，取名自"半亩方塘一鉴开，天光云影共徘徊。问渠那得清如许？为有源头活水来。"水池一路向南汇入入口水池，连通南溪书院半亩方塘，此外，水池小巧精致尺度亲切而水池之上花木和游廊的倒影婀娜多姿，又增加几分美感。

4　文化表达及构成要素

闽中传统园林，就其艺术形式而言，与中国传统园林是一脉相承的。同时，它也由于所用造园材料的地域性和闽中文化背景的影响而产生了独特的风格。纵观全园，有六大特征。

4.1　相地合宜巧于借景

闽中地处多山地区，自然环境优美，通常借鉴天然山水背景，略加修饰经营而成景或作为远景丰富空间层次。往往园林胜境之中有自然山水的渗透。远眺明山秀水，近观四季花木，趣味无穷。

4.2　建筑组合以游廊台榭贯穿为主

闽中园林的规模比较小，且多数是宅园，一般为庭院和庭园的组合，建筑的比重较大。适应其炎热的气候，增加遮阴面积。庭院和庭园的形式多样，它们的组合较之江南园林更为密集、紧凑，往往连宇成片。园林建筑风格古朴素雅，无奢华烦琐的装饰。空间布局富有变化，因地制宜，就地取材，因材施工。

4.3　叠山

叠山常用姿态嶙峋、皱折繁密的英石包镶，即所谓"塑石"的技法，因而山体的可塑性强、姿态丰富，具有水云流畅的形象。小型叠山或石峰特置多与小型水体相结合而成的水石庭、水局，尺度亲切而婀娜多姿。尤其是闽地盛产花岗岩石材，石质坚韧，纹理细密，色泽纯净，

是上好的材料。因此，在闽地传统园林中，大量运用花岗岩石材构筑石景。

4.4 理水

理水的手法多样丰富，不拘一格，少数水池为方整几何形式，与建筑相衔接，部分的水池往往与建筑形态一致，以规则为主，以后再随地形地势的曲折而变化。

4.5 花木配植

庭园中种植常用的花木品种以乡土品种居多，如红棉、乌榄、仁面、白兰、黄兰、鸡蛋花、水蓊、水松、榕树等。野生花卉亦有不少。以绿色植物搭配鲜艳的色花，风格浓郁并强调盆景的使用。从历史文献的记载和对现存遗迹的考察中，都可看到园主不求多而求精的风格，无论在数量上或种类上均如此。

4.6 怀古缩景

用地受到限制时常使用墙体作为背景营造画卷般的园景。人们造园时，即兼顾功能又十分讲究园景意境的开拓与深化，往往每园必有名，每景必有诗，对意境的追求始终如一。通过文学意趣的开拓以求得"小中见大"。除闽中十才子外，还有不少文化名人留有遗迹，以后历代文化的繁荣，都促进了这一形式的发展。

5 结语

相对于苏州园林、岭南园林来说，闽中园林数量和精致程度有所不及，但同样都是中国丰富的传统园林文化中的重要组成部分，应当认真思考学习研究，对其特点进行发掘、传承和实践。通过对项目的解读，意在探讨闽中传统庭院空间布局，传承历史，诠释传统庭院的意蕴。通过对福州古代私家园林的研究，不仅可以有助于完善我国古代园林的地方园林设计与建设理论，并且能更好地保护和利用古代园林资源，同时寻根溯源，探究这一区域的园林文脉。

参考文献

[1] 周维权. 中国古典园林史[M]. 北京：清华大学出版社，1999：9.
[2] 孟兆祯. 园衍[M]. 中国建筑工业出版社.
[3] 刘庭风. 福建台湾园林. 同济大学出版社，2003. 10.
[4] 李敏. 福建古园林考略[J]. 中国园林，1989(1)：12-14.
[5] 雷芳，朱永春. 闽东古典园林发展史略[J]. 华中建筑，2009(7)：152-156.

作者简介

王昭希，1987年8月，女，汉族，河北栾城，重庆大学建筑城规学院景观建筑学学士，北京清华同衡规划设计研究院有限公司风景园林二所，景观设计师，研究方向为风景园林规划与设计，电子邮箱：624274530@qq.com.

矿山生态修复方法与植物配置模式研究

Ecological Restoration Method of Mine and Plant Configuration Mode Research

王志胜　曹福存

摘　要：通过本次黑石山生态修复的实际案例，对国内外的优秀案例和工程经验进行分析和借鉴，对生态修复的植物选择和植物配置进行了研究和总结。分析出植物选择的基本原则，并应用在矿山生态修复中；对植物的类型和习性进行了分析，进行了针对地形和功能的分区，对选择植物进行了合理搭配；总结出植物配置的基本原则，有益于生态系统的恢复，运用豆科植物可增加土地肥力的方法，进行了实际的应用。最终通过植物选择和植物配置，实现矿山生态修复的最终目标。

关键词：生态修复；边坡防护；植物选择；植物配置

Abstract：through the actual case of the Blackrock mountain ecological restoration, analysis and reference of outstanding cases and engineering experiences at home and abroad, plant selection and plant configuration of ecological restoration are studied and summarized. Analysis of the basic principles of plant selection, and application in mine ecological restoration; the type and habits of plants were analyzed, according to the terrain and functional partition, the choice of plant were reasonable collocation; summarizes the basic principles of plant arrangement, beneficial to ecosystem restoration, the leguminous plants can increase method soil fertility, application of the actual. Finally through the selection of plants and plant configuration, achieve to the ultimate goal of ecological restoration of mine.

Key words：Ecological Restoration；Slope；Plant Selection；Plant Configuration

矿山废弃地会对周边区域的生态环境产生严重的影响。由于对山体的肆意挖掘和开采，缺少覆盖的山体地表堆积物在风力和水力的作用下，导致水土流失加剧，土地沙化，粉尘污染环境，影响人体健康。据相关资料显示，山体废弃物的污染可持续上百年之久，我国每年因山体废弃物污染环境所造成的经济直接损失超过近百亿元。生态修复主要指对采矿引起的土地功能退化、生态结构缺损、功能失调等问题，通过工程、生物及其他综合措施来恢复和提高生态系统的功能，逐步实现矿区的可持续发展，并对其进行管理的一种人类主动行为[1]。因此，矿山废弃地的生态修复，是当前保护生态环境和改善人居环境的重要工作，也是一项有利于造福子孙后代的伟大事业。

根据新华网 2013 年报道，目前辽宁省的 7000 多个生产和闭坑矿山大部分没有恢复植被，导致山体滑坡，使青山伤痕累累。容易引发区域地质灾害和对空气、土壤的污染已成为辽宁省生态环境建设的严重障碍，必须进一步对矿山生态环境进行修复工作。启动实施青山工程，对因开发建设活动造成的破损山体进行植被恢复和生态治理，对未开采的山体实施严格保护。提出计划利用 5 年时间，对全省生产矿山、公路和铁路两侧的破损山体进行生态修复治理，使矿山生态修复工作走上规范化和常态化，实现生态环境的可持续发展。

1　项目概况

1.1　背景介绍

大连黑石山石灰石矿生态治理工程项目，地点位于辽宁省大连市旅顺口区三涧堡街道辖区，南距旅顺口市区 10km，东离大连市区 30km。具体位置为平山东北侧，黑石山主峰南麓，黑石山石灰石矿北缘，项目治理占地面积为 26.6 万 m²。项目矿山周围的土地利用类型为道路、农田、疏林和工矿用地等。本次计划的矿山废弃地植被恢复示范面积为 26.6 万 m²，矿山及周边土地沙砾化严重，另一方面山体也存在发生滑塌的危险，给当地群众的生产和生活带来诸多不便。黑石山石灰石矿生态治理工程可以有效地恢复生态环境，为区域提供良好的投资开发基础环境。

1.2　设计目标及指导思想

本次设计为打造全国示范性的矿山生态治理项目为目标。根据黑石山自然环境状况特征以及废弃采石场的具体特点为背景，以目前已有的科研成果和技术条件为方法，结合重点工程的实施建设开展以下方面的技术推广，应用与示范内容。黑石山采石场植被恢复难点在于高陡的采石坡面的工程技术和植物品种的选择。对于黑石山石灰石矿废弃地的植被恢复，应做到因地制宜。通过综合植被恢复、生态修复在植物配置方面应确立为乔、灌、草植被为基础模式，在大幅度增加林草面积的基础上营造适宜、稳定的生物群落。

本次设计的指导思想，本着以科学发展观为指导，注重现场调查，查阅技术资料，核实相关数据，进行科学归纳分析。治理项目按阶段明确主要恢复治理任务，坚持依靠科技创新的手段进行生态恢复，实现生态恢复的设计施工技术突破，推进对矿山修复的循环经济和清洁生产，建设生态良好的矿区环境，实现有利于生态发展，舒适宜居的自然环境。

2 国内外矿山生态修复案例分析

2.1 国内矿山生态修复案例分析

国内目前的矿山修复工作，大连地区在生态修复工作上实现了突破，旅顺口区龙头街道王家村被评为"全国生态绿化示范村"。其中生态系统工程主要包括山体（复垦）、山体（覆绿）、长盐线绿化带和西山景区绿化带是矿山生态系统工程的主要标段，重点实施了"五个绿化"的工程。其中山体（覆绿）实现修复面积为 3.6 万 m²，山体生态修复主要包括客土喷播草种的方法，实现地被和灌木的生长，对山体地形进行了改造，局部区域栽植黑松和刺槐，实现林地和地被的复合式种植，植物成活率达到 80%。通过国内项目的工程现状分析得到相关数据，为本次设计提供了可借鉴的理论依据。

2.2 国外矿山生态修复案例分析

美国对矿山环境治理的技术规范与要求主要内容是以《复垦法》中的要求为依据制定的。主要包括四个方面：第一，遵循"原样复垦"的基本原则，要求按采矿前土地的地形、生物群体和密度进行恢复；第二，固体废弃物堆放和填埋都要进行技术处理，防止可能发生的滑坡及填埋废物对水面的污染；第三，在矿产资源的勘探、开采、洗选和加工过程中会产生许多废水，必须经过厂矿自行对废水进行处理或污水排入污水处理厂；第四，在土地复垦中，对复垦所需要的填充物进行了具体的规定，如对填充物的密度、填充物混合的比例、填充的高度、表土覆盖等都做出了具体要求，并有专门的技术管理部门负责检查监督。位于巴塞罗那市郊的 Lagualada 墓地是建筑师利用废弃山体进行景观重塑的成果[2]。

通过国外的矿山修复的技术和要求可以看出，发达国家对矿山修复立法较早，对相关的技术措施条件考虑较为完善，不但针对矿山的生态修复设立了基础条件，同时通过多专业和多部门的结合，从根本上解决矿山生态修复的关键问题，解决矿山污染物和废水对自然产生的影响。应结合国外新技术，新理念在黑石山生态修复中合理利用，通过实践总结出方法经验。

3 矿山生态修复技术应用研究

3.1 边坡处理和场地整理

通过生态系统的自支撑、自组织与自我修复等功能来

实现边坡的抗冲刷、抗滑动、边坡加固和生态恢复，以达到减少水土流失、维持生态多样性和生态平衡以及美化环境等[3]。大连黑石山石灰石矿地形北高南低，地质构造条件复杂，针对矿山生态破坏的不同类型，场地地形包括塌陷和挖损，需要对场地基础地形进行工程修复。通过对现状山体的挖方和填方，实现场地的基础改造符合植物覆盖的条件，保证安息角营造台阶式场地，阶梯式台地高度控制在 15m 左右，宽 3m 左右，局部设置排水沟，保证地形的安全性和排水性，对现状场地直线型边坡进行处理改造（图 1）。

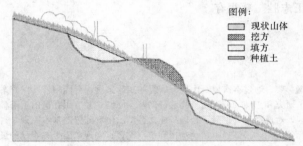

图例：
- 现状山体
- 挖方
- 填方
- 种植土

图 1 直线型边坡改造示意图

边坡治理主要工作就是要稳定边坡[4]。借鉴相关工程经验，对边坡的治理主要任务就是要稳定受损的矿山边坡，对边坡的处理任务主要包括清除大型危石和改造地形降坡削坡，保证边坡土地安息角的形成。将未形成台阶的边坡裸岩尽量构成阶梯式台地，把边坡的坡度降到安全角度以下，在土地类型上消除山体崩塌的安全隐患。

塌陷地生态修复的制约因素主要是塌陷地的范围和程度，塌陷地一般不改变土层结构，但塌陷地的程度不同，其生态修复的难易程度不同[5]。保证对塌陷地形的修复和改造，通过填方和挖方的方式对改造后的地形进行植物覆盖，合理搭配地被、灌木和乔木，实现稳固水土和稳固地形结构，保证植物生长基础条件和岩石坡面能紧密结合，对场地边坡进行保水固土（图 2）。

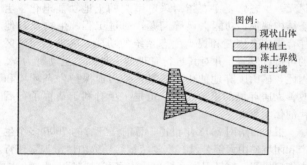

图例：
- 现状山体
- 种植土
- 冻土界线
- 挡土墙

图 2 边坡保水固土示意图

3.2 生态修复植物选择原则

这里所指的"恢复"，不是对矿山开采前自然生存原貌的"复原"，而是对开发后生态系统的"修复"、"整治"或"改造"[6]。在"修复"和"治理"的前提下，本次设计在生态修复的植物选择上遵从生态适应性原则、植物多样性原则、先锋持续稳定性原则和抗逆性原则。根据以上原则，对乔木、灌木和草本植物进行选择（表 1）。

主要植物材料		表1
乔木	油松（*Pinus tabulae formis* Carr. ）	
	黑松（*Pinus thunbergii* Parl. ）	
	侧柏（*Platycladus orientalis*）	
	黄栌（*Cotinus coggygria*）	
	刺槐（*Black Locust.* ）	
	火炬树（*Rhus typhina* Nutt. ）	
	蒙古栎（*Quercus mongolica* Fisch. ex Ledeb）	
	辽东栎（*Quercus liaotungensis* Koidz. ）	
	白蜡（*Fraxinus chinensis* Roxb. ）	
	臭椿（*Ailanthus altissima*）	
	山杏（*Siberian Apricot*）	
	山桃（*Prunus davidiana* Amygdalus）	
灌木	胡枝子（*Lespedeza bicolor* Turcz. ）	
	紫穗槐（*Amorpha fruticosa*）	
	沙地柏（*Sabina vulgaris*）	
	黄刺梅（*Rosa xanthina* Lindl. ）	
	丁香（*Syzygium aromaticum*）	
	荆条（*Vitex negund* Var. heterophylla. ）	
	沙刺（*Hippophac rhamoides* Linn. ）	
	连翘（*Forsythia suspense.* ）	
	榆叶梅（*Amygdalus triloba*）	
藤本和草本	五叶地锦（*Parthenocissus tricuspidata.* ）	
	忍冬（*Lonicera Japonica*）	
	无芒雀麦（*Bromus inermis* Leyss. ）	
	山野豌豆（*Viciaamoena Fisch.* ）	
	小冠花（*Corooilla varia* L. ）	
	野牛草（*Buchloe dactyloides*）	

3.2.1 生态适应性原则

矿山生态修复中植物选择的基本原则是废弃地的环境条件应该与植物学、生态学特征相适应。只有对场地内气候和土壤能够适应的植物，才能在生态修复的项目中成活和生长，最后能够形成稳定的目标植物群落，达到植被恢复、生态修复的目的。在植物品种选择考虑生态适应性时尤其要考虑立地条件下的限制性因子，同时也要考虑矿山植物修复部分的快速植被恢复，要选择地上部分较矮的植物，植物根系发达生长迅速、能在短期内实现植被覆盖的植物品种。

3.2.2 植物多样性原则

植物品种选择时还需考虑生物品种的多样性，由多种植物品种形成的植被群落的生态稳定性明显好于品种单一的植被群落。乔木、灌木、藤本和草本地被植物等多层次和多品种的组合，形成综合性和稳定性较强的复合植物生态系统，有利于矿山自然生态系统的恢复。

3.2.3 先锋持续稳定性原则

场地内土壤条件较为贫瘠，在设计上考虑豆科先锋植物，如刺槐（*Black Locust*）、荆条（*Vitex negundo* var. heterophylla）、紫穗槐（*Amorpha fruticosa*）等植物来培养基质养分、提高土壤肥力。从生态修复和景观营建的角度考虑，为尽快实现绿化工程效果，所以选择适应气候条件、生长迅速的植物实现先期覆盖。当目标群落形成后，在无

人工养护条件下植物仍能健康生长，体现了植物对自然气候和场地条件的适应性。

3.2.4 抗逆性原则

本次设计中由于生态修复植被区域，立地条件相对比较恶劣，根据项目区域内的具体情况，要求植物品种具有一定的抗旱性、抗寒性、耐瘠薄等特性，矿山生态修复中只有具有一定抗逆性的植物在后期无人养护的条件下才能够实现自我维持，具有较强的生命力。抗逆性的强弱直接决定了植被能否达到自我生存的要求，影响到形成的植被在后期的稳定持久性。

3.3 生态修复植物配置合理性原则

植物群落的组成并不是杂乱无章的堆积，在特定地段的自然条件下，总是由一定的植物种类结合在一起，成为一个有规律的组合。黑石山绿化面积为 25 万 m²。选择主要乔、灌植物 12 种，其中树木 13 万株，常绿乔木 11 万株，落叶乔木 2 万株，灌木 1 万株。配置方式采用片林栽植形式，选用黑松（*Pinus thunbergii*）、侧柏（*Platycladus orientalis*）、刺槐（*Black Locust*）、蒙古栎（*Quercus mongolica* var. mongolicodentata）、辽东栎（*Quercus liaotungensis*）、火炬树（*Rhus typhina*）等耐旱、耐寒、抗风耐贫瘠本土树种，满足一定的生态基质。生态基质由土壤、有机质、肥料、保水剂、稳定剂、团粒剂、酸度调节剂、消毒剂等按一定的比例混合而成[7]。沿挡墙种植连翘（*Forsythia suspensa*）、丁香（*Syzygium aromaticum*）、榆叶梅（*Amygdalus triloba*）等灌木（表2）。

主要乔木、灌木与数量统计			表2
序号	名 称	数量（株）	
1	黑松（*Pinus thunbergii* Parl. ）	30000	
2	侧柏［*Platycladus orientalis*（Linn. ）Franco］	80000	
3	刺槐（*Black Locust*）	4000	
4	蒙古栎（*Quercus mongolica* Fisch. ex Ledeb. ）	4000	
5	紫穗槐（*Amorpha fruticosa* L. ）	5000	
6	火炬树（*Rhus typhina* Nutt. ）	2000	
7	辽东栎（*Quercus liaotungensis* Koidz. ）	3000	
8	臭椿（*Ailanthus altissima*）	2000	
9	黄栌（*Cotinus coggygria*）	1000	
10	丁香（*Syzygium aromaticum*）	3000	
11	榆叶梅（*Amygdalus triloba*）	3000	
12	连翘（*Forsythia suspense*）	4000	

3.3.1 以生态、景观自然性原则

在对矿山场地进行功能区划的基础上，进行产业布局和产业结构调整，构建合理的产业结构，不但可有效治理矿区的生态环境问题。而且可避免产生二次污染，同时可创造经济效益[8]。要充分考虑立地条件的土壤、光照、水分等环境因子，宜乔则乔，宜灌则灌，宜草则草，因地制宜。在改善生态环境的前提下，在植被恢复同时营造良好的景观效果，实现景观与生态相结合。通过对场地的功能和地质条件的划分，分为南北两个渣坡的分区。在分区内通过场地的日照时效和功能观赏面的考虑，规划适宜的植

物搭配，结合黑松（*Pinus thunbergii*）＋紫穗槐（*Amorpha fruticosa*）＋连翘（*Forsythia suspensa*）的植物配置方式，不但稳固了矿山的边坡防护，也营建了生态修复的景观效果。

3.3.2 乡土植物与外来植物结合性原则

充分利用优良的乡土植物，积极推广引进取得成效的优良植物。植被恢复初期适宜用外来物种，可以迅速形成植被覆盖，固定地表，改善废弃地的土壤环境，为乡土树种正常生长创造良好的生长条件；乡土树种在植被恢复后期发挥主要作用，有利于实现稳定的目标群落。

3.3.3 优化植物配置，坚持生物多样性原则

草、灌、乔三位一体的多层次植物自然群落，抗外界干扰能力强，即使群落中一种或几种植物受到病虫害的危害而死亡，其他的植物也会填补空白。以便迅速达到绿化效果，从而形成从前到后，由低到高，具有层次感的植物立体布局。

3.3.4 分区、功能合理性原则

通过分析，根据场地内不同的立地条件，分为2个生态修复区域，即北坡植物生态修复和南坡植物生态修复分别选用不同的植被措施进行恢复。植被恢复主要采用抗逆性强，适应当地条件的植物品种，并且乔灌草合理配合。在实施过程中可以根据具体情况对苗木品种及规格进行适当调整，黑石山矿山生态修复中南坡渣坡生态修复选用的树种（表3）。

南坡主要植物与规格　　　　　　　表3

序号	名　称	规格
1	黄栌（*Cotinus coggygria*）	地径1.5cm
2	侧柏［*Platycladus orientalis*（Linn.）Franco.］	高1.2-1.5m
3	火炬树（*Rhus typhina* Nutt.）	胸径2-2.5m
4	刺槐（*Black Locust*）	胸径4-5cm
5	臭椿（*Ailanthus altissima*）	胸径3-4cm
6	五叶地锦（*Parthenocissus tricuspidata*）	3年生，枝条1m
7	野牛草（*Buchloe dactyloides*）	新种子

恢复废旧矿山的植被不仅能有效地达到稳定土壤，有效控制污染，而且能够显著的改善生态环境，减少废旧矿山对人类生活和生产的影响[9]。通过前期的场地条件分析，北坡由于缺少充足的日照，选择耐阴、耐贫瘠的植物。黑石山前期试验栽植阶段种植的植被由于北坡光照较少，造成种植后的蜀桧（*Sabina komarovii*）叶子枯黄，成活率较低。所以北坡选用的植物多采用喜阴性，耐严寒的植物树种，如侧柏（*Platycladus orientalis*）、火炬树（*Rhus typhina*）、臭椿（*Ailanthus altissima*）和野牛草（*Buchloe dactyloides*）（表4）。

北坡主要植物与规格　　　　　　　表4

序号	名　称	规格
1	侧柏［*Platycladus orientalis*（Linn.）Franco.］	高1.2-1.5m
2	火炬树（*Rhus typhina* Nutt.）	胸径2-2.5m
3	臭椿（*Ailanthus altissima*）	胸径3-4cm
4	野牛草（*Buchloe dactyloides*）	新种子

4　结语

综上所述，黑石山石灰石矿生态修复项目中，吸取了国内外生态修复的经验，在植物选择和植物配置上提出创新形式，为矿山修复工作提供可借鉴的经验。由于国内矿山废弃地数量较多，对环境影响较大，虽然在矿山生态修复工作上已经取得了进步，但总体上我国矿山生态恢复的任务还十分艰巨。"他山之石，可以攻玉"，树立和坚持科学发展观并认真借鉴国外的先进的方法经验和矿山环境保护管理制度，结合我国的实际情况，完善我国的环境保护立法，加强科学管理，依靠科技进步，改进矿山生产技术和生产条件，加大土地复垦和地质灾害防治等工作的力度，以保护资源、保护环境和维护我国矿业生产的持续发展，推进我国建设资源保护型和环境友好型社会[10]。

目前，经济增长很大程度上仍依靠能源和原材料的高消耗来实现，对矿产资源的开发和利用，虽然为我国社会主义经济的发展和建设事业做出了重要贡献，但同时也导致了较为严峻的生态环境问题。所以，通过对矿山植被的恢复改善了自然生态环境，加大对污染环境的治理和生态环境保护力度，提高矿山生态环境和景观价值，最终实现人与自然和谐共生。

参考文献

[1] 马康. 废弃矿山生态修复和生态文明建设浅论以北京门头沟区为例[J]. 科技资讯，2007（36）：146.
[2] 林墨飞，唐建. 关于地震废弃地的景观重塑策略探讨[J]. 大连理工大学学报，2009（9）：706-709.
[3] 许小娟，朱凯华. 海岛矿山生态修复边坡植物多样性分析[J]. 北方园艺，2011（07）：106-109.
[4] 郭德俊，张亮亮. 矿山生态修复的研究进展[J]. 科技资讯，2010（31）：127.
[5] 祝怡斌，周连碧. 矿山生态修复及考核指标木[J]. 金属矿山，2008（8）：109-112.
[6] 谭景贵，陆三明. 矿山生态环境破坏与生态修复—以六安市矿山为例[J]. 皖西学院学报，2004（4）：45-48.
[7] 朱琳. 矿山生态修复技术方法研究[J]. 广州化工，2011（15）：31-33.
[8] 曾华星. 矿山生态修复可持续发展分析[J]. 能源研究与管理，2010（4）：17-19.
[9] 邵其东. 矿山生态修复研究与实践[J]. 科学论坛，2012（9）：90.
[10] 温小军，朱建新. 我国矿山生态规划建设探讨[J]. 中国矿业，2007（10）：32-34.

作者简介

[1] 王志胜，1981年6月生，男，汉族，辽宁大连人，硕士研究生，高级工程师，大连工业大学艺术设计学院，研究方向为景观规划设计。
[2] 曹福存，1969年6月生，男，汉族，辽宁朝阳人，博士研究生，教授，硕士生导师，大连工业大学艺术设计学院，研究方向为景观规划设计。

风景园林规划与设计

城市可持续发展理念下的棕地利用研究
——以武汉市为例

Brownfield Planning Study Base on Sustainable Urban Development
—— Case Study of Wuhan's Brownfield Planning

魏 雷

摘 要：本文阐述了棕地利用是城市可持续发展的重要体现，并以武汉市为例，提出了现代城市棕地利用的新方向。
关键词：风景园林；可持续发展；棕地

Abstract：This paper describes that brownfield planning is an important manifestation of sustainable urban development. It takes Wuhan as an example, and proposes a new direction of urban brownfield planning.
Key words：Landscape Architecture；Sustainable Development；Brownfield

近年来在国内许多领域都看到了"棕地"一词，并且出现的频率正在逐步增加，因此"棕地"在我国城镇化实施的大背景下和风景园林创造城市持续美好生活的宗旨下就尤为显得非常重要了。

"棕地"在发达国家早已是一个众所周知的概念，比如美国和英国都有非常权威的定义。美国国家环保局（EPA）对棕地比较明确的定义为：棕地，是指废弃的闲置的或没有得到充分利用的工业或商业用地及设施。在这类土地的再开发和利用过程中往往因存在着客观上的或意想中的环境污染而比其他开发过程更为复杂；在英国，棕地是指"被以前的工业使用污染，可能会对一般环境造成危害，但有逐渐增强的清理与再开发需求"的用地[1]。

"棕地"也是城乡用地的一种类型。随着生产技术的更新换代，工业活动的衰退以及城市发展所导致的工业生产部门向城市外围的迁移，城市及其周边产生了大量废弃或闲置的空间（如一些旧垃圾填埋场和废弃的造纸厂、化工厂、矿业遗留地等）。这些空间都带有明显或潜在的污染，不能与城市同步发展。

本文以武汉市的棕地利用为研究对象，通过分析国内外对棕地利用的现状，探寻在城市可持续发展理念下的风景园林规划设计新趋势。

1 "可持续发展"与"棕地利用"

"可持续发展"源自20世纪80年代末、90年代初，在世界经济发展、城市建设和环境保护等领域十分流行。其意义体现在三个方面，即考虑自身行为对周边环境的影响、对其他人的影响以及对下一代的影响[2]。

风景园林是以满足人们对良好人居环境乃至更大范围自然环境的需求为目的的学科；风景园林创造着美好人类生活境域、解决社会问题，同时深刻关注人们精神生活需求。因此，风景园林是城市"可持续发展"最重要的体现。

在城市更新发展过程中，"棕地利用"又尤为显得特殊与重要。棕地有几个特征：第一，棕地是已经开发过的土地；第二，棕地部分或全部遭废弃、闲置或无人使用；第三，棕地可能遭受（工业）污染；第四，棕地的重新开发与再次利用可能存在各种障碍。所以，对城市棕地的清理整治与再利用，是城市可持续发展与城市复兴的必然。风景园林应该将规划设计的重点放在棕地空间上，这样才能更好地体现风景园林创造城市持续美好生活的宗旨。

2 国内外棕地利用现状

2.1 国外棕地利用现状

1993年美国环保局"棕地经济再开发行动"的出台，标志着棕地开发行动的开始。1995年的棕地行动议程中明确规定，开发棕地可以申请"社区地块开发基金（CD-BG）"，用于棕地开发的规划制定、土地获取、环境评价、场地清理、建筑物的拆除和复原、污染治理以及原有建筑物的改善等。1997年，克林顿政府新的棕地联合开发行动有15个联邦政府机构共同参与，投入棕地重建的资金总额为3亿美元。2002年，布什总统签署了《小企业责任免除和污染土地复兴法》，授权每年拨付2.5亿美元用于被污染土地开发方面的援助，其中5千万美元用于低风险石油污染土地的评估和清理工作。

英国推动的棕地风险管理与修复政策取得了良好效果，超过20000hm²的棕地被确定为可再开发土地，其中约7000hm²可立即使用；在一些重要的地区如伦敦、英国东南部和东部，约有30%的棕地确定为存在污染。通过棕地重建，英国设立的 2008 年将有 60%的新建住宅在已开发土地上建设或通过现有住宅转换的目标，已于2002 年提前实现[3]。

2.2 国内棕地利用现状

目前在我国，人们一般狭义的将棕地理解成为城市内部旧工业用地，但不少城市和地区已进入快速城镇化过程，在这样的背景下，土地供需矛盾也愈发尖锐，同时，我国不少老工业城市中存在大量的需要再开发的棕地（如旧厂区、仓库、堆栈等），这促使我国开始出现不少棕地开发实践，旧工业用地的更新实践表现得更为突出。

旧工业区更新开始于 20 世纪 80 年代后期，1984 年和 1987 年分别在合肥和沈阳召开了全国旧城改造经验交流会，提出旧城改造的主要内容包括更新城市工业区。

受国外旧工业用地更新方式的影响，我国也从不同途径进行了尝试，如基于 Loft 概念的北京大峪山文化艺术区，基于后工业思想的广东中山岐江（船厂）公园，注重生态与可持续发展的唐山后湖公园等，混合利用的概念也正逐步深入人心。

3 武汉市棕地利用研究

武汉市是一个沿长江发展起来的内陆城市，新中国成立后又成为全国的重要工业基地，所以作为全国六大老工业基地之一的武汉市，其中旧工业用地以及沿江闲置的仓储码头用地更能体现武汉棕地的特点。

3.1 武汉市棕地特征及问题

武汉市棕地大致划分为三类：旧工业用地、沿江仓储码头用地以及闲置地。

3.1.1 旧工业用地

武汉市旧工业用地现状布局分散，用地比例比重偏大，土地极差效益没有得到充分体现，环境污染程度不一，国有工业企业改革引起下岗再就业量较大。武汉市旧工业用地的更新不仅面临着城市产业结构调整带来的压力，完善城市用地结构提出的挑战，而且需要满足城市生态、城市工业文脉传承和可持续发展的要求（图 1）。

图 1 武汉市旧工业用地现状（2004 年）

3.1.2 沿江仓储码头用地

武汉市通过对两江四岸的规划和改造，积极推动了沿江地带的工业区、仓库码头区的更新与再开发，成为沿江棕地开发的示范性案例。但现状沿江仓库码头的比例仍然很高，且大部分都已消极运行或闲置，对城市面貌和城市再发展有着较大影响。

"两江四堤八林带，火树银花不夜天"，这是一位诗人对武汉江滩美景的赞颂。在武汉三镇的水景中，武汉江滩可谓是这座滨江城市中一道最美丽的风景。

汉口江滩可以说是武汉棕地利用的一个经典案例，是沿江仓储码头用地进行转换成生态恢复型绿地、开敞空间的利用形式。改造后的长江汉口岸已经不存在棕地，对"两江四岸"中的其他三岸的棕地开发具有较好的参考价值（图 2）。

图 2 武汉市汉口江滩

3.1.3 闲置地

武汉市闲置地再利用工作已经展开，城区闲置地逐步开始转换，但城区外围近郊区仍然是粗放型土地利用，开发过程中不断产生废弃地。

3.2 武汉市棕地利用发展规律

武汉市主城区遵循效益原则，通过土地置换、棕地利用，城市空间结构从中心至外缘依次为商业用地——住宅用地——工业用地——仓储用地等，土地利用趋向集约。

武汉市棕地利用的案例不断出现，重点集中在中北路片区、沿江地区、余家头片区、唐家墩片区、古田片区、七里庙片区等。每个片区因为其所处的区位不同、城市发展功能定位的不同、原有用地使用性质的不同使得每个片区都有不同的开发形式和方法。比如都市工业型开发、商业型开发、居住型开发、工业遗产保护型开发和生态恢复型开发。

3.3 武汉市棕地利用案例分析——以园博会为例

3.3.1 区位及用地条件分析

第十届园博会拟定园址位于武汉市主城区，用地权属为武汉市硚口区和东西湖区，现状北有东方马城、高尔夫球场、极地海洋世界等公共设施用地，还有常青居住组

风景园林规划与设计

团、金银湖居住组团等居住用地，南有武汉王家墩中央商务区、江汉经济开发区、硚口都市工业园等城市经济商务中心，西有后湖居住组团，东为大型居住用地（图3）。用地性质为公园绿地，建设用地为201.6hm²，由金口垃圾填埋场（该场于2005年6月1日关闭，已进行无害化处理八年）和长丰园组成，体现城市土地集约利用原则，是典型的城市棕地利用。

图3　武汉市主城区园博会区位

3.3.2　棕地利用的主要内容

将城市生活垃圾填埋场作为园博会选址点，并结合生态连接改造项目，以风景园林规划设计的方法打造园博园。遵循因地制宜、适地适树的原则，充分利用原有地形地貌，注重采用乡土树种、常绿树与落叶树搭配、阔叶树与针叶树搭配等，实现"棕地"变"绿地"的目标[4]。同时运用环保科学技术，采用风景园林造园手法，引导城市发展过程中各种棕地利用形式的多元化和科学化，展现园博园"变废为宝"的完美功能。

园博会中的"园林与绿色科技展区"建于金口垃圾填埋场（图4），通过对城市"三废"无公害处理，特别是

图4　园博会规划用地及金口垃圾填埋场范围

以风景园林为主导的综合性集约利用，使得该区域设有花海游廊、创意机械俱乐部、特色珍奇植物花园等景点，以突出新技术、新材料、新工艺与风景园林的联系，采用现代的手法集中展现清洁能源利用、垃圾无公害处理、可降解复合材料等绿色环保高新科技，同时探讨这些高新科技与风景园林建设的新成果及其应用。除了对禁口排污渠截污优化水形态外，还模拟人工湿地将水体水质修复为三类水体，重点展示遵循生态学原理下建设多层次、多结构、多功能的科学园林景观，探索快速城市化发展下的人类、动物、植物相关联的环境新秩序。充分发挥低碳环保、节能减排生态理念。

3.3.3　棕地利用的新方向

综上所述，武汉市园博会的棕地利用打破了传统棕地利用规律，以新的概念、新的技术、新的材料将棕地空间变成人们所需要的精神空间，变成自然的空间，从而引领现代城市棕地利用的新方向。

4　结论

棕地利用是城市可持续发展的重要体现，将棕地变成绿地是现代城市在后工业时期更新阶段的重要议题，同时也是城市风景园林规划设计的新趋势。如今，各国都在积极找寻后工业时代的棕地改造之路。这些见证了19世纪现代工业文明顶峰的特殊土地，记载了城市文明的过去，也必将见证城市的未来。可以说，棕地利用不仅是一个经济和生态的概念，也是一个"文化"概念。从许多成功案例分析得出，对"棕地改造为绿地"而言，"设计结合自然"不仅可行，还可以通过良好的设计使自然与人类文化遗产和谐共存，使其成为新时代城市文化的重要部分。

参考文献

[1] 潘庆华. 浅谈城市棕地利用[J]. 城乡规划与环境建设，2009(9)：93.

[2] 王英，郑德高. 在可持续发展理念下英国住宅建设的道路选择——读《绿地、棕地和住宅开发》[J]. 国外城市规划，2005(6)：69.

[3] 陈成，杨玲. 西方国家棕地重建策略及其对我国的启示[J]. 资源管理，2008(6)：16.

[4] 邓位. 城市更新概念下的棕地转变为绿地[J]. 风景园林，2010(1)：94.

作者简介

魏雷，1980年11月，男，汉族，湖北随州，硕士研究生，湖北经济学院，讲师，风景园林规划设计，电子邮箱：weilei@hbue.edu.cn。

城市可持续发展理念下的棕地利用研究——以武汉市为例

浅析受多种因子影响的景观空间设计方法
——以南京明外郭绿廊空间设计为例

A Preliminary Analysis on the Space Design of Landscapes Affected by A Variety of Factors
——A Case Study of the Pergola Space Design of the Nanjing Ming Outwall

吴冰璐 李方正

摘 要：每个景观空间设计均要考虑到诸多的影响要素，包括场地本身的现状环境和规划设计中欲达到的目标等。本文以南京明外郭绿廊的几个典型景观空间为例，总结了影响景观空间设计的多种影响因子，并针对每个影响因子提出不同的设计措施。既系统的总结了明外郭绿廊中一系列空间的设计过程，也为今后的相关设计提出了不同的思考出发点。

关键词：景观空间；影响因子；南京明外郭；设计方法

Abstract：The designing of landscape spaces should consider a variety of influencing factors, which includes present environment situation and the final goals of the planning. Based on the typical landscape spaces in the greenway of Nan-jing Ming Outwall, the article summarizes the several factors which influences landscape designing, and proposed different measures for each impact factor. Both summaries the series of spaces in the designing process of Ming Outwall greenway, and put forward a different thinking point for the related designing in the future.

Key words：Landscape Space；Influencing Factors；Nanjing Ming Wai Guo；Design Method

每个景观空间设计均要考虑到诸多的影响要素，包括场地本身的现状环境和规划设计中欲达到的目标等。现状环境影响要素通常包括地形、水文、植被、场地本身的历史价值和周边用地性质等。欲达到的目标所包含的内容更为宽泛，如建成后的具体功能、与周边城市的关系、对周边地块的社会影响力等。本文以南京明外郭绿廊的几个景观空间为例，总结了影响景观空间设计的多种影响因子，并针对每个影响因子提出不同的设计措施，既是对之前设计过程的总结，也希望为今后的设计提出不同的思考出发点。

1 项目概述

南京明外郭是南京明代都城四重城郭的重要组成部分，全线长 30 余公里，除部分地段宽度在 50m 左右外，最宽处可达 500m 甚至更多。本规划设计将外郭本体沿线打造成一条绿色廊道，并使其空间格局产生多种类型的变化，使人们在沿外郭单一游线行进的同时不感到枯燥乏味、有多种类型的游憩活动供选择。

2 设计影响因子

明外郭全线较长，规划设计中要考虑诸多因素影响，包括场地本身的基本现状环境和规划设计中的建设目标等。经过分析，总结为现状和建成后两大方面的影响因素，这两大因素又总共包含更为具体的以下九小点影响

因子（图1）：

2.1 地形因子

设计范围内的现状地形是否存在高差变化，较大的地形变化是否可加以整理利用。

2.2 水文因子

设计范围内是否存在可利用地表水的分布，是否面积较大或数量较多，是否可加以梳理利用。

2.3 植被因子

现状植被的多样性、质量、配置及可利用情况。

2.4 外郭本体展示度

外郭部分地段以土城头路的形式保存下来，形态完好，但有的地段已无遗迹。对于遗存完好的地段，其本体就是国宝级文物，可利用高差较大处对其进行本体展示，凸显其本身价值并起到发扬明文化作用。

2.5 周边历史资源点

设计范围内是否存在历史资源点，是否需要保护并突出其价值。经考证，明外郭规划红线范围内主要历史环境尚存，分布着丰富的历史文化资源，共计 11 处。其中含六朝时期 2 处，宋代 1 处，明代 10 处，民国时期 1 处，现代 2 处。级别有国家级、市级、区县级、区县控和未定级。其中包括国宝级的萧宏墓麒麟石刻、初宁陵石刻及明

外郭本身，此外还有著名的燕子矶、头台洞、二台洞、三台洞等。但资源利用现状不佳，各景点处于分散状态，相

对较为孤立，未能发挥其应有的价值，尚待进行整合和价值提升（表1）。

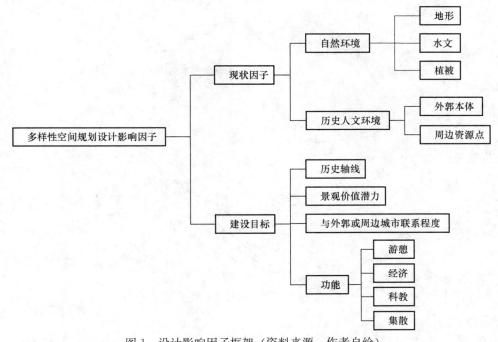

图1　设计影响因子框架（资料来源：作者自绘）

外郭规划红线范围内历史资源列表　表1

	年代	资源点名称	类型	措施	级别
1	六朝	宋武帝刘裕初宁陵石刻	摩崖、石刻及壁画	保护石刻，强调神道走向	国家级
2		良临川靖惠王萧宏墓石刻	摩崖、石刻及壁画	保护石刻，强调与外郭之间联系	国家级
3	宋	金陵驿遗址	遗址	遗址广场	未定级
4	明	南京城墙	古建筑	保护	国家级
5		观音门，沧波门，上方门	古城门遗址	重建	未定级
6		仙鹤门，高桥门	古城门遗址	点题（通过构筑、景观等）	未定级
7		麒麟门	古城门遗址	塑造景观节点	未定级
8		燕子矶、头台洞、二台洞、三台洞	纪念地及山水名胜	塑造景观节点	市级
9		运粮河	历史重要运河	整合河道景观	未定级
10		三步五墩	遗址	标识	未定级
11	民国	中华门站	珲现代重要史迹及代表性建筑	保护	未定级
12	现代	文天祥诗碑亭（1991年南京市政府建立）	纪念地及山水名胜景观	保护	区、县控
13		马群基督教学	代表性建筑	重建	未定级

表格来源：南京明外郭项目组

2.6　历史轴线

部分节点需强化历史、景观等方面的轴线，以突出景点重要性和增强导向性。

2.7　景观价值潜力

经过调研明外郭沿线的现状景观环境优劣，对现状自然环境和未来景观价值潜力进行了评价，有三段为优（图2）：

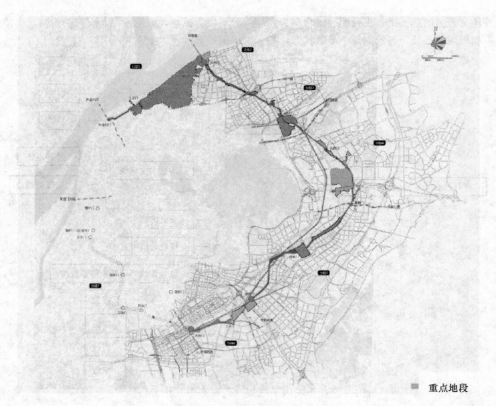

■ 重点地段

图 2　现状环境优差评析图（资料来源：作者自绘）

（1）观音门节点：位于南京主城北侧，北临燕子矶和长江，自然山水景观资源丰富。有利于顺应地形山势再现观音门历史形象及其与周边山体关系，塑造具有优美视觉景观和丰富历史文化内涵的公共绿地、公共活动节点和旅游景点。

（2）312 国道至宁杭公路段（即仙鹤门-麒麟门段）：位于南京主城东侧，主城与东山、仙林副城之间，两侧以农田、空地和在建工地为主，夹杂部分住宅与学校。周边有灵山、磨盘山、小白龙山及紫金山和部分水体，自然景观和生态资源丰富。

（3）高桥门至上方门段：位于南京主城东侧，主城与东山、仙林副城之间，规划以防护绿地、居住、教育用地为主，沿线保护开发潜力好。且与紫金山、灵山、磨盘山等自然山体有良好的视觉关系，具有生态、景观价值。

2.8　与外郭或周边城市联系程度

存在两种情况：节点距外郭较远，需建立其与外郭的联系；节点是游客进出明外郭绿廊的通道，需建立其与周边城市的联系。

2.9　功能

包括满足游客、居民的 4 项基本功能：游憩、经济、科教、生态。

3　针对影响因子的措施

通过对上述 9 大点 12 小点设计影响因子的整理和归类，将其中的同类影响因子结合，如地形因子和水文因子等可采用同种措施同时进行规划设计，分别提出下述几点具体设计措施。

措施 1：现状地形与水面的改造。（1）地形：首先考虑对原地形的利用，利用为主，改造为辅。结合现状调查和分析的结果，对基地进行自然地形高程改造设计，填挖结合，土方平衡。使改造后地形起伏曲折，符合自然特征并能满足造景的需要，满足各种活动和使用的需要。（2）理水，连通现状水塘并扩大水面，形成自然形态水面，与地形改造结合。根据基地特点，或创造大面积的水面营造开阔的视线，或创造带状水面连接不同景点。对于护城河遗迹水塘，应恢复护城河原有人工形态，辅助增强外郭气势。

措施 2：现状植被整理。保留较大乔木和成片树林并重新配植植被，沿道路和轴线进行规则式种植，即为行列式种植。游憩公园内进行自然式种植，包括孤植、丛植和群植。配植符合规划设计主题的树种，创造出各种主题的植物景观带，同时也要考虑植物的季相变化，处理好季相景色与背景的关系。

措施 3：外郭本体展示。（1）在外郭与两侧高差较大处，展示外郭剖面，彰显外郭本身所蕴含的历史含义，并设置说明碑文。（2）在外郭单侧护城河遗迹明显处，连通水面形成护城河旧貌，郭水辉映，重现外郭气势。

措施 4：对外郭沿线历史资源点的保护。（1）重建，根据历史资料和考古发掘，科学合理的重建历史点，并围绕其形成重要节点，如纪念广场、碑亭等，追溯历史，展示风貌。（2）塑造，通过城市设计层面的景观整合，塑造以其间核心的城市景观节点。（3）点题，通过文献解读，运用构筑、景观等处理手段，对历史点进行点题。

措施5：轴线设计。通过道路、树木栽植、灯光条带等方式表现设计，增强联系。

措施6：节点与外郭的联系方式设计，和出入外郭的节点设计。（1）通过道路轴线，建立节点和外郭的联系。（2）设置广场、出入口及停车场等，建立游客进出外郭的节点。

措施7：游憩场地。通过设计公园、广场、游步道等，为游客及居民提供户外活动与健身、陶冶身心的场所，满足游客及周边居民户外游乐、文化、康体等方面的需求。

措施8：经济类功能。设计外郭整体建筑风格相同的服务性建筑，包括社区服务中心、游客服务中心、旅社、配套服务设施、停车场等，为居民和游客提供便利。满足游客消费需求，提高区段活力。

措施9：科教功能。包括自然教育、历史教育、文化教育等方面的科教普及，通过设计明外郭历史博物馆、明

外郭剖面展示墙、纪念广场、碑亭等，意在增强游客的明文化教育，凸显明外郭的文化价值。

措施10：集散功能。通过规划解读，在重要交通交叉口、地铁站口和大型居民区出入口处，设计集散广场，方便人员正常流动往来，疏解游客和居民的交通压力。

4 影响因子组合总结

因子的作用往往是相互依赖的，对于不同的节点，则存在着不同的因子组合，需要对应不同的措施组合。上述12小点影响因子可归纳出千余种组合方式（根据多样性空间要求，每个组合需含至少3个影响因子）。而明外郭仙麒段的八个节点符合其中7种组合。通过综合基地现状及规划原则，将这7种影响因子组合及对应措施做了如下总结，如图3所示。

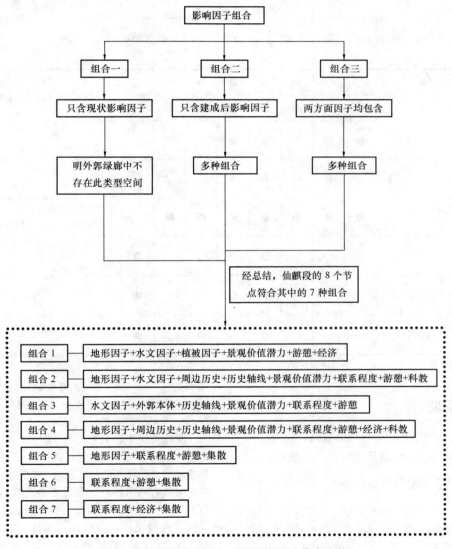

图3 影响因子组合总结（资料来源：作者自绘）

组合1：地形因子＋水文因子＋植被因子＋景观价值潜力＋游憩＋经济。采用措施1、2、6、7、8。

组合2：地形因子＋水文因子＋周边历史＋历史轴线

＋景观价值潜力＋联系程度＋游憩＋科教。采用措施1、2、4、5、6、7、9。

组合3：水文因子＋外郭本体＋历史轴线＋景观价值

潜力＋与外郭或周边联系程度＋游憩。采用措施1、3、5、6、7。

组合4：地形因子＋周边历史＋历史轴线＋景观价值潜力＋与外郭或周边联系程度＋游憩＋经济＋科教。采用措施1、4、5、6、7、8、9。

组合5：地形因子＋与外郭或周边联系程度＋游憩＋集散。采用措施1、6、7、10。

组合6：与外郭或周边联系程度＋游憩＋集散。采用措施6、7、10。

组合7：与外郭或周边联系程度＋经济＋集散。采用措施6、8、10。

明外郭绿廊有多处节点需考虑至少4项设计影响因子，需分类做多样性空间设计。其中较重要的节点有：明文化公园、萧宏墓园、初宁陵公园、外郭气势展示段、风情小镇等，如表2所示。

设计影响因子和对应措施列表   表2

因子组合编号	地形因子 (措施1)	水文因子	植被因子 (措施2)	外郭本体 (措施3)	周边历史 (措施4)	历史轴线 (措施5)	景观价值潜力 (措施6)	与外郭或周边联系程度 (无单独措施)	游憩 (措施7)	经济 (措施8)	科教 (措施9)	集散 (措施10)	主要采用的设计方法编号	适用节点名称
组合1	●	●	●	○	○	○	●	●	●	○	◎	○	措施1+2+6+7+8	龟山公园
组合1	●	●	●	○	○	●	●	●	●	○	◎	○		文明化公园
组合2	●	●	○	●	●	●	●	●	●	○	●	○	措施1+2+4+5+6+7+9	萧宏墓园
组合3	○	●	●	●	●	●	●	●	●	○	●	◎	措施1+3+5+6+7	郭水辉映园
组合4	●	○	○	●	●	●	●	●	●	●	●	○	措施1+4+5+6+7+8+9	初宁陵公园
组合5	●	○	○	◎	◎	○	○	●	●	◎	◎	●	措施1+7+10	仙鹤门
组合6	○	○	○	◎	◎	○	○	●	●	○	◎	●	措施7+10	麒麟关广场
组合7	○	○	○	○	○	●	◎	●	●	●	○	●	措施8+10	风情小镇

表格来源：作者自绘

5 典型案例说明

根据以上的影响因子及相应措施的总结，以南京明外郭绿廊的萧宏墓园节点为例进行说明。

5.1 设计影响因子及采用措施

涉及6项设计影响因子：地形因子，水文因子，周边历史资源点，历史轴线，景观价值潜力，与外郭或周边的联系程度，游憩，科教。

采用措施1、2、4、5、6、7、9。

5.2 区位和历史背景

萧宏墓位于灵山北路与学则路交口处，距离明外郭绿廊约500m（图4）。萧宏墓园南北长250m，东西长200m，南侧、西侧地势较高，园内相对高程4m，面积为5hm²。含明外郭等共计规划用地25.3hm²。

萧宏墓园中的梁萧石刻（国宝级文物），于南朝时期建立。现存石刻3种6件，其中石辟邪两只，东西相对，均为雄兽。西辟邪已碎成数块，横卧在水沟蔓草之中，仅有部分器官尚可辨认。东辟邪是南朝石辟邪中保存最完好的一件石辟邪，原倒在深约1.5m的沟中，20世纪50年代升高到地面，搬到长3.87m、宽1.80m、高0.74m的基座上。1997年10月，有关专家对东辟邪作了重新调查和测量。萧宏墓神道石柱，东西各一（图5、图6）。

规划中强调外郭与萧宏墓之间联系，围绕萧宏墓石刻建设主题公园，对石刻的遗产价值进行提升和原址保护。

风景园林规划与设计

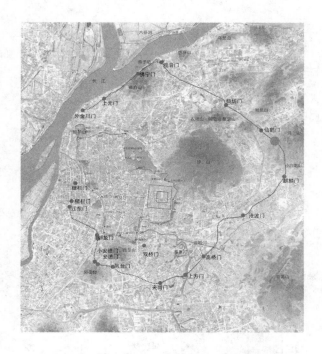

图4　萧宏墓园区位（图片来源：作者自绘）

图5　萧宏墓园现状航拍（图片来源：Google 截图整理）

图6　现状照片，石辟邪与石柱（图片来源：作者自摄）

5.3　现状特征

（1）园区已设立围栏并有专人看护，但园内景观未作过规划设计，处于原生态，树种杂乱，现状环境一般。（2）辟邪和石刻湮没在环境中，没有突出其重要历史价值和重要性。（3）园内没有环园游线，只有一条东西向道路从园中贯穿。（4）与明外郭联系性不强，被灵山北路分隔在两侧。（5）园区周边紧邻诸多建筑工地和居民区，周围视觉景观不佳且较嘈杂。

5.4　设计原则

萧宏墓园是明外郭绿廊串联起来的公园之一，为小型公园尺度，自身具有强烈的历史纪念意义，设计具有特殊性，有下述原则。

严格遵从文物紫线：文物紫线分为保护紫线和控制紫线，采取无干预及最小干预原则，保护紫线范围内为规划设计中的禁建区；控制紫线范围内为规划设计中的限建区，需遵从对建筑的容积率、形制、体量、色彩的特殊规定进行规划设计。

5.5　具体设计方法

（1）结合地形整合现状水面（图7）。水在此纪念园中是不可缺少的，水具有灵气，有助于加强和突出纪念物，亦可构成美丽景色。现状存在4片不相连水面，水面面积共计11800m²，其中1号水面最大。①1号水面西侧为洼地，现已长满荒草。设计中将洼地并入水面，扩大1号水面西侧面积，使石刻与水岸关系更加清晰；②2、3号水面之间现状为干枯的水道，设计中将水道挖深，顺应水道连通此两片水面，恢复两只辟邪隔水相对的环境。由于东辟邪位于2、4号水面之间，属于文物保护线范围内，故不做连通设计，保留地形现状。改造后水面面积为14010m²。

（2）种植规划及景观改造（图8）。现状树木杂乱、稀疏，无法营造院内游憩、纪念的氛围，不能遮蔽园外不良景观。①在园区东北侧、西侧规划种植大片林地遮挡居民区等杂乱环境及噪声干扰，并与园内开阔水面形成疏密对比，突出园中心的辟邪和石刻；②沿园内道路种植行道树，园区东南侧和南侧散植乔木，面对外郭方向形成林地的开口，加强与外郭联系。中上层乔木选择的主要树种有：香樟、北美鹅掌楸、乐昌含笑、金叶女贞、火棘等。

（3）设计连接外郭的轴线（图9）。使萧宏墓园与外郭绿廊相连，轴线端头对应文物，突出其重要性和历史价值。①延长石刻、石辟邪所在的轴线，与外郭相交，轴线两侧种植成排雪松，严整而雄伟，以增加肃穆气势；②灵山北路隔断了萧宏墓园与外郭的联系，其标高26m，萧宏墓园标高22.5m，存在3.5m高差，故设计下穿走道使轴线保持完整畅通，与明外郭绿廊连为一体；③轴线近外郭端设计台地，在此登高可沿轴线遥望萧宏墓园；轴线近萧宏墓园端设计亲水挑台，走过下穿走道便是开阔的水面及石刻。

（4）其他辅助设施设计。①保留原有入口并扩大，入

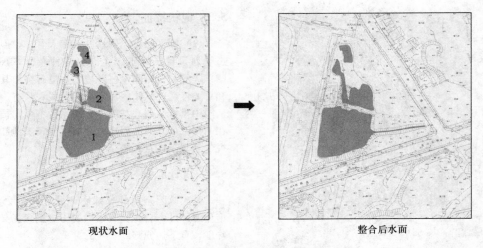

现状水面　　　　　　　　　　　　　　　整合后水面

图 7　水面整合（图片来源：作者自绘）

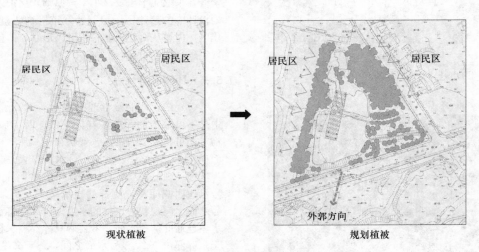

现状植被　　　　　　　　　　　　　　　规划植被

图 8　植被规划（图片来源：作者自绘）

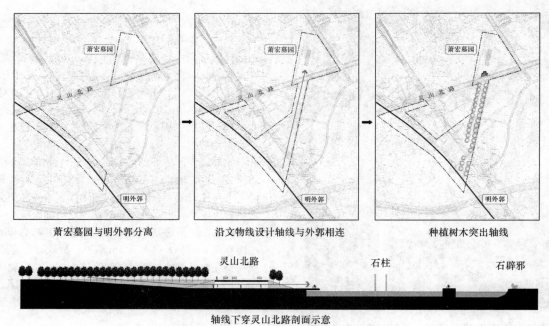

萧宏墓园与明外郭分离　　　　沿文物线设计轴线与外郭相连　　　种植树木突出轴线

轴线下穿灵山北路剖面示意

图 9　轴线设计（图片来源：作者自绘）

口旁设置园外停车场，可停社会车辆及大巴车共计50辆；②设计环园路网，供游客较好的游憩全园；③设置介绍萧宏墓历史背景和意义的说明标识，以达到科教作用；④萧宏墓园与外郭连接处红线范围内，规划中有1条城市主干道、2条城市次干道经过，故设计为一个服务节点，设计

服务中心与停车场。

另，各项设计过程中，严格遵守石辟邪和石刻的规划紫线（文物保护线）的要求，保护文物，并控制建筑和标识的体量、色彩和风格（图10）。规划设计总平面（图11）。

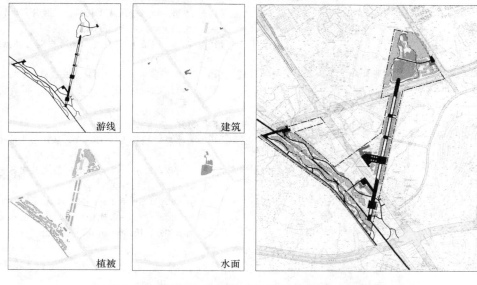

图 10 萧宏墓园各要素构成（图片来源：作者自绘）

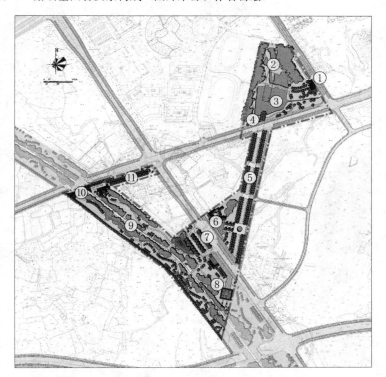

1 入口及园外停车场
2 石辟邪
3 石柱
4 下穿走道及水面挑台
5 萧宏墓园与明外郭联系走廊
6 服务中心
7 停车场
8 台地园
9 明外郭
10 休息平台
11 明外郭观萧宏墓视觉廊道

图 11 萧宏墓园平面（图片来源：作者自绘）

6 思考与总结

本文来源于对南京明外郭完整设计过程的思考。南京明外郭周边的建设速度较快，用地现状发生着日新月异的变化，每个景观空间的设计完成周期相对紧张。在每个景观空间的设计过程中，均需考虑每块场地的历史、景观、交通、游憩等不同方面的影响因子，而且绿廊沿线的每个景观空间均有着不同的空间要求。如何从不同中总结出相同点，将其归类并给出恰当的设计措施，最终使得绿廊串联的一系列景观空间呈现多样性的变化和趣味，是本文研究的主要内容。

本文的总结和归纳并不全面，着重总结了南京明外郭绿廊所串联的诸多景观空间的特点和需求，所列出的

影响影子不是宽泛的可适用于大多数景观空间的影响要素。由于明外郭本身所特有的历史保护价值，影响因子中除了必备的景观和游憩需求，更偏重于历史、交通等方面的考虑。

参考文献

[1] 东南大学建筑学院，东南大学城市规划设计研究院. 秦淮新河—土城头百里风光带规划，2010(07).

[2] 东南大学建筑学院，东南大学城市规划设计研究院. 秦淮新河—土城头百里风光带：明外郭重要节点修建性详细规划，2010(11).

[3] 刘滨谊. 城市道路景观规划设计[M]. 南京：东南大学出版社，2002.

[4] 王晓俊. 风景园林设计[M]. 凤凰出版传媒集团. 江苏科学技术出版社，2009.

[5] 吴良镛. 人居环境科学导论[M]. 中国建筑工业出版社，2001.

[6] 阮仪三. 历史文化名城保护理论与规划[M]. 同济大学出版社，1999.

[7] （美）麦克哈格. 芮经纬译. 设计结合自然[M]. 北京：中国建筑工业出版社，1992.

[8] 王建国. 城市设计（第2版）[M]. 南京：东南大学出版社，2004.

[9] 俞孔坚. 景观：文化、生态与感知[M]. 北京：科学出版社，1998.

[10] 蒋婷婷. 明城墙风光带南京历史与未来的城市标志[J]. 现代城市研究，2006(02).

[11] 季蕾. 植根于地域文化的景观设计[D][硕士学位论文]. 东南大学建筑系，2004.

[12] 徐浩. 美国城市公园系统的形成与特点[J]. 华中建筑，2008(11).

[13] 唐勇. 城市开放空间规划及设计[J]. 规划师，2002. 18(10)：21-28.

作者简介

[1] 吴冰璐，1987年1月，女，汉，山东济南，硕士研究生，毕业于东南大学建筑学院风景园林专业，现任职于山东建筑大学，助教，研究方向为景观与园林设计，电子邮箱：sdjnwbl@163.com。

[2] 李方正，1989年2月，男，汉，山东济南，北京林业大学风景园林学硕士在读研究生，风景园林规划设计与理论，电子邮箱：lfzlovela@163.com。

浅析建筑外环境种植设计

——以格蒂中心为例

Analysis of Planting Design outside the Building Enviroment
——Take Getty Center as an Example

吴 然 李 雄

摘 要：建筑外环境的场地往往不大，植物的种植是重要的组成元素．在种植设计中，找好植物自身的位置和表达的重点十分重要，更多的细节需要被考虑，包括空间感的营造。

关键词：建筑；植物；空间；格蒂中心

Abstract：The space outside the building environment is not always large, the cultivation of plants is an important constituent element．In the planting design，finding plants a good location and expressed focus is very important，more details need to be considered，including creating a sense of space.

Key words：Building；Planting；Space；Getty Center

建筑外环境中植物的种植是重点，植物掌握了空间和环境景观颜色，质感以及游客的感受度。不同于大型公园中的种植，这里的植物选择显得更加细腻，也考虑更多细节和搭配的问题，乔灌草不一定要配合搭配，而是可以任意组合的，多出许多细心的事情需要研究。

1 建筑外环境种植设计要点

1.1 线条感

建筑外环境中的植物，也像景观设计中一样，讲究线条感，种植不仅是平面上的种植，也是空间垂直面上的种植，尤其是在建筑周围，本身主题为建筑的线条，植物的线条感也应该符合和映衬建筑，在 IBM 的大楼入口处就利用了杨树的竖向线条，旗帜式地表示了入口的位置。而对于一些小的点状景观，水池旁边的杨树或者柳树，同样垂直的线条拉伸了线条感，不管是倒影还是树形，都是清爽和干练的，画面十分干净。不仅是竖直的线条，在林荫的大道上，很多圆形的树形，像悬铃木等也很适合，树形的线条美感在这时成为重点，像巴黎市政府前明日花园广场中皮影帆布后面的植物和下文所讲的迪斯尼音乐厅中的造型树一样，不管是直接还是间接的方式，都表现了植物线条美。

1.2 色彩感

植物随着时间演替，出现色彩上"春、夏、秋、冬"的季相变化，单季不同颜色植物搭配和季相上的组合都增添了建筑物的时间、季候感，增加了建筑物的活泼感，像玛莎施瓦茨设计的艺术中心中仙人掌被种植在彩色有机玻璃的前面，单色的仙人掌配合玻璃颜色增加了活泼感同时表现了植物的姿态，整个像一幅自然的壁画立在那，这是利用植物色彩进行装饰的做法，在植物的配置时候应选择季相变化较明显的植物但却不过量，在适合的地方配植春季植物如蜡梅、柳、桃、榆叶梅、丁香、海棠、紫荆等小灌木，夏季槐，秋季浪漫情怀的银杏、白蜡、钻天杨、元宝枫、柿子、山楂、黄栌、地锦等，而冬季多体现出建筑物的庄重，多利用常青的松、柏、杉类树，这种混合的组合方式，将植物色彩感丰富的展示，当然配植时候应该注意建筑本身的风格，不能过量和喧宾夺主[1]。

1.3 趣味性

植物的表达也可以体现出趣味性，这尤其是在一些儿童使用性建筑旁边使用，植物种植在特殊的位置可以出现不同的效果，如艺术花钵里面，填满彩色玻璃的种植池等。在一个方案中，设计师将花草种在地面的裂缝中，或者水中的平台上，这些出乎意料的做法往往会引起人们的兴趣。

1.4 空间感

空间感是建筑外环境中重要的表达因素，掌握好空间的节奏才可以将植物的量及其种类控制好，种植空间有很多类型，在后面会有简要的介绍，植物利用种类层次构筑不同大小的空间，帮助建筑规整场地。

1.5 引导作用

显而易见的引导就是入口的引导，通常植物线型的平面分布往往具有一定的指向性，两排乔木的种植，构成延伸的线条，指向远方，这在西方园林中常有应用，在建筑外环境中，也常出现引导人行方向[2]。

2 建筑外环境种植空间分类

建筑外环境中的地段一般比较简单，没有很多地形和复杂的情况，因此植物承担了增加其丰富空间的一部分作用，主要形成了半开敞、开敞、垂直、林荫植物空间。

2.1 半开敞植物空间

半开敞植物空间是在一定域范围内，四周围不全开敞，有部分视角用植物阻挡了人的视线，方向性强，这种半开敞的植物空间，在某些场所帮助引导了轴线，强化轴线。这样的做法也适合一些休憩空间。

2.2 开敞植物空间

园林植物形成的开敞空间与半开敞空间不同，人的视线辽阔，没有空间的限制感，竖向分隔面仅用低矮灌木和地被植物作为空间的限制因素，这样的空间实际上在建筑周围广场上常出现，但在阳光照射十分强烈的地段，常结合林荫植物空间处理。

2.3 垂直植物空间

建筑立面上的植物绿化是一种植物的空间，也是现在绿化中新兴的元素。另外，用植物封闭垂直面，开敞顶平面，中间空旷，形成了一个方向垂直、向上敞开的垂直植物空间。分枝点较低、树冠紧凑的中小乔木形成的树列、修剪整齐的高树篱，构成垂直空间，在建筑外环境运用较少，空间过于封闭，常在大场地中见到。

2.4 林荫植物空间

在很多的林荫广场和林荫大道上面这种空间常见，通过植物树干的分枝点高低，浓密的树冠来形成空间感。

在植物选择上常用分枝点较高，树冠庞大，具有很好的遮阴效果的种类，无论是一棵几丛还是一群成片，都能够为人们提供较大的活动空间和遮阴休息的区域[3]。

3 案例分析——格蒂中心

格蒂中心（图1）坐落于美国洛杉矶，是世界上收藏最丰富的私人博物馆，由格蒂捐赠建立，由洛杉矶建筑师理查德·迈耶设计。格蒂艺术中心中最招人眼球的就是迈耶的白色建筑，走在其中，白色的沉静气氛浓郁，建筑采用最平静的颜色，所以在环境设计中，植物设计也追随着建筑的形式，简约整齐，加强秩序感，形式多变，配合空间选用不同类型植物。

3.1 种植总体设计

整个格蒂中心位于山顶处，场地外围的植物种植十分密集丰富，层层向上，深色的底色烘托白色的建筑，松柏类深色系植物共同围绕山体，塑造山形。场地内部的种植设计不同于场地外，浅绿色是主要的色调，清淡的颜色，或主题或配角的身份完美的在场地中转换，规则的种植中部分自然的种植搭配，将现代的迈耶白色派建筑最大程度的展示出来，而没有遮住其光彩，入口部分行列种植，圆形建筑旁边的规则围绕种植，中心草坪的重点配植，远处眺望台的低矮种植，引导种植，遮阴种植，植物帮助建筑围合空间，也释放出很多广场空间，草坪控制线在形态上和建筑的线型相吻合，利用延伸线将被建筑切割出的不规则广场分隔成规整的不同空间，植物在这里帮助规整空间，并利用最合适的植物量制造出一定的景观。整个场地中绿化的重点放在南部，北部是主要的建筑区，在一定程度上，位置地位有了区分（图2）。

图1 格蒂中心平面图

图2 格蒂中心绿地分布图

风景园林规划与设计

3.2 种植纵向分布

从平面图中能明显地看出建筑的轴线感，主要的右边建筑以一个150度的角度的折线横铺场地，植物顺着轴线点缀，在中心的大草坪上面，植物自身形成轴线，与北部折线平行和南部折线形成较小的角度，圆形的中心标志点和建筑的众多圆形构筑图形相统一，轴线都以圆形作为结尾，利用植物加以装饰，是圆形与方形融合设计的典范（图3）。

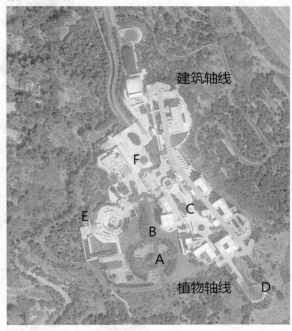

图3 格蒂中心轴线布局分析图

3.3 种植设计节点分析

3.3.1 A 中心植物区

A点是重要的景观节点，在这里种植着整个场地中种类最丰富的植物种，不管是类型还是科属，从南部来看，整个地段下沉，一层层的圆圈向下走，并利用折线坡道切割下到主要空间，折线坡道的设计十分简单，由于空间狭小，只是放置了一些观赏的盆景，同时保证了视线的通透，但同样的在坡道的两侧，每一层都种植上了不同的植物，最高层和次层的乔木和草本植物，但是高层的草本植物显得比较松散色泽也比较深，和下面的类似球状的草本植物形成鲜明对比，后两层的布置相似，都是草本和低矮的灌木类，这样总体看前两层围合突出中心的通透视线，而后两层则承担着衬托出主景观的作用，没有任何遮阴作用。中间的圆形模纹绿篱被一圈暗色的低矮植物包围，和土壤的颜色相近，像只是为中心景观周围加了一层纹理，水面上的绿篱主要种在水中的种植台上，一圈圈像大的涟漪，分为绿篱和花篱两种组合，毛绒绒的材质和周围硬质的灰色墙壁形成对比，也配合了中心瀑布，模拟涟漪，实际上，这组植物只是压住中心景观的方式，这种大型的水上模纹篱可以起到这个作用（图4）。

整个大圆形从平面图上被明显的分为了广场部分和

图4 中心景观鸟瞰

植物组团部分，在北端是广场部分，水系将广场分成两段，广场高程高于大型篱，可以作为俯望此景的地点，因此广场（图5）的前部没有大型植物，只有小的盆景点缀绿色，而在圆的边缘可是种植常规的乔灌草搭配，配合花篮形状廊架种植花卉，为游人提供小憩的休闲遮阴场所。

图5 上层休闲广场植物半开敞空间

总的来看，圆形植物的种植高的地方种乔木，中间低矮灌木和草本，和台地的地形相配合，加强台地的层级感，植物的种植不只要和自然地形相符合，在硬质的台阶上面也应该遵循这个原则。

3.3.2 B 植物轴线延伸区

首先这条植物轴线的延伸线也是水系的来源延伸，水流从北向南留下最后才留到中心的大水池，在这段延伸区中，水系周围采用的是硬质的处理方法，然而在植物方面，只有水系旁边是灌木和乔木的混合种植，利用复杂性突出景观轴线，植物的色彩感同时也为景色加分不少，中心轴线两面对称，分布的次序为水系，花灌木和乔木，低矮草本，草直到建筑的边缘。道路折型穿插在其中，有时略陷下，增加趣味性（图6）。

3.3.3 C 建筑庭院区

建筑庭院中种植的树十分有限，但是却有着直观重要的作用，庭院中很多遮阴都利用遮阴伞解决了，因此，树在广场上更多地承担了延续秩序的问题，在庭院的北部可以看到乔木，水池，遮阳伞座椅这样的三排组合，和左边的建筑平行，立面上树木是水杉类的高耸树形，与右

图6 延伸线边缘植物空间

边的圆形树形形成对比，高挺的树形成了垂直的线条，麻利利落，也较少的遮挡了建筑的立面，和建筑的白相互映衬。植物种植不只是平面上的量和空间还有立面上的线条和造型。

3.3.4 D 尽头眺望区

在场地的最南部，以圆形作为结束设计了一个挑台，但是不同于其他设计的是，在这个挑台上的主角是仙人掌类的植物（图7），游客们的活动范围限制在长条形的通道上，通道上植物种植池和框景框结合，形成美丽的景色，而圆形的台子上的仙人掌则作为独立的景观出现，是整个场地的收头，近处的仙人掌和远处的城市景观组合在一起也有奇妙的感觉。

图7 尽头眺望区种植形式

3.3.5 E 建筑边缘区

植物在这里完全是建筑的附属，花卉包着建筑栏杆

的边同时作为防护作用，粉色的花和深色的外部植物形成层次对比加上白色的建筑，共同加强边缘景观层次，像这种小的地方植物的设计完全附属于建筑，也为画面增加色彩感（图8）。

图8 建筑边缘种植形式

3.3.6 F 台阶区

在台阶的地段植物的作用就是活跃气氛，像图中多看到的很多花钵不规则的排列在不同台阶上，一个人划走的动态雕塑树立在旁边，为大楼梯增加了绿色并增加了趣味性，花钵中的植物像一个个生物一样趴在楼梯上，整个情景像一个故事，同时也有台阶被分割成植物区和台阶区，大的阶梯形台地上配植草本和悬铃木，单纯的种植增加了秩序感和绿荫感及丰富感，植物也是一种情趣的元素。

4 结语

建筑外环境中植物的设计要充分地考虑到建筑设计的风格和整体的色调，不同于公园的设计植物作为主角，在这里植物作为配角使得建筑的主题和意境更加突出。植物配置可软化建筑的硬质线条，打破建筑的生硬感觉，可使建筑物景色丰富多变。植物协调建筑物使其和环境相宜，建筑周围植物配置往往要把相互之间的关系进行综合考虑。

同时植物的种植也应该考虑其自身的造型感和挖掘其中的趣味性，找好植物自身的地位和位置是设计好建筑外环境的重要因素，同时应注重线条感，空间感和色彩感。

参考文献

［1］ 肖和忠，张玉兰. 试论园林建筑的植物配置. 河北农业技术师范学院学报，1998. 12(4)：51-52.

［2］ 郑素兰，李晓斌. 植物空间的语言. 漳州师范学院学报，2008.58(1)：102-106.

［3］ 陈敏红. 园林植物空间的构成与营造. 科技咨询，2009.5：143.

作者简介

［1］ 吴然，1988年2月生，男，汉族，湖北，大学本科学历，北京林业大学园林学院在读博士研究生，研究方向为风景园林学，电子邮箱：wuran007@163 com。

［2］ 李雄，1964年5月生，男，汉族，山西，教授，博士生导师，北京林业大学园林学院院长，研究方向为风景园林。

浅谈"构园得体"
——以富顺豆花村·生态文化园景观规划设计为例

Analyse "GouYuanDeTi"
——Taking Curd Village • Eco Cultural Park in Fushun as an Example

吴祥艳

摘　要："构园得体"是园林界专家学者耳熟能详的概念，然而，在园林设计过程中如何做才能真正实现"构园得体"却是一个值得深入探讨的话题。看似简单的设计概念，实现起来却并非容易。本文以富顺豆花村·生态文化园景观规划设计项目为例阐释"构园得体"概念在设计过程的三个主要阶段：前期调研，立意构思，以及方案设计中是如何实现的，旨在提醒园林设计师在进行园林创作时不要让一些重要的设计理念流于空谈，而是应该千方百计地使其落到实处，从而凸显园林设计作品的地域性特征。

关键词：构园得体；富顺；豆花村·生态文化园

Abstract："GouYuanDeTi" is the term familiar to each garden expert，however，in the process of landscape design how to truly achieve it is a topic worthy of further exploration. Seemingly simple concept，but which is not always easy to implement. In this paper，we choose the project Fushun Curd Village • Eco Cultural Park landscape planning and design，to explain how to reach "GouYuanDeTi" concept in the design process of three main phases：preliminary research，conception and idea，and the design，in order to remind Landscape designers do not let some of the important design concepts empty talk，but should do everything possible to implement it，thus highlighting regional characteristics of the design works.

Key words：GouYuan De Ti；Fushun；Curd Village • Eco Cultural Park

引言

《园冶》相地篇中曾明确提出："相地合宜，构园得体"，意在强调造园时应首先查勘基地现状资源条件，明确其优劣，然后再进行园林设计。尽管这一理念在当今园林界耳熟能详、尽人皆知。然而，笔者认为要想真正做到"构园得体"却并非易事。很多规划设计单位在进行具体园林创作时，经常存在如下问题：前期调研、方案设计、方案实施等三个主要设计环节横向分割，不同阶段由不同设计人员完成，彼此间缺少联系。方案设计师不了解项目的前期情况，也不关心项目后期的实施和建设，甚至有些方案设计师根本就没有去过基地现场，导致最终完成的方案成果缺少对基地的关怀，方案的可实施性差，方案的独特性和地域特色也因此丧失。

当前正值我国园林行业蓬勃发展的时期，要想真正创作出满足地方需求的园林作品，笔者认为深入研究"构园得体"的概念是很有必要的。如果每位园林设计师在每个园林作品中均能做到"构园得体"，那么就会有效减少当下园林界面临的：地域特色丧失、场所精神缺失、个性丧失等问题。

那么，如何才能真正做到"构园得体"呢？笔者认为，一方面要避免园林设计各阶段间的横向分割，加强各阶段间的纵向联系，最好是同一个设计团队从项目前期一直跟到项目结束；另一方面，设计团队要深入理解"构园得体"的真正内涵，并切实将这一理念融入整个设计过程之中。下面以富顺豆花村·生态文化园景观规划设计项目为例，加以阐释。

1　项目概述

"富顺豆花村·生态文化园"项目位于四川富顺县城东部 7km，省道 305 北侧，鳌溪河畔，占地 33hm²。该项目立足于四川新农村综合体建设的宏观背景，结合富顺县城东部景观大道的规划建设，力求将其打造成富顺县城东部重要的门户景观，同时，也作为富顺市民休闲旅游、短期度假的基地，以及展示富顺"豆花文化"的重要窗口。

项目组通过对区域大环境及基地本身进行详细的踏勘分析，结合富顺县经济状况，提出切实可行的设计方案，最终实现：提高土地收益、改善生态环境、满足市民休闲需求等多种功能，从而带动整个农村综合体的规划建设。

项目组在整个项目的规划设计过程中，始终坚持寻找最合理、最适宜方案的思路，将前期踏勘与方案设计紧密结合，使最终的景观设计方案真正体现出"构园得体"的设计理念。

基地与县城的关系

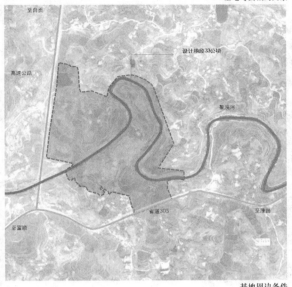

基地周边条件

图1 项目区位图

2 "构园得体"之于前期踏勘分析

"构园得体"之于前期探勘分析,在于深入挖掘项目区域及基地的背景条件,找出基地的特点、优势和劣势,作为设计的基本出发点。

2.1 解读区域生态旅游的大背景,确定项目的宏观发展方向

最初,项目组接到的任务书提出要建设一个农家乐型的生态旅游景点。众所周知,四川是农家乐的发源地,早在1987年的时候,四川郫县徐家大院就开始了"吃农家饭,观农家景"的新型休闲模式[①]。2000年以后,农家乐在四川很多地方就已经很普遍了。时隔十多年后,在富顺还要以农家乐为建设目标,是否与时代需求不符了呢?带着这一疑问,项目组扩大了前期调研范围,在富顺周边的主要城市,例如成都、自贡等地进行了农家乐型的生态旅游景点调研,了解农家乐型的生态旅游景点在最近几年的发展趋势,以及各个时期农家乐所包含的主要休闲活动内容以及经营状况。通过详细的调研分析,项目组得出:农家乐生态休闲方式在四川已经很成熟,面向的客源市场基本上以中低端为主,休闲活动内容以传统项目,如吃农家饭,进行农业景观观光为主。这一背景条件可以为"富顺豆花村·生态文化园"项目提供较为完善的理论和实践支撑,但本项目不能再建设一个完全类似的农家乐,而需要在传统农家乐的基础上,结合富顺豆花文化特色,以及当地"养生"、"骑游"等新型休闲方式的兴起,建设一个即能满足企业团体活动、高端会议接待等功能,又能满足周边市民日常休闲活动的新型农家乐。

2.2 查勘基地景观资源条件,发挥现状景观资源优势,确定景观设计的最小干扰原则

确定了项目宏观发展目标以后,我们把调研的视野转移到富顺县城及33hm²的建设基址上来,充分了解用地和城市的关系以及用地自身的山、水、植被、建筑物、道路等景观资源条件,具体内容如下。

2.2.1 基地和城市的关系

项目基地位于富顺县城东部7km,南部边界为305省道,西部边界为高速公路辅线,交通便利,可达性好。目前,省道305自基地开始至富顺城段已经拓宽,将逐步打造成自富顺东侧入城的景观大道。随着景观大道的形成,该地段的区位优势更加突出,成为富顺县城东部门户区。其景观形象对富顺整体风貌的提升具有重要意义。

2.2.2 基地自然山水条件

项目基地位于鳌溪河畔的平坝和丘陵台地上,海拔在270—310m之间。鳌溪河自东向西穿越基地,婉转萦回,将整个地块划分成三个半岛。其中,西侧半岛的西北端地势最高,两个丘陵顶点分别为306m和308m,中间半岛也有两个300m高的浅丘。基地整体地形西北高,河谷低,河谷岸顶标高在275.0左右。

2.2.3 基地植被和道路条件

基地内现状植被以竹子和小型乔木为主,分布较为零散,成小型团块状。其他部分分布有小型苗圃和梯田。

基地内现状道路基本上都是土路,主要有三条,且均为断头路。

2.2.4 基地现状建筑条件

基地内零散分布10来处民居建筑,建筑质量良莠不齐。

综合上述景观资源条件分析,基地的特点和优势可以概括为:城市近郊,交通便利;鳌溪迤逦,水脉天成;丘陵起伏,高下变换;绿竹悠悠,野卉馨馨;参差田园,自然温润。基地现状良好的自然本底条件为打造现代版的世外桃花源奠定了物质基础。这就要求我们在具体方案设计时不能忽视现有的景观资源条件,而是要对其进行最小干扰,最大限度利用,发挥天造地设的资源优势。

① http://travel.163.com/11/1206/15/7KJN5GE800064KF1.html

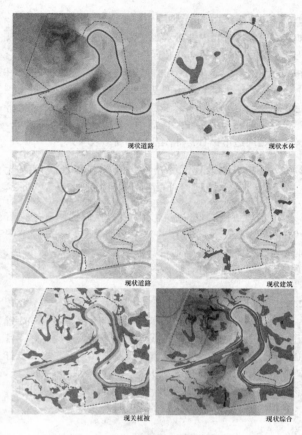

图2 基地现状分析图

2.3 了解项目建设和管理构想，确定"适度设计，便于管理"的基本原则

除了对基地条件进行详细的踏勘分析以外，项目组还和富顺县规划局及相关政府领导以及土地所有者进行了多次座谈，沟通项目建设资金来源，具体的投入情况以及具体建设计划，建成后的管理构想等等。通过沟通，项目组确立了"适度设计，方便管理"的设计原则。首先，在建设资金并不宽裕的情况，方案设计突出重点，主次分明；其次，制定了分步实施策略，将主要资金投在关键阶段的关键部位；其次，因为该项目的开发商既是投资者，又是未来的使用者，故在具体景观设计时尽量选择低成本，好维护的手段，降低未来管理上的难度和成本。

3 "构园得体"之于构思立意

"构园得体"之于构思立意，在于梳理项目所在地的历史文化脉络，找出最能彰显地域特色的文化作为设计主题。

富顺为千年古县，文化底蕴丰富，盐文化、才子文化、豆花文化等三种文化尤为突出[①]。但究竟选取哪一种文化作为设计的切入点呢？项目组通过对区域文化资源的类比分析，得出：富顺豆花文化是三种文化中最具独特性的：豆花文化不仅历史悠久（相传三国时期即已经出现

豆腐），而且与富顺独特的气候条件、产盐卤的背景等都有直接关系；豆花文化也是近年来政府着力宣传和打造的文化，政府每年都会举办豆花文化节；此外，作为健康饮食，富顺豆花饭更是闻名遐迩。正如"豆花香"那首歌唱到的："……豆花香藏着家乡秀丽模样，穿过富顺古老的大街小巷，那沁满了心的独特清香，需要我用一生来品尝……"。此外，豆花文化还能与富顺刚刚兴起的休闲养生风潮相契合。项目组选取"豆花文化"作为本案的主题文化，将豆花的生产、加工、豆花餐饮等多种功能融入清润秀丽的自然环境之中，创造独具特色的"豆花生态文化园"。

4 "构园得体"之于方案设计

"构园得体"之于方案设计在于强调设计形式、风格、内容及手段都必须与基地本身的特点紧密结合，最充分的发挥基地优势，突出项目特色。

4.1 总体概念

本案以豆花文化为主题，总体概念为："秀美鳌溪，豆花情怀"。其中，"秀美鳌溪"是指立足于基地良好的自然山水条件，打造温润婉约，具有川南风情的田园风光。"豆花情怀"，强调以豆花文化为主线，激发游客的乡情，唤起游客对祖先智慧的记忆，同时融入豆花工坊等新的休闲教育模式，打造情景交融的高品质休闲场所。

4.2 总体布局

全园整体景观规划遵循最大限度的利用自然山水条件的原则，因地制宜的布局各类园林建筑、活动空间等。

图3 总平面图

① 富顺县志

全园被水系分割成三个半岛，整体功能分区一方面考虑半岛间的相互衔接，另一方面考虑整个项目经营管理的方便性以及景观系统的相互映衬。全园从总体功能角度划分为：入口区、豆花文化体验区、生态田园休闲区、苗圃区等四个一级分区。在一级分区的基础上，又根据景区和景点的详细内容划分出二级分区，例如豆花文化体验区根据细节内容划分为：豆花庄区、豆花谷区、豆花苑区、滨水垂钓休闲区、生态湿地区等。

图4　总体鸟瞰图

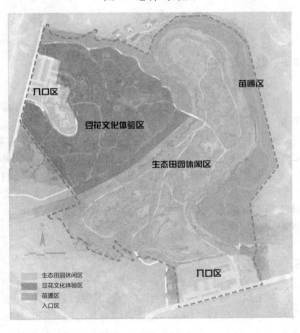

图5　功能分区图

全园整体景观结构规划完全建立在对现状优美的自然山水资源充分利用的基础上，同时结合各景点具体功能进行布局。

首先，借助全园四个制高点，形成鸟瞰全园的景观视野，同时，这四个点也是借景周边田园风光的重要节点。登临山顶，内外田园美景尽收眼底。

其次，认真经营建筑观景点。全园建筑功能主要包括服务、会议、接待、休息等，建筑布局一方面考虑经营管理的方便性，经济性、实用性，另一方面考虑建筑内外的整体景观效果。为凸显地域特色和整个园林的田园风格，建筑布局采取庭院式、川东南民居风格，与周边温婉的自然环境融为一体，凸显川南特色。

最后，利用一般性的景观节点，营造不同高度，不同

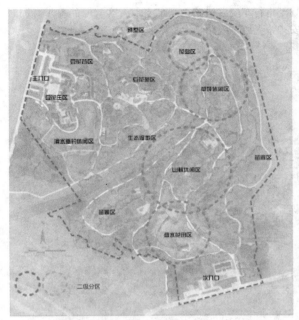

图6　景观结构分析图

视域的景观小空间，丰富园林层次和游园感受。

4.3　道路交通与游览线路规划

全园道路体系规划遵循生态环保、经济节约、便捷可达的原则。

出入口：园区主入口安排在西侧，东南毗邻305省道处安排一处次要出入口。

园路：全园道路分成三个等级，其中一级园路（主路）宽4m，基本上利用现有土路，在各半岛上呈环形布局。二级园路（此路）宽2.5m，三级园路为1.5m。道路铺装材料尽量选用生态环保材料，如透水砖等，并尽量采用当地材料。

停车场：结合主次入口安排两个林荫停车场。

游览路线：除主要的步行游览线路外，在园区内还规

划了自行车骑游线路，满足当地游客骑游的要求，同时，安排水上游览线路，设置游船码头4座。

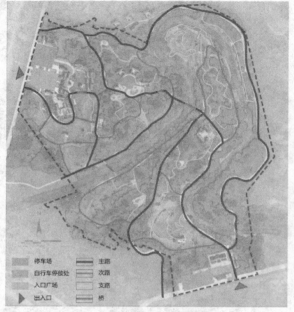

头、亲水平台等景点的区域则采用立砌驳岸、栈桥驳岸等。

图8　水系规划图

4.5　竖向规划

全园竖向规划遵循以下原则：

（1）因高就低，尽可能少土方量，实现土方就地平衡。

（2）依山就势，尽可能少动土方，保持场地原貌。

（3）保证安全，一方面要维持自然坡体的稳定，另一方面要根据地形条件合理进行建筑和各种功能场地的选址，使永久性建筑避开洪水冲刷区域，同时，尽可能地选择相对隐蔽的地点进行建设，以营造更生态的园林景观。

5　后记

本文以"富顺豆花村·生态文化园"景观规划设计实践为例，重点分析"构园得体"在园林规划设计层面是如何实现的，因此，方案中关于景区和景点的设计细节并没有具体体现。"构园得体"在于强调园林设计作品对基地现状、建设条件，主题立意、整体布局等方面的合理性，引领当代园林设计向着更具地方特色和场所感的方向迈进。

参考文献

[1]　http://travel.163.com/11/1206/15/7KJN5GE800064KF1.html.

[2]　苏铁生主编. 富顺县志. 四川人民大学出版社，1993.7.

作者简介

吴祥艳，女，汉，博士，高级工程师，中央美术学院景观教研室讲师，北京清华同衡规划设计研究院有限公司总工，从事风景园林教学及实践，电子邮箱：wuxiangyan00@126.com。

图7　交通规划图

4.4　生态水系规划

全园水系统的处理是体现生态技术的一个关键点。首先，在山谷的不同位置，结合现状水塘规划雨水花园系统，收集雨水。在雨水不足的情况下，这些块状汇水区变成旱池，以湿生植物栽植为主，雨水充足的情况下则形成湖面。此外，为了疏导来自山体不同汇水区的径流，沿着道路或者某些景观区域设计旱沟，在保证洪水快速排走的同时，将全园水系有机地联系起来，从而有效调节水质。

驳岸的处理技术也是体现生态园林的关键点之一。全园驳岸尽可能采用种植生态驳岸，在设置木栈桥、码

新型城镇化背景下可持续发展的小城镇绿地系统规划研究
——以荆门市屈家岭管理区绿地系统规划为例

The Study of Sustainable Green System of Small Towns Under the Background of New Urbanization
——Take Jingmen Qujialing Green System Planning for Example

夏 欣

摘 要：目前中国的城市化正进入一个重要的转折时期，党的十八大提出以"新型城镇化"为战略发展方向，为改变中国传统的城乡二元对立格局开辟了新途径。在机遇与挑战并存的小城镇发展过程中，作为可持续发展重要保障的绿地系统的规划与建设日趋紧迫。本文以湖北荆门市屈家岭管理区绿地系统规划的制定为例，分析了现有小城镇规划建设中存在的典型问题，并试图通过可持续的绿地系统规划，探索解决问题的可行途径。

关键词：新型城市化；小城镇；可持续发展；绿地系统

Abstract：China's urbanization has entered a significant shifting period. The Party's eighteenth National Congress put forward "new urbanization" as a strategic direction, which led a new way for transformation of the Dual Structure of Town and Country. In an environment where chances and challenges coexist, the green system planning and construction which is an important insurance to the sustainable development of small towns is pressing urgent. The paper takes Jingmen Qujialing Green System Planning for example, analyzes the typical problems of traditional development of small towns, and tries to find some practical methods to solve them through the sustainable green system planning.

Key words：New Urbanization；Small Town；Sustainable Development；Green System Planning

1 新型城镇化——新途径，新使命

据中国社会科学院发布的《中国城市发展报告(2012)》显示，2011 年中国城市化率已达 51.27%，城市人口首次超过农村人口，这标志着我国已结束了以乡村型社会为主体的时代，开始进入以城市型社会为主体的新的城市时代。[1]但是，一个国家的真正城市化，无法单纯以人口城市化率来计算。中国目前的城市化还存在着地区差距显著，分布极不平衡；大量人口从农村涌入城市，但却无法真正享有市民待遇与城市生活；大城市爆炸性人口增长的同时，广大农村地区却出现空心化。[2]城市发展并没有带来整体性的人民生活水平提高，相反却加重了广大农村地区的经济与环境负担，城乡二元对立的困境还远未消除。

在此背景下，2012 年党的十八大提出以"新型城镇化"作为"十二五"期间的经济发展重点，突出城乡统筹、城乡一体、产城互动、节约集约、生态宜居、和谐发展六大主题，为未来大中小城市、小城镇、新型农村社区协调发展，互促共进提供了政策基础与发展指向。而随着建设"美丽中国"目标的提出，更多的有识之士开始关注作为我国城镇化建设的基石[①]，现在却还远远未能得到足够重视的小城镇的发展规划。

正如建设部部长仇保兴撰文指出的那样，要避免西方发达国家城市化过程中诸如大城市无序扩张，郊区化严重；自然环境遭到破坏，大量的不可再生资源消耗，贫富悬殊加剧导致族群隔离甚至严重的社会冲突等问题，就需要发展一条符合我国国情的城镇化道路，而从城市优先发展的城镇化转向城乡互补协调发展的城镇化这一发展思路，给作为联系城市与乡村的重要节点，中国数量众多，分布广泛的小城镇带来了一次重要的发展机遇。[3]在新型城市化背景下，如何更好地利用现有资源与政策优势，挖掘小城镇自身潜力，保障小城镇可持续的健康发展，成为亟待解决的重要问题。

笔者作为一名风景园林师，亲身参与了湖北省荆门市屈家岭管理区这一典型小城镇的绿地系统总体规划工作，在大量的实地调研和相关资料查阅，以及规划编制过程中，遇到了许多问题，也由此引发了关于小城镇可持续发展的一系列思考。在未来越来越重视绿色增长的环境下，风景园林师肩负着远不止绿化、美化这样的简单使命，而是面临着来自社会、经济、自然与人文的多重考验。

[①] 2011 年末，中国共有 657 个设市城市，其中直辖市 4 个，副省级城市 15 个、地级市 268 个、县级市 370 个，建制镇增加至 19683 个，小城镇构成了我国城市化金字塔的庞大的底层。

2 小城镇之殇——现实问题的复杂性与严峻性

2.1 历史遗产踪迹难觅

荆门市屈家岭管理区位于湖北省荆门市的东南部，背靠大洪山麓，面向江汉平原。东邻京山县雁门口镇，西接京山县永隆镇和钟祥市旧口镇，南抵天门市渔薪镇，北界钟祥市长滩镇和京山县石龙镇，面积约为223km²，辖区人口到2010年为7.3万人，主要人口分布在管理区内易家岭城区建成区，该镇是建立在解放之初国营五三农场基础上的一处典型的长江中下游农业型小城镇。

1956年，在邻接今天易家岭城区东侧的屈家岭遗址出土了碳化稻谷，并发掘出了房屋基础、原始陶器等一批珍贵文物，这些考古发现证明，在距今5100—4600年前，远古先民就曾聚居于此，屈家岭被认为是中华稻作文明的发源地。1988年，国务院将屈家岭遗址公布为全国重点文物保护单位，它的发现，说明长江流域同黄河流域一样，是中华民族的摇篮。

当我们在历史资料上看到这样的描述的时候，无不感叹屈家岭竟拥有如此重要的历史地位与文化价值。但真正的实地踏查，却让人看到另一番景象。所谓的遗址保护区，如今已难觅历史踪迹，一条狭窄的碎石路穿过乱草丛生的荒地，将我们带向保护区核心。据当地相关部门随行人员介绍，这里的遗址因为历史久远且大多为原始夯土台基，这些年来又缺乏有效保护，早已湮没于一片长期冲刷形成的荒野之中，只有一棵据说是千年古柏的大柏树，孤零零站立在旷野之中，标识着当年遗址发现的具体位置。而记载中先民们精心耕作的水稻田，现在也因为农田水利设施不足，耕种成本上升，劳动力缺乏，机械化程度不高等种种原因逐渐被旱地所代替了。

2.2 经济增长缺乏活力

在管理区的进一步踏查使得我们了解到除了历史遗存保护之外更现实的生存问题。据荆门市相关资料显示，屈家岭管理区的人均收入、增长率等都排在荆门市所辖各镇区的靠后位置。2009年至今外出务工人数逐年上升（2010年比2009年增长近一倍，接近一万人，约占管理区总人口14%，且多为青壮年），城市规模以上工业企业所占比重不高。

2.3 城市规划明显滞后于建设

管理区在2009年被纳入《屈家岭管理区现代农业示范区建设总体规划》之中，2010年，湖北荆门屈家岭现代农业示范区"屈家岭·中国农谷"总体规划通过国家农业部审批，但具有针对性的《屈家岭管理区总体规划》却直到2012年才正式通过。在这期间，房地产建设已经先期启动，新建了一批居住小区。这些居住小区解决了部分现有城区人口住房提升的需求，但由于未有总体规划在前，城市基础设施建设落后，导致部分小区自来水、电力电信等基础配套设施严重不足，甚至对自然环境，尤其是城区中的山体水体等造成损害。在后续规划中一些小区还对未来城市路网和基础设施管线走向造成严重影响，导致总体规划不得不做出调整。这样的无序建设，使得整个建成区环境面貌的混杂，区域发展失衡，后期基础设施建设成本升高。

此外，现有城市建成区，包括新建区域，普遍缺乏应有的开放空间和绿地建设，未能形成合理有效的绿地系统。现状建区绿地率仅8%，且以建筑附属绿地为主，城区道路绿地率小于10%的占60%以上，建成区没有一处公园绿地，唯一的市民活动空间是2011年完工的政府楼前广场（农谷广场）。区域周边虽有大量农田，但生态群落单一，生物多样性低，而且异质性斑块的破碎化程度高，缺乏有效联系。农业产业化后，化肥与农药的使用加剧，也对环境造成了一定影响。

2.4 先污染后治理仍是常态

屈家岭管理区主要的城市建成区易家岭城区内有两条南北向水系穿过，分别为西部的石龙干渠和东部高湖河，水体沿岸大部分采取简单的硬化处理，生活垃圾和废水直接被排入河中，造成城市河段水体的富营养化。另外，管理区危险废物、固体废物及医疗废物处理的监督管理工作尚未展开，医疗垃圾处理比较落后，基本采取简单焚烧、填埋方法，达不到国家标准，固体废物垃圾处理问题也较为严重。

在这些令人唏嘘的现象背后，我们看到的是除了制度缺失，规划滞后，城乡二元割裂之外，造成目前小城镇发展问题的两个本质原因，其一是关于身份认同的模糊不清。这些小城镇中绝大多数居民都是从周围农村转移而来，而且其中一部分依然从事着农业生产，再加上小城镇基础设施的缺乏，使他们虽然身居"城"中，却总无法感受到自己的"市民"身份。小城镇，变成了一种"非城非乡"的存在，这种游离感体现在日常生活中，就是一种对城镇的归属感缺失，这也就造成了内在的自发性发展动力不足，大量青壮年人口流失，去追求所谓"真正的城市生活"，使得小城镇发展对外部的资金和人员输入变得更具依赖性。问题之二实际上更为严重，也更加隐蔽，那就是一种无所不在的急功近利。"天翻地覆慨而慷"式的高速低质发展，变成了一种对自然环境和社会结构的极大威胁。它迅速抹去了人们对城市文脉的记忆的同时，加速了人们内心对物质的渴求，不断"山寨"着的大城市的一切，成为一种标准化的城市意象。由于缺乏大城市的有效管理监督和合理规划，所谓千城一面的问题，在这些本来可以更"接地气"的小城镇中，反而表现得更为突出和普遍。

3 回归未来——绿色发展的新途径

实地踏查中的种种问题，使我们重新思考应该如何去应对小城镇这样一个关系到中国城镇化健康有序发展的基础性问题。在这里传统的被应用于大城市的规划方法都需要重新调整以适应本地的特点。小城镇的问题本身能不能转化成它的优势？尤其是在屈家岭这样一个有着悠久历史的独特城镇。

3.1 立足文脉的规划定位

规划以中国农谷核心区的"现代田园城"为总体定位。无论是远古的稻作发祥地还是当代的大型国有农场，屈家岭的城市发展都离不开农业，而"中国农谷"规划的提出，也为这座城市提供了再次回归其文脉的机会。以城乡一体的绿地系统构建城市的田园基调，各种类型的绿地均衡分布，绿色林荫道、滨水绿地贯穿全城，绿色弥漫在人们生活中，构建一座绿色慢城。以效率、和谐、持续为发展目标，以生态农业、循环工业和持续服务产业为基本内容的经济结构、增长方式和社会形态，以此推动经济绿色增长。以屈家岭文化为本区人文资源的核心，建设屈家岭文化遗址公园、联系景区的游憩型林荫道、反映屈家岭文化特征的公园绿地等，彰显城市深厚文化底蕴。以弘扬屈家岭文化为基础，发展以综合性现代农业为核心现代田园城市文明；这座城市里的人们在这里创建属于他们的新的城市文化，构建他们的归属感、认同感。以绿色田园，支撑绿色经济，带动绿色城市发展，重新发扬屈家岭的历史文化，形成新的城市凝聚力与城市意象，从有形的环境建设，影响无形的城市身份认同，这就是现代田园城的意涵。

3.2 地域性绿地系统构建策略

通过对屈家岭的现状与历史的深入调查与研究，制定出"以山为尊，以田为荣，以水为脉，以文为魂，以绿为心，以人为本"的规划策略。绿地系统是城市发展的生命保障系统之一，在充分考虑城市总体规划的前提下，绿地系统对总规做出了一定的调整，其中最为重要的就是保留了未来城市发展边缘的太子山伸向城市的山脚部分，形成未来新城最大的一处绿楔。引自然入城，构建大生态体系而且保留了辖区内部分农田，同时加强农田林网的建设，使之成为地域特色的一部分，并以修复城区河流生态系统为契机，结合林荫道系统，建立区域雨洪管理网络，规划形成以各级公园为核心的绿色网络，以城市五大立面的立体绿化，形成新的城市风貌，构筑安全的景观生态格局，为居民提供健康、便捷、优美的绿色开放空间系统。

3.3 富有针对性的规划内容

小城镇的绿地系统与大城市既有联系，更有明显的区别，具体体现在以下几个方面：

3.3.1 强调区域融合，城乡统筹发展

小城镇的城市绿地与郊区大环境绿地之间的联系较大中城市更为密切，这种密切联系也使得大环境绿地在小城镇绿地系统中占有更为重要的地位，并对城市环境起到更为重要的作用。[4]"现代田园城"的理念在绿地系统中最重要的体现就是强调规划区内城乡统筹发展，将绿地系统规划范围从主城区易家岭，扩展到与之相邻

的长滩、何集、罗汉寺、白龙观与蔡垱几个较大的农村居民点，提出"山拥，田环，绿握，蓝牵"的区域绿地系统结构，从城市特殊的外围环境出发，在充分考虑可持续发展的前提下提出构建以贯穿未来城市主要增长点的绿轴为骨架，以穿过城市的区域重要水系和外围水源地为连接廊道，西部农田生态片区为依托，东部山林生态片区为拱卫的有机结构。强调农田机理的渗入，同时也通过各核心之间的防护绿地对城市无序扩张起到限制作用(图1)。

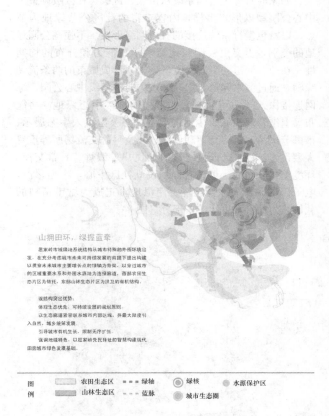

山拥田环，绿握蓝牵

屈家岭市域绿地系统结构从城市特殊的外围环境出发，在充分考虑城市未来可持续发展的前提下提出构建以贯穿未来城市主要增长点的绿轴为骨架，以穿过城市的区域重要水系和外围水源地为连接廊道，西部农田生态片区为依托，东部山林生态片区为拱卫的有机结构。

该结构突出优势：
体现生态优先、可持续发展的规划原则。
以生态廊道紧密联系城市内部区域，并最大限度引入自然，城乡统筹发展。
引导城市有机生长，限制无序扩张。
强调地域特色，以屈家岭先民排址的智慧构建现代田园城市绿色发展基础。

| 图 | 农田生态区 | - - - 绿轴 | ◎ 绿核 | ▮ 水源保护区 |
| 例 | 山林生态区 | - - - 蓝脉 | ◎ 城市生态圈 | |

图 1　市域绿地系统结构图

3.3.2 绿色网络为本，基础设施先行

小城镇在亲近自然的同时，也更加容易受到越来越频仍的各种灾害的影响，没有大城市大量的人力、物力、财力支持，基础设施薄弱，一旦发生灾害损失更加严重。屈家岭地处汉水流域中游的冲积平原，"旱包子，水袋子"是这里干旱与洪水交替出现的灾害性气候的真实写照。该区域的绿地系统引入了绿色基础设施概念，将原有的农田林网、水网等纳入到新的市域绿地系统之中，通过研究历年来的气象资料和土壤、植被特征，制定了合理规模的新的绿色网络体系，通过容纳、疏导的方式来调节区域降水与径流过程，增加破碎化的生态斑块之间的联系，构建合理的生态安全格局。

3.3.3 追求特色发展，小而精小而新

与大城市绿地系统追求层次丰富、类型多样不同，小城镇在绿地系统的类型与指标上有更加本土化的要求。

屈家岭主城区未来规划人口密度不高①，而且居住用地所占比重较大，工业区集中分布在城市西部。在用地有限，外围自然资源条件良好的情况下，城区内部绿地主要以网络式，分散化为主，不以大广场，大公园等适合大城市的集中型绿地为建设重点，转而向更加人性化，更贴近市民生活的社区绿地和慢行系统等日常性休闲游憩绿地发展。在发展公园绿地的同时也重视防护绿地的建设，在保障城市未来发展弹性的基础上，对城市形态和规模起到良好的控制作用。

屈家岭管理区公园系统从市级、区级、社区级调整为中心公园和以形式多样，内容丰富的社区公共绿地为节点，以特色慢行系统连接的有机网络形式。不强调公园绿地的类别，更突出公园绿地活动承载能力和分布的均衡性。在原有河道的生态修复基础上，形成城市的两条流动绿轴，通过滨水绿道，串联城市主要的市级中心公园，绿网连接深入居住用地核心的多样的社区中心绿地。功能布局上结合现代城市生活需要，中心公园融入生态展示、市民节庆活动、体育运动设施、儿童科普交流场所等重要大型设施。社区公园满足现有居民户外锻炼、日常交流、环境美化等功能，更结合绿地设立社区中心，小型诊所，电子信息平台等综合功能。使绿地真正成为城市精神的载体，人们日常生活的一部分（图2）。

图2 规划区绿地总平面图

在建成区内构建林荫道系统，为市民的日常出行提供舒适环境。同时林荫道系统的构建，对连通各个景点，充分利用管理区内的山水资源、联系乡村和城市起到了极大的促进作用。尤其是加强了东北分部太子山和东部规划中的屈家岭遗址公园与城市核心区绿地的联系，沟通了城外水系与城内水系。林荫道分为游赏型、游憩型和休憩型。游赏型林荫道为连通城市外围各景区景点的大型风景林荫道；游憩型林荫道利用山水资源，环山邻水，连接各级公园绿地；休憩型林荫道结合老城区、居住区集中的街道，即为居民日常生活服务的林荫道；各级道路按照相应指标，制定相应地绿地率控制指标。在规划中也考虑到该慢行系统未来融入区域绿道中的可能要求（图3、表1）。

图3 林荫道系统规划图

规划道路绿地率控制指标及景观路类型　　　表1

道路等级	城市道路红线宽度（m）	绿地率（%）及景观路类型
主干路	50	≥40 休憩型林荫道
		≥40 游赏型林荫道
	40	≥25 休憩型林荫道
		≥25 游赏型林荫道
	30	≥40 游憩型林荫道
		≥40 休憩型林荫道
次干路	30	≥30
		≥25 游赏型林荫道
	24	≥40 游憩型林荫道
		≥30 休憩型林荫道
	20	≥25
		≥30 休憩型林荫道
	16	≥40 休憩型林荫道
支路	16	≥20 休憩型林荫道

① 2015年屈家岭城区规划建设用地5.5km²，规划城市人口5万人，人均建设用地指标为110m²/人

3.3.4　突出地域特色，朴雅和谐自然

地域特色的营造不是靠一朝一夕的大量建设，而是城市文化在物质空间中的长期累积。一个具有差异性和丰富度的健康文化生态，需要同样具有多样性、可持续性的自然生态环境的有力支持。两者之间的互补关系在当代小城镇规划建设当中更加突出。屈家岭的农耕文明之根，反映在绿地系统之中，突出表现在一种朴雅和谐的城市风貌意向之中。现状调研中各种民居前时常出现的一榀瓜架，几畦菜苗，盛开在竹篱笆周围的大朵大朵的木槿花、凤仙花，总能让我们感叹当地居民们对绿色的执着渴望，即使在恶劣衰败的环境中依然珍视着对土地的热爱和对传统农业的眷恋。这种精神深植于百姓们的心中，也是我们绿地规划的出发点与归宿。将城市设计融入城市规划已经是一种趋势，而在屈家岭管理区绿地系统规划中，也为未来城市描绘出一幅绿色田园城的美好蓝图。从绿地率指标的硬性标准，向法定标准与引导性建设导则相结合的方向转变。给出了不同区域不同地块绿地意向与城市意向的相关描述，并提供详细的设计策略。在城市公共绿地的基础上，结合当地传统，开辟紧邻社区的公共参与式家庭农业，给予市民一定的权利使用居住区内指定范围的土地进行种植。在植物群落与具体种类选择上，充分尊重场地周边自然群落特征，减少目前大量使用的一般性城市绿化树种，增加相应的乡土树种的应用，并针对不同绿地性质做出明确要求。选定水杉和木槿作为市花市树，并在公共绿地中精心进行环境艺术设计，采用减量化，人性化，低维护，突出文化特色的设计策略，达到城市绿地与外部自然环境的高度连通性和和谐性。

4　迈向可持续的小城镇发展——思考与总结

百年前，著名城市规划理论家霍华德就在他著名的《明天的田园城市》中这样写道："城市是一块磁铁，乡村是一块磁铁，二者相互吸引，结合为城乡一体……应该建设一种兼有城乡二者优点的城市。这种城市是一种城乡结合体，这种城乡结合体能产生人类新的希望、新的生活与新的文化。"中国的小城镇面临着快速城市化中诸多的问题，新型城市化战略的提出，为尝试解决这些复杂问题给出了良好机会。从外延式的、重数量、自上而下的城市增长，向内涵式、重质量、激发城市内在增长动力的自下而上的可持续的城市化，这其中要关注的，更多不是物质，而是人类精神文明的进步和发展。通过对地域自然环境的修复和保护，重新建立起人与天地万物的联系，重新发掘古老文化的智慧和优势，让人们发自内心的认同自己所身处的城市，才能激发出作为未来城市化主要组成部分的小城镇内在活力，实现其环境与社会的双重可持续发展。

参考文献

[1]　汪光焘. 中国城市状况报告 2012/2013. 第一版. 北京：外文出版社，2012.

[2]　王志强. 小城镇发展研究[M]. 东南大学出版社，2007.

[3]　仇保兴. 新型城镇化：从概念到行动. 行政管理改革，2012(11). 11-18.

[4]　Robert Riddell. Sustainable Urban Planning：Tipping the Balance[M]. Wiley_Blackwell Pressed，2004.

作者简介

夏欣，1982 年生，女，汉族，硕士，华中农业大学园艺林学院风景园林系，讲师，研究方向为可持续性风景园林规划与设计，电子邮箱：xiaxin@mail.hzau.edu.cn。

风景园林设计的社会关怀

——"非正规"城市的风景园林设计策略

Landscape Architecture for Social Engagement

——Landscape Architecture Strategies in Informal City

夏　宇　　陈崇贤

摘　要：中国城市化的巨大变革，为风景园林行业的发展带来了巨大的机遇，但同时我们也需要关注城市化所带来的问题，承担必要的社会责任。"非正规"城市问题是城市化发展中所面临的一个挑战，解决问题的方法不在于完全清除而是实现改善与转化。风景园林作为一种社会关怀和环境改善的有效途径，可以创造"非正规"与"正规"城市在空间与文化、经济等层面上的联系，使"非正规"城市融入城市的整体发展中。

关键词：城市化；"非正规"城市；风景园林设计

Abstract：With the great changes of urbanization，landscape architecture has great opportunities，but we also need to focus on the problems which isbrought by urbanization，and we should undertake the social obligation. "Informal" city is an inevitable problem which should betook into consideration. The solution of the problem should to find the way of improvement. Landscape architecture is an effective way of social care and environmental improvement which can create a relationship between "non-formal" and "informal" city. This is a feasible way to integrate "non-formal" city into "informal" city.

Key words：Urbanization；Informal City；Landscape Architecture

引言

　　中国正经历着城市化的巨大变革，大量的农村人口向城市迁移和聚积，乡村景观转变成为城市景观，同时也带来了生活方式和生产结构的转变。[①] 在这场变革中，风景园林行业无疑是受益者，城市的快速扩张为风景园林行业带来了大量实践的机会。但我们不得不承认，风景园林行业的实践更多的集中于较为发达的"正规"城市的区域创造了大量的"现代化"的城市景观，但是却鲜有对于广泛存在的"非正规"城市聚集区的关注。我们享受着城市化所带来的机遇，也同样应该为城市化过程中所产生的一系列环境、社会问题承担相应的责任。

1　中国的城市化进程与"非正规"城市

　　2011 年中国的城镇化率首次突破了 50%，预计 2013 年将达到 53.37%[②]。在这个数据的背后所隐藏的是一大批从农村涌向城市的"移民"，名义上他们已经被城市化，但实际上他们并没有真正的转化成为"城里人"。根据数据统计，城镇化人口中有近 1/3 的人口[③]处于这两类数据

之间，他们不能享受城市所带来的各种福利，长期居住在拥挤、肮脏与繁荣的主体城市形成巨大反差的"非正规"城市（Informal City）中。

　　"非正规"城市并不是指一座城市，而是产权不明晰，居民以低收入的外来人口家庭为主，处于法律管制规划范围之外的，基础设施和公共服务不足或缺失的自建型的密集型聚落。[1]这种"非正规"城市的形态在中国大中城市中已经成为一种常态，它们为大量刚刚进入城市的人们提供了"落脚之地"，为城市的未来提供着大量的人力与资源。但是这样的"非正规"城市并不被政府所接受、法规所保护，它们被视作城市发展的毒瘤，处于岌岌可危的生存边缘。

2　"非正规"城市的改造

　　在中国大多数的"现代"城市中，铲除"非正规"城市，营造"现代化"的社区和都市景观成为必然的也是唯一的方法，大量的"非正规"城市区域被改造，大批的农民工被驱逐。以北京为例，2005 年，北京城八区共有 332 个城中村，2005 年拆迁 69 个，在 2006 至 2011 的六年间，共拆除 171 个城中村，剩余的 100 多个计划于 2015 年拆

风景园林规划与设计

除。[①] 但是在桑德斯的《落脚城市》却将"非正规"的聚集视为一种积极的存在，他将这一区域形容为刚刚进入城市中的人提供落脚、转变的场所，一个处于城市的边缘，却蕴含着巨大的生机和变化的区域。[2] 这样一批看似"贫困"的人群，为城市的运转提供着必不可少的人力资源，它们是城市化过程中必然的产物，他们也是城市的未来。如何能够帮助近两亿的"城市边缘人"真正的转化"城市人"，是未来中国城市化发展过程中必须要解决的问题。正如桑德斯书中所言，他们充满了对于城市的希望，他们有自己的野心，他们希望能够融入城市的生活，他们所欠缺的只是一种转化成为城里人的"门路"。[2] 所以，"希望"还是"毒瘤"并不是他们所做的选择而更多地取决于我们的关注与决策。

在对国外"非正规"城市的发展研究中，可以看出对待"非正规"城市的态度通常分为五个阶段"否认、清除、容忍、改善、展望"。清除虽然可以获得更多的城市发展用地，快速解决脏乱等环境问题，但却会导致众多的社会问题。通过引导的方式，实现"非正规"城市的改善，更加有利于提高城市化的质量并为城市化的发展提供更为持续的动力。

3 风景园林设计的社会关怀

"非正规"城市的出现的根本原因在于"需要"的问题，刚刚进入城市的人们需要一个较为方便的低成本生活区，"方便"与"低廉"使得他们可以容忍较为恶劣的居住条件，也就决定了在自发的组织下"非正规"城市多显现出的状态：私搭乱建导致较高的建筑密度，匮乏的基础设施与服务导致脏乱的环境与较高的犯罪率。正是由于"非正规"城市的表象，加剧了它们与城市之间的差异，导致了它们与正规城市的隔离，这种隔离不仅是环境上的更是文化上的。但是城市发展的机会应该是属于每个人的，城市的美好应该是所用人共享的。"非正规"城市的改善的根源在于建立"非正规"与"正规"之间的联系，从而促进"非正规"向"正规"的转化。

"非正规"城市的问题涉及社会性、经济学、政治、文化多方面的问题，在诸多的解决方式中，风景园林被认为是一种极为重要的解决途径。风景园林可以作为一种社会公平的介质，可以通过一系列策略改善原有恶劣的生活环境，提供人与人之间和谐相处的空间，人们可以借助风景园林的平台感受自然，放松身心，与他人进行平等的沟通与交流，这不仅有助于打破"正规"与"非正规"之间物理空间的隔离，也可以促进他们文化上的交流，让城市中的所有人平等地享有城市发展机会，从而推动社会的公平与进步，为"非正规"与"正规"之间提供一种沟通与融合的可能。

3.1 设计的出发点——生活所需

"非正规"城市发展的过程是一个自下而上的过程，人们在长期的生活中，根据自身生活的需要而逐渐进行

着改造，其根源在于"生活所需"。这种"需要"包含着基本的生存需要也包含着精神的需求。这就决定了"非正规"城市区域的风景园林设计的价值标准不在于"美"而是在于"需要"。这要求我们以一种新的价值标准来衡量我们的设计，需要我们以更加微观的角度去观察这一区域与体验这里的生活，"生活所需"也决定了设计师在设计过程面对大大小小的选择时做出判断的标准。

3.2 设计的过程——沟通、交流与尊重

"非正规"城市风景园林设计的过程中使用者是设计的主导，使用者是真正生活在其中的人，这一区域是他们生存的一部分也包含着他们最真实的记忆。因此设计并不只是简单的在图纸上为他们勾画"美好"的生活，设计师也无权决定他们的生活方式。真正满足他们所需的设计需要设计师与他们站在相互平等与相互尊重的位置，尊重他们的生活方式，深入地去研究他们的行为与需求。

3.3 设计的结果——改善的开始

人们的生活决定了"非正规"城市的空间形态，但同样空间的形态也会影响人们的生活，通过设计的手段为生活在其中的人创造更为适宜的生活环境和更多城市生活的机遇，可以有效地引导"非正规"城市向着更积极的方向发展。所以景观改善之后的结果并不是最后的、最好的结果，而仅仅作为改善的开端，促使其正向的新一轮的自下而上的改变。

4 "非正规"城市风景园林设计的策略

4.1 创造"正规"与"非正规"的联系

"非正规"城市聚居区长期以来都被城市的管理者所视而不见或避而远之，这里从未被视作城市的一部分，各种有形的和无形的隔离将这一区域从城市的版图中划分出去，成为一个个隔离的孤岛，隔离使"非正规"城市的发展成为了停滞不前的恶性循环，只有打破这种隔离创造"非正规"与"正规"的联系才能创造未来发展的机遇。

这种联系包括"可见"的空间的联系和"不可见"的文化、经济的联系。麦德林（Medellin）是哥伦比亚的第二大城市，贩毒所引发的各种犯罪和大量的贫民窟使这座城市一度成为混乱与危险的代表。[3] 沿着阿布拉山脉（Aburra）大量的聚集着脏乱的拥挤的小棚屋，因为缺乏必要的基础设计和市政服务，而与"正规"城市的区域相互隔离，造成大量的人没有稳定的经济来源。从 2000 年开始，当地投入了大量的资金对这些区域进行改善。改善并没有采用大规模重建的方式，而是通过构建便捷的交通网络和植入点状的公共服务设施的方式将"正规"城市与"非正规"城市的区域整合成为一个整体。7 条空中缆车线路（图 1）将"非正规"城市区域与"正规"城市区域紧密地联系在一起，构建了城市整体发展的框架。

---

① 2013.6.16《规划与设计：为了需要帮助的人》讲座中，程晓青关于《体制外居住———一种城市居住状态的另类思考》的发言。

图 1 巴西麦德林（Medellin）贫民区的缆车，
使贫民区与城市形成了边界的交通联系
（http://architectureindevelopment.org/
news.php?id=49）

图 3 巴西麦德林（Medellin）贫民区的缆车站与
植物园（http://architectureindevelopment.org/
news.php?id=49）

公共交通联系的框架建立了城市物质空间的联系，而点状的公共服务设施的植入则创造了人与人之间平等的交流与沟通的场所。在这个项目中，设计师将图书馆（图2）、活动中心、学校、运动场、植物园（图3）与缆车站结合布置，这些设施具有鲜明的特征很快就成为各个区域新的地标，便捷的交通联系也使得这些公共设施具有很高的使用率，不同区域的人们可以在这里平等的交流与沟通，共享城市的福利。而改造的结果也是让人欣喜的，城市的犯罪率直线下降，而好转的社会环境与城市环境也创造了大量的就业机会促进了城市的经济发展。[3]

图 2 巴西麦德林（Medellin）贫民区的图书馆，
创造了"非正规"与"正规"城市间的文化
交流（http://architectureindevelopment.org/
news.php?id=49）

4.2 场地的安全性与基础设施

"非正规"城市聚居区"自下而上"的建设方式虽然解决了很多生活中的实际问题，但是也带来了密度过大、缺少公共空间的弊端，加之缺乏基础设施的投入，使"非正规"城市聚居区都存在一些安全隐患。对这一区域进行的改造则是对"自下而上"所不能实现的基础设施建设和通过开放空间对密度的再定义。

巴西圣保罗的 Paraisópolis 贫民区改造过程中，设计师对场地进行了全面而详细的调查，因为城市占据了较

为平坦的土地，大多数的贫民区都位于地形比较复杂的山地，交通的不便使城市成为居民最大的困扰，洪水以及雨水冲刷形成的山体侵蚀也时刻影响居民的安全，这些都成为设计首当其冲需要解决的问题。设计对场地中存在的山体侵蚀塌方、垃圾堆积的废弃地以及建筑密度过大的区域进行清理，在进行供水、排水改造的同时对道路系统进行了梳理（图4、图5），选择其中靠近主要居民点和靠近道路的一部分场所开辟成为公共场地（图6、图7）。原有的暗藏危险的场地消失了换来的是可以感知自然、相互倾听、交流，游憩的开放空间，因为合适的选址和合理的设计，这些空间都获得了极高的使用频率，从而促使人们自觉地维护中的设施，保证了场地的安全。

另一方面，设计将清理后空出的场地转化成为高效的公共服务空间。在一块原本不断塌方滑坡的场地上，设计师清除场地中的危险因素，将学校、社区中心、交通站点、运动场通过垂直分布的形式集中的布置在一起，形成一个"辐射周边的焦点"。[4]为周边的居民提供各种公共服务，高效的土地利用方式不仅做到了对环境的最小干扰也便于后期的使用与维护（图8）。

4.3 公众参与与公众维护

设计师一方面需要帮助居民完成通过"自下而上"的方式无法完成的工作，另一方面还可以引导居民，协同参与。在巴西圣保罗的贫民区改造过程中，公众的参与贯穿始终。在设计的初始阶段，设计师进行了详细的场地调查与居民进行了深入的沟通，设计方案广泛地征求居民的意见，使得设计紧密的结合场地与居民生活。设施的实施阶段，设计师对当地的居民进行基础的培训，使他们投入到改造自身生活环境的工作中，设计师还考虑当地的风俗，鼓励当地的居民使用艳丽的涂料和马赛克等装饰性材料自主的对公共空间进行改造，建成后的场地成为独一无二的作品，深受居民的喜爱（图9）。并且设计师还设计了预制的可自主装配的房屋以及相关基础设施如楼梯、维护结构等预制构件，这些预制构件具有较好的材料性能，便于自主装配，引导居民结合自身需求进行进一步的改造更新。

图4 道路系统的改造(http://www.habisp.inf.br/theke/documentos/
publicacoes/urbanizacao_favelas/index.html)

图5 对排水系统的改造(http://www.habisp.inf.br/theke/documentos/
publicacoes/urbanizacao_favelas/index.html)

图6 将原来危险滑坡的区域改造成为公共活动场地
(http://cidadeinformal.prefeitura.sp.gov.br/?page_id=274&lang=en-us)

图7 改造后的场地不仅去除了安全隐患,还成了居民乐于聚集的公共活动场地
(http://cidadeinformal.prefeitura.sp.gov.br/?page_id=274&lang=en-us)

图8 对原本滑坡的区域进行清理，利用原有地形将学校、运动场、交通站点、社区中心集中布置在一起，即利于提供土地利用效率又形成了社区活力的中心
（http：//cidadeinformal. prefeitura. sp. gov. br/? page_id=290)

图9 居民参与社区的改造活动，改造之后的场地成为独特的景观
（http：//www. unhabitat. org/downloads/docs/8702_78269_MariaTereza. pps)

这种互动参与的方式将被动的使用变成了主动的参与，使每个人的生活与整体的社区的建设联系成了一个整体，鼓励社区的成员积极地参与到社区的建设中成为社区中的一员。另一方面，公众参与的方式真正的了解使用者的需求，针对而高效的解决场地中的实际问题，激发了场地的活力使建成后的场地可以被高效的利用并得到使用者自觉地维护。

5 小结

城市化的快速发展为我们带来了机遇也同时带来了挑战，对于"非正规"城市的关注需要我们新的价值观去面对行业的发展，风景园林应该体现对于弱势群体的关注，体现对于城市未来发展的思考。城市的景观不可能是单一的"现代"的形式，正如龙应台所说的"所谓现代，是否并不在于它最后表露出的形态，而在于社会里各个阶层、各个领域深度的碰撞、探索、抗争、辩论，最后形成一个共识。"[5]接受城市的多样性不仅更加符合城市发展的规律也体现了社会的包容与文明的深度。

价值观的转变也必然导致设计方法的转变，设计应该协调"自上而下"与"自下而上"两种逻辑，充分发挥"自下而上"的多样性与自主性，也通过"自上而下"的方式对"自下而上"难以做到的整体的布局与联系、公共空间保留和基础设施建设等方面做出协调，使两种方式达到最佳的结合点。另一方面，设计所体现的人文关怀并不是抽象的，而是与"人"的生活与情感的细微之处密切相关，设计需要关注使用者的生活方式和情感需求，使风景园林成为一种需要而非装饰。第三，介入与干预应该保持适度的原则，适度的介入仅仅作为改善的起点而非终点，使"非正规"向"正规"的转化成为逐步改善的过程。

参考文献

[1] 叶丹. 中国非正规城市的发展[学位论文]浙江：宁波大学，2012.

[2] [加]道格·桑德斯. 落脚城市. 上海：上海译文出版社. 2012.

[3] 凯利·香农. 贫民区景观与基础设施改善. 景观设计学 2011(2).

[4] The Paraisópolis Favela-The project of place：neighborhood Grotinho de Paraisópolis. http：//cidadeinformal. prefeitura. sp. gov. br/? page_id=274&lang=en-us

[5] 龙应台. 我的现代，谁来解释?. 南方都市报——第三届中国建筑思想论坛特刊，2011-12-22.

作者简介

[1] 夏宇，1985. 10，女，汉，湖北，北京林业大学在读博士研究生，风景园林规划设计与理论，电子邮箱：xiayurain @163. com。

[2] 陈崇贤，1984. 3，男，汉，福建，北京林业大学在读博士研究生，风景园林规划设计与理论，电子邮箱：ccxshen@ 163. com。

风景园林规划与设计

风景园林实践中(城市绿地规划)公众参与的对策研究

Practice of Landscape Architecture (Urban Green Space Planning) The Countermeasure Research of Public Participation

夏祖煌

摘　要：随着市场经济的不断发展，各种利益冲突表象化，日趋多元化的行为主体要求加强城市规划中公众参与的力度。目前，我国在城市规划、环境保护等领域的具有一定的公众参与研究和实践，取得了一定的成绩和经验，但在城市绿地规划领域的相关研究与实践很少。本文主要 阐述了绿地规划建立公众参与制度的重要意义，深入研究分析了绿地规划公众参与的原则、内容、主体、方法等重要方面，提出了促进我国公众参与风景园林规划设计的建议和适合我国公众参与景观设计的决策方法。
关键词：风景园林；城市绿地；公众参与；规划；构建

Abstract：Along with unceasing development of the Market-Economy, more and more multiplex behavior requests to join in the urban Planning and the construction. The Passion that the Public participates in urban green space Planning is advancing unprecedentedly. At present there are some research and practices of public participation on urban planning and environmental protection which obtain some achievement and experience, but few for protection and management of urban green space. The paper discusses the significance of public participation of urban green space, and analyses the important aspects of public participation of urban green space which include principle, content, principal part, method, etc. Finally, it brings forward the measures to advance the establishment of public participation system of urban green space.
Key words：Landscape Architecture；Urban Green Space；Public Participation；Planning；Establishmen

中国城市发展与建设正逐步由工业时代转向后工业时代，以"知识经济"、"生态文明"为标志的城市绿地建设正在蓬勃发展。公众参与是公民的一项重要的基本权利，是社会政策的基石，也是城市公共管理的基础。重新认识城市绿地在国民经济中的作用和地位，充分研究城市绿地建设与公众之间的关系，成为一项刻不容缓的工作。

1　公众参与城市绿地规划与建设的必要性

公众参与是公民的一项重要的基本权利，是社会政策的基石，也是城市公共管理的基础在城市绿地建设问题上，只有在广泛的公众参与基础上才有可能确定出科学合理的城市绿地建设标准与决策过程，才能建立起绿地建设的监控体系，才能保证绿地建设政策的有效贯彻，从而实现城市绿地社会效益、经济效益、环境效益三者的协同发展。

居民的参与程度决定了城市绿地系统形态与结构的合理性。通过对居民意愿及满意度的调查可以帮助规划者在符合居住者使用需求的基础上协调城市空间的布局，避免了规划者仅仅从服务半径的圆圈的覆盖情况来确定城市土地的合理利用。而在较小尺度的城市绿地空间布局上，居民的参与所体现的作用更大。同时，随着社会经济的转轨，个体利益多元化的倾向将日趋明显，加强规划和实施过程中的公众参与也是保证规划实施的有效途径。

2　相关的概念的界定

公众参与涉及不同领域，内容广泛，目前学术界尚无统一的定义。从社会学角度讲，公众参与是指社会公众、社会组织、单位或个人作为主体，在其权利义务范围内进行的社会活动；从公共政策角度看，其是指公众参与政策制定等社会公共事务管理，从而确保政策决策等公共事务的正当性，顺应民意。无论何种角度和定义，公众参与的核心内容均可归纳为：公民依法有序、有目的地参与公共事务管理的活动。

3　城市绿地规划过程中的公众参与对策研究所存在的问题

城市绿地建设中的公众参与研究还不够成熟，分析原因主要在于现阶段公众对城市绿地的认识程度的差异性，导致公众缺乏参与城市绿地建设的积极性。有了公众的参与，能集思广益，使决策更为科学，增强设计项目的可操作性，避免设计师陷入形式的自我陶醉之中，许多城市的绿地建设管理部门已经展开公众参与的各种尝试，完善和发展公众参与机制，引导公民直接或间接地参与城市绿地的管理和建设成为大势所趋。

3.1　绿地规划中民众的本身局限性

现阶段，由于我国城市市民的公众参与意识较为薄弱，除非涉及自身利益，市民对于公众参与的积极性并不高。且城市绿地的规划与建设是一门综合多学科、专业性较强的行业，涉及城市绿地系统规划学、美学、生态学、植物学等领域交叉，因此，对大部分市民来说，因难于理解绿地系统规划的专业术语等，往往只能是"被动式参与城市绿地规划"，且宣传、咨询和指导的组织机构还较少，这一定程度上阻碍公众参与城市绿化的规划设计。

3.2 公众参与的流于形式化

在对大多数已经完成城市绿地规划中的公众参与的研究，目前，在规划编制过程中主要是规划设计院例行公事般的调查分析现状存在的问题为目的而走访，基本不顾及公众对预期规划的想法；在规划审批阶段的公众参与主要是专家论证，仅局限于学术研究机构和地方政界的精英层次；并且在规划实施阶段的公众参与主要是一种事后被动式参与的临时性征询意见的图纸和规划模型展示。这种受众少接受程度低的公众参与形式，使得公众的参与权，知情权都难以保证和体现，与真正的"公众参与"还存在很大的距离。

3.3 参与机制缺乏相关的法律保障

我国大多数城市公众参与城市绿地规划的法规中缺乏将公众参与纳入具体的城市规划方案编制审批程序中，同时规划部门与公众之间缺乏必要的沟通和互动，没能建立起良好的"参与－反馈－再参与"的公众参与平台。这使得公众无法知晓自己的意见是否采纳落实。等到城市规划实施时，城市绿地规划方案容易与公众利益发生冲突。特别是某些民众常为了维护自己的利益，采取非正常手段或者是不恰当的诉求方式进行抗议，成为市民参与规划决策的主要形式。因此，反映出公众参与城市规划的制度渠道不完善，参与的机制缺乏有力的保障。

4 城市绿地规划过程中的公众参与对策研究

4.1 完善城市绿地规划过程中公众参与的法制建设

在城市绿地规划的过程中，应先完善公众参与城市绿地规划的实体性和程序性内容，通过法律规章明确规定公众参与的程序、方法，以保障公众参与的公正性与有效性，同时明确民众参与绿地规划的内容和目标，且规定相应的机构职能和权限处罚等。

其次在城市绿地规划中，要实现立法公开增加参与渠道，使民众的知情权、参与权得到实现，加强绿地规划立法的透明度。一是要扩大城市规划立法文件公开的范围，建立系统化的文件公开机制；二是要健全和落实城市绿地规划立法会议公开制度；三是要逐步建立起以听证会为立法论证主导程序的制度；四是要强化和落实公众参与立法的其他多种方式。

4.2 提高公众参与意识，落实知情权、参与权、监督权

由于城市规划专业性强，对民众的个人专业知识和

文化素质要求高，且由于它和人们的日常生活息息相关，只有将城市绿地规划中的方针和理念让公众知晓，才能更好地与展开公众的参与，并形成互相沟通的对话渠道。

加大对城市绿地系统规划的宣传，增进公众的知情权、参与权和监督权，使市民了解到城市绿地规划与自身的密切关系。宣传可以产生多层次的互动，可以拓宽公众参与的渠道。同时宣传有其持续性和长期性，可以使市民长期对城市规划投入较大的关注。只有加强多层次的推介，才能让公众了解、参与和监督城市绿地规划，使得规划的进行更加符合民众的需求和意愿。

4.3 引导和促进非政府组织的参与

长期以来，我国对绿地规划中公众参与的认识仅局限于"个人"的参与，公众参与在作法上则主要通过规划方案展示、公示民意调查等方式进行，并不是完整的参与手段。由于民众对绿地规划专业的认知能力有限，因此反映问题是不全面的，另一方面即使公众提出了具有建设性的建议和思路也不能受到市政部门的重视，这样公众参与根本不可能发挥实质性作用。应当在增加和引导民间非官方的组织进行自发的参与规划方案的审查和监督，更加客观和理性的使得绿地规划满足公众的诉求。

4.4 城市规划过程中公众参与的主要问题研究和对策

城市绿地建设中的公众参与研究还不够成熟，分析原因主要在于现阶段公众对城市绿地的认识程度的差异性，导致公众缺乏参与城市绿地建设的积极性。许多城市的绿地建设管理部门已经展开公众参与的各种尝试，完善和发展公众参与机制，引导公民直接或间接地参与城市绿地的管理和建设成为大势所趋。

4.4.1 普通公众参与的知识有限性问题

一方面公众参与城市规划的方法论强调各参与主体之间的"对话交流、交往和沟通"，而另一方面就规划的技术性要求而言，专业人员与普通公众的知识结构与专业素养的客观差异又使交流受到很多制约，这在参与具体设计的环节中尤其明显。如何解决这两方面的矛盾，促使专业人员与普通公众间的交流顺利而有效，直接关系到公众参与的深度与广度。为了使绿地规划内容更具有可理解性和直观性，缩小普通公众与专业技术人员间的沟通障碍，还应从交流技巧的运用和新的制度的确立等方面进行了改进。

（1）运用多种交流技巧

以简明图画表达理念，如制作模型、启发性设计等。另外，还应该注意通过多渠道获取及发布信息，除了以公众调查、咨询、公示、听证会、论证会等基础方式获取资料，也应该通过如网络调查（信息平台反馈、邮件、微博等）、电话回访、媒体舆论等渠道增大信息面，及时做出回复和调整。

（2）建立新的参与制度

尝试建立顾问规划师制度，即专业咨询服务。由市民聘请专业规划师，帮助地区的公众解答有关绿地规划相关

的问题。规划师熟悉规划地区情况！编制过地区规划的设计院的规划师为主，承担着规划中立、服务性角色。帮助地区公众识别绿地规划意图，解释规划内容；向其所服务的地区提供规划建设的专业咨询服务；通过解答公众问题，扩大规划宣传，促进公众规划意识和知识的提高等。

4.4.2 公众参与程度推进问题

无论是公众参与和城市绿地规划的推进，都应考虑到一个国家本身的社会制度和发展水平，且考虑我国民众的社会意识水平相对较低。如果我国完全套用西方国家的公众参与城市规划的那一套做法，盲目追求绝对的社会公正，而不是循序渐进地进行发展，势必会导致城市建设缺乏效率和丢失发展机遇的良机。我国城市规划公众参与的范围和深度应是个逐步扩大和渐进的过程。在目前公众参与的初期阶段，规划重点应放在规划知识的普及和传播上，让公众、开发商和政府官员真正了解规划的实质。

5 总结

公众参与城市绿地规划与建设的建议公众参与是体现社会公平的需要，城市提高竞争力的需要。它既需要规划人员、政府、开发者和公众等社会各利益群体的共同协调和努力，更需要从全民意识和法制角度上保证规划的科学性和有效性。伴随着《城乡规划法》的实施，公众参与的法律地位得到了确立，强调了城市绿地规划制定、实施全过程的公众参与，这就要求在规划中落实完善公众参与的实现、组织形式和实施方式。要推动和规范我国城市规划中的公众参与应加快公众参与的法制建设，提高公众参与意识，落实知情权、参与权、监督权，引导和促进非政府组织的参与等一系列的对策。

参考文献

[1] 贺振燕，王启军. 论中国环境保护的公众参与问题[J]. 环境科学动态，2002：11-13.
[2] 郭美锋. 一种有效推动我国风景园林规划设计的方法——公众参与[J]. 中国园林，2004(01)：76-78.
[3] 戴月. 关于公众参与的话题：实践与思考[J]. 城市规划，2000：(4) 59-62.
[4] 李春玲. 风景区的社区公众参与模式研究[J]. 中国园林，2006 (11)：90-93.
[5] 彭璐. 公众参与城市绿地建设初探[J]. 林业经济问题，2008(08)：359-362.
[6] 孙晓春，刘晓明. 重要风景园林设计方案的公示在中国[J]. 风景园林，2004(12)：57-62.
[7] 陈征，邓洋. 城市型风景名胜区规划编制中公众参与机制研究[J]. 中外建筑，2013(07)：104-105.

作者简介

夏祖煌，男，1990 年 7 月生，华中农业大学可持续风景园林规划设计方向硕士，电子邮箱：253423035@qq. com.

略论中国当代区域绿地规划实践的原旨、途径及走向

The Original Purpose，the Implementation and the Future of Chinese Modern Regional Green Space Planning

肖 宇

摘 要："区域绿地规划"在21世纪初成为中国大地风景园林实践领域的热门，随着中国城镇化率跃升过50%，统筹城乡发展、建设生态城市和扩大区域竞争实力无一不借力于区域绿地规划。本文通过回顾区域绿地规划的原本宗旨，归纳当下中国境内发生的区域绿地规划的四种实践途径：生态控制线途径、区域绿道网络途径和区域绿心途径，对其原旨及实践案例进行辨证性批判，厘清实践过程中的偏差。本论文是对当代中国区域绿地规划实践的总结和反思。

关键词：区域绿地规划；实践途径；风景园林；评论

Abstract：In 21st century，'regional green space planning' would be the hotest topic in Chinese landscape architecture. With the Chinese urbanization rate passing 50%，urban and rural development，the construction of ecological city and the expansion of regional competition all need relying on the regional green space planning. This paper would summarize four model of the regional green space planning practice ：ecological control line，regional greenway network，regional greenheart and green infrastructure by reviewing the original purpose of regional green space planning，and the four model would also be criticized in this paper，while the deviation of their practice should be clarified. This paper would be the introspection and summery of Chinese modern regional green space planning practice.

Key words：Regional Green Space Planning；Ways of Implementation；Landscape Architecture；Comment

1 前言

"区域绿地规划"是当代中国的城市绿地建设领域最热门的话题之一。"区域绿地规划"一词的词眼在于"区域"，其有别于传统的"城市绿地规划"即说明，它的视野突破了固有的城市建成区边界而向城市周边谋求生态利益。

在"区域绿地规划"这一风潮卷来之时，必须警惕它变成一个使用泛滥而最终走向污名化的名词。当下出现的区域绿地规划实践，多由以下三个实践途径构成：生态控制线途径、区域绿道网络途径和区域绿心途径。三个途径在空间上时有重叠，在手段上互有交织，在目标上都指向：统筹城乡发展，走向区域共赢。

2 区域绿地规划的出现具有历史必然性

2.1 区域化思想在世界范围内兴起

"区域绿地规划"的思潮发端于城市"区域规划思想"，往前可追溯于帕特里克·盖迪斯（Patrick Geddes，1854—1932）的"城市—区域"规划的若干观点以及刘易斯·芒福德（Lewis Mumford，1895—1990）的区域整体发展理论。此后的1950年代，城市—区域发展理论有了新的内容：增长极核理论、空间扩散理论、核心边缘理论以及前苏联的地域生产综合体理论等。使区域空间结构与社会经济结构的研究得到了统一，并由此兴起"区域科学"，为城市和区域规划的开展提供了基础。到1990年

代，受经济全球化以及政治格局与社会思潮等的影响，有关全球城镇体系、跨国城市区域联盟、区域重整与更新、新区域主义等的探索占据了主导地位。

2.2 中国区域绿地规划在国内的发展历程

"区域绿地规划"可视为中国城市绿地建设发展到成熟阶段的积极表现：中国城市绿地建设历经晚清时代的"点式散状城市绿地建设"（租界公园建设、官办公园以及殖民地城市绿地规划）到民国初年"初步体系化的城市绿地建设"（服膺"田园城市"、"区域规划"等理论），到20世纪50年代从苏联引入"城市绿地系统规划"这一概念，再到20世纪80年代在国内外区域思想和生态思想的催化下，城市绿地系统规划思想日渐成熟，并开始符合本国国情。进入21世纪，区域绿地规划成为绿地建设的具有核心竞争力的实践类型。因此，它的出现具有积极的进步价值和历史的必然性。

民国早年，中国学者翻译和转译了大量西方区域规划理论的书籍，如林本翻译的亚当斯所著的《现代都市计划》（1933年）、李耀商翻译的日本《都市计划讲习录》（1929年）以及中山大学工学院陈训烜所著《都市计划学》对于区域规划思想都有所涉及。1925年留学英国的朱皆平（1898—1964）专攻城市规划和市政工程，成为国内最早讲授城市规划课程的"第一人"，并于1944年8月至1948年6月间，主持了中国近代首次区域规划实践——武汉区域规划[1]。1949年后，由新中国政府自上而下推动开展了部分区域规划实践：1956年国务院建委设立了区域规划与城市规划管理局，拟订了《区域规划编制

风景园林规划与设计

与审批暂行办法》；1985 年国务院要求编制全国和各省、市、区的国土总体规划。在国土规划的推动下，以综合开发整治为特征的不同层次的区域规划在全国范围内全面展开；在 1990 年《城市规划法》以城镇体系规划为标志的区域规划被作为法定的内容。

2000 年，"区域绿地规划"一词在中国文献上开始出现，由陈伟廉、杨文悦在《上海中心城区区域绿地规划建设思路初探》一文中首先使用[2]。随后的 2003 年，广东省建设厅主持编制《广东省区域绿地规划指引》[1]，规定"各市、县今后编制城镇体系规划时，必须将区域绿地规划纳入其中，一并报批"，标志着"区域绿地规划"从理论研究正式走向建设实施。

3 当代区域绿地规划的实践类型

区域绿地规划的实践途径归结起来看，主要存在以下四个方面：生态控制线途径、区域绿道网络途径和区域绿心规划途径。

3.1 生态控制线途径

3.1.1 生态控制线途径的原旨与现状
"生态控制线"最初设置是为了保障城市基本生态安全，维护生态系统的科学性、完整性和连续性，防止城市建设无序蔓延，在尊重城市自然生态系统和合理环境承载力的前提下，根据有关法律、法规，结合实际情况划定的重点生态保护要素的范围界线[3]。

生态控制线范围内包含的内容有严格定义，有以下几部分：基本农田及耕地控制线、河流与湿地控制线、林地控制线、山体控制线和海岸沙滩控制线。它具有联通城乡，将绿地规划由城市推向区域的客观作用，因此可视之为区域绿地规划的重要手段和途径。

3.1.2 案例及其批判
中国境内目前实施"生态控制线"规划政策的城市有深圳（2005 年）、无锡[2]（2006 年）、广州[3]（2007 年）、东莞[4]（2009 年）、长沙（2011 年）[5] 以及武汉[6]（2012 年）。深圳市作为中国首个明确"基本生态控制线"概念并划定控制范围和发布管理规定的城市，在理论内涵、规划编制到具体操作实施方面作出了大量探索，经过数年时间的实践检验，对其他城市的生态控制线规划产生了较大的积极影响和示范价值（图 1）。

图 1　深圳市基本生态控制线范围图
（资料来源：http://www.szpl.gov.cn/main/csgh/zxgh/stkzx/index.htm）

---

①　2003 年 10 月，广东省建设厅发布《广东省城市规划指引（GDPG—003）——区域绿地规划指引》
②　2006 年出台《无锡市基本生态控制线管理规定》引自 http://www.law110.com/law/city/wuxi/law110com200731203.html
③　广州市在 2007 年的总规及绿地系统规划修编时，着手进行《基本生态控制线规划》，参见周之灿.我国"基本生态控制线"规划编制研究［M］.转型与重构——2011 中国城市规划年会论文集.2823－2831
④　2009 年出台《东莞市生态控制线管理规定》
引自 http://www.law-lib.com/law/law_view.asp? id=297094
⑤　2011 年出台《长沙市规划区基本生态控制线规划》，引自 http://www.csup.gov.cn/publish/CS2011ShowPublish.asp? xmnumber=2186
⑥　2012 年出台《武汉市基本生态控制线管理规定》
引自 http://www.whfzb.gov.cn/site/publish/whfzb/C1201209210900110025.shtml

"生态控制线"在探索控制城市增长边界，修复城市生态承载力方面具有不可忽略的重要价值，然而当下也必须直面它的诸多软肋。

在区域规划的整体关照下，区域绿地规划应该成为引导城市发展，协调城乡规划的前导性规划，生态控制线规划并没有做到这一点。目前的尴尬处境之一的是，它并没有法定地位，其出现与否取决于规划师的认识和决策部门的决策。在实际内容上，生态控制线是政府"批准公布的生态保护范围界线"，是为"防止城市建设无序蔓延危及城市生态系统安全"而划定的界线[4]，此处并无疑问。然而在界线范围以内，它并不能保证绿地规划工作的顺利有效进行。也因此，生态控制线规划只是当下中国区域绿地规划的重要手段之一，其与其他区域绿地规划手段的组合使用势所必然，仍然值得探究。

3.2 区域绿道网络途径

3.2.1 区域绿道网络途径的原旨与源流

"绿道"一词首先由美国城市规划学者威廉·H·怀特（William Hollingsworth Whyte，1917—1999）[①] 在1959年《保护美国城市的开放空间》（Securing Open Spaces for Urban America）一书中首次使用[5]。1987年美国户外游憩总统委员会（President's Commission on Americans Outdoor）的《美国户外空间报告》（Americans Outdoors：The Legacy，The Challenge，with Case Studies）对于绿道建设作了这样的叙述，"未来的景观将是这样：一个富有生机的绿道系统，让人们很方便地进入他们住宅附近的开放空间，并将全国的乡村空间和城市空间联系起来，将城市和乡村串起来，就像一个巨大的可循环的系统"[6]。

在20世纪初欧洲的城市规划领域里，绿色网络思想就得到了发展。在东欧和西欧的大都市区域内，来源于这一思想的绿带系统的建设使得城市与其外围的自然区域或者林带连接起来。伦敦和莫斯科都做了这方面的规划，类似的还有柏林、布拉格和布达佩斯等。

3.2.2 案例及其批判

中国区域绿道实践，目前实施范围主要集中在单个城市行政区内（例如秦皇岛、成都、兰州），以及少量的城市群区域内（例如环太湖区域和珠三角区域）。绿道分级处理，构成层次分明的网络是中国的一个普遍经验：根据绿道在区域中所处的地位和等级，以及与城乡空间的关系，所发挥的不同作用，将绿道分为区域绿道、城市绿道和社区绿道。其中区域绿道是有意识地以区域为规划主体的区域绿地规划产物。

2001年，广东省政府提出"区域绿地"的管理概念，希望在区域的层面划定永久保护的绿地，以确保生态安全并阻止城市的无限蔓延。2003年，《广东省城市规划指引——区域绿地规划指引》颁布施行，在区域绿地规划方

法上进行了探索。2006年广东省人大通过条例确立在珠三角划定"区域绿地"。至此，区域绿道终成政府政策。2011年《广东省城市绿道规划设计指引（粤建规函〔2011〕460号）》的出台更加确认了区域绿道的规划实践走向体系化和科学化。

珠江三角洲绿道网在2012年6月建成1690km，连通广佛肇、深莞惠、珠中江三大都市区。2012年1月，辐射粤东粤北粤西地区再建绿道5800km，省域绿道网预计连接21个地级市，最终建成中国规模最大的区域绿道网络（图2、图3）。

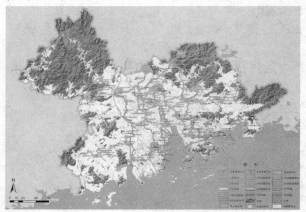

图 2　珠三角绿道网平面图
（资料来源：http://www.gd.gov.cn/tzgd/tzgdzt/ldw/ldwght.jpg）

图 3　广东省1号绿道起点以及绿道标示牌

当区域绿道网络规划在中国大地星火燎原并愈演愈烈之时，必须对其客观作用和事实功效保持足够的清醒认识。其出现往往打着"民生"的旗号，披着"生态"的外衣，客观来看，当下中国的区域绿道网络规划实践某种程度上其社会意义大于生态效能，甚至大于经济效能。事实上其带来的区域生态"增量"并没有得出明确的定量结果。另一方面，目前的区域绿道规划的实施，还以城市建成区内各大生态组团的"联通"为主，真正冲出城市中心城区走向广大乡村地带，实现城乡的空间缝合还有待进一步理性实证。

3.3 区域绿心途径

3.3.1 区域绿心途径的原旨与源流

"区域绿心"指多个城市组团围合的绿色空间，用地类型包括郊野公园、林地、农业用地、动植物保护地、湿地等[7]。

① 美国城市规划学者，记者，其代表作《小城镇空间中的社会生活》（The Social life of Small Urban Space）http：//en.wikipedia.org/wiki/William_H._Whyte http：//www.pps.org/reference/wwhyte/

"绿心"一词最早出现在1958年制定的《荷兰兰斯塔德发展纲要》中，该纲要明确提出"把兰斯塔德建设成为一个多中心的绿心大都市。"[8] 其中 Randstad 绿心则是指由面积约160000hm² 的开阔的农业景观构成，拥有多项城市的职能的区域绿心[9]。"Randstad"和"Green Heart"作为空间概念引起了人们的关注。孙筱祥先生曾经指出：全世界在大城市中心最早建立自然式大园林的是杭州西湖，12世纪时以西湖为中心形成一个半天然半人工的自然式园林，面积4000余公顷，成为当时南宋国都临安的城市园林，即可视之为早期的绿心[10]。

3.3.2 案例及其批判

中国具有影响力的"绿心"规划研究和实践项目包括乐山的"绿心环形生态城市结构模式"①（1987年）、绍兴镜湖绿心规划②（2003年）、台州城市绿心规划③（2007年）等。目前中国境内的区域绿心规划实践当推长株潭城市群绿心规划[11]（图4）。

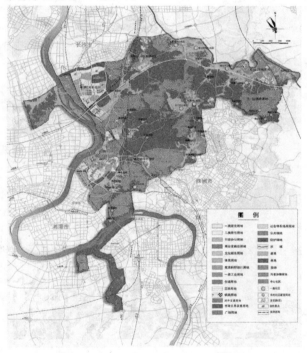

图4 长株潭区域绿心总体规划图
（资料来源：http://chinaup.info/2012/03/3699.html）

长株潭城市群中三市两两相距不足40km，沿湘江呈"品"字形分布。2005年《长株潭城市群区域规划》提出保留三市中心的地区作为三市一体化的"绿心"。2008年12月，《长株潭城市群区域规划（2008—2020）》提出在长株潭三市的中央地带建立区域绿心的战略构想：将545km² 绿心空间划分为禁止开发区、限制开发区和建设协调区。

长株潭区域绿心规划实践已经开启，"听其言，观其行"实施效果有待见证。水可载舟亦可覆舟，区域绿心规划的未来前景也需要辩证面对。由于绿心位于长株潭城市群中央位置，面积约545km²，大于2010年的长株潭三市建成区面积总和468.1km²④。随着时间的推移，一个根本性的矛盾即将呈现：趋于同城化的长株潭三市需要在空间上拉近"城市重心"，而横亘在这个城市群中间地带的"区域绿心"则在空间上抵抗了这一趋势。因此，如果不能恰当认定"区域绿心"的规模，未来由于其规模大，且区位关键，"区域绿心"亦可能成为阻挡城市群内部城市间联系的区域"硬块"。

4 区域绿地规划的走向

区域绿地规划要在当代的中国城乡统筹发展中发挥更有引导价值的作用，那么它必须具备更多制度上的前提和程序上的合理，即"程序正义"。在城乡规划制度方面，区域绿地规划应当具备"区域发展规划"相仿的程序，它借助规划师在生态效能研究方面的长处，吸收区域经济学、城市交通学等邻近学科知识，为城市群战略规划和城市总体规划以及城市绿地系统规划等专项规划出谋划策，成为后者的理论前导。

目前中国的区域绿地规划需要在以下方面克服自身之不足：（1）增强定量研究，形成自成体系的工作方法；（2）模拟生态效能，形成突出清晰明确的结论。

当下的中国区域绿地规划实践，生态控制线途径趋于面状，区域绿道网络途径趋于线性，绿色基础设施途径则具有超强的数据处理体系，在定量研究方面优于其他几种途径，因此将诸种当代中国区域绿地规划途径进行融合，互相借鉴，互补不足，可以催生出一种立足宏观，关乎生态，关乎人本，能适应当下中国多样自然环境基底，又具有完整的理性研究基础的新型区域绿地规划方法体系，这才是中国区域绿地规划实践的最终出路。

参考文献

[1] 李百浩，郭明. 朱皆平和中国近代首次区域规划实践[J]. 城市规划学刊，2010. 3：105-111.

[2] 陈伟康，杨义悦. 上海中心城区区域绿地规划建设思路初探[J]. 上海建设科技，2000. 4：8-13.

[3] 廖艳红. "两型社会"自然生态环境保护的基本路与对策——以长沙市大河西先导区为例[J]. 中外建筑，2008. 12.

[4] 周之灿. 我国"基本生态控制线"规划编制研究[M]. 转型与重构——2011中国城市规划年会论文集：2823-2831.

[5] Whyte W H. Securing Open Space for Urban American：Conservation Easements[J]. Washington：Urban Land Institute，1959.

[6] President's Commission of American Outdoors. American Outdoors：the Legacy，the Challenge [R]. Washington，

---

① 1987年《乐山城市总体规划》构建绿心环形城市的形态结构，基于乐山8.7km² 的城市绿心，明确提出绿心环形城市模式（The Green—Core Ring City），该规划在1992年世界环境与发展大会上获得联合国技术信息促进系统"发明创造科技之星奖"，受到广泛关注。

② 2003年的《绍兴市镜湖新区（城市绿心）总体规划（2003—2020年）》从法定地位确立城市绿心。

③ 《台州城市绿心生态区规划》文件出台 http://www.tzlx.com.cn：82/

④ 按2010年统计资料，长沙城区建成面积为342km²、株洲市建成面积66.6km²、湘潭市建成面积59.5km²，共计468.1km²。

DC：US Government Printing Office，1987.

[7]　郭巍，侯晓蕾．城市绿心发展及其空间结构模式策略研究
　　　[J]．中国人口、资源与环境，2010．S2：165-168.

[8]　魏后凯．荷兰国土规划与规划政策[J]．地理学与国土研
　　　究，1994.10（3）：54-60.

[9]　刘滨谊，姜允芳．论中国城市绿地系统规划的误区与对策
　　　[J]．中国园林，2002.26(2)：76-78.

[10]　郭巍，侯晓蕾．城市绿心若干特性探讨[J]．中国园林，
　　　2010.26(4)：3-5.

[11]　郭巍，侯晓蕾．城市绿心发展及其空间结构模式策略研究
　　　[J]．中国人口、资源与环境，2010．S2：165-168.

作者简介

　　肖宇，男，湖南衡阳，工学硕士，毕业于同济大学建筑与城市规划学院景观学系，广东省城乡规划设计研究院城市发展研究中心。

校园开放空间景观偏好研究
——以同济大学四平路校区为例

The Study on Landscape Preference of Campus Open Space
——Taking Tongji University Sipinglu Campus as the Example

徐留生

摘　要：大学校园开放空间是校园环境的重要组成部分，校园开放空间的规划建设也直接影响到师生的生活和学习。选取同济大学内两处主要的开放空间作为研究对象，通过对开放空间实地环境的调研和文献资料的回顾归纳，提炼出适合所选取校园开放空间的 15 项景观认知因子以及 10 项环境满意度单项因子。在此基础上通过对本校学生的问卷调查，将得到的数据进行独立样本 t 检定和皮尔森相关分析，研究使用者对于校园开放空间的景观偏好情况，进而得到相关结论，为校园开放空间的改造和规划设计提供可参考借鉴的依据。

关键词：大学校园；开放空间；景观偏好；满意度

Abstract：Campus open space is an important part of the campus environment and the planning and construction of campus open space poses a closed affect on life and study of teachers and students. Through selecting two major open space in Tongji university campus as the research object, and surveying the physical environment of open space and summarizing relevant literatures, the paper extracts15 landscape cognitive factors and 10 environment satisfaction factors. Moreover, by independent sample t-test and Pearson correlation analysis of the data from questionnaires of students, the paper studies the users'landscape preference of campus open space, and then reaches relevant conclusions which can provide some basis for the campus open space transformation and planning and designing.

Key words：University School Yard；Open Space；Landscape Preference；Satisfaction

1　概况

1.1　研究背景

　　校园开放空间是学生课余时间的主要活动场所，是日常生活学习休闲娱乐各种活动的重要空间载体。目前许多大学校园内的开放空间建设普遍缺乏重视，直接导致校园开放空间不能被充分利用。成功的校园开放空间规划建设应以学生为主体，充分了解学生的成长需求、生活习惯和日常作息，突显学生的行为心理特征。校园开放空间的建设也逐渐成为衡量大学校园环境的重要指标。

1.2　研究目的与意义

　　研究以校园的开放空间为主题，通过相关文献分析与现场调查，对所选校园开放空间的构成和特征等做详细分析。在此基础上，从景观偏好理论出发，以校园内学生作为此次研究的受测对象，发现学生对于校园开放空间的景观偏好所在，以探讨影响校园开放空间环境的因子，为校园开放空间的规划建设提供可参考借鉴之处。

2　调查地点选取

　　本次研究选取的开放空间位于同济大学四平路校区内。校园内有面积大小不等的若干开放空间分散于校园

各处。本次选取的两个开放空间人气均较高，为图书馆教学楼以及宿舍所围合，是校园内主要的两个学生比较集聚的场所，其位置分布情况如图 1 所示。

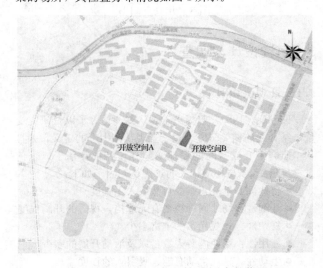

图 1　开放空间 A 与 B 在校园中的位置

　　开放空间 A（图 2）为一条道路所分割的两块矩形场地，地势平坦。面积 2400m²。东边为学校操场，东北边为带室外座位的咖啡厅，西边为学生宿舍，北边为学生活动中心。

　　开放空间 B（图 3）面积约 2200m²。东边为坡地，西边滨水处为平地。东南面为道路所包围，西边及西北边为

图2 开放空间 A

流经的 5m 宽河渠。东北边一路之隔为图书馆，东面正对教学南楼，南面紧邻学苑食堂。开放空间 A 在整个校园中的区位比较优越，交通也十分便利，由于周边分布着图书馆食堂，场地周边的人流量也非常大，尤其是午餐晚餐用餐时间。

图3 开放空间 B

3 研究设计与调查

3.1 景观认知因子

Kaplan（1989）曾提出景观认知评估因子以及研究变量，结合之前相关研究中对于景观认知因子的定义，并且从本研究中开放空间的场地实地环境特征，基于以上信息整理出 15 项与环境相关的景观认知因子如下：

- 自然性：景观元素的自然或人工程度
- 开阔性：场地周围视线有无遮挡，视野的开阔程度
- 复杂性：景观元素的丰富多少
- 使用性：场地内游人数量以及活动开展的多少
- 生动性：景观生动有趣、吸引人的程度
- 整洁性：环境干净或脏乱程度
- 美感：视觉景观美的程度
- 舒适性：景观使人感到舒适心情舒畅的程度
- 宁静性：环境的吵闹安静程度
- 和谐性：景观元素整体的构成协调程度
- 统一性：景观元素在整体上是否统一
- 秩序性：景观元素组织有无秩序

- 维护管理：场地维护管理的完善与否
- 私密性：环境给人的感受有无私密感
- 可识别性：环境的可识别易读程度

3.2 环境满意度单项因子

Erkip. F. B.（1997）在对居民游憩环境的研究过程中，将实体环境归纳为"环境空间大小"，"设施"和"服务品质"等几类环境因子；陈惠美、林晏州（1997）在研究邻里公园时，将邻里公园的环境归纳为"设施色彩"，"设施分布与设计"，"环境的管理维护"，"绿覆率"和"植物密度"等几类环境因子；陈天佑（2008）在研究新竹东门城护城河滨水环境时将该滨水环境整理成"河岸宽敞度"，"水体品质"，"空间植栽"以及"人行步道铺面"等共 15 个环境因子；叶奕成（2009）在研究台南孔庙及周边环境中将环境归为"人行空间与路径规划设计"，"设施的规划设计"，"使用者参与及活动"以及"自燃性规划设计"等共 8 大类 24 小类环境因子。本研究在总结相关文献的基础上，结合对于所选两处开放空间环境的自身特点，并且从使用者的角度出发，将校园开放空间的环境因子归纳为以下几类：

- 休憩停留空间
- 绿地空间的占有比例
- 可以遮阴的景观设施
- 环境的维护和管理
- 用以休憩的景观设施（如坐凳凉亭等）
- 场地交通的便利可达性
- 场地内进行的各项游人活动
- 周边的商业设施分布
- 植被种类的丰富多样性
- 景观视野的开阔性

3.3 问卷设计

问卷分为两部分：景观认知因子评析和环境满意度评价，均采用李克特（LikertScale）5 点量表法——将每一个因子的偏好程度从 1 到 5 分为 5 个等级——分别为：非常弱、弱、普通、强和非常强。

由于本次研究中问卷调查的对象全部为两处场地内或周边活动的人群（也就是本校学生），问卷对象的范围相对较限定，因此年龄、学历等基本资料方面并无太大差异。

3.4 问卷调查

问卷调查方式是到选定的两处开放空间中进行实地调查问卷的发放。问卷调查的时间选择 5 月 11 日到 14 日共四天（其中 11 日和 12 日为双休日，13 日和 14 日为工作日）。本次调查共发放问卷 160 份，收回 160 份，回收率 100%。

3.5 问卷的统计分析方法

对于问卷调查的数据用 SPSS 软件进行独立样本的 t 检定和皮尔森相关性分析。

4 结果与分析

4.1 校园开放空间景观认知因子影响差异分析

开放空间 A 和 B 的景观认知因子通过 t 检定，所得的结果如表 1。从表中数据可以看出，"开阔性""私密性"和"复杂性"在两个开放空间中有着较为明显的差异。就"开阔性"而言，经过对场地环境的详细分析之后可以发现，开放空间 A 周围建筑为宿舍、活动中心，而最高的宿舍楼仅为 6 层，除此之外周围并无高层建筑。同时空间 A 的东南处为学校操场，无疑增加了这一地块的视野开阔性。因此相对于高层图书馆以及教学楼等其他建筑所包围的开放空间 B，空间 A 的视野显然更为开阔。不过空间 B 中明显的竖向变化——坡向朝东的坡地草坪正好能够遮挡东边开放空间边缘道路上行人的视线，使得这一块围合成的滨水小空间具良好的私密性；同时高大乔木冠幅也给这一块小空间以竖向上的空间限定。这也解释了两个开放空间在"私密性"上的差异。至于"复杂性"，由于空间 A 景观设施和元素的丰富性，比如凉亭、坐凳以及小广场等都使得环境显得丰富多彩，而空间 B 主要的坡向草坪景观元素较为纯粹，草坪上点缀的几棵大乔木也使得这一块环境整体上给人以"干净简洁"的印象，因而不如空间 A 来的复杂。

校园开放空间 A 和 B 认知因子独立样本检定　表 1

	平均数相等的 t 检定			
	t	自由度	显著性（双侧）	平均差	标准误差
开阔性	5.873	78	0.000	1.225	0.209
私密性	−8.984	78	0.000	−1.950	0.217
复杂性	7.187	78	0.000	1.450	0.202

4.2 校园开放空间环境满意度影响差异分析

开放空间 A 和 B 的环境满意度通过 t 检定（表 2）可以看出两个空间在"场地活动的丰富多样"、"景观设施舒适性"和"遮阴景观设施设置"上明显的差异性。开放空间 A 中遮阴设施不多，仅有一处室外茶座可以提供遮阴。其他方面如植物，大乔木较少，仅凉亭附近有 4 棵乔木，其他均为灌木和地被植物。而开放空间 B 植物相对比较丰富，尤其在滨水小空间有若干高大乔木，坡地草坡上也有点缀几棵，可以起到良好的遮阴效果。就"景观设施舒适性"而言，空间 B 中其实并无像坐凳座椅等专门用来休憩的设施，取而代之的是开放的坡地草坡和其他一些大石块，可以作为休憩之用。而空间 A 凉亭下则有木质坐凳，以及靠近音乐广场处等座椅石凳也较为丰富。最后"场地活动的丰富多样"，空间 A 中频率较高的活动主要有聊天、运动、喝茶以及游戏等，而空间 B 中活动类型较为少，坡地草坡一般仅用来坐憩，滨水小空间也主要是坐憩聊天等静态活动。

校园开放空间 A 和 B 环境满意度独立样本检定　表 2

	平均数相等的 t 检定			
	t	自由度	显著性（双侧）	平均差	标准误差
遮阴景观设施设置	−2.752	78	0.007	−0.775	0.282
景观设施舒适性	5.325	78	0.000	1.250	0.235
场地活动的丰富多样	2.775	78	0.007	0.675	0.243

4.3 校园开放空间景观认知因子和环境满意度相关性分析

接下来将选择开放空间 A 作为研究对象，分析空间 A 中认知因子和环境满意度各项因子之间的相关性，具体方法是将上述两个要素进行皮尔森相关性分析。根据分析所得数据，将结果分为三个等级，分别为：

☆：显著性（双侧）值 r≤0.05，皮尔森值绝对值 | p | ≤0.3；

☆☆：显著性（双侧）值 r≤0.01，皮尔森值绝对值 | p | ≤0.3；

☆☆☆：显著性（双侧）值 r≤0.01，皮尔森值绝对值 | p | ≥0.3。

分析结果如表 3。

校园开放空间 B 景观认知因子和环境满意度各因子相关性分析　表 3

	休憩停留空间	绿地空间的占有比例	可以遮阴的景观设施	环境的维护和管理	用以休憩的景观设施	场地交通的便利可达性	场地内进行的各项游人活动	周边的商业设施分布	植被种类的丰富多样性	景观视觉美感度
自然性		☆☆	☆☆☆						☆☆	☆☆☆
开阔性	☆					☆	☆☆☆			
复杂性							☆☆		☆	
使用性	☆		☆		☆		☆☆☆	☆☆		
生动性										
整洁性	☆									☆
美感	☆	☆							☆	☆☆☆

	休憩停留空间	绿地空间的占有比例	可以遮阴的景观设施	环境的维护和管理	用以休憩的景观设施	场地交通的便利可达性	场地内进行的各项游人活动	周边的商业设施分布	植被种类的丰富多样性	景观视觉美感度
舒适性	☆☆☆		☆☆		☆		☆☆☆			
安静性	☆☆☆									☆
和谐性										☆☆☆
统一性		☆							☆	☆☆☆
秩序性						☆		☆		☆
管理良好性				☆☆	☆					
私密性	☆☆☆	☆	☆					☆		
可识别性							☆		☆	

注：负相关未在表格中标注

从表格中可以得到以下结论：

"休憩停留空间"满意度与"舒适性"、"安静性"和"私密性"都具有显著的相关性，说明提高环境的"舒适性"和"安静性"，以及营造一定的私密空间，都能使得环境"留得住人"，这些因素也是能够影响游人在环境中停留时间长短的关键因素。

"遮阴的景观设施"满意度与景观认知因子中的"自然性"也呈现出显著性相关性，具体的皮尔森值 p 为0.634。环境的自然性主要通过植物给人营造的整体印象，而植要想物又具有良好的遮阴效果。所以要提高环境的遮阴程度，可以通过提高植物，尤其是高大乔木的种植比例来实现。

"场地内进行的游人活动"满意情况则会与"开阔性"、"使用性"和"舒适性"呈现显著相关性。"开阔性"主要是场地内景观视线或视野状况反映，而"使用性"则反映了游人对于场地内设施的使用情况。上述分析结果也表明了这三个因素与场地内游人进行的活动有一定的相关性，要提高场地内游人的活动类型和使用率，则可以扩大视野的开阔性，提供设施使用率以及营造舒适的环境来实现。

最后，"景观视觉美感度"的满意状况与"自然性"、"美感"、"和谐性"和"统一性"有着显著的相关性。说明植物的丰富度和多样性可以影响人对于环境视觉美感的评价，同样，提高景观元素配置的"和谐性"以及"统一性"也可以提高"视觉的美感度"。

5 结论及建议

本研究选取了校园内两个主要的开放空间作为研究对象，从景观认知因子和环境满意度出发，分析了使用者对于景观知觉的偏好以及对于具体环境各因子的满意度情况。从以上的研究中可以得出以下相关结论：

5.1 使用者对于开放空间的景观认知因子的偏好

研究中发现使用者对于场地周围的视野状况以及场地内私密空间比较关注。这直接影响到使用者对于场地的使用感受评价。在校园开放空间的规划设计中，应当从大学生日常的行为习惯及心理需求出发，营造不同功能的空间，兼顾公共空间与私密空间，满足不同的行为需求。此外，应需考虑场地周围的建筑状况，保证场地内视线的通透性以及视野的开阔性。

5.2 可停留空间的使用与规划设计要点

从以上数据分析中可以看到，能够吸引游人驻足停留的空间不仅是"舒适的"、"安静的"，还能够给人以"私密性"。校园开放空间的规划设计要营造为人所能停留的空间，就应该融入这些特征。"舒适性"往往意味着需要提供一定数量的可坐骑休息的设施，比如坐凳凉亭等，满足最基本的休息需求；同时需要考量场地周围的环境，注重宜人小气候的营造。而"安静性"和"私密性"则需要通过植被、地形景观元素分割围合等设计手法，营造不同功能需求的小空间。

5.3 通过种植高大乔木，满足场地内遮阴需求

研究结果表明了遮阴设施可以通过植被来实现，尤其是高大乔木。同时最好分枝高、冠幅大，可以提高遮阴效果。此外，在树种选择方面，用于遮阴的乔木最好为落叶树种，因为在上海这种冬冷夏热地区，冬季太阳需要穿透落叶树种，满足人们晒太阳的需求。除了植物这种弹性遮阴设施外，一般的硬性遮阴设施也不能缺少，如凉亭等庇护性景观设施。

参考文献

[1] 陈天佑. 都市河岸亲水空间民众知觉偏好之研究—以新竹东门城亲水公园为例[D]. 新竹：中华大学建筑与都市计划学系，2008.

[2] 叶奕成. 台南市孔庙与忠义国小使用者知觉偏好与使用满意度之研究[D]. 台南：都市计划学系研究所，2009.

[3] 陈惠美，林晏州. 景观知觉与景观品质关系之研究[J]. 造园学报，1997.1(4)：1-16.

[4] 龙宗彦. 以型构与行为分析观点探讨都市公共开放空间系统之设计议题——以台北市信义计划区为例[D]. 台中：逢甲大学建筑学系，2004.

[5] 叶晓敏. 基于文化背景的景观偏好研究——以杭州西湖风景区为例[J]. 华中建筑，2011(09)：1454-149.

[6] 张玥. 东钱湖旅游度假区游客景观偏好研究[D]. 长沙：中南林业科技大学旅游学院，2011.

[7] 陈云文，胡江，王辉. 景观偏好及栽植空间景观偏好研究[J]. 山东林业科技，2004(04)：54-56.

作者简介

徐留生，1989年8月生，男，汉族，安徽芜湖，硕士，同济大学建筑与城市规划学院景观学系硕士研究生，电子邮箱：xlsh020@163.com。

校园开放空间景观偏好研究——以同济大学四平路校区为例

同质与异质文化在小尺度空间景观的设计探究

The Probe on Homogeneous and Heterogeneous Cultural in Small-scale Space Design

徐岩岩　仇英宇

摘　要：异质文化的冲击使当代中国的景观设计无法表达和传承同质文化。文化语言在小尺度空间景观的表达可以通过同质文化的精神、结构层次以及同质与异质文化交融的片段、要素、质感层次来体现。通过提取中国传统园林的结构特征以及通过片段、要素和质感来传达中国诗意的精神是当下景观设计的思考方向。同质文化在小尺度空间景观的运用可以通过论体验中国景观精神，提取中国园林空间结构，集纳传统园林景观质感三个方面来实现。而异质文化在小尺度空间景观的运用可以通过打破原有景观片段组合，呈现非本土景观要素，转换固有思维的传统质感三个方面来实现。

关键词：同质文化；异质文化；小尺度景观；精神；空间

Abstract：Owing to shock of heterogeneous culture, contemporary Chinese landscape design can not express and heritage in homogeneous culture. However, the expression of cultural linguistic in the small-scale landscape could embody via using the layers of homogeneous cultural spirit and structure, as well as both of homogeneous and heterogeneous cultural fragments, elements, textures. Consequently, the current direction of thinking on landscape design is that to convey the spirit of Chinese poetry via extracting the structural characteristics of traditional Chinese garden and using fragments, elements and textures. The applying of homogeneous cultural in the small-scale landscape could embody by experiencing the spirit of Chinese landscape, extracting the space structure of Chinese garden and collecting traditional landscape textures. The applying of heterogeneous cultural in the small-scale landscape could embody by breaking the original landscape fragments, showing non-native landscape elements, transforming traditional thinking textures.

Key words：Homogeneous Culture；Heterogeneous Culture；Small-scale Landscape；Spirit；Space

　　尽管中国传统园林的设计者在小尺度空间上有很深入的设计研究，但当代中国的景观设计中，小尺度空间景观设计却往往被忽视，与此同时，小尺度景观中的文化语言表达往往更容易被遗忘。每个民族都有自己的文化传统，都有自己的主体文化意识，用异质文化代替本土文化只会导致本土文化的衰落，民族的消亡，只有在发展民族文化的基础上将异质文化中的优质文化融入本土文化，文化创新才能真正实现[1]。

　　当代中国景观设计尚未形成一种成熟的体系，与此同时，在异质文化的冲击下，设计师往往遗忘了同质文化在景观设计中的表达与传承。近年来在中国，全程西化的景观设计比比皆是，这些设计忽略了场地固有文化的同时又加入与场地格格不入的空间与元素，处处都弥漫着西方文化对中国文化的冲击气息。面对这种异质文化对于本土主体文化的强烈冲击，景观设却无法避免强势文化的渗透，如何将同质文化与异质文化相互糅合而呈现出新中式景观设计，并将其运用在小尺度空间景观设计之中是当代中国景观设计师所需要思考的。

1　小尺度空间景观设计概述

　　王向荣教授指出，小尺度空间景观设计分为五个层次：第一层次为精神，第二层次为结构，第三层次为片段，第四层次为要素，第五层次为质感。其中，精神与结构为宏观层面，都具有抽象性。诗意与文化是第一层次的核心内容，也就是景观设计中所说的意境和感受。而结构则是关于空间序列以及内在空间与外在空间逻辑关系的一种形式。

　　宏观层面中，同质文化的精神体验显得尤为重要。因此，小尺度空间景观能否在本土被认同的关键因素就是使景观体验者感受到空间的中国传统文化特征。片段与要素为中观层次，这两个层次都具有具象性，各国的景观要素基本相同，只是表现方式及组合方式不同，从而产生不同的景观效果。因此，景观创新在这个层面有着很大的发展空间，将抽象的异质文化片段、要素融入中式景观中，一种全新的视觉空间便油然而生。质感为微观层面，包括了色彩、肌理、质感等。集纳同质文化和异质文化不同质感的材料，相互弥补，相互提升，通过不同的组合方式让休憩游览者感受空间的细腻。

2　质文化在小尺度空间景观中的设计方法论

2.1　体验中国景观精神

　　体验空间是感知景观文化的一种手段，通过在景观空间中的游憩、体验，设计师可以领悟到中国精神的精髓。在设计四盒园之初，设计者为了创造一个中国精神的花园，特地前往苏州网师园体验、感知。在感知中国禅意的过程中，设计师高度抽象地提取了其空间构成：建筑和墙为"实"的边界，以水作为空间构成中"空"的中心，环水而建筑，水是该园的核心和灵魂，来统一周边的视线和组织游憩，与周围各个小园互相联通或不联通，层次关系丰富[2]。

与此同时，为了传达出时空转化、四季轮回的中国哲学思想，设计将冬去春来的时间概念运用于整个景观空间中。透过冬盒墙面的空洞与春盒的门窗，春盒景色与冬盒景色之间相互转换暗喻冬去春来、四季轮回的自然规律。相互渗透关系在冬盒与春盒之间体现得淋漓尽致，被分割的空间原来处于静止的状态，但一经联通之后，随着相互之间的渗透，若似各自都延伸到对方中去，打破了原先的静止状态而产生一种流动的感觉[3]。

设计可以通过对游人视线的控制，使空间产生内与外，高与低，明与暗，曲与直的变化，景观空间从而具有一种期待的精神含义。这种有限的空间中叠加的共存正是传统园林的精神，而在体验与感知的过程中，诗意也随之产生[4]。在竹园中，静坐于长椅，一动一静，游人感知、体验着中国诗意的空间。

设计除了通过剖析式空间构成而创造具有中国精神的空间，还可以通过解读中国古典诗集而感悟中国的诗意精神。透析诗词之间的花开花落，自然至上的传统哲学，使景观空间和形式具象化。运河岸上的院子景观就通过解读《桃花源记》和《长恨歌》，融入静街、深巷、馨院、花溪、山水园的新中式景观体系的设计元素，以东方文化底蕴为魂，古典园林精髓为魄，颇有"低头乍恐丹砂落，晒翅常疑白雪消"的意境。山水云天一色的水景墙蕴含了"道"在一草一木，在一石一水，在宇宙间一切事物中的真理，其设计围绕禅意、中式、自然，万物都自有其本原，自然即是禅[5]。

2.2 提取中国园林空间结构

中国园林结构空间有着多种形式，例如建筑空间中，传统建筑的四合院空间结构，江南民居的古巷空间结构等等；再如园林空间中，曲折通幽的景观结构，层层叠叠的景深结构空间。景观能否表达中国精神的必要因素之一就是能否把握住中国古典园林的空间结构，提取其内在空间与外在空间的逻辑关系，将逻辑关系运用于整个景观设计的空间序列中。

考虑到中国传统建筑以及园林空间结构，四盒园的设计截取了同质文化中的空间序列以及结构，用四个盒子将大院分为一个主空间和四个亚空间以及多个子空间，呈现出层层叠叠深远的中国古典园林建筑结构，盒子与中心庭院的关系同时具有半通透性。四个盒子不仅围合度低，而且几乎没有覆盖，实现了水平方向和垂直方向的室内与室外空间的立体开敞，即芦原义信提出的室内与室外空间的转换[6]。万科第五园的设计则运用现代的手法设计出"街—巷—院—家"层层递进的传统空间序列，营造出一种邻里交往空间。设计提取了中国传统建筑空间的巷结构，运用在"家"和"家"之间的狭长形小尺度空间中，使景观产生一种幽深而又深远的中国精神。这样

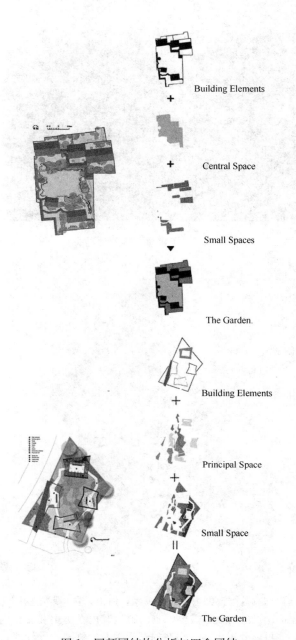

图 1 网师园结构分析与四盒园结

图 2 竹园一角

对中国传统生活模式的再现，深系中国情结，体现新中式景观对中式情感与情节的表现，达到了新中式景观对古典园林意境的追求[7]。

中国古典园林的空间结构复杂而高度统一，形式多

图 3　下沉桥与椭圆浮岛

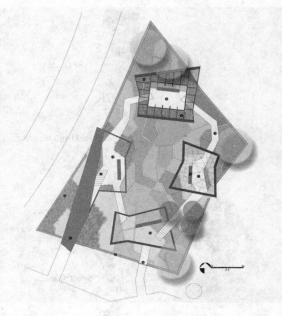

图 4　四盒园平面图

图 5　春盒一隅

样而却有着严谨的内在逻辑关系，所以，在提取中国园林空间结构的时候，需要深刻的解读其内在历史和文化内涵才可以分析出其所存在的逻辑关系。竹园的设计通过一道折线形的白粉墙和一道曲直兼有的青石贴面墙互相穿插，划出前院和主院两个院子，这是中国历史园林典型的空间结构的一种形式[8]。中国"方圆"在空间上，设计师解读并重构中国古典园林结构，运用盒子套盒子的技术和小中见大的策略，在有限的空间中，创造无限的体验和风景[9]。

2.3　集纳传统园林景观质感

中国景观传统色彩中，朴素淡雅、纯度极低的复色是江南园林主色调，而富丽堂皇、纯度较高的色彩为北方园林特有基调，当代景观设计可以通过运用不同的传统色调而体现出中国景观特质。竹园运用白色、灰色、黑色、青色、糅合以竹影、夕辉、光影，变化之中处处展现着江南水乡的水墨意境；而中国"方圆"的设计就使用纯度极高的红色，给人一种视觉冲击十分强烈的北方园林感觉。

图 6　光影交织的夏盒

图 7　第五园巷空间

图 9　天地之间花园

竹、水加以硬质景观要素：青石板、黑白卵石、白砾石，相互融合而散发着中国园林的传统气息；四盒园的春盒中：静水的视觉感，卵石的触觉感，竹丛的听觉感，丛花的嗅觉处处感传达出一种传统景观气息。

3　异质文化在小尺度空间景观中的设计方法论

3.1　打破原有景观片段组合

景观片段大多是指由线形围合出的局部空间，或者是由景观元素叠加而成的景观组合，这种空间和组合是游人体验景观的一种具象形态。西方景观设计大多在平面构成中有着强烈的线性和比例控制，整个景观空间被一种严谨的秩序控制。而中式景观设计往往更注重空间的塑造和小尺度空间的人性适宜性。在提供一种全新视觉体验的同时，仍能保持中式传统园林的人性适宜性是当代小尺度景观设计的方向之一。提取西方造园的线性、比例逻辑，叠加中式造园的空间塑造方法便是打破原有景观片段组合的设计手法。

竹园设计具有诗意，空间，逻辑，地域和体验五个特质，设计利用经典的造园要素，在第一、第二和第五层面上建立起与中国传统园林——尤其是江南园林的内在的

图 8　中国"方圆"

在传统园林中，常常使用木质材料，石板材料，竹丛，卵石等等来创造出一种静谧的中国精神空间，当代景观设计同样也可以运用这些材料来创造出富有中国味道的小尺度景观空间。竹园运用软质景观要素：植物、翠

联系，但在第三层面上不与任何已有的园林文化相关联[4]。竹园在线性设计上采用折线、圆弧，组合成非本土文化的景观片段；四盒园在景观元素上采用木板、青砖等，利用不同比例逻辑进行设计，从而创造出不同的光影效果和视觉关系，但两者在结构上仍保持了中国古典园林的空间模式，使得游人仍能感受到中国景观的诗意氛围。天地之间花园同样采用方形水面、不规则四边的花池、三个红布包裹的盒子的异质景观组合，但运用布幔摇曳、铃声叮咚的诗意要素控制整个园子的基调，漫步其中，中国园林的静谧精神仍扑面而来。

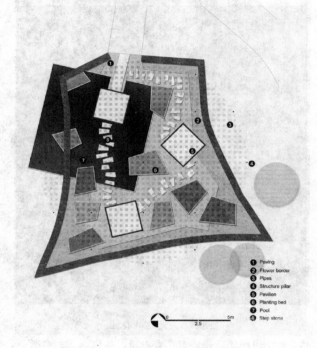

① Paving
② Flower border
③ Pipes
④ Structure pillar
⑤ Pavilion
⑥ Planting bed
⑦ Pool
⑧ Step stone

图 10　天地之间花园平面图

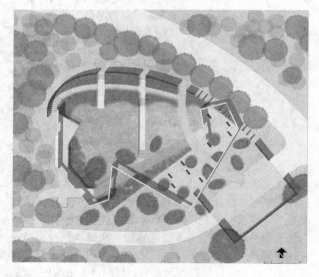

图 11　竹园平面图

3.2　呈现非本土景观要素

非本土景观要素多种多样，例如规则或异性的花台、草块、水池，再如交错搭接的线形，错落有致的堆砌物等

等。当代中国景观设计完全可以使用这些景观要素，给小尺度景观注入新的活力。四盒园的四个盒子一致采用折线墙面，在秋盒墙面上更是设计了大大小小、错落有致的窗口，这些窗口在呈现出极强的现代感的同时，还不断模糊室内外的空间界限，传达着中国园林"虚"的概念。竹园使用椭圆浮岛型的树池，天地之间花园使用蓝白布幔形成的"天光云影"，这些具有中国禅意的景观设计往往都运用了非本土景观要素。

3.3　转换固有思维的传统质感

在景观空间的营造上，色彩、材质、肌理等质感能给游人会带来一种直观且细腻的感受，不论同质文化、异质文化都在质感层次设计上有所表达。对于传统园林的定义往往限制于青瓦、粉墙、流水等，其实不然，当代景观往往可以运用现代材料、非传统色彩基调来创造一种仍具有中国精神的空间。

天地之间花园就选择色彩明快的蓝色和白色为主要颜色，展现出美好的蓝天白云，每条布带下端系有铃铛，指向大地。虽然材料质感上似乎与传统园林缺少着内在的联系，但微风袭来，布幔摇曳，铃声叮咚，游人穿行其中，同样可以体验着光影婆娑的诗意，聆听着微微叮铃的禅意，感受着江南园林的精神。另外，中国"方圆"花园中，设计一改传统翠竹摇摆的画面感，而是创造出三丛红色竹竿，强烈的反色产生一种前所未有的视觉冲击和空间体验，但这同时也是我国北方园林的一种色彩基调。

4　结语

文化语言在小尺度空间景观的表达可以通过同质文化的精神与结构层次、同质与异质文化交融的片段、要素与质感三个层次来体现，因此如何提取中国传统园林的结构特征以及通过片段，要素和质感来传达出中国诗意的精神是当下景观设计的一个思考方向。小尺度空间景观如何设计才能能满足游者有所期待、期望的心理需求，并且游者漫步、静坐其中进行沉思与体验的时候，有一份宁静的感动与体悟也是景观设计者所要思考的。

设计通过空间内与外，高与低，明与暗，开与合的变化可以使空间体验者对小尺度空间景观有一种期待感，加入中国传统的哲学思想更能使游人能感受出浓浓中国园林的诗意，从而呈现出同质文化的精髓。但通过几个小尺度空间景观优秀案例的分析与当下景观设计行业整体的对比，可以反思出中国当下景观设计行业对小尺度景观设计的研究较缺乏深度的思考，因此在如何将同质文化和异质文化在小尺度景观设计中统一协调是当代景观设计师的主要思考方向。

参考文献

[1]　丁峰. 文化失语——中国景观规划设计面临的挑战. 建筑时报，2005-12-05.
[2]　李莉华，刘辉. 花园的中国精神——我看"四盒园"与王向荣在世园会"对话风景园林大师"论坛发言. 建筑与文化，2011(8)：86-87.

［3］　彭一刚. 中国古典园林分析. 北京：中国建筑工业出版社，2010

［4］　王向荣，林菁. 竹园—诗意的空间—空间的诗意. 中国园林，2007(9)：27-29.

［5］　http://www.aoya-hk.com/villa_landscape_20120605/204.html

［6］　芦原义信（伊培同译）. 外部空间设计. 北京：商务出版社，1998.

［7］　姜凌，万婧，潘郁. 新中式景观初探. 北方园艺，2011(6)：119-121.

［8］　王向荣，林菁. 小尺度中的探索. 中国园林，2012（4）：5-9.

［9］　http://www.turenscape.com

作者简介

［1］　徐岩岩，1980 年生，女，辽宁沈阳，博士研究生，天津城建大学，讲师，研究方向为景观规划设计。

［2］　仇英宇，1992 年生，男，安徽，天津城建大学学生。

城市绿化种植合理密度研究及过度绿化不利影响分析

Analysis of Influence of Reasonable Planting Density of City Greening and Excessive

徐照东 张清雪 赵 林 闫琳琳 李 晓

摘 要：本文介绍城市绿化发展概况以及合理种植密度方面的主要问题，通过对园林绿化设计分析，提出了合理密度种植树的建议，对指导全市城市绿化发展具有十分重要的作用。

关键词：城市绿化；密度；选择；规划

Abstract：This paper introduces the main problems of development of city greening and reasonable planting density, through the analysis of landscape design, put forward reasonable planting density of tree is proposed, which plays a very important role in guiding the development of city greening

Key words：City Greening；Density；Selection；Planning

前言

植物是构成园林景观的主要素材。园林植物作为城市绿地系统的主体，其生长状况、种类组成和景观质量，在很大程度上决定了园林绿地多种功能的发挥，影响着城市园林绿化的质量和水平。通过对园林植物种植密度的科学把握和控制，营建合理的园林植物群落，对保护城市生物多样性实现生态效益具有十分重要的意义。

1 研究绿化种植密度的必要性

城市建设离不开园林绿化。园林绿化对于城市建设具有相当重要的意义。完善城市园林绿化保证城市环境的温馨、祥和，园林绿化种植设计在城市园林绿化规划设计中占有举足轻重的地位。这些年，随着人们生活水平的不断提高，对生存质量和生态意识的日益重视，全国各城市都加大了园林绿化力度，争创园林绿化先进城市，改善人居环境。

而在当前绿化中，为增强绿化效果，苗木密植的种植方式应用广泛，应用小规格的乔木、灌木、地被苗木进行密植形成层次分明、景观突出的道路植物群落。但也出现了一些问题，如：配置不合理，搭配不科学，盲目的密植只顾数量效果，不考虑植物景观的延续及植物生长特性。比如：去年，青岛市政府推动的大规模植树"增绿行动"、"一米一坑"遭到青岛市民的质疑。

从城市生态学的思考：（1）大树进城破坏大树产地原生态；（2）增加城市绿化种植和养护成本；（3）大树移植后生长不良；（4）大树移植过程和生长期间死亡率高；（5）新栽大树可能形成安全隐患。因此，大树移植既非新

的绿化方法，也不符合生态城市的建设理念。

城市绿化密植也会带来不良的后果：（1）植物生长不良；（2）形成资金和管护成本的浪费；（3）植物成型不好，失去原有价值；（4）遮挡城市景观视线；（5）遮挡行车和过路安全视线；（6）影响人流活动，破坏公共空间的开放性；（7）会形成安全死角，带来治安问题。因此，城市绿化并非越密越好，过度密植的树木不仅不会升值，而且会贬值。

图1 青岛软件园办公区过密栽植的水杉树木

城市绿化并非越多越好：城市既需要有密林作为生态屏障，也需要有开阔的公共空间供市民休闲娱乐；而西方很多城市城区内部绿化很少，外围较多；城市绿化必须处理好与建筑、交通和人群活动的关系。

城市绿化并非在哪儿都好：城市开放空间绿化种植应适度，留足空间；历史建筑与历史街区栽树应谨慎，避免造成不良影响；城市记忆空间是城市的文化载体和精神财富，即使是绿化的形式，一棵树、一片草地都是有价值的意象符号，不能随意变动；交通流量较大的地方必须考虑绿化对安全的不利影响。

城市绿化并非越快越好：快速绿化难免脱离设计，采

取千篇一律的种植模式，使城市景观变得单调、呆板；快速绿化施工难以保证质量，造成浪费和重复性；快速绿化不顾及城市街道、公共空间、历史街区的多样性和复杂性，造成城市文化的损毁；快速绿化容易炒高绿化苗木价格，造成苗木市场的畸形发展。

2 苗木密植的弊端

合理密植在单位面积上有足够的基本苗，在该密度下，植株的通风透光要良好，有利于植株的健康生长和发育，短时间内形成景观。不合理的密植不仅景观效果差，而且浪费资金、人力，事倍而功半。病虫害增多，苗木观赏性差。苗木密度过大时导致：苗木营养面积不足；通风不良光照不足；光合作用降低影响苗木生长；根系生长受抑制，根系不发达，根幅小，侧根少，干物质积累少；易受病虫为害，不仅影响景观效果，增加绿地养护成本。而在道路绿化工程建设过程中，一味地追求景观和经济效益，对苗木进行不合理的大量密植，不对苗木预留生长空间且不能进行跟踪动态人工抽稀，当苗木长大以后，其生长环境及观赏效能大大降低。缺乏科学性，栽植盲目性。在道路绿化过程中，密植的前提是一定要考虑科学性、合

图 2 城市公共开放空间绿化示意图

理性，不能盲目密植。但在工程建设工程中，往往忽视密植对树木成活的冲击和考验。栽植时的不合理、不科学，而事后的管理不配套，造成苗木资源浪费。有的设计将连翘或珍珠梅搞丛植，密度很大，几年后就成了一堆乱树丛。其他如大叶黄杨、金叶女贞、紫叶小檗的群植或丛植均有类似情况。笔者认为，这不符合生态位原理，也不利于树木生态和观赏功能的发挥，实际上也浪费了人力和资金。根据前人研究并结合本人现场实践经验总结出常用苗木的合理种植密度（表1）。

常用树种的合理种植密度　　　　　　　　　　　　　表1

形式 地方 树种	列植（m/株）				丛植（株/100m²）				群植（株/100m²）				林植（株/100m²）			
	小区	广场	道路	公园	小区	广场	道路	公园	小区	广场	道路	公园	小区	广场	道路	公园
银杏 10—12	5—6	5—6	5—6	5—6	6—8	6—8		6—8	6—8	6—8		6—8	5—6	5—6	5—6	5—6
悬铃木 10—12	5—6	5—6	5—6	5—6	6—7	6—7		6—7	6—7	6—7		6—7	5—6	5—6	5—6	5—6
毛白杨 12—15	3.5—4	3.5—4	3.5—4	3.5—4	6—8	6—8		6—8	6—8	6—8		6—8	3.5—4	3.5—4	3.5—4	3.5—4
雪松 5—6m	4—5	4—5	4—5	4—5	5—6	5—6		5—6	5—6	5—6		5—6	4—5	4—5	4—5	4—5
旱柳 10—12	4—5	4—5	4—5	4—5	5—6	5—6		5—6	5—6	5—6		5—6	4—5	4—5	4—5	4—5
水杉 5—7	2—2.5	2—2.5	2—2.5	2—2.5	16—18	16—18		16—18	16—18	16—18		16—18	2—2.5	2—2.5	2—2.5	2—2.5
大叶女贞 10—12	3.5—4	3.5—4	3.5—4	3.5—4	6—7	6—7		6—7	6—7	6—7		6—7	3.5—4	3.5—4	3.5—4	3.5—4
白蜡 10—12	5—6	5—6	5—6	5—6	6—7	6—7		6—7	6—7	6—7		6—7	5—6	5—6	5—6	5—6
合欢 10—12	5—6	5—6	5—6	5—6	5—6	5—6		5—6	5—6	5—6		5—6	5—6	5—6	5—6	5—6
国槐 10—12	5—6	5—6	5—6	5—6	5—6	5—6		5—6	5—6	5—6		5—6	5—6	5—6	5—6	5—6
朴树 10—12	5—6	5—6	5—6	5—6	5—6	5—6		5—6	5—6	5—6		5—6	5—6	5—6	5—6	5—6
榉树 10—12	5—6	5—6	5—6	5—6	5—6	5—6		5—6	5—6	5—6		5—6	5—6	5—6	5—6	5—6
黄山栾 10—12	5—6	5—6	5—6	5—6	5—6	5—6		5—6	5—6	5—6		5—6	5—6	5—6	5—6	5—6
五角枫 8—10	5—6	5—6	5—6	5—6	5—6	5—6		5—6	5—6	5—6		5—6	5—6	5—6	5—6	5—6
黑松 6—8	2.5—3	2.5—3	2.5—3	2.5—3	20—24	20—24		20—24	20—24	20—24		20—24	2.5—3	2.5—3	2.5—3	2.5—3
广玉兰 6—8	2.5—3	2.5—3	2.5—3	2.5—3	12—14	12—14		12—14	12—14	12—14		12—14	2.5—3	2.5—3	2.5—3	2.5—3
杜仲 8—10	4—5	4—5	4—5	4—5	5—6	5—6		5—6				5—6	4—5	4—5	4—5	4—5
樱花 3—5	2.5—3	2.5—3	2.5—3	2.5—3	15—18	15—18		15—18	15—18	15—18		15—18	2.5—3	2.5—3	2.5—3	2.5—3
千头椿 8—10	4—5	4—5	4—5	4—5	5—6	5—6		5—6				5—6	4—5	4—5	4—5	4—5

城市绿化种植合理密度研究及过度绿化不利影响分析

城市绿化应始终遵循生态节约的原则：慎用大树和少用大树，让树木与城市一起生长；保护城市既有生态环境，对可做可不做的绿化工程应尽量不做；绿化提升改造不能对原有植物群落形成不良影响；城市绿化不应以破坏周边的乡村生态为代价。

城市绿化必须尊重城市传统空间：城市历史建筑、历史街区的绿化格局和景观特色不应随意改变；城市开放空间的性质和功能不应随意改变；城市记忆空间的形态和景观特色不能打破；城市文化遗迹和公共艺术品不应随意破坏。

3 园林绿化树种生物学和生态学特性的观测

在园林树木调查过程中，最重要的是对所调查树种的生物学特性和生态学特性进行准确观测。所谓生物学特性即指树种在生命过程中在形态和生长发育上所表现的特点。包括树木外形、生长速度、寿命长短、繁殖方式及开花结实的特点。生态学特性指树种在同外界环境条件相互作用中所表现的不同要求和适应能力。

3.1 园林树种的规划

（1）以暖温带落叶阔叶林地带为主，适当引进外来树种，满足地区各类绿地的要求。

（2）以生态功能与景观效果并重，兼顾经济效益。

（3）充分考虑本区的气候条件，突出遮阴的乔木，形成本区的生态效益。

（4）适地适树，优先选择抗逆性强（抗旱、耐水湿、抗病虫害等）的树种。

（5）城市绿化的种植配置要以乔木为主，乔灌藤草相结合。

3.2 生态环境绿地树种

生态环境绿地的应用树种宜以发挥生态功能为主，兼顾美化功能，主要包括以下几类：

3.2.1 水土保持林和水源涵养林树种选择的原则

（1）为增加林地的透水功能，需选择树根多、伸长范围大，且深根性树种，以阔叶树为主，选配针叶树。

（2）为改善土壤的构造，宜选用落叶量多且叶落后不易散碎不易流失的树种，较厚的落叶层能缓和降雨在地表的流失。

（3）为抑制林地的表面蒸发，应选郁闭度高的树种，即常绿、树冠大的树种。

（4）尽量营造复层混交林，速生树种与慢生树种相结合。阳性树种与阴性树种相结合，深根性树种与浅根性树种相结合，针叶树与阔叶树相结合。

3.2.2 生态风景林

生态风景林，是按照风景设计要求营造的专用林种。它不同于一般的防护林，不同于森林公园，也不同于山地原野的郊游林，虽有人工设计，却能展现自然式的外貌。

生态风景林可分为近景林，中景林和远景林。近景林要求有不断变化的单元，有丰富的色彩、形态变换和季相变化，需充分运用观花，观叶，观姿的乔灌木；中景林要求和谐的衬托近景林，需配置具色彩（花、叶）、季相变化鲜明的乔木，远景林要求自然化程度最高，景观自然，粗犷，树冠重叠起伏，可与山地原野的防护林、生态环境林相结合。如竹类、夹竹桃、水杉、泡桐等。

图 3 生态风景林人行园路示意图

3.2.3 确定主要树种的比例

主要两个比例：乔木与灌木的比例，一般以乔木为主，一般乔木占70%。

落叶树与常绿树的比例：落叶树一般生长速度快，对环境的适应性较强，常绿树在一年四季都有良好的绿化效果及防护作用，但是生长速度较慢，投资也比较大，因此城市中落叶树比重要大一些。树木在不同径阶的密度值也是不同的，所以有关人员研究了杉木的树冠面积和密度指标（表2）。

杉木各径阶木林树冠面积和密度指标 表2

径阶	实测值（m²）	理论值（m²）	密度指标（hm²）
5	1.91	1.85	5400
6	2.12	2.26	4425
7	2.39	2.67	3750
8	3.31	3.10	3226
9	3.63	3.53	2805
10	4.31	3.98	2513
11	4.50	4.44	2250
12	4.94	4.91	2037
13	5.45	5.40	1845
14	6.18	5.90	1695
15	6.33	6.42	1560
16	6.81	6.95	1439
17	7.71	7.49	1335
18	7.98	8.06	1241
19	8.16	8.64	1155
20	8.63	9.25	1081

树种选择是否恰当是影响绿化效果的非常重要的因素。树种选择恰当，树木生长健壮，绿地效益发挥得好。因此制定恰当的树种规划，对于当地的绿化管理及建设有重要的意义。

城市绿化基调树种，是能充分表现当地植被特色、反映城市风格、能作为城市景观重要标志的应用树种。因地制宜，生态优先：根据不同地域环境特征，不同的立地条件，适地适树，即选择适宜的品种和种植方式，并要以生态效益为首要考虑目标，大绿量体现，切实做到卫生防护，防风降噪，塑造功能美观兼备的绿地景观。特色鲜明、经济集约。

绿化种植要体现特色，呈现亮点，以乡土植物体现地域特色，同时要做到道路绿化种植的标识性，体现每一条路的特征。在经济投入上，不盲目追求大树、好树、珍贵树种。充分利用现有的植物资源，做好远近期的计划，使用规格合理的苗木，速、慢生树种搭配，在近期效果的快速呈现和未来生长的效果中找到平衡。

参考文献

［1］ 陈植. 观赏树木学. 中国园林业出版社, 1984.

［2］ 徐永荣. 城市园林植物配置中的生态学原理 广东园林, 1976.

［3］ 王九龄. 选择树种 中国林业出版社, 1982.

［4］ 徐文辉. 城市园林绿化地系统规划. 华中科技大学出版社, 2007.

［5］ 惠刚盈, 童书振, 刘景芳, 罗云伍. 杉木造林密度试验研究Ⅰ——密度对幼林生物量的影响［J］. 林业科学研究, 1988(04).

作者简介

［1］ 徐照东, 1963 年 11 月生, 男, 汉族, 山东烟台, 大学本科, 青岛大学, 副教授, 研究方向为平面设计与城市景观设计。

［2］ 张清雪, 1981 年 12 月生, 女, 汉族, 山东青岛, 本科, 青岛太奇环境艺术工程有限公司, 园林工程师, 研究方向为城市规划与景观设计。

［3］ 赵林, 1964 年 9 月生, 男, 汉族, 山东平度, 博士, 中国海洋大学, 教授, 研究方向为海洋工程与生态城市景观。

［4］ 闫琳琳, 1988 年 11 月生, 女, 汉族, 山东临沂, 本科, 青岛太奇环境艺术工程有限公司, 景观设计师, 研究方向为城市规划与景观设计。

［5］ 李晓, 1987 年 12 月生, 女, 汉族, 山东莱西, 本科, 青岛太奇环境艺术工程有限公司, 园林助理工程师, 研究方向为城市规划与景观设计。

城市绿化种植合理密度研究及过度绿化不利影响分析

古树芳华　历史浓荫

——浅论香山公园古树景观可持续利用

On the Sustainable Utilization of the Landscape of Ancient Tree of the Fragrant Hills Park

薛晓飞　周　虹

摘　要：本文从香山公园古树资源的现状与景观要素入手，初步总结出古树有机复壮、建立信息平台、生态旅游、公共参与等一系列动态保护及可持续发展策略，为今后如何科学、有效、可持续利用古树资源方面的研究做了一些基础工作。

关键词：古树景观；动态保护；可持续利用

Abstract：This article discussed the status and landscape elements of ancient trees of Fragrant Hills Park. It draw a conclusion that organic rejuvenation of old trees, the information platform, ecotourism, and public participation were a dynamic protection and a sustainable development strategy for the ancient trees resources of Fragrant Hills Park. It also made a basic work on how to use the ancient trees resources scientifically, effectively and sustainably.

Key words：Landscape of Ancient Trees；Dynamic Protection；Sustainable Utilization

香山公园峰峦叠翠、林木幽深，乾隆御制《绚秋林》诗序曰："山中之树，嘉者有松、有桧、有槐、有榆、最大者有银杏、有枫，深秋霜老，丹黄朱翠，幻色炫采。朝旭初射，夕阳返照，绮缬不足拟其丽，巧匠设色不能穷其工。"园内景观以植物特色见长，自古以来便是三山五园中的杰出代表，而留存至今的古树名木，更以其巨大的数量与丰厚的历史人文积淀翘楚京城。

"名园易建，古树难求"，香山公园珍贵的古树本应该具有很高的知名度与美誉度，但是它们却被大型的"山花节"、"红叶节"等誉满海内外的观花、观叶节庆活动所淹没，几乎鲜为人知。然而，近年"红叶"受气候影响出现变色期延后并缩短、变色度不足的现象，而且北京周边地区出现大量彩叶树种栽植，使得香山公园最具有影响力的"红叶文化品牌"遇到了新的挑战。因此，香山公园应该充分开发利用"自然活化石生境、山水绿文物画境、诗文古松柏意境"的古树景观资源，整合"古树文物"与"红叶文化"，进一步充实历史名园文化遗产内容，提升香山作为世界名山的景观价值。

1 香山古树资源

1.1 香山古树资源状况

截至目前，公园拥有一、二级古树共计 5866 株，占北京市古树的 1/4，覆盖面积达公园的 98% 以上。包括侧柏、油松、桧柏、白皮松、国槐、银杏、七叶树、皂角、元宝枫、楸树、榆树、栾树、麻栎共计 13 个品种（图1）。

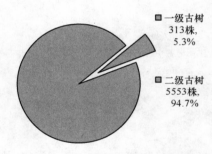

图1　一、二级古树数量占比分析

（一级古树 313株，5.3%；二级古树 5553株，94.7%）

1.1.1 古树分布

香山公园古树主要分布在静宜园、碧云寺、松堂三个区域。静宜园内有古树 5253 株，现存最为著名的有"听法松"、"凤栖松"、"五星聚"，以及香山饭店内的"会见松"等；碧云寺共有一、二级古树 386 株，占全寺乔木的 30% 以上，具有代表性有"三代树"、"九龙柏"；松堂（明代旭华之阁遗址）有古树 227 株，内有称为华北地区最大的"塔院白皮松群"（图2）。

1.1.2 古树生长势现状

香山古树名木数量较大，树木分布较广，地势复杂。但经过几十年的努力，大部分古树生长良好（表3）。

1.1.3 史料记载

关于香山景物记载较为全面、详尽的当属《帝京景物略》、《乾隆御制诗》、《日下旧闻考》等几部重要的典籍，这些文献记述了香山景点中重要古树的信息，为深入研

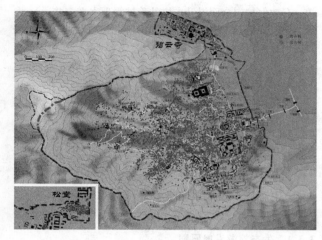

图2　香山古树分布图（改绘自《静宜园（香山）文物保护规划》，北京建工建筑设计研究院，2010年，数据来自北京市园林科学研究所）

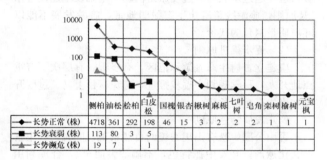

	侧柏	油松	桧柏	白皮松	国槐	银杏	楸树	麻栎	七叶树	皂角	栾树	榆树	元宝枫
长势正常（株）	4718	361	292	198	46	15	3	2	2	2	1	1	1
长势衰弱（株）	113	80	3	5									
长势濒危（株）	19	7		1									

图3　香山古树生长势现状

究古树文化资源提供较为翔实的史料依据。

1.2　现状存在的主要问题

（1）管理保护经费不足。由于资金有限，古树名木的复壮保护、技术交流、科普宣传、文化研究等工作受到一定影响。

（2）历史文化亟待挖掘。公园内古树数量众多，虽然历经几百年沧桑巨变的每一棵古树都闪烁着历史文化绚丽的光彩，但是为人所知的树木却屈指可数。因此急需挖掘古树名木的历史、人文、科技、艺术内涵，更好地发挥其景观、文化及社会效益。

（3）宣传教育有待提高。由于对古树缺乏足够的解说、标识与宣传、教育，人们除了对个别著名古树有所耳闻以外，香山的古树资源知名度与影响力不高。另外，古树生长环境和保护的意识方面未能引起广泛的关注，古树保护的群众参与程度有待提高。

2　影响香山古树景观资源利用的要素（图4）

根据古树资源的保护与旅游开发特点和规律，参照风景名胜区规划规范（GB 50298—1999）中关于风景资源评价、《旅游资源分类、调查和评价》（GB/TR 18972—2003）和国内一些古树资源实际评价指标，考虑与香山公

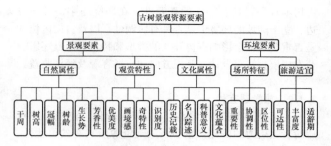

图4　香山古树景观资源保护与利用要素

园古树名木旅游资源保护与开发密切相关的制约因素，构建其资源开发潜力要素框架。[1]

香山古树拥有活化石自然生境、优美的山水画境、深远的人文历史意境，以及历史文化场所特征与旅游适宜性，这些方面共同成为古树资源保护与利用的关键因素。对于古树资源的保护、利用有很大的影响。

2.1　景观要素

古树是自身与其所处环境长期协同进化和动态适应而留存下来的宝贵遗产，既包括景观资源本身部分，也包括环境条件部分。古树体现了自然遗产、文化遗产的综合特点，因此古树的景观资源部分所对应的，既有自然组成要素，也有文化、艺术组成要素。古树既有典籍、文献记载，又有诗词歌赋赞颂，以及民间故事流传，承载着大量历史文化信息，也可以说更接近于文化景观。

2.1.1　自然属性

自然属性是指古树的树龄越长、生长势越旺盛、干周越粗壮、冠幅越宽阔、树高越高大、芳香性越强烈，对植物区系的发展和生物、气候、地理、地质等研究越具有重要意义。并且所有的古树都在气候变化以及森林演替、环境的变迁等方面，具有不同的科学研究与科普意义。

2.1.2　观赏特性

在香山公园古树中不乏"苍、古、劲、朴、拙"等以姿态取胜，以质感生趣者，它们有着独特的审美情趣以及绝佳的视觉震撼力，拥有优美度、奇特性极高的景观价值，在景区中具有较高的识别度，起到画龙点睛之妙趣。更有古树与周边建筑的线条、形式、色彩相得益彰者，在构图上形成强烈的画境感。这些都是其观赏特性的关键要素。

2.1.3　文化属性

历经百年沧桑的古树，有的在典籍文献、地方志、碑刻等史料中明确历史记载，有的与知名历史人物、政治事件或民间广泛流传的名人踪迹息息相关，有的则是在文学、艺术作品中极具文化内涵的，它们不但是历史的见证，而且也使得历史文化要素成为它们重要的价值。

2.2　环境要素

2.2.1　场地特征

古树景观并不是孤立的，在自然或建筑景观环境中

古树本身是否具有特殊的重要性；在环绕庙宇、长于谷边、立于陡坡的环境中是否具有协调性，以及古树区位性是否重要，都会影响古树开发的类型和特色，而且还影响开发规模、线路设计、利用方向和市场客源及经济收益。

2.2.2 旅游适宜性

为了充分保护与利用古树的景观价值，还应考虑对旅游者吸引力的研究，主要从景观资源所具有的可达性、丰富度、适游期三方面对古树是否具备旅游适宜性进行评价。

3 古树景观动态保护和可持续发展策略

古树随时间推移而不断变化体现出动态性。因此，不能像保护静态文物那样将其进行封闭保护，要采用一种动态保护的方式，才能发挥其"活文物、绿化石"的作用。并且要在完善保护的前提下，适当地进行生态旅游开发，充分发挥其应有的经济、生态和社会效益，让古树在开发中被人们熟知，并自发产生保护古树资源的意识，参与到保护工作中来，做到动态的保护与可持续发展利用的有机结合。

古树保护是对古树及其周边环境进行长期保护管理的一种行为，只有清楚地了解现状，积极进行动态保护，也就是要"在发展中进行保护"。实现动态保护和可持续发展主要侧重于以下四个有效途径。

3.1 实施有机复壮改善立地环境

3.1.1 逐步实施有机复壮工程

充分利用自然资源，通过周围多样性的生物系统来为古树生长提供保障，在很少或不依赖机械、农药、化肥、杀虫剂和其他化学方法的情况下发展可持续性的古树复壮。这样一方面可以避免边复壮边破坏，另一方面可以保持良好的生态环境。

3.1.2 扩展景观保护范围

参考相关专家意见和建议，适当扩展古树名木的保护空间范围。该保护范围的确定应考虑下列因素：树木所在地原有的古建筑、古园林和其他自然及人文景观；背景物的协调；视线通道的保护。[2]

在历史景观复建与恢复历史格局的建设中，重视现有古树的规格、尺度，组织专家论证，协调好古树与古建复建的关系，保证修复后的景观整体和谐、优美。建设工程单位要提前做好古树防护预案，避免古树与后续资源遭受建设性破坏。

3.2 搭建信息平台发展后续资源

3.2.1 搭建信息管理平台

开发物联网技术，建立古树养护信息共享、古树健康诊断、古树复壮技术交流平台，完善巡检信息管理。全面建立古树动态信息管理体系，以期实现对古树资源的科学、有效保护，全面提升古树的养护管理水平。并通过平台的建设，培养古树保护科研和实践人才，为保护香山古树提供技术保障。

3.2.2 发展古树后续资源

通过信息管理平台，加强古树后续资源的普查、申报与保护管理。参照二级古树名木对古树后续资源进行保护，建立移植申报，进行定期健康检查，及时组织复壮和抢救，以及死亡鉴定和查清备案制度。保证古树后续资源储备数量与质量。

3.3 生态旅游发展策略

3.3.1 生态旅游发展原则

（1）生态保护原则

对香山公园生态旅游区环境本底值及环境承载力调查，避免超过承载力的过度旅游活动。基础设施建设遵循3R原则，旅游线路避让生态脆弱地带，旅游发展不能以环境质量退化为代价。

（2）逐步推进原则

应建立古树生态旅游示范区，有步骤、有层次、有重点地开发，科学规划，逐步推进，避免盲目上马、过度开发加剧生态环境危机。

（3）发展特色原则

香山公园，既有山川秀美的自然景观，同时又有丰富的文化遗产。开发中抓特色，不搞"大而全"，合理利用古树名木与名山、名寺、名人踪迹景观资源，展现香山古树生态旅游独特的魅力。

3.3.2 生态旅游资源分类

香山古树景观资源要素是生态旅游资源的重要基础。为了避免过度开发、竭泽而渔的现象，将生态旅游资源作以下类型划分，以便在生态旅游开发中进行不同程度的保护与开发。

（1）观光型

作为北京第二批历史文化保护区"西部清代园林历史文化保护区"，香山公园古树遍布景区，而且其中或冠大荫浓，或高大雄伟，或姿态遒劲，或奇异珍稀，或群体壮观，或与周边环境完美结合的古树，具备优质的观赏性，是生态旅游的重要内容之一。

（2）潜力型

具有历史文化继承或名人轶事趣闻的古树，虽有较广泛的社会知名度和影响力，但是作为个体不具备足够的吸引力，需要通过文化整合，与香山各种节庆或会展旅游活动捆绑打包共同开发，充分发挥整体景观效应。

（3）科研型

具有特殊生物特性的古树，它们为鸟兽、昆虫等野生生物提供取食和栖息场所，也为部分苔藓、蕨类、藤本植物等提供生境，具有宝贵的科研价值。此类资源应严格保护，须谨慎开发。

（4）保护型

生长势差、环境脆弱、易受破坏的古树，不具备开发条件，不宜开发，以保护为主，真正实现古树旅游资源的可持续发展。

3.3.3 生态旅游项目

（1）文化观光游

① 古树名木传说游

对于"听法松"、"凤凰松"、"凤栖松"、"森玉神松"、"卧龙松"等京城名松进行景观资源整合，设计开发合理的古树名木传说游旅线路，满足旅游者探秘猎奇心理的需要。

② 古树名人踪迹游

由名人亲手所植或与名人有关，利用名人的影响增添古树的文化内涵。目前史料记述以帝王题刻、诗文为主，因而皇家踪迹旅游线路成为名人踪迹游的主体。

（2）自然观光游

① 奇树异木游

除了拥有众多有文化内涵的古树名木外，还有不少的奇树异木，它们或依附生长，或树形独特，或高大伟岸，或雍容大气等等，成为自然观光旅游产品的亮点。

② 冠军树之旅

冠军树——作为公园内古树之最完全可以自成一景，发挥其独特的旅游景观价值。并且提倡对冠军古树挂牌、立碑或设置标识牌进行宣传，赋予该类古树冠军树的美誉。

（3）休闲度假游

① 古树保健游

由于松、柏、槐等植物的根、茎、叶或花、果实、种子挥发的香气中含有芳香物质抗菌、杀菌、抑菌作用，而古树枝叶繁茂芳香更加浓郁持久，因而能够起到良好的净化空气、怡神养性、防病保健的功能。有必要设置图示、解说、标识以及相应的健康咨询，正确引导、适时开展古树保健游赏活动。

② 古树古迹游

结合现有的古迹、遗址以及古建复建，充分利用宗教、民俗活动，开展古树历史传说和民风民俗游赏，增加古树知名度，传承古树文化。

（4）科普教育游

① 科普教育主题展

古树特定的生物习性、生理机能、品种特性、保护复壮与培育技术以及历史文化，都可以成为展示的内容与主题。特别是通过对历史、文化、观赏、生态价值高的古树自身展示以及枝叶标本、照片及解说文字介绍，普及古树保护常识，加深人们对古树的了解，提高保护意识。

② 奇树异木科普游

开发附生、寄生和连理等特殊形态的古树景观资源，讲解生物习性、树木保护常识，激发并培养游览者特别是中小学生热爱自然、探索自然奥秘的欲望，从旅游中学习，从学习中获得乐趣。

（5）摄影、美术采风游

香山公园"以翠取胜"的秀丽风光，多少年来为人们所称颂。针对摄影、美术采风特点，有效整合、串联，精选旅游线路，吸引摄影与绘画爱好者。同时，还可以与市摄影协会、美术协会长期合作，吸纳会员，不定期举办古树名木摄影、绘画比赛。

3.4 公众参与

对古树名木的保护是一项社会性的工作，充分利用各种宣传手段，让人们熟知古树历史文化价值，并宣传古树的保护政策、法律法规。通过培养"古树保护志愿者"，组织对古树名木有深刻情感的志愿者群体，推广古树名木文化，使人们自觉参与到古树保护行动中来，从而形成广泛的群众基础。

4 结语

鉴于目前我国古树资源的保护和利用研究多侧重于景观评价与复壮保护，对于古树相关的实践工作也基本集中于围绕着"保护"为最终目的。这样一来，除了个别极具特色的古树为人所知之外，大部分古树极易沦为一个抽象的红色或绿色标识牌。本文通过香山公园古树景观资源的研究，提出在保护的前提和基础上，充分地发掘香山古树资源的历史文化内涵以及开发的适宜性因素，初步总结出有机复壮、建立信息平台、生态旅游、公共参与等一系列可持续发展策略，以期抛砖引玉，借以得到更多同仁对于古树如何合理保护与利用地关注。

注：除特殊说明，文中的统计数据来自香山公园管理处。

参考文献

[1] 江荣生等. 古树名木旅游资源评价体系研究. 林业经济问题（双月刊）[J], 2008. 28(6): 497-500.

[2] 中国风景园林中心. 香山（静宜园）总体规划（2010—2025），2010.

[3] 王元胜等. 香山公园古树名木地理信息系统的开发技术研究. 北京林业大学学报[J], 2003. 25(2): 53-57.

[4] 王晓晖. 北京古树生态监测与评价 [D]. 北京：北京林业大学，2011.

作者简介

[1] 薛晓飞，1974 年生，男，山东莱阳，北京林业大学园林学院，副教授，风景园林历史与理论，电子邮箱：zhxxf@126.com。

[2] 周虹，1973 年生，女，江苏常熟，风景园林设计师，电子邮箱：185724973@qq.com。

从《欧洲景观公约》看我国景观的安全与保护

Safety and Protection for Landscape in Chain Inspirited by European Landscape Convention

杨滨章　李婷婷

摘　要：《欧洲景观公约》是第一部针对景观的国际法律文书，旨在促进欧洲景观保护、管理、规划以及欧洲各国在景观保护方面的合作。本文对《欧洲景观公约》产生的背景、过程及内容进行深入分析，总结了公约的特征，提出对我国景观保护的启示。本文的意义在于，希望通过对《欧洲景观公约》的研究，加深对欧洲在景观保护、管理、规划及合作等方面情况的了解，提高我国社会各界对景观安全与保护重要性的认识，进而推动我国景观保护事业的发展。

关键词：欧洲；景观；保护；启示

Abstract：European Landscape Convention is the first international treaty for landscape which aimed to promote the protection, management, planning and cooperation within the landscape area in Europe. This paper presents the analysis results for the background, origins and content of this convention, and summarizes the features of the convention, and then presents the inspiration for the landscape protection within China. The purpose for this paper is to help people to understand well to the aspects within landscape protection, management, planning and cooperation in Europe through analyzing the convention, to promote the signification of recognition for China's landscape safety and protection, and to posh the development of China's landscape protection.

Key words：Europe；Landscape；Protection；Inspiration

1　《公约》起草背景及目的

随着经济全球化进程的持续发展，世界范围内许多地方的景观也正在发生着显著的改变。作为对世界经济具有重要影响力的地区而言，欧洲的变化同样是巨大的。特别是自20世纪后期以来，随着信息化技术的广泛运用和产业结构的不断调整，欧洲各国在土地开发、利用上也呈现出大同小异的变化。这种变化导致了欧洲大陆景观的严重退化。在城镇，许多新建城区在空间布局、街道形式、建筑风格等方面都呈现出趋同甚至是千城一面的现象；在乡村，由于农业生产方式的高度机械化、集约化，乡村景观也呈现出相近、相似的格局。由此从总体上看，这导致了各种具有特色的地域性景观和民族性景观的消失，造成了城市文脉被割断，场所精神被丧失的局面。随着人们景观保护意识的提高，这一情形越来越引发人们的关注，特别是学者和有关管理部门的思考。

景观是一个复杂的体系，不仅包括城镇和乡村景观，人工和自然景观，而且涵盖了整个自然和人类生存的环境。因此，从某种角度上说景观是人类居住和活动的基础，也是人类社会可持续发展的基础。近代以来，由于欧洲人一直处于经济和社会发展的领先地位，所以他们也就较早地意识到景观及其多样性的退化与消失问题，意识到景观在自身生活中的重要意义，意识到人类的美好生活与景观保护有着密不可分的关系。景观是个人幸福和社会福祉的关键因素之一，它的保护、管理及规划是每个人的权利和责任。每个公民都应积极参与景观质量、景观多样性的保护之中，同时政府相关部门亦有制定总体保护规划的规范与指南。正是基于这样的目的，欧洲理事会制定了这样一个条约，为此领域内国家间的合作和景观保护事业提供了法律参照与保证。

景观是文化、生态、环境和社会等领域共同作用下形成的，对其保护、管理及规划不仅创造了就业机会，有助于促进资源在经济活动中得到更为有效的利用，同时也促进了地方景观特色的形成。《公约》是欧洲理事会在自然和文化遗产、空间规划、环境和地方自治等方面所开展工作的一部分，旨在促进欧洲景观的保护、管理和规划，及欧洲各国之间在景观问题上的合作。从而促进欧洲的民主、人权和法制并寻求欧洲社会现在面临问题的解决方法[1]。从长远看，它的制定有助于欧洲自然文化遗产的整合与丰富，有助于欧洲公民幸福指数的提升及欧洲景观特色的维护与发展。

2　《公约》起草过程

鉴于日益增长的社会需求，景观资源保护的客观要求，欧洲理事会地方和区域当局代表大会（CLRAE）决定起草《欧洲景观公约》。1994年3月，CLRAE第1次大会召开之前，欧洲地方和区域当局的常务委员会召开了第3次会议（CLRAE的前身）。会上呼吁，"在《地中海景观宪章》①的基础上起草公约的框架，使欧洲作为一个整体来管理和保护其自然和文化景观"。

经过欧洲委员会部长会议的讨论，起草小组于 1994 年 9 月正式成立，成员由 CLRAE 地方当局和地区会议的代表组成。该工作组在同年 11 月举行了第一次会议，经过协商和讨论，一些国际、国家和区域机构和团体被邀请参与起草小组的工作。此后，起草小组先后在斯特拉斯堡召开了 2 次听证会，5 次全体会。首次会议召开于 1995 年 11 月 8 日和 9 日，由对此感兴趣的国家、地区科研机构、个人和公共团体，以及感兴趣的欧洲非政府组织代表参加了听证会。第二次听证会于 1997 年 3 月 24 日举行，由感兴趣的国际组织和区域当局参加。随后，同年 6 月 3 日至 5 日第 4 次全体会议在斯特拉斯堡举行，CLRAE 通过了第 53 草案（1997 年）中《欧洲景观公约》的初稿。2000 年 7 月 19 日由部长委员会审定并通过了公约的最后文本，同年 10 月 20 日在意大利的佛罗伦萨正式签署了该公约（故也称为佛罗伦萨条约）。2004 年 3 月 1 日《欧洲景观公约》宣布生效[2]。

3　《公约》框架及主要内容

《欧洲景观公约》是建立在一系列准则的基础上，对欧洲境内所有景观类型进行保护、管理和规划的章程。《公约》文字简明，内涵丰富，包括序言和四章正文，共 18 条内容。其中，第一章为"公约总则"，共 3 条，分别陈述了景观相关概念的定义、公约的范围和目标；第二章为"国家措施"，阐述了在国家层面景观保护、管理及规划方面应采取的措施，提出了责任分工、一般措施和具体措施；第三章为"欧洲合作"，共 5 条，包括国际政策与项目、互助与信息交换、跨区景观、公约履行的监督、欧洲委员会景观奖；第四章为"最终条款"，共 7 条，包括与其他文书间的关系，公约签署、批准及生效，其他国家加入、公约应用范围、条款废除与修改的程序。《公约》的主要内容包括以下三个方面：

3.1　阐述了景观相关概念的内涵

《欧洲景观公约》的主要成果之一是：清楚地阐述了与景观相关的一系列概念的定义。其中，"景观"被定义为："是一片被人们感知的区域，其特征是人类活动、自然进程或人与自然互动的产物。"该定义体现出对景观的理解更为全面，强调任何地方都存在景观，所有的景观都具有潜在的价值，即便是普通或退化的景观。景观是人类周围环境及地方文化的重要组成部分，是个人和社会幸福的关键性因素之一。"景观政策"被定义为："公共主管机构针对景观保护、管理与规划具体措施所制定的指导方针、基本原则和策略"。当某一特定景观被鉴定和描述之后，"景观质量目标"——即公共主管机构对当地人们所期望的周边环境特征进行的明确表述——便被确定。而"景观保护"是指："保护和维持景观的重要或独特特征所

采取的行动，并通过自然配置或人为活动所赋予它的遗产价值来调整行动。"景观保护不能只针对出色的景观区域，同时也应对普通或退化景观予以一样的重视。"景观管理"则是指：从可持续发展的视角，采取行动以确保景观的正常发展，指导和协调社会、经济及环境发展所带来的景观变化。而"景观规划"是指："改善、恢复或创建景观所采取的前瞻性行动"[3]。

3.2　制订了可操作性的景观管护措施

《公约》不仅在认知层面上提出了具有前瞻性的理念，而且也在国家及国际层面上提出了具有可操作性的措施。在国家层面上，提出了一般性和具体性两类措施。一般性措施（《公约》第 5 条）强调：要在法律上将景观视为人们生活环境中的一个重要组成部分，并将其看作是自然、文化遗产多样性的体现，以及人们生活空间特性的基础；要重视景观政策的制定及实施；建立普通公众、地方和区域政府及其他相关组织参与景观政策制定和实施的程序；要注意其与城镇规划、文化、环境、农业、社会及经济等方面政策的协调。具体性措施（《公约》第 6 条）提出了提升意识、培训与教育、鉴定与评价、建立景观质量目标和景观政策实施五方面。强调提高民众、私营组织及公众机构对景观价值、功能及变化的认识；提倡学校设置景观及其保护、管理和规划相关的课程；加强专家队伍建设；加强对地方、区域和国家主管部门从事管理及技术人员的培训；普查相关领域的景观，分析其特点及影响其的动力和压力。要对以上内容进行民意咨询，确立相应的景观质量目标，并依据所确定的景观质量目标，制定并实施相关景观政策。

在国际层面上，提出通过协商与合作达成解决景观问题协议。在遇到跨区景观问题时，强调要加强地区间的协作；加强各缔约方在国际景观政策和项目方面的合作，通过景观领域信息、技术及经验的交流、共享，促进景观措施的有效实施。跨地区景观——各国行政界线间的景观——由于领土毗连，往往责任不明确，出现荒废现象。因此，需要加强地方与地方间的协作与联合，促进跨区域合作。

3.3　明确了公约实施及完善的细则

为了保证《公约》的有效实施，《公约》第 10 条做了实施监督方面的明确规定。其中明确提出：由部长委员会指定的专家委员会负责公约实施的监督，并在每次专家委员会后报告公约实施的情况。此外，通过设立欧洲委员会景观奖，收集景观保护方面好的实践范例，为其他国家提供借鉴。该奖项由部长委员会授予为景观的保护、管理及规划作出突出贡献的官方、私营组织和个人。此外，强调景观政策和采取措施的长期有效性及可推广性。同时，《公约》还明确规定了其他国家申请加入的细则。公约生效之后，欧洲理事会部长委员会将邀请欧洲共同体或其他非欧洲理事会成员国家加入公约，然后由现有缔约国投票决定

---

①　*the Mediterranean Landscape Charter- adopted in Seville by the regions of Andalusia（Spain）, Languedoc－Roussillon（France）and Tuscany（Italy）*
　　由塞维利亚地区的安达卢西亚（西班牙）、朗格多克-鲁西永（法国）和托斯卡纳（意大利）采纳的《地中海景观宪章》

是否同意其加入。目前（至2013年2月），已获得批准的国家总数达38个，已签字但还未批准的国家有2个[4]。

一份行之有效的国际法律文书需要不断地完善与更新。《公约》在第四章最后条款中，对公约内容的修订程序做了明确规定。提出在任何时候，任何缔约国都可以向欧洲委员会秘书长发通知，就《公约》应用范围的调整，以及具体条款不妥之处的修改建议，欧洲委员会将会针对被采纳部分对《公约》进行适当的修正、审核，生效之后通知各缔约国。

4 《公约》的基本特点

4.1 特点之一：综合性

《公约》的特点之一就在于其全面性和综合性。其全面性和综合性首先体现在其所适用的地域范围上，它涵盖了欧洲国家中参与缔约的各国全境；其次体现在所适用的景观类型上，即从城市到乡村，它包括了从陆地到水体和海洋等所有自然区域的景观，也包含了精神、文化层面的景观，这些景观中既有具有特殊意义的景观也有日常常见的景观，既有杰出的景观也有退化的景观；其次体现在协调领域上，强调了景观保护与社会、经济、文化、生态等其他学科的联系，同时强调了景观保护需要从社区到国家层面多部门、跨组织间的协调与管理，强调加强政府决策者、景观专家和民众之间的广泛交流。

4.2 特点之二：权威性

目前，现存的一些国际公约、法律文书有不少都或直接或间接涉及和影响景观保护的内容，如1979年生效的《欧洲野生动物与自然栖息地保护协议》和1985年签署的《欧洲建筑遗产保护协议》，以及1972年签署的《世界文化与遗产保护协议》（1972）等。《欧洲景观公约》是第一部由欧洲理事会层面上颁布的针对景观的国际法律文书，因此具有毋庸置疑的权威性。它不仅为该领域的国际行动提供法律参照，也为各国制定各自的法律提供了模板。

此外，公约非常注意避免和其他现行的国际的法律发生冲突，其中特别关注与《世界遗产公约》在该领域的衔接与合作。为了避免与不同公约之间出现矛盾和冲突，《欧洲景观公约》第12条特地声明，该公约不能推翻其他现行或将来的国际或国家法律。

4.3 特点之三：动态性

《公约》的另一特点是其开放性和动态性。景观是随着社会、经济、文化的变化而发展和改变的，制定与此相关的公约其内容也应是开放和动态的，应不断针对变化而完善和更新，为此，《公约》对其修改确定了相应的条款。在第四章中，《公约》对加入、应用、废除与修改等方面的详细规定。随着规定主体的变化而变化，是《公约》务实、开放和与时俱进的体现。

5 《公约》对我国景观安全与保护的启示

目前，我国正处于快速城市化和工业化的进程中，城乡的面貌与发展日新月异。这种变化不仅增强了国家的经济实力，增加了社会财富的总量，提高了居民的生活水平，而且也带来了城乡景观面貌的巨大改变。在建设新家园、追求新生活的同时，由土地利用与资源开发所带来的景观改变也引发了新的争议与关注。争议与关注的焦点聚集在许多新崛起的城区形象雷同、缺少地域特色上，聚集在围湖造城、河水改道、山岳搬家、毁田建筑以及历史文化遗产（物质和非物质）和文脉的丧失上。因此，景观安全与保护的议题已经引起了我国各界的高度重视，尤其是党的十八大把生态文明建设提升到"五位一体"总体布局的战略高度，必将有利于推进我国景观保护和建设事业的发展。毫无疑问，《欧洲景观公约》对于我国如何开展景观保护、管理及规划工作具有启迪意义，它所反映出的成果、做法及经验具有借鉴作用。

5.1 提高全社会的景观保护意识

景观是资源，具有无法估量的重要现实和潜在的价值，对人类现在与未来的生存和发展具有无法估量的意义。令人遗憾的是，现在社会上有相当数量的人，包括各级政府的领导者和管理者对此都缺乏应有的认识。《欧洲景观公约》中所提出的重视景观保护的普遍性，即不但保护那些名胜古迹、独特风景，还要保护那些普通常见甚至退化的景观；不但保护单独的点或面的小区域，还要保护大的区域乃至整体的景观。而我们在提到景观保护时，也往往仅想到那些可以带来经济利益的名胜古迹，而看不到那些承载我们日常生活、活动的普通景观。例如，农业景观就是其中的一例。许多人对于养育我们的农业景观熟视无睹，不屑一顾。作为传统的农业大国，我国尤其需要重视农业景观保护。从北方的稻田到西南的梯田，从广阔的华北平原到广袤的西北高原，我国各地都可以看到丰富而多样的农业景观。对于我国这样一个具有悠久农耕历史的农业大国而言，农业景观的地域性和多样性是我国农业文明与文化存留的重要载体，应该对其加以重视并做好保护工作。此外，对我国而言，现阶段的景观保护已经越来越多地与生态保护联系起来，一些地方频繁发生的气象灾害和地质灾害都对景观安全的破坏一定的因果关系。因此，从某种角度来说，保护景观安全早已与防止自然灾害联系起来。

提高全社会的景观安全和保护意识离不开教育与培训工作的开展。首先要加强对专家、民意代表、地方和国家政府部门领导者、管理者以及技术人员的培训，提升他们的专业性、前瞻性及国际视野。其次要加强对中小学和大学学生的教育，要把景观安全与保护的知识融入教学体系和大纲之中，使不同阶段的学生都能够受到相应主题和专题的教育，为社会未来的可持续发展打下基础。

5.2 制定具有战略高度的景观政策与法规

政策与法规是景观保护工作的重要基础与保证。从现阶段看，仅有教育对景观保护工作来说还是比较单薄和乏力的，还必须通过政策和法规的规范与引导才能收到成效。我国地域辽阔，景观差异性大，类型众多，因此保护工作繁重而艰巨，也正因为此，制定具有战略高度景观保护政策与法规就显得尤为重要。《欧洲景观公约》为我们提供了成功的案例，该《公约》所要面对和解决的景观保护、管理及规划问题，不仅涉及一国境内地域之间的关系问题，也涉及缔约国之间的关系问题，其复杂性和艰巨性远远要大于我们，其《公约》制定所体现出的战略智慧与政治意志令人钦佩。从我国目前所遇到的景观安全与保护问题来看，制定具有中国特色的景观保护公约迫在眉睫。

《公约》中强调的景观保护与区域和城镇规划、文化、环境、农业、社会和经济等方面政策的结合，强调制定景观政策及其拟定、实施和监督所必需的程序，强调景观鉴别、描述和评价以及景观质量目标的确定等，都会对我们制定景观政策与法规有着具体的指导意义。目前，我国还没有相对独立而完整的景观法律与法规，有关景观保护的政策与法规散见于相关的政策与法规之中。因此，我们有必要对我国现有的景观保护与管理政策与法规进行整合，使其能够在政治上达成一致的共识，管理上确立一致的目标，行动上采取一致的措施。同时，应该在全面而深入的研究基础上，制定一部具有权威性和综合性的景观法律。

5.3 建立完善地景观保护与监管体系

科学而完善的景观保护与监管体系，是景观保护工作的重要组织保证。目前，我国还缺乏明确的景观保护与监护体系和机制。景观保护与监护工作大多数从属于城市规划、市容管理以及林业、农业、水利等部门。因此，我们需要建立独立的景观管理机构体系，建立公众参与机制，以及从中央政府、地方政府到企业和社会团体参与的、多层次的、分工明确的管理监督体系。同时，也应明确划分各部门的权限和责任，加强各部门间的协调与配合。其中，完善公众参与机制是建立景观保护与监护体系的重要一环。目前我国在许多涉及景观安全与保护的项目立案、方案评审时，大多取决于领导者的主见和专家的意见，往往忽略公众的意见，致使项目上马后或方案实施

后留下隐患。景观既是任何地方人们生活质量保证的重要组成部分，也是关系到其他相邻地方甚至不相邻地方人们生活质量的重要保证。因此，应该让人们在景观决策方面能扮演重要角色，这不但有利于提高公众景观保护的责任感，也有利于确保涉及与景观安全与保护项目或方案相关决策的正常性。此外，也还要建立必要的、特定的激励机制，以鼓励和调动各级政府、各类组织和个人积极参与景观保护工作的积极性。

总之，《欧洲景观公约》面世已经10年有余，其影响与意义早已超出了欧洲的范围。现在国际风景园林师联合会（IFLA）正在起草的旨在保护全球范围景观的公约便是一例。我们有理由相信，《欧洲景观公约》对给正在发展中的中国而言，不仅仅是管理策略与技术层面的启示，而更是战略层面的启示。制定具有中国特色的景观公约和相关政策框架，建立具有中国特色的景观管理体系与机制，将会是我们必然的选择。

参考文献

［1］ Council of Europe. European Landscape Convention. http://www. coe. int/t/dg4/cultureheritage/heritage/CEMAT/Presentation _ en. pdf

［2］ 张丹. 欧盟景观政策发展研究. 城市规划（12），2011：57-61.

［3］ Council of Europe. Text of the Convention. http://conventions. coe. int/Treaty/en/Treaties/Html/176. htm

［4］ Staus of signatures and ratifications of the European landscape convention. http://www. coe. int/t/dg4/cultureheritage/heritage/CEMAT/Presentation _ en. pdf

作者简介

［1］ 杨滨章，男，满，1960年3月生，黑龙江哈尔滨，东北林业大学园林学院，教授，研究方向为风景园林历史与理论，电子邮箱：yangbzh@hotmail. com。

［2］ 李婷婷，女，汉，1989年5月生，山西孝义，东北林业大学园林学院2012级硕士，研究方向为风景园林规划与设计，电子邮箱：928205067@qq. com。

瑞典丹得瑞医院医疗花园

Danderyd Healing Garden in the Danderyd Hospital of Sweden

杨传贵　赵箐怡

摘　要：丹得瑞医疗花园，是瑞典第一家以疾患治疗为目的的花园。始建于 1986 年，面积 600 m²。设计理念突出医疗功能。这些功能主要包括精神治疗、娱乐休闲、社交活动、感觉刺激与协调、认知重组、感觉激发、入职前技能评估，以及符合人体工程学原理的体位训练等。主要造园要素包括园路、各种不同高度的种植床和花坛、池塘、瀑布、工具棚和温室等。工具设计充分考虑患者在人体工程学上的使用特点。所选择的植物，除了符合花园所处地带的气候条件之外，重点考虑医疗需要。丹得瑞医疗花园的建成和投入使用，对瑞典全国范围内医疗花园的建设具有良好的示范和带动作用。

关键词：医疗花园；认知重组；方案设计；园艺工具；感觉刺激

Abstract：The Danderyd Therapy Garden is the first healing garden in Sweden. It is established in 1986, and covers 600 m². The designing idea mainly focuses on therapeutic function which includes mental healing, recreation, social interaction, sensory stimulation, cognitive re-organization, sensory-motor function, assessment of pre-vocational skills, and teaching of ergonomical body positions. The tool design fully considers the ergonomical characteristics of the patients. The plants are largely selected by the standards of therapeutic needs as well as the site climate conditions. The establishment and use of The Danderyd Therapy Garden has the role of demonstration and promotion in the development of therapeutic gardens in Sweden.

Key words：Therapeutic Garden；Cognitive Re-organization；Master Plan；Horticultural Tools；Sensory Stimulation

丹得瑞医院康复诊所丹得瑞医疗花园，是瑞典第一家医疗花园，于 1986 年建成使用。主要面向认知上有缺陷和肌骨骼受损伤的病人。建造这个花园，主要目的有两个，一是开展花园医疗，让病人在这里面放松，解压和康复。二是对于从事园艺医疗工作的人员进行培训。现在，瑞典全境已经有医疗花园 300 多处。这些都归功于丹得瑞医疗花园的示范作用，以及它开展的各种培训项目。医疗花园的概念在瑞典已广泛传播，并在许多方面得到应用，如养老院、康复诊所、某些特定病人的重症监护（如虚弱、智力迟钝）、精神疾病、神经疾病（如痴呆、多发性硬化症）、中风、脑损伤、肌骨骼性疾病（如风湿性关节炎）等。瑞典农业教育培训系统，也已经采用了丹得瑞医疗花园的思想理念。瑞典农业大学专门开设了医疗花园课程《用于康复治疗的花园和公园》，为期半个学期。坐落于乌尔土纳的乌普萨拉大学校还开设了"瑞典学校中的花园"课程，为期四分之一个学期。

1　设计团队

丹得瑞医疗花园的设计团队：首席景观设计师为古斯塔夫·阿尔默（Gustav Alm）。由他牵头组织设立一个设计小组。在这个小组中，除景观设计专业人员外，还邀请了丹得瑞医院康复诊所的医务人员参加。自从 1986 年建成投入使用以来，随着园艺医疗科学的研究发展，该医疗花园不断改进和完善。

2　设计目标

在设计上，丹得瑞医疗花园主要达到以下几个目标：
（1）除病人之外，正常人也可以游览观赏。
（2）园艺工具适合于病人的特点和要求。
（3）创造一个舒适、平和、安静的自然环境。
（4）作为一种新型娱乐休闲活动，保护和鼓励赏园游园，并且能够产生持续性的后续效果。
（5）对职业医疗是有调节作用。
（6）用作瑞典园艺医疗教育中心，对相关病人及其他康复医疗团队，进行培训和教育。

3　设计方案

丹得瑞医疗花园位于医院的两个区块之间，南北向，长 30m，宽 20m（图 1）。花园内阳光充足，而且还能够抵挡寒风的侵袭。乘坐轮椅的人，以及需要一定的辅助才能够行走的人，都能够在花园里活动通行。在这方面，考虑了以下三个原则：（1）尽量避免标高出现较大差异。如果根据地形和环境要求，地面情况和相关设施发生较大变化，那么就要明确标明，并设置导向标志。（2）步行道用混凝土板铺装，并略为倾斜，防止发滑。（3）植物种植区之间留出足够的空间，保证两架轮椅相遇时，能够顺畅通行。

花园的一角有一个长方形的工具棚，面积 108 平方英尺。屋顶栽植景天属植物。另外，还有两个复合肥料箱。

工具棚内放置园艺工具和其他材料。每类工具都有醒目的标志，便于取用和放回。挂钩高度合适，所有使用者都能够得着。

花园的另一侧，设有一座棚架，高2m，长6m。结实坚固，主要用作站立辅助设施。一座160平方英尺的圆形温室，在北方寒冷的冬季，可以继续进行试验研究。池塘和瀑布，增强了自然感。附近有一些座椅，供患者放松、休息和聊天。环形的园路鼓励病人更多地参加各种活动。

种植床和花坛设有5个不同的高度，适合于各种不同的工作姿势。如站立、弯腰和下蹲等。最高的种植床与桌面等高，坐轮椅的病人可在其下和周围活动。旁边设置木坐凳，可以坐下来休息，放置各种材料。种植床墙壁上设有电源插座。浇水可以使用安装在种植床上的小笼头，也可以使用经过包裹处理的小水箱上的水龙头。

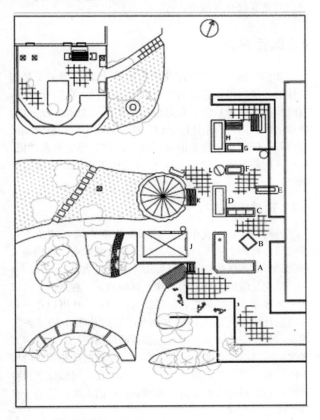

A—H：不同高度的种植床
A＝地平高度；B＝20－75cm，C＝68cm，D＝60cm，E＝40cm，G＝85cm，H＝75cm，I＝带瀑布的池塘，J＝工具棚，
K＝15m² 温室，L＝蓄水池
图1 丹得瑞医疗花园总平面图

3.1 园艺工具设计

医疗花园所涉及的工作主要包括：挖掘、培育、播种、种植、浇水、耙平、松土、除草、修剪或切割、开花后或者正在开放的鲜花和蔬菜的收割、割草、各种物料和工具的搬运，以及补植等。与这些工作相关的工具，设计上尽可能符合人体工程学的规律和要求。

医疗花园中所涉及的大多数工具，如种植床平整工具、工作台或小桌、小型花园工具箱、喷水壶、各种款型的铁锹、耙铲、叉子、修枝剪、独轮车、小推车或筐子篮子、可以装盛各种小型工具和其他物品的带有大口袋的围裙，以及防护手套等，都可以在市场上买到。但是，工具的选择需要遵循职业病医疗工程学的一些重要原则，并且适合于各种肌肉骨骼受伤或行动受限病人的特殊要求。

人体工程学的原则主要包括：

（1）所有工具都要尽可能地轻便。

（2）带手柄的工具，手柄要能够更换，以便适应不同的病人和不同的训练目的。

（3）从生物机械运动方面考虑，能够适应各种不同生物机械运动的需求。比如手柄可以有各种不同的长度，以便适应不同的工作姿势，如坐着工作或站着工作等。

（4）工具所需要的工作荷载最低。如在坚硬的土壤上挖穴时，两只手和一只脚用力，使用手柄弯曲的铁锹，所付出的力就最小。

（5）通常情况下，需要两只手操作的工具，可改用一只手和一条胳膊来操作，以便胳膊或手虚弱无力或麻痹的病人，能够操作使用。

（6）工具两端之间的角度，如锹头与锹柄之间的角度，方便使用并发挥最大功效。比如，在抓取工具时，前臂应该处于中间位置。

（7）木制工具柄适合于各种不同的抓握功能，并且，手的位置一般应放置在中间部位。

3.2 植物栽植

栽植方法以及所使用的相关材料尽可能多样化。植物高度和种植距离，适应各种不同的操作和医疗需求。所采取的主要措施包括（1）种植床抬高。（2）设置可移动、小型加温房和加温床。（3）框架内方块状种植。（4）靠近棚架处，将植株直接栽植到培养袋中。（5）箱式种植。（6）盆栽，定期循环更换。（7）悬空管道或花篮栽植。

3.2.1 种子

根据表1所列出的医疗需求，选择合适的种子和苗木。

丹得瑞医疗花园主要植物材料选择
目的及其主要医疗作用 表1

主要医疗作用	目　的	植物举例
精神治疗、娱乐休闲、认知重建	发芽好；适合于本气候带；广场上种植的植物和花卉为大家所熟知，患者能够识别	金盏菊、万寿菊、凤仙花
认知重建、记忆刺激	能够唤起儿时的记忆	金莲花、金鱼草、莱菔
精神治疗、娱乐休闲、社交	漂亮色彩	新几内亚凤仙花（粉色、红色、白色、紫罗兰色）

主要医疗作用	目 的	植物举例
感觉刺激	气味芬芳	月桂、天芥菜、烟草樟子松、紫罗兰
人体工程学体位训练	攀缘植物，并且种植在比较低矮位置上，患者工作时可在同一时间出现不同的姿态	烟草樟子松、三色堇、大波斯菊、向日葵
社交、认知重建、感觉激发功能训练、人体工程学体位训练	厨房用菜，进行日常生活能力训练	莳萝子
感觉刺激	表面形态、形状和大小种子	天竺葵属植物、银叶菊
社交、职前技能评估	秋季收集的快速发芽的种子	旱金莲、金盏菊
非专化性	种植在花房中的外来植物的种子，柑橘属植物	灯笼果
非专化性、娱乐休闲、认知重组	瑞典常见植物；依患者愿望而定；阅读种子包装袋上的说明，并对上面的图画进行解释	亚麻属植物

3.3 医疗花园的参与和组织

3.3.1 受试人员

年龄范围：18—25 岁。病人种类主要包括：疼痛或与运动相关的损伤（轻度偏瘫或者下身麻痹）、认知障碍（如语言、空间辨识、记忆功能障碍、注意力、精力集中，以及逻辑障碍）、抑郁病等。在上述疾病类型之中，既有较重的，也有比较轻微的。有些病人需要轮椅，而有些病人则主要是记忆功能障碍，与运动损伤无关。同时，欢迎病人家属、朋友，以及相关工作人员参加。

3.3.2 组织

病人根据自身的能力和疾病状况，自由选择所希望从事的园艺活动。然后，将他们分为多个小组，并定期轮换。分组与参与情况见表 2。在 2003 年一年中，从 2 月至 11 月中旬，脑损伤病人组（例如：中风、出血、脑外伤），72 位（男性 32 人），年龄 18—65 岁。虽然同在一个小组，但是，每个人都分配某些特定的园艺工作：即针对他或她的"医疗康复"。各种单项园艺工作，另选时间单独完成，而不是在小组聚会时进行。

丹得瑞医疗花园 2003 年全年活动安排　　表 2

时间	小组	参与人员	每周聚会次数	聚会总次数
2.5—11.15	上午组	男 12，女 12（轮椅使用者 3）	每周 1 次	30

时间	小组	参与人员	每周聚会次数	聚会总次数
4.16—8.27	下午组	男 7，女 5（无轮椅使用者）	每周 1 次	13
6.30—8.15	夏天组	男 7，女 3（一个轮椅使用者）	每周 3 次	21

在医疗花园中所从事的各种活动，根据难易程度进行分级。针对病人情况，一般都安排中等适度的工作。例如：要安排一位病人对一个花坛进行规划时，只安排种植一种植物。对于同一个花坛，要做一个全年规划，比如春季种植郁金香、初夏种植药草植物、夏季种植开花的植物、为适应干旱的气候条件种植秋季开花的植物等。这种规划的难度就有所增加。

4　医疗用途

如前所述，这个医疗花园在治疗上的作用主要是辅助性的。医疗用途可分为下列几种。注意，在医疗方面，有时只发挥一种功能，有时可能是多种功能相结合。（1）精神治疗。（2）娱乐休闲。（3）社交活动。（4）感觉刺激与协调。（5）认知功能的重新组织。（6）感觉激发功能。（7）入职前技能评价。（8）符合人体工程学要求的体位训练。

4.1　精神治疗

一般认为，在这个医疗花园中定期有规则地待上一段时间，有利于病人的康复。对一些大脑疾病，特别是大脑受到严重损伤的病人，具有治疗或减轻效果。

医疗花园成为病人最喜欢光顾的地方。在这里，可以坐下来休息，静默沉思、舒缓放松；而且，还可以在一种非医院环境中与家人或朋友相见。花园中一年四季香气四溢，是很好的聊天主题，能够帮助提高记忆。对于病人来说，绿油油的草地，晶莹的露珠，开放的鲜花和结满枝头的果实，都是很久以前的事了。而现在，突然处于这种环境中，忘却自己的疾病，憧憬着美好的未来，该是多么高兴呀。

4.2　娱乐休闲

有些病人得病之后，与患病前相比，娱乐休闲活动减少了。对这类病人，医疗花园可以提供一些适当的娱乐休闲活动，弥补病后娱乐休闲活动的不足。尽管患病，但是，通过医疗花园帮助，仍然能够从事一些新颖的娱乐活动。只要是能够让病人感到愉悦，与花园相关的任何活动都是可以的，如坐卧观赏、步行、进食、聊天、日光浴、阅读、听音乐、玩游戏等。一般认为，在花园中参与各种活动，能够让人获得某种成就感。通过适当地娱乐消遣，在身体和心理上得到某种满足，从而给他们带来欢乐，激发创造性，有利于身心健康。此外，花园中种植的各种花卉，还有可能激发病人尝试其他娱乐休闲活动，如绘画或绘画医疗。有些病人利用花园中的花卉进行装饰，采摘果实用于烹调，也很新颖别致。

4.3 社交

在花园中参加各种活动，有助于改善社会心理承受能力。通过劳动和观赏，相互之间的交流得以加强、自我价值意识提高、相互之间的敌意和侵扰减弱；自我与环境协同调控能力增强，能够体验到自我选择的快乐；社会交往增多，得到应急能力训练，成员之间相互容忍程度提高；有意识的智能刺激、协同工作和团队工作体验等，得以较好地实现。例如，医护人员可以给病人布置"与园艺活动相关的家庭作业"，此类家庭作业，主要针对失语症患者，目的是鼓励他们多说话，并且花园医疗结束之后，课下能够继续练习。

4.4 感觉刺激与协同

大脑损伤严重或者感觉能力下降的病人，在各种不同的植物材料的触发下，通过网状激发系统获得感觉刺激。感觉刺激通过系统训练来实现。医疗师向病人提出一些问题，这些问题都是与植物材料和花园环境相关的。病人的任务就是对各种不同的植物材料进行区分和辨识。对于花卉，通过闻香和观赏提供刺激，与"闻"相关的感觉记忆自然地得到提高。蝴蝶和昆虫激发眼睛跟随紧盯。蔬菜和香料植物，对味觉产生刺激。各种不同植物的叶片，有的粗糙，有的光滑，有的毛茸茸的，引诱病人用手触摸。沙子、土壤和水，诱导赤脚感受。水声、鸟鸣和黄蜂的嗡嗡声，刺激听觉和声音的方向感。风中摇曳的竹子和芦苇，创造出优美动人的声音，对听觉产生刺激。

4.5 认知重组

认知能力受损病人，如注意力、空间辨识、口头表达、数据计算、实际操作、记忆力以及逻辑推理等，通过参加各种园艺活动，如花坛规划、株间距和栽植深度的计算、阅读种子包装袋上的说明、聆听或者阅读医护和花园工作人员的口头或者书面指导等，都能够促进病人认知能力的重新组织。在治疗方法上，主要针对某些园艺活动，让病人进行系统性的规划与操作。例如，就花坛种植规划，进行专项培训训练，有助于前脑受损伤的病人，逻辑秩序能力的重新组织。

4.6 感觉激发功能训练

据信，在医疗花园中从事各种活动，活动强度中等或者略有增加的情况下，有助于某些疾患的训练、改善和康复，如灵活程度、肌肉应力与平衡功能、细微工作与粗放的适应性、双向活动、眼睛与双手的协调，以及活动范围等。右臂轻度偏瘫的病人，从事马铃薯收获，使用高度可调的修枝剪，就很有可能会改善或者克服手臂肌肉虚弱症状。此外，对于轻度偏瘫的病人，按照传统的感觉激发方法，从事花园中的各项活动，对感觉激发和感觉控制能够产生诱导作用。通过对肌肉和关节的感觉刺激，能够产生相应的激发反应。比如，患者摘除攀缘植物上那些枯萎的叶片，需要站立和平衡，从而就得到了训练。当然，要保证棚架支撑坚固，不会出现安全方面的问题。

在花园中从事各项活动，可以让患者得到适应性训练。这种适应性训练，既包括肉体方面，也包括精神方面。例如，可以对下一次小组活动进行规划，要求小组中的每个成员都负责某项工作，而各项工作与他（她）本人的自身条件又能够很好地相应。

4.7 职业技能评估或职业训练

在医疗花园中从事各种活动，能够减轻与疼痛相关的疾患，提高工作耐受性。患者在花园中所能够从事的活动及其表现评价主要涉及：抬举、伸触、搬运、推拉、坐卧、站立以及从事这些工作的持续耐久性等。据此，患者最常从事的工作主要就是：挖掘、铺装地面的维修重建、拖拽割草机、花架搬运或安装、搬运土箱或土袋等。通过观察患者从事这些工作的表现，可以对其是否适合从事某方面的工作作出判断。

4.8 人体工程学体位训练

医疗花园中许多工作都可以用来进行工作耐受性训练。但是，这里所突出强调的是人体工程学体位训练，以及根据人体工程学原理所设计的各种工具的使用。这两个方面是最适合于在医疗花园中进行适应训练的。例如，在从事花园中的劳动时，各个关节处于中性位置。患者直接面向他所从事的劳动，而不必扭曲他（她）的身体、背部、脖颈或腰身。从地面上捡拾物体时，双膝能够适度弯曲。种植床抬高或者使用加长了的工具，避免跪着劳动。此外，在医护人员的指导下，患者以最舒适的方式从事指定的活动。据信，按上述方法进行人体工程学训练能够防止肌肉和骨骼的损伤，减轻疼痛。人体工程学体位训练，每周一次，每次45分钟，有时是单个个人，有时是一个小组。风湿性关节炎患者和慢性障碍性肺病患者，仅提供有关合适的工具和工作方法的信息，而不参加花园的具体工作。

4.9 丹得瑞医疗花园的培训教育功能

这个医疗花园建成投入使用之后，主办方组织了一次为期3天的培训座谈会。对从事医疗康复的人员进行培训，目的是让他们了解医疗花园中的有关活动，以及如何与风景园林师配合，对医疗花园进行设计。参加培训会的人员对于开展花园医疗，表现出浓厚的兴趣。丹得瑞医疗花园的建立，对瑞典全境医疗花园的建设起到了良好的示范带动作用。

参考文献

[1] Heath Y. Evaluating the effect of therapeutic gardens [J]. *American Journal of Alzheimer's Disease and Other Dementias*，2004，19(4)：239-242.

[2] Raver A. The Healing Power of Gardens [J]. The Saturday Evening Post，1995，March/April：42-43.

[3] Muellersdorf M.，Ivarsson A. B. Use of Creative Activities in Occupational Therapy Practice in Sweden[J]. *Occup. Ther Int*. 2012，19：127-134.

[4] Kirk P. A.，Karpf A.，Carman J. Therapeutic Garden Design and Veterans Affairs：Preparing for Future Needs[J].

Journal Of Therapeutic Horticulture，2010，XX：66-77.

[5] Soederback I. , Soederstroem M. , Schaelander E. Horticul-tural therapy：the 'healing garden' and gardening in rehabil-itation measures at Danderyd Hospital Rehabilitation Clinic，Sweden[J]. Pediatric Rehabilitation，2004，7（4）：245－260.

[6] Lis-Balchin M. The Therapeutic garden [M]. Bantam Press，2000.

[7] 克莱尔·库珀·马科斯. 罗华，金荷仙译. 康复花园[J].中国园林，2009.2：1-6.

[8] 杨欢，刘滨谊，帕特里克·A·米勒. 传统中医理论在康健花园设计中的应用[J]. 中国园林，2009.1：13-18.

[9] 孙妍艳. 康复花园设计与研究[D]. 南京林业大学，2011.

[10] 余茵，祁素萍. 用设计治愈疾病——医疗花园与康复景观进程的探索[J]. 艺术与设计，2012.96：76-78.

作者简介

[1] 杨传贵，1963年生，男，汉族，山东，博士，天津城建大学，教授，研究方向为园林铺地设计、寺观园林等，电子邮箱：sophora668@163.com。

[2] 赵箐怡，1992年生，女，汉族，湖南，学士，天津城建大学，研究方向为风景园林规划设计，电子邮箱：279411128@qq.com。

县城绿地系统规划评价研究
——以河北省张家口市怀来县为例

Research on Evaluation of County Green Space System Planning
——Taking Hebei, Zhangjiakou, Huailai County As An Example

杨珊珊　焦睿红　丁　奇

摘　要：绿地系统对于改善城市生态环境，提高人居生活质量，建设生态城市等方面具有重要作用。但目前关于城市绿地系统的评价研究主要集中在美学和生态层面，综合的评价体系并没有建立起来，以致在规划的制定和实施过程中缺乏合理的侧重点。本文针对怀来县绿地系统规划的不同层次进行了包括功能、生态、文化三个层面的分析，对绿地系统的评价项目进行了扩充，以期为县城绿地系统的规划与评价提供更多的思路。

关键词：绿地系统；评价；怀来县

Abstract：The green space system in a city emphasizes functions of improving the urban ecological environment, enhancing the quality of life in human settlements, constructing an ecological city and so on. But the current evaluation on urban green space system focuses on the aesthetic and ecological aspects, a comprehensive evaluation system has not set up, so that it is lacking reasonable emphases in the development and implementation of an urban planning process. There are different levels in Huailai County green space system planning. In this article, the evaluation of the green space planning carried out at three phases, including function, ecology and culture. There is an expanding to the green space system evaluation project. And it is aimed at providing different ways in planning and evaluation of green space system.

Key words：The Green Space System；Evaluation；Huailai County

引言

怀来县位于河北省张家口市，其绿地系统规划根据规划范围主要划分为两个层次——县域范围内绿地系统规划和县城建城区绿地系统规划。在县域范围内，包括市域范围内绿地系统规划和县城城市绿地系统规划两个层次。其中，在县域范围内怀来县具有国家二级水源保护地官厅水库，面积占全县面积的 46%，因此在县域范围内的绿地系统规划以生态防护功能为最优先考虑，文化廊道与村镇系统防护次之，其土地资源利用有一定的特殊性，但在生态文明建设的背景下，怀来县县域范围内的绿地系统规划对于建设生态城市有一定的借鉴意义。县城作为人口聚居的场所，典型的人工基址上如何演绎生态与环境，是城市绿地系统规划一直致力于解决的问题，因此对于其评价的研究能够更加明确绿地系统规划对城市的影响，从而反馈于绿地系统规划，对探索城市绿地系统规划的程序与途径有所助益。

1　城市绿地系统规划评价层次

人们从利用植物，到栽植盆栽，然后于自家设置庭院，在城市的公共场所种植植物——绿色在城市中由点到线，由面逐渐扩散，城市绿地的内容与含义也在不断丰富。然而随着城镇化进程的加快，环境问题的出现使得绿地在城市中的地位凸显出来，人们深感规划系统的统一对于绿地各项功能的发挥有着极为重要的作用。因此评价一个规划的优劣也在于它对于功能的侧重与发挥程度，评价的层次与绿地系统的功能层次密切相关。本文将绿地系统的功能层次主要分为以下三种。

1.1　城市绿地系统的使用功能

从人类利用植物起，植物就具有明显的使用功能——食用、药用等。这种使用功能延伸至最初的私人庭院，之后拓展到城市绿地。如今在城镇化背景下，人口密度大，城市环境恶化，为了让绿地使更多的人受益，绿地系统规划的侧重点一直在公共绿地。这不同于西方文明早期私人园林的生产功能，中国早在秦朝已经栽植行道树遮阴，而更早的灵囿也是民众游玩的场所，工业革命后的现代城市规划中，城市绿地是城市开放空间的重要部分。不难看出，城市中的公共绿地最重要的在于其公共性，供人集会、游玩是现代城市中公共绿地最主要的使用功能。

1.2　城市绿地系统的生态功能

18 世纪后，随着生态学的发展，生态思想逐渐让自然环境进入人们的视野，20 世纪的环境保护运动，让处于城市中的人们意识到保护环境的重要性，很多人将环境的保护与美化当作解决城市问题的途径。这些探索虽然没能达到它们最初的目标——完全解决城市问题，但生态环境的改善依然为城市中的人们带来了足够的好处。人们从广义的生态学研究到将其应用于城市公共绿地中，之后又从城市中放开视野，将城市纳入城市周边的环境系统中，由广义到细节，逐渐将更多的生态学思想引入城市，使绿地发挥改善城市环境的生态功能。

1.3 城市绿地系统的文化功能

"照天性来说，人都是艺术家。他无论在什么地方，总是希望把'美'带到他的生活中去。"作为公共生活的一部分，人们对于绿地也必然有着美的要求。不同时代的艺术品，包括建筑和园林，都反映出人们对于美的认识——不再仅仅认为静止的装饰是美的，而日常生活的过程也充满了美。当美变为一种历程，并与人的生活紧密相连时，文化的功能就凸显出来。不同民族、地域的人们生活方式不同，经历美的历程也不同，因此，不同文化必然导致人们对绿地的审美有差异，这也是绿地地域性的表现。

2 县域范围内绿地系统规划评价项目

作为一个生态防护区为主的县城，怀来县的绿地系统规划必须置于一个广泛的框架下加以探讨，这样才能合理地进行资源配置，将绿地效益发挥极致。但它不同于以往在城市建城区范围内的绿地系统规划，在县域范围内，城市建城区所占范围较小，自然环境是基质，因此在县域范围的评价必然不同于城市建城区。

2.1 县域范围内绿地系统规划使用功能评价

县域范围内人们活动影响的范围较小，使用功能主要集中在城市以及城市之间通道的周边，最常见的使用功能在于隔离区块，以限定不同区块的范围，构成连通的基本骨架。根据使用的核心不同可以分为四类：城市聚居使用、作物种植使用、廊道通行使用和市政设施使用。而功能的满足与否成为评价的标准。

2.1.1 城市聚居

城市周边的绿地将城市与外部生态环境相隔离，降低城市对于生态环境的负面扰动。但与此同时，城市的理化循环依赖于外围的生态环境，绿地也担任着连通城市与周边环境的功能。因此，在城市聚居环境的周边，适宜的城市绿地能够降低城市对周边的扰动，同时加强城市与外围环境的连接。

2.1.2 作物种植

作物的种植需要良好的立地条件，田间种植的树木有防风功能，为作物提供适宜的小环境。同时田间林带能够为劳作提供休息场所，还具有划分农田的作用。评价的重点应在于绿地对于农田的防护作用。

2.1.3 廊道通行

在县域范围内，城市之间的交通主要通过公路，有少量铁路。在铁路周边设置绿地将铁路与周边环境隔离，防

止噪声影响周边，降低风沙与其他自然过程对于铁道的影响。在公路周边设置绿地，除隔离作用外还具有一定的遮阴功能。且不同的种植模式搭配也能在一定程度上缓解驾驶疲劳，增强通道的安全性。因此，适宜的城市绿地对城市之间廊道的通行具有维护功能。

2.1.4 市政设施

城市生活离不开自然资源的支持，给排水设施、高压电传输设施等对于城市至关重要。对于这些设施的防护除了在其本身上予以加强外，还应在其外部设置防护环境，这也是城市绿地的评价要求之一。

2.2 县域范围内绿地系统规划生态功能评价

由于县域的生态环境以原生自然环境为主，人活动较少，绿地于其主要功能在于维持生态过程的良性循环，体现在水源保护、防治水土流失、防雨洪塌陷以及生态恢复等方面。

2.2.1 水源保护

居内陆城市的怀来县，水源保护主要有河道和湖泊两部分。首先是河湖水质的保护——降低污水排放率，在源头上提高污水排放门槛保护水质，且有针对性的水体净化和水体生物多样性保护有助于维持水质。其次是河湖堤岸的处理方式——自然式的驳岸处理能够有效地维持水体和陆地的理化循环，从而获得更佳的生态效益。因此关于县域的水源保护评价主要在于水质情况与堤岸处理方式。

2.2.2 防治水土流失

防治水土流失一般有两种途径：增加土壤密实度和降低水流冲刷度。通过对绿地的规划，结合地形，可在适当位置多种植树木降低水土流失率。评价的参数可通过地形结合植被覆盖率以及水中含土壤微粒数量来设置。

2.2.3 防雨洪塌陷

怀来县县域范围内山体较多，雨季应注意预防山洪。增加山体乔木量有助于保持水土，涵养水源，降低山洪的发生率。但对于县域范围的水体应预留足够的淹没区，对于淹没区的生态处理能更有效的涵养水源——采用自然驳岸结合水生植物和耐湿植物的点处理手法能够降低河流流速，减少水流侵蚀，同时增加生物多样性。县域范围内应在洪涝易发生地区设置相应的绿地以减轻灾害或降低灾害发生率。

2.2.4 生态恢复性措施

怀来县域内有废弃采石场、采矿场等工业废弃地，在完成其生产任务后，应通过相应的绿地尽快恢复其生态功能。首先应明确污染的主要因素，然后针对该因素采取有效的治理措施。可通过专家评审，以及恢复区生物多样性和植被覆盖率来评价。

2.3 县域范围内绿地系统规划文化功能评价

县域范围内绿地系统规划对于文化的体现主要体现在风景规划上。对怀来县的景区设置合理的观赏点，保持视觉通廊，针对出入口设置一定的标志物，对景点的观赏实行控制，使景点变得更加突出，并反映当地的地域特色和文脉。如此，风景规划的有无与景点观赏的控制力度成为文化评价的标准。

文化功能的另一方面反映在法律法规和有效的管理上。政府通过对绿地系统的强调与支持，让生态观念深入人心，使人自觉保护生态环境，形成符合时代主题并有怀来特点的生态文化。因此，很大程度上评价在于法规的有无以及当地居民的支持度。

3 县城建城区绿地系统规划评价项目

城市的建城区以人工界面为基质，面积比市域小，人对环境的影响远强于市域。建城区的绿地，不仅要发挥其广域范围内的生态功能，而且由于人参与度的增加，绿地系统规划便将人的需求优先考虑，在满足人需求的基础上，最大限度的发挥生态效益，彰显地域文化成为评价的主题。

3.1 县城建城区绿地系统规划使用功能评价

在建城区，人作为活动的主体，绿地的使用功能被极大的强调，集会与游赏是城市绿地最主要的使用功能。能否充分发挥绿地的使用功能可以从绿地的可达性、绿地面积、绿地服务设施设置以及不同绿地类型的功能侧重四个方面加以评价。

3.1.1 绿地的可达性

绿地的使用功能需要以人为主体来发挥，因此在绿地系统规划中，城市绿地到达的便利程度对于绿地的使用有很大影响。城市居民到达公共绿地的形式包括步行和乘车，评价项要素在于能否使城镇居民以步行的方式到达绿地，也就是绿地的分布密度，能够以服务半径分析以及破碎度指数计算。

3.1.2 绿地面积

绿地面积决定了接待的承载力。绿地规划中能否配合城市用地规划，为城市人口提供相应面积的绿地成为评价规划优劣的一项重要指标，这可以通过人均绿地和人均公园绿地的计算来评价。

3.1.3 绿地服务设施

为满足人活动的需求，绿地内应设有人行通道、游憩场地以及配套的洗手间、商店、管理处等公用建筑。因此绿地服务设施齐全与否也是城市绿地使用的一项重要评价标准。

3.1.4 不同类型绿地有不同的侧重点

根据《城市绿地分类标准》，将不同类型的绿地侧重

的功能总结为下表：

绿地分类		绿地功能
公园绿地 (G1)	综合公园 (G11)	游赏、散步、晨练、集会、商业
	居住区公园 (G12)	游赏、散步、晨练、邻里相处
	专类公园 (G13)	游赏、科普、研究
	带状公园 (G14)	游赏、通行、停坐
	街头绿地 (G15)	游赏、停坐、标识
生产绿地 (G2)		供给城市绿化用苗木
防护绿地 (G3)		分隔区块、为城市提供良好环境
附属绿地 (G4)	居住附属绿地 (G41)	软化建筑边界、通行、停坐、标识
	工业附属绿地 (G42)	隔离
	道路附属绿地 (G43)	遮阴、隔离、标识
	市政附属绿地 (G45)	隔离、防护
	教育附属绿地 (G46)	安全、防护
其他绿地 (G5)		城市建成区范围外的供游赏绿地

3.2 县城建城区绿地系统规划生态功能评价

县城建城区绿地系统规划生态建设的目标在于提高人居环境质量。通过绿地建设，改善城市环境，使城市理化循环趋于合理，提高人居质量。而且，良好的绿地能够减弱城市负面影响，增强自然环境的正面影响。

3.2.1 优化城市物理环境

通过绿地的合理配置，在居住区周边种植相应植物，降低城市噪声，清除工业交通粉尘，降低风速，为居住区提供良好的生活环境。评价以相应的检测指标为标准。

3.2.2 优化城市生化环境

在产生有害气体的工业用地周边种植相应植物净化空气，可以有效地提高空气质量。同时提高植物的多样性可带来较高的生物多样性，生物反馈于环境，提高整体环境质量。因此，规划的评价标准在于生物多样性指数。

3.2.3 城市特殊地块的保护与恢复

怀来县城有一条河流穿越其中，连通城市外生态环境和城市内部。由于城市内部污染较为严重，人工基质理化循环不佳，因此对于河流除水质保护外，还应采取相应的驳岸处理，让城市的水循环能够与生态环境相结合。

3.3 县城建城区绿地系统规划文化功能评价

绿地的文化功能主要体现在当地居民的特有活动中，既维持了地域特色，又延续了传统文脉。

3.3.1 营建节庆空间

不同文化体现在生活的各方面，最直观的是语言，其次是历法和节庆。在城市中应该设有特定的节庆场所，举办特色的节庆活动，既迎合当地居民的生活方式，同时为外来人员展示地方特色。

3.3.2 美的空间品质

城市绿地对于美的追求也是城市生活的一部分，均衡、对比和统一的美学原则是最基础的。空间、景观与标志物都应符合其原则，尽管现代美学的定义较为广泛，但反映在大众的形式上应以视觉的舒适度作为评价标准。

3.3.3 尊重当地历史

一座城市从无到有，都经历了一定的时期。在建城伊始传承至今，城市或多或少都有自己的变化，地名更迭、历史事件、历史人物以及自然景观等都会在城市中留下痕迹，这是一个城市独一无二的。因此，城市绿地系统的规划对其历史应予以充分的尊重。

3.3.4 绿地建设的管理

居民对于城市绿地参与管理的程度也表现出当地的文化。居民能够正确认识到自己的权益，并自觉予以执行，在城市绿地建设上发出自己的声音，这对于绿地的建设必然增益颇多。

4 结论

规划是一个过程，文字与前景的描述仅是一个开始，其后的建设才是重点。因此完善公允的评价体系和健全的反馈机制都必不可少，只有这样，规划在实施中才可不断调整，最终形成科学合理的绿地系统，达到改善城市生态环境，提高人居生活质量，建设生态城市的目的。文章上述仅是针对怀来县绿地系统规划指标项目的基本构想与罗列，在具体的操作过程中应根据具体情况，召集专家对不同的项目进行评审，为其加权。

参考文献

[1] 韩轶，李吉跃，高润宏，胡涌．包头市城市绿地现状评价[J]；北京林业大学学报，2005.1：64-66.
[2] 陈永生．城市公园绿地空间适宜性评价指标体系构建及应用[J]．东北林业大学学报，2011.7：105-108.
[3] 荣冰凌，陈春娣，邓红兵．城市绿色空间综合评价指标体系构建及应用[J]．城市环境与城市生态，2009.2：33-37.
[4] 傅凡，赵彩君．分布式绿色空间系统：可是实行的绿色基础设施[J]．中国园林，2010.26(10)：22-25.
[5] 汪婷，刘惠锋，傅德亮．基于AHP法的大学校园绿地总体景观评价——以上海交通大学闽行校区为例．上海交通大学学报，2006.8：418-423.

作者简介

[1] 杨珊珊，1989年1月生，女，汉，山东，硕士研究生，北京建筑大学，景观设计，电子邮箱：yangshan8901@163.com.
[2] 焦睿红，1989年11月生，女，汉，陕西，硕士研究生，北京建筑大学，风景园林。
[3] 丁奇，1975年6月生，男，汉，山东，硕士研究生，副教授，北京建筑大学，风景园林。

营造"境心相遇"的屋顶花园

——以北京市房山 CSD 第三办公区屋顶花园景观设计为例

Designing Roof Garden with Harmony between Soul and Environment
——Landscape Designing of Office Roof Garden at Funhill Central Shopping District in Beijing.

杨宇琼　郭　明

摘　要：屋顶花园作为城市绿化向立体空间发展，拓展绿色空间的一种园林绿化方式，其建设已成为现代城市绿化的新兴趋势。在满足屋顶花园荷载、排水防水等基本设计前提条件下，花园式类型的屋顶花园设计逐渐朝着"给生活着绿，给生命减压，还心灵一个栖息空间"的设计方向发展。屋顶花园这种特殊的庭院景观造园形式，有别于其他露地，更适宜营造"境心相遇"的特色空间。在分析"境与心"关系的基础上，探索如何让屋顶花园造园手法与人的心理关联，让其特殊性为人所用，并从"空间布局、色彩配置、植物造景、细节设计"几个方面研究，以北京市房山 CSD 第三办公区屋顶花园景观设计为实例进行探讨，力求更好的发挥建筑物的空间潜能和屋顶花园的环境效益。

关键词：屋顶花园；境心相遇；空间布局；色彩配置；植物造景

Abstract：As one of the new trends of modern urban greening, roof garden designing broaden the ways of greenery space construction, especially in vertical greening development. As soon as satisfying the requirement of roof load, water-proof capacity, roof garden designing brings people greenery space, relieving the living pressure, creating soul space. As one of the special patterns of landscape designing, roof garden designing is more appropriate to create stylish space with harmony between soul and environment. When analyzing delicate relationship between soul and environment, designer explore the correlation between construction pattern and psychological feeling. Through case study of office roof garden designing at Funhill Central Shopping District in Beijing, basing on the aspects of space layout, color collocation, plant view construction and detail designing, designer try to express the space potential and environmental benefit.

Key words：Roof Garden；Harmony Between Soul and Environment；Space Layout；Color Collocation；Plant View Construction

1　引言

随着城市的快速发展，屋顶花园有着非常广阔的开发利用前景，是当代园林发展的新阶段和新领域。在园林设计上，因其受到屋顶承重、温度、土壤等环境的限制，其在可运用一般的园林造园手法的同时又有着自己的特殊性和复杂性，适宜营造出"境心相遇"的景观环境。空间、色彩、种植、形式、材料细节等设计手段服务于设计师的同时，分析其与心理的关联，探讨"境心相遇"的营造手法，以北京市房山 CSD 第三办公区屋顶花园景观设计为实践运用其中，使之具有园林艺术的感染力，赋予屋顶空间更多的意义。

北京房山 CSD 第三办公区屋顶花园（以下简称 CSD 屋顶花园）是北京市房山区第一个花园式屋顶花园。"房山第三办公区"位于北京市房山 CSD（Central Shopping District），即中央休闲购物区，是房山的人气聚集区。房山第三办公区是展示房山的窗口，其建筑外观现代、时尚、简约。CSD 屋顶花园所呈现的景观形态是建筑特征的外延，在园林设计中融合了现代建筑的设计特点，通过"简约主义"的设计风格，让亲临于此的人能第一时间感受到房山的时代感和现代感。同时寓情于景，做到"简

约"而不"简单"，将此景塑造成为心灵窗口。

2　境与心

2.1　境

丁福保《佛教大词典》中对境的解释是："境，心之所游履攀缘者，谓之境"[1] 可见，境由心生，心有多高，境有多高。

2.2　心

所谓观念在先，景致在后，无论是观察还是记取，均服务于设计师所设定的观念，即匠人之心。一件好的屋顶花园园林作品，首先以"情"而感人，表现"境"的最终目的还在于传情。园林是活的，是自由的，设计师把握其不确定，心存高远，让其传情，使其具有一种持续性的价值。

2.3　境心相遇——境心关联

白居易曰："大凡地有胜境，得人而后发；人有匠心，得物而后开；境心相遇，固有时耶？"可见，让平凡的景物变成胜景似乎就维系在景物之境与匠人之心的两端。[2]

"境心相遇"正是为了接通万物。我们发现屋顶花园是令人愉悦的，每当我们走进，总是感到会与其他地方不一样，是一种来自身体及心灵的愉悦。

如何让万物与心产生关联，正是我们下面需要探讨的问题。

3 境心相遇的营造手法

在分析出"境与心"两者关系的基础上，我们结合CSD屋顶花园景观设计，从"空间布局、色彩配置、植物造景、细节设计"四个方面探索如何让屋顶花园造园手法与人的心理关联，营造让人愉悦、有情趣的屋顶环境。

3.1 空间布局与心理的关联

3.1.1 空间形态与心理功能

CSD屋顶花园整体由三栋大楼分割成四个独立空间，形成四个小花园。考虑到办公区人群的心理需求，我们将其分为独处、聚会、谈心、游思等四种功能，形成静观式、聚集开敞式、散置多空间式、回游式四种空间形态，并将之命名为心语园、喧聚园、聆听园和游思园，从北至南分别代表这几种空间形态不同的心灵感悟（图1）。

（1）静观式——独处

"心语园"主要营造独处的空间意境，通过圆形的花境、灰色调的铺装、成丛的常绿植物、特色花箱和弧形灯箱烘托出简约、空灵的感觉，适合独自在此冥思遐想，任思绪扶摇而上。

空间构图有意识的以圆形与横向线条互穿，简单纯净，一个完全静止的静观，一种幽然的远思。

（2）聚集开敞式——聚会

"喧聚园"形成四面围合、中间开敞的空间布局方式。通过多样化的条形种植带、舒适的木栈道、精致的景亭营造出既有通过感，又有内聚性的空间感觉。

将空间中心点设计景亭和木平台广场，强调此园聚集开敞式的空间形态。景亭，"亭者，停也"，"亭"之物境就是通过与人的"停"心相遇。[2]将亭与人关联，即为中国式的意境，将人聚集于亭内。适合工作之余在此聚会小憩，也可会同团队成员在这里高谈阔论、一抒胸怀。

（3）散置多空间式——谈心

"聆听园"以散置、多空间分布的方式，采用肉质地被结合灯箱、花池、花带、步道、镜面花台，表现出颇具深意的禅意空间，适合二三知己良友在此坐而论道、感悟人生。中心地带以精细整齐的种植方式形成"CSD"符号LOGO特色景观，在高处眺望具有极强的标志作用，于近处徜徉又极具游赏性。

空间设计上特意将中心区域以观赏性LOGO种植区为特色，无停留空间，周边散置几个小空间并各自围合暗示私密性。

（4）回游式——游思

"游思园"以简单的花箱坐凳和花带形成回游式的空

心语园—静观式　　　　　　喧聚园—聚集开敞式　聆听园—散置多空间式　游思园—回游式

图1　CSD屋顶花园四个空间形态与心理功能的关系

图2　通廊改造成长廊前后效果对比

间形态，结合花卉飘逸的姿态、金银木红色的果实、龙爪枣奇特的形态，呈现出一种轻盈、丰饶的景象，给人留有余韵的感觉。

空间设计上以错落有致的条形花箱为主体，用一条曲折直线路贯穿，曲径通幽，营造一种回游式线性空间，让人在其游思。

3.1.2 空间联通与心理功能

四个独立小花园在现状中有一条窄小通道贯通，通道以巨大的大楼广告牌标志物支撑杆为背景，现状条件较差。营造成功的内部空间并不意味着与周围环境形成竞争的关系甚至破坏周围环境，我们需要以一种深刻的方式将环境的不利条件转化为有利条件，使主题空间环境形成和谐的共生关系。我们将通道设计成一个长廊，既连接各个空间的同时，又美化了四个空间的景观背景。极富光影变化的长廊，结合现有的广告牌标志物，以植物密密遮盖，一方面严密的遮盖住广告牌标志物的支撑斜杆，围合出绿色的植物空间；一方面形成幽静的游廊效果。比起暗黑通道的联通，让人心理更具有安全感（图2）。

屋顶花园的设计，本质就是对空间的设计。屋顶空间是建筑室内空间的延伸，不同的空间布局能满足人不同的心理功能需求，分析人的心理需求，好的设计是需要考虑明确目的的意图与周围环境的兼容性，通过空间形态和空间联通的操作，不断引导着你进入一种引人入胜的状况，可以达到令人非常愉悦的状态。

3.2 色彩配置与心理的关联

色彩能在情绪上满足我们，一种色彩能营造一种情绪，色彩之间的搭配就是屋顶花园设计中和谐情绪的运用。在设计中，色彩、形状、材质在视觉心理上的比重不同，色彩要远远大于后两项。[3]屋顶花园设计在完成基本功能的基础上，还要进一步追求"境心相遇"的状态，这就赋予了屋顶花园色彩设计更重要的使命。

3.2.1 冷暖色调配置与心理功能

色调的配置与每个园子所表达的心理功能密切相关。在屋顶花园设计中，我们将冷暖色调的色彩灵活运用。

（1）暖色调——主题与跳跃

暖色系的色彩波长较长、可见度高，色彩感觉比较跳跃，是一般园林设计中比较常用的色彩。暖色系主要指红、黄、橙三色以及这三色的邻近色。

"游思园"以条形花箱作为空间主景，我们将花箱喷涂成橘红色，简单的空间立刻活泼起来，场景热闹丰富。"橘红色"是此园的主题色，单纯的色块纯度高、视觉冲击强、特色鲜明。人在其中有种说不出的喜悦感受。因为人从潜意识里希望通过这些接近阳光的色彩暗示充满活力的生活，找寻青春的活力，符合办公区人们工作的心理。

（2）冷色调——背景与深远

冷色系的色彩主要是指青、蓝及其邻近的色彩。在园林设计中能增加空间的深远感，可以作为背景。

"心语园"营造纯净独处的空间意境，以冷色调为空间背景。原本此园面积较小，在种植上有意识以常绿植物及蓝花鼠尾草为特色，篮绿色植物预示着深远与宁静，整体空间场景被色彩明显拉远，空间变大。

（3）冷暖色调组合——画龙点睛

冷色调作为背景给人冷静、有秩序的感觉同时也会让人产生清冷和抑郁的心理。所以冷暖色调需搭配组合使用，让暖色调增添其温暖和温情。

"心语园"在整体花园空间正中心设置了一个红色的花箱，作为画龙点睛之用。红色的花箱点置在整片蓝花鼠尾草中，冷暖搭配，既不破坏整体的宁静，又给人健康积极的感觉（图3）。

图3　冷暖色调配置与心理功能

3.2.2 色彩的时间性与心理功能

屋顶花园相对于其他园林空间，更强调视觉效应。人们对色彩的要求也不再是一成不变的，色彩在时间上具有延续性。在设计中，应考虑不同时间色彩的变化，如一年四季植物色彩的变化。

图 4　景天类植物与菊花类植物主题乐园

植物的色彩也代表了一定的心理含义，如绿色植物代表生命、蓝绿色植物预示着深沉与宁静、黄色植物象征着成熟与富贵等。同一时间不同色彩的植物都会争先开放。我们可以通过合理的配置，在时间的延续上形成连续的色谱，给人丰富多变的心理感受。

所以，在屋顶花园色彩设计中，强调视觉效应。涉及单纯的色块，应尽可能选择纯度高、视觉冲击强、靓丽浓艳的中明度色彩。[4] 涉及色彩配置时，应强调暖色调的前景布设、冷色调的背景功能、主景与背景的明度反差以及色彩的视觉冲击效果，并考虑色彩在时间上的延续性，提供更人性的屋顶空间。

3.3　植物造景与心理的关联

由于屋顶种植环境的特殊性，限制了对其植物种类的选择和应用，加上屋顶土层薄、光照时间长、昼夜温差大、湿度小，尽可能选择一些喜光、温差大、耐寒、耐热、耐旱、抗风强、不易倒伏，同时又能耐短时积水的植物。在考虑养护管理方便，防水处理合格，植物选择合理的前提下，屋顶花园的植物配置与人的心理关系密切，从季节性配置和主题植物配置两方面分析。

3.3.1　季节性植物配置与心理功能

人们对一年四季的季节感受越来越深刻和向往。四季的变化在心理上提示着人们光阴似箭、珍惜美好的生活。所以，在屋顶花园设计中，我们对植物配置有意识的按季节分类，对四个花园各自赋予不同的季节主题，并将季节主题与四个花园的心理功能融合，让四个花园最直白的展示着季节和生命的变化。

（1）心语园——独处——冬园

"心语园"的静谧空间，与冬季洁白的万物景象相似，植物配置以常绿植物为为主，配置了造型油松、龙柏、小白皮松等。植物颜色以墨绿色为特色，显得空间深沉宁静。

（2）"喧聚园"——聚会——春园

"喧聚园"是人流聚集的空间，营造春暖花开的景观感受。植物配置以春花类植物为主，配置丁香、西府海棠、樱花等，显得空间温馨浪漫。

（3）"聆听园"——谈心——夏园

"聆听园"为散置多空间的布局，中心区域强调观赏性，植物配置以夏季开花类植物和观赏性植物为主，配置了紫薇、花石榴、景天类植物，显得空间富有观赏特性。

（4）"游思园"——游思——秋园

"游思园"营造回游式的空间，用秋季秋叶色植物与此搭配，配置了金银木、山楂、地被菊、龙爪槐等，让空间充满活力与温暖。

3.3.2　主题植物配置与心理功能

屋顶花园不适宜种植高大乔木，为使得种植有特色，可在地被选择上用心考虑。经过实践发现景天类植物和菊花类植物在屋顶上种植效果理想，同时生命力旺盛（图4）。

（1）景天类植物乐园

CSD屋顶花园配置了金叶反曲景天、八宝景天、三七景天等多种景天类植物，因景天类植物叶片多肉质，保水能力强，很适宜在屋顶生长。我们将其打造成景天类植物主题乐园，让人心理上觉得趣味好玩。

（2）菊花类植物乐园

CSD屋顶花园配置了金光菊、蛇鞭菊、松果菊、粉色地被菊等多种菊花类植物，因其喜光、开花色彩艳丽，且花期较长，具有极强观赏性。配置多种菊花类主题植物，供人欣赏的同时科普教育，增加人们对植物的好奇心。

3.4　细节设计与心理的关联

在有限的屋顶空间里，一些经过精心设计的园林小品是必不可少，它可以加强室内外空间的联系，引导人的视觉感受，美化人的心理（图5）。

用镜面的不锈钢板围合出"CSD"LOGO种植槽，镜面的反光可以让种植槽里的景天类植物显得密度极大，能映出远处的美景，很自然的拉长了景深。并搭配些细叶芒、大花月季等植物，材质与植物的完美融和。

将一些装饰性构图结合光影变化运用在小品设计里，如我们将雨水篦子设计的曲线妖娆，如水波荡漾；长廊的细节尺度仔细斟酌，与光影结合变化丰富，有影射与暗示的作用，人在其中感受唯美。

所以，我们可以在设计中考虑运用特色材质、装饰性

风景园林规划与设计

图 5　细节设计与心理的关联

构图、光影分析等进行细节设计，这些细节的全部重心都是为了让人工之物融入周围的理想环境。

4　结语

梁启超所说："境者，心造也。一切物境皆虚幻，唯心造之境为真实。"让平凡的景物变成胜景关键维系在景物之境与匠人之心的两端。营造"境心相遇"的屋顶花园正是通过屋顶花园造园手法与人的心理关联，接通万物，营造让人愉悦、有情趣的屋顶环境。

通过本文的分析可知，屋顶空间是建筑室内空间的延伸，不同的空间布局能满足人不同的心理功能需求，通过空间形态和空间联通的操作，不断引导着人进入一种引人入胜的状况。色彩能影响人的情绪，在屋顶花园色彩设计中，强调视觉效应，涉及单纯的色块，应选择纯度高、视觉冲击强、靓丽浓艳的中明度色彩。涉及色彩配置时，应强调暖色调的前景布设、冷色调的背景功能、主景与背景的明度反差以及色彩的视觉冲击效果，并考虑色彩在时间上的延续性，提供更人性的屋顶空间。在考虑养护管理方便、防水处理合格、植物选择合理的前提下，屋顶花园的植物配置应从季节性配置和主题植物配置上重点考虑。季节性的植物暗示着生命的变化和活力，主题植物乐园的营造可增加屋顶花园的趣味性，产生人们的好奇心，有科普教育的功能。在屋顶花园园林小品的设计中精心运用特殊材质、装饰性构图、光影分析等进行细节设计，让人工之物融入周围的理想环境。

屋顶花园的设计未来会更关注使用者的健康、安全和心灵体验，真正达到形神兼备的状态。我们希望通过实践总结更多屋顶花园的营造手法，为人们提供一个四季多变、色彩鲜明、空间复合、细节精致的空中花园，一个给心灵栖息的空间，为表现城市的时代风貌、推进城市空间立体绿化建设做出贡献。

参考文献

[1]　赵欣. 皎然的"境"与"意". 求索，2008(6).
[2]　董豫赣. 文学将杀死建筑：建筑、装置、文学、电影. 北京：中国电力出版社，2007.
[3]　贺碧欣. 心灵归属在乡村——万科良渚文化村组团建筑色彩应用分析. 城市住宅，2011(08).
[4]　张运吉，朴永吉. 关于老年人青睐的绿地空间色彩配置的研究. 中国园林，2009(07).

作者简介

[1]　杨宇琼，1985 年 7 月生，女，汉，湖北武汉，中外园林建设有限公司，工程师，电子邮箱：2420279094@qq.com。
[2]　郭明，1968 年 5 月生，男，北京，中外园林建设有限公司，高级工程师，电子邮箱：2631840850@qq.com。

风景园林专业校际联合毕业设计教学模式初探

A General Exploration of Teaching Pattern on Inter-university Cooperated Final Year Project of Landscape Architecture

姚　朋　李　雄

摘　要：随着近年来行业的飞速发展和高校教学体系的不断改革，风景园林专业的毕业设计课程在选题方向、教学方法及实践应用特别是学科交流方面都出现了诸多问题。本文立足于行业的当前现状和未来发展，鼓励高校之间的教学合作与交流，针对不同院校的学科背景和教学特色，从设计选题、调研方法、规划设计及评价环节等方面探讨风景园林专业校际联合毕业设计模式下的教学理论与方法，探索适应时代需求的人才培养新思路。

关键词：风景园林；教学；毕业设计；联合

Abstract：In recent years，with the rapid development of the landscape architecture and continuous renovation of the higher education system，the final year project of landscape architecture encountered many problems in project proposition，teaching methods，practical application and especially interdisciplinary cooperation. This paper aims to encourage the academic cooperation among universities based on the current situation and development tendency of the landscape architecture. Considering the distinguishing academic backgrounds and teaching characteristics of different universities，some teaching theory and methods adopting the teaching pattern of inter-university final year project of landscape architecture is discussed in aspect of project proposition，research method，planning design and assessing process to explore new methods to cultivate talents that meet the needs of the time.

Key words：Landscape Architecture；Teaching；Final Year Project；Cooperation

作为当代人居环境学科组群的主导学科之一，风景园林学在成为国家一级学科之后的专业特点和学科属性都迎来了新的机遇与挑战，探讨新时期适应社会发展的人才培养模式也成为每一个专业教育的从业者所面临的重大课题。从当前的本科教学来看，课程的设置与教学活动的开展涵盖了多个方面，而作为本科最后阶段的总结性教学环节的毕业设计，无疑是培养学生综合运用各类专业知识能力最有效的环节，并为将来的学业深造和工作就业奠定良好的基础。

1　建立校际联合毕业设计教学模式的必要性

风景园林专业的毕业设计教学呈现出明显的学科特性，它既要求强调学生全面系统的专业修养，又要结合当前的社会发展和实际的建设需求，将教学活动与具体的项目建设相接轨，培养学生在实践中发现和处理问题的专业能力。从各大高校历年的教学情况及设计成果来看，毕业设计包含了实际项目、场地模拟及设计竞赛等多种形式，总体上类型多样且成果丰富。然而随着近年来行业的飞速发展和各大院校教学体系的不断改革，毕业设计课程在选题方向、教学方法及实践应用特别是学科交流方面都出现了一些问题。因此，我们有必要放宽视野，从行业的当前现状和未来发展出发，在院际、校际乃至国际之间通过不同学校和学科之间相互交流的模式来探讨新型的教学理论及方法。

由于发展背景及专业设置等原因，不同院校的行业认知和教学方式仍存在着不少差异。在跨领域及跨学科之间的合作竞争越来越频繁的背景下，各大高校均在积极的加强校际之间教学科研的合作与交流以取长补短，特别是在毕业设计的环节，因其有着较强的知识过渡性和专业实践性，不少建筑和规划类院校已经广泛开展了联合教学且取得了显著成果。因此，建立校际之间的联合模式来改善和优化风景园林专业的毕业设计教学理念便显得尤为必要。

2　校际联合毕业设计的教学理论与方法

一方面，毕业设计不同于本科阶段的各类专业课教学，它要求训练学生的知识综合能力并尽可能与项目实践相结合；另一方面，联合教学强调的是知识的差异性和教学理念的互补性，因此，综合实践和差异互补便成为联合教学活动最重要的两个关键词。本文将结合项目实践和已开展的联合教学的经验，针对参与高校的不同学科背景和实际需求，从设计选题、调研方法、规划设计过程及评价环节等方面探讨联合毕业设计模式下的教学理论与方法。

2.1　设计选题及任务制定

参与联合教学的高校数量一般为两所或更多，联合范围可在农林院校之间展开也可广泛寻求与工科院校及艺术院校之间的合作，院校背景及地域属性的不同必然导致了专业认知的差异，而这种差异正是联合教学活动中最具特色的支撑点。毕业设计的选题及任务书的制定是整个教学体系中最基础和最关键的环节，它直接决定了后续教学活动的开展，因此设计选题和任务书的制定可按年度由参与高校根据自身的地域特色和专业背景轮流提出备选方案，最终由多所院校联合商讨制定，并需在多个方面体现出行业特色。

2.1.1 体现时代需求及学科发展方向

成为一级学科之后，无论是在国家的宏观战略层面还是从业者的具体实践层面，都对风景园林专业提出了更高的要求。风景园林学如果能够敏捷、系统而创造性地回应时代的召唤，在为人类文明、生态（自然）保护和人居环境建设作出贡献的同时，将有潜力成为21世纪甚至更长时间内的领导性学科之一①。毕业设计课程作为理论知识与专业实践相联系的纽带，其教学需体现社会的需求和学科未来的发展方向。

首先，设计选址应是实际的场地，可以进行全新的规划设计也可针对现状进行改造提升，但场地要存在明确的问题，且能让不同专业的学生进行安全有效的现场踏勘；其次，对于规划设计的方向引导不能仅仅是简单的闭门造园活动，更不能单纯以美学视角作为评价标准，要切实的根据环境需求和场地特征来解决现实存在的问题；再次，根据人才培养的要求，设计选题不可过于商业化和表现化，应结合二级学科的设置体现较为明确的研究方向，应积极的引导学生把风景园林规划设计的价值放在社会需求和人居环境的大视野中去衡量，真正体现学科和行业的时代特征。

2.1.2 为知识综合和专业交叉提供良好的实践平台

为了达到综合训练专业知识的目的，设计选题要具有综合性且还要具备一定的限定性。一方面，选取的设计场地应给与学生充分的发挥和想象空间，不能仅限于单一的训练，应鼓励将本科阶段所学的各类专业课程进行合理的融合与运用（如城市规划、绿地系统规划相关的规范与园林设计、建筑设计的结合）；另一方面，场地存在的现实问题（如区域环境、地形竖向及植被条件等）又能从专项方面限定规划设计的发挥以增加必要的难度和知识点。另外，校际联合教学的场地选取还要合理的体现各高校的专业背景和教学特色，能够根据院校特征完成至少两种以上的规划设计任务，使不同院校和专业背景的师生在同一个实践平台上采用不同的分析方法和解决思路来开展各具特色的教学活动，真正实现统一平台上的差异互补。

2.1.3 团队统一与个性任务相结合

在本科阶段的各类专业课教学中，小组合作设计是教师经常采用的方式。任务书解读、现场调研、问题归纳分析以及专项设计等环节比较适合以小组的形式完成，

合作过程中往往会激发出令人意象不到的成果。因此，在毕业设计的教学中我们应该多鼓励学生进行团队合作，为将来的学术科研和设计生产打下一定的实践基础，特别是在多所院校参与的联合教学过程中，跨高校和跨专业之间的合作交流更是一次难得的优势互补的机会。

按照知识综合和专业交叉训练的要求，毕业设计的成果应至少分为两个部分，其目的不但是为了发挥多所高校的专项教学优势，更是为实现小组和个人成果的有机结合。因此，联合毕业设计的任务书可对最终成果提出明确要求，即应包含团队和个人两部分的作品并需有机结合在一起，形式的选取可以灵活多样且能表达不同院校的教学思路，可以体现为总体规划和分区景观的结合，也可体现为概念表达和专项设计的结合。

2.2 场地踏勘及信息归纳与分析

在实际场地的规划设计或改造提升中，对于现状的了解和问题的分析程度将直接决定着设计成果的科学性和可行性。教学过程中在已确定的场地基础之上进行安全有效的实地踏勘，最终目的是让学生建立起实际的空间关系并发现场地存在的问题，实现纯粹的主观思维向客观分析层面的转化。

2.2.1 调查的方式与方法

教师在踏勘的过程中应亲自带队且要进行科学的引导，除了让学生客观的采集场地内的水文地理、交通竖向及植被条件等常规信息外，还应结合多门学科的知识将调查的视角放大到更为宏观的范围，如汤姆·特纳所言"将城市规划设计理论纳入风景园林课程②"。在实际操作中不能仅针对所选场地进行分析，而要合理的运用学科综合、问卷调查等方法广泛地深入区域内人们的生活，并系统的了解相关的城市片区现状及未来发展概况，更好地把握使用人群的需求和近远期实际情况的对比，增强设计成果的科学性。

2.2.2 场地信息的归纳与需求分析

在完成现状调查之后便是以小组为单位对场地信息及所存问题进行系统的归纳和整理以便更好地指导设计方案的制定，对于问题的分析和总结同样不能局限于单一学科和表面现象，场地信息的归纳要分类分项，还应做到横纵向的综合分析与对比，将设计地块与区域环境相结合以及将近期现状与远期需求相结合。

2.3 评价答辩环节及成果共享方式

阶段性成果的评价和最终的答辩环节是整个联合教学活动中最重要的组成部分，它不仅对学生有着重要的指导意义，而且也是教师进行专业交流和教学方法探讨极有价值的环节。参与评价和答辩的人员应广泛涵盖不同高校和学科的成员，这样可使评价的标准更为多元、学生接触的知识更为全面。集中的评价和答辩应不少于三

① 杨锐．风景园林学的机遇与挑战［J］．中国园林，2011（5）：18—19.
② 汤姆·特纳，李滢，高成绪译．园林与城市化 面向21世纪的风景园林教育［J］．风景园林，2011（3）：132-139.

次，分别是在完成现场调研并归纳整理现状问题之后、小组成果完成之后以及个人成果完成之后，多次集中评价可分别针对学生的现状分析及不同阶段的成果进行科学和针对性的指导。此外，在进行任务书解读及规划设计方案制作的过程中，也可结合具体案例和专项设计开展集中的讲座及论坛等活动。最终的成果应多校统一，可分为研究报告、联合作品集及图纸展板等形式，并可举办巡回展览，也可采用联合编辑出版等多种方式完成设计成果的共享。

2.4 规划设计方案的形成及阶段性成果的表现

相对于设计选题及任务制定、现场踏勘及评价答辩等集中开展的教学活动来说，规划设计方案的探讨和形成则属于相对独立的环节，基本由各高校单独组织完成。在确定设计任务并完成现场调研之后，各院校的学生在指定教师的指导下按照统一的规定完成团队和个人成果，并针对不同阶段多个学科的教师集中评价进行修改和完善，以达到终期答辩的要求。为保证教学质量，每位教师所带学生原则上不超过五人，且要根据团队和个人的特点制定详细具体的教学计划，科学合理的指导学生进行专业知识综合、相关案例分析及方案图纸绘制等多个阶段的规划设计与表达。

3 结语

校际联合毕业设计的开展，是参与高校在当前社会和行业发展的背景下寻求开放型和互补型人才培养模式的一种新思路，对于学生的专业知识学习、教师的教学方法更新以及高校的课程教学改革都有着重要的意义。就近期来说，可充分整合现有的教学和实践资源，在与不同地区和不同学科院校的合作与交流中更新教学理论和改善教学方法，初步建立起联合型的教学模式；从远期来看，其积极倡导教学资源和科研成果的共享，以此形成的专业合作与交流不但有利于人才培养模式的优化，更有利于行业的健康化和多元化发展。

当前的风景园林专业联合毕业设计教学模式尚在形成和发展的初级阶段，在各个层面还存在诸多有待于完善和改进的环节。随着参与院校的增多和教学经验的积累，我们希望在不同高校之间形成风景园林专业常态化和持续性的联合教学体系，为学科教育的交流与发展做出积极的探索与贡献。

致谢：本文写作源起于 2013 年重庆大学建筑城规学院与北京林业大学园林学院开展的首期毕业设计联合教学，文章诸多内容为教学实践的总结与感想。在此特别感谢重庆大学建筑城规学院杜春兰教授和郭良老师在工作中的指导与帮助，感谢两校参与联合毕业设计的每一位老师和同学。

参考文献

[1] 杨锐. 风景园林学的机遇与挑战[J]. 中国园林，2011(5)：18-19.
[2] 汤姆·特纳，李滢．高成绪译．园林与城市化．面向 21 世纪的风景园林教育[J]. 风景园林，2011(3)：132-139.
[3] 李雄．北京林业大学风景园林专业本科教学体系改革的研究与实践[J]. 中国园林，2008(1)：01-05.

作者简介

[1] 姚朋，1982 年生，男，汉族，博士，北京林业大学园林学院讲师，研究方向为风景园林规划与设计，Email：china-yp815@163.com。
[2] 李雄，1964 年生，男，汉族，博士，教授，北京林业大学园林学院院长。

美国可持续场地评价系统及其应用研究

Study on Rating System of the Sustainable Sites and its Application

叶　雪　董荔冰

摘　要：本文对美国《可持续场地倡议》中提出的可持续场地评价系统进行简要的阐述，并通过不同类型的项目进行试点应用研究该评价系统在从设计到施工各个阶段的可行性，提出可持续场地评价体系在中国风景园林行业建立和推广的必要性。

关键词：可持续场地倡议；可持续发展；可持续性；评价系统；应用实践

Abstract：This paper introduces the rating system of the Sustainable Sites Initiative, founded in USA, and selects different kinds of pilot program to help ensure that the Rating System is practical and effective at every stage from design to construction. In addition, the author thinks it is necessary to build and spread a specific rating system of sustainable sites in China.

Key words：The Sustainable Sites Initiative；Sustainable Development；Sustainability；Rating System；Application Practice

　　人类面临着世界范围内日益严重的环境恶化和资源耗竭问题，人们开始对城市活动进行反思。可持续发展成为时代发展的主题，可持续的理念渗透到各个领域，包括建筑、城市规划和景观设计等[1]。1993年，美国风景园林师协会（ASLA）发表了《ASLA 环境与发展宣言》，提出了景观设计学视角下的可持续环境和发展理念[2]。之后美国风景园林师协会、伯德约翰逊夫人野花中心（Lady Bird Johnson Wildflower Center，LBJWC）和美国植物园联合研究并发表《可持续场地倡议（The Sustainable Sites Initiative)》，提出一系列从经济、环境和社会角度出发的土地可持续发展的议题。本文主要介绍该倡议下可持续场地的评价体系及在风景园林专业的运用。

1　《可持续场地倡议》介绍

1.1　可持续场地的原则和意义

　　基于《布伦特兰报告》中可持续发展的定义，《可持续场地倡议》在 2005 年提出，"可持续发展"是设计、施工、运营和维护过程中，既满足当代人的需求，又不损害后代人利益的发展[3]。该倡议致力于促进土地开发转型和管理实践，侧重于生态系统服务功能的重要性，通过可持续的景观设计手段保护或恢复场地的生态系统。任何类型的景观，无论是公园、购物中心、废弃的铁路站场或是一个家庭花园，都拥有改善和再生自然生态系统的潜力[4]。

　　一个可持续的场地具有以下基本原则：（1）无害原则，即对周边环境质量无有害影响，新增项目应满足可持续设计再生场地的生态系统服务功能；（2）预防原则，即在做任何对人类和环境有风险的决定时需谨慎，预防不可逆的损害；（3）设计结合自然和文化，即设计时尊重当地、地区和全球的经济、环境和文化条件；（4）使用"保留—再生"的层级关系，即保留现有的环境特点，保护可

持续的资源，再生已丢失或被破坏的生态系统；（5）通过再生系统提供下一代可持续的资源和环境；（6）理解自然过程和人类活动之间的关系，维护生态系统的平衡；（7）鼓励同事、客户、制造商和用户间长期和开放式的交流，建立可持续的责任平台[4]。

　　任何一个可持续发展的场地都将带来经济、环境和社会上的效益，不仅可以降低能源、资源的消耗，降低运营成本，保护与改善动植物的多样化，还能带来社区活力和人类健康的生活环境[5]。

1.2　可持续场地评价系统

　　以美国绿色建筑委员会提出的绿色建筑评级系统（LEED）为典范，在《可持续场地倡议：导则和标准 2009》中也相应地提出了可持续场地的评价标准，从对水资源的可持续利用、土壤的保持、植被及材料的明智选择、支持人类健康和幸福的设计等方面进行打分评级[4]。可持续场地委员会成员基于该倡议提出了 51 个评分点，通过一系列的试验研究，形成一个总分为 250 分的评价系统，根据得分由低至高分为四个星级，如下表：

评分系统	总分250分	占总分比例
一星级	100 分	40%
二星级	125 分	50%
三星级	150 分	60%
四星级	200 分	80%

　　该评价系统适用于新的建设用地以及改造项目，如小的户外开放空间、地区、州、国家公园、保护区、工业园区、办公园区、机场、植物园、街道和广场、校园、住宅区和商业街区等。并不是每个评价点都适用于所有的地区和项目类型，根据不同的地区差异和不同的场地类型均可以有所调整。

　　整个评价系统共有九个评价因子，每个因子由不同

前提条件和得分点组成。前提条件是参加评分的必要条件，是不记分项；根据满足每个评价因子下不同的得分点进行记分。具体评分系统如下：

（1）选址（共21分）：选择保留现有资源和修复损坏生态系统的场地。前提条件为场地不是限制开发的农田、特殊农田等；具有保护洪泛区功能的场地；具有保护湿地功能的场地；保护濒危物种及其栖息地。得分点包括以下三点：棕地改造更新（5—10分）；现存有社区的场地（6分）；鼓励使用非机动交通和公共交通的场地（5分）。

（2）初步设计的评估和规划（共4分）：从项目初期就需制定可持续发展计划。前提条件包括可行性报告研究、场地可持续性的探索和土地综合开发的策略。得分点是该场地是否能吸引周边的使用者和相关利益者的青睐（4分）。

（3）场地设计——水体（共44分）：保护和恢复场地水文系统。前提条件是尽量减少饮用水作为景观灌溉用水，最多可使用50%的饮用水。得分点包括以下七点：尽量减少饮用水的灌溉甚至不使用（2—5分）；保护和恢复湿地、河岸和海岸线缓冲区（3—8分）；恢复已消失的溪流、湿地和海岸线（2—5分）；管理场地雨水（5—10分）；保护和提升场地水资源和水质（3—9分）；利用雨水洪水的设计营造宜人的景观（1—3分）；维持场地水文特点、节约水资源（1—4分）。

（4）场地设计——土壤和植物（共51分）：保护和恢复场地土壤和植被系统。前提条件是控制和管理场地中已发现的入侵植物、使用适当的非入侵植物创建土壤管理计划。得分点包括以下十点：设计和施工中减少土方改造（6分）；保留现有植被（5分）；保留或适当恢复植被生物量（3—8分）；使用当地树种（1—4分）；保持原有生态区的植物群落（2—6分）；恢复原有生态区的植物群落（1—5分）；利用植被来减少建筑采暖的需求（2—4分）；利用植被来减少建筑制冷的需求（2—5分）；减少城市热岛效应（3—5分）；减少灾难性大火的风险（3分）。

（5）场地设计——材料选择（共36分）：回收再利用现有的材料来支持可持续生产。前提条件是不使用来自濒危树种的木材。得分点包括以下九点：保留场地现状结构、硬质景观和景观设施（1—4分）；利用场地元素进行解构和拆卸的设计（1—3分）；利用废弃材料和植物（2—4分）；使用回收再利用的材料（2—4分）；使用经过认证的木材（1—4分）；使用区域内材料（2—6分）；使用减少VOC排放的黏合剂、密封剂和涂料（2分）；支持工厂在生产时的可持续性做法（3分）；支持材料在制造时的可持续性做法（3—6分）。

（6）场地设计——人类健康和幸福（共32分）：建立社区并加强管理。得分点包括以下九点：促进公平的场地开发（1—3分）；促进公平的场地使用（1—4分）；促进可持续发展意识教育（2—4分）；保护和维持独特文化和历史的场所（2—4分）；提供场地的可达性和安全性（3分）；提供户外体育活动的机会（4—5分）；提供利于精神放松的观赏植物和安静的户外空间（3—4分）；提供社会互动交流的室外空间（3分）；减少光污染（2分）。

（7）施工（共21分）：减少施工及其相关活动的影响。前提条件是控制建设污染物和恢复土壤在施工过程中的干扰。得分点包括以下四点：恢复土壤在以前开发中的干扰（2—8分）；处理拆除和施工的材料（3—5分）；回收再利用建设中产生的土壤和岩石（3—5分）；减少施工期间产生的温室气体和空气污染物（1—3分）。

（8）运营和维护（共23分）：保持场地长期的可持续性。前提条件是场地具有存储、收集回收物的功能，并制定可持续场地的维护计划。得分点包括以下六点：场地运营和维护时回收产生的有机物质（2—6分）；降低景观及其运营的户外能量消耗（1—4分）；利用可再生资源满足景观用电（2—3分）；减少景观维护中产生的温室气体和空气污染物（1—4分）；使用高效节能的工具（4分）。

（9）监测和创新（共18分）：提高促进长期可持续性发展的知识体系。得分点包括以下两点：监测可持续设计的实践（10分）；场地设计的创新（8分）。

2 可持续场地评价体系的应用实践

应用可持续场地评价体系于不同地区、大小、类型和发展阶段的景观项目中，来展示该评价体系的实践可行性[6]。下面通过两个不同类型的项目来介绍该体系的应用实践。

2.1 BWP生态园（Burbank Water and Power - Eco Campus）

BWP生态园位于美国伯班克市，占地3.2英亩，从电厂的工业用地开发利用为再生的绿色园区。项目最大的挑战是保持现有电厂工作运转的同时改善现状植被匮乏、土壤平瘠、高达79%的不透水表面等不利元素。

园区最大特色是拥有南加州最长的绿色街道，在公共空间通过不同的方法和技术展示雨水处理，包括可渗透铺地、生物过滤器、过滤槽和种植净水植物等。项目使用再生水代替饮用水作为灌溉等景观用水，由于安装创新的循环水处理系统，每天能够减少10万加仑饮用水的使用。另外园区的标志是保留废弃变电站的百年庭院，由工业遗址完美地转变为绿色空间。园区可持续性还体现在绿色屋顶、太阳能停车场、LED照明、太阳能喷泉泵、回收使用混凝土和碎石等。

此外，BWP生态园制定场地维护计划，如致力于研究项目土壤质量的保持和恢复等。业主也承诺分享他们观察场地的结果，加强可持续发展意识。

根据可持续场地评价系统评分，BWP生态园评为"一星级"的可持续场地。项目建成后才发表可持续场地评价系统，本项目有些考虑不全[7]。启发景观设计师今后从设计的开始阶段考虑可持续评价系统中的各个评分因子，实现场地的可持续发展。

2.2 维多利亚花园公寓（Victoria Garden Mews）

维多利亚花园公寓位于美国圣巴巴拉市中心，占地0.25英亩，评为"二星级"可持续场地。现有的维多利亚风格的房子被评为绿色建筑金奖标准，改造后增加一

图 1　保留工业遗迹的庭院

图 2　绿色街道

图 3　住宅入口的节水草坪

图 4　社区菜园

栋三层的楼房。本项目可持续性表现在：采用可持续建设材料，明显减少二氧化碳的排放；硬质景观 100％ 可渗水；场地的降雨进行了全部收集和再利用，通过屋面径流的雨水 100％ 用于灌溉，并采用高效节水灌溉的方式；社区花园提供居民丰富的户外活动空间；社区鼓励步行、自行车和公共交通的使用，创建良好的步行和自行车道空间连接公共交通站点；立体停车场节约停车空间；社区菜园供给居民食物等[7]。

通过可持续评价体系在本项目的运用实践，反思设计团队需要更好地认识项目场地，分析设计和施工的每一步过程。通过可持续场地的认证过程，设计师可以更好地评估可行及不可行的方法和策略，设计一个更好的解决方案。

3　在中国风景园林行业推广的意义

面对全球的快速发展，我们风景园林师必须对未来的景观负责，我们相信，任何影响户外环境的创造、使用和管理的行为和事物都将对人类的可持续发展和利益带来重要的影响[8]。可持续场地评价系统在美国也是处于试验和不断完善的阶段，中国风景园林行业可根据场地差异性制定属于自己的可持续场地评价体系。通过该评价系统在国内风景园林行业的推广，加强设计师设计场地时运用可持续发展理念的意识，从设计初期到施工到后期维护都能把可持续发展理念摆在首位，为良好的可

持续的生活环境做出贡献。此外，可持续场地评价系统是基于可持续发展的目的而生，并不是严格的准则标准，我们鼓励创新，抛砖引玉，以期启发设计师思维的改变。

参考文献

[1] 俞孔坚，李迪华. 可持续景观. 城市环境设计，2007(1)：7-12.

[2] ASLA Declaration on Environment and Development adopted unanimously by the ASLA Board of Trustees in Chicago, Illinois, October 2, 1993. www. asla. org.

[3] UN General Assembly, Our Common Future：Report of the World Commission on Environment and Development，1987, chap. 2, "Towards Sustainable Development"

[4] http：//www. sustainablesites. org/report/Guidelines％20and％20Performance％20Benchmarks_2009. pdf

[5] http：//www. landscape. cn/Special/kechixu/Index. html

[6] http：//www. sustainablesites. org/report/The％20Case％20for％20Sustainable％20Landscapes_2009. pdf

[7] http：//www. sustainablesites. org/pilot_projects/

[8] IFLA. 国际风景园林设计教育宪章，2005.

作者简介

[1] 叶雪，1989 年生，女，深圳市北林苑景观及建筑规划设计院，景观设计师，德国慕尼黑工业大学硕士，电子邮箱：daisy89112@163.com。

[2] 董荔冰，1986 年生，女，中国建筑设计研究院，景观设计师，北京林业大学硕士。

美国可持续场地评价系统及其应用研究

从 Village Home 的经验看寒地乡村生态景观设计[①]

Cold Rural Ecological Landscape Design and the Case of Village Home's Experience

余洋　吴纲立

摘要：文章分析了寒地乡村景观的制约因素和存在问题，从生产、生活、生态三个角度提出寒地乡村景观需要解决的问题。并以美国生态社区"Village Home"案例为借鉴，阐述寒地乡村生态景观规划的设计策略和方法。

关键词：寒地乡村；Village Home；生态社区；乡村景观

Abstract：Based on the analysis of the characteristics and the limitation of the cold rural landscape，the paper propose a community planning model to solve the problems of the rural landscape from the aspects of production，life and ecological environment. Comparing with the ecological community named "Village Home"，located in the west of the United States，the paper suggest several design strategies and methods for the rural landscape planning.

Key words：Cold Rural；Village Home；Ecological Community；Rural Landscape

1 "生态农村"的背景与发展

"生态文明"的理念以"尊重自然、顺应自然、保护自然"为核心，依此为指导，我国对国土资源和环境格局将进行以生态文明为导向的城乡建设。作为农业大国，乡村的发展和建设是生态文明中重要的建设环节。乡村建设作为"生态文明"的基本单元，以"生态农村"为目标，不断发展和完善，其发展内容不仅包括生产资源的生态规划和利用，还包括乡村生活方式和生态环境的协调和变化。

2 寒地乡村发展现状

东北地区作为全国重要的粮食生产基地，在近几十年间，完成了大规模、高强度的开发和建设。以黑龙江省为例，省内原有大量的沼泽型湿地资源，伴随着北大荒的农垦开发和建设，这些湿地被填埋和改造，以农业用地、农场、乡村、村镇等不同类型进行建设和开发，形成了现今寒地乡村的格局和规模，在聚落模式、建筑布局等方面具有鲜明的地域特色。

寒地乡村景观与其他地域的乡村类型相比，所采用的适宜性景观策略受地域气候和景观主体的影响较大。在极寒气候的影响下，寒地地区有近半年的时间，室外气温处于霜冻期，可供耕作的土地也进入到休耕期，导致寒地乡村在冬夏两季显现出截然不同的景象，人们的生产和生活方式也有极大的不同。土地资源的自然特征，使土地的利用方式也具有独特的方式。

2.1 制约因素

气候是制约寒地乡村建设的主要因素之一。漫长的冬季，促成了土地每年只能进行一季耕作，在这短暂的夏季农耕期，是人们密集劳作和户外活动的主要时段。因此，寒地大部分乡村的聚居方式为集群式聚居。这种空间布局使生产性土地相对集中，便于农耕机械的大规模运作，也便于冬季人们的社会交往。极寒气候对乡村院落或建筑布局也有直接的影响。冬季获得的良好日照，能极大地改善居住舒适性。冬季长时间的晴朗天气，也为争取太阳能利用、减弱冷风侵袭，提供了机会。

2.2 存在问题

2.2.1 缺乏公共基础设施

由于乡村的建设力度不足，缺乏科学合理的规划，如道路、给水、排水等公共基础设施明显不足。以道路为例，在大多数的村庄中，机动车道往往直接穿村而过，将其分隔为两个部分。离主道稍远的院落就需要二级道路进行连接，这些道路缺乏统一规划，并且建设标准较低，在不良的天气情况下，路面泥泞或者光滑，都不适合出行。

2.2.2 缺乏社区公共空间

明确的土地细分形成了独门独户的院落布局，居民的私密生活被土地边界所确定。人们常常选择在自家菜园或院落内进行耕作，分隔边界的围篱是人们偶尔交谈的场所。缺乏小尺度的邻里绿地和公共设施，也就缺乏了

---

① "十二五"农村领域国家科技计划课题，项目编号 2013BAJ12B02。

图1　邻里型农业

邻里关系发展与交流的空间载体，减少了村民之间的交往沟通。尤其在漫长的冬季，邻里交流更受到建筑空间的束缚，只能进行小规模、临时性的群体活动。

随着城市务工人员的增加，留守在乡村的老人和儿童，有着更强的交流欲望和需求，老人需要在交流中沟通信息，儿童需要在交流中健康成长。李晓东的桥上小学之所以深受人们的喜爱，其建筑空间在乡村环境中难得的公共交往与集会属性，激发了社区的公共活力，提高了居住的舒适性、安全性和归属感。

2.2.3　缺乏生态技术支持

为适应自然环境，乡村居民根据朴素的生态意识，发展了许多具有乡土特色的技术措施。但是这些简单的生态措施，并不能有效地解决实际问题。以乡土道路和雨污疏导为例：传统的乡土道路多是夯实的土路，表面铺设碎石或砂石。由于缺乏维护，随着夏季雨水的侵蚀，道路的可通行性降低。因此，砂土道路逐渐被水泥混凝土所代替。虽然，道路通行的问题得到一次性解决，但是道路失去了对自然环境的响应能力。水泥道路无法渗透雨水，也无法避免冬季土壤冻胀的影响，缩短了这些硬质道路的使用年限。

疏导雨水和生活污水的排水明沟，多数贯穿在院落的门前，连成网络。沟渠的出口直接排向村外地势低洼之处。这些未经净化的污水，在水量较小的情况下，能够自然消解，然而在污染较为严重的情况下，随着高温的催发，则散发出刺鼻的异味。雨污缺乏合理的疏导与分流，既不能有效地促进水循环，也无法提供清洁的居住环境。

3　Village home 生态社区营造经验

Village Home 位于美国西海岸戴维斯市，是全美第一个生态社区，占地 28hm²，居住人口 240 户。社区开发始于 1974 年，强调减轻环境压力，并建立亲自然的社区生活方式[1]。在近四十年的发展中，社区拥有丰富的自然生态景观，并以邻里型农业、生态环境和和亲自然的生活方式，成为极具特色的生态社区。

3.1　有机的邻里型农业

社区内的土地归属主要分为私有土地和社区公有土地两类。私有土地坐落于社区边缘，根据住户的需求和喜好种植不同的植物和农作物。这里还设置了许多小型的

农业体验区，并进行小规模的家禽饲养。人们在这里不仅能获得与自然接触的乐趣，还可以同其他住户交流劳作的经验，是人们公共活动的首选。

社区公有土地遍布于社区内部，以街道两侧和宅旁绿地为主，大多种植果树等蜜源植物，也有部分土地作为葡萄园。种植的果树品种超过三十种[2]，居民几乎每个月都可以品尝到成熟的果实。这些蜜源和浆果植物还吸引了鸟类和昆虫，增加了社区的生物多样性。公共用地中栽种的果蔬，不仅可为社区居民的早餐提供丰富的水果，还可以销售给周边的社区的居民。所获得的收入作为公共维护的资金，用以对公共设施进行管理和保护（图1）。

3.2　亲自然的生态景观环境

3.2.1　生态道路与自然空间

社区交通充分体现了戴维斯"自行车城"的特色，在满足机动车通行的同时，为自行车和步行提供了机会。规划设计为了降低机动车的速度，用曲线车道代替了直线车道，社区干道的宽度被严格控制在 6.1m 之内，非常适合自行车与步行的安全出行。在路型变化与宽阔的空地，为建筑提供了充足的周边环境，不仅可以构成建筑周边的前院和侧院，还可以设置街道家具和户外篮球设施，提供公共游戏的休闲空间。狭窄的街道，安静而多荫，结合路边的绿化，不仅减少了路面铺装，节约了资金和土地，也因为没有大量的硬质路面辐射和吸收阳光，而使夏季的微气候环境更加舒适。

3.2.2　基地保水与水循环

根据"生态乡村"的规划理念，社区排水采用了自然渗透方式的排水系统。成本昂贵的排水设施被路边的排水草坡所取代，起伏变化的路边草坪和洼地，设计为池塘或滞洪池，成为自然的排水和汇水区域。这些区域与周边的湿地相互连通，当雨量较大时，需要疏导的雨水就排入湿地，发挥其雨洪调蓄作用。

在道路两侧的低洼草沟，不仅节约了长期养护和维修的管理，还吸引了鸭子等家禽在此嬉戏，形成了自然的乡村景观。通过减少道路和硬质铺装的面积，增加了可透水的土地面积，促进了基地的水循环，提高了基地透水保水的能力（图2、图3）。

3.2.3　慢生活与亲自然社区发展

自行车和步行的方式，使人们有机会深入的使用和

图 2　建筑周边的生态草沟

图 3　道路两侧的生态洼地

图 5　社区内的游戏场地

体验自然空间。自行车道和散步道直接连接了住宅单元和开放空间，为住户的交流提供了便捷的机会。大片的草坪和公园成为住户共同活动的场所，甚至还开辟不同专属功能的绿化场地，如儿童游戏园、公共花园等。各组团之间的宅间绿地则成为邻里住户间联系感情和建立友谊的适宜场所。当住户与儿童在此嬉戏玩耍时，可以与经过的路人亲密接触。

添加新鲜的有机农产品[3]。到了收获的季节，社区居民聚在一起，一同分享着收获的喜悦，也感受着家庭般的氛围。这种亲自然的生活方式，体现在日常生活的各种细节之中，如可供孩子乘坐的三轮推车，也可作为农业用车。农民有专门用于农事劳作的服装和工具，使生活中充满了农业化的特征（图 6）。

图 4　公共空间的户外家具

建筑布局取消了常规的建筑后退，预留前院，并设置围栏的做法。建筑为南北朝向，布局紧凑，前后交错，营造出群落式的景观空间。在步行街道的两侧，由于没有明确的土地边界，景观空间可以随道路的转折而变化，成为极具开放性的公共空间。这里设置了许多的户外设施，尤其是为儿童活动提供的户外家具和座椅，为孩子们提供了一个与自然亲密接触的户外客厅（图 5）。

社区花园丰厚的生产回报，为社区增添了许多农业生活的气息。参加劳作和收获的居民，不仅可以体验劳作的快乐，还可以享受折扣购买的优惠，为自己家的早餐台

图 6　居民的农用生活用具

4　对寒地乡村生态景观设计的启示与思考

Village Home 提供了"生态社区"的最初模式，朝着正确的方向迈出了第一步。在近四十年的发展中，建构了一个具体可见的实践案例，并获得住户的一致认同。从住户的变迁中不难发现，自从社区建成以来，迁出的住户较少，来到这里安家的都是那些喜欢此种生活模式的居民，

风景园林规划与设计

成为小城镇中少有的生态社区。其典型的乡村生活方式和乡村风貌，对我国寒地乡村景观规划设计有着重要的启示意义。

4.1 家庭农业与公共绿化系统

根据 Village Home 的经验，乡村需要建立公共绿化系统，并可将家庭农业作为系统中重要的组成部分。在规划设计中，根据家庭农业区的类型，将空间集中或分散布置，并在边界处理中采用视线开放的生态措施进行区域划定。如用多刺植物作为围篱，用生态草沟作为边界等。

公共绿化系统还需要对建筑外部空间进行整合。乡村中的公共绿化系统主要由道路绿化、村内公共空间、村外自然空间组成。这些空间原本就彼此交融，相互关联。然而，建筑的外部环境也拥有较大的空间，将这些院落空间向道路空间开放，将会形成层次丰富、尺度适宜的开放空间，并方便人们的逗留和使用。

4.2 生态技术与雨洪设施建设

水资源短缺、面源污染、雨洪威胁等一系列的问题，可以通过生态技术进行解决。在 Village Home 中，路边的生态洼地发挥了雨水调控、汇集等功能，为社区内的水资源循环和利用提供良好的解决途径。结合寒地乡村的地理特征，应统一协调村内村外的雨水资源，将村外湿地、坡地、洼地、池塘等可以蓄水滞水的区域，与村内的排水明沟形成可以进行水资源回收和处理的网络[4]。并根据地势变化，将洼地改造为具有不同功能的水处理设施；将排水明沟改造为可进行雨水渗透和过滤的雨水花园或景观排水沟。

4.3 邻里单元与村落公共空间

为营建安全亲切的邻里单元，应规划步行尺度的道路空间，避免主要的车行道路穿村而过，整合步行道路空间与私家院落空间。通过丰富道路、花园、宅院、建筑的绿化环境层次，为邻里交往提供场所，为乡村活动提供更舒适和亲近的公共空间，最终完善公共绿化空间系统。私人土地的局部开放，将起到化零为整的作用，模糊私有空间和公共空间的边界，提供多元化归属和利用的活动场地。

结语

就整体而言，Village Home 生态社区实施了诸多生态景观的理念，如用生态措施代替人工排水设施，关注土壤的保水透水性能，以生态友善为核心的社区发展，通过生产活动营造社区认同感等等。尽管，Village Home 是美国生态社区早期的经典案例之一，并不是真正意义上的乡村社区，但其典型的乡村风貌，仍对解决寒地乡村景观问题有直接的帮助。归纳起来如下：

（1）有机农业为家庭庭院赋予了公共空间属性。针对当下我国农村人口结构的变化，整合家庭农业资源，不仅能够保证土地得到高效率的利用，也使公众参与成为可能，使其具有了作为公共空间的基础。共同劳作、共同享有，催生独具乡村特色的公共生活模式。

（2）根据乡村区位与自然条件，选择适宜的生态技术。寒地乡村周边丰富的湿地资源，为乡村雨洪管理与利用提供了便利的条件。在乡村自然的环境中，运用生态草沟、生态洼地、湿地水处理等生态技术，具有建设成本低，维护费用低的优势。夏季，生态技术可促进雨水循环；冬季，结合清雪除冰措施及贮雪规划，可存留冬季的霜雪资源。

（3）邻里空间是促进乡村文化发展的重要空间载体。相对于城市居住而言，相似的生产与生活方式，使乡村邻里拥有更多的交往机会。尤其在漫长的冬季，有效的邻里空间，将为居住者提供深入交往的场所，将为乡村文化的衍生、发展和整合提供有效的空间环境。

参考文献

[1] 吴纲立. 永续生态社区规划设计的理论与实践. 第 1 版. 台北：詹氏书局，2012.

[2] 唐朔. 生态社村的设计理念及其应用研究. 见：Judy Corbett and Michael Corbett. Designing Sustainable Communities：Learning from Village Homes. Washington, D. C.：Island Press，2000

[3] 岳晓鹏. 基于生物区域观的国外生态村发展模式研究. 见：Mark Francis. Village Homes：A Case Study In Community Desing. Landscape Jounal，2002，21(1)：23-41

[4] 罗红梅，车伍，李俊奇，张大玉. 新农村雨洪管理及利用适用技术体系. 中国农村水利水电，2007(7)，40-43

作者简介

[1] 余洋，1972 年 11 月生，女，汉族，陕西，哈尔滨工业大学建筑设计及其理论博士，哈尔滨工业大学建筑学院景观系，副教授，研究方向为生态景观、景观设计、景观规划，电子邮箱：yuyang-hit@163.com。

[2] 吴纲立，1962 年 11 月生，男，汉族，湖北，美国加州大学柏克莱分校(UCBerkeley)都市及区域计划博士，哈尔滨工业大学建筑学院城市规划系，教授，研究方向为可持续城乡规划设计、生态城市与生态社区、微气候因应城市设计、都市及区域规划、景观规划设计、景观评估、社区规划、地方营销、地理信息系统，电子邮箱：wgl@hit.edu.cn。

"城乡"绿地规划若干要素的探讨

Discussion on Some Issues Concerning 'Urban-rural' Green Space

俞为妍

摘　要：目前，绿地系统规划作为土地利用与管理的一种行为，在编制与操作管理层面存在困境，特别是与市域层面相关的内容尚不能称之为真正意义上完整的规划，在明确绿地定义的前提下，关注"城乡"差异化，采用"城区的绿地"与"郊区的绿地"作为两个不同空间位置描述的统称，而后者缺少比较全面的法规政策的保障和各类评价体系的支撑。因此具体围绕郊区的绿地提出其特征、规划对象、性质、资源甄别原则等，以期能够加强绿地系统规划对"城乡"绿地的控制实施。

关键词："城乡"绿地；绿地系统；规划编制；绿地规划；绿地功能

Abstract：At present，green space system planning as a behavior and management of land use，has predicament in the developmentand operation management level. Especially green space planningrelated to city cannot be called truly planning，but only as a part of the work. On the premise of the definition of green space，urban-rural green space contains green space from city and country，which is focus on differences between urban and rural areas. However，rural green space is the lack of comprehensive laws and regulations，so we discuss characteristics，planning objects，properties，resources screening principle to the rural green space，in order to strengthen the control of rural and urban green space system planning and implementation.

Key words：'Urban-rural' Green Space；Green Space System；Planning Compilation；Green Space Planning；Green Space Function

引言

目前我国法定的用地规划作为传达规划控制目标的重要信息载体，集中反映了规划控制城市用地的目标[①]。出于土地利用与管理的角度，目前城市绿地系统（下文简称"绿地系统"）作为一项规划，其很多操作管理问题是在编制阶段就埋下了伏笔，因此本文的出发点是围绕绿地系统规划编制，就规划编制过程以及最终规划文件在指导操作中遇到的问题进行重点讨论。并且结合"城乡"统筹发展背景，反映出"城乡"绿地发展的必然性和时代性。

1　绿地系统规划编制困境

1.1　城市绿地系统编制对接于城市总体规划

城市绿地系统（下文简称"绿地系统"）编制中需要统计的三大指标（人均绿地率、绿地率、绿地覆盖率）是基于城市总体规划（下文简称总体规划、总规）进行的。比如绿地率的计算需要总体规划中建设用地面积的数据支撑，人均绿地率的人口数据来源于总体规划的人口统计。因此绿地系统是配合总体规划而进行的一项深化专项规划，目前一些研究理想化地脱离总体规划，放大拔高绿地的生态功能，单独就绿地论绿地的规划思路在具体操作中很难落实到土地。

正是受到总体规划的约束，绿地系统编制一直处于比较被动的局面，三大指标在总规层面就基本定型。为了获取更高的指标数据或者为了达到特定的绿地规划目标，绿地系统编制不得不采取调整用地的方法以满足数据的达标，体现单独编制的绿地系统不同于总体规划的理念和意义。调整用地的方法有两种：一种是扩大建设用地，根据指标需求配置用地，刻意提高绿地配比；另一种不更改建设用地面积，在建设用地内部将非绿地用地转化为绿地用地，通过保持指标计算分母不变、放大分子的方法取得高指标。两类方法都呈现了局限和不合理性。当前执法力度日益提高，建设用地受到国家严格审批，具有法律效应的总体规划不能随意更改，导致前者——突破建设用地，重新配备土地的方法无法执行。而后者——建设用地内部的土地比例调整的方法也存在局部修改总规的现象，更突出的矛盾是一味地增加绿地，单一地考虑绿地的合理性，必然会牺牲其他性质用地，而打破总体规划的各项用地平衡。规划部门和园林部门在规划编制中思考问题的出发点不同，导致两类规划在用地上出现分歧。

1.2　市域绿地系统规划中的问题

市域绿地系统规划基本以规划原则为主，其编制工作的重点在于探讨和确定绿地布局结构，规划图纸均为结构示意图[②]。但是最终的规划成果与总体规划层面的结构示意图是否一致或者重复、规划理想与具体实施差距

①　高捷．我国城市用地分类体系重构初探［D］．上海：同济大学，2006.
②　徐波．城市绿地系统中市域问题的探讨［J］．中国园林，2005（3）：65-68.

风景园林规划与设计

有多远是值得我们思考的问题。从管理操作上看，此类规划的主体包括规划编制的委托方、规划文件的实施者不明确。市域绿地系统规划是指城市规划区以外的绿色空间，虽然规划编制者对这个区域的绿色空间进行了规划，但是这个区域却不属于规划区控制范围，规划部门不具有管理的权限，导致规划文件丧失了操作意义。

1.3 "其他绿地"编制操作问题

与市域绿地系统规划相比，"其他绿地"是在规划区内执行的绿地规划，相应的成果内容会相对深入，具有独立的分类。但是"其他绿地"编制仍然存在规划对象过于笼统的现象，习惯性地将所涵盖的现状绿色空间一点不变地抄入规划，现状研究成为规划的主体内容，缺失针对绿色空间如何保护和控制，如何发挥作用的具体实施对策。另外，"其他绿地"置于规划编制框架体系下体现了明显的不适应性。比如绘制土地利用图，在"新版国标"中找不到直接对应的用地类型与"其他绿地"相匹配，通常是由农林用地、水域、其他非建设用地等作为"其他绿地"的充实内容，由于"其他绿地"分解后的分类与用地规划层面的分类对应方式不通畅，"其他绿地"更多的是体现了空间位置的含义。特别是"其他绿地"中的"风景名胜区"一类，其意义更偏重政策，虽然划入绿地系统的规划控制范围，但是规划是否对风景名胜区起到绿地性质的执法与管理作用值得商榷。因此，"其他绿地"分类与"新版国标"的用地体系存在逻辑差异。由总体规划衔接到绿地系统规划过程中，虽然"其他绿地"是关键一环，但是在操作过程中往往理想化地脱离总体规划，放大拔高绿地的生态功能，单独就绿地论绿地的规划思路在具体操作中很难落实到土地，相应地规划执法也难以操作[1]。

1.4 研究重点

因此作为批准的法定用地规划，本文认为目前编制完成的城市绿地系统规划成果中与市域相关的内容尚不能称之为真正意义上完整的规划，真正的规划应该注重规划文件与土地执法的衔接，从用地管理的视角实现土地的均衡配置，准确实现规划者的意图和目标，在规划编制过程中探究如何将市域范围内的绿地系统规划落实到土地的执法，从用地管理的视角研究"城乡"绿地是本文的重点。

2 核心概念的提出

2.1 绿地定义的解读

本文认为，绿地作为土地资源的一类，应该侧重的是土地控制与使用，具有清晰的发展目标、原则与功能，强调后续操作的实施意义，但并不能作为所有生态问题的解决方案；相应的具有生态功能的大量植被该称之为"绿化"，与注重土地利用策略的"绿地"相区分。

2.2 "城乡"绿地

目前国内对"城乡"绿地概念使用没有一个公认的定义。首先，"城乡"绿地并非一个含义固定的专有名词，本文是从空间角度对某一些需要发展和实施的绿地给予的一个统称。此外，"城乡"绿地的"城乡"顾名思义涵盖城市和乡村两块内容，虽然我国城市发展处于城乡统筹的大背景之下，但是考虑到两者在建设和管理上的差异性，为了区分两者的空间侧重，本文仍然将城市和乡村空间中的绿地，对应由城区与郊区的绿地共同组成，通过协调手段达到统筹的目的，而不是理想化地看作一个整体。

2.3 城区的绿地

城区的绿地包括公园绿地、防护绿地、广场等公共开放空间用地，即城市建设用地中的"绿地与广场用地（G）"。这些绿地的空间位置都位于城区，为了便于与郊区的绿地作区分，本文将城区空间内的绿地统称为"城区的绿地"。

2.4 郊区的绿地

为了应对城市的发展速度，以及绿地功能的特殊性，城区的绿地需要郊区的绿地来补充与丰富，以便更好地关注"城乡"关系。因此在郊区[2]范围内有一类绿地与城区的绿地进行相衔接与协调。本文将这一类绿地统称为"郊区的绿地"。在遵守现有规划体系框架下，基于规划编制操作中遇到的不便，针对这类绿地进行进一步探索。

另外，如上文所述，"其他绿地"面临与实质的绿地概念不吻合[3]、不能够积极主动地参与到用地平衡的过程中来、图面难以表达清楚、与总体规划分类衔接困难等问题；而郊区的绿地研究始于探寻一种与城市协调的模式和方法，是站在城市发展的立场，结合郊区的空间特征，关注"城乡"关系的协调；修正"其他绿地"的编制操作误区，明确划定范围、梳理规划文件与管理实施的对位、确保规划理念与具体用地的落实。

2.5 "城乡"绿地的协调发展趋势

站在"城乡"规划编制与操作管理的角度，本文切换一下研究思路，关注"城乡"关系，分别从主城区、未来城市备用地、规划区三个空间层面，依次探究目前绿地发展与建设用地规模、城市化空间蔓延、生态大绿化环境思想之间的矛盾，以城市视角阐述郊区的绿地作用，从中发展"城乡"绿地的趋势（图1）。

---

① 金云峰，俞为妍. 城市与乡村绿地协调与规划研究. 中国风景园林学会 2012 年会论文集（上册），北京：中国建筑工业出版社，2012.
② 这里的郊区范围是锁定在规划区以内，建成区以外的空间，目的在于能够直接对接规划管理部门，在土地控制方面得到保证。
③ 这里指绿地的土地资源属性，"其他绿地"规划的实施难度较大，未能有效体现规划者的土地利用策略。

探讨细分郊区的绿地资源。

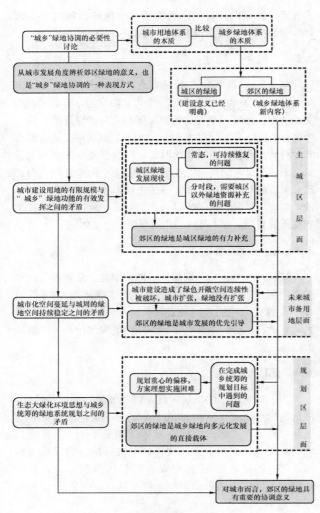

图 1 "城乡"绿地的协调发展趋势

3 "城乡"绿地规划

首先，本文阐述的"城乡"绿地规划现在还不是一个规划类型的名称，也不是一项编制"城"或"乡"的绿地系统规划，而是与规划管理制度相关，聚焦"城乡"关系，对应"城乡"规划体系框架，与"城乡总体规划"类似，它泛指城乡范围内的绿地规划动作。其次，"城乡"绿地规划站在城市发展和管理的角度，本着以建设更宜居的城市环境、创造更美好的城市生活的规划原则，着重考虑规划的实施意义，对规划区以内的绿色空间，即城区绿地和郊区的绿地，进行片区性、局部性的统筹。在尊重已实施的绿地系统规划的标准和规范的基础上，城乡绿地规划是针对绿地系统规划中出现的问题（包括前期编制和后续操作）提出一些修正意见，总结发展模式，预测未来绿地发展趋势，是在绿地系统规划框架内进行的一个规划探索过程。目前，绿地系统针对城区范围内的绿地规划已经具备比较全面的法规政策的保障和各类评价体系的支撑。相比城区以外的乡村，绿地系统规划还处于研究阶段，无论是法律法规的完备程度还是应用实践的深度与广度都显得比较薄弱。因此，城乡绿地规划需要着重

3.1 郊区的绿地的规划对象

目前的绿地系统规划习惯将所有的绿色空间都纳入其研究对象，但是涉及的管理部门广泛、规划对象规模宏大，导致研究目标虚高，具体管理操作对策的缺失，图面内容很难转化为实际条文依据指导实施过程。因此，笔者认为有必要针对乡村范畴的各项绿色空间进行讨论，结合郊区的绿地建设目标，通过辨析判定到底哪些绿色空间可以称为绿地资源，随之形成郊区的绿地进入城乡绿地规划，最终为绿地系统规划提供用地。

因此，结合上文针对郊区的绿地建设意义的探讨，本文建议，郊区的绿地不指代广义的乡村范围内的所有绿色空间，而是挑选对城市建设、城市生活有补充的、直接的、稳定的、积极作用的绿地资源，从城乡规划编制与具体操作管理的角度将这些资源整合优化所组合成的绿地体系，体系内的用地类型明确，能够有效延续城市功能（图 2）。

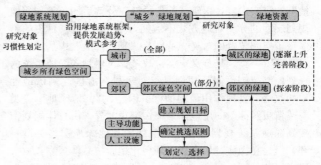

图 2 郊区的绿地规划对象

3.2 郊区的绿地的挑选原则

3.2.1 评价指标难以量化的原因

现行我国各城市执行或依据的、与城区的绿地相关的、冠以"国"字头的评价标准或者方法很多。但是反观郊区的绿地，除颁布的《城市园林绿化评价标准》（GB/T 50563—2010）对"其他绿地"提出了指导性要求，并无专门对应的标准详细、定量化的评价这类绿地。

为什么"其他绿地"的评价指标难以量化？原因之一就是各类绿地设立的理由不清晰，无法建立评价依据。目前很多规划在没有明确的建设理由之前，本着生态的理念，就将所有的绿色空间都揽入到"绿地"大概念下，没有清晰的界定性质、没有理性地分析功能，必然无法正确建立评价体系。因此设立评价体系的前提之一就是理清各类绿地建设的缘由，从根本上（即建设目标）确立各项评价因子，将评价结果量化，只有数据支撑才能有比较，有比较的结果才能有信服度。

3.2.2 郊区的绿地资源判定

郊区的绿地资源判断依据来自两个方面。一是绿地的主导功能体系（视觉景观、休闲游憩、防灾防护、生态保育），针对城区，主导功能基本可以全覆盖、无重复地

平衡到各个绿地，但是对于广域的乡村，由于没有外界因素的限制和引导，判断绿色空间的资源属性时往往容易出现经验性误判，因此需要寻找某些特定的共性指导郊区的绿地的判断，而这个共性就是从城市角度研究郊区的绿地，以补充城区的绿地功能不足、保障城市空间发展作为导向；二是人工可以建成的设施。城市基于工程建设发展而来的，因此城市离不开建设。建设是为了创造更好的人居环境，只要建设的方式、强度与自然环境相协调，人工友好干预与生态环境不是一对绝对矛盾体。因此郊区的绿地首先要明确其建设目标是为了建设更宜居的城市环境、创造更美好的城市生活，然后根据用地类型、特征确定具体功能，通过借助人工可以建成的设施发挥功能。

4　结语

"城乡"绿地规划还是一种处于探索中的新的规划品种，在目前阶段很难建立统一的方法和标准。本文初步论述了"城乡"绿地规划的研究视角、目标、方法以及技术手段，试图提出不同的尝试以期互相借鉴，最终还是需要通过实践决定"城乡"绿地规划的内容和形式。

参考文献

[1]　高捷.我国城市用地分类体系重构初探[学位论文].上海：同济大学，2006.

[2]　金云峰，俞为妍.城市与乡村绿地协调与规划研究.中国风景园林学会2012年会论文集(上册)，北京：中国建筑工业出版社，2012.

[3]　王连.城市绿地系统游憩子系统规划研究[学位论文].上海：同济大学，2012.

[4]　李晨.城市绿地系统防护子系统研究[学位论文].上海：同济大学，2012.

[5]　朱隽畝.城市绿地系统景观子系统规划研究[学位论文].上海：同济大学，2012.

[6]　刘佳徽，金云峰.城市绿地系统规划编制——保育子系统研究.中国风景园林学会2012年会论文集(上册).北京：中国建筑工业出版社，2012.

[7]　邵斌，李蕙蕙，何子张.从空间设计到空间政策——南京市绿色空间保护的规划反思与探索.江苏城市规划，2007(4)：18-22.

[8]　金云峰，周聪惠.《"城乡"规划法》颁布对我国绿地系统规划编制的影响.城市规划学刊，2009(5)：49-56.

[9]　赵燕菁.理论与实践——城乡一体化规划若干思考[J].城市规划，2001(1)：23-29.

[10]　廖远涛，肖荣波，艾勇军.面向规划管理需求的城乡绿地分类研究.中国园林，2010(3)：47-50

[11]　金云峰，徐毅.建构"生态园林城市"的结构体系.昆明理工大学学报(理工版)，2006.31(3A).

[12]　金云峰，周煦.城市层面绿道系统规划模式探讨现代城市研究，2011(3)：33-37.

[13]　金云峰，周聪惠.绿道规划理论实践及其在我国城市规划整合中的对策研究[J]，2012(3)：5-12.

[14]　夏雯，金云峰.基于城市用地分类新标准的城市绿地系统规划编制研究.中国风景园林学会2012年会论文集(下册).北京：中国建筑工业出版社，2012.

[15]　周煦，金云峰.绿地系统的规划目标及指标研究.中国风景园林学会2012年会论文集(下册).北京：中国建筑工业出版社，2012.

[16]　李石磊.市域绿地及周边环境对城市发展影响研究[学位论文].上海：同济大学，2011.

[17]　林荟.城市绿地协调区控制研究[学位论文].上海：同济大学，2011.

[18]　冯帆.日常游憩型绿地布局规划研究[学位论文].上海：同济大学，2011.

[19]　王小烨.绿地资源及评价体系研究[学位论文].上海：同济大学，2011.

作者简介

俞为妍，同济大学建筑与城市规划学院景观系，硕士。

沿基础设施可视和潜在绿色空间的构建

——以山东潍坊沿基础设施生态绿地规划为例

The Construction of Visual and Potential Green Spaces along the Infrastructure

——Case Study on Ecological Green Space Planning Along the Infrastructure in Weifang, Shandong

袁 敬 林 箐

摘 要：道路交通系统、铁路轨道交通系统以及引水工程系统周边的防护林带和绿色空间构建了沿灰色基础设施周边的可视和潜在绿色空间。该空间的重新构建和利用对于改良传统基础设施、实现生态化城市雨洪控制、重构复合型的绿色基础设施具有极为重要的意义。通过改良传统灰色空间、重构和利用沿基础设施可视和潜在的绿色空间，可作为地区实现可持续发展建设的生态基础。本文对潍坊市域内高速公路、国道、省道、高铁和普通铁路及主要引水工程设施进行研究，对潍坊市基础设施周边绿网进行重新规划，将沿基础设施可视和潜在绿色空间结合基础设施周边的用地条件和生态环境条件，完善原有的生态防护林带，将分散的绿带和破碎的绿块构成一个系统性有机整体，对实现潍坊市水网生态化绿色重构及低碳规划具有重要意义。

关键词：灰色基础设施；绿色空间；生态环境；生态弹性格局；绿色容积率

Abstract：Shelterbelts surrounding road traffic system, traffic system of railway and water diversion project system constructing visibility and potential green space surrounding the gray infrastructure. Rebuilding and using the green space has extremely important significance to realizing the flood control of city, reconstruction of composite and so on. Through the improvement of traditional grey space, reconstruction and utilization of visible and potential green space along the infrastructure, can be used as the basis for sustainable development of ecological system. In this research, the expressway, provincial highway, high-speed rail, the railroad and the main water diversion engineering in Weifang as the main object of study. We redesigning of infrastructure surrounding green network in Weifang, combining the visible and potential green space along the infrastructure with the land conditions and ecological environment surrounding infrastructure, improving the original ecological system, connecting the scattered green belt and tattered green block to constitute a organic system. It has important significance to achieving the goal of ameliorating the network of water system in Weifang and structuring low-carbon ecological condition.

Key words：Gray Infrastructure；Green Spaces；Ecological Condition；Ecological Elastic Pattern；Green Plot Ratio

线性绿带具有防风、防沙、隔离等功能，可维护基础设施、保护周边地块生态环境，隔离和减弱交通工具导致的空气污染、重金属污染、噪声污染等。扩大的斑块与绿地公园或生态林地结合，提供可以供周边居民使用的绿色开放空间或构成动植物生存栖息地和迁徙通道。

沿基础设施可视和潜在绿色空间系统不仅具有明显的生态效益，同时也带来其他的潜在盈利。它改善了生态环境，同时还控制城市的有序扩张，是城镇规划重要绿色策略。该系统有利于潍坊城市化发展的优良进程，营造更加优良的人居环境和动植物生长环境。

1 潍坊市沿基础设施可视和潜在绿色空间现状分析

绿色基础设施即国外景观设计界经常提到的名词Green Infrastructure，这已经不是一个新鲜的名词，而是经常应用在城市空间实体的描述中。对于绿色基础设施，并没有精准的定义，而是泛指具有内在联系的自然区域

及其附带基础设施所形成的空间网络，其对于维持该区域生态系统的生产力和功能的完整性，与其他区域相协调，构建发挥城市生态调节和服务功能的最基础和最优化绿地规模和结构形态。

随着城市化进程的推进，城市的形态长期以来主要由道路和建筑物所组成的空间网络所决定，而对于城市生态系统其调节作用的城市水系也不免受城市化进程的影响，在基础设施建设中体现为渠化水系的构建，即形成了所谓"水系城市化"的现象，而这一现象的普及，标志着在城市可持续发展中扮演重要角色的水系功能受到极大制约，随之而来的结果就是水系原有功能的丧失。

城市生态系统日益恶化，人居环境质量日益降低，已经成为当今城市建设所面临的最大困境。在市政建设中，"生态安全底线"概念也随着国外景观设计理念而流入我国。美国著名生态学家格雷特·哈丁（Garrett Hardin）于1991年对于"生态容量"进行明确定义，即在不损害有关生态系统的生产力和功能完整的前提下，可无限持续实现最大资源利用和废物产生率。该思想被广大生态

足迹研究者以及生态学家所接收，对生态承载力进行了新的解释，即通过某地区所能提供给人类的生态生产性土地的面积总和来表示该地区的生态承载力，从而表征该地区生态容量。本文通过分析研究潍坊市基础设施周边绿地规模及结构，提出如何构建满足生态容量控制、发挥城市生态系统服务功能的城市河道绿色空间最优化绿地规模和结构形态。

潍坊市位于山东半岛中部，有"风筝之都"的美誉，是山东半岛城市群中最大的城市。其地处山东内陆通往半岛地区的咽喉之地，胶济铁路横贯市境东西，在整个山东半岛处于交通枢纽的地位。潍坊市基础设施建设完备，不仅拥有完善的铁路交通系统，还建有潍坊港、洋口港等国家一类、二类开放口岸。同时潍坊市还作为全国四大航空邮件处理中心之一，开设通往北京、上海、广州、大连、海口、重庆等重要城市的航线。潍坊市近年来一直致力于生态保护和人居环境质量的提高，并取得了很多成果，是国家级园林城市、国家卫生城市、国家环保模范城市以及中国人居环境奖城市，可以说潍坊市政府对于本市人居环境质量的重视度是比较高的。

分析潍坊市沿基础设施可视和潜在绿色空间即对其道路交通系统、铁路轨道交通系统以及引水工程系统周边的防护林带和绿地空间进行分析，发现该地区的沿基础设施生态绿地规模和结构存在以下问题：

（1）基础设施周边绿色空间没有很好结合基础设施周边的用地条件和生态环境条件，绿地功能和生态效益单一；

（2）不同区域绿带绿化程度不平均，有些区域设施防护绿带呈现园林化状态，建设与维护成本高，不利于推广和可持续性发展；

（3）绿带较为分散而缺乏有机联系，绿块较为凌乱破碎，缺乏系统性规划，没有很好地起到维护基础设施、保护周边地块生态系统、减弱和隔离交通工具所导致的空气污染和噪声污染等。

2 沿基础设施绿色空间分类及构建过程

线性基础设施组成的网络是沿基础设施绿色空间规划的基础骨架。在基础设施网格上构建线性绿色空间和块状绿色空间，组成沿基础设施绿色空间系统。

2.1 确立基础设施网络

对潍坊市基础设施区域进行分析，其生态斑块零散而破碎，通过改善基础设施网络周边绿色空间结构，使之与周边的生态环境与用地条件有机结合起来，将分散、破碎的绿带通过重新的规划而连接起来，形成有机而连续的空间。

可以采取沿基础设施网络来构建生态廊道，从而连接分散的斑块，设置线性空间，既重视生态效益，同时也要考虑到基础设施用地的特殊性质和经济效益。应重点分析引水工程基础设施、道路基础设施、铁路基础设施分布网络，从而确立基础设施网络，如图1所示。

图1　基础设施网络

2.2 设置线性空间

在确定基础设施网络之后，应充分挖掘周边可视和潜在绿色空间，通过连接分散的绿带和破碎斑块而设置线性空间，主要采取的手段是通过沿基础设施构建防护林带、设置城镇线性公园绿地、对线性废弃土地进行绿化，如图2所示。

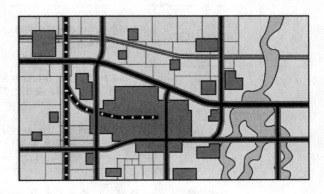

图2　设置线性空间

2.3 利用斑块空间

完成线性绿色空间的基本架构以后，沿线性空间构建块状绿色空间，重点是要充分利用斑块空间，辐射扩展形成过渡空间，主要处理手段是对城市公园绿地、生态林地以及块状废弃土地的绿化和重构，如图3所示。

2.4 构建绿色空间体系

通过对线性绿带网格来合理控制和约束绿色空间范围，通过块状区域增加斑块绿地以调控生态效益，线性空间与斑块空间相结合构成统一有机整体，如图4所示。

2.5 沿基础设施网络构建绿色空间分类指标

设置线性空间与斑块空间的量化指标应遵循国家相关法律法规，并结合当地实际情况，因地制宜一达到最优化方案。对绿地设计过程中所涉及的量化标准，按照分类指标体系的相关数据，如表1所示。

图 3　利用斑块空间　　　　　　　　图 4　构建绿色空间体系

分类指标体系　　　　　　　　　　　　　　表 1

类型	基础设施名称	概述	优先级	绿线宽度（Ⅱ）	划分依据
引水工程	国家级引水工程干渠	控制范围内以林地与防护林为主。防护性与隔离性	Ⅰ＋	80—100	《城市规划法》《城市绿化条例》
	地区级引水工程干渠	以自然林地与防护林为主，有部分耕地。半隔离性质	Ⅱ	50—70	《城市规划法》《城市绿化条例》
铁路	CRR 高速铁路	控制范围内以林地与防护林为主。防护性与隔离性	Ⅰ＋	80—100	《铁路绿色通道设计暂行规定》《进一步推进全国绿色通道建设》
	城际铁路	以自然林地、防护林与耕地为主，有部分因地，郊野公园，森林公园等。半隔离性质	Ⅱ	50—70	《铁路绿色通道设计暂行规定》
	普通铁路	以防护林、耕地为主，有部分参与性较强的园地，如文化公园，运动公园等。主隔离性质	Ⅲ	40—60	《进一步推进全国绿色通道建设》《铁路绿色通道设计暂行规定》
	高速公路	控制范围内以自然林地、防护林为主。	Ⅱ＋	70—90	《进一步推进全国绿色通道建设》《城市绿化条例》《城市绿线管理办法》
公路	国道	隔离性质 以防护林、耕地为主，有部分参与性较强的公共性开敞绿地，如文化公园，运动公园等。	Ⅱ	50—70	
	通道	参与性质 以防护林、耕地为主，有部分参与性较强的公共性开敞绿，如文化公园，运动公园等。参与性质	Ⅲ	30—50	《城市绿化条例》《城市绿线管理办法》

3　分项规划导则与设计模式

　　沿基础设施绿色空间根据不同基础设施类型具有各自的功能与特点。潍坊市沿基础设施绿色空间所依附的基础设施主要有三种类型：引水工程、铁路及公路。

3.1　沿引水工程可视和潜在绿色空间设计模式

　　选择潍坊市域内重要的引水干渠和人工河道作为沿

引水工程可视和潜在绿色空间的基础，其中包含了引黄济青、引黄济烟、引黄入峡、引渠入白等引水工程。引水工程多为固化的人工河道干渠，这些区域在非引水季节一般呈现干涸状态。

　　引水工程基础设施包含了潍坊市域重要的引水渠和人工河。沿引水工程绿色空间主要为线性结构，并在合适的节点结合城市绿地环境或生态林地环境，设置放大的绿地斑块。绿色空间能满足周边居民对绿色景观的需求。在城镇荒弃土地地块的处理中，将绿色空间与公园绿地结合，为居民提供游玩休憩的场所。

引水工程的网络多分布在潍坊区域北部，周围多为盐碱荒地。沿引水工程绿色空间应满足防风防侵蚀的防护功能需求，同时也对周围土地盐碱化和荒废状态应该起到改善促进作用。沿引水工程绿带是稳堤固坝、保持水土、维护工程安全的重要措施，同时应尽量减少工程维护费用。

3.1.1 沿引水工程绿色空间构建模式

沿引水工程绿色空间沿引水工程构建，见图5。它的构建模式以引水工程的级别和功能为依据，分为隔离型绿色空间、半隔离型绿色空间和开放型绿色空间三种模式。

图例：
▪ 沿引水工程绿色空间

图 5　沿引水工程绿色空间

3.1.2 沿引水空间隔离型绿色空间

对于引水工程网络中国家级干渠防护绿地应采用完全隔离的模式，以生态防护手段保护国家级引水干渠的水源安全，并减少自然或人为因素对干渠的侵蚀，如图6所示。

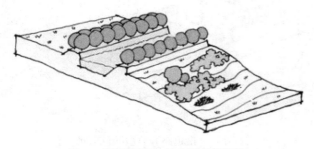

图 6　沿国家级引水工程隔离绿地

3.1.3 沿引水工程半隔离型绿色空间

潍坊北部沿海区域有大量盐田和盐碱地。沿海盐碱程度高地区一般成为盐田区，该区域有大量引水渠和排水渠。盐碱化程度较低的、经改善后能种植经济作物的区

域，有很多用于改善土地盐碱化程度的降盐沟渠。对于这些土地质量不宜种植一般植物或需改善的地块，其防护绿地设计模式应采用复合式设计结构，根据土地特点，对盐碱地进行适当隔离，防止水土流失等现象的发生。同时种植抗盐碱植物，改善土壤条件，如图7所示。

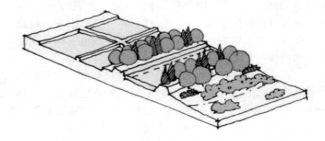

图 7　盐碱地区引水工程防护绿地

潍坊中部平原区域大力发展农业，该区域土地以农田为主，同时有很多市域范围内的调水工程和农田灌溉水渠分布在该区域。该区域的饮水工程防护绿地要与农田绿地和经济林结合，并利用郊野废弃地构建绿色斑块，有机地连接绿色空间。这不仅解了决水土流失等问题，同时结合经济林绿色空间来协调生态系统以改善盐碱地区土壤条件，如图8所示。

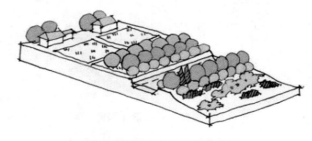

图 8　结合经济林的绿色空间

3.1.4 沿引水工程开放式绿色空间

对于开放式绿地，其空间结构主要为线性结构，应扩大绿地斑块并结合城市绿地环境开辟滨水空间，设置景观节点来满足周边居民对绿色景观的需求，以滨水公园绿地的形式为居民提供游玩休憩的场所，如图9所示。

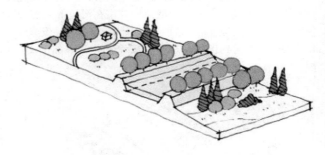

图 9　沿引水工程开放式防护绿地

3.2 沿道路可视和潜在绿色空间设计模式

沿道路可视和潜在绿色空间主要沿高速公路、国道

和主要省道分布。潍坊市域内高速公路主要有荣乌高速G18、青银高速G20、青兰高速G22、长深高速G25、潍莱高速S16等；国道主要有G309、G206等；省道主要有s102、s220、s221、s222、s223、s224、s226、s227、s230、s320、s321、s323、s325、s804等。行人不可进入高速公路。沿道路可视和潜在绿色空间包含了沿高速、国道和部分省道的绿地空间，选择道路骨架时以重点道路和东西向道路优先，将东西向道路系统绿地空间与南北向水网绿地系统结合形成纵横脉络。

道路绿地空间的绿线划定应依据现有绿地、防护林地和自然林地的状况，同时将未利用的荒地和废弃土地纳入绿线范围，绿线的宽度应达到绿地系统规划标准等规定的要求，如图10所示。

图例：
■ 沿高速公路绿色空间
■ 沿国道绿色空间
■ 沿省道绿色空间

图10 沿道路可视和潜在绿色空间

3.2.1 沿道路绿色空间构建模式

沿道路基础设施绿色空间的构建模式由两方面条件——道路本身的性质和道路周边用地的性质区分。

3.2.2 沿道路完全隔离型绿色空间

对于高速、国道等行人不能通行的区域，设置完全隔离型绿色空间可有效阻隔噪声污染，同时保护基础设施及周边自然环境。完全隔离型同样应用在河流等生态保护区域、居民区与道路系统的过渡空间，不仅保护设施维持生态，还可起到保护居民生活安全的作用，如图11、图12所示。

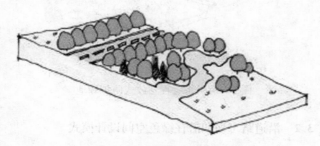

图11 沿河道路的完全隔离型绿色空间

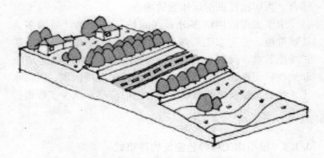

图12 沿居住区道路的完全隔离绿色空间

3.2.3 沿道路适当隔离型绿色空间

适当隔离型主要应用于绿地大多是带状的附属绿地之间或者农田周边，与周边绿地会产生一定的联系，构建适当隔离型绿色空间并合并其他绿地，使相邻绿带形成绿化斑块，或者结合农田防护林，能够发挥更高生态效益并有效降低空气污染、重金属粉尘污染和噪声污染，如图13所示。

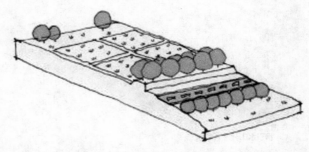

图13 沿道路适当隔离型绿色空间

3.2.4 沿道路开放式绿色空间

国道省道以及城市内普通道路的防护绿带可采用开放式绿色空间的形式，发挥其与周边公园绿地的联动作用，主要作用是美化环境并为居民提供休憩空间和活动空间，如图14所示。

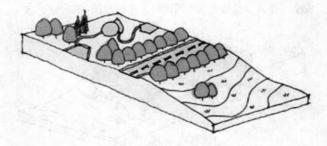

图14 沿道路开放型绿色空间

3.3 沿铁路可视和潜在绿色空间设计模式

潍坊市域内的铁路有两种类型：一种是高速铁路，包括胶济客运专线；还有一种是普通铁路，包括胶济铁路、益羊铁路、大莱龙铁路等。高速铁路对沿线绿带的生态防护和安全隔离功能要求更高。

沿铁路绿地空间的功能有景观美化、生态保护和安全防护等功能。绿地空间美化了城镇环境，营造了乡村景观，绿色植物还能消减火车噪声等对人们生产生活的影响，并且沿铁路绿带还有阻隔居民穿行铁路的功能，如图15所示。

染，如图17所示。

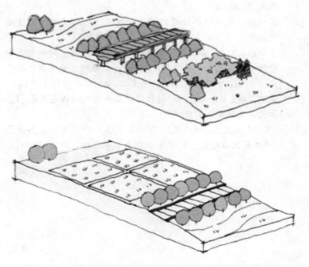

图17 沿铁路半隔离型绿色空间

3.3.4 沿铁路开放型绿色空间

穿越郊野、生态林或者沿河流等景观优美区域的铁路，应适当开放沿其的绿地空间，打开视角，将自然美景和乡土景观引入沿铁路绿色空间，如图18所示。

图例：
■ 沿铁路绿色空间

图15 沿铁路绿色空间

3.3.1 沿铁路绿色空间构建模式

沿铁路绿色空间的构建考虑因素由铁路的建设形式和周边用地类型。

3.3.2 沿铁路完全隔离型绿色空间

人口密集区域的铁路周边绿带规划首要考虑完全隔离功能和生态降噪功能，设置隔离型绿色空间。隔离模式绿地主要起消减火车噪声、阻隔居民穿行铁路等作用，植物应使用乡土植物和阻隔噪声的植物种类，并且在转弯路段等区域要保证视线的通透性，因此在植物群落构成上应尽量满足乔灌草三层结构。完全隔离型模式具有较高的生态保护和安全防护作用，如图16所示。

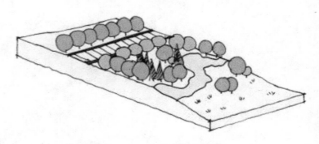

图18 沿铁路开放型绿色空间

4 设计建议及预期

规划沿基础设施可视和潜在绿色空间应基于原有的灰色基础设施网格，构建具有景观美化、保护环境、生态修护和安全防护等多种功能的有机系统。根据不同基础设施和周边用地类型的特点和需求，规划设计具有不同功能与性质绿色空间，发挥最大的生态效益和经济效益。

参考文献

[1] 付劲英．城市绿色景观廊道的生态化建设——以成都为例[D]．西南交通大学，2002.

[2] 孟学琴．京密引水防护林体系探究[J]．2004 北京城市水利建设与发展国际学术研讨会论文集，2004.

[3] 孟学琴．京密引水水污染灾害的探讨[J]．2004 北京城市水利建设与发展国际学术研讨会论文集，2004.

[4] 余亚男，孙向鹏．浅论南水北调中线工程总干渠两侧生态带建设的必要性[J]．河南水利与南水北调，2012.5；033.

[5] 于维丽．浅谈生态工程建设在引黄济青工程中的作用[J]．中国水利，2001.2；034.

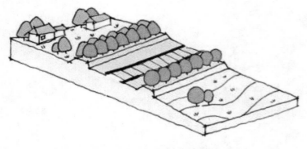

图16 沿铁路完全隔离型绿色空间

3.3.3 沿铁路半隔离型绿色空间

在高架铁路周边扩展绿色斑块，使之结合农田防护林形成较为通透的空间，对环境起到适当隔离的效果，能够美化环境并提高生态效益，并减少噪声和其他类型污

[6] 汤振兴. 高速公路与沿线景观协调性研究 [D][D]. 北京林业大学, 2008.

[7] 苏同向. 高速铁路绿道规划设计探讨——以京沪高速铁路昆山段为例[J]. 规划师, 2011.27(7): 57-60.

[8] 卡斯滕, 戈茨, 张大川. 美国涉及交通, 土地使用和空气质量的一项重大政策的启示, 以及对于其他国家政策变化的意义[J]. 国际社会科学杂志: 中文版, 2004.21(2): 133-145.

[9] 李鹏, 李占斌, 郑良勇. 植被保持水土有效性研究进展 [J]. 水土保持研究, 2002.9(1): 76-80.

[10] 宋炜, 郑良勇, 侯新民. 南水北调济平干渠工程生态修复模式和效益研究[J]. 南水北调与水利科技, 2011. 9(001):

18-20.

[11] 高丽霞, 吴焕忠, 刘水, 等. 藤本植物在边坡水土保持工程中的应用[J]. 中南林业调查规划, 2006.25(1): 23-25.

作者简介

[1] 袁敬, 1988 年, 女, 湖南, 硕士研究生在读, 北京林业大学园林学院, 主要研究方向为风景园林设计与规划, 电子邮箱: 53968919@qq.com。

[2] 林箐, 北京林业大学园林学院教授, 北京多义景观规划设计研究中心主任。

虽由人作，宛自天开

——走向人工自然的城市园林绿地新范式

Though It is Man-made，It Seems as a Natural One

——Towards the New Paradigm of Artificial Nature for Urban Landscape

翟 俊

摘 要：面对"纯粹自然"已经消解的城市环境，传统防御性的"生态设计"手段，应转向更全面、更积极主动的"设计生态"的分析与设计方法。分析了以"人工自然"的方法构建可持续性的节约型城市园林绿地的可能性，提出用一种当代的视角来看待传统造园精髓"虽由人做，宛自天开"所承载的时代意义。

关键词：园林绿地；生态设计；人工自然；设计生态

Abstract：With respect to the fact that pure nature has been dissolved in the contemporary cities，and therefore，traditional defensive ecological design methods should go towards more broad and more active approaches of designed ecology. As a part of this revaluating process，this essay investigates the possibility of using artificial nature as a structuring medium to construct economically sound and sustainable urban landscape，and put forward to treat the essence of traditional garden-making technique of "" with a contemporary perspective.

Key words：Landscape；Ecological Design；Artificial Nature；Designed Ecology

1 引言

"自然"也许是设计师使用最平凡的词汇之一，他们不仅以"自然"或"不自然"作为评价作品好坏的标准，同时还打着"自然"或"生态"旗号来营销自己的作品。但是他们却很少深研"自然"究竟意味着什么？在他们的作品中"自然"往往被简化为一些地方材料或植物品种的选择，以及布置方式或种植模式。由于遭到滥用，"自然"或"生态"已经成为一种陈词滥调，一方面混淆了我们对于问题的理解，让人无法找到反对的理由，另一方面又阻碍了我们提出有效地解决实际问题的方法与行动能力。

事实上，自从19世纪以来，自然与城市的关系已经发生了彻底变化。在城市快速发展过程中，土地原有的对自然过程的调节和净化功能、生产功能、生物栖息地的功能都受到严重破坏，自然系统及其生态服务能力在迅速减退，纯粹的自然（原生态或天成的自然），不说是无处可寻，但至少可以说是受到了极大的破坏，所谓"自然的灭亡"（Death of Nature）。按照哈佛大学理查德·福尔曼（Richard T. T. Forman）的说法，我们现在面对的是一种土地嵌合体/马赛克（Land Mosaics）的城市空间特征，因为受人为的影响、经营、设计和规划，当代的自然已失去其纯粹形式，已被技术的力量所穿透，而成为一种人造的环境[1]。

本文希望通过实践案例的解读，为当下城市公园和绿地建设提供一条新思路，并尝试一种新范式——建立在"设计生态"理论基础上的"人工自然"的城市园林绿地，用一种当代的视角来看待传统瑰宝"虽由人做，宛自天开"的传承与接力。

2 从纯自然、纯人工到人工自然

我们所说的自然既有"天成"的，也有"人工"的。古罗马大哲学家西塞罗（Cicero）用"第一"和"第二"来区分："第一"自然指的是没有被人为干扰过的"天成"的自然；而"第二"自然西塞罗是这样描述的："我们播种玉米，我们种树，我们给土壤灌溉施肥，我们把河流截弯取直或改变他们的路径。总之，通过我们的双手我们在自然的世界中创造第二自然。"[2]

的确，回顾人类的发展历史，为了谋求比自然系统更高的生物生产力，人们一直在把原本自然的东西变得不自然，其中农业生产就是最好的例子：农作物本身是自然的，但它们的培育和种植方式可以是不自然的或者说是人工的，例如种植间距往往由收割机的宽度决定，所谓工业化的农业（图1）。同样龙脊梯田的美丽不仅在于她潇洒柔畅极富视觉冲击力的外形，更在于包裹在其优美线条之下的农耕肌理。顺等高线开凿的层层叠叠的梯田既留住了宝贵的水资源，又防止了地表径流造成的水土流失，她是自然美与人工美的结晶，是人工自然的完美典范（图2）。

而另一方面，由于近些年来随着经济的发展，与资源、能源匮乏矛盾的日益加剧，人们不得不重新审视人类活动、经济发展和生态系统三者之间的关系，并试图参照自然界原有的循环式的新陈代谢体系，来改变当今现行的线性生产体系，从而将原本纯人工、不自然的工业生产变得自然生态。例如，生态工业就要求工业生产流程从传

图 1　工业化的农业

图 2　人工自然的丰产景观

图 3　麦克哈格的大峡谷规划

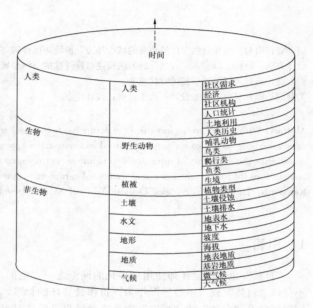

图 4　麦克哈格的千层饼模型

统工业的线性物流和能流的输入和排放模式转变为闭合性循环流程，即循环经济模式。其运行规则就是模仿自然系统的减量（Reduce）、再用（Reuse）和再生（Recycle）的 3R 循环式新陈代谢原则。

3　从生态设计到设计生态

西蒙·范·迪·瑞恩（Sim Van Der Ryn）和斯图亚特·考恩（Stuart Cown）对生态设计的定义是：任何与生态过程相协调，尽量使其对环境的破坏影响达到最小的设计形式[3]。这样的设计就好比叶脉与叶面的关系：设计是叶脉，而叶面则是自然，生态设计就是将设计融入自然中去，从而显著减少设计对自然环境的影响（图 3）。

长期以来，环境限制性的生态规划原理、叠加图操作以及适宜性分析方法为大家所熟知。其中最有代表性的就是麦克哈格的《设计结合自然》。它为使用土地的经营者和规划者提供一种土地的使用与自然系统之间"匹配"的操作方法。通过对构成特定自然生态系统各组分进行分析，判断各种发展事物对自然环境的影响，最终推荐出最合适的土地使用方案（图 4）。

然而，上述这些生态设计理论似乎都不适用于当今的大都市。在当今的城市中，人们司空见惯的是错综复杂的交通基础设施、建筑以及人工化的河流与零星的公园绿地，"纯粹自然"的环境已难觅踪迹，传统意义上的自然保护、生物多样性和生态平衡更是无从说起。因此从方法论和操作层面而言，只能"叠加自然因子"，而无法"叠加城市因子"的环境限制的适宜性分析和叠加图的规划设计方法，在面对当今全球城市环境议题时，已逐渐显露其局限性。

面对交错着残缺的自然、人工的建筑和基础设施混杂式的城市土地镶嵌体的既成事实，我们需要新的战略来回应当前的挑战，同时还期待一种更现实的观点和更适用的方法来启迪我们在设计上的实践。正如詹姆斯·科纳（James Corner）所说：为应对日益抽象化的环境，人类需要发明一种有创造性的生态学来挑战缺乏创造力、同时带有科学偏见的传统生态学[4]。詹姆斯·科纳所指的具有主动性和创造性的生态学就是"人工生态学"。因此，我们须以"第二自然"的思维，来重新审视并转变传统自然保护的对策。生态的介入必须从生态保护型的"生态设计"的所谓"设计结合自然"（Design with Nature）转变到生态创造型的"设计生态"，即"设计创造自然"（Design by Creating Nature）。

4 人工自然的城市园林绿地新范式

园林绿地通常被描述为改善城市生态环境的重要举措。但实际上我们所见到的绝大多数的城市园林绿地，尤其是近 20 年建造起来的"纯人工"的公园绿地，更多的是成为城市的经济和环境负担。为此，城市园林绿地要可持续发展就必须师法自然，让自然做功，走节约型的道路。通过模仿自然特性和借用自然元素来构建人工化的生态新秩序，创造近乎自然条件、混合人类使用与自然特征的人工环境。

作为人工生态体系在城市建设中最早的案例是 19 世纪 80 年代奥姆斯特德设计的，被称为"蓝宝石项链"（Emerald Necklace）的波士顿后湾公园。19 世纪中期，波士顿市政府为建设城区而填埋了后湾附近的泥河（Muddy River），导致了洪水的不断泛滥。奥姆斯特德最初的动机是想恢复潮汐沼泽地，为洪水留出缓冲地带并改善水质。与当时流行的画境园林（Picturesque）不同，建成后的后湾公园是由自然溪流、人工河道和湿地、和作为城市循环体系的排洪通道共同组合而成，其景观既不是田园风光，也不是纯自然的美景，更不像英式花园，而是一个利用自然体系原理，并把它应用到城市基础设施建设之中的一个工程与自然结合的产物。它向我们展示

了由交通基础设施、雨洪工程、风景规划以及城市设计相互融合的景观生态控制体系（图 5）。

奥姆斯特德是这样描述他的"人工自然"的生态体系的："在人造都市的土地上它也许是一种新奇的东西，也许暂时会有认可度的和合适性的问题……但它是由基地原有条件直接发展而来，并与人口密集的社区的需要相一致。如果从这个角度去考虑，在艺术的世界里它将是自然的，（因为）对于厌倦城市的人们来说，他们更欣赏的是纯朴的诗情画意，而不是精致的公园"[5]。

同样是运用"设计生态"的手段，由西 8 设计事务所阿德里安·戈伊茨（Adriaan Geuze）设计的位于荷兰西南部 Zeeland 的防浪堤项目，则从另一个侧面生动地诠释了生态过程中特有的，"自然选择"及"互惠互利"的共生关系，是当今园林景观设计作为生态介入，创造生物多样性的一次有益尝试。戈伊茨通过利用当地蚌类产业的废弃物（黑色和白色的贝壳），为我们营造出一个用来作为吸引深色和浅色海鸟觅食地的黑白相间的圩田景观（图 6），可谓是变废为宝。另外这个体现"人工自然"的圩田景观同时还能够与周边环境中大尺度的基础设施相互呼应：平行交替且重复出现的黑白相间贝壳带看上去极富视觉冲击力，仿佛是周边基础设施的延续，从而将整个区域连成一个整体。

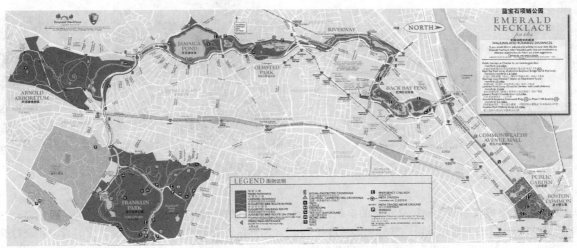

图 5　奥姆斯特德的波士顿后湾公园

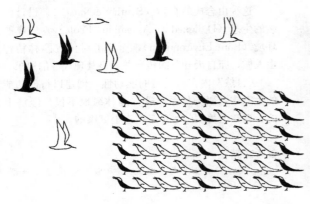

图 6　生态共生的圩田景观

虽由人作，宛自天开——走向人工自然的城市园林绿地新范式

城市中的建筑和街道，曾经被现代主义认为是居住的机器。然而，借助于让自然做功的自然通风、天然采光；太阳能、雨水的收集与利用以及生态化补偿机制，建筑也可以变得自然生态。同样，应用园林绿地对街道的雨水进行收集，不仅可以很好地起到干旱与洪涝的调节作用，维持地上和地下水的平衡，同时通过将雨洪的收集和再利用的过程与人工湿地、绿地和公园系统相结合，可以成为城市的一道独特的风景线。

图7是位于美国波特兰一个繁华街区的唐纳德溪水公园，原址是一块工业棕地，设计者设想用"设计生态"的手法再现其昔日生态湿地的渊源。借助于从南到北逐渐降低的地形特征，收集来自周边街道和铺地的雨水；于此相对应的是植物种类的发布，代表着土壤含水量从底到高的变化过程。收集到的雨水经过微地形自上而下不同植物过滤带的层层吸收、过滤和净化，最终多余的雨水被释放到坡地下方的水池中，成为公园的主景观。

就更大尺度的范围而言，通过将河流作为城市和区域生态廊道的基本框架，不仅可以利用自然水系来设计

生态过程（包括雨水收集、调节旱涝、水质净化、提供多样的生物栖息地等），同时在还能够这一生态基底上为市民提供丰富多样的休闲游憩场所，创造多种体验空间。这种将自然体系与城市公共基础设施关系的整合，为根据生态体系来建立景观基础设施网络的城市发展策略找到了一种新途径（图8）。

图7　雨水收集与利用的景观途径

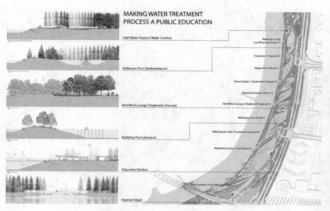

图8　协同整合的景观基础设施 SWA 规划的吴淞江昆山花桥段生态工程

以上列举的低维护成本和受到民众欢迎的案例向世人展示了一种可持续性的节约型城市园林绿地的新途径，这些生产性的、生态修复性的、雨水收集以及防洪蓄水性的人工自然环境，在提供丰富的审美体验的同时，还使城市园林绿地更具有生态弹性。显然，借助人工的手段"城市和基础设施可以像森林和河流一样生态"①。

5　结语

绿化不等同于生态。伴随着高投入、高维护成本的常规城市园林绿化对城市负担能力和可行性带来的巨大的挑战，"设计生态"的新思维为我们提供了如何在"中国式密度"的城市环境中创造"人工自然"的决策和方法。通过"城市园林绿地"与"人工生态学"的结合，寻求改变长久以来"人工"和"自然"对立和分离的状态，在自

然已消解的城市状态中建立一种可持续性的节约型城市园林绿地新范式，并由此来帮助我们看清在全球化的大背景下探索风景园林学科在城市发展中的引领策略等课题。

这种由合成的自然（Synthetic Nature）、设计的或组装的生态（Designed or Assembled Ecology）形成的人造环境（Built Environment），诠释了对传统园林精粹"虽由人做，宛自天开"的传承并彰显其现代性的追求。通过"师法自然"内在所具有的能动性，创建以行使功能为主的生态体系服务体系，这样园林绿地不仅是经济上节约的、视觉上美丽的，更是生态上健康的。

参考文献

[1]　杨沛儒. 生态都市主义：5 种设计维度[J]. 世界建筑，2010(1)：22-27.

① 引自 Corner J. Terra Fluxus. The Landscape Urbanism Reader [M] //Charles Waldheim. Editor. New York: Princeton Architectural Press. 2006，21-33.

［2］ Spirn A. W. The Authority of Nature：Conflict and Confusion in Landscape Architecture ［M］. Dumbarton Oaks Washington D. C，1997：249-260.

［3］ Sim Van Der Ryn，Cowan S. Ecological Design ［M］. Island Press Washington D. C.. 1996.

［4］ Corner J. Ecology and Landscape as Agents of Creativity. Ecological Design and Planning ［M］//George E. Thompson and Frederick R. Steiner. Editors. John Wiley & Sons，1997：81-108.

［5］ Meyer E. K. The Expanded Field of Landscape Architecture. Ecological Design and Planning ［M］// George E. Thompson and Frederick R. Steiner. Editors. John Wiley & Sons，1997：45-79.

作者简介

瞿俊，中国外国专家局专家，苏州大学建筑与城市环境学院，教授，美国伊思特(上海)咨询有限公司，首席设计师，电子邮箱：info@eastscape.com。

虽由人作，宛自天开——走向人工自然的城市园林绿地新范式

从昆曲与江南园林的可想象性看当代景观设计

Research on Imaginative Character of Kunqu Opera and Classical Gardens on the Yangtze Delta

张　翀

摘　要：昆曲与江南园林作为江南文化乃至中国文化的精华，二者一脉相承，有着千丝万缕的联系。从表象特征入手，挖掘二者的内在一致性，发现可想象性是昆曲与江南园林的重要共同特质。首先对昆曲与江南园林的可想象性进行比较分析；探究二者兴衰的历史成因，明确其对当代景观设计的指导意义；进一步反思全球化语境下中国景观设计的实践，提出可想象性是一种中国传统文化的根本特质，是凸显民族个性的关键，值得设计师不断挖掘与拓展。

关键词：昆曲；江南园林；可想象性；当代景观

Abstract：Imaginative Character is one of the most important similar characters of Kunqu Opera and classical gardens on the Yangtze Delta. This paper compares Kunqu Opera withclassical gardens on the Yangtze Delta, and analyzes the cultural background and contemporary landscape design. The result shows that imaginative character is a basic character of Chinese classical garden and it is of great value to contemporary landscape design.

Key words：Kunqu Opera; Classical Gardens on the Yangtze Delta; Imaginative Character; Contemporary Landscape

文化需要亲历，你走到园子里，绕着回廊曲桥走一遍，然后你会有一个想象力，一个整体性的想象力。

——陈丹青

"百戏之祖归昆曲"，"江南园林甲天下"，作为两项有着悠久历史的艺术结晶，昆曲与江南园林彰显着中国个性，赢得了世界的认可。二者根植于江南文化沃土，一脉相承，明清两代共同到达艺术的巅峰，之后却日渐衰落。20世纪，面对西方文化的扩张与入侵，昆曲与中国园林逐渐迷失，遭遇发展瓶颈。在寻找出口的过程中，实景昆曲演出与新中式园林陆续登场并在实践中曲折前进，对此，我们不得不思考，令昆曲与传统江南园林得以发展、兴盛的本质特征是什么？全球化语境下的中国景观如何立足当下，凸显民族个性，再创园林辉煌？

1　曲景交融——渊源

从产生、兴盛、衰败到成为世界文化遗产，昆曲与江南园林一路盛衰同步，共同发展（图1）。

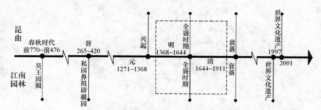

图1　江南园林与昆曲发展历程示意图

漫长的生命轨迹里，昆曲与江南园林互为背景，相互辉映。在江南园林中，昆曲与园林生活息息相关，充实了园林的内容，也影响了园林建筑的布局与设计。而在昆曲中，园林又激发了昆曲创作者的诗心意趣和创作活力，为一系列昆曲剧目创造了雅致的背景，"不到园林，怎知春色如许"，一草一木一石一水都为情节的发展创造了条件；"原来姹紫嫣红开遍，似这般都付与断井颓垣"，园景或烘托或反衬，融于人物悲喜中。

从昆曲与江南园林的表象特征来看，在创作手法上，二者都讲求浓缩、曲折与通变；在美学特征上，二者都兼具幽雅、细腻与婉约，然而，抓住这些表象并非就抓住了传统艺术的精髓。古时的昆曲尚能有处可去，有景可依；园林尚能有戏可演，有情可表，当代中国景观何去何从？

2　曲境园意——想象

可想象性，是在有限的时空内，通过提供多方位的感知，引发人们有深度有情感的联想和思考的一种特质，它关注人的认知，强调个性对于整个体验过程的意义。

在传统昆曲中，戏台上的一桌两椅是全部布景，但就是在这空荡的戏台，通过演员的道白、唱词、身段、极少的道具和配乐，演绎了人间悲喜；"一拳则太华千寻，一勺则江湖万里"，江南园林虽然受限在相对封闭的空间环境，却通过多种手法于无形中拓展了园林空间，包罗了河流山川，造就了如"戏"园林。

与西方歌剧、园林显而易见的震撼张力和场面相比，可想象性是昆曲与江南园林最基本、最深刻，也是最具有中国特色的统一性，正是这样的内在特质，使二者都在各自的小天地中演绎了变化无穷、内容丰富的大千世界。

2.1　时间的想象

昆曲：在昆曲表演中，常出现这样的场面——剧中人唱道："听谯楼，打罢了二更时分……"锣鼓一敲，就是二更，接着又唱三更、四更、五更，一段唱完，就天亮了[1]。这其中的时间变化，没有灯光布景的烘托，没有场与场的间隙，没有相应的演员动作，只有回响的锣鼓声和适当的留白，一夜就过去了。

园林：扬州个园以四季园中的春夏秋冬四景著称，其以不同特性的四种石材为核心，辅以植物、水体等元素，同时将大自然四季和一日内的光影变幻纳入考量——春景以石笋与竹构成；夏景以青灰色太湖石与水塘构成，假山内设有洞穴供人乘凉，太湖石表层在日光照射下所起的阴影变化有如夏日行云；秋景以黄石与古柏构成，山体向西建造以保证太阳西下时的景致；冬景以宣石与小圆孔构成，利用大圆孔与春景区形成连接，四时之景，周而复始[2]。

尽管有学者指出无法证明"四季"系造园者刻意为之，但可想象性关注的正是个性的体验过程，强调游园者在游览过程中各有心得。

2.2　空间的想象

昆曲：昆曲在表演时因故事情节的需要常切换场景，存在大量的空间虚拟。"三五步走尽天下"，演员可以轻快迈步便从小姐闺房到了如画园林，可以挥两下鞭便从京城到了边关，做划桨动作便是在江河上乘风破浪，小小的戏台不断切换于各种场景之中。

园林：无锡寄畅园依托良好的园址，将假山作为有如真山的余脉，通过巧妙的借景使园内空间与园外空间融为一体，充分收摄锡山、惠山的景色，使得园林空间得以最大限度地拓展与丰富；同时，利用惠山引水与山间埕道形成"八音涧"，营造身处深山感觉。

2.3　事物的想象

昆曲：在昆曲表演中极少运用道具，因此通常需要运用相关物件、动作等来代替某事某物，如以鞭代马、以桌代山，或是提衣举步代替上下楼梯，举起伞则代表下雨等。

园林：在江南园林中，叠山理水的初衷便是在有限的空间内纳入大自然的名山大川，起初，传统的叠山手法是以小体量的假山来缩移模拟真山的整体形象；而后，张南垣提出截取大山一角而让人联想大山整体形象的做法。

2.4　心理的想象

昆曲：昆曲表演程式中有很多意象化的因素，如《白蛇传·断桥》中白素贞唱"气满襟"时，先将两手掌心向上指尖相对平置胸前，以示胸中充满怨恨之气，然后两手齐翻掌向外，举向上方，表示怨气上冲[3]。

园林：作为补园十景之一，与谁同坐轩名字取自苏东坡"闲倚胡床，庚公楼外峰千朵，与谁同坐？明月清风我"词句，扇形亭比喻扇是招风的，亭前的水池使得明月倒映其中，亭后松树代表着松涛之风，如此亭名和亭景相

结合，一种清高孤傲的气质从中而来。

综上，在昆曲中，演员的一颦一笑、一举一动配合唱词、道具和伴奏，成为引发想象的关键；而在园林中，利用叠山理水、植被建筑乃至匾额楹联等组织与营造的空间则是无穷想象的来源。虽然昆曲与园林分属动、静态艺术，构成元素与表达方式大有差别，但都体现了以局部代整体，以有限的表达代无限的想象的可想象性，使观者在局限中获得无限的心灵自由。

3　曲由心生——情怀

3.1　可想象性的文化背景

诚然，昆曲与江南园林所呈现出来的可想象性在一定程度上是受到古时现实条件制约的结果，对二者兴盛的历史背景进行考察，有助于更好地理解可想象性。

明清两代是昆曲与江南园林发展的巅峰时期，晚明个性思潮波及思想文化艺术各个领域，直接推动了晚明文艺领域的尊情风潮。以汤显祖为代表的尊情论者，认为"情"是天地万物的生命，他认为戏曲因为饱含了"情"，所以在小小的舞台之上，能"生天生地，生鬼生神，极人物之万途，攒古今之千变"。这个"情"正是艺术创作的原动力和感化人心的力量之所在，是作品能够流传不朽的决定因素。由于思想解放潮流的推动和商品经济的繁荣，促使昆曲班及造园家日趋专业化，"情"与"法"的结合促使可想象性的发挥更上一个台阶。然而，昆曲与江南园林的主要受众始终是当时的士大夫知识阶层，清初，清廷实行文化专制政策，束缚文艺创作，打击江南的文人士绅，加上通俗文化的冲击，极大地约束了二者的发展，从此走向衰落[4]。

3.2　可想象性的当代价值

19世纪中期，中国经历了一个文化的断层，这个断层到了20世纪完全裂开，开始了一个非常急骤的现代化过程。传统昆曲与苏州园林相继成为世界文化遗产，面对新的发展机遇，昆曲开启了它的现代之旅——新的舞台表演中，舞美铺张奢华并加入西洋现代乐器；世博期间，实景园林昆曲《牡丹亭》在上海朱家角课植园上演，小小的戏台变成了实的园林，故事中的太湖石、牡丹亭全都有了实体布景，声光电技术和西洋乐器的加入将昆曲重新带进现代人的视野。园林与昆曲的结合，吸引了国人的眼球，热闹地传播了两项传统艺术，然而，看似完美的结合，是否也同时抹杀了二者的可想象性？

昆曲和古典园林渐行渐远，与它们一起被遗忘的是一种曾经属于中国人的生活方式，一种思想情怀，以情至上，安宁淡然，这种情怀无关于时代，它与我们的地域文化息息相关。

4　我国当代景观设计的实践

4.1　我国当代景观中的可想象性

面对传统文化的远去，西方文化的来袭，中国当代景观

的个性如何表达——有人执念于传统，留恋亭台楼阁、假山湖石；有人不屑于程式化的传统形式，盲目追求西方现代景观模式。实际上，我们应该留恋的，和我们不应放弃的，并非传统园林符号，而是它关注情感和思考的那份情怀，那份设计师由心而生，借助园林默默传达给观者的情怀。

方案模式化、批量生产、崇洋媚外、僵硬的符号化……这是我国当代景观设计的普遍问题，大量通俗无趣的景观雕塑、直白单调的景观空间、"洋气"的西式园林，都在向我们诉说着当代中国景观设计的迷失。在一切讲求效率的当下，人们很难被布景简单、慢吟低唱的传统昆曲所吸引，大众更多地倾向于有强烈视觉冲击的景观，地方领导希望依靠大手笔的建设获得认可，通过这些强烈的物质化产物产生兴奋与愉快；而设计师也很难像古代造园家一样千锤百炼出得意之作，在快速城镇化的背景下，国内景观设计师迎来事业的春天，然而面对接踵而来的项目和强势的项目需求，以及功能需求和审美取向都发生翻天覆地的大众，设计师往往机械地顺从设计要求，忽略传统园林的精神，导致设计缺乏地域特色，平铺直叙。于是，景观变成人们活动的户外环境，而不再是引发思考与情感的场所[5]。

4.2 我国当代景观可想象性的重生

可想象性并非单纯的感官体验，它最根本的吸引力在于其关乎思想与情感。笔者认为可想象性的塑造与提高主要有以下四个要点：

（1）虚拟：艺术源于生活，园林自然也是，景观设计应立足于所处地域，认识地域文化、了解地域环境、接触使用人群，只有真正地了解了现实情况，联系实际，才能创作出引人共鸣的景观；同时，艺术又是高于生活的，园林是生活的延伸，它应该成为人们释放情绪、进行思考的场所，过多的限制、明确的设定和具象的表达都会干扰个性体验，因此，在景观设计过程中应该适当地留白、虚拟，为观众和游人创造丰富的想象空间，避免强硬的灌输。

（2）传神：昆曲与江南园林都受制于某些程式化的规定，如昆曲中各行当的表演程式，江南园林中的幽深曲折理论等，这些程式本身仅仅只是形式，并不具有情感，只有当表演者和造园家融入个性，才真正鲜活起来。明代画家郑元勋在《园冶题词》中认为在造园中本就没有一成不变的规则，应"从心而不从法"。园林作为植物、构筑等的物质组合，设计师需要遵循一定的客观规律，但还要通变创新，景到随机，避免景观的生硬死板。如此，使园林成为设计师向使用者传情的媒介，通过使用者的体验与感受，园林得以被感知，得以"传神"[3]。

（3）巧借：想象力从来都不是空穴来风，因此在景观设计中，引发想象的媒介十分重要——正如昆曲中的马鞭，园林中的空间布局、构筑设计、植物配置等。媒介使用的关键在于清楚地了解想象的源起，以及对媒介的处理。通常，在园林中，引发想象的并非只是一个独立的事物，而是围绕一个核心，通过各种景观元素的配合与协调，精心营造的一个完整的空间。

（4）精致：留白并非意味着粗糙和简陋，精致，是景观设计过程中的反复推敲，是对景观设计中各个部分（包括气候、环境、植被等）的综合考量，它表现在核心元素与背景元素比重的把握，和对两部分的具体处理上。事实上，只有虚拟留白与深入刻画和谐并存时，才能更好地烘托核心，巧妙地提高景观的精神张力，也更加引人入胜，正如昆曲中的演员永远是戏台的核心，灯光、布景和配乐等都被尽量简化，从而使演员的表情、身段和唱词得以聚焦。

近年来，在不断地摸索实践中，我国也出现了一些优秀的设计作品。作为2007年ASLA设计荣誉奖获奖项目，秦皇岛汤河公园秉承对环境最小干预的原则，将红飘带作为核心元素，引入一条精心整合了包括漫步、环境解释系统、乡土植物标本种植、灯光等功能和设施需要的玻璃钢材料"红飘带"，来满足城市人的休闲活动需要，其他一切都一笔带过，从而用最简单的元素、最经济的做法和最少的人力创造了一个能够给人无穷想象的空间。

5 结语

时代的变化也许会带来功能需求、形象风格的改变，但是同一地域内人们的思想特质却是代代相传的[6]。因此，景观设计的风格可以变，空间营造的手法也可以变，然而景观的深层特质与思想情怀却是不能改变的，因为这是一笔财富，是令大众真正受惠以及在当今世界上亮出中国个性的关键。在面对当前的一些问题时，作为景观设计师，从真正创作的角度来寻找问题的答案才是最行之有效的，将"情"付诸园林传递给大众，发挥园林的引导作用，如此才能迎来中国景观的下一个兴盛期。

文化的断层是结束，也是开始，忘掉风雅唱段，忘掉亭廊水榭，只要记得我们的情怀，依然能够创造当代的如"戏"园林。

参考文献

[1] 于丹. 游园惊梦——昆曲艺术审美之旅[M]. 北京：中华书局，2007.
[2] 徐信阳. 春夏秋冬话个园[J]. 中国园林，1991(2)：6-8.
[3] 丁修询. 昆剧表演程式的本质、构成和运用[J]，1983(02)：49-59.
[4] 周育德. 昆曲与明清社会[M]. 辽宁：春风文艺出版社，2005.
[5] 周向频. 中国当代城市景观的"迪士尼化"现象及其文化解读[J]. 建筑学报，2009(6)：86-89.
[6] 周向频. 跨越园林新世纪——全球化趋势与中国园林的境遇及发展[J]. 城市规划汇刊，2001(2)：31-35.

作者简介

张翀，1989年5月生，女，土家族，贵州，上海同济大学建筑与城市规划学院景观学系，硕士在读，上海市风景园林学会教育专业委员会秘书（2011.9－2013.8），电子邮箱：changyu.z@163.com。

潍坊虞河上游生态修复及景观塑造^①

Ecological restoration and landscape construction in Yuhe River，Weifang

张德顺　刘滨谊

摘　要：河流生态系统退化是去城市发展的普遍问题，本文以潍坊虞河为例，采用治水与亲水功能并重、重塑自然环境、融合城市绿地系统、延展市民活动空间、丰富滨水景观等理念，以定量检测水质指标、选择乡土植物种类、优化植被类型、深化植物配置、凸显候鸟景观、量化景观效果为手段，通过水生生物系统的人工调控和自然演替已达到生态修复及景观塑造的目的。

关键词：生态修复；景观塑造；潍坊；虞河

Abstract：The river ecosystem degradation is a common problem in urban development. Taking Yuhe river as case study, some concepts as flood control and nature feature harmonization，urban green space system integration，activity space extension，waterfront landscape diversification are adopted，and measures as of water quality detection，native plant selection，vegetation type optimization，plant landscaping improvement，migratory bird highlighting，landscape feature quantification are taking in this paper. For the purpose of ecological restoration and landscape improvement，the artificial regulation of aquatic organisms and natural succession of ecosystem need harmonization.

Key words：Ecological Restoration；Landscape Construction；Weifang；Yuhe

随着粗放型城市化模式的快速推进，各种污染严重地改变了城乡居住环境。以水污染为代表的生态退化、景观劣化、环境恶化使得中国的许多城市逐渐失去了活力、魅力和秀丽。如何在当今风景园林的规划设计中解决生态逆型演替，景观低俗泛滥和环境污染加剧的问题需要深层次的思考。下面针对山东潍坊虞河上游生态修复及景观塑造的研究案例简述一下高密度人居环境提升园林品质的对策。

1　虞河概况

虞河发源于灵山，全长 80 km，是流经潍坊市区的三条河流之一，贯穿潍坊市区南北，向北入渤海，市区段全长 12.7 km。自 20 世纪 70 年代以来虞河一直是城区主要的污水排放干道之一，下游污染较为严重，多年来对周边居民的生产生活以及当地环境、生态、景观等造成了严重影响。近十年来政府多次试图解决污染点源治理、河道清淤以及控制面源污染等问题。由于规划滞后、雨污管道不分、市政工程各自为战致使河流的现状没有根本的改变。2011 年同济大学景观学系提出了"景观的虞河"、"生态的虞河"、"活力的虞河"的园林规划目标。从景观方面，沿河以芦苇香蒲等水生植物构成基调，打造如画般的（虞河）自然、文化景观，通过连续的水岸设计，完善城市的天际线；从生态方面，塑造生态湿地公园，结合并延续潍坊市和虞河的总体主题，恢复河道生态环境，调节城市气候，成为潍坊市的"生态之肾"，打造生态湿地的教育基地；从人类活动方面，强化城市社区生活与河流的联系，创造完整的滨水区旅游开发，同时对土地利用的综合开发产生互动效应。

2　虞河生态系统规划的核心理念

2.1　治水与亲水功能并重

水体是河流景观生态的核心，消除水环境污染，提高河流联通度，保持稳定水量，提升自净能力是河流滨水建设、雨季泄洪容量提升、亲水游憩增效的前提。历史上的城市集中排污，造成水体的严重污染。消除水环境污染要从改变两岸雨污合流的现状入手建立新的管道系统，做到雨污分流，从源头上截污。增加枯水季的上游水量，使得全年全流域径流量处在稳定水平，并提高河流连通度，防止污染源在静止水体中二次污染。引入湿地植物净化系统，达到治水的生态可持续化。改善流域自身污染，形成生态净化能力后，流域可为城市两岸发挥丰水季蓄洪，枯水季放流的稳定生态源库功能，为改善流域水环境现状，维护城市滨水景观提供保证。

滨水区的亲水性体现了自然和文化的双重含义：还原了人类亲近水体的心理感受，并体现了城市依水而居，提升当地文化品质的诉求。全方位提升虞河流域的亲水品质，提高滨水可达性，保障亲水安全性，最大限度满足公众的亲水需求，以提升形态、生态、心态的感受质量。

2.2　系统生态规划，重塑自然环境

提高水岸的自然度，尽可能恢复滨水原生生态系统，通过生态驳岸的恢复、设计，乡土植物的恢复和栽植，活水处理循环系统的辅助，达到最大限度的恢复和创造自然生境。现存河道的高质量湿地景观，是系统恢复和建立湿地系统的生态蓝本。河流湿地、塘库湿地、沼泽湿地、

①　基金项目：国家自然科学基金（编号：51178319；题目：黄土高原干旱区水绿双赢空间模式与生态增长机制研究）资助。

人工湿地等的因形就势可以帮助重塑整体河道自然生境，建立湿地自净化系统。

2.3 滨水景观与城市绿地系统融合

河流生态景观既是城市绿地系统的组成部分，也是生态廊道的重要承载着。河流域城市绿地系统结合可以创造出辐射力更强的核心滨水地段的脉络结构。通过滨水水岸原有的狭长带状结构的扩张，由此由线到面发展，增加滨水感知性、可达性，形成整体滨水城市绿化系统。

2.4 回归市民户外活动场所，延展城市生活的舞台

虞河上游位于坊子区境内，成为坊子区的核心生态河流，可以吸引整个潍坊的居民成为城市滨水活动区。基地上游村庄密布，与河流距离尺度亲切，滨水游憩活动可以使滨河景观回归市民户外活动场所。展示城市的公共活力，为公众的城市生活提供一个开放、平等的舞台，满足休闲、娱乐、健身、交流等多方面的需求。河滨作为城市生活中一个灵动变化的空间，需要在视点上、视线上、空间上保证舞台的通透性和可感知性，并营造可以贯通的人行廊道，如散步廊道、自行车廊道、宠物廊道等慢行系统，局部设计可供人停留。河岸作为一个以公共性至上的线性空间，结合各种城市活力事件，如集会、节日、演艺等，给枯燥的城市生活注入人气。

2.5 滨水风貌多样统一，河流景观步移景异

规划将虞河从上游到下游分为四个区，分别是城市后花园区，城市滨水景观区，湿地公园区，生态保育区。

2.5.1 城市后花园区

该河段周围分布较多的商业小区及村落。是市民较为集中的居住地，规划将其打造为城市后花园，作为居民生活休闲，交往运动的去处。

2.5.2 湿地公园区

该河段拥有人工形成的董家水库、响河子水库等大水面，又有自然形成的溪流跌水，水系的视觉景观较为丰富。驳岸并未进行建设，全部为自然的软质土石驳岸。规划将其打造成湿地公园区，进行水质净化及湿地科普教育。

2.5.3 生态保育区

该河段虽然河道较窄，现状植被情况非常好，且河道两侧有大量的农田及经济林，周围村庄远离河道。驳岸未进行建设，全部为自然的软质土石驳岸，规划将其打造成生态保育区，强调其生态价值，吸引各种动物栖息。

3 量化水质环境，园林规划定量化

3.1 水质指标定量化

水环境是风景园林的景观以来的主要造景元素，多年来园林工程只注重水岸形态的打造和水位稳定性的控制，水质指标的动态变化是园林规划成果的重要体现。2011 年 3 月在虞河规划之初就将煤矿矿坑水、温泉出水、董家水库、响河子水库、企业中水排放水进行了电导率、pH 值、浑浊度、色度、高锰酸盐指数、化学需氧量（COD）、氨氮（NH3-N）、铜、铁、氟化物（以 F-计）、氯化物（以 Cl-计）、铬（六价）、铅、氰化物、挥发酚、悬浮物、溶解性总固体、总固体、阴离子表面活性剂、动植物油等 20 项指标进行了检测。各项指标见表 1。

虞河地表水水质测定表　　　　　　　　　　　　　　　　表 1

指　标	单位	煤矿矿坑水	温泉出水	董家水库	响河子水库	企业中水排放水
电导率	ms/cm	2.2	3.2	3.04	3.04	3.1
pH 值		7.32	8.2	8.04	7.82	8.16
浑浊度	散射浊度单位/NTU	5.49	6.76	10.6	2.94	5.42
色度	铂钴色度单位	<20	<5	<40	<15	<20
高锰酸盐指数	mg/L	2.3	1.7	7.9	3.1	3.1
化学需氧量（COD）	mg/L	17.9	27.6	45.3	29.5	39.4
氨氮（NH3-N）	mg/L	1.19	0.99	1.17	1.56	1.18
铜	mg/L	<0.05	<0.05	<0.05	<0.05	<0.05
铁	mg/L	0.11	0.1	<0.05	<0.05	<0.05
氟化物（以 F-计）	mg/L	0.46	7.46	4.56	3.72	5.78
氯化物（以 Cl-计）	mg/L	258.3	814.7	680.2	658.1	772.6
铬（六价）	mg/L	0.024	0.015	0.061	0.02	0.017
铅	mg/L	3.2×10^{-3}	$<2.5 \times 10^{-3}$	4.0×10^{-3}	5.8×10^{-3}	$<2.5 \times 10^{-3}$
氰化物	mg/L	<0.002	0.003	<0.002	<0.002	0.004
挥发酚	mg/L	0.002	<0.002	<0.002	<0.002	<0.002
悬浮物	mg/L	20	14	22	12	14
溶解性总固体	mg/L	1506	1819	1574	1788	1754
总固体	mg/L	1579	1846	1645	1820	1806
阴离子表面活性剂	mg/L	<0.05	<0.05	<0.05	<0.05	<0.05
动植物油	mg/L	<0.1	<0.1	<0.1	<0.1	<0.1

风景园林规划与设计

参照中华人民共和国国家标准（GB 3838—2002），煤矿矿坑水、温泉出水、董家水库、响河子水库、企业中水排放水分别属于Ⅱ类、Ⅱ类、Ⅳ类、Ⅲ类和Ⅳ类水。董家水库、响河子水库、企业中水排放水三处的水质必须通过园林湿地的办法达到Ⅲ类水的地表观赏水体的水质标准。

3.2 乡土植物园林化

现存的植物种类多是河流原生地乡土植物，这些植物的就地保护和生态修复中的建群作用可以既提升景观水平，又改善水质生态质量。现存的主要植物种类见表2。

乡土植物分布情况 表2

名称	平均胸径/地径 (cm)	高度 (m)	平均冠幅 (m)	密度 (株/m²)	生长方式
垂柳	30	8	3	0.25	列植
旱柳	30	10	3	0.2	孤植、丛植
狗尾草		0.3			群植、混植
芦苇		1.7		30	群植、混植、丛植
香蒲		1.5		35	群植、混植、丛植
柏树	40	2	1	0.3	群植
泡桐	40	13	4	0.5	群植、丛植
杨树	20	9	2	1—2	片植、丛植、列植
桃树	30	2.5	3	1.5—2	群植、片植
柏树	40	2	1.5	2	列植、丛植
雪松	30	5	5	0.2	列植

3.3 植被类型景观化

在现存的植被类型中，主要分布着阔叶林地、针叶林地、经济林地、农田、灌丛、草丛等几种类型，这些植被的形式是园林植物景观的异质性特征，因地制宜的配置各种类型是实现植被类型景观化的重要途径。现状的植被分布情况见表3。

植被分布情况 表3

名称	主要树种	面积 (m²)	所占比例 (%)
阔叶林地	旱柳、垂柳、泡桐、杨树、桃树	120153	29.2
针叶林地	雪松	900	0.2
经济林地	桃树、杨树	226836	55.1
农田	小麦、苗圃	30814	7.5
灌丛	柏树	1399	0.3
草丛	芦苇、香蒲、蒿草	18299	4.4

3.4 园林植物配置形式多样化

在植物成分多样习惯的同时，配置结构类型的多元化是造景多样性的手段，常见的群落结构形式有，乔、灌、草、乔灌、乔草、灌草、乔灌草七种类型，虞河现存的群落结构类型调查见表4。

群落结构类型表 表4

群落结构类型	主要组合形式	面积 (m²)	所占比例 (%)
乔+灌+草	墓地、沿河混植缓坡	12192	3
乔+草	杨树林、桃树林	177833	43.2
乔	杨树林、桃树林、沿河乔木林、孤植旱柳、成排垂柳、泡桐等	151530	36.8
灌+草	墓地、沿河带	19296	4.7
灌	柏树林	1399	0.3
草	芦苇等水生植物丛、杂草丛、经济作物丛	49113	11.9

3.5 植物景观效果评价级差化

参考视觉景观敏感性的评价标准等准则，列出如下的评价标准。根据四个评价标准，以 15m×15m 为一个单元格进行分项打分，最后叠加成综合的分数。作为植物是否保留的规划依据。

植物景观效果评价级差化表 表5

评价标准	打分标准		
	一级（好）	二级（中）	三级（差）
与周边关系 (25%)	与周边建筑、河道关系融合，相映成趣	与周边环境和谐	与周边环境冲突，破坏景致
线条（树形） (25%)	树形奇特、优雅，植物群体线条起伏得当	树形、植物群体线条规整	树形不规整，植物群体不成轮廓线条
长势 (25%)	枝干粗壮茂密	枝干长势良好	枝干稀疏、倾斜、折断
色彩 (25%)	四季季相分明，花、枝、果形成不同颜色的景观，如桃树	四季会有颜色变化，如杨树	四季无颜色变化，如松树

3.6 候鸟资源景观化

树冠结构、树种的常绿性、食物的丰富度等因素都对鸟的利用产生影响。鸟类偏爱树冠大、常绿的树种。常绿树种树冠大，秋冬季不落叶，隐蔽性好，不易被天敌发现，不同鸟类一起栖息时相互干扰也少，可容纳较多不同种类的鸟类；既是常绿乔木，但树冠相对较小，栖息的鸟类种类少。鸟类冬季对树种具有选择性，明显喜好粗糙树皮的树种，粗糙树皮里面越冬昆虫和蛹比较多，而光滑树皮不能为越冬昆虫提供隐匿场所，鸟类很少光顾。

合理配置鸟类食源树种，顾及各季节、各月份间鸟类食物的均衡性，使一年四季特别是早春和冬季，有一定数量挂果，保证鸟类的最低取食需求。根据树木的果熟期、在树上保留时间的长短以及鸟类的喜好性，特别是冬季和早春结果的树种，如苦棟、女贞、火棘、枸杞、莢蒾、金银木、天目琼花等。

山东省是全国拥有最多的"全国自然保护区（鸟类部分）名录"的省，拥有长岛自然保护区、曲阜自然保护区、青岛市鸟类保护区等 34 个自然保护区，其中 15 个为候鸟（越冬）栖息地。故潍坊市周边鸟类资源充足，只要创造良好的生境，即能吸引到大量的鸟类，构筑出观鸟生境。据《潍坊市志》记载，潍坊市鸟类资源较丰富，全市有鸟类 16 个目，42 个科，104 属，212 中，其中留鸟 34 种，夏候鸟 55 种，冬候鸟 24 种，旅鸟 99 种。规划中结合观鸟建筑、观鸟沟渠、观鸟架空阁楼、茶亭、亲鸟林地步道等景点的设计可以构成、鸟类观赏区、林地游憩区、林地休闲区、鸟类体验区、鸟类保育区等于鸟类有关的功能景区。各种鸟类相关行为及所需的生境特点按鸣禽、涉禽和游禽三类在下表 6，鸟类保育区的群落类型表见表 7。

4 水生、湿生植物选择

水生、湿生植物是滨河湿地生态系统的主体成分，植物的选择与配置是提升水环境质量，改善水景观，稳定水体生态的核心。根据虞河的地域特点，植物选用湿地植物分为沉水植物、漂浮植物、浮叶植物、挺水植物、湿生草本植物、湿生木本植物六大类见表 8。

鸟类相关行为及所需的生境特点按鸣禽、涉禽和游禽表　　　　　　　表 6

鸟类品种	行为	植被环境	各项综合因素	总综合因素	各项植物	综合植物
鸣禽	营巢	落叶树种 阔叶林	林缘效应冬季风（用常绿树抵挡寒风）	植被盖度 微栖息地类型 连通性 周边用地 人为干扰浅水池面积 1—3m² 小溪宽度 60—150cm，深度小于 15cm，水池、小溪与森林、灌木丛相隔一定距离 水面有粗糙石头林地中部为高树冠树木，边缘以茂密灌丛为主		乔木：枫杨、榉树、榆树、朴树、杨、柳、悬铃木、枫香、棟树、水杉、刺槐 亚乔木：垂丝海棠、槭树、石榴、蚊母树、女贞、桂花 灌木：麻叶绣线、菊、棣棠、紫荆、木槿、小叶女贞
	觅食	周边乔灌木围合的空地 水边草地				
	活动	周边乔灌木围合的空地 水边草地				
涉禽	营巢	芦苇沼泽	浅水池塘 缓慢流淌的小溪 芦苇石滩 河床基底为软泥和硬泥地		柳树 枫杨 马尾松	芦苇
	觅食	植被盖度低于 75% 植物密度低于 700 棵/m² 湖泡 苔草湿地 小叶樟湿地 芦苇沼泽 草甸湿地 农田	距水较近 距道路 200m 以上		苔草 大叶女贞 芦苇	
	活动	芦苇沼泽				

鸟类品种	行为	植被环境	各项综合因素	总综合因素	各项植物	综合植物
游禽	营巢	针阔混交林 成熟阔叶林		森林溪流生态环境 开阔水草湖泊或河道宽度较窄 成熟阔叶林和针阔混交林中多石的河谷与溪流中隐蔽度高，距公路较远（some）对人类干扰不敏感（some）离水近	榆树 大青杨 甜矛	陆生植物：杨、柳、榆、绣线菊、毛茛、金莲花 挺水植物：甜矛、水问荆、芦苇、香蒲、蒿柳、沼柳、菰 浮水植物：狸藻、浮萍、眼子菜、慈姑、怀叶萍
	觅食	乔木胸径大 乔木高度高 灌丛盖度大 草本盖度大 乔木树龄大				
	活动					

鸟类保育区的群落类型表　　　　　　　表 7

	类型	特　点	作用	乔灌草
鸟类保育区	芦苇沼泽	芦苇群落的盖度80%—90%。以芦苇为单优势种、高度可达2—2.5m。伴生有香蒲和狭叶香蒲以及水葱等，水中有沉水植物狸藻。在季节性积水地段，常伴生有酸模叶蓼、旋复花和千屈菜等	涉禽鹤栖息地	草
	杂草草甸	这类草甸种类组成十分丰富，以地榆、裂叶蒿、野豌豆等多种中生杂类草占优势为特点。夏秋季节百花盛开，五光十色，十分华丽，又称为"五花草甸"。中生杂类草层片起建群作用，其中起优势作用的植物有地榆、裂叶蒿、莓叶萎陵菜、紫苞风毛菊、山野豌豆、蓍、小黄花菜、细叶百合、黄花败酱、沙参、珠芽蓼、直穗鹅观草、垂穗披碱草、散穗早熟禾，以及苔草属的一些种类	涉禽栖息地	草
	一般水边草地		鸟类饮水、觅食	草
	林缘处——乔灌结合	常首选落叶树种，从高大的乔木至矮小的灌丛，鸟类常按自身的体型大小和习性选择相适应的树种	鸟类营巢	乔灌
	林缘处——阔叶乔木	常首选落叶树种，从高大的乔木至矮小的灌丛，鸟类常按自身的体型大小和习性选择相适应的树种	鸟类营巢	乔草
	林缘处——灌木	常首选落叶树种，从高大的乔木至矮小的灌丛，鸟类常按自身的体型大小和习性选择相适应的树种	鸟类营巢	灌草
	围合空地	周围有乔、灌木围合的空地	鸟类栖息觅食	乔灌草
	林地	林地中部应以高树冠树种为主，同时注意植被中、下层的绿化，边缘以茂密灌丛为主。合理搭配鸟嗜植物，以保证一年四季都能为鸟类提供丰富的食物。另外，应考虑冬季盛行风向，相应地用常绿树或常绿落叶混交林来抵挡寒风，从而，为鸟类提供适宜的栖息环境	鸟类栖息	乔草

虞河生态修复水生、湿生植物名录　　　　　　　表 8

类型	名称	学名	科	花期果期	花色	环境作用
沉水植物	金鱼藻	*Ceratophyllum demersum*	金鱼藻科	花期6—7月，果期8—10月		吸N，降低水温
	菹草	*Potamogeton crispus*	眼子菜科	4—7月		吸Zn、As
	黑藻	*Hydrilla verticillata*	水鳖科		白	吸P
漂浮植物	槐叶苹	*Salvinia natans*（L.）All.	槐叶苹科			
	野菱	*Trapa incisa* var. *quadricaudata*	菱科	花期7—8月，果熟期10月	白	
	水鳖	*Hydrocharis dubia*	水鳖科	花果期8—10月	白	
	浮萍	*Lemna minor*	浮萍科	花期4—6月，果期5—7月		

类型	名称	学名	科	花期果期	花色	环境作用
浮叶植物	苹	*Marsilea minuta*	苹科			
	睡莲	*Nymphaea alba*	睡莲科		白、黄、粉红、红、紫、蓝	吸 Hg \ Pb \
	沼生水马齿	*Callitriche palustris*	水马齿科	4—8月		
	荇菜	*Nymphoides peltatum*	龙胆科	6—10月	金黄	
挺水植物	木贼	*Equisetum hiemale*	木贼科			
	石龙芮	*Ranunculus sceleratus*	毛茛科	3—5月		
	水田碎米荠	*Cardamine lyrata*	十字花科	花期4—6月，果期5—7月		
	千屈菜	*Lythrum salicaria*	千屈菜科	花期6—9月，果期9—10月		
	睡菜 ～	*Menyanthes trifolia*	龙胆科	花期5—7月，果期6—8月		
	水苦荬	*Veronica undulata*	玄参科	花期4—5月，果期5—7月	浅蓝色、淡紫色、白色	
	野慈姑	*Sagittaria trifolia*	泽泻科	5—10月	花白色、花药黄色	
	蒲苇	*Cortaderia selloana*	禾本科	9—10月	银白色花穗	
	芒	*Miscanthus sinensis Anderss*	禾本科	7—9月	白	
	芦苇	*Phragmites australis*	禾本科	7—11月	白	
	菖蒲	*Acorus calamus*	天南星科	6—9月	黄绿色	
	黄菖蒲	*Iris pseudacorus*	鸢尾科	花期5—6月，果期7—9月	花	
	灯芯草	*Juncus effusus*	灯芯草科	花期3—4月，果期4—7月	绿	
湿生草本植物	荚果蕨	*Matteuccia struthiopteris*	球子蕨科			
	皱叶酸模	*Rumex crispus*	蓼科	4—6月	绿	
	酸模	*Rumex acetosa*	蓼科	3—7月		
	无辣蓼	*Polygonum pubescens*	蓼科	7—11月	红	
	虎杖	*Polygonum cuspidatum*	蓼科	花期7—9月，果期9—10月	白或淡绿白	
	毛茛	*Ranunculus japonicus*	毛茛科	花期4—5月，果期5—6月	黄	
湿生木本植物	垂柳	*Salix babylonica*	杨柳科	花期3月，果期4—5月		
	旱柳	*Salix matsudana*	杨柳科	花期3—4月，果期4—6月		
	柽柳	*Tamarix chinensis*	柽柳科	花期5—9月	粉红	
	枫杨	*Pterocarya stenoptera*	胡桃科	花期4—5月，果期8—9月		烟尘、二氧化硫
	榔榆	*Ulmus parvifolia*	榆科	花期9月，果期10月		
	构树	*Broussonetia papyrifera*	桑科	花期4—5月，果期8—9月		
	丝绵木	*Euonymus bungeanus*	卫矛科	花期5—6月，果期8—10月	黄绿	

5 设置鱼道、重构河床微地形，为水生动物提供栖息地

河流设置的水坝、砂防大坝和堰堤等设施会阻碍鱼类的洄游和移动，使河内鱼类生存和生态系统受到影响。为了减轻或者解除这些横断建造物对鱼类的影响，需要专门设置了水路。这个水路被叫作鱼道。

5.1 鱼道现状中设置的原因

根据对于董家水库水坝的基地调查以及分析，认定以不改变董家水库水坝主体的情况下，通过鱼道的生物链接和人工湿地的水资源管理来实现水坝周边的生态环境改善和景观湿地营造，选择董家水库水坝进行鱼道设置主要有以下原因：

（1）虞河是一条由南向北流经的入海河，流入莱州

湾，最终汇入渤海。距离入海口约 60km。

（2）作为混凝土铸造的水坝，同时也是虞河上游段中长度最长的水坝，董家水库水坝对于河道中水生动物生态活动的阻隔是非常严重的，联通生物廊道显得非常的重要。

（3）地区水产资源丰富，典型鱼类共 12 科、46 种。洄游鱼类有鲤鱼、三角鲂、团头鲂、鲈条鱼等。

（4）周边环境适宜建设鱼道，同时可以结合竖向的人工湿地进行设计。

5.2 鱼道的生态模拟以及鱼道的类型

鱼道是模拟鱼类洄游是的路线进行设计的，同时，鱼道设计的过程中也应该考虑到自然河流中的水流情况。自然河流中，流水的扫流力量把河川内的固形物搬运到别的地方，然后堆积起来。这样的反复作用，使得河川内形成了水深较浅、流速较快的濑和水深较深、流速缓慢的渊。

通过模拟濑、渊的不同形式不同，鱼道有了不同的类型：

（1）渊式：在鱼道内设置多数大规模的隔壁，把鱼道内分成很多个大的坑，用这个来抑制流速，鱼类也可以在这个低流速的地方休息。在每两个隔壁之间的大坑内形成低流速区，相当于河川之中的渊，所以把它叫作渊式。这些连续的渊，用来解决落差问题，使得鱼类可以溯上。通常直线型的溢流堰式、部分溢流堰式、螺旋式鱼道和淹没孔式都属于这种类型。

（2）水路式：水路式与渊式不同，最基本的是没有如上所说的渊部的存在。局部的死水域或者环流域的存在使得鱼类很容易溯上。一般采取的方式是缓倾斜，在鱼道内或者侧部添加大石等突出物，以缓冲水流。一般不直接用于水坝或者堰的鱼道，而是迂回大坝、水坝、堰堤等阻碍物，把河川从上游通过水路引到下游。丹尼尔式鱼道和垂直缝式就是其中的代表。

（3）复合式：是以上两类结合起来的鱼道。

（4）其他形式：这里面有很多种类，比如：闸门式鱼道、机械升鱼鱼道等，借助机械的力量，把鱼搬运到上游。

（5）自然鱼道：利用石头等模仿自然河川所建造的鱼道，叫作近自然式或者叫多自然式鱼道。这两种微小的区别在于，前者是接近自然的鱼道，后者是在鱼道内增加自然要素。这两种形式鱼道的水流均是自然流下。粗石固床斜坡式鱼道就是其中典型的例子。

5.3 董家水库水坝中的鱼道设计

5.3.1 鱼道类型的选择以及结构

（1）主体结构：由于董家水库水坝上游河道较宽，下游河道较窄，河道两侧高差较大（常水位下达到 2m），坡度较小的鱼道无法达到使鱼洄游的目的，所以在鱼道的设计上主要采用的是渊式鱼道，即有大规模的隔壁来有效减缓水流速度的鱼道来达成水生动物的廊道联通。

（2）水位分级：董家水库水坝处鱼道通过设置隔板将上下游的水位分成 16 级，利用消能减速以及控制水流流量和缩短遇到长度等措施来创造适合于鱼类上溯的流态。

（3）隔板选择：在隔板的具体使用上，选择国内外广泛使用的旦尼尔（Denil）式隔壁，常用于施工期及天然障碍处过鱼。采用长方形孔口，为了控制适当的流速和流态，相邻搁板上的孔口采取交叉布置的形式。

5.3.2 进口布置

进口设计需要容易被鱼类发现，董家水库水坝鱼道在平面布置上结合了人工湿地，利用人工湿地中的跌水吸引鱼类，同时在河岸规划上扩大了鱼道正对区域水面面积，加深河床底部深度，使鱼群在这一空间中可以逗留，从而吸引鱼类至鱼道入口。

河流生态修复涉及规划、设计、生态、植物、动物、工程的各个环节，虞河历史上的复杂因素，使得规划要解决一系列问题难度较大，本文从生态系统规划的核心理念，量化水质环境，选择适宜水生湿生植物配置，设置鱼道为水生动物提供栖息地几个方面进行了论述。景观构建的手段方法还很多，随着项目的积累，各种工程措施还会深化和拓展。

参考文献

[1] 张德顺. 景观植物应用原理与方法. 北京：中国建筑工业出版社，2012.
[2] 刘滨谊. 城市滨水区景观规划设计. 南京：东南大学出版社，2006.

作者简介

[1] 张德顺，1964，男，汉族，山东，博士，同济大学教授，风景园林学，电子邮箱：zhangdeshun@yahoo.com.
[2] 刘滨谊，1957，男，辽宁，博士，同济大学教授，风景园林学；电子邮箱：byltjulk@vip.sina.com.

潍坊虞河上游生态修复及景观塑造

颐和园园林建筑布局理法浅析

Analysis of Layout Method of Landscape Architecture in the Summer Palace

张冬冬

摘　要：由于该园建筑的具体类型、位置、组合方式、前后变化等在《颐和园》等文献中已有论述，不再赘述。本文重点从园林建筑所依附的山水地形着眼，对于其主要建筑集群轴线处理、"南喧北寂"的建筑布局思想、建筑结合山水布局时采用的方式展开分析，从而阐述大型自然山水园建筑布局如何"依山为轴、以水为心、旷奥兼备"，以期为现代公园、风景区建筑布局规划提供一些有益的借鉴。
关键词：颐和园；清漪园；园林建筑；布局

Abstract：Due to the type, location, form of combination and the change of the architecture in the garden has been discussed in the "the Summer Palace" and the other literature, this paper focuses on the landscape terrain which the architecture attach themselves to. The study carries out its analysis from three parts, the disposal of axis of main building in the garden, the layout ideas of building— "noisy south and quiescent north", the method of combination of architectural layout with the terrain, to discuss how the layout of building of the large-scale natural landscape garden exercises the principle of "make the building axis according to the surroundings, harmonize the noisy and quiescent parts", in order to provide someuseful reference for the construction layout of modern park and scenic area.
Key words：Yi-He Yuan Imperial Garden；Qing-Yi Yuan Imperial Garden；Garden Architecture；Layout

在大型自然山水园中，建筑的规划布局往往要取决于已有的山水结构，即《园冶》说讲"宜亭斯亭，宜榭斯榭"[1]。颐和园及其前身清漪园体现了这种"依山为轴、以水为心、旷奥兼备"的总体建筑布局理法，在继承其前代皇家园林建筑功能性布局的传统之上，结合自身山水地宜创造了前山前湖主景突出、后山后湖曲折幽邃的景观感受（图1）。

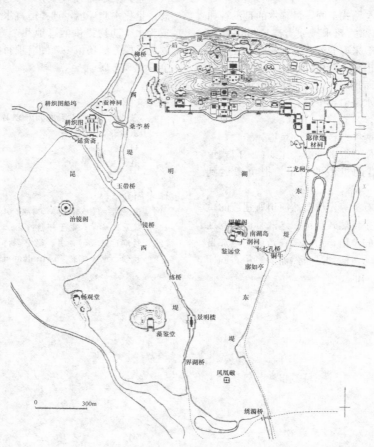

图1　清漪园建筑布局全图（摘自：《颐和园》，清华大学建筑学院）

1 颐和园主要建筑群的布局规划与轴线经略

1.1 主要建筑群的布局规划

该园主要建筑群分为朝寝区和以佛香阁为首的万寿山南北中轴建筑群两部分，建筑功能上前者为朝寝、后者为祝寿祈福。首先分析一下二者主从定位。乾隆曾就该园而讲"过辰而往，待午而返，未尝度宵[2]"，且乾隆修建清漪园之初为避非议，首先利用兴修水利、为母祝寿作为开端。在万寿山清漪园记中乾隆说道"盖湖之成以治水，山之名以临湖，即具湖山之胜概，能无亭台之点缀乎?[2]"，成景重点不得而知。

然后从该园地理与山水环境来看。清代帝后夏季多居圆明园、畅春园，而瓮山（万寿山）东端则正好居二园西侧，来路便捷。因此，作为该园入口之一的东宫门适宜布置朝寝区。背山面湖，沿山体最高点垂直于山脉大致的东西走向朝南布局，成为主景建筑最佳选址。此前曾有明代圆静寺位于该处。而不同的是，西湖（昆明湖）经拓展之后濒临瓮山，前山几乎完全面向湖面，整个前山前湖则如众星拱月一般围绕佛香阁建筑群形成朝揖之势，构成一种主景突出的吸引力。而万寿山南北中轴建筑群中处于从属地位的后大庙则位列后山（图2）。但问题又随之而来。

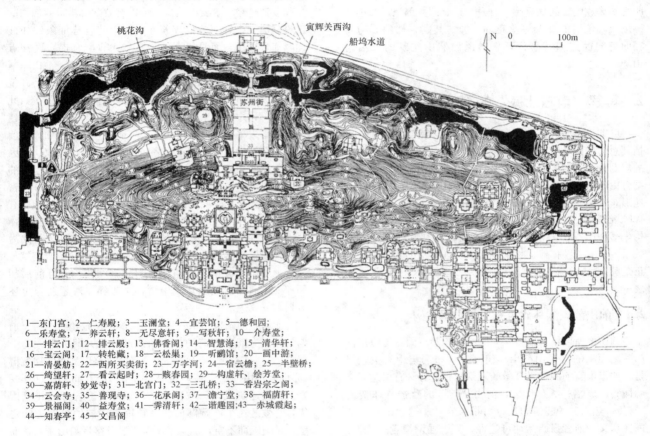

1—东门宫；2—仁寿殿；3—玉澜堂；4—宜芸馆；5—德和园；
6—乐寿堂；7—养云轩；8—无尽意轩；9—写秋轩；10—介寿堂；
11—排云殿；12—排云门；13—佛香阁；14—智慧海；15—清华轩；
16—宝云阁；17—转轮藏；18—云松巢；19—听鹂馆；20—画中游；
21—清晏舫；22—西所买卖街；23—万字河；24—宿云檐；25—半壁桥；
26—绮望轩；27—看云起时；28—赅春园；29—构虚轩、绘芳堂；
30—嘉荫轩、妙觉寺；31—北宫门；32—三孔桥；33—香岩宗之阁；
34—云会寺；35—善现寺；36—花承阁；37—澹宁堂；38—福荫计；
39—景福堂；40—益寿堂；41—霁清轩；42—谐趣园；43—赤城霞起；
44—知春亭；45—文昌阁

图2 万寿山地形与建筑结合布局图示（摘自：颐和园理水艺术浅析，孟兆祯）

1.2 宫寝建筑群的轴线变通

前朝后寝为何没有选择像承德避暑山庄一样的中轴对称、前后布列呢？首先，东西向一字布列问题。如若紧靠瓮山东南侧，则难以通过先经朝寝建筑围合后见广阔湖景，从而达到欲扬先抑、豁然开朗的空间对比效果。而且由于角度问题，同时也无法在朝寝区序列结束后达到一览前山主景的目的。如若留出观景角度，将整个朝寝区布置在现今东宫门仁寿殿一线，又将致使轴线过长而疏远万寿山，有失全园结构的紧凑性。还有一点就是，建园之初利用挖湖之土堆筑于前山东南部，使得前山回抱兜转，弥补了前山的单板山势，但这也为朝寝建筑布局带来

难题。然而，最终采用的这种轴线变通布局方式，不仅有效地避开了山体，而且利用人工山道塑造的多条狭窄空间，进一步放大了欲扬先抑的空间对比效果。而且轴线转弯后的寝宫濒临水面、朝向良好，湖岸东侧滨水建筑距离主景佛香阁距离适中、得景甚佳[3]。此外，前述布局方式的诸多不利因素也因此迎刃而解。

1.3 万寿山南北中轴建筑群的轴线调整

前后山主体建筑群（排云殿佛香阁建筑群与后大庙建筑群）同为中轴对称为何轴线错位呢。首先前文已经讲到，前山主体建筑群因山脊为轴[4]、以求高敞，从而便于统摄全局。但后山情况相反，意图营造曲折幽邃的大环境

（后文将继续阐述），因而以山谷为轴[4]、以求遮掩。因此后山主体建筑群中轴据山势地形布局，较前山中轴偏东。而且从后山总体来看，这一位置也略微靠近后山正中，毕竟后大庙是为后山最为重要的建筑。其次，前后山主体建筑群以万寿山东西向的主山脊为分水岭形成相互遮挡，因此二者轴线基本互不影响。最后，智慧海位于万寿山最顶峰成功地衔接了二者轴线的转换。作为前山建筑群轴线最后的收束，智慧海位于轴线正中，连同排云殿、德辉殿、佛香阁、众香界从侧面形成了一道起伏变化的天际线，丰富了万寿山前山形体，并加强了这一轴线的隆重感，配合转轮藏、宝云阁又突显了盛大的气魄。作为后山建筑群轴线最终的收束，智慧海位于轴线正中西侧最上端，汇聚了游人的视线与行径，干扰了须弥灵境、香岩宗印之阁形成的轴线规整感。日月二殿、四大部洲、八小部洲以及四色塔的高低错落布局，加之其间自然山石与石径曲折向西连向智慧海，更透漏出后山建筑的灵活与山趣。

2 再解"南喧北寂"的园林建筑布局思想

此前许多研究谈及颐和园时多采用"南喧北寂"来概括其总体的园林游赏体验特征。从实地踏勘来看，清漪园的规划设计意图的确着着"南喧北寂"的用意。建筑布局结合山水形态在其中起到了决定性的作用。但是，在针对地形布置园林建筑时，前山建筑并非均为突显形体而选择旷观开敞的山脊地带，后山建筑也并非为寻求幽邃而均坐落在山谷凹陷之地。其中建筑布局有着辩证统一的关系，在有着整体倾向性的同时又存在丰富的变化，这也正是乾隆对于清漪园日涉成趣、百转不厌的关键原因之一。

2.1 前山前湖园林建筑布局与山水结构

前山之所以给人以"喧"的游赏体验，固然与由东宫门一路而来的万寿山前山建筑众多、布局集中有关。但是，如果没有前湖提供开敞的观景视野，势必有损这一空间体验的成倍扩大。所以，前山"喧"的营造并非蛮借"密集、热闹"的建筑布局，而是兼有"旷达、统一"的内在意义。前者强调活动可达性，后者强调视觉通透性。因此，首先绝大多数前山建筑未随山体等高线自由布列，而是几乎完全一致地朝向湖面，将视野得以从密集的建筑群体与山体中释放出去。同时，这种轴线朝向平行处理又意在做到无论从前山哪座建筑望去，都能够看到以南湖岛为心、西堤为辅的广阔湖景。这样，使得游人无形中感受到了前山建筑的统一性。其次，这种统一性又在佛香阁与前山绝大多数建筑俯仰相借的对景视线中再次加强。另外，建园之初万岁山树木稀少，平行于排云殿佛香阁建筑群轴线布列其他建筑，有利于营造整体形象的隆重、热烈之感。当然随着树木的生长，山麓、山腰许多建筑已都淹没在了树荫之中，一定程度上影响了部分建筑的观景视线。但是，树木统一了前山的色彩基调，对比之中突出了主体建筑，加之沿岸护堤、栏杆与长廊，将前山建筑统一为一体。此外，与前山建筑一致望向湖面一样，湖区地

带也近乎随处可见主景突出的佛香阁建筑群以及其他建筑点染。正是这样两相对比以及前山建筑布局的统一性，更加强化了前山"主景突出、统中求喧"的印象。

所以，从另一方面对比看来，我们就不能简单地理解颐和园的空间体验为"南喧北寂"了。同属南部的前湖区域相对建筑众多而整体连贯的前山区域就明显具有"旷中存寂"的特点。其一必然因为前湖建筑稀少、人迹罕至，其二则因在远离前山的旷达空间中与前山建筑群鲜明的对比所致。

另一方面，前山并非一味追求"喧"。其一，我们知道，欲求视野开敞、建筑醒目，必选高敞之地。然而前山除佛香阁、画中游与景福阁外多处高地未建建筑。其中位于佛像阁东西两侧，且距离大致相等的两处山脊线地带，高程较转轮藏、宝云阁略低，可以有效配合排云殿佛香阁建筑群形成中轴对称的建筑布局，但建筑选址条件如此优越却未选用，而是留下两处自然山脊配合佛香阁高点形成了如同太师椅两臂一般的前抱态势。其二，前山东区的福荫轩选址于山腰陡壁之下。而紧邻其西北角上方位的燕台大观石刻则正对南湖岛涵虚堂建筑群轴线，如此佳妙的得景之地亦未选择。其三，云松巢与写秋轩两组建筑组合均未采用高台突出的手法，而是选址位于山坳、前有地形合抱的地带，有意营造一种闹中取静的气氛。正因为有着这两组建筑前的山体突出，而将前山山麓建筑的密度加以调整，形成了长廊建筑群连贯而山麓建筑疏密有致的节奏变化。所以前山建筑布局规划遵循着"喧中有寂"、"旷中存幽"的原则，这样才能避免建筑布局空间体验的单调性，进而烘托主景建筑的突出地位以及前湖沿岸一线建筑群体的动态空间。此外，前山西区的听鹂馆与其后上方位的画中游两组建筑组合轴线错位，且前后相邻却要侧面循山经通达画中游，这些都在着意迎合上述规划布局思想。

而后，前湖也并未一片空白。前山主景建筑群对于前湖的控制力随着距离的加大而逐渐减弱，湖中三大岛上建筑、景明楼、畅观堂与耕织图景区也略以佛香阁建筑群（亦即万寿山前山中轴）为中心，呈弧线状布列。这样一来三大岛建筑成为区域性主景，辐射湖区各部或相互因借，有效避免了广阔湖面和漫长堤岸造成的单调乏味之感，是为疏而不空。二来又不至于过分接近前山主景，而造成景象臃肿，从而减损前湖的开阔疏朗之感。

2.2 后山园林建筑布局与山水结构

同理，后山的"寂"也并非单指"稀少、冷清"，而同时兼有"分散、遮掩"的含义，从而塑造了幽邃、郁闭的多样空间。首先，后山湖面狭长成河泡状，总体形势水随山转略似弧形。诸建筑组合的轴线朝向则依山体等高线的大体走向，背山面水呈发散状布列，亦无统一轴心。而后山建筑选址高程不一，朝向的北岸近有后湖北岸人工堆山遮挡，远无广阔统一的湖景，虽前有红山口双峰资借却偏居西北向。因此后山建筑也就没有了共同的焦点景象，只好各自为营因地制宜地以求借景。其次，后山建筑借人工造山夸张原有地形，形成了相互分割的局面，阻断了后大庙主体建筑须弥灵境（现因未复建可以视作香

岩宗印之阁）对于后山全局的控制性作用。在局部建筑组合布局中，如：绮望轩、澹宁堂也都利用人工造山夸张地形的手法，在其周围形成局部环抱之势以求遮掩。再次，前山建筑布局大体上呈反"L"形走势，建筑与交通密切结合而居于沿岸一线，因此可以做到首尾顾盼。而后山沿湖建筑布局未成连续状，沿湖山麓及交通迂回曲折，加之山势总体所成弧度又对沿湖建筑间造成了转角遮挡，因此后山建筑难以形成首尾顾盼。另外，园址的界定到后湖北侧堆山为止，距离较近、空间不足而无法一览后山建筑全貌。以上建筑与山水地界结合的做法均有效地形成了后山后湖不同于前湖的另一种"寂"的空间性格——"曲折幽邃"。

最后，后山后湖建筑布局也有着一定的"寂中存喧、幽中见旷"的特点。后溪河苏州街就是典型的一例，通过压缩建筑进深与开间而在狭长的空间布置了大量的建筑，营造了一段闹市。但是规划设计者又巧妙地通过开凿山体、河流转弯，将其嵌置于后溪河凹陷的河道两侧，合理地避免了这种气氛的蔓延。后大庙为后山主体建筑，在后山诸建筑群中占据绝对的分量，成为后山景观的核心高潮。与此同时，设计者又通过选址谷地为轴、降低头号建筑须弥灵境基址高程，缩小轴线上端香岩宗印之阁、四大部洲等建筑体量，并分散布置，在一定程度上协调了后山整体气氛。构虚轩与花承阁是后山除主体建筑群外为数不多的两处人工加筑的开敞高地，从而可以获取开阔的景象。此外还有云会寺、善现寺的某些局部位置也有开敞的视野。但由于地形的弧形前突式展开，又多地形起伏，加之建筑少而分散、树木茂密等原因，后山即使可以"寂中存喧、幽中见旷"，但是又被统一在了"曲折幽邃"的整体感受之中。

3 建筑结合山水布局时采用的方式

具体到单体建筑组合布局时，我们会发现，中国古代单体建筑平面多呈规则式构图，这与自然山水的地形构造难免发生不便，但颐和园的建筑组合布局犹如山水间生长出来一般，与曲折有致的山水地形形成了紧密的联系。下文将继续阐述在协调不同山水地形高程时，颐和园的单体建筑间的组合布局都或多或少地结合采用了哪些方式。

3.1 造台

造台一是为建筑布局提供水平的基础，二则可以通过体量增大而塑造醒目的建筑形象，同时提供开阔的视野。园中较为典型的两处大型高台位于佛香阁与花承阁。二者形体一方一圆，但都紧密结合地形。佛香阁高台由于构筑在大规模人工开凿的自然山体之上，因而利用人工掇山来协调台基与山体的关系，但因整组建筑群对称而较规则布置山石稍显单板，略逊于其后侧山石处理方式。花承阁半圆形高台坐落在地形舌状凸起的坡地，但从台下可以看到山体土壤随高台侧壁自然起伏。此外造台还有众多案例，形状大小不一、台基与山体衔接方式各异，但做到犹如从山水间生长出来一般则为造台最高境界。

3.2 挡土墙

挡土墙是为建筑组合开辟水平基础的另一种方式，常结合造台使用。挡土墙的塑造一来可以利用天然山石，二亦可以采用人工山石堆筑，二者都起到了护坡作用但又无损自然面貌。天然山石挡土墙成功的案例如清可轩后山石，不仅山石嶙峋且景面文心，结合诗词石刻传达了园主人的造园意境。写秋轩后挡土墙采用块状房山石错落堆筑，自然曲折布局不仅协调了整个建筑群与山体的衔接而且组织了护坡排水。

3.3 分进

分进其实是结合了前二者的综合手段，有院落式分进、台地分进等多种形式，且亦可结合使用。院落式分进如排云殿佛香阁、后大庙建筑组群等，以合院的形式坐落于山体之上，其中轴对称的布局在塑造庄严、隆重的性格基础之上又多了几分自然的变化。台地分进如画中游、转轮藏等，除具有开敞的视野外亦具有前者特点。

3.4 错落分轴

错落分轴可作主次双轴或多轴处理，是山地建筑体现活泼与山趣气氛的因素之一。赅春园味闲斋组合、云松巢邵窝组合等成功地运用了这一方式，营造了饶有兴致的山居园林建筑。此外，古代单体建筑多为平行或垂直组合，其实完全可以在此基础之上进一步做呈倾斜交角的自由组合。这一点在后溪河苏州街最东端有两处小建筑最为典型，二者沿东桃花沟溪涧入河的喇叭口两侧布局，自然而然地做到了苏州街建筑群与桥础陡壁的衔接。

3.5 其他衔接构筑物

以上单体建筑布局方式在实际组合时仍串联使用了如下构筑物，如廊道、梯阶、桥体、洞穴等。这些构筑物结合地形起伏不仅起到了各建筑空间的交通联络作用，同时也丰富了建筑组合的形体，塑造了多样化的空间感受。而墙体这一构筑物则用来分割空间，但绝妙之处在于它并不会对山势造成分割。例如谐趣园澄爽斋南侧，万寿山东麓余脉一角深入园内，园墙爬山而过，并未对其采用切割的做法，从而使得园内一死角却变得饶有趣味。

此外还有，前屋后楼、柱础高下错落支撑建筑等方式都为建筑组合布局密切联系山水地形提供了灵活的方式。

4 结语

综上所述，"依山为轴、以水为心"不是一个具象的描述，不是死板地告诉我们只能以山脊或山坳为轴线布置建筑。而是因借山水结构、营造目的，因地制宜地利用人工与自然结合的多种方式布置轴线、布局建筑。"旷奥兼备"则应理解为具有明确性格倾向的山水与建筑布局理法，其中存在着辩证统一的哲学。而颐和园的园林建筑布局为这一理论提供了丰富的例证。当然随着现代科学技术的发展，如大挑伸与岩土建筑等完全可以更加丰富这种因山构室的内涵与形式，为追求"虽由人作，宛自天开"的中国园林建筑做出新的发展。此外，现代公园因为时代需求不同，而对于建筑的需求不再会像明清园林那样众多，但如何利用有限的建筑配合山水地形营造园林景观多样化的空间体验，这一方面，我们仍需广泛借鉴古典园林的智慧。

参考文献

[1] （明）计成著．陈植译．园冶注释[M]．北京：中国建筑工业出版社，1988.
[2] （清）于敏中等著．日下旧闻考[M]．北京：北京古籍出版社，1983.
[3] 周维权．颐和园的前山前湖[J]．颐和园管理处．颐和园建园 250 周年纪念文集．北京：五洲传播出版社，2000(7)：86-105.
[4] 孟兆祯著．园衍[M]．北京：中国建筑工业出版社，2012(10)：187-192.

作者简介

张冬冬，1987 年 10 月生，男，汉族，河南焦作，北京林业大学在读博士研究生，研究方向为风景园林规划与设计，电子邮箱：177792714@qq.com。

浅议《园冶》地形处理手法及影响

Discussion on the Technique of Landform Treatment in *Yuanye* and its Influence

张 浩

摘 要：《园冶》是中国第一部有关造园艺术理论的著作，为后世的造园实践提供了理论支撑和实践依据，然而书中没有系统地分析地形处理的手法特点。本文以《园冶》为基础，以地形处理为出发点，首先分析书中涉及处理地形时，作者所采取的原则以及地形处理特点，然后详细阐述地形改造对于园林水体、园林植物、园林建筑、园林空间的影响，最后总结《园冶》地形处理对于园林设计的指导意义。

关键词：《园冶》；地形处理；园林空间

Abstract：*Yuanye* is the first book about art theory of garden in China, which provides theoretical support and practical basis for garden works later. But the reforming characters isn't expounded systematically in the book, so based on *Yuanye*，the paper analyses the principles that the author of the book adopts and the characters of landform reforming when the author is faced with it in the book, Then illustrate the influences of landform reforming to water，plants，architectures and landscape space. In the end, the paper summarizes the instructive significance of landform reforming to landscape architecture.

Key words：*Yuanye*；Landform Reforming；Garden Space

1 引言

《园冶》是我国 17 世纪杰出的造园学家计成的一部经典著作。它具有划时代的意义，在中国造园史上占有重要的地位，是被后人公认的中国第一部有关造园艺术理论的著作，是中国传统宜居思想的精华。集中体现了传统造园艺术的思想，为后世的造园实践提供了理论支撑和实践依据。园林地形作为园林设计的构成因素之一，对于园林景观有着重要的意义。本文试图分析《园冶》中作者对地形的理解以及地形处理原则和地形对其他园林要素所产生的影响。

2 地形概述

地形一般按其地貌分为山丘、山冈、山坳、坪台、峡谷、盆地等等，对园林布局和用地组织影响较大[1]。《园冶》中提到的有关地形的描述有以下：丘、壑、山、峦、池沼、溪、涧、岩、岭、堤、麓、平冈、曲坞、台、洞、峰、瀑布等。因此《园冶》中提及的地形都是小地形的概念。

地形、水、植物、建筑是造园的四大要素。它们相辅相成，共同形成园林景观。一般说来，凡是园林建设必须首先通过土方工程对原地形进行改造，以符合人们的使用需求；再接着进入下一阶段的设计。地形是构成整个园林景观的骨架，也是其他诸要素的依托基础和底界面，地形布置和设计的恰当与否直接影响其他要素的设计。

3 《园冶》地形处理原则

园林地形是自然的一部分，地形处理直接影响到园林的风格、景观构成以及造园方法。经过分析归纳得出《园冶》中涉及地形处理原则有以下几点：

3.1 因地制宜，顺其自然

计成提出，造园地形处理：高不铲、底不填，顺地势建造构筑物，保持原有地貌。顺应地势的变化，设置建筑物、道路等，使其符合自然规律；溪流泉水，亭台楼阁，均若自然天成一般。

书中在谈到园址选地时讲道："园基不拘方向，地势自有高低；……，欲通河沼"、"高阜可培，低方宜挖"；用土方平衡的原理来控制场地的土地分配，从而获得高低错落的空间构成。计成指出：根据地形地貌的不同，可以把适合建造园林的地形场地分为六大类。即山林地、城市地、村庄地、郊野地、傍宅地和江湖地。而计成认为山林地最好；因为山林地有高有低，有曲有深，有峻峭的悬崖，或者有宽阔的平地，本身就形成了天然的雅趣，无须劳烦人力物力[2]。这反映了计成依托现有地形利用现有状态建造生态园林的思想，这种观念是创造与自然和谐相处、富有艺术美、生态美、人文美的园林作品不可或缺的指导思想。在颐和园中堆土成山的万寿山，在山顶的佛香阁俯瞰昆明湖和前山的景色；苏州拙政园的中部水景结构，是利用原有地形地貌进行开发建造，其间的山石水体，花木建筑相互掩映，构成富有江南水乡风貌的自然山水景色。

3.2 脉络清晰，形态完整

中国古代山水园林布局讲究山环水抱，山体主从分明，水体聚散有致。园林山水的脉络清晰自然，是指依据山石脉络走向和水的源流走向来组织园林山水，在总体布局下，能够让人清晰地了解到整体形势走向[2]；形态完整是指园林地形不应该是孤立的，山峦池沼是群山环绕、流水回环，或者园内外地形有联系，形态表现上能够完整，不至于突兀。

"障锦山屏，列千寻耸翠"，说的是重峦叠嶂如同锦绣屏风，门前高耸一列千寻翠景。从地形本质上分析，能够形成锦绣般屏风，能有一幅壮观的绿色画卷，则是山峦连绵的作用，是地势脉络完整所形成的景观，倘若地势孤立，内外无联系，则会形成中断的空间。同样在借景中讲道："高原极望，远岫环屏"，表达的意思与前者一样。在其中计成讲到他认为假山就要借真山之形，一拳代山，一勺代水，模仿真山之余脉，这样的假山才有灵气；而这种假山的堆叠能够充分吸收大自然山川地势的特点，能够十分逼真的表现其意境，在整体构图上也是完整的，形态值得品味[3]。无锡寄畅园中的假山是最好的例子，惠山东麓的一支余脉延续到寄畅园西壁，并有数点山岩突入院内。造园者借鉴真山走势，来造假山，模仿惠山，使假山的纹理脉络与真山相同，真真假假浑然一体。颐和园的万寿山在整体空间布局上也是燕山山脉的余脉，从而整体的形式是在延续中国自然地形的特征，宏观上丰富了全局空间。

水体走势在《园冶》里面多处提到，"依水而上，构亭台错落池面，"这指的是流水两侧的景观布置。"卜筑贵从水面，立基先究源头，疏源之去由，察水之来历，"所描述的是水体的走势，水体连接园内外，成为活水形态完整；水脉的设计在古典园林里面是核心内容，即所谓"无山不园，无水不园"。因而地形走势对于园林整体布局有决定性的意义。

3.3 功能优先，符合需要

功能与形式这个是现代园林设计不可回避的问题，到底如何将功能与形式相结合是现在风景园林从业者一直思考的问题。而在《园冶》之中关于在处理地形的时候满足功能的论述有很多。"高方欲就亭台，低凹可开池沼"说的是在高处建造亭台楼阁，低处挖池成沼，这在改造地形的同时满足的欣赏的功能，能够在高处形成一个相对制高点，俯瞰景色，尽收眼底[4]；低处做成池沼，则形成水景，水面聚散有别，水面空间丰富多样。

"余七分之地，为叠土者四，高卑无论，栽竹相宜，"意思是说十分之四的面积由来垒山，而不论山的高低，以种植竹子为好。在山坡上栽种植株既可以增大绿地面积，同时也可以围合空间，使空间变化不一；竹子根系发达，可以利用植株的根系，起到护坡作用，南方多雨，水流冲刷，对于垒土而成的地形这种手法起到保护的土壤的作用。建筑地基随地形而定，蜿蜒曲折，高低错落，爬山廊等都是利用地形，满足功能需求，同时丰富园林空间。总之，地形的处理要符合功能要求，同时也要美观，符合

"主人"的设计思想。

3.4 经济节约，资源节省

园林地形处理需要人力物力，完全依靠自然地形不加修改就不是设计。然而以最小的人工干预去设计，这既符合生态的需求，同时也节省资源，是双赢的策略。计成推崇的山林地具有地势、生态、植被及自然风光等等的优势，可以减少人为对环境的干预，因地制宜，节约了大规模改造地形的成本。在现代园林设计之中做到土方平衡，减少外运内送土方量，挖湖堆山，本身就是互相满足又省运距的措施；南缓北陡，也是符合堆填的施工循序[5]。

4 园林地形处理对于其他园林要素的影响

地形的处理对于园林各种功能都有着举足轻重的作用，地形与其他几个园林设计要素有着密切的联系，而且地形对于整体空间的营造也有影响。

4.1 地形对水体的影响

地形对水的影响，主要有两方面。一方面为对水体布局的影响，《园冶》里面讲到"开池浚壑，理石挑山"，是指开凿池塘，垒土堆山，叠山理水。往往堆山的位置是与水池的位置相邻，形成一个制高点，建造亭台，作为观景点，因此营造出山环水抱、山水相依的格局。昆明湖的水域面积经过改造之后才呈现现在的布局，万寿山经过改造才得以能有如此之高，佛香阁才能成为制高点。

另一方面是对造园之中排水的影响。古代城市排水主要为河渠，古代以河渠为城市排水干渠，密度大，行洪断面大，调蓄系统容量巨大，管理好，主要是存在于大城市之中[6]。因此下水道排雨水的设计在古代没有普及；园林中排除地表径流，基本上有三种形式，即：地面排水、沟渠排水和管道排水，三者之间以地面排水最为经济[7]。而且在私家园林或小型园林之中排水的方式主要为地面排水。因此地面排水则离不开地形的作用，有地形、有坡度方可排水。"人奥疏源，就低凿水"、"依水而上，构亭台错落池面"等等；这些都是对水源水流走势的描写，水往低处流，这是自然界的规律，那么就有了地形的高低之分，水流而下，汇集在低处，所以讲到"高阜可培，低方宜挖"，在低处挖池，是蓄水的做法，对于排水有重要的作用。

4.2 地形对植物的影响

地形对于植物的影响分为两方面；首先两者之间互相烘托，突出形式美。"选胜落村，藉参差之深树"，幽静胜景可以通过高低的密林来表现；高低的密林可以通过地形变化来营造，山体的景观就丰富了。绿化种植时要烘托山形，山上种植高大乔木，山下要控制树木生长高度，或者留部分疏林、草坡，景观比例上就会有很大变化，在高处种植高桥可以烘托出山体的高大，增加巍峨的感觉。

其次地形的不同会使得土壤的水分性质存在相应的差异，土壤可分为干性土壤、湿性土壤、中性土壤，从而植物的选择就应当因地制宜，在不同的土壤条件下选择

不同习性的植物[8]。"插柳沿提""结茅竹里，浚一派之长源"，在挖湖堆堤之后根据水分的需要，柳栽种在湖堤上，柳的姿态婆娑，清丽潇洒；也是按照垂柳耐旱耐湿的特性，湿生阳性树种，适应性强，易成活。而竹子也是对水分、热量要求高的植物，在水源附近，符合自然规律。

4.3 地形对建筑的影响

中国古代园林建筑形式多样，体态轻盈，飞檐起翘，建筑布局视线通透，能够灵活的布置在园林之中，园林建筑能够灵活的与自然景观和自然地势地形相结合。地形对于建筑的影响在于两方面：一方面影响建筑总体布局形式，另外一方面跟建筑造型也密切相关。

首先，立基时中讲到"选向非拘宅相"；布置厅堂时："厅堂立基，古以五间三间为率；……，三间半亦可"等，这说的是建筑布局因地制宜，不受风水的影响，要根据实际地形来整体布局，可以把传统的建造模数抛弃，不受拘束。由于地形的原因，建筑可以建在山麓、山腰，也可以在水中等等，都是由于地形的变化所造成的，但是园林建筑的布局不仅没有因为地形的限制而产生局促呆板之感，反而设计者在这之中创造了更加灵活的建筑空间。

其次，对于园林建筑的造型影响。园林建筑受地形影响导致形态曲折多样；"古之曲廊，俱曲尺曲"，指古代廊的造型是曲的，而计成设计的廊为"之"字形，而且，随着地势，有爬山廊，有掩着水边的水廊，曲折有着，幽静深远。因而地形影响廊的造型。

4.4 地形对于空间的影响

地形是塑造园林空间最为重要的因素；主要体现在两方面：分割空间，主导空间。分割空间是指根据地形的不同形式，将园林分割为若干个各具特色，功能相似的"园中之园"，这种地形为了防止相连功能区之间的干扰，用地形做成屏障，进行分割[9]。计成在《园冶》中多次讲到挖土堆山，这就是分割空间的具体做法之一，土堆山形成分界线，使空间得以划分。

主导空间是指地形营造全园中心空间，站在制高点能俯瞰全园，主导全园，是焦点。高处设置亭台楼阁，也是观景之处。在园林地形之上能够借园外之境，顿时打破园区的空间格局，从宏观角度分析园区周围景色和园区的关系。"高原极望，远岫环屏"，但凡眼睛能看到的景色，不分内外，都可以欣赏。在颐和园中可以从昆明湖往西看，可以看到燕山山脉的群山，有西山，香山等等；站在万寿山上可以遥望秀丽玉泉山。

5 总结

计成的造园精髓"虽由人作，宛自天开"，一直贯穿于地形设计的整个过程中，地形的改造符合自然的原则，地形的设计也会影响其他园林要素。利用地形塑造整体布局至关重要，合理的利用地形能够为我们在创造美好环境的同时节约物力财力。所以《园冶》地形处理的手法、思想值得现代园林设计借鉴学习，对我们今天的园林景观设计有重要的指导意义。

参考文献

[1] 吴晓舟. 试论北京古典园林地形处理手法及空间效应：[硕士论文]. 北京：北京林业大学，2006.
[2] 李世奎.《园冶》园林美学研究. 北京：人民出版社，2010.
[3] （明）计成著，陈植注释.《园冶注释》（第2版）. 北京：中国建筑工业出版社，1988.
[4] （明）计成著，胡天寿译注. 园冶中国古代园林、别墅营造珍本. 重庆：重庆出版集团重庆出版社，2009.
[5] 杨黎. 地形在园林中的设计原则及综合应用. 安徽农业科学，2009，37(34)，17272-17273.
[6] 吴庆洲. 古代经验对城市防涝的启示. 灾害学，2010.27(3)：111-115.
[7] 孟兆祯. 园林工程. 北京：中国林业出版社，2006.
[8] 周道瑛. 园林种植设计. 北京：中国林业出版社，2008.
[9] 管宁生. 论造园中的地形改造. 西部林业科学，2005.34(4)：36-40.

作者简介

张浩，1989年，男，汉族，湖北黄冈，武汉大学风景园林学硕士研究生，主要研究方向为风景园林规划与设计，电子邮箱：505316772@qq.com。

步道系统规划的前期调研分析

Analysis on the Investigation Analysis on Trails Planning

张婧雅　魏　民　张玉钧

摘　要：步道作为一种重要的户外游憩系统，为民众提供户外休闲场所之余，还在自然资源利用方面起到整合作用。国家步道系统的规划是一项庞杂的综合工程，因此其前期的考察分析阶段有着比其他项目更加严格的要求。本文通过借鉴分析国外步道规划的前期工作流程，结合我国具体国情，初步提出适用于我国步道系统规划的工作方向，以期对我国国家步道系统建设的前期分析阶段有所借鉴和推进。

关键词：风景园林；步道；调研；分析

Abstract：As a kind of outdoor recreation system, trails not only provide leisure place for people, but play a role on use on natural resources integration. National trails system planning is a comprehensive engineering, so the requirement of analysis and investigation stage is more stringent than other project. Through analysis the preliminary workflow of foreign trails planning and combine with the situation of our country, this paper initially proposed the direction of trail planning on our country, in order to reference and promote the investigation and research phase on trail system planning about our country.

Key words：Landscape Architecture；Tail；Investigation；Analysis

20世纪80年代以来，随着社会经济的不断发展和人们生活水平的不断提高，民众对户外游憩的需求日渐增长。因此，国家步道系统作为能够满足民众回归自然需求，又能充分有效利用自然资源的绿色基础设施，开始受到全世界的关注。

1　步道的概念及发展现状

1.1　步道（Trail）的概念

美国国家步道系统（National Trail System）主要负责单位之一的国家公园管理处（National Park Service）将"Trail"定义为：一条用于步行、骑马、自行车、直排轮、滑雪、越野休闲车等游憩活动的非机动车通道[1]。

国内常将其翻译为"步道"、"小径"、"步道"等。我国于2010年指定的《国家登山健身步道标准》中将步道定义为：NTS是国家登山健身步道系统的简称（National Trails System）。是指一个区域内所有登山步道的连接及其附属区域、设施的总和[2]。

1.2　国内外步道发展现状

美国是世界上已建成最完善国家步道系统的国家，现已拥有世界上最完善的步道系统。早在20世纪20年代美国开始建设第一条步道，1968年国家步道系统法案通过，以法律的形式确立了国家步道系统的地位。近十年内，其国家步道的建设更加受到全民的重视，据步道系统管理局（Rails-to-Trails Conservancy）报告显示，目前美国已建成的步道已超过10000英里[3]。此外，英国、法国、德国、加拿大等欧洲国家以及日本、新加坡等亚洲地区也均纷纷建立了自己的国家步道系统。英国的步道系

统也发展较早，在二次世界大战后的时代背景下，主观乡村地区环境的官方机构乡村局（Countryside Agency）于1965年规划建设了英国的奔宁线步道。此后英国的国家步道系统迅速发展，目前为止英国共建成长约18000余公里的步道[4]。

目前我国国家步道系统的建设刚刚起步，总体来看，无论是步道系统的理论基础还是实践工作都十分薄弱和零散，缺少整套的理论支持和相关法律法规保障。而规划前期的调研工作又对之后的规划建设起着至关重要的作用。

2　步道的分析查证

2.1　交通系统分析

步道系统是为民众服务的除机动车道外的另一种交通游憩线路，它穿行于居住、游玩、休憩、工作等多个区域。因此在规划设计步道系统之前，需充分调查并了解该地块目前的交通系统。

2.1.1　现有道路

步道周边现有的公路、铁路等交通系统均可为步道选线划提供参考依据。调查现有的交通系统，包括公路系统、铁路系统、自行车道等交通网络，分析其线性方向、使用频次、现状条件、周围环境等相关内容，以便后续建设步道系统时得以统筹考虑。例如当步道与附近现有道路同向且距离较近时，可采取将两者并行的处理方式，既有助于资源的整合利用，又能节约建设成本。此外，基址内或废弃的铁路，以及长时间被人们自发走出来的路，都可纳入到步道系统中。

风景园林规划与设计

2.1.2 规划道路

为避免步道规划与机动交通规划之间可能出现的矛盾，步道系统与交通网络应始终作为一个整体考虑。此外，还需调查当地户外游憩的基本情况，了解各项游憩活动占总游憩活动的比例，以便后续规划时更好的掌控步道的类型、数量，及其相应设计尺度和配套设施。

2.2 历史文脉查证

从某种角度来看，包括例如河流、峡谷、运河、铁路枢纽等多种代表历史沉淀符号的步道系统，正是一部历史变迁与人类迁徙的发展史。因此，历史文脉的挖掘对于国家历史步道来说至关重要。

通过咨询当地博物馆等相关历史研究组织和机构，查询相关历史书籍和文献资料，在研究分析的基础上，针对不同历史文化资源分别给予不同的处理方式，或严格保护，或改造利用，同时在步道沿途配以介绍解说或历史文物展览等科普设施，形成集交通游憩、科普教学、保护历史资源的多功能国家步道系统。

2.3 市场需求调查

步道系统的建设除取决于该区域的各项自然条件和基础设施外，很大程度上受到市场需求的影响。因此充分调查当地市场需求亦是影响后续设计阶段的重要环节之一。它不仅关系到步道系统的规划设计，也会对建成后步道系统的日常管理产生影响。针对市场需求的调查，主要包含以下两个方面：

2.3.1 预估使用人数

根据对国外案例的研究发现，步道系统的使用人群大部分是步道附近 2 英里内的居民[3]。因此，通过查阅当地旅游局等部门近些年旅游人数的相关资料，再加上这 2 英里范围内的潜在适用人群，便可预估出该步道系统的使用人数。当然，此数据只作为前期的评估参考，对后续规划设计起整体把控作用。

2.3.2 预估使用类型

由于国家步道系统包含多种类型，故设计步道前需确定使用人群类型，中青年、年老者、残障人士、散步、单车骑行、远足徒步、慢跑、骑马、轮滑、滑板、垂钓、自然探索、科研调查、学生实习等等，这些都是步道系统的潜在使用者。只有充分考虑每一类人群的特质，才能为后续的步道类型提供相应的理论依据。根据不同人群的使用特点和游憩需求设计相应的场地和设施，丰富游憩乐趣，力求做到既不浪费自然资源又充分满足使用者的多种游憩需求。

上述使用人群人数和类型等相关资料的获取除实地调查外，还可通过其他方式，比如借鉴已建成的相邻步道的资料，或走访当地徒步、骑行、轮滑俱乐部等机构组织，查询每项俱乐部中的具体人数。

2.4 经济发展评估

优良的步道系统会为整个地区带来显著且长远的生态效益和经济效益；同时，一套科学完整的经济发展评估也会为步道系统的建设产生积极推动作用。例如，步道附近设置的游憩时所必需的餐饮、住宿、零售小卖、机车维护修理等相关服务设施，可为周边居民增加就业岗位，带来经济效益。同时步道系统的大力开发建设，也可大大改观周围的生态环境和景观环境，为房地产等经济项目的开发起到积极促进作用，从而带动整个区域的经济发展。

3 步道的调研评价

3.1 自然基础

3.1.1 气候环境

当地的气候环境很大程度上决定建成后步道的使用情况，通过查阅当地平均气温、极端气温、雨量等气候因子，判定当地步道系统可使用的季节或天数，从而在设计时采取相应对策进行处理。

3.1.2 周边地形

地形决定着步道的排水方式。大多数步道采取自然的地表排水方式，因此在规划前期应重点了解周边地形结构，依据现状地形初步预设排水方向及汇水面位置、面积等因素，为后续的排水设计提供现实依据。

3.1.3 土壤

在充分调研基地土壤的类型、厚度、地下水位、排水系统、土壤稳定性等方面的基础上，结合相关资料分析总结，初步确定步道系统的路面结构、排水方式、植被种类等相关问题。

3.1.4 水系

步道系统的线路安排、游憩项目、排水情况、路面材质等均取决于调研阶段中对水系的调查。实地考察基地水文情况应主要涵盖以下几个方面：首先应排查基地位置是否处于洪水易发区，有无河流穿行于此，是平行于步道线路还是与其相交，是否会造成安全隐患；其次要考察基地内部及周围的湿地、滩涂等汇水面情况，调查其安全性、水质、植被、景观等因素，考虑能否在设计排水系统时加以利用，或是改造处理后进行垂钓、漂流等游憩项目；最后还应调查基地内所有水系的流速、流量、水质、水位、堤岸护坡等细节，确定此处是否需设置涵洞、浮桥或平台等设施，并结合水质及水下土壤结构确定桥梁等设施的结构和材质，以确保步道的安全性。

3.1.5 植被

对步道系统周边沿线的植被进行详细调研，除需记载长势良好的当地树种外，还要特别注意沿途罕见的、非乡土的树种，排查其是否具有毒性或物种侵害等安全隐患。以便在后续的植物设计中更好地运用乡土树种，营造舒适宜人、丰富美观、安全的植物景观空间。

3.1.6 环境污染

调研中若发现有水质或植被等被污染的情况，应立即查出其污染原因，并利用生态手段加以恢复和重塑。其次，若基址范围内有废弃工厂、仓库或大型垃圾场等棕地，要重点排查其原来生产和存储的物资是否具有毒性或污染性，是否已对该地块的土壤造成污染等问题。从而对棕地加以改造利用。

3.2 人造构筑

3.2.1 工程设施

由于步道系统跨越地块较多，尺度较大，不可避免地会经过很多桥梁、隧道、运河等基础设施。为后续设计时有更为科学的现实依据，应对这些基础工程的结构、年代、历史、安全性、突出特点、有无无障碍设施等方面进行全面考察，确定这些设施的利用方式，为步道的建设节约成本。

3.2.2 建筑

基址周边的建筑物也是相同道理，在全面考察的基础上，提出例如建筑里面形式与结构功能上的要求，以求与步道和谐统一。从而在后续开发建设时，可根据这些要求对沿路建筑进行统一改造，使其成为步道系统的配套服务设施，为使用者服务。

3.3 景观空间

不同类型的景观空间将会使步道在不同地段呈现不同体验效果，对于基址沿线景观空间的调查，可主要从以下两个方面进行把控：

3.3.1 视域

视域主要包括两部分，一是安全视域，二是景观视域。安全视域是指步道使用者在转弯处或前方有障碍物时的视线范围。因此，不同类型的游憩活动所需的安全视域也不同（图1）。例如单车骑行者所需的安全视域就比徒步者的大很多，一般是徒步者的8倍左右[3]。因此在设计时应结合不同活动所需的多种安全视域，对现状转弯处等有障碍的地方进行重点排查，移除影响安全性的障碍物。

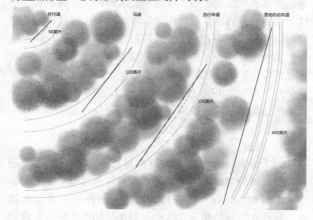

图1 不同类型使用者所需安全视域示意图

景观视域是指步道使用者在移动时所能欣赏到的风景范围。由于不同使用者的移动速度不同，相同时间内观赏到的景观范围也不同，因此，在设计步道周边景观时应结合使用者的移动速度进行考虑，对周边植物疏伐或密植，避免出现使用者在移动时欣赏不到景观细节或是长时间内景观效果过于枯燥等极端问题。

3.3.2 开敞空间和密闭空间

步道沿线应有变化多样的景观空间来丰富使用者的体验乐趣，归结起来无非开敞空间与密闭空间两大类型。这些空间的变化取决于每个空间内被阳光照射的面积、场地地形、周边植被、临近建筑等诸多因素。开敞空间例如草坡、农田等，给人以广阔舒畅之感；而密闭空间如林下、洞穴等则使人心神沉静、野趣丛生。因此，多种不同类型的景观空间应分别设置在与周围环境相融洽的地段，充分升华该地段特有的游憩乐趣，使步道系统呈现出丰富多彩的游憩景象。

4 结语

步道系统是人们接近自然资源，体验户外游憩乐趣的纽带，在满足人们休闲活动需要和促进自然文化资源整合方面发挥着重要作用。步道系统的优劣很大程度上取决于规划前期的调研准备阶段。该阶段的工作复杂烦琐，需掌握大量现状信息等相关资料，只有在充分调查和掌握基址现状特征的基础上，综合分析总结步道系统的设计要点，才能在后续阶段有据所依。因此调查阶段应对基地的自然、历史、交通、市场、经济等多个方面进行资料收集和实地调研工作，以求充分了解基地的所有相关信息，为步道系统的规划建设提供翔实的现实依据。

参考文献

[1] 余青，林盛兰. 国家步道系统：一种重要的国民休闲设施及空间：四川：第十五届全国区域旅游学术开发研讨会暨度假旅游论坛，2012.

[2] 中国登山协会. 国家登山健身步道标准（修改稿），2010.05. http：//tyj. ouhai. gov. cn/art/2011/3/9/art_3297_56977. html.

[3] Flink. C. A. & Okla. K & Searns. R. M. Trails for the twenty-first century. Second Edition. Washington，DC：Island Press，2001.

[4] 徐克帅，朱海森. 英国的国家步道系统及其规划管理标准. 域外规划（24），2008-11：85-89.

作者简介

[1] 张婧雅，1987年生，女，山西，硕士，北京林业大学园林学院，研究方向为风景园林规划，电子邮箱：Email：zebra97@126. com.

[2] 魏民，1970年生，男，北京，北京林业大学园林学院副教授，研究方向为风景园林规划。

[3] 张玉钧，1965年生，男，内蒙古，博士，北京林业大学园林学院旅游管理系教授，博士生导师，研究方向为生态旅游与乡村景观建设。

风景园林规划与设计

浅谈欧洲景观变革的动力
——文艺复兴、资产阶级革命和第一次工业革命对景观变革影响的因素

On the Motion of European Landscape Evolving
——Influence Factors of the Renaissance，the Bourgeois Revolution and the First Industrial Revolution on Landscape Evolving

张书驰　薛晓飞

摘　要：欧洲景观发展历程中经历了几次重大的社会和生产力变革：资产阶级革命，文艺复兴，第一次工业革命。每一次变革都给景观的形式和内容带来了变化。本文就景观在这些变革中发生变化的原因展开讨论，进而探讨其景观变革的动力：生产力、社会结构与意识形态。

关键词：景观变革；文艺复兴；资产阶级革命；第一次工业革命

Abstract：Several important social and productivity innovations happened during the evolving of the European landscape architecture：The Renaissance，the bourgeois revolution and the first industrial revolution. Infections were brought to landscape architecture on form and content by each of them. How these events contributed to the changes shall be discussed. Then，productivity，social structure and ideology will be argued as possible driving motions of landscape architecture evolving.

Key words：Landscape Evolving；The Renaissance；The Bourgeois Revolution；The First Industrial Revolution

景观随着历史的变革发生着各种变化。笔者认为它可以说是各个地域在各个历史时期生产力水平、社会结构和意识形态的指向标。如农业社会的景观与工业社会的景观截然不同，封建制度下的景观与民主制度下的景观大相径庭。本文论述的着眼点是生产力的一次重要变革——第一次工业革命，以及欧洲艺术界的重大事件——文艺复兴这两个重要的转折点前后，景观或者说园林在形式、内容等层面的变化以及与两个转折息息相关的资产阶级在其中的作用。

1　中世纪以前

中世纪以前的园林可以大致的区别为古埃及园林、希腊园林、罗马园林、西亚与伊斯兰园林[1]。中世纪及以前的园林所具有的社会生产力基础是纯粹的农业生产，社会结构都是封建君主制甚至是封建奴隶制（除了希腊短暂存在的民主制度可以说作为民主意识的起源），而意识形态上则完全是被宗教所控制。相似的社会结构，意识形态和同样的生产力性质决定了园林在这一段久远的历史中不会发生本质上的变化。尽管在园林艺术、设计哲学的层面上，从原始的围合发展到古典园林是一个伟大的成就，但是园林在古埃及时期就开始形成的社会意义——统治阶级或是宗教团体（有时二者是同一个群体）的特权空间——并没有发生变化。

现代意义上的园林——或者说景观，已经很少染上特权空间的颜色。这样巨大的变化最初的时候是从一个弱小阶级——资产阶级的崛起开始的。

2　中世纪到文艺复兴以及巴洛克时期

2.1　中世纪到文艺复兴

公元 500 年至 1500 年的中世纪欧洲园林类型主要是城堡园林、修道院园林、城镇园林。贵族和皇室拥有城堡园林，教会拥有修道院园林，而富有的城镇居民拥有各自的城镇园林，穷人们则主要在拥有的土地上种植食用或是药用植物[1]。

1096—1270 年间的十字军东征打开了通向东欧的商业通道，为商人群体发展成为资产阶级奠定了现实条件。14 世纪中叶至 17 世纪的文艺复兴标志着欧洲中世纪的结束，旧贵族和教会对人的思想和对社会财富以及生产资料的控制被日渐削弱。资产阶级的崛起使得他们有能力支持当时的艺术活动，其中也包括园林艺术。以佛罗伦萨为例，它有一个长期的公民资助传统：每个成功的商人都想为城市的荣誉出一份力，几乎成了一种爱国义务[2]。

中世纪园林与文艺复兴园林在内容和形式上有着巨大的区别。中世纪园林曾是女士和修道士的作品，种植药用的和有象征作用的特定植物；文艺复兴园林则成为艺术、学识和男性骄傲的作品，与建筑、风景和社会相结合[1]。中世纪的园林很大程度上仍然属于生产用地，场地通常只是依照种植内容进行简单的划分。无论是城堡、修道院还是城镇园林，内向和围合是其特点；外向和开放则是文艺复兴时期的园林特点。修道院园林和伊斯兰庭院中正方形的平面和十字形的道路象征罗盘上的四个方向，

并且成为宇宙的缩影[3]——除去生产的部分，中世纪园林更多的是对"天堂"的表现；文艺复兴园林则相反地关注"俗世"，关注人在园林中的体验，希望创造文学想象中——例如《十日谈》中青年男女在草地嬉戏——的美好生活的场景。期许的变化，反映出来的是价值（或者说审美）取向的变化，也就是意识形态发生了变化——它是园林形式变革的一个重要动力。

以佛罗伦萨为中心的早期文艺复兴的动力来自艺术界新思想寻求解放以及拥有财富后寻求政治权利和自由的资产阶级对新思想新艺术的支持。文艺复兴对于资产阶级利益和艺术界以及科学界的发展是一个双赢的局面：资产阶级为科学研究和发明投资，科学则制造新的技术和武器；资产阶级也投资给艺术家进行新艺术的创作，艺术家则为他们建造住所、花园，为他们画像。

最重要的是，资产阶级从社会结构的层面改变了中世纪的状况，从而改变了园林存在的基本社会环境。逐渐壮大的资产阶级是园林形式从中世纪风格到文艺复兴风格变化的最重要力量之一。

虽然园林形式在文艺复兴时期的变化是显著和重要的，但是园林形式并没有发生本质的变革，而是在原有的基础上前进了一些。园林说到底是服务的场所，而服务的对象决定了园林设计的价值取向。中世纪，园林服务的主要是贵族和教会，二者一个是制度上的统治阶级，一个是精神上的统治阶级；文艺复兴时期，园林开始服务"新贵"资产阶级，而资产阶级是经济上的统治阶级，并且开始夺取教会和贵族手中的政治权利，进而在宗教改革、文艺复兴和资产阶级革命等一系列事件中转变为制度上的统治阶级。也就是说，无论是中世纪还是文艺复兴，园林的服务对象仍然是少数的特权阶级。只要是服务对象仍然仅限于社会上层的特权阶级，园林本身的发展也就只能是在特权阶级能欣赏的美学、哲学领域以内有所建树，而无法突破这个范围。即便是被称为欧洲历史上第一个"公共花园"并对整个巴黎产生影响的丢勒里花园，也呈现"伟大风格"（即勒·诺特尔式园林）而不能跳出这个范围。这并不是说园林在此期间没有很大的发展，只是说受当时的社会结构和生产力的限制，园林不可能超越当时的时代背景展现全新的形式和内容。

2.2　巴洛克时期

文艺复兴之后的巴洛克时期，最为耀眼的是勒·诺特尔的伟大风格园林。许多作品如凡尔赛宫花园、维康府邸、丢勒里花园等等保留至今，仍然能为现代设计师提供设计灵感和手法。轴线、放射图案的引入、开放的系统形成的"体验无限的中轴秩序空间"（朱育帆，2013 年 5 月 16 日，清华）是当时园林设计的高峰。但是，就像上文所说的，这个高峰是在当时的价值体系和社会结构下的高峰，是相对于之前的园林而言的高峰。尽管如此，文艺复兴和巴洛克时期的哲学和科学发展以及思想的准备为即将到来的生产力的跨越式发展提供了必要的基础，也为之后园林形式和内容的变革埋下了伏笔。

3　资产阶级革命到第一次工业革命

3.1　英国资产阶级革命

文艺复兴可以视为资产阶级逐步强大的一个标志，而 17 世纪中叶发生的英国资产阶级革命标志着资产阶级已经足够壮大，成为有能力压倒教皇和旧贵族势力的社会阶级。资产阶级革命正式宣布了这个依靠资本而不是血脉的阶级成功地成了新的社会上层。于是，园林的形式自然地发生了改变，出现了诸如新古典主义、浪漫主义等等符合资产阶级情趣的园林风格：如布伦海姆公园、英国邱园等等。其中，英国自然风景园的出现有着很深的影响——这可以从奥姆斯特德的各个绿地系统规划中看出。资产阶级革命改变了社会结构的权重比例，而之后的工业革命则带来新的阶级——工人阶级。

3.2　英国第一次工业革命

18 世纪 60 年代开始持续一个世纪的第一次工业革命更使得资产阶级得以巩固自身的地位，并在某种程度上彻底改变了人类发展的方向，同时也改变了世界的面貌。工业革命的成果让英国得以在 17、18 世纪保持人口大量增长的情况下没有发生经济衰退[4]，并且在 19 世纪中叶使得英国的人均产量和平均实际收入高于其他任何国家[5]。对于景观行业来说，工业革命作为历史事件带来的最重要的两个影响是社会结构的改变和社会价值观的变化。

工业革命比资产阶级革命更彻底地改变了社会的基本结构：除了机器生产开始带来的经济快速发展，还导致了以工厂制度的产生为主要标志的生产组织和经济结构的变化，以工业资产阶级和工业无产阶级的产生为主要特点的阶级关系的变化，由经济基础的变化而引起的社会变革[6]。可以说，工业革命完全从无到有创造了一个工人阶级。资产阶级宣扬民主思想来巩固统治地位，工人阶级的需求开始得到一定的重视。希尔施菲尔德在他 1779 年出版的五卷本《园林艺术原理》（Theorie der Gartenkunst）中提出了大众园林的概念，即一个开放的为所有公民享用的园林[7]。1804 年，斯开尔（Friedrich Ludwig von Sckell 1750—1832）接手设计慕尼黑英国园（Englischer Garden）——欧洲大陆最早的公共园林，也是德国自然风景园设计高潮期的代表作品。此时公共园林的外在表现形式仍是自然风景园，但内涵却与新古典主义和浪漫主义时期的英国自然风景园有着决然的区别：园林建设服务的对象不再是社会某一个阶级或者是某一部分，而是可达范围内的所有居民。尽管斯开尔本人在英国园设计的过程中主要驳斥的仍然是作为外在形式的有关风景式而非几何式、原野景致而非中英风格的内容，但是无论这个公园外在的形式是如何的，英国园建设这个项目本身就是一直以来阻碍园林形式发展的桎梏已经被悄然打开了的证明——新的景观价值观已然形成：景观不再是特权，所有人都平等地享有权力拥有良好舒适的生活环境。这有赖于生产力飞跃式发展带来的社会结构的巨大流动以及因此产生的全新的社会价值观——笔者认为，景观形式、内容变革的另一个重要动力就在于此。这也是第一次工业革命对景观行业真正重大的影响。

至此，可以总结一下：欧洲景观变革的动力，一是如第一次工业革命那样的对社会结构、人的生存方式产生重大影响的生产力变革；二是如结束中世纪的文艺复兴那样对人的价值观等等产生根本影响的意识形态上的变革。二者改变了社会结构和价值观，从而影响了景观的发展。

另外，值得一提的是19世纪70年代至20世纪初主要在美国和德国还发生了第二次工业革命。尽管第二次工业革命中出现的电气技术才是现代社会几乎一切科技和技术的基础，但是第二次工业革命——尽管由于内燃机的发明，对城市规划等领域有相当巨大的影响——在设计领域的影响远不如第一次工业革命。笔者认为，这是因为第二次工业革命虽然同样大大提升了生产力，但是没有改变生产关系，没有对社会结构产生足够的影响，社会资源和权利的分配只是在原有的基础上进一步拉大了两极差距，却无法像第一次工业革命那样产生新的社会阶级，彻底改变社会结构和意识形态。所以，对于设计领域来说，第二次工业革命权可看作第一次工业革命的后续和加强，而不能与之相提并论。

4 结语：景观变革的动力

综上所述，景观变革的源动力来自两个方面：生产力变革，意识形态变革。生产力变革包括了生产工具的进步、生产关系的变化，以及由此导致的社会结构的流动和权利的转移等等；意识形态变革包括了哲学、艺术、建筑、园林，自然科学，社会伦理等等方面。这两个方面绝不是截然分离的，生产力的变化会导致意识形态的变化，而意识形态的变化又能促进生产力的解放。工业革命带来的社会生活的变化是前一种的例证，而文艺复兴是后一种关系的典型例子。历史上生产力的发展与意识形态的发展并不完全同步。但是，从全局的视角看，在历史的每个时间段，二者都在发展，都通过改变社会生活影响了社会价值观，从而影响了景观发展的进程。

可以说，生产力在某个时期的跳跃式发展能够给景观带来价值观层面上的最为根本和深刻的变化，并且这种变化会成为既定事实，成为一种基本的大前提。其余时间，生产力则通过新技术、新材料的发明使得景观不断在形态上发生变化。例如工业革命改变了文明的基本面貌，人类进入工业时代，进而进入了电气时代、信息时代，这成为产生现代景观的大环境。将来，随着技术和材料的不断发展，景观的建设还会出现更多的可能性。

意识形态在不同阶段的变革同样也改变着景观的价值观，其过程更为曲折，作用时间更长，变化也更多。例如文艺复兴早期的园林受到复古主义的影响，模仿古罗马的风格。例如卡雷吉别墅（Villa di Careggi）模仿了普林尼（Pliny）所描述的古罗马别墅风格室外生活空间；而后期的园林开始出现手法主义风格，在园林中重视戏剧性要素，如设置隐喻等；巴洛克时期，勒·诺特尔式园林明显地受到了笛卡尔哲学的影响，表现空间的延展和加强轴线的使用；工业革命之后的园林来到了更为纷繁复杂的时代，生态主义和现代艺术的影响，"Landscape Architecture"的出现，等等——景观的价值观一直在变化着。

参考文献

[1] 汤姆·特纳（Tom Turner）著. 林箐，南楠，齐黛蒋，侯晓蕾，孙莉译. 世界园林史 Garden History[M]. 北京：中国林业出版社，2011.

[2] [美]保罗·斯特拉森（Paul Strathern）. 马泳波，聂文静译. 美第奇家族——文艺复兴的教父们[M]. 北京：新星出版社，2007：82.

[3] Le Goff, 中世纪文明（Medieval Civilisation）[M]. 牛津：Basil Blackwell, 1988.

[4] E·A·里格利. 俞金尧译. 探问工业革命[J]. 世界历史，2006.

[5] A. Maddison. The World Economy：a Millennial Perspective [R]. OECD, 2001.

[6] 王章辉. 英国史学界关于英国工业革命的几种观点[J]. 世界历史，1982.

[7] 王向荣. 德国的自然风景园(下)[J]. 中国园林，1997.

作者简介

[1] 张书驰，1989年11月生，男，汉族，山西，北京林业大学风景园林硕士研究生，风景园林规划设计与理论，电子邮箱：zsc463902714@126.com。

[2] 薛晓飞，1974年4月生，男，汉族，山东莱阳，北京林业大学园林学院历史与理论教研室，副教授，风景园林历史与理论，电子邮箱：zhxxf@126.com。

城市郊野公园的研究进展

Advances in Research of the Country Park

张婉嫕

摘　要：郊野公园以独特的地域特征和良好的生态环境成为当前旅游和休闲的理想之地，国内许多城市正在开展郊野公园建设的尝试。本文阐述了城市郊野公园的概念与特征，主要介绍了英国、中国香港以及中国内地的郊野公园的历史背景与发展概况。结合内地近年来郊野公园发展现状，提出了郊野公园在阶段性建设过程中存在的一些问题，为国内郊野公园的建设和研究提供参考。

关键词：郊野公园；英国；香港；内地

Abstract：Country Park becomes the ideal place for current tourism and relaxation by its unique geographical feature and better ecological environment，and many domestic cities are making an attempt to construct Country Park. This article explains the concept and characteristics of the Country Park，the historical background and development profile of the country parks in the Britain，Hong Kong and the Mainland were elaborated in this paper. And the construction of the Mainland country parks in recent years was also elaborated. We proposed some problems of building country parks in a phased process，expecting to have a certain effect on the construction and study of country park.

Key words：The Country Park；British；Hong Kong ；Mainland

1　概述

1.1　郊野公园的定义

英国的第一部乡村法中规定，认证郊野公园的主要指标有：（1）易于机动车辆和行人可达；（2）提供了必需的基础设施，包括停车场，公厕等；（3）由法定机构或私人机构经营管理[1]。

郊野公园建设在中国起步较晚，目前尚无统一、明确定义，通常理解狭义的郊野公园是指位于城市近、远郊，具有良好自然生态环境自然景观资源的区域，经过规划和建设实施，可为人们提供郊外休闲、游憩、自然科普教育等活动的公共性开放空间。广义是指城市外围绿化圈、绿带、农田、郊野森林等[2]。

1.2　郊野公园与其他相关绿地类型的比较

郊野公园在地理区位、面积规模、景观资源、生态特性等方面与其他公园（森林公园、城市公园、风景名胜区、国家公园）都有所不同[2]（表1）。

郊野公园与其他类型公园的比较[3-5]　　　　　　　　　　　　　　　　　　　　　表1

	地理区位	面积规模	景观资源	服务功能
郊野公园	城市近郊	不等	自然景观、乡村景观	自然保育、改善环境、郊外游憩、科教娱乐
森林公园	城市郊区	较大	森林景观	度假疗养、科普娱乐
城市公园	城市建成区	较小	人工景观	改善环境、日常休闲
风景名胜区	远郊、近郊	较大	自然景观和人文景观	保护自然资源和人文景观
国家公园	远郊	很大	自然景观和人文景观	保护自然资源和人文资源、科教娱乐、考察研究

1.3　郊野公园的特征

从客体特征上看，郊野公园的地理区位位于城市近郊，公共交通便利可达，再加上日益发展的私家车，可达性较高。其用地性质城市规划区之内，城市建设用地之外。面积不等，总体而言大于城市公园而小于国家公园。

从景观资源上看，在我国大面积的自然和半自然生态系统为主，而目前在国外，郊野公园用地类型丰富，其自身生态系统较为稳定，人工维持投入低。景观风格以自然野趣为主。

我国郊野公园的财政来源主要由政府出资，而在英国除了小部分的私营郊野公园，大部分是由乡村委员会和地方当局提供财政支持。

在主体管理与利用上，郊野公园在内陆地区是属于城管部门、林业部门管辖；在香港则是隶属渔农署管辖；在英国由乡村委员会与地方管理部门管辖。其服务对象当地或者周边城镇居民为主。

从社会效益上来看，郊野公园有生态保育、农林生

风景园林规划与设计

产、保护城市生态、景观美化、公众游憩、科普教育、防灾减灾、科学研究、控制城市蔓延等[6-7]。

2 国内外郊野公园的发展进程

2.1 英国郊野公园

"郊野公园"的概念最早由英国提出。在其发展早期，英国的科学研究和政策文件对郊野公园的功能定位、指标界定和规划建设起了主导作用，在郊野公园的发展史上具有很强代表性，可以说英国郊野公园的历史演变就代表了郊野公园的发展史。

2.1.1 理念的起源（1929—1969）

二战前，在欧洲各地，针对中低收入的野营旅游得以兴起。1929 年英国 Addison 委员会最早提出郊野公园的设想。但是在当时该设想并没有马上得到实施。20 世纪 60 年代英国一些研究者担心人们游憩需求膨胀会破坏城郊自然环境，英国政府先后出台了白皮书（1966）和乡村法（1968）将郊野公园建设推上建设日程[8]。这一阶段，依据英国委员会的相关报告，郊野公园最初的功能定位为"蜜罐"（Honey Pot）：与偏远的国家公园相比，规划者意在通过这些交通相较便利的、具有一定基础游憩设施的景点来满足游人回归自然的休闲渴望，以缓解国家公园的旅游压力，防止人们对其他更加广阔范围乡村资源的破坏。此时，定义郊野公园的指标相对简单，强调宁静的乡村环境、最少的人工设施和机动车的可达等[9]。

2.1.2 建设管理的探索与功能重新定位（1970—1991）

英国郊野公园的建设由于具有相关政策文件的指导和政府的财政支持得到发展迅速。然而，由于受到石油危机的影响，地方当局缩减了对郊野公园的财政支出，导致郊野公园的建成与原来规划的有所出入，在 20 世纪 80 年代前期，公园的设施维护与发展建设都因此而有所停滞[9]。

20 世纪 80 年代后期，英国郊野公园的实际建设虽然受阻，但在理论研究上，人们对郊野公园的功能定位有所转变，从原来的"蜜罐"（Honey Pot）转为"网关"（Gateway）[8]，即将郊野公园比喻为城镇交通路网中的节点，提供人们回归自然、享受田园风光的窗口。

2.1.3 游憩项目的丰富（1992—）

20 世纪 90 年代后期，国际上出现了很多专业化的旅游产品，如生态旅游，探险旅游、体育旅游等，旅游业开始从大众旅游转变到个性化旅游。

此时，郊野公园的建设和管理过程中也开始注重对人的关怀，通过加强郊野公园与城市之间的公共交通建设，设立类型多样、各具特色的郊野公园并且增添郊野公园中的娱乐和运动设施，来满足青少年、老年人和残障人群的游憩需求。1995 年，因为财政问题，英国郊野公园的发展再次受到严重的影响，而到 2003 年复兴报告发表后，管理机构又开始对郊野公园的发展给予很大的关注，

并且之后成立了 CPN 以促进郊野公园的复兴工作[10]。

总的说来，英国郊野公园的兴起、发展、衰败和复兴，反映了郊野公园的建设理念从最初的以控制游憩扩张为目标，用简单指标对郊野公园进行界定，到后来以保护自然资源为目标，注重整体规划实施、设施维护管理、财政支持与合作，继而发展到今天，管理者和规划者越来越注重对人的关怀，并强调环境保护和游憩需求并重[2]。

2.2 香港郊野公园

我国郊野公园的起源地，杨家明将香港郊野公园的发展分为以下三个时期[11]：

香港的林务时期（1948—1960）：二战期间，香港的山林遭到严重的破坏，战后的 1948 年至 1949 年，政府积极推动植树计划，取得卓有成效的业绩。植林为郊野公园发展提供重要的本底资源。

国家公园思想引入期（1960—1971）：到了 20 世纪 60 年代，保护环境之风开始刮起，多国纷纷设立国家公园。保育思想开始注入香港林务工作中来。

郊野公园建立期（1971—1980）1971 年，麦理浩接任香港总督，新总督麦理浩勋爵是一位自然旅游和徒步旅行的爱好者，他个人对随后的郊野公园发展提供了不少的支持和动力。他成立了"香港及新界康乐发展及自然护理委员会"，并落实郊野公园的发展计划。

郊野公园遍布全港各处，公园深受各阶层人士欢迎，前往郊外畅游一天已成为市民的康乐节目之一[12]。截止到 2010 年，香港共有 24 个郊野公园和 17 个特别地区（其中 11 个位于郊野公园内），总面积约 415 平方公里[13]。香港的郊野公园一直基于政府主导的方式，公园的建设基础基于香港郊野良好的自然生态，一直延续的是国家公园的发展建设管理理念，生物多样性保护与游憩供给并重，同时限制城市的无序蔓延，香港城市发展空间比较受限，对于郊野保护比较有利[14]。

2.3 内地郊野公园

2.3.1 中国古代的郊野游憩

我国郊野公园的雏形可追溯到魏晋南北朝时期，文人名流经常在兰亭这样的近郊风景游览地聚会游玩、诗酒唱和，这些风景游览地具有最初的郊野公共园林的性质。从古至今，到城郊踏青、赏景、游憩一直深受民众的喜爱。由此，城郊公共园林的建设也逐渐发展成熟，亦在中国园林史上独树一帜。

2.3.2 现代郊野公园建设

郊野公园或具有郊野公园色彩的公园一直存在于我国的公园体系中，但在我国内地大举推广和重视却源于香港郊野公园的成功发展，20 世纪 90 年代后，我国部分大城市逐渐在城郊地带规划和建设郊野公园。

2003 年，深圳结合环城绿网的规划，启动建设的 21 座郊野公园，总面积 262 km²，占全市总面积的 13%，占全市林地面积的 27%[15]，其中建成的有 4 座，另有马峦山、塘朗山、七娘山等郊野公园在建。2006 年，南京市

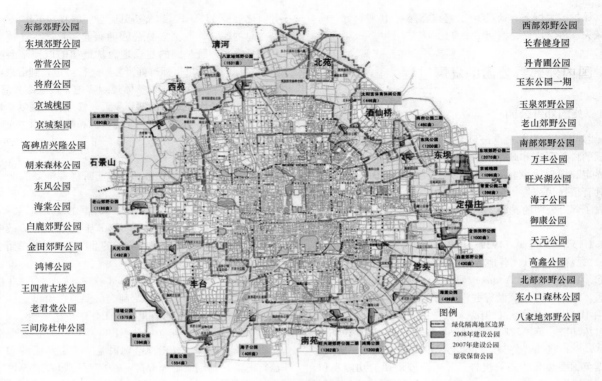

图 1 北京免费开放的郊野公园[19]

规划了 46 个郊野公园，并将随着新一轮城市总体规划修编写入南京绿地系统规划之中，聚宝山森林公园、七桥瓮生态湿地公园等郊野公园已经建成开放[16]。2007 年初，北京市按照城市总体规划启动郊野公园环建设，规划建成 60 处约 4000 hm² 的郊野公园，每隔 3000m 一处[17]。此外，还有很多城市开展了郊野公园建设的尝试，这些城市通过郊野公园的建设，在城市空间控制、自然资源保护及服务市民休闲等方面已经初见成效。

2.3.3 北京：郊野公园—城市的"公园环"

北京的郊野公园建设在不断地发展与完善之中，是内地郊野公园发展的典型案例之一，下面对北京的城市"公园环"进行着重介绍[18]。

2007 年北京市启动了第一道绿化隔离地区"公园环"的建设，提升改造的 15 处公园已于 2008 年向市民开放。"公园环"由上百个公园构成，而这些公园的位置从三环内侧到五环外。初步规划了新增约 60 个郊野公园（图1）。

每个城市由于具体条件和所处发展阶段的不同而选择建构不同的郊野公园模式，引导城市从简单结构向复合空间模式发展，减少城市扩张的盲目性。北京的城市发展特征为母城-卫星城市发展，郊野公园在城市外围形成环状从而形成空间骨架，限制城市的蔓延。

2.4 我国郊野公园建设发展过程中的问题与对策[4]

2.4.1 问题

（1）中国郊野公园建设起步晚，但发展较快，现阶段

缺乏完善法律体系和管理制度。

（2）郊野公园建设过程中缺乏合理布局，加之没有完善的建设和管理体系，使得实际建设过程中过于强调保留现状或改造过度的现象均不同程度出现。

（3）现代城市园林一方面在不断大面积消灭自然，另一方面又在不断"克隆"自然。设计手法过于简单，没有体现出多样性的自然本质，抑或过度强调构图形式，忽视郊野公园本身景观特性及功能性。

（4）资源配置不合理。

2.4.2 对策

（1）参考国内外先进完善的制度和法规，结合本地区特色，将公园建设与经营综合考虑，尽快制定相关政策法规，完善规划、建设、管理机制，使其正规有效，合理可持续发展。

（2）在规划郊野公园布局中，除应具有"承载自然生态、景观园林、游憩空间"等共性外，更应依据公园所在区域的不同人文、环境特点，突出各自特色，避免低级重复建设。

（3）郊野公园应有长远规划目标，预留发展空间，又应有短期建设目标——以城市发展方向和市民需求为出发点，满足运行安全，便利的基本要求。重点在保护、提高和完善的目标上。

（4）合理进行资源配置。

3 展望

郊野公园对于城市而言不仅仅是保护生态环境的一种空间形态，更是城市居民返璞归真、与大自然亲密接触

的重要空间场所。其意义在于从立法的高度实现城市边缘区开放空间资源保护的目标，香港郊野公园的建设为我们提供了很好的榜样与借鉴，但是内地的情况与香港也不完全相同，需要结合实际情况探索适合当地的郊野公园建设及发展模式，在其立法、研究、规划、建设、管理等方面需要更加深入及完善，将其置于更广阔的时空背景中去考察它的得失利弊，以形成一套比较成熟完整的体系来保障郊野公园的建设与开发并落到实处，使其发挥最大效益[20]。

参考文献

[1] 王永忠. 西方旅游史[M]. 南京：东南大学出版社，2004.

[2] 张婷，车生泉. 郊野公园的研究与建设[J]. 上海交通大学学报(农业科学版)，2009(3)：259-266.

[3] 林楚燕. 郊野公园的地域性研究[D]. 北京：北京林业大学，2006.

[4] 许大为，叶振启，李继伍，等. 森林公园概念的探讨[J]. 东北林业大学学报，1996. 24(6)：90-93.

[5] 刘扬，郭建斌，左小珊，张文波. 城市郊野公园建设及生态效益评估探析[J]. 安徽农业科学，2009. 37(9)：4029-4031.

[6] 张公保，刘俊娟. 郊野公园在城市绿地系统中的作用[J]. 山西农业科学，2008(4)：72-73.

[7] 易澄. 浅议生态园林与郊野公园[J]. 中国林业，2002(5)：42-43.

[8] David Lambert. The History of the Country Park, 1966-2005：Towards a Renaissance[J]. Landscape Research, 2006，31(1)：43-62.

[9] The Urban Parks Forum and the Garden History Society. Towards a Country Park Renaissance[EB/OL]. www. countryside. gov. uk，2003.

[10] Country Parks for the 21st Century：Launching the Country Parks Network Accreditation Scheme[EB/OL]. http：//countryparks. org. uk/uploads/Country _ Parks _ Accreditation _ Scheme _ final. doc.

[11] 杨家明. 郊野三十年[M]. 香港：天地图书有限公司，2007.

[12] 张晓鸣. 香港郊野公园的发展与管理[J]. 规划师，2004(10)：90-94.

[13] http：//zh. wikipedia. org/wiki/Wikipedia[DB/OL].

[14] 张力圆. 郊野公园的演变与多元化发展[D]. 北京：北京林业大学，2010.

[15] 胡卫华，王庆. 深圳郊野公园的旅游开发与管理对策[J]. 现代城市研究，2004(11)：58-63.

[16] 宁建新，秦宵喊. 我市全力推进郊野公园建设[N]. 南京日报，2007-8-1(A04版).

[17] 郊野公园为京城镇"绿边"[EB/OL]. 中国花卉报，2008-8-21.

[18] 郭竹梅，徐波，钟继涛. 对北京绿化隔离地区"公园环"规划建设的思考.[J]. 北京园林，2009(4)7-11.

[19] http：//ly. beijing. cn/bjlyfw/bjjygy/

[20] 王晶惠，丁绍刚，舒应萍. 郊野公园研究浅析[J]. 河北林果研究，2009. 24(2)：339-342.

作者简介

张婉嫣，1990年1月生，南京农业大学研究生，研究方向为生态修复与园林工程，电子邮箱：65092209@qq.com。

城市郊野公园的研究进展

基于景观原型的设计方法探究[①]
——以清远市大燕湖片区城市设计为例

Landscape Design Method Based on Landscape Archetypes
——Urban Design of Dayan Lake Area in Qingyuan as an Example

张新然　金云峰　周晓霞　沙　洲

摘　要：本文以心理学中"原型"的理论为指导，以清远市大燕湖片区城市设计为例，探究基于原型的设计方法在景观领域的应用：针对自然、历史和地域特色三个方面，遴选不同的原型，并通过提炼与模拟、引入与转译和还原与重构等手段，结合城市的基础设施、慢行系统和特色文化空间建构，试图从景观的角度重新整合城市环境，塑造独一无二的城市形象。

关键词：景观设计；设计方法；景观原型；清远；燕湖新城

Abstract：This paper introduces the design method of landscape archetypes to the practice of urban design in Qingyuan Dayan Lake area with the theory based on "archetypes" on psychology. This paper applies natural archetypes, historical archetypes, and regional archetypes to the construction of infrastructures, slow transportation system and significant cultural spaces in order to integrate the city environment from the view of landscape and build the unique city image, with the measures of refining and imitating, introducing and translating, restoring and reconstructing.

Key words：Landscape Design；Design Method；Landscape Archetypes；Qingyuan；Yanhu Lake New City

1　原型的设计方法

　　原型（Archetypes）的思想在西方哲学和宗教传统中有着悠久的历史，而在跟设计息息相关的心理学领域，瑞士心理学家卡尔·古斯塔夫·荣格（Carl Gustav Jung）以此为出发点，提出"集体潜意识"理论，进而对文学、艺术、历史、哲学、宗教等发生了持久而又广泛的影响。"人类祖先的经验经过不断重复以后，便会在种族的心灵上形成所谓的"积淀"之物——"原始意象"（The Primordial Image）；它们被保存在种族成员的"集体无意识"里，世世代代沿传不止。这样的"原始意象"就是"原型"，"集体无意识"[②]主要由"原型"所组成[1]。

　　原型并不是设计本身，而是一种"催化剂"，它提炼自人们代代相传的"集体潜意识"中，埋藏着以往典型的经验。当某个特定原型出现时，关于这个原型的共同认知就被激活，人们的集体记忆接踵而来。集体的意识需要通过"原型"这一媒介来表达，艺术家努力追溯这些意象的初始，把握住这些意象，将其从人的潜意识中挖掘出来，赋以新的面貌，转化成为具有时代特征的设计作品，于是设计就产生了共鸣。原型设计从心理学角度出发，旨在从人类的集体记忆中寻找对事物的共同认知，并加以提炼和转换成设计作品。

2　清远市大燕湖片区城市设计

　　清远市位于广东省的中北部，地处珠三角与内地结合部，南紧邻珠三角核心区，北接壤国内腹地，承外启内，是珠三角地区和广大内地南融北拓的"桥头堡"。基地位于清远市区南部，面积约 39km²，包括北江两岸的大燕湖片区以及清晖路沿线的城市中轴线。基地内河湖水系星罗棋布，生态基质良好，是清远市打造"湖城清远"的焦点所在。设计要求充分挖掘清远的自然禀赋，将湖城水系景观整治和城市开发紧密结合，依托其得天独厚的山水基底，满足上位规划对于"湖城"清远的目标定位，打造独一无二的城市形象，营造具有特色的地方空间（图1）。

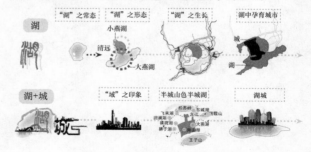

图1　设计目标—湖城清远

---

①　基金项目：同济大学 2013—2014 教改项目资助。
②　"集体潜意识"在部分论文、著作中也被翻译为"集体无意识"（Collective Unconscious），本文中采取"集体潜意识"的翻译。

设计针对基地的自然资源和人文资源特点，从当地建设的现状问题出发，以景观"原型"为形态、意向依托，以系统的视角观察城市的政治、经济、地域文化、社会生活等多方面的现状与发展趋势。

3 基于原型的设计手法

3.1 基于自然原型的提炼与模拟

清远地区河网密布，依山傍水，山水自然本底条件极佳。以自然为参照物，通过对自然景物的描摹和提炼成为设计的主要出发点之一。而清远的山水环境成为自然原型的一种，给设计提供源源不断的灵感。自然原型的引入，经常通过对自然整体环境的模拟和对某些自然元素的运用。然而，自然原型不仅包含自然特征，还包含有自然过程的模拟——自然界的生长过程、进化规律或是自然变化等。景观应能够融入自然变化，随着阳光、雨露、潮汐、季相等变化而更迭，成为自然生态系统的一部分，进而带动城市成为有机的整体[2]。借此，设计对于清远自然环境和自然特征要素进行了提炼和模拟，并运用于与生态环境息息相关的水体系统和绿色开放空间系统的规划中。

3.1.1 提炼方法运用

清远拥有优越的自然山水资源，城市特色可以概括为山、水、城三个主要元素，山水格局构成了城市景观结构的基本骨架。"山环"、"水抱"、"宜居"成为城市自然景观体系的基础。设计充分挖掘利用基地的山水资源，以山为屏，以水为脉，以岛为媒，引山入城，理水围城。强调山水资源的全民共享，避免城市建设中山水环境的私有化。设计以动态生长为自然原型，在保留基地内现有重要水网的基础上，对湖面水体进行系统化梳理，保证水系统的循环畅通、进而将水的生命活力延伸到城市的各个功能区中，实现城市功能和河湖水网的有机咬合。

3.1.2 模拟方法运用

在湖城水系的塑造上，设计通过对自然界中莲花形态和生长过程的提炼，抽离出清远市河网密布的水体系统。水体的蓝脉似含苞待放的蓝莲花向上生长，生机勃勃，以湖面为城市核心似涟漪般向外扩散，生长成为一个较为成熟的，集生态、防洪、游憩、景观一体，并具有强大生态活力的蓝色网络，与城市组团功能结合，将生态和游憩功能渗透到城市的各个分区。整个水系中的核心为大燕湖区域，该区域的建设聚焦于太阳能等清洁能源的循环、雨水收集的利用。设计中充分考虑湖滨城市开发与生态保育的协同共生，统筹景观生态、水利安全和泄洪排涝的关系，将大燕湖打造成清远的蓝色生命核。在城市绿色空间网络塑造方面，设计选取了生生不息，茂盛的常春藤——绿脉渗透到城市中，形成葱葱郁郁的绿网，成为美好宜居的象征。设计通过以带状景观游憩空间为主导的手法，建立城市绿道，将不同功能的各个节点串联起来，形成一个整体系统，同时兼具景观、基础设施等功能，形为一条"城市生长活力带"（图2）。"城市生长活力带"如绿脉一般，延伸出城市开放空间及城市功能组团，丰富城市空间形态及绿色空间，增加城市宜居性，突出城市设计"以人为本"的主旨（图3、图4）。

图2 大燕湖片区特色绿道系统概念图

图3 清远市中心城区绿道网络系统

3.2 基于历史原型的引入与转译

相比于自然原型的直接、易识别，历史原型则更多与人类的历史、文化的潜意识相关联。而这种依托于经验、文明的设计方法，同样在历史悠久清远市大燕湖地区得到应用。在原型的理论中，荣格认为原型是人类历史经验的凝聚；在风景园林实践领域，历史原型的设计方法其实也早有应用：英国著名风景园林师杰弗里·杰里科（Geoffrey Susan Jellicoe）则认为，"不管有意还是无心，在现代公共性的景观之中，所有的设计都取自人们对于过去的印象，取自历史上由完全不同的社会原因创造出来的园林、苑囿和轮廓……我在景观设计中不断追求的是，创造一种属于"现在"与"未来"的东西，然而这种东西是从"过去"产生出来的，即从心理学角度讲有着自己的根基……我们努力要做的是将过去与未来结合起来，使人们在体会他们所

大燕湖片区绿道网络体系规划

图 4　大燕湖片区绿道网络系统

经历的事情时，不仅看到眼前的表面现象，更加感受到其内在的深刻含义……"[3]。杰弗里所指的"过去"，即为长期景观实践中产生的"历史原型"。

3.2.1　引入方法运用

在构建城市慢性系统网络过程中，设计选取了"中国结"的原型意象。"中国结"起源自旧石器时代的缝衣打结，至汉朝变为仪礼记事，到近代成为民间手工艺术。除了造型优美、色彩多样的特点，它还表示热烈浓郁的美好祝福，更是寄予了吉祥如意的美好寓意。这与清远当地的祈福纳福的"福地文化"遥相呼应。"中国结"作为线状的历史原型被引入城市慢行系统构建中——"绳"作为绿道，与区域绿道交叉融合形成慢行网络；"结"则是绿道上重要的景观、功能节点，提供景观、基础设施等服务。"绳"和"结"的意向被分别引入，形成最终的慢性系统结构。

3.2.2　转译方法运用

在城市慢行系统网络（图 5）的构建上，预先将"结"的生态节点植入城市的各功能区，并通过"绳"的绿道串联起来，使绿道网络与周边用地相互耦合发展，实现环境廊道、生态廊道、娱乐廊道、经济廊道、疏散廊道的多维一体。设计的慢行交通系统提倡以行人为导向（Pedestrian Oriented Development，POD）、自行车为导向（Bicycle Oriented Development，BOD）的城市发展模式。慢行廊道道路中人行道以 2—4m 为宜，非机动车道宽度 2.5—4.5m。慢行道路和城市快速交通分离，在部分重要的交通节点采用城市主干道和城市慢行系统相结合的方式。设计一方面考虑到生活性出行和游憩性出行目的的不同，通过慢行廊道沟通起城市公共空间的每个角落，满足居民出行、购物、休憩等需求；另一方面结合静态交

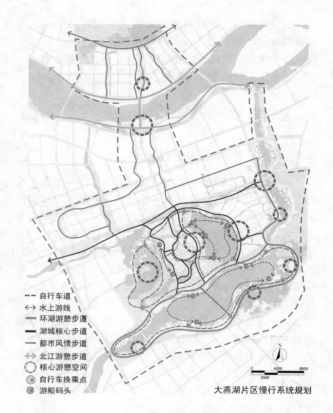

大燕湖片区慢行系统规划

图 5　大燕湖片区慢行系统规划

通节点，慢行空间与停车空间交织，有效解决快慢交通冲突的问题，通过"公交＋慢行"的出行方式，支撑城市"细胞"结构。

3.3　城市特色空间塑造与地域特征构建

清远市在以往城市建设过程中缺乏对于城市特色空间的关注，致使清远市地域特征不明显，对当地的传统文化和生活习惯缺乏继承和创新，当地人民缺乏归属感和自豪感。从心理学的视角来看，这种含有集体记忆的印象，正是心理学家荣格阐述的"集体潜意识"，是一种集体记忆和认知的投射。这种个人或者集体对于场地印象的投射，主要来自于场地的历史与文化积淀，又往往成为设计思路的另一种出发点。所谓地域原型，是人类在漫长的历史中由于气候、地理、文化等形成的，不同地方种族之间的集体意识的差异性体现[4]。而基于地域原型的设计方法是通过对基地文脉和场所精神的解读，提炼抽取具有独创性的部分，并加以设计修饰，最终赢得当地人的共鸣。在经济全球化的当代，千城一面的现实不断提醒人们地域特色的重要性，通过对当地特色文脉的深度挖掘，提炼当地的代表文化、风俗和地域特色并加以运用，是塑造地域特色的重要手段之一。

3.3.1　还原方法运用

清远最重要的地域原型之一莫过于"福地文化"。"福地"一词，早在东晋的道书中已经出现，"七十二福地"一词亦见于南北朝时期的道书。道教洞天福地的最重要的文献资料——杜光庭的《洞天福地岳渎名山记》中，记载有两处福地位于清远，即：第十九福地清远山（市区

风景园林规划与设计

东）和第四十九福地抱福山（连州市）——唯一以"福"字命名的福地。在清远，人们所信奉的是"祈福"（祈求自然），"享福"（自然回馈人类），"理福"（人类提升自我），"造福"（人类回馈自然）——最终达到人与自然相和谐，也就是道家"天人合一"的境界。

3.3.2 重构方法运用

"福地"文化是清远市最具地域特色的原型，是世世代代清远人对美好生活的憧憬和"天人合一"信仰的传承。设计中乐活文化湾（图6）位于基地的核心地带，背山面湖，景色宜人，着力打造"浮岛文化"、"山水福地文化"，充分利用湖城的优势构建具有清远特色的"福岛"特色空间。乐活文化湾以岛为媒，在"福岛"上发展多元多彩的文化空间，绿色开放的人文休闲空间，将展览馆、图书馆、博物馆、影剧院、青少年活动中心等文化建筑布置于各岛屿上（图7），结合清远的福地文化构成了特色的"福岛"，寓意"五福临门"，形成"岛—湖—城市"的联动发展模式。"浮岛"既可以是湖网水系形成的"蓝色浮岛"，也可以是绿带围合的"绿色浮岛"（图8）。规划充分结合该片区良好山水自然生态环境，将绿道以及慢行系统（图9—图11）融入城中，与整个清远市的绿道慢行系统相联系，为清远市民的提供绿色健康的出行方式，享受美好城市环境带来的各种便利。形成真正健康、生态、休闲的"福地"清远。

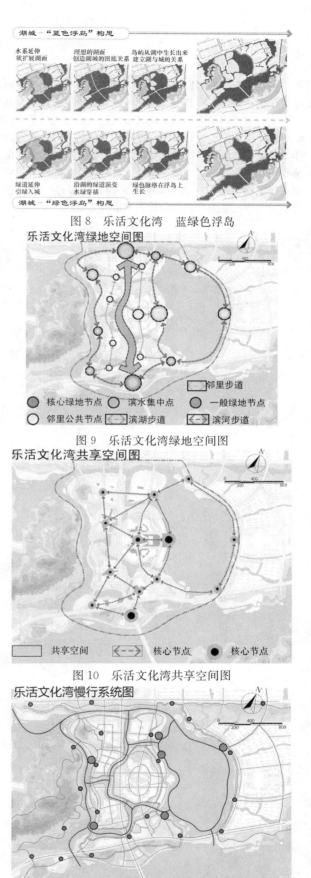

图8 乐活文化湾 蓝绿色浮岛

图6 乐活文化湾平面图

图7 乐活文化湾功能分区图

图9 乐活文化湾绿地空间图

图10 乐活文化湾共享空间图

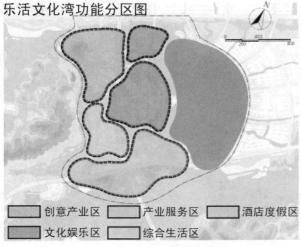

图11 乐活文化湾慢行系统图

4 结语

基于景观原型的设计，通过对自然、历史、地域等原型的发掘和解读，将其引入设计中，并结合生态技术、基础设施的建设，最终得以解决城市问题。清远大燕湖片区城市设计中的原型设计，是一种设计方法的探究，通过具体或抽象的"原型"挖掘，提炼集体意识，找寻公众在情感和精神上的共鸣，并把"原型"进行设计化的转译，以期通过工程实践展现出来。清远的设计无疑是一种新的尝试，希望能够为今后的设计带来借鉴之处。

参考文献

[1] 邹颖，刘靖怡."原型"的思考[J].天津大学学报(社会科学版)，2008(1)：14-18.

[2] 金云峰，项淑萍.有机设计——基于自然原型的风景园林设计方法[C].北京：中国风景园林学会"中国风景园林学会 2009 年会"，2009-9-11.

[3] Geoffrey Jellicoe.刘滨谊译.图解人类景观[M].上海：同济大学出版社，2006.

[4] 金云峰，项淑萍.乡土设计——基于地域原型的景观设计方法[C].南京：传承·交融：陈植造园思想国际研讨会暨园林规划设计理论与实践博士生论坛，2009-11-14.

作者简介

[1] 张新然，1990 年 6 月生，女，同济大学建筑与城市规划学院景观学系硕士研究生在读，电子邮箱：wsndde2 @ gmail.com。

[2] 金云峰，1961 年 7 月生，男，同济大学建筑与城市规划学院景观学系，教授，博士生导师，上海同济城市规划设计研究院，同济大学都市建筑设计研究分院，研究方向为：风景园林规划设计方法与技术，中外园林与现代景观。

[3] 周晓霞，1982 年 6 月生，女，上海同济城市规划设计研究院，注册城市规划师。

[4] 沙洲，1990 年 4 月生，男，同济大学建筑与城市规划学院景观学系硕士研究生在读。

武汉解放公园边界空间设计探究

Exploration and Research on Edge Space Design in Jiefang Park，Wuhan

张　嫣　裘鸿菲

摘　要：城市开放性公园边界是城市绿地与城市街道景观有机融合的重要地带，边界空间承载了多种重要的自然社会功能。本文以武汉解放公园为例，通过历史资料查阅与场地调研，探索了边界空间组织规律，分析了其空间形式及设计手法，从绿地系统连续性、交通对接及空间转换三个方面明确了城市公园边界的功能，并从人性化设计、空间类型组织及构景要素运用方面总结了解放公园边界空间设计的特点，提出其对城市景观营建的借鉴意义。

关键词：公园边界；空间形式；设计特点；解放公园

Abstract：The edge space of urban open park is an important area between urban green space and the street landscape. It carries a variety of natural and social functions. Taking Jiefang park for instant，through consulting literature and investigating the site，this study explored the organization of the edge spaces，analyzed the spatial forms and design technique，defined the functions of the urban park edge space from 3 aspects：making the green system continuous，connecting the traffic，transforming the spaces. It also summarized the design characteristics of Jiefang park edge spaces from 4 aspects：humanized design，space organization and landscape elements application.

Key words：Edge Space of Urban Open Park；Spatial Form；Design Characteristics；Jiefang Park

2001 年，开放式公园在中国公园协会秘书长会议上首次提出。2005 年，建设部将"城市主干道沿街单位 90％以上实施拆墙透绿"列入《国家园林城市标准》。自此游离于城市街区之外、以"世外桃源"自居的收费公园开始城市向开放性公园转型，拆墙透绿，步入了园景与街景交融渗透的时代。

城市开放性公园的边界作为公园绿地与街道绿地有机融合的重要过渡地带，人群性质丰富、各种活动发生频率高，直接受到公园内部及城市环境各种因素的影响。本文以武汉解放公园为例，通过调研分析其边界空间形式，探索其功能，总结边界空间的设计特点。

1　解放公园概况

解放公园是武汉市新中国成立后最早兴建的综合性公园，位于汉口解放大道北段。园址原为西商赛马体育会外场。1953 年筹建公园，1955 年开园开放。2005 年按照加拿大园林专家文森特·艾思林等的改造修复方案，改造建成武汉市首个人工湿地景观，是武汉市区最大的自然生态公园之一（图 1）。

解放公园占地总面积为 46hm²，其中陆地面积 38.4hm²，水面积 7.6hm²，边界周长约 3000m。公园东临解放大道，南以解放公园路为界，北面、西面及东南与居住区接壤。作为与周边城市建设用地直接关联的城市开放性公园边界，需要满足公园绿地日益重要的游憩休闲、环境生态、园林艺术和文化活动等社会功能需求。

2　解放公园边界空间分析

2.1　边界空间组织

城市开放性公园的边界空间组织把个别的独立的空间组织成一个有秩序、有变化、统一完整的空间集群。该集群中的空间可以分为横向空间组织和纵向空间组织。横向空间组织指开放性公园与城市环境直接关联的连续的边界空间；纵向空间组织是指由城市公园边界延伸至城市公园内部的空间集群。

解放公园外围城市环境的不同、公园与城市接壤的立地条件的迥异，使得公园边界的空间类型及空间形式各有不同。如图 2 所示，解放公园边界横向空间组织中，开敞空间、半开敞空间、密闭空间交错呈现，不同的空间类型，空间形式各有特质，形成了张弛有度，开放收合的空间形态。

图 1　解放公园总平面图

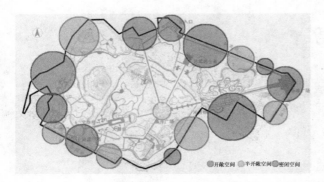

图2 解释公园边界空间组织分析

2.2 边界空间形式

按交通的可达性和连续性，可将公园边界的空间形式分为开敞边界和阻隔边界。开敞边界主要指城市公园的出入口，阻隔边界指不能直接进入园区内部，视线通透或阻隔的边界空间。

解放公园南边和西边以绿色植物景观和水体景观作为边界，东边与解放大道相接处采用通透金属围栏进行空间划分，东边和北边与居住区相接地段采用围墙进行空间和视线的阻隔（图3）。

图3 解放公园边界空间形式分析

2.2.1 开敞边界

开敞边界联系城市街道与公园环境。其形式分为两种，传统大门形式和广场形式。有明显的构筑物，在空间上分隔园内与园外，形成明确边界，为传统大门形式；没有明确边界，通过空间类型的变化，由城市氛围逐渐向公园自然环境过渡，为广场形式。

（1）传统大门形式

解放公园在对涵虚广场的改造中，保留了原有门楼建筑。但对于这一在边界地带上具有一定的标识性的建筑，也做了最大的开放式处理。大门建筑拆掉原有的铁架门，仅保留原有建筑形式，形成架空层，使游客能最大程度的自由出入（图4）。同时门洞利用其自身的构成特点使入口建筑和环境之间互相连接，渗透，形成一个新的空间层次，使环境之间多了一个分割、漏透、过渡、融合的空间秩序。

此门楼建筑虽然在立面上限制了空间透视，但它通过进深运用对比手法，增加了空间的通透感。游人自解放公园路街边狭窄的小广场通过大门进入后面的涵虚广场，

图4 涵虚广场入口门楼

有顿时豁然开朗之感。同时大门后面枝繁叶茂的悬铃木起到了补偿大门建筑高度不足而造成空间感不强的缺陷的作用，透过大门和植物构成的枝叶扶疏的网络去看园内景物，感觉含蓄深远。

这一纵向的空间集群也因此被重新进行了组织，沿主要园路向内延伸。门楼外形成简单的公园外广场，是城市氛围中的集散空间，从这一街道开敞空间经过门楼划分的半开敞空间，到进入园区的第一个开敞空间，由于花坛的布置形成半开敞空间，向内分别由开阔水面及草坪形成下一个开敞空间（图5）。

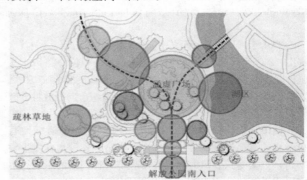

图5 涵虚广场纵向空间组织分析

开敞与半开敞的空间类型间隔分布，在其间穿插植物浓郁的密闭空间，采用的植物、水体、构筑物等构景要素，采用了空间体量的对比，植物色彩的变化，使纵向的空间组织富有动态变化。

（2）广场形式

区别于由建筑物进行划分空间的形式，公园入口广场空间由城市街道向公园内部逐渐过渡。广场在视觉和交通上完全没有阻碍，外向、无私密性，气氛明快、开朗，人的活动自由，在交通上不受限制，是人们良好的游憩活动场所。这种空间的交互作用非常明显，模糊了边界空间的阻隔作用，游人享受的是充分在绿地内外穿梭、观赏的自由。

位于解放大道与永清街交叉口的乐春广场是解放公园的一号出入口，是4700m²的树阵广场，以花岗岩铺装，其间散布45个花坛和树池，构成现代、简约的城市与公园融合空间，也与周边的现代城市景观相协调。同时通过廊架和景观小品对视线加以引导，给游人以深刻的第一印象，还为游客提供了休闲锻炼的好去处，也很好对来此不同目的人流的通行进行了引导。

乐春广场延续了公园的轴线形式，中间保持了轴线的通透性。轴线两侧采用半开敞形式，满足游客的停留，周边居民的休息锻炼的需求。广场靠近公园内部一侧，植物逐渐郁闭，渐入园区内部（图6）。这一纵向空间序列采用了植物的围合、高差的变化实现了空间的承接变化。

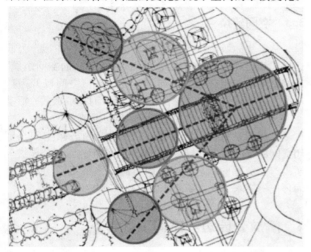

图6　乐春广场纵向空间组织分析

位于永清路西段，解放公园西北角出入口的逸兴广场（图7）背倚桂花山，故桂花借势下山，形成由400多株大桂花树合围而成的密林草坡，并在55m的小型广场上星罗棋布，且在桂花树下增加矮灌木花卉和适当的呼根植物以及地面覆盖植物，修建人行道路，提供休息区，营建小型的硬地健身场所。

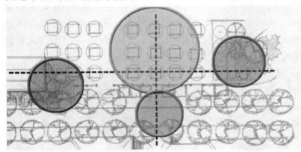

图7　逸兴广场空间分析

这一空间采用垂直郁闭，水平开敞的空间类型，使周边居民进入公园更为方便，开敞的空间环境更适合多项活动的开展，提高了广场的使用率（图8）。

图8　逸兴广场活动空间

2.2.2　阻隔边界

解放公园的边界空间的阻隔边界主要有栏杆和围墙、绿色屏障、水体等。

（1）栏杆、围墙

低矮栏杆主要出现在解放公园入口两侧，主要以结合植物绿化的形式出现，主要起到划定公园边界以及防止游人通过随意踩踏周边绿地、草地已进入公园的作用。

墙体这种形式的边界在对解放公园进行改造时已经减少了很多，但这种形式还是存在（图9），尤其是在公园与周围的居住区之间的边界处，这种形式它给人以强烈的界限感，在起到划定公园边界作用的同时，也能起到防止公园外的环境和游人对公园内的环境及游人的影响的作用。

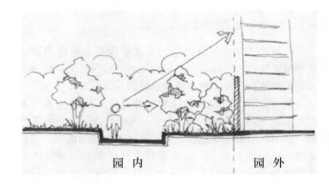

图9　阻隔边界——围墙

（2）绿色屏障

利用绿化种植形成自然的屏障（图10），在无形中分隔公园内外空间，而且植物本身就具有可观性，它自身就能形成一种美好的景观，加强解放公园边界的景观性，同时在一定程度上起到遮蔽视线的作用，公园外的游人在经过时也能透过这些植物的缝隙看到公园内的景色时，还可以在某种程度上起到吸引游人注意的作用。

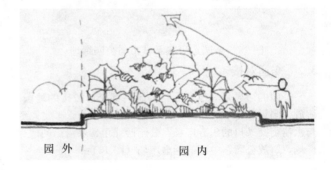

图10　阻隔边界——植物

适当结合地形变化，形成高差变化的边界。这样的边界形式既能够创造出丰富的自然景观，也能形成与喧闹的街道空间形成适当的隔离。

（3）水体

利用水体分隔公园内外空间，水体这种形式作为边界处理的一种方式既能够在一定程度上完善公园内的水系景观环境，同时也能够将公园边界自然化，避免了直接的围墙和铁栏杆形式的边界处理给人带来的生硬感（图11）。

武汉解放公园边界空间设计探究

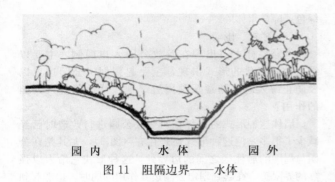

图 11　阻隔边界——水体

3　公园边界的功能

3.1　绿地系统连续性

开放性边界使解放公园的绿地效应有效的向周边区域辐射，使公园绿地与道路附属绿地、居住区附属绿地相互交融渗透，实现了城市绿地系统的连续性与完整性。

解放公园北面的块状绿地，透过建筑的间隔发生景观上的联系，行人在街道上行走，在视觉上会发生一定的融合。南面的带状绿地在形式上"插入"公园内部，带状绿地内部的水系和公园的水系发生线性联系，南面的带状绿地和公园得到很好的融合。西北的绿带边界和公园相紧贴，可认为是公园的一种延续，给人们景观无限幽远的感觉，在形式上和景观上和公园进行融合（图12）。

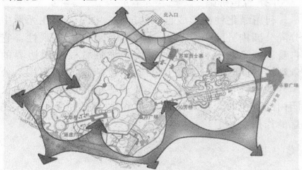

图 12　公园边界联系城市与公园绿地

3.2　交通对接

公园的边界是城市交通与公园内部交通驳接的地段。解放公园设置了三个主要出入口，分别是位于解放大道与永清街交叉口的乐春广场，公园西北角、永清街的逸兴广场，解放公园路中段的涵虚广场（图13）。

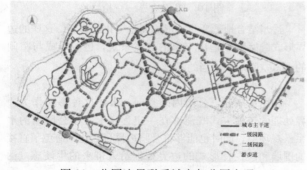

图 13　公园边界联系城市与公园交通

出入口交通对街区交通起到缓冲的作用，可以作为短暂的停留、集散空间，或者做停车场使用。三个出入口分属南北东三个方位，使城市交通与园内交通合理对接，结合开放性的城市公园特性，是居民和游人通行、交流的最佳选择，并且实现了人流车流的有效融合。

3.3　空间转换

从繁华的城市氛围进入静谧美丽的自然怀抱，公园边界起到了不可或缺的过渡作用。边界的纵向空间组织，由城市街景向至公园内部延伸。在出入口空间以开敞广场形式，巧妙地与街区融合，向内给人们提供集散、活动空间，然后逐渐向自然式过渡进入园区景观。

横向的空间组织也富有动态变化，由开敞空间至郁闭空间的空间转换，打破了单调的边界形式，使公园披上了具有节奏感的绿色外衣。同时满足多种不同功能对空间环境的需求。丰富了公园边界的景观层次。

4　解放公园边界空间设计特点

4.1　以人为本的设计理念

调查发现游人往往在边界空间停留，因而人性化设计在边界空间的需求尤为突出。

4.1.1　完善人性化的环境设施

良好的环境设施有助于提升城市公园的环境质量、完善城市公园的服务功能、促进人与人之间的交流和交往，是城市形象和气质的良好体现。人性化的环境设施包括无障碍道路系统、休憩设施、信息设施等，为游人在使用过程中提供便利（图14）。

图 14　边界空间的环境设施

4.1.2　功能多样化的交流活动空间

作为城市绿地系统组成部分、具有生态功能的公园边界空间，给城市居民提供了绿色的休闲空间。作为城市物质流、信息流和人流交汇结合处的公园边界空间，为教育宣传、文化展示提供了良好的地理优势。合理组织空间、布局设施，为游人创造可交流的机会、时间与地点。丰富游人在城市开放性公园边界的交流空间，设计可参与活动项目，提高人们在空间中获得的存在感和快乐值，使其享受参与其中的感觉体验（图15）。

图15　边界空间的各色活动

4.2　空间类型的变化组织

4.2.1　延长边线长度，丰富空间变化

从实际的需求出发、综合考虑各方面的因素，在可停留的边界空间增加曲折变化，提高半围合空间数量，可以有效增加边界游人容量。横向空间组织列有曲有直，形式丰富，达到步移景异的景观效果。

4.2.2　运用空间对比变化的手法

在有限空间内，通过体量、虚实、开敞与封闭的对比，使得环绕整个绿地的边界空间组织有起有伏，交替变化，形成动态的空间景观流线。在丰富空间的层次、增加边界空间的景观内容的同时又使得整个空间序列不至于松散，形成了一个有收有放的统一整体。

4.3　构景要素的丰富运用

解放公园边界空间，通过地形、植物组群、建筑和水体等营造具有不同特色的空间环境。此外通过竖向上的空间变化，使高低错落的边界为园外游客提供优美的立面画卷；而对绿地内的人在拥有精美的立面景观同时，也营造了一个富于变化与节奏的天际线景观。

结语

城市开放性公园给人们提供与自然亲密接触的空间，日益成为城市居民户外休闲的场所。公园边界空间是城市氛围与自然环境交融渗透的重要过渡地带，承载了多种自然和社会功能。对城市开放性公园进行边界空间的设计时需要进行空间序列的动态组合，及空间形式的多样化选择。边界系统中，由于周边环境及场地特质的不同，各个小空间呈现出彼此迥异的特征。因此需要因地制宜，采用多种设计手法与景观要素营造富有动态变化的公园边界空间系统，实现城市街景与公园园景的交融渗透，为城市居民提供可赏可玩的丰富景观空间。

参考文献

[1] 贾建玲，汪民．我韩式解放公园轴线空间序列探究．华中建筑，2012(10)：134-136.
[2] 刘滨谊，张亭．基于视觉感受的景观空间序列组织．中国园林，2010(11)：31-35.
[3] 裘鸿菲．中国综合公园的改造与更新研究，北京林业大学，2009.
[4] 章勤春．武汉市解放公园改造凸现的三大特色．中国公园协会2007年论文集：7-8.

作者简介

[1] 张嫣，1987年1月生，女，汉，河北武安，华中农业大学风景园林学在读博士研究生，研究方向为风景园林规划设计，电子邮箱：641092623@qq.com.
[2] 裘鸿菲，1963年生，女，汉，湖北武汉，北京林业大学城市与规划设计博士，华中农业大学园艺林学学院教授，研究方向为风景园林规划与设计，电子邮箱：602208920@qq.com.

武汉解放公园边界空间设计探究

城镇化背景下我国村镇绿地系统规划的思考与认识①

Thinking and Cognition on Green Space System Planning of Villages and Towns Under the Background of Urbanization

张云路

摘　要：党的十八大勾勒出"美丽中国"的美好愿景。村镇作为我国发展建设的一大核心，在我国城镇化快速发展的关键时期，村镇绿地环境建设将扮演关键作用。研究由传统的城市绿地扩展到村镇，通过对我国村镇绿地系统规划的定义和目标等内容的阐述，确立了我国快速城镇化下村镇绿地系统规划的层次，为全面开展我国村镇绿地系统规划建设奠定了基础。

关键词：风景园林；城镇化；村镇；村镇绿地系统规划

Abstract：The eighteen National Party Congress shows a bright future about "Beautiful China". We take villages as a core of the development and construction in our country, and in the critical period——the new phase of China's rapid urbanization development, the construction of green space in villages and towns will play a key role in building. This article elaborates the definition and goal of green space system planning in Chinese villages and towns. It establish the layout of villages and towns' green space system planning, which will lay the foundation for planning and construction of green space system in Chinese villages and towns.

Key words：Landscape Architecture；Urbanization；Villages and Towns；Green Space System Planning of Villages and Towns

1 从城市到村镇的拓展——城镇化背景下村镇绿地系统规划研究的重要性

在 2012 年 11 月召开的中国共产党第十八次全国代表大会上，"美丽中国"成为社会各界关注的热词。党和政府再一次高瞻远瞩地把生态绿色提到一个新的认识高度，将协调生态环境和经济建设的可持续发展模式视为走向社会主义生态文明新时代的基础。

众所周知，中国是个农业大国。除了城市以外，在中国辽阔的大地上，星罗棋布地分布着与城市相对应的小规模的镇、乡居民点和村庄居民点，他们构成了具有特殊地域特征和风貌格局的中国景色。面对特殊的背景和复杂的环境，村镇问题必将成为我国的首要问题之一，村和镇的工作同样也是我国发展建设工作的首要任务。如果说党的十八大提出的"美丽中国"是对我国今后人居环境建设和改善的宏伟目标，那么建设"美丽村镇"则是建设"美丽中国"的生动实践，也是工作的重中之重。其内容丰富，涉及面广，任务繁重。作为指导村镇绿地建设的纲领性规划——村镇绿地系统规划势必在建设"美丽村镇"中扮演重要的、不可替代的作用。

由于我国特殊的国情，过去我们更多地把研究的重点放在了城市，忽略了占我国国土相当大面积的村镇在其中扮演的角色。所以针对绿地系统的研究也就很少涉及村镇层面，这导致我国村镇绿地系统规划建设缺少有力的理论支撑和技术支持。目前指导我国村镇绿地系统规划的理论和方法体系较为零散，不成系统。现行的城市绿地系统规划理论和方法目前也无奈地成为我国村镇绿地系统规划的唯一参考。但不管是在规模、性质、内容、结构等诸多方面，村镇绿地系统都拥有它的独特性，沿用现行城市绿地系统规划中的一些理念和方法，只能让村镇绿地系统规划更加混乱和脱离实际。所以在这样的现状背景下，村镇绿地系统规划研究显得十分重要，且势在必行。

2 现阶段我国村镇绿地系统规划研究的瓶颈

目前我国开展的绿地系统规划属于总体规划的一类专项规划。2007 年出台的《中华人民共和国城乡规划法》明确指出城乡规划应包括城镇体系规划、城市规划、镇规划、乡规划和村庄规划。城市规划、镇规划分为总体规划和详细规划。详细规划分为控制性详细规划和修建性详细规划。由于我国经济发展的特殊国情，长期以来重视经济较为发达的大城市而轻视一般村镇。在绿地系统规划工作上，同样体现出这两者之间发展的不均衡。在一些经济不发达的村镇，由于严重缺乏技术力量和基础资料，村镇总体规划都尚未出台，更不用提镇绿地系统规划。

在镇、乡规划层面，《镇规划标准》（GB 50188—2007）是于 2007 年建设部颁布并实施的，我国现阶段指导镇规划建设和管理工作的一项标准，该标准适用于全国县级人民政府驻地以外的镇规划，乡规划可按该标准

① 文章获得"中央高校基本科研业务费专项资金资助"（The Fundamental Research Funds for the Central Universities）以及"十二五国家科技支撑计划"村镇景观建设关键技术研究课题的共同资助。

执行。在该标准里面的第 12 章环境规划的第 4 节环境绿化规划中的第 1 条指出：镇区环境绿化规划应根据地形地貌、现状绿地的特点和生态环境建设的要求，结合用地布局，统一安排公共绿地、防护绿地、各类用地中的附属绿地，以及镇区周围环境的绿化，形成绿地系统。而该节第 5 条也指出：对镇区生态环境质量、居民休闲生活、景观和生物多样性保护有影响的邻近地域，包括水源保护区、自然保护区、风景名胜区、文物保护区、观光农业区、垃圾填埋场地应统筹进行环境绿化规划。而在村庄规划层面，在《村庄整治技术规范》（GB 50445—2008）和各地出台的一些村庄规划建设规范中也提出在村庄规划建设中应加强居民点内部的公共绿色环境建设。

从以上可以看到现阶段我国村镇绿地系统工作的深度和广度基本与镇规划、乡规划和村庄规划相一致，主要解决村镇体系下各居民点（镇乡、村庄）建设用地内的绿地系统发展目标、布局结构、定额指标，以及各类绿地的性质、内容等一系列居民点层面的问题，研究对象较为独立，缺乏对村镇体系的整体把握和不同地块绿地建设的联合控制，基本属于总体规划阶段。这属于传统城市绿地系统规划的套路，也成为村镇绿地系统规划的又一发展瓶颈。

如果仅仅站在居民点建设用地角度，会带来以下三点弊端：一是镇规划是更多是针对村镇体系下各居民点的用地布局规划，而在这个层次下的村镇绿地系统规划无法解决村镇体系整体的绿地建设问题；二是容易忽视体系内部存在的各居民点绿地建设不平衡的问题。因为单一居民点建设用地内的绿地指标无法规避村镇体系中老镇老村中绿地建设不均衡的现实；三是单依照镇规划的村镇绿地系统规划无法与多样的村镇绿地组成要素相协调和对应；四是无法从整体层面为下一阶段的村镇绿地设计提供更为科学、实用的依据，如自然资源条件、环境地形地貌、水文地质等方面的控制，导致在村镇绿地具体设计过程中会出现挖湖堆山、砍树造田等随意更改场地属性、占用自然资源和破坏生态环境等现象。

3 重新认识村镇绿地系统规划的概念与职能

参考城市绿地系统规划的定义，本文将村镇绿地系统定义为：依据自然条件、地形地势、基础植被状况和土地利用现状等，对村镇体系下的各类绿地进行定位、定性和定量的统筹安排和统一部署，最终形成村镇体系下的一个完善有机的绿色空间系统，以实现村镇绿地所具有的多重功能，并指导人们对村镇绿地进行合理建设、利用和保护。

村镇绿地系统规划是村镇人居环境建设的基本保障。村镇绿地系统规划的基本职能是通过具体的、准确的村镇绿地空间落实到村镇体系空间实体上，描绘出未来村镇体系下绿地发展的美好远景，同时也能保证村镇绿地系统与其他村镇各类建设发展系统关系的协调。

其次，承担实施职能。确定未来的村镇绿地发展目标，成为指导村镇绿地建设和发展的基本纲领，在其指导

下保证未来村镇绿地的各项建设稳步推进，给村镇绿地系统建设的实际工作提供了依据。

最后，村镇绿地系统规划成为村镇健康发展和综合环境提升的一项重要工作内容，承担村镇形象宣传和行政管理的职能也十分突出。

4 城镇化背景下村镇绿地系统规划的目标和任务

村镇绿地系统规划有别于城市绿地系统规划，它的目标更加贴近村镇实际条件和村镇绿地的功能所属。

4.1 生态角度

通过村镇绿地系统规划，构建完整而稳定的村镇生态大环境，确保安全、健康的村镇环境，建立人与自然和谐相处的生物多样性村镇。

4.2 生产角度

有别于城市，村镇农业经济所占的比重要大。村镇的这一经济特点要求村镇绿地系统规划应充分适应并协调组织村镇的农、牧、渔业等的生产要求。在村镇的绿地系统规划中应适当体现绿地结合生产的构建模式，保障与村镇经济发展相适应的"生产"意义上的绿色空间的存在。

4.3 安全防护角度

村镇绿地系统规划所构建的绿地体系将保障村镇居民基本的生活安全，改善村镇环境条件和卫生条件，同样村镇绿地也确保了村镇的农林生产安全，为村镇基本的农业经济发展提供保障。

4.4 游憩角度

村镇绿地系统规划确立了提供户外游憩的村镇绿地体系，为村镇居民营造了不同规模的休憩空间，满足不同人群对绿地的需求，作为村镇居民主要的日常活动空间，将拉近村镇居民的邻里关系。也为远离城市喧嚣的城市居民提供了体验村镇风光和文化的游憩场所。

4.5 景观形象角度

结合村镇独具特色的自然风貌、生产景观和民俗民风，村镇绿地系统规划综合村镇环境的各种组成要素，形成具有村镇地域特色的景观，充分发挥村镇形象载体的优势。

4.6 文化角度

村镇绿地系统规划构建一个完整的体系来整合和展示当地村镇的地域文化，让村镇绿地能够成为村镇文化展示的窗口，让现存的文化有了保存和展示的新方法，也为保留和复兴那些被遗忘或正在消逝的文化提供了新的空间。

4.7 城乡一体化角度

在城乡一体化建设的背景下，紧邻中心城市的村镇

其空间体系下的绿地将担当城市与村镇之间联系纽带的角色。所以村镇绿地系统规划在一定空间范围内兼备有促进城乡统筹发展的目标，与城市绿地系统规划一道进行城乡一体化空间下绿色空间的统筹联系与优化整合。

4.8 防灾避险角度

村镇绿地系统规划的目标还包括有构筑整个村镇体系下的防灾避险绿地空间体系，对村镇的各类绿地按照防灾避险要求进行系统分类和功能定位，并在村镇绿地建设中提出具体适应防灾避险需要的建设措施。与村镇其他防灾避险规划紧密配合，协调合作，共同形成覆盖整个村镇体系空间的，完整而系统的防灾避险空间格局。

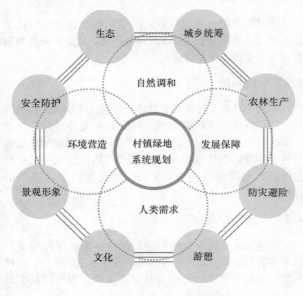

图1 村镇绿地系统规划目标示意图
（资料来源：笔者自绘）

村镇绿地系统规划的任务是：（1）深入调查研究村镇绿地现状，并进行分析评价和问题诊断。（2）根据村镇性质、自然条件和经济发展规模，研究村镇体系下绿地建设水平和速度，制定村镇绿地的各项指标。（3）合理安排镇（乡）域的空间下村镇绿地大格局，以及选择和合理布局村镇体系下各居民点内的各项绿地，确定其位置、性质、范围、面积及内容。（4）提出村镇绿地系统规划其他专项规划方案，包括：树种规划、生物（植物）多样性规划与建设规划、古树名木保护规划、防灾避险绿地规划、绿道绿廊规划等。（5）提出村镇绿地分期建设及重要项目的实施计划。（6）制定村镇绿地实施保障策略，划出需要控制和保留的村镇绿地红线。落实村镇绿地的实际建设，达到保护村镇生物多样性、改善村镇生态环境、优化村镇人居环境和促进村镇可持续发展的目的。

5 城镇化背景下村镇绿地系统规划层次

村镇绿地系统规划应该贯穿到包含镇规划、乡规划和村庄规划在内的村镇规划的每个阶段，逐步建立与村镇规划体系，即镇（乡）域规划、镇区（一般建制镇、乡村集镇）总体规划、详细规划和村庄建设规划相呼应的村

镇绿地系统规划体系。从规划层次来说，村镇绿地系统规划分为：村镇体系绿地系统规划、镇区绿地系统总体规划、镇区绿地控制性详细规划、镇区绿地修建性详细规划和村庄绿地建设规划（图2）。结合村镇体系的两级空间层级：镇（乡）域和村镇居民点（镇区居民点和村居民点），我们可以看到村镇体系绿地系统规划主要针对镇（乡）域，从村镇体系整体角度出发，基于整体适宜性评价的基础上，提出涵盖体系内各居民点的村镇体系绿地系统发展目标以及整体的绿地系统布局结构、各类绿地性质和内容，对下一层级绿地系统规划具有宏观的指导作用。而镇区绿地系统总体规划则属于包含一般建制镇和乡村集镇在内的镇区居民点绿地总体规划阶段。镇区绿地控制性详细规划和修建性详细规划则是落实上位镇绿地系统总体规划的各项要求和规划指标。而村庄绿地建设规划由于尺度较小，与镇区详细规划一样，是在1：1000—1：5000比例的图幅上，对上位绿地系统规划所确定的绿地进行空间区域控制，在刚性控制与弹性引导相协调的基础上，在村镇体系下制定一系列绿地建设的规定性和引导性的指标，保障村镇绿地规划能够自上而下进行落实和实施。

总的来说，村镇绿地系统规划在层次上体现出总体协调，同时又局部安排的特征。

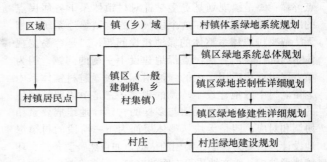

图2 村镇绿地系统规划层次（资料来源：笔者自绘）

6 结语

当前快速的城镇化给我国村镇发展建设带来了诸多问题，绿地系统规划研究重点由城市向村镇的拓展势在必行，也让我们意识到村镇绿地系统规划的重要性。基于该认识之上的村镇绿地系统规划，应更加贴近村镇实际条件和村镇绿地的功能所属，与城乡总体规划、村镇规划等相关规划保持同步与良性互动，并贯穿到包含镇规划、乡村集镇规划和村庄规划在内的村镇规划的每个阶段，逐步建立与村镇规划体系相呼应的村镇绿地系统规划体系。作为村镇绿地系统规划的研究基础，本文对现阶段我国村镇绿地系统规划的定义、职能、目标、任务和层次等相关内容进行全方位地解读，并寻找适宜的切入点，为下一步进行我国村镇绿地系统规划的深入研究探索做好了铺垫。

参考文献
[1] 于志熙. 村镇生态学[M]. 北京：中国林业出版社，1992.

[2] 金兆森，陆伟刚等．村镇规划[M]．南京：东南大学出版社，2012：1.

[3] 王鹏．新农村建设中绿地系统规划研究[D]．福州：福建农林大学，2008.

[4] 《中国的环境保护（1996—2005）》白皮书[R]．国务院新闻办，2006.

[5] 步雪琳．环境污染造成年经济损失逾五千亿元[N]．中国环境报，2009.

[6] 张杰．村镇社区规划与设计[M]．北京：中国农业科学技术

出版社，2007.

[7] 谢扬．积极推进城镇化，稳妥建设新农村[J]．城市与区域规划研究，2011(2)：78-100.

作者简介

张云路，1986 年 8 月生，男，汉，重庆，博士，北京林业大学园林学院讲师，研究方向为村镇人居环境规划设计，电子邮箱：zhangyunlu1986829@163.com。

节约型园林设计营造美好的城市空间

Resources-saving Landscape Design to Create a Beautiful City Space

赵　娜

摘　要：本文主要从保护与节约现有资源的重要性为前提，试论节约型园林的设计原则及园林要素的节约型设计，探讨在风景园林规划设计中如何实现节约型设计，从而更加合理地创造美好的环境空间。

关键词：节约型园林；风景园林设计；过度设计

Abstract：In this article the importance to protect and conserve existing resources as the prerequisite，probe into design principles of resources—saving landscape design and the resources-saving design of the landscape elements. Discussion on how to realize the resources-saving design in landscape architectural planning and design，which is more reasonable and create a better environment.

Key words：Resources-saving；Landscape Architecture Planning and Design；Over-design

风景园林是创造美好人居环境的一门学科，是结合科学、艺术、文化的设计方法与原理。风景园林在城市公共空间中有着重要的作用，风景园林规划设计不断恢复、创造、保护着城市的风貌与文化。在当今提倡资源节约与环境友好型社会情况下，美丽的风景不应该以追求奢华为目的，更不能不顾现状条件、生态环境与历史文化而采用过度设计。美好的公共空间与城市风貌的营造应该以节约为原则，在尊重和延续自然文化遗产的前提下，科学地进行园林规划设计。

节约型园林设计应该成为设计师的设计准则与前提。节约型园林绿化，就是以最少的资源和资金投入，实现园林绿化最大的综合效益，促进城市园林绿化建设的可持续发展。它大体包括节水、节能、节财，以及生态、景观、文化、游憩、减灾避险等功能[1]。随着资源的日益紧张，建设节约型园林是城市园林设计的必然趋势。风景园林设计师应以节约为原则，在宏观和微观上进行综合分析和推敲，从园林规划设计阶段开始探讨节约型园林的设计原则和方法。

1　现有资源的保护与利用

节约型园林设计的首要条件是保护好现有的环境资源，例如保护好现有绿地、自然水系、农田及古树名木等，在进行园林规划设计时应充分利用场地周边自然条件，结合现有的地形、地貌、植被、水系及建构筑物进行规划设计，不能对周围环境造成不良影响，更不能采用如大树移植、搬运大量客土、填埋原有水面等这些对环境有破坏性影响的方法。对原有环境应该采取保留与改造的手法，而非简单的拆除重建。

1.1　尊重每一个场地，延续基质文脉

每一个场地都是唯一的，应该尊重每一个场地的特质，在充分研究每一个场地的历史沿革与环境条件后，应尊重其文脉特征与场地特质，根据现状条件进行规划设计，利用现有地形特征规划山、水格局及道路系统。

1.2　场地内原有建构筑物、材料的再利用

对于场地内原有的建筑及构筑物，可以保留骨架，赋予其新的使用功能，也可以作为延续场地记忆的标志性景观。对于原有的材料可以进行创造性的再利用，如将废弃的瓦片作为铺装，废弃鱼塘设计为荷花池，原有的卵石设计成景墙。如上海徐家汇公园就是在大中华橡胶厂与中国唱片厂旧址建造，很好的保留并结合历史文脉改造了遗留的建筑及构筑物。百代红楼保留了殖民时期的建筑风格，并将红楼的外环境改造为法式园林风格，与历史文脉及周边景观相互协调（图1）。增高的烟囱改造成为布满光导纤维的标志性景观，一旦打开，犹如白烟笼罩着烟囱，是对场所文化的尊重与传承（图2）。

图1　保留的百代红楼（来源：《中国园林》）

图 2 保留的烟囱（来源：《中国园林》）

1.3 原有植物的保护和利用

植物是园林中最富有生命变化的要素，也是最需要成长时间的要素，最大限度保护好现有的已成形的植物，就是最好的节约，同时对现有树木的毁坏，特别是对大树、古树的砍伐或移植是最大的浪费。通过合理的种植规划，最大限度的保留树木，不仅是节约，又可以营造出具有场所记忆的独特园林空间。如在河北永清某居住区规划中，保留了基质内原有的一片梨树林，以梨树林为中心景区规划整个居住区，为了将原有的果树种植空间改造为园林游赏空间，采用增设种植池与台阶的设计手法营造下沉式活动空间，不仅解决了梨树分支点过低的问题，

图 3 永清某居住区中心景区（来源：自绘）

更通过营造下沉空间增强了竖向变化与私密性，减少了室外有人活动对住户的影响（图3、图4）。

图 4 保留的梨树林景观（来源：自绘）

2 节约型园林设计的设计原则

2.1 充分利用土地资源

城市空间土地资源非常有限，可以作为园林绿地的土地更是少之又少，为了创造更好的城市环境，应通过合理的园林规划设计尽可能地利用一切可以绿化的空间。应该积极推广屋顶绿化、垂直绿化等方式，通过攀缘植物对廊架、墙体进行充分绿化。设有屋顶花园和墙体绿化的建筑，比直接暴露在阳光下的建筑温度低，可减少夏天空调造成的空气污染和能源浪费。充分利用城市中的立交桥、停车场、建筑入口前、灰空间等可利用的空间进行园林设计，特别是停车场绿化，可以减少车内空调的使用。也可以利用城市废弃地等生态不良用地来新建园林空间，通过园林绿地改善其生态环境，成为新的城市公共空间。

2.2 注重功能的复合

节约型园林应该包含多种功能，如观赏、游憩、展示、教育、防灾等，使园林可满足各种活动的需要，同时又能应对场地今后可能发生的一些变化，减少重复建设的浪费，为场地更新做好准备。园林空间的功能应该具有复合型，在不同的季节或是不同的条件下，可以满足不同的功能需要，如在北方水体在冬天可作为冰上活动的空间来利用，开敞的草坪在灾后则可作为临时居住区。在一些构筑、小品的设计上也可以考虑多种功能并存，如原利用原有高度合适的景石砌成挡土墙，就可以成为非正式的休息座椅。对于园林小品的设计应加强其互动性，如石景与涌泉相结合，喷泉开启时可以让小朋友与涌泉互动，喷泉关闭时又可以在上面攀爬玩耍或休息。

2.3 创造尺度合宜的园林空间

园林的空间布局在规划设计阶段，就应将节约作为设计原则，避免设计尺度过大的硬质景观，如超大尺度的广场、大规模的人造水景、山石景观。过大的尺度就会出现夏日无人亲近的大广场或后期难于维护的大型喷水池，这样的设计大大降低了场所使用性及观赏性。因此，合宜的尺度即是一种节约，又是能保持场所空间活力的设计要点之一。应针对不同的场所特征与功能需求，推敲适宜的空间尺度，创造利用率高与亲人的园林空间。

节约型园林设计营造美好的城市空间

2.4 避免过度设计

为了追求好的观赏效果，在当今的园林环境中往往会看到过度设计，过大的尺度、过多的数量、过高的密度、过于复杂的形式都是过度设计。园林构筑与景观小品在园林布局中，要以满足功能为前提，适宜布置在景观节点、视线焦点与空间转折处，要避免数量上的堆砌与华而不实的形式，造成不必要的浪费。水景的设计更应该根据当地的气候、地势特点来进行，不能盲目追求尺度与视觉效果，为了创造雄伟的气势，造成水资源的巨大浪费和后期维护成本的增加。比如在北方地区冬季的人工水池就是尴尬的观赏期，为避免这一种情况出现，可控制水景的体量，针对北方冬季特点设计水景的形式。在一些高档居住区绿地中，常出现过度种植的现象，为了在短时间内达到好的植物景观效果，往往采用过多的植物品种、过密的种植间距，以及过多的种植层次，会造成后期高额的维护成本，这样缺乏变化的植物空间的也容易使人产生审美疲劳。还有一些社区为了彰显自己的品位，不顾环境条件引进高档树种，维护管理难度大、费用高、不容易成活，造成极大的浪费。

2.5 尊重植物的生长规律

植物是园林设计中最美丽多变的园林要素，植物的季相变化，为园林环境增添了生机与活力。应尊重植物的生长习性，根据场地情况选择适应性强的树种，避免逆境栽植、反季节移植、古树移栽。更不应该制造假植物，如塑料树、灯光树、纤维草坪等，这些假植物在高温天气挥发有毒气体，对能源也造成浪费。在植物苗木大小的选择上，苗木规格越大，移植成本越高，不应该为了追求立即见效的种植效果而大量移植大树和增加种植密度与层次，这无疑将增加运输及养护成本。

3 园林要素的节约型设计

3.1 山水骨架的塑造

园林规划设计应根据基址本身的特点来进行山水骨架的整体规划，应在原有的水池或低洼的凹地设计水景，利用原有的凸地形塑造山体，竖向设计应尽量减少土方量。在缺乏地形变化的场地，进行竖向设计应做到土方就地平衡，避免挖湖堆山等大规模的地形改造。

3.2 道路设计

应根据功能需要设计适宜的路网密度，园路应根据道路等级与功能设计合理的道路宽度，铺装材料可以利用具有当地特色、符合场所特质的当地材料，减少昂贵花岗岩铺装的使用，适当透水铺装及自然形式的汀步及碎拼形式（图5），创造与周边环境相适宜的道路铺装形式。

3.3 建构筑物的设计与改造

建构筑物的设计应明确使用功能，控制数量、规模与形式。可以利用原有的建筑物加以改造，或利用拆除的建

图5 自然的碎拼铺装（来源：景观黑皮书）

筑材料进行再设计，这样的设计既节约的预算，又能创造出具有场所记忆的独特景观，其规模形式要与整体环境氛围相符合。

3.4 植物景观设计

植物是重要的园林设计要素，应重视植物造景，使其产生最大的生态效益同时减少植物后期维护成本。

3.4.1 根据空间特点设计种植形式与层次

植物的种植形式应与周边建筑、环境特点相协调，对于需要规则式设计的园林空间，可增加规则式的乔木及花灌木的种植，减少会耗费大量的人力和财力模纹花坛的设计。对于可以采用自然式种植的园林空间，可选择管理相对粗放且适应性强的品种。

乔-灌-草复层结构并不适用于所有的植物景观设计，在需要封闭、形成围合空间、增加空间私密性的时候，宜采用乔—灌—草的复层结构。而在需要通风、采光、形成开敞空间、保持视线畅通的情况下，则应该减少灌木的种植，留出透景线，从而增强空间的异质性。

3.4.2 种植乡土植物与野生植物

乡土植物经长期自然的选择，对原产地的生态环境具有很强的适应性，相对于其他植物，其种植成本低、成活率、养护成本低。应在种植设计中多采用乡土植物，营造城市的地域性景观，体现地方特色。

野生植被耐贫瘠、耐旱性强，适应本地生态环境，也可以大大降低养护管理成本，节约水资源。可以采取人工植物群落与野生植被合理配置等方式，弥补野生植被绿色期短、荒芜感强等缺点。但正是这种特点，使野生植物更容易营造出朴质的自然环境和具有强烈地域特征的植物景观，其枯黄期也是一种景观。但要把握好度，引种时应慎重，野草生命力强，可以粗放管理，但必须控制其生长区域，避免过度蔓延。

3.5 水景设计

3.5.1 合理设计水景形式

水是园林设计中最为活跃的设计要素，亲水是人的天

图6 竹与雾喷形成神秘氛围
（来源：Designed Landscape）

往往是以小型的人工水景为主，出现大面积的水景多是利用原有的自然条件进行设计改造，而小型水景的形式更加多样化，如涌泉、跌水、雾喷、旱喷，通常结合其他园林要素进行设计，应针对场地的特征，选择合适的水景形式，才能是降低成本，形成充满活力的空间氛围。如在竹林中设计雾喷，既为竹子的生长提供良好的小环境，增加成活率，降低养护成本，又可以形成神秘的空间氛围（图6）。

3.5.2 结合污水处理净化营造水景

城市环境中污水量大但污染程度相对较轻，在一些园林环境中也有可以恒量供水的水源，通过简单的一级或二级处理后，即可达到园林用水的要求。因此，把污水处理、净化、重新利用融合在园林水景设计中，是节约和保护城市水资源的重要途径。如成都市府南河活水公园，以水污染治理为设计主题，将污水处理过程用园林艺术的设计语言加以表达，从布局到细部设计紧扣主题，形成了优美的园林景观（图7）。

性，但是水景设计应该有节制，在景观节点或视觉焦点处，应根据不同的功能及环境条件设计与之匹配的水景。在现代园林中水景以不仅仅是湖、河、溪、瀑，在城市环境中

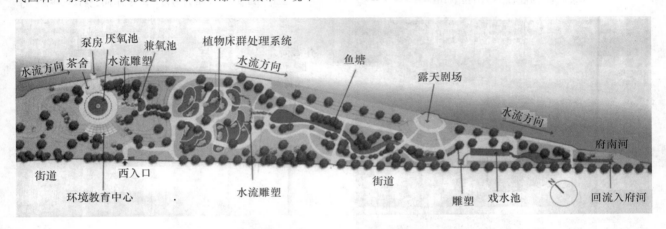

图7 成都府南河活水公园（来源：城市环境设计）

3.5.3 雨水的收集与利用

城市环境的排水功能差，通过园林绿地的集雨设计，在一定程度上可以缓和城市管道的排水压力。发展集雨型园林绿地，使雨水与园林中水景设计结合，可以大量节约水资源。在园林的整体布局阶段，就应该同时考虑雨水的收集与利用规划，通过地形的合理设计汇集雨水，并通过湿地和植物进行简单的净化，达到园林绿地用水标准，与蓄水池和灌溉系统结合，作为灌溉用水，节约水资源。应该尽量减少铺装面积，尽可能采用透气透水铺装，河流等驳岸的处理也应尽量采用生态式驳岸，提高渗水率，促进雨水的回收。如鹿特丹的水之广场，是将城市公共空间设计与应对城市暴雨，缓冲城市雨水相结合的典范。在城市经历不同程度的降雨量时，下沉的广场即是缓冲雨水的临时蓄水池，又可以呈现出不同的雨水景观，形成亲人的活动场所（图8—图10）。

要实现节约型园林设计，首先就要从规划设计的源头上制止一切浪费行为，园林设计师应有节约意识，以科技为先导，努力学习国内外先进经验，积极对建设节约型园林的相关技术难点进行研究，建立节约型园林的设计规范、管理方法和技术体系。

图8 无降雨或少量降雨时的广场景观
（来源：Landscape Architectural）

风景园林设计师在园林的规划设计阶段，应该以节约为原则，充分考虑各方面的问题，避免由于对某些问题考虑不周，造成园林的频繁更新这种极大的浪费。园林设计师应对未来的发展趋势有一定把握，使方案具有一定

节约型园林设计营造美好的城市空间

855

图9 短时强降雨形成溪流的广场景观
（来源：Landscape Architectural）

图10 长时间降雨或大暴雨时的广场水景
（来源：Landscape Architectural）

的弹性，可以灵活应对场地的各种变化，为今后进一步发展和更新留有余地，延长其生命周期。

参考文献

[1] 董瑞龙. 积极推进节约型园林绿化[J]. 园林，2008（05）：12-14.

[2] 王艳春. 刘建国. 现代园林景观与地域历史文化的对话——徐家汇公园的历史文化保护设计[J]. 中国园林，2007（07）：43-46.

[3] 曾忠忠. 城市湿地的设计与分析——以波特兰雨水花园与成都活水公园为例[J]. 城市环境设计，2008（1）.

[4] Florin Boer. Watersquares-the Elegant Way of Buffering Rainwater in Cities. TOPOS，VOL. 70. June，2010；43-46.

[5] 香港日瀚国际文化. 景观黑皮书. 第二版. 香港：香港科文出版公司，2010.

[6] Elizabeth K. Meyer. Design Landscape [M]. pacemaker Press，1998.

[7] 王珲. 城市开放式管理的园林绿地的节约型设计研究[D]. 南京林业大学硕士论文，2008.

作者简介

赵娜，1983年2月生，女，汉族，河北，硕士研究生，北京清润园林景观科技有限公司，工程师，研究方向为风景园林规划设计方，电子邮箱：anita_na@126.com 。

大型绿色开放空间规划探索与实践
——以赤峰为例

The Exploration and Practice of the Large Green Open Space Planning
——Taking Chifeng as an Example

周卫玲

摘　要：随着城市的发展，城市近郊非建设用地中的大型绿色空间建设项目日益增多，它的规划理念和方法不同于公园、滨河绿地等常规绿地，是绿地建设中的新领域。为此，本文以赤峰西山景区规划为例，探索在这类特殊项目规划中应重视协调生态建设与开发的矛盾，城乡统筹问题，协调不同利益诉求之间的矛盾，采用最小干预、因地制宜的规划手法，形成多元、多功能、多目标的综合绿色开放空间。希望这种以生态优先的城乡发展模式与空间组织能为城乡统筹发展提供思维开拓和扩展。

关键词：大型绿色开放空间；生态建设；城乡统筹；风景园林

Abstract：With the development of the city, the outskirts of the city non-construction large green space construction projects in the planning ideas and methods is increasing, it is different from the park, riverside green space and other conventional green, is a new field in the Greenland construction. Therefore, this paper takes Chifeng Xishan Scenic Area Planning as an example, to explore in this special project planning should pay attention to the construction and development of ecological harmony contradictions, co-ordinating urban and rural issues, coordinate the contradiction between the demands of different interests, with minimal intervention planning techniques, suit one's measures to local conditions, comprehensive green open space is formed of multiple, multiple functions, multiple objectives. Hope that the ecological urban and rural development model and space organization can provide open minded and extended to balance urban and rural development.

Key words：Large Green Open Space；Ecological Construction；Urban and Rural；Landscape Architecture

随着国家新型城镇化政策的提出，转型是当前中国城市发展的基本背景，也是中国城市规划面临的主要问题。赤峰市是我国北方半干旱地区的中型城市，具有北方特色山水风貌，其在转型发展中的绿地规划建设具有典型性和特殊性。

1　现实与矛盾——项目背景

西山景区规划面积 39km²，紧邻新城区，具有便捷的交通条件，是构成城市"三山五河"景观格局的一部分，处于整个城市上风上水的位置。

西山景区的建设，是响应中共赤峰市委市政府提出的关于创建"国家森林城市"决定的又一举措，是在"创森"的基础上，进一步提升森林景观风貌、提高生态效益；同时作为赤峰市新城区的延伸，是补充、完善、提升城市配套、提高人们生活品质的重要举措。但是其建设面临着城乡统筹、生态建设与开发、多元利益协调三个主要问题：

第一，城乡统筹问题。现状主要为村落、农林地，现有农业发展、农村发展、农民问题是项目首先需要考虑的问题。

第二，生态建设与开发协调问题。受到当地气候（年平均降水量为 370mm，70%－80%集中在 6－9月份。蒸发量达 1994.5mm）的影响，赤峰周围大部分山体裸露，植被覆盖稀少。但西山景区场地基本被绿色覆盖，且大部分区域做过水土保持工程措施，是赤峰城市周围难得的大型绿色开敞空间。但目前面临两个问题：一方面西山景区需要进行生态修复、加强小流域治理、提高森林植被覆盖率和绿量；另一方面，需要协调开发建设与生态环境建设的矛盾，如采矿、旅游开发、水资源短缺等。

第三，多元利益协调问题。规划从行政管辖上涉及松山区、喀喇沁旗两个行政区。松山区用地均在穆家营子镇，包括海苏沟村庄全部用地，和丁家地村、西道村、古都河村、大西牛村、山西营村、五三村、八家村7个村子的部分用地；喀喇沁旗涉及仓窝、西山村；南部临 S206道路基本建设满。项目区土地权属关系较为复杂，涉及个人、村组、村委会、集体等用地性质，为项目实施带来了一定的难度。

赤峰西山景区的建设目标就是要在解决上述问题基础上，采用最小干预、因地制宜的规划手法，形成多元、多功能、多目标的综合绿色型绿色开放空间。并以农牧交错文化为灵魂，生态风景为支撑，联动农业观光、运动休闲、文化教育、旅游地产、矿坑利用、绿色循环产业六大功能板块，打造赤峰特色草原花海的生态意境、丰富多元的产品项目、高端舒适的服务配套于一体的风景旅游度假区。

2 规划思路探索与实践

2.1 规划理念的探索——城乡统筹

项目用地面积大，且空旷，因此规划采用自上而下、自下而上的两个方向规划思路进行探索，以寻求功能和空间布局的突破。

在自上而下的规划理念探索上。首先，采用对已有国内相关城市进行案例分析，通过对北京西山风景区、杭州西湖风景区、深圳华侨城景区、唐山南湖景区的建设进行类比分析，近郊风景区的建设发展与城市经济、社会、人文环境密切相关，与城市是相互共生的，不同城市、不同发展阶段其发展模式、路径也不同。其次，从宏观、中观多层次分析西山景区的发展需求，通过对区位、交通、规划背景分析得出，西山景区应发展特色生态旅游、城市生态休闲配套，主要为城市居民提供绿色休闲环境和游客提供文化休闲场所。

在从下而上的规划理念探索上。面对如此大规模的绿地空间，传统的区位、发展条件等分析，在特色空间营造、可实施性方面明显不足。为此，首先通过研究赤峰地域文化，提炼出万岁赤峰的核心价值，应用到西山的建筑、景观、旅游项目开发上，形成具有人文底蕴的景区。其次，通过对现状村落的调研，结合项目可实施性考虑，规划以村落发展研究为基础，通过对农村产业、农业旅游的研究梳理，形成西山景区的特有的村落旅游发展单元，即解决了现状农民的安置就业问题，又形成西山特色可持续发展的空间单元。

2.2 空间布局探索——协调生态建设与开发矛盾

首先，采用基于生态安全的空间布局结构。通过对场地数据的 Gis 生态因子（地形地貌、土地利用、地表覆被等）进行叠加，得出生态敏感性分区，从而依据敏感性分区、交通可达性等建设因子综合来划分出生态建设分区。

其次，采用基于黄土丘陵地区的水土保持生态修复措施。西山生态基底需要在创建"国家森林城市"、园林城市等基础上，保育和完善现状已有水土保持区域；并对生态环境恶劣、需要生态修复的区域，提出生态修复原则和措施；以及提出用地开发和景观风貌的生态建设要求，避免开发建设开发带来的生态破坏。

第三，采用景城互动的产业与空间布局。通过对赤峰城市产业分析，得出赤峰面临经济结构调整，需要优化一产、强化二产、发展三产。结合西山景区的现状及区位，规划发展农业观光、运动休闲、文化教育、旅游地产、矿坑利用、绿色产业六大板块，在产业布局上综合布置产业，形成西山景区特有的产业空间结构。

最后，采用基于水资源战略研究的空间布局结构。西山景区为缺水严重区域，地下水资源超采严重，整体城市水资源不足。本区域开发建设中水资源如何解决，同时解决的代价如何，其有效性及时效性如何，将关系到区域总体开发的进度，成为区域开发中至关重要的制约因素。规划以生态开发的方式，在战略层面上对区域水资源进行

整体全面的策划，将一切可以利用的水资源均纳入考虑的范围，做综合的调配，实现区域对整体城市的水资源量需求的降低。首先，对区域各类可资利用的水资源进行全面的了解，有效地分析，将区域内的污水排水、雨水将水径流、现状机井地下水统一规划和考虑，但因区域现状为地下水超采严重、山地地形复杂、雨水汇水量有限，污水量与人员数量多少挂钩，全年将出现季节性变化，为非稳定状态等，必须依靠外部引水来解决。其次，按季节属性，场地建设开发情况，需水水质要求差异等因素，区域内生活类优质用水由城市自来水保障。其他类型的用水全部采用统一的水资源调度来实现，通过对用水需求量、污水、雨水的可资利用量分析，得到区域外季节性调水总量需求。改水资源调度将采取"快充、缓提、常蓄、精用"的方针原则，通过一系列的工程手段实现。最后，区域将构建多水源分质供水系统，以水资源利用系统循环及多区域复合关联保障使用与供水安全，同时充分依靠地域特点和优势，构建水资源的梯级用水，实现水质与水势的梯级利用，实现水资源多功能整体调度。

2.3 规划设计方法探索——多元利益协调

首先，采用弹性的土地利用规划策略。土地利用规划采用弹性控制和低密度的开发策略，留足备用地和综合考虑土地兼容性，以协调不同利益群体的需求。

其次，采用近远期开发策略，满足不同建设主体的需要。近期建设主要由政府主导，有低海拔核心区和高速公路以东片区，与城市紧密相连，易于前期建设启动。远期有海苏沟乡村发展带、半支箭河山前带和锡泊河山前带，主要引入社会资本进行进一步的开发建设。

最后，结合城市居民和游客需要，综合配套服务设施。把城市绿色休闲服务设施和旅游服务休闲设施综合考虑布置。

2.4 可持续发展策略——最小干预、因地制宜的规划手法

太阳能资源条件及产业化应用。赤峰市地处太阳能资源Ⅱ类地区，太阳能资源比较丰富。通过对本区域太阳能资源分布高程及高程分级分析、太阳能资源辐射坡向及坡向分级分析、太阳能板在山体高位无树木生长区的辐射适宜性部位选择分析等多因素分析，本区域太阳能资源及太阳能应用产业分为两类：以大规模集群建设太阳能产能基地为主的高位山体太阳能板集热产能利用产业：以光热、光电为主，就近满足本区域基地建设服务区内电力供应、建筑采暖季生活热水；以分散形式结合建筑设置的与建筑一体化的太阳能光热产业：主要服务于光照条件好，利于敷设太阳能板的分散式建筑组团或单体。

绿植资源条件及能源化产业应用。本区域西南部是中海苏沟和下海苏河坡耕地，西部是德援项目造林地，东部是原有果树基地，北部为低山丘陵区，有部分山杏和坡耕地，总面积 15000 亩。规划中为配合西山风景区旅游开发建设的需求，将对本区域进行一系列的生态修复和植被覆盖。随着建设区域的日益成熟，区域将带来大量的绿

植修剪废弃物，本规划本着充分利用域内一切资源能源就近最短途径循环，实现区域最大化利用资源能源。将结合区域能源规划，合理对绿植废料进行加工，使之由常规的绿化废弃物转变为高燃效，就地使用的生物质燃料。设置区域相对集中的生物质燃料加工产业中心，除了满足本区域的燃料需求外，还可向外部输送，真正实现绿植废物资源化外输。

垃圾资源化产业。本区域除了产生大量的绿植废物外，禽畜养殖基地、人员活动生活等均将带来大量的有机生物质废物，将绿植废物与禽畜、人类的粪便、污泥等共同在废物资源化处置中心进行堆肥，不但带来直接回用于区域绿化的有机质废料，同时将带来沼气能源，沼气能源将就近服务于废物资源化处置中心附近区域的生活热水、采暖或转化为电能供应照明等用电。人居活动带来的其他垃圾则自产生的源头开始，以产业形式对区域垃圾中的可回收物资进行专项回收，分类整理，将其转化为区域向外输出的再生资源，进行循环再利用，并为本区域创造物资回收收入。

智能电网的建设及能源的产业化调度。区域内通过构建微型智能电网，全面提高清洁能源的开发、供应，优化电网的资源配置能力、安全水平、运行效率以及电网与电源、用户之间的互动性，实现安全供电的前提下，能源的最佳调度配置与组合。

3 反思与展望

随着城市的发展，城市非建设用地中的大型绿色空间建设项目日益增多，其不同于真正意义上的风景名胜区和郊野公园，需要满足城市生态防护和完善城市配套的需要，是紧邻城市区域的大型绿地。因此，它的规划理念和方法是绿地建设中的新领域、新课题，在这类项目规划中应重视城乡统筹问题；协调生态建设与开发的矛盾；协调不同利益诉求之间的矛盾；采用最小干预、因地制宜的规划手法；形成多元、多功能、多目标的综合绿色型绿色开放空间。

参考文献

[1] 吴良镛. 北京宪章——迈向二十一世纪的建筑学[M]. 北京：第 02 届国际建协 UIA 北京大会科学委员会编委会，1999：1—100.
[2] 吴良镛. 人居环境科学导论[M]. 北京：中国建筑工业出版社，2001.2.
[3] 刘小钊，袁锦富. 城市近郊风景区规划分析与控制方法研究[J]. 北京：规划师，2004 (10).
[4] 周彬，董杰，杨达源，涂玮. 近郊型风景名胜区与依托城市协调发展研究——以南京钟山风景名胜区为例[J]. 河南：地域研究与开发，2007 (5).
[5] 李之红，许旺土. 近郊风景旅游区交通规划的新思路——以北京大西山风景区交通规划为例[J]. 北京：交通标准化，2010 (1).
[6] 曾东元. 关于西湖区"旅游西进"问题的思考[J]. 杭州：杭州科技，2002 (3).

作者简介

周卫玲，男，1984 年生，江西，硕士，2010 年毕业于北京林业大学园林学院城市规划与设计专业，现工作于北京清华同衡规划设计研究院有限公司。

大型绿色开放空间规划探索与实践——以赤峰为例

江南水乡地区水系景观的生态修复与改造设计

——上海金泽镇为例

The Ecosystem Restoration and Transformation Design of Watery Region in Southern Yangtze River

——Taking Jinze Town in Shanghai as an Example

周向频　黄燕妮

摘　要：江南水乡地区的水系景观是在漫长的演进过程中形成的相对稳定、平衡的整体生态系统。然而近年来快速城镇化过程中的水系景观受到强烈的人为干扰，生态环境堪忧。以金泽镇为案例，通过修复鱼塘、农田在内的大面积过渡性水域为切入点，重塑水系生态格局，构建多水塘-人工湿地基础设施，利用农业生产的时空结构，管理各类的生态子系统的能量循环和生命周期，让水域生态系统能和谐做工。此外，挖掘水系资源的生态经济价值，营造乡土景观感知过程，从而实现经济与环境可持续发展的共赢。

关键词：生态修复；规划设计；江南水乡地区；水系景观

Abstract：The water system landscape in watery regions in Southern Yangtze River is a complete ecosystem which is formed into a relatively stable and balanced way through long evolution process. But with the fast urbanization process in recent years, the water system landscape received strong human disturbances and the environment of ecosystem is facing great challenges. Take Jinze Town for an example, taking repairing large transitional water area including fishpond and farmland as a pointcut, it makes the ecosystem in water area work harmoniously through remodeling structure of ecosystem, building multi-water ponds (infrastructure of artificial wetland), utilizing the structure of time and space of agricultural production, and managing energy and life cycle in different sub-ecosystems. Furthermore, it helps to realize Win-Win situation for economy and environment sustainability through digging economic value of ecosystem in Water System Resources, building cognitive process of vernacular landscape.

Key words：Ecological Restoration；Planning and Designing；Watery Region in Southern Yangtze River；Water System Landscape

1　江南水乡地区水系景观现状

我国江南地区自古就形成了水网如织，陂塘密布，水陆共生的"泽国水乡"风貌，是有着得天独厚资源禀赋的膏腴之地。但伴随着城镇化和工业化建设的不断深入，依水而生的江南城镇水系景观正面临着强烈的人为干扰。近年来，尤其是在环太湖的小城镇地区，城镇空间的无序蔓延加速了水系的自然结构退化，水乡特色风貌逐渐消失，此外，水体污染、水域生态系统的破坏，也使得水系景观正处在不稳定的动态变化中。

事实上，江南水乡独特的水系景观是在漫长的演进过程中形成的相对稳定、平衡的整体系统，是生态环境的自然力和社会经济发展的非自然力共同作用下的结果。[1]快速的城镇化建设的"推力"，使得当今水系景观的演变和社会发展处在相互"对峙"而非平衡适应的发展状态中。与此同时，环境的库兹尼斯曲线①进一步揭示了不仅江南水乡地区，如今我国的大部分城市都正处在大多数发展国家已经经历过的以追求高速发展而忽略了生存环境健康的时空坐标的"低点"。因此，如何在快速变革的时代语境中，探寻江南水乡地区生态保护的历史与逻辑的统一，修复已经破坏的水系景观，让自然在迅速地变化中有可以缓冲的余地，从而最终达到人地关系和谐是文章探索的初衷。

2　金泽镇水系景观特征

2.1　金泽镇背景

金泽镇位于上海市青浦区西部，距青浦城区约22km，是上海、江苏吴江、浙江嘉善三省的交汇点，金泽镇也是江河湖汊的交汇处，太湖流域重要的生态支撑点，上海环淀山湖最大的水源保护区和生态涵养区。

金泽自古就是富饶的鱼米之乡，水域有近半数以上的面积为鱼塘，鱼塘与农田、林地、水塘、洼地、村庄、城镇等斑块镶嵌形成了异质性丰富的水乡风貌，同时也沉淀了丰厚的文化景观和朴素的民间信仰，每年两次的金泽"廿八香汛"和"重阳香汛"吸引了江、浙、沪地区

---

① 环境库兹涅茨曲线：环境质量与人均收入间的关系称为环境库兹涅茨曲线（EKC）。EKC提示出环境质量开始随着收入增加而退化，收入水平上升到一定程度后随收入增加而改善，即环境质量与收入为倒U型关系。

的上万香客来此祭祀、祈福（图1）。

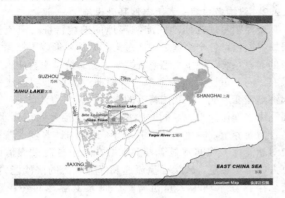

图1 金泽区位图

作为上海市青西片区的水源供给地之一，金泽镇一直踯躅在发展与保护的十字路口。一方面，出于上海水源地生态保护的需求，开发受限制，位于三省交界的地理区位，使得金泽暂时处于大城市蔓延的"飞地"，整体水域格局得以完整保存。但是另一方面，水乡风貌呈现出因忽视而导致衰落的城镇与乡村风貌混杂景象。

本文所关注的主要问题如下：

（1）水系生态环境：落后的渔业生产和养殖技术侵占大量水域资源，水系湖泊的面源污染严重，镇区局部水网割裂、阻塞，工厂污水和生活性污水随意排放，导致镇区水体的点源污染严重。

（2）水系景观风貌：土地无序开发导致城镇和乡村风貌交错杂乱。此外，传统民居、特色空间日益衰败也使得丰富的古镇历史信息被覆盖或损毁，丢失水乡特色。

（3）水乡文化景观：因发展缓慢而带来的古镇空心化、老龄化，外来低收入人口聚集等现象使得水乡失去了昔日依水兴市，渔歌唱晚的繁华景象，古镇丧失了内在的动力和活力，传统习俗和特色信仰的失传，也改变着古镇公共生活。

2.2 现状水系景观与水环境调查

将金泽遥感信息图像（2011）进行网格化（每个网格100m×100m），结合现场调查，提取出金泽地区的水网格局，以水体为基底，分析水体周边的土地利用状况以及景观特性。

通过调查发现，镇域河道分主河道、次级河道、支流水系三个等级，镇区水网呈现"鱼骨状"，与大小湖泊相连构成了金泽镇的水网基底。镇域北以元荡、淀山湖为界，南临太浦河，形成了水系夹着古镇的态势。围绕主要河湖水系分布的鱼塘、农田、构成主要的土地肌理，呈现出八种景观风貌。分别是自然生态湿地景观，农耕型线性村落景观，渔业线型村落景观，农耕型团状村落景观，渔业型团状村落景观，滨湖主题旅游园，滨湖休闲景观，镇区城市化景观。

从水域的环境质量来看，在主要的湖泊雁荡周围，农田、养殖鱼塘是水域面源污染的主要来源，农田、鱼塘的降雨溢水经河岸渗漏及地表径流进入河道，同时，地下渗漏以及污水直接排放也造成水系污染。水体中的有机污染物以及氨、氮、磷等营养物的含量较高。而在村镇人口

聚居区，由于用地性质的混杂，污染物来源更为多样化，造成水体和环境污染的主要因素是水产、禽畜养殖、农业化肥，同时还包括生活污水、工业污水排放以及船舶油污染等。由于村镇内河道的水体循环较之湖泊更为缓慢，使得各种污染物沉积，水质较差。水体的污染以有机污染物，重金属、氯化物为主（图2）。

图2 现状水系景观格局图

3 水系景观的生态修复与改造设想

3.1 理论支撑

理论一：中度干扰假说。干扰理论是生态学的重要理论，Connell（1978）等提出了中度干扰假说（Intermediate Disturbance Hypothesis），即中等程度的干扰能维持高多样性。[2] 在自然系统中地形、气候、水体、土壤的分异决定了植被的分异以及生物的分布，其自身发展在外界的干扰中形成了适应性或异质性。而适度的干扰有助于人类活动与自然环境演变的动态平衡发展。

理论二：中医"五行平衡"理论。我国传统中医讲究人与自然协调，五运辩证，用整体的、系统的视角看待问题。本文借用中医学五行中"治本"方法，将土地看成一个有机联系的"生命体"。水系环境的平衡不仅仅涉及水系自身，还涉及与水系相关的自然生境、土地生产、生物栖息等等。与此同时，环境保护并非不求经济与社会发展，合理利用并挖掘资源的生态经济价值，预留出生态环境发展的弹性空间，是实现人地和谐之道。

3.2 生态修复与改造设想

从生态保护等级和生态服务功能的角度对现状水系分析后发现，在生态水域和城镇水域之间有大量的以农田和鱼塘为主的过渡性水域，形成串联的"肾"，中医中"肾"藏精，与人体"肾"器官的功能机制一样，这种介于人工水体和自然水体的过渡性水体一样起到了生态吸收净化并排除废物的作用。本文设计的切入点在于梳理整体水系的基础上，通过修复农田、鱼塘的水体，合理的管理农业生态系统，使其内部循环起来，让农业活动和生

态修复回归到自然周期性的水文节律以及动植物的生态周期的和谐中，并将传统的农事节气的耕作生产与水乡生活融入绿色田园景观的之中，重塑古镇水乡风貌与文化气质（图3）。

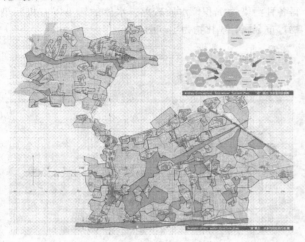

图3　水系景观生态修复与改造设想图

3.3　水系景观的修复与改造策略

3.3.1　塑造水系景观生态安全格局

景观中有某些潜在的空间格局，被称为生态安全格局（Security Patterns，简称 SP）。不论景观是均相的还是异相的，景观中各点对某种生态过程的重要性都是不一样的，其中有一些局部，点和空间关系对控制景观水平生态过程起着关键性的作用，这些景观局部，点及空间联系构成景观生态安全格局。[3]

本文中水域景观生态安全格局布局按照点—线—面双向展开。首先在主要鱼塘入塘沟渠，农田等引水地、出水口，工业与生活污水排放口以及生态湿地岛建立"生态战略点"，检测水质的同时，引入"绿色安全斑块"，即改善局部环境的生物群落或技术设施等。其次，以这些新的斑块成"跳板"，结合现状建构绿色生态基础设施廊道，目的在于通过局部的改造，将新的生态系统嵌套在原有的环境格局里，两种系统在时间和空间的相互适应与交流，最终形成一个可维护的、稳定性强的水系安全格局（图4）。

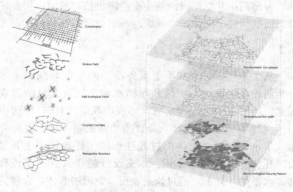

图4　水系生态安全格局分析图

3.3.2　建构多水塘—人工湿地基础设施

金泽镇呈现江南地区淀泖湿地的地貌特征，河流沟渠纵横交错，各个水塘之间通过沟渠相连，形成了错综复杂的灌溉系统，即多水塘系统。多水塘系统是由村庄附近及农田间、鱼塘间的多个单一水塘通过沟渠水坝连成一起逐渐演变形成，是我国特有的农业景观结构。农民一方面利用水塘作为水源，同时收集雨水、生活及农用污水，进行渔业养殖，净化水体，并用于农田灌溉。[4]多水塘系统对悬浮物去除非常显著，多水塘在降雨径流过程借助巨大的蓄水容量，减缓径流流速和降低水流的挟沙能力，使悬浮物在水塘中大量沉降[5]；而人工湿地对污染物 COD，氮和磷等营养物质有较好的去除效果。多水塘—人工湿地系统是将塘系统和人工湿地系统进行合理优化组合。

设计时首先取消在火泽荡、大葑漾、小葑漾湖面等之间堵塞水系相通的鱼塘，将鱼塘转化成水塘，保持水体的畅通。其次，梳理现状水系的脉络，将可串联的沟渠、洼地、水塘、鱼塘、水系改造成一定宽度的多水塘—人工湿地廊道，作为水体的"交换站"使农田、鱼塘的水体排入其中，经过湿地净化后再排入湖泊水系，起到了水源涵养、调节水质的作用。再次，将多水塘—人工湿地廊道与道路系统、水系网络、游憩廊道叠合和拼缀，形成功能复合、系统完整的绿色生态基础设施。多水塘—人工湿地基础设施作为整个设计中的生态缓冲带，发挥着协调各个生态亚系统相互咬合，生态齿轮"润滑剂"的作用。

3.3.3　管理农业生态系统

鱼塘是水乡地区显著的土地肌理，渔业也是金泽镇主要的经济来源，在金泽大部分农户自有鱼塘呈现出农基鱼塘，果基鱼塘的基塘生态特征。它是一种特殊的水陆相互作用的人工生态系统，两个子系统所产生的"废物"果基鱼塘的蚕沙、农基鱼塘的滤泥，既是水陆两个子系统的桥梁又是两个子系统物质循环和能量交换的通道。[6]

本文进一步深化利用这种生态思想并应用到农业的生产管理中，包括时间和空间两个层面。第一个层面，利用渔业养殖和农田耕作的时间结构差异，控制大的农业轮作周期。例如鱼塘—藕塘轮作系统，将老化鱼塘改造成藕塘，生态净化塘等，过两三年轮换。让土地能够合理地休养生息。第二个层面，利用台地高差以及当地农产结构，优化基塘模式，建立高效、复合、循环的农业生态经济，如草—禽—沼气—渔—林模式、林果—禽—渔模式等。从而实现土地的高效化、生态化利用。

3.3.4　保存乡土感知过程与激活水乡生活景观

《江南通志》中云："稽人获泽如今"，故金泽镇因此得名，当地人在物换星移的时空岁月里沉淀出质朴的乡土景观，不仅表现在古桥、流水、香炉缭绕的寺庙景象中，更是钩沉在日常生活、生产、习俗、观念之中。以渔为生、以渔为业、以渔为乐成为金泽亮丽的风景。

设计时首先挖掘金泽具有代表意义的风土符号：水、桥、渔、岛，围绕着四个方面从自然、人文、意境三个方面进行规划设计，并和现代郊野休闲旅游相结合，把金泽塑造成江浙沪共享的"自由呼吸的角落"，和"休闲渔业的天堂"，在提高金泽水乡景观辨识度的同时，创造经济收益，激活水乡生活活力。

4 设计落点

以中心鱼塘养殖片区设计为例，作为本文实践的落点。此片区是金泽主要渔业养殖集中区，内部有废弃的家畜养殖场，少量的农田，村庄，工厂以及市政设施。

4.1 空间布局设计

将该区域打造成为金泽现代"水上渔镇"，作为金泽最主要的渔业生产及销售、研发基地。基地中心的家畜养殖场打造成为绿色水产中心，中心作为区域内重要的生态处理站点，引入生态化的水处理设施。同时建造集商贸交易、研发、旅游、居住为一体的相关配套设施，打造集产、研、销、游融合一体，绿色无污染品牌（图5）。

图5 "水上渔镇"设计总图

4.2 水系生态格局设计

在基地内沿着主要水系和湖泊边缘建立"生态战略点"，并以绿色水产中心为中心节点向外发散，形成团块状的多水塘——湿地生态廊道，构成了整体生态安全格局的骨架。此外，对基地部分农田鱼塘进行转化，建立高效循环的农业生态系统，最终形成完整的水系生态格局和新的土地肌理（图6、图7）。

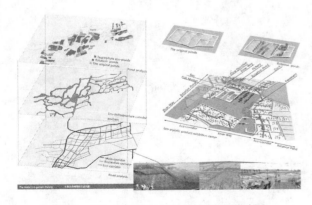

图6 "水上渔镇"水系生态格局设计图

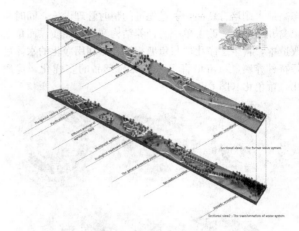

图7 "水上渔镇"剖面设计图

4.3 休闲游憩设计

在多水塘的湿地廊道建造贯穿整个基地生态游赏栈道并结合水上廊道和田间林荫道，营造"林、岛、田、塘"的乡土景观感知氛围。

在西岑养殖临水区建设"体验农田区"包括艺术农田，即将不同的"艺术盒子"置于其中，营造艺术和生态结合的全新体验。考虑到休闲度假的需求，在局部小岛上建设渔家乐、生态木屋等旅游项目，打造低碳休闲旅游生活。

4.4 生态技术与农业管理设计

4.4.1 多水塘-人工湿地技术

依据片区鱼塘沟渠系统交错，设施简陋的特点，将部分鱼塘转化成生态水塘，并采用多水塘—水平潜流人工湿地技术，它是由两个并联的系统组成，因地制宜地采用多级塘技术、水平潜流人工湿地技术、生物稳定塘技术，在系统上进行了集成。[7]

水体首先通过引水渠流入储存塘沉淀各种金属物质，然后进入多个相互串联的水塘进行曝氧，再流入水平潜流人工湿地塘，人工湿地底层填料为生态陶粒，上层为砾石，这种结构有利于微生物的附着生长和防止堵塞；湿地植物选择香蒲和灯芯草（Rush）、美人蕉、莲藕、茭白等，这类植物对于COD、N、P、浊游植物都有很好的去除效果，同时兼具有观赏价值。最后流经生物稳定塘进入主要湖荡。生物稳定塘主要功能是降解有机物质、除去藻类等。

4.4.2 农业管理技术

根据基地以渔业为主的现状，设计了宏观时间上的农业轮作体系和微观空间上的复合农业生产模式。农业轮作系统包括林草渔轮作系统、塘渔轮作系统、稻鱼轮作系统等，考虑到生命周期和收益，将轮作的时间设定为12—15年，以稻渔轮作系统为例，分为养殖期、混作期、种植期和再混作期，每个时段为2—3年，预留出自然灾害等带来的修复时间。在空间上利用台地高差，塑造多极化台地，形成立体化种养，在林果地、菜地基面，建设生态高效大棚培育新品，引进先进的精时管理设施，同时与家禽养殖结合，改善单一的种养结构和农产品质。而鱼塘改造中，将生态净化塘与鱼塘相结合，利用净化的水体进行特种养殖，鱼苗培育等，实现与产品的多样化，优质化，特色化（图8）。

图9 设计效果图

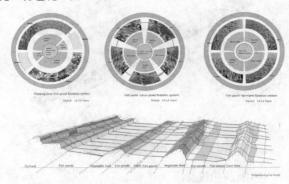

图8 农业管理设计图

5 结语

金泽并非是个例，中国江南许多地区和金泽镇水系景观境况非常类似，良好的水系生态资源和文化景观在面临各种不确定因素的干扰中，自身缺乏应对能力而不断衰败。本文以点带面通过金泽镇的案例，将江南水乡地区水系景观的生态修复与改造从整体生态格局适应与持续发展、农业系统的管理，延伸到水乡文化景观的挖掘以及资源的合理开发中，实现土地的精明增长和精明保护，从而最终达成江南水乡地区经济与环境发展的动态平衡（图9）。

参考文献

[1] 黄耀志，李清宇．江南水网小城镇空间格局的生态化发展研究[J]．规划师，2011. 27(11)：112-116.

[2] 孙儒泳，李博，诸葛阳．普通生态学[M]．北京：高等教育出版社，1993.

[3] 俞孔坚．生物保护的景观生态安全格局[J]．生态学报，1999(1)：8-15.

[4] 韩小勇，孙璞．多水塘湿地系统中水生植被恢复及其对面源污染的截留作用[J]．合肥学院学报，2007. 17(1)：71-74.

[5] 毛战坡等．非点源污染物在多水塘系统中的流失特征研究[J]．农业环境科学学报，2004. 23(3)：530-535.

[6] 青石．基塘生态系统的特征．环境导报，1997(3)：37-37.

[7] 王孟等．多水塘人工湿地耦合系统控制面源污染研究．人民长江，2008. 39(23)：91-93, 123.

作者简介

[1] 周向频，1967年，男，福建，同济大学建筑与城市规划学院景观学系副主任，副教授，博士生导师，研究方向为风景园林规划与设计。

[2] 黄燕妮，1981年，女，湖北，同济大学建筑与城市规划学院博士研究生，研究方向为风景园林规划与设计。

基于景观原型的设计方法[①]
——集体潜意识影响下的海宁市新塘河景观设计

The Design Method Based on Landscape Archetype
——Haining Xintang River Landscape Design under The Influence of Collective Unconsciousness

周晓霞　金云峰　夏　雯　陈　光

摘　要：有特色的景观不仅需要视觉上有特别的效果，还需要唤起观者的情感共鸣。从心理学分析，集体潜意识是过往经验的集合，靠借助原型来激发大众内心的集体记忆。在集体潜意识影响下的景观可以通过构筑物和空间设计、营造场景和过程融入三种方法来演绎景观原型，激发观者潜意识下的体验和回应。在海宁市新塘河景观设计中，用上述三种方法进行实践，探索如何在集体潜意识影响下对景观原型进行还原和转译，创造特色景观。

关键词：景观设计；设计方法；景观原型；集体潜意识；海宁新塘河

Abstract：The landscape with unique features not only need a special effect visually，but also evokes the spectators' emotional resonance. Analyzed from psychology，collective unconsciousness is a connection of the past experience. We need archetypes to evoke human's collective memories deep inside. Under the influence of collective unconsciousness，the landscapers always use three ways to deduce the landscape archetype. They are as follows：structure and space design，creating an atmosphere and process inclusion. In this way，we can stir up spectators' experiences and responses under the unconsciousness. In the program of Haining，we use the three ways above to practice，in order to search how to restore and translate landscape archetype as well as create unique features.

Key words：Landscape Design；Design Method；Landscape Archetype；Collective Unconsciousness；Haining Xintang River

如何创造有特色的景观？这是一个永恒的议题。我们现在所见的景观，有纯粹的自然景色，也有人文色彩浓厚的景物。有特色的景观不仅需要视觉上有特别的效果，还应该唤起观者的情感共鸣。本文从"集体潜意识"来解释人们在景观中的感知和体验，以及对特定事物或场景做出的回应。并以此为线索，寻找"景观原型"的还原转译方法，营造有特色的景观。

1　集体潜意识和原型

在荣格（Carl Gustav Jung）所提出的心理结构中，包含个人潜意识、集体潜意识和原型。"个人潜意识"是观者对自己的生活的纪录和重构；而"集体潜意识"反映了人类在以往历史进化过程中的集体经验。荣格认为，集体潜意识是"一种不可计数的千百年来人类祖先经验的成绩，一种每以实际仅仅增加极小极少变化和差异的史前社会生活经验的回声"。集体潜意识决定了我们如何做出反应和选择。

这些反应和选择早就存在于我们的意识之中，只是需要一些事物和手段来激发，这种载体就是原型。原型是集体潜意识所形成的各种形象的总汇，是一种"典型的领悟模式"，包含着人类所有的体验和经验。

由此可见，集体潜意识和原型在我们进入、感受景观的过程中影响景观所呈现在我们面前的表面内容和隐含内容，同时指导我们对景观的解读。因此，我们需要引导人们对原型的感知，用设计语言赋予原型具体的空间、结构、形态，激发人们内心的集体记忆，创造特色景观。

2　景观原型的还原和转译

个体潜意识有很大的差异性，而集体潜意识则更客观诚实地表现了大众感知，其中就包括对景观的感受和体验。因此我们收集原场地的文化集体记忆，梳理景观，用设计语言还原和转译景观原型，以此唤起居民共鸣，同时相应地增加新的记忆，丰富原有记忆。原型可以由民俗、传说、诗词歌赋、神话故事、构筑物等承载，景观受其影响将呈现出以下几种表现方式和特色。

2.1　用构筑物和空间来体现景观的地域性特征

地域性特征关注本土的自然文化环境，地域原型深入人心。设计者可以从中寻找集体经验与体验来构成原型的载体，此时景观与原型产生相互作用，共同塑造地方文化特性，形成对地方的认同感，使景观烙上了地域标记。

这些原型源于我们日常熟知的事物。组成原型的内容将其称之为"元"。"元"是指事物统一的基础，是构成

---

①　基金项目：同济大学 2009—2012 教改项目资助；项目编号：0100104146

事物的组织细胞。"元"的集合组成了原型，它能全面反映城市中某一特定景观的最基本特征。[①] 因此，当以构筑物来体现景观特色时，设计者首先应寻找反映当地文化历史的原型，与场地建立合适的联系，再结合现代的设计手法，融入时代因素，构建新景观，引发观者情感共鸣。原型是"联系古与今的关键"。

贝聿铭一直尝试将中国的文化融入设计，苏州博物馆就是他的又一次尝试。博物馆中央大厅北侧为抽象的山水画卷，用石片假山和粉墙作为一副立体的黑白图画。他将大众对江南园林的粉墙、黛瓦、小桥流水，烟雨朦胧的集体记忆移植到苏州博物馆的景观中去，用简洁的线条和现代的材结合关键要素料创造出与古典相呼应的景观。在这里，虽然材料和表现手法也是新的，但仍然能够唤醒大众对于江南的普遍记忆，呈现出地域性的景观特色（图1）。

图1　苏州博物馆的抽象山水画卷

2.2　用营造场景的手法来突显景观的叙事性特征

营造场景是对原型的转译。场景产生于集体潜意识之中，场景之间有着隐形的联系，依次展开，相互印证。通过营造场景来唤起观者共鸣。这种共鸣又创造出新的意识和原型。

这样的场所像是在描述一种故事，或者是叙述着某段历史情节，场景感让人身临其境地感受着历史与文化在脚下这一方土地激烈碰撞产生火花。这就是用景观的"语言"来描绘故事——"场地精神"和"历史文化内涵"，创造出无限的精神空间。

因此，在营造场景这一方法中我们通常需要探寻原场地所包含的文化历史，将其中生动的情节用拼贴、交错、穿插等现代的叙事手法进行表现，力求唤起观者对场景的熟悉而新鲜之感。"将象征性的三维空间、空间所承载的生活情节、仪式等事件以及精神的一种寄托，融为一个整体的场所来叙述。历史中的情节详尽地'物质地'而又'主观地'叙述着一件件神奇的、不可思议的'真实'事件及其发生的场景。"[②]

劳伦斯·哈普林（Lawrence Halprin）设计的罗斯福纪念公园就是空间叙事能力的代表。公园内没有高大的标志物用以突出纪念性，取而代之的是四个连续性的景观，跌水、雕塑、景墙的组合是对罗斯福的生平的无声叙述，变化的空间使游人行走其中无声地感受叙事性景观，各自创造着与自身相关的独特体验。

2.3　用过程地融入来强调景观的包容性特征

原型的载体还包括反映人类朴素自然观的景观。在这里，景观是一种过程的体现，这种过程强调景观与场地自然状态的融入，与周围城市的呼应，用场地本身的发展沿革来凸显特色。"'融入'是指景观的建构对自然生态系统不造成威胁，而是作为自然的构成要素存在，恰当地嵌入城市环境或自然肌理当中，同时与自然建立起和谐的关系，最大限度地减少了景观和人的活动对生态秩序的消极影响。"特别地，场地朴素的历史演替过程也能呈现出集体潜意识的特质。岩石的断层透露出山体经历的时间交叠，一块林地上的植物展示着场地经历的物种更替。杰里科（Geoffery）在《图解人类景观》（The landscape of man）中提到，所有的设计"都是取自人类对于世界的印象，取自农学几何的古典形式，取自自然风景的浪漫形式"。[③] 根据杰里科的论断，人类对景观的集体记忆源于自然和人类的自然劳动，这是最原始的集体记忆成型的过程，是我们值得继承、发扬的。这种以生态进程为原型的设计并没有之前两种那么清晰明显，但它来源于人类对自然的印象，是对场地现有景观的一种认可。

在杭州江洋畈公园的设计中，设计者就探讨了文化的内涵。"公园基地处于西湖疏浚工程堆积的淤泥之上，本身即为不适宜植物生长的场地。此处的植物将会随着地表含水量的变化而逐渐产生演替，由最开始的先锋物种的繁衍到其逐渐被次生群落所取代，直到最后出现相对稳定的群落。"[④] 这些植物种子来自于千百年间的西湖疏浚工程，本身就代表着这一地区的文化，而保护群落演替、将这一演替过程呈现在世人面前正是设计者的意图。这是一种将场地的发展过程融入景观设计的方式，让使用人群与场地一起经历和感受文化在时间轴上的延伸，共同创造新的集体记忆。

3　海宁市新塘河景观设计

海宁市盐官镇是观潮重地兼文化古镇。我们在分析盐官镇景观特征时发现集体记忆对文化景观的呈现有着重大的影响。以一个外地游客的身份，我们对于海宁的印象之一就是钱江潮。这就是一种较为客观的集体记忆。在研究周围场地性质以及对设计的影响后，我们重点突出"潮"主题，分别用构筑物和空间、营造场景、过程融入这三种方法来作为载体引入景观原型，创造有特色的景观（图2）。

① 金云峰，项淑萍. 类推设计——基于历史原型的风景园林设计方法 [A]. 中国风景园林学会 2009 年会论文集 [C]，北京：中国建筑工业出版社，2009：268-271.
② 陆邵明，王伯伟. 情节：空间记忆的一种表达方式 [J]. 建筑学报，2005（11）：71-74.
③ Geoffery and Susan Jellicof 著. 刘滨谊译. 图解人类景观——环境塑造史论 [M]. 上海：同济大学出版社，2006：7.
④ 林箐，王向荣. 风景园林与文化 [J]. 中国园林，2009（9）：19-23.

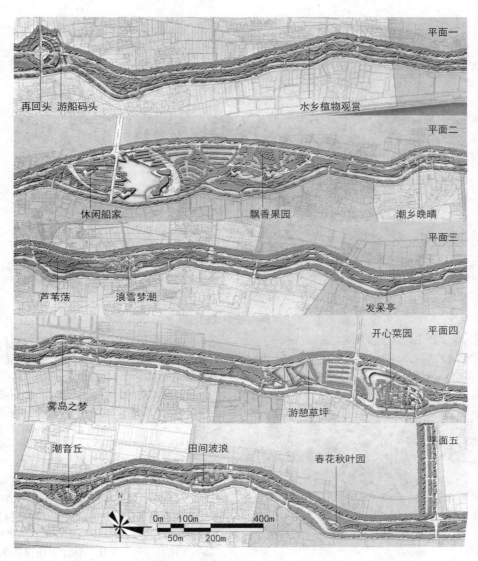

图2 海宁市新塘河景观设计总平面图
（总平面图按基地由西向东分成平面一至平面五）

再回头 游船码头　　水乡植物观赏

平面一

休闲船家　　飘香果园　　潮乡晚晴

平面二

芦苇荡　　浪雪梦潮　　发呆亭

平面三

雾岛之梦　　开心菜园　　游憩草坪

平面四

潮音丘　　田间波浪　　春花秋叶园

平面五

0m 100m 400m
50m 200m

首先我们寻找能够反映当地文化的原型。在众多原型中我们选取了代表海宁特色的"潮"文化、水乡的"桥"、海宁籍的徐志摩以及基地最为常见的"农田"。之后我们对抽象原型的方法进行了多种探索和实践，最后得到了比较满意的效果。

3.1 构筑物设计

"潮"文化来源于海宁几千年的历史沿革，逐潮、渔鼓、船灯等富有地方特色的活动和物件是我们提取原型的重要来源。西段集散中心"再回头"的设计强化此处"回头潮"的景点特征，船型建筑的设计呼应江南渔乡最传统的风俗习惯。设计者将江南舟形作为建筑的基本形态，运用叠加、重复、渐变等手法进行拼合，形成幅合的造型。若干建筑单体围合成半开放的环形空间，模拟回头潮相遇、交叉的情态。建筑内部呼应江南元素，灰瓦白墙、古灯花窗、极富情调。如图3所示，我们通过特征元素艺术化处理来挖掘"潮"文化的深刻寓意。

基地本身存在年代久远的桥，是体现基地特色、发掘

并强化集体记忆的极好手段。因此，在设计时，我们提取"桥"这一江南景观中的典型元素，选取基地西侧近入口集散中心处为我们的"九桥江南"节点。此处有较多古桥，其中一些年久失修、景观效果差，我们希望不改变其建筑形态，用修旧如旧的手法对其进行修复和加固。同时在节点中艺术化"桥"文化，创造新的构筑物。这种与"桥"文化相关联的构筑物设计强化了基地的原发特性，在现代和历史的交融下唤起集体记忆，引发情感共鸣。

3.2 营造场景

我们进行场景再现，再现徐志摩经典诗文中的场景。"软泥上的青荇，油油地在水底招摇"，"寻梦，撑一支长篙，向青草更青处漫溯。满载一船星辉，在星辉斑斓里放歌"，这样的诗句就成为我们设计创作的源泉和素材。场地本身具有典型的江南景观特质，细流无声，树荫照水。设计中将场地稍加整理，去除多余的杂草、修剪杂乱的枝条，水岸一侧的树枝倾斜入水，场地原有的滨水探幽气氛呼之欲出。徐志摩笔下的场景在此重现（图4）。这种手

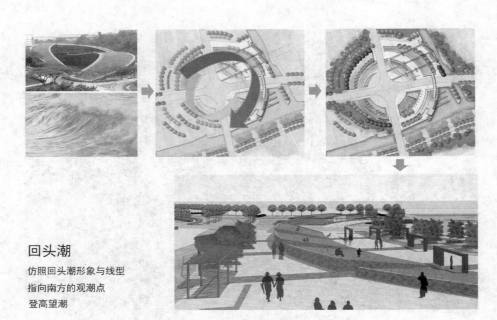

回头潮

仿照回头潮形象与线型
指向南方的观潮点
登高望潮

图 3　模拟回头潮形成的建筑形态

法将文化内核嵌入景观之中，增强了景观的底蕴。景观引领观者进入所营造的故事之中，观者成为故事中的一部分，协同景观一起创造新的故事。

图 4　再现徐志摩笔下的场景

3.3　过程融入

过程融入是一种较难的处理手法，需要对基地进行细致深入的解读，同时不着痕迹地将文化渗透进基地设计中。此段滨水绿地本身就带有很深的历史积淀，樟树和石桥皆是风雨看遍。我们保留其中一段，将之设计为生态岛屿，保留场地的植被和原始构筑物，设置小舟短暂停靠点，供游客在小舟中近距离观赏水岸边的植被和动植物生长。在这一过程中，人工的介入降到最小，还原给观者一个最完整最真实的自然历史。

另一种则是少量的人工介入。我们可以看到原场地所具有的农田肌理，这是一种特殊的场地记忆，我们将其保留，结合每一节点的独特性，形成了各具特色的"新艺术田园"。这也是过程融入的一种体现。在马牧港小镇所在的"潮乡晚晴"节点，我们规整田畦，在田地上放置巨大的谷堆以唤起视觉冲击，同时保留原基地的农作物种植。在"浪雪梦潮"节点，我们选择更加夸张的手法，将浪花的形态叠加在场地之上，在其中进行草药和各色鲜花的种植，同时适当保留场地农作物的种植。图 5 展示了"潮"文化和"牧"文化的转译和还原。在这两个节点上，场地的田园色彩是我们关注的因素，这种长久存在于场地之上的元素反映出场地的历史文化和当地人民的生活方式，本身即为当地文化的一部分。因此保留这种田园和耕作方式便是我们对"过程融入"的理解。这是我们对人工介入手法的一种积极探索，没有一定的模式，关键是在融入现代元素的过程中不破坏基地的原始生长过程及从

潮——逐潮

元素一：潮汐涨落——层层台地

元素二：渔船弄潮航线——台地的折线

牧——牧歌

元素一：谷堆——道路两旁的景观雕塑

元素二：农田鱼塘肌理——块状种植

图 5　过程融入中的人工介入——"潮"文化和"牧"文化的转译和还原

中渗出的历史。

4 结论

我们所见到的、所感知的景观是由景观本身的存在和对场地先天而来的集体潜意识这两种因素的双重影响所造成的。随着时间的推进，这两种因素一层一层地叠加，我们所见的景观就是自然要素和不同时段历史印记叠加的结果。我们今天对于这一景观的认识在将来也会作为构成景观的要素之一；而现在这一景观也会影响我们对其的记忆。这是一种相互影响相互制约的关系。

具体实物转译成原型能够生动地刻画地方文化特色和场地精神。我们将其反映于我们的设计上，通过构筑物的设计、场景的营造、过程地融入来抓住地域特色，创造出符合当地气质的特色景观。

时间，在这里成为景观发展的主轴。

参考文献

[1] 金云峰，项淑萍. 类推设计——基于历史原型的风景园林设计方法[C]. 北京：中国风景园林学会 2009 年会论文集，2009.

[2] 金云峰，项淑萍. 有机设计——基于自然原型的风景园林设计方法[C]. 北京：中国风景园林学会 2009 年会论文集，2009.

[3] 金云峰，项淑萍. 乡土设计——基于地域原型的景观设计方法[C]. 北京：陈植造园思想国际研讨会论文集，2009.

[4] 金云峰，项淑萍. 基于原型的设计[C]. 中国风景园林学会 2010 年会论文集. 北京：中国建筑工业出版社，2010：264-268.

[5] 金云峰，项淑萍. 原型激活历史——风景园林中的历史性空间设计[J]. 中国园林，2012(2)：53-57.

[6] 金云峰，俞为妍. 基于景观原型的设计方法——以浮山"第一情山"为例的情感空间塑造[J]. 华中建筑，2012(10)：93-95.

[7] 林菁，王向荣. 风景园林与文化[J]. 中国园林，2009(9)：19-23.

[8] 陆邵明，王伯伟. 情节：空间记忆的一种表达方式[J]. 建筑学报，2005(11)：71-74.

[9] Geoffery and Susan Jellicof 著. 刘滨谊译. 图解人类景观——环境塑造史论[M]. 上海：同济大学出版社，2006：7.

作者简介

[1] 周晓霞，女，上海同济城市规划设计研究院，注册规划师。

[2] 金云峰，男，同济大学建筑与城市规划学院，上海同济城市规划设计研究院，同济大学都市建筑设计研究分院，教授，博士生导师。研究方向为风景园林规划设计方法与技术，中外园林与现代景观。

[3] 夏雯，女，同济大学建筑与城市规划学院景观学系，硕士研究生。

[4] 陈光，男，同济大学建筑与城市规划学院景观学系，硕士研究生。

基于景观原型的设计方法——集体潜意识影响下的海宁市新塘河景观设计

哈尔滨市屋顶花园植物景观与水景设计研究

The Design Research about Plant Landscape and Waterscape in Harbin Roof Garden

朱春福　王　崑　付瑞雪

摘　要：哈尔滨市，冬季温度过低，严重制约了水的应用与植物的生长。因此，如何在屋顶花园上进行植物景观和水景景观设计，一直以来是制约哈尔滨等北方寒冷城市屋顶花园发展的关键问题。本文以哈尔滨的气候条件为依据，以营造四季景观为根本出发点，通过挖掘当地植物特色，提出综合运用观花、观果、观叶、观枝权的手段为打造四季可观的植物景观。同时，通过对水景的外部形态、水池铺装的色彩到意向水景的设计等方面进行研究，力图营造一个四季均有观赏性屋顶花园。并希望以此能为推动我国北方严寒城市（包括哈尔滨在内）的屋顶绿化建设提供参考。

关键词：哈尔滨市；屋顶花园；植物景观；水景

Abstract：In Harbin, the winter temperature is too low, restricted the application of water and the growth of plants. Therefore, how to design plant landscape and waterscape landscape on the roof garden, has been restricting the development of Harbin cold northern cities such as roof garden key issue. In this paper, based on the climatic conditions of Harbin, to build four seasons landscape as the basic starting point, through mining the local plant characteristics, puts forward the integrated use of flower, fruit, leaves, branches of the means to create plant landscape of the four seasons is considerable. At the same time, through to the external shape, pools of water color to the intention of pavement of waterscape design, etc, trying to build a four seasons are ornamental rooftop garden. And hope to provide the reference for promoting roof greening construction, in the cold city in north China including Harbin .

Key words：Harbin City；Roof Garden；Plant Landscape；Waterscape

1　哈尔滨屋顶花园景观设计现状

哈尔滨市位于中国东北北部地区，黑龙江省南部，气候属中温带大陆性季风气候，冬季寒冷而漫长，夏季显得短暂而凉爽。属寒冷地区，四季温差大。不利的气候条件，限制了屋顶花园在这个城市中的发展。致使其屋顶花园的建设不但明显落后于南方诸多城市，即便是与距其较近的城市沈阳相比，也是存在较大差距。

目前，哈尔滨市的屋顶花园大都是利用地下车库或超市的屋顶进行建造的[1]，如空中日月广场、北鸿花园小区的屋顶花园都是建造在超市上面，金源花园小区的屋顶花园则是建造在地下车库上等。这样建造的屋顶花园可充分利用周围建筑物的围合与遮挡所形成的小气候，有助于减弱冬季冷风，便于人们冬季使用。

2　哈尔滨屋顶花园景观设计中存在的问题

2.1　植物景观设计

2.1.1　乡土植物应用少，缺少寒地地方特色

黑龙江省共有高等植物 2400 余种。哈尔滨市应用的景观植物不过 186 种，除去外引进物种和人工培育新种，实际运用的景观植物仅占乡土植物物种的 10% 左右，而在屋顶花园上违栽种植物，由于受到多种因素的限制，实际应用的植物物种就更少了。

2.1.2　冬季植物景观单调，景观效果差

哈尔滨的冬季，寒冷而漫长，人们的户外活动减少。此时的屋顶花园已不见了生机，草本植物"销声匿迹"，木本植物也不见往日的繁花，一派凋零、惨淡景象，植物景观显得单调乏味，对周边居民来说，已不再有吸引力。

2.2　水景设计

因为受着气候条件和地域条件的限制，哈尔滨屋顶花园中水景建设受到了很大的限制，发展速度和水平始终不如南方发达城市。同时，很多屋顶花园的水景在观赏性和生态性等方面都不尽如人意。

2.2.1　水景面积过大，形式单一

（1）静态水景面积过大

部分屋顶花园中使用的水景面积过大，一方面增加建筑物的荷重，另一方面，物业管理部门为避免水景结构在冬季出现的冻胀破坏，入冬后就将水排空，使水景处于空空置状态，有的长年处于停用状态，不仅起不到应有的观赏效果，同时也破坏了整体环境的和谐。

（2）动态水景应用缺乏

哈尔滨的屋顶花园，在应用水景时，以静水居多，缺乏动态水的应用。这样的做法虽说减少运行及维护保养

费用，但由此也带来的屋顶花园水景形式单一，可游性差的问题。

2.2.2　冬季水景缺失

哈尔滨的冬季最低气温达零下30多度，水不能以液态形式出现，致使哈尔滨市的水景在冬季不能够正常的运行，为了防止水池结冰对岸壁造成冻涨损害，冬季到来之前都要将池中的水抽出，只剩下空荡荡的水池伴有许多杂物的池底，这严重影响了其应有的景观效果（图1）。另外，很多水景的池底都只是水泥结构，并没有采用带有颜色和花纹的瓷砖来美化，所以水被抽走之后，只剩下灰色的水泥池底和兀立的喷头，严重影响了观赏价值[2]。

图1　哈尔滨空中日月广场屋顶花园水景

3　对策

3.1　植物景观设计

3.1.1　挖掘寒地植物特色，营造四季植物景观

哈尔滨气候四季分明，建设屋顶花园时，要充分挖掘当地特色植物特色，强化植物景观的季相变化，充分利用植物的形体、色泽、质地等外部特征，发挥其干茎、叶色、花色等在各时期的最佳观赏效果，尽可能做到一年四季有景可观。

寒地城市春来的迟且时间短，应充分利用早春开花的草本地被植物，如蒲公英、侧金盏花等，让人3月就能感受到春的气息，满足人们对春天的期盼与渴求，活跃人们心中旺盛的生机。同时合理搭配木本开花植物，使之花期延续，延长花季时间。总之，春暖花开，许多乔灌木、花卉纷纷绽放花蕾，连翘、榆叶梅、丁香类、绣线菊类、黄刺梅、锦带花、杜鹃等，姹紫嫣红地点缀着缤纷的春季。

寒地城市的夏季气候宜人，各类植物尽显生机，此时，可结合夏季开花的暴马丁香、珍珠梅、花楸又能带来阵阵的清香。

寒地城市秋季到来较早，气温变化较快，植物景观色彩变化丰富。彩叶树创造五彩斑斓景象，令人恍若置身于七彩的神话世界。如火如荼的秋叶更增添秋色的魅力，可应用在屋顶花园上的植物有花楸、鸡爪槭、山楂、五叶地锦、红瑞木等，黄色或黄褐色的黄叶的有杏、丁香、榆叶梅等。秋季累累硕果，不仅增添了城市的色彩美，还增添

了丰收的喜悦。观果植物如苹果属、山楂、山茱萸、花楸属、枸子属等，其红色或黄色的果实装点着迷人的秋景。

哈尔滨的冬季，草本植物"销声匿迹"，落叶树木不见往日的繁花，叶子脱落殆尽。此时的屋顶花园可挖掘植物除花、叶外的其他外部形态的观赏性，营造冬季植物景观。如利用植物枝干的色彩、冬季宿存的果实作为观赏对象。如枝条红色的红瑞木、野蔷薇、杏，枝条绿色的锦鸡儿、枝条金黄色的金丝垂柳，树干古铜色的山桃；冬季宿存红色果实的东北接骨木、卫矛、金银忍冬、山楂、五味子、白玫瑰、山丁子，金色果实的花楸，紫蓝色果实的蓝锭果忍冬，黄绿色果实的红瑞木，其果实在白雪的映衬下其观赏效果会更好。

3.1.2　与冰雪结合，突出寒地植物的独特韵味

寒地城市的11月—3月间由于冷暖温度的交替，常常会形成冰凌和雪淞景观，而且由于气候比较寒冷，冰凌、雪淞和雾淞也能长时间的存在。在哈尔滨市屋顶花园的植物景观中，冬季应有意识地在特定的地点设置冰凌和雪淞景观，如在12月中下旬人为的通过喷雾可形成良好的冰凌景观或雾淞景观，可以保持2个月之久，突出寒地城市植物景观的独特韵味。

3.2　水景设计

寒季来临时，我们可以考虑利用哈尔滨的特色—冰雪景观，通过将个体的或群组的冰雕、雪雕与水池结合起来，丰富了水池的冬季景观。如果冰雕、雪雕融化时，水直接储存在水池中，省去了冰雕、雪雕处理的麻烦。

3.2.1　精心设计静态水景

考虑设置水景给屋顶的承载及防水带来的影响，在静态水景设计时，水景的体量宜小不宜大，同时，可在池底采用彩色的铺装，尤其是利用红、黄等暖色调，有助于冬季水放空后，仍保留一定景观性和增强人们的亲近感。

水体宜小不宜大。

3.2.2　适当应用动态水景

屋顶花园上应用动态水景，要比在地面上受到更多的限制。但仍是可以采取一些技术手段或必要的设计方法来取得较好的景观效果与实用价值。可实现的动态水景形式可以有溪流、跌水、喷泉等。

（1）溪流作为是自然山涧中的一种水流形式，通常是线状或带状的水体。可通过在水的源头处设计成仿自然的溪流的形式，使水从石缝中或是比较隐秘的地方流出来，使其更具自然之态。可设置造型优美的水车，通过巧妙设计，利用水车为溪流提供动力。同时，在冬季水景不运行时，水车也能起到很好的装饰作用。溪流的驳岸一般采用堆砌卵石或浆砌卵石，随意堆置的卵石更显自然，符合溪流的仿自然的形式。在溪流的两岸，经常采用自然的草地，形成自然的过渡，突出自然式的山野情趣。

（2）在哈尔滨的屋顶花园上设置跌水，考虑到荷重、维护保养及冬季观赏效果能，应尽量以小型水景为主。可通过铺装色彩丰富一些的花岗岩或用混凝土浇筑成造型

新颖的装饰小品（比如盛水容器），可使跌水在冬季同样具有较好的观赏性。

（3）屋顶花园上的喷泉，考虑到冬季景观效果，采用旱喷泉较为适宜。旱喷泉常用的喷头多为直射流喷头，将喷头置于地下，通过箅子间的缝隙向外射出水柱，旱喷泉的水形也是通过改变直射流喷头的方向来实现水形的变化。旱喷泉多为圆形、方形，喷头的位置即围合成了旱喷泉。

3.2.3　与雕塑结合，丰富冬季水景景观

水景与雕塑结合在哈尔滨市是比较常见的，通过雕塑与水景的结合，丰富水景的观赏性同时，在冬季，水景不运行时，雕塑也是一道供人们欣赏的景观。如哈尔滨金源花园在车库上面建造较大体量的动静两种水景，并与雕塑结合，展现良好的景观效果（图2）。又比如某屋顶花园中设置的壁泉，通过造型逼真的狮头吸引人们的视线，金属与石材在质感上的对比，板岩碎拼形成的图案，在冬季也不影响其观赏性（图3）。此外，这类雕塑喷泉不需要采取特殊保护措施，便于后期的维护与管理，也节约了费用。

图 2　哈尔滨金源花园屋顶花园水景

图 3　雕塑与水景结合形成壁泉

3.2.4　采用意象水景，打造四季"水景"

（1）意象水景——曲水流觞

曲水流觞，是中国古代流传的一种游戏，后来逐渐演变成园林中水的一种形式。可利用其较高的观赏价值和文化内涵，对其形式加以简化或采用现代的砌筑材料，这将对丰富屋顶花园上的水景观和提升观赏很有帮助（图4），冬季的降雪落入水槽内，好似以雪书写的一幅文字，也是别有情趣的。

图 4　曲水流觞示意图

（2）意向水景——枯山水

枯山水是源于日本本土的缩微式园林景观，多见于小巧、静谧、深邃的禅宗寺院。在其特有的环境气氛中，细细耙制的白砂石铺地，叠放有致的几尊石组，就能对人的心境产生神奇的力量。寒地屋顶花园建设中应用枯山水形式可实现四季如一，可以把景观在气候寒冷、冰冻期长的北方屋顶景观中发挥到极致[3]。但由于枯山水景观，观赏性强、可游性差，可利用其作局部小景观，起点景之用。

4　结论

由于气温的影响，在哈尔滨市建设屋顶花园，植物和水景应用受到很大限制。本文通过挖掘寒地植物特色，营造四季植物景观，与冰雪结合，突出寒地植物的独特韵味；精心设计静态水景，适当应用动态水景，与雕塑结合，丰富冬季水景景观，采用意象水景，打造四季"水景"等手段，为哈尔滨市的屋顶花园的建设提供有益的尝试，并期望可以为其他寒地城市的屋顶绿化建设有所借鉴。

参考文献

[1] 姜虹. 李丽. 居住小区地下车库屋顶花园景观营造初探. 低温建筑技术(03)，2011：24-25.

[2] 陈红妍. 李群. 哈尔滨城市水景建设的探析. 低温建筑技术(03)，2011：31-33.

[3] 隋昊. 我国北方屋顶景观设计与对日式枯山水手法的借鉴. 美术大观(06)，2012：129.

作者简介

朱春福，1978年12月生，男，汉族，黑龙江绥化，硕士研究生，东北农业大学，讲师，从事风景园林规划及园林建筑设计研究，电子邮箱：zcf@163.com。

生态文明视角下新型城镇化路径的多重规划方法探讨

Explore on Multiple Planning Methods for New-type Urbanizationin Perspective of Eco-Civilization

朱　俊　王大睿　沈宜菁

摘　要：十八大报告中将生态文明建设提升到一个更高的战略层面，并提出建设"美丽中国"，推进新型城镇化建设。这无疑将推动国家的建设进入一个新的时代，而与此同时，各类规划也在积极响应十八大精神的过程中，渐渐作出改变。而要将战略落实于具体建设中，注定是一个多部门合作，多种规划协作的过程。本文结合具体项目，总结各层面规划对上述战略的贯彻重点，阐述实践中总结出的推动生态文明建设、实建设美丽中国的经验。

关键词：十八大；生态文明；美丽中国；新型城镇化；规划

Abstract：The 18th Party has enhanced height of Eco-Civilization. It also proposed the construction of Wild China and new-type urbanization. This strategy will undoubtedly promote Chinese construction to enter a new period. At the same time, several kinds of planning is gradually changing by the process. It destined to be such process that a multi-sectoral cooperation in a variety of collaborative planning. in this paper, combines with specific projects, we summarize all aspects of implementing the strategy, and describes s the practice of promotingEco-Civilization as well as Wild China.

Key words：18th Party；Eco-Civilization；Wild China；New-type Urbanization；Planning

1　背景及意义

十八大报告中将生态文明建设提升到一个更高的战略层面，并提出建设美丽中国，推进新型城镇化建设。中国特色社会主义事业布局由经济建设、政治建设、文化建设、社会建设"四位一体"拓展为包括生态文明建设的"五位一体"。谈及如何建设美丽中国，推进生态文明建设，十八大报告以及习近平总书记在中共中央政治局第六次集体学习中明确指出，要谋划好国土空间开发，构建科学合理的城镇化推进格局、农业发展格局、生态安全格局，划定并严守生态红线，保障国家和区域生态安全，提高生态服务功能，增强生态产品生产能力。

以上战略无疑将推动国家的建设进入一个新的时代，而与此同时，各类规划也在积极响应十八大精神的过程中，渐渐作出着改变。

2　相关规划体系

2.1　生态规划层面

生态规划是建设生态文明、实现美丽中国，最初也最为关键的一环。生态规划将统筹指导区域内其他规划，共同推进生态文明建设。

生态学中，"尺度"和"关系"是两大关键词。"如何建设美丽中国"这一问题，在生态规划中，可以由以下方面做出解答：

（1）在国家或地区大尺度层面上，要积极推进主体功能区规划。以地区、市或县为最小区划单元，构建合理的城市化格局、农业发展格局、生态安全格局，正确处理好社会经济发展与生态环境之间的关系

（2）在市、县等地方小尺度层面上，则要在上一层次主体功能区划的指导下，进一步划定能够落地的生态红线，即对于维护国家和区域生态安全及经济社会可持续发展具有重要战略意义的国土生态空间，实行严格保护，禁止与生态保护无关的各类开发建设活动。划定生态红线的意义不仅是对"建设美丽中国"的具体落实，对城市规划以及各个层面的专项规划也有着重要的指导意义。生态红线一旦划定，相当于明确了这一区域的生态安全格局和土地资源开发的禁止区域，城市规划过程中必须严格遵守并提出相应空间管制要求。

2.2　城市规划及其专项层面

城市规划中，对提高提高生态服务功能，增强生态产品生产能力，实现建设"美丽中国"的目标，主要由城市总体规划指导各类专项，如城乡统筹规划、绿地系统规划、历史文化保护规划等，及其他规划，如产业发展规划，予以实现。即在城市总体规划中需充分融入"五位一体"建设思想，遵循上位主体功能区规划、生态控制线规划，为城市制定正确的新一轮发展方向，指导其专项。

各类规划中，较为重要的是产业发展规划及绿地系统规划。目前新型城镇化推进过程中，"产城一体"被视为是合理而有效的目标实现方法，产业发展规划的重要性不言而喻。十八大报告中所提出的重视区域生态安全、生态服务功能，均为城市绿地系统的重要功能。上述两种规划是将十八大战略落实于具体建设中的重要载体。

2.3 详细规划层面

控制性详细规划、修建性详细规划是最直接影响建设结果的规划。在上位规划良好地贯彻生态化建设原则的情况下，详规应严格按照上位规划要求进行深化。而出现上位规划与生态理念背道而驰的现象时，应通过部门协调、实地调研、技术分析，得出真正的合理建设依据。

2.4 规划环境影响评价

规划环境影响评价是指对规划实施后可能造成的环境影响进行分析、预测和评估，提出预防或者减轻不良环境影响的对策和措施，进行跟踪监测的方法与制度。

在工作组参与的规划环境影响评价项目中，不乏遇到一些依旧走着破坏生态创造效益的老路的规划，或是该规划团队本身对地区的生态价值缺乏认识。对于生态系统而言，一旦遭到破坏，其修复所花费的代价要远远大于破坏时的既得利益，与国家的可持续发展方针完全相悖。在推进生态文明的过程中，有关部门在加强对生态化建设项目的支持的同时，也应严格审核此类规划，杜绝以建设名义的破坏。此外，针对评价本身的审核、评价意见的实施都应认真落实，如环评流于形式，则失去其监督功能，失去意义。

2.5 小结

"美丽中国"的建设过程中，对于生态安全的重点关注，令其相关规划形成了一个自生态规划而下的体系，并由环境影响评价进行监督。该体系几乎涵盖了所有监管部门，将十八大精神落实于具体的规划、建设中，必定是一个多部门合作、多种规划协作的过程。

3 项目实践经验

3.1 广西乐业县生态建设详细规划

乐业县是位于广西壮族自治区西北部的一个山区县城，总面积 2633.17km²。独特的喀斯特地貌造就了大石围天坑群这一自然瑰宝，适宜的气候、繁茂的森林植被以及丰富的水资源使其成为休闲养生的"天堂"，当地"有机"农产品也逐渐成为一方特色；但与此同时，山区生境脆弱、可利用耕地资源不足、交通落后、经济基础薄弱等也是制约当地发展的瓶颈。

规划工作中，工作组从深入理解乐业县的生态意义入手。在乐业县在广西生态功能区划和广西主体功能区

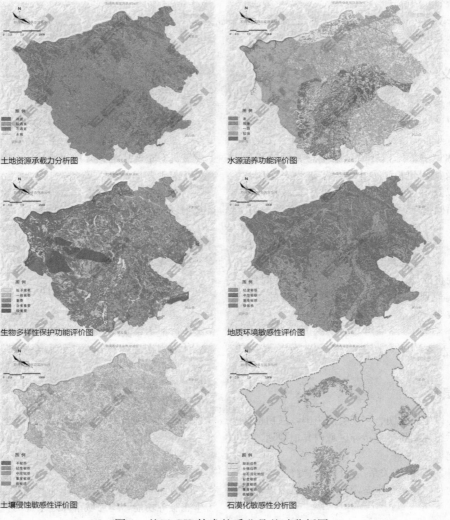

图 1 基于 GIS 技术的乐业县基础分析图

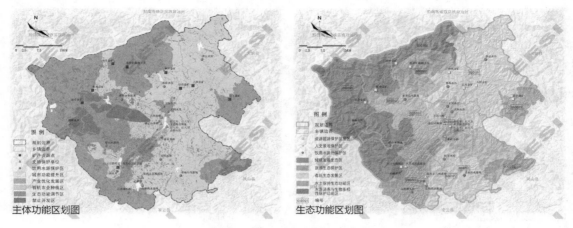

图2 乐业县主题功能区划图

划中，乐业县被定义为"桂西生态屏障"、国家级限制开发区（重点生态功能区），其功能定位是提供生态产品、保护环境的重要区域，保障国家和地方生态安全的重要屏障，人与自然和谐相处的示范区；重点开展以石漠化治理、水源涵养、生物多样性维护为主的生态建设。这意味着乐业生态建设必须规划好生产、生活和生态空间布局，促进人口、经济和资源环境协调发展。

进一步，工作组采用科学手段对当地资源和环境承载力、生态环境敏感性及脆弱性、生态服务功能重要性等进行了综合评价。

综合上述分析，结合现有的乐业县发展现状，将"有机"作为本规划的主题，将乐业县生态建设的基调定位"有机品质，生态乐业"，并结合综合评价结论、国家/自治区层面主体功能定位首次开展乐业县主体功能区规划，划定了城市功能提升区、限制开发区和禁止开发区三类主体功能分区，提出不同功能区控引措施，并进一步明确了生态红线控制范围，强调了石漠化脆弱区、水源涵养及生物多样性重要区等重要生态功能区的保护要求。

此外，为更好引导"有机"主题的乐业县生态建设，规划中融入"产城一体"建设理念，加入有机产业规划布局方案。结合有机适宜度、现状种植产品分布、运输条件及编制中的主体功能区划等，对有机产品的农业、加工业、旅游业均作出科学的布局，并针对城镇及农村分别提出发展格局控制与调控方案。

生态详规相较于传统生态规划，其内容涉及面更广，规划内容更为翔实。规划由当地环保部门牵头，得到了农业部门、水利部门、林业部门等多个重要部门的协助，令规划的科学性、可操作性得以保障。这也正是在生态文明建设推进中，一次有探索意义的尝试。

图3 有机种植适宜性评价图

3.2 太平湖流域水资源与生态环境保护规划

太平湖位于著名的"两山一湖（黄山-九华山-太平湖）"景区，为高山峡谷型湖泊，安徽省第一大人工淡水湖，水资源总量24.76亿 m³，占全国淡水湖泊水资源蓄水

有机农业产业布局图

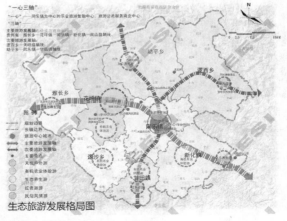

生态旅游发展格局图

图4 乐业县产业布局图

城镇生态人居发展格局图

农村居民点布局调控图

图5 乐业县人居布局及调控方案图

总量的1.21%。太平湖流域内河汊密布，沟壑纵横，具有多样化的生物资源、国家级自然保护区、国家湿地公园等，既发挥着旅游、防洪、供水、发电等功能，又承担着调节小气候、降解污染、维护生态多样性、为区域可持续发展提供生态服务支撑等重要的功能，同时也是地质状况复杂、生态敏感性强、环境脆弱、水土流失较为严重的区域。

为进一步保护湖泊生态环境，改善湖泊水质，探索建立起优质生态湖泊保护的长效机制，财政部、环保部从2011年起开展了湖泊生态环境保护试点工作。目前，安徽省黄山区太平湖泊生态环境保护已成功列入国家环保部、财政部2012年湖泊生态保护范畴，是国家环保部确定的"十二五"30个优先保护湖泊之一，同时也是安徽省融入长三角发展的重要水资源和黄山市最具核心竞争力及优势的战略资源。

规划工作组基于传统的"生态红线"控制原则，提出"五线"控制的生态规划思想，并在具体编制过程中将生

态红线、"黄线"、"蓝线"落地。

结合太平湖流域自然环境特征和主导生态功能，生态红线包括自然保护区、风景名胜区、森林公园、饮用水源保护区、重要湿地、重要水源涵养、生态公益林、重要生态廊道、基本农田共9大类，具体划定时结合各类区域核心区、一级保护区或规划确定的核心保护区以及生态功能重要性分布区域开展。生态红线控制区内禁止开发，禁止一切与保护无关的活动。"黄线"包括两大类，一类是生态红线外围一定范围的缓冲区，一类是城乡居民点的外围区域，都是流域生态安全、人居安全的保护屏障，黄线区内限制开发。

"蓝线"是指江、河、湖、库和湿地等地表水体保护和控制的地域界线，主要包括湖泊（太平湖）保护蓝线、流域水系保护蓝线、滞洪区和湿地保护蓝线三大类，具体划定时结合湖泊/流域汇水面积、河道堤岸实际情况等制订了详细划定原则和保护要求。

图6 太平湖国家湿地公园红黄线图

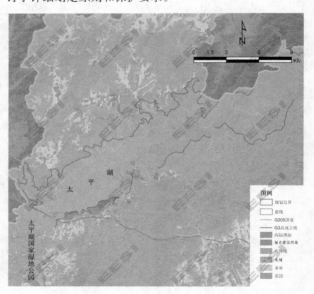

图7 太平湖蓝线图

中国湖泊数量众多、类型多样、资源丰富、生态环境脆弱。近年来，我国"三河三湖"等重点流域治理的经验表明，湖泊一旦污染，治理成本巨大，甚至不可逆转，优

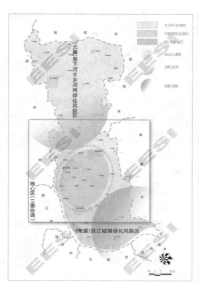

图 8　泰州市市域绿地系统规划结构图

先保护水质良好和生态脆弱的湖泊生态环境具有重要意义。第七次全国环境保护大会及 2012 年全国环境保护工作会议均对湖泊生态环境保护工作进行了总体部署，明确提出优先保护水质良好和生态脆弱的湖泊。开展湖泊生态环境保护试点、加强水质较好湖泊生态环境保护，是贯彻落实"让江河湖泊休养生息"战略思想的重要举措，是维护国家湖泊生态安全稳定的重要保障，也是转变湖泊流域经济发展方式的重要任务。

将"生态红线"拓展为"五线"，在流域保护中有着重要的意义。除划定生态安全控制线外，还对不同的保护对象显示出不同的保护功能。针对湖泊、涵养林、人居屏障分别制定的保护措施，将更为有效，并由生态规划统领形成一个一体化保护方案。"五线控制"或可推广应用于各种生态因子较多区域的生态保护规划中去。

3.3　泰州市城市绿地系统规划

泰州地处江苏省中部，是一座拥有 2100 多年历史的文化名城，自古以来人文荟萃，名贤辈出，素有"汉唐古郡，淮海名区"之称。规划分市域、中心城区两个主要层次，市域面积 5797km²，中心城区面积 358km²。新一轮城市总体规划中，提出三泰同城一体化发展（指泰州、泰兴、姜堰），并制定"越位争先创新发展的区域中心城市、通江联海南北互动的交通枢纽城市、碧水青乡风景宜人的生态宜居城市、古韵雅风人文荟萃的历史文化名城"的总体发展目标。

当前，泰州已进入国家园林城市、国家环保模范城市、中国优秀旅游城市、全国双拥模范城市和中国宜居城市行列，也是江苏省历史文化名城、江苏省文明城市，现状绿化建设已有了一定成效。另一方面，泰州市市域内存有大量宝贵的生态文化资源，诸如市域北部的湖荡湿地群、多条重要的国家饮用水源保护河流、丰富的苏中地区文化遗产群。因此，在本轮规划中，工作组认为泰州市新一阶段的绿化建设，应注重两点：一是针对珍贵的生态文化资源的重点保护与合理利用，二是全面提升绿化建设

品质，优化绿地建设成果。在此基础上，总结提出了创建国家生态园林城市、建设美丽泰州，塑造"江风淮韵，苏中绿洲"的规划总体目标。

由于泰州市市域在区域生态安全格局中的重要性，有别于传统城市绿地系统过于重中心城区层面而轻视市域层面规划，本轮规划中工作组自市域层面"生态安全格局构建"入手，令市域—过渡—中心城区绿地系统成为一个整体。

市域层面上，结合泰州市三大肌理（北部里下河地区自然网纹状肌理、中南部通南地区人工—自然混合式格网状肌理、南部沿江圩区人工—自然混合式鱼鳞状肌理）、基于 GIS 分析的市域生态景观格局分析、生物多样性保护规划，构建"一核两翼三区，一带一脉五片，廊网协调"的网络状生态绿化格局。在市域与中心城区层次的过渡区域，构建环绕三泰的大型绿环，并沿市域廊道插入七条绿楔。一则主动营造与三泰同城化契合的绿地系统；二则利用大型绿楔保护三泰中心位置的重要绿色资源，引导三泰有序扩张；三则绿楔具有生态引导功能，可将郊野优良的生态资源引入中心城区内部，提升服务功能。

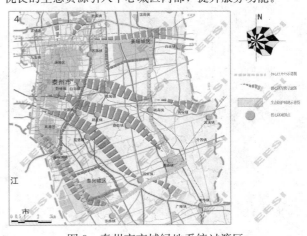

图 9　泰州市市域绿地系统过渡区
（核心区尺度）域结构图

图 10　泰州市市域绿地系统总图

图 11　泰州市中心城区绿地系统结构图

中心城区层面上，承接市域层面规划结构，由外围半开放式绿环、引入型绿楔、数条功能不同的绿色廊道、滨水绿环，共同组成"一环两心育凤城，九蓝六绿织水城，多楔送氧蕴绿洲，众园嵌绿兴名城。"的中心城区绿地系统结构。其中"九蓝六绿"融合了水系、生态、文化分析成果，含两条滨水生态绿脉、七条滨水绿色风情带、三条绿色景观发展轴和三条生态通廊，构成中心城区生态绿色景观骨架。绿楔串联起郊野资源，净化城市空气，与绿廊、绿环衔接，构成整体。

规划指标由城市总规指标结合国家生态园林城市指标进行制定。规划远期泰州市中心城区绿地率 40.08%，绿化覆盖率 45%，公园绿地面积 1280hm²，人均公园绿地面积 12.8m²/人，公园绿地服务半径覆盖率 90.5%。

为更好控引各层面绿地系统结构，同时考虑可操作性，工作组引入"绿道"概念。通过实地调研、遥感分析、资料收集，选取了五条市域绿道线路，结合重要公路、河流两侧大型绿带建设，将市域重要的生态、文化、经济资源串联，构建区域生态安全格局。大型绿道不仅集游憩、生态、文化、景观功能于一体，其建设模式有着集约性、先进性。深圳市、广州市、无锡市等城市均已有绿道建设，已取得了很好的成效。而相较于上述城市的绿道体系，泰州市绿道整体地形平坦、穿越肌理丰富、跨越地区广阔、植被特征明显建设模式多样，有着自身显著的特色，未来将成为展示苏中平原水乡生态文明的绿色飘带。

承接市域绿道，令绿道系统服务于中心城区人民，塑造"宜居城市"，构建了中心城区"一圈、一环、三纵、七横"的绿道网络结构，该结构与基础绿地系统结构相吻合，在众多廊道中，选取两侧资源丰富、绿地可建设空间

图 12　泰州市市域绿道图

风景园林规划与设计

图13　泰州市中心城区绿道图

大、景观门户效应显著、具有历史价值的河道、道路两侧绿廊，提升建设为精品游憩绿道。

绿道是一种特殊的廊道，其实施需多部门协同。因此，不同于一般绿地系统规划仅由园林主管部门实施，本轮规划由泰州市城市规划和绿化主管部门共同组织实施，并将在建设中，与交通部门、林业部门、水利部门加强协调。

4　结语

生态文明、美丽中国、新型城镇化建设的推进，经由工作组实践，离不开各个部门的合作及各层级规划的相互协作。农业、林业、水利、环保、规划、园林、交通相关部门均需通力合作，而规划团队更应在主动明确自身规划层级，融入生态文明理念，遵从上位规划，指引下一步规划深化。良好的部门协作、规划团队的优良素质、各规划间的良好协调、严格的规划监督，均是促进生态文明、推动新型城镇化、建设美丽中国的不可缺少的组成。

参考文献

[1]　李晓文，胡远满，肖笃宁等．景观生态学与生物多样性保护[J]．生态学报，1999.19(3)：399-407.
[2]　解伏菊，胡远满，李秀珍等．基于景观生态学的城市开放空间的格局优化[J]．重庆建筑大学学报，2006.28(6)：5-9.
[3]　邵田，张浩，邬锦明等．三峡库区（重庆段）生态系统健康评价[J]．环境科学研究，2008.21(2)：99-104.
[4]　刘滨谊．绿道在中国未来城镇生态文化核心区发展中的战略作用[J]．中国园林，2012.28(6)：5-11.DOI：10.3969/j.issn.1000-6664.2012.06.002.
[5]　生态红线——环境保护生命线[J]．晚霞，2012(14)：35.

作者简介

[1]　朱俊，1968年8月生，男，汉，江苏海安，博士，研究员，复旦规划院生态与环境战略研究所(EESI)所长，从事学科或研究方向为生态规划，电子邮箱：fdeesieia@163.com.
[2]　王大睿，1987年12月生，男，汉，安徽，硕士，复旦规划院生态与环境战略研究所(EEST)，项目主管，从事学科或研究方向：生态规划、规划环境影响评价，电子邮箱：davyustb@163.com.
[3]　沈宜菁，1990年8月生，女，汉，上海，本科，复旦规划院生态与环境战略研究所(EEST)，项目负责，景观规划师，从事学科或研究方向为景观规划，电子邮箱：fdeesieia@163.com.

城市绿地系统规划编制①

——景观子系统规划研究

Urban Green Space System Planning
—— Research on Landscape Subsystem Planning of Urban Green Space System

朱隽歆　金云峰

摘　要：城市绿地系统具有休闲游憩、视觉景观、生态保育、防灾防护等功能，城市绿地系统规划是城市总体规划的重要内容之一，也可作为总体规划深化和细化的专业规划单独编制，在我国有着多年的实践和探索，但就编制工作中如何解决绿地功能分解到用地还有待探讨。城市绿地是城市景观最重要的载体之一，在规划中明确划定景观型绿地，与游憩、保育、防护型绿地共同组成完整的绿地系统，对其规划编制内容和方法的深入研究，很有现实意义。现行的城市绿地分类标准没有直接对应的景观型绿地，本文试图针对规划编制中存在的问题，将景观与游憩、保育、防护组成四个子系统，完善绿地功能的系统性规划要求。本论文以景观子系统规划研究为例，介绍景观型绿地的判定，对城市绿地系统的景观子系统体系进行构建，说明景观子系统的组织结构，提出绿地系统规划中景观子系统的编制方法。

关键词：绿地系统；城市绿地；规划编制；视觉景观；子系统

Abstract：Urban green space has the function of recreation, visual landscape, conservation and disaster protection. Urban green space system planning is an important part of master planning , and also as in-depth and elaborate Professional planning which planned independent. China has much practice and exploration in this field for many years, but also has many problems in how to matches green space to urban land. Urban green space is one of the most important carriers in the urban landscape. It is a practical and useful subject to delimit landscape green space and make it together with recreation green space, conservation green space and protection green space to form a complete urban green space. The current standard for classification of urban green space doesn't have any category matching with landscape green space. According to the problems existing in the planning, this paper forms subsystem of landscape, recreation, conservation and protection, improves the function of the green space system planning requirements. This paper takes landscape subsystem for example, explaining the landscape green land, constructing landscape subsystem, putting forward compilation method of landscape subsystem planning of urban green space system .

Key words：Urban Green Space System; Urban Green Space; Planning Compilation; Visual Landscape; Subsystem

1　引言

城市绿地具有休闲游憩、视觉景观、生态保育和防灾防护功能，这些功能在不同绿地中的重要性不同，使得绿地具有不同的主导功能，影响到绿地的规划布局和建设要点。根据现有的绿地分类方法来看，这些功能混杂在不同类型的绿地当中，功能和分类并没有一一对应。在完全沿用现有城市绿地分类的前提下，通过建立功能为主导的绿地子系统，以分解绿地的功能并落实到用地上，将绿地进行一定的整合，按功能分类，形成游憩、防护、保育和景观子系统，以便于引导绿地的建设方向，承担应有的功能。

景观功能是城市绿地重要的功能之一，我国目前的绿地系统规划缺乏对绿地景观功能对应用地及目标规划，通过景观子系统的建立，可以将这些具有景观功能的绿地或包含附属绿地及混合用地的地段划定出来，明确其管控要求，使得绿地的景观建设更合理、目标更明确，从而塑造更富有特色的城市景观。

景观子系统规划针对景观功能对绿地实施管理控制，从而对影响城市景观形成的相关开发建设进行控制和引导，在城市总体规划的指导下协调城市绿地各种景观要素之间的关系、指导下位规划和城市设计的进行，保证规划上下层次间的衔接，便于绿地功能与管控对应。

2　景观型绿地的判定

《园林基本术语标准》中"景观"是指"可引起良好视觉感受的某种景象"[1]。这一概念比较简单地概括了本文所研究的景观的含义，而具有景观功能的绿地被判定为景观型绿地。景观功能在内涵上，除了基本的视觉上的美感之外，还具有传承历史文化、激发社会活力的作用。

景观型绿地是景观子系统所要规划的绿地包含两个方面：一是指绿地本身是参与大类平衡的绿地，并以景观作为主导功能；二是指一些分布在具有景观作用的一定的城市片区之中的附属绿地或者混合用地中的绿地。

①　项目基金：国家住房和城乡建设部资助，项目编号：〔国标〕2009-1-79。

风景园林规划与设计

3 景观子系统体系

城市绿地系统包括各种类型和规模的城市绿地，发挥着休闲游憩、视觉景观、生态保育、防灾防护这几大功能，视觉景观功能方面的子系统规划，即景观子系统规划。它并不是一项独立的专项规划，而是要与其他子系统规划一起参与用地平衡形成城市绿地功能体系，是城市绿地系统规划的一个环节。几大子系统规划与绿地分类规划并不冲突，是在原有基础上从功能角度来对绿地进行整理。

3.1 景观子系统组织层面

具备视觉景观功能的绿地分布在城市的不同地区，在用地性质、规模、形态上各不相同，有的表现为具有一定大小的、单一类型的、较为独立的绿地，容易被划分。但还有相当一部分绿地是包含在其他城市用地之中，作为附属绿地及混合用地中的绿地；或是绿地之间较为分散，但在一定的片区内具有同样或相似的性质，并都是为一个片区所服务的，这些绿地的规划就不能仅仅局限于绿地本身，而是要将该片区作为整体来看待。为了使得这些具有景观功能的绿地和片区都能落实在规划中，笔者将绿地的景观子系统规划分为两个层面——景观型绿地层面、景观片区层面。

3.1.1 景观型绿地层面

这一层面属于比较具体的绿地规划，能够落实在城市用地中的绿地（G类）上，属于绿地系统规划的绿地范畴，每一块绿地都有具体的范围限制和绿地类型，在形式上多呈点状、带状分布。景观型绿地能落实到每一块地，在规划操作上属于可以具体进行管理操作的层面。

3.1.2 景观片区层面

这一层面属于比较宏观的区域划定，就整个片区来说，不仅包括城市绿地，还包括与其景观构成有重要联系、协同构成整体景观的其他城市景观要素。在形式上主要为廊道状或片区状。景观片区层面更宏观，它其实是划定一个大的管控范围，范围内的景观要素（包括绿地和绿地之外的景观要素）会相互影响，但实际操作对象只是在这一范围内的绿地。

景观片区层面除了包含景观型绿地以外，还包含了对城市景观具有重要意义的附属绿地，还有一些混合用地中具有景观功能的绿地，这些绿地由于管理操作上比较复杂，无法作为独立的绿地进行考虑，因此纳入景观片区的范畴，对其进行一定的管控。

景观片区的管控主要作用在两方面，一是对景观型绿地的总体管控，属于某景观片区的景观型绿地除了自身的功能性要求之外，还要满足所在片区的景观特性要求；二是对具有景观功能的附属绿地及混合用地中绿地的管控，由于这些绿地无法直接落实到用地布局上，通过片区层面所提出的管控要求，使这些绿地的景观功能发挥受到一定程度上的控制。

3.2 景观子系统组织结构

根据景观型绿地的构成及这些绿地的形态、规模、功能等方面，笔者将景观子系统分为4个部分：景观节点、景观带、景观廊道、景观协调片区。

4 景观子系统编制

景观子系统规划不是独立的专项规划，而是在城市绿地系统规划中，对具有景观功能的绿地进行系统梳理而产生的一个环节。景观子系统与游憩、防护、保育子系统一起，构建出城市绿地系统功能体系，明确绿地系统规划中绿地所具有的主导功能，落实到用地规划上。

景观子系统的规划内容包括绿地评价、目标设定、布局规划和控制策略。

绿地评价是景观子系统规划的基础，目标设定主要是根据不同城市的情况对景观子系统规划提出不同层面的目标，布局规划和控制策略是景观子系统规划最重要的部分，通过对景观型绿地和景观片区的布局，提出相应的控制策略，将绿地的景观功能落实到用地上。下面将具体介绍布局规划和控制策略的内容。

4.1 布局规划

景观子系统是由景观节点、景观带、景观廊道、景观协调片区构成的完整体系，景观节点和景观带属于景观型绿地层面，景观廊道和景观协调片区属于景观片区层面。

4.1.1 点的布局

"点"即景观节点，分为两类，一是标志性绿地、二是标志物绿地。标志性绿地是相对独立的景观型绿地，对应绿地分类包括历史名园（G134）、风景名胜公园（G135）、专类公园（G137）（如纪念性公园、雕塑园、盆景园之类）、一部分街旁绿地（G15）（如街头广场）等。标志物绿地主要是为城市标志性建筑或城市其他重要公共设施提供良好景观的辅助绿地，包括城市标志性建筑、大型公共设施周围或内部的绿地，在绿地分类上，主要是街旁绿地（G15）中的广场绿地。

这些点的布局，一部分是现有资源的利用与整合，比如保护或新建历史名园、风景名胜公园等；另一部分是对重要的景观战略点布局绿地，比如重要公建附近布置广场绿地。

点的布局有两种情况，一是分布在景观廊道和景观协调片区之中，另一种是分布在它们之外，两者的区别在于景观控制的方式，前者会受到所在景观廊道或片区的影响。

4.1.2 带的布局

"带"即景观带，对应绿地分类是带状公园（G14），它们一般是沿一些城市的线性景观要素分布，比如河流、道路、城墙等；还有一些是沿着某个景观地带的边界分布，比如沿着湖泊、山体等景观周围，形成带状绿地。景观带的布局受现状影响比较大，包括城市的地形地貌、道路、城墙等。此外，景观带还能够通过其线性特征将城市景观的"点"和"面"联系起来，尤其是道路景观带，常常联结着城市重要的节点，体现景观的连续性，这种作用对景观带的布局也起到重要的影响。

与景观节点类似，带的布局也有两种情况，包括分布在景观廊道和景观片区之中的景观带以及分布在它们之外的景观带。

4.1.3 廊的布局

"廊"即景观廊道，包括景观轴线和视觉通廊，这两者具有一定的联系，但侧重点不同，景观轴线侧重于城市发展形态，视觉通廊侧重于视线沟通。

景观轴线是由景观带串联景观节点，或者景观节点在布局上呈现序列感而形成的强烈的线性景观空间。景观轴线相对于独立的景观带来说，更为宏观，包含的城市景观要素更丰富，因此在布局上，要站在城市整体景观结构的角度上去看。

视觉通廊包含了三个要素，视点、景观点、视线通道。对于景观型绿地来说，视点和景观点就是景观节点，而视线通道就是景观带，只有景观节点与景观带之间产生了视线关系（即从景观节点通过景观带看到另一个景观节点），才能形成视觉通廊。

景观廊道中包含了景观节点、景观带，通过"廊"这种形式的布局，不仅在空间上产生了强烈的视觉景观效果，还强化了景观节点和景观带之间的连续性，构成了景观子系统的骨架。

4.1.4 片区布局

"片区"即景观协调片区，从景观特色的角度看，某一地段内的绿地要符合该地段的景观特色，便能形成整体感。这些特色片区包括历史型、自然型、门户型、商业型、社区型、工业性、设施型等，根据不同城市的景观特性和片区发展方向来决定。

片区内部也包含着景观节点和景观带，但与景观廊道不同，景观廊道是线性的，强调连续感，片区是面状的，强调整体性。片区和片区之间也会通过景观廊道或者景观带联系起来。

4.2 控制策略

控制策略和布局规划是相对应的，也是按照点、带、廊、片的形式。布局本身就是通过安排用地的手段对景观进行一定的控制，而控制策略是进一步细化，对布局后的绿地进一步确定进行不同层面的管控内容，达到景观控制的作用，从而实现景观功能。

4.2.1 节点控制

节点控制主要分为两个方面：一是绿地本身的景观控制，二是城市景观要素（包括景观型绿地和其他城市景观要素）周边景观的控制。

控制策略主要包括，将城市具有景观功能的绿地进行明确的地块划分，并通过分类、分等级，决定其景观功

能性质、景观控制的力度、明确未来的景观发展方向。除了对这些绿地自身进行控制之外，在一些重要的城市景点或标志性建筑、历史遗产等周边布局绿地，能够减少城市开发对这些景观的视觉影响。

4.2.2 景观带控制

景观带控制主要是对景观连续性的控制。分散的景观绿地无法成为系统，因此需要将其联系在一起。通过规划景观带能够起到沟通景观节点和景观协调片区的作用。控制策略主要是强调绿地的线性空间形态和连接作用，保证景观上的连贯。

4.2.3 廊道控制

一是景观轴线控制，即景观序列的控制。在大的空间结构上以景观轴线的形式强化内部景观型绿地乃至整个片区的连续性。

二是视觉通廊的控制，即景观节点之间视觉连通性的控制，主要是从视觉角度考虑绿地的布局。包括加强廊道内部绿地的品质、布局绿地提供开敞空间减少遮挡，提供观赏视线内良好的绿化环境等。

4.2.4 片区控制

片区控制主要是对某一地段景观特色的控制。通过划定景观协调片区的类型和性质，确定整个片区的景观基调，从而来决定内部的景观型绿地如何布局。有的无法在绿地系统规划层面能够确定绿地布局的地段，可以通过这种大致范围的划分，强调其景观特性，引导后面具体的与绿地有关的城市设计、景观规划。

5 结语

在我国大部分城市的景观绿地建设正如火如荼地展开，绿道、广场、公园等绿地项目受到了前所未有的重视，但是哪些地区是需要进行保护，哪些地区需要进行建设，景观建设的重点，建设的目标与方向，都是需要经过慎重考虑的。通过景观子系统的规划，希望能够在总体层面上对景观绿地的建设起到控制引导的作用，使得城市景观向着良好有序的方向发展，延续城市历史文脉，展现城市特色风貌，真正地实现绿地的景观功能。

参考文献

[1] 园林术语标准（CJJ/T 91—2002）．北京：中华人民共和国建设部，2002.

作者简介

[1] 朱隽歆，1986年12月生，女，汉，南京，同济大学建筑与城市规划学院景观系硕士，南京美弧景观设计有限公司，电子邮箱：263531231@qq.com.

[2] 金云峰，1961年7月生，男，汉，上海，同济大学建筑与城市规划学院，教授，博导，上海同济城市规划设计研究院，同济大学都市建筑设计研究分院，研究方向为风景园林规划设计方法与技术，中外园林与现代景观，电子邮箱：jinyf79@163.com.

风景园林规划与设计

基于景观三元性的城市开放空间再生设计

——以长沙恒生商业广场为例

The Regenerative Design of City Open Space is based on Three Characteristics of Landscape Design

——Taking Changsha Hengsheng Commercial Plaza as an Example

卓仕亮

摘　要：在我国高速城市化进程过程中，产生了大量的失落空间，如何进行再生设计将失落空间转变为富有魅力与活力的空间，已成为风景园林和城乡规划学科领域的交叉性热点课题．本文拟引入景观三元性理论，结合实际案例，从中找寻答案，并为以后的开放空间复兴提供一个启迪性的思想，同时也为如何进行方案构思设计提供了一个有效的解决方法和思路。
关键词：景观设计；城市开放空间；景观三元性；再生设计

Abstract：In the process of high-speed city process in china, produced a large number of lost in space, how to design the regeneration of lost space into full of charm and vitality of the space, have become a hot topic of cross of landscape and urban planning fields.；The article intends to introduce the three characteristics of landscape design, combined with the actual case analysis, to find the answer, and for the future of open space renaissance provides an inspiring thought, provides an enlightening thoughts and an effective solution methods and ideas as well as how to program conceptual design.

Key words：Landscape Architecture；City Open Space；The Three Characteristics of Landscape Design；Regenerative Design

1　前言

城市开放空间是指供居民日常生活和社会公共使用的室外空间，包括街道、广场、居住区户外场地，公共绿地及公园等，它能够改善城市生态环境，提高生活环境品质，增强城市的生命力。

在我国高速城市化进程过程中，由于对汽车依赖性的增加、受现代主义设计思想的影响、划分城市用地所采取的城市用地区划和土地使用政策、公共空间私有化及改变土地用途等原因，导致城市中产生了大量的失落空间。这些空间混乱无序、丑陋不堪、缺乏吸引力、利用率低，常常遭遗弃和闲置，严重影响城市景观形象。如何进行再生设计将失落空间转变为富有魅力与活力的空间，已成为风景园林和城乡规划学科领域的交叉性热点课题。本文针对失落的城市开放空间，拟引入景观三元性理论，结合实际案例，从中找寻答案，并为以后的开放空间复兴提供一个启迪性的思想。

2　景观三元性

景观设计是一个综合的整体，它是在一定的经济条件下实现的，首先要遵循生态原则，符合自然规律，然后满足社会的功能，最后还要属于艺术的范畴，缺少了其中任何一方，设计就存在缺陷（图1）。生态性是随着现代

环境意识运动的发展而注入景观规划设计的现代内容，要求根据自然界生物学原理，尊重自然发展过程，并且倡导能源与物质的循环利用和场地的自我维持，强调场地的可持续发展；功能性着重从人的心理特点和行为特征角度出发，分析人对场地使用的功能需求，研究如何创造舒适、安全的人性空间；艺术性是从人的视觉形象感受要求出发，根据美学规律，研究如何创造赏心悦目的环境形象。

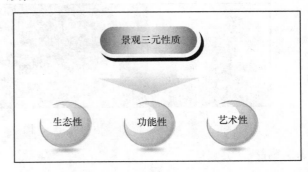

图1　景观三元性定义

纵览全球景观规划设计实例，任何一个具有时代风格和现代意识的成功之作，无不饱含着对这三个方面的刻意追求和深思熟虑，所不同的只是视具体规划设计情况，三元性所占的比例以及侧重不同而已。现阶段城市粗放式高速发展所带来的环境问题日趋严重，需将生态性放在首位考虑，然后对场地现状情况进行综合分析，确定

功能性和艺术性哪一性放在第二考虑的位置。一般在人群集聚的场地，功能性先于艺术性考虑，设计中应侧重解决人使用需求方面的问题；在注重城市形象的重要地段，艺术性先于功能性考虑，设计中应侧重解决景观形象方面的问题。

3 恒生商业广场设计

3.1 设计策略

其实做方案设计就好比侦探破案一样，首先需要在千万个事物现象中去寻找蛛丝马迹，然后从中深入分析研究推导出事情的真相。那么本次设计项目的"蛛丝马迹"在哪里？逻辑线索又是什么？……带着这样一系列疑问于是展开了思考，首先寻找"突破口"，然后顺"藤"（分析研究问题），最后摸"瓜"（解决问题）（图2）。

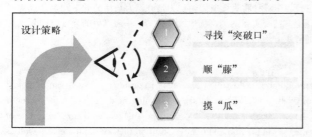

图2 设计策略步骤

3.2 场地现状分析

场地位于"两型社会试验区"长沙大河西先导区东入口位置，处于两条城市干道交叉口附近，周边高层住宅林立，商业气氛较浓，人流量大，地面全为不透水硬质铺装，面积约10000m²。场地内存在着很多问题，比如交通混乱、停车难、缺乏人性设施、景观形象差，总之广场整体上档次低、利用率低，影响大河西先导区东入口城市门户形象（图3）。

图3 场地现状图

3.3 寻找"突破口"

广场作为城市的开放空间，不仅是城市居民的主要休闲游憩活动场所，也是市民文化的传播场所，更是代表着一个城市的形象。恒生广场按照功能用途可归为商业广场，承载着使用者的休闲游憩活动和文化交流活动，因此需解决场地的功能性问题。又因广场位于先导区东入口门户位置和城市两条干道交叉口附近，代表着城市的形象，最后还需解决艺术性问题。

场地空间设计中首先需考虑哪些生态性问题？经分

析，广场两边人行道较高，雨水不能自然排放到城市雨水收集口；不透水的硬质铺装和无绿色植物会加剧城市热岛效应，造成夏天温度愈来愈高，城市电力能源紧缺。其次考虑功能性问题有哪些？研究此问题需了解使用者对功能活动的需求。经实地踏勘调查发现：商场消费者在购物疲劳后，因缺少相应的休息设施而得不到人性关怀，在广场停留时间短；商场员工午餐时无就餐环境条件，也不能进行交流活动；商场周边居民傍晚时分进行娱乐活动时同样缺少人性化设施；再就是广场停车混乱，没有加以引导的交通流时常干扰商业活动的正常运转（表1）。最后要考虑艺术性问题有哪些？整个场地空间混乱无秩序，缺乏统领全局富有艺术感的标志性景观。

广场使用者对功能活动需求程度分析表　表1

功能活动需求＼广场使用者	商场消费者	商场员工	周边居民
休息活动	■■■	■■	■
交流活动	■	■■	■■
娱乐活动	■■	■	■■■

综合以上分析得出，如何促使这些功能活动得以顺利实现，对交通活动加以合理有效的引导，是本次设计所要找寻的"突破口"。

3.4 顺"藤"

这一环节将通过设置问题来理解逻辑线索。

3.4.1 场地的生态性如何体现？

随着城市化的发展，城市人口的增加，城市中的建筑、道路等人工构筑物大量增加，绿地、水体等却相应减少，缓解城市热岛效应的能力被削弱。为此在场地中应尽量多增加绿地和种植绿色植物，绿色植物通过蒸腾作用、吸收空气中的二氧化碳、滞留空气中的粉尘均可降低局部空气的温度。

每当暴雨来临时，城市就显得非常脆弱，导致这种情况发生的原因之一就是硬质铺装过多，雨水地表径流速度大，造成市政雨水管线排水压力增大，结果城市就成了一片汪洋。通过设置低于铺装地面5厘米左右的绿地和透水铺装材料，可减少雨水地表径流速度，收集部分雨水，有效缓解城市雨水管线的压力，同时收集的场地雨水可通过绿地下渗，调节局部小气候环境，缓解城市热岛效应（图4）。为防止绿地土壤被雨水冲刷，可在收集雨水的绿地上或边缘置大颗粒卵石（图5）。

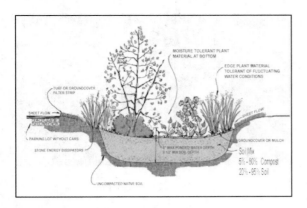

图4 生态种植池做法一示意图

图5 生态种植池做法二示意图

3.4.2 如何将三大功能活动落实到场地空间中？

在"寻找突破口"环节中，已经分析得出广场使用者对休息、交流及娱乐等三大功能活动的需求，那么如何将这三大活动落实到场地空间中将是本环节的关键所在。一种活动在场地空间中是否能顺利开展，依赖于场地中的空间环境，那么什么样的空间环境能促使活动有效进行呢？经过对大量的实践项目分析得出，能为使用者提供相关活动设施的环境能促使活动的进行。场地中的三大活动分别需要什么样的设施环境？三大活动对设施环境的要求有共同之处吗？经推导，座椅是这三大活动共同所需的设施，通过座椅可以创造活动所需的空间环境，使活动对象能在场地驻足停留，进而使活动得以顺利实现。同样道理，交通活动所需的空间环境应该是人车分流的环境，如何实现人车分流？可通过设置花台、种植池等设施对交通活动加以合理引导。

3.4.3 怎样使三大功能活动互不干扰？

功能各异的活动需要不同的空间，不同使用对象需要不同的空间，因此可通过座椅将场地空间划分为若干个亚空间，以满足不同功能活动、不同使用对象对空间的需求，使各项活动在各自空间中有条不紊地进行，可避免相互干扰。同样道理，交通活动可通过设置机动车停车场和非机动车停车场空间，避免对其他活动的干扰。

3.4.4 场地的艺术性如何体现？

艺术源于生活更高于生活、艺术联系于生活、艺术实现于生活，艺术可以用美的形式将场地的性格表达出来。如何把场地的性格通过艺术形式表现出来，将是本问题的核心关键所在。场地空间气氛较单调，如何活跃空间气氛是急需解决的问题。曲线型座椅既能表现艺术性又能活跃空间气氛，同时还能解决功能性问题，表达场地性格特征，可谓是"一举多得"。座椅采用草绿色，与绿色植物相结合，为拥挤不堪、钢筋混凝土的城市营造出一片开放的"绿洲"。

3.5 摸"瓜"

通过顺"藤"环节的分析推理，得出场地空间所需的生态和功能设施，本环节将从这些设施入手，对场地空间进行规划布局，形成设计方案。首先考虑功能性设施布局应注意哪些方面的问题？座椅宜选址在离城市人行道一定距离、离商场入口一定距离的场地空间中，防止影响两者的人流活动；同时布局过程中还应注意保持商场入口至人行道斑马线的人行通道畅通，这样就导致了场地被划分为两个空间，因此座椅应分别布局在这两个空间中；最后座椅与机动车停车场和非机动停车场应保持一定的距离，防止被干扰（图6）。然后考虑生态性设施布局应注意哪些方面的问题？花台、种植池应选址在停车场处，对交通活动进行合理的引导；雨水收集池结合座椅布置，置于座椅下，节约用地。

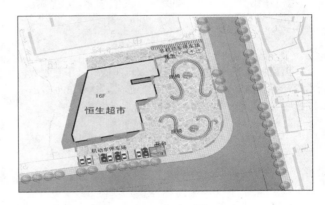

图6 总平面图

要使场地空间富有魅力和活力从而达到再生，并且成为城市的记忆，需要创造出有特色的吸引点。这里引用两个特色案例，案例一利用地形高差营造出动态水景，结合植物种植，创造了一个吸引点，成为居民喜爱的场所（图7）；案例二为美国旧金山"渔人码头"，场地地势较平，利用大型构筑物创造出了一个吸引点，因此场地得到公众认可，成为情感的寄托（图8）。

本次设计可以营造高差景观吗？因场地较平坦，营造高差景观会增加工程造价，实施有难度；可以营造大型构筑物景观吗？因场地较小，大型构筑物会使人感到场地很拥挤，同时也会遮挡商场的视线，遭到商家的反对，况且也会增加工程造价。那么此次场地空间的吸引点到底在哪里呢？设计中把希望寄托于小型功能性设施——座椅

图 7　高差景观

图 8　大型构筑物景观

图 9　设计鸟瞰图

4　小结

景观三元性理论是笔者根据诸多成功的城市开放空间设计案例的经验总结，是对刘滨谊老师倡导的"三元论"的浓缩提炼。结合景观三元性理论进行实际项目设计的案例很少，本次设计是从解决失落空间再生的角度进行的全新尝试，希望这一理论及其设计实践能够促进和推动失落的城市开放空间复兴，并起着一定的借鉴作用。

参考文献

[1]　(美)罗杰·特兰西克著. 朱子瑜等译. 寻找失落空间——城市设计的理论[M]. 北京：中国建筑工业出版社，2008.
[2]　刘滨谊. 景观规划设计三元论[J]. 中国标识，2005(01)：46-48.
[3]　刘滨谊. 景观规划设计三元论——寻求中国景观规划设计发展创新的基点[J]. 新建筑，2001(05)：1-3.

作者简介

卓仕亮，1980 年 8 月生，男，土家，湖南慈利，北京大学风景园林硕士，中国风景园林学会会员，长沙市规划设计院，工程师，从事景观设计和城乡规划，电子邮箱：925782714@qq.com。

上。因商场人流量大需设置连续双排座椅，采用夸张式艺术设计手法加以处理，结合曲线型形态，这样就创造出了场所吸引点（图9），魅力场所也随之诞生。

适应气候变化空间规划方法简述

——以格罗宁根为例

The Spatial Planning Method of Adaptation to Climate Change
——Take Groningen as an Example

邹琴

摘要：应对气候变化策略伴随多种气候问题的出现而渐渐成为世界各国关注的焦点。空间规划由于其空间可塑性及对未来的预见性，可成为适应气候变化的有效途径。世界适应气候变化规划才刚开展，面对复杂的规划背景，适应性规划应如何下手？本文以格罗宁根为例简述适应性规划方法，探讨了适应性规划与常规性规划的不同，并总结对我国开展适应性规划的经验启示。

关键词：气候变化；适应性规划；预测；整合；统筹

Abstract：The strategies to deal with climate change has gradually become the focus of world attention comes with a wide variety of climate problems. Spatial planning could be an effective way to adapt to climate change because of its plasticity to space and predictability to future. Adaptive planning to climate change just started around the world，facing the complicated planning background，how to develop an adaptive planning？In this paper，taking Groningen case as an example to introduce the method of adaptive planning，discussing the different between adaptive planning and traditional planning，and summary the experience and enlightenment to our country to develop the adaptive planning.

Key words：Climate Change；Adaptive Planning；Forecasting；Integrate；Planning as a Whole

1 适应气候变化规划背景及现状

自工业革命后，全球变暖、降雨变化、海平面上升和极端天气事件频发等气候变化现象显著。气候是影响农业、森林、居住、交通及其他基础设施、水及能量供应、旅游和娱乐、防灾、人类健康的重要因素（Füssel HM，2007），应对气候变化策略日益成为人们关注的焦点。应对气候变化的两大策略为减缓和适应。减缓是针对形成气候变化的机制采取措施，使气候变化得到抑制，适应是主要是针对气候变化所造成的后果采取措施。现在大量研究集中于减缓措施，然而面对已经发生并将继续发生的气候变化，适应气候变化的措施是必不可少的。区域适应措施包括从灾害风险管理中建立起的惯例（如预警系统），资源管理（如水权分配），公共健康（如疾病监测），农业推广（如季节性预测）及空间规划。空间规划（Spatial Planning）是适应气候变化的有效途径，它将一些气候适应方面并在区域尺度上是相关的主题（如水、生态、农业、城市居住区等）筛选出来并且完全整合到规划过程中，给未来发展指明了方向（Rob Roggema，2006）。

目前关于适应气候变化策略、方针和媒介阐述的比较多，气候变化敏感的国家大多都有自己的适应策略，但对于适应规划研究及实践相对较少，集中于英国、西班牙、荷兰等发达国家。英国在2008年气候变化活动中制定了减少温室气体排放的目标，从规划干预层面（能动性、监督及协调）在能源供应和需求及适应三个方面研究

了空间规划的重要作用；2010年西班牙维多利亚市政府启动了维多利亚适应气候规划（PACC-Vitoria）项目，在水资源、自然资源、城市建设环境、公共空间、交通等方面做出了分析，并融合至规划中；荷兰空间规划始于2006年，根据荷兰气候机构（KMNI）发布的气候方案对格罗宁根、阿姆斯特丹等城市基于农业、城市居住等方面做了综合性的适应气候变化规划。目前开展适应性规划的主要难点有：政府人员及相关专家不了解适应规划相比于现有规划的区别，认为实现难度较大，以致开展适应性规划的动力不足；规划者对于气候知识了解的缺乏，不知道最佳的适应规划应包含哪些内容。下文以格罗宁根为例简述适应性规划方法。

2 适应气候变化规划方法简述——以格罗宁根为例

海平面升高和饮用水的短缺是荷兰城市面临的难题，格罗宁根位于荷兰的最北部（图1），是荷兰重要的贸易及商品转运中心。在2006年夏天荷兰海平面上升到史上最高，引起荷兰政府及人民的重视，适应气候变化问题成为新一轮规划的核心内容之一，并开始制定适应气候变化规划的工作内容及时间进度（图2）。

2.1 气候的情景预测——气候方案

格罗宁根提出了两种2050年气候预测方案，一个是根据荷兰气候机构（KMNI）的2006年发布的方案，这

图 1　格罗宁根省区位

图 2　适应气候规划主要工作内容

2.2　气候知识（降水和海平面）分析及空间转化——气候地图册的生成

根据 KNMI 提出的冬天和夏天两种气候变化情况（W，W＋）来预测在 2050 年的降水变化，得到预测分析结论：夏季的干旱期将可能会增长，水资源短缺和供应量不确定问题将会越来越大；阵雨强度的增强意味着城市地区洪涝风险的增大；秋、冬、春三季将会变得更加潮湿。

图 3 以现在的海平面高度对比两种方案（＋50m 和＋150cm）来显示出海平面上升对于格罗宁根的可能影响（图3）。得到预测分析结论：格罗宁根省南部及格罗宁根市是省域最高部分，在这些地区洪涝风险低；埃姆斯港和代尔夫宰尔的工业区位于人工创建的高海拔区，这些相对安全。

2.3　气候适应主题筛选及分析——主题化应对策略生成

气候适应主题的筛选一般是对气候变化最敏感并对地区发展影响较大的内容，各个国家或地区的适应主题不同，根据格罗宁根气候变化特征及发展需求，简述以下几个方面内容。

2.3.1　农业

格罗宁根省以农业为主，农业所依赖的土壤随着降水和海平面的上升将会出现以下问题：沿着海岸线的农业用地的盐度增加；皮特殖民地多沙干旱的土壤在越来越潮湿的冬天里，水可能不会被储存以供干旱夏天水荒时使用；主产小麦的高地为黏土，因其保持水分的能力较强使得高地夏天水分的可利用率较高；南部地区即洪兹吕赫，现有的林地（橡树和山毛榉）的扩大可以防止这个地区干旱发生。格罗宁根的生态结构应该与省内其他最低洼最潮湿的部分相连接，这些地区在干旱的夏天有足够的水分使得生态系统能够生存下去（图4）。

个方案提出了四种气候变化情况，即 G（大气模式没有改变，温度上升 1℃），G＋（大气模式改变，温度上升 1℃），W（大气模式没有改变，温度上升 2 ℃），W＋（大气模式改变，温度上升 2 ℃）。另一个是以荷兰及南极洲西部冰山的加速融化为出发点的方案，在这个方案中，海平面上升的速度将会比过去的 10－15 年快十倍多。通过这样一个适中、一个极端方案对比，最大限度包含了气候变化的所有可能性，这也是后面相关问题探讨的基础。

图 3　洪水范围［现状（左）、海平面升高 50cm（中）、海平面升高 150cm（右）］

图 4　对农业的影响

2.3.2 海岸线

海平面的上升对海岸线的防护构建要求更高，根据海岸带自然条件建议创建一个灵活的海岸防护体系，形成三道防护。第一道是通过新的一系列瓦登岛屿来形成强有力的防护来对抗海水，并且变成一个安全、休闲的居住和娱乐地区。在它们后面将形成安静的泄湖，会大大提高瓦登海的湿地生态价值，成为新的生态重地，鸟类和海洋动物将会在风暴时期找到安全区并能发现足够的食物。第三道防护是现有的海岸堤坝，原本需要很好的维护才能保护格罗宁根省，现在只需要稍加强化（图5）。

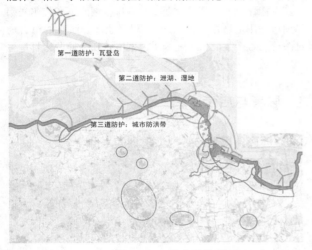

图 5 新的海岸带防护体系

2.3.3 城市发展

格罗宁根省的城市功能受到洪水的威胁较大。现有的人工丘陵即维尔登因高海较高而使得它们能够免受侵袭；省内最安全的方法就是将集中生活区选址于高海拔处；现存的历史价值较高的低地，可能会转移至偶尔被水包围的新岛屿上，但需要一个坚固的堡垒来保护这些村庄；省内最高的地方洪兹吕赫的人居密度将会急速上升。一个新的格罗宁根市区会出现在高海拔区，并将是工作效益高、功能多样化的高密度地区，而这个新的格罗宁根可以随着气候变化而转移（图6）。

2.3.4 能源

以格罗宁根北部为例绘制太阳能、风能、水力发电、生物能和地热根据气候变化的潜力地图，将这些能源潜力整合到一张图，为下一步的空间规划做指导（图7）。同样以这种方法为例最终为全省绘制一张能源规划干预图，所有的能源措施被结合在一张图上。中部低地可以通过水利来发电，在高速的边上可以根据已有的生物能转化工程而打造一个生物能廊道。同样以这种方法为例最终为全省绘制一张能源规划干预图，所有的能源措施被结合在一张图上。主要策略有：中部低地可以作为淹水区通过水利来发电；在高速的边上可以根据已有的生物能转化工程而打造一个生物能廊道；在沿岸地区可以打造风力涡轮公园和潮汐电站等（图8）。

图 6 对城市发展的影响

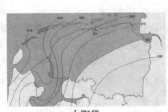
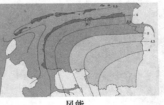

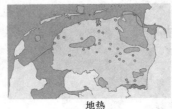

图 7 格罗宁根北部能源潜力地图

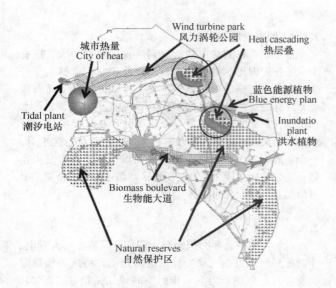

图 8　能源干预图

2.4　各主题应对策略的整合——主导空间战略生成

对格罗宁根省适应气候的几大主题进行分析后将个主题策略在空间体系中进行整合，体现农业、生态、水域、城市发展各主题的相互影响机制，生成全省适应气候变化的综合地图（图9），在这张图上指明了格罗宁根适应性规划的主导空间战略，主要有以下几点：

① 瓦登岛海岸防护区　⑥ 皮特殖民地大规模农业区
② 盐土农业试验区　　⑦ 新的水储存区
③ 港口及工业区　　　⑧ 高密度高地居住区
④ 粘土农业区　　　　⑨ 生物能廊道
⑤ 低洼湿地生态区

图 9　适应气候变化地图

在水域方面，将水存储在该省最低的部分，在多拉德湾和洛维斯湖之间创建一个健康的生态连接，存储的水应用作农业生产的高水质来源，特别是在皮特殖民地，并利用现有的水沟系统传输到农业生产地；

在农业方面，盐碱度的升高的北岸地区可以发展盐土农业和水产养殖试验区，在紧邻的黏土区继续拓展现有的农业，利用新的水系和生态湿地改善后的皮特殖民地地区，将其发展成大规模农业区。

在城市发展和海岸带方面，利用北岸前面瓦登岛形成新的防护层，并充分利用其自然条件为生活和娱乐提供新开发点，逐渐将生活区渐移至南面的高地上。

在能源方面，将洛维斯湖，多拉德湾附近和代尔夫宰尔周边的用地当作"淹水区"，利用盐水和淡水的组合通过渗透装置产生能量，充分水力发电，在高速两边打造生物能大道。

3　思考与启示

3.1　适应性规划与常规性规划的不同

可预见性更高，规划目标更长远：适应性规划立足于对气候知识与自然系统的充分了解，未来的可预见性更强，以综合应对气候变化在各方面将会产生的影响为目标，注重稳定性。而常规性规划以经济、产业、城市发展等为主要引导，并以解决短期内出现的问题为目标，更注重实效性。

统筹整合应对，把控性更强：适应性规划将复杂的规划背景作为一个系统来研究，在对适应气候不同主题分析完后，在同一空间尺度上进行对接并统筹整合应对，非线性特征及整体把控性较强。

对战略决策者的要求更高：适应性规划因为面对的是多变、复杂的气候变化问题及其对生态、产业、城市建设等多方面的复杂影响机制，战略决策者的角色更重要，不仅需要知识量丰富，还需要很强的统筹能力，保证规划过程中区域合作、部门协调、团体合作、公众参与等顺利进行。

3.2　对我国适应性规划的启示

减缓与适应两手并抓：我国政府在应对气候变化方面主要是从科技发展和低碳能源的角度入手，更注重减缓措施，还未将适应气候变化融入区域规划中。我们应将减缓和适应策略一起融入规划中，吸纳和深化现有的国内外应对气候变化策略和技术，以减缓为前提，适应为基本，初步建立适应性规划方法体系。

建立区域气候监测体系：实时了解气候变化趋势，有针对性地建立各个城市精确的气候数据是应对气候变化的前提。应根据地方自然特征和发展需求，建立自己的气候监测指标体系，构建气候变化对城市发展影响的数据库，为本区域适应性规划主导内容的确定提供依据。

以适应性规划战略为指导，把控多规融合：规划战略是统筹适应性发展的指导性内容，在我国各规划内容及个部门之间存在衔接难的问题，在适应性规划过程中，应统筹好规划内容并严格以适应性规划战略为指导，把控多规融合。

参考文献

[1] Rob Roggema，Landscape architecture and climate adaptation：new chances for spatial identity. Landsc Archit China，2010. 11：24-31.

[2] Rob Roggema，Kabat and Van den Dobbelsteen，Towards a spatial planning framework for climate adaptation，Smart And Sustainable Built Environment，2012. 1(1)：29 - 58.

[3] Rob Roggema. The Use of spatial planning to increase the resilience for future，turbulence in the spatial system of the Groningen region to deal with climate change，2008 UK Systems Society International Conference— Building Resilience：Responding to a Turbulent World.

[4] Füssel HM. Adaptation planning for climate change：concepts，assessment approaches，and key lessons. Sustain Sci，2007. 2：265-275.

[5] Simin Davoudi. Climate change and the role of spatial planning in England，Springer-Verlag Berlin Heidelberg，2013.

[6] Bulkeley，H. A Changing climate for spatial planning? Planning Theory and Practice，2006. 7(2)：203-214.

[7] Marta Olazabal，Efren Feliu，Climate change adaptation plan of Vitoria-Gasteiz，Spain，Springer Science ＋ Business Media B. V，2012.

[8] 赵彩君，傅凡. 气候变化——当代风景园林面临的挑战与变革机遇，中国园林，2009. 25(2)：01-03.

[9] 宋彦，刘志丹，彭科. 城市规划如何应对气候变化——以美国地方政府的应对策略为例，国际城市规划，2011. 26(5)：3-10.

作者简介

邹琴，1990 年生，女，汉，硕士研究生，同济大学景观规划设计专业生态规划设计方向，电子邮箱：326679301@qq. com。

适应气候变化空间规划方法简述——以格罗宁根为例

园林植物应用与造景

浅析城市带状公园植物景观规划设计

Preliminary Study on the Planting Arrangement of Urban Linear Park

霸 超

摘 要：带状公园是城市绿地系统的重要组成部分，在城市景观风貌、大众游憩休闲、生态建设方面均占有十分关键的地位。该论文以北京市"马甸公园"为例，以调查公园内植物种类与分布为基础，分析其景观效果及其与活动空间的关系，进而更加深刻地了解其植物景观规划设计，以期为营造更好的区域综合景观服务。

关键词：带状公园；马甸公园；植物景观；生态

Abstract：Linear park, which is very critical in urban landscape, public recreation and ecological construction, is a very important part of City Green Land System. Taking Madian Park as an example and based on the investigation of plant species and their distribution, this paper analyses its landscape efficiency and the relationship between plants and space for activities. In addition, a better acknowledge of plant landscape planning and design can provide a better service to regional landscape in a larger range.

Key words：Linear Park；Madian Park；Plant Landscape；Ecology

随着人居环境的不断营建与改善，城市更新如同人体新陈代谢般迅速，同时，城市绿地系统规划、绿道甚至是慢行系统等建设理念作为理论辅佐也在不断衍生。其中，2002年正式实施的《城市绿地分类标准》对带状公园的定义如下：带状公园，即沿城市道路、城墙、水滨等，有一定游憩设施的狭长形绿地。而作为现代景观生态学"斑块--廊道--基质"理论，城市带状绿地可以将景观中不同的部分连接起来，让生物圈中的物质和能量能够流通，使城市生态系统通过廊道的连接形成网络，促进城市生态系统的良性发展[1]。可见城市带状公园在城市景观生态环境建设方面占据着关键的地位，现以北京市海淀区的"马甸公园"为例，在对马甸公园进行实地调查的基础上，分析其植物景观规划设计，并附以拙见。

1 马甸公园概况

马甸公园，位于北京市海淀区北三环马甸桥西北角，处在海淀区、朝阳区、西城区三区的分界地段。公园规划用地南北长700m，东西宽80-160m，总用地面积为8.6hm²[2]。作为三环附近最大的以运动为主题的休闲公园，其整体标高略低于外围城市环境，园内微地形十分丰富。东侧虽毗邻城市主干道，但公园内部环境依然十分安逸，园内植物长势葱郁，颇受市民的青睐（图1）。

2 马甸公园植物景观规划设计分析

2.1 公园整体植物景观的营造

通过调查与统计马甸公园的植物种类可知，公园内共有3种常绿乔木、9种落叶乔木、19种落叶灌木、3种地被、6种时令花卉，总计植物40余种。

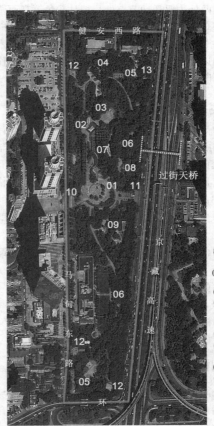

01 中心活动广场
02 亲水广场
03 欢乐谷
04 趣味活动区
05 场地活动区
06 林荫道 跑道
07 健康步道
08 器械活动区
09 休息铺装
10 西入口
11 东入口
12 其他出入口
13 公厕

图1 马甸公园平面图
（图为作者依据谷歌地球绘制）

2.1.1 植物景观结构

马甸公园利用乔、灌、草、微地形等要素的结合来处理四周边界，不仅有利地从视线上屏蔽了周边的交通，而且也营造了静谧的内部环境；靠近内侧的植物相对稀疏，因与活动空间相结合，景观效果更佳。构成景观结构主体方面，白皮松、洋白蜡等为公园内基调树种，绦柳、银杏、法桐、千头椿等为公园的骨干树种；而银杏、紫叶桃、红瑞木等植物作为公园内部的装饰元素依次布置于公园的带状空间中。

2.1.2　植物的色彩与季相

就公园四季植物景观方面而言，公园在植物配置上有很精细的考虑，而鉴于此次调查的季节限制，在此仅分析公园的夏季植物整体景观。马甸公园夏季并没有种植种类繁多的时令花卉，而是十分巧妙地组织了不同种类的乔木、灌木，各类植物的色彩明暗、饱和度均不同，其中，杨白蜡、国槐、白皮松、圆柏因叶色较深而成片种植构成背景，玉兰、金叶女贞的叶片颜色较明快鲜亮，紫叶桃、紫叶李、紫叶小檗等彩色叶植物丰富了公园中的整体绿色基调，这些起装饰性作用的植物均采用3-10棵的丛植方式置于背景之前供游人观赏；同时，林下空间也种植了时令花卉用以补充夏季木本花卉种类较少的不足，其中大花萱草在公园内的景观效果最好，因在"趣味活动区"、"欢乐谷"两处主要活动节点处片植且颜色鲜亮而营造了良好的景观环境。公园除了内部植物景观的布置外，在西侧挨近居住区的边界间隔种植了迎春、锦带花、木槿、玉兰，并辅以金叶女贞、黄杨、白皮松等常绿植物作为背景，在花开时节，更加吸引游人入园。

2.1.3　植物的高度

利用植物的高度来形成空间是一个十分重要的设计阶段，因为植物的高度基本决定了场地的空间结构，控制视线、运动和人的体验[3]。公园四周边界普遍采用了乔木、灌木、地被和地形搭配的方式，利用不同高度的植物营造了公园内部的密闭性。而在公园的北侧活动广场的集中区域（图1），也是公园内人流最集中的区域，即01-03号区域内，灌木的比例明显减少，基本是以乔木、地被和地形相结合，乔木中也减少了白皮松、圆柏等常绿且分枝点低的植物比重，从而使得各个小空间之间的视线贯通，整体性更强。在公园的南侧区域，即从05-09号的各个场地区域，因地块本身尺寸的限制，仅有主路一条，沿道路两侧植物搭配形式丰富，有开敞的草坪、郁闭的林木，明暗交替、收放交叠。

2.2　活动空间植物景观营造

除了营建公园内部植物景观体系外，将园内植物与其他景观要素构成空间方可成为完整的公园。植物具有丰富的时序变化，赋予园林四季不同的风貌，植物与地形、建筑物、水体、道路等园林空间要素的结合布置，既可以保证丰富园林空间，又可以使得各要素相得益彰[4]。马甸公园中，最核心的两个空间当属"中心动感广场"与"欢乐谷"，两者一抬高一下沉，一个作为休憩区一个作为儿童活动区，二者从应用本质上形成了鲜明的对比，同时在植物景观设计方面也有所不同。

2.2.1　"中心动感广场"植物景观

"中心动感广场"，位于公园的中部，广场的东西两侧挨近公园的东入口与西入口（图2）。该节点颇有小剧场的氛围，由采取集中式构图的椭圆与一系列同心圆构成，中心为圆形水景，被6棵冠径约6m、高约8m、株形近似的法桐围绕（图2D），最外侧的组合台地中最高的一层丛植了高2.4m左右的西府海棠，因西府海棠的枝叶比较密，形成了良好的封闭效果；西府海棠两侧的台地中则以对称的形式种植了高约0.5m黄杨、紫叶小檗、大花萱草，植物配置简单对称，且黄杨与紫叶小檗均修剪成整齐的块状，大花萱草则生长于矩形种植池中，将植物与广场本身形制相顺应，营造了一个私密性强且具有固定活动方向的广场活动空间。因"中心动感广场"本身轴线与两个出入口对应的方向一定的角度偏差，再加上外侧台地（图2B、C）与植物密闭的遮挡，很自然地弱化了公园入口（图2A）影响。在广场轴线西北侧的末端，有桥、跌水等景观小品（图2E、F），在跌水景观两侧，有由大叶黄杨、金叶女贞、紫叶小檗、沙地柏、鸢尾、八宝景天等组成的小型植物群落，其中以球径约1.2m的大叶黄杨、金叶女贞、紫叶小檗三种球形植物为主，三种植物顺应跌水平面走势，颜色深浅交替，动感十足，以高大绦柳作为背景，使得狭小的水面趣味十足。

2.2.2　"欢乐谷"植物景观

"欢乐谷"是专为儿童设置的活动空间，广场本身相对周边地块下降了1.5-3m的高度，营造了良好的私密性氛围（图3）。"欢乐谷"内广场中心布置，而植物则布置在四周，与"中心动感广场"有所不同。"欢乐谷"处植物配置多以高大茂密的乔木取胜，在树种选择上，四周种植了银杏、千头椿、洋白蜡、国槐，种类虽多，但是并不杂乱，该四种乔木在夏季颜色近似，形成了比较统一的深绿色调，与夏季的大花萱草等时令花卉形成了鲜明的对比。而其中银杏采用了阵列式的种植方式，与其他三种乔木的种植方式形成了鲜明的对比，能够有利地强调银杏林下的水景，同时秋季银杏叶片变黄时，通过整齐的排列则使得黄金景象显得更加热烈（图3F）。场地内部活动空间较大，活动区通过不同的铺装由南向北依次划分为：（1）滨水活动区；（2）器械活动区；（3）沙地滑梯区（图3C）。在滨水活动区的西侧，有广场的西入口与残疾人坡道，其中，西入口台阶分为两段（图3A），既设置了休息平台以保证安全，同时两段又有所偏移并与动态的台地水景相结合，极大地活跃了入口空间（图3A）；与此同时，在器械活动区的西侧，通过台阶与国槐的种植（图3B、C），十分巧妙地从视线上遮挡了两入口，保证了儿童活动空间的完整性与独立性。整体活动空间的东侧，即沙滩滑梯区，将滑梯与地形相结合（图3D），此坡地外由一条用红色地砖铺设的园路围绕（图3E），斜坡的两侧由较厚的黄杨绿篱、洋白蜡、圆柏搭配密闭围合，而中部则仅仅采用几株圆柏分离种植，使得视线上下贯通，让场外人可以看到场内的欢乐场景。在四周林下空间的设计中，采用了黄杨绿篱、紫叶小檗绿篱、黄杨球、金银

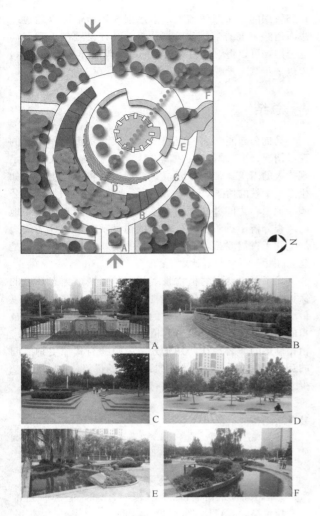

图2 "中心动感广场" 平面图及
实景照片（图为作者本人绘制和拍摄）

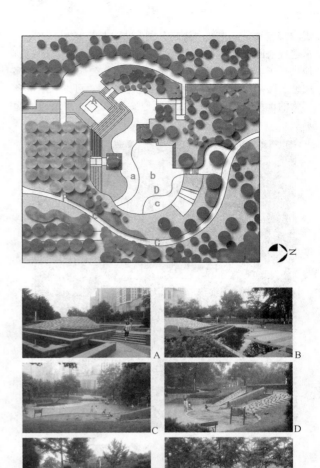

图3 "欢乐谷" 平面图及实景照片
（图为作者本人绘制和拍摄）

木、木槿、碧桃、沙地柏等结合，即保证了春季的花期观赏需要，又有彩色叶植物予以辅助，景观效果虽相对质朴但并不单调。

3 马甸公园植物景观改进初探

3.1 马甸公园的植物景观

马甸公园虽然为周围市民提供了良好的户外活动环境，但是公园内植物景观更多的是一种装饰或者背景，淡化了引导游人认知自然的过程，而这也正是公园与广场、运动场的区别。公园的各个场地的确得到了比较高效率的使用，然而，公园内部植物配置与公园本身廊道空间序列性之间并没有十分强烈的共鸣。除了形式上的顺应外，整体色彩亦是关键要素。在大面积的花园里，精心运用的色彩可以作为一个纽带，把花园和周围的环境融为一体，并使花园内的景观成为有机的整体[5]。以公园中的紫叶李与紫叶桃两种紫色叶植物的种植为例，两者大量运用于公园内乔灌草的搭配中，但是在公园的分布却十分散乱且各自之间没有秩序，公园可以利用该两种紫色植物

构成景观通廊，除了能够丰富植物群落外，还能够引导廊道空间，即带状公园可以将同类植物结合廊道布置，由此可强调某一类植物的季相效果，同时也能够更加吸引游人的注意，让游人去主动地认知植物的属性，而不是仅在一片植物种类繁多的场地散步走过。

3.2 马甸公园与周围绿地的景观关系

随着城市发展的需要，绿地系统在不断完善，近些年开始重视如城市慢行系统等建设发展理念，意在完善绿地系统的基础上强化绿地的生态、游憩、避难等功能。马甸公园所处地理位置十分优越（图4），北临"元大都遗址公园"的海淀段与朝阳段，西南侧为"双秀公园"，东侧为"玫瑰公园"，东南侧则为"人定湖公园"、"柳荫公园"、"青年湖公园"。从各个公园的建设资料不难看出，这8个公园几乎在相近的时间因城市发展需要而得以建造，或在形式上改造，或在新技术上予以改进，虽然现在它们在景观设计上虽并无直接的联系，但却共同归属于城市的绿地系统，构成城市整体风景园林风貌。随着科技的发展与市民思想意识的变化，今后公园肯定还会不断地更新与改造，由此可以考虑将这个小区域间的各个公园甚至其他类型的绿地予以统一考虑，使得片区内部景

观丰富且统一,正如"柳荫公园"以"柳"取胜,"元大都遗址公园"墙垣遗址上的"刺槐""洋白蜡"等则强烈地烘托了墙垣遗址的历史沧桑感,"马甸公园"、"元大都遗址公园"作为该区域中的两个带状公园,可以利用本身带状的优势通过营造植物景观通廊来联系各片绿地植物景观。

图4　马甸公园与周围绿地的地理关系
（图为作者依据谷歌地球绘制）

除了植物景观视觉方面的重视外,生态效果始终是热议点。麦克哈格用"熵"来描述事物的属性,指出进化的高级状态的特征为复杂、多样、稳定、物种种类多、共生数量多,即低熵[6]。因此,公园植物景观的改进可以以这8个公园作为一个整体,营造整体空间物种的丰富性,以提高小区域的生态稳定性。这8个公园中,除了马甸公园、玫瑰公园中有小型水景外,其他6个公园均有较大的自然水面,这对于汇集城市雨水、补充城市地下水、改善周围小气候有着十分积极的意义,而丰富的植物群落则是净化、涵养水源的保证。目前北京市的城市雨水多通过

道路管网的排水系统流失,雨水损失则恰恰可以通过改进沿道路布置的带状公园来弥补。马甸公园挨近京藏高速公路,可以将雨水或雪水收集、处理后作为公园用水,以进一步减少景观维护的造价,提高景观本身的稳定性。

4　总结

马甸公园能够在一定程度上反映北京市带状公园的建设情况,"三季有花、四季有景"似乎并不能完全满足现代人的需求,带状公园植物规划设计将承担更多诸如生态、文教的功能。然而,城市绿地系统的建设与城市公园绿地二者之间并非顺承关系,从马甸公园与周边绿地的调查分析不难看出,公园的植物景观规划设计与周边绿地并无直接联系,而各个公园的植物景观特色恰恰是建立在相互联系与对比之上的。

除了营造良好的植物景观效果外,城市生态环境的保护也越来越受到市民的重视,绿地设计也往往考虑以最小的成本投资来发挥最大的生态效果。在先进科学技术的辅助下,带状公园内的植物景观规划设计应当顺应植物群落的演替规律,并充分考虑植物与其他生物之间的互利共生关系,充分发掘风景园林的优势,由此既可减少人工干预,又能够更好地营造美丽与生态的人居环境。

参考文献
[1] 杨思琪,吉文丽,张杨,文娇.基于景观生态学的带状公园植物景观美学研究.北方园艺,2012(20):67-70.
[2] 林航,戴松青,王宇.自然与运动的和谐共处——北京马甸公园规划设计 中国园林,2005(01):24-28.
[3] Nick Robinsin. The Planting Design Handbook. Second Edition. AHSGATE, 2003:28-42.
[4] 苏雪痕.植物造景.中国林业出版社,1994:116.
[5] 苏珊·池沃斯.植物景观色彩设计.中国林业出版社,2007.
[6] 伊恩·伦诺克斯·麦克哈格.设计结合自然.天津大学出版社,2008:146.

作者简介
霸超,1989年11月生,男,汉族,河北衡水,硕士,北京林业大学园林学院硕士研究生,研究方向为风景园林规划与设计,电子邮箱:bachao1109@gmail.com。

柠檬酸和氯化镁对红色月季压花花材保色效果的研究

Research on the Color-Keeping Effect of $C_6H_8O_7$ and $MgCl_2$ to Red *Rosa* as Pressed Flower Materials

白岳峰　郝　杨　陈鹏飞　江鸣涛　彭东辉

摘　要：试验以红色月季花瓣为试验材料，配制了A、B两种保色剂，A试剂为柠檬酸（$C_6H_8O_7$）溶液，B试剂为柠檬酸（$C_6H_8O_7$）和氯化镁（$MgCl_2$）的混合溶液，分别配制成5个浓度梯度，通过浸泡研究红色月季花瓣的保色。实验结果表明，B试剂（柠檬酸和氯化镁的混合溶液）对月季花瓣的保色效果较好，其中 B_4 试剂（15%柠檬酸＋7.5%氯化镁）浸泡月季花瓣5h的保色效果最佳，适宜用来制作压花艺术品。

关键词：压花；月季；保色

Abstract：Experiment with red *Rosa* petals as tested materials，A color-keeping agent and B color-keeping agent were prepared，the two color-keeping agents were A（$C_6H_8O_7$）agent and B（$C_6H_8O_7$＋$MgCl_2$）agent，each agent was made up into 5 concentrations，the color-keeping of red *Rosa* petals were studied using the 2 color-keeping agents by soaking them. Experimental results show that the color-keeping effect treated with B agent mixed with $C_6H_8O_7$ and $MgCl_2$ was better. The best color-keeping effect was treated after 5 hours soaked with color-keeping agent mixed with B_4（15% citric acid ＋ 7.5% $MgCl_2$），which is suitable for making pressed flower artworks.

Key words：Pressed Flower；*Rosa*；Color-keeping

　　压花是近年来新兴起的一类花卉艺术品，亦称为平面干燥花（Pressed-Dried Flower），是用新鲜花材经过保色、干燥、加工整理制成，既保持花材的自然色彩，又兼具保存持久的特点[1-3]，因此压花饰品越来越受到人们的喜爱，在国际市场上的发展潜力很大。作为压花制作的原材料，不同植物的花材在干燥过程中，其原有色彩容易发生改变，因此花材原有色彩的保持程度是影响压花艺术品质量的主要因素[4]，也是压花技术研究的关键。月季作为国际市场上"四大切花"之一，具有较高的观赏价值，但月季花瓣在干燥过程中色变明显，限制了月季花瓣制作压花艺术品的发展前景，因此研究月季花瓣干花的保色技术对月季花瓣压花艺术品的发展有着重要意义。本试验通过使用不同的保色剂，设置保色剂浓度梯度和不同的处理时间，对红色月季花瓣进行了保色处理，以寻找最佳的红色月季花瓣的保色方法，实现红色月季花瓣在自然条件下长久保持原有色彩的目标。

1　材料与方法

1.1　材料

　　试验材料为月季品种'红衣主教'（*Rosa*），花朵鲜美完好无损，花色为深红色。处理试剂为柠檬酸，氯化镁，蒸馏水；仪器为微波干燥器，压花器。

1.2　方法

1.2.1　保色方法

　　配制两种保色剂，分为A，B两组，A组为柠檬酸溶液，B组为柠檬酸和氯化镁的混合溶液，将两种保色剂分别配置成5个浓度梯度，依次为 A_1（2.5%），A_2（5%），A_3（10%），A_4（15%），A_5（20%）；B_1（2.5%＋1.25%），B_2（5%＋2.5%），B_3（10%＋5%），B_4（15%＋7.5%），B_5（20%＋10%）。从红色月季中挑选出花瓣完好无损，质地、颜色相同的花瓣，在清水中洗去花瓣表面杂质，再经蒸馏水冲洗，分组后放入对应保色剂中进行浸泡处理[5-7]。浸泡时间设置7个梯度，依次为1h，2h，3h，4h，5h，6h，7h。实验采用两因素完全随机组合设计，实验重复三次，以新鲜花瓣 CK_1，未经保色处理直接在微波炉内干燥过的花瓣 CK_2 作为对照[4]。

1.2.2　干燥方法

　　将经浸泡处理过的花瓣在清水中洗去杂质和浮色，再经蒸馏水冲洗，将其展平后在吸水纸上晾干，花瓣依次整齐排列，摆在纸巾上，并做好标记，然后放入微波专用压花器中夹好[2]。置于微波炉内，将微波炉调到中高火，每次干燥两分钟，间隔一分钟，直至花瓣干燥为止[4,8]。处理后的花瓣放入干燥箱中保存。

1.2.3　定色方法

　　试验采用的定色方法为感官比较法和RGB定色法[6-7]。

感官比较法，将实验的保色处理结果分为五个评定等级：1级，花瓣平整，韧性强，接近鲜花原有色彩，且花瓣完整；2级花瓣基本平整或微有皱缩，韧性较强或偶有脆裂现象，花瓣的色彩基本保持或较接近鲜花原有颜色；3级，花瓣有一定程度的脆裂现象，花瓣表面有一定程度的皱缩现象，花瓣颜色大部分保持，有一定的紫色、紫黑色斑块，或有白色斑块；4级，花瓣较脆，不平展，表面较皱，花瓣颜色有一部分可以保持，有一部分不能保持呈现未经处理直接干燥花瓣 CK2 的颜色或较淡的白色；5级，花瓣呈现皱缩，不完整，易脆裂现象，颜色只有小部分保持或基本不能保持。感官比较法以色彩为主要评定指标，以 CK1 和 CK2 作为对照。

RGB 定色法，RGB 代表红、绿、蓝三种颜色，按照色度学的基本原理，大多数颜色可以通过红、绿、蓝三色按照不同的比例混合而成，红、绿、蓝三基色按照不同的比例相加合成混色称为相加混合色，相加混合色三基色模式称为 RGB 模式，是绘图软件最常用的一种模式。Photoshop 绘图软件中，将 RGB 三基色的色相即明暗度分别划分为从浅到深的 0 到 255，共 256 个等级，在数码显示器上相加混合成不同的颜色[9]。

将 CK1、CK2 及实验处理过的花瓣分组后用数码相机拍摄，输入电脑，将照片导入 Photoshop，用 Photoshop 的滴管取样工具，在每朵花瓣上均匀吸取 20 个 3×3 的取样点作为样本进行定色[6,10]，提取样本点 RGB 值进行 RGB 定色。仍以 CK1、CK2 的 RGB 定色值作为对照。通过实验处理后的花瓣的 RGB 值与对照组的接近与偏离程度，评定实验结果。

1.2.4 数据处理方法

将每朵花瓣上提取的 20 个取样点的 RGB 值输入 Excel 表格，求其平均值作为每朵花瓣的定色值，每组处理结果的花瓣 RGB 定色值的平均值作为实验的观测值，三次重复实验观测值的平均值作为最终 RGB 定色值。

2 结果与分析

2.1 感官评定法评定的结果分析

试验通过感官评定法，以花瓣颜色，花瓣韧性，花瓣平整度为评定指标，以花瓣颜色为主要评定指标，评定了实验的处理结果，评定结果如表 1 所示。

感官评定试验结果 表1

	评定等级									
	A1	A2	A3	A4	A5	B1	B2	B3	B4	B5
1h	5级	5级	5级	5级	4级	5级	5级	5级	5级	4级
2h	5级	5级	5级	4级	4级	5级	5级	5级	4级	4级
3h	5级	4级	4级	3级	3级	5级	4级	3级	3级	2级
4h	4级	3级	3级	3级	4级	4级	3级	3级	1级	2级
5h	4级	3级	1级	1级	4级	4级	3级	1级	1级	3级
6h	4级	3级	3级	1级	4级	3级	2级	1级	1级	3级
7h	4级	4级	3级	4级	3级	4级	3级	3级	3级	3级
CK1						1级				
CK2						5级				

实验结果表明所有评定等级中评定结果为 1 级和 2 级的为 3h-B5，4h-B4，4h-B5，5h-A3，5h-A4，5h-B3，5h-B4，6h-A3，6h-B3，6h-B4 为感官评定法选取的较好的实验处理结果。1h 和 2h 的处理结果都比较差，3h 到 6h 的两组保色剂的处理出现了较好的保色效果，7h 的处理 A、B 两组均未出现较好的处理结果。

2.2 RGB 定色法评定的结果分析

2.2.1 两组保色剂处理结果的 RGB 定色值的方差分析

试验通过 RGB 定色法，提取了 A、B 两组共十组试剂，7 个小时的浸泡处理结果的 RGB 颜色值，表 2 为两组保色剂实验结果的 RGB 定色值的方差分析。

两组保色剂处理结果的 RGB 定色值的方差分析 表2

	差异源	SS	df	MS	F	显著性
R 值	时间	13354.3101	6	2225.7191	81.4713	＊＊
	保色剂	5731.6623	9	636.8513	23.3116	＊＊
	交互	12282.6402	54	227.4563	8.3259	＊＊
	内部	3824.6671	140	27.3191		
	总计	35193.2802	209			
G 值	时间	1529.5903	6	254.9317	26.0134	＊＊
	保色剂	721.8524	9	80.2058	8.1843	＊＊
	交互	1516.9811	54	28.0922	2.8666	＊＊
	内部	1372	140	9.8023		
	总计	5140.4243	209			

差异源		SS	df	MS	F	显著性
B值	时间	1564.8951	6	260.8159	148151	＊＊
	保色剂	2334.0762	9	259.3418	147313	＊＊
	交互	2558.0573	54	47.3714	2.6908	＊＊
	内部	2464.6672	140	17.6048		
	总计	8921.6952	209			

注：＊＊表示显著性（$p < 0.01$）

表2的统计结果表明不同的浸泡时间和不同浓度保色剂的处理对实验结果均有极显著影响，不同的浸泡时间和不同浓度的保色剂是影响保色结果的主效应因素。

2.2.2 两组保色剂的平均值配对 t 检验分析

两组保色剂的处理结果的平均值配对 t 检验结果 表3

	R 值		G 值		B 值	
	A 保色剂	B 保色剂	A 保色剂	B 保色剂	A 保色剂	B 保色剂
平均	104.2667	109.1524	6.9524	4.9429	21.5238	19.3524
方差	152.4474	173.8996	33.6227	13.7659	52.2903	31.1151
观测值	105	105	105	105	105	105
泊松相关系数	0.7006		0.4339		0.4426	
假设平均差	0		0		0	
df	104		104		104	
t Stat	-5.0521		3.8423		3.2216	
P（T<=t）单尾	0.0000		0.0001		0.0009	
t 单尾临界	2.3627		2.3627		2.3627	
P（T<=t）双尾	0.0000		0.0002		0.0017	
t 双尾临界	2.6239		2.6239		2.6239	

将两组保色剂的 RGB 定色值按照相同浸泡时间和不同的保色剂进行配对，比较氯化镁溶液对保色效果的影响，如表3所示。表3表明，两组保色剂的处理结果的 RGB 定色值存在极显著差异，B 组保色剂的 RGB 定色值的均值较接近 CK_1（见表4），说明 B 组保色剂的保色效果较好，氯化镁对柠檬酸的保色效果有促进作用。

2.3 两种评定法综合评定的结果与分析

10 组较好处理组与对照的多重比较结果 表4

	处理	均值	5%显著水平	1%极显著水平
R 值	5h-B_3	134.6667	a	A
	5h-B_4	131.3333	ab	AB
	4h-B_4	131	ab	AB
	CK_1	130	abc	ABC
	3h-B_5	125.3333	bcd	ABCD
	5h-A_3	125.3333	bcd	ABCD
	4h-B_5	123.3333	cde	BCDE
	6h-A_4	121	def	CDE
	5h-A_4	118	ef	DEF
	6h-B_4	115	fg	EF
	6h-B_3	110.6667	g	F
	CK_2	84	h	G
G 值	6h-A_4	9.3333	a	A
	CK_2	9	ab	A
	4h-B_5	6.6667	abc	AB
	4h-B_4	6	abcd	AB
	5h-A_3	5.3333	bcde	AB
	3h-B_5	4.6667	cde	ABC
	5h-B_4	3.6667	cdef	BC
	5h-B_3	3.6667	cdef	BC
	6h-B_3	3	cdef	BC
	5h-A_4	2.3333	def	BC
	6h-B_4	1.6667	ef	BC
	CK_1	0	f	C
B 值	CK_2	30	a	A
	3h-B_5	21.6667	b	B
	4h-B_5	21	bc	BC
	4h-B_4	19.3333	bcd	BCD

柠檬酸和氯化镁对红色月季压花花材保色效果的研究

处理	均值	5%显著水平	1%极显著水平
5h-A₃	19.3333	bcd	BCD
5h-B₃	19.3333	bcd	BCD
6h-A₄	19	bcde	BCD
5h-B₄	18.6667	bcde	BCD
6h-B₃	17	bcdef	BCD
CK₁	16	cdef	BCD
5h-A₄	14	def	CD
6h-B₄	12.6667	f	D

通过对两组保色剂不同的处理组合的 RGB 定色值进行多重比较结合感官评定法的评定结果，10 组较好处理结果 3h-B₅、4h-B₄、4h-B₅、5h-A₃、5h-A₄、5h-B₃、5h-B₄、6h-A₃、6h-B₃、6h-B₄ 与对照 CK₁ 和 CK₂ 的多重比较结果如表 4 所示。

表 4 表明，R 值在 5%显著水平下 5h-B₃、5h-B₄、4h-B₄、3h-B₅、5h-A₃、4h-B₅ 与 CK₁ 均不存在显著差异，1%显著水平下 5h-B₃、5h-B₄、4h-B₄、3h-B₅、5h-A₃、4h-B₅、6h-A₄ 与 CK1 不存在显著差异。G 值在 5%显著水平上 6h-B₄、5h-A₄、6h-B₃、5h-B₃、5h-B₄ 与 CK₁ 不存在显著差异，1%显著水平上，6h-B₄、5h-A₄、6h-B₃、

5h-B₃、5h-B₄、3h-B₅ 不存在显著差异。B 值在 5%显著水平上 5h-A₄、6h-B₃、6h-B₁、5h-B₄、6h-A₄、5h-A₃、4h-B₄、4h-B₅ 与 CK₁ 不存在显著差异，1%显著水平上均与 CK₁ 不存在显著差异。10 组处理均 R 值与 B 值与 CK₂ 均存在极显著差异，G 值只有个别几组与 CK₂ 不存在显著差异。图 1 为 10 组处理结果与 CK₁、CK₂ 的 RGB 定色值的对比条形图。

RGB 值与 CK₁ 均不存在显著差异的为 5h-B₃ 和 5h-B₁，结合数据直观分析，5h-B₁ 的 RGB 颜色值更接近 CK₁，即以 15%柠檬酸溶液＋7.5%氯化镁溶液浸泡月季花瓣 5h 的保色效果最好。

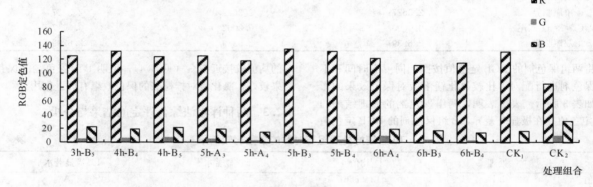

图 1　10一组较好处理结果的 RGB 定色值与对照的对比

3　结论与讨论

3.1　结论

本次试验目的为寻找最佳的红色月季压花保色处理方法，试验结合感官比较法和 RGB 定色法综合评价，通过直观分析找到了 10 组较好的处理结果，结合多重比较得出 5h-B₁ 的处理组合即以 15%柠檬酸溶液＋7.5%氯化镁溶液浸泡月季花瓣 5h 的保色效果最为理想。

3.2　讨论

压花保色的基本原理是改变植物材料内的 pH 值，利用化学保色剂促进胶体状态在细胞内的形成，以及金属离子络合等方式，使花瓣内的色素分子的结构变得稳定[4]。一般红色花材在在干燥过程中会变淡或者褐化，实验发现 CK₂ 的颜色呈现暗红褐色。试验结果表明浸泡时间过短，保色剂没有充分被花瓣吸收，起不到改变花瓣内部酸碱度，促进细胞内色素分子稳定的作用，因而现象不

明显。说明适宜的浸泡时间结合适宜的保色剂浓度才能起到较好的保色效果。

试验通过成对 t 检验结果表明，B 组保色剂的处理效果与 A 组保色剂的处理效果存在极显著差异，均值较接近 CK₁，说明氯化镁有助于试验中保色效果的提高。表明氯化镁溶液经与花瓣充分接触后，在花瓣内部起到了金属离子的络合作用，提高了花瓣内部色素的稳定性。

兰伟等[11]采用涂抹和浸泡的处理方法，认为 20%的氯化镁和柠檬酸溶液浸泡花瓣 5h 的保色效果最好；洪波等[12]利用保色剂分别浸泡和涂抹的方法进行对比，得出柠檬酸和氯化镁原液浸泡红色月季花瓣 48h 的效果最佳；刘峰等[4]采用先干后涂和先涂后干的方法找出经自然干燥，10%的质量比为 1:1 的硫酸镁和柠檬酸溶液涂抹的方法处理月季花瓣效果最好；黄子峰等[7]使用三种不同浓度的氯化镁和柠檬酸混合溶液浸泡 2h，在三组试验的对比中，找出经 10%柠檬酸和 5%氯化镁的混合溶液浸泡月季的保色效果最为理想。本次试验采用不同保色剂和不同保色剂浓度以及不同浸泡时间的组合处理试验，并对结果进行对比分析，找出了最为理想的保色方法。

参考文献

[1] 葛皓. 干燥花制作方法综述[J]. 海南师范学院学报(自然科学版), 2001(2): 75-77.

[2] 张俊. 平面干花花材的压制与保存方法研究[J]. 北方园艺, 2010(9): 109-111.

[3] 弓弼, 马柏林, 马惠玲. 月季干花制作中的防皱技术研究[J]. 西北林学院学报, 1999(3): 101-104.

[4] 刘峰, 王丽, 刘慧芹, 等. 月季花瓣制作压花花材保色技术研究[J]. 湖北农业科学, 2011(16): 3331-3333.

[5] 王凤兰, 周厚高, 黄子锋, 等. 菊花保色技术研究[J]. 广东农业科学, 2011(3): 77-79.

[6] 盛爱武, 刘念, 叶子芳, 等. 不同保色剂对木棉干燥花的保色效果[J]. 江苏农业科学, 2010(2): 301-302.

[7] 黄子锋, 王凤兰. 月季花瓣的保色护形研究[J]. 安徽农业科学, 2009(28): 3576-3578.

[8] 王向阳, 包嘉波, 袁海娜. 玫瑰干花护形研究[J]. 浙江农业学报, 2002(6): 49-51.

[9] 黄小花. RGB与CMYK色彩模式[J]. 信息通信, 2012(6): 21-22.

[10] 王凤兰, 陈利华, 黄子锋. 不同保色剂对干花颜色的影响[J]. 西南大学学报(自然科学版), 2007(10): 76-80.

[11] 兰伟, 蔡健, 胡庆菊. 玫瑰花瓣干燥保色技术与机理研究[J]. 安徽农学通报, 2007(4): 67-68.

[12] 洪波, 刘香环, 张方. 红色月季花瓣平面干燥保色技术与机理研究[J]. 园艺学报, 2002(6): 561-565.

作者简介

[1] 白岳峰, 1988年9月生, 男, 汉族, 河南方城, 福建农林大学园林学院硕士研究生在读, 研究方向为园林植物, 电子邮箱: byfchina@foxmail.com。

[2] 郝杨, 1988年11月生, 男, 汉族, 宁夏银川, 福建农林大学园林学院硕士研究生在读, 研究方向为园林规划设计, 电子邮箱: hahahohy@sina.com。

[3] 陈鹏飞, 1989年5月生, 男, 汉族, 江西寻乌, 福建农林大学园林学院硕士研究生在读, 研究方向为园林植物, 电子邮箱: younete@163.com。

[4] 江鸣涛, 1990年12月生, 男, 汉族, 福建平和, 福建农林大学园林学院硕士研究生在读, 研究方向为园林植物, 电子邮箱: 601695833@qq.com。

[5] 彭东辉, 1971年10月生, 男, 汉族, 福建屏南, 福建农林大学园林学院副教授, 研究方向为园林植物, 电子邮箱: fjpdh@126.com。

柠檬酸和氯化镁对红色月季压花花材保色效果的研究

济南地区野生木本观赏植物综合评价体系研究

Study on the Comprehensive Evaluation System of Wild Woody Ornamental Plants in Jinan

常蓓蓓

摘　要：野生木本观赏植物评价体系研究旨在定性问题的量化、标准化。为准确评价济南地区野生木本观赏植物的综合开发利用价值，本文应用模糊数学理论，从观赏价值、适应能力、生态价值、资源状况、经济成本、人文价值等六方面着手，构建综合评价体系模型；采用层次分析法，确定各评价指标的层次总排序权重，最终形成济南地区野生木本观赏植物综合评价体系，为综合评价济南地区野生木本观赏植物品种提供理论依据。

关键词：野生木本观赏植物；综合评价体系；层次分析法

Abstract：Wild woody ornamental plant research evaluation system research is how to quantify the qualitative problems, standardization. For the development and use of accurate evaluation of wild woody ornamental plant in Jǐnan area value, by applying the theory of fuzzy mathematics, the ornamental value, adaptation ability, ecological value, resource status, economic cost, humanistic value of the six aspects, construct the comprehensive evaluation model; using analytic hierarchy process, to determine the level of total order of the weight of each evaluation index the final formation, wild woody ornamental plants in Jǐnan comprehensive evaluation system, and provide a theoretical basis for the wild woody ornamental plant cultivars comprehensive evaluation in Ji' nan area.

Key words：Wild Woody Ornamental Plants；Comprehensive Evaluation System；Analytic Hierarchy Processing

野生木本观赏植物指生长于山野之中，未经人工管理驯化、具有一定观赏价值、经引种栽培后可应用于城市园林绿化中的木本植物。野生木本观赏植物综合评价体系研究是在对一个地区野生木本观赏植物资源进行全面调查的基础上进行的深层次的研究工作，是从野生木本观赏植物资源合理开发利用及如何取得最大的生态效益、社会效益、经济效益的角度出发，能够科学有效地综合评判和鉴定野生木本观赏植物品种自身价值的研究方法。野生木本观赏植物综合评价体系的构建可以通过具体指标来解决这一复杂系统的评价难题，从而将其简化，这些指标的定性和量化可达到评价的目的，为其引种、扩繁、应用等一系列后续研究选择出适用的研究对象提供依据和可行性论证。

目前，我国对野生木本观赏植物的研究，多数还停留在资源调查后凭借主观印象进行植物引种繁殖研究的水平上，未见针对野生木本观赏植物构建多层次分析评价模型进行综合评价研究的文献报道。但国内外很多学者应用建立指标体系的方法研究资源价值评价问题[1]和野生园林植物的筛选问题，取得较好的成果。因此，开展济南地区野生木本观赏植物综合评价指标体系及模型的研究具有巨大的理论意义和重要的现实意义。

济南地区野生木本观赏植物综合评价指标体系研究分为两大部分，即评价模型的设计构建和各评价指标权重的确定。评价模型借助于模糊数学模型[2]，它是研究定性指标量化及标准化的一种科学有效的方法，对野生木本观赏植物评价有重要的参考价值。模糊评价法进行指标量化，能最大限度地减少评价结果人为主观因素影响而引起的各种偏差。各评价指标权重的确定是解决定性指标量化问题的关键，它以层次分析法为理论基础，建立判断矩阵，聘请专家为各评价因子权重赋分，经计算机的计算处理和一致性检验，得出矩阵有效可用，最后计算出各评价指标的层次总排序权值。

1　评价模型的设计

评价模型的设计包括模型层次的划分和各层次评价指标的选择。

根据济南地区野生木本观赏植物的特点和层次结构的设计原则，建立目标递阶层次结构，把复杂的问题分解成组成因素，并按照支配关系形成层次结构。济南地区野生木本观赏植物综合评价体系划分为4层：（1）目标层：在保证生态环境不被破坏并得到逐步改善的前提下，根据自然规律科学地开发利用野生木本植物资源，以满足城市绿化所需；（2）准则层：制约、限制当地野生木本植物资源开发利用的各种因素；（3）指标层：体现上述准则层的具体选择指标，对各指标采用定性和定量评价相结合确定分值。根据实际情况有些指标还设定子指标层；（4）最底层：待评价的野生木本植物。

影响野生木本观赏植物评价的因素很多，在指标选取上，要使各评价指标成为表征济南地区野生木本植物众多指标中最具代表性、最便于度量、内涵最丰富、最灵敏的主导性指标，设计指标体系时，我们遵循了客观性和现实性，可测性和可比性，简明性和综合性原则。根据济南地区野生木本观赏植物的特点，参照国标[3]的共有评价因子和国内外野生观赏植物评价指标体系的相关研究成果，借鉴任建武等人研究的野生园林植物评价模型[4]，并通过征集野生植物专家、林业专家、园林规划专家、园林植物专家人、园林行业从业人员及市民游客等的意见，

从有价值和可用性的角度出发，选择评价指标并确定不同层次间各指标的相互关系，构建济南地区野生木本观赏植物综合评价指标体系（表1）。

济南地区野生木本观赏植物综合评价模型 表1

目标层	准则层	指标层	子指标层	最底层
野生木本植物综合开发利用价值 A	观赏价值 B1	花 C1	花形 D1	待评价野生植物 E
			花色 D2	
			花径 D3	
			花期 D4	
			花量 D5	
			叶形 D6	
			叶色 D7	
		叶 C2	叶色观赏期 D8	
		枝干色 C3	/	
			果量 D9	
			果形 D10	
		果 C4	果色 D11	
			果期 D12	
			果径 D13	
		株形 C5	/	
		抗寒性 C6	/	
		抗旱性 C7		
	适应能力 B2	耐瘠薄 C8		
		耐盐碱 C9		
		抗病虫 C10		
	生态价值 B3	安全性 C11	/	
		净化环境作用 C12		
	资源状况 B4	资源数量 C13	/	
		资源分布 C14		
	经济成本 B5	栽植养护成本 C15	/	
		繁殖成本 C16		
	人文价值 B6	/	/	

如模型显示，准则层选择了观赏价值、适应能力、生态价值、资源状况、经济成本和人文价值6项指标。较之任建武等人研究的野生园林植物评价模型中的准则层指标，考虑观赏价值指所对应的指标层文化内涵指标的重要性和与观赏价值的关系，增加了人文价值指标；考虑到待评价植物种类为未广泛应用的济南地区野生木本观赏植物，资源状况指标代替了应用潜力指标，去除了指标层的开发情况指标。准则层各项对应指标层和子指标层各指标的选择中观赏价值对应了花、叶、枝干色、果、株形5项，花对应有花形、花色、花径、花期、花量5项，叶对应有叶形、叶色、观赏期3项，果对应了果量、果形、果色、果期、果径5项，较之参考模型没有划分子指标层，层次更加分明，指标内容更加丰富细化，易于量化。适应能力对应的指标层有抗寒性、抗旱性、耐瘠薄、耐盐碱、抗病虫5项，较之参考模型减少了抗污染项评价。生态价值对应的指标层有安全性（安全性即生态安全性，以繁殖的难易系数来界定）和净化环境作用，较之参考模型，将吸碳放氧、降温增湿、滞尘、杀菌净化4项内容归纳综合为净化环境作用项给予评价。资源状况对应了资源数量和资源分布。经济成本对应了栽植养护成本和繁殖成本，较之模型合并了栽植成本和养护成本为一项。人

文价值指特殊的文化内涵、濒危植物、特有植物等。

2 评价指标权重的确定

运用层次分析法（Analytic Hierarchy Processing），采用专家评分、对比分析，对指标进行筛选，最终确定评价指标的权重值[5]。层次分析方法（Analytic Hierarchy Processing，简称AHP）是美国运筹学家、匹兹堡大学教授Saaty在20世纪70年代初提出的，它旨在建立一种能够模拟人们的思维逻辑，定性与定量、客观判断与客观实相统一的一种决策理论方法，用AHP法作系统分析，首先要把问题层次化，构成一个多层次的结构型，将供决策的对象系统地归结为最低层，然后相对于最高层（目标）进行相对优劣排序[6]。

2.1 构造判断矩阵

根据济南地区野生木本观赏植物综合评价模型，构造综合评价指标体系判断矩阵 即 A-B层、B-C层、C-D层、（包括B1-C层、B2-C层、B3-C层、B4-C层、B5-C层、C1-D层、C2-D层、C4-D层）相对重要性的判断值赋分表。赋分时准则层和指标层的定量化标度

选用萨蒂 1-9 标度法[7]（表2），请专家进行第一轮赋分。由于各专家的专业背景、认识问题的角度等不同，通过对第一轮分值的统计，将分值争议较大的评价项目提出，专家各抒己见，充分讨论，基本达成共识后，再进行第二轮重要性的判断值赋分。

判断矩阵标准度 表2

标度	含义
1	表示两个因素相比，具有同等重要性；
3	表示两个因素相比，一个因素比另一个因素稍微重要；
5	表示两个因素相比，一个因素比另一个因素明显重要；
7	表示两个因素相比，一个因素比另一个因素强烈重要；
9	表示两个因素相比，一个因素比另一个因素极端重要；
2，4，6，8	上述两相邻判断的中值；
倒数	因素 i 与 j 比较的判断 b_{ij}，则因素 j 与 i 比较的判断 $b_{j,i}=1/b_{ij}$

2.2 层次单排序

综合第二次赋分结果中大多数专家的分值，构建各个相对重要性的判断矩阵，由于公式计算比较烦琐，这里运用 MATLAB 软件协助进行计算。经计算，得出野生木本观赏植物综合评价层次单排序判断矩阵（表3）。

2.3 矩阵的一致性检验

因素间两两比较构成的判断矩阵是计算排序权向量的依据，应大体上保持判断的一致性才能保证评价结果的有效性。根据 AHP 理论，当判断矩阵具有满意的一致性时，它的最大特征根稍大于 n，且其余特征根近于 0。故度量判断矩阵偏离一致性的指标为 $C_1=(\lambda_{max}-n)/(n-1)$，度量判断矩阵一致性的指标为 C1 与判断矩阵随机一致性指标 R1 之比 CR 即（CR＝C1/R1），当 CR＜0.1 时，可以认为判断矩阵具有满意的一致性。[8]经计算机上机数据处理与一致性检验，判断矩阵 CR 均小于 0.1，可以认为都具有满意的一致性，证明该矩阵有效可用（表3）。

判断矩阵及一致性检验 表3

层次模型		判断矩阵							一致性检验
A-B	Bi	B1	B2	B3	B4	B5	B6	Wi	
	B1	1	3	3 4/21	4 2/7	3 5/7	4 1/2	0.39419	CI＝0.03745
	B2	1/3	1	2 115/147	3 1/21	3 11/42	3 103/105	0.24200	CR＝0.02972
	B3	21/67	23/64	1	2 1/3	2 1/21	2 3/14	0.13669	λ_{max}＝6.18724
	B4	7/30	21/64	3/7	1	1 4/21	1 31/35	0.08595	
	B5	7/26	23/75	21/43	21/25	1	1 10/21	0.08057	
	B6	2/9	1/4	14/31	35/66	21/31	1	0.06061	
B1-C	B1Cj	C1	C2	C3	C4	C5		W1j	
	C1	1	1 31/84	3 1/35	2 5/28	2 31/210		0.33084	CI＝0.00929
	C2	3/4	1	2 11/14	1 6/7	1 31/42		0.26641	CR＝0.00830
	C3	1/3	1/3	1	3/4	317/420		0.10651	λ_{max}＝5.03716
	C4	1/3	1/2	1 1/3	1	1 131/210		0.16134	
	C5	1/3	4/7	1 1/3	5/8	1		0.13489	
B2-C	B2Cj	C6	C7	C8	C9	C10		W2j	
	C6	1	1 1/210	1 1/2	1 57/70	1 11/21		0.24125	CI＝0.02270
	C7	1	1	2 4/7	2 25/28	2 1/3		0.30578	CR＝0.02027
	C8	2/3	2/5	1	1 11/14	1 5/14		0.17601	λ_{max}＝5.09081
	C9	5/9	1/3	5/9	1	1 37/210		0.13457	
	C10	2/3	3/7	3/4	6/7	1		0.14240	
C1-D	C1Dj	D1	D2	D3	D4	D5		W1k	
	D1	1	1 23/105	1 3/7	1 41/210	1 3/14		0.23585	CI＝0.02104
	D2	5/6	1	2 23/84	1 3/4	1 107/420		0.25976	CR＝0.01878
	D3	2/3	4/9	1	1 9/140	347/420		0.15087	λ_{max}＝5.08414
	D4	5/6	4/7	1	1	1 5/12		0.17900	
	D5	5/6	4/5	1 1/5	5/7	1		0.17452	
C2-D	C2Dj	D6	D7	D8				W2k	
	D6	1	1 89/140	1 89/420				0.41309	CI＝0.00850
	D7	140/229	1	1 2/21				0.28769	CR＝0.01634
	D8	420/509	21/23	1				0.29922	λ_{max}＝3.01700
C4-D	C4Dj	D9	D10	D11	D12	D13		W3k	

园林植物应用与造景

层次模型	判断矩阵						一致性检验
D9	1	2 16/21	2 1/35	1 4/7	2 1/7	0.33660	CI=0.04575
D10	1/3	1	1 4/21	5/7	16/21	0.13997	CR=0.04084
D11	1/2	5/6	1	1 17/70	2 1/35	0.18868	$\lambda_{max}=5.18298$
D12	2/3	1 2/5	4/5	1	2 11/14	0.21481	
D13	1/2	1 1/3	1/2	1/3	1	0.11994	

2.4 层次总排序权值的计算

同一层次所有因素对于最高层次的相对重要性权值的排序数值叫层次总排序。在计算出指标层各个评价指标相对于所属准则层的加权值后，再与该准则层的权值进行加权综合，即可得指标层相对于目标层的总排序权值（表4）。

野生木本植物综合评价层次总排序权值　　　　表4

准则层B	权值	指标层C	权值	子指标层D	权值	总排序
B1	0.39419	C1	0.33084	D1	0.23585	0.03076
				D2	0.25976	0.03388
				D3	0.15087	0.01967
				D4	0.17900	0.02334
				D5	0.17452	0.02276
				D6	0.41309	0.04338
		C2	0.26641	D7	0.28769	0.03021
				D8	0.29922	0.03142
		C3	0.10651	/	/	0.04199
				D9	0.33600	0.02141
				D10	0.13997	0.00890
		C4	0.161344	D11	0.18868	0.01200
				D12	0.21481	0.01366
				D13	0.11994	0.00763
		C5	0.13489	/	/	0.05317
B2	0.24200	C6	0.24125	/	/	0.05838
		C7	0.30578	/	/	0.07400
		C8	0.17601	/	/	0.04259
		C9	0.13457	/	/	0.03257
		C10	0.14240	/	/	0.03446
B3	0.13669	C11	0.93478	/	/	0.12778
		C12	0.06522	/	/	0.00891
B4	0.08595	C13	0.64971	/	/	0.05584
		C14	0.35029	/	/	0.03011
B5	0.08057	C15	0.83934	/	/	0.06763
		C16	0.16066	/	/	0.01294
B6	0.06061	/	/	/	/	0.06061

3 综合评价体系应用

济南地区野生木本观赏植物综合评价体系中每一个单项指标都从不同的侧面反映出植物的价值和可应用性，应用时，采用动目标线性加权函数进行综合评价。即按照计算出的层次总排序权值，套用到综合评价模型中，依据模型中各评价指标量化评分值进行加权计算可得到待评价野生木本观赏植物的赋权值得分（该植物的综合评价得分），使用该分值对植物进行排序，得分高的植物为综合开发利用价值高的植物。该体系适用于济南地区野生木本观赏植物综合评价及生态环境相似地区的野生木本观赏植物综合评价。济南地区野生木本观赏植物综合评价体系的建立将为筛选优良的野生木本观赏植物进行开发应用提供了量化、客观、简明的理论基础和实践方法。

参考文献

[1] 林徽徽. 野生植物资源经济价值研究[D]. 北京林业大学，2005.

[2] 杨宗瑞主编. 模糊数学及其应用（环保、农经、作物）[M]. 北京：农业出版社，1994.

[3] 中华人民共和国国家质量监督检验检疫总局. 旅游资源分类、调查与评价（GB/T 18972—2003），2003.

[4] 任建武，白伟岚，姚洪军. 野生园林植物筛选技术方法研究[J]. 中国园林，2012（02）.

[5] 赵焕臣等. 层次分析法[M]. 北京：科学出版社，1985.

[6] Saaty TL. The analytic hierarchy process[M]. New York: Mc Gtaw Hill，1980.

[7] 范周田. 模糊矩阵理论与应用[M]. 北京：科学出版社，2006.

[8] 孙水玲. 层次分析中判断矩阵的一致性检验法[J]. 曲阜师范大学学报，1991 (07).

作者简介

常蓓蓓，1980 年生，女，山东济南，西南农业大学园林专业学士，园林工程师，济南植物园管理处从事园林植物科研科普、园林植物景观设计工作。

常态下仙人掌科植物释放负离子的研究

Study on the Concentration of Negative Air Ions Released by Cactaceous Plants in Natural State

邓传远

摘　要：对 23 种（品种）仙人掌科植物在常态下释放负离子浓度进行测定，结果显示自然状态下不同植物释放负离子浓度差别较大，黄金钮与金手指释放负离子浓度较高分别为 318ion/com³ 和 320ion/com³；其次为复隆般若、天赐玉、玉翁等 8 种（品种），负离子浓度在 101ion/com³-163ion/com³ 之间；金冠龙、太阳缀化、红山吹等 13 种（品种）负离子浓度低于 100ion/com³。

关键词：负离子；龙舌兰科；常态

Abstract：23 species （varieties） of Cactaceous plants released negative air ion under normal conditions were determined，the results showed that different plants had big difference in the ability to produce NAI，*Aporocactus flagelliformis* and *Mammillaria elongata* 'Intertexta' released 318 ion/com³ and 320ion/com³ which was the highest；*Astrophytum ornatum* 'Hukuriyu'，*Gymnocalycium pflanzii*，*Mammillaria hahniana* etc. 8 species （varieties） was slightly less，the NAI they released were101 ion/com³-163 ion/com³；The NAI *Parodia schumanniana*，*Echinocereus pectinatus* 'Rigidissimus f. cristata'，*Echinopsis silvestrii* 'Lutea' etc. 13 species （varieties） released was lower than ion/com³.

Key words：Negative Air Ions （NAI）；Cactaceous；Natural State

空气污染特别是室内环境污染的加剧，净化室内环境的方法多种多样，植物不仅可以吸收二氧化碳释放氧气，还可以释放空气负离子[1]，空气负离子又称"空气维生素"，不仅具有降尘杀菌的作用还可以与空气中的有机物发生氧化反应，有效去除室内的甲醛、苯、氨等有害气体及剩菜剩饭的酸臭味及香烟味[2]是最经济环保节能的方法。

有关空气负离子的研究多集中于森林及绿地负离子的变化规律及影响因子[3-4]，也有少量关于光及脉冲电压对单株植物释放负离子浓度的影响[5-6]，对于单株植物释放负离子浓度的研究多较为零散。有研究表明植物自然状态下释放负离子主要是通过叶片尖端放电实现的[7]。仙人掌科植物种质资源非常丰富且广泛应用于室内摆设，抗辐射能力较强。仙人掌科植物尖端丰富，本研究以仙人掌科部分植物为研究对象，检测它们在自然状态下释放空气负离子的情况，为室内美化环境植物的选择提供理论基础。

1　材料与方法

1.1　试验材料

选择仙人掌科（Cactaceae）共 23 种（含品种）植物。所测试植物均选购于福建漳州东南花都花卉交易中心。试验用植物经过实验人员通过指导花农控制水肥以及农药的喷施，并经严格挑选尽量消除株与株间的生理差异，统一选择 3 年生植物，待测植物名录如下。

试验植物名录	表 1
种名	学名
鸾凤阁	*Astrophytum myriostigma*
黄菠萝	*Coryphantha pycancantha*
象牙球	*Coryphanthy elephantidens*
金琥	*Echinocactus grusonii*
五刺玉锦	*Echinofossulocactus pentacanthus*
英丸	*Echinomastus intertextus*
红山吹	*Echinopsis silvestrii* 'Lutea'
日出	*Ferocactus latispinus*
绯花玉	*Gymnocalycium baldianum*
天王锦	*Gymnocalycium denudatum* 'Kaiomaru'
绯牡丹	*Gymnocalycium mihanovichii* 'Friedrichii'
玉翁	*Mammillaria hahniana*
黄玉翁	*Mammillaria hahniana*
星星丸	*Mammillaria spinosissima* 'Rubens'
金钱豹	*Oroya peruviana*
金冠龙	*Parodia schumanniana*
仙人指	*Schumbergera bridgesii*
太阳缀化	*Echinocereus pectinatus* 'Rigidissimus f. cristata'
复隆般若	*Astrophytum ornatum* 'Hukuriyu'
天赐玉	*Gymnocalycium pflanzii*
金手指	*Mammillaria elongata* 'Intertexta'
金冠缀化	*Ntocactus graessneri*
黄金钮	*Aporocactus flagelliformis*

注：以上植物学名参阅由田国行、赵天榜主编的仙人掌科植物资源与利用一书，并经福建农林大学园林学院副教授邓传远校正。

1.2 测量仪器选择

（1）试验选择 DLY-4G-232 型大气离子测量仪，该仪器可进行空气正、负离子的测量，其测量范围为 1-1.999 $\times 10^9$ion/cm³，通过数据线可连接计算机读取数据，是目前我国从事空气离子研究及测定的主要使用仪器之一。

（2）为了排除外界环境对负离子测定的影响，本试验中负离子的测定是在一个由有机玻璃制成的 800mm×800mm×800mm 规格的玻璃箱内进行的。

1.3 实验方法

待测植物共计 23 种，选择植物外形一致、大小相同、年龄一样、无病虫害的同种 3 株植物，尽量消除 3 株同种植物之间的生理及形态的差异，试验安排 3 株植物测量重复，1 个空白对照。对每株植物测量释放负离子进行 30 分钟的测定。将 3 株植物分别放置在 3 个玻璃室内，将其

编号为 1、2、3；对照的为空玻璃箱，编号为 4。试验时四个玻璃箱均放置于室内同一环境条件下，同时测量。测量仪通过数据线连接电脑，将仪器调整好开始测量，打开负离子测量仪，开始读数，并用电脑记录数据，仪器每秒读取一个数据，选择读数的时间为 10 分钟，结束后重新调零继续测量 10 分钟，这样每株植物重复 3 次，则共读取 5400 个有效数据并记录于电脑。取这 5400 个数据的平均值作为该种植物释放的负离子浓度。

2 结果与分析

试验于 2011 年 3 月到 10 月进行，为了尽量排除外界环境因子的干扰，选择晴朗、干爽、无风的天气作为实验日，实验在密闭的玻璃箱内进行。实验分两组进行，第一组每株只测量 30 分钟，做三组重复，其释放负离子浓度的平均值测量结果分析如下表 2：

23 种不同植物产生负离子浓度（ion/cm³） 表 2

植物名称	实验组			对照组均值	相对对照组提高（%）
	最大值	最小值	均值		
黄金钮	436	146	318	157	102.5
仙人指	183	95	130	68	91.2
金手指	417	277	320	174	83.9
玉翁	197	84	126	70	80
复隆般若	213	119	163	90	81.1
英丸	211	60	101	54	87
日出	165	87	123	83	48.2
鸾凤阁	154	99	125	102	22.5
金冠龙	180	58	78	56	39.2
绯花玉	51	22	36	24	50
天赐玉	162	127	146	127	14.9
金钱豹	76	53	57	50	14
黄菠萝	71	22	48	43	11.6
象牙球	52	29	40	38	5.3
红山吹	89	60	76	74	2.8
天王锦	113	33	66	70	−5.7
金冠缀化	186	104	134	139	−3.6
五刺玉锦	68	37	53	60	−11.6
太阳缀化	103	60	78	86	−9.3
金琥	144	74	75	84	−10.7
绯牡丹	54	27	41	50	−18
黄玉翁	107	51	73	86	−15.1
星星丸	47	23	25	39	−35.9

测定的 23 种（品种）仙人掌科植物中，有 15 种（品种）实验组的负离子浓度大于对照组，其中实验组负离子浓度释放均值最高的金手指为 320ion/com³，较对照组提高 83.9%；其次为黄金钮，其实验组负离子浓度均值为 318ion/com³，较对照组提高 102.5%。有 8 种（品种）植物实验组负离子浓度低于空白对照组负离子浓度。

对实验组与对照组负离子浓度进行配对 T 检验，分析两者间的差异，结果如下：

成对样本相关性检验 表 3a

组对	N	Correlation	Sig.
实验组-对照组	23	0.878	0.000

T 检验结果 表 3b

组对	成对差分			t	df	Sig.（双侧）
	均值	标准差	标准误			
实验组-对照组	26.435	47.465	9.897	2.671	22	0.014

注：显著性水平 0.05；极显著性水平 0.01。

园林植物应用与造景

表3显示，实验组与对照组负离子浓度相关系数为0.878，相伴概率P值为0.000，小于极显著水平。23种（品种）仙人掌科植物中，实验组整体负离子均值较对照组增加26ion/com³。实验组和对照组的配对T检验结果t值为2.671，相对应的显著性P值为0.014，小于显著性水平，即两者存在显著性差异。由此可见实验组负离子浓度显著大于空白对照组负离子浓度，且植物在自然状态下释放负离子浓度与空气中本身的负离子浓度之间有显著的相关性。

应用SPSS19.0对23种（品种）仙人掌科植物自然状态下释放负离子浓度进行聚类分析，来区分各种植物释放负离子的能力的等级，将23种植物分为3个类别且负离子浓度值类别Ⅰ＞Ⅱ＞Ⅲ。类别Ⅰ：黄金钮，金手指；类别Ⅱ：复隆般若、天赐玉、玉翁、鸾凤阁、日出、仙人指、金冠缀化、英丸8种（品种）；其他13种（品种）为类别Ⅲ。聚类分析树状图如图1所示。

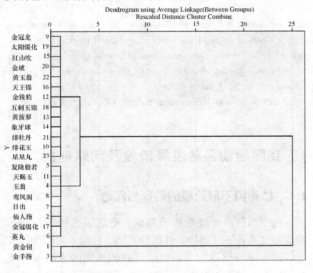

图1 系统聚类分析树状图

3 结论与讨论

多数仙人掌科植物在自然状态下具有释放负离子的能力，试验的23种（品种）植物，其中有15组实验组植物释放了一定的负离子，其负离子浓度明显大于对照组。有8组实验组负离子浓度小于对照组，这说明有些植物在常态下几乎没有释放负离子，反而使空气中的负离子减少了。这可能是由于植物在空气中释放负离子有可能是植物体内的生理活动过程所产生的，因为植物的个体间存在着种间的生理差异，所以生理代谢的过程和能力是不同的，那么产生的负离子自然有多有少，甚至还会影响空气中的负离子；植物释放负离子是一个复杂的生理、物理或者化学过程，那么自然影响的因素也不是单一的，很可能受到光照、空气湿度、温度等一系列因素的影响[8]。

本研究通过测定一些仙人掌科植物在自然状态下释放负离子的浓度，筛选出可以有效增加室内空气负离子浓度的植物品种，为选择室内观赏植物提供依据。但实验也发现植物在自然状态下释放负离子的能力有限，实验组释放负离子浓度最高的金手指也仅320ion/com³，很难达到高效净化室内环境，满足人体健康的要求。

参考文献

[1] Nemeryuk G E. Salt migration into the atmosphere during transpiration[J]. Fiziol Rast（Moscow）. 1970，17（4）：673-679.

[2] 杨运经，习岗，刘锴等. 应用负高压脉冲技术提高植物空气净化能力的探讨[J]. 高电压技术，2011. 37（1）：190-197.

[3] Ovan B R. The Effect of High Concentration of Negative Ions in the Air on the Chlorophyll Content in Plant Leaves[J]. Water, Air&Soil Pollution, 2001. 129(1-4)：259-265.

[4] 王薇，余庄，郑非艺. 不同环境场所夏季空气负离子浓度分布特征及其与环境因子的关系[J]. 城市环境与城市生态，2012. 25（2）：38-40.

[5] Wang Jun, Li Shu-hua. Changes in Negative Air Ions Concentration under Different Light Intensities and Development of a Model to Relate Light Intensity to Directional Change[J]. Journal of Environmental Management, 2009. 90（8）：2746-2754.

[6] 李继育，苏印泉，李印颖等. 高压刺激对几种盆栽植物产生空气负离子的影响[J]. 西北林学院学报，2008（4）：38-41.

[7] 张燕，韦宏，蒙晋佳. 人工空气负离子与自然负离子[J]. 科技咨询导报，2007(28)：10-11.

[8] Tikhonov V P, Tsvetkov V D, Litvinova E G, et al. Generation of negative air ions by plants upon pulsed electrical stimulation applied to soil[J]. Russian journal of plant physiology, 2004. 51（3）：414-419.

作者简介

邓传远，1971年2月生，汉族，福建永安，博士，福建农林大学园林学院副教授，从事园林植物研究，电子邮箱：dengchuanyuan@163.com。

植物园生态机制建立及设计表达研究

Research on Establishment of Ecological Mechanisms and Ecological Design Expression in Botanic Garden

杜 伊 金云峰

摘 要：分析我国植物园在不同时期的特征，认清其缺少生态关系深层次的设计表达。在此基础上，探讨了植物园内建立生态机制的基本理念，并从整体格局、植物设计、形态塑造和内涵升华四个方面对植物园生态机制表达的设计方法进行了阐述。植物园生态机制的建立，旨在为建成植物真正的乐园，以及服务人类社会的生态经济文化复合之园提供一定的理论支持。

关键词：植物园设计；生态机制；种内种间关系；生态经济均衡

Abstract：This paper analyzed the characteristics of the botanic gardens at different periods in China, and considered that their main problem is design without deep expression of ecological relationships. Therefore, this paper summed up the basic ideas of ecological mechanisms established in botanic garden, then discussed the design of mechanisms and its connotation, which includes the overall pattern, plant design, form shape and substance of sublimation. Establishment of ecological mechanisms in botanic garden aimed to provide some theoretical support to build a true paradise for plants, and a composite garden of ecology, economy and culture for human society.

Key words：Design of Botanic Garden；Ecological Mechanism；Intraspecific and Interspecific Relationships；Balance of Ecology and Economy

我国植物园可以追溯到秦汉时期上林苑，具有悠长历史[1]，现代植物园自开端也已经历百余年的建设。老一辈植物园学者贺善安先生就提到："植物园是社会进步和文明程度的标志"[2]。未来植物园的发展应顺应当代可持续发展与生态文明建设需求，完善目前我国植物园在生态科学上深层次的表达。

1 我国植物园各发展阶段及问题剖析

1.1 植物园不同阶段的特征与问题

由于植物园所处时代的差别，造成了植物园不同的功能与性质，古代植物园性质的花园、药圃、果园多服务于官僚阶级与权贵阶层，建国前后的植物园主要服务于科学研究，基本不对外界开放。当代植物园具有了新的使命，表1以当代价值观念与科学理念审视不同时期的植物园，明晰建设上所缺失的内容。

植物园发展阶段特征　　　　　　　　　　　　　　　　　表1

发展阶段	标志性	主要特征	问题描述
秦汉时期至19世纪末	出现植物园的雏形	①最初处于世界领先水平 ②大量收集"奇花异草" ③"天人合一"等理念与当代生态学理念巧合重叠	①主要服务于人的功用需求（药用、食用、标榜财力、权力或品位等），剥离了植物种内种间关系 ②最初的植物收集栽培并没有真正科学化意识，北宋该意识的萌芽[3]因闭关锁国而受阻未继续发展
19世纪末至20世纪50年代末	我国现代植物园的开端	①植物园科学由国外传入 ②第一批现代植物园由留洋归国学者主办 ③倾向于植物分类、引种实验、经济植物的研究	①没有考虑植物种内、种间及以上层次生态关系 ②存在单纯地以收集植物种质资源将植物"见缝插针"式混乱栽植的现象 ③单株或几株移植的方式，有违植物自然授粉选择的生态过程或种群、群落内生态关系

发展阶段	标志性	主要特征	问题描述
1979 年至今	经济带动下强化的观赏旅游功能	①功能（保护、科研、科普、旅游）走向综合 ②提倡以人为本与植物为本的兼顾 ③提倡科学与艺术的结合	①在有限的专类园范围将同科属单位植物大量收集混植，忽视了它们本身是长期在不同生境趋异适应下所进化形成的科学事实 ②"植物为本"理念没有得到理想地表达，艺术与科学仍未获得很好地结合

1.2 小结

分析以上三个时期植物园的结构与功能，存在的问题还是集中于生态关系层次上的混乱。贯穿在其科学研究、种质资源收集、品种保护及繁育、观赏游览和科普等方面的问题，是缺乏生态科学中高级层次规律的提炼、表达和理解。种内关系设计、种间关系设计、生态系统各种关系设计基本上在意识上整体性缺失，除了对植物个体以下的微观层次及分类研究有基础外，对于种群、群落、系统、景观、生态经济社会复合系统的植物学、生态学、生态经济学研究及规划表达，基本上处于十分朦胧的初级形式。

2 植物园生态机制的理念与认识

2.1 注重种内种间生态关系理念

植物种间会产生共生、互生、竞争、他感等生态关系，种内同样具有竞争、自疏、他感等作用，对于整体生态系统来说，有助于系统的自我调节以及系统内部的进化与繁荣。种间与种内的生态关系微妙而敏感，忽视植物种内间关系的种植搭配现象使得物种不同年龄（龄级）、不同地带性、不同小生境的生态关系在一定程度上遭受了践踏。同时，以珍、稀、特、外来种植物收集为目的进行物种单株或几株移植，会直接导致栽培、维护成本的上升。剥离物种的种内间关系，有可能建成的是多层生态关系混乱的植物"地狱"。因此我们必须在揭示并保护植物长期适应与进化形成的生态关系的基础上，规划设计出真正意义上的植物"家园"。

2.2 生态经济均衡理念

自然植被生态系统是自养型生态经济系统，包括植物第一性和动物第二性生产两大类，是地球生态系统中作为消费者的人类的主副食之源，无论从绿地的生态效益，还是科普教育的角度出发，都是应该利用植物园向城市居民展示与普及的生态稳定机制之一。植物种群、群落及植被生态系统存在多种物质和能量、食物与链接、生产与消费、消费与还原等生态均衡。植物园虽然以科研育种与种质资源收集为主要任务，但已逐渐增加了"5A 景区""国家科普教育基地"等新的称谓，未来新的阶段应从植物引种、栽培以及种群、群落研究设计等多环节践行生态经济均衡机制，把植物园建成一个生态经济社会复合系统之园，将其作为植物园从宏观框架到详细设计的重要

策略。

2.3 人与环境和谐关系的理想境界

人对于生态环境的活动可以分为正干扰与负干扰，正干扰应该是尊重自然界的客观规律，遵循人的生产活动与生态学相结合，谋求人类与生态系统最大和谐与协调，正干扰能促进生态系统向稳定、复杂、高级的方向发展。反观负干扰则会导致生态平衡失调，对生态环境造成破坏。从人与大自然的生态关系角度来看，无论是植物园的建设还是长期使用过程中，都应该秉承"人与环境和谐共生"的原则建立正干扰机制，替代一直以来表现出的"人类中心主义"。应该从人工起步逐渐地成为自我维持、自然平衡，能将遗传、物种、种群、群落、生态系统、景观层面上的多样性充分、恰当表达出来的城市重要绿地。

3 植物园生态机制及其内涵的设计表达

3.1 宏观框架——整体景观格局的设计

任何一个园区无论其最终的形状是什么，都可以分成边缘、中间和中心三个斑块。根据植物园多分为开放给游客的展览区或科普区与不对外开放的科研实验区，在植物园的种内、种间关系和谐基础上实现活动使用、缓冲生过滤、核心保护斑块（图 1）划分的设计构想。

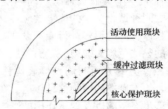

图 1 理想景观格局的模式

活动使用斑块是全园游人活动强度与密度最强的区域，承担游人主要的游憩、娱乐活动，重点演绎的是人与植物的种间关系。缓冲过滤斑块是次轻强度的人为活动区域，重点演绎的是植物的种内生态关系及种间和谐。核心保护斑块应该是最轻程度的人为活动区域，重点演绎的地带性植物的特征种、确限种、标志种以及种群、群落、生态系统和景观的多样性。

在实际运用中，由于面积受限，加上植物园侧重的功能差异，可能不具备完整的三个斑块，《公园设计规范》（CJJ 48—92）指出建立专门的科普展览区与相应的科研实验区的植物园，全园的面积应该大于 40hm²，因此小于

该面积时，园内可能少有或几乎没有完全封闭的保护区域，生态效益功能也相对削弱。因此功能越完整，规模面积受到的限制越小，则斑块组成越完整，植物园的生态功能也越强。在实际确定可行的景观格局时，应当进行种内种间生态关系层次上进行生态适宜性分析（Suitability Analysis），为构造种内、种间关系的和谐和美观奠定坚实的理论基础。

3.2 植物为本——生态关系层次设计

在植物配置的主要区域，以及园内所有的植物绿化，都应该突破剥离种内种间生态关系的孤植、群植模式。认真地推敲其生态特性、种群、群落及生态系统各种生态关系层次的要求，实现植物园内部以及与城市巨系统之间的生态经济均衡，完成自循环以及城市内部的循环。

3.2.1 植物物种的选择

当前植物园在收集、繁育珍、稀、奇、外来种四类植物中成绩不小，但作为地带性植物园，其地带中的优势种、边缘种、广布种、确限种、标志种、特征种等植物是什么，却未必能用事实回答。维护当地的生物多样性并利用植物展示来普及生物多样性理念是植物园的两大重要功能。根据生物多样性所包含的内容，物种多样性与遗传多样性是生物多样性最为重要的部分。因此，选择植物园内植物物种时需评估物种的丰富度、分布频度、显著度等因素，并且避免剥离植物在当地种群或群落中的生态关系，在保证基因多样性的前提下维持物种进化或分化。

在遗传、物种多样性的基础上，继续加强种群、群落、生态系统和景观多样性的规划和建设，为观赏和深层次的科普教育增添多元的生态科学元素。

3.2.2 植物种内关系表达

植物的种内生态关系就如人与人之间的生态依存关系的演绎——林木分化与自然稀疏，同一生态位的殊死搏斗，群落中的同种植物共生的优势效应等。根据种内关系，可以将植物以种群的形式进行展示设计，一方面可以取得同一物种的整体色彩、造型、氛围等景观效果，给人直观的视觉印象，另一方面利用种群表达种内生态关系的和谐和斗争，给人潜在的生物信息传递。在种植设计时需注意物种内部生态距离以及他感作用的影响。

3.2.3 植物种间关系表达

种间关系是群落中植物间普遍存在的关系，与传统公园相比，植物园中群落结构更复杂、更稳定，其收集保护种质资源的基础目标也决定了植物栽植与设计比传统公园的专业性更强。一定要从植物种间关系出发，研究本地群落水平与垂直方向上的配置模式，以植物区系、植物分类、景观生态等学科为基础，营造具有丰富生物多样性、自然资源循环利用的群落与以上的生态系统。法国波尔多植物园是此类设计典范，园中设计的"生境走廊"，由11个岛状的小花园组成，这些生境岛不仅再现了当地典型的植物群落，而且从岛的立面上可以看出岩层构造、土壤厚度和植物种类[4]（图2）。

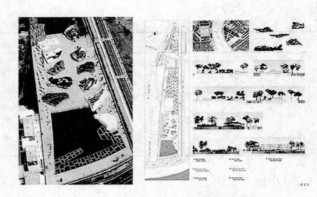

图2　波尔多植物园生境岛及立面示意
（转自 http://www.design.upenn.edu/）

3.3 形态塑造——生态指向的详细设计

点线面形态要素是相对存在的，根据所在尺度不同可以完成相互的转化，因此能很好地解决不同尺度的形态设计问题。结合活动使用、缓冲过滤、核心保护斑块的不同功能特点，塑造合理的空间形态（图3）。

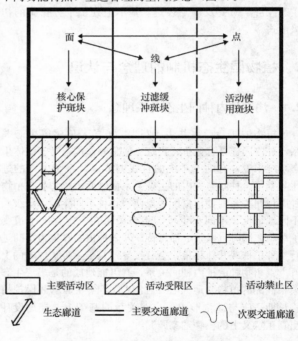

图3　空间点线面结合的生态化模式

3.3.1 "点"设计的理念和手法

植物园中的"点"要素与游人的生态关系尤为紧密，园中的娱乐、餐饮、休憩等活动都依托于一定的场所，对应的建筑群、广场、活动设施等形成了不同性质、形状的"点"。"点"是一种具有中心感的浓缩的面，点状模式既能落实使用功能区的多种活动功能，又能控制空间的有序性和灵活性，它的聚合或离散可以形成丰富的景观效果。

植物园中的"点"，无论是管理建筑物、观景台、亭子、廊道，还是植物个体或群体，都应该是种内、种间生态关系的寓意表达和设计创意的浓缩。应该在色彩、体量、质地、造型、风格、氛围、寓意等方面体现植物的整体氛围、基调颜色和造型模式。

3.3.2 "线"设计理念和手法

"线"在传统的造园设计中不仅具有位置与长度，还有粗细变化、方向指引性，线条的粗细以及动态时所转换的方向都成了视觉的导向因素；线不仅可以分割空间，同时能保证不同空间之间的可达性和生态链接。

植物园中的"线"，不仅包括了组织交通和"点"串联的作用。还可以是种内、种间、种群、群落及生态系统、景观的自然边界，是生态位和边缘效应的承载和标志。在景观垂直方向上的设计可以选择体量不一、树冠各异的不同树种，搭配形成良好的天际轮廓线及解剖面的多线形构成，丰富竖向空间的层次，增加观赏性及和谐感，并把天然群落中地上地下空间的镶嵌性，寄生、附生、共生、他感等生态关系淋漓尽致地表达出来。

3.3.3 "面"设计理念和手法

植物园的"面"可以被认为是各种年龄结构的层面、各种种内种间关系链接的物种生态关系层面、各种地上地下镶嵌的立体剖面，以及各种点线和斑块组成的空间群落的顶层层面、地面层面和地下层面。所有的层面都需要种内、种间、种群、群落、生态系统及景观生态理论的推敲和设计。小面组成大面，片面整合为全面。根据各种生态学结构与功能、生态位的竞争与排斥（高斯假说）、边缘优势与边缘劣势等等原理，根据景观元素的形态和结构特征在生态学过程中的动态变化，讨论不同植物"小面"和"片面"斑块的边缘、形状及镶嵌、整合模式。

3.4 升华内涵——传统艺术与生态科学的结合

植物园不仅仅是基于种内、种间关系及各种生态关系层面的规划设计，它所传递出的信息也并不只停留于生物学层面，应递进到更丰富更直观更容易感知的生态美层面，创造宜人的空间与景观，塑造整个植物园的文化内涵。

植物栽培历史、自然生态关系结构以及所包含的文化是进行植物园生态文明塑造及表达的重要基础资料，使得传统的设计手法与生态内涵融会贯通，把现实中的规划设计过程变成一个化虚为实、重现经典、并提升生态文明内涵的过程。

3.4.1 赋意于形：以物候承载生态文化

植物物候能使人联想到春季的希望；夏季的活力，秋季的丰收，冬季的寂寥，同时还有不少植物打破沉寂，在冬季凌风傲雪，使人歌颂其"报春不争春"的高尚品德。运用筑山、理水、构物以及体量、色彩、质地、造型等方面的设计技巧，把握季节变换与植物的物候特点，使植物种群与群落的特征种、标志种在传统的园林设计中得到整合、拔高和升华。

3.4.2 寓形于意：以冠名表现其文化品位

很多种植物因其名称或外形在我国传统文化及其内涵上被赋予了高雅的品位，甚至潜移默化地植入了国人

的潜意识和日常生活的点滴之中，例如中国传统文化中将"松、菊、梅、竹"比作"四君子"，古代《花经》中美貌实属"一品"的牡丹、兰花，"二品"的茉莉、琼花、含笑等等都成为当代熟知喜爱的名花。在设计中可精选亭、台、楼、阁、榭、舫、轩、馆等结合生态表征元素、文化典故、明志箴言等，辅以高品位的对联、楹联、雕塑、小品等，取得寓形于意的效果。颐和园的知春亭就取自于诗词名句"春江水暖鸭先知"，是造园者对生态情趣园林化表达的经典范例之一，当在生态文明时代更加榜样之、师法之。

3.4.3 景语皆情语：以色彩彰显设计性格

色彩能营造空间感、重量感还能令人产生安全、静心或激昂活力的情感。大自然就像一块调色板，几乎包含了人们能想象出的所有色彩。植物常见花色有白色、红色、黄色、蓝色、紫色等，常见叶色有绿色、黄色、红色、紫色等，有的植物还会随着季节产生叶色、花色和树冠颜色的季相变化。在设计时深入研究植物的色彩，能深化主题、诠释功能和彰显文化。在为全园筑物和植物确定基调色彩时，过红、过黄、过黑的极端色彩应慎重运用，需兼顾植物生态关系中，相关昆虫（蜜源植物）、鸟类（招鸟植物）、兽类（巢穴植物）的安全色彩。

3.4.4 点、传、框、连、对景中重现"虽为人作，宛如天开"的经典

要保证植物的种间关种内关系、与自然环境的长期适应形成的物候较深层次、高品位、高水准地通过规划设计表达，应在植物园规划之前，先于总体布局、分区、道路网络设计对现行的土壤和气候的立地条件评价和指示植物的细部进行分析，确保植物种间种内关系、契合自然环境的概念先行。然后再进行园林设计，通过点景、传景、框景、连景、对景等手法，展现出小尺度上植物与植物、植物与小动物的细部深化设计，真正达到《园冶》中的"虽为人作，宛如天开"的理想效果。

4 结果与讨论

植物园不能仅把目光放在珍、稀、特、外（来种）的植物引种繁育与栽培上，应加强植物园对本地自然植物群落的相似性系数，立足于浓缩、提炼、整合、拔高植物的生态艺术和科学普及的水平，更好地在保护、繁育、开发植物资源方面，服务于全人类的最高经济、社会可持续发展目标。

"子非鱼，安知鱼之乐？子非我，安知我不知鱼之乐？"我们不是植物，但我们是研究植物学、生态学、园艺学、园林设计的学者，我们应做到知植物之乐。所以，未来植物园应该强调人类后植物之乐而乐，独乐不如众乐的生态人文精神，建成真正意义上的植物物种、种群、群落、系统、景观多样化的生态经济社会复合系统之园，至少也应该是一本翻开了的本地植物区系与系统，种群与群落，生态系统与景观的浓缩版的"百科全书"。

参考文献

[1] 冯广平，包琰，刘海明，刘艳菊，钟蓓，王锐，樊守金，赵建成，陈立群，胡丹丹，侯芳梅，李彦雪，袁顺全．秦汉上林苑栽培植物再考．中国植物园(12)，2011：14.

[2] 贺善安，张佐双．植物园与社会发展．中国植物园(12)，2009：5.

[3] 贺善安，张佐双．21世纪的中国植物园．中国植物园(13)，2010：5.

[4] Catherine Mosbach，木青．波尔多植物园．中国园林，2005. 09：69-71.

[5] 李铮生．城市园林绿地规划与设计．北京：中国建筑工业出版社，2006.

作者简介

[1] 杜伊，1988年9月生，女，土家族，博士在读，同济大学建筑与城市规划学院景观规划设计，从事风景园林设计的方法与理论研究。

[2] 金云峰，男，汉族，同济大学建筑与城市规划学院，高密度人居环境生态与节能教育部重点实验室，教授，博士生导师。研究方向为风景园林规划方法与技术，中外园林与现代景观等。

《园冶》植物全貌以及计成的"减法式植物造园"[①]

The Full View of Plants in *Yuanye* and "the Substraction of Plant Gardening" of Jicheng

谷光灿

摘　要：风景园林是一门综合学问，集科学技术和文化艺术为一体，不仅涉及建筑，改造地形，还要涉及植物配置等。很多业内人士也苦于植物知识不够详尽，植物配置不够精要。本文旨在详细分析作为重要的造园专著的《园冶》全文的有关植物的文本，提炼计成以及古代文人的植物鉴赏理论和植物造景技巧，总结其为"减法式植物造园"，为留存到现代古典园林的保护和修复提供原则和根据。并对挖掘古代植物生态意境，提炼古代生态思想也具有重要意义。

关键词：《园冶》；计成；植物；鉴赏；减法式造园

Abstract：Landscape architecture is a comprehensive knowledge, integrating science, technology and culture and art. The Chinese classical gardening, as a branch of landscape, architecture, not only involves the classical architecture, civil engineering, but also involves the plant configuration and selection. Many freshman in the industry also suffer from plant knowledge, and the plant configuration of them is some unquestioning, or without enough details. *Yuanye*, embodied in China, the earliest gardening book, is known as the classical gardening of the bible, this article aims to embody the full text about the plant, refining the theory of ancient literati appreciation of plants and the substraction of plant gardening, for the protection and restoration of classical gardens provide principles and evidence. Under the present situation of the ecological priority, excavating the ancient ecological conception, and refining the ancient ecological thought also has important significance.

Key words：*Yuanye*；Jicheng；Plant；Appreciation；The Substrcation of Plant Gardening

引子

《园冶》被认为是我国最早的一部造园学专著，或者是世界上最早的一部造园专著[1]。虽然这样的结论还有待商榷和考证，但《园冶》不愧是我国最负盛名的造园学名著之一，同李渔的《一家言》以及文震亨的《长物志》都堪称明末清初的园林方面重要著书[2]。《园冶》诞生于1631年，并不曾像《长物志》等列入四库全书广泛流传，却因阮大铖的关系，清代几乎绝迹于国内。二十世纪初，陈植先生在日本发现此书，并设法在1931，1956，1978年多次增加出版并注释，促使《园冶》的普及理解。对于《园冶》的失而复得的经历或许是《园冶》先于《长物志》而被赋予重要地位的原因之一。

《园冶》的正式研究的兴起也就是在2000年之后，在各类期刊上发表的文章达到总数的88%，60年只有四篇关于《园冶》的研究，20世纪70年代没有见诸发表[3]，到了80年代，《园冶》的研究才逐渐开始正式起步。可以说直到2012年纪念计成诞辰430周年暨中国风景园林学会理论与历史专业委员会筹备会议之际，关于《园冶》的研究才结出了累累硕果，从其哲学观、理论、国际传播、设计理念等等主题都得到了很多可喜的研究成果。这次国际大会对《园冶》的植物方面有所涉及，但不够深入。有的学者说在《园冶》中论述较多的是建筑方面的艺术理论，而对园林植物描写甚少，尤其是植物栽植和管理要点等都几乎没有特别提及，就更不要说专门的论述[4]。其实童寯先生在《江南园林志》就已经谈到"三卷《园冶》无花木专篇……自来文人为记，每详于山池楼阁，而略于花丛树荫"。[5]对于现代风景园林学界来说，地位重要的植物不仅是像传统园林那样是属于美学的，文化的，更是属于科学的，生态学的。由此，《园冶》中的植物到底处于什么地位，《园冶》到底是如何描述数以千万计的植物，如何处理以及对待，计成个人的植物观又是什么样的？计成能否代表古代文人又植物赏析方式的。这些问题的澄清对正确和全面探讨《园冶》的学术价值，历史价值，以及其在实践的造园活动的指导地位有重要的意义。故此，本文将以《园冶》中出现的植物描述和种类进行全面的针对性研究，试图给予一个完整清晰的《园冶》植物全貌。

1　文学文献中的植物

《园冶》不仅是造园专著，还是一篇文学名著。早于明代的文学文献中的植物的源流到底是什么样的，从传统来讲，应该是影响了《园冶》，影响了计成的植物知识以及植物观。从《诗经》到《楚辞》到《唐诗三百》，我们看到有大量的植物出现，台湾学者对此有过深入研究[6]。诗经中看重食用和实用，而楚辞看重芬芳，到唐诗我们看到鉴赏和美学价值加强。从这个大面上来讲，《园

① 中央高校基本科研业务费专项资金资助 106112012CDJZR190004。

冶》中的植物更注重的是鉴赏和品味，其美学意识上升到了一个复杂的植物之间以及植物与山石水气象等各要素搭配的一个综合高度。

植物对一个园林的影响是巨大的，没有园林的植物不能称之为园，更不符合中国传统造园的自然之想。现实的植物世界是一个庞大、复杂的世界，地球上的植物不仅给人类提供了生存必需的氧气，还给人类提供了食物和能量，这些植物已经知道的约有 30 余万种。在《中国植物志》[7] 这一本书中，提到了 3 万种中国植物。该书在 2004 年出版完成了几代植物学家的夙愿。同计成的一个时代的李时珍的《本草纲目》于 1578 年完书。是在《神农本草经》等书籍上。对植物进行较为科学的分类，收录植物共计 1095 种。是在当时的科学程度上对植物进行了较为先进的鉴别和分类。但是计成是否吸收了这些植物知识，在园林中加以使用和借鉴却很难说。

当我们再次精读《园冶》，发现《园冶》中有正式名称的植物并不很多。计成不仅在《园冶》中对植物没有进行专题叙述，而且似乎对植物的认知也不算丰富。在现代风景园林学这个大领域中，植物的认知，栽培以及养护，

以及整个生态系统的修复管理目前都是专门的一项学问。从这几个大类去试图分类了解《园冶》的植物描绘显然派不上用场。但本研究试图去真正地了解计成，掌握《园冶》的风景园林领域的全面的学术成就，不管是否属于时代或者个人局限，都将对还原古代社会对造园的学术高度和技术成就有重要价值。计成在《园冶》中对植物的描绘与态度的历史的必然性和偶然性传达出的信息，有待于本文对《园冶》中计成对植物的描绘的全面分析，对《园冶》中出现的植物进行详细的统计和归类。这样一个结论将启发我们传统古典园林的保护修复和现代风景园林设计和规划。

2 文本分析方法

本研究采取文本分析法，从《园冶》各节中抽取与植物相关文章，首先排序归类计数。在此基础上进行分析考察。如表 1《园冶》各章植物描绘文本总表。表中 1-82 为《园冶》中分节标题〔为了研究方便，给《园冶》的各小节均编号，以便查阅，如表 1 所示）。

《园冶》中植物相关文句总表　　　　　　　　　　　　　　　表 1

1 自序	1-1 取石巧者置竹木间为假山	10 江湖地	10-1 江干湖畔，深柳疏芦之际
	1-2 乔木参差山腰，蟠根嵌石，宛若画意	11 立基	11-1 倘有乔木数株，仅就中庭一二
2 兴造论	2-1 碍木删桠，泉流石注		11-2 格式随意，栽培得致
3 园说	3-1 土地偏为胜，开林择剪蓬蒿		11-3 曲曲一湾柳月，濯魄清波
	3-2 景到随机，在涧共修兰芷		11-4 遥遥十里荷风，递香幽室
	3-3 围墙隐约于萝间，架屋婉蜒于木末		11-5 编篱种菊＋因之陶令当年
	3-4 竹坞寻幽		11-6 锄岭栽梅，可并庾公故迹
	3-5 梧阴匝地，槐荫当庭		11-7 寻幽移竹，对景莳花；桃李不言，似通津信
	3-6 插柳沿堤，栽梅绕屋		11-8 一派涵秋，重阴结夏
	3-7 结茅竹里		11-9 开林需酌有因，按时架屋。
	3-8 白萍红蓼，鸥盟同结矶边	15 书房基	15-1 自然幽雅，深得山林之趣
	3-9 凉亭浮白，冰调竹树风生	16 亭榭基	16-1 土花间隐榭，水际安亭，斯园林而得致者
	3-10 夜雨芭蕉		16-2 惟榭只隐花间，亭胡据水际，通泉竹里，按景山颠
	3-11 晓风杨柳		16-3 翠筠茂密之阿，苍松蟠郁之麓
	3-12 移竹当窗，分梨为院	17 廊房基	17-1 余屋前后，渐通林许
4 相地	4-1 得景随形，或傍山林	19 屋宇	19-1 境仿瀛壶，天然图画，意尽林泉之癖，乐余园圃之间
	4-2 选胜落村，籍参差之深树	30 榭	30-1 籍景而成者也。或水边，或花畔，制也随态
	4-3 新筑易乎开基，只可栽杨栽竹	34 廊	34-1 或蟠山腰，或穷水际，通花渡壑，婉蜒无尽
	4-4 旧园妙于翻造，自然古木繁花	45 卷三、门窗	45-1 轻纱环碧，弱柳窥青
	4-5 若对邻氏之花，才几分消息，可以招呼，收春无尽		45-2 修篁弄影，移来隔水笙簧
	4-6 多年树木，碍筑檐垣，让一步可以立根，斫数桠不妨封顶	46 墙垣	46-1 或编篱棘
	4-7 斯谓雕栋飞楹构易，荫槐挺玉难成。		46-2 夫编篱斯胜花屏，似多野致。深得山林趣味

5 山林地	5-1 园林惟山林最胜	48 掇山	48-1 成径成蹊，寻花问柳
	5-2 杂树参天，楼阁碍云霞而出没：		48-2 山林意味深求，花木情缘易逗
	5-3 繁花覆地，亭台突池沼而参差	50 厅山	50-1 或有嘉树，稍点玲珑石块
	5-4 槛逗几番花信，门湾一带溪流。		50-2 或顶植卉木垂萝，似有深境
	5-5 竹里通幽，松寮隐僻	53 书房山	53-1 凡掇小山，或依嘉树卉木，聚散而理
	5-6 千峦环翠，万壑流清	56 峭壁山	56-1 仿古人笔意，植黄山松柏、古梅、美竹，收之园窗，宛然镜游也
6 城市地	6-1 开径逶迤，竹木遥飞叠雉：	62 洞	62-1 上或堆土植树
	6-2 临濠蜒婉，柴荆横引长虹	67 太湖石	67-1 此石以高大为贵，惟宜植立轩堂前，或点乔松奇卉下
	6-3 院广堪梧，堤湾宜柳	68 昆山石	68-1 或植小木，或种溪荪于奇巧处
	6-4 别难成墅，兹宜为林	71 青龙山石	71-1 或点竹树下，不可高掇
	6-5 安亭得景，莳花笑以春风	82 借景	82-1 林皋延伫，相缘竹树萧森
	6-6 虚阁荫桐，清池涵月		82-2 嫣红艳紫，欣逢花里神仙
	6-7 芍药宜栏，蔷薇未架，不妨凭石，最厌编屏		82-3 《闲层》曾赋，"芳草"应怜
	6-8 窗虚蕉影玲珑，岩曲松根盘石薄		82-4 扫径护兰芽，分香幽室：
7 村庄地	7-1 团团篱落，处处桑麻		82-5 片片飞花，丝丝眠柳。
	7-2 凿水为濠，挑堤种柳		82-6 林阴初出莺歌，山曲忽闻樵唱，风生林樾，境入羲皇
	7-3 门楼知稼，廊庑连芸		82-7 幽人即韵于松寮，逸士弹琴于篁里。
	7-4 高卑无论，栽竹相宜		82-8 红衣新浴，碧玉轻敲
	7-5 堂虚绿野犹开，花隐重门若掩		82-9 看竹溪湾，观鱼壕上。
	7-6 桃李成蹊，楼台入画		82-10 半窗碧隐蕉桐，环堵翠延萝薜。
	7-7 围墙编棘，窦留山犬迎人		82-11 苎衣不耐凉新，池荷香绾：
	7-8 曲径绕篱，苔破家童扫叶		82-12 梧叶忽惊秋落，虫草鸣幽。
8 郊野地	8-1 叠陇乔林，		82-13 寓目一行白鹭，醉颜几阵丹枫。
	8-2 开荒欲引长流，摘景全留杂树		82-14 冉冉天香，悠悠桂子。
	8-3 风生寒峭，溪湾柳间栽桃		82-15 但觉篱残菊晚，应探岭暖梅先。
	8-4 月隐清微，屋绕梅余种竹		82-16 云冥黯黯，木叶萧萧。
	8-5 隔林鸠唤雨，断岸马嘶风		82-17 风鸦几树夕阳，寒雁数声残月。
	8-6 花落呼童，竹留深客		82-18 锦幛偎红，六花呈瑞。
	8-7 休犯山林罪过		82-19 棹兴若过剡曲，扫烹果胜党家。
9 傍宅地	9-1 土竹修林茂，柳暗花明		82-20 花殊不谢，景摘偏新
	9-2 日竟花朝，宵分月夕		
	9-3 探梅需蹇，煮雪当姬		

3 分析结果和考察

3.1 计成的植物减法式造园

从表1中看出，共有两种名词，一种是植物的名称，如竹，梅，菊，梧等，还有一种是某类植物，如乔木，如花，如树，如草等，偶尔还有一种用颜色等指代花或树之意，如"千峦环翠""堂虚绿野犹开""红衣新浴，碧玉轻敲"。对文句中出现的植物名称进行出现次数计算，形成结果表2，从中我们可以看出计成对于植物在造园中的作用似乎的确是没有过多计较其植物的具体种类，而很多时候只是提到花，木，林，树等，都达到了全文的绝大多数。从另一个方面讲，计成具体指出植物种类的约有30

《园冶》植物全貌以及计成的「减法式植物造园」

来种。这些植物是竹，柳，梅，松，桃，梧，蕉，李，槐，菊，兰，荷，杨，桂，桑，麻，芦，蔷薇，芍药，柏，苔，萍，蓼，溪荪等。相比较于文震亨《长物志》的四十几种，和李渔《一家言》的六十几种。竹居于计成所提到的植物的首位，次为柳，松，梅等。

《园冶》中植物名词出现的次数	表 2
花	20
竹	18
林	16
木	13
树	11
柳	11
梅	6
松	6
桃	3
萝	3
梧	3
蕉	3
李	2
菊	2
兰	2
荷	2
槐	2
桐	2
草	2
棘	2
篁	2
杨	2
桂子	1
桑麻	1
芦	1
蔷薇	1
芍药	1
柴荆	1
筠	1
柏	1
苔	1
萍	1
蓼	1
蟠根	1
溪荪	1

《园冶》文辞华丽，有学者说计成为吸引文人的注意，可能在写作上迎合了文人团体的兴趣，从这个侧面说更重要的是这些植物代表了古代文人的强烈的鉴赏倾向和方式。根据表1和表2的结果，可以进一步分析到，这些植物是古代文献，从诗经开始频繁出没于文人笔下的植物。既是人们喜闻乐见的植物，也是特征强极其容易辨认的植物。完全可以让人推测计成的植物知识和技术极为有限。计成的几个造园实例，在常州城东吴氏园林，江苏

扬州影园，石窠园（安徽怀宁或南京），江苏仪征寤园等，皆"旧园"或郊野地狭僻地地基上建造而成，可以由此推测计成设计时依然植物繁茂之态。如文中有"剪蓬蒿""碍木删桠""开林择剪蓬蒿""斫数桠""芦江柳岸之间，仅广十笏，经无否略为区划，别显灵幽"的文句。计成说到新栽植的主要仅在竹，梅，柳，杨，之属，在此可以尝试归纳计成的"减法式造园"，即对植物本身茂密和繁荣的旧园或者野地进行选择式的留取，并在其中配合堂，榭，亭，楼等，做一些堆山叠石的工程和道路的开拓和水源的梳理。"旧园妙于翻造，自然古木繁花""围墙隐约于萝间，架屋蜿蜒于木末""多年树木，碍筑檐垣，让一步可以立根，斫数桠不妨封顶"。对于立地本身的古木繁花计成是退让和迁就的，也是通过传统的审美习惯进行审视和选择。

这些研究并非试图剥夺计成作为伟大的造园实践家和理论家的地位，但是却说明了计成可能真的不是一个精通植物的造园家，连同是文人的文震亨和李渔都不及。至少表明了计成在《园冶》中植物方面的知识和鉴赏只是从一个文学家的角度，反映了中国古典文人园林的植物营造特征以及鉴赏方式。也或者说造园过程中植物处理的实态同今天多数情况下的植物配置有许多差别。

3.2 植物分类分析

下面就《园冶》中主要植物种类进行分析和考察。为"竹，柳，梅，松"以及无名植物。

3.2.1 关于竹

竹，计成又称筠，或称篁，在下表中，关于竹的描述罗列以下。竹，又称竹类或竹子，在英文 Bamboo 是指高如大树的禾本科竹亚科的竹族（学名：Bambuseae），竹族可分为十多种属，约 1450 种；在中文也可指一些低矮似草的竹亚科，如我利竹族（学名：Olyreae）。竹不仅外形极其容易辨认，也是古代农业经济中的翘楚。竹根据种类和地区的差异，总体形态当然有所不同，但竹在形态学上的意义就是叶细长，顶端尖形的，有节的。同时《园冶》里也指出了竹的速生性。在杨鸿勋的江南园林论中列举出了 9 种竹[8]，适合于成林鉴赏，或者成从鉴赏，或者与石配置鉴赏等，计成在此并没有做具体解释。

图 1 竹的山水画中竹的各种形态[9]

1-1 取石巧者置竹木间为假山，
3-4 竹坞寻幽
3-7 结茅竹里
3-9 凉亭浮白，冰调竹树风生
3-12 移竹当窗，分梨为院
4-3 新筑易乎开基，只可栽杨栽竹
5-5 竹里通幽，松寮隐僻
6-1 开径逶迤，竹木遥飞叠雉；
7-4 高卑无论，栽竹相宜
8-4 月隐清微，屋绕梅余种竹
8-6 花落呼童，竹深留客。
9-1 竹修林茂，柳暗花明
11-7 寻幽移竹，对景莳花；桃李不言。似通津信
16-2 惟榭只隐花间，亭胡据水际，通泉竹里，按景山颠
16-3 翠筠茂密之阿，苍松蟠郁之麓
45-2 修篁弄影，移来隔座笙簧
71-1 或点竹树下，不可高掇
56-1 仿古人笔意，植黄山松柏，古梅，美竹，收之园窗，宛
然镜游也
82-1 林皋延伫，相缘竹树萧森
82-7 幽人即韵于松寮，逸士弹琴于篁里。
82-9 看竹溪湾，观鱼濠上。

　　在《园冶》中计成描述最多的是"竹树杂陈"这样的一种情况，是一种人居环境中比较常见的竹木次生林状态，而竹的纯林较少。而庭院中常见的是竹当窗，或收于园窗，或在绕屋之梅间植，或在溪湾看竹，甚至泉与竹之密切配合，成为幽境。计成在这里列举了竹子的21种可供鉴赏状态。部分有所相似。

3.2.2　关于柳

　　柳的学名：Salix babylonica 柳树（英文为 Willow），是一种常见树木，属大型落叶乔木。分垂柳、旱柳两种。柳树也是柳属植物的通称，全世界有 500 多种，主要分布在北半球温带地区。中国有 257 种，120 个变种和 33 个变型。柳树也是具有很特别的形态。主要是小枝细长，枝条非常柔软，细枝下垂，长度有 1.5-3m 长。叶狭披针形至线状披针形，长 8-16cm。喜生水边，水边种柳可以说是众所周知的环境认知模式，但是计成在此还提到了一种柳间种桃的方式，同文震亨的"植垂柳，忌桃杏间种"相对矛盾。这里且不做深究，只是说明，古代文人的审美间或有各自的立场和审美价值取向。计成的柳树的欣赏方式主要是溪湾和提上的柳，花的树与柳通常形成间植的景，让人联想到春季桃红柳绿的西湖长堤。计成在此也是描述了多种略有差别的水边柳的鉴赏方式。

关于柳的文句	表4
3-6 插柳沿堤，栽梅绕屋	
3-11 晓风杨柳	
6-3 院广堪梧，堤湾宜柳	
7-2 凿水为濠，挑堤种柳	
8-3 风生寒峭，溪湾柳间栽桃	
9-1 竹修林茂，柳暗花明	
10-1 江干湖畔，深柳疏芦之际	
11-3 曲曲一湾柳月，濯魄清波	
45-1 轻纱环碧，弱柳窥青	
48-1 成径成蹊，寻花问柳	
82-5 片片飞花，丝丝眠柳。	

图2　柳的山水画 戴进（明）
南屏雅集图卷 北京故宫博物院藏[10]

3.2.3　关于梅和松

关于梅和松的文句	表5
3-6 插柳沿堤，栽梅绕屋	
5-5 竹里通幽，松寮隐僻	
6-8 窗虚蕉影玲珑，岩曲松根盘礴	
8-4 月隐清微，屋绕梅余种竹	
9-3 探梅需蹇，煮雪当姬	
11-6 锄岭栽梅，可并庾公故迹	
16-3 翠筠茂密之阿，苍松蟠郁之麓	
56-1 仿古人笔意，植黄山松柏，古梅，美竹，收之园窗，宛 然镜游也	
67-1 此石以高大为贵，惟宜植立轩堂前，或点乔松奇卉下	
82-7 幽人即韵于松寮，逸士弹琴于篁里。	
82-15 但觉篱残菊晚，应探岭暖梅先	

　　松约 80 余种，分布于北半球，我国有 23 种 10 变种，分布极广，为重要造林树种之一。学名 Pinus。松属其实很多姿态有很大的差别，如马尾松，白皮松，五针松，油松，等等。多分布在海拔较高的地方，计成所在燕楚游历过，应该对南北自然生长的松树有过体验。计成特别尊崇荆浩和关仝的山水画，其所追求的"岩曲松根盘礴""黄山松柏""苍松盘郁""松寮隐僻""幽人即韵于松寮"多阐发的是山水画中奇松磐石的苍劲感。

　　梅，学名 Prunus mume，属于蔷薇科、李属，落叶小乔木，是我国特有品种，已有 3000 多年历史。从计成的描述中可以看到梅主要是绕屋而植，或者是梅岭之梅。多受传统典故影响。如宋代林逋隐居西湖孤山，种植梅花，终生未娶，人谓"梅妻鹤子"，而张九岭在庾岭种梅，人称"梅岭"。在这里计成的绕屋植梅或岭上植梅在某种程度上是一种文化传承和模仿。文化想象性大于鉴赏的现实性。

3.2.4　关于无名植物

　　在计成的《园冶》中有大量的没有述说名字的植物的

描述，可以归为一类。如下表所示。

关于无名植物的文句　表6

1-1 取石巧者置竹木间为假山
1-2 乔木参差山腰，蟠根嵌石，宛若画意
2-1 碍木删桠，泉流石注，木、桠
3-3 围墙隐约于萝间，架屋婉蜒于木末：萝、木
3-9 凉亭浮白，冰调竹树风生
4-1 得景随形，或傍山林
4-2 选胜落村，籍参差之深树
4-4 旧园妙于翻造，自然古木繁花
4-6 多年树木，碍筑檐垣，让一步可以立根，斫数桠不妨封顶
5-1 园林惟山林最胜
5-2 杂树参天，楼阁碍碍云霞而出没
5-6 千峦环翠，万壑流清
6-1 开径逶迤，竹木遥飞叠雉
6-4 别难成墅，兹宜为林
8-1 叠陇乔林
8-2 开荒欲引长流，摘景全留杂树
8-5 隔林鸠唤雨，断岸马嘶风
8-7 休犯山林罪过
9-1 竹修林茂，柳暗花明
11-1 倘有乔木数株，仅就中庭一二
11-8 一派涵秋，重阴结夏
11-9 开林需酌有因，按时架屋
15-1 自然幽雅，深得山林之趣
16-1 花间隐榭，水际安亭，斯园林而得致者
17-1 余屋前后，渐通林许
19-1 境仿瀛壶，天然图画，意尽林泉之癖，乐余园圃之间
46-2 夫编篱斯胜花屏，似多野致。深得山林趣味
48-1 成径成蹊，寻花问柳
48-2 山林意味深求，花木情缘易逗
50-1 或有嘉树，稍点玲珑石块
50-2 或顶植卉木垂萝，似有深境
53-1 凡掇小山，或依嘉树卉木，聚散而理
62-1 上或堆土植树
67-1 此石以高大为贵，惟宜植立轩堂前，或点乔松奇卉下
68-1 或植小木，或种溪荪于奇巧处
71-1 或点竹树下，不可高掇
82-1 林皋延伫，相缘竹树萧森
82-6 林阴初出莺歌，山曲忽闻樵唱，风生林樾，境入羲皇
82-16 云冥黯黯，木叶萧萧
82-17 风鸦几树夕阳，寒雁数声残月

这里的木，树，概是乔木之意，而林，也可能是三五成林，是一种比较模糊的不准确的描述性语言，这样的描述在《园冶》中占最大部分，比如杂树，嘉树，乔林，深树，山林等词汇均表达了计成看重了植物对山的野趣的点缀。计成不仅描述了各种地块对植物的处理和运用。也重要地说明了对于已成树木的保留的态度以及技巧。

在此，我们可以得出结论，计成虽然不谙植物知识，但深解植物之美，深得植物于园林之重要性，而他的创作重心也主要是一种"减法式造园"。计成从形态学上，对植物同山石等的配置的细节以及在人居环境中植物的作用上总结了其艺术见解，特别是次生树林以及草本和藤

本方面。比如"全留杂树""围墙隐约于萝间""顶植卉木藤萝"等等。

4　结论

总的来说，《园冶》是计成首先作为文人在继承前辈文人对植物的观赏意境，即古代文人观赏方式的一个总结，对园林的总的意境的归纳和概述非常到位，几乎包揽了符合古代人居审美范围的重要植物，他的大多数对于植物的鉴赏思维都可以找到历史上的著名的出处。一些思想显露出计成作为一个造园家在实际操作上积累的植物工程处理经验。如"多年树木，碍筑檐垣，让一步可以立根，斫数桠不妨封顶"。在造园技巧上本文认为计成采取的是一种"植物减法式造园"。计成的笔下描述植物形态成熟繁茂，天然有趣，是经过了计成的对原址上的植物进行了精心的鉴赏和选择，不太可能像现代园林建设这样现场种植或者移植。

古代自然环境和现代自然环境已经改变巨大，在古典园林的植物的保留选择种植上留下了较大的课题。与其盲目地崇拜《园冶》和计成，还不如全面而精细地认识计成《园冶》中的植物意境思想价值和建筑技术价值。一方面，要遵循计成的指引，在古典园林的保护修复中贯彻计成的意境思想，尊重古代人的植物审美方式，理解古今的植物的同异，在历史园林的保护研究上做到真正的植物上的古典。另一方面，要理解计成的历史局限性，在新的人居环境的建设中，更加科学地去选择和栽培及养护植物，做到生态和美学兼顾。

参考文献

[1]　计成著．陈植注释．杨伯超校订．陈从周校阅．园冶注释（第二版）．中国建筑工业出版社，1988：267.

[2]　周维权．中国古典园林史（第二版）[M]北京：清华大学出版社，1999.

[3]　http：//epub. cnki. net/kns/brief/default _ result. aspx，对园冶主题词的搜索．

[4]　孙姿．卢建国．计成《园冶》的植物配置艺术．现代园林，2013.10(3)：5-8.

[5]　童寯．江南园林志（第二版）．中国建筑工业出版社，1995.

[6]　潘富俊．诗经植物图鉴．上海书店出版社，2003.

[7]　中国植物志．http：//frps. eflora. cn/

[8]　杨鸿勋．江南园林志．中国建筑工业出版社，2011.

[9]　谷光灿．运用意境概念对山水画中空间认知方式的研究——以包含竹子的山水画为例．西部人居环境，2013(101)：110-116.

[10]　陈履生，张蔚星．中国山水画——金羊毛家庭珍藏图库．总六册．广西美术出版社，2000.

作者简介

谷光灿，重庆大学建筑城规学院，电子邮箱：guguangcan@cqu. edu. cn。

园林植物应用与造景

园林植物造景的趣味性

The Interest of Landscape Planting Design

关乐禾

摘 要：园林植物在现代生活中的重要作用和意义毋庸置疑，城市中的植物可以让人感受到自然的活力，所以植物造景配植的各种不同功能和手法，近年来便成为学者潜心研究的课题之一。本文以景观感受所引导景观心理为角度，阐述引发园林植物造景趣味性联想所需要的相应景观感受的表征。分别从自然层面和文化层面阐述引起景观趣味心理的动因，以此说明景观感受的综合性与庞杂性，并试图为相关场所的植物造景工作提供资料。

关键词：植物造景；景观感受；景观心理；趣味性

Abstract：There is no doubt that landscape plants play an important role in modern life. Plants in city make people feel the vitality of nature, so a variety of functions and practices of landscape planting design, in recent years, has become the subject that scholars research painstakingly. From the perspective that landscape impression guides landscape psychology, this paper elaborate landscape plant representation that triggered interest impression and landscape interesting psychological motivation from natural and cultural levels. Landscape impressions are comprehensive and complex, the author want to do some practices to provide information for landscape planting design.

Key words：Planting Design；Landscape Impression；Landscape Psychology；Landscape Interest

1 引言

1.1 园林植物造景

1.1.1 园林植物造景的概念

最早明确提出并使用植物造景概念的，是中国园林植物的泰斗：苏雪痕，在他1994年出版的专著《植物造景》中阐述道："植物造景就是应用乔木、灌木、藤本及草本植物来创造景观，充分发挥植物本身形体、线条、色彩等自然美，配植成一幅幅美丽动人的画面，供人们观赏"。

1.1.2 园林植物造景的发展

在西方，20世纪以前的植物造景大多数是基于造园者对美的追求，无论是法国勒诺特式宫苑，还是英国布朗式自然风景园等，无不是以唯美论作为指导理论和评价标准的。自十九世纪末开始，人们单纯对美的追求逐步式微于对于大环境生态问题的追求，植物造景也发展成以美学、生态学、植物学甚至经济学等诸多相关理论为指导，以保护生态环境、维持生态平衡为目的，因地制宜地选择植物进行造景与配植。在中国，古典园林多崇尚自然，讲究"虽由人作，宛自天开"的意境，所以园林植物的造景也力图达到自然植物群落般生长的效果。中国现代园林植物造景因为吸纳与借鉴了诸多国外优秀作品的经验，正向着自然与人工相互融合的阶段迈进。

1.2 景观感受与景观心理

1.2.1 景观感受

人的感觉活动可分为两个阶段，即感觉与知觉。感觉所反映的，首先是当前直接接触到的客观事物的属性与状态，而不是过去的或间接的事物。其次，感觉反映的是客观事物的个别属性。而当客观事物直接作用于人的感觉器官时，人不仅能反映该事物的个别属性，而能够通过各种感觉器官的协同活动，在大脑中根据事物的各种属性，按其相互间的联系或关系整合成事物的整体，从而形成该事物的完整映象，这一信息整合的过程就是知觉。同样，景观感受也包括景观感觉与景观知觉两部分，其总体指的是景观客体在人脑中的客观印象。

1.2.2 景观心理

（1）景观感受产生景观心理

通过感受体验到的外部世界，会因为人们的审美与经历等产生不同的心理活动，导致差异性的心理。特别是当景观以一种较为抽象的形态表达时，通过景观感受反应出来的景观心理是复杂而庞大的。

（2）典型景观心理

常见的、较为典型的景观心理有：景观多样性心理、景观安全性的心理、景观可识别性的心理、景观舒适性的心理、景观私密性的心理、景观创新性的心理、景观趣味性心理、景观整体性的心理、景观地方性的心理、景观时代性的心理等。

（3）趣味性心理

趣味性是人类一种惊奇、吸引、引起欢乐情绪的感觉，它虽然不是园林设计的基本组织原则，但从美学的角度上说确是必需的，是园林设计成功与否的关键。

从总体的景观设计层面出发，景观趣味性的获得可以通过使用不同的尺度、质地、形状、颜色等要素，以及变化运动轨迹、方向、声音、光质等手段获得，而且使用那些易于引起惊奇、兴趣和探索的特殊元素及不寻常的组织形式，能进一步加强趣味性。从具体的园林植物配置造景的层面出发，人们总是会被有趣、奇特的事物所吸，所以种植一些形态奇特、新颖或富于传说故事的植物是增添趣味性的重要途径。

1.3 研究框架

如图 1 所示。

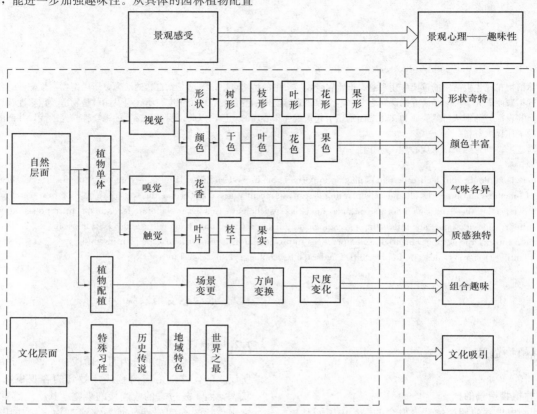

图 1 研究框架图

2 基于自然层面的植物造景趣味性感受

2.1 植物单体的景观趣味性

2.1.1 视觉感知的趣味性

视觉是人类获取信息的主要通道，通过视觉我们对物质世界有了复杂多样的认识，并产生了丰富的艺术形象。园林植物造景作为自然与人工艺术的产物，其趣味性的感受很大程度上是由视觉获得的。

（1）形状奇特的园林植物

趣味树形。树木的外部形态有自然式和修剪式两种不同的风格，自然式的树形多挺拔呈伞状，所以打破上述特征的自然生长植物会让人眼前一亮，进而在心理上产生趣味性。而人为因素介入更多的修剪植物则更能符合人们天马行空的想象。

趣味枝形。大多数园林植物枝干自由伸展、开叉，有些蜿蜒曲折，有些则挺拔坚毅。在一些情况下，这些枝形或弯曲的近似夸张，或挺拔的令人难以想象，则会给人们

图 2 自然生长的趣味植物——地肤

带来有趣的感觉。

趣味叶形。叶形是指叶片的外形或基本轮廓。常见的叶形多种多样，但对于较为少见的、形状奇特的树叶，人们会从心理上产生好奇与兴趣。

趣味花形。除去植物花卉艳丽的色彩，园林植物的花卉形态也丰富多样。基于猎奇的心理，一些花卉形状奇特的园林植物正越来越受到人们的追捧。

趣味果形。果实形状的趣味性体现在"奇""丰""巨"三方面。"奇"指形状奇特，造型具趣味性，例如铜

园林植物应用与造景

图 6　银杏的扇形叶片

图 3　趣味剪形植物

图 7　琴叶榕的叶片

图 4　枝条的夸张扭曲

图 8　鹅掌楸的叶片

图 5　枝条异常的挺拔

钱树的果实形似铜币、秤锤树的果实如秤锤；"丰"就全树而言，无论果实单体或者果序均有一定丰硕的数量，可收到引人注目的效果，如火棘、花楸；"巨"指果实单体体积较大，形象往往可爱，如柚、木菠萝、椰子。

（2）色泽丰富的园林植物

图 9　嘴唇花

美国艺术理论家鲁道夫·阿恩海姆在《艺术与视知觉》一书中讲到："色彩能有力地表达情感，这是一个无可辩驳的事实。"大自然的鬼斧神工创造出了园林植物五

图 10 大花葱

图 11 西番莲花朵

图 12 奇——铜钱树

图 13 丰——火棘果实

图 14 巨——柚子

图 15 白皮松的斑块枝干

彩斑斓的色泽，于人的视觉器官而产生色感时，由此所带来的视觉冲击，可称得上是营造园林植物配置趣味性的最重要的手段之一。

趣味干色。植物的树皮与枝干通常呈褐色，相对于叶花果色来说观赏的趣味性较低。但是一些独特的植物干色，为植物的林下空间增添几分趣味性。例如白桦、银白杨的枝干呈白色；金竹的枝干呈金黄色；红瑞木的枝干呈红色；白皮松、悬铃木的干皮呈现斑块色。

趣味叶色。叶色的趣味主要体现在两方面：一方面是叶色的季相变化营造出富有趣味变化的植物景观，另一种是各种斑叶植物本身的自然野趣。

趣味花色。植物的花色可以用万紫千红来形容，分为五大花系。其色彩犹如一块调色板，把大地绘画的五彩缤纷。这些愉悦的色彩本身就带给了观赏者极大的视觉享受，从而转化为一种趣味性的观赏心理。

趣味果色。园林植物果色的趣味性主要是景观结合生产为一体，使观赏者惊喜地发现原来日常生活中接触到的物品，其果实也可作为一种景观资源进行单独观赏。

2.1.2 嗅觉感知的趣味性

花香的趣味。植物的香气分为幽香、甜香、淡香、浓

图 16　白桦的白色枝干

香等几大类，通过气味来分辨植物品种是一项富有挑战性同时极具趣味性的活动。建立芳香园的做法，在现代景观规划中已日益普及，作为景观符合感知部分的嗅觉感知，因其独特的领域和魅力，也越来越受到人们的关注与研究。

2.1.3　触觉感知的趣味性

植物的质感是植物重要的观赏特性之一，却往往不被人们重视。它不像色彩那样引人注目，也不像姿态、体量为人们所熟知，却同样能引起游人丰富的心理感受，在植物景观设计中起着重要作用的因素。

趣味叶片质感。一般的园林植物叶片都呈光滑状，但有些特殊的园林植物叶片被毛或者极具线条感，例如绵毛水苏、银杏等。

趣味枝干质感。对于植物的枝条，按照其硬度可以大致分为柔软枝与坚硬枝，柳树、迎春等的枝条比较柔软，可以下垂、卷曲，带给人们动态的趣味性；有些枝干的触感并不像人们惯常认为的那样坚硬。如黄菠萝枝干具木栓质，触之有弹性。

图 17　黄栌四季叶色的趣味变化

图 18　虎尾兰

图 20　西瓜皮椒草

图 19　竹芋

趣味果实质感。与大多数质感光滑的植物果实相比，如榴梿、菠萝蜜等表面具颗粒感的果实，往往能引起人们触摸的兴趣。

图 21　彩色花田

图 22　咖啡果

图 23　紫珠果实

图 24　莲雾

图 25　绵毛水苏

图 26　银杏

图 27　黄菠萝

图 28　菠萝蜜

2.2 植物配植的景观趣味性

2.2.1 感受主题变更的趣味性

根据不同的景观主题设定，采取不同的植物配植方法，达到所需要的场景氛围。同一个地域内可以同时存在几处这样的主题空间，当人们从一个空间转换到另一个空间时，截然不同的环境氛围会让他们觉得有趣。常见的以园林植物造景为主要手段的景观主题场景有：探险森林、剪形迷宫等以植物形态为区分依据的，也有如草药园、芳香园、食虫植物展区等以功能分类的。

探险森林主要以密林的形式形成一种封闭式空间，让人们在森林中探险、摸索和挑战。如重庆儿童公园中以古榕、黄葛树、皂荚等成型大树为主，创造魔法森林探险区。剪形迷宫则主要运用各种几何形状、童话城堡形状、植物花卉形状、动物形状等，富有吸引性、趣味性、创意性的迷宫。食虫植物是植物界中最为神秘和奇特的植物类群。它们的形状奇特，且不同的食虫植物有着各自的捕虫方式，如叶片特化成瓶状结构的猪笼草和瓶子草，具有夹子状捕虫器的捕蝇草，能分泌黏液的茅膏菜等，食虫植物具有很高的趣味性，成为世界各大展览温室植物展示和造景的主要内容之一。

图29 剪形迷宫

图30 食虫植物

2.2.2 感受方向变换的趣味性

这里所说的多方向的趣味性，指的是植物动态的趣味性。植物动态的趣味性有四个含义：一，植物形态富线条与方向感，如垂柳枝条柔软且下垂；二，随着日出、日落，植物光影在一天中变化，阴影投射到地面、墙面、石面形成不同的纹理效果；三，植物造景对未来植物生长变化形成的动态景观预期；四，配植在一起的园林植物，其组合色彩于四季之中不断变化。

2.2.3 感受尺度变化的趣味性

植物的体量是指植物外部形态的尺度。在为一个特定的场所进行植物配置设计时，植株的大小、外部的轮廓、高度和枝叶的伸展程度会对这个场所的景观效果产生很大的影响。有时为了增加尺度上的趣味性，故意去打破常规尺度，创造出所谓的"大人国"或"小人国"景观。

图31 "大人国"景观

图32 "小人国"景观

3 基于文化层面的植物造景趣味性感受

视觉、嗅觉和触觉都是人们的直观感觉，而联想则是人们的周围景色的升华。在我国古典园林中，这种手法运用得较为广泛。如松、竹、梅因其傲风雪，喻为岁寒三友，这些都是人们通过植物本身的特征而联想产生的高于植物本身含义的意相，从而使园林景观中有情，情中有景，充满丰富的、趣味的内涵。

3.1 特殊习性的趣味性

受生活环境的限制，人们对于与自己生活环境差别较大的区域都保持着好奇与兴趣。如荒地生境，在荒地上生长的是一种被称为先驱者的特殊植物。这样的植物，几乎不适应一般的环境。它生长的场所要从极其干燥到十分潮湿，从土壤肥沃到缺乏养分乱石密布，其形态与分布也与传统意义上的园林相去甚远。这样与日常生活空间相悖的环境更容易产生趣味性。

3.2 历史传说的趣味性

植物的栽培历史是促成园林植物所蕴含的文化性逐渐发展升华的重要因素。加之文人墨客诗词歌赋的赞誉，为植物景观的塑造和意境烘托奠定了人文基础。如有月下美人之称的昙花——昙花一现，只为韦驮。传说昙花是一个花神，四季都花开灿烂，她爱上了一个每天为她锄草的小伙子，后来玉帝知道这件事情后大发雷霆，把花神贬为只能开一瞬间的花，还把那个小伙子送去灵柩山出家，赐名韦驮，让他忘记前尘、忘记花神。后来花神知道每年暮春时分，韦驮尊者都会上山采春露，为佛祖煎茶，就选在那个时候开花，希望能见韦驮尊者一面。遗憾的是，春去春来，花开花谢，韦驮还是不认得她。这样动容的故事，既是人们认识并记住园林植物名称的途径，也是为园林植物增添一份文化趣味的途径之一。

3.3 地域特色的趣味性

不同的城市因地域不同而具有不同的植物景观，给城市景观空间创造了可识别的外观特色。比如南部海滨小城常见椰子树林，衬托出浓郁的椰风海韵；而地处我国北部的城市，则经常选用大片草坪与针叶树搭配形成开敞空旷的空间环境，更加突出北方天空的明净。同时，各地的居民赋予给当地植物的不同的传统内涵和文化意义。例如扬州瘦西湖的垂柳、金钟花和琼花有"两岸花柳全依水，一路楼台直到山"的帝王豪奢与人文秀美之气。

3.4 世界之最的趣味性

对于"世界之最"这个头衔，很多人恐怕都难以拒绝，"最"便是最大的趣味性所在。在某一园林树木配景中，加入"最"的概念，这一地区的景色往往能吸引最多数游客的驻足，成为众人瞩目的焦点。例如：最大的植物是谢尔曼将军树，体积达到 1489m³；最小的树是北方柳树，又称草树，只有 2 厘米高；最大的花是大王花，可重达 11 公斤；最小的花是无根萍，只有 0.3 毫米大；最高的树是澳洲杏仁桉树，最高可达 156 米；叶子最长的树是长叶椰子树，叶子最长处有 27 米；树冠最大的树是孟加拉榕树，其树冠可以覆盖约 1 万平方米的土地等。

4 结论

在景观风格形式和流派各具特色的今天，当其他相

关领域产生与园林植物相关的研究成果时，植物造景应如何表达才能反映出其特有的内涵，从而挖掘出这个充满生命的群体的真正价值。同时也说明景观任何领域的设计不能只关注涉及的对象本身，更需研究与之有密切联系的相关的学科和理论。

文中园林植物造景的趣味性研究正是基于景观心理一方面的探索，无论将来园林植物的配植向着何种方向发展，其主要目的是为了自然的生态性和人类的生活性而服务的。所以加之于自然感受上的人为心理，是园林植物造景无法避开的话题，诸多此方面的探讨可以使更多园林植物的深层功能为人服务。

参考文献

[1] 苏雪痕. 植物造景. 北京：中国林业出版社，1994.
[2] 朱建: 自然植物景观设计的发展趋势. 湖南林业，2006（1）：11.
[3] (美)克莱尔·库柏·马库斯等著. 俞孔坚等译. 人性场所——城市开放空间设计导则. 北京：中国建筑工业出版社，2001.
[4] (美)莱若·G·汉尼鲍姆著. 宋力主译. 园林景观设计实践方法. 第五版. 沈阳：辽宁科技出版社，2004.
[5] (美)鲁道夫·阿恩海姆著. 滕守尧译. 视觉思维——审美直觉心理学. 成都：四川人民出版社，1998.
[6] 徐磊青等编. 环境心理学. 上海：同济大学出版社，2008.
[7] (日)芦原义信著. 尹培桐译. 外部空间设计. 北京：中国建筑工业出版社，1985.
[8] (英)西蒙·贝尔著. 王文彤译. 景观的视觉设计要素. 北京：中国建筑工业出版社，2004.
[9] 李雄. 园林植物景观的空间意象与结构解析研究：[学位论文]. 北京林业大学园林学院，2006.
[10] 包存宽，陆雍森，尚金城著. 规划环境影响评价方法及实例. 北京：科学出版社，2004.
[11] 蔡如，韦松林. 植物景观设计. 昆明：云南科技出版社，2005.
[12] 曹林娣. 中国园林文化. 北京：中国建筑工业出版社，2005.

作者简介

关乐禾，1987 年 2 月出生，女，籍贯：黑龙江省哈尔滨市，同济大学风景园林硕士在读。电子邮箱：glh0219@126.com，手机：13482458767。

浅谈竹文化在园林中的体现

Research on the Embodiment of Bamboo Culture in Landscape Design

胡承江　李　雄

摘　要：竹子在园林设计中有着举足轻重的作用，尤其是对于东方园林，竹类植物被认为是植物领域中最能够代表东方文化的园林要素之一。文章主要从竹文化的历史、竹景的传统营造手法以及竹文化在现代园林中的表现等方面进行阐述，并对其在园林设计中的运用前景进行展望。

关键词：竹文化；中国传统园林；现代园林；发展；

Abstract：Bamboo plays an important role in landscape design，especially for the Oriental Garden．Bamboo is considered to be one of the most representative plants for Oriental culture landscape．This article mainly describes the history of the bamboo culture，the traditional method of using bamboo in landscape design and the expression of bamboo culture in modern garden．Also，it will illustrate the prospective vision of bamboo in the design of landscape architecture．

Key words：Bamboo Culture；Traditional Chinese Garden；Modern Garden；Development；

前言

"以竹造园，竹因园而茂，园因竹而彰；以竹造景，竹因景而活，园因竹而显。"中国是竹类植物的故乡，竹类植物品种繁多，翠竹青青，千姿百态。从古至今，竹类植物因其特殊的美感在中国传统园林中成为最富有东方特色的植物造景材料之一。它们所具有的独特形态，以及简洁的线条和纯粹的色彩被人们赋予淡雅、宁静的含义。这些与中国传统园林中所追求的意境不谋而合。如何将传统的造园手法用于现代风景园林设计中，并对其进行传承和发展是我们当代风景园林师所要努力的方向。

1 竹园的历史

纵观历史名园，竹子常常融合于与主体景观结构中，不论是纷披疏落竹影的动态画面，还是以竹点景、借景、障景、框景等形式来表达出的静态效果都展现出了一幅多彩的唯美画卷。

1.1 汉代

有史料记载，竹子早在汉代就已经开始应用于园林的早期形态——"苑"和"圃"之中。《地道志》载："梁孝王东苑方三百里，即菟园也。多植竹，中有修竹园。"《水经注·渭水注》载：西汉在今周至县特设竹圃，三国时曹操在邺城北建元武苑，苑中建有竹园。可见汉时竹子广泛用于皇家禁苑和私家圃，并且达到了一定的规模和水平[1]。

1.2 魏晋南北朝时期

这段时期被称为中国古典园林发展承前启后的过渡

期，文人雅士厌烦战争，玄谈玩世，寄情山水，风雅自居。官僚贵族们纷纷建造私家园林，把自然式风景山水缩写于自己私家园林中。同时，寺观园林开始涌现，同皇家园林一起形成后世所称的中国古典园林的主体。有"莫不桃李夏绿，竹柏冬青"的文字来形容这一时期的园林景象，更是有"竹林七贤"（图1）的佳话。由此可以说明，竹子在私家园林、寺观园林刚刚形成的阶段已经开始融入园林之中，并不断丰富着园林本身和园主人的精神和视觉世界。

图1　竹林七贤

1.3 隋唐时期

隋唐时期，是我国封建社会的快速发展并进入全盛的时期，社会富庶安定，尤其是诗书画艺术达到了巅峰时期。人们追求"以诗入园，以画成景"，文人造园更多地将诗情画意融入他们自己的小小天地之中。相应的，竹子在园林中运用也是极为丰富。

较为有名的是王维的辋川别业，并有两首诗句对其中的竹林美景进行了描述。出自《辋川集·斤竹岭》中的诗句"檀栾映空曲，青翠漾涟漪。"描写的是辋川别业中翠绿竹海，映空荡漾景色（图2）；而《辋川集·竹里馆》则是讲的辋川别墅的胜景之一竹里馆。杜甫的"工部草堂"也是久负盛名，整个庭园竹树成荫，绿水萦回，一派自然天成的清幽景色，这正体现出杜甫的诗意："浣花溪水水西头，主人为卜林塘幽"。

图2 竹海景观

1.4 宋代

这一时期，中国的写意山水园达到鼎盛，大量的文人墨客参与到园林的设计之中，并对造园产生了非常大的影响。当时竹子在园林中之广泛可以从苏轼的诗句："可使食无肉，不可居无竹"中得到完美体现。

辛弃疾的《沁园春·带湖新居将落成》："疏篱护竹，莫碍观梅。秋菊堪餐，春兰可佩"以及林景曦在《雾山集·五云梅舍记》中写到的"种梅百本，与乔松、修草为岁寒友"，这说明"松、竹、梅"岁寒三友和"梅、兰、竹、菊"四君子的园林意境也是在这一时期开始流行。

1.5 明清时代

明清时代，是中国园林发展史上的辉煌时期，造园手法上已经非常的成熟。唐宋园林在明清园林中得到了很好的传承，并且因不同的地域而逐渐产生出自己独有的风格特点，其中这时大量涌现的江南园林可谓是中国封建社会后期园林发展的一个高峰。

同样的，竹子运用于造园之中在这一时期也得到了大量的体现。竹、水、山石与极富地域特色的建筑相互结合在一起而构成的景观组团被称为江南园林以及岭南园林最大特色之一。在江南园林中，论起以竹造园，当属扬州的个园（图3），"月映竹成千个字"，"个"字成竹形，

再加上园主名为"至筠"，"筠"亦借指竹，园内更是种植近两万株品种各异的竹子，主人爱竹之心由此可见一斑，竹子乃是个园之魂魄。苏州拙政园中的"梧竹幽居"（图4）也是竹景佳作，"萧条梧竹月，秋物映园庐"，主亭旁有梧桐遮荫、翠竹生情，显示出一幅人与自然和谐相处的自然画卷。圆明园中同样有用竹的例子，庭前翠竹万竿，"竿竿清欲滴，个个结生凉"，西临后湖建高阁重榭，眺望远近胜景宛若天然图画的"天然画图"便是一处。

图3 扬州个园

图4 苏州拙政园——梧竹幽居

从古至今，作为传承竹文化悠久历史的中国园林一直备受世界各国人民的喜爱。同时，中国历史中，竹子被赋予了浓厚的文化意蕴和感情色彩，对其在造园中的运用起到了很大的影响，并使其成为中国乃至东方园林文

化的代表元素之一。

2 中国古典园林中竹景的营造

在中国的传统文化中，竹子是美德的物质载体，为无数仁人志士喜爱，古今文人墨客对竹充满了赞美，留下了大量的咏竹诗和竹画。竹因"未出土时先有节，及凌云处尚虚心"，是虚怀若谷，有君子之风；竹子彰显气节，虽不粗壮，但却正直，柔中带刚，坚韧挺拔；不惧严寒酷暑，万古长青。

同时，竹子在园林设计中，能够非常融洽的和周围景物融合在一起，而不会显得特别突兀，在空间以及周边环境的处理上有显著的效果，易形成优雅惬意的景观，令人赏心悦目。竹子景观的风格多种多样——诸如竹篱夹道、竹径通幽、竹亭闲逸、竹圃缀雅、竹园留青、竹外怡红、竹水相依等景观艺术，无不遍及中国园林[2]。

2.1 竹径通幽

"梧荫匝地，槐荫当庭；插柳沿堤，栽梅绕屋；结茅竹里，浚一派之长源，障锦山屏，列千里之耸翠，虽由人作，宛自天开"——计成《园冶·园说》

在古典园林中，将竹子分植于小路的两旁，从而使空间分隔开来的"竹径通幽"造园手法，适合营造静雅、深邃的意境。竹径构建的宁静清幽的景观，在历代园林中处处可见，如苏州拙政园的"竹径通幽"，杭州西湖小瀛洲的"竹径通幽"和五云山上的"云栖竹径"（图5），天台山国清寺的"修竹夹道"等[3]。

图 5　五云山——云栖竹径

2.2 移竹当窗

"移竹当窗，分梨为院，溶溶月色，瑟瑟风声；静拢一榻琴书，动涵半轮秋水，清气觉来几席，凡尘顿远襟怀"——计成《园冶·园说》

移竹当窗，是园林造景中利用窗、轩、户、墙等作为取景框对竹子景观进行处理，透过取景框欣赏竹景。其形成的框景画面不是静止不变的，随着欣赏者位置的变动，竹子景观随之处于相对位移的变化之中，这与西方近代建筑理论所推崇的"流动空间"学说不谋而合[4]。清风徐来，竹影摇曳，别有一番趣味（图6）。竹窗以自己独有肌理和质感很好的跟周围景物融合在一起，营造一个内敛、幽静的意境，蕴含丰富的美感。

图 6　竹影摇曳

2.3 粉墙竹影

"借以粉壁为纸仿古人笔意，植黄山松柏、古梅、美竹，收之圆窗，宛然镜中游也"——计成《园冶·掇山》

在造景手法中，粉墙竹影需要竹子以散植为主。在古代园林中，建筑多为黛瓦粉墙，白色的粉墙前衬几竿修竹，再点缀几方山石，"古木扶疏，竹石掩映"，一幅意境悠然的画卷便呈现在眼前。杭州黄龙洞，林木丰茂，其中竹是一大景观。三五丛生，点缀于庭前墙根，水边石闸，神韵萧爽，加上"口出有清阴，月照有清影，风吹有清声，雨来有清韵"，景致随时令变化而变化，生机盎然，超凡脱俗[5]。

竹文化一定程度上就是中国的传统文化，她与传统文化中的审美趣味、伦理道德意识契合，其内涵已成为中华民族的品格和禀赋，是中国传统文化的基本精神和历史个性。

3 国外现代园林中竹文化的应用

古典竹文化在园林上的运用，创造了丰富的造园手法，至今仍广为使用。竹子作为现代园林中景观空间构造的重要组成部分，它在一定程度上是政治、文化、经济以及民族精神的体现。文章将通过下面这个例子来阐述国外现代园林中的竹景设计。

3.1 凯佩特广场（Capital Plaza）

项目位于美国曼哈顿 Chelsea Heights 地区，第 6 大街的 26、27 号街之间的高层建筑之间，是都市型的广场公园[6]。该项目曾荣获 2005 年度美国景观设计师协会设计荣誉奖（图7）。

在寸土寸金的曼哈顿地区，公共开放空间显得尤为珍贵，凯佩特广场的定位就是在高耸的大厦中间，用高大

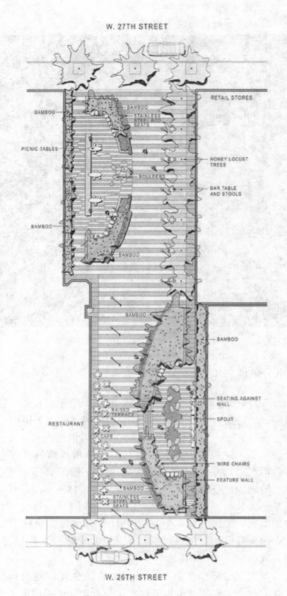

W. 27TH STREET

W. 26TH STREET

图 7　凯佩特广场平面图

图 8　场地旁边的座椅

图 9　橙色波纹板墙上的椭圆形孔洞

图 10　凯佩特广场的午后

竹林和低矮竹丛给匆忙的人们提供一个可以停顿的绿色场所（图8）。

　　整个公园被铺设成横条形，两个种有竹子的弯曲绿篱将公园围合起来，并营造出多个不同类型的小空间。东侧存在有一个长达30m的橙色波纹板墙，上面留有大小不一的椭圆形孔洞（图9），就像中国传统园林中的框景，透过这些椭圆隐约可见的竹叶让景观和周边的建筑组群融合在一起。广场中，设计者用竹子绿篱与长椅围合出一个供人就餐的私密空间，并在里面摆有数个椭圆形简易餐桌，这里在到中午的时候就会变得非常热闹（图10）。两个弧形的竹子绿篱非常完美地将公园的小空间与周边道路等现代设施分隔开来（图11），并且显得非常的自然。从另一个方面也说明了国外设计师对于中国传统园林的理解与解读。

　　从根本上讲，现代园林是以传统园林为基础，发展而来的，现代园林与传统园林并没有本质差异，它们都是服务于人，平衡人与自然关系的绿色媒介。竹子在园林造景

中的作用也随之产生了动态性发展。

4　结语

　　当今社会，人们对城市居住区环境景观提出了更加现实的功能要求，包括物质功能和精神功能。精神功能通

园林植物应用与造景

图 11　竹子将广场与街道分隔开来

过其观赏价值和文化底蕴来体现，而物质功能则需要通过植物的生态过程来实现。竹类植物集文化、美学、景观价值于一身，在园林景观的配置上有着先天的优势，以竹配置的庭园具有典型的东方园林韵味。自党的十八大胜利召开以来，在加强生态文明建设的背景下，园林工作者应在实践中不断探索，运用多种设计手法，充分挖掘竹文化等诸多中国传统文化在现代园林中表现方式，创造美不胜收的园林景观，完成我们共同追寻的园林梦。

参考文献

[1]　关传友. 中国竹子造园史考[J]. 竹子研究汇刊，1994(03).
[2]　罗宇科. 浅谈竹类在园林景观中常见的构景类型和构景手法[J]. 河南科技，2010(14).
[3]　鲍振兴. 中国竹文化及园林应用[D]. 福建农林大学，2011.
[4]　李宝昌，张涵，汤庚国. 古典园林竹子造景的艺术手法研究[J]. 竹子研究汇刊，2003(01).
[5]　金荷仙，华海镜，方伟. 竹文化在中国古典园林中的运用[J]. 竹了研究汇刊，1998（7）：66-69.
[6]　George Lam. Landscape Design(USA)[M]. Pace Publishing Limited，2007.

作者简介

[1]　胡承江，男，北京林业大学园林学院，风景园林学专业在读博士研究生。
[2]　李雄，男，北京林业大学园林学院院长，教授，博士生导师。

浅析都市禅意空间植物选择与营造手法[①]

Simple Analysis of Plant Selection and Landscaping about Zen Space in Metropolis

黄斌全　张德顺

摘　要：随着人们对于宁静祥和生活的向往，掀起了一股禅意空间的营造热潮，而都市空间本身与禅意生活存在一定的矛盾性。因而，本文提出了"大隐都市"的概念，通过植物选择与空间搭配的营造手法来化解这一矛盾，以达到都市禅意空间的目的。区别于以往的禅意空间设计，本文将禅意植物分解为体量、形态、色彩、内涵等不同要素，并根据其空间效果与意境营造，进行空间设计，使之做到阻挡都市影响和创造禅意氛围的双重目的。

关键词：大隐都市；禅意空间；植物选择；营造手法；要素

Abstract：As people yearning for a quiet and peaceful life, there is a trend to create Zen space. However, urban space is in contradiction with Zen lifestyle radically. Thus, the concept of "the great hermit in urban" is advanced, with plant selection and landscaping techniques to resolve this contradiction, achieving the purpose of Zen space in metropolis. Different from traditional Zen space design, this article analyses different elements of the Zen plant, such as mass, shape, color and culture, in accordance with its space and mood, design space, and then finishes the design of Zen space reaching the purpose of reducing urban impact and creating Zen atmosphere.

Key words：Great Hermit in Urban; Zen Space; Plant Selection; Landscaping; Elements

随着近些年人们对于传统文化和地方性历史的价值的重视和关注，掀起了一阵保护传统文化、回归传统生活空间的狂潮。其中回归传统禅意的生活是较突出的一点，这反映了现代人对于中国传统佛教的全新演绎，也表达了对于追求内心宁静和远离喧嚣城市的诉求。然而，现今都市客观的空间环境与禅意空间已形成鲜明反差与矛盾，如果仅仅是东拼西凑、照搬抄袭，而不从空间意境角度去思考解决途径，则必然是南辕北辙的。同时，以往的相关研究论文资料往往只列举部分可利用的禅意植物和一些笼统的营造手法，未进行全面归纳总结。因而，本文将在前人研究基础上，尽可能全面地理解禅意空间的本质及其与现代生活的矛盾，从空间与意境的角度出发，提出化解矛盾的植物选择与营造手法。

禅意，犹禅心，指清空安宁的心。这个词出自对于中国传统文化禅宗的精神归纳。禅宗，汉传佛教宗派之一，始于菩提达摩，盛于六祖惠能，中晚唐之后成为汉传佛教的主流，也是汉传佛教最主要的象征之一。其核心思想为：不立文字，教外别传；直指人心，见性成佛。

禅宗的流播地区主要为江南一带，集中于广东、湖南、湖北、江西、浙江一带。禅宗在中国佛教各宗派中流传时间最长，影响甚广，至今仍延绵不绝，在中国哲学思想及艺术思想上有着重要的影响。禅宗的这个"禅"字由梵文"禅那"音译而来，意为"静虑"、"思维修"、"定慧均等"。它是指经由精神的集中（"奢摩他"，又译为止、定、禅定、心一境性），以进入有层次冥想（即"毗婆舍那"）过程。[1]由此，可以把禅意理解为：淡然、平静、专注、朴实、智慧等词，反映的是人们渴望返璞归真、追求自我的内心境界。

1　都市与禅意的对立统一

随着人们的物质生活的不断充实，都市生活的不断刺激和折磨，远离喧嚣，追求宁静是一种人类发展的必然历史，也符合人类审美享受的客观自然本能。但是，客观的城市蔓延、高楼林立和环境污染等问题不容回避。周边高楼大厦带来的压抑感可能会盖过禅意空间的疏朗感，快速交通所带来的噪声污染也可能会破坏禅意空间的静谧感。

那么是不是就无法在现代都市中建设禅意的空间？是不是就无法跨越都市与禅意的鸿沟呢？依笔者看来，这些矛盾是可以得到有效化解的，重要的是在于营造空间的理念和手法。

首先，就都市禅意空间设计的理念问题，笔者借鉴中国传统文化中"小隐隐于林，大隐隐于市"的说法，提出了"大隐都市"的概念。"小隐隐于林，大隐隐于市"一语出自《老子》，揭示了"隐"字的最高理解：隐的境界最高不在于山林，而是在于市朝，这是一种心之隐，是真正的豁达洒脱。中国道家对于"隐"字的理解，恰好符合现代人对于禅意的追求，虽然道家与禅宗派别不同，但在这一点上，其追求的核心和理想是一致的。

"大隐都市"一词的提出，不仅仅是在理论上说明现代都市中塑造禅意空间的可能性，更是表达了一种目标

① 国家自然科学基金"黄土高原干旱区水绿双赢空间模式与生态增长机制研究"（编号 51178319）资助。

园林植物应用与造景

和途径：真正的禅意空间不是让人们回归山野田园之中，而是启迪心智，使人顿悟达到心灵之隐的境界。结合这一理念，下文将在对禅意空间的特质分析基础上，着重对于植物的选择和营造手法进行论述研究。

2 禅意空间的美学特质与园林艺术

通过对于禅意境界的理解和一些禅意案例的解读，总结出以下几个空间特质和园林艺术：

2.1 朴实和谐的自然之美

禅宗思想中的空观、佛性论和缘起说，目的重在证悟人自身的佛性，但是在不经意间体现了人与自然的和谐美，见解深刻而富于启发性。禅宗认为大自然的一草一木都有其存在的价值。佛性论中"一切众生皆可佛"就是一种积极的自然观，这种观点使人们崇敬自然、爱护自然界的一草一木。[2]禅意空间就是将自然万物纳入设计元素的运用中来，为传统意义上有限的自然山水提供了更为宽广的审美体验，并达到空旷的空间效果。[3]

2.2 舒适怡人的横向尺度

禅意空间非常重视对空间尺度的把握，通常是以亲切怡人的横向尺度和较为低矮的纵向尺度居多。中国传统民居建筑和园林空间善于利用横向线条展开空间构成，这不仅符合传统木材的力学特性，也能将有限空间的尺度感得以最大程度的利用。禅宗思想认为，小与大是相对的，空间的规定性越小，留给人的想象余地越大。[3]不同于欧式园林的广阔场景，中国文化强调小中见大、欲扬先抑，可以更好地利用空间，同时也表达了对于拉近自然和人的距离与尺度的思想，达到物我合一、天人合一。

2.3 以少示多的场景效果

禅意空间让人保持一种虚静无碍的心态。唯其虚，故觉万物皆空；唯其静，故觉万物不动；既虚又静，便能任心逍遥，摆脱掉一切精神障碍，获得自由自在的感受。此时，瞬间领略到永恒，刹那间已成终古，所谓"万古长空，一朝风月"。中国文化善于强调以少胜多、以少示多的精神，偏爱"少"、"非"、"无"等字。比如，禅宗六祖慧能的悟道偈语云："菩提本无树，明镜亦非台。本来无一物，何处惹尘埃。"又如，禅宗的核心思想—不立文字，强调的也是无言、无理和无碍。转之为景观空间的手法，则重在强调景观元素的数量和位置，一旦植物栽植过密过盛，则好比人多嘴多言，缺少空和无的意境。但若空无一物，则又丧失人性空间的尺度，沦为死寂，不能以动衬静，即陷入另一个极端。

2.4 层次分明的总体布局

在设计禅意空间时，其总体布局必须注意层次分明。精心的布局对整个空间环境的层次起着制约和整顿的作用，也就是说，园林的层次依赖于周密、恰当的布局。在层次分明的环境布局中，实现空间的变化，让人体味到环境的无穷韵味。前景形成框景和点缀的效果，中景构成视

觉焦点，引导人的冥想行为，远景则可以塑造空间尺度，引导到无穷、无限的思考。

2.5 发人深省的时序设计

禅意空间中要善于利用时间因素，既有强调时间维度中变化不断的景观作品，又有通过时间上持久不变的景观来体现无限和永恒主题的作品。利用环境在时令变化中的呈现出的不同景象，产生无声又无息的景象，使原本不可变的空间在时空的变幻中也显得活灵活现。如苏堤春晓、平湖秋月、断桥残雪，诠释了空间环境在四季变化中呈现出不同的景象，使人感慨对生命生生不息的无限赞美，产生对人生的无限感慨与思考。另外，日本枯山水中利用石材、松柏、沙粒等元素塑造出永恒与静止的空间体验，同样发人深省。

3 禅意空间的植物选择与营造手法

3.1 禅意空间的植物选择

通过对于大量已有关于禅宗园林的研究、建成佛教景观的借鉴，结合网络资料搜集[4-7]，共归纳得到四十余种在意境、形态或功能上与禅意空间相符的植物类型，并根据其具体的植株形态、色彩、内涵等区别进行分析，并根据其文化内涵和使用类型分为三类，即：和禅文化有关的植物、和禅意境有关的植物以及和禅审美有关的植物，得到下表1，以指导接下来的植物营造工作。

3.2 禅意空间的植物营造

按照不同的类型分类方法，可以将"大隐都市"禅意空间植物营造手法归纳为不同手法。按照植株的多少和排布，可以分为：孤植、对植、列植和丛植；按照场景塑造的手法，可以分为前景植物、中景植物和远景植物；按照场景意境的追求，植物的造景手法又可分为：衬、挡、导、围和靠[8]。对于前两种造景分类的手法，已归纳进了上表1中，而且这两种造景手法也是目前最为普遍而众所周知的，因而本文将不作赘述。接下来关于禅意空间的植物造景手法，本文将着重以第三种分类方式，即空间场景的意境为出发点，研究植物的营造手段。

3.2.1 衬

反衬一直是中国传统文化所惯用的空间塑造手法，无论是尺度上，材质上，还是色彩上，反衬往往能起到四两拨千斤的出其不意效果。陈从周先生说的"白本无色，而色自生"就是这个道理，以白色墙面的单调衬托出主景的婀娜和多彩。因而，"衬"的手法主要关系到两个方面：主景和配景。

作为主景的植物一般以孤植居多，也有二三成组而植，因其独特的植株体态、色彩、香气，或是悠久的历史文化底蕴而成为重点观赏的对象。这类植物可以引起人们的冥想和沉思，从而引入大隐之路。如同文震亨所云"一峰则太华千寻，一勺则江湖万里"一般，作为主景的植物必须具备使人洞察到宇宙自然奥秘的力量。这类的

植物大致有：独木成林的榕树、精心修剪的罗汉松、年代悠久的银杏树、姿态婉转曲折的梅花、高大茂盛的无忧树等，这里强调并非简单强调其树种的选择，更是对于树种的维护修剪、形态历史的考虑，唯有各方位俱佳的这些树才能作为"大隐都市"空间的主景植物。

而对于配景的选择，则主要依据主景而定。若主景为常绿大乔木无忧树，因其以禅意文化为特点，而非形态色彩。所以可于其周边遍植多年生草花，如文殊兰、曼珠沙华等，既可以用草花的小巧多彩衬托无忧树的高大雄壮，也可以在意境和文化上达到禅意的统一与和谐。若空间的主体是以观色叶为主的银杏，则周边植物的配置一定要反衬其色叶的特点，比如以常绿的柏类作为绿篱进行围合，以白色沙粒作为地面铺地等。就这一点而言，除了使用植物进行反衬之外，用沙石、白墙、竹篱等材质也能够很好地实现衬托的目的。

3.2.2 挡

现代都市中的外来冲击元素过多，使得遮挡屏蔽显得尤为重要。需要遮挡的除了高楼大厦的视觉影响外，还有噪声和污染等嗅觉、听觉的影响。然而对于"挡"这种手法的运用时，应注意，并非只单纯用植物遮挡，过密的植物会浪费都市宝贵的空间，而过少的植物缓冲带则无法起到遮挡隔绝的作用。笔者认为，应该将"挡"这个手法衍生理解为空间的遮挡，这个空间可以是单纯的植物林带，可以是较小的庭院院落，也可以是植物茂盛的活动场地。遮挡，抑或是障景，需要把植物作为空间来理解和思考，从空间的组织、体量、高度、阻隔性能等多方面进行考虑。

"挡"的手法往往通过丛植来表现，使植物形成一定规模的群落，达到背景和障景的作用。这种造景手法通常以植物数量取胜，而非单个植株的特殊形态，追求整体统一的震撼效果，比如普陀山的紫竹林。单一的植物品种所起到的效果就是遮蔽体验者对于其他外界要素的考虑。当体验者视野中充满的都是同一种元素的单纯重复时，可以有助于消除杂念，全神贯注，最终逐渐达到冥想的境地。然而由于都市空间的狭小的限制，遮障植物的规模和体量受到严格的限制，必然不能达到名山大川之中的旷达。因而需要进行更为细节缜密的设计，包括对于植株体量的设计，使其可以尽可能覆盖天空，遮蔽高楼大厦。另一方面，斟酌主要的视觉方向，需要遮蔽处，设置多重的丛植植物障景；而需要开敞处，则恰如其分得留出视觉通廊，做到"疏朗处可容走马，细密处难以藏针"。

另外，当利用远景之树障景时，要注意其审美特点，保持整体色调和形态上的和谐，并强调"远山无脚，远树无根"，即注意不同前后景物搭配之间的遮挡关系。作为背景的远树应当若隐若现，保持其视觉不完整性，利用前景遮障背景，利用背景遮障远处高楼，从而达到悠远延展、意味无穷的效果。

3.2.3 导

对于都市的冲击，仅采取阻挡是不够的，如同大禹治水，疏导是关键。在禅意空间的营造上，"导"意味着积

极创造视觉的通廊，寻求视觉焦点或优美的背景。列植、对植等手段皆是"导"的手段，旨在有目的地引导体验者的视线，使之主动关注空间中美好的事物，从而忽略都市的嘈杂。

列植的手法可以有效地实现"导"的要求，强调突出了空间的轴线性，呈现出强烈的序列感和指引性。这一手法往往和"对景"相结合使用，在列植植物形成的视觉廊道末端设置另一景点，形成对景效果和视觉焦点。引导性植物要求体现其整体性，忽略其个性，因而主要作为陪衬和背景使用，通常不易引人注意。

同时，引导视线的时候对于光线的控制也是极其考究的。整排的植物所形成的规则而斑驳的树荫，在加强空间的序列感的同时，随着时间流逝而转移的光影变幻效果更是能够引发人们对于时间流逝和人生岁月的感悟。另外，当体验者相对处于逆光位置时，密植植物形成的阴影可以掩盖周边景物，而突显疏朗处的光亮景色，自然而然地起到视觉引导的作用，起到框景的效果。

3.2.4 围

"围"的手法具有和"挡"相类似的效果，但是相对更强调空间的围合性，使之形成较为完整和独立的小空间。但是"围"同"挡"的区别在于，其遮蔽周围环境、减少干扰影响的方式不一定是视觉上的，而更重要的是意念和精神上的。这是由于明显的围合，尤其是规则式的围合方式，会给人的心理上产生一种强烈的约束和吸引，无形中削弱了周边的视觉影响。

植物围合的手段多以绿篱、竹林或大乔木为主。不同植物所产生的围合效果也不尽相同。较低矮的绿篱可以作为弱围合，强调空间分割的同时，通透视野；较高的绿篱则可以遮障视线，提高安全感；以大乔木作为围合，则可以保证顶端对于高楼大厦的遮挡，而露出底下景观空间，适合作为座椅休闲空间的围合使用。

3.2.5 靠

在空间的使用手法中，禅意空间和其他景观空间的很大区别在于：佛教中凡是成佛的高人都是坐卧于树下而思考的，也就是有一个大树作为依靠，包括菩提树、无忧树等。这是由于禅意空间重在思考，而背后安稳的"靠山"遮蔽是耐心沉思的前提。因而在禅意空间中，应于周边合适的区域，设置具有禅意意境的大乔木，例如榕树、菩提树、无忧树、大银杏等，于其底下设置石椅、山石等，使之成为适宜人们停留和思考的空间。作为"靠"的大乔木既是体验者背后的靠山，同时，其下挂的枝叶又是极佳的前景点缀。

4 小结

"大隐都市"区别于以往的禅意空间设计，在于以往的禅意空间设计往往将不同植物、沙石、墙体等元素分隔来看，片面追求某种元素的意境和效果，同时未能解决都市与禅意的矛盾；而"大隐都市"所推崇的禅意空间则将不同元素都理解为被赋予了复杂属性的空间类型，即附

表所列，不同植物的搭配栽植，实则不同空间体量与文化意境的相互叠加组合。只有充分理解了植物的体量、色彩、形态、内涵等不同属性及其组合原理，才能科学而有效得解决都市与禅意氛围的矛盾。

参考文献

[1] 百度百科:禅宗. http://baike.baidu.com/view/3352.htm
[2] 池哲. 利用自然要素营造禅意空间的手法研究[D]. 大连理工大学, 2005.
[3] 谢添宇. 禅意空间在现代景观设计中的应用研究[D]. 中南林业科技大学, 2012.
[4] 张德顺. 海南南山佛教文化区植被调查及景观构建[J]. 中国园林, 2012 (7): 75-79.
[5] 覃勇荣, 刘旭辉, 卢立仁. 佛教寺庙植物的生态文化探讨[J]. 河池学院学报, 2006 (1): 11-17.
[6] 杨茹. 普陀山佛教植物的应用现状与发展建议[J]. 中国园艺文摘, 2011 (5): 64-66.
[7] 贺赞. 南岳衡山佛教寺庙园林植物景观研究[D]. 中南林业科技大学, 2008.
[8] 云蕾, 陈超. 禅宗园林植物配置分析[J]. 现代农业科学, 2009 (4): 134-135.

作者简介

[1] 黄斌全, 1990年生, 男, 浙江, 同济大学建筑与城市规划学院高密度人居环境生态与节能教育部重点实验室硕士研究生。
[2] 张德顺, 1964年生, 男, 山东, 博士, 同济大学建筑与城市规划学院高密度人居环境生态与节能教育部重点实验室教授、博士生导师。

禅意空间植物类型选择与归纳分析表 　　　　　　附表

序号	名称	拉丁名	植物类型	特征形态	简图	色彩变化	营造手法	适应地区	文化内涵
					和禅文化有关的植物				
1	槟榔	Areca catechu	常绿乔木	植株高大瘦长笔挺		常绿	列植、片植主景、中景	热带	佛教"五树六花"之一
2	菩提树(毕钵罗树、摩诃菩提)	Ficus religiosa	常绿乔木	植株高大粗壮悬垂气根		常绿	孤植、列植主景、背景	热带、亚热带西南地区	佛祖释迦牟尼在一株毕钵罗树下成道; "五树六花"之一
3	高榕	Ficus altissima	常绿乔木	植株高大悬垂气根		常绿	列植、孤植主景、中景	热带	"五树六花"之一
4	贝叶棕	Corypha umbraculifea	常绿乔木	植株高大笔挺		常绿	列植中景	热带	"五树六花"之一
5	糖棕	Borassus flabellifera	常绿乔木	植株高大瘦长笔挺		常绿	列植、片植主景、中景	热带、亚热带干燥	"五树六花"之一
6	莲花	Nelumbo nucifera	多年生水生植物	植株适中		叶绿花红	片植中景	亚热带、温带	菩萨端坐或站立的莲花宝座象征着神圣本源; "五树六花"之一
7	文殊兰	Crinum asiaticum	多年生草本	植株适中		绿叶白色伞形花序	片植前景、中景	热带	佛教"五树六花"之一
8	黄姜花	Hedychium flavum	多年生草本	植株适中		大绿叶白色伞形花序	片植前景、中景	热带	"五树六花"之一

浅析都市禅意空间植物选择与营造手法

序号	名称	拉丁名	植物类型	特征形态	简图	色彩变化	营造手法	适应地区	文化内涵
9	鸡蛋花	*Plumeria rubra 'Acutifolia'*	落叶灌木	植株适中		大绿叶白花	片植前景、中景	热带	"五树六花"之一；又名"庙树"或"塔树"
10	黄兰（黄缅花）	*Michelia champac*	常绿乔木	植株较小叶大花大		常绿黄色大花	丛植前景	热带	佛教"五树六花"之一
11	地涌金莲	*Musella lasiocarpa*	多年生草本	植株较小先叶开花		花金黄绿叶	孤植、片植前景、中景	热带原产云南	"五树六花"之一；是傣族文学作品中善良的化身和惩恶的象征
12	七叶树	*Aesculus chinensis*	落叶乔木	植株适中		绿叶白色花序	列植、片植背景	亚热带、温带	佛经第一次集结的会场门前植有大七叶树；圣树
13	无忧树	*Saraca dives*	常绿乔木	植株适中顶端花多而密		常绿橘红花序	孤植、片植主景、中景	亚热带	无忧树下，摩诃摩耶王后生下了一代圣人释迦牟尼
14	娑罗树	*Shorea robusta*	常绿乔木	植株高大茂盛		常绿	片植中景、背景	热带、亚热带	相传释迦牟尼涅槃于娑罗双树间；圣树
15	山玉兰（优昙花）	*Magnolia delavayi*	常绿乔木	植株适中阔叶大花		常绿白色大花	片植中景、背景	亚热带西南地区	第五佛拘含牟尼如来成道的菩提树；佛教圣花
16	苏铁	*Cycas revoluta*	常绿乔木	植株适中枝叶似凤尾苍劲质朴		常绿针状叶褐色树干	孤植、对植主景、中景	热带、亚热带、温带	以铁树无花无果，比喻无心、无作之妙用

序号	名称	拉丁名	植物类型	特征形态	简图	色彩变化	营造手法	适应地区	文化内涵
17	银杏	*Ginkgo biloba*	落叶乔木	植株适中		色叶秋季金黄	孤植、列植主景、背景	亚热带	银杏寓意历史悠久，源远流长，被佛教界称为圣树
18	龙华树	*Mesuna roxburghii*	常绿乔木	植株适中		常绿	片植中景、远景	热带	指弥勒成道时之菩提树
19	阎浮树	*Syzygium cumini*	落叶乔木	植株适中叶阔		绿色大叶	丛植、片植中景、远景	热带、亚热带	佛教圣树.
20	红花石蒜（曼珠沙华）	*Lycoris radiata*	多年生草本植物	植株细长		花红色	片植前景、中景、远景	亚热带	四种天华之一，原意为天上之花，大红花
21	兰科	*Orchidaceae*	地生、附生草本	植株小，叶细长		绿叶	孤植、片植前景、中景	热带、亚热带	兰花为佛教的六供奉之一，代表着佛教中因果的因
22	吉祥草（观音草）	*Reineckia carnea*	多年生草本植物	植株较小		绿叶	片植前景、中景	亚热带	释尊在菩提树下成道时，敷此草而坐；被看成是神圣的草
23	睡莲	*Nymphaea alba*	多年生水生植物	植株适中		叶绿花红	片植中景	亚热带、温带	如来佛所坐，或观世音站立的地方，都有千层的莲花

和禅意境有关的植物

序号	名称	拉丁名	植物类型	特征形态	简图	色彩变化	营造手法	适应地区	文化内涵
1	榕树	*Ficus microcarpa*	常绿乔木	植株高大粗壮气生根垂挂		常绿	孤植主景、背景	热带、亚热带	象征吉祥、生生不息

序号	名称	拉丁名	植物类型	特征形态	简图	色彩变化	营造手法	适应地区	文化内涵
2	罗汉松	*Podocarpus macrophyllus*	常绿乔木	植株适中、低矮修剪为盆景		常绿	孤植主景	亚热带	结果后，体态似光头和尚穿着红色僧袍
3	玉兰	*Magnolia denudate*	落叶乔木	植株适中阔叶大花		绿叶白色大花	孤植、列植主景、背景	亚热带、温带	象征着品格的高尚和具有崇高理想脱却世俗之意
4	无患子	*Sapindus mukorossi*	落叶乔木	植株较大顶端圆锥花序		色叶秋季金黄	列植、片植中景、背景	亚热带	相传以无患树的木材制成的木棒可以驱魔杀鬼
5	龙柏	*Juniperus chinensis* 'Kaizuka'	常绿乔木	植株适中/较小圆锥状/修剪状		常绿	列植、孤植前景、背景	亚热带	"经霜不坠地，岁寒无异心"的高尚吉祥象征
6	圆柏	*Sabina chinensis*	常绿乔木	植株适中/较小圆锥状		常绿	列植、孤植背景	亚热带	"经霜不坠地，岁寒无异心"的高尚吉祥象征
7	梅花	*Prunus mume*	落叶乔木	植株较小枝干遒劲先叶开花		棕褐色枝干粉色小花	孤植、片植、对植主景、中景	亚热带	体现端庄圣洁的气氛
8	茉莉花（摩利迦花）	*Jasminurn sambac*	常绿灌木	植株较小		绿叶白花	丛植远景	亚热带	表示忠贞、尊敬、清纯、贞洁；常出现于佛殿
9	山茶（曼陀罗树）	*Camellia japonica*	常绿灌木	植株较小		绿叶红花	片植中景	亚热带	《法华经》里，佛说法时，天上飘起的曼陀罗花雨
10	栀子	*Gardenia jasminoides*	常绿灌木	植株较小		绿叶白花	丛植、片植中景、远景	热带、亚热带	佛寺内常以此花供奉香案；卜清芳，佛家所重，古称禅友，殆非虚言

序号	名称	拉丁名	植物类型	特征形态	简图	色彩变化	营造手法	适应地区	文化内涵
11	芦苇	*Phragmites australis*	多年水生或湿生禾草	植株较高大		黄色、绿色	片植背景	亚热带、温带	《宗镜录》卷四十七，以束芦来比喻六根、六尘之间的关系
12	唐菖蒲	*Gladiolus gandavensis*	多年生草本	植株适中		绿叶彩花	片植前景、中景、远景	亚热带	代表了怀念之情，也表示爱恋、用心、长寿、康宁、福禄
13	凤尾竹（观音竹）	*Bambusa multiplex*	禾本科多年生木质化植物	植株适中/较小叶细纤柔		绿色	孤植、片植前景、中景、远景	热带、亚热带	观音控制孽龙并用凤尾竹恢复家园的典故

和禅审美有关的植物

序号	名称	拉丁名	植物类型	特征形态	简图	色彩变化	营造手法	适应地区	文化内涵
1	枫香	*Liquidambar formosana*	落叶乔木	植株适中		色叶秋季金黄、橘红	孤植、列植主景、背景	亚热带	色彩变化；变幻禅意体验
2	女贞	*Ligustrum lucidum*	常绿乔木	植株适中/较小		常绿	片植、丛植、绿篱背景	亚热带	创造禅意休息空间
3	悬铃木	*Platanus acerifolia*	落叶乔木	植株较大粗壮		绿色转黄	列植、孤植前景、中景	亚热带	枝干、色叶提供冥想景观
4	柚子	*Citrus maxima*	常绿乔木	植株适中		绿叶大果	孤植、片植中景	热带、亚热带	创造禅意休息空间
5	桂花	*Osmanthus fragrans*	常绿灌木	植株较小		绿叶黄花	列植、片植中景	亚热带	花香四溢；创造冥想氛围

浅析都市禅意空间植物选择与营造手法

序号	名称	拉丁名	植物类型	特征形态	简图	色彩变化	营造手法	适应地区	文化内涵
6	佛甲草	*Sedum lineare*	多年生草本植物	植株低矮		绿色	片植前景、中景	热带、亚热带	质地柔软；适宜禅意空间营造
7	鸡冠花	*Celosia cristata*	一年生草本	植株较小		红色花冠	片植中景、背景	热带、亚热带	创造禅意休息空间
8	佛肚竹	*Bambusa ventricosa*	禾本科丛生型竹类	植株较高节间肿胀		黄绿色	片植前景、中景	热带、亚热带	节间肿胀似佛肚；审美联想作用
9	刚竹	*Phyllostachys viridis*	禾本科植物	植株较高		绿色	片植背景	热带、亚热带	竹林幽静；提供冥思空间
10	甲竹	*Bambusa remotiflora*	禾本科植物	植株较高顶端稍弯		绿色	片植背景	热带	竹林幽静；提供冥思空间
11	吊丝球竹	*Bambusa beecheyana*	禾本科丛生型竹类	植株高大顶端稍弯		绿色	片植背景	热带	竹林幽静；提供冥思空间
12	紫竹	*Phyllostachys nigra*	禾本科植物	植株适中		秆紫色	片植前景、中景、远景	亚热带	因普陀紫竹林而出名
13	黄金间碧竹	*Bambusa vulgaris 'Vittata'*	禾本科丛生型竹类	植株较高		黄秆绿条纹	片植前景、中景、远景	热带	竹林幽静；提供冥思空间；色彩绚丽

长城文化遗产廊道构建初探

Research on Construction of the Greatwall Cultural Heritage Corridor

焦睿红　杨珊珊　丁　奇

摘　要：长城作为世界上最长的文化遗产，具有很高的历史、文化、艺术及旅游开发价值。其在时间和空间的跨度上较大，对她的保护须分层次、分阶段的构建保护系统，同时也需考虑调研和规划的时间维度，及时更新和调整保护措施，建立动态保护机制。介于长城具有明显的线性识别特征，本文试图通过遗产廊道的保护方式，在线性体系中寻找关键点并注重其保护策略和发展，以期由点及线，实现整个长城体系的保护与发展。

关键词：长城；遗产廊道；文化遗产；保护

Abstract：The Great Wall is the longest heritage in the world. It is of great value in history, culture, arts, as so as tourism development. The large span in space and time of the Great Wall leads to a hierarchical and phased constructed protecting system. And meanwhile, there are also strategies to be carried out. To Update and adjust protective measures which caused by the time dimension of researching and planning establishes a dynamic protection mechanisms. Since the Great Wall has an obvious linear characteristic, this article explores a way of Heritage Corridor protection which penetrate the linear system. The way begins with finding key points and then focused on protection strategy of them, as points accumulating, they would formed a line along the Great Wall, and it could be a protection system in the future.

Key words：The Great Wall；Heritage Corridor；Cultural Heritage；Protection

1　全面调研

长城保护关键点的选择以历史地位为首要判别要素，因此离不开基础资料的支撑，对于长城的保护来说，资料库的信息更是决定策略的运行有效程度，首先应对于历史的长城进行定位研究。

多年来，对于长城的调研较为分散，主要是关于长城历史位置和历史事件的考证，又或是以长城为参照，研究当地的自然条件变化和历史风俗变迁，不同学科相对独立的研究很难将其作为资料库来查找某一特定区域的历史地理信息。因此一个能够动态更新的地理信息系统资料库的构建，并以其作为各层级规划的依据是保证长城保护与开发合理性的基础。

然而，信息资料库的构建并非一时之功，由大至小，分层次逐级细化是一个切实可行的办法，此外建立资料的定时更新与评审机制能够有效地保证资料库的科学性。

2　适宜性评价

此处的适宜性评价并非景观生态学关于土地利用的适宜性评价，而是旨在以长城的历史地位为基础，结合现状，找出关键点的不同适宜开发模式，对下一步的发展策略作出指导。

2.1　评价影响要素分析

长城作为一个文化遗产景观的同时与自然景观结合紧密，对于其现在保护开发策略产生影响的要素包括历史地位、自然环境条件和现代发展潜力三类。

（1）历史地位的评价包括不同朝代的军事地位和历史事件重要度、知名度等。关于军事地位的重要度可以以防御措施的关、峰、燧等屯兵处为源，根据道路、地形、地物通过构建等阻力模型，结合周边民族聚居点的距离，判断该处的军事地位；而历史事件的重要度可以通过记载的历史文献的级别和重要度，以及民间流传调查来予以评价。

（2）自然环境条件包括长城所在地的地形、地貌、气候、水文、土壤、动植物条件以及环境污染。通过上述要素可以对自然灾害（如地震、暴雨、洪水、泥石流、火灾等）的发生进行一定的分析和预警，寻找长城沿线自然胁迫的区段；此外，通过分析古代长城的材料与建构方式对于自然条件变迁的适应性能够有利于探索长城保护修缮技术和景观风貌的保护。

（3）现代发展潜力包括遗址保存现状和城市发展方向。分析长城所在地的现代发展潜力主要在于旅游业的分析，由于知名度建立在长城的历史地位上，因此对于当地的发展潜力主要集中在通达程度和保护状态上。对于遗址的保存现状可以参照《中国历史文化名镇名村评价指标体系》，参照遗址的文物数量与等级、完整建筑物数量以及构筑物完好程度进行评价；而对于城市的发展则可以根据城市的等级和与长城距离定位需要分析的聚居地，以聚居地为源，对于道路分级别计算阻力，以分析周边城市交通旅游的发展对于长城的影响。

2.2　评价结果倾向分析

长城历史文化遗产的保护以长城的历史地位为判别条件确定关键点，对于关键点的分析结合两类不同要素出现以下结果倾向：

（1）长城的历史地位与自然要素综合分析

分析长城所在地的自然条件，可能出现以下几种情况：长城受到自然灾害的威胁、古代构筑的长城在当地自然条件下易于损毁、长城所在地自然条件稳定，并且该处自然条件对于长城保护有利。

（2）长城的历史地位与现代发展潜力综合分析

分析长城所在地的现代发展潜力，可能出现以下几种情况：长城所在地易于到达、保存现状好；长城所在地不宜到达，保存现状好；长城所在地易于到达、保存现状差；长城所在地不宜到达，保存现状差。

3 制定不同重心的发展策略

当结合自然环境条件分析时，当地自然环境条件不利于长城保护时，则以生态调整为主，工程技术措施为辅，对长城进行保护；而当地自然环境条件利于长城保护时，环境策略则以当地自然环境条件的保护为主。

当结合周边城市发展潜力分析时，根据遗产地的易达程度和保存状态，对遗产的工程修缮和旅游开发所占比例并不相同。遗产区域的现代发展潜力变化主要在于道路修建带来的旅游机会变化，因此应及时根据周边线路条件调整相应的发展策略。

总的来说，对于长城沿线关键点的发展策略可以概括为以下3种：

3.1 以生态环境为优先

对于并不宜到达的区域，以遗产为中心发展旅游业并不可取。因此对于这部分地区，自然环境条件有利于遗产保存时，应注意对于当地自然环境的保护力度；而当自然环境不利于遗产保护时，应制定相应的生态防灾措施，以生态调整为主，寻求工程技术方面的保护方式。

对于容易到达但生态环境条件恶劣的地区，不利于游赏开发与当地可持续发展，应把生态环境的改善策略放在首位。

3.2 以发展旅游产业为优先

易到达且遗迹保存状态良好的地区适宜发展旅游业，应将旅游业的收入投入到遗产保护中来。对于易于发展旅游业的区段，主要保护压力在于科学合理的旅游规划，结合自然环境限制和遗址保护，制定合理的游人容量对于遗产的可持续利用至关重要。此外，还需协调旅游与居住的关系，包括市政设施联合设置、公私空间分离以及居民游人关系等。

3.3 以发展当地其他经济产业为优先

"保护的目的是为了发展"，并不是指只有依托保护的遗产旅游业才能发展。遗产保护对于遗产所在地是第一要务，但是并不一定以旅游产业作为基本支撑，积极发展当地特色产业也能够成为遗产保护的资金支撑。

长城横跨数省，地理、社会条件各不相同，因此在偏远不宜达到的地区希冀以旅游业作为产业支撑明显是事倍功半的。但是不同地区具有不同的特色，比如有的地区适宜种植中草药，有的地区适宜种植葡萄、果树等，这些地区完全可以依托当地特色的产业发展，将这些产业与长城相结合，扩大彼此的知名度，并将收入部分投入长城保护则能达成双方共赢的经济循环。

4 分阶段保护与发展

4.1 定位关键点，明确发展先后关系

对于关键点的定位，可以依照历史地位的分析，结合安全格局的理论来确定不同级别的关键点，通过优先保护关键点的方式，尽量使长城能够体现其历史变迁的"真实性"。而长城沿线的城市则决定长城区段的发展：不同级别的城市对于长城保护与发展的作用程度不同，同时保护与发展战略的实施也取决于当地的经济条件和政策重心。因此对于关键点策略的实施，应自上而下依据政策重点先后进行建设。

4.2 重点段的连通与沿线扩展

长城节点间的连通应当以相近节点之间的策略融合发展为基础。可以结合周边城市的级别、与遗产距离、发展程度、相关政策，和遗产节点的历史地位、知名度为依据对不同节点进行优势度分级，针对区域的优势节点的策略情况，形成生态策略区域的融合以及旅游线路的连通和旅游线路对于生态策略区域的渗透。

步骤为：（1）对某一区域的长城节点周边城市进行分析，得到不同节点对于城市的重要度，进行计分；（2）针对节点的历史地位打分；将两项结果累计分级，得到节点优势度评级；（3）在相同优势度的节点之间根据不同策略的出现次数，决定该区域的主导发展策略；（4）以主导策略为重点将不同节点加以连通。

在不同策略区域，相应的子策略连通方式不同，主要为生态廊道、旅游线路和二者相结合。联合方式上可划分为生态农业、生态旅游、旅游线路或慢行系统、旅游商业、经济圈。

4.3 长城文化遗产廊道的贯通

不通区段逐渐扩展、连通，最终形成贯通长城全线的遗产廊道，将会带来以下4个方面的改善：

4.3.1 旅游经济效益的扩大

更长的旅游线路带来更长的旅游周期，能够为周边城市带来更多的经济利益。不同旅游区段的选择为沿线城市增加了商品交易和就业的机会，带来地区的经济增长，而地区的财政部分用于文化遗产保护，形成有益于遗产保护的可持续的经济循环。

4.3.2 科研机会的增加

空间线路的开通有利于各学科开展以长城为坐标的研究，包括历史、地理、军事、政治、民族民俗、建筑、经济、文化艺术等方面，如历史环境的变迁，民族迁徙、建构技术的研究等。这些研究也都进一步扩充长城的内涵。

园林植物应用与造景

4.3.3 教育内容的扩展

全面贯通的线路为人们全面理解长城提供了可能性，而不仅仅在于虚无缥缈的历史与抽象的文化中，长城线路中是可触可感的实体，这为相关学科的教育提供了具象的参照，有利于各项学科教育项目的开展。可以依托其开展教育、学习调研与考察。

4.3.4 居民认同感的加深

线性空间有利于同为线性的时间的展示与感知。徜徉在线性的长城文化遗产廊道中，空间的遍历有利于深化人们对于长城历史的认识，继而明确长城的历史意义，增加居民的地方认同感和进一步增加人们对于民族和国家的认同感。

4.4 以长城文化遗产廊道为中心的长城文化保护系统

中国的城市往往具有较长的历史，但是对于城市历史展示机制的探索往往不尽人意，概因为展示空间的限制：在一个空间点上展示时间维度上线状的历史过程无疑增加了展示的难度。长城作为一种线性的物质载体，不同历史时期的体现具有直观性，无疑为历史过程的展示提供了一个全新的机会。以长城历史作为线索，将沿线的历史城市、镇、村等加以整合，形成长城文化保护系统，明确不同地区在历史经济、政治、军事上的联系，能对地区的历史文化脉络进行更为清晰的梳理，在此基础上进一步发掘地方特色，增进居民认同。此时，"长城"虽然在最直观上以线性的实体存在，但是文化联系上却并非线性，以其为脉络构成清晰的历史联系，联系中华大地，才是长城作为世界文化遗产的真正内涵。

5 长城文化遗产保护的动态评价与反馈

无论是长城文化遗产廊道的构建还是其后续的发展，都会经历较长的时间，因此自初始阶段建立有效的动态评价与反馈机制有助于策略方式的更新与调整。

5.1 成立长城文化遗产管理委员会

基于多国联合申遗的尴尬境地，不难看出地方希望强调其在某个整体中特殊地位的愿望，因此并不能够对关键点实行公正科学的判别。长城在中国跨越数省，在地方行政上必然会遭遇类似的问题，因此一个跨越多个行政区域的管理委员的设立是必要的，有利于长城保护与开发的管理工作的展开。

委员会应在政治上直属国家机构管辖，受文保部门、旅游部门与林业部门制约。同时在地方上可以以 NGO 的形式出现，对地方长城区段进行评估、调研；为长城保护规划、旅游开发规划提供基础资料，同时协调二者之间关系；关注地方居民对于长城的认识，组织活动宣传长城或对地方长城发展举行民意测验。

在中国已经有类似的组织基础，例如"中国长城协会"，可以在该组织的基础上发展构建委员会。

5.2 信息更新与评估

信息更新包含两个方面：一是长城本身的信息更新，二是世界遗产保护方法的信息更新。

对于长城本身的研究并无止境，多个学科对于长城的研究都有待继续深入，信息的逐渐出现，需要及时加以判别，尤其是地理、历史、考古信息，对于可能出现长城的地区进行走访和对于新发现的长城区段及时加以保护都能够最大限度的保护长城。

而社会发展必然伴随着理论、科技的发展，国内外专家对于不同文化遗产的保护开发理念与方式也值得借鉴，因此及时更新信息，保持理论的先进性才能做出科学合理的管理与规划。

新获得的历史地理信息加以判别后，则需要针对信息进行保护与开发规划层面的评估。若信息所在节点是"关键节点"，或者"优势度"较高，则需针对区域层面进一步判别，是否对策略产生重大影响，若是则需要对于该策略进行新一轮的修改，否则需要在现有区域内选择合适策略加以保护与开发，同时将其加入信息库。

而新的理论则需要通过专家评审的方式论证是否对于现有策略有重大影响，及时对策略进行调整。

5.3 长城文化遗产的宣传机制

长城文化遗产廊道的构建无疑是由小及大，逐渐扩展的，但是长城作为一个整体，仅在点或段的基础上予以宣传无疑会造成民众的错误认知。所以应该在点、段的基础上增加对于长城整体的宣传，明确节点在长城历史上的意义，对于整个长城军事、整治、经济体系有侧重的宣传。

在宣传方式上可以将门票、旅游手册或特色地图联合发放，开发语音导航系统，创立长城信息的专门网页，允许通过 GPS 上传自己游历的长城段，增进信息共享，此外还能够与其他符合长城历史身份的社会活动（如书法比赛、摄影展等）相结合，提供活动场地或是奖励游览来增加长城的知名度。

参考文献

[1] 于元.中国文化知识读本——历代长城[M].吉林文史出版社，2010.1.

[2] 董耀会.瓦合集——长城研究论文[M].科学出版社，2004.4.

[3] 李严.明长城"九边"重镇军事防御性聚落研究[D].天津大学博士论文，2007.

[4] 孟宪民.梦想辉煌：建设我们的大遗址保护展示体系和园区[J].东南文化，2001.

[5] 俞孔坚，奚雪松，李迪华，李海龙，刘柯.中国国家线性文化遗产网络构建[J].人文地理，2009(3).

[6] 俞孔坚.景观生态战略点识别方法与理论地理学的表面模型[J].地理学报，1998(12).

[7] 王肖宇，陈伯超.美国国家遗产廊道的保护——以黑石河峡谷为例[J].世界建筑，2007.7.

[8] 李伟，俞孔坚，李迪华.遗产廊道与大运河整体保护的理论框架[J].城市问题，2004(1).

[9] （日）西村幸夫.再造魅力故乡：日本传统街区重生的故事[M].清华大学出版社，2007.4.

［10］ 苏明明. 遗产旅游与社区参与——以北京慕田峪长城为例
［J］. 旅游学刊，2012. 7.

作者简介

［1］ 焦睿红，1989 年 11 月生，女，汉，陕西，硕士研究生，
北京建筑大学，风景园林。

［2］ 杨珊珊，1989 年 1 月生，女，汉，山东，硕士研究生，北
京建筑大学，景观设计，电子邮箱：yangshan8901 @
163. com。

［3］ 丁奇，1975 年 06 月，男，汉，山东，硕士研究生，副教
授，北京建筑大学，风景园林。

论植物景观的模式表现及特殊性^①

Generality and Particularity of Plant Landscape

李冠衡

摘 要：植物景观的具备模式化的表现力，在其生态习性中、常用造景方法中、游客的审美情趣中，模式表达给予植物景观一般性经验；而在树种选择上、造景层次搭配上、功能表达上，植物景观又有强烈的特殊性及个性。

关键词：园林植物；一般性；特殊性

Abstract：Plant Landscape with patterns of expression，in its ecological habits，the commonly used method of landscaping，visitors aesthetic taste，the pattern given landscape plants expressing general experience；while in species selection，landscape-level matching，function expression，landscape plants have strong particularity and individuality.

Key words：Landscape Plant；Generality；Particularity

1 前言

著名建筑理论家克里斯多夫·亚历山大和他的合作者们编著的《建筑模式语言》一书中提供了 253 个描述城镇、邻里、住宅、花园、房间及细部构造的模式。这本书给予读者一种思维方向的启迪，"模式"化的思维也许是人们征服自然最节能、最高效的经验之谈。

何谓"模式"？《魏书·源子恭传》中提到："故尚书令、任城王臣澄按故司空臣冲所造明堂样，并连表诏答、两京模式，奏求营起。"宋张邦基《墨庄漫录》卷八中提到："闻先生之艺久矣，愿见笔法，以为模式"。可见，模式是一种可以用来参照的形式。词典中对"模式"（Pattern/Mode）的解释是：事物的标准样式，其实就是解决某一类问题的方法，即把解决某类问题的方法总结归纳到理论高度，那就是模式。

何谓"特殊表现"？特殊这一次的出处，晋夏侯湛《芙蓉赋》："固陂池之丽观，尊终世之特殊"。特殊就是不同于同类事物或平常的情况，"特殊性"，即具备特性的事物的外部表象。

"模式表现"、"特殊性"，是哲学中普遍性和特殊性的集中体现，对于一块绿地植物景观设计的态度，应当是普遍性与特殊性的糅合运用。

2 植物景观模式表现的研究意义与特征

经过反复观察与比较，笔者认为植物景观也具有模式，具有一种共性，当把加在植物景观身上的所有附属职能、意义去除后，暴露出的核心结构具备一定共性，这就是植物景观的模式表现。这种模式表现可以强调植物景观风格与用地的对接作用，强调此绿地非彼绿地。

2.1 研究植物景观模式语言的意义

植物景观的模式也就是一种营造植物景观的标准形式，是具备一般意义及外部形态的模板。而正是有了模板才让设计变得不是特别复杂，才有可能形成理论与理法的总结。有了模式可以让设计交流变得容易，让植物景观的设计效率更高。有了模式即具备值得遵循的法则，避免设计中走弯路，造成景观与资源的浪费。模式更是植物景观科学性的客观体现。

2.2 植物景观模式表现的特征

植物景观模式表现应当具备以下特征：

2.2.1 最核心、最普遍的内涵

植物的生物学特性及生态学特性是模式产生的最核心基础，所以在植物景观构造中首先强调了科学性：研究植物景观的层性特征，研究植物高度、开花时间、花色、花型等；研究生态中的最小生长单元，生态系统中的地位，生物多样性的构建、生态补偿机制的建立。这些研究目的在于两个方面：其一，解决植物单体景观化认知的问题，也就是构造植物景观的单元在景观群体中的表现力；其二，解决不同植物之间的组织问题，也就是植物景观规划设计工作，从过去小环境中散点式的节点种植模式，发展到现在大环境中使用较多的丛状、群状、斑块状种植模式，以及从丰富的景观表现中凝练植物景观的生态稳定性。

2.2.2 最简练、最纯净的组成结构

自然界中植物具备多种影响因子，甚至于在同一范围

——————————————
① 中央高校基本科研业务费专项资金资助（项目编号 TD-2011-27）。

内产生不同的植物结构，而植物景观设计不是单纯的复刻，而是进行有效的层次组成的提纯。

根据植物地带性分布特点，寒温带层间结构比较单纯（黑龙江、内蒙古北部），景观角度将其归纳为乔-草结构模式，灌木层很少，主要是纯林，常见兴安落叶松、西伯利亚冷杉、云杉、白桦等纯林。纯林在视觉上较为震撼，空间对比突出，并且有较完整的林下空间，也经常在园林植物景观设计中使用。

暖温带落叶阔叶林带包括辽宁大部、河北、山西大部、山东、江苏北部等区域。最著名的是大家熟知的"乔、灌、草"复层种植模型，这个模式提出解决了植物种植、展示层次的问题，也是国内外使用较多的植物景观模式语言。这个温度带典型的还有季相模式，四季分明，景观变化显著。

再向南进入亚热带常绿阔叶林带，包括江苏大部、安徽大部、河南南部、陕西南部、四川东南、浙江、福建等地，常绿的阔叶树比例逐渐提高，在视觉上可以看到植物叶片变大、变阔，含水量变高，四季景观逐渐模糊化，随着季节变色叶植物量减少，但因为此温度带局部仍有较长旱季，所以落叶植物也不少。

广东南部、广西、台湾大部、海南、云南等地进入热带季雨林、雨林带，这个地带植物层次结构很复杂，少则4-5层，多则7-8层，木质藤本数量增加，有板根现象、附生现象、绞杀现象出现。

我国从北到南自然植物层间关系逐渐复杂，尤其在华南地区，园林植物景观的设计难度较大，其中有更多的层间层。但"上中下"式的层间关系是已经形成的植物层次搭配的模式表达，仍是植物景观设计的基础，这种模式是理想化的植物层次关系，在实际操作中简化了植物层次结构，使植物景观整齐干净，也比较符合自然植被特点，使设计更容易进行（图1-图3）。

图1　南京植物园种植的分层结构

2.2.3　最显著、最典型的认知形式

滨水公园、郊野公园、城市综合公园、风景名胜公园等具备不同的景观风貌（图4-图6）。首先，绿地的种植形式受到周围环境、现状植被的影响，种植要满足区域植被的连续性；其次，植物景观的塑造需要满足公众对公园性质的理解，符合游客对某公园形式的视觉需求，这种需求的本源来自于对常见景观形象的记忆：人工种植的自然

图2　西安大雁塔旁绿地种植分层结构

图3　重庆街边种植分层结构

形式植物、修剪的绿篱、点缀的草本花卉、大面积草坪、各种活动设施，都是游人对城市综合公园形象的模式记忆；丛生的观赏草、木质平台及栈道、杂色点缀的草甸是人们对郊野公园的模式记忆等，这种记忆对于自然植被肌理的人工改造有积极的指导意义。

3　植物景观模式表达的类型及其特殊性

模式是稳定的，有规律可循的，而特殊性是特定的，是具体指向的，产生特殊性的最核心原因有三条：其中之一是植物的选择，不同的植物外形差别较大，即使外形统一其季节性表现仍然有很大差别（图7）；另外是组织与种植安排，列植、孤植、群植、丛植等形式，或规则或自然，其影响到空间组织及游赏路线的穿行；第三种是与其他造景要素共同形成的风格，比如同样是观赏草种植，种在石材种植池中，落位在广场上，看起来就是城市公园的感觉，而自然丛植在土地上，一条木栈道穿行其中，就是生态公园的感觉。植物相同，搭配办法不同又产生了特殊性。

3.1　层次模式及其特殊表现

乔-草型，乔木与草本搭配，分为两种典型的植物景观形象：其一，纯林景观，注重空间的顶部围合与林下空间的塑造，要点在于控制植物种植密度与树种分枝点高度，不同植物形成的纯林便是其特殊性的重要体现：毛白杨的纯林林下通透舒适，适合林间漫步；成年油松的纯林林下开敞，油松的截顶现象又如同伞盖，提供良好遮荫；

图 4 京郊圣泉寺利用用现状植被造景

图 5 俄罗斯巴甫洛夫斯克城市公园的自然式种植

图 6 江洋畈生态公园的种植

图 7 上图水边种植具有普通的模式性，
下图是早樱开放后水岸的特殊性
这种特殊性是季相变化引起的

图 8 辰山植物园路旁的水杉纯林密度非常高

水杉纯林致密难以进入，但其立面竖向线条明显，景观效果显著（图8）。其二，疏林景观，树木之间的距离比较大，乔木呈现散点式布局，头顶空间通透、开敞，并有一定面积遮阴，其作用和凉亭设施比较接近。

乔-灌型，乔木与灌木搭配，不敷设地被（裸露地面被认为是影响景观的消极因素），这种模式包括三种典型的植物景观形象：其一，远景忽略，植物景观作为游览路径难以到达的远景，可以敷设较少的地被，利用视觉误差使观赏者忽略地被的缺失，这种做法对经济性与景观效果有较好的权衡；其二，铺装基底，在铺装上种植往往较多乔木与灌木搭配，或者乔木与绿篱搭配，这种模式也不必全部敷设草本；其三，近景视线阻挡，虽然植物景观距离人视点很近，但由于灌木对视线的阻挡，乔木下也可以不敷设地被。

乔-灌-草型，最常见的一类搭配模式，这种结构符合植物种植组团的高度要求，也符合林缘的展示要求。其特殊性在于植物层次间的组合关系形成不同的空间围合强度，有些植物景观会强化林缘的线型特征，采用强而连续的地被种植镶边（图9）。

图9　利用迎春强化种植边缘线型关系（拍摄于圆明图）

地被型，现代公园中常见景观类型，纯地被组成，形成面状、开敞的空间效果，纯净的草坪可以作为观赏与活动的载体，如果加入一定量的乔木种植，可以发展成为疏林草坪；模拟自然草甸景观也可以使用混交的地被花卉形成色彩斑斓的地面效果（图10）；模拟彩色的铺地变化形成多色花带（图11），在地被模式中植物种类的多样性反映了这种模式下植物景观的特殊表现。

图10　坝上草原自然混生的野花草甸

3.2　边界模式及其特殊表现

在园林环境中，两种质的交界处往往是植物景观组织活跃的地方，常见的几种边界如：道路边界，指道路与绿地的交界面，现代景观中道路多采用曲线布局形式或者拟曲线式的折线型构造，其目的是增加沿路空间变异的可能性，增加游赏间距，加强道路转弯处的空间感受（图12），这种种植模式由于选择了不同植物而具有不同韵味，焦点位置既可以是一株姿态优雅的乔木，也可以是一株叶色特殊的植物，也可以是一座雕塑，这些内容创造了模式中的差异性，也造就了公园中不同位置的变化；水体边界因为水面视域开阔，所以水岸边缘植物的立面、层次更加醒目，所以缘水种植通常需要精细配置，以视线、视距为

图11　北京植物园的郁金香花坡

引导处理水畔植物的高度是一种模式语言，而由于驳岸不同，形成不同的种植形式，体现了其中的差异性（图13）；草坪边缘不是以道路界定，就是通过植物围合的办法界定，植物围合的方向往往朝向观察者，以林带营造背景，前方展示一些装饰性强的植物，花境往往产生于这种林缘地带，成为这个位置的特殊性表达。

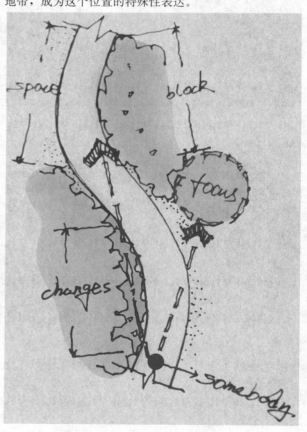

图12　园路栽植的局部模式

3.3　风格模式及其特殊表现

其实这种命名不是特别贴切，这里想探讨植物景观在不同性质的绿地中呈现不同风格的问题。公园绿地算其中比较重要的一类绿地，城市综合性公园基本处于城市中，位置都比较重要，从形象和风格来看，其中囊括了相当多的造园要素，植物景观人工痕迹比较重，以强烈的装饰性

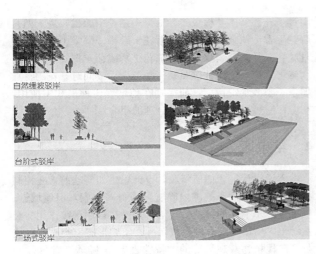

图 13 几种常见的驳岸及种植形式

（花坛、花带、丛植的花灌木等），强目的性的植物围合（利用植物围合一块开敞的草坪空间），比较重的人工造型、修剪形式（植物球、绿篱、绿墙等）为重要特征，在这种模式下，几何形、规则型的植物种植与人工自然形式的种植需要相得益彰，所以在多数公园内看到的多呈现有序、整齐的乔灌草搭配模式（图14），而植物种类的选择、植物空间的组合却具有多样性与灵活性，这些正是自然模式中的特殊性。

图 14 乔-灌-草复层种植（拍摄于杭州太子湾公园）

道路这种附属绿地的植物景观，根据道路板带结构构成的近乎平行的线状结构，这种结构模式是由栽植位置的形式决定的。如北京学院路北段中央分车带段落式阵列种植了千头椿、丛植琼花、榆叶梅，整齐的绿篱，条带种植的大花萱草，形式上以平行条带的模式出现，但景观效果及空间上比较丰富，所以机非隔离带简单处理以攀缘蔷薇、列植乔木、黄杨球为主，（图15）；而车公庄西大街没有中央分车带，所以机非隔离带设计比较复杂一些：东段以银杏列植、紫薇列植，结合棠丛植造景，塑造夏秋胜景，西段以毛泡桐列植、碧桃列植为主，塑造春季美景。

绿地率较高的广场，这类用地功能十分明确，它提供休息、集散、聚会活动等平台，绿地与铺装形成以铺装为底，绿地为图形的关系，这样从宏观上看，绿地也可以看作铺装的一种纹理（图16）。因此在国内外的广场设计中，铺地的设计总是第一位的，绿地部分会与之呼应。

图 15 学院路植物种植

加盒大若列特
布尔热广场

加拿大蒙特利尔
尤维尔广场

图 16 广场上种植在铺装切
割的绿地上模式化出现

在多数设计师的脑海中，想到广场一定能联想到铺装分割线、整齐的树阵、树池坐凳等形象，这便是广场的一种种植模式，非常典型，在选择植物的时候除了强化地面色块切割的对比作用，还需要考虑植物对广场空间的限定，在同一块场地中产生不同感受的停留区域。

3.4 树种模式及其特殊表现

在不同温度带控制下树种呈现模式化搭配，也就是说同一个区域内常见树种出现频度非常高，能够形成区域的骨干种植，这样构成树种模式。

3.4.1 地域性树种模式

加格达奇（距离漠河500km）参加项目，那里可以栽植的植物很少，云杉、樟子松是常见植物，落叶树很少。所以城市植物景观（公园、道路）受到很大限制，加上冻土层深，铺装变化也很难做到位。但在外围的林场内，针叶树的混交林非常有气势。在内蒙古准格尔旗项目就灵活一些，可以种植的树种逐渐多起来。

暖温带地区，城市周围植被类型是松栎混交，通过城市绿化的引导，市内最重要的常绿乔木以油松、圆柏、侧柏为主，常见华山松、樟子松、云杉、雪松、青杆、白杆等，阔叶树最重要的是国槐、银杏，常见杨、柳、榆、椿、柿、白蜡；小乔木、灌木常见碧桃、山桃、山杏、榆叶梅、连翘、丁香、海棠、樱花等。这些组合在整个华北地区都是常见形式。

而进入华东地区，常绿树中阔叶类型多起来，常见香樟、女贞、广玉兰、雪松、罗汉松等，落叶乔木有重阳木、苦楝、无患子、鹅掌楸、杜英等；常绿小乔及灌木杜鹃、火棘、十大功劳、南天竹、胡颓子、桂花、含笑等；落叶小乔及灌木与北方有较多相似，特殊的有梅花、蜡梅、木芙蓉，这些特征显然与北方不同。

进入华南地区常绿植物更多、落叶植物更少，有特色的植物包括桑科榕树的多种榕树、棕榈科的各种椰子、棕、葵、海藻，香樟、木棉、白兰花、海南蒲桃、红花羊蹄甲、凤凰木、红千层、白千层、秋枫、大叶榄仁、小叶榄仁等；常见灌木有海桐、福建茶、龙船花、非洲茉莉、大花老鸦嘴等，呈现热带风光。

熟悉地域性树种模式，在实践中互相搭配组合才能呈现符合感知特点的植物景观形象。近年来全国各地都积极争办园林博览会，将祖国各地先进的造园理念、技法融入一个园子中，其中的突出问题在于：建筑、小品地方特色很浓厚，但植物受到限制往往不能恰当种植（图17），所以整个氛围就会差强人意。

图17 沈阳园博会南宁园旁边的假榕树

3.4.2 季节性树种模式

在地域性模式中又可以创造出季节性种植模式，强调植物景观的季相变化，比如北京的早春模式（三月初），绦柳＋山桃（曲枝山桃）＋迎春＋玉兰，随后盛春模式：

山杏＋连翘＋榆叶梅＋二乔玉兰＋白花山碧桃，进入四月后：丁香＋棣棠＋麦李＋锦带花＋碧桃＋海棠＋紫荆；四月底到五月：黄刺玫＋欧洲琼花＋绣线菊＋猬实＋月季＋鸢尾＋萱草等，这种按照某一季节先后或同时开花的特点加强了季节景观特征，前提是在地域性树种模式中使用，在应用时可以随机、灵活、合理的组合。

4 结束语

无论设计理念如何新颖，设计思想如何超前，在控制植物景观种植形态范围内确实可做更多探索，但地域性、风格性、季节性的种植模式语言是潜在自然规律作用的必然结果，所以不断总结模式，并在组织形态上突破，可能是现阶段植物景观最好的"特殊表现"。随着全球气候变化、园林中长期培育、园林工作者的不懈努力，今后植物突破温度带限制、跨区域种植也许指日可待，届时将会产生新的"模式表达"和"特殊性"。

参考文献

[1] 李雄. 园林植物景观的空间意象和结构解析研究[D]. 北京：北京林业大学，2006.

[2] [美]诺曼 K·布思. 风景园林设计要素[M]. 北京：中国林业出版社，1991.

[3] 苏雪痕. 植物造景. 北京：中国林业出版社，1994.

[4] 苏雪痕. 植物景观规划设计. 北京：中国林业出版社，2012.

作者简介

李冠衡，1981 年生，毕业于北京林业大学园林学院，现在北京林业大学园林学院"植物景观规划与设计教研室"任教，讲师，研究方向为园林植物景观的相关理论及应用。

昆明市云南山茶品种资源及其园林应用初探[①]

Resources and Garden Application of Camellia Reticulate in Kunming

李孟颖　雷　芸

摘　要：本文以昆明主城区各大公园、植物园、各高校、高档居住区以及道路绿化用地为研究基础，采取重点调查、普查、补充调查相结合的分析方法，分别对主城区云南山茶的品种资源及其在园林中的应用进行研究分析，总结出昆明市云南山茶植物景观应用特色，并提出相关工作建议，涉及云南山茶在城市综合公园绿化、居住区绿化和道路绿化中植物配置形式的探讨，弘扬山茶文化。

关键词：风景园林；品种资源；云南山茶花；园林应用

Abstract：With the Kunming city's main parks, botanical garden, school yards, exclusive residential developments and roadway plantation as examples and the combination of Important Survey, Census and Supplementary Survey as methods, this article studied the variety resources and gardening applications of Camellia reticulate and summarized its characteristics. It also put forward related suggestions, which involves the discussion of Camellia reticulate's collocation in city park greening, residential greening and road greening, in order to propagate the Camellia reticulate Culture.

Key words：Landscape Architecture；Resources；Camellia Reticulate；Garden Application

1　云南山茶的园林价值

山茶是我国的十大名花之一，也是世界名花，具有观赏价值高、品种繁多、花期长、凌寒开放等独特优势，尤为难得的是它具有较强的抗污染能力[1]，故在城市园林中有着广泛的应用前景。从地域角度看，云南山茶是云南省的省花，也是昆明市的市花。然而，目前云南山茶的应用状况并不太乐观，因此要大力推广云南山茶的新品种培育，提高园林应用普及程度，为打造云南山茶这张昆明的明信片而努力。

2　调查方法与内容

调查主要采用普查、重点调查及补充调查相结合的调查方法。其中，普查，主要是依靠当地农林或园林部门的科技人员、重点对云南山茶种植区的花农，通过访问、座谈以及查阅有关文献资料，确定初步的调查路线，并在当地有关人员的带领下进行，以确定昆明主城区云南山茶的主要分布区、集中分布区和零星分布区。重点调查地点之

一选在昆明植物园东园的山茶园，属昆明植物研究所下属的山茶专类园，其次为昆明市金殿森林公园，拥有昆明最大的山茶专类园，最后为东风广场旁边的茶花公园，是昆明市中心以山茶为主题命名的公园代表。补充调查是在以上调查的基础上，每一次外业调查后，及时对其进行内业的统计分析，查漏补缺。

调查内容为云南山茶品种资源状况，包括品种名、花色、花型、花径、花期、花瓣类型、生长状况和资源数量、品种性状以及云南山茶的分布和园林应用情况。

3　调查结果与分析

3.1　品种资源分析

实地调查共记录云南山茶品种 57 个，对所调查的 57 个品种形态特征如花色、花型、花径、花瓣类型、生长状况、资源数量等方面进行详细的记载和描述。经分析，云南山茶花的花型以半曲瓣型和蔷薇型为主，生长状况仅为一般，需要对云南山茶品种的病虫害进行及时有效的预防和治理，提高成活率，详细见表1。

57个云南山茶品种资源　　　　　　　　　　　　　　表1

品种名	拉丁文	品种名	拉丁文	品种名	拉丁文
狮子头	'Lion's Head'	松子壳	'Pink Shell'	大红袍	'Crimson Robe'
童子面	'Baby Face'	莲蕊	'Double Bowl'	平瓣大理茶	'Flat Tali Camellia'
玛瑙紫袍	'Cornelian Purple Gown'	金蕊芙蓉	'Golden Stamen Hibiscus'	丁香红	'Lilae Red'
六角恨天高	'Hexangular Dwarf Rose'	卵叶银红	'Ovate leaf Spinel Pink'	尖叶桃红	'Point Leaf Crimson'
恨天高	'Dwarf Rose'	粉蝴蝶	'Pink Butterfly'	赛菊瓣	'Super Chrysanthemum Petal'
菊瓣	'Chrysanthemum Petal'	雪娇	'Snow Elegans'	宝玉红	'Red Jewel'

①　基金项目：北京林业大学科技创新计划（编号：TD2011-29）；中央高校基本科研业务费专项资金资助。

品种名	拉丁文	品种名	拉丁文	品种名	拉丁文
赛芙蓉	'Superior Hibiscus'	粉红蝶翅	'Light Pink Butterfly Wing'	迎春红	'Welcome Spring'
馨口	'Crimson Tulip'	银红蝶翅	'Spinel Pink Butterfly Wing'	玫红桂叶	'Rosy Osmanthus Leaf'
红碗茶	'Red Bowl'	独心蝶翅	'Single Lteart Butterfly Wing'	细桂叶	'Narrow Osmanthus Leaf'
小玉兰	'Small Magnolia'	早桃红	'Early Crimson'	昆明春	'Kunming Spring'
粉玉兰	'Pink Magnolia'	牡丹魁	'King Paeony'	宝石花	'Jewel Flower'
一品红	'First Class Crimson'	张家茶	'Chang's Camellia'	大银红	'Large Spinel Pink'
锦袍红	'Crimson Gown'	淡大红	'Red Spine l Pink'	亮叶银红	'Glossy Pink'
早牡丹	'Early Paeony'	厚叶碟翅	'Thick Leaf Butterfly Wing'	麻叶银红	'Reticulata Leaf Spinel Pink'
晚春红	'Late Spring Reol'	大桃红	'Large Crimson'	柳叶银红	'Willow Leaf Spinel Pink'
紫袍	'Purple Gown'	大理蝶翅	'Tali Butterfly'	小桂叶	'Small Osmanthus Leaf'
鹤顶红	'Stork Crest Red'	赛桃红	'Super Crimson'	桂叶洋红	'Osmanthus Leaf Carmine'
松子鳞	'Pine Cone Scale'	大桂叶	'Large Osmanthus Leaf'	醉娇红	'Charming Red'
凤山茶	'Fengshan Camellia'	麻叶桃红	'Reticulata Leaf Spinel Pink'	粉通草	'Pink Chrysenthemum Petal'

3.1.1 常见云南山茶的株高统计

将调查样方内的不同株高具体划分为5个等级：Ⅰ级为1m以下，Ⅱ级1.0-3.0m，Ⅲ级3.01-4.0m，Ⅳ级4.01-5.0m，Ⅴ级＞5.0m。分析可得株高在1.0-3.0m的数量所占比例最大，说明适合家庭盆栽的矮小型植株较少。其中大桃红有株高1m以下的植株，可用于道路绿化，详细见表2。

云南山茶品种株高统计表   表2

品种名	株高等级（%）					总株数
	Ⅰ级	Ⅱ级	Ⅲ级	Ⅳ级	Ⅴ级	
'张家茶'	—	80.01	19.09	—	—	12
'大银红'	—	78.35	19.42	2.23	—	13
'菊瓣'	—	60.19	19.64	20.17	—	11
'粉蝴蝶'	—	90.50	9.5	—	—	12
'平瓣大理茶'	—	85.59	10.87	3.23	—	14
'麻叶桃红'	—	79.42	20.31	0.27	—	15
'大桃红'	8.29	80.98	10.37	—	—	17
'柳叶银红'	—	98.50	—	—	1.5	16
'松子鳞'	—	100.00	—	—	—	11
'小桂叶'	—	90.38	9.62	—	—	17
总计	1.83	80.23	10.20	7.53	0.21	135

3.1.2 常见云南山茶品种的胸径统计

将调查样方内的云南山茶不同品种植株的胸径分成5个等级：Ⅰ级为3.0cm以下，Ⅱ级3.0-5.0cm，Ⅲ级5.01-8.0cm，Ⅳ级8.01-10.0 cm，Ⅴ级＞10.0cm。分析得胸径为3.0-5.0cm所占比例最大，说明昆明主城区云南山茶品种胸径相对较小，几株胸径较大的品种都是种植上百年的古树名树，需进一步改善山茶生长状况。其中张家茶和松子鳞胸径较大，可考虑应用于园林景观中，详细见表3。

云南山茶品种的胸径   表3

品种名	胸径等级（%）					总株数
	Ⅰ级	Ⅱ级	Ⅲ级	Ⅳ级	Ⅴ级	
'张家茶'	20.23	50.33	18.96	—	10.48	12
'大银红'	19.24	60.32	15.16	—	5.28	13
'菊瓣'	30.57	50.89	10.56	7.98	—	11
'粉蝴蝶'	30.56	60.45	5.00	3.00	0.99	12
'平瓣大理茶'	10.32	61.21	20.39	2.20	5.88	14
'麻叶桃红'	40.68	45.34	5.97	8.01	—	15
'大桃红'	43.42	30.33	19.46	6.79	—	17
'柳叶银红'	20.40	60.90	14.66	4.04	—	16
'松子鳞'	24.40	49.90	12.65	—	13.05	11
'小桂叶'	10.43	49.76	30.45	3.76	5.60	17
总计	25.20	50.74	13.57	4.59	5.90	135

3.1.3 常见云南山茶品种的冠幅统计

将调查样方内的云南山茶品种的冠幅分成 5 个等级：Ⅰ级为 1m² 以下，Ⅱ级 1.00-2.00m²，Ⅲ级 2.01-3.00m²，Ⅳ级 3.01-4.00m²，Ⅴ级 ＞4.01m²。分析可得冠幅为 2.01-3.00m² 的所占比例最大，整体树型偏小。其中树冠观赏价值高的品种有：'张家茶'和'松子鳞'，详细见表 4。

云南山茶品种的冠幅 表4

品种名	冠幅等级（%）					总株数
	Ⅰ级	Ⅱ级	Ⅲ级	Ⅳ级	Ⅴ级	
'张家茶'	2.19	10.29	20.23	40.24	27.05	12
'大银红'	1.98	15.78	21.30	60.69	0.25	13
'菊瓣'	—	19.70	30.45	44.62	5.23	11
'粉蝴蝶'	0.34	20.12	59.76	16.98	2.80	12
'平瓣大理茶'	0.23	16.67	63.23	15.69	4.18	14
'麻叶桃红'	—	11.49	50.21	20.59	17.71	15
'大桃红'	5.42	30.44	24.98	30.59	8.57	17
'柳叶银红'	10.76	20.49	40.46	28.29	—	16
'松子鳞'	15.79	18.54	50.50	15.17	—	11
'小桂叶'	—	30.21	50.12	19.67	—	17
总计	5.67	16.03	42.30	30.10	5.90	135

3.2 园林应用分析

3.2.1 昆明主城区云南山茶分布状况

针对 20 个较为常见的山茶品种，选取 10 个较为典型的调查点分别统计其分布情况，并对云南山茶的花色、花瓣类型进行统计。由表和图分析可得，昆明主城区云南山茶品种应用主要集中在昆明植物园和金殿国家森林公园，并且均以山茶专类园的形式出现，真正在园林当中作为植物景观配置素材的应用尚少。黑龙潭、圆通公园及茶花公园虽有山茶花的应用，但应用种类较少，花色、花型选取也较为单一，因此应增加云南山茶在园林应用中的品种多样性，丰富其配置形式，详细见表 5 和图 1、图 2。

常见云南山茶品种应用情况 表5

品种名	金殿国家森林	昆明植物园	景星花鸟市场	黑龙潭	茶花公园	昙华寺	尚义街花卉市场	圆通公园
'馨口'	▲	▲						
'红碗茶'	▲	▲		▲		▲		
'小玉兰'	▲	▲					▲	
'粉玉兰'	▲	▲	▲					
'一品红'	▲	▲						
'锦袍红'	▲	▲	▲					
'早牡丹'	▲	▲	▲					
'狮子头'	▲	▲			▲			▲
'童子面'	▲	▲						
'玛瑙紫袍'	▲	▲						
'大桂叶'	▲	▲		▲	▲		▲	
'麻叶桃红'	▲	▲			▲			
'菊瓣'	▲	▲						
'赛芙蓉'	▲	▲					▲	▲
'晚春红'	▲	▲		▲	▲			
'粉通草'	▲	▲						
'紫袍'	▲	▲		▲		▲		▲
'鹤顶红'	▲	▲	▲					
'松子鳞'	▲	▲						
'凤山茶'	▲	▲						

注："▲"表示此品种在此处有分布

3.2.2 昆明主城区云南山茶园林配置状况

在调查地，山茶有些作为主景孤植于金殿森林公园及茶花公园中空间焦点处，列植于道路两旁、林缘地带、建筑物周边地带等呈直线的地段绿化，对植于公园、道路、广场、建筑前的 出入口，环植于茶花公园中相对集中的片区，散植及群植于金殿公园中的茶花专类园；也有与景观小品搭配，如园林景观入口、道路交叉点等处与景石的

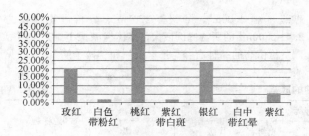

图 1　云南山茶品种的花色统计

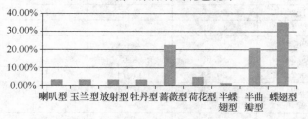

图 2　云南山茶品种的花型统计

配置，金殿森林公园的茶花园中，云南山茶与各种园林小品的有机结合等。分析可得依然存在一些问题，如普及程度较低，非花期观赏价值低，园林使用方式单一，景观配置形式单一，缺少矮化品种等。

4　园林应用建议

目前有关云南山茶在园林中具体应用的理论体系尚不完善，如夏丽芳 2003 年出版的《山茶花》中提到：山茶花可以盆栽、盆景、建专类园、在公园、风景区、庭院、寺庙中应用，也可以地面覆盖或做绿篱，也可以生产鲜切花[2]，但针对云南山茶花的植物配置与应用却没有著作[3]。

本文接下来将分别从城市综合公园、城市居住区和城市道路绿化三个角度，具体给出云南山茶在城市景观和植物景观设计中的一些建议。

4.1　城市综合公园——多角度开发云南山茶的自身价值

云南山茶是著名的观赏花木，也是云南的特有品种，具有极高的观赏价值，同时也是木本油料植物和培育茶花新品种极具价值的种质资源[4]。此外其种子含油量一般可达 50% 左右，又可用做食用油或工业用油；山茶属植物的叶含有花黄素、茶碱、可可碱、油酸及酯类等，还是医药工业的重要原料，具有收敛止血的作用；山茶花植株本身具有防烟尘和有害气体的功能，对净化空气、减少污染均有一定作用[1]。

4.1.1　云南山茶科普专类园

云南山茶象征"长寿"，坚贞的节操[5]。可选用花大红艳的大理茶、花色红白相间的大玛瑙、花色紫红的玉带紫袍和洁白如雪的童子面分别形成不同花色的观赏区，当中适当点缀金合欢作为中层植物，周边以蓝桉为背景树，阻挡当地的西南风，如此四季景观变化显著，整体色彩也较为丰富，既有秩序美又不显单调[6]。让游人拥有物质与精神双层面的享受。若在园区周边再辅之以云南山茶的品

种名称及特征、药用价值、经济价值和生态价值的介绍，便可以在无形中将山茶普及到人们的生活中。

4.1.2　云南山茶情趣园

山茶与古典园林联系紧密，城市综合公园中可专门开辟古典园林庭院，与山茶相呼应成为山茶园。具体可在古建筑周围围合院落空间，结合水池、山石塑造微地形的处理，依托这样的地形、建筑、小品配置山茶，将使得院落更显中国古典园林的灵秀之美。可用高大姿态优美的松柏植于古亭周围，突出古建风韵，松下层配置各色云南山茶花，如蔷薇花型重瓣类花瓣型的六角恨天高，鹤顶红，松子鳞；蝶翅花型半重瓣花瓣型的早桃红、张家茶，使整个亭子被花卉簇拥，松柏间配以槭树、枫香、每到秋季，似火的红叶会将整个亭子装点得更加古朴，四时皆有可观之景。亦可将金丝桃、阔叶十大功劳、夹竹桃、香樟、凌霄、云南黄鑫和张家茶或麻叶桃红等冠幅、胸径较大的茶花品种配置，花色鲜明、意境深远。

4.1.3　云南山茶品茶园

茶为一语双关，既是云南山茶花又是名副其实的茶——云南普洱茶。普洱茶是"可入口的古董"，往往会随着时间逐渐升值，"越陈越香"。公园中设一茶室，园中选用雪娇、淡大红、童子面等花色淡雅的山茶品种，营造一种舒心雅静的氛围，再以竹为背景，增加枫香作为季相变化，每当秋季，茶室中即是"万绿丛中一点红"，真正做到了本土特色的有机结合和弘扬云南茶文化。

4.2　城市居住区——多层次丰富云南山茶的植物景观

居住区的植物绿化具有代表性，因此景观配置更为精细，以方便居民的日常生活。

4.2.1　居住区主路绿化

在居住区主要道路上以色叶植物形成银杏或者枫香大道，在等距离栽植的行道树下配以云南山茶，丰富区内色彩，增加标志性。可选用不同花色花型的亮叶银红、赛桃红、狮子头等分别配置在不同的主干道，观赏的同时方便居民的记忆。也可用香樟或者无患子配以昆明春、松子鳞、张家茶等花朵饱满的山茶品种，形成浓荫遮日、清香袭人、金色如染的居住区道路景观。

4.2.2　居住区次路绿化

居住区次要道路观赏性更强[7]，可选用桂花和松子壳、大桃红或平瓣大理茶等花色艳丽、红色饱满的茶花品种配植，既有花香又有花可赏。

4.2.3　居住区小路绿化

居住区小路有时可增加趣味性，如选用紫玉兰和麻叶银红或柳叶银红等搭配，形成姹紫嫣红的特色小路，也可在路边置石，以竹为背景[8]，配以苏铁和平瓣大理茶等鲜艳的茶花品种，给居民带去不一样的体验。

4.2.4　居住区入口绿化

居住区入口比较醒目，可选用香樟、桂花、海桐和张家茶、松子鳞等枝型优美的茶花品种配置，突出小区的地域特色，同时将生态与艺术相结合，构造完美的艺术效果和意境美[7]。

4.2.5　居住区水景绿化

居住区中水景岸边尽量采用轻盈、色彩艳丽的植物，突出水体柔和，打破水体平面及色彩的单调感[9]，可选用云南黄鑫、桂花、肾蕨、南天竹、黄杨球、海桐和狮子头或早桃红等花期较长的茶花品种，共同丰富居住区景观。

4.3　城市道路绿化——多方面利用云南山茶的植物株高

云南山茶可吸收二氧化硫等污染气体，适宜于道路绿化，但必须选用植株较矮的品种，这也是目前云南山茶育种工作的一个主要方向。

4.3.1　道路分车带绿化

道路分车带绿化应保证足够的视线通透性[10]，可选用麻叶桃红、大银红、大桃红等株高较矮的茶花品种进行绿化，与金叶女贞、小叶女贞、樱花、三叶草、水杉等配置，既满足了视线的要求，又丰富了绿化植物的层次感。

4.3.2　交通岛绿化

道路交通岛景观层次更为丰富[11]，但也要选取麻叶银红、大银红等株高较矮的茶花品种，同时配以杜鹃、球花石楠、垂叶榕、复羽叶栾树、枫香、红枫等，将整体的植物株高控制在 5 米以下，保持司机驾驶人员视线的通透性，改善街道的局部小环境。

5　结语

综上所述，云南山茶的园林应用前景十分广阔，她作

为昆明市的乡土物种将越来越广泛地见诸绿化当中，除此，云南山茶还适宜作盆栽和切花，这些都是值得我们继续去探讨的。

参考文献

[1] 李溯．云南山茶花[M]．云南科技出版社，2006：22-25.
[2] 夏丽芳．山茶花[M]．北京：中国建筑工业出版社，2003.
[3] 夏丽芳，王仲朗，冯宝钧．中科院昆明植物研究所茶花研究进展概况[J]．中国花卉园艺，2003：22-23.
[4] 冯国楣．云南山茶花[M]．云南人民出版社，1981：32-35.
[5] 张乐初．中国茶花文化[M]．上海文化出版社，2003：88-90.
[6] 刘荣凤编著．园林植物景观设计与应用．中国电力出版社，2009.1.
[7] 赵世伟主编．园林植物种植设计与应用．北京出版社，2006.2.
[8] 臧德奎主编．园林植物造景．中国林业出版社，2008.9.
[9] 本书编委会主编．实用园林景观设计图集典范与花卉配置造景全书．安徽音像出版社，2003.7.
[10] 朱钧珍著．中国园林植物景观艺术．中国建筑工业出版社，2003.7.
[11] 刘彦红，刘永东，吴建忠，李旭编著．植物景境设计．上海科学技术出版社，2010.1.
[12] 杜云仙．大理茶花[M]．云南科技出版社，2008：45-48.

作者简介

[1] 李孟颖，女，1989 年 7 月生，河北石家庄，北京林业大学园林学院风景园林学科学硕士。
[2] 雷芸，女，1968 年 2 月生，浙江杭州，北京林业大学园林学院园林规划教研组副教授，研究方向为风景园林规划。

凌寒留香，神采为上

——梅园植物造景调查分析

On the Principal of Remaining High Spirit and Faint Scent Against the Cold
——The Investigation and Analysis about Plant Landscape of Plum Garden

林潇 刘扬

摘 要：梅花具有多种优良的品性，不仅姿态美好，而且寓意深远。梅花专类园的建设，不仅增添人文特色，而且也为现代园林带来了无限的诗情画意。本文通过对杭州灵峰探梅和无锡梅园调查分析的基础上，系统探讨了不同梅花品种配置时，如何表现出梅林在一定时期内有层次、有节奏的群体美，以及梅花与其他园林植物造景的一般模式。根据具体实例对梅园植物造景做设计上的优劣势的分析和评价，总结梅园植物造景的常用手法。

关键词：梅园；梅花；植物造景

Abstract：the plum blossom has many excellent qualities, it is not only beautiful in posture, but also with a profound meaning. Construction of Plum flower special garden, can not only adds cultural characteristics, but also brings infinite poetic to modern landscape architecture. On the basis of investigation and analysis of plum in Hangzhou Lingfeng and Wuxi Meiyuan, this article discusses the configuration of different varieties of plum, and how to show the beauty of group of Mei Lin level, with layered and rhythm within a certain period of time. Last, the investigation of a special artistic conception of landscape architecture created by plum and other landscape elements is also discussed. This article use a concrete example to analysis and evaluate the advantages and disadvantages of the design on the garden plant landscape, and summarizes the common means of plants landscaping.

Key words：Plum Garden；Plum Blossom；Plants Landscaping

梅花（*Prunus mume* Sieb. et Zucc.）是中国传统的花木，已有上千年的栽培历史。梅花的神、韵、姿、色、香俱佳，开百花之先，花期较长，用途广泛，品种繁多，自古以来，深受人民喜爱，更是在中华民族上千年的审美实践中衍生出了深厚的梅文化。

回顾过往 30 年，随着现代园林风潮在我国的兴起，中西方文化不断融合，我们的城市园林景观正不断尝试西方的造园手法。草坪、花坛、色块等大量运用，造成了植物景观西化明显，造成我国近现代公园的发展更多地渗透着西方园林的艺术风格。将中国传统文化与园林设计相结合，从植物材料入手，用梅花装点现代园林以及梅花专类园的建设具有深远的意义，通过我们传统的造园艺术手法，将梅花特殊的文化内涵融入园林景观之中，不仅增添人文特色，也为现代园林带来了无限的诗情画意。

1 调查地概况

1.1 杭州灵峰探梅

灵峰探梅位于西湖的西部山峦中，灵峰山下名叫"青芝坞"的地方，属于杭州植物园的专类园之一，是杭州人赏梅最主要的去处。灵峰探梅景区距离市区较远，人迹稀少，四周山清水秀，环境洁净清幽，年均温度 16.1℃，相对湿度 82%，是冬暖夏凉的小气候环境。又因山势回

凹，气候较暖，这里的梅花要比别处开得早，谢得迟，非常适合梅花的生长习性，如今在这青山环抱，树木葱郁的幽谷中，草地如茵，梅林似海，楼阁参差，暗香浮动，景色十分诱人。

随着 1988 年灵峰山下的青芝坞重建工作的开始，经过工作人员数十年的悉心养护，现在景区内的梅花，不论品种、数量还是和其他传统园林植物的配置上，都已经形成了较为理想的景观效果，是现代梅花专类园建设较为成功的典型案例。

1.2 无锡梅园

无锡梅园临太湖而建，倚龙山，淡泊清幽，宁静致远。山径在梅林中曲折横斜，沿山冈蜿蜒而上，展现了江南梅林特有的风光，是久享盛誉的江南赏梅胜地。经过几十年持续不断的努力，无锡梅园营造出了"四季有景，三季有花"的植物景观效果。景区内最大的特色是初春探梅、仲夏观荷、金秋赏桂、隆冬踏雪，一年四季游人络绎不绝。

无锡梅园是对的一个延续和补充，因为灵峰探梅是依托于杭州植物园而营建的专类园之一，由于自身的局限性，景区内的植物景观的季相变化并不突出。针对灵峰探梅这一特点，重点对无锡梅园内的夏、秋两季植物景观进行调查，分析研究植物群落的构成，探讨如何弥补梅花花期的特殊性所造成的劣势，达到四季有景，处处景胜的目的。

2　梅园植物配置的探讨

2.1　不同梅花品种的配置

梅花品种繁多，《中国梅花品种图志》和《中国梅花》中记录了 323 个品种，分成 3 系 6 类 14 群 25 型（陈俊愉，1996）。针对现代园林而言，探讨不同梅花品种的花期与花色的配置，主要考虑的是一片梅林或梅园的所能够形成的整体景观效果。

就花期配置而言，要求设计者熟悉梅花不同品种的开花时间和花期长短，并能够将不同花期的品种进行有序的排列组合，让园内成片栽植的梅花在观赏期内有层次、有韵律地表现出群体美，形成交替开放的景观并能延长花期。根据调查，目前灵峰探梅露地种植梅树以真梅系直枝梅类的绿萼型、江梅型、宫粉型、朱砂型为主，共占梅园总数的 97%。江梅型为梅园的基调品种，以细枝朱砂为代表的绿萼型、朱砂型、宫粉型为骨架品种，在此基础上，点缀其他梅花品种。景区中的"早花"2 月上旬就开了，一般是过年左右，主要有淡粉、寒红、早凝馨、粉皮宫粉、春信、宫春等；"中花"要到二月下旬和三月上旬之间，也是开花品种最多的时期；"晚花"是最迟开放的，包括大宫粉、别角晚水、素白台阁、金钱绿萼、送春、丰后、美人梅等。灵峰探梅通过早、中、晚三个不同阶段的花期对全园梅花品种进行合理的组合排列，一方面也延长了花期，另一方面表现出了梅开百花之先的气势。

根据花色配置来看，梅花品种不同，色彩各异，在梅园中可以形成不同色彩的观赏效果。一般来讲，梅林的花色构成主要有三种形式。一是单色式，就是指梅林由花色一致的品种构成。比如灵峰探梅景区内营造的白色梅林，选择开白花的江梅、三轮玉蝶、素白台阁等，以及由淡宫粉、大羽、凝馨、傅粉、银红等组成的粉花梅林景观（图 1）。二是镶嵌式，梅林内有不同色彩的两块或更多块梅林小区呈交错状布置构成，甚至可以规则地配置成棋盘样梅林。这种梅林是由同期开花，但是不同花色的梅花品种所组成的图案，当梅花盛开时，梅园里花色参差，绚丽多彩，整个梅林有层次、有节奏地表现出梅花特有的色彩景观来（图 2）。三是随机式，这种配置要根据梅花本身的大小、形态、花色等因素合理布置，有机安排。营造出红中有粉，粉中有白，白中有绿，斑斑点点，步移景异，景到随机的景观效果。

2.2　梅花与其他园林植物配置

梅园大面积集中植梅可以形成香雪海的景观，但也有其短处，花期过后，梅花凋谢的漫长暑期内，全树观赏价值并不突出，尤以夏日高温之时，由于生理原因，树叶卷缩不振，较为难堪（陈俊愉）。由此看来，无论梅花是群植、丛植或孤植，还是梅花专类园或梅花主题景园，都需要合理选择园林植物作为陪衬，不仅可以提升梅园植物景观的多样性，而且增加了植物群落的生态效益。

图 1　灵峰探梅单色式配置景观

2.2.1　梅花与蜡梅配置

蜡梅 [Chimonanthus praecox（L.）Link] 是蜡梅科蜡梅属的落叶小乔木，与梅花一样是我国特有的传统园林植物。花色亮丽，花香浓郁，树姿优美，并且有丰富的文化内涵，与梅花并称"二梅"。

蜡梅与其他园林开花植物不同，在大雨过后，蜡梅的蜡质花瓣露珠悬垂，黄色的光泽越发强烈。在现代园林的应用中，金黄的蜡梅不仅有吉祥的寓意，寒日花开的季节更是带给游人温暖的视觉感受。更加难得的是，蜡梅的花期比梅花要稍早，并且花期更长一些，年前的 11 月份开始一直延续到翌年的 3 月，历经了整个漫长寒冷的冬季。

蜡梅与梅花有很多相似的地方，一样有着特殊的花期，雅致的花色，隽永的花香。在寒冷的冬天里，将"二梅"配置在一起，相互映衬，形成"双梅争妍"的景观（姚崇怀，2011）。"玉蕊檀心"是灵峰探梅内重要的冬季赏梅景点，春节期间，梅花和蜡梅的"双梅争妍"是灵峰探梅的一大特色，蜡梅园集中在玉屏山一侧，以云香亭为中心，种植有 2500 多丛蜡梅，其中包括蜡梅、夏蜡梅、美国蜡梅、亮叶蜡梅等。"二梅"结合在一起，这样的植物景观为我国的现代园林建设增添中国特色的同时注入更多的文化内涵

2.2.2　梅花与传统植物的配置

我国人民自古喜欢赏梅，在冬季梅花盛开时，满园暗香浮动，游人络绎不绝。但在花落人去时，梅园就显得有些萧索，为了表达特定的主题，把几种植物配置在一起，形成具有人文内涵的景观，不仅丰富了景观的内容，更是强化了这几种植物的象征意义（金荷仙，2001）。

松、竹、梅组合在一起，构成一幅"岁寒三友"图，而将梅、兰、竹、菊搭配在一起，又被誉为"四君子"，这些都是千百年来中国传统文化精神的物质载体。灵峰探梅景区中的品梅苑景点，除了汇集不同品种的梅花外还设置了一个"岁寒三友"的展区。"松"有马尾松（Pinus massoniana Lamb.）、黑松（Pinus thunbergii Parl.）、湿地松（Pinus elliottii Engelm.）、白皮松（Pinus bungeana Zucc.）等，均为高大乔木，作为梅花的背景，也有将罗汉松 [Podocarpus macrophyllus（Thunb）D. Don]、五针松（Pinus parviflora Sieb. et Zucc.）等修剪成优美的树型与梅花照相呼应（图 3）。"竹"有凤尾竹

（*Bambusa multiplex* cv. Fernleaf）、孝顺竹［*Bambusa multiplex*（Lour.）Rseuschel］、大明竹（*Pleioblastus gramineus*）、金镶玉竹（*Phyllostachys aureosulcata cv. Spectabilis*）等，与千姿百态的梅花配置在一起，给人一种高风亮节的意境。

此外，在实际园林设计中，也可挑选松、竹、兰、菊中一种或几种作为背景植物，因为它们之间有主次之分。例如配置"岁寒三友"时，以苍松作背景，以修竹为客景，便可把梅花这一主景衬托得更加苍劲有力（图4）。用梅、兰、竹、菊配置"四君子"时，以竹为背景，兰、菊植于梅树下，便可将梅花衬托得分外清丽，组成最适合冬春观赏的人工植物群落景观。

图2 灵峰探梅红白镶嵌式梅林景观

图3 灵峰品梅苑局部小景

图4 灵峰品梅苑入口景观

2.2.3 梅花与草坪的配置

开阔的草地给人以平和、宁静、亲切和舒心的感觉，是理想的户外活动场地。草坪越来越多的应用在现代城市园林设计中，在梅园植物造景中，在尺度合适的草坪上丛

植或群植梅花，能够取得相得益彰的景观效果。在早年杭州灵峰探梅景区的建设时，设计师大胆地突破了我国传统造园观念，引进西方草坪的设计。在灵峰山下的瑶台和云香亭之间的一片岗地梅林中，铺设了5000m²的大草坪，不但为赏梅的游人提供了休憩之地，也使梅园的空间序列更加美观合理。梅开时节，游人脚踏青草，漫步花间，观赏游玩，人与自然交相辉映，和谐共生（图5）。

图5 梅花与草坪的配置景观

此外，树形古朴、枝干苍劲的老梅树孤植于草坪上时，不仅可打破草坪的单调，而且由于草坪较为开阔，提供了足够的观赏视距和角度来欣赏孤植树的完整形象，将老梅树的姿态衬托得更加清晰、简练。由此看出，虽然草坪作为西方造园艺术形式被引入国内，但是通过梅林点缀草坪这种造景手法，不仅体现了以人为本的设计理念，而且也弥补了我国传统造园手法的在现代园林设计中的某些方面的不足之处。

2.3 梅花与背景植物的配置

梅园建设过程中，考虑到梅花观赏的季节性和生物习性，在梅林之中适当穿插点缀部分常绿植物是十分必要的，这些与梅花配置在一起植物，一般是作为梅花的背景。梅与背景植物的配置，一是为梅花增光添色，二是延长梅花的花期，三是兼顾梅园观赏价值和生态效益。

2.3.1 背景植物的层次结构搭配

梅花以常绿树种为背景，不仅能陪衬出梅花的姿态美，而且使梅花显得分外精神。最好用苍翠的常绿树或深色建筑物为背景，方可格外衬托出梅花玉洁冰清之美（陈俊愉）。

杭州灵峰探梅以湿地松、黑松、白皮松、香樟［*Cinnamomum camphora*（L.）Presl］、杜英［*Elaeocarpus sylvestris*（Lour.）Poir.］、毛竹（*Phyllostachys edulis* Mazel ex H. de Lehaie）为主要的背景树种，并且结合茶梅（*Camellia sasanqua* Thunb.）、南天竹（*Nandina domestica* Thunb.）、枸骨（*Ilex cornuta* Lindl）等作为下木，效果就非常好（图6）。景区内的背景植物很多，利用路边的草坪空地增加了山茶（*Camellia japonica* L.）、凤尾竹、金镶玉竹等绿色树种，这样茶、竹、梅相结合，因地制宜地布置背景植物，突出梅花的个体姿态美，使之成为梅园的点睛之笔（图7）。

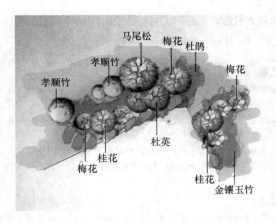

图 6　局部植物配置平面图

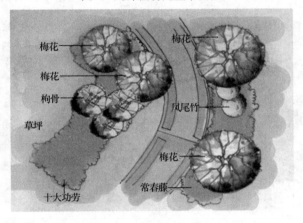

图 7　道路两旁植物平面图

另外，选择梅林背景植物时，如果是种植在梅树中间的，要注意梅花为亚乔木，一般应选择比梅树低矮的灌木、球根花卉、宿根花卉和地被植物，种类和数量不宜过多，要求主次分明，充分显示梅林的整体美。灵峰探梅景区内种有阔叶箬竹［*Indocalamus latifolius*（Keng）Mc-Clure］、南天竹、茶梅、金丝桃（*Hypericum chinense* L.）、栀子（*Gardenia jasminoides* Ellis）、六月雪（*Serissa foetida* Comm.）、八仙花［*Hydrangea macrophylla*（Thunb.）Seringe］等低矮植物作为地被植物，通过质感上苍劲与柔和的搭配，以及色彩上的对比调和，最终营造出层次感较强的植物群落景观（图8、图9）。

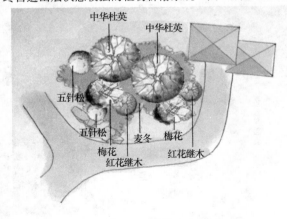

图 8　品梅苑局部植物配置平面图

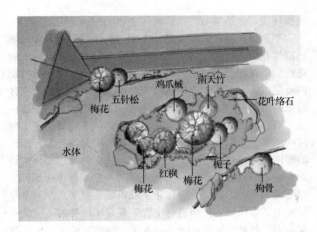

图 9　品梅苑局部植物配置平面图

2.3.2　背景植物的四季景观营造

梅花开花时候具有很强的观赏性和艺术性，花期一过就比较单调。为了能使四季园景宜人，在梅园内营造变化多端的季相景观是极为重要的。"四季有景，三季有花"的植物造景手法一样适合于在梅园内开展，不过梅园内所搭配植物的选择切忌繁杂，以免破坏了梅园清幽。

无锡梅园在四季景观变化的营造上是一个成功的范例。无锡梅园除梅树外，在梅林周边添加紫荆（*Cercis chinensis* Bunge）、迎春花、垂丝海棠［*Malus halliana*（Voss.）Koehne］等以延续花期，还广植桂花，一来早春作梅花的背景，二来弥补秋景的不足。在梅林中穿插种植柑橘（*Citrus reticulata* Blanco）、南酸枣［*Choerospondias axillaris*（Roxb.）Burtt et Hill］、乌桕（*Sapium sebiferum* Roxb.）、柿树（*Diospyros kaki* Thunb）等，以丰富秋色（图 10）。后来又大量引入荷花（*Nelumbo nucifera*），最终形成了春梅、夏荷、秋桂三季有花可赏的梅园景观。

图 10　无锡梅园秋季景观

3　小结

梅花专类园的建设如果能够依靠已有的植物园或综合性公园，应该以品梅和赏梅为主，围绕梅花和梅文化的主题来营造景观，不必设置过多的功能分区和游憩服务设施来丰富全园的内容，这样做既可以为游人营造一个清幽的赏梅环境，也能够节约资源与周边环境保持和谐统一。

不同梅花品种的配置是整个梅园的精髓所在，要以延长群体花期为目的，注意不同花色的合理搭配，形成不同花色的梅花交替开放的效果。如何能使梅林在一定的时期内有层次、有节奏地表现出梅花的群体美是我国目前梅林造景时亟待解决的问题，因为梅花的分布范围广，品种多，而且我国的各地气候存在明显差异，不能形成一个标准的框架。希望今后能有更多这方面的研究，能为各地区的梅园建设提供参考和借鉴。此外，梅花与常用园林植物选配时，应着重考虑梅园植物造景的主旨，合理选择有特定喻义的树种，从而更好强化主题景观的意义。在与草坪搭配上，应依势、依树进行配置。草坪和梅林的尺度关系要协调，丛林宜深远，老梅宜开阔，疏林宜清新，保证赏梅的同时，又让游人感受到草坪给人的那种平和、亲切。

梅花神形兼备，意味深远，如何更好地利用梅花美化环境，提高梅花专类园的造景水平，以及研究梅园内植物造景的优化模式，还有待我们在实践中继续观察和学习。一个梅园的植物造景只有综合考虑到这些方方面面的植物配置，才能够形成情景交融的环境，更加有利于城市公园冬季景观的营造，弘扬梅文化，将中国特有的人文景观融入现代园林之中。

参考文献

[1] 陈俊愉. 中国梅花品种图志[M]. 北京：中国林业出版社，1996.

[2] 臧德奎，金荷仙，于东明. 我国植物专类园的起源与发展[J]. 中国园林，2007（6）：62-65.

[3] 苏雪痕. 植物造景[M]. 北京：中国林业出版社，1994.

[4] 姚崇怀. 梅花的传统配植[J]. 中国园林，2001（2）：32-33.

作者简介

[1] 林潇，1988年5月生，男，汉族，浙江杭州，大学本科，西南林业大学，助理工程师，城市规划与设计硕士研究生在读，电子邮箱：landscape_lin@163.com。

[2] 刘扬，1975年10月生，男，满族，博士，西南林业大学，园林系副主任，硕士研究生导师，副教授，中国风景园林学会会员，中国生态学会会员，电子邮箱：1340677518@qq.com。

天津行道树的调查与研究

Investigation and Research on Street Trees of Tianjin

刘雪梅　崔怡凡

摘　要：本文采取典型抽样的方法，对天津市区的行道树树种、胸径、生长势、病虫害状况、养管程度等进行调查、分析，结果表明，天津行道树树种结构不合理，绒毛白蜡占到全部树种的 47%；天津行道树种类不够丰富，常用的行道树 17 种；生长势为健康和一般，其中悬铃木生长势较弱，建议控制悬铃木的发展比例；养护管理机制不健全等问题。并针对以上问题，提出对策和建议。

关键词：行道树；调查；研究

Abstract：Sampling method was applied to investigate the tree species, DBH, growth vigor, pest infections and maintenance and management of street trees in the urban area of Tianjin. The results showed that the composition of tree species is not rational, with one species of *Fraxinus velutina* Torr taking up 47% of all species and not much species are used, only 17 species applied; health and growth vigor of the street trees are at moderate level generally, *with Platanus orientalis* much weaker indicating the control of *Platanus orientalis* planting necessary. Maintenance and management system is not well structured. Suggestions for improvement were put forward.

Key words：Street Trees; Investigation; Research

行道树是城市道路绿化的主体，它像绿色的飘带，以线的方式构成城市绿地系统的骨架[1]。追溯历史，行道树在我国的栽植应用已有 2500 年，由最初的指示道路，逐渐发展成为美化城市、保护环境、展现城市地域文化特色的亮丽风景线。行道树是城市对外的窗口，反映一个城市的生产力发展水平，市民的审美意识，生活习俗，精神面貌，文化修养等，同时，行道树对净化空气、减少噪声、阻滞烟尘、遮光、减少紫外线辐射、提高人体舒适度等方面起着极为重要的作用[2]，因此，对行道树的调查和研究具有现实意义。

1　天津城区概况

天津位于东经 116°43′-118°04′，北纬 38°34′-40°15′之间。地处华北平原北部，东临渤海，北依燕山。天津位于海河下游，海河在城中蜿蜒而过，是天津的母亲河。天津自古因漕运而兴起，至今已有 600 多年的建城历史。目前天津是中国北方最大的沿海开放城市，是我国北方最大的金融商贸中心。

天津虽东临渤海，但由于受内陆海湾的影响较小，主要受季风环流支配，因此，属于大陆性季风气候。四季分明，冬季寒冷干燥、少雪，春季干旱多风，夏季高温高湿，雨量集中夏季，全年平均气温 11-12℃。，年均降水量为 558—697mm，年蒸发量达 1683—1912mm。

天津地处九河下梢，东部大面积为退海成陆的低洼地，地下水位高，深层土壤为黄河沉积物，质地黏重，土壤含有大量盐分，市区土壤含盐量在 0.2% 左右，临海的塘沽、大港、汉沽等地在 0.25%—0.5% 之间，局部地区高达 1% 左右。

2　调查范围、方法和内容

本次调查借助 2010 版的天津交通图，对天津市区内环、中环、外环以内的主干道、次干道、支路进行调查。采用典型抽样的方法，调查道路 126 段，其中主干道 39 段、次干道 47 段、支路 40 段，共计道路总长度 42km，总株数 19626 株。

调查内容包括道路类型、道路名称、道路长度、道路宽度、行道树树种、胸径、生长势、病虫害状况、养管程度等进行调查、记录。各指标测定方法如下：

2.1　胸径

乔木测量胸径；灌木测量地径。根据 Welch 划分的计算胸径大小多样性指数的胸径级别（Welch，1994）将胸径划分 5 个级别：胸径＜＝12.7cm 为 1 级；12.8—25.4cm 为 2 级；25.5—38.1cm 为 3 级；38.2—55.9cm 为 4 级；大于 56.0cm 为 5 级[3-5]。

2.2　生长势

生长势调查分为健康、一般、较差、死亡或濒临死亡 4 个级别。健康表现为树冠饱满，叶色正常，无病虫害，无死枝，树冠缺损＜5%；一般表现为，叶色正常，树冠缺损 5%—25%，稍有病虫害；较差表现为，叶色不正常，树冠缺损 51%—75%，病虫害严重；死亡或濒临死亡，树冠缺损 75% 以上，濒于死亡甚至死亡[6-8]。

2.3　养护管理

行道树的管护一般有浇水、施肥、松土、病虫害防治、防冻害、防止人为损伤、涂白、栅栏保护等方面。

3 结果与讨论

3.1 行道树树种组成结构分析

通过调查统计，天津市行道树种类共计17种，主要集中在木犀科、悬铃木科、豆科、和杨柳科。主要树种包括绒毛白蜡 Fraxinus velutina、悬铃木 Platanus acerifolia、国槐 Sophora japonica、毛白杨 Populus tomentosa、臭椿 Ailanthus altissima、刺槐 Robinia pseudoacacia、栾树 Koelreuteria paniculata、毛泡桐 Paulownia tomentosa、旱柳 Salix matsudana、西府海棠 Malus micromalus、合欢 Albizia julibriss、圆柏 Sabina chinensis 等。

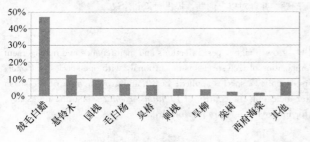

图1　天津行道树树种组成比例

从种的数量上来看，天津行道树种类不够丰富。调查发现，绒毛白蜡占到全部树种的47%，成为天津行道树的当家树种，其主要原因是天津市自然条件差，土壤呈盐碱性，地下水位高，限制了许多树种的生长，而绒毛白蜡具有较强的耐盐碱和抗水涝的能力，成为天津市的市树。但从生态学角度分析，植物种类结构越复杂，生态系统越稳定。园林植物的多样性是保持园林植物群落稳定性的基础，园林植物种类单调，会给一些昆虫带来充足的食物和栖息地，同时又缺少相应的天敌来消灭害虫，打破自然的生态平衡。目前，绒毛白蜡遭到木蠹蛾和白蜡窄吉丁虫的危害，这和植物种类结构不合理有很大的关系。

3.2 行道树胸径结构分析

根据 Welch 划分的计算胸径大小多样性指数的胸径级别（Welch，1994）将胸径划分5个级别：胸径 <= 12.7cm 为1级；12.8—25.4cm 为2级；25.5—38.1cm 为3级；38.2—55.9cm 为4级；大于56.0cm 为5级。

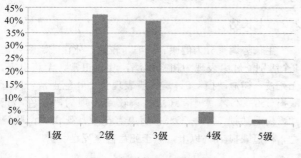

图2　行道树各径阶比例

胸径在12.8—25.4cm 之间的树种占42.1%，其主要原因是天津城市的扩张和城市道路的改造，导致小径阶行

道树占很高比例。银杏、合欢、栾树胸径均无大于56cm的大树，说明这类树种以前很少用作行道树。胸径大于56.0cm 的大树占总株数的1.6%，主要有绒毛白蜡、毛白杨、国槐，说明这些树种为天津的传统行道树，为天津的骨干树种，并且集中于天津老城区的主干道，如丁字沽路的绒毛白蜡为1953年栽种，如今，胸径已达64.5cm，应好好的保护。

从行道树平均胸径比较来看，各个树种平均胸径差距很大。平均胸径依次为毛白杨 > 绒毛白蜡 > 国槐 > 臭椿 > 悬铃木 > 栾树 > 泡桐 > 银杏 > 合欢 > 圆柏。绒毛白蜡在各个径阶区间都有分布，说明个体处于不同的生长阶段；毛白杨胸径集中在38.2-55.9cm 区域，小级别胸径占比例较少，说明毛白杨的飞絮污染环境，目前应用量减少。

3.3 行道树垂直结构分析

天津市行道树的垂直结构主要有四种类型：乔木单层结构、乔灌两层结构、乔灌草三层结构、乔灌花草四层结构。调查的126条道路中，乔木单层结构占38.8%，乔、灌两层结构占16.6%，乔、灌、草三层结构占15.7%，乔、灌、花、草四层结构占28.9%。乔木单层结构占比重最大，主要分布在主干道和支路，集中在老城区，单层乔木树下多以小面积的种植池形式出现，土壤板结严重、透气性差，严重影响了树木根系的正常发育。乔、灌、花、草四层结构占比重也较大，主要分布于新建的主干道，随着天津经济的发展，道路绿化由单层的乔木发展到乔灌花草复合结构，并注重色彩的搭配和季相的变化，植物高低有度，层次空间富有变化，不但体现群落的整体美，也能发挥较好的生态效益。

3.4 行道树生长势情况分析

生长势调查分为健康、一般、较差、死亡或濒临死亡四个级别，统计数据如表1所示。

天津行道树生长势情况统计表　　　表1

	健康	一般	较差	死亡或濒临死亡
绒毛白蜡	78.7%	18.9.%	1.8%	0.6%
悬铃木	58.3%	30.3%	8.7%	2.7%
国槐	96.7%	3.1%	0.6%	0.0%
毛白杨	98.1%	1.9%	0.0%	0.0%
臭椿	97.6%	2.4%	0.0%	0.0%
刺槐	97.4%	3.7%	0.0%	0.0%
栾树	96.3%	3.7%	0.0%	0.0%
毛泡桐	56.7%	38.9%	4.4%	0.0%
旱柳	95.2%	4.6%	0.0%	0.2%
西府海棠	99.2%	0.8%	0.0%	0.0%
合欢	88.1%	9.3%	2.6%	0.0%
总计	87.5%	10.6%	1.64%	0.32%

由表1可看出天津行道树生长势主要分布在健康和一般中，健康占87.6%，其中国槐、毛白杨、臭椿、刺槐、

园林植物应用与造景

栾树、旱柳、西府海棠健康比例达 95％ 以上，这些树种均为天津的乡土树种，具有适应当地的气候条件和良好的抗逆性。调查发现悬铃木生长势一般占 30.3％，较差占 8.7％，死亡 2.7％，尤其友谊路段更为严重，究其原因主要是悬铃木为天津的边缘树种，易受冻害，土壤偏碱，悬铃木耐盐碱性差，夏季会出现黄叶病，悬铃木长期生长势弱寄生菌会引起烂皮病，因此，建议天津今后要控制悬铃木的发展比重。毛泡桐健康比例占 56.7％，生长势一般占 38.9％，泡桐为速生树种，近几年天津新建的一些道路为了尽快呈荫，选择毛泡桐，但毛泡桐的丛枝病较严重。

3.5 行道树养护管理情况分析

行道树的管护一般有浇水、施肥、松土、病虫害防治、防冻害、防止人为损伤、涂白、栅栏保护等措施。

经调查分析得知行道树养护管理主要存在的问题有：

（1）行道树的养护管理机制不够健全，天津的有些道路开辟为农贸市场，商贩在树干上捆扎钢丝、绳子、折断树枝、往树穴内倾倒污水和垃圾、一些饮食摊常年在树下煎、炸、烹、炒给树木造成极大的伤害，这些现象而没有相应的机构管理。

（2）一些路段虫害较严重，如解放南路国槐尺蠖较严重；红桥区团结路悬铃木的美国白蛾较多。天津市行道树虫害主要以寄居植物为主，主要虫害种类有国槐尺蠖、美国白蛾、蚜虫、红蜘蛛、木蠹蛾、白蜡窄吉丁虫等。受侵袭的主要树种有国槐、毛白杨、圆柏、绒毛白蜡、垂柳等。

4 对策和建议

4.1 加强规划

树种规划是城市绿地规划的基础，而行道树规划则是树种规划的重要内容。天津行道树规划应基于以下几方面考虑：

（1）天津是座历史文化名城，至今已有 600 多年的建城历史，建筑尤为突出，有"万国建筑博览会"的美称，加上改革开放后新建的现代建筑，构成了天津城市的无穷魅力，行道树如何协调历史的，现代的文化意蕴，使行道树承担起文化载体的功能，规划时应充分考虑。

（2）应按生态学原理来规划行道树种，生态学指出：植物的多样性是保持园林植物群落稳定的基础，园林植物单调，势必打破生态平衡，一旦发生病虫害就难以扼制。目前，天津行道树结构不合理，绒毛白蜡占全部树种的 47％，成为名副其实的"白蜡城"，而绒毛白蜡的病虫害也十分严重，这一点应高度警惕。

（3）行道树的选择应在试验、分析、筛选的基础上决定去留，避免盲目造成经济的损失和人力的浪费。西方发达国家对行道树的选择非常慎重，如华盛顿市在 1872 年，曾对 30 种树种进行试验，最后筛选出 12 种树种为最适宜栽植的行道树树种[9]。天津应在现有行道树的基础上，还

可增加对红花刺槐、馒头柳、千头椿、杜仲、丝棉木、皂荚、梓树、黄金树、枫杨、金叶槐、金枝槐等树种的试验和筛选，以丰富天津行道树种类。

4.2 提高养护管理水平

（1）搞好整形修剪，行道树定植后，为了使其保持合理的树体结构及完整的树形，这项工作是必需的。整形修剪时，要考虑不同树种有其生物学特征和生长发育规律的差异，以及树木生长的当地环境条件的区别，要采用不同的方法。

（2）病虫害防治，通过调查，天津行道树的病虫害较严重，应采用综合防治技术，改善树种结构，合理控制化学农药的使用，更多采用已经证明有效的无公害农药、诱杀的方法，加大执法力度，切实保护鸟类和有益昆虫。

（3）应加强对人为因子破坏的管理，马路市场依然存在，为了经营，任意损坏行道树的现象时有发生，应按照现有的法规条例，依法管树。

4.3 重视行道树的科研工作

目前，天津行道树存在许多问题，如行道树结构不合理；杨树、柳树飞絮污染环境；绒毛白蜡的良种培育和保存；整形修剪不科学；养护管理不到位等问题，严重影响城市生态学系统，主管部门应重视行道树的科研工作，给予政策和资金的支持。

参考文献

[1] 李海梅，刘常富，何兴元等. 沈阳市行道树树种的选择与配置[J]. 生态学杂志，2003.22(5)：157-160.
[2] 谢盛强. 依据城市自然条件和规划性质做好行道树树种规划[J]. 中国园林，1998.14(57).
[3] 张敬丽，王锦，王昌命. 昆明市建成区行道树结构研究[J]. 西南林学院学报，2004.24(3)：36-39.
[4] 熊祚元. 城市行道树生态环境分析及养护措施[J]. 湖南林业科技，2008.35(2)：56-60.
[5] 綦行军，崔洪霞，刘忠文，等. 铁岭市行道树树种选择[J]. 辽宁林业科技，(4)：17-19.
[6] 林晨，王紫雯. 城市行道树规划的生态学探讨[J]. 中国园林，1998.14(6)：41-42.
[7] 吕先忠，楼炉焕. 杭州市行道树现状调查及布局设想[J]. 浙江林学院学报，2000.17(3)：309-314.
[8] 张涛，段大娟，李炳发. 河北省城市行道树的探讨. 中国园林，2000(2)：76-78.
[9] 关西平. 北京城市道路绿化现状与发展趋势的探讨[J]. 中国园林，2001(1)：43-45.
[10] 刘家宜. 天津植物志[M]. 天津：天津科学技术出版社，2004.

作者简介

[1] 刘雪梅，1965 年 11 月生，女，汉，山西，硕士，天津城建大学，副教授，研究方向为园林植物、植物造景，电子邮箱：liuxuemei1965@126.com。
[2] 崔怡凡，1990 年 6 月生，女，汉，河北，天津城建大学在读研究生。

芳香及药用植物在城市园林绿化中的应用探析

Application of Aromatic and Medicinal Plants in City Landscaping

孟清秀　刘　毓　刘　媛

摘　要：我国芳香及药用植物资源丰富，但目前城市园林当中应用的占比例偏小、种类和方式也较为单一。本文对芳香及药用植物在园林绿化中的主要功能进行介绍，对芳香及药用植物的应用形式进行了初步分析探讨，同时指出我国当前芳香及药用植物在园林应用中存在的不足，并针对这些问题提出了参考性的建议，以期为芳香及药用植物的选择和园林应用提供科学的理论依据。
关键词：芳香植物；药用植物；园林应用

Abstract：China is rich in aromatic and medicinal plant resources，but the city garden in application of the proportion is small，the type and mode is single. This paper introduces the main function of aromatic and medicinal plants in Landscape Architecture，and analysis of their allocation. Pointed out that China's current lack of ornamental aromatic and medicinal plant application，and puts forward some suggestions to solve these problems，in order to provide scientific basis for selection and application of aromatic and medicinal plants.
Key words：Aromatic Plants；Medicinal Plant；Landscape Application

广义上的药用植物是指根、茎、叶、花、果实等含有特殊成分而可供人类用于防病、治病的植物[1]。芳香植物是指植物体的全体或部分器官可释放香气物质的一类植物[2]。它是兼有药用植物和香料植物共有属性的植物类群，因而芳香植物本身就有其药用价值。

随着社会的发展，人们对于园林景观的要求不再仅仅满足于视觉上的美丽，而上升到追求一种既有视、听、嗅全方位美感，也有生态效益的健康和谐的园林景观。芳香及药用植物由于既能香化、美化环境，兼具具保健和生态、社会、经济等综合效益，因而在园林领域受到了越来越多的关注，在景观建设上日显其重要的地位和作用，也必将给城市园林绿化产业带来全新的发展空间。

1　芳香、药用植物在园林绿化中的主要功能

1.1　满足香化、美化城市的需求

一些多年生的草本芳香植物如薰衣草、风信子、迷迭香、薄荷、百里香、罗勒、圣约翰草、洋甘菊、留兰香、藿香等植物的花、叶等部位都能散发出迷人的芬芳，既可增添城市园林韵味，又可令人赏心悦目，营造出花香四溢的园林景观；一些木本芳香植物如柠檬、甜橙、木瓜、枇杷、佛手等果香浓郁、姿态优美，兼具香化和美化城市的作用[3]。

大多数的药用植物不仅具有一定的药用价值，其花、果、叶片或形态等都极具观赏价值[4]，如牡丹、芍药、白头翁、金盏菊、石竹、蓖麻、红花、射干、虎耳草、萱草、桔梗、凌霄、多花紫藤等，都是可以广泛用于园林绿化中的药用兼观赏植物。在园林植物配置中，地被植物的合理应用往往能体现出画龙点睛的作用，而药用植物大多

喜阴湿环境，许多都可作为地被植物应用，如玉竹、山丹、铃兰、多花石竹、麦冬等均能构建出独具特色的观赏景观[5]。而药用苔藓植物、药用蕨类植物同样具有非常丰富应用前景，常见的药用苔藓植物和药用蕨类植物如葫芦藓、刺叶藓、羽藓、铁线蕨、鹿角蕨、肾叶蕨、凤尾蕨等，均可作为园林地被植物应用，不仅能提升园林的整体观赏效果，还能起到烘托、丰富景观的作用。

此外，有些芳香植物和药用植物的特殊形态和气味还可吸引蝴蝶、蜜蜂等昆虫来采集花粉，吸引众多鸟类聚集，在城市园林中可营造出鸟语花香，人与自然和谐相处理想景观效果[6]。

1.2　净化城市空气，改善环境污染

随着社会的发展，工业高度发达的负面影响越来越凸显，人类的生存环境的质量持续降低，对人类的生存与发展、生态系统和财产造成了很多不利影响。如大气污染、土壤污染和水污染等，都直接危害到人类健康和生存，因而保护和改善生活环境是城市园林建设的核心内涵。

大部分芳香及药用植物不但通过光合作用吸收二氧化碳、放出氧气来净化空气，而且还具有吸收有害气体、吸附灰尘等作用，例如月季、木槿、紫薇、米兰、栀子等植物能吸收二氧化硫、氯化氢、氟化氢等有害气体；桂花、蜡梅等吸收汞蒸汽；铁线蕨、常春藤能有效吸收苯类污染。合理的配置这些具有特殊功效的植物能够建立人、生物、自然界三者间稳定平衡的生态系统，达到生态效益、经济效益、社会效益的统一协调发展。

1.3　具有医疗保健功能

随着人们对环境要求的不断提高，越来越强调构建适宜人们生活的园林型城市。许多药用植物及部分芳香植物中含有抗生素和具抗病毒作用的化学物质，有些植物还能

挥发出有益的化学物质，通过人的呼吸系统及皮肤进入人体，起到防病、抗病、强身保健，提高人体免疫能力等作用。人们合理地进行城市生态保健型绿化模式搭配，可以有效地杀灭和抑制城市环境中的有害微生物，保障人的身体健康。许多药用植物的花粉、枝叶、果实，分泌的有效成分在空中飘散后，通过肌体和皮肤、毛细血管的呼吸作用，对人体产生一定的防病、治病和医疗保健作用，如白兰、黄兰、串钱柳、海桐、含笑、九里香等植物不但挥发油含量高，同时对呼吸系统有保健作用；人心果、白兰、串钱柳、含笑、鹅掌藤等植物富含一些对心脏有保健作用的挥发物质，对心血管系统有保健作用[7]。

另外，一些芳香植物和药用植物如夜来香、薰衣草、天竺葵、七里香、万寿菊、茉莉花、艾草等分泌的特殊气味还能够有效地防止蚊虫的侵扰，可作为一种天然、高效、健康的驱虫剂[8]。

2 芳香、药用植物在园林绿化中应用形式

2.1 公共及社区绿化

对于芳香植物而言，可将香化这一独具特色的设计理念的运用到城市园林绿化当中，例如将浓香型或者使人兴奋的玫瑰、百合、紫藤种植在热闹的公共场所；将薰衣草、藿香、栀子等富含宁神静气物质的植物种植在相对幽静的居民区住宅区内。在药用植物的应用方面，选择能够挥发有益物质，对人体健康有特殊功效的植物种类，如将一些具有特殊保健功能的药用型植物以专类保健区域的形式种植在医院、保健中心、疗养院等场所；而在污染较为严重的厂区、实验基地等位置可利一些抗污染，吸收有害气体的植物如利用银杏、香樟、桂花、小叶垂柳、核桃、夹竹桃等药用植物作为行道树或者主干树种能够做到有效防尘，吸收有害气体。

2.2 构建芳香植物、药用植物专类园

利用我国丰富的芳香植物和药用植物种质资源，根据其植物的不同芳香及药用的特性，合理的设计规划芳香植物和药用植物专类园区。如芳香植物可以根据香味的浓郁程度、散发香味的部位不同构建芳香植物专类园，例如构建花香植物专类园可利用芳香花卉、木兰科、蔷薇科、蜡梅科、木犀科等科属中的大部分植物；构建果香植物园可种植木瓜、枇杷、柑橘、佛手等；构建叶香植物专类园可栽植香樟、松柏类、茶属植物等。

药用植物专类园的建设则可根据其生长习性和生态特性依照乔、灌、草、藤本植物的划分来构建不同类型植物的专类药用植物园区。

芳香植物和药用植物专类园的建设还可为游人提供具有高质量空气的健身活动场地。在自然的香气中，放松身心，来获得内心的平和和健康。所散发出愉悦的芳香更能让人心情舒畅，消除疲劳，提高人体的自然免疫力，对生活节奏紧张的都市人来说无疑是一种解除压力的好方法。除此之外，还可以更加深入地利用和开发芳香、药用植物园，构建植物教学实习基地科学示范基，同时开发旅游观

光产业，使之成为融教学、科研、对外开放及旅游观赏于一体综合性、多层次、全方位的植物专类园区。

2.3 营造夜花园

夜花园是人们尤为喜爱的一种园林形式。夜晚宁静安详，人们利用嗅觉感官来体验园林之美，是一件非常惬意享受的事。一些在夜间开放的芳香植物的合理运用，使得夜花园成为人们消暑纳凉的好去处。

总之，芳香植物和药用植物在园林绿化中的应用要因环境而宜，各类植物合理搭配，形成乔、灌、草、花、果、叶相结合的植物群落体系，达到融保健、科学、文化、艺术为一体的植物景观，以新观念、新方法建成具有良好保健型的生态园林，为促进居民的身心健康发挥应有的生态环境效应。

3 芳香、药用植物在当前园林绿化过程中存在的问题及对策

3.1 应用种类单一，搭配不协调

尽管近些年我国各地都在大量引进外来的芳香植物，但并没有达到真正丰富园林植物品种的效果，引进主要体现在数量的增加，而不是种类的增多。而药用植物从应用种类和数量上都有所欠缺，其园林绿化和保健功能并没有得到应有的重视。芳香植物的应用以北方而言，城市园林绿地中的芳香植物资源应用不足，主要以芳香乔木为主，芳香灌木次之，而芳香草本植物的运用和其自身种类相比应用严重不足。这也造成了芳香植物乔、灌、草比例失衡，影响了园林景观中芳香植物的层次搭配的协调性，不能形成良好的植物景观。在药用植物应用方面，目前园林景观中所应用的药用植物多为药用兼观赏植物及芳香植物，从景观上并未体现药用植物特有的特点，而园林景观中多数要求植物品种较高观赏价值，但对于传统的观赏价值并突出的特色药用植物应用偏少，并未注重开发其生态保健价值，没有全面认识药用物的特性，很多药用植物的观赏价值和养生价值没有得到充分重视，在应用形式上过于单一，像园艺疗法、芳香疗法和森林疗法对人们健康十分有益的应用形式没有在园林中得到广泛应用，在某种程度上限制了药用植物在园林景观中的发展。

对此，应加强芳香植物和药用植物的引种和选择工作，特别是对芳香草本植物的种类的引种和对具有较高观赏价值的药用植物的引种。另外，对具有较高保健价值的药用植物也要加强引种选择和利用，丰富城市园林中芳香植物和药用植物的种类，实现园林景观中芳香植物和药用植物的合理配植，同时展现出植物的生态保健功能。

3.2 园林功能认识不足

在对芳香植物专类园进行植物造景时，一些地区往往只是把能够在这个地区生存的芳香植物进行罗列种植，并没有考虑到各种芳香植物香味的气味类型及香味的浓度，往往造成不同种类的芳香气味相互排斥的现象[9]；在将药用植物用于植物保健作用的保健绿地时，没有充分考证植

物的保健特性将具有功效冲突性的植物混杂种植在一起，反而不利于人体的健康。

对此，在为实现这些特殊绿化功能去选择观赏性芳香植物种类进行植物造景和构建芳香植物专类园区时，应考虑不同香型的观赏性芳香植物的合理搭配；考虑不同植物气味之间的相互作用；考虑不同气味的类型是否与周围环境相和谐；选择药用植物种类构建保健绿地、药用植物专类园区时应注意根据不同药用植物的文化、生态特点、功能特性、地域特色定位来进行规划设计，或者根据药用植物专类园的功能分区域来规划设计。无论是芳香植物还是药用植物的应用，都要注意从园林绿化的角度出发，着力展现绿色植物群落改善环境的功能，还应注意，要根据当地的气候、水文、土质特点，科学选择既美化环境又有保健作用的植物[10]。此外，还要考虑不同季节的观赏性芳香植物和药用植物的灵活运用，充分发挥植物的特色优势，与其他园林植物共同营造丰富的植物景观。

3.3 没有充分考虑植物自身的适应能力

芳香植物和药用植物种类繁多，在我国南北方城市都能找到很多适宜种植的种类，但在品种选择上是有区别的，如果不加以区分选择和适当的引种驯化，不仅不能实现植物的观赏价值，更加不能体现出其特殊的园林功能。因此必须根据实际情况根据其生态习性和生活特性来合理选择植物搭配。

如南方地区适宜种植香樟、肉桂、阴香、薰衣草、罗勒、天竺葵、百里香等；北方可选择玫瑰、香花槐、薰衣草、紫苏、茉莉、细香葱、桔梗、鱼腥草等。乡土植物，特别是其中的建群种和优势种，在营造高效、稳定的生态绿地中具有不可替代地位，在适地种植的基础应上加强乡土芳香植物和药用植物的应用。

4 结语

芳香植物和药用植物的合理运用，能够提升园林景观的文化底蕴，把独特的韵味和至美的意境带给中国园林；能够极大地丰富我国园林植物景观，进一步提高城市园林绿化的水平和质量[3]；能够利用其特有的功效为城市人民的健康保驾护航。因此，芳香植物和药用植物是建设城市园林的一块瑰宝，值得我们去深入挖掘和探求。

参考文献

[1] 周梦佳，王俊杰，蔡平等．浅谈药用植物在现代园林中的独特应用[J]．北方园艺，2010(13)：95-97．

[2] 范海荣，常连生，王洪海等．芳香植物在园林中运用的现状与形式[J]．上海农业科技，2010(4)：68-70．

[3] 贾红霞，李繁．芳香植物的功能及园林应用形式[J]．绿色科技，2011(11)：53-54．

[4] 范繁荣，王邦富，李永武等．药用植物在园林景观绿化中的应用[J]．现代农业科技，2013(9)：211-212．

[5] 王爱民．城市绿化景观中地被药用植物应用初探[J]．北方园艺，2010(16)：123-124．

[6] 张晓玮．芳香植物在园林绿化中的应用初探[J]．湖南农业科学，2009(10)：124-125．

[7] 黄隆建．10种园林植物挥发物的成分分析及生态保健功能[D]．华南农业大学硕士论文，2008．

[8] 王玉．观赏芳香植物在园林绿化中的应用[J]．吉林农业，2011(12)：196-197．

[9] 张凤英，李飚．芳香植物种质资源及其在现代园林中的应用[J]．林业科学，2011(8)：198-199．

[10] 李景华，阎秀峰，赵光伟等．黑龙江省药用园林植物应用的研究[C]．2006年全国博士生学术论坛．

作者简介

[1] 孟清秀，1985年生，女，汉，山东济南，硕士，济南百合园林集团有限公司，电子邮箱：mengqingxiu8866 @ 163. com 。

[2] 刘毓，1978年生，女，汉，山东济南，硕士，工程师，济南市花卉苗木开发中心（济南市园林科学研究所）科研技术室副主任，主要从事园林植物引种选育、园林绿化废弃物处理等方面的研究，电子邮箱：lilyliuyu@126. com。

[3] 刘媛，1983年生，女，汉，山东莒南，硕士，中级农艺师，供职于济南百合园林集团有限公司，从事园林植物引种及花境营造研究。

四季桂品种天香台阁花期调控机理研究

Study on Flowering Regulatory Mechanism of *Osmanthus fragrans* 'Tianxiangtaige'

沈柏春　魏建芬　陈徐平　张　雪　吴光洪

摘　要：以三年生天香台阁（*Osmanthus fragrans* 'Tianxiangtaige'）作为试验材料，分别研究温度和植物生长调节剂对天香台阁生长和开花的影响，以探索四季桂品种群花期调控机理。结果表明：温度是影响天香台阁开花的主要因素，5℃以下的低温抑制了天香台阁的生长发育，8℃是天香台阁花芽分化的临界温度；温度升高，加速花芽分化完成，提早开花；相对湿度60%-80%，夜温14-18℃，昼温22-25℃的温度昼夜交替性变化，有助于天香台阁的花芽分化与发育；50ppmPP333对天香台阁的矮化效果最显著（P<0.05）；400ppmPP333显著（P<0.05）促进天香台阁的新梢萌发；多效唑（PP333）、丁酰肼（B9）、矮壮素（CCC）三种生长调节剂都有促进天香台阁花量增加的功效，其中50ppm CCC提高天香台阁开花量的效果最佳。

关键词：天香台阁；温度；植物生长调节剂；花序

Abstract：Using three-year *Osmanthus fragrans* 'Tianxiangtaige' as test material，the effects of temperature and plant growth regulator on the growth and flowering of 'Tianxiangtaige' were studied，In order to explore the mechanism of flowering regulatory of *Osmanthus fragrans* species group. The results showed that temperature is the major factor affecting 'Tianxiangtaige' flowering，the temperature below 5℃ inhibits the growth and development of *Osmanthus fragrans* 'Tianxiangtaige'，8℃ is the critical temperature for flower bud differentiation of *Osmanthus fragrans* 'Tianxiangtaige'；temperature rising can accelerate the completion of flower bud differentiation，flowering early；relative humidity at 60 to 80%，night temperature 14-18℃，alternating daytime temperature 22-25℃ temperature change process is helpful to the bud differentiation and development of 'Tianxiangtaige'；50ppm PP333 has the most significant（*P*<0.05）dwarfing effect；400ppm PP333 promotes sprouts germination significantly（*P*<0.05）；The three plant growth regulators of PP333、B9、CCC all enhanced the amount of flowering of *Osmanthus fragrans* 'Tianxiangtaige'，50ppm CCC is the best one which increases the amount of flowering of *Osmanthus fragrans* 'Tianxiangtaige'.

Key words：*Osmanthus fragrans* 'Tianxiangtaige'；Temperature；Plant Growth Regulator；Inflorescence

　　天香台阁（*Osmanthus fragrans* 'Tianxiangtaige'）属于木犀科木犀属四季桂品种群，灌木或小乔木。原产于浙江金华（安地镇），目前江苏、上海、安徽、山东以及浙江其他地区有零星栽培。近年来，天香台阁因四季开花，香气浓郁，花型大且花里藏叶或花中有花的台阁现象[1]，受到大众的欢迎。然而，目前对天香台阁的花期调控技术的研究报道较少，但有研究发现天香台阁的冬春花期具有边抽梢边开花的显著特点，且花量与抽梢量成正比，因此通过花期调控手段促进其冬季的生长是实现冬春季节开花的有效手段。植物花期调控的方法主要有温度处理、光照处理、药剂处理以及栽培措施处理四种途径[2]。温度处理和药剂处理这两种措施已被应用到桂花花期调控中。如陈洪国[3]等发现多效唑（PP333）可显著抑制枝条的伸长生长，促进加粗生长，并使枝条节间缩短。陈卓梅[4]等研究发现：各浓度的生长调节剂（多效唑、矮壮素）基本使桂花花量增加，花期延迟，多效唑促进生长及开花的最适施用浓度为1500mg/kg，矮壮素的最适施用浓度范围为6000mg/kg。邵长文[5]研究表明：利用降温的办法可促进花芽发育，可提前花期；利用增高温度的办法抑制花芽的萌动，可推迟花期。但前期研究主要以秋桂类为主，四季桂的研究较少，为此本研究以温度处理、药剂处理作为调控手段，通过探讨不同温度和植物生长调节剂对

天香台阁开花的影响，筛选适合天香台阁开花的最佳温度、植物生长调节剂种类及浓度，为生产提供指导，进一步丰富年宵花市场。

1　材料与方法

1.1　试验材料

　　供试苗木为三年生天香台阁扦插苗，试验中选取长势良好，无病虫害的苗木，将其种植在3GL注塑盆中，苗木平均苗高50-55cm，平均地径3-3.5cm。试验分别于2011年12月-2012年2月、2012年12月-2013年2月两个时期完成。

1.2　试验设计

1.2.1　温度对天香台阁开花的影响

　　试验于2011年12月—2012年2月在杭州市园林绿化股份有限公司青山苗木基地进行，设三个处理，分别是：（1）露天（在自然环境中，平均温度低于5℃）；（2）花期调控温室1（夜温8-12℃，昼温18-22℃，保持相对湿度60%-80%）；（3）花期调控温室2（夜温14-18℃，

昼温 22-25℃，保持相对湿度 60％-80％），试验采取完全随机设计，每个处理 3 组重复，每组重复 30 株苗木。

1.2.2 植物生长调节剂对天香台阁开花的影响

试验于 2012 年 12 月-2013 年 2 月在杭州市园林绿化股份有限公司青山苗木基地花期调控温室内进行，温室夜温控制在 14-18℃，昼温控制在 22-25℃，保持相对湿度 60％-80％。植物生长调节剂有多效唑（PP333）、丁酰肼（B9）、矮壮素（CCC）3 种，其中多效唑设 5 个水平梯度，分别是 50 mg·L⁻¹（ppm）、100 mg·L⁻¹、200 mg·L⁻¹、400 mg·L⁻¹、600 mg·L⁻¹；丁酰肼设 5 个水平梯度，分别是 50mg·L⁻¹、100mg·L⁻¹、200mg·L⁻¹、400 mg·L⁻¹、600 mg·L⁻¹；矮壮素设 3 个水平梯度，分别是 50mg·L⁻¹、100mg·L⁻¹、200mg·L⁻¹，以清水作为对照（CK），共 14 个处理，植物生长调节剂以喷施方式使用，试验采取完全随机设计，每个处理 3 组重复，每组重复 30 株苗木。

1.3 测定指标及方法

新梢量、新梢生长量：分别于试验开始和结束时统计各处理的新梢数、新梢生长量，新梢生长量用直尺直接测定；花序数：在各处理的开花盛期，统计花序数。

采用 Microsoft Excel 2003 软件和 DPS 数据处理软件对试验数据进行统计分析，多重比较采用 Duncan 法。

2 结果与分析

2.1 温度对天香台阁生长与开花的影响

不同温度条件下天香台阁新梢数、新梢生长量、花序数多重比较结果见表 1。

新梢数、新梢生长量、花序数多重比较表　表 1

处理	新梢数	新梢生长量（cm）	花序数（pair）
CK	0cC	0bB	0cC
花期调控温室 1	39bB	8.6aA	111bB
花期调控温室 2	45aA	8.4aA	123aA

注：相同小写字母代表差异不显著，不同小写字母代表差异显著（P＜0.05）；相同大写字母代表差异不显著，不同大写字母代表差异极显著（P＜0.01）。

通过观察结合表 1 可以发现，天香台阁在不同的生长环境下，表现出不同的生长特性。（1）室外自然环境下，平均温度低于 5℃，生长基本停止，其新梢数、新梢生长量、花序数均为 0；（2）在花期调控温室 1 内，温度升高，植株开始生长发育，具体表现在，夜温升高到 8℃，昼温升高到 18 时新梢开始萌发，花芽开始分化，保持夜温 12-18℃，昼夜 18-22℃交替性温度变化，有助于花苞开放，新梢数、新梢生长量、花序数均极显著高于室外处理；（3）在花期调控温室 2 内，昼夜温度再次升高（夜温

14-18℃，昼温 22-25℃），新梢数、花序数均极显著高于花期调控温室 1，试验过程中还发现，天香台阁始花期在温室 2 要比温室 1 提早 3 天。综上所述，温度是影响天香台阁开花的主要因素，5℃以下的低温抑制了天香台阁的生长发育，8℃是天香台阁花芽分化的临界温度；温度升高，加速花芽分化完成，提早开花；相对湿度 60％-80％，夜温 14-18℃，昼温 22-25℃的温度昼夜交替性变化，有助于天香台阁的花芽分化与发育。

2.2 植物生长调节剂对天香台阁生长和开花的影响

2.2.1 植物生长调节剂对天香台阁新梢生长量的影响

如图 1 所示，喷施多效唑和矮壮素后，天香台阁的新梢生长量比对照 CK 显著（P＜0.05）降低，在观察中还发现，与对照相比，新梢明显变粗。其中 50ppmPP333 矮化效果最好，新梢生长量比对照 CK 降低了 2.3cm；100ppmCCC 其次，新梢生长量比对照 CK 降低了 1.9cm；与多效唑和矮壮素相比，丁酰肼（B9）对天香台阁矮化效果不明显，新梢生长量比对照还高 0.3—2cm，表明丁酰肼不利于天香台阁的株型控制。

2.2.2 植物生长调节剂对天香台阁新梢数的影响

如图 2 所示，不同种类的植物生长调节剂对天香台阁新梢萌发作用效果不同，多效唑和矮壮素均能显著（P＜0.05）促进天香台阁的新梢萌发，其中 400ppm PP333 对天香台阁的新梢萌发促进作用最明显，新梢萌发数为 67 个，极显著高于其他处理；其次为 200 ppmPP333，新梢萌发数是 53 个，显著高于其他处理。同一植物生长调节剂的不同浓度对天香台阁新梢萌发数的作用效果也存在显著差异，多效唑和丁酰肼随着浓度的升高，作用效果先升高后降低，分别在 400ppm、200ppm 时，作用效果达到最优；矮壮素的作用效果是随着浓度的升高逐渐降低，50ppm 时作用效果是最优的。

2.2.3 植物生长调节剂对天香台阁花序数的影响

天香台阁因其花型独特，香气浓郁，备受关注，因此，花序数量是反映其观赏性的重要指标，由图 3 可以发现，喷施植物生长调节剂后，天香台阁的花序数比对照显著（P＜0.05）提高，其中 50ppm CCC 的作用效果最明显，花序数为 137 对，极显著高于其他激素处理；其次为 200 ppm PP333、100 ppm CCC，花序数均为 131 对，显著高于其他激素处理。在同一种植物生长调节剂处理下，花序数随浓度的变化趋势为：多效唑和丁酰肼随着浓度的升高，作用效果先升高后降低，均在 200ppm 时，作用效果达到最优；矮壮素的作用效果是随着浓度的升高逐渐降低，50ppm 时作用效果是最优的。综合比较，50—100ppm CCC、200ppm PP333 均能使天香台阁花量极显著增加。

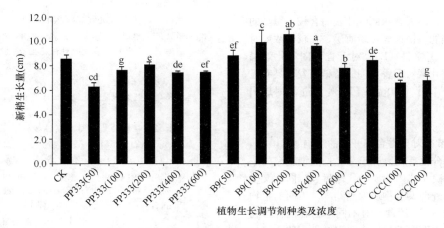

图1 植物生长调节剂对天香台阁新梢生长量的影响

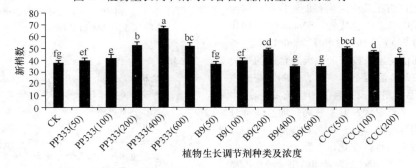

图2 植物生长调节剂对天香台阁新梢数的影响

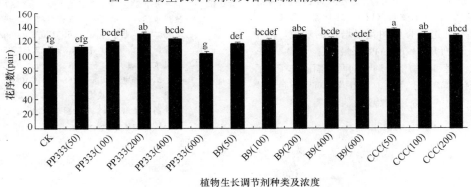

图3 植物生长调节剂对天香台阁花序数的影响

3 结论与讨论

3.1 温度对天香台阁生长和开花的影响

温度是调节营养生长和生殖生长的一个主要因子，也是调节植物成花的重要因素。我们的研究发现，温度是影响天香台阁开花的主要因素，5℃以下的低温抑制了天香台阁的生长发育，8℃是天香台阁花芽分化的临界温度；温度升高，加速花芽分化完成，提早开花；相对湿度60%-80%，夜温14—18℃，昼温22-25℃的温度昼夜交替性变化，有助于天香台阁的花芽分化与发育。邵长文[3]研究表明：利用降温的办法可促进桂花花芽发育，可提前花期；利用增高温度的办法抑制桂花花芽的萌动，可推迟花期。与本研究结论相反，这可能是因为天香台阁是四季

桂，其冬春花期具有边抽梢边开花的显著特点，而邵长文[5]的研究主要以秋桂类为主，因品种不同，其成花机理可能也不同，需要进一步研究。

3.2 植物生长调节剂对天香台阁生长和开花影响

3.2.1 植物生长调节剂对天香台阁生长影响

多效唑和矮壮素属赤霉素类型生长抑制剂，可降低植物内源生长素（IAA）的水平，抑制内源赤霉素（GA）的合成，从而抑制植物细胞分裂和细胞伸长，使节间变短、株型紧凑，达到矮化的作用[6-7]。我们在研究中发现：喷施多效唑和矮壮素的植株，新梢高生长量比对照明显降低，横向生长明显增加（新梢变粗），其中PP333在50ppm即达到显著的矮化效果，而CCC在浓度为100ppm时才达到最适的矮化效果，这可能是由于多效唑为脂溶

性，矮壮素为水溶性，而天香台阁叶片表面有较为明显的蜡质层，因而多效唑能较快地通过蜡质层，在较低浓度时便达到矮化效果[7]。丁酰肼（B9）对天香台阁矮化效果不明显。多效唑和矮壮素对天香台阁的新梢萌发也具有显著（$P<0.05$）促进作用，400ppm PP333 促进作用最明显，其次为 200ppmPP333。

3.2.2 植物生长调节剂对天香台阁开花的影响

一般认为，花芽分化首先取决于芽生长点细胞液的浓度，细胞液浓度又取决于体内物质的代谢过程，同时又受体内内源调节物质和外源调节物质的制约[8]。不同的植物生长调节剂作用机制不同，因此，对不同植物和同种植物的不同品种调控效果也存在差异。本研究结果表明，三种植物生长调节剂对天香台阁花量增加均有促进作用，这与陈卓梅等[4]的研究结果吻合。综合比较，50ppm CCC 的作用效果最明显，其次为 200ppm PP333 和 100ppm CCC。

总之，通过温度和植物生长调节剂对天香台阁的生长和开花的影响的研究发现，温度是影响天香台阁开花的主要因素，5℃以下的低温抑制了天香台阁的生长发育，8℃是天香台阁花芽分化的临界温度；温度升高，加速花芽分化完成，提早开花；相对湿度 60%—80%，夜温 14-18℃，昼温 22—25℃的温度昼夜交替性变化，有助于天香台阁的花芽分化与发育；50ppmPP333 对天香台阁的矮化效果最显著；400ppm PP333 显著（$P<0.05$）促进天香台阁的新梢萌发；多效唑（PP333）、丁酰肼（B9）、矮壮素（CCC）三种生长调节剂都有促进天香台阁花量增加的功效，其中50ppm CCC 提高天香台阁开花量的效果最佳。

本研究仅从温度和植物生长调节剂两方面研究了天香台阁的花期调控技术，关于光照、栽培措施对天香台阁生长和开花的影响方面的研究还有待进一步开展。

参考文献

[1] 潘文，龙定建，唐玉贵．几种常见花卉的花期调控技术[J]．广西林业科技，2003(32)：204 - 206.

[2] 杨康民．中国桂花[M]．北京：中国林业出版社，2012.

[3] 陈洪国，谢代寒．多效唑对桂花生长、光合作用及叶绿素荧光的影响[J]．湖北农业科学，2006. 45（3）：352 - 354.

[4] 陈卓梅，杜国坚，胡卫滨等．2 种植物生长调节剂对盆栽桂花的矮化效果试验[J]．浙江林业科技，2012. 32（2）：53 - 56.

[5] 邵长文．桂花的栽培与花期调控技术[J]．安徽农业科学，2006. 34（21）：5515 - 5543.

[6] Guo D P, Shah G A, Zeng G W, et al. The interaction of plant growth regulators and vernalization on the growth and flowering of cauliflower (Brassica oleracea var. botrytis)[J]. Plant Grow Regul, 2004. 43(2)：163 - 171.

[7] 黄广学，王月英．常见生长调节剂使用及注意事项[J]．中国花卉园艺，2005. 16(8)：55 - 57.

[8] 李云，任继雄，甘元发等．赤霉素处理对山茶花开花的促进作用[J]．北方园艺，2007（5）：120 - 121.

作者简介

[1] 沈柏春，1966 年 9 月生，男，汉族，浙江萧山，专科，杭州市园林绿化股份有限公司研发中心常务副主任，工程师，从事园林植物研究工作，电子邮箱：1685126924@qq. com。

[2] 魏建芬，1984 年 11 月生，女，汉族，山东青岛，研究生，杭州市园林绿化股份有限公司研发技术员，从事园林植物研究工作，电子邮箱：1685126924@qq. com。

[3] 陈徐平，1988 年 12 月生，男，汉族，浙江平湖，本科，杭州市园林绿化股份有限公司研发技术员，从事园林植物研究工作，电子邮箱：1685126924@qq. com。

[4] 张雪，1986 年 10 月生，女，汉族，山东菏泽，研究生，杭州市园林绿化股份有限公司研发技术员，从事园林植物研究工作，电子邮箱：1685126924@qq. com。

[5] 吴光洪，男，汉族，杭州市园林绿化股份有限公司董事长，高级工程师，从事园林工程管理工作，电子邮箱：1685126924@qq. com。

园林植物应用与造景

银川市大气污染对几种园林树木生理特性的影响①

Effects of Air Pollution on Physiological Characteristics of Greening Trees in Yinchuan

宋丽华　王　璇

摘　要：选择银川市 3 个不同污染区的 10 种常见绿化树种作为试验对象，探讨不同污染环境对园林树木生理特性的影响。通过测定不同树种叶片叶绿素含量、脯氨酸（Pro）含量、丙二醛（MDA）含量和可溶性糖含量，比较不同树种的抗污染能力。结果表明，同一树种在不同污染区的生理指标存在显著差异。10 种园林绿化树种中抗污染能力相对较强的是河北杨、连翘、紫叶李、丁香和臭椿。

关键词：大气污染；生理指标；抗污染能力

Abstract：With 10 common greening tree species as materials. This paper studied the effects of air pollution on physiological characteristics of greening trees in Yinchuan. The leaf chlorophyll content, proline content, MDA content and soluble sugar content were measured, and the anti-pollution ability of different tree species were analyzed. The results showed that there were significant difference of physiological characteristics in different polluted area. According to the results, The anti-pollution ability of Populus hopeiensis, forsythia, Prunus cerasifera, clove and Ailanthus altissima have strong anti-pollution ability.

Key words：Atmospheric Pollution；Physiological Index；Anti-pollution Ability

随着我国国民经济的发展，城市生活水平的稳步提高，城市的空气质量问题越来越受到人们的广泛关注。20 世纪 80 年代以来，由于经济高速增长，使得环境压力明显增大，长期积累的环境风险开始出现，一些大中城市的空气质量有恶化的趋势，污染源和污染物的增多，污染范围的扩大，使得以 SO_2、NO_2、PM2.5 为主要污染物的空气质量问题日趋严重，环境污染已受到世界性的关注，而不同程度的环境污染也同样影响着人们的健康、出行、生活质量等方方面面，因此人们更加关注我们生活周边的空气质量和环境状况。环境污染主要包括大气污染、水污染、噪声污染、放射污染等[1]。而当前倍受关注的大气污染已成为人们热衷讨论的话题，如北京的雾霾天气已严重影响到人们生活和出行。因此，如何根据我们周围绿化植物的生理指标来反映大气污染的严重程度就成为一个非常值得讨论的话题。

银川市的空气质量为三级，属轻度污染，由于银川市内几乎没有化工厂，所以银川市大气中主要的污染源来自于机动车辆排放的尾气，其中含有碳氢化合物、氮氧化合物、SO_2、CO 及固体颗粒物等污染物。测定其中任意一种污染物都不能全面地反映所选功能区的污染程度，所以通过探究园林树木的生理生化指标的变化来反映城市不同地区的大气污染程度具有现实意义。

园林绿化树种有美化城市环境、净化空气、防尘降噪等多重功效，因此如何根据植物的各种生理指标来判断周围的环境污染状况就显得尤为重要和有意义。园林树木主要通过叶片与周围气体进行交换，在大气污染的影响下，其叶片最易受到污染物的危害，而此时的叶片的各种生理生化指标也会或多或少的偏离正常水平，通过检测生理指标的变化，可从一定程度上判别当地的空气质量状况。本试验通过测定园林树木的生理指标来探讨其对大气污染的指示作用，以期为银川市城市绿化中园林植物的选择应用提供参考依据。

1　材料与方法

1.1　采样点的选择

根据银川市的分布特点，选取了 3 个比较有代表性的采样点分别为中山公园（植被集中，远离大气污染源，空气质量较高）、同心北街（地处城市边缘，车流量较小，有一定程度的污染）和丽景街（城市交通要道，车流量大，污染程度较大）。

1.2　试验方法

1.2.1　试验材料与采集方法

试验材料主要选定银川市的常见绿化树种，分别为丁香（*Syzygium aromaticum*）、白蜡（*Fraxinus chinensis*）、国槐（*Sophora japonica* Linn.）、臭椿（*Ailanthus altissima*）、河北杨（*Populus hopeiensis* Hu et Chow）、龙爪槐（var. *pendula* Hort.）、紫叶李（*Prunus ceraifera* cv. *Pissardii*）、金叶莸（*Caryopteris clandonensis* 'Worces-

①　基金项目：科技部农业科技成果转化项目（2012GB2G300484）。

ter Gold'.)、黄刺玫（*Rosa xanthina* Lindl.）、连翘（*Forsythia suspensa*）等10种园林植物。

每一个采样点分别选取3株生长正常的树种，在3株树种上分别选择12片完全伸展、没有病虫害的成熟叶片。为了防止叶片失水，采样后即将叶片装入已编号的采样袋内，带回试验室，放入冰箱冷藏待用。

1.2.2 生理指标的测定

叶绿素含量的测定采用叶绿素仪在采样点直接测定各园林树木的SPAD值；脯氨酸（Pro）含量的测定采用茚三酮显色法测定脯氨酸含量[2]；丙二醛（MDA）含量的测定采用硫代巴比妥酸法测定丙二醛含量[2]；可溶性糖含量的测定采用蒽酮硫酸法测定可溶性糖。

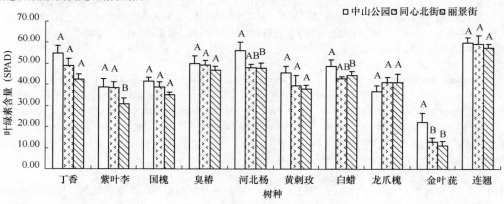

图1 叶绿素含量的比较

由图1可以看出，10种绿化树种叶片叶绿素含量的SPAD值在不同的污染区存在差异性。中山公园（轻度污染区）的10种绿化树种的叶绿素含量普遍高于同心北街（中度污染区），而同心北街的10种绿化树种的叶绿素含量又大多高于丽景街（重度污染区）。通过比较分析得出中山公园、同心北街和丽景街这三个污染区之间随污染程度加重其叶片的叶绿素含量依次递减。中山公园的10种园林树种中叶绿素含量SPAD值较高的有丁香（54.90）、臭椿（50.03）、河北杨（56.13）和连翘（59.97）；丽景街叶绿素含量SPAD值较高的园林树种有臭椿（46.90）、河北杨（47.74）、连翘（57.34）和白蜡（44.43）。通过对比发现，臭椿、河北杨、连翘在不同污染环境下，其叶片叶绿素含量的SPAD值都较高，说明这3个树种对大气污染的抗性相对较强。

进一步方差分析表明，同一树种在不同污染区的叶绿素含量的差异显著性为紫叶李和金叶莸呈极显著差异（$P < 0.01$）；河北杨、白蜡、龙爪槐呈显著差异（$0.01 < P < 0.05$），其余树种为差异不显著（$P > 0.05$）。

2.2 大气污染对几种园林树木Pro含量的影响

植物体内Pro含量的积累是植物对逆境胁迫的一种生理性适应反映，具有双重意义：一是细胞结构和功能遭受伤害的反映；二是植物对逆境的适应表现，具有防护效应及保护植物自身的功能[3]。在多种逆境下，植物体内大量积累Pro用以抵御逆境[6]。

由图2可以看出，10种绿化树种依不同取样点的污染

2 结果及分析

2.1 大气污染对几种园林树木叶绿素含量的影响

叶绿素含量的多少反映了植物进行光合作用的能力强弱，也反映出植物将无机物转化为有机物的同化作用的能力，同时还反映出植物是处于生长期还是衰弱期。已有研究表明植物在大气受到污染的生境中，叶绿素a和叶绿素b会遭到不同程度的破坏，其中具有较多辅助和保护作用的叶绿素b较易分解[3]。因此，在一定范围内，污染越严重，叶绿素含量越少。

程度不同其叶片的Pro含量不同。经观察发现，中山公园（轻度污染区）的10种绿化树种的Pro含量普遍低于同心北街（中度污染区），而同心北街又低于丽景街（重度污染区）。总体而言，依污染程度的增大，Pro含量普遍呈现出增加的趋势。丽景街的10种园林树种中Pro含量较高的有紫叶李（151.30μmol/g）、国槐（150.52μmol/g），因为植物体内的Pro含量反映其对逆境胁迫的抵御能力，因此在丽景街的紫叶李和国槐较高的Pro含量说明这两个树种对大气污染的抗性相对较强，而其他几种树木对大气污染的抗性相对较弱。

进一步方差分析表明，同一树种在不同污染区的Pro含量均呈现极显著差异（$0.0001 \leqslant P \leqslant 0.0017$）。

2.3 大气污染对几种园林树木MDA含量的影响

植物器官衰老或在逆境下遭受伤害，往往发生膜脂过氧化作用，MDA是膜脂过氧化的最终分解产物，其含量可以反映植物遭受逆境伤害的程度。

由图3可以看出，10种园林绿化树木依3个取样点的污染程度不同其叶片的MDA含量不同。中山公园（轻度污染区）的10个绿化树种的MDA含量普遍低于同心北街（中度污染区），而同心北街大多低于丽景街（重度污染区）的MDA含量。因此，随着污染程度的加重，MDA含量普遍呈现出增加的趋势。丽景街的10种园林树种中MDA含量增长幅度最小的是白蜡（16.91μmol/g）和连翘（15.49μmol/g）。因为MDA含量直接反映植物遭受逆境伤害的程度，所以对于污染程度的加重，10种绿

化树种的变化程度越小就说明其对逆境的敏感程度越低。通过对比发现，在污染程度增大的情况下，白蜡和连翘这2个树种的 MDA 含量对于大气污染的变化并不明显，所以这2个树种对大气污染的抗性相对较强，而其他树种相对较弱。

近一步方差分析表明，同一树种在不同污染区的 MDA 含量只有黄刺玫（0.05＞P＞0.01）呈显著差异；其他9种园林树种（0.0001≤P≤0.0029）均呈极显著差异。

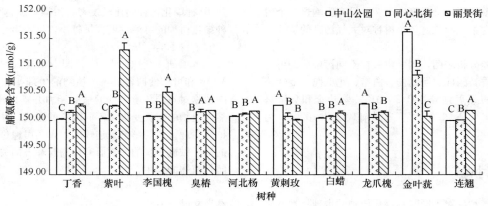

图 2　Pro 含量的比较

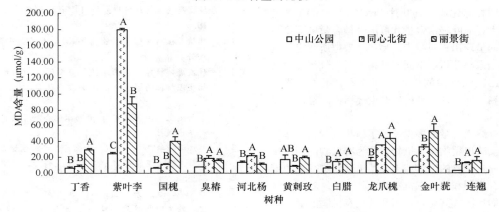

图 3　MDA 含量的比较

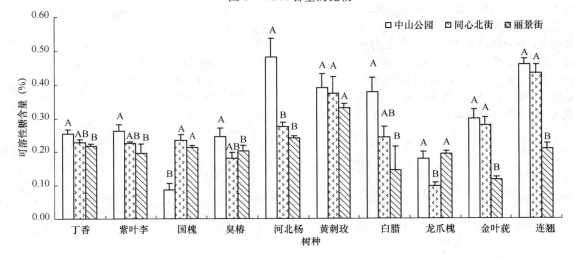

图 4　可溶性糖含量的比较

2.4　大气污染对几种园林树木可溶性糖含量的影响

可溶性糖是植物生长发育和基因表达的重要调节因子，它不仅是能量来源和结构物质，而且在信号转导中具有类似激素的初级信使作用[5]。

由图4可以看出，10种园林树木依不同污染区其叶片的可溶性糖含量不同。中山公园（轻度污染区）的10个绿化树种的可溶性糖含量普遍高于同心北街（中度污染区），而同心北街大多高于丽景街（重度污染区）。因此，随污染程度的加重，可溶性糖含量越少。观察发现，中山公园和丽景街的 10 种园林树种中可溶性糖含量均较高的有河北杨（0.481％、0.331％）、黄刺玫（0.391％、0.331％）；其次有丁香（0.255％、0.217％）、紫叶李（0.263％、0.195％）。通过对比，发现黄刺玫、丁香、紫叶李和臭椿在不同污染程度下其可溶性糖含量所处的水平是一致的，这就说明污染程度的改变并没有影响这 3 个树种的可溶性糖含量，因此这 3 个树种对大气污染的抗性相对较强。

近一步方差分析表明，同一树种在不同污染区的可溶性糖含量中丁香、国槐、河北杨、白蜡、龙爪槐、金叶莸和连翘均呈现极显著差异（$P<0.01$）；紫叶李和臭椿呈显著差异（$0.01<P<0.05$）；只有黄刺玫（$P>0.05$）为差异不显著。

3 结论与讨论

城市的大气污染对不同园林绿化树种的生理特性产生了不同程度的影响，在以粉尘和汽车尾气为主要污染源的交通点栽种的园林绿化树木其叶片 Pro 含量、MDA 含量均比中山公园大，而叶绿素含量和可溶性糖含量则随着污染程度的加重而呈现出相对减少的趋势。根据所测定的生理生化指标的结果与分析，不同园林树木对大气污染的抗性不同，表现出较强抗性的树种有河北杨、丁香、紫叶李、臭椿和连翘，因此这 5 个树种对大气污染的抗性较其他树种强。

植物体内叶绿素含量的多少反映了植物进行光合作用的能力强弱，反映出植物将无机物转化为有机物的同化作用的能力，因此本试验的测定结果反映出了污染程度的不同影响植物光合作用和转化有机物能力的大小。对于大气污染较为严重的地区，其光合作用及转化有机物的能力相对较弱，而空气较为清洁地区（中山公园）的植物的光合作用的能力和转化有机物的能力较强；植物体内 Pro 含量的积累，是植物对逆境胁迫的一种生理性适应反映，因此在多种逆境下，植物体内大量积累 Pro 来抵御逆境。大气污染也是一种逆境，所以对于污染较为严重的地区，植物体内的 Pro 含量增加，而大气污染为轻度的地区（中山公园）Pro 含量则相对较少，然而这只是针对大多数树种，而具体情况则要依据不同植物对不同环境的抗逆性而定；

MDA 是膜脂过氧化的最终分解产物，其含量可以反映植物遭受逆境伤害的程度。因此同 Pro 含量一样，MDA 的含量也从不同程度上反映了植物遭受逆境的程度，通过测试的 10 个树种得出，大部分树种的 MDA 含量随环境大气污染程度的增大而增大；对于植物可溶性糖含量的测定及 10 种绿化树种的比较发现，污染程度越重的地区其 10 种绿化树种的可溶性糖含量越小，反映出其因大气污染而影响了树木的生长。

本项研究通过对 10 种园林植物的叶绿素、Pro、MDA 和可溶性糖含量 4 项植物的生理指标的比较，来反映植物对不同环境条件的适应能力并得出了一定的规律。然而植物的生长受很多不同因素的影响，并且大气污染对植物生理特性的影响是连锁的[6]，还可通过根、茎等更多的指标做进一步的探索研究植物与环境的关系并用以指导园林植物的运用。

参考文献

[1] 樊韬，陶涛，舒志亮，瞿涛，孙艳桥，车晶晶. 银川市环境空气质量统计特征分析[J]. 科技信息，2011.32(9)：17-19.

[2] 邹琦. 植物生理学实验指导[M]. 北京：中国农业出版社，2007.

[3] 庞发虎，杨建伟，王正德，吉柔风. 南阳市环境污染对植物生理特征的影响[J]. 河南农业科学，2012，41(10)：79-82.

[4] 中科院上海药物研究所. 黄酮体化合物鉴定手册[M]. 北京：科学出版社，1981.

[5] 赵江涛，李晓峰，李航，徐瑞志. 可溶性糖在高等植物代谢调节中的生理作用[J]. 安徽农业科学，2006.34(24).6423-6425.

[6] 李海亮，赵庆芳，王秀春，李巧峡. 兰州市大气污染对绿化植物生理特性的影响[J]. 西北师范大学学报，2005.41(1)：55-57.

作者简介

[1] 宋丽华，1969 年 5 月生，女，汉族，宁夏中卫，硕士，教授，主要从事树木良种繁育与栽培生理方面的教学与研究工作，电子邮箱：slh382@126. com。

[2] 王璇，女，1980.8，汉，宁夏大学园林本科学生。

15 种秋色叶树种的 AHP 法景观综合评价

Comprehensive Evaluations with AHP Method for 15 Ornamental Woody Plants with Colorful Autumn Leaves

汤正娇　彭丽军　于晓南

摘　要：本文对北京常见的 15 种秋色叶树种用层次分析法进行综合评价，并最终划分为三个等级，其中综合评价值最高的为以下四种植物：银杏、一球悬铃木、二球悬铃木、黄栌，这四种植物是构成北京秋季植物景观的主要园林植物材料。

关键词：秋色叶树种；层次分析法

Abstract：Analytic hierarchy process was used to evaluate the 15 kinds of fall-color plants, and finally they were divided into three levels, the first level which got the highest value included four species：*Ginkgo biloba*，*Platanus×acerifolia*，*Platanus occidentalis*，*Cotinus coggygria*，they are the main species in constituting the autumn plants landscape in Beijing.

Key words：Fall-color Plants；Analytic Hierarchy Process

园林植物景观评价是将评价对象定义为园林植物景观的一种评价形式，狭义上讲是针对园林植物美学评价或园林植物生态评价，广义上讲是对园林植物整体质量进行综合评判[1]。园林植物景观评价比较常用的方法为层次分析法（AHP），相关研究也比较多[2-3]，许多国内外学者对判断矩阵的构造、权重的计算、一致性检验等方面也进行了研究和讨论[4-9]。

秋色叶树种是指凡在秋季叶子能有显著变化的树种[10]，不同地区的秋色叶植物具有不同的观赏价值以及应用方式，运用一定的评价方法对它们进行综合价值评价，能够帮助设计人员对它们的综合特性进一步分级，从而在园林应用中更好的选择。本文采用层次分析法（AHP）对北京常见的 15 种秋色叶树种的整体景观质量进行综合评价，确定评价指标体系并建立评价模型，计算出每种秋色叶树种的综合评价值，为北京地区秋色叶树种的应用提供理论依据。

1　材料与方法

1.1　材料

选取北京地区常见的十五种秋色叶树种，分别为：银杏（*Ginkgo biloba*）、一球悬铃木（*Platanus occidentalis*）、二球悬铃木（*Platanus hispanica*）、黄栌（*Cotinus coggygria*）、元宝枫（*Acer truncatum*）、洋白蜡（*Fraxinus pennsylvanica*）、水杉（*Metasequoia glyptostroboides*）、火炬树（*Rhus tyhina*）、栾树（*Koelreuteria paniculata*）、黄金树（*Catalpa speciosa*）、七叶树（*Aesculus chinensis*）、杂种鹅掌楸（*Liriodendron tulipifera × Liriodendron chinense*）、柿树（*Diospyros kaki*）、山楂（*Crataegus pinnatifida*）馒头柳（*Salix matsudana*）。

1.2　方法

1.2.1　层次分析法原理

层次分析法（Analytical Hierarchy Process，简称 AHP）是一种常用的多目标决策方法，最初是由美国运筹学家萨蒂（T. L. Saaty）于 20 世纪 70 年代提出的，于 80 年代初期引进到我国。这种方法是把一个复杂的问题划分为不同的层次结构，并赋予每个因素一个合适的权重值，通过这种形式把人们的主观判断用数量的形式来表达和处理，从而实现了定性分析和定量分析的结合，并提高了系统评价的可靠性、有效性和可行性。其步骤主要包括以下几条：

（1）评价指标体系 AHP 模型的建立

在运用层次分析法分析复杂问题时，首先需要要把问题进行不同层次的划分，构造出一个有层次的评价指标体系模型。通过这个模型，便可把一个复杂的问题分解为若干不同的层次，这些层次通常包括以下三个级别：第一层是最高层，也叫目标层，在这一层次中一般只有一个元素，即是所要分析的复杂问题的最终预定目标；第二层是中间层，也叫准则层，在这一层次中通常包含了为实现最终目标所关系到的中间环节，中间层可以由若干个不同的小层次组成，主要包括所需考虑的一些准则或子准则等；第三层是最底层，也叫措施层或方案层，在这一层次中通常包括了为实现最终目标可供选择的各种实施措施或者决策方案等。在以上三个层次中，每一个层次内的元素均可作为准则对其下一个层次内相应地元素起到一定的支配作用。具体的层次结构图见图 1。

（2）判断矩阵的构造

参照 Satty 的九标度法，每一个元素和与它对应的下一层元素可构成一个特定的子区域，利用子区域内各元

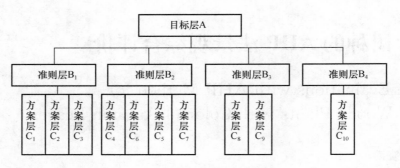

图 1　秋色叶树种的评价指标体系

素两两之间的比值便可构建若干个判断矩阵。如要比较 n 个因子 $X = \{x_1, \cdots, x_n\}$ 对因素 Z 的影响大小，则取两个因子 x_i 和 x_j，a_{ij} 表示 x_i 和 x_j 对 Z 的影响大小之比，结果可用矩阵 $A = (a_{ij})n \times n$ 表示，A 即为 $Z-X$ 之间的判断矩阵，且 $a_{ij} = 1/a_{ji}$。a_{ij} 值的确定，数字 1~9 及其倒数的含义见表 1。

判断矩阵中元素的赋值标准　　　表 1

a_{ij}	含　　义
1	A_i 和 A_j 同等重要
2	介于同等与略微重要之间
3	A_i 比 A_j 略微重要
4	介于略微与明显重要之间
5	A_i 比 A_j 明显重要
6	介于明显与十分明显重要之间
7	A_i 比 A_j 十分明显重要
8	介于十分明显与绝对重要之间
9	A_i 比 A_j 绝对重要

（3）层次的单排序计算

假定判断矩阵 A 的最大特征值是 λ_{max}，其相应的特征向量 W 经归一化后即是该层次内相应的因素对于上一层次中某一个因素相对重要性的排序权值。最大特征值 λ_{max} 为 AW_i/W_i 的平均值，AW_i 的计算方法见公式 1，W_i 是将各行所得乘积开 n 次方后再进行归一化，归一化是指用每一元素的乘积除以所有乘积之和。

$$AW_i = A_{i1} \times W_1 + A_{i2} \times W_2 + \cdots A_{in} \times W_n \quad (1)$$

（4）判断矩阵的一致性检验

对于 n 阶正反矩阵 A，当且仅当其对应的最大特征根 $\lambda_{max} = n$ 时 A 才可称为一致矩阵，而若 A 在一致性上存在误差时，则必会出现 $\lambda_{max} > n$，并且误差值越大，$(\lambda_{max} - n)$ 的值也就越大。因此，对于提供的判断矩阵必须进行一次一致性检验，如果 $\lambda_{max} = n$ 则达到了一致标准，判断矩阵可以接受，否则必须重新赋值计算，具体的一致性检验的步骤包括以下三步：

第一步，计算出一致性指标 CI（见公式 2）

$$CI = (\lambda_{max} - n) / (n - 1) \quad (2)$$

第二步，查表得出平均随机一致性指标 RI。表 2 中给出了 $n = 1, \cdots 11$ 所对应的 RI 值。

不同矩阵阶数（$n = 1 \cdots 11$）对应的 RI 值　　　　表 2

N	1	2	3	4	5	6	7	8	9	10	11
RI	0	0	0.5189	0.8638	1.0959	1.2550	1.3390	1.3954	1.4338	1.4901	1.5118

第三步，计算最终的一致性比例 CR（见公式 3）

$$CR = CI/RI \quad (3)$$

当且仅当 $CR < 0.10$ 时，判断矩阵才符合一致性的标准，若 $CR \geqslant 0.10$ 则需要进行适当修正，对判断矩阵重新赋值，之后再次检验直到达到一致性检验标准。

（5）层次总排序

通过上述几个步骤我们得到了一层中某元素相对其上一层中相应元素的权重向量值，但我们最终要得到的则是最底层即措施层中的各方案相对于最高层即目标层的排序权重值，这样才能进行进一步的方案选择。因此对于总排序的权重值必须通过自上而下地将各个单准则排序内的权重值进行合成而获得。

例如，如果 A 层包含了 m 个因素，分别是 $A_1, \cdots, A_m$，它们对应的层次总排序权重值分别是 $a_1, \cdots, a_m$。而 A 层的下一层次（B 层）包含了 $B_1 \cdots, B_n$ 共 n 个因素，它们对于 A_i 的层次单排序权重值分别为 $b_{1j}, \cdots, b_{nj}$，而我们所要最终获得的是 B 层中的各因素关于总目标的权重，由于 B 层和目标层中存在有 A 层这一个层次，

因此必须通过一种间接的转化来最终获取 B 层关于总目标的权重，即 B 层内各因素的层次总排序权重 b_i，其计算方法见公式 4。

$$b_i = \sum_{j=1}^{m} b_{ij} a_j \quad i = 1, 2, 3 \cdots \cdots n \quad (4)$$

（6）综合评价

首先确定被评判对象的因素（指标）集 $U = (u_1, u_2, \cdots, u_n)$ 和评判集 $V = (v_1, v_2, \cdots, v_m)$，其中 u_i 是指各单项指标，v_j 则是相应 u_i 的评判等级所对应的得分值，通常可以将它们分为五个等级：100、80、60、40、20。通过实际调查和文献查阅将树种的相应性状进行描述，并根据评价因素等级标准，将其相应赋值，最后可得出每个树种的综合评价值 F（公式 5）

$$F = U \times V^T \quad (5)$$

1.2.2　北京 15 种主要秋色叶树种的综合评价

基于上述层次分析法的基本理论，本文对北京地区

常见的 15 种乔木类秋色叶树种进行 AHP 模型的构建，对其秋季景观效益作综合评价，最终实现定性事件的定量转换，通过文献参考及专家咨询，确定评价准则，并对各准则进一步细分出评价指标，如叶片变色率、秋色观赏期、叶型、叶色、受外力影响及适应能力，然后确定出其相应的权重值。即赋予每个秋色叶树种一个具体的综合评价值，并据此将所选择的 15 种乔木类秋色叶树种分出优秀 A、良好 B、一般 C 三个等级，为秋季植物景观的营造提供相应地基础资料。

（1）建立北京 15 种主要秋色叶树种综合评价指标体系的 AHP 模型

对秋色叶树种的综合评价是一个复杂的系统问题，借鉴国内外相关评价，结合北京地区秋色叶树种生长的环境条件，并通过专家咨询选定以下三个方面进行评价：叶的特性、其他观赏特性及生态习性。根据层次分析法的原理，构建出秋色叶树种综合评价指标体系的 AHP 模型，该 AHP 模型共包括 3 个层次，分层顺序是自上而下、逐层分解。首先是目标层 A，即选出最优秋色叶树种，围绕这一终极目标从总体上尽可能全面地评价树种，既要关注秋色叶树种的观赏价值，也要关注其生长发育规律及与环境的关系，因此建立北京地区主要秋色叶树种综合评价指标体系的大准则是：突出观叶价值，重视树姿、花、果、枝等其他观赏价值，兼顾植物的生态习性，将此三项作为准则层 B。B 之下又确定了 8 个小准则，也即 8 个评价因素，列为实施层 C（图 2）。实施层内各评价因素的评判标准见表 3。

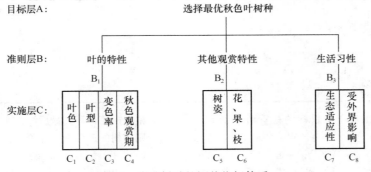

图 2　彩叶树种的评价指标体系

实施层内各评价因素的评判标准　　　　　　　　　　　表 3

级别 评价因素	100	80	60	40	20
叶色	叶色鲜艳、美丽	叶色美丽	叶色一般		
叶型	叶型奇特、美观	叶型美观	叶型一般		
秋色观赏期	60 天以上	40—60 天	30—40 天	20—30 天	20 天以下
变色率	90%—100%	70%—90%	50%—70%	30%—50%	30%以下
树姿	冠（树）形整齐、分枝紧凑	冠（树）形较整齐、分枝开展	冠（树）形无形、分枝杂乱		
花、果、枝	三者兼有观赏性	三者中的两者有观赏性	三者中的一者有观赏性	皆无观赏性	
生态适应性	较强	强	一般	差	
受外界影响	影响不大	不是很大	大	非常大	

实施层内各评价因素的评判标准如下：①叶色：由于大多数植物叶色为绿色，在秋季彩色叶树种的叶色与之差别越大 越会吸引人的眼球，且以亮色最美，暗色次之。因此叶色优劣标准为：鲜艳的黄色或红色最好，其次是一般的黄色或红色。②叶型：植物的叶型主要有特殊叶型，如扇形的银杏、马褂状的鹅掌楸等；小叶组成的羽状复叶，如栾树、水杉等；还有椭圆形、卵形等一般形状的也行，如洋白蜡、榆叶梅等。人的审美价值取向是以稀为贵、以奇为美，因此彩叶树种的叶型评判标准是：特殊叶型最好，羽状复叶次之，再次是一般椭圆形、卵形等叶型。③秋色观赏期：指秋色期呈现的早晚以及时间长度，以呈色早并且彩色期持续时间越长为越好。④变色率：指变色的叶片与整株植物叶片的比率，取值范围在 0—100%。⑤树姿：树姿是植物的外在立体美，可反映植物的动态神韵。从审美学角度讲，乔、灌木通常以冠形、树形整齐为美，杂乱无序为丑。因此彩叶树种树姿的评价标准是：冠（树）形整齐、分枝紧凑为最好，其次是冠（树）形较整齐、分枝扩展，再次是冠（树）形无形、分枝杂乱。对于藤本植物由于可人为控制造型，因此树姿可不考虑形的问题。⑥花、果、枝：对于秋色叶树种，除了在秋季具有优美的秋色叶以外，若在其他季节尚有其他特征的观赏性则会使秋色叶树种的综合观赏特性更佳，如红瑞木落叶后冬春季节的红色枝条，悬铃木的球状果实以及珍珠梅、榆叶梅的绚丽花色等。因此花果枝方面的评价标准是：花果枝皆有观赏性的为最好，其次是三者中两者具有观赏性，再次是三者中有一者具有观赏性，最后是三者皆无观赏性。⑦生态适应性：生长环境越多样适应性就越强，对多种土壤类型、光照水分等的适应。⑧受外

15 种秋色叶树种的 AHP 法景观综合评价

界影响力：指受外界风力及气候的影响情况，受外界影响力越小表现越为良好。

（2）评价因素相对于总目标的权重计算

通过以上因素标准的建立，将属于同一层次中的各个因素关于上一层次中某一准则的重要性进行两两比较，构成判断矩阵（表4、表5），计算权重值 W_i。

准则层 B4 个因素关于目标层 A 构成 A—B 判断矩阵 表4

A—B 判断矩阵	B_1	B_2	B_3	权重 W_i
B_1	1	2	2	$W_{B1}=0.5000$
B_2	1/2	1	1	$W_{B2}=0.2500$
B_3	1/2	1	1	$W_{B3}=0.2500$
$\lambda_{max}=3.000$	CI=0	CR=0<0.1		

准则层 C_1—C_{33} 个因素关于准则层 B_1 构成 B_1—C 判断矩阵 表5

B_1—C 判断矩阵	C_1	C_2	C_3	C_4	权重 W_i
C_1	1	2	2	1	$W_{C1}=0.3333$
C_2	1/2	1	1	1/2	$W_{C2}=0.1667$
C_3	1/2	1	1	1/2	$W_{C3}=0.1667$
C_4	1	2	2	1	$W_{C4}=0.3333$
$\lambda_{max}=3.9999$	CI=−3.3333		RI=0.8638	CR=−3.8589<0.1	

评价因素 $C_1 C_2 C_3 C_4$ 相对于总目标的权重值分别为：$W_1=W_{C1}\times W_{B1}=0.1667$，$W_2=W_{C2}\times W_{B1}=0.0834$，$W_3=W_{C3}\times W_{B1}=0.0834$，$W_4=W_{C4}\times W_{B1}=0.1667$。同理构建 B_2—C、B_3—C 判断矩阵，则 $W_5=0.1667$，$W_6=0.0833$，$W_7=0.1250$，$W_8=0.1250$。

（3）综合评价

本文中评价指标 $U=\{u_1,u_2,\cdots\cdots,u_8\}$ = {叶色, 叶型, 秋色观赏期, 变色率, 树姿, 花果枝, 生态适应性, 受外力影响}

6)，根据赋值计算其最后综合评价值。

则柿树的最后综合评价值：

$F = \{0.1667, 0.0834, 0.0834, 0.1667, 0.1667, 0.0833, 0.1250, 0.1250\} \times \{100, 90, 70, 70, 90, 90, 90, 50\}T$

$=81.68$

用相同方法对其他秋色叶树种进行赋值评价，并计算出其综合评价值，按照高低顺序排列后见表6：

根据上述秋色叶树种的性状表现和计算出的综合评价值，可划分为 A、B、C 三个等级：A 级为优秀，F≥90；B 级为良好，80≤F<90；C 级为一般，F<80。

A 级包括 4 个树种，特点是：总体观赏价值好，树姿优美、叶型奇特、叶色艳丽；秋季观赏期较早或较长；整体变色一致；对北京地区的气候和土壤比较适应；受外界影响不是特别大，基本适宜在北京园林中大量使用。

2 结果与分析

以柿树为例具体说明模糊综合评判的求解过程。通过实际调查和文献查阅对柿树的 8 个性状进行相应赋值（表

北京地区主要秋色叶树种综合评价结果 表6

名称	叶色	叶型	秋色观赏期	变色率	生活型、树姿	花、果、枝	生态适应性	受外界影响	综合评价值	等级
银杏	100	100	60	100	100	90	90	90	93.35	A
一球悬铃木	80	90	100	100	100	80	100	90	92.94	A
二球悬铃木	80	90	100	100	100	80	100	90	92.94	A
黄栌	100	100	80	100	90	90	80	80	90.85	A
元宝枫	100	100	60	90	100	90	80	70	87.93	B
洋白蜡	100	90	40	80	100	90	100	80	87.52	B
水杉	90	90	80	100	100	90	70	70	86.69	B
火炬树	100	100	80	80	70	80	90	80	84.60	B
栾树	90	100	60	80	100	90	80	60	83.35	B
黄金树	100	90	60	80	90	70	80	70	82.10	B
七叶树	100	100	80	80	90	70	70	60	82.10	B
杂种鹅掌楸	100	100	80	70	90	80	80	60	81.69	B
柿树	100	90	70	70	90	90	90	50	81.68	B
山楂	70	90	60	90	90	90	80	70	76.68	C
馒头柳	60	60	70	80	90	70	90	60	73.76	C

B级包括9个树种，总体表现情况较好，分两种情况：①生态适应性强，叶型、叶色优美，但易受外界影响，整体变色率较低，如柿树、七叶树等。②叶型叶色美丽，整体变色率高，秋色观赏期一般，但生态适应性较差，对土壤、气候等有特殊要求，如水杉等。所以B级树种在应用时要注意遵循适地适树的原则。

C级包括2个树种，主要表现为生态适应性一般，受外界影响也不大，但秋色观赏期相对较短，并且叶型叶色表现一般，主要以观花或观果为主，秋色叶效果一般。

3 结论与讨论

秋色叶植物作为主要的彩叶树种类型，具有种类多样、色彩丰富、观赏期长、易于养护管理等特性，本文仅选取北京地区15种常见的秋色叶树种进行观测分析，其余树种及其景观质量还应进行进一步的调查研究。

本文通过层次分析法的运用对北京地区应用较多且景观效果较好的十五种秋色叶树种进行了综合评价，最终分为A、B、C三个等级。A级树种有：银杏、一球悬铃木、二球悬铃木、黄栌。B级树种有：元宝枫、洋白蜡、水杉、火炬树、栾树、黄金树、七叶树、杂种鹅掌楸、柿树。C级树种有：山楂、馒头柳。

参考文献

[1] 李冠衡. 从园林植物景观评价的角度探讨植物造景艺术[D]. 北京林业大学博士学位论文，2010.

[2] 唐东芹，杨学军，许东新. 园林植物景观评价方法及其应用[J]. 浙江林学院学报，2001. 18(4)：394-397.

[3] 王竞红. 天津市水上公园植物景观评价研究初探[J]. 森林工程，2007. 3：10-12.

[4] 王绪柱，刘进生，魏毅强. 模糊判断矩阵的一致性及权重排序[J]. 系统工程理论与实践，1995. 1：28-35.

[5] 诸克军，张新兰，肖荔瑾. Fuzzy HAP 方法及应用[J]. 系统工程理论与实践，1997. 12：64-69.

[6] Bryson N. Group decision-making and the analytic hierarchy process：Exploring the consensus-relevant information content[J]. Computer & Operations re-search. 1996. 23（1）：27-35.

[7] Buckley JJ, Feuring T & Hayashi Y. Fuzzy hierarchical analysis revisited[J]. Journal of Operational Research，2001. 129：48-64.

[8] Kwiesielewicz M, Uden, E. Inconsistent and contradictory judgments in pairwise comparison method in the AHP [J]. Computers and Operations Research，2004. 31(5)：713-719.

[9] Vaidya OS, Kumar S. Analytic hierarchy process：An overview of applications [J]. European Journal of Operational Research，2006. 169（1）：1-29.

[10] 陈有民. 园林树木学[M]. 北京：中国林业出版社，1990.

作者简介

[1] 汤正娇，北京林业大学园林学院研究生，电子邮箱：347091774@qq. com。

[2] 彭丽军，北京林业大学园林学院研究生。

[3] 于晓南，北京林业大学园林学院，副教授，北京国家花卉工程技术研究中心。

寒地浆果观光园植物景观设计

Landscape Design of Plants for Cold-region Berries Sightseeing Orchard

王鹤兴

摘　要：论文以寒地浆果观光园为研究对象，从寒地浆果和绿化植物两大类入手，在挖掘植物本身观赏价值的基础上，研究其在园区总体布局和不同功能区域内的配置融合；多方面探究新型产业寒地浆果观光园的植物景观设计要点，使寒地浆果观光园植物景观因地制宜，特色鲜明，生态美观。

关键词：寒地浆果；观光果园；植物景观设计

Abstract：This paper argues the cold-regin berries sightseeing orchard as the research object. From two aspects：the cold-region berries and green plants ，based on the developing of plants its ornamental value ，we research its overall layout in the orchard and configuration in the different functional areas and make them fit comfortably . From different aspects to explore plant landscape design elements of new industrial cold-region berries sightseeing orchard ，so that the plants landscape adapte to local conditions，have distinctive features and are ecological and beautiful.

Key words：Cold-region Berries；Sightseeing Orchard；Landscape Design of Plants

观光果园是观光农业的一种项目形式，从景观规划设计的角度认为，观光果园是利用果树"观花品果"特点，结合园林设计相关理论规划园区、布置景点，营造出人文景观、自然风景、场所精神与生产销售、观光采摘、科普教育等功能相融合的园林艺术形式。[1]

中国北部约占国土面积的三分之一地带为寒地，抗寒果树种质资源共有 16 科、32 属、87 种[2]，其中寒地浆果资源丰富，能鲜食和加工利用的有 10 科、13 属、27 种[3]。近年来，以蓝莓、树莓、蓝靛果等小浆果为代表的具有营养和保健双重功效的"第三代水果"成为热潮，促使了浆果的引种驯化、栽培科研，同时兴起了寒地浆果观光园的建设。寒地浆果观光园是在寒地规划建设的一种观光果园类型，其适应寒地地理、气候等多方面特质因素，具备浆果生产育种、观光采摘等多重功能，运用景观生态等理论规划布局，以浆果种植为主，乡土果树为辅，其他园林植物美化，促进寒地地区经济发展的新兴产业项目。目前，针对寒地浆果观光园的规划设计研究较少，其植物景观营造更多是照搬普通观光果园植物景观设计，不能很好的适应寒地浆果特质，忽视浆果与其他植物的科学种植及美观搭配，造成植物景观单调、缺少变化、可持续性不强。

植物是构成园区景观的主体，植物合理科学美观的配置提升园区的景观、环境和生产性能。寒地浆果观光园植物景观应该参照合理的设计原则，考虑寒地限制因素和优势条件，着重突出浆果种植，从整体园区环境和植物自身细节两大方面入手进行设计。

1　设计原则

1.1　因地制宜，适地种树

寒地浆果果树对土壤、气温等条件要求相对苛刻，如树莓喜弱酸性土壤（pH 5.8-6.7），在浆果种类选择上，应充分考虑区域资源基础、地理特质和改造可行性，选择最适宜的特色浆果进行种植。除浆果外，园区其他辅助果树和园林植物以乡土树种为主，更好适应寒地自然气候条件；适量引进易于栽培的外来树种，以丰富园区植物种类。

1.2　植物群落生态稳定

寒地四季分明，冬季温度低，对于寒地果园内部植物群落生态稳定性要求更高。首先，在突出主体浆果果树的同时，整体植物群落的稳定性要求植物种类相对丰富，抗寒性、抗逆性和抗病性强，按着植物生物学特性与环境条件相协调的原则，科学合理配置乡土树种（特别是寒地常绿树种）及其他园林植物。其次，植物间的生态稳定性要充分考虑植物的生存竞争、化感作用等因素[4]，着重考虑浆果与其他植物间的影响，在保证浆果生产的前提下营造抑制性小、干扰性少、稳定性高的植物群落。

1.3　景观美学原理

景观美是在特定有限的环境之下，按照客观美的规律和人的审美情趣创造出来的形象，它充分揭示了人和自然之间既互相征服又保持和谐的本质[5]。在植物景观设计中主要靠对植物材料的选择及合理搭配来实现，要求在植物配置时，认真地去了解和掌握植物的观赏特征与生态习性以及不同的表现形式，营造出满足人们不同心理需求的植物围合空间。[6]

2　浆果观光园景观设计

针对寒地浆果观光园植物景观特点，从整体设计和植物自身两方面入手，充分考虑植物的选择，植物间组合及植物与其他景观的协调配置。在整体设计上，主要考虑植物与总体布局、功能设置等方面融入配合，选择适宜的主体浆果树种并辅以园林植物，采用多种形式种植、合理单元配置形成优美的植物景观；局部设计则针对不同类型植物（生产性浆果、辅助性果树、草花地被等）的自身特性，体现在种类搭配、种植方式和化感作用等多方面。

2.1 浆果品种简介

经过引种驯化适合栽培的寒地特色浆果种类丰富，其中灌木类包括：笃斯越橘（*Vaccinium uliginosun* Linn.）、蓝靛果忍冬（*Lonicera edulis* Turcz.）、北悬钩子（*Rubus arcticus* Linn.）、树莓（*Rubus crataegifolius* Bge.）、沙棘（*Hippophae rhamnoides* Linn.）及黑穗醋栗（*Ribes nigrum* L.）；藤本类有：山葡萄（*Vitis amurensis* Rupr.）、五味子（*Schisandrae chinensis.*）、狗枣猕猴桃（*Actinidia kolomikta* Maxim.）和葛枣猕猴桃（*Actinidia polygama.*）等；另外还有部分草本类，如：东方草莓（*Fragaria orientalis* Kitag.）、酸浆（*Physalis alkekengi.*）和龙葵（*Solanum nigrum.*）等。[7−9]

2.2 植物景观整体设计

2.2.1 总体布局中植物景观设计

寒地浆果观光园的总体布局中植物景观主要由道路绿化、水系绿化、建筑设施环境绿化和生产果林绿化四部分组成[10]。

（1）道路绿化景观设计

寒地浆果观光园的道路按照功能不同分为林间生产道路与观光游览道路[10]。林间生产道路主要以直线为主便于浆果生产管理。考虑寒地浆果多为低矮灌木，所以行道树种植既要遮荫纳凉又要减少对浆果的挡光影响；同时为体现大片种植的低矮浆果景观效果，行道树可以在种类、高度和树形上适量增加变化。

观光游览道路多以曲线为主，"步移景异"植物可以种类多样化自然式种植。原则上不用高大乔木树种作为道路主干绿化树种[11]，以乡土落叶小乔木为主调树种，配合花灌木增加季相色相变化，适量点缀乡土果树（山楂、毛樱桃、山梨等）烘托果园气氛，林下种植抗寒性宿根花卉以增强立体绿化效果。

（2）水系绿化景观设计

由于气候因素，寒地景观中水景普遍缺失，浆果观光园中的水系应重点设计，使园区灵动自然。水系绿化体现在水边和水中绿化，水边绿化运用亲水性强的草皮、花卉、乔灌木搭配来造景，自然种植软化驳岸[12]；水中可以种植浮水、挺水等高度不同的水生植物，既可划分水面又可增加立面景观，同时净化水体，需要注意植物面积不宜过大。

（3）建筑周边绿化景观设计

观光果园内建筑风格采用田园式或俄式，周边植物则一定要与建筑风格统一，如：俄式建筑周边可以种植文化气息浓郁的寒地特色白桦树。建筑周边为活动集中区

域，参考生物习性种植无毒、无刺的植物，根据建筑周围环境特点，种植适宜的植物，如在光照少的建筑北侧或树荫下，可以选择冷杉属、云杉属、椴属等阴性植物[13]；建筑立面可以种植地锦等攀缘植物进行垂直绿化，园区内的廊架和景框等构筑物可以种植寒地特色藤本浆果，如山葡萄、狗枣猕猴桃、五味子等，体现果园特色烘托田园风格；此外，在服务设施附近配置开阔的阳光草坪，可供观赏、休憩、野餐[14]。

（4）果林绿化景观设计

果林绿化主要是在浆果种植田和生态采摘区进行，浆果种植田栽植大片寒地浆果，浆果低矮难以形成壮美植物景观，在保证浆果正常生长的前提下可以参考浆果自身特性进行适宜设计，如增加地形变化形成起伏的浆果种植园，需搭架的浆果树莓可以设计美观的种植支架，种植区内部及周边可以适度点缀观赏性高的园林树木；另外，种植区周边可以设置防护林网系统，主林带与主害风方向垂直，副林带要垂直于主林带，构成方格网[15]。生态采摘区内植物景观可以灵活多变，种类丰富满足人们游览采摘需求。

2.2.2 不同功能区中植物景观设计

一般寒地浆果观光园中分为种植区、采摘区、设施区和休闲区等，而植物景观设计则应充分考虑功能定位，因地制宜地配置造景，更好地迎合不同功能需要。[16]

（1）种植区植物景观设计

种植区主要展示植物的群体美，但是寒地浆果有别于一般果树，株高较矮难以表达壮阔的群体美，所以在设计中应该深度挖掘浆果自身特性，形成独具特色的浆果群体美景。可以采用以下方式方法营造浆果植物景观：利用浆果叶色变化，如笃斯越橘秋季叶色红艳，大片种植会给游人带来强劲的视觉冲击；从果实颜色出发，可以将颜色相近的浆果邻近种植，如托盘儿、刺玫果、树莓和五味子等红色果实植物邻近种植，秋季红果累累会烘托丰收的气氛；合理布置藤本浆果植物，五味子、山葡萄、软枣猕猴桃等藤本类种植需要支架立柱从而增加竖向高度，合理布局可以优化整体种植区的观赏功能；依据浆果喜水性和抗涝性等习性，适宜改造地形，形成高低起伏稍有变化的种植区；在不影响浆果生长和土壤条件允许的情况下，可以适当增加观赏花卉和匍匐地被类浆果，减少裸土面积。

（2）采摘区植物景观设计

采摘区既是园区植物种类展示区又是游人参与体验区，也是园区植物景观功能性的体现。采摘区内种植不必拘泥于行列，可采取适宜自然式群植。山梨、山丁子等乔木类的乡土果树构成景观骨架，低矮灌木类的不同浆果种类可以高低错落相互组合，五味子、山葡萄等藤本类的浆果可以依附于廊架支柱形成景观，地被植物除了花卉外可以种植酸浆、东方草莓等匍匐类浆果；另外，增加多种花灌木、芳香植物可以更好地营造植物景观。

采摘区植物景观设计需注重细节，充分利用果树及园林植物的树形，花、叶、果等形状、色泽、大小、香味等方面的特点，多种种植手法结合并配合园林构筑物达到

"远看是景观，近看是景色，细看有情景"；通过间种、套种等多种方式在园内混合种植，以增加观赏层次性和多样性。应避免花期、果期一致，导致采摘期过后呈现淡季。[17]

（3）设施区植物景观设计

由于寒地低温限制，浆果露地过冬需要覆土等措施。寒地浆果观光园应设有设施区，主要为大棚和温室。大棚主要用于浆果的育苗、推广等作用，内部植物并无景观可言，但是在大棚周边及大棚间的道路上可以进行植物景观设计，多以低矮的草花为主，适当种植小型花灌木。

温室（主要指观光温室）内部的植物景观设计内容尽量丰富。首先，在植物种类方面，选择新、优、特、稀浆果植物或南方特色浆果（兔眼蓝浆果 *V. ashei*、狭叶蓝浆果 *V. angustifolium* 等），突出温室植物与露地植物的区别，保持观光温室的特色[18]；其次，在浆果种植形式方面，无土栽培、垂直种植、盆景培育等多种形式可以丰富浆果的展示内容，体现多样化栽培技术；还有，在温室内部观赏性植物景观方面，注意体量，切忌喧宾夺主，起到画龙点睛作用，也可以融入植物文化，增加景观内涵；总之，温室内部植物景观设计应与外围植物景观有所呼应，相辅相成。

（4）休闲区植物景观设计

休闲区注重游人的参与，满足人们休憩、娱乐等需求，所以其植物景观设计应该以人为本。首先，选择无毒、无刺、无白色污染的植物，保证游人安全；其次，注重展示植物个体美，充分利用植物花叶果、根茎叶的美学特点，注重五感设计，让植物景观充满美观性、科普性和娱乐性[19]；另外，结合其他园林因素运用植物营造封闭、开敞等多种不同空间，满足不同游人需求；最后，尽量展示植物文化内涵，挖掘当地人文资源，使植物文、景、意得到融合、交叉、升华，实地借诗、画、小品等艺术手法来体现植物文化和地域特色[6]。

3 结语

园林设计离不开重要的植物景观，在观光果园设计中植物景观更是重要的组成部分，其设计得当与否直接关系到果园的发展。本文就新兴的寒地浆果观光园中经济性浆果、乡土果树和园林绿化植物等不同类别植物自身展开探究设计途径，强调植物在整体布局和不同功能区域的融合，希望可以对今后寒地浆果观光园的建设提供参考。

参考文献

[1] 卿平勇, 弓弼, 赵政阳. 我国观光果园的发展现状、存在问题与对策[J]. 西北林学院学报, 2006, 21(2)：188-192.
[2] 宋洪伟, 张冰冰, 梁英海, 等. 我国抗寒果树种质资源的收集与保存现状[J]. 吉林农业科学, 2012, 37(6)：53-55.
[3] 徐伟钧, 敬德身. 寒地野生浆果资源的开发利用[J]. 中国农学通报, 1990, 6(5)：25-26.
[4] 王日明, 赵梁军. 植物化感作用及其在园林建设中的利用[J]. 中南林学院学报, 2004, 24(5)：138-141.
[5] 管丽娟, 邹志荣, 秦源泽, 等. 景观学思想在农业园区物质景观规划中的应用[J]. 安徽农业科学, 2010, 38(19)：10429-10432.
[6] 胡竞, 赵思东. 观光果园植物景观设计初探[J]. 北方园艺, 2007, (12)：134-136.
[7] 张光, 高原. 黑龙江省主要野生浆果植物资源简介[J]. 林业勘察设计, 2011, 3：100-101.
[8] 王凭, 韩德果, 杨国慧. 伊春市野生浆果资源调查[J]. 黑龙江农业科学, 2013, 3：156-157.
[9] 刘海军, 代艳梅. 黑龙江省寒地特色浆果的开发及优势浅析[J]. 北方园艺, 2004, (5)：8-9.
[10] 魏家星, 姜卫兵, 翁忙玲, 韩键. 观光农业园植物的选择与配置探讨[J]. 江西农业学报, 2012, 24(10)：21-23.
[11] 史莹. 生态农业观光园的规划与实践[D]. 南京：南京林业大学, 2008：70-71.
[12] 周翔昊, 赵思东, 王曙. 观光果园水体及滨水景观规划设计初探[J]. 南方园艺, 2010, 21(2)：46-48.
[13] 李京创. 浅析北方园林植物的优化配置[J]. 科技创业家, 2012, 8：163-164.
[14] 周蕊, 崔晋波, 皮竞, 等. 现代观光农业园区发展与规划研究[J]. 安徽农业科学, 2012, 40(13)：7796－7799.
[15] 沈松. 皖中沿江地区农田林网合理模式的探讨[J]. 林业科技开发, 2000(4)：58.
[16] 周恒. 论果树在观光果园中的景观功能[J]. 北方园艺, 2008, (6)：74-76.
[17] 刘少林, 张日清. 观光果园景观设计的定位[J]. 经济林研究, 2008, 26(1)：90-92.
[18] 曹娟, 王渊, 姜卫兵, 等. 农业观光温室项目发展现状与开发对策[J]. 江苏农业科学, 2010, (3)：235-237.
[19] 卿平勇, 赵政阳, 弓弼. 我国北方观光果园果树的景观设计[J]. 西北林学院学报, 2006, 21(3)：154-158.

作者简介

王鹤兴, 1990年生, 男, 汉, 黑龙江龙江县, 硕士在读, 研究方向为风景园林规划设计。电子邮箱：752033837@qq.com。

北京植物园梅园的植物景观设计研究①

The Study on Planting Design of Mei Special Garden in Beijing Botanical Garden

王美仙　陈　悦

摘　要：梅花作为中国的传统名花，是北方重要的春季观花植物。梅园是欣赏和栽植梅花的专类园，具有重要的景观、科研和科普价值。由于气候等原因，北方城市梅花专类园较少，且景观相对单调。本文以北方最具代表性的北京植物园梅园为切入点，对其梅花品种、搭配植物种类、空间类型和层次、梅花与其他造园要素的配置等方面进行调研分析，总结归纳出北京植物园梅园的植物景观营造特点和手法，为北京及北方梅园的植物景观设计提供借鉴和参考。

关键词：北京植物园；梅园；植物景观；种植设计

Abstract：Mei has been loved by the Chinese people as it is Chinese traditional flower. It's the main flowering plants in early spring in North China and also the landscape gardening plant resources with Chinese characteristics. And Mei is the main plant material of special gardens and significance of landscape and scientific constructing in Mei special garden. Due to climate and other reasons, the number of Mei special gardens in China's northern cities is less. The landscape is relatively monotonous, and the method of landscape construction and spatial layout is relatively single. Therefore, the issue focused on typical Mei special garden of Beijing Botanical garden. Mei cultivars, other corporation plants species, spatial layout and other gardening elements were investigated, summarized the elements and features of Mei special garden in Beijing Botanical garden and provided reference and guidance of plant landscape design for Beijing and North Mei special garden.

Key words：Beijing Botanical Garden；Mei Special Garden；Plants Landscape；Plants Design

1　北京植物园的梅园概况

北京植物园位于北京的西北郊，坐落在西山脚下。自1956年开始建园，面积400hm²，是以收集、展示和保存植物资源为主，集科学研究、科学普及、游览休憩、植物种质资源保护和新优植物开发功能为一体的综合植物园。由植物展览区、科研区、名胜古迹区和自然保护区组成。植物展览区分为观赏植物区、树木园和温室区三部分。观赏植物区主要由专类园组成，有月季园、碧桃园、梅园、牡丹园、丁香园、宿根花卉园等。收集展示各类植物10000余种（含品种）150余万株[1]。

北京植物园的梅园始建于2003年，占地6.1hm²，是以栽植、欣赏梅花为主要功能的专类园。分为入口区、水景观光区、山林游赏区、庭院精品区、退谷访胜区等5个区域。利用樱桃沟三面环山、北阴向阳的独特小气候为栽种抗寒梅花提供良好的环境。梅园的建设因地制宜，注重自然美与人工美相融合，并结合周边环境，以达到"虽有人作，宛自天开"的境界[1]。

2　植物种类应用分析

北京植物园梅园的植物种类较为丰富，主要包含有梅花品种37个，其他植物种类30种。植物景观设计以梅花作为主景和基调，常绿植物作为背景，其他植物作为配景和点缀。凸显春季，兼顾四季。北京植物园梅园的植物景观设计平面图见图1。

图1　梅园的植物景观设计平面图

2.1　梅花品种的应用

根据我国著名梅花专家陈俊愉院士于2009年编著的《中国梅花品种图志》中梅花品种分类系统，将梅花分属11个品种群[2]。北京植物园的梅园包含朱砂品种群、宫

① 课题来源："中央高校基本科研业务费专项资金资助（项目编号 TD2011-27）"。

粉品种群、玉蝶品种群、绿萼品种群、单瓣品种群、垂枝品种群、杏梅品种群、樱李梅品种群等9个。梅花品种共37个，其中，真梅系梅花品种29个，杏梅系梅花品种7个，樱李梅系梅花品种1个。梅花品种详情见表1。

北京植物园梅园的梅花品种名录[2-4] 表1

品种群类型	序号	品种名	拉丁名	花色	花期
朱砂品种群	1	大盃	*Prunus mume* 'Dabei'	玫红	3.31-4.14
	2	红千鸟	*Prunus mume* 'Hong Qianniao'	玫红	4.6-4.15
	3	云锦朱砂	*Prunus mume* 'Yunjin Zhusha'	玫红	4.5-4.14
	4	小朱砂	*Prunus mume* 'Xiao Zhusha'	玫红	4.4-4.14
单瓣品种群	5	养老	*Prunus mume* 'Yang Lao'	白	3.31-4.14
	6	古今集	*Prunus mume* 'Gu Jinji'	白	4.1-4.14
	7	道知边	*Prunus mume* 'Dao Zhibian'	白	4.4-4.14
	8	北斗星	*Prunus mume* 'Bei Douxing'	白	4.2-4.13
	9	梅乡	*Prunus mume* 'Mei Xiang'	白	4.4-4.15
	10	小梅	*Prunus mume* 'Xiao Mei'	白	4.4-4.15
	11	米良	*Prunus mume* 'Mi Liang'	白	4.2-4.13
绿萼品种群	12	月影	*Prunus mume* 'Yue Ying'	乳白	4.7-4.15
	13	白狮子	*Prunus mume* 'Bai Shizi'	乳白	4.7-4.14
	14	小绿萼	*Prunus mume* 'Xiao Lu-e'	乳白	4.6-4.15
	15	变绿萼	*Prunus mume* 'Bian Lu-e'	乳白	4.7-4.15
跳枝品种群	16	复瓣跳枝	*Prunus mume* 'Fuban Tiaozhi'	白间粉	4.6-4.15
宫粉品种群	17	八重寒红	*Prunus mume* 'Bachong Hanhong'	粉	4.7-4.14
	18	红冬至	*Prunus mume* 'Hong Dongzhi'	粉	4.7-4.15
	19	见惊梅	*Prunus mume* 'Jian Jing'	粉	4.6-4.15
	20	小宫粉	*Prunus mume* 'Xiao Gongfen'	粉	4.6-4.14
	21	杨贵妃	*Prunus mume* 'Yang Guifei'	粉	4.6-4.15
	22	大羽	*Prunus mume* 'Da Yu'	粉	4.7-4.15
玉蝶品种群	23	三轮玉蝶	*Prunus mume* 'Sanlun Yudie'	乳白	4.4-4.14
	24	北京玉蝶	*Prunus mume* 'Beijing Yudie'	乳白	4.4-4.14
	25	玉牡丹	*Prunus mume* 'Yu Mudan'	乳白	4.4-4.14
	26	虎之尾	*Prunus mume* 'Hu Zhiwei'	乳白	4.4-4.14
垂枝品种群	27	开运垂枝	*Prunus mume* 'Kaiyun Chuizhi'	粉	4.5-4.14
	28	单碧垂枝	*Prunus mume* 'Danbi Chuizhi'	乳白	4.7-4.15
	29	单粉垂枝	*Prunus mume* 'Danfen Chuizhi'	粉	4.6-4.14
杏梅品种群	30	江南无所	*Prunus mume* 'Jiangnan Wusuo'	粉	4.4-4.14
	31	丰后	*Prunus mume* 'Feng Hou'	粉	3.31-4.14
	32	淡丰后	*Prunus mume* 'Dan Fenghou'	淡粉	4.4-4.15
	33	单瓣丰后	*Prunus mume* 'Danban Xingmei'	浅粉	4.4-4.15
	34	武藏野	*Prunus mume* 'Wuzang Ye'	粉	4.4-4.14
	35	燕杏梅	*Prunus mume* 'Yan Xingmei'	浅粉	4.3-4.12
	36	送春	*Prunus mume* 'Song Chun'	浅粉	4.6-4.12
樱李梅品种群	37	美人梅	*Prunus mume* 'Meiren Mei'	玫红	4.10-4.21

从梅花的种植数量来看，目前，共露地栽种梅花740余株。其中种植范围广、数量大、开花繁密的是樱李梅品种群和杏梅品种群的梅花，占总体梅花数量的74.3%。

其中，樱李梅品种群占总体梅花数量的58.2%，为433株；杏梅品种群占总体梅花数量的15.7%，为117株。虽然这两个品种群的梅花品种数量只有8个，但因其有淡粉色、粉色、玫红色等丰富的花色，抗寒性较强，在北京能露地栽植并生长状况良好，所以应用数量较多，形成全园多彩的梅花基调景观。另外，跳枝品种群、绿萼品种群和玉蝶品种群等栽植数量较少的梅花以粉白色、乳白色、浅黄绿色等淡雅的浅色系花朵丰富梅园的花色加以点缀，给人带来清爽质朴之感。

从梅花的花期来看，梅花在北京植物园的开花时间为3月下旬至4月下旬。开花先后顺序大致为：杏梅品种群、单瓣品种群、玉蝶品种群、跳枝品种群、绿萼品种群、宫粉品种群、朱砂品种群、垂枝品种群、樱李梅品种群，其中单瓣品种群和朱砂品种群中不同品种的花期差距较大。开花时间最长的有杏梅品种群中的丰后、单瓣品种群中的养老和古今集、朱砂品种群中的大盃等，约为15天左右；开花时间最短的是单瓣品种群中的雪月花，约为7天左右；其余品种花期约为10天左右。

从梅花生长状况来看，长势良好的梅花品种为：樱李梅品种群中的美人梅，杏梅品种群中的丰后、淡丰后、江南无所、燕杏梅、武藏野，跳枝品种群中的复瓣跳枝，绿萼品种群中的小绿萼等。

2.2 其他植物种类的应用

北京植物园的梅园除了梅花以外，为了景观与季相需要，还搭配了较丰富的其他植物种类，共有17科23属30种。其中，裸子植物4科5属7种，被子植物13科18属23种。裸子植物中松科1属2种、柏科2属3种、杉科1属1种、三尖杉科1属1种、禾本科2属2种；被子植物中蔷薇科2属5种、木犀科3属3种、蝶形花科2属2种、杨柳科2属2种、忍冬科1属2种、无患子科1属1种、榆树科1属1种、槭树科1属1种、苦木科1属1种、胡桃科1属1种、山茱萸科1属1种。其他搭配植物种类详情见表2[5]。

北京植物园梅园的其他植物种类名录[5]   表2

类型	序号	名称	拉丁名	科属	树高(m)	冠幅(m)	干/地径(cm)	株数/m²	种植方式
常绿乔木	1	油松	*Pinus tabulaeformis*	松科松属	9.0	5.5	26	111株	孤植
	2	白皮松	*Pinus bungeana*	松科松属	7.0	5	28	11株	丛植
	3	圆柏	*Sabina chinensis*	柏科圆柏属	7.0	2.5	16	101株	列植
	4	侧柏	*Platycladus orientalis*	柏科侧柏属	9.0	4.5	20	22株	列植
	5	水杉	*Metasequoia glyptostroboides*	杉科水杉属	8.0	2.5	12	131株	列植
落叶乔木	6	刺槐	*Robinia pseudoacacia*	蝶形花科刺槐属	10.0	8	56	17株	孤植
	7	国槐	*Sophora japonica*	蝶形花科槐树属	8.0	5	20	22株	列植
	8	栾树	*Koelreuteria paniculata*	无患子科栾树属	10.0	8	52	9株	丛植
	9	加杨	*Populus tomentosa*	杨柳科杨属	16.0	14	76	1株	孤植
	10	绦柳	*Salix matsudana* 'Pendula'	杨柳科柳属	11.0	10	36	6株	丛植
	11	榆树	*Ulmus pumila*	榆树科榆树属	9.0	5	20	7株	孤植
	12	元宝枫	*Acer truncatum*	槭树科槭树属	7.0	5	18	63株	列植
	13	臭椿	*Ailanthus altissima*	苦木科臭椿属	16.0	14	52	2株	孤植
	14	核桃	*Juglans regia*	胡桃科胡桃属	9.0	6.5	26	2株	孤植
	15	辽梅山杏	*Prunus sibirica* 'Pleniflora'	蔷薇科李属	6.0	4.5	16	1株	孤植
	16	山杏	*Prunus sibirica*	蔷薇科李属	6.0	4.5	14	2株	孤植
	17	碧桃	*Prunus persica* 'Duplex'	蔷薇科李属	2.2	2.5	8	7株	丛植
灌木	18	粗榧	*Cephalotaxus sinensis*	三尖杉科三尖杉属	1.2	1.5	6	36株	丛植
	19	沙地柏	*Sabina vulgalis*	柏科圆柏属	1.0	—	—	1250m²	片植
	20	金银木	*Lonicera maackii*	忍冬科忍冬属	2.0	2	16	6株	丛植
	21	郁香忍冬	*Lonicera fragrantissima*	忍冬科忍冬属	2.0	2.5	10	14株	丛植
	22	连翘	*Forsythia suspense*	木犀科连翘属	1.8	1.5	14	5株	丛植
	23	迎春	*Jasminum nudiflorum*	木犀科茉莉属	0.4	1.5	5	8株	丛植
	24	棣棠	*Kerria japonica*	蔷薇科棣棠属	0.8	1.5	6	10株	丛植
	25	红瑞木	*Cornus alba*	山茱萸科梾木属	1.0	1	10	4株	片植
	26	毛樱桃	*Prunus tomentosa*	蔷薇科李属	1.5	2	14	1株	孤植
	27	天目琼花	*Viburnum opulus* 'Sterile'	忍冬科荚蒾属	1.5	1.5	8	2株	片植
	28	黄刺玫	*Rosa xanthina*	蔷薇科蔷薇属	1.5	2	14	3株	孤植

类型	序号	名称	拉丁名	科属	树高（m）	冠幅（m）	干/地径（cm）	株数/m²	种植方式
竹类	29	早园竹	*Phyllostachys propinqua*	禾本科刚竹属	4.0	—	—	390 m²	片植
	30	箬竹	*Indocalamus tessellatus*	禾本科箬竹属	0.5	—	—	440 m²	片植

从上表可以看出，梅园的其他搭配植物主要有常绿针叶乔木 4 种、落叶针叶乔木 1 种、落叶阔叶乔木 14 种、常绿针叶灌木 2 种、落叶阔叶灌木 7 种、竹类 2 种。其中，应用数量较多的植物依次是水杉、油松、圆柏、元宝枫、粗榧、国槐、刺槐等。因此，其他与梅花搭配的植物以常绿植物为主，成为衬托梅花的良好的深色背景或前景。梅园的整体植物景观以春季梅花景观为主景，通过其他植物的配置，兼顾四季景观。其季相分布见图 2。

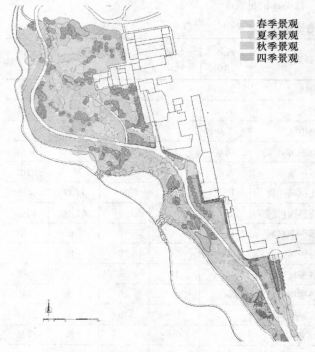

图 2 梅园的植物景观季相分布图

<图例：春季景观、夏季景观、秋季景观、四季景观>

3 植物景观空间分析

北京植物园的梅园在空间围合上以半开敞空间和封闭空间为主，空间的形态多样化，营造丰富的空间变化景观，增加游赏性。

3.1 植物景观空间类型

从空间的围合程度上，空间类型可分为开敞空间、半开敞空间、封闭空间等。而空间的围合程度与 D/H 相关，当视距为 2 倍时，景物作为整体而出现。视距为 3 倍时，景物在视觉中仍然是主体，但与其他的物体产生关联。视距为 4 倍以上时，景物成为全景中的一个组成要素。因此，静态空间的合适的 D/H 比值在 1：2—3 较好，大于 1：4 空间就缺乏封闭感，小于 1：1 时，空间转化为封闭

感很强的绿色廊道空间，是园林植物动态空间的理想比例[6]。北京植物园梅花景观主要沿园路布置，D/H 基本控制在 1：1 到 1：2—3 之间，基本属于封闭空间和半开敞空间，见图 3 所示。

半开敞空间
视线半通透

封闭空间
视线不通透

视线通透

图 3 空间围合程度分析图

根据构成方式的不同，园林植物空间可划分为口型、U 型、L 型、平行线型、模糊型、焦点型等不同的类型[6]。在北京植物园梅园中，植物景观的空间形态较为丰富，以口型、平行线型、U 型、模糊型为多，见图 4 所示。

图4　梅园的植物景观空间构成图

3.2　植物景观空间层次

　　根据不同植物的植株高低不同，形成植物群落的分层结构，本园中，上层为＞5m的乔木，主要有刺槐、元宝枫、油松等。中层为2—5m的小乔木和灌木，主要有梅花、碧桃等。中下层为0.5—2m的灌木，主要有迎春、箬竹等。地被层为＜0.5m的木本与草本植物，主要有沙地柏及草坪等。植物群落主要有乔木＋灌木、乔木＋草本、乔木＋灌木＋草本等三种，其中以乔木＋灌木、乔木＋草本的两层结构为多，基本以梅花为主体，层次结构较为单一，偶尔有较丰富的三层复层形式，如元宝枫—梅—沙地柏，见图5所示。因此，可适当增加灌木及草本花卉的应用。

图5　梅园的植物景观空间立面层次图

4　梅花与其他造园要素的配置

　　北京植物园梅园中的梅花景观，除了梅花个体与群体的展示以外，还与地形、水体、山石、园路等搭配形成不同风韵的景观，见图6所示。

　　梅花景观与梅园中局部塑造的地形相得益彰。梅园地势基本成由南向北缓慢抬升的状况，西北面临山，地形起伏较大；临水处地形缓慢向水体方向降低。在坡地上种植梅营造具有流动性的"香雪海"景观。花色、花香、树姿等不同品种的梅花组合成片种植，形成有变化、有层次的梅花景观，在地势高处观赏梅花，花海位于脚下，有壮阔之感；在低处远观时，梅林可作为背景林。

　　梅花景观与水体的搭配突出梅花的韵格。梅花被古代文人雅士喜爱，因为它树形优美、古朴雅致，具有凌寒独自开的傲骨精神，故本园将姿态优雅的梅花也种植在水边，枝条伸向水面，倒映在水面上，岸上景观与水中景观相呼应，可形成"疏影横斜，暗香浮动"的优美画面，营造出静谧、雅致的园林意境，同时也增加了水岸边的景观层次。当梅花盛开时，满树繁花映照在清浅水面上，更显其刚劲高洁。

　　梅花景观与石搭配更显苍劲质朴。园林中配置山石，可体现出自然、古朴的景观效果，故山石与清雅的梅花搭配是最好不过体现质朴景观的了。本梅园中的局部草地上散置着石头，从配植上看，梅花与之搭配，油松作背景，沙地柏簇拥着山石，形成苍劲质朴的景观效果，突出梅花的优美雅致。

　　梅花景观与园路搭配突显步移景异。本梅园由一条主路由南向北贯穿全园，在主要赏梅区有一条二级园路。路边种植梅花，游人行走过程中观赏梅花景观，步移景异。依据梅花种植形式与栽植密度的不同，时而形成开敞空间，时而形成封闭空间，视线以及空间感受都与随园路的行进而发生微妙的变化。

5　结语

　　北京植物园的梅园是北方梅园中收集梅花品种较多、植物景观较为丰富的梅花专类园，通过对其进行深入系统的分析，具有直接的借鉴意义。

　　北京植物园的梅园选址位于背风向阳、排水良好处。种植梅花品种37个，长势良好的品种有美人梅、丰后、淡丰后、江南无所、燕杏梅、武藏野、复瓣跳枝、小绿萼等。梅花在北京植物园的开花时间为3月下旬至4月下旬。花期持续时间最长的为丰后、养老、古今集、大盃等，约为15天左右；开花时间最短的是雪月花，约7天左右；其余品种约为10天左右。应用于梅园中的其他搭配植物种类应用数量较多的为油松、圆柏、元宝枫等，以常绿植物为背景，突出梅花的清丽。在植物景观的空间布局上，多形成封闭空间和半开敞空间；空间形态以口型、

图6　梅花与其他造园要素的搭配景观

平行线型、U 型为多。而空间的立面层次较为单一，多为两层群落结构，可适当增加灌木及草本花卉的应用。作为有科普任务的梅花专类园，梅花标识牌和科普内容还需进一步完善。

参考文献

[1] 北京植物管理处. 北京植物园志 [M]. 中国林业出版社，2003.

[2] 陈俊愉. 中国梅花品种图志 [M]. 中国林业出版社，2009.

[3] 陈俊愉. 中国梅花品种分类最新修正体系 [J]. 北京林业大学学报，1999. 21(2)：1-6.

[4] 程晓建，林伯年，胡中. 梅品种分类研究进展 [J]. 浙江农业学报，2002. 14(2)：120-124.

[5] 陈有民. 园林树木学 [M]. 中国林业出版社，2004.

[6] 李雄. 园林植物景观的空间意象与结构解析研究 [D]. 北京林业大学，2006. 12：73-96.

作者简介

[1] 王美仙，1980 年 12 月生，女，汉，安徽黄山，博士，北京林业大学园林学院，讲师，主要从事园林植物应用方向的研究，电子邮箱：Wangmeixian2000@126.com

[2] 陈悦，1990 年 12 月生，女，汉，北京，研究生，北京林业大学园林学院研究生在读，主要从事园林设计方面的研究，电子邮箱：1158396967@qq.com。

3种地被植物不同种植模式养分利用效率研究^①

3种地被植物不同种植模式养分利用效率研究[①]

Effects of 3 Ground Cover Plants under Different Cropping Patterns on Soil Nutrient

王　振　郗金标　张德顺　张京伟

摘　要：采用正交设计和盆栽实验研究方法，对白三叶（*Trifolium repens*）、高羊茅（*Festuca arundinacea*）和红叶甜菜（*Beta vulgaris var cicla*）单作/混作不同种植模式中氮利用效率和植物耐盐性进行了研究。结果表明：（1）盐胁迫条件下，氮利用率随盐浓度增加而提高；施加氮肥可以提高植物的氮利用率，但效果不明显；白三叶可通过生物固氮作用，为混作中的其他植物提供额外的氮肥，促进植物生长，提高了耐盐性，这是自我做功的、可持续的、低能耗的种植模式。（2）正交分析也证明，种植模式的差异是影响植物固氮能力的最主要因素，白三叶＋高羊茅混作的种植模式下植物固氮能力最大，氮利用率最强。

关键词：园林植物；正交设计；种植模式；固氮；盐胁迫

Abstract：For the purpose to construct the economical and environmental-friendly landscapes，soil and air quality improvement are studied in this paper. Soil aspect on nitrogen utilization efficiency and salt tolerance in plants with orthogonal design and a pot experiment about *Trifolium repens*，*Festuca arundinacea*，*Beta vulgaris* var *cicla* in monoculture and mixture，The results showed that：（1）Under salt stress，the use ratio of nitrogen increased with the salt concentration；Applied nitrogen fertilizer could increase the utilization of nitrogen；*T. repens* could provide additional nitrogen for other plants in the same mixed cropping though biological nitrogen fixation，promoted plants growing and increased the salt tolerance；which is self-governed、sustainable and low energy consumption.（2）Difference in cropping patterns is the most important factor to affect the Nitrogen-fixing capacity of plants. Under the cropping pattern that *T. repens* and *F. arundinacea* mixed，the Nitrogen-fixing capacity of plants is the best and the plants can absorb more nitrogen.

Key words：Garden Plants；Orthogonal Design；Cropping Patterns；Nitrogen Fixation；Salt Stress

在资源短缺加剧，生态破坏日益严重的社会背景下，随着经济的发展、资源开发的不断进行以及人们对生存环境质量要求的不断提高，资源短缺、环境恶化与人类生存环境之间的矛盾日益尖锐，利用农作物自身特点，通过不同种植模式改善营养条件、提高作物产量的研究[1,2]早已展开，而关于不同园林植物种植模式的改善生长环境，提升园林品质的研究并不多见。本文以园林中常用植物为试材进行盐胁迫条件下、种植模式对养分利用效率研究，旨在为园林植物的应用提供新的依据。

1　材料和方法

1.1　供试材料

试验用苗为白三叶（*Trifolium repens*）、高羊茅（*Festuca arundinacea*）、红叶甜菜（*Beta vulgaris* var *cicla*）实生苗。其中，白三叶和高羊茅均为园林绿化中常用的植物材料，红叶甜菜因为其冬季叶色红艳，近几年在长三角地区受到一定重视，可作为新优地被植物材料。全氮量测定所用仪器为 YH308 全自动红外消解仪和 K9860 全自动凯氏定氮仪。

1.2　试验设计

利用土培试验，采取正交试验设计研究各项内容。

试验设计分种植方式、盐分胁迫和 N 营养水平 3 个处理（因素），其中，种植方式分为白三叶、红叶甜菜、高羊茅单作、白三叶＋高羊茅、白三叶＋高羊茅＋红叶甜菜混作 5 个水平；盐分胁迫使用 NaCl 溶液，浓度为：0、0.2%、0.6%、1% 和 1.6% 5 个水平；N 营养用 $(NH_4)_2SO_4$ 供应，分底肥和追肥两种方法施入。底肥在植物上盆时一次施入，施入量各盆均为 1gN/kg 土，追肥在三月内每月各追肥 1 次，追肥量分为 0、0.05gN/kg 土、0.1gN/kg 土、0.2gN/kg 土、0.3 gN/kg 土五个水平。按 L_{25}（5^6）正交设计表安排实验[3]，共 25 组合，每个组合重复 3 次。每次重复试验中所有土盆均根据试验方案放置于 5 个不同盐浓度的盐池中，既每一盐池内装 5 个土盆，水面保持在土盆底部以上 3—5cm，让盐分通过盆底小孔沿毛细管进入土盆。盐池中的盐溶液浓度每周调整 1 次，并随时调整水位。

①　国家自然科学基金资助（编号：51178319；题目：黄土高原干旱区水绿双赢空间模式与生态增长机制研究）。

水平	A 盐浓度 (%)	B 种植方式	C 施氮浓度 (gN/Kg)
1	0	白三叶	0
2	0.2	红叶甜菜	0.05
3	0.6	高羊茅	0.1
4	1	2in1	0.2
5	1.6	3in1	0.3

正 交 表　　　　表 1

1.3 测定与分析方法

1.3.1 全氮量测定

植物样和土样的全氮量测定采用硫酸－混合加速剂－蒸馏法。该法是在 $K_2SO_4\text{-}CuSO_4 \cdot 5H_2O$ 联合催化剂条件下，用浓硫酸消化样品将有机氮都转变成无机铵盐，然后在碱性条件下将铵盐转化为氨，随水蒸气馏出并为过量的酸液吸收，再以标准碱滴定，就可计算出样品中的氮量。

$$\omega(N) = \frac{(V - V_0) \times c \times M \times 10^{-3}}{m} \times 100$$

式中　$\omega(N)$——土壤或植物全氮的质量分数，%；

c——硫酸（$1/2 H_2SO_4$）标准溶液的浓度，$mol \cdot L^{-1}$；

V——土样或植物样测定时消耗的 H_2SO_4 标准溶液体积，ml；

V_0——空白测定消耗的 H_2SO_4 标准溶液体积，ml；

M——氮的摩尔质量，$M(N) = 14g \cdot mol^{-1}$；

10^{-3}——样品质量，g；

100——换算成百分含量。

1.3.2 总氮质量的计算

试验结束后取植物地上部分烘干至恒重，测其干重 w 为生物量。植物总氮质量 $W_p = \omega(N) \times w_p$，土壤总氮质量 $W_s = \omega(N) \times w_p$。

处理前后总氮质量的变化为

$$\triangle W = W_p + W_{s2} - W_{s1} - W_N$$

式中　W_p——试验后植物总氮质量；

W_{s2}——试验后土壤总氮质量；

W_{s1}——试验前土壤总氮质量；

W_N——试验中施加氮肥总量。

处理前后总氮质量的变化包括生物固氮，空气氮沉降，灌溉水中所含的氮等，由于后二者在相同实验条件下相对一致，且数量较少，故可作为系统误差忽略不计，即处理前后总氮质量的变化为生物固氮量。

试验中所得数据采用 Excel2010 和 PASWStatistics18 进行分析。

2 结果与分析

2.1 不同盐胁迫下氮利用率的变化

图 1 反映了试验前后总氮质量的变化趋势，可以看出，盐胁迫条件下固氮量随盐浓度的增加有升高趋势，盐浓度从 0.2% 提高到 1.6% 时，固氮量增加了 2.1 倍，固氮量接近无盐胁迫时的对照值。这说明，各种植模式下植物氮利用效率和耐盐能力较强，且氮利用效率和耐盐能力随盐浓度的增加而提高。

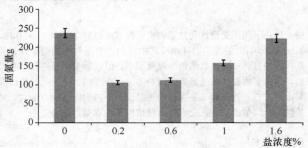

图 1　盐胁迫对固氮量的影响

2.2 不同施氮水平对氮利用率的影响

不同施氮水平下，固氮量变化见图 2，由图可知，（1）施氮水平与固氮量成正相关，随施氮水平的增加，固氮量也呈上升趋势；（2）在施氮水平为 0.05mgN/kg 土时，固氮量与未施加氮肥时变化不明显，在施氮水平为 0.2 mgN/kg 土和 0.3 mgN/kg 土时，固氮量基本一致达最高，是未施加氮肥时的 1.8 倍。这说明施加氮肥可以影响不同种植模式下的氮利用效率，但在低于 0.1 mgN/kg 时影响不明显，仅在施氮水平为 0.2 mgN/kg 时有明显提高。

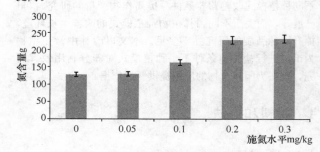

图 2　施氮水平对固氮量的影响

2.3 不同种植模式下氮利用率的变化

由图 3 可以看出，不同种植模式含氮量以白三叶＋高羊茅混作模式为最高，是单作的 2.5 倍，是白三叶＋红叶甜菜＋高羊茅混作模式的 1.2 倍，这说明白三叶＋高羊茅混作模式下氮利用效率最高，单作模式最低。这可能是因为白三叶＋高羊茅种植模式中，豆科植物白三叶的生物固氮作用造成的，白三叶＋红叶甜菜＋高羊茅混作模式下，含氮量低于白三叶＋高羊茅混作模式的原因可能是，盆栽三种植物，生长那个空间有限，白三叶的生长受到限制，为发挥出其固氮效果，植物生物量和生长状况也反映出这一点。

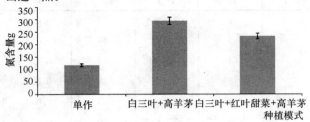

图3　不同种植模式下对固氮量的影响

2.4　白三叶在种植模式中的影响

由表2可以看出，红叶甜菜和高羊茅在单作时，处理前后的总氮质量变化较小，由于红叶甜菜和高羊茅无生物固氮作用，2种植物单作时固氮量理论值应≤0g，造成实际测定值>0g的原因，可能与土壤中根系全氮量远远高于土壤中的全氮量，在计算土壤总氮质量时将根系质量作为土壤质量计算有关。从表中依旧可以看出白三叶参与的白三叶＋红叶甜菜＋高羊茅的混作模式下的固氮量比红叶甜菜单作时高出约6倍，比高羊茅单作高出约3.3倍；白三叶＋高羊茅混作的模式下的固氮量比高羊茅单作时高出约4.2倍。这表明，白三叶在混作模式下可以利用其生物固氮的特性增加作群落中整体的氮含量，提高氮利用效率。

白三叶对固氮量影响　　　　　　　　表2

	单作	白三叶＋红叶甜菜＋高羊茅混作	白三叶＋高羊茅混作
红叶甜菜	39.3	233.1	295.7
高羊茅	69.1	233.1	295.7

图4反映了白三叶单作、白三叶＋高羊茅混作和白三叶＋红叶甜菜＋高羊茅混作3种种植模式中白三叶固氮量的变化。可以看出，白三叶＋高羊茅混作模式提高了白三叶的固氮量，而白三叶＋红叶甜菜＋高羊茅混作模式下的固氮量与白三叶单作是相差不大，这可能是因为白三叶在三种植物混作的种植模式受到生长受到一定限制，长势不如在两种植物混作或单作时。

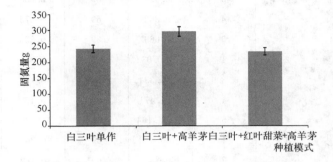

图4　不同种植模式对白三叶固氮量的影响

2.5　不同浓度盐胁迫、施氮水平下植物单作/混作模式中全氮量变化

运用PASWStatistics18[4-5]对植物固氮能力进行方差分析，由表3、表4得出，种植模式对植物固氮能力影响显著，盐胁迫和施氮肥对植物固氮能力影响不显著，但其影响程度的大小存在较大差异，这三个因素对植物固氮能力的作用大小依次为B>A>C即种植模式>盐胁迫>施氮量。

综合表5、表6，可以得出：A（盐浓度）因素中，A1的均数最大（236.901），且A1、A2、A3、A4、A5之间差异不显著（P>0.05）。同理，可以从B（种植模式）、C（施氮水平）因素的单因素统计量表和配对比较表得到：B4均数最大（295.728），且B2和B1、B4、B5之间差异显著，B3和B1、B4、B5之间差异显著C5均数最大（231.213），且C1、C2、C3、C4、C5之间差异不显著。最能够促进土壤相对含氮量的组合是A1＋B4＋C5＝无盐胁迫下，种植模式为白三叶与高羊茅混作，施氮水平为0.3gN/Kg土。

植物固氮能力方差分析表　　　　　　　　　　　　　　　　　　　　　　　　　　　　表3

方差来源	离均差平方和	自由度	均方差	F	P
A	0.004	4	0.001	0.961	0.464
B	0.006	4	0.001	1.315	0.32
C	0.006	4	0.001	1.257	0.339
误差	0.013	12	0.001		

（P<0.05）

植物固氮能力单因素统计量表　　　　　　　　　　　　　　　　　　　　　　　　　表4

A	均数	标准误	B	均数	标准误	C	均数	标准误
1	236.901	49.04	1	241.888	49.04	1	128.185	49.04
2	106.068	49.04	2	39.252	49.04	2	130.04	49.04
3	156.402	49.04	3	69.146	49.04	3	162.366	49.04
4	157.539	49.04	4	295.728	49.04	4	227.338	49.04
5	222.232	49.04	5	233.128	49.04	5	231.213	49.04

（P<0.05）

表 5

植物固氮能力变化配对比较表

(I) A	(J) A	I－J	标准误	P	(I) B	(J) B	I－J	标准误	P
1	2	130.832	69	0.084	1	2	202.636*	69	0.013
	3	80.498	69	0.268		3	172.742*	69	0.028
	4	79.362	69	0.275		4	−53.84	69	0.453
	5	14.669	69	0.836		5	8.76	69	0.902
2	1	−130.832	69	0.084	2	1	−202.636*	69	0.013
	3	−50.334	69	0.482		3	−29.894	69	0.674
	4	−51.471	69	0.472		4	−256.476*	69	0.003
	5	−116.164	69	0.12		5	−193.876*	69	0.016
3	1	−80.498	69	0.268	3	1	−172.742*	69	0.028
	2	50.334	69	0.482		2	29.894	69	0.674
	4	−1.136	69	0.987		4	−226.582*	69	0.007
	5	−65.829	69	0.361		5	−163.982*	69	0.036
4	1	−79.362	69	0.275	4	1	53.84	69	0.453
	2	51.471	69	0.472		2	256.476*	69	0.003
	3	1.136	69	0.987		3	226.582*	69	0.007
	5	−64.693	69	0.369		5	62.6	69	0.384
5	1	−14.669	69	0.836	5	1	−8.76	69	0.902
	2	116.164	69	0.12		2	193.876*	69	0.016
	3	65.829	69	0.361		3	163.982*	69	0.036
	4	64.693	69	0.369		4	−62.6	69	0.384

* 均值差值在 0.05 级别上较显著。

植物固氮能力变化配对比较表　　　　　　表 6

(I) C	(J) C	I－J	标准误	P
1	2	−1.854	69	0.979
	3	−34.18	69	0.631
	4	−99.153	69	0.178
	5	−103.028	69	0.163
2	1	1.854	69	0.979
	3	−32.326	69	0.649
	4	−97.299	69	0.186
	5	−101.173	69	0.17
3	1	34.18	69	0.631
	2	32.326	69	0.649
	4	−64.973	69	0.367
	5	−68.847	69	0.34
4	1	99.153	69	0.178
	2	97.299	69	0.186
	3	64.973	69	0.367
	5	−3.875	69	0.956
5	1	103.028	69	0.163
	2	101.173	69	0.17
	3	68.847	69	0.34
	4	3.875	69	0.956

3 结论与展望

（1）盐胁迫条件下，氮利用率受到一定影响，盐浓度越高，氮利用率越高；施加氮肥也可以提高植物的氮利用率，但效果不明显仅在施氮水平为 0.2gN/kg 土时有一定增加；豆科植物白三叶可通过自身的固氮作用，固定大气中的氮，为混作模式中的红叶甜菜和高羊茅生长提供生长所需的氮，提高群落的氮利用率。

（2）通过 PASWStatistics18 分析得出，种植模式对植物固氮能力的影响显著，施氮水平、盐胁迫对其影响不显著，但影响程度上存在差异；按影响程度由大到小依次是种植模式、盐胁迫、施氮水平；即种植模式是影响植物固氮能力的重要因素。提高植物固氮能力的最佳组合是白三叶与高羊茅混作，施氮水平：0.3gN/Kg 土，0% 的盐。

（3）目前研究主要是为了建立养分高效性和盐渍化土地绿化问题，未涉及群落抗逆性、抗病虫害、重金属污染修复、污染水体修复等园林绿地建设问题。今后，通过植物群落、各类植物搭配解决此类园林建设中的问题将会成为园林科学研究的重要方向。

参考文献

[1] 李菡，孙爱清，郭恒俊. 农田不同种植模式与土壤质量的关系，应用生态学报，2010. 21(2)：365-372.

[2] 张丽，李丹，刘磊等. 不同施肥种植模式对玉米光合特性、养分效率及产量性状的影响，水土保持学报，2013. 27(2)：115-119.

[3] 盖钧镒. 试验统计方法，北京：中国农业出版社. 2008. 1：278-294.

[4] 邓振伟，于萍，陈玲. SPSS 软件在正交试验设计、结果分析中的应用，电脑学习，2009. 5：15-17.

[5] 鲍思伟，廖志华，陈敏，等. 用正交设计法筛选中华芦荟丛生芽诱导的最优培养基，西南民族学院学报（自然科学版），2000. 26(2)：177-180.

作者简介

[1] 王振，1988. 10，男，汉族，山东，同济大学在读博士研究生，风景园林学，电子邮箱：lawangzhen@qq. com。

[2] 郗金标，1963，男，汉族，山东，博士，上海商学院教授，园林生态，电子邮箱：xijinbiao2001@yahoo. com. cn。

[3] 张德顺，1964，男，汉族，山东，博士，同济大学教授，风景园林学，电子邮箱：zhangdeshun@yahoo. com。

[4] 张京伟，1983，男，汉族，山东，硕士，烟台市农业科学研究院助理农艺师，园林植物，电子邮箱：jingweizhang. 000@163.com。

花卉苗木种质资源库建设实践

——以萧山区花卉苗木优良种质资源库建设为例

The Practice of Flowers Germplasm Resources Construction
——The Construction of Flower Germplasm Resources in Xiaoshan Area for Example

吴 君 吴 冬

摘 要：种质资源是国家基础性战略资源，是遗传育种的根本材料，也是国家自然科学资源必不可少的物质基础条件。浙江地处亚热带，观赏植物资源、气候资源丰富，是花木种质资源与新品种育种的强省，花木产业的未来发展潜力巨大。本研究以萧山区花卉苗木优良种质资源库建设为例，介绍了该种质资源库的建设概况，建设内容与方法及建设成果，并总结了在建设过程中的不足之处以及未来的发展重点，为有关种质资源库建设提供依据。

关键词：花卉苗木；种质资源；植物引种；建设

Abstract：Germplasm resources is the national strategic and basic resources and the fundamental material for genetic breeding. It is the material basis conditions of national natural science resources absolutely necessary. Zhejiang is located in the subtropical zone，that have a rich ornamental plant and climate resources. It is a strong province of flowers germplasm resources and breeding new varieties. and have the huge development potential of the flowers industry in future. In this study，the construction of flower germplasm resources in Xiaoshan area for example，introduced the construction situation，contents，methods and achievement of the flower germplasm resources. Finally，it summarized the deficiencies in the construction process and development priorities in future ，provided reference for the construction of germplasm resources.

Key words：Flower；Grmplasm Resources；Plant Introduction；Construction

花卉苗木是浙江农业的十大支柱产业之一，浙江省是全国绿化苗木第一大省。党的十八大把生态文明建设纳入中国特色社会主义事业发展"五位一体"总布局，提出了"建设美丽中国"的宏伟目标。2012 年，全国花卉生产面积 1376 万亩，成为世界最大的花卉苗木生产基地、重要的花木消费国及花木进出口贸易国。省第十三次党代会把加快建设"生态浙江"作为建设物质富裕、精神富有的现代化浙江的重要任务；省委十三届二次全会进一步明确了建设"美丽浙江"的新要求。同时，花卉苗木资源库的建设可让我国珍稀濒危树种得以保护和延续，也可使我国苗木品种更加多样化，使各种优异资源得以充分利用，并为新品种苗木的研发提供源源不断的相关信息材料，为我国园林建设苗木多样性和可持续发展战略奠定物质基础。

图 1　萧山区花卉苗木优良种质
资源库地理位置

1 项目概况

1.1 地理位置

萧山区花卉苗木优良种质资源库位于浙江省杭州市萧山区浦阳镇桃浦园艺场（杭金衢高速公路浦阳出口处）（图 1）。

1.2 项目背景

2007 年浙江省下发了《关于加快花卉苗木产业发展的实施意见》，提出要加强源头创新，加强野生和特色花卉苗木种质资源的调查、收集和保存工作，建立种质资源库，大力培育具有自主知识产权的花卉苗木品种。萧山区花卉苗木优良种质资源库建设项目是萧山区 2009 年立项的三大农业项目之一，对农业科技开发和生态园林建设具有重大意义。优良种质资源库的建设可进一步丰富浙江省花卉苗木品种，提高产品质量，提升产业竞争力，推动浙江省花卉苗木产业协调、健康及可持续发展。

1.3 建设思路

以科学发展观为指导，以科技为动力，以市场为导向，以效益为中心，借鉴国内外进行植物种质资源研究的方法，积极与国内知名农林院校、研究所开展合作，利用现代生物技术和农业技术进行花卉苗木种质资源建设。进一步丰富浙江花卉苗木品种，提高产品质量，提升产业竞争力，推动浙江省花卉苗木产业协调、健康及可持续发展，为开展花卉苗木科研保护和开发利用提供一个高科技的共享平台。

1.4 预期目标

通过项目建设，拟收集 500 种以上花卉苗木种质资源；推荐优良种质资源品种 30 种以上；营建示范基地 50 亩；建立种质资源信息网络查询系统。

2 项目建设内容与方法

2.1 引种

2.1.1 野外引种

通过资料信息收集，了解浙江省植物群落分布，结合引种需要，确定引种区域，组织人员进山采种。

2.1.2 科研单位引种

国内农林院校及研究所具有较高的科研技术水平，通过与它们合作，引进新品种，对企业产品质量和层次的提升帮助很大。

2.1.3 企业引种

积极参加苗木展销会，与企业单位进行交流沟通，在了解最新苗木信息的同时，可利用此平台将本单位的新优产品推广出去，以达到建立种质资源库的最终目的。

2.2 种苗处理

2.2.1 低温层积处理

种子的保存至关重要，种子萌发是多种因素作用下的结果，除了本身内在条件外，尚需有适当的外部环境条件。低温层积是最实用、效果最好，且相对较为经济的一种贮藏方法，多数种子适宜温度为 0℃-5℃。种子采收后需根据具体情况进行晾干处理，沙子湿度 60% 适宜。层积的种子要定期检查及补充水分，种子露白后适时播种。

2.2.2 植株移栽

野外采种过程中，部分野生苗木需要进行植株移植，在保护原有野生资源的基础上，选取健壮小株幼苗移植。移栽过程中，温度较高或较低，易造成苗木损伤影响成活率。起苗时应据树势强弱修剪叶片，以尽量减少水分蒸发。温度较高时对于裸根植株需要进行保湿处理；而较低时则需要用稻草或麻袋包扎保温，以确保成活率。

2.3 苗木适应性观察

对引种植物进行物候生长规律及适应性观察记录，并对部分植物实施了播种、扦插等试验，为后期优质苗木品种筛选提供实践基础。

2.4 信息整理与数据库建设

将收集后的种质资源，根据品种基本信息（包括中文名、拉丁名、别称、科、属、原产地、种质来源、引种时间、引种途径、栽植位置和资源数量等）、形态特征、图片信息、生长习性、繁殖与栽培、园林用途等 6 个方面进行每个品种信息的归整，可为后期数据库的建设提供有效的信息基础。

3 项目建设成果

自项目实施以来，已建成种质资源库面积 50 多亩，共收集苗木品种：105 科 286 个属 554 种，其中乔木 42 科，173 种；灌木 51 科，223 种；草本 31 科，115 种；藤本 14 科，27 种；竹类 1 科，10 种；蕨类 3 科，3 种。且收集到 2 种国家 I 级重点保护野生植物，18 种国家 II 级重点保护野生植物（表 1）。

收集的国家级重点保护野生植物名录　　　　　　　　　　　　　　　表 1

种　名	科　名	生活型
银杏▲▲ *Ginkgo biloba*	银杏科	落叶大乔木
水杉▲▲ *Metasequoia glyptrobides*	杉科	落叶乔木
金钱松▲ *Pseudolarix amabilis*	松科	落叶乔木
福建柏▲ *Fokienia hodginsii*	柏科	常绿乔木
榧树▲ *Torreya grandis*	红豆杉科	常绿乔木
观光木▲ *Tsoongiodendron odorum*	木兰科	常绿乔木
峨眉含笑▲ *Michelia wilsonii*	木兰科	常绿乔木
乐东拟单性木兰▲ *Parakmeria lotungensis*	木兰科	常绿乔木
云南拟单性木兰▲ *Parakmeria yunnanensis*	木兰科	常绿乔木
夏腊梅▲ *Sinocalycanthus chinensis*	蜡梅科	落叶灌木

种　名	科　名	生活型
闽楠▲ *Phoebe bournei*	樟科	常绿大乔木
浙江楠▲ *Phoebe chekiangensis*	樟科	常绿大乔木
普陀樟▲ *Cinnamomum japonicum* var. *chinii*	樟科	常绿乔木
樟树（香樟）▲ *Cinnamomum camphora*	樟科	常绿大乔木
榉树 *Zelkova serrata*	榆科	落叶乔木
薄壳香油茶▲ *Camllia grijsii Hamce*	山茶科	常绿小灌木
秤锤树▲ *Sinojackia xylocarpa*	安息香科	落叶灌木或小乔木
花榈木 *Ormosia henryi*	豆科	常绿乔木
喜树▲ *Camptotheca acuminata*	珙桐科	落叶乔木
毛红椿▲ *Toona ciliata* var. *pubescens*	楝科	落叶乔木

注：▲▲国家Ⅰ级重点保护野生植物；▲国家Ⅱ级重点保护野生植物

3.1　功能区块划分

3.1.1　资源保存区

该区为种质资源保存核心区，保存的种质资源达到554种，其中，珍稀植物20种。种质资源库的建立为苗木新品种自主创新提供平台，是本园中最重要的科研基地，通过与农林院校及研究院所的合作，开展对花卉苗木新品种的研发与培育，选育新品种并推广示范。

3.1.2　资源展示区

该区为观光型设计展示区，是专业人士与业余爱好者的重要观赏与学习基地。本区对部分珍稀濒危和具有较高观赏价值的树种进行一定数量的集中种植与管理，达到观赏和示范科普作用。

3.1.3　育种试验区

该区主要是以试验为基础，繁育各类植物苗木和种子，观察其生长特性，选育观赏价值高、适应性强的优良品种进行推广应用，同时为满足社会各方面对不同植物品种的需求，开展育苗技术等方面的研究，为花卉苗木未来的产业化生产提供技术支撑。

3.2　重点优良植物种质资源推荐

通过对引种植物的适应性观察、播种及扦插试验，初步筛选出35种观赏价值高、适用于栽培及园林应用的优良品种（表2）。

重点推荐优良植物种质资源名录　　　　表2

种　名	科　名	生活型	观赏特性与用途
披针叶苗香 *Illicium lanceolatum*	木兰科	常绿灌木或小乔木	树形优美，叶厚翠绿，花红色；观形、叶、花；园景、矿区绿化
观光木 *Tsoongiodendron odorum*	木兰科	常绿乔木	花淡紫红色，芳香，果实独特；观花、果；庭园树、行道树
新含笑 *Michelia* 'Xinhanxiao'	木兰科	常绿乔木	花白色且大，香味浓郁；孤植、群植、行道树
星花玉兰 *Magnolia stellata*	木兰科	常绿小乔木或灌木	花直立，白色至紫红色，芳香；观花；庭园树
亮叶蜡梅 *Chimonanthus nitens*	蜡梅科	常绿灌木	枝叶繁茂，花淡黄色；观叶、花；庭园树
闽楠 *Phoebe bournei*	樟科	常绿大乔木	树冠整齐、枝叶茂密；观形、叶；庭园树
浙江楠 *Phoebe chekiangensis*	樟科	常绿大乔木	树干通直，叶被黄褐色绒毛，果黑色；观形、叶、果；庭园树
华东楠 *Machilus leptophylla*	樟科	常绿乔木	枝叶茂密苍翠；观叶；庭园树、行道树
刨花楠 *Machilus pauhoi*	樟科	常绿乔木	树体雄伟，嫩枝和心也粉红色或红棕色；观形、叶；庭园树、行道树
黑壳楠 *Lindera megaphylla*	樟科	常绿乔木	叶硕大美丽，花紫红色，果黑色；观叶、花、果；庭园树、行道树

种 名	科 名	生活型	观赏特性与用途
豪猪刺 *Berberis julianae*	小檗科	常绿灌木	具茎刺，花黄色，浆果蓝黑色； 观形、花、果；林缘绿化
虎皮楠 *Daphniphyllum oldhami*	交让木科	常绿小乔木	树性形整齐、枝叶浓密；观形、叶；作园景树
交让木 *Daphniphyllum macropodum*	交让木科	常绿小乔木	树形整齐、枝叶浓密；观形、叶； 庭园树、园景树
甜槠 *Castanopsis eyrei*	壳斗科	常绿乔木	花白色，果圆锥形；观花、果； 园景、工厂绿化
乌冈栎 *Quercus phillyraeoides*	壳斗科	常绿灌木或小乔木	叶革质，果长椭圆形；观叶、果； 园景、工厂绿化
细叶青冈 *Cyclobalanopsis myrsinaefolia*	壳斗科	常绿乔木	叶革质细长，果椭圆形；观叶、果；园景、工厂绿化
老鸦柿 *Diospyros rhombifolia*	柿树科	落叶小乔木	果橙黄色到深红色，有光泽；观果；山坡、林缘绿化
浙江柿 *Diospyros glaucifolia*	柿树科	落叶乔木	枝繁叶大，秋叶红似花，果黄如金；观形、叶、果；孤 植树、庭园树
秤锤树 *Sinojackia xylocarpa*	安息香科	落叶灌木或小乔木	枝叶浓密、花白色、果实秤锤形；观叶、花、果；孤植 树、园景树
疏花山梅花 *Philadelphus laxiflorus*	虎耳草科	落叶灌木	总状花序，花白色；观花； 边坡、林缘绿化
厚叶石斑木 *Rhaphiolepis umbellata*	蔷薇科	常绿灌木或乔木	株形优美、枝叶繁茂、花淡白色、果紫黑色；观形、叶、 花、果； 庭园、滨海绿化
美丽胡枝子 *Lespedeza formosa*	豆科	落叶灌木	枝叶密集，花紫红色； 观叶、花、边坡、园景绿化
浙江马鞍树 *Maackia chekiangensis*	豆科	落叶灌木	花密集，淡粉色，荚果； 观花、果；园景绿化
马棘 *Indigofera pseudotinctoria*	豆科	落叶灌木	总状花序，花紫红色，荚果； 观花、果；园景绿化
千层金 *Melaleuca bracteata*	桃金娘科	常绿乔木	树形优美，叶金黄色；观形、叶； 园景绿化、沿海造林
香港四照花 *Dendrobenthamia hongkongensis*	山茱萸科	常绿乔木	幼枝能绿色，老枝黑褐色，花淡黄色，芳香，果实红色； 观叶、花、果；街道绿化
肉花卫矛 *Euonymus carnosus*	卫矛科	半常绿灌木或小乔木	花淡黄色，果淡红色； 观花、果；庭园绿化
穗花牡荆 *Vitex agnus-castus*	马鞭草科	灌木	聚伞花序且大，花蓝紫色； 观花；花境、庭园绿化
小花雪果 *Symphoricarpos orbiculatus*	忍冬科	落叶灌木	果紫红色，小而密生； 观果；花境、庭园绿化
金红久忍冬 *Lonicera × heckrotti*	忍冬科	半常绿木质藤本	花冠外轮枚红色，内轮黄色； 观花；垂直绿化
长筒石蒜 *Lycoris longituba*	石蒜科	多年生草本	花姿优美，花白粉相间；观花； 地被绿化

种　名	科　名	生活型	观赏特性与用途
忽地笑 *Lycoris aurea*	石蒜科	多年生草本	花金黄色；观花； 花坛、花境、地被绿化
换锦花 *Lycoris sprengeri*	石蒜科	多年生草本	花淡紫红色；观花； 花境、地被绿化
乳白石蒜 *Lycoris albiflora*	石蒜科	多年生草本	花乳白色；观花； 花境、地被绿化
中国石蒜 *Lycoris chinensis*	石蒜科	多年生草本	花橙黄色；观花； 地被绿化

3.3　网络数据库

　　根据前期种质资源资料的收集与整理，建成了资源信息的网络系统，暨"萧山区花卉苗木优良种质资源库"网站（图 2），网址为 www. huamuziyuan. com，以此有利于花木资源信息的查询与共享，新品种的推广及专业知识的学习。

图 2　萧山区花卉苗木优良种质资源库网站首页

4　小结

　　种质资源是国家基础性战略资源，是生产力的基本资源，在国家林业局制定的林木种苗发展中长期规划中，种质资源保护是工作重点之一。花卉苗木优良种质资源库的建设是挖掘当地绿色优势的体现，它为实现生物多样性的有效保护做出了重要贡献，为生物资源搭建了一个新的平台。萧山区花卉苗木优良种质资源库建设经验对其他类似种质资源库建设具有重要的参考价值。而现今，花卉苗木产业仍存在着不可忽视的缺陷，如产业结构不合理，基础设施落后，科研投入不足，外向发展能力不强，企业协同发展机制不健全等。因此，在未来花卉苗木优良种质资源库的建设中，首先，应加强自主创新，要建立重要花卉苗木优良种质资源库，构建起花卉苗木新品种自主创新的平台，建立种质资源共享机制，提升新品种创新能力；其次，要重视乡土树种及特色野生植物资源培育选择，加强引种驯化培育，以此为依托繁育优质品种；

再次，要实行栽培品种多样化，选育优良品种，为苗木产业提供更为优质的苗木，同时，推行专业化种植及现代化种苗技术，实施花卉苗木集约化设施栽培，根据市场需求适当调整苗木结构；最后，要加强和科研院校、研究所和企业之间的合作，有助于提升产品质量和层次。花卉苗木产业作为 21 世纪全球最主要的新兴产业之一，只有通过政府部门、高校和企业共同努力，才能发挥出真正的潜在优势，才能实现经济、环境与人的和谐统一发展。

参考文献

[1] 浙江植物志编委会. 浙江植物志 [M]. 杭州：浙江科技出版社，1992.

[2] 骆文坚，李长涛，孔伟丽，等. 浙江苗木花卉业发展历程 [J]. 浙江林业科技，2007.27(3)：83-86.

[3] 张春竹. 浙江省花卉苗木产业化发展与对策研究 [D]. 杭州：浙江农林大学，2011.

[4] 林夏珍，陈高坤. 浙江省花卉苗木产业的 SWOT 分析及发展策略 [J]. 浙江林业科技，2008.28(3)：86-90.

[5] 李德铢，杨湘云，Hugh W. Pritchard. 种质资源保存的战略问题和面临的挑战 [J]. 植物分类与资源学报，2011.33(1)：11-18.

[6] 林照授. 雷公藤种质资源圃营建技术 [J]. 亚热带农业研究，2012.8(4)：226-230.

[7] 卢新雄. 植物种质资源库的设计与建设要求 [J]. 植物学通报，2006.23(1)：119-125.

[8] 孙体如，李荣锦，李晓储. 江苏林木种质资源保存与利用初步研究 [J]. 林业科技管理，2004 (4)：20-22, 30.

[9] 代色平，朱纯，叶振华等. 浅谈广东园林植物种质资源圃建立的必要性 [J]. 园林科技，2006(3)：41-43.

[10] 李国华. 植物种质资源圃规划建设的理论和方法 [J]. 热带农业科技，2006(4)：28-33.

作者简介

[1] 吴君，1988 年 2 月生，女，汉，浙江上虞，硕士研究生，杭州萧山园林集团有限公司，从主要从事观赏植物资源应用研究，电子邮箱：wujun2456@126.com。

[2] 吴冬，1984 年 12 月生，男，汉，浙江萧山，硕士研究生，杭州萧山园林集团有限公司，工程师，副总经理，主要从事城市园林植物资源与生态研究，电子邮箱：wd1984.com@163.com。

多样性植物景观在杭州市城北体育公园中的应用探析

Diversity of Plant Landscape in the Application of HangZhou Chengbei Sports Park

吴丹丹　周浙东

摘　要：以杭州市城北体育公园绿化景观设计实施为例，探析体育公园中密林林地、疏林林地、水岸湿地、树阵花带、稀树草地等五种主要植物景观在不同功能绿地中的应用，从中总结不同类型的植物群落结构模式；并结合实践分析体育公园植物景观的特色与创新，总结大树移植与植物群落林冠线构建相互关系中的技术要点与工程性措施，探析多种类型花境以及多种生态保健型植物群落在体育公园中的应用。

关键词：体育公园；多样性；植物群落；大树移植；花境

Abstract：To hangzhou chengbei sports park landscape design is carried out as an example, Analysis sports park in the forest, open forest, compose flowers grassland, wetlands, tree array, five major application in the function of different green space plant landscape, it summarizes the different types of plant community structure pattern, And combined with practical analysis of the characteristic and innovation of sports park plant landscape, summing up the tree transplant and the vegetation canopy line build relationship of the main technical points and physical measures, analysis of various types of flower border, and a variety of ecological health plant community in the application of sports park.

Key words：Sports Park；Diversity；Phytocoenosium；The Tree Transplant；Flower Border

体育公园是以运动为主题，并有机结合绿色景观，能为人们提供回归自然、空气新鲜且有足够活动场所和运动设施的开放空间绿地，它不仅改善城市生态环境，同时满足市民参与运动，增强体质与健康生活的追求。

1　项目背景

杭州市城北体育公园位于浙江省杭州市下城区上塘河以东，白石路以西，南侧以沿塘河及绍兴路为界，北侧以规划重工路为界，公园总占地面积 44.78hm²，已实施建成区块为一期、二期区块。其中一期设计占地面积 18.5 hm²，主要包括东入口景观区、滨水草地区、滨水广场区、竹林幽静区、山地休闲区、河畔景观区；二期设计占地面积 5.5 hm²，主要为竞技运动区。（图 1）

2　总体设计原则

总体植物景观设计遵循"以人为本，多样统一"的原则，通过不同植物品种乔、灌、花、藤、草的立体植物群落，运用植物的色、香、姿、韵等观赏特性进行合理配置，营造不同区块多样性的植物景观空间。

园区树种选择上遵循适地适树的原则，从场地立地条件出发，主要选取抗性强、易养护的乡土树种，适当引入近年来苗圃培育长势良好且适合杭州地区栽种的乔灌新优植物品种。一期、二期用地共应用植物品种 233 种，栽植乔木约 43000 多株，基调树种为香樟［*Cinnamomun Camphora*（L.）Presl］、桂花（*Osmanthus fragrans*）、银杏（*Ginkgo biloba* L）；骨干树种为广玉兰（*Magnolia*

图 1　一、二期建成区块用地图

grandiflora Linn.）、乐昌含笑（*Michelia chapensis*）、珊瑚朴（*Celtis julianae*）、无患子（*Sapindus mukorossi* Gaeytn.）、黄山栾树（*Koelreuteria integrifolia* Merr.）；

区域特色树种为胡柚（*Citrus Paradisi*）、榔榆（*Ulmus parvifolia* Jacq）、合欢（*Albizzia julibrissin* Durazz）。

3 植物景观布局

城北体育公园绿化景观在总体功能布局及地形设计的基础上，通过水系的组织、园路的穿插引导，以游线带动节点的模式营造多种空间类型的植物景观。主要的植物景观类型有密林林地景观、疏林林地景观、水岸湿地景观、树阵花带景观、稀树草地景观五种类型。

3.1 密林林地景观

设计思路：密林林地主要以背景林及观赏林地的形式应用于绿地中，往往给人一种安定和谐、连续稳定的视觉感受，林地郁闭度在80%左右。在体育公园与城市道路的边界过渡绿地以及不同功能活动区的隔离绿地营造密林林地景观，通过组建乔灌草、乔草等多样结构的植物群落，满足多种景观视线的需求与开合空间的变化。

营造方式：以长势良好的乡土树种为主，选用2—3种高大乔木为骨架，种植方式强调自然，通过片植、群植的方式形成纯林、混交林景观。纯林景观主要是竞技运动区北侧沿湖水杉林、竹林幽静区刚竹林、临白石路绿带的银杏林及其西侧小广场胡柚林。混交林景观主要应用于滨水广场区及竞技运动区块绿地，以常绿落叶阔叶混交林为主，以香樟［*Cinnamomun Camphora*（L.）Presl］、广玉兰（*Magnolia grandiflora* Linn.）、银杏（*Ginkgo biloba* L）、桂花（*Osmanthus fragrans* Lour）、榉树［*Zelkova serrata*（Thunb.）Makino.］、沙朴（*Celtis sinensis* Persoon.）作为建群树种，通过不同植物品种的搭配形成多种观赏型植物群落景观，主要包括芳香型、色叶型与观果型。

3.1.1 芳香型植物群落模式（代表性）：

（1）香樟＋广玉兰＋白玉兰＋樱花——茶梅＋栀子——红花酢浆草

（2）香樟＋乐昌含笑＋珊瑚朴＋桂花——八角金盘＋春鹃——书带草

3.1.2 色叶型植物群落模式（代表性）：

（1）银杏＋黄山栾树＋桂花＋鸡爪槭——大花六道木＋南天竹——萱草＋书带草

（2）榉树＋榔榆＋桂花＋花石榴＋红枫——金山绣线菊＋红花继木＋夏鹃——花叶蔓长春

3.1.3 观果型植物群落模式（代表性）：

（1）胡柚——金森女贞＋红叶石楠＋春鹃——书带草

（2）沙朴＋香泡＋桂花——洒金珊瑚＋南天竹——中华常春藤＋大吴风草（图2—图4）

3.2 疏林林地景观

设计思路：疏林林地主要给市民提供一处可庇荫纳

图2　竹林景观

图3　植物群落景观一

图4　植物群落景观二

凉的绿地空间，以乔灌、乔草的群落结构为主，林地郁闭度在50%左右。主要应用于体育公园主园路及竞技运动区健身跑道两侧绿地，与密林林地景观相互渗透，形成大小空间聚散开合，内外空间相互联系的绿地空间，同时形成绿色自然的林荫步道景观。

营造方式：选取色叶、观花型高大乔木，主要以无患子（*Sapindus mukorossi* Gaeytn.）、黄山栾树（*Koelreuteria integrifolia* Merr.）、榉树［*Zelkova serrata*（Thunb.）Makino.］等伞冠乔木为构建树种，通过丛植、散植的方式自然分隔绿地，营造开敞及半开敞两种空间类型变化的疏林林地景观。开敞式空间为林荫覆盖的可进入式草地空间，半开敞空间为不可进入式的林荫空间，林下片植萱草（*Hemerocallis fulva*）、书带草（*Ophio-pogon japonicus*）、红花酢浆草（*Oxalis corymbosa*）、兰花三七（*Liriope cymbidiomorpha*（ined））等耐荫宿根观花草本地被植物，保证视线通透。（图5）

图5　竞技运动区疏林跑道景观

3.3　水岸湿地景观

设计思路：城北体育公园主湖生态岛及小水系的绿化景观是整个主湖植物景观的亮点，水岛交织，水系蜿蜒的布局使得水岸景观自然交错，立体生态。通过湖面、水岸不同的水位条件，选择不同花期、不同形态的湿生及水生植物品种科学合理的配植，营造花期次第，层次丰富的湿地植物景观。

营造方式：主湖生态岛绿化设计注重高低错落的林冠线变化及层次丰富的岸线植物景观，栽植木芙蓉、睡莲作为点题植物，突出"芙蓉岛"秋季特色植物季相。在堤岛地形起伏最高处以两组大小不同的香樟树丛构成整个绿岛的主骨架，背景片植水杉（*Metasequoia glyptostroboides*）、落羽杉［*Taxodium distichum*（L.）Rich.］丰富纵向林冠线，前景配植无患子（*Sapindus mukorossi* Gaeytn.）、桂花（*Osmanthus fragrans* Lour）、鸡爪槭（*Acer palmatum* Thunb）丰富秋季季相，南北两侧丛植垂柳（*Salix babylonica*）、木芙蓉（*Hibiscus mutabilis*）、沿湖林缘片植鸢尾（*Iris tectorum*）、花叶美人蕉（*Cannaceae generalis* L. H. Baiileg cv. *Striatus*）、蜘蛛兰（*Hymenocallis americana*）等耐湿草本花卉，水际线处片植花叶芦竹（*Arundo donax* var. *versicolor*）、再力花（*Thalia dealbata*）、海寿花（*Pontederia cordata*）等挺水植物，近水面处栽植睡莲；通过堤岛至水面一系列的植物配置，从而形成渐次高低、疏密有致、自然清新的湿地植物景观。

体育公园小水系植物景观主要指南北向蜿蜒水系景观，展现自然幽野、朗润清新的风格，沿岸突出耐湿乔木及湿生草本植物的季相变化，水面控制性栽植睡莲（*Nymphaea alba*）、荇菜［*Nymphoides peltatum*（Gmel.）O. Kuntz］等浮叶植物，结合园桥节点处的耐湿乔木朴树、禾本类植物斑茅、蒲苇的点缀以及黄馨、迎春等垂挂类花灌木的配植，形成水系、园路视线交汇的景观点，从而丰富水岸空间层次景观。（图6、图7）

图6　主湖生态岛

图7　小水系景观

3.4　树阵花带景观

设计思路：树阵花带以规整式的种植方式，展现简洁、疏朗、大气的植物景观，设计主要应用于公园白石路东入口广场绿地，入口空间人流集中，交流互动密集，树阵结合林下花带的形式，既满足近赏需求，又保证林荫视线通透，空间开阔，市民的心理安全系数较高。

营造方式：东入口广场树阵景观结合场地布局，在树种选择及树阵落位上分析推敲，整个入口广场空间由三个大型场馆建筑"品"字型布局围合形成，主体建筑游泳馆正对广场，入口阶梯式建筑对整个广场空间具有控制性影响，三个场馆均为弧顶平展式建筑，综合考虑以上因素，在广场围合空间的绿化营建中，中央水池树阵选用银杏大苗形成纵向垂直空间，强化游泳馆主轴线视觉通道景观；两侧主园路选用香樟大苗形成稳定规整的序列，整个广场横向空间形成内高外低的林冠线变化，打破场馆建筑单调的弧顶天际线，并通过林下条带式片植茶梅（*Camellia sasanqua*）、金森女贞（*Ligustrum japonicum* 'Howardii'）、春鹃（*Rhododendron simsii* & *R.* spp.）等花灌木，丰富广场空间的植物层次与季相变化。（图8）

3.5　稀树草地景观

设计思路：稀树草地可为市民提供近赏远观、驻足休憩的活动空间，以乔草的群落结构为主，林地郁闭度在20%左右。主要应用于体育公园主湖滨水草坪及竞技运动区路侧开阔绿地。

营造方式：主要选取树姿优美、花叶俱佳的特色乔木桂花（*Osmanthus fragrans* Lour）、黄山栾树（*Koelreu-*

图 8 入口广场树阵花带景观

teria integrifolia Merr.）、合欢（*Albizzia julibrissin Durazz*）等在滨水及路侧开敞草地通过孤植、散植分隔绿地，并结合周边林缘立体的植被层次，丰富草地林缘线的进退变化及空间层次。体育公园中主湖滨水草地是东入口游泳馆主要视线景观面，在平面空间构成方式上为 U 型草地空间，通过水岸垂柳（*Salix babylonica*）、碧桃（*Prunus persica* Batsch. var. *duplex* Rehd）的丛植及临水斜坡宿根观花地被及水生植物的分层栽植，形成一处向主湖开敞、自然简洁的滨水草地空间。竞技运动区路侧草地景观以 3—5 株大桂花为主景，结合草地主题雕塑及色叶观花小乔木的穿插点缀，营造一处主题鲜明、活泼自然的休憩活动草坪空间。（图 9）

图 9 竞技运动区稀树草地景观

4 创新与特色

4.1 大树移植与林冠线的构建

城北体育公园共应用特色乔木树种 18 种，主要为香樟、广玉兰、桂花、银杏、白玉兰、榔榆、胡柚、榉树、沙朴、无患子、鸡爪槭等，共栽植胸径 20 公分及冠幅 3 米以上乔木 984 株，其中 143 株移自善贤路改造道路及武林广场地铁修建地块的绿地大苗，这些冠形完整的成型大乔木设计在体育公园的重要节点绿地，结合地形毗邻高点间的主从关系及坡顶坡底的高差关系，从乔木的冠

形、树姿、高度上考虑，选取 2—3 种搭配协调的移植大苗形成骨架树丛，再分层组建整体植物群落，保证绿地林冠线浑厚饱满，起伏变化。为保证每组骨架树丛发挥最大的景观效果，从前期对每株移植大树实地勘查标号，再到图纸中的具体树种定点以及种植点标高的初步定位，最后在施工中根据现场再进行树种朝向的调整落位（图 10）。

滨水区大树定位平面图（含武林广场移植苗）

说明：1. 图中所标明的为武林广场现场确认编号乔木。
　　　2. 图中总平面图竖向标高与园施总图一致，方格网为 10m×10m
　　　3. 图中移植乔木析定点标高为乔木栽植后树基处的覆土标高，具体栽植中应考虑种植土沉降系数。

图 10 移植大树局部定位图

为保证移植大树的成活率，在现场针对每株移植大树底部铺设 2 根管径 100 渗透管，将渗透管用管径 110 UPVC 排水管相连，再根据现场移植大树树群组团位置用管径 160 UPVC 排水管就近排入湖中。

4.1.1 春夏型树丛组合模式（图 11、图 12）

（1）广玉兰＋白玉兰＋桂花；
（2）广玉兰＋香樟＋乐昌含笑。

图 11 施工中的大树树丛（银杏、桂花）

图 12 施工中的大树树丛（榉树、沙朴、香樟）

图 13 路缘叠石花境

4.1.2 夏秋型树丛组合模式

（1）银杏＋桂花＋鸡爪槭；

（2）香樟＋榉树＋沙朴；

（3）榔榆＋无患子。

4.2 多类型花境的应用

在城北体育公园的入口广场、节点绿地中应用多组不同类型的花境，通过自然式的花境群落营造，将多种新优地被植物品种应用于花境中，为整个公园的绿化景观增添色彩，更赋于绿地活泼、自然、清新的美感。体育公园中花境形式主要分为路缘叠石花境、林缘花境、草地花境三种类型。

4.2.1 路缘叠石花境

主要应用于东入口主体建筑游泳馆的南侧通道绿地林缘，该绿地制高点与主路高差约 2.8 米，坡脚通过双层自然叠石与主路衔接，并与北侧场馆基础绿地边坡形成夹道空间，通过叠石灌草混合花境的布置，引导郁闭的通道空间向主湖开敞空间的景观视线转换与自然过渡，花境的主要材料为花灌木云南黄馨（*Jasminum mesnyi* Hance）、春鹃（*Rhododendronsimsii* & *R.* spp. ）、金边胡颓子（*Elaeagnus pungens* var. *varlegata* Rehd.）等，耐荫草本地被植物一叶兰（*Aspidistra elatior* Blume）、玉簪（*Hosta plantaginea* Aschers）、朱顶红（*Hippeastrum rutilum*）等，结合坡地背景银杏桂花林及转角孤植大树鸡爪槭的层次组景，形成一处自然清新、色彩活泼的路缘植物景观。（图 13）

4.2.2 林缘花境

主要应用于临湖草坪空间背景林缘及主园路转角绿地林缘，以花灌木及色叶观花小乔木为背景，以混合花境的形式，通过多种观花色地被植物的斑块状组景，以及观赏草植物的穿插点缀，展现层次分明、色彩多样的林缘植物景观。

主要应用的新优地被植物品种：花叶锦带、欧洲荚蒾、地中海荚蒾、水果蓝、矮紫薇、金山绣线菊、金焰绣线菊、金叶连翘、金雀花、金边胡颓子等。

主要应用新优草本植物品种：紫叶美人蕉、美丽月见

草、八宝景天、火星花、常夏石竹、佛甲草、蜘蛛兰、紫叶酢浆草、金边菖蒲、花叶玉簪等。

主要应用观赏草植物品种：斑叶芒、细叶芒、蒲苇、金叶苔草、银边草等（图 14、图 15）

图 14 林缘花境

图 15 转角花境

4.2.3 草地花境

主要应用于路缘开敞绿地草坪中，结合体育公园运动主题雕塑，以自然飘带形式布置草本时花花境，通过不同季节不同花期草花品种的更换，营造色彩鲜艳、生动活泼的以展示体育运动为主题的绿地景观，此类时花花境因养护投入较高，因此仅在主园路路侧绿地中少量应用。

主要应用花卉品种：白晶菊、黄晶菊、雏菊、郁金

多样性植物景观在杭州市城北体育公园中的应用探析

香、虞美人、三色堇、夏堇、醉蝶花、天人菊、天竺葵、地被石竹、孔雀草等。（图16）

图16　草地雕塑花境

4.3　生态保健型植物群落的应用

为突出体育公园的特色，设计在竞技活动及休闲健身活动绿地选择生态保健型树种，达到体育公园生态健身的最终目的，丰富绿地的植物多样性。在绿地中通过特色树种有目的性地构建体疗保健型、嗅觉保健型、听觉保健型等多种生态植物群落，充分发挥体育公园绿地养生保健的功能，达到绿色生态健身的目的。

4.3.1　体疗保健型植物群落

主要应用于体育公园老年活动区及竞技运动区绿地，植物侧重选用能产生特有的芬多精，起到杀菌和药理作用，在体疗保健类植物环绕的氛围中进行体育锻炼，就可以起到很好的安神健身和保健强身功能。

主要设计体疗保健类植物：银杏、雪松、金钱松、珊瑚树、香樟、女贞、枫香、三角枫、臭椿等。

主要植物群落结构模式

银杏＋香樟＋三角枫＋红枫——洒金珊瑚＋夏鹃——常绿萱草＋兰花三七

雪松＋垂丝海棠——湖北十大功劳＋春鹃——书带草＋石蒜

金钱松＋桂花＋鸡爪槭——红花茶梅＋八角金盘——小叶扶芳藤＋吉祥草

4.3.2　嗅觉保健型植物群落

主要应用于体育公园青少年、儿童活动区绿地，植物侧重选择有益于身心的香花类乔木及宿根草本植物。通过不同植物的香气挥发，在运动游乐中起到清心爽脑、健身康体的作用，达到医疗保健中香味疗法的功效。

主要设计嗅觉保健类植物：广玉兰、木荷、厚皮香、乐昌含笑、深山含笑、玉兰、桂花、茶梅、栀子、木绣球、樱花等。

主要植物群落结构模式

广玉兰＋白玉兰＋樱花——红花茶梅＋春鹃＋迎春——红花酢浆草

香樟＋乐昌含笑＋桂花——木绣球＋南天竹＋栀子——书带草

4.3.3　听觉保健型植物群落

主要应用于体育公园竹林区及主湖湿地植物区，植

物侧重选择叶片经大自然风雨撞击后能发出优美声响的树种，这些自然的植物声响具有镇静解热、缓解压力的医疗功效，并且通过人的听觉直达人的内心深处，使人在心理上获得美感和满足。

主要设计听觉保健类植物：黄金间碧竹、花孝顺竹、早园竹、凤尾竹、芭蕉、睡莲、再力花、美人蕉、蜘蛛兰等。

5　项目思考与小结

城北体育公园植物景观实施营建过程中，由于现场存在较多可变因素，从设计至实践存在一些最终无法落位之处，任何项目的到位完工，都需要设计师在项目实施过程中与各方的沟通、协调直至最终的意见整合，这些看似烦琐的工作却是非常必要。植物景观是活的艺术，从总体至细部的植物空间把控，乃至一株乔木的定点落位，都是需要经过后期实施中的斟酌，它不仅仅局限于最初图纸上的圈定，更重要的是实施过程中对于局部合理必要的调整，这些都立足于从场地自身出发，需要设计师从全面了解场地开始，结合最初的设计构想进行思考、比对与总结，从设计到实践再回到设计，这是一个提升磨砺的过程。

城北体育公园实施地块项目的绿化景观已初显成效，但是由于当时施工工期较紧以及局部地块拆迁滞后等诸多因素，使得整体绿地植物景观并不完整，另拆迁房临时通道及管道的敷设，使局部绿地种植土层较薄难以达到设计最初效果，对整体植物景观有所影响，但是也给今后绿化景观的完善给予极大的提升空间。

建成后的城北体育公园成为城北组团的绿心，满足市民体育活动、公园游憩及城市生态等方面的需求，同时承担着绿地碳汇的生态功能。植物景观需要时间的沉淀和今后不断地完善成熟，才能满足市民日益提升的艺术审美需求，相信在今后总体建成的城北体育公园将更大放异彩。

参考文献

[1] 夏宜平. 园林花境景观设计[M]. 北京：化学工业出版社，2009.

[2] 胡洁，吴宜夏，张艳. 北京奥林匹克森林公园种植规划设计[J] 中国园林，2006(6)：25-31.

[3] 吴佳，杨婷. 保健植物在老年公园绿化中的应用[J] 中国园艺文摘，2011(1)：90.

[4] 章四庆. 宋李玲. 杭州西湖三台山景区植物景观组合空间分析[J] 中国园林，2013(3)：90-95.

[5] 2010上海世博会主体项目——世博公园植物景观设计与营造[J] 人文园林，2012(8)：18-33.

作者简介

[1] 吴丹丹，女，1982年生，浙江台州人，浙江省城乡规划设计研究院工程师，主要从事园林植物规划与设计，电子邮箱：22835236@qq.com

[2] 周浙东，男，1981年生，浙江舟山，浙江省城乡规划设计研究院工程师，主要从事园林景观规划与设计。

福州市常用乔木绿化树种秋季滞尘能力研究

Study on Dust Retention Ability of Autumn Greening Tree Species in Fuzhou City

闫淑君　雷少飞　秦一芳

摘　要：通过对福州市 9 种常用乔木绿化树种秋季滞尘能力进行研究，结果表明，不同乔木的滞尘能力差异较大，乔木滞尘能力排序为：龙柏＞苏铁＞桂花＞刺桐＞榕树＞垂叶榕＞木棉＞盆架木＞垂柳。不同植物类型滞尘能力排序为：常绿针叶乔木＞常绿阔叶乔木＞落叶阔叶乔木。乔木滞尘量随时间变化而增大。乔木滞尘能力除受树形、枝叶生长方向、叶片大小、粗糙程度等树种特性影响外，还受乔木所处位置的车流量、人流量、空气质量等外界环境因子影响。研究为将来福州市选用滞尘能力强的园林绿化乔木提供科学依据，对改善城市生态环境质量具有重要意义。

关键词：滞尘能力；乔木；绿化树种；福州

Abstract：Through to the study on dust retention ability of 9 kinds of autumn Greening tree species in Fuzhou City, the results showed that, different trees have the different dust retention ability, the dust retention ability of trees sort to: *Sabina chinensis* 'Kaizuca' ＞ *Cycas evoluta* ＞ *Osmanthus fragrans* ＞ *Erythrina indica* ＞ *Ficus microcarpa* ＞ *Ficus benjamina* ＞ *Bombax malabaricum* ＞ *Alstonia scholaris* ＞ *Salix babylonica*. The dust retention ability of different plant types sort to: evergreen coniferous tree ＞ evergreen broadleaved tree ＞ deciduous broad-leaved trees. Trees dust quantity increasing with time change. Except for trees dust retention ability is affected by tree, branches and leaf growth direction, leaf size, Rough degree characteristics of trees, also by trees location vehicle flow, people flow, air quality and other environmental factors. The research for the future Fuzhou city landscaping use better dust detention tree provides scientific basis, to improve the city's ecological environment quality has important significance.

Key words：Dust Retention Ability; Tree; Greening Rree Species; Fuzhou

伴随着我国城市化进程的加快和现代工业的大发展，城市污染也越来越严重，导致城市环境恶化，空气污染加重。城市空气中的主要污染物是粉尘，粉尘中除含有重金属外，还含有致癌物质和细菌病毒等，对人体健康造成极大的威胁[1]。园林植物可以吸附空气中的粉尘，吸收污染物，达到净化空气，改善人们生活环境质量的作用。园林植物的滞尘能力是指一定时期植物单位叶面积上的灰尘滞留量[2]。随着社会的发展，人们对居住环境的空气质量要求也越来越高，研究园林植物的滞尘能力，为人们生活环境的园林绿化提供滞尘能力强的植物极为必要。

目前，针对福州绿化植物滞尘方面的研究还较少，潘瑞等[3]对福州市江滨西大道 10 种观赏竹在不同时间、不同高度、不同方向的滞尘能力进行了研究。戴锋等[4]对福建师范大学旗山校区内常见绿化植物的滞尘效应也进行了研究。福州绿化植物滞尘能力的研究局限于部分位置，研究的植物种类也较少，缺乏对福州多种植物不同位置的系统研究，还没有开展对福州不同植物类型乔木滞尘能力的专门研究。本文研究了福州市 9 种常用乔木的滞尘能力，分析不同植物类型和不同位置对乔木滞尘能力的影响，以及不同时间乔木滞尘能力的变化，分析了影响植物滞尘能力差异的原因，对福州市 9 种乔木秋季滞尘能力进行了研究。研究为以后福州市绿化乔木的选择、配置、养护管理等提供科学依据，并为亚热带其他城市的园林绿化提供参考。

1　研究地概况

福州市是福建省的省会城市，位于福建省东部沿海，闽江下游，与台湾省隔海相望，介于北纬 25°15′—26°39′，东经 118°08′—120°31′之间，属于典型的亚热带季风气候，气温适宜，温暖湿润，四季常青，雨量充沛，主导风向为东北风，夏季以偏南风为主，年平均气温为 16－20℃，年平均相对湿度约 77％，年平均降水量为 1348.8mm。每年 3－5 月份，是福州市的春雨期和梅雨期，这时候的福州市湿度大，雨水多，秋季和冬季，日照充足，湿度减小，雨量较少。

福州市园林绿化植物品种丰富，园林中常用的乔木有：榕树（*Ficus microcarpa*）、羊蹄甲（*Bauhinia purpurea*）、盆架木（*Alstonia scholaris*）、刺桐（*Erythrina variegata*）、木棉（*Bombax malabaricum*）、龙柏（*Sabina chinensis* 'Kaizuca'）、苏铁（*Cycas revoluta*）、桂花（*Osmanthus fragrans*）、垂叶榕（*Ficus benjamina*）、垂柳（*Salix babylonica*）等。灌木有：灰莉（*Fagraea ceilanica*）、夹竹桃（*Nerium indicum*）、三角梅（*Bougainvillea spectabilis*）、云南黄馨（*Jasminum mesnyi*）、马缨丹（*Lantana camara*）、含笑（*Michelia figo*）、毛杜鹃（*Rhododendron pulchrum*）、琴叶珊瑚（*Jatropha pandurifolia*）、黄婵（*Allamanda schottii*）、山茶（*Camellia* japonica）等。草本有：蟛蜞菊（*Wedelia chinensis*）、翠芦莉（*Ruellia brittoniana*）、假俭草（*Eremochloa ophiuroides*）、沿阶草（*Ophiopogon bodinieri*）、蜘蛛兰（*Hymenocallis americana*）、花叶艳山姜（*Alpinia zerumbet* 'Variegata'）、鸢尾（*Iris tectorum*）、春羽（*Philodendron selloum*）、紫竹梅（*Setcreasea purpurea*）、马尼拉草（*Zoysia matrella*）等。

2 研究材料与方法

2.1 研究材料

实验在闽江大道、福建农林大学、榕城广场三个不同位置同时选取 9 种福州市常用园林绿化乔木，选取的乔木包括 2 种常绿针叶乔木、4 种常绿阔叶乔木、3 种落叶阔叶乔木。选取的常绿针叶乔木是龙柏（*Sabina chinensis* 'Kaizuca'）、苏铁（*Cycas revoluta*），常绿阔叶乔木是桂花（*Osmanthus fragrans*）、榕树（*Ficus microcarpa*）、垂叶榕（*Ficus benjamina*）、盆架木（*Alstonia scholaris*），落叶阔叶乔木是刺桐（*Erythrina variegata*）、木棉（*Bombax malabaricum*）、垂柳（*Salix babylonica*）。

2.2 研究方法

一般认为，降雨量超过 15mm 时，就可以冲掉植物叶片的降尘，然后开始重新滞尘。根据福州市的降雨特点，于秋季雨后一周（10 月 3 日），二周（10 月 10 日），三周（10 月 17 日），在福建农林大学、闽江大道、榕城广场采集不同园林绿化乔木的叶片样品。叶片样品从树冠四周

及上、中、下各部位多点采样，将叶样封存于塑料袋中，带回实验室。在实验室，将样品用蒸馏水浸泡 2h，浸洗下叶片上的附着物，用镊子将叶片小心夹出，浸洗液用已烘干称重（w_1）的滤纸进行过滤，将滤纸于 60℃ 下烘 24h，再以万分之一天平称重（w_2）。两次重量之差，即采集样品上所附着的降尘颗粒物重量。夹出的叶片晾干后，用 CI-202 叶面积测定仪测叶面积（A）。（w_2-w_1）/A 即滞尘树种的滞尘能力（$g \cdot m^{-2}$）[5]。

2.3 数据处理

数据采用 Microsoft Excel 2003 和 SPSS17.0 进行分析处理。

3 结果与分析

3.1 闽江大道乔木滞尘能力分析

由表 1 可知，闽江大道常绿针叶乔木平均滞尘能力为 1.0836g·m⁻²，龙柏滞尘能力为 1.2477g·m⁻²，苏铁为 0.9195g·m⁻²，龙柏滞尘能力大于苏铁。常绿阔叶乔木平均滞尘能力为 0.6140g·m⁻²，滞尘能力排序为桂花＞垂叶榕＞榕树＞盆架木，垂叶榕滞尘能力达 0.9029g·m⁻²，盆架木仅有 0.3916g·m⁻²，桂花的滞尘能力是盆架木的 2.3 倍。落叶阔叶乔木平均滞尘能力为 0.5623g·m⁻²，滞尘能力排序为刺桐＞木棉＞垂柳，刺桐滞尘能力为 0.6839g·m⁻²，垂柳为 0.4429g·m⁻²，刺桐滞尘能力明显强于垂柳。

闽江大道乔木滞尘能力　　　　表 1

植物类型	植物名称	第一周滞尘（g·m⁻²）	第二周滞尘（g·m⁻²）	第三周滞尘（g·m⁻²）	平均滞尘（g·m⁻²）	排序
常绿针叶乔木	龙柏 *Sabina chinensis* 'Kaizuca'	0.9887	1.3708	1.3836	1.2477	1
	苏铁 *Cycas revoluta*	0.6770	0.9432	1.1385	0.9195	2
	平均	0.8328	1.1570	1.2610	1.0836	
常绿阔叶乔木	桂花 *Osmanthus fragrans*	0.8011	0.9289	0.9789	0.9029	3
	榕树 *Ficus microcarpa*	0.4663	0.5758	0.6913	0.5778	6
	垂叶榕 *Ficus benjamina*	0.4570	0.5855	0.7090	0.5838	5
	盆架木 *Alstonia scholaris*	0.2966	0.3604	0.5177	0.3916	9
	平均	0.5052	0.6126	0.7242	0.6140	
落叶阔叶乔木	刺桐 *Erythrina indica*	0.6206	0.6326	0.7986	0.6839	4
	木棉 *Bombax malabaricum*	0.3757	0.5781	0.7265	0.5601	7
	垂柳 *Salix babylonica*	0.2985	0.4822	0.5481	0.4429	8
	平均	0.4316	0.5643	0.6911	0.5623	

闽江大道不同乔木滞尘能力差异较大，龙柏滞尘能力最强达 1.2477g·m⁻²，盆架木滞尘能力最弱仅为 0.3916g·m⁻²，龙柏滞尘能力达到盆架木的 3.2 倍。滞尘能力排序为：龙柏＞苏铁＞桂花＞刺桐＞垂叶榕＞榕树＞木棉＞垂柳＞盆架木。

闽江大道不同类型的乔木滞尘能力单因素方差分析表明，常绿针叶乔木分别与常绿阔叶乔木和落叶阔叶乔木差异显著（$p < 0.05$），常绿阔叶乔木与落叶阔叶乔木差异不显著（$p > 0.05$），闽江大道不同类型乔木滞尘能力排序为常绿针叶乔木＞常绿阔叶乔木＞落叶阔叶乔木。

3.2 福建农林大学乔木滞尘能力分析

由表2可知，福建农林大学常绿针叶乔木平均滞尘能力为 0.9738g·m^{-2}，龙柏平均滞尘能力为 1.0815g·m^{-2}，苏铁为 0.8660g·m^{-2}，龙柏滞尘能力大于苏铁。常绿阔叶乔木滞尘能力差异较大，平均滞尘能力为 0.5552g·m^{-2}，常绿阔叶乔木的滞尘能力在 0.7696—0.3658g·m^{-2} 之间，桂花的滞尘能力是盆架木的2.1倍，滞尘能力排序为：桂花＞榕树＞垂叶榕＞盆架木。落叶阔叶乔木平均滞尘能力为 0.4622g·m^{-2}，刺桐滞尘能力较强为 0.5714g·m^{-2}，垂柳较弱为 0.3508g·m^{-2}，木棉介于两者之间。

福建农林大学乔木滞尘能力　　　　　　　表2

植物类型	植物名称	第一周滞尘 (g·m^{-2})	第二周滞尘 (g·m^{-2})	第三周滞尘 (g·m^{-2})	平均滞尘 (g·m^{-2})	排序
常绿针叶乔木	龙柏	0.9364	1.0670	1.2412	1.0815	1
	苏铁	0.6256	0.9277	1.0447	0.8660	2
	平均	0.7810	0.9973	1.1429	0.9738	
常绿阔叶乔木	桂花	0.6886	0.7279	0.8924	0.7696	3
	榕树	0.4464	0.5268	0.6572	0.5434	5
	垂叶榕	0.3838	0.6152	0.6270	0.5420	6
	盆架木	0.2677	0.3171	0.5126	0.3658	8
	平均	0.4466	0.5467	0.6723	0.5552	
落叶阔叶乔木	刺桐	0.4955	0.5304	0.6885	0.5714	4
	木棉	0.2627	0.4896	0.6413	0.4645	7
	垂柳	0.1460	0.4314	0.4750	0.3508	9
	平均	0.3014	0.4838	0.6016	0.4622	

福建农林大学不同乔木滞尘能力差异较大，龙柏滞尘能力最强达 1.0815g·m^{-2}，垂柳较弱为 0.3508g·m^{-2}，龙柏滞尘能力是垂柳的3.1倍。滞尘能力排序为：龙柏＞苏铁＞桂花＞刺桐＞榕树＞垂叶榕＞木棉＞盆架木＞垂柳。

福建农林大学不同类型的乔木滞尘能力单因素方差分析表明，常绿针叶乔木分别与常绿阔叶乔木和落叶阔叶乔木差异显著（$p<0.05$），常绿阔叶乔木与落叶阔叶乔木差异不显著（$p>0.05$），福建农林大学不同类型乔木滞尘能力排序为常绿针叶乔木＞常绿阔叶乔木＞落叶阔叶乔木。

3.3 榕城广场乔木滞尘能力分析

由表3可知，榕城广场常绿针叶乔木平均滞尘能力为 0.8012g·m^{-2}，龙柏滞尘能力大于苏铁，龙柏平均滞尘能力为 0.8388g·m^{-2}，苏铁为 0.7635g·m^{-2}。常绿阔叶乔木平均滞尘能力为 0.5240g·m^{-2}，滞尘能力排序为桂花＞榕树＞垂叶榕＞盆架木，桂花滞尘能力为 0.8148g·m^{-2}，盆架木为 0.3672g·m^{-2}，桂花滞尘能力是盆架木的2.2倍。落叶阔叶乔木平均滞尘能力为 0.3670g·m^{-2}，滞尘能力排序为刺桐＞木棉＞垂柳，刺桐平均滞尘能力为 0.5081g·m^{-2}，垂柳为 0.2655g·m^{-2}。

榕城广场不同乔木滞尘能力差异较大，龙柏滞尘能力最强达 0.8388g·m^{-2}，垂柳较弱为 0.2655g·m^{-2}，龙柏滞尘能力达到垂柳的3.2倍。滞尘能力排序为：龙柏＞桂花＞苏铁＞刺桐＞榕树＞垂叶榕＞盆架木＞木棉＞垂柳。

榕城广场不同类型的乔木滞尘能力单因素方差分析表明，常绿针叶乔木与落叶阔叶乔木差异显著（$p<0.05$），常绿针叶乔木与常绿阔叶乔木、常绿阔叶乔木与落叶阔叶乔木之间差异不显著（$p>0.05$），榕城广场不同类型乔木滞尘能力排序为常绿针叶乔木＞常绿阔叶乔木＞落叶阔叶乔木。

榕城广场乔木滞尘能力　　　　　　　表3

植物类型	植物名称	第一周滞尘 (g·m^{-2})	第二周滞尘 (g·m^{-2})	第三周滞尘 (g·m^{-2})	平均滞尘 (g·m^{-2})	排序
常绿针叶乔木	龙柏	0.7349	0.8709	0.9107	0.8388	1
	苏铁	0.5551	0.8563	0.8790	0.7635	3
	平均	0.6450	0.8636	0.8949	0.8012	
常绿阔叶乔木	桂花	0.6962	0.8171	0.9311	0.8148	2
	榕树	0.4097	0.5060	0.6042	0.5067	5
	垂叶榕	0.3208	0.3371	0.5638	0.4073	6
	盆架木	0.2894	0.3350	0.4773	0.3672	7
	平均	0.4291	0.4988	0.6441	0.5240	

植物类型	植物名称	第一周滞尘 (g·m⁻²)	第二周滞尘 (g·m⁻²)	第三周滞尘 (g·m⁻²)	平均滞尘 (g·m⁻²)	排序
落叶阔叶乔木	刺桐	0.4795	0.5130	0.5319	0.5081	4
	木棉	0.2058	0.3421	0.4346	0.3275	8
	垂柳	0.1414	0.2475	0.4075	0.2655	9
	平均	0.2756	0.3675	0.4580	0.3670	

3.4 影响乔木滞尘能力因素分析

研究得出，常绿针叶乔木在闽江大道、福建农林大学、榕城广场三个地方的滞尘能力都是龙柏大于苏铁。分析认为龙柏针叶小，有利于滞尘，树形紧凑，枝叶密集向上生长，受外界风力影响较小，苏铁针叶较大，不利于滞尘，大叶片分层水平生长，风力导致空气在大叶片层间流通，易于二次扬尘，滞尘能力减弱。

闽江大道常绿阔叶乔木滞尘能力排序为桂花＞垂叶榕＞榕树＞盆架木，福建农林大学常绿阔叶乔木滞尘能力排序为：桂花＞榕树＞垂叶榕＞盆架木，榕城广场常绿阔叶乔木滞尘能力排序为桂花＞榕树＞垂叶榕＞盆架木。三个地方都是桂花滞尘能力最强，盆架木最弱。分析认为，桂花树形矮小紧凑，叶片小、较粗糙、不下垂，有利于滞尘，盆架木叶片大，叶片光滑滞尘能力弱，而且枝条层状轮生，叶片下垂，更易受风力影响，二次扬尘导致滞尘能力更弱。三个地方中，闽江大道垂叶榕滞尘能比榕树强，而其他两个地方是榕树比垂叶榕强。分析认为，垂叶榕叶片光滑，叶片下垂的特性会导致滞尘能力比榕树弱，但是闽江大道的垂叶榕滞尘能力较强，是因为研究的垂叶榕位于道路交叉路口，车流量大，人流量多，植物生长环境空气质量差，导致滞尘量增大。

落叶阔叶乔木在闽江大道、福建农林大学、榕城广场的滞尘能力排序都为：刺桐＞木棉＞垂柳，刺桐滞尘能力强，垂柳滞尘能力弱。分析认为刺桐枝条坚硬，叶片不下垂，而垂柳叶片光滑，叶片下垂，不利于滞尘，而且枝条柔软，随风波动性大，不利于粉尘在叶片上附着，粉尘随空气流通导致二次扬尘，造成滞尘能力比刺桐弱。

3.5 不同植物类型乔木滞尘能力分析

研究得出不同植物类型的乔木在闽江大道、福建农林大学、榕城广场的滞尘能力排序都为：常绿针叶乔木＞常绿阔叶乔木＞落叶阔叶乔木。对不同地方不同类型的乔木平均滞尘能力单因素方差分析表明，常绿针叶乔木与常绿阔叶乔木和落叶阔叶乔木之间差异显著（$p<0.05$），常绿阔叶乔木与落叶阔叶乔木之间差异不显著（$p>0.05$），三个地方不同类型乔木平均滞尘能力排序为常绿针叶乔木＞常绿阔叶乔木＞落叶阔叶乔木。分析认为，常绿针叶乔木远远大于其他类型的乔木，是由于树形紧凑，叶片小，叶片质地硬，易于滞尘，受风力影响小，而其他乔木树形松散，叶片较大，叶片质地软，受风力影响大，滞尘能力较弱。

3.6 不同时间乔木滞尘能力分析

由表1—表3可知，乔木滞尘能力具有累积效应，随时间增长，乔木滞尘能力增大。降雨后第一周，叶片表面较湿润，叶片上的灰尘也较少，易于吸附滞留灰尘，这个阶段植物滞尘量较多。一周后，随着时间变化，由于叶片表面面积有限，能吸附灰尘的叶片表面面积有所减少，植物滞尘量增加的值也会相应的减少一些，随时间变化滞尘量持续增加，直到达到饱和，滞尘量停止增加，或者在饱和前又遇到降雨时，雨水将叶片上滞留的灰尘冲洗干净，雨停后又重新开始滞尘。

3.7 不同位置乔木滞尘能力分析

由图1可知，福州市9种乔木在不同位置滞尘能力差异较大，闽江大道的滞尘能力都大于福建农林大学和榕城广场，福建农林大学9种乔木中有7种乔木滞尘能力比榕城广场强，闽江大道的乔木滞尘能力明显强于其他的两个地方，乔木在不同地方滞尘能力排序呈现出：闽江大道＞福建农林大学＞榕城广场。分析认为，闽江大道车流量大，汽车排放尾气多，空气中粉尘多，环境质量较差，植物滞尘量大，福建农林大学和榕城广场园林绿化都较好，但福建农林大学车流量也较多，人员数量多，榕城广场车流量和人流量都较少，而且园林养护管理精细，植物滞尘量较少，可见不同位置的乔木滞尘量差异可以反映出当地的空气质量。9种乔木在闽江大道滞尘能力排序为：龙柏＞苏铁＞桂花＞刺桐＞垂叶榕＞榕树＞木棉＞垂柳＞盆架木，福建农林大学滞尘能力排序为：龙柏＞苏铁＞桂花＞刺桐＞榕树＞垂叶榕＞木棉＞盆架木＞垂柳，榕城广场滞尘能力排序为：龙柏＞桂花＞苏铁＞刺桐＞榕树＞垂叶榕＞盆架木＞木棉＞垂柳，不同地方乔木滞尘能力略有不同。由图1可知，9种常用绿化乔木在三个地方的平均滞尘能力排序为：龙柏＞苏铁＞桂花＞刺桐＞榕树＞垂叶榕＞木棉＞盆架木＞垂柳。总的来看，不论

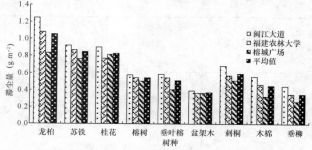

图1 不同位置树种滞尘能力对比

三个不同地方还是平均滞尘能力，在福州市9种乔木中，龙柏、苏铁、桂花滞尘能力强，刺桐、榕树、垂叶榕滞尘能力中等，木棉、盆架木、垂柳滞尘能力弱。可见植物树种的特性差异决定滞尘能力大小不同，滞尘能力强的树种在不同地方都能够表现出较强的滞尘能力，在园林绿化中，选择滞尘能力强的树种极为重要。

4 结论与讨论

4.1 不同乔木的滞尘能力差异较大

不同树种其滞尘能力有所不同。通过对福州市常用的9种乔木研究也表明，不同乔木滞尘能力差异较大，最大滞尘能力的树种达到最小滞尘能力的3倍以上，所以在园林绿化时，选择滞尘能力强的乔木非常重要，福州市在进行园林绿化时可以选择龙柏、苏铁、桂花、刺桐等滞尘能力强的乔木，来有效地减少城市空气粉尘污染，改善城市环境。

园林植物滞尘能力与树种特性有关，不同绿化树种的滞尘能力受其叶片特征、枝叶形态等因子影响，滞尘能力强的树种叶表面粗糙、多皱、多油脂、披短绒毛[6-7]。本研究表明，在选择滞尘能力强的园林绿化树种时，应当优先选择具有树冠紧凑，枝叶分层不明显，枝条坚硬，枝叶不下垂，叶片小、质地硬、粗糙等特性的树种。

4.2 不同类型的乔木滞尘能力不同

通过对福州市不同植物类型乔木的滞尘能力研究表明，乔木滞尘能力排序为：常绿针叶乔木＞常绿阔叶乔木＞落叶阔叶乔木，这与梁淑英、杨瑞卿、周晓炜等的研究结果相一致[8-10]。常绿针叶乔木滞尘能力最强，一年四季都可以发挥滞尘作用，落叶树种滞尘能力最低，而且在冬季时叶片凋落，滞尘能力会降到最低值，常绿针叶乔木总体滞尘效益强。在园林绿化时，为了满足植物造景的季相变化，可以选择适量的落叶树种，来改变景观的单调性，更应当多选用滞尘能力强的常绿树种，发挥植物的滞尘作用，改善环境质量，合理配置不同植物类型的树种数量，使园林造景在满足观赏特性的同时，发挥更好的生态效益作用。

4.3 乔木滞尘量随时间变化而增大

杜双洋等[7]研究发现，乔木和灌木的滞尘量随着时间的变化呈现增加趋势，其滞尘能力具有累加性。王珂等[11]研究表明，植物滞尘量在达到饱和状态之前，随时间的增长呈递增趋势。本研究表明，福州市乔木的滞尘量随时间增长而增大，滞尘量具有累积效应，直到达到滞尘能力饱和或者降雨后开始新一轮的滞尘。戴锋等[26]通过对福建师范大学旗山校区绿化植物的滞尘效应研究也得出，在雨后一定时间内，乔木和灌木的滞尘量随时间的延长而不断增加，还认为，对园林植物的枝、叶进行经常性冲洗，能提高滞尘效益。福州市属于多雨的城市，春夏季降雨多，在植物未达到最大滞尘量时就会有降雨，降雨后

植物就会重新滞尘，而在降雨量较少的秋、冬季，应当加强植物的养护管理，勤浇水，对部分环境质量差，粉尘量多的路段，可以采取洒水车喷灌的形式冲洗植物枝叶，使植物重新吸附滞留粉尘，增加植物滞尘效益，减少空气污染物，改善环境质量。

4.4 乔木滞尘能力受所处位置的环境影响

王珂等[11]研究表明，环境中粉尘含量的多少可以影响植物的滞尘量，不同位置滞尘能力为：分车道＞道路＞校园，因为分车带由于车辆来往较多，扬起的粉尘也相应高，分车道植物的滞尘量远远大于道路和校园。杜双洋等[7]也研究发现，同一树种在道路上滞尘能力远大于公园，环境影响树种滞尘能力大小，车流量多的地方，植物滞尘量也大。研究也得出福州市闽江大道的乔木滞尘量最大，滞尘能力除受自身特性影响外，还受车流量和人流量等外界因素的影响，尤其是道路周围，粉尘量大。园林植物中的乔木、灌木、草本还有竹类都有一定的滞尘能力，在进行园林绿化时要选择滞尘能力强的植物，进行乔灌草结合的植物配置形式，减少车和人对环境质量的影响，整体提升城市绿化的滞尘效益。

本文仅对福州市常用乔木绿化树种秋季滞尘能力进行了研究，确定了滞尘能力的大小，滞尘量随时间的变化，分析了影响滞尘能力大小差异的树种特性和外界环境因子。今后还应当增加乔木研究的树种数量，从乔木的研究扩展到灌木和草本，并研究植物滞尘能力随季节的变化，探索滞尘能力强的园林植物生态配置模式，为以后的园林植物的选择和生态规划设计，以及园林养护管理提供科学依据。

参考文献

[1] 周瑞玲，庄强，李鹏，等. 徐州市故黄河风光带园林植物的滞尘效应[J]. 林业科技开发，2010，24(6)：44-47.

[2] 韩敬，陈广艳，杨银萍. 临沂市滨河大道主要绿化植物滞尘能力的研究[J]. 湖南农业科学，2009，(6)：141-142.

[3] 潘瑞，涂志华，吴幼容，等. 福州市江滨西大道10种观赏竹夏季滞尘效应研究[J]. 福建林学院学报，2012，32(2)：125-130.

[4] 戴锋，刘剑秋，方玉霖，等. 福建师范大学旗山校区主要绿化植物的滞尘效应[J]. 福建林业科技，2010，37(1)：53-58.

[5] 柴一新，祝宁，韩焕金. 城市绿化树种的滞尘效应—以哈尔滨市为例[J]. 应用生态学报，2002，13(9)：1121-1126.

[6] 张秀梅，李景平. 城市污染环境中适生树种滞尘能力研究[J]. 环境科学动态，2001(2)：27-30.

[7] 杜双洋，金研铭，庄波. 长春地区常用绿化树种滞尘能力研究[J]. 安徽农业科学，2010，38(14)：7233-7237.

[8] 李永杰. 北京市常见绿化树种生态效益研究[D]. 河北农业大学，2007.

[9] 杨瑞卿，肖扬. 徐州市主要园林植物滞尘能力的初步研究[J]. 安徽农业科学，2008，36(20)：8576-8578.

[10] 周晓炜，亢秀萍. 几种校园绿化植物滞尘能力研究[J]. 安徽农业科学，2008，36(24)：10431-10432.

[11] 王珂，李海梅. 青岛市城阳区常绿地被植物冬季滞尘效益研究[J]. 福建林业科技，2009，36(1)：14-53.

福州市常用乔木绿化树种秋季滞尘能力研究

作者简介

[1] 闫淑君，1975 年 6 月生，女，汉族，河南长葛，博士，福建农林大学园林学院，副教授，从事园林生态学研究。电子邮箱：ysjch2000@gmail.com

[2] 雷少飞，1986 年 2 月生，男，汉族，陕西宝鸡，硕士，从事园林生态学研究。

[3] 秦一芳，1988 年 6 月生，女，汉族，江苏金坛，硕士，从事园林生态学研究。

浅谈观赏草在城市道路绿地中的应用

Brief Discussion on Ornamental Grasses Application in Urban Road Green Space

杨　骏　刘梦婷

摘　要：观赏草作为植物配置与造景的新兴材料，通过对成都市温江区主要道路绿地的实地调查，研究道路绿地中观赏草应用种类及配置形式，分析总结了观赏草在不同类型道路绿地中的配置手法，最后讨论了新时期道路绿化中观赏草的发展前景，旨在为今后我国城市道路绿地建设提供参考。

关键词：观赏草；道路绿地；植物配置；成都市

Abstract：Ornamental grasses have been known as new materials in plant configuration and landscaping in recent years. Through surveying the green space of main roads in Wenjiang District of Chengdu, this paper studied the applied species and configuration patterns of ornamental grasses in road green space. The configuration patterns of ornamental grasses in different types of road green space were analyzed and summarized. The development prospects of ornamental grasses in road greening in future were discussed, aiming at providing references for the construction of urban road green space.

Key words：Ornamental Grass；Road Green Space；Plant Configuration；Chengdu.

观赏草（Ornamental Grass）是一类形态美丽、色彩丰富、以茎秆和叶丛为主要观赏部位的草本植物的统称，以禾本科（Poaceae）为主，其次还有莎草科（Cyperaceae）、灯心草科（Juncaceae）、花蔺科（Butomaceae）等一些有观赏价值的草本植物，它们大多叶呈线形或线状披针形，具有平行脉，根为须根，特征显著，种类繁多[1-2]。

观赏草景观价值与生态价值兼优的特性使它早在20世纪七八十年代便得到欧美发达国家的重视，尤其是美国和澳大利亚，形成了较为成熟的观赏草产业，被广泛应用于各类园林景观设计中[3-5]。而我国对观赏草的研究与应用刚刚起步，应用量小且范围狭窄[6]，公园与高尔夫球场是目前主要应用场所，道路绿地作为利用率最高、所占城市绿化比例较大的一种绿地类型，是城市街景的重要组成部分，城市形象的体现窗口，观赏草应得到大力推广[7]。

1　观赏草在道路绿地中的优势

道路绿地与其他类型绿地存在着明显差异[8]，观赏草较其他园林植物能更好地适应道路绿地环境。适应性强、抗逆性好，根系发达，抗旱节水，病虫害少，适合各类土壤的生物学特性使它在生存环境恶劣的道路绿地中也有良好表现；潇洒飘逸，野趣十足的气质稍加点缀便能增添城市田园气息，打破传统道路绿地呆板无特色的固有形象，满足公众回归自然的审美情趣；城市道路绿地分布广，车流人流量大，管理不便，观赏草无须过多修剪和专门灌溉，减少了后期管护，符合目前园林界兴起的建设节约型、可持续性园林的要求。

2　调查方法

成都市温江区以苗木为主导产业，城市绿化建设本身档次较高，走在西南地区前列，观赏草用量较大，具有一定代表性。在对温江区主要道路全面踏勘的基础上，选取观赏草应用较好的路段30条进行详细调查，剖面类型包括一板两带式、两板三带式、三板四带式、四板五带式，路段范围覆盖了温江区城区主要道路，包括南熏大道、南熏大道二段、光华大道、凤溪大道、海科路、柳台大道、生态大道、春江南路、学府路、杨柳东路、长安路、郫温路。

3　结果与分析

3.1　应用种类

调查结果（表1）显示温江区道路绿地共应用观赏草26种，含6科20属，最为常见的是禾本科与百合科观赏草，分别占总数的53.8%和26.9%，出现频率最高的种类依次为细叶芒（60%）、矮蒲苇（46.7%）、麦冬（33.3%）、芦竹（30%）、狼尾草（26.7%）。说明观赏草在温江区道路绿地中应用广泛，但种类主要以传统种类为主，新优品种并未得到广泛推广，主导观赏草种类为中高型的绿色叶类，花叶变种和园艺品种的应用数量较少。

3.2　配置形式

完美的道路绿地植物景观应按照变化统一的原理进行植物配置，使道路整体有序、景观各异，把不同形态，

科名	种　名	观赏特点
禾本科	芦竹 Arundo donax	秆高，花序大，叶翠绿茂密
	花叶芦竹 Arundo donax var. Versicolor	叶上有黄白色宽窄不等条纹
	矮蒲苇 Cortaderia selloana 'Pumila'	花序白色羽状穗，观赏时间长
	斑叶芒 Miscanthus sinensis 'Zebrinus'	黄白色环状斑纹，圆锥花序扇形
	花叶芒 Miscanthus sinensis 'Variegatus'	叶片具白色条纹，棕色花序
	细叶芒 Miscanthus sinensis 'Gracillimus'	株型蓬松，花序初为棕红入秋后转白
	晨光芒 Miscanthus sinensis 'Morning Light'	圆锥花序由淡红变红再转为白色
	大油芒 Spodiopogon sibiricus	叶色翠绿，花序夏绿秋紫
	细茎针茅 Stipa tenuissima	叶细长至丝状，内卷
	斑茅 Saccharum arundinaceum	高大丛生，圆锥花序大型，稠密
	丝带草 Phalaris arundinacea var. picta	叶片有乳白色条纹
	芦苇 Phragmites communis	秆高，穗状花序，花紫色
	狼尾草 Pennisetum alopecuroides	簇生，叶绿色有横向淡黄色条带，冬天变棕黄色
	阔叶箬竹 Indocalamus latifolius	丛状密生，翠绿雅丽，四季常青
莎草科	旱伞草 Cyperus alternifolius	茎挺叶茂，叶形奇特，四季常青
	水葱 Scirpus validus	秆高大，圆柱形，聚伞花序
百合科	麦冬 Ophiopogon japonicus	叶丛生细长，深绿色，总状花序淡紫色
	阔叶麦冬 Liriope platyphylla	叶丛生，花葶较长，紫色。
	金边阔叶麦冬 Liriope muscari cv. Variegata	叶片边缘为金黄色，花葶较长，紫色
	吉祥草 Reineckia carnea	叶色翠绿，四季常青
	一叶兰 Aspidistra elatior	四季常青，叶形优美
	洒金一叶兰 Aspisdistra elatior 'Punctata'	叶形优美，叶面有金黄色斑点，四季常青
	中华万年青 Liriope graminifolia	翠绿欲滴，四季常青，果实红色
仙茅科	大叶仙茅 Curculigo capitulata	叶片宽大，叶脉折扇状，四季常青
香蒲科	香蒲 Typha orientalis	穗状花序蜡烛状
天南星科	菖蒲 Acorus calamus	叶色青翠，叶状佛焰苞剑状线形

不同大小的树种、花木，甚至地被植物有机组合在一起，形成多层次变化的植物景观[9]。温江区道路绿地观赏草应用种类与配置形式较丰富、合理，统筹考虑到不同道路绿地类型、人行和车行要求、景观空间构成和立地条件，以及与市政公用设施的关系，有必要对其配置形式加以总结。

3.2.1　路侧绿带

路侧绿带是在道路侧方，布设于人行道边缘至道路红线之间的绿带，一般较行道树绿带、分车绿带宽，对行车安全影响最小，与沿路的用地性质或建筑物关系密切[10]。

路侧绿带中可选用株型挺拔的高型（＞180cm）观赏草作视觉焦点，搭配山石小品，景致耐人寻味，或作背景材料，如芦竹、芦苇、象草（Pennisetum purpureum）起衬托作用或遮蔽影响城市景观的建筑立面、市政设施；亦可选择花序独特、叶色亮丽的中高型（60—180cm）观赏草孤植或丛植点缀于人工群落中，主要展示其个体美，或

与容器相搭配，植于陶罐、木槽、石钵中能产生意想不到的观赏效果，这类观赏草平均高度常与人的视平线一致，显得尺度宜人，如斑叶芒、狼尾草、垂穗草（Bouteloua curtipendula）（图1）；选用低矮型（＜60cm）观赏草一般有两种配置形式：一是通过密植代替草坪作林下地被，适宜用一些耐荫性较强的观赏草，如麦冬、中华万年青、大凌风草（Briza maxima）、蓝羊茅（Festuca glauca）等，二是选用40cm左右株型紧凑、枝叶密集的观赏草作色块种植，点缀单调无变化的草坪，如阔叶箬竹、菲白竹（Sasa fortunei）、日本血草（Imperata cylindrical 'Red Baron'）等。

3.2.2　分车绿带

分车绿带包括中央分车绿带与两侧分车绿带，起着疏导交通和安全隔离的作用，因此植物造景应格外重视功能性，避免布置成开放式绿地，以防行人穿行，也要保持一定的视线通透率，尤其在被道路或人行道断开的分车绿带端部视距三角形内，保证行车和行人安全[11]。

图 1　道路路侧绿地

规则式分车绿带中适宜选择喜光耐热的观赏草，如细叶芒、须芒草（*Andropogon glomeratus*）、细茎针茅等，要与其他常绿植物进行搭配，注意控制观赏草所占的总体比例，防止冬季刈割后相向车辆产生眩光构成交通隐患，观赏草的高度、质感都能与其他植物形成强烈对比，注意创造出节奏与韵律，缓解司机视觉疲劳，温江区南熏大道两侧分车绿带将斑茅、狼尾草与紫薇、红檵木、小叶女贞进行规则搭配，塑造出富有特色的道路景观（图2）；自然式分车绿带能产生较好的景观效果，不易让司机眼睛疲劳，利于行车安全，可选用株型紧凑的中高型观赏草加以点缀，如旱伞草、紫御谷（*Pennisetum glaucum*'Purple Majesty'）、小盼草（*Chasmanthium latifolium*）、香茅（*Cymbopogon citrates*），形成乔灌草花复层结构，增添自然气息。

图 2　道路分车绿带

3.2.3　交通岛绿地

交通岛绿地包括中心岛绿地与导向岛绿地，主要起着疏导与指挥交通的作用，通过交通岛绿地合理的植物配置，可强化交通岛外缘的线形，有利于诱导驾驶员的行车视线，特别是在雨、雪、雾极端天气，可弥补交通标志的不足[12]。

中心岛绿地与导向绿地都处于道路交叉点，汇集多个路口，需保证驾驶员视线通透从而快速识别，宜简洁的开敞式种植，一般不种植高大乔木，忌用大灌木，绿化材料一定要限制高度，最好不超过70cm[13]，可选用低矮型且色彩醒目的观赏草，如鲜红的日本血草、亮绿的地肤（*Kochia scoparia*）、淡黄的金叶苔草（*Carex oshimensis*'Evergold'）与低矮灌木、四季草花结合布置为图案式花坛，增加道路识别性。

3.2.4　立体交叉道绿地

立体交叉道绿地首先服从交通功能，使司机有足够的安全视距，保证原速通车，突出绿地内交通标志，诱导行车，保证交通安全。

匝道外侧绿地可选用高型观赏草，如芦竹、斑茅、五节芒（*Miscanthus floridulus*），飘逸的造型能更好突出匝道动态曲线的优美，诱导行车方向，使司乘人员产生心理安全感；弯道内侧和顺行交叉道应保证视线通畅，一般选用低矮的观赏草、宿根花卉、常绿灌木组成大色块的造景设计，力求简洁明快[14]，面积较大可设计为开阔的草坪，草坪上点缀姿态优美的观赏草、独赏树营造疏朗开阔的植物景观，在安全视距以内忌用高于司机视线的植物材料。成温邛高速公路温江收费站旁的立体交叉道绿地中通过地下引入水源、塑造缓坡，种植菖蒲、香蒲、水葱、细叶芒等观赏草营造湿地景观，配以水鸟仿生雕塑，零星点缀几棵乔木，开阔且野趣十足，让人印象深刻，成为进入温江区的特色标志性绿化（图3）。

图 3　道路立体交叉道绿地

4　展望

随着时间的推移以及人们对景观绿化的日趋关注，崇尚自然的生态人工植物群落布置越来越多的出现在道路绿地中，其布置手法和植物配置方式日趋复杂、完善，绿化结构也越来越成熟、合理[15-16]。观赏草类群庞大，独特而多变，引入道路绿地中将极大丰富配置材料，增加植物多样性，具有灵活的配置方式，创造独特的道路景观，相信在不久的将来一定会有广阔的应用前景[17]。

参考文献

[1] Nancy J. Ondra. 刘建秀译. 观赏草及其景观配置[M]. 北京：中国林业出版社，2004：43-44.

[2] 宋希强，钟云芳，张启翔. 浅析观赏草在园林中的运用[J]. 中国园林，2004(03)：32-36.

[3] 刘建秀. 草坪地被植物观赏草. [M]. 南京：东南大学出版社，2001.

[4] Nancy J. Ondra. 金荷仙，林冬青，蔡宝珍译. 观赏草在美国园林中的应用[J]. 中国园林，2008(12)：1-9.

[5] 约翰·雷纳. 陈进勇译. 澳大利亚园林中的观赏草[J]. 中国园林，2008(12)：10-14.

[6] 高鹤，刘建秀. 南京地区观赏草的种类、观赏价值及其造景配置[J]. 草原与草坪，2005(3)：13-16.

[7] 朱勇，潘晓转，张英等. 昆明道路绿地彩叶植物种类及应用研究[J]. 湖北农业科学，2010. 49(7)：1656-1658.

[8] 王希宏，张根梅. 城市道路绿地系统建设的难点与对策[J]. 河南林业科技，2006. 26(1)：49-50.

[9] 王浩，谷康，孙新旺等. 城市道路绿地景观规划[M]. 南京：东南大学出版社，2005.

[10] 汪新娥. 城市道路分车绿带的规划设计[J]. 河南林业科技，2005(1)：32.

[11] 宋晓青. 观赏草应用模式研究[J]. 北方园艺，2011(23)：85-88.

[12] 陈相强. 城市道路绿化景观设计与施工[M]. 北京：中国林业出版社，2005.

[13] 闫利洁，崔莉，王校. 城市交通岛绿化设计初探[J]. 防护林科技，2007(3)：111-112.

[14] 臧德奎. 园林植物造景[M]. 北京：中国林业出版社，2008.

[15] 齐海鹰，安吉磊. 浅谈观赏草在园林造景中的应用[J]. 现代园林，2007(7)：63-64.

[16] 庄伟. 上海城市立交道路绿地景观设计初探[J]. 中国园林，2005(2)：33-34.

[17] 王艳燕，康锴，徐晶等. 观赏草园艺景观新贵族——观赏草国内推广实况调查[J]，中国花卉园艺，2009(15)：15.

作者简介

[1] 杨骏，1990年生，男，南京农业大学园艺学院在读硕士。

[2] 刘梦婷，1990年生，女，四川农业大学风景园林学院在读硕士。

浅议垂直花园在建设美丽中国视野下的构建

——以杭州市为例

Analysis the Exploitation of Vertical Garden in the Perspective of Beautiful China

——Take Hangzhou For Example

杨任淼　熊和平　韩云滔　熊志远

摘　要：垂直花园，就是将"植物墙"的概念应用于绿色建筑设计中，利用植物的根系对生长环境的适应能力，使植物可以生长于垂直的建筑墙面，将城市水泥森林装饰成生机盎然的立体花园。在十八大报告中提出要建设"美丽中国"的背景下，垂直花园的构建与推广具有前所未有的发展前景。本文基于对杭州市中国美术学院象山校区、杭州市绿茶餐厅、杭州市黄龙饭店等垂直花园的调查，从垂直花园的类型、选择植物品种、景观营造技术与景观效果等方面进行简要分析，并对杭州市垂直花园的进一步构建与推广提出建议。

关键词：垂直花园；美丽中国；构建；杭州市

Abstract：Vertical Garden is the application of putting the concept "vegetal wal" into use for green architecture design. Based on the adaptability of plant root systems to growth environment, the plants could grow in the wall surface of architecture and transform the urban cement forest into lively vertical garden. According to the report on the 18th National Congress of Communist Party of China whom came forward the concept of building a beautiful country, the application and promotion of vertical garden will improve and develop in the future. In this paper will base on the investigation of the vertical garden in the China Academy of Art xiangshan campus, Hangzhou LvCha Restaurant and Hangzhou Dragon Hotel, give a brief analysis to the types of vertical garden, choices of plant varieties, technologies of landscape construction and landscape effect and make recommendations to the development of the vertical garden promotion in Hangzhou.

Key words：Vertical Garden；Beautiful China；Exploitation；Hangzhou

　　绿色植物不种在地面上，能种在哪里？2010 年上海世博会给出了答案——种在墙上。我国城市化进程中，城市扩张速度远低于人口聚集速度，城市空间越来越拥挤，垂直花园的艺术性开发和创新利用竖向空间，兴许是未来人居环境设计发展的一个重要方向。党十八大报告提出要建设"美丽中国"，将生态文明建设纳入"五位一体"的中国特色社会主义事业总体布局，垂直花园的构建与推广发展迎来前所未有的发展机遇。

1　概述

1.1　垂直花园概念与历史沿革

　　垂直花园（Vertical Garden），也可以译为垂直绿化，就是将"植物墙"（Vegetal Wall）的概念应用于绿色建筑设计中，利用植物的根系对生长环境的适应能力，使植物可以生长于垂直的建筑墙面，将城市水泥森林装饰成生机盎然的一种立体花园。

　　垂直花园的发展主要源于人类对攀缘植物的栽培利用。早期的垂直花园以棚架的形式出现于私家园林中的凉亭与花架，此后用攀缘植物与假山、墙垣融合。17 世纪，俄国将攀缘植物用于亭廊绿化，后将攀缘植物引向建筑墙面，欧洲各国也广泛应用。[1] 我国垂直花园最早

的记录是 2500 年前的春秋晚期吴王夫差建造的苏州城城墙绿化。[2] 现代的垂直花园可以认为是开始于 20 世纪初在一些建筑外墙地面种植爬山虎进行绿化。2001 年，帕德里克·布朗克（Patrick Blanc）在巴黎的 Pershing Hall 酒店设计了第一个室内垂直绿墙，很多先前只能生长在低矮树篱的植物现在能在高楼的墙面上繁衍。[3] 此后，帕德里克？布朗克又设计了诸如巴黎盖布朗利博物馆（Musee du Quai Branly）、西班牙马德里恺撒广场博物馆入口垂直花园、英国伦敦雅典娜神庙酒店垂直花园等代表作品，为欧洲垂直花园的兴起和发展发挥了重要作用。

1.2　垂直花园的构建机遇——十八大提出要建设"美丽中国"

　　党的十八大报告中首次将生态文明建设纳入"五位一体"的中国特色社会主义事业总体布局，提出建设"美丽中国"的重要论述，体现了我党对新时代背景下中国发展的新思考和新探索。我国快速城市化建设扩张，使我国绝大多数城市变成水泥森林，城市建设与生态保护的矛盾凸显，如何两头并进，城市快速建设的同时保护自然生态环境·垂直花园或许是解决此问题的重要出路。垂直花园就是城市建筑的"绿色外衣"，这件绿色外衣不仅对城市建筑内部具有降温节能减碳的功

效，也有美化城市环境，增添城市绿意，减缓城市热岛效应的作用。因此，我国在未来加强建设生态文明，建设"美丽中国"的大方针大视野之下，垂直花园的应用与推广建设迎来了春天。

2 杭州市垂直花园调研情况

2.1 传统型垂直花园——中国美术学院象山校区

2.1.1 中国美术学院象山校区概况

坐落在杭州市西湖南部之江景区的中国美术学院象山校区由荣获 2012 年普利兹克建筑奖的中国建筑师王澍设计，建筑面积约 15 万 m²，校园内空间复杂，建筑与景观类型丰富多彩，建筑本身的运动曲线和群山丘陵起伏呼应，与周围环境相得益彰，和谐自然。

2.1.2 校园内的垂直花园

经笔者调查，中国美术学院象山校区（以下简称象山美院）的校园垂直花园的类型为传统垂直花园，建设时不需要种植设备和滴管系统，而是在土地上直接种植攀缘植物，使得攀缘植物依附建筑生长而形成自然垂直花园。调查发现，象山美院内应用的主要攀缘植物有爬山虎、美国地锦、洋常春藤、凌霄、小叶扶芳藤、紫藤、常春油麻藤、络石、鸡矢藤等品种。

象山美院内的垂直花园应用区域多样，包括不同墙面材料区域——清水混凝土墙、水泥墙面、砖瓦墙（图1）、毛石墙（图2）、涂料混凝土墙，不同建筑类型区域——亭廊、低矮墙垣、围墙、建筑外墙（图3）、铁艺栅栏（图4）等，现将象山美院内的植物品种与应用列表如下：

图1　金银花依附于砖瓦矮墙

图2　洋常春藤攀援于毛石墙

图3　落叶爬山虎依附于建筑外墙

图4　酱红色洋常春藤攀援于铁艺栅栏

中国学术学院象山校区垂直花　表1
园植物品种与应用统计

植物名称 （拉丁学名）	生长习性	应用区域
爬山虎 Parthenocissus tricuspidata	落叶藤本，新叶秋叶红色，攀缘能力强，喜阴湿，耐寒，耐旱，生长快	混凝土、砖瓦建筑外墙面
美国地锦 Parthenocissus quinquefolia	攀缘能力较强，喜光，耐热，生长旺盛，易被风刮落	混凝土建筑外墙、围墙
常春藤 Hedera helix	喜温暖、荫蔽环境，攀缘能力较强，较耐寒，适宜攀附建筑、围墙	低矮混凝土墙、毛石墙、铁艺栅栏
凌霄 Campsis grandiflora	落叶藤本，夏季开橙黄花，攀缘力强，喜阳温暖湿润环境	混凝土建筑墙、低矮混凝土墙、毛石墙
小叶扶芳藤 Euonymus fortunei var. radicans	常绿藤本，秋叶变红，攀缘能力较强，喜阴湿环境，亦可作林下地被	低矮毛石墙、铁艺栅栏
紫藤 Wisteria sinensis (Sims) Sweet	落叶藤本，春夏开紫色花，喜光温暖环境，较耐寒，适应性强	休憩廊架
常春油麻藤 Mucuna sempervirens	常绿木质藤本，初夏开暗紫色花，喜光温暖湿润环境	休憩廊架、混凝土建筑外墙

园林植物应用与造景

植物名称 （拉丁学名）	生长习性	应用区域
络石 *Trachelospermum jasminoides*	常绿木质藤本，初夏开白色花，喜半阴湿环境，适应性强，亦可作地被	低矮砖瓦墙、围墙

象山美院内垂直花园内使用了单种攀缘植物造景和多种攀缘植物造景手法。同时，还辅以使用植物种植密度不同进行植物造景的手法，即部分区域密度高，攀缘植物覆盖面积大（图5），部分区域密度低，攀缘植物覆盖面积小，似文似画（图6）。

图5　满覆盖植物与未覆盖区域虚实相生

图6　似文似画的攀援植物藤枝

单种攀缘植物造景使用较多的植物为爬山虎和凌霄，大多数垂直花园使用单种攀缘植物造景的方式，因此冬季墙面上留存落叶后的植物枝干，给人以萧条之感。而笔者认为，相比于茂密的绿色垂直花园景观（图7），只见

图7　同角度夏季茂盛的垂直花园景观（来源于网络）

枝条不见绿叶的冬季垂直花园景观似文似画，更富观赏意境，给人留有遐想（图8）。

图8　同角度富有意境的冬季垂直花园景观

多种攀缘植物造景使用的植物组合为爬山虎和凌霄、凌霄和常春藤、络石和常春藤、小叶扶芳藤和络石等。使用多种植物造景有利于使植物攀缘生长密实，不易发生脱脚、刮落的现象。

2.2　新型垂直花园

笔者调查发现，杭州市新型垂直花园均使用了种植设备和滴灌系统的技术手段，多数应用于办公空间、酒店餐饮空间。笔者先后调查了杭州黄龙饭店、杭州西湖银泰绿茶餐厅、杭州瑞香源生态休闲餐厅，现分点简要介绍新型垂直花园的调研情况。

2.2.1　杭州瑞香源生态休闲餐厅

杭州瑞香源生态休闲餐厅位于杭州市丁桥镇。垂直花园建于餐厅入口进门处（图9），设计作为入口玄关，顾客进入餐厅直接映入眼帘的就是这一面清新自然的垂

图9　瑞香源餐厅垂直花园

直花园墙，给人眼前一亮的感受，符合"生态休闲"的主题。垂直花园面积约 36m²，选用的植物为波士顿蕨、虎耳草、鹿角蕨、宽叶吊兰、鸭跖草、豆瓣绿、冷水花、小叶婴儿泪、翠云草、八角金盘、龟背竹、常春藤。

图 10　绿茶餐厅垂直花园

2.2.2　杭州西湖银泰绿茶餐厅

杭州西湖银泰绿茶餐厅位于杭州市西湖风景区吴山天风景点附近的西湖银泰百货 3 楼。垂直花园建于餐厅过道旁（图 10），设计作为过道景观墙使用，景观观赏效果出色。面积约 80m²，选用植物为波士顿蕨、心愿蕨、鹿角蕨、铁线蕨、宽叶吊兰、绿萝、八角金盘、龟背竹。

2.2.3　杭州黄龙饭店

杭州黄龙饭店位于杭州市西湖风景区黄龙洞景点附近，为五星级酒店。垂直花园位于翡翠会所内（图 11），面积约 16m²，选用植物为波士顿蕨、心愿蕨、鹿角蕨、宽边金边吊兰、鸭跖草、豆瓣绿、冷水花、婴儿泪、翠云草、八角金盘、龟背竹。

图 11　黄龙饭店垂直花园

园林植物应用与造景

2.2.4　新型垂直花园应用小结

杭州市新型垂直花园调查对象为酒店空间和办公空间，笔者认为新型垂直花园特点可以归纳为以下几个点：

（1）在酒店和办公空间内最具出色的景观效果和生态功能，既美观又能净化室内空间，给人以耳目一新的感觉。

（2）新型垂直花园使用的植物多数为室内观赏植物，生态习性相近，均为喜半阴湿润环境的观叶型植物（表2）。

（3）新型垂直花园种植设备和滴管系统先进，保证了植物的良好生长与造型，养护成本较低，这是传统型垂直花园无法达到的。

杭州市新型垂直花园植物品种与应用统计　　　表 2

植物名称 （拉丁学名）	生长习性	应用区域
波士顿蕨 *Nephrolepis exaltata*	多年生常绿蕨类，喜温暖、湿润及半阴环境，二回羽状复叶	室内种植设备
铁线蕨 *Adiantum capillus-veneris*	多年生草本蕨类，喜温暖、湿润及半阴环境，忌阳光曝晒	室内种植设备
紫鸭跖草 *Commelina communis*	一年生草本，喜温暖、湿润及半阴环境，叶紫色	室内种植设备
冷水花 *Pilea cadierei*	多年生草本，喜温暖、湿润及阴暗环境，耐寒，忌阳光曝晒，叶有斑纹	室内种植设备
绿萝 *Scindapsus aureun*	常绿藤本，喜温暖、湿润及半阴环境，攀缘生长	室内种植设备、墙体攀缘
八角金盘 *Fatsia japonica*	常绿灌木，掌状叶，喜温暖、湿润及半阴环境，亦可作高架桥下地被	室内种植设备、高架桥垂直花园
常春藤 *Hedera helix*	喜温暖、荫蔽环境，攀缘能力较强，较耐寒，适宜攀附建筑、围墙	室内种植设备、室外墙体
龟背竹 *Monstera deliciosa*	常绿藤本，节多似竹，叶如龟甲，喜温暖、湿润环境，忌阳光曝晒	室内种植设备、室外墙体和棚架

3　杭州市垂直花园调研结果与分析

3.1　垂直花园植物配置

通过上文表 1 和表 2 对比可以发现，杭州市新型和传统型垂直花园的植物配置有明显差异，这是由于垂直花园所处的环境和自然条件不同，造成了传统型垂直花园的植物以攀缘藤本植物、生长力旺盛的植物为主，而新型垂直花园的植物以观叶，生长力较弱的植物为主。当然，传统型和新型垂直花园配置的植物类型也具有相同之处，植物生长习性均为半阴湿的环境下能生长良好。调查中，由于杭州市缺少应用于室外的新型垂直花园新技术的案例，所以笔者未能得出完整的植物配置横向对比结果，尚有不足之处。

3.2 垂直花园技术手段

3.2.1 传统技术

垂直花园传统技术根据种植基盘不同，分为地栽、建筑预制种植槽和容器盆栽。杭州市象山美院的垂直花园就是使用了地栽式，也是最传统的垂直花园技术——利用建筑周边土壤作为植物种植基盘和攀缘植物的吸附攀缘特性，使得建筑、墙体、亭廊等适宜攀缘的构筑物达到绿化效果。这类技术的受到垂直墙面空间的条件限制，干旱高温季节需要人工养护管理，还需要一定的人工引导，对墙体和构筑物的构造和材料也需要达到一定的要求。此种技术工艺简单，造价低，便于养护管理，但不足之处也显而易见，垂直花园景观效果单一，高度有限，适用植物较少。

3.2.2 新技术

垂直花园新技术就是在 Patrick Blanc 发明的技术中所衍生发展的，突破了传统技术的限制，形成一套完整的结构体系的垂直花园系统，通常有精密的滴管系统。垂直花园新技术主要有垂直容器式系统、垂直模块式系统、毛毡布袋式系统、草坪毯式系统。杭州市新型垂直花园使用的技术为毛毡布袋式系统，也就是 Patrick Blanc 发明的毛毡布营养液式系统。

毛毡布袋式系统（图 12）具体技术手段为：在建筑墙立面固定 PVC 板作为防水层，架设金属网格架；在PVC 板上固定两层毛毡布，将毛毡布割开成袋状，并将含根部带营养土的植物置入袋中，两层毛毡布即可为植

物根部的生长提供附着空间。在系统上方架设固定自动滴灌系统设备，定时灌溉营养液，营养液即可从毛毡布自上而下流进入植物生长袋中，提供植物养分。

毛毡布袋式系统构筑物与建筑结构主体分离独立，占用空间少，重量轻，突破了模块构图的局限性，在植物配置和栽植上发挥空间较大，整体感效果优异。其也存在一定的缺点，在建设完成后若发生渗漏、防水层破损、建筑墙体检修情况时移动工程量大，营养液滴灌上下区域不均衡，建设与养护成本高等。

3.3 杭州市垂直花园建设与改进建议

拟建设的垂直花园如果面积较大，不推荐使用象山美院的传统垂直花园建设技术，建议使用垂直花园新技术中的毛毡布袋式系统、草坪毯系统和垂直容器系统，见效快，景观效果好。象山美院的垂直花园如需改进，则可以使用垂直容器系统，直接在现有垂直花园基础上架设容器系统种植植物，将会达到景观丰富、植物季相变化多样等效果。其他处于室外环境的垂直花园面积较小区域或污染严重区域（高架桥下）则可以使用传统技术和垂直容器式系统，见效快，工程建设与养护成本低。

杭州市处于室内的垂直花园建设建议使用上文新型垂直花园案例中使用的毛毡布袋式系统技术，建设完成后景观效果良好，并且可以由建设单位直接负责或培训后期植物养护技术，简便快捷。此外，还可以使用垂直模块系统，其模块隐蔽性好，景观效果较好，工程费较低。可以根据室内空间类型的不同进行询价对比选择。

4 结语

垂直花园新技术是建筑设计、结构设计和植物设计的完美统一，着重考虑的是结构、材料的性能，忽略了植物的生长特性和建筑设计上的考虑。传统垂直花园技术则是以植物生长特性为导向进行设计建设。因此，垂直花园新技术将会在未来我国城市建设中得到广泛推广与应用。

在"美丽中国"视野下的垂直花园建设，需要突破传统垂直花园技术的瓶颈与限制，采用新技术以达到更出色的景观效果和生态效益。通过对杭州市垂直花园的调研结果分析和总结，笔者认为杭州市作为国家园林城市，更需要高瞻远瞩，重视城市竖向空间的垂直花园建设，积极联合景观设计师和建筑设计师合作，运用垂直花园新技术建设杭州的"绿城墙"。

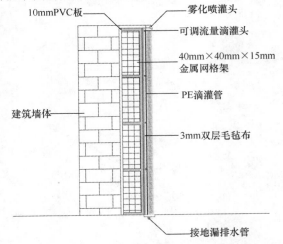

图 12 毛毡布袋式系统结构示意图（笔者自绘）

标注：10mmPVC板、雾化喷灌头、可调流量滴灌头、40mm×40mm×15mm金属网格架、PE滴灌管、建筑墙体、3mm双层毛毡布、接地漏排水管

参考文献
[1] 宋希强，钟云芳. 面对二十一世纪的城市立体绿化. 广东园林，2003(2)：34-38.
[2] 史晓松，钮科彦主编. 屋顶花园与垂直绿化. 北京：化学工业出版社，2011.
[3] Uffelen, C. V. 主编. 扈喜林译. 当代景观立面绿化设计. 江苏：江苏人民出版社，2010.

作者简介
[1] 杨任淼，男，华中科技大学风景园林硕士研究生在读，电

子邮箱：449358792@qq.com。

[2] 熊和平，男，博士在读，华中科技大学建筑与城市规划学院景观学系副主任，副教授，硕士生导师，研究方向为风景园林规划与设计、风景园林遗产保护与管理、自然与文化景观保护区规划。

[3] 韩云涵，男，华中科技大学城市规划专业本科在读。

[4] 熊志远，男，杭州沃霖绿化工程有限公司总工程师。

热带睡莲引种试验初报

Preliminary Report on Introduction Experiment of Tropical Water Lily

余翠薇　陈煜初　余东北　沈　燕

摘　要：为丰富我国水系绿化材料，提高水景的景观质量，于 2012 年 7 月从泰国引进热带睡莲 30 个品种。通过对成活率、叶径、叶柄长、花径、花瓣、雄蕊、花色、叶色等 13 个生物学特征指标进行为期一年的观察，结果显示，引种成活率为 78.5％，品种保存率为 93.3％，长势良好，从当年 8 月 3 日开始陆续有品种开花，到 10 月 12 日保存品种全部进入花期。本文还对热带睡莲的园林应用作了初步讨论。

关键词：睡莲；引种；性状观察；杭州

Abstract：In order to enrich river greening materials and to improve the water landscape quality. In July 2012，30 tropical water lily varieties were imported from Thailand. Observation on 13 indicators，including the survival rate，leaf size，petiole length，flower diameter，petal，stamen，color，color and other biological characteristics，was made for one year，the results showed that the survival rate was 78.5％，preservation rate was 93.3％，grew well. Some varieties began to flowering from August of that year，and all varieties flowered on October 12. The application of tropical water lily was also discussed.

Key words：Water Lily；Introduction；Characteristics Observation；Hangzhou

睡莲（*Nymphaea*），睡莲科，是水生花卉中名贵花卉，被誉为"花中睡美人"。热带睡莲是睡莲中的生态类型，是长期适应热带气候演化的类群，她以花大、花色丰富、花期长、花挺出水面、单株覆盖面积大、不耐寒等特点与我国园林界普遍应用的耐寒睡莲相区别。热带睡莲花色艳丽，有很多品种的叶片还有色斑，具有很高的观赏价值。其花可做鲜切花，特别是夜花型热带睡莲，在夜晚开花，种植者下班后，在家看到盛开的睡莲，顿感家的温馨；花还可以作为花茶的原料。青岛中华睡莲世界已经用热带睡莲花和叶制作出数十种营养美味的佳肴。睡莲的根能吸收水中的铅、汞、苯酚等有毒物质，是难得的水体净化材料。在园林中，睡莲可与建筑能起到很好的组景效果。人们还可在庭院、屋顶等处筑池种睡莲养鱼或者在阳台上放置微型睡莲美化家园。

睡莲在我国已有 2000 多年的栽培历史，早在西汉时期，睡莲已栽培于私家庭园了。前些年，深圳市洪湖公园从美国加州引进睡莲品种，而印度红睡莲成为该园冬季一道亮丽的风景线。目前，我国睡莲的研究、生产相比荷花（*Nelumbo nucifera*）还很不足，特别是热带睡莲，只有黄国振等少数研究人员对其进行引种、杂交等育种工作，因此，我国睡莲品种尤其是热带睡莲品种还很匮乏。综上所述，从国外引种优良睡莲品种并开展育种研究是

很有必要的。因此，2012 年 7 月，杭州天景水生植物园从泰国引进 38 种睡莲品种（其中热带睡莲 30 种，耐寒睡莲 8 种），以此开展睡莲引种、驯化和育种研究，以图育出优良品种并进行规模生产，广泛应用于园林。本文仅涉及 30 个热带睡莲品种。

1　材料和方法

1.1　试验地

位于杭州市西湖区三墩镇杭州天景水生植物园陈家角基地。试验地气候条件：属于中亚热带中部偏北地区，气候特征为四季分明，秋冬少雨，春夏雨热同期。根据较为接近的余杭站多年观察资料，年平均气温 16.2℃，最热月份 7 月均温 28.7℃，最冷月均温 3.8℃，极端最高气温 40.0℃，极端最低气温 −14.9℃，年日照 1944.6 小时，日照百分率为 44％，太阳总辐射年总量为 101 千卡/cm²。土壤为水稻土。

1.2　试验材料

从泰国引进睡莲品种的根茎，共计热带睡莲 30 个品种，含夜花型 6 个品种。每个品种名称和引入根茎的数量见表 1。

睡莲品种器官观测值　　　　　　　　　　　　　　　　表1

类型	品种	引入数	成活数	成活率（％）	花径（cm）	花柄高（cm）	花柄粗（cm）	叶大小（cm）	叶柄长（cm）	叶柄粗（cm）	叶子颜色	萼片数	花瓣数	雄蕊数	心皮数	花色	比色
白天开花热带睡莲	'Colorata'	3	3	100	13.5	31	0.75	19.5×19.5	81	0.51	绿	4	17	85	20	紫色	RHS 92B
	'Dang Sood Prasert'	2	2	100	20	40.3	1.12	34.5×34	114	1	绿	4	35	220	33	深粉色	RHS N74C

类型	品种	引入数	成活数	成活率(%)	花径(cm)	花柄高(cm)	花柄粗(cm)	叶大小(cm)	叶柄长(cm)	叶柄粗(cm)	叶子颜色	萼片数	花瓣数	雄蕊数	心皮数	花色	比色
	'Dao Fah'	2	2	100	14	42	0.66	31×28	100	0.75	绿	4	26	190	30	紫色	RHS 94D
	'Director George T. Moore'	3	1	33	11.3	30	0.8	28.5×27	91	0.6	花叶	6	21	138	20	紫色	RHS 94C
	'Garnjanatheph'	2	2	100	17	19	1	36×33	131	0.85	绿	4	33	210	29	淡黄色	RHS 1C
	'Madame Ganna Walska'	3	3	100	16.5	33	1.1	33×30	112	0.75	花叶	4	18	150	25	粉色	RHS 76B
	'Miami Rose'	2	0	0	/	/	/	/	/	/	/	/	/	/	/	/	/
	'Midnight'	3	2	67	15	35.5	0.9	30×28	100	0.75	绿	6	160	0	23	紫色	RHS N88B
	'Mrs. Edwards Whitaker'	2	2	100	17	33.5	0.8	25.5×22	80	0.55	花叶	4	24	125	23	淡蓝色	RHS 97C
	'Muang Wiboonlak'	2	2	100	14.3	43	1.2	34×31	140	0.8	绿	4	28	210	33	深紫色	RHS 93B
	'Nangkwaug Apsara'	2	1	50	13	32.5	0.75	30×25.5	105	0.75	花叶	8	31	195	25	桃红色	RHS 68B
白天开花热带睡莲	'Nangkwaug Khao' 1	2	2	100	15.2	47	0.9	39.5×34.5	130	0.8	花叶	8	21	197	26	淡黄色	RHS 155B
	'Nangkwaug Khao' 2	2	2	100	14	40.5	0.8	30×27	87	0.75	绿	8	16	135	17	白色	RHS NN155C
	'Queen of Siam'	3	2	100	13.5	34	0.75	27.5×25	105	0.6	花叶	4	21	147	19	深粉色	RHS N74C
	'Smoke Green'	2	2	100	18	50.5	1.15	42×37	130	1	花叶	4	35	195	28	外:淡紫色 内:淡绿色	外:RHS N88D 内:RHS 149D
	'Swangjitra'	2	2	100	13	32.5	0.68	33×28	119	0.6	花叶	4	30	156	25	淡黄色	RHS 2D
	'Terri Dunn'	2	2	100	16.5	33	1	34.5×30	115	0.6	绿	4	17	79	20	紫色	RHS 91B
	'Thong Garnjana'	2	1	50	15	38	0.95	36×30.8	135	0.7	绿	4	16	195	29	淡黄色	RHS 150D
	'Wood's Blue Goddess'	2	2	100	20	47	0.95	54×54	180	1.2	绿	6	17	145	20	淡紫色	RHS 92C
	'Yok Siam'	2	1	50	15	40	0.85	32×26.5	90	0.8	花叶	4	25	235	33	淡蓝紫色	RHS 97C
	'August Koch'	2	0	0	/	/	/	/	/	/	/	/	/	/	/	/	/
	'Colorata No. 2'	2	2	100	10	26	0.65	17×16	50	0.5	绿	5	14	95	21	淡紫色	RHS 91D
	'Nangkwaug Chompoo 2'	2	2	100	11	38	0.85	33×28	118	0.75	花叶	7	31	146	22	粉色	RHS 62C
	'Nymphaea Gigantea Hybrid1'	2	2	100	18	57	0.8	36×31	85	0.65	绿	4	30	598	13	深紫色	RHS 90B
	计	53	42	79.25	/	/	/	/	/	/	/	/	/	/	/	/	/

园林植物应用与造景

类型	品种	引入数	成活数	成活率(%)	花径(cm)	花柄高(cm)	花柄粗(cm)	叶大小(cm)	叶柄长(cm)	叶柄粗(cm)	叶子颜色	萼片数	花瓣数	雄蕊数	心皮数	花色	比色
夜花型热带睡莲	'Ploi Fai'	2	2	100	21	39	1.3	45×44	210	0.85	红	4	18	72	21	桃红色	RHS N57D
	'Rojjana Ubol'	2	1	50	20	40	0.95	34×32.3	150	1.1	红	4	23	77	25	淡桃红色	RHS 63C
	'Agkee Sri Non'	2	1	50	19.5	35.5	1.2	35.1×33.2	172	0.9	红	4	20	72	24	深桃红色	RHS 63A
	'Red Cup'	2	1	50	17	48	1.2	40×39.5	177	1.15	红	4	22	70	20	深红色	RHS 60D
	'Ploi Praow'	2	2	100	16.5	37	1.05	37.5×38	148	1	红绿	4	25	73	27	桃红色	RHS N57C
	'Napa—Pen'	2	2	100	18	38	1.2	43.5×43	155	1.2	花叶	4	21	68	17	白色	RHS 155D
	计	12	9	75	/	/	/	/	/	/	/	/	/	/	/	/	/
	合计	65	51	78.5	/	/	/	/	/	/	/	/	/	/	/	/	/
	平均值	/	/	/	15.8	37.9	0.9	34.0×31.3	121.8	0.8		4.8	28.4	152.8	23.9	/	/

1.3　种植方法及管理

1.3.1　种植

7月8日，种植在内径18cm、高14cm的红色塑料盆内，盆中放入水稻田土至八成满。在每个塑料盆上写上睡莲的品种名称，将睡莲根茎顶芽朝上种入盆中，根茎必须整个按入淤泥内，但不能没顶，每盆种一个。最后将种好睡莲的红盆放入水池中，池中水深高过红盆5cm左右。

1.3.2　换盆进棚

待红色种植盆中的睡莲长出2—3浮叶时，将睡莲换盆，替换成内径30cm、高20cm的盆。先在盆底部放入适量的鸡粪，再盖上泥土，泥土同为水稻土，再将睡莲移入盆中，在这个过程中，要注意尽量不要损坏睡莲的根和叶，然后用泥土把盆中的空余位置填满，最后将盆放入大棚中的水池中，水池中的水面高过盆10cm左右。以后随着叶片增多增大，叶柄增长逐渐加深水位。10月20日大棚覆膜，当最低气温低于15℃时放下围裙，11月20日内层覆膜，当最低气温低于10℃时放下内层膜。

1.3.3　追肥

在8月底，对热带睡莲进行第一次追肥，每盆追施适量复合肥。10月中旬，进行第二次追肥。

1.3.4　病虫防治

生长发育期间常遭受螺、水绵、水螟、斜纹夜蛾等有害生物的危害，及时注意防治。

1.4　数据采集方法

数据采集时间为2013年8月10—15日。

1.4.1　成活率

记录每个品种的成活盆数，除以每个品种引进的根茎数，为该品种的成活率。

1.4.2　花径

第一天开的花，用直尺测量花的直径，为该品种的花径，每品种测量5朵，求其平均数。

1.4.3　花柄高

用直尺测量从花柄生长点到花柄与花托交接处高度，为该品种的花柄高。每品种测量5支，求其平均数。

1.4.4　花柄粗

用游标卡尺测量靠近花柄与花托交接处的花柄粗度，为该品种的花柄粗。每品种测量5支，求其平均数。

1.4.5　叶径

每品种选取植株外层的叶片，以叶鼻为中心，用直尺测量叶的长度及宽度。每品种测量5片，求其平均数。

1.4.6　叶柄长

选取离种植盆最远的叶片，用直尺测量从叶片生长点到叶鼻间的长度，为该品种的叶柄长。每品种测量5根，求其平均数。

1.4.7　叶柄粗

用游标卡尺测量靠近叶柄与叶片交界处的叶柄粗度，

为该品种的叶柄粗。每品种测量5根，求其平均数。

1.4.8　是否胎生

观察老叶子的叶鼻位置，判断该品种是否为胎生品种。

1.4.9　叶色

观察叶子的颜色，分为绿色、花叶和红色三类。绿色和红色系指叶色一致，全叶表面为绿色或红色，花叶是指叶表面或多或少有2种颜色。

1.4.10　萼片数

每个品种相继采5朵花，数每朵花的萼片数，最后求平均数，即该品种的萼片数。

1.4.11　花瓣数

每个品种相继采5朵花，数每朵花的花瓣数，最后求平均数，即该品种的花瓣数。

1.4.12　雄蕊数

每个品种相继采5朵花，数每朵花的雄蕊数，最后求平均数，即该品种的雄蕊数。

1.4.13　心皮数

每个品种相继采5朵花，数每朵花的心皮数，最后求平均数，即该品种的心皮数。

1.4.14　花色

用 Royal Horticultural Society 英国皇家园艺学会（RHS）的植物比色卡对每个品种花瓣颜色进行比色，为该品种的花色。

2　结果和分析

根据以上数据采集方法，所得相关数据。成活率、花径、花柄高、花柄粗、叶径、叶柄长、叶柄粗、叶色、萼片数、花瓣数、雄蕊数、心皮数和花色等有关数据，汇总于表1睡莲品种器官观测表。

2.1　成活率

从表1中可知，引种的热带睡莲平均成活率78.5%，其中两个品种 'Miami Rose'、'August Koch' 成活率为0。品种保存率为93.3%。

2.2　花径

从表1中可知，花径平均值为15.8cm，夜花型的热带睡莲花径值都高于平均值，特别是 'Ploi Fai'，直径达到21cm。花径大的品种更有吸引力，在园林应用上观赏价值更高。

2.3　花柄高

从表1中可知，花柄高平均值为37.9cm，夜花型热

带睡莲基本都高于平均值。而白天开花的热带睡莲 'Nymphaea Gigantea Hybrid1' 的花柄最高，达到57cm。花柄高的睡莲更能够吸引注意力，但是 'Nymphaea Gigantea Hybrid1' 的花柄过高，并且花比较大，花径达18cm，所以它的花柄没有办法长期挺立，甚至睡倒在水面上，反而影响美观。

2.4　叶径

从表1中可知，叶径平均为 34.0cm×31.3cm。夜花型热带睡莲每个品种的叶径都超过了平均值。叶径最大的要数 'Wood's Blue Goddess' 和 'Ploi Fai'，分别达到 54cm×54cm 和 45cm×44cm。

2.5　叶柄长

从表1中可知，叶柄长的平均值为121.8cm。叶柄最长的品种是夜花型热带睡莲 'Ploi Fai'，达到210cm，说明该品种的覆盖面积为(2.1+0.2)2×∏=16.6(m²)，如按园林植物种植株行距至少在4.5×4.5=20（m²），在种植过程中要注意种植密度。

2.6　叶色

从表1中可知，夜花型热带睡莲 'Napa-Pen'，白天开花型热带睡莲'Director George T. Moore'、'Madame Ganna Walska'、'Mrs. Edwards Whitaker'、'Nangkwaug Apsara'、'Nangkwaug Khao'1、'Queen of Siam'、'Smoke Green'、'Swangjitra'、'Yok Siam'、'Nangkwaug Chompoo 2'，这些品种的叶子都是花叶，其中有些品种花纹多，有些品种花纹少，只有少量斑纹。叶子有色斑提高了观赏价值。而夜花型热带睡莲除了花叶的 'Napa-Pen' 以外，其他的叶子颜色都是红色，其中 'Ploi Praow' 的叶子红中带绿。红色的叶子相对于绿色叶子在自然界中本来就比较少，夜花型热带睡莲大部分都是红色叶子，这样的叶子在园林景观中非常漂亮。

2.7　萼片数

从表1中可知，萼片数的平均值为4.8，而大部分的睡莲品种的萼片数都是4，只有少量是6，而萼片数为8片的 'Nangkwaug Apsara'、'Nangkwaug Khao'1、'Nangkwaug Khao'2 和萼片数为7片的 'Nangkwaug Chompoo 2' 都是萼片肥大型的热带睡莲，这几种热带睡莲的萼片很大，而且形状像叶子，是非常特殊的一类品种，花造型奇特并且精美。

2.8　花瓣数

从表1中可知，花瓣数的平均值为28.4。其中 'Midnight' 的花瓣数达到160，相比其他品种的20、30左右的花瓣数，'Midnight' 的花瓣数过于多了，原因是它的雄蕊全部瓣化。

2.9　雄蕊数

从表1中可知，雄蕊数的平均值为152.8。'Midnight' 由于雄蕊瓣化，所以雄蕊数量为0，'无法自花授

粉，因为它没有花粉。而 'Nymphaea Gigantea Hybrid1'
的雄蕊数量非常惊人，达到了 598，该品种非常特别。

2.10　心皮数

从表 1 中可知，心皮数的平均值为 23.9。

2.11　花色

从表 1 中可知，这次引进的热带睡莲花色丰富又非常
艳丽。夜花型热带睡莲除了 'Napa-Pen' 是白色的以外，
其他都是红色的。而 'Napa-Pen' 就是夜花型中唯一一
种叶色绿色略带斑纹，其他均为红色。

2.12　花期

3　结论和讨论

（1）杭州天景水生植物园从泰国引进的热带睡莲，品
种多，类型丰富，单从生长发育情况看引种是成功的。引
种的母本都有不同数量的繁育，到 2013 年 8 月长势良好。
但在冬季必须在双层大棚中才能安全越冬。

（2）人工杂交育种，2012 年已经开展了人工杂交育
种工作，累计杂交 160 个组合，收到种子的有 20 个组合，
发芽出苗的组合 15 个，共繁育子代 20000 余株，目前成
苗 5000 余盆，有 3000 盆已开花，表现出分离性状。有关
性状遗传表现仍待进一步观察。

（3）夜花型热带睡莲，花径大、花柄高，叶子大小、
叶柄长都基本超过平均数，说明夜花型热带睡莲植株大，
在园林观赏性更强。而且晚上开花，叶子颜色基本都是红
色，非常特别，今后在市场上有很大的发展空间。今后要
加强育种繁殖工作。

（4）根据对引种睡莲生长发育情况的观察分析，发现
引种成活的热带睡莲都能健康生长发育，并且长势良好。

（5）由于缺少原产地数据，给引种的结论产生影响。
对引种前后表现进行对比观察和分析，有助于进一步理
解引种适应性。

4　园林应用

热带睡莲在大小水体中均可应用，根据其喜热、喜肥
的特点，宜在华南地区大面积应用。在福建以北地区应用
要注意防寒抗冻。应用水深宜控制在 0.2—1.5m 以内较
好，如水深过深也可用容器种植。土壤以肥沃淤泥为佳，
容器种植的以内径 35cm 以上为宜，为确保花量、花径、
花期和生长势应在生长季节多次追肥。

配置方法：单株点缀、片植均宜，在水深梯度配置上
可与其他浮水植物如王莲（Victoria）、耐寒睡莲、挺水植
物靓黄水生美人蕉（Canna indica var. falava）、千屈菜
（Lythrum salicaria）、红鞘竹芋（Thalia geniculata）等
配置。种植密度因品种和种植环境有关，品种叶柄越长、
基质肥力越高、热量条件越好和管理水平越高的密度越
稀，反之越高；一般株行距在 1.5—4m 间。

图 1　'Director G. T. Moore'

图 2　'Agkee Sri Non'

图 3　热带睡莲应用实景 1

图 4　热带睡莲应用实景 2

参考文献

[1] 黄国振，邓惠勤，李祖修，李钢. 睡莲[M]. 北京：中国林业出版社 2008. 11.

[2] 李尚志，李国泰，王曼. 荷花·睡莲·王莲栽培与应用[M]. 北京：中国林业出版社 2001. 12.

作者简介

[1] 余翠薇，浙江人文园林有限公司 杭州天景水生植物园。

[2] 陈煜初，浙江人文园林有限公司 杭州天景水生植物园。

[3] 余东北，浙江人文园林有限公司 杭州天景水生植物园。

[4] 沈燕，浙江人文园林有限公司 杭州天景水生植物园。

园林植物应用与造景

浅论植物纹样装饰在上杭文庙建筑中的运用

Discussion on the Application of Plant Motifs Decoration in Shanghang Confucius Temple

于 硕 阙 萍 林 洁 董建文

摘 要：中国传统建筑上的植物纹样装饰丰富多彩，蕴含了中华民族膜拜自然，崇敬自然的精神特征，具有继承性和适应性。本文从植物纹样的形成入手，分析其寓意及精神品格和审美情趣等文化内涵，研究了上杭植物纹样的立意性、相协调性和呼应性等方面装饰左右并对上杭文庙植物纹样装饰特征进行重点阐述，总结其装饰特征。旨在为保护客家传统建筑和客家建筑文脉提供参考。

关键词：上杭文庙；建筑装饰；植物纹样

Abstract：There are rich and colorful plant motifs in Chinese traditional architecture. With inheritance and adaptability, they implicate the Chinese sprit of worshiping and respecting nature. Based on the origin and culture meaning of plant motifs, this paper deeply analyzes the function of plant motifs on the Shanghang Confucius temple and summarizes the decorative features. The main objective is to protect the traditional hakka architecture and architectural context.

Key words：Shanghang Confucius Temple；Architectural Ornament；Plant Motifs

1 植物纹样的形成及其文化内涵

1.1 植物纹样的形成

植物纹样泛指以植物花草为主要原型的纹样装饰。它包括花草果实等写实类的图案，也包括诸如卷草纹、缠枝纹等抽象类的花纹。植物纹样最早作为动物纹样的陪衬出现在古代的器皿装饰中。但随着古代文人思想文化的发展和工匠技艺的不断进步，自唐代后期开始，特别是宋代以后，我国装饰艺术中植物纹样开始取代动物纹样占据主流地位[1]，被广泛地运用到中国传统建筑的立面装饰和室内装饰中，形式多样而富有变化。图纹化的花叶卷草鲜活饱满，形象栩栩如生，体现了中华民族追求事物动态美与形式美的审美情趣。

1.2 植物纹样的文化内涵

植物纹样一直是我国古代建筑装饰的传统图案之一，它蕴含着中华民族的文化思想与审美精神。从根本上看，对植物这种自然事物的重视与人们的生产生活有着密切的联系。早期的人类通过采集果实以求温饱，植物的生长状况很自然地列入他们的观察范畴。在长期的劳作实践中，人们发现繁盛的枝叶和硕大的花朵预示着以后的丰收，把这种形象融入建筑的装饰，不但是建筑美观的需要，也寄托了人们希望风调雨顺、五谷丰登的祈求。中原自古多战乱，植物生生不息、枝繁叶茂，石榴、葡萄、莲蓬等都被赋予了多子多福、吉祥平安的寓意。某些植物特有的习性也与人的独特品格与高尚精神联系起来，不论是松柏"岁寒，然后知松柏之后凋"的刚毅，还是莲花"出淤泥而不染"的高洁，以及梅花"香自苦寒来"的坚强，

都备受文人墨客的称赞。由这种"比德"思想衍生了"梅兰竹菊"四君子和松竹梅"岁寒三友"[2]。选用植物纹样作为雕刻画图的主角或陪衬，实际上以物喻人，寄托对上述品格的赞许和向往。还有因谐音而受到人们欢迎、已经成为约定俗成寓吉祥意于其中的植物图案，如芙蓉通"福"，橘子通"吉"，水仙通"仙"[3]，通过读音产生联想，表达对理想境界的向往和追求。

2 植物纹样在上杭文庙建筑装饰中的作用

文庙作为祭祀孔子的场所是古代学子膜拜的神圣殿堂，文庙的建造成为各地立县之初最主要的官方建筑行为，往往与城墙、府衙的初建共同进行[4]。其建筑装饰虽南北各异，但总体来说比起当地乡土建筑，其规格更高，装饰更为华丽[3]。通常在门窗梁枋等位置以不太花哨的植物纹样雕饰夺人目光，以突显儒家文化氛围。

2.1 上杭文庙的概况

上杭县位于八闽之西，汀江之南，清代爱国诗人丘逢甲曾有诗赞"东南山豁大河通，汀水南来更向东。四面青山三面水，一城如画夕阳中"。上杭是客家文化的重要发源地，也是闽西地区儒家文化的宣扬地。上杭文庙始建于宋嘉定十六年（公元1223年），后因雨水和白蚁等而损毁。明嘉靖二十七年（公元1548年）仍移原地重建[5]，并几经扩建与修缮臻于完备，其位于上杭县中心，是上杭县城内保存较为完好的古代建筑之一。明朝初期，明太祖朱元璋制定了"移风善俗，礼为本，敷训导民，教为之先"的军事哲学战略方针[6]，把儒学作为国学在全国进行宣扬训导。到了明朝中期，正德十二年（公元1517年）至正德十三年（公元1518年），王阳明率军驻扎于上杭县

城剿匪，并大力宣扬儒学，感化百姓，强化中央集权；此外，南宋时期客家人也逐渐入闽，到明代中期确定了福建客家民系，一批手艺高超的木匠、石匠、砖瓦匠等带来了中原地区先进的雕刻技术和工艺，上杭文庙就是在这样的历史背景下发展起来，并最终形成明清时期福建省内建筑装饰艺术巅峰的地方庙学圣殿（图1）。

图1 文庙全景

2.2 植物纹样的立意性

植物纹样以植物本身为原型，咏物言志。植物纹样或单幅成意，或用一系列的图案表达特定的意思。穿过上杭文庙的棂星门，绕过泮池，在大成殿巨大斗拱下的第一重檐顶上有一组以"竹、梅、松"为题的彩绘砖雕，即传统文化中的"岁寒三友"（图2-图4），烘托了文庙儒雅的诗画氛围。进入正殿，位于房梁下方有一组木雕刻（图5），正中的分别是学子赶考图和文王访贤图。两边分别雕刻有牡丹、菊花、莲花，配以花叶组合成团花图案（图3-2、图3-3），寓意着"及第高升"和"富贵吉祥"，表达了对莘莘学子的祝福之意。

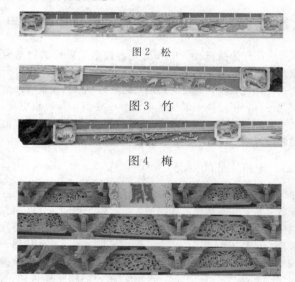

图2 松

图3 竹

图4 梅

图5 木雕

2.3 植物纹样的相协调性

植物纹样作为一种装饰图案，除了单独构成图案主体以表现特定寓意之外，也常常与动物纹饰和自然物纹等，共同构成一组装饰图案，表现吉祥寓意。在上杭文庙

的门楼两侧，有四组形态各异的砖雕，分别是"松鹤延年"和"蛟龙出海"，并配以宝瓶、莲花等吉祥纹样（图6）。这两组砖雕分别重复一组共同构成了上杭文庙的影壁，植物纹样与动物纹饰的协调配合，体现了当地客家人对儒学的敬重之意和对学子的吉祥祝福，且从内容上来看，植物与动物交相辉映，体现了动中有静，变化而统一。

图6 照壁雕饰

图纹化的花叶卷草在建筑装饰中逐渐与传统的自然物纹，如云纹、水波纹和冰纹等相融合，并进行了适度变化，使之具有了几何的构图美，表达了"枝繁叶茂""卉木繁荣"的文化内涵。

2.4 植物纹样的呼应性

植物纹样装饰不仅出现在门、窗等建筑装饰的主要部位，而且还在台基、柱础等细节处进行修饰以达呼应和强调的作用。文庙正殿大成殿的台基就是以竹节为边界进行装饰（图7）。无独有偶，正殿的八面形柱础，每个面

图7 台基雕饰

都雕有秋菊的图案（图8），与房梁上的秋菊遥相呼应。使上杭文庙建筑的整体而又富有变化，和谐统一。

图 8　柱础雕饰

3　植物纹样在上杭文庙建筑装饰中的表现特征

就总体而言，上杭文庙内的植物纹样装饰保存完好，各类石雕砖雕的手法娴熟而精湛，富于想象力与感染力，反映了明代中期客家人明快积极的性格和富有诗情画意的艺术特色。植物纹样运用精妙，于细节处着手，写意抽象的图纹与写实具象的花卉相结合，既起到了基本的装饰功能，又反映了一定的文化寓意，并对周围的环境进行合理的烘托。

3.1　具象性与概括性的结合

在植物形象的表达上，上杭文庙的植物纹样塑造上主要有两种形式，即写实的植物花卉图案与高度概括的缠枝纹相结合。作为装饰纹样主题的花卉图案，在中国的传统植物纹样中，对其进行艺术抽象而形成纹饰的相对少见，多以写实进行表现。在上杭文庙的建筑装饰中，花卉雕刻细腻，每朵花花瓣上的纹理都清晰可辨，图案写实逼真。而用于陪衬的卷草纹、缠枝纹类的雕刻，则似中国书法中的狂草，写意的手法雕刻而成的枝干盘根错节，构成了繁复的背景，使中心的图案更为突出。同时，蜿蜒盘桓的老根虬枝又象征了顽强不息、欣欣向荣的生命力。

3.2　装饰性与实用性的交融

上杭文庙的建筑装饰除了运用在照壁、棂星门、大成殿的枋梁门窗上，也对柱础、台基、栏杆、屋脊等建筑细节处进行刻画处理。南方多雨，客家建筑对于屋顶的防漏要求很高。屋脊做得特别粗大，上立高砖、鳌头等，成为展示装饰工艺的理想之地，尤以正脊最为突出[7]，弱化了由于建筑构件的粗大带来的整体不协调感（图9）。上杭文庙在这些抬头可见的地方用植物纹样进行装饰，用植物的语言渲染了上杭文庙儒家文化的氛围。

3.3　文雅性和民俗性的共存

脊饰是中国古建筑的主要装饰部分，常在屋脊集中地节点处做动物、植物或几何图形的装饰[8]；作为官式建

图 9　正脊脊饰

筑的代表，上杭文庙的大成殿各个屋脊的翘脚都雕饰有龙、螭吻等神兽图案（图10、图11），用以彰显儒学作为国学的地位。古人认为，雅者，正也，正统即为雅，由此慢慢衍生了文雅、娴雅等文人情趣。上杭文庙的植物纹样装饰的"松竹梅"植物纹样组合，代表了正统文化中君子所具有的美德，表达了文人的审美追求。而与雅相对的俗，则反映的是当地社会长期以来形成的风尚、习惯等。客家人远离中原，在继承中原传统文化的同时，也逐渐适应了当地的生活环境，因此构成了以尚俗为特色的图案与色彩[9]。上杭文庙中也有民俗中的葡萄、石榴、和鲤鱼等寓意吉祥的图纹（图12），这些"俗物"与日常生活息息相关，是寻常百姓的审美情趣。其次，上杭文庙的大成殿以正红与明黄为主色调，细节处加以靛青、葱白的自然色彩，凸显了客家人对自然的模仿与尊重。建筑的色彩与装饰图案使肃穆的上杭文庙充满浓郁的地方建筑装饰特色。

图 10　脊兽—灰

图 11　脊兽—螭吻

图 12 彩绘浮雕

4 结语

历经几代风雨，上杭文庙作为福建省级文物保护建筑被保留了下来，其在历史的沉积中，越发显得美轮美奂，生意盎然，其中的植物纹样装饰对当今的建筑装饰艺术创造和客家文化的研究起到了重要的启迪和借鉴作用。当代，建筑室内外空间的装饰除了能满足基本使用功能外，人们更提高了建筑装饰的文化内涵、艺术效果等精神层次的要求，植物纹样与建筑装饰的相融合，是人与自然和谐统一的象征。上杭文庙建筑植物纹样的立意性、相协调性和呼应性，以及所反映的文化内涵与表现特征，为当代的建筑装饰艺术提供了成功的典范，凝结了当地客家人高超的建筑技艺，是不可忽视的民间文化遗产。

参考文献

[1] 袁宣萍. 论我国装饰艺术中植物纹样的发展[J]. 浙江工业大学学报(社会科学版)，2005(6)：91-95.
[2] 金荷仙，华海镜. 寺庙园林植物造景特色[J]. 中国园林，2004(12)：50-56.
[3] 黄汉民. 中国传统建筑装饰艺术——门窗艺术(上册)[M]. 北京：中国建筑工业出版社，2010：152.
[4] 楼建龙. 福建古代文庙建筑营造手法的规范性与区域性[J]. 福建文博，2010(1)：36-42.
[5] 上杭县地方志编纂委员会. 上杭县志[M]. 福建：福建人民出版社，1993.
[6] 郎维宏. 安顺文庙石雕装饰艺术[J]. 装饰，2007(11)：78-80.
[7] 熊清珍. 粤东客家民居建筑与岭南民居建筑装饰中陶瓷材料的应用比较[J]. 装饰，2011(1)：108-109.
[8] 赵青，张麒. 辽金建筑装饰构件特征——晋地辽金建筑的装饰形式及营造[J]. 古建园林技术，2012(1)：27-29.
[9] 刘运娟，陈东生. 客家传统服饰刺绣图案[J]. 纺织学报，2012. 33(7)：116-119.

作者简介

[1] 于硕，1989年生，女，福建农林大学在读研究生，研究方向为风景园林规划与设计，电子邮箱：wulaheilala518@163.com。
[2] 阚萍，1988年生，女，福建农林大学在读研究生，研究方向为风景园林规划与设计。
[3] 林洁，女，福建生态工程学校。
[4] 董建文，1968年生，男，福建农林大学教授。

中国传统园林植物景观文化探讨

Investigation of the Culture of Plant Landscape

袁丽丽　徐照东　赵　林

摘　要：针对园林植物景观设计中文化性逐渐缺失的现状，本文通过对园林植物文化象征意义的6个方面即植物材料本身、地域性、古诗画演变、地方典故及奇闻逸事、宗教和风水进行系统分析，归纳总结出了36种常用园林植物的文化含义和景观应用。并结合具体案例对园林植物景观文化的应用进行了初步探讨，提出对待传统植物景观文化要在继承的基础上进行发展和创新，植物配置中要讲究设计手法的多样性。

关键词：植物设计；文化内涵；设计手法；景观应用

Abstract：For the gradual loss of culture in garden plant design，culture and landscape application of 36 kinds of garden plants were summarized，by analysis of its cultural symbolism from its plant material，region，poetry and painting evolved，local stories，religion and geomancy and so on. The application of garden plant culture was discussed by specific examples. The attitude of development and innovation to traditional culture of garden plants was proposed，and the diversity of design techniques must be used in garden plant design .

Key words：Design of Plant；Culture Connotation；Design Techniques；Landscape Application

由于现代园林景观规模远大于古代私家园林，传统的园林植物孤植和丛植方式在现代园林中的应用已经越来越少。现代园林之植物景观多采用片植的手法，与传统造园相比单个群落的植物种类减少。另外，现代景观设计和施工讲求"快速"，精雕细琢的景观越来越少，而是更多地追求植物造景的整体效果，文化性得不到体现。

园林植物也是中国民族文化的重要体现，古人云："情与景通，则情愈深，景与情合，则景常新"，当园林植物造景中缺失了文化性时，可能出现设计手法雷同，植物景观单调，甚至千篇一律。现代园林植物景观强调植物的整齐和规格统一，忽略了植物自然的生长性和观赏价值，这样有利于苗圃规模化生产，却逐渐造成园林植物品种单一。

我们亟待解决的问题就是对园林植物的文化内涵和应用手法进行归纳，为园林设计工作者提供丰富园林植物景观多样性的手法，甚至可以向中国大众宣传和普及中国植物内在文化内涵，将园林植物景观文化作为中国非物质文化遗产般保护和发扬。王小鸽等（2007）、傅凡等（2011）对园林植物景观文化意蕴进行了探讨和总结，本文则从植物文化含义的不同由来和景观应用角度进行探讨。

1　园林植物文化性起源及景观应用

中华民族很早就产生了农耕文明，在与大自然的长期斗争中，人们对自然和未来的理解逐渐渗透在对植物的崇拜中，另一方面，随着传统文化思想的发展，特别是儒家孔子的"君子比德"思想，促进了园林植物寓意的产生[2]。中国古代广泛采用托物言志的手法，将树木花草赋予了人格意义，借以表达人的某些思想品格或美好愿景。

经过长期的历史沉淀，诸多园林植物有了特别的文化性格，成为吉祥、祝福、财运、长寿、富贵的代表（表1）。按照园林植物文化性的产生来源，可以分为植物材料本身、地域性、古诗画、地方典故、奇闻逸事、宗教和风水学等起源的植物景观文化。

1.1　植物材料本身的文化性

由于植物材料或某个观赏部位的特殊性，如茎、叶、花、果实、形、色、味、名等，使植物材料与人格联系到一起，从而形成了特殊的文化内涵。

1.1.1　植物材料观赏性

梅花傲骨嶙峋，凌寒独放，象征执着和坚韧。松柏树干苍老盘曲，木质坚硬、不易腐烂，象征坚毅、高尚、长寿和不朽。枝繁叶茂，新枝茁壮，旧枝不凋，有子孙兴旺之意。以器官特异性而被赋予文化意义的园林植物还有牡丹（花大色艳）、合欢（对生叶夜合晨舒，"合婚"树）、紫荆（心形叶，象征同心）、龟背竹（叶子龟甲状，代表长寿）、枇杷（果实，象征富足和子嗣昌盛）、芭蕉（叶大枝大，寓意为"大业有成"）等。另外，经过长期的自然生长，某些园林植物个体形成了特殊的景观价值，如黄山迎客松、泰山卧龙松、北京中山公园的槐柏合抱等。

1.1.2　香气

桂花、梅花、荷花、木樨等具有宜人的香气，植物香气能引起人的生理感受可以形成特色景观文化。如拙政园的雪香云蔚和远香益清（远香堂）、网师园的小山丛桂轩、留园的闻木樨香轩、承德避暑山庄的香远益清和冷香亭、狮子林的双香仙馆等。

1.1.3 名字谐音

谐音是中国古文化的一大特色，在古代诗词中花木名常用其同音或谐音字来代替。如芙蓉，蓉与荣谐音；花与华古代通用，常表示荣华；"金玉满堂"指玉兰、牡丹、海棠，也有文献指桂花、玉兰和海棠，海棠的棠谐音堂。另其中玉堂是汉代宫殿，又指神仙居所，泛指富贵之家，牡丹又名"富贵花"，也多用于赞颂府第辉煌富贵。颐和园乐寿堂广植玉兰海棠及牡丹寓意"玉堂富贵"。

1.1.4 生长习性和寿命

"有情芍药含春泪，无力蔷薇卧晓枝"将春日雨过天晴后的芍药和蔷薇生长姿态描写的惟妙惟肖；棕榈生命力顽强，为生命常青树；银杏寿命长，象征健康长寿，结果多，又寓意人丁兴旺。

1.2 地域性和植物季相形成的植物景观文化

地域性的植物景观文化是由于处在不同的自然气候、风俗习惯、历史演变等而形成的带有地方特色的植物景观文化。其中自然气候下植物景观表现出不同的季相特征，北方植物四季景观差异性很大，以常绿针叶树种和落叶阔叶植物为主要景观；南方四季植物景观变化小，植物种类丰富，以常绿阔叶植物为主。南方热带海滨城市则以榕属植物、棕榈科植物、热带植物、滨水植物、水生植物为主要景观特色。另外，地方风俗习惯和皇家园林也形成了有地域特色的植物景观文化。

1.2.1 地方风俗习惯

由于传统节日和民家风俗形成的园林植物景观文化如秋日观桂、重阳节赏菊花、春节赏梅等；杭州白堤"一株桃花一株柳"（图1）以及乡土村落中的风水树都是体现地区文化的特征。在岭南传统园林植物文化中，棕竹又名观音竹，被认为有化煞驱邪、保住宅平安之功效。木棉为广州市花，被认为是英雄的象征。岭南宗祠和私家园林中，大多栽植酸杨桃，寓意子孙满堂，粤语中酸跟孙读音相近[1]。

图1　杭州白堤"一株桃花一株柳"景观

1.2.2 皇家园林遗留

我国周朝时期，朝廷在外朝种槐树三棵和棘树九枝，公卿大夫分坐其下，左九棘，为公聊大夫之位，右九棘，为公侯伯子男之位；面三槐为三公之位，三公即太政大臣、左大臣和右大臣。后因以槐棘指三公或三公之位，由此称三公为三槐，称三公家为槐门，"三槐九棘"指高官厚禄之家，一般的官宦门第，门前都有槐树，遂成为族表门第的标志[3]。

《礼记》载："天子坟高三刃，树以松；诸侯半之，树以柏；大夫八尺，树以栾；士四尺，树以槐；庶人无坟，树以杨柳"。可见，在阶级社会，坟墓周边树木配置亦是等级制度的反映[4]。

1.3 古诗画中演变来的植物景观文化

有些植物景观有其特殊的观赏或生命周期特点，与人的某些美好品格或美好愿望相像，被古代文人墨客用美好的诗歌辞赋描绘出来，更增添了其文化内涵。托植物言志的古代诗词数不胜数，如赞美梅花、荷花、菊花、竹、松柏、紫薇等的美好品格（表1）。另外还形成了"梅兰竹菊"四君子，春兰、夏荷、秋菊、冬梅四季景观，"岁寒三友"，桃李景观，前朴后桦的赏花特点及"国朝殿庭，惟植槐楸"等。

中国园林植物文化内涵　　　　　　　　　　　　　　　　　　表1

种名	文化起源	文化内涵	景观应用	文化记载或评价
芭蕉	叶大、枝大	寓意为"大业有成"	网师园"殿春簃"花窗外芭蕉透景	"扶疏似树，质则非木，高舒垂荫""隔窗知夜雨，芭蕉先有声""芭蕉为雨移，故向窗前种""风回雨定芭蕉湿，一滴时时入昼禅"
杜鹃花	蜀帝蒙冤死后，化作一只杜鹃鸟的传说	人们思念家乡亲人的情感寄托	杜鹃花海景观	"闲折二枝持在手，细看不似人间有，花中此物是西施，鞭蓉芍药皆嫫母"
龟背竹	叶子形状似龟甲图案	寓意健康长寿		
桂花	香气脱俗；蟾中折桂的传说	仙友，仙客之称；象征登第	拙政园雪香云蔚、远香堂；中国传统中门前植两桂；在书房外植桂	"清香不与群芳并"；"独占三秋压群芳，何夸桔绿与橙黄"

种名	文化起源	文化内涵	景观应用	文化记载或评价
合欢	羽状复叶对生，夜间双双闭合，夜合晨舒	象征夫妻恩爱和谐，婚姻美满；"合婚"树；释仇解忧之树		嵇康的《养生论》："合欢蠲忿，萱草忘忧"
荷花	清香、洁净、亭立、修整的特性与飘逸、脱俗的神采；佛性	香气宜人；超凡脱俗，怀揣理想；人性的至善、清洁和不染	拙政园雪香云蔚、远香堂；藕香榭、香远益清、濂溪乐处；北京慈恩寺	"出淤泥而不染，濯清涟而不妖"
槐树	风水说"灵星之精"	"怀人"之德	院前后置槐寓升迁，进财	《周礼·秋官》中植槐记载
菊花	神韵清秀；凌霜盛开、西风不落	赋予它高尚坚毅的情操；"隐逸之星"	庭院景观中，菊花可成块种植；岩石园或花坛，清新淡雅	"不是花中偏爱菊，此花开尽更无花""采菊东篱下，悠然见南山""梅兰竹菊"
兰花	幽香	比喻君子的修道；友谊	与山石相配；广州兰圃等专类园	义结金兰、"芝兰生幽谷，不以无人而不芳"
柳树	枝条细长的姿态	依依惜别	河湖岸植柳，西湖白堤	"昔我往矣，杨柳依依"
龙眼	地方风俗习惯	风水树	在岭南村落屋前都栽种成片龙眼树	
罗汉松	地方习俗	象征长寿、守财，寓意吉祥	在庭院种植罗汉松，视为官位守护神	广东地区有"家有罗汉松，世世不受穷"
梅花	傲骨嶙峋，凌寒独放；梅花有五瓣，人称"梅开五福"	宜人的香气；象征执着和坚韧；肌玉骨、凌寒留香的特征被誉为民族精神，红梅报春，又象征吉祥	拙政园雪香云蔚、远香堂；墙角植梅花；植于水边；踏雪寻梅等景点；栽梅绕屋，冷香入室；狮子林"双香仙馆""问梅亭""扇亭"	"铁杆虬枝绣古苔，群芳谱里百花魁""梅开二度"；"墙角数枝梅，凌寒独自开。遥知不是雪，为有暗香来。""疏梅横斜水清浅，暗香浮动月黄昏"等
牡丹	花大色艳，花姿美，富丽堂皇	为富贵、繁荣昌盛的象征	以常绿植物或建筑为背景栽植	"庭前芍药妖无格，池上芙蕖净少情。惟有牡丹真国色，花开时节动京城"
木棉	地域景观	英雄的象征	广州市花	"花开则远近来视，花落则老稚拾取，以其可用也"
木樨	黄庭坚将木樨香作为悟禅的契机	"木樨香"为三教教门常用的典故，蕴含着深刻的禅宗哲理	"闻木樨香轩""无隐山房""小山丛桂轩"	
枇杷	金黄果实累累一树；每颗果实中含一至数颗果核	代表了富足殷实；象征子嗣昌盛	拙政园中枇杷园	"东园载酒西园醉，摘尽枇杷一树金""倚亭嘉树玉离离照眼黄金子满枝"
菩提树	佛祖释迦牟尼在菩提树下得道成佛	圣树	佛教用途；景观树种	"菩提本无树，明镜亦非台，本来无一物，何处惹尘埃。"
石榴	果实形态	多子多福		"涂林应未发，春暮转相催。燃灯疑夜火，辖珠胜早梅。"
松柏	树干苍老盘曲，木质坚硬、不易腐烂；枝繁叶茂，新枝苗壮，旧枝不凋；耐寒性	坚毅、高尚、长寿和不朽；有子孙兴旺之意；比德君子的坚强性格	承德避暑山庄以松柏作为整个园子的骨干树种；拙政园得真亭以黑松为主题，"听松风处"	"庭松应长子孙枝"；"岁寒，然知松柏而后凋"；"岁不寒无以知松柏，事不难无以知君子"
苏铁	地方风俗习惯，"长寿树"	避邪镇宅，象征健康长寿	岭南庭院大门常对植两棵苏铁	

中国传统园林植物景观文化探讨

种名	文化起源	文化内涵	景观应用	文化记载或评价
梧桐	传说中是能引来凤凰	神树		"凤凰鸣矣，于彼高冈。梧桐生矣，于彼朝阳。""家有梧桐树，何愁凤不至"
小叶榕	地方习俗	作为风水树，寓意祖上福荫、家族延绵		"广人多植作风水，墟落间榕树多者地必兴"
杏花	杏谐音	幸福		"沾衣欲湿杏花雨，吹面不寒杨柳风"
杨桃	粤语中酸跟孙读音相近	酸杨桃落满地时，寓意子孙满堂	岭南宗祠和私家园林中，多栽酸杨桃	
银杏	寿命长	象征健康长寿，结果多，又寓意人丁兴旺		
樟树	身居山林	贤者难得		
朱蕉	又名红竹，"红烛"	吉祥开运、避邪得平安之物；寓意健康祈福、家丁兴旺、健康永驻	作为结婚时的吉祥植物	
茱萸	谐音诸益	有增年益寿，除病患之意		
竹	清醒高雅，超凡脱俗；上清派道教领袖陶弘景认为北宇植竹可使子嗣兴盛；佛教教义	谦虚气节，坚贞的象征，竹报平安；节与节之间的空心，是佛教概念"空"和"心无"的形象体现	寺庙植竹，狮子林南部小阁密植竹林，题名"修竹阁"；留园"亦不二亭""佇云庵""参禅处"；拙政园"梧竹幽居"	"宁可食无肉，不可居无竹"苏轼；五形之术的解释
紫荆	叶子形状如"心"形	象征同心和团结；兄弟和睦		
紫藤	民俗	吉祥	苏州留园的小蓬莱仙岛，以廊桥连接池岸，种植紫藤	相传老子走过的地方会有紫气升起，紫色在古代是吉祥富贵的颜色。
紫薇	独特的季相，夏季开花；树干光滑	"百日红""满堂红"；长寿之树，吉祥之花	庭院，门前，窗外；孤植丛植于草坪、林缘；与针叶树相配；植于水溪旁	"紫薇花对紫薇翁，名目虽同貌不同。独占芳菲当夏景，不将颜色托春风。浔阳官舍双高树，兴善僧庭一大丛。何似苏州安置处，花堂兰下月明中。""盛夏绿遮眼，此花红满堂"
棕榈	生命力顽强	生命常青树	热带植物景观代表	
棕竹	岭南风俗，"观音竹"	化煞驱邪、保住宅平安		

1.4 地方典故、奇闻逸事形成的植物景观文化

相传老子走过的地方会有紫气升起，所以紫色在古代是吉祥富贵的颜色。苏州留园的小蓬莱仙岛，以廊桥连接池岸，种植紫藤，覆盖廊桥顶部，春季花开紫色，便是取民俗中紫色的吉祥意[5]。北京孔庙的侧柏名为除奸柏（图2），传说其枝条曾将奸臣魏忠贤的帽子碰掉而得名。被赋予神话或传说色彩的植物还有桂花（"蟾中折桂"，"吴刚伐桂"）、梧桐（神树）、杜鹃花等。

1.5 宗教中的园林植物文化

傣族信仰佛教，定要在寺庙周围环境种植"五树六花"，"五树"是：菩提树、铁力木、贝叶棕、大青树、槟榔树；"六花"是：睡莲、文殊兰、黄姜花、黄缅桂、地涌金莲和鸡蛋花。人们认为栽种"佛树"能获得佛的庇护，来生将获得幸福或进入仙境。

竹子是佛教教义的形象载体，其空心是佛教概念"空"和"心无"的形象体现。据五行之术解释道："竹者为北机上精，受气于玄轩之宿也。所以圆虚内鲜，重阴含素。亦皆植根敷实，结繁众多矣。"荷花品性为佛家所崇尚，北京慈恩寺广植荷花于池中。

1.6 风水中的植物景观文化

清高见南《相宅经纂》："东种桃柳，西种栀榆，南种

园林植物应用与造景

图 2　孔庙大成殿西侧的除奸柏

梅枣，北种李杏"，"中门有槐富贵三世，宅后有榆百鬼不近"，"宅东有杏凶，宅北有李、宅西有桃皆为淫邪"，"门前喜种双枣，四畔有竹木青翠则进财。"

民间亦有谚"前不栽桑，后不栽柳，院中不栽'鬼拍手'。"其中鬼拍手为杨树。在岭南地区，作为风水树的有小叶榕、苏铁、龙眼等。

2　园林植物文化在现代园林中的应用

园林植物景观设计中将植物景观文化内涵考虑在内，这样植物景观就有更深层次的意义。成功的园林植物造景既要让每个功能分区有各自的景观特色，又做到整个风格或文化内涵的统一。在植物造景过程中要注意：（1）随着历史的推进，植物会被赋予新的文化含义，植物的设计手法上也有更多的创新，这与景观形式的创新是同步的；（2）要结合整个景观设计的风格，使植物景观造景与整体景观文化相统一。如大连绿地中的植物模纹图案，多以波浪、海鸥等位构图元素，这样能充分体现海滨城市的气息。在园林植物景观文化的应用时，要充分分析我们要规划设计中每个功能分区要展现的文化内容，即营造不同的植物意境来满足各个功能区文化环境氛围的需要[6]。（3）园林植物造景要充分结合其他园林景观要素，即道路、水体、地形、小品、建筑与环境小品，共同完成景观空间造景中的文化传达。

2.1　道路植物景观文化

道路景观是城市景观的重要部分，代表了地方时代文化特征和地域文化特色。主干路植物设计注意乡土植物的应用，乡土植物不仅能适应当地自然生长条件，还代表了一定的植被文化和地域风情，如椰子树是典型南国风光的代表[7]。而次级道路或小路植物设计中要结合传统设计手法，营造具有漫步感觉、有文化内涵的植物景观。

2.2　住宅区植物景观文化

居住区景观就是要使居民"安居"，因此需要安静、放松又能寻找乐趣的环境，这就是居住区的文化内涵。在居住区植物景观设计中，设计过多、过密或者植物体量过

大与环境比例失调都会影响景观的整体效果[8]。设计中要充分考虑植物习性和生长规律性，植物种类选择上以骨干树种突出主题，选用不同植物体现生态多样性，构建稳定植物群落。

2.3　政府广场植物景观文化

将具有文化内涵的园林植物进行组合，完成园林植物景观文化的表达，使园林植物造景有深层次的意境，也就是赋予园林植物景观以灵魂。如徐州睢宁县政府外环境将古时"睢人好讼"演化为现代依法维权、按法办事，以龙爪槐置于主楼之前后，合欢、无患子置于主楼之左右和后部，取名"合怀（槐）无患"。槐被视为"灵星之精"，有公断诉讼之能；合欢被视为释仇解忧之树；无患子，其内有一核，佛教称为菩提子，用以串联作念珠，有它"无患"[9]。

2.4　校园环境植物景观文化

植物景观既是构建校园物质文化的重要组成部分，其内在蕴含的植物文化又是校园精神文化的重要部分。校园植物景观设计中，可以灵活运用园林植物的配置手法和文化内涵来营造与学校氛围相吻合的意境美。校园教学区的空间氛围以学习空间、交流空间为主，植物配置多采用规则式或混合式手法进行设计[10]，树种多以列植乔木、点缀整形植物、大面积草坪以及小空间的细部营造等方式为主共同构建植物景观。宿迁市学苑路在进行植物造景时，为了营造教育和学术气氛，运用了碧桃和紫叶李等作为主要绿化树种，寓意"桃李满天下"，绿篱修剪则以方、圆为主，隐喻"不以规矩，不成方圆"。

在植物配置中要对传统植物景观营造的诸多精华手法融合运用，结合植物造景现状并吸收国外造景成功经验进行方法创新，形成中国新一套的园林植物造景理论。而不是完全抛弃中国传统的植物造景文化传统，盲目追求舶来文化，逐渐造成园林植物景观的单调。我们也应当避免传统园林植物景观中过度追求文化性，过分强调文化符号如过度修剪造型、追求病态美的情况，合理地运用自然植物景观。对待大量涌进的国外园林植物品种也是一样的，我们要在适地适树的原则上适当选用，在传统园林植物景观文化的基础上创造出具当代文化特色的植物景观。

参考文献

[1]　傅凡，李红. 中国园林植物的文化性格与多样性保护[J]. 中央民族大学学报，2011.20(2)：190-191.26-29.

[2]　叶政平，关文灵. 岭南传统园林植物的文化内涵[J]. 山西建筑，2013.39(14)：190-191.

[3]　曹林娣. 中国园林文化[M]. 北京：中国建筑工业出版社，2005：257.

[4]　丁超，王璐艳，邹志荣. 论陕西关中陵寝遗址植物的文化内涵[J]. 安徽农业科学，2008.36(6)：2341.

[5]　王小鸽，戴夏燕，崔永妮. 浅析中国园林植物景观中的文化意蕴[J]. 杨凌职业技术学院学报，2007.7(3)：20-22.

[6]　易小林，秦华，刘磊. 当前植物造景中的几个问题分析及对策研究[J]. 中国园林，2002（1）：84-86.

中国传统园林植物景观文化探讨

[7] 黎伯钢，李德祥. 中国植物文化与现代园林景观[J]. 安徽农业科学，2008.36(25)：10861－10862.

[8] 王海凤. 文化内涵在居住区景观设计中的应用[J]. 园林，2009 (10)：46- 48.

[9] 周之静，丁绍刚，唐真. 树木文化在园林中的表达[J]. 中国城市林业，2009.7(3)：65-68.

[10] 罗佩. 高校校园文化构建与植物造景[J]. 茂名学院学报，2010.20(5)：84-86.

作者简介

[1] 袁丽丽，1987 年 5 月生，女，汉族，山东聊城，硕士研究生，就职于青岛太奇环境艺术工程有限公司，主要从事园林植物配置工作，电子邮箱：yuanlili2008@163.com。

[2] 徐照东，1963 年 11 月生，男，汉族，山东烟台，大学本科，青岛大学副教授，平面设计与城市景观设计。

[3] 赵林，1964 年 9 月生，男，汉族，山东青岛，博士，中国海洋大学教授，海洋工程与生态城市景观。

中国古典园林植物造景的叙事性特征研究

Narrative Characteristics of Plant Landscape in Chinese Classical Garden

张慧文

摘 要：景观设计不仅是一种追求形态构成的表面艺术形式，景观艺术中所传达的文化内涵和精神意义其实在产生着比我们想象所更深远的影响。本文以园林植物这一最为具有代表性的景观设计要素为切入点，采用空间叙事性分析的手法，通过探究中国传统的古典园林中植物配置在植物单体与空间组合两方面的叙事性特征，找出我们自己民族的文化语汇，从而将这种普遍存在的文化认同应用到未来的本土设计当中去。使得现代设计中的植物景观配置更多的拥有我们本民族的文化内涵，从而唤起更多园林使用者与欣赏者的文化共鸣。

关键词：植物造景；中国古典园林；叙事性；文化内涵；文化共鸣

Abstract：Landscape architecture is not only the pursuit of shape on the surface of the art. In fact，the culture implication and the spiritual meaning in landscape art is playing a far more important role than we thought. This article takes the landscape plant as the point，using narrative analysis method to find out our own culture language. That will make the plant design more ethnic so that can arouse more resonance in the local visitors.

Key words：Plant Landscape；Chinese Classical Garden；Narrativity；Culture Connotation；Culture Resonance

当今的景观设计中普遍存在着一种趋同化的设计现象，在中国许多现代设计中出现了大量借鉴国外设计手法的现象，虽然吸取国外优秀设计经验的方式值得肯定，但对于境外设计元素的过量运用则导致了对于我国本土文化认同性的忽略。对于景观设计这样具有强烈空间感和艺术性的艺术门类来说，对于空间的营建和设计不应只停留在追求表面的构成、尺度和形式上，而忽略了内在精神本质的表达。景观艺术中所传达的文化内涵和精神意义其实在产生着比我们想象所更深远的影响。

20 世纪 80 年代以后人们逐渐发现了景观的空间特性和叙事学之间的联系，从而开始从叙事学的角度研究景观空间。这一角度正契合了我们追求景观元素空间内涵的研究需求。本文以园林植物这一最为具有代表性的景观设计要素为切入点，采用空间叙事性分析的手法，通过探究中国传统的古典园林中植物配置的叙事性特征，找出我们自己民族的文化语汇，从而将这种普遍存在的文化认同应用到未来的本土设计当中去。使得现代设计中的植物景观配置更多的拥有我们本民族的文化内涵，从而唤起更多园林使用者与欣赏者的文化共鸣。

1 叙事与叙事学

1.1 叙事

所谓"叙事"，就是讲故事，可以说是一种人类本能的表达方式。叙事的范畴既包括传统的戏剧、小说，也包括延伸出来的绘画、电影、舞蹈、雕塑与建筑等领域。可以看出，叙事的表现形式并不仅仅局限于语言和文字，也可以是画面，声音、动作、空间等非语言形式。

叙事是人类一种本能的表达方式，这说明叙事中对于信息的获取是可以通过偶然的体验来实现的。叙事既可以是名词也可以是动词，因此我们可以说，叙事既是一种讲述方式，也是一种讲述内容，既是结果也是过程。归根结底，叙事是一种交流活动。一直以来，人与人，人与环境之间的关系都是依赖交流而存在。因此叙事也就一直作为我们生活的一部分与历史同在。叙事的存在，暗示人们可以通过某种行为体验来获取知识。所以可以说，叙事就是一种区别于理性逻辑思维的思考模式。

1.2 叙事学

叙事学最早是关于叙事文本或叙事作品的理论。同时它也研究叙事和叙事性。在空间设计的叙事学层面上，我们主要讨论与结构主义相关的叙事学。

基于结构主义基础的叙事学其研究的主要层面主要集中在叙事结构和叙述话语上。其中叙述结构主要研究叙述的形式、性质以及功能，并在此基础上总结出叙事能力。而叙述话语则主要侧重于研究叙事过程中的时序状况与事件。叙事学理论奠基人之一罗兰·巴特（Roland Barthes）认为，叙事的载体可以多种多样，既可以是语言，也可以是画面，或者是手势、姿态等。同时，也可以是所有这些叙事材料的有机组合。这也就从另一个侧面说明了空间的设计元素是可以作为叙事性因子以叙事学的角度展开空间组合的。

伴随着现代设计理论的兴起，人们正式开始在设计领域应用叙事学进行设计与分析。经过 20 世纪 60 年代到 90 年代的理论演变，人们逐渐将设计作品看作成为是一种承载这意象表达的传播媒体和联系人类内心世界与外部沟通的媒介。随着这一认识的逐渐深入，人们也逐渐能够通过对于设计作品的主观感知来形成对于外部环江的一种自我诠释。

2 景观中的叙事性特征

从上述内容中我们已经知道叙事是人们传达信息和解读生活世界的基本方式与途径。人们在传统意义上理解的叙事是以在文学与修辞学基础上的叙事，然而在后叙事学经典理论的概念中，叙事已不单纯停留在文字与书面的层面，它已然可以渗透到各种艺术方式甚至是空间的形态设计中去。

景观设计从形成之初就是一种经营空间，传递设计者思维与感受的空间艺术，因此，景观在叙事学角度上具有更深层次的意义。以叙事学角度研究景观的设计元素，设计手法与文化内涵，也显得尤为具有代表意义。

叙事的前提是叙事媒介与接受者的传达关系，叙事包含三要素：叙事者、媒介、接受者。这一点景观设计中有着明显的对应关系。景观中的接受者（即游人）感知园林景观艺术的基本途径是通过空间的形式，因此，景观若通过叙事者（即设计者）对空间进行叙事性设计，使它与人的行为和感受建立起密切的关系，景观空间也就成为载体而被赋予了可叙事的内涵价值，具有了叙事性。

在这一过程中，不可避免地涉及符号的表意与认知。因此，景观中的叙事性则主要体现在设计者（叙事者）以景观设计要素作为叙事媒介，借助能指与所指的符号学途径，向环境体验者（接受者）表达场所意义，激发环境体验者的心理体验活动，从而形成富含事件与情节的场所空间。

因此，具有叙事性特征的景观空间往往有着较强的感染力，使得体验者在景观中犹如阅读一部空间剧本，有助于形成深刻的场所记忆、增强空间参与度，并具有在解读过程中依据叙事媒介与个人的知识体系，历史记忆，文化认同对场所进行自我诠释的可能。比文学叙事的二维叙述更进一步的是，叙事性景观具有包含空间与时间在内的四维叙述视角，因而"读者"读"故事"的时间与路径更具有主观选择性，是一种建立在时间和感应基础上的解读过程。具有叙事性特征的景观意味着以叙事作为一种场所意义的表达方式来达成人与环境之间的信息交流，从而获得心理的感知与体验。可以说，叙事性景观并不是简单以一个外在的形式存在在我们面前，而是作为一个具有精神意义而存在的"场所"，它可以使得其中的使用者在景观中获得更高层次的享受——与景观产生共鸣。

3 角度的选择——以中国古典园林为切入点

自古以来，造景活动作为文化传承和艺术表达的主体之一，承载这鲜明的地方特色，传达着深厚的地方文化背景。因此，造景活动在东西方世界有着鲜明的地域差别。西式景观更多地表现为整齐划一、均衡对称、具有明确的轴线引导，运用大量的几何图案，将造景植物修剪得整齐方正，一切都表现为人工开创，有着明显的几何制约关系，强调人工美感。而与之相反，东方景观则更多强调

于还原初始，本于自然，高于自然，将人工雕琢与天然美感巧妙结合，以期达到"虽由人作，宛自天开"的境界。同其他艺术一样，景观艺术深受美学思想，哲学体系的影响，可将其定义为艺术哲学。因此，不同哲学体系下的造景活动也必然千差万别。

这些体现在造景形式手法上的差别，归根结底是文化传统上的差别。与之相应，景观的设计者作为叙事者在传递艺术讯息的时候，其所想要表达的文化内涵与表达所采用的象征符号都完全出于不同的文化背景。这也将直接导致环境的体验者是否能准确感知设计者的设计意图、并产生与之相应的文化共鸣。这对于景观内涵的传达与提升有着重要意义。因此就会出现这样一种局面，当来自东方的接受者行走在充满西方文化含义的景观符号的西式景观当中时，以其自身的文化系统背景是无法准确接收来自西方的设计者所要传达的设计意图的。这时，本应该顺畅连接的叙事者——媒介——接受者之间的信息链条就产生了阻塞，景观文化内涵的交流融通就会收到严重的影响。对于此刻的接受者来说，景观的体验就仅仅停留在了表面的形式上，其内在的深层"场所"意义无法得到升华。

无论是东方还是西方的造园艺术作品都深刻展现着当地的思想背景与哲学体系，对于有着当地文化背景体验的人来说都是极尽精巧，匠心独运的艺术珍品。然而当两种文化间的设计者与体验者进行交互对话时则可以发现难以言说的交流障碍，这种文化接收上的障碍可以说无出语言障碍之右。因此，若想实现景观在精神层面的升华，在景观设计中融入当地主要体验者所能够接受感知的文化内涵与文化符号就成为重中之重。

在这里，为了讨论中国本土的景观叙事性特征，笔者选择从中国古典园林这一角度入手研究中国景观元素的文化背景与内涵。中国古典园林是中国传统文化瑰宝，展现着中国传统思想的智慧，其中所蕴含的丰富的文化内涵与象征意义时至今日都牢牢镌刻在中国人民的文化情结中。可以说，若要探索具有中国本土文化感知背景，中国古典园林中的叙事性特征是一条必经之路。

4 园林植物的叙事性优势

罗兰·巴特认为，叙事与语言是息息相关的，所有的叙事内容都需要通过语言得到传达。而在宏观角度上来看，语言所包含的范畴也是非常广泛的。园林设计中的手法与元素在一定意义上也是一种语言。并且有着语言所有的全部要素，这也成为园林空间可以在很大限度上表情达意的一个必要的支撑。在园林的营建与设计语言中，也有着字、词、句、篇章的层级划分。从这一角度来看，园林中的设计元素可以作为字词，而将园林中的各种设计元素通过一定的句法、语汇形成相应的空间序列的方式则可以类比于遣词造句，其中多种多样的设计综合手法则类似于文学中的修辞手法。最终得到的空间序列则如同由一个个字词组合而成的语句，而完整的一个空间系统则如同一篇动人的华章一般，综合了无数精美的语句字词，以一条纵贯主题的脉络构建给观者一种整体的

体验感知。

在这众多的园林要素中，园林植物以其独特的天然属性，承担了园林设计要素中重要的字词表现角色。在叙事学的体验传递功能上可以起到极端重要的作用。纵览园林植物这一景观元素的天然属性，可以发现它在如下几个方面对于叙事性的特征的体现有着得天独厚的优势：

4.1 远古留存的归属感

从遥远的远古时期起，我们的祖先便与植物为伴，无论是祖先生活的莽莽林原还是供养着一代代生命的庄稼田野，植物一直以来都给人留下一种赖以生存的原始亲和力。这种埋藏在意识深处的对于植物的依赖，尽管经过物换星移来到了物质高度发达的当今时代，也依然坚定而明晰地存在着。可以说在园林的各种设计要素中，植物是最为原始的"活化石"。它不但拥有最为悠久的历史也拥有着人们内心深处对于它不可替代的感情。景观的叙事性传达十分依赖于受众内心的文化情感，当受众对于景观元素的原始情感更为深厚时，对于其表现的文化内涵也将拥有更为深刻的体会，因此，园林植物的这种特质使得它作为景观要素在叙事性上拥有更为突出的表现能力。

4.2 借物喻人的目标物

中华民族在对自然美的欣赏上，有一种将自然之美与人的精神道德情操相联系的审美习惯，认为植物的品格与人的品格有同质性，因而花草树木一直被比于君子之德。这一种审美习惯源自于中国传统文化敬畏自然主张天人合一的思想背景。这种君子比德的思想最初始于孔子，孔子除了"智者乐山，仁者乐水"的比德名言之外，对于花木的比德就曾有云："岁寒，然后知松柏之后凋也"（论语·子罕），"芷兰生于深林，非以无人而不芳。君子修道立德，不为困穷而改节。"（荀子·有坐）。这同样是从人的伦理道德观点去看自然中的植物，把植物看作是人的某种精神品质的对应物。

君子比德的思想随着儒家思想逐渐占据主导地位而在民间产生了更为广泛的影响，这一种文化审美习惯也逐渐形成为中国传统文化的一部分。如至今为人们所熟知的"岁寒三友"（《月令广义》），即是强调了松、竹、梅这三样植物具有和人相似的清高绝俗的品格个性，正因为松柏岁寒而不凋，后人就把它们比德于君子、丈夫、英雄，寓以正直长青之意，崇高景仰之情。同时，梅、兰、菊、竹又有"四君子"之说，文人间流传"与梅同疏"、"与兰同芳"、"与竹同谦"、"与菊同野"、"与莲同洁"的说法，点出了不同的花具有不同德行情性的特征。

综上所述，中华民族在非常早的时期就发现了植物与人的性格品质之间千丝万缕的联系，并且在数千年的发展历程中不断演绎发展着这种文化现象，产生了无数与之相关的书画诗词作品，在这种文化氛围的熏陶当中，植物对于中国人的延伸意义就显得尤为深刻。因此，相较于其他的园林设计元素来说，植物有着更强烈的文化内涵传达能力，从而在园林的叙事功能中扮演者更为重要的角色。

4.3 生长变化的时空感

园林植物是四大园林设计要素中唯一有生命的要素，这也是它最为与众不同的特性。园林植物的生物性决定了它是不断发展变化的，伴随着这种发展变化带来的则是一种强烈的时空感与历史感。一颗百年古木见证了百年间的风雨兴衰，其上的每一道年轮都是一道历史的印记。当人们行走于历经几百年风雨的古树之下时，一种穿越古今的历史感受可以带来别样的时空体验。

明代词人归有光曾在他的《项脊轩志》中写道："庭有枇杷树，吾妻死之年所手植也，今已亭亭如盖矣。"凭借着对于一棵当年所手植枇杷树的简单描述，寥寥几笔，对于妻子的思念之情便跃然纸上。一句"亭亭如盖"，无须多言就将一种跨越历史的时空感通过植物树木的变化传递给读者，也正是这种普遍存在于民族情节中的植物时空感体验使得这一词句得以时代流传。因此，植物的时空属性对于时间——这一叙事行为的主要元素的自然表达也使它体现出其他景观元素所没有的文化内涵表现。

4.4 审美表现的多维性

植物在审美上的体现具有很好的亲和力，因为人们对园林的审美感觉除了视觉因素之外，还有听觉因素、触觉因素等各种感觉能力的通力参与，这就决定了园林审美的多维性，相比于其他的园林设计要素，园林植物在接受者的感受体验方面可以提供多维的全方位体验，在视觉，听觉，嗅觉，味觉，触觉多个方面冲击体验者的心理感受。

在视觉上，园林植物可以装点山水、衬托建筑、渲染色彩和根茎叶花果自身美的陈列和被鉴赏。在听觉上，苍松、翠竹、青荷、梧桐、芭蕉……都是闻风听雨的美妙琴弦；柳浪、佳木、荷塘、苔砌、丛皆是飞鸟、鸣蝉、响蛙和蜂蝶吟咏竞秀的舞台。在嗅觉上，植物的清香和四季花果的芬芳时刻给体验者以多重的环境感知体验。在味觉上，各种果实的香甜也丰富了人们对于植物的情感记忆。

园林的叙事性归根结底是一种体验者感受上的交流传达，因此多维的体验性是叙事性得以表现的基础，园林植物在多维度通感角度的独特表现能力也使得其内在的叙事性得到了无形中的增强。综上，园林植物的多项叙事性方面的优势促使它成为中国古典园林叙事性内涵的标志元素。

5 植物的叙事性特征

在明确了园林植物的指示性叙事地位后，对于植物的叙事内涵研究便可以得到相应展开，首先，在中国文明几千年的发展历程中，园林植物作为一种叙事语句中的字词元素，在逐个景观元素的酵素起着文化符号的重要作用，每一种园林植物都由于一定的典故带有相应的文化内涵与共识。这种植物蕴含的文化内涵可以从几个方面加以分析。

5.1 植物审美的文化内涵，情感因素，象征意义

在中国古代的哲学思想中，人内在的精神和自然的规

律往往是密切联系的，因此，古人常常言物托志，借物抒情："万物静观皆自得，四时佳景与人同。"植物在园林中与人的品格、道德以及情感、情致紧密地联系在一起。如，古人称梅、兰、竹、菊为"四君子"，旨在以植物来比德、言志。以梅洁，兰清，竹之亮节，菊之傲霜，来表白自己的人格情操。使得植物从生物学的意义升华到文化学的层面，有了更多的文化内涵、象征意义和情感因素。

5.1.1 君子比德

中国文人有着托物言志的传统，常常借植物的性格品质来自喻，委婉含蓄地表达自己的德行与节操。现将园林植物的比德含义罗列如下：

（1）松柏：松树苍劲挺拔，耐旱耐寒，常绿延年，象征着坚毅、高尚、长青和不朽，正义而又神圣。正因为承载以上的内涵，使人望之而肃然起敬。与之比肩的还有柏树，到过孔林的人，一定会被遒劲苍茂、万古长青的柏林所感染，而肃然升起敬仰之情。

（2）梅：梅树虬干瘦影，傲雪耐旱，冰清玉洁，风姿绰约。以其疏影、暗香和冰雪掩映下的"粉面、朱唇"之冷艳之美，征服了中国人的文心诗魂。惹得林逋一生流连梅间，痴恋"梅妻"。而香雪海的梅，则扫却了梅花一向的孤寒，给其以繁茂、兴旺的喜悦。梅花是中国古典园林魂牵梦绕的象征高洁、坚韧和坚贞的一缕香魂。

（3）竹：竹子是儒、释、道三教都推崇的植物。古人有楹联："水能性澹为我友，竹劈心虚是我师。"赞扬的就是竹子虚心自持的品格。竹子清丽挺拔，耐霜常青，中空心虚，亮节凌云，被当作脱俗、高尚和有气节的象征。古代文人士大夫往往以竹言志，展示他们淡泊、正直和清高，其中最为著名的是"竹林七贤"。同时，竹子与风、月、雨、露、雪等自然风情一起生成的一种令人神骨俱清的诗话意境，因此，人们"宁可食无肉，不可居无竹"。

（4）莲：荷花也是三教共赏之物。宋代周敦颐云："予独爱莲之出淤泥而不染，濯清涟而不妖，中通外直，不蔓不枝，香远益清，亭亭净植，可远观而不可亵玩……"，很好地总结了荷花至洁、至美和至善的人性品格。荷花在古典园林中与园林水体水乳交融，形成了荷塘月色，残荷听雨，碧盘承露，映日荷花，小荷早春，风荷沁人……诸多园林经典景观，是清雅高洁的花中仙子。

5.1.2 崇尚贵雅

（1）牡丹被人称"花王""花后"，雍容华贵，富丽端庄，繁茂大度。欧阳修称颂："天下真花独牡丹"，且以其不畏权贵之典故故事而颇受人敬仰。牡丹象征着万物复苏的春天，是荣誉、富贵和长寿的化身。

（2）被称为"仙客"的桂花"清香不与群芳并"，自古桂花就以其馥郁的清香，贯穿着中秋的美好时节，是中国园林秋日无所不在的花的精灵。

5.1.3 隐私思想

（1）一曲"采菊东篱下"使菊花一下成为隐逸的代名词。古人称"菊有五美：圆花高悬，准天极也；纯黄不杂，厚土色也；早植晚发，君子德也；冒霜吐颖，象贞质

也；杯中体轻，神仙食也"详尽表达了人们对菊的喜爱。菊花清雅、傲霜，生命力强，路旁篱边皆可着花，是既纯朴又傲岸的花中君子，花凋零后，园林中不可多得的最后靓丽。

（2）年复一年柳树都用它的一树新绿给人以春的惊喜。春日柳树，随风摇曳，长丝飘舞，显得风流动人，高雅脱俗。翠柳又常常与粉桃相互隐映，形成桃红柳绿的春日胜景。另外，柳树也像菊花一样受陶渊明等文人们的青睐，常用来装点隐逸之士的居住环境。

5.2 园林植物审美的民俗寓意

吉祥文化是中国传统文化中不可或缺的一部分，是中国人热爱生活、创造幸福的良性心理的外在表现。在园林植物里自然也少不了对吉祥文化的承载。

5.2.1 祈愿吉祥平安

在中国人的吉祥词典里，"平安"永远是最珍贵的词汇，平安是福，只有平安了，才能万事兴旺，诸事吉祥。中国民俗文化中"五瑞""双喜""四贵"，竹皆居第一。在古代，爆竹可以驱邪，因此有竹报平安之说。竹子和梅花组合为：竹梅双喜。竹、松、萱、兰和寿石，一起被称为五瑞。

松、柏因四季常青，而代表长寿和永久。古人用松树代表婚姻幸福，柏树用来避邪驱凶。因"橘"与"吉"谐音，于是橘就有了吉祥的含意。传说金橘兆发财，四季橘保平安，朱砂橘代表吉星高照。柿子和橘子一起预示"事事大吉"，柏树、柿树和橘树寓意"百事大吉"。

梅花开五福，竹声报三多。传说梅花有 5 个花瓣，分别代表 5 个吉祥神。喜鹊和梅花常表示"喜上眉梢"，民间还有"梅花送子，青竹送孙"的吉祥意义。雨润的海棠，艳丽的红装占尽春色。处处演绎着美丽，也预兆着吉祥。

5.2.2 祈愿学仕顺畅

从汉代"罢黜百家，独尊儒术"以来，儒教始终是中国古代文化中最正统的传统精神，也深深内化在中国文人的内心深处。成为国之栋梁，达而兼顾天下始终是中国文人矢志不渝、前仆后继的最高梦想。古代孔子教学的地方叫杏林，由此典故，人们常用"杏林春燕"来形容人们科举高中，杏树也就有了学有所成的吉祥含意。桂花有喜得贵子之意。"折桂"也代表金榜题名。因其在秋天开放，暗示出生命力强，因此也有长寿的吉祥含意。俗话说：门前一株槐，不是招宝，就是进财。古人常在门口种槐树，以祈愿子孙将来能位列三公。常言道：家有梧桐树，引来金凤凰。因此，梧桐代表因有德才而使家降吉祥的含意。

5.2.3 祈愿多子多寿

长寿是人们追求的永恒主题，中国人也一直对长寿的植物充满了崇拜，并祈愿与之同寿。中国人希望家业旺盛，人丁兴旺。多子多福，子孙兴旺是每个家族的头等大事，于是人们就在植物的身上注入了许多对繁衍后代的祈愿，借生生不息的植物来表达对后代昌盛的无限期望。牡丹因其国色天香而象征美貌，又因其硕大美艳的花朵特别

张扬，而象征富贵；又因牡丹树种生命长久，常有千年牡丹，故又象征长寿。

"荷尽已无擎雨盖，菊败犹有傲霜枝。"菊花因其傲霜，而代表长久、长寿。人们还常用"居"与"菊"的谐音，来表达"久居官场""九世同居"美好愿望。

桃树为五木之精，传说是玉衡星散开而生成，又传说是夸父的拐杖变化而成，因此仙气十足可驱邪，并有延年益寿之用意。

人们常用兰姿来预祝女子姿容美妙，古代郑国人，因梦兰花而怀孕生男，于是人们就把生男孩的愿望叫"兰梦"，化生出兰花宜男之意。古人认为同心同德的语言，就像兰花一样芬芳，因此，兰花又象征夫妻和睦、家庭和谐之意，养兰能使家庭和睦，万事如意。

百合花因其纯洁无瑕的花色及吉祥如意的花名，而深受人们喜爱，象征百年和好，早生贵子。石榴满肚子的果实，在满足了人们的口感后，又引起人们对门丁兴旺，多子多孙的向往。

综上可以看出，每一个民族都有自己的思维方式，包含了对事务、对自然的认识和理解。中国人会将青松象征肃穆高洁，牡丹花象征华贵，用橘子的谐音比喻吉祥……类似这些，中国人无须多言就能够心领神会。这就是一种烙印在民族文化中的内涵与元素。因此，植物的精神内涵和吉祥含意是中国民族文化所独有的艺术特质，也是每个园林学家不容忽视的植物的性格与情感。这些深深烙印在中国人内心中的植物精神内涵无疑是对景观进行叙事性设计的重要资源。

园林中的多维空间常伴随着植物景观而存在，可以给人启发、联想，增添赏景情趣，间接地丰富了园景。步景景异，小中见大，以少胜多的设计特点和手法，得以体现：园林中借植物景观而形成的多维空间，耐人寻味之余，更丰富了文化熏陶的功效。

至此，我们可以说：如果没有传统文化内涵的熏陶，不理会当地的历史与习惯性文化思维，那么园林的艺术价值也必然会黯然失色。中国古典园林的植物景观其实正是在传统文化内涵的烘托下，展示出深厚的文化积淀，传承了丰富地文化体验，给园林感受者带来具有文化内涵的叙事性空间体验。这种对于文化的深深依恋与发掘的热情，值得我们现代设计者在今后的创作中用心传承与借鉴。

参考文献

[1] 翟剑科. 景观空间设计的叙事性研究[D]. 西安建筑科技大学，2010.

[2] 杨絮飞，李国新. 论中国古典园林中植物语素的多维审美意蕴[J]. 浙江林学院学报，2009. 02：262-265.

[3] 朱桃香. 论叙事空间结构[J]. 湘潭大学学报(哲学社会科学版)，2010.01：106-109，113.

[4] 李沁茹. 叙事性景观设计的修辞策略-从文学叙事到景观叙事的空间转向[J]. 郑州轻工业学院学报(社会科学版)，2010.06：12-16.

[5] 杨新红. 中国植物的象征意义及文化[J]. 传承，2011.25：68-69.

[6] 曹菊枝. 中国古典园林植物景观配置的文化意蕴探讨[D]. 华中师范大学，2001.

作者简介

张慧文，1990年2月生，女，同济大学建筑与城市规划学院，研究领域景观规划与设计，电子邮箱：hcgahhh@163.com。

福州市公园绿地植物应用调查分析

Investigation and Analysis on the Park Plant Landscapes in Fuzhou

张俐烨

摘　要：本次调查将福州市西湖公园、温泉公园、南北江滨公园的植物应用作为研究对象，进行了公园绿地的植物种类统计以及现有人工植物群落状况的调查。在这三个公园中共选取了十个典型的人工植物群落，对照群落的现场图片、绘制的群落平面图及立面图，并进行环境描述，逐一对植物群落的物种组成、层次特点、景观效果等方面进行了分析和评价[1]。

关键词：福州市；公园绿地；人工植物群落；植物种类

Abstract：Considering the application of the plants in Xihu Park, Wenquan Park and Jiangbin Park in Fuzhou as the research objects of this survey, plant species in urban parks and existing man-made planting habitat conditions were analyzed. Then we analyse and evaluate man-made planting habitat's species composition and characteristics.

Key words：Fuzhou；Public Parks；Man-made Planting Habitat；Plant Species

1　调查背景

1.1　城市公园绿地概述

公园绿地是城区中向市民开放的以休闲游憩为主要功能、有一定的游憩设施和服务设施，同时兼有健全生态，美化景观，防灾减灾等综合作用的绿化用地[2]。因此，现代化城市公园绿地的建设应该至少具备以下两种功能：保护和改善城市生态环境、优化人居环境、促进城市可持续发展[3]。

1.2　福州市园林植物应用概况

由于福州的气候条件较为良好，适宜城市绿化的植物共有1000多种，而这些树种大多种植于森林公园和鼓山风景区，但城市绿地系统中常见栽培植物品种相对集中。本次考察的三个公园中收集统计的植物种类约为332种，其中蕨类植物11种；乔木135种，其中：常绿乔木87种，落叶乔木48种；灌木96种，其中：常绿灌木84种，落叶灌木12种，多年生草本植物61种，其中竹类12种，地被植物49种；藤本植物13种；水生植物16种。

2　调查内容与方法

2.1　调查时间

2013年1月至5月期间。

2.2　调查地点

于福州市的三个公园——西湖公园、温泉公园、江滨公园中进行。

2.3　调查内容

调查过程如下：

（1）主要调查内容为福州市常见的园林植物的类别及应用方式。其中，植物调查部分采用普遍调查的方式来进行汇总，而植物应用调查部分采用抽样调查的方式，从三个公园中各选取1个典型植物配植群落来绘制平面图、立面图，并进行群落分析，并从植物选择、应用形式和景观效果等方面进行分析和评价。

（2）综合调查信息，对福州市公园绿化从植物种类选择、景观效果营造等方面提出一些建设性的建议，以期帮助完善福州市公园绿化，改善城市生态环境与人居环境质量，并加快福州市城市建设的步伐。

3　调查结果与分析

3.1　福州常用园林植物观赏特性分析

从图1可以看出，在所调查的观赏特性中，总体分布比例均衡得当。除了最具有普遍性的观叶植物之外，观花植物种类所占的比例最高，高达40%；其次是彩叶植物种类，占12%；再次是观果植物，仅占8%；而观干植物

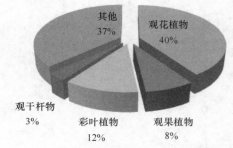

图1　不同观赏特性植物所占比例分析图

种类最少，仅占3％。以下将对观花植物及彩叶植物的应用进行具体分析。

3.1.1 观花植物应用分析

根据笔者近两年的积累和调查，对福州市的观花植物进行了分类总结，调查结果如下。

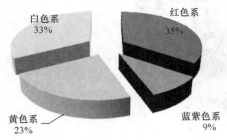

图2 花色比例分析图

根据图2可知，在调查范围内的福州市常用观花植物种类相当丰富。其中：开红色系花的植物种类最多，共44种，占总体的35％，白色系花植物也相对较多，共41种，占总体的33％；而黄色花系的植物种类数量居中，共29种，占23％；但是，开蓝紫色花的种类明显偏少，仅12种，占总体的9％。可以看出，福州市绿化植物中，开花植物的花色普遍偏暖色调。蓝紫色花的植物偏少，需加以重视使总体色彩变化更为丰富。其中，对于红色系花比较常见的有在福州市广泛利用这个问题，一部分是由于红色最能表达节庆气氛且在中国是一种最受大众欢迎的颜色，另一部分则是由于红色花的植物在福州市公园绿化中占有数量和种类上的绝对优势，其中木棉、红绒球、红千层、刺桐等的广泛应用就是很好的证明；白色系常见的有：福州市的市花茉莉、海南蒲桃、白兰等，这些植物的花期主要集中在夏季，因为夏季日照强烈，白色花卉可以有效地反射日光中的热能，避免高温灼烧，对植物造成伤害[4]；黄色系常见的有：黄蝉、软枝黄蝉、双荚槐等；蓝紫色系常见的有：野牡丹、蓝花楹等。黄色花和蓝色花植物虽然所占比例较低，但在与其他花色搭配上具有不可小觑的点缀及调和作用，在视觉上会给人耳目一新的感觉，使得植物景观更加丰富多彩。

根据图3可以看出：福州市地处亚热带，气候宜人，一年四季花开不断。但以春、夏、秋（3—10月）为开花的盛期，其中夏季最盛；此时，开花植物的种类十分丰富，可谓百花争艳，在5月到达顶峰，而后种类逐渐转少，冬季（11月到次年2月）的开花树种较少，并从10月开始，只剩少数全年开花及冬季开花的植物尚有花可观。

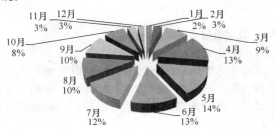

图3 开花种类按花期分布比例分析图

3.1.2 彩叶植物分析

彩叶植物在城市街道绿化中具有很大的美化作用，它们枝繁叶茂，具有绚丽多变的色彩，易于形成大面积的群体景观[5]。由于南方落叶植物相对北方少得多，较难形成类似北京地区的银杏、白蜡、洋白蜡秋天叶色转黄的明显季相变化，在这种情况下，彩叶植物的应用，显得格外重要，能够为单调的叶色增添一些斑斓的色彩。如图6所示，在调查的三个公园的彩叶植物中，复色叶占的比例最大，达到50％，如洒金东瀛珊瑚、桃叶珊瑚、变叶木、金脉爵床、花叶艳山姜等；红色叶次之，占32％，如红龙草、红花檵木、红桑、红叶李等；再者是黄色叶，占总数的13％；而紫色叶最少，仅占5％。其中，红色类包括红色、棕红色；紫色类包括紫色、紫红色；黄色类包括黄色、棕黄色、橙色等，复色类包括嵌色、异色、镶边、斑点（洒金）等[6]。彩叶植物在乔木中应用较少，灌木和草本中应用较多，主要原因在于乔木层形成总体的色调，不宜过于花哨，而灌木层和草本地被层所形成的植物景观更为丰富，可以选用的彩叶植物也更多种多样。

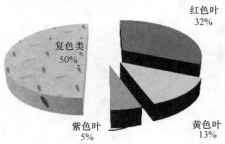

图4 彩叶树种叶色比例分析图

3.2 植物配置方式及公园绿化景观现状分析

3.2.1 西湖公园典型群落分析

（1）环境描述

该群落与游船码头隔园路对望。群落后方即东南侧为园内管理建筑。上层乔木高大、郁闭度也较高，整体湿度相对较大。

（2）群落组成

小叶榕、樟树、羊蹄甲——扶桑、海桐、竹、棕竹、黄金榕、杜鹃、紫薇——红背桂、龟背竹、花叶艳山姜——银边沿阶草、紫鸭趾草、鸢尾。

（3）平立面及现场照片（图5）

（4）群落分析及评价

从季相上分析，乔木层中的羊蹄甲是观花乔木，叶形也独特，一年四季观赏特性都较好。中层的扶桑、杜鹃、紫薇，以红色系花为主，观花效果佳，且花期交错，接连开放。从空间上分析，群落物种多样、层次丰富。以竹林为背景，在丰富的灌木层之上的乔木层由小叶榕、樟树、红花羊蹄甲、樟树构成，庇荫很强，下方是游客们纳凉的好地方。下层地被植物种类较丰富。从色彩上分析，群落色彩十分丰富，黄金榕、红背桂、花叶艳山姜、紫鸭趾草均为常年异色叶的种类，且花色也颇为丰富，如粉色的杜

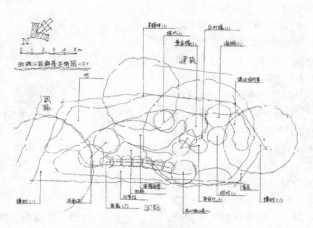

图 5　群落图一

鹃、紫色的紫薇等。从生态习性上分析，植物种植密度较高，导致紫薇等生长状况不是很好，且群落中层次感不够强，虽植物种类丰富，但略显凌乱。

3.2.2　温泉公园典型群落分析

（1）环境描述

这是位于湖边的一个以亭子为中心的植物群落，西侧为湖面、北侧连接一排行道树、东侧正对着一个圆形的小广场、南侧为园路。所处地点光照十分充足。

（2）群落组成

假槟榔、皇后葵——阴香、广玉兰——鹅掌柴、三角梅、金边龙舌兰、棕竹、金脉爵床、龙血树——金叶假连翘、红花檵木、茉莉、朱蕉。

（3）平立面及现场照片

（4）群落分析及评价

从季相上看，运用的观花植物花期也分布在春夏为主。如春季的广玉兰、南迎春、红花檵木，夏季的茉莉、三角梅等。空间分布上，整体群落层次感很强，以亭子为

中心，爬藤植物附于亭上，周围灌丛将亭子良好地与植被融合在一起。在棕榈科植物和爬藤植物的背景之前，有着浓绿叶片的灌丛林立，富于亚热带风情，并给休憩亭子营造了良好的纳凉环境。从色彩上看，花色以白色为主，如春季的广玉兰和夏季的茉莉；在绿色为主调的基础上，彩叶树种应用得也很丰富，如金脉爵床、金叶假连翘、红花檵木、朱蕉等，色彩丰富明艳。生态习性上分析，所采用植物均十分适应当地环境，生长状况良好，但朱蕉与金脉爵床种植过于接近，金脉爵床长势旺盛，而朱蕉则长势不佳。

3.2.3　江滨公园典型群落分析

（1）环境描述

该群落选取于金沙园附近。位于圆形雕塑小广场东北侧。群落东北侧为园路，西北侧及东南侧均连接其他绿地。所处地点光照充足，临近闽江，空气湿度较大。

（2）群落组成

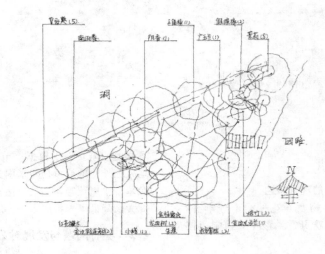

图6　群落图二

假槟榔、刺桐——双荚槐、榕树、山茶、红花檵木、龙船花、八仙花——翠芦莉。

（3）平立面及现场照片

（4）群落分析及评价

从季相上分析，春有刺桐、红花檵木、翠芦莉，夏有八仙花、山茶、龙船花、双荚槐，秋冬有常年异色叶的红花檵木及其他多种常年青翠的树木。变化较为丰富，但缺乏秋季开花的植物。从空间上，假槟榔与东北侧行道树相互呼应；刺桐和双荚槐构成了群落的主要骨架，软叶刺葵为群落增添了几分亚热带风情。但整体层次感不足，且植物分布略显零散。地被植物种类主要分布在圆形广场边缘，如果可以增加一些种类使层次更丰富些，效果就会更佳。从色彩上分析，花期相近的开红色花的刺桐与开黄色花的双荚槐配植在一起，整体节日喜庆气氛浓厚。花期过于集中，夏末及秋冬两季的景观会略显单一。

4　分析与结论

4.1　福州市公园绿地特点

4.1.1　现有常用园林植物品种相对丰富多样

所调查的三个公园运用园林植物共计约为332种，其中蕨类植物11种；乔木135种，其中：常绿乔木87种，落叶乔木48种；灌木96种，其中：常绿灌木84种，落叶灌木12种，多年生草本植物61种，其中竹类12种，地被植物49种；藤本植物13种；水生植物

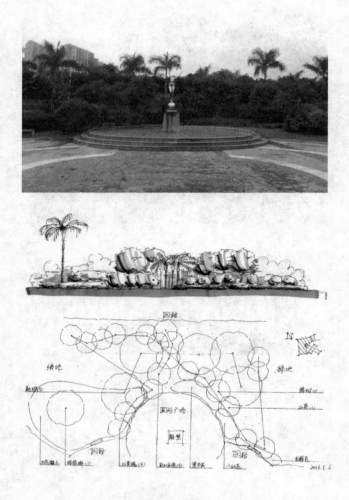

图 7 群落图三

16 种。

4.1.2 园林植物大多具有良好的观赏特性

公园绿地中运用的观花植物及开花种类十分丰富，花色花型多样且一年四季均有花可赏。彩叶植物应用较为广泛但采用品种相对集中。

4.1.3 园林植物资源丰富，发展潜力大

福州市所能采用的园林植物多达上千种，目前利用的不足三分之一，拓宽常用的园林植物种类范围对下一阶段的园林发展起着不可小觑的作用。

4.1.4 植物种植地域特点明显

榕树作为福州市的市树，在各大公园绿地中得到了广泛的利用。同时，其他很多具有浓郁亚热带季候特点的植物，如鱼尾葵、蒲葵、羊蹄甲、皇后葵、假槟榔等，都应用得相当广泛且得当。

4.1.5 注重层次搭配，讲求生态效益

公园内园路旁多使用冠大荫浓的高大乔木来营造鲜明的亚热带景观，能为游客提供充足的凉爽空间。公园内植物群落大多均按照乔、灌、草分层设置，层次感强。除

了必要的需要采用根据季节或节日更换一二年生花卉的地方之外，地被植物多采用多年生花卉，如冷水花、紫鸭趾草、水鬼蕉等，生长习性较为强健，不用时常更换，由此大大降低了养护成本。

4.2 现有问题与发展对策

4.2.1 部分群落色彩搭配不够符合审美要求，应根据色彩搭配规律改善原有设计

群落多季有花的公园景观中，有些群落花色搭配尚不够符合人们的审美要求。在体现节日庆典气氛之余，也要注重色彩搭配的美感。另外，有些栽植得比较接近的植物，其叶色或花色过于接近，虽然控制群落主色调可以保证群落整体显得整齐而不凌乱，但是，也需适当比例地利用对比色以避免整体群落色彩过于单调。

4.2.2 部分公园中群落个性不足，应根据公园风格加强群落配植特色

由于每个公园的风格特色各不相同，如位于江边的江滨公园，则可以利用独特的地理位置，加强体现滨水植物的良好应用；西湖公园，植物配植方式应该着重体现古典园林的气氛；温泉公园，则应重点烘托欧式风格的气

氛。在注重群落稳定性的同时，也要通过选择不同的植物种类、选择合适的种植方式来体现群落个性，不能被现有的配植模式所局限而使群落变得大同小异。

4.2.3 常年异色叶树种种类较集中，需重视常年异色叶树种的应用，拓宽常年异色叶树种的品种种类

由于南方落叶树种较少，难以形成秋季黄叶满树的景观。园林景观中叶色上的变化，主要依靠于常年异色叶树种。而目前所应用的常年异色叶树种种类比较集中，无论是公园、道路或是居住区绿地中所采用的常年异色叶树种比较相似，如：红叶李、朱蕉、红花檵木、花叶假连翘、花叶艳山姜，如果能使种类逐步丰富起来，公园景致将更加生动。

参考文献

[1] 方和俊. 上海城市绿地植物群落现状及综合评价研究[D]. 上海：华东师范大学，2006.

[2] DeanL. Urban，Carol Miller，PatrickN. Halpin，NathanL. Stephenson. Forest gradient response in Sierran landscapes：the physical template [J]. Landscape Ecology，2000. 15(7)：603，620.

[3] 易军. 城市园林植物群落生态结构研究与景观优化构建[D]. 南京：南京林业大学，2005.

[4] 林晨，王紫雯，赵可新. 城市行道树规划的生态学探讨[J]. 中国园林，1998. 14(6)：41-42.

[5] 高正清，张雁萍. 彩叶植物在园林绿化中的应用研究[J]. 现代农业科技，2008. 16：86-87.

[6] 陈有民. 园林树木学[M]. 北京：中国林业出版社，1990：113-114.

作者简介

张俐烨，1991年3月生，女，汉族，福建福州，北京林业大学学生，研究方向为园艺（观赏园艺），电子邮箱：863112431@qq.com。

水生植物的生态功能及其应用

——以狐尾藻属为例

Ecological Functions of Aquatic Plants and its Application

——Take *Myriophyllum* Genus as an Example

张晓钰

摘　要： 水生植物是指生长在水体环境中的植物，是植物界的重要组成部分，具有生长速度快、分布广、繁殖快、病害少、用途大等特点。水生植物在生态和园林中均具有较为重要的作用。狐尾藻属是多年生草本沉水植物，其具有较强的水体修复潜力和观赏价值。近年来，水生植物的配置和选择有几个比较明显的发展趋势：注重植物的生态修复能力；优先选用本土植物，慎重引入外来植物；优先选用常绿、抗冻的水生植物。

关键词： 水生植物；狐尾藻属；生态功能

Abstract： Aquatic plants refers to plants grown in the aquatic environment is an important part of the plant kingdom, and has a fast growing, distribution, reproduction, disease, uses and characteristics. Aquatic plants have a more important role in the ecological and landscape. *The Myriophyllum* case is a perennial herb submerged plants, has strong potential water restoration and ornamental value. In recent years, the configuration and selection of aquatic plants with a few of the more obvious trends：focus on plant ecological restoration；preferred native plants，and careful introduction of alien plants；preferred evergreen antifreeze aquatic plants.

Key words： Aquatic Plants；*Myriophyllum*；Ecological Functions

近年来，在城市建设的过程中，由于无序的人类活动（工农业，生活污水排放）引发的水体污染问题越来越引起人们的关注，水体的净化与生态修复逐渐成了热点；利用高等水生植物来治理富营养化水体在养分去除、重建和恢复良好水生态系统，正日益受到人们的关注[1-5]。

1　水生植物概述

水生植物主要浮水植物、漂浮植物、挺水植物及沉水植物。水生植物的净化作用机制包括三方面：吸收作用；氨挥发作用和硝化—反硝化脱氮作用[6-7]：能够吸收营养盐，抑制水体富营养化；化感作用，即分泌抑制蓝藻、绿藻等微生物生长；吸收重金属物质等。观赏水域中，合理规划各种水生观赏植物，可形成优美而独特的水生观赏植物群落景观，提升园林的景观功能，强化园林的景观效果，丰富园林景观的内涵，增强园林景观的魅力，最终达到丰富同林景观的目的[8]。

2　狐尾藻属植物概述

近年来，对各种水生植物的去除氮效果比较研究很多，其中凤眼莲、大漂、狐尾藻、慈姑、芦苇、茭白、香蒲、菱、水龙等都有应用的水体修复的潜力[9-14]。狐尾藻为小二仙草科（Haloragidaceae）狐尾藻属（*Myriophyllum*）植物的统称，多年生草本，均为沉水植物。其根状茎生于泥中，节部生多数须根。茎软、细长、圆柱形、多分枝，通常长可达50cm，叶无柄，褐绿色，生于水中者较长，通常4—5轮生，羽状全裂，8—15对，裂片丝状；水上叶鲜绿色，小裂片稍宽短[9]。

2.1　粉绿狐尾藻

粉绿狐尾藻原产欧洲，在原产地多匍匐生长在稻田、溪流和池塘，引种驯化后被视为观赏用水生植物或养育用水草，引入大陆时日尚短。粉绿狐尾藻挺水部分粉绿色，沉水部为红色，挺水叶匍匐在水面上，下半部为水中茎，水中茎多分枝；观赏价值较高。粉绿狐尾藻不但能吸收水中的氮、磷等物质，还能从一定程度上抑制蓝藻暴发。

2.2　穗花狐尾藻

穗花狐尾藻（*Myriophyllum spicatum* L. ）为世界广布种，在我国分布南北各地，在一些发达国家被列为入侵水生植物，在一些研究中被默认为狐尾藻。穗状狐尾藻更能适应偏酸性环境[11]。穗花狐尾藻的适应能力强，在各种水体中均能发育良好，属喜光植物，相对于其他沉水植物，具有较高的光合作用速率，能够在水表面形成厚密的冠层阻止光的透射[10]。目前成为北美的恶性杂草，对当地乡土植物群落有强烈影响[8]。

2.3　其他

扬子狐尾藻（*Myriophyllum oguraense* Mikisubsp. yangtzense Wang）为小二仙草科狐尾藻属多年生沉水植

物，仅分布在我国长江中下游通江湖泊沿岸带，是我国特有种，其生长受水淹扰动影响较大[12]。轮叶狐尾藻属多年生水生草本，多生长在池塘或河川之中；乌苏里狐尾藻（*Myriophyllum propinquum*）根状茎发达。此外，2001年在中国首次记录了两种狐尾藻属的新植物：互花狐尾藻和刺果狐尾藻[13]。

3　狐尾藻的生态功能

近年来，对各种水生植物的去除氮效果比较研究研究很多，其中凤眼莲、大漂、狐尾藻、慈姑、芦苇、茭白、香蒲、菱等都有水体修复的潜力，其中，狐尾藻的综合生态修复能力较强[14-16]。

3.1　吸收营养盐

狐尾藻对水中的总氮、总磷、硝态氮和氨氮的去除作用均比较明显[14]。有研究表明，穗状狐尾藻的生命活动过程需要向水环境中释放大量的无机化合物，因此使水环境中 TN 水平显著提高，而它对水环境中的有机 N、P 则可以有效降解。此外，狐尾藻由于生长旺盛，水生在冬季也具有净化水体的功能，且去除氮、磷的效果比其他植物更好，如穗状狐尾藻。狐尾藻作为沉水植物不易遭受冻害，即使在寒冷季节（气温低于零度，水结冰）对去除水中营养盐、净化水质也有一定的作用[15]。

3.2　化感效应

日本学者 Nakai 等研究表明狐尾藻可通过向水中分泌多种低分子量有机酸以及多酚类物质对铜绿微囊藻产生强烈的抑制作用。狐尾藻根系相对发达，根系在提供微生物生长场所的同时能够分泌更多的物质抑制微生物生长。狐尾藻对多种藻类包括蓝藻和绿藻对小球藻、衣藻的生长都具有明显的抑制作用，对铜绿微囊藻生长具有促进作用，对四尾栅藻、纤细席藻生长没有影响（汤仲恩等，2007）。但针对不同藻类所起作用是否为同一种化感物质，抑或是每种藻类均有专一性的化感物质，还有待进一步研究[16]。

4　狐尾藻综合应用价值评价

狐尾藻属普遍生命力较强，可适应各种环境，在江南地区能常绿过冬，是良好的河道绿化浮性材料[9-14]。狐尾藻的应用能够丰富滨水植物群落间的差异。丰富滨水植物景观的层次：一是在一定程度上缓解了常绿水生园林植物的空白；二是作为目前滨水植物配置中缺乏的沉水植物，丰富水景层次；三是狐尾藻本身具有一定的生态修复价值，可以净化水质。

狐尾藻作为园林水景植物或合到生态治理物种，近年来有较为广泛的应用，而且总体效果较好。狐尾藻在水体中的应用方式有单一种植或与其他 2—3 种水生植物（如水生美人蕉、再力花、梭鱼草、水生鸢尾等挺水植物）搭配。其中，穗状狐尾藻是园林水景中绿化不可多得的好材料，一年四季常绿，植株根系发达，能吸收水体中的有害物质及过剩营养物质。并能在湿地或岸边作为地被植物种植，起到护岸的作用。

由于狐尾藻生长极快，在我国大陆主要靠断茎繁殖，在水塘中即使少量种植，也能迅速严密覆盖整个水面，从而影响整个生态系统。在温州水生花卉引种时，粉绿狐尾藻的蔓延之势不可小觑，若不控制将布满整个河面，影响生态系统；严重时还会阻塞航道，影响水上交通，排挤其他植物，使群落物种单一化，覆盖水面，甚至入侵湿地、草坪，破坏景观，滋生蚊蝇，危害人类健康[17]。狐尾藻在一些国家被列入重点入侵物种的名单，因此，狐尾藻种植时必须注意控制数量并每年定期进行打捞。

5　水生植物的生态功能引申

5.1　吸收营养盐、重金属等

植物生长吸收碳、氮和磷。受植物自身组织的氮磷含量以及湿地运行费用（即收割次数）的限制，在用于二级污水处理的人工湿地中通过植物收割而去除的氮、磷量占进水氮、磷总量的比例并不显著，而在深度处理和低进水浓度的污水（如农田排灌水）的人工湿地中，通过植物收割而去除的氮、磷量占进水氮和磷量的比例要高一些，有时候甚至较为显著[18-21]。

5.2　化感作用

研究发现，一些种类大型沉水植物的存在对"水华"藻类生长具有抑制作用，其主要机制是沉水植物可以向水中分泌具有抑制藻类生长的化感物质[19-21]。因此，利用沉水植物来控制富营养化水体的藻类暴发，改善富营养化水体水环境质量正在成为生态抑藻研究的热点[20]。植物遮盖阳光以及植物分泌抑藻剂能防止浮游藻类生长。在水环境中，藻类和植物竞争阳光和营养物等。多数研究表明，在水生植物尤其是挺水植物生长旺盛的湿地中，很少有藻类的繁殖。有些植物能分泌毒素类物质以杀灭细菌，如芦苇等植物能分泌藻毒素抑制藻类生长，菖蒲能分泌物质杀死细菌。

5.3　形成生物栖息环境

为微生物的栖息生长提供附着面，而且吸附水中的部分悬浮物；为鸟和爬行类动物等提供栖息地。

5.4　调节气候

植物的生长能调节湿地周围的小气候，增强湿地周围地区的旅游价值和教育价值，这往往被一些研究者所忽略。植物的蒸发蒸腾作用导致的水量变化是湿地水量平衡的不可忽略的重要部分。这也影响了湿地处理系统中处理效果的评价。植物也影响湿地水流状态，合适的植物配置能有效优化湿地内部的水流。植物的光合作用是湿地系统供氧的重要途径。植物能减少风对水的影响。继而能减小风对湿地中的沉积物的影响，降低因为大风导致的湿地沉积物和再悬浮。

6 水生植物应用的现状及发展趋势

6.1 水生植物应用的现状及问题

许多水生植物已经被用于我国园林水体和湿地系统。我国深圳白泥坑人工湿地栽种了芦苇、茳芏（*Cyperus malaccensis* Lan）、灯心草和蒲草处理污水。一些沉水植物，如伊乐藻（*Elodea canadensis*）、菹草（*Potamogeton crispus*）、橡草（*Pennisetum purpurum* Schumach）、黑藻（*Hydrilla verticillata*）、苦草（*Vallianeria* sp.）等，均可以根据处理水的水质情况来加以选用[22]。

水生植物应用存在的问题有：园林配置种类较为单一，种质亟待丰富，尤其是抗冻的常绿水生植物；长势不均，一些种长势过旺，排挤其他植物，另一些则长势较弱，不耐粗放管理；配置的层次不够，形式较为呆板；生态功能的研究不够。

6.2 水生植物应用的发展趋势

近年来，水生植物的配置和选择有几个比较明显的发展趋势：

注重植物的生态修复能力：水生植物的生态净化功能日益被人们所重视，许多地方利用水生植物净化水体已获得了良好的效果。如杭州长溪公园通过采用水体净化的生态工艺流程和水生植物净化相结合的方法，向人们展示了将浑浊的生活污水转变为清澈见底的景观水体过程。

优先选用本土植物，慎重引入外来植物[23-24]：本土水生植物具有抗性强、生长旺盛，较为容易控制的特征；而外来水生植物潜在的生物侵害问题初现端倪，应当引起有关部门的足够重视。

优先选用常绿、抗冻的水生植物：冬季，大多数水生植物生长缓慢，一些挺水、浮水、浮叶植物死亡，其残体容易引起二次污染，因此，选用一些抗冻、常绿的水生植物不仅仅是景观美感的需求，也是生态功能的需求。

此外，一些学者已经开始着手开发和引进一些优质的水生植物作为园林植物配置的后备资源，而园林设计者则致力于改变水生植物配置单调的局面[25]。

参考文献

[1] 吴莉英，唐前瑞，尹恒. 水生植物在园林景观中的应用[J]. 现代园艺，2007(7).
[2] 袁龙义等. 水生植物在园林造景中的应用[J]. 安徽农业科学，2008(36).
[3] 李伟，钟扬. 水生植被研究的理论与方法[M]. 湖北：华中师范大学出版社，1991.
[4] 李尚志. 水生植物造景艺术[M]. 北京：中国林业出版社，2000.
[5] 柳骅，夏宜平. 水生植物造景[M]. 北京：中国园林出版社，2003.
[6] 李尚志，钱萍，秦桂英. 现代水生花卉[M]. 广州：广东科学技术出版社，2003.
[7] 马小琳. 水生观赏植物及应用[J]. 园林科技，2007(2).
[8] 张国华. 水生植物及其在园林中的应用[J]. 现代农业，2008(3).
[9] 朱兴娜，施雪良等. 狐尾藻的生产栽培与园林应用[J]. 南方农业，2011(05).
[10] 范国兰，李伟. 穗花狐尾藻（*Myriophyllum spicatum* L.）在不同程度富营养化水体中的营养积累特点及营养分配对策[J]武汉植物学研究，2005(23).
[11] 胡威等. 穗花狐尾藻对淡水水华藻类的化感效应[J]. 安徽师范大学学报，2011(34).
[12] 周洁，王东. 水淹深度、持续时间及发生频率对扬子狐尾藻早期生长的影响[J]. 水生生物学报，2012(36).
[13] 于丹等. 两种狐尾藻属（小二仙草科）植物在中国的新纪录[J]. 植物分类学报，2001(39).
[14] 鲜启明，陈海东，邹惠仙. 四种沉水植物的克藻效应[J]. 湖泊科学，2005(17).
[15] 汤仲恩等. 3种沉水植物对5种富营养化藻类生长的化感效应[J]. 华南农业大学学报，2007(28).
[16] 马凯等. 沉水植物分布格局对湖泊水环境 N、P 因子影响[J]. 水生生物学报，2003(27).
[17] 柳骅. 关于水生植物资源开发利用的探讨[J]. 广东园林，2008(1).
[18] 龚敏. 水生观赏植物在园林水景中的应用[J]. 农机服务，2007(24).
[19] 胡洪营，门玉洁，李锋民. 植物化感作用抑制藻类生长的研究进展[J]. 生态环境，2006(15).
[20] 刘海音，张明娟，郝日明. 南京城市滨水植物群落研究[J]. 中国园林，2010(26).
[21] 郭春华，李宏彬. 滨水植物景观建设初探[J]. 中国园林，2005(4).
[22] 吴彩芸，夏宜平. 杭州园林水景的水生植物调查及其配置应用[J]. 中国园林，2006(1).
[23] 孙卫邦. 乡土植物与现代城市园林景观建设[J]. 中国园林，2003(7).
[24] 谢宗强，陈志刚，樊大勇. 生物入侵的危害与防治对策[J]. 应用生态学报，2003(14).
[25] 徐晓清. 南京城市滨水绿地植物群落研究与综合评价分析[D]. 南京：南京农业大学，2007.

作者简介

张晓钰，1990年1月生，女，汉族，江苏南通，南京农业大学在读风景园林学研究生，研究方向为大地景观与生态修复，电子邮箱：bestyutou@sina.com。

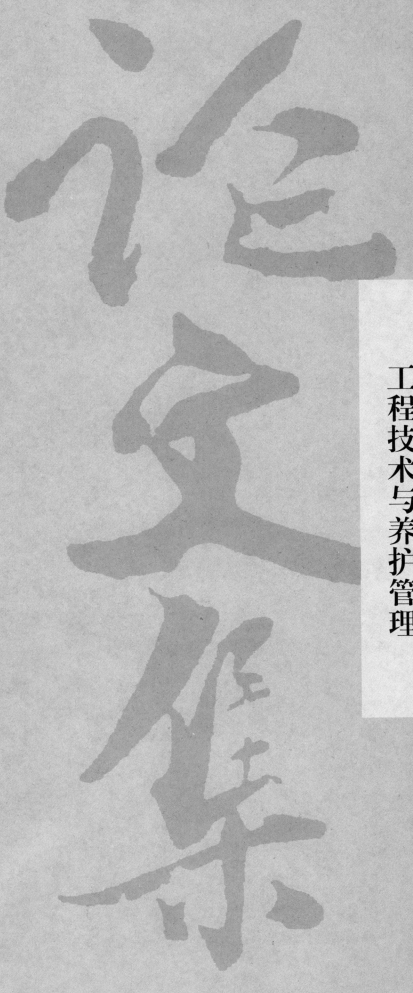

工程技术与养护管理

上海园林绿化土壤改良材料的现状及管理对策

Landscaping Soil Improvement Material Status and Management Strategies of Shanghai

陈 动

摘 要：本文通过对上海土壤改良材料市场现状和存在问题的调查，发现上海的土壤改良材料缺少相应的行业监管和指导，造成土壤改良材料市场比较混乱，良莠不齐的现象比较普遍。针对这些问题，提出了初步的管理对策和建议。目的是通过对土壤改良材料的质量管理，提升土壤改良材料的质量和土壤改良的效果，以保证园林绿地的生态安全和植物长势的可持续性。

关键词：园林绿化；土壤改良材料；现状；管理对策

Abstract：Based on the Shanghai soil improvement materials market situation and problems of the survey and found that Shanghai's soil improvement material lack of appropriate supervision and guidance of the industry, resulting in soil improvement materials market is chaotic, mixed relatively common phenomenon. For these problems, a preliminary management strategies and recommendations. Purpose is to improve the soil quality of materials management, improve the quality of soil improvement and soil improvement material effect, in order to ensure the safety and ecological green space and plants growing sustainability.

Key words：Landscaping；Soil Improvement Material；Situation；Management Strategies

园林绿化土壤质量对植物的成活率和生长势有着长期的影响，也会影响城市绿地的生态安全和可持续发展。土壤改良材料是指用于改善土壤的物理和（或）化学性质及（或）生物活性且无毒副作用的物料，包括介质土和肥料。合理施肥和使用合格有效的土壤改良材料，对提高土壤质量和维护土壤健康非常重要，如施用质量不合格的土壤改良材料，不仅不能改良土壤，还会使土壤质量下降。因此，在园林绿化工程施工和养护中，土壤改良材料的质量成为我们关注的焦点。

1 上海土壤改良材料的现状

1.1 土壤改良材料的生产规模较小

调查表明，上海地区从事土壤改良材料生产的企业比较多，但规模都比较小。例如：上海植物园绿化工程有限公司于 2006 年开始创建粉碎场，探索试验通过粉碎废弃树枝和进行发酵处理，使废弃树枝成为绿色有机介质。第一年粉碎处理废弃树枝约 1500m³，加工发酵绿色有机介质 500 多立方米。2012 年处理废弃树枝规模是 2006 年的 30 倍，也只有 4.5 万 m³，加工、发酵绿色有机介质 1.5 万 m³；另一家生物有机肥、营养土、改良基质、轻质土的企业——上海高绿生物有机肥有限公司，年生产量为 10 万 m³。

1.2 介质生产有向专业化、系列化发展的趋势

据调查，上海园林绿化土壤改良材料生产主要集中在上海植物园绿化工程有限公司、上海安根生物有机肥有限公司、上海亚轩绿化工程有限公司、上海诘介生物科

技有限公司、上海沃禾有机肥有限公司、上海上绿生物有机肥有限公司、上海静安园林绿化建设有限公司等公司。各公司都有各自的特色和产品定位，并使生产厂家逐步培育了自己的专长。例如，成立于 2001 年的上海亚轩绿化工程有限公司专注于绿化营养土研发、生产、销售的专业厂家，专业生产屋顶绿化轻质土（屋顶绿化基质）、绿化营养土、盐碱土改良介质等栽培介质。

上海园林绿化土壤改良材料生产还呈现出系列化的趋势，即根据土壤改良要求生产不同的土壤改良材料。例如，上海亚轩绿化工程有限公司从 2004 年开始加大了对屋顶绿化轻质土的研发投入，开发出了系列屋顶绿化轻质土产品。

1.3 重视有机生态介质的开发

有机废弃物的使用在我国具有悠久的历史，上海的一些企业也开发了有机生态介质。例如：上海福山环科技有限公司作为国内一家专业生产、加工松树皮、木片等产品的公司，主要经营景观园林覆盖树皮。上海植物园绿化工程有限公司为改善环境卫生面貌，利用废物回收变废为宝，解决大量绿化废弃物树枝无法堆放处理的难题，公司于 2006 年开始创建粉碎场，探索试验通过粉碎废弃树枝和进行发酵处理使废弃树枝成为绿色有机介质。经过 5 年来的实践探索和反复试验已取得了一定成果。

1.4 形成土壤改良材料商品化生产的雏形

土壤改良材料作为介于介质和肥料两类产品之间的过渡产品，近年来在上海受到了重视，尤其是在世博园区和迪士尼主题公园的建设上应用了大量的土壤改良材料。上海亚轩绿化工程有限公司，依托在辽宁自有的泥炭土

厂，生产以东北泥炭为主料的屋顶绿化轻质营养土（屋顶绿化基质）、盐碱土改良介质、绿化工程用土、泥炭育苗营养块（泥炭育苗营养基）等，在世博场馆建设上大量使用。

1.5 混合配方的土壤改良材料得到应用

近年来，土壤改良材料生产厂逐步专业化，施工单位也开始对混合配方土壤改良材料有了前所未有的需求。新近发展起来的栽培介质工厂，开始重视混合介质的生产，除了保持原有种类如泥炭、蛭石、珍珠岩、木屑、陶粒、松鳞、核鳞等单一介质外，混合型配方专用介质生产量逐渐增加。采用泥炭与珍珠岩、蛭石、松鳞、木屑、砻糠灰、椰康等介质中的三种或四种混合，配成各类植物专用介质。例如：上海安根生物有机肥有限公司开发的产品"禾信"牌豆粕活性有机肥、海藻生物有机肥、精制天然有机肥、果树专用生物有体机肥等。

针对上海花坛土壤理化性质差，导致花坛花卉生长不良等问题，上海园林科学研究所陈国霞等以醋渣、椰糠、草炭、珍珠岩、有机肥、添加剂为原料，研制了 pH 值小于 6.5，容重小于 $0.5g/cm^3$，通气孔隙大于 25%，有机质大于 15% 的几种花坛应用介质。经在人民广场、徐汇广场、打浦桥广场、新华路、中山公园等 10 多个花坛上应用，明显地改善了花坛土壤的理化性状，提高了花卉的质量，各花坛在上海市花坛评比中均达到优质标准。

2 土壤改良材料发展存在的问题

尽管上海园林绿化土壤改良材料的生产有了长足的发展，但也存在着一些不可回避的问题。

2.1 产品种类多，缺少细化标准，市场竞争无序

2.1.1 生产经销单位多，缺乏知名品牌

据调查估计，有上百家企业参与园林绿化土壤改良材料的生产和经销，还有许多外地进沪企业和其他兼营企业。目前国家尚无统一的介质生产国家标准，介质生产厂家都按照企业标准进行质量控制，自行规范生产管理。仅有个别厂家开始注意品牌，并注册商标。大部分企业因缺乏营销理念与产品文化，还处在手工作坊阶段。

2.1.2 缺少强制性标准，质量参差不齐

几家比较大的企业生产过程有一些质量控制，一些批次的产品经过检测，但缺乏质量管理的全覆盖，质量不够稳定。而大多数企业没有正规的产品质量控制和管理，导致不合格产品乘虚而入，充斥市场。

2.1.3 价格和市场混乱无序

市场没有统一的价格标准，管理处于无序状态。如介质土没有统一的包装和计量标准，使得单包出售的价格波动较大。

2.2 产品质量没有得到有效管理

合理施肥对土壤养护和土壤健康的维护非常重要。

但如施用质量不合格的土壤改良材料，所起到的作用适得其反。由于绿化行业对土壤改良材料一直缺少相应的行业监管和指导，也缺少相应的政策扶持，土壤改良材料市场一直比较混乱，良莠不齐的现象非常普遍。通过调研和检测，目前土壤改良材料存在以下问题：

2.2.1 pH 高，盐分高

上海土壤本身的 pH 值就为碱性，有些施用的有机肥 pH 高达 8.5 以上，虽然对增加土壤有机质有一定帮助，但 pH 高会导致土壤碱性进一步加强。有些有机改良材料虽然含一定养分，但其盐分含量特别高，有些甚至高达 30ms/cm 以上，这么高盐分的有机改良材料在短期内对提高养分有一定帮助，但如果长期或大量使用，势必造成土壤盐渍化。

2.2.2 腐熟度不够，有机质含量欠缺

腐熟程度不够是上海有机改良材料市场和使用上普遍存在的问题。主要是堆肥时间短，处理量有限造成的。有些用稻壳、中药渣等有机材料简单拌和，就认为是改良材料，这样的有机改良材料只能稍微改善土壤物理结构。腐熟度不够，不但不能提高土壤养分含量，改善土壤物理结构，而且还会在绿化工程应用时发生烧苗现象。

2.2.3 微量元素超标

最近结合上海迪士尼园区绿化工程建设，对上海的一些有机改良材料进行了全面的测定，发现铜、锌、氯、钠含量均有超标的现象。

2.3 有机生态基质生产的原料和销路有困难，缺少政策支持

有机生态基质生产和应用作为循环经济组成部分，具有广阔的市场前景，适合创新驱动，转型发展的要求。有机生态基质作为土壤改良材料，其生产企业大多为民营企业，缺少资金和技术。例如，上海植物园绿化工程有限公司，加大投资，增添机器设备，完善生产环境，一步一步扩大生产加工规模。但是，面临处理规模加大后废弃树枝的来源如何解决，生产发酵出的有机介质除了自己使用一部分，其余部分的出路与流向存在困难，同时也存在资金压力，需要相关部门政策、资金方面的支持。

3 园林绿化土壤改良材料的管理对策

3.1 逐步建立动态的土壤改良材料合格供应商名录

3.1.1 土壤改良材料合格供应商名录的入选条件

土壤改良材料合格供应商应满足以下条件：（1）依法注册的企业法人；（2）有相应的注册资金和设施、设备和固定场地；（3）有良好的银行资信、财务状况及相应的偿债能力；（4）有相应的从业经历和良好的业绩；（5）有相应数量的技术、财务、经营等关键岗位人员；（6）有切实可行的经营方案；（7）有符合标准的产品；（8）有上海市

园林绿化行业协会会员资格。

3.1.2 土壤改良材料合格供应商的入选程序

土壤改良材料合格供应商由上海市园林绿化行业协会依照下列程序组织土壤改良材料合格供应商的筛选：（1）向社会公开发布土壤改良材料合格供应商的入选条件，并受理报名；（2）根据入选条件，对土壤改良材料合格供应商进行资格审查，推荐出符合入选条件的企业；（3）组织专家进行评审，并经过质询和公开答辩，择优选择土壤改良材料合格供应商；（4）向社会公示入选结果，公示期满，对入选者没有异议的，公布土壤改良材料合格供应商名录；（5）名录每年公布一次，对已入选合格供应商名录的企业每年进行一次复检，并向全社会公布复检结果。

3.2 加强对土壤改良材料生产和使用的监管

承担土壤改良材料生产和经营的企业，必须持有工商行政管理部门颁发的营业执照。管理部门应加强对土壤改良材料生产和经营设施建设项目的管理，监督土壤改良材料生产设施建设、运营市场化过程中操作程序的合法性，维护公正、公平、公开的市场竞争环境。加强对土壤改良材料生产和经营的监控。不允许将不合格的产品出厂和进入市场销售。在园林绿化工程中使用的土壤改良材料应进行复试，未达到国家或行业标准要求的改良材料不得用于园林绿化工程。

3.3 探索建立土壤改良材料登记管理制度

参照上海农业部门通行的肥料管理办法，对存在生态安全隐患，对植物生长影响比较大的土壤改良材料的质量实施登记管理制度。建议由上海市园林绿化行业协会负责土壤改良材料的登记管理。国家规定的免检肥料除外。上海市园林绿化行业协会组织土壤改良材料评审委员会对产品进行评审，评审合格进行登记。土壤改良材料登记备案形式分为临时登记和正式登记两种。凡需进行工程应用试验、示范或试销的土壤改良材料，其生产者应办理临时登记备案手续。凡经工程应用试验、示范、试销，作为正式商品进入市场流通的土壤改良材料产品，其生产者应当申请正式登记备案手续。

3.4 完善技术标准体系

上海和建设行业发布了《园林栽植土质量标准》、《绿化种植土壤》等多个标准，但还缺少有关园林绿化土壤改良材料的强制性标准和不同产品的细化标准，需要研究和编制，形成有关土壤改良材料质量方面的标准体系，为园林绿化土壤改良材料的质量管理提供依据。标准编制后还需要加强宣贯和技术服务。

4 小结

上海园林绿化土壤改良材料市场虽然有了长足的发展，取得了一定的成绩，但存在的问题仍比较突出，如果管理不好，无法保证土壤改良材料的质量，使用后也影响植物生长和绿地质量，还会给土壤的生态安全带来隐患。除上述提出的管理对策外，还需制定政策，鼓励有机废弃物的循环利用。对土壤改良材料的生产单位提供技术、资金和政策上的扶持。

参考文献

[1] 陈国霞等. 上海花坛土壤改良用介质的研制与应用[J]. 江苏林业科技，1998(S1).
[2] 上海市建设工程检测管理办法（上海市人民政府令第73号），2011-10-27.
[3] 上海市肥料登记管理办法. 上海市农林局（沪农林[2002]3号）.

作者简介

陈动，1962年10月生，男，汉族，福建福州，博士，上海市绿化林业工程管理事务站，教授，园林工程管理，电子邮箱：chendong19621010@sina.com.

浅析屋顶农业的必要性及可行性

On the Necessity and Feasibility of Developing Rooftop Agriculture

公 超 薛晓飞

摘 要：屋顶农业是一种集生产、生活、生态、景观于一体的集成性产业和绿化方式。通过对屋顶农业价值、国外实际案例以及对行业发展趋势等探讨，阐述在我国当今城镇化过程中屋顶农业作为发展都市农业和城市绿化的一种方法的必要性和可行性。

关键词：屋顶农业；城镇化；必要性；可行性

Abstract：Rooftop agriculture is identified as an integration industry combines living, production, ecology and landscape together, which is also assumed as a process ofgreening. This article will expound rooftop agriculture through the exploration of the agricultural value, the practical cases overseas as well as the development tendency, and discuss the necessity and feasibility of developing rooftop agriculture as development of urban agriculture and urban greening method in the process of today's urbanization.

Key words：Rooftop-agriculture；Urbanization；Necessity；Feasibility

1 引言

随着我国城镇化水平迅速的提高，人居环境日新月异。但与此同时城镇建设的高速发展也带来了许多问题一方面城市缺乏足够的绿化空间；另一方面大量的耕地被挪用。这就使得我们需要寻求某种方式既能缓解城市环境问题又能协调城市与耕地的关系。我们可以把部分农业引入到城市，在发挥农业生产性作用的同时，也可以增加城市的"绿化面积"。基于城市人口多，建筑密度高，城市可以用的土地有限，这就使得我们从城市建筑的"第五立面"——屋顶来寻求出路，以屋顶农业的形式作为缓解以上问题的一种途径。

2 屋顶农业概述

2.1 屋顶农业的概念与历史

屋顶农业就是利用屋顶空间种植花卉、瓜果、蔬菜、粮、油等作物，从更大范围来讲屋顶农业还包括家禽养殖、水产养殖以及果园种植。

早在公元前 600 年，Nebu-chadnezzar 就建造了世界七大奇迹之一的巴比伦空中花园，也开创了屋顶农业的先河。考古证据表明巴比伦空中花园的这些梯田被用来生产水果，蔬菜和甚至可能是鱼。在 16 世纪，阿兹台克人（Aztecs）也可能建立了先进的屋顶农场，其中纳入废弃物管理策略。自 20 世纪 60 年代以来，不少发达国家探索将绿色农业引入城市，相继实施了不同规模的屋顶种植工程。在美国，屋顶农业项目涉及水果和蔬菜，部分州政府实施了屋顶农业项目减税补贴，服务屋顶农业的公司正在兴起，市场潜力巨大[1]。近年来，我国沿海及较发达的大中城市已对屋顶进行农业项目开发，屋顶农业已

呈现出生机勃勃之势，前景广阔。据不完全统计，北京市的屋顶面积有北京建成区有可供绿化的建筑屋顶面积约 7000 万 m²，屋顶绿化仅 93 万 m²，约占 1.32%[2]。因此，北京市屋顶农业有很大的发展空间，但是，屋顶农业实践尚少，公众认知度还比较低，相关的法规和政策还未出台，相关的科研工作也并未全面展开。

2.2 屋顶农业的类型

2.2.1 按照使用要求进行分类，屋顶农业可以分为三类：营利性屋顶农业、非营利性屋顶农业、科研性屋顶农业。

（1）营利性屋顶农业

营利性屋顶农业普遍运用于商业区、各大型商场以及工厂，因为这类型的建筑屋顶面积大，可以进行规模性种植并且形成产业。其运作的结构是由投资者进行屋顶农业的基础建设，并进行统一管理。这样不仅增加了城市的绿化面积，改善城市环境，而且可以发挥经济效益。

（2）非营利性屋顶农业

非营利性屋顶农业普遍应用于居住区、公司等。其运作结构是由物业或社区委会组织进行屋顶农业种植。社区居民或公司员工参与种植，按每个人的劳动投入进行成果分配。非营利性屋顶农业能增强居住区人群或公司员工的沟通和互动，打破现代城市冷漠的人情僵局，有助于人与人之间的相互沟通和交流，同时能给人们带来方便和优美的环境。

（3）科研性屋顶农业

科研性屋顶农业多用于校园和科研性建筑，因为这类建筑多为多层建筑，屋顶面积较大，同时又非常集中，很适合进行屋顶农业种植和开发。校园建筑包括幼儿园、小学、中学、中专、大学等，规模较大的可以属大学。校园屋顶农业是由学校组织进行屋顶农业基础设施建设。

学校可以将部分屋顶农业用做教育试验用地，其余部分由学生用来作为课外休闲娱乐活动场地。让学生通过劳动来改变传统的劳动观念，使劳动变成一种休闲娱乐。

2.2.2 从根据规模来看，屋顶农业可以分为三类：屋顶园艺、屋顶农场、屋顶农业产业。

屋顶园艺和农场不只是生产食物，也是促进健康饮食，绿化环境，雨水管理的空间。屋顶园艺的种植者一般种植一些蔬菜、药材、鲜花用来绿化环境和生产自己所需的食物，其特点是规模小，非营利性。与屋顶园艺相比屋顶农场规模中等，以生产为目的，可以是营利性也可以是非营利性的，需要考虑劳动力、生产技术等。屋顶农业产业规模大，以经济生产为主要目的。相对于屋顶农场，屋顶农业产业更为复杂还需要考虑制度规范、分销策略等。屋顶农业产业特点是规模大、有完善产业链、受众范围比较大。

3 屋顶农业的必要性

长期以来，人们认为屋顶农业只是为人们提供食物的一种方式，事实恰恰相反，屋顶农业也可以是一种集生产、生活、生态、景观于一体的集成性的方式。它的价值在生态、经济、社会、景观方面都有所体现。

3.1 生态方面

3.1.1 缓解热岛效应

"热岛效应"是指由于城市建筑密度大、硬化表面多、通风不良导致城市气温普遍高于郊区城市中的气温明显高于外围郊区气温的现象。在"热岛效应"的影响下，城市上空的云、雾会增加，使有害气体、烟尘在市区上空累积，形成严重的大气污染。屋顶绿化后，由于绿色屋面与水泥屋面的物理性质截然不同，前者对阳光的反射率比后者大，并且农作吸收的辐射能量，大部分成为自身蒸腾所需消耗的热和在光合作用中转化成的化学能，而用于增加环境温度的热量很少。这样就使得绿色屋面的贮热量以及地—气间的热交换量大为减少，从而减弱了城市的"热岛效应"。

此外，屋顶农业对城市环境湿度也有改善：一方面，农作物的蒸腾和潮湿土壤的蒸发会使空气的绝对湿度增加；另一方面，由于种植后温度有所降低，其相对湿度也会明显增加。

3.1.2 减少环境污染

城市中环境污染主要包括：水污染、空气污染、噪声污染等。而屋顶农业能够有效地改善环境，起到净化空气、有效截留雨水、减弱噪声的作用。

（1）净化空气

屋顶绿化对空气污染负荷的削减主要表现在两方面：降低灰尘和吸收 CO_2。农作物充分利用城市空气中较高的二氧化碳浓度，更好地制造有机物质，提高作物产量，并释放氧气，起到净化空气的作用。屋顶绿化对大气中灰尘

的降低有两条途径：一是降低风速。种植植物可增大屋面的粗糙程度，增大风的摩擦阻力；同时屋顶绿化对"热岛效应"的减弱，在一定程度上也减弱了热岛环流，使风速减小。随着风速的降低，空气中携带的灰尘也随之下降。二是吸附作用。绿色植物叶片表面生长的绒毛有皱褶且能分泌黏液，能够阻挡、过滤和吸附各种尘埃。与地面植物相比，屋顶植物生长位置较高，能在城市空间中多层次地拦截、过滤和吸附灰尘，减尘效果更佳。

（2）有效截留雨水

城市中建筑林立，提供给人们户外活动的开敞空间多是硬质铺地，雨水无法被土壤所涵养、储存，必须急速地由下水道排放。若遇到排水系统受阻的情况，则会造成灾害。而屋顶绿化可适当缓解这种状况，因其表面的植物和土壤有利于雨水的储存，研究表明，屋顶绿化平均可截留雨水 43.1%，减少城市污水处理量。

3.2 经济方面

3.2.1 节约资源

（1）延长建筑结构的寿命

比如说屋顶农业可以提高建筑屋面的阻热系数，减小热传导和热辐射，起到降低建筑屋面结构及材料的热胀冷缩变化幅度并且具有一定的保温隔热层的作用，延长建筑屋顶的使用寿命和节约建筑能耗。数据表明，水泥屋顶表面年最大温差达到 58.2C，而绿化屋顶表面年最大温差仅为 29.2C，绿化屋顶与水泥屋顶的年最大温差相差 29C，可见绿化屋顶大大降低建筑屋面结构及材料的热胀冷缩变化幅度。延缓建筑结构及屋面材料因热胀冷缩所导致的老化进程。

（2）减少建筑能耗

屋顶农业本身能够为屋顶提供额外的保温和隔热作用，达到降低能耗的作用。据北京市园林科学研究所专家对 $1.2m \times 1.2m \times 1.0m$ 模拟实验舱测定，夏季通过植物蒸腾作用，可减少大量太阳辐射，同时种植基质水分蒸发会带走部分热量，使建筑屋面顶板始终处于热交换相对平衡状态，室内空气温度可比未绿化屋顶时平均降低 $1.3 - 1.9$ ℃；冬季则是通过种植基质层的相对绝热效果减弱建筑顶板的散热速率，使室内空气温度比未绿化屋顶时平均升高 $1.0 - 1.1$ ℃，从而便能降低建筑能耗[5]。

3.2.2 经济效益

相对于屋顶绿化，屋顶农业的直接经济价值更为明显。屋顶绿化由于只投入，不产出，导致屋顶绿化成为城市运营成本很高的公益性工程，个人很少投资，企业不会投资，政府也很难用财政构建如此庞大的成本工程。如果我们换一个角度利用这个巨大的闲置空间，大力推广屋顶农业，这样就使屋顶绿化的传统成本运作变成了一项产业运作和资本运作，是可以回收成本甚至可以获得经济回报的产业，这样更能引起个人和单位投入的积极性，为屋顶农业，产生环境效应，带来切实的可行性。从而会有利于加快推进建筑屋顶及一切可利用空间的农业种植的进度[1]。

3.3 社会方面

一是缓解食品安全问题。20 世纪 90 年代以来，随着生活水平的提高，人们开始更多地关注食品的品质和安全，而近年来各种食品安全事件的频发，又进一步引发了公众的恐慌和对食品安全问题的关注。利用城市屋顶、阳台等闲置地开辟出小块菜地，采用有机种植的模式，改变农业生产中对化肥和农药的依赖，能够解决一部分市民的日常蔬菜需求，还可以缓解目前的食品安全形势。二是增强防灾、抗灾能力、粮食供给稳定性。屋顶造地栽培作物，可缓解居民对外地蔬菜、粮食的依赖，一旦出现大的自然灾害造成粮食危机，屋顶可随时种植速生蔬菜自救，对于积极应对和化解粮食危机具有明显的缓冲作用。要强调的是屋顶农业是城市粮食系统的一部分。我们不能夸大的认为其能主导所有城市的粮食生产。但是屋顶农业提升了城市粮食系统的多样性和应变能力。如果城市粮食系统网络的一个链条出现故障，其他的链条将维系网络的运行，粮食系统本身并没有受到什么影响[7]。三是缓解农业用地流失问题。我国"十五"期间年均建设用地达45.47 万 hm²，如果将屋顶都作屋顶农业建设起来，实现空间再利用，弥补建房占用耕地的损失，就能缓解农业用地流失的问题，同时解决建设用地和农业生产用地争地的矛盾，也为解决中国耕地资源不足带来了新的希望。四是形成一个产业链。推广屋顶农业后，屋顶农业的建设、管理和经营就会形成一个产业链，可以为农业劳动者创造较好的生产和生活条件，同时为社会提供更多的就业机会，改善社会生态环境，把农业劳动者融入城市，营造和谐社会。五是丰富人民业余生活。自古以来农业是人类与自然沟通的天然纽带和桥梁。城市化造成人与自然失去联系，所以远离自然的城市人需要一片农田和绿地。人们不仅需要农业生产食物，而且需要农业在城市、生态、文化、生活等诸多方面发挥作用。

3.4 景观方面

城市建成区地面可绿化用地越来越少，拆迁腾地费用昂贵，向空间发展绿化，让光秃秃、杂乱不堪的灰屋顶绿起来、美起来，将是增加城市绿量，进一步改善城市居住环境，提升城市环境质量的最为简捷有效的方法。实施屋顶农业种植同屋顶花园一样可以使灰屋顶变绿，扩大城市可视绿量，整体提升城市园林景色，优化美化环境。特别是随着城市现代化建设的迅猛发展，城市长高了，高楼大厦多了、高架路多了、空中住人多了、空中来客也多了，地面绿化夹在建筑狭缝中，很难满足人们对绿地面积的需求，另一方面，城市的景观已不再仅限于平面，屋顶绿化和地面绿化、垂直绿化综合一起，可满足人们从不同方位欣赏城市的需要，缓解人们居住在水泥城中的压抑感，愉悦身心，怡情养性[3]。

屋顶农业的景观随着季节的变化会呈现出春华、秋实、夏韵、冬莹的景象，不仅可以让人感受到视觉之美，同时也能使人体验到丰收之乐。在精神上和物质上都可以让深居都市的人们真正体味到田园情趣[6]。

4 屋顶农业的可行性及存在的问题

4.1 我国屋顶农业的可行性

4.1.1 经济上合理

相对于屋顶绿化，屋顶农业的经济价值更为明显。屋顶农业不仅有后期的经济效益，后期的养护费用也是比较低的。如果利用这个巨大的城市闲置空间，大力推广屋顶农业，这样就使屋顶绿化的传统成本运作变成了一项产业运作和资本运作，是可以回收成本甚至可以获得经济回报的产业。因此，经济上是合理可行的。

4.1.2 符合国家的政策方向

在大量闲置的城市屋顶之上广泛开展屋顶农业，对于改善城市生态环境，提高居民生活质量，缓解城市用能紧张局面，减轻城市压力，构建环保型、节约型社会，促进社会和谐发展等均具有重要意义，符合国家的政策及发展方向。

4.1.3 符合产业行业的发展趋势

自 20 世纪 60 年代以来，不少发达国家已经在探索将绿色农业引入城市，相继实施了各类规模的屋顶种植工程。在美国，在屋顶绿化上，涉及水果和蔬菜的项目正在增长，一些州屋顶种植都能得到减税补贴。在日本，京都最近将实施一项"屋顶农场"计划，在城市的大楼顶上种植花卉、果树或蔬菜，以便给混凝土林立的城市带来一片绿色，进一步改善城市居民的生活环境。为此，京都农业试验场已着手研究适合在屋顶栽培的花卉、果树和蔬菜，并开始在都立医院和政府会议楼等公共设施的顶上进行乌饭树、微型苹果、草莓和小油菜等的栽培试验。在加拿大，政府把屋顶绿化和城市农业作为他们城市规划的目标和策略。他们为推动屋顶农业的发展，制定了相应的政策。屋顶农业越来越受到重视。

4.1.4 社会认可

城市居民大都有种植花草和蔬菜、美化环境的习惯，发展屋顶农业，既改善了城市环境，提高的城市居民的生活质量，又可减少生活等开支，容易受到居民欢迎、社会认可。

4.2 我国屋顶农业的存在的问题

其一，缺乏完备有力和有针对性的政策。我国国家政策落后于屋顶农业的发展需求，在一定程度上影响了屋顶农业的推广。根据国内外屋顶农业的发展趋势，专项政策法规是推动屋顶农业发展的重要动力，此项工作不能忽视[4]。其二，我国现有的屋顶农业施工技术和材料不成熟。国内的屋顶农业发展起步迟，发展速度慢，大多是城市居民为生活所需自发地在屋顶在种植农作物。屋顶农业在很多方面都处于认识和发展阶段。屋顶农业相关产业链尚未成熟，施工技术和施工材料也需要进一步规范，目前还没有权威机构对产品进行检测，相关材料的检测标准尚未明确，更没有统一的国家和地方标准。其三，推进屋顶农业的过程中还受资金、用地的权属等问题的制约。据有关部门人士指出，首先是资金问题，一些老房子在发展种植前，需要进行防渗水处理和承重检测，这需要大量投入，政府没有此项专款；商品房的屋顶也是私有财产，产权往往归属于所有业主，一个业主不同意，屋顶农业建设就不能实施[1]。

5 总结

发展屋顶农业在生态、经济、社会、景观方面都发挥着积极的效益，将有效地缓解我国城镇化过程中所产生的矛盾，改善城市环境、协调城市与耕地的关系，具有实施的必要性。但是在我国屋顶农业还处于探索阶段，具备一定的实施条件的同时也存在一些问题。我们要有信心并且认识到将屋顶农业付诸实践还需要探索的过程。

参考文献

[1] 黄小柱.屋顶农业发展探析[J].现代农业科技，2010(9)：316-317.

[2] 孟庆丽.北京市屋顶绿化现状及建议[J].绿色科技，2013(3)：22-23.

[3] 谭天鹰.浅议城市推进屋顶种植的必要性和可行性. http://www.360doc.com/content/11/0715/17/14148_133762352.shtml

[4] 韩丽莉.屋顶绿化对城市环境建设的作用和发展中存在的问题(内部资料).北京：北京市屋顶绿化协会，2008.

[5] 韩丽莉.屋顶绿化生态效应定量研究(内部资料).北京：北京市屋顶绿化协会，2011.

[6] 刘砚璞.休闲农业以及农业景观构成探析[J].黑龙江农业科学，2012(11)：121-124.

[7] 王峰玉.我国城市农业的价值与发展障碍分析[J].黑龙江农业科学，2013(4)：132-134.

作者简介

[1] 公超，1989年4月生，男，汉，山东，北京林业大学风景园林硕士研究生，风景园林规划设计与理论，电子邮箱：gc4278959@163.com。

[2] 薛晓飞，1974年4月生，男，汉族，山东莱阳，北京林业大学园林学院历史与理论教研室，副教授，风景园林历史与理论，电子邮箱：zhxxf@126.com。

园林绿化废弃物用作草花栽植基质的效果评价①

Effect Evaluation of Landscape Waste Used as Floriculture Substrate

韩　冰　刘　毓　刘　媛　郭　燕　张如阳

摘　要：利用园林绿化废弃物堆肥、珍珠岩、草炭及园土按照不同配比组成的栽培基质，进行草花的栽培试验。通过测定柳穿鱼及硫华菊的生长指标，并对其生长状况进行综合评价分析，结果表明：经过发酵后的园林绿化废弃物堆肥理化指标均可达到国家标准要求；不同基质配比对柳穿鱼及硫华菊生长的影响差异十分明显，园土：基质：珍珠岩＝5：4：1的配比对两种草花均能起到优良的栽植效果；在相同配比下，园林绿化废弃物堆肥比国产草炭土更有利于植株的生长发育，这为草花生产中利用园林绿化废弃物堆肥替代草炭提供一定的科学依据。

关键词：园林绿化废弃物；栽培基质；堆肥；综合评价

Abstract：A cultivation testing for *Linaria vulgaris* and *Cosmos sulphureus* was carried on using amatrix which was formed by landscape waste, perlite, peat and garden soil in proportion. Through the determination of the growth properties and comprehensive evaluation analysis of the growth condition, the following results were carried out: the physicochemical indexes of the landscape waste compost could come up the national standard after fermentation. The variations of influences to thegrowth of *Linaria vulgaris* and *Cosmos sulphureus* from different substrate compositions reached highly significant levels, *and* the best substrate composition for *Linaria vulgaris* and *Cosmos sulphureus* was the treatment-8 with 50% garden soil, 40% landscape waste and 10% perlite. Landscape waste was apparently more beneficial to the growth of plants than peat under the same ratio. This was providing a scientific basis for the future use of landscape waste instead of peat ingarden production.

Key words：Landscape Waste; Substrate; Compost; Comprehensive Evaluation

　　泥炭因其透气性能好、质轻、有机质含量高、持水保肥等性能，是目前花卉产业理想的花卉栽培基质，但泥炭作为一种短期内不可再生的资源，随着开采量的不断增加，对泥炭地生态环境造成了难以挽回的破坏[1-2]。因此，寻求泥炭替代基质已经成为当前园林园艺研究的热点之一。泥炭可替代基质来源丰富，主要有树皮、椰糠、稻壳、秸秆等发酵得到的产物[3-4]，通过与土、珍珠岩、蛭石、陶粒等按照一定的比例混合，配置可满足不同植物需求的栽培和育苗基质[5-6]。但由于原料有所不同，生产出来的基质质量参差不齐，五花八门，尚未形成统一标准。园林绿化废弃物生态处理近些年在北京、上海、广州、济南等城市逐渐兴起，并有望成为城市园林垃圾消纳的主要途径进行推广应用。目前众多学者对园林绿化废弃物替代泥炭作为栽培基质开展了大量深入研究[7-9]表明将园林绿化废弃物处理后作为栽培基质能取得良好的效果。本研究立足济南市园林绿化废弃物生态处理项目，在堆肥生产技术上研究不同基质配比对草花的栽植效果，以期为园林绿化废弃物堆肥在草花生产中的推广应用提供科学依据。

1　材料与方法

1.1　试验材料

　　园林绿化废弃物堆肥：2012年6月在济南市园林绿化废弃物处理站进行堆肥试验，以公园道路修剪的枯枝、败叶及林场间伐材为主要原料，添加尿素调节碳氮比为30：1左右，选用"金宝贝"发酵助剂作为堆肥发酵菌剂。发酵周期60天，期间定期翻堆补水，保证堆肥含水量维持在60%左右；园土来自济南百合集团有限公司苗圃地，经晾晒后过1cm孔筛得到，其基本理化性质为：pH为8.21，EC值为0.19ds/m，有机质14.89g/kg，碱解氮61.70mg/kg，有效磷15.98mg/kg，速效钾177.94mg/kg。

　　供试草炭为国产东北草炭土，与珍珠岩均为苗圃地日常生产使用。

　　供试植物柳穿鱼（*Linaria vulgaris*）及硫华菊（*Cosmos sulphureus*）目前正在济南地区推广种植，其中柳穿鱼为多年生草本，玄参科柳穿鱼属，在北方园林中多作一年生草花种植，花色丰富，可通过播种或扦插繁殖；硫华菊为一年生草本植物，菊科秋英属，花色金黄，播种或扦插繁殖。本试验供试植株均为长势一致、无病虫害的穴盘苗。

1.2　试验设计

　　试验选在草花栽培温室进行，共设10个不同配比处理（表1），重复3次，采用随机区组排列，每个重复10株，统一水肥管理。柳穿鱼于2013年1月移栽，4月15日采样测定；硫华菊于5月1日移栽，6月30日采样

　　① 基金项目：济南市科技计划项目"园林绿化废弃物生态处理关键技术研究"（201101088）资助。

测定。

处理	试验基质配比	表 1
处理	基质成分	体积比
CK	园土	—
T1	园土：草炭	8：2
T2	园土：堆肥	8：2
T3	园土：草炭	7：3
T4	园土：堆肥	7：3
T5	园土：草炭：珍珠岩	6：3：1
T6	园土：堆肥：珍珠岩	6：3：1
T7	园土：草炭：珍珠岩	5：4：1
T8	园土：堆肥：珍珠岩	5：4：1
T9	堆肥	—

1.3 指标测定

堆肥结束后，测定堆肥与草炭的理化性质。包括干密度、总孔隙度、pH、EC 值、有机质及氮磷钾含量，指标测定参照《绿化用有机基质》（LY/T 1970—2011）的方法进行；

于花卉成熟期从每个处理中随机选取 6 株进行植株生长指标测量及样品采集。测量指标为株高、冠幅、花朵数、干物质积累量、根冠比等[10]。

1.4 数据处理分析

采用 Excel 2007 及 SPSS 13.0 数据分析软件进行 0.05 水平的多重比较分析。

1.5 植物生长指标综合评价

（1）若某一指标与植物形态正相关，则植物生长指标隶属函数[11]为：

$$X(f) = (X - X_{min})/(X_{max} - X_{min})$$

（2）若某一指标与植物形态负相关，则植物生长指标隶属函数为：

$$X(f) = 1 - [(X - X_{min})/(X_{max} - X_{min})]$$

其中，X 为某一指标测定值，X_{min} 为该指标测定的最小值，X_{max} 为该指标测定的最大值。$X(f)$ 为第 f 个指标的隶属函数值。

（3）综合评价指数：

$$P = \frac{1}{f}(X_1 + X_2 + \cdots + X_f)$$

P 值越大，说明植株生长越好，即该基质配比对植物的栽植效果越佳。

2 结果与分析

2.1 园林绿化废弃物堆肥与草炭的理化性质比较

名称	干密度/ g·cm⁻³	通气孔隙度/ %	有机质/%	N+P₂O₅+K₂O/ (g·kg⁻¹)	pH 值	EC 值/ ds·m⁻¹	发芽指数/ %
堆肥	0.15	52.31	62.50	3.29	7.80	0.54	103
草炭	0.14	25.30	70.45	2.01	5.88	0.46	—
国标	0.1—0.8	≥20	≥15	≥1.5	5—8	0.35—1.5	80

园林绿化废弃物堆肥与草炭的部分理化指标 表 2

从表 2 中看出，堆肥与草炭相比，干密度接近，但通气孔隙度显著高于草炭一倍以上；堆肥有机质低于草炭，但氮磷钾总量显著高于草炭约 63.68%；堆肥碱性较强，可能对一些喜酸性草花产生不利影响。经发酵后的园林绿化废弃物堆肥干密度、通气孔隙度、有机质等 6 项指标均在国家标准（LY/T 1970—2011 绿化用有机基质）规定的指标范围内，尤其有机质含量及发芽指数显著高于国家标准要求，可满足草花基本生长需求，不需经过调节直接用于配置栽培基质[10]。

2.2 不同基质配比对柳穿鱼生长状况的影响

柳穿鱼生长要求较肥沃、适当湿润又排水良好的基质。从图 1 中可形象看出，使用草炭和堆肥均较少的 CK（100%园土）、T1（土：草炭=8：2）、T2（土：堆肥=8：2）处理植株株高较高，但相对冠幅偏小，植株长势虚高，容易倒伏，这在草花生产中较为不利；T3（土：草炭=7：3）至 T8（土：堆肥：珍珠岩=5：4：1），随着堆肥及草炭添加量的增加，株高及冠幅整体呈现递增趋

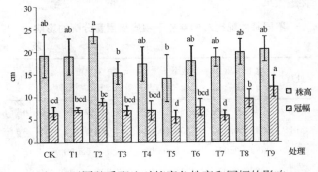

图 1 不同基质配比对柳穿鱼株高和冠幅的影响

势，但相同配比下，添加堆肥比添加草炭株高分别增加 12.53%、27.03% 及 6.21%，植株冠幅除 T3（土：草炭=7：3）与 T4（土：堆肥=7：3）两者相同外，其余两组对比处理分别增加 38.89% 及 63.34%，这主要是由于随着添加物的比例增加，基质的通气透水性和养分含量增强，有利于柳穿鱼根系的生长发育和养分吸收。T9（100%堆肥处理）植物长势优良，但考虑成本问题，T9

在实际草花生产中可行性较低。

统计数据显示，株高除 T2 与 T3、T5 差异显著外，其他处理差异不显著，在冠幅上，不同处理间存在较显著的差异水平，T2 对柳穿鱼株高影响更为显著，而 T9 则对其冠幅影响更为明显。

草花的花朵数直接关系到草花应用的景观效果，从图 2 中可看出，T9 的柳穿鱼花朵数多，是 CK 的 2.64 倍，其次为 T8 和 T2，分别为 CK 的 2.09 和 1.64 倍。除此三个处理外，其他处理花朵数差异不显著。

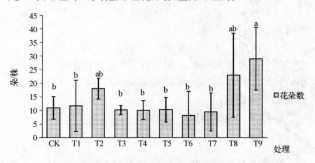

图 2　不同基质配比对柳穿鱼花朵数的影响

表 3 显示各处理柳穿鱼干物质积累量的分配状况。可以看出，T9 与其他各处理相比，整株干物质量积累量最大，是 CK 的 3.69 倍；T2 与 T8 差异不显著，而与其他基质配比相比，可达到显著差异水平；其他处理整株干重位于 0.26—0.51g/株，以 T3（土：草炭＝7：3）最小，其次为 T5 处理（土：草炭＝6：3：1）。相同配比下，添加堆肥比添加草炭更有利于柳穿鱼干物质量的增加，增加幅度分别为 107.33％、45.78％、69.08％及 320.74％。

从干物质量分配来看，地上部分、地下部分各处理间的显著性差异水平与整株干重一致，T9 显著增加柳穿鱼地上和地下部分干重，分别是 CK 的 3.79 倍和 3.71 倍，其次为 T8，分别为 CK 的 2.28 倍和 2.43 倍，表明堆肥比例大的处理对柳穿鱼地上部分和根系的发育有良好的促进效果。

不同基质配比对柳穿鱼干物质积累量分配的影响

表 3

处理	地上干重/g·株⁻¹	地下干重/g·株⁻¹	整株干重/g·株⁻¹	根冠比
CK	0.43±0.19c	0.07±0.05c	0.51±0.24c	0.16
T1	0.45±0.10c	0.06±0.02c	0.50±0.10c	0.13
T2	0.89±0.07b	0.14±0.02b	1.04±0.09b	0.16
T3	0.22±0.09c	0.04±0.03c	0.26±0.12c	0.18
T4	0.32±0.11c	0.05c	0.37±0.11c	0.16
T5	0.23±0.14c	0.03±0.02c	0.26±0.15c	0.13
T6	0.37±0.05c	0.07±0.02c	0.44±0.07c	0.19
T7	0.24±0.09c	0.03±0.01c	0.27±0.10c	0.13
T8	0.98±0.31b	0.17±0.07b	1.15±0.37b	0.17
T9	1.63±0.22a	0.26±0.03a	1.88±0.25a	0.16

2.3　不同基质配比对硫华菊生长状况的影响

不同基质配比下硫华菊的株高、冠幅和花朵数量

表 4

处理	株高/cm	冠幅/cm	花朵数/朵·株⁻¹
CK	17.67±0.58d	15.33±2.08a	1.33±0.58b
T1	22.67±3.06cd	15.50±1.73a	0.33±0.58ab
T2	23.17±2.47cd	15.58±1.23a	1.00±1.00ab
T3	20.00±3.00cd	19.50±0.50a	2.00±1.00ab
T4	18.33±3.06d	17.92±1.66a	0.67±0.58ab
T5	28.00ab	18.83±1.61a	1.00±1.00ab
T6	31.00±2.65a	19.67±2.36a	1.33±0.58ab
T7	22.17±1.89cd	17.83±1.76a	2.33±1.53ab
T8	24.50±1.32bc	18.67±1.61a	3.00±1.00a
T9	21.67±2.52cd	17.42±1.38a	2.33±0.58ab

硫华菊生命力顽强，易于养护，对土壤和周围环境要求低。数据显示（表 4），T6（土：堆肥：珍珠岩＝6：3：1）处理株高最大，为 31.00cm，高于 CK（100% 土）约 75.44％，其次为 T5（土：草炭：珍珠岩＝6：3：1），高于 CK 约 58.46％；冠幅以 T6 最高，其次为 T3（土：草炭＝7：3），分别比 CK 高出 28.31％及 27.20％；花朵数以 T8（土：堆肥：珍珠岩＝5：4：1）最多，是 CK 的 2.26 倍。在相同配比比例情况下，除 T3 和 T4 外，其余三组均表现为使用堆肥优于使用草炭，表明添加园林废弃物堆肥整体增加了硫华菊的株高、冠幅和花朵数，促进硫华菊的生长发育，且以添加 3 份的堆肥配比最佳。

统计数据显示，在植株株高上，各处理差异达到显著性水平，植物冠幅和花朵数上，各处理差异不显著，土：堆肥：珍珠岩＝6：3：1 的配比对株高和冠幅的影响最明显，而土：堆肥：珍珠岩＝5：4：1 的配比对花朵数的促进效果最显著。

图 3 形象地显示了不同配比下硫华菊地上和地下部分干物质积累状况。我们发现，各处理地上部分干重差异十分明显，地上部分以 T8 积累量最大，为 2.78g/株，T1（土：草炭＝8：2）积累量最小，为 1.15g/株，而地下部分相互间差异不显著，以 T5 积累量最大，T2（土：堆肥＝8：2）积累量最小。相同添加比例的处理对比，堆肥的添加对硫华菊干物质量的积累优于草炭，而随着堆肥添加量的增加，植株地上部分干重呈现递增趋势。从表 5 中可以看出，各处理整株干重差异十分明显，以 T8 积累量最大，其次为 T5，而 T1 积累量最小。

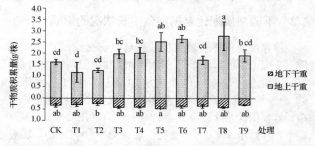

图 3　不同基质配比对硫华菊干物质积累量分配的影响

不同基质配比对硫华菊干物质积累量及根冠比的影响

表 5

处理	整株干重/g·株$^{-1}$	根冠比
CK	1.93±0.12cd	0.2
T1	1.43±0.47d	0.25
T2	1.48±0.15d	0.19
T3	2.39±0.26abc	0.21
T4	2.41±0.25abc	0.19
T5	2.98±0.48ab	0.18
T6	3.02±0.18ab	0.14
T7	2.06±0.27cd	0.2
T8	3.18±0.66a	0.14
T9	2.20±0.29bcd	0.15

2.4 不同基质配比下草花生长指标综合评价

通过对柳穿鱼和硫华菊各生长指标进行比较分析，评价了不同配比条件的优劣。但由于两种草花不同生长指标对基质配比的反应不一致，仅通过单一指标的好坏难以正确反应各基质配比的适用性[12]。通过计算不同指标的隶属函数值，进而得到植物生长指标综合评价指数，能够有效评价各基质配比条件下植株生长态势，进而筛选合适的基质配比方案[10]。

从表6可以看出，T1、T2、T8、T9的综合评价指数均高于CK，其中以T9指数最高，达到0.95，说明100%堆肥在柳穿鱼的栽植中效果最好。T8和T2次之，分别为0.607和0.567，即土：堆肥：珍珠岩＝5：4：1及土：堆肥＝8：2的配比栽植柳穿鱼可起到较好的效果。考虑到实际生产应用中需要尽可能降低成本，增加草花的冠幅和开花数量，土：堆肥：珍珠岩＝5：4；1可同时满足两个条件，可作为柳穿鱼的优良基质配比。在相同添加比例下，使用堆肥的处理综合评价指数均高于使用草炭的处理评价指数，说明堆肥在柳穿鱼种植过程中可作为草炭的替代基质起到良好的栽植效果。

各处理基质配比的柳穿鱼生长指标综合评价

表 6

处理	株高	冠幅	花朵数	地上干重	地下干重	全株干重	综合评价指数
CK	0.54	0.12	0.14	0.15	0.17	0.15	0.212
T1	0.52	0.24	0.17	0.16	0.13	0.15	0.228
T2	1.00	0.49	0.47	0.48	0.48	0.48	0.567
T3	0.13	0.21	0.10	0.07	0.04	0.00	0.080
T4	0.34	0.21	0.10	0.07	0.09	0.07	0.147
T5	0.00	0.00	0.10	0.01	0.00	0.00	0.018
T6	0.41	0.32	0.00	0.11	0.17	0.11	0.187
T7	0.50	0.05	0.06	0.00	0.00	0.00	0.105
T8	0.62	0.61	0.71	0.54	0.61	0.55	0.607
T9	0.70	1.00	1.00	1.00	1.00	1.00	0.950

如表7数据显示，除T1、T2外，其他处理综合指数均高于CK，说明添加堆肥和草炭比例较大对硫华菊的生长起到良好的促进作用。T8指数最大，T6次之，即土：堆肥：珍珠岩＝5：4：1和6：3：1的配比均可作为硫华菊的优良基质配方。

各处理基质配比的硫华菊生长指标综合评价 表 7

处理	株高	冠幅	花朵数	地上干重	地下干重	全株干重	综合评价指数
CK	0.00	0.00	0.37	0.28	0.36	0.29	0.217
T1	0.38	0.04	0.00	0.00	0.23	0.00	0.108
T2	0.41	0.06	0.25	0.06	0.00	0.03	0.135
T3	0.17	0.96	0.63	0.51	0.77	0.55	0.598
T4	0.05	0.06	0.13	0.53	0.68	0.56	0.425
T5	0.77	0.81	0.25	0.84	1.00	0.89	0.760
T6	0.00	0.37	0.92	0.59	0.91	0.798	
T7	0.34	0.58	0.75	0.34	0.50	0.36	0.478
T8	0.51	0.77	1.00	1.00	0.73	1.00	0.835
T9	0.30	0.48	0.75	0.47	0.23	0.44	0.445

3 结论与讨论

在现代园艺生产中，泥炭作为花卉栽培基质被园林园艺行业广泛应用，但因总资源匮乏，导致即使在泥炭资源丰富的国家，泥炭的开采利用也受到限制[1]。园林绿化废弃物作为一种可再生资源，其合理化和资源化利用越来越受到国内外的重视，用其作为替代泥炭基质的栽培原料的研究开发也在广泛进行中[13]。本文将园林绿化废弃物经堆肥后与园土、草炭、珍珠岩进行配比，测定两种草花生长指标，并进行综合评价分析，结论如下：

（1）绿化废弃物经过生态化堆肥处置后，在理化性质上与草炭存在较大差异，但各项指标均达到国家相关标准要求，在一定比例的使用范围内可以明显提高植物长势。

（2）在同样添加比例条件下，添加堆肥比草炭显著增加柳穿鱼和硫华菊的株高、冠幅和干物质量的积累，即在草花栽培过程中，可用园林绿化废弃物堆肥作为草炭的优良替代基质。

（3）柳穿鱼以100%基质的处理生长最佳，园土：堆肥：珍珠岩＝5：4：1次之，硫华菊以园土：堆肥：珍珠岩＝5：4：1最佳，园土：堆肥：珍珠岩＝6：3：1次之，综合考虑到成本及应用效果，最终选择园土：堆肥：珍珠岩＝5：4：1作为柳穿鱼的优良基质配方；园土：堆肥：珍珠岩＝5：4：1或6：3：1作为硫华菊的优良基质配方。

参考文献

[1] Cailile W R. The effects of the environment lobby on the selection and use ofgrowingmedia [J]. ActaHort, 1999. 481: 587-596.

[2] 杜林峰，孙向阳，沈彦．泥炭作为园艺基质的研究进展[J]．北方园艺，2007.10：68-70

[3] 徐斌芬，章银柯，包志毅，等．园林苗木容器栽培种的基质选择研究[J]．现代化农业，2007(1)：10-12.

[4] 薛克娜，赵鸿杰，张学平等．不同基质对杜鹃红山茶容器苗生长的影响[J]．中南林业科技大学学报，2011.31(1)：27-31.

[5] 栾亚宁．农林有机废弃物堆腐生产花卉栽培基质研究[D]．北京林业大学，2011：17-30.

[6] 尚秀华，谢耀坚，彭彦．农林废弃物的腐熟处理及其在育苗中的应用[J]．桉树科技，2008.25(2)：49-54.

[7] 孙克君，阮琳，林鸿辉．园林有机废弃物堆肥处理技术及堆肥产品的应用[J]．中国园林，2009(4)：12-14.

[8] 郝瑞军，方海兰，郝冠军，等．园林废弃物堆肥对黑麦草产量及养分吸收的影响[J]．园林科技，2010(3)：25-28.

[9] 贾兰虹，杨亚洁．有机废弃物再生环保型基质在观赏植物上的应用[J]．生态环境，2004.10：23-24.

[10] 于鑫．北京市园林绿化废弃物再利用调查及堆肥实验研究[D]．北京林业大学，2010(6)：37-46.

[11] 刘庆超．三种重要盆栽花卉的有机代用基质研究[D]．北京林业大学，2003(6)：20-35.

[12] 张强．园林绿化废弃物堆腐及用作草花栽培基质的试验研究[D]．北京林业大学，2012：25-30.

[13] 张骅．以园林绿化废弃物为原料的栽培基质对草花生长的研究[D]．北京林业大学，2011：29-31.

作者简介

[1] 韩冰，1987年生，女，汉，山东茌平，硕士，济南百合园林集团有限公司，从事土壤质量评价及废弃物生态处理技术研究，电子邮箱：hanbingforever@126.com。

[2] 刘毓，1978年生，女，汉，山东济南，硕士，工程师，济南市花卉苗木开发中心(济南市园林科学研究所)科研技术室副主任，主要从事园林植物引种选育、园林绿化废弃物处理等方面的研究，电子邮箱：lilyliuyu@126.com。

[3] 刘媛，1983年生，女，汉，山东莒南，硕士，中级农艺师，济南百合园林集团有限公司，从事园林植物引种及花境营造研究。

[4] 郭燕，1978年生，女，汉，山东济南，大专，助理工程师，济南市花卉苗木开发中心(济南市园林科学研究所)，主要从事草花引种栽培及生产方面工作，电子邮箱：guoyan197811@163.com。

[5] 张如阳，1987年生，男，汉，山东济南，本科，济南百合园林集团有限公司，从事草花引种栽培及生产方面工作，电子邮箱：zry1987811@qq.com。

从《华盛顿协议》谈风景园林工程技术教育

Exploration on the Engineering and Technology Education in Landscape Arhitecture According to Washington Accord

周聪惠　金云峰　李瑞冬

摘　要：2013 年 6 月，我国成为《华盛顿协议》的预备会员。《华盛顿协议》的签订和发展则反映了世界工程教育先进国家对于工程技术教育的思考和共识，对我国风景园林工程技术教育也有着良好的指导价值。本文主要通过借鉴和分析《华盛顿协议》对各个协议国的工程技术教育导向并结合当前风景园林工程技术实践发展的趋势来探讨我国风景园林工程与技术二级学科教学的影响和发展。

关键词：风景园林；工程技术；二级学科；教育；华盛顿协议

Abstract：China has been admit to be the associate member of the Washington Accord since June 2013. The establishment and the continuous development of Washington Accord reflects the deliberation and common view towards the education on engineering and technology from the countries in advance on the fields of engineering and technology application and education. It is also a good reference could be taken by China in the developing process of the engineering education in the discipline of landscape architecture. By taking reference of the advocation in Washington Accord and analyzing the updated development tendency of the practice of the engineering and technology in landscape architecture，this article aims to offer some suggestions to the development and reforming of China's engineering and technology education in landscape architecture.

Key words：Landscape Architecture；Engineering and Technology；Subordinate Discipline；Education；Washington Accord

1 《华盛顿协议》及其对工程技术教学的导向概述

1.1 《华盛顿协议》概述

《华盛顿协议》（Washington Accord）是工程教育本科专业认证的国际互认协议，1989 年由美国、加拿大、英国、爱尔兰、澳大利亚和新西兰等 6 国工程专业团体发起成立。该协议承认签约国所认证的工程专业（主要针对四年制本科高等工程教育）培养方案具有实质等效性，认为经任何缔约方认证的专业的毕业生均达到了从事工程师职业的学术要求和基本质量标准[1]。1995 年华盛顿协议又接受我国香港地区为签约组织。1999 年再次吸收南非为签约组织。至此，签约组织增加到了 8 个。进入 21 世纪以后，2001 年接纳了日本为预备组织。2003 年，德国、马来西亚和新加坡都通过为预备组织。2005 年，日本转为正式签约组织。至此，签约组织增加到了 9 个。这说明世界上确实有一批国家的工程组织正在朝着华盛顿协议所要求的工程专业质量保证的方向前进，其中包括发达国家和发展中国家[2]。这表明华盛顿协议所要求的质量保证体系正日益得到各国认可，华盛顿协议的地位显得越来越重要，2013 年 6 月中国顺利加入，被正式接纳为预备会员。

1.2 《华盛顿协议》的工程技术教学的导向概述

《华盛顿协议》对于各个国家工程专业培养方案的实质等效性是通过系统化的制度来规范各国对高等工程教育的认证过程。从根本上来讲，《华盛顿协议》所承认的是经过工程专业训练的学生具备基本的科学素养和从业能力。从各国进行认证的经验来看，近年来认证的重点出现了从考核"教育输入"（教师教什么）转向考核"教育产出"（学生学到什么）的趋势，也就是，采用"能力导向"的认证标准，更加关注教育的结果。《华盛顿协议》要求工程专业的本科毕业生具备沟通能力、合作能力、专业知识技能、终身学习能力及健全的世界观和责任感等。学生的能力是对教育质量最直接的说明，因此，这些能力指标对教师和教育机构设计课程提出了明确方向与要求。在有限时间的课堂教学中，教师要指导学生掌握本学科领域内应学到的基础知识，同时要指导学生发展解决实际问题并在跨领域开展研究的能力。这将深刻地影响培养计划的制定。符合要求的培养方案将特别注重审查学生专业知识和技能学习的教学目标，促进课程整合，引导学生在跨领域或跨组织团队中与他人相处合作[1]。

2 《华盛顿协议》对当前风景园林工程技术教育的影响分析

2011 年国务院学位委员会和教育部联合印发《学位授予和人才培养目录（2011 年）》将"风景园林学"正式列为一级学科，大幅度提升了风景园林在我国学科体系的整体地位，也为风景园林教学的发展和改革带来了重大机遇。而风景园林工程与技术作为风景园林一级学科之下的二级学科，是风景园林学科应用实践和在行业中得以落实的基本保证。

按照《学位授予和人才培养目录（2011年）》当中规定，风景园林学可授予工学或农学学位。《华盛顿协议》当中对于工程专业的教育导向对于作为以工科为传统特色的高校（如同济大学）中的风景园林教育尤其是作为二级学科的风景园林工程与技术教育发展和改革具有指导价值。结合《华盛顿协议》带来的工程教学发展导向，以及风景园林学科的自身实践特征和发展趋势，可以将风景园林工程技术教育发展归纳为三大趋势，即：

2.1 从培养单一的"服务施工建造导向"向全面的"驾驭综合现代风景园林工程导向"转变需求

《华盛顿协议》强调培养学生的科学素养和从业能力，突出能力导向。对于风景园林工程与技术教育而言，若要提高学生的从业能力和科学素养，应时刻洞察和分析当前整个风景园林学科工程与技术实践的发展动态及其对从业人员专业知识的需求，并能将其有效反馈到课程教学中。

综观当前风景园林工程技术实践，可以明显发现风景园林工程技术实践应用的发展日趋复杂和综合，例如，湿地处理、棕地治理与修复、城市农业等相关课题当中的工程技术应用，不可避免地涉及经济、生态、文化、伦理等多方面因素，以往单一的施工建造技术知识背景已无法应对。现代风景园林工程与技术问题的解决需要工程师打破学科的界限，能够拥有多学科综合知识背景，才能有效应对现代风景园林工程实践项目的技术需求[3]。

这一实践发展趋势反馈的工程技术教学，则需要风景园林工程与技术教育能够适应当前实践变化趋势进行及时调整，将过去由"服务工程施工建造"的教育导向转变为"驾驭综合现代风景园林工程"的教育导向，以培养出具有广阔工程视野、多学科背景并能驾驭当前风景园林综合工程项目实践的综合人才。

2.2 沟通能力和跨学科合作能力的培养需求

除了具备综合扎实的专业技能，《华盛顿协议》要求工程专业教育能够培养学生的沟通能力和跨学科合作能力。针对风景园林工程技术教育而言，沟通能力和跨学科合作能力的培养也符合当前风景园林工程实践发展日益综合化和复杂化的趋势。以城市棕地修复和景观改造项目为例，其涉及的学科包含风景园林、城乡规划、建筑学、环境工程、生态学、经济学等多种学科，其项目团队组成也可能包含多种不同学科背景的专业人员。这就要求风景园林师不仅需要了解各个学科的特点和作用，还需要能够保持与其他专业背景人员的沟通顺畅，这将对风景园林工程实践项目的有效推进和完成意义重大。

2.3 社会意识和人文情怀的培养需求

除了跟工程专业实践直接相关知识和能力的培养需求外，《华盛顿协议》当前的教育导向还涉及工程师健全世界观和责任感的培养。反映在工程技术教育过程中，即应注重在学生的学习过程中职业操守和道德方面的培养。结合风景园林工程技术的应用特点，即在风景园林工程技术教育当中有效培养学生的社会意识和人文情怀，使得其能够在日后的专业实践中能够坚守自身的职业准则和操守，让其掌握的工程技术有效为广泛社会大众服务，创造出最大化的综合价值。

3 风景园林工程技术教育发展和改革建议

3.1 风景园林工程技术教学中"大工程观"的培养

风景园林专业实践的发展和变革所带来的工程技术需求变革，将对围绕园林施工建造服务的传统风景园林工程技术教育理念产生冲击。为有效结合和应对专业实践发展的变革，应在根本上着眼于学生"大工程观"的培养。所谓"大工程观"的提出并非针对工程项目的尺度大小而言，而主要着眼于帮助学生有效拓展视野、了解当前风景园林工程项目实践的综合性和复杂性以及培养学生的社会意识和人文情怀。即立足于风景园林学科，但不局限于本专业和本学科的知识体系，以多学科更趋综合的全局观来切入、思考、设计、选择和实践风景园林的工程技术，进而有效驾驭日趋综合和复杂的风景园林工程项目实践。

3.2 风景园林工程技术课程体系框架建构和完善

随着风景园林工程技术成为"风景园林学"一级学科之下的二级学科，其整个二级学科的课程体系也有待于进一步完善。这也为我国风景园林工程技术课程体系框架的建构和完善，并朝《华盛顿协议》的要求迈进提供了一个大好的机遇。针对工程技术课程体系框架的建构和完善，一方面需要在原有风景园林工程技术课程基础之上，有效结合当前风景园林工程技术实践的发展现状和趋势，针对性地设置部分能够拓展学生工程视野，有效了解和掌握当前工程技术体系实践前沿的课程，建构涵盖风景园林规划编制方法技术、风景园林信息技术与应用、风景园林建造工程技术、风景园林前沿工程综合实践、风景园林政策与管理、风景园林法规与规范等领域的课程体系[4]；另一方面则可参照《华盛顿协议》重视科学素养和从业能力的导向，强化工程技术实践应用类型课程的分量，培养和锻炼学生对于园林工程与技术活学活用的实践应用能力，例如，设置风景园林工程技术应用模拟、风景园林工程技术优选方法和实践等类型课程。

3.3 风景园林工程技术教学方法改革

当前工程技术实践日益强调多学科交融以及跨学科合作的趋势，也对风景园林工程技术教学方法提出了更高的要求，这也需要风景园林工程技术教育方法从关注"教育输入"向着《华盛顿协议》所提倡的关注"教育产出"进行改革。例如，针对当代风景园林工程实践的复杂化和综合化背景，突出教学当中实践应用环境和情境的营造，建设风景园林工程技术实验室，为学生创造现学现用的学习和应用实践和模拟环境，形成包含"技术构思选择－方案设计应用－工程实施模拟"三位一体的风景工程技术教学方法体系；建构系统的风景园林工程技术案例教学方法体系，即通过案例介绍当前工程技术发展趋势下，具有代表性涉及多学科的复杂风景园林工程项目案例（如湿地工程、棕地治理工程、城市农业工程等）的操作和实施特点，使学生能够及时了解和掌握风景园林工程技术的发展趋势和应用特点；在课程训练中培养学生能够将工程技术应用与生态、社会、经济和文化等方面进行关联思考，加强学生的社会意识、人文情怀等综合素质[5]；结合风景园林学科实践应用性的特征以及多学科交叉的趋势，借鉴国外高水平大学教学经验，设置对多学科学生开放的设计和工程技术实践类课程，例如，美国哥伦比亚大学建筑、规划与保护学院已经探索与工程学院联合开设设计实践类课程。该类课程每周有 6—8 课时，教学老师团队也由工程学院和建筑学院的老师共同组成，面向建筑学院学生和工程学院学生授课。课程中两个学院学生需搭配分成设计小组，主要进行棕地修复治理和改造、城市农业等需要多学科交叉的设计和工程技术实践训练，最后需提交设计到工程技术实施的方案。这样的教学一方面可以培养规划设计师和工程师相互了解对方的学科背景和工作习惯特征；另一方面也能够培养不同学科背景学生的相互沟通和协作的能力。

4 结语

《华盛顿协议》的产生源于世界上多个发达国家和地区对于工程技术教育发展的思考和共识，应该说《华盛顿协议》所认证的工程专业培养方案能够反映世界上工程教育的发展方向。对照我国当前的工程技术教育，尽管近年来教育部针对高校的工程技术专业教育提出了诸如《卓越工程师教育培养计划》等相关改革和发展计划，但当前我国的工程技术专业教育现状离世界工程技术领先和教育先进国家相比仍有一定差距。本文结合《华盛顿协议》中工程技术专业教育的导向，来针对性的探讨风景园林工程技术教育的改革和发展，主要也是希望能够借鉴国外先进经验，为我国风景园林工程技术教育的进一步完善，并能够尽快缩小与国外发达国家的工程技术教育差距，并为将来提供一些发展思路。

参考文献

[1] 王孙禺，孔钢城，雷环.《华盛顿协议》及其对我国工程教育的借鉴意义. 高等工程教育研究，2007.（1）：10-15.

[2] 毕家驹. 走华盛顿协议之路. 高教发展与评估，2005. 21（6）：38-42.

[3] 金云峰，陈蓓. 风景园林专业教育发展与趋势. 中国风景园林学会 2007 年全国风景园林教育研讨会论文集，2007：16-25.

[4] 金云峰，陈蓓. 风景园林专业本科阶段课程设置. 中国风景园林学会 2007 年全国风景园林教育研讨会论文集. 2007：179-190.

[5] 金云峰，周聪惠. 风景园林设计教学中"传承历史，融贯中西"新探. 2012 年中国风景园林教育大会论文集：一级学科背景下的风景园林教育. 南京：东南大学出版社. 2012：167-170.

作者简介

[1] 周聪惠，男，博士，同济大学建筑与城市规划学院景观学系，电子邮箱：zch2002326@163.com 。

[2] 金云峰，男，同济大学建筑与城市规划学院景观学系，上海同济城市规划设计研究院，同济大学都市建筑设计研究分院，教授，博士生导师，研究方向为风景园林规划方法与技术及中外园林与现代景观，电子邮箱：jinyf79@163.com。

[3] 李瑞冬，男，博士，同济大学建筑与城市规划学院景观学系，讲师。

浅析滨海地区绿化景观营造技术及应用

——以阳江市海陵岛风景区绿化工程为例

Construction Techniques and Application of Guangdong Coastal Saline Area Scenic Greening

——Taking the Baoli Silver Beach Scenic Greening Project as an Example

刘 斌 谭广文 曾 凤 谢腾芳 李子华

摘 要：滨海地区受到台风、土壤盐度高、肥力差、含水率低等苛刻的土壤条件和立地环境等制约，开发难度较大。本文以海陵岛风景区绿化工程为例，在原有滨海地区的生态植被基础上，通过土壤改良、抗风措施等工程手段改善种植环境，结合抗风、耐盐及抗旱植物的筛选和防风林带的营造，为该地区的园林绿化建设提供适应性强的植物种类和种植养护技术标准，从而为广东省沿海城市滨海区的生态环境建设提供重要的技术借鉴。

关键词：滨海地区；台风；盐化土壤；园林绿化；生态修复；植物筛选

Abstract：Constrained by the typhoon, high-soil salinization, poor-soil fertility, low soil moisture content and so on, it is hard to make a development in the construction of the coastal saline area. Taking the Baoli Silver Beach Scenic Greening Project as an example, based on the original ecological vegetation, through soil improvement and the anti-typhoon measure, combined with saline alkali tolerant plant selection and shelterbelt construction, this project summarised a technical support for the selection of species and technical standards of Planting Maintenance, which provided a reference value for costruction of Guangdong coastal saline area.

Key words：Coastal Areas；Typhoon；Saline Soil；Landscaping；Ecological Restoration；Plant Selection

前言

随着我国滨海地区经济的发展和滨海城市的建设，强台风、土壤盐碱化、肥力差等苛刻的土壤条件和立地环境对绿化景观建设的制约影响日趋明显。国内针对滨海地区抗风耐盐碱植物筛选的研究比较多[1-2]，但多为园林植物筛选的研究，鲜有将植物选择与工程养护技术相结合的应用性研究。本文结合阳江地区土壤特点及气候特点，提出目前绿化工程建设中的问题，总结出适合于广东滨海地区的绿化景观营造方案及技术措施，为滨海地区绿化景观营造提供参考。

1 研究地概况

该项目位于海陵岛（21°33′—21°40′N、111°47′—112°01′E），地处回归线以南，属亚热带气候，雨量充沛，气候温和，地理位置靠近海南省，常年气温高。年平均气温23℃，年平均降雨量一般在2345mm左右，高温天气持续较长，全年适合海水浴的天数为240天以上雨水分布不均匀，夏秋季节多台风，台风灾害尤其严重，每年平均出现5—7次[1]。

2 绿化工程存在的问题

2.1 土壤沙化严重、养分含量低及盐分含量高

阳江海陵岛存在大面积滨海风沙土，具有土地沙化程度强，土壤贫瘠，植物种植不易成活等特点。表现为脱水性强，易随风移动、细沙粒径较小，颗粒适中，石英晶粒洁白，沙层一般厚达数米到数十米，热容量低，易热易冷，养分含量少。

该地区地势低平，在受到风暴潮、海雾、海水入侵等的影响后，易在地表形成盐分[2]，并且地下水位较浅，当气候干旱时，土壤有效蒸发量增大，使得水分含量下降，土壤毛管水上升运动强烈，致使地下水及土壤中盐分向地表迁移并在地表附近发生积盐。随着盐分在土壤表层的逐渐积累，达到一定高的浓度时，就发生土壤盐化。由于土壤内盐分的不断积累，造成土壤通气性差、结构黏滞、生物菌群减少、渗透系数低、毛细现象增强等物理性状的恶化，从而导致土壤肥力下降，供给能力失调，高浓度的盐分会引起植物的生理干旱，干扰植物对养分的正常摄取和代谢，使植物失去了良好的生长环境和营养条件，因此植物容易干旱枯萎[3]。

2.2 夏秋季节易受台风侵袭及盐雾危害

广东省位于太平洋西岸，濒临南海，是台风登陆我国

的主要地区，也是我国台风灾害最严重的省份之一[4]。位于广东南部滨海地区海陵岛，风力大，风中携带大量的盐雾，盐雾中的盐离子沉降在树叶上对植物造成生理性干旱，表现为叶片出现叶边缘盐害症状，边缘焦枯，几天后叶片脱落（图1），此外，盐雾沉降在土壤造成土壤盐度升高，既为"海煞"现象严重[5]。风力吹走地面表层肥沃的细土，经过多次的风蚀，土地肥力越来越低；风还能使土壤中的水分大量蒸发，使土壤变得干旱，引起土壤沙化，使得结构疏松、透水性强的细粉沙水分强烈蒸发，沙粒干燥，很容易被风起动，加之海岛风力大，很容易引起风沙化灾害[6]。

图 1　灰莉受到盐雾侵害后变现

3　海陵岛风景区绿化方案

3.1　生态防护林保护

现有植被是滨海地区园林绿化的重要基础，必须加以保护，绿化景观设计应实行以保护和利用为主，改造为辅的原则。在工程前期注重原有生态林的保护和利用，顺应自然地貌，避免大填大挖，保护好自然环境。

3.2　植物景观设计

植物景观设计力求简洁大气，在统一中有变化，在变化中有联系。在植物搭配上，注意乔灌结合，在纵向上高低起伏有变化。常绿与落叶相结合，观花乔木与观叶乔木相结合，密林与疏林相结合，防护林与景观林相结合。园林绿化树种选择主要考虑根系发达、抗风强、易成活的种类。根据种植地的特点选择抗风耐旱，耐盐，耐贫瘠树种。种植条件不好的地区，以防护林为基础，配植乡土树种；种植条件较好的地段以乡土树种为基础，适当引入新品种。

4　绿化技术措施

4.1　植物景观营建

4.1.1　生态防护林的营造

生态防护林具有重要的防风作用。防护林改变了气流结构，消耗了空气动能，使林内外风速显著降低。一般在 20H（H 为林带平均高）范围内，林网内平均风速降低 30%—55%。同时防风林带还有改善小气候，减少土壤水分的蒸发；防风林带根系有很好的水土保持作用，改良种植区域的土壤，加快土壤脱盐进程，有效地防止了土壤返盐，提高了脱盐稳定性[7]。

保护和营造防护林带是进行园林绿化的基础条件，故在海岸线营造木麻黄（*Casuarina equisetifolia*）防风林，降低风对园林绿化的危害程度。

4.1.2　植物种类选择

结合阳江海陵岛项目的野生植物资源和文献资料，筛选出的 51 种园林植物经耐盐性、抗风性、抗旱性实验和生长调查，应用在项目后的抗性情况列表详见表 1。

51 种的乔木、灌木和地被植物的抗性情况列表　　　　　　　　　　表 1

序号	性状	种名	拉丁名	科名属名	抗风	耐旱	耐盐	建议
1	乔木	紫檀	*Pterocarpus indicus*	豆科紫檀属	√			B
2	乔木	竹柏	*Podocarpus nagi*	罗汉松科罗汉松属	√	√	√	B
3	乔木	樟树	*Cinnamomum camphora*	樟科樟属	√			A
4	乔木	印度橡胶榕	*Ficus elastica*	桑科榕属	√			B
5	乔木	银海枣	*Phoenix sylvestris*	棕榈科刺葵属	√			B
6	乔木	椰子	*Arenga mucifera*	棕榈科椰子属	√		√	B
7	乔木	洋蒲桃	*Syzygium samarangense*	桃金娘科蒲桃属	√			A
8	乔木	台湾相思	*Acacia confusa*	豆科金合欢属	√	√		B
9	乔木	蒲葵	*Livistona chinensis*	棕榈科蒲葵属	√		√	B
10	乔木	麻楝	*Chukrasia tabularis*	楝科麻楝属	√			A
11	乔木	榄仁树	*Terminalia catappa*	使君子科榄仁树属	√	√		B
12	乔木	金边印度榕	*Ficus elastica*	桑科榕属	√			B
13	乔木	加拿利海枣	*Phoenix canariensis*	棕榈科刺葵属	√			B

序号	性状	种 名	拉丁名	科名属名	抗风	耐旱	耐盐	建议
14	乔木	鸡冠刺桐	*Erythrina crista-galli*	豆科刺桐属	√	√	√	B
15	乔木	狐尾椰子	*Wodyetia bifurcata*	棕榈科狐尾椰子属	√	√		B
16	乔木	海南蒲桃	*Syzygium hainanense*	桃金娘科蒲桃属	√	√	√	B
17	乔木	海南红豆	*Ormosia pinnata*	豆科红豆属	√			A
18	乔木	海杧果	*Cerbera manghas*	夹竹桃科海杧果属	√	√	√	B
19	乔木	国王椰子	*Ravenea rivularis*	棕榈科溪棕属	√			A
20	乔木	广玉兰	*Magnolia grandiflora*	木兰科木兰属	√			A
21	乔木	宫粉羊蹄甲	*Bauhinia variegata*	豆科羊蹄甲属	√			A
22	乔木	高山榕	*Ficus altissima*	桑科榕属	√	√		B
23	乔木	波罗蜜	*Artocarpus heterophyllus*	桑科波罗蜜属	√			A
24	乔木	扁桃	*Amygdalus communis*	蔷薇科桃属	√	√	√	B
25	乔木	白千层	*Melaleuca leucadendra*	桃金娘科白千层属	√	√		B
26	灌木	鱼骨葵	*Arenga tremula*	棕榈科砂糖椰属	√	√		B
27	灌木	银合欢	*Leucaena leucocephala*	豆科银合欢属	√	√		B
28	灌木	台湾海桐	*Pittosporum pentandrum*	海桐花科海桐花属	√	√		B
29	灌木	苏铁	*Cycas revoluta*	苏铁科苏铁属	√	√		B
30	灌木	山瑞香	*Pittosporum tobira*	海桐花科海桐花属	√			A
31	灌木	女贞	*Ligustrum lucidum*	木犀科女贞属	√	√	√	B
32	灌木	龙船花	*Ixora chinensis*	茜草科龙船花属	√			A
33	灌木	林投	*Pandanus odoratussumus*	露兜树科露兜树属	√	√	√	B
34	灌木	金道露兜树	*Pandanus baptistii*	露兜树科露兜树属	√			B
35	灌木	黄金榕	*Ficus. microcarpa* cv.	桑科榕属	√	√		B
36	灌木	红花檵木	*Lorpetalum chindense*	金缕梅科檵木属	√	√		B
37	灌木	红刺林投	*Pandanus utilis*	露兜树科露兜树属	√	√		B
38	灌木	鹤望兰	*Strelitzia reginae*	芭蕉科鹤望兰属	√	√		B
39	灌木	观音竹	*Bambusa multiplex*	禾本科箣竹属	√			A
40	灌木	非洲茉莉	*Fagraea ceilanica*	马钱科灰莉属	√	√		B
41	灌木	斑叶林投	*Pandanus veitchii*	露兜树科露兜树属	√			B
42	地被	银边山菅兰	*Dianella ensifolia*	百合科山菅属		√		B
43	地被	文殊兰	*Crinum asiaticum*	石蒜科文殊兰属	√			B
44	地被	射干	*Belamcanda chinensis*	鸢尾科射干属	√	√		B
45	地被	蔓马缨丹	*Lantana* spp.	马鞭草科马缨丹属				B
46	地被	狗牙根	*Cynodon dactylon*	禾本科狗牙根属				B
47	地被	佛焰苞飘拂草	*Fimbristylis spathacea*	莎草科飘拂草属	√	√	√	B
48	地被	钝叶草	*Stenotta stecundatum*	禾本科钝叶草属				B
49	地被	迭穗莎草	*Cyperus imbricatus*	莎草科莎草属	√	√		B
50	地被	糙叶丰花草	*Borreria articularis*	茜草科丰花草属	√	√	√	B
51	地被	马鞍藤	*Ipomoea pes-caprae*	旋花科番薯属	√	√	√	B

注："A"为近海；"B"为面海。

4.1.3 营造适宜滨海地区的植物群落

滨海地段小气候条件恶劣，故依据师法自然原理，结合阳江海陵岛地理位置特点，采用沙滩区种植马鞍藤、台湾海桐等沙生植物，依次向内地为灰莉、黄榕等低矮灌木群落，鸡冠刺桐、金叶垂榕（Ficus microcaba cv. GoldenLeave）等小乔木群落，狐尾椰子、樟树、银海枣等乔灌木结合多层植物群落；利用复层群落式种植结构，植物之间的相互庇护，亦能有效降低受害程度（图2）。调查结果表明，表面复层结构种植的地段仅在向风面的边缘植物受害，背风面和内部植物受到较好保护。故在面海一侧，无建筑物、构筑物阻挡风力的位置，建议以小乔木为上层骨架，下层片植地被作补充，形成2－3层简洁的植物组团，从配植方式上最大程度减小台风对植物的正面伤害。

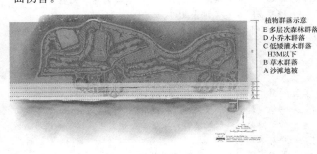

图2 植物配置情况

4.2 绿化工程措施

4.2.1 土壤改良

银滩项目采用客土改良的方法，客土量较大，最深处达3m深的客土，因此，土壤盐化沙化问题短期内不会影响植物的生长，灌木和地被等浅根性植物基本不会受到土壤盐化沙化的危害。在海陵岛的其他地区仍要注意土壤改良，在种植树木的时候，先挖掘1－1.2m的树穴，先在穴底铺20cm厚的稻草、砾石或陶粒，再铺设10cm厚的炉灰渣或粗沙，10cm厚的泥炭土或细沙和有机肥混合层，然后是50－80cm的拌有少量有机肥的沙壤土，形成盐隔离层。如果是重盐地，还需要在坑的四周用塑料薄膜进行封闭。对于潜在沙化地区，注意黏土与砂土的混合比例，保证土壤达到最适植物生长的状态[8]。

4.2.2 抗风措施

尽量选用与绿化土地条件相似的育苗地上培育的苗木，优先选择中等大小实生苗；而大苗在定植后的一定时期内根系发育有限，容易在强风中倒伏或在摇摆中损伤根系，故移栽后，需要设立支撑。大乔木支撑采用钢管三角支撑（图3），对于根冠比最小的细叶榄仁则采用复合支撑结构；树冠是树高的1/3－1/2比较合适，同时根据相应的树种生长特性采用类似冠型，树形、树冠应不偏斜，叶幕层高、密度适中，杯状、伞状的树冠可降低正面的强风压力[9]；种植设计时按距离海岸由近到远应设计的植物群落高度由低到高；复层群落式种植结构亦能有

效降低受害程度。加大苗木土球，新种苗木的土球应该比通常的规格约大20cm，而且定根宜早，可以有效减轻台风危害。

图3 樟树采用钢管支架使用情况

为了减轻风沙对园林绿地的侵袭，迎海面营建沙滩木麻黄防护林。种植易繁殖的马鞍藤固沙收到较好的效果（图4）；同时，结合园林景观设计挡沙墙能有效地防沙挡沙，也能保护灌木和地被，减轻沙化的危害。

图4 马鞍藤在工地使用效果

4.2.3 栽植技术

采用规范的种植养护措施，缩短新移栽苗木的恢复期。选择合适的种植季节，最佳种植季节应选择在春季雨季时期种植；使用ABT生根粉，可以大幅度地提高苗木成活率；打泥浆栽植法，使苗木根系在最短时间内达到与土壤密接，及时吸收水分，大穴栽植树盘覆膜，保障苗木

4.2.4 养护技术

合理浇灌，在定植以后的管理过程中，每次浇水必须浇足，并在极端天气如无降雨台风过后及时用淡水冲洗叶片，能有效降低盐沉降对叶片造成危害。疏松土壤，在雨后和灌水后及时松土，切断土壤毛细管，减少水分蒸发，改良土壤通气状况，促进微生物活动，加快养分的分解，提高土壤肥力，防止土壤次生盐渍化；地面覆盖，以塑膜、稻草、秸秆等物覆盖树盘，以减少水分蒸发，有利于苗木成活；合理施肥，做好排水系统，利用地形对雨水进行收集利用。

5 结语

项目的整个过程贯穿着生态修复理念，遵从我司"创造人与自然和谐相处"的原则，把对自然的破坏影响降到最小，使工程建设与生态发展和谐共存。

针对阳江海陵岛绿化区域呈现土地盐度高，风力大，植物种植不易成活等特点，采用植物种类选择，土地改良和相应的养护管理等措施来解决恶劣地理气候条件下的生态景观建设问题。分析制约阳江海陵岛园林绿化的诸多因素，以生态园林理论为指导，充分认识滨海区园林绿化在当地区区域经济发展中的战略地位和作用，通过保利银滩风景区试点的建设，进一步明确滨海地城市园林绿化的方向和趋势，对于滨海地区经济与社会可持续发展战略的实施，具有十分深远的意义。

参考文献

[1] 谭广文，曾非凡，刘斌. 广东省海陵岛银滩滨海旅游区园林树种选择与应用研究[J]. 中国园林，2013.29（5）：96-99.

[2] 林伟明，魏云华. 浅谈滨海城市盐碱地绿化设计——以平潭综合实验区环岛公路绿化工程为例[J]. 现代园林，2012（3）：47-52.

[3] 原鹏飞，张艳芬，李翔天. 滨海盐碱地绿化技术探讨[J]. 水土保持应用技术，2011(1)：28-29.

[4] 唐晓春，刘会平，潘安定等. 广东沿海地区近50年登陆台风灾害特征分析[J]. 地理科学，2003.23(2)：182-187.

[5] 王述礼，孔繁智，关德新等. 沿海防护林防海煞危害初探[J]. 应用生态学报，1995.6(3)：251-254.

[6] 毕华，刘强. 海南昌江县海滨土地风沙化及其环境整治[J]. 中国沙漠，2000.20(2)：223-228.

[7] 胡海波，张金池，鲁小珍. 我国沿海防护林体系环境效应的研究[J]. 世界林业研究，2001.14(5)：37-43.

[8] 张婧，查轩，中更强. 南方花岗岩红壤典型区土壤有机质的空间变异特征[J]. 中国水土保持科学，2011.9(1)：50-55.

[9] 林思广. 华南滨海区主要抗风耐盐碱园林绿化植物及其种植要点[J]. 林业调查规划，2004.29(3)：78-81.

[10] 林伟明，魏云华. 浅谈滨海城市盐碱地绿化设计——以平潭综合实验区环岛公路绿化工程为例[J]. 现代园林，2012（3）：47-52.

作者简介

[1] 刘斌，1986年生，男，河南周口，硕士，广州普邦园林股份有限公司，研究方向为城市生态和园林工程技术应用。

[2] 谭广文，1959年生，男，广东广州，硕士，广州普邦园林股份有限公司园林高级工程师，研究方向为园林植物栽培应用。

[3] 曾凤，1985年生，湖南郴州，硕士，广州普邦园林股份有限公司园林工程师，研究方向为园林植物与观赏园艺。

[4] 谢腾芳，1984年生，女，广东博罗，硕士，广州普邦园林股份有限公司，研究方向为园林植物栽培应用。

[5] 李子华，1983年生，男，广东佛山，学士，广州普邦园林股份有限公司园林工程师，研究方向为花卉与景观设计。

成活率[10]。

我国节约型园林研究与实践[①]

Researches and Practices of Affordable Landscape in China

刘 颂 高 翼

摘 要：近年来，我国资源环境的矛盾日益加深，在倡导建设节约型社会的背景下，提出了节约型园林的建设要求，并已经进行了大量的实践，同时理论和技术的研究也进入了一个新的台阶。本文通过对节约型园林概念的探讨，分析了我国节约型园林思想及相关理论研究的发展历程，总结了节约型园林的设计方法、植物配置、生态保护和宏观管理策略，最后提出了我国节约型园林研究的展望。

关键词：节约型园林；资源；生态；技术

Abstract：In recent years, the contradiction between resources and environment become increasingly conspicuous. In constructing the economical society, the demands of developing the affordable landscape has been put forward, and the construction of affordable landscape has been promoted in many practices, at the same time, the research of theories has entered a new level. The definitions of affordable landscape are discussed, while efforts are made to explore the development of thought on affordable landscape and the researches on related theories. The designmethods, plant disposition, ecology conservation and macro management of affordable landscape are highlighted in this paper. Finally, the challenges and tendencies of affordable landscape in China are delineated.

Key words：Affordable Landscape; Resources; Ecology; Technology

2003 年，十六届三中全会提出"以人为本，全面、协调、可持续发展"的科学发展观作为建设节约型社会的重要组成部分，"节约型园林"概念被正式提出并逐渐成为研究热点。

1 关于"节约型园林"概念的探讨

关于节约型园林的内涵至今没有统一的认识。我国关于"节约型园林"的相关文献始于 1990 年，主要是针对节约型农业的研究。随着 20 世纪 90 年代经济的快速增长，园林建设逐渐被重视，1994 年，袁兴中提出因地制宜，遵循生物共生、循环、竞争等生态学原理，掌握各种生物的特性，充分利用空间资源，让各种各样的生物有机地组合成一个和谐、有序、稳定的群落[1]，节约型园林的重要特征始被强调。

朱建宁将"节约型园林"定义为"以最少的资源和能源投入，获得最大的生态、环境和社会效益的园林建设模式"[2]。肖毅认为从经济学的角度来讲，"节约"意味着要以最小化的投入成本产出最大化的经济收益与综合效果；从管理学的角度，节约型园林需要统筹兼顾，协调各方面的关系，包括建设部门、管理部门及施工部门之间的工作协调及成本协调，保证园林绿化工作的有效开展，对园林建设前期、过程和事后各个环节的控制；在社会学方面，节约型园林不仅要使绿化资源得到合理的利用，而且要保证绿化成果能够承担休闲游憩、防灾避险、保护地域文化及生物多样性等功能，达到民众身心愉悦的社会效益。虽然各个定义的角度不同，但资源节约、高效、投入少、

效能高是对节约型园林基本特征的共识。笔者认为，仇保兴提出的"在园林绿化的规划设计、树种选择、绿化模式创新、施工建设和日常养护管理等各个环节中，最大限度地节约各种资源或提高资源的利用率，减少能源和财政资金的消耗"[3]是对节约型园林比较全面的诠释。从根本上来说，节约型园林建设要体现人与自然在现代社会中的互动与平衡，既要满足各种审美、游憩、防灾避险、健康等人的需求功能，又要体现自然的保育，有效利用自然资源，发挥自然的价值，在达到这些目标的前提下，以最少投入，达到经济、资源、环境效益的最大化。

2 我国节约型园林思想的发展历程

2.1 早期朴素的生态伦理思想

"节约"是中华民族的传统美德，中国古代的思想家老子、墨子、孔子都有关于节约思想的论述，道家思想提倡"天人合一"，倡导尊重自然，"取之有时"、"取之有度"、"用之有节"，包含了西方所提倡的和谐的生态伦理思想，这种合理利用自然的理念是如今所倡导的节约型园林的重要组成部分。"虽由人作，宛自天成"的中国古典园林建设理念更是体现了原始的生态价值。

早期的一些私家园林就蕴含了朴素、节约的思想。唐代杜甫的浣花溪园林、王维的辋川别业、白居易的履道坊、司马光的独乐园、沈括的梦溪园、汤显祖的玉茗堂、宋宗元的网师园、黄至筠的个园等，在选址和建设上，因地制宜，就地取材，用当时有限的材料留下了丰富的物质

① 国家自然科学基金项目资助（项目批准号：51078279）。

文化遗产。

可见，节约思想很早就在人类改造环境的过程中产生。虽然没有如今的节约所包含的内容系统全面，但环境造就的人类最朴素的节约思想，就地取材、节约施工、顺应地形等体现的"因地制宜"的原则，对现在的建设仍有借鉴意义[4]。

2.2 新中国成立后节约思想一度淡化

根据刘志强等对园林发展历程的研究，新中国成立后，园林建设百废待兴，绿化资金少，因此以经济原则为首，遵循经济、美化、生态的原则开展绿化建设。提倡园林结合生产，将药用花卉及果树等经济作物大量栽培，使得园林的视觉效果和生态效益受到影响[5]。到20世纪80年代，绿地建设范围扩大到单位、工厂、校园等地，绿地一般人禁止进入，外围用绿篱分隔，铺装和园林小品都还很少，提倡"少花钱，多办事"的节约理念。九十年代，人口急剧增加，城市经济快速发展，绿化资金有了一定的保障，园林建设越来越受到重视，园林铺装小品丰富了许多[6]，建设、材料上的浪费也渐渐多了，而且后期的管理跟不上，园林寿命低，未达到美的视觉效果；当国外的生态理念传入后，我国也开始建设生态园林，看似是一种节约的体现，但由于知识技术的缺乏，这些"生态园林"却不都是符合生态原理的，以消耗巨大的环境与社会资源，甚至长期的资金养护管理来达到表面上的"生态"。城市中的大量园林建设则因为多部门、多行业的介入，使得各类规章制度的制定缺乏系统性与准确性，设计思路和材料空前广泛，而造成一些地域特色的丢失，出现了一些在经济、生态方面欠缺考虑，只追求视觉效果的设计，使得后期的管理问题日益突出。

2.3 建设节约型园林理念的提出

2005年，《国务院关于做好建设节约型社会近期重点工作的通知》提出了建设节约型园林的号召。2006年，《国民经济和社会发展第十一个五年规划纲要》中更加明确地提出了建设资源节约型、环境友好型社会的要求[7]。建设部召开"全国节约型园林绿化工作现场会"，大力倡导节约型园林绿化模式[8]，建设部副部长仇保兴指出"按照建设资源节约型、环境友好型社会的要求，全面落实科学发展观，因地制宜，合理投入，生态优先、科学建绿，将节约的观念贯穿于城市园林绿化的规划、建设、管理全过程，促进国家节能减排战略目标的落实，引导和促进城市发展模式的转变，促进城市的可持续发展"[9]。同年，北京园林学会开展了建设节约型园林绿化的专题研讨，北京市园林绿化主管部门也积极倡导建设节约型园林绿化[10]。

建设部2007年8月30日出台的《关于建设节约型城市园林绿化的意见》中提出，"建设节约型城市园林绿化是要按照自然资源和社会资源循环与合理利用的原则，在城市园林绿化规划设计、建设施工、养护管理、健康持续发展等各个环节中最大限度地节约各种资源，提高资源使用效率，减少资源消耗和浪费，获取最大的生态、社会和经济效益"[10]。2008年9月出版的《园林绿化建设法

规与标准》正式将建设部颁发的"建设节约型城市园林绿化的意见"列入其内[11]。

2.4 节约型思想渗透到风景园林规划设计中

在20世纪，生态学、景观生态学引入之后，一些设计师逐渐将生态设计的手法融入了建筑、景观和规划之中，进行了一些可持续的设计实践。以人与自然的相互作用为研究重点，生态性、乡土化、节约性、整体性的理念深入到设计的各个方面。

3 节约型园林规划设计探索

3.1 规划设计原则

俞孔坚提出了节约型城市绿地的设计四原则[12]：（1）地方性：包括适应场所的自然过程，尊重乡土知识、使用当地材料。（2）保护与节约自然资源：包括保护、减量、循环与再生。（3）让自然做功：包括自然的能动性，自我设计，边缘效应及生物多样性等。（4）显露自然：使自然过程成为一种景观，加强人的参与，例如城市雨洪收集和再利用。

3.2 节约型园林设计方法

为达到节约型园林的建设要求，需要大量可持续的生态技术作为支撑。在技术体系方面，聂磊提出将"以功能过程为导向的开放式城市绿地生态理论"作为建设节约型园林技术体系的主要理论依据，包括生态绿地格局理论、群落营造理论、循环工艺理论、生物修复理论、立体绿化理论[13]，节约型园林技术体系主要包括植物群落配置，园林节地节水、节能技术，利用生物多样性综合防治园林病虫害的技术，园林废弃物再利用技术，园林工程材料，养护作业机械和工具等[14]。

3.2.1 节水

在节约型园林的营造技术中，关于节水技术的研究是最多，最全面的。于涵等认为一个完整的绿地节水规划体系包含6个方面：（1）场地评估与建设标准制定；（2）场地保护与利用；（3）基于雨水利用的场地和工程设计；（4）土壤表面覆盖物设计；（5）节水灌溉设施设计与再生水利用；（6）树种规划与种植设计[15]。对于前三方面关于宏观的规划和策略性方面国内的研究还比较少，大多还停留在雨水利用和灌溉工程和技术探讨层面，以及植物规划方面。

灌溉方面，我国已逐步推广喷灌、滴管和微灌等形式，但还在普及阶段，技术、设施、专业人员和规范还跟不上，对植物需水量的研究几乎空白，仍有大量不必要的浪费[16]。按照各种节水灌溉设施理论节水量计算，喷灌方式可节水30%－40%，滴灌节水80%－90%，微喷节水60%－70%，渗灌节水80%[17]，而地下灌溉是根据植物需水量而以持续受控方式向其根部输送水分的新型灌溉技术[18]，是比较有潜力的节水灌溉方式。不同的植被类型，适用不同的灌溉方式，如草坪等低矮植物就适合

喷灌。

我国大中城市的雨洪利用技术基本处于探索与研究阶段,包括城市路面、屋顶、绿地的雨洪收集[19]。20世纪80年代我国开始大力开发城市污水再生利用技术[20],通过污水专用管道,经处理净化后回收利用,满足景观、农用、市政等多种用途。2005年《北京城市园林绿地使用再生水灌溉指导书》发布实施,规范了再生水在城市园林灌溉中的使用,同时,建议从节水入手,建设节约型园林[21]。

3.2.2 节能

节能技术包括利用太阳能及浅层地热;植物材料的应用以及人造材料的再利用;加强循环利用,推进枯枝败叶等园林垃圾的再利用等。另外通过新技术开发节能装置,使各类设施机械使用更高效;根据一些材料的特殊性质达到节能效果,如反光材料指示牌节约电能,浅色建筑反射太阳辐射节约能源;还可以根据各地自身的气候特点,营造适宜的小气候环境条件从而达到节能的目的[22]。

在规划中合理的绿地和道路布局能够减少市民出行的距离[23],减少了机动车的使用,不仅提高了绿地的可达性和使用效率,而且减少了能源的消耗,缓解空气污染问题。

3.2.3 节地

节地意指在相同面积的土地上创造最大的综合效益,体现在以下三个方面。

(1)复层空间的利用:建立竖向交通,多维利用城市土地的立体空间,节约绿化用地;合理规划路网,提高绿地使用率。

(2)"见缝插绿":充分挖掘可用绿化功能,开展绿荫工程,如绿荫停车场、林荫广场;发挥立体绿化的生态效益;通过大量种植乔木,结合道路、停车场、边坡、墙面、屋顶等设施绿化和立体绿化,最大限度地提高城市的绿化覆盖率[24]。

(3)混合利用土地:尽可能集约占地并避免造成土地资源的浪费,在同一块土地上根据需要安排各种不同用途的建设项目,使一地多用,使土地的地面、上空和地下达到最有效使用;有效利用废弃的土地和淘汰的城市空间,在旧城改造和城市更新过程中,已关闭或废弃的工厂可以在生态恢复后成为市民的休闲地[25]等。

3.2.4 节材

闫煜涛详细探讨了在"节材"设计及施工技术方面如何充分节约园林资源[27]。选材时尽量因地制宜,就地取材,体现地方特色的同时也避免了长距离运输;考虑材料的造型、颜色、规格等因素与设计的契合度以及材料中所体现的文化内涵;尽量使用低成本、易维护、耐用的生态环保型材料,可以是废弃材料重新加工而成的,生态节约型的传统工艺,或是传统材料与新材料结合而成的新型材料等,保证所选材料的设计符合审美需求,具有文化的生命力,确保环境友好。

重视废弃材料的循环利用,推进枯枝败叶等园林垃圾的再利用。一些废弃的植物材料和工业材料可以设计为独特的景观,同时植物废料可以沤肥[23],减少了化肥使用的同时保护了当地环境;其他一些可以二次利用的建筑材料通过加工,重新设计应用到绿地和园林小品的建设中。

材料用量的控制也是节约型园林的重要方面。人工构筑物要体现当地文化,严格控制其数量和规模,避免设计大量水景,满足公众需要即可;照明系统以满足实际所需照度为原则,避免过量设计和奢华的灯具。加强循环利用,推进枯枝败叶等园林垃圾的再利用。

3.3 植物配置

在充斥着大量人工构筑物的城市中,朴素的自然野趣逐渐成为人们的向往,植物设计要体现自然天成之美[28]。园林植物的规划与选择是建设节约型园林的重要组成部分,遵循经济性原则,生态性原则,功能性原则,保护性和恢复性原则,因地制宜的植物配置才能发挥园林绿地的多样化功能,保护并构建良好的城市生态环境。

首先,加强园林植物的基础性研究[5],包括园林苗圃的建设,以及高层次科研人才的指导。提高当地的物种、群落及景观的多样性,以自然的力量改善城市生态系统的自我更新能力,创造良好的城市生态环境。

其次,考察当地的乡土植物,从植物的物理化学特性以及各项生态指标等方面合理选择适合物种,栽植时除了要考虑植物的色彩、外形、姿态外,还要考虑到植物间竞争、寄生、共生等种间关系,使得在保证观赏效果的同时,植物也能自由生长,形成具有完整结构的植物群落[29]。同时,保护现有绿化成果;尊重自然规律,注重时间维度的设计,满足近期和远期的景观和生态需求,而不是刻意追求"立地成景"的绿化效果[30],以科学合理的养护管理方式有效发挥园林绿地的综合效益。

最后,在地被方面,科学合理地对待草坪建设,选种育种是北方草坪应用的首要工作,同时要适当控制草坪面积,研发冷季型草坪草;在非视觉重点地段以及生态要求较高的地区,最好用乡土地被植物代替草坪,或配合野花形成自然草地[5]。

3.4 宏观管理与政策

建设节约型园林要通过提高前期决策、规划、施工和管理各个阶段的科学性,在相同面积的土地上以最合理的人力、物力投入,创造最大的综合效益,实现社会可持续发展的目标。

董瑞龙强调要加快建立利于节约的支撑保障体系,加强组织领导,建立科学化的园林工作机制,形成高效的工作网络[30];强化总体规划,重视前期的科学评审机制及各个阶段的监督管理,对部门执行情况进行考核检查[2];坚持技术创新,支持各个环节的创新建设;健全相关政策法规,促进园林建设管理各个环节的制度保障以及成本控制。

人才是社会可持续发展的不竭动力。因此,作为园林建设的指导者与执行者,提高专业队伍的素养也是一个重要方面;同时也要加强公众的参与性,从前期的设计到

我国节约型园林研究与实践

后期的管理，公众都是最好的见证者；提高全民认识水平，通过专业的知识加深对自然的认知[24]，并依靠媒体进行宣传引导，从而使人们尊重自然、热爱自然并树立保护自然的意识，最终实现整个决策、实施、管理及民众参与结构的完整、高效、科学性。

4 结语

随着我国城镇化的快速发展，土地资源日益紧张的局面将会进一步加剧，改善生态环境的需求也会更加迫切，建设节约型园林既是建设节约型社会的重要内容，也是城镇集约化发展的必然趋势。

而现阶段，我国对节约型园林的研究与实践尚处在起步阶段，在节约型园林的建设上还存在诸多不足。政府对行业的监管力度不够；决策者在观念和认识上具有偏差；规划指导工作不合理，造成园林资源的浪费；缺乏节约型园林各建设环节的相关技术标准，这些都是亟待解决的问题。

在今后的研究中，要加强规划设计的理论研究；对于生态工程技术措施的研究则需要进行实践的检验，如节水、节能等各项技术的研究理论在实际的应用中还存在许多问题，要在以后的实践中加以完善。另外，建立科学完善的评估体系，如应用各类数学模型进行社会、经济、环境效益的评估方也将是未来发展的主要方向，以便对我国各区域不同的经济、文化和环境特征，采取相应的技术手段建设高效益的园林体系。

建设节约型园林是个长期的过程，需要全社会，各部门的参与，正确的指导，合理的设计，有效地监督，为建设节约型园路提供节水、节能等技术支持；文化保护、生物多样性的政策支持；维护、管理的民众支持和对于整个建设过程的资金支持。持续的人力、物力、资金与技术投入使绿地持续发挥各类效益，实现整个社会的可持续发展。

参考文献

[1] 袁兴中.城市生态园林与生物多样性保护_袁兴中[J].生态学杂志，1994.13(4)：71-74.

[2] 肖毅.贯彻落实科学发展观 建设节约型园林绿化[C]//北京市"建设节约型园林绿化"论文集，2007：445-448.

[3] 田仲，李强.建设节约型城市园林绿化的实践探索——以怡馨花园绿地节约型技术试验项目为例[C]//北京市"建设节约型园林绿化"论文集，2007：188-193.

[4] 张岩.节约型园林建设策略研究[D].黑龙江：东北林业大学，2010.

[5] 刘燕.节约型园林及其园林植物应用思考[C]//北京市"建设节约型园林绿化"论文集，2007：381-385.

[6] 王军华.探讨节约新理念在园林景观中的运用[C]//北京市"建设节约型园林绿化"论文集，2007：255-260.

[7] 时昕.浅谈节约型园林绿化建设[C]//北京市"建设节约型园林绿化"论文集，2007：441-444.

[8] 高红燕.浅议节约型园林绿化理念的实施[C]//北京市"建设节约型园林绿化"论文集，2007：418-421.

[9] 仇保兴_推广节约型园林绿化促进城市节能减排[C]//北京市"建设节约型园林绿化"论文集，2007：10-14.

[10] 北京园林学会建设节约型园林绿化调研组，李延明，李芳.北京市"节约型园林绿化建设"情况调研报告[C]//北京市"建设节约型园林绿化"论文集，2007：9-21.

[11] 傅睿.节约型园林设计策略研究[D].湖南：中南林业科技大学，2008.

[12] 俞孔坚.节约型城市园林绿地理论与实践[J].风景园林，2007(1)：55-64.

[13] 聂磊.关于建设节约型园林技术体系的研究[J].广东园林，2007(4)：70-74.

[14] 刘志强.关于建构我国集约型园林体系的思考[J].西北林学院学报，2009(4)：182-186.

[15] 于涵，曹礼昆，吴岩.论规划设计阶段绿地节水方法[J].中国园林，2012(2)：46-48.

[16] 于云卿.低碳视野下的节水型园林绿地建设研究[J].科技致富向导，2012(6)：228-333.

[17] 牛桂英，姚宏，薛景.安阳市城市绿地节水灌溉技术推广探讨[J].现代园艺，2013(4)：170-172.

[18] 万燕妮，杨泗光.城市园林景观节水灌溉技术的应用[J].科技创新与应用，2012(18)：234.

[19] 谭春华.雨洪管理模式的转换及组织政策研究[D].山东农业大学，2012.

[20] 王礼先.雨水 中水在朝阳区园林绿地中的应用技术[C]//北京市"建设节约型园林绿化"论文集，2007：284-286.

[21] 华苗苗.节约型园林建设现存问题及对策研究[D].江苏：南京林业大学，2010.

[22] 史作亚.节约型园林建设研究[D].山东：山东农业大学，2010.

[23] 黄海玲.节约型城市绿地系统研究[D].广西大学，2012.

[24] 朱建宁.促进人与自然和谐发展的节约型园林[J].中国园林，2009(2)：78-82.

[25] 吴巍，王红英.集约型资源利用与园林景观设计探讨[J].安徽农业科学，2011.39(9)：5399-5400.

[26] 丘荣，李毅.贯彻节约型园林的理念在奥林匹克森林公园种植设计中的具体应用[C]//北京市"建设节约型园林绿化"论文集，2007：156-161.

[27] 闫煜涛.初探节约型园林中的"节材"设计[D].北京林业大学，2010.

[28] 安画宇.从规划设计角度谈节约型园林[C]//北京市"建设节约型园林绿化"论文集，2007：162-165.

[29] 王晨.植物规划设计在节约型园林建设中的生态思想[C]//北京市"建设节约型园林绿化"论文集，2007：216-219.

[30] 董瑞龙.对北京市建设节约型园林绿化闹题的思考[C]//北京市"建设节约型园林绿化"论文集，2007：1-5.

作者简介

[1] 刘颂，女，博士。同济大学建筑与城市规划学院景观学系、高密度人居环境生态与节能教育部重点实验室教授，博士生导师，研究方向为景观规划设计及其技术方法、城乡绿地系统规划，电子邮箱：liusong5@tongji.edu.cn。

[2] 高翼，女，江苏宜兴，同济大学建筑与城市规划学院景观规划设计专业2013级硕士研究生。

绿道管理机构的类型及运作方式研究

Study on Types and Operation of Greenway Management Institution

孙　帅　陈如一　朱　晗

摘　要：中国目前已有十多年的绿道理论研究积累和五年左右的第一轮绿道规划建设经验，在实际的管理过程中，绿道项目倡导团队，拥有土地的各类公私组织，提供研究、规划和资金的政府公共部门，负责施工和维护的各类公私机构，市民自发组织的社区委员会，以及其他社会公益团体和基金会等非营利性公益组织都可以发挥出自己的功能。本文正式针对目前国内对绿道管理方面研究不足的现状，对绿道管理机构的类型和运作方式进行了详细的分析说明，对于马上到来的下一轮绿道建设具有前瞻性和战略意义。

关键词：绿道管理机构；类型；运作方式

Abstract：China currently has ten years accumulation of greenways theory study, and about five years experience in the first round greenway planning and construction. In the actual management process, greenway project advocacy groups, all kinds of public and private organizations, the public sector, construction units, civic organizations, social welfare organizations and foundations, non-profit public interest organization can play heir capabilities. Because of few studies on greenway management, the shows detailed analysis on types and operation of greenway management institution, and the results have aguiding significance for the coming greenway design and construction.

Key words：Greenway Management Institution; Types ; Operation

1　前言

在传统城市公共绿地规划的管理过程中，通常是由政府部门担任主角，经营单位承担配角和辅助作用，公共绿地的使用者仅扮演着被管理者的角色。绿道的管理，强调激发区域内经营单位和公众使用者对绿道的主人翁意识，重视在政府部门的指导下，由绿道相关的经营单位和公众使用者的共同管理，并为经营单位和公众使用者提供全程参与都市型绿道管理的实践平台。

从客观的现实情况来看，由于绿道覆盖区域广阔、容纳的资源类型多样、牵涉利益团体复杂并且所服务的人群多样，按照传统的仅依靠政府部门的人员和资金力量的管理方式，很难完成对绿道的全面管理和维护。于是由政府出面制定统一的，或者最低限度的绿道管理维护标准，设置专门的绿道管理专业知识培训，组织绿道相关的经营单位、周边学校科研单位、社会公益团体和附近社区居民的力量，来参与绿道网络的日常管理和专项维护变得更加必要。

2　绿道管理机构的类型

绿道的管理具有跨区域管理、跨部门管理以及重视政府与公众共同管理等特征，因此绿道的管理机构呈现类型多样化的特征。在实际的管理维护过程中，包括绿道项目初期的项目倡导团队，拥有土地的各类公私组织，提供研究、规划和资金的政府公共部门，负责施工和维护的各类公私机构，市民自发组织的社区委员会，以及其他社会公益团体和基金会等非营利性公益组织都有机会参与

进来。虽然他们的人员构成和机构职责不同，但是它们在绿道"规划——建设——运营"的过程中所承担的管理内容和管理特点具有很强的互补性。

在中国，珠三角地区率先建立了中国第一个覆盖9个城市的区域绿道网络，并在组织管理和运营维护方面进行了"政府多级部门——专业规划机构——企业私营机构——社会公益组织和社区志愿者"四方联动协同管理的初步尝试，具有示范意义。

其中，以省市县三级政府部门的行政管理体系为绿道管理体系的核心：省级绿道管理委员会在绿道的初期阶段，主导控制了整个绿道的宣传、协调、组织规划和政策制定工作，并由市级的绿道管理办公室参与。在绿道的建设阶段，由市级的绿道管理办公室对绿道项目的资金募集、土地征调和项目实施进行主导控制，并由区县级绿道机构参与。在绿道的后期运行阶段，则主要由具体的区县级绿道机构进行日常管理维护和政策落实工作。

专业规划设计机构，不仅主要参与了绿道初期的规划阶段，并且在后续的建设和运行阶段也有提建议和参与策划的功能。企业私营机构不仅能够参与绿道项目的投资与建设，缓解政府的融资压力，而且在后期运行阶段主动承担后续资金提供、项目开发和运行维护责任。社会公益组织和社区志愿者，不仅在绿道规划阶段成为参与绿道规划和推广工作的重要参加者，在绿道建设阶段起到筹集部分资金以及项目监督的辅助作用，而且在绿道运行阶段成为绿道日常维护的重要参与者。与中国传统的城市绿地的管理运行模式相比，珠江三角洲绿道网络的管理运行实践为未来中国更多的绿道项目做出了有益的探索和成功的尝试（表1）。

中国珠三角区域绿道的管理机构类型分析　表1

机构类型	管理模式	管理内容
公共机构	按照行政属地划分管理	由各镇街负责本辖区内的建设任务，并将用地及清障任务分解到片、村、合作社，具体落实到户，形成三级联动机制
	按照项目分区合作管理	根据绿道的属地和资源情况，将绿道划分为河堤段、乡村段和城区段，河堤段由区水务局经营管理，乡村段遵循属地原由镇政府部门经营管理，城区段则由城乡建设局经营管理
	专门政府机构全权管理	由区农林局成立建设小组，委托下属单位（负责公园管理的农林局国有企业）负责绿道的建设、管理、运营和维护
	特殊机构管理	根据绿道属地的具体情况，以特殊的建设经营主体来管理绿道
私营机构	旅游公司管理	选择大型旅游公司或组建综合性绿道旅游公司，将绿道的某一个项目、某一段慢行道或一个镇甚至一个县的绿道打包，交由旅游公司管理和经营
	房地产开发商管理	该模式将绿道作为住宅和商业开发中的一种营销途径。当前这一模式主要体现在驿站项目的建设上并将自己的项目小区与绿道连接起来
	其他社会企业参与管理	公共单车租赁管理有限公司负责城区绿道的自行车租赁，通过智能电子系统实现自行车的"通租通还"和会员制

值得一提的是，通过对中国珠三角的最新实践经验分析，证明了私营机构和社区组织在都市型绿道网络的构建中发挥着越来越重要的作用。这些私营机构、非营利性组织和社区志愿者团体可以为绿道项目提供更加广泛的资金支持、人力支持和项目策划等帮助，其角色地位已经从项目的监督者和使用者，转变为重要的实施者和合作者，甚至在后期的运行维护阶段成为重要的项目领导者。

3　不同管理维护机构的组织方法

将具有不同性质、不同背景、不同优势的管理维护机构组织成一个运行顺畅的体系，需要对不同城市的管理维护需求和各个管理机构的实际管理能力进行综合的评估分析。

一般情况下，越高层的管理部门掌握主要的管理权利时，对于绿道项目的总体规划统一部署越有利，越容易获得有力的管理政策。无论是项目策划、规划提出、方案评审、建设落实都能获得统一的部署和支持，有利于绿道网络的整体构建，这有利于基层行政机构数量多且能力分散的城市区域。但是集中的权利不利于调动基层民众力量的参与，管理也通常缺乏灵活性。由基层的管理部门掌握主要的管理权力时，对于绿道项目的落实实施更加有力，由于责任分散且分工明确，更有利于采用有效的方法应对复杂的实际情况。管理团队的灵活性也更强，更容易调动基层民众的参与积极性，这有利于基层行政机构数量少且执行能力强的城市区域。

在中国的实践中，珠江三角洲绿道的管理机构组织方法多为分散管理权利的组织方法，这是由于珠三角都市型绿道网络规模较大，所涉及城市较多，并且地方政府机构绿道建设的积极性强所决定的，取得了良好的效果。成都地区绿道的管理机构组织方法多为高层集中管理权利的组织方法，在短期内就组织起了有效地管理团队，这是由于成都绿道规模相对较小，高层部门拥有更多的资金控制权力并且绿道建设积极性更高等综合原因造成的，也是符合当地的实际情况的管理组织方法，也取得了良好的效果。

4　绿道管理机构的运作方式

良好的项目规划，充足的项目资金，不同背景的参与人员、积极的建设热情和广泛的市民支持都是一个成功绿道项目所不可或缺的元素。绿道的管理机构就是驱动这些元素，使之互相之间密切配合，促使绿道能够顺利构建并健康运行的后台保障。不仅如此，绿道管理机构的重要性还体现在能够确保绿道达成预定功能目标，控制绿道建设运营成本，对于绿道是否具有持续的发展潜力和生命力具有重要意义。

绿道管理机构的运作方式并不是一个短期形成或固定不变的体系，从早期的概念发起，到绿道的规划、设计、施工过程，再到绿道的后期运营，不仅绿道的管理方式发生着变化，而且其人员组成和组织架构也在不断调整，具体可以从以下四个阶段进行分析。

4.1　绿道项目的概念发起阶段

在绿道项目的概念发起阶段，通常需要由一个领导小组召集若干利益相关者，着手对场地区域的现状资源和居民需求进行调查。领导小组通常可以由负责区域发展的政府部门负责担当，他们通常具有公信力和号召力，可以引起更多社会团体、科研机构以及城市居民对绿道项目的关注。同时他们还可以提供一定的项目经费支持，保证绿道项目在其初期阶段得以顺利推进。

绿道的利益相关者通常可以包括专业的规划机构，致力于生态、环境或动植物保护的社会公益组织，绿道沿线的土地所有者或实际管理者，以及社会志愿者。其中，专业规划机构可以进行具体的绿道选线研究，以及为即将开展的资源调研活动制定详细的工作计划；绿道沿线的土地所有者或实际管理者可以提供更多土地资源的历史信息；公益组织和社会志愿者可以提供充足的人力资源。此阶段的管理重点在于：依据绿道选线整合调研人员资源，保证高效而全面地完成现场调研，并收集保管好相关调研资料。

4.2 绿道项目的目标制定和方案规划阶段

在绿道项目的目标制定和方案规划阶段，主要的管理工作需要由政府部门和专业规划团队共同完成，其管理方式的选择需要注意三点内容：

第一，为了调动更多土地所有者和当地居民的支持，管理者需要将绿道的生态保护和环境修复的目标，与改善当地居民生活质量或经济状况相结合。例如可以将动植物生境修复及栖息地营建，与探索步道及户外自然科普课堂联系起来，让当地居民切实体会到环境改善给其日常户外活动带来的好处。区域内原有的林木砍伐工程可以与新的本土物种的引种相结合，继续确保当地经济利益的持续获得。

第二，管理团队应当尽量创造更多的机会，让当地居民的意见和实际使用者的需求能够传达至决策团队，在汇集多方面的意见和需求后，制定更加合理的绿道目标和方案。

第三，为了对所制定绿道目标的有效性进行监控，并方便在未来进行调整，管理者需要尽量选取那些可以进行过程测量或者成果统计的目标。例如，可以将环境整治目标与主要污染物含量指标进行挂钩，将生态恢复指标与指示物种的数量进行挂钩，将社区服务性指标与居民的使用频度进行挂钩等。此阶段的管理重点在于：让绿道的决策团队与未来的实际使用者和相关利益者保持良好的沟通。

4.3 绿道项目的建设阶段

在绿道项目的建设阶段，管理工作主要由政府部门和建设企业等私营机构完成，由于资金和时间等限制，绿道的建设通常需要分期进行。管理团队需要根据绿道目标、实施难度和预期成果的情况进行优先建设顺序的选择：对于能够体现绿道网络主要目标的绿道线路，需要先期建设，例如在以修复鱼类栖息地和迁徙通道为主要目标的绿道项目中，滨河廊道的水岸修复工程应先期建设。

对于社会关注度高，与市民日常生活结合紧密的项目可以先期建设，以获得更好的社会反响。对于生态环境效益高的项目应重点保证其资金供给和施工时间，确保施工质量。对于生态环境效益和社会关注度都不高的项目，可以安排在后期建设。此阶段的工作重点是保证绿道相关项目按照重点并有序地实施。

4.4 绿道项目的运行阶段

在绿道项目的运行阶段，管理工作主要由旅游、自行车租赁和服务中心等私营机构完成，致力于生态、环境或动植物保护社会公益组织可以辅助管理工作。其中私营机构的管理职责包括绿道活动项目策划、公众服务、日常维护以及保障绿道后续资金投入等。社会公益组织不仅需要管理志愿者招募工作，而且需要负责对绿道实施后的生态环境效益进行跟踪测定，以完成绿道反馈管理的重要步骤。成功而有效地监测不仅能够收集更多的生态

指标，而且会重点收集可以改善未来管理手段和方向的信息。区别于前几个阶段，绿道运营阶段的主要管理活动由政府主导转向私营机构主导。

5 小结

具体运作过程中，需要根据绿道项目的不同目标，对绿道管理机构的介入时间和介入方式进行调整，并没有统一不变的标准化流程。例如，侧重于生物多样性恢复的绿道项目，其前期调研管理与后期的监控管理同等重要，并且通常需要将两个管理成果进行比较。侧重于环境治理的绿道项目，其施工过程管理和后期监控管理更为重要。侧重于市民服务的绿道项目，在绿道目标制定的管理阶段，由于重点保障公众意见的参与而更为重要。

中国目前已有十多年的绿道理论研究积累和五年左右的第一轮绿道规划建设经验，从南方到北方，越来越多的城市准备着手规划建设自己的绿道。建设规模最大的广东省珠三角地区绿道，已初步形成了连通9座主要城市的绿道网络，累计建成区域绿道达到2372km、驿站近350个、自行车租赁点近400个以及安全设施标识牌等其他相关设施。在随后全国城市掀起了的绿道运动中，除广东省珠三角地区以外，成都、海口、嘉兴、温州、无锡、南京、江阴、武汉、绵羊、泉州、赣州等10多个城市也已开展或拟开展专门的绿道规划和建设。短期膨胀式的发展模式显露了一些不足，本文正式针对目前国内对绿道管理方面研究不足的现状，对绿道管理机构的类型和运作方式进行了详细的分析说明，对于马上到来的下一轮绿道建设具有前瞻性和战略意义。

参考文献

[1] 邓毛颖. 增城市绿道规划与建设机制研究[J]. 规划师，2011(1)：111-115.

[2] 何昉，锁秀，高阳，黄志楠. 探索中国绿道的规划建设途径[J]. 风景园林，2010(2)：70-73.

[3] 胡剑双，戴菲. 中国绿道研究进展[J]. 中国园林，2010(12)：88-91.

[4] 广东省住房和城乡建设厅. 珠三角绿道绿网总体规划纲要[Z]，2010.

[5] 金利霞，江璐明. 珠三角绿道经营管理模式与区域协调机制探究[J]. 规划广角，2012.28(2)：75-78.

[6] 姜允芳，石铁矛，苏娟. 美国绿道网络的实施策略与控制管理[J]. 规划师，2010(9)：88-92.

作者简介

[1] 孙帅，1986年1月生，男，蒙古，山西太原，博士，北方工业大学讲师，研究方向为绿道规划设计，电子邮箱：ssyuanlin@163.com.

[2] 陈如一，1988年5月生，女，汉族，河南郑州，北京林业大学园林学院硕士研究生。

[3] 朱晗，1988年12月生，女，汉族，湖南湘潭，北京林业大学园林学院硕士研究生。

浅谈数字城市的城市绿地身份识别系统构思①

On the Digital City Concept of Urban Green Space Identification System

唐晓岚　潘　峰

摘　要：本文从数字城市背景下，分析了城市绿地的信息存在不足之处、未跟上城市发展的需求与新技术发展的相关问题；借鉴居民身份证管理系统的模式，以构成要素、信息组成为基础，提出一种新的城市绿地身份识别系统，以促进城市绿地数字化、信息化建设的步伐。

关键词：数字城市；城市绿地；身份识别

Abstract：Under the background of digital city, the paper analyses some problems such as urban green space's information exist shortcomings, failed to keep up with the demand of urban development and new technology development. Referencing the model of Resident Identity card management system, based on constituent elements and information, the paper proposes a new identification system of city green space, so as to promote the urban green space's construction pace of digitization and informationization .

Key words：Digital City；Urban Green Space；Identification

1　研究背景

"数字地球"（Digital City）的概念是美国副总统戈尔于1998年的《数字地球：二十一世纪认识地球的方式（The Digital Earth：Understanding Our Planet in the 21st Century）》的讲演中提出的。"数字地球"这一概念得到各行业多方面的高度重视。迄今为止，国际数字地球学会（International Society for Digital Earth，简称ISDE）的系列会议 International Symposium on Digital Earth 在1999年举办第一届会议至今也将召开第八届了，成为世界瞩目、全球交流的盛会。在中国，政府官员和学者专家们也都认识到"数字地球"战略将是推动我国信息化建设和社会经济、资源环境可持续发展的重要武器，自1999年的首届到2011年第六届的中国国际"数字城市"大会都成为推动中国城市数字化进程的大会。

正如时任中国建设部部长俞正声在2000年的"二十一世纪数字城市论坛"论坛开幕致辞时指出，所谓"数字城市"与"园林城市"、"生态城市"一样，是对城市发展方向的一种描述，是指数字技术、信息技术、网络技术要渗透到城市生活的各个方面。如果把这作为数字城市的愿景，那么城市作为一个复杂的巨系统，数字城市自然是大工程，本文期望以数字城市建设为目标，从城市绿地数字化的角度进行一些探讨。

2　问题的提出

2.1　城市绿地的信息存在不足之处

与我国旅游信息化发展的进程相比，城市绿地的信息化建设可谓是尚无太多成绩可言。现在，我们可以通过互联网非常方便地查询各种旅游网站，获取相关旅游信息，当然这些信息数量过于庞大、分散，而且旅游信息表现不完整、不全面、更新慢，要在其中准确找到所需的信息并非是件易事。② 但是，如果想参照旅游模式，计划从互联网上查找城市绿地的信息，通过谷歌、百度等较为容易获取美景图片，其他的信息获取难度非常大，有点如同大海捞针。

2.2　城市绿地的信息需要跟上城市发展的需求与新技术的发展

正如数字城市还有现在较为流行的智慧城市的推进，城市在我们的生活中已经变得越来越数字化、信息化以及智能化了，"城市，让生活更美好"（Better City, Better Life）曾是上海世博会把作为主题，城市大众已经非常享受查阅交通、就医预约、产品咨询等的便利了。

城市绿地建设的数字化建设可以实现哪些功能呢？围绕城市绿地的功能、特性和用途，笔者认为建立全面、系统的城市绿地数字管理平台可以实现以两个目标：

（1）提高城市绿地信息的全面化、系统化水平

建立全面、系统的城市绿地数字管理平台，有利于进行绿地的数字化管理工作，可以涵盖调取城市绿地的基本数据、绿地面积、绿地的植物种类规模、活动场地、配套设施等，既便于行业管理，便于规划设计，也可实现为居民使用查询和确定出行目标。以规划设计为例，以往编制绿地的规划设计或长期策略、短期政策时，可供参考的资料往往是很粗糙的；城市绿地数字管理平台的建立可以提供出细致的绿地现况，大量的及时有效的数据量化

---

①　项目基金：国家自然科学基金（编号31270746）；国家社会科学基金（编号12&ZD029）；江苏省研究生培养创新工程（编号CXZZ11-0516）；江苏高校优势学科建设工程资助项目PAPD。

②　黄羊山等. 智慧旅游——面向游客的应用 [M]. 南京：东南大学出版社，2012：3.

数据，为提高所在城市绿地的规划与设计可操作性提供了基础保证，进而提高城市绿地建设与监管的效率。

（2）提高城市绿地信息的可视化、可读性水平

通过该系统可以实现绿地信息的可视化操作，经过绿地信息的三维可视化信息转变工作，在办公室电脑屏幕前就可以方便查阅所有绿地的各种信息，并且三维的图形信息可以将人机交互的窗口变得更加人性化，可以方便地组织多专业人才共同探讨城市绿地未来发展的可能，可读性大大提高。该系统的及时更新可以使得城市绿地信息处于更加准确的实时更新状态，在此基础上也许可以建构"绿地云"。[①]

3 城市绿地身份识别系统的界定

城市绿地身份识别系统就好比给城市绿地制定身份证，携带绿地个体的各类关键信息。居民身份证是指证明公民身份的凭证、证件。其登记的项目包括姓名、性别、民族、出生日期、常住户口所在地住址、公民身份号码、本人相片、证件的有效期和签发机关等信息。[②] 通过居民身份证的IC卡，实现居民身份信息的核实监管。城市绿地身份识别系统可借鉴居民身份证的模式，借鉴居民身份信息管理系统的经验，通过全面的电子信息记录、整理与归档，利用先进的信息技术对城市绿地进行记录、统计、分类、备案和监管，实现快速及时的信息查询，方便城市绿地建设的动态指导与监管、信息更新。

系统梳理城市绿地，基于GIS、GPS和RS的支持，获取如园林绿地、重要苗木、品种、数量、位置等信息，建立起绿地资源、古树名木资源、动物资源、水体、绿地建设与规划、绿地使用、绿化工程建设、园林小品、绿地内交通等数字与视频结合的数据库，是数字化城市进程中的一个有益的补充，可以方便所在城市的绿地建设与监管，实现对于新建绿地和绿化更新提升项目的可行性认证；同时，通过网络形成的市域、省域信息库，乃至全国范围信息库，并可以实现在不同城市中的同类绿地的建设、规划、管养情况、费用成本控制等可以实现信息共享，提高绿地建设水平、促进绿地的使用率等，为城市绿地规划等活动提供了很好的信息支持。

4 城市绿地身份识别系统的组成

城市绿地身份识别系统可以包括城市绿地身份证和识别管理系统两大部分。

4.1 城市绿地身份证

城市绿地是指用城市范围内以栽植树木花草和布置配套设施，基本上由绿色植物所覆盖，并赋以一定的功能与用途的场地。[③] 按照《城市绿地分类标准》CJJ/T 85—2002，城市绿地包括公园绿地、生产绿地、防护绿地、附属绿地和其他绿地等。城市绿地身份证借用居民身份证的设计方法，采用一组连续排列的二十位数字表示。

城市绿地身份证编号设计为是一组特殊组合的号码，由十七位数字本体码和三位类别码组成。排列顺序从左至右依次为：六位数字地址码，八位数字绿地建成日期码，三位数字顺序码和三位数字类别码。例如现登记南京浦口区新建成的城市居住区公园绿地一块，可以用代码23011120130101003121表示（表1）。

其中前六位数字地址码320111表示江苏省南京市浦口区，八位数字绿地建成日期码20130101表示该绿地2013年1月1日登记使用，三位数字顺序码003表示同日登记的第三块绿地，三位数字类别码121表示绿地分类是居住区公园绿地。对于三位数字类别码，在最后一至两位没有类别码的情况下采用X、XX表示。例如：道路绿地采用46X，防护绿地采用3XX表示。

南京浦口区某新建城市居住区公园代码示意表

表1

六位数字地址码	320111	江苏省南京市浦口区
八位数字绿地建成日期码	20130101	2013年1月1日建成使用登记
三位数字顺序码	003	同日登记的第三块绿地
三位数字类别码	121	表示类型为居住区公园绿地

城市绿地身份证的登记信息包括城市绿地的地理位置信息、绿地管理部门信息、建成使用日期、绿地类别信息、四界信息、地貌与土壤环境综合信息、水体信息、珍稀树木与名木古树信息、文物古迹信息、活动设施、配套建设项目、绿地项目建设标准、园林绿化养护经费、绿地现场照片、苗木种植清单、绿地管养单位（个人）信息、签发单位等。

城市绿地身份证匹配非接触式IC卡，由监管单位配发给绿地维护单位保管使用。鉴于城市绿地规模较大，一张IC卡可以涵盖一片区域范围的绿地信息，以街道、道路等为单位，同时与绿地养护人实际负责的区域适当结合。

城市绿地身份识别系统组成构架如图1所示。

---

① 绿地云，笔者认为可以理解为由数据中心、服务端、使用端构成"智慧绿地"或"数字绿地"。其中数据中心是智慧绿地的云端，可称为绿地云，可以把服务端和使用端联系起来。

② 中华人民共和国居民身份证条例实施细则［中华人民共和国公安部令（第43号）］，1999.10.

③ 李铮生. 城市园林绿地规划与设计［M］. 北京：中国建筑工业出版社，2009.

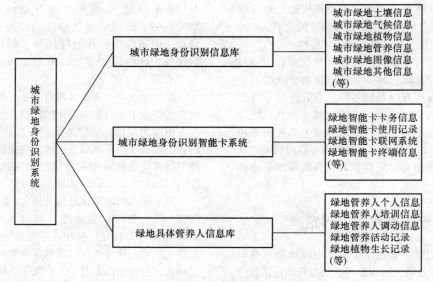

图 1　城市绿地身份识别系统组成构架

4.2　识别管理系统

城市绿地身份识别管理系统，作为一个独立的子系统可嵌入数字化园林建设中的城市绿化管理系统。由省市级主管单位统一操作维护。

城市绿地身份识别管理系统，是对现行的数字化园林建设的有益补充，记录指定绿地的详细信息。其中动态信息的管理，如绿地维护保养记录、苗木成长与病虫害处理记录等。为上级管理部门的监管提供更好的平台。借助GIS、三维影像、视频监控技术等科技手段，可以进一步实现远程可视化监管。

城市绿地通过身份识别 IC 卡、识别管理终端，进行城市绿地的管理、维护、监测等工作。

5　城市绿地身份识别系统的运作模式

建成后的城市绿地身份识别系统，是城市绿地监管部门、城市绿地管养人、城市绿地三者之间的纽带。通过该系统，监管部分可以方便调取目标绿地的信息、协调绿地管养人；绿地管养人可以方便更新绿地信息、与上级监管部分及时沟通；城市绿地在系统的监控下也可以更好的发展（图 2）。

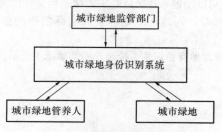

图 2　城市绿地系统运作模式

6　结语

数字城市背景下的城市绿地身份识别系统以及文中所提及的"绿地云"的建立不能仅停留在设想和概念上，是一个长期的建设过程，在绿地信息的搜集、平台的建立、后期的维护、有效的监管等方面都需要多方面的共同努力。笔者坚信，在数字城市的背景下，城市绿地身份识别系统的建设将发挥更大的作用。

参考文献

[1] 黄羊山等. 智慧旅游——面向游客的应用[M]. 南京：东南大学出版社，2012：3.
[2] 中华人民共和国居民身份证条例实施细则[中华人民共和国公安部令(第 43 号)]，1999.10.
[3] 李铮生. 城市园林绿地规划与设计[M]. 北京：中国建筑工业出版社，2009.

作者简介

[1] 唐晓岚，南京林业大学风景园林学院教授，博士生导师。
[2] 潘峰，南京林业大学风景园林学博士研究生。

安阳市园林植物病虫害调查及无公害防治

Garden Plant Diseases and Insect Pests Investigation and Pollution-free Control in the Anyang City

王慧丽 申 伟 杜保平 师 诗 胡晨希

摘 要：近几年来，随着城市生态环境的恶化，病虫害发展也越来越严重，成为制约城市绿化工作的重要因素之一。2008－2013年对安阳市地区园林植物上的病虫害进行了普查，下面列出了37种发生比较严重的病虫害，分析了病虫害发生的原因和特点，重点提出了无公害防治措施，为安全、绿色、环保型城市园林植保工作提供技术参考。

关键词：城市生态环境；病虫害普查；无公害防治措施

Abstract：In recent years, with the deterioration of urban ecological environment, the plant diseases and insect pests are becoming more and more serious, turning into one of the important factors that restrict urbangreening. During 2008－2013, plant diseases and insect pests ongarden plant was investigated in Anyang city. The following is a list of 37 kinds of serious plant diseases and insect pests. We analyzed the occurrence reasons and characteristics of plant diseases, and provided the pollution-free control measures, which could be useful for the safety, green, environment-friendly city garden plant protection work.

Key words：Urban Ecological Environment；Plant Diseases and Insect Pests of Census；Pollution-free Control Measures

1 调查对象和方法

1.1 调查对象

调查对象为人民公园、三角湖公园、洹水公园、易园、游园绿地、安阳市71条道路、88万 m² 的绿地。

1.2 调查方法

我们于2008－2013年对安阳市的园林绿地进行了多次调查。调查方法采取普查与取样两种方法。

2 调查结果

本次调查结果见表1。

安阳市园林植物主要病虫害情况　　　　　　　　　　表1

病虫害名称	主要寄生	发生严重时期	越冬形态与场所
1. 松大蚜	松树	4－5月，10月	以卵在松针上越冬
2. 栾树多态毛蚜	栾树	4－5月，9－10月	以卵在芽苞附近，树皮伤疤，裂缝处越冬
3. 槐蚜	槐树	6－9月	以无翅胎生蚜在杂草根际越冬
4. 桃蚜	碧桃、石榴等多种乔灌木	初春，4－5月	以卵在枝梢，芽腋和树皮裂缝处越冬
5. 月季长管蚜	月季、蔷薇	5－7月	以成蚜在叶芽和叶背处越冬
6. 紫薇长斑蚜	紫薇	6月上树，8月最重	以卵在芽腋、芽缝及枝杈等处越冬
7. 草履蚧	红叶李等多种乔灌木	3月上树，4－5月最重	以若虫和卵在附近的土壤、墙缝、石块下、枯枝落叶中
8. 紫薇绒蚧	紫薇	4－9月	以2龄若虫在枝、干皮缝下成空卵囊中越冬
9. 日本龟蜡蚧	五角枫、悬铃木等	5－9月	以受精雌成虫在枝条上越冬
10. 日本纽绵蚧	五角枫	6－9月	以受精雌成虫在枝条上越冬
11. 黄杨矢尖蚧	黄杨	6－10月	以受精雌成虫在枝、叶上越冬
12. 康氏粉蚧	小叶女贞	5－10月	以卵囊在树干及枝条的缝隙等处越冬
13. 朝鲜球坚蚧	红叶李等蔷薇科植物	3－10月	以3龄若虫在枝干毡状蜡壳下越冬

病虫害名称	主要寄生	发生严重时期	越冬形态与场所
14. 红蜘蛛	海棠、红叶李、柏树等	4—6月、9—10月	多以成虫或卵在背风、向阳的土缝、树皮裂缝、枯草落叶层中越冬
15. 小绿叶蝉	合欢、柿树、白三叶等	4—10月	以成虫在落叶、杂草或低矮绿色植物中越冬
16. 木虱	青桐、梨、合欢	7—9月	以卵在枝干基部阴面或树皮缝中越冬
17. 国槐尺蠖	国槐	5—9月	以蛹在树干基部附近的表土层中越冬
18. 桑褶翅尺蠖	金叶女贞、槐、栾等	4—6月	以蛹在树干基部、表土下或树皮上的茧内越冬
19. 柳瘤蚜	柳树	4—10月	以卵在树皮缝内越冬
20. 光肩星天牛	柳、杨等	4—10月	以幼龄幼虫（当年群）和老龄幼虫（2年群）在树干蛀道内越冬
21. 锈色粒肩天牛	国槐	5—9月	以幼虫在树皮下韧皮部蛀道及木质部蛀道内越冬
22. 吉丁虫	合欢、柳树、梨树等	5—9月	以幼虫在树干木质部边材蛀道内越冬
23. 臭椿沟眶	千头椿、臭椿	5—8月	以幼虫或成虫在树干内或土中越冬
24. 芳香木蠹蛾（东方亚种）	杨、柳、榆等	6—8月	第1年以当年生幼虫在树干内越冬，第2年老熟幼虫爬离树干入土结土茧越冬
25. 金龟子	各种乔、灌、花、草苗林、地被、草坪	6—10月	大星金龟子、大云鳃金龟子、铜绿金龟子以幼虫在土内越冬；白星滑花金龟子以幼虫在土中或厩粪或腐烂物堆肥中越冬
26. 斜纹夜蛾	盆栽花卉、白三叶等草坪、	7—10月	以蛹在土下3—5cm处越冬
27. 蜗牛、蛞蝓	白三叶、草坪、花灌木	7—10月	以成虫或幼虫在浅土层中或落叶下枯草丛中越冬
28. 白粉病	大叶黄杨、月季、十大功劳	4—5月，10月	以子实体或菌丝在病株或病残体上越冬
29. 褐斑穿孔病	碧桃、樱花、榆叶梅	5—9月	以子囊壳在落叶上越冬
30. 流胶病	碧桃、樱花、红叶李	5—9月	以菌丝体、分生孢子器在被害枝干部越冬
31. 根癌病	碧桃、樱花、红叶李	4—10月	以病原细菌附着在癌瘤表层和土壤中越冬
32. 杨柳腐烂病	杨柳	4月—9月	以子囊壳、分生孢子器、菌丝体在寄主病部越冬
33. 合欢枯萎病	合欢	6—10月	以菌丝体、分生孢子盘在病部越冬
34. 女贞枯萎病	金叶女贞	6—8月	病原菌可在土壤、病残体内越冬
35. 黄杨炭疽病	大叶黄杨	5—9月	以分生孢子在病残体及土壤中越冬
36. 松落针病	松树	5—9月	病菌以菌丝体在落叶或寄主病残体上越冬
37. 山楂干腐病	苹果、山楂	6—9月	以分生孢子器，菌丝体及子囊壳在病部过冬

3 调查结果分析

3.1 从上表中我们可以发现安阳市病虫害最近几年发生的规律如下：

（1）安阳地区的园林害虫种类正由林木大型向园林小型演替，即体积大食量大的食叶害虫的种群优势地位已逐渐被个体小、繁殖力强的刺吸式害虫（蚜、螨、蚧、粉虱、蓟马）所替代。

（2）危害部位由暴露的叶面向内部隐蔽的干茎和地下发展，蛀干害虫和地下害虫常因活动隐蔽给防治工作带来了一定的困难。

（3）病害也不再是简单的叶部病害，而是难发现难控制的枝干和根部病害。叶部病害也只是影响观赏效果，不至于植物迅速死亡，而枝干和根部病害却是毁灭性的，可造成幼树枯萎，大树枯死。

3.2 以及城市绿化存在的问题 造成病虫害向恶性循环方向发展的主要原因有：

（1）城市生态恶化，养护管理不到位。近几年，在城市化迅速发展进程中，出现空气污染严重；施工过程大面积硬化使土壤坚实、透气性差，填埋垃圾土使土质低劣、缺肥少水，城市生态状况变得恶化直接导致了有害生物的大发生。当某种生态因子达到灾变程度，养护管理又长期相当不力时，园林植物抵抗能力就容易降低，病虫害就易暴发成灾。

（2）植物检疫环节薄弱，引入大量病虫。不合理的使用农药使天敌数量减少，使病虫更猖獗，随着植物交流和引日益频繁，使外来病虫猖獗。近年从外地传入我市的合欢枯萎病，日本龟蜡蚧，栾树多态毛蚜等病虫害，在短短几年时间就遍及我市。为了迅速治下去这些影响景观效果的病虫，采用大量化学农药，这样会造成两个不好的结果：一是害虫容易产生抗药性；二是在消灭害虫的同时，也消灭了天敌，使得生态平衡被打破。

（3）绿化植物的配置不合理，栽植密度过大。由于过分追求植物品种的好坏导致植物品种单一，应用比例不合理，如前几年天牛的大面积发生就和大量种植槐、柳、杨等易感天牛的树种有很大的关系。绿化植物组成太简单就很难形成稳定的绿地系统，就难以预防病虫害的发生和发展。为了迅速达到绿化景观效果，许多绿篱色块种植的密度很大，光照条件不佳，生长空间狭窄，可以说植物一栽下去就决定了病虫害的发生程度，不合理的种植结构是病虫害严重发生的源头。

4 无公害防治措施

（1）采取及时的养护管理措施，加强肥水管理，提高植物生长势。园林植物病虫害的防治必须要以保持和恢复良好环境生态平衡为基础，改善植物生长的立地条件和必需的水、肥、气、光、热等，提高对植物的保健意识，通过通风透光、降温控湿、适度灌水、松土施肥、喷洒保护剂或高脂膜等方法，立足于保护性预防，把病虫阻隔在植物体外，保证植物健康的生长环境。

（2）选用毒性低、分解快、无残留的新型农药。不要总是以高效为第一标准，只注重眼前的效果必然会导致恶性循环和次要害虫上升为危险性害虫的严重后果。还要考虑有些农药虽然直接毒性不大，但在降解过程中能产生很难消除的有害物质，存在严重威胁人类和环境的负面影响。目前，我们要尽量选用毒性低、分解快、无残留、不污染环境、对人畜较安全的生物农药。同时可以通过改进施药方法和工具等来减少污染，如早期可点片施药、分期隔行施药、局部施药、多品种轮换施药，应用颗粒剂、缓释剂和采用注射、埋施、灌根、涂干、点抹等对环境污染小的方法施药，把农药对环境的危害减少到最低限度。

（3）抓住病虫害的薄弱环节合理使用农药。要了解害虫和天敌的生活习性发生规律，抓住害虫的薄弱环节，并尽量避开天敌的薄弱期进行施药。例如对于保护层很厚的蚧壳虫，我们可以利用害虫的孵化期和初孵幼虫期（此时若虫体蚧壳尚未增厚，蜡质较少，药剂容易渗入体内）进行喷药不仅用药量少还能达到很好的防治效果；对于蛀干天牛，利用产卵期人工挖除或涂白破坏虫卵；对于地下害虫，结合秋季深翻施肥，晾晒一段时间再浇透水，可以杀死初孵幼虫。对于主干病害，多半是由日灼、冻害等生理性病害引起，为了避免可以在每年冬季和夏季进行涂白（用生石灰10份、石硫合剂5份、食盐2份，黏土2份、水30份配制树木涂白剂）。

通过以上37种病虫害的越冬形态与场所，我们可以发现利用冬季大部分病虫进入休眠状态，移动性小，结合基础的清除病源、修剪疏枝、使用石硫合剂等园林养护工作，进行病虫防治。不仅可降低来年病虫的发生程度，收到事半功倍的效果，还可以节约养护成本。

（4）合理种植，建成防病虫生态体系。从尊重生态系统自我调节出发进行园林种植设计，一般一种病虫害的发生都有较固定的侵染对象，即寄主谱。寄主谱之间的受害程度存在差异，如果栽植树木时根据规划栽植不同的树种，可以避免病虫害的大面积发生。

利用植物的天然防御能力，选择配置绿化树种。如植物的挥发，分泌物对昆虫具有趋避，杀伤作用，不利于病害发生，不利于昆虫产卵，栖息，取食的特性。一些园林植物叶内含有杀伤病虫或趋避害虫的作用。树种的选择还应以乡土树种为重点，适应城市生态环境，如抗干旱、耗水少、耐瘠薄和土实、抗污染、抗冻害、抗病虫 耐粗放管理7个方面为树种选择的首要标准。实现城市园林生态系统的管理是行之有效的园林生态建设措施之一。

（5）利用有害生物天敌。生态体系中同时要引入一些有益生物天敌，瓢虫、蜂类、有益螨类等，以鸟治虫也是有效的防虫灭虫措施，在2008－2013年，结合林业害虫天敌资源普查，我们对安阳地区园林天敌做了较为细致的调查研究，现已初步查明的园林植物天敌有19个科58种。其中 瓢虫15种、草蛉5种、蜻蜓4种、步甲5种、虎甲1种、螳螂4种、蝽类5种、捕食蜂3种、食蚜蝇2种、寄生蜂3种、蜘蛛11种。常见的益鸟有啄木鸟、大山雀、大杜鹃、画眉、燕子、黄莺、黄鹂等。

我们采取了以下保护天敌的措施：① 要认真做好各个时期的虫情发生程度的预报，按照每一种病虫害对农药最敏感的生育时期喷施。在施药时间上，尽量与天敌的羽化、繁殖高峰期错开，或适当放宽防治指标，做到尽量不用或少用农药，减少用药量和用药次数。这样既降低了防治成本，又保护了生态平衡。②采用对天敌安全的防治方法，如树干缚扎、环涂树干、灌根、地面处理、毒土施用、注射、挑拾、分区施药、隔行喷药等。③合理进行园林植物配置，适当增加有利于天敌取食、繁殖、栖息、越冬的植物，维持来年天敌基数，促使天敌种类的恢复和重建。④加强研究园林植物天敌的种类、分布和种群数量动态变化与害虫之间的关系，弄清影响天敌种群数量和群落结构的主要生态因子。

5 结语

无公害防治措施就是要加强园林植物的管理，改粗放型经营为集约型经营，增强生长势，提高园林植物的自身抗性，当病虫害真正大发生时能应综合利用各种植保技术防控，保持园林生态系统生物间的平衡和制约关系。其最终目标是要建立起具有自我调节、自我修复、自我发展的城市园林生态系统，减轻病虫危害的程度。

参考文献

[1] 杨子琦，曹华国等.《园林植物病虫害防治图鉴》[M] 中国林业出版社，2002.1.
[2] 徐明慧. 园林病虫防治[M]. 北京：中国农业出版社.
[3] 徐汉虹. 野生动物资源与生物合理农药[J]. 中国野生动物资源，2000.4：7.
[4] 江苏省植物研究所. 城市绿化与植物保护[M]. 北京：中国建筑工业出版社，1977.
[5] 徐公天. 我国城市园林植物病虫害的现状及对策[J]. 中国森林病虫，2002.1：48-51.
[6] 张英杰，唐前勇. 植物病虫害防治对城市生态园林建设的影响[J]. 安徽农业科学，2006.34(20)：5244-5245.

作者简介

[1] 王慧丽，1985年11月生，女，汉，河南安阳，本科，安阳市道路绿化管理站，助理工程师，研究方向为植物保护，电子邮箱：xiaoyou-041@163.com。
[2] 申伟，1982年10月生，男，汉族，河南安阳，本科，安阳市道路绿化管理站，助理工程师，电子邮箱：tb2tb2@163.com。
[3] 杜保平，1963年10月生，男，汉族，河南安阳，中专，安阳市道路绿化管理站，科长，园林。
[4] 师诗，1986年11月生，男，汉族，河南安阳，本科，安阳市道路绿化管理站，助理工程师，园林，电子邮箱：shi552200@126.com。
[5] 胡晨希，1984年11月生，男，汉族，河南安阳，研究生，安阳市道路绿化管理站，工程师，园林。

城市园林绿化面临的"胁迫"及对策分析

Press and Countermeasure Analysis in City Afforestation

王泽刚　姜财起

摘　要：城市绿化是城市中唯一具有生命的附属设施，但绿化面临的胁迫来自规划、占绿毁绿、绿地先天性的缺陷、融雪剂等外部因子的影响、养护手段的缺失等方面，本文对此详细进行了分析，并提出了有针对性的对策。

关键词：胁迫；绿线；养护管理；占绿毁绿；融雪剂

Abstract：Afforestation, the only city subsidiary facility with life, is facingmore andmore presses which mainly come from city planning, green occupation and destroy, birth defect of green land, deicing salt, non-perfect maintaining method etc. The above factors were analyzed in this paper and the corresponding countermeasures and proposals were also given out.

Key words：Press；Green Line；Maintaining；Green Occupation and Destroy；Deicing Salt

随着城市建设速度的加快，城市土地成了寸土寸金。绿地在改善城市生态环境、提高城市空气质量等方面的作用，人人皆知，但很多时候，在各种利益和诱惑面前，绿地的重要性则退居二线，绿地成了牺牲品，各种绿地被以合法或非法的手段所侵占和破坏：如绿地率不达标、绿地被毁坏、在绿地上私搭乱建、乱砍滥伐等现象时常发生。建设绿地→拆迁绿地（破坏绿地）→恢复绿地循环往复，造成的浪费和对景观、生态的破坏也是触目惊心，群众对此意见反映很大，这反映出我们的城市管理手段还存在不足，也有悖科学发展观和可持续发展的要求。

1　城市绿化面临"胁迫"的原因分析

1.1　规划滞后或规划调整

规划滞后或规划调整在我们的城市建设与管理中是非常常见的，经常原来规划的绿地被砍掉了、绿地刚建设完工或景观效果初现，就被大刀阔斧的占用了。殊不知参天大树是一座城市的历史和文化传承，一排排的行道树给道路拓宽或管线施工让路，让人扼腕叹息，也让人惊诧莫名，它造成的生态损失和绿化覆盖率损失是补建三倍绿地也无法比拟的。规划调整造成的经济损失是巨大的，虽建成一座崭新的城市，但失去的东西则永远无法追回。究其根源，不外乎以下几种因素：

（1）土地利用总体规划滞后于城市总体规划。土地利用总体规划制定水平低，规划体系存在缺陷，可操作性差。规划中的主要用地指标没有充分考虑实际发展的需求，规划指标分解不合理，脱离实际，存在与城市总体规划、现状不一致等矛盾，而在调整过程中，绿地系统规划首当其冲被调整、缩小，绿地指标或绿线没有得到很好的保护与贯彻。

（2）"条块式分割管理"对规划的影响。目前我国传统设计模式是招标设计。设计人员受综合素质、考虑问题的高度、前瞻性等因素的制约，较少考虑减少绿地占用量等其他因素，绿地挡道要占用，房屋挡道要占用，而不是更科学的调研，综合权衡各方面的因素，这与目前的"条块式管理"有很大关系。例如市政道路施工是综合工程，道路施工各管各的，你方唱罢我登场，道路施工完成，各种管线施工的如自来水、电力、交通设施等接连展开，路面被"拉链"。或者要占用绿地，苗木刚刚适应环境就被无情的挖出来。2011年某市的绿化施工，某标段刚竣工，有领导来视察，对建设的效果不太满意，说了几句批评的话。事后，建设方相当惶恐，否决了以前的设计与施工，推倒重来。建设费用3000多万被无情的推掉了。这大概也算是"瞎折腾"的一种形式吧。

（3）城市规划落后于城市发展的需要。城市规划应有"超前意识"，相对于城市的发展建设来说，规划是"龙头"，但目前的情况往往却是"龙头走在龙尾之后"。绿地建设只能算是规划里考虑的细枝末节，绿化管理部门由于权限和实际地位限制，往往只能发出一声叹息，对规划绿线无力保护，对现状绿线保护不力，缺乏切实可行的实施办法。与此相对，超前规划取得良好效果的例子是青岛。100年过去了，青岛老城区的德式建筑风格和规划理念依然保存完好，这里规划严谨而巧妙，譬如顺坡就势的道路两旁，栽种的树木都不一样，如韶关路栽的是俊俏的碧桃，正阳关路植的是漂亮的紫薇，居庸关路种的是高大的银杏，紫荆关立的是傲人的雪松等，于是，每一条道路，招展的是树丫丰富的姿态，洒落的是花枝醉人的清香。园林景观得到了良好的展现，并取得文化的沉淀。

1.2　侵占绿地，毁绿占绿的现象与科学发展的要求背道而驰

目前许多城市在城市绿化建设方面投资巨大，效果显著，绿色满城让人赏心悦目。然而夹杂的不和谐的声音却是：有些小区物业把公共绿地改建成停车场或售楼处，未经任何审批擅自占用；有些单位把原来设计好的消防

通道、硬质路面扩大，侵占绿地；更多的是改变用地性质，本应该种植青草、绿树的地方，成了景观水池或广场；部分小区居民在门前绿地里铺设水泥，把公共绿地当成了自家门廊……近年来，随着城市化建设的不断推进，城市绿化建设也有长足的发展，但由于城市绿化规划管理制度不够完善，有的地方随意侵占绿地和改变规划绿地性质的现象时有发生，特别是一些居住区，由于开发商受利益驱使，改变规划，改变绿化用地，致使部分居住区的绿地无法按规划建设，造成中心城区绿地严重"缺失"。不少施工单位为了逃避有关审批往往心存侥幸，很多案例都是"故意为之"，钻的就是绿化执法现场取证难的空子。不久前北外环附近，一夜间被人毁坏绿地1100m²，铺上了混凝土路面，而绿化执法人员却无法取证，报警后也是不了了之，只能自己出资恢复绿地。

城市的发展与绿地之间并没有矛盾，而是共生的关系，绿地本身就是城市建设的配套部分，无论是新建小区还是新修道路，对绿地面积都有一定的要求。划定城市绿线范围，实行绿线管理制度，特别是对城市建设项目中配套绿地的规划、建设和管理，遏制侵绿、占绿、毁绿现象，应成为建设、规划部门高度重视的问题。

1.3 城市绿地先天性的缺陷制约了绿地景观

由于园林绿化设计和施工各方面的因素，导致园林工程质量受到影响，精品难觅，其原因主要是以下几个方面。

（1）"适用、经济、美观"是园林设计必须遵循的原则，但有些设计华而不实，植物运用不符合适地适树的原则，大量使用没有驯化过的外地树种；苗木设计过密，没有留下充分的生长空间（如某区曾出现树阵设计大面积法桐，株、行距皆为3m）；违背植物的生长习性；苗木配置不合理；植被选择上过多追求多样性，乔灌地被的比例严重失调等。

（2）施工程序不规范，工序有纰漏，存在作假应付现象。施工中对种植土的要求把关不严，导致立地条件不良，苗木越长越弱，园林美感受到很大影响；绿化带尤其是分车带施工不注意降土，土层与路沿石平甚至要高于路沿石，造成浇水不透，浇水困难，给后期养护带来诸多不便；为节省施工费用，树穴挖得过小，周边有渣土灰土等施工废料不进行处理，树木像是栽在花盆里，且土质恶劣，树木焉有茂盛之理。

（3）重建轻养，养护期满绿地景观效果已大打折扣。特别是在今天绿化施工主体多元化，由市政、各投融资平台、投资商等建设的绿地，在交由园林部门时多因施工质量差，养护标准低，苗木死亡过多，绿化设施不配套、不完善，需要投资继续改造提升，造成极大的浪费。

1.4 融雪剂等外部因子对绿地和树木的影响

融雪剂或极端天气对树木的"胁迫"是非常常见的，对机非隔离带中的瓜子黄杨、冬青等模纹植物影响特别明显，甚至是法桐、国槐等行道树也受到了影响。

据统计，仅2012年冬，济南市各区受融雪剂伤害而死亡的冬青、瓜子黄杨、紫叶小檗等植物就达120万余株

（图1），大乔木300余株，直接经济损失达2000余万元。其中有200余株胸径20cm以上的悬铃木长势不良，表现为：春季发芽推迟，树冠出现枯梢甚至只在分枝点附近零星发芽，严重的回抽死亡（图2）；呈点状分布特点。并

图1　瓜子黄杨受融雪剂危害枯死

图2　悬铃木出现回抽现象

不是整条路法桐死亡。说明一定范围内的人为干预是造成法桐衰枯死亡的主要原因。综合分析有以下几点原因：（1）树穴空间过小，四周呈硬化状态，树木像是长在花盆里，极大地限制了树木根系的正常生长。（2）过度的路面硬化，大面积使用不透水、不透气的地砖，阻隔降水的渗入，阻碍土壤的空气交流，降低了土壤的透水透气性；裸露土壤的营养面积逐渐缩小，降低了土壤养分含量。（3）冬天持续低温使部分树势弱的植株受到了严重的摧残，缓苗困难。（4）融雪剂的使用造成法桐根系损害，枝干出

工程技术与养护管理

现干枯、死亡，而这才是造成悬铃木出现以上症状的主要原因。为保障道路通畅，环卫部门把含有融雪剂的积雪堆放在行道树周围。积雪一旦融化进入土壤中，将会把大量的可溶性盐离子带到植物根系周围，改变土壤的酸碱度，从而导致园林植物的根系死亡，造成植物枯萎甚至死亡。参照"中华人民共和国城镇绿化标准"（CJ/T 340－2011）中对绿化种植土的理化指标的要求，一般植物对土壤 pH

的要求在 5.5－8.3 之间，EC 值在 0.15－1.2mS/cm，碱解氮含量应大于等于 40mg/kg，有效磷含量应大于等于 8mg/kg，速效钾含量应大于等于 60mg/kg。根据济南园林科研所的测试结果（表 1），2013 年春采集的土壤中的水溶性 Na^+、Cl^- 含量较高，过高的 Na^+ 和 Cl^- 是造成植物死亡的原因。

取样地点及检测结果　　　　　　　　　　　　　　　　　　表 1

取样地点	编号	长势	取样深度 cm	pH	EC mS/cm	氯离子 mg/kg	钠离子 mg/kg	碱解氮 mg/kg	有效磷 mg/kg	速效钾 mg/kg
历下区经十路名士豪庭东侧路南行道树（法桐）	1－1	良好	0－30	8.44	0.20	198.52	297.43	45.64	1.55	125.35
			30－60	8.62	0.21	155.98	327.43	37.49	2.49	125.35
			60－90	8.55	0.23	184.34	342.43	31.64	2.11	113.43
	1－2	差	0－30	8.22	0.18	155.98	257.43	47.60	1.55	204.83
			30－60	8.34	0.18	113.44	257.43	25.20	1.55	109.45
			60－90	8.32	0.25	269.42	307.43	32.20	1.55	145.22
	1－3	差	0－30	8.95	0.33	307.23	422.43	63.56	2.3	192.91
			30－60	8.69	0.40	1697.87	462.43	49.00	2.11	125.35
			60－90	8.07	0.61	1120.22	517.43	12.88	5.29	117.42
历下区经十路山大路口东路南行道树（黄山栾）	2－1	良好	0－30	9.16	0.31	265.88	402.43	65.80	5.85	216.75
			30－60	8.89	0.33	283.60	442.43	50.40	10.72	180.98
	2－2	差	0－30	9.41	0.38	354.50	462.43	33.04	4.54	192.91
			30－60	9.08	0.46	907.52	492.43	35.00	2.49	169.06
	2－3	差	0－30	9.46	0.35	354.50	442.43	42.28	5.29	192.91
			30－60	9.27	0.65	1276.20	612.43	36.12	3.80	157.14
	2－4	差	0－30	9.12	0.42	496.30	432.43	42.00	3.23	173.04
			30－60	9.33	0.38	584.93	497.43	23.40	2.30	137.27
	2－5	差	0－30	8.77	0.26	269.42	347.43	24.08	6.42	192.91
			30－60	8.70	0.47	974.88	512.43	18.20	3.42	157.14
			30－60	7.94	0.24	297.78	122.43	20.00	22.88	105.48
			60－90	7.86	0.23	269.42	112.43	18.76	12.03	133.30

注：pH 值的测定—电位法；EC 值的测定—电导法；钠离子的测定—火焰光度法；氯离子的测定—硝酸银滴定法；碱解氮的测定—碱解扩散法测；有效磷的测定 0.5mol/L NaHCO$_3$ 法；速效钾的测定—火焰光度法。

1.5 养护手段缺乏或养护理念落后造成苗木衰弱或景观质量下降

老话讲"三分种，七分养"，但受管理体制、养护理念、管理投入等的制约，园林养护水平参差不齐，部分绿地只能维持苗木生存的状态，更没什么景观效果。在精细化管理的绿地中也经常存在缺株断垄、绿地斑秃、总体观赏性差等问题，表现为以下几个方面：

（1）部分园林植物品种不能满足适地适树的条件或栽植、配置不当，如大量栽植未驯化的品种，土壤通透性差，根系深浅不适宜，光照条件不适，土壤酸碱度不适宜等。

（2）在选苗和栽苗时，把关不严格，弱苗，老头苗、病虫苗等不符合要求的苗木蒙混过关进入绿地造景中，造成苗木栽植后"胎里带"的生长弱势，形成衰弱老化苗木；或栽植时草绳过密，未解除，在很大程度上限制了根系的发展，致使苗木呈现生长衰弱状态。

（3）管理养护不当造成苗木衰弱老化状态，影响总体观赏效果。

①施肥不当或长期缺水缺肥，造成树体营养不良，呈现衰弱老化状态。如大量施入化肥，忽视有机肥；或重视氮肥，而忽视磷、钾肥；或不论什么植物材料千篇一律施

同样的肥料等这些做法都是不恰当的。②病虫防治不及时、不彻底。树木在生长发育过程中，会受到各种病毒、病菌等因子的侵袭，使品种性状退化，树种抗性降低，从而加速树木衰弱老化。③修剪不当。树木修剪过重，造成同化面积缩小，长此以往造成根系向心生长，树势减弱；模纹高度控制过低，总是平茬修剪，没有留出适当的生长量，造成生长势弱；开花结果树木没有及时疏花疏果，耗费了大量的同化产物，以上几种不当措施均造成了树势减弱。④低温冻害等原因，对树体主要骨架枝干造成伤害甚至引起死亡，从而引起树木衰弱老化。⑤对衰弱苗木没有及时、有效的采取科学的复壮措施。

（4）管理时效低，对绿地斑秃、缺株断垄、草花等补植、更换不及时。

2　绿地保护之对策

（1）加快完善法律法规体系，形成园林绿化的地方性法规系列，形成从总体到单项、从绿化条例到细则、从古树保护到公园保护、绿地保护的系列法规。"绿线"是绿地保护的一条生命线。为建设良好的宜居环境，提升城市品位，必须实行严格的绿地保护措施，防止随意侵占绿地、破坏生态环境的问题发生，要做到坚决落实规划绿线、保护现状绿线。

（2）加大监察和处罚力度，及时发现占绿毁绿的行为，采取措施决不手软。绿化行政管理部门和执法部门应理顺监察职能，加大执法力度，严禁在绿线范围内违法建设，要加强园林绿化审批后的监管，对侵占"绿线"的，将依据法律法规予以从严查处，坚持有法可依、有法必依、执法必严，违法必究的高压态势，保证"绿线制度"顺利实施。

（3）加大爱绿护绿的宣传教育，让每个市民参与其中，成为护绿的主力军。园林部门要不时地举行科普性的、有针对性的活动，宣传绿化与人类的关系。

（4）园林主管部门应加强绿化施工全过程监管，进一步理顺城市附属绿化工程从设计、施工到验收、交接的管理衔接，逐步建立科学合理的绿化建设体制。完善实行"绿色图章"制度，园林部门要参与绿化设计方案审核工作。未经园林部门审核的绿化项目，招投标办不能批准进行绿化工程的施工招标；在绿化建设中，园林绿化工程质量监督站进行全过程质监；绿化工程施工养护期满后，由园林、设计、监理、园林质监站等参与进行交接验收，未经交接验收或者验收不合格的绿化工程，一律不予工程结算和交付使用。

（5）加强养护制度规范化操作，科学养护，保证苗木健康，维护园林景观。园林绿化养护是一门综合性学科，必须在了解植物生长发育规律的基础上，结合当地的具体环境，制定一整套科学养护方法，并持之以恒地去贯彻，方可发挥园林植物的综合功能和生态效益。常言道"种三管七"，关键抓好肥、水、病、虫、剪五个方面的养护管理工作。

① 加强苗木冬春季养护。春季是苗木养护的黄金季节，浇水至关重要，关键是第一次的返青水，可以有效降低地温，延缓苗木发芽，以免遭受晚霜和倒春寒的危害。一般浇返青水的时间应在地温超过 3℃才能进行。返青水一次要浇足浇透，不可水过地皮湿；为保护苗木安全越冬，往往采取根茎培土、敷地膜、搭风障、建保温棚、无纺布包裹等防寒措施。防寒材料切忌过早和突然撤除，防止苗木不适和晚霜危害。

② 科学修剪。在适宜的时间采取适宜的修剪措施能取得意想不到的效果，如冬春是落叶树木整形修剪的最佳时期，而常绿树则要在生长季节修剪；对大叶女贞、栾树、海棠等疏花疏果是非常有必要的，与放任生长的相比，其树势明显要强；模纹修剪要避免重茬修剪，重茬修剪对植株的伤害是较重的，长此以往植物长势不断减弱，适当的放高模纹生长量，既能剪出好的观赏效果，又能促进植物生长。

③ 加强肥水管理，科学施肥、按需浇水，改善土壤立地条件和土壤结构是促进植物健康生长的必要条件。

④ 科学加强病虫害防治。科学理解"预防为主、科学防控、依法治理、促进健康"十六字植保方针，贯彻"治早、治小"的原则，注重预防和综合措施的应用，同时要完善病虫监测体系，建立城市园林有害生物防控体系，实行政府主导、部门协作、全社会参与的长效防治机制，确保生态安全，营造良好的园林景观，促进城市生态环境可持续发展。

⑤加强绿地和树木的保护，减少融雪剂等外部因子对绿化的影响。设置挡雪板、避免含融雪剂的残雪进入绿地；设立融雪剂禁用区段或建立融雪剂施用"会商制度"，按照"机械除雪为主、融雪剂融雪为辅"的原则，尽量实行人工、机械除雪，减少融雪剂用量，园林部门履行监管职责；使用新型环保型融雪剂，如北欧国家使用的新型融雪剂的主要成分是尿素、硝酸钙和硝酸镁，不但能够融化冰雪，还能给草木施肥，一举两得。

3　小结

绿化的重要和必要性人人共知，人人也喜爱绿化，但现实是绿化离人们距离非常近，又非常远。说它近是因我们的身边随处有绿地，说它远是因为绿化是由政府主导建设和养护的，人们没有参与其中，享受不到亲身参与后带来的欢乐和拥有的责任感。我国实行几十年的"义务植树"也饱受诟病，形同虚设。从立法上保障绿化的地位，从制度上保障人们真正参与，让人们从意识上对绿化重视起来，我们的绿化才能得到大幅度的提升。也只有这样，绿化才真正为大家所有，人人会将绿化成果视作自家的财产，主动去监管和督察，规划才能落到实处，占绿毁绿的现象才能绝迹，我们的绿化事业也能够长久健康的发展。

参考文献

[1] 姜允芳. 城市绿地系统规划理论与方法. 中国建筑工业出版社，2006.
[2] 翟羽佳. 城市绿地系统指标体系与布局研究.（学位论文）. 上海：同济大学建筑与城市规划学院，2011.

[3] 甘永洪.城市绿地建设存在的问题与对策.漳州师范学院学报(自然科学版)(4),2005：38-43.

[4] 济南市城市绿化条例.济南市人民代表大会常务委员会公告(第二号)(文献资料),2012.

[5] 济南市城市绿化实施细则.济南市人民政府文件.济政发[2012]13号(文献资料).

[6] 济南园林科研所《土壤酸碱度和可溶性盐检测》检测报告.济园科(检)字2013年第1号(内部资料).

[7] 谢双玺.城市园林绿化管理问题及对策研究.绿色科技,2010(4)：26-28.

[8] 哈尔滨市融雪剂使用管理办法.哈尔滨市政府第十四次常务会议(文献资料),2012.

[9] 任致远.21世纪城市规划管理.东南大学出版,2000.

[10] 韩冰,刘毓,赵凤莲等.济南市公园绿地土壤肥力特征及综合评价.园林科技,2012(1)：12-15.

[11] 仇保兴.园林城市建设的若干盲区与纠正之道.中国园林,2009(10)：57-59.

作者简介

[1] 王泽刚,1971年11月生,男,汉,山东济南,北京林业大学森林保护与利用专业,本科,从事园林管理与科研工作。

[2] 姜财起,男,1972年生,汉,东北林业大学园林专业毕业,现从事园林景观设计与园林施工。

城市园林绿化面临的「胁迫」及对策分析

安阳市园林绿化信息管理系统的研究与开发

Anyang City Landscaping Research and Development Information Management System

杨保顺　牛桂英　郑　娜

摘　要：在对安阳市园林植物资源进行调查的基础上，利用信息技术建立安阳市园林植物资源数据库和信息查询管理系统。该系统将从实际应用角度出发，不但收集园林植物的常规特性，而且还加入植物的观赏特性、园林意境、常用指数、市场参考价格、形态图片、应用图片等，充分体现实用性和实时性。本系统将采用了灵活多样的查询方式，极大地方便用户的使用，实现了园林植物系统的信息化和规范化管理。

关键词：园林绿化；分类；数据库；网络；信息系统

Abstract：Landscape in Anyang City plant resources for the investigation, based on the use of information technology to build Anyang City garden plants and information resource database query management system. The system boots from the practical point of view, not only to collect general characteristics of garden plants, ornamental plants, but also added features, garden mood, commonly used index, the market reference price, morphological pictures, photographs, and other applications, and fully reflects the practicality and real-time. The system will use a flexible and diverse forms of inquiry, which greatly facilitates users to use, to achieve the garden plants and standardization of information systems management.

Key words：Landscaping; Classification; Database; Networks; Information Systems

1　项目概要

信息系统化是园林行业最新发展起来的热点系统工具，以往传统的园林绿化信息一直是手工进行的难于保存和查阅已不适应时代发展的需要。随着计算机技术和网络的广泛应用，园林绿化信息管理数字化成为可能。园林绿化信息管理系统有利于园林植物的保护开发和利用，加快园林行业管理科学化、标准化的进程。经调查，安阳市境内分布的各类植物有 1700 余种，我市通过各种形式应用于城市绿化的园林植物已达到 131 科 934 种，城市常用园林植物树种（含品种、变种）达 220 余种。要实现安阳园林管理信息系统化，需要建立庞大的园林绿化数据库和开发"安阳市城市园林绿化信息管理系统"。要建立完善我市城市园林绿化信息管理系统，需要分期进行该项目的研究工作。第一步，要开展"安阳市建成区园林植物资源调查与应用研究"工作，建立《安阳市建成区园林植物资源分布状况基础信息数据库》；第二步，与安阳市城市管理数字化信息中心合作，作为其系统子目，直接纳入城市管理数字化信息系统中。

2　项目内容

空间数据库、专题数据库、管理系统建设和网站发布系统的建设即是一个有机的整体，构成了一个完整的园林绿化管理信息系统，又是可以分期、分步骤逐渐建设实施的六个独立的子系统。

2.1　空间数据库

空间数据库是园林绿化管理信息系统的载体，是所有绿化专题数据空间位置的体现，是进行城市园林绿化评价的重要依据。

建立园林绿化基础地理空间数据库内容为：（1）大比例尺地形图数据库；（2）小比例尺地形图数据库；（3）遥感影像图数据库；（4）各种图件数据库。

2.2　专题数据库建设

各专题数据库是城市园林绿化管理的体现形式和管理对象，可分期独立实施。

建立园林绿化专题数据库内容为：（1）公园绿地数据库；（2）道路绿地数据库；（3）风景名胜数据库；（4）古树名木数据库；（5）庭院绿地数据库；（6）单位绿地数据库；（7）生产绿地数据库；（8）规划绿地数据库。

2.3　图库建设

安阳市绿化系统规划图（包括公园绿地、生产绿地、防护绿地、附属绿地和其他绿化规划图等）、城市绿化现状分析图、古树名木分布图、城市现状图、城市区位关系图、城市规划总图等。

2.4　管理系统建设

管理系统的建设是"园林绿化"工程的重要组成部分，将所有建立起来的数据库资料进行显示和分析的过程，主要包括如下功能：（1）图形显示；（2）数据录入；

（3）数据修改；（4）条件查询；（5）统计分析；（6）打印输入；（7）用户管理等。

2.5 实现城市管理数字化网络监管

建立城市园林绿化管理的网络监管，将"绿色图章"、"绿线管制"等工作网络化、规范化和自动化。

2.6 网站建设

网站是"园林绿化"贴近大众、服务群众的重要手段，网站内容包括：（1）首页；（2）业内新闻；（3）信息查询；（4）园林规划；（5）园林管理；（6）园林科技；（7）古树名木管理；（8）在线服务；（9）关于我们等。

3 工作目标

园林绿化管理系统的最终目标是以地理信息系统技术为核心，以计算机网络为传输载体，在建立园林绿化基础信息库的基础上，紧密结合园林绿化管理的业务流程，遵循先进性、实用性、可扩展性、安全性、前瞻性等原则，实现以下功能，保障园林绿化管理的科学化、规范化和自动化。

（1）能够快速、方便的查询、检索、分析所需的园林绿化现状数据、历史数据。

（2）系统具有管理海量图库能力，可以提供高精度、高质量、高可靠性的空间与非空间数据。

（3）地理空间信息技术支撑的自动化办公，以地图的方式体现各种园林绿化数据，业务信息一目了然，大大减少重复性的园林绿化日常业务处理的工作量。

（4）实现访问系统的权限设置。

（5）实现分机使用和良好的视觉界面。

（6）以园林基本数据库，以地面监测和遥感监测的成果为现实资料依据，实现园林绿化的快速调查。

4 工作步骤

4.1 进行需求分析，系统设计

做好需求分析和系统设计，制定数据库设计和系统开发方案。

4.2 数据库建设

采集、调查、整理、完善各项数据成果，建立基础图形数据库、绿化专题数据库，收集规划资料，建立规划数据库等数据成果资料。

4.3 系统开发

进行园林绿化管理系统的开发和网站的建设工作，将数据库成果资料、管理系统、网站等进行集成，调试运行，进行软件完善和数据成果资料的整理。

5 基础数据库建设具体措施

（1）开展"安阳市建成区园林植物资源调查与应用研究"。

开发建立《安阳市园林绿化管理信息系统》主要是以我市建成区园林植物资源分布状况基础数据库为支撑的，要整合海量的城市园林信息资源，摸清园林植物资源的家底需要投入时间，投入专人专职开展"安阳市建成区园林植物资源调查与应用研究"工作。调查研究范围为建成区范围内的所有公共绿地、道路绿地、单位绿地、居住区绿地、防护绿地及生产绿地的园林植物。

各调查小组对调查的植物类别及植物的规格、数量和绿地面积进行分类的登记建档，填写《安阳市城区植物资源普查信息登记表》，按管辖单位和六类绿地进行分类，登记每片公共绿地、每个单位、居住区乃至每条主次干道及背街小巷的植物资源信息数据资料，内容包括调查地点、绿地类型、绿地面积、植物分类、数量、植物规格（乔木分胸径 5cm 以下、5－30cm、30cm 以上三个级别，灌木分冠径 1m 以下和 1m 以上，绿篱、花卉、草坪按面积进行登记）等有关信息。

该项调查研究工作通过对安阳市建成区范围内园林植物的调查与分析研究，建立海量的《安阳市建成区园林植物资源分布状况基础信息数据库和园林植物图库》。基本摸清我市建成区范围内园林植物的种类、规格、数量、面积及分布状况和家底，为我市实现园林绿化信息系统化提供科学依据。

（2）收集国家、省、市园林标准和法规信息资料，建立《园林标准、规范数据库》。

（3）收集安阳市园林科技成果、优秀论文信息资料，建立《园林科技数据库》。

（4）收集安阳市各类绿地规划设计图纸、工程施工建设资料，建立《园林规划设计图库》、《园林工程建设数据库》。

（5）收集安阳园林绿化图片资料，建立《园林图片库》。

（6）收集安阳园林绿化视频资料，建立《园林视频数据库》。

（7）收集安阳创建国家园林城市信息资料，建立《园林概况数据库》。

（8）收集建立安阳园林系统行政、党务工作信息资料，建立《园林政务数据库》。

6 《安阳市园林绿化管理信息系统》开发

对于调查收集到的海量《安阳市建成区园林植物资源分布状况信息数据库》进行统计分析和利用，仅靠人力资源来整理，费时、费力、效率低。为了使调查获得的海量数据库得到科学利用，实现城市园林绿化的数字化管理，并在今后实现城市园林绿化管理实时监控。

据了解，目前我市投入运行的"城市管理数字化信息系统"与我局要开发的"城市园林绿化管理信息系统"属同类型系统，运作平台相类似。城市管理数字化信息中心负责我市的数字化城管运营和维护，对于园林信息化今后的在网运行和实时监控上有着得天独厚的优势。我们的城市园林绿化管理信息系统可以作为其子项，完成建立和进一步开发。

7 发展前景

　　城市园林绿化数字化建设是一项需要长期进行，不断更新完善的工程，可以由系统单机管理逐步发展到局域网和互联网管理系统；充分利用遥感影像资料和绿地地形图，实现网上审核规划审批的城市建设项目中绿地配套实施位置、面积，与实际是否相符；动迁树木、绿地审批；古树名木申报、迁移、注销的审批管理；与城市的总体规划、纤细规划的配合；园林绿化的行政执法等。

参考文献

[1] 王康. 北京植物园植物信息数字化管理的初步实现. 中国园林，2005(11)：76-77.

[2] 张南宾. 重庆市园林植物数据库管理系统的研究与开发. 农业与技术(1)，2008：86-88.

[3] 焦作林绿化管理信息系统方案基本要求.

作者简介

[1] 杨保顺，1976年5月生，男，汉，河南安阳，本科，安阳市洹水公园，工程师，园林绿化管理，电子邮箱：ayfjylxh@163.com.

[2] 牛桂英，1961年1月生，女，汉，河南安阳，本科，安阳市园林绿化管理局，高级工程师，园林绿化管理，电子邮箱：ayfjylxh@163.com.

[3] 郑娜，1982年5月生，女，汉，河南安阳，本科，安阳市道路绿化管理站，助理工程师，园林绿化管理，电子邮箱：ayfjylxh@163.com.

杭州城北体育公园主要虫害与防治

The Main Pests and Prevention of Sports Park in The North of Hangzhou

杨晓梅　徐舍火

摘　要：为进一步加强杭州城北体育公园园林植物的养护管理工作，有效地防治病虫害的发生，给游客创造赏心悦目的游览环境，同时给其他深受相关虫害困扰的单位和部门提供借鉴意义，特对杭州城北体育公园园林植物的主要虫害的发生及防治措施进行专题调查和详细记录。通过对杭州城北体育公园的日常养护管理记录，发现梨冠网蝽、朱砂叶螨、月季长管蚜、黄刺蛾等16种主要虫害，并结合实践总结出相应虫害行之有效的防治措施。

关键词：园林植物；虫害；防治；综合效益

Abstract：In order to further strengthen maintenance management on landscape plants of Sports Park in the north of Hangzhou, effectively control the occurrence of pests and diseases, create a pleasing environment for the tourists, and provide reference for units and departments which are deeply troubled by relevant pests, we carry monographic survey and detail record of the main pests and its prevention measures on landscape plants of Sports Park in the north of Hangzhou. Through doing daily maintenance management on plants of Sports Park in the north of Hangzhou, we find sixteen kind of main pests in total , such as *Stephanitis nashi*, *Tetranychus cinnbarinus*, *Macrosiphum rosirvorum*, *Cnidocampa flavescens* and so on, and summarize effectual prevention measures on relevant pests combining practice.

Key words：Landscape Plants；Pests；Prevention；Comprehensive Benefits

杭州城北体育公园地处杭州主城区北部，位于下城区绍兴路、上塘河以东、白石路以西，区位优势明显，交通便利，是以体育为主题，集自然、生态、运动、休闲为一体的城市综合性公园。城北体育公园是杭州市重点建设项目，始建于2009年，目前已建设完成的三期工程占地面积达20多万平方米，建有游泳馆、门球馆、综合馆三大室内场馆，以及篮球场、足球场、网球场、沙滩排球场等众多室外运动场，休闲、餐饮等配套设施一应俱全。公园内环境优雅，植被覆盖率高，植物种类丰富，是杭州市民日常休闲锻炼的好去处。

随着居民生活水平的改善，人们对环境质量提出了更高的要求，"生态"一词也日渐被提上日程，得到大家的广泛关注。全国各地纷纷展开绿化美化的热潮，在短短的十几年间祖国的面貌焕然一新，园林植物的应用程度可见一斑。但是园林植物"三分种植，七分养护"，很多时候因为养护管理不到位致使病虫害大面积发生，导致园林植物的综合效益未能按构思体现出来，从而价值大打折扣。为了能更大限度的发挥园林植物的综合效益，创造舒适宜人的游览观赏环境，笔者在日常的养护管理工作当中对杭州城北体育公园为害比较严重的植物虫害及防治措施进行详细的观察记录。

1　观察内容及方法

1.1　内容

观察记录杭州城北体育公园内园林植物主要虫害，以及它们的为害寄主、为害时期。

1.2　方法

在日常的养护管理工作当中，对公园内受虫害危害程度比较严重的病株进行标记，记录该病株的受害时期、受害部位，并观察其在特定防治措施后的变化情况，最后汇总成表。

2　结果与分析

2.1　主要虫害种类

在对杭州城北体育公园园林植物的日常养护中发现，有16种为害程度比较严重的植物虫害，分别隶属5目11科（表1）。

杭州城北体育公园主要虫害种类　　　　表1

中文名	拉丁名	目	科
恶性叶甲	*Clitea metallica* Chen	鳞翅目	叶甲科
绣线菊蚜	*Aphis citricola* Van der Goot	同翅目	蚜科
紫薇长斑蚜	*Tinocallis kahawaluokalani* Kirkaldy	同翅目	斑蚜科
月季长管蚜	*Macrosiphum rosirvorum* Zhang	同翅目	蚜科
荷缢管蚜	*Rhopalosiphum nymphaeae* Linnaeus	同翅目	蚜科
梨冠网蝽	*Stephanitis nashi* Esaki et Takeya	半翅目	网蝽科
樟脊网蝽	*Stephanitis macaona* Drake	半翅目	网蝽科
杜鹃冠网蝽	*Steohanitis pyriodes* Scott	半翅目	网蝽科
朱砂叶螨	*Tetranychus cinnbarinus* Boisduval	蜱螨目	螨科
樟丛螟	*Orthaga achatina* Butler	鳞翅目	螟蛾科
红蜡蚧	*Ceroplastes rubens* Maskell	同翅目	盾蚧科

中文名	拉丁名	目	科
合欢木虱	*Heteropsylla cubona* Crauford	同翅目	木虱科
星天牛	*Anoplophora chinensis* Forster	鞘翅目	天牛科
褐天牛	*Nadezhdiella cantori* Hope	鞘翅目	天牛科
黄刺蛾	*Cnidocampa flavescens* Walder	鳞翅目	枣蛾科
淡剑贪夜蛾	*Sidemia depravata* Bulter	鳞翅目	夜蛾科

其中，同翅目种类最多，共 6 种，占总数 37.5%；鳞翅目 4 种，位居其次，占总数 25%；其他半翅目、鞘翅目、蜱螨目的数量分别为 3 种、2 种、1 种，所占比例依次为 18.75%、12.5%、6.25%。按科分，蚜科和网蝽科数量相同，都为 3 种，各占总数 18.75%；天牛科为 2

种，位列第二，占总数 12.5%；其他科均为 1 种，均占总数 6.25%。

2.2 主要虫害为害详情

从表 2 可见，杭州城北体育公园植物主要虫害重点危害植物的叶片部位，枝干、花及根茎较少受到危害；部分虫害会在一年当中不同时期为害寄主，如朱砂叶螨、月季长管蚜。还有部分虫害对寄主的为害不局限于某一部位，对叶片、枝、花都有危害，如绣线菊蚜；特定虫害可能为害多个寄主，同一园林植物会受到多个虫害的为害。例如星天牛的为害寄主有紫薇、无患子、黄山栾树等 8 余种；月季在不同的时期会受到朱砂叶螨、月季长管蚜、星天牛等虫害的危害。

杭州城北体育公园主要虫害为害详情　　　表 2

名称	寄主	为害部位	为害时期
恶性叶甲	樱花、垂丝海棠、红梅、西府海棠、香泡、胡柚等	叶片	四月上旬
绣线菊蚜	金山绣线菊、八仙花、金边大花六道木、石榴、垂丝海棠等	嫩枝、嫩叶、花蕾、花	四月下旬
紫薇长斑蚜	紫薇等	叶背	五月上旬
月季长管蚜	月季、红梅、野蔷薇等	嫩枝、嫩叶、花蕾	五月至六月、九月至十月
荷缢管蚜	荷花、睡莲、香蒲等	叶片、花	六月
梨冠网蝽	杜鹃、红叶李、西府海棠、垂丝海棠、红梅、樱花等	叶片	四月至十月
樟脊网蝽	香樟等	叶片	六月
杜鹃冠网蝽	杜鹃等	叶片	五月中旬
朱砂叶螨	香泡、胡柚、胡颓子等	叶片	五月上旬、十一月中旬
樟丛螟	香樟	叶片	六月上旬至七月中旬
红蜡蚧	无刺枸骨、香泡、苏铁、桂花、柑橘等	叶片	五月下旬
合欢木虱	合欢等	叶片	五月上旬
星天牛	紫薇、无患子、黄山栾树、月季、西府海棠、香泡、樱花、山茶等	枝干	六月至八月
褐天牛	垂柳、无患子、黄山栾树、鸡爪槭等	枝干	六月至八月
黄刺蛾	红叶石楠、红叶李、红梅、西府海棠、垂丝海棠、紫薇、桂花等	叶片	六月下旬至七月
淡剑贪夜蛾	马尼拉、早熟禾等草坪	根茎	五月至六月、八月下旬

3　防治意见

在日常的养护管理过程中，笔者主要采用化学防治手段，结合物理防治方法治理虫害。经过不断的实践探索，总结出主要虫害行之有效的防治措施，各化学药剂的浓度、配比、施用时间及频率等，详见表 3。

主要虫害防治方法　　　表 3

虫害	防治方法
恶性叶甲	4 月上旬虫卵孵化一半时，甲氨基阿维菌素苯甲酸盐 700 倍喷施，每两周一次
绣线菊蚜	每次发芽时 10% 吡虫啉 1200 倍喷施
紫薇长斑蚜	5 月上旬吡虫啉 1500 倍喷施
月季长管蚜	每次发芽时吡虫啉 1500 倍喷施
荷缢管蚜	6 月 10% 吡虫啉 1500 倍＋甲酸盐 750 倍，7 月再次喷施

虫害	防治方法
梨冠网蝽	5 月上旬、8 月中下旬 80% 敌敌畏 700 倍＋吡虫啉 1500 倍喷施
樟脊网蝽	6 月上中旬 10% 吡虫啉 1500 倍喷施
杜鹃冠网蝽	5 月中上旬 80% 敌敌畏 700 倍＋10% 吡虫啉 1500 倍喷施
朱砂叶螨	香泡、胡柚：金霸螨 1000 倍喷施；胡颓子：金霸螨 900 倍喷施，间隔 15 天第二次喷施
樟丛螟	6 月上旬至 7 月中旬甲酸盐 800 倍＋敌敌畏 750 倍喷施
红蜡蚧	5 月下旬 40% 杀扑磷 600 倍＋10% 吡虫啉 1500 倍，间隔 15 天第二次喷施
星天牛	6 月至 8 月稻腾 1000 倍＋甲酸盐 750 倍喷施；冬季树干涂白：生石灰 10 份＋硫黄 1 份＋食盐 0.2 份＋兽油 0.2 份
褐天牛	6 月至 8 月稻腾 1000 倍＋甲酸盐 750 倍喷施
黄刺蛾	6 月下旬至 7 月甲酸盐 800 倍＋敌敌畏 700 倍喷施
淡剑贪夜蛾	6 月中旬吡虫啉 1500 倍＋甲酸盐 800 倍＋敌敌畏 700 倍，早晚喷施，间隔 5—7 天第二次喷施

表 3 中所列主要虫害的防治措施是在日常养护管理工作中不断探索得到的，其作用效果经得起实践的检验。故在园林植物养护管理过程中，针对特定虫害可采取相应的防治措施。当然针对同一虫害可以有实验结果之外的处理方法达到相似或更好的效果，其防治措施不是唯一的。针对上表所列虫害，结合为害时期及为害特点采取综合手段达到防治的目的，例如星天牛幼虫有蛀入木质部，推出粪屑的为害特点，故在防治时可有针对性地采取化学药剂喷施为主，结合物理捕杀辅助方式进行治理。

4 讨论

在长期进化的过程中，虫害与寄主植物形成了密切的关系，这种密切的关系也就决定了植物种类的变化会直接影响到虫害的种类和分布。对于某种确定的虫害，它的为害寄主也不是保持不变，例如杭州市星天牛有记录的为害寄主就多达几十种。特定寄主的虫害也不能局限于此次实验，如病虫害记录红叶石楠会受到蚜虫类、朱砂叶螨类、刺蛾类、吉丁虫类、介壳虫类五类虫害的影响。所以本文得到的实验结果是以杭州城北体育公园中的园林植物为背景进行的，不代表唯一性。

虫害的防治主要有生物防治、物理防治、化学防治三种手段：生物防治是一种最环保、最经济的防治方式，但是其本身的开展需要天敌引入及数量控制等特定的条件，故应用程度有一定的局限性；采取灯光诱杀害虫、用钢丝捅杀钩杀害虫等物理防治手段效果明显，但是费时费力，很难达到集中防治的成效，本身对树木的破坏程度比较严重，有时为了人工抓取一只虫害不得不破坏周遭树皮，其结果是得不偿失的，故物理防治在实践中适合作为一种辅助方式；化学防治能在短期内控制大量发生的虫害，效果好，见效快，在当前阶段是虫害防治首选方式。随着科技的发展以及天敌新品种的衍生，虫害会出现更经济、更生态的防治手段，但是"预防为主、综合治理"的基本原则还是不变的。

参考文献

[1] 卜志国，杨晋宇，张蕾. 武安国家森林公园蚜虫物种多样性研究. 河北农业大学学报，2012.5(2)：124.

[2] 李跃忠. 病虫害防治月历—五月. 园林，2008(5)：54.

[3] 张圣云. 红叶石楠主要病虫害的防治. 安徽林业，2009(4)：76.

[4] 韦茂兔，沈福泉主编. 花木病虫害防治图册. 杭州：浙江科学技术出版社，2007.

作者简介

[1] 杨晓梅，1989 年生，女，汉，河南信阳，本科毕业于北华大学园林专业，杭州萧山园林集团有限公司，从事园林植物配置，园林绿化工程施工工作。

[2] 徐舍火，1964 年生，男，汉，浙江衢州，高级植保工，杭州萧山园林集团有限公司，从事园林植物的养护管理工作。

雨污管理在武汉市湖泊保护规划中的应用

——以武汉市大东湖水网连通工程之杨春湖-东湖连通公园规划设计为例

The application of the Stormwater and Wastewater Management in the Lakes Protection Planning of Wuhan City

—— Case Study of Yangchun and East Lake Connection Park Planning and Design of the Water Network Connection Project of East Lake in Wuhan City

张慧洁　高　翅　杜　雁

摘　要：雨污管理在武汉市湖泊保护规划中的应用主要从源头开始对雨水水质和水量进行控制，对城市中水进行二次净化，因地制宜得设置雨水花园、雨洪广场、浅滩、洼地等绿色基础设施，实现自然水文循环，提高湖泊的自净和自我调节能力，改善湖泊水质。以武汉市大东湖水网连通工程之杨春湖—东湖连通公园规划为例，探讨了《武汉市湖泊保护规划（2004－2020）》对雨污管理应用的指引，概括了雨污管理在武汉市湖泊保护规划中应用的技术要点，介绍了基于功能与审美结合的雨污管理在湖泊连通公园竖向规划和植被规划中的应用。

关键词：风景园林；雨污管理；湖泊保护；水网连通；武汉

Abstract：The application of the stor mwater and wastewater management in the lakes protection planning of Wuhan city mainly controls the water quality and quantity from the source, and establishes rain gardens, rainwater squares, shallows, depressions and other green infrastructures according to local conditions. The self-f-purification and self-regulating of lakes will be increased, and the quality of water will be improved, with the natural hydrological cycle forming. The paper discusses the guidelines of the stormwater and wastewater management in "the Lakes Protection Planning of Wuhan City（2004－2020）". Moreover, taking the "Yangchun and East Lake connection park planning and design of the water network connection project of East lake in Wuhan city" as an example, the paper outlines the technical points of the stormwater and wastewater management applied in the lakes protection planning of Wuhan, and introduces the application of the stormwater and wastewater management in the vertical planning and vegetation planning based on the combination of functional and aesthetic considerations.

Key words：Landscape Architecture；Stormwater and Wastewater Management；Lakes Protection；Water Network Connection；Wuhan

武汉市是素有"百湖之市"的美誉。20 世纪 50 年代，市区湖泊有 127 个，全市大小湖泊共 215 个，总面积为 879km²。随着城市建设用地迅速增长，填湖造地等因素造成了湖域面积锐减。20 世纪 90 年代初，武汉市主城区有 35 个主要湖泊，总面积 63.3km²。截至目前，实有湖泊 38 个（包括东湖）[1]，总面积 57.9 km²，武汉市原有的自然山水格局逐渐模糊。

武汉市年平降水量达 1250mm，降水主要集中春夏两季，6 月份最大，降水量为 1805.0mm，1 月份最少，仅30.7mm，每年 4—9 月为主要雨期，其中 6 月中旬至 7月中旬降水强度大、范围广、时间长，易形成"涝梅"（图1）。梅雨期过后，受太平洋副热带高压影响，又出现高温无雨天气，极易发生"伏旱"和"伏秋连旱"，形成前涝后旱的现象。过去武汉市把排渍放在首位，湖泊主要用于雨季调蓄，造成雨天大量合流污水直接入湖，而这些调蓄湖泊多为封闭或半封闭式，抗冲击负荷和自净能力较差，水体一旦污染即很难恢复。基于武汉市湖泊保护治理现状，雨污管理在湖泊保护规划中的应用势在必行。从源头开始对雨水水质和水量进行控制，对城市中水进行二次净化，因地制宜得设置雨水花园、雨洪广场、浅滩、洼地等绿色基础设施，实现自然水文循环，提高湖泊的自净和

自我调节能力，改善湖泊水质。

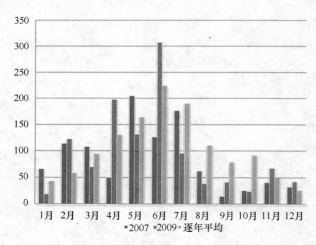

图 1　武汉市年平均降雨量柱状图

1　《武汉市湖泊保护规划（2004－2020）》对雨污管理应用的指引

依据《武汉市湖泊保护规划（2004－2020）》，武汉市

对湖泊的治理主要从以下三个方面入手：湖泊形态控制规划、湖泊水污染控制规划和湖泊水位控制规划（图2）。其中对雨污管理应用的指引，主要内容包括：（1）对点源污染控制；（2）对面源污染控，主要包括源头控制、迁移途径控制和汇控制；（3）对湖泊水位控制，对有雨水管入湖的湖泊，根据超标准暴雨预报情况，通过提前预排，预备调蓄库容，对无雨水管入湖的湖泊，根据起排水位、常水位、控制高水位，按排水预案进行调度。条文指导具体应用时，依据具体情况因地制宜地进行雨污管理。

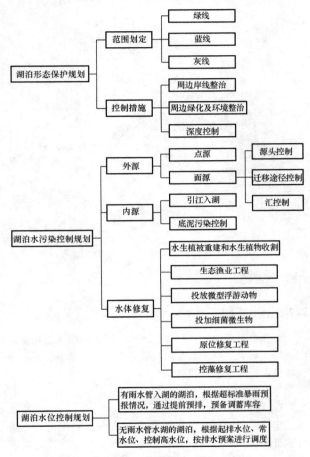

图2　武汉市现行湖泊治理方法体系

2　雨污管理在武汉市湖泊保护规划中应用的技术要点

武汉市大东湖水网连通工程是大东湖生态水网构建工程的重要组成部分，水网连通工程是利用已有并适当新建闸、站、渠道，使江湖连通、湖湖连通（图3）。按照武汉市城市总体规划与大东湖地区相关的区域发展规划，从上游的青山港（进水闸设计流量30m³/s）和曾家港（进水闸设计流量10m³/s）引长江水入东湖，由于整体地势西高东低，最终从下游的北湖港排入长江。新开新东湖港（连通杨春湖与东湖）、东沙湖港（连通沙湖与东湖）和九峰渠（连通东湖与严西湖），整治已有渠道15条，实现水网连通[2]。

杨春湖－东湖连通公园主要将沙湖港、杨春湖、迎鹤

图3　武汉大东湖水网连通工程线路图

湖、东湖相连，公园之间通过道路绿化和港渠河流相连，形成区域绿色基础设施。拓宽沙湖港，将东湖北岸的大片围湖造田的池塘恢复为迎鹤湖水面并与东湖大水面相连。水由水位较高的水面自发向水位较低的东湖流动。以武汉市大东湖水网连通工程之杨春湖－东湖连通公园规划为例，雨污管理在武汉市湖泊保护规划中应用的技术要点主要包括污水净化和雨水管理两方面内容。

2.1　污水净化

2.1.1　净化原理

主要对外源污染进行控制，使水体形成"源"—"流"—"汇"的循环系统。源，主要包括面源（雨水和表面径流）和点源（污水处理厂中水）；流包括溪流系统和湿地系统；汇则是湖泊和面积较大的池塘、农田。

通过设置格栅、沉淀池、曝气装置、透水性基质等人工设施和湿地、生物塘、滩涂、河流、湖泊等以动植物为净化主体的自然净化系统，对水质进行净化。

2.1.2　净化布局

主要包括湖泊湿地、河流湿地、人工湿地3种湿地类型[3]。上游落步嘴污水处理厂处理过的中水经河流湿地、人工池塘湿地、和湖泊湿地，与地表径流水汇入杨春湖，经湖泊湿地和连接部位的人工水渠湿地汇入迎鹤湖，迎鹤湖汇聚的水再经过人工农田湿地、河流湿地和湖泊湿地，最终汇入东湖（图4）。

（1）湖泊湿地

结合现有水域进行治理，通过动植物引种和水位调控，对中水进行初步处理。种植大片的水生花卉，形成湿地植物群落，使净化功能与观赏功能结合。

（2）河流湿地

该区域有几条蜿蜒的溪流，依据该区域按水流的方向依次设置格栅区、沉淀池区、曝气区、以芋、美人蕉为主体的第一级湿地，以水葱、芦苇为主题的第二级湿地（图5）。

（3）人工湿地

主要包括人工池塘湿地、人工农田湿地、人工水渠湿地。在人工池塘湿地设置三级池塘（图6、图7），使水体经过多级净化。

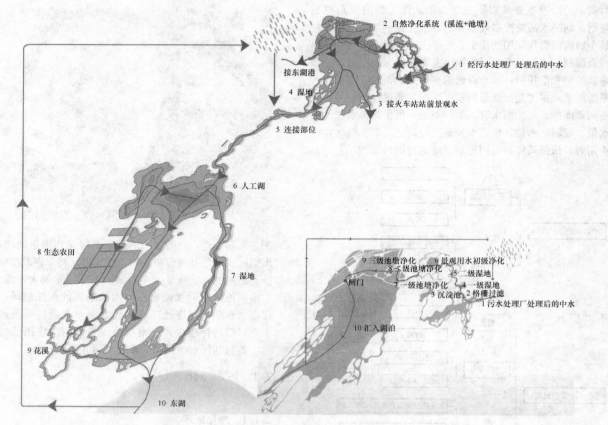

图4　污水水循环系统示意图

图5　河流湿地净化原理示意图

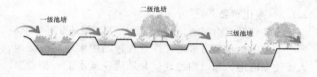

图6　人工池塘湿地净化原理示意图

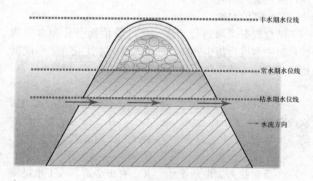

图7　人工池塘构造剖面图

2.2　雨水管理

　　充分结合场地原有肌理、地形、规划的构筑物和硬质广场等，形成了一个雨水控制引导系统，使旱季和雨季景色各异，独具特色（图8）。

2.2.1　建筑

　　建筑外环境及其周边雨水具有较高的利用潜力，结合建筑屋顶和户外空间建设雨水管理基础设施，对雨水进行收集、净化、贮存和再利用，满足部分建筑用水和造景用水的需求。

2.2.2　广场

　　城市广场空间大部分都被大面积的硬质铺装所覆盖，在下雨后，尤其是暴雨时节，往往会在短时间内汇集大量雨水，并且直接、迅速的排入城市管网，对城市排水系统造成沉重负担。根据降雨量标准，规划具有不同容量的蓄水广场，对周围雨水进行管理，使硬质广场空间形成具有雨水调蓄、过滤净化、储存和再利用功能的绿色基础设施。同时，不同的降雨量使广场形成不同的水景，供市民们观赏游憩。规划两个雨水广场，一个是迎鹤湖主广场，一个是杨春湖雨水花园。在枯水季，迎鹤湖公园主广场中的下沉蓄水池形成独特的下层观湖空间；丰水季，广场仍可以正常使用，根据水量的不断变化，呈现出富有趣味的动态空间变化。

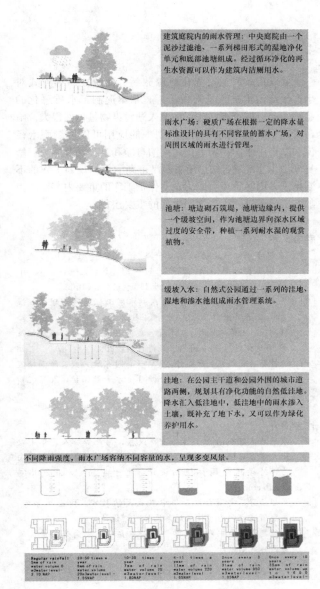

图8　雨水管理实现路径图

上部文字：

建筑庭院内的雨水管理：中央庭院由一个泥沙过滤池、一系列梯田形式的湿地净化单元和底部池塘组成。经过循环净化的再生水资源可以为建筑内洁厕用水。

雨水广场：硬质广场在根据一定的降水量标准设计的具有不同容量的蓄水广场，对周围区域的雨水进行管理。

池塘：塘边砌石筑堤，池塘边缘内，提供一个缓坡空间，作为池塘边界向深水区域过度的安全带，种植一系列耐水湿的观赏植物。

缓坡入水：自然式公园通过一系列的洼地、湿地和渗水池组成雨水管理系统。

洼地：在公园主干道和公园外围的城市道路两侧，规划具有净化功能的自然低洼地。降水汇入低洼地中，低洼地中的雨水渗入土壤，既补充了地下水，又可以作为绿化养护用水。

不同降雨强度，雨水广场容纳不同容量的水，呈现多变风景。

| Regular rainfall 5mm of rain water volume 0 m3water level 2.10 NAP | 20-50 times a year 5mm of rain water volume 7 m3water level 1.95NAP | 10-30 times a year 7mm of rain water volume 20m3water level 1.90NAP | 4-11 times a year 11mm of rain water volume 75 m3water level 1.80NAP | Once every 3 years 11mm of rain water volume 320 m3water level 1.65NAP | Once every 10 years 35mm of rain water volume 950 m3water level 1.05NAP | water volume up to 1600 m3water level |

2.2.3　浅滩

为了使滨湖空间符合场地雨水管理和不同降水季节的观景需求，利用湖底淤泥堆积成浅滩地。枯水季，滩涂上满植的草本湿生植物，饶有一番情致；丰水季节雨水漫上浅滩，一片湖泊风光。

2.2.4　洼地

在公园主干道和公园外围的城市道路两侧，规划具有净化功能并能使雨水快速下渗的自然低洼地。降水汇入低洼地中，低洼地中的雨水渗入土壤，转换成地下水或者在地下水与河流的交流中缓慢释放进入河流，低洼池不仅可以有汇集雨水，而且极大降低了养护成本。

3　基于功能与审美结合的雨污管理在武汉市湖泊保护规划中的应用

杨春湖—东湖连通公园由北面的自然公园和位于城

市副中心的游憩型连接公园两部分组成，两个公园的风格形成了鲜明对比（图9）。杨春湖公园保留了场地肌理，主要采取让自然做功的方式对其进行生态修复。迎鹤湖公园位于杨春湖——东湖水系连接部位，由于其地理位置的特殊性，规划时着重考虑市民的参与性，加强湖泊公园与周边邻里的联系。规划时用风景园林的手段，将雨污管理应用到湖泊保护规划中，实现功能与审美的结合。

图9　杨春湖—东湖连通公园总体规则图

3.1　雨污管理应用于竖向规划

竖向规划尊重原场地地形特点，局部堆微地形，形成场地内汇水。水体在丰水期最高水位为19.5m，其间园内地势较低的地方，如大部分滩涂易受淹，常水位为19.0m，在枯水期间最低水位为18.5m。依据水位变化，湖边设置缓冲区，雨季淹没，旱季露出，提供休憩活动场所，在对雨污进行管理的同时，使人水相亲，雨旱两季均有景可观（图10）。

3.2　雨污管理应用于植被规划

路面污染状况、地面渗透性、树木植被状况等汇水面性质对降雨径流水质有着不可忽视的影响[4]。规划时基于对"源头—迁移—汇"控制进行植被规划（图11）。源头，减少垃圾堆放，蓄滞径流，增加植被盖和透水地面面积；迁移，完善的雨污分流系统和收集系统，选择对污水有净化作用的湿地植物，结合实际情况，形成植物过滤带；汇，水质已基本达标，建立监测区对水质进行检验，构建合理的植物群落供市民观赏、教育和文化娱乐。采用自然驳岸，使水陆植物自然过渡，选择净水去污能力较强和可食的水生植物，通过植被规划发挥公园的经济效益、生态效益、社会效益。

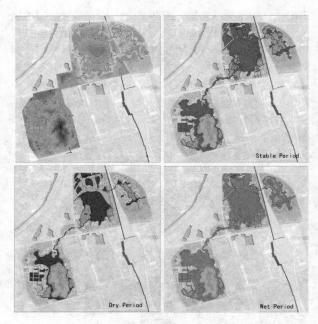

Stable Period

Dry Period   Wet Period

图10　基于雨污管理的竖向规划图

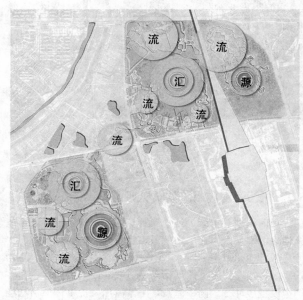

图11　基于"源头—迁移—汇"控制的植被规划图

4　结语

　　武汉市政府通过强化点源截污，面源控制等方式对生产生活污水进行了有效治理，基本遏制了水质恶化的趋势，但分散点源和残留面源入湖污染物量仍然很大。雨污管理在武汉市湖泊保护规划中的应用可以控制雨水径流和城市中水的污染、提高湖泊自净和自我调节能力、修复湖泊生态环境。相信随着武汉市湖泊保护规划工作的不断推进，雨污管理会成为湖泊保护工作的重要内容，成为加快武汉市进入生态文明进程的重要途径。

参考文献

[1]　武汉市中心城区湖泊"三线一路"保护规划[EB /OL]. 武汉市国土资源规划局，2012－12－21［2013，06，28］，ht-tp：//www. wpl. gov. cn/pc－114－44214. html.

[2]　严江涌，黎南关. 武汉市大东湖水网工程连通治理工程浅析[J]. 人民长江，2010(6)：82-84.

[3]　杨爱民，王芳，刘蒨，刘孝盈. 我国湿地分类与分布特征及水问题分析[J]. 中国水土保持科学，2006(6)：87-92.

[4]　沈桂芬，张敬东，严小轩，董雪峰，付东康. 武汉降雨径流水质特性及主要影响因素分析[J]. 水资源保护，2005(2)：57-58，71.

作者简介

[1]　张慧洁，1988年8月生，女，汉族，河北邯郸人，华中农业大学园林植物与观赏园艺专业在读硕士，主要研究方向为可持续风景园林规划设计，电子邮箱：wszhj2008@gmail. com。

[2]　高翅，男，安徽合肥，华中农业大学教授，博士生导师，主要研究方向为可持续风景园林规划设计。

[3]　杜雁，女，华中农业大学讲师，主要研究方向为可持续风景园林规划设计。

北京古树名木现状调查研究
——以故宫、北海公园为例

The Research of Present Situation of Old and Famous Trees in Beijing
——Take the Forbidden City and Beihai Park for Example

张 帅 李 雄

摘 要：古树名木具有较高的社会经济价值，值得我们重点保护。通过对北京故宫和北海公园的古树进行实地调查，分析了北京地区古树名木的生长、保护和管理方面的现状情况，并提出相应的改善策略，为北京古树名木的栽培养护提出一些见解。

关键词：故宫；北海；古树名木；养护管理

Abstract：With high socio-economic value the old and famous trees deserve our Focus on the protection. Through the researches on the old and famous trees in Forbidden City and Beihai Park，analysis are given to the situation of growth protection and management of old and famous trees based on investigations. Suggestions for protection and application of these trees are put forward in this paper according to the analysis on the current situation of the trees.

Key words：Forbidden City；Beihai Park；Old and Famous Trees；Conservation and Management

1 前言

古树是活着的古董，是有生命的国宝，而名木是具有历史意义、教育意义或在其他方面具有社会影响而闻名于世的树木。通过对北京故宫及北海公园中古树名木的调查研究，分析古树名木的养护现状，从而更好地对其进行养护与管理。

2 古树名木相关概述

2.1 古树名木的定义

古树名木是古树与名木的合称，因为它们具有同样重要的价值，所以现常常将其并为一词来使用。若要准确这一名词，需要对它分开来定义：古树是指树龄在100年以上的树木。名木则是国内外稀有的、具有历史价值和纪念意义以及重要科研价值的树木[1]。

其中的稀有名贵树木是指：树龄在20年以上，胸径在25cm以上的各类珍稀引进树木；对于有历史价值和纪念意义（如：外国朋友赠送的礼品树、友谊树等）以及具有科研价值的树木，一律不限规格进行保护。

2.2 古树名木的分级

根据《城市古树名木保护管理办法》，我国的古树名木共分两级。凡树龄在300年以上，或者特别珍贵稀有，具有重要历史价值和纪念意义、重要科研价值的古树名木，为一级古树名木；其余为二级古树名木。一级古树的指示牌为红色，二级古树的指示牌为绿色。

需要说明的是，由各国家元首亲自种植的树木一律定为一级保护。古树名木往往一身而二任，当然也有名木不古或古树未名的，都应加以保护。

2.3 保护古树名木的意义

古树名木通常具有重要的价值，极具保护的必要，保护古树名木具有如下重要的意义：

（1）古树名木是历史的见证。因为其长寿的事实，使其常常经历了许多重要的历史事件，可以使后人触景生情。

（2）古树名木蕴含丰富的文化内涵。如苏中拙政园文徵明手植的紫藤，被誉为"苏州三绝"之一，具有极高的人文旅游价值。

（3）古树名木是陵园、名胜古迹中的佳景。北海团城中的白袍将军，俨然是景观中的点睛之笔。

（4）古树是研究古气候、古地理的宝贵资料。

（5）古树是研究树木生理的特殊材料。树木的生长周期长，古树的存在为树木的衰老、死亡的阶段提供了研究样本，可以帮助人们认识各种树木的寿命、生长发育情况以及抵抗外界不良环境的能力。

（6）古树对树种规划具有参考价值。古树通常为乡土树种，对当地的气候和土壤条件具有很强的适应性。因此，古树是制定当地树种规划、指导造林绿化的可靠依据。

（7）古树名木具有较高的社会、经济价值。

由此可见，古树名木是一本活着的历史书，可以为人类的研究提供活的样本，同时又具有很高的社会经济价值，是值得我们进行保护的。

2.4 古树名木的档案建成

古树名木是我国活的文物，所以我们要摸清我国的古树资源，以挖掘其研究和应用的价值。为清楚地掌握古树资源，就要对古树名木进行建档的工作。首先应由各地城建、园林部门和风景名胜区管理机构组织对古树名木做一定的调查，调查内容包括树种、树龄、树高、冠幅、胸径、生长势、生长地环境以及对观赏及研究的作用、有关古树的历史和其他资料、养护措施等。在调查之后才能进行登记造册和建立档案。

2.5 影响古树生长的因素

包括两方面的原因：一为古树处于衰老的阶段，新陈代谢水平下降；二为古树受所处的生长环境影响，其中最显著的是自然灾害和病虫害，最常见的是古树的生长空间不足、土壤密实度过高、树干周围铺装面积过大、水土流失使根系外露、施工中的填挖方、人为活动以及环境污染等。

2.6 古树名木的养护管理方法

主要有树体加固、树干打箍、树洞修补、设避雷针、灌水松土施肥、树体喷水、整形修剪、病虫害防治、设围栏堆土筑台、立标示牌等。

3 故宫北海古树名木现状调查

综上所述，对于古树名木的管理，有两方面需要注意：首先要对古树名木有较完善的管理体系，其次是对古树名木要有较先进的养护管理技术，同时具备了这两个方面，才能对古树名木进行很好的管理。以下将对故宫和北海公园中的名木古树的现状进行调查，然后分析其优缺点并给予相应的改善建议，从而达到对古树名木现状的大概了解。

3.1 养护水平概述

故宫是我国古代多代帝王的居所，北海公园是自辽代以来的皇家园林，二者其内的古树名木不胜枚举。在对古树名木的养护管理上，故宫与北海在多年的经验中自然总结出了一套成熟的方法，这方面的技术经验已在国内处于较领先的位置。通过对故宫与北海的古树名木调查，可以大概掌握现今国内古树名木的养护管理水平。经过调查发现，故宫与北海的养护管理虽然已成体系，但是细节部位处理不足，还需要进一步的完善。

3.2 养护技术

3.2.1 支架与打箍

古树由于生长年代久远，有的主干中空，有的主枝死亡，造成树冠失去均衡，树体倾斜。古树树体衰老后，枝条又容易下垂，因而需用他物支撑。根据树体倾斜程度与枝条下垂程度的不同，可采用单支柱或双支柱支撑。至于

材料，可用金属、木材、竹竿等制成，但要保证其颜色应与周围环境协调。

古树被大风吹刮后，枝干易扭裂，若发生此种情况，应立即给扭裂的枝干打箍，以防枝干断裂。

3.2.2 堵树洞

由于虫蚀等原因，会在古树枝、干上产生树洞。树洞必须立即堵上，以防其蔓延扩大。方法是先将洞内的朽木清除，刮去洞口边缘死组织，用药剂（氟化钾、硫酸铜）消毒后进行填充，填充物现常为聚氨酯塑料以及高压注入还氧树脂密封等。堵树洞时应做到填充物与木质部接触处充分贴紧，不可留有空隙，填充物表面不要高于木质部。树干上的小洞可用木桩钉楔填平或用桐油与3—5份锯末混合堵塞。

3.2.3 设围栏及避雷针

为了防止人为的破坏和践踏，在古树周围可加保护性栏杆，栏杆内可铺上草坪或种地被植物。

古树在遭受雷击之后，轻者影响树势，重者死亡。为防止此类事情发生，高大的古树必须安置避雷针。如果古树已遭受雷击，应立即将烧伤部分锯除，刮平伤口，涂上保护剂；并将劈裂枝打箍或支撑；如有树洞要及时补好树洞；并加强养护管理措施。所示为团城上的遮荫侯树上的避雷针。

3.2.4 病虫害防治及养护

古树因为衰老，容易召虫致病，从而加速古树的死亡，需要进行药物防治。古树生长地常缺乏营养，所以应经常给古树施肥。在对古树灌水后应立即松土，一方面防治水分蒸发，同时增加通透性。古树生长地应经常进行松土，特别是经常有人践踏的古树林土壤更应经常进行耕翻。有很多古树因经常踩压，古树根系因得不到足够的氧气而生长衰弱，甚至死亡。古树下面可以种上花草或铺草坪，一方面防治有人践踏，另一方面可以防止地表径流，以免水土和养分流失。

由于城市空气汇总有许多污染的浮尘，古树的叶片截留灰尘极多，既影响光合作用，也影响观赏效果，所以要对古树进行树体喷水。

3.2.5 挂标识牌

对于符合要求的古树名木，二者都悬挂了标准的标识牌，标识牌上的内容应包括：树种、树龄、等级、编号及养护管理负责单位。但实际调查所见到的标识牌上的内容包括：古树级别、编号、科属及树种、颁发单位及年份。可能是不同的地区有不同的标识牌的标准。

3.2.6 设渗排涵洞

在团城下部的排水系统中加设由青砖砌成的涵洞。当大于或暴雨来临时，雨水由井口流入涵洞存储起来，同时不断地响周围土壤渗透，当土壤水分饱和时，涵洞逐渐形成一条暗河，排出城外，这样古树在多雨时不致积水烂根，干旱时不致缺水干枯。

3.3 养护管理方面的优点与弊端

3.3.1 优点

（1）名木古树本身就是一个好的景观，故宫与北海都能够将古树的景观与周围环境相结合。在乾隆花园中堆秀山上的白皮松，高大的树种在高大的山上，使山体显得更加高大。而故宫中的"疙瘩柏"，也在古香古色的建筑旁成为一件雕塑。

（2）年老体衰的油松，需要立支柱或支架，此处的廊道一方面供人通行，另一方面起到了支架的作用，而油松为廊道提供了基本的遮阳与遮雨，这是名木古树与小品相结合的范例。

（3）从故宫中的一棵圆柏的树坑可以看出，故宫在挖树坑时对树根的范围、走向进行了一定的考虑。

（4）对于已经死掉的古树，公园管理者并没有将死树移走，而是在死树上种植了藤本植物，在死树成为一件雕塑的同时，藤本植物仿佛为死树带来了生机。

（5）对于与古树有关的传说和故事，故宫和北海都进行了一定得收集并做了一定的宣传，使这种故事深入人心，并使得古树具有了一定得人文气息。如团城上的白袍将军，关于白袍将军的故事，早已深入人心。

（6）故宫和北海内对于个别古树的细节处理，是很值得推敲的。对于白袍将军树身上的树洞，在进行常规的修补后，涂上颜色相近的涂料，再刻画上相似的纹理，将树洞彻底隐藏起来。美中不足的是，如果涂料的颜色再相近一些，效果会更佳。

3.3.2 弊端

（1）古树的树坑过小，严重限制了古树的生长。从视觉上看，树坑的大小与树身不成比例，过小的树坑限制了古树对水分的吸收，降低了土壤的透气性，限制了根系的生长。因为树坑过小，树根已经暴露于土壤之外，并即将将路牙石顶破。此树的树根已经越出树坑，可见树坑之小，此处的树坑横在道路上，也有可能对行人产生不便。

（2）对于树洞的处理不到位。部分古树的树坑没有及时堵上，导致了树体中空。由于树洞处理十分简陋，尽用木板将树洞掩饰住，既不治标也不治本，同时对树体造成了一定得伤害。

（3）某些古树的围栏设置过小，一方面在视觉上与树体不成比例，另一方面不便于对古树的管理，比如说施肥不便，如果掉入污染物，不便于清理等。

（4）对古树的管理不严，游人可以随意进入并做影响市容之事，却没有管理人员对其进行阻止。

（5）对绝大多数的古树的树坑处理不到位。古树，也是老树，若没有足够的措施作保证，会让人有衰老感，这一方面是因为树坑小，围栏过久造成的，另一方面是因为树坑中的黄土过于裸露。若在树坑中种上花草，会让人觉得老树同样充满了生机，同时可以防止游人的践踏。若在树坑中铺设渗水塑胶，同样美观，而且可以让游人践踏。这些都是较好的做法。

4 总结与建议

总的来说，故宫与北海公园对古树名木的保护管理已经形成了较成熟的体系。但是对于细节的处理还是欠推敲。这种现状的形成是有一定的原因的，据作者分析，一方面是因为两地都是修建年代久远，有都属皇家园林范畴，所以古树名木数量较多，而负责管理的人手不足，使得进展缓慢。另一方面可能由于用于此方面的经费不足，使得管理人员有心但没法出力。二者相比较，北海公园对古树名木的养护管理总体上优于故宫，这体现在树坑大小的合理程度，对古树名木养护管理的技术措施的多样性等方面。这可能是因为故宫是以古建筑为最大特色，而古树名木相比之下处于较次要的地位，而北海公园是公园性质的园林，古树名木对它来说是形成气氛的重要部分，因为二者的重视程度不同，造成了水平上的微小差距。

鉴于二者同时体现的对于养护管理措施的优缺点，对二者提出一下改善建议：

（1）重设树坑大小，保证树体拥有正常的生长空间。

（2）更新围栏。围栏年久失修，很多都已掉漆，与古树相配，会产生衰败感，严重降低了景观的质量。

（3）据了解，二者对于没有异常症状的古树很少施肥和松土，这是不对的。古树长时间生长在同一地方，土壤相对贫瘠；而二者都是著名的旅游胜地，地面受到了游人的大量践踏，土壤板结，密实度高，通气性低，对树木生长不利。所以要经常对古树名木进行必要的施肥和松土。

（4）加强对古树名木的管理，降低人的行为活动对古树名木造成的破坏。

（5）如若可能，可以针对重点的古树名木设计相应的景观。故宫和北海公园在这方面做得都不是特别好。值得借鉴的例子是北京植物园牡丹园入口的老槐树，在老槐树的映衬下，不但形成了良好的景观效果，也为牡丹提供了必要的遮荫，是古树结合景观的范例。

通过对故宫和北海公园的实地调查，作为研究对象的基本数据进行了测量（详见附表），展现了当今我国古树名木养护管理的现状水平。虽然故宫和北海公园在古树名木的养护管理上处于国内较领先的水平，并形成了比较成熟的养护管理体系，但是其中还是存在诸多瑕疵，并没有做到专业化的水平。这主要体现在以下四点：对古树名木的重视程度不够，对养护管理技术措施的细节推敲不足，对古树资源的利用率不够，硬件设施的更新。

只有做到了专业化的水平，才能实现对古树名木的有效有力的养护管理，才能让古树更加长青，更好地发挥其作用。所以我们仍要进行不断的探索，不断摸索出新的方法和措施，不断完善养护管理的体系。

参考文献

[1] 城市古树名木保护管理办法. 国家建设部，2000.9.

北京古树名木现状调查研究——以故宫、北海公园为例

[2] 张秀云. 浅谈古树名木的复壮与养护. 农业科学, 2011 (27): 157.

[3] 张乔松, 阮琳, 杨伟儿, 卢树洁, 冯爱卿, 陈连芳. 广州市古树名木保护规划, 2002(2): 14-20.

作者简介

[1] 张帅, 1987 年 7 月生, 男, 汉族, 山东泰安, 北京林业大学园林学院博士研究生, 从事风景园林学研究, 电子邮箱: 1337015869@qq.com。

[2] 李雄, 1964 年 5 月生, 男, 汉族, 山西太原, 北京林业大学园林学院院长、教授、博士生导师, 电子邮箱: bearlixiong@sina.com。

故宫古树名木调查统计　　附表 1

序号	编号	中文名	等级	树高(m)	胸径(cm)	位置
1	11010102328	侧柏	一级	10	80	延和门前
2	11010102317	侧柏	一级	11	90	延和门附近
3	11010102283	侧柏	一级	10	75	堆秀山附近
4	11010102330	侧柏	二级	10	32	堆秀山
5	11010102286	桧柏	一级	9	130	堆秀山
6	11010102336	桧柏	二级	11	50	堆秀山
7	11010102285	桧柏	一级	11	70	堆秀山
8	11010102289	桧柏	一级	12	90	万春亭边
9	11010102338	桧柏	二级	12	30	万春亭边
10	11010102290	桧柏	一级	9	100	万春亭边
11	11010102239	桧柏(人字柏)	二级	10	25, 40	万春亭边
12	11010102291	桧柏	一级	10	200	万春亭边
13	11010102288	桧柏(人字柏)	一级	10	110, 28	万春亭边
14	11010102284	桧柏	一级	10.5	80	钦安殿院外
15	11010102237	桧柏	二级	10	70	钦安殿院外
16	11010102294	桧柏	一级	10	90	钦安殿院外
17	11010102341	桧柏	二级	10	50	钦安殿院外
18	11010102324	白皮松	一级	20	80	钦安殿
19	11010102323	白皮松	一级	17	200	钦安殿
20	11010102393	龙爪槐	二级	2.5	65	坤宁宫外
21	11010102326	侧柏	一级	12	70	千秋亭边
22	11010102282	楸树	一级	10	35	坤宁宫外
23	11010102316	桧柏	一级	13	90	延辉阁前

北海团城古树名木调查统计　　附表 2

序号	编号	中文名	等级	树高(m)	胸径(cm)	位置
1	11010201309	白皮松	一级	15	100	团城
2	11010201308	油松(遮荫侯)	一级	23	105	团城
3	11010201294	白皮松(白袍将军)	一级	35	162	团城
4	11010201299	桧柏	一级	13	90	团城

济南市广场绿地土壤肥力综合评价

Comprehensive Evaluation for Soil Fertility of Jinan Square Green Land

赵凤莲　刘红权

摘　要：本文通过对济南市区内 7 个广场绿地土壤样品进行理化性状测定和分析，运用修订的内梅罗综合指数法对广场绿地土壤肥力进行综合评价。结果表明：济南市广场绿地土壤 pH 值偏碱性，容重偏大，有机质含量中等偏低，全氮含量、碱解氮、全磷含量中等偏低，有效磷、全钾、速效钾含量中等偏高。各广场均处于无盐害的安全区。各广场土壤综合肥力系数在 1.06－1.60，与土壤肥力等级划分指标相比，均属三级，土壤肥力一般，其限制因子主要有容重、有机质、全氮和碱解氮。

关键词：济南；广场绿地；内梅罗综合指数法；土壤肥力；综合评价

Abstract：The physical and chemical properties of the representative samples of the 7 squaregreen land soil weremeasured and analyzed. and Nemero comprehensive index method was used to evaluate the soil fertility in the region. The results showed that：the soil pH value of the 7 square green land was alkalescence, the bulk density was large, the soil organic matter was medium or low medium, Soil total nitrogen , available nitrogen and total phosphorus content were medium or low medium while available phosphorus, total potassium and available potassium content were medium or over medium. The soil fertility coefficient of the 7 square green land was between 1.06 and1.60，Comparing with the soil classification index, it belonged to three level. The soil fertility wasgeneral, and its limited factors included bulk density, organic matter, total nitrogen and available nitrogen.

Key words：Jinan；Square Green Land；Nemerow Synthesis Index Method；Soil Fertility；Comprehensive Evaluation

近年来土壤质量以及城市土壤研究开始受到越来越广泛的重视[1-3]，城市绿地土壤是城市土壤主要组成部分，开展城市绿地土壤质量调查与评价对丰富城市土壤研究具有重要意义。国内外已在土壤质量评价指标体系和评价方法方面开展了大量的研究[4-9]，在评价方法上，较成熟的有综合指数法[10-11]、评分法、分等定级法[12]、模糊评判法[13,14]和聚类分析法[15]。然而，从目前国内外文献来看，涉及广场绿地土壤质量评价的研究并不多。

本文通过对济南市历下广场、赤霞广场、嘉华广场、洪楼广场、槐荫广场、幸福柳广场、七贤广场 7 个广场的取样分析，运用修订的内梅罗综合指数法对广场绿地土壤肥力进行综合评价，并对各广场进行肥力分级，确定限制因子。以期为济南市广场绿化土壤的管理和改良提供科学依据。

1　材料与方法

1.1　样品采集与处理

在济南市内选取历下广场、赤霞广场、嘉华广场、洪楼广场、槐荫广场、幸福柳广场、七贤广场 7 个广场作为研究对象，在研究区域内选取有代表性的绿地进行土壤样品的采集，取样深度为 0－20cm，每个样品由 3－5 钻土混合而成。取回土壤样品带回实验室自然风干后，用"四分法"取部分土样，过 1mm 和 0.15mm 筛备用。

1.2　测定方法

土壤容重，用环刀法测定；土水比 1：5，用 pH 计测 pH 值；土水比 1：5，用电导率仪测 EC 值；采用半微量开氏法（K_2SO_4-$CuSO_4$-Se 蒸馏法）测全氮；碱解扩散法测碱解氮；碳酸钠熔融法测全磷；0.5mol/L $NaHCO_3$ 法测有效磷；氢氧化钠熔融法测全钾；1mol/L NH_4OAc 浸提，火焰光度法测速效钾；重铬酸钾容量法－稀释热法测有机质。

1.3　数据处理

采用 Excel2007 软件进行数据处理；
采用 SPSS13.0 软件对数据进行描述性统计分析。

2　结果与分析

2.1　土壤容重

土壤容重和孔隙度可反映土壤松紧程度、孔隙状况和土壤蓄水、透水、通气性能。土壤容重越大，孔隙度越小，土壤蓄水、透水、通气性能越差[16]。自然土壤的平均容重为 $1.30g/cm^3$。研究表明，对于质地较轻的土壤，当土壤容重大于 $1.60g/cm^3$ 时，将严重阻碍植物根系的生长。由表 1 可知，济南广场绿地土壤容重为 1.13－$1.64g/cm^3$，平均值为 $1.41g/cm^3$，变异系数为 11.35%，变异不大；这表明济南广场绿地土壤较紧实，不利于植物的生长发育。

2.2　土壤 pH 值特征

土壤酸碱性是土壤的一个重要属性，也是影响土肥力的一个重要因素，它对土壤中养分元素的存在形态和对植物的有效性、对土壤微生物的数量、组成和活性，以及有机质的合成与分解都有巨大影响[17]。

土壤的酸碱度一般分为6级：pH小于5.5为酸性土壤，5.5－6.5为微酸性土壤，6.5－7.5为中性土壤，7.5－8.5为微碱性土壤，大于8.5为强碱性土壤[18]。总体而言，土壤对植物生长所必需的大多数营养元素，于pH6－7范围内有效度最高。由表1可知，济南广场绿地土壤pH值为7.68－8.36，平均值为8.17，属微碱性

2.3 土壤电导率（EC值）

土壤电导率是衡量土壤盐渍化程度高低的指标。有报道指出，土壤EC值在1mS/cm以上植物会发生盐害[19]。调查中，济南广场绿地土壤EC值最小为0.09mS/cm，最大为0.85mS/cm，平均值为0.31mS/cm，变异系数为68.74%，变异较大。由此可知，所调查的济南广场绿地土壤均处于无盐害的安全区。

土壤质量指标的统计特征值 表1

土壤指标	容重 g/m³	pH	EC mS/cm	有机质 g/kg	全氮 g/kg	碱解氮 mg/kg	全磷 g/kg	有效磷 mg/kg	全钾 g/kg	速效钾 mg/kg
最小值	1.13	7.68	0.09	1.40	0.25	25.76	0.43	8.98	16.25	96.84
最大值	1.64	8.36	0.85	22.37	1.40	78.12	0.98	92.72	20.27	368.08
平均值	1.41	8.17	0.31	14.23	0.85	58.49	0.59	28.14	18.98	196.48
标准差	0.16	0.18	0.21	7.45	0.34	17.41	0.17	26.10	1.42	92.84
变异系数 %	11.35	2.20	67.74	52.35	40.00	29.77	28.81	92.75	7.48	47.25
偏度	-0.12	-2.23	1.83	-0.52	-0.15	-0.50	1.19	1.46	-0.76	0.74
峰度	-0.95	6.14	3.70	-1.19	-0.74	-1.01	0.66	2.38	-0.81	-0.89

2.4 土壤有机质

有机质是土壤中各种营养元素特别是氮、磷的重要来源。由于土壤具有胶体特性，能吸附较多的阳离子，因而使土壤具有保肥性、保水性、缓冲性，还能使土壤疏松，从而可改善土壤的物理性状，是土壤微生物必不可少的碳源和能源，所以土壤有机质含量的多少是土壤肥力高低的又一重要化学指标[16]。

研究结果表明（表1），济南广场绿地土壤有机质含量为1.40－22.37g/kg，平均值为14.23g/kg，变异系数为52.35%。根据全国第2次土壤普查土壤肥力状况分级标准[20]，济南广场绿地土壤有机质含量平均值处于中等偏低水平。应通过增施有机肥，减少化肥的使用量来增加有机质含量。

2.5 土壤氮、磷、钾养分特征

氮是组成各种氨基酸和蛋白质所必需的元素，而氨基酸又是构成植物体中的核酸、叶绿素、磷酸、生物碱、维生素等物质的基础。磷是构成细胞核、磷脂等的主要成分之一。适宜的磷含量能提高根系的吸收能力，促进新根的发生和生长；还能增加土壤束缚水，提高作物抗寒、抗旱能力。钾对碳水化合物的合成、运转、转化等起着重要的作用，可促进果实肥大和成熟，提高其品质和耐贮性；提高其抗寒、抗旱、耐高温和抗病虫能力[16]。

从表1中可以看出，全氮含量在0.25－1.40g/kg，平均为0.85g/kg，变异系数为35.79%；碱解氮的最小值为25.76mg/kg，最大值为78.12mg/kg，平均为58.49mg/kg，变异系数为17.41%；全磷含量在0.43－0.98g/kg，平均为0.59g/kg，变异系数达到28.81%；有

效磷的最小值仅为8.98mg/kg，最大值为92.72mg/kg，平均为28.14mg/kg，变异系数达到92.75%；全钾含量在16.25－20.27g/kg，平均为18.98g/kg，变异系数为7.48%；速效钾的最小值为96.84mg/kg，最大值为368.08mg/kg，平均为196.48mg/kg，变异系数为47.25%。

参照全国第2次土壤普查土壤肥力状况分级标准[20]，全氮含量、碱解氮、全磷含量属于中等偏低水平（属4－5级），有效磷、全钾、速效钾含量属于中等偏高水平（属2－3级）。可见工业区土壤氮素含量较低，磷、钾含量相对丰富。

3 土壤肥力综合评价

为了比较全面客观地反映土壤肥力质量，主成分分析法、聚类分析法、因子分析法、模糊数学法、判别分析法、指数和法和标准综合级别法等数学方法均已被应用于土壤肥力评价。这些方法各有其优点和不足，因此目前尚未有统一的评价方法。有研究表明用修正的内梅罗综合指数法对土壤肥力进行定量综合评价，方法简单，评价结果与土壤现实肥力水平和植物生长表现十分吻合[19,21]。因此，本文采用修正的内梅罗综合指数法对济南市广场绿地表层土壤肥力进行定量综合评价。

3.1 数据的标准化处理

选取pH值、有机质、全氮、碱解氮、全磷、速效磷、全钾、速效钾、容重、EC值10个肥力因素作为评价指标。首先对选定的土壤参数进行标准化，以消除各参数间的量纲差别。pH值（<7.0）、土壤有机质、全氮、碱

解氮、全磷、速效磷、全钾和速效钾越大，土壤肥力越高；pH 值（＞7.0）容重和 EC 值越大，土壤肥力越低。

对于数值越大、土壤肥力越高的指标，标准化处理方法如下[22]：

当属性值属于差一级，即 $C_i \leqslant X_a$ 时：

$$P_i = \frac{C_i}{X_a}, P_i \leqslant 1; \tag{1}$$

当属性值属于中等一级，即 $X_a < C_i \leqslant X_c$ 时：

$$P_i = 1 + \frac{C_i - X_a}{X_c - X_a}, 1 < P_i \leqslant 2; \tag{2}$$

当属性属于较好一级，即 $X_c < C_i \leqslant X_p$ 时：

$$P_i = 2 + \frac{C_i - X_a}{X_p - X_c}, 2 < P_i \leqslant 3; \tag{3}$$

当属性属于好一级，即 $C_i > X_p$ 时：

$$P_i = 3; \tag{4}$$

对于数值越大，土壤肥力越低的指标，标准化处理方法如下：

当属性值属于差一级，即 $C_i \geqslant X_a$ 时：

$$P_i = \frac{X_a}{C_i}, P_i \leqslant 1; \tag{5}$$

当属性值属于中等一级，即 $X_c \leqslant C_i < X_a$ 时：

$$P_i = 1 + \frac{X_a - C_i}{X_a - X_c}, 1 < P_i \leqslant 2; \tag{6}$$

当属性属于较好一级，即 $X_p \leqslant C_i < X_c$ 时：

$$P_i = 2 + \frac{X_a - C_i}{X_a - X_p}, 2 < P_i \leqslant 3; \tag{7}$$

当属性属于好一级，即 $C_i < X_p$ 时：

$$P_f = 3; \tag{8}$$

式（1）-（8）中，P_i 为分肥力系数，即土壤属性 i 的肥力系数，C_i 为第 i 个属性的实际测定值，X_a、X_c、X_p 为分级指标。根据第二次全国土壤普查标准，各土壤属性分级标准如表 3 所示。

土壤属性分级标准　　　　　　　　表 2

分级指标	容重 g/cm³	pH 值>7.0	pH 值<7.0	EC 值 mS/cm	有机质 g/kg	全氮 g/kg	碱解氮 mg/kg	全磷 g/kg	有效磷 mg/kg	全钾 g/kg	速效钾 mg/kg
X_a	1.43	8.5	4.5	1.5	10	0.75	60	0.4	5	10	50
X_c	1.35	7.5	5.5	1	20	1.5	120	0.8	10	20	100
X_p	1.25	7	6.5	0.5	30	2	180	1	20	25	200

3.2　综合肥力系数的计算与分级

采用修正的内梅罗（Nemero）公式计算综合肥力系数：

$$P = \sqrt{\frac{(P_{评均})^2 + (P_{最小})^2}{2} \times \left(\frac{n-1}{n}\right)}$$

式中 P 为土壤综合肥力系数，为土壤各属性分肥力系数的平均值，小为各分肥力系数中最小值。

采用代替原内梅罗公式中的是为了突出土壤属性中最差一项指标对肥力的影响，即突出限制性因子，增加修正项 $(n-1)/n$ 是为了反映可信度即参评土壤属性项目越多可信度越高。根据求得的土壤肥力系数，可将土壤肥力分为很肥沃（2.7）、肥沃（1.8P2.7）、一般（0.9P1.8）、贫瘠（P0.9），如表 3 所示。

土壤肥力等级划分　　　　表 3

肥力等级	肥力评语	综合肥力系数范围 P
一级	很肥沃	2.7
二级	肥沃	1.8P2.7
三级	一般	0.9P1.8
四级	贫瘠	P0.9

由该方法计算得出土壤分肥力指数和综合肥力指数，如表 4 所示。所取各广场土壤综合肥力系数在 1.06-1.60 之间，嘉华广场土壤综合肥力系数最高，为 1.60 幸福柳广场和七贤广场最低，均为 1.06。与土壤肥力等级划分指标比较，均属三级。这说明土壤综合肥力一般。

广场绿地土壤肥力综合评价结果　　　　　　　　　　　表 4

取样地点	容重 g/m³	pH	Ec ms/cm	有机质 g/kg	全氮 g/kg	碱解氮 mg/kg	全磷 g/kg	有效磷 mg/kg	全钾 g/kg	速效钾 mg/kg	平均值	P	肥力等级
历下广场	2.00	1.26	3.00	1.87	1.07	1.03	1.25	2.10	2.00	2.28	1.79	1.31	三级
赤霞广场	1.00	1.27	3.00	1.66	1.18	1.14	1.60	3.00	1.86	3.00	1.87	1.35	三级
嘉华广场	2.06	1.40	3.00	2.24	1.59	1.30	1.93	3.00	2.05	3.00	2.16	1.60	三级
洪楼广场	0.99	1.82	2.30	2.18	1.48	0.82	1.53	3.00	2.05	3.00	1.92	1.33	三级
槐荫广场	0.95	1.28	3.00	0.38	0.59	0.96	1.53	3.00	1.72	2.21	1.56	1.02	三级
幸福柳广场	0.91	1.32	3.00	0.90	0.89	0.70	1.43	2.29	1.72	1.94	1.51	1.06	三级
七贤广场	3.00	1.24	3.00	0.42	0.55	0.43	1.13	1.91	1.63	2.86	1.62	1.06	三级

表头 Pi 跨列：容重、pH、Ec、有机质、全氮、碱解氮、全磷、有效磷、全钾、速效钾

由表 4 可见，历下广场主要限制因子为全氮、碱解氮；赤霞广场主要限制因子容重；嘉华广场主要限制因子为碱解氮；洪楼广场主要限制因子为容重、碱解氮；槐荫广场和幸福柳广场主要限制因子为容重、有机质、全氮和碱解氮；七贤广场主要限制因子为有机质、全氮和碱解氮。

4　结论

济南市广场绿地容重在 1.13－1.64g/cm³ 的范围内，平均为 1.41g/cm³，容重偏高。土壤的有机质含量在 1.40－22.37g/kg 的范围内，平均为 14.23mg/kg，含量较低。pH 分布在 7.68－8.36 的范围内，平均为 8.17，属微碱性土壤。所调查的济南广场绿地土壤均处于无盐害的安全区，EC 值在 0.09－0.85mS/cm 之间，平均为 0.31mS/cm，全氮含量、碱解氮、全磷含量中等偏低，平均值分别为 0.85g/kg、58.49mg/kg、0.59g/kg。有效磷、全钾、速效钾含量中等偏高，平均分别为 28.14mg/kg、18.98g/kg、196.48g/kg。

所取各广场土壤综合肥力系数在 1.06－1.60，嘉华广场土壤综合肥力系数最高，为 1.60，幸福柳广场和七贤广场最低，均为 1.06。与土壤肥力等级划分指标比较，均属三级，这说明济南广场绿地土壤综合肥力一般。

参考文献

[1] 赵其国，孙波，张桃林. 土壤质量与持续环境 [J]. 土壤，1997(3)：113-120.

[2] WORLD BANK, FAO, UNDP, UNEP. Land quality indicators [M]. No. 315 of the World Bank discussion papers. Washingtong, D C：The international bank for Reconstruction and Development，The World Bank. 1995. 1-15.

[3] BULLOCK P, gREGORY P J. Soils in the Urban Environment [M]. Blackwell Scientific Publications，1991.

[4] 赵其国，孙波，张桃林. 土壤质量与持续环境Ⅰ：土壤质量的定义及评价方法[J]. 土壤，1997(3)：113-120.

[5] 曹志洪. 解译土壤质量演变规律，确保土壤资源持续利用[J]. 世界科技研究与发展，2001.23(3)：28-32.

[6] 李新举，刘宁，张雯雯，等. 黄河三角洲土壤质量自动化评价及指标体系研究[J]. 中国生态农业学报，2007.15(1)：145-148.

[7] Andrews S. S.，Mitchell J. P.，Mancinelli R.，et al. On-farm assessment of soil quality in California's Central Valley

[J]. Agronomy Journal，2002.94(1)：12-23.

[8] Carter M. R. Soil quality for sustainable landmanagement：Organic matter and aggregation interaction that maintain soil function[J]. Agronomy Journal，2002.94(1)：38-48.

[9] 赵玉国，张甘霖. 张华，等. 海南岛土壤质量系统评价与区域特征探析[J]. 中国生态农业学报，2004.12(3)：13-15.

[10] 王效举，龚子同. 亚热带小区域水平上土壤质量时空变化的定量化评价[J]. 热带亚热带土壤科学，1996.5(4)：229-231.

[11] 许明祥，刘围彬，赵允格. 黄土丘陵区侵蚀土壤质量评价[J]. 植物营养与肥料学报，2005.11(3)：285-293.

[12] 王效举，龚子同. 红壤丘陵小区域不同利用方式下土壤变化的评价和预测[J]. 土壤学报，1998.35(1)：135-139.

[13] 万存绪，张效勇. 模糊数学在土壤质量评价中的应用[J]. 应用科学学报，1991.9(4)：359-365.

[14] 胡月明，万洪富，吴志峰，等. 基于 GIS 的土壤质量模糊变权评价[J]. 土壤学报，2001.38(3)：266-274.

[15] 孙波，赵其国. 红壤退化中的土壤质量评价指标及评价方法[J]. 地理科学进展，1999.18(2)：118-128.

[16] 鲁如坤. 土壤农业化学分析方法[M]. 北京：中国农业科技出版社，2000.

[17] 娄春荣，李学文，王秀娟等. 北宁市葡萄主产区土壤肥力分析及施肥对策[J]. 辽宁农业科学，2004(6)：21-23.

[18] 吕英华，秦双月. 测土与施肥[M]. 北京：中国农业出版社，2002.

[19] 卢瑛，甘海华，史正军，等. 深圳城市绿地土壤肥力质量评价及管理对策[J]. 水土保持学报，2005.19(1)：153-156.

[20] 全国土壤普查办公室. 中国土壤[M]. 北京：中国农业出版社，1998：860-933.

[21] 曾曙才，俞元春. 苗圃土壤肥力评价及肥力系数与苗木生长的相关性[J]. 浙江林学院学报．2007.24(2)：179-185.

[22] 范海荣，常连生，王洪海等. 昌黎县葡萄沟土壤肥力综合评价与对策研究[J]. 安徽农业科学．2010.3914：2169-2173.

作者简介

[1] 赵凤莲，女，1984 年生，黑龙江，硕士，济南百合园林集团有限公司，从事土壤肥力方面研究，电子邮箱：zfl8411@126.com。

[2] 刘红权，男，1967 年生，高级工程师，济南市花卉苗木开发中心，从事科研管理、园林植物引种选育、园林绿化施工养护等工作，电子邮箱：liuhongquan1234@163.com。

园林植物保护

药陶土复配水溶胶防治小蠹虫涂干技术[①]

Prevention Scolytids by Smearing Truck Using Drug Clay Compound Solution

曹建庭　张志梅　王志刚　刘　娜　邵　晶

摘　要：红脂大小蠹、松六齿小蠹、松十二齿小蠹、松八齿小蠹、果小蠹是 2008 年在太原市重点工程滨河东西路、龙城大街、太榆路、晋祠迎宾路及局属单位动物园、玉门河等 35 个地段所栽植油松上爆发的主要为害种类。小蠹虫以其隐蔽性强，繁殖速度快给防治带来困难。从物理屏障、环保角度找到灵感，利用陶土致密性加入胶性成分，配合渗透性药剂研制出"药陶土复配水溶胶"涂干技术，在试验地段与高脂膜、石灰、药剂进行涂干对比试验，证明防治效果显著；同时进行不同月份涂干试验和不同配比、不同涂沫厚度（0.5mm、2mm、5mm）试验，旨在验证药陶土的防效，用于实践的推广应用。

关键词：药陶土复配水溶胶；涂干；小蠹虫；防效

Abstract：Bark beetles occurred on pine in 2008 in Taiyuan，Shangxi Province. It was difficult to control for its concealed，fast-propagated characters. Added gum ingredients into clay and developed a "drug clay compound solution" with the permeable pharmacy. Painted it on the pine truck and contrasted with ones painted with lipid membrane and lime. The results showed a significant control effect；simultaneously，made contrast tests on different months and different ratios，different smear thickness（0.5mm，2mm，5mm）to improve the control efficiency for further application.

Key words：Drug Clay Compound Solution；Smearing Truck；Bark Beetles；Control Efficiency

　　小蠹虫是世界性森林害虫，繁殖速度快，活动隐蔽，严重发生时可造成林木成片枯死。全世界每年因小蠹虫为害造成的损失在 10 亿美元以上，每年我国都有数万公顷森林爆发小蠹虫毁灭性为害。国内外都投入大量人力物力进行小蠹虫防治，主要采取剥皮、涂干、伐除、火烧、喷雾、熏蒸、设立饵木等方法。存在的问题是防效时间短，属于一种应急措施，药效一般只有 5—7 天，防效差，易造成环境污染。通过实践，太原市园林植物保护站研制出"药陶土复配水溶胶"物理隔层涂干技术，同传统方法相比具有时间长（防效 3 个月，一般药剂有效期 7—10 天），防治效果好（防治效果在 90% 以上，比传统方法提高 30%），对环境污染小（污染指数降低 12%），防治成本低（是传统防治法的 70%）的特点。通过不同涂干方法、不同涂抹厚度、不同栽植季的对比试验，证明药陶土复配水溶胶在小蠹虫防治上确实是一种行之有效的方法。

1　材料和方法

1.1　材料

　　供试材料为药陶土复配水溶胶。

1.1.1　技术原理

　　利用陶土的致密性和黏浓度，加入胶性成分合成复配水溶胶，形成物理屏障，阻止小蠹虫从树干内往外扬飞和侵入，混合在陶土内的化合物则杀死小蠹虫。

1.1.2　技术指标

　　陶土的主要成分是抛光高岭土，平均粒径 $0.6\mu m$，孔隙度 $< 0.1\mu m$，黏浓度 70%—71%，属微米级。小蠹虫体大小在 2.0—8.3mm 之间，所以药陶土复配水溶胶能有效阻隔小蠹虫飞出和侵入。

1.1.3　"药陶土复配水溶胶"物理隔层配料

　　"药陶土复配水溶胶"主要是由陶土、聚乙烯醇、甲基丙烯酸甲酯、毒死蜱、水组成。陶土主要起物理隔层，并有坚硬透气的功用；聚乙烯醇主要起黏着的作用；甲基丙烯酸甲酯主要起溶性的胶性；毒死蜱主要起杀虫的作用；水主要是稀释的作用。

1.1.4　工艺流程

　　将陶土加入搅拌机进行研磨酥化，加入聚乙烯醇搅匀，随后加入甲基丙烯酸甲酯继续搅拌均匀，接着一点点加入水，边加边搅直到达到所需黏稠度，形成原浆，最后加入药剂。

1.1.5　药陶土作业操作过程

　　清洗树干→喷杀虫剂原液→喷涂原浆。

1.2　试验方法

　　为提高试验准确性，实现局部控制，减少因地块不同

① 《"药陶土复配水溶胶"物理隔层防治小蠹虫技术研究》本项目属太原市城建科研项目计划，编号 0813。荣获 2009 年太原市优秀科技项目二等奖。

药陶土复配水溶胶防治小蠹虫涂干技术

造成的差异，试验采取完全随机区组设计法。于6月小蠹虫高发期选择了滨河东路、太榆路、机场大道、长风街东延4个小区分别进行5种不同处理（包括对照）的防效对比试验：即药陶土涂干、药剂涂干、石灰涂干、高脂膜涂干和清水涂干（对照），每处理重复4次，分别于一周、一月、三月调查防效。不同栽植季节"药陶土复配水溶胶"物理隔层涂干试验，选择4月、6月、9月、11月不同栽植季节，分别在五个小区进行药陶土涂干重复试验，记录结果。不同配比、不同涂抹厚度防效试验使用了3种配比（陶土：聚乙烯醇：甲基丙烯酸甲酯：毒死蜱：水分别为20：0.5：1：2：40，20：1：1：2：40，20：2：2：2：40），3种涂抹厚度（0.5，2，5mm）进行对比实验，分析试验结果。

2 结果与分析

2.1 以"药陶土复配水溶胶"物理隔层涂干为主的不同方法对比试验结果。

几种防治方法防效对比　　表1

死亡率(%) 处理 ＼重复	Ⅰ	Ⅱ	Ⅲ	Ⅳ	各处理总和	各处理平均数
药陶土涂干	86.9	93.3	95.7	90.7	356.8	89.2
药剂	26.7	30.7	25.1	21.9	104.4	26.1
石灰涂干	20.1	18.9	23.4	16.5	78.9	19.74
高脂膜涂干	88.4	81.3	86.7	85.4	341.8	85.45
对照	0	0.02	0.01	0	0.03	0.01
各区组总和	222.1	224.22	220.91	214.7	881.93	44.10
各区组平均数	27.04	44.84	44.18	42.94		

从表1数据可以看出五种处理在一月后的虫口死亡率分别为89.2%，26.1%，19.74%，85.45%和1%。通过方差分析五种处理间差异显著，药陶土和高脂膜防效均达到85%以上，防治效果显著。但高脂膜造价昂贵，操作复杂，不适宜实际应用。没有达到100%死亡率与涂刷后雨水冲刷，人为涂抹厚度不一致，幼虫分布密度不均等因素有关。

2.2 不同栽植季节"药陶土复配水溶胶"物理隔层涂干试验结果

不同栽植季节"药陶土复配水溶胶"物理隔层涂干试验结果（一周）　　表2

死亡率(%) 处理 ＼重复	Ⅰ	Ⅱ	Ⅲ	Ⅳ	Ⅴ	各处理总和	各处理平均数
4月	63.6	66.7	62.5	71.4	68.7	332.9	66.58
6月	45.5	43.8	52.6	52.4	49.7	244	48.8
9月	60	53.3	63.4	65	58.5	300.2	60.04
11月	37.5	47.1	43.4	38.9	45.3	212.2	42.44
各区组总和	206.5	210.9	221.9	227.7	222.2	1089.3	54.47
各区组平均数	51.65	52.73	55.48	57.83	55.55		

从表中可以看出，涂药一周的虫口死亡率4月份和9月份都达到60%以上，6月和11月只有40%以上，具体原因如下：4月份，树木开始发芽，越冬虫刚开始活动，抵抗力差，易于中毒死亡，所以死亡率高。6月份，小蠹虫幼虫生长旺盛期，当天死亡率低，反季节移植树势弱，易导致小蠹虫猖獗。小蠹虫为害盛期，药陶土涂干防治后3个月后效果最佳。9月份，适合树木栽植，小蠹虫为害轻，防效好。11月份，树木进入休眠期，小蠹虫也进入休眠期，温度低，药效发挥不好，所以1周死亡率较低，3个月可达到85%左右。

方差分析和t检验表明，4月份和9月份涂干防治小蠹与6月份和11月份有显著差异，4月份涂干防效最好。

2.3 不同配比、不同涂抹厚度防效结果

不同配比、不同涂沫厚度防效结果　　表3

配料配比	不同涂抹厚度平均虫口数			死亡虫量			校正死亡率/%		
	0.5mm	2mm	5mm	0.5mm	2mm	5mm	0.5mm	2mm	5mm
陶土：聚乙烯醇：甲基丙烯酸甲酯：毒死蜱：水=20：0.5：1：2：40	20	15	13	16	14	11	80	93	84.6
陶土：聚乙烯醇：甲基丙烯酸甲酯：毒死蜱：水=20：1：1：2：40	16	21	11	12	21	10	75	100	90.9
陶土：聚乙烯醇：甲基丙烯酸甲酯：毒死蜱：水=20：2：2：2：40	13	12	10	10	12	9	76.9	100	90

注：聚乙烯醇和甲基丙烯酸甲酯多，不易涂沫。

结果表明，20：1：1：40的配比和2mm的涂沫厚度效果最好，20：2：2：40的在使用中除因胶性大不易涂抹外，效果还可以。

3 讨论

3.1 不同材料特性

小蠹虫防治不同材料特性　　表4

材料名称	使用方式	持效期	特点
药陶土复配水溶胶	涂干	3个月	环保，高效，耐雨水冲刷
毒死蜱、乙酰甲胺磷等	喷雾	3h至3天	起效快，怕雨水，污染环境，易产生抗性
石灰	涂干	1个月	杀菌灭卵效果好，不耐雨水
磷化铝	密闭熏蒸	1个月	高毒，有残留，怕雨水

从表4可以看出，"药陶土复配水溶胶"具有持效期长，环保高效，易操作的特点，是多种方法的首选。

3.2 解决的问题，社会效益，影响力

该项目解决了小蠹虫防治困难，药效不持久，污染严重的实际问题，在防治方法上研究出以物理屏障为主结合药剂的渗透作用的新途径（药陶土复配水溶胶），取得重要研究成果，具有重大的经济效益和社会效益。"药陶土复配水溶胶"技术，其有效期是目前市场上化学药剂的2倍，防治成本降低30%—50%，延长防治时效，操作简便易行，便于在实践中推广应用。此项技术经山西省科技局鉴定达到国内领先水平。在维护生态平衡上，绿色植保，可持续发展上做文章，其无污染、无抗性，保证人畜安全，能够避免化学防治所带来的诸多弊病。注重环境效益，兼顾经济效益，达到生态环保，节约成本的目的，在小蠹虫及其他蛀干害虫的防治应用中效果显著，创防治新途径，是本项目的显著特点。

参考文献

[1] 范忠辉，由传阁.云杉母树林小蠹虫发生及防治试验.林区教学，2009(1)：112-113.

[2] 梁锦章.杏树小蠹虫的综合防治.农村科技，2008(10)：48.

[3] 马庆州，王俊，江舰艇，刘杰.桃小蠹虫在核果类果树上的危害及防治方法.果农之友，2007(11)：37.

[4] 李军如，邢新生，苏玲，王元红，肉仔再东，谭永军.杏树小蠹虫综合防治技术研究初报.北方果树，2006(3)：15-16.

[5] 郑宇，马驰.小蠹类森林害虫的综合治理.甘肃科技，2008.24(8)：154-156.

[6] 贾增波，蔺创业.多毛小蠹虫生活习性及防治技术研究[J].林业实用技术，1993(10)：77-78.

[7] 季梅，刘宏屏，董谢琼等.林木受小蠹虫危害的表征及其遥感监测[J].西部林业科学，2006(4)：102-103.

[8] 吴小平.白陶土泥罨剂制作工艺的改进(安肤消炎膏)[J].中国医院药学杂志，1986(7)：56-58.

[9] 徐明慧.园林植物病虫害防治[M].北京：中国林业出版社，1993.

[10] 北京林学院.森林昆虫学[M].北京：农业出版社，1980.

[11] 吴孔明，陆宴辉，王振营.我国农业害虫综合防治研究现状与展望[J].昆虫知识，2009，46(6)：831-836.

[12] 蒋春艳，陈淮川.水稻重大病虫害主推防治技术[J].现代农业科技，2008(20)：90-92.

作者简介

[1] 曹建庭：男，1975年生，毕业于山西农业大学林学系森林保护专业，学历本科，高级工程师，现任太原市园林局行政审批处处长。

[2] 张志梅，太原市园林植物保护站。

[3] 王志刚，太原市园林植物保护站。

[4] 刘娜，太原市园林植物保护站。

[5] 邵晶，太原市园林植物保护站。

"广谱热雾助剂"的研制和应用

Development and Application of "Broad-spectrum Thermal Fogging Agent"

程桂林

摘　要：本文简单介绍了"广谱热雾助剂"研制和应用情况，从13种热雾助剂的主剂中，找到了广泛适用于农药乳油、水乳剂、微乳剂、悬浮剂、可湿性粉剂等剂型的4种植物油做为主剂和热雾剂的发烟剂。并对热雾剂及其存在问题进行了介绍，提出利用温度逆增层是决定烟雾机喷射热雾剂防治效果的关键因素之一。
关键词：广谱热雾助剂；热雾剂；植物油；逆增层

Abstract：This paper briefly describes the development and application of "broad-spectrum thermal fogging agent", from main agents of 13 kinds of hot mist additives, found 4 vegetable oils, which could be used as master agents and smoke agent of the thermal fogging agents and could be widely used in cream, water emulsions, micro-emulsions, suspensions, wettable powders formulations.. And thermal fogging agents and their problems were introduced, proposed it is a key factor of the use of a temperature inversion layer is to determine thermal spray aerosol smoke machine control effect .
Key words：Wide-used Thermal Fogging Agent；Hot Mist Agent；Vegetable Oil；Temperature Inversion Layer

在有害生物防治中，农药的使用剂型有百余种之多，常用的也有数十种，但主要以乳油（EC）、粉剂（DP）、可湿性粉剂（WP）、颗粒剂（GR）、水乳剂（EW）、悬浮剂（SC）、水剂（AS）、微乳剂（ME）、烟剂（FU）、热雾剂（NH）等为主。农药的使用方法有20多种，主要有：喷雾法、喷粉法、拌种法、浸种法、熏烟法、烟雾法、飞机施药法、覆膜施药法等。

随着人们生活水平的提高、健康理念的提升、施药场所的不同及植保方针的完善，人们对施药技术及药剂剂型提出了更高的要求。"预防为主，科学监控，依法治理，促进健康"的植保方针逐步落实实施中，尤以蔬菜、果树、园林等表现显著。

近些年，全国范围内暴发性的病虫害时有发生，比如：美国白蛾、黏虫、东亚飞蝗、稻飞虱、小麦锈病等。但对这些病虫害的防治，由于受多种条件的限制，仍以喷雾、喷粉等为主，能使用热雾剂防治（需专用烟雾机）并取得优异防治效果的则鲜有实例。究其原因，热雾剂的种类较少、热雾助剂的应用及对天气条件的苛刻要求则是主要原因。其中热雾助剂又起着至关重要的作用，下面就热雾助剂的研制及应用介绍如下。

1　热雾剂

1.1　热雾剂的概念

将液体（或固体）农药溶解在具有适当闪点和黏度的溶剂中，再添加其他成分调制成一定规格的制剂。在使用时借助于烟雾机，将此制剂定量地压送到烟花管内，与高温高速的热气流混合喷入大气中，形成微米级的雾或烟，称此制剂为热雾剂。热雾剂的组成，除原药外，还有溶剂、助溶剂、黏着剂、闪点和黏度调节剂、稳定剂、增烟剂、专用发射剂等组成。

1.2　热雾剂形成雾或烟的粒径及特性

热雾剂形成的雾或者烟的粒径较小。其中<5微米的颗粒：占71.3%—99.2%；3—4μm的颗粒：占11.7%—58.4%；4—5μm的颗粒：占86.8%；5—6μm的颗粒：占0.8%—27.1%；>6μm的颗粒：占1.6%。

乳剂中的小油珠粒径一般为：2—40μm；可湿性粉的小颗粒一般为<20μm（需通过325目筛）；手动喷雾器的水珠一般为>40μm。

由于烟雾的个体特小，所以它是高度分散体系。具备下列特性：具有巨大的表面能和均匀度；可以扩及各个空间，在使用状态下很难有遗漏并送至很高很远的距离，且具有长时间的漂浮能力；它有良好的附着性；烟雾在空中的持续时间一般在2—6小时；特别适合蔬菜大棚、密集栽培的作物、果园、仓库、山林等郁闭度较高的场所。

1.3　热雾剂的热分解问题

热雾剂在使用时会不会受热分解？试验表明几乎不分解或者分解甚微，不会影响药效。

每一种农药都有各自的热分解温度，温度高达摄氏200多度甚至上千度。热雾剂的烟雾喷出时，农药的化学反应在800—1000℃的高温高速气流中的滞后时间仅为数毫秒—数十毫秒，而在喷烟机中，从800—1000℃过渡到70—130℃的滞后时间仅为0.3—0.4ms。汽化后的农药还来不及分解，就恢复了原状态，并冷凝成小粒。

高温气流的温度随着进入排气管的药液量的增多而降低。从表1看出，烟雾温度在烟筒口处只有300℃左右，离烟筒口1m处的温度在70℃以为，因此对农药不会组成分解（表1）。

喷烟机的温度差　　　表1

药液流量 mL/分	烟雾温度 ℃			
	喷药孔处	烟筒口处	离烟筒口1m	离烟筒口2.5m
0	524	379	78	28
109	420	318	72	28
193	350	290	65	28
270	318	185	52	32
370	196	178	40	32

1.4　热雾剂的种类及存在的问题

尽管对热雾剂的研究有数十年的历史了，但由于受诸多因素的影响，热雾剂的种类仍是相当少，主要有：粉锈宁（橡胶树病害）、氰戊菊酯（马尾松毛虫）、敌敌畏（卫生害虫）、马拉硫磷（卫生害虫）、林丹（卫生害虫）、灭蝗灵（竹蝗、橡胶树）等。

究其原因，主要存在如下问题：研究应用者少、经验不多；多数农药的本身特性很难制成热雾剂（例如：多数杀菌剂在溶剂中的溶解度甚低，所以多制成可湿性粉剂）；病虫害严重、抗药性突出、农药品种更换较快、热雾剂的制造更跟不上需要；喷烟应用技术较高、尚有培养学习阶段；喷烟机价格较高、喷烟操作速度快、效率高，但又不易一户一机很难做到联合使用等条件的制约，限制了热雾剂的发展和应用。

2　广谱热雾助剂

烟雾机在使用时需要的是油状药剂，但当前专用热雾剂品种少，如何开发一种热雾助剂——我们称为"广谱热雾助剂"——能和大多数乳油、可湿性粉剂混合，直接应用于烟雾机，是我们需要解决的问题。"广谱热雾助剂"的开发成功，将使很多种类剂型的农药随时进入烟雾机，开创了一个新的用药天地。

2.1　"广谱热雾助剂"的研制

2.1.1　"广谱热雾助剂"的原理

依我国农药登记管理的规定，使用烟雾机的专用剂型为热雾剂。当前热雾剂种类少，特别是供最需要使用热雾剂的保护地的菜用农药，很难按登记标准一一制成热雾剂，但各类病虫害的防治又迫切需要多种农药品种。那如何解决这个问题？经我们多年研究后认为：

农药登记管理规定中的主溶剂，其实对各类农药的溶解度并不高，但它们之间有相容性（可混性）。我们认为主溶剂的主要用途，实际上就是个"发烟剂"，烟雾机中喷出的烟雾，主要由它形成。

农药原药本身也可以形成烟雾。但是，单位面积内的用药量是个定数，现有药量的成烟量很小，不足以弥漫空间，如加大药量则造成药害和浪费。

现有乳油中已含有大量溶剂，特别是苯类。多是易

燃、易爆品。据试验，当空气中含苯气量达到2%，则易爆炸，万一喷药时有了明火，更易燃烧，这在塑料大棚中是相当危险的。

经过多年探索，感到能否找到一种"制品"，由它解决上述困难，它既是溶剂，又是发烟剂，它应起到协助现有农药进入烟雾机的作用。既可帮助乳油进入，又可帮助可湿性粉剂进入烟雾机，还克服了药害、爆炸的危险，更有助于随时随地地更换药剂，提高药效、克服或者延缓抗药性。这就是我们所谓的"广谱热雾助剂"。

2.1.2　"广谱热雾助剂"的原料
2.1.2.1　主剂（发烟剂）

我们选择用药条件高、最容易出现问题的蔬菜大棚，用来筛选。在大棚中使用安全的主剂，在山林、仓库等场所则会更安全。

经多次筛选，定为植物性油类（二级花生油或者大豆油、棉籽油、菜籽油）。选用它们的主要原因是为了解决药害问题。它的溶解度一般，可混性良好，挥发性不高，闪点、黏度符合要求。它们的指标如下（表2）。

四种植物油的技术指标　　　表2

技术指标	花生油	豆油	菜籽油	棉籽油
折光指数（20℃）	1.4695—1.4720	1.4720—1.4770	1.4710—1.4755	1.4690—1.4750
比重（20/4℃）	0.9110—0.9175	0.9180—0.9250	0.9090—0.9145	0.9170—0.9250
GB	1534—86	1534—86	1534—86	1534—86
酸价(KOH)/(mg/g)	1.0—4.0	≤1.0—4.0	≤1.0—4.0	≤1.0—4.0
水分及挥发物（%）	≤0.20	≤0.20	≤0.20	≤0.20
杂质（%）	≤0.20	≤0.20	≤0.20	≤0.20
含皂量(%)	≤0.03	≤0.03	≤0.03	≤0.03

2.1.2.2　表面活性剂

经对多种表面活性剂的筛选，本"广谱热雾助剂"的选定为H-101。它对上述4种油类均适用，除可降低表面张力，使主剂易于分散，易于湿润、展开、粘着，还具备其独特用途。

2.1.2.3　稳定剂

热雾剂的热贮存一般较好。为增强热贮存的稳定性，可加入本剂。一般在助剂中不加入本剂，只用于热雾剂的复配方面。

2.1.2.4　防漂移剂

为了增加毒剂在靶标上的沉积量，可加此剂。如用于大棚内，则不必加入。

2.1.2.5　各类油的各项指标的检验

按照GB 5490—5539—85《粮食、油类及植物油脂检验》执行。各油的标准符合GB 1534—1537—86之规定。

2.1.3　"广谱热雾助剂"的加工

本助剂的加工过程比较简单，与一般乳油加工一致

（图 1）。

图 1　广谱热雾助剂的生产示意图

植物油与表面活性剂的混合比为 9：0.5—1.0。单用情况时采用 9：1，如欲增加其他农药的稳定性、可混性或者防漂移性，则采用 9：0.5，所余 0.5 则为其他助剂。

2.1.4　"广谱热雾助剂"的植物油类的确定

上述四种植物油，均可制成对蔬菜无药害的"广谱热雾助剂"。矿物油类、烃类均不适用。植物油的选定，应以货源、价格来决定（表 3）。经多次比较，它们对药效无影响，对毒剂的稳定性也无妨碍。

"广谱热雾助剂"的组分报告　　　表 3

组　　分	标　　准	
植物油（二级花生油等）	≥90.0	≥90.0
表面活性剂（%）	≥10.0	≥5.0
助溶剂（%）	—	≥3.0
防漂移剂（%）	—	≥2.0
水分含量（%）	≤0.2	
酸度（以 H_2SO_4 计%）	≤0.1	
闪点（℃）	>100	
黏度（E020℃）	10—12	
挥发性	无	
药害	无	
热分解性（%）	≤0.2	
低温稳定性	合格	
形态	透明均匀油状	
颜色	浅黄色	
气味	油香味	
分层及沉淀	无	

2.2　"广谱热雾助剂"药害试验

热雾剂的主要应用场所是蔬菜大棚，因此，热雾助剂是否对蔬菜产生药害至关重要。

2.2.1　"广谱热雾助剂"的主剂种类

共选择 5 类：芳香类（二甲苯、二氯苯）、芳烃类（一线油、二线油、三线油）、脂肪族类（煤油、柴油）、酮类（环己酮、丙酮）、植物油（花生油、大豆油、菜籽油、棉籽油）共 13 种。

2.2.2　试验蔬菜种类

试验的蔬菜种类共 24 种，主要有：黄瓜、番茄、辣椒、芹菜、西瓜、西葫芦等。

2.2.3　药害试验条件

棚内温度：18—20℃。

棚内湿度：95%—98%。

用药量：常规用药量与超 50% 用量两种。

用药种类："广谱热雾助剂"单用、"广谱热雾助剂"与杀虫剂混用、"广谱热雾助剂"与杀菌剂混用、上述各类烃类和酮类等（单用或者混用）。

用药（喷烟）后，将大棚封闭 6 小时，后开缝透气。

使用的烟雾机为 6HY-25 型。

2.2.4　药害症状标准

急性药害：用药后 24 小时内，所试对象发生萎蔫、烧伤、脱落等现象。

慢性药害：用药若干天后，所试对象发生枯斑、畸形、脱落甚至出现抑制生长的症状等现象。

2.2.5　药害试验结果

各个烃类等 9 种制剂，不论单用还是混用，不论是常规用量还是超量，对所试 24 种蔬菜都不同程度地发生了药害，而且是急性药害。

急性药害的主要表现是：瓜类——中下部叶片下垂，上部叶片上卷，二天后略有恢复，未形成烧伤斑点，没造成落叶、落果。叶菜类——有轻重不同程度的失水现象，二天后恢复，未形成烧伤与脱落。

特殊的药害表现：各类菜度出现了浓重的味道，例如柴油味。虽加油炒熟，经品尝仍有其味。我们将棚内蔬菜进行保留，每日品尝一次，即便延至 15 天后，其味仍不减。仅此一点，就几乎完全限制了上述各类烃类作为热雾剂组成成分，或作为制造"广谱热雾助剂"的主要成分。

植物油作为"广谱热雾助剂"的主要成分，始终没有发生药害，没有产生异味，也没有发生慢性药害等现象。

2.3　"广谱热雾助剂"的应用

2.3.1　使用"广谱热雾助剂"的意义

以烟雾机配合专用热雾剂，可以快速有效的防治大面积发生的、处于隐蔽状态的、作物生长茂盛的、封闭空间内的多种病虫害，特别是在蔬菜大棚、森林等。蔬菜病虫害种类多，所需要的药剂及农药的轮换使用、农药的混合使用，都很烦琐。当前已有上千种乳油、可湿性粉剂等商品农药，但它们不能直接用于烟雾机。坐等农药厂家生产热雾剂也不现实。因此，在登记申报新热雾剂的同时，如何利用已有的农药剂型，将是一本万利的事情。使用"广谱热雾助剂"的意义大约有以下几种：

通过"广谱热雾助剂"，可将某些农药的乳油、水乳剂、微乳剂、悬浮剂、可湿性粉剂等，作为热雾剂使用，增加了农药选择的自由度。

通过"广谱热雾助剂"，可以减少和避免将乳油和可湿性粉剂用做热雾剂使用时，可能发生的药害。

通过"广谱热雾助剂"，可以减少农药的使用量（减少 20%—50%），降低成本；可以充分发挥农药形成烟雾的优势，提高多类农药的防治效果；可以增加农药复配的可能性，可以延缓抗药性。

2.3.2 在保护地塑料大棚内使用"广谱热雾助剂"

在使用"广谱热雾助剂"前，应做好下列准备工作：明确主防的病虫害种类；明确主要药剂的种类；明确每类药剂单位面积的用药量；明确所选药剂在喷雾使用时的效果；明确所对象在选用农药时是否需要复配；明确大棚面积及相应的用药量。

使用"广谱热雾助剂"的具体步骤：

（1）核定大棚面积、病虫害种类、用药种类及标准用药量。

（2）确定适当的助剂用量。单位面积的助剂用量是个关键问题，否则起不到助剂的作用，还会造成浪费（药害）、不足（药效不匀）。主要是要与原用药种类的性质结合考虑。

（3）混加"广谱热雾助剂"。它与助剂结合可以改善喷烟性能，增加均匀度，提高了与多种农药混用的机会，明显放宽烟雾机使用现有农药的自由度。

（4）对农药乳油剂型的使用。与助剂混合均匀，然后加入"广谱热雾助剂"，搅拌均匀，然后装入药箱待用。三个物料的配比，应以某药的含量为主计算。

（5）对农药可湿性粉剂型的使用。将准确的某药剂的用量（不分单用还是混用），与"广谱热雾助剂"先行搅拌均匀，然后加入助剂，调和后装药箱待用。三个物料的配比，应以某药的含量为主计算。

（6）对专用热雾剂的使用。如使用专用热雾剂，则可直接按药剂种类及核定的用药量使用。也可将专用热雾剂再按一定比例与"广谱热雾助剂"混合均匀装箱待用。

（7）使用烟雾机喷射热雾剂。在使用时要注意药液消耗量，要始终注意药箱上的刻度。一般情况下，烟雾机在1号喷头时，一分钟的喷药量约在300毫升左右，在预先确定单位面积用药量后，掌握实际喷射时间，结合看视药箱的刻度，及时关闭开关，即可控制药量。使用烟雾机时不要直对植物，更不要带入任何火种，以免造成火灾。

（8）确定烟雾在棚内的存留时间，一般为2—6小时，个别为12小时。一般在6—8小时后即可开放气口或开棚。

（9）经测定一亩面积的大棚喷烟时间只需要30秒即可。

（10）经测定：由于烟雾的分散、传布、附着力均明显高过喷雾与喷粉法，所以喷烟的药效高于其他法。以致单位面积内的用药量可以比喷雾法减少30%以上。

3 利用温度逆增现象，在非保护地使用热雾剂

利用烟雾机喷射热雾剂，具有操作方便、高效节能、利于环保等优点，特别是对突发的病虫害的防治更是具有穿透性、弥漫性等其他方法不可替代的优势。但该方法在使用中，易受到气温、风向等环境条件的制约。利用温度逆增现象，是推广应用该技术的关键。

3.1 温度逆增现象

指空气的温度随着高度增加而增加这种温度倒置情况。因为正常情况下空气的温度是随着高度的增加而降低的。

在风很小或无风和空气几乎无紊乱的情况下，在稳定的大气中会出现温度逆增现象。平滑、稳定的空气层和温度随着高度的增加而增加是温度逆增的特征。

3.2 温度逆增层产生的时间

多在早晨4：00时—6：00时或傍晚18：00时—20：30时。产生在日落后到次晨黎明前，晴天比阴天容易产生，谷地、盆地、山地容易产生，阴坡较其他坡向容易产生，掌握上述有利时机进行施放烟雾。

3.3 喷射热雾剂

在上述时间内，根据作物、山林树冠的高度，观察逆增层产生的高度，在此高度范围内，当风速在1.0 m/s以内即可。利用风向也是提高效率和效果的关键因素。

在实际操作中，应根据防治对象、防治地点、烟雾机的特点等来决定喷射热雾剂的高度、宽度、间距、步行速度、时间，以确保达到理想的防治效果。

4 附图

下列为"广谱热雾助剂"、热雾剂应用及温度逆增层现象的部分图片（图2—图7）。

图2　山东省药检所领导在推广现场

图3　山东省茌平县在大棚内喷射热雾剂

图 4 青岛市农科院大棚内喷射热雾剂

图 5 大棚内喷射热雾剂形成烟雾

图 6 大棚内弥漫的烟雾

图 7 在作物大田中拍到的温度逆增层现象

参考文献

[1] 农用热雾助剂。鉴定材料，1999.
[2] 30％普霉清热雾剂，20％棚虱灵热雾剂．鉴定材料，1999.11.

作者简介

　　程桂林，男，1964 年生，研究员，主要从事园林植物保护和校园管理工作，电子邮箱：cgl8738@126.com。

园林植物保护

合欢羞木虱发生危害及防治研究初报

Preliminary Report on Occurrence and Control of *Acizzia jamatonnica*

刁志娥　丁福波　闫冉冉

摘　要：合欢羞木虱是合欢树上的重要害虫，在东营市区1年发生多代，成虫寿命15－17天，世代重叠极不整齐。从5月中下旬合欢发芽至11月上旬叶片脱落，均可对合欢树造成危害，以褐色或黑褐色成虫虫体在土缝、杂草、落叶等处越冬。采取多种措施综合运用，可控制其发生危害，其中喷洒3%高渗苯氧威乳油、40%速扑蚧乳油、10%吡虫啉可溶性粉剂2000－3000倍液防治效果较好。

关键词：合欢羞木虱；种群消长；生物学特性；防治

Abstract：*Acizzia jamatonnica* is an important pest. In Dongying city, it occurred several generations in one year. Its adult life is from 15 to 17 days, overlapping generations are extremely irregular. From germination on late May to leaves fall on early November, it can cause harm. It wintered in brown or dark brown seam adult worms in the soil, weeds, leaves, etc. Comprehensive use of various measures, can control its occurrence hazards. Spraying 3% hypertonic fenoxycarb EC，40% EC-speed flutter Kuwana，10% imidacloprid soluble powder from 2000 to 3000 times，could get better control effects.

Key words：*Acizzia jamatonnica*；Population Dynamics；Biological Characteristics；Prevention

2008—2011年，采用踏查、样地调查及室内培养观察等相结合的方法，对东营市区道路、居民小区内合欢树的病虫害作了一系列的调查研究，发现合欢羞木虱是合欢树上的重要害虫。合欢羞木虱 *Acizzia jamatonnica*（Kuwayama）[1] 属同翅目 Homoptera 木虱科 Psyllidae，主要寄主为合欢及山槐等[1]。合欢羞木虱成虫、若虫以群体为害，若虫在取食过程中不断排出长条状的白色粪便，粘着在叶片和枝梢表面，导致煤污病，不仅影响生长和开花，导致合欢枝条易折断，而且还影响着城市环境卫生及园林绿地的景观效果。

1　合欢羞木虱的种群消长情况

1.1　试验方法

8－10月份，在东营市东城南二路（与东二路交叉路口附近）上选取4棵长势较好且合欢羞木虱发生较多的合欢树，分别编号为1、2、3、4；在东二路（与南一路交叉路口附近）上同样选取4棵合欢树，编号为5、6、7、8。

在人站立能观察到的每棵树上随机选取5个合欢小枝条，大小相似，合欢叶片数约为10片，标号为1、2、3、4、5，每3天定期调查其上的合欢羞木虱卵、若虫、成虫的虫口基数，并记录。得出其8－10月的发生和消长规律。

1.2　试验结果及分析

根据每一数值所占大小随时间变化的趋势而得出的合欢羞木虱趋势线，如图表1，由图表1的结果表明，合欢羞木虱在8月上中旬、9月上中旬以及10月中旬有3次明显的高峰。且在9月份若温度大幅下降，部分成虫即可以越冬态出现，开始越冬，但仍有部分可持续危害至11月上旬。

由于8月份雨水较多，连天阴雨，导致合欢羞木虱的发生不是很规律，但还是能从总体上看出其消长情况。在8月上旬合欢羞木虱数量较少，但随后其数量上升幅度较大，于8月中旬达到最大，之后数量略有下降。9月份由于其温度较8月份低，合欢羞木虱虽有高峰但总的数量明显低于8月份，根据图表可看出，其数量在9月下旬有一次明显的高峰。10月份温度、湿度较8、9月份明显偏低，虫体数量更低。但在10月中旬仍有一次小高峰。

由于在9月下旬有一次较大范围的降温，且温度开始下降，因此，越冬态成虫出现，且随后成虫数量所占比例开始逐渐升高。合欢羞木虱以褐色或黑褐色成虫虫体在土缝、杂草、落叶等处越冬。

2　合欢羞木虱生物学特性

2.1　形态特征及危害

2.1.1　卵

多产于叶片边缘，近香蕉形，基部略钝、末端尖细，淡黄色。

2.1.2　若虫

若虫体略扁，4－5龄，多集于叶背叶脉两侧刺吸为害树枝嫩梢，造成植株长势变弱、枝叶疲软皱缩，叶片逐渐发黄、脱落。高龄若虫行为敏捷，对外界干扰反应迅速。在取食过程中不断排出白色粪便，长条状，即蜜露，粘着在叶片和枝梢表面，导致煤污病，影响生长和开花，污染环境，枝条易折断。

2.1.3 成虫

合欢羞木虱成虫体长 2.3－2.7mm，绿、黄绿、黄或褐色（越冬体），触角黄至黄褐色，头胸等宽，前胸背板长方形，侧缝伸至背板两侧缘中央；胫节端距 5 个（内 4 外 1），跗节爪状距 2 个，前翅痣长三角形[1]产卵量大，寿命长，善飞翔，黄色或黄绿色，越冬态为褐或黑褐色。成虫的寿命约为 15－17 天。

2.2 合欢羞木虱卵发育历期

2.2.1 试验方法

将 4 个小枝条幼嫩合欢叶片清洗干净，保证上面无任何虫态、无缺损，放在同一个观察盒中，同时，用湿的纸巾包裹住合欢枝条基部，以补充足够的水分，再往观察盒中放入 10 头合欢羞木虱。

第二天将观察盒中同一天产下的卵，分开放在其他观察盒中，以观察卵的发育历期。

2.2.2 试验结果

观察盒中卵的发育情况如下表

（2010 年 8 月，均温 27.5℃）　　　表 1

孵化卵数（个）	孵化时间（h）	平均孵化历期（d）
2	90	
8	96	
97	115	4.7
2	120	

在产卵约 3 天的时候，可看到卵有发育迹象，表现为基部颜色变深以及可观察到卵的末端红点，可看出，在平均温度 27.5℃情况下，合欢羞木虱产卵后约 4.7 天孵化。产后 4－5 天为发育高峰，即卵的孵化高峰期。

2.3 合欢羞木虱卵孵化率

2.3.1 试验方法

（1）取 4 个观察盒，标号为 1、2、3、4，每盒里面放入干净无虫卵的合欢枝条 2 条，同时，用湿的纸巾包裹住合欢枝条基部，以补充足够的水分。再往观察盒中放入 10 头合欢羞木虱，让其产卵于合欢枝条上，以观察计算卵的孵化率。

（2）在室外采折带有合欢羞木虱的合欢枝条，带入室内，将卵留置枝条上，其他虫态均杀死，放入养虫笼中进行饲养观察，并逐日记录卵、幼虫的数量，观察记录，计算阶段孵化率。

2.3.2 试验结果

合欢羞木虱卵阶段孵化率观察表（2011 年）　表 2

调查日期	时间中值	卵（E）	若虫（L）	阶段孵化率
8.02	1	170	0	0
8.03	2	164	6	3.53%
8.04	3	150	20	11.8%
8.05	4	80	90	53.2%
8.06	5	50	120	70%
8.07	6	50	120	70%
备注	室内培养温度 28℃，相对湿度 50%			

观察盒中卵的孵化情况（2010 年 8 月）　表 3

标号	产卵总数（个）	孵化数（个）	孵化率	平均孵化率
1	54	40	74%	
2	28	18	64%	72%
3	48	48	100%	（温度 27.5℃）
4	6	3	50%	

通过 2010－2011 两年的室内观察发现，在 27℃－28℃时，合欢羞木虱卵孵化率在 70% 左右，室内孵化率相对较低，分析原因如下：

（1）由于合欢枝条脱离合欢植株，纵使枝条末端包裹湿的纸巾，仍使合欢枝条逐渐萎蔫，卵得不到足够营养。

（2）由于本处实验条件所限，对培养湿度无法控制，可能不是卵发育的最适温、湿度。但跟外界温、湿度差异不大，光照稍差一些，接近自然，由此推断，在自然条件下，合欢羞木虱的孵化率为 70% 左右。

2.4 合欢羞木虱若虫龄期及形态特征

2.4.1 试验方法

在外采集带有大量若虫的枝条带回，取上面的各龄若虫，用毛笔轻轻地分别放入带有用湿纸巾包裹的干净合欢枝条的观察盒中，放在室内饲养，并标号。将卵放在同一温度下，同一光照条件下进行，每天定时观察，上午、下午各一次。

1 龄若虫的观察：在体视镜下 4 倍观察，找出带有大量有发育迹象的卵，除掉不相关的若虫、成虫和刚产下的卵，放在观察盒中，记录其孵化成 1 龄若虫的时间以及 1 龄蜕变为 2 龄的时间，中间差即为 1 龄若虫的龄期。

2.4.2 试验结果

合欢羞木虱若虫龄期及形态（2010 年）　表 4

调查日期	若虫龄期	各龄期	形态特征
2010 年 9—10 月	1	4 天左右	虫体发白和卵相似，复眼红色，通体淡黄色，腹部颜色略深，长椭圆形，足可见，翅芽不明显。触角淡黄色，末端颜色略深
	2	均 3 天	大小约为 1 龄的 1—2 倍，较活跃。通体黄色，复眼红色，初时较圆，后为长方形，腹部颜色较深，头胸腹部等宽
	3	均 3 天	虫体约为 2 龄的 2 倍，翅芽微露，长方形
	4	3—4 天	翅芽明显，通体黄色，鲜艳，扁椭圆形
	5	5—6 天	翅芽明显，翅芽伸展到腹部的第 3 节，腹部变绿色，头胸部逐渐变绿，唯翅黄色

合欢羞木虱若虫龄期及形态（2011 年）　表 5

调查日期	若虫龄期	各龄期（天）	形态特征
7.28—7.31	1	4	体白色微小
7.28—7.31	2	4	体橙红色，体型较一龄略大
7.28—7.30	3	3	三个成长阶段；体态相近，比 2 龄显著增大，颜色变化。通体黄色→腹部绿色头部仍未黄色→通体绿色
7.29—8.02	4	5	已长翅芽
7.30—8.02	5	4	初期浅黄色后逐渐变绿色达成熟状态，体型无明显变化

由表 4、表 5，合欢羞木虱若虫为 4—5 龄，随气候的影响而发生变化。2010 年 9—10 月的室内培养观察：卵的发育历期为 5 天左右，1 龄若虫的发育历期较整齐为 4 天左右；2 龄若虫的历期，有 2 天、4 天发育的，平均值为 3 天；3 龄若虫的历期是 2、3、4 天均有，平均值为 3 天，4 龄若虫的历期是 3—4 天，5 龄若虫的历期是 5—6 天。

3 合欢羞木虱化学药剂防治试验

3.1 室外防治试验

3.1.1 试验目的

通过室外绿地试验，对常用的高效、低毒的药剂进行观察，筛选生产上经济实用，可推广应用的防治药剂。

3.1.2 试验时间

2010 年 10 月 20 日—10 月 28 日

3.1.3 供试虫源

安兴小区南区 6 株合欢树上合欢羞木虱

3.1.4 供试药剂

康宽（氯虫苯甲酰胺），生产企业：美国杜邦公司；40％速扑蚧乳油，生产企业：广西田园生化股份有限公司

3.1.5 试验方法

10 月份，合欢羞木虱仍大量存在时，在安兴小区南区选取了 6 株长势较好的合欢进行药剂试验，分别为对照清水、康宽 3000 倍、康宽 2000 倍、康宽 1500 倍、速扑蚧 2000 倍、速扑蚧 1000 倍。每棵树选取不同的 5 个方向枝条进行试验。

3.1.6 试验结果

各药剂处理死亡率　　　　表 6

		死亡率（％）			
		喷药后 1 天	喷药后 3 天	喷药后 5 天	喷药后 7 天
对照清水	卵	−0.513	−146.2	22.564	−7.179
	若虫	−94.74	36.842	21.053	47.368
	成虫	−47.87	−52.13	22.34	62.766
康宽 3000 倍液	卵	12.828	60.35	90.671	82.507
	若虫	30.864	62.963	92.593	88.889
	成虫	49.816	63.419	67.647	77.39
康宽 2000 倍液	卵	24.363	46.993	33.741	44.954
	若虫	53.236	51.148	59.081	50.731
	成虫	69.912	24.336	66.814	88.938

		死亡率（%）			
		喷药后1天	喷药后3天	喷药后5天	喷药后7天
康宽1500倍液	卵	8.5	26	72.5	80
	若虫	54.545	84.848	90.909	87.879
	成虫	40.541	49.324	78.378	68.243
速扑蚧2000倍液	卵	8.8735	−5.207	53.666	37.46
	若虫	−562.7	42.373	88.136	79.661
	成虫	97.552	91.608	79.72	94.755
速扑蚧1000倍液	卵	37.795	−84.25	53.543	100
	若虫	90.566	88.679	92.453	94.34
	成虫	94.928	98.551	94.928	94.928

结果发现，两种药剂对于合欢羞木虱均能达到防治的效果，对比来看，速扑蚧的效果较康宽要好，且价格便宜很多，对于成虫死亡率最大能达到98%，最低为79%。两种药剂达到此种效果的部分原因也取决于喷药后的第5天天气下降，风力达5—6级，合欢叶片脱落，造成合欢羞木虱数量下降，影响了部分防治效果。

3.2 室内防治实验

3.2.1 实验目的

通过室内带虫枝条喷洒药剂，筛选快速有效、低毒、经济的药剂，以便指导生产应用。

3.2.2 实验时间

2011年7月28日—8月2日。

3.2.3 供试虫源

园林绿地采集未喷洒化学农药，带有合欢羞木虱的合欢枝条。

3.2.4 供试药剂

（1）农百安（3%苯氧威）乳油，生产企业：河南郑州沙隆达伟新农药有限公司；（2）3%啶虫脒乳油，生产企业：青岛金正农药有限公司；（3）10%吡虫啉可湿性粉剂，江苏辉丰农化股份有限公司；（4）百壳矢（3%苯氧威）乳油，生产企业：河南郑州沙隆达伟新农药有限公司；（5）3%吡蚜酮悬浮剂，生产企业：江苏克胜集团有限公司。

3.2.5 实验方法

将带虫枝条分别放入三个不同的观察笼中，记录活虫数，然后在带虫枝条上喷洒不同浓度的药液，每30分钟记录观察死虫数，共计120分钟，统计其死亡率。

3.2.6 试验结果

3%农百安乳油处理的死亡率　　表7

时间间隔	浓度2000倍（28头）		浓度2500倍（31头）		浓度3000倍（28头）	
	死虫数	死亡率	死虫数	死亡率	死虫数	死亡率
30min	9	32.1%	8	25.8%	8	28.6%
60min	26	92.9%	22	71.0%	18	64.3%
90min	28	100%	30	96.8%	28	100%
120min	—		—		—	

3%啶虫脒乳油处理的死亡率　　表8

时间间隔	浓度2000倍（29头）		浓度2500倍（23头）		浓度3000倍（31头）	
	死虫数	死亡率	死虫数	死亡率	死虫数	死亡率
30min	8	27.6%	6	26.1%	2	6.45%
60min	21	72.4%	14	60.9%	8	25.8%
90min	27	93.1%	23	100%	19	61.3%
120min	27	93.1%	23	100%	26	83.9%

10%吡虫啉可湿性粉剂处理的死亡率　　表9

时间间隔	浓度1500倍（38头）		浓度2000倍（31头）		浓度2500倍（40头）	
	死虫数	死亡率	死虫数	死亡率	死虫数	死亡率
30min	20	52.6%	20	25.8%	13	32.5%
60min	38	100%	31	100%	35	87.5%
90min	—		—		40	100%
120min	—		—		—	

3%百壳矢乳油处理的死亡率　　表10

时间间隔	浓度2000倍（28头）		浓度2500倍（26头）		浓度3000倍（26头）	
	死虫数	死亡率	死虫数	死亡率	死虫数	死亡率
30min	20	71.4%	15	57.7%	6	23.1%
60min	38	100%	18	69.2%	16	61.5%
90min	—		26	100%	26	100%
120min	—		—		—	

3%吡蚜酮乳油处理的死亡率　　表 11

时间间隔	浓度 1500 倍 (35 头)		浓度 2000 倍 (32 头)		浓度 2500 倍 (33 头)	
	死虫数	死亡率	死虫数	死亡率	死虫数	死亡率
30min	7	20.0%	5	15.6%	4	12.1%
60min	10	28.6%	9	28.1%	9	27.3%
90min	30	85.7%	19	59.4%	16	48.5%
120min	31	88.6%	21	84.3%	22	66.7%

通过实验，发现 3%百壳矢乳油 2500—3000 倍液、3%农百安乳油 2000—3000 倍液、10%吡虫啉可湿性粉剂 2000—2500 倍液，室内防治效果较理想，在生产上可推广应用防治合欢羞木虱成、若虫。

4　小结

通过多年对园林绿地合欢病虫害的观察，发现合欢羞木虱的防治不同于其他木虱的防治，由于此虫繁殖速度快，各虫态发育不整齐，世代重叠严重，而且，此若虫在取食过程中不断排出大量长条状的白色粪便，粘着在叶片和枝梢表面，导致煤污病，使得防治难度增大，从 5 月份合欢发芽开始直到 11 月份落叶结束，每月至少喷洒农药 1 次，另外，在研究合欢病虫害的同时，对合欢羞木虱进行过室内带菌源的分离、鉴定，发现该虫体带有 3 种病源菌（目前仍在进一步研究中），导致害虫发生的同时，合欢病害也跟随发生厉害，所以杀虫剂与杀菌剂同时喷洒，才会取得理想的防治效果，有利于合欢树木的正常生长达到园林生态效果（图 1）。

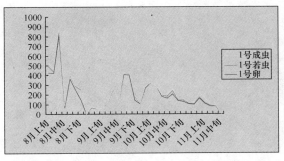
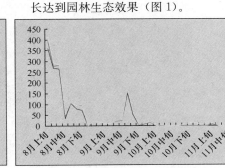
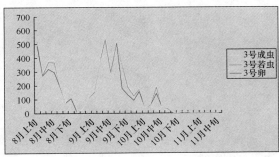
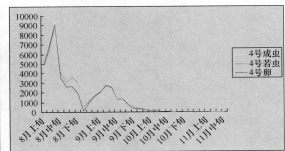
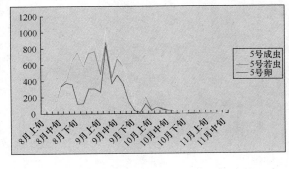
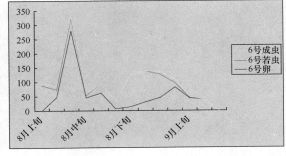
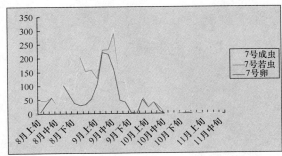
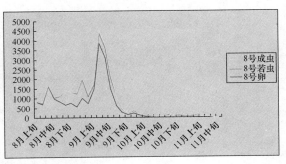

图 1　合欢羞木虱的种群消长情况

参考文献

[1]　徐公天，杨志华等．中国园林害虫．北京：中国林业出版社，2007.8.

作者简介

[1]　刁志娥，女，1972 年 2 月生，山东农业大学植保系，本科，硕士学位，东营市园林局工作。

[2]　丁福波，山东省东营市园林局。

[3]　闫冉冉，山东农业大学植物保护学院。

大连市银杏黄化病调查分析

Investigation and Analysis on *Ginkgo biloba* Yellowing Disease in Dalian City

高 淼 姜 华 王寒冰

摘 要：银杏作为世界第一活化石，是公认的无公害园林树种，然而，近年来各地陆续出现银杏黄化症状，极大地影响了银杏的观赏性。本文以大连市为例，对银杏黄化病进行病害调查、取样实验和病因分析等，试图为园林部门对银杏黄化病的养护修复、防病治病提供一定的理论依据。

关键词：银杏；黄化病；调查分析；大连市

Abstract：In recent years，the yellow symptoms often emerged on ginkgo，greatly influenced the ginkgo ornamental. This article investigated and analyzed occurrence reason of the *Ginkgo biloba* yellowing disease in Dalian，trying to provide a theoretical basis for garden department to restoration and disease prevention.

Key words：*Ginkgo biloba*；Yellowing Disease；Investigation and Analysis；Dalian

在植物界，银杏树有着较好的口碑，树体高大、树干通直，姿态优美，春夏翠绿，深秋金黄，适应性强，无病虫害，无污染，是理想的园林绿化树种。以往大家都认为在公园里、小区内、道路旁栽植银杏，就可以"一劳永逸"。然而，近年来各地陆续出现银杏叶片不同程度黄化症状，大连地区也不例外，2003 年这种黄化病害在大连地区有零星发病，自 2007 年开始，其危害面积逐渐发展、受害程度逐年加重。

1 大连地区银杏黄化病病情调查

1.1 银杏黄化病症状调查

调查发现，大连市区银杏叶芽膨大期多在 4 月中下旬，叶片展开多在 5 月中旬左右。银杏黄化病一般在 6 月初左右出现，零星分布；6 月下旬至 7 月间，黄化病株数逐渐增多，呈小区域发生。银杏病树和健康树相比，病重植株的叶片一展开就呈现淡黄色、叶片小而少，枝细、树势弱；病轻植株的叶片，刚展叶时叶色正常，但随着温度的升高，叶缘失绿，进入 7 月后，黄化的叶缘逐渐干枯变

图 1 银杏感病植株

褐，叶片提早脱落。无论是病轻或病重植株均表现出系统黄化症状，银杏感病植株及其早枯的病叶如图 1、图 2 所示。

图 2 早枯的病叶

1.2 银杏黄化病发病率及病情指数调查

采用实地抽样调查法，详细记录银杏发病率及病情级数，计算病情指数。病害分级标准参照前人方法[1]，详见表 1。

银杏黄化病病情分级标准	表 1
病级	感病状况
0	植株健康，叶色正常，无任何症状
I	植株长势正常，叶片淡黄色，部分叶片的叶缘稍卷曲
II	植株长势稍弱，叶黄色、变小，部分叶片叶缘卷曲
III	植株长势弱，叶片明显瘦小，整株叶片均呈黄色，且叶缘变褐枯萎
IV	植株长势极弱，叶片明显瘦小，有部分叶片死亡
V	植株死亡

$$病情指数=\frac{\Sigma（各病级株数×各病级代表值）}{病株总数×最高一级代表值}×100$$

$$发病率（\%）=\frac{调查病株数}{调查总株数}×100$$

2005 年，我们以大连甘井子区为重点，对公共绿地银杏树发病率进行了初步调查，645 株银杏树中有 408 株发病，发病率高达 63.26%。

2006 年夏初，在银杏树展叶基本完成后，对大连市甘井子公园又进行了抽样调查，园内一共 34 棵银杏树，其中只有一棵雄性银杏树生长良好，其他树均呈病态生长，叶小且发黄、部分已经枯萎死亡，有两棵已经死亡，发病率高达 91.2%，病情指数为 89.52。同时，对大连沙河口区的五四广场、至诚街、科技谷等行道树上的 77 棵银杏树进行了两次调查，5 月份未见有发病现象，但 8 月份发现有 8 株银杏呈现黄化症状，且有两棵发病较重。

2011 年 9 月上旬，对中山区朝阳街南段 78 株银杏进行调查，其中不同程度发病银杏 51 株，发病率达 68.92%，其中病级在Ⅲ级以上的占 47.30%。

2 取样实验

2.1 实验材料

2.1.1 供试材料

银杏植株的健康叶片和感病叶片采自大连市甘井子区甘井子公园；土样采自大连市五个区（表 2）的不同地点，每个区 5 个采样点，每个采样点采样时要深挖至土层内约 10cm 采土样，同一个采样点要在周围采 2－3 份土样，混合到一起作为一个样品。

2.1.2 仪器设备

JEM-1200EXII 型透射电镜、LKB-2188 型超薄切片机；WFX-1F2 型原子吸收分光光度计、Shangping MD 100-1 型分析天平、pH 测量仪、HZQ-Q 型振荡器；多孔玻板吸收管、短期空气采样器（0－1L/min）、2800 型紫外和可见分光光度计；双球玻璃管（内装三氧化铬－砂子）、空气采样器（0－1L/min）。

2.1.3 实验药品

戊二醛、锇酸、乙醇、环氧丙烷、醋酸双氧铀、柠檬酸铅；浓盐酸、浓硝酸、$HgCl_2$、KCl、乙二胺四乙酸二钠盐（ECTA－Na_2）、6.0g/L 氨基磺酸铵溶液、盐酸副玫瑰苯胺；冰醋酸、对氨基苯磺酸、氨基苯磺酸、盐酸萘乙二胺等，实验药品均为国产分析纯。

2.1.4 溶液配制[2]

（1）四氯汞钾吸收液：取 10.9gHgCl₂、6.0gKCl 和 0.070g 乙二胺四乙酸二钠盐（ECTA－Na₂），溶解于水，稀释至 1000ml 即可。

（2）NOx 吸收液：称取 5.0g 对氨基苯磺酸置于 1000ml 容量瓶中，加入冰醋酸和 900ml 水的混合液，盖塞振摇使其完全溶解，再加入 0.050g 盐酸萘乙二胺，溶解后用水稀释至标线即可。

2.2 实验方法

2.2.1 病害采样

从具有典型黄化病症状的感病植株上采集黄化叶片，同时采集健康植株叶片，以供电镜超薄切片观察用。

2.2.2 银杏感病叶片的电镜观察

取感病叶片放入滴有 3% 戊二醛固定液的载玻片上，用刀片修成 1mm³ 小块，然后采用常规方法[1]进行固定、脱水、浸透、包埋、切片，再用醋酸双氧铀和柠檬酸铅双重染色，用 JEM－1200EXII 型透射电镜观察叶片叶肉细胞内是否存在病毒，观察叶脉组织中是否存在植原体等病原物，观察健康叶片和感病叶片细胞内叶绿体等细胞器超微结构。

2.2.3 土壤重金属污染指标的测定

本实验采用 ICP-AES 电感耦合等离子体发射光谱仪来测定土壤重金属污染指标，测量标准浓度的溶液所发射的特征谱线的光强，再测量待测浓度的特征谱线强度，从而确定待测溶液的浓度。

准确称取 2.000g 风干土壤，加入 15ml 浓盐酸和 5ml 浓硝酸，震荡 30 分钟后过滤并定容至 100ml，测定土壤中重金属的含量。

2.2.4 土壤 pH 的测定

取 2 克土壤加入 10ml 水中搅拌 1min，放置澄清，用 pH 计测定其 pH 值。

2.2.5 大气污染指标的检测

（1）SO₂ 测定-盐酸副玫瑰苯胺分光光度法[2]

实验原理：大气中的 SO₂ 被四氯汞钾溶液吸收后，生成稳定的二氯亚硫酸盐络合物，此络合物再与甲醛及盐酸副玫瑰苯胺发生反应，生成紫红色的络合物，据其颜色深浅，用分光光度法定量。

实验方法：采样时先记录现场的温度和大气压力。本实验采用短时间采样。将吸收液全部移入 10ml 的具塞比色管内，用少量水洗涤吸收管，洗涤液并入具塞比色管中，使总体积为 15ml。加入 6g/L 氨基磺酸铵溶液 0.50ml，摇匀，放置 10min，以除去氮氧化物的干扰，在 575nm 波长处测定吸光值，从标准曲线中查出 SO₂ 的含量，再算出大气中 SO₂ 的浓度。重复三次计算平均值。

（2）NOx 测定-盐酸萘乙二胺分光光度法[2]

实验原理：大气中的 NOx 主要是 NO 和 NO₂。在测定氮氧化物浓度时，应先用三氧化铬将 NO 氧化成 NO₂。NO₂ 被吸收液吸收后，生成亚硝酸和硝酸，其中亚硝酸与氨基苯磺酸发生重氮化反应，再与盐酸萘乙二胺偶合，生成玫瑰红色偶氮染料，据其颜色深浅用分光光度法定量。

实验方法：采样时以 0.2—0.3L/min 的流量避光采样至吸收液呈微红色为止，记下采样时间，现场温度和大气压力。采样后放置 15 分钟，将样品溶液移入 1cm 比色皿中在 540nm 波长处测定吸光值，在标准曲线中查出 NO_2 的含量，再算出大气中 NOx 的浓度。重复三次计算平均值。

3 实验结果及病因分析

3.1 感病叶片病组织超薄切片观察结果

据形态观察，病叶上的病斑扩展与温湿度无关，从病害系统发病的症状及病斑分离及初步鉴定来看，此病害即使是侵染性病害，其病原可能是病毒或是植原体，而不是真菌和细菌。

我们分别观察了银杏树的健康叶片和感病叶片的超薄切片，电镜观察结果如图 3。由图（放大 2 万倍）可以看到，感病叶片细胞的叶绿体内，片层结构模糊，膜结构不清晰，在叶绿体内有一些未知名的"小颗粒"，且细胞膜已经发生质壁分离，而在健康叶片内未发现此类现象。我们观察了大量叶片样本，发现感病叶片细胞受到了不同程度的伤害，细胞内叶绿体排列有些零乱，细胞器界限不清，但都没有观察到植原体细胞和病毒粒子，排除了侵染性病害的可能性。

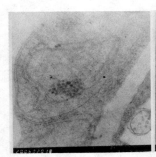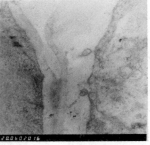

图 3　感病银杏叶片透射电镜图像

（左图：银杏感病叶片，细胞膜结构及叶绿体片层结构模糊，细胞器不清晰，在叶绿体内有一些未知名的病变粒子；右图：银杏感病叶片，细胞膜已经发生质壁分离）

3.2 土壤重金属污染指标的测定结果

就植物而言土壤重金属污染可分为两类：一类是植物生长发育不需要的元素，如镉、汞、铅等，这类元素在土壤中超标，就会给植物带来毒害作用；另一类是植物正常生长发育所需元素，如铁、铜、锌等，它们的过多或过少，都会影响植物的生长发育。过多，植物因矿质营养过剩而中毒；过少，植物产生缺素症。

为了监测是否由重金属污染土壤而造成银杏叶片黄化病，我们于 2006 年 7 月在大连市五区不同地点采土样，测定了重金属镍、铬、铅、铜、镉在银杏栽培地的含量，其结果如表 2 所示。

大连市区土壤重金属含量（单位：mg/kg）表 2

	镍	铬	铅	铜	镉
开发区	1.40	4.55	15.70	11.50	0.50
沙河口区	0.90	1.80	17.55	9.00	0.50
西岗区	19.15	2.95	23.50	12.50	0.70
甘井子区	3.75	6.60	34.05	14.00	1.00
中山区	0.70	3.05	16.55	10.00	0.50
国家标准	200	300	500	400	1.0

从表 2 的测定数据中可以看出，检测结果与国家所规定的植物正常生长土壤中重金属含量相比，只有甘井子区的镉含量为 1.0mg/kg，位于临界值处，而其他重金属含量均未超标。虽然其他重金属含量没有超标，但是，对于长期生长在镉含量处于临界值处的银杏来讲，其生长发育也会受到不利的影响，势必影响银杏根系对营养成分的吸收。所以，推测镉的含量指标，可能是引起银杏黄化病的原因之一。

3.3 土壤 pH 测定结果

银杏对土壤酸碱度的适应性较广，在 pH 值 4.5—8.5 的范围内，只要土质疏松，银杏都能正常生长，但最适合的 pH 值为 6.5—7.5。有研究表明，植物黄化病与土壤 pH 值和碳酸氢根离子含量具有非常密切的相关性，土壤含碳酸氢根离子较高会降低土壤中活性铁的含量，从而引起植株黄化失绿[3]。本试验土样的 pH 值检测结果是 7.80（表 3），土壤为微碱性，超出了银杏最适合的土壤酸碱度范围，虽然这不足以使银杏感病，但与其他因素联合作用可能是引起银杏黄化病的原因之一。

土壤 pH 测定结果　　　　表 3

	重复 I	重复 II	重复 III
感病地区银杏根际土壤 pH 值	7.83	7.77	7.80
最适 pH 值范围	6.5—7.5		

3.4 大气污染指标的检测结果

试验结果如表 4 所示。将试验结果分别与 GB 16297—1996 大气污染物综合排放标准 0.50mg/m³、0.15mg/m³ 相比，都在规定范围之内即没有达到污染程度。

大气污染物含量（mg/m³）　　表 4

检测指标	国家标准	重复 I	重复 II	重复 III	平均值
SO_2 浓度	0.50	0.18	0.20	0.19	0.19
NOx 浓度	0.15	0.08	0.07	0.09	0.08

从本研究的试验结果分析，采样区大气中 SO_2、NOx 的浓度没有超标，似乎没有对那里的银杏造成污染，但究竟什么原因导致大连市甘井子公园银杏叶片黄化现象严重呢？据调查，该公园与化工厂和炼钢厂临近，并位于这两个工厂的北面，化工厂、炼钢厂排出的气体中有污染成分，对树木造成了急性或慢性影响，可能是导致该区域银

杏黄化病加重的主要原因，因为银杏对 SO_2 和 NO_x 等污染气体的耐性是中等偏弱[4]。该区域病情较重可能也与风向有关，大连市春夏季节经常吹偏南风，我们调查了2006 年 3 月中旬至 6 月中旬的风向，其中刮偏南风（指南风、西南风和东南风的总称）的时间占总调查时间的65.9%。虽然我们采样的大气中 SO_2、NO_x 的测定含量没有超标（我们所采的空气样本，不是化工厂、炼钢厂排出的气体，而是日常情况下的空气样本），但由于该区域的银杏树长时间受到化工厂、炼钢厂气体的熏染，造成了慢性伤害，超过了银杏自身的修复能力，可能是导致银杏叶片黄化的又一原因。

3.5 银杏黄化病病因归纳

通过实验分析及环境调查，归纳出如下病因，但因为本实验仅以甘井子公园为例，还不足以偏概全，在此仅供参考，并待日后不断修订完善：

（1）主要为非侵染性病害。

（2）土壤重金属污染含量超标或长期处于临界值，将加重银杏叶片黄化现象。

（3）污染气体长时间熏染，造成植物生长发育受阻，形成慢性伤害，最终引发叶片黄化。

（4）城市发展引发的"热岛效应"阻碍城乡空气交流，烟尘、二氧化碳、汽车尾气等污染物在地表空气摩擦层长时间滞留，植物因不能适应这种环境而导致新陈代谢紊乱，这也可能导致银杏叶片黄化。

（5）水肥等园林养护管理粗放，不能满足银杏生长发育的要求，这些也可能是导致银杏黄化病的原因。

4 结语

扩展调查发现，银杏黄化病不仅在大连发病显著，在辽宁省的沈阳、锦州等地均有不同程度的发生。此病害如不能尽快控制，任其发展下去，将极大地影响城市美观和景观效果。本文的研究意在抛砖，以期引起广大绿化工作者的关注和重视，从选育品种、水肥管理和植保等方面多做研究、多下功夫，还城市一片郁郁葱葱，提升城市整体环境质量和景观形象，为生态和谐城市建设做好"美容"工作。

参考文献

[1] 方中达. 植病研究法. 中国农业出版社, 1998.

[2] 奚旦立, 孙裕生, 刘秀英. 环境监测(修订版). 高等教育出版社, 1996.

[3] 陈超燕. 樟树黄化病发生原因及其致病机理的研究. 安徽农业大学硕士论文, 2005.

[4] 孔国辉, 汪嘉熙, 陈庆诚. 大气污染与植物. 中国林业出版社出版, 1988.

作者简介

[1] 高森, 男, 1963 年, 大连六环景观建筑设计院院长, 中国风景园林学会植保专业委员会委员, 园林绿化高级工程师, 大连工业大学、大连理工大学环境艺术学院研究生导师。

[2] 姜华, 辽宁师范大学。

[3] 王寒冰, 大连六环建筑环境设计研究院。

三叶草上朱砂叶螨的发生与防治

Occurrence and Control of *Tetrangchus cinnabarinus* on Clover

胡　全　唐大伟

摘　要：三叶草上朱砂叶螨大面积发生，为了及时有效的指导防治，做了一个药品筛选的实验，根据结果制定防治的方法。
关键词：朱砂叶螨；三叶草；防治

Abstract：Carmine spider mite often occurs in a large area on Clover，in order to promptly and effectively guide prevention and control，made a drugs screening test，and developed prevention methods based on the results.
Key words：*Tetrangchus cinnabarinus*；Clover；Control

今年6月下旬我市连续高温干燥，造成三叶草上朱砂叶螨发生，根据朱砂叶螨的发生特点做了一个田间药物筛选实验。试验方法如下：

1　形态特征

朱砂叶螨 *Teranychus cinnabarinus*（Boisduval）carmine spider mite，蜱螨目叶螨科，分布全国，危害多种植物。雌成螨体长约0.5mm，卵圆形，朱红或锈红色；体色无季节性变化，体两侧有黑褐色斑纹2对，前面一对较大，后面1对位于体末两侧，后半体背表皮纹组成菱形图案。雄成螨体长约0.3mm，菱形，红或浅黄色。卵球形。幼螨体近圆形，浅黄或黄绿色，足3对。若满体形和成螨相似，淡褐红色，足4对。

2　生物学特性及危害情况

2.1　生物学特性

朱砂叶螨在长春市一年发生10余代，以受精雌成螨在土缝、树皮裂缝等处越冬。翌年春季开始危害与繁殖，吐丝拉网，产卵于叶背主脉两侧或蛛丝网下面。每雌螨平均产卵50—150粒，雌螨寿命约30天。5月上中旬第1代幼螨孵出。7—8月高温少雨时繁殖迅速，约10天繁殖1代，危害猖獗，易爆发成灾，出现大量落叶。高温干热、通风差有利于繁殖和危害，10月越冬。

2.2　危害情况

朱砂叶螨主要危害叶，其次危害嫩茎、萼片和花。此螨栖息在叶背主脉两侧或掌状叶的分叉处，吸取细胞叶绿体。受害叶出现褪绿斑点，严重是就出现黄色或红色斑块，造成落叶、落花、落果。据测定被害组织内的谷氨酸下降最多，这与叶绿素下降有直接关系。其他氨基酸代谢也失调，致使可溶性蛋白质含量减少。由于螨刺吸破坏了叶表皮组织，使植株内的水分亏损，同时叶七孔阻力增加，蒸腾强度和CO_2吸收能力均减弱，导致光合作用强度下降，受害部位的细胞膜透性增加，植株代谢紊乱，植株生长受到抑制。

由于气候的原因，朱砂叶螨蔓延很快，在御花园，起初只有几个点有朱砂叶螨危害，多位于路边、阳光直射和坡地的高处这些高温干旱的地带。受害叶片出现褪绿斑点。之后几个点连成片大面积发生，叶片完全枯黄脱落，仅留有花柄。严重影响了景观效果。经过全市的调查，所有公园绿地的三叶草都有不同程度的受害，其中御花园的三叶草面积大、不宜管理，受害最为严重，受害面积达到80%。其他受害的植物还有玉簪、榆叶梅、糖槭、李子、京桃等。在玉簪上为奈曼分布，分布呈很多小集团，形成核心，并自核心作放射状蔓延。其他植物受害较轻，仅叶脉处出现褪绿斑点。

3　药物防治实验

3.1　实验寄主植物为白花三叶草

3.2　供试药品如下表

供试药剂及添加剂　　　　　　表1

药品名称	稀释倍数	添加剂及稀释倍数	使用方式	生产厂家
3.2%甲维·啶虫脒微乳剂	2000	洗洁精，500倍	喷雾	上海艾科思生物药业有限公司
1.2%阿维菌素微囊悬浮剂	2000	洗洁精，500倍	喷雾	黑龙江省平山林业制药厂
3%高渗苯氧威乳油	2000	洗洁精，500倍	喷雾	郑州沙隆达伟新农药有限公司
1.2%烟参碱乳油	1000	洗洁精，500倍	喷雾	赤峰市帅旗农药有限责任公司

药品名称	稀释倍数	添加剂及稀释倍数	使用方式	生产厂家
40％氧乐果乳油	800	洗洁精，500倍	喷雾	河北新兴化工有限公司
中性洗洁精	500	无	喷雾	

由于三叶草表面有细小的绒毛，亲水性差，药剂不能很好地附着于三叶草的叶面上，加入洗洁精的目的是降低液体的表面张力，使药剂更好的附着于叶面。

3.3 实验方法

在三叶草草坪上划分2m×2m作为一个小区，每个小区之间留有1m的间隔。供试药剂6组及对照（CK），共计7个处理，3次重复。随机区组排列，做好标记。施药1天后对每个小区以对角线调查5个点，每点随机选取4片叶子调查死亡虫口数量和活虫口数量。根据以下公式计算死亡率。

$$死亡率\％=\frac{施药后死亡虫口数}{施药后死亡虫口数+施药后活虫口数}\times100\%$$

施药后1天调查结果 表2

药剂名称	1天后死亡率
3.2％甲维·啶虫脒微乳剂	46％
1.2％阿维菌素微囊悬浮剂	80％
3％高渗苯氧威乳油	96％
1.2％烟参碱乳油	82％
40％氧乐果乳油	90％
中性洗洁精	8％
清水对照（CK）	3％

3.4 结果分析

根据1天之后的数据苯氧威和氧乐果的防效达到90％以上，而阿维菌素和烟参碱防效也达到80％，所以，朱砂叶螨药物防治首选苯氧威，其他药剂可轮换使用。

结果调查时，每组叶片上均未发现朱砂叶螨的卵受害，并且在2天后镜鉴有初孵若虫活动，可见实验的各种药剂对朱砂叶螨的卵都无杀灭作用。

3.5 防治效果

高渗苯氧威对红蜘蛛的防效高，且有渗透性，又加入了洗洁精来加大药剂的附着力，把药剂喷施于三叶草表面即可达到很好防效。但由于苯氧威对朱砂叶螨的卵无杀灭作用，一次施药后卵陆续孵化。因此，在第一次施药

后的3天后，再次用药，即可把红蜘蛛的虫口密度降低99％。7-10天后再轮换其他药品进行一次补充防治，即可达到100％的防治效果。三叶草的生长速度很快，红蜘蛛得到控制后，初期危害严重，枯黄死亡的地方，仅一周的时间就恢复了原来的景观效果。

4 综合防治方法

4.1 处理越冬虫态

秋季入冬前，及时清理枯死草，集中焚烧处理。早春时，在三叶草萌芽前，喷施石硫合剂，处理越冬虫态。

4.2 避免人为传播

减少人为的传播。人为在草坪中行走，可以携带大量红蜘蛛，使其扩散。所以发生初期尽量减少人工除草，以免人为地造成大面积的扩散。

4.3 加强养护管理

疏草通风，定期浇水提高草坪湿度，破坏红蜘蛛的生活环境，降低虫口密度。危害严重或已枯死的三叶草及时用打草机清除，装袋集中处理，后施药，效果更好。

4.4 保护利用天敌

朱砂叶螨的天敌种类较多，除食螨瓢虫、小花蝽、肉食性蓟马和草蛉外，还有多种捕食螨、瘿蚊幼虫和食螨蜘蛛，对朱砂叶螨的总群数量的消长，起着显著的抑制作用。

4.5 化学防治

结合连续用药和药剂轮换使用，能有效地控制朱砂叶螨。

参考文献

[1] 徐公天，杨志华. 中国园林害虫[M]. 北京：中国林业出版社，2007. 8.

[2] 萧刚柔. 中国森林昆虫[M]. 北京：中国林业出版社，1992. 4.

作者简介

[1] 胡全，男，1980年生，长春，工程师，2003年毕业于吉林农业大学、学士学位，就职于长春市园林植物保护站。负责长春市园林植物检疫及病虫害的调查与防治指导工作。

[2] 唐大伟，男，汉族，1983年4月生，2007年毕业于吉林农业大学园艺学院园林专业、后获得东北林业大学大学硕士学位。2008年就职于长春市园林植物保护站、助理工程师，负责长春市植物病虫害研究及防治指导工作。

城市土壤对园林绿化树木的影响

Landscaping Trees on Urban Soils Effects

李艾洵　张顺然

摘　要：城市土壤对城市绿化树木的生长有着决定性重要意义。但随着城市的发展，城市绿化土壤的性质发生了很大改变，本文通过实地测量来分析绿化带、广场、公园等地的土壤容重、土壤孔隙度、土壤水分、土壤气体、土壤微生物、土壤温度、土壤有机质等，发现街路的隔离带，人行道的树池内方砖内土壤容重偏高，CO_2 含量高，温度偏低，使行道树根际生存环境较自然状态有很大改变，导致树势衰弱、枯梢、甚至死亡，并针对这些问题提出了一些建议。

关键词：城市；园林；土壤；生态

Abstract：City soil have a significant meaning for the growth on city greening trees. But with the development of the city, the properties of city greening soil have changed. According to the measurement of soil bulk density, soil porosity, soil moisture, soil gas, soil microorganism, soil temperature and soil organic matter in the greenbelts, the squares and the parks, to found out the soil bulk density is too high, the content of CO_2 is too high, the temperature of the soil under the sidewalk is too low, compared with the natural soil, the rhizosphere environment has changed a lot. That lead to weak trees, dieback, and even death. For all above, we give some suggestions.

Key words：City；Gardens；Soil；Ecology

随着城市化进程的发展，城市园林绿化的质量十分令人担忧。园林生态景观树木普遍生长不良，生长量急剧减小，树叶早期黄化、枯边、枯枝、枯梢、死顶的现象时有发生，多种弱寄生病虫害频繁出现，春季生理干旱，发芽迟，回芽等日趋严重，新植及状龄树死亡率生高，甚至形成年年栽年年死的局面。

1　土壤容重

土壤容重是自然状态单位体积的干比重，是土壤紧实度的一项指示[1]。近年来，城市中各种铺装道路由于承载力需求，反复碾压增大土壤紧实度，加之对土地的人为践踏，导致土壤紧实度加大，容重增加。下面是今年对长春条街路行道树周围1m的土壤容重的测量结果。

全国部分城市街路、广场和公园土壤容重测量结果平均值（单位：g/cm^3）（2006 年 10 月）　**表1**

采样地点	具体位置	土表以下 10cm 的土壤容重	土表以下 20cm 的土壤容重
长春市人民大街	隔离带黑松下	1.425	1.335
长春市人民大街	飞行学院门前	1.695	1.605
北京中山公园	门前	1.825	1.680
长春市南湖公园	白桦林内	1.515	1.470
北京颐和园	东北角	1.455	1.330
北京景山公园	门前	1.820	1.615
哈尔滨学府路	黑龙江大学附近	1.725	1.565
郑州市大学北路	国槐树下	1.713	1.385
郑州大学正门北	法桐下	1.570	1.340
沈阳热闹路	近小南街	1.875	1.860
沈阳兴华北街	红星美凯龙门前	1.745	1.465

所测城市街路土壤容重均在每立方厘米 $1.460g/cm^3$ 以上，其特点是越近地表容重越大，平均大于 $1.6g/cm^3$。而一般适于植物生长发育的表层土壤容重为 $0.9—1.3 g/cm^3$[2]。土壤容重增大意味着土壤孔隙度相对减少，随着紧实度增大，机械阻抗也加大结果树木根系的延伸生长受阻，根系数量及分布数量都在减少和缩小。同时减少了根系有效吸收面积，降低树木稳定性易受大风或其他城市机械因子的伤害。

2012 年 8 月布拉万台风过境长春，瞬间风力最大达到 8 级，行道树倒伏上万株，调查发现倒伏树其根延伸到树坑外不到 20cm 而且很细，加之树坑内土壤水饱和，支撑力大减，造成倒伏。

图1　台风布拉万过后 长春市飞跃路上树木连根倒伏

2　土壤孔隙度

土壤孔隙度对植物的生长是至关重要的。容重和孔

1137

隙度成反比，容重越大孔隙度越小。本次对进行测定。

长春市部分主要街路行道树下土壤孔隙度平均值（％）（2013 年）　表2

采样地点	具体位置	土壤孔隙度
人民大街	隔离带黑松下	37.28
人民大街	飞行学院门前	35.56
景阳大路	东风标致门前	40.89
西安大路	西安广场附近	41.02
飞跃路	倚澜观邸对面	38.04
湖西路	近红旗街	43.45
吉林大路	近八道街	39.26
东民主大街	东朝阳路	37.65
景阳广场	周围树池	44.50
西安广场	周围树池	45.03
文化广场	东侧绿化带	43.08
世纪广场	绿篱附近	45.22
御花园	办公楼旁边绿化带	47.55
南湖公园	白桦林内	43.25
朝阳公园	近新民大街	40.57
杏花邨公园	杏树下	43.24

正常耕作壤土总孔隙度应该是在 55％—65％[3]。而此次测量的城市绿化土壤孔隙度只在 35％—48％之间，说明城市土壤能有效与外界交换气体水分的空隙极小，甚至由于路面硬覆盖而基本隔绝了土壤孔隙与外界的联系，导致土壤中的水、气、热失去了与外界交换的渠道。

3　土壤温度

城市土壤容重增大，孔隙度减小，气体交换受阻会导致土壤的温度变化滞后性过大。

长春市部分街路公园土壤平均温度与空气温度的对比（单位：℃）（2013 年）　表3

采样地点	具体位置	空气温度	土壤温度	温度差
人民大街	隔离带黑松下	28	24	4
人民大街	飞行学院门前	27	25	2
景阳大路	东风标致门前	28	24	4
西安大路	西安广场附近	28	25	3
飞跃路	倚澜观邸对面	27	25	2
湖西路	近红旗街	28	24	4
吉林大路	近八道街	27	25	2
东民主大街	东朝阳路	26	25	1
景阳广场	周围树池	28	23	5

续表

采样地点	具体位置	空气温度	土壤温度	温度差
西安广场	周围树池	28	24	4
文化广场	东侧绿化带	27	24	3
世纪广场	绿篱附近	28	25	3
御花园	办公楼旁边绿化带	28	24	4
南湖公园	白桦林内	28	25	3
朝阳公园	近新民大街	27	25	2
杏花邨公园	杏树下	27	24	3

本次测定人民大街等街路均存在土壤温度比空气温度低 3—4℃，土壤滞后性明显过大，由于园林植物只有在适宜的温度下才能达到旺盛的代谢活力，一定范围内园林植物根系的吸水率随土壤温度的升高而增多，但超过此限度反而会受到抑制[4]，因此温度过低，会导致早春出现生理干旱，早期针叶黄化（图 2）等问题的发生；到了秋天，空气温度下降，而土壤温度变化不明显，导致秋天叶不落，到了冬季下雪后，雪停留在树叶上，压断树枝树干等现象也时有发生。

图 2　早期针叶黄化

4　土壤水分

水是植物生长发育的基本条件，也影响着土壤物理和化学作用。土壤水分的状态决定植物的一切生命状态。但近年来，城市地下水位下降[5]，土壤容重增大，孔隙度减小，土壤表面硬化，大面积土壤水分得不到补充，导致其城市土壤含水量下降，据李丽雅，丁蕴铮，侯晓丽，张广增测量，人民大街的土壤含水量平均仅为 12％[6]，而农田土壤的正常含水量 15％—20％。杨金玲等认为，城市土壤有效含水量下降，无效水增加[7]，如今人工浇水无度，植物能有效利用的水分并不多，反倒在树的根部形成一层水膜，根系无法穿透，土壤中的养分也就无法正常传递，由此造成园林树木的衰弱。

5 土壤有机质

土壤有机质指存在于土壤中的所有含碳的有机物质，包括土壤中各种动、植物残体，微生物及其分解和合成的各种有机物质也是植物养分（例如氮、磷、钾）的重要来源。但是据调查，城市绿化土壤有机质含量普遍在1‰左右，北京崇文区绿地土壤有机质含量的最小值（7.29 g/kg）出现在行道树绿带[8]。因此城市绿化带的土壤有机质含量过低。

6 土壤微生物

土壤的形成、植物的生长均离不开土壤中的微生物，但绝不是所有微生物都是有益的。由于土壤容重升高，孔隙度下降，含水量下降，有机质减少等一系列变化必然影响微生物的数量和种群结构的变化。

土表以下 0—70cm 土层微生物数量分布数据表明，在无坚硬、透气路面覆盖的树坛中，不同深度土层中的微生物数量都比有路面砖覆盖下各土层的高，最大相差四倍以上[9]。

土壤长期处于还原态，厌氧菌活动产生有毒物质毒害植物根系（图3），加之其他不利植物生长的因素，致使树木根系受损，根系吸收功能减弱或丧失，植物表现出极度衰弱的症状或死亡。

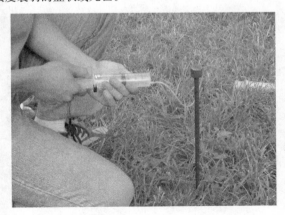

图 3 用检气管检测 CO_2 的含量

7 土壤气体

土壤气体是土壤的重要组成部分，存在于非毛细孔隙中。土壤空气是植物根系呼吸和微生物活动及动物所需氧气的来源。也是土壤矿物质风化，有机质分解转化成养分的重要因素。土壤中 O_2 含量比大气中少，CO_2 含量高，这是植物根系的呼吸、微生物活动、有机质分解耗氧产生 CO_2 的结果。

全国部分城市主要街路、广场和公园土壤 CO_2 含量测定（单位：PPM）（2013 年） 表 4

采样地点	具体位置	土表以下 20cmCO_2 平均含量
长春市人民大街	隔离带黑松下	99783
长春市人民大街	飞行学院门前	87435
北京药检所	古国槐硬覆盖下	62108
北京游乐园	古国槐硬覆盖下	55568
北京中山公园	门前	61285
北京颐和园	东北角	62665
北京景山公园	门前	56478
哈尔滨学府路	黑龙江大学附近	64882
郑州市大学北路	国槐树下	63828
郑州大学正门北	法桐下	40563
沈阳热闹路	近小南街	76772
沈阳兴华北街	红星美凯龙门前	43589

由以上测定结果分析，城市土壤尤其是街路绿化带硬覆盖下土壤中 CO_2 含量过高，这是由于土壤的紧实度过大，孔隙度过小，大小孔隙比例失调，可容纳气体的非毛细孔隙剧减，气体含量降低，加之土表紧实板结，硬覆盖的铺装，密不透气，隔绝了土壤气体和大气的交换，致使 O_2 含量下降，CO_2 升高。土壤气体中 O_2 和 CO_2 仅占总气体的 20%。因此为绿化树可提供营养的面积不足，以往城市园林关注土壤气体情况甚少，由于气体含量变化造成绿化植物受害已随处可见。

8 结论与分析

综上，城市园林土壤尤其是街路绿化的土壤容重过高，孔隙度过小，根系气体交换不畅，导致土壤中厌氧微生物为主导，土壤中 CO_2 含量偏高，温度滞后性增强，土壤中水分不能有效利用，有机质含量偏低，导致绿化树树势衰弱、生长量急剧减小，树叶早期黄化、枯边、枯枝和枯梢等现象普遍发生。因此，我们要在日常养护中，关注土壤的理化性质的变化，把土壤管理作为绿化植物养护管理的首要措施，科学提高土地的使用效率和产出效益，创建节约、生态、环保的园林城市。

参考文献
[1] 李志洪，赵兰坡，窦森．土壤学[M]．北京：化学工业出版社，2005：80-81．
[2] 杨金玲，张甘霖，赵玉国，赵文君，何跃，阮心玲．城市土壤压实对土壤水分特征的影响——以南京市为例[J]．土壤学报．43(1)：33-37．
[3] 刘艳．北京市崇文区绿地表层土壤质量研究与评价[D]．北京：中国林业科学研究院，2009．
[4] 李丽雅．城市土壤特性与绿化树长势衰弱的关系研究[D]．长春市：东北师范大学，2006．
[5] 赵丹，李锋，王如松．城市地表硬化对植物生理生态的影响研究进展[J]．30(14)：3924-3929．

[6] 李丽雅,丁蕴铮,侯晓丽,张广增.城市土壤特性与绿化树长势衰弱的关系研究[J].东北师范大学学报.38(3):124-127.

[7] 杨金玲,张甘霖,赵玉国,赵文君,何跃,阮心玲.城市土壤压实对土壤水分特征的影响——以南京市为例[J].土壤学报.43(1):33-37.

[8] 刘艳.北京市崇文区绿地表层土壤质量研究与评价[D].北京:中国林业科学研究院,2009.

[9] 张广增,史伟,李守备.城市行道树养护中的土壤生态问题[J].现代园林.园林门诊:66-70.

作者简介

[1] 李艾洵,1986年生,女,汉族,2005-2009年在吉林农业大学获得农学学士学位,2010年至今在长春市园林绿化局文化广场绿化管理处从事技术工作,农业推广硕士在读。

[2] 张顺然,1978年生,男,汉族,2005年至今从事园林绿化工作,现任长春市朝阳区园林管理处副处长。

园林植物保护

台风布拉万过后的启示
——城市绿化土壤浅析

Revelation of Typhoon Bolaven
——Analysis on Urban Green Field Soil

李艾洵　张顺然

摘　要：2012 年 8 月 28 日，长春遭遇去年第 15 号强台风布拉万，全城树木损毁几千棵，由此反映出道路绿化土壤存在着一定问题，如硬覆盖下土壤含水量小，容重过大，土壤过于紧实，导致树木根系发育不良，抵挡不住强风和降水。
关键词：台风；土壤；硬覆盖

Abstract：Bolaven, the 15th typhoon of last year, attacked Changchun on August 28th, 2012, thousands of trees in the city were destroyed. This condition reflected some problems of the street trees soil, such as decreasing of Soil moisture and increasing of the soil bulk density under the mulch cover, leaded dysplasia of the street trees root system, so that the trees cannot resist the strong wind and rainstorm.
Key words：Typhoon；Soil；Mulch Cover

1 引言

2012 年 8 月 28 日，22 时 50 分前后，去年第 15 号台风"布拉万"在朝鲜西北部的平安北道南部沿海再次登陆，登陆时中心附近最大风力有 10 级（28m/s），中心最低气压为 975 百帕。"布拉万"将以每小时 40 — 45km 的速度向北偏东方向移动，强度逐渐减弱。受此影响，28 日 14 时到 29 日 14 时，吉林省平均降雨量为 51.2mm，长春市的降水量为 121.9mm，为大暴雨。相当于 30 年一遇的强降水，长春瞬时风力达 8 级。在此期间，城市绿化树木受损严重。截止至 29 日 15 时，长春市共有 9000 棵树木倒伏，其中胸径 20cm 以上的倒伏树木 1000 余棵。

长春市街路绿化行道树多数种植在树穴内，经台风暴雨后，有很多树木连根倒伏，虽然倒伏是在风压作用下产生的，倒伏与否主要由根系的附着力矩与树冠风载产生的倒伏力矩来决定[1]。但是大量树木的连根倒伏不仅仅是由于台风造成的机械损伤，更反映了城市树木的根系与城市土壤环境之间的问题，尤其是硬覆盖下的土壤环境。

土壤是植物生长的基本要素之一，地面硬覆盖通过影响植物的土壤环境，从而影响绿化植物的生长。它随着城市化建设的发展，人们在城市土地开发利用过程中，或者在从事与土壤无直接关系的活动中，由于人工翻动、回填、践踏、车压以及园林绿化生产对土壤造成的影响，破坏了自然土壤的物理化学属性，形成不同于自然土壤和耕作土壤的特殊土壤。加之城市地表用硬质材料覆盖，加速了城市土壤结构的破坏[2]。目前国内城市道路建设的

基本模式是在市政建设过程中，预留树穴位置，在市政施工建设后再进行行道树的种植。而人行道地面硬覆盖材料大多坚硬，铺装的工艺均有混凝土基础，导致硬覆盖下的土壤无法保持透水、透气，同时阻碍了城市的降水蓄渗，使得城市地下水因得不到地表水的补充而逐渐枯竭；也阻隔了土壤中水汽与外界空气的直接交换，使水汽散逸速度减慢，土壤蒸发明显减少，空气湿度降低；改变了城市下垫面的热力属性[3]，这样导致土壤温度比非覆盖下的土壤温度变化更为剧烈，土壤容重升高等一系列问题的发生。

2 研究方法

2.1 观察根系

在连根倒伏的树木未被清理时，观察树木根部。

图 1　安达街上杨树倒伏

2.2 土壤含水量和容重的测定

由于实验时间有限，在雨后，将树池内土壤裸露部分与硬覆盖下土壤分别取样，各 10 个，并称重，随即将 20 份土样在无水酒精中点燃 2 次，将水充分燃烧掉后再称重，记录结果并算出土壤含水量和容重。

图 2　飞跃路上台风过后倒伏杨树

3　结果与分析

飞跃路街路行道树树池内土壤状况
（2012 年 8 月 30 日早）　　　　　表 1

取样项目	裸露地面	硬覆盖下	试验方法	备　注
根系发育	根系生长不良，不健壮距树干基部南侧1.5m 土表下 0.3m 可见吸收根	发育严重不良，根系浅，出现翘根，距树干基部 1.2m，处土表下0.3m 处不见根尖	观察法	
取样深度	30	30	环刀法	
平均含水量%	16.1	8.82	酒精燃烧速测法	树穴内可见积水，说明树穴内水分饱和
容重g/cm³	1.42	1.78	酒精燃烧速测法	

由表可见硬覆盖条件下的土壤容重极大，通常容重为 1.4g/cm³ 就无法进入，但本次测量硬覆盖 30cm 以下的土壤容重已经达到 1.78g/cm³，接近树根系生长的极限值 1.80g/cm³[4]，可见，由于土壤由于硬覆盖存在水泥基础，透气透水性差，导致土壤结构较差，土质坚硬。因为土壤空气积存于土壤的非毛管孔隙中[5]，但街路行道树土壤的容重很大，土壤板结坚硬，土壤结构很差，使非毛管孔隙很少，所以，土壤空气的含量必定很低，根系无法进入硬覆盖下的坚硬土壤中，导致根系分布局限，且较浅，不但植物无法正常生长，在更无法抵抗疾风骤雨。

4　结论

在城市化进程中，城市土壤的环境急剧恶化，行道树由于需要，都种植在树坑里的水不足以满足植物生长的需要。要根据根系特点，即向地性，主动寻水找肥找气，采取必要地物理措施，来引导根系向深处广处生长，改善土壤环境，改善根系弱的现象。

参考文献

[1] 吴显坤，向其柏。台风灾害对深圳城市园林树木的影响和对策[D]，南京市，南京农业大学，2007.

[2] 王成，蔡春菊，王妍等. 城市行道树木栽植与管理方式的几点反思[J]. 城市林业，2004，2(1)：29—33.

[3] 赵可新，城市热岛效应现状与对策探讨[J]，中国园林，1999，4：44—45.

[4] 北京林业大学主编，土壤学，北京：中国林业出版社，1982：134.

[5] 李天杰，郑应顺，王云，土壤地理学，高等教育出版社，1983：62—72.

作者简介

[1] 李艾洵，1986 年生，女，汉，2005—2009 年在吉林农业大学获得农学学士学位，2010 年至今在长春市园林绿化局文化广场绿化管理处从事技术工作，农业推广硕士在读。

[2] 张顺然，1978 年生，男，汉，2005 年至今从事园林绿化工作，现任长春市朝阳区园林管理处副处长。

大规格雪松抽梢枯顶原因剖析及治理

Dead Twigs Analysis and Treatment of Large Size Cedar

邱元英　江　灏

摘　要：本文在大量调查分析研究基础上，阐述了青岛市内的雪松枯枝现象的基本情况，论证了雪松枯枝与环境的关系，与气象因素的关系及与病虫害等生物因子的关系，提出了防治雪松枯枝的技术措施。

关键词：雪松枯枝；环境因子；生物因子；剖析；治理

Abstract：Based on the analysis of investigations, the paper expounded the dead twigs situation of Qingdao Cedar, and demonstrated this phenomenon with the environment, meteorological, biological and some other factors. The paper proposed the technical measures of prevention and treatment of the dead twigs Cedar.

Key words：Cedar Twigs；Environmental Factors；Biological Factors；Analysis；Treatment

　　雪松是青岛市的市树。自 2009 年春季开始，青岛市区内的雪松发生大面积枯枝现象，给青岛市的生态环境带来很大影响。为此，我们在邀请国内外专家进行现场考察的基础上，结合有关资料进行了综合分析。

1　自然概况

　　青岛市地处山东半岛东南部，位于东经 119°30′—121°00′，北纬 35°35′—37°09′。东、南濒临黄海，为海滨丘陵城市，地势东高西低，南北两侧隆起，中间低陷。青岛属温带季风气候，又具有显著的海洋性气候特点。年平均气温 12.7℃，极端高气温 38.9℃（2002 年 7 月 15 日），极端低气温 −16.9℃（1931 年 1 月 10 日）。降水量年平均为 662.1mm；年平均风速为 5.2m/s，以南东风为主导风向；年平均相对湿度为 73%；青岛海雾多、频，年平均有雾天 159.5 天。

2　雪松枯枝的基本情况

　　自 2009 年 3 月初以来，青岛市中山公园、儿童公园主干道上的雪松，特别是大规格雪松出现枯枝现象。症状表现为：开始退绿，风天或降雨会有大量落针，随后这种现象逐渐发展越来越重，到 10 月下旬树上有一个或几个侧枝枯黄或枯死，主枝偶有枯死，而其他的枝条生长发育正常，整株死亡的较少；持续 2—3 年后开始发生枯死现象。据调查受害植物主要是雪松，其他松科植物等受害程度较轻或表现症状明显差异。

3　雪松枯枝原因浅析

3.1　与环境的关系

　　与大气污染无关。据青岛市环境监测中心提供的资料，"十一五"期间，市区环境空气质量连续稳定达到国家二级标准。二氧化硫、氮氧化合物、空气中悬浮颗粒等数值均不足以引起对树木的大面积严重危害。与酸沉降和土壤酸碱度无关。

3.2　与气象因素的关系

　　2009 年冬季气候连续出现异常。（1）强降温。寒潮出现早且频繁；（2）气温。平均气温为 13.3℃，高出于历年平均值 0.9℃；（3）降水。降水特少出现秋旱，总降水 604.1mm，比上年值少 287.8mm。

　　雪松的营养储藏在针叶里，正常越冬时随着气温的降低，树体内被诱导驯化的内源保护物质随之增加，使针树有较强的抗寒能力。如秋天，气温一直较高，松树在还没有做好越冬准备的情况下，突然强降温，使松树受到一次伤害，过后又是一个少有的干旱暖冬，整个冬季没有得到抗寒训化和锻炼，体内保护物质相对较低，材料记载松属植物春天气温达到 5℃时，顶端分生组织开始萌动，消耗大量体内内源物质，抵抗不了后来的寒潮来临和冷暖频繁交替水分极端不平衡，从而导致雪松代谢过程紊乱，生理功能失调，细胞组织受到破坏。表现出针叶枯黄，乃至整枝、整株枯死现象。

3.3　与病虫害等生物因子的关系

　　通过现场调查和采样，室内镜检发现青岛地区雪松常见病虫害有：

3.3.1　根腐病

　　症状：发生在雪松根部，以新根发生为多。初期病斑浅褐色，后深褐色至黑褐色，皮层组织水渍装坏死。大树染病后在干基部以上流溢树脂，病部不凹陷；染病初期症状不明显，严重时针叶脱落，整株死亡。

3.3.2　枯梢病

　　由珠形葡萄孢菌（*Botrysis latebricola* Japp）引起。症状：雪松的叶、枝梢、主干均受此病危害。（1）枯叶型：发病初期，在当年萌发的春梢上，新生针叶从叶尖开始发黄，很快整丛针叶黄化，以后针叶收拢下垂，悬挂在梢上。二年生针叶也可被侵染，由叶尖向叶基成段枯死；（2）枯梢型：嫩梢受害枯死。在一棵树上可有多个梢头被侵染。新梢发病先是水渍状下垂，后成为黄棕色枯梢，枯梢可向下扩展。在枝干的枝节处可形成病斑，病斑通常下陷，流出淡灰色或浅蓝色松脂，病斑可以不断扩大。当病斑环绕树干时，病斑以上部分的枝干枯死。后期在病斑上可见黑色小点即病菌的分生孢子器；（3）茎基腐烂型：病树全株针叶逐渐变黄，以后整株枯死。仔细检查可见茎基部有病斑，病斑病部可延续到根部。病部皮层变黑腐烂，剥开病部树皮可见木质部变色。

3.3.3 溃疡病

又叫雪松枝枯病。由聚生小穴壳菌（*Dothiorella gregaria* Sacc.）引起。症状：该病主要危害雪松主干，在侧枝上也有发生。最初发生顶梢干枯，后迅速由上向下发展，最后整株死亡。病斑不明显，与健康树皮不易区别，但剥开发病部位可见皮层发黑。同时，树体大量流脂，后期树皮开裂，受害部位出现大量纵裂纹。病菌侵染后，在雪松的树干部和有嫩表皮部出现圆形或椭圆形瘤状小泡，破裂后流出灰绿色的松脂，呈小滴状滴落下来；或在树干部、枝条上出现表皮下陷，下陷斑多以小枝基部、叶痕或皮孔及伤口为中心向四周扩展，大小不等，病斑可连成一片发展成大的凹陷斑，有时病斑处整个皮层干缩凹陷，导致凹陷斑上方的侧枝生长停滞，直至枯死。在下陷斑形成初期，有时可见到有墨绿色的分生孢子器形成，枯死的树皮上常有横裂纹，上密生黑色子实体（病菌的分生孢子器）。

3.3.4 疫病

由樟疫霉菌（*Phytophthora cinnamomi*）、掘氏疫霉菌（*P. drechsleri*）和寄生疫霉菌（*P. parasitica*）引起。前两种致病力最强，寄生疫霉菌次之。

症状：主要症状为根腐、溃疡（干腐）、猝倒和立枯，造成植株直立枯死。从刚出土的幼苗到多年生的大树均可受害，染病植株轻者生长衰退，重者植株枯死。（1）根腐为雪松疫病的主要受害症状。多为新生根感病，病根初为浅褐色，后为深褐色，皮层内组织水渍状坏死，病株不萌发新梢，长势衰退，针叶失绿，易脱落；（2）猝倒和立枯幼根茎病斑浅褐色，逐步向上扩展，延及针叶，叶变暗绿萎蔫，茎组织坏死软化，病苗倒伏。苗龄稍大，根茎部木质化，地上部失水干缩，植株直立枯死。扦插苗生根前多从剪口处感染，沿内皮层蔓延，疏导组织被破坏，失水枯萎。

4 建议及对策

防治雪松病害的根本措施是采用综合防治方法，春秋两季适时施肥，增强土壤肥力，合理灌溉，冬季注意做好防寒保护，在此基础上分别在春秋两季适时作好化学防治措施，可有效地控制雪松病害的发生。要控制雪松病害的发展，任何单一措施都不能收到理想的效果，必须采用综合防治。

4.1 适地适树

应根据雪松的生态学特性选择地势较高、排水良好、土质肥沃疏松的中性至酸性土壤栽植雪松。同时注意不栽植在大气污染较严重的工业区及尘土较多的马路两侧。如果必须栽植在这些地区，应加强栽培管理，以增强树势、提高抗性。

4.2 加强栽培管理

雪松病害的发生从某种意义上反映出雪松的生长势开始衰退，进一步加强水肥等栽培管理对防止病害的发生和蔓延十分重要。可以采取剪除病枝，增施肥料，早期预防等手段以促进树体健壮。

4.2.1 栽植前树穴换土

在一些土壤条件不理想的地方栽植雪松，必须在栽种前将树穴中的土换入经筛选配制好的土。

4.2.2 适时施肥

增加土壤肥力春秋两季在树穴内开穴施肥。施肥量可根据树体的大小酌情考虑。一般15年生树可以一次株施250g复合肥，春秋各施一次。防治病害时一定要配合施肥，施肥时应注意春季多用含氮量较高的肥料，秋季则必须多施含磷、钾较多的肥料。

4.2.3 合理灌溉

干旱季节及时开穴浇灌，且一定要浇透，等干透后再浇第二遍；雨季及时排水；入冬前要浇好防冻水。来年春天若是土壤比较潮湿则要控制浇水，反之则要浇透水，以防止因干旱引起针叶大量脱落而减弱树势。

4.2.4 降渍排湿

雪松病害常在雨水多、土壤潮湿的环境下发生，水多则有利于病菌的繁殖和侵染。因此在防治中可根据病害的发生特点，进行松土、除草和排水降渍，能抑制病菌的繁殖扩散，促进植株迅速恢复生长。

参考文献

[1] 沈幼莲. 慈溪市松树枯死原因初步分析[J]. 河北林业科技，1994.6：23-24.

[2] 钟永红，凌世高，张清. 古松树枯死原因分析及防治对策[J]. 广西植保. 2005.4：22.

[3] 蒋杰贤，严巍. 城市绿地有害生物预警及控制[M]. 上海：上海科学技术出版社，2007：509.

[4] 方中达. 植病研究方法（3版）[M]. 北京：中国农业出版社，1996.

作者简介

[1] 邱元英，女，1961年生，青岛市园林科研中心（园林技术学校）主任高级工程师，中国风景园林学会植保专业委员会副秘书长，中国园林植物保护高端论坛专家，青岛市园林植物保护资深专家，学科带头人，研究方向为园林植物保护。

[2] 江灏，青岛市园林科研中心。

园林植物保护

新疆梭梭漠尺蛾分布、习性、发生规律及可持续控制技术的研究

Distribution，Habits，Occurrence Rules and Sustainable Control Technology of *Desertobia heloxylonia* Xue

施登明　邢海洪　李桂花　孟庆梅

摘　要：新疆梭梭漠尺蛾是在固沙植物上常发生的害虫，本文针对其分布、习性、发生规律和控制技术等进行了研究。

关键词：梭梭漠尺蛾；习性；发生规律；防治；新疆

Abstract：Desertobia heloxylonia Xue was kind of pests often occurred on fixing sand plants in Xinjiang. Its distribution, habits, occurrence rules and control techniques were studied in this paper.

Key words：*Desertobia heloxylonia* Xue；Habits；Occurrence Rules；Control；Xinjiang

前言

新疆准噶尔盆地中部为广阔草原和著名的古尔班通古特沙漠。古尔班通古特沙漠面积仅次于南疆塔里木盆地中心的塔克拉玛干沙漠，为全国第二大沙漠。

古尔班通古特沙漠主要为南北走向的垄岗式固定、半固定沙丘，部分沙丘为灌木及草本植物覆盖。

1　研究的理由

1.1　新疆天山北坡经济带在新疆经济发展、社会稳定中有着极其重要的作用

绿洲是新疆人类生存与社会发展的重要区域。奇台、阜康、乌鲁木齐、昌吉、石河子、奎屯、精河、克拉玛依以及农六师、农八师、农七师、农五师等地方、兵团的县、市、团场组成了新疆举足轻重的天山北坡经济带。它们背靠天山面对古尔班通古特沙漠呈带状分布在准噶尔盆地南缘广阔的冲积扇平原上，是影响新疆整体经济发展、社会稳定的重要的地带。

1.2　古尔班通古特沙漠南缘固沙植物发生的害虫给当地带来了生态危机

古尔班通古特沙漠南缘气候特点为温带大陆性干旱半荒漠气候，气候干燥，降水量少，光照充足，昼夜温差大。

由于干旱的气候特点，脆弱的生态环境，多风的协力条件，使得古尔班通古特沙漠南缘植被品种极为稀少。生长的植被主要有白梭梭、沙拐枣等荒漠植物，平均盖度在20%以上，梭梭约占40%，沙拐枣约占50%。

近年来，古尔班通古特的梭梭及沙拐枣上发生了一种尺蛾科害虫，种群呈爆发趋势，以幼虫啃食主要固沙植物梭梭及沙拐枣的同化枝，幼虫虫口密度很大，危害很重，梭梭及沙拐枣受害后轻者小枝发黑、干枯，重者整株枯死。严重影响了它们防风固沙作用的发挥。由于梭梭、沙拐枣的死亡，流动沙丘的沙害近几年已经呈上升趋势。

2　梭梭漠尺蛾的研究

2.1　梭梭漠尺蛾的定名

我们携带采集的4个虫态的标本到中国科学院动物研究所，找到我国尺蛾科分类专家薛大勇研究员，经鉴定定名为鳞翅目，尺蛾科，灰尺蛾亚科，漠尺蛾属的新种—梭梭漠尺蛾 Desertobia heloxylonia Xue, sp. nov. 这是一种世界生物物种的新纪录。

2.2　梭梭漠尺蛾分类记述

2.2.1　梭梭漠尺蛾种特征描述

头部：♂复眼直径0.58mm，额盾状，略凸出，上宽下窄，中部宽度与复眼直径相等；♀复眼小，直径0.45mm，额明显凸出，宽阔，中部宽度接近复眼直径的2倍。额中部灰褐色，边缘灰白色。♂触角纤毛状，每节两对纤毛簇，位于各节中部和端部；♀触角线形。喙完全退化，下唇须短小细弱，尖端未到达额外，浅灰褐色。

胸腹部：浅灰褐色。♂胸部正常，♀胸部缩短，中胸背面隆起前倾，在头后盖住前胸，并形成一尖角。足细长，后足胫距两对，♂胫距较♀细长。第一腹节腹板形成一"∧"形骨化带，其两端连接腹听器，腹听器小，退化成指状小袋，听骨不可见。♂♀第一腹节背面近前缘处着

生一排细刺，第二、三腹节相同位置各着生一排粗壮大刺，刺基部骨化并向前方扩展。

翅：♂前翅长 11.5—12.5mm；♀翅完全退化。♂翅狭长，前翅前缘直，顶角圆，外缘直，在 CuA_2 处微凹，后缘浅弧形，明显短于外缘。后翅前缘内 1/3 处浅凹，顶角圆，外缘在 CuA_2 处微凹，后缘平直。前翅浅灰褐色，线纹黑褐色；后翅灰白色，两翅均略带黄绿色调。前翅基部散布黑褐色鳞，内线、中线和外线均直，向顶角方向倾斜，其中外线到达顶角；中线内侧和外线外侧色较浅；有时可见微小黑色中点。后翅后缘端半部附近散布黑褐色鳞片，中点黑褐色。前后翅缘毛与翅面同色，特别长，其长度可达 1.2—1.5mm。翅反面污白色，斑纹与正面相同但较模糊。

翅脉：中室长，前后翅均达其翅长的 2/3 以上。Sc、R_1、R_2 脉自由，R_1、R_2 脉分别出自中室前缘中部之外和近端部处；R_{3-5} 共柄，出自中室上角前方，其中 R_{3-4} 合并成一条，使 R 脉整体呈 4 分支；M_1 脉出自 R_{3-5} 外下方，远离 R 脉；中室端脉直，下端略向外弯折，M_2 出自中室端脉中部；M_3 不与 CuA_1 共柄，CuA_2、A_1+A_2 无特化。后翅 $Sc+R_1$ 与 Rs 合并超过中室中部；Rs 出自中室上角前方，远离 M_1；中室端脉上半段浅弯折，下半段直，M_2 消失；CuA_1 远离 M_3，不共柄；2A 直，无 3A。

2.2.2 梭梭漠尺蛾其他虫态的形态特征

卵：椭圆形，长 0.8—0.9mm，宽 0.5—0.6mm。初产时淡黄绿色，后变为翠绿色，有光泽，卵壳上无花纹。卵的附着面有黄色胶质物。

幼虫：幼虫共 5 龄，体细长，光滑，蠋形。1—5 龄幼虫头壳颜色变化不大，均为棕褐色。1—5 龄幼虫体色会发生很大变化。1、2 龄幼虫体色暗棕绿色，背线、气门上线黄绿色，气门上线较宽，明显。3、4、5 龄体色淡棕色至浅褐色，体有光泽，体线消失，5 龄幼虫腹部各节侧面有不规则黑褐色斑块，第二、第三腹节两侧各有一个明显的黑色圆形大斑点。5 龄幼虫与梭梭第二年幼枝拟态。初孵幼虫体长约 3mm，老熟幼虫体长约 2cm。幼虫受惊有吐丝下垂习性。

蛹：初化蛹时绿褐色，后变为红褐色，体长 7.0—7.5mm，宽 2.1—2.3mm。

2.3 梭梭漠尺蛾的分布范围、寄主范围及生物学习性

2.3.1 梭梭漠尺蛾分布范围、寄主范围的调查

梭梭漠尺蛾在古尔班通古特沙漠南缘部分地域的分布范围很大，我们已经自 148 团绿洲向沙漠深处调查了150km 以上，有些地方虫口密度很大，以流动沙丘上生长的白梭梭受害最重。

此外，我们调查的农八师 149 团、150 团、玛纳斯县六户地镇等处沙漠的调查表明，也有梭梭漠尺蛾的分布与危害。

取食的植物主要有梭梭、白梭梭及多种沙拐枣，白梭梭为其主要寄主。未见取食同一生境中的其他植物。

2.3.2 梭梭漠尺蛾的生物学习性

梭梭漠尺蛾一年一代，以蛹在土壤内越冬，入土深度60cm 以上。

雄虫有很强的趋光性和很强的飞翔能力。白天静伏在枝干上，遇到人惊扰则迅速飞离。成虫在夜晚进行交尾与产卵。

雌虫羽化 2—3 天后即开始交尾、产卵，在寄主枝干翘皮下、断枝茬口、树皮裂缝、芽苞等处及枯死树根皮缝处。每头雌虫产卵量 50—73 粒，平均 26.31 粒。

3 梭梭漠尺蛾为害特性及为害程度的研究

3.1 梭梭漠尺蛾为害特性的研究

梭梭漠尺蛾的主要寄主为梭梭、白梭梭、沙拐枣。是新疆古尔班通古特沙漠荒漠植被的主要群种。为适应风大、酷热的夏季气候条件，它们叶片退化，以减少水分蒸腾，以当年生绿色嫩枝进行光合作用。这些生长在沙漠严酷条件下的植物，形态和习性也发生了巨大的变化。

梭梭漠尺蛾初孵幼虫是将寄主当年生同化枝咬成月牙形洞，以后随着龄期的增大、食量的增加将梭梭同化枝吃光。

这些嫩枝被害虫取食形成伤口后，在高温、大风的环境里会很快失水、皱缩变形，后期会在枝条上出现黑斑，甚至发黑、干枯死亡。

对危害严重的梭梭枝条与受害较轻的枝条比较可以看出，为害严重的枝条生长瘦小、失绿，枝条变形、生黑斑，第二年易发生枯死现象；受害较轻的枝条饱满，枝条粗壮，几乎看不到黑斑。

以上危害特性表明，与一般的食叶害虫相比，梭梭漠尺蛾对寄主的危害后果更显严重，因为不少阔叶树叶片被害后由于有较强的补偿能力，与之比较，梭梭等荒漠植物的耐害性就差多了。由此我们认为，对梭梭漠尺蛾等荒漠害虫的测报及成灾控制就愈显重要了。

3.2 梭梭漠尺蛾为害程度的研究

梭梭被害程度的调查方法：调查采用设置样地、抽取50cm 样枝，按林木害虫通常使用的轻微、中等、严重三级分级进行样枝受害程度的评价与判断。

梭梭同化枝受害情况调查分为四级。每一样枝只能给出一个受害级别结论。

健康：枝条未受害或受害极轻微，没有任何肉眼可见的被害症状；

轻微：枝条受害轻微，有颜色的局部变黑或形态的轻微改变；

中等：枝条受害明显，颜色变黑较多或形态有明显的形态的改变；

严重：枝条严重受害，枝条发黑、枯死或断折。

3.3 梭梭漠尺蛾危害程度幼虫虫口密度指标数据表

梭梭漠尺蛾对寄主的危害随着虫口密度的增加而加重，通过我们几年调查的实践，认为从指导治理实践来考

虑，制定一个便于生产单位使用的数量化的危害程度与相应的虫口密度指标（x）是必要的。下表即为这个密度指标。

梭梭漠尺蛾危害程度幼虫虫口密度指标数据表
表 1

危害程度	健康	轻微	中等	严重
虫口密度（头/50cm 样枝）	x<3	3≥x≤9	10≥x≤24	x≥25

4 梭梭漠尺蛾传播、扩散的研究

梭梭漠尺蛾能主动扩散的虫态只有成虫和幼虫，而由于雌虫无翅，其主动扩散能力显然是十分有限的。

通过研究，梭梭漠尺蛾主要的扩散、传播方式是靠幼龄幼虫随风传播。

5 梭梭漠尺蛾的生态学特性的观察、研究

任何生物都生存在一定的环境条件中，它们要想维持自己的种群，必须要有适应这种环境条件的习性与本领，梭梭漠尺蛾也不例外。在沙漠那种特定的环境条件下，梭梭漠尺蛾也形成了一些独特的习性与行为。

5.1 梭梭漠尺蛾卵抗寒性的研究

研究表明梭梭漠尺蛾的卵对于新疆早春变幻莫测的气象条件具有很强适应性。

5.2 从梭梭漠尺蛾成虫的翅、胸足与体长之比研究其抗风特点

通过研究表明梭梭漠尺蛾的前后翅的缘毛长度分别是春尺蠖的 2.00 及 2.14 倍，这是因为梭梭漠尺蛾既有较大翅面比，以抵抗大风能正常飞行，又不能因翅面积过大而不能自如地飞行；较长的的前后翅的缘毛恰好既增强了抗风能力，又会在风力过大时缘毛可以弯曲降低阻力不致导致翅面被撕裂，这种独特的结构恰如其分地解决了这个矛盾。

5.3 梭梭漠尺蛾的拟态与保护色

在沙漠这个色彩单调、梭梭林木稀疏而隐蔽条件很差的环境里，梭梭漠尺蛾的成虫与幼虫只有具有与周围环境协调的色调及逼真的模拟生活环境里其他物体的本领即具有拟态才能获得更高的存活率。

梭梭漠尺蛾的幼虫不但具有保护色和拟态，而且这种行为还会随着幼虫虫龄的发育进度的不同，发生着相应的巧妙变化。

6 梭梭漠尺蛾的无公害生物农药治理获得了完全成功

6.1 坚决贯彻"坚持以人为本，全面协调，实施无公害治理，实现害虫可持续控制"的治理思想

我们明确要坚持的治理原则是：必须符合安全、科学、有效、经济，保护治理区域生物多样性、有利于治理区域及其周边区域的生态安全及林木有害生物可持续控制的原则，注重生态文明的建设。

我们完全使用纯生物制剂治理，不添加任何广谱性无机化学农药。

6.2 治理用无公害农药的选择

治理选用微生物源无公害杀虫剂 Bt 可湿性粉剂。

6.3 生物药剂治理的效果

防前梭梭漠尺蛾幼虫虫口密度为 68.4 头/50cm 枝。防后幼虫虫口调查时，在抽取的样枝上没有查到梭梭漠尺蛾幼虫，因而治理虫口减退率定为近 100%。

6.4 梭梭漠尺蛾生物药剂飞防治理的评价

我们研究、实施的治理是全面协调、无公害治理及害虫可持续控制。完全使用无公害的纯生物制剂——Bt 可湿性粉剂进行大面积飞机喷洒防治，这在新疆属首次进行，具创新性，在荒漠林有害生物无公害治理及可持续控制方面做出了开创性的贡献。

由于使用的是无公害农药，不会杀伤天敌，不污染环境，不会使害虫产生抗药性，不会使害虫出现"再猖獗"现象，降低了也不会出现次要害虫上升我主要害虫的问题。治理过后，林间鸟类活跃、蜘蛛、寄生蜂、寄生蝇未见中毒死亡。对于维护当地生态平衡，巩固环境治理成果是极大的促进。

作者简介

[1] 施登明，1942 年 12 月生，北京，新疆农业大学，森林保护教授，享受国务院特殊津贴，1966 年毕业于北京林业大学森林保护专业，一直从事高校森林病虫害教学及科研工作。

[2] 邢海洪，新疆石河子市林业有害生物防治检疫局。

[3] 李桂花，新疆石河子市林业有害生物防治检疫局。

[4] 孟庆梅，新疆石河子市林业有害生物防治检疫局。

重庆市区主要园林蛀干害虫危害监测研究[①]

Study on the Main Urban Garden Boring Beetle Hazard Monitoring in Chongqing

万 涛 何 博

摘 要：从 2010 年 9 月开始，研究者通过收集分析重庆市区园林蛀干害虫的历史资料，结合城市绿地外业踏查，明确了我市主要的园林蛀干害虫种类，并补充完善了个别种类在重庆地区的发生危害规律。同时，针对不同的蛀干害虫，选择具有代表性的绿地建立了多个监测点，拟对其发生规律和种群变化动态进行长期监测。

关键词：重庆市；城市园林；蛀干害虫；危害监测

Abstract：From September 2010, the researchers collected and analyzed historical data of the trunk borer in Chongqing urban gardens, combined with outside survey on the urban green space, made clear the city's main trunk borer species of garden and complemented occurrence rules of individual species in Chongqing. At the same time, for different trunk borer, created multiple monitoring points in green space for a representative selection, in order to make long—term monitoring its occurrence rule and population dynamics.

Key words：Chongqing；Urban Green Space；Boring Bettle；Hazard Monitoring

1 园林蛀干害虫

1.1 定义

蛀干害虫是指专门钻蛀植物茎干及枝条，在植物皮下取食韧皮部和木质部，造成孔洞或隧道的一类害虫。园林蛀干害虫即指危害园林植物的蛀干害虫，在城市绿地中发生较普遍，且造成的危害较严重。蛀干害虫的种类也非常繁多，主要有天牛、吉丁、小蠹、象甲、木蠹蛾、透翅蛾等。多数种类为次期性害虫，少数为先锋种。

1.2 危害特点

蛀干害虫生活隐蔽，除成虫期进行补充营养（有的种类在补充营养期也很隐蔽）寻找繁殖场所及交配等活动营裸露生活外，大部分时间均在树皮下、韧皮部、木质部营隐蔽生活。同时，由于蛀干害虫的一生绝大部分时间生活于寄主组织内部，受外界环境影响较小，虫口数量波动不大，虫口稳定。此外，由于这类害虫蛀食韧皮部、木质部等，严重破坏了输导系统而导致树势衰弱或死亡。树木一旦受害，很少能恢复生机。

2 研究方法

2.1 蛀干害虫种类调查

对重庆市区的园林蛀干害虫进行全面调查，重点调查道路绿化带、公园绿地、园林苗圃、风景林、居住区绿地等地的树木的受危害情况，确定主要的蛀干害虫种类。

2.1.1 历史资料分析

收集我市园林蛀干害虫发生历史资料并进行分析总结，结合园林绿化部门的相关报道资料，明确此前已有的蛀干害虫种类。

2.1.2 外业踏查

对市区各种类型绿地进行踏查，并重点调查发生过蛀干害虫的地区和今年来外地引种植物栽植区。踏查时采用线形调查法设置 3—5 个调查点，采用目测法进行蛀干害虫的调查，每个调查地点观察的绿化带在 50 m 以上。

2.1.3 绿地监测

结合黑光灯监测、引诱剂监测等技术手段，进行蛀干害虫的种类的调查。

2.2 发生危害规律补充完善

通过选择危害绿地进行定期观测和室内饲养观察，明确其发生规律和危害情况，补充完善个别蛀干害虫在重庆地区的发生危害规律。

2.3 监测点的建立

在前期确定主要园林蛀干害虫的基础上，针对危害较重的种类，在市区选择具有代表性的绿地建立监测点，通过用细铁丝网围笼受害株、性引诱剂监测和黑光灯灯

① 重庆市园林局科技计划项目"重庆市园林蛀干害虫的天敌昆虫开发及应用研究"资助。

园林植物保护

诱，定期观察蛀干害虫的发生危害情况，便于对主要蛀干害虫的发生危害情况和害虫种群变化动态进行长期监测。

3 研究结果

3.1 主要蛀干害虫种类

截至目前，已完成了主城渝北区、江北区、沙坪坝区、渝中区、九龙坡区、大渡口区及南岸区主要绿地系统中园林蛀干害虫的调查。调查的结果表明常见的蛀干害虫有星天牛 Anoplophora chinensis、云斑白条天牛 Batocera lineolata、相思拟木蠹蛾 Arbela baibarana、桑天牛 Apriona germari、红棕象甲 Rhynchophorus ferrugineus。其中，危害最重的是星天牛，其次是云斑白条天牛和相思拟木蠹蛾。此外，在海棠上发现有吉丁危害状，但数量较少且未采集到成虫，具体种类未知；在 1 株健康的悬铃木上还发现小蠹虫危害状，目前具体种类未知。

3.2 发生规律和危害情况

2011 年 6 月初，江北区嘉华大桥北延伸段随机抽样调查 42 株悬铃木上星天牛的为害情况，共发现 29 株受害，受害率 69.05%；29 株受害悬铃木上共发现新羽化孔和排粪孔 84 个，平均 2.90 个/株，其中最严重的 1 株上发现了 8 个羽化孔。渝北区龙头寺公园随机抽样调查 68 株悬铃木上星天牛的为害情况，共发现 24 株受害，受害率 35.29%；24 株受害悬铃木上共发现新羽化孔和排粪孔 65 个，平均 2.71 个/株。沙坪坝区西永大道西永收费站段随机抽样调查 43 株悬铃木上星天牛的为害情况，共发现 36 株受害，受害率 83.72%；36 株受害悬铃木上共发现新羽化孔和排粪孔 154 个，平均 4.28 个/株，其中最严重的 1 株上发现了 4 个羽化孔和 15 个排粪孔。

沙坪坝区西科大道北段随机抽样调查 56 株杨树上云斑白条天牛的为害情况，共发现 41 株受害，受害率 73.21%；目测新羽化孔和排粪孔平均每株 3 个以上，其中最严重的 1 株上发现了 8 个羽化孔和 10 个以上的排粪孔。并且，7 月砍伐解剖了 1 株胸径约 12cm 的杨树，共发现 22 头云斑白条天牛老熟幼虫。

沙坪坝区西永大道玉屏路口段，随机抽样调查 38 株银杏上相思拟木蠹蛾的为害情况，共发现 31 株受害，受害率 81.58%；31 株受害银杏在树干 2 m 以下共发现幼虫 112 头，平均 3.61 头/株。江北区江州立交路边绿地，外业调查发现星天牛主要危害悬铃木、柳树、苦楝和杨树，在悬铃木上危害高度多在 1 m 以下。相思拟木蠹蛾主要危害银杏和天竺桂；云斑白条天牛主要危害杨树；桑天牛主要危害构树和海棠；红棕象甲主要危害椰子、海枣等棕榈科植物。根据查阅的文献资料，结合调查实际情况，对其发生规律和危害特性整理如下：

3.2.1 星天牛 Anoplophora chinensis Forster

常见寄主有悬铃木、杨、柳、栾树、苦楝、桑、樱花、海棠等。在重庆地区 1 年发生 1 代，以幼虫在木质部蛀道内越冬。4 月下旬至 8 月为羽化期，5 月为羽化盛期。

5—8 月为产卵期，6 月最盛。卵多产在距地面 10cm 内的主干上，伤口达木质部。幼虫蛀入皮下，多于干基部、根茎处迂回蛀食；幼虫为害至 12 月上旬陆续越冬。

3.2.2 云斑白条天牛 Batocera lineolata Chevrolat

常见寄主有杨、柳、桑、悬铃木、桉树、板栗、枫杨等。该虫在重庆地区一般 2 年发生 1 代，以幼虫或成虫在蛀道内越冬。成虫于次年 4—6 羽化飞出，补充营养、交尾后产卵。卵多产在距地面 1.5—2 m 处树干的卵槽内。初孵幼虫在韧皮部为害一段时间后，即向木质部蛀食，被害处树皮向外纵裂，可见丝状粪屑，直至秋后越冬。来年继续为害，于 8 月幼虫老熟化蛹，9—10 月成虫在蛹室内羽化，不出孔就地越冬。

3.2.3 相思拟木蠹蛾 Arbela bailbarana Mats.

常见寄主有银杏、天竺桂等。该虫在重庆地区发生规律不详，有待进一步研究。目前的监测研究表明，其幼虫发生的盛期在 7 月份，幼虫白天匿居在由虫粪、树皮碎屑、蜕皮、头壳与丝组成的隧道内，傍晚及夜间沿隧道外出啃食树皮。幼虫一直取食到 11 月下旬才逐渐减少活动，进入越冬期。

3.2.4 红棕象甲 Rhynchophorus ferrugineus Fab.

常见寄主有海枣、鱼尾葵等棕榈科植物。该虫在重庆地区 1 年大约发生 3 代，每年 4—10 月为虫害盛期。幼虫孵出后即从伤口或生长点侵入，成虫具有迁飞性、群居性、假死性，常在晨间或傍晚出来活动。

3.3 监测点的建立

目前已建立的监测点有：（1）星天牛监测点为江北区北滨路石门段（危害柳树，铁丝网围笼）、嘉华大桥北延伸段（危害悬铃木，铁丝网围笼）；（2）云斑白条天牛监测点为沙坪坝区西科大道和西永大道路口（危害杨树，铁丝网围笼）；（3）相思拟木蠹蛾监测点为渝中区经纬大道五一技校段、江北区江州立交、沙坪坝区西永微电子产业园区、渝北区空港大道和服装城大道（危害银杏和天竺桂，弱趋光性，灯诱监测）；（4）红棕象甲监测点为渝北区沙坪镇博洋棕榈研究所苗圃（危害棕榈科植物，引诱剂监测）。其中，在北滨路石门段和嘉华大桥北延伸段监测星天牛发生危害情况和种群变化动态，在西科大道和西永大道路口监测云斑白条天牛发生危害情况和种群变化动态。

此外，为了不影响城市主干道景观和公园景观，沙坪坝区西永大学城园区和西永收费站段（星天牛危害悬铃木）、渝中区化龙桥天地湖公园（星天牛危害柳树和栾树）、渝北区龙头寺公园北门（星天牛危害悬铃木）仅作定期调查，未采用铁丝网围笼监测。

4 讨论

从目前调查资料来看，星天牛广泛分布于我市各区，特别是悬铃木、柳树、苦楝和杨树栽植区域。云斑白条天牛主要分布于我市桉树、杨树栽植区，特别是近年森林工程引种的大规格杨树栽植区。相思拟木蠹蛾在主城各区都有发现，但主要分布在胸径为 10－25cm 银杏栽植区，也零星发现危害天竺桂和香樟，但目前种群数量较少。近几年红棕象甲时有发生，此前在渝北区、江北区、沙坪坝区和九龙坡区都有发现过，但主要分布在个别棕榈科植物栽植区。桑天牛也广泛分布于我市各区，特别是有构树生长的区域。

根据现有掌握的资料和外业监测结果来分析，星天牛、云斑白条天牛和桑天牛寄主树种范围广，其潜在分布范围必然遍及我市各区。相思拟木蠹蛾目前各区都有发现，且城市绿地建设栽植了大量不同规格的银杏和香樟，因此其潜在分布范围也是遍及各区。而红棕象甲寄主必须是棕榈科植物，而我市棕榈科植物分布不多，且零星分布在公园、社区及单位公司绿地，其潜在分布仅在这些引种栽植区。

此外，在 2 年来的监测研究过程中也发现了一些亟待解决的问题：（1）由于蛀干害虫自身危害初期隐蔽性高、生活周期长、个别种类存在世代重叠现象，且市区伐木采虫可操作性低，因此对其完整的发生危害规律、危害程度监测及分布范围预测研究都存在一定困难，需要长期的监测研究才能完整掌握个别种类的发生危害规律；（2）监测点建立以后，由于监测使用时间较长，监测材料需要定期更换；（3）必要的防治措施和人为干扰会对监测点造成一定的破坏，今后需要联合当地养护部门采取一定的保护措施。

作者简介

[1] 万涛，1983 年生，四川成都，农学博士，重庆市风景园林科学研究院，主要研究方向为园林有害生物生态调控、昆虫生态、有害生物监测预警，电子邮箱：wanty521@163.com。

[2] 何博，重庆市风景园林科学研究院。

济南近郊风景区珍稀野生植物优先保护定量研究

Quantitative Survey on Priority Conservation of Rare Wild Landscape Plants in the Suburban of Jinan City

王　禄　汪玉静　杨　波　刘在哲

摘　要：在近郊风景区野生植物野外调查的基础上，运用濒危系数，遗传价值系数和物种价值系数对济南近郊风景区 16 种稀有濒危野生植物的优先保护顺序进行定量分析。结果表明属区域一级保护的有瓜木、大叶白蜡、黄精、野核桃、山东贯众、榔榆共 6 种占 37.5%；属区域二级保护的有毛樱桃、玉竹、山东栒子、大花溲疏、陕西荚蒾、鹅耳枥、臭檀、青檀、朴树，共 9 种占 56.3%；属区域三级保护的有小叶朴，占 6.2%。并提出了加强植物保护的措施。

关键词：济南近郊风景区；珍稀野生植物；优先保护

Abstract：Based on field surveys of wild plants In the suburban landscape, the use of endangered factor, genetic factor and species value coefficient value, made quantitative analysis on priority of conservation order of 16 kinds of rare and endangered wild plants species of suburban landscape in Jinan city. The results showed that there is a first level regional conservation on melon wood, big-leaf ash, Huang Jing, wild walnut, Shandong Guanzhong, Elm. They accounted for 37.5% of total species; second level conservation on hairy cherry, Polygonatum, Shandong Cotoneaster, big flower Deutzia, Shaanxi Viburnum, hornbeam, smelly Tan, Pteroceltis, hackberry, accounting for 56.3% of total; third conservation were lobular Park, accounting for 6.2%. Measures to strengthen plant protection were proposed.

Key words：Jinan City Suburban Landscape Areas; Rare Wild Plants; Priory Conservation

植物资源是人类赖以生存的资源，是生态系统的第一生产力。然而，随着现代工业文明的快速发展，人口的急剧膨胀和全球一体化步伐的加快，却造成了植物资源的迅速下降，大量物种处于濒危状态。根据国际保护联盟（IUCN）物种保护中心估计，全球约有 2.5－3 万种植物正面临灭绝[1]。中国是世界上植物多样性最丰富的国家之一，又是植物多样性受到严重威胁的国家之一，有 4000－5000 种高等植物处于濒危或受威胁状态[2]，是中国高等植物总数的 15%－20%。基于上述原因，INCN 先后出台了定性分析的优先保护顺序方案[1]和强调量化指标的"国际濒危物种等级新标准"[3]。我国也先后出版了《中国珍稀濒危保护植物名录》第 1 册[4]，《中国珍稀濒危植物》[5]和《中国植物红皮书》第一册[6]。1999 年由国务院公布了《国家重点保护野生植物名录（第一批）》，对全国范围内的重点植物确定了保护等级。这些级别的确立是从全国范围情况来考虑的，而一种植物在不同的区域应有不同的情况和表现，因此各地区在植物多样性保护方面应根据本地区情况确定相应的优先保护顺序。

近年来，我国对珍稀濒危植物优先保护评价的定量研究做了大量工作[7-10]，对济南市近郊风景区野生植物资源的科学考察始于 20 世纪 90 年代初，由济南市园林局组织有关技术人员对龙洞风景区的野生植物资源进行了普查，撰写了普查名录，但未提出有关保护方面的措施。本研究在上次调查和本次调查的基础上，根据《国家重点保护野生植物名录（第一批）》、《山东稀有濒危植物》[11]及本区域野生植物稀有濒危情况，确立济南近郊风景区分布的需保护的野生植物种类，并以此为研究对象进行定量和综合评价，确定优先保护等级，为该地区野生植物保护提供依据。

1　概况

济南近郊风景区位于济南市区东南部，包括龙洞、千佛山两大省级风景区，东至大白云山，西至大佛头、黄石崖，南至城墙岭，毗邻南绕城，北至旅游路。最高海拔 594m，山体呈东南西北走向，东高西低。该地区属暖温带大陆性气候，四季分明，冬季寒冷干燥，夏季炎热多雨，春季干燥少雨，秋季天高气爽。该地区为北方少见的喀斯特地貌区，沟壑纵横，区域环境复杂，具有独特的小气候条件，因此植物种类较丰富。据调查统计，共有植物种类 100 余科 300 余种，有济南地区植物王国之称。

2　研究方法

2.1　调查方法

根据《国家重点保护野生植物名录（第一批）》、《山东稀有濒危保护植物》，通过对济南近郊风景区野生植物调查资料、笔者多年工作积累资料以及相关文献进行统计分析，确定出该地区保护植物种类。对拟保护植物物种采用线路法和样方法进行野外补点调查，记录各种物种分布地点、株数等数量特征，依据各方面的调查资料获取各物种的存在度、多度和年龄结构等数量指标值。

2.2 濒危等级综合评价的计算[7-10,12]

2.2.1 濒危系数 (Ct)

用以表示某种植物种在自然分布状态下其种群的濒危程度，确定如下定量评价指标。

（1）国内分布溻度。根据资料统计[11,13]按某植物物种在全国范围内分布省（直辖市或自治区）的数量而评分，最高设3分，其中3分为1—5省分布；2分为6—10省分布；1分为11省以上分布。

（2）区域内分布溻度。根据野外调查和资料统计[14]，按某物种在该地区分布地的数量来分级，最高设5分，其中：5分为1—2处分布；4分为3—4处分布；3分为5—7处分布；2分为8—10处分布；1分为11处以上分布。

（3）区域内多度。根据区域内某植物实际现存的植株数量而评分。具体评分标准见表1。

区域现存多度评分标准　　　　表1

评分	木本植物（株）	草本植物（株）
6	1	<50
5	2—10	51—200
4	11—100	201—1000
3	101—1000	1001—10000
2	1001—10000	10001—100000
1	>10000	>100000

（4）区域内种群年龄结构。根据种群更新苗，幼年期，成熟期，老年期4个年龄阶段的个体比例，确定种群年龄结构类型，并给予评分，种群各年龄阶段植物个体恰当，其种群数量呈上升趋势，即从更新苗到老年期植株数目逐渐减少，为稳定型得1分；种群中缺乏幼年植物，为间歇型得2分；种群中缺乏更新苗，为衰退型得3分；种群中只有成熟期和老年期植物，为极度衰退型得4分。区域内各植物所有种群的平均得分为该植物种群的年龄结构分。

（5）潜在人为破坏。潜在人为破坏主要是人们对资源植物砍伐、采挖的欲望。由于该区域地处近郊，景区建设、市民游览等人为干扰强烈，故把这些因素考虑在内，最高设4分，其中4分为某种植物需求量大，而又无人工栽培。或某些植物量少，又处于人为干扰强烈地区；3分为市场需求量大，有少量人工栽培但人们崇尚野生来源。或某些植物数量大，人为干扰一般；2分为某植物现已广泛人工栽培或经济价值较小。或某些植物数量大，人为极少干扰；1分为某种植物尚未被利用，或某些植物数量大，无人为干扰。

（6）专业人员的管理素质。分3个档次：3分为对某种植物根本不认识，当地未给植物取名或在当地存在同名异物或者同物异名现象；2分为认识某些植物但普遍不知其为保护植物，对其所管辖范围内的分布、现状知之甚少；1分为对某植物有较全面的认识。

（7）濒危系数的计算与濒危程度的分类。在对上述六项指标定量评价以后，计算各物种的濒危系数 Ct，即 Ct

$$= \sum_{i=1}^{6} X_i / \sum_{i=1}^{6} Max_i$$

对于各植物濒危系数的计算结果作如下划分：濒危种：Ct>0.8000；渐危种：Ct 在 0.6001—0.8000 之间；稀少种：Ct 在 0.4000—0.6000 之间；较安全种：Ct<0.4000。

2.2.2 遗传价值系数 (Cg)

遗传价值系数用以表示某种灭绝后，对生物多样性可能产生的遗传基因损失的程度，是对濒危植物物种潜在遗传价值的定量评价。主要考虑以下指标：

（1）种型情况。根据该物种所在科的数量来评分（不包括变种及以下单位）[15-16]。5分为单型科种（所在科仅1属1种）；4分为少型科种（所在科含2—3种）；3分为单型属种（所在属仅含1种）；2分为少型属种（所在属含2—3种）；1分为多型属种（所在属含4种以上）。

（2）特有情况。根据种的特有分布程度而评分，特有程度越高，潜在遗传价值就越大。最高设5分，其中：5分为本区域特有；4分为省特有；3分为区域特有（2—4省连续分布）；2分为中国特有；1分为非中国特有。

（3）遗传价值系数的计算。Cg的计算公式如下：Cg

$$= \sum_{i=1}^{2} X_i / \sum_{i=1}^{2} Max_i$$

2.2.3 物种价值系数 (Cs)

（1）学术价值。按3级评分：5分为孑遗植物，或在研究植物区系和系统发育等方面有重要的科学价值；3分为非孑遗植物，但在学术上有一定的价值；1分为无明显学术价值。

（2）生态价值。根据某植物在群落中的重要性按5级评分；5分为建群种；4分为共建种；3分为群落中除建群种外的优势种；2分为亚优势种；1分为其他。

（3）经济价值。按3级评分：3分为珍贵的经济植物，如珍贵的用材种，药用植物，观赏植物以及育种材料等；2分为有一定价值的物种；1分为无特殊用途的植物。

（4）物种价值系数的计算。Cs 计算公式如下：Cs =

$$\sum_{i=1}^{3} X_i / \sum_{i=1}^{3} Max_i$$

2.2.4 综合评价值 (Vs) 的确立

评价物种的综合评价值应综合考虑物种受威胁程度，遗传多样性损失大小和物种价值，但三者中物种受威胁程度是最重要的，是长期以来确定优先保护顺序的主要科学依据，所以综合评价应重点考虑物种受威胁程度。根据层次分析法得到的3个指标的权重值和各指标变量的评价值，利用 Vs=Ct×60％+Cg×20％+Cs×20％，计算各物种的综合评价值。

2.2.5 保护等级评价方法

根据前人的研究结果，同时考虑济南近郊风景区的实际情况，将每一种植物的综合评价值进行分级，确定保护等级（表2）

保护等级评价　表2

综合评价值	保护等级	保护等级代号	定性描述
0.625－1.000	1级	I	珍稀濒危
0.500－0.624	2级	II	渐危
0.350－0.499	3级	III	稀有
＜0.350	等外	IV	

3　研究结果与分析

3.1　调查结果

济南近郊风景区拟保护野生植物有17种，国家三级保护1种，它们是：青檀（Pteroceltis tatarinowii Maxim）、山东省特有2种，它们是山东栒子（Cotoneaster schantungensis Klotz.）、山东贯众（Cyrtomium shandongense）；山东珍稀植物3种，它们是陕西荚蒾（Viburnum schensianum Maxim.）、野核桃（Juglans cathayensis Dode）、榔榆（Ulmus parvifolia Jacq.）；此外，根据1990年、2011年—2012年两次野外调查资料对比分析及笔者多次野外考察积累资料统计分析，毛樱桃［Cerasus tomentosa（Thunb.）Wall.］、玉竹［Polygonatum odoratum（Mill.）Druce］、黄精（Polygonatum sibiricum Delar. Ex Redoute）、鹅耳枥（Carpinus turczaninowii Hance）、朴树（Celtis sinensis Pers.）、小叶朴（Celtis bungeana Bl.）、大花溲疏（Deutzia grandiflora Bunge.）、臭檀［Euodia daniellii（Benn.）Hemsl.］、瓜木［Alangium platanifolium（Sieb. Et Zucc）Harms］、大叶白蜡（Fraxinus rhynchophylla Hance）等10种植物在该地区存在数量不多，受到人为干扰威胁，应加以保护。

3.2　评价指标值分析

根据上述公式，结合参考文献以及其他各方面资料，计算出16种野生保护植物的濒危系数（Ct）遗传价值系数（Cg）、物种价值系数（Cs），及其综合评价值（Vs）（表3）

济南近郊风景区稀有濒危保护植物综合系数评价　表3

种名	濒危系数							遗传价值系数			物种价值系数				Vs
	DFC	DFA	AA	AS	HF	ML	Ct(0.6)	ST	EN	Cg(0.2)	lv	EV	ECV	Cs(0.2)	
毛樱桃	1	5	5	4	1	2	0.720	1	2	0.3	1	1	2	0.308	0.568
玉竹	1	4	5	2	3	2	0.680	1	1	0.2	1	1	2	0.308	0.510
山东栒子	3	4	3	1	2	2	0.680	1	4	0.5	3	1	2	0.462	0.600
大花溲疏	2	4	4	1	1	2	0.640	1	2	0.3	1	1	3	0.385	0.521
陕西荚蒾	2	4	4	1	3	2	0.600	1	2	0.3	1	4	2	0.692	0.558
鹅耳枥	1	5	4	4	3	2	0.680	1	1	0.2	1	5	2	0.615	0.571
臭檀	1	4	3	4	3	2	0.600	1	1	0.2	1	5	2	0.615	0.523
青檀	1	4	3	4	2	2	0.560	3	2	0.5	1	5	3	0.846	0.605
瓜木	1	5	4	4	3	2	0.720	1	1	0.2	1	5	2	0.769	0.626
小叶朴	1	3	3	1	1	2	0.440	1	2	0.3	1	4	2	0.692	0.442
朴树	1	5	5	4	2	2	0.760	1	1	0.2	1	1	2	0.462	0.588
大叶白蜡	1	4	5	4	2	2	0.720	1	1	0.2	1	5	2	0.769	0.626
黄精	1	5	6	4	4	2	0.920	1	1	0.2	1	1	2	0.385	0.669
野核桃	1	5	5	4	3	3	0.800	1	1	0.2	1	5	2	0.538	0.648
山东贯众	3	5	4	3	1	3	0.840	1	1	0.5	1	1	1	0.385	0.681
榔榆	1	5	6	4	2	3	0.840	1	1	0.2	1	5	2	0.538	0.652

注：DFC－国内分布频度；DFA－区域内分布；AA－区域内多度；AS－年龄结构；HF－潜在的人为破坏；ML－管理人员影响；ST－种型情况；EN－特有情况；LV－学术价值；EV－生态价值；ECV－经济价值。

3.2.1　受威胁程度的评价

表3中的濒危系数（Ct）表明，济南近郊山区16种拟保护植物中，属于濒危种的有黄精、山东贯众、榔榆；属于渐危种的有毛樱桃、玉竹、山东栒子、大花溲疏、鹅耳枥、瓜木、朴树、大叶白蜡、野核桃；属于稀少种的有陕西荚蒾、臭檀、青檀、小叶朴。

3.2.2　优先保护顺序分析

表3中的综合评价值（Vs）表明，济南近郊风景区16种拟保护植物中达到区域一级保护级别有瓜木、大叶白蜡、黄精、野核桃、山东贯众、榔榆；达到区域二级保护级别的有毛樱桃、玉竹、山东栒子、大花溲疏、陕西荚蒾、鹅耳枥、臭檀、青檀、朴树；达到区域三级保护级别的有小叶朴。

4 讨论

（1）本研究结果表明，国家、省保护植物的保护级别与本区域优先保护顺序并不完全一致，分析原因是环境、社会等共同作用的结果。因此在确立优先保护顺序时可参考该研究结果，把有限的力量投入到最急切的工作中去，保护好相关野生植物资源。

（2）根据本研究结果，结合保护植物的地理分布信息，划定植物保护区，为处理好风景区的开发建设、旅游观光与植物保护关系提供依据。

（3）城市近郊风景区管理部门应与高校、科研机构开展合作，加强植物资源调查及保护生物学研究，每隔数年进行一次受威胁程度的评估，以检测它们的动态变化，并以此指导保护工作，为城市生物多样性保护做出贡献。

（4）由于该区域靠近市区，市民到景区游览的较多，加之景区周边住有相当数量的居民，因此，该区域的植物保护工作有赖于市民、社区公众的理解、支持和参与。当地管理部门应充分利用各种宣传媒介，加大宣传力度，开展科普教育，让市民、社区居民了解稀有濒危植物保护的重要性，培养他们爱护大自然、爱护野生动植物的意识与观念，在民众中建立起资源可持续利用的观念，提高人们的保护意识，形成全社会保护生物多样性的良好风尚。

参考文献

[1] Lucas Gren, Synge Hugh. The IUCN plant Data Book [M]. Dawn：The Greshan Press, 1980：3-31.
[2] 裴盛基. 植物资源保护[M]. 北京：中国环境科学出版社，2009：6.
[3] 王献溥. 关于IUCN红色名录类型和标准的应用[J]. 植物资源与环境，1996.5(3)：46-51.
[4] 国家环保局，中国科学院植物研究所. 中国珍稀濒危植物保护名录[M]. 北京：科学出版社，1987：1-96.
[5] 傅立国. 中国珍稀濒危植物[M]、上海：上海教育出版社，1969：1-364.
[6] 傅立国. 中国植物红皮书—稀有濒危植物：第一册[M]. 北京：科学出版社，1991：1-187.
[7] 许再富，陶国达. 地区性的植物受威胁及优先保护综合评价方法探讨[J]. 云南植物研究，1987，9(2)：19-20.
[8] 薛达元，蒋明康，李正方，等. 苏浙皖地区珍稀濒危植物分级指标研究[J]. 中国环境科学，1991.11(3)：161-166.
[9] 刘小雄，颜立江，刘亭平. 珍稀植物优先保护分级指标的研究[J]. 湘潭师范学院学报：自然科学版，2001.23(2)：42-46.
[10] 任毅，黎淮平，刘胜祥. 神农架国家重点保护植物优先保护的定量研究[J]. 吉首大学学报：自然科学版，1999.20(3)：20-24.
[11] 王仁卿，张昭洁. 山东稀有濒危保护植物[M]. 济南：山东大学出版社，1993：1-143.
[12] 方元平等. 鄂东大别山国家保护野生植物优先保护定量研究[J]. 植物研究，2008.28(3)380-384.
[13] 中国科学院植物研究所. 中国高等植物图鉴[M]. 北京：中国科学出版社.1972：1—5册.
[14] 韩子奎，李景全，董兆昌. 济南树木志[M]. 济南：山东科学技术出版社，2009：1-539.
[15] 吴征镒. 中国种子植物属的分布类型[J]. 云南植物研究，1991. 增刊IV：1-39.
[16] 李锡文. 中国种子植物区系统计分析[J]. 云南植物研究，1996.18(4)：363-384.

作者简介

[1] 王禄，男，1968年生，在职硕士研究生，济南市林场，工程技术应用研究员、副场长，山东省科技成果评审委员会专家，从事森林培育、园林植物应用保护工作，电子邮箱：lcyjx_2008@126.com。
[2] 汪玉静，济南市林场。
[3] 杨波，济南市林场。
[4] 刘在哲，济南市林场。

呼和浩特市园林树木有害生物调查及发生形势分析

Survey and Analysis on Pests of Garden Trees in Hohhot

薛国红　田素萍　郝　亮　闫海霞

摘　要：2008—2010 年，采用踏查和样地调查相结合的方法，对呼和浩特市各公园、游园、广场、道路以及部分庭院绿地的园林树木有害生物进行调查，鉴定确认危害呼和浩特市园林树木的害虫有 83 种，其中刺吸式害虫 32 种，食叶害虫 30 种，蛀干害虫 14 种，地下害虫 7 种；主要病害 19 种，其中叶部病害 14 种，枝干病害 5 种。根据近几年呼和浩特市气候的变化，对有害生物发生形势进行了分析，为今后呼和浩特市园林树木有害生物防治提供科学依据。

关键词：呼和浩特市；园林树木；有害生物；调查

Abstract：Harmful pests of garden trees surveys were carried out on all the major parks, gardens, squares, roads and green courtyards in Hohhot in 2008 to 2010. A total of 83 insect species were identified including 32 kinds of sucking insects, 30 defoliator species, 14 kinds of trunk borers and 7 kinds of underground insect pests. 19 diseases were found, including 14 leaf disease and 5 trunk disease. In order to provide scientific proof for pest control of garden trees, analysis was made on the occurrence trend of more widespread and serious pests briefly according to climate change of Hohhot in recent years.

Key words：Hohhot；Garden Trees；Pests；Survey

近几年，呼和浩特市城市绿化建设发展迅速，城市绿化面积由 2004 年 2945.9 公顷增加到 2009 年 5183.2 公顷，绿化覆盖率由 2004 年 23.36% 增加到 2009 年 35.45%[1]。2010 年呼和浩特市全面达到国家森林城市的考核要求，被授予"国家森林城市"称号。在城市绿化快速发展的同时，城市绿化理念发生了转变，由注重美化、以种植草坪为主转向关注生态、以栽植树木为主；城市绿化形式由简单变得丰富，由过去以杨、柳、榆树为主要树种的单一栽植形式发展到现今有 50 多个主要绿化树种的多种配置栽植形式。随着城市绿化树种的增多，栽植数量的加大，以其为寄主的有害生物的侵入和危害概率也随之增加。

因此确切掌握呼和浩特市园林树木有害生物种类及危害现状，并分析其发生形势，对于建立呼和浩特市园林有害生物无公害治理技术体系显得尤为重要。本研究于 2008－2010 年对呼和浩特市城区内园林树木有害生物种类、危害基本情况及发生形势进行了调查与分析，为有害生物治理提供一定的参考。

1　调查地概况

呼和浩特市位于内蒙古自治区中部，属中温带大陆性季风气候，干旱半干旱地区，年平均降水量 400mm 左右，但近年来只能达到 200－300mm，夏季降水量多，集中在 7－9 三个月，占全年降水量 70% 以上。年蒸发量 1784.6mm，相对湿度为 42－69%，气候干燥，昼夜温差大，四季寒暑明显，春季风大沙多，夏季炎热短暂，秋季雨量集中，冬季寒冷漫长，常形成强劲的西北风。呼和浩特市城市园林绿化应用较多的植物材料约有 48 个品种

（类）。其中常绿针叶植物材料 8 种，阔叶落叶乔木 16 种，地被植物 3 种，攀缘植物 3 种，草坪 3 种（类）。常绿针叶植物材料：油松、樟子松、云杉、青杆、白杆、桧柏、侧柏、沙地柏等。阔叶落叶乔木：垂柳、旱柳、白榆、垂榆、国槐、龙爪槐、洋槐、桃叶卫茅、新疆杨、辽杨、北京杨、山桃、白蜡、火炬树、皂角、暴马丁香等。花灌木：紫丁香、白丁香、辽东丁香、黄刺玫、玫瑰、榆叶梅、连翘、珍珠梅、红瑞木、小叶女贞、太平花、蒙古绣线菊、紫穗槐、猥实、忍冬等。

2　调查方法

2.1　有害生物种类调查

2008－2010 年，在呼和浩特市各公园、游园、广场、道路以及部分庭院绿地，对现有主要园林绿化树种的有害生物发生情况进行全面调查，调查采用踏查和样地调查相结合的方法进行[2]，采集有害生物及受害树木标本，野外记录编号，通过查找资料图书鉴定或送专家鉴定[3-10]。

2.2　有害生物危害程度调查

在踏查的基础上，对受害绿地设置标准地随机取样[11]，每个样方根据绿地的实际情况取 30－200 株不等的树木，详细调查记录各种有害生物的寄主、危害部位和危害程度等。刺吸叶片害虫、食叶害虫和叶部病害按单株受害叶片占全株叶片的 15% 以下、16%－25%、25% 以上，蛀干害虫、刺吸枝干害虫、地下害虫和枝干病害按受害株占总株数的 6%－15%、16%－50%、51% 以上，将

危害程度分为轻微、中等、严重，分别用＋、＋＋、＋＋＋表示。

3 调查结果

呼和浩特园林树木主要害虫有83种，其中同翅目23种，鳞翅目23种，鞘翅目22种，半翅目6种，膜翅目5种，直翅目1种，缨翅目1种，蜱螨目2种（表1—表4）。主要病害有19种，其中子囊菌10种，担子菌3种，半知菌6种（表5）。虫害危害轻度占82%，中度占18%；病害危害轻度占47%，中度占53%。

4 有害生物发生形势分析

4.1 有害生物发生现状

调查结果表明，呼和浩特园林树木有害生物危害轻度占75%，中度占25%。虫害以刺吸害虫为害范围比较广，其中中国槐蚜、柳倭蚜、桃蚜、桃瘤蚜、禾谷缢管蚜、柳黑毛蚜为害比较严重；食叶害虫种类较多，但危害程度较轻，其中天幕毛虫为害比较严重；蛀干害虫多为弱寄生性害虫，其中桃红颈天牛、双条杉天牛、多毛小蠹、果树小蠹对老树、弱树为害比较严重；地下害虫种类较少，危害程度较轻。病害以杨柳树腐烂病、杨树叶锈病、蔷薇白粉病、榆叶梅穿孔病等发生范围比较广，其中杨柳树腐烂病发生比较严重。

4.2 有害生物发生原因及趋势分析

4.2.1 园林树木种类增多，导致以其为寄主的有害生物种类增加

呼和浩特的自然气候条件限制了园林植物种类的应用，但随着全球气候转暖，以及绿化植物种类的丰富，呼和浩特应用较多的绿化树木已达40多种，一些边缘树种成为主要绿化材料，被广泛用于城市园林绿化。丰富的寄主植物决定了有害生物种类增多。

4.2.2 大量调运栽植外地苗木，促进有害生物传播

由于城市园林绿化建设发展迅速，本地区的苗木已远远不能满足绿化建设的需求。2008－2010年，呼和浩特平均每年从外地调入苗木达300万株。大量从外地调运苗木，促进了有害生物传播蔓延，导致有害生物入侵增加。

4.2.3 异常气候频发，增加有害生物发生诱因

据统计，近20年来全球气温平均增高了0.6℃。近几年呼和浩特出现各种异常气候，暖冬、倒春寒、持续低温和持续高温交替出现。由于气候异常，导致那些以环境为诱因的有害生物日趋严重，一些次要有害生物上升为主要危害种类[12]。

4.2.4 栽植管理不当，抵御有害生物能力减弱

呼和浩特城市绿化发展迅速，存在管理滞后，养护粗放等现象，导致一些区域园林树木生长不良，抗逆性和抵御有害生物能力差，极易受到有害生物侵袭。

呼和浩特市园林树木刺吸式害虫 表1

序号	害虫名称和拉丁学名	分类地位	主要寄主	主要危害时期	危害程度
1	茶翅蝽 *Halyomorpha halys* (Stal)	半翅目蝽科	梨、丁香、榆、山楂、樱桃	7—9月	＋
2	斑须蝽 *Dolycoris baccarum* (Linnaeus)	半翅目蝽科	丁香	6—8月	＋
3	金绿真蝽 *Pentatoma metallifera* (Motschulsky)	半翅目蝽科	榆	5—9月	＋
4	细齿同蝽 *Acanthosoma denticauda* Jakovlev	半翅目同蝽科	栎、山楂、落叶松、梨	7—9月	＋
5	横带红长蝽 *Lygaeus equestris* (Linnaeus)	半翅目长蝽科	榆	5—8月	＋
6	三点苜蓿盲蝽 *Adelphocoris fasciaticollis* Reuter	半翅目盲蝽科	枸杞、榆	6—8月	＋
7	大青叶蝉 *Cicadella viridis* (Linnaeus)	同翅目叶蝉科	杨	5—10月	＋＋
8	槐豆木虱 *Cyamophila willieti* (Wu)	同翅目木虱科	国槐	6—9月	＋
9	落叶松球蚜 *Adelges laricis* Vallot	同翅目球蚜科	云杉和落叶松	7—8月	＋
10	柳倭蚜 *Phylloxerina salicis* Lichtenstein	同翅目根瘤蚜科	柳	4—9月	＋＋
11	居松长足大蚜 *Cinara pinihabitans* (Mordvilko)	同翅目大蚜科	油松	4—6月	＋
12	柳瘤大蚜 *Tuberolachnus saligna* (Gmelin)	同翅目大蚜科	柳	3—11月	＋
13	杨白毛蚜 *Chaitophorus populialbae* (Boyer de Fonscolombe)	同翅目毛蚜科	杨	5—6月	＋
14	柳黑毛蚜 *Chaitophorus saliniger* Shinji	同翅目毛蚜科	柳、槐	5—9月	＋＋
15	肖绿斑蚜 *Chromocallis similinirecola* Zhang	同翅目斑蚜科	榆、榆叶梅	4—6月	＋
16	秋四脉绵蚜 *Tetraneura akinire* Sasaki	同翅目绵蚜科	榆	5—9月	＋＋

园林植物保护

序号	害虫名称和拉丁学名	分类地位	主要寄主	主要危害时期	危害程度
17	桃蚜 *Myzus persicae* (Sulzer)	同翅目蚜科	杏、山桃	5—6 月和 9—10 月	++
18	桃瘤蚜 *Tuberocephalus momonis* (Matsumura)	同翅目蚜科	山桃	5—7 月	++
19	禾谷缢管蚜 *Rhopalosiphum padi* (Linnaeus)	同翅目蚜科	榆叶梅、紫叶矮樱	5—7 月	+
20	柳蚜 *Aphis farinosa* Gmelin	同翅目蚜科	柳	5—7 月	+
21	中国槐蚜 *Aphis sophoricola* Zhang	同翅目蚜科	国槐	5—6 月和 8—9 月	++
22	吹绵蚧 *Icerya purchasi* Maskell	同翅目绵蚧科	杨、卫矛、蔷薇科植物	4—6 月	+
23	杜松铠粉蚧 *Crisicoccus pini* (Kuwana)	同翅目粉蚧科	油松、杜松等	5—7 月	+
24	白蜡蚧 *Ericerus pela* Chavannes	同翅目蜡蚧科	白蜡	3—8 月	+
25	桦树绵蚧 *Pulvinaria betulae* (Linnaeus)	同翅目蚧科	桦	4—9 月	+
26	朝鲜毛球蚧 *Didesmococcus koreanus* Borchsenius	同翅目蚧科	杏、李、桃	4—5 月	+
27	远东杉苞蚧 *Physokermes jezoensis* Siraiwa	同翅目蚧科	云杉	5—6 月	+
28	桑白盾蚧 *Pseudaulacaspis pentagona* (Targioni—Tozzetti)	同翅目盾蚧科	桃、桑、国槐、李、杏、丁香、葡萄等	5—7 月	+
29	柳蛎盾蚧 *Lepidosaphes salicina* Borchsenius	同翅目盾蚧科	杨	5—6 月	+
30	女贞饰棍蓟马 *Dendrothrips ornatus* (Jablonowsky)	缨翅目蓟马科	丁香	3—5 月	+
31	山楂叶螨 *Tetranychus viennensis* Zacher	蜱螨目叶螨科	榆叶梅、山楂、山桃等	7—8 月	+
32	杨柳叶螨 *Eotetranychus populi* (Koch)	蜱螨目叶螨科	杨、柳	6—7 月	+

呼和浩特市园林树木食叶害虫　　　　　　　　　　　　　　　　表 2

序号	害虫名称和拉丁学名	分类地位	主要寄主	主要危害时期	危害程度
1	柳叶瘿叶蜂 *Pontania* sp.	膜翅目叶蜂科	柳	6—11 月	++
2	榆三节叶蜂 *Arge captiva* Smith	膜翅目三节叶蜂科	榆	5—8 月	+
3	北京杨锉叶蜂 *Pristiphora beijingensis* Zhou et Zhang	膜翅目叶蜂科	杨	7—10 月	+
4	拟蔷薇切叶蜂 *Megachil subtranguilla* Yasumatsu	膜翅目切叶蜂科	蔷薇科植物、丁香、杨、槐、白蜡等	6—8 月	+
5	大斑虎芫菁 *Mylabris phalerata* Pallas	鞘翅目芫菁科	紫穗槐、豆科、茄科植物	6—8 月	+
6	绿芫菁 *Lytta caraganae* Pallas	鞘翅目芫菁科	锦鸡儿等植物	5—9 月	+
7	中华豆芫菁 *Epicauta chinensis* Laporte	鞘翅目芫菁科	槐、锦鸡儿等植物	5—8 月	+
8	杨叶甲 *Chrysomela populi* Linnaeus	鞘翅目叶甲科	杨、柳	5—8 月	+
9	柳圆叶甲 *Plagiodera versicolora* (Laicharting)	鞘翅目叶甲科	垂柳、旱柳	4—10 月	+
10	黑斜纹象甲 *Chromoderus declivis* Olivier	鞘翅目象甲科	杨、柳	6—10 月	+
11	柳细蛾 *Lithocolletis pastorella* Zeller	鳞翅目细蛾科	柳	6—9 月	+
12	卫矛巢蛾 *Yponomeuta polystigmellus* Felder	鳞翅目巢蛾科	卫矛	4—6 月	++
13	松针小卷蛾 *Epinotia rubiginosana* (Herrich-Schaffer)	鳞翅目卷蛾科	油松	4—6 月	++
14	中国绿刺蛾 *Parasa sinica* Moore	鳞翅目刺蛾科	蔷薇科、杨、珍珠梅等	7—9 月	+
15	国槐尺蠖 *Semiothisa cinerearia* Bremer et Grey	鳞翅目尺蛾科	国槐、龙爪槐、杨、柳、杏、山桃、黄刺玫	4—9 月	+
16	卫矛尺蠖 *Abraxas suspecta* Warren	鳞翅目尺蛾科	丝棉木、卫矛、榆、槐、杨、柳等	5—9 月	+

序号	害虫名称和拉丁学名	分类地位	主要寄主	主要危害时期	危害程度
17	杨扇舟蛾 *Clostera anachoreta* (Fabricius)	鳞翅目舟蛾科	杨、柳	5—9月	+
18	舞毒蛾 *Lymantria dispar* (Linnaeus)	鳞翅目毒蛾科	杨、柳、榆、银杏	5—6月	+
19	柳雪毒蛾 *Leucoma candida* (Staudinger)	鳞翅目毒蛾科	杨、柳	4—9月	+
20	人纹污灯蛾 *Spilarctia subcarnea* (Walker)	鳞翅目灯蛾科	蔷薇、榆、杨	5—9月	+
21	柳裳夜蛾 *Catocala electa* (Borkhauson)	鳞翅目夜蛾科	杨、柳、榆	4—6月	+
22	黄褐天幕毛虫 *Malacosoma neustria testacea* Motschulsky	鳞翅目枯叶蛾科	杏、山桃、杨、柳、榆、黄刺玫、榆叶梅、李子树	4—6月	++
23	梨星毛虫 *Illiberis Pruni* (Dyar)	鳞翅目斑蛾科	梨、苹果、樱花、杏等	4—6月	+
24	柳天蛾 *Smerinthus planus* Walker	鳞翅目天蛾科	杨、柳	6—8月	+
25	枣桃六点天蛾 *Marumba gaschkewitschi gaschkewitschi* (Bremer et Grey)	鳞翅目天蛾科	杏、桃、苹果	6—10月	+
26	红节天蛾 *Sphinx ligustri constricta* Butler	鳞翅目天蛾科	丁香	6—9月	+
27	榆绿天蛾 *Callambulyx tatarinovi* (Bremer et Grey)	鳞翅目天蛾科	榆、卫矛、杨、柳	6—9月	+
28	白须绒天蛾 *Kentrochrysalis sieversi* Alpheraky	鳞翅目天蛾科	卫矛、连翘、白蜡	6—9月	+
29	山楂粉蝶 *Aporia crataegi* (Linnaeus)	鳞翅目粉蝶科	苹果、梨、山楂、杏、樱桃等	3—7月	+
30	柳紫闪蛱蝶 *Apatura ilia* (Denis et Schiffermüller)	鳞翅目蛱蝶科	柳、杨	7—10月	+

呼和浩特市园林树木蛀干害虫   表3

序号	害虫名称和拉丁学名	分类地位	主要寄主	主要危害时期	危害程度
1	黑顶扁脚树蜂 *Tremex apicalis* Matsumura	膜翅目树蜂科	杨、柳	5—9月	+
2	光肩星天牛 *Anoplophora glabripennis* (Motschulsky)	鞘翅目天牛科	杨、柳、榆	6—7月	+
3	桃红颈天牛 *Aromia bungii* (Faldermann)	鞘翅目天牛科	山桃、杏	6—7月	++
4	锈色粒肩天牛 *Apriona swainsoni* (Hope)	鞘翅目天牛科	国槐	外调苗木携带	
5	双条衫天牛 *Semanotus bifasciatus* (Motschulsky)	鞘翅目天牛科	桧柏、侧柏、杜松	4—6月	++
6	芫天牛 *Mantitheus pekinensis* Fairmaire	鞘翅目天牛科	杨、油松	7—9月	+
7	曲牙锯天牛 *Dorysthenes hydropicus* (Pascoe)	鞘翅目天牛科	柳	5—11月	+
8	臭椿沟眶象 *Eucryptorrhynchus brandti* (Harold)	鞘翅目象甲科	臭椿	4—8月	++
9	日本双棘长蠹 *Sinoxylon japonicus* Lesne	鞘翅目长蠹科	国槐、白蜡、刺槐	4—10月	+
10	多毛小蠹 *Scolytus seulensis* Murayama	鞘翅目小蠹科	山桃、杏、榆	5—7月	++
11	果树小蠹 *Scolytus japonicus* Chapuis	鞘翅目小蠹科	山桃、杏、榆	5—6月	+
12	脐腹小蠹 *Scolytus schevyrewi* Semenov	鞘翅目小蠹科	榆	4—10月	+
13	芳香木蠹蛾东方亚种 *Cossus cossus orientalis* Gaede	鳞翅目木蠹蛾科	杨、柳、榆、白蜡	5—6月	+
14	白杨准透翅蛾 *Paranthrene tabaniformis* Rottenburg	鳞翅目透翅蛾科	杨、柳	7—10月	+

呼和浩特市园林树木地下害虫

表4

序号	害虫名称和拉丁学名	分类地位	主要寄主	主要危害时期	危害程度
1	北京油葫芦 *Teleogryllus emma* (Ohmachi et Matsumura)	直翅目蟋蟀科	寄主广泛	8—10月	+
2	东方绢金龟 *Serica orientalis* Motschulsky	鞘翅目鳃金龟科	杨、柳、榆、苹果、杏等	4—6月	+
3	阔胫玛绢金龟 *Maladera verticalis* (Fairmaire)	鞘翅目鳃金龟科	榆、柳、杨、苹果	6—9月	+
4	苹毛丽金龟 *Proagopertha lucidula* (Faldermann)	鞘翅目丽金龟科	杨、柳、榆、丁香	4—5月	+
5	白星滑花金龟 *Liocola brevitarsis* (Lewis)	鞘翅目花金龟科	榆、柳、苹果	6—9月	+
6	沟线须叩甲 *Pleonomus canaliculatus* (Faldermann)	鞘翅目叩甲科	杨、柳、榆等	3—4月	+
7	小地老虎 *Agrotis ypsilon* (Rottemberg)	鳞翅目夜蛾科	杨、松、柳	5月和8月	+

呼和浩特市园林树木主要病害

表5

序号	害虫名称	病原和拉丁学名	分类	主要寄主	主要危害时期	危害程度
1	珍珠梅褐斑病	立枯丝核菌 *Rhizoctonia solani* kühn	半知菌	珍珠梅	8—10月	++
2	杨树叶锈病	马格栅锈菌 *Melampsora magnusiana* Wagner 杨栅锈菌 *Melampsora rostrupii* Wagner	担子菌	杨	8—10月	+
3	杨树灰斑病	东北球腔菌 *Mycosphaerella mandshurica* Miura	子囊菌	杨	4—10月	++
4	柳树叶斑病	柳生叶点霉 *Phyllosticta salicicola* Thum.	半知菌	柳	4—10月	++
5	榆叶梅褐斑病	李壳二孢菌 *Ascochyta pruni* Kab. et Bub.	半知菌	榆叶梅	6—10月	++
6	丁香白粉病	丁香叉丝壳菌 *Microsphaera syringae* A. Jaca.	子囊菌	丁香	6—10月	++
7	卫矛煤污病	煤炱菌 *Capnodium* sp.	子囊菌	卫矛	6—10月	+
8	黄刺玫锈病	蔷薇多孢锈菌 *Phragmidium rosaemultiflorae* Dietel.	担子菌	黄刺玫	7—10月	+
9	杨树白粉病	榛球针壳菌 *Phyllactinia corylea* (Pers.) Karst.	子囊菌	杨	6—10月	+
10	蔷薇白粉病	蔷薇单丝壳菌 *Sphaerotheca Pannosa* (Wallr.) Lev.	子囊菌	蔷薇科植物	6—10月	++
11	月季黑斑病	蔷薇放线孢菌 *Actinonema rosae* (Lib.) Fr.	半知菌	蔷薇科植物	5—10月	++
12	榆叶梅穿孔病	榆叶梅褐斑叶点霉 *Phyllosticta mume* Hara. 李生叶点霉 *Phyllosticta prunicola* (Opiz) Sacc.	半知菌	榆叶梅、山桃、红叶李、山杏等	6—10月	++
13	油松落针病	松针散斑壳菌 *Lophodermium pinastri* (Schrad.) Chev.	子囊菌	油松	4—10月	+
14	云杉叶枯病	云杉散斑壳菌 *Lophodermium uncinatun* Darker.	子囊菌	云杉	4—10月	+
15	杨柳树腐烂病	污黑腐皮壳菌 *Valsa sordida* Nit.	子囊菌	杨、柳	3—10月	++
16	杨树溃疡病	茶藨子葡萄座腔菌 *Botryosphaeria ribis* (Tode) Gross et Dugg	子囊菌	杨	4—10月	+
17	国槐腐烂病	多主小穴壳菌 *Dothiorella ribis* Gross et Duggar	半知菌	国槐	4—7月	+
		三隔镰孢菌 *Fusarium tricinctum* (Corda) Sacc.			3—7月	
18	山桃流胶病	贝伦格葡萄座腔菌 *Botryos phaeria berengeriana* de Not.	子囊菌	山桃、杏、火炬	6—10月	+
19	柳树腐朽病	柳生针孔菌 *Inonotus pruinosus* Bondartsev	担子菌	柳	4—10月	++

参考文献

[1] 呼和浩特市园林管理局. 呼和浩特市绿地台帐[J]. 呼和浩特, 2009.

[2] 陶卉. 厦门市绿化树害虫发生情况与生物防治[J]. 福建农业科技, 2007(4): 58-59.

[3] 徐公天, 杨志华. 中国园林害虫[M]. 北京: 中国林业出版社, 2007.

[4] 徐公天. 园林植物病虫害防治原色图谱[M]. 北京: 中国农业出版社, 2003.

[5] 徐志华. 园林苗圃病虫害诊治图说[M]. 北京: 中国林业出版社, 2004.

[6] 陆家云. 植物病原真菌学[M]. 北京: 中国农业出版社, 2001.

[7] 朱弘复, 王林瑶, 方承莱. 蛾类幼虫图册(一)[M]. 上海: 科学出版社, 1979: 32.

[8] 中国科学院动物研究所. 中国蛾类图鉴 Ⅰ、Ⅱ、Ⅲ、Ⅳ[M]. 北京: 科学出版社, 1982.

[9] 萧采瑜. 中国蝽类昆虫鉴定手册 半翅目异翅亚目 第一册[M]. 北京: 科学出版社, 1977.

[10] 萧采瑜. 中国蝽类昆虫鉴定手册 半翅目异翅亚目 第二册[M]. 北京: 科学出版社, 1981.

[11] 钱晓澍. 西宁地区白蜡绵粉蚧发生现状调查[J]. 中国森林病虫, 2010, 29(3): 24-26.

[12] 国家林业局森林病虫害防治总站. 林业有害生物防治历(一)[M]. 北京: 中国林业出版社, 2010.

作者简介

[1] 薛国红, 1969年生, 女, 内蒙古, 硕士, 高级工程师, 内蒙古呼和浩特市园林科研植保站, 主要从事园林植保技术研究与推广工作。

[2] 田素萍, 内蒙古呼和浩特市园林科研植保站。

[3] 郝亮, 内蒙古呼和浩特市园林科研植保站。

[4] 闫海霞, 内蒙古呼和浩特市园林科研植保站。

荧光增白剂、寄主植物、LdNPV 地理品系对舞毒蛾幼虫中肠酯酶的影响

The Effect of Optical Brightener，Host Plants and Geographic Strains of LdNPV on the Midgut Esterase Activity of Gypsy Math Larvae

杨高鹏　薛国红　斯　琴　段立清

摘　要：荧光增白剂 Tinopal LPW、舞毒蛾核型多角体病毒（LdNPV）3 种不同地理品系（LdNPV-H 品系、LdNPV-D 品系、LdNPV-J 品系）以及它们的混合液共 6 个处理，蒸馏水及 Tinopal LPW 2 个对照，分别处理以青杨（*Populus cathayana* Rehd.）、落叶松（*Larix principis-rupprechtii* Mayr.）和山杏（*Aarmeniaca sibirica* Linn.）为寄主植物的舞毒蛾 5 龄幼虫，在 12h 到 96h 间分 5 个时间段测定舞毒蛾 5 龄幼虫中肠酯酶（Midgut esterase）比活力。结果表明：取食青杨、落叶松和山杏的舞毒蛾幼虫中肠酯酶变化趋势基本一致，取食 3 种寄主植物的舞毒蛾幼虫中肠酯酶比活力均在 72h 达到最大。寄主植物对舞毒蛾幼虫中肠酯酶活性影响差异显著。取食落叶松的舞毒蛾幼虫中肠酯酶比活力最高，山杏次之，青杨最低。取食不同寄主植物的舞毒蛾幼虫中肠酯酶活性在 12h、24h 所有处理均高于清水对照。72h 后取食不同寄主植物的舞毒蛾幼虫中肠酯酶活性所有处理均低于清水对照，并随时间逐渐降低。Tinopal LPW 对照与清水对照比较，对舞毒蛾幼虫中肠酯酶活性影响不大，但和纯病毒混合后抑制作用均高于纯病毒。

关键词：舞毒蛾；LdNPV；中肠酯酶；荧光增白剂；寄主植物

Abstract：The 5th instar larvae of gypsy moth fed with three host plants, green poplar (*P. cathayana* Rehd.), larch (*L. principis-rupprechtii* Mayr.) and Siberia apricot (*A. sibirica* Linn.), were treated with optical brightener Tinopal LPW, 3 virus strains (LdNPV-D, LdNPV-H, LdNPV-J) and their mixture with Tinopal LPW repectively. Totally there were 6 treatments and 2 controls (distilled water and Tinopal LPW). The activity of midgut esterase of larvae was measured 5 times from 12h to 96h post the treatment. The results showed out that the midgut esterase activity of gypsy math larvae fed with green poplar, larch and siberia apricot showed similar changes, and it reaches the maximum after 72h. The effect of host plants on the midgut esterase activity of gypsy math larvae was significant. The midgut esterase activity of gypsy math larvae fed on larch was higher than that fed on siberia apricot, and the midgut esterase activity of gypsy math larvae fed on green poplar was the lowest. The midgut esterase activity of gypsy math larvae fed with different host plants were higher than distilled water after 12h and 24h. The midgut esterase activity of gypsy math larvae fed with different host plants infected by all the treatments were lower than distilled water after 72h, and decreased gradually with time. There are no differences between Tinopal LPW and distilled water. The inhibition of the mixture of Tinopal LPW and pure virus is above the pure virus.

Key words：Gypsy Moth；LdNPV；Midgut Esterase；Optical Brightener；Host Plant

舞毒蛾核型多角体病毒（*Lymantria dispar* nuclear polyhedrosis virus，LdNPV）是影响舞毒蛾种群动态的主要因子之一，在世界各地防治中均取得了良好的效果。但病毒杀虫剂由于杀虫范围窄、作用速度较慢等原因，生产应用并不广泛，目前仅占整个农药市场的 0.2%[1]。Shapiro（1992）发现多种荧光增白剂对舞毒蛾核型多角体病毒具有增效作用[2]。

酯酶广泛存在于昆虫的很多重要组织器官，是昆虫体内重要的代谢酶系之一。酯酶具有参与酯类代谢、蛋白质代谢、解毒和信号传导等多种功能，主要通过控制昆虫体内众多的代谢途径来参与机体的免疫反应。酯酶对杀虫剂的作用具有双向性：一方面杀虫剂对酯酶活性有抑制作用，另一方面酯酶可对杀虫剂进行代谢。酯酶活力越大，消化食物能力越强。同时酯酶是昆虫体内重要的解毒酶系，对分解外源有毒物质，维持正常生理代谢起着很重要的作用。当化学农药或其他有毒物质入侵时，昆虫体内的酯酶活性会发生变化[3-4]。当昆虫的解毒酶系受到抑制

后，便可以延长外源毒物在昆虫体内的存留时间和运输传导，并发挥其毒效而导致昆虫中毒死亡[5]。

1　材料与方法

1.1　材料、试剂及仪器设备

LdNPV 病毒品系由加拿大太平洋森林中心（PFC）提供，分别为北美品系（LdNPV-D）、中国黑龙江品系（LdNPV-H）和日本品系（LdNPV-J）。

荧光增白剂 Tinopal LPW、α-醋酸萘酯 1-Naphthol acetate、磷酸二氢钠 Sodium dihydrogen phosphate、磷酸氢二钠 Disodium hydrogen phosphate dodecahydrate、α-萘酚 1-Naphthol、十二烷基硫酸钠 Sodium dodecyl sulphate、固蓝盐 B、丙酮 Acetone。

高速冷冻离心机（Hettich Zentrifugen GmbH& Co. KG）、TU-1810 紫外-可见分光光度仪、电子天平、移

液枪。

1.2 舞毒蛾的饲养与处理

舞毒蛾卵块去附毛，1％"84"消毒液中浸泡 10s，蒸馏水冲洗 3 次后置于气候培养箱（T ＝ 25℃ RH ＝ 60％ L：D ＝16：8）内孵化。孵化后分别用以上 3 种植物饲喂至五龄，选择同一天（24h）内进入 5 龄的大小、体重相近的虫体饥饿 24h 供试。

设 6 个处理 2 个对照，它们是：1×10^6 OBs/mL H 品系及其与 1％ Tinopal LPW 的混合液；1×10^6 OBs/mL 的 D 品系及其与 1％ Tinopal LPW 的混合液；1×10^6 OBs/mL 的 J 品系及其与 1％ Tinopal LPW 的混合液，以 1％ Tinopal LPW 和蒸馏水作对照。

将山杏、青杨叶剪成面积为 1cm² 方形，落叶松叶簇剪成直径为 1cm 一簇，每个叶片（簇）接毒 30μL 处理液，晾干。每种处理需 150 个叶片（簇），将处理的叶片（簇）放入养虫杯，每杯一叶片（簇），接入饥饿 24h 后的舞毒蛾 5 龄幼虫 1 头。取食 6h 后，挑取食完全部叶（簇）的幼虫接以上 3 种寄主植物上继续饲养。分别于 12h、24h、48h、72h、96h 取幼虫，用剪刀剪去头尾，用镊子抽出中肠，并用缓冲液冲洗肠中的食物残渣。此过程在冰盘中进行。放入低温冰箱（－37℃）储存备用。每个处理取 10 头幼虫，每处理 3 个重复，故 3 种寄主植物在一个时间段共取 720 头幼虫，5 个时间段共取 3600 头幼虫。

1.3 中肠酯酶酶液的制备

将备用中肠放入玻璃匀浆器中，加入 2ml 磷酸缓冲液（0.04 mol/L，pH ＝ 7），冰浴中匀浆至无明显组织块。将匀浆液倒入离心管内，离心 15 分钟（4000 rmp/分钟）。离心后吸取上清液，用缓冲液稀释 10 倍，即为酶液。以上所有操作均在冰浴中进行。

1.4 中肠酯酶酶活力测定[6]

在具塞试管内加入 5ml 底物溶液（3×10^{-4} mol/L α－醋酸萘酯）置 25℃下平衡 5min，加入酶液 1ml，立刻摇匀计时，置 25℃下温育 15min，立即加入显色剂 1ml 摇匀，中止反应并显色，30min 后，待出现稳定的蓝绿色，在分光光度计上测定 OD_{600} 值。对照以 1ml 缓冲液代替酶液，其余处理相同。

1.5 蛋白含量测定

参照 Bradford 的方法（Bradford，1976），用考马斯亮蓝染色，以牛血清白蛋白（BSA）作为标准蛋白[7]。

1.6 数据处理

采用 SPSS 13.0 数据处理软件进行方差分析。

2 结果与分析

2.1 舞毒蛾中肠酯酶在不同寄主植物、不同时间段的活力比较

取食青杨、落叶松和山杏的舞毒蛾 5 龄幼虫中肠酯酶比活力见图 1。

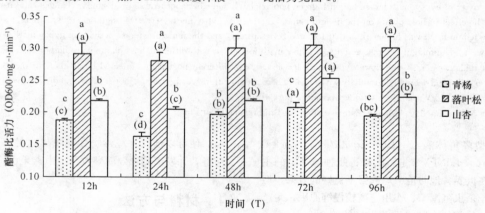

图 1 取食不同寄主植物对舞毒蛾幼虫中肠酯酶的影响

注：括号内字母表示相同寄主、不同时间舞毒蛾幼虫中肠酯酶的差异显著性；图中括号外字母表示相同时间不同寄主舞毒蛾幼虫中肠酯酶的差异显著性；P＝0.05

由图 1 可知，取食青杨、落叶松和山杏的舞毒蛾幼虫中肠酯酶变化趋势基本一致。在所测时间段内取食 3 种寄主植物的舞毒蛾幼虫中肠酯酶比活力均在 72 小时达到最大。取食青杨和山杏的舞毒蛾幼虫不同时间段中肠酯酶比活力差异显著，而取食落叶松的舞毒蛾幼虫不同时间段中肠酯酶比活力无显著差异。相同时间取食不同寄主植物的舞毒蛾幼虫中肠酯酶除 48 小时青杨和山杏之间没有差异外，12 小时、24 小时、72 小时、96 小时取食三种寄主植物的舞毒蛾幼虫中肠酯酶均存在显著差异。取食落叶松的舞毒蛾幼虫中肠酯酶活性最高，山杏次之，青杨最低。

2.2 相同寄主对舞毒蛾幼虫中肠酯酶的影响

Tinopal LPW 分别与 LdNPV 的 3 个品系混合，感染取食青杨、落叶松和山杏的舞毒蛾 5 龄幼虫，同一寄主植物、不同处理对舞毒蛾 5 龄幼虫各阶段中肠酯酶比活力的影响见表 1—表 3。

园林植物保护

病毒品系及荧光素对取食青杨的舞毒蛾 5 龄幼虫中肠酯酶活性的影响　　　　表 1

时间 处理	中肠酯酶比活力（OD600・mg^{-1}・min^{-1}）				
	12 小时	24 小时	48 小时	72 小时	96 小时
CK	0.188±0.003d（c）	0.163±0.006d（d）	0.198±0.005ed（b）	0.210±0.007a（a）	0.197±0.003a（bc）
LPW	0.197±0.006cd（b）	0.170±0.003cd（c）	0.211±0.004cd（a）	0.183±0.006b（c）	0.177±0.005b（c）
H	0.203±0.006c（b）	0.178±0.003c（c）	0.246±0.002a（a）	0.183±0.002b（bc）	0.172±0.018b（c）
D	0.198±0.007c（b）	0.178±0.003c（c）	0.218bc±0.002bc（a）	0.173±0.002b（c）	0.164±0.007b（d）
J	0.199±0.007c（b）	0.188±0.004b（bc）	0.231±0.004b（a）	0.184±0.007b（cd）	0.176±0.008b（d）
H+LPW	0.222±0.005b（a）	0.197±0.005ab（b）	0.191±0.005ef（b）	0.148±0.013c（c）	0.137±0.005c（c）
D+LPW	0.225±0.007b（a）	0.192±0.007b（b）	0.192±0.005f（b）	0.145±0.006c（c）	0.116±0.003d（d）
J+LPW	0.237±0.002a（a）	0.203±0.006a（b）	0.178±0.021f（c）	0.146±0.006c（d）	0.132±0.007c（e）

注：表中数据为平均值±标准误差；同列数据后字母表示相同时间不同处理之间的差异显著性分析结果；同行数据后括号内字母表示相同处理不同时间之间的差异显著性分析结果；$P=0.05$；下表相同

由表 1 可知，以青杨为寄主植物的舞毒蛾幼虫在 12h 时，所有处理的中肠酯酶活性均显著高于清水对照。3 种纯病毒与 LPW 对照相比无显著差异，3 种混合液均显著高于 LPW 对照和纯病毒处理；24h 所有处理的中肠酯酶活性均显著高于清水对照。J 处理和 3 种混合液处理均显著高于 LPW 对照。3 种混合液处理均显著高于纯病毒处理；48h 时 3 种纯病毒地理品系处理的中肠酯酶活性均显著高于清水对照，而 3 种混合液处理均低于清水对照，H 处理和 J 处理显著高于 LPW 对照，而 3 种混合液处理均显著低于 LPW 对照；72h 时所有处理的中肠酯酶活性均显著低于清水对照。3 种纯病毒地理品系与 LPW 对照相比无显著差异，而 3 种混合液处理均显著低于 LPW 对照和纯病毒处理。清水对照和 LPW 对照差异显著；96h 时72h 时所有处理的中肠酯酶活性均显著低于清水对照。3 种纯病毒地理品系与 LPW 对照相比无显著差异，而 3 种混合液处理均显著低于 LPW 对照和纯病毒处理。清水对照和 LPW 对照差异显著。

病毒品系及荧光素对取食落叶松的舞毒蛾 5 龄幼虫中肠酯酶活性的影响　　　　表 2

时间 处理	中肠酯酶比活力（OD600・mg^{-1}・min^{-1}）				
	12 小时	24 小时	48 小时	72 小时	96 小时
CK	0.291±0.017a（a）	0.280±0.013a（a）	0.301±0.018ab（a）	0.306±0.017a（a）	0.303±0.017a（a）
LPW	0.292±0.017a（a）	0.285±0.012a（a）	0.304±0.015a（a）	0.297±0.018a（a）	0.295±0.013ab（a）
H	0.315±0.019a（a）	0.299±0.017a（a）	0.312±0.019a（a）	0.284±0.019ab（ab）	0.264±0.011bc（a）
D	0.317±0.020a（a）	0.299±0.016a（ab）	0.312±0.019a（a）	0.279±0.014ab（b）	0.241±0.014cd（c）
J	0.322±0.021a（a）	0.305±0.017a（abc）	0.313±0.017a（ab）	0.277±0.016ab（bc）	0.276±0.022ab（c）
H+LPW	0.311±0.018a（a）	0.287±0.015a（ab）	0.271±0.015bc（b）	0.258±0.012b（b）	0.216±0.018d（c）
D+LPW	0.313±0.019a（a）	0.295±0.015a（ab）	0.273±0.017bc（bc）	0.262±0.015b（c）	0.219±0.012d（d）
J+LPW	0.320±0.019a（a）	0.298±0.017a（ab）	0.268±0.012c（bc）	0.254±0.013b（cd）	0.227±0.027d（d）

由表 2 可知，以落叶松为寄主植物的舞毒蛾幼虫在 12h 和 24h 时，所有处理的中肠酯酶活性均高于清水对照和 LPW 对照，但统计分析显示处理之间无显著差异。48h 时 3 种纯病毒处理的中肠酯酶活性均高于清水对照和 LPW 对照，3 种混合液处理均低于清水对照和 LPW 对照，但统计分析显示无显著差异。3 种混合液处理均显著低于纯病毒处理；72h 时 3 种纯病毒处理的中肠酯酶活性均低于清水对照和 LPW 对照，但统计分析显示无显著差异。3 种混合液处理均显著低于清水对照和 LPW 对照。3 种混合液处理与纯病毒处理相比无显著差异；96h 时所有处理的中肠酯酶活性均低于清水对照，D 处理和 3 种混合液处理均显著低于 LPW 对照，H+LPW 处理和 J+LPW 处理显著低于 H 处理和 D 处理。所测时间段内清水对照和 LPW 对照之间均无显著差异。

时间 处理	中肠酯酶比活力 (OD600・mg^{-1}・min^{-1})				
	12 小时	24 小时	48 小时	72 小时	96 小时
CK	0.218±0.004c (b)	0.205±0.004b (c)	0.219±0.003a (b)	0.255±0.008a (a)	0.225±0.005a (b)
LPW	0.224±0.004c (b)	0.205±0.001b (c)	0.219±0.004a (b)	0.247±0.005a (a)	0.221±0.003a (b)
H	0.224±0.007c (b)	0.216±0.009a (c)	0.207±0.002cd (d)	0.237±0.006b (b)	0.206±0.001b (d)
D	0.240±0.006b (a)	0.222±0.004a (b)	0.216±0.002ab (bc)	0.237±0.002b (b)	0.211±0.006b (c)
J	0.242±0.002ab (a)	0.220±0.001a (b)	0.212±0.004abc (bc)	0.236±0.004b (b)	0.206±0.005b (c)
H+LPW	0.251±0.007a (a)	0.219±0.001a (b)	0.199±0.004e (c)	0.222±0.003c (c)	0.191±0.006c (d)
D+LPW	0.250±0.008ab (a)	0.224±0.003a (b)	0.209±0.007bc (bc)	0.223±0.004c (c)	0.184±0.002c (d)
J+LPW	0.243±0.004ab (a)	0.223±0.001a (b)	0.200±0.004ed (c)	0.221±0.005c (c)	0.188±0.003c (d)

由表3可知，以山杏为寄主植物的舞毒蛾幼虫在12h时，除H处理外其他处理的中肠酯酶活性均显著高于清水对照和LPW对照。H处理和H+LPW处理差异显著；24h时所有处理均显著高于清水对照和LPW对照。纯病毒处理与混合液处理之间无显著差异；48h时除D处理和J处理外其他处理均显著低于清水对照和LPW对照。H处理和J处理显著高于H+LPW处理和J+LPW处理；72h时所有处理均显著低于清水对照和LPW对照。混合液处理显著低于纯病毒处理；96h时所有处理均显著低于清水对照和LPW对照。混合液处理显著低于纯病毒处理；所测时间段内清水对照和LPW对照之间均无显著差异。

3　结论与讨论

杨建霞等研究表明不同寄主植物对补充营养期松墨天牛的营养效应、酯酶与羧酸酯酶的活性有显著影响。研究发现马尾松是松墨天牛补充营养期的最适寄主，取食马尾松的松墨天牛雌、雄成虫体内酯酶和羧酸酯酶的活性也显著高于取食其他寄主的试虫[9]。王丽珍等用青杨、华北落叶松和山杏作为舞毒蛾幼虫的食料，研究表明3种寄主植物均可使舞毒蛾完成完整的世代，但华北落叶松最适合舞毒蛾的生长发育，山杏次之，青杨最不适宜[8]。本实验研究表明：取食青杨、落叶松和山杏的舞毒蛾幼虫中肠酯酶变化趋势基本一致。取食3种寄主植物的舞毒蛾幼虫中肠酯酶比活力均在72h达到最大。取食青杨和山杏的舞毒蛾幼虫不同时间段中肠酯酶比活力差异显著，而取食落叶松的舞毒蛾幼虫不同时间段中肠酯酶比活力无显著差异。不同寄主植物对舞毒蛾幼虫中肠酯酶活性影响差异显著。取食落叶松的舞毒蛾幼虫中肠酯酶比活力最高，山杏次之，青杨最低。

杨新华等用亚洲小车蝗痘病毒（Oedaleus asiaticusentomopoxvirus，OaEPV）作为一种增效剂，分别与马拉硫磷、毒死蜱、高效氯氰菊酯、氟氯氰菊酯和溴氰菊酯化学杀虫剂混合饲喂亚洲小车蝗若虫，研究发现混剂感染亚洲小车蝗，除与溴氰菊酯混用外，虫体的中肠部位羧酸酯酶（CarE）的比活力都受到了明显的抑制作用，表明痘病毒与农药混合处理时，病毒主要通过抑制中肠部位羧

酸酯酶（CarE）比活力而增加农药的杀虫效果[10]。王亚维等用β-谷甾醇、瑞香亭以及狼毒色原酮3种化合物处理菜粉蝶5龄幼虫，72h后3种化合物均显著降低了菜粉蝶中肠酯酶的活性[11]。狄蕊研究发现注射多分DNA病毒（CpBV）抑制了小菜蛾幼虫中肠酯酶活力，从而导致其中肠正常生长发育被抑制[12]。本试验中取食不同寄主植物的舞毒蛾幼虫中肠酯酶活性在12h、24h所有处理均高于同期清水对照。48h以青杨和落叶松为寄主植物经纯病毒处理的舞毒蛾幼虫中肠酯酶活性均高于清水对照，而经混合液处理的舞毒蛾幼虫中肠酯酶活性均低于清水对照。以山杏为寄主植物所有处理的舞毒蛾幼虫中肠酯酶活性均低于清水对照。72h后取食不同寄主植物的舞毒蛾幼虫中肠酯酶活性所有处理均低于同期清水对照，并随时间逐渐降低。在12h、24h可能是因为病毒的侵入刺激了舞毒蛾幼虫的免疫系统，使其中肠酯酶活性增高。随着病毒的不断复制扩增逐渐抑制了舞毒蛾幼虫的免疫系统，使其中肠酯酶活性降低。单独使用荧光增白剂Tinopal LPW在不同寄主植物上对舞毒蛾幼虫中肠酯酶活性影响不大，但和纯病毒混合后抑制作用均高于纯病毒。

参考文献

[1] 郭慧芳，方继朝，韩召军．昆虫病毒增效剂研究进展．昆虫学报，2003.46(6)：766-772.

[2] Shapiro M. Use of optical brighteners as radiation protectants for gypsy moth (Lepidoptera：Lymantriidae) nuclear polyhedrosis virus. Econ Entomol，1992.85(5)：1682-1686.

[3] 张兴，赵善欢．川楝素对菜粉蝶体内几种酶系活性的影响[J]．昆虫学报，1992.35(2)：171-177.

[4] 王晓容．无色杆菌毒蛋白对菜粉蝶幼虫血淋巴酯酶同工酶的影响[J]．华中农业大学学报，1999.18(4)：321-323.

[5] C.F.威尔金逊 主编．杀虫药剂的生物化学和生理学．(张宗炳等译)．北京：科学出版社，1985.

[6] 陈长琨．昆虫生理生化实验[M]．北京：农业出版社，1996，26-29.

[7] Bradford M M. A rapid and sensitive method for the quantitation of microgram quantities of protein utilizing the principle of protein-dye binding[J]. Analytical Biochemistry，1976，72：248-254．

[8] 王丽珍，段立清，特木钦等．寄主植物对舞毒蛾生长发育的影响[J]．中国森林病虫，2006，25(1)：21-23.

[9] 杨建霞，郝德军，周曙东，等．寄主植物对松墨天牛的营养

效应及对体内酯酶与羧酸酯酶活性的影响[J]. 林业科学，2009，45(1)：97-101.

[10] 杨新华，李永丹，高习式，等. 亚洲小车蝗痘病毒与化学杀虫剂混用的杀虫效果及对寄主主要解毒酶活性的影响[J]. 昆虫学报，2008，51(5)：498-503.

[11] 王亚维，张国洲，徐汉虹. β—谷甾醇等化合物对昆虫中肠酯酶活力的影响[J]. 青海大学学报，2000. 18(6)：7-9.

[12] 狄蕊. 菜蛾盘绒茧蜂 PDV 对小菜蛾幼虫生长发育和免疫系统的影响[D]. 杭州：浙江大学硕士学位论文，2006.

作者简介

[1] 杨高鹏，1982 年生，男，陕西宝鸡，硕士研究生，内蒙古呼和浩特市园林科研植保站，主要从事园林绿化工作。

[2] 薛国红，内蒙古呼和浩特市园林科研植保站。

[3] 斯琴，内蒙古呼和浩特市园林科研植保站。

[4] 段立清，教授，博士生导师，主要从事害虫生物防治，内蒙古农业大学农学院昆虫教研室。

不同树龄古侧柏立地土壤微生物特性比较研究

Study on Soil Microbial Characteristic of Different Tree Age Ancient *Platycladus orientalis*

李 芳 张安才 刘 毅 张 伟

摘 要：为寻求古侧柏保健和复壮措施，对不同树龄（二级和一级）古侧柏立地土壤微生物特性进行研究。在春季和夏季分别采集天坛公园内古侧柏立地土壤，比较研究土壤微生物种类、数量与土壤养分转化强度的差异。二级古侧柏立地土壤细菌、真菌、放线菌、氨化细菌、有机磷细菌及无机磷细菌数量及土壤中的氨化作用强度、有机磷和无机磷转化强度均高于一级古侧柏；夏季时，土壤中微生物数量及作用强度明显高于春季。由研究结果可以看出，古侧柏立地土壤微生物数量与树龄有着密切的关系。因此，在古树的日常养护中，可以采取措施，以增加土壤微生物种类和数量，改善古树生长立地环境。

关键词：树龄；古侧柏；土壤微生物特性；作用强度

Abstract：To explain this phenomenon and look for one agricultural technique to resolve the problem, the soilmicrobial characteristic of different tree age ancient *Platycladus orientalis* was carried out. The samples were got from the soil around two kinds of ancient *Platycladus orientalis* (Class II and Class I) in the Temple of Heaven in spring and summer, respectively, and the differentia of edaphon species, quantity and soil nutrient aminating intensity were analyzed and compared. The results showed that the quantity and the function intensity of bacterium, fungus, actinomycetes, ammonion bacterium, organic phosphobacteria and inorganic phosphobacteria in the soils got from ancient *Platycladus orientalis* (Class II) were higher than the levels of ancient *Platycladus orientalis* (Class I). The edaphon quantity and function intensity in summer were also higher than the level in spring in the soil grown two kinds of ancient *Platycladus orientalis*. The edaphon quantity was correlative with the tree age of ancient *Platycladus orientalis*. The agricultural technique should be adopted to improve soil characteristic and enhance edaphon species and quantity in order to improve the growth of ancient *Platycladus orientalis*.

Key words：Tree Age；Ancient *Platycladus orientalis*；Soilmicrobial Characteristic；Effect Intensity

天坛公园原是明清两代皇帝祭祀皇天上帝的场所，以后经过不断地改扩建，目前是闻名世界的风景名胜。公园绿地面积达 163 万 m²，有各种树木 6 万多株，园内大片常绿树木营造出的广袤苍茫的氛围，形成天坛独特的园林意境。天坛公园内有一级古侧柏（树龄在 300 年（含 300 年）以上的树木称为"一级古树"[1]）600 多株，二级古侧柏（树龄在 100 年（含 100 年）以上 300 年以下的树木被称为"二级古树"）1600 多株。古树不仅具有绿化价值，而且是有生命力的"绿色古董"，它见证了中华民族的古老文明，失而不可复得。古树对研究千百年来的气候、水土、空气等自然变化有着重要的史料价值，是十分珍贵的"绿色文物"，理应像保护出土文物一样保护古树。

近年，古树出现生长衰弱现象，为寻求古树衰弱原因，恢复古树的树势，加强古树保护，有研究者对古树立地土壤的物理、化学性质等进行相关研究，但很少有研究者考虑立地土壤中微生物的作用。已有很多的研究证明土壤微生物是个非常特别的生物学群体，是土壤生态系统中极其重要和最为活跃的部分，在植物残体降解、腐殖质形成、养分转化与循环、系统稳定性、抗干扰以及可持续利用中占据主导地位，控制着土壤生态系统功能的关键过程[2-4]。土壤中的微生物种类繁多，数量惊人，通过土壤微生物的代谢活动，促进土壤的形成和发育，改善土壤的理化性质，进行氮、磷、钾等物质和能量的转化[5]。由此可见，土壤微生物对植物生长的立地土壤环境影响不容忽视，植物生长立地土壤环境中的土壤微生物特性间接反映植物立地土壤环境的优劣。本文主要通过对不同树龄古侧柏立地土壤微生物种类、数量与土壤养分转化强度的对比研究，来为古侧柏的保健和复壮提供理论依据。

1 材料与方法

1.1 试验地概况

试验地位于北京市天坛公园内，地处东经 39°52′，北纬 116°24′。

1.2 样品采集与处理

春季（5 月 8 日）和夏季（8 月 2 日），在天坛公园选取一级古侧柏（树龄在 300 年以上）和二级古侧柏（树龄在 100 年以上 300 年以下）的古侧柏各 4 棵，作为 4 次重复。分别在树冠垂直投影处，距地表 15—25cm 的土层多点采集土壤样品（树木的吸收根系主要分布在 30cm 以上），混合后作为该株古侧柏的立地土壤样品，带回实验室，立即做土壤含水量和土壤微生物的指标检测，土壤养分含量采用风干样品测定。

1.3 测定方法

土壤含水量采用烘干法；土壤微生物数量测定采用平板计数法[6]；土壤微生物作用强度测定采用土壤悬液培养法[7]；土壤 pH 值、有机质和养分测定参照土壤农化分析[8]。

1.4 计算和统计方法

数据采用 SAS 进行方差分析。

2 结果与分析

2.1 古侧柏立地土壤基本理化性质

由不同树龄古侧柏立地土壤基本理化性质（表 1）可以看出，春季一级古侧柏立地土壤，pH 值、有机质和有效钾含量均低于二级古侧柏，分别是二级古侧柏的 0.99、0.93、0.99，而有效氮和有效磷含量高于二级古侧柏，分别是二级古侧柏的 1.02、1.50 倍，且有效磷含量差异显著；秋季一级古侧柏立地土壤，pH 值和有机质含量均低于二级古侧柏，分别是二级古侧柏的 0.99、0.92，而有效氮、有效磷、有效钾含量均高于二级古侧柏，分别是二级古侧柏的 1.17、1.45 和 1.09 倍；一级古侧柏和二级古侧柏春季立地土壤养分均高于夏季。

不同树龄古侧柏立地土壤基本理化性质 表 1

不同树龄	采样时间	pH	有机质 (g·kg^{-1})	有效氮 (mg·kg^{-1})	有效磷 (mg·kg^{-1})	有效钾 (mg·kg^{-1})	土壤含水量 (%)
一级	春季	8.43abA	19.49abAB	192.52aA	25.53aA	153.88aA	13.46
二级		8.53aA	21.07aA	189.53aA	17.04bAB	155.97aA	13.28
一级 Class I/二级		0.99	0.93	1.02	1.50	0.99	1.01
一级	夏季	8.39bA	17.14bB	184.82aA	17.35bAB	151.51aA	15.43
二级		8.46abA	18.58abAB	157.94bA	11.95bB	138.56aA	14.39
一级/二级		0.99	0.92	1.17	1.45	1.09	1.07

注：大、小写字母不同分别表示在 0.01 和 0.05 水平下差异显著，下同。

2.2 对古侧柏立地土壤微生物数量的影响

春季，二级古侧柏立地土壤中的细菌、真菌、放线菌、氨化细菌、无机磷细菌和微生物总量（有机磷细菌除外）均高于一级古侧柏，分别是一级古侧柏的 2.07、1.34、1.18、1.46、2.05、2.04 倍（表 2）。二级古侧柏和一级古侧柏立地土壤中的无机磷细菌数量差异显著，细菌数量和微生物总量差异达到极显著水平。夏季测定的结果与春季的总体趋势是一致的，二级古侧柏立地土壤中的细菌、放线菌、氨化细菌、无机磷细菌、有机磷细菌数量及微生物总量均高于一级古侧柏，而真菌数量则低于一级古侧柏。

不同树龄古侧柏立地土壤微生物数量（×10^6 个/g） 表 2

微生物种类	春季			夏季		
	二级	一级	二级/一级	二级	一级	二级/一级
土壤细菌	541.93aA	262.10bB	2.07	684.73aA	560.73aA	1.22
土壤真菌	0.49aA	0.37abAB	1.34	0.29bBC	0.32bABC	0.91
土壤放线菌	7.98bcAB	6.78cB	1.18	12.23aA	11.00abAB	1.11
土壤氨化细菌	138.76bcB	94.87cB	1.46	271.52aA	268.43aA	1.01
土壤有机磷细菌	1.61bC	1.94bC	0.83	4.07aA	3.59aAB	1.13
土壤无机磷细菌	8.49abAB	4.13cB	2.05	10.16aA	8.25abAB	1.23
微生物总量	550.40aA	269.25bB	2.04	697.25aA	572.05aA	1.22

由表 2 还可以看出：无论是一级还是二级古侧柏，夏季测定的土壤微生物数量（真菌除外）均高于春季的测定结果。其中，夏季，一级古侧柏立地土壤微生物的数量分别是春季的 1.62—2.83 倍，其中土壤放线菌、无机磷细菌在春、秋两季间差异显著，而土壤细菌、氨化细菌、有机磷细菌和微生物总量差异达到极显著水平；夏季时的二级古侧柏立地土壤微生物数量是春季的 1.26—2.53 倍，其中土壤放线菌在春、秋两季间差异显著，土壤真菌、氨化细菌、有机磷细菌数量差异达到极显著水平。

2.3 对古侧柏立地土壤微生物作用强度的影响

春季，二级古侧柏立地土壤中的氨化作用强度、有机磷转化强度、无机磷转化强度均高于一级古侧柏，分别是一级古侧柏的 1.00、1.04、1.38 倍。夏季的趋势与春季一致，二级古侧柏立地土壤中的氨化作用强度、有机磷转化强度、无机磷转化强度分别是一级古侧柏的 1.11、1.26、1.08 倍。

不同树龄古侧柏立地土壤微生物特性比较研究

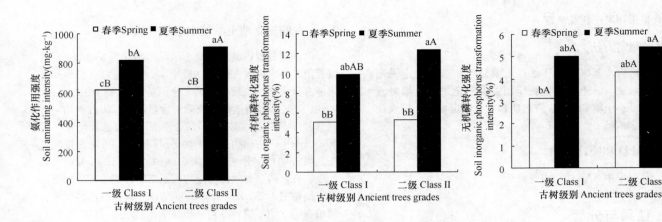

图 1 不同树龄古侧柏立地土壤微生物转化强度

无论是一级古侧柏还是二级古侧柏,夏季时测定的立地土壤氨化作用强度、有机磷转化强度、无机磷转化强度均高于春季,一级古侧柏夏季时的土壤氨化作用强度、有机磷转化强度、无机磷转化强度是春季的 1.32、1.93、1.61 倍;而二级古侧柏夏季时是春季的 1.46、2.34、1.26 倍。一级和二级古侧柏立地土壤氨化作用强度和有机磷转化强度在春秋两季间存在极显著差异,且这与测定的土壤中氨化细菌、有机磷和无机磷细菌数量季节变化趋势是一致的。

3 讨论

古侧柏立地土壤微生物数量与树龄有着密切的关系,一级古侧柏立地土壤的微生物数量少于二级古侧柏。这与焦如珍[9]的研究结果一致,杉木人工林不同的发育阶段土壤微生物数量变化情况为"高—低—高"的变化趋势,他认为是从幼龄林到中龄林,随着林冠的郁闭,林下植被盖度急剧下降,而从中龄林到成熟林随着密度及郁闭度的下降,从而使微生物呈现出"高—低—高"的规律性变化。王冠玉等的研究也发现土壤微生物数量与林龄有密切关系,45 年生灰木莲林地的土壤微生物总量少于 8 年生的灰木莲林地[10]。本试验中二级古侧柏立地土壤微生物数量及作用强度均高于一级古侧柏,推测古树同样要经历生长、发育、衰老和死亡的这一客观规律。随着树龄增加,古树生理机能逐渐下降,根系吸收能力越来越差,根系冗长分散,根系分泌物减少,从而使得处在同等健康水平下的二级古侧柏立地土壤微生物数量及作用强度高于一级古侧柏。

很多的研究表明,土壤微生物季节变化有一定的差异性,这可能是由于土壤微生物的季节变化受气候条件、土壤营养状况、植物群落等因素的影响。由于气候条件的影响,土壤微生物的季节变化因地区的差异而不同,在东北羊草草原土壤微生物活动高峰在 9 月份[11],在广东鼎湖山和白云山地区则出现在秋冬季节[12,13],本文测定结果是夏季时土壤微生物数量及作用强度总体上高于春季,说明夏季时的气候条件等更利用土壤微生物的活动;但也有研究认为,不同的生态环境中土壤微生物种类的季节动态及分布特征不同[14,15];除去植被、土壤环境等自然因素的影响外,人为扰动也是影响土壤微生物季节变

化的因素之一,如采取不同的种植方式和管理方式等[16]。虽然影响土壤微生物的因素很多,但土壤微生物作为一个复杂的系统,时刻处在一个动态平衡的变化过程中,它的功能和性质时常被作为评价林地肥力水平和生长状况的重要指标[16]。

土壤微生物活动影响土壤养分的转化,但随着古树树龄增加,古树立地土壤中的微生物数量减少。在这一理论指导下,在古树的日常养护中,可以采取一些措施,如适当施用草炭、有机肥等能增加土壤有机质含量的物质,改善土壤条件,不仅对古树的生长产生有益的影响,同时也增加了土壤微生物的种类和数量,间接影响古树生长立地土壤环境。

参考文献

[1] DB11 T 478—2007 古树名木评价标准[S]. 北京市质量技术监督局发布, 2007: 2.

[2] 高永健, 袁玉欣, 刘四维, 等. 不同林龄杨树人工林对土壤微生物状况和酶活性的影响[J]. 中国农学通报, 2007. 23 (7): 185-189.

[3] Doran J W, Coleman D C, Bezdicek D F, Stewart B A. Defining soil quality for a sustainable environment soil society of America publication[J]. Soil Biology and Biochemistry, 1994. 35: 3.

[4] Abbott L K, Murphy D V. Soil Biological Fertility[M]. Netherlands: Kluwer Academic Publisher, 2003.

[5] Kennydy A C, Smith K L. Soilmicrobial diversity and the sustainability of agricultural soils[J]. Plant and Soil, 1995. 170: 75-86.

[6] 许光辉, 郑洪元. 土壤微生物分析手册[M]. 北京: 农业出版社, 1986: 91-109.

[7] 李振高, 骆永明, 滕应编著. 土壤与环境微生物研究法[M]. 北京: 科学技术出版社, 2008: 366, 383-385.

[8] 鲍士旦主编. 土壤农化分析[M]. 北京: 农业出版社, 2000: 30-108.

[9] 焦如珍, 杨承栋, 屠星南, 等. 杉木人工林不同发育阶段林下植被、土壤微生物、酶活性及养分的变化[J]. 林业科学研究, 1997. 10(4): 373-379.

[10] 王冠玉, 黄宝灵, 唐天, 等. 灰木莲等 5 种林地春季土壤微生物数量和土壤酶活性的分析[J]. 安徽农业科学, 2010. 38(28): 15696-15698, 15701.

[11] 陈珊, 张常钟, 刘东波, 等. 东北羊草草原土壤微生物生物量的季节变化及其与土壤生境的关系[J]. 生态学报,

1995.15(1)：91-94.

[12] 葛荣盛. 鼎湖山土壤的微生物及其对酸度的适应特征[J].
生态学杂志，1993.12(3)：11-18.

[13] 张德明，陈章和，林丽明，等. 白云山土壤微生物的季节
变化及其对环境污染的反应[J]. 生态科学，1998.17(1)：
40-45.

[14] 谢龙莲，陈秋波，王真辉，等. 环境变化对土壤微生物的
影响[J]. 热带农业科学，2004.24(3)：39-47.

[15] 夏北成. 植被对土壤微生物群落结构的影响[J]. 应用生态
学报，1998.9(3)：296-300.

[16] 李玥，张金池，王丽，等. 上海市沿海防护林土壤微生物
三大类群变化特征[J]. 南京林业大学学报(自然科学版)，
2010.34(1)：43-47.

作者简介

[1] 李芳，女，博士，教授级高工，北京市园林科学研究所从
事园林绿化废弃物资源化利用、园林绿地土壤、植物营养、
融雪剂对园林植物危害等相关方面研究。

[2] 张安才，山东农业大学资源与环境学院。

[3] 刘毅，北京市天坛公园管理处。

[4] 张伟，北京市天坛公园管理处。

不同树龄古侧柏立地土壤微生物特性比较研究

侧柏种胚快速成苗探析①

Study on Rapid Propagation of Embryo Tissue of *Platycladus orientalis*

郑国欢　周　燕　高　岚　孟　媛

摘　要：侧柏是我国种植最普遍的绿化观赏树木之一，主要靠种子实生繁殖。侧柏种子繁殖成苗率低，耗时长。利用侧柏成熟种子，通过切尖与不切尖的种子处理实验，采用组织培养的方法快速繁殖侧柏可解决侧柏扩繁难的问题。本试验将切尖的侧柏成熟种子作为外植体，以 MS 为基本培养基，附加不同浓度的 6-BA 与 NAA 能快速成苗。以 6-BA 2.0mg/L＋ NAA 0.01mg/L 能有效促进侧柏不定芽的生成。以 1/2MS ＋ NAA 0.01mg/L ＋IBA 0.5mg/L 适合侧柏不定芽生根。通过组织培养的方法能缩短侧柏成苗的时间。本试验还建立了侧柏扩繁的组织培养体系。

关键词：侧柏；成熟种子；组织培养；快繁技术

Abstract：*Platycladus orientalis* is China's most popular ornamental trees planting the green one, mainly rely on seed seedling breeding. *Platycladus orientalis* seeds breeding seedling rate low, Time-consuming. Using mature seeds of *Platycladus orientalis*, through the cutting tip and not cut seed treatment experimental tip, rapid propagation of Platycladus orientalis expansion can solve difficult problems by using the method of tissue culture. This test will cut tip of *Platycladus orientalis* mature seeds as explants, taking MS as basic culture medium, 6-BA and NAA with different concentrations of can rapid seedling. Effectively promote the formation of adventitious bud differentiation of *Platycladus orientalis* with 6-BA 2mg/L and NAA 0.01mg/L. 1/2MS NAA 0.01mg/L IBA 0.5mg/L for *Platycladus orientalis* adventitious buds shoot rooting. Methods through tissue culture can shorten the time of *Platycladus orientalis* seedling. This study also established the propagation system of tissue culture of *Platycladus orientalis*.

Key words：*Platycladus orientalis*；Mature Seed；Tissue Culture；Rapid Propagation Technology

侧柏为裸子植物亚门柏科常绿乔木。又叫扁柏、香柏，有寿命长，树姿美，少病虫，适应性强，净化空气，改善环境等优点，是我国种植最普遍的绿化观赏树木之一[1]。侧柏主要以种子繁育为主，耗时长，成苗率低（多在 7% 左右）。有报道利用侧柏幼胚进行组织培养，但未说明成苗的时间。本文以侧柏成熟种子为外植体，采用不同激素配比对侧柏种子胚芽、胚根的生长诱导，获得了侧柏的组织培养幼苗。

1　材料与方法

1.1　材料

景山公园古侧柏成熟种子（树龄为 100 年）和北京市园林科学研究所院内的侧柏种子（树龄为 20 年），分别于 7 月份和 9 月份采摘侧柏的种子。

1.2　方法

1.2.1　材料处理

侧柏种子空粒较多，先进行水选后，将浮上的空粒捞出。然后选取侧柏种子若干，放入灭过菌的三角瓶中待用，盖上纱布，用橡皮筋固定瓶口。经自来水流水冲洗

2h 以上。将冲洗好的种子放入 70% 的酒精中浸泡 30 秒，之后用 9% 次氯酸钠溶液处理 5－8 分钟，然后用无菌水冲洗 3－4 次备用，最后用无菌滤纸吸干种子外表水分，进行无菌操作。用预先灭过菌的镊子、解剖刀采用 2 种处理方式，切尖和不切尖。切尖即切除种子有尖的一端，不切尖即侧柏的完整种子。将种子插到培养基表面上，包上封口膜，放到培养架上进行培养。光温条件以 25℃ 为最佳。光有利于胚芽生长，而黑暗有利于胚根生长。先暗培养 7 天，然后转入培养室室温下培养，因此，以光暗交替培养为宜。光照强度 2000Lux，每日光照 16 小时，暗培养 8 小时。实验重复 6 次。

1.2.2　诱导愈伤组织培养基

以 MS 为基本培养基，配制添加不同激素及其不同浓度（0.5、2.0、4.0mg/L）的 6-BA，pH 值为 5.8，然后在 120℃ 下高压灭菌 25min 后，移至接种室备用。

2　结果与分析

2.1　侧柏种子切尖与不切尖的处理结果

一般侧柏种子要经过较长的后熟时期才可以发芽。种子切尖可免去后熟时间。本试验对接种的种子实行切

①　绿化植物育种北京市重点实验室 2012 年阶梯计划项目（Z121105002812041）资助。

园林植物保护

尖和不切尖 2 种处理方法，种子出芽率存在极显著差异，切尖的种子出芽率明显高于不切尖的种子出芽率（图 1、图 2 和表 1）。接种 7 天后种子顶部稍膨胀，大多转为白色。15 天后子叶张开，胚轴膨大，并逐渐生长、伸长，30 天后将芽连同原组织转移到不含任何激素的 MS 基本培养基。在继代生长过程中，每 30 天换一次新鲜的培养基，以免养分耗尽而死亡。

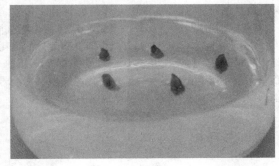

图 1 不切尖种子

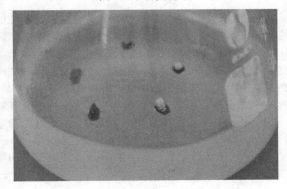

图 2 切尖种子

侧柏种子切尖与不切尖对出芽率的影响　　表 1

不切尖种子			切尖种子	
接种/个	出芽/个	出芽率/%	出芽/个	出芽率/%
20	2	10.00	14	70.00
21	5	23.81	17	80.95
22	4	18.18	20	90.91
23	3	13.04	19	82.61
24	7	29.17	15	62.50
25	5	20.00	18	72.00

2.2 不同浓度的 6-BA、NAA 对侧柏愈伤组织诱导的影响

将侧柏种子接种至含不同浓度的 6-BA 和 NAA，30 天后统计愈伤组织的诱导率以及生长表现（表 2）。

不同浓度的 6-BA、NAA 对侧柏
种子出芽的影响　　表 2

6-BA	NAA	接种数/个	诱导率%	生 长 表 现
0.5	0	17	52.9	组织淡绿色，生长良好
0.5	0.01	17	58.8	组织绿色，生长良好

续表

6-BA	NAA	接种数/个	诱导率%	生 长 表 现
0.5	0.1	14	21.4	组织发白，生长缓慢，白糊状
0.5	1.0	15	33.3	组织呈透明水浸状，10 天后发暗亡
2.0	0	16	75.0	组织淡绿色
2.0	0.01	18	83.3	组织淡绿色，生长旺盛
2.0	0.1	17	76.5	组织暗黄色，略呈透明，长势弱
2.0	1.0	14	35.7	组织呈透明水浸状，不生长
4.0	0	16	68.6	组织淡绿色，长势一般
4.0	0.01	17	70.6	组织淡绿色，长势较好
4.0	0.1	14	28.6	组织颜色有点发白
4.0	1.0	16	18.8	组织呈透明黏状，继代易褐化死亡

由图 3 可知，当 NAA 为 0mg/L，6-BA 浓度从 0.5mg/L 增加到 2.0mg/L，种子出芽率明显提高（从 52.9%升至 83.3%），但继续增加 6-BA 浓度，出芽率反而略有下降，且在高浓度下继代培养生长缓慢。

图 4 显示，在细胞分裂素 6-BA 诱导效果最好的浓度是 2.0mg/L，添加不同浓度的 NAA，出芽率呈先升后降的趋势，NAA 浓度为 0.01mg/L 时出芽效果最好，诱导率高达 83.3%。诱导周期缩短，形成的苗较旺盛，大于这个浓度时褐变加重，从而影响出苗的数量和质量。

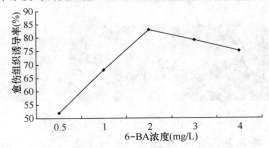

图 3 6-BA 浓度对侧柏愈伤组织诱导的影响

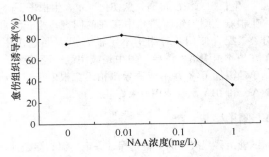

图 4 6-BA 为 2.0mg/L 时不同 NAA 浓度
对愈伤组织诱导的影响

侧柏在组织培养中的诱导及增殖不仅与生长调节剂

侧柏种胚快速成苗探析

的种类有关，而且还与它的组合及浓度有关[2]6-BA 和 NAA 之间的浓度配比关系对组织的诱导率及生长表现都有显著影响。

生长调节剂用量小，但生理效应大，对植物组培成功与否起决定性作用，基本培养基保证培养物的生存与最低的生理活动，但只有配合恰当的激素，才能诱导细胞分裂的启动[3]。

由表 2 可以看出培养基中没有添加 NAA 或者 NAA 的浓度为 0.01mg/L 时，出苗较壮；但当 NAA 浓度增加到 0.1mg/L 时，出苗的数量及质量都显著下降。这说明添加低浓度的 NAA 在一定程度上有利于出芽，过高的浓度使芽在以后的继代培养中褐化率增加。芽对激素的需求取决于芽本身的激素水平和芽对激素的敏感性。

在本试验中筛选出的最佳组合是 MS＋6-BA 2.0mg/L＋ NAA 0.01mg/L。

2.3 激素组合对侧柏不定芽生根的影响

将 1cm 左右的组培苗转入生根培养基中进行诱导，基本培养基为 1/2MS，附加不同浓度的 NAA 和 IBA，30 天后转入无激素的培养基中进行生长。此后每 30 天继代一次，以 1/2MS 为基本培养基，添加 30％蔗糖，培养 90 天后总体上生根率不是很高（表 3 和图 5）。

激素组合对侧柏不定芽生根的影响　　　表 3

本培养基	接种芽数/个	生根率%
1/2MS＋NAA0.01mg/L＋IBA0.1mg/L	26	3.8
1/2MS＋NAA0.01mg/L＋IBA0.5mg/L	29	6.9
1/2MS＋NAA0.01mg/L＋IBA1.0mg/L	28	3.6
1/2MS＋NAA0.01mg/L＋IBA2.0mg/L	25	4.2

图 5　侧柏的组培苗与移栽的再生植株

培养基组合 1/2MS＋0.01mg/L NAA ＋0.5mg/L IBA 适合于侧柏不定芽生根，可使侧柏不定芽的生根达到 6.9％，生长素总浓度再高，愈伤化严重，生根率下降。

生根难是侧柏组织培养中存在的问题。生长素和细胞分裂素配合使用，对侧柏不定根有很大促进作用[4]。IBA 在植物组织培养诱导生根中是应用最广泛的生长素，但是单独添加 IBA 并不能诱导侧柏不定根的形成。所以将 NAA 和 IBA 配合使用效果好些。

2.4 侧柏移栽

试管苗移栽成活的关键是保证一定的温、湿条件，移栽环境和试管培养时的条件相差悬殊，常造成移栽苗生长不适或死亡。

选择根长大于 5cm 的小植株进行移栽（图 5）。移栽前打开培养瓶的封口膜，让其在培养间生长 3—4 天，使

试管苗适应外界环境。然后用镊子从瓶中轻轻地取出苗子，洗净根上附着的培养基（不可损伤根系），以免滋生杂菌，导致烂根。栽入装有蛭石的营养钵中生活一段时间，进行壮苗。蛭石要用 0.5％ 的 KMnO4 消毒，浇透水，放置片刻，先用镊尖将基质拨一小洞，把根系放入，并用镊子使其舒展，在根部轻轻地覆上营养土，轻轻压实，使幼苗根系既能吸收土壤营养，又有较好的透气性，并用烧杯或塑料杯罩上，定时浇水保持高湿度的环境。

环境温度控制在 20—26℃，移栽后 1—8 天白天气温 25℃±3℃，夜间 20℃±3℃，以减少蒸发和养分的消耗，后期温度可稍高一些，白天 28℃±3℃，夜间 20℃±3℃，以促进幼苗快速生长。温度过低幼苗代谢缓慢，抗性弱，不能及时适应温室小气候，容易导致病菌的发生和枯萎。

3　结论与讨论

3.1　培养基对侧柏芽的形成与生长的影响

切尖的离体胚能否培养成功，其关键在于是否提供给胚合适的营养需要，所以培养基的成分对侧柏离体胚芽的形成有明显作用。MS 培养基添加合适的激素，可以收获到较多的芽。而 6-BA 属于细胞分裂素能够增强植株的分化，并且大部分用于植株组织培养中的再生培养基。在芽继代培养中，一定比例的植物生长素和细胞分裂素通常能够提高芽形成的质量和再生能力。一个好的诱导培养基应该能使芽的诱导率增高，芽组织生长旺盛。

MS＋6-BA 2.0mg/L＋NAA 0.01mg/L 为最适合诱导芽的组合。

3.2　不同浓度的激素配比对侧柏试管苗生根的影响

诱导生根的培养基，一般需要降低无机盐浓度，大多使用原浓度的 1/2 或 1/3，甚至 1/4 浓度。容易生根的材料在无机盐降低后的基本培养基中即可生根；较难生根的植物材料必须在培养基中加入 2 种或 2 种以上生长素才能诱导其生根[5]。

合理使用植物生长调节物质及配比对生根也有很大的影响。生根培养中需要用激素诱导，尤其是生长素类，诱导生根常用 IBA、NAA、2，4—D、IAA 等，其中 IBA 和 NAA 使用最多。许多试验结果证明 IBA、NAA 浓度为 0.01—1.0mg/L 时有利于生根，若使用浓度过高，容易使茎部形成一块愈伤组织，而后再从愈伤组织上分化出根来，这样，因为茎与维管束连接不好，既影响养分和水分的疏导，移栽时，根又易脱落，且易污染，成活率不高；过低时，则起不到促进生根诱导的目的[6]。

侧柏组培苗诱导生根较为理想的组合为 1/2MS＋ NAA 0.01mg/L＋IBA 1.0mg/L。

尽管大多数树种的芽繁殖可以通过胚性外植体来完成，虽然有生根的情况，但生根率低。试管苗生根困难是柏科植物组织培养的技术瓶颈[7]，缩短试管苗生根周期或者提供良好的条件进行试管外生根应是今后努力的方向。虽然对侧柏的组织培养进行了大量研究，但还不够完善，没有形成一定的理论体系，不能很好地应用于生产实

践[8]。尤其移栽后不易成活或成活率偏低，导致生产成本偏高，从而制约了组培技术在生产中的进一步发展。

参考文献

[1] 于建欢.侧柏的繁育[J].科技致富向导，2010(5)：158.
[2] 李青林，邹永田，刘广林，黄晓光.木本观赏植物组织培养技术[J].河北农业科学，2010.14(6)：38-41，51.
[3] 张瑞姿.植物生长调节剂在观赏植物组织培养中的应用[J].山西林业，2012.220(5)：39-40.
[4] 龙庄如，徐明广.侧柏离体培养新植株的研究[J].山东林业科技，1989.72(3)：58-60.
[5] Proebsting，W. M. Rooting of Douglas－fir stem cuttings：relative activity of IBA and NAA[J]. Hort Sci. 1984，19：54-56.
[6] Copes，D. L. andmandel N. L. Effects of IBA and NAA treatments on rooting Douglas-fir stem cuttings[J]. New Forests，2000.20：249-257.
[7] 金江群，韩素英，郭泉水.柏科植物组织培养研究现状与展望[J].世界林业研究，2012.25(2)：39-40.
[8] 杜文军，谢双喜，李勇军.侧柏人工林培育技术研究进展[J].湖北林业科技，2009.156(2)：39-42.

作者简介

[1] 郑国欢，北京市园林科学研究所。
[2] 周燕，1966年1月生，女，汉，广东五华，博士，现供职北京市园林科学研究所，高级工程师，研究方向为园林绿化植物，电子邮箱：zhouy661@sohu.com。
[3] 高岚，北京市景山公园管理处。
[4] 孟媛，北京市景山公园管理处。

侧柏种胚快速成苗探析

北方寒地地区营建生态型园林景观实践

——长春万科柏翠园一期示范区项目

A Case of A Construction of An Ecological Landscape in A Cold Northern Climate

——The Demonstration Area of Vanke's Bocui Garden in Changchun

张泽华 钟声亮

摘 要：本文介绍了寒地地区长春万科柏翠园一期示范区项目，项目通过地形改造，应用123种园林植物，通过南方造景手法，营建丰富多样的自然植物景观，结合中轴景观、水景、廊道、球场等景观营建，以及后期针对寒地地区特殊的三大养护技术，不仅打造了舒适宜人的现代生态园林景观，也为北方寒地营建生态园林景观提供了技术参考。

关键词：北方寒地；柏翠园；多样性植物景观；生态园林

Abstract：This paper introduces the demonstration landscape project within the Bocui Garden in Changchun developed by Vanke. Located in the cold climate of northern of China, the project is a diverse natural plant landscape generated using terrain reconstruction and the application of 123 species of landscape plants. The project combines the construction of a central landscape axis, waterscape, pedestrian corridor, and three areas for the demonstration of special garden maintenance technology for cold climates. The project not only builds a pleasantmodern ecological landscape, but also provides a technical reference for other projects on constructing an ecological landscape in a cold northern climate.

Key words：Northern Cold Climate；Bocui Garden；Diverse Natural Plant Landscape；Ecological Garden

1 项目介绍

1.1 项目概况

长春万科柏翠园一期示范区工程，由棕榈园林股份有限公司设计并施工，总面积为35517.00m²，其中绿化景观30517m²，园建硬质景观约5000m²，工程总造价3361.00万元。工程项目位于长春市核心地带，东临市中心南湖公园，西至前进大街。有着稀缺的、不可再生的地段优势。

1.2 设计理念

1.2.1 "以人为本"的现代生态人居环境

项目从景观的规划设计到施工细节均从"以人为本"的角度考虑，亭廊花架、水景喷泉、人车道路、休闲园路、中轴树景、自然山形、白桦林、林荫大道等景观要素合理分布。U型的人车分流交通规划系统，追求园区安全、静谧、清新、自然，充满人情味的生活气息；开放性的景点布置，引导园中居民走出围墙去领会人和自然的关系；植物的选择除考虑康体功能和生态功能，更选择枝干光滑、枝条奇异的落叶树种，园中自然地形的塑造，结合丰富多样的自然群落景观，更是满足游人对自然的渴望和追求。

1.2.2 立足生态，坚持可持续发展

该项目的原址是长春市老二二八厂，在对此遗址改建中，本着"可持续发展"的原则，完整地保留了园区北侧主干道两边的黑松林景观带和原有的几株胸径50cm以上的特大杨树。通过对黑松林景观带地形重整，在林带下面满植本地宿根花卉——紫玉簪，充分表现东北独有的林下景观风情。

1.2.3 因地制宜，充分体现寒地文化内涵

项目充分考虑长春的寒地特点，将"寒冷"作为一种资源，应用丰富多样的植物树种，通过乔木树干或挺直，或苍劲有力形态，色彩鲜艳的彩叶植物及针叶常绿植物与雪景的完美结合，充分将北方大雪压青松般坚强，苍茫大地中却不乏艳丽的寒地文化内涵展现于园中，使园中游人感受到与寒地自然相吻合的气息。

2 景观特色——现代生态小区

2.1 中心中轴景观大道

该项目的硬质景观由中心中轴景观、东西U型路景观和自然式亭廊花架景观三部分组成。中心中轴景观以水景为主体，与园区自然式地形相得益彰。

中心中轴水景采用规则式设计，两侧东西U型路开

园林植物保护

阔大气，两侧规则对称式的树池喷泉让游人仿佛置身水中，浑厚大气的圆形花钵喷泉，八个可调整角度高度的喷泉水柱在空中划过优美的圆弧线，并集中落于石钵中心，水流再从石钵边沿慢慢溢出跌落到圆形水池里，水的动态美被表现得淋漓尽致。

2.2 人车分流的园路交通系统

项目环境追求安全、宁静、清新、自然、充满人情味和生活气息。东西两侧 U 型路绘成两条规则的分流线，与园区中轴景观大道和园区游园的散步路，共同组成整个园区人车分流的道路系统。一方面，将人车分流，保证人流量与车流量的通畅，保证交通安全；另一方面，两侧的地形塑造和植物群落的栽植将人行系统与车行系统分隔开，减少噪声，增加了园区各景点景观的私密性和幽静程度。

2.3 功能性强的景点布置

东西两侧自然式小游园的亭廊、花架和网球场户外活动场所，飘逸精致的亭廊、花架等不仅让整个园区的内容更加丰富，增强居民在园林中的参与性，还将园区按不同的使用功能进行了空间的划分，也增加了高层居民俯视的园林景观效果。各空间节点景观和健身设施等户外空间的合理分布，实现了现代生态园林小区常说的"人居"与"人聚"的理念，成为长春市居民小区园林景观作品中优异的典范。

2.4 饱满顺畅的自然地形

东晋大诗人陶渊明有诗"少无适俗韵，性本爱丘山"，项目地形西高东低，错落有致，完美表现出自然景观的景观天际线；起伏有序，走势自然流畅，将亭廊、花架、水景、树池、网球场等各景观节点有序分隔，使之主次分明。此外，园中塑造的地形，从立体空间上扩大了绿化面积，使得园区绿化率大于 80%，为大量的多样性植物提供了充沛的生长空间。

2.5 多样性的植物景观

项目以当地乡土植物为主，从生态和造景两方面考虑，应用了乔木 57 种，灌木 30 种，宿根花卉 30 种，藤本植物 6 种，合计应用园林植物种类 123 种（品种），详见表 1。

长春万科柏翠园一期示范区项目植物列表　　　　　　表 1

类　型	植　物　名　称	备　注
针叶常绿乔木 （12 种）	油松（*Pinus tabulaeformis*）、黑松（*P. thuis* var. *mongolica*）、红松（*P. koraiensis*）、樟子松（*P. sylvestri*）、青扦云杉（*Picea wilsonii*）、白扦云杉（*P. meyernbergii*）、红皮云杉（*P. koraiensis*）、辽东冷杉（*Abies holophylla*）、长白落叶松（*Larix olgensis*）、东北红豆杉（*Taxus cuspidata*）、杜松（*Juniperus rigida*）、圆柏（*Sabina chinensis*）	树型笔直
阔叶落叶乔木 （45 种）	银中杨（*Populus alba* 'Berolinensis'）、新疆杨（*P. bolleana*）、钻天杨（*P. nigra* var. *italica*）、加杨（*P. canadensis*）、旱柳（*Salix matsudana*）、垂柳（*S. babylonica*）、馒头柳（*S. matsudana* 'Umbraculifera'）、龙须柳（*S. matsudana* 'Pendula'）、榆树（*Ulmus pumila*）、春榆（*U. propinqua*）、垂榆（*U. pumila* var. *pendula*）、紫椴（*Tilia amurensis.*）、核桃楸（*Juglans mandshurica*）、黄檗萝（*Phellodendron amurense*）、山皂角（*Gleditsia japonica*）、桑树（*Morus alba*）、水曲柳（*Fraxinus mandshurica*）	树干或笔直，或古老苍穹，或枝条飘逸
	五角枫（*Acermono*）、茶条槭（*Acer ginnala*）、拧筋槭（*Acer triflorum*）、假色槭（*Acer pseudo-sieboldianum*）、复叶槭（*Acer negundo*）、金叶复叶槭（*Acer negundo* cv. *Kellys gold*）、金叶榆（*Ulmus pumila* cv. *jinye*）、白桦（*Betula platyphylla*）、蒙古栎（*Quercus mongolica*）、火炬树（*Rhus typhina*）、梓树（*Catalpa ovata*）、水榆花楸（*Sorbus alnifolia*）、金银木（*Lonicera maackii*）、山里红（*Crataegus pinnatifida. var. major*）	彩叶植物或枝条色彩鲜艳
	稠李（*Prunus padus*）、京桃（*P. persic* f. *rubroplena*）、红叶李（*P. cerasifera*）、李子（*P. cerasifera*）、紫叶李（*P. ceraifera* 'Pissardii'）、紫叶稠李（*P. virginiana*）、山杏（*Armeniaca sibirica*）、海棠（*Malus spectabilis*）、山荆子（*M. baccata*）、秋子梨（*Pyrus ussuriensis*）、王族海棠（*M.* 'Royalty'）、山楂（*Crataegus pinnatifida*）、紫叶矮樱（*Prunus×cistena*）、暴马丁香（*Syringa reticulata* var. *mandshurica*）	春季观花，秋季观果

类　型	植　物　名　称	备　注
灌木 （30种）	小叶丁香（*Sytinga microphylla*）、紫丁香（*S. oblata*）、黄刺玫（*Rosa xanthina*）、月季（*R. chinensis*）、丰花月季（*R. hybrida*）、榆叶梅（*Amygdalus triloba*）、东北珍珠梅（*Sorbaria sorbifolia*）、金钟连翘（*Forsythia viridissima*）、东北连翘（*F. mandshuria*）、鸡树条荚蒾（*Viburmum sargentii*）、暖木条荚蒾（*V. burejaeticum*）、大花圆锥绣球（*H. paniculata var. Grandiflora*）、东陵八仙花（*H. bretschneideri*）、珍珠绣线菊（*Spiraea thunbergii*）、日本绣线菊（*S. japonica*）、金山绣线菊（*S. × bumalda 'Goldenmound'*）、迎红杜鹃（*Rhododendron mucronulatum*）、四季锦带（*Weigela florida*）、风箱果（*Physocarpus amurensis*）、文冠果（*Xanthoceras sorbifolia*）、香茶藨子（*Ribes odoratum*）、锦鸡儿（*Caragna fruten*）、胡枝子（*Lespedeza bicolor*）	观花落叶灌木
		常绿或半常绿
		观枝型
藤本植物 （6种）	桃叶卫矛（*Euonymus bungeanus*）、卫矛（*E. alatus*）、水蜡（*Ligustrum obtusifolum*）、铺地柏（*Sabina procumbens*）、沙地柏（*Sabina vulgaris*）	落叶
花卉草本 （30种）	红瑞木（*Cornus alba*）	多年生宿根花卉
	千屈菜（*Lythrum salicaria*）、鸢尾（*Iris tectorum*）、黄菖蒲（*Iris pseudacorus*）、射干（*Rhizoma Belamcandae*）、半枝莲（*Portulaca grandiflora*）、荷花（*Nelumbo nucifera*）、萍蓬（*Nuphar pumilum*）	水生、湿生

总体上，丰富多样的大中小乔木、花灌木、宿根花卉、草本等通过细腻的配置手法，有层次的搭配，形成独具匠心的植物群落，并通过植物的不同特性，展现四季季相变化美。功能上，大冠幅乔木能够制造更多氧气、吸收更多废气及有害气体，有利于健康。

2.5.1 季相变化的自然景观，体现浓郁的风土人情

"春意早临花争艳，夏季浓荫好乘凉，秋季多变看叶果，冬季苍翠不萧条。"即使在冬季，彩色叶树种蒙古栎的黄绿、深红，五角枫、复叶槭的彩叶，以及枝条鲜艳光滑的红瑞木的红、白桦的白等等色彩对比度较大的树种，体现北方寒地冷风中生动活泼、跳跃的彩色植物景观；株型特异，枝条飘逸的龙须柳、垂柳无不在摇曳北方寒地的独特和魅力。油松、黑松、红松、樟子松、云杉、冷杉、桧柏等12种松柏科植物，采用自然式丛植，并与其他植物配置，既体现了北方寒地地区粗犷、雄伟、长青的松柏傲立冬雪的冬季植物景观，又避免了规则式松柏科植物景观松柏森森的苍凉感和庄重严肃的压抑感，体现北方寒地别样风情。

2.5.2 四季稳定的色块组合布置，更显现代风情

园区模纹形状色块达到最快的成形效果，合理选择色叶树种，让色块四季基本不变。设计采用更符合现代人的审美观念的流线型，更使人感觉环境整洁有序，即满足了快速绿化美化的要求，又体现了非一般的现代风情。

2.5.3 纵向空间布局丰富，尽显自然魅力

项目在饱满顺畅、层峦叠嶂的地形空间中，在比例适度、有开篇有高潮的硬质景观上，配置植物品种丰富多样。独具匠心的植物群落配置，更注重其层次间的搭配，利用乔木、灌木、地被的混合，通过对乔灌木适宜比例的把控，配置出高、中、低、地被层四个大层次。运用细腻的南方植物配置手法，将各节点景观空间更加细致地通过8个层次分割及联系起来，使空间更具自然的节奏感。

3 项目创新——北方寒地地区景观营建的关键技术

寒地是指冬季气温较低（一般在0℃以下），降水通常为雪的形式，全年日照时间短，四季变化明显的地区。我国寒地分布范围较为广阔，包括了辽宁、吉林、黑龙江、内蒙古自治区东北部的广大地区。长春地处中国东北松辽平原腹地，气候属温带大陆性半湿润季风气候类型。一年中有五个月温度的常年平均值在0℃以下，冻土时间长达6个月，最大冻土深为150cm。与我国南方相比，寒地的景观形象厚重、朴实，同时也会造成景观过于单一、环境色彩和形态贫乏的缺点。项目为处于寒地地区的长春打造生态型园林景观，创新性设计并应用了地形塑造技术、特色水景施工工艺，苗木栽培关键技术及三大养护技术等适宜寒地地区生态型园林景观营建的关键技术。

3.1 北方寒地地形塑造的关键技术

3.1.1 地形塑造前期充足的准备工作

（1）项目在9—11月中旬上冻前2个月时间里，倾力开展地形塑造工作。

（2）清理现场：将施工区域内所有障碍物进行拆除，对保留建筑的地上和地下管道、电线，电缆采取有效的防护加固措施。

（3）现场测量放样：本标段施工测量放样按照《工程测量规范与条文说明》（GB 50076—93）标准实施。测量仪器采用水准仪。根据本工程施工图设计要求，先确定施工范围，在施工区域内设置测量控制网，根据图纸上的方格网在施工现场打好方格网。对原始标高进行测量，确定每块地形的制高点，计算出各地形所需回填土的工作量。

3.1.2 严格控制填土质量及保证碾压效果

（1）填土及回填土方：填土过程中，将质量较差的土先回填在设计地形标高的底部，随后分层堆筑，在进土期间我们要对土方质量进行严格控制。对不符合设计要求的黑土、泥浆土、大型桩头土、化学土一律拒之门外。为了保证苗木的成活，回填土的含水率控制在 23% 左右。

（2）地形堆筑时为保证碾压效果，碾压层为 50cm 一层，整体部分压实度达到 90% 以上（除表层外），且不允许含有块径超过 10cm 的石块。

3.1.3 保证土壤团粒结构

项目中挖土机在整形时，边挖边退留下的碾压土，在施工中合理安排挖土机走向，尽量减少碾压面，保证良好的土壤团粒结构，确保苗木良好的立地生长条件。

3.1.4 人机结合，严格按图造型

坡面和边线的修整时采取机械与人工相结合，保证边侧土山严格按竖向设计图等高线进行造型。现场管理人员安排挖土机，对堆置在基地内的土方进行摊开到位，确保种植要求。与其同步技术人员根据设计要求进行测量放样，定位，做好记号，挖土机驾驶员根据放样标高由里向外施工，边造型，边平整，边向后退。

3.1.5 雨天停止作业，雨后修整

为了防止土壤的沉降，在造型时要比设计标高提高部分高度。在整个地块造型结束前，技术员对地形进行复测，至达到图纸设计要求。在整形造型期间，遇上雨天停止作业，雨后及时修整和拍实边坡。

3.2 北方寒地特色水景施工工艺

因长春地区冬季寒冷且冻土期长，为保证水景的景观效果及后期可能出现的冻胀、渗漏、变形等问题，项目从以下两方面控制施工质量：

（1）施工采用 4mm 厚负 30 度 SBS 聚酯胎防水卷材。卷材防水层施工前，用 1：3 水泥砂浆对表面粗糙的结构层找平后，作为防水层的基层。找平层的厚度 15—30mm，为防止由于温差及混凝土构件收缩而引起的卷材防水层开裂，找平层应留分隔缝，封宽为 20mm 左右，纵横间最大间距不大于 6m，缝口上加铺 200—300mm 的卷材条，用相应的胶结材料单边点贴，防止拉裂整铺的卷材防水层。找平层要求表面平整，同时不应有起壳及翻砂现象。

（2）该项目卷材防水层采用的是结构外防水处理法，防止因冻胀导致主体结构及防水层的破坏。

3.3 北方寒地苗木种植及后期养护技术

3.3.1 适宜北方寒地的苗木栽植的关键技术

（1）选苗

在苗木的选定上，整个施工团队从 2010 年 11 月至 2011 年 4 月，从了解熟悉资源到最终确定苗木采购，前后历时近 6 个月的时间。走遍了整个吉林省，甚至东北绝大部分的苗木市场，仔细的发掘有着较好观景效果、可用于小区绿化造景的高寒植物品种。

（2）移栽苗木的加工和养护

• 在苗木切根转坨前的 3—5 天，对植株进行适量的疏枝修叶，以暂时削弱生长势来增强抵抗力，保证根冠的（吸收－蒸腾作用）水分平衡。对于常绿乔木的修剪，保留主要骨架，修去徒长枝、内膛枝、平行枝、枯残枝、并生枝、病虫枝等；落叶乔木需保留骨架枝，修去徒长枝、平行枝及内膛中过密枝条；花灌木，要摘除花蕾保存营养。对枝条剪切伤口，特别是较粗的切口用蜡涂抹封闭伤口，以防树液流失和病菌侵入伤口。

• 在施行切根或转坨移栽后至施工定植前的这一段时期，特别加强养护管理，在新生须根吸收功能还较差时，特别注意土壤干湿度，及时补充根部水分。常绿乔木还用草绳包裹树干，保证草绳湿润，减少蒸发。

• 加强病虫害的预防和防治，确保所移植的植株健康。

（3）苗木栽植的关键技术

• 选择树冠丰满，优美的一面朝向主要观赏方向，放置树穴一次成功，尽量减少对土球的多次移动，以免损伤土球的须根。

• 支撑：对于特型和大的乔木我公司根据三角形稳定原理，在网络绑扎法的基础上，深化改进，用 8 号铅丝和平均直径 10—15cm 粗、长 4—6m 的杉木杆对其进行"井"字形四角支撑；对于小乔木和花灌木用同样的杉木杆和铅丝采用三角支撑和十字形固定支撑进行固定，对于网络绑扎的网格进行纵横"米"字加固，并对部分的乔木采用双层绑扎的方式进行整体固定，确保所有种植乔、灌木的稳固。

• 土球水分保持：围堰、浇足水、水分渗透后整平，如泥土下沉，应在三天内补填种植土，再浇水整平，形成由树木地径往上，高于树木地径 5—6cm 的圆锥形土台。这样既利于土球的水分保持、防冻，且能防止雨季树根底部积水。

• 草绳缠绕保护：阔叶乔木、部分常绿和珍贵的树种在种植完成培土后用草绳进行缠干措施，一来可以防止支撑时伤害树干树皮，而来可以保温并且定时向草绳上喷水可保持树干的湿润度，在树木生长期提供水分减少蒸腾作用，提高成活率。

• 促进植物生长：项目对所有乔灌木根部用 A.B.D. 生根粉水解液（50ppm）涂抹和喷洒，促进新根的发生。利用叶面喷雾的技术，采用叶面喷施磷酸二氢钾营养液（10ppm），一方面通过增加局部空气湿度，降低叶面温度，起到延缓蒸腾的作用，另一方面叶肉细胞吸收了营

养，缓解了根系吸收养分不足的情况。这样对绿化效果一次成型起到了保证。

3.3.2 适宜北方寒地的三大苗木养护技术

俗话说：三分种，七分养。在长春高寒条件下，我司养护队伍结合当地气候条件、园区土质条件和本地乡土树种的习性等，除开展基本的养护工作：如灌溉与排水、中耕除草、施肥、修剪整形、防护设施（采取立柱、绑扎、加土、扶正、疏枝、大地桩、拉钢丝绳等综合措施）、补植苗木、防治病虫害等之外，提出并实施了三项长春市首创的技术措施，大大提高了苗木的成活率。

（1）调整种植穴、槽，埋设透气管

堆坡造型的土质一般都为深层的基槽土，出现排水不畅，土壤板结等不利植物生长情况。对此我们根据苗木根系、土球直径和土壤情况对种植穴、槽的大小进行适当调整如下：

- 树穴深度比土球深 20cm，宽度大 30cm，以保证土球周围土壤良好。
- 在树穴内填约 10cm 厚的营养土（含有腐熟的有机肥料）保证根系周围养分充足。穴、槽必须垂直下挖，上口下底相等，在土层干燥地区于种植前浸穴。
- 穴土置换：种植时，置换挖出的心土，在穴内更换富含复合肥力有机肥和酸性无机肥的营养草炭土基肥于 50cm 深处，其上覆 5—10cm 熟土，以增加土壤的肥力，并保证不烧伤根系，改良土壤理化性状，使根穴土壤疏松，通气透水保肥大，有利根部移植后复壮。
- 在栽植过程中根据乔木规格的大小埋设 1—4 根不等的透气管，通过埋设透气管增加树木根部和土壤的透气性，利于苗木的尽快扎根成活。同时也可在干旱或是积水时及时发现问题，迅速的进行灌水和排水的工作，第一时间保证苗木的正常生长。

（2）灌防冻水和植物防冻液

长春苗木移植最佳时间是 9 月初—11 月底、2 月底—5 月底，这中间绝大部分时间属于冻土期，所以园区苗木基本上都属于冻土栽植，项目采用了冰冻保护和营养激素控制的方法达到了增强植物抗冻能力的目的，保证了园区苗木的成活率和后期的景观效果。

- 对冻土栽植的苗木第一时间灌足防冻水，在土球根径部表面形成防护层，防止出现空洞风刮抽干根部水分，造成植株缺水，及防止冰层以下土壤温度继续下降，冻伤植株根系。
- 对在上冻前种植的苗木越冬采用灌防冻水和防冻液双重措施。防冻液富含糖量、氨基酸、激素等营养物质，能防止植物体内生物膜的相变、稳定膜结构，当营养物质随着防冻液进入细胞冰纸介质中，提高植物耐冰冻能力。

（3）春季二次种植

冻土期种植的苗木，栽植中的细实土回填问题、栽植后空洞问题和来年化冻后的下沉空洞问题不可避免。我们凭借多年的专业养护知识，充分了解当地气候并结合本地种植的经验，在 2011 年 5 月中下旬化冻中期，开始进行乔灌木的二次种植。

在 5 月初即开始逐一检查各乔灌木土球根部周边种植穴的下沉与空洞情况，然后用沙、草炭土和营养土按一定比例拌好，掺入生根粉、甲托、五氯硝基苯等生根和杀菌类药剂做成的种植土进行乔灌木种植穴空洞回填，边回填边用绿化用水漫灌、渗透、填实，使得植物根系与土壤充分结合，既为植株的快速扎根提供基础的保障，同时药物的使用又提前预防了因温度提升，空洞滋生的病菌侵入根系的危险和营养物质促进根系的生长。从而使得越冬后的植株在开春季节正常顺利迅速的萌芽生根，提高了苗木的长势和成活率。

4 结论与建议

项目成为北方寒地地区拥有丰富的自然群落景观，舒适宜人园区景观的典范，并得到甲方的首肯。项目的成效说明，园林景观在"以人为本"指导思想下，在规划设计过程中、在园建施工技术上、在植物配置手法上、植物栽种技术上不断创新，以追求人与自然相和谐为目标，精心施工，精细养护，不断进取，使园区的景观绿化更贴近自然、贴近居民、贴近生活，才能取得标杆性的效果，也才能在长春完美呈现柏翠园这一公园豪宅的王者风范。

此外，精美的庭园并非一蹴而就，后期养护至关重要，尤其是在寒冷干燥的北方，技术熟练的养护团队，节约型的养护技术，是保证植物充分展现季相景观的重要保证，也是生态型园林景观基础。

参考文献

[1] 孟兆祯著. 园衍. 北京：中国建筑工业出版社，2012.
[2] 苏雪痕主编. 植物景观规划设计. 北京：中国林业出版社，2012.
[3] 刘振林，马海慧，戴思兰. 北方园林中冬季植物景观的表现. 河北林业科技，2003(3)：47-49.
[4] 赵晖. 寒地城市园林空间环境的设计与创造.
[5] 孙成仁，杨岚，王开宇等. 寒地城市园林空间环境的设计与创造. 中国园林. 1998(5)：51.

作者简介

[1] 张泽华，现任棕榈园林股份有限公司北京分公司总经理。2004 年毕业于北京林业大学园林学院。从事景观行业近十载，对跨地区营造园林绿化工程、硬质景观营造和植物造景有丰富的实际经验，对于设计意图结合现场情况获得最佳景观效果的把控能力极佳。
[2] 钟声亮，2001 年毕业于华南建筑学院西院（广州大学）。现任棕榈园林股份有限公司北京分公司第四总监部总监。

园林植物保护

沙漠园林景观营造和科学开发利用

The Construction and Development and Scientific Utilization of Desert Landscape

马远震　王　刚　韩　雄　郭　敏

摘　要：通过一个近三年的沙漠酒店景观工程实例，一次性将乔、灌、草50多种非原生植物在极端沙漠环境条件下栽植成功，达到了一个五星级酒店景观要求，实现了社会效益、生态效益、经济效益的完美结合。同时也揭示了一个深层意义：告知我们沙漠是可以科学、合理开发利用的，它也许会成为我们人类解决安全食品和城市危机的发展出路。

关键词：沙漠；七星湖酒店；景观营造；合理开发利用；效益

Abstract：Through the landscape engineering example of a desert hotel built in the last three years, it has successfully planted at one-time of trees, shrub and grass, more than 50 kinds of non-native plants under the conditions of the extreme desert environment and reached a five-star hotel landscape requirements. It realized the perfect combination of the social efficiency, ecological benefits as well as the economic achievements. It also reveals a deepermeaning：it tells us the desert can be developed and utilized in a scientific and rational way and it may become the future outlets for human beings to solve the crisis of safe food and urban develop.

Key words：Desert；Seven Star Lakes Hotel；Landscape Construction；Rational of Development and Utilization；Beneficial

"沙漠"是一个让人生畏的字眼，它总与死亡联系在一起，被人们称为"死亡之海"。2011年我公司承建了中国第七大沙漠——库布其沙漠七星湖酒店的景观工程，总施工面积22.05万 m^2，其中软质绿化面积16.59万 m^2，硬质铺装面积5.01万 m^2。工期120天，是在数十家施工单位交叉施工，场地不具备，时间非常紧的情况下打造的一个高端酒店景观工程。

"七星湖沙漠酒店"是目前国内沙漠酒店中规模最大、设施最豪华、功能最完备、景观最漂亮，栽种植物种类最多的顶级酒店。总投资十多亿元，是鄂尔多斯市对外交流的一个重要窗口。这里曾下榻过多位国家总理、首长、省政府领导；举行过企业家论坛、行业学会交流、世界选美小姐、汽车拉力赛等，其是国际沙漠论坛的永久会址。它的景观营造，在2011年举办的国际沙漠论坛会议期间，受到来自50个国家、40位中外部长、300名学者嘉宾的一致好评，我项目部绿化主管应邀参加了本次沙漠论坛。

库布其沙漠是中国第七大沙漠，也是距北京最近的沙漠，其扬尘可在2小时抵达北京，它是黄河泥沙的主要沙源地，每年平均有16亿吨泥沙流入黄河。库布其沙漠东西长近500km，南北最宽处50km，最窄处15km，沿黄河南岸蜿蜒呈弓弦状，总面积145万 hm^2，像一条黄龙横卧在鄂尔多斯高原北部，横跨内蒙古三旗，形态以沙丘链和格状沙丘为主。

库布其沙漠自西向东分布在内蒙古自治区鄂尔多斯市的杭锦旗、达拉特旗和准格尔旗。占杭锦旗总面积的近60%，在杭锦旗境内80%以上为流动沙丘，沙丘高度10—60m，七星湖酒店位于杭锦旗境内库布其沙漠腹地。

"七星湖"因该区域有七个自然沙漠湖泊而得名。七星湖酒店前有一个湖泊——大道图湖，有水面积近1500亩，深水位在6—8m。周边自然地貌为流动沙丘，有局部人工绿化。区域平均年降水量不到100mm，年蒸发量在2700mm以上，蒸发量是降雨量的20倍之多。

杭锦旗土地总面积近2万 km^2，旗总人口不足14万人，平均每平方公里不足7人。居住在库布其沙漠深处七星湖周边独贵塔拉镇道图嘎查共有36户牧民，现迁地集中居住在亿利牧民新村，以从事沙漠旅游、餐饮服务为主要经济来源。

本次景观绿植工程，一次性引进非本地原生植物50多种，见下表：

库布其七星湖沙漠酒店景观绿化工程现场苗木清单 表1

分类	编号	名　称	胸/地径（cm）	高度（m）	冠幅（m）	剪后高度（m）	分枝/芽	保有量	单位	备　注
乔 木	1	云杉		2.3—2.5	1.0—1.5			75	株	
		云杉（大）		4.0—4.5				73	株	
	2	油松		4.0—4.5				26	株	
	3	侧柏		2.5—3.0	≥1.0			652	株	

分类	编号	名　称	胸/地径（cm）	高度（m）	冠幅（m）	剪后高度（m）	分枝/芽	保有量	单位	备　注
乔	4	樟子松（大）		5.5—6.0				113	株	
		樟子松		3.0—3.5				710	株	
	5	桧柏		2.5—3.0	0.6—1.2			478	株	
		桧柏（大）		3.0—3.5	0.8—1.5			61	株	
	6	新疆杨	8—10					593	株	
	7	河北杨	8	>4.5				188	株	
	8	馒头柳	10—12	5.0—5.5				790	株	
		馒头柳（大）	14—16	4.5—5.0				237	株	
	9	合作杨	8	>3.5				259	株	
	10	家榆	14—16	>6.0				58	株	
		家榆（大）	20—22	>7.5				30	株	
	11	胡杨	18—20	>6.0				8	株	
	12	刺槐	8—10	5.0—5.5				351	株	
木	13	茶条槭（大）	0.3/分枝	3.0—3.5			3—5	126	株	
		茶条槭		0.8—1.0		0.3—0.4	4—6	139	株	
	14	火炬树	4	3.5—4				17	株	
	15	丝棉木	10	5—5.5				116	株	
	16	五角枫	12—14	>4.5				31	株	
	17	垂柳	14—16					31	株	
	18	文冠果		1.0—1.5				153	株	
	19	山桃（大）	8—10	2.5—3.0	1.5—2.5			339	株	
		山桃	6—8	1.5—2.0	1.5—2.0			170	株	
灌	20	一年生金叶榆		>0.5				20	株	
		二年生金叶榆				0.3—0.4	3—4	1791	株	
		金叶榆球				0.75—0.85		121	株	
	21	金银木				0.4—0.5	3—5	114	株	
	22	连翘				0.3—0.4	8—10	659	株	
	23	金露梅				0.3—0.4	8—10	73	株	
	24	榆叶梅				0.3—0.4	6—8	160	株	
	25	紫穗槐				0.3—0.4	1—3	7527	株	
	26	锦鸡儿				0.4—0.5	4—6	1249	株	
	27	多花柽柳				0.3—0.4	8—10	175	株	
	28	丁香				0.3—0.4	4—6	1095	株	
		紫丁香球		1.2	1.2			156	株	
	29	沙地柏		>0.6				23137	株	
木	30	沙柳				0.4—0.5	8—10	198	株	
	31	沙棘				0.4—0.5	4—6	837	株	
	32	小叶黄杨				0.4—0.5		6966	株	栽植密度为20—30 株/m²
	33	互叶醉鱼草				0.5—0.6		8000	株	栽植密度为20 株/m²
	34	枸杞				0.3—0.4	4—6	312	株	
	35	小龙柏		>0.5				10842	株	
	36	珍珠梅球		1.2	1.2			30	株	
	37	水蜡球		1.2	1.2			99	株	

园林植物保护

分类	编号	名　称	胸/地径（cm）	高度（m）	冠幅（m）	剪后高度（m）	分枝/芽	保有量	单位	备　注
花卉及草坪	38	景天					8—10	41899	株	栽植密度为48—53墩/m²
	39	马蔺		0.3—0.4				8618	株	栽植密度为38株/m²
	40	时令花卉						62674	盆	矮牵牛/串红/彩叶草/万寿菊/鸡冠花/荷兰菊/鼠尾草
	41	沙打旺						6544	m²	播种
	42	紫花苜蓿＋花棒						13288	m²	播种
	43	草坪						97674	m²	草地早熟禾（午夜、肯塔基）＋黑麦草＋紫羊茅
	44	剪股颖草坪						550	m²	剪股颖（潘克劳斯）＋草地早熟禾＋高羊茅

注：栽植种类共计55种

这些植物包括大乔、小乔、灌木、花卉、草坪地被。它揭示了一个深层的意义——沙漠是可以合理开发利用的！随着科学技术的进步和经济能力的增强。

目前我国的土地现状非常窘迫，随着急速的城市化和恶性的工业开发，造成大量的土地污染和水质污染，我们可提供食物的土地岌岌可危，人类生存在受到威胁。

我国现有沙化土地 174 万 km²，占国土面积的18.1%，如果我们能够合理、科学、适度的开发利用，它将是我们未来绿色有机安全食品和解决城市人口密集化的发展之路。这也是本次绿植工程警示我们的最深层意义。

沙漠气候干燥、降水量少、蒸发量高、温差大、大风日数多、风速高，土壤流动性强、贫瘠、保水性差。需采用特殊的植物栽植手段：

（1）土壤处理：栽植穴底部回填黏性较强的河淤土，采用1∶3∶6比例混合好的益生菌有机肥＋草炭土＋风沙土的种植土回填到栽植穴。

（2）树体支撑必须坚固牢靠，主要采取以下支撑架方式（图1）。

（3）覆地膜：苗木浇三次定根水之后用地膜覆盖树穴以达到提高地温和防止土壤水分蒸发的作用。根据气候和土壤情况，3月底打开地膜进行浇水，浇水后需二次覆膜。

（4）对树体进行草绳缠绕，在浇水喷淋时起到降温、增湿的效果，防止日灼和防止冬季冻害。

（5）越冬防护：搭建6m高、5m高、3m高不等的风障，对所需树体进行围挡，开口向阳，口要小，形成局部小气候，可防植物因风抽梢、冻梢，提高了区域的相对温度、湿度，是保证植物安全越冬的关键环节。在入冬前，对草坪进行敷沙，局部铺设遮荫网，以防冬、春季大风将草坪掀起和带走草坪表面土壤，在降低草坪水分蒸发的

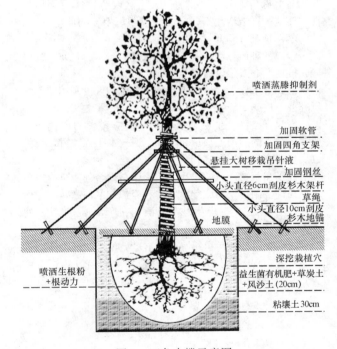

图1　四角支撑示意图

同时还可以起到增温、保湿的作用。

（6）胡杨的迁地保护技术措施：胡杨（学名：Populus euphratica Oliv.），又称胡桐（《汉书》）、英雄树、异叶胡杨、异叶杨、水桐、三叶树，是杨柳科杨属胡杨亚属的一种植物。胡杨系古地中海成分，是第三世纪残余的古老树种，在地球上已生存了6000多万年。在额济纳有"生而不死一千年，死而不倒一千年，倒而不朽一千年，三千年的胡杨，一亿年的历史"的说法。

胡杨垂直根可达地下20m，侧根可达近百米，根基部毛细根特别少，天然繁殖方式以根萌蘖繁殖，起苗无法带

土坨，大树移植极为困难。额济纳胡杨芽萌动期在每年3月24日左右，结合额济纳胡杨生长环境以及库布其沙漠气候特点，制定出胡杨起苗时间为3月初。

额济纳距库布其沙漠七星湖约1500km，在长距离运输过程中对胡杨树体全面覆盖并进行适时适量喷水，以保证树体水分不被流失。栽植时对胡杨根部进行物理损伤处理，根部喷洒生根粉（1：1500倍液浓度的ABT生根液），促进新根萌发；栽植后结合浇水，按照1：200倍液浓度的国光生根液进行根部浇灌，促进树体快速生根，诱导活根系活力，改善根际环境，为根系提供生长的内源动力，促进根系发育和新根萌发。这些栽植措施是保证胡杨迁地保护移栽成活的重要手段。

胡杨生长于极端的大陆干旱气候环境中，生长的土壤基质为砂质土。大量浇水会造成胡杨病害频发，甚至造成根系不能新生，从而导致胡杨不能成活。因此，在胡杨养护浇水上，采用控制浇水措施，即在保证胡杨生长足够的水分条件下，适时控水。冬、春两季对胡杨进行搭设风障围挡，从而达到增温、保湿、防风，改善胡杨周边微环境的作用。这些养护措施是保证胡杨成活的重要技术措施。

此次将胡杨大树（8棵一次移植成活）迁地保护成功，使这一古老活化石（唯一沙漠中可生存的原生乔木）的科学保护和合理开发利用成为可能。

沙漠的种质资源，有它的特殊性，耐旱、耐寒、耐瘠薄，抗逆性非常强，有它独特的优势。通过这次绿化，告诉我们园林工作者，这一特殊种质资源的开发利用、科学研究前景广阔。

沙漠是一种特殊物质资源。我们应科学的审视和研读它，在它的利用上要慎之又慎。通过本工程项目，我们也发现存在许多不足之处：

（1）在植物种类的选择上还不够科学合理。苗木来源也存在许多问题，造成栽植成本和养护成本偏高，专业性太强，不够集约经营，为将来酒店的管护带来很大的压力。

（2）在"适地适树"上做的不尽完善，对本土植物资源的研发利用不够好。对极个别植物种需采取特殊防护措施，但是否能够耐受住极端的沙漠气候还有待时间的考验。但它的研究价值还是很高的。

（3）本次铺设了近10万㎡的冷季型草坪，对酒店氛围的烘托起到了良好的效果，但它的养护和冬、春季的防风抗旱难度较大，这也是一个值得商榷的问题。

本工程总的景观营造投资6000多万元，共计22.05万㎡，平均每平方米造价不足300元，按五星级酒店标准还属合理。

本工程最大的亮点是将社会效益、生态效益、经济效益做到了完美的结合。其社会效益波及国内外，成为鄂尔多斯市对外交流的窗口；生态效益改善了局部小环境，降低了风沙危害，增加了局部降水，丰富了区域植物种类；经济效益就单纯对现地36户牧民来说，都在从事与沙漠旅游有关的产业，和从事一些生态保护工作，牧民的平均收入提高3倍以上。这个项目为我们园林工作者打开了一个窗口，提出了一个考验和机遇。我们有理由把它科学的做优做好，拓展我们人类的生存空间。

在本项目中我们采用了滴管、喷灌、管灌相结合的灌溉方式，在保证植物正常生长的状态下做到节水灌溉。在硬质铺装上我们采用了生态透水砂砖。在植物栽植上我们采用了客土、防渗、防蒸腾、增施有机肥的技术措施。目前景观效果非常好，在今年8月2日到4日举行了第四届库布国际沙漠论坛，国务院总理李克强发贺电祝贺，国务院副总理汪洋出席了开幕式。联合国秘书长潘基文发来视频贺词，数百位中外专家学者、企业家和政府官员与会。

作者简介

[1] 马远震，1963年9月7日生，男，汉族，籍贯内蒙古呼和浩特市，硕士学位，正高级工程师。现任东方园林股份有限公司内蒙古项目部经理，从事园林工程施工和管理，电子邮箱：mayuanzhen100@163.com。

[2] 王刚，东方园林股份有限公司。

[3] 韩雄，东方园林股份有限公司。

[4] 郭敏，东方园林股份有限公司。

科学与艺术的融合 特色与创新的结合

——浅谈上海辰山植物园的绿化施工技术

A Piece of Work Blending Techniques and Arts, Uniqueness and Innovation
——A Discussion of the Landscaping Techniques in Shanghai

陈伟良 张勇伟 范季玉

摘 要：辰山植物园是集园林景观、房屋建筑、大型设备安装（温室）、装饰、苗木引种科研等多专业、多学科交叉的超大型综合项目，是一个科学与艺术成功整合、特色与创新有机结合的项目，这个项目通过先进的施工技术来达到目的，项目先后获得上海市白玉兰奖、詹天佑奖等十几个奖项。

关键词：辰山植物园；植物景观营造；植物收集与展示；生态环境；华东植物；江南山水；绿环堆筑；土壤改良；水质净化；高堆土与主体结构施工工艺；温室构建

Abstract：Chenshan Botanical Garden is a huge integrated interdisciplinary project combining garden landscaping, architectural construction, large equipment (greenhouse) installation, decoration and nursery stock introducing and research techniques. It successfully blends techniques and arts as well as uniqueness and innovation, and has achieved the best effects by using the most advanced construction technologies. It has won a number of awards, including Shanghai Baiyulan Award and Zhan Tianyou Award.

Key words：Chenshan Botanical Garden; Landscape Plants; Plants Collection and Display; Ecological Environment; Plants in East China; Jiangnan Landscape; Green Belt Construction; Soil Improvement; Water Purification; Mound and Main Structure Construction Techniques; Greenhouse Construction

1 工程总体概况

1.1 上海辰山植物园概况

上海辰山植物园位于上海市松江区松江新城北侧、余山山系中的辰山，余山国家旅游度假区范围内，东起余山中心河，西至辰塔路，南抵花辰公路，北达沈砖公路（辰山塘以西）、余天昆公路。东西宽约1600m，南北长约1500m，占地面积207hm²，总投资21.6亿，成功收集华东区系和全球同纬度植物共9900余种（含品种）。是中科院、国家林业局和上海市政府共同建设的融科研、科普、景观和休憩为一体，具有深厚科学内涵和优美景观的综合性植物园，是本市一项超大型、综合性的城市绿化建设工程。项目大大原是升了我国植物科研水平和上海的国际形象，成为上海市标志性的、集植物景观营建、植物收集与展示于一体，生态环境良好的园区。

1.2 上海辰山植物园的整体理念

为"华东植物、江南山水、精美沉园"，整个园区以4.5km长的"绿环"为规划核心概念，形成围合的场地结构，配合原有水体的改造，形成山体、沉园、中心区、水域为主体要素的主体园区，并在"绿环"及环外区域形成了温室、科研中心、科普中心、26个特色专类园和各类植物景观。

1.3 上海辰山植物园的空间构成

整个园区由绿环、山体区及核心植物展示三大空间组成。

2 辰山植物园的施工技术难点和解决方案

2.1 施工技术难点

超长绿环堆筑，高堆土与主体建筑的安全衔接，对地面沉降的控制，对渗水等关键技术的控制；大面积的土壤改良，适应来自全球同纬度的9900种（含品种）的植物种植生境；大规模的水质净化；绿化养护和温室植物的种植与养护。

2.2 解决方案即施工技术

2.2.1 解决方案

上海辰山植物园绿环全长4500m，最宽处达200m，平均高度9m，最高处达16m，总土方量220万m³，施工过程中严格按照设计要求施工顺序，控制高堆土山体土方含水率、堆筑速率、堆土停放时间以及设置沉降稳定观测点，确保土方堆筑安全和质量。堆土形成具有特色的绿环，各建筑物或与堆载体相邻或位于绿环范围以内。上海地区属典型软土地质条件，浅层以软黏性土为主，具有很强的结构性和触变性，若不采取任何地基处理措施，则可堆载 3.5m 左右而地基土体不产生显著的非线性变形；当堆载高度达到 4m 以上后，若不采取合理措施，则土体将产生大量非线性附加沉降和水平向流动，导致土体失稳，过高的堆载也难以实现。另外，大面积堆载作用下土体将产生大量附加沉降和水平位移，将直接影响到邻近建筑物的安全。因此，对于植物园绿环工程来讲，绿环中建筑以及邻近区域采取必要的工程措施以保证建筑不发生不均匀沉降满足建筑规范是必需的，而对绿环其余区域作为园林景观工程，将巨大的工程资金放在地下的地基加固上是不能被接受的。为合理控制地基处理的工程造价，并且考虑到本工程土方堆筑施工有可以超过半年以上的周期，经过多次论证本工程采用塑料排水板结合土工格栅的地基处理设计方案，大大节省了地下地基加固的费用。根据以往的工程经验，塑料排水板可以适用于处理软黏土地基上的堆载问题，综合采取如下施工方案：

（1）在拟堆土区域内回填超高土体并压实，对须打设塑料排水板的区域分两次铺设总厚度 60cm 的砂垫层（每次铺设厚度 30cm）。

（2）为防止砂料流失，在砂垫层周边堆筑 60cm 高土垄，采用黏性土压实，每 5m 设一段 2m 长的碎石垄，保证排水通畅。

（3）根据不同堆土高度、堆土边坡坡度及堆土边坡与邻近河浜的关系分区域采用塑料排水板处理方法加速土体固结，提高土体强度和稳定性。

（4）采用双向土工格栅水平向加固堆土体。

（5）严格控制不同堆土设计高度区域的施工速率，分级加载，待沉降速率趋于稳定（速率小于 2mm/d 时）方可堆载下一级堆土。

2.2.2 大面积土壤改良

土壤作为植物生长的基础，土壤质量直接关系到植物长势和植物群落生态景观效果的发挥。植物园作为园林植物集中展示的基地，要体现植物园内物种丰富，要使不同植物种类表现出良好的生长势，就必须要有良好的土壤质量作为保证。辰山植物园规划区域内大部分为农业用地，部分为工业、公共设施及部队用地，另有海拔高度达 71m 的辰山体和废弃的采石厂，考虑到绿化工程中再利用的土壤为农用土地为主，因此主要采集分布在这一区域的土壤，一共采集了 45 个样点，对其基本理化性质进行测定，并根据测定数据制定了以下改良方案：

（1）保护肥沃的原表土资源

（2）工程土壤的物理化学改良

（3）大面积土方种植先锋植物改良

（4）外进土壤的有机肥快速改良

（5）土壤长期动态监测技术

2.2.3 全方位景观湖水生态处理

整个辰山植物园景观水系由辰山市河、西湖、南湖及东湖四部分组成。辰山市河为原沈泾河分离而出，自然驳岸，河道最深处为 2m。预通过生态处理方法达到水质处

理要求，并形成水下森林景观。但辰山市河原有水质较差，漂浮植物及丝状藻类已成为优势种群，且补水水源水质也较差，对于预处理要求较高，且施工上存在与其他工程交叉的问题，故有一定施工难度。西湖为新开挖湖面，是所有水系中最大的湖面，是辰山植物园水系景观的亮点所在。但由于施工前西湖已经开挖完成一年，现有水体主要是通过雨水汇集而成，且杂草生长较为茂盛，局部区域还长有青苔，且整个工程内水体面积较大，因此各个单元的水处理方式不同，水生生物的选择，配置要求不一样，其工程量较大，整个工程难度系数较高。南湖与东湖两个水系通过涵管连通，原有水质为Ⅴ类及劣Ⅴ类水，且杂草和青苔生长都很茂盛，其中南湖东侧一带淤泥沉积较为严重，故对以生态技术处理的工艺需灵活变通，以各规范和标准为指导思想，结合现场复杂情况，制定了以下施工方案：一是构筑土坝，分区域降水位—预处理（杂草清除、场地平整、底质预处理、水源预处理）—组织选料备料—现场施工安装（水生植物种植、水生动物放养、微生物制剂投放）—调试—日常维护、监测；二是通过生态系统构建及其他生态工程措施使景观水域生态系统趋于生态平衡，主要水质指标达到并保持国家地表水环境质量标准Ⅲ类以上要求。同时使景观水体的维护达到低成本和长效可持续的目的。

2.2.4 高难度的绿化种植

辰山植物园土壤源自于冲积土的上海自然土壤，长期以来一直存在着密度大、质地黏、pH 值高、有机质含量和生物活性低等缺陷。同时，作为公众科普游览的重要场所，要在园区开放时具有一定的景观效果，需要种植一些具有一定规格与数量的景观骨架苗木。通过以下措施确保绿化种植的全面到位：

（1）采用比设计规格稍大的优质苗木。

（2）所有乔木采取全冠移植的措施，确保苗木成活率 100% 且长势良好。

（3）在苗木运输过程中采用垫蒲包、洒水等系列保湿措施。

（4）在树穴内添加营养土，增加植物养分。

（5）采用喷雾的方式，维持苗木地上地下水分平衡。

（6）树穴设置滤水层：尤其对大乔木的树穴设置滤水层，以确保苗木根系排水通畅。

（7）根部放置透气导管：增加根部的透气性。

（8）对植物株体喷洒植物活力素，促进植物迅速生根发芽。

（9）采用遮荫篷，降低光照强度，减少水分蒸发和日灼。

（10）严格执行操作规范和公司 ISO 9000—2000 质量体系，如所有苗木均有出圃单或检疫证；所有施工操作步骤严格按照《园林植物栽植技术规程》进行；贯彻公司 ISO 9000—2000 质量体系，确保每一道工序质量。

（11）精细科学的养护，施工期对苗木养护采取间歇喷雾的方法，喷雾所造成的水分蒸腾减少苗木叶面的水分蒸发，可防止水分过多对苗木根系生长的影响。在间歇喷雾中隔天进行一次营养液喷雾，采用磷酸二氢钾营养

液（10ppm）对苗木的养分进行补充。间歇喷雾保证了苗木的水分代谢平衡，营养液喷雾保证了苗木的养分代谢平衡，这就保证了绿化效果的一次成型。乔木、灌木的根系入土较深，地被草坪则浅，受气温影响也较大，因此除对土壤进行改良外，种植后定时进行灌溉，使土层始终保持一定湿度。

2.2.5　新优地被植物的应用和配植

辰山植物园地处佘山脚下，整体设计新颖独特，各类造型乔木散植于起伏的地形之上，形成一片片视野开阔的空间，地面上除了修剪整齐的草坪草还根据乔木布置、地形地貌种植了一系列特色的新优地被植物，随着时间的推移，不同的植物表现出不同的颜色和季相效果，让辰山植物园有了更丰富的景观内涵。新优地被植物的广泛应用和合理配植是辰山植物园又一景观特色。新优地被植物是草坪草等传统地面覆盖物之外的多年生宿根植物、小型灌木和一些藤本植物。辰山植物园根据不同的种植区域，选用相应的阳生、阴生、湿生等地被新品种来展现丰富的自然景色。

2.2.6　专类园营建

专类园的布局和引种植物的栽培时是辰山植物园绿化的种植特色。辰山植物园共建有温室、矿坑花园、玫瑰月季园、水生植物园、岩石药用园、儿童植物园、盲人植物园等26个植物专类园。园内近万种千姿百态的植物，无声地向参观者倾诉着植物与人类发展的依存关系，启示着人与自然和谐共生的美好未来。各专类园内需根据植物的不同性状、生态习性和景观要求进行引种、设计和配置，同时根据不同植物的适生环境要求、土壤适应性和习性要求进行种植。来源主要分本埠、外地和国外。性状主要分大、小乔木；大小灌木；草本、地被类植物。习性有旱生、耐湿或水生植物等。引种植物经过科学的疏枝、环状断根或在适宜季节起苗用容器假植、根系喷布生根激素等技术措施，减少树体水分散发，保址树势平衡。对排水不良的种植穴，穴底铺10-15cm砂砾或铺设渗水管、盲沟，以利排水。引种植物在专类园中种植后的日常养护管理要求非常精细，部分引种植物需要特殊的生长条件，因此在浇水、施肥、整形、修剪、防治病虫害都采取了常规养护和特殊养护相结合的技术措施，使引种植物保持了较高的存活率。

（1）展览温室：地上1层，局部地上2层、铝合金网壳结构总建筑面积21423m²，建筑占地面积为19163m²。展览温室由三个独立的温室（温室A、B、C）组成，高度分别为21.17m、19m、16.02m，建筑面积分别为5521m²、4320m²和2767m²。集建筑学、植物学、生态学、建筑环境工程、美学为一体的综合项目。温室群结构构造独特，造型新颖，上部采用网壳结构，形成一个铝合金结构空间整体受力体系，整个幕墙造型颇为独特，构成了一幅轻盈、宏伟的画卷。温室A为生态花园，长204m，高21m，跨度介于3.35-34m之间，建筑面积为5521m²。引进植物成活率达到了100%；温室B为沙漠之地，长147m，高19m，跨度介于4.30-40m之间，建筑

面积为4320m²，引进的沙漠植物通过土壤改良等措施成活率达到了100%；温室C为热带雨林，长111m，高16m，跨度介于3.75-34m之间，建筑面积为2767m²，引进的热带雨林植物全部成活。

（2）矿坑花园：辰山曾是开采建筑石材的场地，留下采石场遗址的矿坑深潭。通过对现有深潭、坑体、地坪及山崖的改造，造成地貌奇特、高山飞瀑、季节分明的矿坑花园。矿坑花园主要由景观挡墙、锈钢板挡墙、镜湖、密园区水塔、深潭区栈道、望花台等构成。设计独特，给施工技术、质量提出了很高的要求。为此，我们在施工过程中，精心管理、精心施工，主要材料、工艺均采取先作小样对比选择的办法，确保工程质量、观感质量和景观特色。

（3）岩石药用园：药用植物专类园是辰山植物园重点建设的几个专类园之一，占地约20000m²，位于海拔71.4m高的辰山东采石坑遗迹区内，背靠采石坑几近垂直的大片石壁。利用这十分独特而珍贵的地理环境，我们对岩石药用园的设计和建造进行了大胆又创新的实践。首先，开创性地将岩石园和药用植物专类园两个专类园艺术结合在一起，两种专类园艺术相互补充、相得益彰。岩石园以岩石和岩生植物为主体，结合地形选择适当的沼生和水生植物，展示高山草甸、岩崖、碎石陡坡等自然景观和植物群落的一种装饰性绿地。药用植物专类园指通过花园设计的手法，将具有观赏价值的药用植物布置在一定的区域，并提供休息、观赏和游览功能的花园。其次，运用岩石园的造景方式，选择植物时在符合岩石园的选择要求的同时，依据习性将药用植物融合其中，建成功能齐全、景观丰富的岩石药物园，使之成为一种基于科学的艺术作品，具有独特的形式、风格，能在不同季节表现出不同的景色。

3　结语

上海辰山植物园从上海国际大都市发展的视角进行规划设计，突出"生态优先"，保护和利用辰山原有珍贵的山丘、河流、水系、植被等原生态环境，及部分人文建筑，尊重原有地形地貌，稳定区域植物群落，加强生态保护，形成河流、坡地等多样化的生态类型，确保植物品种多样化的实现，形成生物类型广异、植物种类多样、季相变化丰富的景观空间。

以科学为内核，以艺术为外貌，坚持科学与艺术的结合，使其真正具有科学内涵，确立植物园的科研、科普功能。同时，又超越一般枯燥的科研机构和科普场所，形成植被丰富、四季色彩斑斓的优美景观面貌。突出华东植被特色，成为华东地区地带性植物群落和城市物种多样性的展示中心和最重要的生态基地。同时，在规划理念、建设内容、分区布局、规划特色和运行机制等方面适应时代的需要，大胆创新。于2010年4月26日起向社会全面开放。截至到目前，共接待游客约100多万人，多次经中央电视台、上海东方电视台以及若干平面媒体报道，得到了社会公众的一致认可和好评。

时　　间	获奖单体	奖项名称
2009 年度	科研中心	上海市文明工地
2009 年度	科研中心	上海市优质结构奖
2009 年度	科研中心	上海市安装优质结构奖
2010 年度	科研中心	上海市建设工程"白玉兰"奖
2009 年度	主入口综合建筑	上海市文明工地
2009 年度	主入口综合建筑	上海市优质结构奖
2009 年度	主入口综合建筑	上海市安装优质结构奖
2010 年度	主入口综合建筑	上海市建设工程"白玉兰"奖
2009 年度	上海辰山植物园工地	"上海市建设工程绿色施工（节约型）工地"
2010 年度	辰山植物园（园林绿化）	上海市建设工程"白玉兰"奖

参考文献

[1] 周军．再生水景观利用水质标准及可行性研究[J]．中国建设信息（水工业市场），2008(03)．

[2]【农学课件】土壤改良教学大纲．

[3] 张宇．北京植物园展览温室．

作者简介

[1] 陈伟良，1962 年 11 月生，研究生，教授级高工，上海园林（集团)有限公司总裁。

[2] 张勇伟，1969 年 4 月生，研究生，高级工程师，上海园林（集团)有限公司副总裁，上海申迪园林投资建设有限公司总经理。

[3] 范季玉，1957 年 11 月生，大专，工程师，上海市园林工程有限公司副总经理。

园林植物保护

低碳园林创意实践基地建设项目研究

The Research of Tianjin Low-Carbon Gardening Creativity Practice Base

刘凤杰　沈国强

摘　要：通过对天津低碳园林创意实践基地设计理念深入分析、对建设过程的深刻总结，提出对低碳园林的理解和思考，以及对天津低碳园林创意实践基地在今后管护中需要完善和补充的建议。

关键词：低碳园林；节能；环保；废旧材料；现状植物的保护利用；雨水收集；可持续

Abstract：By thorough analysis of the design concept of Tianjin Low-Carbon Gardening Creativity Practice Base and summarizing the process of construction，this paper proposes the comprehension and reflection of low-carbon gardening，and it also gives proposals on the necessity of continuous perfe ction in future maintenance for Tianjin Low-Carbon Gardening Creativity Practice Base.

Key words：Low-carbon Gardening；Energy Conservation ；Environmental Protection；Waste and Scrap；The Protection and Utilization of Existing Plants；Rainwater Collection；Sustainability

1　项目概况

低碳园林创意实践基地位于天津市武清区泰达逸仙经济园区内，占地面积 35000m²。该项目以低碳、环保、节能为建设理念，集科研、展示、实践于一体，是全国首座低碳专题创意园林。低碳园林创意实践基地建设工程于 2012 年 4 月初开工，2012 年 7 月初竣工，历时近 100 天。从目前的景观效果和社会效益来看，在将低碳理念融入城市园林绿地建设方面起到了很好的引领和示范作用，受到来自全国各地的专家、学者的一致肯定。

2　设计理念与规划布局

城市园林绿化本就起着美化环境、调节生态平衡、促进人居环境的持续健康发展的作用，在园林绿化的规划设计中融入低碳的理念无疑会大大提升它的社会效益和环境保护、节能减排作用。在低碳园林创意实践基地的规划设计中最大程度的使用了低碳的概念，以低碳理念贯穿规划设计全过程，努力探索低排放、低污染、低能耗、满足功能定位要求，且具有较高的景观品质的特色园林形式。

基地的总体规划布局取材于"七色花"的传说，是在缓坡、静水、疏林草地的整体骨架上布置一个学术交流中心和七个主题创意展园。学术交流中心是整体布局的核心，一条主园路作为主要游览路线贯穿全园，七个主题创意展园分布在主园路两侧，犹如七个花瓣围绕着学术交流中心。总体设计尊重场地的现状地形、地貌以及现状植物，不做大切大改，而是注重巧妙应用。七个主题创意展园分别取题为"万花筒"、"流转印象"、"换景空间"、"一日禅"、"七彩叶语"、"种子足迹"、"竹影流觞"。从总体布局、每一个展园的立意到局部细节设计都紧扣节能、环保、低碳的主题。

3　深刻理解设计意图，关注"三新"应用

在施工组织有序的前提下，施工管理、技术人员深入学习、深刻理解低碳理念，将关注点放在创新工作方法和新技术、新材料、新工艺的应用方面，与工程设计人员密切配合，共同研究每一处细节，力争做到施工质量优、景观效果好、科技含量高，努力使低碳理念在施工中得以充分体现。

3.1　注重现状植物的保护利用和新优植物品种的应用

首先对现状植物进行详细的调研摸底和准确的图纸定位，将充分利用现状植物作为植物配置的第一原则。在选用植物方面，一是选用在天津地区经过多年考验、表现良好的园林植物，如：白蜡、臭椿、国槐、金叶槐、洋槐、垂柳、旱柳、毛白杨、栾树、合欢、柽柳、龙柏、桧柏、沙地柏、金银木、碧桃、珍珠梅、榆叶梅、连翘、黄栌、迎春、大叶黄杨、金叶女贞、金叶莸、马蔺、萱草、狼尾草、芒草、观赏谷子、香蒲、鸢尾等。二是抓住该场地具有良好的水土环境和小气候特点，大胆使用近几年引入的新品种或栽培变种以及少量的边缘树种，如：金叶皂角、抱印槐、法桐、粗榧、美国红栌、流苏、油松、白皮松、雪松及多种宿根花卉等。三是最大限度地降低整形修剪植物的使用频率，呈现出亲切、自然的植物景观，同时大大降低植物的管护成本。

花境在我市的城市绿化中应用还不够广泛，配置手法也不够成熟。在该项目中学习杭州、上海以及英国、加拿大等花境应用比较成熟地区或国家的花境配置手法，应用小型木本植物、宿根花卉和少量应时草花配置花境，不同的局部环境采用不同的配置形式（图 1—图 4），同时

还特别注意了花境的季相变化，有效提升了植物景观的视觉效果。

图 1　高低错落的花境

图 2　废弃的铁艺做出叶子的造型

图 3　七彩叶语展园

图 4　种子足迹展园全景

3.2　废旧材料的巧妙应用是该项目的一大亮点

（1）基地入口采用废旧钢板做主材，经过精心设计后现场拼接制作，表面不做任何修饰处理，自然锈蚀的表面给人以质朴、素雅的感觉，再加上新颖、简洁、别致的造型设计，形成亲切、现代的视觉效果（图5）。

图 5　低碳园林创意实践基地入口

（2）学术交流中心的主体建筑是利用旧集装箱经切割、叠拼、焊接而成，用少量木材、废旧枕木、废旧钢材等做辅料，经精心设计后形成了功能完备、构思巧妙、造型新颖、风格素雅的基地核心景观（图6）。

图 6　学术交流中心

（3）废旧枕木、钢板在硬质景观的应用材料中反复出现，几乎成为体现质朴风格的统一符号。如：用废旧枕木做花坛、挡墙、园桥、铺地等（图7—图12）；用废旧钢板做花坛、铺装镶边、标牌、景墙等（图13）。另外，几乎每一个景点、每一处细节都有使用废旧材料、边角下料、环保材料。如在万花筒展园，由多个规格不同的

图 7　用废弃旧的枕木、铁板固定连接种植池

图 8　用枕木、片石将绿地与道路分割

图 9　道路分割带

图 10　木栈桥

图 11　用木栈桥与水系、园路进行连接

图 12　木栈桥

PVC管材的边角料拼接并刷上不同的颜色组成可移动的观览墙，营造出了收放自如、五彩缤纷、变幻无穷的景观氛围（图14）。在换景空间展园用废旧的计算机主机箱做可移动花箱（图15）。在一日禅展园用竹竿和木条编制篱笆（图16）；引入了循环再生材料，将低碳思想与低碳技术结合起来，提供实现低碳理想的途径（图17）。利用竹模板耐腐蚀、韧性强的特点，将其用做草坪或花境的镶边隔板；将其切裁加工制作围栏和景墙造型（图18、图19）。在种子的足迹展园中，用废旧的螺纹钢制作伞形亭架，轻巧、美观、耐用（图20）。在七彩叶语展园中利用收集的贝壳经消毒、晾晒处理后作为景观平台的铺装材料（图21），既增强了景观的历史感和质朴感又起到宣传生态、环保的作用。而且这些贝壳都是施工人员从施工现场附近的海鲜餐厅收集来的，收集过程本身也是对生态、环保理念的宣传过程。

图 13　利用废弃的铁锈板制成种植槽栽种植物

图 14　万花筒

图 15　废旧计算机机箱作为花箱

图 16　用废弃的竹子做成背景墙

图 17　"一日禅"展园

图 18　种子足迹展园全景

图 19　反映种子成长的足迹，用玻璃钢做成种子的造型

图 20　螺纹钢制作的伞亭

园林植物保护

图 21　用废弃的贝壳填充场地

3.3　拙中见巧，巧夺天工

　　"一日禅"展园中的主体廊架的设计运用了机械制造原理，施工中采用放大样、几何计算等多种手段完美实现了设计意图（图 22）。流转印象展园采用毛石、碎石、麻绳、废旧枕木、竹筐等原始材料精工细作，借用陀螺的旋转轨迹构图，将动、植物的生态轨迹与人类的活动轨迹相融合（图 23）。本是粗与拙，呈现出来的却是精于巧。

图 22　"一日禅"展园

图 23　流转印象

3.4　节能、环保工程做法与产品的应用

　　（1）在竹影流觞展园中，借助云亭安装光伏太阳能收集器，利用太阳能为酒泉、濯觞台（环保透水地坪）、月池、竹溪构成的循环水系提供动力源（图 24），同时由于设计结合巧妙，也丰富了云亭的外部造型。既实现了节能减排，又丰富了景观效果。

图 24　竹影流觞展园

　　（2）LED 绿色光源运用。随着社会的不断发展，电力能源紧缺的威胁在全球日益蔓延，而绿色照明为节约能源和保护环境发挥了重要的作用。该项目中尽可能多的采用可持续的太阳能或 LED 光源照明，光源的主体颜色为暖色调，给人们带来温馨和安全感。

　　（3）最大限度地收集雨水。竖向设计在尊重原有地形的前提下，对地形稍加整理，完全做到利用地形坡度自然排水，不做雨水管网。一部分雨水排入园区内湖，一部分汇集到低洼地形成微型湿地。微型湿地内散铺大小不等的卵石，期间配置芦竹、马蔺、千屈菜等湿生植物，形成独特的微型湿地景观（图 25）。学术中心建筑屋顶也采取了雨水收集措施，一部分用于屋顶花园的灌溉，多余部分排向地面。

图 25　园路与绿地交接处的集水坑

　　（4）学术中心建筑屋顶以屋顶花园的形式进行绿化，采用轻介质复合营养材料作为种植基质，适度布置休憩场地，在为人们提供观景场所的同时也有效提升了建筑的保温隔热性能（图 26）。

　　（5）园区内的水体驳岸采用缓坡入水的形式，水与岸

图 26　屋顶花园

自然衔接过渡，水岸配置香蒲、芦苇、水葱、荷花、睡莲、千屈菜、马蔺、芦竹等水生、湿生植物，形成水岸一体的景观效果（图27—图29），体现了尊重自然、维护生态的造园理念。

图 27　圆形舞台

图 28　亲水平台

图 29　学术交流中心

4　小结与启示

低碳园林创意实践基地建成投入使用后受到业界人士的高度评价，有幸参与该项目的建设过程受益匪浅，使我们加深了对低碳概念本质的理解，提升了对低碳园林的认识，为建设生态城市、低碳城市和田园城市积累了经验。

总结低碳园林创意实践基地的建设过程，我们觉得还是存在些许遗憾。如：（1）可以在园内布置一两处独立的地下小型雨水收集系统，既作为节能减排的示范，又能为园区多收集一些雨水用于绿地灌溉。（2）园内全部使用高羊茅做草坪，作为外来草种，耗水量大、养护费用高已成不争的事实，况且已有研究表明它还会影响相邻植物的正常生长，这些都明显与低碳理念相抵触。建议在适当时机逐步将大部分草坪改为野牛草。尽可能多地使用沙地柏、铺地柏、金叶莸、珍珠梅、紫穗槐等小型木本植物和大花秋葵、蜀葵、地被菊、大花萱草、金鸡菊、马蔺等粗放管理的多年生宿根花卉覆盖地面。（3）花境、花坛、花池、花箱内一二年生草花用量过大，建议逐步用多年生宿根花卉或有自播繁殖能力的草花代替。（4）建议铲除树冠投影范围内的冷型草，用营养基质覆盖，给树木创造更好的生长环境。（5）园内落叶乔木布置偏少，建议结合空间划分适度增加落叶乔木和丛生灌木的布置，既能提供遮阴，又能为各主题景观形成厚重的背景，起到划分景观空间的作用，使主题景观更加凸显，园林空间更加丰富。

我们将继续秉承低碳理念、明晰低碳园林内涵，真正创建环保、节能、低碳、高效的优质园林工程，建设可持续园林景观项目，建造适宜的绿色园林景观环境。

参考文献

[1]　朱建宁. 展现地域自然景观特征的风景园林文化. 中国园林，2011.11.
[2]　吴雪飞. 风景园林与城市废弃基础设施的再生. 中国园林，2011.11.
[3]　潘剑彬，李树华. 基于风景园林植物景观规划设计的适地适树理论新解. 中国园林，2013.04.

作者简介

[1]　刘凤杰，男，1965年7月生，天津静海县，大学本科，高级工程师，天津市绿化工程公司主任（书记），从事学科和研究方向为风景园林。
[2]　沈国强，男，1968年7月生，北京，大学本科，助理工程师，天津市绿化工程公司副主任，从事学科和研究方向为风景园林。